交电实用手册

交电实用手册

吴智德 编

四川出版社集团·四川科学技术出版社

图书在版编目(CIP)数据

交电实用手册/ 吴智德编. – 成都:四川科学技术出
版社,20011.1
ISBN 978 – 7 – 5364 – 6221 – 2

Ⅰ. 交... Ⅱ. 吴... Ⅲ. 电气设备 – 技术手册
Ⅳ. TM – 62

中国版本图书馆 CIP 数据核字(2007)第 203907 号

交电实用手册

编　　者	吴智德
责任编辑	何　光
封面设计	韩健勇
版面设计	杨璐璐
责任出版	周红君
出版发行	四川出版集团・四川科学技术出版社
	成都市三洞桥路 12 号　邮政编码 610031
成品尺寸	147mm × 104mm
	印张 51.25　字数 2085 千　插页 4
印　　刷	四川印刷制版中心有限公司
版　　次	2011 年 1 月第一版
印　　次	2011 年 1 月第一次印刷
定　　价	85.00 元
ISBN 978 – 7 – 5364 – 6221 – 2	

前　言

　　"交电"一词，缘自 20 世纪中期人们的一种习惯称谓，即是指社会产品中交通器材和电料电器两大类系。随着科学技术的进步和社会经济的发展，特别是经济体制改革所带来的经济繁荣，交电产业的发展朝着更加多元化、系统化、更深层次延伸，类系更加细化，更加完善。仅电料电器类便已发展成电工电料、机械电器、电讯制品、电器制品等多个类别而自成体系。伴随人们生活水平的日益提高，电器制品类中又迅速地派生出一支家用电器类……。这些日新月异的发展变化，当是历史的必然。

　　本手册仍借用了"交电"这一传统的习惯概念，将其分作七大篇，共四十一章。七大篇依序介绍了基本资料、基本材料、交通器材、机电产品、电工材料、电器制品及防爆电器等。这样的划分安排，仅为方便阅读和使用，并非按某种科学定义划分。手册详细介绍了各种产品的基本特点、主要用途及其外形结构和品种规格，基本上做到了一款一图、翔实易记、方便实用。

本手册的选材，主要参考了国家有关标准、产品样本、有关书籍及众多生产厂家的大量生产技术资料。资料来源可靠，值得阅读。需要说明的是交电产品新品多、出新快，不可能一揽尽收，一些产品只能通过典型产品的介绍，从侧面了解掌握。

本手册在编纂过程中，得到了广大业内外同仁的热情支持和帮助，在此深表谢意！

由于编者水平有限，本书疏漏及不足之处难免，敬请读者批评指正。

编　者

目 录 MU·LU

第一篇 基本资料

第一章 常用字母及符号

第二章　常用计量单位及其换算

第三章　常用公式及数值

第二篇　基 本 材 料

第四章　金属材料

第五章　塑　料

第六章 橡胶材料

第七章 绝缘材料

第八章　石蜡、脂松香、车用汽油及其他

第三篇　交通器材

第九章　汽　车

第十章　汽车发动机及其相关零附件

第十一章 汽车传动、制动与其他零部件

第十二章　汽车车身及电气设备

第十三章　汽车车轮及其零部件

第十四章　汽车检测设备及仪器

第十五章　汽保汽修设备及工具

第十六章　摩托车及零部件

第十七章　自行车及零部件

第四篇　机电产品

第十八章　电动机

第十九章　发电机

第二十章　电焊机

第二十一章　切割机

第五篇　电工材料

第二十五章　照明器

第二十六章 低压元器件

第二十七章　电线电缆

第二十八章　电力金具

第二十九章　绝缘子

第三十章　电工仪表

第三十一章　电工电力工具

第三十二章　绝缘黑胶布及其他

第六篇　电器制品

第三十三章　灯　具

第三十四章　空调设备

第三十五章 厨卫电器

第三十六章　小家电

第三十七章　音像制品

第七篇 防爆电器

第三十八章 防爆电器有关知识

第三十九章 防爆灯具

第四十章　防爆元器件

第四十一章　防爆电器设备

第一章 常用字母及符号

1. 汉语拼音字母

大写	小写	字母名称 (汉字注音)	大写	小写	字母名称 (汉字注音)
A	a	啊	N	n	讷
B	b	玻	O	o	喔
C	c	雌	P	p	坡
D	d	得	Q	q	欺
E	e	鹅	R	r	日
F	f	佛	S	s	思
G	g	哥	T	t	特
H	h	喝	U	u	乌
I	i	衣	V	v	维
J	j	基	W	w	蛙
K	k	科	X	x	希
L	l	勒	Y	y	呀
M	m	摸	Z	z	资

注:1. 字母注音均为普通话近似注音。
2. V 只用来拼写外来语、少数民族语言和方言。

2. 英文字母

大写	小写	国际音标	大写	小写	国际音标	大写	小写	国际音标
A	a	[ei]	F	f	[ef]	K	k	[kei]
B	b	[bi:]	G	g	[dʒi:]	L	l	[el]
C	c	[ci:]	H	h	[eitʃ]	M	m	[em]
D	d	[di:]	I	i	[ai]	N	n	[n]
E	e	[i:]	J	j	[dʒei]	O	o	[əu]

续表

大写	小写	国际音标	大写	小写	国际音标	大写	小写	国际音标
P	p	[pi:]	T	t	[ti:]	X	x	[eks]
Q	q	[kju]	U	u	[ju:]	Y	y	[wai]
R	r	[a:]	V	v	[vi:]	Z	z	[zei]
S	s	[es]	W	w	[dablju]			

3. 希腊字母

大写	小写	字母名称(读音)	大写	小写	字母名称(读音)
A	α	阿尔法	N	ν	纽
B	β	培塔	Ξ	ξ	爱克刹爱
Γ	γ	伽马	O	ο	奥米克戎
Δ	δ	代尔塔	Π	π	派爱
E	ε,ϵ	依伯西隆	P	ρ	罗
Z	ζ	截塔	Σ	σ,ʃ	西格玛
H	η	爱塔	T	τ	套
Θ	θ,ϑ	西塔	Υ	υ	优伯西隆
I	ι	爱呵塔	Φ	φ,φ	非
K	κ,ϰ	卡巴	X	χ	盖
Λ	λ	乃姆达	Ψ	ψ	伯刹爱
M	μ	弥优	Ω	ω	奥米轧

注:汉字注音均为近似注音,两字以上的注音须得快速连读。

4. 俄文字母

大写	小写	字母名称(读音)	大写	小写	字母名称(读音)
A	a	啊	B	в	弗埃
Ъ	б	勃埃	Γ	г	格埃

续表

大 写	小 写	字母名称(读音)	大 写	小 写	字母名称(读音)
Д	д	待埃	Т	т	台
Е	е	耶	У	у	乌
Ё	ё	哟	Ф	ф	爱富
Ж	ж	日	Х	х	哈
З	з	兹	Ц	ц	茨
И	и	依	Ч	ч	切
Й	й	伊(短音)	Ш	ш	沙
К	к	克	Щ	щ	夏
Л	л	爱尔	Ъ	ъ	(硬音符号)
М	м	爱姆	Ы	ы	厄
Н	н	恩	Ь	ь	(软音符号)
О	о	喔	Э	э	埃
П	п	迫	Ю	ю	由
Р	р	爱耳	Я	я	雅
С	с	爱斯			

5. 罗马数字

罗马数字	表示意义	罗马数字	表示意义	罗马数字	表示意义
I	1	VII	7	C	100
II	2	VIII	8	D	500
III	3	IX	9	M	1000
IV	4	X	10	$\overline{X}$	10000
V	5	XI	11	$\overline{C}$	100000
VI	6	L	50	$\overline{M}$	1000000

注:罗马数字有 7 种基本符号,I-1,V-5,X-10,L-50,C-100,D-500,M-1000。
两种符号并列时,小数放在大数左边,表示大对小之差,小数放在大数右边,表示
小数与大数之和。在符号上面加一段横线,表示符号代表的数目增值 1000 倍。

6. 化学元素符号

原子序数	符 号	名 称	原子序数	符 号	名 称
1	H	氢	28	Ni	镍
2	He	氦	29	Cu	铜
3	Li	锂	30	Zn	锌
4	Be	铍	31	Ga	镓
5	B	硼	32	Ge	锗
6	C	碳	33	As	砷
7	N	氮	34	Se	硒
8	O	氧	35	Br	溴
9	F	氟	36	Kr	氪
10	Ne	氖	37	Rb	铷
11	Na	钠	38	Sr	锶
12	Mg	镁	39	Y	钇
13	Al	铝	40	Zr	锆
14	Si	硅	41	Nb	铌
15	P	磷	42	Mo	钼
16	S	硫	43	Tc	锝
17	Cl	氯	44	Ru	钌
18	Ar	氩	45	Rh	铑
19	K	钾	46	Pd	钯
20	Ca	钙	47	Ag	银
21	Sc	钪	48	Cd	镉
22	Ti	钛	49	In	续表铟
23	V	钒	50	Sn	锡
24	Cr	铬	51	Sb	锑
25	Mn	锰	52	Te	碲
26	Fe	铁	53	I	碘
27	Co	钴	54	Xe	氙

续表

原子序数	符 号	名 称	原子序数	符 号	名 称
55	Cs	铯	84	Po	钋
56	Ba	钡	85	At	砹
57	La	镧	86	Rn	氡
58	Ce	铈	87	Fr	钫
59	Pr	镨	88	Ra	镭
60	Nd	钕	89	Ac	锕
61	Pm	钷	90	Th	钍
62	Sm	钐	91	Pa	镤
63	Eu	铕	92	U	铀
64	Gd	钆	93	Np	镎
65	Tb	铽	94	Pu	钚
66	Dy	镝	95	Am	镅
67	Ho	钬	96	Cm	锔
68	Er	铒	97	Bk	锫
69	Tm	铥	98	Cf	锎
70	Yb	镱	99	Es	锿
71	Lu	镥	100	Fm	镄
72	Hf	铪	101	Md	钔
73	Ta	钽	102	No	锘
74	W	钨	103	Lr	铹
75	Re	铼	104	Rf	𬬻
76	Os	锇	105	Db	𬭊
77	Ir	铱	106	Sg	𬭳
78	Pt	铂	107	Bh	𬭛
79	Au	金	108	Hs	𬭶
80	Hg	汞	109	Mt	鿏
81	Tl	铊	110	Uun	
82	Pb	铅	111	Uuu	
83	Bi	铋	112	Uub	

7. 常用数学符号（GB 3102.11–1993）

（1）运算符号

符号及应用	意义或读法
$a+b$	a 加 b
$a-b$	a 减 b
$a\pm b$	a 加或减 b
$a\mp b$	a 减或加 b
$ab, a\cdot b, a\times b$	a 乘以 b
$\dfrac{a}{b}, a/b, ab^{-1}$	a 除以 b 或 a 被 b 除
$\sum\limits_{i=1}^{n}a_i$	$a_1+a_2+\cdots+a_n$
$\prod\limits_{i=1}^{n}a_i$	$a_1\cdot a_2\cdot\cdots\cdot a_n$
a_p	a 的 p 次方或 a 的 p 次幂
$a^{1/2}, a^{\frac{1}{2}}, \sqrt{a}$	a 的二分之一次方；a 的平方根
$a^{1/n}, a^{\frac{1}{n}}, \sqrt[n]{a}$	a 的 n 分之一次方；a 的 n 次方根
$\mid a\mid$	a 的绝对值；a 的模
$sgn\ a$	a 的符号函数
$\bar{a}, <a>$	a 的平均值
$n!$	n 的阶乘

（2）几何符号

符号及应用	意 义 或 读 法
$\overline{AB}$, AB	[直]*线段 AB
$\angle$	[平面]角
$\overset{\frown}{AB}$	弧 AB
π	圆周率
Δ	三角形

续表

符号及应用	意 义 或 读 法
$\square$	平行四边形
$\odot$	圆
$\perp$	垂直
//, $\parallel$	平行
$\backsim$	相似
$\cong$	全等

*表中方括号内的文字表示可以略去或不读,下同。

(3) 指数函数和对数函数符号

符号及应用	意 义 或 读 法
a^x	x 的指数函数(以 a 为底)
e	自然对数的底
e^x, exp x	x 的指数函数(以 e 为底)
$\log_a x$	以 a 为底的 x 的对数
ln x	ln $x = \log_e x$ x 的自然对数
lg x	lg $x = \log_{10} x$ x 的常用对数
lb x	lb $x = \log_2 x$ x 的以 2 为底的对数

(4) 三角函数符号

符号及应用	意 义 或 读 法
sin x	x 的正弦
cos x	x 的余弦
tan x	x 的正切
cot x	x 的余切

续表

符号及应用	意 义 或 读 法
sec x	x 的正割
csc x	x 的余割
$\sin^m x$	$\sin x$ 的 m 次方
arcsin x	x 的反正弦
arccos x	x 的反余弦
arctan x	x 的反正切
arccot x	x 的反余切
arcsec x	x 的反正割
arccsc x	x 的反余割

(5) 杂类符号

符号及应用	意 义 或 读 法
$a = b$	a 等于 b
$a \neq b$	a 不等于 b
$a \triangleq b$	a 相当于 b
$a \approx b$	a 约等于 b
$a \propto b$	a 与 b 成正比
$a : b$	a 比 b
$a < b$	a 小于 b
$b > a$	b 大于 a
$a \leqslant b$	a 小于或等于 b
$a \geqslant b$	b 大于或等于 a
$a \ll b$	a 远小于 b
$b \gg a$	b 远大于 a
∞	无穷[大]或无限[大]
$a \sim b$	数字范围

续表

符号及应用	意义或读法
%	百分号
±	正或负
∓	负或正
max	最大
min	最小

8. 常用电工图形符号(GB 4728–85)

名　称	图形符号
直　流	——
交　流	～
交电流	≈
中性(中性线)	N
中间线	M
正　级	+
负　极	–
导线的连接点	·
端子(必要时圆圈可画成黑点)	○
可拆卸的端子	⌀
接地一般符号	 ⏚
无噪声接地(抗干扰接地)	
保续表护接地	

续表

名　称		图形符号
屏　蔽		
故　障		 （表示假定故障位置）
闪络、击穿		
导线间绝缘击穿		
导线对机壳绝缘击穿		 形式1 　　　　形式2
导线对地绝缘击穿		
接地装置	有接地极	
	无接地极	
架空线路		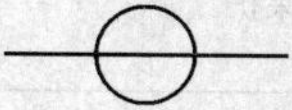
事故照明线		

续表

名 称	图形符号
柔软导线	
二股绞合导线	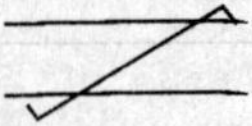
同轴电缆	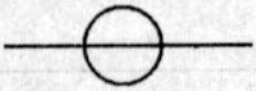
屏蔽导线	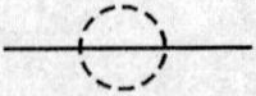
母线的一般符号	
交流母线	
直流母线	
装在支柱上的封闭式母线	
装在吊钩上的封闭式母线	
电缆铺砖保护	
电缆穿管保护	 （加注文字符号可表示规格数量）
电缆上方敷设防雷排流线	

续表

名　　称		图形符号
电缆预留		
电信电缆的蛇形敷设		
电缆充气点		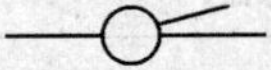
电缆终端头	多　　线	
	单　　线	
电缆中间接头		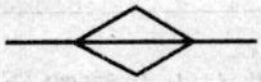
电缆分支接头		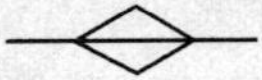
导线的多线连接		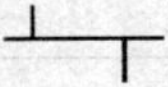 形式1 　　　　形式2
导线的不连接(跨越)		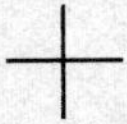
插头和插座		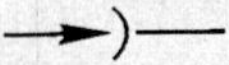 或 
连接片		 或 
电阻器一般符号		
滑动触点电位器		

续表

名　称	图形符号
可变电阻	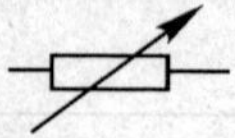
电感器(注:符号上加一条线表示带铁心的电感器)	
有两个抽头的电感器	
电信电杆上装设避雷线	
电杆上装设带有火花间隙的避雷线	
拉线一般符号	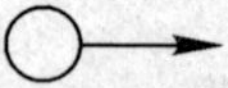
动合(常开)触点开关	
动断(常闭)触点	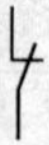
先断后合的转换触点	
先合后断的转换触点	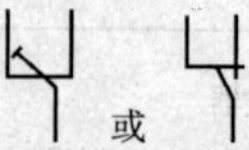 或

续表

名　称		图形符号
延时闭合的动合(常开)触点		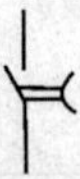 或 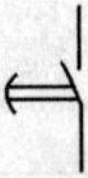
延时断开的动断(常闭)触点		 或 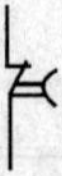
延时断开的动合(常开)触点		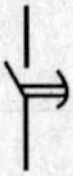 或 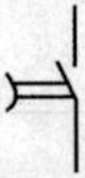
延时闭合的动断(常闭)触点		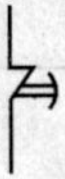 或 
多极开关	多　线	
	单　线	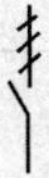
负荷开关		
脚踏开关		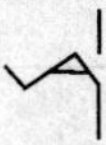
断路器		

续表

名 称	图形符号
隔离开关	
凸轮开关	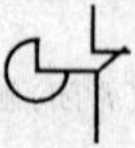
温度开关	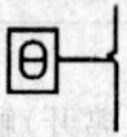
液位开关	
熔断器	
跌开式熔断器	
接触器	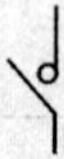
动合(常开)按钮	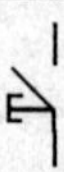
动断(常闭)按钮	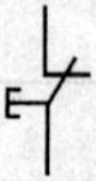

续表

名　称	图形符号
一般按钮盒	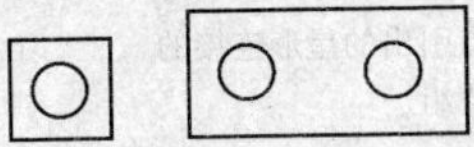
密闭型按钮盒	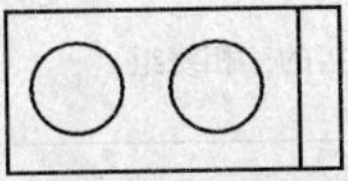
防爆型按钮盒	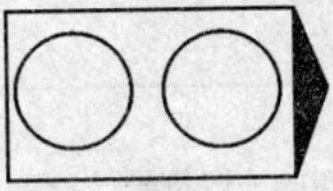
带指示灯的按钮	
两相绕组	
三个独立绕组	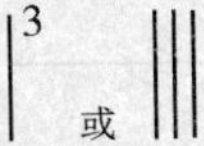 3 或
三角形连接的三相绕组	
开口三角形连接的三相绕组	
星形连接的三相绕组	

续表

名　称	图形符号
中性点引出的星形连接的三相绕组	
曲折形连接的三相绕组	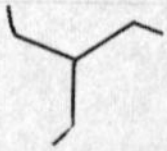
永久磁铁	
继电器线圈的一般符号	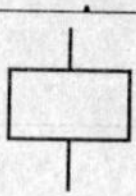
缓放继电器线圈	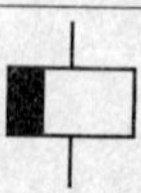
缓吸继电器线圈	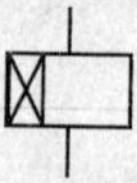
避雷器	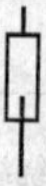
缓吸和缓放继电器线圈	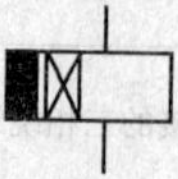
过流继电器	 I >

续表

名　称	图形符号
剩磁继电器线圈	或
极化继电器线圈	
热继电器的驱动器	
欠压继电器	**u <**
火花间歇	
双火花间隙	
热电偶	或
电抗器	或
电流互感器	或

续表

名 称	图形符号
电压互感器	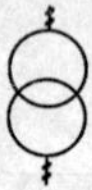 或 
双绕组变压器	 或 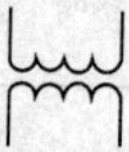
三绕组变压器(同双绕组变压器)	 或 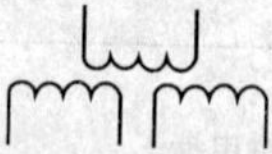
自耦变压器	 或 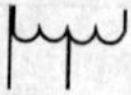
整流器方框符号	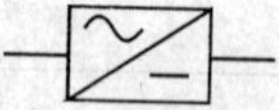
逆变器方框符号	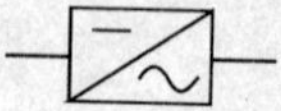
桥式全波整流器方框符号	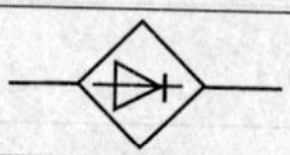
滤波器一般符号	
电容器一般符号	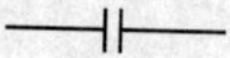

续表

名　称	图形符号
极性电容器	
电动机操作	
气动或液压操作	
电　池	
蓄电池组	
电流表	
电压表	
功率因数表	
频率表	
功率表	

续表

名　称	图形符号
有功电度表	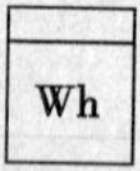 Wh
无功电度表	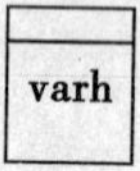 varh
电　钟	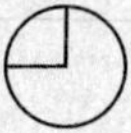 ◔
电　铃	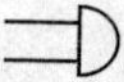 ⊐ 或 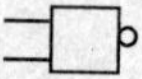 ⊐°
电警笛	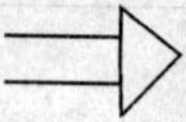 ⟹
蜂鸣器	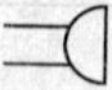 ⊐ 或 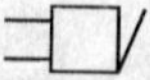 ⊐
电喇叭	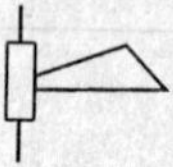 📣
灯、信号灯	 ⊗
直流发电机	 Ⓖ

续表

名　称	图形符号
直流电动机	
交流发电机	
交流电动机	
串联直流电动机	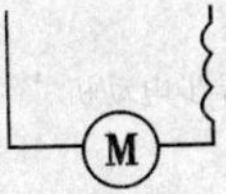
并联直流发电机	
永磁直流电动机	
三相串联换向器电动机	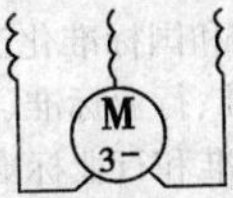
无中性点引出线的星形连接的三相同步发电机	
单相永磁同步发电机	

续表

名　称	图形符号
三相永磁同步发电机	
三相鼠笼式异步电动机	
三相绕线式异步电动机	

9. 中国标准代号

（1）中国标准的历史发展简况

中国的标准，自新中国成立至 1984 年以前，分为国家标准、部标准和企业标准三个级。自 1984 年始，采用专业标准代替部标准（部分）。根据《中华人民共和国标准化法》的有关规定，从 1989 年起，我国的现行标准改为国家标准、行业标准、地方标准和企业标准四个级。此外，按标准的属性，国家标准和行业标准分为强制性标准和推荐性标准两类：以保障人们健康、人身财产安全的标准为强制性标准，其余为推荐性标准。

此外，省、自治区、直辖市标准从行政主管部门制定有地方标准，按照相关的安全卫生要求制定的地方标准，在本行政区内亦分为强制性标准和推荐性标准两类。

（2）国家标准

代　号	标　准　名　称
GB	国家标准（强制性标准）
GB/T	国家标准（推荐性标准）
GBn	国家内部标准
GBJ	国家工程建设标准
GJB	国家军用标准

（3）行为标准

行业标准类别	代　号	批准发布部门
□□行业标准（强制性标准）	□□	
□□行业标准（推荐性标准）	□□/T	
农业	NY	农业部
水产	SC	农业部
水利	SL	水利部
林业	LY	国家林业局
轻工	QB	国家经济贸易委员会
纺织	FZ	（国家经济贸易委员会）中国纺织工业协会
医药	YY	国家药品监督管理局
民政	MZ	民政部
教育	JY	教育部
烟草	YC	国家烟草专卖局
黑色冶金	YB	国家经济贸易委员会

续表

行业标准类别	代 号	批准发布部门
有色冶金	YS	（国家经济贸易委员会）中国有色金属工业协会
石油天然气	SY	国家经济贸易委员会
海洋石油天然气	SY（10000号以后）	国家经济贸易委员会
化工	HG	国家经济贸易委员会
石油化工	SH	国家经济贸易委员会
建材	JC	国家经济贸易委员会
地质矿产	DE	国土资源部
土地管理	TD	国土资源部
测绘	CH	国家测绘局
机械	JB	（国家经济贸易委员会）中国机械工业联合会
汽车	QC	国家经济贸易委员会
民用航空	MH	中国民用航空管理总局
兵工民品	WJ	国防科学技术工业委员会
船舶	CB	国防科学技术工业委员会
航空	HB	国防科学技术工业委员会
航天	QJ	国防科学技术工业委员会
核工业	EJ	国防科学技术工业委员会
铁路运输	JB	铁道部
交通	JT	交通部
劳动和劳动安全	LD	劳动和社会保障部
电子	SJ	信息产业部
通信	YD	信息产业部

续表

行业标准类别	代号	批准发布部门
广播电影电视	GY	国家广播电影电视总局
电力	DL	国家经济贸易委员会
金融	JR	中国人民银行
海洋	HY	国家海洋局
档案	DA	国家档案局
商检	SN	国家质量监督检验检疫总局
文化	WH	文化部
体育	TY	国家体育总局
商业	SB	中国商业联合会(行业标准组织制定部分)
物资管理	WB	国家经济贸易委员会
环境保护	HJ	国家环境保护总局
稀土	XB	国家发展计划委员会稀土办公室
城镇建筑	CJ	建设部
建筑工业	JG	建设部
新闻出版	CY	国家新闻出版总署
煤炭	MT	中国煤炭工业协会(行业标准组织制定部门)
卫生	WS	卫生部
公共安全	GA	公安部
包装	BB	国家经济贸易委员会
地震	DB	中国地震局
旅游	LB	国家旅游局

续表

行业标准类别	代　号	批准发布部门
气象	QX	中国气象局
外经贸	WM	对外经济贸易合作部
海关	HS	海关总署
邮政	YZ	国家邮政局
供销	CH	中华全国供销合作总社
粮食	LS	国家粮食局
中医药	ZY	国家中医药管理局

（4）原专业标准

ZB□	强制性标准：□□类
ZB/T□	推荐性标准：□□类
ZB A	综合类
ZB B	农业、林业类
ZB C	医药、卫生、劳动保护类
ZB D	矿业类
ZB E	石油类
ZB F	能源、核技术类
ZB G	化工类
ZB H	冶金类
ZB J	机械类
ZB K	电工类
ZB L	电子基础、计算机与信息处理类
ZB M	通信、广播类
ZB N	仪器、仪表类

续表

ZB P	土木建筑类
ZB Q	建材类
ZB R	公路、水路运输类
ZB S	铁路类
ZB T	车辆类
ZB U	船舶类
ZB V	航空、航天类
ZB W	纺织类
ZB X	食品类
ZB Y	轻工、文化与生活用品类
ZB Z	环境保护类

(5) 原部颁标准

CB	船航工业部分
DJ	水利电力部分
DZ	地质矿产部分
EJ	核工业部分
FJ	纺织工业部分
FJ/C	纺织工业部参考性技术文件
GN	公安部分
HB	航空工业部分
HG	化学工业部分
JC	建筑材料工业部分
JB	机械工业部分
JJ	城乡建设环境保护部分

续表

JT	交通部分
JY	教育部分
LS	商业(粮食)部分
LY	林业部分
MT	煤炭工业部分
NJ	机械工业(农机)部分
NY	农业部分
QB	轻工业(第一)部分
QJ	航天工业部分
SB	商业部分
SC	水产部分
SD	水利电力部分
SG	轻工业(第二)部分
SJ	电子工业部分
SY	石油工业部分
TB	铁道部分
WJ	兵器工业部分
WM	对外贸易经济部分
WS	医药部分
YB	冶金工业部分
YB(T)	冶金工业部推荐性标准
YD	邮电部分
YS	有色金属工业部分
□□/Z	□□部指导性技术文件

注:表中顺序是按拼音字母顺序排序。

10.　中国标准的编号及示例

a. 中国现行的强制性国家标准和行业标准以及旧部标准的标准编号，是由其规定的标准代号(可见本手册"中国标准代号")和两组数字组成。推荐性标准的标准编号是在强制性标准代号后加"T"符号，中间用"/"线间隔开。随后，第一组数据为标准编制的顺序号，第二组数据为标准编号的发布年号，年号以四位数表示，过去曾用两位数表示。

示例　GB/T 5795-2002

b. 在上棕标准编号中，一些标准存在着内容可分为若干个独立部分，为保持标准的完整性和使用查阅方便，仍用同一标准顺序号发布，其独立部分再用顺序号区分表示，写在同一标准顺序号后边，并用实心小圆点予以分开。

示例　GB/T 3102.1-1993　　GB/T 3102-1993

c. 在部标准中，其标准的编号是由部标准代号(推荐性标准须在代号后加"/T")后加顺序号和发布年号组成，如果同一标准存在着内容可分为若干个独立部分，其独立部分仍再用顺序号区分表示(与上述 b 相同)。

示例　JB/T 8437-1996　　JB/T 8905.1-1999
　　　JB/T 8905.2-1999

d. 专业标准的编号，是由其代号和两组数字组成。代号为三个字母，前两个字母"ZB"表示专业标准，第三个字母表示标准分类的一级类目(可见本手册"中国标准代号")。第一组数字为五位数，其紧邻字母的两位数字表示标准分类的二级类目，后三位数字表示该二级类目的标准顺序，第二组数字则表示专业标准的发布年号。

示例　ZBY 73033-89　　ZB/T Y73028-89

11. 我国地方标准代号及地区性
企业标准代号(分子部分)

行政区划		标准代号分子	行政区划		标准代号分子
名称	代码		名称	代码	
北京市	110000	京 Q	湖南省	430000	湘 Q
天津市	120000	津 Q	广东省	440000	粤 Q
河北省	130000	冀 Q	广西壮族自治区	450000	桂 Q
山西省	140000	晋 Q	海南省	460000	琼 Q
内蒙古自治区	150000	蒙 Q	重庆市	500000	渝 Q
辽宁省	210000	辽 Q	四川省	510000	川 Q
吉林省	220000	吉 Q	贵州省	520000	黔 Q
黑龙江省	230000	黑 Q	云南省	530000	滇 Q
上海市	310000	沪 Q	西藏自治区	540000	藏 Q
江苏省	320000	苏 Q	陕西省	610000	陕 Q
浙江省	330000	浙 Q	甘肃省	620000	甘 Q
安徽省	340000	皖 Q	青海省	630000	青 Q
福建省	350000	闽 Q	宁夏回族自治区	640000	宁 Q
江西省	360000	赣 Q	新疆维吾尔自治区	650000	新 Q
山东省	370000	鲁 Q	台湾省	710000	CNS(自编)
河南省	410000	豫 Q	香港特别行政区	810000	
湖北省	420000	鄂 Q	澳门特别行政区	820000	

注:1. 地方标准的代号:由字母 DB,加上行政区划代码前两位数,再加斜线,组成强制性地方标准代号;在强制性地方标准代号后再加上字母 T,组成推荐性地方标准代号。

例 四川省强制性地方标准代号 DB51/
四川省推荐性地方标准代号 DB51/T

2. 地区性企业标准的代号按分数形式表示。分子由行政区划的简称和字母 Q
组成;分母按中央直属企业(国务院有关部局)和地方企业(地方有关标准部
门)的规定表示。

例 四川省冶金行业企业标准代号 川 Q/YB

12. 国际标准组织代号

(1)国际标准机构

代 号	国际标准机构名称
BIPM	国际计量局
BISFA	国际人造纤维标准化局
CAC	食品法典委员会
CCSDS	空间数据系统咨询委员会
CIB	国际建筑结构研究和创新理事会
CIE	国际照明委员会
CIMAC	国际内燃机理事会
FDI	国际牙科联合会
FID	国际信息和文献联合会
IAEA	国际原子能机构
IATA	国际航空运输协会
ICAO	国际民航组织
IEC	国际电工委员会
ICC	国际谷物科学和技术协会
ICID	国际排灌委员会
ICRP	国际辐射防护委员会
ICRV	国际辐射单位和测量委员会

续表

代 号	国际标准机构名称
IDF	国际乳品业联合会
IETF	互联网工程特别工作组
IFLA	国际图书馆协会与学会联合会
IFOAM	国际有机农业联盟
IGU	国际煤气联合会
IIR	国际制冷学会
ILO	国际劳工组织
IMO	国际海事组织
ISTA	国际种子测试协会
IUPAC	国际理论和应用化学联合会
IWTO	国际毛纺组织
OIE	国际兽疫防治局
OIML	国际法制计量组织
OIV	国际葡萄与葡萄酒局
RILEM	国际原料和结构测试研究实验室联盟
TraFIX	信息交换贸易促进会
UTC	国际铁路联盟
UN/CEFACT	联合国经营,交易和运输程序和实施促进中心
UNESCO	联合国教科文组织
WCO	国际海关组织
WHO	世界卫生组织
WIPO	世界知识产权组织
WMO	世界气象组织

(2) ISO、IEC 和 ITU 承认的区域性标准组织

地域名称	代　号	标准组织名称
美　洲	COPANT	泛美标准委员会
阿拉伯国家	AIDMO	阿拉伯工业发展和矿业组织
亚洲和太平洋地区	ACCSQ	东盟标准和质量咨询委员会
	PASC	太平洋地区标准会议
欧　洲	CEN	欧洲标准化委员会
	CENELEC	欧洲电工标准化委员会
	ETSI	欧洲电讯标准学会
	UN/ECE	联合国欧洲经济委员会

(3) 其他具有相关活动的国际或区域组织

代　号	组织名称
IAF	国际认可论坛
IFAN	国际标准用户联盟
ILAC	国际实验室认可合作
WTO	世界贸易组织

13. 外国标准代号

所在地域名称	代　号	国家及地区名称
亚　洲	BDSI	孟加拉国标准
	IS	印度标准
	ISIRI	伊朗标准
	JIS	日本工业标准
	KS	韩国工业标准
	MS	马来西亚标准
	NI	印度尼西亚标准
	PS	巴基斯坦标准

续表

所在地域名称	代　号	国家及地区名称
亚　洲	PS	菲律宾标准
	PTS	菲律宾贸易标准
	S. I.	以色列标准
	SLS	斯里兰卡标准
	SNS	叙利亚国家标准
	SOI	伊朗标准
	S. S.	新加坡标准
	TCVN	越南国家标准
	TIS	泰国工业标准
	TS	土耳其标准
	yCT	蒙古国家标准
	ㅋㅟ	朝鲜国家标准
欧　洲	BS	英国标准
	CSN	前捷克和斯洛伐克标准
	DIN	德国标准
	DS	丹麦标准
	ELOT	希腊标准
	JUS	前南斯拉夫标准
	I. S.	爱尔兰标准
	MSZ	匈牙利标准
	NBN	比利时标准
	NEN	荷兰标准
	NF	法国标准
	NP	葡萄牙标准
	NS	挪威标准
	ONORM	奥地利标准

续表

所在地域名称	代 号	国家及地区名称
欧 洲	PN	波兰标准
	SFS	芬兰标准协会标准
	SIS	瑞典标准
	SN	瑞士标准
	STAS	罗马尼亚标准
	UNE	西班牙标准
	UNI	意大利标准
	БДС	保加利亚标准
	ГОСТ	苏联国家标准
美 洲	ANSI	美国国家标准
	AISI	美国钢铁学会标准
	ASTM	美国材料与试验协会标准
	FS	美国联邦规格与标准
	MIL	美国军用标准与规格
	SAE	美国汽车工程师协会标准
	UL	美国保险业者研究所标准
	AS	澳大利亚标准
	CSA	加拿大国家标准
大洋洲	IRAM	阿根廷标准
	NB	巴西标准
	NC	古巴标准
非 洲	NCh	智利标准
	NOM	墨西哥官方标准
	NZS	新西兰标准
	ES	埃及标准
	NSO	尼日利亚标准
	SABS	南非标准

14. 常见塑料、树脂缩写代号及其特征性能

缩写代号（GB/T 1844.1–1995）

(1) 均聚物和天然聚合物缩写代号

缩写代号	名　称	
	中　文	英　文
CA	乙酸纤维素	Cellulose acetate
CAB	乙酸-丁酸纤维素	Cellulose acetate butyrate
CAP	乙酸-丙酸纤维素	Cellulose acetate propionate
CF	甲酚-甲醛树脂	Cresol–formaldehyde resin
CMC	羧甲基纤维素	Carboxymethyl cellulose
CN	硝酸纤维素	Cellulose nitrate
CP	丙酸纤维素	Cellulose propionate
CS	酪素塑料	Casein plastics
CSF	酪素甲醛树脂	Casein–formaldehyde resin
CTA	三乙酸纤维素	Cellulose triacetate
EC	乙基纤维素	Ethyl cellulose
EP	环氧树脂	Epoxide resin；Epoxy resin
FF	呋喃甲醛树脂	Furan–formaldehyde resin
GPS	通用聚苯乙烯	General polystyrene
HDPE	高密度聚乙烯	High density polyethylene
HIPS	高抗冲聚苯乙烯	High impact polystyrene
LCP	液晶聚合物	Liquid ruystal polymers
LDPE	低密度聚乙烯	Low density polyethylene
LLDPE	线性低密度聚乙烯	Lenear low density polyethylene
MC	甲基纤维素	Methyl cellulose

续表

缩写代号	名　称	
	中　文	英　文
MDPE	中密度聚乙烯	Middle density polyethylene
MF	三聚氰胺-甲醛树脂	Melamine-formaldehyde resin
MPF	三聚氰胺-酚甲醛树脂	Melamine-Phenol-formaldehyderesin
PA	聚酰胺	Polyamide
PAA	聚丙烯酸	Poly(acrylic acid)
PAEK	聚芳醚酮	Polyaryletherketone
PAI	聚酰胺(酰)亚胺	Polyamide/imide
PAK	聚丙烯酸酯	Polyacrylate
PAN	聚丙烯腈	Polyacrylonitrile
PB	聚丁烯	Polybutene-1
PBAK	聚丙烯酸丁酯	Poly(butyl acrylate)
PBT	聚对苯二甲酸丁二酯	Poly(butylene terephthalate)
PC	聚碳酸酯	Polycarbonate
PCTFE	聚三氟氯乙烯	Polychlorotrifluoroethylene
PDAP	聚邻苯二甲酸二烯丙酯	Poly(diallyl phthalate)
PDAIP	聚间苯二甲酸二烯丙酯	Poly(diallyl isophthalate)
PDCPD	聚二环戊二烯	Polydicyclo pentadiene
PE	聚乙烯	Polyethylene
PE-C	氯化聚乙烯	Chlorinated polyethylene
PEEK	聚醚醚酮	Polyetheretherketone
PEEKK	聚醚醚酮酮	Polyetheretherketoneketone
PES	聚醚酯	Polyetherester
PEI	聚醚(酰)亚胺	Poly(ether imide)
PEK	聚醚酮	Polyetherketone
PEKEKK	聚醚酮醚酮酮	Polyetherketoneetherketoneketone

续表

缩写代号	名 称	
	中 文	英 文
PEKK	聚醚酮酮	Polyetherketoneketone
PEOX	聚氧化乙烯	Poly(ethylene oxide)
PESU	聚醚砜	Poly(ether sulfone)
PES	聚酯	Polyester
PET	聚对苯二甲酸乙二酯	Poly(ethylene terephthalate)
PESUR	聚酯型聚氨酯	Poly(ester urethane)
PEUR	聚醚型聚氨酯	Poly(ether urethane)
PF	苯酚-甲醛树脂	Phenol–formaldehyde resin
PFA	全氟烷氧基链烷	Perfluoro alkoxyla lkane
PI	聚酰亚胺	Polyimide
PIB	聚异丁烯	Polyisobutene;Polyisobutylene
PIR	聚异氰脲酸酯	Polyisocyanurate
PMCA	聚α-氯代丙烯酸甲酯	Poly(methyl–α–chloroacrylate)
PMI	聚甲基丙烯(酰)亚胺	Polymethacrylimide
PMMA	聚甲基丙烯酸甲酯	Poly(methyl methacrylate)
PMMI	聚N-甲基甲基丙烯(酰)亚胺	Poly(N–metyl methacrylimide)
PMP	聚-4-甲基戊烯-1	Poly–4–methylpentene–1
PMS	聚α-甲基苯乙烯	Poly–α–methylstyrene
POM	聚(氧亚甲基);聚甲醛	Polyoxymethylene (Polyacetal);Polyformaldehyde
PP	聚丙烯	Polypropylene
PP–C	氯化聚丙烯	Chlorinated polypropylene
PPO	聚苯醚;聚亚苯醚	Poly(phenylene oxide)
PPS	聚苯硫醚;聚对亚苯硫醚	Poly(phenylene sulfide)

续表

缩写代号	名称	
	中 文	英 文
PPSE	聚苯砜	Poly(phenylene sulfone)
PS	聚苯乙烯	Polystyrene
PSU	聚砜	Polysulfone
PTFE	聚四氟乙烯	Polytetrafluoroethylene
PUR	聚氨酯;聚氨基甲酸酯	Polyurethane
PUR-T	热塑性聚氨酸	Ihermoplastic polyurethane
PVAC	聚乙酸乙烯酯	Poly(vinyl acetate)
PVAL	聚乙烯醇	Poly(vinyl alcohol)
PVB	聚乙烯醇缩丁醛	Poly(vinyl butyral)
PVC	聚氯乙烯	Poly(vinyl chloride)
PVS-C	氯化聚氯乙烯	Chlorinated poly(vinyl chloride)
PVDC	聚偏氯乙烯	Poly(vinylidene chloride)
PVDF	聚偏二氟乙烯	Poly(vinylidene fluoride)
PVF	聚氟乙烯	Poly(vinyl fluoride)
PVFM	聚乙烯醇缩甲醛	Poly(vinyl formal)
PVK	聚乙烯基咔唑	Polyvinylcarbazole
PVP	聚乙烯基吡咯烷酮	Polyvinylpyrrolidone
RF	间苯二酚-甲醛树脂	Resorcinol-formaldehyde resin
SI	(聚)硅氧烷	Silicone
SP	饱和聚酯	Saturated polyester
UF	脲-甲醛树脂	Urea-formaldehyde resin
UHMWPE	超高分子量聚乙烯	Ultra-high molecular weight polyethylene
UP	不饱和聚酯	Unsaturated polyester

（2）共聚物材料缩写代号

缩写代号	材料全称	
	中文	英文
A/B/AK	（丙烯腈/丁二烯/丙烯酸酯）共聚物	Acrylonitrile/butadiene/acrylate copolymer
ABS	（丙烯腈/丁二烯/苯乙烯）共聚物	Acrylonitrile/butadiene/styrene copolymer
ACS	（丙烯腈/氯化聚乙烯/苯乙烯）共聚物	Acrylonitrile/chlorinated polyethylene/styrene copolymer
AES	（丙烯腈/乙烯-丙烯-二烯-苯乙烯）共聚物	Acrylonitrile/ethylene – propylene – diene/styrene copolymer
A/MMA	（丙烯腈/甲基丙烯酸甲酯）共聚物	Acrylonitrile/methyl methacrylate copolymer
AS	（丙烯腈/苯乙烯）共聚物	Acrylonitrile/styrene copolymer
ASA	（丙烯腈/苯乙烯/丙烯酸酯）共聚物	Acrylonitrile/styrene/acrylate copolymer
E/AK	（乙烯/丙烯酸酯）共聚物	Ethylene/acrylate copolymer
E/EAK	（乙烯/丙烯酸乙酯）共聚物	Ethylene/ethyl acrylate copolymer
E/MA	（乙烯/甲基丙烯酸）共聚物	Ethylene/methacrylic acid copolymer
E/P	（乙烯/丙烯）共聚物	Ethylene/propylene copolymer
E/P/D	（乙烯/丙烯/二烯三元）共聚物	Ethylene/propylene diene terpolymer copolymer

续表

缩写代号	材料全称	
	中 文	英 文
EPDM	(乙烯/丙烯/二烯)共聚物	Ethylene/propylene/didiene copolymer
E/TFE	(乙烯/四氟乙烯)共聚物	Ethylene/tetrafluoroethylene copolymer
E/VAC	(乙烯/乙酸乙烯聚酯)共聚物	Ethylene/vinyl acetate copolymer
E/VAL	(乙烯/乙烯醇)共聚物	Ethylene/vinyl alcohol copolymer
MABS	(甲基丙烯酸甲酯/丙烯腈/丁二烯/苯乙烯)共聚物	Methyl methacrylate/acrylonitrile/butadiene/styrene copolymer
MBS	(甲基丙烯酸酯/丁二烯/苯乙烯)共聚物	Methacrylate/butadiene/styrene copolymer
MPF	(三聚氰胺/苯酚-甲醛)共聚物	Melamine/phenol-formaldehycle copolymer
PEBA	聚醚嵌段酰胺	Polyether block amide
PFEP	全氟(乙烯/丙烯)共聚物；(四氟乙烯-六氟丙烯)共聚物	Perfluoro(ethylene/propylene) copolymer
PVCA	聚氯乙烯/乙酸乙烯酯	Poly(vinyl chloride-acetate)
SAN	(苯乙烯/丙烯腈)共聚物	Styrene/acrylonitrile copolymer
S/B	(苯乙烯/丁二烯)共聚物	Styrene/butadiene copolymer

续表

缩写代号	材料全称	
	中 文	英 文
SMAH	(苯乙烯/顺丁烯二酸酐)共聚物	Styrene/maleic anhydride copolymer
S/MS	(苯乙烯/α-甲基苯乙烯)共聚物	Styrene/α-methyl styrene copolymer
VC/E	(氯乙烯/乙烯)共聚物	Vinyl chloride/ethylene copolymer
VC/E/MAK	(氯乙烯/乙烯/丙烯酸甲酯)共聚物	Vinyl chloride/ethylene/methyl acrylate copolymer
VC/MAK	(氯乙烯/丙烯酸甲酯)共聚物	Vinyl chloride/methyl acrylate copolymer
VC/MMA	(氯乙烯/甲基丙烯酸甲酯)共聚物	Vinyl chloride/methyl methacrylate copolymer
VC/OAK	(氯乙烯/丙烯酸辛酯)共聚物	Vinyl chloride/octyl acrylate copolymer
VC/VAC	(氯乙烯/乙酸乙烯酯)共聚物	Vinyl chloride/vinyl acetate copolymer
VC/VDC	(氯乙烯/偏二氯乙烯)共聚物	Vinyl chloride/vinylidene chloride copolymer

(3)特征性能缩写代号

为了鉴别同一基础聚合物不同改性物之间的差异,可用增加特征性能缩写代号表示。

缩写代号	特征性能称谓	
	中 文	英 文
C	氯化的	chlorinated
D	密度	density

续表

缩写代号	特征性能称谓	
	中 文	英 文
E	可发泡的或发泡的	expandable or expanded
F	柔性的或流体(液态)	flexible or fluid(liquid state)
H	高(的)	high
I	抗冲	impact
L	线性(的)或低(的)	linear or low
M	中或分子	medium or molecular
N	正(链)的;线型酚醛树脂	normal or novolak
P	增塑的	plasticized
R	甲阶树脂	resol
T	热塑性	thermoplastic
U	超;未增塑的	ultra or unplasticized
V	极,很	very
W	重量	weight
CL	交联(的)或可交联(的)	crosslinked or crosslinkable

注：缩写代号使用举例：增加的缩写代号一般可放在基础聚合物缩写代号之后，用
连字符分开。

氯化聚乙烯=PE-C

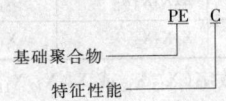

15. 商品条码

商品条码是用于标识国际通用的商品代码的一种模块组合型条码，是由一组按特定规则排列的条、空及对应字符组成的表示一定信息的符号。

商品条码由国际物品编码协会(EAN)与统一代码委员会(UCC)规

定,并经我国 GB12904-2003《商品条码》标准确认。商品条码包括 EAN 商品条码(EAN-13 和 EAN-8 商品的条码)和 UPC 商品条码(UPC-A 和 UPC-E 商品条码)。

EAN 商品条码是国际物品编码协会在全世界推广应用的商品条码,是按照"模块组配法"原理进行编码,是定长型、连续型、纯数字型条码。EAN 商品条码的字符集为数字 0~9。

UPC 商品条码是美国统一代码委员会(UCC)制定的商品条码,是世界上最早出现并投入应用的商品条码,尤其在北美地区得以广泛应用。其在技术上完全与 EAN 商品条码一致,模块组合、定长、连续、纯数字型、字符集等与 EAN 商品条码相同。

(1)EAN 商品条码

EAN 商品条码有 EAN-13 和 EAN-8 两种形式。

a. EAN-13 商品条码

EAN-13 商品条码主要应用于商品的自动销售系统,也适用于会计、统计、仓储、订货等业务。其标识代码结构由厂商识别代码(包含前缀码)、商品项目代码、校验码组成,有三种结构种类:

结构种类	厂商识别代码	商品项目代码	校验码
结构一	$X_{13}X_{12}X_{11}X_{10}X_9X_8X_7$	$X_6X_5X_4X_3X_2$	X_1
结构二	$X_{13}X_{12}X_{11}X_{10}X_9X_8X_7X_6$	$X_5X_4X_3X_2$	X_1
结构三	$X_{13}X_{12}X_{11}X_{10}X_9X_8X_7X_6X_5$	$X_4X_3X_2$	X_1

厂商识别代码的前 2~3 位(前缀码)数字($X_{13}X_{12}$ 或 $X_{13}X_{12}X_{11}$)是 EAN 编码组织分配给国家(或地区)所属编码组织的代码,由其统一管理和分配。目前,已分配给中国物品编码中心的前缀码为三位数($X_{13}X_{12}X_{11}$ 位),有 690、691、692、693、694、695,供中国物品编码中心使用。

厂商识别代码(包括前缀码)由 7~9 位数字组成,由中国物品编码中心负责分配和管理。

商品项目代码由 3~5 位数字组成,用以表示商品的代码,其由厂商自行编制。

检验码用以校验 X_{13} ~ X_2 的编码的正确筒,检验码是根据 X_{13} ~ X_2 的数值按一定的数字算法得出的。

b. EAN–8 商品条码

EAN–8 商品条码适用于标识小型商品,其识别代码由商品项目识别代码和校验码共 8 位数字组成:

商品项目识别代码	校 验 码
$X_8X_7X_6X_5X_4X_3X_2$	X_1

在商品项目识别代码中,$X_8X_7X_6$ 为前缀码。商品项目识别代码须由中国物品编码中心批准申报统一赋码,以确保其标识代码在全球范围的唯一性。校验码是根据 X_8 ~ X_2 的数值按一定的数学算法得出的。

(2)UPC 商品条码

UPC 商品条码有 UPC–A 和 UPC–E 商品条码两种形式。

a. UPC–A 商品条码

UPC–A 商品条码没有前置码 X_{13},由 12 位(最左边加 0 可视为 13 位)数字组成,其结构由厂商识别代码(包括系统字符 X_{12})、商品项目代码和校验码三部分组成:

厂商识别代码和商品项目代码	校 验 码
$X_{12}X_{11}X_{10}X_9X_8X_7X_6X_5X_4X_3X_2$	X_1

厂商识别代码是 UCC 统一代码委员会分配给厂商的代码(6 ~ 10 位

数),商品项目代码为厂商自行编码(1~5位数),校验码的计算方法与EAN商品条码的校验码计算方法相同。

b. UPC-E 商品条码

UPC-E 商品条码是 UPC-A 商品条码零压缩后的条码符号,其由系统字符,商品项目代码和校验码三部分组成。

系统字符	商品项目代码	校验码
0	$X_7X_6X_5X_4X_3X_2$	X_1

UPC-E 商品条码的系统字符和校验码分别位于起始符和终止符的外侧。系统字符规定总是为 0,为 0 的 UPC-A 商品条码可与 UPC-E 商品条码转换。

(3)店内码

店内码是为完善商业自动化管理而设计的只能在商店内部使用的条码,它是对规则包装商品上所使用商品条码的补充,能有效地处理商品的价格信息。国际物品编码协会推荐四种含有商品价格信息的代码结构作为 EAN-13 店内码,其代码结构为:

结构	前缀码	商品项目代码			校验码
		商品种类代码	价格校验码 (度量值)	价格代码 (度量值)	
结构一	$X_{13}X_{12}$	$X_{11}X_{10}X_9X_8X_7X_6$	无	$X_5X_4X_3X_2$	X_1

续表

结构	前缀码	商品项目代码			校验码
		商品种类代码	价格校验码 （度量值）	价格代码 （度量值）	
结构二	$X_{13}X_{12}$	$X_{11}X_{10}X_9X_8X_7$	无	$X_6X_5X_4X_3X_2$	X_1
结构三	$X_{13}X_{12}$	$X_{11}X_{10}X_9X_8X_7$	X_6	$X_5X_4X_3X_2$	X_1
结构四	$X_{13}X_{12}$	$X_{11}X_{10}X_9X_8$	X_7	$X_6X_5X_4X_3X_2$	X_1

　　店内码的代码结构是目前常用的，每一份随机质量销售的商品都有一个店内码与之相对应，其不同于规则包装的商品所使用的商品条码，每一个店内码都是不同的。

(4)三九条码

B2C3

　　三九条码是一种条、空均表示信息的非连续性、非定长、具有自校验功能的双向条码。它的字符集包括数字字符、英文字符和特殊字符等44个，三九条码是美国 Intermec 公司研制的一种条码，其具有误读率低等优点，适用于运输、仓储、工业生产、医疗卫生、图书情报等领域。

(5)库德巴条码

A12345678B

　　库德巴条码是一种条、空均可表示信息的非连续性、非定长、具有校验功能的双向条码。它的字符集包括数字字符，英文字母和特殊字符等20个，库德巴条码广泛应用于医疗卫生，图书馆和邮政快件等领域。

(6) EAN 已分配的前缀码分布情况

前缀码	国家或地区及应用领域	前缀码	国家或地区及应用领域
00 ~ 13	美国,加拿大	486	格鲁吉亚
20 ~ 29	店内码	487	哈萨克斯坦
30 ~ 37	法国	489	中国香港特别行政区
380	保加利亚	50	英国
383	斯洛文尼亚	520	希腊
385	克罗地亚	528	黎巴嫩
387	波黑	529	塞浦路斯
40 ~ 44	德国	531	马其顿
45 ~ 49	日本	535	马耳他
460 ~ 469	俄罗斯	539	爱尔兰
471	中国台湾	54	比利时,卢森堡
474	爱沙尼亚	560	葡萄牙
475	拉脱维亚	569	冰岛
476	阿塞拜疆	57	丹麦
477	立陶宛	590	波兰
478	乌兹别克斯坦	591	罗马尼亚
479	斯里兰卡	590	匈牙利
480	菲律宾	600 ~ 601	南非
481	白俄罗斯	608	巴林
482	乌克兰	609	毛里求斯
484	摩尔多瓦	611	摩洛哥
485	亚美尼亚	613	阿尔及利亚

续表

前缀码	国家或地区及应用领域	前缀码	国家或地区及应用领域
616	肯尼亚	770	哥伦比亚
619	突尼斯	773	乌拉圭
621	叙利亚	775	秘鲁
622	埃及	777	玻利维亚
624	利比亚	779	阿根廷
625	约旦	780	智利
626	伊朗	784	巴拉圭
627	科威特	786	厄瓜多尔
628	沙特阿拉伯	789 ~ 790	巴西
629	阿拉伯联合酋长国	80 ~ 83	意大利
64	芬兰	84	西班牙
690 ~ 695	中国	850	古巴
70	挪威	858	斯洛伐克
729	以色列	859	捷克
73	瑞典	860	南斯拉夫
740	危地马拉	867	朝鲜
741	萨尔瓦多	869	土耳其
742	洪都拉斯	87	荷兰
743	尼加拉瓜	880	韩国
744	哥斯达黎加	885	泰国
745	巴拿马	888	新加坡
746	多米尼加	890	印度

续表

前缀码	国家或地区及应用领域	前缀码	国家或地区及应用领域
750	墨西哥	893	越南
759	委内瑞拉	899	印度尼西亚
76	瑞士	90~91	奥地利
93	澳大利亚	978,979	图书
94	新西兰	980	应收票据
955	马来西亚	981~982	普通流通券
958	中国澳门特别行政区	99	优惠券
977	连续出版物		

第二章　常用计量单位及其换算

1. 我国法定计量单位

(1)我国法定计量单位的内容

国际单位制(简称SI)是我国法定计量单位的基础,一切属于国际单位制的单位都是我国的法定计量单位。

国际单位制(SI)的构成内容:

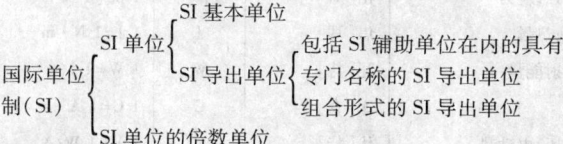

我国法定计量单位除了属于国际单位制的单位而外,还包括可与国际单位制单位并用的我国法定计量单位

(2)国际单位制(SI)的基本单位

量 的 名 称	单位名称	单位符号
长　　　度	米	m
质　　　量	千克(公斤)	kg
时　　　间	秒	s
电　　　流	安[培]	A
热力学温度	开[尔文]	K
物质的量	摩[尔]	mol
发光强度	坎[德拉]	cd

注: 1. [　]内的字,是在不致混淆的情况下,可以省略的字,下同。

2. (　)内的字为前者的同义语,下同。

3. 人民生活和贸易中,质量习惯称为重量。

4. 公里为千米的俗称,符号为 km。

(3)国际单位制(SI)辅助单位及具有专门名称的导出单位

量的名称	单位名称	单位符号	用 SI 基本单位和 SI 导出单位表示
平面角	弧　度	rad	$1\ rad = 1\ m/m = 1$
立体角	球面度	sr	$1\ sr = 1\ m^2/m^2 = 1$
频　率	赫[兹]	Hz	$1\ Hz-1\ s^{-1}$
力:重力	牛[顿]	N	$1\ N = 1kg \cdot m/s^2$
压力,压强;应力	帕[斯卡]	pa	$1\ pa = 1\ N/m^2$
能量;功;热量	焦[耳]	J	$1\ J = 1\ N \cdot m$
功率;辐射能量	瓦[特]	W	$1\ W = 1\ J/s$
电荷量	库[仑]	C	$1\ C = 1\ A \cdot s$
电位;电压;电动势	伏[特]	V	$1\ V = 1\ W/A$
电　容	法[拉]	F	$1\ F = 1\ C/V$
电　阻	欧[姆]	Ω	$1\ \Omega = 1\ V/A$
电　导	西(门子)	S	$1\ S = 1\ \Omega^{-1}$
磁通量	韦[伯]	Wb	$1\ WB = 1\ V \cdot s$
磁通量密度,磁感应强度	特[斯拉]	T	$1\ T = 1\ Wb/A$
电　感	亨[利]	H	$1\ C = 1\ K$
摄氏温度	摄氏度	℃	$1\ lm = 1\ cd \cdot sr$
光通量	流[明]	lm	$1\ lm = 1\ cd \cdot sr$
光照度	勒[克斯]	lx	$1\ lx = 1\ lm/m^2$
放射性活度	贝可[勒尔]	Bq	$1\ Bq = 1\ s^{-1}$
吸收剂量	戈[瑞]	Gy	$1\ Gy = 1\ J/kg$
剂量当量	希[沃特]	Sv	$1\ Sv = 1\ J/kg$

(4)国家选定的非国际单位制单位

量的名称	单位名称	单位符号	与国际单位制单位的关系换算
时间	分 [小]时 日,(天)	min h d	1 min＝60 s 1 h＝60 min＝3 600 s 1 d＝24 h＝86 400 s
平面角	度 [角]分 [角]秒	(°) (′) (″)	$1°＝10′＝(\pi/180)$ rad $1′＝60″＝(\pi/10\ 800)$ rad $1″＝(\pi/648\ 000)$ rad (π 为圆周率)
体积	升	L,(l)	$1\ L＝1\ dm^3＝10^{-3}m^3$
质量	吨 原子质量单位	t u	$1\ t＝10^3\ kg$ $1u\approx1.660\ 565\ 5\times10^{-27}kg$
旋转速度	转每分	r/min	$1\ r/min＝(1/60)s^{-1}$
长度	海 里	n mile	1 n mile＝1 852m(只用于航程)
速度	节	kn	1 kn＝1 n mile/h ＝(1 852/3 600)m/s (只用于航程)
级	电子伏	eV	$1\ eV\approx1.602\ 189\ 2\times10^{-19}J$
级差	分 贝	dB	
线密度	特[克斯]	tex	1 tex＝1 g/km
土地面积	公 顷	hm²	$1\ hm^2＝10\ 000m^2$

注: 1. 平面角单位度、分、秒的符号,在组合单位中应采用(°)、(′)、(″)的形式。
例如,不用°/s 而用(°)/s。
2. 升的符号中,小写字母 l 为备用符号。
3. 公顷的国际通用符号为 ha。

（5）用于构成倍数单位的国际单位制单位词头

因数	词头名称		符号
	中文	英文	
10^{24}	尧［它］	yotta	Y
10^{21}	泽［它］	zetta	Z
10^{18}	艾［可萨］	exa	E
10^{15}	拍［它］	peta	P
10^{12}	太［拉］	tera	T
10^{9}	吉［咖］	giga	G
10^{6}	兆	mega	M
10^{3}	千	kilo	k
10^{2}	百	hecto	h
10^{1}	十	deca	da
10^{-1}	分	deci	d
10^{-2}	厘	centi	c
10^{-3}	毫	milli	m
10^{-6}	微	micro	μ
10^{-9}	纳［诺］	nano	n
10^{-12}	皮［可］	pico	p
10^{-15}	飞［母托］	femto	f
10^{-18}	阿［托］	atto	a
10^{-21}	仄［普托］	zepto	z
10^{-24}	幺［科托］	yocto	y

注：1. 构成倍数单位是指构成十进倍数单位和分数单位。

　　2. ［　］内的字在不致混淆的情况下可以省略。

2. 常用度量衡及其换算

(1) 国际单位制(SI)与市制换算

制别　　项别	国际制(SI)	市制
长　度	1 米 1 千米	3 市尺 2 市里
面　积	1 平方米 1 平方千米 1 公亩	9 平方市尺 4 平方市里 0.15 市亩
体积及容量	1 立方米 1 升	27 立方市尺 1 市升
质　量	1 克 1 千克	0.02 市两 2 市斤

(2) 市制度量衡及其换算

长度	1 市　里 1 市　引 1 市　丈 1 市　尺 1 市寸分 1 市　分 1 市　厘	15 市　引 10 市　丈 10 市　尺 10 市　寸 10 市　分 10 市　厘 10 市　毫
地积	1 市　顷 1 市　亩 1 市　分	100 市　亩 10 市分　60 平方丈 6 平方丈
面积	1 平方市里 1 平方市丈 1 平方市尺	22 500 平方市丈 100 平方市尺 100 平方市寸
体积	1 立方市丈 1 立方市尺	1 000 立方市尺 1 000 立方市寸

续表

容量	1 市 石		10 市 斗	
	1 市 斗		10 市 升	
	1 市 升		10 市 合	
	1 市 合		10 市 勺	
	1 市 勺		10 市 撮	
重量	1 市 担		100 市 斤	
	1 市 斤		10 市 两	
	1 市 两		10 市 钱	
	1 市 钱		10 市 分	
	1 市 分		10 市 厘	
	1 市 厘		10 市 毫	
	1 市 毫		10 市 丝	

（3）英制、国际制（SI）、市制及其换算

项别 ＼ 制别	英制	国际制（SI）	市制
长度	1 英寸	25.4 毫米	0.762 市寸
	1 英尺	0.304 8 米	0.914 4 市尺
	1 码	0.914 4 米	2.743 2 市尺
	1 英里	1.609 3 千米	3.218 7 市里
	1 国际海里	1.852 千米	3.704 市里
	1 海里（英）	1.853 千米	3.706 市里
面积	1 平方英寸	6.451 4 平方厘米	0.580 6 平方市寸
	1 平方英里	2.590 0 平方千米	10.360 0 平方市里
	1 英亩	40.468 公亩	6.070 2 市亩
体积及容量	1 立方英尺	0.028 3 立方米	0.764 5 立方市尺
	1 英品脱	5.682 5 分升	5.680 2 市合
	1 英加仑	4.546 0 升	4.546 0 市升
	1 英浦式耳	3.636 8 升	3.636 8 市斗

续表

项别＼制别		英制	国际制(SI)	市制
质量 (常衡)		1 格令	64.8 毫克	0.001 296 市两
		1 盎司	28.349 5 克	0.567 市两
		1 磅	0.453 6 千克	0.907 2 市斤
		1 英担	50.802 3 千克	101.604 7 市斤
		1 英吨	1.016 0 吨	20.320 市担

(4) 英美度量衡及其换算

长　度		1 英里	880 英寻
		1 英寻	2 码
		1 码	3 英尺
		1 英尺	12 英寸(吋)
面　积		1 平方英里	640 英亩
		1 英亩	4 840 平方码
		1 平方码	9 平方英尺
		1 平方英尺	144 平方英寸
容量(干量)		1 蒲式耳	4 配克
		1 配克	8 夸脱
		1 夸脱	2 品脱
容量(液量)		1 加仑	4 夸脱
		1 夸脱	2 品脱
		1 品脱	4 及耳
质量	英制	1 英吨(长吨)	20 英担(长担)
		1 英担(长担)	112 磅
	美制	1 美吨(短吨)	20 美担(短担)
		1 美担(短担)	100 磅
常　衡		1 磅	16 盎司
		1 盎司	16 打兰
		1 打兰	27.343 75 格令
质量(金衡)		1 磅	12 盎司
		1 盎司	480 格令

3. 常用力、力矩、强度、压力单位换算

(1)常用力单位换算

牛 (N)	千克力 (kgf)	磅力 (lbf)	英吨力 (tonf)
1	0. 101 972	0. 224 809	0. 000 1
9. 806 65		2. 204 62	0. 000 984
4. 448 22	0. 453 592	1	0. 000 446
9964. 02	1016. 05	2 240	1

注: 1. 仅牛(N)是法定单位。

2. 我国习惯将千克力、磅力等单位的"力"在称谓中省略。

(2)常用力矩单位换算

牛·米 (N·m)	千克力·米 (kgf·m)	克力·厘米 (gf·cm)	磅力·英寸 (lbf·in)
1	0. 101 972	10197. 2	8. 850 75
9. 806 65	1	100 000	86. 796 2
0. 000 098	0. 000 01	1	0. 000 086 8
0. 112985	0. 011521	1152. 12	1

注: 仅牛·米(N·m)是法定单位。

(3)常用强度及压力单位换算

兆帕(MPa)牛/毫米² (N/mm²)	千克力/毫米² (kgf/mm²)	毫米水柱 (mmH₂O)	巴 (bar)
1	0. 101 972	101 972	10
9. 806 65	1	1 000 000	98. 066 5
0. 000 009 8	0. 000 001 02	1	0. 000 098 067
0. 1	0. 010 2	10 197. 2	1

注：1 标准大气压(atm) = 101. 325 千帕≈0. 1 兆帕。

　　 1 工程大气压(at) = 98. 066 5 千兆帕≈0. 1 兆帕。

　　 1 毫米汞柱(mmHg) = 133. 322 帕。

4. 常用功、能、热量及功率单位换算

(1)常用功、能及热量单位换算

焦耳 (J)	千瓦·时 (kW·h)	瓦·时 (W·h)	千克力·米 (kgf·m)	磅力·英尺 (lbf·ft)	卡 $\left(\begin{array}{c}Cal\\cal_{IT}\end{array}\right)$
1	0. 000 000 278	0. 000 278	0. 101 972	0. 737 562	0. 238 846
3 600 000	1	1 000	367 098	2 655 220	859 845
3 600	0. 001	1	367. 098	2 655. 22	859. 845
9. 806 65	0. 000 002 724	0. 002 724	1	7. 233 01	2. 342 28
1. 355 82	0. 000 000 377	0. 000 377	0. 138 255	1	0. 323 832
4. 186 8	0. 000 001 163	0. 001 163	0. 426 936	3. 088 03	1
1055. 06	0. 000 293 071	0. 293 071	107. 587	778. 169	252. 074

注：1 焦耳 = 1 牛·米(N·m) = 10 000 000 尔格(erg)。

(2)常用功率单位换算

瓦(W)	千瓦(kW)	马力(米制马力,PS)	英制马力(HP)
1	0. 001	0. 001 359 62	0. 001 341 02
1 000	1	1. 359 62	1. 341 02
735. 499	0. 735 499	1	0. 986 320
745. 70	0. 745 70	1. 013 87	1

注：1 瓦(W) = 1 焦/秒/(J/s) = 10 000 000 尔格/秒(erg/s)。

5. 电学和磁学的量和单位（GB 3102.5-93）

名称	符号	SI单位 名称	SI单位 符号	国家法定单位和SI并用的非SI单位 名称	国家法定单位和SI并用的非SI单位 符号	备注
电流	I	安[培]	A			基本量之一 在交流电技术中，用 i 表示电流的瞬时值，I 表示有效值
电荷[量]	Q	库[仑]	C			$1\ C=1\ A \cdot s$ $1\ A \cdot h=3.6\ kC$（用于蓄电池）
体积电荷，电荷[体]密度	$\rho(\eta)$	库[仑]每立方米	C/m³			
面积电荷，电荷面密度	σ	库[仑]每平方米	C/m²			
电场强度	E	伏[特]每米	V/m			$1\ V/m=1\ N/C$
电位（电势），电位差（电势差），电压，电动势	V, φ $U \cdot (V)$ E	伏[特]	V			$1\ V=1\ W/A$
电通[量]密度	D	库[仑]每平方米	C/m²			量的名称也使用名称"位移"

续表

名　称	符号	SI 单位		国家法定单位和与 SI 并用的非 SI 单位		备　注
		名　称	符号	名　称	符号	
电通[量]	ψ	库[仑]	C			量的名称也使用名称"电位移通量"
电容	C	法[拉]	F			$1\,F = 1\,C/V$
介电常数（电容率）真空介电常数（真空电容率）	ε ε_0	法[拉]每米	F/m			$\varepsilon_0 = 1/(\mu_0 C_0^2) = \dfrac{10^7}{4\pi\times299\,792\,458^2}\,\text{F/m（准确值）}$ $= 8.854\,188\times10^{-12}\,\text{F/m}$
相对介电常数（相对电容率）	ε_r	—	1			
电极化率	x, x_e	—	1			
电极化强度	P	库[仑]每平方米	C/m^2			
电偶极矩	$\rho, (\rho_e)$	库[仑]米	$C \cdot m$			量的符号也使用符号 $j, (\delta)$ ISO 和 IEC 未给出备用符号 δ
面积电流，电流密度	$J, (S)$	安[培]每平方米	A/m^2			
线电流，电流线密度	$A, (\alpha)$	安[培]每米	A/m			

续表

名 称	符号	SI 单位 名 称	SI 单位 符 号	国家法定单位和与SI并用的非SI的单位 名 称	国家法定单位和与SI并用的非SI的单位 符 号	备 注
磁场强度	H	安[培]每米	A/m			
磁位差(磁势差)	U_m					
磁通势,磁动势	F, F_m	安[培]	A			
电流链	Θ					
磁通[量]密度,磁感应强度	B	特[斯拉]	T			$1\,T = 1\,N/(A\cdot m) = 1\,Wb/m^2 = 1\,V\cdot s/m^2$
磁通[量]	Φ	韦[伯]	Wb			$1\,Wb = 1\,V\cdot s$
磁矢位(磁矢势)	A	韦[伯]每米	Wb/m			
自感 互感	L M, L_{12}	亨[利]	H			$1\,H = 1\,Wb/A = 1\,V\cdot s/A$ 电感:自感和互感的统称
耦合因数(耦合系数) 漏磁因数(漏磁系数)	$k, (\kappa)$ σ	—	1			

续表

名 称	符号	SI 单位		国家法定单位和SI并用的非 SI 的单位		备 注
		名 称	符 号	名 称	符 号	
磁导率	μ	亨[利]每米	H/m			IEC 还给出量的名称"绝对磁导率" ISO 和 IEC 还给出量的名称"磁常数" $\mu_0 = 4\pi \times 10^{-7}\,\mathrm{H/m}$（准确值）$=$ $1.256\ 637 \times 10^{-6}\,\mathrm{H/m}$
真空磁导率	μ_0					
相对磁导率	μ_r	一	1			
磁化率	$\kappa,$ $(\chi_m \cdot \chi)$	一	1			
[面]磁矩	m	安[培]平方米	A · m²			ISO 还给出量的名称"电磁矩" IEC 还定义了磁偶极矩 $j' = \mu_0 m$ 磁偶极矩的单位为 Wb · m
磁化强度	$M,$ (H_i)	安[培]每米	A/m			
磁极化强度	$J,(B_i)$	特[斯拉]	T			
体积电磁能，电磁能密度	ω	焦[耳]每立方米	J/m³			

续表

名 称	符号	SI单位 名称	SI单位 符号	国家法定单位和与SI并用的非SI单位 名称	国家法定单位和与SI并用的非SI单位 符号	备 注
坡印廷矢量	S	瓦[特]每平方米	W/m^2			
电磁波的相平面速度 电磁波在真空中的传播速度	c c, c_0	米每秒	m/s			$c_0 = 1/\sqrt{\varepsilon_0 \mu_0} = 299\ 792\ 458\ m/s$ (准确值) 如果介质中的速度用符号c,则真空中的速度用符号c_0
[直流]电阻	R	欧[姆]	Ω			$1\Omega = 1\ V/A$
[直流]电导	G	西[门子]	S			$1\ S = 1\Omega^{-1}$
[直流]功率	P	瓦[特]	W			$1\ W = 1\ V \cdot A$
电阻率	ρ	欧[姆]米	$\Omega \cdot m$			
电导率	γ, σ	西[门子]每米	S/m			电化学中量的符号用符号 κ
磁阻	R_m	每亨[利], 负一次方亨[利]	H^{-1}			$1\ H^{-1} = 1\ A/Wb$
磁导	$\Lambda, (P)$	亨[利]	H			$1\ H = 1\ Wb/A$

续表

名称	符号	SI单位 名称	SI单位 符号	国家法定单位和与SI并用的非SI的单位 名称	国家法定单位和与SI并用的非SI的单位 符号	备注
绕组的匝数相数	N m	—	1			
频率旋转频率	f,ν n	赫[兹], 负一次方秒 每秒, 负一次方秒	Hz, s^{-1} s^{-1}			1 Hz=1 s^{-1}
角频率	ω	弧度每秒, 负一次方秒	rad/s, s^{-1}			
相[位]差, 相[位]移	φ	弧度 —	rad 1	[角]秒 [角]分 度	″ ′ °	1″=(π/648 000) rad 1′=60″=(π/10 800) rad 1°=60′=(π/180) rad
阻抗[复数阻抗] 阻抗模[阻抗] [交流]电阻电抗	Z $\lvert Z\rvert$ R X	欧[姆]	Ω			
导纳[复数]导纳 导纳模(导纳) [交流]电导电纳	Y $\lvert Y\rvert$ G B	西[门子]	S			1 S=1 A/V

续表

| 名　称 | 符号 | SI 单位 | | 国家法定单位和与 SI 并用的非 SI 单位 | | 备　注 |
		名　称	符号	名　称	符号	
品质因数	Q	一	1			
损耗因数	d	一	1			
损耗角	δ	弧度	rad			
[有功]功率	P	瓦[特]	W			
视在功率(表观功率)	S, P_s	伏[特]安[培]	V·A			IEC 采用乏 (var) 作为无功功率的单位名称和符号 国际计量大会并未通过 var 为 SI 单位
无功功率	Q, P_Q					
功率因数	λ	一	1			
[有功]电能[量]	W	焦[耳]	J	瓦[特][小]时	W·h	1 kW·h=3.6MJ

6. 黑色金属硬度及强度换算值
——适用于含碳量由低到高的钢种（GB/T 1172-1999）

| 硬度 | | | | | | | | 抗拉强度（σ_b/MPa） | | | | | | | | |
| 洛氏 | | 表面洛氏 | | | 维氏 | 布氏(F/D²=30) | | | | | | | | | | |
HRC	HRA	HR15N	HR30N	HR45N	HV	HBS	HBW	碳钢	铬钢	铬钒钢	铬镍钢	铬钼钢	铬镍钼钢	铬锰硅钢	超高强度钢	不锈钢
20.0	60.2	68.8	40.7	19.2	226	225		774	742	736	782	747		781		740
20.5	60.4	69.0	41.2	19.8	228	227		784	751	744	787	753		788		749
21.0	60.7	69.3	41.7	20.4	230	229		793	760	753	792	760		794		758
21.5	61.0	69.5	42.2	21.0	233	232		803	769	761	797	767		801		767
22.0	61.2	69.8	42.6	21.5	235	234		813	779	770	803	774		809		777
22.5	61.5	70.0	43.1	22.1	238	237		823	788	779	809	781		816		786
23.0	61.7	70.3	43.6	22.7	241	240		833	798	788	815	789		824		796
23.5	62.0	70.6	44.0	23.3	244	242		843	808	797	822	797		832		806
24.0	62.2	70.8	44.5	23.9	247	245		854	818	807	829	805		840		816
24.5	62.5	71.1	45.0	24.5	250	248		864	828	816	836	813		848		826
25.0	62.8	71.4	45.5	25.1	253	251		875	838	826	843	822		856		837
25.5	63.0	71.6	45.9	25.7	256	254		886	848	837	851	831	850	865		847
26.0	63.3	71.9	46.4	26.3	259	257		897	859	847	859	840	859	874		858
26.5	63.5	72.2	46.9	26.9	262	260		908	870	858	867	850	869	883		868
27.0	63.8	72.4	47.3	27.5	266	263		919	880	869	876	860	879	893		879

续表

洛氏		表面洛氏			维氏	布氏(F/D²=30)		抗拉强度(σ_b/MPa)								
HRC	HRA	HR15N	HR30N	HR45N	HV	HBS	HBW	碳钢	铬钢	铬钒钢	铬镍钢	铬钼钢	铬镍钼钢	铬锰硅钢	超高强度钢	不锈钢
27.5	64.0	72.7	47.8	28.1	269	266		930	891	880	885	870	890	902		890
28.0	64.3	73.0	48.3	28.7	273	269		942	902	892	894	880	901	912		901
28.5	64.6	73.3	48.7	29.3	276	273		954	914	903	904	891	912	922		913
29.0	64.8	73.5	49.2	29.9	280	276		965	925	915	914	902	923	933		924
29.5	65.1	73.8	49.7	30.5	284	280		977	937	928	924	913	935	943		936
30.0	65.3	74.1	50.2	31.1	288	283		989	948	940	935	924	947	954		947
30.5	65.6	74.4	50.6	31.7	292	287		1 002	960	953	946	936	959	965		959
31.0	65.8	74.7	51.1	32.3	296	291		1 014	972	966	957	948	972	977		971
31.5	66.1	74.9	51.6	32.9	300	294		1027	984	980	969	961	985	989		983
32.0	66.4	75.2	52.0	32.9	304	298		1 039	996	993	981	974	999	1 001		996
32.5	66.6	75.5	52.5	34.1	308	302		1 052	1 009	1 007	994	987	1 012	1 013		1 008
33.0	66.9	75.8	53.0	34.7	313	306		1 065	1 022	1 022	1 007	1 001	1 027	1 026		1 021
33.5	67.1	76.1	53.4	35.3	317	310		4 078	1 034	1 036	1 020	1 015	1 041	1 039		1 034
34.0	67.4	76.4	53.9	35.9	321	314		1 092	1 048	1 051	1 034	1 029	1 056	1 052		1 047
34.5	67.7	76.7	54.4	36.5	326	318		1 105	1 061	1 067	1 048	1 043	1 071	1 066		1 060
35.0	67.9	77.0	54.8	37.0	331	323		1 119	1 074	1 082	1 063	1 058	1 087	1 097		1 074
35.5	68.2	77.2	55.3	37.6	335	327		1 133	1 088	1 098	1 078	1 074	1 103	1 094		1 087

续表

| 硬度 | | | | | | | | 抗拉强度（σ_b/MPa） | | | | | | | | |
| 洛氏 | | 表面洛氏 | | | 维氏 | 布氏（F/D²=30） | | 碳钢 | 铬钢 | 铬钒钢 | 铬镍钢 | 铬钼钢 | 铬镍钼钢 | 铬锰硅钢 | 超高强度钢 | 不锈钢 |
HRC	HRA	HR15N	HR30N	HR45N	HV	HBS	HBW									
36.0	68.4	77.5	55.8	38.2	340	332		1 147	1 102	1 114	1 093	1 090	1 119	1 108		1 101
36.5	68.7	77.8	56.2	38.8	345	336		1 162	1 116	1 131	1 109	1 106	1 136	1 123		1 116
37.0	69.0	78.1	56.7	39.4	350	341		1 177	1 131	1 148	1 125	1 122	1 153	1 139		1 130
37.5	69.2	78.4	57.2	40.0	355	345		1 192	1 146	1 165	1 142	1 139	1 171	1 155		1 145
38.0	69.5	78.7	57.6	40.6	360	350		1 207	1 161	1 183	1 159	1 157	1 189	1 171		1 161
38.5	69.7	79.0	58.1	41.2	365	355		1 222	1 176	1 201	1 177	1 174	1 207	1 187	1 170	1 176
39.0	70.0	79.3	58.6	41.8	371	360		1 238	1 192	1 219	1 195	1 192	1 226	1 204	1 195	1 193
39.5	70.3	79.6	59.0	42.4	376	365		1 254	1 208	1 238	1 214	1 211	1 245	1 222	1 219	1 209
40.0	70.5	79.9	59.5	43.0	381	370	370	1 271	1 225	1 257	1 233	1 230	1 265	1 240	1 243	1 226
40.5	70.8	80.2	60.0	43.6	387	375	375	1 288	1 242	1 276	1 252	1 249	1 285	1 258	1 267	1 244
41.0	71.1	80.5	60.4	44.2	393	380	381	1 305	1 260	1 296	1 273	1 269	1 306	1 277	1 290	1 262
41.5	71.3	80.8	60.9	44.8	398	385	386	1 322	1 278	1 317	1 293	1 289	1 327	1 296	1 313	1 280
42.0	71.6	81.1	61.3	45.4	404	391	392	1 340	1 296	1 337	1 314	1 310	1 348	1 316	1 336	1 299
42.5	71.8	81.4	61.8	45.9	410	396	397	1 359	1 315	1 358	1 336	1 331	1 370	1 336	1 359	1 319
43.0	72.1	81.7	62.3	46.5	416	401	403	1 378	1 335	1 380	1 358	1 353	1 392	1 357	1 381	1 339
43.5	72.4	82.0	62.7	47.1	422	407	409	1 397	1 355	1 401	1 380	1 375	1 415	1 378	1 404	1 361
44.0	72.6	82.3	63.2	47.7	428	413	415	1 417	1 376	1 424	1 404	1 397	1 439	1 400	1 427	1 383

续表

| 硬度 | | | | | | | | 抗拉强度（σ_b/MPa） | | | | | | | | |
| 洛氏 | | 表面洛氏 | | | 维氏 | 布氏(F/D²=30) | | 碳钢 | 铬钢 | 铬钒钢 | 铬镍钢 | 铬钼钢 | 铬镍钼钢 | 铬锰硅钢 | 超高强度钢 | 不锈钢 |
HRC	HRA	HR15N	HR30N	HR45N	HV	HBS	HBW									
44.5	72.9	82.6	63.6	48.3	435	418	422	1 438	1 398	1 446	1 427	1 420	1 462	1 422	1 450	1 405
45.0	73.2	82.9	64.1	48.9	441	424	428	1 459	1 420	1 469	1 451	1 444	1 487	1 445	1 473	1 429
45.5	73.4	83.2	64.6	49.5	448	430	435	1 481	1 444	1 493	1 476	1 468	1 512	1 469	1 496	1 453
46.0	73.7	83.5	65.0	50.1	454	436	441	1 503	1 468	1 517	1 502	1 492	1 537	1 493	1 520	1 479
46.5	73.9	83.7	65.5	50.7	461	442	448	1 526	1 493	1 541	1 527	1 517	1 563	1 517	1 544	1 505
47.0	74.2	84.0	65.9	51.2	468	449	455	1 550	1 519	1 566	1 554	1 542	1 589	1 543	1 569	1 533
47.5	74.5	84.3	66.4	51.8	475		463	1 575	1 546	1 591	1 581	1 568	1 616	1 569	1 594	1 562
48.0	74.7	84.6	66.8	52.4	482		470	1 600	1 574	1 617	1 608	1 595	1 643	1 595	1 620	1 592
48.5	75.0	84.9	67.3	53.0	489		478	1 626	1 603	1 643	1 636	1 622	1 671	1 623	1 646	1 623
49.0	75.3	85.2	67.7	53.6	497		486	1 653	1 633	1 670	1 665	1 649	1 699	1 651	1 674	1 655
49.5	75.5	85.5	68.2	54.2	504		494	1 681	1 665	1 697	1 695	1 677	1 728	1 679	1 702	1 689
50.0	75.8	85.7	68.6	54.7	512		502	1 710	1 698	1 724	1 724	1 706	1 758	1 709	1 731	1 725
50.5	76.1	86.0	69.1	55.3	520		510		1 732	1 752	1 755	1 735	1 788	1 739	1 761	
51.0	76.3	86.3	69.5	55.9	527		518		1 768	1 780	1 786	1 764	1 819	1 770	1 792	
51.5	76.6	86.6	70.0	56.5	535		527		1 806	1 809	1 818	1 794	1 850	1 801	1 824	
52.0	76.9	86.8	70.4	57.1	544		535		1 845	1 839	1 850	1 825	1 881	1 834	1 857	
52.5	77.1	87.1	70.9	57.6	552		544		1 869		1 883	1 856	1 914	1 867	1 892	

续表

| 硬度 | | | | | | | | 抗拉强度（σ_t/MPa） | | | | | | | | |
| 洛氏 | | 表面洛氏 | | | 维氏 | 布氏（F/D²=30） | | 碳钢 | 铬钢 | 铬钒钢 | 铬镍钢 | 铬钼钢 | 铬镍钼钢 | 铬锰硅钢 | 超高强度钢 | 不锈钢 |
HRC	HRA	HR15N	HR30N	HR45N	HV	HBS	HBW									
53.0	77.4	87.4	71.3	58.2	561		552			1 899	1 917	1 888	1 947	1 901	1 929	
53.5	77.7	87.6	71.8	58.8	569		561			1 930	1 951			1 936	1 966	
54.0	77.9	87.9	72.2	59.4	578		569			1 961	1 986			1 971	2 006	
54.5	78.2	88.1	72.6	59.9	587		577			1 993	2 022			2 008	2 047	
55.0	78.5	88.4	73.1	60.5	596		585			2 026	2 058			2 045	2 090	
55.5	78.7	88.6	73.5	61.1	606		593								2 135	
56.0	79.0	88.9	73.5	61.7	615		601								2 181	
56.5	70.3	89.1	74.4	62.2	625		608								2 230	
57.0	79.5	89.4	74.8	62.8	635		616								2 281	
57.5	79.8	89.6	75.2	63.4	645		622								2 334	
58.0	80.1	89.8	75.6	63.9	655		628								2 390	
58.5	80.3	90.0	76.1	64.5	666		634								2 448	
59.0	80.6	90.2	76.5	65.1	676		639								2 509	
59.5	80.9	90.4	76.9	65.6	687		643								2 572	
60.0	81.2	90.6	77.3	66.2	698		647								2 639	
60.5	81.4	90.8	77.7	66.8	710		650									
61.0	81.7	91.0	78.1	67.3	721											

续表

硬度								抗拉强度（σ_b/MPa）							
洛氏		表面洛氏			维氏	布氏（$F/D^2=30$）		碳钢	铬钢	铬钒钢	铬镍钢	铬镍钼钢	铬锰硅钢	超高强度钢	不锈钢
HRC	HRA	HR15N	HR30N	HR45N	HV	HBS	HBW								
61.5	82.0	91.2	78.6	67.9	733										
62.0	82.2	91.4	79.0	68.4	745										
62.5	82.5	91.5	79.4	69.0	757										
63.0	82.8	91.7	79.8	69.5	770										
63.5	83.1	91.8	80.2	70.1	782										
64.0	83.3	91.9	80.6	70.6	795										
64.5	83.6	92.1	81.2	71.2	809										
65.0	83.9	92.2	81.3	71.7	822										
65.5	84.1				836										
66.0	84.4				850										
66.5	84.7				865										
67.0	85.0				879										
67.5	85.2				894										
68.0	85.2				909										

7. 黑色金属硬度及强度换算值

—— 主要适用于低碳钢（GB/T 1172–1999）

硬　　度							抗拉强度
洛氏	表面洛氏			维氏	布　　氏		(σ_b/MPa)
					HBS		
HRB	HR15T	HR30T	HR45T	HV	$F/D^2=10$	$F/D^2=30$	
60.0	80.4	56.1	30.4	105	102		375
60.5	80.5	56.4	30.9	105	102		377
61.0	80.7	56.7	31.4	106	103		379
61.5	80.8	57.1	31.9	107	103		381
62.0	80.9	57.4	32.4	108	104		382
62.5	81.1	57.7	32.9	108	104		384
63.0	81.2	58.0	33.5	109	105		386
63.5	81.4	58.3	34.0	110	105		388
64.0	81.5	58.7	34.5	110	106		390
64.5	81.6	59.0	35.0	111	106		393
65.0	81.8	59.3	35.5	112	107		395
65.5	81.9	59.6	36.1	113	107		397
66.0	82.1	59.9	36.6	114	108		399
66.5	82.2	60.3	37.1	115	108		402
67.0	82.3	60.6	37.6	115	109		404
67.5	82.5	60.9	38.1	116	110		407
68.0	82.6	61.2	38.6	117	110		409
68.5	82.7	61.5	39.2	118	111		412
69.0	82.9	61.9	39.7	119	112		415
69.5	83.0	62.2	40.2	120	112		418

续表

硬　　度							抗拉强度
洛氏	表面洛氏			维氏	布　　氏		(σ_b/MPa)
HRB	HR15T	HR30T	HR45T	HV	HBS		
					$F/D^2=10$	$F/D^2=30$	
70.0	83.2	62.5	40.7	121	113		421
70.5	83.3	62.8	41.2	122	114		424
71.0	83.4	63.1	41.7	123	115		427
71.5	83.6	63.5	42.3	124	115		430
72.0	83.7	63.8	42.8	125	116		438
72.5	83.9	64.1	43.3	126	117		437
.73.0	84.0	64.4	43.8	128	118		440
73.5	84.1	64.7	44.3	129	119		444
74.0	84.3	65.1	44.8	130	120		447
74.5	84.4	65.4	45.4	131	121		451
75.0	84.5	65.7	45.9	132	122		455
75.5	84.7	66.0	46.4	134	123		459
76.0	84.8	66.3	46.9	135	124		463
76.5	85.0	66.6	47.4	136	125		467
77.0	85.1	67.0	47.9	138	126		471
77.5	85.2	67.3	48.5	139	127		475
78.0	85.4	67.6	49.0	140	128		480
78.5	85.5	67.9	49.5	142	129		484
79.0	85.7	68.2	50.0	143	130		489
79.5	85.8	68.6	50.5	145	132		493
80.0	85.9	68.9	51.0	146	133		498

续表

硬 度							抗拉强度
洛氏	表面洛氏			维氏	布 氏		(σ_b/MPa)
					HBS		
HRB	HR15T	HR30T	HR45T	HV	$F/D^2=10$	$F/D^2=30$	
80.5	86.1	69.2	51.6	148	134		503
81.0	86.2	69.5	52.1	149	136		508
81.5	86.3	69.8	52.6	151	137		513
82.0	86.5	70.2	53.1	152	138		518
82.5	86.6	70.5	53.6	154	140		523
83.0	86.8	70.8	54.1	156		152	529
83.5	86.9	71.1	54.7	157		154	534
84.0	87.0	71.4	55.2	159		155	540
84.5	87.2	71.8	55.7	161		156	546
85.0	87.3	72.1	56.2	163		158	551
85.5	87.5	72.4	56.7	165		159	557
86.0	87.6	72.7	57.2	166		161	563
86.5	87.7	73.0	57.8	168		163	570
87.0	87.9	73.4	58.3	170		164	576
87.5	88.0	73.7	58.8	172		166	582
88.0	88.1	74.0	59.3	174		168	589
88.5	88.3	74.3	59.8	176		170	596
89.0	88.4	74.6	60.3	178		172	603
89.5	88.6	75.0	60.9	180		174	609
90.0	88.7	75.3	61.4	183		176	617
90.5	88.8	75.6	61.9	185		178	624

续表

硬　　　度							抗拉强度
洛氏	表面洛氏			维氏	布　　　氏		(σ_b/MPa)
HRB	HR15T	HR30T	HR45T	HV	HBS		
					$F/D^2=10$	$F/D^2=30$	
91.0	89.0	75.9	62.4	187		180	631
91.5	89.1	76.2	62.9	189		182	639
92.0	89.3	76.6	63.4	191		184	646
92.5	89.4	76.9	64.0	194		187	654
93.0	89.5	77.2	64.5	196		189	662
93.5	89.7	77.5	65.0	199		192	670
94.0	89.8	77.8	65.5	201		195	678
94.5	89.9	78.2	66.0	203		197	686
95.0	90.1	78.5	66.5	206		200	695
95.5	90.2	78.8	67.1	208		203	703
96.0	90.4	79.1	67.6	211		206	712
96.5	90.5	79.4	68.1	214		209	721
97.0	90.6	79.8	68.6	216		212	730
97.5	90.8	80.1	69.1	219		215	739
98.0	90.9	80.4	69.6	222		218	749
98.5	91.1	80.7	70.2	225		222	758
99.0	91.2	81.0	70.7	227		226	768
99.5	91.3	81.4	71.2	230		229	778
100.0	91.5	81.7	71.7	233		232	788

8. 常用静摩擦与滑动摩擦因数

材料名称	摩擦系数 f		
	静 摩 擦	动 摩 擦	
	无润滑剂	无润滑剂	有润滑剂
钢-钢	0.15,0.1~0.12 *	0.15	0.05~0.10
钢-软钢	–	0.2	0.1~0.2
钢-铸铁	0.3	0.18	0.05~0.15
钢-青铜	0.15,0.1~0.15 *	0.15	0.1~0.15
钢-巴氏合金	–	0.15~0.3	–
钢-铜铝合金	–	0.15~0.3	–
钢-粉末金属	0.35~0.55	–	–
钢-橡胶	0.9	0.6~0.8	
钢-塑料	0.09~0.1 *		
钢-尼龙		0.3~0.5	0.05~0.1
钢-软木		0.15~0.30	
硬钢-红宝石		0.24	
硬钢-蓝宝石		0.35	
硬钢-二硫化钼		0.15	
硬钢-电木		0.35	
硬钢-玻璃		0.48	
硬钢-硬质橡胶		0.38	
硬钢-石墨		0.15	
铸铁-铸铁	0.18 *	0.15	0.07~0.12
铸铁-青铜		0.15~0.2	0.07~0.15

注：＊表示有润滑剂的情况。

9. 常用线规号与公称直径对照

线规号	SWC 英国线规		BWG 伯明翰线规		AWG 美国线规	
	in	mm	in	mm	in	mm
3	0.252	6.401	0.259	6.58	0.2294	5.83
4	0.232	5.893	0.238	6.05	0.2043	5.19
5	0.212	5.385	0.220	5.59	0.1819	4.62
6	0.192	4.877	0.203	5.16	0.1620	4.11
7	0.176	4.470	0.180	4.57	0.1443	3.67
8	0.160	4.064	0.165	4.19	0.1285	3.26
9	0.144	3.658	0.148	3.76	0.1144	2.91
10	0.128	3.251	0.134	3.40	0.1019	2.59
11	0.116	2.946	0.120	3.05	0.090 74	2.30
12	0.104	2.642	0.109	2.77	0.080 81	2.05
13	0.092	2.337	0.095	2.41	0.071 96	1.83
14	0.080	2.032	0.083	2.11	0.064 08	1.63
15	0.072	1.829	0.072	1.83	0.057 07	1.45
16	0.064	1.626	0.065	1.65	0.050 82	1.29
17	0.056	1.422	0.058	1.47	0.045 26	1.15
18	0.048	1.219	0.049	1.24	0.040 30	1.02
19	0.040	1.016	0.042	1.07	0.035 89	0.91
20	0.036	0.914	0.035	0.89	0.031 96	0.812
21	0.032	0.813	0.032	0.81	0.028 46	0.723
22	0.028	0.711	0.028	0.71	0.025 35	0.644
23	0.024	0.610	0.025	0.64	0.022 57	0.573
24	0.022	0.559	0.022	0.56	0.020 10	0.511
25	0.020	0.508	0.020	0.51	0.017 90	0.455
26	0.018	0.457	0.018	0.46	0.015 94	0.405

续表

线规号	SWC 英国线规		BWG 伯明翰线规		AWG 美国线规	
	in	mm	in	mm	in	mm
27	0.016 4	0.416 6	0.016	0.41	0.014 20	0.361
28	0.014 8	0.375 9	0.014	0.36	0.012 64	0.321
29	0.013 6	0.345 4	0.013	0.33	0.011 26	0.286
30	0.012 4	0.315 0	0.012	0.30	0.010 03	0.255
31	0.011 6	0.294 6	0.010	0.25	0.008 928	0.227
32	0.010 8	0.274 3	0.009	0.23	0.007 950	0.202
33	0.010 0	0.254 0	0.008	0.20	0.007 080	0.180
34	0.009 2	0.233 7	0.007	0.18	0.006 304	0.160
35	0.008 4	0.213 4	0.005	0.13	0.005 615	0.143
36	0.007 6	0.193 0	0.004	0.10	0.005 000	0.127

第三章　常用公式及数值

1. 常用面积计算公式

S——面积　　　　　　　P——半周长　　　　　L——圆周长度

R——外接圆的半径　　　r——内切圆的半径　　　l——弧长

名　称	图　形	计算公式
正方形	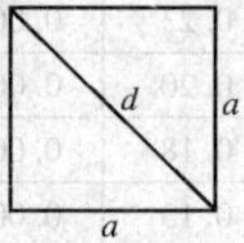	$S=a^2$；$a=0.7071\,d=\sqrt{S}$； $d=1.4142a=1.412\sqrt{S}$
长方形	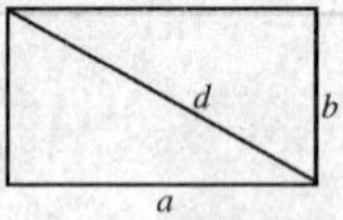	$S=ab=a\sqrt{d^2-a^2}=b\sqrt{d^2-b^2}$； $d=\sqrt{a^2+b^2}$；$a=\sqrt{d^2-b^2}=\dfrac{S}{b}$； $b=\sqrt{d^2-a^2}=\dfrac{S}{a}$
平行四边形	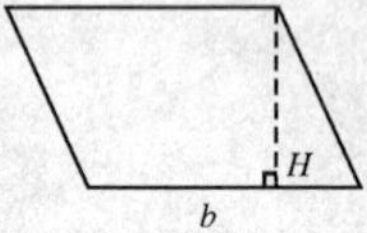	$F=bh$；$h=\dfrac{F}{b}$；$b=\dfrac{F}{h}$
三角形	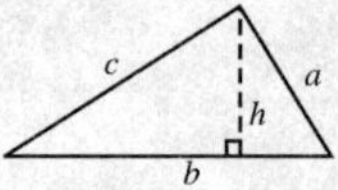	$S=\dfrac{bh}{2}=\dfrac{b}{2}\sqrt{a^2-(\dfrac{a^2+b^2-c^2}{2b})^2}$； $P=\dfrac{1}{2}(a+b+c)$； $S=\sqrt{P(P-a)(P-b)(P-c)}$

续表

名 称	图 形	计 算 公 式
正三角形	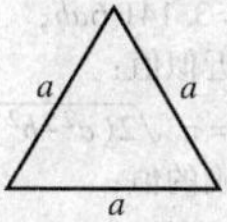	$S = \dfrac{\sqrt{3}}{4}a^2$
梯 形	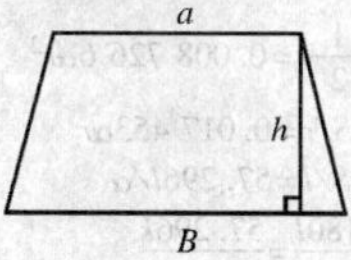	$S = \dfrac{(a+b)h}{2}$; $h = \dfrac{2S}{a+b}$; $a = \dfrac{2S}{h} - b$; $b = \dfrac{2S}{h} - a$
正六角形	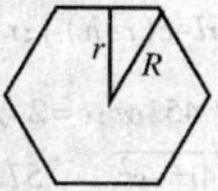	$S = 2.5981a^2 = 2.5981R^2 = 3.4641r^2$; $R = a = 1.1547r$; $r = 0.86603a = 0.86603R$
正 n 边形	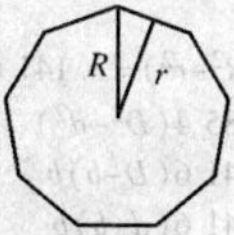 n 为边数	$S = \dfrac{n}{2}R^2\sin\alpha$ $R = \dfrac{\alpha}{2\sin\dfrac{\alpha}{2}}$ $S = nr^2 \mathrm{th}\dfrac{\alpha}{2}$ $r = \dfrac{\alpha}{2}\mathrm{ctg}\dfrac{\alpha}{2}$
圆 形		$S = \pi r^2 = 3.1416r^2 = 0.7854d^2$; $L = 2\pi r = 6.2832r = 3.1416d$; $r = L/2\pi = 0.15915L = 0.56419\sqrt{S}$; $d = L/\pi = 0.31831L = 1.1284\sqrt{S}$

续表

名　称	图　形	计　算　公　式
椭圆形	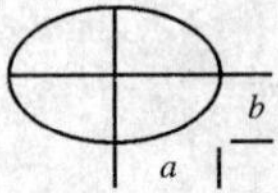	$S=\pi ab=3.1416ab$; 周长的近似值: 　$2P=\pi\sqrt{2(a^2+b^2)}$ 比较精确的值: 　$2P=\pi[1.5(a+b)-\sqrt{ab}]$
扇　形	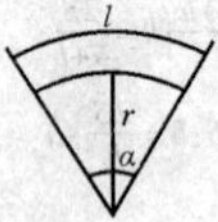	$S=\dfrac{1}{2}r=0.0087266\alpha r^2$ $l=2S/r=0.017453\alpha r$ $r=2S/l=57.296l/\alpha$ $\alpha=\dfrac{180l}{\pi r}=\dfrac{57.296l}{r}$
弓　形	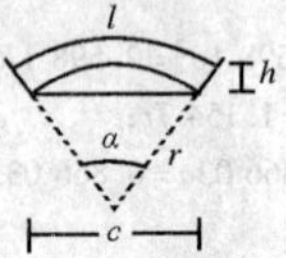	$S=\dfrac{1}{2}[rl-c(r-h)]$;$r=\dfrac{c^2+4h^2}{8h}$ $l=0.017453\alpha r$;$c=2\sqrt{h(2r-h)}$ $h=r-\dfrac{\sqrt{4r^2-c^2}}{2}$;$\alpha=\dfrac{57.296l}{r}$
圆环形	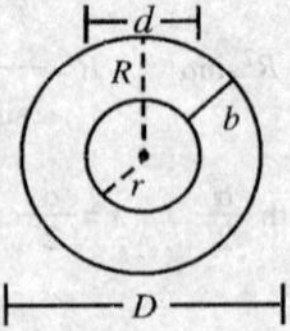	$S=\pi(R^2-r^2)=3.1416(R^2-r^2)$ 　$=0.7854(D^2-d^2)$ 　$=3.1416(D-b)b$ 　$=3.1416(d+b)b$ $bd=R-r=(D-d)/2$
环式扇形	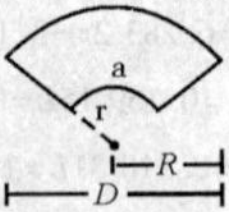	$S=\dfrac{\alpha\pi}{360}(R^2-r^2)$ 　$=0.008727\alpha(R^2-r^2)$ 　$=\dfrac{\alpha\pi}{4\times360}(D^2-d^2)$ 　$=0.002182\alpha(D^2-d^2)$

2. 常用体积及表面积计算公式

名 称	图 形	表面积 S、侧表面积 M	体积 V
正立方体	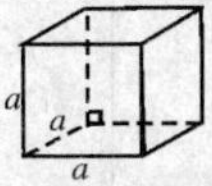	$S = 6a^2$	$V = a^3$
长立方体	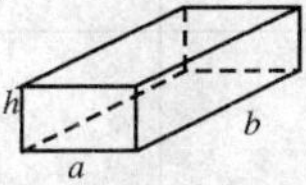	$S = 2(ah + bh + ab)$	$V = abh$
正四面体	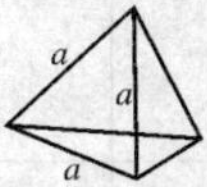	$S = 1.732\ 1a^2$	$V = 0.117\ 9a^3$
正八面体	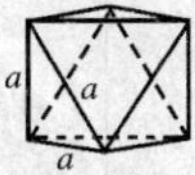	$S = 3.464\ 1a^2$	$V = 0.471\ 4a^3$
正十二面体	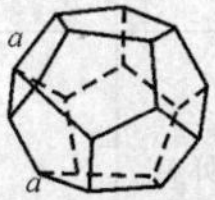	$S = 20.645\ 7a^2$	$V = 7.663\ 1a^3$
正二十面体	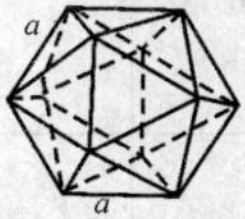	$S = 8.660\ 3a^2$	$V = 2.181\ 7a^3$
正六角柱	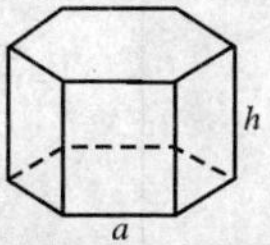	$S = 5.196\ 2a^2 + 6ah$	$V = 2.598\ 1a^2h$

注：表头"计算公式"跨表面积、体积两列。

续表

名 称	图 形	计算公式	
		表面积 S、侧表面积 M	体积 V
正 方 角锥台	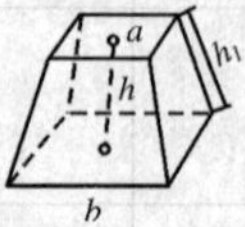	$S = a^2 + b^2 + 2(a+b)h_1$	$V = \dfrac{(a^2 + b + ab)h}{3}$
圆柱	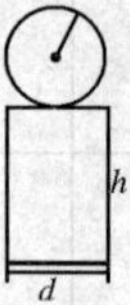	$M = 2\pi rh = \pi dh$	$V = \pi r^2 h = \dfrac{\pi d^2 h}{4}$
球	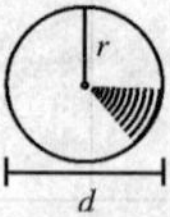	$S = 4\pi r^3 = \pi d^2$	$V = \dfrac{4\pi r^3}{3} = \dfrac{\pi d^3}{6}$
空心圆柱 （管）		$M = $ 内侧表面积 + 外侧 表面积 $= 2\pi h(r + r_1)$	$V = \pi h(r^2 - r_1^2)$
斜 底 截圆柱	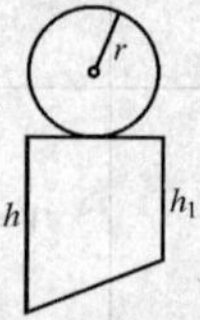	$M = \pi r(h + h_1)$	$V = \dfrac{\pi r^2 (h + h_1)}{2}$

续表

名　称	图　形	计　算　公　式	
		表面积 S、侧表面积 M	体积 V
圆锥	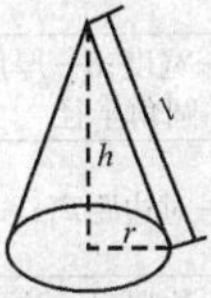	$M = \pi r l = \pi r \sqrt{r^2 + h^2}$	$V = \dfrac{\pi r^2 h}{3}$
圆台	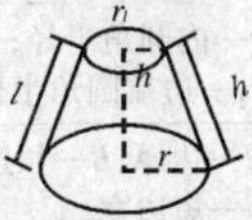	$M = \pi l (r + r_1)$	$V = \dfrac{\pi h (r^2 + r_1^2 + r_1 r)}{3}$

3. 常用型材理论质量(重量)计算公式

(1)基本公式

$m = F \times L \times \rho / 1000$

m——质量(kg)

F——断面积(mm^2);

L——长度(m)

ρ——密度(g/cm^3)(参见"常用金属及其他建材的密度"表)。

(2)钢材断面积的计算公式

型材类别	计　算　公　式	代　号　含　义
圆钢、钢线、圆盘条	$F = 0.7854 d^2$	d—外径
钢管	$F = 3.1416 \delta (D - \delta)$	D—外径;δ—壁厚
方钢	$F = a^2$	a—边宽
圆角方钢	$F = a^2 - 0.8584 r^2$	a—边宽;r—圆角半径

续表

型材类别	计 算 公 式	代 号 含 义
钢板、扁钢、带钢	$F = a\delta$	a—宽度;δ—厚度
圆角扁钢	$F = a\delta - 0.8584r^2$	a—宽度;δ—厚度; r—圆角半径
六角钢	$F = 0.866a^2 = 2.598s^2$	a—对边距离;s—边宽
八角钢	$F = 0.8284a^2 = 4.8284s^2$	
等边角钢	$F = d(2d-d)$ $+0.2146(r^2-2r_1^2)$	d—边厚;b—边宽; r—内圆角半径; r_1—边端圆角半径
不等边角钢	$f = d(B+b-d)$ $+0.2146(r^2-2r_1^2)$	d—边厚;B—长边宽; b—短边宽; r—内面圆角半径; r_1—边端圆角半径
工字钢	$F = hd+2t(b-d)$ $+0.8584(r^2-r_1^2)$	h—高度;b—腿宽; d—腰厚;t—平均腿厚; r—内面圆角半径; r_1—边端圆角半径
槽钢	$F = hd+2t(b-d)$ $+0.4292(r^2-r_1^2)$	

4. 常用电工基本计算公式

名称	计算公式	说 明
电流强度 I (A)	$I = \dfrac{Q}{t}$	Q 为电量(C),t 为时间(s)
电阻 $R(\Omega)$	$R = \rho \dfrac{l}{S}$	ρ 为电阻率($\Omega \cdot m$),l 为长度(m),S 为截面(mm^2)
温度 t 时的电阻 R_t	$R_t = R_0[1+\alpha(t_1-t_0)]$	R_0 为温度 t_0(℃)时的电阻值,α 为材料的电阻温度系数
部分电路欧姆定律	$I = \dfrac{U}{R}$	U 为电阻端电压(V),I 为通过电阻的电流(A)

续表

名称	计算公式	说　明
全电路欧姆定律	$I = \dfrac{E}{R+r}$	E 为电源电动势(V)，R 为负载电阻(Ω)，r 为电源内阻(Ω)
电阻串联	$R = R_1 + R_2 + R_3$	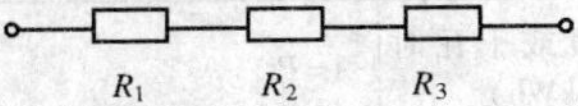
电阻并联	$R = \dfrac{1}{\dfrac{1}{R_1} + \dfrac{1}{R_2} + \dfrac{1}{R_3}}$	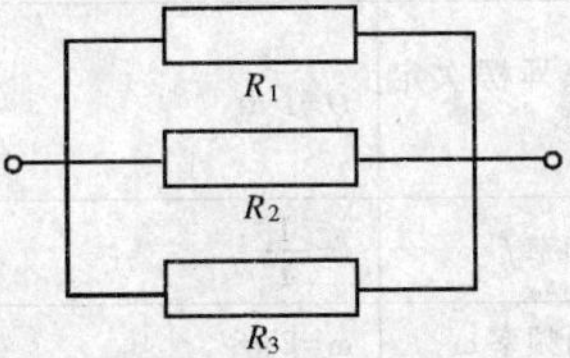 　R 为等效电阻(Ω)，R_1、R_2、R_3 为分电阻(Ω)
电容 C	$C = \dfrac{R}{U}$	Q 为电荷(C)，U 为电容器两极板电压(V)
电容器串联	$C = \dfrac{1}{\dfrac{1}{C_1} + \dfrac{1}{C_2} + \dfrac{1}{C_3}}$	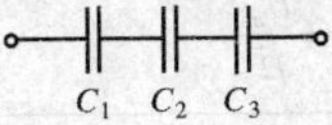
电容器并联	$C = C_1 + C_2 + C_3$	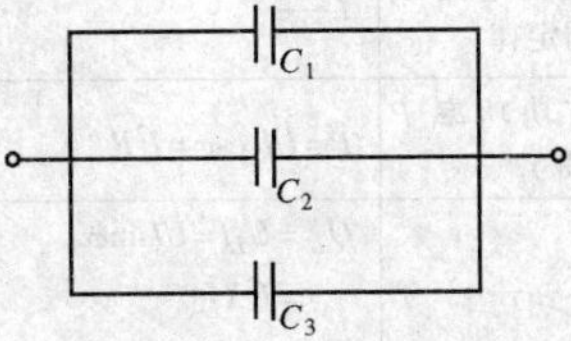
电功 A(J)	$A = UIt$	A 为电功(J)，U 为电压(V)，I 为电流(A)，t 为时间(s)

续表

名称	计算公式	说　　明
电功率 (W)	$P=UI=I^2R=\dfrac{U^2}{R}$	P 为电功率(W)
度或千瓦时 (kWh)	$A=Pt$	P 为电功率(kW), t 为时间(h)
焦耳楞次定律	$Q=I^2Rt$	Q 为热量、焦耳(J), I 为电流有效值(A), R 为电阻(A), t 为时间(s)
频率 f	$f=\dfrac{1}{T}$	
角频率 ω	$\omega=2\pi f$	ω 单位弧度/秒(rad/s)
有效值	$E=\dfrac{E_m}{\sqrt{2}}$ $I=\dfrac{I_m}{\sqrt{2}}$ $U=\dfrac{U_m}{\sqrt{2}}$	E_m、I_m、U_m 为峰值
交流电路欧姆定律	$I\dfrac{U}{Z}$	I 为电流有效值(A), U 为电压有效值(V)
有功功率 P (W)	$P=UI\cos\varphi=I^2R$	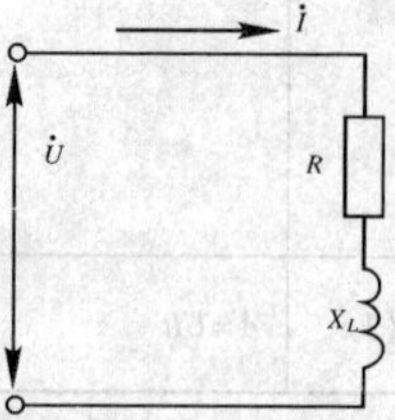
无功功率 $Q(Var)$	$Q_L=U_LI=UI\sin\varphi$ $=I^2X_L$ $Q_C=U_CI=UI\sin\varphi$ $=I^2X_c$	
视在功率 S (VA)	$S=UI=I^2Z$	

续表

名称	计算公式	说　明
RL 串联阻抗 $Z(\Omega)$	$Z=\sqrt{R^2+X_L{}^2}$	
RLC 串联阻抗 $Z(\Omega)$	$Z\sqrt{R^2+(X_L-X_C)^2}$	
RC 串联阻抗 $Z(\Omega)$	$Z=\sqrt{R^2+X_C{}^2}$	
三相四线制供电星形（Y）接法	$I_L=I_{LN}$ $U_L=\sqrt{3}\,U_{LN}$ 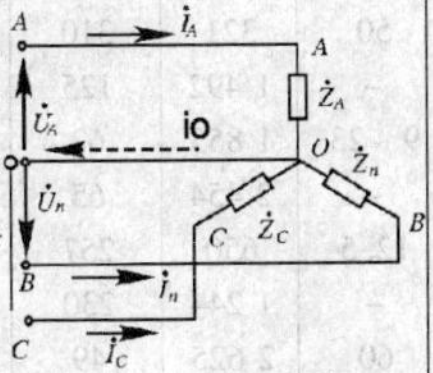 	
三相三线制供电三角形（△）接法	$I_L=\sqrt{3}\,I_{LN}$ $U_L=U_{LN}$ 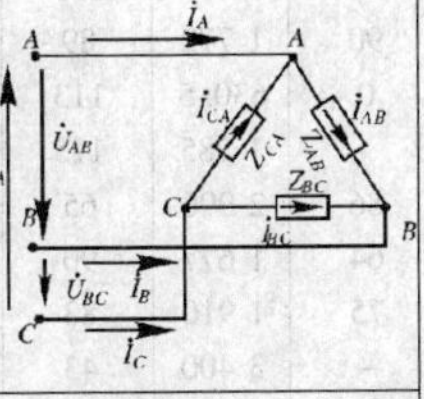 	I_L 为线电流，I_{LN} 为相电流，U_L 为线电压，U_{LN} 为相电压
对称三相电功率	$P=\sqrt{3}\,U_LI_L\cos\varphi$ $Q=\sqrt{3}\,U_LI_L\sin\varphi$ $S=\sqrt{3}\,U_LI_L$	

5. 主要纯金属的基本性能

名称	元素符号	密度 ($\frac{g}{cm^3}$)	抗拉强度 σ_b(MPa)	伸长率 δ	断面收缩率 φ	熔点 (℃)	线膨胀系数 (1/℃) ×10^{-7}	相对 * 电导率 (%)	硬度 (HB)	颜色
				(%)	(%)					
金	Au	19.32	140	40	90	1 063	142	71	20	金黄
银	Ag	10.49	180	50	90	960.5	198	100	25	银白
铜	Cu	8.9	200～240	45～50	65～75	1 083	165	95	40	红
铁	Fe	7.87	250～330	25～55	70～85	1 539	118	16	50	灰白
锡	Sn	7.3	15～20	40	90	231.9	230	14	5	银白
铝	Al	2.70	80～110	32～40	70～90	660.2	236	60	25	银白
铋	Bi	9.8	5～20	0	90	271.2	134	1.4	9	白
镉	Cd	8.65	65	20	50	321	310	22		苍白
钴	Co	8.9	250			1 492	125	26	125	钢灰
铬	Cr	7.19	200～280	9～17	9～17	1 855	62	12	110	灰白
铱	Ir	22.4	230	2		2 454	65	32	170	银白
镁	Mg	1.74	200	11.5	12.5	650	257	36	36	银白
锰	Mn	7.43	脆性	—		1 244	230	0.9	210	灰白
钼	Mo	10.2	700	30	60	2 625	49	31	160	银白
铌	Nb	8.57	300	28	80	2 468	71	12	75	钢灰
镍	Ni	8.9	400～500	40	70	1 455	135	23	80	白
铅	Pb	11.34	15	45	90	327.4	293	7.7	5	苍灰
铂	Pt	21.45	150	40	90	1 772	89	17	40	银白
锑	Sb	6.68	5～10	0	0	630.5	113	4.1	45	银白
铍	Be	1.85	310～450	2		1 285	115	27	120	钢灰
钽	Ta	16.6	350～450	25～40	86	2 996	65	12	85	钢灰
钛	Ti	4.51	380	36	64	1 677	90	3.4	115	暗灰
钒	V	6.1	220	17	75	1 910	83	6.4	264	淡灰
钨	W	19.3	1 100	—		3 400	43	29	350	钢灰
锌	Zn	7.14	120～170	40～50	60～80	419.5	395	27	35	苍灰
锆	Zr	6.49	400～450	20～30	—	1 852	59	3.8	125	浅灰

注：* 相对电导率是指其他金属的电导率与银的电导率之比。

6. 常用金属及其他建材的密度

名　　称	密　度 （g/cm³）	名　　称	密　度 （g/cm³）
工业纯铁	7.87	HAl 66-6-3-2	8.5
灰铸铁（≤HT200）	7.2	HMn 58-2	8.5
灰铸铁（≥HT250）	7.35	HMn 57-3-1	8.5
可锻铸铁	7.2~7.4	HMn 55-3-1	8.5
白口铸铁	7.4~7.7	HFe 59-1-1	8.5
铸钢	7.8	HSi 80-3	8.5
钢材	7.85	HNi 65-5	8.5
低碳钢（含碳 0.1%）	7.85	QSn 4-3	8.8
中碳钢（含碳 0.4%）	7.82	QSn 4-4-2.5	8.75
高碳钢（含碳 1%）	7.81	QSn 4-4-4	8.9
高速钢（含钨 9%）	8.3	QSn 6.5-0.1	8.8
高速钢（含钨 18%）	8.7	QSn 6.5-0.4	8.8
不锈钢（1Cr18Ni9）	7.93 7.75	QSn 7-0.2	8.8 8.9
不锈钢（1Cr13）	7.70	QSn 4-0.3 QAl5	8.2
纯铜（紫铜）	8.9	QA 17	7.8
H 96、H 90	8.8	QAl 9-2	7.6
H 80、H 68	8.5	QAl 9-4	7.5
H 62、H 59	8.5	QA 110-3-1.5	7.5
HPb 74-3	8.7	QAl 10-4-4	7.5
HPb 63-3	8.5	QAl 11-6-6	7.5
HPb 63-0.1	8.5	QBe 1.7	8.3
HPb 59-1	8.5	QBe 1.9	8.3
HSn 90-1	8.8	QBe 2、QBe 2.15	8.3

续表

名　称	密　度 (g/cm³)	名　称	密　度 (g/cm³)
HSn 70-1	8.54	QSi 1-3	8.6
HSn 62-1	8.5	QSi 3-1	8.4
HSn 60-1	8.5	QMn 1.5	8.8
HAl 77-2	8.6	QMn 5	8.6
HAl 67-2.5	8.5	QCd 1	8.8
HAl 60-1.1	8.5	QCr 0.5	8.9
ZQSn 3-12-5	8.69	LY 7、LY 8	2.8
ZQSn 3-7-5-1	8.7	LY 9、LY 10	2.8
ZQSn 5-5-5	8.84	LY 11	2.8
ZQSn 6-6-3	8.82	LY 12	2.78
B 5 、B 10	8.9	LY 16、LY 17	2.84
B 19、B30	8.9	LD 2	2.7
BMn 3-12	8.4	LD 5、LD 6	2.75
BMn 40-1.5	8.9	LD 7	2.8
BMn 43-0.5	8.9	LD 8	2.77
BFe 30-1-1	8.9	LD 9、LD 10	2.8
BFe 5-1	8.9	LD 31	2.7
BZn 15-20	8.6	LC 3、LC 4	2.85
BAl 6-1.5	8.7	LC 6	2.89
BAC13-3		LC9、LC10	2.85
纯镍、NSi 0.19	8.85	LC 12	2.78
NCu 28-2.5-1.5	8.85	LT 41	2.64
NMg 01	8.85	LT 62	2.71
NCu 40-2-1	8.8	LT66	2.68

续表

名　称	密　度 （g/cm³）	名　称	密　度 （g/cm³）
NCr 9	8.7	ZL 101	2.66
工业纯铝	2.71	ZL 102	2.65
LF 2、LF 43	2.68	ZL 103	2.70
LF 3、LF4	2.67	ZL 104	2.65
LF 5	2.65	ZL 105	2.68
LF 6	2.64	ZL 106	2.73
LF 10、LF 11	2.65	ZL 108、ZL 109	2.68
LF 12	2.63	ZL 111	2.89
LF 21	2.73	ZL 201	2.78
LY 1	2.76	ZL 202	2.91
LY 2	2.75	ZL 203	2.80
LY 4、LY 6	2.76	ZL 301	2.55
ZL 303	2.63	YG 6	14.6 ~ 15
ZL 401	2.95	YG8N、YG 8	14.5 ~ 14.9
ZL 402	2.81	YG8C	14.5 ~ 14.9
MB 1	1.76	YG11C	14 ~ 14.4
MB 2、MB 8	1.78	YG 15	13 ~ 14.2
MB 15	1.80	YW 1	12.6 ~ 13.5
锌板、锌阳极板	7.15	YW 2	12.4 ~ 13.5
锌铜合金	7.2	YT 5	12.5 ~ 13.2
ZZnA 110-5	6.3	YT 14	11.2 ~ 12
ZZnA 19-1.5	6.2	YT 30	9.3 ~ 9.7
ZZnA 14-1	6.7	YN 10	≥6.3
ZZnA 14	6.6	铱	22.5

续表

名 称	密 度 （g/cm³）	名 称	密 度 （g/cm³）
铅板	11.34	铱	22.4
铅箔	11.37	铂	21.45
PbSb 0.5	11.32	金	19.32
PbSb 2	11.25	钨	19.3
PbSb 4	11.15	钽	16.6
PbSb 6	11.06	汞	13.6
PbSb 8	10.97	钍	11.5
锡	7.3	银	10.5
ZChSnSb 12-4-10	7.52	钼	10.2
ZChSnSb 11-6	7.38	铋	9.8
ZChSnSb 8-4	7.39	钴	8.9
ZChSnSb 4-4	7.34	镉	8.65
ZChPbSb 16-16-2	9.29	铌	8.57
ZChPbSb 15-5-3	9.6	锰	7.43
ZChPbSb 15-10	9.73	铬	7.19
ZChPbSb 15-5	10.04	铈	6.9
ZChPbSb 10-6	10.24	锑	6.68
YG3X	15 ~ 15.3	锆	6.49
YG4C	14.9 ~ 15.2	碲	6.24
YG6X、YG6A	14.6 ~ 15	矾	6.1
钛	4.51	泡沫混凝土	0.4 ~ 0.6
钡	3.5	普通黏土砖	1.7
铍	1.85	黏土耐火砖	2.10
镁	1.74	硅质耐火砖	1.8 ~ 1.9

续表

名　称	密　度 （g/cm³）	名　称	密　度 （g/cm³）
钙	1.55	镁质耐火砖	2.6
钠	0.97	镁铬质耐火砖	2.8
钾	0.86	高铝质耐火砖	2.3~2.75
砷	5.73	大理石	2.6~2.7
硒	4.80	花岗石	2.6~3.0
硼	2.34	石灰石	2.6~2.8
硅	2.33	石板石	2.7~2.9
石墨	1.9~2.1	砂岩	2.2~2.5
石膏（生）	2.3~2.4	石英	2.5~2.8
生石灰	1.1	天然浮石	0.4~0.9
熟石灰	1.2	滑石	2.6~2.8
水泥	1.2	金刚石	3.5~3.6
碎石	1.32~2.0	金刚砂	4.0
粗砂（干）	1.4~1.95	普通刚玉	3.85~3.90
细砂（干）	1.4~1.65	白刚玉	3.90
混凝土	1.8~2.45	碳化硅	3.10
铸石	2.8~3.0	三聚氰胺甲醛压塑料	1.5
云母	2.7~3.1	硬质聚氯乙烯	1.45
地蜡	0.96	软质聚氯乙烯	1.23
地沥青	0.9~1.5	聚苯乙烯	1.04~1.07
石蜡	0.9	高密度聚乙烯	0.95
纤维蛇纹石石棉	2.2~2.4	低密度聚乙烯	0.92
角闪石石棉	3.2~3.3	聚四氟乙烯	2.1~2.3
石棉板	1.3~1.4	聚丙烯	0.90~0.91

续表

名 称	密 度 （g/cm³）	名 称	密 度 （g/cm³）
工业用毛毡	0.3	尼龙 6	1.13
橡胶石棉板	1.5~2.0	尼龙 66	1.15
纯橡胶	0.93	尼龙 1010	1.04~1.06
平胶板	1.6~1.8	ABS 树脂	1.02~1.08
皮革	0.4~1.2	聚砜	1.24
纤维纸板	1.3	聚甲醛	1.41~1.43
平板玻璃	2.5	聚碳酸酯	1.16~1.19
实验室用器皿玻璃	2.45	聚酰亚胺	1.40~1.50
耐高温玻璃	2.23	聚芳酯	1.25
石英玻璃	2.2	聚对苯二酸丁二酯	1.45~1.55
陶瓷	2.3~2.45	玻璃钢	1.4~2.1
碳化钙（电石）	2.2	赛璐珞	1.35~1.40
酚醛压塑粉（胶木粉）	1.40~1.5	有机玻璃	1.18
酚醛碎布模塑料	1.4	环氧树脂（无填料）	1.2
脲甲醛压塑粉	1.5	环氧树脂（有填料）	1.8
三聚氰胺甲醛玻璃纤维塑料	2.0	泡沫塑料	0.2

7. 电气绝缘材料质量计算公式

计算公式名称	公式	公式字母解释（单位）	参考密度
绝缘漆质量计算公式	$W = \dfrac{V \times d}{1000}$	W——质量（kg） V——体积（cm³） d——密度（g/cm³）	
绝缘漆布质量计算公式	$W = \dfrac{L \times b \times h \times d}{10^6}$	W——质量（kg） L——长度（mm） b——宽度（mm） h——厚度（mm） d——密度（g/cm³）	漆布 1.0 漆绸 1.2 玻璃漆布 1.3
绝缘层压板质量计算公式	$W = \dfrac{L \times b \times h \times d}{10^6}$	W——质量（kg） L——长度（mm） b——宽度（mm） h——厚度（mm） d——密度（g/cm³）	胶纸板 1.40 胶布板 1.40 玻璃布板 1.80 单面覆铜箔玻璃布板 1.90 双面覆铜箔玻璃布板 1.95
绝缘层压管质量计算公式	$W = \dfrac{\dfrac{\pi}{4} \times L \times d \times (D_1^2 - D_2^2)}{10^6}$	W——质量（kg） L——管长度（mm） d——密度（g/cm³） D₁——管外径（mm） D₂——管内径（mm）	胶纸管 1.10 胶布管 1.30 玻璃布管 1.70

续表

计算公式名称	公式	公式字母解释	参考密度
绝缘层压棒质量计算公式	$W = \dfrac{\frac{\pi}{4} \times L \times d \times D^2}{10^6}$	W —— 质量(kg) L —— 棒长度(mm) D —— 棒直径(mm) d —— 密度(g/cm³)	胶布棒1.40 玻璃布棒1.80
绝缘粉云母制品质量计算公式	$W = \dfrac{L \times b \times h \times d}{10^6}$	W —— 质量(kg) L —— 长度(mm) b —— 宽度(mm) h —— 厚度(mm) d —— 密度(g/cm³)	云母带1.30~1.40 换向器云母板2.60 塑型云母板1.40~2.20 衬垫云母板2.20~2.30 柔软云母箔1.80~1.90 云母箔1.40~1.50
绝缘柔软复合材料质量计算公式	$W = \dfrac{L \times b \times h \times d}{10^6}$	W —— 质量(kg) L —— 长度(mm) b —— 宽度(mm) h —— 厚度(mm) d —— 密度(g/cm³)	6 520~50:1.30 6 630A,632,641,642,651,652:1.40

第二篇

基本材料

第四章 金属材料

金属是指具有一定光泽,能传热,易导电,有延展性,在常温下呈固体(汞除外)状态,且具不同程度硬度的物质。其种类众多,分类方法多样,按金属结构元素的不同可分为纯金属(一种金属元素组成的物质)和合金(一种金属元素为主与另外一种或几种金属元素,或非金属元素组成的物质)两大类。由于合金的性能一般较优于纯金属,故社会生产应用比纯金属广泛。

金属材料品种繁多,性能差异大,用途甚广,是汽车、机械、建筑、电工、电讯等行业生产建设不可缺少的重要物质材料。该章仅选用了部分常用品种介绍。

1. 优质碳素结构钢（GB/T699-1999）

优质碳素结构钢适用于汽车车身、齿轮、变速箱变速叉,使动轴、活塞杆、曲轴、减振弹簧、离合器,链轮等多种零部件的生产。

（1）优质碳素结构钢的化学成分

牌号	统一数字代号	化学成分（%）					
		碳	硅	锰	铬	镍	铜
					≤		
08F	U20080	0.05 ~ 0.11	≤0.03	0.25 ~ 0.50	0.10	0.30	0.25
10F	U20100	0.07 ~ 0.13	≤0.07	0.25 ~ 0.50	0.15	0.30	0.25
15F	U20150	0.12 ~ 0.18	≤0.07	0.25 ~ 0.50	0.25	0.30	0.25
08	U20082	0.05 ~ 0.11	0.17 ~ 0.37	0.25 ~ 0.65	0.10	0.30	0.25
10	U20102	0.07 ~ 0.13	0.17 ~ 0.37	0.25 ~ 0.65	0.15	0.30	0.25
15	U20152	0.12 ~ 0.18	0.17 ~ 0.37	0.25 ~ 0.65	0.25	0.30	0.25
20	U20202	0.17 ~ 0.23	0.17 ~ 0.37	0.25 ~ 0.65	0.25	0.30	0.25
25	U20252	0.22 ~ 0.29	0.17 ~ 0.37	0.50 ~ 0.80	0.25	0.30	0.25

续表

牌号	统一数字代号	化学成分（%）					
		碳	硅	锰	铬	镍	铜
					≤		
30	U20302	0.27 ~ 0.34	0.17 ~ 0.37	0.50 ~ 0.80	0.25	0.30	0.25
35	U20352	0.32 ~ 0.39	0.17 ~ 0.37	0.50 ~ 0.80	0.25	0.30	0.25
40	U20402	0.37 ~ 0.44	0.17 ~ 0.37	0.50 ~ 0.80	0.25	0.30	0.25
45	U20452	0.42 ~ 0.50	0.17 ~ 0.37	0.50 ~ 0.80	0.25	0.30	0.25
50	U20502	0.47 ~ 0.55	0.17 ~ 0.37	0.50 ~ 0.80	0.25	0.30	0.25
55	U20552	0.52 ~ 0.60	0.17 ~ 0.37	0.50 ~ 0.80	0.25	0.30	0.25
60	U20602	0.57 ~ 0.65	0.17 ~ 0.37	0.50 ~ 0.80	0.25	0.30	0.25
65	U20652	0.62 ~ 0.70	0.17 ~ 0.37	0.50 ~ 0.80	0.25	0.30	0.25
70	U20702	0.67 ~ 0.75	0.17 ~ 0.37	0.50 ~ 0.80	0.25	0.30	0.25
75	U20752	0.72 ~ 0.80	0.17 ~ 0.37	0.50 ~ 0.80	0.25	0.30	0.25
80	U20802	0.77 ~ 0.85	0.17 ~ 0.37	0.50 ~ 0.80	0.25	0.30	0.25
85	U20852	0.82 ~ 0.90	0.17 ~ 0.37	0.50 ~ 0.80	0.25	0.30	0.25
15Mn	U21152	0.12 ~ 0.18	0.17 ~ 0.37	0.70 ~ 1.00	0.25	0.30	0.25
20Mn	U21202	0.17 ~ 0.23	0.17 ~ 0.37	0.70 ~ 1.00	0.25	0.30	0.25
25Mn	U21252	0.22 ~ 0.29	0.17 ~ 0.37	0.70 ~ 1.00	0.25	0.30	0.25
30Mn	U21302	0.27 ~ 0.34	0.17 ~ 0.37	0.70 ~ 1.00	0.25	0.30	0.25
35Mn	U21352	0.32 ~ 0.39	0.17 ~ 0.37	0.70 ~ 1.00	0.25	0.30	0.25
40Mn	U21402	0.37 ~ 0.44	0.17 ~ 0.37	0.70 ~ 1.00	0.25	0.30	0.25
45Mn	U21452	0.42 ~ 0.50	0.17 ~ 0.37	0.70 ~ 1.00	0.25	0.30	0.25
50Mn	U21502	0.48 ~ 0.56	0.17 ~ 0.37	0.70 ~ 1.00	0.25	0.30	0.25

续表

牌号	统一数字代号	化学成分（%）					
		碳	硅	锰	铬	镍	铜
					≤		
60Mn	U21602	0.57~0.65	0.17~0.37	0.70~1.00	0.25	0.30	0.25
65Mn	U21652	0.62~0.70	0.17~0.37	0.90~1.20	0.25	0.30	0.25
70Mn	U21702	0.67~0.75	0.17~0.37	0.90~1.20	0.25	0.30	0.25

注：1. 表中所列牌号如果是高级优质钢，在其牌号后面加"A"（统一数字代号最后一位数字改为"3"）；是特级优质钢的，在其牌号后面加"E"（统一数字代号最后一位数字改为"6"）；沸腾钢的牌号后面为"F"（统一数字代号最后一位数字为"0"）；半镇静钢的牌号后面为"b"（统一数字代号最后一位数字为"1"）。

2. 热压力加工用钢的铜含量应不大于0.20%。使用废钢冶炼的钢允许含铜量不大于0.30%。冷冲压用沸腾钢含硅量不大于0.03%。

3. 08钢用铝脱氧冶炼镇静钢，其锰含量下限为0.25%，硅含量不大于0.03%，铝含量为0.02%~0.07%（此时钢的牌号为08A1）。

4. 氧气转炉冶炼的钢其含氮量应不大于0.08%。供方能保证合格时，可不做分析。

5. 08~25钢可供应硅含量不大于0.17%的半镇静钢（其牌号为08b~25b），但应经供需双方协议。

（2）优质碳素结构钢的硫、磷含量规定

组别	磷≤（%）	硫≤（%）
优质钢	0.035	0.035
高级优质钢	0.030	0.030
特级优质钢	0.025	0.020

(3)优质碳素结构钢的力学性能

牌号	推荐热处理(℃)			力学性能					交货状态硬度 HBS10/3000 ≤	
	正火	淬火	回火	σ_b (MPa)	σ_s (MPa)	δ_5 (%)	φ (%)	A_{ku2} (J)		
				≥						
08F	930	–	–	295	175	35	60	–	131	–
10F	930	–	–	315	185	33	55	–	137	–
15F	920	–	–	355	205	29	55	–	143	–
08	930	–	–	325	195	33	60	–	131	–
10	930	–	–	335	205	31	55	–	137	–
15	920	–	–	375	225	27	55	–	143	–
20	910	–	–	410	245	25	55	–	156	–
25	900	870	600	450	275	23	50	71	170	–
30	880	860	600	490	295	21	50	63	179	–
35	870	850	600	530	315	20	45	55	197	–
40	860	840	600	570	335	19	45	47	217	187
45	850	840	600	600	355	16	40	39	229	197
50	830	830	600	630	375	14	40	31	241	207
55	820	820	600	645	380	13	35	–	255	217
60	810	–	–	675	400	12	35	–	255	229
65	810	–	–	695	410	10	30	–	255	229
70	790	–	–	715	420	9	30	–	269	229
75	–	820	480	1080	880	7	30	–	285	241
80	–	820	480	1080	930	6	30	–	285	241

续表

牌号	推荐热处理(℃)			力学性能					交货状态硬度 HBS10/3000 ≤	
	正火	淬火	回火	σ_b (MPa)	σ_s (MPa)	δ_5 (%)	φ (%)	A_{ku2} (J)		
				≥						
85	–	820	480	1130	980	6	30	–	302	255
15Mn	920	–	–	410	245	26	55	–	163	–
20Mn	910	–	–	450	275	24	50	–	197	–
25Mn	900	870	600	490	295	22	50	71	207	–
30Mn	880	860	600	540	315	20	45	63	217	187
35Mn	870	850	600	590	335	18	45	55	229	197
40Mn	860	840	600	560	355	17	45	47	229	207
45Mn	850	840	600	620	375	15	40	39	241	217
50Mn	830	830	600	645	390	13	40	31	255	217
60Mn	810	–	–	695	410	11	35	–	269	229
65Mn	830	–	–	735	430	9	30	–	285	229
70Mn	790	–	–	785	450	8	30	–	285	229

注:1. 试样毛坯尺寸为25mm,其中75、80、85牌号试样尺寸为毛坯试样规定。对于直径或厚度小于25mm的钢材,热处理是在与成品截面尺寸相同的试样毛坯上进行。

2. 表中所列正火推荐保温时间不少于30min,空冷;淬火推荐保温时间不少于30min,70、80和85钢油冷,其余钢水冷;回火推荐保温时间不少于1h。

2. 合金结构钢(GB/T3077-1999)

合金结构钢适用于汽车、拖拉机中的车架,纵横梁,变速箱,十字头销、活塞销、曲轴、半轴、操纵杆、齿轮、传动轴、连杆等多种零部件及通用设备等。

(1) 合金结构钢的化学成分

钢组类别	牌号	统一数字代号	化学成分 (%) 碳	硅	锰	铬	钼	镍	硼	钒	其他
Mn	20Mn2	A00202	0.17~0.24	0.17~0.37	1.40~1.80	—	—	—	—	—	—
	30Mn2	A00302	0.27~0.34	0.17~0.37	1.40~1.80	—	—	—	—	—	—
	35Mn2	A00352	0.32~0.39	0.17~0.37	1.40~1.80	—	—	—	—	—	—
	40Mn2	A00402	0.37~0.44	0.17~0.37	1.40~1.80	—	—	—	—	—	—
	45Mn2	A00452	0.42~0.49	0.17~0.37	1.40~1.80	—	—	—	—	—	—
	50Mn2	A00502	0.47~0.55	0.17~0.37	1.40~1.80	—	—	—	—	—	—
MnV	20MnV	A01202	0.17~0.24	0.17~0.37	1.30~1.60	—	—	—	—	0.07~0.12	—
SiMn	27SiMn	A10272	0.24~0.32	1.10~1.40	1.10~1.40	—	—	—	—	—	—
	35SiMn	A10352	0.32~0.40	1.10~1.40	1.10~1.40	—	—	—	—	—	—
	42SiMn	A10422	0.39~0.45	1.10~1.40	1.10~1.40	—	—	—	—	—	—
SiMn-MoV	20SiMn2MoV	A14202	0.17~0.23	0.90~1.20	2.20~2.60	—	0.30~0.40	—	—	0.05~0.12	—
	25SiMn2MoV	A14262	0.22~0.28	0.90~1.20	2.20~2.60	—	0.30~0.40	—	—	0.05~0.12	—
	37SiMn2MoV	A14372	0.33~0.39	0.60~0.90	1.60~1.90	—	0.40~0.50	—	—	0.05~0.12	—
B	40B	A70402	0.37~0.44	0.17~0.37	0.60~0.90	—	—	—	0.0005~0.0035	—	—
	45B	A70452	0.42~0.49	0.17~0.37	0.60~0.90	—	—	—	0.0005~0.0035	—	—
	50B	A70502	0.47~0.55	0.17~0.37	0.60~0.90	—	—	—	0.0005~0.0035	—	—

续表

钢组类别	牌号	统一数字代号	化学成分(%)								
			碳	硅	锰	铬	钼	镍	硼	钒	其他
MnB	40MnB	A71402	0.37~0.44	0.17~0.37	1.10~1.40	—	—	—	0.0005~0.0035	—	—
	45MnB	A71452	0.42~0.49	0.17~0.37	1.10~1.40	—	—	—	0.0005~0.0035	—	—
MnMoB	20MnMoB	A72202	0.16~0.22	0.17~0.37	0.90~1.20	—	0.20~0.30	—	0.0005~0.0035	—	—
MnVB	15MnVB	A73152	0.12~0.18	0.17~0.37	1.20~1.60	—	—	—	0.0005~0.0035	0.07~0.12	—
	20MnVB	A73202	0.17~0.23	0.17~0.37	1.20~1.60	—	—	—	0.0005~0.0035	0.07~0.12	—
	40MnVB	A73402	0.37~0.44	0.17~0.37	1.10~1.40	—	—	—	0.0005~0.0035	0.05~0.10	—
MnTiB	20MnTiB	A74202	0.17~0.24	0.17~0.37	1.30~1.60	—	—	—	0.0005~0.0035	—	钛 0.04~0.10
	25MnTiBRE	A74252	0.22~0.28	0.20~0.45	1.30~1.60	—	—	—	0.0005~0.0035	—	钛 0.04~0.10
Cr	15Cr	A20152	0.12~0.18	0.17~0.37	0.40~0.70	0.70~1.00	—	—	—	—	—
	15CrA	A20153	0.12~0.17	0.17~0.37	0.40~0.70	0.70~1.00	—	—	—	—	—
	20Cr	A20202	0.18~0.24	0.17~0.37	0.50~0.80	0.70~1.10	—	—	—	—	—
	30Cr	A20302	0.27~0.34	0.17~0.37	0.50~0.80	0.70~1.10	—	—	—	—	—
	35Cr	A20352	0.32~0.39	0.17~0.37	0.50~0.80	0.80~1.10	—	—	—	—	—

续表

钢组类别	牌号	统一数字代号	化学成分(%)								
			碳	硅	锰	铬	钼	镍	硼	钒	其他
Cr	40Cr	A20402	0.37~0.44	0.17~0.37	0.50~0.80	0.80~1.10	—	—	—	—	—
	45Cr	A20452	0.42~0.49	0.17~0.37	0.50~0.80	0.80~1.10	—	—	—	—	—
	50Cr	A20502	0.47~0.54	0.17~0.37	0.50~0.80	0.80~1.10	—	—	—	—	—
CrSi	38CrSi	A21382	0.35~0.43	1.00~1.30	0.30~0.60	1.30~1.60	—	—	—	—	—
CrMo	12CrMo	A30122	0.08~0.15	0.17~0.37	0.40~0.70	0.40~0.70	0.40~0.55	—	—	—	—
	15CrMo	A30152	0.12~0.18	0.17~0.37	0.40~0.70	0.80~1.10	0.40~0.55	—	—	—	—
	20CrMo	A30202	0.17~0.24	0.17~0.37	0.40~0.70	0.80~1.10	0.15~0.25	—	—	—	—
	30CrMo	A30302	0.26~0.34	0.17~0.37	0.40~0.70	0.80~1.10	0.15~0.25	—	—	—	—
	30CrMoA	A30303	0.26~0.33	0.17~0.37	0.40~0.70	0.80~1.10	0.15~0.25	—	—	—	—
	35CrMo	A30352	0.32~0.40	0.17~0.37	0.40~0.70	0.80~1.10	0.15~0.25	—	—	—	—
	42CrMo	A30422	0.38~0.45	0.17~0.37	0.40~0.70	0.80~1.10	0.15~0.25	—	—	—	—
CrMoV	12CrMoV	A31122	0.08~0.15	0.17~0.37	0.40~0.70	0.30~0.60	0.25~0.35	—	—	0.15~0.30	—
	35CrMoV	A31352	0.30~0.38	0.17~0.37	0.40~0.70	1.00~1.30	0.20~0.30	—	—	0.10~0.20	—
	12Cr1MoV	A31132	0.08~0.15	0.17~0.37	0.40~0.70	0.90~1.20	0.25~0.35	—	—	0.15~0.30	—
	25Cr2MoVA	A31253	0.22~0.29	0.17~0.37	0.40~0.70	1.50~1.80	0.25~0.35	—	—	0.15~0.30	—
	25Cr2Mo1VA	A31263	0.22~0.29	0.17~0.37	0.50~0.80	2.10~2.50	0.90~1.10	—	—	0.30~0.50	—
CrMoAl	38CrMoAl	A33382	0.35~0.42	0.20~0.45	0.30~0.60	1.35~1.65	0.15~0.25	—	—	—	铝 0.70~1.10

续表

钢组类别	牌号	统一数字代号	化学成分(%)								
			碳	硅	锰	铬	钼	镍	硼	钒	其他
CrV	40CrV	A23402	0.37~0.44	0.17~0.37	0.50~0.80	0.80~1.10	—	—	—	0.10~0.20	—
	50CrVA	A23503	0.47~0.54	0.17~0.37	0.50~0.80	0.80~1.10	—	—	—	0.10~0.20	—
CrMn	15CrMn	A22152	0.12~0.18	0.17~0.37	1.10~1.40	0.40~0.70	—	—	—	—	—
	20CrMn	A22202	0.17~0.23	0.17~0.37	0.90~1.20	0.90~1.20	—	—	—	—	—
	40CrMn	A22402	0.37~0.45	0.17~0.37	0.90~1.20	0.90~1.20	—	—	—	—	—
CrMnSi	20CrMnSi	A24202	0.17~0.23	0.90~1.20	0.80~1.10	0.80~1.10	—	—	—	—	—
	25CrMnSi	A24252	0.22~0.28	0.90~1.20	0.80~1.10	0.80~1.10	—	—	—	—	—
	30CrMnSi	A24302	0.27~0.34	0.90~1.20	0.80~1.10	0.80~1.10	—	—	—	—	—
	30CrMnSiA	A24303	0.28~0.34	0.90~1.20	0.80~1.10	0.80~1.10	—	—	—	—	—
	35CrMnSiA	A24353	0.32~0.39	1.10~1.40	0.80~1.10	1.10~1.40	—	—	—	—	—
CrMnMo	20CrMnMo	A34202	0.17~0.23	0.17~0.37	0.90~1.20	1.10~1.40	0.20~0.30	—	—	—	—
	40CrMnMo	A34402	0.37~0.45	0.17~0.37	0.90~1.20	0.90~1.20	0.20~0.30	—	—	—	—
CrMnTi	20CrMnTi	A26202	0.17~0.23	0.17~0.37	0.80~1.10	1.00~1.30	—	—	—	—	钛 0.04~0.10
	30CrMnTi	A26302	0.24~0.32	0.17~0.37	0.80~1.10	1.00~1.30	—	—	—	—	钛 0.04~0.10

续表

钢组类别	牌号	统一数字代号	化学成分(%)								
			碳	硅	锰	铬	钼	镍	硼	钒	其他
CrNi	20CrNi	A40202	0.17~0.23	0.17~0.37	0.40~0.70	0.45~0.75	—	1.00~1.40	—	—	—
	40CrNi	A40402	0.37~0.44	0.17~0.37	0.50~0.80	0.45~0.75	—	1.00~1.40	—	—	—
	45CrNi	A40452	0.42~0.49	0.17~0.37	0.50~0.80	0.45~0.75	—	1.00~1.40	—	—	—
	50CrNi	A40502	0.47~0.54	0.17~0.37	0.50~0.80	0.45~0.75	—	1.00~1.40	—	—	—
	12CrNi2	A41122	0.10~0.17	0.17~0.37	0.30~0.60	0.60~0.90	—	1.50~1.90	—	—	—
	12CrNi3	A42122	0.10~0.17	0.17~0.37	0.30~0.60	0.60~0.90	—	2.75~3.15	—	—	—
CrNi	20CrNi3	A42202	0.17~0.24	0.17~0.37	0.30~0.60	0.60~0.90	—	2.75~3.15	—	—	—
	30CrNi3	A42302	0.27~0.33	0.17~0.37	0.30~0.60	0.60~0.90	—	2.75~3.15	—	—	—
	37CrNi3	A42372	0.34~0.41	0.17~0.37	0.30~0.60	1.20~1.60	—	3.00~3.50	—	—	—
	12Cr2Ni4	A43122	0.10~0.16	0.17~0.37	0.30~0.60	1.25~1.65	—	3.25~3.65	—	—	—
	20Cr2Ni4	A43202	0.17~0.23	0.17~0.37	0.30~0.60	1.25~1.65	—	3.25~3.65	—	—	—

续表

钢组类别	牌号	统一数字代号	化学成分(%)								
			碳	硅	锰	铬	钼	镍	硼	钒	其他
CrNiMo	20CrNiMo	A50202	0.17~0.23	0.17~0.37	0.60~0.95	0.40~0.70	0.20~0.30	0.35~0.75	—	—	—
CrNiMo	40CrNiMoA	A50403	0.37~0.44	0.17~0.37	0.50~0.80	0.60~0.90	0.15~0.25	1.25~1.65	—	—	—
CrMnNiMo	18CrNiMnMoA	A50183	0.15~0.21	0.17~0.37	1.10~1.40	1.00~1.30	0.20~0.30	1.00~1.30	—	—	—
CrNiMoV	45CrNiMoVA	A51453	0.42~0.49	0.17~0.37	0.50~0.80	0.80~1.10	0.20~0.30	1.30~1.80	—	0.10~0.20	—
CrNiW	18Cr2Ni4WA	A52183	0.13~0.19	0.17~0.37	0.30~0.60	1.35~1.65	—	4.00~4.50	—	—	钨 0.80~1.20
CrNiW	25Cr2Ni4WA	A52253	0.21~0.28	0.17~0.37	0.30~0.60	1.35~1.65	—	4.00~4.50	—	—	钨 0.80~1.20

注：1. 标准规定带"A"字标志的牌号仅能作为高级优质钢订货，其他牌号按优质钢订货。

2. 根据需方要求，可对表中各牌号按高级优质钢（指带"A"）或特级优质钢（指不带"A"字标志，对有"A"字标志的牌号应先去掉"A"）订货。需方对化学成分提出其他特殊要求，可按特殊要求订货。

3. 统一数字代号规定：优质钢尾部数字为"2"，高级优质钢（带"A"钢）尾部数字为"3"，特级优质钢（带"E"钢）尾部数字为"6"。

4. 稀土成分按 0.05% 计算量加入，其成品分析结果供参考。

（2）合金结构钢的硫、磷及其他杂质含量规定

组　别	化合成分（%）≤					
	磷	硫	铜	铬	镍	钼
优质钢	0.035	0.035	0.30	0.30	0.30	0.15
高级优质钢	0.025	0.025	0.25	0.30	0.30	0.10
特级优质钢	0.025	0.015	0.25	0.30	0.30	0.10

注：热压力加工用钢的铜含量不应大于 0.20% 。

(3) 合金结构钢的力学性能

牌号	试样毛坯尺寸 (mm)	退火或高温回火供应状态硬度 HBS100/300 ≤	热处理					力学性能 ≥				
			淬火			回火		抗拉强度 σ_b (MPa)	屈服点 δ_s (MPa)	断后伸长率 δ_5 (%)	断面收缩率 φ (%)	冲击吸收功 A_{ku2} (J)
			加热温度 (℃)		冷却剂	加热温度 (℃)	冷却剂					
			第一次淬火	第二次淬火								
20Mn2	15	187	850	—	水、油	200	水、空	785	590	10	40	47
30Mn2	25	207	880	—	水、油	440	水、空	785	635	12	45	63
35Mn2	25	207	840	—	水	500	水	835	685	12	45	55
40Mn2	25	217	840	—	水	500	水	885	735	12	45	55
45Mn2	25	217	840	—	水、油	540	水	885	735	10	45	47
50Mn2	25	229	820	—	油	550	水、油	930	785	9	40	39
20MnV	15	187	880	—	水、油	200	水、油	785	590	10	40	55
27SiMn	25	217	920	—	水	450	水、油	980	835	12	40	39
35SiMn	25	229	900	—	水	570	水、油	885	735	15	45	47
42SiMn	25	229	880	—	水	590	水	885	735	15	40	47
20SiMn2MoV	试样	269	900	—	油	200	水、空	1 380	–	10	45	55
25SiMn2MoV	试样	269	900	—	油	200	水、空	1 470	–	10	40	47
37SiMn2MoV	25	269	870	—	水、油	650	水、空	980	835	12	50	63

续表

牌号	试样毛坯尺寸(mm)	退火或高温回火供应状态硬度 HBS100/300 ≤	热处理					力学性能 ≥				
			淬火			回火		抗拉强度 σ_b (MPa)	屈服点 σ_s (MPa)	断后伸长率 δ_5 (%)	断面收缩率 φ (%)	冲击吸收功 A_{ku} (J)
			加热温度(℃)		冷却剂	加热温度(℃)	冷却剂					
			第一次淬火	第二次淬火								
40B	25	207	840	—	水	550	水	785	635	12	45	55
45B	25	217	840	—	水	550	水	835	685	12	45	47
50B	20	207	840	—	油	600	空	785	540	10	45	39
40MnB	25	207	850	—	油	500	水、油	980	785	10	45	47
45MnB	25	217	840	—	油	500	水、油	1 030	835	9	40	39
20MnMoB	15	207	880	—	油	2000	油	1 080	885	10	50	55
15MnVB	15	207	860	—	油	200	水、空	980	785	10	45	47
20MnVB	15	207	860	—	油	200	水、空	1 080	885	10	45	55
40MnVB	25	207	850	—	油	520	水、油	980	785	10	45	47
20MnTiB	15	187	860	—	油	200	水、空	1 130	930	10	45	55
25MnTiBRE	试样	229	860	—	油	200	油、空	1 380	—	10	40	47
15Cr	15	179	880	780~820	水、油	200	水、油	735	490	11	45	55
15CrA	15	179	880	770~820	水、油	180	油、空	685	490	12	45	55

续表

牌号	试样毛坯尺寸 (mm)	退火或高温回火供应状态硬度 HBS100/300 ≤	热处理					力学性能				
			淬火			回火		抗拉强度 σ_b (MPa)	屈服点 σ_s (MPa)	断后伸长率 δ_5 (%)	断面收缩率 φ (%)	冲击吸收功 A_{kc} (J)
			加热温度(℃)		冷却剂	加热温度(℃)	冷却剂					
			第一次淬火	第二次淬火								≥
20Cr	15	179	880	780~820	水、油	200	水、空	835	540	10	40	47
30Cr	25	187	860	-	油	500	水、油	885	685	11	45	47
35Cr	25	207	860	-	油	500	水、油	930	735	11	45	47
40Cr	25	207	850	-	油	520	水、油	980	785	9	45	47
45Cr	25	217	840	-	油	520	水、油	1 030	835	9	40	39
50Cr	25	229	830	-	油	520	水、油	1 080	930	9	40	39
38CrSi	25	255	900	-	油	600	水、油	980	835	12	50	55
12CrMo	30	179	900	-	空	650	空	410	265	24	60	110
15CrMo	30	179	900	-	空	650	空	440	295	22	60	94
20CrMo	15	197	880	-	水、油	500	水、油	885	685	12	50	78
30CrMo	25	229	880	-	水、油	540	水、油	930	735	12	50	63
30CrMoA	15	229	880	-	油	540	水、油	930	785	12	50	71
35CrMo	25	229	850	-	油	550	水、油	980	835	12	45	63

续表

牌号	试样毛坯尺寸 (mm)	退火或高温回火供应状态硬度 HBS100/300 ≤	热处理					力学性能 ≥				
			淬火			回火		抗拉强度 σ_b (MPa)	屈服点 σ_s (MPa)	断后伸长率 δ_5 (%)	断面收缩率 φ (%)	冲击吸收功 A_{kU} (J)
			加热温度(℃) 第一次淬火	第二次淬火	冷却剂	加热温度 (℃)	冷却剂					
42CrMo	25	217	850	-	油	560	水、油	1 080	930	12	45	63
12CrMoV	30	241	970	-	空	750	空	440	225	22	50	78
35CrMoV	25	241	900	-	油	630	水、油	1 080	930	10	50	71
12Cr1MoV	30	179	970	-	空	750	空	490	245	22	50	71
25Cr2MoVA	25	241	900	-	油	640	空	930	785	14	55	63
25Cr2Mo1VA	25	241	1040	-	空	700	空	735	590	16	50	47
38CrMoAl	30	229	940	-	水、油	640	水、油	980	835	14	50	71
40CrV	25	241	880	-	油	650	水、油	885	735	10	50	71
50CrVA	25	255	860	-	油	500	水、空	1 280	1130	10	40	-
15CrMn	15	179	880	-	油	200	空	785	590	12	50	47
20CrMn	15	187	850	-	油	200	空	930	735	10	45	47
40CrMn	25	229	840	-	油	550	水、油	980	835	9	45	47
20CrMnSi	25	207	880	-	油	480	水、油	785	635	12	45	55
25CrMnSi	25	217	880	-	油	480	水、油	1 080	885	10	40	39

续表

牌号	试样毛坯尺寸 (mm)	退火或高温回火状态硬度 HBS100/300 ≤	淬火 加热温度(℃) 第一次淬火	淬火 加热温度(℃) 第二次淬火	淬火 冷却剂	回火 加热温度(℃)	回火 冷却剂	抗拉强度 σ_b (MPa)	屈服点 σ_s (MPa)	断后伸长率 δ_5 (%)	断面收缩率 ψ (%)	冲击吸收功 A_{ku2} (J)
30CrMnSi	25	229	880	-	油	520	水、油	1 080	885	10	45	39
30CrMnSiA	25	229	880	-	油	540	水、油	1 080	835	10	45	39
35CrMnSiA	试样	241	加热到880℃,于280~310℃等温淬火			230	空、油	1620	1 280	9	40	31
20CrMnMo	15	217	950	890	油	200	油	1 180	885	10	45	55
40CrMnMo	25	217	850	-	油	600	油	980	785	10	45	63
20CrMnTi	15	217	880	870	油	200	油	1 080	850	10	45	55
30CrMnTi	试样	229	880	850	油	200	油	1 470	-	9	40	47
20CrNi	25	197	850	-	水、油	460	水、空	785	590	10	50	63
40CrNi	25	241	820	-	油	500	油	980	785	10	45	55
45CrNi	25	255	820	-	油	530	油	980	785	10	45	55
50CrNi	25	255	820	-	油	500	油	1 080	835	8	40	39
12CrNi2	15	207	860	780	水、油	200	水、空	785	590	12	50	63
12CrNi3	15	217	860	780	油	200	水、空	930	685	11	50	71

续表

牌号	试样毛坯尺寸(mm)	退火或高温回火供应状态硬度 HBS100/300 ≤	热 处 理					力学性能 ≥				
			淬火(℃)			回火		抗拉强度 σ_b (MPa)	屈服点 σ_s (MPa)	断后伸长率 δ_5 (%)	断面收缩率 φ (%)	冲击吸收功 A_{ku} (J)
			加热温度 第一次淬火	第二次淬火	冷却剂	加热温度 (℃)	冷却剂					
20CrNi3	25	241	830	—	水、油	480	水、油	930	735	11	55	78
30CrNi3	25	241	820	—	油	500	水、油	980	785	9	45	63
37CrNi3	25	269	820	—	油	500	水、油	1 130	980	10	50	47
12C2Ni4	15	269	860	780	油	200	空	1 080	835	10	50	71
20Cr2Ni4	15	269	880	780	油	200	空	1 180	1 080	10	45	63
20CrNiMo	15	197	850	—	油	200	空	980	785	9	40	47
40CrNiMoA	25	269	850	—	油	600	水、油	980	835	12	55	78
18CrMnNiMoA	15	269	830	—	油	200	空	1 180	885	10	45	71
45CrNiMoVA	试样	269	860	—	油	460	油	1 470	1 330	7	35	31
18C2Ni4WA	15	269	950	850	空	200	空	1 180	835	10	45	78
25C2Ni4WA	25	269	850	—	油	550	水、油	1 080	930	11	45	71

注:1. 热处理温度允许调整范围:淬火±15℃,低温回火±20℃,高温回火±50℃。
2. 硼钢在淬火前可先经正火(其温度应不高于其淬火温度),铬锰钛钢等第一次淬火可用正火代替。
3. 拉伸试验时试样钢上不能有屈服,无法测定屈服点 σ_s 的情况下,可以测规定残余伸长应力 $\sigma_{r0.2}$。

3. 弹簧钢 (GB/T1222-1984)

弹簧钢应用广泛,适宜生产汽车,拖拉机等机械所用的板簧、圆簧、发条、螺旋簧、悬挂弹簧、副簧、阀簧、碟簧、支承弹簧等。

(1) 弹簧钢的化学成分

牌号	化学成分(%)				
	碳	硅	锰	铬	其他
65	0.62~0.70	0.17 ~ 0.37	0.50~0.80	≤0.25	—
70	0.62~0.75		0.50~0.80	≤0.25	—
85	0.82~0.90		0.50~0.80	≤0.25	—
65Mn	0.62~0.70		0.90~1.20	≤0.25	—
55Si2Mn	0.52~0.60	1.50 ~ 2.00	0.60~0.90	≤0.35	硼0.0005~0.0040
55Si2MnB	0.52~0.60		0.60~0.90	≤0.35	
60Si2Mn	0.56~0.64		0.60~0.90	≤0.35	
55SiMnVB	0.52~0.60	0.70~1.00	1.00~1.30	≤0.35	钒0.08~0.16 硼0.0005~0.0035
60Si2MnA	0.56~0.64	1.60~2.00	0.60~0.90	≤0.35	—
60Si2CrVA	0.56~0.64	1.60~2.00	0.60~0.90	≤0.35	
60Si2CrA	0.56~0.64	1.40~1.80	0.40~0.70	0.70~1.00	—
60Si2CrVA	0.56~0.64		0.40~0.70	0.90~1.20	钒0.10~0.20
55CrMnA	0.52~0.60	0.17 ~ 0.37	0.65~0.95	0.65~0.95	—
60CrMnA	0.56~0.64		0.70~1.00	0.70~1.00	
60CrMnMoA	0.56~0.64		0.70~1.00	0.70~1.00	钼0.25~0.35
50CrVA	0.46~0.54		0.50~0.80	0.80~1.10	钒0.10~0.20
60CrMnBA	0.56~0.64		0.70~1.00	0.70~1.00	硼0.0005~0.0040
30W4Cr2VA	0.26~0.34		≤0.40	2.00~2.50	钒0.50~0.80 钨4.0~4.5

注：1. 带 A 牌号钢的硫磷含量分别应不大于 0.030%。其余牌号钢的硫磷含量分别应不大于 0.035%。用平炉或转炉冶炼时，不带 A 牌号的硫磷含量均应不大于 0.040%。牌号 65、70、85 和 45Mn 的钢中镍含量应不大于 0.25%。所有牌号钢中的铜含量均应不大于 0.25%。

2. 55Si2MnB 的钢材或钢坯，其硼含量不小于 0.0002% 时亦可交货。

（2）弹簧钢的物理性能

牌 号	交货状态	硬度 ≤ HBS	热处理			拉伸性能 ≥				断面收缩率 φ（%）
			淬火温度（℃）	淬火剂	回火温度（℃）	屈服点 σ_s	抗拉强度 σ_b	伸长率（%）		
						MPa		δ_5	δ_{10}	
65	热轧	285	840	油	500	784	980		9	35
70	热轧	285	830	油	480	833	1 029		8	30
85	热轧	302	820	油	480	980	1 127		6	30
65Mn	热轧	302	830	油	540	784	980		8	30
55Si2Mn	热轧	302	870	油	480	1 176	1 274		6	30
55Si2MnB	热轧	321	870	油	480	1 176	1 274		6	30
60Si2Mn	热轧	321	870	油	480	1 176	1 274		5	25
55SiMnVB	热轧	321	860	油	460	1 225	1 372		5	30
60Si2MnA	热轧	321	870	油	440	1 372	1 568		5	20
60Si2CrA	热轧 + 热处理	321	870	油	420	1 568	1 764	6		20
60Si2CrVA	热轧 + 热处理	321	850	油	410	1 666	1 862	6		20

续表

牌号	交货状态	硬度 ≤ HBS	热处理			拉伸性能 ≥				断面收缩率 φ (%)
			淬火温度 (℃)	淬火剂	回火温度 (℃)	屈服点 σ_s	抗拉强度 σ_b	伸长率 (%)		
						MPa		δ_5	δ_{10}	
55CrMnA	热轧	321	830 ~ 860	油	460 ~ 510	1 078 ($\sigma_{0.2}$)	1 225	9		20
60CrMnA	热轧	321	830 ~ 860	油	460 ~ 520	1 078 ($\sigma_{0.2}$)	1 225	9		20
60CrMnMoA	热轧 + 热处理	321	—	—	—	—	—	—		—
50CrVA	热轧	321	850	油	500	1 127	1 274	10		40
60CrMnBA	热轧 + 热处理	321	830 ~ 860	油	460 ~ 520	1 078 ($\sigma_{0.2}$)	1225	9		20
30W4Cr2VA	热轧 + 热处理	321	1050 ~ 1 100	油	600	1 323	1 470	7		40

注：1. 表列数值为截面不大于 80mm 的钢材的测验值，大于 80mm 的钢材，允许伸长率和断面收缩率分别降低 1% 和 5% 。

2. 牌号 30W4Cr2VA 除抗拉强度外，其他性能仅供参考。

4. 高碳铬轴承钢 (YB/T1–1980)

高碳铬轴承钢是一种应用广泛的轴承钢,主要用于机车、机床、电机、心轴、转动轴等耐磨性高,疲劳寿命高的各种轴承及重要机械零件。

牌 号	化学成分(%)						硬度(退火后)		主要特性
	碳	硅	锰	铬	磷 ≤	硫 ≤	HBS	玉痕直径 (mm)	
GGr9	1.00 ~ 1.10	0.15 ~ 0.35	0.25 ~ 0.45	0.90 ~ 1.20	0.025	0.025	179 ~ 207	4.2 ~ 4.5	耐磨性、淬透性较高,应变塑性、切削性中等,有回火脆性倾向,通常在淬火及低温回火状态下使用
GGr15	0.95 ~ 1.05	0.15 ~ 0.35	0.25 ~ 0.45	1.40 ~ 1.65	0.025	0.025	179 ~ 207	4.2 ~ 4.5	耐磨性、淬透性好、疲劳寿命高,冷加工塑性变形中等,焊接性差,有一定的切削加工性,通常在淬火、低温回火后使用
GGr9SiMn	1.00 ~ 1.10	0.45 ~ 0.75	0.95 ~ 1.25	0.90 ~ 1.20	0.025	0.025	179 ~ 217	4.1 ~ 4.5	淬透及工艺性能较高,其他性能与GGr15相近
GGr15SiMn	0.95 ~ 1.05	0.45 ~ 0.75	0.95 ~ 1.25	1.40 ~ 1.65	0.025	0.025	179 ~ 217	4.1 ~ 4.5	耐磨性、淬透性比GGr15更高,焊接性差、冷加工塑性中等,热处理时有回火脆性

5. 渗碳轴承钢(GB/T3203-1982)

渗碳轴承钢适用于汽车、拖拉机等承受冲击载荷的轴承套圈和滚动体的制造。

(1)渗碳轴承钢的化学成分

牌号	化学成分(%)								
	碳	硅	锰	铬	镍	钼	铜	磷	硫
							≤	≤	≤
G20CrMo	0.17~0.23	0.20~0.35	0.65~0.95	0.35~0.65	—	0.08~0.15	0.25	0.030	0.030
G20CrNiMo	0.17~0.23	0.15~0.40	0.60~0.90	0.35~0.65	0.40~0.70	0.15~0.30	0.25	0.030	0.030
G20CrNi2Mo	0.17~0.23	0.15~0.40	0.40~0.70	0.35~0.65	1.60~2.00	0.20~0.30	0.25	0.030	0.030
G20Cr2Ni4	0.17~0.23	0.15~0.40	0.30~0.60	1.25~1.75	3.25~3.75	—	0.25	0.030	0.030
G10CrNi3Mo	0.08~0.13	0.15~0.40	0.40~0.70	1.00~1.40	3.00~3.50	0.08~0.15	0.25	0.030	0.030
G20Cr2Mn2Mo	0.17~0.23	0.15~0.40	1.30~1.60	1.70~2.00	≤0.30	0.20~0.30	0.25	0.030	0.030

（2）渗碳轴承钢的物理性能

牌号	试样毛坯直径(mm)	热处理					力学性能				硬度(退火后)≤
		淬火			回火		抗拉强度 σ_b (MPa)	伸长率 δ_5 (%)	断面收缩率 φ (%)	冲击韧度 a_k (kJ/m²)	
		温度(℃)		冷却剂	温度(℃)	冷却剂					
		第一次	第二次				≥				
G20Cr NiMo	15	880 ±20	790 ±20	油	150 ~ 200	空	1 175	9	45	800	229
G20Cr Ni2Mo	25		800 ±20				980	13			229
G20Cr2 Ni4		870 ±20	790 ±20				1 175	10			241
G10Cr Ni3Mo	15	880 ±20			180 ~ 200		1 080	9			229
G20Cr2 Mn2Mo			810 ±20				1 275		40	700	229

注：1. 表列力学性能数值为截面尺寸不大于 80mm 的钢材的测验值，尺寸为 81 ~ 100mm 的钢材，允许其伸长率、收缩率及冲击韧度较本表的规定分别降低 1 个单位、5 个单位及 5%；尺寸为 101 ~ 150mm 的钢材，允许其伸长率、收缩率及冲击韧度较本表的规定分别降低 2 个单位、10 个单位及 10%；尺寸为 151 ~ 250mm 的钢材，允许其伸长率、收缩率及冲击韧度较本表的规定分别降低 3 个单位、15 个单位及 15%。

2. 尺寸大于 80mm 的钢材改轧或改段成 70 ~ 80mm 的试料取样检验时，其结果应符合本表的规定。

3. 交货状态：热轧或锻制钢材以热轧（锻）状态交货或以退火状态交货。冷拉钢材应以退火（或回火）状态交货。

4. C20CrMo 的力学性能积累数据仅供参考。

6. 车轴钢坯 (YB/T57–1987)

车轴钢坯专门用于铁路机车和车辆车轴,其材质为优质碳素钢

代号	化学成分(%)								炉外精炼方法	钢坯截面尺寸(mm)高度×宽度
	碳	锰	硅	磷≤	硫≤	铬≤	镍≤	铜≤		
LZ I	0.37 ~ 0.45	0.50 ~ 0.80	0.15 ~ 0.35	0.04	0.04	0.30	0.30	0.25	吹氩	196×196 200×200 220×220 240×240
LZ II	0.37 ~ 0.45	0.50 ~ 0.80	0.15 ~ 0.35	0.04	0.025	0.30	0.30	0.25	渣洗	
LZ III	0.37 ~ 0.45	0.50 ~ 0.80	0.15 ~ 0.35	0.04	0.020	0.30	0.30	0.25	喷粉	
JZ I	0.40 ~ 0.48	0.55 ~ 0.85	0.15 ~ 0.35	0.04	0.04	0.30	0.30	0.25	吹氩	250×250 280×280 300×300 320×320 350×350
JZ II	0.40 ~ 0.48	0.55 ~ 0.85	0.15 ~ 0.35	0.04	0.025	0.30	0.30	0.25	渣洗	
JZ III	0.40 ~ 0.48	0.55 ~ 0.85	0.15 ~ 0.35	0.04	0.020	0.30	0.30	0.25	喷粉	

注:代号字母中,"L"表示车辆用,"J"表示机车用。

7. 铸造用碳铜钛低合金耐磨生铁（YB/T5210-1993）

铸造用磷铜钛低合金耐磨生铁适用于内燃机汽缸套、轧辊、车轮轮闸瓦等耐磨零部件的生产。

铁 号			NMZ34	NMZ30	NMZ26	NMZ22	NMZ18	NMZ14
化学成分（%）	碳		≥3.30					
	锰	1组	≤0.50					
		2组	>0.50~0.90					
		3组	>0.90					
	硫	1类	≤0.03				≤0.04	
		2类	≤0.04				≤0.05	
		3类	≤0.05					
	磷	A级	0.35~0.60					
		B级	>0.60~0.90					
		C级	>0.90					
	铜	A级	0.30~0.70					
		B级	>0.70					
	钛		≥0.06					
	硅		>3.2 ~ 3.6	>2.8 ~ 3.2	>2.4 ~ 2.8	>2.0 ~ 2.4	>1.6 ~ 2.0	>1.25 ~ 1.60

8. 灰铸铁（GB/T9439-1988）

HT200 和 HT250 牌号灰铸铁为一般机械制造中较重要的铸件，如汽车、拖拉机的气缸体、气缸盖、活塞、刹车毂、飞轮、齿轮联轴器盘、离合器外壳等零部件的生产。

牌 号	铸件壁厚（mm）	最小抗拉强度 σ_b(MPa)	硬度分级	铸件硬度（HBS）	主要金相组织
HT200	2.5 ~ 10	220	H195	170 ~ 220	珠光体
	10 ~ 20	195			
	20 ~ 30	170			
	30 ~ 50	160			
HT250	4.0 ~ 10	270	H215	190–240	珠光体
	10 ~ 20	240			
	20 ~ 30	220			
	30 ~ 50	200			

9. 球墨铸铁（GB/T1348–1988）

球墨铸铁应用范围较广，如汽车、拖拉机等的牵引框、轮毂、驱动桥壳体、传动轴、机油泵齿轮、转向节等零部件的生产。

牌 号	抗拉强度 σ_b(MPa) ≥	屈服强度 $\sigma_{0.2}$(MPa) ≥	伸长率 δ_5(%) ≥	硬度 HBS	全相组织	主要特性
QT400–18	400	250	18	130 ~ 180	铁素体	焊接性和加工性良好，常温下冲击韧性高，脆性转变温度低
QT400–15	400	250	15	130 ~ 180	铁素体	
QT450–10	450	310	10	160 ~ 210	铁素体	焊接性和加工性较好，强度及小能量冲击韧度优于 QT400–18，塑性略低于 QT400–18
QT500–7	500	320	7	170 ~ 230	铁素体 + 珠光体	被切削性能好，强度与塑性中等

续表

牌　　号	抗拉强度 σ_b(MPa) ≥	屈服强度 $\sigma_{0.2}$ (MPa)≥	伸长率 δ_5(%) ≥	硬度 HBS (参数)	全相组织 (参数)	主要特性
QT600-3	600	370	3	190 ~ 270	珠光体 + 铁素体	耐磨性较好,塑性低;中高强度
QT700-2	700	420	2	225 ~ 305	珠光体	韧性低,而耐磨性和强度较高
QT800-2	800	480	2	345 ~ 335	珠光体或回火组织	韧性低,而耐磨性和强度较高
QT900-2	900	600	2	280 ~ 360	贝氏体或回火马氏体	耐磨性与强度高,有较高的弯曲疲劳强度和接触疲劳强度,韧性较高

10. 可锻铸件(GB/T9440-1988)

黑心及珠光体可锻铸铁适用于汽车、拖拉机上的前后轮壳、差速器壳、转向节壳、曲轴、连杆、摇臂、万向接头以及输电线路上的线夹本体及压板等部件的生产。

类　型	牌　号	试样直径 d (mm)	抗拉强度 σ_b(MPa) ≥	屈服强度 $\sigma_{0.2}$ (MPa)≥	伸长率 δ(%) (L_0= 3d) ≥	硬度 HBS	主要特性
黑心可锻铸铁	KTH330 -08	12 或 15	330	–	8	≤150	一定的韧性和强度,能承受中等动载荷和静载荷
	KTH350 -10	12 或 15	350	200	10	≤150	韧性和强度较高,能承受较高的冲击、振动及扭转负荷
	KTH370 -12	12 或 15	370	–	12	≤150	

续表

类型	牌号	试样直径 d (mm)	抗拉强度 σ_b (MPa) ≥	屈服强度 $\sigma_{0.2}$ (MPa) ≥	伸长率 $\delta(\%)$ ($l_0 = 3d$)	硬度 HBS	主要特性
珠光体可锻铸铁	KTZ450 -06	12 或 15	450	270	6	150 ~ 200	耐磨性好,硬度高、强度大,但韧性较低,可加工性能良好
	KTZ550 -04	12 或 15	550	340	4	180 ~ 230	
	KTZ650 -02	12 或 15	650	430	2	210 ~ 260	
	KTZ700 -02	12 或 15	700	530	2	240 ~ 290	

11. 蠕墨铸件(JB4403-1987)

蠕墨铸件适用于活塞环、气缸套、制动盘、刹车鼓、大型齿轮箱体、变速箱体,及汽车拖拉机某些底盘零部件的生产。

牌号	抗拉强度 σ_b (MPa) ≥	屈服强度 $\sigma_{0.2}$ (MPa) ≥	伸长率 $\delta(\%)$ ≥	硬度 HBS	金相组织	主要特性
RUT420	420	335	0.75	200 ~ 280	珠光体	硬度、强度高,有较高的热导率和高的耐磨性能
RUT380	380	300	0.75	193 ~ 274		
RUT340	340	270	1.0	170 ~ 249	珠光体+铁素体	硬度、强度较高,有较高的热导率及较高的耐磨性能
RUT300	300	240	1.5	140 ~ 217	铁素体+珠光体	致密性较好,强度硬度适中,有一定的塑韧性,热导率较高
RUT260	260	195	3.0	120 ~ 197	铁素体	有较高的塑韧性、硬度较低、强度一般,热导率较高(铸件一般需退火处理)

注:蠕墨铸铁的蠕化率(VG)小于50%。

12. 工业链条用冷拉钢（GB/T13766-1992）

工业链条用冷拉钢专门用于制造机械传动用链条滚子及销轴。

(1)滚子用冷拉钢

牌号	化学成分(%)								抗拉强度(MPa)	
	碳	硅	锰	铜≤	铬≤	镍≤	磷≤	硫≤	钢丝≤ (冷拉/退火)	圆钢≤ (冷拉/退火)
0.8	0.05 ~ 0.12	0.17 ~ 0.37	0.35 ~ 0.65	0.25	0.10	0.25	0.035	0.035	540/440	440/295
10	0.07 ~ 0.14	0.17 ~ 0.37	0.35 ~ 0.65	0.25	0.15	0.25	0.035	0.035	540/440	440/295
15	0.12 ~ 0.19	0.17 ~ 0.37	0.35 ~ 0.65	0.25	0.25	0.25	0.035	0.035	590/490	470/340

(2)销轴用冷拉钢

牌号	化学成分(%)										抗拉强度(MPa)	
	碳	硅	锰	铬	钼	钛	镍≤	铜≤	磷≤	硫≤	钢丝 (冷拉/退火)	圆钢 (冷拉/退火)
20CrMo	0.17 ~ 0.24	0.17 ~ 0.37	0.40 ~ 0.70	0.80 ~ 1.10	0.15 ~ 0.25	—	0.30	0.30	0.035	0.035	550 ~ 800/ 450 ~ 700	620 ~ 870/ 490 ~ 740

续表

牌号	化学成分(%)										抗拉强度(MPa)	
	碳	硅	锰	铬	钼	钛	镍≤	铜≤	磷≤	硫≤	钢丝≤ (冷拉/ 退火)	圆钢≤ (冷拉/ 退火)
20CrMnMo	0.17 ~ 0.23	0.17 ~ 0.37	0.90 ~ 1.20	1.10 ~ 1.40	0.20 ~ 0.30	—	0.30	0.30	0.035	0.035	550~ 800/ 500~ 750	720~ 970/ 575~ 825
20GrMnTi	0.17 ~ 0.23	0.17 ~ 0.37	0.80 ~ 1.10	1.0 ~ 1.30	—	0.04 ~ 0.10	0.30	0.30	0.035	0.035	650~ 900/ 500~ 750	720~ 970/ 575~ 825

13. 冷轧钢板和钢带（GB/T708-1988）

冷轧钢板和钢带指尺寸规格宽度大于或等于 600mm，厚度为 0.2~5mm 的冷轧钢板及厚度不大于 3mm 的冷轧钢带。其广泛应用于汽车制造业、家用电器工业、建筑材料及小商品生产等诸方面。

（1）冷轧钢板和钢带的尺寸规格

公称厚度(mm)	按下列钢板宽度的最小和最大长度(mm)								
	600	650	700	(710)	750	800	850	900	950	1 000
0.20、0.25、0.30、0.35、0.40、0.45	1 200 2 500	1 300 2 500	1 400 2 500	1 400 2 500	1 500 2 500	1 500 2 500	1 500 3 000	1 500 3 000	1 500 3 000	1 500 3 000
0.55、0.60、0.65	1 200 2 500	1 300 2 500	1 400 2 500	1 400 2 500	1 500 2 500	1 500 2 500	1 500 2 500	1 500 2 500	1 500 2 500	1 500 2 500
0.70、0.75	1 200 2 500	1 300 2 500	1 400 2 500	1 400 2 500	1 500 2 500	1 500 2 500	1 500 2 500	1 500 2 500	1 500 2 500	1 500 2 500
0.80、0.90、1.00	1 200 3 000	1 300 3 000	1 400 3 000	1 400 3 000	1 500 3 000	1 500 3 000	1 500 3 000	1 500 3 000	1 500 3 000	1 500 3 000
1.1、1.2、1.3	1 200 3 000	1 300 3 000	1 400 3 000	1 400 3 000	1 500 3 000	1 500 3 000	1 500 3 500	1 500 3 500	1 500 3 500	1 500 3 500

续表

公称厚度(mm)	按下列钢板宽度的最小和最大长度(mm)									
	600	650	700	(710)	750	800	850	900	950	1 000
1.4、1.5、1.6、1.7、1.8、2.0	1 200 3 000	1 300 3 000	1 400 3 000	1 400 3 000	1 500 3 000	1 500 3 000	1 500 3 000	1 500 3 000	1 500 3 000	1 500 4 000
2.2、2.5	1 200 3 000	1 300 3 000	1 400 3 000	1 400 3 000	1 500 3 000	1 500 3 000	1 500 3 000	1 500 3 000	1 500 3 000	1 500 4 000
2.8、3.0、3.2	1 200 3 000	1 300 3 000	1 400 3 000	1 400 3 000	1 500 3 000	1 500 3 000	1 500 3 000	1 500 3 000	1 500 3 000	1 500 4 000
3.5、3.8、3.9										
4.0、4.2、4.5										
4.8、5.0										

续表

公称厚度(mm)	按下列钢板宽度的最小和最大长度(mm)									
	1 100	1 250	1 400	1 420	1 500	1 600	1 700	1 800	1 900	2 000
0.20、0.25、0.30、0.35、0.40、0.45	1 500 3 000									
0.55、0.60、0.65	1 500 3 000	1 500 3 500								
0.70、0.75	1 500 3 000	1 500 3 500	2 000 4 000	2 000 4 000						
0.80、0.90、1.00	1 500 3 500	1 500 4 000	1 500 4 000	2 000 4 000	2 000 4 000					
1.1、1.2、1.3	1 500 3 500	1 500 4 000	2 000 4 000	2 000 4 000	2 000 4 000	2 000 4 000	2 000 4 200	2 000 4 200		
1.4、1.5、1.6、1.7、1.8、2.0	1 500 4 000	2 000 6 000	2 000 6 000	2 000 6 000	2 000 6 000	2 000 6 000	2 000 6 000	2 500 6 000		
2.2、25	1 500 4 000	2 000 6 000	2 000 6 000	2 000 6 000	2 000 6 000	2 000 6 000	2 500 6 000	2 500 6 000	2 500 6 000	2 500 6 000
2.8、3.0、3.2	1 500 4 000	2 000 6 000	2 000 6 000	2 000 6 000	2 000 6 000	2 000 2 750	2 500 2 750	2 500 2 700	2 500 2 700	2 500 2 700

续表

公称厚度(mm)	按下列钢板宽度的最小和最大长度(mm)									
	1 100	1 250	1 400	1 420	1 500	1 600	1 700	1 800	1 900	2 000
3.5、3.8、3.9	2 000	2 000	2 000	2 000	2 000	2 500	2 500	2 500	2 500	
	4 500	4 500	4 500	4 750	2 750	2 750	2 700	2 700	2 700	
4.0、4.2、4.5	2 000	2 000	2 000	2 000	1 500	1 500	1 500	1 500	1 500	
	4 500	4 500	4 500	4 500	2 500	2 500	2 500	2 500	2 500	
4.8、5.0	2 000	2 000	2 000	2 000	1 500	1 500	1 500	1 500		
	4 500	4 500	4 500	4 500	2 300	2 300	2 300	2 300		

(2)冷轧钢板的理论质理

厚度 (mm)	理论质量 (kg/m²)	厚度 (mm)	理论质量 (kg/m²)	厚度 (mm)	理论质量 (kg/m²)
0.20	1.570	0.90	7.065	2.5	19.625
0.25	1.936	1.00	7.850	2.8	21.980
0.30	2.355	1.1	8.635	3.0	23.550
0.35	2.748	1.2	9.420	3.2	25.120
0.40	3.140	1.3	10.205	3.5	27.475
0.45	3.533	1.4	10.990	3.8	29.830
0.55	4.318	1.5	11.775	3.9	30.615
0.60	4.710	1.6	12.560	4.0	31.400
0.65	5.103	1.7	13.345	4.2	32.970
0.70	5.495	1.8	14.130	4.5	35.325
0.75	5.888	2.0	15.700	4.8	37.680
0.80	6.280	2.2	17.270	5.0	39.250

14. 花纹钢板（GB/T3277-1991）

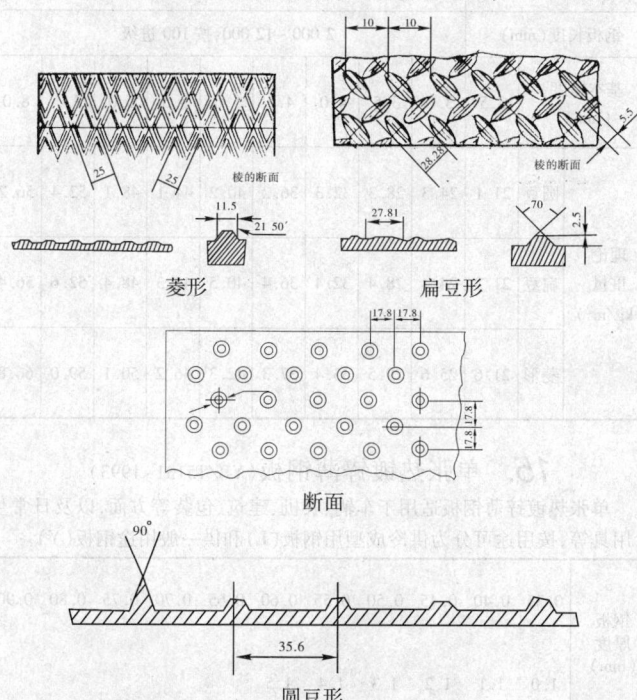

菱形

扁豆形

断面

圆豆形

花纹钢板主要用于汽车底板、船舶甲板、厂房扶梯等场合，其钢板材料为碳素结构钢（GB700）、船体用结构钢（GB7127）、高耐温性结构钢（GB4171），主要花型有扁豆型、圆豆形、菱形等，花纹纹高不小于基板厚度 0.2 倍，钢板以热轧状态交货。

钢板宽度（mm）	600~1 800,按50进级									
钢板长度（mm）	2 000~12 000,按100进级									
基本厚度 （mm）	2.5	3.0	3.5	4.0	4.5	5.0	5.5	6.0	7.0	8.0
理论 重量 （kg/m²） 圆豆	21.1	24.3	28.3	32.3	36.2	40.2	44.1	48.1	52.4	56.2
扁豆	21.3	24.4	28.4	32.4	36.4	40.5	44.3	48.4	52.6	56.4
菱形	21.6	25.6	29.5	33.4	37.3	42.3	46.2	50.1	59.0	66.8

15. 单张热镀锌薄钢板（YB/T5131-1993）

单张热镀锌薄钢板适用于车辆、农机、建筑、包装等方面,以及日常生活用具等,按用途可分为供冷成型用钢板（L）和供一般用途钢板（Y）。

钢板 厚度 （mm）	0.35　0.40　0.45　0.50　0.55　0.60　0.65　0.70　0.75　0.80　0.90
	1.0　1.1　1.2　1.3　1.4　1.5
钢板 （mm） 度×度	710×1420 750×750/1 500/1 800 800×800/1 200/1 600 850×1 700　900×900/1 800/2 000 1 000×2 000

续表

钢板厚度（mm）	深冲级别		
	Z	S	P
	杯突深度≥（mm）		
0.35	7.2	6.2	5.9
0.40~0.45	7.5	6.5	6.2
0.50~0.55	8.0	6.9	6.6
0.60~0.65	8.5	7.2	6.9
0.70~0.75	8.9	7.5	7.2
0.80	9.3	7.8	7.5
0.90	9.6	8.2	7.9
1.00	9.9	8.6	8.3
1.10	9.9	8.6	8.3
1.20	10.2	8.8	8.5
1.30	10.4	9.0	8.7
1.40	10.4	9.0	8.7
1.50	11.0	9.2	8.9

（左侧竖排标注：杯突试验的杯突值（冷成型）用）

16. 汽车大梁用热轧钢板（GB/T3273-1989）

（1）汽车大梁用热轧钢板的化学成分

牌 号	化学成分（%）							
	碳	硅	锰	钛	钒	磷 ≤	硫 ≤	铼
09MnREL	≤0.12	0.20~0.60	0.70~1.00	—	—	0.035	0.035	0.02~0.20
16MnREL	0.12~0.20	0.20~0.60	1.20~1.60	—	—	0.035	0.035	0.02~0.20

续表

牌 号	化学成分（%）							
	碳	硅	锰	钛	钒	磷 ≤	硫 ≤	铼
06TiL	≤0.08	≤0.20	0.20 ~ 0.50	0.07 ~ 0.20	—	0.035	0.035	—
08TiL	≤0.12	0.10 ~ 0.40	0.30 ~ 0.60	0.07 ~ 0.20	—	0.035	0.035	—
10TiL	≤0.14	0.10 ~ 0.30	0.50 ~ 0.90	0.07 ~ 0.20	—	0.035	0.035	—
09SiVL	0.08 ~ 0.15	0.70 ~ 1.00	0.45 ~ 0.75		0.04 ~ 0.10	0.035	0.035	—
16MnL	0.12 ~ 0.20	0.20 ~ 0.60	1.20 ~ 1.60			0.035	0.035	—

注：1. 牌号中字母"L"表示汽车纵、横梁用钢。
    2. 钢中残余元素的含量应符合 GB/T1591 的规定。
    3. 碳、硅、锰含量在保证性能的条件下，其下限可不作交货条件验收。

（2）汽车大梁用热轧钢板的力学性能

牌 号	厚度（mm）	抗拉强度 σ_b（MPa）	屈服点 σ_s≥（MPa）	伸长率 δ（%）≥	宽冷弯,180°. a=试样厚度 d=弯心直径*
09MnREL	2.5 ~ 12.0	375 ~ 470	245	32	d = 0.5a
16MnREL	2.5 ~ 7.0	510 ~ 610	355	24	d = a
	>7.0 ~ 12.0	510 ~ 610	345	24	d = a
06TiL	2.5 ~ 12.0	375 ~ 480	245	26	d = 0
08TiL	2.5 ~ 12.0	390 ~ 510	295	24	d = 0.5a
10TiL	2.5 ~ 12.0	210 ~ 630	355	22	d = 0.5a
09SiVL	5.0 ~ 7.0	510 ~ 610	355	24	d = a
16MnL	2.5 ~ 7.0	510 ~ 610	355	24	d = a
	>7.0 ~ 12.0	510 ~ 610	345	24	d = a

注：1. *试样宽度 b=35mm。
    2. 钢板应在热轧或热处理状态下经酸洗涂油交货，经供需协议，可不作酸洗，但
       钢板厚度应留有 0.1mm 的酸洗余量。

(3)汽车大梁用热轧钢板的尺寸规格

允许 偏差 厚度 宽度	2.5 ~ 3.5	3.5 ~ 4.5	4.5 ~ 6.0	6.0 ~ 7.5	7.5 ~ 9.5	9.5 ~ 12.0
≤1 250	+0.15 −0.25	+0.20 −0.30	+0.25 −0.40	+0.30 −0.50	+0.30 −0.55	+0.40 −0.60
>1 250 ~ 1 600	+0.15 −0.25	+0.20 −0.35	+0.25 −0.45	+0.35 −0.50	+0.35 −0.55	+0.40 −0.60
>1 600 ~ 1 800	+0.20 −0.30	+0.30 −0.40	+0.35 −0.50	+0.35 −0.55	+0.40 −0.60	+0.45 −0.65

注:1. 钢板长度范围为:2 000 ~ 10 000mm,其偏差应符合 GB/T709 规定。
　　2. 轧制状态下切边交货的钢板:长度为 2 000 ~ 4 000mm,总镰刀弯 ≤12mm;长度>4 000 ~ 7 000mm,总镰刀弯 ≤22mm,长度>7 000mm,总镰刀弯 ≤26mm。

17. 汽车制造用优质碳素结构钢热轧钢板和钢带(GB/T3275-1991)

(1)汽车制造用优质碳素结构钢热轧钢板和钢带的化学成分

牌号	统一数字代号	化学成分(%)					
		碳	硅	锰	铬≤	镍≤	铜≤
08	U20082	0.05 ~ 0.11	0.17 ~ 0.37	0.35 ~ 0.65	0.10	0.30	0.25
08F	U20080	0.05 ~ 0.11	≤0.03	0.25 ~ 0.50	0.10	0.30	0.25
10	U20120	0.07 ~ 0.13	0.17 ~ 0.37	0.35 ~ 0.65	0.15	0.30	0.25
10F	U20100	0.07 ~ 0.13	≤0.07	0.25 ~ 0.50	0.15	0.30	0.25

续表

牌号	统一数字代号	代 学 成 分 （%）					
		碳	硅	锰	铬≤	镍≤	铜≤
15	U20152	0.12 ~ 0.18	0.17 ~ 0.37	0.35 ~ 0.65	0.25	0.30	0.25
15F	U20150	0.12 ~ 0.18	≤0.07	0.25 ~ 0.50	0.25	0.30	0.25
20	U20202	0.17 ~ 0.23	0.17 ~ 0.37	0.35 ~ 0.65	0.25	0.30	0.25
25	U20252	0.22 ~ 0.29	0.17 ~ 0.37	0.50 ~ 0.65	0.25	0.30	0.25
30	U20302	0.27 ~ 0.34	0.17 ~ 0.37	0.50 ~ 0.80	0.25	0.30	0.25
35	U20352	0.32 ~ 0.39	0.17 ~ 0.37	0.50 ~ 0.80	0.25	0.30	0.25
40	U20402	0.37 ~ 0.44	0.17 ~ 0.37	0.50 ~ 0.80	0.25	0.30	0.25
45	U20452	0.42 ~ 0.50	0.17 ~ 0.37	0.50 ~ 0.80	0.25	0.30	0.25
50	U20502	0.47 ~ 0.55	0.17 ~ 0.37	0.50 ~ 0.80	0.25	0.30	0.25
08AL		0.05 ~ 0.12	≤0.03	0.25 ~ 0.65	磷≤ 0.035	硫≤ 0.035	铝 0.02 ~ 0.07
15AL		0.12 ~ 0.19	≤0.06	0.35 ~ 0.65	磷≤ 0.035	硫≤ 0.035	铝 0.02 ~ 0.07

注：15AL 的铝含量不作交货条件。08F、08AL、08、10、10F、15AL、15、20、钢中碳、锰含量下限可以不作交货条件，但其含量应在质量证明书中注明。

（2）汽车制造用优质碳素结构钢热轧钢板和钢带的力学性能

牌 号	抗拉强度 σ_b （MPa）	伸长率 $\delta_5 \geqslant$ （%）	硬度≤ （HBS）	冷弯试验 180°	晶粒度	游离渗碳体	带状组织
试验项目代号	1	2	3	4	5	6	7
08F	275 ~ 370	30	100	d = 0	6 ~ 11 级	0 ~ 3 级	—
08、10F、10	275 ~ 410	27	108	d = 0	6 ~ 11 级	0 ~ 3 级	—
08AL	315 ~ 440	27	117	d = 0	6 ~ 11 级	0 ~ 3 级	—
15F、15	315 ~ 440	26	117	d = 0			1 ~ 3 级
15AL、20	345 ~ 490	24	127	d = a	6 ~ 11 级		1 ~ 3 级
25	390 ~ 540	23	138	d = a	6 ~ 11 级		

续表

牌　号	抗拉强度 σ_b （MPa）	伸长率 δ_5 （%）	硬度≤ （HBS）	冷弯试 验180°	晶粒度	游离渗 碳体	带状 组织
30	440 ~ 590	21	150	d = 2a	6 ~ 11 级	—	—
35	490 ~ 635	18	161	d = 2a	6 ~ 11 级	—	—
40	510 ~ 655	17	167	d = 2a	6 ~ 11 级	—	—
45	540 ~ 685	15	174	—	6 ~ 11 级	—	—
50	540 ~ 735	13	184	—	6 ~ 11 级	—	—

注：1. 深拉延钢板钢带（s），按1~7试验项目试验；普通拉延钢板钢带（P），按1~4
　　试验项目试验；冷弯成型钢板钢带（W），按1、2、4试验项目试验。
　　2. 08AL、15AL钢板钢带应进行宽冷弯（B = 35mm）试验，如试验不合格，允许按
　　窄冷弯试验合格交货。

（3）汽车制造用优质碳素结构钢热轧钢板和钢带的尺寸规格

钢板钢带 公称厚度 （mm）	厚度允许偏差（mm）					
	≤1 000（宽度）			>1 000（宽度）		
	普通 精度	较高 精度	高级 精度	普通 精度	较高 精度	高级 精度
2.00	±0.17	±0.15	±0.14	±0.18	±0.16	±0.15
>2.00 ~ 2.20	±0.18	±0.16	±0.15	±0.19	±0.17	±0.16
>2.20 ~ 2.50	±0.19	±0.17	±0.16	±0.20	±0.18	±0.17
>2.50 ~ 3.00	±0.20	±0.18	±0.17	±0.21	±0.19	±0.18
>3.00 ~ 3.50	±0.21	±0.19	±0.18	±0.22	±0.20	±0.19
>3.50 ~ 4.00	±0.26	±0.22	±0.20	±0.28	±0.24	±0.22
>4.00 ~ 5.50	+0.30 / -0.40	+0.15 / -0.30	+0.10 / -0.30	+0.30 / -0.50	+0.15 / -0.40	+0.10 / -0.35
>5.50 ~ 7.50	+0.20 / -0.60	+0.10 / -0.50	+0.10 / -0.40	+0.25 / -0.60	+0.10 / -0.55	+0.10 / -0.45
>7.50 ~ 14.00	+0.20 / -0.80	+0.10 / -0.70	—	0.30 / -0.80	+0.20 / -0.70	—

续表

钢板宽度 （mm）	允许偏差 （mm）	钢板长度 （mm）	允许偏差 （mm）
≤800	+6	≤2 000	+10
>800	+10	>2 000	+25

钢带宽度 （mm）	允许偏差（mm）	
	不切边	切边
≤1 000	+20	+5
>1 000	+30	+10

注：钢板钢带的尺寸规格系列应符合 GB/T709 的规定。

18. 自行车用冷轧碳素钢宽钢带及钢板（YB/T5065－1993）

牌　号	化学成分（%）						力学性能		
	碳	锰	硅	磷≤	硫≤	ALS	伸长率 ≥δ （%）	抗拉强度 σ_b（MPa）	180°冷弯试验 d=弯芯直径 a=试样厚度
Z06AL	≤ 0.06	≤ 0.40	≤ 0.05	0.030	0.030	≥ 0.015	38	≥275	d=0
ZQ195	≤ 0.10	0.25～ 0.50	0.12～ 0.30	0.040	0.040		32	315～ 410	d=0
ZQ215	0.10～ 0.15	0.30～ 0.55	0.12～ 0.30	0.040	0.040		26	375～ 470	d=a
ZQ235	0.15～ 0.21	0.35～ 0.65	0.12～ 0.30	0.040	0.040		供需双方协商		

	厚　度							宽　度		长　度	
尺寸 规格（mm）	0.50	0.60	0.75	0.85	0.90	1.00	1.05	1 000	1 100	钢板	钢带
	1.10	1.20	1.25	1.30	1.50	1.60	1.70	1 150	1 200	2 000	钢卷内径610
	1.80	1.90	2.00	2.10	2.20	2.30	2.40	1 250	1 350	2 300	（公称宽度≥600）
										2 500	钢卷内径450
	2.50	2.60	2.70	2.90	3.00	—	—	1 450	1 500	3 000	（公称宽度<600）

19. 自行车用冷轧钢带（YB/T5067-93）

牌　号	化学成分(%)					力学性能		
	碳	锰	硅	磷≤	硫≤	抗拉强度 σ_b(MPa)	伸长率 ≥δ(%)	弯曲试验 d=弯芯直径 a=钢带厚度
16Mn	0.12 ~ 0.20	1.20 ~ 1.60	0.20 ~ 0.60	0.04	0.04	490 ~ 680	22	d = ≥2a
19Mn	0.16 ~ 0.22	0.70 ~ 1.00	0.20 ~ 0.40	0.04	0.04	390 ~ 570	22	

尺寸 规格 (mm)	厚度	厚度允许偏差		宽度 (不切边)	宽度允许偏差		长度
		普通精度	较高精度		普通精度	较高精度	
	0.06 ~ 0.10	-0.015	-0.010	≤100	+2.5 -1.5	±1.5	厚度≤1.5mm 其长度应 ≥12 000
	>0.10 ~ 0.15	-0.02	-0.015				
	>0.15 ~ 0.25	-0.03	-0.02				
	>0.25 ~ 0.40	-0.04	-0.03	>100	+3.5 -2.5	±2.5	
	>0.40 ~ 0.70	-0.05	-0.04				
	>0.70 ~ 1.00	-0.07	-0.05				
	>1.00 ~ 1.50	-0.09	-0.07				厚度>1.5mm 其长度≥7 000
	>1.50 ~ 2.50	-0.12	-0.09				
	>2.50 ~ 3.50	-0.14	-0.12				

注:1. 切边宽度的允许偏差可参见 YB/T5067-1993。

　　2. 钢带宽度范围为 20 ~ 250mm。

20. 自行车用热轧钢带（YB/T5068-1993）

牌号	化学成分(%)					力学性能				
	碳	锰	硅	磷≤	硫≤	厚度 (mm)	抗拉强度 σ_b(MPa)	屈服点 σ_s(MPa)	伸长率 δ(%)	180°冷弯 d=弯芯直径 a=厚度
16Mn	0.12 ~ 0.20	1.20 ~ 1.60	0.20 ~ 0.60	0.040	0.040	2 ~ 8	510 ~ 660	≥345	≥22	d=2a
19Mn	0.16 ~ 0.22	0.70 ~ 1.00	0.20 ~ 0.40	0.040	0.040	2 ~ 8	≥460	≥295	≥22	d=2a

续表

宽 度	厚 度	厚度系列			
60 ~ 70	2.00 ~ 8.00	2.00	2.25	2.50	2.75
71 ~ 80	2.00 ~ 8.00	3.00	3.25	3.50	3.75
81 ~ 90	2.00 ~ 8.00	4.00	4.25	4.50	4.75
91 ~ 100	2.00 ~ 8.00	5.00	4.25	5.50	5.75
101 ~ 110	2.50 ~ 8.00	6.00	6.25	6.50	6.75
111 ~ 120	2.50 ~ 8.00	7.00	7.25	7.50	7.75
121 ~ 130	2.50 ~ 8.00	8.00			
131 ~ 140	2.50 ~ 8.00				
141 ~ 150	3.00 ~ 8.00				
151 ~ 160	3.00 ~ 7.75				
161 ~ 170	3.00 ~ 7.25				
171 ~ 180	3.00 ~ 7.25				
181 ~ 190	3.00 ~ 6.50				
191 ~ 200	3.00 ~ 6.50				
201 ~ 250	3.00 ~ 4.00				

（表左侧竖排：尺寸规格（mm））

注:尺寸规格的允许偏差可详见 YB/T5068-1993。

21. 自行车用热轧碳素钢和低合金钢宽钢带及钢板(YB/T5066-1993)

牌号	化学成分(%)					ALS	力学性能			
	碳	硅	锰	磷≤	硫≤		抗拉强度 σ_b(MPa)	屈服点 σ_s(MPa)	伸长率≥δ(%)	180°冷弯试验 d-弯芯直径 a-试样厚度
ZQ195	≤0.10	0.12 ~ 0.30	0.25 ~ 0.50	0.040	0.040	—	—	—	—	d = 0.5a
ZQ195 –F	≤0.10	≤0.05	0.25 ~ 0.50	0.040	0.040	—	—	—	—	d = 0.5a
ZQ215	0.10 ~ 0.15	0.12 ~ 0.30	0.30 ~ 0.55	0.040		—	—	—	—	d = a

续表

牌号	化学成分(%)					ALS	力学性能			
	碳	硅	锰	磷≤	硫≤		抗拉强度 σ_b(MPa)	屈服点 δ(MPa)	伸长度 ≥δ(%)	180°冷弯试验 d-弯心直径 a-厚度
ZQ215-AL	0.10~0.15	≤0.06	0.30~0.55	0.040	0.040	≥0.015	—	—	—	d=a
ZQ215-F	0.10~0.15	≤0.07	0.25~0.50	0.040	0.040	—	—	—	—	d=a
ZQ235	0.15~0.21	0.12~0.30	0.35~0.65	0.040	0.040	—	—	—	—	d=1.5a
ZQ235-AL	0.15~0.21	≤0.05	0.35~0.65	0.040	0.040	≥0.015	—	—	—	d=1.5a
ZQ235-F	0.15~0.21	≤0.07	0.35~0.60	0.040	0.040	—	—	—	—	d=1.5a
Z06AL	≤0.06	≤0.05	≤0.40	0.030	0.030	≥0.015	≥275 *	—	≥33	d=0
Z09AL	0.05~0.12	≤0.05	0.20~0.50	0.030	0.030	≥0.015	≥295	—	≥32	d=0
Z09Mn	0.05~0.12	≤0.10	0.50~0.90	0.040	0.040	≥0.015	≥315	—	≥32	d=0.5a
Z13Mn	0.10~0.16	0.10~0.30	0.70~1.10	0.040	0.040	—	≥420	255	≥28	—
Z17Mn	0.14~0.20	0.10~0.30	0.70~1.20	0.040	0.040	≥0.015	≥440	275	≥26	d=1.5a
Z21Mn	0.18~0.25	0.30~0.60	1.20~1.60	0.040	0.040	—	540~635	—	≥20	—

尺寸规格 (mm)	厚　度		宽　度		长　度	
	钢　带	钢板	沸腾钢	镇静钢	钢带	钢板
	2.0　2.2　2.5　2.6 2.75　2.8　3.0　3.2 3.5　3.8　4.0　4.5 5.0　5.5　6.0	7.0 8.0	≤1 300 (厚度为 2.0~6.0)	≤1 250 (厚度≤3.0) ≤1 300 (厚度>3.0)	钢卷内 径760	4 000~ 6 000

注: 1. ＊为参考值。
2. 牌号中字母"Z"为自行车用钢。

22. 自行车链条用冷轧钢带（YB/T5064-1993）

牌 号	化学成分（%）					抗拉强度 δ_b（MPa）	
	碳	硅	锰	磷	硫	Ⅰ组	Ⅱ组
20MnSi	0.17 ~ 0.25	0.40 ~ 0.80	1.20 ~ 1.60	0.045	0.050		
19Mn	0.16 ~ 0.22	0.20 ~ 0.40	0.70 ~ 1.00	0.045	0.050	785 ~ 980	835
16Mn	0.12 ~ 0.20	0.20 ~ 0.60	1.20 ~ 1.60	0.045	0.050		
Q275	0.28 ~ 0.38	0.15 ~ 0.35	0.50 ~ 0.80	0.045	0.050		

钢带厚度（mm）	厚度偏差		不切边宽度偏差		切边宽度偏差	
	普通级	较高级	宽≤100	宽>100	宽≤100	宽>100
1.00 ~ 1.30	+0 −0.07	+0 −0.05	+0 −0.60	+0 −0.80	+2.5 −2.0	+3.0 −3.0

23. 彩色显像管弹簧用不锈钢冷轧钢带（YB/T110-1997）

牌 号	化学成分（%）								力学性能		
	铁	镍	铬	碳≤	磷≤	硫≤	硅≤	锰≤	抗拉强度 σ_b（MPa）	硬度（HV）	断后伸长率（%）
0Cr19Ni9	余量	8.00 ~ 10.50	18.00 ~ 20.00	0.08	0.035	0.030	1.00	2.00	1 130 ~ 1 370	≥370	δ10≥3
IG18Ni9	余量	8.00 ~ 10.00	17.00 ~ 19.00	0.15	0.035	0.030	1.00	2.00	1 270 ~ 1 470	≥380	δ50≤4.5
IG17Ni7	余量	6.00 ~ 8.00	16.00 ~ 18.00	0.15	0.35	0.030	1.00	2.00	1 130 ~ 1 420	375 ~ 430	δ10≥10

	厚　度	厚度允许偏差(±)	同卷厚度允许差(≤)	宽度	宽度允许偏差
尺寸规格 （mm）	0.10 ~ <0.15	0.008	0.008	≤6	0
	0.15 ~ 0.25	0.010	0.010	≤6	– 0.10
	0.25 ~ <0.40	0.013	0.013	>6 ~ 20	0
	0.40 ~ <0.60	0.015	0.015	>6 ~ 20	– 0.15
	0.60 ~ <0.90	0.020	0.020	>20 ~ 80	±0.10
	0.90 ~ <1.25	0.030	0.030	>20 ~ 80	

注：0Cr19Ni9 牌号钢带刚性<45°。弹回：厚度>0.65mm 时，境回大于 14°，厚度≤0.
65mm 时，弹回大于 17°。

24. 磁头用不锈钢冷轧钢带（YB/T085–1996）

牌　号	化学成分（%）								力学性能		
	铁	碳≤	磷≤	硫≤	硅≤	锰≤	镍	铬	剩余磁通密度 Br/T（×10⁻⁵）	交货状态	硬度（HV）
0Cr16Ni14	余量	0.06	0.03	0.03	0.08	2.00	13.5 ~ 15.50	15.00 ~ 17.00	1.5	软态	130 ~ 180
0Cr18Ni9	余量	0.06	0.03	0.03	0.08	2.00	8.00 ~ 11.00	17.00 ~ 19.00	6.0	半硬态	270 ~ 310
0Cr19Ni11	余量	0.05	0.03	0.03	0.08	2.00	10.00 ~ 12.00	18.00 ~ 20.00	4.0	硬态	350 ~ 400

	厚度	厚度允许偏差(±)	宽度	宽度允许偏差(±)
尺寸规格 （mm）	0.09 ~ 0.10	0.006	10 ~ 25	0.1
	>0.10 ~ 0.20	0.008	10 ~ 25	0.1
	>0.20 ~ 0.30	0.010	10 ~ 25	0.1
	>0.30 ~ 0.50	0.015	10 ~ 25	0.1
	>0.50 ~ 0.70	0.025	10 ~ 25	0.1
	>0.70 ~ 1.00	0.025	20 ~ 300	0.1

注：磁头用不锈钢冷轧钢带交货状态为半硬态时，抗拉强度为 750 ~ 950MPa，伸长率为 ≥25%。

25.　灯头用冷轧钢带 (YB/T026-1992)

灯头用冷轧钢带是指用于制造各种灯头的碳素钢冷轧钢带,按其厚度精度可分为普通精度钢带(P)和较高精度钢带(H),按边缘状态可分为切边钢带(Q)和不切边钢带(BQ)。

牌　号	化学成分	基本尺寸(mm)					
		厚度	允许偏差		宽度	允许偏差	
			普通精度	较高精度		切边	不切边
Q195-F Q215-A·F Q215-B·F 08AI 10F	按 GB/T 700、GB/T699 的规定	0.23 ~ 0.28	-0.03	-0.02	95 ~ 135	±0.15	±2.0
		>0.28 ~ 0.34	-0.04	-0.03			

抗拉强度 σ_b(MPa)	伸长率 δ(%)	杯突值 IE(mm)
280 ~ 400	≥30	≥8

26.　铠装电缆用冷轧钢带 (GB/T4175.1-1984)

牌　号	化学成分(%)					力学性能	
	碳	锰	硅≤	硫≤	磷≤	抗拉强度 σ_b(MPa)	伸长率 δ≥(%)
Q215	0.09 ~ 0.15	0.25 ~ 0.55	0.30	0.050	0.045	295	20

基本尺寸(mm)	厚度	0.20	0.30	0.50	0.80	1.00
	宽度	10,15,20,25,	15,20,25	20,25,30 35,40,45 50,55,60	45,50,60	60

注:铠装电缆用冷轧钢带使用 Q215 牌号钢为 A 级沸腾钢,亦可用类似牌号钢制造。

27. 铠装电缆用镀锌钢带 (GB/T4175.2–1984)

铠装电缆用镀锌钢带分热镀锌钢带(R)和电镀锌钢带(D)两种类型,其采用冷轧钢带应符合 GB/T4175.1 的规定,热镀锌锌锭应符合 GB/T470 中 2 号、3 号、4 号锌的规定,电镰锌锌锭应符合 GB/T470 中 1 号锌的规定。

基本尺寸 (mm)	厚度	0.20	0.30	0.50	0.80	1.00
	宽度	10,15	20,25	30,35	40,45	50,55,60

类 型		热 镀			电 镀
镀锌层 (双层)质 量 (g/m^2)	代号	R200	R275	R350	D80
	三点试验 平均值≥	200	275	350	80
	三点试验 最低值≥	170	230	300	68

注:$100g/m^2$ 的锌层质量(双面)相当于每面锌层厚度约 0.0071mm。

28. 铠装电缆用钢带 (YB/T024–1992)

铠装电缆用钢带可分为冷轧钢带(L)热镀锌钢带(R)电镀锌钢带(D)和涂漆钢带(QG)四种类型。钢带的抗拉强度 σ_b 295MPa,伸长率 δ 20%。

牌 号	化学成分(%)					基本尺寸(mm)
	碳	锰	硅	磷	硫	厚度×宽度
Q195	0.06 ~ 0.12	0.25 ~ 0.50	0.3	0.045	0.050	0.20×20/25 0.30×20/25
Q215	0.09 ~ 0.15	0.25 ~ 0.55	0.3	0.045	0.050	0.50×15 ~ 60 * 0.80×45/50/60
Q235	0.14 ~ 0.22	0.30 ~ 0.65	0.3	0.045	0.050	1.00×60

续表

	代号	R200	R275	R350	D80
镀锌层质量（g/m²）	三点试验平均值（双面）	200	275	350	80
	三点试验（双面）	170	230	300	68
	最小值（单面）	68	94	120	—

注：1. ＊宽度的系列为 15、20、25、30、35、40、45、50、55、60mm。

2. 化学成分中的硫含量为 A 级产品的含量。

3. 根据需要，铠装电缆用钢带亦可采用其他牌号钢轧制。

4. 100g/m² 的锌层质量（双面）相当于每面锌层厚度约 7.1μm。

5. 钢带的抗拉强度为 295（σ_b/MPa），伸长率为 20（δ%）。

29. 同轴电缆用电镀锡钢带（YB/T5088-1993）

牌号		Q195、Q215（均为 A 级沸腾钢）		
基本尺寸（mm）	厚度	0.10	0.15	0.20
	宽度	165、200	200	200
镀锡层质量（g/m²）	代号	E1	E2	E3	E4
	公称镀锡量	5.6	11.2	16.8	22.4
	最小镀锡量	4.9	10.5	15.7	20.2

注：钢带用牌号的化学成分可参见铠装电缆用钢带的有关部分，其含铜量不得大于 0.2%。

30. 电工用热轧硅钢薄钢板（GB5212-85）

硅钢按含硅量多少分为低硅钢（含硅量≤2.8%）和含硅钢（含硅量>2.8%）。硅钢按铁损值、厚度和检验条件不同，区分不同牌号。

(1)电工用热轧硅钢薄钢板尺寸规格

分类	检验条件	牌 号	主要尺寸(mm)	
			厚度	宽度×长度
低硅钢	强磁场	DR510-50	0.50	600×1 200 670×1 340 750×1 500 810×1 620 860×1 720 900×1 800 1 000×2 000
		DR490-50	0.50	
		DR450-50	0.50	
		DR420-50	0.50	
		DR400-50	0.50	
高硅钢	强磁场	DR440-50	0.50	600×1 200 670×1 340 750×1 500 810×1 620 860×1 720 900×1 800 1 000×2 000
		DR405-50	0.50	
		DR360-50	0.50	
		DR315-50	0.50	
		DR290-50	0.50	
		DR265-50	0.50	
		DR360-35	0.35	
		DR325-35	0.35	
		DR320-35	0.35	
		DR280-35	0.35	
		DR255-35	0.35	
		DR225-35	0.35	
	高频率	DR1750G-35	0.35	双方协议
		DR1250G-20	0.20	
		DR1100G-10	0.10	

	钢板厚度	厚度偏差	宽度偏差	长度偏差	同板差允许值
尺寸允许偏差（cm）	0.50	±0.05	≤750：+8>750：+10	≤1 500：+25>1 500：+30	0.06
	0.35	±0.04			0.05
	0.20	±0.02			0.04
	0.10	±0.02			0.03

注：1. 牌号意义为：DR——表示电工用热轧硅钢板；

G——表示频率为 400Hz 时在强磁场下检验的钢板；

不含 G 的牌号——表示频率为 50Hz 时在强磁场下检验的钢板；

字母 DR 后数字——横线以前的数字为铁损值的 100 倍，横线以后的数字为厚度值的 100 倍。

2. 厚度 0.42mm 和 0.30mm 的钢板，分别按照 0.50mm 和 0.35mm 的产品规定检验。

（2）强磁场检验条件下的电磁性能及工艺性能

牌号	厚度（mm）	最小磁感应强度（T）			最大铁损（W/kg）		最低变曲次数≥	理论密度 D2（g/cm³）		迭装系数
		B_{25}	B_{50}	B_{100}	$P_{10/50}$	$P_{15/50}$		酸洗钢板	未酸洗钢板	
DR530-50	0.50	1.51	1.61	1.74	2.20	5.30	—	7.75	7.70	
DR510-50	0.50	1.54	1.64	1.76	2.10	5.10				
DR490-50	0.50	1.56	1.66	1.77	2.00	4.90				
DR450-50	0.50	1.54	1.64	1.76	1.85	4.50				
DR420-50	0.50	1.54	1.64	1.76	1.80	4.20				
DR400-50	0.50	1.54	1.64	1.76	1.65	4.00				
DR440-50	0.50	1.46	1.57	1.71	2.00	4.40	4	7.65	—	
DR405-50	0.50	1.50	1.61	1.74	1.80	4.05				

续表

牌　号	厚度 (mm)	最小磁感应强度(T)			最大铁损 (W/kg)		最低变曲次数 ≥	理论密度 D2 (g/cm³)		迭装系数
		B_{25}	B_{50}	B_{100}	$P_{10/50}$	$P_{15/50}$		酸洗钢板	未酸洗钢板	
DR360-50	0.50	1.45	1.56	1.68	1.60	3.60	1.0	7.55	—	
DR315-50	0.50	1.45	1.56	1.68	1.35	3.15				
DR290-50	0.50	1.44	1.55	1.67	1.20	2.90				
DR265-50	0.50	1.44	1.55	1.67	1.10	2.65				
DR360-35	0.35	1.46	1.57	1.71	1.60	3.60	5.0	7.65	—	提供数据
DR325-35	0.35	1.50	1.61	1.74	1.40	3.25				
DR320-35	0.35	1.45	1.56	1.68	1.35	3.20	1.0	7.55	—	
DR280-35	0.35	1.45	1.56	1.68	1.15	2.80				
DR255-35	0.35	1.44	1.54	1.66	1.05	2.55				
DR225-35	0.35	1.44	1.54	1.66	0.90	2.25				

注: 1. 低硅钢板 B_{100} 不作判定依据, 如需保证时, 应在合同中注明。
2. $P_{10/50}$、$P_{15/50}$ 表示当用 50Hz 反复磁化和按正弦形变化的磁感应强度最大值为 1.0T 和 1.5T 时的总单位铁损(W/kg)。
3. 经供需双方协议, 供方应提供磁化曲线。
4. 迭装系数只作参考, 暂不作交货条件。
5. 理论密度仅用于计算试样断面积, 不作交货条件。

(3) 高频率检验条件下的电磁性能及工艺性能

牌　号	厚度 (mm)	最小磁感应强度(T)			最大铁损(W/kg)		电阻率 ρ (10⁻⁶Ω·m) ≥	最低弯曲次数 ≥
		B_5	B_{10}	B_{25}	$P_{7.5/400}$	$P_{10/400}$		
DR1750G-35	0.35	1.23	1.32	1.44	10.00	17.50	0.57	1

续表

牌 号	厚度 (mm)	最小磁感应强度(T)			最大铁损（W/kg）		电阻率 ρ (10⁻⁶Ω·m) ≥	最低弯曲 次数≥
		B_5	B_{10}	B_{25}	$P_{7.5/400}$	$P_{10/400}$		
DR1250G –20	0.20	1.21	1.30	1.42	7.20	12.50	0.57	2
DR1100G –10	0.10	1.20	1.29	1.40	6.30	11.00	0.57	3

注：1. B_5、B_{10}、B_{25}表示当磁场强度（A/cm）等于字母后相应数值时，基本换向磁化曲线上磁感应强度（T）。

2. $P_{7.5/400}$、$P_{10/400}$表示当用400Hz反复磁化和按正弦形变化的磁感应强度最大值0.75T、1.00T时的总单位铁损（W/kg）。

3. 经供需双方协商，供方应提供磁性曲线。

31. 家用电器用热轧硅钢薄钢板（YB/T5287–1999）

家用电器用热轧硅钢薄钢板的牌号由代表家用电器用热轧钢薄板的汉语拼音字母、铁损值和厚度值三部分按顺序组成［例：JDR525–50，即 J（家）D（电）R（热），525（铁损值 $P_{15/50}$的100倍数值），50（厚度100倍）］。

牌 号	检验 条件	最小磁感应强度(T)			最大铁损（W/kg）		理论密度 （g/cm³）	叠装 系数
		B_{25}	B_{50}	B_{100}	$P_{10/50}$	$P_{15/50}$		
JDR580–50	强 磁 场	1.55	1.65	1.76	2.50	5.80	7.70	—
JDR540–50		1.53	1.63	1.74	2.30	5.40		
JDR525–50		1.52	1.62	1.74	2.20	5.25		
JDR510–50		1.54	1.64	1.76	2.10	5.10		

续表

主要尺寸 (mm)	厚度	宽度	长度	平面度规定		
				甲级品	乙级品	丙级品
	0.5	600	1 200	每米不大于 5	每米不大于 10	每米不大于 17
		670	1 340			
		750	1 500			
		810	1 620			
		860	1 720			
		900	1 800			
		1 000	2 000			
	钢板厚度	同板差允许值	厚度偏差	宽度偏差	长度偏差	
	0.50	0.06	±0.05	$\leqslant 750_0^{+8}$	$\leqslant 1500_0^{+25}$	
				$>750_0^{+10}$	$>1500_0^{+30}$	

注：1. B_{100} 不作为判定依据。如需保证时，应在合同中注明。

2. 经供需双方协商，供方应提供磁化曲线。

3. 理论密度是指未酸洗的数值，仅用于计算试样断面积，不作交货条件。

4. 叠装系数应不小于95%。如供方能保证，则可以不作检验。

32. 电磁纯铁冷轧薄板（GB/T6985-86）

（1）电磁纯铁冷轧薄板的化学成分

牌号	化学成分(%) ≤								
	碳	硅	锰	磷	硫	铝	铬	镍	铜
DT3 DT3A	0.04	0.20	0.30	0.020	0.020	0.50	0.10	0.20	0.20
DT4 DT4A DT4E DT4C	0.025	0.20	0.30	0.020	0.020	0.15 ~ 0.50	0.10	0.20	0.20

注：1. 化学成分不作验收条件。

2. DT3、DT3A 适用于一般电磁元件。DT4、DT4A、DT4E 和 DT4C 适用于无磁时效电磁元件。

(2)电磁纯铁冷轧薄板的电磁性能

牌　号	矫顽力 H_c(A/m) ≤	矫顽力时效增值 ΔH_c(A/m) ≤	最大磁导率 μ(H/m ×10^{-3}) ≥	磁感应强度 B/T≥						
				B_{200}	B_{300}	B_{500}	B_{1000}	B_{2500}	B_{5000}	B_{10000}
DT3	96.0	—	7.5	1.20	1.30	1.40	1.50	1.62	1.71	1.8
DT4		9.6								
DT3A	72.0	—	8.8							
DT4A		7.2								
DT4E	48.0	4.8	11.3							
DT4C	32.0	4.0	15.1							

注:1. B_{200}、B_{300}、B_{500}…B_{10000}分别表示在磁场强度为200A/m、300A/m、500A/m…10000A/m时的磁感应强度。

　　2. 纯铁板以软化退火状态交货,根据需方要求,并在合同中注明,可不经软化退火于(硬态)状态交货。

(3)电磁纯铁冷轧薄板尺寸规格

　　电磁纯铁冷轧薄板的厚度允许偏差分高级精度(A)和超级精度(CA)两级。

厚　　度(mm)	高级精度(A)的厚度允许偏差(mm)(±)	
	宽度<500(mm)	宽度500~1 500(mm)
0.10,0.15,0,20	0.02	0.03
0.25,0.30,0.35,0.40	0.03	0.04
0.45,0.50,0.55,0.60	0.04	0.05
0.65,0.70,0.75	0.05	0.06
0.80,0.90,0.95,1.00	0.05	0.08
1.10,1.20,1.25	0.05	0.09

续表

厚　　度(mm)	高级精度(A)的厚度允许偏差(mm)(±)	
	宽度<500(mm)	宽度500~1 500(mm)
1.30,1.40,1.50	0.06	0.11
1.60,1.70,1.80	0.07	0.12
2.0,2.2	0.08	0.14
2.5,2.8,3.0	0.09	0.16
3.2,3.5	0.10	0.18
3.9,4.0	—	0.20
4.2,4.5	—	0.22

厚　　度(mm)	超级精度(CA)的厚度允许偏差(mm)(±)	
	宽度<500(mm)	宽度500~1 500(mm)
0.50~1.0	0.03	0.04
>1.0~1.5	0.04	0.05
>1.5~2.0	0.04 0.05	0.05
>2.0~2.5	0.05	0.06
>2.5~3.0	0.07	0.08
>3.0~4.0	—	0.10

宽度允许偏差	长度允许偏差	平面度
宽度 ≤800mm… +6mm 宽度 >800mm… +10mm	长度≤1 500mm… +10mm 长度>1 500mm… +15mm	高级精度(A)… ≤15mm/m 超级精度(CA) {厚度≤2.5mm…≤6mm/m {厚度>2.5mm…≤15mm/m

33. 电磁纯铁热轧厚板（GB/T6984–1986）

（1）电磁纯铁热轧厚板的化学成分

牌号	化学成分（%）≤								
	碳	硅	锰	硫	磷	铝	铬	镍	铜
DT3 DT3A	0.04	0.20	0.30	0.020	0.020	0.50	0.10	0.20	0.20
DT4 DT4A DT4E DT4C	0.025	0.20	0.30	0.020	0.020	0.15 ~ 0.50	0.10	0.20	0.20

注：1. 化学成分不作验收条件。

2. DT3、DT3A 适用于一般电磁元件。DT4、DT4A、DT4E 和 DT4C 适用于无磁时效电磁元件。

(2) 电磁纯铁热轧厚板的电磁性能及冷弯检验

牌号	矫顽力 H_c(A/m) ≤	矫顽力时效增值 ΔH_{c10000}(A/m) ≤	最大磁导率 μ(H/m) ×10^{-3} ≥	磁感应强度 B/T ≥							冷弯检验	
				B_{200}	B_{300}	B_{500}	B_{1000}	B_{2500}	B_{5000}	B_{10000}	板材厚度(mm)	弯心直径 d(mm)
DT3	96.0	—	7.5	1.20	1.30	1.40	1.50	1.62	1.71	1.80	5~7	d=a
DT4	96.0	9.6	7.5	1.20	1.30	1.40	1.50	1.62	1.71	1.80	5~7	d=a
DT3A	72.0	—	8.8	1.20	1.30	1.40	1.50	1.62	1.71	1.80	8~20	d=2a
DT4A	72.0	7.2	8.8	1.20	1.30	1.40	1.50	1.62	1.71	1.80	8~20	d=2a
DT4E	48.0	4.8	11.3	1.20	1.30	1.40	1.50	1.62	1.71	1.80	(试样径 180° 弯曲后,不得有裂缝、裂口、分层)	
DT4C	32.0	4.0	15.1	1.20	1.30	1.40	1.50	1.62	1.71	1.80		

注:1. B_{200}、B_{300}···B_{10000} 分别表示在磁场强度为 200A/m,300A/m···10000A/m 时的磁感应强度。

2. 纯铁热轧厚板尺寸规格应符合 GB709。

34. 晶粒取向硅钢薄带(YB/T5224-1993)

晶粒取向硅钢薄带适用于制造工作频率在400Hz以上的各种电源变压器、脉冲变压器、磁放大器、变换器等铁芯。其牌号表示由汉语拼音及数字组成,如:DG4,即:D(电信工业用钢),G(高频率——400Hz以上),4(电磁性能级别)。

(1)晶粒取向硅钢薄带电磁性能

牌号	厚度 (mm)	铁损(W/kg)				磁感应强度(T)		矫顽力 (A/m)
		$P_{1.0/400}$	$P_{1.5/400}$	$P_{1.0/1000}$	$P_{0.5/3000}$	B_{50}	B_{1000}	H_c
		≤				≥		≤
DG3	0.025	—	—	—	35	—	1.60	60
DG3	0.03	—	—	—	35	—	1.65	45
DG4	0.03	—	—	—	30	—	1.70	40
DG3	0.05	—	17.0	24.0	—	0.85	1.66	32
DG4		—	16.0	22.0	—	0.90	1.70	32
DG5		—	15.0	20.0	—	1.05	1.75	32
DG6		—	14.5	19.0	—	1.10	1.75	32
DG3	0.08	—	17.0	—	—	0.90	1.66	28
DG4	0.10	—	16.0	—	—	1.00	1.70	26
DG5		—	15.0	—	—	1.05	1.75	26
DG6		—	14.5	—	—	1.20	1.80	26
DG3	0.15	—	19.0	—	—	0.90	1.65	26
DG4		—	18.0	—	—	1.00	1.75	26
DG5		—	17.0	—	—	1.10	1.75	26
DG6		—	16.5	—	—	1.13	1.75	26
DG3	0.20	10.0	—	—	—	—	1.66	
DG4		9.0	—	—	—	—	1.70	
DG5		8.2	—	—	—	—	1.74	

注: 1. 铁损 $P_{1.0/400}$、$P_{1.5/400}$、$P_{1.0/1000}$、$P_{0.5/3000}$分别表示在频率为400Hz、磁感应

强度值 1.0T 时,400Hz、1.5T 时,1000Hz、1.0T 时和 3000Hz、0.5T 时的比铁损值。

2. 磁感强度 B_{50}、B_{1000} 分别表示磁场为 50A/m 和 1000A/m 时的磁感应强度值。

3. 0.20mm 厚度的 DG3 ~ DG5 试样要求沿轧向剪切,尺寸为 30mm×300mm,消除应力退火后测试。

4. 铁损 $P_{1.0/1000}$ 和矫顽力 H_c 供参考,不作判定依据。

5. 钢带应以退火状态并在钢带表面涂上绝缘涂层后交货。

6. 钢带性能级别从 1 至 6,表示由低到高。

(2)晶粒取向硅钢薄带尺寸规格 （mm）

厚度	宽度	长度
≤0.03	5,6.5,8,10,12.5,15,16,20,25,32,40,50,64,80,100	≥20 000
0.05		
0.08		
0.10		
0.15	<1 000	≥15 000
0.20		

厚度	厚度允许偏差	宽度允许偏差				
		5 ~ 10	>10 ~ 50	>50 ~ 80	>80	>600
≤0.03	±0.005	±0.10	+0.10 −0.15	+0.10 −0.20	±0.20	—
0.05						
0.08	±0.010					
0.10						
0.15	±0.015					
0.20	±0.015	—	—	+0.10 −0.30	—	+1.0 0

35. 冷轧晶粒取向磁性钢带(片)(GB/T2521-1996)

(1)取向钢的磁特性和工艺特性

牌 号	公称厚度 (mm)	理论密度 (g/cm³)	50Hz		最小弯曲次数	最小叠装系数 (%)
			最大铁损(W/kg) $P_{1.7}$	最小磁感(T) B_{800}		
27QG100			1.00	1.85		
27QG110			1.10	1.85		
27Q120	0.27	7.65	1.20	1.78	1	95
27Q130			1.30	1.78		
27Q140			1.40	1.75		
30QG110			1.10	1.85		
30QG120			1.20	1.85		
30QG130			1.30	1.85		
30Q130	0.30	7.65	1.30	1.78	1	95.5
30Q140			1.40	1.78		
30Q150			1.50	1.75		
35QG125			1.25	1.85		
35QG135			1.35	1.85		
35Q135	0.35	7.65	1.35	1.78	1	96
35Q145			1.45	1.78		
35Q155			1.55	1.78		
35Q165			1.65	1.76		

注: 1. 按 GB/T3655 测试时,试样应消除应力退火,退火工艺为:在800℃±20℃的炉温中保持2h,然后空冷到室温。

2. 按 GB/T13789 测试时,试样可不消除应力退火。

(2)取向钢带(片)的尺寸规格 (mm)

公称宽度	公称厚度	厚度允许偏差	横向厚度差	宽度允许偏差	长度及允许偏差
<150	0.27 0.30 0.35	±0.03	≤0.02	+0.2 0	一般为2 000,也可是宽度的倍尺。+100
>150~400				+0.3 0	
>400~750			≤0.03	+0.5 0	
>750				+0.6 0	

注:1. 钢片的平面度不大于1.5%。
　　2. 钢带的镰刀弯,每2 000mm不大于1.0mm。

36. 冷轧晶粒无取向磁性钢带(片)(GB/T2521-1996)

(1)无取向钢的磁特性和工艺特性

牌　号	公称厚度 (mm)	理论密度 (g/cm³)	50Hz		最小弯曲次数	最小叠装系数 (%)
			最大铁损(W/kg)	最小磁感(T)		
			$P_{1.5}$	B_{5000}		
35W230	0.35	7.60	2.30	1.60	2	95
35W250		7.60	2.50	1.60	2	
35W270		7.65	2.70	1.60	2	
35W300		7.60	3.00	1.60	3	
35W330		7.60	3.30	1.60	3	
35W360		7.65	3.60	1.61	5	
35W400		7.65	4.00	1.62	5	
35W440		7.70	4.40	1.64	5	

续表

牌 号	公称厚度（mm）	理论密度（g/cm³）	50Hz		最小弯曲次数	最小叠装系数（%）
			最大铁损（W/kg）$P_{1.5}$	最小磁感（T）B_{5000}		
50W230		7.60	2.30	1.60	2	
50W250		7.60	2.50	1.60	2	
50W270		7.60	2.70	1.60	2	
50W290		7.60	2.90	1.60	2	
50W310		7.65	3.10	1.60	3	
50W330		7.65	3.30	1.60	3	
50W350		7.65	3.50	1.60	5	
50W400	0.50	7.65	4.00	1.61	5	97
50W470		7.70	4.70	1.62	10	
50W540		7.70	5.40	1.65	10	
50W600		7.75	6.00	1.65	10	
50W700		7.80	7.00	1.68	10	
50W800		7.80	8.00	1.68	10	
50W1000		7.85	10.00	1.69	10	
50W1300		7.85	13.00	1.69	10	
65W600		7.75	6.00	1.64	10	
65W700		7.75	7.00	1.65	10	
65W800	0.65	7.80	8.00	1.68	10	
65W1000		7.80	10.00	1.68	10	
65W1300		7.85	13.00	1.69	10	
65W1600		7.85	16.00	1.69	10	

（2）无取向钢带（片）的力学性能

牌号	抗拉强度 σ_b(MPa) $\geqslant$	伸长率 δ(%)	牌号	抗拉强度 σ_b(MPa) $\geqslant$	伸长率 δ(%)
35W230	450	$\geqslant 10$	50W350	420	$\geqslant 11$
35W250	440		50W400	400	$\geqslant 14$
35W270	430	$\geqslant 11$	50W470	380	$\geqslant 16$
35W300	420		50W540	360	
35W330	410	$\geqslant 14$	50W600	340	$\geqslant 21$
35W360	400		50W700	320	
35W400	390	$\geqslant 16$	50W800	300	
35W440	380		50W1000	290	
50W230	450	$\geqslant 10$	65W600	340	$\geqslant 22$
50W250	450		65W700	320	
50W270	450		65W800	300	
50W290	440		65W1000	290	
50W310	430	$\geqslant 11$	65W1300	290	
50W330	425		65W1600	290	

注：钢带（片）厚度小于 0.50mm 时，伸长率为 δ_{10}。

钢带（片）厚度大于等于 0.50mm 时，伸长率为 δ_5。

（3）无取向钢带（片）的尺寸规格 （mm）

公称宽度	公称厚度	厚度允许偏差	横向厚度差	宽度允许偏差	长度允许偏差
$\leqslant 150$	0.35	± 0.04	$\leqslant 0.02$	$+0.3$ 0	$+10$ 0
	0.50	± 0.04	$\leqslant 0.03$		
	0.65	± 0.05	$\leqslant 0.03$		
$>150 \sim 500$	0.35	± 0.04	$\leqslant 0.02$	$+0.5$ 0	$+10$ 0
	0.50	± 0.04	$\leqslant 0.03$		
	0.65	± 0.05	$\leqslant 0.03$		

续表

公称宽度	公称厚度	厚度允许偏差	横向厚度差	宽度允许偏差	长度允许偏差
>150 ~ 1000	0.35	±0.04	≤0.02	+1.50 0	+10 0
	0.50	±0.04	≤0.03		
	0.65	±0.05	≤0.04		
>1000	0.35	±0.04	≤0.03	+1.50 0	+10 0
	0.50	±0.04	≤0.04		
	0.65	±0.05	≤0.04		

注: 1. 钢片的平面度不大于 2.0%。
2. 钢带的镰刀弯,每 2000mm 不大于 1.0mm。

37. 电磁纯铁棒材 (GB/T6983-1986)

电磁纯铁棒材按磁性等级分为普级,高级(A)、特级(E)和超级(C),按其用途可分为原料纯铁、电子管纯铁和电磁纯铁,其中 DT3 和 DT3A 牌号主要用于一般电磁元件,DT4、DT4A、DT4E 和 DT4C 牌号主要用于无磁时效电磁元件。

牌 号	化学成分(%) ≤								
	碳	硅	锰	硫	磷	铝	铬	镍	铜
DT3、DT3A	0.04	0.20	0.30	0.020	0.020	0.50	0.10	0.20	0.20
DT4、DT4A DT4E、ET4C	0.025	0.20	0.30	0.020	0.020	0.15 ~ 0.50	0.10	0.20	0.20

棒材直径 (mm)	力学性能			≥布氏硬度压痕直径(mm)
	抗拉硬度 σ_b/MPa≥	伸长度 δ_5(%) ≥	收缩率 φ (%) ≥	
≤60	265	26	60	5.2
>60	265	24	65	5.2

续表

	牌　号	矫顽力 H_c(A/m) ≤	矫顽力时效增值 ΔH_c(A/m) ≤	最大磁导率 μ(H/m ×10^{-3}) ≥
电磁性能	DT3	96.0	—	7.5
	DT4		9.6	
	DT3A	72.0	—	8.8
	DT4A		7.2	
	DT4E	48.0	4.8	11.3
	DT4C	32.0	4.0	15.1

	磁感应强度 B/T ≥						
	B_{200}	B_{300}	B_{500}	B_{1000}	B_{2500}	B_{5000}	B_{10000}
电磁性能	1.20	1.30	1.40	1.50	1.62	1.71	1.80
	1.20	1.30	1.40	1.50	1.62	1.71	1.80
	1.20	1.30	1.40	1.50	1.62	1.71	1.80
	1.20	1.30	1.40	1.50	1.62	1.71	1.80

注：表中 B_{200}、B_{300}…B_{10000}分别表示在磁场强度为200A/m、300A/m…10000A/m 时的磁感应强度。

38. 货运汽车冷弯型钢（GB/T6726-1986）

a. 上边框型钢

【规　　格】

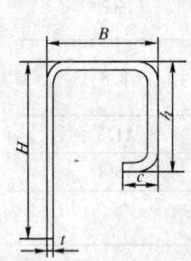

主要尺寸（mm）					理论重量	截面面积
壁厚 （t）	高度 （H）	宽度 （B）	小高度 （h）	筋宽 （c）	（kg/m）	（cm²）
2.5	65	40	40	12	2.75	3.526
3	65	40	40	12	3.297	4.227
2.5	65	50	30	12	3.75	3.526
3	65	50	30	12	3.297	4.227
2.5	65	50	40	12	2.86	3.667
3	65	50	40	12	3.56	4.566
2.5	65	50	40	22	3.06	3.923

b. 下边框型钢

【规　　格】

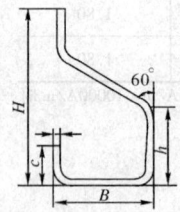

主要尺寸（mm）					理论重量	截面面积
壁厚 （t）	高度 （H）	宽度 （B）	小高度 （h）	筋宽 （c）	（kg/m）	（cm²）
2.5	65	28.5	30	10	2.01	2.557
2.5	65	36	30	15	2.37	3.039
3	75	38.5	40	15	3.22	4.128
3	95	50	50	20	4.45	5.705

c. 上框架型钢

【规　格】

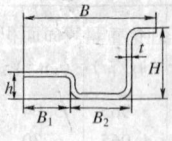

主要尺寸（mm）					理论重量	截面面积
壁厚 (t)	高度 (H)	宽度 (B)	小高度 (h)	筋宽 (c)	（kg/m）	（cm²）
3.31	44	86	31	40	14	2.990

d. 下内框架型钢

【规　格】

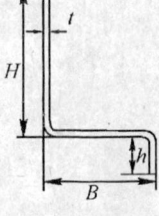

主要尺寸（mm）					理论重量	截面面积
壁厚 (t)	高度 (H)	宽度 (B)	小高度 (h)	筋宽 (c)	（kg/m）	（cm²）
2	55	14	42.5	1.648	2.90	

e. 下外框架型钢

【规　格】

主要尺寸（mm）					理论重量	截面面积
壁厚 (t)	高度 (H)	宽度 (B)	小高度 (h)	筋宽 (c)	（kg/m）	（cm²）
2.5	41.5	72	15	10	2.099	2.68

f. 边框架型钢

【规 格】

壁厚	主要尺寸(mm)						理论重量	截面面积
	高度				宽度		(kg/m)	(cm²)
(t)	(H)	(h_1)	(h_2)	(h_3)	(B)	(B_1)		
2	108	84	60	10	45.7	14	3.965	5.04
2.5	108	84	60	10	45.7	14	4.965	6.30
3	108	84	60	10	45.7	14	5.948	7.56

注:以上所列各型钢的理论质量是按密度 7.85g/cm³ 计算的。

39. 客运汽车冷弯型钢(GB/T6727-1986)

a. 槽形型钢

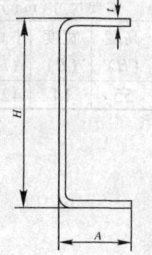

【规 格】

代 号	主要尺寸(mm)			理论重量	截面
	高度(H)	腿长(A)	壁厚(t)	(kg/m)	面积(cm²)
KQC205×70×5.5	205	70	5.5	13.965	17.790

b. 方形空心型钢

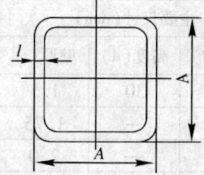

【规　格】

代　号	主要尺寸(mm)		理论重量（kg/m）	截面面积（cm²）
	边长(A)	壁厚(t)		
KQF30×30×1.5	30	1.5	1.296	1.652
KQF30×30×1.75		1.75	1.490	1.898
KQF30×30×2.0		2.0	1.677	2.136
KQF40×40×1.5	40	1.5	1.767	2.252
KQF40×40×1.75		1.75	2.039	2.598
KQF40×40×2.0		2.0	2.305	2.936
KQF50×50×1.5	50	1.5	2.238	2.852
KQF50×50×1.75		1.75	2.589	3.298
KQF50×50×2.0		2.0	2.933	3.736

c. 矩形空心型钢

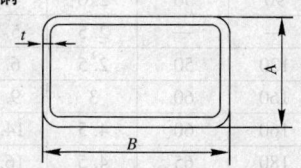

【规　格】

代　号	主要尺寸(mm)			理论重量 （kg/m）	截面 面积(cm²)
	宽度(B)	高度(A)	壁厚(t)		
KQJ50×30×1.5	50	30	1.5	1.767	2.252
KQJ50×30×1.75	—	—	1.75	2.039	2.598
KQJ50×30×2.0	—	—	2.0	2.305	2.936
KQJ50×40×1.5	50	40	1.5	2.003	2.552
KQJ50×40×1.75	—	—	1.75	2.314	2.948
KQJ50×40×2.0	—	—	2.0	2.619	3.336
KQJ55×25×1.5	55	25	1.5	1.767	2.252
KQJ55×25×1.75	—	—	1.75	2.039	2.598
KQJ55×25×2.0	—	—	2.0	2.305	2.936
KQJ55×40×1.5	55	40	1.5	2.121	2.702
KQJ55×40×1.75	—	—	1.75	2.452	3.123
KQJ55×40×2.0	—	—	2.0	2.776	3.536
KQJ55×50×1.75	55	50	1.75	2.726	3.473
KQJ55×50×2.0	—	—	2.0	3.090	3.936
KQJ80×40×2.0	80	40	2.0	3.561	4.536
KQJ80×40×2.5	—	—	2.5	4.387	5.589
KQJ90×55×2.0	90	55	2.0	4.346	5.536
KQJ90×55×2.5	—	—	2.5	5.368	6.839
KQJ95×50×2.0	90	50	2.0	4.346	5.536
KQJ95×50×2.5	—	—	2.5	5.368	6.839
KQJ120×50×2.5	120	50	2.5	6.349	8.089
KQJ160×60×3	160	60	3	9.897	12.608
KQJ160×60×4.5	160	60	4.5	14.497	18.468
KQJ180×65×4.5	180	65	4.5	16.263	20.718

40. 汽车车轮轮辋用热轧型钢（YB/T5227-1993）

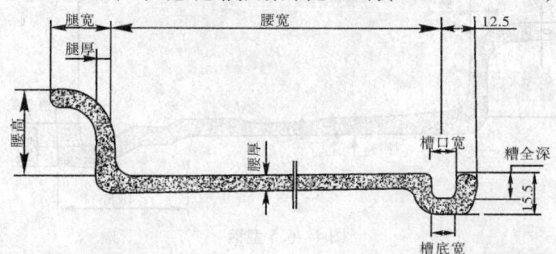

图 1　5.00S 型钢

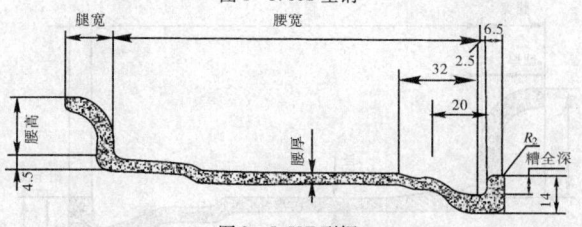

图 2　5.50F 型钢

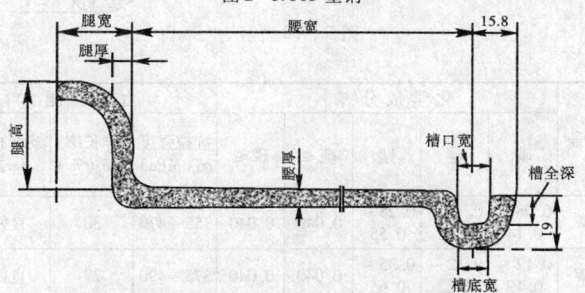

图 3　6.00T 型钢

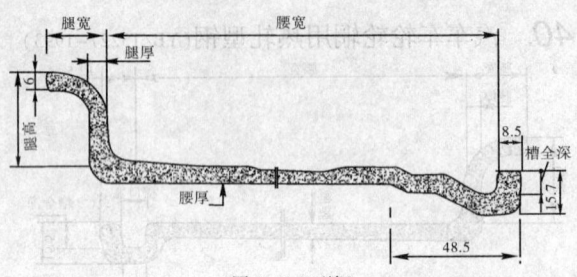

图4 6.5 型钢

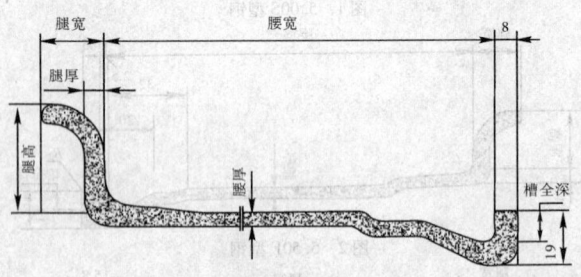

图5 7.0 型钢

牌　号	化学成分(%)					力学性能		
	碳	硅	锰	硫≤	磷≤	抗拉强度 σ_b(MPa)	伸长率 ≥δ_s(%)	冷弯180° d=2a
12LW	0.08 ~ 0.14	0.12 ~ 0.22	0.25 ~ 0.55	0.040	0.040	355 ~ 470	30	良好
15LW	0.12 ~ 0.19	0.12 ~ 0.22	0.35 ~ 0.65	0.040	0.040	375 ~ 490	27	良好

续表

	型号	5.00S 型	5.50F 型	6.00T 型	6.5 型	7.0 型
尺寸规格（mm）	图示	图 1	图 2	图 3	图 4	图 5
	腰宽	138 ± 1.2	136 ± 1.5	$167^{+1.8}_{-1.0}$	$167^{+1.8}_{-1.0}$	$193^{+1.8}_{-1.0}$
	腰厚	$5.0^{+0.5}_{-3.0}$	$4.0^{+0.5}_{-3.0}$	$6.2^{+0.4}_{-0.5}$	$6.0^{+0.5}_{-0.4}$	$5.0^{+0.5}_{-0.4}$
	腿宽	$24^{+2.4}_{-0.8}$	$16^{+2.4}_{-0.6}$	$27.5^{+2.9}_{-0.8}$	$22.5^{+3.0}_{-0.5}$	$22^{+3.0}_{-0.5}$
	腿高	33.5 ± 0.4	$22^{+1.0}_{-0.5}$	38 ± 0.6	35.5 ± 0.6	38 ± 0.6
	腿厚	$6^{+0.4}_{-0.2}$	—	$7^{+0.2}_{-0.5}$	6.5 ± 0.4	6.5 ± 0.5
	槽口宽	$10^{+0.7}_{0}$	—	$12^{+0.7}_{-0.5}$	—	—
	槽底宽	$9^{+0.7}_{-0.3}$	—	$11.5^{+0.7}_{-0.5}$	—	—
	槽全深	$10^{+0.45}_{-0.5}$	$7.5^{+0.6}_{-0.3}$	$11^{+0.45}_{-0.5}$	$8^{+0.3}_{-0.3}$	$11^{+0.45}_{-0.5}$
	槽底外表面至槽内侧顶点距	$15.5^{+0.75}_{-0.3}$	$14^{+0.7}_{-0.3}$	$19^{+0.95}_{-0.3}$	$15.7^{+0.5}_{-0.4}$	$19^{+0.7}_{-0.4}$
	槽内外侧高度差	$1^{+0.75}_{0}$		$1^{+0.75}_{0}$		
	槽中心至外侧距	$12.5^{+10}_{-0.7}$		15.8 ± 1.0		

41. 汽车车轮挡圈用热轧型钢(YB/T039-1993)

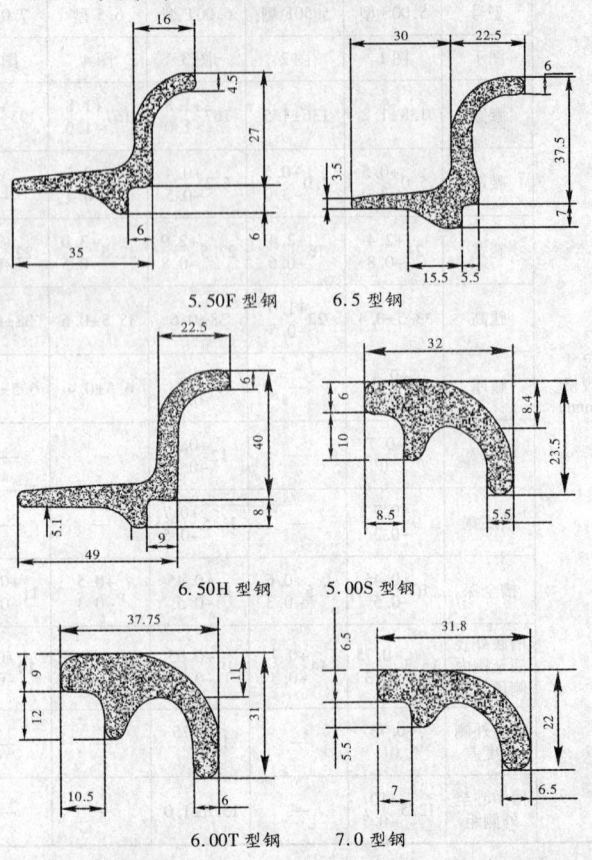

5.50F 型钢 6.5 型钢

6.50H 型钢 5.00S 型钢

6.00T 型钢 7.0 型钢

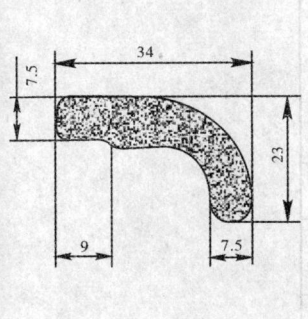

图 4-29 7.0B 型钢

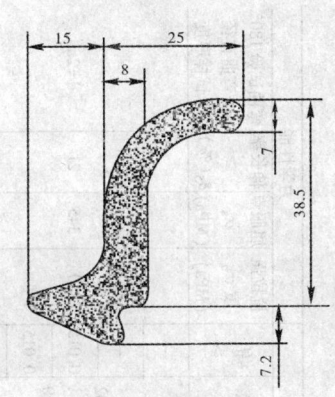

7.00T 型钢

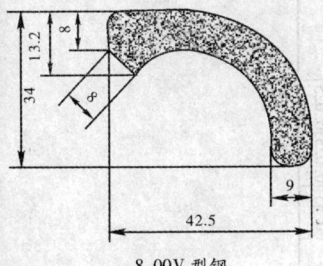

8.00V 型钢

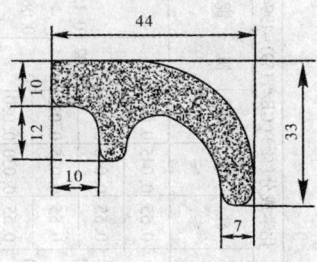

8.37V 型钢

续表

牌号	等级	化学成分(%)(GB/T1591–1994)									力学性能			
		碳 ≤	锰	硅 ≤	硫 ≤	磷 ≤	钒	铌	钛	铝 ≥	抗拉强度 σ_b (MPa)	屈服点 σ_s (MPa)	伸长率 δ_5(%) ≥	弯曲试验 180° d=弯曲直径 a=试样厚度
Q345 (16Mn)	A	0.20	1.00 ~ 1.60	0.55	0.045	0.045	0.02 ~ 0.15	0.15 ~ 0.060	0.02 ~ 0.20	—	510	345	21	d=2a
	B	0.20		0.55	0.040	0.040				—				
	C	0.20		0.55	0.035	0.035				0.015				
	D	0.18		0.55	0.030	0.030				0.015				
	E	0.18		0.55	0.025	0.025				0.015				

续表

其他牌号	尺寸规格 (mm)	钢材牌号	性能指标由供需双方协议确定					截面面积 (cm²)	理论重量 (kg/m)
型号			定尺长度	2倍尺长度	3倍尺长度	4倍尺长度	5倍尺长度		
5.50F		16Mn	1 500	2 900	4 060	5 440	6 760	3.17	2.49
6.5		16Mn	1 730	3 460	5 200	6 910	8 500	5.26	4.13
6.50H		16Mn	1 500	3 000	4 500	6 000	7 500	6.27	4.92
5.00S		Q235A	1 750	3 500	5 250	7 000	–	3.16	2.48
6.00T(18")		12LW	1 620	3 240	4 860	6 480	8 100	4.96	3.89
6.00T(20")		15LW	1 840	3 580	5 310	7 040	–	4.96	3.89
(7.0)		Q235～A 20_16Mn	1 760	3 500	5 250	7 000	–	2.91	2.29
7.0B		15_20LW 15LW、Q235-A	1 760	3 500	5 250	7 000	8 750	3.31	2.60
7.00T(1)		16Mn	1 800	3 600	5 400	7 100	–	4.98	3.91
7.00T(2)		16Mn	1 750	3 500	5 250	7 000	–	4.98	3.91
8.00V		Q235-A	1 960	3 740	5 520	7 300	–	5.43	4.26
8.37V		Q235-A	1 800	3 570	5 340	7 110	–	6.31	4.95

注：1. 5.50F 型的6倍尺长度为8120(mm)。
2. 理论质量按密度为 7.85g/cm³ 计算。
3. 表中带括号规格为不推荐型号。

42. 汽车车轮锁圈用热轧型钢（YB/T040-1993）

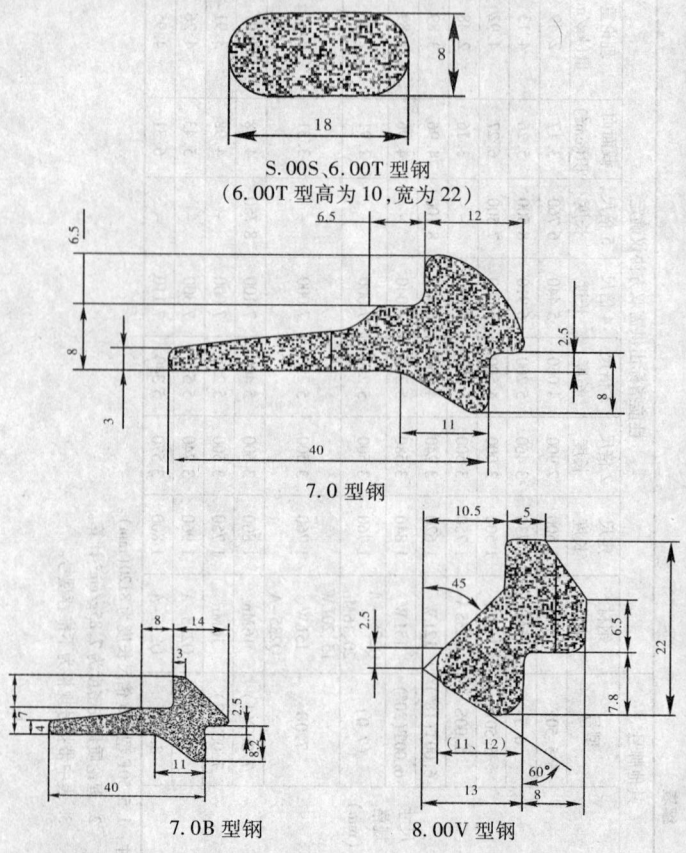

S.00S、6.00T 型钢
（6.00T 型高为 10，宽为 22）

7.0 型钢

7.0B 型钢

8.00V 型钢

续表

牌号	化学成分(%)						力学性能			
	碳	硅	锰	铬≤	镍≤	铜≤	抗拉强度 σb (MPa)	屈服点 σs≥ (MPa)	伸长率 δ5≥ (%)	弯芯试验180° d=弯曲直径 a=试样厚度
50	0.47~0.55	0.17~0.37	0.50~0.80	0.25	0.30	0.25	620~805	365	13	—
Q345 (16Mn)	参见汽车车轮挡圈用热轧型钢						≥510	345	21	d=2a

尺寸规格 (mm)	型号	钢材牌号	定尺长度	2倍定尺长度	3倍定尺长度	4倍定尺长度	截面面积 (cm³)	理论重量 (kg/m)
	5.00S	50	1 600	3 190	4 780	6 370	1.30	1.02
	6.00T(18″) (7.0)	50	1 470	2 930	4 390	5 850	1.99	1.56
	6.00T(20″)	50	1 615	3 200	4 785	6 370	1.99	1.56
	7.0B	Q345(16Mn)	1 600	3 200	4 800	6 400	3.25	2.56
	7.0B	Q345(16Mn)	1 600	3 200	4 800	6 400	—	—
	8.00V	50	1 670	3 340	5 040	6 670	2.42	1.90

注: 1. 理论重量按密度为 7.85 g/cm³ 计算。
2. 表中带括号规格为不推荐型号。

43. 汽车半轴套管用无缝钢管 (YB/TS053-1993)

续表

牌号	化学成分(%)								力学性能		硬度	
	碳	锰	硅	磷 ≤	硫 ≤	铬	镍	铜 ≤	抗拉强度 σ_b (MPa)	屈服点 σ_s (MPa)	HBS	压痕直径 (mm)
45	0.42~0.50	0.50~0.80	0.17~0.37	0.040	0.040	≤0.25	≤0.25	0.25	≥590	≥335	—	—
45Mn2	0.42~0.49	1.40~1.80	0.20~0.40	0.040	0.040	≤0.35	≤0.35	0.30	—		217~269	4.1~3.7
40Cr	0.37~0.45	0.50~0.80	0.20~0.40	0.040	0.040	0.80~1.10	≤0.35	0.30	—		217~269	4.1~3.7
20CrNi3A	0.17~0.24	0.30~0.60	0.20~0.40	0.035	0.030	0.60~0.90	2.75~3.25	0.25	—		217~269*	4.1~3.7

尺寸规格 (mm) 外径×壁厚:

76×7	95×12	108×15	(116)×20.5	
(77)×10	95×13	114×16	(120)×20.5	
77.5×10	96×12	114×20	121×20.5	
(80)×11.5	96×15	114×26	(122)×20.5	
92×12	102×12	(115)×20.5		

钢管通常长度为 3~8m

44. 换热器用焊接钢管（YB4103-2000）

换热器用焊接钢管适用于温度在-19～475℃、设计工作压力不大于6.4MPa的换热器、冷凝器以及类似传热的设备。

牌号	化学成分（%）					残余元素			力学性能		
	碳	硅	锰	磷≤	硫≤	镍≤	铬≤	铜≤	抗拉强度 σ_b（MPa）	屈服点 δ_s（MPa）	断后伸长率 δ_5（%）
10	0.07～0.14	0.17～0.37	0.35～0.65	0.035	0.035	0.25	0.15	0.25	335～475	≥195	≥28

尺寸规格（mm） 外径×壁厚：

19×2　19×2.5　25×2　25×2.5　25×3　32×2.5　32×3　32×3.5　38×3　38×3.5　38×4　45×3　45×3.5　45×4　57×3.5　57×4

允许偏差

外径（mm）	电焊钢管（±）	冷拔电焊钢管（±）
≤30	0.20	0.15
>30～50	0.25	0.20
>50～57	0.30	0.25

壁厚（mm）	电焊钢管	冷拔电焊钢管
2～3	7.5%	7.5%
>3～4	10%	10%

45. 传动轴用电焊钢管（YB/TS029-1993）

传动轴用电焊钢管适用于制造汽车传动轴及其他机械动力传动轴。

牌号	化学成分（%） 碳	硅	锰	硫 ≤	磷 ≤	铬 ≤	镍 ≤	铜 ≤	钛	类别	力学性能 抗拉强度 σ_b（MPa）	屈服点 δ_S（MPa）	伸长率（%）
08E	0.05~0.12	≤037	0.35~0.65	0.35	0.35	0.10	0.25	0.25	≤0.14	I	400~570	≥295	15
15TiZ	0.12~0.19	0.30~0.60	0.35~0.65	0.35	0.35	0.10	0.25	0.25	0.12~0.22		≥490	≥350	15
20E	0.17~0.24	0.17~0.37	0.35~0.65	0.35	0.35	0.10	0.25	0.25	—	II	≥450	≥350	10
25E	0.20~0.27	0.17~0.37	0.40~0.70	0.35	0.35	0.10	0.25	0.25	—		≥440	≥295	10
20E										III	≥440	≥315	10
											460~590	≥350	10

续表

尺寸规格 (mm)		内径及允许偏差	类别	管壁厚	壁厚允许偏差
外径	管壁厚				
5.0 63.5	25 1.6	45±0.12 60.30±0.14	I	<3.0	+0.29 -0.10
63.5 68.9	2.5 2.3	58.50±0.14 64.30±0.20	I	>3.0~4.0	+0.25 -0.15
76 89	2.5 2.5	71±0.20 84±0.25		>4.0	>0.25
89 89	4.0 5.0	81±0.25 79±0.30	II	1.6~3.6	±0.12
100 100	4.0 6.0	92±0.30 88±0.35	III	1.6~3.6~	±0.12

注:
1. I 类为热轧带钢焊接制造，II 类为冷轧带钢焊接制造，III 类为冷轧带钢焊接，用结合方法制造，钢管应按 GB/T9947 规定扩口试验，I 类外径扩大值为 10%，II 和 III 类为 8%。
2. 钢管通常长度为 3.4~8.5m。
3. 各牌号的屈服强度 60.2 值不作交货条件，但应注明在质量证明书中。
4. 钢管进行水压试验，试验压力为 11.8MPa，稳压时间不小于 5s，不出现漏水或渗漏现象。

46. 双层卷焊钢管（GB/T11258–1989）

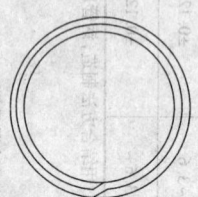

　　双层卷焊钢管适用于汽车、电热电器工业中制作刹车管、加热或冷却器、冷冻设备等，其采用 08、08F、08AL 优质碳素结构钢抗拉强度 σ_b 大于 290MPa，屈服点 σ_6 大于 180290MPa，伸长率 δ_5 14%。

钢管外径 (mm)	钢管壁厚（mm）		
	0.5	0.7	1.0
	理论重量（kg/m）		
3.17	0.033	0.042	—
4.76	0.052	0.70	—
5.00	—	0.074	—
6.00	—	0.091	—
6.35		0.097	
8.00		0.125	
10.00		0.160	0.221
12.00		0.194	0.270

　　注：双层卷焊钢管长度一般为 1.5～400m，不足 6m 以条状供货，长于 6m 以盘状供货，条状供货的钢管弯曲度每米不大于 5mm。

47. 机械结构用不锈钢焊接钢管

(GB/T12700-1991)

机械结构用不锈钢焊接钢管适用于制造汽车、自行车、装饰及其他机械部件或结构零部件。

(1)机械结构用不锈钢焊接钢管的化学成分

牌号	化学成分(%)							
	碳≤	硅≤	锰≤	磷	硫≤	镍	铬	其 他
00Cr19Ni11	0.030	1.00	2.00	0.035	0.030	9.00 ~ 13.00	18.00 ~ 20.00	—
00Cr17Ni14Mo2	0.030	1.00	2.00	0.035	0.030	12.00 ~ 15.00	16.00 ~ 18.00	钼2.00 ~ 3.00
0Cr19Ni9	0.08	1.00	2.00	0.035	0.030	8.00 ~ 10.00	18.00 ~ 20.00	—
1Cr18Ni9	0.15	1.00	2.00	0.035	0.030	8.00 ~ 10.00	17.00 ~ 19.00	—
1Cr18Ni9Ti	0.12	1.00	2.00	0.035	0.030	8.00 ~ 11.00	17.00 ~ 19.00	钛5(C% -0.02) ~ 0.80
0Cr17Ni12Mo2	0.08	1.00	2.00	0.035	0.030	10.00 ~ 14.00	16.00 ~ 18.00	钼2.00 ~ 3.00

续表

牌号	化学成分(%)							
	碳≤	硅≤	锰≤	磷≤	硫≤	镍	铬	其 他
0Cr18Ni11Nb	0.08	1.00	2.00	0.035	0.030	9.00～13.00	17.00～19.00	铌≥10×C%
0Cr25Ni20	0.08	1.50	2.00	0.035	0.030	19.00～22.00	24.00～26.00	–
1Cr17	0.12	0.75	1.00	0.035	0.030	–	16.00～19.00	钛或铌0.10～1.00
1Cr15	0.12	1.00	1.00	0.035	0.030	–	16.00～18.00	–
0Cr13	0.08	1.00	1.00	0.035	0.030	–	11.50～13.50	–
1Cr13	0.15	1.00	1.00	0.035	0.030	–	11.50～13.50	–

(2)机械结构用不锈钢焊接钢管的力学性能

牌号		力学性能					
		焊后经热处理			焊 接 态		
		抗拉强度 σ_b(MPa) ≥	屈服强度 $\sigma_{0.2}$(MPa) ≥	伸长率 δ_5(%) ≥	抗拉强度 σ_b(MPa) ≥	屈服强度 $\sigma_{0.2}$(MPa) ≥	伸长率 δ_5(%) ≥
00Cr19Ni11	奥氏体型	480	180	35	480	180	25
00Cr17Ni14Mo2		480	180		480	180	
0Cr19Ni9		520	210		520	210	
1Cr18Ni9							
(1Cr18Ni9Ti)							
0Cr17Ni12Mo2							
0Cr18Ni11Nb							
0Cr25Ni20							
1Cr17	铁素体型	410	210	20	按双方协议		
1Cr15							
0Cr13	马氏体型	410	210	20			
1Cr13							

48. 普通碳素钢电线套管（GB/T3640–1988）

普通碳素钢电线套管适用于电气安装工程中用于保护电线所用。

公称尺寸（mm）	外径（mm）	壁厚（mm）	理论重量（kg/m）
13	12.70	1.60	0.438
16	15.88	1.60	0.581
19	19.05	1.80	0.766
25	25.40	1.80	1.048
32	31.75	1.80	1.329
38	38.10	1.80	1.611
51	50.80	2.00	2.407
64	63.50	2.50	3.760
76	76.20	3.20	5.761

注: 1. 钢管长度一般为 3～9m。

2. 理论重量不包括管接头重量。

3. 钢管用 GB/T8164《焊接钢管用钢带》制造。

49. 汽车车身附件用异型钢丝（YB/T5183–1993）

直边扁钢丝 (Zb)

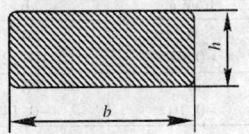

拱顶扁钢丝（Gb）

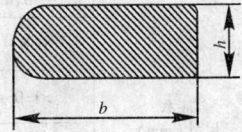

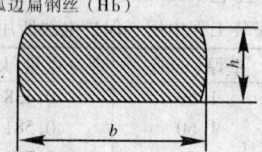

弧边扁钢丝（Hb）

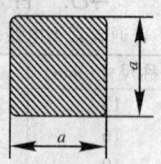

方形钢丝（Fs）

汽车车身附件用异型钢丝的截面形状有直边扁形、弧边扁形、拱顶扁形和方形，钢丝按交货状态可分为冷拉（轧）钢丝、退火钢丝和调质钢丝，其适用于汽车制造行业制造玻璃升降器、挡圈、雨刷器和车门滑块、锁等附属件。

牌号	适用类型	抗拉强度（MPa）	交货状态	化学成分
65Mn、50CrVA	玻璃升降器	≤785	退火或退火后轻拉	按 GB/T1222 规定
15、25、45	门锁、滑块、挡圈	≤835	冷拉（轧）	按 GB/T699 规定
1Cr18Ni9、70	雨刷器	1080~1275 1080~1255	冷拉 调质	按 GB/T1220 规定 按 GB/T699 规定

	规格范围 b、h、a	允许偏差	
		h 或 a	b
基本尺寸(mm)	0.8~1.0	0 −0.07	0 −0.12
	>1.0~3.0	0 −0.10	0 −0.14
	>3.0~6.0	0 −0.12	0 −0.16
	>6.0~8.0	—	0 −0.18
	>8.0~12.0	—	0 −0.22

50. 幅条用钢丝(YB/T5005－1993)

幅条用钢丝用于生产各种自行车辐条及摩托车辐条,其采用40、45号钢制造,以冷拉状态供货。

钢丝直径(mm)	力学性能	
	抗拉强度 σ_b (MPa)	弯曲次数≥
1.75	1080 ~ 1370	11
2.00		10
2.26		14
2.60	980 ~ 1270	12
2.90		8
3.20		10
3.50		7
4.00		6
4.50		5

51. 胎圈用钢丝(GB14450－1993)

胎圈用钢丝适用于制造汽车、拖拉机及其他运载车辆的轮胎胎圈中的钢丝束。

钢丝名称	钢丝直径(mm)	抗拉强度 σ_b (MPa)	伸长率(%) $L_0 = 100mm$	单向扭转次 L＝100d (360°)	铜层附着量 (g/kg)
回火钢丝	0.96	≥1770	≥3	≥25	0.30 ~ 1.35
	1.00	≥1770	≥3	≥25	0.30 ~ 1.35
冷拉钢丝	1.00	≥1770	≥12(反复弯曲次数180°)	≥27	0.60 ~ 2.00

52. 软轴用扁钢丝(YB/T5184–1993)

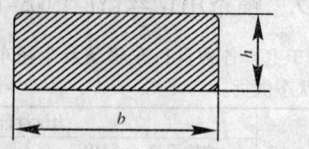

软轴用扁钢丝适用于制造汽车及机械软轴。

牌号	化学成分(%)						抗拉强度 (MPa)
	碳	硅	锰	铬 ≤	镍 ≤	铜 ≤	
45	0.42 ~ 0.50	0.17 ~ 0.37	0.50 ~ 0.80	0.25	0.30	0.25	1100 ~ 1300

基本尺寸规格 $h \times b$(mm)	允许偏差(mm)	
	厚度 h	宽长 b
0.6×1.0	0 −0.07	0 −0.10
0.7×1.6	0 −0.07	0 −0.10
1.0×3.0	0 −0.07	0 −0.12
2.0×4.0	0 −0.10	0 −0.14
3.0×6.0	0 −0.12	0 −0.16

53. 内燃机用扁钢丝（YB/T5184-1993）

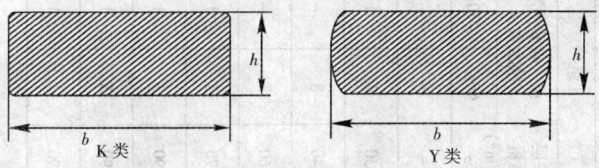

K 类

Y 类

内燃机用扁钢丝按形状不同分为 K 类和 Y 类，K 类适用于卡环、活塞用直边扁钢丝，Y 类适用于组合油环用弧边扁钢丝。

牌号	化学成分（%）				抗拉强度（MPa）			
	碳	硅	锰	铬	类别	A 组	B 组	C 组
65Mn	0.62 ~ 0.70	0.17 ~ 0.37	0.90 ~ 1.20	≤0.25	K 类	785 ~ 980	980 ~ 1175	1175 ~ 1370
70	0.62 ~ 0.70	0.17 ~ 0.37	0.50 ~ 0.80	≤0.25	Y 类	1275 ~ 1470	1420 ~ 1615	1570 ~ 1765

K 类钢丝				Y 类钢丝		
尺 寸		允许偏差		尺 寸		允许偏差
厚度 h	1.0 ~ 3.0	±0.03		厚度 h	0.5 ~ 1.0	0 −0.03
	>3.0 ~ 6.0	±0.04		宽度 b	1.0 ~ 3.0	0 −0.08
宽度 b	6.0 ~ 8.0	±0.09			>3.0 ~ 6.0	0 −0.10

54. 通讯用镀锌低碳钢丝（GB/T346-1984）

通讯用镀锌低碳钢丝按锌层表面状态可分为经纯化处理（代号 DH）和未经纯化处理两类；按锌层质量可分为Ⅰ组和Ⅱ组；按钢丝用钢的含铜量可分为含铜钢丝（含铜量0.2% ~ 0.4%）和普通钢丝（含铜量≤0.2%），其化学成分应符合 GB/T701-1997《普通低碳钢热轧圆盘条》，尺寸规格、物理、力学性能及镀锌层质量。

钢丝公称直径 (mm)	物理性能 20℃时的电阻率 (×10⁻⁶ Ω·m) ≤		力学性能		镀锌层质量					
	含铜钢丝	普通钢丝	抗拉强度 σ_b (MPa)	伸长率 δ(%) $L_0=200$ (mm) ≥	I组			II组		
					浸入硫酸铜溶液次数≥ 60s	30s	锌层质量 (g/m²) ≥	浸入硫酸铜溶液次数≥ 60s	30s	锌层质量 (g/m²) ≥
1.2	0.146	0.132	355~540	12	2	–	120	–	–	–
1.5			355~540	12	–	–	150	2	–	230
2.0			355~540	12	2	–	190	3	1	240
2.5			355~540	12	2	–	210	3	–	260
3.0			355~540	12	3	–	230	3	1	275
4.0			355~490	12	3	–	245	3	1	290
5.0			355~490	12	3	–	245	3	1	290
6.0			355~490	12	3	–	245	3	1	290

注：通讯用镀锌低碳钢丝标准包装捆重为50kg。

55. 光缆用镀锌碳素钢丝(YB/T125–1997)

光缆用镀锌碳素钢丝应用符合 GB/T4354 规定的盘条制造,钢的牌号由制造下选择,其硫磷含量应≤0.03%。钢丝的弹性模量应≥190GPa,永久伸长率不得>0.1%,尺寸规格长度应按 2200m 倍尺生产,交货最短长度不得小于 3 个倍尺,长度偏差为+100m。光缆用镀锌碳素钢丝的尺寸规格、抗拉强度及扭转次数。

钢丝公称直径	公称抗拉强度 σ_b (MPa)	钢丝公称直径	公称抗拉强度 σ_b (MPa)
0.43	1 960	1.60	1 570
0.50		1.70	
0.60		1.80	
		1.90	
0.70	1 770	2.00	1 470
0.80		2.10	
0.90	1 670	2.20	
1.00		2.30	
1.10		2.40	
		2.50	
1.20	1 570	2.60	1 320
1.30		2.70	
1.40		2.80	
1.50		2.90	
		3.00	

続表

钢丝公称直径 d	试样长度（钳口距离）	最小扭转次数					
		公称抗拉强度 σ_b（MPa）					
mm		1 320	1 470	1 570	1 670	1 770	1 960
$0.50 \leqslant d \leqslant 1.00$	100×d	—	—	—	28	27	24
$1.00 \leqslant d < 1.30$		—	—	28	27		
$1.30 \leqslant d < 1.80$		—	—	27	—	—	—
$1.80 \leqslant d < 2.30$		—	25	25			
$2.30 \leqslant d \leqslant 3.00$		24	23				

注：直径不小于 0.50mm 的钢丝应进行扭转试验。

56. 铠装电缆用镀锌低碳钢丝（GB/T3082-1984）

铠装电缆用镀锌低碳钢丝按锌层表面状态分为未经纯化处理和纯化处理（代号 DH）两类，按锌层质量分为 Ⅰ 组和 Ⅱ 组。钢丝应用符合 701《低碳钢热轧圆盘条》的盘条制造。铠装电缆用镀锌低碳钢丝尺寸规格、力学性能及镀锌层质量。

规格		力学性能				
公称直径（mm）	每盘重量（kg）	抗拉强度 σ_b（MPa）	伸长率 δ		扭转试验	
			（%）≥	标距（mm）	次数 ≥	标距（mm）
1.6	30			160	37	
2.0	30			200	30	
2.5	45			250	24	
3.15	45	345～490	10	250	19	150
4.0	50			250	15	
5.0	60			250	12	
6.0	60			250	10	

续表

镀锌层质量								
Ⅰ　　组				Ⅱ　　组				
锌层质量 (g/m²) ≥	浸入硫酸铜溶渡次数 ≥		缠绕试验		锌层质量 (g/m²) ≥	浸入硫酸铜溶渡次数 ≥		缠绕试验	
			芯棒直径为钢丝直径的倍数	缠绕圈数 ≥				芯棒直径为钢丝直径的倍数	缠绕圈数 ≥
	60s	30s				60s	30s		
150	2	—	4		220	2	1		6
190	3	—	4		240	3	—		6
210	3	—	4		260	3	—		6
240	3	—	4	6	275	3	1		6
270	3	—	5		290	3	1		6
270	3	—	5		290	3	1		6
240	3	—	4		290	3	1		6

注:中间尺寸的钢丝,按相邻较大钢丝直径的规定值。

57. 电工用铜线锭 (GB/T468–1997)

电工用铜线锭专供压延导电线材、铜棒和型材用。

铜＋银含量≥ 99.90	杂质含量≤										
	砷	锑	铋	铁	铅	锡	镍	锌	硫	磷	氧
	0.002	0.002	0.001	0.005	0.005	0.002	0.002	0.004	0.004	0.001	0.05

重量(kg)	基本尺寸(mm)		
	长(L_1)	宽(W_1)	厚(H)
60±5	1 190±15	95±5	84±6
95±5	1 330±15	98±5	96±6
110±5	1 360±10	110±2	110±6

58. 电工用铜线坯（GB/T3952-1998）

电工用铜线坯直径为 6.0～35.0mm，适用于进一步拉制线材或其他电工用铜导体。

牌号	铜+银含量≥	杂质含量≤									
		砷	锑	铋	铁	铅	锡	镍	锌	硫	磷
T2、TU2	99.95	0.0015	0.0015	0.0006	0.0025	0.002	0.001	0.002	0.002	0.0025	0.001
T3	99.90	0.002	0.002	0.001	0.005	0.005	0.002	0.002	0.004	0.004	0.001
T1、TU1	杂质总含量应小于 0.0065%。其中：硒、碲、铋均不能大于 0.0002%，合计含量不能大于 0.0003%；锑不有大于 0.0004%，砷不能大于 0.0005%，合计含量不能大于 0.0015%；铅不能大于 0.0005%；硫不能大于 0.0015%；铁不能大于 0.001%；银不能大于 0.0025%。										
线坯基本尺寸（mm）	T1、T2、T3	直径 6.0～35.0mm（热作状态交货）									
	TU1、TU2	直径 6.0～35.0mm（热作状态交货） 直径 6.0～12.0mm（硬状态交货）									

注：1. 铜线坯各牌号的氧含量为——T1 不大于 0.045%，TU1 不大于 0.0010%，T2、T3 不大于 0.050%，TU2 不大于 0.0010%。

　　2. 铜线坯应成卷供应，每卷应为连续一根，不允许焊接。

59. 铸造铜合金（GB/T1176-1987）

铸造铜合金应用广泛，可用于制造轴承、活塞销套、轴瓦、原体、耐磨零件、齿轮、涡轮、法兰盘、阀体等工件。

（1）铸造铜合金的化学成分

类别名称	合金牌号	化学成分(%)									
		锡	锌	铅	磷	镍	铝	铁	锰	硅	铜
3-8-6-1 锡青铜	ZCuSn3Zn8Pb6Ni1	2.0~4.0	6.0~9.0	4.0~7.0	—	0.5~1.5	—	—	—	—	余量
3-11-4 锡青铜	ZCuSn3Zn11Pb4	2.0~4.0	9.0~13.0	3.0~6.0	—	—	—	—	—	—	余量
5-5-5 锡青铜	ZCuSn5Pb5Zn5	4.0~6.0	4.0~6.0	4.0~6.0	—	—	—	—	—	—	余量
10-1 锡青铜	ZCuSn10Pb1	9.0~11.5	—	—	0.5~1.0	—	—	—	—	—	余量
10-5 锡青铜	ZCuSn10Pb5	9.0~11.0	—	4.0~6.0	—	—	—	—	—	—	余量
10-2 锡青铜	ZCuSn10Zn2	9.0~11.0	1.0~3.0	—	—	—	—	—	—	—	余量
10-10 铅青铜	ZCuPb10Sn10	9.0~11.0	—	8.0~11.0	—	—	—	—	—	—	余量
15-8 铅青铜	ZCuPb15Sn8	7.0~9.0	—	13.0~17.0	—	—	—	—	—	—	余量
17-4-4 铅青铜	ZCuPb17Sn4Zn4	3.5~5.0	2.0~6.0	14.0~20.0	—	—	—	—	—	—	余量
20-5 铅青铜	ZCuPb20Sn5	4.0~6.0	—	18.0~33.0	—	—	—	—	—	—	余量

续表

类别名称	合金牌号	锡	锌	铅	磷	镍	铝	铁	锰	硅	铜
30 铝青铜	ZCuPb30	—	—	27.0~33.0	—	—	—	—	—	—	余量
8-13-3 铝青铜	ZCuAl8Mn13Fe3	—	—	—	—	—	7.9~9.0	2.0~4.0	12.0~14.5	—	余量
8-13-3-2 铝青铜	ZCuAl8Mn13Fe3Ni2	—	—	—	—	1.8~2.5	7.0~8.5	2.5~4.0	15~14.0	—	余量
9-2 铝青铜	ZCuAl9Mn2	—	—	—	—	—	8.0~10.0	—	1.5~2.5	—	余量
9-4-4-2 铝青铜	ZCuAl9Fe4Ni4Mn2	—	—	—	—	4.0~5.0	8.5~10.0	4.0~5.0	0.8~2.5	—	余量
10-3 铝青铜	ZCuAl10Fe3	—	—	—	—	—	8.5~11.0	2.0~4.0	—	—	余量
10-3-2 铝青铜	ZCuAl10Fe3Mn2	—	—	—	—	—	9.0~11.0	2.0~4.0	1.0~2.0	—	余量
38 黄铜	ZCuZn38	—	余量	—	—	—	—	—	—	—	60.0~63.0
25-6-3-3 铝黄铜	ZCuZn25Al6Fe3Mn3	—	余量	—	—	—	4.5~7.0	2.0~4.0	1.5~4.0	—	60.0~66.0
26-4-3-3 铝黄铜	ZCuZn26Al4Fe3Mn3	—	余量	—	—	—	2.5~5.0	1.5~4.0	1.5~4.0	—	60.0~66.0

铸造铜合金　　化学成分(%)

续表

铸造铜合金

类别名称	合金牌号	化学成分(%)									
		锡	锌	铅	磷	镍	铝	铁	锰	硅	铜
31-2铝黄铜	ZCuZn31Al2	—	余量	—	—	—	2.0~3.0	—	—	—	66.0~68.0
35-2-2-1铝黄铜	ZCuZn35Al2Mn2Fe1	—	余量	—	—	—	0.5~2.5	0.5~2.0	0.1~3.0	—	57.0~65.0
38-2-2锰黄铜	ZCuZn38Mn2Pb2	—	余量	1.5~2.5	—	—	—	—	1.5~2.5	—	57.0~60.0
40-2锰黄铜	ZCuZn40Mn2	—	余量	—	—	—	—	—	1.5~2.5	—	57.0~60.0
40-3-1锰黄铜	ZCuZn40Mn3Fe1	—	余量	—	—	—	—	0.5~1.5	1.0~2.0	—	53.0~58.0
33-2铅黄铜	ZCuZn33Pb2	—	余量	1.0~3.0	—	—	—	—	3.0~4.0	—	63.0~67.0
40-2铅黄铜	ZCuZn40Pb2	—	余量	0.5~2.5	—	—	0.2~0.8	—	—	—	58.0~63.0
16-4硅黄铜	ZCuZn16Si4	—	余量	—	—	—	—	—	—	2.5~4.5	79.0~81.0

(2) 铸造铜合金的杂质含量规定

合金牌号	杂质含量(%)≤														
	铁	铝	锑	硅	磷	镍	锡	锌	硫	砷	碳	铋	铅	锰	总和
ZCuSn3Zn8Pb6Ni1	0.4	0.02	0.3	0.02	0.05	—	—	—	—	—	—	—	—	—	1.0
ZCuSnZn11Pb4	0.5	0.02	0.3	0.02	0.05	—	—	—	—	—	—	—	—	—	1.0
ZCuSn5Pb5Zn5	0.3	0.01	0.25	0.01	0.05	2.5*	—	—	0.10	—	—	—	—	—	1.0
ZCuSn10P1	0.01	0.01	0.05	0.02	—	0.10	—	0.05	0.05	—	—	—	0.25	0.05	0.75
ZCuSn10Pb5	0.3	0.02	0.3	—	0.05	—	—	1.0*	—	—	—	—	—	—	1.0
ZCuSn10Zn2	0.25	0.01	0.5	0.01	0.05	2.0*	—	2.0*	0.10	—	—	—	1.5*	0.2	1.5
ZCuPb10Sn10	0.25	0.01	0.5	0.01	0.05	2.0*	—	2.0*	0.10	—	—	—	—	0.2	1.0
ZCuPb20Sn5	0.25	0.01	0.75	0.01	0.10	2.5*	—	2.0*	0.10	—	0.02	—	—	.02	1.0
ZCuPb30	0.5	0.01	0.2	0.02	0.08	—	1.0	—	0.10	0.10	0.02	0.05	0.3	1.0	
ZCU18Mn13Fe3	—	—	—	0.15	—	—	—	0.3*	—	—	0.10	—	0.02	—	1.0
ZCuAl8Mn13Fe3Ni2	—	—	0.05	0.15	—	—	—	0.3*	—	—	0.10	—	0.02	—	1.0
ZCuAl9Mn2	—	—	—	0.20	—	—	0.2	1.5*	—	0.05	—	—	0.1	—	1.0
ZCuAl9Fe4Ni4Mn2	—	—	—	0.15	—	3.0*	0.3	—	—	—	0.10	—	0.02	—	1.0
ZCuAl10Fe3	—	—	0.05	0.20	—	—	0.1	0.4	—	—	—	—	0.2	1.0*	1.0
ZCuAl10Fe3Mn2	—	—	0.05	0.10	0.01	—	0.1	0.5*	—	0.01	—	—	.3	—	0.75

续表

合金牌号	铁	铝	锑	硅	磷	镍	锡	硫	砷	碳	铋	铅	锰	总和
	杂质含量（%）≤													
ZCuZn38	0.8	0.5	0.10	—	0.01	—	1.0*	—	—	—	0.002	—	—	1.5
ZCuZn25Al6Fe3Mn3	—	1.0*	0.10	0,10	—	3.0*	0.2	—	—	—	—	0.2	—	2.0
ZCuZn26Al4Fe3Mn3	0.8	—	0.10	0.10	—	3.0*	0.2	—	—	—	—	0.2	—	2.0
ZCuZn31Al2	—	—	—	—	—	—	1.0*	—	—	—	—	1.0*	0.5	1.5
ZCuZn35Al2Mn2	—	—	—	0.10	—	3.0*	1.0*	—	锑+磷+砷 0.40		—	0.5	—	2.0
ZCuZn38Mn2Pb2	0.8	1.0*	0.10	0.05	0.05	—	2.0*	—	—	—	—	0.5	—	2.0
ZCuZn40Mn2	0.8	1.0*	0.10	0.05	—	—	2.0*	—	—	—	—	—	—	2.0
ZCuZn40Mn3Fe1	1.0*	1.0*	0.10	—	—	—	0.5	—	—	—	—	0.5	—	1.5
ZCuZn33Pb2	0.8	0.10	—	0.05	0.05	1.0*	1.5*	—	—	—	—	—	0.2	1.5
ZCuZn40Pb2	0.8	—	—	—	—	—	1.0*	—	—	—	—	—	0.5	1.5
ZCuZn16Si4	0.6	0.10	0.10	—	—	—	0.3	—	—	—	—	0.5	0.5	2.0

注:1. 表中有"*"符号的元素不计入杂质总和。未列出的杂质元素须计入杂质总和。

2. ZCuAl10Fe3 合金用于金属型铸造，铁含量允许为 1.0%～4.0%，用于焊接件，铝含量不得超过 0.02%。ZCuAl9Mn13Fe3Ni2 合金用于金属型和离心铸造，铝含量为 6.8%～8.5%。ZCuZn40Mn3Fe1 合金用于船用螺旋桨，铜含量为 55.0%～59.0%。

3. ZCuPb20Sn5、ZCuPb10Sn10、ZCuSn10Zn2、ZCuSn5Pb5Zn5 等合金用于离心铸造和连续铸造，经需方认可，磷含量允许增加到 1.5%，可不计入杂质总和。

（3）铸造铜合金的力学性能

合金牌号	铸造方法	硬度（HBS）≥	抗拉强率 σ_b（MPa）≥	屈服强度 $\sigma_{0.2}$（MPa）≥	伸长率 δ_5（%）≥
ZCuSn3Zn8Pb6Ni1	S	590	175	—	8
	J	685	215	—	10
ZCuSn3Zn11Pb4	S	590	175	—	8
	J	590	215	—	10
ZCuSn5Pb5Zn5	S、J	590 *	200	90	13
	Li、La	635 *	250	100 *	13
ZCuSn10P1	S	785 *	220	130	3
	J	885 *	310	170	2
	Li	885 *	330	170 *	4
	La	885 *	360	170 *	6
ZCuSn10Pb5	S	685	195	—	10
	J	685	245	—	10
ZCuSn10Zn2	S	685	240	120	12
	J	785	245	140 *	6
	Li、La	785	270	140 *	7
ZCuPb10Sn10	S	635	180	80	7
	J	685	220	140	5
	Li、La	685	220	110 *	6
ZCuPb15Sn8	S	590 *	170	80	5
	J	635 *	200	100	6
	Li、La	635 *	220	100 *	8
ZCuPb17Sn4Zn4	S	540	150	—	5
	J	590	175	—	7
ZCuPb20Sn5	S	440 *	150	60	5
	J	540 *	150	70 *	6
	La	540 *	180	80 *	7

续表

合金牌号	铸造方法	硬度（HBS）≥	抗拉强率 σ_b（MPa）≥	屈服强度 $\sigma_{0.2}$（MPa）≥	伸长率 δ_5（%）≥
ZCuPb30	J	245	—	—	—
ZCuA18Mn13Fe3	S	1 570	600	270 *	15
	J	1 665	650	280 *	10
ZCuA18Mn13Fe3Ni2	S	1 570	645	280	20
	J	1 665	670	310 *	18
ZCuA19Mn2	S	835	390	—	20
	J	930	440	—	20
ZCuA19Fe4Ni4Mn2	S	1570	630	250	16
ZCuAl10Fe3	S	980 *	490	180	13
	J	1 080 *	540	200	15
	Li、La	1 080 *	540	200	15
ZCuAl10Fe3Mn2	S	1 080	490	—	15
	J	1 175	540	—	20
ZCuZn38	S	590	295	—	30
	J	685	295	—	30
ZCuZn25A16Fe3Mn3	S	1 570 *	725	380	10
	J	1 665 *	740	400	7
	Li、La	1 665 *	740	400	7
ZCuZn26A14Fe3Mn3	S	1 175 *	600	300	18
	J	1 275 *	600	300	18
	Li、La	1 275 *	600	300	18
ZCuZn31A12	S	785	295	—	12
	J	885	390	—	15
ZCuZn35A12Mn2Fe2	S	980 *	450	170	20
	J	1 080 *	475	200	18
	Li、La	1 080 *	475	200	18

续表

合金牌号	铸造方法	硬度(HBS)≥	抗拉强率 σ_b (MPa)≥	屈服强度 $\sigma_{0.2}$ (MPa)≥	伸长率 δ_5 (%)≥
ZCuZn38Mn2Pb2	S	685	245	—	10
	J	785	345	—	18
ZCuZn40Mn2	S	785	345	—	20
	J	885	390	—	25
ZCuZn40Mn3Fel	S	980	440	—	18
	J	1 080	490	—	15
ZCuZn33Pb2	S	490 *	180	70 *	12
ZCuZn40Pb2	S	785 *	220	120 *	15
	J	885 *	280		20
ZCuZnl6Si4	S	885	345	—	15
	J	980	390	—	20

注: 1. 表中铸造方法代号表示意义:S 表示砂型铸造;J 表示金属型铸造;La 表示连续铸造;Li 表示离心铸造。

2. 表中有"*"符号的数据为参考值。

60. 加工铜 (GB/T5231-1985)

加工铜应用广泛,可用作一般铜材,如电器开关、垫片、整片、电线电缆、导电螺钉、导电螺栓、热交换器等。

(1) 加工铜的化学成分

组别	牌号	代号	铜+银	杂质含量(%) ≤											
				磷	铋	锑	砷	铁	镍	铅	锡	硫	锌	氧	杂质总和
纯铜	一号铜	T1	99.95	0.001	0.001	0.002	0.002	0.005	0.002	0.003	0.002	0.005	0.005	0.02	0.05
	二号铜	T2	99.90	0.001	0.001	0.002	0.002	0.005	0.005	0.005	0.002	0.005	0.005	0.06	0.1
	三号铜	T3	99.70	0.002	0.002	0.01	0.01	0.05	0.2	0.01	0.05	0.01	0.005	0.1	0.3
无氧铜	一号无氧铜	TU1	99.97	0.002	0.001	0.002	0.002	0.004	0.002	0.003	0.002	0.004	0.003	0.002	0.03
	二号无氧铜	TU2	99.95	0.002	0.001	0.002	0.002	0.004	0.002	0.004	0.002	0.004	0.003	0.003	0.05
磷脱氧铜	一号脱氧铜	TP1	99.90	0.005~0.012	0.002	0.002	0.002	0.01	0.005	0.005	0.01	0.005	0.005	0.01	0.1
	二号脱氧铜	TP2	99.85	0.013~0.050	0.002	0.002	0.005	0.01	0.01	0.005	0.05	0.005	0.005	0.01	0.15
银铜	0.1银铜	TAg0.1	铜99.5		0.002	0.002	0.005	0.01	0.05	0.2	0.01	0.05	0.01	0.005	0.1	0.3

注:1. TAg0.1银铜的银含量为0.06%~0.12%。
2. 砷、镍、铋可不作分析,但不得大于上界限值。
3. 经供需双方协议确定,可供应磷≤0.0005%的TU1无氧铜和磷≤0.001%的导电用T2铜。

（2）加工铜的产品状态及主要特性

代号	产品状态						主要特性
	板	带	箔	管	棒	线	
T1	△	△	△				含降低导电、导热性的杂质较少，微量的氧对导电、导热和加工等性能影响不大，导电、导热，耐蚀和加工性能良好，可焊接或钎焊，但易引起"氢病"，不宜在高温(>370℃)还原性气氛中加工(退火，焊接等)和使用
T2	△	△	△	△	△	△	导电、导热、耐蚀和加工性能较好，其含降低导电、导热性的杂质较多，含氧量高，易引起"氢病"不能在高温还原性气氛中加工、使用
T3	△	△	△	△	△	△	其加工性能及焊接、耐蚀、耐寒性均好，纯度高，导电和导热性极好，无"氢病"或极少"氢病"现象
TU1、TU2	△	△					具有焊接性能和冷弯性能，一般无"氢病"倾向，可在还原性气氛中加工和使用，但不宜在氧化性气氛中加工和使用。TP1 的残留磷量比 TP2 少，故其导电、导热性较 TP2 高
TP1	△	△					
TP2	△	△		△		△	
TAg 0.1	△		△	△		△	具有很好的耐磨性、电接触性和耐蚀性，其铜中加入少量的银，可显著提高软化温度(再结晶温度)和蠕变强度，而很少降低铜的导电、导热性和塑性。其时效硬化的效果不显著，一般采用冷作硬化来提高强度

注：表中"△"表示常有产品，空格表示不常有或缺少产品。

61. 加工黄铜（GB/T5232-1985）

加工黄铜有普通黄铜、铅黄铜、锡黄铜、铝黄铜、锰黄铜、铁黄铜等多种类型，其应用广泛，可制造汽车、拖拉机及各种机械设备的零部件，如散热片、冷凝管、销钉、铆钉、螺母、齿轮、轴、弹簧、筛网等。

(1) 加工黄铜的化学成分

组别	牌号	代号	铜	化学成分 (%)									
				铁 ≤	铅 ≤	锑 ≤	铋 ≤	锡 ≤	镍 ≤	铝 ≤	磷 ≤	锌	杂质总和 ≤
普通黄铜	96 黄铜	H96	95.0~97.0	0.10	0.03	0.005	0.002				0.01	余量	0.2
	90 黄铜	H90	88.0~91.0	0.10	0.03	0.005	0.002				0.01	余量	0.2
	85 黄铜	HT85	84.0~86.0	0.10	0.03	0.005	0.002				0.01	余量	0.3
	80 黄铜	H80	79.0~81.0	0.10	0.03	0.005	0.002				0.01	余量	0.3
	70 黄铜	H70	68.5~71.5	0.10	0.03	0.005	0.002				0.01	余量	0.3
	68 黄铜	H68	67.0~70.0	0.10	0.03	0.005	0.002				0.01	余量	0.3
	65 黄铜	H65	63.5~68.0	0.10	0.03	0.005	0.002				0.01	余量	0.3
	63 黄铜	H63	62.0~65.0	0.15	0.08	0.005	0.002				0.01	余量	0.5
	62 黄铜	H62	60.0~63.0	0.15	0.08	0.005	0.002				0.01	余量	0.5
	59 黄铜	H59	57.0~60.0	0.3	0.5	0.01	0.003				0.01	余量	1.0

续表

组别	牌号	代号	化学成分(%)										
			铜	铁≤	铅≤	锑≤	铋≤	锡≤	镍≤	铝≤	磷≤	锌	杂质总和≤
镍黄铜	65-5 镍黄铜	HNi65-5	64.0~67.0	0.15	0.03	0.005	0.002		5.0~6.5	0.3~0.5	0.01	余量	0.3
	56-3 镍黄铜	HNi56-3	54.0~58.0	0.15~0.5	0.2	0.005	0.002	0.25	2.0~3.0		0.01	余量	0.6
铅黄铜	63-3 铅黄铜	HPb63-3	62.0~65.0	0.10	2.4~3.0	0.005	0.002				0.01	余量	0.75
	63-0.1 铅黄铜	HPb63-0.1	61.5~63.5	0.15	0.05~0.3	0.005	0.002			0.05	0.01	余量	0.5
	62-0.8 铅黄铜	HPb62-0.8	60.0~63.0	0.2	0.5~1.2	0.005	0.002			0.2	0.01	余量	0.75
	61-1 铅黄铜	HPb61-1	59.0~61.0	0.15	0.6~1.0	0.005	0.002			0.2	0.01	余量	0.75
	59-1 铅黄铜	HPb59-1	57.0~60.0	0.5	0.8~1.9	0.01	0.003			0.2	0.02	余量	1.0
加砷黄铜	77-2 铝黄铜	HAl77-2	76.0~79.0	0.06	0.05	0.05	0.002		0.03~0.06	砷1.8~2.3	0.02	余量	0.3
	70-1 锡黄铜	HSn70-1	69.0~71.0	0.10	0.05	0.005	0.002	0.8~1.3		砷0.03~0.06	0.01	余量	0.3
	68A 黄铜	H68A	67.0~70.0	0.10	0.03	0.005	0.002			砷0.03~0.06	0.01	余量	0.3

续表

组别	牌号	代号	化学成分(%)										
			铜	铁≤	铅≤	锑≤	铋≤	锡≤	镍≤	铝≤	磷≤	锌	杂质总和≤
锡黄铜	90-1 锡黄铜	HSn90-1	88.0~91.0	0.10	0.03	0.005	0.005	0.25~0.75			0.01	余量	0.2
	62-1 锡黄铜	HSn62-1	61.0~63.0	0.10	0.10	0.005	0.005	0.7~1.1			0.01	余量	0.3
	60-1 锡黄铜	HSn60-1	59.0~61.0	0.10	0.30	0.005	0.005	1.0~1.5			0.01	余量	1.0

续表

组别	牌号	代号	化学成分(%)											
			铜	铁≤	铅≤	锑≤	铋≤	磷≤	锡≤	锰	铝≤	硅≤	镍≤	锌	杂质总和≤
铝黄铜	67-2.5 铝黄铜	HAl67-2.5	66.0~68.0	0.6	0.5	0.05		0.02	0.2	0.5	2.0~3.0			余量	1.5
	60-1-1 铝黄铜	HAl60-1-1	58.0~61.0	0.70~1.50	0.40	0.005	0.002	0.01		0.1~0.6	0.70~1.50			余量	0.7
	59-3-2 铝黄铜	HAl59-3-2	57.0~60.0	0.50	0.10	0.005	0.003	0.01			2.5~3.5		2.0~3.0	余量	0.9
	66-6-3-2 铝黄铜	HAl66-6-3-2	64.0~68.0	2.0~4.0	0.5	0.05		0.02	0.2	1.5~2.5	6.0~7.0			余量	1.5

续表

组别	牌号	代号	化学成分(%)												
			铜	铁 ≤	铅 ≤	锑 ≤	铋 ≤	磷 ≤	锡 ≤	锰 ≤	铝 ≤	硅 ≤	镍 ≤	锌	杂质总和 ≤
锰黄铜	58-2 锰黄铜	HMn58-2	57.0~60.0	1.0	0.1	0.005	0.002	0.01		1.0~2.0				余量	1.2
	57-3-1 锰黄铜	HMn57-3-1	55.0~58.0	1.0	0.2	0.005	0.002	0.01		2.5~3.5	0.5~1.5			余量	1.3
	55-3-1 锰黄铜	HMn55-3-1	53.0~58.5	0.5~1.5	0.5	0.05	0.003	0.02	0.2	3.0~4.0	0.3			余量	1.5
铁黄铜	59-1-1 铁黄铜	HFe59-1-1	57.0~60.0	0.6~1.2	0.20	0.01	0.003	0.01	0.3~0.7	0.5~0.8	0.1~0.5			余量	0.3
	58-1-1 铁黄铜	HFe58-1-1	56.0~58.0	0.7~1.3	0.7~1.3	0.01	0.003	0.02	0.2	0.05	0.1			余量	0.5
硅黄铜	80-3 铁黄铜	HSi80-3	79.0~81.0	0.6	0.1	0.05	0.003	0.02	0.2	0.05	0.1	2.5~4.0		余量	1.5

（2）加工黄铜的供应状态

代　号	板	带	箔	管	棒	线	代　号	板	带	箔	管	棒	线
H96	△	△		△	△		HSn70-1				△		
H90	△	△			△	△	HSn62-1	△	△			△	△
H85				△			HSn60-1						△
H80	△	△		△	△	△	HAl77-2	△				△	△
H70	△	△		△	△		HAl67-2.5	△				△	
H68	△	△	△	△	△		HAl60-1-1	△				△	
H65	△					△	HAl59-3-2	△			△	△	
H63	△	△			△		HAl66-6-3-2	△				△	
H62	△	△	△	△	△	△	HMn58-2	△	△			△	△
H59						△	HMn57-3-1					△	
H68A			△				HMn55-3-1	△				△	
HPb63-3	△	△			△		HFe59-1-1	△				△	
HPb63-0.1				△	△		HFe58-1-1					△	
HPb62-0.8					△		HSi80-3					△	
HPb61-1	△	△			△		HNi65-5	△				△	
HPb59-1	△	△		△	△		HNi56-3					△	
HPb90-1	△	△											

注：△—表示常用的产品，空格表示尚无产品或不常用生产。

62. 白铜线（GB/T3125-1994）

白铜线主要用于制造弹性元件和电阻材料等,其直径范围为φ0.05～6.0mm。

牌号	化学成分(%)														
	镍+钴	铁	锰	锌	硅	镁	铅	硫	碳	磷	铋	砷	锑	铜	杂质总和≤
BMn40-1.5	39.0～41.0	≤0.50	1.0～2.0	—	≤0.10	≤0.05	≤0.005	≤0.02	≤0.10	≤0.005	≤0.002	≤0.010	≤0.002	余量	0.90
BMn3-12	3.0～3.5	0.20～0.50	11.5～13.5	铝≤0.20	铝0.1～0.3	≤0.03	≤0.020	≤0.020	≤0.05	≤0.005	≤0.002	≤0.005	≤0.002	余量	0.50
BEn15-20	13.5～16.5	≤0.50	≤0.30	余量	≤0.15	≤0.05	≤0.02	≤0.01	≤0.03	≤0.005	≤0.002	≤0.010	≤0.002	62.0～65.0	0.90
BFe30-1-1	29.0～32.0	0.5～1.0	0.50～1.20	≤0.30	锡≤0.15	锡≤0.05	≤0.02	≤0.01	≤0.05	≤0.006				余量	0.70
B19	18.0～20	≤0.50	≤0.50	≤0.30	≤0.15	≤0.05	≤0.005	≤0.01	≤0.05	≤0.01	≤0.002	≤0.010	≤0.005	余量	1.80

续表

牌号	交货状态	直径(mm)	物 理 性 能					
			抗拉强度 σ_b(MPa)			伸长率 δ(%)($L_0 = 100$mm)		
			M	Y_2	Y	M	Y_2	Y
BMn40 -1.5	软(M) 硬(Y)	0.05 ~ 0.20	≥390		685 ~ 980	≥15		
		>0.20 ~ 0.50			685 ~ 880	≥20		
		>0.50 ~ 6.0			635 ~ 835	≥25		
BMn3 -12	软(M) 硬(Y)	0.1 ~ 1.0	≥440		≥785	≥12		
		>1.0 ~ 6.0	≥390		≥685	≥20		
BZn15 -20	软(M)半硬(Y_2) 硬(Y)	0.10 ~ 0.20	≥345		735 ~ 980	≥15		
		>0.20 ~ 0.50		490 ~ 735	735 ~ 930	≥20		
		>0.50 ~ 2.0		440 ~ 685	635 ~ 880	≥25		
		>2.0 ~ 6.0		440 ~ 635	540 ~ 785	≥30		
BFe30 -1 -1	软(M)硬(Y)	0.10 ~ 0.20	≥345		685 ~ 980	≥20		
		>0.50 ~ 6.0			590 ~ 880	≥20		
B19	软(M)硬(Y)	0.10 ~ 0.50	≥295		590 ~ 880	≥20		
		>0.50 ~ 6.0			490 ~ 780	≥25		

63. 双金属带 (GB/T2073 -1993)

双金属带专供制造各种电器接触材料所用。其主要包括银—纯铜、银—黄铜、银—锡青铜、银—锌白铜双金属带。

牌号	交货状态	基本尺寸(mm)		
		厚度	宽度	长度
Ag2/T2 Ag2/H68	软(M) 半硬(Y_2)	>0.05 ~ 0.20	20 ~ 200	≥5000
Ag2/QSn6.5 ~ 0.1 Ag2/BZn15 ~ 20	硬(Y) 特硬(T)	>0.20 ~ 1.0	20 ~ 200	≥3000

注：1. 双金属带的化学成分应符合 GB/个 5231 -5234 的规定。

2. 双金属带的尺寸规格偏差按 GB/个 2073 -1993 规定。

64. 水箱水室用黄铜板带

（GB/个 2532–1997）

水箱水室用黄铜板带造用于汽车及拖拉机等工业制造水箱水室。

牌号	化学成分（%）							
	铜	铁	铅	锑	铋	磷	锌	杂质总和≤
H68	67.0 ~ 70.0	≤0.10	≤0.03	≤0.005	≤0.002	≤0.01	余量	0.3

基本尺寸（mm）	板材	厚度	0.7 ~ 1.2	板带材杯突值（mm）	厚度	冲头半径	杯突深度≥	
							软（M）	特软（TM）
		宽度	200 ~ 650		0.6 ~ 0.8	10	11.5	12
		长度	600 ~ 1500		>0.8 ~ 1.0	10	11.5	12.5
	带材	厚度	0.6 ~ 1.2		>1.0 ~ 1.2	10	12	13
		宽度	100 ~ 600					

注：板带板软状态的晶粒度为 0.025 ~ 0.065mm，特软状态的晶粒度为 0.035 ~ 0.075mm。

65. 电容器专用黄铜带（YS/T29–1992）

电容器专用黄铜带专用于制造可变电容器。

牌号	化学成分（%）							
	铜	铁	铅	锑	铋	磷	锌	杂质总和
H62	60.5 ~ 63.5	≤0.15	≤0.08	≤0.005	≤0.002	≤0.01	余量	≤0.05

交货状态	抗拉强度 δ_b（MPa）≥	伸长率 $\delta10$（%）≥	带材厚度（mm）				
			0.1 ~ 0.19	>0.19 ~ 0.29	>0.29 ~ 0.40	>0.40 ~ 0.60	>0.60 ~ 1.00
			杯突深度（mm）				
半硬（Y₂）	372	20	40 ~ 6.5	5 ~ 7.5	7 ~ 9.5	8 ~ 9.5	8 ~ 10
硬（Y）	412	10	2 ~ 5	3 ~ 6	5 ~ 7	6 ~ 8	6 ~ 8

注：带材的杯突试验的冲头半径为10mm。

66. 电缆用铜带（GB/T11091-1989）

电缆用铜带专用于制造电缆其交货状态为硬（Y）状。通常以允许偏差分为普通级和较高级两类。

牌号	铜+银含量(%)≥	杂质含量(%)≤									
		砷	锑	铋	铁	铅	锡	镍	锌	硫	磷
T2	99.95	0.0015	0.0015	0.0006	0.0025	0.002	0.001	0.002	0.002	0.0025	0.001

基本尺寸(mm)	厚度	0.10		0.15	0.25
	宽度	≤300			
	长度	280、520、560、630、1040		280、520、560、630	

67. 线铜箔（GB/T11091-1989）

线铜箔用于制作导电及其他零部件。

牌号	化学成分	基本尺寸(mm)			交货状态
		厚度	宽度	长度	
T1 T2 T3	可参见电工用铜线坯相关内容	0.008 ~ 0.020	40 ~ 120	≥5000	硬（Y）
		0.030 ~ 0.050	40 ~ 150	≥5000	硬（Y）、软（M）

68. 气门嘴用铅黄铜管（GB/T8010-1987）

气门嘴用铅黄铜管主要用于橡胶机械工业制造各种轮胎套件的充气气门嘴、其制造方法为控制。

牌号	化学成分(%)							
	铜	铁	铅	锑	铋	磷	锌	杂质总和
HP663-0.1	61.5 ~ 63.5	≤ 0.15	≤0.05 ~ 0.3	≤ 0.005	≤ 0.002	≤ 0.01	余量	≤0.5

状态	基本尺寸(mm)			硬度	
	外径	壁厚	长度	HRB	HBS(d10)
$\frac{1}{2}$ 硬(Y2)	18 ~ 31	6.5 ~ 13	1 000 ~ 4 000	64 ~ 86	110 ~ 165
$\frac{1}{3}$ 硬(Y3)	8 ~ 31	3.0 ~ 13		40 ~ 70 *	70 ~ 125 *

注：1. 管材应进行消除内应力处理。

　　2. 仲裁时硬度值以 HRB 为准。

　　3. *硬度值为外径 18 ~ 31mm 规格的硬度。

69. 铜及铜合金散垫扁管(GB/T8891-2000)

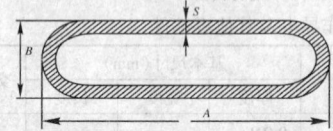

　　铜及铜合金散热扁管主要用于制造汽车、机车、拖拉机的散热器所用,其抗拉强度 σ_b 大于 295MPa,HSn70-1 牌号伸长率 810 大于 35%。

牌号	交货状态	化学成分(%)										
		铜	铁 ≤	铅 ≤	锑 ≤	铋 ≤	磷 ≤	锡	铝	镍	氧	锌	杂质总和 ≤
H96	硬(Y)	95.0 ~ 97.0	0.10	0.03	0.005	0.002	0.01					余量	0.2
H85	半硬(Y2)	84.0 ~ 86.0	0.10	0.03	0.005	0.002	0.01					余量	0.3

续表

牌号	交货状态	化学成分(%)											杂质总和≤
		铜	铁≤	铅≤	锑≤	铋≤	磷	锡	铝	镍	氧	锌	
HSn70-1	软(M)	69.0~71.0	0.01	0.05	0.005	0.002	0.01	0.8~1.3	0.03~0.06			余量	0.3
T2	硬(Y)	铜+银≥99.90	0.005	0.005	0.002	0.001	硫0.005	砷≤0.002	≤0.002	≤0.005	≤0.06	≤0.005	0.1

宽度 A(mm)	高度 B(mm)	壁厚 S (mm)						
		0.20	0.25	0.30	0.40	0.50	0.60	0.70
16	3.7	△	△	△	△	△	△	△
17	3.5	△	△	△	△	△	△	△
17	5.0	—	—	△	△	△	△	△
18	1.9	△	△	△	—	—	—	—
18.5	2.5	△	△	△	△	—	—	—
18.5	3.5	△	△	△	△	△	△	△
19	2.0	△	△	△	—	—	—	—
19	2.2	△	△	△	△	—	—	—
19	2.4	△	△	△	△	—	—	—
19	4.5	△	△	△	△	△	△	△
21	3.0	△	△	△	△	△	△	△
21	4.0	△	△	△	△	△	△	△
21	5.0	—	—	△	△	△	△	△
22	3.0	△	△	△	△	△	△	△
22	6.0	—	—	—	△	△	△	△
25	4.0	—	—	△	△	△	△	△
25	6.0	—	—	—	△	△	△	△

注："△"表示有产品，"—"表示无产品。

70. 拉杆天线套管（YS/T267-1994）

拉杆天线套管专门用于无线电通信拉杆天线,其采用拉制方法制造。

牌号	化学成分（%）							
	铜	铁	铅	锑	铋	磷	锌	杂质总和
H62	60.5 ~ 63.5	≤ 0.15	≤ 0.08	≤ 0.005	≤ 0.002	≤ 0.01	余量	≤0.5

基本尺寸	外径（mm）	壁厚（mm）	长度（m）
	2.8、3、3.2、3.6、4、4.4、5、5.2、6、6.2、7、8、9、10、11、12、13	0.25、0.20	不定尺 0.6~2.0

71. 散热器冷却管专用纯铜带、黄铜带

(GB/T11087—1989)

牌号	化学成分(%)													工艺性能		
	铜+银	铋	锑	铁	铅	锌	砷	镍	锡	硫	氧		杂质总和	状态	冲头半径(mm)	杯突值(mm)
T2	99.9	0.001	0.002	0.005	0.005	0.005	0.002	0.005	0.007	0.005	0.06		0.1	硬(Y)	10	4~6
H90	铜88.0~91.0	0.002	0.005	0.10	0.03	余量				磷0.01			0.2	硬(Y)	10	4.6

牌号	尺寸 厚度(mm)				
	厚度	厚度允许偏差	宽度	宽度允许偏差	长度≥
T2	0.13,0.14, 0.15,0.16	-0.2(普通级) -0.01(较高级)	30~50	-0.20	100000
H90	0.18,0.20	-0.03(普通级) —(较高级)	30~50	-0.20	100000

72. 散热器散热片专用纯铜带、黄铜带

（GB/T2061-1989）

牌号	化学成分（%）												工艺性能		
	铜+银	铋	磷	铁	铅	锌	砷	镍	锡	硫	氧	杂质总和	状态	冲头半径（mm）	杯突值（mm）
T2	99.9	0.001	0.002	0.005	0.005	0.005	0.002	0.005	0.007	0.005	0.06	0.1	硬（Y）	10	4~6
H62	60.5~63.5	0.002	0.005	0.15	0.08	余量				磷 0.01		0.5	硬（Y）／半硬（Y₂）	10	3.5~5.5 ／ 4.5~6.5
H90	铜88.0~91.0	0.002	0.005	0.10	0.03	余量				磷 0.01		0.2	硬（Y）	10	4~6

尺寸规格（mm）	厚度	厚度允许偏差	宽度	宽度允许偏差	长度≥
T2	0.05,0.06 0.07,0.08	-0.01	30~125	-0.20	100000
H62	0.09,0.10 0.12,0.14	-0.20	30~125	-0.20	100000
H90	0.16,0.18 0.20	-0.30	30~125	0.20	6000

73. 气门芯、自行车条母用铜合金线

（GB/T14956—1994）

气门芯、自行车条母用铜合金线专门用于制造气门芯、自行车条母、铆钉、圆珠笔芯等。

牌号	化学成分（%）									规格 φ 直径 (mm)
	铜	铝	铁	铅	锑	铋	磷	锌	杂质总和	
H62	60.5 ~ 63.5	—	≤ 0.15	≤ 0.08	≤ 0.005	≤ 0.002	≤ 0.01	余量	≤ 0.5	1.0 ~ 6.0
HPb62-0.8	60.0 ~ 63.0	≤ 0.2	≤ 0.2	0.5 ~ 1.2	≤ 0.005	≤ 0.002	≤ 0.01	余量	0.75	3.8 ~ 6.0
HPb59-1	57.0 ~ 60.0	≤ 0.2	≤ 0.5	0.08 ~ 1.9	≤ 0.01	≤ 0.003	≤ 0.02	余量	1.00≤	(Y2) 2.0 ~ 6.0 (Y) 2.0 ~ 3.0

力学性能	交货状态		直径（mm）	抗拉强度 σ_b（MPa）	伸长率 δ（%） ($L_0 = 100$mm)
	H62	半硬（Y2）	1.0 ~ 2.0	390 ~ 470	—
		3/4 硬（Y1）	1.0 ~ 2.0	440 ~ 540	—
		软（M）	1.0 ~ 6.0	≥370	≥18
	HPb59-1	半硬（Y2）	2.0 ~ 3.0	390 ~ 590	≥10
			>3.0 ~ 6.0	410 ~ 510	—
		硬（Y）	2.0 ~ 3.0	490 ~ 665	≥5
	HPb62-0.8	半硬（Y2）	3.8 ~ 6.0	390 ~ 540	≥15

74. 滤清器用黄铜线 (YS/T234-1994)

滤清器用黄铜线专门用于滤清器滤带。

牌号	化学成分(%)								规格
	铜	铁	铅	锑	铋	磷	锌	杂质总和	φ 直径(mm)
H65	63.5 ~ 68.5	≤ 0.10	≤ 0.03	≤ 0.005	≤ 0.002	≤ 0.01	余量	0.3 ≤	0.5

力学性能		制造方法	交货状态
抗拉强度 σ_b (MPa)	伸长率 δ (%) ≥($L_0 = 100$mm)		
345	20	拉制	软(M)

注:线卷质量应不小于 0.5kg,较轻线卷应不小于 0.3kg。

75. 铜及铜合金毛细管 (GB/T1531-1994)

铜及铜合金毛细管产品规格为(外径×内径)φ0.5 ~ 3.0×0.3 ~ 2.5mm,有高级、较高级和普通级三个级别,其适用于家用电冰箱、电冰柜、高精度仪器及一般精度仪器,仪表和电子工业等。

牌号	化学成分(%)	交货状态	抗拉强度 σ_b (MPa)	伸长率 δ_{10} (%)
T2、TP1、TP2	按 GB/T5231 相应规定	(软)M	≥205	≥35
		(半硬)Y_2	245 ~ 370	—
		(硬)Y	≥345	—

续表

H96	按 GB/T5232 相应规定	（软）M	≥205	≥35
		（硬）Y	≥295	—
H62、H68		（软）M	≥295	≥35
		（半硬）Y2	≥345	≥30
		（硬）Y	≥390	—
QSn4 ~ 0.3 QSn6.5 ~ 0.1 BZn15 ~ 20	按 GB/T5233 和 5234 相应规定	（软）M	≥325	≥30
		（硬）Y	≥490	—

(1)高级管材的规格尺寸及允许偏差

外径×内径 （mm）	内径系列 （mm）	允许偏差 （mm）
1.70×0.60 ~ 0.70 1.80×0.55 ~ 0.75 1.85×0.60 ~ 0.75 1.90×0.60 ~ 0.80 2.00×0.60 ~ 0.80 2.05×0.85 ~ 0.90 2.20×1.00	0.55　0.60 0.65　0.70 0.75　0.80 0.85　0.90 1.0	外径允许偏差 ±0.03 内径允许偏差 ±0.02

(2) 较高级、普通级管材的规格尺寸及允许偏差

内径 允许偏差

外径公称尺寸 (允许偏差±0.03)	0.3		0.4		0.5		0.6		0.7		0.8	
	较高级	普通级	较高级	普通级	较高级	普通级	较高级	普通级	较高级	普通级	较高级	普通级
0.5	±0.03	±0.05	—	—	—	—	—	—	—	—	—	—
0.6	—	—	±0.03	±0.05	—	—	—	—	—	—	—	—
0.7	—	—	—	—	±0.03	±0.05	—	—	—	—	—	—
0.8	—	—	±0.03	±0.05	±0.03	±0.05	±0.03	±0.05	—	—	—	—
1.0	—	—	±0.04	±0.06	±0.03	±0.05	±0.03	±0.05	±0.03	±0.05	±0.03	±0.05
1.2	—	—	±0.05	±0.08	±0.04	±0.06	±0.04	±0.06	±0.03	±0.05	±0.03	±0.05
1.4	—	—	±0.05	±0.08	±0.05	±0.08	±0.05	±0.08	±0.04	±0.06	±0.04	±0.06
1.5	—	—	—	—	±0.05	±0.08	±0.05	±0.08	±0.05	±0.08	±0.04	±0.06
1.6	—	—	±0.06	±0.10	—	—	±0.05	±0.08	±0.05	±0.08	±0.05	±0.08
1.7	—	—	—	—	±0.06	±0.10	—	—	±0.05	±0.08	±0.05	±0.08
1.8	—	—	±0.06	±0.10	—	—	±0.06	±0.10	—	—	±0.05	±0.08
2.0	—	—	±0.06	±0.10	—	—	±0.06	±0.10	—	—	±0.06	±0.10
2.2	—	—	±0.06	±0.10	—	—	±0.06	±0.10	—	—	±0.06	±0.10
2.4	—	—	—	—	—	—	±0.06	±0.10	—	—	±0.06	±0.10
2.5	—	—	—	—	—	—	—	—	±0.06	±0.10	—	—
2.6	—	—	—	—	—	—	—	—	—	—	±0.06	±0.10
2.8	—	—	—	—	—	—	—	—	—	—	—	—
3.0	—	—	—	—	—	—	—	—	—	—	—	—

续表

外径公称尺寸(允许偏差±0.03)	内径											
	0.9		1.0		1.1		1.2		1.3		1.4	
	较高级	普通级	较高级	普通级	较高级	普通级	较高级	普通级	较高级	普通级	较高级	普通级
	内径允许偏差											
0.5	±0.03	—	—	—	—	—	—	—	—	—	—	—
0.6	±0.04	±0.05	±0.03	—	—	—	—	—	—	—	—	—
0.7	±0.04	±0.06	±0.03	±0.05	—	—	—	—	—	—	—	—
0.8	±0.05	±0.06	±0.04	±0.06	—	—	—	—	—	—	—	—
1.0	0.05	0.08	±0.04	±0.06	—	—	—	—	—	—	—	—
1.2	—	—	±0.05	±0.08	±0.03	±0.05	—	—	—	—	—	—
1.4	—	±0.05	±0.05	±0.08	±0.03	±0.05	±0.03	±0.05	—	—	—	—
1.5	—	±0.06	±0.06	±0.10	±0.04	±0.05	—	—	±0.03	±0.05	—	—
1.6	—	±0.06	±0.06	±0.10	±0.04	±0.06	±0.03	±0.05	—	—	±0.03	±0.05
1.7	—	±0.08	±0.08	±0.10	±0.05	±0.06	±0.03	±0.05	±0.03	±0.05	—	—
1.8	—	0.08	±0.08	±0.10	±0.05	±0.08	±0.04	±0.06	±0.03	±0.05	±0.03	±0.05
2.0	—	—	±0.10	—	±0.05	±0.08	±0.05	±0.06	±0.04	±0.06	±0.04	±0.06
2.2	—	—	±0.10	—	—	—	±0.05	±0.08	±0.05	±0.08	±0.05	±0.08
2.4	—	—	—	—	—	—	±0.06	±0.10	—	—	±0.05	±0.08
2.5	±0.06	±0.10	—	—	±0.06	±0.10	—	—	±0.06	±0.10	—	—
2.6	—	—	—	—	—	—	—	—	—	—	±0.06	±0.10
2.8	—	—	—	—	—	—	—	—	—	—	±0.06	±0.10
3.0	—	—	—	—	—	—	—	—	—	—	±0.06	±0.10

续表

内径 允许偏差

外径公称尺寸 (允许偏差±0.03)	1.5 较高级	1.5 普通级	1.6 较高级	1.6 普通级	1.7 较高级	1.7 普通级	1.8 较高级	1.8 普通级	1.9 较高级	1.9 普通级	2.0 较高级	2.0 普通级
1.7	±0.03	±0.05	—	—	—	—	—	—	—	—	—	—
1.8	—	—	±0.03	±0.05	—	—	—	—	—	—	—	—
2.0	±0.03	±0.05	±0.03	±0.05	±0.03	±0.05	—	—	—	—	—	—
2.2	±0.04	±0.06	±0.04	±0.06	±0.04	±0.06	±0.03	±0.05	—	—	—	—
2.4	±0.05	±0.08	±0.05	±0.08	±0.05	±0.08	±0.04	±0.06	±0.03	±0.05	±0.03	±0.05
2.5	±0.05	±0.08	±0.05	±0.08	±0.06	±0.08	±0.04	±0.06	±0.04	±0.06	±0.03	±0.05
2.6	—	—	±0.06	±0.10	—	—	±0.05	±0.06	±0.04	±0.06	±0.04	±0.06
2.8	—	—	—	—	—	—	±0.05	±0.08	±0.05	±0.08	±0.05	±0.08
3.0	—	—	±0.06	±0.10	—	—	±0.06	±0.10	—	—	±0.05	±0.08

续表

外径公称尺寸允许偏差±0.03	内径 允许偏差									
	2.1		2.2		2.3		2.4		2.5	
	较高级	普通级	较高级	普通级	较高级	普通级	较高级	普通级	较高级	普通级
1.7	—	—	—	—	—	—	—	—	—	—
1.8	—	—	—	—	—	—	—	—	—	—
2.0	—	—	—	—	—	—	—	—	—	—
2.2	—	—	—	—	—	—	—	—	—	—
2.4	—	—	—	—	—	—	—	—	—	—
2.5	±0.03	±0.05	—	—	—	—	—	—	—	—
2.6	±0.03	±0.05	—	—	—	—	—	—	—	—
2.8	±0.04	±0.06	±0.04	±0.06	±0.03	±0.05	—	—	—	—
3.0	±0.05	±0.08	±0.05	±0.08	±0.04	±0.06	±0.04	±0.06	±0.03	±0.05

76. 重熔用电工铝锭（GB12768-1991）

重熔用电工铝锭主要用于制造电线电缆等导电材料。

牌号	化学成分（%）					
	铝 ≥	硅 ≤	铁 ≤	铜 ≤	钒+铬+锰+钛 ≤	杂质总和 ≤
Al99.70E	99.70	0.08	0.20	0.005	0.01	0.30
Al99.65E	99.65	0.10	0.25	0.01	0.01	0.35

注：1. 铝含量为 100% 减杂质总和。

2. 钒、铬、锰、钛不做常规分析，但须保证表中的规定。

3. 铁、硅比不小于 1.3。

铝线锭（GB/T1197-1975）。

铝线锭主要用于制造电缆以及导电材料。

77. 重熔用铝稀土合金锭（YS/T309-1998）

重熔用铝稀土合金锭用于电线电缆生产行业。

牌号	化学成分（%）							
	稀土总量 ΣRE	铝	硅 ≤	铁 ≤	铜 ≤	镓 ≤	镁 ≤	杂质总和 ≤
Al-RE-1	0.05~0.12	余量	0.13	0.20	0.01	0.03	0.03	0.03
Al-RE-2	0.13~0.20	余量	0.13	0.20	0.01	0.03	0.03	0.03
Al-RE-3	0.21~0.30	余量	0.13	0.20	0.01	0.03	0.03	0.03

注：1. 表中稀土总量系指以铈为主的混合轻稀土。

2. 表中未规定的其他单项杂质元素等于或小于 0.01%，应计入杂质总和。

78. 铸造铝合金（GB/T1173-1995）

铸造铝合金铸造性能良好，其品种多，应用范围广泛，选用于气缸体、气缸头、盖、曲轴箱、水泵、传动装置、壳体、支架等，飞轮盖等零部件的制造。

(1) 铸造铝合金的化学成分(%)

| 铸造铝合金 | | 化学成分(%) | | | | | | | |
牌号	代号	硅	铜	镁	锌	锰	钛	其他	铝
ZAlSi7Mg	ZL101	6.5~7.5	—	0.25~0.45				—	余量
ZAlSi7MgA	ZL101A	6.5~7.5	—	0.25~0.45			0.08~0.20	—	余量
ZAlSi12	ZL102	10.0~13.0	—					—	余量
ZAlSi9Mg	ZL104	8.0~10.5	—	0.17~0.35		0.2~0.5		—	余量
ZAlSi5Cu1Mg	ZL105	4.5~5.5	1.0~1.5	0.4~0.6				—	余量
ZAlSi5Cu1MgA	ZL105A	4.5~5.5	1.0~1.5	0.4~0.55				—	余量
ZAlSi8Cu1Mg	ZL106	7.5~8.5	1.0~1.5	0.3~0.5		0.3~0.5	0.10~0.25	—	余量
ZAlSi7Cu4	ZL107	6.5~7.5	3.5~4.5					—	余量
ZAlSi12Cu2Mg1	ZL108	11.0~13.0	1.0~2.0	0.4~1.0		0.3~0.9		—	余量
ZAlSi12Cu1Mg1Ni1	ZL109	11.0~13.0	0.5~1.5	0.8~1.3				镍0.8~1.5	余量
ZAlSi5Cu6Mg	ZL110	4.0~6.0	5.0~8.0	0.2~0.5				—	余量
ZAlSi9Cu2Mg	ZL111	8.0~10.0	1.3~1.8	0.4~0.6		0.10~0.35	0.10~0.35	—	余量
ZAlSi7Mg1A	ZL114A	6.5~7.5	—	0.45~0.60			0.10~0.20	铍0.04~0.07*	余量
ZAlSi5Zn1Mg	ZL115	4.8~6.2		0.4~0.65	1.2~1.8			锑0.10~0.25	余量
ZAlSi8MgBe	ZL116	6.5~8.5		0.35~0.55			0.10~0.30	铍0.15~0.40	余量
ZAlSi5Mn	ZL201		4.5~5.3			0.6~1.0	0.15~0.35		余量
ZAlSi5MnA	ZL201A		4.5~5.3			0.6~1.0	0.15~0.35		余量
ZAlCu4	ZL203		4.0~5.0						余量

续表

| 铸造铝合金 | | 化学成分(%) | | | | | | | |
牌　号	代号	硅	铜	镁	锌	锰	钛	其他	铝
ZAlCu5MnCdA	ZL204A	—	4.6~5.3	—	—	0.6~0.9	0.15~0.35	镉0.15~0.25	余量
ZAlCu5MnCdVA	ZL205A	—	4.6~5.3	—	—	0.3~0.5	0.15~0.35	镉0.15~0.25 钒0.05~0.3 锆0.05~0.2 硼0.005~0.06	余量
ZAlRE5Cu3SiZ2	ZL207	1.6~2.0	3.0~3.4	0.15~0.25	—	0.9~1.2	—	镍0.2~0.3 锆0.15~0.25 RE4.4~5.0 **	余量
ZAlMg10	ZL301	—	—	9.5~11.0	—	—	—	—	余量
ZAlMg5Si1	ZL303	0.8~1.3	—	4.5~5.5	—	0.1~0.4	—	—	余量
ZAlMg8Zn1	ZL305	—	—	7.5~9.0	1.0~1.5	—	0.1~0.2	铍0.03~0.1	余量
ZAlZn11Si7	ZL401	6.0~8.0	—	0.1~0.3	9.0~13.0	—	—	—	余量
ZAlZn6Mg	ZL402	—	—	0.5~0.65	5.0~6.5	—	0.15~0.25	铬0.4~0.6	余量

注: 1. * 在保证合金力学性能前提下,可不加镉。
2. ** 混合稀土合金中各种稀土总量不小于98%,其中含铈(Ce)约45%。
3. 熔模、壳型铸造的化学成分按本表指标检验。

(2) 铸造铝合金杂质含量规定

铸造铝合金 牌号	代号	杂质含量（%）≤ 铁 S	铁 J	硅	铜	镁	锌	锰	钛	锡	铅	钛+锆	铍	镍	杂质总和 S	杂质总和 J
ZAlSi7Mg	ZL101	0.5	0.9	—	0.2	—	0.3	0.35	—	0.01	0.05	0.15	0.1	—	1.1	1.5
ZAlSi7MgA	ZL101A	0.2	0.2	—	0.1	—	0.1	0.1	—	0.01	0.03	—	—	—	0.7	0.7
ZAlSi12	ZL102	0.7	1.0	—	0.3	0.1	0.1	0.5	0.2	—	—	—	—	—	2.0	2.2
ZAlSi9Mg	ZL104	0.6	0.9	—	0.1	—	0.25	—	—	0.01	0.05	0.15	—	—	1.1	1.4
ZAlSi5Cu1Mg	ZL105	0.6	1.0	—	—	—	0.3	0.5	—	0.01	0.05	0.15	0.1	—	1.1	1.4
ZAlSi5Cu1MgA	ZL105A	0.2	0.2	—	—	—	0.1	0.1	—	0.01	0.05	—	—	—	0.5	0.5
ZAlSi8Cu1Mg	ZL106	0.6	0.8	—	—	—	0.2	—	—	0.01	0.05	—	—	—	0.9	1.0
ZAlSi7Cu4	ZL107	0.5	0.6	—	—	0.1	0.3	0.5	—	0.01	0.05	—	—	—	1.0	1.2
ZAlSi12Cu2Mg1	ZL108	—	0.7	—	—	—	0.2	0.2	0.2	0.01	0.05	—	—	—	—	1.2
ZAlSi12Cu1Mg1Ni1	ZL109	—	0.7	—	—	—	0.2	0.2	0.2	0.01	0.05	—	—	0.3	—	1.2
ZAlSi5Cu6Mg	ZL110	—	0.8	—	—	—	0.6	0.5	—	0.01	0.05	—	—	—	—	2.7
ZAlSi9Cu2Mg	ZL111	0.4	0.4	—	—	—	0.1	—	—	0.01	0.05	—	—	—	1.0	1.0
ZAlSi7Mg1A	ZL114A	0.2	0.2	—	—	0.1	—	0.1	0.1	—	0.03	0.2	—	—	1.0	1.0
ZAlSi5Zn1Mg	ZL115	0.3	0.3	—	0.1	—	—	0.1	—	—	0.05	—	—	—	0.75	0.75
ZAlSi8MgBe	ZL116	0.6	0.6	—	0.3	—	0.3	0.1	—	0.01	0.05	0.2	—	—	0.8	1.0
ZAlCu5Mn	ZL201	0.25	0.3	0.3	—	0.05	0.2	—	—	—	—	0.2	—	0.1	1.0	1.0
ZAlCu5MnA	ZL201A	0.15	0.15	0.1	—	0.05	0.1	—	—	—	—	0.15	—	0.05	0.4	—

续表

铸造铝合金		杂质含量 (%) ≤														
牌号	代号	铁		硅	铜	镁	锌	锰	钛	锡	铅	锆	钛+锆	铍	镍	杂质总和	
		S	J													S	J
ZAlCu4	ZL203	0.8	0.8	0.12	—	0.05	0.25	0.1	0.2	0.01	0.05	0.1	—	—	—	2.1	2.1
ZAlCu5MnCdA	ZL204A	0.15	0.15	0.06	—	0.05	0.1	—	—	—	—	0.15	—	—	0.05	0.4	—
ZAlCu5MnCdVA	ZL205A	0.15	0.15	0.06	—	0.05	—	—	—	0.01	—	—	—	—	—	0.3	0.3
ZAlR5Cu3Si2	ZL207	0.6	0.6	—	0.1	—	0.2	—	—	—	—	—	—	—	—	0.8	0.8
ZAlMg10	ZL301	0.3	0.3	0.3	0.1	—	0.15	0.15	0.15	0.01	0.05	0.2	—	0.07	0.05	1.0	1.0
ZAlMg5Si1	ZL303	0.5	0.5	—	0.1	—	0.2	—	—	—	—	—	—	—	—	0.7	0.7
ZAlMg8Zn1	ZL305	0.3	—	0.2	0.1	—	—	0.1	0.2	—	—	—	—	—	—	0.9	—
ZAlZn11Si7	ZL401	0.7	1.2	0.6	0.6	—	—	0.5	—	—	—	—	—	—	—	1.8	2.0
ZAlZn6Mg	ZL402	0.5	0.8	0.3	0.25	—	—	0.1	—	0.01	—	—	—	—	—	1.35	1.65

注: 1. ZAlSi8MgBe 的硼含量应不大于 0.1%。
2. 熔模、壳型铸造的杂质含量按本表砂型(S)指标检验。

(3)铸造铝合金的物理性能

铸造铝合金		铸造方法	合金状态	抗拉强度 σ_b(MPa) ≥	硬度 ≥HSB (5/250/30)	伸长率 δ_5≥ (%)
牌号	代号					
ZAlSi7Mg	ZL101	s、R、J、K				
		s、R、J、K	F	155	50	2
		JB	T2	135		2
					45	
		s、R、K	T4	185	50	4
		J、JB	T4	175	60	4
		S、R、K	T5	205	60	2
		J、JB	T5	195	60	2
		S、R、K	T5	195	70	2
		SB、RB、KB	T6	225	60	1
		SB、RB、KB	T7	195	55	2
		SB、RB、KB	T8	155		3
		SB、RB、KB				
ZAlSi7MgA	ZL101A	S、R、K	T4	195	60	5
		J、JB、	T4	225	60	5
		S、R、K	T5	235	70	4
		SB、RB、KB	T5	235	70	4
		JB、J	T5	265	70	4
		SB、RB、KB	T6	275	80	2
		JB、J	T6	295	80	3
ZAlSi12	ZL102	SB、JB、RB、KB	F	145	50	4
		J	F	155	50	2
		SB、JB、RB、KB	T2	135	50	4
		J	T2	145	50	3

续表

铸造铝合金		铸造方法	合金状态	抗拉强度 σ_b(MPa) ≥	硬度 ≥HSB (5/250/30)	伸长率 δ_5≥ (%)
牌号	代号					
ZAlSi9Mg	ZL104	S、J、R、K	F	145	50	2
		J	T1	195	65	1.5
		SB、RB、KB	T6	225	70	2
		J、JB	T6	235	70	2
ZAlSi5Cu1Mg	ZL105	S、J、R、K	T1	155	65	0.5
		S、R、K	T5	195	70	1
		J	T5	235	70	0.5
		S、R、K	T6	225	70	0.5
		S、J、R、K	T7	175	65	1
ZAlSi5Cu1MgA	ZL105A	SB、B、R	T5	275	80	1
		J、JB	T5	295	80	2
ZAlSi8Cu1Mg	ZL106	SB	F	175	70	1
		JB	T1	195	70	1.5
		SB	T5	235	60	2
		JB	T5	255	70	2
		SB	T6	245	80	1
		JB	T6	265	70	2
		SB	T7	225	60	2
		J	T7	245	60	2
ZAlSi7Cu4	ZL107	SB	F	165	65	2
		SB	T6	245	90	2
		J	F	195	70	2
		J	T6	275	100	2.5
ZAlSi12Cu2Mg1	ZL108	J	T1	195	85	—
		J	T6	255	90	—

续表

铸造铝合金		铸造方法	合金状态	抗拉强度 σ_b(MPa) ≥	硬度 ≥HSB (5/250/30)	伸长率 δ_5≥ (%)
牌号	代号					
ZAlSi12Cu1 Mg1Ni1	ZL109	J	T1	195	90	0.5
		J	T6	245	100	—
ZAlSi5Cu6Mg	ZL110	S	F	125	80	—
		J	F	155	80	—
		S	T1	145	80	—
		J	T1	165	90	—
ZAlSi9Cu2Mg	ZL111	J	F	205	80	1.5
		SB	T6	255	90	1.5
		J、JB	T6	315	100	2
ZAlSi7Mg1A	ZL114A	SB	T5	290	85	2
		J、JB	T5	310	90	3
ZAlSi5Zn1Mn	ZL115	S	T4	225	70	4
		J	T4	275	80	6
		S	T5	275	90	3.5
		J	T5	315	100	4
ZAlSi8MgBe	ZL116	S	T4	255	70	4
		J	T4	275	80	6
		S	T5	295	85	2
		J	T5	335	90	4
ZAlCu5Mn	ZL201	S、J、R、K	T4	295	70	8
		S、J、R、K	T5	335	90	4
		S	T7	315	80	2
ZAlCu5MnA	ZL201A	S、J、R、K	T5	390	100	8

续表

铸造铝合金		铸造方法	合金状态	抗拉强度 σ_b(MPa) $\geqslant$	硬度 $\geqslant$HBS (5/250/30)	伸长率 $\delta_5 \geqslant$ (%)
牌号	代号					
ZAlCu4	ZL203	S、R、K	T4	195	60	6
		J	T4	205	60	6
		S、R、K	T5	215	70	3
		J	T5	225	70	3
ZAlCu5MnCdA	ZL204A	S	T5	440	100	4
ZAlCu5Mn CdVA	ZL205A	S	T5	440	100	7
		S	T6	470	120	3
		S	T7	460	110	2
ZAlRE5Cu3 Si2	ZL207	S	T1	165	75	—
		J	T1	175	75	—
ZAlMg10	ZL301	S、J、R	T4	280	60	10
ZAlMg5Si1	ZL303	S、J、R、K	F	145	55	1
ZAlMg8Zn1	ZL305	S	T4	290	90	8
ZAlZn11Si7	ZL401	S、R、K	T1	195	80	2
		J	T1	245	90	1.5
ZAlZn6Mg	ZL402	J	T1	235	70	4
		T1	T1	215	65	4

注：1. 铸造铝合金铸造方法 及变质处理符号表示意义，即：

　　S—砂型铸造；J—金属型铸造；R—熔模铸造；K—壳型铸造；B—变质处理。

　　2. 铸造铝合金状态代号表示意义，即：

　　F—铸态；T1—人工时效；T2—退火；T4—固溶处理加自然时效；T5—固溶处理加不完全人工时效；T6—固溶处理加完全人工时效；T7—固溶处理加稳定化处理；T8—固溶处理加软化处理。

79. 压铸铝合金 (GB/T15115-1994)

压铸铝合金的强度和硬度较高，其铸件的精度高，且生产的成本较低，广泛地应用于汽车、拖拉机、仪表、航空等工业。如制造水泵、传动装置、壳体、气缸体盖、发动机曲轴箱、化油器壳体等。

| 牌号 | 代号 | 化学成分（%） | | | | | | | | | | | 抗拉强度 σ_b(MPa) ≥ | 伸长率 δ(%) ≥ | 硬度 HSB 5/250/30 ≥ |
		硅	铜	锰	镁	铁	钛	镍	锌	铅	锡	铝			
YZAlSi12	YL102	10.0~13.0	≤0.6	≤0.6	≤0.05	≤1.2	—	—	≤0.3	—	—	余量	220	2	60
YZAlSi10Mg	YL104	8.0~10.5	≤0.3	0.2~0.5	0.17~0.30	≤1.0	—	—	≤0.3	≤0.05	≤0.01	余量	220	2	70
YZAlSi12Cu2	YL108	11.0~13.0	1.0~2.0	0.3~0.9	0.4~1.0	≤1.0	≤0.05	—	≤1.0	≤0.05	≤0.01	余量	240	1	90
YZAlSi9Cu4	YL112	7.5~9.5	3.0~4.0	≤0.5	≤0.3	≤1.2	—	≤0.5	≤1.2	≤0.1	≤0.1	余量	240	1	85
YZAlSi11Cu3	YL113	9.6~12.0	1.5~3.5	≤0.5	≤0.3	≤1.2	≤0.1	≤0.5	≤1.2	≤0.1	≤0.1	余量	230	1	80
YZAlSi17Cu5Mg	YL117	16.0~18.0	4.0~5.0	≤0.5	0.45~0.65	≤1.2	≤0.1	≤0.1	≤1.2	—	—	余量	220	<1	—
YZAlMg5Si1	YL302	0.8~1.3	≤0.1	0.1~0.4	4.5~5.5	≤1.2	≤0.2	—	≤0.2	—	—	余量	220		70

注：铁及有范围的元素为必检元素，其他元素在有要求时抽检。

80. 变形铝合金

变形铝合金是指经不同的加工方法,经过轧制,挤压等工序制成的板,带,棒等不同形体的半成品材料的铝合金。因性能及用途各异,又分为硬铝,防锈铝,超硬铝,锻铝和特殊铝。变形铝广泛地应用于汽车,机械,电气制品中作结构零部件。

变形铝的化学成分(GB/T3190-1996):

续表

| 牌号 | 铝 | 化学成分(%) | | | | | | | | | | 其他 | |
		硅	铁	铜	锰	镁	铬	锌	钛	铅		单个	合计
1A99	99.99	0.003	0.003	0.005	—	—	—	—	—	—	—	0.002	—
1A97	99.97	0.015	0.015	0.005	—	—	—	—	—	—	—	0.005	—
1A95	99.95	0.030	0.030	0.010	—	—	—	—	—	—	—	0.005	—
1A93	99.93	0.040	0.040	0.010	—	—	—	—	—	—	—	0.007	—
1A90	99.90	0.060	0.060	0.010	—	—	—	—	—	—	—	0.01	—
1A85	99.85	0.08	0.10	0.01	—	—	—	—	—	—	—	0.01	—
1A80	99.80	0.15	0.15	0.03	0.02	0.02	—	0.03	0.03	—	钙:0.03;铍:0.05	0.02	—
1A80A	99.80	0.15	0.15	0.03	0.02	0.02	—	0.06	0.02	—	钙:0.03	0.02	—
1070	99.70	0.20	0.25	0.04	0.03	0.03	—	0.04	—	—	钒:0.05	0.03	—
1070A	99.70	0.02	0.25	0.03	0.03	0.03	—	0.07	0.03	—	钒:0.05	0.03	—
1370	99.70	0.10	0.25	0.02	0.02	0.02	0.01	0.04	—	—	钙:0.03;钒+钛: 0.02 硼:0.02	0.02	0.10
1060	99.60	0.25	0.35	0.05	0.03	0.03	—	0.05	0.03	—	钒:0.05	0.03	—
1050	99.50	0.25	0.40	0.05	0.05	0.05	—	0.05	0.05	—	钒:0.05	0.03	—

续表

牌号	化学成分(%)												其他	
	铝	硅	铁	铜	锰	镁	铬	镍	锌	钛	锆		单个	合计
1050A	99.50	0.25	0.40	0.05	0.05	0.05	—	—	0.07	0.05	—	—	0.03	—
1A50	99.50	0.30	0.30	0.01	0.05	0.05	—	—	0.03	—	—	—	0.03	—
1350	99.50	0.10	0.40	0.05	0.01	—	0.01	—	0.05	—	—	铁+硅:0.45;钙:0.03;钒+钛:0.02;硼:0.05	0.03	0.10
1145	99.45	硅+铁	0.55	0.05	0.05	0.05	—	—	0.05	0.03	—	钒:0.05	0.03	—
1035	99.35	0.35	0.6	0.10	0.05	0.05	—	—	0.10	0.03	—	钒:0.05	0.03	—
1A30	99.30	0.10~0.20	0.15~0.30	0.05	0.01	0.01	—	0.10	0.02	0.02	—	—	0.03	—
1100	99.00	硅+铁	0.95	0.05~0.20	0.05	—	—	—	0.10	—	—	①	0.05	0.15
1200	99.00	硅+铁	1.00	0.05	0.05	—	—	—	0.10	0.05	—	—	0.05	0.15
1235	99.35	硅+铁	0.65	0.05	0.05	—	—	0.10	0.06	—	—	钒 0.05	0.03	—
2A01	余量	0.50	0.50	2.2~3.0	0.20	0.20~0.50	—	—	0.10	0.15	—	—	0.05	0.10
2A02	余量	0.30	0.30	2.6~3.2	0.45~0.7	2.0~2.4	—	—	0.10	0.15	—	—	0.05	0.10
2A04	余量	0.30	0.30	3.2~3.7	0.50~0.8	2.1~2.6	—	—	0.10	0.05~0.40	—	铍:0.001~0.01②	0.05	0.10

续表

牌号	铝	硅	铁	铜	锰	镁	铬	镍	锌	钛	锆		其他	
													单个	合计
2A06	余量	0.50	0.50	3.8~4.3	0.50~1.0	1.7~2.3	—	—	0.10	0.03~0.15	—	铍0.001~0.005②	0.05	0.10
2A10	余量	0.25	0.20	3.9~4.5	0.30~0.50	0.15~0.30	—	—	0.10	0.15	—	—	0.05	0.10
2A11	余量	0.7	0.7	3.8~4.8	0.40~0.8	0.40~0.8	—	0.10	0.30	0.15	—	—	0.05	0.10
2B11	余量	0.50	0.50	3.8~4.5	0.40~0.8	0.40~0.8	—	—	0.10	0.15	—	铁+镍:0.7	0.05	0.10
2A12	余量	0.50	0.50	3.8~4.9	0.30~0.9	1.2~1.8	—	0.10	0.30	0.15	—	—	0.05	0.10
2B12	余量	0.50	0.50	3.8~4.5	0.30~0.7	1.2~1.6	—	—	0.10	0.15	—	铁+镍:0.05	0.05	0.10
2A13	余量	0.7	0.6	4.0~5.0	—	0.30~0.50	—	—	0.6	0.15	—	—	0.05	0.10
2A14	余量	0.6~1.2	0.7	3.9~4.8	0.40~1.0	0.40~0.8	—	0.10	0.30	0.15	—	—	0.05	0.10
2A16	余量	0.30	0.30	6.0~7.0	0.40~0.8	0.05	—	—	0.10	0.10~0.20	0.20	—	0.05	0.10
2B16	余量	0.25	030	5.8~6.8	0.20~0.40	0.05	—	—	0.10	0.08~0.20	0.10~0.25	钒0.05~0.15	0.05	0.10

化学成分(%)

续表

牌号	化学成分（%）												其他	
---	铝	硅	铁	铜	锰	镁	铬	镍	锌	钛	锆		单个	合计
2A17	余量	0.30	0.30	6.0~7.0	0.40~0.8	0.25~0.45	—	—	0.10	0.10~0.20	—	—	0.05	0.10
2A20	余量	0.20	0.30	5.8~6.8	—	0.02	—	—	0.10	0.07~0.16	0.10~0.25	钒:0.05~0.15 硼:0.001~0.01	0.05	0.15
2A21	余量	0.20	0.20~0.6	3.0~4.0	0.05	0.8~1.2	—	1.8~2.3	0.20	0.05	—	—	0.05	0.15
2A25	余量	0.06	0.06	3.6~4.2	0.50~0.7	1.0~1.5	—	0.06	—	—	—	—	0.05	0.10
2A49	余量	0.25	0.8~1.2	3.2~3.8	0.30~0.6	1.8~2.2	—	0.8~1.2	—	0.08~0.12	—	—	0.05	0.15
2A50	余量	0.7~1.2	0.7	1.8~2.6	0.40~0.8	0.40~0.8	—	0.10	0.30	0.15	—	铁+镍:0.7	0.05	0.10
2B50	余量	0.7~1.2	0.7	1.8~2.6	0.40~0.8	0.40~0.8	0.01~0.20	0.10	0.30	0.02~0.10	—	铁+镍:0.7	0.05	0.10
2A70	余量	0.35	0.9~1.5	1.9~2.5	0.20	1.4~1.8	—	0.9~1.5	0.30	0.02~0.10	—	—	0.05	0.10
2B70	余量	0.25	0.9~1.4	1.8~2.7	0.20	1.2~1.8	—	0.8~1.4	0.15	0.10	—	铅:0.05;锡:0.05;铋+铅:0.20	0.05	0.15
2A80	余量	0.50~1.2	0.9~1.6	1.9~2.5	0.20	1.4~1.8	—	0.9~1.5	0.30	0.15	—	—	0.05	0.10

续表

牌号	化学成分(%)												其他	
	铝	硅	铁	铜	锰	镁	铬	镍	锌	钛	锆		单个	合计
2A90	余量	0.50~1.0	0.50~1.0	3.5~4.5	0.20	0.40~0.8	—	1.8~2.3	0.30	0.15	—	—	0.05	0.10
2004	余量	0.20	0.20	5.5~6.5	0.10	0.50	—	—	0.10	0.50	0.30~0.50	—	0.05	0.15
2011	余量	0.40	0.7	5.0~6.0	—	—	—	—	0.30	—	—	—	0.05	0.15
2014	余量	0.50~1.2	0.7	3.9~5.0	0.40~1.2	0.20~0.8	0.10	0.10	0.25	0.15	—	铍:0.20~0.6 铋:0.20~0.6	0.05	0.15
2014A	余量	0.50~0.9	0.50	3.9~5.0	0.40~1.2	0.20~0.8	0.10	0.10	0.25	0.15	—	—	0.05	0.15
2214	余量	0.50~1.2	0.30	3.9~5.0	0.40~1.2	0.20~0.8	0.10	—	0.25	0.15	—	钛+锆:0.20	0.05	0.15
2017	余量	0.20~0.8	0.7	3.5~4.5	0.40~1.0	0.10	0.10	0.25	0.15	—	③	0.05	0.15	0.15
2017A	余量	0.20~0.8	0.7	3.5~4.5	0.40~1.0	0.40~1.0	0.10	0.25	—	—	—	③	0.05	0.15
2117	余量	0.8	0.7	2.2~3.0	0.20	0.20~0.50	—	—	0.25	—	—	钛+锆:0.25	0.05	0.15
2218	余量	0.9	1.0	3.5~4.5	0.20	1.2~1.8	—	1.7~2.3	0.25	—	—	—	0.05	0.15

续表

牌号	铝	硅	铁	铜	锰	镁	铬	镍	锌	钛	锆		其他单个	其他合计
						化学成分(%)								
2618	余量	0.10~0.25	0.9~1.3	1.9~2.7	—	1.3~1.8	—	0.9~1.2	0.10	0.04~0.10	—	—	0.05	0.15
2219	余量	0.20	0.30	5.8~6.8	0.20~0.40	0.02	—	—	0.10	0.02~0.10	0.10~0.25	钒:0.05~0.15	0.05	0.15
2024	余量	0.50	0.50	3.8~4.9	0.30~0.9	1.2~1.8	0.10	—	0.25	0.15	—	③	0.05	0.15
2124	余量	0.20	0.30	3.8~4.9	0.30~0.9	1.2~1.8	0.10	—	0.25	0.15	—	③	0.05	0.15
2421	余量	0.6	0.7	0.20	1.0~1.6	0.05	—	—	0.10④	0.15	—	—	0.05	0.10
3003	余量	0.6	0.7	0.05~0.20	1.0~1.5	—	—	—	0.10	—	—	—	0.05	0.15
3103	余量	0.50	0.7	0.10	0.9~1.5	0.30	0.10	—	0.20	—	—	钛+锆:0.10	0.05	0.15
3004	余量	0.30	0.7	0.25	1.0~1.5	0.8~1.3	—	—	0.25	—	—	—	0.05	0.15
3005	余量	0.6	0.7	0.30	1.0~1.5	0.20~0.6	0.10	—	0.25	0.10	—	—	0.05	0.15

续表

牌号	化学成分(%)											其他		
	铝	硅	铁	铜	锰	镁	铬	镍	锌	钛	锆		单个	合计
3105	余量	0.6	0.7	0.30	0.30~0.8	0.20~0.8	0.20	—	0.40	0.10	—	—	0.05	0.15
4A01	余量	4.5~6.0	0.6	0.20	—	—	—	—	锌+镍:0.10	0.15	—	—	0.05	0.15
4A11	余量	11.5~13.5	1.0	0.50~1.3	0.20	0.8~1.3	0.10	0.50~1.3	0.25	0.15	—	—	0.05	0.15
4A13	余量	6.8~8.2	0.50	铜+锌:0.15	0.50	0.05	—	—	—	0.15	—	钙:0.10	0.05	0.15
4A17	余量	11.0~12.5	0.50	铜+锌:0.15	0.50	0.05	—	—	—	0.15	—	钙:0.10	0.05	0.15
4004	余量	9.0~10.5	0.8	0.25	0.10	1.0~2.0	—	—	0.20	—	—	—	0.05	0.15
4032	余量	11.0~13.5	1.0	0.50~1.3	—	0.8~1.3	0.10	0.50~1.3	0.25	—	—	—	0.05	0.15
4043	余量	4.5~6.0	0.8	0.30	0.05	0.05	—	—	0.10	0.20	—	①	0.05	0.15
4043A	余量	4.5~60	0.6	0.30	0.15	0.20	—	—	0.10	0.15	—	①	0.05	0.15
4047	余量	11.0~13.0	0.8	0.30	0.15	0.10	—	—	0.20	—	—	①	0.05	0.15

续表

牌号	铝	硅	铁	铜	锰	镁	铬	镍	锌	钛	锆	其他	其他 单个	其他 合计
4047A	余量	11.0~13.0	0.6	0.30	0.15	0.10	—	—	0.20	0.15	—	①	0.05	0.15
5A01	余量	硅+铁:0.40	—	0.10	0.30~0.7	6.0~7.0	0.10~0.20	—	0.25	0.15	0.10~0.20	—	0.05	0.15
5A02	余量	0.40	0.40	0.10	0.15~0.40	2.0~2.8	—	—	—	0.15	—	硅+铁:0.6	0.05	0.15
5A03	余量	0.50~0.8	0.50	0.10	0.30~0.6	3.2~3.8	—	—	0.20	0.15	—	—	0.05	0.10
5A05	余量	0.50	0.50	0.10	0.30~0.6	4.8~5.5	—	—	0.20	—	—	—	0.05	0.100
5B05	余量	0.40	0.40	0.20	0.20~0.6	4.7~5.7	—	—	—	0.15	—	硅+铁	0.05	0.10
5A06	余量	0.40	0.40	0.10	0.50~0.8	5.8~6.8	—	—	0.20	0.02~0.10	—	铍:0.0001~0.005②	0.05	0.10
5B06	余量	0.40	0.40	0.10	0.50~0.8	5.8~6.8	0.30	—	0.20	0.10~0.15	—	铍:0.0001~0.005②	0.05	0.10
5A12	余量	0.30	0.30	0.05	0.40~0.8	8.3~9.6	—	0.10	0.20	0.05~0.15	—	铍:0.005 锑:0.004~0.05	0.05	0.10
5A13	余量	0.30	0.30	0.05	0.40~0.8	9.2~10.5	—	0.10	0.20	0.05~0.15	—	铍:0.005 锑:0.004~0.05	0.05	0.10

化学成分(%)

续表

化学成分（%）

牌号	铝	硅	铁	铜	锰	镁	铬	镍	锌	钛	锆	其他元素	其他 单个	其他 合计
5A30	余量	硅+铁	0.40	0.10	0.50~1.0	4.7~5.5	—	—	0.25	0.03~0.15	—	铜 0.05~0.20	0.05	0.10
5A33	余量	0.35	0.35	0.10	0.10	6.0~7.5	—	—	0.50~1.5	0.05~0.15	0.10~0.30	铍:0.0005~0.005②	0.005	0.10
5A41	余量	0.40	0.40	0.10	0.30~0.6	6.0~7.0	—	—	0.20	0.02~0.10	—	—	0.05	0.15
5A43	余量	0.40	0.40	0.10	0.15~0.40	0.6~1.4	—	—	—	0.15	—	—	0.05	0.15
5A66	余量	0.005	0.01	0.005	—	1.5~2.0	—	—	—	—	—	—	0.005	0.01
5005	余量	0.30	0.7	0.20	0.20	0.50~1.1	0.10	—	0.25	—	—	—	0.05	0.15
5019	余量	0.40	0.50	0.10	0.10~4.5~5.6	4.5~5.6	0.20	—	0.20	0.20	—	锰+铜:0.10~0.6	0.05	0.15
5050	余量	0.40	0.7	0.20	0.10	1.1~1.8	0.10	—	0.25	—	—	—	0.05	0.15
5251	余量	0.40	0.50	0.15	0.10~0.50	1.7~2.4	0.15	—	0.15	0.15	—	—	0.05	0.15
5052	余量	0.25	0.40	0.10	0.10	2.2~2.8	0.15~0.35	—	0.10	—	—	—	0.05	0.15

续表

牌号	化学成分(%)												其他	
	铝	硅	铁	铜	锰	镁	铬	镍	锌	钛	锆		单个	合计
5154	余量	0.25	0.40	0.10	0.10	3.1~3.9	0.15~0.35	—	—	0.20	0.20	—	①	0.05	0.15
5154A	余量	0.50	0.50	0.10	0.50	3.1~3.9	0.25	—	—	0.20	0.20	—	锰+铜:①0.10~0.50	0.05	0.15
5454	余量	0.25	0.40	0.10	0.50~1.0	2.4~3.0	0.05~0.20	—	—	0.25	0.20	—	—	0.05	0.15
5554	余量	0.25	0.40	0.10	0.50~1.0	2.4~3.0	0.05~0.20	—	—	0.25	0.05~0.20	—	①	0.05	0.15
5754	余量	0.40	0.40	0.10	0.50	2.6~3.6	0.30	—	—	0.20	0.15	—	锰+铜:0.10~0.6	0.05	0.15
5056	余量	0.30	0.40	0.10	0.05~0.20	4.5~5.6	0.05~0.20	—	—	0.10	—	—	—	0.05	0.15
5256	余量	0.25	0.40	0.10	0.05~0.20	4.5~5.5	0.05~0.20	—	—	0.10	0.05~0.20	—	①	0.05	0.15
5456	余量	0.25	0.40	0.10	0.50~1.0	4.7~5.5	0.05~0.20	—	—	0.25	0.20	—	—	0.05	0.15
5082	余量	0.20	0.35	0.15	0.15	4.0~5.0	0.15	—	—	0.25	0.10	—	—	0.05	0.15
5182	余量	0.20	0.35	0.15	0.20~0.50	4.0~5.0	0.10	—	—	0.25	0.10	—	—	0.05	0.15

续表

牌号	化学成分(%)												其他	
	铝	硅	铁	铜	锰	镁	铬	镍	锌	钛	锆		单个	合计
5083	余量	0.40	0.40	0.10	0.40~1.0	4.0~4.9	0.05~0.25	—	0.25	0.15	—	—	0.05	0.15
5183	余量	0.40	0.40	0.10	0.50~1.0	4.3~5.2	0.05~0.25	—	0.25	0.15	—	①	0.05	0.15
5086	余量	0.40	0.50	0.10	0.20~0.7	3.5~4.5	0.05~0.25	—	0.25	0.15	—	—	0.05	0.15
6A02	余量	0.50~1.2	0.50	0.20~0.6	或铬 0.15~0.35	0.45~0.9	—	—	0.20	0.15	—	—	0.05	0.10
6B02	余量	0.7~1.1	0.40	0.10~0.40	0.10~0.30	0.40~0.8	—	—	0.15	0.01~0.04	—	—	0.05	0.10
6A51	余量	0.50~0.7	0.50	0.15~0.35	—	0.45~0.6	—	—	0.25	0.01~0.04	—	锡:0.15~0.35	0.05	0.15
6101	余量	0.30~0.7	0.50	0.10	0.03	0.35~0.8	0.03	—	0.10	—	—	硼:0.06	0.03	0.10
6101A	余量	0.30~0.7	0.40	0.05	—	0.40~0.9	—	—	—	—	—	—	0.03	0.10
6005	余量	0.6~0.9	0.35	0.10	0.10	0.40~0.6	0.10	—	0.10	0.10	—	—	0.05	0.15
6005A	余量	0.50~0.9	0.35	0.30	0.50	0.40~0.7	0.30	—	0.20	0.10	—	锰+铜: 0.12~0.50	0.05	0.15

续表

牌号	铝	硅	铁	铜	锰	镁	铬	镍	锌	钛	锆		其他 单个	其他 合计
6351	余量	0.7~1.3	0.50	0.10	0.40~0.8	0.40~0.8	—	—	0.20	0.20	—	—	0.05	0.15
6060	余量	0.30~0.6	0.10~0.30	0.10	0.10	0.35~0.6	0.05	—	0.15	0.10	—	—	0.05	0.15
6061	余量	0.40~0.8	0.7	0.15~0.40	0.15	0.8~1.2	0.04~0.35	—	0.25	0.15	—	—	0.05	0.15
6063	余量	0.20~0.6	0.35	0.10	0.10	0.45~0.9	0.10	—	0.10	0.10	—	—	0.05	0.15
6063A	余量	0.30~0.6	0.15~0.35	0.10	0.15	0.6~0.9	0.05	—	0.15	0.10	—	—	0.05	0.15
6070	余量	1.0~1.7	0.50	0.15~0.40	0.40~1.0	0.50~1.2	0.10	—	0.25	0.15	—	—	0.05	0.15
6181	余量	0.8~1.2	0.45	0.10	0.15	0.6~1.0	0.10	—	0.20	0.10	—	—	0.05	0.15
6082	余量	0.7~1.3	0.50	0.10	0.40~1.0	0.6~1.2	0.25	—	0.20	0.10	—	—	0.05	0.15
7A01	余量	0.30	0.30	0.01	—	—	—	—	0.9~1.3	—	—	硅+铁:0.45	0.03	—
7A03	余量	0.20	0.20	1.8~2.4	0.10	1.2~1.6	0.05	—	6.0~6.7	0.02~0.08	—	—	0.05	0.10

续表

牌号	化学成分（%）												其他	
	铝	硅	铁	铜	锰	镁	铬	镍	锌	钛	锆		单个	合计
7A04	余量	0.50	0.50	1.4~2.0	0.20~0.6	1.8~2.8	0.10~0.25	—	5.0~7.0	0.10	—	—	0.05	0.10
7A05	余量	0.25	0.25	0.50~1.0	0.15~0.40	1.1~1.7	0.05~0.15	—	4.4~5.0	0.02~0.06	0.10~0.25	—	0.05	0.15
7A09	余量	0.50	0.50	1.2~2.0	0.15	2.0~3.0	0.16~0.30	—	5.1~6.1	0.10	—	—	0.05	0.10
7A10	余量	0.30	0.30	0.50~1.0	0.20~0.35	3.0~4.0	0.10~0.20	—	3.2~4.2	0.10	—	—	0.05	0.10
7A15	余量	0.50	0.50	0.50~1.0	0.10~0.40	2.4~3.0	0.10~0.30	—	4.4~5.4	0.05~0.15	—	铍:0.005~0.01	0.05	0.15
7A19	余量	0.30	0.40	0.08~0.30	0.30~0.50	1.3~1.9	0.10~0.20	—	4.5~5.3	—	0.08~0.20	铍:② 0.0001~0.004	0.05	0.15
7A31	余量	0.30	0.6	0.10~0.40	0.20~0.40	2.5~3.3	0.10~0.20	—	3.6~4.5	0.02~0.10	0.08~0.25	铍:② 0.0001~0.001	0.05	0.15
7A33	余量	0.25	0.30	0.25~0.55	0.05	2.2~2.7	0.10~0.20	—	4.6~5.4	0.05	—	—	0.05	0.10
7A52	余量	0.25	0.30	0.05~0.20	0.20~0.50	2.0~2.8	0.15~0.25	—	4.0~4.8	0.05~0.18	0.05~0.15	—	0.05	0.15
70B	余量	0.30	0.35	0.20	0.30	0.50~1.0	0.20	—	5.0~6.5	0.20	0.05~0.25	—	0.05	0.15

续表

牌号	铝	硅	铁	铜	锰	镁	铬	镍	锌	钛	锆		其他	
													单个	合计
7005	余量	0.35	0.40	0.10	0.20~0.7	1.0~1.8	0.06~0.20	—	4.0~5.0	0.01~0.06	0.08~0.20	—	0.05	0.15
7020	余量	0.35	0.40	0.20	0.05~0.50	1.0~1.4	0.10~0.35	—	4.0~5.0	—	0.08~0.30	锆+钛:0.08~0.25	0.05	0.15
7022	余量	0.50	0.50	0.50~1.0	0.10~0.40	2.6~3.7	0.10~0.35	—	4.3~5.2	—	—	锆+钛:0.20	0.05	0.15
7050	余量	0.12	0.15	2.0~2.6	0.10	1.9~2.6	0.04	—	5.7~6.7	0.06	0.08~0.15	—	0.05	0.15
7075	余量	0.40	0.50	1.2~2.0	0.30	2.1~2.9	0.18~0.28	—	5.1~6.1	0.20	—	⑤	0.05	0.15
7475	余量	0.10	0.12	1.2~1.9	0.06	1.9~2.6	0.18~0.25	—	5.2~6.2	0.06	—	—	0.05	0.15
8A06	余量	0.55	0.50	0.10	0.10	0.10	—	—	—	—	—	铁+硅:1.0	0.05	0.15
8011	余量	0.50~0.9	0.6~1.0	0.10	0.20	0.05	0.05	—	0.10	0.08	—	—	0.05	0.15

化学成分(%)

续表

牌号	化学成分(%)												
	铝	硅	铁	铜	锰	镁	铬	镍	锌	钛	锆	其他	
												单个	合计
800	余量	0.20	0.30	1.0~1.6	0.10	0.6~1.3	0.10	—	0.25	0.10	0.04~0.16	锂:2.2~2.7 / 0.05	0.15

注：1. 当铝含量大于等于99.90时，应由计算确定（即由100.00%减去所有含量不小于0.010%的元素总和的差值而得，求和前各元素数值要表示0.0xx%，求和后将总和修约到0.0x%）。

2. 表中含量有上下限者为合金元素，含量为单个数值者，铝为最低限，杂质元素为最高限。"其他"一栏中未列出或未规定数值的，应为金属元素。

3. 化学成分分析报告给出的元素的位数，应与表中规定的相应的位数一致。

①用于电焊条和堆焊时，铍含量≤0.0008%。

②铍含量按规定量加入，可不作分析。

③仪在供需双方商定时，对挤压和锻造产品限定钛含量≤0.20%。

④作铆钉线材的3A21合金的铍含量≤0.03%。

⑤仪在供需双方商定时，对挤压和锻造产品限定钛+锆含量≤0.25%。

81. 变形铝及铝合金的新旧牌号对照

牌号		牌号	
新	旧	新	旧
1A99	原 LG5	2A12	原 LY12
1A97	原 LG4	2B12	原 LY9
1A95		2A13	原 LY13
1A93	原 LG3	2A14	原 LD10
1A90	原 LG2	2A16	原 LY16
1A85	原 LG1	2B16	曾用 LY16-1
1080		2A17	原 LY17
1080A		2A20	曾用 LY20
1070		2A21	曾用 214
1070A	代 L1	2A25	曾用 225
1370		2A49	曾用 149
1060	代 L2	2A50	原 LD5
1050		2B50	原 LD6
1050A	代 L3	2A70	原 LD7
1A50	原 LB2	2B70	曾用 LD7-1
1350		2A80	原 LD8
1145		2A90	原 LD9
1035	代 L4	2004	
		2011	
1A30	原 L4-1	2014	
1100	原 L5-1	2014A	
1200	代 L5	2214	
1235		2017	
2A01	原 LY1	2017A	
2A02	原 LY2	2117	

续表

牌号		牌号	
新	旧	新	旧
2A04	原 LY4	2218	
2A06	原 LY6	2618	
2A10	原 LY10	2219	曾用 LY19、147
2A11	原 LY11	2024	
2B11	原 LY8	2124	
3A21	原 LF21	5A66	原 LT66
3003		5005	
3103		5019	
3004		5050	
3005		5251	
3105		5052	
4A01	原 LT1	5154	
4A11	原 LD11	5154A	
4A13	原 LT13	5454	
4A17	原 LT17	5554	
4004		5754	
4032		5056	原 LF5-1
4043		5356	
4043A		5456	
4047		5082	
4047A		5182	
5A01	曾用 2101、LF15	5083	原 LF4
5A02	原 LF2	5183	

续表

牌号		牌号	
新	旧	新	旧
5A03	原 LF3	5086	
5A05	原 LF5	6A20	原 LD2
5B05	原 LF10	6B02	原 LD2-1
5A06	原 LF6	6A51	曾用 651
5B06	原 LF14	6101	
5A12	原 LF12	6101A	
5A13	原 LF13	6005	
5A30	曾用 2103、LF16	6005A	
5A33	原 LF33	6351	
5A41	原 LT41	6060	
5A43	原 LF43	6061	原 LD30
6063	原 LD31	7A31	曾用 183-1
6063A		7A33	曾用 LB733
6070	原 LD31	7A52	曾用 LC52、5210
6181		7003	原 LC12
6082		7005	
7A01	原 LB1	7020	
7A03	原 LC3	7022	
7A04	原 LC4	7050	
7A05	曾用 705	7075	
7A09	原 LC9	7475	
7A10	原 LC10	8A06	原 L6
7A15	曾用 LC15、157	8011	曾用 LT98
7A19	曾用 919、LC19	8090	

注:表中"原"是指化学成分与新牌号等同,"代"是指与新牌号的化学成分相近似,
　　且都符合 GB/T3190 规定的旧牌号。"曾用"是指已经鉴定,工业生产时曾经用
　　过的牌号,但没有收入 GB/T3190 中。

82. 铝锡 20 铜—钢双金属板(YS/T289-1994)

　　铝锡 20 铜—钢双金属板适用于中等负荷,中等速度的汽油机、柴油
机及内燃机车的轴瓦。

牌号	化学成分(%)							
	铝	锡	铜	铁≤	硅≤	锰≤	铁硅锰≤	其他杂质总和≤
AlSn20Cu	余量	17.5~22.5	0.7~1.3	0.7	0.7	0.1	1.02	0.5

	总厚度	铝合金厚度	钢背厚度		宽度	长度	硬度 HBS
			普通级	较高级			
基本尺寸(mm)	>20~2.4	0.8	±0.10	+0.10 −0.07	25~130	70~400	铝锡 20 铜合金普通级 25~35,较高级 30~40;钢背普通级 160~220 较高级 160~200
	>2.4~3.0	0.9	+0.13 −0.10	±0.10			
	>3.0~3.9	1.0	+0.20 −0.10	±0.16 −0.10			
	>3.9~6.0	1.1	+0.25 −0.10	+0.20 −0.13			
	>6.0~8.9	1.2	±0.20	+0.2 −0.16			
	>8.9~11.0	1.3	+0.25 −0.10	±0.20			

83. 导电用铝线（GB/T3195–1997）

导电用铝线用于导电,其直径规格 $\phi0.80 \sim 5.00$mm。

牌号	化学成分（%）								
	硅	铁	铜	锰	镁	锌	铁+硅	其他（单个）	铝
1A50	0.30	0.30	0.01	0.05	0.05	0.03	0.45	0.03	99.50

状态	直径	力学性能 ≥	
		抗拉强度 σb（MPa）	伸长率 δ（%）
H19	>0.80 ~ 1.00	162	1.0
	>1.00 ~ 1.50	157	1.2
	>1.50 ~ 2.00	157	1.5
	>2.00 ~ 3.00	157	1.5
	>3.00 ~ 4.00	137	1.5
	>4.00 ~ 4.50	137	2.0
	>4.50 ~ 5.00	137	2.0
O	>0.80 ~ 1.00	74	10
	>1.00 ~ 1.50	74	12
	>1.5 ~ 2.00	74	12
	>2.00 ~ 3.00	74	15
	>3.00 ~ 4.00	74	18
	>4.00 ~ 4.50	74	18
	>4.50 ~ 5.00	74	18

84. 电工圆铝线

（GB/T3955–1983）

电工圆铝线用于制造电缆、电线、电动机及电器等，其直径规格 $\phi0.3$ ～10.0mm。

类别名称	牌号	直径 ϕ(mm)	状态	抗拉强度 σ_b(MPa) 最大	最小	断裂伸长率 (%)≥	电阻率 ($\rho_{20} \leq$) (Ω·m)
软圆铝线	LR	0.3～1.0	0	—	98	15	0.028
		1.01～10.0		—	98	20	0.028
H4 状态硬圆铝线	LY4	0.3～6.0	H4	95	125	—	0.028 264
H6 状态硬圆铝线	LY6	0.3～6.0	H6	125	165		0.028 264
		6.01～10.0		125	165	3	
H8 状态硬圆铝线	LY8	0.3～5.0	H8	160	205	—	0.028 264
H9 状态圆铝线	LY9	1.25	H9	200		—	0.028 264
		1.26～1.50		193			
		1.51～1.75		188			
		1.76～2.00		184			
		2.01～2.25		180			
		2.26～2.50		176			
		2.51～2.75		173			
		2.76～3.00		169			
		3.01～3.25		166			
		3.26～3.50		164			
		3.51～3.75		162			
		3.76～4.25		160			
		4.26～5.00		159			

85. 铸造锌合金锭

(GB/T8738-1988)

铸造锌合金锭可用于铸造汽车零件外壳、机床、水泵等轴承及其他模铸件。

牌号	化学成分								
	铝	铜	镁	锌	铁≤	铅≤	镉≤	锡≤	硅≤
ZZnAlD4A	3.9 ~ 4.3	≤0.03	0.03 ~ 0.06	余量	0.03	0.003	0.003	0.001	—
ZZnAlD4	3.9 ~ 4.3	≤0.03	0.03 ~ 0.06	余量	0.1	0.005	0.003	0.002	—
ZZnAlD40.1	3.5 ~ 4.3	0.10 ~ 0.15	0.05 ~ 0.1	余量	0.1	0.005	0.003	0.003	—
ZZnAlD40.5	3.5 ~ 4.3	0.5 ~ 0.9	0.08 ~ 0.15	余量	0.1	0.015	0.01	0.005	—
ZZnAlD91.5	9.0 ~ 11.0	1.0 ~ 2.0	0.03 ~ 0.06	余量	0.1	0.02	0.015	0.01	0.03
ZZnAlD10 1	9.0 ~ 11.0	0.6 ~ 1.0	0.02 ~ 0.05	余量	0.1	0.03	0.02	0.01	—
ZZnAlD10 2	9.0 ~ 12.0	1.5 ~ 2.5	0.03 ~ 0.06	余量	0.1	0.03	0.02	0.01	—
ZZnAlD10 5	9.0 ~ 12.0	4.0 ~ 5.5	0.03 ~ 0.06	余量	0.1	0.03	0.02	0.01	0.03
ZZnAlD11 1	10.5 ~ 11.5	0.5 ~ 1.25	0.015 ~ 0.03	余量	0.075	0.004	0.003	0.002	—

基本尺寸 (mm)	长度×宽度×厚度
	250±5×54±2×30±2
	450±15×90±10×80±10

86. 电池锌板（GB/T1978-1988）

电池锌板专门用于制造锌—锰干电池的负极。

牌号	化学成分（%）							杯突试验深度（mm）
	锌	铁	镉	铅	铜	锡	总和≤	
XD1	余量	≤ 0.011	0.2 ~ 0.35	0.30 ~ 0.50	≤ 0.002	≤ 0.002	0.2	4.5 ~ 9
XD2	余量	0.008 ~ 0.015	0.03 ~ 0.06	0.35 ~ 0.80	≤ 0.002	≤ 0.003	0.025	≥5

	厚度及允许偏差（mm）		宽度及允许偏差（mm）		长度及允许偏差（mm）	
	厚度	偏差	宽度	偏差	长度	偏差
基本尺寸（mm）	0.25	+0.02 -0.01	100 ~ 160	+1	750 ~ 1200	+5
	0.28 0.30 0.35	±0.02				
	0.40 0.45 0.50 0.60	+0.02 -0.03	160 ~ 510	+3		

注：1. 表中未列入的金属元素包括在总和中。

　　2. 锌板杯突试验的板厚为 0.25 ~ 0.35mm。

　　3. 各种厚度锌板可成卷供应。

87. 铅锭（GB/T469-1995）

铅锭为长方梯形，平底或底部有槽沟，两端有突出耳部。其主要用于蓄电池、电缆、压延品等。

牌号	化学成分(%)										
	铅≥	铁≤	锌≤	锡≤	锑≤	砷≤	铋≤	铜≤	银≤	杂质	总和≤
Pb99.994	99.994	0.0005	0.0005	0.001	0.001	0.0005	0.003	0.001	0.0005		0.006
Pb99.99	99.99	0.001	0.001	0.001	0.001	0.001	0.005	0.0015	0.001		0.01
Pb99.96	99.96	0.002	0.001	0.002	0.005	0.002	0.03	0.002	0.0015		0.04
Pb99.90	99.90	0.002	0.002	0.005	0.05	0.01	0.03	0.01	0.002		0.10
常用铅锭重量(kg)			24±2		42±2		48±2				

88. 熔丝（GB3132-1982）

熔丝适用于交流 50Hz、60Hz、电压 500V 以下或直流 400V 以下的各种熔断器内作熔断体。

(1) 熔丝的化学成分及供应状态

产品规格(A)	化学成分(%)		杂质总和(%) ≤
	锑	铅	
0.25 ~ 1.10	1.5 ~ 3.0	余量	0.5
1.25 ~ 2.50	0.3 ~ 1.5	≥98	1.5

	规　格/A	每卷质量/kg
供应状态	0.25(圆形)	0.125
	0.50 ~ 1.05(圆形)	0.250
	1.10 ~ 70.00(圆形)	0.500
	5.0 ~ 250.0(扁形)	1.000

（2）圆形熔丝的安全电流及特性

安全电流（A）	直径近似值（mm）	熔　断　电　流				额　定　电　流			
		倍数	A	时间（min）	结果	倍数	A	时间（min）	结果
0.25	0.08		0.5				0.36		
0.50	0.15		1.0				0.73		
0.75	0.20		1.5				1.09		
0.80	0.22		1.6				1.16		
0.90	0.25		1.8				1.31		
1.00	0.28		2.0				1.45		
1.05	0.29		2.1				1.52		
1.10	0.32		2.2				1.60		
1.25	0.35		2.5				1.81		
1.35	0.36		2.7				1.96		
1.50	0.40		3.0				2.18		
1.85	0.46		3.7				2.68		
2.00	0.52		4.0				2.90		
2.25	0.54		4.5				3.26		
2.50	0.60		5.0				3.63		
3.00	0.71		6.0				4.35		
3.75	0.81	2	7.5	1	熔断	0.725	5.44	5	不熔断
5.00	0.98		10.0				7.25		
6.00	1.02		12.0				8.70		
7.50	1.25		15.0				10.88		
10.00	1.51		20.0				14.50		
11.00	1.67		22.0				15.95		
12.50	1.75		25.0				18.13		
15.00	1.98		30.0				21.75		
20.00	2.40		40.0				29.00		
25.00	2.78		50.0				36.25		
27.50	2.95		55.0				39.88		
30.00	3.14		60.0				43.50		
40.00	3.81		80.0				58.00		
45.00	4.12		90.0				62.25		
50.00	4.44		100.0				72.50		
60.00	4.91		120.0				87.00		
70.00	5.24		140.0				101.50		

注：表中直径供选用参考，不作考核依据。

(3)扁形熔丝安全电流及特性

安全电流 (A)	面积 近似值 (mm²)	熔 断 电 流				额 定 电 流			
		倍数	A	时间 (min)	结果	倍数	A	时间 (min)	结果
5.0	0.75		10				7.25		
7.5	1.23		15				10.88		
10.0	1.79		20				14.50		
12.5	2.41		25				18.13		
15.0	3.08		30				21.75		
20.0	4.52		40				29.00		
25.0	6.07		50				36.25		
30.0	7.71		60				43.50		
35.0	9.51		70				50.75		
37.5	—		75				54.38		
40.0	11.40	2	80	1	熔断	0.725	58.00	5	不熔断
45.0	13.30		90				62.25		
50.0	15.28		100				72.50		
60.0	—		120				87.00		
75.0	26.33		150				108.75		
100.0	38.60		200				145.00		
125.0	52.04		250				181.25		
150.0	—		300				217.50		
200.0	—		400				290.00		
250.0	—		500				362.50		

注:1. 熔丝工作环境条件为-40~+60℃。

2. 熔丝安全电流试验应在周围介质温度不高于+40℃,不低于-20℃和周围介质无爆炸危险及腐蚀性的条件下进行。

3. 熔丝缠绕成卷30~70A不允许有弯头和接头。20~30A不允许有弯头。

（4）熔丝常用规格

熔丝直径 （mm）	安全电流 （A）	丝　号 近似 SWC	每卷长度 ≈（m）
0.08	0.25	#44	2183
0.15	0.5	#38	1241
0.20	0.75	#36	698
0.22	0.8	#35	577
0.25	0.9	#33	447
0.28	1.0	#32	356
0.29	1.05	#31	331
0.32	1.1	#30	546
0.35	1.25	#29	456
0.36	1.35	#28	431
0.40	1.5	#27	349
0.46	1.85	#26	264
0.52	2	#25	206.6
0.54	2.25	#24	191.6
0.60	2.5	#23	155
0.71	3	#22	111
0.81	3.75	#21	85.2
0.98	5	#20	58.2
1.02	6	#19	54
1.25	7.5	#18	36
1.25	7.5	#18	24.5
1.67	11	#16	20
1.75	12	#15	18.2
1.98	15	#14	14.2
2.40	20	#13	9.7
2.78	25	#12	7.2
2.95	27.5	#11	6.4
3.14	30	#10	5.6
3.81	40	#9	3.8
4.12	45	#8	3.3
4.44	50	#7	2.8
4.91	60	#6	2.3
5.24	70	#4	2

89. 换热器及冷凝器用钛及钛合金管

（GB/T3625-1995）

换热器及冷凝器用钛及钛合金管主要用于制作换热器,冷凝器及压力容器等。

（1）换热器及冷凝器用钛及钛合金管的化学成分和力学性能

牌号	化学成分（%）										
	钛	锰	铅	镍	铁≤	碳≤	氮≤	氢≤	氧≤	其他元素	
										单一	总和
TA0	余量				0.15	0.10	0.03	0.015	0.15	0.1	0.4
TA1	余量				0.25	0.10	0.03	0.015	0.20	0.1	0.4
TA2	余量				0.30	0.10	0.05	0.015	0.25	0.1	0.4
TA9	余量		0.12~0.25		0.25	0.10	0.03	0.015	0.20	0.1	0.4
TA10	余量	0.2~0.4		0.6~0.9	0.30	0.08	0.03	0.015	0.25	0.1	0.4

	牌号	抗拉强度 σ_b（MPa）	规定残余伸长应力 $\sigma_{0.2}$（MPa）	伸长率 δ（%）$L_0=50mm$
力学性能	TA0	280~420	≥170	≥24
	TA1	370~530	≥250	≥20
	TA2	440~620	≥320	≥18
	TA9	370~530	≥250	≥20
	TA10	≥440	—	≥18

注：1. 化学成分允许偏差应符合 GB/T3620.2 的规定。
2. 规定残余伸长应力 $\sigma_{0.2}$ 在需方要求并在合同协议中注明时方预测试。

（2）换热器及冷凝器用钛及钛合金管的基本尺寸规格

牌号 （供应状态）	制造 方法	外径（mm）	壁　厚（mm）											
			0.5	0.6	0.8	1.0	1.25	1.5	2.0	2.5	3.0	3.5	4.0	4.5
TA0 TA1 TA2 TA9 TA10 （退火状态 〈M〉）	冷轧 （冷拔）	10～15	△	△	△	△	△	△	△	—	—	—	—	—
		>15～20	—	△	△	△	△	△	△	△	—	—	—	—
		>20～30	—	—	△	△	△	△	△	△	△	—	—	—
		>30～40	—	—	—	△	△	△	△	△	△	—	—	—
		>40～50	—	—	—	—	△	△	△	△	△	△	—	—
		>50～60	—	—	—	—	—	△	△	△	△	△	△	—
		>60～80	—	—	—	—	—	—	△	△	△	△	△	△
	焊接	16	△	△	△	△	△	△	△	—	—	—	—	—
		19	△	△	△	△	△	△	△	—	—	—	—	—
		25、27	△	△	△	△	△	△	△	—	—	—	—	—
		31、32、33	△	△	△	△	△	△	△	—	—	—	—	—
	焊接	38	△	△	△	△	△	△	△	—	—	—	—	—
		50	△	△	△	△	△	△	△	—	—	—	—	—
		63	△	△	△	△	△	△	△	—	—	—	—	—
	焊接	6～10	△	△	△	△	△	△	△	—	—	—	—	—
		>10～15	△	△	△	△	△	△	△	—	—	—	—	—
	轧制	>15～20	△	△	△	△	△	△	△	—	—	—	—	—
		>20～25	△	△	△	△	△	△	△	—	—	—	—	—
		>25～30	△	△	△	△	△	△	△	—	—	—	—	—

注：表中"△"表示常有规格。

90.　磁头用工业纯钛箔

（YS/T410-1998）

磁头用工业纯钛箔用于录音机、录像机、密码磁卡机等磁头。

牌号	供应状态	化学成分(%)							
		钛	铁≤	碳≤	氮≤	氢≤	氧≤	其他≤	
								单一	总和
TA1	退火(M)	余量	0.25	0.10	0.03	0.015	0.20	0.1	0.4

厚度及允许偏差 (mm)		宽度及允许偏差 (mm)		长度及允许偏差 (mm)		抗拉强度≥ σ_b(MPa)	伸长率 δ_{50} (%)≥
厚度	偏差	宽度	偏差	长度	偏差		
0.0010	±0.00010	1.5~2	±0.1	2~4.5	0.1	370	0.6
0.0013							0.7
0.0015							0.8
0.0017		30~40	+2 0	50~60	+2 0		1.0
0.0020	±0.00015						1.2
0.0030	±0.00020						1.5

91. 钨丝(GB/T4181–1997)

钨丝主要用于制造白炽灯灯丝,黄光灯灯丝、电子管折叠热丝、钨铰丝、栅丝、阴极等以及高色温灯、耐震灯、双螺旋灯灯丝等。

牌号	化学成分(%)			钨丝直径(mm)	
	钨≥	单一杂质≤	杂质总和≤	最大	最小
WAL1	99.95	0.01	0.05	1.800(黑丝)	0.012(黑丝)
WAL2	99.95	0.01	0.05	0.350(白丝)	0.005(白丝)
W1	99.95	0.01	0.05	1.800	0.400
W2	99.92	0.01	0.08	1.800	0.400

续表

牌号	化学成分(%)			钨丝直径(mm)	
	钨≥	单一杂质≤	杂质总和≤	最大	最小

钨丝直线性		抗拉强度*		φ1.25mm 钨丝的高温抗蠕变性能		
直径 d(μm)	曲环直径(mm)	直径 d(μm)	下限(MPa)		WAL1	WAL2
		5≤d≤12	3578	蠕变残余伸长(mm)	≤2	≤4
		12<d≤26	3389			
5≤d≤12	≥5	26<d≤36	3276			
12≤d≤18	≥3	36<d≤40	3050			
18≤d≤30	≥5	40<d≤45	2937			
30≤d≤60	≥10	45<d≤55	2711	下垂值△h(mm)	≤4.0	≤8.0
d>60	≥15	55<d≤112	2561			
		112<d≤140	2485			
		140<d≤200	2260			

	直径 d(mm)	200mm 丝段质量(mg)	200mm 丝段质量偏差(%)			直径偏差(%)	
			0级	I级	II级	I级	II级
钨丝的直径允许偏差	5≤d≤12	0.075~0.44	—	±4	±5	—	—
	12<d≤18	>0.44~0.98	—	±3	±4	—	—
	18<d≤40	>0.98~4.85	±2	±2.5	±3	—	—
	40<d≤80	>4.85~19.39	±1.5	±2.0	±2.5	—	—
	80<d≤300	>19.39~272.71	±1.0	±1.5	±2.0	—	—
	300<d≤350	>272.71~371.19	—	±1.0	±1.5	—	—
	350<d≤500	—	—	—	—	±1.5	±2.0
	500<d≤1800	—	—	—	—	±1.0	±1.5

续表

	直径 $d(\mu m)$	200mm 丝段重量(mg)	最短长度(m)
每根钨丝最短的长度	$5 \leqslant d \leqslant 12$	$0.75 \sim 0.44$	350
	$12 < d \leqslant 60$	$>0.44 \sim 10.91$	400
	$60 < d \leqslant 100$	$>10.91 \sim 30.30$	350
	$100 < d \leqslant 150$	$>30.30 \sim 68.18$	200
	$150 < d \leqslant 200$	$>68.18 \sim 121.20$	100
	$200 < d \leqslant 350$	$>121.20 \sim 371.19$	50
	$350 < d \leqslant 700$	—	相当于75g质量的长度
	$700 < d \leqslant 1800$	—	相当于100g质量的长度

注:1. * 抗拉强度为 W 类型钨丝 200mm 丝段极限值。

2. 在化学成分中,钾不作为杂质含量,钨含量是由 100% 减去铁、钼及不挥发成分后的剩余部分。

第五章　塑　料

　　塑料是以天丝树脂或合成塑脂(现今应用的塑料主要是合成塑脂)为基材，加入其他助剂制成的一种有机高分子材料，它可在一定温度和压力下借助成型模具与工装塑制为制品并保持制品的形状和尺寸。其助剂主要包括增强、增塑、填料、固化(仅限于热固性塑料)、润滑、抗静电、着色、稳定等多种助剂。

　　塑料的主要特点是：质轻，其密度小于金属材料数倍；绝热性能良好，热导率比金属小两三个数量级，特别是泡沫塑料，是理想的绝热保温材料；介电及电绝缘性能优异；大部分塑料对酸、碱、盐类及其他腐蚀介质都具有良好的耐腐蚀能力；一些塑料具有较小的摩擦系数和良好的耐磨损性能；塑料的力能强度值一般低于金属，高模量纤维增强的工程塑料(复合材料)比拉伸刚度可达到或超过最好的钢材；塑料兼有弹性材料和黏性材料两者的性质，其蠕变和应力远大于金属；塑料的耐热性有物理耐热性和化学耐热性之分，其一般皆低于金属材料；塑料的尺寸稳定性及精度明显的低于金属制品；塑料具有可燃性，但不同品种的差异性较大；塑料的性能在长期贮存和使用过程中，会出现随时间延续逐渐老化(即劣化)现象。

　　塑料按其性能特点和应用范围可分为通用塑料和工程塑料两大类，按其受热时的行为可分为热塑性塑料和热固性塑料两大类。热塑性塑料的许多品种可以仅含有少量助剂(增强塑料除外)或不含助剂，热固性塑料一般都含有多种助剂，尤其是增强剂，填料和固化剂的应用。

1. 低密度聚乙烯

　　低密度聚乙烯(LDPE)亦称高压聚乙烯，可采用注塑、挤塑、吹塑及中空成型加工成各种制品、其特点是：质轻、电绝缘性能好，吸水性极小，有良好的延伸性和透明性，较好的耐寒性及化学稳定性，但力学性能，耐老化性和透湿性较差，低密度聚乙烯的供应状态为乳白色蜡状圆柱状颗粒。其通常用作一般电缆和水下高频电缆包皮、小载荷轴承，齿轮等。

低密度聚乙烯主要性能指标(GB/T11115-1989)：

型　　号		PE-M-18D022			PE-M-13D022			PE-M-18D500		
		优级	一级	合极	优级	一级	合格	优级	一级	合格
熔体流动速率 (g/10min)	标准值	2.0	2.0	2.0	2.0	2.0	2.0	50	50	50
	允许偏差	±0.3	±0.3	±0.3	±0.3	±0.3	±0.3	±7.0	±7.0	±7.0
密度(23℃) (g/cm³)	标准值	0.9122	0.9122	0.9122	0.9175	0.9175	0.9175	0.9162	0.9162	0.9162
	允许偏差	0.0015	0.0015	0.0015	0.0015	0.0015	0.0015	0.0015	0.0015	0.0015
软化点(维卡)(℃) ≥		85	85	85	85	85	85	73	73	73
拉伸强度(MPa) ≥		13.0	13.0	12.0	13.0	13.0	12.0	7.5	7.5	6.0
断裂伸长率(%) ≥		500	500	500	500	500	500	370	370	300

型　　号		PE-FSB-23D012			PE-FSB-23D022			PE-FA-18D006		
		优级	一级	合格	优级	一级	合格	优级	一级	合格
熔体流动速率(g/10min)	标准值	1.5	1.5	1.5	2.0	2.0	2.0	0.45	0.45	0.45
	允许偏差	±0.2	±0.2	±0.2	±0.4	±0.4	±0.4	±0.15	±0.15	±0.15
密度(23℃) (g/cm³)	标准值	0.9222	0.9222	0.9222	0.9222	0.9222	0.9222	0.9182	0.9182	0.9182
	允许偏差	0.0015	0.0015	0.0015	0.0015	0.0015	0.0015	0.0015	0.0015	0.0015
软化点(维卡)(℃)		—	—	—	—	—	—	—	—	—
拉伸强度(MPa) ≥		11.0	11.0	11.0	11.0	11.0	11.0	16.0	15.5	15.5
断裂伸长率(%) ≥		550	550	550	550	550	550	650	550	500

续表

型 号		PE-FA-18D002			PE-FA-23D003			PE-FA-23D002		
		优级	一级	合格	优级	一级	合格	优级	一级	合极
熔体流动速率 (g/10min)	标准值	0.30	0.30	0.30	0.40	0.40	0.40	0.30	0.30	0.30
	允许偏差	±0.06	±0.06	±0.06	±0.06	±0.06	±0.06	±0.04	±0.04	±0.04
密度(23℃) (g/cm³)	标准值	0.9200	0.9200	0.9200	0.9212	0.9212	0.9212	0.9212	0.9212	0.9212
	允许偏差	0.0015	0.0015	0.0015	0.0015	0.0015	0.0015	0.0015	0.0015	0.0015
软化点(维卡)(℃)≥		—	—	—	—	—	—	—	—	—
拉伸强度(MPa)≥		18.0	16.0	15.0	18.0	17.0	16.0	18.0	17.0	17.0
断裂伸长率(%)		650	550	500	650	550	500	650	550	500

注:PE-M-18D022、PE-M-13D022 和 PE-M-18D500 型为注塑料,PE-FSB-23D012 和 PE-FSB-23D022 型为轻膜料,其余型号为重膜料。

2. 高密度聚乙烯

高密度聚乙烯(HDPE)亦称低压聚乙烯,可采用注塑、挤塑、吹塑等方法成型加工成制品。其特点是:具有优良的耐环境应力开裂性能、耐热、耐寒、表面硬度高、尺寸稳定能好,力学性能优于低密度聚乙烯,介电性能略低于低密度聚乙烯,耐磨、耐多种酸、碱、盐类物质,但耐老化性能差,吸水性、水蒸气渗透性低。高密度聚乙烯供应状态为白色粉末或本色圆状、扁圆状颗粒。其适用于制造电器和机械零部件及中空塑制品等。

主要性能指标（GB/T11116-1989）：

型号	PE-EA-57D003			PE-EA-57D012			PE-EA-50D012		
	优级	一级	合格	优级	一级	合格	优级	一级	合格
熔体流动速率(g/10min)	0.24 ~ 0.36	0.24 ~ 0.36	0.20 ~ 0.40	0.70 ~ 1.10	0.70 ~ 1.20	0.70 ~ 1.50	0.88 ~ 1.3	0.88 ~ 1.3	0.70 ~ 1.5
密度(g/cm^3)	0.952 ~ 0.956	0.952 ~ 0.956	0.951 ~ 0.957	0.957 ~ 0.961	0.957 ~ 0.961	0.956 ~ 0.962	0.948 ~ 0.952	0.948 ~ 0.952	0.947 ~ 0.953
拉伸强度(MPa) ≥	24.0	23.0	22.0	24.0	23.0	22.0	23.0	22.0	21.0
断裂伸长率(%) ≥	120	120	120	150	150	150	500	500	500
简支梁冲击强度(kJ/m^2) ≥									
悬臂梁冲击强度(J/m) ≥									

型号	PE-GA-50D006			PE-FA-50G200			PE-GA-57D006		
	优级	一级	合格	优级	一级	合格	优级	一级	合格
熔体流动速率(g/10min)	0.36 ~ 0.54	0.36 ~ 0.54	0.36 ~ 0.54	13 ~ 19	13 ~ 19	11 ~ 20	0.48 ~ 0.72	0.48 ~ 0.72	0.40 ~ 0.84
密度(g/cm^3)	0.949 ~ 0.953	0.949 ~ 0.953	0.948 ~ 0.954	0.947 ~ 0.951	0.947 ~ 0.951	0.946 ~ 0.952	0.952 ~ 0.958	0.952 ~ 0.958	0.951 ~ 0.959
拉伸强度(MPa) ≥	24.0	23.0	22.0	23.0	22.0	21.0	24.0	23.0	22.0
断裂伸长率(%) ≥	500	500	500	150	150	150	120	120	120
简支梁冲击强度(kJ/m^2) ≥									
悬臂梁冲击强度(J/m) ≥									

续表

型号	PE-GA57D012			PE-LA-50D012			PE-LA-57D006		
	优级	一级	合格	优级	一级	合格	优级	一级	合格
熔体流动速率(g/10min)	0.80 ~ 1.2	0.80 ~ 1.2	0.85 ~ 1.4	0.80 ~ 1.1	0.80 ~ 1.1	0.62 ~ 1.3	0.52 ~ 0.78	0.52 ~ 0.78	0.42 ~ 0.88
密度(g/cm³)	0.954 ~ 0.958	0.954 ~ 0958	0.953 ~ 0.959	0.949 ~ 0.953	0.949 ~ 0.953	0.948 ~ 0.954	0.952 ~ 0.956	0.952 ~ 0.956	0.951 ~ 0.957
拉伸强度(MPa)	24.0	23.0	22.0	24.0	23.0	22.0	24.0	23.0	22.0
断裂伸长率(%)	120	120	120	500	500	500	500	500	500
简支梁冲击强度(kJ/m²)≥	—	—	—	—	—	—	—	—	—
悬臂梁冲击强度(J/m)≥	—	—	—	—	—	—	—	—	—

型号	PE-MA-50D045			PE-MA-57D045			PE-MA-57D075		
	优级	一级	合格	优级	一级	合格	优级	一级	合格
熔体流动速率(g/10min)	3.2 ~ 4.8	3.2 ~ 4.8	2.6 ~ 5.4	3.6 ~ 5.4	3.6 ~ 5.4	3.6 ~ 6.0	6.0 ~ 9.0	6.0 ~ 9.0	5.0 ~ 10.0
密度(g/cm³)	0.950 ~ 0.954	0.950 ~ 0.954	0.949 ~ 0.955	0.958 ~ 0.962	0.958 ~ 0.962	0.957 ~ 0.963	0.955 ~ 0.959	0.955 ~ 0.959	0.954 ~ 0.960
拉伸强度(MPa)	26.0	25.0	23.0	26.0	25.0	23.0	26.0	25..0	23.0
断裂伸长率(%)	80	80	80	60	60	60	80	80	80
简支梁冲击强度(kJ/m²)	—	—	—	10.0	9.0	—	—	—	—
悬臂梁冲击强度(J/m)	45	40	35	—	—	—	35	25	20

续表

型号	PE-MA-62D045			PE-ML-57D075			PE-BA-62D003		
	优级	一级	合格	优级	一级	合格	优级	一级	合格
熔体流动速率 (g/10min)	4.5~6.5	4.5~6.5	3.5~7.5	6.0~9.0	6.0~9.0	5.0~10.0	0.25~0.45	0.25~0.45	0.20~0.40
密度(g/cm³)	0.962~0.966	0.962~0.966	0.961~0.967	0.956~0.960	0.956~0.960	0.955~0.961	0.958~0.962	0.958~0.962	0.957~0.963
拉伸强度(MPa)≥	26.0	25.0	23.0	26.0	25.0	23.0	26.0	25.0	23.0
断裂伸长率(%)≥	80	80	80	60	60	60	500	500	500
简支梁冲击强度 (kJ/m²)≥	5.0	4.0	3.0	—	—	—	—	—	—
悬臂梁冲击强度 (J/m)≥	—	—	—	30	25	20	300	250	200

注:1. PE-MA-50D045、PE-MA-57D045、PE-MA-57D075、PE-MA-62D045 和 PE-ML-57D075 型为注塑料,PE-BA-62D003 型为吹塑料,其余型号为挤塑料。

2. PE-BA-62D003 型的冲击脆化温度≤-70℃,环境应力开裂≥25h。

3. 超高分子量聚乙烯

超高分子量聚乙烯(UHMWPE)具有突出的耐磨性、自润滑性、噪音衰减性及低摩擦系数,有良好的抗低温冲击性,耐腐蚀性及耐环境应力开裂性,还具有较好的耐高温蠕变性和热稳定性、无毒、不吸水,无表石吸附性,其供应状态为白色粉末。超高分子量聚乙烯适用于制造自润滑、耐磨、抗冲击的机械零部件,如轴承、轴瓦、齿轮、化工泵阀密封材料及生物工程材料等。

超高分子量聚乙烯主要性能指标(北京助剂二厂产品):

主要性能名称	指标
密度(kg/m^3)	935 ~ 945
相对分子质量	180 万 ~ 230 万,300 万以上
灰分(%) ≤	0.15
水分(%) ≤	0.15
吸水率(%) ≤	0.01
摩擦系数	0.07 ~ 0.11
磨损率(%)	0.62
熔融/软化/脆化温度(℃)	137/132/−70
冲击强度(缺口)(kJ/m^2) ≥	150
拉伸强度(MPa)	30 ~ 40
断裂伸长率(%)	300 ~ 400
体积电阻率($\Omega \cdot m$) ≥	1×10^{15}
介电强度(MV/m) ≥	35
介电常数(1MHz) ≤	2.35
介质损耗角正切(1MHz) ≤	5×10^{-4}

4. 线型低密度聚乙烯

　　线型低密度聚乙烯(LLDPE)的刚性高,其抗撕裂强度、拉伸强度、耐冲击性、耐穿刺性、耐环境应力开裂性和耐蠕变性能均优于普通低密度聚乙烯。其可采用挤塑、注塑、吹塑和旋转成型等方法加工成制品,线型低密度聚乙烯供应状态为本色的圆柱状或扁圆状颗粒。其主要用途有电线电缆包覆材料、绝缘涂层、包装容器盖、机械零件、大型容器、贮罐等。

线型低密度聚乙烯主要性能指标：

型号			LLDPE-FB-18D012*			LLDPE-FB-18D022*			LLDPE-FB-18D022-1*		
			优级	一级	合格	优级	一级	合格	优级	一级	合格
树脂熔体流动速率(g/10min)	标准值		1.0	1.0	1.0	2.0	2.0	2.0	2.0	2.0	2.0
	允许偏差		±0.2	±0.2	±0.3	±0.3	±0.3	±0.5	±0.3	±0.3	±0.5
树脂密度(g/cm³)	标准值		0.920	0.920	0.920	0.920	0.920	0.920	0.918	0.918	0.918
	允许偏差		±0.002	±0.002	±0.003	±0.002	±0.002	±0.003	±0.002	±0.002	±0.003
拉伸屈服强度(MPa) ≥			8.3			8.3			8.3		
拉伸断裂强度(MPa) ≥			17.0			12.0			12.0		
断裂伸长率(%) ≥			500			500			500		
薄膜性能	鱼眼	0.8mm/(个/1 520cm²) ≤	2	4	8	2	4	8	2	4	8
		0.4mm/(个/1 520cm²) ≤	15	25	40	15	25	40	15	25	40
	雾度(%) ≤		13	—		14	—		14	—	
	开口性		易于揭开			易于揭开			易于揭开		
	落镖冲击破损质量(g) ≥		80		—	55		—	60		—
产品颗粒外观	污染粒子(个/kg) ≤		10	20	40	10	20	40	10	20	40
	蛇皮和丝发(个/kg) ≤		20	20	40	20	20	40	20	20	40
	大粒和小粒(g/kg) ≤		10			10			10		
树脂熔体流动速率动速率(g/10min)	标准值		1.0	1.0	1.0	1.3~1.9	1.3~1.9	1.2~2.0	1.7~2.3	1.7~2.3	1.5~2.5
	允许偏差		±0.2	±0.2	±0.3						

续表

型号	LLDPE-FB-18D012* 优级	一级	合格	LLDPE-FB-18D022* 优级	一级	合格	LLDPE-FB-18D022-1* 优级	一级	合格
密度(g/cm³) 标准值	0.925	0.925	0.925	0.919~0.923	0.919~0.923	0.918~0.924	0.918~0.922	0.918~0.922	0.917~0.923
密度(g/cm³) 允许偏差	±0.002	±0.002	±0.003						
拉伸屈服强度(MPa) ≥	9.2			8.3			8.3		
拉伸断裂强度(MPa) ≥	12.0			12.0			12.0		
断裂伸长率(%) ≥	500			500			500		
雾度(%) ≤	14			19			—		
鱼眼 0.8mm/(个/1520cm²) ≤	2	4	8	2	4	8	—		
鱼眼 0.4mm/(个/1520cm²) ≤	15	25	40	15	25	40	—		
开口性	易于揭开			易于开口			—		
落镖冲击破损质量(g) ≥	70			55			—		
污染粒子(个/kg) ≤	40	20	40	20	20	40	20	20	40
蛇皮和丝发(个/kg) ≤	20	20	20	20	20	40	20	20	40
大粒和小粒(g/kg) ≤	10			10			10		

树脂　薄膜性能　产品颗粒外观

续表

型号	DFDA-7047L			DFDA-7047Y			DFDA-7268			DFDA-7081			DFDA-7043		
	优级	一级	合格	优级	一级	合格	优级	一级	合格	优级	一级	合格	优级	一级	合格
树脂熔体流动速率(g/10min)		0.8~1.2			0.8~1.2			0.8~1.2			0.8~1.2			0.8~1.2	
树脂密度(g/cm³)		0.918~0.922			0.918~0.922			0.918~0.922			0.918~0.922			0.920~0.924	
拉伸强度(MPa)	17			17			26			17			15		
灰分(%)		0.05			0.05			0.05			0.05			0.05	
鱼眼(个/1200cm²)	15	20	30	15	20	30	15	20	30	15	20	30	15	20	30
雾度(%)	13		—	13		—	17		—	7		—	14		—
熔胀比		30			30			30			30			30	

型号	DEX-8220			FDDA-7540			DNDA-7145			DNDA-7146			DFDA-7043		
	优级	一级	合格	优级	一级	合格	优级	一级	合格	优级	一级	合格	优级	一级	合格
树脂熔体流动速率(g/10min)		0.8~1.2		0.66~0.86	0.61~0.91	0.56~0.96	10~14	9~15	8~16	10~14	9~15	8~16	3.3~4.7	3.2~4.8	2.1~4.9
树脂密度/MPa		0.924~0.928		0.918~0.928	0.917~0.923	0.916~0.924	0.924~0.928	0.923~0.929	0.922~0.930	0.924~0.928	0.923~0.929	0.922~0.930	0.932~0.936	0.931~0.937	0.924~0.938

续表

型号	DEX-8220 优级 一级		合格	FDDA-7540 优级	一级 合格	DNDA-7145 优级	一级 合格	DNDA-7146 优级	一级 合格	DFDA-7043 优级	一级 合格
拉伸强度/MPa ≥	24			—		—		—		—	
灰分/%	0.05			0.05		0.05		0.05		0.05	
鱼眼(个/1200cm²) ≤	15	20	30	—		—		—		—	
雾度(%)	实　测			65~85		—		—		—	
熔胀比 ≤	30			30		30		30		30	

注: 1. 型号中带"*"的性能指标为 GB/T15182-1994 的标准,其余型号的性能指标为大庆石油化学总厂塑料 TQ/SH013.05.03-1997 标准。

2. DEX-8220,FDDA-7540 和 DFDA-7042G 型为挤塑成型类,DNDA-7145,DNDA-7146 和 DNDA-7143 型为旋转成型类,其余型号为吹塑成型类。

5. 交联聚乙烯

交联聚乙烯是一种通过交联（化学或辐射交联）而具有网状结构的热固性塑料。其特点是有突出的耐磨、耐应力开裂、耐老化、耐候及耐溶剂性能和尺寸稳性性能；无毒、无味、不吸水；低温柔软性好、耐热性优良，其软化总可高达200℃，能在140℃环境中长期使用，具有优良的电绝缘性能和耐辐照性能及耐化学稳定性能。交联聚乙烯适用于电线电缆包覆层、耐热管材、软管、薄膜、高频下的耐热绝缘材料，热收缩薄膜、套管等

交联聚乙烯主要性能指标（上海市企业标准 Q/GHPA6/105/106）：

型　号		4205–10	4205–35	4214	4215–1	4215–10
交联度(%)≥		80	80	—	—	—
冲击脆性温度(℃)		–76	–76	–76	–70	70
耐环境应力开裂(h)≥		—	—	—	1000	1000
拉伸强度(MPa)≥		17.0	17.0	14.0	13.5	13.3
断裂伸长率(%)≥		450	450	350	300	300
体积电阻率(Ω·m)(20℃)≥		1.0×10^{14}	1.0×10^{14}	2.0×10^{14}	5.0×10^{13}	1.0×10^{14}
介质损耗角正切≥		5.0×10^{-4}	5.0×10^{-4}			10×10^{-4}
介电强度(MV/m)≥		35	35	30	25	30
介电常数≥		2.30	2.30			2.35
热延伸≥(200℃±3℃ 15min，0.2MPa)	载荷下最大伸长率	80	80	80	100	80
	冷却后最大永久伸长率	5	5	5	5	5

注：1. 交联聚乙烯热老化试验（135℃±3℃，168h），其老化后拉伸强度的最大变化率及断裂伸长的最大变化率均为±20%。

2. 4215–1 和 4215–10 型的人工大气老化（10 008h）的拉伸强度最大变化率及断裂伸长的最大变化率为±30%。

6. 聚丙烯

聚丙烯（PP）可采用注塑、挤塑、吹塑等方法成型加工成制品，其特点是可进行黏合、电镀、焊接、剪削等二次加工，介电性能、耐化学性、耐热性及力学性能良好，质轻，几乎不吸水，但易老化，耐光性差、染色性差、低温冲击强度低。通常在-30～+100℃环境中使用。聚丙烯供应状态为本色的圆柱状颗粒，其适用于制造电器、电子和机械零件，仪器仪表壳体，电工薄膜，涂覆膜、涂覆材料等

主要性能指标（GB/T12670-1990）：

型号	PP H-M-012			PP H-M-022			PP H-M-022A			PP H-M-045		
	优级	一级	合格	优级	一级	合格	优级	一级	合格	优级	一级	合格
清洁度（色粒）（个/kg）	0～5	6～10	11～20	0～5	6～10	11～20	0～5	6～10	11～20	0～5	6～10	11～20
熔体流动速率（g/10min）	1.1～1.9		0.90～2.1	2.2～3.8		1.8～4.2	1.9～3.1		1.5～3.5	3.8～6.2		3.0～7.0
等规指数（%）≥		96.0			96.0			96.0			96.0	
软化点（维卡）（℃）≥		150			150			150			150	
粉末灰分（%）≤	0.02	0.03	0.05	0.02	0.03	0.05	0.02	0.03	0.05	0.02	0.03	0.05
拉伸屈服强度（MPa）≥	31.0	30.0	28.0	31.0	30.0	28.0	31.0	30.0	28.0	31.5	30.5	28.5
悬臂梁冲击强度（J/m） 23℃≥		19			17			17			17	
悬臂梁冲击强度（J/m） -20℃≥		—			—			—			—	
硬度（R）≥		95			95			95			95	

续表

型　号	PP H-M-075 优级	一级	合格	PP H-M-105 优级	一级	合格	PB H-MP-012 优级	一级	合格
清洁度（色粒）（个/kg） ≤	0~5	6~10	11~20	0~5	6~10	11~20	0~5	6~10	11~20
熔体流动速率（g/10min） ≥	5.2~8.8		4.2~9.8	8.2~14		6.6~15	0.98~2.0		0.82~2.2
等规指数（%） ≥	96.0			96.0			—		
软化点（维卡）(C) ≤	150			150			135		
粉末灰分（%） ≤	0.02	0.03	0.05	0.02	0.03	0.05	0.02	0.03	0.05
拉伸屈服强度（MPa） ≥	31.5	30.5	28.5	32.0	31.0	29.0	22.5	21.0	20.0
悬臂梁冲击强度（J/m） 23℃ ≥	—			—			30	25	23
-20℃ ≥	—			—			—		
硬度（R） ≥	95			95			75		

型　号	PP H-T-022 优级	一级	合格	PP H-T-045 优级	一级	合格	PP H-T-045A 优级	一级	合格	PP H-TL-045 优级	一级	合格
清洁度（色粒）（个/kg） ≤	0~5	6~10	11~20	0~5	6~10	11~20	0~5	6~10	11~20	0~5	6~10	11~20
熔体流动速率（g/10min） ≥	1.7~2.9		1.4~3.2	2.6~4.4		2.1~4.9	4.5~7.5		3.6~8.4	2.6~4.4		2.1~4.9
等规指数（%） ≥	96.0			96.0			96.0			96.0		
软化点（维卡）(C) ≤	—			—			—			—		
粉末灰分（%） ≤	0.02	0.03	0.04	0.02	0.03	0.04	0.02	0.03	0.07	0.02	0.03	0.04
拉伸屈服强度（MPa） ≥	31.0	30.0	28.0	31.5	30.5	28.5	31.5	30.5	28.5	30.5	29.5	27.5
悬臂梁冲击 23℃ ≥	—			—			—			—		
速度（R） ≥	—			—			—			—		

续表

型号	PP H-F-012			PP H-I-105		
	优级	一级	合格	优级	一级	合格
清洁度（色粒）（个/kg）≤	0~5	6~10	11~20	0~5	6~10	11~20
熔体流动速率（g/10 min）	1.1~1.9		0.90~2.1	7.1~12		5.7~13
等规指数（%）≥	96.0	96.0	96.0	96.0	96.0	96.0
粉末灰分（%）	0.02	0.03	0.04	0.02	0.03	0.04
鱼眼 0.8mm（个/1 520cm²）	—	—	—	0~1.0	1.1~3.0	3.1~5.0
鱼眼 0.4mm（个/1 520cm²）	—	—	—	0~10	11~20	21~30
拉伸屈服强度（MPa）≥	29.0	29.0	29.0	30.0	30.0	30.0

注: 1. PPH-T-022, PPH-T-045, PPH-T-045A 和 PPH-TL-045 型为挤出扁丝类, PPH-F-012 型为挤塑平膜类, PPH-I-105 型为吹塑薄膜类，其余型号为注塑类。

2. PPH-F-012 型的软化点（维卡）≥150℃, PPH-I-105 型的雾度≤6.0%。

7. 玻璃纤维增强聚丙烯

玻璃纤维增强聚丙烯是聚丙烯树脂与玻璃纤维混合后经加工制成，加工方法主要是注塑工艺，其力学性能显著提高，拉伸强度，弯曲强度比聚丙烯增大 1~2 倍，冲击强度提高 1~3 倍，亦改变了聚丙烯的耐热、抗蠕变和尺寸稳定性。玻璃纤维增强聚丙烯的供应状态为棕黄色颗粒。其广泛的应用于制造汽车、拖拉机挡板、指示盘、后车罩、空气过滤器、蓄电池外壳、电讯器材、耐温耐腐蚀泵阀等零部件。

玻璃纤维增强聚丙烯主要性能指标(北京化工研究院企业标准)：

型号	GB-110	GB-120	GB-130	GB-140	GB-210S	GB-220	GB-230
玻璃纤维(%)	10±2	20±2	30±2	40±2	10±2	20±2	30±2
拉伸强度(MPa)≥	35	65	70	70	40	55	60
弯曲强度(MPa)≥	150	70	90	100	45	60	70
软化点(维卡)(℃)	120	160	161	161	120	160	160
弯曲弹性模量(GPa)	—	≥3	≥4	≥5	—	≥2.7	≥3.0
室温(缺口)冲击强度(kJ/m²)≥	5	10	10	10	5	15	15

8. 阻燃聚丙烯

阻燃聚丙烯(FRPP)主要采用压塑法和注塑法加工成型成制品，使用温度可达110℃，有耐热刚性阻燃聚丙烯(FPM-130)、耐冲击韧性阻燃聚丙烯(IFPM-130)、自熄性增强聚丙烯等多种品种。其供应状态为乳白色颗粒。阻燃聚丙烯应用广泛，适用于制作电讯、电器、照明设备及电视机、接线板、底座、配线器、机壳等阻燃塑料零部件。

主要性能指标:

型　号		FPM-130	IFPM-130	自熄性增强 PP
熔体流动速率(g/10min)		3.5 ~ 6.5	23	—
热变形温度(0.45MPa)(℃)		≥130	—	135 ~ 145
软化点(维卡)(℃)		155	155	—
相对密度		1.31	1.31	1.30
吸水率(%)		27	25	25
弯曲/拉伸强度(MPa)		50/27	36/20	50/27
拉伸屈服强度(MPa)		30	24	—
断裂伸长率(%)		60	40	30
弯曲弹性模量(GPa)		2.70	2.08	2.30
简支梁冲击强度(kJ/m²)	缺口	4.0	4.5	3.5
	无缺口	20	35	23
表石电阻率(Ω)		—	—	$\geqslant 1 \times 10^{12}$
体积电阻率(Ω·m)		$\geqslant 10^{13}$	—	$\geqslant 2 \times 10^{13}$
介电强度(MV/m)		30	30	26
燃烧性(UL94)		V—0	V—0	V—0
材料标准		北京化工研究院企业标准		晨光化工研究院企业标准

注:自熄性增强 PP 型介电常数 34(50Hz),介质损耗角正切为 2×10^{-2} ~ 3×10^{-2} (50Hz),氧指数为 0.004(0.2%)。

9. 聚氯乙烯

聚氯乙烯(PVC)树脂可采用压塑、挤塑、吹塑、真空成型等加工方法制造各种型材。其特点是工艺性好、价廉、有较好的耐酸、耐碱性及介电性能和阻燃性,可用于熔接和焊接,但热稳定性差,受热易降解,适宜在 -20 ~ +65℃环境中使用,其供应状态为白色粉末。聚氯乙烯,适用于电线电缆、绝缘套管、油箱垫块、调整片夹层、酸碱槽、压敏胶带等

主要性能指标(GB/T5761-1993):

型 号	SG1 优等	SG1 一等	SG1 合格	SG2 优等	SG2 一等	SG2 合格	SG3 优等	SG3 一等	SG3 合格	SC4 优等	SC4 一等	SC4 合格
杂质粒子数(个) ≤	16	30	90	16	30	90	16	30	90	16	30	90
挥发物(包括水)(%) ≤	≤0.30	0.40	0.50	0.30	0.40	0.50	0.30	0.40	0.50	0.30	0.40	0.50
表观密度(g/mL) ≥	0.45	0.42	0.40	0.45	0.42	0.40	0.45	0.42	0.40	0.45	0.42	0.40
粘数(mL/g)	156~144			143~136			135~137			126~119		
[K值]	(77~75)			(74~73)			(72~71)			(70~69)		
[平均聚合度]	—			—			[1 350~1 250]			[1 250~1 150]		
筛余物(%) 0.25mm 筛孔 ≤	2.0	2.0	8.0	2.0	2.0	8.0	2.0	2.0	8.0	2.0	2.0	8.0
0.063mm 筛孔 ≥	90	90	80	90	90	80	90	90	80	90	90	80
"鱼眼"数(个) 400cm² ≤	20	40	—	20	40	—	20	40	—	20	40	—
100g 树脂的增塑剂吸收量(g) ≥	27	25	—	27	25	—	26	25	—	23	22	—
白度(160℃,10min后) ≥	74	—	—	74	—	—	74	—	—	74	—	—
水萃取液电导率(s/m) ≤	5×10^{-3}	5×10^{-3}	5×10^{-3}	—	5×10^{-3}	5×10^{-3}	—	—	—	—	—	—
残留氯乙烯含量(10^{-6}) ≤	8	10	—	8	10	—	8	10	—	8	10	—

续表

型号	SG5 优等	SG5 一等	SG5 合格	SG6 优等	SG6 一等	SG6 合格	SG7 优等	SG7 一等	SG7 合格	SG8 优等	SG8 一等	SG8 合格
杂质粒子数(个) ≤	16	30	90	16	30	90	20	40	100	20	40	100
挥发物(包括水)(%) ≤	0.40	0.40	0.50	0.40	0.40	0.50	0.40	0.40	0.50	0.40	0.40	0.50
表观密度(g/mL) ≥	0.45	0.42	0.40	0.48	0.45	0.40	0.48	0.45	0.40	0.48	0.45	0.40
粘数(mL/g)	118~107			106~96			95~87			86~73		
[K 值]	(68~66)			(65~63)			(62~60)			(59~55)		
[平均聚合度]	[1 100~1 000]			[950~850]			[850~750]			[750~650]		
筛余物(%) 0.25mm 筛孔 ≤	2.0	2.0	8.0	2.0	2.0	8.0	2.0	2.0	8.0	2.0	2.0	8.0
0.063mm 筛孔 ≤	90	90	80	90	90	80	90	90	80	90	90	80
"鱼眼"数 (个/400cm²) ≤	20	40	—	20	40	—	30	50	—	30	50	—
100g 树脂的增塑剂吸收量(g) ≥	20	19	—	18	16	—	16	14	—	14	14	—
白度(160℃,10min 后) ≥	74	—	—	74	—	—	70	—	—	70	—	—
水萃取液电导率 (s/m) ≤	—	—	—	—	—	—	—	—	—	—	—	—
残留氯乙烯含量 (10^{-6}) ≤	8	10	10	8	10	10	8	10	10	8	10	10

注:粘数、K 值和平均聚合度指标可任选其一。

10. 氯化聚氯乙烯

氯化聚氯乙烯（CPVC）树脂是由聚氯乙烯树脂氯化制作而成。其氯化可采用溶液、悬浮和固态氯化法。氯化聚氯乙烯具有优良的电绝缘性能和介电性能，含氯量为61%～68%，随着含氯量的增加，其熔体黏度增大，拉伸及弯曲强度提高，但脆性随之增大。同普通聚氯乙烯相比，耐热、耐寒、难燃性及耐化学腐蚀性更好，热变形温度更高，可在-45～+105℃环境中使用，其供应状态为白色或微带浅色的疏松细粒或粉末、氯化聚氯乙烯适用于耐热、耐酸碱的电线槽、导体的防护壳、开关等电器结构设备及电缆绝缘材料等制品。

主要性能指标（HG2002-1991）：

材料等级	一等品	合格号
氯（%）	61.0～65.0	61.0～65.0
灰分（%）≤	0.30	0.30
铁（%）≤	0.30	0.030
热稳定性（min）≥	20	20
溶解时间（min）≤	50	100
黏度（s） （涂-4黏度杯流经时间）	14.0～20.0	14.0～28.0
透明度（cm）≥	15.0	9.0
色度（Pt-Co）（号）≤	150	300
加热减量（%）≤	1.20	1.50

11. 高分子量聚氯乙烯

高分子量聚氯乙烯（HPVC）是由氯乙烯经悬浮法聚合而成，其拉伸强度，伸长率等力学性能均优于通用型聚氯乙烯。高分子量聚氯乙烯具有优异的耐热、耐寒、耐磨及耐候性能，其供应状态为白色粉末。适用于制造耐热、耐寒电线电缆,高级人造等。高强度密封材料,软管薄膜等。

　　主要性能指标(北京化工二厂企业标准 Q/H02003－1994):

型　号		HP-3		HP-4		HP-5	
		一等品	合格品	一等品	合格品	一等品	合格品
粘数(mL/g)		196~210		185~195		175~184	
表观密度(g/mL)≥		0.40	0.38	0.40	0.38	0.40	0.38
100g 树脂增塑剂吸收量(g)≥		30	—	30	—	29	—
挥发物(包括水)(%)≤		0.40	0.50	0.40	0.50	0.40	0.50
"鱼眼"数(个/400cm²)≤		40	—	40	—	40	—
白度(%)≥		74	—	74	—	74	—
杂质粒子数(个/100g)≤		30	130	30	130	30	130
水萃取液电导率≤(1/Ω·m)		5×10⁻³	—	5×10⁻³	—	5×10⁻³	—
筛余物(%)	筛孔≤φ25mm	2.0	8.0	2.0	8.0	2.0	8.0
	筛孔≥0.063mm	80	—	80	—	80	—

12. 聚苯乙烯

　　聚苯乙烯(PS)可采用注塑、挤塑、吹塑、发泡等方法加工成制品,可机械加工和黏合。聚苯乙烯的特点是硬而刚,着色性佳,易于成型。化学稳定性和介电性能良好。但性脆,耐油耐磨性差,耐热性低,不耐沸水。仅宜低负荷下使用。其供应状态为透明珠状体或圆柱状颗粒。聚苯乙烯适用于制作各种仪表外壳、汽车灯罩、光学、电讯、高频设备零部件,电绝缘支承及电气绝缘材料等。

聚苯乙烯主要性能指标(GB/T12671-1990)：

型号	PS-GN、095-03			PS-GN、095-06			PS-GN、085-03			PS-GN、095-06		
	优级	一级	合格	优级	一级	合格	优级	一级	合格	优级	一级	合格
杂质(个/100g)≤	1	3	6	1	3	6	1	3	6	1	3	6
色粒(个/100g)≤	1	3	6	1	3	6	1	3	6	1	3	6
熔体流动速率(g/10min)	1.5~4.0	1.5~4.0	1.5~4.0	4.0~7.0	4.0~7.0	4.0~7.0	1.5~4.0	1.5~4.0	1.5~4.0	4.0~7.0	4.0~7.0	4.0~7.0
软化点(维卡)(℃)≥	97.0	94.0	91.0	96.0	93.0	90.0	88.0	85.0	82.0	85.0	82.0	79.0
透光率(%)≥	85	85	85	85	85	85	87	87	87	87	87	87
弯曲强度(MPa)≥	88.0	86.0	84.0	86.0	84.0	82.0	83.0	80.0	78.0	82.0	80.0	78.0
悬臂梁冲击强度(J/m)≥	10	10	10	10	10	10	10	10	10	10	10	10
介电常数(10^6Hz)≤	2.6	2.6	2.6	2.6	2.6	2.6	2.6	2.6	2.6	2.6	2.6	2.6
介质损耗角正切(10^6Hz)≤	4.5×10^{-4}	4.5×10^{-4}	4.5×10^{-4}	5.0×10^{-4}	5.0×10^{-4}	5.0×10^{-4}	4.0×10^{-4}	4.0×10^{-4}	4.0×10^{-4}	4.5×10^{-4}	4.5×10^{-4}	4.5×10^{-4}

13. 高抗冲击聚苯乙烯

高抗冲击聚苯乙烯具有较高的韧性和抗冲击性能,其成型加工性,着色性和电绝缘性优良,但拉伸强度、透光度、耐光性、硬度及热稳定性不及通用聚苯乙烯。高抗冲击聚苯乙烯可采用注塑,挤塑等方法制造各种制品、且可通过机械加工进行二次加工,其供应状态为白色不透明的珠状或颗粒,高抗冲击聚苯乙烯适用家用于电器外壳、内衬材料、汽车、医疗器械及电器、仪表等有阻燃要求的荐壁精密制品。

主要性能指标(北京燕山石油化工总公司企业标准 Q-SH001.02.007 -1991):

型 号	492J
熔体流动速率(g/10min)	1.8 ~ 3.8
软化点(维卡)(℃)≥	103
残留苯乙烯单体(%)≤	0.08
凝胶(%)	20.0 ~ 28.0
硬脂酸锌(%)	0.15 ~ 0.25
熔胀指数	11.0 ~ 14.0
杂质(个/500g)	0
色粒(个/500g)	0
拉伸屈服强度(MPa)≥	22
伸长率(%)≥	25
悬臂梁冲击强度≥(J/M)	80

14. 丙烯腈—苯乙烯共聚物

丙烯腈—苯乙烯共聚物(SAN)由丙烯腈和苯乙烯经加工共聚而成,可采用注塑、挤塑、吹塑、挤膜等方法成型制品,可进行机械二次加工,着色或刷涂,其主要特点是刚性好,易着色、制品光泽性好,透明度高,有良好的尺寸稳定性及力学性能,有良好的耐化学品,耐油及耐气候性能。丙烯腈—苯乙烯共聚物供应状态为非结晶态或微黄色透明颗粒。其广泛应用于仪表和汽车工业用机械零部件、家用电器、蓄电池外壳、电扇叶片等,亦是生产 ABS 树脂的原材料。

主要性能指标(兰州化学工业公司合成橡胶厂企业标准):

主要性能指标(兰州化学工业公司合成橡胶厂企业标准)

型　号	NF			HF			BHF			CHF		
	优级	一级	合格	优级	一级	合格	优级	一级	合格	优级	一级	合格
熔体流动速率 (g/10min) ≥	1.2~1.7	1.2~1.7	1.0~1.9	1.9~2.5	1.9~2.5	1.6~2.8	2.8~3.6	2.8~3.6	2.5~3.8	1.8~2.3	1.8~2.3	1.6~2.5
软化点(维卡)(℃)≥	98	96	96	98	96	96	98	96	96	98	96	96
透光率(%)≥	89	89	89	89	89	89	—	—	—	—	—	—
残留物 (mg/kg)≤　丙乙腈	160	160	210	140	150	200	150	150	200	140	150	200
残留物 (mg/kg)≤　挥发物	1 600	1 600	1 800	1 500	1 500	1 700	1 500	1 500	1 700	1 500	1 500	1 700
拉伸断裂应力(MPa)≥	65.0	63.0	61.0	64.0	62.0	60.0	62.0	60.0	58.0	64.0	62.0	58.0
悬臂梁冲击强度(J/m)≥	8	8	8	8	8	8	8	8	8	8	8	8

型　号	HH			HC			HH–C100			HH–C200		
	优级	一级	合格	优级	一级	合格	优级	一级	合格	优级	一级	合格
熔体流动速率 (g/10min) ≥	1.2~1.7	1.2~1.7	1.0~1.9	2.9~3.7	2.9~3.7	2.7~3.9	1.0~1.5	1.0~1.5	0.8~1.6	1.8~2.3	1.8~2.3	1.6~2.5
软化点(维卡)(℃)≥	99	97	97	99	97	97	101	98	98	100	97	97
透光率(%)≥	89	89	89	89	89	89	89	89	89	89	89	89
残留物 (mg/kg)≤　丙烯腈	180	180	230	200	200	250	200	250	250	200	230	230
残留物 (mg/kg)≤　挥发物	1 800	1 800	2 000	2 000	2 000	2 200	1 800	1 800	2 000	1 800	1 800	2 000
拉伸断裂应力(MPa)≥	68.5	67.0	65.0	67.0	67.0	65.0	71.0	69.0	67.0	70.0	68.0	66.0
悬臂梁冲击强度(J/m)≥	8	8	8	8	8	8	10	10	9	10	10	9

15. 丙烯腈-丁二烯-苯乙烯共聚物

丙烯腈-丁二烯-苯乙烯共聚物(ABS)是丙烯腈-丁二烯-苯乙烯经加工而三元的共聚物,其可采用注塑、压延、吹塑、发泡和真空成型等方法成型制品,可表面电镀和再机械加工,其主要特点是表面硬度高,尺寸稳定,吸水性小,耐化学性和介电性能良好,低温抗冲击性好,易于着色;但耐候性较差,热变形温度较低。丙烯腈-丁二烯-苯乙烯共聚物供应状态为本色颗粒,其适用于制造汽车零部件、冰箱衬里、仪表外壳、仪表盘、电器制品外壳、齿轮、叶片、轴承等制品。

主要性能指标(GB/T12672—1990):

型　号		101			301			301M		
		优级	一级	合格	优级	一级	合格	优级	一级	合格
熔体流动速率 (g/10min)		1.5～ 3.0	1.5～ 3.0	1.5～ 3.5	1.3～ 2.3	1.3～ 2.3	1.3～ 2.3	1.3～ 2.3	1.3～ 2.3	1.3～ 2.3
软化点(维卡)(℃)≥		96.0	94.0	92.0	96.0	94.0	92.0	96.0	94.0	92.0
弯曲弹性模量(GPa)≥		2.4	2.4	2.4	2.2	2.2	2.2	2.1	2.1	2.1
弯曲/拉抻屈服强度 (MPa)≥		66.0/ 40.0	66.0/ 40.0	66.0/ 40.0	63.0/ 37.0	63.0/ 37.0	63.0/ 37.0	59.0/ 33.0	59.0/ 33.0	59.0/ 33.0
硬度(R)≥		105	105	105	103	103	103	104	104	104
悬臂梁冲击强度 (J/m)≥	(23℃)6.35mm	127	107	87	215	195	175	235	215	195
	(23℃)3.18mm	—	—	—	—	—	—	—	—	—
	(−40℃)6.35mm	—	—	—	—	—	—	—	—	—

续表

型 号	G-8			高刚性通用型			中冲击通用型		
	优级	一级	合格	优级	一级	合格	优级	一级	合格
熔体流动速率 (g/10min)	0.5 ~ 1.5	0.5 ~ 1.5	0.5 ~ 1.5	0.2 ~ 1.2	0.2 ~ 1.2	0.2 ~ 1.2	0.5 ~ 2.0	0.5 ~ 2.0	0.5 ~ 2.0
软化点(维卡)(℃)≥	92.0	90.0	88.0	90.0	88.0	86.0	96.0	94.0	92.0
弯曲弹性模量(GPa)≥	1.7	1.7	1.7	1.6	1.6	1.6	2.1	2.1	2.1
弯曲/拉伸屈服强度 (MPa)≥	47.0/ 27.0	47.0/ 27.0	47.0/ 27.0	48.0/ 30.0	48.0/ 30.0	48.0/ 30.0	50.0/ 40.0	50.0/ 40.0	50.0/ 40.0
硬度(R)≥	87	87	87	97	97	97	110	110	110
悬臂梁冲击强度 (J/m)≥	(23℃)63.5mm	340	320	300	125	110	95	62	55	48
	(23℃)3.18mm	—	—	—	235	215	195	90	80	70
	(-40℃)63.5mm	160	140	120	—	—	—	—	—	—

16. 玻璃纤维增强 ABS

玻璃纤维增强 ABS 是由 ABS 树脂和玻璃纤维经加工而成,主要采用注塑法成型制品.玻璃纤维增强 ABS 的热变形温度和力学性能,降低了模塑收缩率和线膨胀系数.其供应状态为淡黄色或黄色圆柱形颗粒.玻璃纤维增强 ABS 适用于电器电子、仪表外壳、录音机机芯底板、接插件、电动工具等对材料刚度和尺寸精度要求较高的制品。

主要性能指标(北京化工研究院企业标准):

型 号	GFABS-8	GFABS-10	GFABS-15	GFABS-20
密度(g/cm³)≤	1.10	1.10	1.14	1.16
玻璃纤维(%)	8±1	10±	15±2	20±2
热变形温度(℃) (0.45MPa)≥	80	90	95	100
拉伸/弯曲强度(MPa)≤	55/80	60/85	70/90	80/95
弯曲弹性模量(GPa)≥	2.7	3.2	3.5	4.0
简支梁冲击强度≥ (kJ/m²)	7	7	7	8
模型收缩率(%)≤	—	0.003	0.0025	0.002

17. 阻燃 ABS

阻燃 ABS(FRABS)的特点是兼具 ABS 的物理力学性能和优良的阻燃性能。制品成型方法与通用 ABS 相同。其供应状态为白色或透明颗料。阻燃 ABS 适用于制作家用电器壳罩、蓄电池外壳、电子计算机终端设备元器件、空调器配电盘等。要求阻燃并且有良好强度性能的制品。

主要性能指标(兰州化学工业公司合成橡胶厂企业标准 Q/SH008 0.4 0.8-1997):

型 号	V-1 阻燃通用型
熔体流动速率 (g/10min)≥	0.4
弯曲强度(MPa)≥	54
悬臂梁冲击强度(J/m)≥	9.8

续表

型 号	V-1 阻燃通用型
马丁温度(℃)≥	55
垂直10S引火离火自熄时间(S)≤	4
45°30S引火离火自熄时间(S)≤	4

18. 聚四氟乙烯

聚四氟乙烯(PTFE)的特点是使用温度范围广、化学稳定性优良、难燃、电绝缘性、表面不粘性、润滑性及耐大气老化性能好;但尺寸稳定性和刚性差,难以用热塑性塑料,一般加工方法成型。其使用环境温度为-250~260℃。供应状态为白色粉末。聚四氟乙烯适用于发动机油泵密封件、燃油、润滑油、冷气系统的软管、电气、电子绝缘零部件、绝缘套管、热收缩管等。

主要性能指标(HG/T2902-1997):

型 号	SM301	SM021(E)	SM021(F)
体积密度(g/L)	500±100	300~450	300~450
平均粒径(μm)	180±80	15	15
水分(%)≤	0.04	0.04	0.04
相对密度	2.13~2.18	2.13~2.19	2.13~2.19
熔点(℃)	327±5	327±5	327±5
拉伸强度(MPa)≥	25.5	27.4	27.4
断裂伸长率(%)≥	250	300	300
热不稳定性指数≤	50	50	50
介电强度(MV/m)≥	60	100	—

19.　聚三氟氯乙烯

聚三氟氯乙烯(PCTFE)可采用模压、挤出、注塑等方法成型制品,制品透明度高、不吸水、能耐酸碱油类及有机溶剂、力学、电绝缘、耐辐照、耐老化及尺寸稳定性能良好,具有不燃性、与金属的黏结性良好,并能熔接与焊接。其供应状态为白色粉末。可在-200～+200℃环境中使用。聚三氟氯乙烯适用于塑料密封零件、透明视镜及机械零件、电线电缆及电绝缘护套等。

主要性能指标(HG2167-1991):

材料等级	优等	一等品	合格品
表观密度(g/cm^3)	0.5	—	—
含水量(%)	0.02	0.05	0.05
筛余物(筛孔径500μm)(%)	1.0	—	—
热稳定性(%)	0.12	0.2	0.2
失强温度(℃)	265～320	240～320	240～320
拉伸屈服强度(MPa)≥	37.0	35.0	29.0
断裂伸长率(%)≥	75	55	35
介质损耗角正切(10^{6}Hz)≤	0.01	0.01	0.01
介电常数(10^{6}Hz)	2.3～2.8	2.3～2.8	2.3～2.8
体积电阻率≥(Ω·m)	1×10^{14}	1×10^{14}	1×10^{14}
介电强度≥(MV/m)	15	15	15

20. 全氟(乙烯-丙烯)共聚物

　　全氟(乙烯-丙烯)共聚物(FEP)可采用模塑、挤出、注塑等成型工艺加工成各型制品,其力学性能、电绝缘性能、化学稳定性能以及耐老化性、不粘性、不燃性均与聚四氟乙烯相似,低温柔韧性能和加工性能胜于聚四氟乙烯,并且表面张力较小,与金属熔融黏结性好;但耐热性能略低于聚四氟乙烯。全氟(乙烯-丙烯)共聚物可在-89~+205℃的环境中使用,其供应状态为白色半透明颗粒,适用于制造电气、电子等工业用电线电缆、热收缩管等制品以及耐高温绝缘材料。

　　主要性能指标(HG/T2904-1997):

型　号	E1			E2			M3		
	优等	一等	合格	优等	一等	合格	优等	一等	合格
熔体流动速率 (g/10min)	4.1~ 12.0	4.1~ 12.0	4.1~ 12.0	2.1~ 4.0	2.1~ 4.0	2.1~ 4.0	0.8~ 2.0	0.8~ 2.0	0.8~ 2.0
熔点(℃)	265± 10	265± 15	265± 15	265± 10	265± 15	265± 15	265± 10	265± 15	265± 15
相对密度	2.12 ~ 2.17	2.12 ~ 2.17	2.12 ~ 2.17	2.12 ~ 2.17	2.12 ~ 2.17	2.12 ~ 2.17	2.12 ~ 2.17	2.12 ~ 2.17	2.12 ~ 2.17
拉伸强度(MPa)≥	21.0	19.0		25.0	21.0	19.0	25.0	23.0	21.0
断裂伸长率(%)≥	300	275		300	275	275	320	300	300
介电常数(10^6Hz)	2.15	2.15		2.15	2.15		2.15	2.15	
介质损耗角正切 (10^6Hz)	7.0× 10^{-4}	7.0× 10^{-4}		7.0× 10^{-4}	7.0× 10^{-4}		7.0× 10^{-4}	7.0× 10^{-4}	

续表

型 号	E1			E2			M3		
	优等	一等	合格	优等	一等	合格	优等	一等	合格
挥发分(%)	0.10	0.30	0.30	0.10	0.30	0.30	0.10	0.30	0.30
耐热应力开裂	—	—	—	不裂	不裂	不裂	不裂	不裂	不裂

21. 聚酰胺

聚酰胺(PA)可采用注塑、浇注、挤出等方法成型制品,亦可粘接、车削、焊接等方法进行二次加工。常温下,其冲击、拉伸、疲劳性能及耐油性能较好,摩擦系数小、耐磨与自润滑性能优良。但蠕变性较大,易吸湿、热变形温度低、可在-40 ~ +80℃环境中长期使用。其供应状态为白色或微黄色的颗粒。

主要性能指标:

型 号	PA6		PA1010			PA610	
	Ⅰ型	Ⅱ型	09型	11型	12型	一级品	二级品
相对密度	1.14 ~ 1.15	1.14 ~ 1.15	1.03 ~ 1.05	1.03 ~ 1.05	1.03 ~ 1.05	—	—
熔点(℃)	215 ~ 225	215 ~ 225	198 ~ 210	198 ~ 210	198 ~ 210	>215 (熔程 7℃)	>215 (熔程 7℃)
相对黏度	2.4 ~ 3.0	>3.0	1.03 ~ 1.05	1.03 ~ 1.05	1.03 ~ 1.05		
粘数(ml/g)			80 ~ 98	99 ~ 116	> 116		
拉伸强度(MPa)	>58.9	>63.7	>44.1	>44.1	>44.1	>49.0	>44.1

续表

型 号	PA6		PA1010			PA610	
	Ⅰ型	Ⅱ型	09型	11型	12型	一级品	二级品
断裂伸长率（%）≥	30	30	150	200	—	—	—
弯曲强度（MPa）	>88.2	>88.2	—	70	—	>68.6	>58.8
冲击强度（缺口）（kJ/m²）≥	4.9	6.9	17	19	—	3.4	3.1
材料标准	HG2-868-1976		HG/T2349-1992			HG2-354-1966	

注：PA610 型的介电强度≥15MV/m，体积电阻率≥10¹³Ω·m，介质损耗角正切≤3.5
×10⁻²(1MHz)。

22. 增韧聚酰胺

　　增韧聚酰胺的特点是对缺口开裂不敏感，在干燥低温的情况下能保持固有的冲击强度。在-40℃环境中比室温中的多数塑料更具韧性。还具有突出的耐溶、耐化学药品、耐油、耐脂的性能。增韧聚酰胺是现实最具韧性的工程塑料。适宜制作成型复杂，各种厚度、角隅都得受力的零部件。如自行车轮子、电动工具罩、汽车门拉手、拖拉机外罩伸延部件、滑冰鞋冰刀座、溜冰鞋底板、滚轮等。增韧聚酰胺的供应状态为粒状。

　　主要性能指标：

品种名称	增韧尼龙66	韧性增强聚酰胺66	韧性阻燃聚酰胺66	韧性尼龙66
密度（g/cm³）	1.07	1.3～1.4	1.3～1.4	1.0～1.1
拉伸/弯曲强度（MPa）	45/60	≥100/≥100	≥45/≥60	≥40/≥65
弯曲模量（GPa）	1.4	-	-	≥1.4
冲击强度（缺口）（kJ/m²）	90	≥20	≥10	≥40

续表

品种名称	增韧尼龙66	韧性增强聚酰胺66	韧性阻燃聚酰胺66	韧性尼龙66
球压痕硬度	90	–	–	80
热变形温度 (℃)(1.81MPa)	55	≥200	≥60	≥60
体积电阻率 (Ω·m)	1.0×10^3	$\geq 1.0 \times 10^{12}$	$\geq 1.0 \times 10^{12}$	$\geq 1.0 \times 10^{12}$
介电常数	–	2.0~2.5	2.2~3.5	2.5~3.0
材料标准	Q/IER01 ~1998	Q/GHAE49 ~1994	Q/GHAE49 ~1994	Q/GHAE29 ~1993

注:增韧尼龙66型无缺口冲击强度指标要求为不断,熔点≥258℃,表面电阻率$10 \times 10^4 \Omega$,耐漏电起痕指数375V,灰分0.1%。韧性增强聚酰胺66型的玻璃纤维为$30 \pm 3\%$。韧性阻燃聚酰胺66型的燃烧性(UL94)为V-0。

23. 聚碳酸酯

聚碳酸酯(PC)冲击韧性为一般热塑性塑料之首。有突出的抗冲击强度和抗蠕变性能,抗弯强度较高。耐热和耐寒性亦较好,可在-60~+120℃环境中使用,电气性能优良。但易产生应力开裂,耐溶、剂性差,高温易水解、耐磨性欠佳。其产品以无色或微黄色颗粒状或棒材、板材状供应,聚碳酸酯适用于挡风玻璃、灯罩、仪器仪表的观察窗、防护面罩、电动工具外壳等。

聚碳酸酯主要性能指标（HG/T2503-1993）：

品种名称	熔融法聚碳酸酯			溶剂法聚碳酸酯		
	优级	一级	合格	优级	一级	合格
冲击强度（缺口）≥ (kJ/m^2)	50	45	45	55	50	50
拉伸强度 (MPa)≥	60	55	55	65	60	60
断裂伸长率（%）≥	85	70	70	90	80	80
弯曲屈服强度（MPa）≥	95	95	95	95	95	95
体积电阻率（Ω·m）≥	1.5×10^{13}			1.5×10^{13}		
介电常数（1MHz）	2.7～3.0			2.7～3.0		
热变形温度（℃）≥ (1.81MPa)	130			130		
介质损耗角正切 (1MPa)≤	1.5×10^{-2}			1.5×10^{-2}		
介电强度（MV/m）≥	16			16		
含有杂质的颗粒（%）	≤1	>1～≤5	>5～≤10	≤2	>2～≤5	>5～≤10
溶液色差	≤3	>3～≤5	>5～≤8	≤4	>4～≤7	>7～≤10
热降解率（%）	≤7	>7～ ≤12	>12～ ≤20	≤7	>7～ ≤12	>12～ ≤20

24. 玻璃纤维增强聚碳酸酯

　　玻璃纤维增强聚碳酸酯（FRPC）可用注塑、挤出和模型法成型制品，因其加入短玻璃纤维。强度和弹性模量比聚碳酸酯成倍提高，热变形温度也有一定提高，消除了聚碳酸酯不耐应力开裂，疲劳强度低的缺点，但冲击强度有所下降，其供应状态为柱状粒料，主要用于插线板、接插件、齿轮、涡轮、照明灯座、绝缘块、电磁阀壳、手轮手柄等。代替铝锌等压铸领域的负荷制品。

玻璃纤维增强聚碳酸酯主要性能指标(大连第七塑料厂产品)

型号	GS～15
玻璃纤维(%) ≥	15
密度(g/cm³) ≥	1.30
拉伸强度(MPa) ≥	93.2
弯曲强度(MPa) ≥	137.3
压缩强度(MPa) ≥	98.0
冲击强度(无缺口) (kJ/m²) ≥	34.3
马丁温度(℃) ≥	130
体积电阻率(Ω·m) ≥	6×10^{12}

25. 玻璃纤维增强聚对苯二甲酸乙二醇酯

玻璃纤维增强聚对苯二甲酸乙二醇酯(FR-PET)通常采用注塑法成型制品。其特点是有良好的加工性,兼备耐热、低吸水率、低摩擦系数、刚性及电绝缘等优良性能,能耐250℃下锡焊温度数秒钟,但不耐强酸、强碱及热水、收缩率及力学性能呈各向异性、在大型制件中易产生制件翘曲或变型。其供应状态为米黄色颗粒。玻璃纤维增强聚对苯二甲酸乙二醇酯适用于电器、电子、汽车和机械零部件方面,耐焊接的电子零部件的各种壳体,骨架等,以及高强度绝缘材料

主要性能指标(沪、Q/HG13-695-1986):

主要性能名称	指 标
玻璃纤维(%)	25～30
热变形温度(℃) (1.81MPa) ≥	220
拉伸强度(MPa)	127
断裂伸长率(%) ≥	1.5
压缩/变曲强度(MPa) ≥	137/177

续表

主要性能名称		指　标
冲击强度　（kJ/m²）	无缺口	29.4
	缺口	6.9
硬度≥		18(布氏)
体积电阻率(Ω·m)≥		10^{13}
介电强度(MV/m)≥		20
介电常数(1MHz)≤		3.8
≤介质损耗角正切(1MHz)		2.5×10^{-2}

26. 改性聚苯醚

改性聚苯醚(MPPO)可采用注塑、挤出、流延法成型制品。其具有一定的阻燃性、耐热水和蒸煮性能突出、吸水性、成型收缩率和线膨胀系数很小，尺寸稳定、钢性大、抗蠕变、热变形温度较高，介电常数和介质损耗角正切小。经玻璃纤维增强后，耐热性尺寸稳定性和力学性能可进一步提高。改性聚苯醚的供应状态主要为圆柱状粒料，颜色为本色(浅棕黄色)，其适用于制造汽车工业中用于仪表板、挡泥板、水箱，上下水室、车轮盖，前灯反光罩，中心门锁部件等，以及电气设备壳体、基座、接插件和热水系统计量仪表等。

改性聚苯醚主要性能指标(沪 Q/GHAE56.1-4-1996)：

型　号	M-85	M-185	M-115	M-120	M-120-G20
密度(g/cm³)	1.11~1.12	–	1.10~1.15	1.08~1.12	1.20~1.30
阻燃性(UL94)	V-0	V-0	V-0	V-1	V-1
玻璃纤维(%)	–	–	–	–	20±1

续表

型　号	M-85	M-185	M-115	M-120	M-120 -G20
热变形温度(℃) ≥(1.81MPa)	85	76	115	120	125
拉伸/弯曲强度 (MPa) ≥	45.0/ 65.0	40.0/ 68.0	65.0/ 80.0	65.0/ 85.0	80.0/ 120
悬臂梁冲击强度(缺口) (J/m) ≥	140	95	100	110	45
表面电阻率(Ω) ≥	-	1.0× 10¹³	-	-	-
体积电阻率(Ω·m) ≥	1.0× 10¹⁴	1.0× 10¹³	1.0× 10¹⁴	1.0× 10¹⁴	1.0× 10¹⁴
介电常数(1MHz)	1.7~ 2.9	1.5~ 3.0	1.8~ 2.8	1.8~ 2.9	1.5~ 3.0
介质损耗角正切≤ (1MHz)	9× 10⁻³	-	2× 10⁻³	9× 10⁻³	3× 10⁻³

27. 聚苯硫醚

　　聚苯硫醚(PPS)可采用注塑、挤出、压缩、浇注等方法成型。其特点是热稳定性突出，耐焊锡、难燃烧，抗蠕变性能和电绝缘性能良好，吸水性小，熔融流动性好，尺寸稳定性好，便利加工，对无机材料和金属有良好的粘附性，亦耐化学腐蚀，可用作耐热防腐防粘及电器绝缘涂层。用玻璃纤维增强后冲击强度明显提高，其他力学性能也有改善，实为一种耐热高强度工程材料。聚苯硫醚的供应状态为粉状(聚苯硫醚原粉)或颗粒(玻璃纤维增强聚苯硫醚)。其适用于制作高温电器元件,电子仪表,汽车及机械零部件。

聚苯硫醚主要性能指标(广州市化学工业研究所企业标准):

品种名称		原粉	增强 PPS
拉伸强度(MPa) ≥		54.4	118
弯曲强度(MPa) ≥		80.4	196
压缩强度(MPa) ≥		179	–
冲击强度 (kJ/m³)	无缺口	7.2	25
	缺口	4.6	9.8
玻璃纤维(%)			40±2
相对密度		1.34	1.65
吸水率(%) ≤		0.05	–
马丁温度(℃) ≥		102	–
表面电阻率(Ω) ≥			$1×10^{14}$
休积电阻率(Ω·m) ≥		$2.8×10^{14}$	$0.8×10^{13}$
介电强度(MV/m) ≥		26.6	15
介电常数 ≤			4
摩擦系数 ≤		0.34	–
痕迹宽度(mm)		8.75	–
介质损耗角正切 ≤			$1×10^{-2}$

28. 聚醚醚酮

聚醚醚酮是一类具有高热稳定性的热塑性工程塑料。可用普通的加工设备成型制件,其耐环境性能,力学性能,模量,润滑性及冲击性能均良好,还具有难燃性,耐辐照和低毒气释放性,能在399℃正常的加工温度下显示出优良的热稳定性,还具备硅晶片所需的色纯度。其供应状态为粒状或粉状。聚醚醚酮广泛用于化学加工工业,已用作热水泵、过滤器、汽车座席的升降齿轮座,电线包覆薄膜、接插件、风扇、电冰箱齿轮等多种制件。

聚醚醚酮主要性能指标(吉林大学企业标准 ID95-001):

主要性能指标名称	指 标	
	纯树脂	GF30%
相对密度	1.32	1.43
拉伸/弯曲强度(MPa)	94/140	160/230
弯曲模量(GPa)≥	3.8	10.0
玻璃化温度(℃)≥	143	—
熔融温度(℃)≥	334	
热变形温度(℃)≥ (1.81MPa)	160	315
UL 温度指数(℃)≥	250	250
介电常数≤	3.2~3.3	—
体积电阻率(Ω·m)≥	10^{14}	
燃烧性(UL94)≤	V-0	

29. 聚甲醛

聚甲醛(POM)分均聚物和共聚物两类。可采用注塑、挤出、吹塑等方法成型制件,亦可进行机械加工及焊接。其特点是综合性能和着色性能良好,有高抗蠕变性和抗应力松弛能力,耐疲劳性能为塑热性塑料中最佳,长期使用尺寸稳定、吸湿性小、耐磨、耐油、耐溶剂性及电绝缘性能较好,但热稳定性、光稳定性和耐燃性不佳,易为强酸、酚类及有机卤化物侵蚀、模塑收缩率大。可在-40~+100℃环境中使用,聚甲醛供应状态为粒料或棒板型材。其适用于机电、仪器仪表等工业中作轴承、垫片、衬套、滑轮、齿轮、活塞环、手柄等零部件,聚甲醛的氧指数很小(典型值 16.2),燃烧中有滴落现象,不宜做要求阻燃的制件。

聚甲醛主要性能指标(HG/T2233-1991):

型　号	M10	M25	M60	M90	M120	M160	M200	M270
熔体流动速率 (g/10min) ≥	>0.5 ~2.0	>2.0 ~4.0	>4.0 ~7.5	>7.5 ~10.5	>10.5 ~14.5	>14.0 ~18.0	>18.0 ~23.0	>23.0 ~32.0
熔点(℃) ≥	162	162	162	162	162	162	162	162
热变形温度 (1.81MPa)	105	105	105	105	105	105	105	105
密度(g/cm³)	1.37~ 1.41	1.37~ 1.41	1.37~ 1.41	1.37~ 1.41	1.37~ 1.41	1.37~ 1.41	1.37~ 1.41	1.37~ 1.41
拉伸屈服强度 (MPa) ≥	59	57	57	57	57	57	57	57
断裂伸长率(%) ≥	40	40	40	40	35	35	25	25
冲击强度 ≥ 简支梁 缺口 (kJ/M²)	100	100	100	90	80	80	70	60
冲击强度 ≥ 悬臂梁 缺口 (J/m)	48	48	48	48	46	44	42	40
变曲弹性模量(GPa) ≥	2.0	2.0	2.0	2.0	2.0	2.0	2.0	2.0

注:聚甲醛性能指标为优等品质指标。

30. 聚 砜

聚砜(PSU)可用注塑、挤出等方法成型制件,亦可进行机械加工和电镀。其特点是耐热、耐寒,化学稳定性、介电性、抗蠕变性优良,力学性能较高、硬度高、耐离子辐射,有自熄性。聚砜可在-100~+150℃环境中使用,其供应状态为颗粒状。适用于制作仪表开关及电子组件外壳,灯具插座、灯罩、集成电路架、线圈管、连接器等。使用时应避免接触酮、芳香烃、氯代烃等极性有机溶剂,以防溶解或引起应力开裂现象。

聚砜主要性能指标(沪 Q/HG13-257-1982):

型　号	S-100	S-110	S-140	S-170	S-180	S-215
相对密度	1.24	1.31	1.26	1.25	1.24	1.45
弯曲/拉伸强度 (MPa)≥	118/49	118/49	118/49	118/49	118/49	137/78.4
冲击强度(无缺口)≥ (kJ/m²)	363	196	196	196	196	68.6
收缩率(%)	0.6~0.8	0.6~0.8	0.6~0.8	0.6~0.8	0.6~0.8	0.3~0.5
热变温度(0℃)≥ (1.81MPa)	150	150	150	150	150	165
介电强度(MV/m)≥	15	15	15	15	15	15
体积电阻率(Ω·m)	$1×10^{14}$	$1×10^{14}$	$1×10^{14}$	$1×10^{14}$	$1×10^{14}$	$1×10^{14}$

31. 不饱和聚酯块状模塑料

玻璃纤维增强不饱和聚酯块状模塑料(BMC)流动性好,通常采用压缩模塑,传递模塑成型制件,其成型压力低、不粘模、尺寸稳定、强度较高,具有耐热性、耐漏电性、耐电弧性能。供应状态为粒状或粉状,颜色有棕褐色、蓝色、红色、黑色、黄色等。不饱和聚酯块状模塑料适用于模塑各种颜色鲜艳靓丽,可在湿热环境下使用的电工绝缘制品和汽车零件等。

主要性能指标：

牌　号	BMC	BMC-2	UP-100	PT-610
密度(g/cm^3)	1.8~2.0	1.8~1.9	1.9~2.1	≤1.85
收缩率(%) ≤	0.1~0.3	0.05	0.4~0.7	0.4~0.7
后收缩率(%) ≤	—	—	0.02	0.1
吸水率(%) ≤	0.1	—	0.08	0.1
弯曲强度(MPa) ≥	78.5	80.0	112	60.0
冲击强度(kJ/m^2) ≥	19.6	20.0	7.4	5.0
热变形温度(℃) ≥ 1.81(MPa)	180	200	200	210
表面电阻率(Ω)	—	—	$1.9×10^{15}$	$1.0×10^{14}$
体积电阻率(Ω·m)	10^{12}	—	$6.6×10^{12}$	$1.0×10^{12}$
介电强度(MV/m) ≥	10	—	12	13
介电常数				3.0~3.5
介质损耗角正切 ≤ (1MHz)				$9.0×10^{-2}$
耐漏电起痕指数(V)			600	≥500
耐电弧性(S) ≥	180		180	
燃烧性(UL94)	V-0	—	FV-0	—
材料标准	沪 Q/HG13-605-1984	沪 Q/HG13-931-1990	Q/GTS001-1996	Q/GTS002-1998

32.　不饱和聚酯片状模塑料

玻璃纤维增强不饱和聚酯片状模塑料(SMC)的特点是成型收缩率低、流动性好、尺寸精度高、制品可设计性好、工艺简单、生产率高、力学性能和电绝缘性能优异。不饱和聚酯片状模塑料通常成卷状供应。其广泛用于通讯、电器、汽车、化工、生活用品等领域,如:汽车部件保险杆、电瓶托盘、车门窗、轮罩、前围板、散热器罩、举升门、背轮包、曲轴箱体、浴缸、防爆灯罩、电器绝缘器材等。

主要性能指标(GB/T15568-1995、Q/YST01-1997):

牌 号	GS1	GS-2	GS-3	SMC-1.5MC-2, SMC-3,SMC-4
纤维(%)	21~29	21~29	21~29	—
单位面积质量 (kg/m²)	3~1.2	3~1.2	3~1.2	—
弯曲强度(MPa)≥	170	125	100	170
冲击强度(kJ/m²)≥	60	45	35	90
收缩率(%)	0.25	0.25	0.25	≤0.15
相对密度				1.70~1.95
(1.81MPa)热变形温 度(℃)	—			≥1.5×10¹⁴

注:SMC-1~SMC-4型介电强度≥12MV/m,燃烧性为FV-0级,耐电弧性≥180s,耐漏电起痕指数≥600V。

33. 酚醛塑料粉

酚醛塑料粉俗称电木粉,其工艺性好且价格低廉,一般采用压缩模塑,传递模塑和注塑方法成型制件,其耐热性及电绝缘性较好,尺寸较稳定,坚硬耐磨,能耐大多数化学品;但不敌强碱和酚类物质的侵蚀,在高温使用中要产生腐蚀性气体。酚醛塑料粉可采用不同的改性树脂制备具有不同性能的酚醛塑料粉。如生产通用、电气、绝缘、高频、高电压、耐酸、耐湿热、抗冲击、耐磨损等类型品种。

主要性能指标（GB1404-1995）：

型号	PF2A1	PF2A2	PF2A3	PF2A4	PF2A5	PF2A6	PF1A2	PF2C3	PF1C4	PF2E2	PF2E3	PF2E4	PF2E5
相对密度 ≤	1.45	1.45	1.45	1.45	1.60	1.45	1.45	2.0	2.0	1.85	1.95	1.90	1.90
体积系数 ≤	3.0	3.0	3.0	3.0	3.0	3.0	3.0	4.0	3.0	3.0	4.0	3.0	3.0
吸水性（mg）≥	60	50	50	40	40	50	50	40	30	15	15	10	15
热变形温度（℃）≥（1.81MPa）	140	140	120	140	140	140	120	155	150	140	140	120	140
弯曲强度（MPa）≥	70	70	70	70	70	60	60	60	50	45	50	80	70
冲击强度（kJ/m²）≥ 缺口	1.5	1.5	1.5	1.5	1.5	1.8	1.3	2.0	1.0	1.0	1.3	1.5	1.5
冲击强度（kJ/m²）≥ 无缺口	6.0	6.0	6.0	6.0	6.0	8.0	6.0	3.5	3.5	2.0	3.0	5.0	6.0
介电强度（MV/m）≥（90℃）	—	3.5	3.5	3.5	3.5	3.5	3.5	2.0	2.0	5.8	5.8	7.0	5.8
绝缘电阻 Ω≥	—	1×10^8	1×10^{10}	1×10^9	1×10^8	1×10^8	1×10^{10}	1×10^8	1×10^8	1×10^{12}	1×10^{12}	1×10^{12}	1×10^{12}
介质损耗角正切 ≥（1MHz）	—	0.1	0.08	0.1	—	0.08	0.08	—	—	0.020	0.020	0.020	0.020
耐漏电起痕指数（V）≥	—	—	—	—	—	—	—	175	—	175	175	175	175

注：PF2A5 型的吸酸率≤0.5%，PF1A2 型的游离氨≤0.02%。

34. 玻璃纤维增强酚醛塑料

玻璃纤维增强酚醛塑料一般采用压缩模塑、传递模塑和注塑法成型制品。其特点是制品强度高，电绝缘性好、耐热性好，尺寸稳定、受热受力条件下不易变形，耐化学品腐蚀，但不成碱和酚类物质的侵蚀。玻璃纤维增强酚醛塑料因其品种不同，供应状态主要有乱纤维状、块状、棒状、单丝状、长纤维状、散状、粒状等。其主要用于力学性能要求较高，工作环境在200℃以下的电气、仪表绝缘零件、电机绝缘制品及结构零部件等。

主要性能指标：

型　号	FX-501	FX-502	FX-505	FX511	FX-513	FX-530
相对密度	1.65~1.85	1.70~1.85	1.78~1.88	1.70~1.80	1.70~1.80	1.70~1.85
收缩率(%) ≤	0.15	0.15	0.15	0.15	0.18	0.15
马丁温度(℃) ≥	280	280	150	200	200	250
吸水性(mg/cm²) ≤	20mg	20mg	1.00	0.50	0.50	0.2%
挥发物(%)	3.0~7.5	3.0~6.5	3.0~6.0	4.0~8.0	3.0~7.0	4.0~7.0
拉伸强度(MPa) ≥	130/80	150/300	147/78.5	147/88.3	127/98.1	147/98.1
冲击强度(无缺口)(kJ/m²) ≥	45	150	49,单值≥39	59,单值≥44	64,单值≥49	64
表面电阻率(Ω) ≥	1.0×10^{12}	1.0×10^{12}	—	1.0×10^{12}	—	1.0×10^{12}
体积电阻率(Ω·m) ≥	1.0×10^{10}	1.0×10^{10}	—	1.0×10^{10}	—	1.0×10^{10}
介电强度(MV/m)	14.0	14.0	—	13	—	13
材料标准	WJ 581-1995	WJ 582-1992	WJ 584-1978	Q/CLB-09·B-1984	Q/CLB-12·B-1984	Q/CCl-1984

注：FX-501 和 FX-502 型的介电常数≤7.0(1MHz)，介质损耗角正切≤0.04(1MHz)。FX-513 型的压缩强度≥98.1MPa，FX-530 型的压缩强度≥177MPa。

35. 改性聚芳烷基酚塑料

改性聚芳烷基酚塑料(GX 塑料)一般采用压缩模塑、传递模塑方法加工成型制品,亦可用于注塑成型。其工艺性能良好,较易制造薄壁和造型复杂的制品。其介电性能、热稳定性能、力学性能及耐烧蚀性能优良、吸水性小、尺寸稳定、收缩率低。但成型固化速度较酚醛塑料慢,需进行后烘处理,宜作 H、C 级绝缘材料,可模塑耐热、耐潮湿、耐烧蚀的绝缘制品,也可作高温结构及耐磨材料,可在 200℃ 环境中长期使用。改性聚芳烷基酚塑料供应状态为乱纤维状或定向纤维棒状。

主要性能指标(XQ/SB-02-1986):

型　号	GX-1	GX-2	GX-3	GX-4
弯曲强度(MPa) ≥	118	118	118	39.2
冲击强度(kJ/m²) ≥	58.8	58.8	58.8	4.4
相对密度	1.7~1.8	1.7~1.8	1.7~1.8	1.7~1.8
吸水性(mg/cm²) ≤ (24h)	0.4	0.4	0.4	0.4
收缩率(%) ≤ (标准试片)	0.16	0.16	0.16	0.5
马丁温度(℃) ≥	280	280	280	300
表面电阻率(Ω) ≥	1×10^{12}	1×10^{12}	1×10^{12}	1×10^{11}
体积电阻率/(Ω·m) ≥	1×10^{11}	1×10^{11}	1×10^{10}	1×10^{19}
介电强度/(MV/m)	13	13	12	4
耐烧蚀性(g/s) ≤ (2 500~3 000℃)			0.011	

36. 脲甲醛树脂氨基模塑料

脲甲醛树脂(UF)氨基模塑料俗称玉电粉。可采用模塑、注塑成型制件。其无味、无臭、鲜艳、有良好的机械性能和电绝缘性及耐电弧性、自熄性。可在70℃环境中长期使用，短期使用温度可达110～120℃。其成本低廉且有玉石感，适用于制作着色按钮、开关板、插座及电器零件，脲甲醛树脂氨基模塑料耐水性较差、易变形、老化、龟裂、不耐酸、不适合在湿热气候条件下使用，脲甲醛树脂氨基模塑料供应状态为粉状或粒状，颜色有白、黄、绿、蓝、红、棕、灰(黑)色。

主要性能指标：

型　号		UF$_1$P–A、UF$_1$G–A			UF$_1$I–C
		优等品	一等品	合格品	一级品
相对密度 ≤		—	—	—	1.5
比容积(ml/g) ≤		—	—	—	2.0
挥发物(%) ≤		4.0	4.0	4.0	4.0
收缩率(%)		0.6～1.0	0.6～1.0	0.6～1.0	≤0.5
马丁温度(℃) ≥		—	—	—	100
热变形温度(℃) ≥ (1.81MPa)		115	115	115	—
流动性(mm) (拉西格法)		140～200	140～200	140～200	≥190
冲击强度 (kJ/m^2) ≥	缺口	2.1	1.8	1.5	—
	无缺口	—	—	—	7.0
弯曲强度(MPa) ≥		80	80	80	90
介电强度(MV/m) ≥		—	—	—	10
表面电阻率(Ω) ≥		—	—	—	1×10^{12}
体积电阻率/(Ω·m) ≥		—	—	—	1×10^{11}
材料标准		GB13454–1992			沪Q/HG13–401 –1979

注：1. UF$_1$P–A、UF$_1$G–A 型的吸水性(冷水) ≤100mg。
　　2. UF$_1$P–A、UF$_1$G–A 型的耐沸水性表现为表面无糊烂现象，允许有轻微褪色，允许有轻微皱皮。UF$_1$I–C 型表现为在沸水中(标准片)煮30min 无糊烂褪色。

第六章 橡胶材料

橡胶分天然橡胶和合成橡胶两大类。天然橡胶是由橡胶树分泌的浆液制成,主要成分是聚异戊二烯,其抗张强度,回弹性及抗撕性比多数合成橡胶好,缺点是耐热老化性能和大气老化性较差,不耐油,不耐臭氧,不耐有机溶剂,易燃。合成橡胶是泛指以化学方法合成的橡胶,与天然标胶相比,合成橡胶的最大特点是其性能可随分子结构的调整而赋予多样化,能补充天然橡胶的不足。

天然橡胶的品种主要有天然生胶,烟胶片及干胶片,白绉及浅色绉胶片,杂胶绉胶片,中国标准橡胶,马来西亚标准橡胶,天甲橡胶,环氧化天然橡胶等;合成橡胶的品种主要有丁苯橡胶、丁基橡胶、乙丙橡胶、氯丁橡胶、丁腈橡胶、硅橡胶、氟橡胶等。

1. 天然生胶

天然生胶一般指固体天然橡胶,是从橡胶树上采集的胶乳经过凝固干燥等加工而制成的弹性固状物。其橡胶烃(聚异戊二烯)含量在 90% 以上,还含有少量的蛋白质,脂肪酸糖分及灰分等。

天然生胶的基本性能:相对密度(20℃)0.94,燃烧值 44.16 ~ 44.80MJ/kg,折射率(20℃)1.5222,介电常数 2.35 ~ 2.56,弹性横量 2 ~ 4MPa,体积电阻 $3 \times 10^{14} \Omega \cdot cm$。天然生胶无一定的熔点,在 130 ~ 140℃ 时软化,150 ~ 160℃ 时显著黏软,200℃ 左右开始降解,270℃ 则急剧分解。其常温下具有较高的弹性,略带塑性,温度降低则逐渐变硬,降过 0℃ 便逐渐结晶硬化,冷至 -70℃ 时变成脆性物质,硬而失去弹性。天然生脱系非极性橡胶,绝缘性能良好,尤以脱除蛋白质的橡胶为佳,体积电阻最高可达 $10^{17}\Omega cm$ 橡胶在高温条件下老化速度会变快,每升高 10℃ 速度,约增加 1 倍老化进程,当温度超过 130℃ 时,老化速度相当快,使用寿命大大缩短。

2. 烟胶片

烟胶片是指天然胶乳经加酸凝固,压片、熏烟干燥而制得的胶片。在标准橡胶出现之前,曾是用量最大,应用最广的一个品种,烟胶片采用外观分级法(GB8087-87)规定分为五个级,其是橡胶工业中常用的橡胶原料。广泛用于各种橡胶制品。如胶管、轮胎、胶带、胶布、胶硅以及日用、医用,文体制品等。

烟胶片纯胶配方硫化胶的基本性能:拉伸强度 30.6 ~ 32.7MPa,扯断伸长率743% ~764%,500% 定伸应力 5.4 ~ 6.4MPa,老化系数(100℃ × 24h)0.71 ~ 0.81。

3. 风干胶片

风干胶片是指以鳞胶乳为原料,加入化学催干剂,用酸凝固,压片后经风干、烘干(热空气干燥60℃)而成为胶片。风干胶片呈浅黄色,表面有菱形花纹,主要适用于制造轮胎及其他橡胶制品,因其颜色浅淡,特别适于制造白色,浅色及彩色橡胶制品。

风干胶片纯胶配方硫化胶的性能(142℃ ×20min):硬度(邵尔 A>34度),300% 定伸应力 1.5MPa,拉伸强度 252MPa,扯断伸长率 773%,永久变形 13%,老化系数(100℃×24h)0.99。

4. 白绉及浅色绉胶片

白绉及浅色绉胶片是以鲜胶乳做原料,经凝固、压片和空气干燥而制成的胶片,为胶园质量最高的绉片胶,颜色呈白色或浅色,按标准规定,白绉胶片分为两级。浅色绉胶分为四级。白绉及浅色绉胶片杂质较少,主要用于制造白色和浅色橡胶制品。白绉及浅色绉胶片的化学成分为:挥发分 0.2% ~ 0.9%、丙酮抽出物 2.2% ~ 2.5%、蛋白质 2.3% ~ 3.7%、灰分 0.1% ~ 0.9%、平均橡胶烃(聚异戊二烯)含量 93.6%。

5. 杂胶绉胶片

杂胶绉胶片呈褐色,主要包括胶杯凝胶,自凝胶块、胶线、皮屑胶、泥胶、浮渣胶、未熏烟胶片及碎胶等。杂胶绉胶片含杂质较多,质量较低,一般适用于制造性能要求较低的制品。

杂胶绉胶片的基本性能：

胶片名称	水溶物	灰分	丙酮抽出物	蛋白质	拉伸伸度长率（MPa）	扯断强度（%）	老化系数
	（%）						
杯凝胶	0.502	0.460	2.00	2.93	22.2	854	0.87
胶块	0.820	0.662	2.16	3.47	26.0	807	0.33
胶线	0.380	0.772	2.59	3.97	16.5	815	0.88
泥胶	0.363	3.509	2.21	3.20	15.7	768	0.28

注：老化系数是按 24 小时和 100℃ 温度条件下计算的。

6. 中国标准橡胶（SCR）

中国标准橡胶生产周期短，产品质量稳定，规模大，生产采中，机械化程度较高，不用塑炼，使用方便，其可代替烟胶片，主要用于制造轮胎、胶管、胶带、胶布等多种橡胶制品。中国标准橡胶可分为四个级别，其相应的最低质量规定为：

质量指标名称	级别的极限值			
	5 号	10 号	20 号	50 号
杂质含量（m/m）≤（%）	0.05	0.10	0.20	0.50
塑性初值（po）≥	30	30	30	30
塑料保持指数≥	60	50	40	30
氧含量（m/m）≤（%）	0.6	0.6	0.6	0.6
挥发物含量（m/m）≤（%）	1.0	1.0	1.0	1.0
灰分含量（m/m）≤（%）	0.6	0.75	1.0	1.5

注：对原浓度凝固橡胶，其氮含量不应超过 0.7%（m/m），其挥发物和灰分含量均不应超过 1.5%（m/m），比值可与有关单位协商确定。

不同造粒方法的标准橡胶纯胶和硫化胶性能：

造粒方法	拉伸强度	500%定伸应力	扯断伸长率	老化系数
	MPa		（%）	（100℃×24h）
剪切法	31.2	769	5.2	0.69
锤磨法	24.0	845	3.1	0.94
挤压法	25.8	785	3.7	0.82

7. 马来西亚标准橡胶（SMR）

马来西亚标准橡胶根据 ISO 标准检验，其主要基本性能：

品　　种	胶乳				胶片原料	掺和	胶园级原料		
型号	SMR CV （黏度固定）	SMR LV	SMR L	SMR WF	SMR 5 （黏度固定）	SMR GP	SMR 10	SMR 20	SMR 50
杂质含量（%）（重量）≤	0.03	0.03	0.03	0.03	0.05	0.10	0.10	0.20	0.50
灰分含量（%）（重量）≤	0.50	0.60	0.50	0.50	0.60	0.75	0.75	1.00	0.60
氮含量（%）（重量）≤	0.60	0.60	0.60	0.60	0.60	0.60	0.60	0.60	0.60
挥发物（%）（重量）≤	0.80	0.80	0.80	0.80	0.80	0.80	0.80	0.80	0.80
塑性初值（重量）≥	–	–	30	30	30	30	30	30	30
塑性保持率（%）≥	60	60	60	60	60	50	50	40	30
颜色　胶色识别带	黑	黑	淡青	淡青	淡青	蓝	褐	红	黄
颜色　塑料包装	透明	透明	透明	透明	透明	透明	透明	透明	透明
颜色　塑料带	橙	深红	透明	白色不透明					

注：1. SMRLV 的控制丙酮抽出物为 6%～8%（重量）。

　　2. 杂质含量是指留在 44μm 筛网中的杂质含量。

8. 印度尼西亚标准橡胶（SIR）

印度尼西亚标准橡胶的性能项目中没有氮含量指标（认为天然胶是

天然产物,在制胶过程中没有掺入胶清橡胶,不必规定氮含量),其主要基本性能:

型号	5CV	5LV	5L	5	10	20	50
杂质(%)(重量)≤	0.05	0.05	0.05	0.05	0.10	0.20	0.50
灰分(%)(重量)≤	0.5	0.5	0.5	0.5	0.75	1.00	1.50
挥发物(%)(重量)≤	1.0	1.0	1.0	1.0	1.0	1.0	1.0
塑性保持率≥	–	–	60	60	50	40	30
塑性初值≥	–	–	30	30	30	30	30
丙酮抽出物(%)	–	–	6~8	–	–	–	–

9. 印度标准橡胶(ISNR)

印度标准橡胶的基本性能为:

型号	5号	专用5号	10号	20号	50号
杂质(%)(重量)≤	0.05	0.05	0.10	0.20	0.50
挥发物(%)(重量)≤	1.00	1.00	1.00	1.00	1.00
灰分(%)(重量)≤	0.60	0.60	0.75	1.00	1.50
氮含量(%)(重量)≤	0.70	0.70	0.70	0.70	0.70
塑性初值≥	30	30		30	30
塑性保持率(%)≥	60	80	50	40	30

10. 耐电生胶

耐电生胶亦称纯化天然橡胶,是在制胶过程中尽量除去橡胶中的蛋白质及其他非橡胶成分后获得的一种较高纯度的橡胶。

耐电生胶的特点是含蛋白质和水溶物质较少,产品在大气中或水中吸收水分都非常少,更具耐电性能,特别适合制造电工专用的耐电胶靴、手套、高级医疗制品,以及水中、地下电缆等。

11. 轮胎橡胶

轮胎橡胶是马来西亚橡胶院研制的一种专供用于轮胎工业使用的一种橡胶,其由高、中、低级橡胶原料掺和及再增增塑剂制成,价格较为便宜。

轮胎橡胶的基本性能:门尼黏度较低,$ML_{1+4}^{100℃}$ 为 $60±5$,贮存硬化速度慢,具有恒粘橡胶的特性,结晶速度慢(为普通生胶时间的一半),硫化胶性能与一般干混胶基本相同。

12. 胶清橡胶

胶清橡胶是用离心法将从浓缩胶乳中分离出来的胶清(乳清)经过凝固,造粒或压片,干燥而制成,因制作方法不同,可分为胶清烟胶片、胶清绉胶片和胶清颗粒胶。胶清橡胶硫化速度快,易焦烧,抗老化性能差,贮存中易霉变,故通常多与其他天然橡胶或合成橡胶并用,制造低级橡胶产品。

胶清橡胶的基本性能:

品　种	胶清烟胶片	胶清绉胶片	烟胶片(供对比)
相对密度	0.99	1.00	0.94
硬度(邵尔 A)	59	53	39
300%定伸应力(MPa)	4.6	3.0	1.2
拉伸强度(MPa)	31.1	29.7	20.0
扯断伸长率(%)	730	732	813
回弹率(%)	61	—	67
老化系数(70℃ · 72h)	0.55		0.97

13. 环氧化天然橡胶

环氧化天然橡胶是天然胶乳通过过甲酸法或溴醇法或过氧化氢法制造而成。其特点是抓着力强,防滑性好,可用作胎面胶。环氧化天然橡胶气密性能好,当环氧程度达到 75% 时,气密性与丁基胶相同,可用于内胎或无内胎密封层。环氧化天然橡胶耐油性好,可用作耐油制品。环氧化橡胶可使用普通配方,其硫化(在 150℃ 下硫化)胶的强伸性能比普通天然胶高,弹性相等。其压缩变形随环氧化程度提高呈正比增大。

14. 氯化天然橡胶

氯化天然橡胶是天然橡胶通入氯气进行氯化,经相应的制作工艺最后干燥制成成品。其系白色粉末,无毒、无味、无臭,相对密度 1.5 ~ 1.7,当含氯为 40% ~ 45% 时,其柔软富有黏性,但不稳定;当含氯为 50% ~ 54% 时,其呈固体状且较硬,仍不稳定;当含氯为 54% ~ 65% 时,其性能比较稳定。氯化天然橡胶主要用作黏合剂,黏合对象有橡胶、皮革、木材、织物、塑料、金属等,亦可黏合耐酸碱、耐老化、耐海水腐蚀的制品。

氯化天然橡胶可溶于苯、二甲苯、四氯化碳、三氯乙烷、石脑油、煤焦油、乙酸乙酯、乙酸丁酯、环己醇酯、醚及四氢化萘等。氯化天然橡胶不可溶于脂肪酸、水、汽油、松节油、矿物油及酒精。

15. 天甲橡胶

天甲橡胶是天然橡胶与甲基丙烯酸甲酯的接枝共聚物。天甲橡胶有两种:一种含甲基丙烯酸甲酯 49%(MG49),另一种含甲基丙烯酸甲酯 30%(MG30),天甲橡胶主要用于制造要求耐冲击性的坚硬制品,合成纤维与橡胶黏合的强力黏合剂等。

天甲橡胶的基本性能是:硬度较大、黏着性好、抗冲击性强、耐屈挠龟裂及动态疲劳。

16. 天然胶乳

天然胶乳是由植物的代谢作用生成的产物,是指橡胶树经割胶流出的中性乳白色液体。其由橡胶烃(聚异戊二烯),水和非橡胶成分(蛋白质、树脂等)组成,其中橡胶烃占 30% ~ 38%,水分占 55% ~ 64%,天然胶乳的主要用途是制作浓缩胶乳,以供各方面对纯胶和非纯胶胶乳制品的需要,再一用途是制成干胶,即固体橡胶,以供各方面对橡胶制品的要求。

天然胶乳因受地理环境、树种、树龄、收割季节等因素的影响,其胶质亦有所差异。其规格大致变化范围为:总固物 37.5% ~ 41.0%,干胶含量 34.6% ~ 37.5%,KOH 值 1.2 ~ 1.5,氨含量 0.8% ~ 1.0%,水溶物(指干胶)3.0 ~ 7.0%,最高含铜量 0.001%,pH10.0 ~ 10.6,黏度 4.0 ~ 5.5 × 10^{-3} Pa·s,表面张力 33 ~ 36 × 10^{-5} N/cm,灰分(对总固物)0.7% ~ 0.9%,丙酮抽出物(指干胶)2.0% ~ 8.0%,最高含锰量 0.0005%。

17. 丁苯橡胶

丁苯橡胶的成分是丁二烯和适量苯乙烯,一般与天然橡胶按 1:1 比例混合使用,其主要用作电线电缆的绝缘材料,电压等的为 6kV。

丁苯橡胶的基本性能:比重 0.94,硬度(邵氏)35 ~ 100,脆化温度 -30 ~ 60℃,长期工作温度 65 ~ 70℃,耐辐照剂量 10^6 ard,不加补强剂和填料的抗张强度 1.4 ~ 2.8MPa,加补强剂的抗张强度 17.2 ~ 24MPa,伸长率(不加补强剂和填料)400% ~ 800%,体积电阻率 10^{15} Ω·cm,瞬时击穿强度大于 20kV/mm,相对介电系数 2.9(10^3 Hz),介质损耗角正切 0.0032(10^3 Hz),导热系数 29.3 × 10^{-4} J/(cm·s·℃),具有回弹性和抗撕性;抗压缩变形及耐磨性与耐碱性良好,可耐浓酸,耐溶剂性能差,耐水性好,耐阻燃性差。

18. 丁基橡胶

丁基橡胶对氧和臭氧的作用稳定,与丁苯橡胶相比,具有优良的耐热性、耐电晕性、耐大气老化性及其他电气性能,其为异丁烯的聚合物,主要用作电力电缆,控制电缆、船用电缆及高压电机的引接线用绝缘材料,丁基橡胶适用户外使用,但不宜与矿物油和溶剂直接接触,电压等的可达 35kV。

丁基橡胶的基本性能:比重 0.91,硬度(邵氏)15 ~ 75,脆化温度 -40 ~ -55℃,长期工作温度 80 ~ 85℃,耐辐照剂量 10^6 ard,不加补强剂和填料的抗张强度 9.8 ~ 12.7,加补强剂抗张强度 9.8 ~ 19^6,伸长率(不加补强剂和填料)400% ~800%,体积电阻率 10^{16} ~ $10^{17}\Omega\cdot cm$,瞬间击穿强度 25 ~ 30kV/mm,相对介电系数 2.1 ~ 2.4(10^3Hz),价质损耗正角正切 0.003 (10^3Hz),导热系数 8.4×10^{-4}J/(cm·s·℃),具抗压缩变形性能,耐磨、抗撕、耐酸、耐碱、耐水及耐臭氧性能良好,回弹、耐溶剂及阻燃性差。

19. 乙丙橡胶

乙柄橡胶的成分是乙烯和丙烯,其电气性能优良,机械性能较差,主要用作电力电缆、控制电缆、电焊机电缆、电机引接线、点火线及日用电线等的绝缘,用作绝缘时需加护套,乙丙橡胶亦用于电缆的联接盒和终端盒的绝缘。

乙柄橡胶的基本性能:比重 0.8b,硬度(邵氏)30 ~ 90,脆化温度 -40 ~ -60℃,长期工作温度 80 ~ 90℃,不加补强剂和填料的抗张强度 1.4 ~ 3.4MPa,加补强剂的抗张强度 9.8 ~ 24MPa,伸长率(不加补强剂和填料) 300% ~800%,体积电阻率 10^{15} ~ $10^{16}\Omega\cdot cm$,瞬间击穿强度 30 ~ 40kV/mm,相对介电系数 3.0 ~ 3.5(10^3Hz),其具有回弹性能,抗压缩变形,抗撕、耐磨、耐酸、耐碱、耐水、耐阳光的性能良好,耐溶剂及阻燃性差,对氧的稳定性能优良。

20. 氯丁橡胶

氯丁橡胶为氯丁二烯的聚合物,其电性能较其他合成橡胶低,但机械性能则较高。氯丁橡胶可长期用于户外,并能在与矿物油直接接触使用,尤其适用于煤矿电缆、航空电线及船用电缆等。氯丁橡胶亦是电线电缆的护套的理想材料。氯丁橡胶可分为 G 型(硫改性)、W 型(非硫改性)和特殊类型(用作胶粘剂)三类。

氯丁橡胶的基本性能:比量 1.23 ~ 1.25,硬度(邵氏)20 ~ 95,脆化温度 -35 ~ -55℃,长期工作温度 70 ~ 80℃,耐辐照剂量 10^7 ard,不加补强剂和填料的抗张强度大于 14.7MPa,加补强剂的抗张强度 20.6 ~ 24MPa,伸长率(不加补强剂和填料)400% ~ 900%,体积电阻率 10^{10} ~ $10^{11}\Omega\cdot cm$,瞬间击穿强度 10 ~ 20kV·mm,相对介电系数 7.5 ~ 9.0(10^3Hz),介质损耗角正切 0.03(10³Hz),导热系数 20.9×10⁻⁴J/(cm·s·℃),氯丁橡胶具有抗压缩变形性能、回弹、抗撕、耐磨、耐酸、耐碱、耐水、耐阳光,阻燃及对氧稳定的性能良好,对氧烃耐溶剂性差。

21. 丁腈橡胶

丁腈橡胶的成分是丁二烯和丙烯腈,在调整丙烯腈含量的比重下,可制成不同性能和不同型号的制品。其耐油性能和耐溶剂性能优良,适用于作油矿电缆护套及电机、电器的引接线绝缘,但不宜用于户外。

丁腈橡胶的基本性能:比重 0.96~1.02,硬度(邵氏)10~100,脆化温度-15.1~-40℃,长期工作温度 80~85℃,不加补强剂和填料的抗张强度 3.4~6.2MPa,加补强剂的抗张强度 15.1~30.9MPa,伸长率(不加补强剂和填料)450%~700%,体积电阻率 $10^{10}\Omega\cdot cm$,瞬时击穿强度 15~20kV.mm,相对介电系数 13.0(10³Hz),介质损耗角正切 0.055(10³Hz),导热系数 12.6×10⁻⁴J/(cm·s·℃),其具有回弹性和耐碱性及对氧的稳定性,抗撕、抗压缩变形、耐磨、耐酸、耐水性能良好,阻燃、耐臭氧及耐阳光性差。

22. 氯磺化聚乙烯

氯磺化聚乙烯是聚乙烯与氯、二氧化硫的反应产物。其电气性能,耐大气老化性能、耐热老化性能、耐化学药品侵蚀等都优于氯、丁橡胶、耐稀硫酸、稀苛性钠溶液和强氧化剂的性能更为优越。其耐寒性较差。氯磺化聚乙烯主要用于电气机车和内燃机车电缆以及电焊机电缆的护层材料。亦用于高压电机、汽车引火线和电压等作为 2kV 以下的电线绝缘。氯磺化聚乙烯生产的护套可长期用于户外,可与矿物油和植物油接触。

氯磺化聚乙烯的基本性能:比重 1.12~1.28,硬度(邵氏)40~95,脆化温度 -40~-60℃,长期工作温度 90~105℃,耐辐射照剂量 5×10⁷ ard,不加补强剂和填料的抗张强度 8.3~24MPa,加补强剂的抗张强度 20.6MPa,伸长率(不加补强剂和填料)100%~600%,体积电阻率 $10^{14}\Omega\cdot cm$,瞬时击穿强度 15~20kV/mm,相对介系数 7.0~10(10³Hz),介质损耗角正切 0.03~

0.07(10³Hz),其具有回弹、抗撕、抗压缩变形性能、耐磨、耐酸、耐碱、耐水、耐阳光、阻燃及对氧的稳定性能良好。

23. 氯化聚乙烯

氯化聚乙烯是聚乙烯和氯的生成物,其具有优良的耐大气老化,耐臭氧及耐电量等性能。体积电阻较低,适用于矿用电缆、电力电缆、控制电缆及汽车点火线和电焊机电缆的护套层材料,经与聚乙烯掺和后可用作电力电缆、照明电线、电机、电器的引接线和电话听筒线的绝缘材料。

氯化聚乙烯的基本性能:比重1.16～1.32,长期工作温度90～105℃,耐辐照剂量5×10⁷ard,加补强剂的抗张强度大于14.7MPa,伸长率(不加补强剂和填料)400～500Ω·cm,瞬时击穿强度10¹²～10¹³kV/mm,相对介电系数15～20(10³Hz),介质损耗角正切7.0～10(10³Hz),导热系数0.01～0.03J/(cm·s·℃),其具有回弹、抗压缩变形性能、耐磨、耐酸、耐碱、抗撕、耐水、耐阻燃、耐臭氧、耐阳光及对氧的稳定性能优良、耐溶剂性(氯烃除外)良好。

24. 硅橡胶

硅橡胶是指分子主链中含硅氧键,经硫化后具有弹性的有机硅聚合物,有加热硫化型和室温硫化型两类。前者抗张强度和耐热性能好于后者,主要用作船用控制电缆、电力电缆及航空电线的绝缘,亦用作F～H的电机、电器的引接线绝缘。自黏性硅橡胶带及玻璃布带可作高压电机的耐热配套绝缘材料。模压成型的硅橡胶可作中型高压电机的主绝缘,硅橡胶收缩管可用于电线的联接、终端及部件的绝缘。室温硫化型硅橡胶主要应用在电子、电器及航空等部门做密封、包裹、胶粘、绝缘和保护材料。

硅橡胶的基本性能:比重0.97,硬度(邵氏)30～80,脆化温度–70～–115℃,长期工作温度180～200℃,耐辐照剂量10⁸ard,不加补强剂和填料的抗张强度大于0.3MPa,加补强剂的抗张强度4.1～12.4MPa,伸长率(不加补强剂和填料)200%～800%,体积电阻率10¹¹～10¹³Ω·cm,瞬时击穿强度 20～30kV/mm,相对介电系数 3.0～3.5(10^3Hz),介质损耗角正切 0.001～0.01(10^3Hz),导热系数 25.1×10^{-4}J/(cm. s. ℃),其耐酸、耐水、耐阳光、耐臭氧及对氧的稳定性能优良,耐磨耐碱性能较差或一般。

25. 氟橡胶

氟橡胶具有优良的耐油、耐有机溶剂和耐化学药品侵蚀的性能,有很高的耐热性能,耐臭氧性和耐大气老化性也很好。但在高温下机械性能降落幅度较大,耐寒性差,对高温水蒸气不够稳定。其主要用作物种电线电缆的护套材料,适用于高温或有机溶剂、化学药品侵蚀的场合。

氟橡胶的基本性能:比重 1.85,硬度(邵氏)50～60,脆化温度-34～45℃,长期工作温度 200℃,耐辐照剂量 10^6～10^7ard,抗张强度大于 13.7MPa,伸长率(不加补强剂和填料)100%～500%,瞬时击穿强度 20～25kV/mm,体积电阻率 10^{12}～10^{13} Ω·cm,介质损耗角正切 0.3～0.4(10^3Hz),其具有回弹和抗撕性能。

第七章　绝缘材料

绝缘材料又称电介质。它是在直流电压作用下,只有微小的电流通过,其电阻率大于 $10^7 M\Omega \cdot m$。电气设备中,绝缘材料起着隔离不同电位的带电导体的作用。

1. 电气绝缘材料产品型号编制方法（JB/T2197–1996）

（1）电气绝缘材料产品型号组成结构

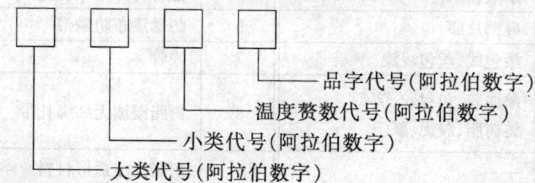

品字代号(阿拉伯数字)

温度赞数代号(阿拉伯数字)

小类代号(阿拉伯数字)

大类代号(阿拉伯数字)

（根据产品划分品种的需要,可以在型号后附加英文字母或用连字符号后接阿拉伯数字来表示不同的品种）

（2）电气绝缘材料产品的大类代号

代号	类别名称	代号	类别名称
1	漆、可聚合树脂和胶	5	云母制品
2	树脂浸渍纤维制品	6	薄膜、粘带和柔软复合材料
3	真空压力浸胶、引拔制品层压、卷绕制品	7	纤维制品
4	横塑料	8	绝缘液体

（3）电气绝缘材料产品的小类代号

a. 漆、可聚合树脂和胶代号　　**b. 树脂浸渍纤维制品代号**

代号	小类名称	代号	小类名称
0	有溶剂漆	0	棉纤维漆布
1	无溶剂可聚合树脂	1	——
2	覆盖、防晕和半导电漆	2	漆绸
3	硬质覆盖漆和瓷漆	3	合成纤维漆布、上胶布
4	胶粘漆、树脂	4	玻璃纤维漆布、上胶布
5	熔敷粉末	5	混纺纤维漆布、上胶布
6	硅钢片漆	6	防晕漆布防晕带
7	漆包线、丝包线漆	7	漆管
8	灌注胶、包封胶、浇铸树脂、胶泥、腻子	8	树脂浸渍无纬绑扎带
9	——	9	树脂浸渍适形材料

c. 层压、卷绕、真空压力浸胶和引拔制品代号　**d. 模塑料代号**

代号	小类名称	代号	小类名称
0	有机底材层压板	0	木粉填料为主的模塑料
1	真空压力浸胶制品	1	其他有机填料为主的模塑料
2	无机底材层压板	2	石棉填料为主的模塑料
3	防晕板和导磁层压板	3	玻璃纤维填料为主的塑料
4	——	4	云母填料为主的模塑料
5	有机座材层压管	5	其他有机填料为主的模塑料
6	无机底材层压管	6	无填料塑料
7	有机座材层压棒	7	——
8	无机底材层压棒	8	——
9	引拔制品	9	——

e. 云母制品代号

代号	小类名称
0	云母纸
1	柔软云母纸
2	塑型云母纸
3	——
4	云母带
5	换向器云母板
6	电热设备用云母板
7	衬垫云母板
8	云母箔
9	云母管

f. 薄膜、粘带和柔软复合材料代号

代号	小类名称
0	薄膜
1	薄膜上胶带
2	薄膜粘带
3	织物粘带
4	树脂浸渍柔软复合材料
5	薄膜绝缘纸柔软复合材料 薄膜漆布柔软复合材料
6	薄膜合成纤维纸柔软复合材料、薄膜合成纤维非织布柔软复合材料
7	多种材质柔软复合材料
8	
9	

g. 纤维制品代号

代号	小类名称
0	非织布
1	合成纤维纸
2	绝缘纸
3	绝缘纸板
4	玻璃纤维制品
5	纤维毡
6	
7	
8	
9	

h. 绝缘液体代号

代号	小类名称
0	合成芳香烃绝缘液体
1	有机硅绝缘液体
2	
3	
4	
5	
6	
7	
8	
9	

注:以上表中空号留供以后新型材料使用。

(4) 电气绝缘材料产品的温度指数代号

代　号	1	2	3	4	5	6	7
温度指数(℃) (不低于)	105	120	130	155	180	200	200

(5) 电气绝缘材料产品的品种代号

电气绝缘材料的基本分类单元为品种,同一品种产品的组成基本机相同。电气绝缘材料的品种代号用一位阿拉伯数字表示。

2. 绝缘材料的命名原则

绝缘材料的命名原则是:按产品大类、小类名称命名,允许在此基础上加上能反映该产品主要组成、工艺特征、特性或特定应用范围的修饰语,在只叙述一个品种的场合,应在产品名称前冠以产品型号。

a. 漆、树脂及胶类产品的命名
依序——主要化学组成、修饰语(可写在主要化学组成前)类别名称。
　　　例:1730 聚酯漆包线

b. 树脂浸渍纤维制品类产品的命名
依序——浸渍树脂名称、底材名称、修饰语(可写在底材名称或浸渍
　　　树脂名称前),类别名称。例:硅树脂自熄玻璃纤维漆管。

c. 层压、卷绕、真空压力浸胶及引拔制品的命名
依序——树脂名称、底材名称、修饰语(可写在底名称或树脂名称
　　　前),类别名称。例:3240 环氧酚醛层压玻璃布板。

d. 模塑料类产品的命名
依序——树脂名称、主要填料名称、修饰语(可写在主要填料名称或
　　　树脂名称前)、类别名称。例:有机硅石棉模塑料

e. 云母制品类产品的命名
依序——胶粘剂名称、补强材料名称、修饰语(可写在补强材料或胶
　　　粘剂名称前)、类别名称。例:5438-1 环氧玻璃粉云母带

f. 薄膜类产品的命名
依序——主要化学组成,修饰语(可写在主要化学组成前)、类别名
　　　称。例:6010 电容器用聚丙烯薄膜。

g. 粘带类产品的命名

依序——底材名称、胶粘剂名称、修饰语(可写在胶粘剂或底材名称前)、类别名称。例:聚酰亚胺薄膜有机硅压敏粘带。

h. 柔软复合材料类产品的命名

依序——基材1、基材2……,修饰语(可写在基材1之前)、类别名称。例:6640 聚酰亚胺薄膜聚芳酰胺纤维纸柔软复合材料。

i. 纤维制品类产品的命名

依序——纤维名称、修饰语(可写在纤维名称前)、类别名称。例:7030 电气绝缘聚酯纤维非织布。

（注:用植物纤维制造绝缘纸和绝缘纸板可以不写纤维名称)

j. 绝缘液体类产品的命名

依序——主要化学成分、修饰语(可写在主要化学组成分前)、类别名称。例:二芳基乙烷绝缘液体。

3. 绝缘材料的耐热等级及允许工作温度

耐热等级	Y	A	E	B	F	H	C
允许工作温度(℃)	90	105	120	130	155	180	>180

4. 绝缘漆

绝缘漆是指具有良好的绝缘性能的漆。主要是由合成树脂或天然树脂、沥青等为漆基与某些辅助材料所组成。其能在一定条件下固化成绝缘膜,或绝缘整体形式,对涂敷的电器零部件提供电气的、机械的和环境的保护。绝缘漆按其使用范围及形态分为浸渍绝缘漆、覆盖绝缘漆、硅钢电片绝缘漆、防电晕绝缘漆,漆包线绝缘漆,电阻电容器漆等。

(1)聚氨酯绝缘漆

聚氨酯绝缘漆的基本组成有:组分一——聚酯;组分二——三羟甲基丙烷二异氰酸酯加成物。其漆膜光亮致密,柔韧,电绝缘性能及耐潮湿性能良好,可用浸涂、喷涂及刷涂工艺方法施工,该漆适用于电器产品印制电路板。

主要性能指标及供应状态：

牌　　　号		S31－11
电气强度 （MV/m）	常态	≥70
	浸水后	≥35
体积电阻率 （MΩ·m）	常态	≥1×10⁶
	受潮相对湿度95%～98%， 40±2℃24h	≥1×10⁴
附着力（划圈法）		≤2级
热弹性（h）（80±2℃）		≥100
耐油性（浸25±2℃变压器油中24h）		漆膜无变化
柔韧性（mm）		1
黏度（s）（4号杯式黏度计）		15～60
干烃时间 （90±2℃）	第一层（min）	30～40
	第二层（h）	5
外观		黄棕色透明液体
供应状态		双分组、分装供应

注：材料标准为津Q/HG3874–1991。

（2）聚酯无溶剂浸渍树脂

聚酯无溶剂浸渍树脂是由聚酯树脂、固化剂和活性稀释剂等组成。其特点是固化快，黏度随温度变化快，流动性和浸透性好、绝缘整体性好、固化过程挥发物少，适用B级绝缘电气电机定子线圈连续沉浸工艺。

主要性能指标及供应状态：

牌　　　号	114
黏度（S）（4号杯式黏度计）（25℃）	≤25
胶凝时间（min）	≤12±3（100+2℃）
电气强度（常态）（MV/m）	15

续表

牌　　号		114
体积电阻率 （MΩ·m）	常态	$\geqslant 1\times 10^{6}$
	浸水 24h 后	$\geqslant 1\times 10^{4}$
	热态	$\geqslant 1\times 10^{1}$（130±2℃）
黏结力（N）		$\geqslant 60$
供应状态		由 A、B 二组分组成供应

（3）环氧酯绝缘漆

环氧酯绝缘漆的基本组成有环氧树脂与干性植物油酸的酯化聚合物、二甲苯、丁醇，其漆膜电气性能及耐化学气体腐蚀和耐潮性能好，在室温空气中干燥快，可用于喷涂、刷涂和浸涂工艺方法施工，环氧酯绝缘漆适用于 E 级绝缘电机，电器产品的绝缘涂敷。

主要性能指标及供应状态：

牌　　号		H31-3
电气强度 （MV/m）	常态	$\geqslant 30$
	浸水后	$\geqslant 8$
固体分（%）		$\geqslant 45$
酸值（mg/g）（以 KOH 计）		$\leqslant 15$
黏度（S）（4 号杯式黏度计）		$50\sim 70$
干燥时间 （h）	室温（25±1℃）	$\leqslant 24$
	烘烤（60±2℃）	$\leqslant 2$
外观		黄褐色透明液体、无杂质
供应状态		以单组分液态供应

注：材料标准 Q/GHTD149-1998。

(4)灰环氧酯烘干绝缘漆

灰环氧酯烘干绝缘漆的基本组成有环氧树脂与干性植物油酸的酯化聚合物,氨基树脂、颜料、防霉剂、二甲苯、丁醇,其漆膜具有良好的防霉性及附着力,耐油性和耐湿垫性较好,且可耐腐蚀性气体,适用于涂敷 B 级绝缘湿热带电机、电器绕组以及机器零部件的绝缘防霉等。

主要性能指标及供应状态:

牌　　　号		H31-54
电气强度 (MV/m)	常态	≥50
	浸水后	≥20
体积电阻 率(MΩ·m)	常态	$\geqslant 1.0 \times 10^5$
	浸水后	$\geqslant 1.0 \times 10^3$
固体分(%)		≥55
细度(μm)		≤30
耐油性(浸 105±2℃变压器油中 24h)		漆膜无起泡,不脱落
热弹性(h)(105±2℃)		≥10
吸水率(%)(蒸馏水中 24h)		≤3
长霉菌等级		≤1 级
黏度(S)(4 号杯式黏度计 25±1℃)		40~70
干燥时间(h)(120±2℃)		≤20
外观		灰色,漆膜光滑、平整
供应状态		以单组分液态供应

注:材料标准 Q/GHTD196-1997。

(5)聚酯烘干绝缘漆

聚酯烘干绝缘漆的基本组成有耐高温聚酯、特种烘干绝缘漆。其具有耐高温,固化快、电气性能好的特点,适用于 F、H 级电机、电器产品的绝缘处理。

主要性能指标及供应状态：

牌　　号		Z30-14
电气强度 （MV/m）	常态	≥60
	浸水（23±2℃,24h）	≥30
体积电阻率 （MΩ·m）	常态	≥1.0×10^6
	浸水（23±2℃,24h）	≥1.0×10^4
固体分（%）（2g 试样 130±5℃,2h）		≥45
弹性（180±5℃,50h）		漆膜不开裂
酸值（mg/g）（以 KOH 计）		≤10
耐油性（在 130±2℃变压器油中 24h）		漆膜不起泡，无脱落
黏度（S）（4 号杯式黏度计）		25～45
漆膜干燥时间（h）（130±2℃）		≤2
外观		褐色透明液体，无杂质
供应状态		以单组分液态供应

注：材料标准 Q/GHTD198-1998。

（6）有机硅烘干绝缘漆

有机硅烘干绝缘漆的基本组成是聚酯改性有机硅树脂，经配制而成。其具有良好的耐热性能，电气性能及黏结浸渍能力。适用于制造单或双玻璃包的电磁线及经加工的层压制品的表面绝缘涂覆。亦适用于 H 级电机电器产品线圈绕组浸渍绝缘等。

主要性能指标及供应状态：

牌　　号		W30-13
电气强度 （MV/m）	常态	≥60
	受潮（24h,25+1℃） 相对湿度 95±3%	≥30
	热态（200±5℃）	≥25

续表

牌 号		W30-13
体积电阻率(MΩ·m)	常态	$\geq 1.0\times10^5$
	受潮(24h)	$\geq 1.0\times10^3$
	热态(200±5℃)	$\geq 1.0\times10^3$
固体分(%)(180±2℃)		≥ 60
耐热性(200±5℃,50h)		通过试验
黏度(S)(4号杯式黏度计25±1℃)		40~90
干燥时间(min)(200±5℃)		≤ 15
外观		黄至褐色透明液体,有轻微乳光,无杂质
供应状态		以单组分液态供应

注:材料标准 Q/XQ0153-1991。

(7)氨基烘干绝缘漆

氨基烘干绝缘漆的基本组成有油改性醇酸树脂、氨基树脂、二甲苯、丁醇,经配制而成。A30-11型耐热、耐潮、电气性能及附着力较高,且有耐化学气体腐蚀特性,属B级绝缘材料,A30-T2具有较好的耐油、耐电弧及附着力性能,属B级绝缘材料,氨基烘干绝缘漆主要用于电机、电器、变压器等线圈浸渍绝缘。

主要性能指标及供应状态:

牌 号		A30-11	A30-12
电气强度(MV/m)	常态	≥ 70	≥ 70
	浸水(24h)	≥ 40	≥ 30
体积电阻率(MΩ·m)	常态	$\geq 1.0\times10^5$	$\geq 1.0\times10^5$
	浸水(24h)	$\geq 1.0\times10^4$	$\geq 1.0\times10^3$
固体分(%)(120±2℃.2h)		≥ 45	≥ 45
酸值(mg/g)(以KOH计)		≤ 8	≤ 12

续表

牌　　号	A30-11	A30-12
耐热性(150±2℃)	不开裂(30h后通过3mm芯轴弯曲)	≥24
耐油性(浸105±2℃变压器油中24h)	漆膜不起泡,不脱落	漆膜不起泡,不脱落
黏度(S)(4号杯式黏度计)	25~45	25~55
干燥时间(h)(105±2℃)	≤2	≤2
厚层干燥性(h)(105±2℃)	8	30
外观	黄褐色,透明液体无机械杂质	浅黄色至褐色透明液体,无机械杂质
供应状态	以单组分液态供应	

注:材料标准 HG/T3371-1987,Q/×Q0059-1991。

(8)氨基醇酸硅钢片漆

氨基醇酸硅钢片漆的基本组成有醇酸树脂,改性三聚氰胺树脂,二甲苯、丁醇、其漆膜电气性能好、干燥温度低,适用于 B 级及多种电机、电器的硅钢片的绝缘涂敷。

主要性能指标及供应状态:

牌　　号		132
黏度(S)(涂-4黏度计)		≥20
固体分(%)(105±2℃,2h)		52±3
耐油性(h)(105±2℃变压油中)		≥24
体积电阻率(MΩ·m)		$\geq 1 \times 10^5$
耐湿热性(40±2℃相对湿度95%±3%,192h)(试验前/试验后)	电气强度(MV/m)	—/83.7
	体积电阻率(MΩ·m)	$1.6 \times 10^7 / 2.6 \times 10^6$

续表

牌　号	132
干燥时间(min)(160±2℃)	≤5
外观	漆液均匀,无杂质,漆膜平整光滑
供应状态	以单组分液态供应

注:材料标准 XB1070-1991。

(9)各色醇酸抗弧绝缘漆

各色醇酸抗弧绝缘漆的基本组成有改性醇酸树脂、氨基树脂、催干剂、溶剂、颜料、经加工调制而成。其漆膜的特点是坚硬光亮,能耐电弧、耐矿物油及耐潮湿等。可在室温中干燥,适用于 B 级绝缘电机、电器绕组线圈和金属零部件的涂敷。

主要性能指标及供应状态:

牌　号		C32-39
电气强度 (MV/m)	常态	≥35
	浸水后	≥12
体积电阻率 (MΩ·m)	常态	≥1×10⁵
	浸水后	≥1×10²
耐电弧性	(S)	≥4
细度 (μm)	灰色	≤25
	铁红	≤30
	硬度	≥0.2
耐热性(150±2℃.5h)		通过实验
耐油性(浸于 10 号变压器油中)		通过实验
黏度(S)(4 号杯式黏度计25±1℃)		90~130
干燥时间(h)(25±1℃)		≤24

续表

牌　　号	C32-39
外观	漆膜平整光滑、符合标准样板及色差范围
供应状态	以单组分液态供应

注:材料标准 Q/XQ0428-1997

(10)耐热聚酯浸渍漆

耐热聚酯浸渍漆的基本组成是改性耐热聚酯,其漆膜具有良好的电气性和耐化学腐蚀性,适用于 H 级绝缘电机、电器产品线圈的浸渍绝缘处理,该漆可用沉浸方法施工。

主要性能指标及供应状态:

牌　　号		145
电气强度 (MV/m)	常态	≥70
	浸水(24h)	≥60
	热态(200±3℃)	≥30
	变压器油中浸后	≥60
体积电阻率 (MΩ·m)	常态	≥1.0×10⁶
	浸水(24h,20±5℃)	≥1.0×10⁴
	热态(200±3℃)	≥1.0×10³
固体分(%)(120±2℃,2h)		50±2
粘接力(螺旋线圈法)(N)≥	常态(23±2℃)	80
	热态(155℃)	5
黏度(S)(4 号杯式黏度计25±1℃)		50~80
耐腐蚀性 (电气强度 MV/m)	2% NaOH 溶液	≥60
	2% H₂SO₄ 溶液	≥60
	二甲苯	≥60

续表

牌 号	145
外观	深棕色透明液体、无杂质
供应状态	以单组分液态供应

注:材料标准 XB1158-1991。

(11) 聚酰亚胺浸渍漆

聚酰亚胺浸渍漆的基本组成有均苯四甲酸二酐、二氨基二苯醚、二甲基乙酰胺,其漆膜电气性能优异,具有耐水、耐高温、耐辐射、耐氟利昂等特点,适用于 H 级、C 级电机、电器绕组的绝缘处理及特殊用途的防腐耐高温涂料。

主要性能指标及供应状态:

牌 号		190
电气强度 (MV/m)	常态	≥ 100
	受潮(24h)	≥ 90
	热态(200±3℃)	≥ 60
体积电阻率 (MΩ·m)	常态	$\geq 1 \times 10^7$
	热态(200±3℃)	$\geq 1 \times 10^4$
固体分(%)		8～12
耐霉菌性(28～30℃相对湿度95%～99%,28d)		I 级
外观		淡黄色至棕色透明液体、无杂质
供应状态		以单组分液态供应

注:材料标准 XB1055-1991。

(12) 三聚氰胺醇酸浸渍漆

三聚氰胺醇酸浸渍漆的基本组成有油改性醇酸树脂、丁醇改性之聚氰胺树脂,经加工复合而成。其特点是热弹性及电气性能较好,适用于 B

级绝缘电机、电器线圈浸渍绝缘。

主要性能指标及供应状态：

牌　　　号		1032
电气强度（MV/m）	常态	≥70
	浸水（7d）	≥60
	热态（130±2℃）	≥30
体积电阻率（MΩ·m）	常态	≥1.0×10⁶
	浸水（7d）	1.0×10²
	热态（130±2℃）	≥1.0×10
耐溶剂蒸气性（苯、丙酮、甲醇、乙烷、二硫化碳）		附着力无变化、不剥落、起泡、流挂、发粘（允许轻度发粘）五种溶剂至少有两种通过
温度指数（TI）		≥130
固体分（%）		50±2
酸值（mg/g）（以 KOH 计）		≤10
漆在敞口容器中的稳定性		黏度增长值≤标称值的4倍
漆对漆包线的作用		铅笔硬度≥H
弹性（150±2℃,30h 芯轴直径3mm）		不开裂
耐湿热性（40±2℃,相对湿度 90~95%,21d）（试验前/试验后）	体积电阻率（MΩ·m）	2.8×10⁶/7.7×10⁶
	电气强度（MV/m）	90/87.5
黏度（S）（4 号杯式黏度计）		48±8
干燥时间（105±2℃）（h）		≤2
外观		溶解均匀、不浑浊、不含杂质、漆膜光滑
供应状态		以单组分液态供应

注:材料标准 JB/T9558-1999。

(13)环氧酯浸渍漆

环氧酯浸渍漆的基本组成有环氧树脂与干性植物油酸酯化聚合物、氨基树脂、二甲苯、丁醇。其漆膜的耐油、耐水及弹性较好,适用于 B 级绝缘电机、电器线圈绕组的浸渍绝缘,特别适宜对耐潮性能要求比较高的绝缘制品。

主要性能指标及供应状态:

牌 号		1033	H30-12
电气强度 (MV/m)	常态	≥70	—
	浸水(24h)	≥60	≥70
	热态(130±2℃)	≥30	≥50
体积电阻率 (MΩ·m)	常态	≥$1.0×10^6$	≥$1.0×10^6$
	浸水	≥$1.0×10^2$ (23±2℃7d)	≥$1.0×10^5$ (25±1℃·24h)
	热态	≥$1.0×10^2$	≥$1.0×10^2$
温度指数(TI)		≥130	—
耐溶剂蒸气性(苯、丙酮、甲醇乙烷、二硫化碳)		附着力无变化,不剥落、起泡、流挂、发黏(允许轻度发黏)五种溶剂至少有两种通过	—
固体分(%)		50±2 (120±2℃.2h)	≥45
酸值(mg/g)(以 KOH 计)		≤6	≤5
漆在敞口容器中的稳定性		黏度增长值≤起始黏度的 4 倍	
漆对漆包线的作用		铅笔硬度≥H	—
弹性(150±2℃,5h 芯轴 3mm)		不开裂	不开裂 (120±2℃.50h)
吸水率(%)		—	≤1.5

续表

牌　号	1033	H30-12
黏度(S)(4 号杯式黏度计)	45±8 (23±1℃)	20～35 (25±1℃)
干燥时间(120±2℃)(h)	≤2	≤
厚层干燥性(120±2℃)(h)	≤16	通过试验
外观	漆溶解均匀、不浑浊、无杂质、干后漆膜光滑	黄褐色液体,无杂质、漆膜干后光滑、平整
供应状态	以单组分液态供应	

注:材料标准 JB/T9557-1999　HG/T3374-1987。

(14) 环氧无溶剂浸渍漆

环氧无溶剂浸渍漆即环氧无溶剂浸渍树脂。是由环氧树脂、固化剂和活性稀释剂等组成。其特点是固化快,黏度随温度变化快,流动性和浸透性好,绝缘整体性好。固化过程挥发物少。适用于沉浸或滴浸中小型低压电机、电器线圈,其耐热等级为 B 级。

主要性能指标及供应状态:

牌　号		110	111
黏度(S)(4 号杯式黏度计)(20±1℃)		30～70	≤70
干燥时间(h)		≤(135±2℃)	
胶凝时间(min)			≤10(120±2℃)
厚层干燥性(h)		≤8(135±2℃)	
电气强度 (MV/m)	常态	≥70	≥70
	浸水 24h 后		≥40
体积电阻率(MΩ·m)	常态	≥1×10^6	≥1×10^6
	浸水 24h 后	≥1×10^4	≥1×10^4

续表

牌　　号	110	111
供应状态	由 A、B 二组分组成供应	由 A、B、C 三组分组成供应

（15）聚二苯醚绝缘浸渍漆

　　聚二苯醚绝缘浸渍漆的基本组成有二苯醚树脂,固化剂、溶剂,其漆膜能耐高温、高强度、电气性能优良,适用于 H 级绝缘电机、电器线圈绕组的浸渍绝缘。

　　主要性能指标及供应状态:

牌　　号		聚二苯醚绝缘浸渍漆
电气强度（MV/mm）	常态(23±2℃.7 d)	≥70
	浸水(23±2℃.7 d)	≥60
	高温(180±2℃)	≥30
体积电阻率(MΩ·m)	常态(23±2℃.7 d)	$\geq 1.0 \times 10^{6}$
	浸水(23±2℃.7 d)	$\geq 1.0 \times 10^{4}$
	高温(180±2℃)	$\geq 1.0 \times 10^{3}$
固体分(%)(160±2℃)		40±2
粘接强度(KN)(线束法,QY漆包线)		≥0.25
冲击强度(N·m)		≥2.5
黏度(S)(4 号杯式黏度计23±2℃)		50~150
干燥时间(h)(160±2h,表干)		≤2
胶化时间(S)(200±2℃)		50~150
外观		黄色至深棕色透明液体、无杂质无不溶树脂颗粒、漆膜光滑
供应状态		以单组分液态供应

注:材料标准 HB7607–1998。

(16)有机硅浸渍漆

有机硅浸渍漆的基本组成有聚甲基苯基硅氧烷树脂、二甲苯、其漆膜耐热性能优异,电气性能、防潮性能及耐寒性能良好,适用于 H 级绝缘电机、电器线圈绕组的浸渍绝缘。

主要性能指标及供应状态:

牌　号		1053
电气强度 (MV/m)	常态(23±2℃)	≥70
	浸水(23±2℃·24h)	≥60
	高温(200±2℃)	≥30
体积电阻率 (MΩ·m)	常态(23±2℃)	≥$1.0×10^6$
	浸水(23±2℃,7d)	≥$1.0×10^4$
	高温(200±2℃)	≥$1.0×10^3$
固体分(%)(135±2℃,3h)		50~55
弹性(200±2℃,150h)		不开裂
漆在敞口容器中的稳定性		黏度增长值不超过起始值的4倍
漆对漆包线作用		铅笔硬度≥H
黏度(S)(4号杯式黏度计)		25~60
耐湿热性(40±2℃,相对湿度90%~95%,21d)(试验前/试验后)	体积电阻率 (MΩ·m)	$1.6×10^8/1.0×10^9$
	电气强度 (MV/m)	116/87.5
外观		漆液均匀、无杂质、漆膜光滑平整
供应状态		以单组分液态供应

注:材料标准 JB/T3078-1999。

(17)聚酯改性有机硅浸渍漆

聚酯改性有机硅浸渍漆的基本组成有聚甲基苯基硅氧烷、聚酯树脂。其漆膜的特点是电气性能好,防潮性好,干透性好、透气性小、固化温度较低,适用于 H 级绝缘电机、电器线圈绕组的浸渍绝缘,尤宜于湿热带,海洋环境的电器绝缘。

主要性能指标及供应状态:

牌　　号		1054
电气强度 （MV/m）	常态(23±2℃)	≥90
	浸水(23±2℃·24h)	≥60
	高温(200±2℃)	≥30
体积电阻率 （MΩ·m）	常态(23±2℃)	≥1.0×10⁷
	浸水(23±2℃,7d)	≥1.0×10¹
	高温(200±2℃)	≥1.0×10²
固体分(%)		50~55
弹性(h)(200±2℃)		不开裂
漆在敞口容器中的稳定性		黏度增长值不超过起始值的 4 倍
漆对漆包线的作用		铅笔硬度≥H
耐湿热性 （试验前/ 试验后）	体积电阻率 （MΩ·m）	1.9×10⁸/3.2×10⁸
	电气强度 （MV/m）	96.5/88.7
黏度(S)(4 号杯式黏度计 20±1℃)		20~60
干燥时间(h)(180±2℃)		≤1
外观		无色至淡黄色的均匀液体、无杂质、漆膜光滑
供应状态		以单组分液态供应

注:材料标准 JB/T3078-1999。

5. 浸渍纤维制品

浸渍纤维制品是指以纤维织物为底材经绝缘漆浸渍加工而成的绝缘材料。主要指漆布。按使用底材的不同分为棉漆布(管)、玻璃布(管)、漆绸、合成纤维漆布(管)及玻璃纤维与合成纤维交织漆布(管)。天然纤维制品的特点是具有一定的机械强度和较好的柔软性能，但易吸潮、耐热性低、防霉、防潮性差，现已被无碱玻璃纤维和合成纤维的制品逐步取代，玻璃纤维的特性能弥补天然纤维特性的不足，但柔软性较差，折后漆膜的击穿电压有所降低。

浸渍纤维制品的性能，主要取决于浸渍漆或树脂的性能，通常以电工用无碱玻璃布、无碱玻璃丝管等为底材，分别浸渍醇酸漆、环氧漆、硅橡胶、聚酰亚胺漆、有机硅漆、聚四氟乙烯树脂等加工烘干制成，从而得到各种不同类型的浸渍纤维制品。

(1)漆　绸

漆绸采用天然纤维绸为底材，具有一定的机械强度和较好的柔软性，但易吸潮、耐热性低适用于 A 级绝缘电机、电器作包扎或衬垫绝缘。

主要性能指标及基本尺寸规格：

牌号	厚度（mm）	抗张力 N（kgf）/10mm 宽最小						标准延伸率%	弹性	
		经向		纬度		45°			获得标准延伸率时的张力 N（kgf）	
		中值	最低值	中值	最低值	中值	最低值		中值	最低值
2210	0.04	10 (1.0)	7 (0.7)	7 (0.7)	5 (0.5)	7 (0.7)	5 (0.5)	6	–	
	0.05	14 (1.4)	9 (0.9)	9 (0.9)	7 (0.7)	9 (0.9)	7 (0.7)		–	
	0.06	18 (1.8)	11 (1.1)	11 (1.1)	9 (0.9)	11 (1.1)	9		–	
	0.08	22 (2.2)	16 (1.6)	15 (1.5)	10 (1.0)	15 (1.5)	(0.9)		2~10 (0.2~1.0)	11 (1.1)
	0.10	24 (2.5)	18 (1.8)	17 (1.7)	12 (1.2)	17 (1.7)	12 (1.2)			14 (1.4)
	0.12	25 (2.5)	20 (2.0)	18 (1.8)	14 (1.4)	18 (1.8)	14 (1.4)		3~12 (0.3~1.4)	
	0.15	30 (3.1)	24 (2.4)	22 (2.2)	18 (1.8)	22 (2.2)	18 (1.8)		3~14 (0.3~1.4)	17 (1.7)
2212	0.04	10 (1.0)	7 (0.7)	7 (0.7)	5 (0.5)	7 (0.7)	5 (0.5)	6	–	
	0.05	14 (1.4)	9 (0.9)	9 (0.9)	7 (0.7)	9 (0.9)	7 (0.7)		1~9 (0.1~0.9)	
	0.06	18 (1.8)	11 (1.1)	11 (1.1)	9 (0.9)	11 (1.1)	9		2~10 (0.2~1.0)	
	0.08	22 (2.2)	16 (1.6)	15 (1.5)	10 (1.0)	15 (1.5)	(0.9)		–	14 (1.4)
	0.10	24 (2.5)	18 (1.8)	17 (1.7)	12 (1.2)	17 (1.7)	12 (1.2)		3~12 (0.3~1.2)	15 (1.5)
	0.12	25 (2.5)	20 (2.0)	18 (1.8)	14 (1.4)	18 (1.8)	14 (1.4)	6	3~14 (0.3~1.4)	
	0.15	30 (3.1)	24 (2.4)	22 (2.2)	18 (1.8)	22 (2.2)	18 (1.8)			18 (1.8)

续表

牌号	击穿电压 kV 最小											
	室温下		室温弯折后		高温下(105±2℃)		热 处 理弯折后		受潮后		延伸6%时(45°向)	
	中值	最低值	中值	最低值	中值	最低值	中值	最低值	中值	最低值	中值	最低值
	–	–	–	–	–	–	–	–	–	–	–	–
	–	–	–	–	–	–	–	–	–	–	–	–
	–	–	–	–	–	–	–	–	–	–	–	–
2210	4.8	2.4	3.0	1.8	3.0	1.8	5.2	1.4	2.3	1.4	2.7	–
	5.8	3.8	4.4	2.2	4.3	2.2	3.7	1.7	3.5	2.0	4.1	2.1
	7.2	4.8	6.3	3.2	5.2	2.5	4.0	2.1	4.1	2.5	5.0	2.5
	8.7	5.2	6.9	3.8	5.8	3.1	4.2	2.7	4.7	2.8	6.1	3.1
	1.0	–	–	–	–	–	–	–	–	–	–	–
	1.7	–	–	–	–	–	–	–	–	–	–	–
	3.3	–	–	–	1.0	–	–	–	–	–	–	–
2212	5.4	2.8	3.2	2.1	3.3	1.9	2.5	1.5	2.7		–	
	7.0	4.0	5.2	3.0	4.8	2.6	4.2	2.3	4.2	2.1	4.1	2.1
	9.1	6.2	6.9	3.8	5.5	3.4	5.4	2.6	4.7	2.6	5.0	2.5
	9.8	6.5	7.7	4.2	7.4	3.7	5.3	3.2	5.5	3.0	6.1	3.1

（2）醇酸玻璃漆布

醇酸玻璃漆布的基本组成有醇酸树脂、无碱玻璃布。其具有较高的电气性能和力学性能，及一定的耐湿热与防霉性能，可在变压器油中使用。醇酸玻璃漆布适用于 B 级绝缘电机、电器中衬垫绝缘，包扎绝缘和槽绝缘等。

主要性能指标及基本尺寸规格：

牌　　号			2423
体积电阻率 （MΩ·m）	常态		$\geqslant 1.0 \times 10^4$
	130±2℃		$\geqslant 10$
	受潮后		$\geqslant 100$
击穿电压 （kV）	厚度 0.10（mm）	室温	中值 5.0　最小值 4.0
		130±2℃	中值 2.5
	厚度 0.15（mm）	室温	中值 7.0　最小值 6.0
		130±2℃	中值 3.5
	厚度 0.25（mm）	室温	中值 10.0　最小值 8.0
		130±2℃	中值 5.0
拉伸强度 （N/10mm 宽）	厚度 0.10（mm）	经向（最小）	65
		*45°向（最小）	40
		纬向（最小）	45
	厚度 0.15（mm）	经向（最小）	105
		*45°向（最小）	65
		纬向（最小）	65
	厚度 0.25（mm）	经向（最小）	131
		*45°向（最小）	80
		纬向（最小）	98

续表

基本尺寸规格（卷状）	牌 号		2423
	长度(m)		30 40 50
	幅宽(mm)		≥850(可直切或斜切通常沿45°角成宽15、20、25以及其他宽度的带)
	标称厚度(mm)		0.10 0.12 0.15 0.18 0.20 0.25

注:1. *45°向为斜切带时增加项目,浸漆前、后搭接处拉伸强度可任选一种。
  2. 材料标准 JB/T8148.1－1999。

(3) 聚四氟乙烯玻璃布

聚四氟乙烯玻璃布的基本组成有聚四氟乙烯树脂、无碱玻璃布,其特点是漆布与各种浸渍漆及溶剂有很好的相容性,但黏着性较差,有优良的电气性能和耐折、不粘、耐热、耐寒性能、在-60℃的环境中仍有良好的柔软性、亦能在250℃环境中短期使用,该漆布适用于H级电机、电器产品作衬垫、绕包槽楔等绝缘,可用于防粘及微波干燥输送带。

主要性能指标及基本尺寸规格:

牌 号	VTFGC-JP(普通型)			VTFGC-JT(特殊型)		
	1	2	3	1	2	3
击穿电区(常态)阻率(KV)≥	0.7	1.0	1.2	0.7	1.0	1.2
表面电阻率(MΩ)≥	1×10^6			1×10^6		
体积电阻率(MΩ·m)≥	1×10^5			1×10^5		
介电常数	—			2.6～3.2		
介质损耗因数≤	—			5.0×10^{-3}		
拉伸强度(MPa)(纵向)	80	100	100	80	100	100

续表

基本尺寸 规格(卷状)	宽度(mm)	≥450		
	标称厚度(mm)	0.10	0.15	0.20

注:材料标准 Q/GHAD-04-1994。

(4)有机硅玻璃漆布

有机硅玻璃漆布的基本组成有有机硅树脂、无碱玻璃布,其可用于冲剪加工。其中 2450 为软型,2451 为硬型,均具有较高的耐热、耐潮及良好的电气性能,适用于 H 级绝缘电机、电器线圈的包扎和衬垫绝缘。

主要性能指标及基本尺寸规格:

牌 号			2450、2451
体积电阻率 (MΩ·m)	常态		$\geq 1.0 \times 10^{6}$
	180±2℃		$\geq 1.0 \times 10^{5}$
	受潮后		$\geq 1.0 \times 10^{5}$
击穿电压 (kV)	厚度 0.10(mm)	室温	5.0
		高温	2.0
	厚度 0.15(mm)	室温	7.0
		高温	3.0
	厚度 0.25(mm)	室温	9.0
		高温	3.5
拉伸强度 (N/10mm 宽)	厚度 0.10(mm)	经向(最小)	70
		45°向(最小)	40
		纬向(最小)	40
	厚度 0.15(mm)	经向(最小)	100
		45°向(最小)	65
		纬向(最小)	60
	厚度 0.25(mm)	经向(最小)	120
		45°向(最小)	80
		纬向(最小)	80

续表

牌　号		2450、2451					
基本尺寸规格（卷或盘状）	长度(m)	30　40　50					
	幅宽(mm)	≥850［可直切、斜切（通常沿 45°角）成宽 15、20、25 以及其他宽度的带］					
	标称厚度(mm)	0.10　0.12　0.15　0.18　0.20　0.25					

注:材料标准 JB/T8148.3-1999。

（5）聚酰亚胺玻璃漆布

聚酰亚胺玻璃漆布的基本组成有聚酰亚胺树脂、无碱玻璃布、其能与各种漆和溶剂相容、有着优异的电气性能和力学性能以及耐热、耐溶剂、耐辐射、耐氟利昂性能，可在 220℃环境中长期使用，在 300℃环境中短期使用，该漆布适用于耐高温电机、电器作线圈绝缘材料，以及用于其层间，相间和槽的绝缘及衬垫绝缘等。

主要性能指标及基本尺寸规格:

牌　号			239	D210
体积电阻率（MΩ·m）		常态	≥1×10⁶	≥1×10⁶
		200±2℃	≥1×10⁴	≥1×10⁴
		受潮后	≥1×10⁵	≥1×10⁵
介质损耗因数		50Hz	≤0.01	—
		10⁶Hz	—	≤0.01
介电常数		50Hz	≤3.5	—
		10⁶Hz	—	≤3.5
击穿电压（kV）≥	常态（平均值最低值）	厚度 0.10mm	2.5/1.5	2.5/1.5
		厚度 0.15mm	5.5/3.0	5.5/3.0
		厚度 0.17mm	6.2/3.5	6.2/3.5
		厚度 0.20mm	7.0/4.0	7.0/4.0

续表

牌 号			239	D210
200±2℃ （平均值/ 最低值）	厚度 0.10mm		1.5/1.0	1.5/1.0
	厚度 0.15mm		3.5/2.2	3.5/2.2
	厚度 0.17mm		4.0/2.5	4.0/2.5
	厚度 0.20mm		4.5/3.0	4.5/2.8
受潮后 （平均值/ 最低值）	厚度 0.10mm		1.5/1.0	1.5/1.0
	厚度 0.15mm		4.0/2.5	4.0/2.5
	厚度 0.17mm		4.5/2.8	4.5/2.8
	厚度 0.20mm		5.0/3.0	5.0/3.0
抗张强 度（N/15mm） （平均值/ 个别值）	厚度 0.10mm		98/59	98/95
	厚度 0.15mm		118/78	118/78
	厚度 0.17mm		157/118	137/98
	厚度 0.20mm		176/137	176/118
基本尺寸 规格 （卷状）	长度（mm）		≥10	
	宽度（mm）		≥400	
	标称厚度（mm）		0.10 0.15 0.17 0.20	

注：材料标准 XB2008-1983，DG6-201-1981。

（6）树脂浸渍玻璃纤维无纬绑扎带

树脂浸渍玻璃纤维无纬绑扎带的基本组成有不饱和聚酯或环氧树脂或聚胺—酰亚胺树脂、玻璃纤维。其主要用于电机转子和变压器铁芯等绝缘绑扎。2830 型可在 130℃下长期使用，2840 型可在 155℃下长期使用，2850 型可在 180℃下长期使用。

主要性能指标及基本尺寸规格：

牌 号	2830	2840	2850
挥发物（%）	≤5.0	≤5.0	≤15
树脂胶（%）	27±2	27±2	27±2
可溶性树脂（%）	≥90	≥90	≥90

续表

牌　号		2830	2840	2850
拉伸强度(MPa) (环形试样)	常态	≥8.0×10²		
	热态	≥5.0×10²		
断裂伸长率(%) (环形试样)		≤4.0		
拉伸弹性模量(MPa) (环形试样)		≥4.5×10⁴		
基本尺寸 规格 (盘状)	长度(m)	200		
	宽度(mm)	20	25	
	厚度(mm)	0.2		

注:材料标准 JB/T6236.3—1992。

(7)醇酸玻璃漆管

醇酸玻璃漆管的基本组成有醇酸树脂,无碱玻璃丝管,经加工热烘干成型,具有一定的电气性能和柔软性及弹性,该漆管广泛的应用于 B 级绝缘的电机、电器仪表等装置的布线绝缘和机械保护绝缘等。

主要性能指标及基本尺寸规格:

牌　号		2730
击穿电压 (kV)	常态	≥5.0
	缠绕后	≥2.0
	受潮后	≥2.5
弹　性	常态	在规定棒径上缠绕 1h 后,漆膜与丝管不脱开或开裂
	处理后 (8～10℃·2h)	立即在规定棒径上缠绕,漆膜与丝管不脱开或开裂
耐热性(130±2℃·24h)		在 20±2℃于规定棒径上缠绕,外侧漆膜与丝管不产生脱开或开裂

续表

牌　　号		2730
耐油性(变压器油 105±2℃,24h)		漆膜与丝管不产生脱开或开裂
基本尺寸规格(管材)	长度(mm)	1000
	标称内径/壁厚(mm)	0.5,0.7/0.30　1.0,1.5/0.40 2.0,2.5,3.0,3.5/0.50 4.0,4.5,5.0,6.0/0.60 7.0,8.0,9.0/0.70 10.0,11.0,12.0/0.80

注:材料标准 JB1551-1975。

(8)硅橡胶玻璃纤维管

　　硅橡胶玻璃纤维管的基本组成有硅橡胶、无碱玻璃丝管。经加工热硫化成型,具有一定的电气性能和较高的耐热性能,其弹性和耐寒性优良,适用于 H 级绝缘电机、电器的布管和机械保护等。

　　主要性能指标及基本尺寸规格:

牌　　号		2760-1、2760-2、2760-3
击穿电压*(kV)	常态	≥4.0
	受潮后	≥2.5
弹　性	高温	漆管缠绕在棒上,经 180±2℃,3h 后胶膜与丝管不脱开
	低量	漆管缠绕在棒上,经-70±5℃,2h 后胶膜与丝管不脱开或开裂
耐油性(200±5℃72h)		在 20±2℃,在规定棒上缠绕,外侧胶膜与玻璃丝不脱开或开裂
耐热性(S/25mm)		≥45

续表

标称内径	长度(mm)			1000					
	内径允许偏差		壁厚/(mm)						
	双向(±)	单向(十)	1 型		2 型		3 型		
			最小	最大	最小	最大	最小	最大	
0.3	0.05	0.1	0.2	0.3	0.15	0.3	0.1	0.3	
0.5	0.1	0.2	0.25	0.5	0.2	0.5	0.15	0.5	
0.8	0.1	0.20	0.25	0.5	0.2	0.5	0.15	0.5	
1.0	0.2	0.4	0.25	0.7	0.2	0.6	0.15	0.6	
1.5	0.2	0.4	0.35	0.7	0.2	0.6	0.15	0.6	
2.0	0.2	0.4	0.35	0.8	0.2	0.7	0.15	0.65	
2.5	0.2	0.4	0.4	0.8	0.2	0.7	0.15	0.65	
3.0	0.2	0.4	0.4	0.8	0.2	0.7	0.15	0.65	
3.5	0.25	0.4	0.5	0.8	0.3	0.7	0.2	0.65	
4.0	0.25	0.4	0.5	0.8	0.3	0.7	0.2	0.65	
5.0	0.25	0.5	0.5	0.8	0.3	0.7	0.2	0.65	
6.0	0.25	0.5	0.5	0.8	0.3	0.7	0.2	0.65	
7.0	0.25	0.5	0.5	1.0	0.3	1.0	0.2	0.8	
8.0	0.25	0.5	0.5	1.0	0.3	1.0	0.2	0.8	
9.0	0.5	1.0	0.65	1.0	0.4	1.0	0.4	1.0	
10.0	0.5	1.0	0.65	1.0	0.4	1.0	0.4	1.0	
12.0	1.0	1.0	0.65	1.2	0.4	1.2	0.4	1.2	
14.0	1.0	2.0	0.65	1.2	0.4	1.2	0.4	1.2	
16.0	1.0	2.0	0.65	1.2	0.4	1.2	0.4	1.2	
18.0	1.0	2.0	0.65	1.2	0.4	1.2	0.4	1.2	
20.0	1.0	2.0	0.65	1.2	0.4	1.2	0.4	1.2	
23.0	1.0	2.0	0.65	1.2	0.4	1.2	0.4	1.4	
25.0	1.0	2.0	0.65	1.4	0.4	1.4	0.4	1.4	
27.0	1.0	2.0	0.65	1.4	0.4	1.4	0.4	1.4	

基本尺寸规格（管材）

6. 层压制品

　　层压制品是指由纸或布等纤维材料作基材,浸(或涂)以不同的胶粘剂,多层相叠、经热压(或卷制)而制成的层状结构的绝缘材料。其主要包括层压板、层压管、层压棒、电容套芯和其他物种型材。层压制品的性能取决于基材和胶粘剂以及成型工艺,常用基材有以天然有机纤维为原材料的木质纤维纸,棉纤维纸、棉布和以无机纤维为原材料的无碱玻璃纤维布等。木质纤维浸渍性好,适用于压制层压板、棒和卷制管及电容套管芯等。棉纤维纸适用于压制冷冲剪料板,无碱玻璃纤维布耐高温,电气性、机械性及化学稳定性好,但浸渍性差,与胶粘剂的黏合力差,通常采用脱蜡和表面化学处理,以提高玻璃布层压制品的黏结强度与剪切强度。棉布层压材料的黏合强度高、耐磨、易于机械加工、但其耐热性、机械性及电气性能远不如玻璃层压制品,电气性能和高频性能亦不及纸质层压制品,故产生中较少使用。

(1)层压纸板

层压纸板是以木浆或棉浆纤维纸浸以合成树脂,经烘熔、热压成型,可承受锯、剪、车、钻、铣、刨等机械加工,层压纸板具有较高的介电能性,其中 3022 型具有较高的耐盐水性能,宜在海水潮湿条件下使用。层压纸板耐热等级为 E 级,适用于电机、电器设备中作绝缘结构零部件。

主要性能指标及基本尺寸规格:

型　　号		3020	3021	3022	3023
垂直层向弯曲强度(MPa)		≥10 0	≥120	≥120	
垂直层向耐电压强度(MV/m)90℃油中 1min		9～12 (5min)	13～16 (20℃5min)	16～17 (20℃5min)	25～33 (20℃)
平行层向耐电压,90℃油中(kV)1min		16(20℃/min) 8(5min)	14 (20℃5min)	—	—
浸水后绝缘电阻(MΩ)		≥1×10² (受潮)	≥1×10¹ (受潮)	≥5×10¹ (浸盐水)	≥5×10¹
密度(g/cm³)		1.30～1.45	1.30～1.45	1.30～1.45	1.30～1.45
热稳定性 (℃)	>20mm	100	90	100	—
	≤20mm	125	115	125	—

续表

型 号		3020	3021	3022	3023
拉伸强度(MPa)		≥80	≥90	≥80	≥80
黏合强度(N)		≥3600	≥3200	≥3600	
冲击强度(kJ/m²)		≥12	≥15	≥12	—
表面电阻率	常态(MΩ)	–	–	≥1×10³	≥1×10³
	浸水(盐水)			(≥1×10²)	(≥1×10¹)
体积电阻率	常态(MΩ·m)	–	–	—	≥1×10⁴
	浸水(盐水)			—	(≥1×10¹)
基本尺寸规格 (标称厚度) (mm)		0.2 0.4 0.5 0.6 0.8 1.0 1.2 1.5(1.6) 1.8 2.0 2.5 3.0 3.5 4.0 4.5 5.0 5.5 6.0 7.0 7.5 8.0 9.0 10.0 12 14 16 18 20 25 30 35 40 45 50			

(2)层压布板

层压布板的基本组成有粗或细棉布作层压底材,经浸渍合成树脂,烘熔热压成型、层压布板可承受锯、剪、车、钻、铣、刨等机械加工,适用于 E 级绝缘电器设备作绝缘结构零部件。

主要性能指标及基本尺寸规格:

型 号		3025	3026	3027
密度(g/cm³)		1.30~1.42	1.30~1.50	1.30~1.42
马丁温度(℃)≥		125	125	135
拉伸强度(MPa)≥		65	70	60
弯曲强度(MPa)≥		105	120	90
黏合强度(N)≥		5500	–	5500
冲击强度(kJ/m³)≥		25	30	20
压缩强度 (MPa)≥	垂直层向	—	250	—
	平行层向	—	150	—

续表

型　号	3025	3026	3027
垂直层向击穿强度(90±2℃变压器油中)(MV/m)	≥	≥2~4	≥5~8
平行层向耐电压(90±2℃变压器油中 1min)≥(kV)	—	—	10 (击穿)
浸水后绝缘电阻≥(MΩ)	—	—	1×10¹ (受潮)
吸水性≤(%)	—	1.00	—
基本尺寸规格 (标称厚度) (mm)	0.5　0.6　0.8　1.0　1.2　1.5　1.8　2.0　2.5　3.0　3.5　4.0　4.5　5.0　5.5　6.0　6.5　7.0　8.0　9.0　10.0　12　14　16　20　25　30　35　40　45　50		

(3)环氧酚醛层压玻璃布板

3240 型环氧酚醛层压玻璃布板的基本组成有环氧酚醛树脂,无碱玻璃布,经热压成型,具有较高的电气性能和力学性能可进行车、剪、切、锯、铣等方法加工,3mm 以下厚板可进行冲切加工,其适用于 B 级绝缘电机、电器等机械设备中作衬套、座板、垫圈、槽楔、端片等结构零部件,为提高绝缘性能亦可加工后作进一步的绝缘处理。

主要性能及基本尺寸规格:

型　号	3240
密度(g/cm³)	1.70~1.90
吸水性(mg) (板厚 1.0mm)	≤18
电气强度(MV/m) (板厚 1.8mm,垂直层向 90±2℃变压油中)	≥14.2

续表

型　号	3240
击穿电压(kV) （板厚>3mm 平行层向 90±2℃ 变压油中）	≥35
介电 常数　板厚≤3mm,48～62Hz 以下	≤5.5
板厚≤3mm,1MHz 以下	≥35
介质损 耗因数　48～62Hz 以下	≤0.04
板厚≤3mm,1MHz 以下	≤0.04
水浸后绝缘电阻(SL)	≥5.0×10⁸
垂直层向弯曲强度(MPa) （板厚≥1.6mm）	≥340
表观弯曲弹性模量(MPa) （板厚≥1.6mm）	≥24000
垂直层向压缩强度(MPa) （板厚≥5mm）	≥350
平行层向冲击 强度(kJ/m²)　简支梁法(板厚≥5mm)	≥33
悬臂梁法(板厚≥5mm)	≥34
平行层向剪切强度(MPa) （板厚≥5mm）	≥30
拉伸强度(MPa) （板厚≥1.6mm）	≥300
标称厚度 系列(mm)	0.4　0.5　0.6　0.8　1.0　1.2　1.6　2.0　2.5　3.0　4.0 5.0　6.0　8.0　10.0　12.0　14.0　16.0　20.0　25.0 30.0　35.0　40.0　45.0　50.0

注:材料标准 GB/T1303.1–1998。

（4）阻燃环氧酚醛层压玻璃布板

上 3240F 型阻燃环氧酚醛层压玻璃布板的基本组成有环氧酚醛树脂、无碱玻璃布、阻燃剂、经热压成型。其具有较高的电气性能和力学性能可进行车、剪、切、锯、铣等方法加工,3mm 以下厚板可进行冲切加工。其适用于要求阻燃的 B 级电机、电器设备中作绝缘结构零部件、亦可在潮湿环境和变压器油中使用,为提高绝缘性能,其加工后能进一步作绝缘处理。

主要性能及基本尺寸规格:

型 号		上 3240F
密度(g/cm³)		1.70 ~ 1.90
马丁耐热温度(纵向)(℃)		≥200
热稳定性(200℃,24h)		不起泡、不分层、不开裂
耐油性(变压器油130℃,4h)		不起泡、不分层、不开裂
吸水性(%)		≤1.1
表面电阻率(MΩ)	常态	≥1.0×10^7
	浸水 24h 后	≥1.0×10^5
体积电阻率(MΩ·m)	常态	≥1.0×10^5
	浸水 24h 后	≥1.0×10^3
平行层向绝缘电阻(MΩ)	常态	≥1.0×10^4
	浸水 24h 后	≥1.0×10^2
介质损耗因素(50Hz)		≤0.03
垂直层向电气强度(MV/m)(温度 90±2℃的变压油中)	板厚 0.5 ~ 1.0mm	≥22.0
	板厚 1.1 ~ 3.0mm	≥20.0
平行层向击穿电压(kV)(温度 90±2℃ 的变压油中)		≥30.0
阻燃性(垂直法)		FV-1
弯曲强度(MPa)	纵向	≥353
	横向	≥294

续表

型 号		上 3240F
拉伸强度 （MPa）	纵向	≥314
	横向	≥216
冲击强度（kJ/m²） （板厚 10mm）	纵向	≥220
	横向	≥200
黏合力（kV）		≥5.6
标称厚度 系列（mm）	0.2 0.3 0.4 0.5 0.6 0.8 1.0 1.3 1.6 2.0 2.5 3.0 4.0 5.0 6.0 7.0 10 12 14 16 20 25 30 35 40 45 50 60 80	

注：材料标准 Q/JBQP2-1991。

（5）二苯醚层压玻璃布板

上 3255 型二苯醚层压玻璃布板的基本组成有二苯醚衍生物树脂、无碱玻璃布、经热压成型。其电气性能优异、力学强度高，具有自熄性能和耐辐射性能。可进行车、剪、切、锯、铣等方法加工，3mm 以下厚板可进行冲切加工。其适用于 H 级绝缘电机、电器等机械设备中作衬套、垫圈、端片、槽楔等零件，为提高绝缘性能，其加工后能进一步作绝缘处理。

主要性能及基本尺寸规格：

型 号		上 3255
击穿电压（kV）（平行层向）		≥22
马丁耐热温度（℃）		≥250
吸水性（%）（20±2℃蒸馏水浸 24h）		≤0.5
表面电阻 率（MΩ）	常态	≥1×10⁷
	浸水后	≥1×10⁵
体积电阻率 （MΩ·m）	常态	≥1×10⁵
	浸水后	≥1×10³
	180℃	≥1×10²

续表

型 号		上 3255
击穿电压(kV)(平行层向)		≥22
电气强度(MV/m) (垂直层向 90±2℃ 变压器油中)	板厚 0.5～1.0 mm	≥22
	板厚 1.1～2.0mm	≥20
	板厚 2.1～3.0mm	≥18
变曲强度(纵向)(MPa)		≥310
拉抻强度(纵向)(MPa)		≥294
冲击强度(纵向)(kJ/m²)		≥147
黏合力(kN)		≥5.68
基本 尺寸 规格 (mm)	长度×宽度	95×450 1510×450 480×380
	标称厚度 系列	0.5 0.8 1.0 1.2 1.5 1.8 2.0 2.5 3.0 3.5 4.0 4.5 5.0 5.5 6.0 6.5 7.0 8.0 9.0 10.0 11～30(相隔1)

注:材料标准沪 Q/JBQP25–1991。

(6) 聚胺—酰亚胺层压玻璃布板

3253 型聚胺—酰亚胺层压玻璃布板的基本组成有聚胺—酰亚胺树脂、无碱玻璃布、经热压热处理成形,其耐热性能好、电气、力学性能优良,且耐辐射,可进行车、剪、切、锯、铣等方法加工,3mm 以下厚板可进行冲切加工,其适用于 H 级绝缘电机、电器等机载设备中作衬套、垫片、垫圈、槽楔等绝缘结构件,为提高绝缘性能,亦可加工后作进一步绝缘处理。

主要性能及基本尺寸规格:

型 号		3253
耐电压(kV) (垂向层向)	2mm	≥26
	1.2mm	≥18
耐电压(kV)(平行层向)		35

续表

型　　号	3255
绝缘电阻(Ω)(平行层向)	$\geqslant 1.0 \times 10^8$
介质损耗因数(1MHz)	$\leqslant 0.03$
相对介电常数(1MHz)	$\leqslant 5.5$
吸水性(mg)	$\leqslant 32$
可燃性	$\geqslant BH_2$
长期耐热性	$\geqslant 180$

弯曲强度(MPa) (垂直层向)	常态	$\geqslant 400$
	高温(180 ± 5℃)	$\geqslant 280$

冲击强度(kJ/m^2) (缺口、简支梁法、侧向试验)	$\geqslant 50$

标称厚度 系列(mm)	0.5　　0.8　　1.0　　1.2　　1.5　　2.0　　2.5 3.0　　4.0　　5.0　　6.0　　8.0　　10.0　　12.0 14.0　16.0　20.0　25.0　30.0　35.0　40.0 45.0　50.0

注:1. 耐电压指标值测试条件为:温度90 ± 2℃变压器油中1分钟。

2. 绝缘电阻、介质损耗因数及相对介电常数均为浸水后的指标值。

3. 材料标准 JB/T6218—1992。

附:耐辐照性能

性　　能		辐照剂量(rad)		
		0	4.3×10^8	9.1×10^8
体积电阻 率(M$\Omega \cdot$m)	室温	4.8×10^6	3.7×10^6	9.3×10^5
	200℃	8.0×10^{12}	8.6×10^{12}	2.5×10^{12}
介质损耗因数 (50Hz)	室温	0.02	0.04	0.02
	100℃	0.08	0.12	0.12
	200℃	0.42	0.45	0.67

续表

性　　能		辐射剂量（rad）		
		0	4.3×10^8	9.1×10^8
介电常数 （50Hz）	室温	5.1	5.5	5.9
	100℃	5.5	6.0	6.0
	200℃	4.1	4.4	4.8
电气强度（MV/mm）（室温）		26	24	24
弯曲强度 （MPa）	室温	514	504	480
	200℃	331	329	284

（7）聚四氟乙烯玻璃布层压板

　　FBS 聚四氟乙烯玻璃布层压板的基本组成有聚四氟乙烯分散液、无碱玻璃布。其电气性能优异、耐热性高，可进行车、剪、切、铣、钻、冲等方法加工，且无裂纹、掉渣及分层现象。适用于在工作温度 200℃，频率较高的电机、电器、无线电等设备中作衬套，垫圈、垫片等绝缘结构件。

　　主要性能及基本尺寸规格：

型　　号		FBS
密度（g/cm^3）		2.2 ~ 2.3
吸水性（%）		≤0.05
表面电阻率（MΩ）		≥1×10^6
体积电阻率（MΩ·m）		≥1×10^6
介质损耗因数（10^{6}Hz）		≤1×10^{-3}
介电常数（10^{6}Hz）		2.8±0.2
电气强度（MV/m）		≥20
弯曲强度（MPa）		≥78.4
基本尺寸 规格 （mm）	长度×宽度	280×140
	标称厚度 系列	0.5　1.0　1.5　2.0　2.5　3.0 4.0　5.0　6.0　10.0

注：材料标准沪 Q/HG13-349-1979。

(8)通用型覆铜箔环氧玻璃布层压板

　　THAB-67（G）通用型覆铜箔环氧玻璃布层压板的基本组成有环氧树脂,无碱玻璃布和0.035mm铜箔,经热加压成型,其电气性能和力学性能较好,耐热、耐潮、耐焊性良好,基板透明度较好。可进行剪切,钻孔等方法加工,其适用于工作温度120℃,频率较高的无线电,电器设备中作印制电路板。

　　主要性能及基本尺寸规格:

型　号		THAB-67（G）
击穿电压（kV）		≥40
介电常数（1MHz）		≤5.4
介质损耗因数（1MHz）		≤0.03
耐电弧性（S）		≥60
体积电阻率 （MΩ·m）	耐潮后	≥10^6
	高温（125℃,24h）	≥10^3
表面电阻率 （MΩ）	耐潮后	≥10^4
	高温（125℃,24h）	≥10^3
抗剥力（N/mm）		≥1.4
基本尺寸 规格（mm）	标称面积	500×500　1 000×1 000　1 220×1 020
	标称厚度	0.3　0.5　1.0　1.5　1.6 2.0　3.0　3.2

　　注:1. 材料标准 Q/XA50120-1991。

　　　2. 击穿电压、耐电弧性的测试条件为:于50℃蒸馏水中浸泡48h后在23℃蒸馏水中浸泡1/2h。

　　　3. 介电常数、介质损耗因数的测试条件为:于23℃,相对湿度50%环境下处理24h。

(9)环氧玻璃布覆铜箔板

　　368型（单面覆铜箔）和369型（双面覆铜箔）环氧玻璃布覆铜板的基本组成有环氧树脂、无碱玻璃布、铜箔,经热压成型,其具有较高的电气性能,力学性能和耐热性能。可进行剪切、铣、钻、冲等方法加工。适用于工作温度130℃的高频无线电、电子仪器等设备中作印制电路板。

　　主要性能及基本尺寸规格:

型　　　号		368(单面)、369(双面)		
表面电阻率(MΩ)	常态	$\geqslant 1 \times 10^7$		
	浸水后	$\geqslant 1 \times 10^4$		
体积电阻率(MΩ·m)	常态	$\geqslant 1 \times 10^5$		
	浸水后	$\geqslant 1 \times 10^3$		
介电损耗因数(10^6Hz 以下)		$\leqslant 0.031$		
介电常数(10^6Hz 以下)		$\leqslant 7$		
弯曲强度(MPa)		$\geqslant 294$		
抗剥力(N/m)	常态	$\geqslant 1.5$		
	高低温处理后	$\geqslant 1.2$		
相对密度(g/cm³)		$\geqslant 1.7$		
吸水性(%)		$\leqslant 0.2$		
基本尺寸规格(mm)	长度×宽度	1 220×1 020　1 020×450		
	标称厚度	1.0	1.5	2.0

注:1. 材料标准 XB3015-1991。
　　2. 表面电阻率、体积电阻率"常态"测试条件为:105～110℃干燥 1h,20±5℃相对湿度 60%～70%空气中放置 6h。"浸水"测试条件为:20±5℃蒸馏水中 24h。
　　3. 抗剥力"高低温处理后"测试条件为 125±2℃,8h,125±2℃蒸馏水中 24h,-55±2℃,6h。

(10)聚四氟乙烯玻璃布覆铜箔层压板

　　FBD-1(单面覆铜箔)和 FBD-2(双面覆铜箔)聚四氟乙烯玻璃布覆铜箔层压板的基本组成有聚四氟乙烯分散液,无碱玻璃纤维纸布和 0.05mm铜箔,经叠合热压成型,其耐热性高,电气性能良好,可进行剪切、铣、钻、冲等方法加工。适用于工作温度 200℃,频率较高的无线电,电器设备中作印制电路板。

主要性能及基本尺寸规格:

型　　　号		FBD-1(单面)、FBD-2(双面)
密度(g/cm³)		2.2 ~ 2.3
吸水性(%)		≤0.05
介电常数(1MHz)		2.8±0.2
介电损耗因数(1MHz)	常态	≤0.001
	湿热处理后	≤0.008
表面绝缘电阻(直流500V)(Ω)	常态	≥1×10¹⁰
	湿热处理后	≥1×10⁹
插销间电阻(Ω)	常态	≥1×10¹¹
	湿热处理后	≥1×10⁹
表面电气强度(kV/mm)	常态	≥1.2
	湿热处理后	≥1.1
剥离强度(N/m)	常态	≥1.5
	低高温处理后	≥1.3
	浸焊后(260±2℃熔融焊锡中10s)	≥1.3
基板弯曲强度(常态)(MPa)		≥78.4
基本尺寸规格(mm)	长度×宽度	280×140　430×280
	标称厚度	1.0　1.5　2.0　2.5　3.0　4.0　5.0

注:1. 材料标准沪 Q/HG13-395-1979。

2. 表中"湿热处理"的测试条件为:40±2℃,相对湿度95% ~98%,48h。"高低温处理"的测试条件为:150±2℃,相对湿度95% ~98%,48h;-40±2℃,8h。

(11)自熄性覆铜箔环氧玻璃布层压板

3357F型自熄性覆铜箔环氧玻璃布层压板的基本组成有环氧树脂、无碱玻璃布、0.035或0.05mm的铜箔,经热压成型,其可进行剪切、铣、钻、冲等方法加工,具有较高的电气、力学性能。阻燃性优良,适用于工作温度130℃的电器、仪器、仪表、无线电、电子设备中作印制电路板。

主要性能及基本尺寸规格:

型　　号			3357F
密度(g/cm³)			1.6 ~ 1.9
吸水性(%)			≤0.5
绝缘电阻(平行层向)(MΩ)		常态	≥1×10⁴
		水煮后	≥50
介质损耗因数(1MHz)		常态	≤0.04
		湿热处理后	≤0.05
介电常数		常数	≤5.5
		湿热处理后	≤6.5
耐燃性			FV-0 或 FV-1
剥离强度(N/mm)	常态	铜箔厚0.05mm	≥1.4
		铜箔厚0.035mm	≥1.2
	浸焊后	铜箔厚0.05mm	≥1.2
		铜箔厚0.035mm	≥0.9
基板弯曲强度(MPa)			≥245
表面电阻(黏合面)(MΩ)		常态	≥1×10⁵
		湿热处理后	≥1×10³
表面电气强度(MV/m)		常态	≥1.3
		湿热处理后	≥1.0
基本尺寸规格(mm)	宽度×长度		950×950　800×950　500×800 400×520　400×400　300×400
	标称厚度		1.0　　　1.5　　　2.0

注:1. 材料标准沪 Q/HG13-558-1983。

 2. 表中"常态"的测试条件为70±2℃处理4h。20±5℃干燥6h;"湿热处理"的测试条件为40±2℃。相对湿度95% ~ 98%放置48h;"水煮"的测试条件为100℃蒸馏水中2h。流动水中冷却30min,揩干放置2min,"浸焊"的测试条件为 260±2℃熔融焊锡中,2 次,每次 5s。

(12)铝基覆铜箔层压板

MAF 型铝基覆铜箔层压板的基本组成有铝基板,绝缘黏结层、35μm、18μm 铜箔,经热压复合成型。可进行剪切、铣、钻、冲等方法加工,其电气性能、高散热性、电磁屏蔽性较高,力学性能良好,适宜作三维空间布线和基板与壳体一体化组装,是高密度、短小、轻、薄等可靠性的组装材料,适用于工业自动化电子设备功率放大设备、电源设备中作电路板。

主要性能及基本尺寸规格:

型　　　号		MAF
表面电阻(常态)(MΩ)		$\geqslant 3 \times 10^3$
击穿强度(kV)(垂直于板面)		$\geqslant 2$
介电常数(1MHz)(恒定湿热处理后)		1.3
介质损耗因数(1MHz)(恒定湿热处理后)		1.0
热阻(℃/W)		$\leqslant 2.0$
可燃性(绝缘层)		FV_0
剥离强度 (N/mm)	常态	$\geqslant 1.5$
	热应力后	$\geqslant 1.5$
	暴露在工艺溶液后	$\geqslant 1.5$
基本尺寸 规格(mm)	长度×宽度	500×500
	标称厚度	1.0　1.5　2.0
	铜箔厚度	0.018　0.035
	铝基板厚度	1.0　1.5　2.0
	绝缘层厚度	0.06　0.08　0.10

注:材料标准 Q/XA20004-1996。

(13)酚醛层压纸管

酚醛层压纸管的基本组成有酚醛树脂,层压纤维素纸,其经过加热加压卷制成型,可承受锯、剪、车、钻、铣、刨等机械加工,有较高的介电性能和一定的机械性能,适用于 E 级绝缘的电器设备中绝缘结构零部件。

主要性能指标及基本尺寸规格:

型号		3520
密度(g/cm³) ≥	内径 5～25mm	1.03
	内径>25mm	1.10
压缩强度≥(MPa)		49～58.8
吸水率(%)		3～10
垂直层向耐电压,(90±2℃变压器油中 5mm)(kV)		8.5～6
平行层向耐电压,(90±2℃变压器油中 5min)(kV)		20～25
表面耐电压(kV)		12
损耗因数,50Hz		≤0.03
热稳定性,24h(h)		120
弯曲强度 MPa		≥49～58.8
基本尺寸规格 (管状)	内径(mm)	5～1200
	壁厚(mm)	1～50

(14) 环氧层压玻璃布管

3641 型环氧层压玻璃布管的基本组成有环氧树脂、无碱玻璃布,经热卷,烘熔成型,其电气性能及耐热性能好,可进行车、锯、铣、钻等机械加工。较厚壁管可以车攻普通粗牙螺纹,其适用于 B 级绝缘的电机、电器设备中作绝缘结构零部件,亦可在潮湿环境和变压器油中使用,可在加工后进行绝缘处理。

主要性能及基本尺寸规格：

型号		3641
密度 （g/cm³）	内径 6～13mm	≥1.65
	内径>13～200mm	≥1.70
吸水性（%）（壁厚 10～24mm）		≤0.4
电气强度 （垂直层向） （MV/m）	壁厚 1.5mm	≥14
	壁厚>1.5～3mm	10
	壁厚>3～6mm	≥8
	壁厚>6～13mm	≥6
压缩强度（轴向）（MPa）		≥138
剪切强度（MPa）		≥14.7
基本 尺寸 规格 （mm）	长度	450～1000
	标称内径/ 最小厚度	6～30（1 及 2 的倍数）/1.5 32～80（2 及 5 的倍数）/1.5 85～350（5 的倍数）/2.0 355～500（5 的倍数）/3.0

注：1. 管材弯曲度为：外径 8～20mm 的弯曲度 ≤1.5%，外径>20mm 的弯曲度 ≤0.5%。

2. 材料标准 JB/T8150-1999。

（15）聚胺—酰亚胺层压玻璃布管

D410 型聚胺—酰亚胺层压玻璃布管的基本组成有聚胺—酰亚胺树脂、无碱玻璃布，经热卷烘焙成型。其电气、耐热、耐辐射性能优异可进行车、锯、铣、钻等方法加工，较厚壁管可以车攻普通粗牙螺纹，其适用于 H 级绝缘电机，电器等机载设备的衬套、支架、出线管、及深井测试仪器中的绝缘结构部件，为提高绝缘性能，亦可在加工后进行绝缘处理。

主要性能及基本尺寸规格:

型号		D410
密度(g/cm³)		≥1.65
绝缘电阻(MΩ)(平行层向)		≥1.0×10⁵
体积电阻率 (MΩ·m)	常态	≥1.0×10⁴
	180±2℃	≥1.0×10²
	浸水后	≥1.0×10³
介质损耗因数 (50Hz)	常态	≤0.03
	180±2℃	≤0.3
耐电压 (kV)	垂直层向,变压器油中耐电压 5min, 壁厚 1.5～3mm	16～20
	平行层向,变压器油中 5min	30
	表面受潮后,空气中 1min	14
弯曲强度(MPa)		≥200
压缩强度(MPa)		≥80
剪切强度(MPa)		≥20
基本尺寸 规格 (mm)	长度	420 820 950
	标称内径	20～80(2 及 5 的倍数)
	壁厚	最小 1.5 最大 20

注:材料标准 Q/DJ₁₀-542-1994。

(16)酚醛层压布棒

　　酚醛层压布棒的基本组成有酚醛树脂,补强层压棉布,经加热加压成型,一般为截面呈圆形的棒,可根据需要制成其他形状的棒,酚醛层压布棒可承受锯、剪、车、钻、铣、创等机械加工。适用于 E 级绝缘电气制工作精密加工等。

主要性能指标及基本尺寸规格：

型　号	3725
密度≥（g/cm³）	1.26
弯曲程度≥（MPa）	82.7
压缩强度≥（MPa）	137.9
击穿电压（平行层、常态、油中）（kV）　≥	10
基本尺寸规格 φ（mm）	5～100

（17）聚胺—酰亚胺层压玻璃布棒

D470 型聚胺—酰亚胺层压玻璃布棒的基本组成有聚胺—酰亚胺树脂，无碱玻璃布，经加热模压成型，具有优异的电气、力学、耐热、耐辐射性能。可进行车、锯、铣、钻等加工，亦可车攻粗牙螺纹，其适用 H 级绝缘的电机、电器设备中的热圈，衬套等绝缘结构零部件，为提高绝缘性能，亦可在加工后进行绝缘处理。

主要性能及基本尺寸规格：

型号		D470	
密度（g/cm³）		1.70	
绝缘电阻（MΩ） （平行层向）	常态	1×10⁴	
	浸水 24h 后	10	
击穿电压（kV）（平行层向 90±2℃，变压器油中）		15.0	
弯曲强度（MPa）		≥350	
拉伸强度（MPa）		≥200	
基本 尺寸 规格 （mm）	长度≥	200	
	标称直级 及偏差	8～2/±0.5 >16～28/±1.0 >45～65/±2.0	>12～16/±0.7 >28～45/±1.5 >65～100/±2.3

注：材料标准 Q/DJ₁₀–732–1994。

(18)聚酯玻璃纤维引拔棒

810 型聚酯玻璃纤维引拔棒的基本组成有不饱和聚酯胶液、无碱玻璃纤维粗纱,经定型加热连续引拔固化成型,其电气性能好,力学性能好(特别是沿纤维方向尤佳)。可进行车、锯、铣等方法加工,但不能车攻螺纹。其适用于 B 级的高低压电器设备中作衬套,天线杆,垫片,架线等柱当绝缘零部件。

主要性能及基本尺寸规格:

型号	810
密度(g/cm³)(20±2℃)	≥1.80
吸水性(%)	≤0.5
表面耐电压(kV)(常态 1min、电极距离 30mm)	10
弯曲强度(MPa)	≥294
拉伸强度(MPa)	≥490

基本尺寸规格(mm)	长度	≥1 000　2 000　4 000					
	标称直径	6　8　10　12　15　18　20					

注:材料标准 XB8001-1991。

(19)环氧酯玻璃纤维引拔棒

811 型环氧酯玻璃纤维引拔棒的基本组成有环氧酯树脂胶液、无碱无捻玻璃纤维合股粗纱。经定型加热连续引拔固化成型,其电气性能好,力学性能好(特别是沿纤维方向尤佳)。可进行车、锯、铣等方法加工,但不能车攻螺纹。其适用于 F 级的高低压电器设备中作绝缘结构零部件。

主要性能及基本尺寸规格:

型号	811
密度(g/cm³)(20±2℃)	≥1.80
吸水性(%)	≤0.5
表面耐电压(kV)(常态 1 min,电极距离 30mm)	12

续表

弯曲强度（MPa）			≥392	
拉伸强度（MPa）			≥588	
基本尺寸规格（mm）	长度	≥1 000	2 000	4 000
	标称直径	3　4　6　8　10　12　14　16　18　20		

注：材料标准 XB8002-1991。

（20）环氧玻璃布棒

3841 型环氧玻璃布棒的基本组成有环氧树脂、无碱玻璃布，经热压成型。其电气性能、力学性能优异，机械加工性能良好，可进行车、锯、钻等加工，亦可车改普通粗牙螺纹，适用于 B 级绝缘的电机、电器等设备作绝缘结构零件，可在潮湿环境和变压器油中使用。

主要性能及基本尺寸规格：

型号		3841
密度（g/cm³）		≥1.70
吸水性（%）	6 ~ 12mm	≤0.75
	13 ~ 50mm	≤0.5
击穿电压（kV）（平行层向 90　±2℃变压器油中）		15
弯曲强度（MPa）		≥241.3
压缩强度（MPa）		≥241.3
基本尺寸规格（mm）	长度	450 ~ 1250
	标称直径	6 ~ 50

注：材料标准 GB/T5133-1985。

7. 云母制品

云母的主要成分是二氧化硅，三氧化铝，氧化钾和结晶水。云母制品包括片云母制品和粉云母制品。粉云母是片云母的代用品。按制品形状分为云母带、云母板和云母箔等。由于胶粘剂和补强材料的使用不同，进而与其组成出各种不同特性的云母绝缘材料。胶粘剂有沥青漆、紫胶漆、醇酸漆、环氧漆、有机硅漆、改性二苯醚漆和磷酸胺水溶液等。补强材料主要有云母带纸、电话纸、蚕丝绸和无碱玻璃纤维布等。

(1)环氧玻璃粉云母带

5438-1 型环氧玻璃粉云母带的基本组成有桐油酸酐环氧树脂胶粘剂、云母纸和无碱玻璃布。其具有较高的电气性能和力学性能。适用于 B 级绝缘的大、中型高压及其他各种电机及电器绝缘。

主要性能指标及供应状态:

型号		5438-1
挥发物(%)		≤2.0
胶粘剂(%)		≥34
云母(%)		≥37
电气强度(MV/m)		≥35
抗张强度(N)		≥98
供应状态 (卷或盘)	直径 (mm)	95±5 115±5
	带宽 (mm)	15±1、20±1、25±2、30±2 35±2
	标称厚度 (mm)	0.10、0.14、0.17、0.20、 (允许偏差 0.02,个别值±0.037)

注:材料标准 JB6488.3-1992。

(2)桐马环氧玻璃粉云母带

5440-1 型桐马环氧玻璃粉云母带的基本组成有桐马环氧树脂胶粘剂、云母纸、无碱玻璃布。常态下,其具有柔软性能,适用于 F 级大中型高、低电机线圈主绝缘。

主要性能指标及供应状态：

型号	5440-1			
挥发物（%）	≤2			
胶粘剂（%）	34~40			
云母（%）	≥40			
电气强度（MV/m）	≥40			
抗张强度（N）	≥98			
胶化时间（min） （170℃±2℃）	8~18			
柔软性（mm）	≥150			
供应状态 （卷或盘）	直径（mm）	95±5	115±5	
	带宽（mm）	15±1　25±2　30±2　35±2		
	标称厚度（mm）	0.10　　0.14　　0.17　　0.20（允许偏差±0.02＜其中0.20的为±0.03＞个别值允许偏差±0.03（其中0.20的为±0.05））		

注：材料标准 JB6488.3-1992。

（3）环氧亚胺玻璃粉云母带

D602-1 型环氧亚胺玻璃粉云母带的基本组成有环氧亚胺胶粘剂、云母纸、无碱玻璃布，其室温下柔软，具有良好的电气、力学性能及耐热性能，有着优异的耐氟利昂性能及耐电晕性能。适用于 F 级中型高压电机主绝缘和冷冻电机线圈绝缘。

主要性能指标及供应状态：

型　　号		D602—1
挥发物(%)		≤2.0
胶粘剂(%)		≥34
云母(%)		≥37
电气强度(MV/m)		≥35
抗张强度(N)		≥98
供应状态 (卷或盘)	直径(mm)	95±5
	带宽(mm)	15±1、20±1、25±2
	标称厚度(mm)	0.14±0.02

注：材料标准 DJ5—803—1988。

（4）有机硅玻璃云母带

5450—1 型有机硅玻璃云母带的基本组成有有机硅胶粘剂、云母板、无碱玻璃布，其具有较高的电气性能且耐高温。适用于 H 级绝缘的大、中型高压电机线圈绝缘和匝间绝缘，亦适用于防火电缆包扎等。

主要性能及供应状态：

型号		5450—1
挥发物(%)		≤2.0
胶粘剂(%)		20~40
云母(%)		≥37
拉伸强度(N)		≥80
电气强度(MV/m)		≥16
供应状态 (卷或盘)	直径(mm)	95±　　115±5
	带宽(mm)	15±1　20±1　25±2　30±2　35±2
	标称厚度(mm)	0.14　0.17(允许偏差±0.02,个别值±0.04)

注：材料标准 JB6488.2—1992。

(5)醇酸纸柔软云母板

醇酸纸柔软云母板的基本组成有醇酸胶粘剂、云母纸经加工热压成型,其在常温下具有良好的柔软性,可用任意弯曲而不破裂。适用于低压直流电机槽绝缘和端部层间绝缘及电器线圈的外包绝缘等。

主要性能指标及供应状态:

型 号		5130
挥发物(%)≤		5.0
胶粘剂(%)		15 ~ 30
云母(%)≥		50
介电强度 (MV/m) 常态≥	0.15mm	15
	0.2,0.25 mm	20
	0.3,0.4,0.5mm	15
柔软性		无分层及剥片云母滑动折损和脱落现象
温度指数(℃)≥		130
供应状态 (板型)	长度(mm)	600 ~ 1 200
	宽度(mm)	400 ~ 1 200
	厚度(mm)	0.12 0.20 0.25 0.30 0.4 0.5

(6)环氧换向器粉云母板

5536-1 型环氧换向器粉云母板的基本组成有环氧胶粘剂、云母纸。其厚度均匀,机械强度较高,适用于 B 级绝缘电机换向器铜片间的绝缘。

主要性能及供应状态：

型　　号	5536-1
挥发物(%)	≤1.0
胶粘剂(%)	≤10
云母(%)	90
电气强度(MV/m)	≥20
光滑度(压强 58.8MPa,温度 160℃±℃时)	云母板边缘无胶滴挤出

起层率(%)	厚度 0.4~0.65mm	≤3
(尺寸 20×20mm)	厚度 0.7~1.0mm	≤5
收缩率(%)	温度 20±5℃	≤9
(压强 58.8MPa)	温度 160±5℃	≤2.5
供应	长度≥mm	500
状态	宽度≥mm	250
(板型)	标称厚度(mm)	0.3~2.0

注：材料标准 GB/T5021-1985。

（7）二苯醚换向器粉云母板

550 型二苯醚换向器粉云母板的基本组成有二苯醚树脂、云母扳。其板厚均匀且耐高温,适用于 H 级绝缘电机换向器铜片间绝缘及其他电器的衬垫绝缘。

主要性能及供应状态：

型号	550
挥发物(%)	≤1.0
胶粘剂(%)	≤10
云母(%)	≥90
电气强度(MV/m)	≥20
光滑度(压强 58.8MPa,温度 160℃±5℃时)	云母板边缘无胶滴挤出

续表

起层率(%)	厚度 0.4～0.65mm	3
	厚度 0.7～1.0mm	5
收缩率(%)	温度 20±5℃	9
	温度 160±5℃	2.5
供应状态（板型）	长度(mm)≥	1000
	宽度(mm)≥	500
	标称厚度(mm)	0.3～2.0

注:材料标准 XB5018-1991。

(8) 单马胶换向器云母板

9551 型单马胶换向器云母板的基本组成有单马来酰亚胺胶粘剂、云母片。其适用于 H 级绝缘电机换向器铜片间的绝缘。

主要性能及供应状态:

型　号	9551
挥发物(%)	≤1
胶粘剂(%)	≤6
云母(%)	≥94
电气强度(MV/m)	≥18
光滑度(压强 59.8MPa,湿度 180±5℃时)	云母板边缘不允许有胶滴挤出的薄片云母滑出
起层率(%)	厚度 0.4～0.65mm	5
	厚度 0.7～1.0mm	10
收缩率(%)(压强 58.8MPa,温度 20±5℃时)	9

续表

型　　号		9551
供应 状态 （板型）	长度（mm）≥	500
	宽度（mm）≥	250
	标准厚度（mm）	0.4~1.5

注：材料标准 HB551-1986。

(9) 醇酸塑型云母板

醇酸塑型云母板的基本组成有醇酸胶粘剂，云母片，其在常温下是硬质板状材料，加热变软，继续加热加压便可塑制成不同形状的绝缘物件。醇酸塑型云母板适用于 B 级绝缘电机、电器中的各种绝缘管、筒、环及其他零部件。

主要性能指标及供应状态：

型　　号		5230	5235
胶粘剂（%）		15~25	8~25
介电强度 （MV/m）	0.15~0.25mm	35	35
	0.30~0.50mm	30	30
	0.60~1.20mm	20	25
可塑性（110±5℃）		可塑性成管	
温度指数≥（℃）		130	130
供应状态 （板型）	长度（mm）	800~1200	
	宽度（mm）	400~1200	
	厚度（mm）	0.15　0.20　0.25　0.30　0.40　0.50 0.60　0.70　0.80　1.00　1.20	

(10) 紫胶塑型云母板

紫胶塑型云母板的基本组成有紫胶粘剂、云母片。其在常温下是硬质板状材料,加热变软,继续加热加压,便可塑制成不同形状的绝缘物件,紫胶塑型云母板有良好的电气性能及加工工艺性能,适用于 B 级绝缘电机电器作各种绝缘管、筒、环及其他零部件。

主要性能指标及供应状态:

型 号			5231	5236
胶粘剂(%)			15~25	8~25
介电强度 (MV/m)	≥	0.15~0.25mm	35	35
		0.30~0.50mm	30	30
		0.60~1.20mm	20	25
可塑性(110±5℃)			可塑制成管	
温度指数≥(℃)			130	130
供应状态 (板型)	长度(mm)		800~1200	
	宽度(mm)		400~1200	
	厚度(mm)		0.15 0.20 0.25 0.30 0.40 0.50 0.60 0.70 0.80 1.00 1.20	

(11)桐马环氧玻璃衬垫粉云母板

云 740-1 桐马环氧玻璃衬垫粉云母板的基本组成有云母板、无碱玻璃布、环氧胶粘剂,其具有较好的力学电气性能适用于 F 级大中型电机,电器线圈绝缘。

主要性能及供应状态:

型 号	云 740-1
挥发物(%)	≤2.0
胶粘剂(%)	≥0
云母(%)	≥50
电气强度(MV/m)	≥18
胶化时间(170℃)(min)	10~25

续表

型 号		云740-1
供应 状态 （板材）	长度（mm）	900
	宽度（mm）	420
	标称厚度（mm）	0.6 0.8 1.0

注：材料标准 Q/JBQ_Q35-1992。

（12）二苯醚玻璃柔软云母板

云152型二苯醚玻璃柔软云母板的基本组成有剥片云母、无碱玻璃布、二苯醚胶粘剂，其具有良好的柔韧性能和耐热性能，适用于 F、H 级电机的槽绝缘及衬垫，线圈绝缘。

主要性能及供应状态：

型号		云152
挥发物（%）		≤2.0
胶粘剂（%）		16～30
云母（%）		≥45
电气强度（MV/m）		≥18
供应 状态 （板材）	长度（mm）	860
	宽度（mm）	430
	标称厚度（mm）	0.15 0.20 0.25 0.30 0.40 0.50

注：材料标准 Q/JBQ_Q1-1991。

（13）醇酸柔软云母板

5133型醇酸柔软云母板的基本组成有醇酸胶粘剂、云母片，在常温下具有柔软性能，其适用于 B 级绝缘电机定子线圈匝间和相间绝缘或其他衬垫绝缘等。

主要性能及供应状态：

型　号		5133
挥发物(%)		≤5.0
胶粘剂(%)		15~30
云母(%)		≥50
电气强度(MV/m)		≥25
供应 状态 (板材)	长度(mm)≥	600
	宽度(mm)≥	400
	标称厚度(mm)	0.15　0.20　0.25　0.30　0.40　0.50

注：材料标准 JB/T7100-1993。

(14)醇酸玻璃布柔软云母板

醇酸玻璃布柔软云母板的基本组成有醇酸胶粘剂、云母片、无碱玻璃布,其在常温下具有良好的柔软性,可用任意弯曲而不破裂。适用于 B 级绝缘电机、电器的槽、端、线圈、外包等零部件绝缘。

主要性能指标及供应状态：

型　号		5131
挥发物(%)≤		5.0
胶粘剂(%)		15~30
云母(%)		50
介电(MV/m) 强度≥常态	0.15mm	16
	0.2,0.25mm	18
	0.3,0.4,0.5mm	16
柔软性		无分层及剥片云母滑动,折损和脱落现象
温度指数≥(℃)		130
供应状态 (板型)	长度(mm)	600~1200
	宽度(mm)	400~1200
	厚度(mm)	0.12　0.20　0.25　0.30　0.4　0.5

(15) 有机硅玻璃柔软云母板

5151、5151-1 型有机硅玻璃柔软云母板的基本组成有有机硅胶粘剂、云母片、云母纸、无碱玻璃布。其在室温上具有柔软性,并有较高的电气、耐潮、耐高温性能。适用于 H 级绝缘电机作槽绝缘,匝间绝缘,电枢端部绝缘。

主要性能及供应状态:

型号		5151	≤5151-1
挥发物(%)		≤5.0	≤2.0
胶粘剂(%)		15~30	20~40
云母(%)		≥50	≥38
电气强度 (MV/m)	厚度 0.15mm	≥16	≥15
	厚度0.20mm 0.25mm	≥18	≥25
	厚度0.30mm 0.40mm 0.50mm	≥16	≥20
体积电 阻率(MΩ·m)	常态	≥1×10^4	4.4×10^6
	受潮(48h)	≥1×10^2	4.7×10^4
供应状态 (板型)	长度(mm)≥	600	
	宽度(mm)≥	400	
	标称厚度(mm)	0.15 0.20 0.25 0.30 0.40 0.50	

注:材料标准 JB/T7100-1993。

(16) 二苯醚改性环氧塑型云母板

545 型二苯醚改性环氧塑型云母板的基本组成有二苯醚改性环氧胶粘剂、云母片。其在一定温度下具有可塑性,在 110±5℃ 处理 15min,可塑制成管。该云母板适用于电机,电器中的各种绝缘管,环及其他零部件。

主要性能指标及供应状态：

型　号		545
挥发物(%)		≤1.0
胶粘剂(%)		15～25
云母(%)		75～85
电气强度 (MV/m)	厚度 0.15～0.25mm	≥16
	厚度 0.30～0.40mm	≥15
体积电阻 率(MΩ·m)	常态	≥1×10⁴
	受潮(48h)	≥1×10²
供应 状态 (板型)	长度(mm)≥	600
	宽度(mm)≥	400
	标称厚度(mm)	0.20　0.25　0.30　0.40

注：材料标准 XB5029−1991。

（17）聚二苯醚衍生物塑型云母板

云251 聚二苯醚衍生物塑型云母板的基本组成有聚二苯醚胶粘剂和云母纸。其在一定温度下有可塑性，并能耐高温。在 130℃±5℃ 处理15min，可塑制成管。该云母板适用于 F、H 级绝缘电机、电器作绝缘管、环或形状复杂的绝缘零部件。

主要性能及供应状态：

型　号		云251
挥发物(%)		≤1.0
胶粘剂(%)		15～25
云母(%)		75～85
电气强度 (MV/m)	厚度 0.15～0.25mm	≥35
	厚度 0.30～0.50mm	≥30
	厚度 0.60～1.20mm	≥25

续表

体积电	常态	$\geqslant 1\times10^5$
阻率($M\Omega\cdot m$)	受潮(48h)	$\geqslant 1\times10^3$
供应	长度(mm)	840
状态	宽度(mm)	580
(板型)	标称厚度(mm)	0.15 0.20 0.25 0.30 0.40 0.50
		0.60 0.70 0.80 1.00 1.20

注:材料标准 Q/JBQ$_Q$7-1991。

(18)单马胶塑型云母板

9531型单马胶塑型云母板的基本组成有单马胶粘片、云母片,其在一定温度下有可塑性并能耐高温。适用于作 H 级各种电机、电器的绝缘管、环及其他形状的绝缘零部件。

主要性能及供应状态:

型　　号	9531
挥发物(%)	$\leqslant 3.0$
胶粘剂(%)	15 ~ 25
云母(%)	75 ~ 85
电气强度 (MV/m)	厚度 0.15 ~ 0.25mm	$\geqslant 35$
	厚度 0.30 ~ 0.50mm	$\geqslant 30$
	厚度 0.60 ~ 1.20mm	$\geqslant 25$
体积电阻率($M\Omega\cdot m$)		$\geqslant 10^6$
供应 状态 (板型)	长度(mm) $\geqslant$	600
	宽度(mm) $\geqslant$	400
	标称厚度(mm)	0.15 0.20 0.25 0.30 0.40
		0.50 0.60 0.70 0.80 1.00 1.20

注:材料标准 HB531-1986。

(19)环氧二苯醚玻璃粉云母箔

5842-1型环氧二苯醚玻璃粉云母箔的基本组成有环氧二苯醚胶粘

剂,云母纸、无碱玻璃布。该云母箔在 110±5℃ 处理 15min,即可塑制成管,其适用于 F 级绝缘电机及其他电机电器的绝缘零部件,如异步、同步电机的转子线圈、磁极、槽衬及防爆电机转子铜排绝缘等。

主要性能及供应状态:

型 号		5842-1
挥发物(%)		≤4.0
胶粘剂(%)		20~35
云母(%)		≥50
电气强度(MV/m)		≥25
供应 状态 (箔材)	长度(mm)≥	500
	宽度(mm)≥	300
	标称厚度(mm)	0.11 0.15 0.17 0.20 0.25

注:材料标准 JB/T901-1995。

(20)酚醛环氧玻璃聚酰亚胺薄膜粉云母箔

云 841—1 型酚醛环氧玻璃聚酰胺薄膜粉云母箔的基本组成有胶粘剂、云母纸、无碱玻璃布、聚酰亚胺薄膜。其在一定温度下具有可塑性,在110±5℃ 下处理 15min,可塑制成管。该云母箔适用于 F 级绝缘电机、电器的卷烘式绝缘及零部件。

主要性能及供应状态:

型 号		云 841-1
挥发物(%)		≤3
胶粘剂(%)		20~35
云母(%)		≥20
聚酰亚胺薄膜(%)		≥20
电气强度(MV/m)		≥45
供应 状态 (箔材)	长度(mm)	620、890
	宽度(mm)	410
	标称厚度(mm)	0.17 0.20

注:材料标准 Q/JBQ₀10-1991。

(21) 二苯醚玻璃粉云母箔

5851-1 型二苯醚玻璃粉云母箔的基本组成有二苯醚胶粘剂、云母纸、无碱玻璃布。其长期耐热性温度指数不小于 180℃，在 130℃±5℃下处理 15min，可塑制成管。该云母箔适用于 H 级绝缘电机、电器的卷烘式绝缘管、环、槽衬及磁极线圈等零部件。

主要性能及供应状态：

型　　　号		5851-1
挥发物(%)		≤5.0
胶粘剂(%)		20~35
云母(%)		≥50
电气强度(MV/m)		≥25
供应	长度(mm)≥	500
状态	宽度(mm)≥	300
(箔材)	标称厚度(mm)	0.10　0.15　0.20　0.25

注：材料标准 JB/T901-1995。

(22) 环氧二苯醚薄膜粉云母箔

5843-1 型环氧二苯醚薄膜粉云母箔的基本组成有环氧二苯醚胶粘剂、云母纸、聚酯薄膜。其长期耐热性温度指数不小于 155℃，在 110℃±5℃处理 15min，可塑制成管。该云母箔适用于 F 级绝缘电机转子铜排的卷烘式绝缘，磁极包绕及制成绝缘管，筒及衬热绝缘等。

主要性能及供应状态：

型号	5843-1
挥发物(%)	≤4.0
胶粘剂(%)	20~35
云母(%)	≥40
电气强度(MV/m)	≥60

续表

供应	长度（mm）≥	500
状态	宽度（mm）≥	300
（箔材）	标称厚度（mm）	0.17

注：材料标准 JB/T901-1995。

（23）酚醛环氧聚酯薄膜粉云母箔

云 844-1 型酚醛环氧聚酯薄膜粉云母箔的基本组成有环氧树脂胶粘剂、云母纸、聚酯薄膜。其具有较高的电气性能和力学性能，在 110±5℃处理 15 分钟，可塑制成管，该云母箔适用于作 F 级电机、电器线圈绝缘。

主要性能及供应状态

型号		云 844-1
挥发物	0.09mm	≤3
（%）	0.12mm,0.15mm	≤1.5
胶粘剂	0.09mm,0.12mm	16 ~ 22
（%）	0.15mm	23 ~ 27
云母（%）	0.09mm、0.12mm	≥50
	0.15mm	≥60
电气强度（MV/m）		≥50
供应	长度（mm）	300
状态	宽度（mm）	420
（张或卷）	标称厚度（mm）	0.09 0.12 0.15

注：材料标准 Q/JBQ$_0$24-1991。

8. 薄膜、粘带及柔软复合材料

电绝缘用薄膜是指电工用塑料薄膜（厚度一般在 0.25mm 以下），其特点是薄而电气性能优良。因品种不同，还个别兼有突出的拉伸强度。耐热、耐寒、耐腐蚀、耐候性、耐潮性、抗射线的辐照性等特点。其可单独使用也可和其他纤维材料复合使用，有的薄膜还具有熔融热封特性，有的可用粘合剂黏合，有的还与一些绝缘物质有良好的相容性。

粘带是指以薄膜为底材,涂有黏合剂,能自身黏合或与其他材料黏合的带子。粘带有不经预处理而用手包扎,轻捏轻压即能自行黏合成整体的压敏粘带;有的需须一定温度,压力固化后才有胶黏性的粘带。

柔软复合材料是指由薄膜的单面或双面黏合绝缘纸板,玻璃漆布,纤维纸等的复合制品。其性能与薄膜相当或更胜一筹,且还具有挺括,改善电机嵌线工艺性,增加浸漆吸附量等特点,是应用广泛的一种绝缘材料。

(1)聚酯薄膜

聚酯薄膜亦称绝缘用涤纶薄膜,其基本组成是聚酯树脂,是一种高强度的等分子薄膜。具有较高的拉伸强度和良好的电气性能,能耐有机溶剂。适用于 E 级绝缘的中、小型电机做匝间、线圈、槽楔绝缘以及其他用途的电工绝缘材料。

主要性能指标及基本尺寸规格:

牌号		6020
电气强度(MV/m)	15μm	≥200
	23μm	≥174
	50μm	≥130
	75μm	≥105
	100μm	≥90
	125μm	≥75
	250μm	≥60
	300μm	≥55
体积电阻率(MΩ·m)		≥1.0×10^8
表面电阻率(MΩ)		≥1.0×10^7
相对介电常数(50Hz)		2.9~3.4
介质损耗因数(50Hz)		≤5.0×10^{-3}
熔点(℃)		>256

续表

拉伸强度 （MPa）	<100μm	≥150
	100~190μm	≥140
	>190μm	≥110
断裂伸长率 （%）	<15μm	≥40
	15~50μm	≥60
	>50μm	≥80
收缩率 （%）	<15μm	≤3.5
	15~19μm	≤3.0
	>190μm	≤2.0
基本尺寸 规格 （卷状）	长度（m）	≥500
	宽度（mm）	500　　1000
	标称厚度 （μm）	5、6、8、10、12、15、19 23、36、50、75、100、125、150

注：材料标准 GB13950-1992。

（2）聚酰亚胺薄膜

聚酰亚胺薄膜的基本组成是聚酰亚胺树脂，其电气性能优良，有较好的耐磨耐电弧耐辐射性能。薄膜在液氨温度能保持柔软性，耐有机溶剂和酸，但不能耐碱。可在220℃环境中长期使用。在300℃环境中短期使用。其适用于 H 级电机、电器作槽楔、相间绝缘等。

主要性能指标及基本尺寸规格：

牌号		6050
电气强度 （MV/m）	25~50μm	≥150
	75μm	≥130
	100μm	≥110
表面电阻率（200℃） （MΩ）		≥1.0×10⁷
体积电阻率 （200℃）（MΩ·m）		≥1.0×10⁴

续表

牌号		6050
介质损耗因数(48~62Hz)		$\leqslant 4.0\times10^{-3}$
相对介电常数(48~62Hz)		3.5 ± 0.4
拉伸强度 (MPa)	纵向	$\geqslant 115$
	横向	$\geqslant 115$
断裂伸长率 (%)	纵向	$\geqslant 40$
	横向	$\geqslant 40$
收缩率(%)(150℃)		$\leqslant 1.0$
基本尺寸 规格 (卷状)	长度(m)	$\geqslant 30$
	宽度(mm)	$<26\pm0.4$ $(26~102)\pm0.8$ $>102\pm1.6$
	标称厚度(μm)	25　40　50　75　100

注:材料标准 JB/T2726-1996。

(3)聚丙烯薄膜

聚丙烯薄膜的基本组成是聚丙烯树脂,其特点是密度小,电气性能较高,电气强度比电容器纸高近 10 倍。比电容器纸介质损耗小,具有较高的力学性及化学稳定性。适用于电容器和其他电工绝缘。

主要性能指标及基本尺寸规格:

牌号		CE6010
电气强度 (MV/m) (平均值)	12μm	$\geqslant 470$
	15μm	$\geqslant 480$
	18~20μm	$\geqslant 470$
介电常数(50Hz)		20~2.4
介质损耗因数(50Hz)		$\leqslant 3.0~10^{-4}$

续表

牌号		CE6010
体积电阻率(MΩ·m)		$\geqslant 1.0 \times 10^8$
拉伸强度(MPα)	纵向	$\geqslant 120$
	横向	$\geqslant 200$
断裂伸长率(%)	纵向	$\leqslant 180$
	横向	$\leqslant 65$
密度(g/cm³)		$0.90 \sim 0.91$
熔点(℃)		$165 \sim 170$
收缩率 (%)	纵向	$\leqslant 5$
	横向	$\leqslant 4$
基本尺寸规格 (卷状)	长度(m)	$\geqslant 500$
	标称厚度(μm)	12　15　18　20

注:材料标准 GB/T100036-1996。

(4)复合薄膜

复合薄膜的基本组成有聚酰亚胺薄膜,F46 树脂。经高温加工烘结成型。其具有优良的电气性能和力学性能,能耐高温、耐辐射、耐腐蚀,高温下自黏性能良好,适用于 H 级绝缘电机、电器及耐油耐水电机的绝缘。

主要性能指标及基本尺寸规格:

牌号		HF	FHF
拉伸强度(MPa)	纵向	100	100
	横向	90	90
伸长率(%)	纵向	40	40
	横向	30	30

续表

牌号		HF	FHF
剥离强度 （N/25mm）	纵向	6	6
	横向	6	6
表面电阻率（MΩ）		$\geqslant 1.0 \times 10^7$	$\geqslant 1.0 \times 10^7$
体积电阻率（MΩ·m）		$\geqslant 1.0 \times 10^7$	1.0×10^7
介质损耗因数（50Hz）		$\leqslant 0.002$	$\leqslant 0.002$
介电常数（50Hz）		$\leqslant 4.0$	$\leqslant 4.0$
电气强度（MV/m）		$\geqslant 120$	$\geqslant 120$
基本尺寸 规格 （卷状）	宽度（mm）	$\geqslant 450$	
	长度（m）	$\geqslant 60$	
	厚度（mm）	0.045 0.035	（单面胶层厚度 0.006~0.009）

（5）复合槽绝缘箔

HFG 复合槽绝缘箔的基本组成有聚酰亚胺薄膜、F-46 玻璃漆布、胶粘剂，经热压复合成型，复合箔电气性能和力学性能优良，耐高温及耐介质性能良好，箔体挺直平直，易于下线，工艺性能好，但分切、裁剪时应注重设备的静电消除。其适用于潜油、潜水及 H 级绝缘电机的绝缘。

主要性能指标及基本尺寸规格：

牌号	HFG
电气强度（MV/m）	$\geqslant 40$
拉伸强度（MPa）	$\geqslant 78$
相对介电常数（50Hz）	2~3
介质损耗因数（50Hz）	$\leqslant 10^{-2}$
体积电阻率（MΩ·m）	$\geqslant 10^6$

续表

牌号				HFG		
	浸水时间 (d)	体积电阻率 (MΩ·m)	介质损耗因数 (50Hz)	相对介电常数 (50Hz)	工频电气强度 (MV/m)	拉伸强度 (MPa)
耐水性	0	3.4≥10⁷	2.8×10⁻³	2.8	64.8	85.4
	21	2.7×10⁶	6.4×10⁻²	2.6	58.8	88.6
	35	2.7×10⁶	7.1×10⁻²	2.6	55.5	83.0
	84	2.3×10⁶	7.0×10⁻²	2.8	57.6	81.4
	202	5.8×10⁴	8.3×10⁻²	2.8	50.5	77.9
	258	5.6×10³	6.5×10⁻²	3.4	44.8	74.1
（45号变压器油）耐油性	浸油时间 (d)	体积电阻率 (MΩ·m)	介质损耗因数 (50Hz)	相对介电常数 (50Hz)	工频电气强度 (MV/m)	拉伸强度 (MPa)
	0	3.4≥10⁷	2.8×10⁻³	2.8	64.8	85.4
	15	3.4×10⁷	3.2×10⁻³	2.6	62.6	84.7
	33	3.6×10⁷	2.6×10⁻³	2.6	61.3	91.0
	150	2.2×10⁷	2.7×10⁻³	2.4	68.4	85.5
	248	1.1×10⁷	2.8×10⁻³	2.4	68.9	86.3
	365	2.8×10⁷	2.6×10⁻³	2.3	70.1	87.2
耐煤油性	21	1.8≥10⁷	3.0×10⁻³	2.4	63.7	89.0
	34	1.8×10⁷	4.1×10⁻³	2.5	51.5	97.1
	52	1.9×10⁷	1.3×10⁻³	2.5	63.6	87.8
	202	1.2×10⁷	9.8×10⁻³	2.4	66.0	95.1
	287	1.2×10⁷	3.9×10⁻³	2.3	68.2	95.4
	385	1.7×10⁷	4.8×10⁻³	2.5	65.9	105.9

基本尺寸规格 （卷状）	长度(m)	≥20
	宽度(mm)	220(约)
	标称厚度(mm)	0.13　0.15

注：材料标准 Q/GHAE20-1994。

附:复合糟绝缘箔热老化性能

热老化时间 (d)	工频电气强度 (MV/m)		拉伸强度 (MPa)		热老化时间 (d)	工频电气强度 (MV/m)		拉伸强度 (MPa)	
	200℃	250℃	200℃	250℃		200℃	250℃	200℃	250℃
10	50.6	52.6	76.0	83.0	40	—	—	80.0	66.2
20	51.0	53.6	78.1	78.0	50	—	—	78.5	60.6
30	46.7	51.1	74.3	64.9					

(6)聚酯胶粘带

聚酯脂粘带的基本组成有聚丙烯酸树脂、聚酯薄膜,经加热交联成型。其电气性、黏结性及耐溶剂性能良好,适用于 B 级绝缘电机、电器线圈绝缘及导线接头包扎等,亦可用作可剥性密封保护层。

主要性能指标及基本尺寸规格:

牌 号		J-6230
拉伸强度(N/10mm)		每毫米厚度≥600
断裂伸长率(%)		75
长期耐热性(温度指数)		≥130
翘起性(mm)		≤2
对底材黏着力(N/10mm)		≥2
2 频电气强度(MV/m)	常态	≥70
	受潮	≥70
浸液体后对底材黏结性(N/10mm)		≥12
基本尺寸规格 (盘状)	长度(mm)	20
	宽度(mm)	≥7
	厚度(mm)	0.055 ~ 0.17

注:材料标准 JB5658-1991。

(7)聚酰亚胺薄膜胶粘带

聚酰亚胺薄膜胶粘带的基本组成是聚胺—酰亚胺胶粘剂聚酰亚胺薄膜,其具有优良的耐水、耐溶剂、耐酸及阻燃和抗氟利昂性能,胶粘带在室温时柔软,干爽,成型固化温度较低。对铜有良好的黏结力。适用于 H 级绝缘电机的线圈绕包绝缘和绕制耐高压电磁线绝缘等。

主要性能指标及基本尺寸规格：

牌　　号		D260
拉伸强度（MPa）	≥	58.8
伸长率（%）	≥	15
弯折性（180°对折）		无胶层脱落现象
挥发物（%）		≤10
可溶物（%）		≥3
工频电气强度	常态	≥80
（MV/m）	180±2℃	≥60
体积电阻率	常态	≥10^6
（MΩ·m）	180±2℃	≥10^4

（8）聚酯薄膜绝缘纸柔软复合材料

聚酯薄膜绝缘纸柔软复合材料的基本组成有聚酯薄膜、电绝缘纸板、黏合剂，经复合成型，其具有良好的电气性能和力学性能，广泛用于 E 级绝缘的电机、电器作槽楔绝缘，匝间绝缘及衬垫绝缘等。

主要性能指标及基本尺寸规格：

牌号		6520-25/40/50
击穿电压（kV）≥	不弯折	6.0（25 型）、7.0（40 型）、8.0（50 型）
	弯折后	5.0（25 型）、6.0（40 型）、6.0（50 型）
黏合性	180°折弯	不分层、不起泡
	130±2℃处理 10min	不分层、不起泡、不流胶
拉伸强度 （N/10 min）≥	纵向不弯 折/弯折后	0.15mm　　100/70
		0.17mm　　110/75
		0.20mm　　120/80
		0.22mm　　135/85
		0.25mm　　150/95
		0.27mm　　175/100

续表

牌号			6520-25/40/50
拉伸强度 （N/10/min） ≥	横向不弯 折/弯折后	0.30mm	200/110
		0.35mm	240/180
		0.45mm	360/275
		0.15mm	70/50
		0.17mm	75/50
		0.20mm	80/50
		0.22mm	85/55
		0.25mm	95/60
		0.27mm	100/70
		0.30mm	105/80
		0.35mm	120/115
		0.45 mm	180/175
基本尺寸规格 （卷状）	宽度（mm）		800~1 000
	标称厚度（mm）		0.15　0.17　0.20　0.22　0.25 0.27　0.30　0.35　0.45

注:材料标准 Q/DJ3-202-1994。Q/DJ3-206-1994,JB/T4059-1991。

(9)聚酯薄膜玻璃漆布柔软复合材料

聚酯薄膜玻璃漆布柔软复合材料的基本组成有聚酯薄膜,醇酸玻璃漆布,黏合剂。经加工复合成型,具有优异的电气性能和力学性能,适用于 B 级绝缘材料。适宜湿热带地区的电机电器作槽楔、匝间、衬垫等绝缘。

主要性能指标及基本尺寸规格:

牌号		6530
拉伸强度 （N/15mm）	纵向	245
	横向	196
击穿电压 （kV） （平均值/最低值）	常态	8.0/6.0
	受潮	6.0/5.0
	常态弯折后	6.0/4.0
体积电阻率 （MΩ·m） （平均值/最小值）	常态	1.0×10^6
	热态 130℃	1.0×10^3
	受潮	1.0×10^4
基本尺寸规格 （卷状）	长度(m)	≥1
	宽度(mm)	800 ~ 1 000
	标称厚度(mm)	0.17　0.20　0.24

(10)聚酯薄膜聚酯纤维非织布柔软复合材料

聚酯薄膜聚酯纤维非织布柔软复合材料的基本组成有聚酯薄膜,聚酯纤维纸,或聚酯纤维非织布、黏合剂,其电气性能和力学性能优异。6630 型较硬,挺度大,6630A 型较软,挺度小。该复合材料广泛用于 B 级绝缘电机、电器及湿热带地区作绝缘材料。

主要性能指标及基本尺寸规格：

牌号			6630	6630A
击穿电压 （kV）	0.15mm		6.0≥	—
	0.20mm		9.0≥	8.0≥
	0.25mm		12≥	≥11
	0.30mm		15≥	≥11
	0.35mm		18≥	≥11
黏结性（155±2℃、10min 后）			不分层、不起泡、不流胶	
拉伸强度（N/10mm） ≥ （不弯折/弯折后）	纵向	0.15mm	80/80	(0.18mm)100/90
		0.20mm	140/120	120/105
		0.25mm	190/170	150/130
		0.30mm	270/200	170/150
		0.35mm	320/300	200/180
	横向	0.15mm	80/70	(0.18mm)90/70
		0.20mm	120/100	105/95
		0.25mm	170/130	130/120
		0.30mm	200/150	150/130
		0.35mm	300/200	180/160
伸长率（%） ≥ （不弯折/弯折后）	纵向	0.15mm	15/10	(0.18mm)10/10
		0.20mm	15/10	10/10
		0.25mm	15/10	10/10
		0.30mm	0.30/–	–/5
		0.35mm	0.35/–	–/5
	横向	0.15mm	20/10	(0.18mm)15/15
		0.20mm	20/10	15/15
		0.25mm	20/10	15/15
		0.30mm	–/5	–/5
		0.35mm	–/5	–/5

续表

基本尺寸规格（卷状）	长度(m)	≥1
	宽度(mm)	>800
	标称厚度(mm)	0.15　0.20　0.25　0.30　0.35

（11）聚酰亚胺薄膜聚芳酰胺纤维纸柔软复合材料

聚酰亚胺薄膜聚芳酰胺纤维纸柔软复合材料的基本组成有聚酰亚胺薄膜、聚芳酰胺纤维纸或聚芳砜纤能纸、黏合剂。经加工复合成型,其电气性能,力学性能及耐热性能优异,适用于 H 级绝缘的冶金、起重、煤矿电机及牵引电机作槽楔、相间、衬垫绝缘。

主要性能指标及基本尺寸规格:

牌号		上 6550	6650
击穿电压(kV)（不弯折/弯折后）	0.15mm	8.0/7.0	8.0/7.0
	0.20mm	8.0/7.0	9.0/8.0
	0.25mm	8.0/7.0	9.0/8.0
	0.30mm	10.0/9.0	10.0/9.0
体积电阻率(MΩ·m)	常态	1.0×10^6	1.0×10^6
	180℃	1.0×10^5	1.0×10^5
	受潮后	1.0×10^5	1.0×10^5
黏合性	40±2℃ 相对湿度95±3% 24h 后	不分层、不起泡	
	200±2℃ 10min 后		不分层、不起泡、不流胶

续表

拉伸强度 （N/10mm） （纵向/横向）	0.15mm	157/98	120/70/80/50 *
	0.20mm	157/98	160/90/100/80 *
	0.25mm	157/98	200/150/120 * /100
	0.30mm	196/98	250/170/150/110 *
伸长率 （%）	纵向		10
	横向		8
基本尺寸规格 （卷状）	宽度（mm）	上6550 为 300~1 000,6550 为 450、900	
	标称厚度（mm）	0.15　0.20　0.25　0.30	

注：1. * 表格数据为纵向不弯折/纵向弯折后/横向不弯折/横向弯折后。

　　2. 材料标准 Q/JBQP26-1991,JB/T4062・1-1995。

（12）聚酯薄膜聚芳酰胺纤维纸柔软复合材料

聚酯薄膜聚芳酰胺纤维纸柔软复合材料的基本组成有聚酯薄膜,聚芳酰胺纤维纸,或聚芳砜纤维纸、黏合剂,经加工复合成型,其电气性能和力学性能优异。适用于 F 级绝缘电机、电器作槽楔,相间,衬垫绝缘。

主要性能指标及基本尺寸规格：

牌号		上6540
击穿电压（kV）	常态	10.0
	热态(155℃)	7.5
	受潮	9.0
	常态弯折后	8.0．
体积电 阻率 （MΩ・m）	常态	$1.0×10^6$
	热态(155℃)	$1.0×10^5$
	受潮	$1.0×10^5$
黏合性(40±2℃相对湿度 95±3℃24h 后)		不分层　不起泡

续表

拉伸强度 （N/10min） （纵向/横向）	0.20mm	196/98
	0.25mm	196/98
	0.30mm	196/98
基本尺寸规 格（卷状）	宽度（mm）	300 ~ 1 000
	标称厚度（mm）	0.20 0.25 0.30 0.35

注：材料标准 Q/JBQP26-1991。

9. 绝缘纤维制品

绝缘纤维制品是指由植物纤维、矿物纤维、合成纤维以及由此类纤维的混合物，通过水，空气或其他流体将纤维沉积在造纸机上，形成薄页状材料。习惯上将标重小于 225g/m² 的称为纸板（管）。植物纤维虽具有一定的力学性能，但耐热性差，易吸潮，影响电绝缘性能。使用时还需经一定的绝缘浸渍处理。进而提高其电气耐热耐潮性能。矿物纤维和合成纤维力学性能好，吸湿性小，电气性能稳定。

(1) 电容器纸

电容器纸的基本组成是高纯度绝缘木浆，其特点是厚度均匀，紧度大，柔软。按质量分为 A 级和 B 级，按紧度分为 I 型和 II 型。A 级主要用于电子工业电容器极间介质，B 级主要用于电力电容器极间介质。电容器纸在相对湿度超过 75% 时，需进行预处理（温度 50 ~ 60℃，时间 45 ~ 50min）。

主要性能及基本尺寸规格：

牌号	标称厚度（μm）	紧度（g/cm³）	抗张指数（N·m/g）（纵向）≥	导电质点（个/m²）≤	击穿电压(V/层)≥（AC）		介质损耗因数(%)≤	
					最低值	平均值	60℃	100℃
B–Ⅰ	8	1.00	55	150	250	305	0.17	0.22
	10			110	270	335		
	12			65	300	375		
	15			50	320	395		
	17			45	350	435		
	20	1.15		20	390	485		
	22			20	410	505		
A–Ⅱ	4	1.20	60.0	1100	165	250	0.20	0.26
	5			800	190	280		
	6			450	220	320		
	7			250	255	355		
	8			150	280	390		
	10			90	330	450		
	12	1.22		55	365	495		
	15			35	410	520		
	17			25	425	530		
B–Ⅱ	4	1.20	60.0	1200	155	220	0.20	0.27
	5			900	180	255		
	6			550	190	280		
	7			300	210	325		
	8			180	230	360		
	10			105	270	415		
	12	1.22		70	290	465		
	15			50	310	490		
	17			45	320	500		

水分(%)	标称厚度4~6μm	6.0~10.0
	标称厚度≥7μm	5.0~9.0
灰分(%)≤		0.35
水抽出物酸度(%)≤		0.007 0
水抽出物电导率(ms/m)≤		4.0
水抽出物氯(mg/kg)≤		3.0
基本尺寸规格（卷筒状）	宽度（mm）	95 140 235 250 280 355 390 420
	卷筒直径（mm）	220~250
	纸芯内径（mm）	75

型别	标称厚度（μm）	A 级		B 级	
		波动差(μm) ≤		波动差(μm) ≤	
		横向	纵向	横向	纵向
Ⅰ型	8	0.7	1.1	0.8	1.2
	10~15	0.8	1.2	0.9	1.3
	17~22	1.2	1.4	1.3	1.5
Ⅱ型	4~6	0.4	0.6	0.4	0.6
	7~8	0.5	0.7	0.6	0.8
	10~12	0.6	0.8	0.7	0.9
	15~17	0.7	0.9	0.8	1.0

注:材料标准 GB/T12913-1991。

（2）电缆纸

电缆纸的基本组成是100%本色硫酸盐绝缘木浆,其电气性能,力学性能好,耐油性好,介质损耗因数小,油纸绝缘耐热温度为95℃,主要用于电机、电器中线圈层间绝缘以及电容器极间介质绝缘等A级绝缘。

主要性能及基本尺寸规格：

牌　号		DLZ-U			DLZ-A			DLZ-B		
厚度(μm)		80±5	130±7	170±8	80	130	170	80	130	170
紧度(g/cm³)		\multicolumn{3}{}{0.85±0.05}			0.85±0.07			0.85±0.10		
耐折度(纵横平均) (次)≥		1000	\multicolumn{2}{}{2000}		1000	2000		1000	2000	
工频击穿电压(V/层) ≥		600	950	1200	600	950	1200	600	950	1200
干纸介质损耗因数 (100℃)(%)≤		\multicolumn{3}{}{0.70}			—			—		
电导率(ms/m)≤		\multicolumn{3}{}{10}			10			10		
水抽提液 pH 值		\multicolumn{3}{}{6.0~8.0}			6.5~8.5			6.5~8.5		
透气度(μm/Pa·s) 或(mL/min)≤		\multicolumn{3}{}{0.51(30.0)}			0.51(30.0)			0.51(30.0)		
灰分(%)≤		\multicolumn{3}{}{1.00}			1.00			1.00		
交货水分(%)		\multicolumn{3}{}{6.0~9.0}			6.0~9.0			6.0~9.0		
抗张强度 (kN/m)≥	纵	5.9	10.5	13.0	5.90	10.5	13.0	4.90	9.50	11.8
	横	2.90	4.90	6.50	2.90	4.90	6.50	2.60	4.20	5.90
伸长率(%)≥	纵	2.0	2.2	2.2	2.0	2.2	2.2	1.9	2.0	2.0
	横	6.0	6.5	6.5	6.0	6.5	6.5	5.7	6.0	6.0
撕裂度(横向) (MN)≥		540	1 080	1 470	540	1 080	1 470	540	1 080	1 470
基本尺寸规格 (卷筒状)	卷筒宽度(mm)	\multicolumn{9}{}{625}								
	卷筒直径(mm)	\multicolumn{9}{}{650~700}								
	标称厚度(μm)	\multicolumn{9}{}{80　130　170}								

注：材料标准 GB7969-1987。

（3）聚酯纤维纸

聚酯纤维纸亦称聚酯无纺布，基本组成是对苯二甲酸乙二醇纤维纸，经多项工序制成，其渗透性能良好，有较大的伸长率，可与聚酯薄膜、无碱玻璃布制品复合制品，适用于 E 级绝缘电机、电器作槽绝缘，线圈层间、相隔衬垫绝缘。

主要性能及基本尺寸规格：

牌　号		CE6630D
拉伸强度（MPa）≥	纵向	9.81
	横向	9.81
延伸率（%）≤	纵向	40
	横向	40
收缩率（%）≤	纵向	5
	横向	5
基本尺寸规格（mm）（卷状）	卷宽	≥1000
	标称厚度	0.07　0.09　0.11　0.12

注：材料标准 Q/CJB156-1984。

（4）聚芳酰胺纤维纸板

聚芳酰胺纤维纸板的基本组成是聚芳酰胺纤维纸经热压自粘成型，其电气性能优良，适用于作 H 级绝缘电机槽绝缘，衬垫绝缘及电器线圈，变压器线圈层间的绝缘。

主要性能及基本尺寸规格：

牌　号		758
相对密度		1.15
电气强度（MV/m）≥		10
体积电阻率（MΩ·m）≥	常态	1×10^6
	180℃	1×10^8
	受潮	1×10^4

续表

牌号		758				
拉伸强度(MPa) ≥		58.8				
弯曲强度(MPa) ≥		98.1				
基本尺寸规格(mm)	长度×宽度	900×450				
	标称厚度	0.20　0.25　0.30　0.50　1.40				
		1.50　1.80　2.00　2.50　3.00				
		3.50　4.00　5.00				

注:材料标准 XB7010-1984。

(5)云母纸

云母纸的基本组成是白云母,其质地柔软,电气性能良好,适用于电机、电器产品的绝缘,亦适于制作云母带和柔软云母板。其在相对湿度超过75%时,需经预处理(温度 70~80℃,时间 60~80min)。

主要性能及基本尺寸规格:

牌号	期望厚度 (μm)	拉伸强度(宽) (kN/m)	质量标称值 (g/m²)	透气性 (s/100cm³)	渗透时间 (非网面) (s) ≤	水萃取物的电导率 (μs/cm) ≤	质量损失 (%) ≤
MPM1	45	0.80	68	3 200~6 500	100	70	0.5
	55	0.98	82	3 800~7 300	120		
	65	0.98	100	4 700~6 800	120		
	75	0.98	115	≥6 000	130		
	85	1.10	130	≥6 000	130		
	95	1.10	145	≥6 000	150		
	105	1.10	160	≥6 000	150		
MPM2	50	0.62	80	1 400~2 300	50	20	0.5
	60	0.70	100	1 600~2 600	70		
	70	0.75	115	1 700~2 900	90		
	75	0.80	125	1 850~3 150	110		
	90	0.90	150	2 200~3 700	160		

注:1. 云母纸通常以卷装形式供应,其幅宽度由供需双方协商确定。允许偏差 ±2mm。

2. 材料标准 GB/T10216-1998。

(6)聚芳酰胺纤维云母纸

聚芳酰胺纤维云母纸的基本组成有聚芳酰胺纤维和云母粉。经混抄轧成型。其电气性能,耐电晕性能较高,与一般的耐热浸渍漆有良好的容性。适用于 H 级绝缘电机、电器、变压器的槽绝缘、线圈包扎绝缘等。浸树脂加工后,可压制成板材和卷制成管材。

主要性能及基本尺寸规格:

牌 号		755
气强度(MV/m)		13
收缩率(%) (250℃,10min,纵横平均值)		2.5
张强度(纵向)(N/ 15mm)		27.4
撕裂强度(N)	纵向	0.98
	横向	0.78
基本尺寸 规格 (卷状)	卷宽(mm)	450 ~ 500
	(车成带宽)(mm)	20　25　30　35
	标称厚度(mm)	0.13

材料标准 XB7006-1981。

(7)钢纸板

钢纸板由钢纸原纸经氯化锌处理后加工热压制成,分 A 类、B 类和 C 类钢纸板,其中 C 类钢纸板又分为 Ⅰ 和 Ⅱ 两种(Ⅰ 为间歇性生产,Ⅱ 为连续性生产)。钢纸板的特点是组织紧密,机械加工性能良好。可用于剪裁,冲压加工,其广泛的使用于 A 级绝缘电机、电器、仪表作槽楔、垫片、垫及其他绝缘零部件。

主要性能及基本尺寸规格：

牌号			A 类	B 类	C 类 I	C 类 II
拉伸强度（横断面）（MPa）≥	厚度 0.5~0.9mm	纵向	85	70	55	55
		横向	45	40	35	30
	厚度 1.0~2.0mm	纵向	90	75	60	60
		横向	55	40	35	30
	厚度 2.1~3.5mm	纵向	90	75	60	60
		横向	50	45	40	30
	厚度 3.6~5.0mm	纵向	85	65	50	50
		横向	50	45	30	30
	厚度 5.0mm 以上	纵向	—	50	40	40
		横向	—	35	30	30
延伸率(%)	纵向		10	—	—	
	横向		12	—	—	
层间剥离强度（N/m）≥	1.5~3.0mm		200	200	200	200
	>3.0mm		不予试验			
紧度（g/cm³）	厚度 0.5~0.9mm		1.25	1.15	1.10	
	厚度 1.0~2.0mm		1.30	1.25	1.15	
	厚度 2.1~5.9mm		1.30	1.25	1.15	
	厚度≥6.0mm		—	1.25	1.20	
体积电阻率/(MΩ·m)≥			10		1.0	
电气强度（MV/m）	厚度 0.5~0.9mm		—	8.0	6.0	
	厚度 1.0~2.0mm		—	7.0	5.0	
	厚度 2.1~5.0mm		—	5.0	3.0	
	厚度 5.1~12mm		—	4.0	2.5	
水分(%)			6~10	6~10	6~10	
灰分(%) ≤			1.5	1.5	2.5	
氧化锌(%) ≤			0.15	0.10	0.20	

续表

吸水率(%) ≤	厚度 1.0~2.0mm	—	60	70
	厚度 2.1~3.5mm	—	50	65
	厚度 3.6~5.0mm	—	40	60
	厚度>5.0mm	—	30	50
吸油率(%) ≤ 航空汽油(15~20℃,24h) 变压汽油(15~20℃,24h)		1.5 1.3	— —	40 — —
基本尺寸 规格 (平板或卷筒板)	长度×宽度 (mm)	1200×1000 1200×900 1000×850 1200×700 600×500		
	厚度(mm)	A 类 0.5~3.0 B 类 0.5~5.0 以上 C 类 0.5~5.0 以上		

注:1. 表中"紧度"及以下栏目性能指标的 C 类不分Ⅰ、Ⅱ两种。

2. 材料标准 QB/T2199—1996。

(8)无碱玻璃纤维带

无碱玻璃纤维带的基本组成是无碱玻璃纤维(纱),经织造而成。其具有一定的耐热和绝缘性能,主要应用于电机电器的线圈绑扎。

主要性能及基本尺寸规格:

牌号		ET100-20	ET100-25	ET170A-20	ET170B-25
经纬密度 (根/10mm)	经向	27.0±1.0	27.0±1.0	27.0±1.0	27.0±1.0
	纬向	15.0±1.0	15.0±1.0	15.0±1.0	15.0±1.0
断裂强度 (N/20m)		400	400	600	540

续表

单位长度 质量(g/m)	一等品	2.05±0.16	2.55±0.20	3.40±0.27	4.20±0.3
	合格品	2.05±0.20	2.55±0.25	3.40±0.34	4.20±0.4
(mm)厚度及允许偏差		0.1±0.01	0.1±0.01	0.17±0.017	0.17±0.0
(mm)宽度及允许偏差		20±1	25±2	20±1	25±2
(mm)长度及允许偏差		50±5	50±5	50±5	50±5

注:材料标准 JC/T174-1994。

(9)电绝缘纸板

电绝缘纸板的基本组成有木浆和棉浆,经抄制而成。50/50(木/棉)
纸板具有良好的耐弯曲性及耐热性;100/00(木/棉)纸板,其中薄型具
良好的力学性能和绝缘性能,厚型具有紧度大,力学性能好,介电强度
的特点。电绝缘纸板广泛的用于电机、电器的绝缘以及制作绝缘零部件
   主要性能及基本尺寸规格:

牌　号		50/50	100/100	
			中、小规格	大规格
抗张强度 (N/mm²) ≥	纵向			
	0.10mm	80	70	—
	0.15mm	80	80	—
	0.20mm	85	90	—
	0.25mm	85	90	—
	0.30～0.50mm	90	90	—
	>0.5～3.0mm	—	90	90
	横向			
	0.10～0.50mm	35	35	
	0.50～6.0mm		50	50

续表

牌 号		50/50	100/100	
			中、小规格	大规格
	折后纵向			—
	0.10~<0.15mm	60	60	
	0.15~<0.20mm	65	65	
	0.20~<0.25mm	70	70	
	0.25~<0.30mm	70	70	
	0.30mm	65	65	
电气强度 （MV/m）≥	空气中 0.10mm	13	12	—
	0.15mm	13	12	—
	0.20~0.40mm	12	11	—
	折后 0.10~0.40mm	9	8	—
	油中	35	35	—
	0.5~1.0mm	—	30	30
	1.5~2.0mm	—	27	27
	0.25mm	—	24	24
	3.0mm			
伸长率（%） ≥	纵向	—	3.5	3.5
	横向	—	4.0	4.0
收缩率（%） ≤	纵向（>1.0mm 纸板）	—	1.0	1.0
	横向	—	1.4	1.4
	厚向	—	6.0	6.0
紧度 （g/cm³）	厚度≤0.5mm	1.15~ 1.25	1.10~1.25	
	厚度>0.5~1.6mm		1.00~1.25	
	厚度>1.6~3.0mm		1.00~1.25	
	厚度>3.0mm	—	—	

续表

灰　分(%)		≤1.0	≤1.0
水抽提液 pH 值		6 ~ 9	6 ~ 9
水抽提液电导率(ms/m)		—	≤10
交货水分(%)	厚度 0.1 ~ 0.5mm	—	6 ~ 10
	厚度>0.5 ~ 1.5mm	—	4 ~ 9
	厚度>1.5 ~ 3.0mm	—	5 ~ 9
基本尺寸 规格　　mm （平板或卷筒板）	大规格		4200×1980 3250×1400
	中规格		1050×1980 1080×1400 2000×1000 3000×1000
	小规格		1000×1000 920×1320 880×1040 880×1030 880×1050

注：1. 厚度大于 0.5mm 的为平板纸板，厚度等于小于 0.5mm 的为平板或卷筒纸板。
　　2. 材料标准 QB/T3503-1999。

10. 绝缘液体

　　绝缘液体主要用于变压器、油开关、电容器、电缆等电气产品中。作隔离带电的或不同电位的制品。使电流能按一定的方向流通。根据其自身的特点，还具有散热冷却、浸渍、填充、防潮、防霉、灭弧等性能和作用，绝缘液体有天然和合成两大类。天然矿物油是从石油中提炼而成。为石油环烷烃和少量的芳香烃、烷烃等组成的混合液。主要包括有变压器油、开关油、电容器油、电缆油等。天然植物油主要指蓖麻油，其相对介电系数较大、无毒、不易燃、耐电弧、击穿时无碳粒，主要用于电容器制品。合成油是指用化学合成方法制成的一类绝缘液体。主要包括有十二烷基苯，硅油，聚异丁烯、三氯联苯等。

(1) 变压器油

变压器油是由石油润滑油馏分经脱蜡、酸碱洗涤或白土精制而成，其黏度比电缆油、电容器油大，适用于灌注电力变压器，仅用互感器、油断路器及充油导管等。并可进一步精制为电缆电容器应用。

主要性能指标：

名　　称		DB-10	DB-25	DB-45
运动黏度	20℃	<30	20～30	<30
	50℃	7.5～9.6	8.5～9.6	6～9.6
闪点　℃(闭口)		135～160	135～155	135～145
凝固点(℃)		-12～-10	-28～-25	-47～-45
灰分(%)		0.001～0.005	0.002～0.005	0.003～0.005
酸值(KOH)(mg/g)		0.006～0.05	0.004～0.05	0.003～0.005
苛性钠抽出(级)		1～2	<2	2
透明度(5℃时)		透明	透明	透明
抗氧化安定性	氧化后沉淀物(%)	0.01～0.1	0.06～0.1	0.02～0.1
	氧化后酸值(mg/g)	0.02～0.35	0.04～0.35	0.048～0.35
介质损耗角正切	20℃	<0.005	～0.0005 ～0.005	—
	70℃	0.0025～0.025	0.001～0.025	—
击穿强度(kV/cm)		160～180	180～210	

(2) 开关油

开关油是由变压器油馏分。经尿素脱蜡而成，或由含烯烃的轻油馏分。经氯化铝重合制得的合成油，经减压分馏和精制而成，其精制达高纯度。耐寒及流动性较高，适用于低温下工作的油断路开关作绝缘和排热。

主要性能指标：

名 称		DV-45
运动黏度	20℃	<30
	50℃	6 ~ 9.6
闪点℃（闭口）		135 ~ 145
凝固点（℃）		-47 ~ -45
灰分（%）		0.003 ~ 0.005
酸值（mg/g）（KOH）		0.003 ~ 0.05
苛性钠抽出（级）		2
透明度（5℃时）		透明
抗氧化 安定性	氧化后沉淀物（%）	0.02 ~ 0.10
	氧化后酸值（mg/g）	0.048 ~ 0.35

（3）电容器油

电容器油由石油润滑油馏分。经尿素脱蜡及溶剂或硫酸高度精制而成，或由含烯烃的石油馏分经氯化铝重合后，进一步分馏和精制而成，其特点是黏度小、净化纯度高，浸渍能力强，介质损耗比电缆油、变压器油的小。电容器油适用于供提高功率因数的静电容器及高压电工仪器。小功率无线电发射机等用的纸电容器作浸渍剂。

主要性能指标：

名 称		电容器油
运动黏度	20℃	37 ~ 45
	50℃	9 ~ 12
闪点℃（闭口）		135 ~ 175
凝固点（℃）		-48 ~ -45
灰分（%）		0.0015
酸值（mg/g）（KOH）		0.003 ~ 0.02
苛性钠抽出（级）		<1

续表

名 称		电容器油
电阻率 （Ω·m）	20℃	$10^{14} \sim 10^{15}$
	100℃	$>10^{13}$
击穿强度(kV/cm)		200 ~ 230
介质损耗 角正切	100℃·50Hz	<0.005
	100℃·10^3Hz	<0.002
相对介电 系数	20℃·50Hz	2.1 ~ 2.3
	10^3Hz	2.1 ~ 2.3

（4）电缆油

电缆油由新疆原油的变压器油馏分，经溶剂脱蜡、酸碱精制、尿素脱蜡及白土补充精制，并加入适当添加剂而成。其精达高纯度，黏度小，电击穿强度高，氧化安定性好。主要用于 35、36 及 110kV 充油电缆作绝缘。

主要性能指标：

名 称		电缆油	
		低压用	高压用
击穿强度(kV/cm)		140 ~ 160 *	<200
运用黏度	0℃	—	20 ~ 50
	20℃	—	8 ~ 18
	50℃	25 ~ 27(100℃)	3.5 ~ 6
闪点(℃)		25 ~ 265(开口法)	>125(闭口法)
凝固点(℃)		−13 ~ −12	<−45
酸值(cm/g)(KOH)		0.003 ~ 0.1	<0.008 ~ 0.01 (115℃·96 小时)
残碳		0.5 ~ 0.6	—

续表

名　　称		电缆油	
		低压用	高压用
介质损耗 角正切	100℃,50Hz	0.01 ~ 0.03 *	<0.0015 *
	老化后	0.03 ~ 0.12 * (150℃·48 小时)	<0.004 * (115℃·96 小时)

注:*栏中,低压用油测试前,油样允许在 100℃真空干燥 2 小时;高压用油测试前,
油样允许用真空干燥或过滤法处理。

(5) 蓖麻油

蓖麻油属天然植物油,主要成分是蓖麻酸甘油酯,其相对介电系数较大、无毒、耐电弧、不易燃烧,击穿时击碳粒产生,电容率比石油类绝缘油高。蓖麻油适用于一般直流流压线路上的低质电容器和浸纸绝缘的密封电容器的浸渍绝缘,亦可用作配制电容器油蜡及电工油漆。

主要性能指标:

名　　称		电容器用蓖麻油
击穿强度(kV/cm) (50Hz)		206
比重		0.95 ~ 0.97 ·
恩氏黏度°E(50℃)		17.0 ~ 17.5
凝固点(℃)		−17.0 ~ −15
酸值(mg/g)(KOH)		1.5
皂化值(mg/g)(KOH)		176 ~ 186
碘值		82 ~ 88
电阻率 (Ω·m)	20℃	10^{13}
	50℃	$10^{11} ~ 10^{12}$

续表

相对介电	20℃	4.2
(50Hz)系数	100℃	3.5
介质损	20℃	$5×10^{-3}$
耗角正切(50Hz)	100℃	$5×10^{-2}$

(6) 三氯联苯

三氯联苯属化工合成绝缘液体,是在三氯化铁作触媒下,以联苯进行氯化,并且经减压分馏、精制、脱色加工而成。其特点是黏度低,凝固点低,具有不燃性,对氧化作用稳定。有毒性,造价较高。三氯联苯适用于防爆变压器中作绝缘油,以及其他浸渍绝缘所用。

主要性能指标:

名称		三氯联苯
击穿强度(kV/cm) (60℃)		59.3
比重(25℃)		1.37
恩氏黏度°E(90℃)		1.145
闪点(开口法)(℃)		173
凝固点(℃)		−23
酸值(mg/g)(KOH)		0.0025
电阻率(Ω·cm)(100℃)		$8×10^{12}$
介质损耗角正切(90℃)		$3×10^{-3} \sim 8×10^{-3}$
相对介电系数	常态	5.6
	89℃	5.0

(7)硅油

硅油是指用化学合成方法制得的一类绝缘油,主要有甲基硅油、苯甲基硅油、乙基硅油等。其特点是黏度稳定(几乎不随温度变化),耐热性高于天然绝缘油,并且具有不燃性,但造价较高。硅油适用于变压器及电缆作填充介质;作电工仪表阻尼防震减震及缓冲剂;作电子电器产品涂层,以降低和防止表面漏电;作耐高温及无线电用电容器绝缘浸渍剂等。

主要性能指标:

名　　称		甲基硅油	苯甲基硅油	乙基硅油
击穿强度(kV/cm)		150~180	>180	150~180
相对介电系数(常态)		>2.6	2.6~2.8	2.35~2.65
比重(25℃)		0.93~0.975	1.01~1.08	0.95~1.06(20℃时)
运动黏度(25℃)		9~1050	100~200	8~550
闪点(开口)(℃)		55~300	280~300	110~250
凝固点(℃)		−65~−50	−45~−40	<−60
酸值(mg/g)(KOH)				<0.01
电阻率(Ω·m)	常态	>10^14	≥10^14	>2.5×10^13
	100℃			>1.0×10^13
介质损耗角正切	常态	<3.0×10^−4	<3.0×10^−4	<3.0×10^−4
	100℃			<8.0×10^−4

第八章 石蜡、脂松香、车用汽油及其他

1. 粗石蜡（GB/T1202-87）

以含油蜡为原料，经发汗或溶剂脱油，不经精制脱色所得的粗石蜡，用于橡胶制品，篷帆布以及其他工业原材料等。计6个牌号。

粗石蜡质量指标：

规格（号）		50	52	54	56	58	60
熔点（℃）	不低于	50	52	54	56	58	60
	低于	52	54	56	58	60	62
含油量(%)(m/m) 不大于		2.0					
颜色（号） 不小于		-10					
臭味（号） 不大于		3					
机械杂质及水分		无					

2. 半精炼石蜡（GB/T254-1998）

半精炼石蜡以含油蜡为原料，经发汗或溶剂脱油，再经白土或加氢精制所得。其应用于一般电讯器材，轻工、化工原料以及蜡烛、蜡笔、蜡纸等。计7个牌号。

半精炼石蜡质量指标：

规格（号）		50	52	54	56	58	60	62
熔点 （℃）	不低于	50	52	54	56	58	60	62
	低于	52	54	56	58	60	62	64
光安定性（号） 不大于		6				7		
含油量（%）（m/m）不大于		1.8						
颜色（号） 不小于		+17						
嗅味（号） 不大于		2						
水溶性（酸或碱）		无						
机械杂质及水分		无						
针入度 不大于 （100g·25℃·1/10 mm）		23						

3. 全精炼石蜡（GB446-93）

以含油蜡为原料，经发汗或溶剂脱油再经白士或加氢精制所得的精炼石蜡，应用于高频瓷、装饰吸音板、精密铸造以及复写纸等。计10牌号。

全精炼石蜡质量指标：

规格（号）		52	54	56	58	60	62	64	66	68	70
熔点 （℃）	不低于	52	54	56	58	60	62	64	66	68	70
	低 于	54	56	58	60	62	64	66	68	70	72
光安定性（号）	不大于 不小于	优等品4 一级品4					优等品5 一级品5				

续表

油量(%)(m/m) 不大于	优等品 0.5　一级品 0.8	
色(号) 不小于	优等品+28 一级品+25	优等品+25 一级品+22
臭味(号) 不大于	2	
溶性(酸或碱)	无	
械杂质及水分	无	
入度(25℃,1/10mm) 不大于	优等品 18 一级品 19	优等品 16 一级品 17

4. 氯化石蜡—42(HG2091-91)

由石蜡烃经氯化精制后得到的,含氯量40% ~44%的工业氯化石蜡-
,主要用作聚氯乙烯辅助增塑剂。分优等品、一等品、合格品3个级别。
氯化石蜡-42质量指标:

指标名称	优等品	一等品	合格品
色泽(碘) 号≤	3	15	30
密度(50℃)(g/cm²)	1.13 ~ 1.16	1.13 ~ 1.17	1.13 ~ 1.18
氯含量(%)	41 ~ 43	40 ~ 44	40 ~ 44
黏度(50℃)(mPa·s)	140 ~ 450	≤500	≤650
折光率(n_D^{20})	1 500 ~ 1 508		—
加热减量(%) (130℃,2h)	0.30		—
热稳定指数≤ (175℃氮气 10L/h,HCl%)	0.20		0.30

:热稳定指数至少半年要检验一次。

5. 氯化蜡—52（HG2092—91）

由平碳原子数约 15 的正构液体石蜡经氯化精制后，制的含氯 50% ~ 54% 的氯化蜡—52，主要用作聚氯乙烯辅助增塑剂。分优等品、一等品、合格品 3 个级别。

氯化蜡–52 质量指标：

指标名称	优等品	一等品	合格品
色泽（铂、钴）号 ≤	100	250	600
密度（50℃）（g/cm²）	1.23 ~ 1.25	1.23 ~ 1.27	1.22 ~ 1.2
氯含量（%）	51 ~ 53	50 ~ 54	50 ~ 54
黏度（50℃）（mPa·s）	150 ~ 250	≤300	—
折光率（n_D^{20}）	1 510 ~ 1 513	1 505 ~ 1 513	—
加热减量（%） （130℃，2h）	0.30	0.50	0.80
热稳定指数 ≤ （175℃氮气 10L/h，HC1%）	0.20	0.30	

注:热稳定指数至少半年要检验一次。

6. 重质液体石蜡（SH/T0416—92）

由天然原油生产的柴油馏分，经尿素脱蜡或分子筛脱而制取的重液体石蜡。主要用于作为加工酯剂、增塑剂，合成洗涤剂等产品的原料分一级品和合格品 2 个级别。

重质液体质量指标：

指标名称			一级品	合格品
馏程	初馏点(℃)不低于		220	195
	98%(V/V)馏出温度	不高于	310	310
颜色(赛波特号)		不低于	+20	+15
芳香烃含量(%)(m/m)		不大于	0.70	1.00
正构烷烃含量(%)(m/m)		不大于	95	90
溴值(gBr/100g)		不大于	1.50	2.00
硫(mg/kg)(m/m)		不大于	40	-
闪点(闭口)(℃)		不低于	90	80
水溶性酸或碱			无	无
水分子机械杂质			无	无

7. 微晶蜡(SH0013-90)

由减压渣油制得的微晶蜡，适用于防潮、防腐、粘结、上光、钝感、铸模、绝缘、橡胶、医药及食品包装等。

微晶蜡质量指标：

牌　号		合格品			一级品					优级品	
		75	80	85	70	75	80	85	90	80	85
滴熔点 ℃	不低于	72	77	82	67	72	77	82	87	77	82
	低于	77	82	87	72	77	82	87	92	82	87
针入度(25℃,100g)(1/10mm)		30	20	18	40	30	18	16	14	16	14
含油量(%)不大于		实测			5		3		2	3	2
颜色不低于(号)		4.5			2.5		2			1.5	1.0

续表

黏度(100℃,mm²/s)	实测
水溶性酸或碱	无

稠环芳烃(mm)	
280~289	0.15
290~299　　不大于	0.12
300~359	0.08
360~400	0.02

8. 脂松香（GB8145-87）

脂松香是一种无定形的透明固体树脂。主要化学成分有树脂酸,分子式 $C_{20}H_{30}O_2$ 。分特级、一级、二级、三级、四级、五级,计6个级别。

脂松香质量指标:

指标名称	特级	一级	二级	三级	四级	五级
软化点(环球法) (℃)　　　　不低于	76	76	75	75	74	74
酸值(mgKOH/g) 　　　　不小于	166	166	165	165	164	164
不皂化物含量(%) 　　　　不大于	5	5	5	5	5	5
乙醇不溶物(%) 　　　　不大于	0.03	0.03	0.03	0.03	0.04	0.04
灰分(%)　　不大于	0.02	0.02	0.03	0.03	0.04	0.04
外观	透明体					
颜色	微黄	淡黄	黄色	深黄	黄棕	黄红

注:颜色应符合松香色级玻璃标准色块的要求。

9. 橡胶沥青（SHT/0420-92）

由原油的残油或沥青,经氧化而制得的橡胶沥青。主要用于橡胶品中作为软化、增强、填充剂使用,有 QX-30、QX-20 两种型号。

橡胶沥青质量指标：

型号		QX—30	QX—20
软化点（环球法）（℃）		65~80	125~135
针入度（25℃ 100g）（1/10mm）		—	15~25
溶解度（苯）（%）	不小于	99	99.5
蒸发损失（163℃,5h）（%）	不大于	—	1
闪点（开口）（℃）	不低于	230	230
水分（%）	不大于	—	痕迹
水溶性酸或碱		无	无
灰分（%）	不大于	0.50	0.30

10. 车用汽油（GB484-93）

车用汽油按研究法辛烷值分为90号、93号和97号三个牌号，其适用于点燃式内燃机的燃料。加有烷基铅抗爆剂的车用汽油必需添加醒目的染料，以示含铅。

车用汽油的质量指标：

项目			质量指标			试验方法
			90号	93号	97号	
抗爆性	研究法辛烷值（RON）	不小于	90	93	97	GB/T 5487
	抗爆指数（RON+MON）	不小于	85	89	92	GB/T 503、GB/T 5487
铅含量（g/L）		不大于	0.35	0.45		GB/T 6535、GB/T 2432
馏程	10%蒸发温度（℃）	不高于	70			GB/T 6536
	50%蒸发温度（℃）	不高于	120			
	90%蒸发温度（℃）	不高于	190			
	终馏点（℃）	不高于	205			
	残留量（%）（V/V）	不大于	2			

续表

项目			质量指标			试验方法
			90 号	93 号	97 号	
蒸气压 (kPa)	从 9 月 1 日至 2 月 29 日	不大于		88		GB/T 8017
	从 3 月 1 日至 8 月 31 日	不大于		74		
实际胶质 (mg/ 100ml)	出产厂出厂时	不大于	5	5		GB/T 8019
	加油站销售时	不大于	10	8		GB/T 509
诱导期(min)		不小于		480		GB/T 8018、GB/ T256
硫含量(%)(m/m)		不大于		0.15		GB/T380
硫醇 (需满足 要求之一)	博士试验			通过		SH/T 0174
	硫醇硫含量(%)(m/m)	不大于		0.001		GB/T 1792
铜片腐蚀(50℃,3h),级		不大于		1		GB/T 5096
水溶性酸或碱				无		GB/T 259
酸度(mgKOH/100ml)		不大于		3		SH/T0116
机械杂质及水分				无		

注:1. 抗爆指数是车用汽油研究法辛烷值及马达法辛烷值之和的二分之一。

　　2. 铅含量允许用 GB/T 2432 测定,仲裁试验以 GB/T 6535 方法测定的结果为准。

　　3. 实际胶质允许用 GB/T 509 测定,仲裁试验以 GB/T 8019 方法测定的结果为准。

　　4. 诱导期允许用 GB/T 256 测定,仲裁试验以 GB/T 8018 方法测定的结果为准。

　　5. 机械杂质及水分项目的试验要求:将试样注入 100mL 玻璃量筒中观察,应当透明,没有悬浮和沉降的机械杂质及水分。在有异议时,以 GB/T 511 和 GB/ T 260 方法测定的结果为准。

11. 车用柴油(GB252-1994)

　　柴油是在温度 200～350℃之间的石油蒸馏过程中产生的石油制品。柴油可分为轻柴油和重柴油,轻柴油用于高速柴油机,重柴油用于中、低速柴油机,汽车柴油机均为高速柴油机,所以汽车使用的柴油为轻柴油。

轻柴油油质量量指标:

项目	优等品 10号 0号 -10号 -20号 -35号 -50号	一等品 10号 0号 -10号 -20号 -35号 -50号	合格品 10号 0号 -10号 -20号 -35号 -50号	试验方法
碘值[g/(100g)⁻¹] 不大于	6	—	—	SH/T 0234
色度(号) 不大于	3.5	3.5	—	GB/T 6540
氧化安定性,总不溶物[mg·(100ml)⁻¹] 不大于	—	2.0	—	SH/T 0175
实际胶质[mg·(100ml)⁻¹] 不大于	—	—	70	GB/T509
硫的技师分数(%)(质)不大于	0.2	0.5	1.0	GB/T 380
硫醇硫的质量分数(%)(质)不大于	0.01	0.01	—	GB/T 1792

续表

项目	优等品						一等品						合格品						试验方法
	10号	0号	-10号	-20号	-35号	-50号	10号	0号	-10号	-20号	-35号	-50号	10号	0号	-10号	-20号	-35号	-50号	
水分(%)(体) 不大于	0.03						0.03						0.03						GB/T 206
酸度[mgKOH·(100ml)$^{-1}$] 不大于	5						7						10						GB/T 258
10%蒸余物残炭(%)(质) 不大于	0.3						0.3						0.4			0.3			GB/T 268
灰分的质量分数(%) 不大于	0.01						0.01						0.02						GB/T 508
铜片腐蚀(50℃,3h)级 不小于	1						1						1						GB/T 5096
水溶性酸或碱	无						无						无						GB/T 259
机械杂质	无						无						无						GB/T 511

续表

项目	优等品						一等品						合格品						试验方法
	10号	0号	-10号	-20号	-35号	-50号	10号	0号	-10号	-20号	-35号	-50号	10号	0号	-10号	-20号	-35号	-50号	
运动黏度(20℃)(mm²·s⁻¹)	3.0~8.0		2.5~8.0		1.8~7.0		3.0~8.0		2.5~8.0		1.8~7.0		3.0~8.0		2.5~8.0		1.8~7.0		GB/T 265
凝点(℃) 不高于	10	0	-10	-20	-35	-50	10	0	-10	-20	-35	-50	10	0	-10	-20	-35	-50	GB/T 510
冷滤点(℃) 不高于	12	4	-5	-14	-29	-44	12	4	-5	-14	-29	-44	12	4	-5	-14	-29	-44	SH/T 0248
闪点(闭口)(℃) 不低于	65		60		45		65		60		45		65		60		45		GB/T 261
十六烷值 不小于	45						45						45						GB/T 386
馏程: 50%馏出温度(℃) 不高于	300						300						300						GB/T 6536
90%馏出温度(℃) 不高于	355						355						355						
95%馏出温度(℃) 不高于	365						365						365						
密度(20℃)(kg·m⁻³)	实测						实测						实测						GB/T 1884~1885

附：轻柴油的选择

轻柴油牌号是按照当地当月风险率为10%的最低气温选用。

a. 各地区风险率为10%的最低气温（GB252-1994）　　（℃）

月份\省份	一	二	三	四	五	六	七	八	九	十	十一	十二
河北省	-14	-13	-5	1	8	14	19	17	9	1	-6	-12
山西省	-17	-16	-8	-1	5	11	15	13	6	-2	-9	-16
内蒙古自治区	-43	-42	-35	-21	-7	-1	4	1	-8	-19	-32	-41
黑龙江省	-44	-42	-35	-20	-6	1	7	4	-6	-20	-35	-43
吉林省	-29	-27	-17	-6	1	8	14	12	2	-6	-17	-26
辽宁省	-23	-21	-12	-1	6	12	18	15	6	-2	-12	-20
山东省	-12	-12	-5	2	8	14	19	18	11	4	-4	-10
江苏省	-10	-9	-3	3	11	15	20	20	12	5	-2	-8
安徽省	-7	-7	-1	5	12	18	20	20	14	7	0	-6
浙江省	-4	-3	1	6	13	17	22	21	15	8	2	-3
江西省	-2	-2	3	9	15	20	23	23	18	12	4	0
福建省	-4	-2	3	8	14	18	21	20	15	8	1	-3
台湾	3	0	3	8	10	16	19	19	13	10	1	2
广东省	1	2	7	12	18	21	23	23	20	13	7	2
海南省	9	10	15	19	22	24	24	23	23	19	15	12
广西壮族自治区	3	3	8	12	18	21	23	23	19	15	9	4
湖南省	-2	-2	3	9	14	18	22	21	16	10	4	-1
湖北省	-6	-4	0	6	12	17	21	20	14	8	1	-4
河南省	-10	-9	-2	4	10	15	20	18	11	4	-3	-8
四川省	-21	-17	-11	-7	-2	1	2	1	0	-7	-14	-19
贵州省	-6	-6	-1	3	7	9	12	11	8	4	-1	-4
云南省	-9	-8	-6	-3	1	5	7	7	5	-1	-5	-8

续表

月份 省份	一	二	三	四	五	六	七	八	九	十	十一	十二
西藏自治区	−29	−25	−21	−15	−9	−3	−1	0	−6	−14	−22	−29
新疆维吾尔 自治区	−40	−38	−28	−12	−5	2	0	−2	−6	−14	−25	−34
青海省	−33	−30	−25	−18	−10	−4	−4	−4	−6	−16	−28	−33
甘肃省	−23	−23	−16	−9	−1	3	5	5	0	−8	−16	−22
陕西省	−17	−15	−6	−1	5	10	15	12	6	−1	−9	−15
宁夏回族自 治区	−21	−20	−10	−4	2	6	9	8	3	−4	−12	−19

注:台湾省所列的温度是绝对最低气温,即风险率为 0% 的最低气温。

b. 轻柴油牌号与适用风险率为 10% 的最低气温对照

牌号	适用于风险率为 10% 的最低气温
0 号	4℃以上
−10 号	−5℃以上
−20 号	−5 ~ −14℃
−35 号	−14 ~ −29℃
−50 号	−29 ~ −44℃

12. 汽油机油（GB11121-1995）

　　汽油机油是由精制矿油合成烃油或精制矿油与合成烃油混为基础油,加入多种添加剂制成。有 SC、SD、SE 和 SF 等四个品种,适用于不同车型的回冲程车辆发动机的润滑。

a. 性能指标(之一)

项目	SC					SD						试验方法
品种代号 黏度等级(按GB/T 14906)	5W/20	10W/30	15W/40	30	40	5W/30	10W/30	15W/40	20/20W	30	40	—
运动黏度(100℃, mm²/s)	5.6~<9.3	9.3~<12.5	12.5~<16.3	9.3~<12.5	12.5~<16.3	9.3~<12.5	9.3~<12.5	12.5~<16.3	5.6~<9.3	9.3~<12.5	12.5~<16.3	GB/T 265
低温动力黏度(mPa·s) 不大于	3 500 (-25℃)	3 500 (-20℃)	3 500 (-15℃)	—	—	3 500 (-25℃)	3 500 (-20℃)	3 500 (-15℃)	3 500 (-10℃)	—	—	GB/T 6538
边界泵送温度(℃) 不高于	-30	-25	-20	—	—	-30	-25	-20	-15	—	—	GB/T 9171
黏度指数 不小于	—	—	—	75	80	—	—	—	—	75	80	GB/T 1995或GB/T 2541
闪点(开口)① (℃) 不低于	200	205	215	220	225	200	205	215	210	220	225	GB/T 3536
倾点(℃) 不高于	-35	-30	-23	-15	-10	-35	-30	-23	-18	-15	-10	GB/T 3535
泡沫性 (ml/ml) 泡沫倾向性/稳定性 24℃ 不大于	25/0					25/0						GB/T 12579
泡沫性 (ml/ml) 泡沫倾向性/稳定性 93.5℃ 不大于	150/0					150/0						
泡沫性 (ml/ml) 泡沫倾向性/稳定性 后24℃ 不大于	25/0					25/0						

续表

沉淀物②（%）　不大于	0.01	0.01	GB/T 6531
水分（%）　不大于	痕迹	痕迹	GB/T 260
残炭（加剂前）（%）	报告	报告	GB/T 268
中和值（加剂前）（mgKOH/g）	报告	报告	GB/T 7304
硫酸盐灰分（%）	报告	报告	GB/T 2433
硫（%）	报告	报告	GB/T 387③ 或GB/T 388 GB/T 11140 SH/T 0172
磷（%）	报告	报告	SH/T 0296
钙（%）	报告	报告	SH/T 0270④
钡（%）	报告	报告	SH/T 0225④
锌（%）	报告	报告	SH/T 0226④
镁（%）	报告	报告	SH/T 0061

注：①中黏度指数（MVI）和低黏度指数（LVI）基础油生产的单级油产品允许比标准规定闪点指标低10℃。
②可采用 GB/T511 测定机械杂质，指标不变，有争议时，以 GB/T6531 为准。
③生产厂可根据自己的配方选择适当的测定方法。
④允许用原子吸收光谱或 SH/T0309 测定。

b. 性能指标(之二)

项目 品种代号	质量指标 SE 5W/30	SE 10W/30	SE 15W/40	SE 20/20W	SE 30	SE 40	SF 5W/30	SF 10W/30	SF 15W/30	SF 30	SF 40	试验方法
黏度等级(按 GB/T 14906)	5W/30	10W/30	15W/40	20/20W	30	40	5W/30	10W/30	15W/30	30	40	—
运动黏度(100℃, mm²/s)	9.3~<12.5	9.3~<12.5	12.5~<16.3	5.6~<9.3	9.3~12.5	12.5~<16.3	9.3~<12.5	9.3~<12.5	12.5~<16.3	9.3~<12.5	12.5~<16.3	GB/T 265
低温动力黏度 不大于 (mPa·s)	3 500 (-25℃)(-20℃)	3 500 (-20℃)(-15℃)	3 500 (-15℃)(-10℃)	4 500 (-10℃)	—	—	3 500 (-25℃)	3 500 (-20℃)	3 500 (-15℃)	—	—	GB/T 6538
边界泵送温度(℃) 不高于	-30	-25	-20	-15	—	—	-30	-25	-20	—	—	GB/T 9171
黏度指数 不小于	—	—	—	—	75	80	—	—	—	75	80	GB/T 1995 或 GB/T 2541
闪点(开口)(℃) 不低于	200	205	215	210	220	225	200	205	215	220	225	GB/T 3536
倾点(℃) 不高于	-35	-30	-23	-18	-15	-10	-35	-30	-23	-15	-10	GB/T 3535
高温高剪切黏度(mPa·s)(150℃,10⁶s⁻¹) 不小于	报告	报告	报告	—	—	—	报告	报告	报告	—	—	SH/T 0618
蒸发损失(%) 诺亚克法(250℃,1h)	报告	报告	报告	—	—	—	报告	报告	报告	—	—	SH/T 0059
模拟蒸馏法(371℃馏出量)	报告	报告	报告	—	—	—	报告	报告	报告	—	—	SH/T 0558

续表

项目				试验方法
泡沫性 (ml/ml)	泡沫倾向/泡沫稳定性	24℃ 不大于	25/0	25/0	GB/T 12579
		93.5℃ 不大于	150/0	150/0	
		后24℃ 不大于	25/0	25/0	
沉淀物②(%) 不大于			0.01	0.01	GB/T 6531
水分(%) 不大于			痕迹	痕迹	GB/T 260
残炭(加剂前)(%)			报告	报告	GB/T 268
中和值(加剂前)(mgKOH/g)			报告	报告	GB/T 7304
硫酸盐灰分(%)			报告	报告	GB/T 2433
硫(%)			报告	报告	GB/T 387 或 GB/T 388③ GB/T 11140 SH/T 0172
磷(%)			报告	报告	SH/T 0296
钙(%)			报告	报告	SH/T 0270④
钡(%)			报告	报告	SH/T 0225④
锌(%)			报告	报告	SH/T 0226④
镁(%)			报告	报告	SH/T 0061

注:①、②、③、④与性能指标(之一)的注释相同。

c. 发动机试验要求

品种代号	项 目	质量指标					试验方法
	黏度等级（按 GB/T14906）	5W/20	10W/30	15W/40	30	40	
SC	轴瓦腐蚀试验①轴瓦失重（mg）不大于	50					SH/T 0265
	剪切安定性②100℃运动黏度（mm²/s）	在本等级油黏度范围之内			—	—	SH/T 0265 GB/T 265
	低温锈蚀试验③高温氧化和擦伤低温油泥	通过					SH/T 0515
SD	黏度等级（按 GB/T 14906）	5W/30	10W/30	15W/40	20/20W	30	40
	轴瓦腐蚀试验①轴瓦失重（mg）不大于	40					SH/T 0265
	剪切安定性②100℃运动黏度（mm²/s）	在本等级油黏度范围之内			—	—	—
	程序Ⅱ、Ⅲ发动机试验③锈蚀平均评分不低于	8.5					
	发动机油泥漆膜平均评分不低于	9.4					
	活塞环槽、环台平均评分不低于	7.5					SH/T 0516
	活塞裙部漆膜平均评分不低于	9.0					
	凸轮挺杆擦伤平均数不大于	1					
	滤网堵塞（%）不大于	10					

（注：SD 部分表头试验方法列后三栏为 SH/T 0265、GB/T 265）

续表

品种代号	项目 黏度等级 (按 GB/T14906)	质量指标					试验方法
		5W/20	10W/30	15W/40	30	40	
	程序 V 发动机试验[3] 发动机油泥漆膜平均评分 不低于	9.6					SH/T 0516
	精滤器油泥量(g) 不大于	50					
	活塞环槽、环台平均评分 不低于	6.5					
	活塞裙部漆膜平均评分 不低于	9.0					
	凸轮挺杆擦伤平均数 不大于	1					
	滤网堵塞(%) 不大于	10					
SE	轴瓦腐蚀试验[1] 轴瓦失重(mg) 不大于	40					SH/T 0265
	剪切安定性[2]100℃运动黏度,(mm²/s)	在本等级油黏度范围之内			—	—	—	SH/T 0265 GB/T 265
	程序ⅡD 发动机试验[3]发动机锈蚀平均评分 不小于	8.5					SH/T 0512
	挺杆黏结数	无					
	程序ⅢD 发动机试验[3]黏度增长(40℃,40h)(%) 不大于	375					SH/T 0513
	发动机平均评分(64h) 发动机油泥 不小于 活塞裙部漆膜 不小于 油环台沉积物 不小于	9.2 9.1 4.0					
	环黏结	无					
	挺杆黏结	无					
	擦伤和磨损(64h) 凸轮或挺杆擦伤 凸轮和挺杆磨损(mm)	无					

续表

品种代号	项 目 黏度等级（按 GB/T14906）	质量指标						试验方法
		5W/30	10W/30	15W/40	20/20W	30	40	
	平均值　　不大于			0.102				SH/T 0513
	最大值　　不大于			0.254				
	程序 VD 发动机试验③			9.2				SH/T 0514
	发动机油泥平均评分　　　　不小于			6.4				
	活塞裙部漆膜平均评分　　　　不小于			6.4				
	发动机漆膜平均评分　　　　不小于			6.3				
	滤网堵塞(%)　　　　不大于			10.0				
	油环堵塞(%)　　　　不大于			10.0				
	压缩环黏结			无				
	凸轮磨损(mm)							
	平均值			报告				
	最大值			报告				
SF	轴瓦腐蚀试验①轴瓦失重(mg)　　　　不大于			40				SH/T 0265
	剪切安定性③100℃ 运动黏度(mm²/s)	在本等级油黏度范围之内				—	—	SH/T 0265 GB/T 265
	程序ⅡD 发动机试验③							SH/T 0512
	发动机锈蚀平均评分　　　　不小于			8.5				
	挺杆黏结数			无				

续表

品种代号 项 目		质量指标					试验方法
黏度等级 （按 GB/T14906）		5W/30	10W/30	15W/40	30	40	
程序ⅢD 发动机试验 (64h)③							SH/T 0513
黏度增长(40℃)(%)	不大于			375			
发动机平均评分				9.2			
发动机油泥	不小于			9.2			
活塞裙部漆膜	不小于						
油环台沉积物				4.8			
	不大于						
环黏结				无			
挺杆黏结				无			
擦伤和磨损							
凸轮或挺杆擦伤				无			
凸轮和挺杆磨损(mm)							
平均值	不大于			0.102			
最大值	不大于			0.203			
程序 VD 发动机试验③							SH/T 0514
发动机油泥平均评分				9.4			
	不小于						
活塞裙部漆膜平均评分				6.7			
	不大于						
发动机漆膜平均评分				6.6			
	不小于						
滤网堵塞(%)	不大于			7.5			
油环堵塞(%)	不大于			10.0			
压缩环黏结				无			
凸轮磨损(mm)							
平均值				0.025			
最大值				0.064			

注：①中黏度指数(MVI)和低黏度指数(LVI)基础油生产的单级油产品允许比标准规定闪点低 10℃。
②可采用 GB/T511 测定机械杂质，指标不变，有争议时，以 GB/T6531 为准。
③生产厂可根据自己的配方选择适当的测定方法。
③允许用原子吸收光谱或 SH/T0309 测定。

13. 汽油机/柴油机通用油（GB11121-1995）

汽油机/柴油机通用油是由精制矿油合成或经精制矿油与合成经油混合为基础油，加入多种添加剂制成。有 SD/CC、SE/CC 和 SF/CD 三个品种。适用于四冲程回程汽油机/柴油机的润滑。

a. 性能指标（之一）

项目		质量指标						试验方法
品种代号（按 GB/T 14906）		SD/CC						—
黏度等级（按 GB/T 14906）		5W/30	10W/30	15W/40	20/20W	30	40	—
运动黏度（100℃）(mm²/s)		9.3 ~ <12.5	9.3 ~ <12.5	12.5 ~ <16.3	5.6 ~ <9.3	9.3 ~ 12.5	12.5 ~ <16.3	GB/T265
低温动力黏度(MPa·s)	不大于	3 500 (-25℃)	3 500 (-20℃)	3 500 (-15℃)	4 500 (-10℃)	—	—	GB/T6538
边界泵送温度（℃）	不高于	-30	-25	-20	-15	—	—	GB/T 9171
黏度指数	不小于	—	—	—	—	75	80	GB/T 1995 或 GB/T 2541
闪点(开口)1) ,(℃)	不低于	200	205	215	210	220	225	GB/T 3536
倾点,(℃)	不高于	-35	-30	-23	-18	-15	-10	GB/T3535
泡沫性(ml/ ml)泡沫稳定性 泡沫倾向	24℃ 不大于	25/0						GB/T 12579
	93.5℃ 不大于	150/0						
	后24℃ 不大于	25/0						
沉淀物②(%)	不大于	0.01						GB/T 6531

续表

项目	品种代号	质量指标 SD/CC	试验方法
水分(%)	不大于	痕迹	GB/T 260
残炭(加剂前)(%)		报告	GB/T 268
中和值(加剂前)(mgKOH/g)		报告	GB/T 7304
硫酸盐灰分(%)		报告	GB/T 2433
硫(%)		报告	GB/T 387③ 或GB/T 388 GB/T 11140 SH/T 0172
磷(%)		报告	SH/T 0296
钙(%)		报告	SH/T 0270④
钡(%)		报告	SH/T 0225④
锌(%)		报告	SH/T 0226④
镁(%)		报告	SH/T 0061

b. 性能指标(之二)

项目	品种代号												试验方法
	SE/CC						SE/CD					质量指标	
黏度等级(按 GB/T 14906)	5W/30	10W/30	15W/40	20/20W	30	40	5W/30	10W/30	15W/40	30	40		—
运动黏度(100℃)(mm²/s)	9.3~<12.5	9.3~<12.5	12.5~<16.3	5.6~<9.3	9.3~12.5	12.5~<16.3	9.3~<12.5	12.5~<16.3	12.5~<16.3	9.3~<12.5	12.5~<16.3		GB/T 265
低温动力黏度(mPa·s) 不大于	3500(-25℃)	3500(-20℃)	3500(-15℃)	4500(-10℃)	—	—	3500(-25℃)	3500(-20℃)	3500(-15℃)	—	—		GB/T 6538
边界泵送温度(℃) 不高于	-30	-25	-20	-15	—	—	-30	-25	-20	—	—		GB/T 9171
黏度指数 不小于	—	—	—	—	75	80	—	—	—	75	80		GB/T 1995 或 GB/T 2541
闪点(开口)① ℃ 不低于	200	205	215	210	220	225	200	205	215	220	225		GB/T 3536
倾点(℃) 不高于	-35	-30	-23	-18	-15	-10	-35	-30	-23	-15	-10		GB/T 3535
高温高剪切黏度(mPa·s)(150℃,10⁶s⁻¹)	报告	报告	报告	报告	—	—	报告	报告	报告	—	—		SH/T 0618
蒸发损失(%) 诺亚克法(250℃,1h)	报告	报告	报告	报告	—	—	报告	报告	报告	—	—		SH/T 0059
模拟蒸馏法(371℃馏出量)	报告	报告	报告	报告	—	—	报告	报告	报告	—	—		SH/T 0558
泡沫性(ml/ml)(泡沫倾向/泡沫稳定性) 24℃ 不大于	25/0						25/0						GB/T 12579
93.5℃ 不大于	150/0						150/0						
后24℃ 不大于	25/0						25/0						

续表

项目			试验方法
沉淀物② 不大于	0.01	0.01	GB/T 6531
水分(%) 不大于	痕迹	痕迹	GB/T 260
残炭(加剂前)(%)	报告	报告	GB/T 268
中和值(加剂前)(mgKOH/g)	报告	报告	GB/T 7304
硫酸盐灰分(%)	报告	报告	GB/T 2433
硫(%)	报告	报告	GB/T 387 或 GB/T 388③ GB/T 11140 SH/T 0172
磷(%)	报告	报告	SH/T 0296
钙(%)	报告	报告	SH/T 0270④
钡(%)	报告	报告	SH/T 0225④
锌(%)	报告	报告	SH/T 0226④
镁(%)	报告	报告	SH/T 0061

注:①、②、③、④与性能指标〈之一〉注释相同。

c. 发动机试验要求

品种代号	项目 黏度等级（按 GB/T14906）	质量指标						试验方法
		5W/30	10W/30	15W/40	20/20W	30	40	
SD/CC	轴瓦腐蚀试验① 轴瓦失重（mg）不大于	40						SH/T 0265
	剪切安定性② 100℃运动黏度（mm²/s）	在本等级油黏度范围之内			—	—	—	SH/T 0265 GB/T 265
	程序Ⅱ、Ⅲ发动机试验③ 锈蚀平均评分 不低于	8.5						SH/T 0516
	发动机油泥漆膜平均评分 不低于	9.4						
	活塞环槽、环台平均评分 不低于	7.5						
	活塞裙部漆膜平均评分 不低于	9.0						
	凸轮挺杆擦伤平均数 不大于	1						
	滤网堵塞（%） 不大于	10						
	程序Ⅴ发动机试验③ 发动机油泥漆膜平均评分 不低于	9.6						SH/T 0516
	精滤器油泥量（g）不大于	50						
	活塞环槽、环台平均评分 不低于	6.5						
	活塞裙部漆膜平均评分 不低于	9.0						
	凸轮挺杆擦伤平均数 不大于	1						
	滤网堵塞（%） 不大于	10						
	高温清净性和抗磨性试验③ 顶环槽积炭填充体积 不大于	45						GB/T 9932
	加权总评分 不大于	140						
	活塞环侧间隙损失（mm） 不大于	0.013						

续表

品种 代号	项目	质量指标						试验方法
	黏度等级 （按 GB/T 14906）	5W/ 30	10W/ 30	15W/ 40	20/ 20W	30	40	
	轴瓦腐蚀试验[①] 轴瓦失重（mg）　不大于	40						SH/T 0265
	剪切安定性[②] 100℃运动黏度（mm²/s）	在本等级油黏度 范围之内			—	—	—	SH/T 0265 GB/T 265
E/CC	程序ⅡD发动机试验[③] 发动机锈蚀平均评分　不小于 挺杆黏结数	8.5 无						SH/T 0512
	程序ⅢD发动机试验[③] 黏度增长（40℃，40h）（%） 　　　　　　　　　不大于 发动机平均评分（64h） 发动机油泥　不小于 活塞裙部漆膜　不小于 油环台沉积物　不小于 环黏结 挺杆黏结 擦伤和磨损（64h） 凸轮或挺杆擦伤 凸轮和挺杆磨损（mm） 平均值　不大于 最大值　不大于	375 9.2 9.1 4.0 无 无 无 0.102 0.254						SH/T　0513
E/CC	程序VD发动机试验[③] 发动机油泥平均评分　不小于 活塞裙部漆膜平均评分 　　　　　　　　　不小于 发动机漆膜平均评分 　　　　　　　　　不小于 滤网堵塞（%）　不大于 油环堵塞（%）　不大于 压缩环黏结 凸轮磨损（mm） 平均值 最大值	9.2 6.4 6.3 10.0 10.0 无 报告 报告						SH/T 0514
	高温清净性和抗磨性试验[③] 顶环槽炭填充，体积　不大于 加数总评分　不大于 活塞环侧间隙损失（mm） 　　　　　　　　　不大于	45 140 0.013						GB/T 9932

续表

品种代号	项目 黏度等级（按 GB/T 14906）	质量指标					试验方法
		5W/30	10W/30	15W/40	30	40	
SF/CD	轴瓦腐蚀试验[①] 轴瓦失重（mg）　不大于	40					SH/T 026.
	剪切安定性[②] 100℃运动黏度（mm²/s）	在本等级油黏度 范围之内			—	—	SH/T 026. GB/T 265
	程序ⅡD 发动机试验[③] 发动机锈蚀平均评分 　　　　不小于 挺杆黏结数	8.5 无					SH/T0512
	程序ⅢD 发动机试验 (64h)[③]黏度增长（%） (40℃)　　　不大于 发动机平均评分 发动机油泥　不小于 活塞裙部漆膜　不小于 油环台沉积物　不小于 环黏结 挺杆黏结 擦伤和磨损 凸轮或挺杆擦伤 凸轮和挺杆磨损（mm） 平均值　　　不大于 最大值　　　不大于	375 9.2 9.2 4.8 无 无 无 0.102 0.203					SH/T 0513
	程序 VD 发动机试验[③] 发动机油泥平均评分 　　　　不小于 活塞裙部漆膜平均评分 　　　　不小于 发动机漆膜平均评分 　　　　不小于 滤网堵塞（%）　不大于 油环堵塞（%）　不大于 压缩环黏结 凸轮磨损（mm） 平均值 最大值	9.4 6.7 6.6 7.5 10.0 无 0.025 0.064					SH/T 0514
	高温清净性和抗磨性试验[③]顶环槽积炭填充体积 　　　　不大于 加权总评分 活塞环侧间隙损失 （mm）　　　不大于	80 300 0.013					GB/T 9933

:①属保证项目,每年测定一次。亦可用 SH/T0264 方法评定,指标为轴瓦失重不大于 25mg。

②属保证项目,每年测定一次。按 SH/T0265 方法运转 10h 后取样,采用 GB/T265 方法测定 100℃ 运动黏度。在用 SH/T0264 评定轴瓦腐蚀时,剪切安定性用 SH/T0505 和 GBT265 方法测定,指标不变。如有争议时,以 SH/T0265 和 GB/T265 方法为准。

③属保证项目,每四年审定一次,必要时进行评定。

14. 工业白油(SH0006-90)

由石油润滑油馏分经脱蜡、化学精制或加氢而制取的工业白油。适于作化纤、铝材加工、橡胶增塑等用油。也用于纺织机械精密仪器的润用油以及压缩机密封用油。

工业白油质量指标:

牌 号	优级品					合格品		
	7	10	15	32	68	7	10	15
运动黏度(40℃)(mm²/s)	6.1～7.5	9～11	13.5～16.5	28.8～35.2	61.2～74.8	6.1～7.5	9～11	13.5～16.5
闪点(开口)(℃)不低于	130	140	150	180	200	130	140	150
倾点(℃)不高于	-5		-10			+3		+2
颜色(赛氏号)不低于	+30					+20		+24
腐蚀试验(100℃,3h)(级)	1							
水分(%)	无							
机械杂质(%)	无							
水溶性酸或碱	无							
外观	无色、无味、无荧光、透明的油状液体							

15. 全损耗系统用油(GB443-89)

L-AN 全损耗系统用油亦称机械油,主要适用于对润滑油无特殊要求的全损耗油滑系统(不适用循环润滑系统),其中应用较广的有 N32、N46、N68 等牌号,常用于中小型、一般和重型机床、电机、加工机械、泵阀、蒸汽机等的传动部分。

主要质量指标：

项目 / 品种	L-AN 5	7	10	15	22	32	46	68	100	150	试验方法
黏度等级（按 GB 3141）	5	7	10	15	22	32	46	68	100	150	—
运动黏度（40℃）(mm²/s)	4.14~5.06	6.12~7.48	9.00~11.00	13.5~16.5	19.8~24.2	28.8~35.2	41.4~50.6	61.2~74.8	90.0~110	135~165	GB/T 265
倾点*（℃）不高于	-5										GB/T 3535
水溶性酸或碱	无										GB/T 259
中和值（mgKOH/g）	报告										GB/T 4945
机械杂质（%）不大于		无			0.005			0.007			GB/T 511
水分（%）不大于	痕迹										GB/T 260
闪点（开口）(℃) 不低于	80	110	130		150		160		180		GB/T 3536
腐蚀试验（铜片，100℃，3h）(级) 不大于	1										GB/T 5096
色度（号）不大于		2			2.5				报告		GB/T 6540

注：* 当本产品用于寒区时，其倾点指标可由供需双方协商后另订。

16. 通用锂基润滑脂（GB 7324-94）

通用锂基润滑脂是由脂肪酸锂皂稠化矿物润滑油，并加有抗氧、防锈添加剂制成，其特点是长寿命、多用途、抗水性、机械安定性、防腐蚀性、氧化安定性能良好。可用作钙基、钠基和钙钠基润滑脂系的换代用品，泛适用于-20～+120℃温度范围内各种机械设备的滚动轴承和滑动轴及其他摩擦部位的润滑。1 号适用于集中给脂系统，2 号适用于中速、负荷机械设备，3 号适用于矿山机械、汽车、拖拉机和大中型电动机等。

主要质量指标：

项　目	质量指标			试验方法
	1 号	2 号	3 号	
外观	浅黄至褐色光滑油膏			目测
工作锥入度（0.1mm）	310～340	265～295	220～250	GB/T 269
滴点（℃）　　　　不低于	170	175	180	GB/T 4929
腐蚀（T_2 铜片,100℃,24h）	铜片无绿色或黑色变化			GB/T 7326,乙法
钢网分油(100℃,24h)(%)不大于	10	5		SH/T 0324
蒸发量(99℃,22h)(%)不大于	2.0			GB/T 7325
杂质（显微镜法）（个/cm³）				
10μm 以上　　　　不大于	5 000			
25μm 以上　　　　不大于	3 000			SH/T 0336
75μm 以上　　　　不大于	500			
125μm 以上　　　　不大于	0			
氧化安定性（99℃，100h，0.760MPa）压力降（MPa）　不大于	0.070			SH/T 0325

续表

项目	质量指标			试验方法
	1 号	2 号	3 号	
相似黏度 * (− 15℃，10s⁻¹) (Pa · s)　　　　不大于	600	800	1 000	SH/T 0048
延长工作锥入度(100 000次) (0.1mm)　　　　不大于	380	350	320	GB/T 269
水淋流失量(38℃，1h)(%)　　　　不大于	8			SH/T 0109
防腐蚀性(52℃，48h)(级)　　　　不大于	1			GB/T 5018

注：* 以中间基原油、环烷基原油生产的润滑脂，相似黏度的质量指标允许 1 号、2号，3 号分别为不大于 800、1 000、1 500Pa · s。

17. 天然气（GB17820−1999）

天然气是指由汽油、油田采出经预处理后通过管道输送的商品天然气。按其硫和二氧化碳含量分为一类、二类和三类。

天然气质量指标：

类别	一类	二类	三类
高位发热量（MJ/m³）	>31.4	>31.4	>31.4
总硫（以硫计，mg/m³）	≤100	≤200	≤460
硫化氢（mg/m³）	≤6	≤20	≤460
二氧化碳（% V/V）	≤3.0	≤3.0	
水露点（℃）	在天然气交接点的压力和温度条件下，其水露点应比最低环境温度低5℃。		

注：1. 气体体积的标准参比条件是 101.325KPa · 20℃。

2. 此标准实施前建立的天然气输送管道，在其交接点压力和温度条件下，天然气应无游离水（指天然气经机械分离设备分不出游离水）。

18. 机动车制动液（GB10830-1998）

机动车制动液是指机动车辆液压制动系统所采用的传递压力的工作介质。按制动液使用技术条件分为 JG_3、JG_4 和 JG_5 三级。其中 JG_3 系列制动液具有良好的高温抗气阻性能和优良的低温性能，相当于 ISO4925 和 DOT_3 的水平，适用我国广大地区使用；JG_4 系列制动液具有优良的高温抗气阻性能和良好的低温性能，相当于 DOT_4 水平，适用于我国广大地区使用；JG_5 系列制动液具有优异的高温抗气阻性能和低温性能，相当于 DOT_5 水平，供特殊要求车辆使用（注：DOT 即美国运输安全部的缩写，其后阿拉伯数字为制动液牌号）。

主要质量指标：

级　别			JG_3	JG_4	JG_5
外　观			清亮透明，无悬浮物、尘埃和沉淀物质		
高温抗气阻性	平衡回流沸点，℃（ERBP）　　不低于		205	230	260
	湿沸点，℃（WERBP）　　不低于		140	155	180
运动黏度（mm^2/s）	-40℃　　　　　　　　　不大于		1 500	1 800	900
	50℃　　　　　　　　　　不小于		—		4.2
	100℃　　　　　　　　　不小于		1.5		
与橡胶的配伍性	橡胶皮碗试验根径为 28～28.25mm 的 SBR 及 EPDM 皮碗	120℃ 70h	外观	无发粘，无鼓泡，不析出炭黑		
			根径变化率（%）	0.1～5.0		
			硬度变化	0～-15		
		70℃ 70h	外观	无发黏，无鼓泡，不析出炭黑		
			根径变化率（%）	0.1～5.0		
			硬度变化	0～-10		

续表

金属腐蚀性（100℃，120h）	金属腐蚀试验质量变化（mg/cm²）	镀锡钢片	±0.2
		钢	
		铝	±0.1
		铸铁	±0.2
		黄铜	
		铜	±0.04
		锌	
	金属试片外观		均匀变色，无坑点
	SBR 标准皮碗试验	皮碗外观	无发粘，无鼓泡，不析出炭黑
		根径变化率（%）	+0.1 ~ +5.0
	试后 pH 值		7.0 ~ 11.5
	沉淀（%）（体积）	不大于	0.1
	pH 值		7.0 ~ 11.5

注：1. 级别代号中，JG 为交通部、公安部第一个汉字的汉语拼音首字母。

2. 除以上技术条件规定的项目外，制动液中的具体产品标准及其试验方法均应按有关业标准执行。

19. 汽车制动液类别图形标志（GB/T14168-93）

GB/T14168-93 规定了汽车制动液类别图形标志，其适用作制动液商品盛装容器上的标志，也适用作汽车上的制动液盛装容器上的标志。分石油基制动液和非石油基制动液图形标志两种。

（1）石油基制动液图形标志

石油基制动液的图形标志，为一绿色等边三角形，其边缘套以红色边框，三角形中心位置有一白色形似油滴的图形。

单位：mm

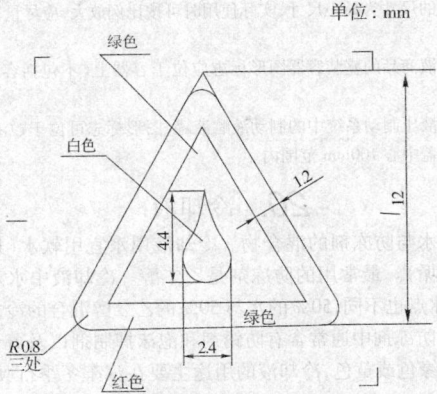

绿色

白色

12

4.4

12

绿色

R0.8
三处

红色

2.4

（2）非石油基制动液图形标志

非石油基制动液的图形标志为一黄色正八边形，其边缘套以黑色边框，八边形的中心位置有一象征制动器的黑色图形。

单位：mm

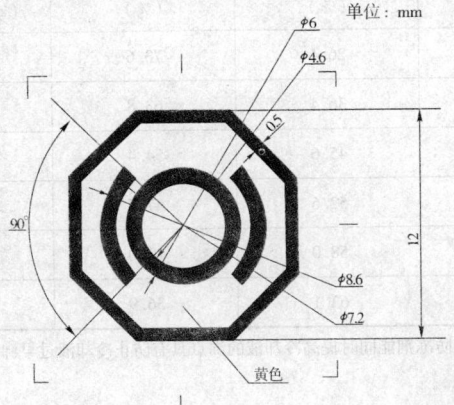

φ6

φ4.6

0.5

90

12

φ8.6

φ7.2

黄色

注:1. 上图给出的尺寸为最小尺寸,实际使用时可按比例放大,应尽量采用较大尺寸的标志。

   2. 对于制动液商品的盛装容器图形标志应位于容器上(不包括容器盖)的醒目部位。

   3. 对于汽车液压制动系统中的制动液贮液罐,图形标志可位于贮液罐盖上并在距贮液罐盖中心 100mm 范围内。

20. 冷却液

冷却液是水与防冻剂的混合物。冷却液用水宜用软水(避免发动机水套中产生水垢)。最常用的防冻剂是乙二醇。冷却液中水与乙二醇的比例不同,其冰点也不同,50%的水与50%的乙二醇混合的冷却液的冷点约为-35.5℃,防冻剂中通常含有防锈剂和泡沫抑制剂以及着色剂。冷却液颜色多为蓝绿色或黄色,冷却液的用途主要在汽车冬季行驶的需要,尤其是高寒地区。

冷却液的冰点与乙二醇质量分数的关系:

冷却液冰点 (℃)	乙二醇的质量分数 (%)	水的质量分数 (%)	密度 (kg · m⁻³)
-10	26.4	73.6	1.034
-20	36.4	63.8	1.051
-30	45.6	54.4	1.063
-40	52.6	47.7	1.071
-50	58.0	42.0	1.078
-60	63.1	36.9	1.083

注:在水中加入防冻剂能同时提高冷却液的沸点具有防止冷却液过早沸腾的作用。

第三篇

交通器材

第九章 汽 车

1. 机动车分类

按 GB/T15089–94 规定,机动车辆分为 M 类、N 类、O 类和 L 类(标准适用于汽车、挂车及摩托车,不适用于拖拉机和工程车辆)。

机动车辆具体分类

类 别	细类别	含 义
M 类(至少有 4 个车轮的载客机动车辆;或有 3 个车轮,且厂定最大总质量①超过 1t 的载客机动车辆)	M₁ 类	除驾驶员座位外,乘客座位不超过 8 个的载客车辆
	M₁(a) 类	驾驶员座椅后面有 3 个或 5 个车门和侧窗,为载客设计和制造的,厂定最大总质量不超过 3.5t 的车辆,但是这 类车辆折叠或拆除驾驶员后面的座椅后,也可全部或部分用于载货。
	M₁(b) 类	为载货设计和制造的,在驾驶员座椅后面安装一个或几个固定式或折叠式座椅,从而能乘坐超过 3 人的厢croc②车辆;为提供旅居条件设计和装配的车辆。这两种车辆的厂定最大总质量均不超过 3.5t
	M₂ 类	除驾驶员座位外,乘客座位超过 8 个,且厂定最大总质量不超过 5t 的载客车辆
	M₃ 类	除驾驶员座位外,乘客座位超过 8 个,且厂定最大总质量超过 5t 的载客车辆

续表

类　别	细类别	含　义
N 类（至少有 4 个车轮的载货机动车辆）；或有 3 个车轮，且厂定最大总质量超过 1t 的载货机动车辆）	N₁ 类	厂定最大总质量不超过 3.5t 的载货车辆
	N₂ 类	厂定最大总质量超过 3.5t，但不超过 12t 的载货车辆
	N₃ 类	厂定最大总质量超过 12t 的载货车辆
O 类（挂车及半挂车）	O₁ 类	厂定最大总质量不超过 0.75t 的单轴挂车(不包括半挂车)
	O₂ 类	厂定最大总质量不超过 3.5t 的挂车(不包括 O₁ 类挂车)
	O₃ 类	厂定最大总质量超过 3.5t，但不超过 10t 的挂车
	O₄ 类	厂定最大总质量超过 10t 的挂车
L 类（少于四轮的机动车辆）	L₁ 类	装用排量不超过 50ml 的发动机，最高设计车速不超过 40km/h 的二轮车
	L₂ 类	装用排量不超过 50ml 的发动机，最高设计车速不超过 40km/h 的三轮车
	L₃ 类	装用排量超过 50ml 的发动机，或设计车速超过 40km/h 的二轮车
	L₄ 类	装用排量超过 50ml 的发动机，或设计车速超过 40km/h，三个车轮相对于车辆的纵向中心平面为非对称布置的车辆(如边三轮摩托车)
	L₅ 类	装用排量超过 50ml 的发动机或设计车速超过 40km/h，厂定最大总质量不超过 1t 且三个车轮相对于车辆的纵向中心平面为对称布置的车辆

注：①在 M 类机动车辆中，不可分开的两部分，以铰接型式联组成的铰接车，应视为单车。

②在 M 类、N 类车辆中，为挂接半挂车设计的牵引车，在分类时所考虑的最大总质量，是指处于行驶状态牵引车的整备质量，加上半挂车传递给牵引车的质量（重量），和牵引本身厂定最大装载质量之和（如果有的话）；某些并非为载客设计的专用车辆（如起重吊车，工具车，宣传车等）上的专用设备和装置，应视为货物。

③在 O 类车辆中，对于半挂车，分类时所考虑的最大总质量，是指半挂车处于最大装载质量状态并挂接到牵引车上时，其所有车轴传递给地面的重量之和所计算出的质量。

④a. 原文为最大总重，按 GB 3730.1 改为厂定最大总质量，下同。

b. 原文没有厢式二字，这样写意味 $M_{1(b)}$ 中将不超过 3.5t 的双排座货车排除在外。

2. 汽车产品型号编制规则（GB9417-88）

(1)汽车产品型号组成结构

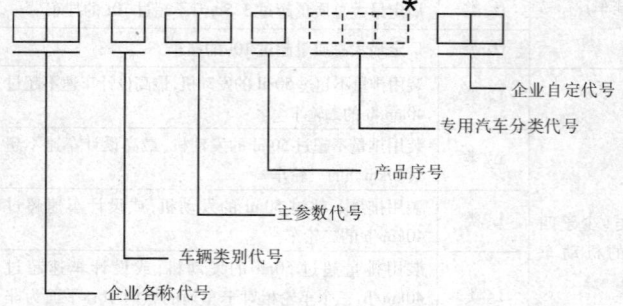

注:1. 汽车产品型号不包括军用物种车辆(如装甲车、导弹发射车等)。

　　2. *非专用汽车型号编制无此结构项目。

(2)企业名称代号

企业名称代号用代表企业名称的两个或三个汉语拼音字母表示。

（3）车辆类别代号

代号	1	2	3	4	5	6	7	8	9
车辆种类	载重汽车	越野汽车	自卸汽车	牵引汽车	专用汽车	客车	轿车		半挂车及专用半挂车

注:此表也适用于所有车辆的底盘。

（4）主参数代号

主参数代号由两位阿拉伯数字表示。主参数不足规定位数时,在参数前加"0"占位。

主参数代号含义	车辆总质量（t）	车辆长度（m）	发动机排量（L）
主参数代号含义所包括的车辆种类范围	载重汽车、越野汽车、自卸汽车、牵引汽车、专用汽车与半挂车	客车半挂客车	轿车
主参数代号编制说明	牵引汽车的总质量包括牵引座上的最大质量。当总质量在100t以上时允许用三位数字表示。专用汽车及专用半挂车,当采用定型汽车底盘或定型半挂车底盘改装时,若其主参数与定型底盘原车的主参数之差不大于原车的10%,则应沿用原车的主参数代号	当车辆长度小于10m时,应精确到小数点后一位,并以长度（m）值的十倍数值位表示	发动机排放量（L）应精确到小数点后一位,并以其值的十倍数值表示。若一轿车产品同时选装不同排量的发动机,且变化范围大于10%时,允许企业以其中的一个排放量为主参数,其他排量用企业自定代号加以区别

注:主参数的数字修约按GB8170《数字修的规则》的规定。

(5) 产品序号

各类汽车的产品序号用阿拉伯数字 0、1、2、3……依次供用。

(6) 专用汽车分类代号

专用汽车分类代号用反映车辆结构(1 个字母)和用途特征(2 个字母)的 3 个汉语拼音字母表。

(7) 企业自定代号

企业自定代号是指同一种汽车结构略有变化而需要区别时(如汽油、柴油发动机,长、短轴距,单、双排座驾驶室,平、凸头驾驶室,左、右置方向盘等),可用汉语拼音字母或阿拉伯数字表示,位数由企业自定。供用户选装的零部件(如暖器装置、收音机、地毯、绞盘等)不属于结构物征变化,应不给予企业自定代号。

(8) 汽车产品型号举例

a. 第一汽车制造厂生产的第二代载货汽车,总质量为 9 310kg,其型号为——CA1091。

b. 第二汽车制造厂生产的第一代越野汽车,总质量为 7 720kg,其型号为——EQ2080。

c. 上海汽车厂生产的第二代轿车,发动机排量为 2.232 1,其型号为——SH7221。

d. 天津客车厂生产的第二代客车,车长为 4 750mm,其型号为——TJ6481。

3. 机动车运行安全技术条件(GB7258-1997)

根据 GB7258—1997 规定,在我国道路上行驶的机动车的运行安全技术要求包括机动车整车及发动机、转向系统、制动系统、照明与信号装置、行驶系、传动系、车身、安全防护装置等的有关运行安全,以及其排气污染物的排放控制、车内噪声和驾驶员耳旁声控制等诸多方面。机动车运行

安全的基本技术要求有:

(1)整 车

a. 车辆标志

ⓐ车辆在车身前部外表面的易见部位上应至少装置一个能永久保持的商标或厂标,在车身外表面的易见部位上应装置能识别车型的标志。

ⓑ车辆必须装置能永久保持的产品标牌。产品标牌应固定在一个明显的、不受更换部件影响的位置,其具体位置应在产品使用说明书中指明。

标牌应标明厂牌,车辆型号,发动机标定功率或排量(挂车除外),总质量,载质量或载客人数(工程作业车除外),出厂编号,出厂年、月及生产厂名,两轮摩托车和轻便摩托车标牌可不标总质量、载质量或载客人数、出厂编号。

ⓒ发动机型号应打印(或铸出)在气缸体易见部位,出厂编号应打印在气缸体易见且易于拓印部位,打印字高不小于 7mm,深度不小于 0. mm,在出厂编号的两端应打印起止标记。摩托车和轻便摩托车应在发动机的易见部位铸出商标或厂标,出厂编号应打印在曲轴箱易见且易于拓印部位,打印字高不小于 5mm,深度不小于 0.2mm,在出厂编号的两端应打印起止标记。

ⓓ整车型号和出厂编号应打印在车架(对无车架的车辆为车身主要承载且不能拆卸的构件)易见且易于拓印部位,打印字高为 10mm,深度不小于 0.3mm,型号在前,出厂编号在后;摩托车和轻便摩托车型号和出厂编号应打印在车架易见且易于拓印部位,打印字高不小于 5mm,深度不小于 0.2mm。在出厂编号的两端应打印起止标记。打印的具体位置应在产品使用说明书中指明。易于拓印的车辆识别号(VIN)可代替整车型号和出厂编号。

b. 车辆外廓尺寸

车辆外廓尺寸限值(表 1)

车辆类型	主要尺寸（mm）		
	长（≤	宽（≤	高（≤
载货汽车（包括载货越野汽车）	12	2.5	4
整体式客车、整体式无轨电车	12	2.5	4①
单铰接式客车、单铰接式无轨电车	18	2.5	4
半挂汽车列车	16.5	2.5	4
全挂汽车列车	20	2.5	4
四轮农用运输车	5.5	2	2.5
三轮农用运输车	4	1.5	2
两轮摩托车	2.5	1.0	1.4
边三轮摩托车	2.7	1.75	1.4
正三轮摩托车	3.5	1.5	2.0
轻便两轮摩托车	1.8	0.8	1.1
轻便三轮摩托车	2.0	1.0	1.1
轮式拖拉机车组	10②	2.5	3②
手扶拖拉机车组、手扶变型运输机	5	1.7	2.2

注:①定线行驶的双层客车高度限值为 4.2m。

②对标定功率大于 58kW 的车组长度限值为 12m，高度限值为 3.5m。

c. 车辆后悬

客车及封闭式车厢（或罐体）的车辆后悬不得超过轴距的 65%，最□不得超过 3.5m。封闭式车厢的四轮农用运输车后悬不得超过轴距□60%。其他车辆后悬不得超过轴距的 55%。对于三轴车辆，若二、三轴□双后轴，其轴距应按第一轴至双后轴中心线的距离计算；若一、二轴为□转向轴，其轴距按一、三轴的轴距计算。

d. 车辆核载

ⓐ车辆允许总质量依据发动机标定功率、厂定最大轴载质量、轮胎的载能力、车厢面积及正式批准的技术文件进行核算后,从中取最小值核定。

ⓑ驾驶室乘坐人数的核定　驾驶室内只有一排座位或双排座位的前座位以驾驶室内部宽度(系指驾驶室门窗下缘,并在车门后支柱内侧量)等于或大于 1 200mm 核定 2 人;等于或大于 1 650mm 核定 3 人。车长于或等于 6m 的机动车驾驶室内部宽度大于或等于 1 550mm 核定 3 人。

驾驶室内双排座位的后排座位,按座垫中间位置测量的车身内部宽每 400mm 核定 1 人。

带卧铺的货车每个卧铺铺位核定 1 人。

ⓒ车辆乘坐人数的核定　按载质量核定人数:1t 折合 15 人(长途客 1t 折合 13 人)。

按座垫宽和供站立乘客用的地板面积核定:座垫宽每 400mm 核定 1;按站立乘客用的地板面积计算,城市公共汽车及无轨电车为 0.125m² 定 1 人,其他允许有站立乘客的客车为 0.15m² 核定 1 人。设立席的客供乘客用的地板面积根据 GB 12428 的规定确定。

按卧铺铺位核定:卧铺客车的每个铺位核定 1 人。

有驾驶室的运输用拖拉机除驾驶员外,可再核定乘坐一名副驾驶员。座垫宽不小于 400mm,座椅深不小于 400mm,且座椅不应增加拖拉机的廓尺寸。不具备上述条件时,只允许乘坐驾驶员 1 人。

其中,摩托车和轻便摩托车乘坐人数的核定:

两轮摩托车除驾驶员外,有固定座位的可再乘坐 1 人。

边三轮摩托车除驾驶员外,主车和边车有固定座位的各乘坐 1 人。

正三轮摩托车驾驶室核定乘坐驾驶员 1 人。正三轮摩托车车厢乘坐数按 3.4.3.1 和 3.4.3.2 核定,不得设立席。

轻便摩托车核定乘坐驾驶员 1 人。

ⓓ轮式拖拉机车组的挂拖质量比(挂车总质量与拖拉机整备质量的值)应不大于 3。

e. 转向轴(轮)载质量及边三轮摩托车边车车轮载质量

机动车在空载和满载状态下,转向轴(轮)载质量与该车整备质量和允许总质量的比值不得小于:

座位数小于或等于9(含驾驶员座位,下同)的载客汽车30%。

正三轮摩托车、三轮农用运输车18%。

其他车辆20%。

边三轮摩托车处于空载及满载状态时边车车轮的载质量应分别为车辆整备质量及总质量的35%以下。

f. 比功率

机动车(无轨电车除外)的比功率应不小于4.8kW/t,其中农用运输车及运输用拖拉机的比功率应不小于4.0kW/t。

g. 侧倾稳定角及驻车稳定角

车辆在空载、静态状态下,向左侧和右侧倾斜最大侧倾稳定角不得:

三轮摩托车、三轮农用运输车25°。

双层客车28°。

总质量为车辆整备质量的1.2倍以下的车辆30°。

其他车辆(两轮摩托车及轻便摩托车除外)35°。

两轮摩托车和轻便摩托车用撑杆支撑时,向左、向右、向前的驻车稳定角应分别不小于8°、4°、4°;在用停车架支撑时,向左、向右、向前的驻车稳定角应均不小于7°。

h. 漏水检查

在发动机运转及停车时,水箱、水泵、缸体、缸盖、暖风装置及所有连接部位均不得有明显渗漏水现象。

i. 漏油检查

机动车连续行驶距离不小于10km,停车5min后观察,不得有明显渗漏油现象。

j. 车速表检查

车速表允许误差范围为-5% ~ +20%。即:当实际车速为40km/h时,车速表指示值应为38 ~ 48km/h。

k.车辆外观

ⓐ车辆外观应整洁,各零、部件应完好,联结紧固,无缺损。

ⓑ车体应周正,车体外缘左右对称部位高度差不得大于 40mm。

ⓒ两轮摩托车和轻便摩托车的方向把与导流板等左右对称的零部件离地面高度差不得大于 10mm;正三轮摩托车的驾驶室和车厢等左右对称的零部件离地面高度差不得大于 20mm。

ⓓ两轮摩托车、轻便两轮摩托车和边三轮摩托车的主车前后轮中心平面允许偏差不得大于 10mm

l.图形标志

汽车和摩托车操纵件、指示器及信号装置的图形标志应分别符合 GB 4094 和 GB 15365 的要求。

m.行驶轨迹

车辆直线行驶时,其前后轴中心的连线与行驶轨迹的中心线应一致。

汽车列车和轮式拖拉机车组在平坦、干燥的路面上直线行驶时,被牵引的车辆不得有明显偏摆。

(2)发动机

a.发动机应动力性能良好,运转平稳,怠速稳定,无异响,机油压力正常。发动机功率不得低于原标定功率的 75%。

b.发动机应有良好的启动性能。汽车发动机应能由驾驶员在座位上启动。

c.发动机不得有"回火"、"放炮"现象。

d.柴油机停机装置必须灵活有效。

e.发动机点火、燃料供给、润滑、冷却和排气等系统的机件应齐全,性能良好。

(3)转向系

a.机动车的转向盘不得设置于右侧,其中汽车、无轨电车和四轮农用运输车的转向盘必须设置于左侧;特殊作业的机动车按需要可设置左右两个转向盘。

b. 机动车的转向盘(或方向把)应转动灵活,操纵方便,无阻滞现象机动车应设置转向限位装置。车轮转向过程中,不得与其他部件有干现象。

c. 汽车和四轮农用运输车应具有适度的不足转向特性,以使车辆有正常的操纵稳定性。

d. 机动车转向轮转向后应能自动回正,以使机动车具有稳定的直行驶能力。

e. 机动车转向盘的最大自由转动量从中间位置向左或向右转角均得大于:

　　ⓐ最大设计车速大于或等于100km/h 的机动车 10°。

　　ⓑ最大设计车速小于 100km/h 的机动车(三轮农用运输车除外) 15

　　ⓒ三轮农用运输车 22.5°。

f. 摩托车、轻便摩托车和三轮农用运输车的转向轮向左或向右转角得大于:

　　ⓐ两轮摩托车、轻便摩托车 48°。

　　ⓑ三轮摩托车、三轮农用运输车 45°。

g. 机动车在平坦、硬实、干燥和清洁的道路上行驶不得跑偏,其转盘(或方向把)不得有摆振、路感不灵或其他异常现象。

h. 机动车在平坦、硬实、干燥和清洁的水泥或沥青道路上行驶,10km/h 的速度在 5s 之内沿螺旋线从直线行驶过渡到直径为 24m 的圆行驶,施加于转向盘外缘的最大切向力不得大于 245N。

i. 机动车转向桥轴载质量大于 4 000kg 时,必须采用转向助力装置装有转向助力装置的车辆,当转向助力器失效后,仍应具有用转向盘控车辆的能力量。

j. 机动车的最小转弯直径,以前外轮轨迹中心线为基线测量其值不大于 24m。当转弯直径为 24m 时前转向轴和末轴的内轮差(以两内轮迹中心线计)不得大于 3.5m。

k. 机动车前轮定位值应符合该车有关技术条件。

l. 机动车(摩托车、轻便摩托车和三轮农用运输车除外)转向轮的向侧滑量,用侧滑仪(包括双板和单板侧滑仪)检测时侧滑量值应不大于5m/km。

m.转向节及臂,转向横、直拉杆及球销应无裂纹和损伤,并且球销不得松旷。对车辆进行改装或修理时横、直拉杆不得拼焊。

n.摩托车和三轮农用运输车的前减振器、上下联板和方向把不得有变形和裂损。

(4)制动系

a. 基本要求

机动车应设置足以使其减速、停车和驻车的制动系统。两轮摩托车、边三轮摩托车和轻便摩托车应设置对前、后轮分别操纵的行车制动装置。

ⓐ机动车应具有行车制动系。

ⓑ汽车应具有应急制动功能。

ⓒ机动车(两轮、边三轮摩托车和轻便摩托车除外)应具有驻车制动功能。

ⓓ汽车行车制动、应急制动和驻车制动的各系统以某种方式相联,它们应保证当其中一个或两个系统的操纵机构的任何部件失效时(行车制动的操纵踏板、操纵连接杆件或制动阀的失效除外)仍具有应急制动功能。

ⓔ制动系应经久耐用,不能因振动或冲击而损坏。

b. 行车制动

行驶制动必须使驾驶员能控制车辆行驶,使其安全、有效地减速和停车。

ⓐ汽车、挂车、无轨电车、四轮农用运输车、摩托车和轻便摩托车的所有车轮都应装备制动器。

ⓑ行车制动装置的作用应能在各轴之间合理分配。

ⓒ机动车(两轮、边三轮摩托车和轻便摩托车除外)行车制动装置的作用应能在每根轴的左右车轮之间对称分配。

ⓓ制动器必须有磨损补偿装置。制动器磨损后,制动间隙必须易于通过手动或自动调节装置来补偿。制动控制装置及其部件以及制动器总成必须具备一定的储备行程,当制动器受热或制动摩擦片的磨损达到一

定程度时,在不必立即作调整的情况下,仍应保持有效的制动。

ⓔ采用真空助力的行车制动系,当真空助力器失效后,制动系统仍能保持一定的制动性能。

ⓕ行车制动系制动踏板的自由行程应符合该车有关技术条件。

ⓖ行车制动在产生最大制动作用时的踏板力,对于座位数小于或等于9的载客汽车应不大于500N;对于其他车辆应大于700N。摩托车(正三轮摩托除外)和轻便摩托车行车制动系产生最大制动作用时的踏板力应不大于400N,手握力应不大于250N。

ⓗ液压行车制动在达到规定的制动效能时,踏板行程(包括空行程,下同)不得超过踏板全行程的3/4;制动器装有自动调整间隙装置的车辆的踏板行程不得超过踏板全行程的4/5,且座位数小于或等于9的载客汽车不得超过120mm,其他类型车辆不得超过150mm。

ⓘ液压行车制动系不得因制动液对制动管路的腐蚀或由于发动机及其他热源的影响形成气阻而损坏行车制动系的功能。

c. 应急制动

ⓐ应急制动必须在行车制动系统有一处管路失效的情况下,在规定的距离内将车辆停住。

ⓑ应急制动可以是行车制动系统具有应急特性或是与行车制动分开的独立系统。

ⓒ应急制动系统的布置应使驾驶员容易操作,驾驶员在座位上至少用一只手握住转向盘的情况下,就可以实现制动。它的操纵机构可以与行车制动系统的操纵机构结合,也可以与驻车制动系统的操纵机构结合,但三个操纵机构不得结合在一起。

d. 驻车制动

ⓐ机动车(两轮、边三轮摩托车和轻便摩托车除外)应设置驻车制动系统。驻车制动应能使车辆即使在没有驾驶员的情况下,也能使车辆停在上、下坡道上。驾驶员必须在座位上就可以实现驻车制动。

ⓑ驻车制动应通过纯机械装置把工作部件锁止,并且施加于操纵装置上的力:手操纵时,座位数小于或等于9的载客汽车应不大于400N,其

他车辆应不大于 600N;脚操纵时,座位数小于或等于 9 的载客汽车应不大于 500N,其他车辆应不大于 700N。

ⓒ驻车制动操纵装置的安装位置要适当,其操作纵装置必须有足够的储备行程,一般应在操纵装置全行程的 2/3 以内产生规定的制动效能;驻车制动机构装有自动调节装置时允许在全行程的 3/4 以内达到规定的制动效能。棘轮式制动操纵装置应保证在达到规定驻车制动效能时,操纵杆往复拉动的次数不得超过 3 次。不允许利用液压、气压或电力驱动来获得规定的驻车制动效能。

ⓓ采用弹簧储能制动装置做驻车制动时,应设置在紧急状态下,无需使用专用工具,就能快速解除驻车状态的装置。

e. 采用气压制动的机动车当气压升至 600kPa 且不使用制动的情况下,停止空气压缩机 3min 后,其气压的降低值应不大于 10kPa。在气压为 600kPa 的情况下,将制动踏板踩到底,待气压稳定后观察 3 min,单车气压降低值不得超过 20kPa;列车气压降低值不得超过 30kPa。

f. 采有液压制动的机动车在保持踏板力为 700N(摩托车为 400N)达到 1min 时,踏板不得有缓慢向地板移动的现象。

g. 气压制动系统必须装有限压装置,确保贮气筒内气压不超过允许的最高气压。

h. 采用气压制动系统的机动车,发动机在 75% 的标定功率转速下,4 min(汽车列车为 6min,城市铰接公共汽车和无轨电车为 8min)内气压表的指示气压应从零开始升至起步气压(未标起步气压者,按 400kPa 计)。

i. 汽车、无轨电车和四轮农和运输车的行车制动必须采用双管路或多管路,当部分管路途失效时期,剩余制动效能仍能保持原规定值的 30% 以上。

j. 机动车在运行过程中,不应有自行制动现象。当挂车(由轮式拖拉机牵引的载质量 3t 以下的挂车除外)与牵引车意外脱离后,挂车应能自行制动,牵引车的制动仍然有效。

k. 制动管路和制动软管的设计和构造应是专用的。它的安装必须保证其具有良好的连续功能、足够的长度和柔性,以适应与之相连接的零件所需要的正常运动,而不致造成损坏;它们必须有适当的安全防护,以避免擦伤、缠绕或其他机械损伤,同时应避免安装在可能与车辆排气或任何高温源接触的地方。

l. 贮气筒

ⓐ压缩空气与真空保护:装备贮气筒或真空罐的机动车均应采用单向阀或相应的保护装置,以保证在筒(罐)与压缩空气源(真空源)连接失效或漏损的情况下,由筒(罐)提供的压缩空气(真空度)不致全部丧失。

ⓑ贮气筒的容量应保证在调压阀调定的最高气压下,且在不继续充气的情况下,机动车在连续 5 次踩到底的全行程制动后,气压不低于起步气压(未标起步气压者,按 400kPa 计)。

ⓒ贮气筒应有排污阀。

m. 制动报警装置

ⓐ采用液压制动的汽车,其储液器的加注口必须易于接近,从结构设计上必须保证在不打开容器的条件下就能很容易地检查液面。若不能满足此条件,则必须安装制动液面过低报警装置。

ⓑ采用气压制动的机动车,当制动系统的气压低于空气压缩机调压器限制压力至少一半的规定压力时,报警装置应能连续向驾驶员发出容易听到或看到的报警信号。

n. 路试检验制动性能

机动车行车制动性能和应急制动性能检验应在平坦、硬实、清洁、干燥且轮胎与地面间的附着系数不小于 0.7 的水泥或沥青路面上进行。检验时发动机应脱开。

ⓐ行车制动性能检验

1). 用制动距离检验行车制动性能

机动车在规定的初速度下的制动距离和制动稳定性应符合表 2 的要求。对空载检验制动距离有质疑时,可用表 2 满载检验的制动性能要求进行。

制动距离是指机动车在规定的初速度下急踩制动时,从脚接触制动踏板(或手触动制动手柄)时起至车辆停住时止车辆驶过的距离。

制动距离和制动稳定性要求(表2)

车 辆 类 型	制动初速度 (km/h)	满载检验制动距离要求 (m)	空载检验制动距离要求 (m)	制动稳定性要求车辆任何部位不得超出的试车道宽度 (m)
座位数≤9 的载客汽车	50	≤20	≤19	2.5
其他总质量≤4.5t 的汽车	50	≤22	≤21	2.5 *
其他汽车、汽车列车及无轨电车	30	≤10	≤9	3.0
四轮农用运输车	30	≤9	≤8	2.5
三轮农用运输车	20	≤5	≤4.5	2.3
两轮摩托车	30	≤7		—
正三轮摩托车	30	≤8		2.5
侧三轮摩托车	30	≤7.5		2.3
轻便摩托车	20	≤4		
轮式拖拉机车组	20	≤6.5	≤6.0	3.0
手扶变型运输机	20	≤6.5		2.3

注:* 对总质量大于 3.5t 并小于等于 4.5t 的汽车试车道宽度为 3m。

2).用充分发出的平均减速度检验行车制动性能

汽车、汽车列车和无轨电车在规定的初速度下急踩制动时充分发出的平均减速度和制动稳定性应符合表 3 的要求,单车制动协调时间应不于 0.6s,列车制动协调时间应不大于 0.8s。对空载检验制动性能有质时,可用表 3 满载检验的制动性能要求进行。

充分发出的平均减速度 FMDD:

$$\text{FMDD} = \frac{v_b^2 - v_e^2}{25.92(s_e - s_b)} \quad \cdots\cdots\cdots (1)$$

式中:FMDD——充分发出的平均减速度,m/s²;

v_0——制动初速度,km/h;

v_b——0.8v_0 车辆的速度,km/h;

v_e——0.1v_0 车辆的速度,km/h;

s_b——在速度 v_0 和 v_b 之间车辆驶过的距离,m;

s_e——在速度 v_0 和 v_e 之间车辆驶过的距离,m。

制动协调时间:指在急踩制动时,从踏板开始动作至车辆减速度(制动力)达到表 3 规定的车辆充分发出的平均减速度(或表 5 所规定的制动力)75% 时所需的时间。

制动减速度和制动稳定性要求(表 3)

车辆类型	制动初速度(km/h)	满载检验充分发出的平均减速度(m/s²)	空载检验充分发出的平均减速度(m/s²)	制动稳定性要求车辆任何部位不得超出的试车道宽度(m)
座位数≤9 的载客汽车	50	≥5.9	≥6.2	2.5 *
其他总质量≤4.5t 的汽车	50	≥5.4	≥5.8	2.5
其他汽车、汽车列车及无轨电车	30	≥5.0	≥5.4	3.0

注: * 对总质量大于 3.5t 并小于等于 4.5t 的汽车试车道宽度为 3m。

3).进行制动性能检验时的制动踏板力或制动气压应符合以下要求:

满载检验时

气压制动系:气压表的指示气压≤额定工作气压;

液压制动系:踏板力,座位数小于或等于 9 的载客汽车≤500N;其他车辆≤700N。

空载检验时

气压制动系:气压表的指示气压≤600kPa;

液压制动系:踏板力,座位数小于或等于9的载客汽车≤400N;其他
辆≤450N。

两轮、边三轮摩托车和轻便摩托车检验时,踏板力应不大于400N,手
力应不大于250N。

农用运输车、正三轮摩托车和运输用拖拉机检验时,踏板力应不大于
ON。

ⓑ应急制动性能检验

汽车在空载和满载状态下,按表4所列初速度进行应急制动性能检
,测量从应急制动操纵始点至车辆停住时的制动距离,应急制动性能应
合表4的要求。

应急制动性能要求(表4)

车辆类型	制动初速度 （km/h）	制动距离 （m）	充分发出的 平均减速度 （m/s²）	允许操纵力不大于,N	
				手操纵	脚操纵
座位数≤9 的载客汽车	50	≤38	≥2.9	400	500
其他载客汽车	30	≤18	≥2.5	600	700
其他汽车	30	≤20	≥2.2	600	700

ⓒ驻车制动性能检验

在空载状态下,驻车制动装置应能保证车辆在坡度为20%(总质量为
整备质量的1.2倍以下的车辆为15%)、轮胎与路面间的附着系数不小于
.7 的坡道上正、反两个方向保持固定不动,其时间不少于5min。

o. 台试检验制动性能

ⓐ行车制动性能检验

1）. 汽车、汽车列车、无轨电车和农用运输车在制动试验台上测出的
动力应符合表5的要求。对空载检验制动力有质疑时,可用表5规定的
载检验制动力要求进行检验。

摩托车和轻便摩托车的前、后轴制动力应符合表5的要求,测试时只

允许乘坐一名驾驶员。

台试检验制动力要求（表5）

车辆类型	制动力总和与整车重量的百分比(%)		轴制动力与轴荷的百分比(%)	
	空载	满载	前轴	后轴
汽车、汽车列车、无轨电车和四轮农用运输车	≥60	≥50	≥60 *	—
三轮农用运输车	—	—	—	≥60 *
摩托车	—	—	≥60	≥50
轻便摩托车	—	—	≥55	≥50

注：* 空载和满载状态下测试均应满足此要求。

2）.制动力平衡要求（两轮、边三轮摩托车和轻便摩托车除外）

在制动力增长全过程中，左右轮制动力差与该轴左右轮中制动力大者之比对前轴不得大于20%；对后轴不得大于24%。

3）.汽车和无轨电车的单车制动协调时间应不大于0.6s,汽车、列车的协调时间应不大于0.8s。

4）.汽车和无轨电车车轮阻滞力要求：进行制动力检测时车辆各轮阻滞力均不得大于该轴轴荷的5%。

ⓑ驻车制动性能检验

当采用制动试验台检验车辆（两轮、边三轮摩托和轻便摩托车除外）驻车制动的制动力时，车辆空载，乘坐一名驾驶员，使用驻车制动装置，车制动力的总和应不小于该车在测试状态下整车重量的20%；对总质量为整备质量1.2倍以下的车辆此值为15%。

ⓒ当车辆经台架检验后对其制动性能有质疑时，可用规定的路试试验进行复检，并以满载路试的检验结果为准。

p. 机动车制动性能检验方法见标准的附录。

q. 机动车制动完全释放时间(从松开制动踏板到制动消除所需要的时间)对单车不得大于0.8s。

(5)照明、信号装置和其他电气设备

a. 机动车的灯具应安装牢靠、完好有效,不得因车辆震动而松脱、损坏、失去作用或改变光照方向;所有灯光的开关应安装牢固、开关自如,不得因车辆震动而自行开关。开关的位置应便于驾驶员操纵。

b. 照明和信号装置

汽车及挂车的外部照明和信号装置的数量、位置、光色、最小几何可见角度等应符合 GB 4785 的要求,其他机动车参照 GB 4785 执行。

全挂车应在挂车前部的左右各装一只红色标志灯,其高度应比全挂车的前栏板高出 300～400mm,距车厢外侧应小于 150mm。

摩托车、轻便摩托车及运输用拖拉机,应设置前照灯、后位灯、制动灯、后牌照灯、后反射器和前、后转向信号灯,两轮摩托车及轻便摩托车左右各设置一个侧反射器,边三轮摩托车在边车上应设置前位灯和后位灯各一个,光色应符合 GB 4785 的有关规定。

机动车必须装置后反射器。车长大于 10m 的机动车应安装侧反射器,汽车列车和轮式拖拉机车组的挂车必须装有侧反射器。

反射器应能保证夜间在其正面前方 150m 处用汽车前照灯照射时,在照射位置就能确认其反射光。

c. 汽车和摩托车应装用分别符合 GB 4599 和 GB 5948 要求的前照灯。

d. 前照灯光束照射位置要求

机动车(运输用拖拉机除外)在检验前照灯的近光光束照射位置时,前照灯在距离屏幕 10m 处,光束明暗截止线转角或中点的高度应为 0.6～0.8H(H 为前照灯基准中心高度,下同),其水平方向位置向左向右偏均不得超过 100mm。

四灯制前照灯其远光单光束灯的调整,要求在屏幕上光束中心离地

高度为0.85~0.90H,水平位置要求左灯向左偏不得大于100mm,向右偏不得大于170mm;右灯向左或向右偏均不得大于170mm。

运输用拖拉机装用的前照灯其近光光束的调整,要求在屏幕上光束中点的离地高度应为0.5~0.7H;水平位置要求,允许向右偏移不大于350mm,不允许向左偏移。

前照灯光束照射位置检验方法标准的附录。

机动车装用远光和近光双光束时以调整近光光束为主。对于只能调整远光单光束的灯,调整远光单光束。

e. 机动车每只前照灯的远光光束发光强度应达到表6的要求。测试时,其电源系统应处于充电状态。

前照灯远光光束发光强度要求(表6)

车辆类型		新注册车			在用车		
		一灯制	两灯制	四灯制①	一灯制	两灯制	四灯制①
		前照灯远光光束发光强度要求(cd)					
汽车、无轨电车		—	15 000	12 000	—	12 000	10 000
四轮农用运输车		—	10 000	8 000	—	8 000	6 000
三轮农用运输车		8 000	6 000	—	6 000	5 000	—
摩托车		10 000	—	—	8 000	—	—
轻便摩托车		4 000	—	—	3 000	—	—
运输用拖拉机	标定功率>18kW	—	8 000	—	—	6 000	—
	标定功率≤18kW	6 000②	6 000	—	5 000②	5 000	—

注:①采用四灯制的机动其中两只对称的灯达到两灯制的要求时视为合格。

②允许手扶拖拉机车组只装用一只前照灯。

f. 照明和信号装置的一般要求

ⓐ所有前照灯的近光都不得眩目。

ⓑ装有前照灯的机动车应有远、近光变换装置,并且当远光变为近光时,所有远光应能同时熄灭。同一辆机动车上的前照灯不允许左、右的远、近光灯交叉开亮。

ⓒ四灯制前照灯并排安装时,装于外侧的一对应为远、近光双光束灯;装于内侧的一对应为远光单光束灯。

ⓓ机动车(手扶拖拉机车组除外)的前位灯、后位灯、示廓灯、挂车标志灯、牌照灯和仪表灯应能同时启闭,当前照灯关闭和发动机熄火时仍能点亮。

ⓔ空载高为 3.0m 以上的车辆均应安装示廓灯。

ⓕ汽车、汽车列车、无轨电车、四轮农用运输车和轮式拖拉机车组均应装有危险报警闪光灯,其操纵装置应不受电源总开关的控制。

ⓖ危险报警闪光灯和转向信号灯的闪光频率为 1.5 Hz±0.5Hz,启动时间应不大于 1.5s。

ⓗ汽车及挂车均应安装侧转向灯,若汽车前转向灯在侧面可见时则视为满足要求。铰接式机动车每一刚性单元必须装有至少一对侧转向灯。

ⓘ汽车仪表板上应设置与行驶方向相适应的转向指示信号和蓝色远光指示信号灯。

ⓙ仪表板上应设置仪表灯。仪表灯点亮时,应能照清仪表板上所有的仪表并不得眩目。

ⓚ各种客车及无轨电车应设置车厢灯和门灯。车长大于 6m 的客车及无轨电车应至少有两条车厢照明电路,仅用于进出口处的照明电路可作为其中之一。当一条电路失效时,另一条应能正常工作,以保证车内照明,但不得影响驾驶员的视线和其他机动车的正常行驶。

ⓛ机动车照明的信号装置的任一条线路出现故障,不得干扰其他线路的正常工作。

ⓜ 机动车的前、后转向信号灯、危险报警闪光灯及制动灯白天距100m可见,侧转向信号灯白天距30m可见;前、后位置灯、示廓灯和挂车标志灯夜间好天气距300m可见;后牌照灯夜间好天气距20m能看清牌照号码。制动灯的亮度应明显大于后位灯。

g. 其他电气设备和仪表

ⓐ喇叭性能要求

机动车(手扶拖拉机车组除外)应设置具有连续发声功能的喇叭,其工作应可靠。

机动车喇叭声级在距车前2m、离地高1.2m处测量时,其值应为90~115dB(A)。

ⓑ发电机技术性能应良好。蓄电池应能保持常态电压。所有电器导线均应捆扎成束、布置整齐、固定卡紧、接头牢固并有绝缘套,在导线穿越孔洞时需装设绝缘套管。

ⓒ汽车和四轮农用运输车应装有水温表或水温报警灯(蒸发式水冷却系统除外)、电流表(或电压表)、充电指示灯)、燃油表、车速里程表和机油压力表(或油压报警灯)等各种仪表及开关,并应保持灵敏有效。三轮农用运输车和轮式拖拉机车组应装有机油压力表(或机油压力指示器)、水温表(蒸发式水冷却系统除外)、电流表或充电指示器。采用气压制动系统的机动车,还应装有气压表。摩托车和轻便摩托车应装有车速里程表。

ⓓ车长大于6m的客车应设置电源总开关,分线路保险完善的客车除外。

ⓔ无轨电车的电器要求

1). 无轨电车在正常操作下,应能启动平稳、加速均匀。

2). 牵引电动机在各种工况下,换向器上的火花等级最大不得超过1.5级,无异响,绝缘性能良好。当周围空气相对湿度在75%~90%时,无轨电车的总绝缘电阻值不小于3MΩ;相对湿度在90%以上时应不小于1MΩ。

3). 集电头应动作灵活,当距地面高度在4.2~6m时,集电器应能正常工作。当集电头脱离触线时,驾驶室应发出音响信号。集电头自由升起的最大高度距地面应不超过7.5m。

集电头与集电杆之间应有耐水电气绝缘,并应有带绝缘子的安全绳或其他安全设施。

当集电杆与线网两根触线非正常接触时,应防止短路。

4).线网在标准高度时,集电头对触线网的压力应能在 80~100N 范围内调节,行驶中集电头在触线上滑行不应产生火花;经分、并线器及交叉器等时,不应产生严重火花。

(6)行驶系

a. 轮胎要求

ⓐ轮胎的磨损:轿车、摩托车、轻便摩托车和挂车轮胎胎冠上花纹深度不得小于1.6mm;其他机动车转向轮的胎冠花纹深度不得小于3.2mm;其余轮胎胎冠花纹深度不得小于1.6mm。

ⓑ轮胎胎面不得因局部磨损而暴露出轮胎帘布层。

ⓒ轮胎的胎面和胎壁上不得有长度超过25mm 或深度足以暴露出轮胎帘布层的破裂和割伤。

ⓓ同一轴上的轮胎型号和花纹应相同,轮胎型号应符合机动车出厂时的规定。

ⓔ机动车转向轮不得装用翻新的轮胎。

ⓕ机动车所装用的轮胎应与其最大设计车速相适应。

b. 轮胎负荷不应超过该轮胎的额定负荷,轮胎的充气压力应符合该轮胎承受负荷时规定的压力。

c. 车轮总成的横向摆动量和径向跳动量

总质量小于或等于4.5t 的汽车不得大于5mm;摩托车和轻便摩托车不得大于3mm;其他车辆不得大于8mm。

d. 轮胎螺母和半轴螺母应完整齐全,并应按规定力矩紧固。

e. 钢板弹簧不得有裂纹和断片现象,其弹簧形式和规格应符合产品使用说明书中的规定。中心螺栓和 U 型螺栓应紧固。

f. 减振器应齐全有效。

g. 车架不得有变形、锈蚀和裂纹,螺栓和铆钉不得缺少或松动。

h. 前、后桥不得有变形和裂纹。

i. 车桥与悬架之间的各种拉杆和导杆不得变形,各接头和衬套不得松旷和移位。

(7)传动系

a. 离合器

ⓐ机动车的离合器应接合平稳,分离彻底,工作时不得有异响、抖动和不正常打滑等现象。

ⓑ踏板自由行程应符合整车技术条件的有关规定。

ⓒ踏板力应不大于300N(运输用拖拉机不得大于350N),手握力应不大于200N。

b. 变速器和分动器

ⓐ换档时齿轮啮合灵便,互销和自锁装置有效,不得有乱挡和自行跳挡现象;运行中无异响;换挡时变速杆不得与其他部件干涉。

ⓑ在变速杆上必须有驾驶员在驾驶座位上容易识别变速器档位位置的标志。若变速杆上难以布置,则应布置在变速杆附近的易见部位。

c. 传动轴

传动轴在运转时不得发生振抖和异响,中间轴承和万向节不得有裂纹和松旷现象。

d. 驱动桥

驱动桥工作应正常且无异响。

(8)车　身

a. 车身的技术状况应能保证驾驶员有正常的工作条件和客货安全。

b. 车身和驾驶室应坚固耐用,覆盖件无开裂和锈蚀。车身和驾驶室在车架上的安装应牢固,不能因车辆振动而引起松动。客车顶部应能承受相当于厂定最大总质量的均布静载荷,但最大试验载荷不得超过10 000kg。对于铰接式客车应对主、副车分别按此规定考核,其试验方法应按 GB 11381 进行。

c. 车身外部和内部都不应有任何可能使人致伤的尖锐凸起物。

d. 汽车驾驶室和乘客舱所用的内饰材料应具有阻燃性。

e. 车门和车窗

ⓐ车门和车窗应启闭轻便,不得有自行开启现象,门锁应牢固可靠。门窗应密封良好,无漏水现象。

ⓑ采用动力开启的乘客门在有故障的情况下,应仍能简便地靠手动来开关。

ⓒ机动车的门窗必须使用安全玻璃,使用的安全玻璃应符号 GB 9656 的要求。汽车、无轨电车和有驾驶室的正三轮摩托车的前风窗玻璃应采用夹层玻璃或部分区域钢化玻璃,其他车窗可采用钢化玻璃。

ⓓ机动车驾驶室必须保证驾驶员的前方视野和侧方视野。驾驶员座位两侧的窗玻璃不允许张贴遮阳膜,其他车窗玻璃不允许张贴妨碍驾驶员视野的附加物及镜面反光遮阳膜。

ⓔ座位数大于 9 的客车和无轨电车除驾驶员门和安全门外,不准在车身左侧开设车门。

f. 货厢的栏板和地板应平整,客车车身与地板应密合,地板和座椅应具有足够的强度,座椅和扶手应安装牢固可靠。

g. 车长大于 6m 的客车同方向座椅的座间距不得小于 650mm,面对面座椅的座间距不得小于 1 200mm。

h. 卧铺客车车顶不得设置行李架。其他客车需设置车外顶行李架时,按每个乘客 10kg 行李核定,且行李架长度不得超过车长的 1/3。

i. 卧铺客车的卧铺应纵向布置(与车辆前进方向相同),卧铺宽度应不小于 450mm,卧铺纵向间距应不小于 1 400mm,相邻卧铺的间距应不小于 350mm。

j. 座位数大于 9 的客车应设置乘客通道,距通道地板上平面 700 mm 以下范围内的通道宽应不小于 300mm,700mm 以上的通道宽应不小于 450mm。通道上设有折叠座椅时,在收起座椅后通道宽应满足上述要求。

k. 驾驶员座椅应具有足够的强度和刚度,固定可靠。驾驶区各操作机件应布置合理,操作方便,其具体要求应符合有关规定。

l. 车长大于 6m 的客车和无轨电车的乘客门的一级踏步高应不大于 400mm，若采用钢板悬架，则后乘客门的一级踏步高不得大于 430mm。车长大于 6m 的长途客车和旅游客车乘客门的一级踏步高应不大于 430mm。

m. 轿车应装有护轮板，挂车后轮应有挡泥板，其他车辆的所有车轮均应有挡泥板。

n. 机动车应设置号牌板(架)。前号牌板(架)应设于车辆前面的中部或右侧(按车辆前进方向)，后号牌板(架)应设于后面的中部或左侧。

(9)安全防护装置

a. 汽车安全带

ⓐ座位数小于或等于 20(含驾驶员座椅，下同)，或者车长小于或等于 6m 的载客汽车和最大设计车速大于 100km/h 的载货汽车和牵引车的前排座椅必须装置汽车安全带。长途客车和旅游客车的驾驶员座椅及前面没有座椅或护栏的座椅应安装汽车安全带。

ⓑ卧铺客车的每个铺位均应安装两点式车安全车。

ⓒ汽车安全带应可靠有效，安装位置应合理，固定点应有足够的强度。

b. 车外后视镜和前下视镜

ⓐ机动车(挂车除外)必须在左右各设置一面后视镜，车长大于 6m 的平头客车、无轨电车和平头载货汽车车前应设置一面下视镜。

ⓑ机动车车外后视镜的安装位置和角度应保证看清车身左右外侧、车后 50m 以内的交通情况。前下视镜应能看清风窗玻璃前下方长 1.5m、宽 3m 范围内的情况。

ⓒ车外后视镜和前下视镜应易于调节，并能有效保持其位置。

ⓓ安装在外侧距地面 1.8m 以下的后视镜，当行人等接触该镜时，应具有能缓和冲击的功能。

c. 汽车和无轨电车驾驶室内应设置防止阳光直射而使驾驶员产生眩目的装置，且该装置在车辆碰撞时不应对驾驶员造成伤害。

d. 风窗玻璃刮水器

ⓐ机动车的前风窗玻璃应装备刮水器，其刮刷面积应确保具有良好

前方视野。

ⓑ刮水器应能正常工作。刮水器关闭时,刮片应能自动返回至初始量。

e. 轿车风窗玻璃应装有除雾、除霜装置。

f. 安全出口

ⓐ车长大于 6m 的客车,如车身右侧仅有一个供乘客上下的车门时,设置安全门或安全窗。卧铺客车应设置车顶安全出口。使用安全门时保证不用其他器具即可将其向外推开。安全出口的数量及位置应符号关规定。

ⓑ安全门应满足下列要求:

1).安全门的净高不得小于 1 250mm,净宽不得小于 550mm。

2).门铰链应在门前端,向外开启角度应不小于 100°,并能在此角度保持开启,同时设有开启报警装置。

3).通向安全门的通道宽度应不小于 300 mm,不足 300mm 时,允许采甩速翻转座椅等方法加宽通道。

4).车内外应设应急开门把手,车外把手距地面高度应不大于00mm。

5).关闭时应能锁止。

6).在安全门或安全窗处应有红色醒目的标志和使用方法,字体高度不小于 20mm。

ⓒ安全窗应满足下列要求:

1).安全窗和安全顶窗的面积应不小于 $3 \times 10^5 mm^2$,且能内接一个 mm×600mm 的椭圆;车辆后端面的安全窗面积应不小于 $4 \times 10^5 mm^2$,且为接一个 500mm×700mm 的矩形。

2).安全窗应易于向外推开或用手锤击破玻璃,在其附近应备有便于用的击碎出口玻璃的专用工具。

g. 燃油系统的安全保护

ⓐ燃油箱及燃油管路应坚固并固定牢靠,不致因振动和冲击而发生不和漏油现象。

ⓑ燃油箱的加油口及通气口应保证在车辆晃动时不漏油。

ⓒ机动车的燃油系统不得用重力或虹吸方法直接向化油器或喷油供油,摩托车、轻便摩托车和装单缸柴油机的机动车除外。

ⓓ燃油箱的加油口和通气口不允许对着排气管的开口方向,且应排气管的出气口端300mm以上,否则应设置有效的隔热装置。燃油箱加油口和通气口应距裸露的电气接头及电气开关200mm以上。

ⓔ车长大于6m的客车燃油箱距客车前端面应不小于600mm,距客后端面应不小于300mm。不允许用户加装油箱。

燃油箱的通气口和加油口不得在有站席和坐席的车厢内开口(摩车和三轮农用运输车除外)。

h. 机动车发动机的排气管口不得指向车身右侧。

i. 运送易燃和易爆物品的专用车,应在驾驶室上方安装红色标志火并应在车身两侧喷有"禁止烟火"字样或标志。车上必须备有消防器材具有相应的安全措施。排气管应装在车身前部,车辆尾部应安装接地链

j. 座位数大于9的客车及运送易燃和易爆物品的汽车应装备灭器,灭火器在车上应安装牢靠并便于取用。

k. 牵引车与被牵引车的连接装置必须符合以下要求:

ⓐ连接装置应坚固耐用。

ⓑ牵引车和被牵引车连接装置的结构应能确保相互牢固的连接。

ⓒ牵引车和被牵引车的连接装置上应装有防止车辆在行驶中因振和冲击而使连接脱开的安全装置。

l. 座位数小于或等于20或车长小于或等于6m的载客汽车前后都设置保险杠,载货汽车和四轮农用运输车应设置前保险杠。

m. 汽车和挂车侧面及后下部防护装置

ⓐ总质量大于3.5t的载货汽车和挂车两侧必须装备侧面防护装置但本身结构已能防止行人和骑车人等卷入的汽车和挂车除外。

ⓑ除牵引车和长货挂车以外的汽车及挂车,空载状态下其车身或车身底盘总成的后端离地间隙大于700mm时,必须装备能有效防止其机动车和非机动车等从车辆后下方嵌入的防护装置。

n. 载货汽车和四轮农用运输车车厢前部应安装比驾驶室高 70 ~
mm 的安全架(自卸车、载质量 1t 以下的载货汽车和四轮农用运输车
卜)。

o. 无驾驶室的农用运输车车厢前部应安装安全架,其高度应高出驾
座垫平面 800 ~ 1 000mm。

p. 驾驶员和货物同在一个车厢内的厢式车前排座椅的后方应安装安
架。

q. 二轮摩托车和边三轮摩托车主车的客座应设座垫、扶手(或拉带)
脚蹬。

r. 运输用拖拉机应对需要提醒人们注意的安全事项设置相应的安全
示标志,安全警示标志应符合 GB 10396 的要求。

s. 农用运输车和运输用拖拉机的传动皮带、风扇、启动爪和动力输出
等外露旋转件应加防护罩,并应符合 GB 10395.1 的要求。

(10)特种车的附加要求

a. 消防车的车身颜色应为符合 GB/T 3181 要求的 R 03 大红色,标志
具为红色回转式,警报器音调为"连续调频调"。

b. 救护车的车身颜色应为白色,左、右侧及车后正中应喷红色"十"
标志灯具为蓝色回转式,警报器音调为"慢速双音转换调"。

c. 工程救险车的车身颜色应为符合 GB/T3181 要求的 Y 07 中黄色,
志灯具为黄色回转式,警报器音调为"单音断鸣调",其车身两侧应喷
工程救险"字样。

d. 警车的车身颜色应符合有关规定,并安装固定式警灯,警报器音调
双音转换调"、"紧急调频调"。

e. 特种车设置的警报器音调声压应在 110 ~ 115dB(A)之间。其他车
未经批准,不得设置警报器和标志灯。

(11)机动车排气污染物排放控制

a. 汽车排气污染物排放应符合 GB 14761.1 ~ 14761.7 的要求。
b. 摩托车排气污染物排放应符合 GB 14621 的要求。

(12)机动车噪音控制

a. 客车车内噪音级应不大于82 dB(A),其检验方法按 GB 1496 执行。

b. 汽车驾驶员耳旁噪音声级应不大于 90 dB(A),其检验方法
GB7258—1997 执行。

4. 汽车诊断系统图形符号(GB/T17349.2-1998)

【特点及用途】汽车诊断系统图形符号即指汽车诊断装置,如控制
指示器和信号装置的标记,以及用于屏幕的指示器和类似可调的指
统上及其他输入输出口的连接标记。

图形符号

(1)符号标志

术语,功能	图形符号	附注
电压;频率 voltage,frequency	…V;…Hz	例如:220V　50Hz
电压 voltage	V	
电容 capacitance	μF	
高压 high voltage	kV	
电流 electrical current	A	
电阻 electrical resistance	Ω	
氮氧化物 nitrogen oxides	NOX	
二氧化碳 Carbon diocide	CO_2	
一氧化碳 carbon monoixed	CO	
碳氢化合物 hydro carbon	HC	

(2) 图形符号

术语、功能	图形符号	附注
主开关；接通 main switch, on		IEC/417-5007
主开关；断开 main switch, off		IEC/417-5008
主开关；接通/断开 main switch, on/off		IEC 417-5010
电路断路器 circuit breaker	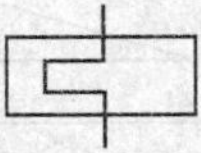	
D 保险丝 fuse		IEC 417-5016
地线（接地） earth(grond)		IEC 417-5017
接地保护（接地） protective earth(grond)		IEC 417-5019

续表

术语、功能	图形符号	附注
构架,底座,公用回路 frame, chasis, common return	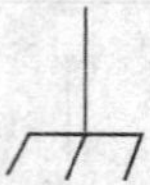	IEC 417-5020
调零 zero adjustment		ISO 7000-0540
校正 gauging		ISO 7000-0160
参数调整 adjustment of parameter		IEC 417-5004
遥控 remote control	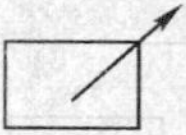	ISO 7000-1108
制动,接合 brake, on	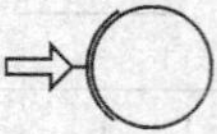	ISO 7000-0020
制动,解除 brake, off	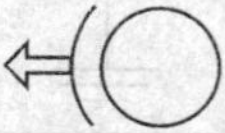	ISO 7000-0021
自动化程序 automatic process		ISO 7000-0017

续表

术语、功能	图形符号	附注
干扰 disturbance		ISO 7000-0228
微调 alignment		ISO 7000-0792
打印输出/复制 print-out		ISO 7000-0793
输入 input	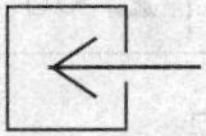	ISO 7000-0794 例如：识别一种气体 （排气）入口连接
输出 output	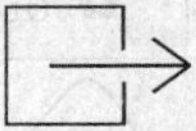	ISO 7000-0795 例如：识别一种气功体 （排气）出口连接
电输入 electrical input	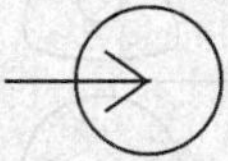	IEC 417-5034
电输出 electrical output	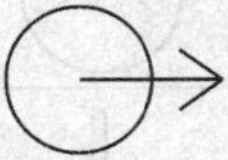	IEC 417-5035
数据输入 data input		ISO 7000-1025
数据输出 data output		ISO 7000-1026

（3）车辆功能和诊断设备部件的符号

术语，功能	图形符号	附注
四冲程火花点火发动机 spark ignition engine four stroke	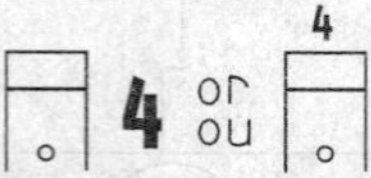	ISO 7000-0796
四冲程压燃式点火发动机 compression ignition engine four stroke	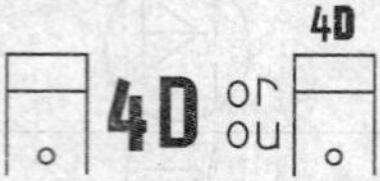	ISO 7000-0796
二冲程火花点火发动机 spark ignition engine two stroke	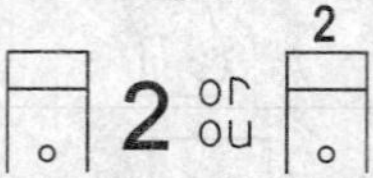	ISO 7000-0796
二冲程压燃式点火发动机 compression ignition engine two stroke	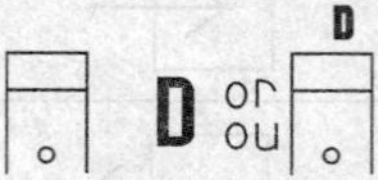	ISO 7000-0796
旋转式活塞发动机 rotary pistion engine		ISO 7000-0797
压力测量 measurement pressure	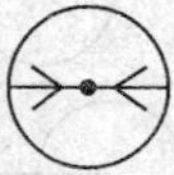	ISO 7000-0223
温度计或温度传感器 temperature or temperature sensor		ISO 7000—0034
发动机转速（转/分） engine rotational speed （r/min）		ISO 7000-0010

续表

术语,功能	图形符号	附注
发动机转速变化(波动) engine rotational speed variation (fluctuation)		ISO 7000-0798
预选式发动机速度范围 测量 measurement in a prese- lected engine speed range, speed window		ISO 7000-0799
稳态发动机速度差 steady state engine speed difference		ISO 7000-0800
发动机速度预选 engine speed preselection		
汽缸选择 cylinder selection		ISO 7000-0801 例如:一种汽缸的选择可 以通过插入相应的数表达
汽缸数;预选 number cylinders preselec- tion		例如:可以通过插入相 应数规定发动机的汽缸数
点火时间 ignition time		ISO 7000-0814 带车辆制造商的商 标连同不同地方商 标选择的可能性
汽缸泄漏 cylinder leakage	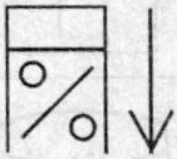	ISO 7000-0802
汽缸与汽缸的压缩比比较 cylinder to cylinder com- pression comparison	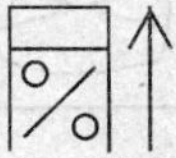	ISO 7000-0803

续表

术语,功能	图形符号	附注
触点闭合角度/分电器轴角度 dwell angle in degrees distributor shall angle	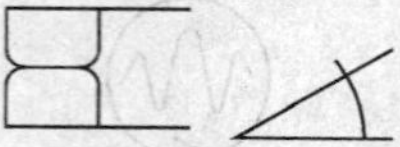	ISO 7000-0815
间断比,% dwell rotio,%		ISO 7000-0815
通过开关元件的电压降 voltage drop across the switching element		ISO 7000-0815
开关元件的电阻 resistance of the switching elements		ISO 7000-0815
不同汽缸的高压短路 high voltage short circuit for different cylinders		ISO 7000-0804
电容器的绝缘电阻 insulation resistance of the capacitor	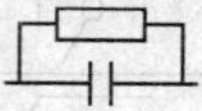	
电容器的串联电阻 series resistance of the capacitor	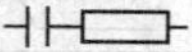	
电容器 capacitor(condenser)		ISO 7000-0820
屏幕,焦点 screen,focus		IEC 417-5055

续表

术语,功能	图形符号	附注
亮度 brightness		IEC 417-5056
初级电压(范围选择) priamry voltage (range selection)	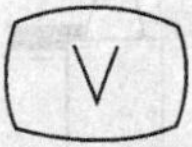 V	ISO 7000-0805
点火电压(范围选择) ignition voltage (range selection)	 kV	ISO 7000-0806
标定的时间坐标 calibrated time base	 ms	ISO 7000-0807
点火电压的时序显示 ignition voltage displayed in Parade		ISO 7000-0809
点火电压的光栅显示 ignition voltage displayed in raster	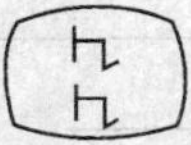	ISO 7000-0808
点火电压的确叠加显示 ignition voltage displayed superimposed	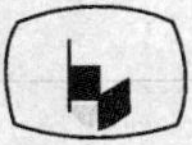	ISO 7000-0810

续表

术语,功能	图形符号	附注
点火线圈高压线端 ignition coil high voltage terminal		ISO 7000-0818
点火线圈负极线端 ignition coil negative volt- age terminal		ISO 7000-0818
点火线圈正极线端 ignition coil positive voltage terminal		ISO 7000-0818
基准汽缸传感器 （夹钳式传感器） reference cylinder sensor （clip-on sensor）		ISO 7000-0816
电流传感器（夹钳式传感 器） current sensor （clip-on sensor）	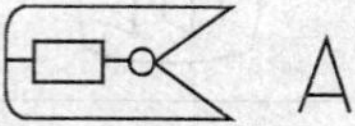	ISO 7000-0816
高压传感器（夹钳式） 电容式传感器 high voltage sensor （clip on sensor）， capacitance sensor		ISO 7000-0816
TDC 位置传感器 TDC position sensor		ISO 7000-0811

续表

术语,功能	图形符号	附注
蓄电池 battery	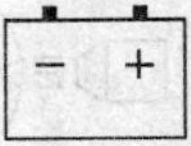	ISO 7000-0247
压缩机,真空泵 compresson,vacuum pump		ISO 7000-0137
交流发电机 alternator		
直流发电机 generator		
电压调节器 voltage regulator		
直流电动机 d. c motor		
交流电动机 a. c motor		
启动机 starter motor		ISO 7000-0812

续表

术语,功能	图形符号	附注
频闪灯 strobe light	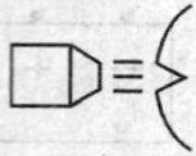	ISO 7000–0813
可调式气阀 adjustable throttle valve		ISO 7000–0813
可变负载变阻器 variable load resistor		IEC 617–04–01–03
整流二极管 rectifier diode	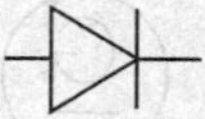	IEC 417–5186
波形记录仪 waveform recorder		
测量电缆 measuring cables (for direct measuring)		ISO 7000–0819

5. 道路交通标志和标线 GB5768–1999

十字交叉

T形交叉

T形交叉

T形交叉

Y形交叉

环形交叉

向左急转弯

向右急转弯路

反向弯路
 连续弯路
 上陡坡
 下陡坡

 两侧变窄
 右侧变窄
 左侧变窄
 窄桥

 双向交通
 注意行人
 注意儿童
 注意牲畜

 注意信号灯
 a 注意落石 b
 注意横风

 易滑
a 傍山险路 b
 村庄

 a 堤坝路 b
 隧道
 渡口

 驼峰桥
 路面不平
 过水路面
 有人看守铁路道口

无人看守
铁路道口

叉形符号

斜杠符号

注意非机动车

事故易发生路

慢行

a左右绕行

b 左侧绕行

c右侧绕行

施工

注意危险

注意障碍物

禁令标志

禁止通行

禁止驶入

禁止机动车通行

禁止载货
汽车通行

禁止三轮机
动车通行

禁止大型
客车通行

禁止小型
客车通行

禁止汽车拖、
挂车通行

禁止拖拉
机通行

禁止农用运
输车通行

禁止二轮摩
托车通行

禁止某两
种车通行

禁止非机
动车通行

禁止畜力
车能行

禁止人力货
运三轮车通行

禁止人力客
运三轮车通行

禁止人力
车通行

禁止骑自
行车下坡

禁止骑自
行车上坡

禁止行人通行

禁止向左转弯

禁止向右转弯

禁止直行

禁止向左向右转弯

无人看守
铁路道口

叉形符号

斜杠符号

解除禁止超车

禁止车辆临时或长时停放

禁止车辆长时停放

禁止鸣喇叭

限制高度

限制高度

限制质量

限制轴重

限制速度

角除风制速度

停车检票

停车让行

减速让行

会车让地

指示标志

直行

向左转弯

向右转弯

直行和向左转弯

直行和向右转弯

向左和向右转弯

靠右侧道路行驶

靠左侧道路行驶

立交直行和左转弯行驶

立交直行和右转弯行驶

环岛行驶

单行路（向左或向右）

单行路（直行）

步行

鸣喇叭

最低限速

干路先行

会车先行

人行横道

右转车道

直行车道

直行和右转合用车道

分向行驶车道

公交线路专用车道

指路标示

非机动车车道

允许掉头

地名

著名地点

北京界
行政区划分界

顺义道班 平谷道班
道路管理分界

G105
国道编号

S203
省道编号

a
十字交叉路口

a 丁字交叉路口 b

a

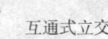
b
互通式立交

环形交叉路口

十字交叉路口

丁字交叉路口

互通式立交

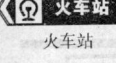

火车站

停车场

急救站

名胜古迹

洗车

地铁站

飞机场

长途汽车站

客轮码头

加油站

轮渡

餐饮

路滑慢行

多雾路段

大型车靠右

事故易发点

汽车修理

长隧道

陡坡慢行

软基路段

注意横风

连续下坡

保护动物

停车场

避车道

人行天桥

人行地下通道

绕行标志

a

b

交叉路口预告

分岔处

地点距离

此路不通

残疾人专用设施

第十章　汽车发动机及其相关零附件

1. 汽车发动机

　　汽车发动机是汽车的动力源,是将某液体或气体燃料与空气混合后直接输入机器内部燃烧而产生热能,然后再转变成机械能的设备。其具有热效率高,体积小、质量小、便于移动以及启动性能好等特点。汽车发动机按所用的燃料可分为液体燃料发动机(汽油机、柴油机等)和气体燃料发动机(天然气发动机、液化石油气发动机等);按工作循环的冲程数可分为四冲程发动机(活塞往复四个单程完成一个工作循环)和二冲程发动机(活塞往得复两个单程完成一个工作循环);按发火方式可分为压燃式发动机和点燃式发动机;按气缸数及其排列方式可分为单缸发动机和多缸发动机,单缸有立式与卧式,多缸有 V 形与对置式;按冷却方式可分为水冷式和风冷式两种。发动机还可按进气方式分类,以是否配置增压器而分为非增压式发动机和增压式发动机。

　　近年,还有按每气缸中的气门数分类。即:二气门发动机(每缸中设有进气门和排气门各 1 个)、四气门发动机(每缸中设有进气门和排气门各 2 个)和 5 气门发动机(每缸中设有 3 个进气门和 2 个排气门)。

2. 多点电喷发动机

【特点及用途】EQ491i 型多点电喷发动机采用进排气异侧布置,选用 DELPH1 电控系统,多点喷射,进排气精确定时,闭环燃油控制,顶置凸轮,低流阻进气管,动力强劲,油耗低,整车驾驶性好,排放稳定达到欧洲Ⅱ号标准,适用轻型载货汽车、商务车、旅行车、皮卡、小型发电机组及其他动力应用。

【规　　格】东风汽车有限公司发动机厂产品

机型	EQ49li
型式	四冲程,水冷直列四缸, 单顶置凸轮轴, 电喷汽油机
缸数-缸径×行程(mm)	4-90.82×76.95
总排量(L)	1.993
压缩比	8.7:1
额定功率/转速(kW/rpm)	80/5200

续表

机型	EQ49li
最大扭矩/转速(N·m/rpm)	160/3 600
最低燃料消耗率(g/kWh)	≥260
点火顺序	1—3—4—2
怠速(r/min)	800±30
整机净质量(kg)	151
外形尺寸长×宽×高(mm)	739.4×546×661

3. 增压发动机

【特点及用途】在及 EQD6102T 和东风 EQD6105T 增压发动机采用空气中冷增压技术，P 型喷油泵，P 型喷油器，动力强劲，整机及主要零部件性能可靠，通用率高，排放稳定达到欧洲工号标准。东风 EQD6102T 型适用中型载货汽车、中型客车及其他动力应用，东风 EQD6105T 型适用中、重型载货汽车，大、中型客车，工程机械及其他动力应用。

东风 EQD6102T 型

【规　　格】东风汽车有限公司发动机厂产品

机型	EQD6102T	EQD6105T
型式	四冲程、水冷、直列六缸、直喷式废气涡轮增压	四冲程、水冷、直列六缸、顶置气门、增压、空对空中冷
缸数-缸径×行程(mm)	6—102×115	6—105×120
总排量(L)	5.638	6.234
压缩比	16.5:1	17:1
额定功率/转速(kW/rpm)	103/2 800	132/2 600

续表

机型	EQD6102T	EQD6105T
最大扭矩/转速 （N·m/rpm）	405/1 500～1 700	660/1 400～1 600
最低燃油消耗率 （g/kWh）	≥215	≥215
着火顺序	1-5-3-6-2-4	1-5-3-6-2-4
怠速（r/min）	750±50	750～850
整机净重(kg)	520	540
外形尺寸长× 宽×高(mm)	1 270×698×880	1 350×680×878

4. 柴油发动机

【特点及用途】YC6112ZLQ 系列柴油发动机特点是立式、直列、水冷式、四冲程、直喷、低速扭矩能力较强，具有超负荷 10% 的工作能力。采用上海霍尼韦尔 TBP4 型废气涡轮增压器，排放符合国家 GB17691-2001 规定认证 A 阶段排放限值，达欧 I 标准。适用于中重型货车、客车、专用车等。

【规　　格】广西玉柴机器股份有限公司产品

机　型	YC6112ZLQ 系列			
型式	立式、直列、水冷、四冲程、直喷			
气缸数	6	←	←	←
缸径×行程 （mm）	112×132	←	←	←
排量 L	7.8	←	←	←
压缩比	16.8:1	17.5:1	17.4:1	←

续表

机　型	YC6112ZLQ 系列			
进气方式	增压中冷	←	←	←
标定功率/转速 （kW/rpm）	162/2 300	177/2 300	199/2 300	209/2 300
最大扭矩/转速 （N·m/rpm）	820/1 300 ~1 500	895/1 400 ~1 500	980/1 400 ~1 600	1 030/1 300 ~1 600
全负荷最低燃 油耗 g/kWh	≤210			
全负荷最大烟 度 FSN	≤3.0			
噪声 1B（A）	≤115			
排放（TAS）	<欧 1			
外形尺寸，长× 宽×高（mm）	1 225×790 ×1 035	1 224×815 ×986	1 184×800 ×1 044	

5. 车用气体发动机

【特点及用途】WT615/226B 系列 CNG/LPG 发动机，采用闭环控制、三元催化器和 ECU 电控点火等先进技术，优化了燃气供给系统和点火系统，排放指标超过欧洲Ⅱ号标准。WT615、226B 系列 CNG/LPG 发动机可满足 6~12m 公交客车的配套需求。WT615/226B 增压中冷 CNG/LPG 发动机，采用稀薄燃烧技术、电控点火、电控供气、不带尾气净化装置，排放可达欧洲Ⅱ号标准。

【规　　格】潍坊柴油机厂产品

机　型	WT615.00Q	WT615.64Q	WT615.00Q –LPG	WT615.64 Q–LPG
型式	水冷、直列、四冲程、干缸套			
气缸数–缸径× 行程(mm)	6–126×130			
活塞总排量(L)	9.726			
进气方式	自然吸气	增压中冷	自然吸气	增压中冷
功率(kW)	160	176	165	175
转速(rpm)	2 600	2 200	2 600	2 200
最大扭矩(Nm)	680	870	700	800
百公里燃气耗 (L/100km)	360	390	32	35
压缩比	12:1	9:6:1	10:1	9:1
怠速(r/min)	650±50		700±50	
发火顺序(自由端 为第1缸)	1–5–3–6–2–4			
点火方式	ECU 电控点火			
机油压力 (kg/cm^2)	(3.8~4.2),怠速时(1.5~1.8)			
润滑油容量 (油底)(L)	19			
曲轴旋转方向	顺时针			
净重(kg)	780	800	780	800
外形尺寸(L×W ×H)(mm)	1 380×740 ×952	1 380×740 ×952	1 380×740 ×952	1 380×740 ×952

续表

机 型	D226B-4CNG/LPG	D226B-6CNG/LPG	TBD226B-6CNG/LPG
型式	水冷、直列、四冲程、干缸套		
气缸数-缸径×行程(mm)	4-105×120	6-105×120	
活塞总排量(L)	4.2	6.23	
进气方式	自然吸气	自然吸气	增压中冷
功率(kW)	60	110	132
转速(rpm)	2 800	2 800	2 600
最大扭矩(Nm)	250	420	600
百千米燃气耗(/100km)	$15m^3/14L$	$22m^3/20L$	$25m^3/23L$
压缩比	12 ⅟10 ⅟	12 ⅟10 ⅟	10 ⅟
急速(r/min)	700+50		
发火顺序(自由端为第1缸)	1-4-2-3	1-5-3-6-2-4	
点火方式	ECU 电控点火		
机油压力(kg/cm²)	>0.3		
曲轴旋转方向	顺时针		
净重(kg)	330	480	520
外形尺寸(L×W×H)(mm)	870×520×850	1 135×520×860	1 135×570×860

6. 天然气发动机

【特点及用途】EQ6.0N 及 EQD180N-30 型发动机特点是四冲程、水冷式、直列六缸、顶置气门。其中 EQ6.0N 型采用机械式 CNG 减压器供气系统和无分电器电脑点火等技术,能耗低,排放稳定。达欧洲 I 号标准,适用于现代城市公交汽车;EQD180N-30 型采用电控 CNG 喷射,高能电脑点火,增压、空中冷、稀薄燃烧等技术,该型发动机在满足欧Ⅲ环保要求前提下,能保证强劲的动力和经济的 CNG 消耗,适用于现代公交及豪华客车等。

【规　　格】东风汽车有限公司发动机厂产品

机型	EQ6.0N	EQD180N-30
型式	四冲程、水冷、直列六缸、顶置气门、点燃式 CNG 发动机	四冲程、水冷、直列六缸、顶置气门、增压、空中冷、单点电控电喷射、点燃式 CNG 发动机
缸径×行程(mm)	105×115	105×120
总排量(L)	5.97	6.234
压缩比	10:1	10:5:1
增压器		水冷式带放气阀废气涡轮增压器
点火顺序	1-5-3-6-2-4	1-5-3-6-2-4
点火系统	无分电器电控点火装置	3.5 万 V 高能电脑点火
CNG 输入压力		600~1 035kPa
喷射压力		510±17kPa
燃料	压缩天然气(CNG)满足 GB18047-2000	压缩天然气(CNG)满足 GB18047-2000

续表

机型	EQ6.0N	EQD180N-30
额定功率(kW/rpm)	110/3 200	132/2 800
最大扭矩(N·m/rpm)	383/1 200～1 400	540/1 400～1 600
全负荷最低燃气消耗率(g/kWh)	≤265	≤225
额定工况燃气消耗率(g/kWh)	≤295	≤270
额定工况机燃比(%)	≤0.5	≤0.5
怠速转速(r/min)	500～600	500～600
全负荷稳定转速排气可见污染物	满足 GB3847-1999	满足 GB3847-1999
自由加速排气可见污染物	满足 GB3847-1999	满足 GB3847-1999
排气污染物排放	满足 GB17691-2001 第1阶段	满足 GB17691-2001 第3阶段

7. 内燃机铝活塞

【特点及用途】活塞是发动机气缸内的气体压力作用在它上面的往复运动零件,制造材料为铸铝硅合金,其硬度为 95～130HBS,抗拉强度(常温≥/300℃≥)为：亚共晶铝硅合金 167/49MPa,共晶铝硅合金 196/69MPa,过共晶铝硅合金 196/83MPa,内燃机铝活塞适用于气缸和直径小于或等于 200mm 的往复活塞式内燃机。其技术条件应符合 GB/T1148-93 规定。

【规　　格】湖北梅园活塞有限责任公司产品

活塞型号	直径（mm）	压缩高度（mm）	总高（mm）	环数	销孔×销长（mm）	燃烧室	材质	适和机型
R175	75	41.5	72	4	φ23×63	平顶	ZL108	R175 柴油机
R180	80	41.5	74.5	4	φ23×67	涡流	ZL108	R180 柴油机
R165	65	36	62	4	φ19×52	平顶	ZL108	R165 柴油机
R160	60	36	62	4	φ19×47	平顶	ZL108	R160 柴油机
TR172	72	36	62	4	φ20×57	双涡流	ZL108	TR172 柴油机
EM192	92	45.5	86	4	φ28×72	铲击式	ZL108	EM192 柴油机
EM185	85	46.55	87	4	φ28×67	铲击式	ZL108	EM185 柴油机
G185	85	50	88	4	φ28×72.5	双涡流	ZL108	G185 柴油机
375Q	75	43	75	4	φ23×63	双涡流	ZL108	375Q 柴油机
380Q-1	80	43	75	4	φ26×64	双涡流	ZL108	380Q 柴油机
380QD	80	43	75	4	φ26×64	ω型	ZL108	380QD 柴油机
480G	80	46	81	4	φ26×64	双涡流	ZL109	480G 柴油机
N485QA	85	50	88	4	φ28×72.5	双涡流	ZL109	N485QA 柴油机
CZ480Q	80	46	80	4	φ26×64	ω型	ZL109	CZ480Q 柴油机
YD480	80	46	79	4	φ26×64	ω型	ZL109	YD480 柴油机
ZN485QA	85	50	88	3	φ28×72.5	ω型	ZL109	ZN485QA 柴油机
DI192	92	46.55	86	4	φ28×73	四角	ZL109	D1192 柴油机

续表

活塞型号	直径（mm）	压缩高度（mm）	总高（mm）	环数	销孔×销长（mm）	燃烧室	材质	适和机型
ZS195	95	60	105	4	φ35×80	ω型	ZL109	ZS195 柴油机
S195	95	60	110	5	φ35×80	铲击式	ZL109	S195 柴油机
CA498	98	53.1	89.5	3	φ31×82.5	ω型	ZL109	CA498 柴油机
ZS1100	100	60	105	4	φ35×89	ω型	ZL109	ZS1100 柴油机
DS1100	100	60	105	4	φ35×89	ω型	ZL109	DS1100 柴油机
ZH2100	100	60	105	4	φ35×80	梅花型	ZL109	ZH2100 柴油机
YSD 2100Q	100	62.2	108.2	4	φ35×84	ω型	ZL109	扬动2100Q 柴油机
ZN485 QA	85	50	88	3	φ28×72.5	ω型	ZL109	常柴485 柴油机
EQ6100 B₂	100	52.5	99.5	4	φ28×82	平顶	ZL108	EQ1091
EQ6100 B₃	100	52.5	99.5	4	φ28×82	平顶	ZL108	EQ1091
CA6102 （SC₂）	102	53.5	102	4	φ28×88	平顶	ZL108	CA141
BN492Q	92	51	100	3	φ25×66	平顶	ZL109	BJ212

续表

活塞型号	直径 (mm)	压缩 高度 (mm)	总高 (mm)	环数	销孔×销长 (mm)	燃烧室	材质	适和机型
TJ376Q	76	28.5	60.5	3	$\phi18\times64$	凹坑	ZL109	夏利
GHK276	76	27.8	53	3	$\phi17\times62.5$	平顶	ZL109	云雀
LJ376QC	76	38.5	70.5	3	$\phi21\times63.5$	凹坑	ZL109	柳州五菱
103AD	81	32.2	62.5	3	$\phi20\times56.8$	凹坑	ZL109	桑塔纳
103AE	81	32.2	62.5	3	$\phi20\times56.8$	凹坑	ZL109	桑塔纳
CA488Q	88	40.5	71.3	3	$\phi22.9\times74$	凹坑	ZL109	小红旗
CA488 -3	88	34.5	56	3	$\phi22.9\times68$	凹坑	ZL109	小红旗
CA488-3 B$_2$	88	34.5	56	3	$\phi23$	凹坑	ZL109	小红旗
富康	75	40.5	64	3	$\phi19.5$	凹坑	ZL109	神龙富康
富康 C 型	75	40.5	64	3	$\phi19.5$	平顶	ZL109	神龙富康
伏尔加	92	51	91.5	3	$\phi25\times66$	平原	ZL108	伏尔加
拉达 2103	76	38	66	3	$\phi22$	凹坑	ZL108	拉达

续表

活塞型号	直径（mm）	压缩高度（mm）	总高（mm）	环数	销孔×销长（mm）	燃烧室	材质	适和机型
拉达 2105	79	37.8	77.5	3	φ22	凹坑	ZL108	拉达
波罗乃兹	77	37.5	85.8	3	φ22×65	凸坑	ZL108	波罗乃兹
菲亚特125P	77	36.6	89.5	3	φ22×65	凸坑	ZL108	菲亚特
菲亚特126P	77	36.6	89.5	3	φ22×65	凸坑	ZL108	菲亚特
6110A 泵	60	32	54	4	φ14×50.1	平顶	ZL108	6110A 气泵
EQ140 泵	65	28	54	4	φ14×57	平顶	ZL108	EQ140 气泵
YSD4100Q	100	62.2	108.2	3	φ36×84	ω 型	ZL109	YSD4100Q 柴油机
YN4100Q	100	53.5	93.5	3	φ35×83	ω 型	ZL109	云内 4100 柴油机
YZ4102QB	102	62	101.3	3	φ36×84	ω 型	ZL109	YZ4102QB 柴油机
CZ2102	102	60	106	3	φ36×84	梅花	ZL109	CZ2102 柴油机
JD2102Q	102	60	100	3	φ35×75	梅花	ZL109	JD2102 柴油机
EQ6102Q	102	58.7	106.2	3	φ35×87.5	ω 型	ZL109	EQ6102Q 柴油机

续表

活塞型号	直径（mm）	压缩高度（mm）	总高（mm）	环数	销孔×销长（mm）	燃烧室	材质	适和机型
NND6102	102	58.7	106.2	3	φ35×87.5	四角	ZL109	南充6BB₁柴油机
NND4102	102	58.7	106.2	3	φ35×87.5	四角	ZL109	南充4102柴油机
6102B	102	58.7	104.2	3	φ35×87.5	四角	ZL109	6102B柴油机
4102B	102	58.7	104.2	3	φ35×87.5	四角	ZL109	4102B柴油机
NND6105	105	58.7	106	3	φ35×87.5	四角	ZL109	NND6105柴油机
NND4105	105	58.7	106	3	φ35×87.5	四角	ZL109	NND4105柴油机
ZS1105	105	60	108	3	φ35×85	梅花	ZL109	ZS1105柴油机
YC6105QC	105	62.7	111	3	φ38×88	梅花	ZL109	YC6105QC柴油机
YC6105QC（XH）	105	62.7	111	3	φ38×88	梅花	ZL109	YC6105QC（XH）柴油机
LF6105QD	105	66.4	102.4	3	φ35×82.2	盆型	ZL109	LF6105QD柴油机
HD6105QD	105	68	110	3	φ40×83.6	ω型	ZL109	HD6105QD柴油机
HD6105Q-IC	105	73	126	3	φ40×88	四角	ZL109	HD6105Q-IC柴油机
HD6108Q	108	62.5	107.5	3	φ40×87	ω型	ZL109	HD6108Q柴油机

续表

活塞型号	直径 （mm）	压缩 高度 （mm）	总高 （mm）	环数	销孔×销长 （mm）	燃烧室	材质	适和机型
YC6108Q	108	62.7	111	3	φ38×88	ω型	ZL109	YC6108 Q 柴油机
6110A	110	70.9	116	3	φ38×90	ω型	ZL109	6110A 柴油机
WX6110	110	70.9	116	3	φ38×90	ω型	ZL109	锡柴 6110 柴油机
WX6100 AK	110	68.3	113.5	3	φ38×90	缩口型	ZL109	锡柴 6110 AK 柴油机
WX6100 CK	110	68.3	113.5	3	φ42×90	ω型	ZL109	锡柴 6100 增压柴油机
ZS1110	110	65	110	4	φ36×94	ω型	ZL109	ZS1110 柴油机
DS1110	110	65	110	4	φ36×94	盆型	ZL109	DS1110 柴油机
ZH1110	110	62.7	111	3	φ36×95	梅花	ZL109	ZH1110 柴油机
NND 4110T	110	66.25	105.5	3	φ40×90	缩口	ZL109	NND4110T 柴油机
ZS1110G	110	65	110	4	φ36×94	盆型	ZL109	ZS1110 G 柴油机
YC 41102Q	110	65	112	3	φ40×88	缩口	ZL109	玉柴 4110 增压柴油机
YC6112 ZQ	112	75.507	113.5	3	φ44.4×92.2	ω型	ZL109	玉柴 6112 增压柴油机

续表

活塞型号	直径（mm）	压缩高度（mm）	总高（mm）	环数	销孔×销长（mm）	燃烧室	材质	适和机型
WX6113 AD8A	113	68.3	113.5	3	$\phi40\times93$	ω型	ZL109	锡柴6113柴油机
6113-1B	113	71	116.18	3	$\phi38\times90$	ω型	ZL109	大柴6113柴油机
6113 B-1B	113	68.4	113.6	3	$\phi38\times90$	ω型	ZL109	大柴6113柴油机
6113 BZ-1B	113	68.4	113.68	3	$\phi42\times90$	ω型	ZL109	大柴6113增压柴油机
ZS1115	115	65	110	3	$\phi36\times96$	ω型	ZL109	ZS1115柴油机
ZH1115	115	62.7	111	3	$\phi36\times95$	梅花	ZL109	ZH1115柴油机
ZS1120	120	62.7	111	4	$\phi36\times95$	缩口	ZL109	ZS1120柴油机
ZS1125	125	62.7	111	4	$\phi36\times95$	缩口	ZL109	ZS1125柴油机
YC6108 ZQ	108	62.7	111	3	$\phi40\times88$	缩口	ZL109	玉柴6108增压柴油机
YC6108 ZQB	108	69.3	102	3	$\phi40\times88.5$	缩口	ZL109	玉柴6108增压柴油机
ZH 1115X	115	62.7	111	3	$\phi36\times85$	ω型	ZL109	江动1115柴油机

8. 内燃机活塞环

【特点及用途】活塞环是一种具有较大向外扩张变形
的金属弹性环。它被装配到剖面与其相应的环形槽内。
往复和(或)旋转运动的活塞环,依靠气体或液体的压力
工作。在环外圆面和气缸以及环槽的一个侧面之间形成密
封。活塞环按其结构的不同分为整体环和组合环两类,按
其功能的不同分为刮环、油环、气环等。根据其剖面形状的不同亦可分为
矩形环、梯形环、楔形环、鼻形环、开槽油环、外切扭曲环、异向倒角油环、
同向倒角油环、开槽螺旋撑簧油环、异向倒角螺旋撑簧油环、同向倒角螺
旋撑簧油环、钢带组合环等。

(1)刮环(GB/T1149.3-1992)

刮环适用于气缸小于或等于200mm的往复活塞式内燃机活塞,或类
似条件下工作的压缩机活塞。刮环根据结构特征的不同分为N型—鼻形
环(鼻形切台)、NM型—锥面鼻形环(鼻形切台)、E型—外切扭曲环(外
切台)和EM型—锥面外切扭曲环(外切台)。

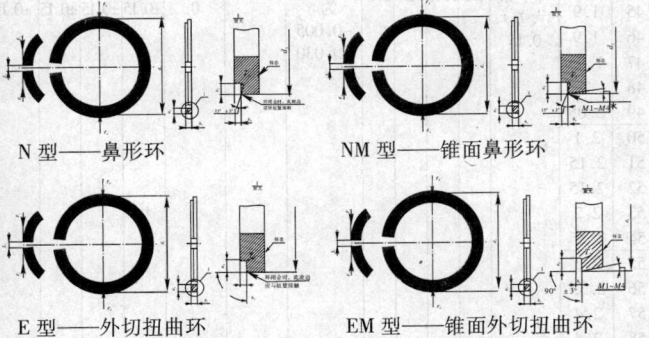

N型——鼻形环　　　　　　NM型——锥面鼻形环

E型——外切扭曲环　　　　　EM型——锥面外切扭曲环

注:* M1~M4斜度标志的无镀层和镀层环(钼)的斜度值依次为10′、30′、60′和90′。

【规　　格】刮环径向厚度"正常"时规格(mm)

基本直径 (d_1)	刮环径向厚度"正常"(a_1) 基本尺寸	刮环径向厚度"正常"极限偏差	油环环高 (h_1) 分栏 1	2	3	4	极限偏差	刮环闭口工作间隙(s_1) 基本尺寸	极限偏差	刮环切台高度 (h_2) 与 h_1 分栏相对应 1	2	3	4
30	1.25												
31	1.3												
32	1.35												
33	1.4												
34	1.4												
35	1.45												
36	1.5												
37	1.55												
38	1.6												
39	1.65												
40	1.65												
41	1.7												
42	1.75	±0.15 同一片环上最大差:0.15	1.5	1.75	2	2.5	−0.010 −0.030 磷化环为:−0.005 −0.030	0.15	+0.2 0	0.4 ±0.15	0.45 ±0.15	0.5 ±0.15	0.6 ±0.15
43	1.8												
44	1.85												
45	1.9												
46	1.9												
47	1.95												
48	2												
49	2.05												
50	2.1												
51	2.15												
52	2.15												
53	2.2												
54	2.25												
55	2.3												
56	2.35												
57	2.4												
58	2.4												
59	2.45												

续表

基本直径 (d_1)	刮环切台深度 (a_2)	切向弹力 (F_t,N) 与 h_1 分栏相对应				极限偏差	径向弹力 (F_d,N) 与 h_1 分栏相对应				极限偏差
		1	2	3	4		1	2	3	4	
30							6.2	7.5	8.6	10.8	
31	0.3 ±0.15						6.7	8	9	11.4	
32		—	—	—	—		7.1	8.4	9.7	12	
33							7.1	8.6	9.9	12.5	
34							6.7	8	9.2	11.6	
35							7.1	8.4	9.7	12.3	
36							7.5	8.8	10.3	12.9	
37	0.4 ±0.15	—	—	—	—		8	9.2	10.8	13.5	
38							8.2	9.7	11.2	14.2	
39							8.6	10.1	11.6	14.8	
40							8.2	9.7	11.2	14.2	
41							8.6	10.1	11.6	14.8	
42		—	—	—	—		9	10.5	12.3	15.5	$F_d<21.5$ N时：±30%
43							9	10.8	12.5	15.7	
44							9.5	11.2	12.9	16.3	
45							9.7	11.6	13.3	16.8	$F_d≥21.5$ N时：±20%
46							9.2	11	12.7	16.1	
47	0.5 ±0.15	—	—	—	—		9.7	11.4	13.1	16.8	
48							10.1	11.8	13.8	17.4	
49							10.5	12.3	14.2	18.1	
50		5	5.9	6.9	8.7		10.8	12.7	14.8	18.7	
51		5.2	6.2	7.1	9		11.2	13.3	15.3	19.4	
52		5	5.9	6.8	8.6	$F_t<10$N时：±30%	10.8	12.7	14.6	18.5	
53		5	6	6.9	8.7		10.8	12.9	14.8	18.7	
54		5.2	6.2	7.1	9		11.2	13.3	15.3	19.4	
55		5.4	6.4	7.4	9.3	$F_t≥10$N时：±20%	11.6	13.8	15.9	20	
56	0.6 ±0.15	5.6	6.6	7.6	9.6		12	14.2	16.3	20.6	
57		5.7	6.8	7.8	9.9		12.3	14.6	16.8	21.3	
58		5.5	6.6	7.6	9.8		11.8	14.2	16.3	20.6	
59		5.7	6.8	7.8	9.9		12.3	14.6	16.8	21.3	

续表　　　　　　　　　　　　　　　　　　　　　　　　　(mm)

基本直径 (d_1)	刮环径向厚度"正常"(a_1)		刮环环高 (h_1)					刮环闭口工作间隙 (s_1)		刮环切台高度 (h_2)			
	基本尺寸	极限偏差	分栏				极限偏差	基本尺寸	极限偏差	与 h_1 分栏相对应			
			1	2	3	4				1	2	3	4
60	2.5												
61	2.55												
62	2.6												
63	2.65												
64	2.65												
65	2.7							0.2	±0.2 0				
66	2.75												
67	2.8												
68	2.85												
69	2.9												
70	2.9												
71	2.95												
72	3	±0.15 同一片环上最大差：0.15	1.5	1.75	2	2.5	−0.010 −0.030 磷化环为：−0.005 −0.030						
73	3.05												
74	3.1								0.4 ±0.15	0.45 ±0.15	0.5 ±0.15	0.6 ±0.15	
75	3.15												
76	3.15												
77	3.2												
78	3.25												
79	3.3												
80	3.35												
81	3.4							0.25	+0.25 0				
82	3.4												
83	3.45												
84	3.5												
85	3.55												
86	3.6												
87	3.65												
88	3.65												
89	3.7												

续表 （mm）

基本直径 (d_1)	刮环切台深度 (a_2)	弹力系数									
		切向弹力 (F_t,N)					径向弹力 (F_d,N)				
		与 h_1 分栏相对应					与 h_1 分栏相对应				
		1	2	3	4	极限偏差	1	2	3	4	极限偏差
60	0.6 ±0.15	5.9	6.9	8	10.1		12.7	14.8	17.2	21.7	
61		6	7.1	8.2	10.4		12.9	15.3	17.6	22.4	
62		6.1	7.2	8.3	10.5		13.1	15.5	17.8	22.6	
63		6.2	7.4	8.5	10.8		13.3	15.9	18.3	23.2	
64		6	7.1	8.4	10.8		12.9	15.3	18.3	22.6	
65	0.7 ±0.15	6.2	7.3	8.5	10.8		13.3	15.7	18.3	23.2	
66		6.4	7.6	8.7	11.1		13.8	16.3	18.7	23.9	
67		6.6	7.8	9	11.4		14.2	16.8	19.4	24.5	
68		6.7	8	9.2	11.7		14.4	17.2	19.8	25.2	
69		6.9	8.2	9.4	12		14.8	17.6	20.2	25.8	
70		6.7	7.9	9.2	11.6		14.4	17	19.8	24.9	
71		6.9	8.1	9.4	11.9		14.7	17.4	20.2	25.6	
72		6.9	8.2	9.5	12	F_t<10N 时：±30% F_t≥10N 时：±20%	14.7	17.4	20.2	25.8	F_d<21.5N 时：±30% F_d≥21.5N 时：±20%
73		7.1	8.4	9.7	12.3		15.3	18.1	20.9	26.4	
74		7.2	8.6	9.9	12.6		15.5	18.5	21.3	27.1	
75	0.8 ±0.15	7.4	8.8	10.1	12.8		15.9	18.9	21.7	27.5	
76		7.2	8.5	9.9	12.5		15.5	18.3	21.1	26.9	
77		7.4	8.7	10.1	12.8		15.9	18.7	21.7	27.5	
78		7.5	8.9	10.3	13.1		16.1	19.1	22.1	28.2	
79		7.7	9.1	10.5	13.4		16.6	19.6	22.6	28.8	
80		7.9	9.3	10.8	13.7		17	20	23.2	29.5	
81		7.9	9.4	10.8	13.8		17	20.2	23.2	29.7	
82		7.7	9.1	10.6	13.4		17	19.6	22.8	29.5	
83		7.9	9.3	10.8	13.7		17	20	23.2	29.5	
84		8	9.5	11	14		17.2	20.4	23.7	30.1	
85	0.9 ±0.15	8.2	9.7	11.3	14.3		17.6	20.9	24.3	30.7	
86		8.4	9.9	11.5	14.6		18.1	21.3	24.7	31.4	
87		8.6	10.2	11.7	14.9		18.5	21.9	25.2	32	
88		8.4	9.9	11.5	14.6		18.1	21.3	24.7	31.4	
89		8.5	10.1	11.7	14.9		18.3	21.7	25.2	32	

续表　　　　　　　　　　　　　　　　　　　　　　（mm）

基本直径 (d_1)	刮环径向厚度"正常" (a_1) 基本尺寸	极限偏差	刮环环高 (h_1) 分栏 1	2	3	4	极限偏差	刮环闭口工作间隙 (s_1) 基本尺寸	极限偏差	刮环切台高度 (h_2) 与 h_1 分栏相对应 1	2	3	4
90	3.75												
91	3.8												
92	3.85												
93	3.9	±0.15 同一片环上最大差：0.15					−0.010 −0.030 磷化环为：−0.005 −0.030						
94	3.9									0.45 ±0.15	0.5 ±0.15	0.6 ±0.15	
95	3.95												
96	4												
97	4.05		1.75	2	2.5	3							
98	4.1												
99	4.15							0.3	+0.25 0				
100	4.15												
101	4.2												
102	4.25												
103	4.3												
104	4.3									—	0.6 ±0.15	0.75 ±0.15	
105	4.35												
106	4.4												
107	4.4	±0.2 同一片环上最大差：0.20					−0.010 −0.030 磷化环为：0 −0.030						
108	4.45												
109	4.5		—	2.5	3	3.5							
110	4.55												
111	4.55												
112	4.6												
113	4.65												
114	4.7							0.35	+0.25 0	—	0.75 ±0.15	0.9 ±0.15	
115	4.7												
116	4.75												
117	4.8		—	3	3.5	4							
118	4.8												
119	4.85												

续表 (mm)

基本直径 (d_1)	刮环切台深度 (a_2)	弹力系数 切向弹力 (F_t, N) 与 h_1 分栏相对应					径向弹力 (F_d, N) 与 h_1 分栏相对应				
		1	2	3	4	极限偏差	1	2	3	4	极限偏差
90	0.9 ±0.15	10.3	11.9	15.1	18.1		22.1	25.6	32.5	38.9	
91		10.3	11.9	15.2	18.2		22.1	25.6	32.7	39.1	
92		10.5	12.1	15.4	18.5		22.6	26	33.1	39.8	
93		10.7	12.4	15.7	18.9		23	26.7	33.8	40.6	
94		10.5	12.1	15.4	18.5		22.6	26	33.1	39.8	
95	1 ±0.15	10.7	12.3	15.7	18.8		23	26.4	33.8	40.4	
96		10.9	12.6	16	19.2		23.4	27.1	34.4	41.3	
97		11.1	12.8	16.3	19.5		23.9	27.5	35	41.9	
98		11.3	13	16.6	19.9		24.3	28	35.7	42.8	
99		11.5	13.3	16.9	20.2		24.7	28.6	36.3	43.4	
100	1.1 ±0.15	—	16.5	19.8	23.1		—	35.5	42.6	49.7	
101			16.6	19.9	23.2			35.7	42.8	49.9	
102		—	16.8	20.2	23.6	$F_t<10N$ 时: ±30%	—	36.1	43.4	50.7	$F_d<21.5N$ 时: ±30
103			17.1	20.5	24	$F_t≥10N$ 时: ±20%		36.8	44.1	51.6	$F_d≥21.5N$ 时: ±20%
104			16.8	20.1	23.5			36.1	43.2	50.5	
105	1.1 ±0.15	—	17	20.4	23.8		—	36.6	43.9	51.2	
106			17.3	20.7	24.2			37.2	44.5	52	
107		—	16.9	20.3	23.7		—	36.3	43.6	51	
108			17.2	20.6	24.1			37	44.3	51.8	
109			17.5	21	24.5			37.6	45.2	52.7	
110	1.2 ±0.15		21.2	24.8	28.5			45.6	53.3	61.3	
111			20.8	24.3	28			44.7	52.2	60.2	
112			20.9	24.3	28.1			44.9	52.2	60.4	
113			21.2	24.7	28.5			45.6	53.1	62.3	
114			21.5	25.1	28.9			46.2	54	62.1	
115	1.2 ±0.15		21.1	24.6	28.4			45.4	52.9	61.1	
116			21.4	25	28.8			46	53.8	61.9	
117		—	21.7	25.3	29.2		—	46.7	54.4	62.8	
118			21.3	24.9	28.7			45.8	53.5	61.7	
119			21.6	25.2	29.1			46.4	54.2	62.6	

续表 (mm)

基本直径 (d_1)	刮环径向厚度"正常"(a_1)		刮环环高 (h_1)					刮环闭口工作间隙(s_1)		刮环切台高度 (h_2)			
	基本尺寸	极限偏差	分栏				极限偏差	基本尺寸	极限偏差	与 h_1 分栏相对应			
			1	2	3	4				1	2	3	4
120	4.9	±0.2 同一片环上:最大差:0.20	—	3	3.5	4	-0.010 -0.030 磷化环为: 0 -0.030	0.35	+0.25 0	—	0.75 ±0.15	0.9 ±0.15	1 ±0.15
121	4.95												
122	4.95												
123	5												
124	5.05												
125	5.05												
126	5.1												
127	5.15												
128	5.2												
129	5.2												
130	5.25							0.4	+0.25 0				
131	5.3												
132	5.3												
133	5.35												
134	5.4												
135	5.4												
136	5.45												
137	5.5												
138	5.5												
139	5.55												
140	5.6		—	3.5	4	—				—	0.9 ±0.15	1 ±0.15	—
141	5.65												
142	5.65												
143	5.7												
144	5.75												
145	5.75												
146	5.8												
147	5.85												
148	5.85												
149	5.9												

续表

（mm）

基本直径 (d_1)	刮环切台深度 (a_2)	切向弹力 (F_t,N) 与h_1分栏相对应 1	2	3	4	极限偏差	径向弹力 (F_d,N) 与h_1分栏相对应 1	2	3	4	极限偏差
120	1.2 ±0.15	—	21.9	25.6	29.5		—	47.1	55	63.4	
121			22.2	25.9	29.9			47.7	55.7	64.3	
122			21.8	25.5	29.4			46.9	54.8	63.2	
123			21.9	25.5	29.5			47.1	54.8	63.4	
124			22.2	25.9	29.9			47.7	55.7	64.3	
125	1.3 ±0.15	—	21.8	25.4	29.3		—	46.9	54.6	63	
126			22.1	25.8	29.7			47.5	55.5	63.9	
127			22.4	26.1	30.1			48.2	56.1	64.7	
128			22.7	26.5	30.6			48.8	57	65.8	
129			22.3	26	30			47.9	55.9	64.5	
130	1.4 ±0.15	—	22.5	26.3	30.3		—	48.4	56.5	65.1	
131			22.8	26.6	30.7	$F_t<10N$ 时：±30%		49	57.2	66	$F_d<21.5N$ 时：±30%
132			22.4	26.2	30.2			48.2	56.3	64.9	
133			22.7	26.6	30.6			48.8	57	65.8	
134			22.8	26.6	30.7			49	55.2	66	
135			22.4	26.2	30.2	$F_t \geqslant 10N$ 时：±20%		48.2	56.3	64.9	$F_d \geqslant 21.5N$ 时：±20%
136			22.7	26.5	30.6			48.8	57	65.8	
137			23	26.8	31			49.5	57.6	66.7	
138			22.6	26.4	30.5			48.6	56.8	65.6	
139			22.9	26.7	30.9			49.2	57.4	66.4	
140		—		27.1	31.3		—		58.3	67.3	
141				27.4	31.6				58.9	67.9	
142				27	31.1				58.1	66.9	
143				27.3	31.5				58.7	67.7	
144				27.7	31.9				59.6	68.6	
145	1.5 ±0.2	—		27.2	31.4		—		58.5	67.5	
146				27.3	31.5				58.7	67.7	
147				27.6	31.9				59.3	68.6	
148				27.2	31.4				58.5	67.5	
149				27.5	31.8				59.1	68.4	

续表

(mm)

基本直径 (d_1)	刮环径向厚度"正常"(a_1)		刮环环高 (h_1)						刮环闭口工作间隙(s_1)		刮环切台高度 (h_2)			
	基本尺寸	极限偏差	分栏				极限偏差		基本尺寸	极限偏差	与 h_1 分栏相对应			
			1	2	3	4					1	2	3	4
150	5.95													
152	6													
154	6.05													
155	6.1													
156	6.15													
158	6.2													
160	6.25								0.5	+0.3 / 0				
162	6.35													
164	6.4	±0.2 同一片环上最大差：0.20	—	3.5	4	—	−0.010 / −0.035 磷化环为0 / −0.035				—	0.9 ±0.15	1 ±0.15	—
165	6.4													
166	6.45													
168	6.5													
170	6.6													
172	6.65													
174	6.7													
175	6.75													
176	6.8													
178	6.85								0.6	+0.3 / 0				
180	6.9													
182	6.95													
184	7.05													

续表 (mm)

基本直径 (d_1)	刮环切台深度 (a_2)	弹力系数									
		切向弹力 (F_t,N)					径向弹力 (F_d,N)				
		与 h_1 分栏相对应					与 h_1 分栏相对应				
		1	2	3	4	极限偏差	1	2	3	4	极限偏差
150	1.5 ±0.2	—	27.6	31.9	—	$F_t<10$N 时:±30% $F_t\geqslant10$N 时:±20%	—	59.3	68.6	—	$F_d<21.5$N 时:±30% $F_d\geqslant21.5$N 时:±20%
152			27.6	31.8				59.3	68.4		
154			27.5	31.7				59.1	68.2		
155	1.6 ±0.2	—	27.8	32.1	—		—	59.8	69	—	
156			28.1	32.4				60.4	69.7		
158			27.8	32.1				59.8	69		
160		—	27.7	32	—		—	59.6	68.8	—	
162			28.3	32.7				60.8	70.3		
164			28.2	32.6				60.6	70.1		
165		—	27.8	32.1	—		—	59.8	69	—	
166			28.1	32.5				60.4	69.9		
168			28	32.4				60.2	69.7		
170	1.7 ±0.2	—	28.4	32.8	—		—	61.1	70.5	—	
172			28.3	32.7				60.8	70.3		
174			28.2	32.6				60.6	70.1		
175		—	28.4	32.8	—		—	61.1	70.5	—	
176			28.7	33.2				61.7	71.4		
178			28.6	33.1				61.5	71.2		
180		—	28.6	33	—		—	61.5	71	—	
182			28.5	32.9				61.3	70.7		
184	1.8 ±0.2		28.8	33.3				61.9	71.6		

续表　　　　　　　　　　　　　　　　　　　　　　　　　　（mm）

基本直径 (d_1)	刮环径向厚度"正常"(a_1)		刮环环高 (h_1)					刮环闭口工作间隙(s_1)		刮环切台高度 (h_2)			
	基本尺寸	极限偏差	分栏				极限偏差	基本尺寸	极限偏差	与 h_1 分栏相对应			
			1	2	3	4				1	2	3	4
185	7.05	±0.2 同一片环上最大差:0.20	—	3.5	4		−0.010 −0.035 磷化环为: 0 −0.035	0.6	+0.30	—	0.9 ±0.15	1 ±0.15	
186	7.1												
188	7.15												
190	7.2												
192	7.25												
194	7.35												
195	7.35												
196	7.4												
198	7.45												
200	7.5												

基本直径 (d_1)	刮环切台深度 (a_2)	弹力系数										
		切向弹力(F_t,N)					径向弹力(F_d,N)					
		与 h_1 分栏相对应					与 h_1 分栏相对应					
		1	2	3	4	极限偏差	1	2	3	4	极限偏差
185	1.8 ±0.2	—	28.4	32.9	—	$F_t<10N$ 时: ±30% $F_t \geqslant 10N$ 时: ±20%	—	61.1	70.7	—	$F_d<21.5N$ 时: ±30% $F_d \geqslant 21.5N$ 时: ±20%
186		—	28.7	33.2	—		—	61.7	71.4	—	
188		—	28.7	33.1	—		—	61.7	71.2	—	
190		—	28.6	33	—		—	61.5	71	—	
192		—	28.5	33	—		—	61.3	71	—	
194		—	29.1	33.6	—		—	62.6	72.2	—	
195	1.9 ±0.2	—	28.7	33.2	—		—	61.7	71.4	—	
196		—	28.8	33.3	—		—	61.9	71.6	—	
198		—	28.7	33.2	—		—	61.7	71.4	—	
200		—	28.6	33.1	—		—	61.5	71.2	—	

注:①中间尺寸的环(如修理尺寸),其径向厚度可选用邻近较小基本直径环的尺寸。
②本表所列 F_t 和 F_d 适用于典型弹性模量 E 为 100GN/m² 的灰铸铁环。具有不同弹性模量 E 材料的环,应乘以 GB1149.1 所列的材料系数。
平均弹力按径向厚度的基本尺寸(a_1)和平均环高(h_1)计算。
③本标准规定 F_d/F_t 的平均比值为 2.15。直径小于或等于 50mm 的环,其 F_d/F_t 的比值由供需双方协商决定。

刮环径向厚度"D/22"时规格　　　　　　　　　　（mm）

基本直径 (d_1)	刮环径向厚度"D/22"(a_1)		刮环环高 (h_1)					刮环闭口工作间隙(s_1)		刮环切台高度 (h_2)			
	基本尺寸	极限偏差	分栏				极限偏差	基本尺寸	极限偏差	与 h_1 分栏相对应			
			1	2	3	4				1	2	3	4
50	2.25												
51	2.3												
52	2.35												
53	2.4												
54	2.45							0.15	+0.2 0				
55	2.5												
56	2.55												
57	2.6												
58	2.65												
59	2.7												
60	2.75												
61	2.75												
62	2.8	±0.15 同一片环上最大差:0.15	1.5	1.75	2	2.5	−0.010 −0.030 磷化环为: −0.005 −0.030			0.4 ±0.15	0.45 ±0.15	0.5 ±0.15	0.6 ±0.15
63	2.85												
64	2.9												
65	2.95												
66	3							0.2	+0.2 0				
67	3.015												
68	3.1												
69	3.15												
70	3.2												
71	3.25												
72	3.25												
73	3.3												
74	3.35												
75	3.4												
76	3.45												
77	3.5							0.25	+0.25 0				
78	3.55												
79	3.6												

续表 (mm)

基本直径 (d_1)	刮环切台深度 (a_2)	弹力系数									
		切 向 弹 力 (F_t,N)					径 向 弹 力 (F_d,N)				
		与 h_1 分栏相对应					与 h_1 分栏相对应				
		1	2	3	4	极限偏差	1	2	3	4	极限偏差
50	0.6 ±0.15	6.1	7.2	8.3	10.6		13.1	15.5	17.8	22.8	
51		6.3	7.4	8.6	10.9		13.5	15.9	18.5	23.4	
52		6.5	7.7	8.8	11.2		14	16.6	18.9	24.1	
53		6.7	7.9	9.1	11.5		14.4	17	19.6	24.7	
54		6.9	8.1	9.4	11.9		14.8	17.4	20.2	25.6	
55	0.7 ±0.15	7	8.3	9.6	12.2		15.1	17.8	20.6	26.2	
56		7.2	8.5	9.9	12.6		15.5	18.3	21.3	26.9	
57		7.2	8.6	9.9	12.6		15.5	18.5	21.3	27.1	
58		7.4	8.8	10.2	12.9		15.9	18.9	21.9	27.7	
59		7.6	9	10.4	13.2		16.3	19.4	22.4	28.4	
60	0.7 ±0.15	7.8	9.2	10.6	13.5		16.8	19.8	22.8	29	
61		7.5	8.9	10.3	13		16.1	19.1	22.1	28	
62		7.7	9.1	10.5	13.3	F_t<10N 时：±30%	16.6	19.6	22.6	28.6	F_d<21.5N 时：±30%
63		7.9	9.3	10.8	13.6		17	20	23.2	29.2	
64		8.1	9.5	11	14		17.4	20.4	23.7	30.1	
65	0.8 ±0.15	8.3	9.8	11.3	14.3	F_t≥10N 时：±20%	17.8	21.1	24.3	30.7	F_d≥21.5N 时：±20%
66		8.3	9.8	11.3	14.4		17.8	21.1	24.3	31	
67		8.4	10	11.6	14.7		18.1	21.5	24.9	31.6	
68		8.6	10.2	11.8	15		18.5	21.9	25.4	32.3	
69		8.8	10.4	12.1	15.3		18.9	22.4	26	32.9	
70	0.8 ±0.15	9	10.7	12.3	15.6		19.4	23	26.4	33.5	
71		9.2	10.9	12.6	16		19.8	23.4	27.1	34.4	
72		8.9	10.6	12.2	15.5		19.1	22.8	26.2	33.3	
73		9.1	10.8	12.5	15.8		19.6	23.2	26.9	34	
74		9.3	11	12.7	16.1		20	23.7	27.3	34.6	
75	0.9 ±0.15	9.3	11	12.7	16.1		20	23.7	27.3	34.6	
76		9.4	11.2	12.9	16.5		20.2	24.1	27.7	35.5	
77		9.6	11.4	13.2	16.8		20.6	24.5	28.4	36.1	
78		9.8	11.6	13.5	17.1		21.1	24.9	29	36.8	
79		10	11.9	13.7	17.4		21.5	25.6	29.5	37.4	

续表 (mm)

基本直径 (d_1)	刮环径向厚度 "D/22" (a_1)		刮环环高 (h_1)					刮环闭口工作间隙 (s_1)		刮环切台高度 (h_2)			
	基本尺寸	极限偏差	分栏				极限偏差	基本尺寸	极限偏差	与 h_1 分栏相对应			
			1	2	3	4				1	2	3	4
80	3.65												
81	3.7												
82	3.75												
83	3.75												
84	3.8		1.5	1.75	2	2.5		0.25	+0.250	0.4	0.45	0.5	0.6
85	3.85									±0.15	±0.15	±0.15	±0.15
86	3.9												
87	3.95						-0.010						
88	4	±0.15 同一片环上最大差：0.15					-0.010 磷化环为：-0.005 -0.030						
89	4.05												
90	4.1												
91	4.15												
92	4.2												
93	4.25												
94	4.25		1.75	2	2.5	3				0.45	0.5	0.6	0.75
95	4.3									±0.15	±0.15	±0.15	±0.15
96	4.35												
97	4.4												
98	4.45												
99	4.5							0.3	+0.25 0				
100	4.55												
101	4.6						-0.010 -0.030 磷化环为：0 -0.030						
102	4.65												
103	4.7	±0.2 同一片环上最大差：0.20											
104	4.75		—	2.5	3	3.5				—	0.6	0.75	0.9
105	4.75										±0.15	±0.15	±0.15
106	4.8												
107	4.85												
108	4.9												
109	4.95												

续表

基本直径 (d_1)	刮环切台深度 (a_2)	弹力系数									
		切向弹力 (F_t, N)					径向弹力 (F_d, N)				
		与 h_1 分栏相对应					与 h_1 分栏相对应				
		1	2	3	4	极限偏差	1	2	3	4	极限偏差
80	0.9 ±0.15	10.2	12.1	14	17.7		21.9	26	30.1	38.1	
81		10.4	12.3	14.2	18		22.4	26.4	30.5	38.7	
82		10.6	12.5	14.5	18.4		22.8	26.9	31.2	39.6	
83		10.3	12.2	14.1	17.9		22.1	26.2	30.3	38.5	
84		10.3	12.2	14.1	18		22.1	26.2	30.3	38.7	
85	1 ±0.15	10.5	12.4	14.4	18.3		22.6	26.7	31	39.3	
86		10.7	12.6	14.6	18.6		23	27.1	31.4	40	
87		10.8	12.9	14.9	18.9		23.2	27.7	32	40.6	
88		11	13.1	15.1	19.2		23.7	28.2	32.5	41.3	
89		11.2	13.3	15.4	19.6		24.1	28.6	33.1	42.1	
90	1.1 ±0.15	13.4	15.5	19.8	23.7		28.8	33.3	42.6	51	
91		13.7	15.8	20.1	24.1		29.5	34	43.2	51.8	
92		13.7	15.8	20.1	24.1	$F_t<10N$ 时：±30%	29.5	34	43.2	52	$F_d<21.5N$ 时：±30%
93		13.9	16.1	20.5	24.5		29.9	34.6	44.1	52.7	
94		13.6	15.7	20	24		29.2	33.8	43	51.6	
95		13.8	16	20.3	24.4	$F_t\geqslant10N$ 时：±20%	29.7	34.4	43.6	52.5	$F_d\geqslant21.5N$ 时：±20%
96		14	16.2	20.6	24.8		30.1	34.8	44.3	53.3	
97		14.4	16.7	21.3	25.5		30.5	35.5	44.9	54	
98		14.7	17	21.6	25.9		31	35.9	45.8	54.8	
99	1.1 ±0.15	—	21.9	26.3	30.6		31.6	36.6	46.4	55.7	
100		—	21.9	26.3	30.7		—	47.1	56.5	65.8	
101		—	22.2	26.6	31.1		—	47.1	56.5	66	
102		—	22.5	27	31.5		—	47.7	57.2	66.9	
103		—	22.7	27.3	31.9		—	48.4	58.1	67.7	
104		—					—	48.8	58.7	68.6	
105	1.2 ±0.15	—	22.3	26.7	31.2		—	47.9	57.1	67.1	
106		—	22.6	27.1	31.6		—	48.6	58.3	67.9	
107		—	22.8	27.4	32		—	49	58.9	68.8	
108		—	23.1	27.8	32.4		—	49.7	59.8	69.7	
109		—	23.4	28.1	32.8		—	50.3	60.4	70.5	

续表　　　　　　　　　　　　　　　　　　（mm）

基本直径 (d_1)	刮环径向厚度 "D/22" (a_1) 基本尺寸	极限偏差	刮环环高 (h_1) 分栏 1	2	3	4	极限偏差	刮环闭口工作间隙 (s_1) 基本尺寸	极限偏差	刮环切台高度 (h_2) 与 h_1 分栏相对应 1	2	3	4
110	5												
111	5.05												
112	5.1												
113	5.15												
114	5.2												
115	5.25												
116	5.25												
117	5.3												
118	5.35												
119	5.4												
120	5.45							0.35	+0.25 0				
121	5.5												
122	5.55						−0.010 −0.030						
123	5.6	±0.2 同一片环上最大差：0.20	—	3	3.5	4	磷化环：为：0 −0.030			—	0.75 ±0.15	0.9 ±0.15	1 ±0.15
124	5.65												
125	5.7												
126	5.75												
127	5.75												
128	5.8												
129	5.85												
130	5.9												
131	5.95												
132	6												
133	6.05												
134	6.1							0.4	+0.25 0				
135	6.15												
136	6.2												
137	6.25												
138	6.25												
139	6.3												

续表 (mm)

基本直径 (d_1)	刮环切台深度 (a_2)	弹力系数									
		切 向 弹 力 (F_t, N)					径 向 弹 力 (F_d, N)				
		与 h_1 分栏相对应					与 h_1 分栏相对应				
		1	2	3	4	极限偏差	1	2	3	4	极限偏差
110			28	32.7	37.8			60.2	70.3	81.3	
111			28.4	33.1	38.2			61.1	71.2	82.1	
112	1.3 ±0.15	—	28.7	33.5	38.7		—	61.7	72	83.2	
113			29	33.9	39.1			62.4	72.9	84.1	
114			29.4	34.3	39.5			63.2	73.7	84.5	
115			29.7	34.7	40			63.9	74.6	86	
116			29.1	34	39.2			62.6	73.1	84.3	
117		—	29.5	34.4	39.7		—	63.4	74	85.4	
118			29.8	34.8	40.1			64.1	74.8	86.2	
119			29.8	34.8	40.2			64.1	74.8	86.4	
120			30.1	35.2	40.6			64.7	75.7	87.3	
121			30.4	35.6	41			65.4	76.5	88.2	
122	1.4 ±0.15	—	30.8	35.9	41.5	F_t<10N 时: ±30% F_t≥10N 时: ±20%	—	66.2	77.2	89.2	F_d<21.5N 时: ±30% F_d≥21.5N 时: ±20%
123			31.1	36.3	41.9			66.9	78	90.1	
124			31.4	36.7	42.3			67.5	78.9	90.9	
125			31.7	37.1	42.8			68.2	79.8	92	
126			32.1	37.5	43.2			69	80.6	92.9	
127		—	31.5	36.8	42.5		—	67.7	79.1	91.4	
128			31.5	36.8	42.5			67.7	79.1	91.4	
129			31.8	37.2	42.9			68.4	80	92.2	
130			32	37.4	43.2			68.8	80.4	92.9	
131			32.4	37.8	43.6			69.7	81.3	93.7	
132	1.5 ±0.15	—	32.7	38.2	44.1		—	70.3	82.1	94.8	
133			33	38.5	44.5			71	82.8	95.7	
134			33.3	38.9	44.9			71.6	83.6	96.5	
135			33.6	39.3	45.3			72.2	84.5	97.4	
136			33.6	39.3	45.4			72.2	84.5	97.6	
137	1.6 ±0.15	—	33.9	39.6	45.8		—	72.9	85.1	98.5	
138			33.4	39	45			71.8	83.9	96.8	
139			33.7	39.4	45.4			72.5	84.7	97.6	

续表　　　　　　　　　　　　　　　　　　　　　　（mm）

基本直径 d_1	刮环径向厚度 "D/22" (a_1)		刮环环高 (h_1)					刮环闭口工作间隙 (s_1)		刮环切台高度 (h_2)			
	基本尺寸	极限偏差	分栏				极限偏差	基本尺寸	极限偏差	与 h_1 分栏相对应			
			1	2	3	4				1	2	3	4
40	6.35												
41	6.4												
42	6.45												
43	6.5												
44	6.55	±0.2 同一片环上最大差：0.20	—	3.5	4	—	-0.010 -0.030 磷化环为: 0 -0.030	0.4	+0.25 0	—	0.9 ±0.15	1 ±0.15	—
45	6.6												
46	6.65												
47	6.7												
48	6.75												
49	6.75												
50	6.8							0.5	+0.3 0				

续表 (mm)

基本直径 (d_1)	刮环切台深度 (a_2)	弹力系数									
		切向弹力 (F_t, N)					径向弹力 (F_d, N)				
		与 h_1 分栏相对应				极限偏差	与 h_1 分栏相对应				极限偏
		1	2	3	4		1	2	3	4	
140			39.7	45.9				85.4	98.7		
141			40.1	46.3				86.2	99.5		
142	1.6 ±0.15	—	40.4	46.7	—		—	86.9	100.4		
143			40.8	47.1				87.7	101.3		
144			41.2	47.5		F_t<10N 时: ±30% F_t≥10N 时: ±20%		88.6	102.1		F_t<21.N 时: ±30% Fd≥21 N 时: ±20%
145			41.1	47.5				88.4	102.1		
146			41.5	47.9				89.2	103		
147	1.7 ±0.2	—	41.8	48.3	—		—	89.9	103.8		
148			42.2	48.7				90.7	104.7		
149			41.6	48				89.4	103.2		
150			41.6	48.1				89.4	103.4		

注:①中间尺寸的环(如修理尺寸),其径向厚度可选用邻近较小基本直径环的尺
②本表所列 F_t 和 F_d 适用于典型弹性模量 E 为 100GN/m² 的灰铸铁环。具有
同弹性模量 E 材料的环,应乘以 GB1149.1 所列的材料系数。
平均弹力按径向厚度的基本尺寸(a_1)和平均环高(h_1)计算。
③本标准规定 F_d/F_t 的平均比值为 2.15。

(2) 油环(GB/T1149.5-1992)

油环适用于气缸直径小于或等于 200mm 的往复活塞式内燃机活塞，类似条件下工作的压缩机活塞。其具有回油孔或等效结构，能从缸壁刮下机油。油环根据结构特征的不同分为 S 型—开槽油环、G 型—同倒角油环、D 型—异向倒角油环和 DV 型—异向倒角 V 型槽油环。

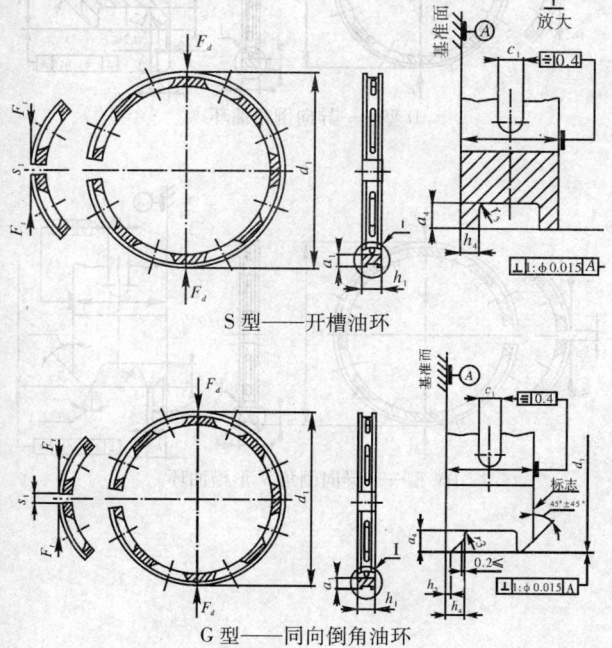

S 型——开槽油环

G 型——同向倒角油环

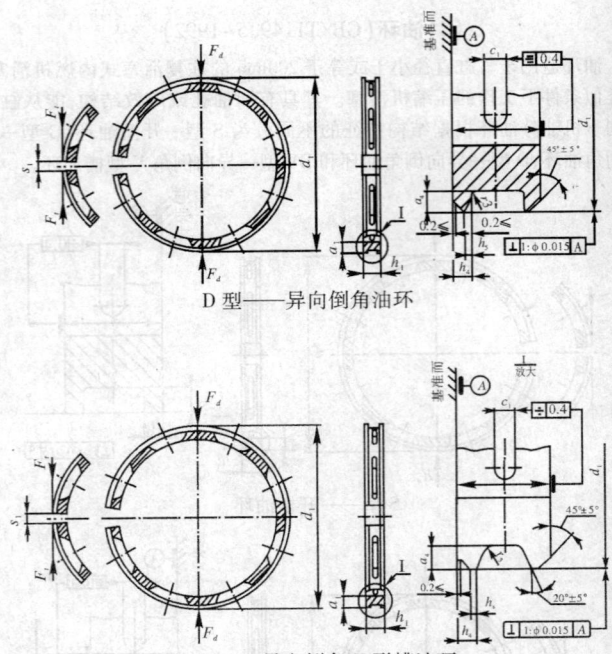

D 型——异向倒角油环

DV 型——异向倒角 V 形槽油环

表1（3 续表）

基本直径 (d_1)	油环径向厚度"正常" (a_1) 基本尺寸	极限偏差	油环环高 (h_1) 分栏 1	2	3	4	极限偏差	油环闭口工作间隙 (s_1) 基本尺寸	极限偏差	半径 (r_3)	油环岸高 (h_4) 与h_1分栏相对应 1	2	3	4	油集油槽深 (a_4)
30	1.25														
31	1.3														
32	1.35														
33	1.4														0.4 ±0.1
34	1.4														
35	1.45	±0.15	2.5	3	3.5		-0.010 -0.030 磷化环为: -0.005 -0.030	0.15	+0.2 0	0.2 max	0.5 ±0.1	0.6 ±0.1	0.7 ±0.1	0.7 ±0.1	
36	1.5														
37	1.55														
38	1.6														
39	1.65														
40	1.65	同一片环上最大差: 0.15													
41	1.7														
42	1.75														
43	1.8														
44	1.85														
45	1.9														0.5 ±0.1
46	1.9														
47	1.95														
48	2														
49	2.05														

续表

（mm）

基本直径 (d₁)	油环径向厚度"正常"(a₁) 基本尺寸	油环径向厚度"正常"(a₁) 极限偏差	油环环高 (h₁) 分栏 1	油环环高 (h₁) 分栏 2	油环环高 (h₁) 分栏 3	油环环高 (h₁) 分栏 4	油环环高 (h₁) 极限偏差	油环闭口工作间隙 (s₁) 基本尺寸	油环闭口工作间隙 (s₁) 极限偏差	半径 (r₃)	油环环岸高 (h₄) 与h₁分栏相对应 1	2	3	4	油环集油槽深 (a₄)
50	2.1														
51	2.15														
52	2.15														
53	2.2														
54	2.25	±0.15 同一片环上最大差: 0.15	2.5	3	3.5	4	−0.010 −0.030 磷化环为: −0.005 −0.030	0.15	+0.2 0	0.3 max	0.5 ±0.1	0.6 ±0.1	0.7 ±0.1	0.7 ±0.1	0.6 ±0.1
55	2.3														
56	2.35														
57	2.4														
58	2.4														
59	2.45														
60	2.5								0.2							0.8 ±0.1
61	2.55														
62	2.6														
63	2.65														
64	2.65														

基本油环回直径 (d_1) 量(个)	油环回油孔数(个)	油环回油孔高 (c_1) 与 h_1 分栏相对应				弹力系数 切向弹力 (F_t, N) 与 h_1 分栏相对应				切向弹力极限偏差	径向弹力 (F_d, N) 与 h_1 分栏相对应				径向弹力极限偏差
		1	2	3	4	1	2	3	4		1	2	3	4	
30						—	—	—	—		7.5	9.2	10.8	11.5	
31						—	—	—	—		8	9.9	11.4	12.3	
32						—	—	—	—		8.6	10.3	12.3	13.1	
33						—	—	—	—		9	11	12.9	13.8	
34						—	—	—	—		8.6	10.3	12	13.1	
35						—	—	—	—		9	11	12.9	13.8	
36						—	—	—	—		9.5	11.6	13.5	14.6	
37						—	—	—	—		9.9	12.3	14.2	15.5	
38		0.7 ±0.1	0.7 ±0.1	0.8 ±0.1	1 ±0.1	—	—	—	—		10.5	12.9	15.1	16.1	$F_t<10N$ 时:±30% $F_t\geqslant10N$ 时:±20%
39	6					—	—	—	—		11	13.5	15.7	17	
40						—	—	—	—		9.9	12.3	14.2	15.3	
41						—	—	—	—		10.5	12.7	14.8	15.9	
42						—	—	—	—		11	13.3	15.7	16.8	
43						—	—	—	—		11.4	14	16.3	17.6	
44						—	—	—	—		12	14.6	17	18.3	
45						—	—	—	—		12.3	15.1	17.4	18.9	
46						—	—	—	—		11.6	14.4	16.8	18.1	
47						—	—	—	—		12.3	14.8	17.4	18.9	
48						—	—	—	—		12.7	15.5	18.1	19.6	
49						—	—	—	—		13.1	16.1	18.9	20.4	

续表

(mm)

基本直径 (d_1)	油环回油孔数 油孔量(个)	油环回油孔高 (c_1) 与h_1分栏相对应				弹 力 系 数 切向弹力(F_t,N) 与h_1分栏相对应				切向弹力 极限偏差	径向弹力(F_d,N) 与h_1分栏相对应				径向弹力 极限偏差
		1	2	3	4	1	2	3	4		1	2	3	4	
50						6.2	7.5	8.8	9.5		13.3	16.1	18.9	20.4	
51						6.4	7.8	9.1	9.8		13.8	16.8	19.6	21.1	
52						6.2	7.5	8.8	9.5		13.3	16.1	18.9	20.4	
53						6.4	7.8	9.1	9.8		13.8	16.8	19.6	21.1	
54	6					6.6	8.1	9.4	10.2		14.2	17.4	20.2	21.9	
55		0.7 ±0.1	0.7 ±0.1	0.8 ±0.1	1 ±0.1	6.9	8.4	9.8	10.6	$F_d<21.5$N 时:±30% $F_d≥21.5$N 时:±20%	14.8	18.1	21.1	22.8	$F_t<10$N 时:±30% $F_t≥10$N 时:±20%
56						7.1	8.7	10.1	10.9		15.3	18.7	21.7	23.4	
57						7.3	8.9	10.5	11.3		15.7	19.1	22.6	24.3	
58						7.1	8.6	10.1	10.9		15.3	18.5	21.7	23.4	
59						7.3	8.9	10.4	11.3		15.7	19.1	22.4	24.3	
60						7.1	8.6	10.1	11.8		15.3	18.5	21.7	23.2	
61						7.3	8.9	10.4	11.1		15.7	18.5	21.7	23.2	
62	8					7.5	9.2	10.7	11.5		16.1	19.1	22.4	23.9	
63						7.7	9.4	11	11.8		16.6	20.2	23.7	25.4	
64						7.5	9.1	10.7	11.4		16.1	19.6	23	24.5	

续表

（mm）

基本直径 (d_1)	油环径向厚度"正常" (a_1) 基本尺寸	极限偏差	油环环高 (h_1) 分栏 1	2	3	4	极限偏差	油环闭口工作间隙 (s_1) 基本尺寸	极限偏差	半径 (r_3)	油环环岸高 (h_4) 与 h_1 分栏相对应 1	2	3	4	油环集油槽深 (a_4)
65	2.7														
66	2.75														
67	2.8														
68	2.85		2.5	3	3.5	4									
69	2.9														
70	2.9	±0.15 同一片环上最大差					−0.010 −0.030 磷化环为	0.2	+0.2 0	0.3 max	0.5 ±0.1	0.6 ±0.1	0.7 ±0.1	0.7 ±0.1	0.8 ±0.1
71	2.95														
72	3														
73	3.05														
74	3.1														
75	3.15														
76	3.15														
77	3.2														
78	3.25														
79	33														
80	3.35														
81	3.4		3	3.5	4	4.5		0.25	+0.25 0	0.5 max	0.6 ±0.1	0.6 ±0.1	0.7 ±0.1	0.8 ±0.1	1 ±0.1
82	3.4														
83	3.45														
84	3.5														

续表

(mm)

基本直径 (d_1)	油环径向厚度 "正常" (a_1) 基本尺寸	油环径向厚度 "正常" (a_1) 极限偏差	油环环高 (h_1) 分栏 1	油环环高 (h_1) 分栏 2	油环环高 (h_1) 分栏 3	油环环高 (h_1) 分栏 4	极限偏差	油环闭口工作间隙 (s_1) 基本尺寸	油环闭口工作间隙 (s_1) 极限偏差	半径 (r_3)	油环环岸高 (h_4) 与 h_1 分栏相对应 1	油环环岸高 (h_4) 与 h_1 分栏相对应 2	油环环岸高 (h_4) 与 h_1 分栏相对应 3	油环环岸高 (h_4) 与 h_1 分栏相对应 4	油环集油槽深 (a_4)
85	3.55														
86	3.6														
87	3.65														
88	3.65														
89	3.7		3	3.5	4	4.5	-0.010 -0.030 磷化环为	0.3	+0.25 0	0.5 max	0.6 ±0.1	0.6 ±0.1	0.7 ±0.1	0.8 ±0.1	1 ±0.1
90	3.75	±0.15 同一片环上最大差													
91	3.8														
92	3.85														
93	3.9														
94	3.9														
95	3.95														
96	4														
97	4.05														
98	4.1														
99	4.15														

续表

(mm)

基本直径 (d_1)	油环回油孔数量 (个)	油环回油孔高 (c_1) 与h_1分栏相对应				极限偏差	弹力系数									
							切向弹力 (F_t, N) 与h_1分栏相对应				极限偏差	径向弹力 (F_d, N) 与h_1分栏相对应				极限偏差
		1	2	3	4		1	2	3	4		1	2	3	4	
65							7.7	9.4	11	11		16.6	20.2	23.7	25.4	
66							7.9	9.7	11.6	12.2		17	20.9	24.3	26.2	
67							8.2	10	11.6	12.5		17.6	21.5	24.9	26.9	
68							8.4	10.2	12	12.9		18.1	21.9	25.6	27.7	
69							8.6	10.5	12.3	13.3		18.5	22.6	26.4	28.6	
70	8	0.7 ±0.1	0.7 ±0.1	0.8 ±0.1	1 ±0.1		8.4	10.2	11.9	12.9	$F_t<10$N 时±30% $F_t\geq10$N 时±20%	18.1	21.9	25.6	27.7	$F_d<21.5$N 时±30% $F_d\geq21.5$N 时±20%
71							8.6	10.5	12.3	13.2		18.5	22.6	26.4	28.4	
72							8.8	10.8	12.6	13.6		18.9	23.2	27.1	29.2	
73							9.1	11.1	12.9	14		19.6	23.9	27.7	30.1	
74							9.3	11.4	13.3	14.3		20	24.5	28.6	30.7	
75							9.5	11.6	13.5	14.6		20.4	24.9	29	31.4	
76							9.5	11.6	13.2	14.2		19.8	24.3	28.4	30.5	
77							9.5	11.6	13.5	14.6		20.4	24.9	29	31.4	
78							9.7	11.8	13.8	15		20.9	25.4	29.7	32.3	
79							9.9	12.1	14.2	15.4		21.3	26	30.5	33.1	
80		0.7 ±0.1	0.8 ±0.1	1 ±0.1	1.2 ±0.1		11.9	13.9	14.9	16.8		25.6	29.9	32	36.1	
81							12.2	14.3	15.3	17.2		26.2	30.7	32.9	37	
82							11.9	13.9	14.9	16.8		26.6	29.9	32	36.1	
83							12.2	14.2	15.3	17.2		26.2	30.5	32.9	37	
84							12.5	14.6	15.7	17.6		26.9	31.4	33.8	37.8	

续表

（mm）

基本油环回直径 (d_1)	油环回油孔数量（个）	油环回油孔高（c_1）与 h_1 分栏相对应				弹力系数									
						切向弹力（F_t, N）与 h_1 分栏相对应				极限偏差	径向弹力（F_d, N）与 h_1 分栏相对应				极限偏差
		1	2	3	4	1	2	3	4		1	2	3	4	
85						12.8	14.9	16	18		27.5	32	34.4	38.7	
86						13	15.2	16.4	18.4		28	32.7	35.3	39.6	
87						13.3	15.6	16.8	18.8		28.6	33.5	36.1	40.4	
88						13	15.2	16.4	18.4		28	32.7	35.3	39.6	
89						13.3	15.5	16.7	18.8		28.6	33.3	35.9	40.4	
90	8	0.7 ± 0.1	0.8 ± 0.1	1 ± 0.1	1.2 ± 0.1	13.5	15.8	17	19.1	F_t<10N 时:±30% F_t≥10N 时:±20%	29	34	36.6	41.1	F_d<21.5N 时:±30% F_d≥21.5N 时:±20%
91						13.8	16.1	17.4	19.6		29.7	34.6	37.4	42.1	
92						14.1	16.5	17.8	20		30.3	35.5	38.3	43	
93						14.4	16.8	18.2	20.4		31	36.1	39.1	43.9	
94						14.1	16.4	17.8	20		30.3	35.3	38.3	43	
95						14.4	16.8	18.1	20.4		31	36.1	38.9	43.9	
96						14.7	17.1	18.5	20.8		31.6	36.8	39.8	44.7	
97						15	17.5	18.9	21.2		32.3	37.6	40.6	45.6	
98						15.3	17.8	19.3	21.6		32.9	38.3	41.5	46.4	
99						15.6	18.2	19.7	22.1		33.5	39.1	42.4	47.5	

续表

基本直径 (d_1)	油环径向厚度"正常"(a_1)		油环环高 (h_1)					油环闭口工作间隙(s_1)		半径 (r_3)	油环环岸高 (h_4)				油环集油槽深 (a_4)
	基本尺寸	极限偏差	分栏				极限偏差	基本尺寸	极限偏差		与 h_1 分栏相对应				
			1	2	3	4					1	2	3	4	
			3.5	4	4.5	5					0.7 ±0.1	0.7 ±0.1	0.8 ±0.1	0.9 ±0.1	
100	4.15														
101	4.2														
102	4.25														
103	4.25							0.3	+0.25 0						
104	4.3														
105	4.35						-0.010 -0.030 磷化环为：0 -0.030								1.2 ± 0.1
106	4.4														
107	4.4	±0.2 同一片环上最大差：0.20								0.5 max					
108	4.45														
109	4.5														
110	4.55							0.35	+ 0.25 0						
111	4.55														
112	4.6														
113	4.65														
114	4.7														
115	4.7														
116	4.75														
117	4.8														
118	4.85														
119	4.85														

续表

（mm）

基本直径 (d_1)	油环径向厚度"正常" (a_1) 基本尺寸	极限偏差	油环环高 (h_1) 分栏 1	2	3	4	极限偏差	油环闭口工作间隙 (s_1) 基本尺寸	极限偏差	半径 (r_3)	油环岸高 (h_4) 与 h_1 分栏相对应 1	2	3	4	油环集油槽深 (a_4)
120	4.9														
121	4.95														1.2
122	4.95		3.5	4	4.5	5	-0.010 -0.030	0.35	+0.25 0	0.5 max	0.7 ±0.1	0.8 ±0.1	0.9 ±0.1	1.1 ±0.1	± 0.1
123	5														
124	5.05						磷化环 为:0 -0.030								
125	5.05	±0.2 同一片 环上最 大差: 0.20													
126	5.1														
127	5.15		4	4.5	5	6		0.4	+0.25 0	0.7 max					1.5 ±0.1
128	5.2														
129	5.2														
130	5.25														
131	5.3														
132	5.3														
133	5.35														
134	5.4														

续表

(mm)

基本直径 (d₁)	油环回油孔数(个)	油环回油孔高 (c_1) 与 h_1 分栏相对应				弹力系数								
						切向弹力 (F_t,N) 与 h_1 分栏相对应				极限偏差	径向弹力 (F_d,N) 与 h_1 分栏相对应				极限偏差
		1	2	3	4	1	2	3	4		1	2	3	4	
100	10	0.8 ±0.1	1 ±0.1	1.2 ±0.1	1.2 ±0.1	17.1	18.3	20.6	23.2	F_t<10N 时:±30% F_t≥10N 时:±20%	36.8	39.3	44.3	49.9	F_d<21.5N 时:±30% F_d≥21.5N 时:±20%
101						17.4	18.7	21	23.7		37.4	40.2	45.2	51	
102						17.7	19	21.4	24.1		38.1	40.9	46	51.8	
103						18	19.3	21.8	24.5		38.7	41.5	46.9	52.7	
104						17.6	18.9	21.3	24		37.8	40.6	45.8	51.6	
105						17.9	19.3	21.7	24.4		38.5	41.5	46.7	52.5	
106						18.2	19.6	22.1	24.8		39.1	42.1	47.5	53.3	
107						17.8	19.2	21.6	24.3		38.3	41.3	46.4	52.2	
108						18.1	19.5	22	24.8		38.9	41.9	47.3	53.3	
109						18.4	19.9	22.3	25.4		39.6	42.8	47.9	54.2	
110						18.7	20.2	22.7	25.5		40.2	43.4	48.8	54.8	
111						18.3	19.8	22.2	25		39.3	42.6	47.7	53.8	
112						18.6	20.1	22.6	25.4		40	43.2	48.6	54.6	
113						18.9	20.4	23	25.9		40.6	43.9	49.5	55.7	
114						19.2	20.8	23.3	26.3		41.3	44.7	50.1	56.5	
115						18.8	20.4	22.9	25.8		40.4	43.9	49.2	55.5	
116						19.1	20.7	23.3	26.2		41.1	44.5	50.1	56.3	
117						19.4	21	23.6	26.6		41.7	45.2	50.7	57.2	
118						19.1	20.6	23.2	26.1		41.1	44.3	49.9	56.1	
119						19.4	21	23.6	26.5		41.7	45.2	50.7	57	

续表

(mm)

基本回直径 (d_1)	油环回油孔数量 (个)	油环回油孔高 (c_1) 与 h_1 分栏相对应				弹力系数 切向弹力 (F_t,N) 与 h_1 分栏相对应				极限偏差	径向弹力 (F_d,N) 与 h_1 分栏相对应				极限偏差
		1	2	3	4	1	2	3	4		1	2	3	4	
120		0.8 ±0.1	1 ±0.1	1.2 ±0.1	1.2 ±0.1	19.7	21.3	23.9	27		42.4	45.8	51.4	58.1	
121						20	21.6	24.3	27.4		43	46.4	52.2	58.9	
122						19.6	21.2	23.9	26.9		42.1	45.6	51.4	57.8	
123						19.9	21.6	24.2	27.3		42.8	45.4	52	58.7	
124						20.2	21.9	24.6	27.7		43.4	47.1	52.9	59.6	
125	10					20.4	23	25.9	31.3	$F_t<10N$ 时:±30% $F_t≥10N$ 时:±20%	43.9	49.5	55.7	67.3	$F_d<21.5N$ 时:±30% $F_d≥21.5N$ 时:±20%
126						20.7	23.3	26.2	31.8		44.5	50.1	56.3	68.4	
127						21	23.7	26.6	32.2		45.2	51	57.2	69.2	
128						21.4	24	27	32.7		46	51.6	58.1	70.3	
129		1 ±0.1	1.2 ±0.1	1.2 ±0.1	1.4 ±0.1	21	23.6	26.6	32.1		45.2	50.7	57.2	69	
130						21.2	23.9	26.9	32.5		45.6	51.4	57.8	69.9	
131						21.6	24.2	27.3	33		46.4	52	58.7	71	
132						21.2	23.8	26.8	32.4		45.6	51.2	57.6	69.7	
133						21.5	24.2	27.2	32.9		46.2	52	58.5	70.7	
134						21.8	24.5	27.6	33.4		46.9	52.7	59.3	71.8	

续表

(mm)

基本直径 (d_1)	油环径向厚度"正常"(a_1)		油环环高 (h_1)					油环闭口工作间隙(s_1)		半径 (r_3)	油环岸高 (h_4)				集油槽深 (a_4)
	基本尺寸	极限偏差	分栏				极限偏差	基本尺寸	极限偏差		与 h_1 分栏相对应				
			1	2	3	4					1	2	3	4	
135	5.4	±0.2 同一片环上最大差：0.20	4	4.5	5	6	-0.010 -0.030 磷化环为0：-0.030	0.4	+0.25 0	0.7 max	0.7 ±0.1	0.8 ±0.1	0.9 ±0.1	1.1 ±0.1	1.5 ±0.1
136	5.45														
137	5.5														
138	5.5														
139	5.55														
140	5.6														
141	5.65														
142	5.65														
143	5.7														
144	5.75														
145	5.75														
146	5.8														
147	5.85														
148	5.85														
149	5.9														
150	5.95		4.5	5	6	7	-0.010 -0.035 磷化环为0：-0.035	0.5	+0.3 0		0.8 ±0.1	0.9 ±0.1	1.1 ±0.1	1.3 ±0.15	1.8 ±0.15
152	6														
154	6.05														

续表

（mm）

基本直径 (d_1) 基本尺寸	油环径向厚度 "正常" (a_1) 基本尺寸	极限偏差	油环环高 (h_1) 1	2	3	4	极限偏差	油环闭口工作间隙 (s_1) 基本尺寸	极限偏差	半径 (r_3)	油环岸高 (h_4) 与 h_1 分栏相对应 1	2	3	4	油环集油槽深 (a_4)
155	6.1														
156	6.15														
158	6.2														
160	6.25														
162	6.35	±0.2 同一片环上最大差:0.20													
164	6.4		4.5	5	6	7	-0.010 -0.035 磷化环为:0 -0.035	0.5	+0.3 0	0.7 max	0.8 ±0.1	0.9 ±0.1	1.1 ±0.1	1.3 ±0.15	1.8 ±0.15
165	6.4														
166	6.45														
168	6.5														
170	6.6														
172	6.65														
174	6.7														
175	6.75														
176	6.8		5	6	7	8		0.6	+0.3 0		0.9 ±0.1	1.1 ±0.1	1.3 ±0.15	1.6 ±0.15	2 ±0.15
178	6.85														

续表

（mm）

基本回直径 (d_1)	油环回油孔量(个)	油环回油孔高 (c_1) 与h_1分栏相对应				弹力系数									
						切向弹力 (F_t, N)					径向弹力 (F_d, N)				
		1	2	3	4	与h_1分栏相对应				极限偏差	与h_1分栏相对应				极限偏差
						1	2	3	4		1	2	3	4	
135						21.4	24.1	27.1	32.8		46	51.8	58.3	70.5	
136						21.8	24.4	27.5	33.3		46.9	52.5	59.1	71.6	
137	10					22.1	24.8	27.9	33.8		47.5	53.3	60	72.7	
138						21.7	24.4	27.5	33.2		46.7	52.5	59.1	71.4	
139						22	24.7	27.8	33.7		47.3	53.1	59.8	72.5	
140						22.3	23.1	28.2	34.1		47.9	54	60.6	73.3	$F_d<21.5$N 时:±30%
141		1 ±0.1	1.2 ±0.1	1.2 ±0.1	1.4 ±0.1	22.6	25.4	28.6	34.6	$F_t<10$N 时:±30%	48.6	54.6	61.5	74.4	
142						22.3	25	28.2	34.1		47.9	53.8	60.6	73.3	
143						22.6	25.3	28.5	34.5		48.6	54.4	61.3	74.2	$F_d≥21.5$N 时:±20%
144						22.9	25.7	28.9	35		49.2	55.3	62.1	75.3	
145						22.5	25.3	28.5	34.4	$F_t≥10$N 时:±20%	48.4	54.4	61.3	74	
146						22.8	25.6	28.6	34.9		49	55	62.1	75	
147	12					23.1	26	29.2	35.4		49.7	55.9	62.8	76.1	
148						22.8	25.6	28.8	34.8		49	55	61.9	74.8	
149						23.1	25.9	29.2	35.3		49.7	55.7	62.8	75.9	
150		1.2 ±0.1	1.2 ±0.1	1.4 ±0.1	1.6 ±0.1	24.9	28	33.9	39.8		53.5	60.2	72.9	85.6	
152						24.8	27.9	33.8	39.7		53.3	60	72.7	85.4	
154						24.8	27.9	33.8	39.6		53.3	60	72.7	85.1	

续表

（mm）

基本直径 (d_1)	油环回油孔数(个) 油孔量	油环回油孔高 (c_1) 与 h_1 分栏相应 1	2	3	4	极限偏差	切向弹力(F_t,N) 与 h_1 分栏相应 1	2	3	4	极限偏差	径向弹力相应(F_d,N) 与 h_1 分栏相应 1	2	3	4	极限偏差
155							23.1	28.2	34.2	40.1		54	60.6	73.5	86.2	
156							25.4	28.6	34.6	40.6		54.6	61.5	74.4	87.3	
158							25.3	28.5	34.5	40.5		54.4	61.3	74.2	87.1	
160							25.3	28.5	34.5	40.5		54.4	61.3	74.2	87.1	
162							25.9	29.2	35.3	41.5		55.7	62.8	75.9	89.2	
164	12	1.2 ±0.1	1.2 ±0.1	1.4 ±0.1	1.6 ±0.1		25.9	29.2	35.2	41.4	$F_t<10$N 时:±30% $F_t\geq10$N 时:±20%	55.7	62.6	75.7	89	$F_d<21.5$N 时:±30% $F_d\geq21.5$N 时:±20%
165							25.5	28.7	34.8	40.8		54.8	61.7	74.8	87.7	
166							25.8	29.1	35.2	41.3		55.5	62.6	75.7	88.8	
168							25.8	29	35.1	41.2		55.5	62.4	75.5	88.6	
170							26.6	29.7	36	42.2		56.8	63.9	77.4	90.7	
172							26.3	29.6	35.9	42.1		56.5	63.9	77.2	90.5	
174							26.3	29.6	35.8	42		56.5	63.9	77	90.3	
175		1.2 ±0.1	1.4 ±0.1	1.6 ±0.1	1.8 ±0.1		29	35.1	41.3	48.7		62.4	75.5	88.8	104.7	
176							29.3	35.5	41.7	49.2		63	76.3	89.7	105.8	
178							29.3	35.5	41.6	49.1		63	76.3	89.4	105.6	

续表

（mm）

基本直径 (d_1)	油环径向厚度"正常" (a_1)		油环环高 (h_1)					油环闭口工作间隙 (s_1)		半径 (r_3)	油环环岸高 (h_4)				环油集油槽深 (a_4)
	基本尺寸	极限偏差	分栏				极限偏差	基本尺寸	极限偏差		与 h_1 分栏相对应				
			1	2	3	4					1	2	3	4	
180	6.9														
182	6.95														
184	7.05														
185	7.05	±0.2 同一片环上最大差：0.20	5	6	7	8	-0.010 -0.035 磷化环为0：-0.035	0.6	+0.3 0	0.7 max	0.9 ±0.1	1.1 ±0.1	1.3 ±0.15	1.6 ±0.15	2 ±0.15
186	7.1														
188	7.15														
190	7.2														
192	7.25														
194	7.35														
195	7.35														
196	7.4														
198	7.45														
200	7.5														

续表

（mm）

基本油环回直径(d_1)量	油环回油孔数 油孔量(个)	油环回油孔高(c_1) 与h_1分栏相对应				弹力系数 切向弹力(F_t,N) 与h_1分栏相对应				切向弹力 极限偏差	径向弹力(F_d,N) 与h_1分栏相对应				径向弹力 极限偏差
		1	2	3	4	1	2	3	4		1	2	3	4	
180						29.2	35.4	41.6	49		62.8	76.1	89.4	105.4	
182						29.2	35.3	41.5	48.9		62.8	75.9	89.2	105.1	
184						29.9	36.1	42.4	50		64.3	77.6	91.2	107.5	
185						29.5	35.7	41.9	49.4	F_t<10N 时:±30% F_t≥10N 时:±20%	63.4	76.8	90.1	106.2	F_d<21.5N 时:±30% F_d≥21.5N 时:±20%
186		1.2 ±0.1	1.4 ±0.1	1.6 ±0.1	1.8 ±0.1	29.8	36.1	42.3	49.9		64.1	77.6	90.9	107.3	
188	12					29.8	36	42.3	49.8		64.1	77.4	90.9	107.1	
190						29.7	36	42.2	49.7		63.9	77.4	90.7	106.9	
192						29.7	35.9	42.1	49.6		63.9	77.2	90.5	106.6	
194						30.3	36.7	43.1	50.7		65.1	78.9	92.1	109	
195						29.9	36.2	42.5	50.1		64.3	77.8	91.4	107.7	
196						30.3	36.6	43	50.6		65.1	78.7	92.5	108.8	
198						30.2	36.6	42.9	50.5		64.9	78.7	92.2	108.8	
200						30.2	36.6	42.9	50.4		64.9	78.5	92.2	108.4	

注：①中间尺寸的环(如修理环)，其径向厚度用选用邻近较小基本直径的环的尺寸。

②本表所列切向弹力F_t和径向弹力F_d适用于典型弹性模量E为$100GN/m^2$的灰铸铁环。具有不同弹性模量E材料的环，应乘以GB1149.1所列的材料系数。

平均弹力按径向厚度的基本尺寸(a_1)和平均环高(h_1)计算。

③本标准规定F_d/F_t的平均比值为2.15。直径小于或等于50mm的环，其F_d/F_t的比值由供需双方协商决定。

(mm)

a. D 和 DV 型油环

基本直径 (d_1)	油环径向厚度"正常"(a_1)		油环环高 (h_1)		油环闭口工作间隙 (s_1)		半径 (r_3)	油环环岸高 (h_4) 与 h_1 分栏相对应				油环刮油边高 (h_5) 与 h_1 分栏相对应				油环集油槽深 (a_4)
	基本尺寸	极限偏差	分栏 1 2 3 3.5 4	极限偏差	基本尺寸	极限偏差		1	2	3	4	1	2	3	4	
30	1.25															
31	1.3															
32	1.35															0.4 ±0.1
33	1.4															
34	1.4															
35	1.45															
36	1.5	±0.15 同一片环上最大差 0.15	2.5 3 3.5 4	-0.010 -0.030 磷化环为: -0.005 -0.030	0.15	+0.2 0	0.2 max	0.5 ±0.1	0.6 ±0.1	0.7 ±0.1	0.7 ±0.1	0.28 ±0.08	0.28 ±0.08	0.28 ±0.08	0.28 ±0.08	
37	1.55															
38	1.6															
39	1.65															
40	1.65															
41	1.7															
42	1.75															
43	1.8															
44	1.85															
45	1.9							0.3 max								0.5 ±0.1
46	1.9															
47	1.95															
48	2															
49	2.05															

续表

（mm）

基本直径 (d_1) 基本尺寸	油环径向厚度"正常"(a_1) 极限偏差	油环环高 (h_1) 分栏				极限偏差	油环闭口工作间隙 (s_1) 基本尺寸	极限偏差	半径 (r_3)	油环岸高 (h_4) 与 h_1 分栏相对应				油环刮油边高 (h_5) 与 h_1 分栏相对应				油环集油槽深 (a_4)
		1	2	3	4					1	2	3	4	1	2	3	4	
50	2.1																	
51	2.15																	
52	2.15																	
53	2.2																	
54	2.25	±0.15				−0.010 −0.030													0.6 ±0.1
55	2.3	同—	2.5	3	3.5	4	磷化环 为: −0.005 −0.030	0.2	+0.2 0	0.3 max	0.5 ±0.1	0.6 ±0.1	0.7 ±0.1	0.7 ±0.1	0.28 ±0.08	0.28 ±0.08	0.28 ±0.08	0.28 ±0.08	
56	2.35	片环 上最 大差:																
57	2.4																	
58	2.4																	
59	2.45	0.15																
60	2.5																	0.8 ±0.1
61	2.55																	
62	2.6																	
63	2.65																	
64	2.65																	

续表

(mm)

基本油环回直径 (d_1)	油环回油孔数量(个)	油环回油孔高 (c_1) 与 h_1 分栏相对应 1	2	3	4	极限偏差	切向弹力 (F_t, N) 与 h_1 分栏相对应 1	2	3	4	极限偏差	径向弹力 (F_d, N) 与 h_1 分栏相对应 1	2	3	4	极限偏差
30							7.5	8.8	10	10.7		16.1	18.9	21.6	23	
31							7.7	9.1	10.3	11.1		16.6	19.6	22.1	23.9	
32							7.9	9.4	10.6	11.4		17	20.2	22.8	24.5	
33							8.1	9.6	10.9	11.8		17.4	20.6	23.4	25.4	
34							8.4	9.9	11.2	12.2		18.1	21.3	24.1	26.2	
35							8.1	9.6	10.9	11.8		17.4	20.6	23.4	25.4	
36		0.7	0.7	0.8	1	±0.1	8.4	9.9	11.2	12.2	$F_t<10N$ 时：±30%	18.1	21.3	24.1	26.2	$F_d<21.5N$ 时：±30%
37		±0.1	±0.1	±0.1			8.6	10.2	11.6	12.5		18.5	21.9	24.9	26.9	
38							8.8	10.5	11.9	12.9		18.9	22.6	25.6	27.7	
39	8						9.1	10.8	12.2	13.3		19.6	23.2	26.2	28.6	
40							9.2	11	12.5	13.5	$F_t≥10N$ 时：±20%	19.8	23.7	26.9	29	$F_d≥21.5N$ 时：±20%
41							9	10.7	12.1	13.2		19.4	23	26	28.4	
42							9.2	11	12.5	13.5		19.8	23.7	26.9	29	
43							9.4	11.2	12.8	13.9		20.2	24.1	27.5	29.9	
44							9.7	11.5	13.1	14.3		20.9	24.7	28.2	30.7	
45							11.3	12.8	13.8	15.1		24.3	27.5	29.7	32.5	
46		0.7	0.8	1	1.2	±0.1	11.6	13.2	14.2	15.5		24.9	28.4	30.5	33.3	
47		±0.1	±0.1	±0.1	±0.1		11.3	12.8	13.8	15.1		24.3	27.5	29.7	32.5	
48							11.6	13.2	14.2	15.5		24.9	28.4	30.5	33.3	
49							11.9	13.5	14.6	15.9		25.6	29	31.4	34.2	

续表
（mm）

基本直径 (d_1)	油环回油孔数量（个）	油环回油孔高 (c_1) 与 h_1 分栏相对应				弹力系数 切向弹力 (F_t, N) 与 h_1 分栏相对应				极限偏差	径向弹力 (F_d, N) 与 h_1 分栏相对应				极限偏差
		1	2	3	4	1	2	3	4		1	2	3	4	
50	8	0.7 ±0.1	0.8 ±0.1	1 ±0.1	1.2 ±0.1	12.1	13.8	14.9	16.3	$F_t<10N$ 时：±30% $F_t≥10N$ 时：±20%	26	29.7	32	35	$F_d<21.5N$ 时：±30% $F_d≥21.5N$ 时：±20%
51						12.4	14.1	15.3	16.7		26.7	30.3	32.9	35.9	
52						12.7	14.5	15.6	17.1		27.3	31.2	33.5	36.8	
53						12.4	14.1	15.3	16.8		26.7	30.3	32.9	36.1	
54						12.7	14.5	15.6	17.2		27.3	31.2	33.5	37	
55						12.9	14.7	15.9	17.5		27.7	31.6	34.2	37.6	
56						13.2	15.1	16.3	17.9		28.4	32.5	35	38.5	
57						13.5	15.4	16.7	18.3		29	33.1	35.9	39.3	
58						13.8	15.7	17.1	18.7		29.7	33.8	36.8	40.2	
59						13.5	15.4	16.7	18.3		29	33.1	35.9	39.3	
60						13.8	15.7	17.1	18.7		29.7	33.8	36.8	40.2	
61						14.1	16.1	17.4	19.2		30.3	34.6	37.4	41.4	
62						14.4	16.4	17.8	19.6		31	35.3	38.3	42.1	
63						14.6	16.7	18.2	20		31.4	35.9	39.1	43	
64						14.9	17.1	18.6	20.4		32	36.8	40	43.9	

续表

(mm)

基本直径 (d_1)	油环径向厚度"正常" (a_1) 基本尺寸	油环径向厚度"正常" (a_1) 极限偏差	油环环高 (h_1) 分栏 1	2	3	4	油环环高 (h_1) 极限偏差	油环闭口工作间隙 (s_1) 基本尺寸	油环闭口工作间隙 (s_1) 极限偏差	半径 (r_3)	油环岸高 (h_4) 与h_1分栏相对应 1	2	3	4	油环岸高 (h_5) 与h_1分栏相对应 1	2	3	4	油环集油槽深 (a_4)
135	5.4																		
136	5.45																		
137	5.5																		
138	5.5																		
139	5.55	±0.2																	
140	5.6	同一片环上最大差: 0.20	4	4.5	5	6	-0.010 -0.030 磷化环为: 0 -0.030	0.4	+0.25	0.7 max	0.7	0.8	0.9	1.1 ±0.1	0.28	0.28	0.28	0.35 ±0.1	1.5 ±0.1
141	5.65																		
142	5.65																		
143	5.7																		
144	5.75																		
145	5.75																		
146	5.8																		
147	5.85																		
148	5.85																		
149	5.9																		

续表

(mm)

基本直径 (d_1)	油环径向厚度 (a_1) 基本尺寸	油环径向厚度 (a_1) 极限偏差	油环环高 (h_1) 分栏 1	分栏 2	分栏 3	分栏 4	油环环高 (h_1) 极限偏差	油环闭口口工作间隙 (s_1) 基本尺寸	s_1 极限偏差	半径 (r_3)	油环环岸高 (h_4) 与 h_1 分栏相对应 1	2	3	4	油环环岸高 (h_5) 与 h_1 分栏相对应 1	2	3	4	油环集油槽深 (a_4)
150	5.95																		
152	6																		
154	6.05																		
155	6.1																		
156	6.15	±0.15 同一片环上最大差：0.20	4.5	5	6	7	−0.010 −0.035 磷化环为：0 −0.035	0.5	+0.3 0	0.7 max	0.8 ±0.1	0.9 ±0.1	1.1 ±0.15	1.3 ±0.15	0.35 ±0.1	0.35 ±0.1	0.35 ±0.1	0.4 ±0.15	1.8
158	6.2																		
160	6.25																		
162	6.35																		
164	6.4																		
165	6.4																		
166	6.45																		
168	6.5																		
170	6.6																		
172	6.65																		
174	6.7		5	6	7	8		0.6	+0.30		0.9 ±0.1	1.1 ±0.1	1.3 ±0.15	1.6 ±0.15	0.35 ±0.1	0.35 ±0.1	0.4 ±0.1	0.5 ±0.15	2
175	6.75																		
176	6.8																		
178	6.85																		

续表

(mm)

基本直径 (d_1)	油孔数(个)	油环回油孔高 (c_1) 与 h_1 分栏相对应				切向弹力 (F_t,N) 与 h_1 分栏相对应				极限偏差	径向弹力 (F_d,N) 与 h_1 分栏相对应				极限偏差
		1	2	3	4	1	2	3	4		1	2	3	4	
135	10	1 ±0.1	1.2 ±0.1	1.4 ±0.1	1.4 ±0.1	20.4	22.6	25	29.7	F_t<10N 时:±30%　F_t≥10N 时:±20%	43.9	48.6	53.8	63.9	F_d<21.5N 时:±30%　F_d≥21.5N 时:±20%
136						20.8	22.9	25.4	30.2		44.7	49.2	54.6	64.9	
137						21.1	23.3	25.7	30.6		45.4	50.1	55.3	65.8	
138						20.7	22.9	25.3	30.2		44.5	49.2	54.4	64.9	
139						21	23.2	25.7	30.6		45.2	49.9	55.3	65.8	
140						21.3	23.6	26.1	31.1		45.8	50.7	56.1	66.9	
141						21.6	23.9	26.5	31.5		46.4	51.4	57	67.7	
142						21.3	23.5	26.1	31		45.8	50.5	56.1	66.7	
143						21.6	23.9	26.4	31.5		46.4	51.4	56.8	67.7	
144						21.9	24.2	26.8	31.9		47.1	52	57.6	68.6	
145	12	1.2 ±0.1	1.2 ±0.1	1.4 ±0.1	1.6 ±0.1	21.6	23.8	26.4	31.5		46.4	51.2	56.8	67.5	
146						21.9	24.2	26.8	31.9		47.1	52	57.6	68.6	
147						22.2	24.5	27.2	32.4		47.7	52.7	58.5	69.7	
148						21.8	24.1	26.7	31.9		47.7	52.7	57.4	68.6	
149						22.1	24.5	27.1	32.3		47.5	52.7	58.3	69.4	
150						23.4	25.9	30.8	35.5		50.3	55.7	66.2	76.3	
152						23.3	25.8	30.8	35.4		50.1	55.5	66.2	76.1	
154						23.3	25.8	30.8	35.4		50.7	55.5	66.2	76.1	
155						23.6	26.2	31.2	35.9		50.7	56.3	67.1	77.2	
156						23.9	26.5	31.6	36.4		51.4	57	67.9	78.3	
158						23.9	26.5	31.6	36.4		51.4	57	67.9	78.3	

续表

(mm)

基本直径 (d_1)	油环回油孔数(个)	油环回油孔高 (c_1) 与 h_1 分栏相对应				弹力系数									
						切向弹力 (F_t, N)				极限偏差	径向弹力 (F_d, N)				极限偏差
						与 h_1 分栏相对应					与 h_1 分栏相对应				
		1	2	3	4	1	2	3	4		1	2	3	4	
160						23.9	26.5	31.5	36.3		51.4	57	67.9	78	
162		1.2 ±0.1	1.2 ±0.1	1.4 ±0.1	1.6 ±0.1	24.5	27.1	32.4	37.3		52.7	58.3	69.7	80.2	
164						24.4	27.1	32.4	37.3	F_t<10N 时:±30%	52.5	58.3	69.7	80.2	F_d<21.5N 时:±30%
165	12					24.1	26.7	31.9	36.8		51.8	57.4	68.6	79.1	
166		1.2 ±0.1	1.2 ±0.1	1.4 ±0.1	1.6 ±0.1	24.4	27.1	32.3	37.3		52.5	58.3	69.4	80.2	
168						24.4	27.1	32.3	37.2		52.5	58.3	69.4	80	
170						25	27.7	33.1	38.2	F_t≥10N 时:±20%	53.8	59.6	71.2	82.1	F_d≥21.5N 时:±20%
172						25	27.7	33.1	38.2		53.8	59.6	71.2	82.1	
174						24.9	27.7	33.1	38.1		53.5	59.6	71.2	81.9	
175						27.1	32.3	37.3	42.9		58.3	69.4	80.2	92.2	
176		1.2 ±0.1	1.4 ±0.1	1.6 ±0.1	1.8 ±0.1	27.4	32.7	37.7	43.5		58.9	70.3	81.1	93.5	
178						27.4	32.7	37.7	43.4		58.9	70.3	81.1	93.3	

续表

(mm)

基本直径 (d_1)	油环径向厚度"正常" (a_1)		油环环高 (h_1)				(h_1)	油环闭口工作间隙 (s_1)		半径 (r_3)	油环岸高 (h_4) 与h_1分栏相对应				油环岸高 (h_3) 与h_1分栏相对应				油环集油槽深 (a_4)
	基本尺寸	极限偏差	分栏				极限偏差	基本尺寸	极限偏差		1	2	3	4	1	2	3	4	
			1	2	3	4													
			3.5	4	4.5	5					0.7	0.7	0.8	0.9	0.28	0.28	0.28	0.28	1.2
		±0.2 同一片环上最大差: 0.20					磷化环为: −0.010 −0.030 0 −0.030	0.3 / 0.35	+0.250 / +0.25	0.5 max	±0.1	±0.1	±0.1	±0.1	±0.08	±0.08	±0.08	±0.08	±0.1
100	4.15																		
101	4.2																		
102	4.25																		
103	4.25																		
104	4.3																		
105	4.35																		
106	4.4																		
107	4.4																		
108	4.45																		
109	4.5																		
110	4.55																		
111	4.55																		
112	4.6																		
113	4.65																		
114	4.7																		
115	4.7																		
116	4.75																		
117	4.8																		
118	4.85																		
119	4.85																		

续表

(mm)

基本直径 (d_1)	油环径向厚度"正常" (a_1) 基本尺寸	极限偏差	油环环高 (h_1) 分栏 1	2	3	4	极限偏差	油环闭口工作间隙 (s_1) 基本尺寸	极限偏差	半径 (r_3)	油环岸高 (h_4) 与h_1分栏相对应 1	2	3	4	油环岸高 (h_5) 与h_1分栏相对应 1	2	3	4	油环集油槽深 (a_4)
120	4.9	±0.2 同一片环上最大差0.20	3.5	4	4.5	5	-0.010 -0.030 磷化环为: 0 -0.030	0.3	+0.25 0	0.5 max	0.7 ±0.1	0.7 ±0.1	0.8 ±0.1	0.9 ±0.1	0.28 ±0.08	0.28 ±0.08	0.28 ±0.08	0.28 ±0.08	1.2 ±0.1
121	4.95																		
122	4.95																		
123	5																		
124	5.05																		
125	5.05		4	4.5	5	6		0.4	+0.25 0	0.7 max	0.7 ±0.1	0.8 ±0.1	0.9 ±0.1	1.1 ±0.1	0.28 ±0.08	0.28 ±0.08	0.28 ±0.08	0.35 ±0.08	1.5 ±0.1
126	5.1																		
127	5.15																		
128	5.2																		
129	5.2																		
130	5.25																		
131	5.3																		
132	5.3																		
133	5.35																		
134	5.4																		

续表

(mm)

基本油环回直径(d_1)量(个)	油环回油孔数(个)	油环回油孔高(c_1) 与h_1分栏相对应				弹力系数											
						切向弹力(F_t,N) 与h_1分栏相对应				极限偏差	径向弹力(F_d,N) 与h_1分栏相对应				极限偏差
		1	2	3	4	1	2	3	4		1	2	3	4	
100	10	0.8 ±0.1	1 ±0.1	1.2 ±0.1	1.2 ±0.1	16	17.2	18.9	20.6	$F_t<10$N 时:±30% $F_t\geq10$N 时:±20%	34.4	37	40.6	44.7	$F_d<21.5$N 时:±30% $F_d\geq21.5$N 时:±20%
101						16.3	17.6	19.3	21.3		35	37.8	41.5	45.8	
102						16.6	17.9	19.7	21.7		35.7	38.5	42.4	46.7	
103						16.9	18.2	20	22.1		36.3	39.1	43	47.5	
104						16.5	17.8	19.6	21.6		35.5	38.3	42.1	46.4	
105						16.8	18	20	22.1		36.1	39.1	43	47.5	
106						17.1	18.5	20.4	22.5		36.8	39.8	43.9	48.4	
107						16.8	18.1	20	22		36.1	38.9	43	47.3	
108						17.1	18.5	20.3	22.4		36.8	39.8	43.6	48.2	
109						17.4	18.8	20.7	22.9		37.4	40.4	44.5	49.2	
110						17.6	19.1	21	23.2		37.8	41.1	45.2	49.9	
111						17.3	18.7	20.6	22.7		37.2	40.2	44.3	48.8	
112						17.6	19	21	23.2		37.8	40.9	45.2	49.9	
113						17.9	19.4	21.3	23.6		38.5	41.7	45.8	50.7	
114						18.2	19.7	21.7	24		39.1	42.4	46.7	51.6	
115						17.8	19.3	21.3	23.5		38.3	41.5	45.8	50.5	
116						18.1	19.6	21.7	24		38.9	42.1	46.7	51.6	
117						18.4	20	22	24.4		39.6	43	47.3	52.5	
118						18.1	19.6	21.6	23.9		38.9	42.1	46.4	51.4	
119						18.4	19.9	22	24.3		39.6	42.8	47.3	52.2	

续表

（mm）

基本直径 (d₁)	油环回油孔数量 (个)	油环回油孔高 (c₁) 与 h_1 分栏相对应				油环回油孔高 极限偏差	弹力系数 切向弹力 (F_t,N) 与 h_1 分栏相对应				切向弹力 极限偏差	径向弹力 (F_d,N) 与 h_1 分栏相对应				径向弹力 极限偏差
		1	2	3	4		1	2	3	4		1	2	3	4	
120		0.8	1	1.2	1.2		18.7	20.3	22.3	24.7		40.2	43.6	47.9	53.1	
121		±0.1	±0.1	±0.1	±0.1		19	20.6	22.7	25.2		40.9	44.3	48.8	54.2	
122							18.6	20.2	22.3	24.7		40	43.4	47.9	53.1	
123							18.9	20.2	22.7	25.1		40.6	44.3	48.8	54	
124							19.2	20.9	23	25.5		41.3	44.9	49.5	54.8	
125	10			1	1		19.4	21.4	23.6	28.1	$F_t<10N$ 时:±30%	41.7	46	50.7	60.4	$F_d<21.5N$ 时:±30%
126				±	±		19.7	21.7	24	28.5		42.4	46.7	51.6	61.3	
127				0.1	0.1		20	22.1	24.4	29		43	47.5	52.5	62.4	
128							20.3	22.4	24.8	29.5	$F_t≥10N$ 时:±20%	43.6	48.2	53.3	63.4	$F_d≥21.5N$ 时:±20%
129		1	1				20	22	24.3	29		43	47.3	52.2	62.4	
130		±	±				20.2	22.3	24.7	29.3		43.4	47.9	53.1	63	
131		0.1	0.1				20.5	22.6	25.1	29.8		44.1	48.6	54	64.1	
132							20.2	22.3	24.6	29.3		43.4	47.9	52.9	63	
133							20.5	22.6	25	29.8		44.1	48.6	53.8	64.1	
134							20.8	23	25.4	30.2		44.7	49.5	54.6	64.9	

续表

(mm)

基本直径 (d_1)	油环径向厚度"正常" (a_1) 基本尺寸	油环径向厚度"正常" (a_1) 极限偏差	油环环高 (h_1) 分栏1	分栏2	分栏3	分栏4	油环环高 (h_1) 极限偏差	油环闭口工作间隙 (s_1) 基本尺寸	油环闭口工作间隙 (s_1) 极限偏差	半径 (r_3)	油环环岸高 (h_4) 与 h_1 分栏相对应 1	2	3	4	油环环岸高 (h_5) 与 h_1 分栏相对应 1	2	3	4	油环集油槽深 (a_4)
180	6.9																		
182	6.95																		
184	7.05																		
185	7.05																		
186	7.1	±0.2 同一片环上最大差:0.20	5	6	7	8	−0.010 −0.035 磷化环为: 0 −0.035	0.6	+0.3 0	0.7 max	0.9 ±0.1	1.1 ±0.1	1.3 ±0.15	1.6 ±0.15	0.35 ±0.1	0.35 ±0.1	0.4 ±0.1	0.5 ±0.1	2 ±0.15
188	7.15																		
190	7.2																		
192	7.25																		
194	7.35																		
195	7.35																		
196	7.4																		
198	7.45																		
200	7.5																		

续表

(mm)

基本油环回直径 (d_1)	油孔数量 (个)	油环回油孔高 (c_1) 与h_1分栏相对应				弹力系数 切向弹力 (F_t, N) 与h_1分栏相对应				切向弹力极限偏差	径向弹力 (F_d, N) 与h_1分栏相对应				径向弹力极限偏差
		1	2	3	4	1	2	3	4		1	2	3	4	
180		1.2 ±0.1	1.4 ±0.1	1.6 ±0.1	1.8 ±0.1	27.3	32.6	37.7	43.4	F_t<10 N 时：±30% F_t≥10N 时：±20%	58.7	70.1	81.1	93.3	F_d<21.5N 时：±30% F_d≥21.5N 时：±20%
182						27.3	32.6	37.6	43.4		58.7	70.1	80.8	93.3	
184						28	33.4	38.6	44.4		60.2	71.8	83	95.5	
185						27.6	33	38.1	43.9		59.3	71	81.9	94.4	
186						27.9	33.4	38.5	44.4		60	71.8	82.8	95.5	
188						27.9	33.3	38.5	44.4		60	71.6	82.8	95.5	
190	12					27.9	33.3	38.5	44.3		60	71.6	82.8	95.2	
192						27.9	33.3	38.4	44.3		60	71.6	82.6	95.2	
194						28.5	34.1	39.3	45.3		61.3	73.3	84.5	97.4	
195						28.1	33.6	38.9	44.8		60.4	72.2	83.6	96.3	
196						28.5	34	39.3	45.3		61.3	73.1	84.5	97.4	
198						28.4	34	39.3	45.3		61.1	73.1	84.5	97.4	
200						28.4	37	39.3	46.2		61.1	73.1	84.5	97.2	

注：①中间尺寸的环（如修理环），其径向厚度可选用邻近较小基本直径环的尺寸。

②本表所列F_t和F_d适用于典型弹性模量E为100GN/m²的灰铸铁环。具有不同弹性模量E材料的环，应乘以GB1149.1所列的材料系数。平均弹力按径向厚度的基本尺寸(a_1)和平均环高(h_1)计算。

③本标准规定F_d/F_t的平均比值为2.15。直径小于或等于50mm的环，其F_d/F_t的比值由供需双方协商决定。

(mm)

环高 h_1=4.75mm(3/16″)油环

基本直径 (d_1)	油环径向厚度"正常" (a_1)		油环环高 (h_1)		油环闭口工作间隙 (s_1)		半径 (r_3)	油环环岸高 (h_4)	油环刮油边高 (h_5)	油环集油槽深 (a_4)	油环回油孔数量 (个)	油环回油孔高 (c_1)
	基本尺寸	极限偏差	基本尺寸	极限偏差	基本尺寸	极限偏差						
50	2.1											
51	2.15											
52	2.15											
53	2.2				0.15	+0.2 0						
54	2.25											
55	2.3	± 0.15 同一片环上最大差0.15	4.75	-0.010 -0.030 磷化环为: -0.005 -0.030			0.2 max	0.8 ±0.1	0.28 ±0.08	0.6 ±0.1	6	1.2 ±0.1
56	2.35											
57	2.4											
58	2.4											
59	2.45											
60	2.5											
61	2.55											
62	2.6				0.2	+0.2 0						
63	2.65											
64	2.65									0.8 ±0.1	8	
65	2.7											
66	2.75											
67	2.8											
68	2.85											
69	2.9											

续表

(mm)

基本直径 (d_1)	油环径向厚度"正常" (a_1) 基本尺寸	极限偏差	油环环高 (h_1) 基本尺寸	极限偏差	油环闭口工作间隙 (s_1) 基本尺寸	极限偏差	半径 (r_3)	油环环岸高 (h_4)	油环刮油边高 (h_5)	油环集油槽深 (a_4)	油环回油孔数量 (个)	油环回油孔高 (c_1)
70	2.9											
71	2.93											
72	3											
73	3.05											
74	3.1	± 0.15 同一片环上最大差 0.15	4.75	-0.010 -0.030 磷化环为: -0.005 -0.030	0.2	+0.2 0	0.2 max	0.8 ±0.1	0.28 ±0.08	0.8 ±0.1	8	1.2 ±0.1
75	3.15											
76	3.15											
77	3.2				0.25	+0.25 0	0.5 max			1 ±0.1		
78	3.25											
79	3.3											
80	3.35											
81	3.4											
82	3.4											
83	3.45											
84	3.5											

（mm）

续表

基本直径 (d_1)	油环回油孔高 (c_1)	S型弹力系数				G 和 D 型弹力系数			
		切向弹力 (F_t,N)		径向弹力 (F_4,N)		切向弹力 (F_t,N)		径向弹力 (F_d,N)	
		基本弹力	极限偏差	基本弹力	极限偏差	基本弹力	极限偏差	基本弹力	极限偏差
50		11.1	F_t<10N 时：±30% F_t≥10N 时：±20%	23.9	F_d<21.5N 时：±30% F_d≥21.5N 时：±20%	9.5	F_t<10N 时：±30% F_t≥10N 时：±20%	20.4	F_d<21.5N 时：±30% F_d≥21.5N 时：±20%
51		11.5		24.7		9.9		21.3	
52		11		23.7		9.5		20.4	
53		11.5		24.7		10		21.5	
54		11.9		25.6		10.4		22.4	
55		12.3		26.4		10.8		23.2	
56		12.8		27.5		11.2		24.1	
57		13.2		28.4		11.7		25.2	
58	1.2 ±0.1	12.8		27.5		11.3		24.3	
59		13.2		28.4		11.7		25.2	
60		12.6		27.1		10.9		23.4	
61		13		28		11.3		24.3	
62		13.4		28.8		11.7		25.2	
63		13.8		29.7		12.1		26	
64		13.4		28.8		11.8		25.4	
65		13.8		29.7		12.2		26.2	
66		14.2		30.5		12.6		27.1	
67		14.6		31.5		13		28	
68		15.1		32.5		13.4		28.8	
69		14.6		31.4		13.8		29.7	

续表

(mm)

基本直径 (d_1)	油环回油孔高 (c_1)	S型弹力系数				G和D型弹力系数			
		切向弹力 (F_t, N)		径向弹力 (F_d, N)		切向弹力 (F_t, N)		径向弹力 (F_d, N)	
		基本弹力	极限偏差	基本弹力	极限偏差	基本弹力	极限偏差	基本弹力	极限偏差
70		15		32.3		13.4		28.8	
71		15.5		33.3		13.9		29.9	
72		15.9		34.2		14.3		30.7	
73		16.3		35		14.7		31.6	
74		16.8		36.1		15.1		32.5	
75		17.1	$F_t<10N$ 时：±30% $F_t\geq10N$ 时：±20%	36.8	$F_d<21.5N$ 时：±30% $F_d\geq21.5N$ 时：±20%	15.5	$F_t<10N$ 时：±30% $F_t\geq10N$ 时：±20%	33.3	$F_d<21.5N$ 时：±30% $F_d\geq21.5N$ 时：±20%
76		16.7		35.9		15.1		32.5	
77	1.2 ±0.1	17.1		36.8		15.5		33.3	
78		17.5		37.6		15.9		34.2	
79		18		38.7		16.4		35.3	
80		17.4		37.4		15.7		33.8	
81		17.9		38.5		16.2		34.8	
82		17.4		37.4		15.8		34	
83		17.9		38.5		16.2		34.8	
84		18.3		39.3		16.6		35.7	

续表

基本直径 (d_1)	油环径向厚度"正常"(a_1)		油环环高 (h_1)		油环闭口工作间隙 (s_1)		半径 (r_3)	油环环岸高 (h_4)	油环刮油边高 (h_5)	油环集油槽深 (a_4)	油环回油孔数量 (个)
	基本尺寸	极限偏差	基本尺寸	极限偏差	基本尺寸	极限偏差					
85	3.55				0.25	+0.25 / 0					
86	3.6										
87	3.65										
88	3.65			-0.010 / -0.030 磷化环为: -0.005 / -0.030							
89	3.7	±0.15 同一片环上最大差: 0.15	4.75				0.5	0.8 ±0.1	0.28 ±0.08	1 ±0.1	8
90	3.75										
91	3.8										
92	3.85				0.3	+0.25 / 0					
93	3.9										
94	3.9										
95	3.95										
96	4										
97	4.05										
98	4.1										
99	4.15										

续表

(mm)

基本直径 (d_1)	油环径向厚度"正常" (a_1) 基本尺寸	油环径向厚度"正常" (a_1) 极限偏差	油环环高 (h_1) 基本尺寸	油环环高 (h_1) 极限偏差	油环闭口工作间隙 (s_1) 基本尺寸	油环闭口工作间隙 (s_1) 极限偏差	半径 (r_3)	油环岸高 (h_4)	油环刮油边高 (h_5)	油环集油槽深 (a_4)	油环回油孔数量 (个)
100	4.15										
101	4.2										
102	4.25										
103	4.3										
104	4.3										
105	4.35	±0.2 同一片环上最大差为: 0.20	4.75	-0.010 -0.030 磷化环为: -0.005 -0.030	0.3	$+0.25$ 0	0.5	0.8 ±0.1	0.28 ±0.08	1 ±0.1	8
106	4.4										
107	4.4										
108	4.45										
109	4.5										
110	4.55										
111	4.55										
112	4.6										
113	4.65										
114	4.7										
115	4.7					0.35	$+0.25$ 0				1.2 ±0.1	10
116	4.75										
117	4.8										
118	4.8										
119	4.85										

续表

基本直径 (d_1)	油环回油孔高 (c_1)	S 型弹力系数 切向弹力 (F_t,N) 基本弹力	S 型弹力系数 切向弹力 (F_t,N) 极限偏差	S 型弹力系数 径向弹力 (F_d,N) 基本弹力	S 型弹力系数 径向弹力 (F_d,N) 极限偏差	G 和 D 型弹力系数 切向弹力 (F_t,N) 基本弹力	G 和 D 型弹力系数 切向弹力 (F_t,N) 极限偏差	G 和 D 型弹力系数 径向弹力 (F_d,N) 基本弹力	G 和 D 型弹力系数 径向弹力 (F_d,N) 极限偏差
85		18.7		40.2		17		36.6	
86		19.1		41.1		17.4		37.4	
87		19.6		42.1		17.9		38.5	
88		19.1		41.1		17.5		37.6	
89		19.6		42.1		17.9		38.5	
90		19.9		42.8		18.2		39.1	
91		20.4		43.9		18.7		40.2	
92		20.8	$F_t<10N$ 时：±30%	44.7	$F_d<21.5N$ 时：±30%	19.1	$F_t<10N$ 时：±30%	41.1	$F_d<21.5N$ 时：±30%
93		21.2		45.6		19.5		41.9	
94	1.2 ±0.1	20.8		44.7		19.1		41.1	
95		21.2	$F_t≥10N$ 时：±20%	45.6	$F_d≥21.5N$ 时：±20%	19.6	$F_t≥10N$ 时：±20%	42.1	$F_d≥21.5N$ 时：±20%
96		21.7		46.7		20		43	
97		22.1		47.5		20.4		43.9	
98		22.6		48.6		20.9		44.9	
99		23		49.5		21.3		45.8	
100		21.4		46		19.7		42.4	
101		21.8		46.9		20.1		43.2	
102		22.2		47.7		20.5		44.1	
103		22.6		48.6		20.9		44.9	
104		22.1		47.5		20.4		43.9	

续表

(mm)

基本直径 (d_1)	油环回油孔高 (c_1)	S型弹力系数				G和D型弹力系数			
		切向弹力 (F_t, N)		径向弹力 (F_4, N)		切向弹力 (F_t, N)		径向弹力 (F_d, N)	
		基本弹力	极限偏差	基本弹力	极限偏差	基本弹力	极限偏差	基本弹力	极限偏差
105		22.5		48.4		20.8		44.7	
106		22.9		49.2		21.2		45.6	
107		22.5		48.4		20.8		44.7	
108		22.9		49.2		21.2		45.6	
109		23.2		49.9		21.6		46.4	
110		23.6	$F_t<10N$ 时：±30% $F_t≥10N$ 时：±20%	50.7	$d<21.5N$ 时：±30% $F_d≥21.5N$ 时：±20%	21.9	$F_t<10N$ 时：±30% $F_t≥10N$ 时：±20%	47.1	$F_d<21.5N$ 时：±30% $F_d≥21.5N$ 时：±20%
111	1.2 ±0.1	23.1		49.7		21.5		46.2	
112		23.5		50.5		21.9		47.1	
113		23.9		51.4		22.3		47.9	
114		24.3		52.2		22.6		48.6	
115		23.8		51.2		22.2		47.7	
116		24.2		52		22.6		48.6	
117		24.6		52.9		23		49.5	
118		24.2		52		22.6		48.6	
119		24.5		52.7		23		49.5	

续表

(mm)

基本直径 (d_1)	油环径向厚度"正常" (a_1)		油环环高 (h_1)		油环闭口工作间隙 (s_1)		半径 (r_3)	油环环岸高 (h_4)	油环刮油边高 (h_5)	油环集油槽深 (a_4)	油环回油孔数量 (个)
	基本尺寸	极限偏差	基本尺寸	极限偏差	基本尺寸	极限偏差					
120	4.9	±0.2 同一片环上最大差:0.20	4.75	-0.010 -0.030 磷化环为: 0 -0.030	0.35	+ 0.25 0	0.5	0.8 ±0.1	0.28 ±0.08	1.2 ± 0.1	10
121	4.95										
122	4.95										
123	5										
124	5.05										
125	5.05										
126	5.1										
127	5.15										
128	5.2										
129	5.2										
130	5.25					0.4	+ 0.25 0	0.7			1.5 ± 0.1	
131	5.3										
132	5.3										
133	5.35										
134	5.4										

续表

（mm）

基本直径 (d_1)	油环径向厚度"正常" (a_1) 基本尺寸	油环径向厚度"正常" (a_1) 极限偏差	油环环高 (h_1) 基本尺寸	油环环高 (h_1) 极限偏差	油环闭口工作间隙 (s_1) 基本尺寸	油环闭口工作间隙 (s_1) 极限偏差	半径 (r_3)	油环环岸高 (h_4)	油环刮油边高 (h_5)	油环集油槽深 (a_4)	油环回油孔数量 (个)
135	5.4	±0.2 同一片环上最大差为0.20	4.75	-0.010 -0.030 磷化环为: 0 -0.030	0.4	+ 0.25 0	0.7	0.8 ±0.1	0.28 ±0.08	1.5 ± 0.1	10
136	5.45										
137	5.5										
138	5.5										
139	5.55										
140	5.6										12
141	5.65										
142	5.65										
143	5.7										
144	5.75										
145	5.75										
146	5.8										
147	5.85										
148	5.85										
149	5.9										
150	5.95					0.5	+0.3 0				1.8 ±0.1	

续表

(mm)

基本油环回直径 (d_1)	油孔高 (c_1)	S型弹力系数				G和D型弹力系数			
		切向弹力 (F_t, N)		径向弹力 (F_4, N)		切向弹力 (F_t, N)		径向弹力 (F_d, N)	
		基本弹力	极限偏差	基本弹力	极限偏差	基本弹力	极限偏差	基本弹力	极限偏差
120		24.9		53.5		23.3		50.1	
121		25.3		54.4		23.7		51	
122		24.9		53.5		23.3		50.1	
123		25.3		54.4		23.7		51	
124		25.6		55		24.1		51.8	
125		23.8		51.2		22.2		47.7	
126		24.2		52		22.6		48.6	
127		24.6		52.9		22.9		49.2	
128		24.9	$F_t<10N$时:±30%	53.5	$F_d<21.5N$时:±30%	23.3	$F_t<10N$时:±30%	50.1	$F_d<21.5N$时:±30%
129	1.2 ±0.1	24.5	$F_t≥10N$时:±20%	52.7	$F_d≥21.5N$时:±20%	22.9	$F_t≥10N$时:±20%	49.2	$F_d≥21.5N$时:±20%
130		24.8		53.3		23.2		49.9	
131		25.2		54.2		23.6		50.7	
132		24.7		53.1		23.2		49.9	
133		25.1		54		23.5		50.5	
134		25.5		54.8		23.9		51.4	
135		25		53.8		23.5		50.5	
136		25.4		54.6		23.9		51.4	
137		25.8		55.5		24.2		52	
138		25.3		54.4		23.8		51.2	
139		25.7		55.3		24.2		52	

续表

(mm)

基本回直径 (d_1)	油环回油孔高 (c_1)	S型弹力系数				G 和 D 型弹力系数			
		切向弹力 (F_t, N)		径向弹力 (F_d, N)		切向弹力 (F_t, N)		径向弹力 (F_d, N)	
		基本弹力	极限偏差	基本弹力	极限偏差	基本弹力	极限偏差	基本弹力	极限偏差
140	1.2 ±0.1	26.1	F_t<10N 时：±30% F_t≥10N 时：±20%	56.1	F_d<21.5N 时：±30% F_d≥21.5N 时：±20%	24.5	F_t<10N 时：±30% F_t≥10N 时：±20%	52.7	F_d<21.5N 时：±30% F_d≥21.5N 时：±20%
141		26.4		56.8		24.9		53.5	
142		26		55.9		24.5		52.7	
143		26.4		56.8		24.9		53.5	
144		26.7		57.4		25.2		54.2	
145		26.3		56.5		24.8		53.3	
146		26.7		57.4		25.2		54.2	
147		27		58.1		25.5		54.8	
148		26.6		57.2		25.1		54	
149		27		58.1		25.5		54.8	
150		25.8		55.5		24.3		52.2	

注：①中间尺寸的环(加修理尺寸)，其径向厚度可选用邻近较小基本直径环的尺寸。

②本表所列 F_t 和 F_d 适用于典型弹性模量 E 为 $100GN/m^2$ 的灰铸铁环。具有不同弹性模量 E 材料的环，应乘以 GB1149.1 所列的材料系数。平均弹力按径向厚度的基本尺寸(a_1)和平均环高(h_1)计算。

③本标准规定 F_d/F_t 的平均比值为 2.15。

(3)油环油孔基本尺寸规定

a·S、G、D 和 DV 型油环的回油孔分布状态

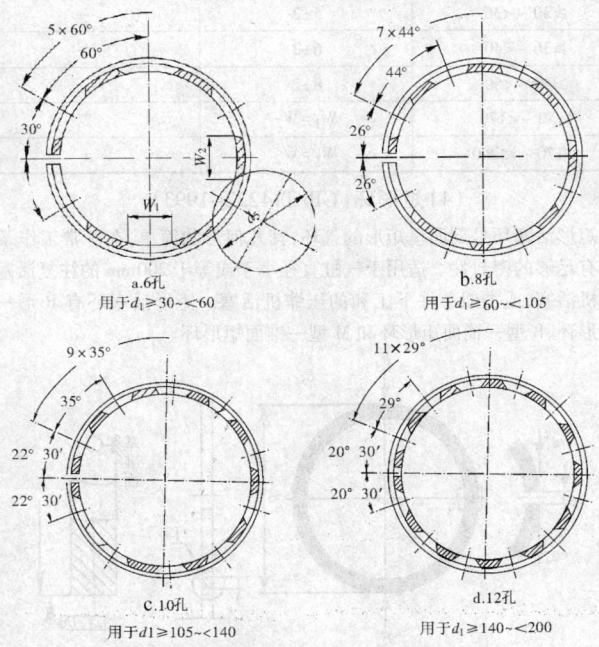

a.6孔
用于$d_1 \geqslant 30 \sim <60$

b.8孔
用于$d_1 \geqslant 60 \sim <105$

c.10孔
用于$d_1 \geqslant 105 \sim <140$

d.12孔
用于$d_1 \geqslant 140 \sim <200$

b·S、G、D 和 DV 型油环回油孔铣刀直径及回油孔长度

基本直径(d_1)	铣刀直径(d_5) $\leqslant$
$\geqslant 30 \sim <50$	55
$50 \sim <170$	60
$170 \sim <200$	75

续表

基本直径(d_1)	铣刀直径(d_5)≤	
≥30 ~ <36	5±2	—
≥36 ~ <40	6±2	—
≥40 ~ <50	8±2	—
≥50 ~ <170	$W_1=W_2$	2
≥170 ~ ≤200	$W_1=W_2$	4

（4）矩形环（GB/T14222-1993）

矩形活塞环是剖面呈矩形的气环,其几何形状简单,在正常工作条件下具有足够的密封性。适用于气缸直径小于或等于200mm的往复活塞式内燃机活塞,或类似条件下工和的压缩机活塞。矩形活塞环有R形—柱面矩形环、B型—桶面矩形环和M型—锥面矩形环。

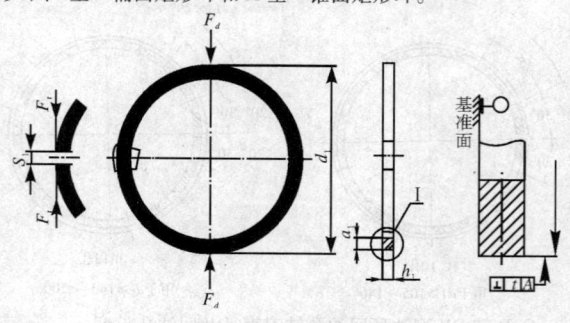

R型—柱面矩形环

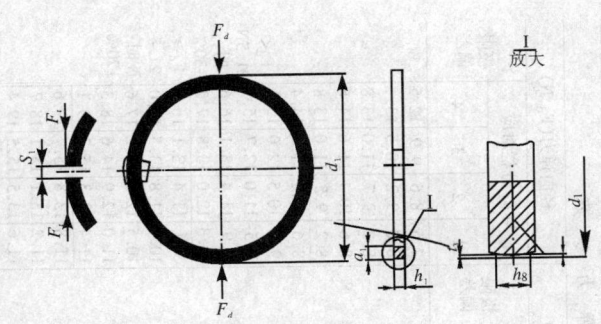

B型—桶面矩形环

注:桶面矩形环 h_1 和 h_8 对应值为:

h_1	1.20	1.50	1.75	2.00	2.50	3.00	3.50	4.00	4.50
h_8	0.6	0.8	1.0	1.2	1.6	2.0	2.4	2.8	3.2

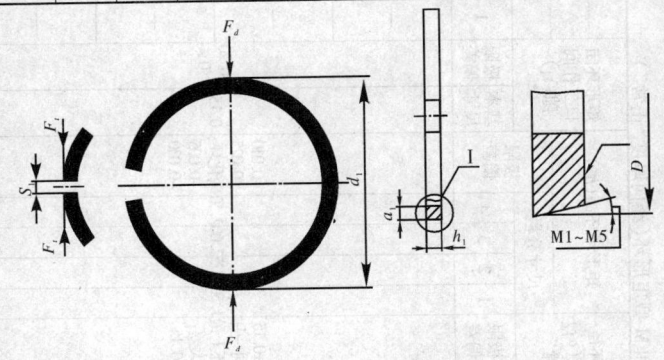

M型—锥面矩形环

R、B 和 M 型矩形环(经向厚度"正常")　　(mm)

基本直径 (d_1) 基本尺寸	矩形环径向厚度 (a_1)"正常" 基本尺寸	极限偏差	矩形环环高 (h_1) 尺寸分栏 1	2	3	4	极限偏差	矩形环闭口工作间隙 (s_1) 基本尺寸	极限偏差	切向弹力(F_t,N) 与h_1分栏对应 1	2	3	4	极限偏差	径向弹力(F_d,N) 与h_1分栏对应 1	2	3	4	极限偏差
30	1.25									—	—	—	—						
31	1.30									—	—	—	—						
32	1.35									—	—	—	—		7.5	8.6	9.9	12.5	
33	1.40									—	—	—	—		8.0	9.2	10.5	13.1	
34	1.40									—	—	—	—		8.2	9.7	11.0	13.8	
35	1.45									—	—	—	—		8.6	10.1	11.6	14.6	
36	1.50	±0.15					-0.010 -0.025	+0.20 0	—	—	—	—		8.2	9.5	11.0	13.8	$F_d<$ 21.5N 时: ±30%
37	1.55		环上：1.50、1.75、2.00、2.50 磷青铜环: 0.15 大差: 0.15 同一片: 0.15				-0.005 -0.030		—	—	—	—		8.6	10.1	11.4	14.4	
38	1.60								—	—	—	—		9.0	10.5	12.0	15.1	$F_d\geqslant$ 21.5 N 时: ±20%
39	1.65								—	—	—	—		9.5	11.0	12.7	15.7	
40	1.65								—	—	—	—		9.9	11.4	13.1	16.6	
41	1.70								—	—	—	—		10.3	12.0	13.8	17.2	
42	1.75								—	—	—	—		9.7	11.4	13.1	16.3	
43	1.80								—	—	—	—		10.1	11.8	13.5	17.0	
44	1.85								—	—	—	—		10.5	12.3	14.2	17.6	
45	1.90													11.0	12.9	14.6	18.3	
46	1.90													11.4	13.3	15.3	19.1	
47	1.95													11.8	13.8	15.7	19.6	
48	2.00													11.2	13.5	15.1	18.7	
49	2.05													11.6	13.5	15.1	19.4	
															12.0	14.0	16.1	20.2	
															12.5	14.6	16.9	20.9	

续表

(mm)

基本直径 (d₁)	矩形环径向厚度 (a₁) "正常" 基本尺寸	极限偏差	矩形环环高 (h₁) 尺寸分栏 1	2	3	4	极限偏差	矩形环闭口工作间隙 (s₁) 基本尺寸	极限偏差	弹力系数 切向弹力 (F_t, N) 与h₁分栏对应 1	2	3	4	极限偏差	径向弹力 (F_d, N) 与h₁分栏对应 1	2	3	4	极限偏差
50	2.10									6.0	7.0	8.0	10.0		12.9	15.1	17.2	21.5	
51	2.15						-0.010 / -0.025		+0.20 / 0	6.2	7.2	8.3	10.3		13.3	15.5	17.8	22.1	
52	2.15						磷化环: -0.005 / -0.030	0.15		5.9	6.9	7.9	9.9		12.7	14.8	17.0	21.3	
53	2.20	±0.15								6.1	7.2	8.2	10.6		13.1	15.5	17.6	22.8	F_d<21.5N 时: ±20%
54	2.25									6.3	7.4	8.5	10.6		13.5	15.9	18.3	22.8	
55	2.30									6.5	7.6	8.7	10.9	F_t<10N 时: ±30%	14.0	16.3	18.7	23.4	
56	2.35									6.7	7.8	9.0	11.2		14.4	16.8	19.4	24.1	
57	2.40									6.9	8.1	9.2	11.6		14.8	17.4	19.8	24.9	
58	2.40	±0.15								6.7	7.8	8.9	11.2		14.4	16.8	19.8	24.1	
59	2.45									6.9	8.0	9.2	11.5		14.8	17.2	19.8	24.7	
60	2.50									7.0	8.2	9.4	11.7	F_t≥10N 时: ±20%	15.1	17.6	20.2	25.2	
61	2.55						-0.010 / -0.030		+0.20 / 0	7.2	8.4	9.6	12.1		15.5	18.1	20.6	26.0	
62	2.60						磷化环: -0.005 / -0.030	0.20		7.4	8.6	9.9	12.4		15.9	18.5	21.3	26.7	
63	2.65									7.6	8.9	10.1	12.7		16.3	19.1	21.7	27.3	
64	2.65									7.3	8.5	9.8	12.3		15.7	18.5	21.1	26.4	F_d≥21.5N 时: ±20%
65	2.70									7.5	8.8	10.1	12.6		16.1	18.9	21.7	27.1	
66	2.75									7.7	9.0	10.3	12.9		16.6	19.4	22.1	27.7	
67	2.80									7.9	9.3	10.6	13.3		17.0	20.0	22.8	28.6	
68	2.85									8.1	9.5	10.9	13.6		17.4	20.4	23.4	29.2	
69	2.90									8.3	9.7	11.1	13.9		17.8	20.9	23.9	29.9	

注（h₁ 尺寸分栏）：环上薄 1.50、1.75、2.00、2.50

注（a₁ 极限偏差）：同一片环上厚度差大些 0.15

续表 （mm）

基本直径 (d₁)	矩形环径向厚度(a₁)"正常" 基本尺寸	极限偏差	矩形环高(h₁) 尺寸分栏	极限偏差	矩形环闭口工作间隙(s₁) 基本尺寸	极限偏差	切向弹力(Fₜ,N) 与h₁分栏对应 1	2	3	4	极限偏差	径向弹力(F_d,N) 与h₁分栏对应 1	2	3	4	极限偏差
70	2.90						8.1	9.4	10.8	13.5		17.4	20.2	23.2	29.0	
71	2.95						8.3	9.7	11.1	13.8		17.8	20.9	23.9	29.7	
72	3.00				0.20	+0.25 / 0	8.5	9.9	11.3	14.2		18.3	21.3	24.3	30.5	
73	3.05						8.6	10.1	11.6	14.5		18.5	21.7	24.9	31.2	
74	3.10						8.8	10.1	11.8	14.8		18.9	21.8	24.4	31.8	
75	3.15	±0.15	环上最大1.50、1.75、2.00、2.50碳化环；同一片大差：0.15	-0.010 / -0.030			9.0	10.5	12.0	15.1	Fₜ<10N 时：±30%	19.4	22.6	25.8	32.5	F_d< 21.5N 时：±30%
76	3.15						8.8	10.2	11.7	14.7		18.9	22.0	25.2	31.6	
77	3.20						8.9	10.5	12.0	15.0		19.1	22.6	25.8	32.3	
78	3.25						9.1	10.7	12.2	15.3		19.6	23.0	26.2	32.9	
79	3.30			-0.005 / -0.030			9.3	10.9	12.5	15.6		20.0	23.4	26.5	33.5	
80	3.35						9.5	11.1	12.7	16.0	Fₜ≥10N 时：±20%	20.4	23.9	27.3	34.4	F_d≥ 21.5N 时：±20%
81	3.40						9.5	11.4	13.0	16.3		20.9	24.5	28.0	35.0	
82	3.40						9.5	11.1	12.7	15.9		20.4	23.9	27.3	34.2	
83	3.45				0.25		9.7	11.3	12.9	16.2		20.9	24.3	27.7	34.8	
84	3.50						9.9	11.5	13.1	16.5		21.3	24.7	28.4	35.5	
85	3.55						10.1	11.8	13.5	16.8		21.7	25.4	29.1	36.1	
86	3.60						10.3	12.0	13.7	17.2		22.1	25.8	29.5	37.0	
87	3.65						10.4	12.2	14.0	17.5		22.4	26.2	30.1	37.6	
88	3.65						10.2	11.9	13.6	17.1		21.9	25.6	29.2	36.8	
89	3.70						10.4	12.2	13.9	17.4		22.4	26.2	29.9	37.4	

续表

(mm)

基本直径 (d_1)	矩形环径向厚度 (a_1) "正常"		矩形环高 (h_1)					矩形环闭口工作间隙 (s_1)		弹力系数					径向弹力 (F_d, N)				
	基本尺寸	极限偏差	尺寸分栏				极限偏差	基本尺寸	极限偏差	切向弹力 (F_t, N) 与 h_1 分栏对应				极限偏差	与 h_1 分栏对应				极限偏差
			1	2	3	4				1	2	3	4		1	2	3	4	
90	3.75	±0.15 同一片环上最大差: 0.15	1.75	2.00	2.50	3.00磷化环	-0.010 -0.030 (1,2,3); -0.005 -0.030 (4)	0.30	+0.25 0	12.3	14.1	17.6	21.2	$F_t<10$N 时: ±30%; $F_t\geq10$N 时: ±20%	26.1	30.3	37.8	45.6	$F_d<21.5$N 时: ±30%; $F_d\geq21.5$N 时: ±20%
91	3.80									12.5	14.3	18.0	21.6		26.9	30.7	38.7	46.4	
92	3.85									12.8	14.6	18.3	22.0		27.5	31.4	39.3	47.3	
93	3.90									13.0	14.9	18.6	22.4		28.0	32.0	40.0	48.2	
94	3.90									12.7	14.5	18.2	21.9		27.3	31.2	39.1	47.1	
95	3.95									12.9	14.8	18.5	22.3		27.7	31.8	39.8	47.9	
96	4.00									13.1	15.1	18.8	22.6		28.4	32.5	40.4	48.6	
97	4.05									13.4	15.3	19.2	23.0		28.8	32.9	41.3	49.5	
98	4.10									13.6	15.6	19.5	23.4		29.2	33.5	41.9	50.3	
99	4.15									13.8	15.8	19.8	23.8		29.7	34.0	42.6	51.2	
100	4.15	±0.20 同一片环上最大差: 0.20	—	2.00	2.50	3.00磷化环	-0.010 -0.030 (2.00); 0 -0.030 (3.00)			—	15.5	19.4	23.5			33.3	41.7	50.1	
101	4.20										15.7	19.7	23.7			33.8	42.4	51.0	
102	4.25										16.0	20.0	24.0			34.4	43.0	51.6	
103	4.25										16.2	20.3	24.4			34.8	43.6	52.5	
104	4.30										16.2	19.9	23.9			34.2	42.9	51.4	
105	4.35									—	16.1	20.1	24.2			34.6	43.2	52.0	
106	4.40										16.3	20.4	24.6			35.0	43.9	52.9	
107	4.40										16.0	20.0	24.1			34.4	43.0	51.8	
108	4.45										16.2	20.3	24.4			34.8	43.6	52.5	
109	4.50										16.4	20.6	24.8			35.3	44.3	53.3	

续表

(mm)

基本直径 (d₁)	矩形环径向厚度 (a₁) "正常" 基本尺寸	极限偏差	矩形环环高 (h₁) 尺寸分栏 1	2	3	4	极限偏差	矩形环闭口工作间隙 (s₁) 基本尺寸	极限偏差	切向弹力 (F_t, N) 与 h₁ 分栏对应 1	2	3	4	极限偏差	径向弹力 (F_d, N) 与 h₁ 分栏对应 1	2	3	4	极限偏差
110	4.55										20.8	25.0	29.2			44.7	53.8	62.8	
111	4.55										20.4	24.5	28.6			43.9	52.7	61.5	
112	4.60									—	20.7	24.9	29.0		—	44.5	53.5	62.4	
113	4.65										21.1	25.2	29.4			45.2	54.2	63.2	
114	4.70										21.3	25.6	29.8			45.8	55.0	64.1	
115	4.70	±0.20 同一片环上最大差: 0.20		2.50 3.00 3.50 磷铜环: 0.35				−0.010 −0.030 / 0 −0.030		+0.25 0	20.9	25.1	29.3		F_t <10N 时: ±30% / F_t ≥10N 时: ±20%	44.9	54.0	63.0	F_d < 21.5N 时: ±30% / F_d ≥ 21.5N 时: ±20%
116	4.75										21.1	25.4	29.7			45.4	54.6	63.9	
117	4.80									—	21.4	25.8	30.1		—	46.0	55.5	64.7	
118	4.85										21.0	25.3	29.5			45.2	54.4	63.4	
119	4.85										21.3	25.6	29.9			45.8	55.0	64.3	
120	4.90										21.6	25.9	30.3			46.4	55.7	65.1	
121	4.95										21.9	26.3	30.7			47.1	56.5	66.0	
122	4.95									—	21.5	25.8	30.1		—	46.9	56.1	65.5	
123	5.00										21.8	26.1	30.5			46.9	56.1	65.6	
124	5.05										22.0	26.5	30.9			47.3	57.0	66.4	
125	5.05										21.6	26.0	30.4			46.4	55.9	65.4	
126	5.10										21.9	26.3	30.7			47.1	56.5	66.0	
127	5.15									—	22.2	26.7	31.1		—	47.7	57.4	66.9	
128	5.20										22.5	27.0	31.5			48.4	58.1	67.7	
129	5.20										22.1	26.5	31.0			47.5	57.0	66.7	

（mm）

续表

基本直径 (d₁)	矩形环径向厚度 (a₁)"正常"		矩形环环高 (h₁)					矩形环闭口工作间隙 (s₁)		切向弹力 (F_t, N) 与h₁分栏对应					径向弹力 (F_d, N) 与h₁分栏对应				
	基本尺寸	极限偏差	尺寸分栏 1	2	3	4	极限偏差	基本尺寸	极限偏差	1	2	3	4	极限偏差	1	2	3	4	极限偏差
130	5.25	±0.20 同一片环上最大差0.20	—	2.50	3.00	3.50	−0.010 / −0.030 磷化环: 0 / −0.030	0.40	+0.25 / 0	—	22.3	26.8	31.3	$F_t<10N$ 时: ±30% $F_t \geq 10N$ 时: ±20%	—	47.9	57.6	67.3	$F_d<21.5N$ 时: ±30% $F_d \geq 21.5N$ 时: ±20%
131	5.30									—	22.4	27.1	31.6		—	48.6	58.3	67.9	
132	5.30									—	22.2	26.6	31.1		—	47.7	57.2	66.9	
133	5.35									—	22.4	27.0	31.5		—	48.2	58.1	67.7	
134	5.40									—	22.7	27.3	31.9		—	48.8	58.7	68.6	
135	5.40									—	22.3	26.8	31.3		—	47.9	57.6	67.3	
136	5.45									—	22.6	27.2	31.7		—	48.6	58.3	67.9	
137	5.50									—	22.9	27.5	32.1		—	49.2	59.1	69.0	
138	5.50									—	22.5	27.0	31.6		—	48.4	58.1	67.9	
139	5.55									—	22.8	27.3	31.9		—	49.0	58.7	68.6	
140	5.60		—	3.00	3.50	4.00				—	27.7	32.3	36.9		—	59.6	69.4	79.3	
141	5.65									—	28.0	32.6	36.8		—	60.0	70.3	80.4	
142	5.65									—	27.5	32.2	36.8		—	59.1	69.2	79.1	
143	5.70									—	27.8	32.5	37.2		—	59.8	69.9	80.0	
144	5.75									—	28.2	32.9	37.6		—	60.6	70.7	80.8	
145	5.75									—	27.7	32.4	37.0		—	59.6	69.7	79.6	
146	5.80									—	28.0	32.7	37.4		—	60.0	70.3	80.4	
147	5.80									—	28.3	33.1	37.9		—	60.8	71.2	81.5	
148	5.85									—	27.9	32.6	37.3		—	60.0	70.1	80.2	
149	5.90									—	28.2	33.0	37.7		—	60.6	71.0	81.1	

续表

(mm)

基本直径 d_1 基本尺寸	矩形环径向厚度(a_1)"正常" 基本尺寸	极限偏差	矩形环环高(h_1) 尺寸分栏 1	2	3	4	极限偏差	矩形环闭口工作间隙(s_1) 基本尺寸	极限偏差	切向弹力(F_t,N) 与h_1分栏对应 1	2	3	4	极限偏差	径向弹力(F_d,N) 与h_1分栏对应 1	2	3	4	极限偏差
150	5.95	±0.20 同一片环上最大差：0.20	3.00 3.50 4.00 磷化环：				-0.010 -0.035 磷化环：0 -0.035	0.50	+0.30 0		28.3	33.1	37.8	$F_t<10N$ 时：±30% $F_t\geq10N$ 时：±20%		60.8	71.2	81.3	$F_d<21.5N$ 时：±30% $F_d\geq21.5N$ 时：±20%
152	6.00									—	28.2	32.9	37.7		—	60.6	70.7	81.1	
154	6.05										28.1	32.8	37.5			60.4	70.5	80.6	
155	6.10										28.4	33.2	37.9			61.1	71.4	81.5	
156	6.15									—	28.7	33.5	38.3		—	61.7	72.0	82.3	
158	6.20										28.6	33.4	38.2			61.5	71.8	82.1	
160	6.25										28.5	33.2	38.0			61.3	71.4	81.7	
162	6.35									—	29.0	33.9	38.8		—	62.4	72.9	83.4	
164	6.40										28.9	33.8	38.7			62.1	72.7	83.2	
165	6.40										28.5	33.3	38.1			61.3	71.6	81.9	
166	6.45									—	28.8	33.7	38.5		—	61.9	72.5	82.8	
168	6.50										28.7	33.5	38.4			61.7	72.0	82.6	
170	6.60										29.3	34.2	39.1			63.0	73.5	84.1	
172	6.65									—	29.2	34.1	39.0		—	62.8	73.3	83.9	
174	6.70										29.1	34.0	38.8			62.6	73.1	83.4	

续表

（mm）

基本直径 (d_1)	矩形环径向厚度 (a_1)"正常" 基本尺寸	极限偏差	矩形环环高 (h_1) 尺寸分栏 1	2	3	4	极限偏差	闭口工作间隙 (s_1) 基本尺寸	极限偏差	切向弹力 (F_t,N) 与 h_1 分栏对应 1	2	3	4	极限偏差	径向弹力 (F_d,N) 与 h_1 分栏对应 1	2	3	4	极限偏差
175	6.75		3.50	4.00	4.50	磷化环	环上最大差 0.20；-0.010/-0.035；0/-0.035；磷化环 0/-0.035	0.60	+0.30 / 0	34.1	39.0	44.0		$F_t<10$N 时：±30%；$F_t\geq10$N 时：±20%	73.3	83.9	94.6		$F_d<21.5$N 时：±30%；$F_d\geq21.5$N 时：±20%
176	6.80									—	34.5	39.4	44.4		—	74.2	84.7	95.5	
178	6.85									—	34.3	39.3	44.2		—	73.7	84.5	95.0	
180	6.90									34.2	39.1	44.1			73.5	84.1	94.8		
182	6.95									34.1	39.0	43.9			73.3	83.9	94.4		
184	7.05	±0.20								34.7	39.7	44.7			74.6	85.4	96.1		
185	7.05									34.3	39.2	44.2			73.7	84.3	95.0		
186	7.10									—	34.6	39.6	44.6		—	74.4	85.1	95.9	
188	7.15									34.5	39.5	44.4			74.2	84.9	95.5		
190	7.20									34.3	39.3	44.3			74.0	84.3	95.0		
192	7.25									34.3	39.2	44.2			73.7	84.3	95.0		
194	7.35									34.9	39.9	44.9			75.0	85.8	96.5		
195	7.35									34.5	39.5	44.4			74.2	84.9	95.5		
196	7.40									—	34.8	39.8	44.8		—	74.8	85.6	96.3	
198	7.45									34.7	39.7	44.7			74.6	85.3	95.9		
200	7.50									—	34.6	39.6	44.5		—	74.4	85.1	95.7	

注：①中间尺寸的环（如修理尺寸），其径向厚度 a_1 和 F_d 适用于邻近较小基本直径环的尺寸。

②本表所列 F_t 和 F_d 适用于典型性模量 E 为 100GPa 的灰铸铁环。平均弹力按径向厚度的基本尺寸（a_1）和平均环高（h_1）计算。直径小于或等于 50mm 的环，其 F_d/F_t 的比值由供需双方协商决定。

③本标准规定 F_d/F_t 的平均为 2.15。直径小于 2.50。

(mm)

R、B 和 M 型矩形环（径向厚度"D/22"）

基本直径 (d₁) 基本尺寸	径向厚度 (a₁) "D/22" 基本尺寸	径向厚度 极限偏差	环高 (h₁) 尺寸分栏 1	2	3	4	环高 极限偏差	项口工作间隙 (s₁) 基本尺寸	项口工作间隙 极限偏差	切向弹力 (F_t, N) 与 h₁ 分栏对应 1	2	3	4	切向弹力 极限偏差	径向弹力 (F_d, N) 与 h₁ 分栏对应 1	2	3	4	径向弹力 极限偏差
50	2.25									7.4	8.7	9.9	12.4		15.9	18.7	21.3	26.7	
51	2.30									7.6	8.9	10.2	12.7		16.3	19.1	21.9	27.3	
52	2.35						-0.010			7.8	9.1	10.4	13.1		16.8	19.6	22.4	28.2	
53	2.40						-0.025	0.15	+0.20	8.0	9.4	10.7	13.4		17.2	20.2	23.0	28.8	
54	2.45						磷化环：-0.005		0	8.2	9.6	11.0	13.8	F_t<10N 时：±30%	17.6	20.6	23.7	29.7	
55	2.50	±0.15					-0.025			8.4	9.9	11.3	14.1		18.1	21.3	24.3	30.3	F_d<21.5N 时：±30%
56	2.55	同一片								8.6	10.1	11.5	14.5		18.5	21.7	24.7	31.2	
57	2.60	大差：0.15								8.8	10.3	11.8	14.8		18.9	22.1	25.4	31.8	
58	2.65									9.0	10.6	12.1	15.2		19.4	22.8	26.0	32.7	
59	2.70	环上飘1.50 1.75 2.00 2.50								9.3	10.8	12.4	15.5		20.0	23.2	26.7	33.3	
60	2.75									9.4	11.0	12.6	15.7	F_t≥10N 时：±20%	20.2	23.7	27.1	33.8	
61	2.75						-0.010			9.1	10.6	12.2	15.2		20.0	23.2	26.2	32.7	
62	2.80						-0.030			9.3	10.9	12.4	15.6		20.0	23.4	26.7	33.5	
63	2.85						磷化环：-0.005	0.20	+0.20	9.5	11.1	12.7	15.9		20.4	23.9	27.3	34.2	
64	2.90						-0.030		0	9.7	11.3	13.0	16.3		20.9	24.3	28.0	35.0	
65	2.95									9.9	11.6	13.3	16.6		21.3	24.9	28.6	35.7	F_d≥21.5N 时：±20%
66	3.00									10.1	11.8	13.5	16.9		21.7	25.4	29.0	36.3	
67	3.05									10.3	12.1	13.8	17.3		22.1	26.0	29.7	37.2	
68	3.10									10.5	12.3	14.1	17.6		22.6	26.4	30.3	37.8	
69	3.15									10.7	12.5	14.4	18.0		23.0	26.9	31.0	38.7	

(mm)

基本直径 (d_1) 基本尺寸	径向厚度 (a_1)"D/22" 基本尺寸	径向厚度 极限偏差	环高 (h_1) 尺寸分栏 1	2	3	4	环高 极限偏差	切口工作间隙 (s_1) 基本尺寸	切口工作间隙 极限偏差	切向弹力 (F_t,N) 与 h_1 分栏对应 1	2	3	4	切向弹力 极限偏差	径向弹力 (F_d,N) 与 h_1 分栏对应 1	2	3	4	径向弹力 极限偏差
70	3.20									10.9	12.8	14.6	18.3		23.4	27.5	31.4	39.3	
71	3.25									11.1	13.0	14.9	18.7		23.9	28.0	32.0	40.2	
72	3.25									10.8	12.7	14.5	18.1		23.2	27.3	31.2	38.9	
73	3.30		1.50	1.75	2.00	2.50	−0.010 −0.030	0.20	+0.20 0	11.0	12.9	14.8	18.5	F_t<10N 时: ±30%	23.7	27.7	31.8	39.8	F_d< 21.5N 时: ±30%
74	3.35	±0.15 同一片环上最大差: 0.15					磷化环: −0.005 −0.030			11.2	13.1	15.0	18.8		24.1	28.2	32.3	40.4	
75	3.40									11.4	13.3	15.2	19.1		24.5	28.6	32.7	41.1	
76	3.45									11.6	13.6	15.5	19.4		24.9	29.2	33.3	41.7	
77	3.50									11.8	13.8	15.8	19.8		25.4	29.7	34.0	42.6	
78	3.55									12.0	14.0	16.1	20.1		25.8	30.1	34.6	43.2	
79	3.60									12.2	14.3	16.3	20.5		26.2	30.7	35.0	44.1	
80	3.65									12.4	14.5	16.6	20.8		26.7	31.2	35.7	44.7	
81	3.70									12.6	14.8	16.9	21.1		27.1	31.8	36.3	45.4	
82	3.75									12.8	15.0	17.2	21.5		27.5	32.3	37.0	45.2	
83	3.75		1.50	1.75	2.00	2.50		0.25	+0.25 0	12.5	14.6	16.7	21.0	F_t≥10N 时: ±20%	26.9	31.4	35.9	45.2	F_d≥ 21.5N 时: ±20%
84	3.80									12.7	14.9	17.0	21.3		27.3	32.0	36.6	45.8	
85	3.85									12.9	15.1	17.3	21.6		27.7	32.5	37.2	46.4	
86	3.90									13.1	15.4	17.6	22.0		28.2	32.9	37.8	47.3	
87	3.95									13.3	15.6	17.8	22.3		28.6	33.5	38.3	47.9	
88	4.00									13.5	15.8	18.1	22.7		29.0	34.0	38.9	48.8	
89	4.05									13.7	16.1	18.4	23.0		29.5	34.6	39.6	49.5	

续表

(mm)

基本直径 (d₁)	径向厚度 (a₁) "D/22" 基本尺寸	径向厚度 极限偏差	环高(h₁) 尺寸分栏 1	2	3	4	环高 极限偏差	闭口工作间隙(s₁) 基本尺寸	s₁ 极限偏差	切向弹力(F_t, N) 与 h₁ 分栏对应 1	2	3	4	F_t 极限偏差	径向弹力(F_d, N) 与 h₁ 分栏对应 1	2	3	4	F_d 极限偏差
90	4.10	±0.15 同一片 环上最大差: 0.15	1.75	2.00	2.50	3.00	-0.010 -0.030 磷化环: -0.005 -0.030	0.30	+0.25 0	16.2	18.6	23.2	27.9	$F_t<10N$ 时: ±30%	34.8	40.0	49.9	60.0	$F_d<21.5N$ 时: ±30%
91	4.15									16.5	18.8	23.6	28.3		35.5	40.4	50.7	60.8	
92	4.20									16.7	19.1	23.9	28.7		36.3	41.1	51.4	61.7	
93	4.25									16.9	19.4	24.3	29.2		36.3	41.7	52.2	62.8	
94	4.25									16.6	19.0	23.7	28.5		35.7	40.9	51.0	61.3	
95	4.30									16.8	19.2	24.1	28.9		36.1	41.3	51.8	62.1	
96	4.35									17.0	19.5	24.4	29.3		36.6	41.9	52.5	63.0	
97	4.40									17.3	19.8	24.8	29.8		37.2	42.6	53.3	64.1	
98	4.45									17.5	20.1	25.1	30.2		37.6	43.2	54.0	64.9	
99	4.50									17.8	20.3	25.5	30.6		38.3	43.6	54.8	65.8	
100	4.55	±0.20 同一片 环上最大差: 0.20	—	2.00	2.50	3.00	-0.010 -0.030 磷化环: 0 -0.030	0.30	+0.25 0	—	20.6	25.8	31.0	$F_t≥10N$ 时: ±20%	—	44.3	55.5	66.7	$F_d≥21.5N$ 时: ±20%
101	4.60										20.8	26.1	31.3			44.7	56.1	67.3	
102	4.65										21.1	26.4	31.7			45.4	56.8	68.2	
103	4.70										21.3	26.7	32.1			45.8	57.4	69.0	
104	4.75										21.6	27.0	32.4			46.4	58.1	69.7	
105	4.75									—	21.1	26.4	31.8		—	45.4	56.8	68.4	
106	4.80										21.4	26.7	32.1			46.0	57.4	69.0	
107	4.85										21.6	27.1	32.5			46.4	58.3	69.9	
108	4.90										21.8	27.4	32.9			46.9	58.9	70.7	
109	4.95										22.1	27.7	33.2			47.5	59.6	71.4	

续表　　（mm）

基本直径 (d₁) 基本尺寸	"D/22"	径向厚度 (a₁) 极限偏差	环高 (h₁) 尺寸分栏 1	2	3	4	环高 (h₁) 极限偏差	闭口工作间隙 (s₁) 基本尺寸	极限偏差	切向弹力 (Ft,N) 与h₁分栏对应 1	2	3	4	Ft 极限偏差	径向弹力 (Fd,N) 与h₁分栏对应 1	2	3	4	Fd 极限偏差
110	5.00										27.9	33.5	39.1			60.0	72.0	84.1	
111	5.05										28.2	33.8	39.5			60.6	72.7	84.9	
112	5.10									—	28.5	34.2	40.0		—	61.3	73.5	86.0	
113	5.15										28.8	34.6	40.4			61.9	74.4	86.9	
114	5.20										29.1	34.9	40.8			62.6	75.0	87.7	
115	5.25	±0.20					−0.010 −0.030				28.4	35.3	41.2			63.3	75.9	88.6	
116	5.25		2.50	3.00	3.50						28.7	34.6	40.4			61.9	74.4	86.9	
117	5.30		磷化环:				磷化环: 0 −0.030	0.35	+0.25 0	—	29.1	35.0	40.8		Fₜ<10N 时: ±30%	62.6	75.3	87.7	—	F_d< 21.5N 时: ±30%
118	5.35	同一片 环上最 大差: 0.20									29.4	35.3	41.3			63.3	75.9	88.8	
119	5.40										29.7	35.7	41.7			63.9	76.8	89.7	
120	5.45										30.0	36.1	42.1			64.5	77.3	90.5	
121	5.50										30.3	36.4	42.5		Fₜ≥10N 时: ±20%	65.1	78.3	91.4	F_d≥ 21.5N 时: ±20%
122	5.55									—	30.6	36.7	42.9			65.8	78.9	92.2	
123	5.60										30.9	37.1	43.3			66.4	79.8	93.1	
124	5.65										31.2	37.4	43.7			67.1	80.4	94.0	
125	5.70										31.4	37.8	44.1			67.5	81.3	94.8	
126	5.75										31.7	38.1	44.5			68.2	81.9	95.2	
127	5.75							0.40		—	31.2	37.5	43.8			67.1	80.6	94.2	
128	5.85										31.5	37.8	44.2			67.7	81.3	95.0	
129	5.85										32.0	38.2	44.6			68.4	82.1	95.9	
130	5.90				—						32.2	38.7	45.2			68.8	82.6	96.3	
131	5.95									—	32.5	39.1	45.6			69.2	83.2	97.2	
132	6.00															69.9	84.1	98.0	

续表

(mm)

基本直径 (d_1)	径向厚度 "D/22" (a_1) 基本尺寸	极限偏差	环高 (h_1) 尺寸分栏 1	2	3	4	极限偏差	切口工作间隙 (s_1) 基本尺寸	极限偏差	切向弹力 (F_t, N) 与 h_1 分栏对应 1	2	3	4	极限偏差	径向弹力 (F_d, N) 与 h_1 分栏对应 1	2	3	4	极限偏差
133	6.05			2.50	3.00	3.50				—	32.8	39.4	46.0		—	70.5	84.7	98.9	
134	6.10			2.50	3.00	3.50				—	33.1	39.8	46.4		—	71.2	85.6	99.8	
135	6.15			2.50	3.00	3.50				—	33.4	40.1	46.8		—	71.8	86.2	100.6	
136	6.20			2.50	3.00	3.50				—	33.7	40.4	47.2		—	71.8	86.9	101.5	
137	6.25			2.50	3.00	3.50				—	33.9	40.8	47.6		—	72.9	87.7	102.5	
138	6.25	±0.20 同一片环上最大差：0.20		2.50	3.00	3.50	-0.010 -0.030 磷化环: 0 -0.030	0.40	+0.25 0	—	33.4	40.1	46.8	$F_t<10N$ 时: ±30% $F_t≥10N$ 时: ±20%	—	71.8	86.2	100.6	$F_d<21.5$ N 时: ±30% $F_d≥21.5N$ 时: ±20%
139	6.30			2.50	3.00	3.50				—	33.7	40.4	47.2		—	72.5	86.9	101.5	
140	6.35			3.00	3.50	4.00				—	40.8	47.6	54.5		—	87.7	103.3	117.2	
141	6.40			3.00	3.50	4.00				—	41.1	48.0	54.9		—	88.4	103.2	118.0	
142	6.45			3.00	3.50	4.00				—	41.4	48.4	55.3		—	89.0	104.1	119.1	
143	6.50			3.00	3.50	4.00				—	41.8	48.8	55.8		—	89.9	104.9	120.1	
144	6.55			3.00	3.50	4.00		0.50	+0.30 0	—	42.1	49.2	56.2		—	90.5	105.8	120.8	
145	6.60			3.00	3.50	4.00				—	42.4	49.6	56.7		—	91.2	106.6	121.7	
146	6.65			3.00	3.50	4.00				—	42.8	49.9	57.1		—	92.0	107.3	122.8	
147	6.70			3.00	3.50	4.00				—	43.1	50.3	57.6		—	92.7	108.1	123.8	
148	6.75			3.00	3.50	4.00				—	43.4	50.7	58.0		—	93.3	109.0	124.7	
149	6.75			3.00	3.50	4.00				—	42.8	49.9	57.1		—	93.0	107.3	122.8	
150	6.80			3.00	3.50	4.00				—	42.8	50.0	57.1		—	92.0	107.5	122.8	

注：①中间尺寸的环（如修理尺寸），其径向同厚度可选用邻近较小基本直径环的尺寸。

②本表所列 F_t 和 F_d 适用于典型弹性模量 E 为 100GPa 的灰铸铁环。平均强力按径向厚度的基本尺寸 (a_1) 和平均环高 (h_1) 计算。

③本标准规定 F_d/F_t 的平均比值为 2.15，首径小于于或等于 50mm 的环，其比值 F_d 的比值由供需双方商决定……

R、B 和 M 型铸铁薄型矩形环 　　　　　　　　　　　　　（mm）

基本直径 (d_1)	径向厚度 (a_1)		环高 (h_1)		闭口工作间隙 (s_1)		弹力系数			
							切向弹力 (F_t, N)		径向弹力 (F_d, N)	
	基本尺寸	极限偏差	基本尺寸	极限偏差	基本尺寸	极限偏差	基本弹力	极限偏差	基本弹力	极限偏差
30	1.25								6.0	
31	1.30								6.2	
32	1.35						—		6.7	
33	1.40									
34	1.40								6.5	
35	1.45								6.9	
36	1.50								7.1	
37	1.55						—		7.5	
38	1.60								7.7	
39	1.65								8.2	
40	1.65								7.7	
41	1.70								8.2	
42	1.75						—	—	8.4	
43	1.80	±0.15		−0.010					8.8	
44	1.85	同一片		−0.025					9.0	
45	1.90	环上最	1.2	磷化环:	0.15	+0.20			9.2	±30%
46	1.90	大差:		−0.005		0			9.0	
47	1.95	0.15		−0.030			—		9.2	
48	2.00								9.7	
49	2.05								9.9	
50	2.10						4.8		10.3	
51	2.15						4.9		10.5	
52	2.15						4.7		10.1	
53	2.15						4.9		10.5	
54	2.20						5.0	±30%	10.8	
55	2.30						5.2		11.2	
56	2.35						5.4		11.6	
57	2.40						5.5		11.8	
58	2.40						5.3		11.4	
59	2.45						5.5		11.8	

续表 (mm)

基本直径 (d_1)	径向厚度 (a_1) 基本尺寸	极限偏差	环高 (h_1) 基本尺寸	极限偏差	闭口工作间隙 (s_1) 基本尺寸	极限偏差	切向弹力 (F_t, N) 基本弹力	极限偏差	径向弹力 (F_d, N) 基本弹力	极限偏差
60	2.50						5.6		12.0	
61	2.55						5.7		12.3	
62	2.60						5.9		12.7	
63	2.65						6.1		13.1	
64	2.65						5.9		12.7	
65	2.70						6.0		12.9	
66	2.75						6.2		13.3	
67	2.80				0.20	+0.20 0	6.3		13.3	
68	2.85						6.5		14.0	
69	2.90						6.6		14.2	
70	2.90						6.4		13.8	
71	2.95						6.6		14.2	
72	3.00	±0.15 同一片环上最大差: 0.15	1.2	-0.010 -0.030			6.7		14.4	
73	3.05						6.9		14.8	
74	3.10						7.1		15.3	
75	3.15			磷化环: -0.005 -0.030			7.2	±30%	15.5	±30%
76	3.15						7.0		15.1	
77	3.20						7.1		15.3	
78	3.25						7.3		15.7	
79	3.30						7.4		15.9	
80	3.35						7.6		16.3	
81	3.40						7.8		16.8	
82	3.40				0.25	+0.25 0	7.6		16.3	
83	3.45						7.7		16.6	
84	3.50						7.9		17.0	
85	3.55						8.0		17.2	
86	3.60						8.2		17.5	
87	3.65						8.3		17.8	
88	3.65						8.1		17.4	
89	3.70						8.3		17.8	
90							8.5		18.2	

注:①中间尺寸的环(如修理尺寸),其径向厚度可选用邻近较小基本直径。

②本表所列 F_t 和 F_d 适用于典型性模量 E 为 100GPa 的灰铸铁环。
平均弹力按径向厚度的基本尺寸(a_1)和平均环高(h_1)计算。

③本标准规定 F_d/F_t 的平均比值为 2.15。直径小于或等于 50mm 的环,其 F_d/F_t
的比值由供需双方协商决定。

R、B 和 M 型钢质薄型矩形环　　　　　　　　　　　　　　　　(mm)

基本直径 (d_1)	径向厚度 (a_1) 基本尺寸	径向厚度 (a_1) 极限偏差	环高 (h_1) 尺寸分栏 1	环高 (h_1) 尺寸分栏 2	环高 (h_1) 极限偏差	闭口工作间隙 (s_1) 基本尺寸	闭口工作间隙 (s_1) 极限偏差	切向弹力 (F_t,N) 与h_1分栏对应 1	切向弹力 (F_t,N) 与h_1分栏对应 2	切向弹力 (F_t,N) 极限偏差	径向弹力 (F_d,N) 与h_1分栏对应 1	径向弹力 (F_d,N) 与h_1分栏对应 2	径向弹力 (F_d,N) 极限偏差
30	1.1										6.8	8.5	
31											7.0	8.8	
32									—	—		7.3	9.1	
33											7.5	9.4	
34	1.3										8.2	10.5	
35											8.4	10.8	
36											8.6	11.1	
37											8.9	11.4	
38											9.2	11.8	
39	1.5	±0.15 同一片环上最大差:0.15	1.2	1.5	-0.010 -0.025	0.15	+0.20 0				9.5	12.0	$F_d<$21.5N 时:±30% $F_d≥$21.5N 时:±20%
40											9.7	12.3	
41											9.9	12.5	
42											10.1	12.9	
43											10.3	13.1	
44	1.7										10.5	13.3	
45											11.0	13.5	
46											11.2	14.0	
47									—	—		11.4	14.2	
48											11.6	14.6	
49	1.9										11.8	14.8	
50									5.6	7.0		12.0	15.1	
51									5.7	7.2		12.3	15.5	
52									5.8	5.3		12.5	15.7	
53	2.1								6.0	7.5		12.9	16.1	
54									6.1	7.6		13.1	16.3	

续表 　　　　　　　　　　　　　　　　　　（mm）

基本直径 (d₁)	径向厚度 (a_1)		环高 (h_1)			闭口工作间隙 (s_1)		弹力系数					
			尺寸分栏		极限偏差			切向弹力（F_t,N）			径向弹力（F_d,N）		
								与 h_1 分栏对应		极限偏差	与 h_1 分栏对应		极限偏差
	基本尺寸	极限偏差	1	2		基本尺寸	极限偏差	1	2		1	2	
55	2.1							6.2	7.7		13.3	16.6	
56								6.3	7.9		13.5	17.0	
57								6.4	8.0		13.8	17.2	
58								6.5	8.2		14.0	17.6	
59								6.6	8.3		14.2	17.8	
60	2.3							6.7	8.5		14.4	18.3	
61								6.9	8.6		14.8	18.5	
62								7.0	8.7		15.1	18.7	
63								7.1	8.9		15.3	19.1	
64					−0.010 −0.025	0.15	+0.20 0	7.2	9.0	$F_t<$ 10N 时： ±30% $F_t\geq$ 10N 时： ±20%	15.5	19.4	$F_t<$ 21.5N 时： ±30% $F_d\geq$ 21.5N 时： ±20%
65	2.5	±0.15 同一片环上最大差： 0.15	1.2	1.5				7.3	9.2		15.7	19.8	
66								7.4	9.3		15.9	20.0	
67								7.5	9.4		16.1	20.2	
68								7.6	9.6		16.3	20.6	
69								7.8	9.7		16.8	20.9	
70	2.7							7.9	9.9		17.0	21.3	
71								8.0	10.0		17.2	21.5	
72								8.1	10.1		17.4	21.7	
73								8.2	10.3		17.6	22.1	
74								8.3	10.4		17.8	22.4	
75	2.9							8.4	10.6		18.1	22.8	
76								8.5	10.7		18.3	23.0	
77					−0.010 −0.030	0.20	+0.20 0	8.7	10.8		18.7	23.2	
78	3.1							8.8	11.0		18.9	23.7	
79								8.9	11.1		19.1	23.9	

续表　　　　　　　　　　　　　　　　　　　　　　　　　　（mm）

基本直径 (d_1)	径向厚度 (a_1) 基本尺寸	极限偏差	环高 (h_1) 尺寸分栏 1	2	极限偏差	闭口工作间隙 (s_1) 基本尺寸	极限偏差	切向弹力 (F_t,N) 与h_1分栏对应 1	2	极限偏差	径向弹力 (F_d,N) 与h_1分栏对应 1	2	极限偏差
80	3.1							9.0	11.3		19.4	24.3	
81								9.1	11.4		19.6	24.5	
82								9.2	11.6		19.8	24.9	
83								9.3	11.7		20.0	25.2	
84								9.4	11.8		20.2	25.4	
85	3.3							9.6	12.0		20.6	25.8	
86								9.7	12.1		20.9	26.0	
87		±0.15 同一片环上最大差:0.15		1.2	1.5	-0.010 -0.030	0.25	+0.25 0	9.8	12.3	F_t< 10N时: ±30% F_i≥ 10N时: ±20%	21.1	26.4	F_t< 21.5N时: ±30% F_d≥ 21.5N时: ±20%
88								9.9	12.4		21.3	26.7	
89								10.0	12.5		21.5	26.9	
90	3.5							10.1	12.7		21.7	27.3	
91								10.2	12.8		21.9	27.5	
92								10.3	13.0		22.1	28.0	
93								10.5	13.1		22.6	28.2	
94								10.6	13.3		22.8	28.4	
95	3.7							10.7	13.5		23.0	28.8	
96								10.8	13.7		23.0	29.0	
97								10.9	13.7		23.4	29.5	
98								11.0	13.8		23.7	29.7	
99	3.9							11.1	13.9		23.9	29.9	
100								11.2	14.0		24.1	30.1	

注：①中间尺寸的环（如修理尺寸），其径向厚度可选用邻的较小基本直径环的尺寸。
　　②本表所列 F_1 和 F_d 适用于典型弹性模量 E 为200GPa的钢质环。
　　　平均弹力按径厚度的基本尺寸（a_1）和平均环高（h_1）计算。
　　③本标准规定 F_d/F_1 的平均比值为2.15。直径小于或等于50mm的环，其 F_d/F_t 的比值由供需双方协商决定。

附：M 型—锥面矩形环斜度及其相应数值(′)

斜度	无镀层和镀层环(喷钼或镀环锥面外圆磨削)					
	数值	极限偏差	具有 IF 或 IW(上侧面)		具有 IFU 或 IWU(下侧面)	
			数值	极限偏差	数值	极限偏差
M₁	10	±40 0	10	—	—	—
M₂	30		30	+60 0	—	—
M₃	60	+50 0	60		60	+60 0
M₄	90		90		90	
M₅	120		120		120	

注：1. 薄型矩形仅使用斜度 M_2 或 M_3,不使用具有 IFU 或 IWU(下侧面)的特征。
　　2. 对于斜度 M_3、M_4 和 M_5 的反扭曲 M 环,其扭曲角度应小于或等于最小斜度的 90%
　　3. 对于锥面外圆不磨削的镀层环,其上偏差应加大 10′。

(5) 梯形环 (GB/T14223-93)

梯形活塞环是两侧面倾斜的气环,由于梯形剖面环在径向运动时,侧将不断变化,因而能使燃烧积炭减到最低程度。需防止环黏结时使用,其用于气缸直径小于或等于 200mm 的往复活塞式内燃机活塞。梯形活塞有 T 型—柱面 6°梯形环、TB 型—桶面 6°梯形环、TM 型—锥面 6°梯形型—柱面 15°梯形环、KB 型—桶面 15°梯形环和 KM 型—锥面 15°梯形环

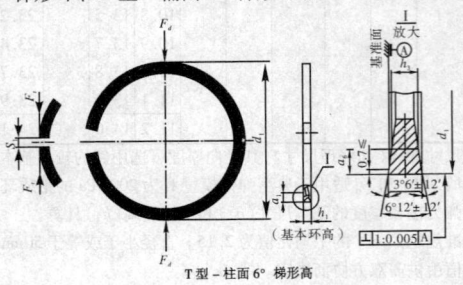

T 型 – 柱面 6° 梯形高

注:①方法 A:a_6 给定值,h_3 被测值。

方法 B:h_3 给定值,a_6 被测值。

②梯形角的偏差由制造过程产生,并非两侧角偏差的叠加。

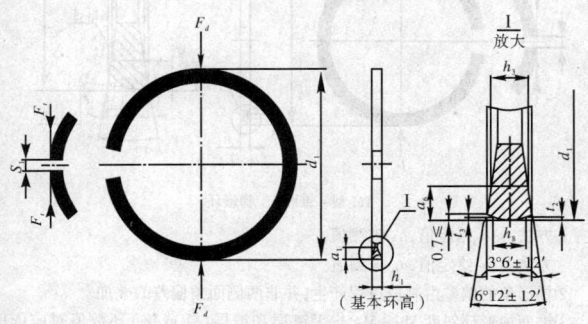

TB 型 – 桶面6° 梯形环

注:①方法 A:a_6 给定值,h_3 被测值。

方法 B:h_3 给定值,a_6 被测值。

②梯形角的偏差由制造过程产生,并非两侧面角偏差的叠加。

③测量高度 h_8 和桶面尺寸:

h_1	h_8	t_2 , t_3	桶面最高点偏离中心的最大值
2.0	1.2	0.003 ~ 0.015	0.30
2.5	1.6		0.40
3.0	2.0	0.005 ~ 0.020	0.50
3.5	2.4		
4.0	2.8	0.005 ~ 0.023	0.60
4.5	3.2		

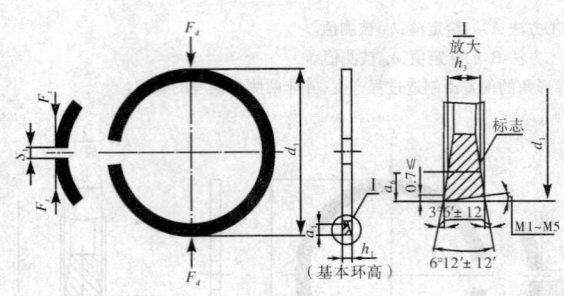

TM 型 – 锥面 6° 梯形环

注:①方法 A:a_6给定值,h_3 被测值。

　　方法 B:h_3给定值,a_6 被测值。

②梯形角的偏差由制造过程产生,并非两侧面角偏差的叠加。

③锥面梯形环斜度 $M_1 \sim M_5$ 与无镀层和镀层(钼或铬)环数值对应依序为

　　(′)—10、30、60、90、120。当镀层环外圆锥面不经磨削时,其上偏差应加

　　大 $10'$(倒:$M_3 = 60' + 70'$)。

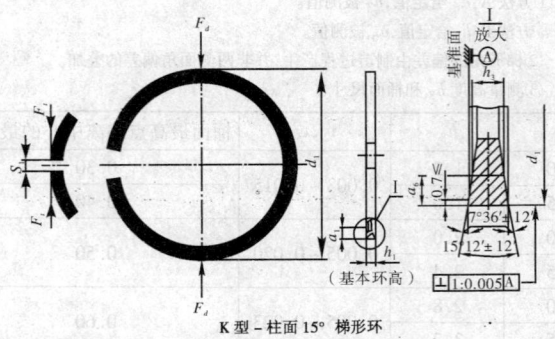

K 型 – 柱面 15° 梯形环

注:①方法 A:a_6给定值,h_3 被测值。

　　方法 B:h_3给定值,a_6 被测值。

②梯形角的偏差由制造过程产生,并非两侧面角偏差的叠加。

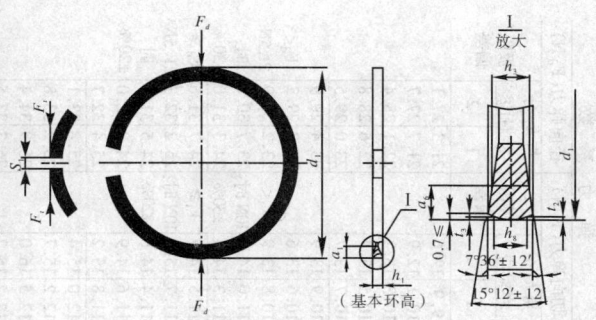

KB 型 – 桶面 15° 梯形环

注:①方法 A:a_6给定值,h_3 被测值。

方法 B:h_3给定值。a_6 被测值。

②梯形角的偏差由制造过程产生,并非两侧面角偏差的叠加。

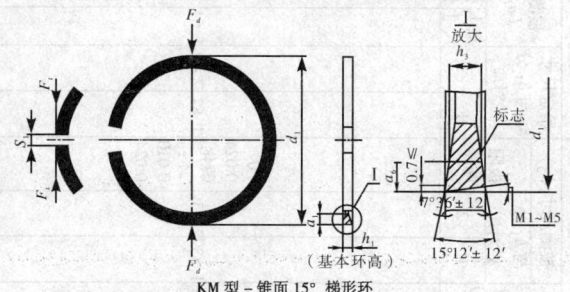

KM 型 – 锥面 15° 梯形环

注:①方法 A:a_6给定值,h_3 被测值。

方法 B:h_3 给定值,a_6 被测值。

②梯形角的偏差由制造过程产生,并非两侧面角偏差的叠加。

[规格]T、TB 和 TM 型 6°梯形环

(mm)

基本直径 (d_1)	径向厚度 (a_1) "正常" 基本尺寸	极限偏差	环高 (h_1) 分栏 1 2	方法 A 给定尺寸 (a_6) 1	2	被测尺寸 (h_3) 与 h_1 分栏对应 1	2	极限偏差	方法 B 给定尺寸 h_3 与 h_1 分栏对应 1	2	被测值 (a_6) 基本尺寸	极限偏差	闭口工作间隙 (s_1) 基本尺寸	极限偏差	切向弹力 (F_t N) 与 h_1 分栏对应 1	2	极限偏差	径向弹力 (F_d N) 与 h_1 分栏对应 1	2	极限偏差
70	2.90		2.0 2.5 1.5	1.83	2.33	1.83	2.33	0 −0.024 磷化环: +0.010 −0.024	1.82	2.32 1.61		0 −0.22 磷化环: +0.09 −0.22	0.20 0.25	+0.20 0 +0.25 0	9.9	12.6	$F_t <$ 10N 时: ±30% $F_t \geq$ 10N 时: ±20%	21.3	27.1	$F_d <$ 21.5N 时: ±30% $F_d \geq$ 21.5N 时: ±20%
71	2.95														10.1	12.9		21.7	27.7	
72	3.00														10.3	13.2		22.1	28.4	
73	3.05														10.5	13.4		22.6	28.8	
74	3.10														10.7	13.7		23.0	29.5	
75	3.15														10.9	13.9		23.4	29.9	
76	3.15	±0.15													10.6	13.6		22.8	29.2	
77	3.20														10.8	13.9		23.2	29.9	
78	3.25														11.0	14.1		23.7	30.3	
79	3.30	片环上最大差 0.15													11.3	14.4		24.3	31.0	
80	3.35														11.5	14.7		24.7	31.6	
81	3.40														11.7	15.0		25.2	32.3	
82	3.40														11.4	14.6		24.5	31.4	
83	3.45														11.6	14.9		24.9	32.0	
84	3.50														11.8	15.2		25.4	32.7	
85	3.55														12.0	15.5		25.8	33.1	
86	3.60														12.2	15.7		26.2	33.8	
87	3.65														12.5	16.0		26.9	34.4	
88	3.65														12.2	15.2		26.2	33.5	

续表

(mm)

基本直径 (d_1)	径向厚度 (a_1)"正常" 基本尺寸	径向厚度 极限偏差	环高 (h_1) 给定尺寸 分栏1	环高 (h_1) 给定尺寸 分栏2	方法A 给定尺寸 (a_6)	方法A 被测尺寸 (h_3) 极限偏差	方法A 被测尺寸 分栏1	方法A 被测尺寸 分栏2	方法B 给定尺寸 h_3与h_1分栏对应 1	方法B 给定尺寸 h_3与h_1分栏对应 2	方法B 被测值 (a_6) 基本尺寸	方法B 被测值 (a_6) 极限偏差	闭口工作间隙 (s_1) 基本尺寸	闭口工作间隙 (s_1) 极限偏差	切向弹力 (F_t N) 与h_1分栏对应 1	切向弹力 (F_t N) 与h_1分栏对应 2	切向弹力 极限偏差	径向弹力 (F_d N) 与h_1分栏对应 1	径向弹力 (F_d N) 与h_1分栏对应 2	径向弹力 极限偏差
90	3.75	±0.15 同一片环上最大差 0.15	2.5	3.5	2.0	0 / -0.024 磷化环: +0.010 / -0.024	2.278	2.778	2.27	2.77	2.08	0 / -0.22 磷化环: +0.09 / -0.22	0.30 / 0.25	0	16.1	19.6	$F_t <$ 10N时: ±30% $F_t \geq$ 10N时: ±20%	34.6	42.1	$F_d <$ 21.5 N时: ±30% $F_d \geq$ 21.5 N时: ±20%
91	3.80														16.3	20.0		35.0	43.0	
92	3.85														16.6	20.3		35.7	43.6	
93	3.90														16.9	20.6		36.3	44.3	
94	3.90														16.5	20.2		35.5	43.4	
95	3.95														16.8	20.5		36.1	44.1	
96	4.00														17.1	21.0		36.8	44.9	
97	4.00														17.3	21.2		37.2	45.6	
98	4.05														17.6	21.5		37.8	46.2	
99	4.10														17.9	21.9		38.5	47.1	
100	4.15	±0.20 同一片环上最大差 0.20													17.5	21.4		37.6	46.0	
101	4.15														17.7	21.7		38.1	46.7	
102	4.20														18.0	22.0		38.7	47.3	
103	4.25														18.2	22.3		39.1	47.9	
104	4.30														18.1	21.9		38.5	47.1	
105	4.35														18.3	22.5		38.9	48.4	
106	4.40														18.0	22.0		39.3	47.3	
107	4.40														18.2	22.3		38.7	47.9	
108	4.45														18.2	22.3		39.1	47.9	
109	4.5														18.4	22.6		39.6	48.6	

（mm）

续表

基本直径 (d₁)	径向厚度 (a₁) "正常" 基本尺寸	极限偏差	环高 (h₁) 给定尺寸	分栏 1	分栏 2	方法 A 给定尺寸 (a₆)	被测尺寸 (h₃) 1	被测尺寸 (h₃) 2	极限偏差	方法 B 给定尺寸 h₃ 与 h₁ 分栏 1	分栏 2	被测值 (a₆)	基本极限尺寸偏差	闭口工作间隙 (s₁) 基本极限尺寸偏差	切向弹力 (F₁ N) 1	2	极限偏差	径向弹力 (F_d N) 1	2	极限偏差
110	4.55	±0.20 同上片环大差:0.20	2.5 3.0 3.5			2.0 2.5	2.278 2.724	2.778 3.224	0 -0.024 磷化环: +0.010 -0.024	2.27 2.71	2.77 3.21	2.08 2.63	0 -0.22 磷化环: +0.09 -0.22	0.35 +0.25 0	18.6	22.8	F₁<10 N时:±30% F₁≥10N时:±20%	40.0	49.0	F_d<21.5 N时:±30% F_d≥21.5 N时:±20%
111	4.55														18.2	22.4		39.1	48.2	
112	4.60														18.5	22.7		39.8	48.8	
113	4.65														18.7	22.9		40.2	49.2	
114	4.70														18.9	23.2		40.6	49.9	
115	4.70														18.6	23.2		40.0	49.0	
116	4.75														18.8	23.1		40.4	49.7	
117	4.80														19.0	23.4		40.9	50.3	
118	4.80														18.7	22.9		40.2	49.2	
119	4.85														18.9	23.2		40.6	49.9	
120	4.90														19.1	23.5		41.1	50.5	
121	4.95														19.3	23.8		41.5	51.2	
122	4.95														19.0	23.3		40.9	50.1	
123	5.00														19.2	23.6		41.3	50.7	
124	5.05														19.4	23.9		41.7	51.4	
125	5.05														23.4	27.8		50.3	59.8	
126	5.10														23.7	28.1		51.0	60.4	
127	5.15														24.0	28.5		51.6	61.3	
128	5.20														24.2	28.8		52.0	61.9	
129	5.20														23.8			51.2	60.8	

续表

(mm)

基本直径 (d₁) 分栏	径向厚度 (a₁) "正常" 基本尺寸	极限偏差	环高 (h₁) 分栏 1	2	方法 A 给定尺寸 (a₆)	被测尺寸 (h₃) 与 h₁ 分栏对应 1	2	极限偏差	方法 B 给定尺寸 h₃ 与 h₁ 分栏对应 1	2	被测值 (a₆) 基本尺寸	极限偏差	闭口间佣间隙 (s₁) 基本尺寸	极限偏差	切向弹力 (F_t N) 与 h₁ 分栏对应 1	2	极限偏差	径向弹力 (F_d N) 与 h₁ 分栏对应 1	2	极限偏差
130	5.25														24.0	28.5		51.6	61.3	
131	5.30														24.3	28.9		52.2	62.1	
132	5.30														23.9	28.4		51.4	61.1	
133	5.35														24.1	28.7		51.8	61.7	
134	5.40														24.0	29.0		52.5	62.4	
135	5.40														24.0	28.5		51.6	61.3	
136	5.45														24.3	28.8		52.2	61.9	
137	5.50	±0.20			3.08.5 2.5 2.72 43.224			0 −0.024 磷化环: +0.010 −0.024	2.71 3.21 2.63			0 −0.22 磷化环: +0.09 −0.22		+0.40 0.25 0	24.5	29.1	F_t < 10N 时: ±30% F_t ≥ 10N 时: ±20%	52.7	62.6	F_d < 21.5 N 时: ±30% F_d ≥ 21.5 N 时: ±20%
138	5.50	同一片环上最大差: 0.20													24.1	28.7		51.8	61.7	
139	5.55														24.4	29.0		52.5	62.4	
140	5.60														24.6	29.3		52.9	63.0	
141	5.65														24.9	29.6		53.5	63.6	
142	5.65														24.5	29.1		52.7	62.6	
143	5.70														24.7	29.4		53.1	63.2	
144	5.75														25.0	29.7		53.8	63.9	
145	5.75														24.6	29.3		52.9	63.0	
146	5.80														24.9	29.6		53.5	63.6	
147	5.85														25.1	29.9		54.0	64.3	
148	5.85														24.7	29.4		53.1	63.2	
149	5.90														25.0	29.7		53.8	63.9	

续表

(mm)

基本直径 (d_1) 基本尺寸	极限偏差	径向厚度 (a_1)"正常" 基本尺寸	极限偏差	环高 (h_1) 分栏 1	2	方法 A 给定尺寸 (a_6)	被测尺寸与 h_1 分栏对应 (h_3) 1	2	极限偏差	方法 B 给定尺寸 h_3 与 h_1 分栏对应 1	2	被测值 (a_6) 基本尺寸	极限偏差	闭口销间隙 (s_1) 基本尺寸	极限偏差	弹 力 系 数 切向弹力 (F_t N) 与 h_1 分栏对应 1	2	极限偏差	径向弹力 (F_d N) 与 h_1 分栏对应 1	2	极限偏差
150		5.95														25.0	29.8		53.8	61.4	
152		6.00														24.9	29.7		53.5	63.9	
154		6.05														24.8	29.5		53.3	63.4	
155		6.10		3.0	3.5	2.5	2.724	3.224	0 −0.029 磷化环: +0.010 −0.029	2.71	3.21	2.63	0 −0.27 磷化环: 0.09 −0.27	0.50	+0.30 0	25.0	29.8	$F_t<10$ N时: ±30%	53.8	64.1	$F_d<21.5$ N时: ±30%
156		6.15	±0.20													25.2	30.1		54.2	64.7	
158		6.20														25.1	29.9		54.0	64.3	
160		6.25														25.0	29.8		53.8	64.1	
162		6.35	同一片环													25.4	30.3		54.6	65.1	
164		6.40	上最大差 0.20													25.3	30.2	$F_t≥10$ N时: ±20%	54.4	64.9	$F_d≥21.5$ N时: ±20%
165		6.40														25.0	29.8		53.8	64.1	
166		6.45														25.2	30.0		54.2	64.5	
168		6.50														25.1	29.9		54.0	64.3	
170		6.60		3.5	4.0	3.0	3.175	3.672		3.15	3.65	3.20		0.60		30.4	35.4		65.4	76.1	
172		6.65														30.3	35.2		65.1	75.7	
174		6.70														30.2	35.1		64.9	75.5	
175		6.75														30.3	35.2		65.1	75.7	
176		6.80														30.5	35.5		65.6	76.3	
178		6.85														30.4	35.4		65.4	76.1	

续表

(mm)

基本直径 (d_1)	径向厚度 (a_1) "正常" 基本尺寸	极限偏差	环高 (h_1) 分栏 1	2	方法 A 给定尺寸 (a_6)	被测理尺寸 (h_3) 与 h_1 分栏对应 1	2	极限偏差	方法 B 给定尺寸 h_3 与 h_1 分栏对应 1	2	被测值 (a_6) 基本尺寸	极限偏差	闭口间隙 (s_1) 基本尺寸	极限偏差	切向弹力 (F_t N) 与 h_1 分栏对应 1	2	极限偏差	径向弹力 (F_d N) 与 h_1 分栏对应 1	2	极限偏差
180	6.90														30.3	35.2		65.1	75.7	
182	6.95														30.3	35.1		64.7	75.5	
184	7.05														30.6	35.7		65.8	76.8	
185	7.05														30.3	35.2	$F_t<10$ N 时：±30%	65.1	75.7	$F_d<$ 21.5N 时：±30%
186	7.10 ±0.20		3.5	4.0	3.0	3.172	3.672	+0.010 -0.029 / 0 -0.029	3.15	3.65	3.20	0 -0.27 / +0.09 -0.27	0.30 0.60	+0.30 0	30.5	35.5		65.6	76.3	
188	7.15					磷化环上最大差：	片环：	同上		磷化环：					30.1	35.1		65.4	76.1	
190	7.20														30.3	35.2	$F_t≥10$ N 时：±20%	65.1	75.7	$F_d≥$ 21.5N 时：±20%
192	7.25														30.1	35.1		64.7	75.5	
194	7.35														30.6	35.7		65.8	76.8	
195	7.35														30.2	35.2		64.9	75.7	
196	7.40														30.5	35.5		65.6	76.3	
198	7.45														30.4	35.4		65.4	76.1	
200	7.50														30.2	35.2		64.9	75.7	

注：①中间尺寸的环（如修理尺寸），其径向厚度可选用邻近较小基本直径环的尺寸。

②本表所列 F_t 和 F_d 适用于典型弹性模量 E 为 100GPa 的灰铸铁。平均弹力按径向厚度的基本尺寸(a_1)和平均环高(h_1)计算。

③本标准规定 F_d/F_t 的平均比值为 2.15。

（mm）

K、KB 和 KM 型 15°梯形环

| 基本直径 (d_1) | 径向厚度 (a_1) "正常" | | 环高 (h_1) 给定尺寸 | | 方法 A | | | | 方法 B | | | | 闭口间隙 (s_1) | | 弹力 $(F_t\ \text{N})$ | | | 系数 | | |
| | | | | | 被测尺寸 (h_3) 与h_1分栏对应 | | 给定尺寸 (a_6) | h_3 极限偏差 | 给定尺寸 h_3 与h_1分栏对应 | | 被测值 (a_6) | | 基本尺寸 | 极限偏差 | 切向弹力 $(F_t\ \text{N})$ 与h_1分栏对应 | | 极限偏差 | 径向弹力 与h_1分栏对应 | | 径向弹力 $(F_d\ \text{N})$ 极限偏差 |
	基本尺寸	极限偏差	1	2	1	2			1	2	基本尺寸	极限偏差			1	2		1	2	
80	3.35		2.5	3.0	2.097	2.597	1.5	0 −0.029 磷化环: +0.010 −0.029	2.10	2.60	1.49	0 −0.11 磷化环: +0.04 −0.11	0.25	+0.25 0	12.8	16.0	$F_t<10$ N时:±30% $F_t\geqslant10$ N时:±20%	27.5	34.4	$F_d<21.5$ N时:±30% $F_d\geqslant21.5$ N时:±20%
81	3.40														13.0	16.3		28.0	35.0	
82	3.45														12.7	15.9		27.3	34.2	
83	3.50														12.9	16.2		27.7	34.8	
84	3.55														13.1	16.5		28.2	35.5	
85	3.60														13.3	16.7		28.6	35.9	
86	3.65	±0.15													13.5	17.0		29.0	36.6	
87	3.65	同													13.7	17.3		29.5	37.2	
88	3.70	片状环: 上最大差 0.15													13.4	16.9		28.8	36.3	
89	3.75														13.6	17.1		29.2	36.8	
90	3.75														13.6	17.3		29.5	37.1	
91	3.80												0.30		13.9	17.6		29.9	37.8	
92	3.85														14.1	17.8		30.0	38.3	
93	3.90														14.3	18.1		30.7	38.9	
94	3.90														14.0	17.7		30.1	38.1	
95	3.95														14.1	17.9		30.3	38.5	
96	4.00														14.3	18.2		30.7	39.1	
97	4.05														14.5	18.5		31.2	39.8	
98	4.10														14.7	18.7		31.6	40.2	
99	4.15														14.9	19.0		32.0	40.9	

续表

（mm）

说明（各栏通用数据）：

- 径向厚度（a_1）"正常" 极限偏差：+0.20；同一片环上最大差 0.20
- 环高（h_1）分栏：1 = 3.0；2 = 3.5
- 方法 A：给定尺寸（a_6）= 2.0；被测尺寸（h_3）分栏 1 = 2.463，2 = 2.963；极限偏差 0 / −0.034，磷化环 +0.010 / −0.034
- 方法 B：给定尺寸 h_3 分栏 1 = 2.45，2 = 2.95；被测值（a_6）基本尺寸 = 2.05；极限偏差 0 / −0.13，磷化环 +0.04 / −0.13
- 闭口间隙（s_1）基本尺寸 0.30 / 0.35；极限偏差 +0.25 / 0
- 弹力（F_t N）极限偏差：$F_t < 10$ N 时 ±30%；$F_t \geq 10$ N 时 ±20%
- 系数（径向弹力 F_d N）极限偏差：$F_d < 21.5$ N 时 ±30%；$F_d \geq 21.5$ N 时 ±20%

基本直径 (d_1)	径向厚度 (a_1) "正常" 基本尺寸	切向弹力 (F_t N) 与 h_1 分栏对应 1	2	径向弹力 (F_d N) 与 h_1 分栏对应 1	2
100	4.15	18.5	22.5	39.8	48.4
101	4.20	18.8	22.8	40.4	49.0
102	4.25	19.2	23.3	40.9	49.7
103	4.30	19.2	23.3	41.3	50.1
104	4.30	18.8	22.9	40.4	49.2
105	4.35	19.0	23.1	40.9	49.7
106	4.40	19.2	23.4	41.3	50.3
107	4.40	18.8	22.9	40.4	49.2
108	4.45	19.0	23.2	40.9	49.9
109	4.50	19.2	23.5	41.3	50.5
110	4.55	19.4	23.6	41.7	50.7
111	4.55	19.0	23.2	40.9	49.9
112	4.60	19.2	23.4	41.3	50.3
113	4.65	19.4	23.7	41.3	51.0
114	4.70	19.6	24.0	42.1	51.6
115	4.70	19.2	23.5	41.3	50.5
116	4.75	19.4	23.7	41.3	50.0
117	4.80	19.6	24.0	42.1	51.6
118	4.80	19.2	23.5	41.3	50.5
119	4.85	19.4	23.8	41.7	51.2

续表

(mm)

基本直径 d_1	径向厚度 a_1 "正常" 基本尺寸	径向厚度 极限偏差	环高 h_1 分栏 1	环高 h_1 分栏 2	方法A 给定尺寸 a_6	方法A 被测尺寸 h_3 与h_1分栏对应 1	方法A 被测尺寸 h_3 2	方法A 极限偏差	方法B 给定尺寸 h_3 与h_1分栏对应 1	方法B 给定尺寸 h_3 2	方法B 被测值 a_6 基本尺寸	方法B 被测值 a_6 极限偏差	闭口工作间隙 s_1 基本尺寸	闭口工作间隙 s_1 极限偏差	切向弹力 F_t,N 与h_1分栏对应 1	切向弹力 F_t 2	切向弹力 极限偏差	径向弹力 F_d N 与h_1分栏对应 1	径向弹力 F_d 2	径向弹力 极限偏差
120	4.90	±0.20 同一片环上最大差 0.20	3.0	3.5	2.0	2.463	2.963	0 -0.034 磷化环 -0.010 -0.034	2.45	2.95	2.05	0 -0.13 磷化环 +0.04 -0.13	0.35	+0.25 0	19.6	24.0	$F_t<$10N时: ±30% $F_t\geq$10N时: ±20%	42.1	51.6	$F_d<$21.5N时: ±30% $F_d\geq$21.5N时: ±20%
121	4.95														19.8	24.3		42.6	52.2	
122	4.95														19.4	23.8		41.7	51.2	
123	5.00														19.6	24.1		42.1	51.8	
124	5.05														19.8	24.3		42.6	52.2	
125	5.05														23.9	28.3		51.4	60.8	
126	5.10														24.1	28.6		51.8	61.5	
127	5.15														24.3	29.2		52.2	62.1	
128	5.20														24.6	29.2		52.6	62.8	
129	5.20														24.1	28.7		51.8	61.7	
130	5.25														24.3	28.9		52.2	62.1	
131	5.30		3.5	4.0	2.5	2.830	3.330		2.80	3.30	2.61		0.40		24.5	29.2		52.7	62.8	
132	5.30														24.1	28.7		51.8	61.7	
133	5.35														24.3	28.9		52.2	62.1	
134	5.40														24.5	29.2		52.7	62.8	
135	5.40														24.1	28.7		51.8	61.7	
136	5.45														24.4	29.0		52.5	62.4	
137	5.50														24.6	29.3		52.9	63.0	
138	5.50														24.2	28.8		52.6	61.9	
139	5.55														24.4	29.1		52.5	62.6	

续表

(mm)

基本直径 (d₁)	径向厚度 (a₁) "正常" 基本尺寸	极限偏差	环高 (h₁) 1	环高 (h₁) 2	方法 A 给定尺寸 (a₆)	方法 A 被测尺寸 (h₃) 1	方法 A 被测尺寸 (h₃) 2	方法 A 极限偏差	方法 B 给定尺寸 h₃ 1	方法 B 给定尺寸 h₃ 2	方法 B 被测值 (a₆) 基本尺寸	方法 B 极限偏差	闭口工作间隙 (s₁) 基本尺寸	闭口工作间隙 (s₁) 极限偏差	切向弹力 (F₁ N) 1	切向弹力 (F₁ N) 2	切向弹力 (F₁ N) 极限偏差	径向弹力 (F_d N) 1	径向弹力 (F_d N) 2	径向弹力 (F_d N) 极限偏差
140	5.60														24.6	29.3		52.9	63.0	
141	5.65														24.8	29.6		53.3	63.6	
142	5.65														24.4	29.1		52.5	62.6	
143	5.70														24.6	29.4		52.9	63.2	
144	5.75														24.8	29.6		53.3	63.6	
145	5.75												0.40	+0.25 / 0	24.4	29.2		52.5	62.8	F_d < 21.5 N 时: ±30%
146	5.80	+0.20					2.830	3.330	0 / −0.034 磷化环: +0.010 / −0.034	2.80	3.30	2.61	0 / −0.13 磷化环: +0.04 / −0.13			24.6	29.4	F₁<10 N 时: ±30%	52.9	63.2	
147	5.85		3.5	4.0	2.5										24.8	29.7		53.3	63.9	
148	5.85	同一片上最大差 0.20													24.4	29.2	F₁≥10 N 时: ±20%	52.5	62.8	
149	5.90														24.6	29.5		52.9	63.4	
150	5.95														24.7	29.5		53.1	63.4	F_d ≥ 21.5 N 时: ±20%
152	6.00												0.50	+0.30 / 0	24.5	29.3		52.7	63.0	
154	6.05														24.3	29.1		52.7	62.6	
155	6.10														24.5	29.4		52.7	63.2	
156	6.15														24.7	29.6		53.1	63.6	
158	6.20														24.5	29.4		52.7	63.2	

续表

(mm)

基本直径(d₁) 基本尺寸	径向厚度(a₁)"正常" 基本尺寸	径向厚度 极限偏差	环高(h₁) 给定尺寸(a₆) 1	2	方法A 被测尺寸(h₃) 1	2	极限偏差	方法B 给定尺寸 h₃ 1	2	被测值(a₆) 基本尺寸	极限偏差	闭口间隙(s₁) 基本尺寸	极限偏差	切向弹力(F_t N) 1	2	极限偏差	径向弹力(F_d N) 1	2	极限偏差
160	6.25	同一片环上差最大差 0.20 +0.20 0.20	3.5	4.0	2.830	3.330	0 -0.034 磷化环: +0.010 -0.034	2.80	3.30	2.61	0 -0.13 磷化环: +0.04 -0.13	0.50	+0.30 0	24.3	29.2	F_t<10 N时: ±30% F_t≥10 N时: ±20%	52.2	62.8	F_d<21.5 N时: ±30% F_d≥21.5 N时: ±20%
162	6.35													24.6	29.7		52.9	63.9	
164	6.40													24.5	29.5		52.7	63.4	
165	6.40													24.1	29.1		51.8	62.6	
166	6.45													24.3	29.3		52.2	63.0	
168	6.50													24.1	29.1		51.8	62.6	
170	6.60		4.0	4.5	3.191	3.691	0 -0.039 磷化环: +0.010 -0.039	3.20	3.70	2.98	0 -0.15 磷化环: +0.04 -0.15	0.60		29.5	34.5		63.4	74.2	
172	6.65													29.3	34.3		63.0	73.7	
174	6.70													29.1	34.1		62.6	73.3	
175	6.75													29.2	34.2		62.8	73.5	
176	6.80													29.4	34.4		63.2	74.0	
178	6.85													29.2	34.2		62.8	73.5	
180	6.90													29.0	34.0		62.4	73.1	
182	6.95													28.8	33.9		61.9	72.9	
184	7.05													29.2	34.3		62.8	73.7	

续表
(mm)

基本直径 (d₁)	径向厚度 (a₁) "正常" 基本尺寸	极限偏差	环高 (h₁) 分栏 1	2	方法 A 给定尺寸 (a₆)	方法 A 被测尺寸 (h₃) 与 h₃ 分栏对应 1	2	极限偏差	方法 B 给定尺寸 h₃ 与 h₃ 分栏对应 1	2	被测值 (a₆) 基本尺寸	极限偏差	闭口工作间隙 (s₁) 基本尺寸	极限偏差	切向弹力 (F₁ N) 与 h₁ 分栏对应 1	2	极限偏差	径向弹力 (F_d N) 与 h₁ 分栏对应 1	2	极限偏差
185	7.05														28.8	33.9		61.9	72.9	
186	7.10														29.0	34.1		62.4	73.3	
188	7.15														28.8	33.9		61.9	72.9	
190	7.20	±0.20	4.0	4.5	3.0	3.191	3.691	0 −0.039 磷化环: +0.010 −0.039	3.20	3.70	2.98	0 −0.15 磷化环: +0.04 −0.15	0.60 +0.30		28.7	33.7	F₁<10 N 时: ±30% F₁≥10 N 时: ±20%	61.7	72.5	F_d<21.5 N 时: 30% F_d≥21.5 N 时: ±20%
192	7.25	同一片环上最大差 0.20													28.5	33.6		61.3	72.2	
194	7.35														28.8	34.0		61.9	73.1	
195	7.35														28.5	33.6		61.3	72.2	
196	7.40														28.7	33.8		61.7	72.7	
198	7.45														28.5	33.6		61.3	72.2	
200	7.50														28.3	33.4		60.8	71.8	

注：①中间尺寸的环（如修理尺寸），其径向厚度变更可选用邻近较小基本直径环的尺寸。
②本表所列 F₁ 和 F_d 适用于弹型弹性模量 E 为 100GPa 的灰铸铁环。
③本标准规定 F_d/F₁ 的平均比值为 2.15。

(6) 楔形环(GB/T14223-93)

楔形活塞环是一个侧面倾斜的气环。通常楔形面朝向燃烧室,其适用于气缸直径小于或等于 200mm 的往复活塞式内燃机活塞。楔形活塞环有 HK 型—柱面 7°薄型楔形环和 HKB 型—桶面 7°薄型楔形环。

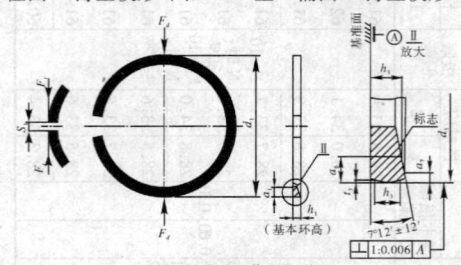

HK 型 – 柱面 7° 薄型楔形环

注:方法 A:a_6 给定值,h_3 被测值。
　　方法 B:h_3 给定值,a_6 被测值。

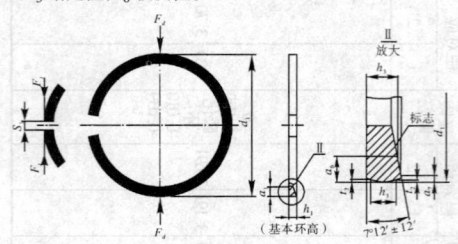

HKB 型 – 桶面 7° 薄型楔形环

注:测量高度 h_8 和桶面尺寸。

h_1	h_8	t_2 , t_3	桶面最高点偏离中心的最大值
1.25	0.6	0.002 ~ 0.012	0.2
1.55	0.8	0.003 ~ 0.015	0.25

表1　HK 和 HKB 型替铁型薄型楔形环

基本直径 (d_1)	径向厚度 (a_1) 基本尺寸	径向厚度 (a_1) 极限偏差	环高 (h_1) 1	环高 (h_1) 2	给定分垫 $(a_6)(a_7)$	方法A 板测尺寸 h_3 与 h_1 分垫对应 1	方法A 板测尺寸 h_3 与 h_1 分垫对应 2	方法A 极限偏差	方法B 锭定尺寸 h_3 与 h_1 分垫对应 1	方法B 锭定尺寸 h_3 与 h_1 分垫对应 2	方法B 板测值 (a_6) 基本尺寸	方法B 板测值 (a_6) 极限偏差	方法B a_7	闭口工作间隙 (s_1) 基本尺寸	闭口工作间隙 (s_1) 极限偏差	切向弹力 $(F_1 N)$ 1	切向弹力 $(F_1 N)$ 2	切向弹力 极限偏差	径向弹力 系数 $(F_d N)$ 1	径向弹力 系数 $(F_d N)$ 2	径向弹力 极限偏差
38	1.60																		7.2	—	
39	1.65																		7.6		
40	1.65				0.8	1.143			1.13		0.91			0.15			—		7.2	—	
41	1.70		1.25	—			—	0/−0.024 磷化环 +0.010/−0.024		—		0/−0.19 磷化环 −0.08/−0.19	0.5 max						7.6		
42	1.75																		7.8		
43	1.80																		8.2	10.5	
44	1.85																		8.3	10.8	
45	1.90				1.0	1.118	1.418		1.11	1.41	1.06								8.5	11.2	
46	1.90	±0.15 同一片环上最大差																	8.3	10.6	
47	1.95															—			8.5	10.9	
48	2.00				0.5 max										±30%				8.9	11.4	±30%
49	2.05																		9.0	11.8	
50	2.10															4.4	5.6		9.4	12.1	
51	2.15	0.15	1.55													4.5	5.8		9.6	12.5	
52	2.15				1.2	1.093	1.393		1.08	1.38	1.3					4.3	5.5		9.2	11.9	
53	2.20									1.3						4.5	5.7		9.6	12.3	
54	2.25															4.6	5.9		9.7	12.7	
55	2.30															4.7	6.0		10.1	13.0	
56	2.35															4.9	6.2		10.4	13.4	
57	2.40															4.9	6.4		10.5	13.8	

续表

(mm)

基本直径 (d₁)	径向厚度 (a₁) 基本尺寸	径向厚度 (a₁) 极限偏差	环高 (h₁) 分栏 1	环高 (h₁) 分栏 2	给定分栏 (a₇)	给定分栏 (a₆)	方法A 被测尺寸 h₃ 分栏1 基本	极限偏差	分栏2 基本	极限偏差	(a₇) 极限偏差	方法B 综定尺寸 h₃ 分栏1	分栏2	被测值 (a₆) 基本	极限偏差	(a₇) 极限偏差	闭口工作间隙 (s₁) 基本	极限偏差	切向弹力(F₁N) 1	2	极限偏差	径向弹力系数(F_dN) 1	2	极限偏差
58	2.40																		4.7	6.2		10.1	13.4	
59	2.45																		4.9	6.4		10.5	13.8	
60	2.50		1.25	1.55	1.2		1.093	0 −0.024	1.393	0 −0.024	0.5 max	1.08	1.38	1.3	0 −0.19	0.5 max	0.15		5.0	6.5		10.7	14.0	
61	2.55																		5.1	6.7		10.9	14.4	
62	2.60	±0.15					磷化环: 1.090	磷化环: +0.010 −0.024	磷化环: 1.390	磷化环: +0.010 −0.024					磷化环: −0.08 −0.19			+0.20 0	5.3	6.9	±30%	11.3	14.8	±30%
63	2.65	同一片环上最大差: 0.15																	5.4	7.0		11.7	15.0	
64	2.65				1.2						0.6 max	1.08	1.38	1.28		0.6 max	0.20		5.3	6.7		11.3	14.4	
65	2.70																		5.3	6.9		11.5	14.8	
66	2.75																		5.5	7.1		11.7	15.3	
67	2.80						1.090		1.390										5.5	7.3		11.9	15.6	
68	2.85																		5.7	7.5		12.3	16.0	
69	2.90																		5.7	7.6		12.4	16.2	
70	2.90				1.5		1.053		1.353			1.04	1.34	1.60					5.6	7.3		12.0	15.7	

注：①中间尺寸的环（如修理尺寸），其径向厚度可选用邻近较大基本直径环的尺寸。
②本表所列 F₁ 和 F_d 适用于典型弹性模量 E 为 100GPa 的灰铸铁环。
平均弹力按径向厚度的基本尺寸(a₁)和平均环高(h₁)计算。
③本标准规定 F_d/F₁ 的平均比值为 2.15。直径小于或等于 50mm 的环，其 F_d/F₁ 的比值由供需双方协商确定。

HK 和 HKB 型钢质薄型楔形环 (mm)

基本直径 (d₁)	径向厚度 (a_1) 基本尺寸	径向厚度 (a_1) 极限偏差	环高 (h) 分栏 1	环高 (h) 分栏 2	给定尺寸 (a_6)	给定尺寸 (a_7)	方法A 故测尺寸 h_3 与h_1分栏对应 极限偏差 1	2	方法A 给定尺寸 h_3 与h_1分栏对应 1	2	方法B 故测值 (a_6) 基本尺寸	极限偏差	(a_7)	闭口隙 作用间隙 (s_1) 基本尺寸	极限偏差	切向弹力 (F_t,N) 极限偏差	与h_1分栏对应 1	2	径向弹力 (F_d,N) 极限偏差	与h_1分栏对应 1	2
38	1.5		1.25	1.55	0.8		1.143	—	1.13	—	0.91						5.3	6.7		8.8	12.6
39	1.5				0.8												5.4	6.8		9.1	12.8
40	1.7				1.0		1.118	1.418	1.11	1.41	1.06						5.5	6.9			13.0
41	1.7																				
42	1.7	±0.15 — 同一片环上最大差: 0.15				a_7 0.5 max		偏差 0/−0.004			偏差 0/−0.19 max			基本尺寸 0.15	极限偏差 +0.20/0	$F_t<10$ N时: ±30% $F_t≥10$ N时: ±20%	5.6	7.1	$F_d<21.5$ N时: ±30% $F_d≥21.5$ N时: ±20%	9.3	12.6
43	1.7																5.7	7.1		9.5	12.8
44	1.7																			9.7	13.0
45	1.9				1.2		1.093	1.393	1.08	1.38	1.3									9.8	13.4
46	1.9																—			10.0	13.6
47	1.9																			10.5	13.9
48	1.9																			10.6	14.1
49	1.9																			10.9	14.3
50	2.1																			10.9	14.7
51	2.1																			11.1	14.9
52	2.1																			11.3	15.1
53	2.1																			11.6	15.3
54																				11.8	

注：径向弹力 (F_d,N) 分栏1其余值：12.0、12.2

续表

（mm）

基本直径 (d₁) 基本尺寸	径向厚度 (a₁) 基本尺寸	极限偏差	环高 (h) 1	环高 (h) 2	给定尺寸 (a₆)	(a₇)	方法A 检测尺寸 h₃ 与 h₁ 分栏对应 1	极限偏差	2	极限偏差	方法B 给定尺寸 h₃ 1	2	检测值 (a₆) 基本尺寸	极限偏差	(a₇)	闭口间作间隙 (s₁) 基本尺寸	极限偏差	切向弹力 (F N) 1	2	极限偏差	径向弹力 (F_d N) 1	2	极限偏差
55	2.1						1.093	0 / −0.004	1.393	0 / −0.004	1.08	1.38	1.3	0 / −0.19		0.15	+0.20 / 0	5.8	7.2		12.4	15.6	
56																		5.9	7.4		12.6	16.0	
57																		6.0	7.5		12.8	16.2	
58						0.5 max												6.0	7.6		12.9	16.4	
59																		6.1	7.7		13.1	16.6	
60	2.3	±0.15	1.25	1.55	1.2		1.09	0 / −0.004	1.39	0 / −0.004	1.08	1.38	1.28	0 / −0.19				6.2	8.0		13.2	17.2	
61		同一片环最大差 0.15																6.3	8.1		13.6	17.4	
62																		6.4	8.2	F_t<10 N 时：±30%	13.9	17.6	F_d<21.5 N 时：±30%
63																		6.5	8.3		13.9	17.8	
64																		6.6	8.4		14.1	18.0	
65	2.5						1.053		1.353		1.04	1.34	1.6		0.6 max			6.6	8.6		14.3	18.4	
66																		6.7	8.7		14.5	18.6	
67					1.5													6.8	8.7	F_t≥10 N 时：±20%	14.7	18.8	F_d≥21.5 N 时：±20%
68																0.20		6.9	8.8		14.7	19.0	
69																		7.0	8.9		15.1	19.2	
70	2.7				1.5													7.1	9.1		15.3	19.6	
71																		7.2	9.2		15.5	19.8	
72																		7.3	9.3		15.7	20.0	
73	2.9																	7.3	9.4		15.7	20.1	
74																		7.4	9.5		15.8	20.4	

续表

（mm）

基本直径 (d₁)	径向厚度 (a₁) 基本尺寸	径向厚度 (a₁) 极限偏差	环高 (h) 分栏 1	环高 (h) 分栏 2	方法A 铅定尺寸 (a₆)	方法A 铅定尺寸 (a₇)	方法A 截测尺寸 h₃ 与 h₁ 分栏对应 极限 1	极限 2	极限偏差	方法B 铅定尺寸 h₃ 与 h₁ 分栏对应 1	2	极限偏差	方法B 截测值 (a₆) 基本尺寸	极限偏差	闭口工 (a₇)	闭口隙 作同隙 (s₁) 基本尺寸	极限偏差	弹力系数 切向弹力 (F,N) 与 h₁ 分栏对应 1	2	极限偏差	径向弹力 (F_d N) 与 h₁ 分栏对应 1	2	极限偏差
75	2.9	±0.15 同一片环上最大差: 0.15	1.25	1.55													+0.25 / 0	7.5	9.6		16.1	20.7	
76																		7.6	9.7		16.3	20.9	
77																		7.7	9.8		16.6	21.1	
78																		7.7	10.0		16.6	21.6	
79																		7.8	10.1		16.8	21.7	
80	3.1				1.5	0.6 max	1.053	1.353	0 / -0.034	1.04	1.34	0 / -0.024	1.6	0 / -0.19 max	0.6 max	0.25		7.9	10.3	F_t<10 N时: ±30%; F_t≥10 N时: ±20%	17.1	22.1	F_d<21.5 N时: ±30%; F_d≥21.5 N时: ±20%
81																		8.0	10.4		17.2	22.3	
82																		8.1	10.5		17.4	22.7	
83																		8.1	10.5		17.4	22.7	
84																		8.2	10.6		17.6	22.9	
85	3.3				2.0		—	1.289		1.28	—		2.07			0.30		8.4	10.8		17.9	23.2	
86																		8.4	10.9		18.2	23.4	
87																		8.5	11.1		18.4	23.6	
88																		8.5	11.0		18.3	23.8	
89																		8.6	11.1		18.5	23.9	
90	3.5																	—	11.3		—	24.3	
91																		—	11.4		—	24.5	
92																		—	11.5		—	24.9	
93																		—	11.6		—	24.8	
94	3.7																					25.0	

续表

基本直径 (d_1)	径向厚度 (a_1) 基本尺寸	极限偏差	环高 (h) 分栏 1	分栏 2	给定尺寸(a_6)	方法 A 数据尺寸 h_3 与 h_1 分栏对应 极限偏差 1	极限偏差 2	极限偏差	给定尺寸(a_7)	方法 B 给定尺寸 h_3 与 h_1 分栏对应 1	2	数测道 (a_6) 基本尺寸	极限偏差	(a_7)	闭口工作间隙 (s_1) 基本尺寸	极限偏差	切向弹力 (F_t, N) 与 h_1 分栏对应 1	2 极限	偏差	径向弹 $(F_d\ N)$ 与 h_1 分栏对应 1	2 极限	偏差
95	3.7	±0.15	1.55	2.0	0.6 max	1.289	—	0 −0.004	—	1.28	2.07	1.28	0 −0.19 max	0.6	0.30	+0.25 0	—	11.8	$F_t<10$ N时: ±30%	—	25.3	$F_d<21.5$ N时: ±30%
96		同一片环上最大																11.9			25.5	
97	3.7	0.15																12.1	$F_t\geqslant10$ N时: ±20%		26.0	$F_d\geqslant21.5$ N时: ±20%
98																		12.1			26.1	
99	3.9	大差: 0.15																12.2			26.3	
100																		12.4			26.7	

注：①中间尺寸的环（如修理尺寸），其径向厚度可选用邻近较小基本直径环的尺寸。

②本表所列 F_t 和 F_d 适用于典型弹性模量 E 为 200GPa 的钢质环。平均弹力按径向厚度的基本尺寸(a_1)和平均环高(h_1)计算。

③本标准规定 F_d/F_t 的平均比值为 2.15。直径小于或等于 50mm 的环，其 F_d/F_t 的比值由供需双方协商决定。

(7) 活塞环配套产品示例

机　型	缸　径	每组缸付数	缸付配比平：油	环组特征
康明斯 6BT	102	6	2:1	球铬梯、普磷梯扭锥、普铬衬
康明斯 6BT	102	6	2:1	渗陶球铬梯、渗陶磷扭锥渗陶铬衬
康明斯 6CT	114	6	2:1	球铬梯、球梯锥、普铬衬
康明斯 NH220	130.175	6	3:1	球铬梯、普梯锥、普铬锥普铬梯钢带衬
康明斯 NT855	139.7	6	3:1	球铬梯、球梯锥、球梯锥普铬钢带衬
康明斯 NH250	139.7	6	3:1	球铬梯、球梯锥、球梯锥球铬衬
康明斯 NH250C	139.7	6	3:1	球铬梯、球梯锥、球梯锥球钢带衬
杭发斯太尔 WD615	126	6	2:1	球镶钼梯扭、普磷锥、普铬衬
桑塔纳 481	81	4	2:1	球磷桶、普磷鼻锥进口钢带铬
桑塔纳 481	81	4	2:1	钢氮桶、普鼻锥进口钢带铬
奥迪 100	81	4	2:1	球铬桶、普鼻锥进口钢带铬
一汽大众捷达	81	4	2:1	球铬、铸铁球铁磷衬
一汽红旗 CA488	87.5	4	2:1	球镶钼、普磷锥进口钢带铬
富康 475Q(TU3)	75	4	2:1	球铬桶、普磷锥普铬衬
富康 475Q(TU3)	75	4	2:1	钢氮桶、普磷锥进口钢带铬

续表 (mm)

机型		缸径	每组缸付数	缸付配比 平:油	环 组 特 征
长安 东安 铃木 松江 昌 五菱	安花河菱 DA462 JL462	62	4	2:1	球钼桶、普磷锥进口钢带铬
		62	4	2:1	球铬桶、普铬锥进口钢带铬
		62	4	2:1	钢铬桶、普磷锥进口钢带铬
		62	4	2:1	钢氮桶、普磷锥进口钢带铬
长安 东安	DA465	65.5	4	2:1	钢铬桶、普磷锥进口钢带铬
夏利 五菱	TJ376Q	76	3	2:1	球铬桶、普磷锥进口钢带铬
		76	3	2:1	钢铬桶、普磷锥进口钢带铬
大柴 6106		106	6	2:1	球钼楔、普磷锥、普铬衬
大柴 6110		110	6	2:1	球铬楔、球铬锥、普铬衬
大柴 6113		113	6	2:1	球铬楔、球铬扭锥、普铬衬
玉柴 6105QC		105	6	2:1	球铬桶、普磷扭锥、普铬衬
玉柴 6108		108	6	2:1	渗陶球铬楔、渗陶磷扭锥、渗陶铬衬
玉柴 6112		111.76	6	2:1	球铬梯、特铬扭锥、普铬衬
朝柴 CY4102A		102	4	2:1	球铬桶、普磷肩锥、普铬衬
朝柴 CY6102A		102	6	2:1	普铬桶、普磷肩锥、普铬衬
朝柴 6102BQ		102	6	2:1	球铬桶、普磷肩、普铬衬
朝柴 6105		105	6	2:1	普铬桶、普磷肩锥、普铬衬
锡柴 6DE1		106	6	2:1	球铬楔、球铬扭锥、普铬衬
锡柴 6DF1		110	6	2:1	球铬楔、球铬扭锥、球铬衬
锡柴 6DF2		110	6	2:1	球铬楔、球磷扭锥、球铬衬

续表 　　　　　　　　　　　　　　　　　（mm）

机型	缸径	每组缸付数	缸付配比 平：油	环组特征
锡柴6113	113	6	2：1	球铬楔、球铬扭锥、普铬衬
连柴 6108ZQ	108	6	2：1	球铬楔、特氮锥普铬衬
柴 4110Q	110	4	2：1	球铬梯、普铬锥普铬衬
柴 CY6102A	102	6	2：1	球铬桶、普磷肩锥普铬衬
柴 4105	105	4	2：1	普铬楔、普磷肩锥普铬衬
柴 DC6113BZ	113	6	3：1	球铬楔、普铬锥普钼锥、普铬衬
柴 DC6118	118	6	2：1	球铬楔、球铬锥普铬衬
柴 W485	85	4	2：1	球铬桶、普磷扭锥普铬衬
柴 4110A	110	4	2：1	球铬楔、普铬锥普铬衬

9. 活塞销

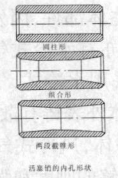

活塞销的内孔形状

【特点及用途】活塞销的功用是连接活塞和连杆小头，将活塞承受的气体作用力传给连杆。活塞销在高温下承受很大的周期性冲击载荷，需要有足够的刚度和强度，要表面耐磨，质量尽可能小。活塞销通常做成空心圆柱体。

【规　格】

活塞销材料：低碳钢或低碳合金钢。

活塞销内孔形状：圆柱形（易加工、质量较大）、两段截锥形（加工较复杂、质量小)、组合形(兼两者特点)。

活塞销与销座间隙(高温工作状态):0.01~0.02mm。

10. 气缸套

【特点及用途】气缸套采用优质耐磨材料镶入缸体内,形成气缸工作表面,目的是降低材料成本,可采用价格较低的普通铸铁或铝合金等材料制造缸体。气缸套的基本尺寸随气缸大小而定。

【规　格】

结构型式	特点	壁厚(mm)	气缸套材料
干缸套	不直接与冷却水接触	1~3	耐磨性较好的合金铸铁或合金钢
湿缸套	直接与冷却水接触	5~9	

11. 气缸体

【特点及用途】气缸体是发动机的主体部件,因发动机分水冷式和风冷式两种类型,故气缸体亦有水冷式气缸体和风冷式气缸体两种。汽车发动机多采用水冷式,气缸周围设计有用以充水的空腔,风冷式气缸体外表铸有散热片,以增加散热面积。水冷式气缸体通常和曲轴箱铸成一体,风冷式气缸体一般为气缸体与曲轴箱分开铸造。气缸体要求具有足够的刚度和强度。

【规　格】

气缸排列形式	特点	缸体材料
单列式(直列式)	垂直布置、倾斜甚至水平布置(为降高度)	优质灰铸铁,有时加入少量镍、钼、铬、磷等
双列式(V形式)	左右两例中心线夹角 γ<180°	
对置式	γ=180°	

12. 气缸盖

【特点及用途】气缸盖的功能是蜜封气缸上部,并与活塞顶部和气缸壁一起形成燃烧室。气缸盖内部有冷却水套,盖上有气门座及气门导管孔和火花塞座孔(汽油机)或喷油器座孔(柴油机)等。

【规　　格】

结构型式	特点	气缸盖材料
单体气缸盖	多缸发动机中,只覆盖1个气缸	灰铸铁、合金铸铁、铸造铝合金等
块状气缸盖	覆盖部分(两个以上)气缸	
整体气缸盖	覆盖全部气缸	

注:整体气缸盖多用于发动机缸径小于是105mm的汽油发动机,缸径较大的发动机一般采用单体或块状气缸盖。

13. 气缸衬垫

【特点及用途】气缸衬垫是指气缸盖与气缸体之间垫置的衬片。其基本要求是:高温高压下有足够强度,不易损坏,耐热耐腐蚀具有一定弹性,能补偿接合面的不平度,保证密封,以及拆装方便,寿命长等。气缸衬垫的尺寸规格因气缸造型不同而异。

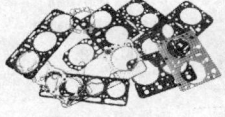

【规　　格】

品种	基本特点
金属—石棉衬垫	石棉间夹有金属丝或金属屑,外覆铜皮或钢皮,衬垫孔周围采用镶边增强。衬垫压紧厚度为1.2~20mm。
石棉夹钢丝网或有孔钢板	以钢丝网或钢板(冲有毛刺小孔)为骨架,两面用石棉及橡胶黏结剂压成。

附:部分气缸衬垫图示

标致 504 缸垫

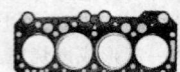

标致 505 缸垫

SUZUKI-F8AST90-462

适用车型:广州标致504　　适用车型:广州标致505　　适用车型:长安、昌河、五菱、佳宝

奥迪六缸缸垫

DAIHATSU-CB- 大发

p171b

适用车型:奥迪 A6　2.4/2.8　　适用车型:大发、夏利、吉利　　适用车型:奥拓

长安之星 472 缸垫

奥迪缸垫

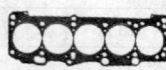

奥迪缸垫

适用车型:长安之星、长安羚羊　　适用车型:长安之星、长安羚羊　　适用车型:奥迪2.2L

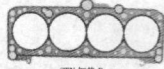

STN 缸垫 B

STN 缸垫 C

SUZUKI-SJ-410-465

适用车型:桑塔纳2000、奥迪 1.6L/1.8L　　适用车型:桑塔纳2000、奥迪 1.6L/1.8L　　适用车型:长安、昌河、北斗星、五菱、佳宝、松花江、中意

14. 连 杆

平切口连杆

斜切口连杆

【特点及用途】连杆的功用是将活塞所受的力传给曲轴,从而使得活塞的往复运动转变为曲轴的旋转运动。连杆爱到的是压缩、拉伸和弯曲等交变载荷,要求其在质量尽量小的条件下,有足够的刚度和强度。连杆由连杆小头、杆身和连杆大头(包括连杆盖)三部分组成。

【规　格】

连杆材料	中碳钢或合金钢经模锻或辊锻加工
连杆大头结构	平切口连杆——一般用于汽油机,连杆大头尺寸小于气缸直径
	斜切口连杆——一般用于柴油机,连杆大头尺寸超过气缸直径(便于拆卸)
V 型发动机连杆型式	并列连杆式、主副连杆式、叉形连杆式
基本尺寸	根据发动机造型结构而不统一

15. 轴瓦(GB/T1151-93)

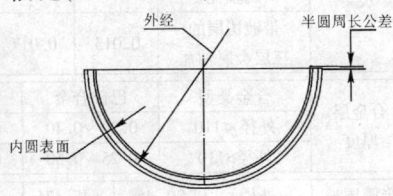

外经

半圆周长公差

内圆表面

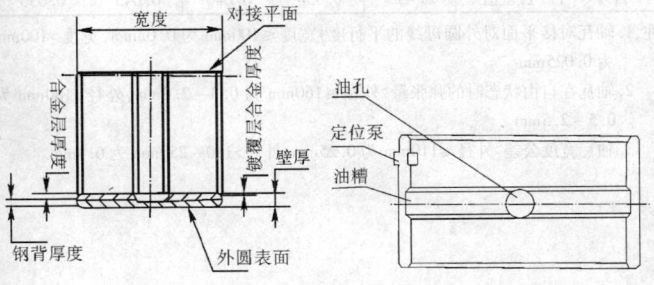

宽度

对接平面

合金层厚度

镀覆层合金层厚度

壁厚

钢背厚度

外圆表面

油孔

定位泵

油槽

【特点及用途】轴瓦是安装在连杆大头或内燃机主轴上剖分成两半的滑动轴承。轴薄是在厚 1~3mm 的薄钢背的内圆面上浇铸 0.3~0.7mm 厚的减摩合金层(如巴氏合金、铜基合金、铝基合金等)而成。其具有保持油膜,减少摩擦阻力和加速磨合的用。轴瓦背面有很小的表面粗糙度值(1.25μm),半个轴瓦自由状态下不是半圆形,因有过盈,能均匀地紧贴在孔壁上。定位唇能防止轴瓦在工作中发生转动或轴向移动,油槽用以贮存润滑油。

【规　格】　　　　　　　　　　　　　　　　　　　　　　　　　(mm)

	外径	20~45	>45~75	>75~110	>110~200
壁厚公差	双层金属轴瓦	0.008	0.012	0.013	0.018
	带镀覆层的三层金属轴瓦	0.013	0.017	0.018	0.025

	合金类型	巴氏合金	铜基合金	铝基合金
合金层厚度	外径<110	0.20~0.40	0.30~0.60	0.30~0.70
	外径>110	0.25~0.50	0.30~0.70	0.30~0.80

	外径	20~45	>45~75	>75~110	>110~160	>160~200
半圆周长公差	公差值	0.030	0.035	0.040	0.045	0.050

注:1.轴瓦对接平面对外圆母线的平行度:宽度≤100mm 为 0.02mm,宽度>100mm 为 0.025mm。

2.轴瓦在自由状态时的弹张量:外径≤160mm 为 0.3~2.0mm,外径>160mm 为 0.5~2.5mm。

3.轴瓦宽度公差:外径≤110mm 为 0.25mm,外径>110~250mm 为 0.4mm。

(1) 部分常用轴瓦基本尺寸(宁波凯达轴瓦有限公司产品)

名称	基本尺寸(mm)			每台用量	主机厂及配套主机
	外径	宽度	厚度		
6110A 连杆瓦	74	33	2	6 对	大连柴油机厂
6110A 曲轴瓦	91	29	3	7 对	
6105Q 连杆瓦	75	30	2.46	6 对	玉林柴油机厂
6105Q 曲轴瓦	91	26/34	3.02	6/1 对	
LR100 连杆瓦	76	27	2	6 对	中国一拖 6105，4105 潍柴 4105
LR100 曲轴瓦	90	28	2.5	6 对	
LR100 止推瓦	90	37	2.5	1 对	
492Q 连杆瓦	61.512	30	1.75	4 对	北京内燃机厂
492Q 曲轴瓦	68.512	30.5/37.5	2.25	4/1 对	
EQ6BT 连杆瓦	73	31	2	6 对	康明斯 B 系列
EQ6BT 曲轴瓦	88	29	2.5	13 片	
EQ6BT 止推瓦	88	37.33	2.5	1 片	
CA488 连杆瓦	53.008	20.15	1.486	4 对	一汽
CA488 曲轴瓦	64.013	21.6	1.987	4 对	
CA488 止推瓦	64.013	27.87	1.987	1 对	
CA141 连杆瓦	65.515	32	1.75	6 对	
CA141 曲轴瓦	80.015	52/37.5/32	2.5	7 对	
CA141 偏心瓦	60	32/22	3.04	4 只	
EQ140 连杆瓦	65.515	30	1.75	6 对	二汽
EQ140 曲轴瓦	80.03	30	2.50	4 对	
EQ140 止推瓦	80.03	44	2.50	1 对	
EQ140 偏心瓦	55	32/28	1.725	4/1 只	
G427 连杆瓦	61.5	26	1.75	4 对	扬州柴油厂
G427 曲轴瓦	74.50	28	2.26	4 对	
4102 连杆瓦	70	31	2.00	4 对	
4102 曲轴瓦	86	28	3.00	5 对	
495A 连杆瓦	70	27	2.5	4 对	上海柴油厂
495A 曲轴瓦	76	35/24	3	5 对	
YC4110Q 连杆瓦	71	32	2.5	4 对	玉林柴油厂
YC4110Q 曲轴瓦	92.075	28.2	3.15	4 对	
YC4110Q 止推瓦	92.075	37	3.15	1 对	
YC6108 连杆瓦	75	30	2.52	6 对	
YC6108 曲轴瓦	91	26/34	3.00	6/1 对	
6113 连杆瓦	74	33	2	6 对	大连柴油厂
6113 曲轴瓦	91	3	29	7 对	

续表

名称	基本尺寸(mm)			每台用量	主机厂及配套主机
	外径	宽度	厚度		
475 连杆瓦	48	26	1.75	4 对	上海柴油机厂
475 曲轴瓦	62	30	2	5 对	
依维柯 8140 连杆瓦	60.345	24.6	1.889	4 对	南汽
依维柯 8140 曲轴瓦	80.607	25	2.172	4 对	
依维柯 8140 止推瓦	80.607	32	2.172	1 对	
依维柯 8149 连杆瓦	60.345	24.6	1.889	4 对	
依维柯 8149 曲轴瓦	84.60	24	2.16	4 对	
依维柯 8149 止推瓦	90.68	31	2.16	1 对	
切诺基连杆瓦	56.096	21.2	1.42	4 对	北京吉普车
切诺基曲轴瓦	68.377	25	2.43	4 对	
切诺基止推瓦	68.377	32.1	2.43	2 对	
D6114 连杆瓦	81.011	38	2.5	6 对	上海柴油机厂
D6114 曲轴瓦	105.011	34	3.5	13 片	
D6114 止推瓦	105.011	43	3.5	1 片	
135 连杆瓦	102	56	3.5	6 对	潍柴
12V135 连杆瓦	102	39	3.5	12 对	
6160 连杆瓦	115	56	4.96	6 对	
铃木 462 连杆瓦	41	18	1.50	4 对	东安发动机厂
铃木 462 曲轴瓦	54	20	2	5 对	
TJ370 连杆瓦	43	18	1.5	3 对	天汽
TJ370 民曲轴瓦	46	19.5	2	4 对	
4JB₁ 连杆瓦	56	25.75	1.50	4 对	江西五十铃
4JB₁ 曲轴瓦	74	22.85	2	5 对	
4Ja₁ 连杆瓦	56	25.75	1.50	4 对	
4Ja₁ 曲轴瓦	64	22.85	2	5 对	
BUICK2.OL 止推瓦	62	25.9	1.995	1 对	上海通用公司

(2)部分进口轴瓦基本尺寸(宁波凯达轴瓦有限公司产品)

进口轴瓦主要包括丰田 TOYOTA、五十铃 ISUZU、尼桑 NISSAN、三菱 MITSUBISAI、马自达 MAZDA、本田 HONDA、大发 DAIAATSU、小松 KOMATSU、福特 FORD 等车型产品。

名　称	基本尺寸(mm)			每台用量(片)	主机厂及套主机
	外径	宽度	厚度		
M703A	64	23/25	1.99	6/4	1RZ 2RZ 1RZ-E 2RZ-E
R703A	56	19.7	1.49	8	
M005H	64	22.13	1.99	14	M 2M 3M 4M 5M 5M-GE
R055H	55.035	20	1.49	12	
M9327K	68	22/19.90	1.994	2/6	3VZ-E
M9327A	58	16.95	1.488	12	
M047H	59.020	22.20/19.20	2.00	2/12	1G-GP 1G-E 1G-GE 1G-F
R021A	45	18.9	1.50	12	
M008H	64	25.13/22.13	2.00	2/12	5M 6M 7M
R008H	55	20	1.50	12	
M020H	60	22	2.00	10	20R 21R 22R
RO20H	56	22	1.50	8	
M041A	62	20.82	1.99	10	1Y 2Y 3Y 4Y
R041A	51	19.90	1.49	8	
M016A	61.62	30/34/40	1.80	2/2/2	2R 4R 12R
R016A	53.030	27	1.50	8	
M037A	66	27.60	1.99	10	2L
R039A	58	26	1.49	8	
M009H	64	22/28	2.00	8/2	6R 7R 8R 10R 16R 18R 19R
R020H	56	22	1.50	8	
M035A	75	26.9	2.49	10	B 2B 3B

续表

名 称	基本尺寸(mm)			每台用量(片)	主机厂及套主机
	外径	宽度	厚度		
R035A	62	30	1.50	8	
G3.0 连杆瓦	55	19.5	1.50	12	皇冠 G3.0
G3.0 曲轴瓦	66	23/20	2	2/12	
M173H	85	26.83	2.53	14	6BB1 6BD1
R169H	68	29.93	2.01	12	6BF1
M450A	64	23.03	2.00	10	4JA1 4JC1
R450A	56	25.83	1.51	8	4JD1 4JE1
M451A	74	23.03	2.00	10	4JF1
R450A	56	25.83	1.51	8	4JB1 4JB1-F
M432K	81	27.83	2.53	10	4BC1
R434K	68	29.93	2.01	8	4BB 14BA1
M168H	81	27.83	2.53	10	4BC2 C330
RP168H	68	29.93	2.01	8	
M155H	82	28.20/44.05	3.51	12/2	DA120 GD150
R154H	70	37.53	3.01	12	GD150F
M278A	66.645	22.6/19.1/28.85	1.82	2/4/2	VG20 VG30
R276A	48	17.10	1.51	12	
M083H	56.654	22.10/27.95	1.83	8/2	CD17 CA16 CA18 CA20
R083H	48	18.60	1.51	8	Z20 Z22
M066H	63.658	26/24/31.93	1.83	4/4/2	Z24 L20B
R054H	53	22.10	1.51	8	LD20
M060H	53.7	22.1/18.1/26.95	1.83	4/4/2	A12 A13 A14 A15
R060H	48	19.63	1.53	8	
M054H	58.670	26.1/24.1/31.95	1.83	4/4/2	L13 L14 L16 L18 Z16 Z18
R054H	53	22.10	1.50	8	
M053H	66.658	28.1/22.1/33.95	1.83	4/42	H20 R U20
R052H	55	24.13	1.50	8	

续表

名　称	基本尺寸(mm)			每台用量(片)	主机厂及套主机
	外径	宽度	厚度		
M057H	58.67	26.1/24.1/31.95	1.83	4/4/2	L20 L24 26 L28
R057H	53	22.10	1.50	12	E10　E13　E15 E16
M068H	53.667	22.1/18.1/26.95	1.83	4/4/2	
R068H	43	17.13	1.50	8	
M067H	96	28/43	3.02	12/2	ND6　　ND6-T NE6　　NE6-T
R067H	74	35.00	2.01	12	
M765A	61	23.13/28.95	1.99	8/2	4G30　4G33 4G35　4G37 4G62　4G64
R765A	48	23.63	1.50	8	
M123A	64	18.13	1.99	8	6G71　6G72
R123A	53	15.50	1.50	12	
M113A	70	25.13/30.95	1.99	8/2	4D55　4G51 4G52 4G53　4G54 4G92　4G93
R113A	56	25.13	1.52	8	
M7200A	54	19.13	1.99	10	
R7200A	48	16.70	1.49	8	
M118A	64	25.13/30.95	1.99	8/2	G52B　G54B
R113A	56	25.13	1.52	8	6D10　6D11 6D14　6D15 6D16　6D17
M112H	85	28.13	2.50	14	
R112H	69	34.13	2.00	12	
V32 连杆瓦	56.00	25.00/30.95	1.50	8	三菱 V32
V32 曲轴瓦	64.00	25.00	1.99	8/2	
M5412	64	19.13/27.99	2.01	9/1	F6　F8　FE
B4633	54	21.13	1.51	8	
M311A	67	24.6/30.1/36.02	2.01	2/2/2	VA
R311A	56	20.93	1.50	8	
M458H	59	20	2.01	10	B20

续表

名　称	基本尺寸(mm)			每台用量(片)	主机厂及套主
	外径	宽度	厚度		
R459H	51	19.40	1.50	8	
M454H	54	20	2.00	10	ES　ET
R454H	48	19.50	1.50	8	
M282A	72	24/37.95	2	9/1	DL
R276H	58	27.63	1.49	8	
M866A	91	31.13	3.00	14	6D105
R868A	70	33.13	2.01	12	
M892K	116	34	3.00	14	6D125
R892K	85	40.13	2.51	12	
MS5109SA	92	28.3/36.97	3.175	12/2	FORD6600
MS4089SA	74.72	35.7	2.4	12	

16. 曲　轴

【特点及用途】曲轴是发动机的重要部件之一。其功用是承受连杆传来的力，并由此造成绕其本身轴线的力矩。曲轴具有足够的刚度和强度，工作表面润滑耐磨，通常采用中碳钢或中碳合钢模锻。曲轴的造型取决于发动机的结构和性能要求。直列式发动机由轴的曲拐数等于气缸数，V形发动机曲轴的曲拐数转等于气缸数的一半按曲轴的主轴颈数，曲轴可分为全支曲轴和非全支承曲轴(在相邻的两个曲拐之间，均设置一个主轴劲的曲轴，称为全支承曲轴，反之，称之非全支承曲轴)。以下规格仅以丹东五一八内燃机配件(集团)有限责任公司产品为例。

【规 格】

型 号	WD615	WD618	R6105
图 示 (潍坊柴油机配套产品) 执行标准：QZZ11055-02JT			
外形尺寸 (mm) a	φ100	φ104	φ85
b	φ82	φ83	φ72
c	65	77.5	62.5
l	1108	1108	955
配套机型	WD615.67	WD618	R6105
气缸数-缸径 X 行程	6-126X130		6-105X125
材 质	CK45	42CrMoA	45

型 号	CA4110/125	CA6110	CA6110/125	CA6110/125Z
图 示 (一汽无锡柴油机配套产品) 执行标准：JB/T6727-2000				
外形尺寸 (mm) a	φ85	φ85	φ85	φ85
b	φ70	φ70	φ70	φ70
c	62.5	60	62.5	62.5
l	718	1011	988	988
配套机型	CA4110/125 系列	CA6110 系列	CA6110/125 系列	CA6110/125Z 系列
气缸数-缸径 X 行程	4-100×125	6-110×120	6-110×125	6-110×125
材质	45	45	45	40Cr

型号	CA498	4118Z	6110A	6113BZ-10	6110ZLA3
图 示 (一汽无锡柴油机配套产品) 执行标准：JB/T6727-2000					

续表

型号		CA498	4118Z	6110A	6113BZ-10	6110ZLA
外形尺寸 （mm）	a	ϕ71	ϕ85	ϕ85	ϕ85	ϕ85
	b	ϕ57	ϕ70	ϕ70	ϕ70	ϕ70
	c	52.5	62.5	60	65.5	62.5
	l	611	718	1011	988	992
配套机型		CA498	4118Z	6110A	6113BZ-10	6110ZLA
气缸数-缸径 X 行程		4-98×105	4-118×125	6-110×120	6-113×125	6-110×125
材质		42CrMo	42CrMo	45	42CrMo	42CrMo
通用曲轴			CA4110/125	CA6110	CA6110/125Z	

型 号		4102Q	4105Q	6105Q	4102BQ	6102BQ	6102AQ
图 示 （东风朝阳柴油机配套产品） 执行标准：JB/T6727-2000							
外形尺寸 （mm）	a	ϕ76	ϕ80	ϕ80	ϕ80	ϕ80	ϕ80
	b	ϕ64	ϕ64	ϕ64	ϕ64	ϕ64	ϕ64
	c	50	59	59	59	59	55
	l	650	650	889	650	884	884
配套机型		4102Q	4105Q	6105Q 6105AQ	4102 BQ 系列	6102 BQ 系列	6102Z 6102G
气缸数-缸径×行程		4-102×100	4-105×118	6-105×118	4-102×118	6-102×118	6-102×110
材质		40Cr	42CrMo	42CrMo	42CrMo	42CrMo	40Cr

续表

主轴颈与轴瓦配合间隙	0.050 ~ 0.121mm			0.045 ~ 0.106mm	
连杆颈与轴瓦配合间隙	0.040 ~ 0.098mm			0.04 ~ 0.098mm	
主轴承螺栓拧紧力矩	216 ~ 235Nm				
连杆螺栓拧紧力矩	118-127Nm				
通用曲轴	4102BQ		4105Q		
型　号	D411ZLQB		D6114ZQ		
图　示 (上海柴油机配套产品) 执行标准：Q/SC888 - 1997					
外形尺寸 (mm)	a	φ98		φ98	
	b	φ76		φ76	
	c	65		67.5	
	l	693		967	
配套机型	D4114ZLQB		D6114ZQ 系列		
气缸数-缸径×行程	4-114×130		6-114×135		
材质	SAE1548	42CrMoA	SAE1548		

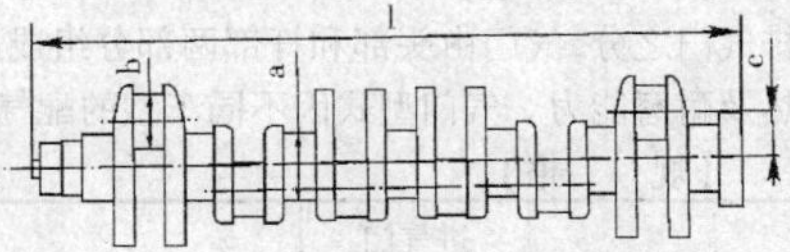

17. 气 门

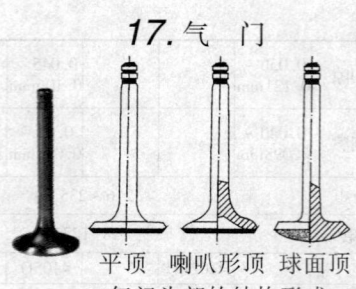

平顶　喇叭形顶　球面顶
气门头部的结构形式

【特点及用途】气门是汽车发动机配气机构的重要部件,有进气门和排气门之分,气门由头部和杆部两部分组成,其应有足够的强度、刚度、耐热及耐磨能力。气门型式因不同车型的配气机构而不尽相同。

【规　格】

气门材料	进气门	铬钢、镍铬钢
	排气门	硅铬钢
工作温度	进气门	300~400°C
	排气门	700~900°C
气门头部形状		平顶式,喇叭形顶式、球面顶式
气门蜜封锥面角度		45°
气门头边缘厚度		1~3mm

18. 气门弹簧 (GB2785-88)

【特点及用途】内燃机气门弹簧专供于气缸直径小于或等于 200mm 的中小功率内燃机气门所用,其形式为两端并紧且磨平的

圆截面圆柱螺旋压缩弹簧。弹簧的节距分为等节距和不等节距两种,弹簧一般采用的钢丝材料为:

材料名称	牌号	国家标准号
琴钢丝 G1组、G2 组、F 组	60、70、80、60Mn、70Mn T8MnA、65、75、65Mn 、T9A	GB4358
阀门用油淬火碳素弹簧钢丝	65Mn、70	GB4359
阀门用合金弹簧钢丝	50CrVA	GB5220
阀门用油淬火铬钒合金弹簧钢丝	50CrVA	GB2271
阀门用油淬火铬硅合金弹簧钢丝	55CrSi	GB4362

用退火状态钢丝制造的弹簧经淬火、回火处理后,其硬度值应在 HRC44～50 范围内选取;用不需淬火处理的钢丝制造的弹簧,其硬度值不作考核;经等温淬火处理的弹簧,硬度值应在 HRC46～54 范围内选取。

【规　格】

类别	弹簧钢丝直径 d(mm)								
第一系列	2.0	2.5	3.0	3.5	4.0	4.5	5.0	5.5	6.0
第二系列	2.2	2.8	3.2	3.8	4.2	4.8	5.2	5.8	6.2

注: 1. 优先选用第一系列。

2. 弹簧外径内径偏差为中径的±1%,两端支承圈的外径或内径的公差为中径的1.5%。自由高度偏差为自由高度的±2%。当产品图样规定气门关闭及气门全开两点的弹簧负荷时,其自由高度不作考核。

19. 凸轮轴

【特点及用途】凸轮轴是发动机配气机构的重要部件,通常采用优质碳素钢和合金钢锻造,或合金铸铁和球墨铸铁铸造。其布置形式可分为下置,中置和上置三种,三者均可以用于气门顶置式配气机构。

【规　　格】

凸轮轴与曲轴传递方式	基本数点
齿轮传动	采用下置式和中置式凸轮轴传动
链条传动	采用中置式和上置式凸轮轴传动
齿形带传动	采用上置式凸轮轴传动
凸轮轴轴向定位方法	基本要求
上置式凸轮轴轴向定位	利用凸轮轴承盖的两端面与凸轮轴径两侧凸肩进行轴向定位，其最大许用轴向移动量间隙 0.1～0.2mm
中下置式凸轮轴轴向定位	通常采用止推板，许用最大轴向移动量间隙 0.08～0.20mm。
止推螺钉轴向定位	将螺钉锁紧即实现轴向定位，其许用最大轴向移动量间隙 0.10～0.2mm。

20. 汽车化油器

【特点及用途】汽车化油器是专门为汽车提供混合气体的保证发动机正常工作的设置。因各型汽车发动机要求不同，所采用的化油器的整体结构方案亦多种，按其喉管处空气流动方向不同，可分为上吸式，下吸式和平吸式三种，按其重叠的喉管数目，可分为单喉管式和多重(双重和三重)喉管式。

【规　　格】四川红光汽车机电有限公司产品

型　号	P30	P30B	X24-30
气流方向	平吸式	平吸式	下吸式
结构形式	节气门	节气门	节气门
安装方式	法兰盘	法兰盘	法兰盘
外形尺寸(mm)	165×135×145	165×135×145	190×180×135

续表

型　号	P30	P30B	X24-30
配合发动机	462Q	465Q	368Q
最大功率(kW/rpm)	26.1/5 500	31.5/5 500	26.5/5 500
最大扭矩(N·m/rpm)	52.4/3 500	69/3 500	56/2 500~3 000
适用车型	长安、昌河、松花江、柳州五菱等微型汽车	长安、昌河、松花江、柳州五菱等空调微型汽车	奥拓轿车

注:表中为微车化油器常用规格。

21. 喷油泵总成

【特点及用途】喷油泵总成的作用是根据发动机不同工况的要求,定时定量的向各缸喷油器供油(因结构不同,缸数不等),其通常与供油自动提前器、调查器、输油泵等组为一体。喷油泵总成有分瓦式和柱塞式两种。载重汽车广泛使用柱塞式喷油泵总成。喷油泵总成的技术要求应符合 GB/T5770-1997 规定。

【规　　格】山东菏泽华星油泵油嘴有限公司产品

型　号	产品名称	柱塞偶件型号	出油阀偶件型号	定位外圆直径(mm)	安装尺寸(mm)	出油阀紧座螺纹	油泵凸轮升程(mm)	滚轮直径(mm)	主要配套厂家和机型
BFG1K80	195A喷油泵	SAZ80K01	F50K01	45	82.8	M12×1.25	7	15	X195 L95
BFG1AK75	185喷油泵	SAZ75AK	F60A	45	83.35	M12×1.5	8	17	泰柴 ZH185
BFG1AK85	S1100喷油泵	SAZ85AK	F60A	45	82.8	M12×1.25	7	15	泰柴、莱动1100
					84.35	M12×1.5	8	17	江动1100全椒1100扬动1100

续表

型 号	产品名称	柱塞偶件型号	出油阀偶件型号	定位外圆直径 (mm)	安装尺寸 (mm)	出油阀紧座螺纹	油泵凸轮升程 (mm)	滚轮直径 (mm)	主要配套厂家和机型
BFG1 AK90	S1105 喷油泵	SAZ 90AK	F60A	45	84.35	M12× 1.5	8	17	莱动1105 全椒1110、1115 泰柴 1105 江动 1105
BFG1 AK95		SAZ 95AK	F60A	45	84.35	M12× 1.5	8	17	郑柴1115
BFG2 K75	280 喷油泵	SAZ 75K	F50KA	56	82.8	M12× 1.5	7	15	S280
BFG2 K80	285 喷油泵	SAZ 80K	F50 KA	56	82.8	M12× 1.5	7	15	S280、武柴 2P85、扬动 2P85
	2P95 喷油泵	SAZ 80K	F50KA	56	82.8	M12× 1.5	7	15	中洋微柴 2P85、华源行星2P95

22. 柱塞偶件（GB5264-85）

【特点及用途】柱塞偶件是柱塞式喷油泵的部件,由柱塞和柱塞套组成,其油量控制槽分左旋、右旋、上螺旋、下螺旋以及上下螺旋等型式,生产材料为 GCr15 滚珠轴承钢或 CrWMn 合金口钢。

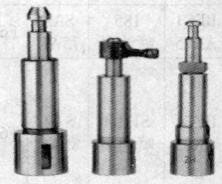

【规   格】山东菏泽华星油泵油嘴有限公司产工

零件名称	公差项目	公差 （mm）
柱塞	①与柱塞套配合的圆柱工作表面的圆度	0.0003
	②与柱塞套配合的圆柱工作表面的轴线直线度	0.001
	③与柱塞套配合的圆柱工作表面的素线平行度（大端只允许在压油端）	20 : 0.0006
	④起配油作用的端面对圆柱工作表面轴线的圆跳动	0.025
柱 塞	⑤起配油作用柱塞斜槽边缘的线、轮廓度（直线型斜槽的柱塞理论正确尺寸是直线型斜槽的角度，螺旋型斜槽的柱塞理论正确尺寸是螺旋型斜槽的导程）	0.04
柱塞套 注：柱塞套上的进、回油孔直径为中 2.5~3mm。	①与柱塞配合的内圆柱工作表面的圆度	0.0005
	②与柱塞配合的内圆柱工作表面的轴线直线度	0.001
	③与柱塞配合的内圆柱工作表面的素线平行度（小端只允许在压油端。距大端面2mm，距小端面3mm内允许有研磨产生的喇叭口）	20 : 0.0006
	④柱塞套密封端面平面度	0.0009
	⑤支承端面对内圆柱工作表面轴线的圆跳动	0.025
	⑥密封端面对支承端面的平行度	0.025
	⑦与泵体配合的外圆表面对内圆柱工作表面轴线的圆跳动	0.025

附:部分常用规格(山东菏泽华星油泵油嘴有限公司产品)

型 号	通用名称	柱塞直径(mm)	螺旋槽(或斜直槽)		安装型式	配套主机
			导程(或夹角)	旋向		
SAZ80K	195A 柱塞偶件	8	12°	左	13	X195 L195
SAZ801	1 号柱塞偶件	8	45°	左	14	S195 295 495
SAZ851	1 号柱塞偶件	8.5	45°	左	14	
SAZ12Z02	160 柱塞偶件	12	50.25° 51.9°	左	21 14	潍柴 61610、4160
SAZ75AK	φ7.5AK 柱塞偶件	7.5	58°	左	14	泰柴 ZH185
SAZ85AK	φ8.5AK 柱塞偶件	8.5	58°	左	14	S1100
SAZ90AK	φ9AK 柱塞偶件	9	60°	左	14	S1105 S1110 S1115
SAZ95AK	φ9.5AK 柱塞偶件	9.5	62°	左	14	郑柴 1110
SAZ95A	φ9.5A 型泵柱塞偶件	9.5	63.33°	左	14	
SAY95A	φ9.5A 型泵柱塞偶件	9.5	63.33°	右	14	
SAZ75K	280 柱塞偶件	7.5	12°	左	13	S280
SAZ80K	285 柱塞偶件	8	12°	左	13	扬动 2P285、中洋微柴 2P85、武柴 2P85、无锡华源行星 2P95、S280
SAZ14P	190 柱塞偶件	14	56.5°	左	25	济柴 12V190B

23. 出油阀偶件（GB5771-86）

【特点及用途】出油阀偶件是柱塞式喷油泵的部件，由出油阀和出油阀座组成，其生产材料为 GGr15 滚珠轴承钢、CrWMn 合金工具钢，出油阀亦可采用 18Cr2Ni4WA 低碳合金钢制造。

【规　　格】山东菏泽华星油原油嘴有限公司产品

型　号	通用名称	外形尺寸（mm）	出油阀直径（mm）	减压升程（mm）	减压容积（ml）	主要配套厂家和机型
F50K01	195A 出油阀偶件	16×20.6	5	2.1	41.23	X195　L195　190　185　175　170　165　160
F50I	I 号泵出油阀偶件	18×17.5	5	2.1	41.23	I 号系列泵
F75Z	160 出油阀偶件	25×26.1	7.5	2	88.36	潍柴 6160、4160
F60A	AK 出油阀偶件	18×19.45	6	1.6	45.23	S195　S1100~S1115
F50KA	双缸系列泵出油阀偶件	16×15.5	5	1.8	35.34	S280　S285　2P85　2P95
FZ80P	济柴 190 出油阀偶件	25×29.1	8	2	100.53	济柴 12V190B

24. 喷油器总成

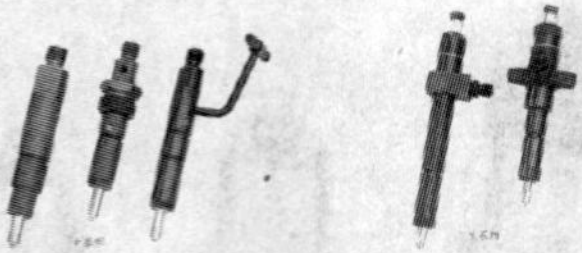

【特点及用途】喷油器总成是柴油机喷油系中的重要部件,要求其中针阀在针阀体内应有良好的滑动性,喷雾质量良好。喷油嘴偶件及其他密封处不得有渗油现象。喷油器总成的安装型式主要有法兰安装式(F)、压板安装式(B)、螺纹直接旋入式(L)、及连接螺母旋入式等。喷油器总成的技术要求应符合 GB/T5769-1986 的规定。

【规　　格】山东菏泽华星油原油嘴有限公司产品

　　a.　s 系列喷油器总成

型　号	通用名称	配用油嘴	开启压力(MPa)	安装长度(mm)	安装型式	配套主机
PB35S01	195 喷油器总成	ZS4S1A	13	35	压板	65~95 系列涡流式柴油机
PB35S03	285 喷油器总成	ZS4S1A	13	35	压板	285、2P85、2P95 柴油机
PB125S05	160 喷油器总成	ZK150S825	20	125	压板	4160、6160 柴油机
PB125S04	6130 喷油器总成	ZCK150S437	20.5	125	压板	X6102、X6130Q 柴油机
PB128S08	斯太尔喷油器总成	ZCK154S434	22	128	压板	斯太尔 615、67 柴油机
PF68S02	6BB1 喷油器总成	ZCK154S432	19	68	法兰	6102、1105、1110 柴油机

续表

型 号	通用名称	配用油嘴	开启压力（MPa）	安装长度（mm）	安装型式	配套主机
PF68S02	直喷 195 喷油器总成	ZCK154S430−A	19	68	法兰	玉柴 6105、泰柴直喷 195
PF68S02	扬动 428B 喷油器总成	ZCK154S428B	21	68	法兰	扬动 2P85
PF68S02	江动 530 喷油器总成	ZCK155S529−A	20.5	68	法兰	江动 1125
PF68S07	玉柴 6108 喷油器总成	ZCK155S529	24	68	法兰	玉柴 6108 柴油机
PF68S07	莱动 527 喷油器总成	ZCK155S527	21.5	68	法兰	4D30B 柴油机
PF75S01	莱动 525 喷油器总成	ZCK155S525	21.5	68	法兰	莱动
P78−3	扬动 521 喷油器总成	DLLA155S215	22	68	法兰	480、485 柴油机
PF95S09	大柴 529 喷油器总成	DLL155SN515	18.5	95	法兰	大柴 6110 柴油机
KBAL95SB11	MWM 喷油器总成	BDLL150S430	22.5	95	压板	MWM 柴油机
PF54S06	290 喷油器总成	ZCK156S428	18.5	54	法兰	新乡建湘 290 柴油机
PF50S11	423 喷油器总成	ZCK154S423	20	68	法兰	莱动、常柴、扬柴、扬动 480 发动机

b. p 系列喷油器总成

型 号	通用名称	配用油嘴	开启压力（MPa）	安装长度（mm）	安装型式	配套主机
KBEL-P023A	A30 喷油器总成	DSLA147P008	25	83	压板	玉柴 A30 柴油机
LRB6702608	R100 喷油器总成	6801117	20	84	压板	华丰 R100 柴油机
KBAL80P02	480 喷油器总成	DLLA150P214	24	80	压板	常柴 CZ480 柴油机
KBAL80P03	485 喷油器总成	DLLA150P205	24	80	压板	常柴 ZN485QA 柴油机
KDAL59P5	二汽 P 型喷油器总成	DLLA155P277	24.5	59	螺套	东风 153、487、6BT 柴油机
KBEL85P68	玉柴 P 型喷油器总成	DLLA139P289	27	85	压板	玉柴 6112 柴油机
KBEL132P31	斯太尔喷油器总成	DLLA150P105	23	132	压板	斯太尔 615、68 柴油机
KBAL80P5/4	五十铃喷油器总成	DLLA150PN006	18.5	80	压板	4JB1 柴油机
KBEL108P51	依维柯喷油器总成	DLLA150P326	24	108	压板	南京依维柯
KBEL78P98	湖动 6105 喷油器总成	DLLA150P105	24	78	压板	湖动 6105 柴油机
KBAL80P58	成内 493 喷油器总成	DLLA150P552	22.5	80	压板	成内 493 柴油机
KBAL105P18	上柴 P 型喷油器总成	DLLA155P135	20.5	105	压板	上柴

25. 喷油嘴偶件（GB5772-86）

【特点及用途】喷油嘴偶件适用于中小功率柴油机喷油器。喷油嘴偶件由针阀体和针阀组成。针阀体采用 18Cr2Ni4WA 低碳合金钢制造,针阀采用 W18Cr4V 高速工具钢制造,针阀体及针阀亦可采用 CrWMn 合金工具钢或 GCr15 滚珠轴承钢制造。喷油嘴偶件有轴针式、孔式等形式。

【规　　格】

零件名称	公　差　项　目		公差（mm）
针阀体	与针阀配合的内圆柱工作表面的圆度		0.000 5
	与针阀配合的内圆柱工作表面的轴线直线度		0.001
	与针阀配合的内圆柱工作表面的素线平行度	（大端在喷孔处）	0.0015
		（小端在喷孔处）	0.000 5
	密封锥面对内圆柱工作表面的斜向圆跳动		0.002
	定位外圆对内圆柱工作表面的圆跳动		0.1
	小外圆对大外圆的圆跳动		0.1
	支承端面或密封端面对内圆柱工作表面的垂直度		0.03
	密封端面对支承端面的平行度		0.03
	密封端面的平面度		0.000 9
	喷孔对内圆柱工作表面的圆跳动(轴针式)		0.003
	喷孔头部的圆球体或圆锥体对内圆柱工作表面的圆跳动(孔式、长型孔式)		0.1
	喷孔头部的压力室孔对内圆柱工作表面的圆跳动(孔式、长型孔式)		0.15
	喷孔轴心线与针阀体轴心线间的角度偏差(孔式、长型孔式)		±3°
	圆周上各喷孔轴心线的角度偏差(孔式、长型孔式)		±3°

续表

零件名称	公 差 项 目	公差(mm)
针阀	圆柱工作表面的圆度	0.000 3
	圆柱工作表面的轴线直线度	0.000 5
	圆柱工作表面的素线平行度	0.000 5
	密封锥面和靠近密封锥面的外圆表面的圆度	0.001
	密封锥面对圆柱工作表面的斜向圆跳动	0.001 5
	靠近密封锥面的外圆表面对圆柱工作表面的圆跳动	0.002
	针阀轴针对圆柱工作表面的圆跳动(轴针式)	0.002

附:部分常用规格(山东菏泽华星油泵油嘴有限公司产品)

型 号	尺寸系列	针阀直径(mm)	喷孔个数(个)	主要配套厂家和机型
ZS4S1A	S	6	1	65~95系列涡流式柴油机
ZCK150S825	S	6	8	潍柴4160、6160型柴油机
ZCK154S432	S	6	4	常柴、武柴、全柴、江动、扬动、莱、泰柴、新乡
ZCK155S430	S	6	4	常内、常发、常工、常动、扬柴、玉柴等
ZCK150S840E	S	6	8	济柴12V190B
ZCK150S437	S	6	4	济汽X6130、X6130Q
ZCK150S436	S	6	4	杭发6130
ZCK150S902	S	6	4	斯太尔615、67
ZCK154S426	S	6	4	建湘485、385、泰柴185
ZCK156S428	S	6	4	新柴290
ZCK154S428	423	S	6	4480柴油机

续表

型 号	尺寸系列	针阀直径（mm）	喷孔个数（个）	主要配套厂家和机型
ZCK164S428B	S	6	4	扬动 2P85、上海新江 490
ZCK150S435	S	6	4	上柴 6135
ZCK155S529	S	5	5	莱动 495、玉柴 6108、扬动 4100、云内 4100
ZCK155S527	S	5	5	莱动 4D30B、山拖 2100 柴油机
ZCK155S526	S	5	5	玉柴 6105
ZCK155S525	S	5	5	莱动 4D30YB
ZCK154S423	S	5	4	385、475、480、485 柴油机、常柴、扬动、杨柴、莱动
DLLA155SN515	S	6	5	大柴 6110
DLLA155SN746	S	6	4	二汽 EQ6102
DLLA150S1311	S	6	5	扬柴 4102
DLLA160S430	S	6	4	泰柴 3102
DLLA155S002	S	6	5	大柴增压型 6110
DLLA155S215	S	5	5	扬动 480、485 柴油机
DLLA151S985	S	5	4	柳发 6105
DLLA155P114	P	4	4	二汽康明斯 4BT、6BT
DLLA155P277	P	4	4	二汽康明斯 4BT、6BT
DLLA154PN006	P	4	4	江铃、庆铃 4JB1
DLLA150P326	P	4	5	南京依维柯

续表

型 号	尺寸系列	针阀直径 （mm）	喷孔个数 （个）	主要配套厂家和机型
DLLA150P105	P	4	6	斯太尔 618、68
DLLA150P011	P	4	5	配 3000 泵
DLLA150P421	P	4	5	湖动 6105
DLLA139P288	P	4	5	玉柴 6112
DLLA150P018	P	4	4	康明斯 6CT-240 马力
DLLA155P019	P	4	4	6CT-240 马力
DLLA155P273	P	4	4	6BTA-180 马力
DLLA155P332	P	4	5	6BTAA-210 马力
DLLA155P436	P	4	5	上柴 D6114
DLLA147P008	P	4	4	玉柴 4108、6108 增压型
DLLA150P214	P	4	4	常柴 CZ480
DLLA150P205	P	4	5	常柴 2N485QA
6801117	P	4	4	华丰 R100 东方红 4105、6105
BDLL150S430	S	6	4	郑州二柴，MWM 柴油机
CDLLA155S718	S	5	6	大柴 6113

26. 车用电喷节气门体

HGD38 型　　　　HGD38A 型

【特点及用途】车用电喷节气门体是电喷发动机的重要部件之一，其
采用平吸式气流方向，HGD40 型电喷节气门体的旁通道最大空气流量达
38kg/h，主通道最大空气流量为 280kg/h，空气泄漏量为 2.8kg/h。

【规   格】四川红光汽车机电有限公司产品

型 号	HGD38	HGD38A	HGD40
气流方向	平吸式	平吸式	平吸式
结构形式	节气门	节气门	节气门
外形尺寸(mm)	85×86×151	85×86×151	88×106×183
空气泄漏量	2.5kg/h	2.5kg/h	2.8kg/h
旁通道最大空气流量	34kg/h	34kg/h	38kg/h
主通道最大空气流量	235kg/h	235kg/h	280kg/h
安装方式	法兰盘	法兰盘	法兰盘
适用发动机型	JL368Q3 及排量为 0.8～1L 的电喷发动机	DA465Q/D、DA462Q/D 及排量为 0.8～1L 的电喷发动机	376Q 及排量为 0.9～1.3L 的电喷发动机

27. 汽车电喷控制系统

【特点及用途】

万得福(WONDERFU)汽车电喷控制系统由多点顺序燃油喷射子系统和无分电器点火子系统构成。

多点顺序燃油喷射子系统工作原理:由油泵把油箱的油泵出,通过回油调节阀使系统油压与进气歧管压力间的压力差维持恒定,燃油经喷油嘴控制喷射至进气歧管,混合气燃烧作功。

点火子系统工作原理:微机根据发动机转速、负荷等计算出发动机每个工作周期的点火提前角与闭合角,由 ECU 内功率模块直接控制高压点火线圈工作,实现无电器点火。

万得福汽车电喷控制系统能根据标定需求达到中国执行的欧洲Ⅰ号、欧洲Ⅱ号及欧洲Ⅲ号排放标准。其适用于各种不同型号的汽油发动机,可与各种汽油发动机配套生产电喷汽车,亦可用于各种在用化油器汽车改装成电喷汽车。

【规　格】

型　号	WDF-EF1A	WDF-EF1B
基本特点	无分电器高能点火,多点单组喷射 无分电器高能点火,多点顺序喷射	
系统组成结构	系统由燃油供给子系统、进气系统、发动机测量子系统、发动机微电控制器(ECU)、发动机控制执行机构子系统五大部分组成(五个子系统的电信号由特殊定制的线束接入EUC)	

28. 空气滤清器

【特点及用途】空气滤清器的功用主要是滤除空气中的杂质或灰尘,让洁净的空气进入气缸,以免遭气缸磨损,而延长发动机的使用寿命。空气滤清器也有消减进气噪声的作用,其通常是由进气导流管、空气滤清器盖、外壳、滤芯等组成。空气滤清器的造型及规格尺寸固不同车型而异。

【规　格】

类　型	基本特点
油浴式空气滤清器	多用于多尘条件下工作的发动机,其底部设置有储油池,池中润滑油用以黏附粗大杂质,细小杂质被滤芯所滤,滤芯清洗后可重复使用

续表

类型	基本特点
纸滤芯空气滤清器	其滤芯为经过树脂处理的微孔滤纸制成,滤芯外层有保护纸质的多孔金属网,纸滤芯由经过漫油处理后即为湿式纸滤芯。其吸附杂质的能力强、效率高,寿命长。干式纸滤芯可以反复供用,成本低。纸滤芯空气滤清器广泛应用于汽车发动机
离心式空气滤清器	利用旋流管内产生高速旋转运动,在离心力的作用下将大部分灰尘甩向旋流管壁,再通过滤芯过滤残存尘埃,离心式空气滤清器多用于大型货车

29. 载货汽车空气滤清器滤芯 (GB/T14170-93)

【特点及用途】空气滤清器滤芯是空气滤清器的主要部件,其作用是过滤气缸内空气中的尘土和砂粒,以减少机件的磨损。按其结构特点的不同分为 A 型—带有止推面的圆筒形滤芯、B型—没有止推面的圆筒型滤芯、C 型—带有叶片环的整体式圆筒形滤芯和 D 型—带有封闭式下端盖的圆筒形滤芯。

(1) A 型—带有止推面的圆筒形滤芯

注:①密封垫的自由高度,由制造厂家根据材料及形状自行确定。密封垫应具备足够的压缩性,以满足规定的装配关系。密封垫装配后,在滤芯使用寿命期限内,应能保持满意的密封性。

②密封垫的直径应在 $d_4 \sim d_5$ 之间。

③滤芯和密封垫应粘结为一体,两者同时更换。

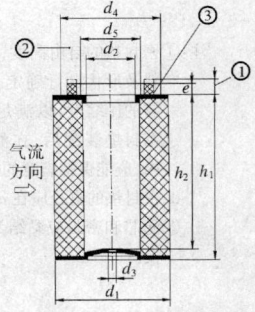

（mm）

$d_1 \leqslant$	$d_2{}^{+2}_{\ 0}$	$d_3{}^{+0.5}_{\ \ 0}$	$d_4 \leqslant$	$d_5 \geqslant$	$e^{\ 0}_{-1}$	$h_1 \pm 1.5$	$h_2 \pm 2$
111	50	8.5	95	60	6	217	202
111	50	8.5	95	60	6	300	285
128	64	8.5	100	75	6	285	268
128	57	8.5	100	75	6	300	283
150	71	8.5	125	80	7.5	325	310
166	75	8.5	140	95	7.5	300	282
166	86	8.5	140	95	7.5	340	322
192	81	8.5	170	120	7.5	300	283
198	103	8.5	170	120	7.5	365	351
213	103	8.5	180	120	7.5	300	261
228	116	10.5	190	130	7.5	370	356
231	120	10.5	190	130	7.5	360	326
243	132	10.5	195	145	7.5	485	454
251	140	10.5	220	160	9.5	360	326
303	191	10.5	255	205	9.5	460	444
328	216	10.5	280	230	9.5	605	573

（2）B 型——没有止推面的圆筒形滤芯

注：①密封垫的自由高度，由制造厂家根据材
料及形状自行确定。密封垫应具备足
够的压缩性，以满足规定的装配关系。
密封垫装配后，在滤芯使用寿命期限
内，应能保持满意的密封性。

②密封垫的直径应在 $d_4 \sim d_5$ 之间。

③滤芯和密封垫应黏结为一体，两者同时更
换。

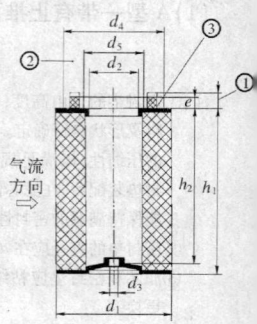

【规　格】　　　　　　　　　　　　　　　　　　　　　　　　　　　　（mm）

d_1 ≤	$d_2{}^{+2}_{\ 0}$	$d_3{}^{+0.5}_{\ \ 0}$	d_4 ≤	d_5 ≥	$e_{-1}^{\ 0}$	$h_1\pm1.5$	$h_2\pm2$
133	67	17	125	90	4.5	279	260
133	93	17	125	100	6	381	362
155	88	19	140	105	8.5	332	310
155	88	19	150	105	4.5	382	360
166	86	8.5	140	95	8.5	300	279
201	90	13	185	160	8.5	254	228
201	135	17	185	160	8.5	406	371
220	179	23	215	190	8.5	423	370
234	123	17	225	190	8.5	330	295
234	123	17	225	190	8.5	406	368
243	132	10.5	195	145	8.5	300	270
265	153	17	235	160	8.5	406	358
282	171	17	265	240	8.5	406	368
307	196	23	285	205	8.5	406	358
307	196	17	285	255	8.5	457	397
352	241	23	275	250	8.5	457	417

（3）C 型——带有叶片环的整体式圆筒滤芯

注：①密封垫的自由高度，由制造厂家根据材料及形状自行确定。密封垫应具备足够的压缩性，以满足规定的装配关系。密封垫装配后，在滤芯使用寿命期限内，应能保持满意的密封性。

②密封垫的直径应在 $d_4 \sim d_5$ 之间。

③滤芯和密封应黏结为一体，两者同时更换。

④空气滤清器的壳体内径应等于 $d_6{}^{+1.5}_{+0.5}$，保证滤芯的正确装配。

⑤起离心分离作用的叶片环的高度、形状及数目，由制造厂家确定。

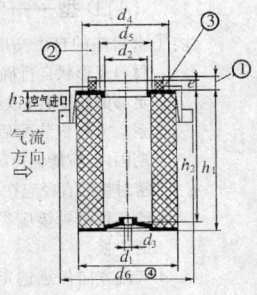

【规　格】 (mm)

d_1 ≤	$d_2{}^{+2}_{\ 0}$	$d_3{}^{+0.5}_{\ \ 0}$	d_4 ≤	d_5 ≥	d_6 ≤	$e{}^{\ 0}_{-1}$	$h_1\pm1.5$	$h_2\pm2$	h_3 ≥
104	63	17	98	65	132	4.5	228	211	66
104	63	17	98	65	132	4.5	254	237	66
133	67	17	125	72	163	4.5	279	260	66
133	82	17	125	100	163	6	305	286	66
133	93	17	125	100	163	6	381	362	66
155	80	13.5	120	104	200	4.5	190	170	106
155	80	13.5	120	104	200	4.5	235	215	106
155	80	13.5	120	104	200	4.5	265	245	106
155	88	19	150	90	200	4.5	305	287	85
155	88	19	150	105	200	4.5	381	362	106
175	88	17	170	125	225	8.5	381	362	43
175	107	17	170	125	225	8.5	406	388	125
201	90	13.5	196	110	255	5	254	228	50
201	135	17	196	160	255	5	406	371	117
234	123	13.5	225	185	296	5	254	229	50
234	123	17	225	185	296	5	330	295	50
282	169	13.5	265	185	352	8.5	305	280	74
307	196	13.5	285	250	403	8.5	355	310	88

（4）D 型——常有封闭式下端盖的圆筒形滤芯

注：①密封垫的自由高度，由制造厂家根据
材料及形状自行确定。密封垫应具备
足够的压缩性，以满足规定的装配关
系。密封垫装配后，在滤芯使用寿命
期限内，应能保持满意的密封性。

②密封垫的直径应在 $d_3 \sim d_4$ 之间。

③滤芯和密封垫应黏结为一体，两者同
时更换。

④气流方向任意选定，所要求的气流方
向，在滤芯总成图纸上应加以规定。

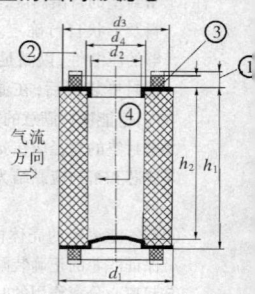

【规　格】　　　　　　　　　　　　　　　　　　　　　　　　　　（mm）

d_1	$d_2{}^{+2}_{\ 0}$	d_3 ≤	d_4 ≥	$e_{-1}{}^{0}$	$h_1 \pm 1.5$	$h_2 \pm 3$
215	106	212	185	8.5	415	395
226	139	200	170	8.5	356	311
226	139	200	170	8.5	559	514
226	139	200	170	8.5	711	666
265	153	230	200	8.5	401	357
265	153	230	200	8.5	478	433
265	153	230	200	8.5	554	510
265	153	230	200	8.5	660	616
324	212	280	250	8.5	432	394
324	212	280	250	8.5	508	470
324	212	280	250	8.5	559	521
324	212	280	250	8.5	660	623
353	189	295	265	8.5	483	462
353	189	295	265	8.5	584	563
353	189	295	265	8.5	660	639

（5）空气滤清器滤芯标记方法示例

a. 尺寸 $d_1 = 198mm$，$d_2 = 103mm$ 及 $h_1 = 365mm$ 的 A 型滤芯标记为滤芯 GB/T 14170-A198×103×365

b. 尺寸 $d_1 = 166mm$，$d_2 = 86mm$ 及 $h_1 = 300mm$ 的 B 型滤芯标记为滤芯 GB/T 14170-B166×86×300

c. 尺寸 $d_1 = 155mm$，$d_2 = 88mm$ 及 $h_1 = 305mm$ 的带有叶片环 C 型滤芯标记为滤芯 GB/T 14170-C155×88×305

d. 尺寸 $d_1 = 265mm$，$d_2 = 153mm$ 及 $h_1 = 478mm$ 的带有封闭式下端盖的 D 型滤芯标记为滤芯 GB/T 14170-D265×153×478

30. 汽车消声器

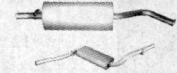

【特点及用途】汽车消声器是具有吸声衬里或特殊形式的气流管道，

可有效降低从排气歧管排出的废气的温度和压力,以消除火星和噪音的专门装置,其造型及大小尺寸随汽车结构而制定。消声器测量方法按 GB/T4759-1995 及其他有关规定执行。

【规　　格】山东宁津亨通消声器厂产品

图　示	序　号	品种名称
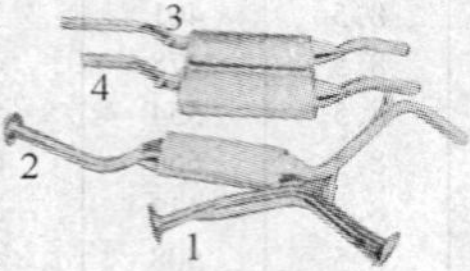	1 2 3 4	斯柯达前叉管 斯柯达中节总成 斯柯达尾节(长管) 斯柯达尾总成(短管)
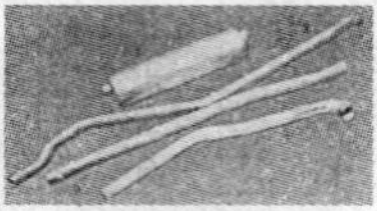	5 6 7 8	依维柯 40-10 前管 依维柯 40-10 中节弯管 依维柯 40-10 消声器筒 依维柯 40-10 尾管
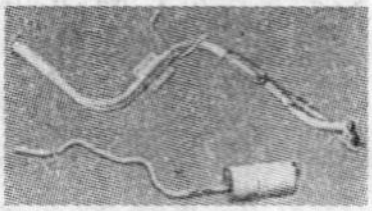	9 10	沈阳金杯 4Y 前叉管总成 沈阳金杯 4Y 后节总成 (12 座)
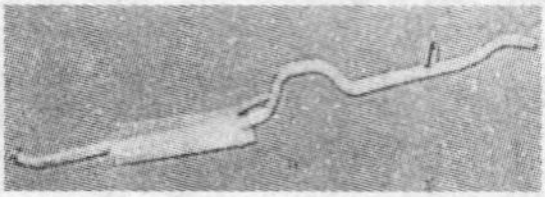	11	三菱吉普后总成 V32. 4G54
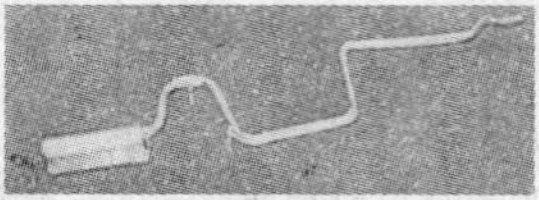	12	美国福特天霸皇尾总成

续表

图　示	序　号	品种名称
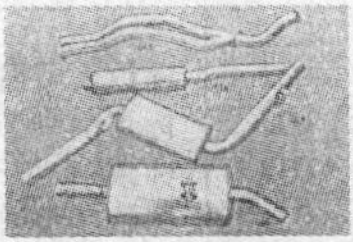	013 014 015 016	桑塔纳前双管 STN 桑塔纳前节总成 桑塔纳中节总成 桑塔纳尾节总成
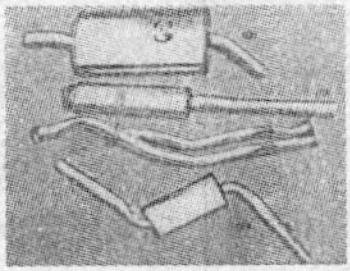	017 018 019 020	桑塔纳 2000 型前叉总成 桑塔纳 2000 型前节总成 桑塔纳 2000 型中节总成 桑塔纳 2000 型尾节总成
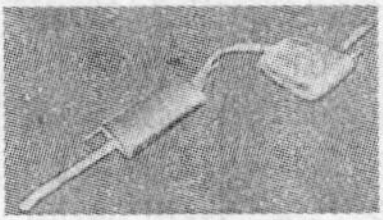	021	进口大众帕萨特中节 后节总成
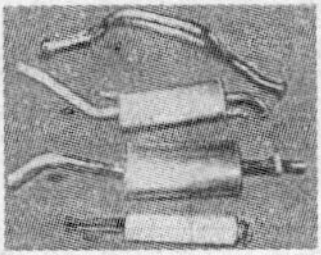	022 023 024 025	奥迪四缸前叉管 奥迪四缸前节总成 100, 20E 奥迪四缸中节总成 100, 20E 奥迪四缸尾节总成 100, 20E
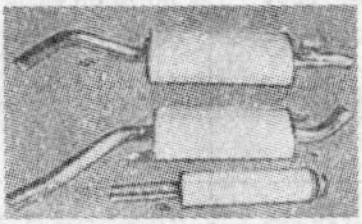	026 027 028	奥迪五缸前节总成 奥迪五缸中节总成 奥迪五缸尾节总成
	029 030	奥迪六缸 V6 中节总成 奥迪六缸 V6 尾节总成

续表

图　示	序　号	品种名称
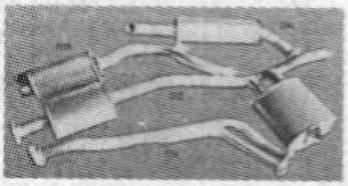	031 032 033 034	标致前双管 8 座 标致前中节总成 8 节 标致第三节总成 8 座 标致尾节总成 8 座
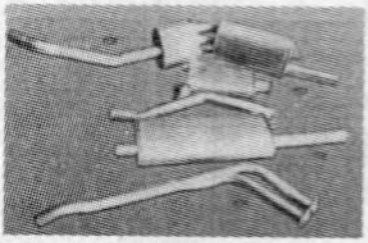	035 036 037 038	标致前双管 5 座 标致前节总成 5 座 标致第三节总成 5 座 标致尾节成 5 座
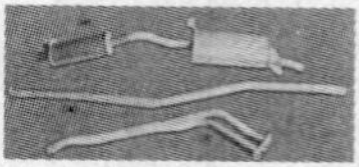	039 040 041	标致 504 肖双管 标致 504 中节管 标致 504 尾节总成
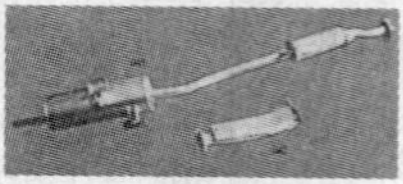	042 043	新昌河前管总成 新昌河中后节总成
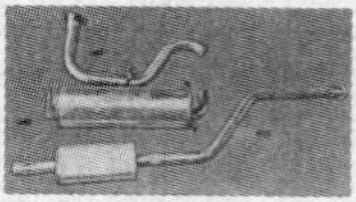	044 045 046	神龙前弯管 神龙中节总成 神龙尾节总成
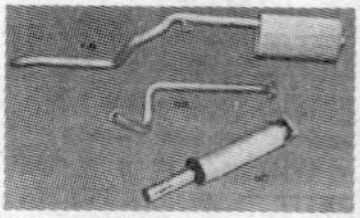	047 048 049	切诺基 213 前节消声器 切诺基 213 前管消声器 切诺基 213 尾节总成

续表

图　示	序　号	品种名称
	050	红旗前总成
	051	红旗中总成
	052	红旗后总成
	053	丰田老款 2.2 佳美前管总成
	054	丰田老款 2.2 佳美中节总成
	055	丰田老款 2.2 佳美后消声器
	056	丰田柯柔娜 2. 0ST170 尾节
	057	丰田已仙达轿车尾节总成
	058	丰田皇冠 122.2.8 前中节总成
	059	丰田皇冠 122.2.8 尾节总成
	060	丰田皇冠 120.132 前中节总成
	061	丰田皇冠 120.132 尾节总成
	062	丰田皇冠 3.0 前中节总成
	063	丰田皇冠 3.0 尾节总成
	064	丰田面包 YH50.2Y 前双管
	065	丰田面包 YH50.2Y 尾节总成

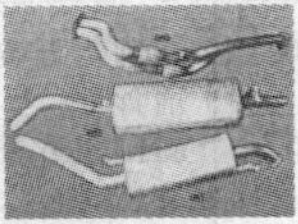

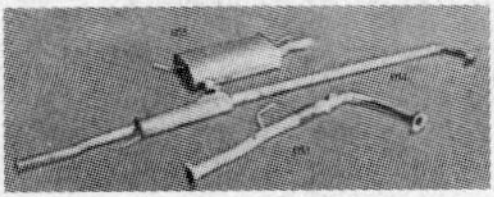

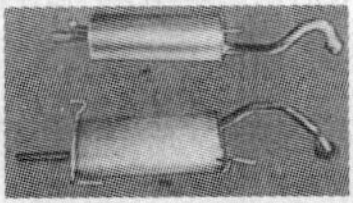

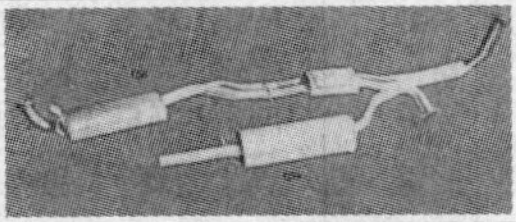

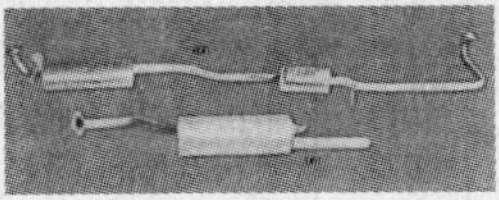

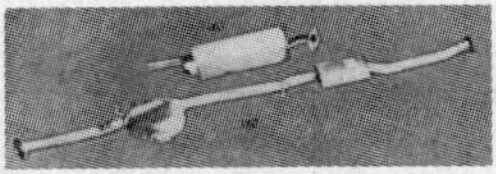

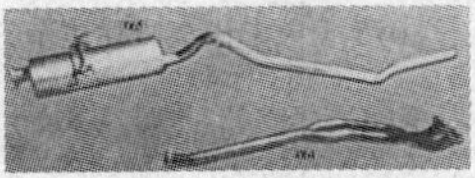

续表

图　示	序　号	品种名称
	066	新柳州五菱（单排座）前管
	067	新柳州五菱（单排座）后总成
	068	新柳州五菱（双排座）后总成
	069	丰田大霸皇子弹头前尾节总成
	070	丰田4Y尾节总成
	071	丰田小霸皇3Y尾节总成
	072	丰田小霸皇3Y前总成
	073	丰田YN85 55前管
	074	丰田YN85 55尾节总成
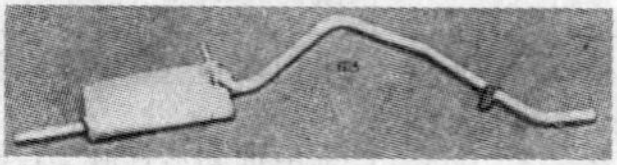	075	丰田YN80尾节总成

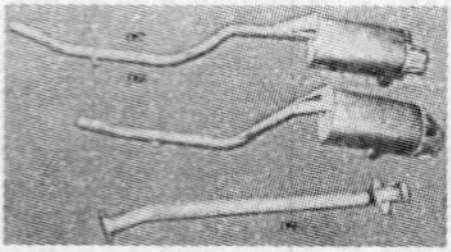

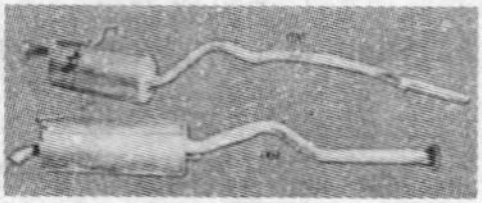

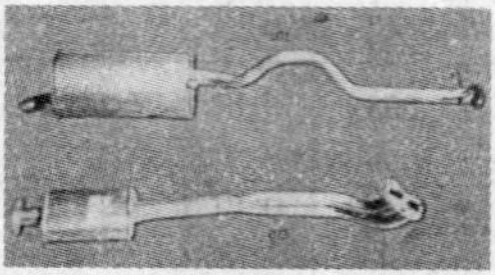

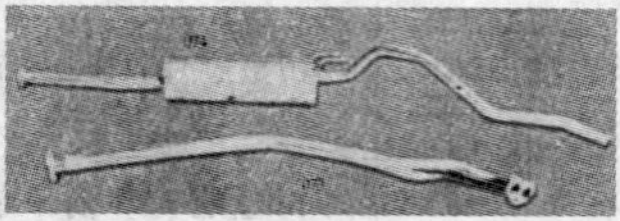

续表

图 示	序 号	品种名称
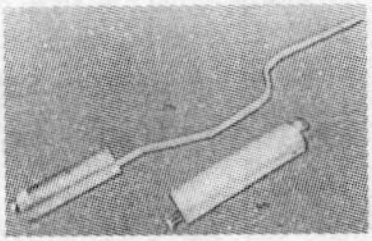	076 077	丰田 1. 25TR、Y30. 3Y 尾节总成 丰田 1. 75YU、60. 3Y 消声器
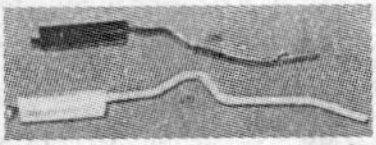	078 079	丰田 RH、20. 12R 尾节总成 丰田 DM20. 4K 尾节总成
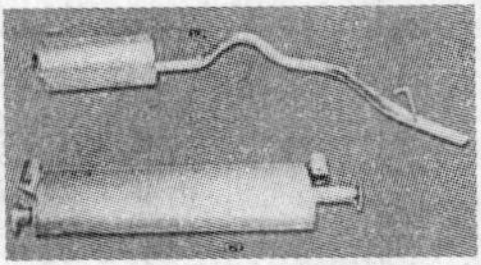	080 081	丰田 BB20 消声器总成 丰田 KM36. 5K 后总成
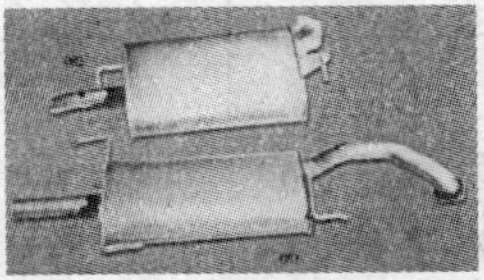	082 083	丰田佳美轿车(大筒)尾节总成(2.2) 丰田佳美轿车(小筒)尾节总成(2.0)
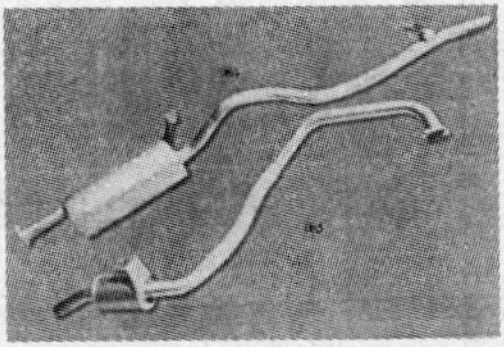	084 085	丰田吉普 3F 尾节总成 丰田吉普后总成(FZS. 80)

续表

图　示	序　号	品种名称
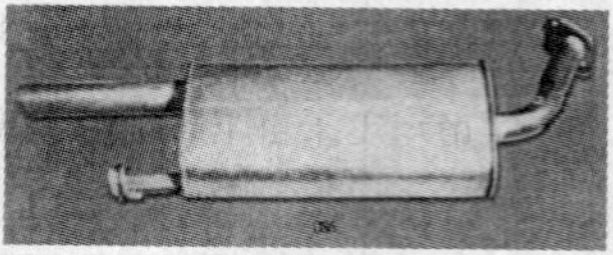	086	凌志400尾节总成
	087	蓝鸟 YU11CA18 前节消声器
	088	蓝鸟 YU11CA18 尾节总成
	089	蓝鸟 YU12.20 尾节消声器
	090	新蓝鸟 U12 尾节总成新款
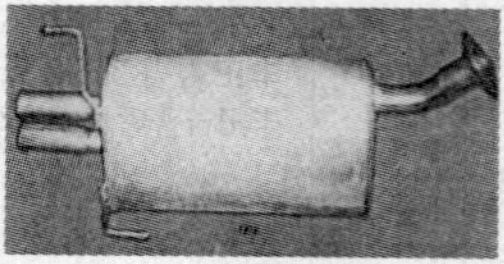	091	新蓝鸟 U13 尾节总成

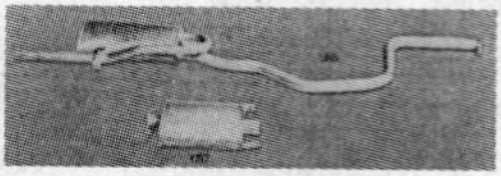

续表

图　示	序　号	品种名称
	092 093 094	尼桑 V30 前节总成 尼桑 V30 中节总成 尼桑 V30 尾节总成
	095 096 097	尼桑 V31 前节总成 尼桑 V31 中节总成 尼桑 V31 尾节总成
	098 099 0100	天津大发面包车消声器 天津大发货车总成 850 天津大发货车双排座总成
	101 102	马自达 929 尾节总成 新马自达 929 尾节总成 HD

续表

图 示	序 号	品种名称
	103 104	马自达 1800 消声器 马自达 1800 尾器
	105 106 107	本田雅阁 2.0 尾节总成 CB$_3$ 本田雅阁前管 CB$_3$ 本田雅阁 CB$_3$ 前中节总成
	108 109 110	本田雅阁 CB$_5$ 尾节总成 本田雅阁 CB$_5$ 中节总成 本田雅阁 CB$_5$ 前节总成
	111 112	广州本田雅阁 CG$_5$ 尾节总成 本田雅阁 CD$_7$ 加长尾节总成

续表

图　示	序　号	品种名称
	113	三菱 4G462. L300 尾节总成
	114	三菱 4G33. L300 尾节总成
	115	五十铃 NHR 前管（网球）
	116	五十铃 NHR 消声器筒
	117	五十铃 NHR 尾管
	118	五十铃 NP3. 9T 消声器
	119	仪征黎明 6460 消声器
	120	韩国大宇皇子中节
	121	韩国大宇皇子尾节总成

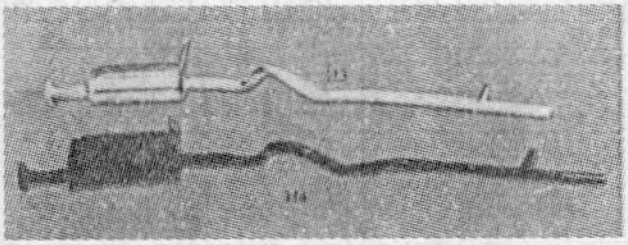

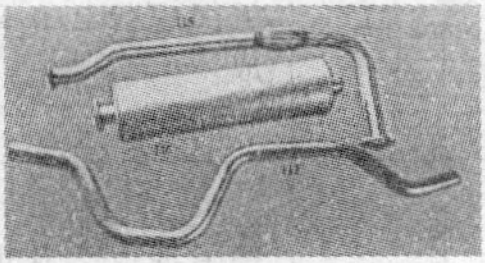

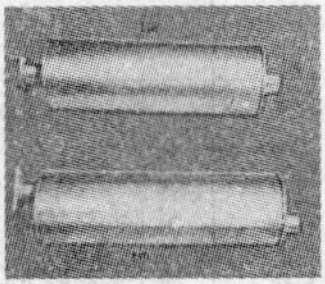

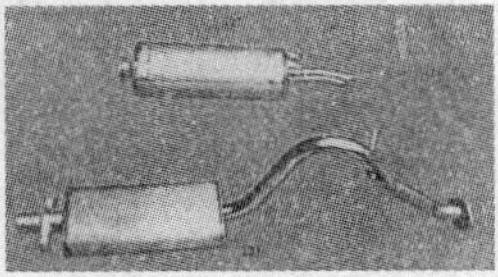

续表

图 示	序 号	品种名称
	122	韩国现代 1.5 尾节总成
	123	韩国现代 1.8 后节总成
	124	韩国现代 2.0 前中节总成（短）
	125	韩国现代 2.0 尾节总成
	126	韩国现代 2.0 前中节总成（长）
	127	韩国现代 2.0 尾节总成
	128	韩国贵族中节
	129	韩国贵族后节
	130	韩国沙龙中节

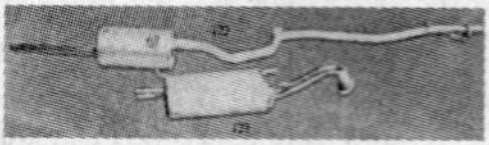

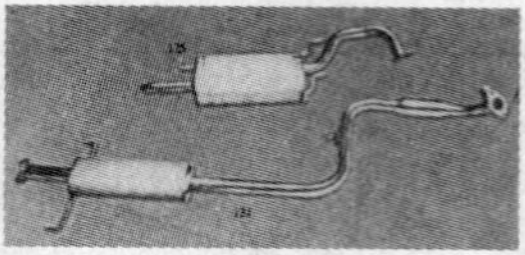

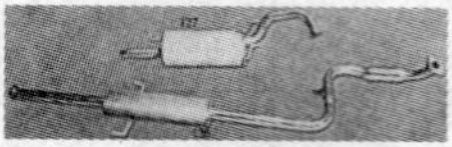

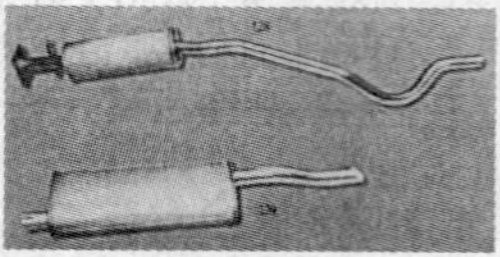

续表

图　示	序　号	品种名称
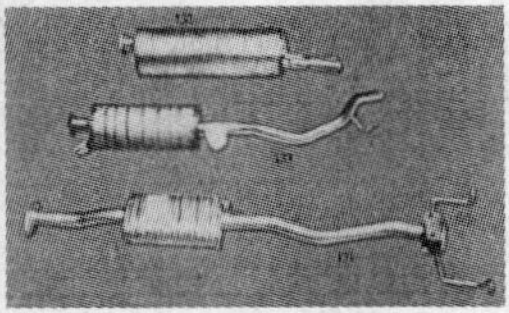	131 132 133	韩国起亚前节 韩国起亚后节 韩国安弛尾节总成
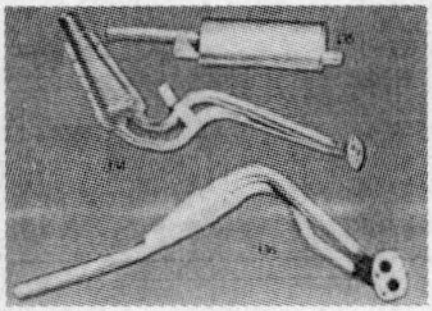	134 135 136	波罗乃兹 1.5 前双管 达契亚 1309 尾节消声器 拉达 2105 前双管
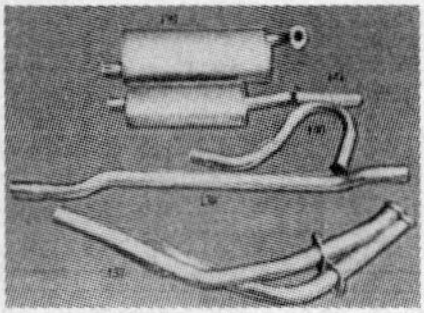	137 138 139 140 141	伏尔加前双管 前连接管 前连中节消声器 前连过桥弯管 前连尾节消声器
	142	法国白菇 421 中后节总成

31. 消声末端的设计 (GB/T4760–1995)

管道消声末端的设计应遵照的原则：①通道截面应缓慢地随距离增大。在试验频率范围内，出口截面上的频率参数应具有足够大的数值。②通道内壁应作吸声处理，使沿通道传播的声波在试验范围内获得有效的衰减。③通道吸声内壁的法向声导纳应随距离缓慢增大，并且不应有明显的突变。

典型设计的图示

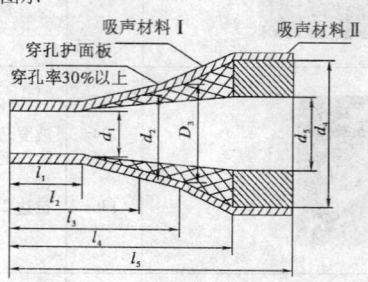

消声末端设计举例

d—管道通道等效直径；$d_1 = 1.5d$；$d_2 = 1.66d$；$d_3 = 2.25d$；$d_4 = 3.44d$；$d_5 = 4.67d$。
图中吸声材料可选用

a. 开孔泡沫塑料，容重 30～40kg/m³；

b. 超细玻璃棉，容重 20～30kg/m³；

c. 粗玻璃纤维，容重 80～110kg/m³，或矿渣棉。

32. 汽车涡轮增压器

WH1E-02   HX35-06   HX40-04   WH1E-08

【特点及用途】汽车涡轮增压器是以期提高汽车发动机空气密度,增加进气量,进而增加循环供油量,提高发动机动率,改善燃油经济性的主要部件。汽车涡轮增压器由离心式压气机和径流式涡轮机及中间体三部分构成。其增压系统须与进气旁通阀、排气旁通阀和排气旁通阀控制装置共同组成。

【规　　格】营口市轻型汽车泵总厂产品

型　号	匹配发动机及车型
WH1E–01	锡 6110/125AKZ; 9～15t 器中重型载货车或大客车
WH1E–02	锡柴 6113/125BKZ
HX35W–03	康明斯 6BTAA
HX40–04	康明斯 6CT
X35W–05	康明斯 6BTA
HX35–06	康明斯 6BT
H1E–07	玉柴 6108ZQ
WH1E–08	一汽大柴 6110、6113; 解放 CA155 汽车系列、上海产挖掘机、丹东黄海大客车
WH1C–09	6BT5.9 二汽 8T、东风 EQ153

33. 散热器

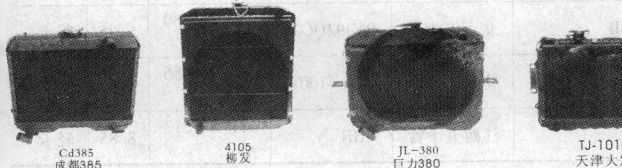

Cd385
成都385

4105
柳发

JL–380
巨力380

TJ–1010
天津大发

CH-465 新昌河　ST90 长安雪型　LZ-6330 新柳微　JX-PK 江铃皮卡　CH-PK 长城皮卡

【特点及用途】散热器的功用是将冷却水的热量及时散入大气,以保持发动机的正常水温。散热器主要由上下水室、散热器芯、散热器盖等组成。因各种车型结构不同,其散热器造型及规格尺寸亦不相同。

【规　格】温州鑫田集团有限公司产品

型　号	名　称	发动机型号	芯体尺寸 (mm)	重量 (kg)	备注
Z1301-010-010	东风-2 柴油车	6100-2	639.2×520×49	12.5	三排
Z1301-003-010	东风平头 6 吨	6BT 此油车	639.2×520×49	14	三排
1301D14A-010	二气拉煤王	6BT5.9	637×520×49	12.5	四排
1301NO8-010	东风康明斯 6BTA	6BT180 马力	591×550×66	18.5	四排
1301NC18-010	锡柴 4100	4100	524×518×49	11.2	三排
1301N12-010	EQ1150G		634×720×66		三排
EQ140DA	乘龙 6180		637×520×49	12.5	三排
CA1091Q	解放 141	6110	591×536×66	18	汽油
BJ136B	北京 1041	BN492QG2	530.3×380×49	8.75	轻卡
1301QB10-010	朝柴 4100	朝柴 4100	533.2×386×32	8.8	轻卡
JX50L	江西五十铃	NHR	471.8×517×32	8.85	轻卡

续表

型　号	名　称	发动机型号	芯体尺寸 （mm）	重量 （kg）	备注
CA1026	一汽小解放	488	481.9×380×49	8	轻卡
1301QE-010	EQ1030	4JBI	533.2×366×32	9	柴油
1301QA-010	EQ1030	EQ491	533.2×366×32	9	二排
Z1031-018-010	EQ1061	4BTAA	524×518×32	8.4	轻卡
1301QA4-010	云内4100柴油车	4100	533.2×366×32	9	二排
1301QAJ-001	EQ1032		445.6×290×49	8.2	轻卡
1301010-N17	吉林1026		481.9×380×49	8	
SF480	时风480	480	445.5×273×49	8	
LM475	龙马475	475	445.6×273×32	9	
BM30Z	吉利		433.5×400×49	8.5	
HG295	杭挂		433.5×400×49	8.5	
SCNJ4100QB-2	南骏4100		535×366×49	5.8	
CD385	成都385	385	435.8×304×49	7.3	
4105	柳发		524×518×49	8.4	
JL-380	巨力380	380	409.3×280×32	4.8	

续表

型　号	名　称	发动机型号	芯体尺寸 （mm）	重量 （kg）	备注
CA151	解放六平柴	6BT	591 × 536 × 66	18	四排
CA142–CH	解放大柴	6110	591 × 536 × 66	18	四排
CA152–5	青岛六平柴		591 × 536 × 83	20	五排
1301010–4GBI	解放九吨王		593. 2 × 580 × 66	21. 1	四排
1301010–116	解放五吨王		593. 2 × 580 × 66	21. 1	四排
S1301010–133	一汽拉煤王		591 × 536 × 49	17. 3	四排
N131C	南京131C	495	494 × 478 × 49	10. 5	三排
NJ131E	南京131E	427	494 × 478 × 49	10. 5	三排
TJ–1010	天津大发	376	410. 2 × 260 × 32	4	
CH–465	新昌河	465	481. 9 × 238 × 32	5	
ST90	长安微型	462	409. 2 × 238 × 32	3. 5	

续表

型　号	名　称	发动机型号	芯体尺寸（mm）	重量（kg）	备注
LZ-6330	新柳微	278	409.2×238×32	3.5	
JX-PK	江铃皮卡	491Q	556.4×409×32	6.25	
CH-PK	长城皮卡	486Q	518×396×32	5.9	
MR188433	三菱吉普	MITISUB-ISHI	620×370		92-96
16400-35370	丰田皮卡	TOYOTA–PK	530×430		91-96
BJ-CHROKEE	北京切诺基		500×420		
MB356556	NISSAND21		660×440		91-96
21460-IL027	NISSANCE-FIRO		430×710		95-98
16400-20060	TOYOTA-CAMRY		430×710		95-96
19010-P0G-A51	HONDAACCORD		680×360		94-97
4682976	FORDTEMPO		620×370		92-94
	合力叉车（管片）				管片式
BJ-2020S	北京吉普	BN492PG1	559×395×32	7.85	
HB280	山东黑豹	280	409.2×238×32	4.2	

34. 硅油风扇离合器

【特点及用途】硅油风扇离合器,是以汽车散热器后面的温度改变发动机风扇转速,使汽车发动机始终在最佳温度下工作的一种装置,其广泛用于各类汽、柴油汽车及拖拉机发动机冷却系统。硅油风扇离合器,具有节油降噪、启动迅速、延长发动机寿命等特点。

【规　　格】中国航天工业总公司长征机械厂产品

型号	适用发动排量	适用车型
LFQ-A	4L 以上	各类轻型卡车、面包、吉普、小轿车等
LFZ-B	5～7L	各类中型大轿车
LFZ-G	7～12L	斯太尔卡车等

35. 汽油泵

铃木汽油泵/SUZUKI

【特点及用途】汽油泵的作用是将汽油从油箱内吸出,经管路和汽油滤清器,再泵入化油器原子室。

【规　　格】

类型	驱动方式	基本结构特征
膜电式汽油泵(典型泵例型号 CBA604型)	发动机配气机构的凸轮轴上偏心轮驱动	泵壳体分上下两部分,内设进油阀和出油阀、进油管接头与出油管接头,中间夹装泵膜组件,下体泵膜弹簧作用泵膜产生压力而泵油
电动汽油泵(典型泵例型号 B501 型)	电磁式驱动机构驱动	底部装置进油阀,泵筒固定在泵中心,筒中带出油阀的柱塞在电磁线圈和回往弹簧的外用下进行直线往复运动从而泵油

36. 汽油箱

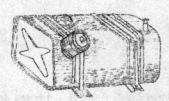  

带锁油箱盖　　　　　无锁油箱盖

【特点及用途】汽油箱的作用是储存汽油,其通常装在车架外侧,驾驶员座位下或货台下面,轿车的油箱装在车身的后部。汽油箱主要部件有箱体、可延伸加油管、滤网,油面指示表传感器、传感器浮子、出油开关,出油螺塞、油箱盖等。

【规　　格】
储里程(km):	200~600
油箱材料:	薄钢板、高分子高密度厚乙烯塑料
汽油箱盖:	有空气阀和蒸气阀设置(供调节箱内压力)

37. 电热塞

【特点及用途】电热塞主要用于采用涡流室或预热室式燃烧室的柴油机,供启动时预热燃烧室内的空气。其结构部件有发热体钢套、电阻丝、填充剂、外壳、绝缘体等。

【规　　格】
钢套材料:	不锈钢
绝缘体材料:	陶瓷
填充剂材料:	氧化铝
通电时间:	<1min

38. 节温器

【特点及用途】节温器是控制冷却液流动路径的阀门,其根据冷却液温度的高低,打开或关闭冷却液通向散热器的通道,节温器主要构件有节温器阀、阀座、感温体、石蜡、弹簧、推杆等。节温器有单阀型与双阀型之分。一般布置在气缸盖出水管路中,也可以布置在散热器的出水管路中。

【规 格】

名称:	蜡式节温器
阀开启温度:	85°C
阀全开温度:	105°C
升程距离:	>7mm

注:该蜡式节温器为国产轿车捷达、桑塔纳及奥迪100型等车适用品种。

39. 水 泵

捷达水泵　　　　　　丰田水泵

376Q 夏利水泵　　　　时代超人水泵

【特点及用途】水泵的功用是对冷却液加压,保证冷却液能在冷却液能在冷却系中循环流动。汽车发机机广泛采用离心式水泵,其基本结构有壳体、水泵轴、叶轮这进出水管等。

【规　格】

结构材料	壳体	铸铁或铸铝
	叶轮	铸铁或塑料
结构型式	叶轮	6～8 片
	造型	直叶片或后变叶片
	进出水管与水泵壳体铸为一体	
转　速	与发动机转速成比例，为曲轴转速的 1.6 倍(奥迪 100 型轿车发动机水泵)	

40. 机油泵

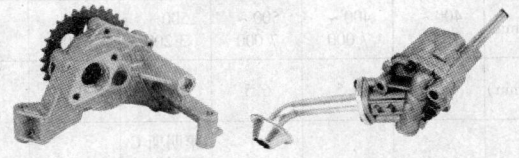

时代机油泵　　　桑塔纳机油泵

【特点及用途】机油泵的功用在于向汽车发动机运动提供润滑油,使运动体降低摩擦系数,避免干摩擦和降低噪声,消散摩擦热量,并还可清洗磨屑,以及防锈和起密封作用。机油泵结构形式可分为齿轮式(内接齿轮式和外接齿轮式)和转子式两种类型。机油泵的造型因发动机型体各异无统一型式。

【规　格】

齿轮与泵体的径向间隙：≤0.20mm

齿轮端面间隙：不超过0.05～0.20mm

41. 安全阀

【特总及用途】机油泵在向发动机泵油供润滑时，为防止油压过高，得在润滑油路中设置安全阀。一般安全阀装在机油泵或机体的主油道上，若油压达到规定值时，安全阀开启，多余油液返回机油泵进口，若安全阀安装在主油道上，油压达到规定值时，多余的油液流回油底壳。

【规　　格】瑞安市华南汽车部件有限公司产品

排量（mL/r）	7.2	8.5	8.5	16	16	8.5
开启压力（MPa）	9	12	10	14	10	10
连速（r/min）	400 ~ 7 000	400 ~ 7 000	500 ~ 7 000	500 ~ 3 200	500 ~ 3 200	500 ~ 7 000
流量（L/min）	6	6.5	6.5	20	13	6.5
适用车型	捷达轿车	红旗、奥迪轿车	2000型桑塔纳轿车	康明斯 C 系列发动机 6CT–211/240 HP 系列车型 153	解放 CA 151	皮卡

42. 油底壳

【特点及用途】油底壳的主要功用是贮存机油并封闭曲轴箱，为保证发动机纵向倾斜时机油泵能经常吸到机油，油底壳后部一般做得较深，内设有挡油板，以防油面波动过大，底部装有磁性放油塞，以吸纳机油中的金属屑，以避免运动零件的磨损。

【规　格】
油底壳形状:不统一,取决于发动机的总体布置和机油的容量。
油底壳材料:一般采用薄板冲压制成或铝合金铸造(铝合金铸造的油
底壳底部铸有散热肋片)。

43. 汽车发动机旋装式机油
滤清器(GB/T8409-1999)

JX0710C

【特点及用途】发动机旋装式机油滤清器专门用于汽车发动机上,过
滤机油中的杂质,旋装式机油滤清器应与旁通阀或相应部件配套使用。

【规　格】　　　　　　　　　　　　　　　　　　　　　　　　　　(mm)

长度 L≤		125	160	210	265	310
直径 K		≤80	>80 ≤90	>90 ≤100	>100 ≤112	>112 ≤140
槽尺寸*	1	△	△	△	△	
	2			△	△	
	3			△	△	△
	4				△	△

续表

市场规格产品	型　号	外径×长度（mm）	连接螺纹	适　用　车　型
	JX0710C	77×123	M20×1.5	北内 492Q 发动机、天津雁蜂、BJ212、130、2020
	JX0814B	94×173	M24×2	EQ140、南充 4110
市场产品（浙江瑞安市长生滤清器有限公司产品）	JX1020	108×230	1 1/8″−16	巨触能王、拉煤王
	JX0814	94×173	M24×2	北汽福田
	JX0816	94×173	M24×2	二汽三吨轻卡
	LF3722	94×135	M24×2	东风 140−2
	JX0818A	94×212	1″−12	大柴 6110、朝柴 6102、玉柴 6105、斯太尔
	JX0814	94×173	1″−12	汽油 141、142、南充发动机
	JX1023	108×260	1 1/8″−16	拉煤王、五吨王九平柴、解放王、上柴 D6114
	6113	77×123	M20×1.5	无锡 6113 增压机
	JX85100D	94×135	3/4″−16	新昌 485
	JX0706	80×75	3/4″−16	462Q、368Q、长安奥拓
	WB7009	108×143	1″−12	莱阳 495、北汽福田系列
	JX1011	110×150	1″−12	玉柴 YC6112、乘龙王
	JX0805D	94×85	M20×1.5	长春 1046、CA488、C1026、CA6440
	JX0705B	70×68	3/4″−16	天津夏利、长安奥拓
	JX0710	80×125	M20×1.5	BJ212.130、2020、492Q
	JX0710A	77×123	3/4″−16	桑塔纳捷达 056、115、561G

续表

型号	尺寸	螺纹	适用车型
JX0805A	94×85	M20×1.5	吉普、切诺基 213
JX0811A	94×143	1″-12	解放三吨平拖、洛拖、无锡 4113、4110、宇通
LF3000	119×285	2 1/4″-12	康明斯 EQ1150G、8 吨平头
JX3721	94×95	3/4″-16	东风小霸王
TO-716	94×100	3/4″-16	丰田、TOYOTA 5R 5M 22R 4Y
JX0808A	94×110	3/4″-16	五十铃 2.8-3.9T
JX0808	94×110	3/4″-16	485、农用车、日三菱 4G62
TO-735	70×85	3/4″-16	丰 3.0　90915-2001
LF670	118×250	1 1/2″-16	OEMNO、3313279
LF777	118×250	1 3/8″-16	重庆康明斯
JX0808B	94×110	M20×1.5	农用 485、480
JX1008A₁	119×115	1 1/8″-16	工程车
491	77×123	3/4″-16	国产 4Y 发动机、沈阳金怀
JX0810Y	94×133	M24×2	成都 490
云雀	70×68	M20×1.5	主机配贵州云雀
依维柯	108×143	3/4″×16	南京依维柯
JX1018	108×210	1 1/8″-12	无锡 4 缸柴油机、东风系列载重车、锡 4110E、4113E

市场产品（浙江瑞安市长生滤清器有限公司产品）

续表

市场产品（浙江瑞安市长生滤清器有限公司产品）	JX0814A	94×173	1"-16	康明斯系列 145、153、FS3349、EQ3141G
	JX0811A$_1$	94×143	1"-12	无锡 4110、4113
	3720	94×173	M24-2	东风系列、140-2
	JX0710C$_1$	77×123	M20×1.5	无锡 6113 增压机
	NGJ427	94×142	3/4"-16	南京 427、131
	WB202	94×130	M20×1.5	配 498 发动机
	JX1012	108×160	1 1/8"-12	一汽柴油四缸、无锡 4110 增压器
	厦门金龙	102×150	M26×1.5	15607-1480
	600-211-1231	108×273	1 1/2"-16	小松车、工程车
	LF9009	119×285	2 1/4"-12	康明斯245 马力 8t
	佳美	67×73	3/4"-16	新夏利
	JX0813	94×163	1"-12	玉柴 6112 增压机
	皮卡	94×105	M20×1.5	五十铃、皮卡
	6135-51-5120	108×223	1 1/8-12	小松车、工程车
	6136-51-5211	108×173	1 1/8-12	小松车、工程车
	1008A	108×105	1"-12	朝柴 4102、4105、宇通客车、玉柴 YC6112
	B6Y1-14302A	67×68	M20×1.5	MAZDA（B6Y144.302A）
	8-94360418-0	80×103	M22×1.5	ISUZUNPR8-94360418-0
	90915-10001	66×75	3/4"-16	TOYOTA（90915.10001）

续表

市场产品（浙江瑞安市长生滤清器有限公司产品）

型号	尺寸	螺纹	适用车型
15601–78010	105×150	M26×1.5	TOYOTA（15601–78010I）1NO（15607–1480）
15208–W1193	94×132	3/4"–16	NISSAN（15208–W1193）
MD135737	70×85	M20×1.5	MITSUBISHI（MD135737）
15600–41010	94×135	3/4"–16	TOYDTA（15600–41010）日本丰田4Y发动机
15208–53100	67×85	3/4"–16	NISSAN（15208–53100）
26300–35056	80×78	M20×1.5	HYUNDAI（26300–35056）
15400–PR3	80×83	M20×1.5	HONDA（15400–PR3–004）
170090	94×95	11/16"–16	MERCMY（35–60494–1）
8–94360448–0	80×100	M22×1.5	MERCURY（52731、173233）
170100	94×110	11/16"–16	MERCURY（35–60494–1）
15600–25010	94×100	3/4"—16	MERCURY（54111）
170110	94×110	1"—12	OMC（502905）
15601–44011	94×120	3/4"–16	115010–0525
8–94360418–0	70×85	3/4"–16	MERCURY（41315）
FT4657HP	94×212	1"–12	HONDA
26300–42010	105×137	M26×1.5	HYUNDAI（26300、42010）
SLD1–230802	103×135	M20×1.5	KIACSLO1–230802）
9479–7406	80×83	M18×1.5	DAEWOO（9479–7406）
BASTA	105×130	M26×1.5	BASTA

续表

外销产品	15208－H8916	83×102	3/4"－16	NISSAN(15208－H8916)
	15208－65011	94×140	3/4"－16	USE FOR JAPANESE CAR(15208－65011)
	15208－H8904	80×100	3/4"－16	NISSAN(15208－H8904)
	170040	77×123	M18×1.5	MERCURY(41315)
	056－115－561	77×123	3/4"－16	AODI(056－115－561)
	16510－82703	67×68	3/4"－16	SUZUKI(16510－82703)
	15208－H8990	80×100	3/4"－16	NISSAN(152008－H8990)尼桑

注"＊"表示按 GB/T8409－1999 规定;表中带△的为标准规格。

44. 汽车发动机旋装式机油滤清器
连接尺寸(GB/T8409－1999)

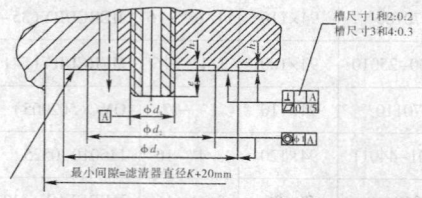

（密封面 Ra＝3.2μm,在最小坡长 $c＝0.8mm$ 和总距离 $λm＝4mm$ 时测量的平均值）

【规　　格】

座孔尺寸	连接尺寸					密封面			
	d_1	公差		e		d_2	d_3	h_1	h_2
		螺柱螺纹	滤清器螺纹	≥	≤	≤	≥	≥	≥
1	M20×1.5	6g	6H	14	20	58	76	2	2

续表

座孔尺寸	连接尺寸					密封面			
	d_1	公差		e		d_2	d_3	h_1	h_2
		螺柱螺纹	滤清器螺纹	≥	≤	≤	≥	≥	≥
2	M26×2	6g	6H	14	20	58	76	2	2
3	M30×2	6g	6H	16	22	90	113	4	2
4	M38×2	6g	6H	16	22	90	113	4	2

注:1. 螺柱 e 全长上为涡螺纹。当滤清器拧紧后,应保证至少有三扣螺纹接触。
 2. M16×1.5 和 M24×1.5 为旋装式滤清器使用。
 3. 滤清器的直径和长度可参见"汽车发动机旋装式机油滤清器"有关部分。

45. 汽车柴油机旋装式燃油滤清器

（GB/T17653-1999）

【特点及用途】汽车柴油机旋装式燃油滤清器专门用于车柴油发动机上,供过滤柴油中心杂质。旋装式燃油滤清器的优选结构是不带内部密封圈,若需要内部密封圈,亦可选用。

CX0710B

【规　格】 (mm)

基本尺寸	外径 D	d 连接螺纹
1	D≤80	M16×1.5
2	80<D≤88	M16×1.5
3	88<D≤100	M16×1.5 或 M24×1.5
4	100<D≤112	M16×1.5 或 M24×1.5

续表

	型 号	外径×长度(mm)	连接螺纹	适 用 车 型
市场产品规格(浙江瑞安市长生滤清器有限公司产品)	1D11	108×165	1"-14	玉柴6112、乘龙王
	CX0708	80×113	M16×1.5	云内4100、485发动机
	CX0708A	77×123	M18×1.5	扬柴4102.4105
	初级S1117040-D6	85×185	M16×1.5	S1117050、巨能王、西北王、大柴、CA61102W
	CX0709	80×125	3/4"-16	江淮(日TD46)
	FS1000	94×240	1"-14	重庆康明斯、工程日
	CX0710B$_4$	85×150	N20-1.5	朝柴4102、4105、宇通客车
	CX0814C	94×173	1"-14	大柴D6114红岩、斯泰尔
	WBF789	94×100	M20×1.5	莱阳495、福田系列
	C×0706	80×87	M18×2	配498发动机
	C×0710D	77×123	M30×2	朝柴6105大孔、福莱
	C×0708	77×105	M16×1.5	矮成都490
	二级S1117050-D6	85×125	M16×1.5	S1117050-D6、巨能王,西北王大柴.CA61102W
	S×0710	77×123	M16×1.5	大柴6110、朝柴6102、玉柴6105、
	C×0808B	80×83	3/4"-16	五十铃2.8~3.9t
	C×0710	77×123	M16×1.5	5403朝柴轻卡、大柴、玉柴6105、6102
	C×0710B	77×145	M16×1.5	风神6102
	W962	94×212	1"-12	斯太尔、红岩

续表

<table>
<tr><td rowspan="9">市场产品规格（浙江瑞安市长生滤清器有限公司产品）</td><td>型　号</td><td>外径×长度
（mm）</td><td>连接螺纹</td><td>适　用　车　型</td></tr>
<tr><td>FS1212</td><td>94×195</td><td>1"－14</td><td>康明斯、一汽五吨王、九平柴拉煤王、解放王放水</td></tr>
<tr><td>D×150</td><td>85×120</td><td>M16×1.5</td><td>二汽康明斯轻卡、153、145、EQ314G</td></tr>
<tr><td>C×0710B$_1$</td><td>85×150</td><td>M16×1.5</td><td>无锡6113、一汽系列、南京依维柯</td></tr>
<tr><td>依维柯</td><td>85×150</td><td>M16×1.5</td><td>南京依维柯</td></tr>
<tr><td>FF5052</td><td>80×123</td><td>M16×1.5</td><td>康明斯系列145、153、EQ314G</td></tr>
<tr><td>五十铃</td><td>80×83</td><td>3/4"－16</td><td>主机配五十铃</td></tr>
<tr><td>FF5327</td><td>80×145</td><td>M16×1.5</td><td>二汽康明斯轻卡带放水、3t轻卡、小康明斯、4105、4102</td></tr>
<tr><td>FS1280</td><td>94×170</td><td>13/16"－18</td><td>康明斯系列145、153、燃油放水</td></tr>
</table>

46. 汽车柴油机旋装式燃油滤清器连接尺寸（GB/T17653-1999）

a. 密封表面和连接螺纹的尺寸

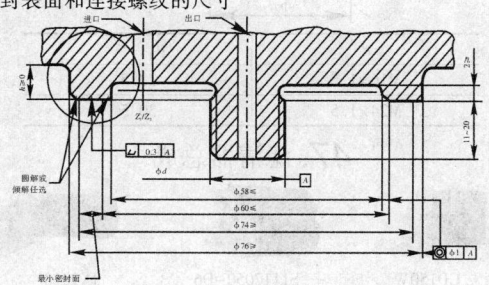

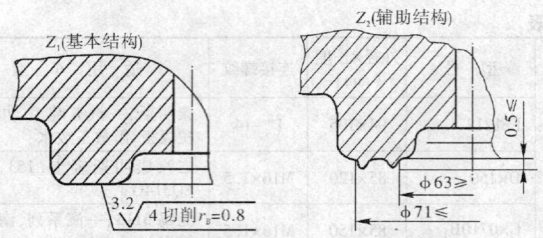

Z₁(基本结构)   Z₁(辅助结构)

注：1. * 螺纹长度应保证滤清器与密封面间有满意的密封性。

2. 滤清器的直径和长度以及连接螺纹可参见"汽车柴油机旋装式燃油滤清器"有关部分。

b. 带内部密封圈的密封面及连接螺纹尺寸

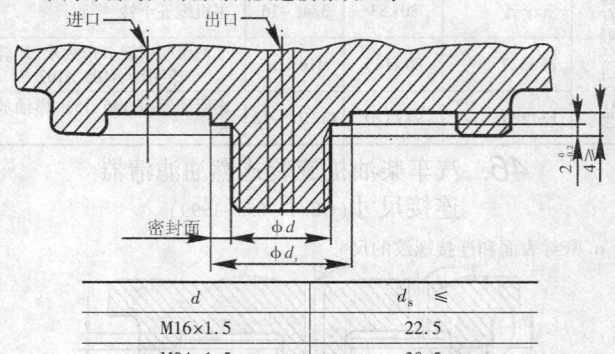

d	d_s $\leqslant$
M16×1.5	22.5
M24×1.5	30.5

47. 滤清器总成

CD150W   S1117050–D6   JX1018

CO810S　　　CO810S　　　CA141

【特点及用途】滤清器总成是安装在油泵和主油道之间的过滤装置，因串联或并联安装有全流式和分流式之分。一些重型货车上普遍采用双滤清器，其中之一为分流式作细滤器用，另一个为粗滤器，（粗滤杂质直径为0.05mm以上，细滤杂质直径为0.001mm以上）粗滤油进主油道，细滤油直接返回油底壳。

【规　　格】浙江瑞安市长生滤清器有限公司产品

型　　号	适用个质	适用车型
J0810B$_1$	机油	锡柴485
NJG427	机油	南京427
JX1023	机油	上柴、D6114
JX0818	机油	玉柴6105、三角座
JX0814BT	机油	二汽东风140、福田轻卡
JX0810Y	机油	成柴490
CA6110-2	机油	6102、大柴6110、CA151
10810S	机油	可换式大柴6110、锡柴6113、九平柴、CA151
CA142	机油	汽油141、142
JX1018	机油	南柴6105、燃油机配C081AI
JX1023	机油	锡柴6113
141	机油	可换式汽油141、CA142
JX0814	机油	云内4100、141三角座
140-2	机油	东风140-2
JX0818	机油	玉柴、大柴

续表

型　号	适用个质	适　用　车　型
6113	机油	同 6110、增压器
JX0710CT	机油	北内 492Q 发动机、北京 212、天津雁牌等
JX0818T	机油	玉柴 6105、柳发
C0708a_2	柴油	单杯可换式、扬柴 4102、柴油 131
140	机油	汽油 140 可换式
CX0710	柴油	单杯无锡 4110
CD1510W（沉定器总成）	柴油	单滤东风系列、郑州东风
31117050-D6	柴油（二级）	大柴、巨能王、西北王
DX150（沉淀器总成）	柴油	单滤、带放水、二汽康明斯轻卡
0712A	柴油	双杯可换式、朝柴 6102
CX0710	柴油	双滤窄座、玉柴 6105
0712B	柴油	双杯可模式、朝柴 6102
CX0710	柴油	双滤宽座大柴 6110、CA1414、142、151
CX0710	柴油	时代 3t 轻卡
CX0708	柴油	无锡 485
C0506	柴油	北京福田微卡系列
CA141	柴油	东风系列、透明杯解放系列
CO810S	柴油	双杯可换式、大柴 6110
CA141	柴油	东风系列铁杯带放水、解放系列
WBF789	柴油	单滤、北汽福田系列、莱阳 495
C0810A	柴油	单杯可换式、大柴 6110、扬柴 4102
CX0708	柴油	单杯可换式：云内4100
282	汽油	解放系列、北内 212
CA141	柴油	东风系列、解放系列

48. 汽车用点火线圈

型号   型号
DQ130   DQ174
适和车型:BJ212/130   适用车型:桑塔纳

【特点及用途】点火线圈是一个高升压比的变压器,由一次绕组,二次
绕组和铁心组成。常用的点火组圈有开磁路点火线圈和闭磁路点火线圈
两种形代。

【规　　格】

一次绕组线圈(漆色线)	线径(mm)	0.5 ~ 1.0
	匝数	240 ~ 370
二次绕组圈(漆色线)	线径(mm)	0.06 ~ 0.10
	匝数	11 000 ~ 23 000

主:通常一次绕组线圈在内层,二次绕组线圈在外层。

49. 传统式分电器

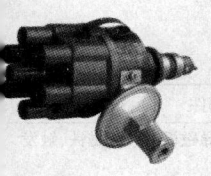

【特点及用途】传统式的分电器是由断电器、
配电器、电容器和点火提前调节装置等组成,其
壳体为铸铁,下部压有石墨青铜衬套,分电器由
凸轮直接或间接驱动。

型号
FD16
适用车型 EQ140

【规　　格】

结构部件	基本功用
断电器	周期性地接通或切断点火线圈,其低压电路触点由钨合金制成,触点间隙一般为 0.35~0.45mm
配电器	按发动机点火顺序将高压电分配到各缸火花塞上,分火头导电距离electrode板为 0.2~0.8mm
电容器	容量一般为 0.15~0.25μF,20℃ 时应具有大于 50MΩ 绝缘电阻,在 600V 交流电作用下,历时 1min 不被击穿
点火提前调节装置	改变点火提前角的设置主要是有三种形式:①离心点火机构(发动机转速发生变化时自动调节点火提前角);②真空点火机构(发动机负荷变化时自动调节点火提前角)③辛烷值选择器(适应不同汽油的不同抗爆性能,调整点火时间,以相对转动调整点火角度)

50. 无触点分电器

型号 JFD666
适用车型 CA142

【特点及用途】无触点分电器主要由信号发生器,配电器和点火提前调节装置等组成。其配电器和点火提前调节装置与传统式分电器类似(参见传统分电器)。信号发生器有霍尔式,磁脉冲式、光电式、电磁振荡式等。

【规　　格】

类型名称	主要结构部件
霍尔式信号发生器	分火头制成一体的触发叶轮、带导磁板的永久磁铁、触发开关及霍尔集成电路等。
磁脉冲式信号发生器	转子、定子、传感线圈、塑性永磁电、导磁板等。
光电式信号发生器	光源、光接收器、遮光盘等

51. 传统分电器和无触点分电器的 型号表示方法（QC/T73-93）

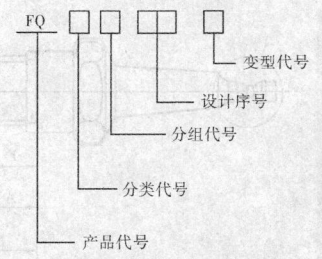

FQ □ □ □ □

变型代号

设计序号

分组代号

分类代号

产品代号

a. 传统分电器和无触点分电器的分类代号

代号	1	2	3	4	5	6	7	8	9
缸数	一	2	3	4	5	6	7	8	一

b. 传统分电器分组代号

代号	1	2	3	4	5	6	7
结构	无离心	无真空	拉偏心	拉同心	拉外壳	一	特殊

c. 无触点分电器分组代号

代号	2	3	4	5	6	7
触发脉冲方式	一	电磁振荡式	光电式	霍尔式	磁脉冲式	一

52. 火花塞（GB/T6784-6791-1986）

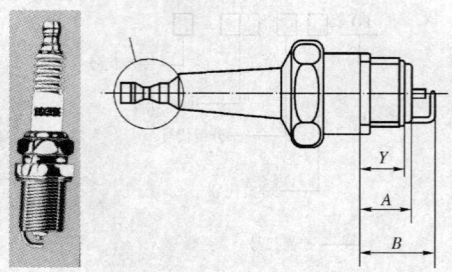

【特点及用途】火花塞是用于电光花点火发动机的点火器件,其借助于脉冲高电压击穿火花间隙而形成电火花,以点燃内燃机燃烧室内的燃料——空气混合物,从而实现发动机工作的目的。火花塞按其接线端结构的不同,分为整体式火花塞和带螺母的接线螺杆火花塞两种型式。

【规　格】　　　　　　　　　　　　　　　　　　　　　　　　　　　　（mm）

型号及名称	尺寸		火花塞成品螺纹（bg）	气缸盖上的安装孔（bH）
M10×I 平府火花塞（中等旋含长度）	大径	≤	9.974	不作规定
		≥	9.794	10.000
	中径	≤	9.324	9.500
		≥	9.212	9.350
	小径	≤	8.747	9.153
		≥	8.563 *	8.917

续表

型号及名称	尺寸		火花塞成品螺纹（bg）	气缸盖上的安装孔（bH）
M12×1.25 平座火花塞（中等旋合长度和长旋合长度）	大径	≤	11.937	不作规定
		≥	11.725	12.000
	中径	≤	11.125	11.368
		≥	10.993	11.188
	小径	≤	10.404	10.912
		≥	10.181＊＊	10.647
M14×1.25 平座火花塞（中等旋合长度和长旋合长度）	大径	≤	13.937	不作规定
		≥	13.725	14.000
	中径	≤	13.125	13.368
		≥	12.993	13.188
	小径	≤	12.404	12.912
		≥	12.181＊＊	12.647
N14×1.25 矮型平座火花塞	大径	≤	13.937	不作规定
		≥	13.725	14.000
	中径	≤	13.125	13.368
		≥	12.993	13.188
	小径	≤	12.404	12.912
		≥	12.181＊＊	12.647
M14×1.25 锥座火花塞	大径	≤	13.937	不作规定
		≥	13.725	14.000
	中径	≤	13.125	13.368
		≥	12.993	13.168
	小径	≤	12.404	12.912
		≥	12.181＊＊	12.647

续表

型号及名称	尺寸		火花塞成品螺纹(bg)	气和盖上的安装孔(bH)
M14×1.25 矮型锥座火花塞	大径	≤	13.937	不作规定
		≥	13.725	14.000
	中径	≤	13.125	13.368
		≥	12.993	13.188
	小径	≤	12.404	12.912
		≥	12.181＊＊	12.647
M18×1.5 平座火花塞(中等旋合长度和长旋合长度)	大径	≤	17.933	不作规定
		≥	17.697	18.000
	中径	≤	16.959	17.216
		≥	16.819	17.026
	小径	≤	163.092	16.676
		≥	15.845＊＊＊	16.376
M18×1.5 锥座火花塞	大径	≤	179.933	不作规定
		≥	17.697	18.000
	中径	≤	16.959	17.216
		≥	16.819	17.026
	小径	≤	16.092	16.676
		≥	15.845＊＊＊	16.376

注：＊螺纹牙底圆弧半径≥0.100(0.1螺距)，＊＊螺纹牙底圆弧半经≥0.125(0.1螺距)，＊＊＊螺纹牙底圆弧半经≥0.15(0.1螺距)。

附:火花塞旋合部位尺寸

型号及名称	旋转部位型式	基本尺寸（mm）		
		A	B≤	Y
M10×1 平座火花塞	中等旋合长度	12.7±0.2	19	11.7±0.3
M12×1.25 平座火花塞	中等旋合长度 长旋合长度	12.7±0.2 19.0±0.2	19 25	11.7±0.3 18.0±0.3
M14×1.25 平座火花塞	中等旋合长度 长旋合长度	12.7±0.2 19.0±0.2	21 27	11.7±0.3 18.0±0.3
M14×1.25 矮型平座火花塞		9.5±0.3	16	9±0.3
M14×1.25 矮型锥座火花塞		7.8±0.3	14	7.3±0.5
M14×1.25 锥座火花塞	中等旋合长度 长旋合长度	11.2±0.3 17.5±0.3	19 25	10.2±0.3 16.5±0.3
M18×1.5 平座火花塞	中等旋合长度 长旋合长度	12.0±0.2 19.0±0.2	21 27	11.0±0.3 18.0±0.3
M18×1.5 锥座火花塞		10.9±0.3	20	9.9±0.3

第十一章　汽车传动、制动与其他零部件

1. 车用离合器

适用于五十铃 4JB1 发动机　　　　适用于 462Q 铃木系列微车

适用于 491Q 金杯客车发动机　　　　适用于 368Q 奥拓轿车

【特点及用途】车用离合器是汽车传动系中的重要部件,安装在发动机与变速器之间,是动力传递的依序的第一个总成。离合器的作用是使汽车平稳起步、便于变速器换挡、防止传动系过载等。根据离合器压紧弹簧的不同,分为膜片弹簧离合器和螺旋弹簧离合器两种类型。离合器按从动盘的数目可分为单片离合器和双片离合器,单片离合器主要用于中小型汽车。膜片弹簧离合器使用时,弹力在压盘上分布均匀,且膜片弹簧

兼有分离杠杆的作用,也使离合器结构和维修作业都得以简化,故其在汽车上应用越来越广泛。离合器主要有两种操纵方式,即机械式和液压式。

【规　　格】重庆铃丰汽车配件制造有限公司产品。

产品名称	摩擦片尺寸 (外径×内径) (mm)	花键主 要参数	传动 扭矩 (N·m)	额定 转速 (r/min)	配用 发动机 型号	适用 车型
NKR552 离合器	φ240×φ160	m=1 Z=24 =30°	225	3 600	4JB1 4JA1	NKR NHR 轻 型汽车
4Y(491Q) 离合器	φ236×φ150	m=1.27 Z=21 =30°	214	4 600	4Y(491Q)	4Y 的各种轿 车、吉普车及 轻型车
462Q 离合器	φ180×φ125	m=1 Z=18 =20°	79.54	5 500	462Q	长安、昌河、汉 江、柳州五菱、 松花江微车
368Q 离合器	φ160×φ110	m=0.505 Z=32 =27°	79.38	5 500	368Q	奥拓系列轿 车

注:以上离合器类型为单片干式膜片弹簧式型。

2. 离合器摩擦面片(JB/T9190-1999)

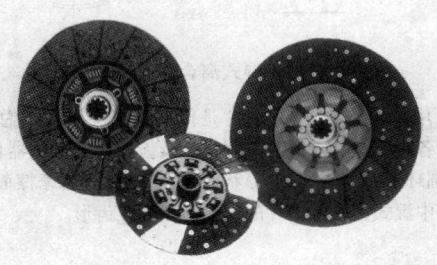

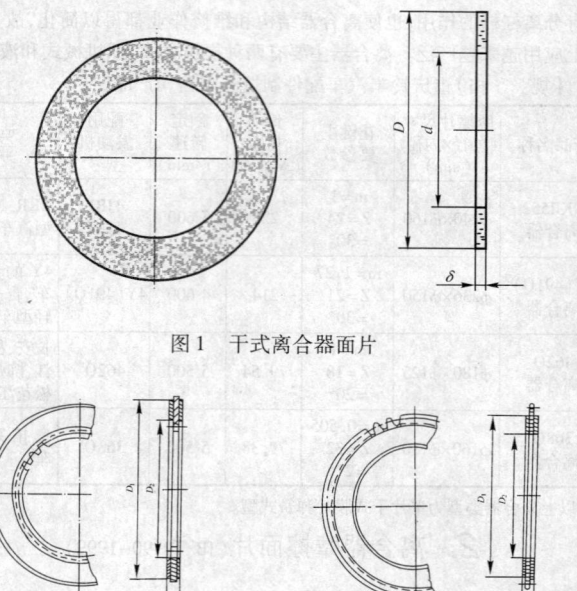

图1 干式离合器面片

图2 湿式离合器面片

【特点及用途】离合器摩擦面片是传动系统中离合器总成的重要部件,其适用于各种汽车、拖拉机、工程机械及齿轮箱等机械器件(仅指几何形状系整体圆环形,不包括其他形状的面片)。离合器摩擦面片有干式和湿式两种,其中湿式离合器面片的齿形为渐开线齿形。

【规　　格】

a. 干式离合器面片　　　　　　　　　　　　　　　　　　　　（mm）

外径 (D)	内径 (d)	厚度 (δ)	允许偏差			每片的厚薄差
			外径	内径	厚度	
160	110(76)	2.5				
170	110,120	3.0				
180	125	3.2				
190	132,140	3.5	-1.0	+0.8	±0.12	<0.12
200	130,140					
225	150,160					
250	150,155,160					
280(279)	165,180	3.5				
300	175,180,190	4.0				
325	190,200,210					
350	195,200,210	4.5	-1.2	+1.0	±0.15	<0.15
380	200,220,240					
400	235,240,250					
410	260,270	5.0				
430	240,250					
450	265,290	5.0 5.5				

注:括号内的尺寸,只适用于原生产的少数型号的离合器面片。

b. 湿式离合器面片

外径(D₁) (mm)	内径(D₂) (mm)	厚度(H) (mm)	模数 (m)	压力角
60	30			20°
70	40	2.5		(30°)

续表

外径(D_1) (mm)	内径(D_2) (mm)	厚度(H) (mm)	模数 (m)	压力角
80	40			
90	40,45,55			
100	45			
110	50,60	2.5	2.0	
125	80,88	2.8	2.5	
135	88			
145	100(105)			
155	108	3.0	3.0	
160	100			20°
(165)	(92)(95)			(30°)
170	100	3.0		
(175)	(90)	3.8		
180	116			
(185)	(122)		2.5	
190	92,100,112	4.0	3.0	
200	136,140		3.5	
210	145,150			
220	125			
230	140	3.0		
240	162	3.8		
(245)	(182)		2.5	
250	160			
(255)	(175)	4.0		
260	180,182		3.0	
270	225			
(275)	(188)			

续表

外径(D_1) (mm)	内径(D_2) (mm)	厚度(H) (mm)	模数 (m)	压力角
280	165,200	4.0	3.5	
290	220,240			
305	235,245,254	5.0	3.0	
315	248	5.5	3.5	
320	250		4.0	
330	255		(4.2)	
340	260		5.0	
350	265			
360	270			
370	276			
380	280,323			
390	298,300		3.0	
400	309,314		3.5	
410	320,340	5.0	4.0	
420	320	5.5		
(425)	(325)	8.0		20° (30°)
430	240		5.0	
455	280			
475	372			
495	325			
630	510		5.0	
710	470		5.5	
990	690			

注:括号内的尺寸,只适用于原生产的少数型号的离合器面片。

3. 变速器

F5M42 前驱变速器

R5M21 后驱变速器

【特点及用途】汽车变速器的功用是:改变传动比,扩大驱动轮转矩和转速的变化范围,以适应经常变化的行驶条件;在发动机旋转方向不变的前提下使汽车能倒退行驶;利用空挡,中断动力传递。按传动比变化方式,变速器可分为有级式变速器、无级式变速器和综合式变速器。

【规　　格】

品种及类型		基本特点
有级式变速器	轴线固定式(普通齿轮)	轿车及轻、中型货车的传动比通常有 3~5 个前进挡和 1 个倒退挡,重型货车采用组合式的,有更多挡位
	轴线旋转式(行星齿轮)	
无级式变速器	电力式	直流串联电机传动
	液力式	液力变矩器传动
综合式变速器	液力机械式(液力变矩器和齿轮式有级变速器组成)	传动比可在最大值和最小值之间的几个间断范围内作无级变化

续表

变速器规格示例(沈阳航天三菱汽车发动机制造有限公司产品)	型号	R5M42	R5M21
	形式	手动	手动
	扭矩容量	23(kgf·m)	20(kgf·m)
	驱动方式	前轮驱动—2WD	后轮驱动—2WD
	变速挡数	5	5
	离合控制	油压	油压
变速器规格示例(沈阳航天三菱汽车发动机制造有限公司产品)	型号	R5M42	R5M21
	车挡控制	横卧式遥控	间接地板
	变速比	3.538/1挡,1.947/2挡,1.379/3挡,1.030/4挡,0.820/5挡,3.363/倒挡	3.967/1挡,2.136/2挡,1.360/3挡,1.000/4挡,0.856/5挡,3.578/倒挡

4. 汽车机械式变速器动力输出孔连接尺寸

(GB/T13051-91)

【特点及用途】按 GB/T13051-91 规定,汽车(微型汽车除外)的机械式变速器动力输出孔的型式及连接尺寸,适用于汽车机械式变速器的侧置式和后置式动力输出孔,也适用于汽车分动器动力输出孔。变速器及分动器的检视孔亦可参照使用。

EQ145

【规　　格】

(1)侧置式动力输出孔的型式及尺寸规格

侧置式动力输出孔可置于变速器的一侧或两侧,其型式及尺寸规格应符合 A 型(图 1)和 B 型(图 2)的规定。

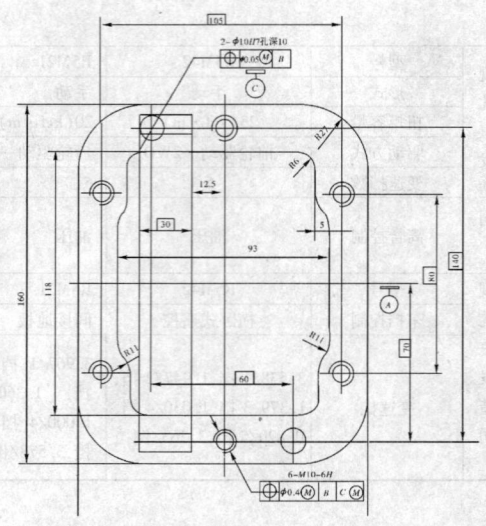

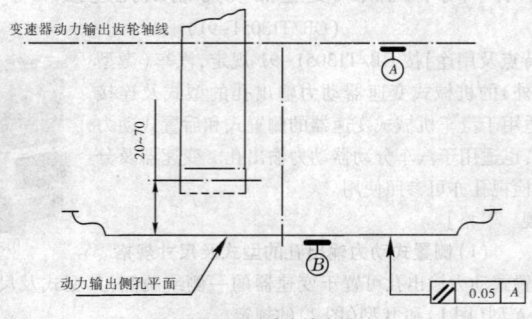

图1 A型动力输出孔

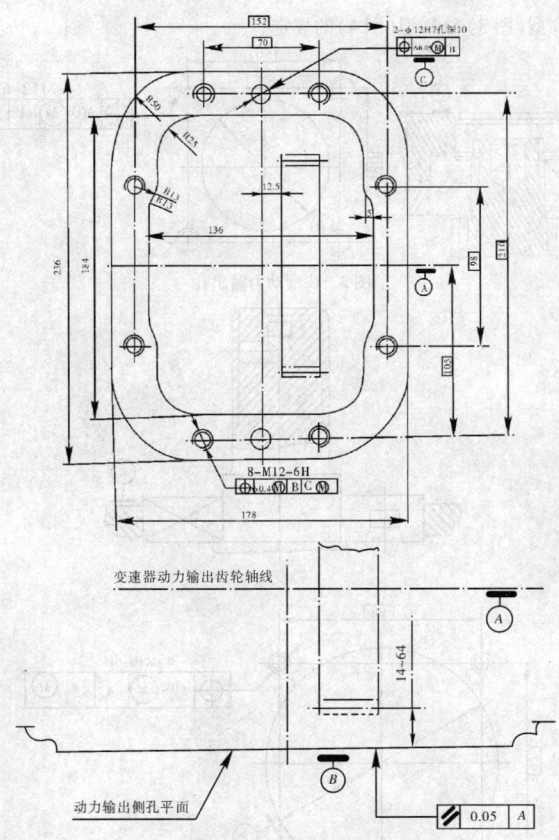

图 2　B 型动力输出孔

(2) 后置式动力输出孔的型式及尺寸规格

后置式动力输出孔设在变速器中间轴的后端。其型式及尺寸规格应符合 C 型(图 3)和 D 型(图 4)的规定。

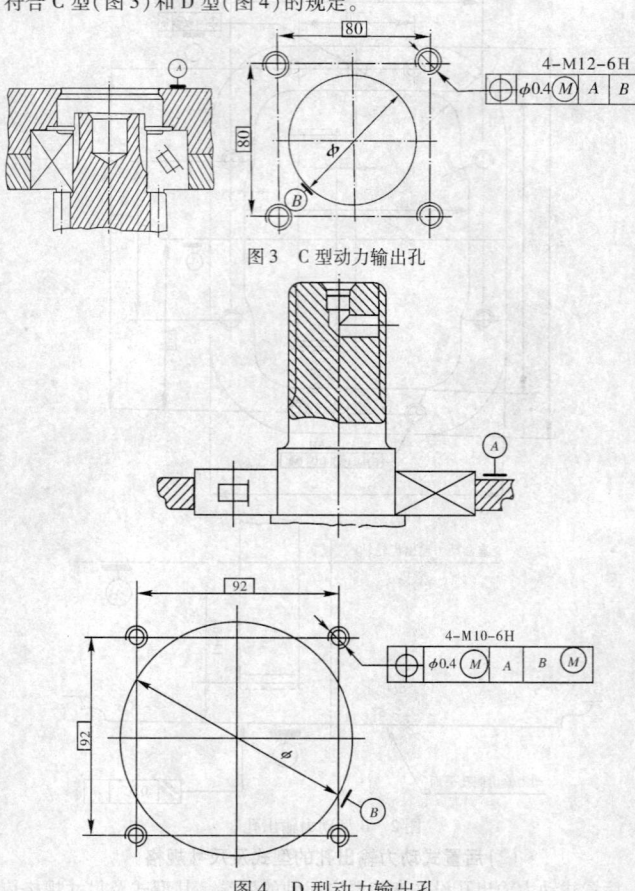

图 3 C 型动力输出孔

图 4 D 型动力输出孔

5. 同步器

【特点及用途】同步器作为一种汽车换挡
装置，是在接合套换挡装置的结构基础上，在
接合套与接合齿圈之间增加的一套同步机构，
其功用是使接合套与待接合的齿圈二者之间
迅速达到同步，以阻止两者之间接合之前产生
冲击，使换挡简捷轻便。同步器有常压式、惯性式、自行增力式等种类，常
采用的是惯性式同步器。

【规　　格】

类型	基本特点
常压式 同步器	利用摩擦原理同步，其接合套的轴向阻力由弹簧压力控制，受 人力大小影响，工作不很可靠，现较少采用
惯性式 同步器	利用摩擦原理同步。在锁止机构上采用锁环或锁销的设置， 能保证接合套与待接合齿圈在达到同步之前不接触。锁环式 惯性同步器多用于轿车、轻型货车，中型货车亦有采用；锁销 式惯性同步器多用于中型及大型载重货车
自行增力式 同步器	利用摩擦原理同步。其同步环产生的摩擦力矩因环内的弹簧 片作用而成倍增长，使换挡更为省力且迅速

6. 万向节

【特点及用途】万向节是汽车上任何一对轴线相交且相对位置经常变化的转轴之间的动力传递的设备。万向节按其在扭转方向上是否有明显的弹性,可分为刚性万向节和挠性万向节。刚性万向节是靠零件的铰链式联结传递动力,挠性万向节是靠弹性零件传递动力,且有缓冲减振作用。

【规　　格】

品种及类型			基本特点
刚性万向节	不等速万向节（十字轴式）		两传动轴之间的交角一般为 15°～20°。普遍应用于各类汽车的传动系
	准等速万向节	双联式	结构中装有分度机构,以期双联叉的对称线平分所连两轴的夹角。转向驱动桥中多有应用
		三销轴式	相邻两轴有较大的交角,最大可达 45°。转向驱动桥采用可使汽车获得较小的转弯半径
	等速万向节	球叉式	最大交角 32°～33°。一般用于转向驱动桥
		球笼式	两轴最大交角达 47°的情况下,仍可传递转矩。一般用于前转向驱动桥
挠性万向节	橡胶盘		一般用于两轴间夹角不大（3°～5°）和仅微量轴向位移的万向传动场合
	橡胶金属套筒		
	六角形橡胶圈		
	其他结构形式		

7. 汽车传动轴总成

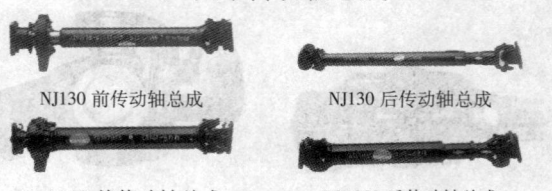

NJ130 前传动轴总成　　　　NJ130 后传动轴总成

EQ1208 前传动轴总成　　　　EQ1208 后传动轴总成

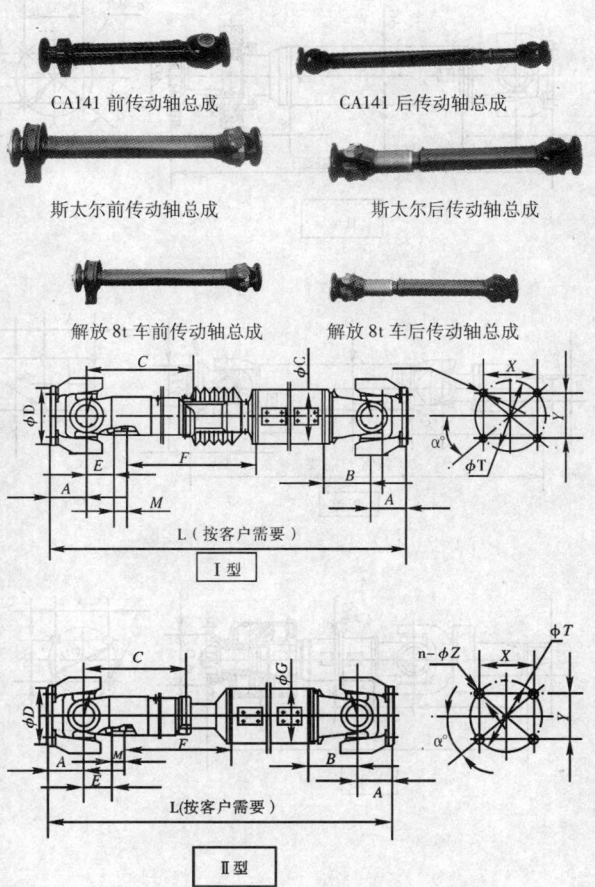

CA141 前传动轴总成　　　　　　　CA141 后传动轴总成

斯太尔前传动轴总成　　　　　　　斯太尔后传动轴总成

解放 8t 车前传动轴总成　　　　　解放 8t 车后传动轴总成

L（按客户需要）

Ⅰ型

L（按客户需要）

Ⅱ型

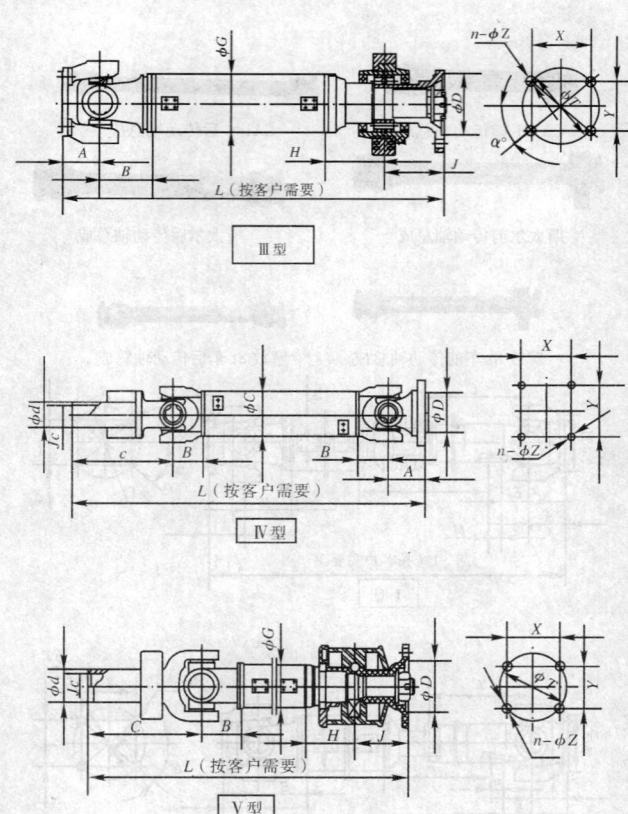

Ⅲ型

Ⅳ型

Ⅴ型

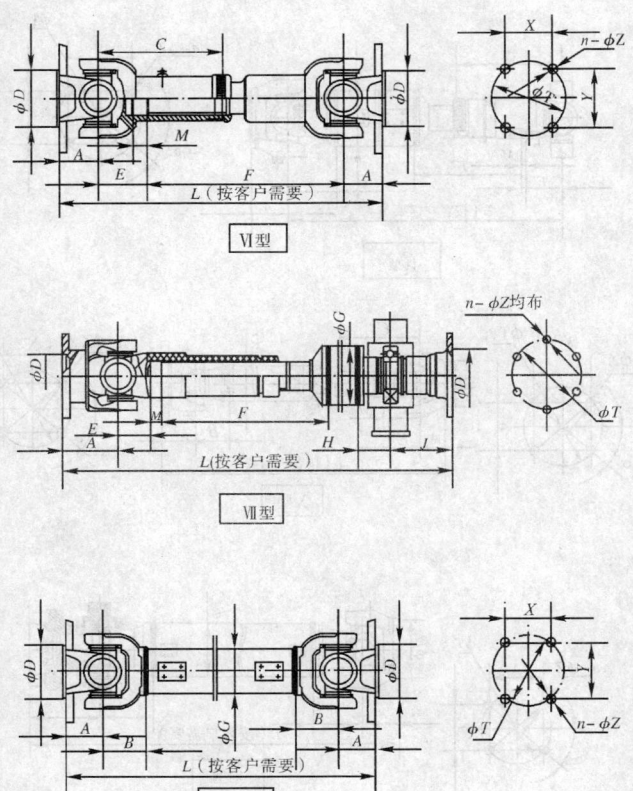

Ⅵ型

Ⅶ型

Ⅷ型

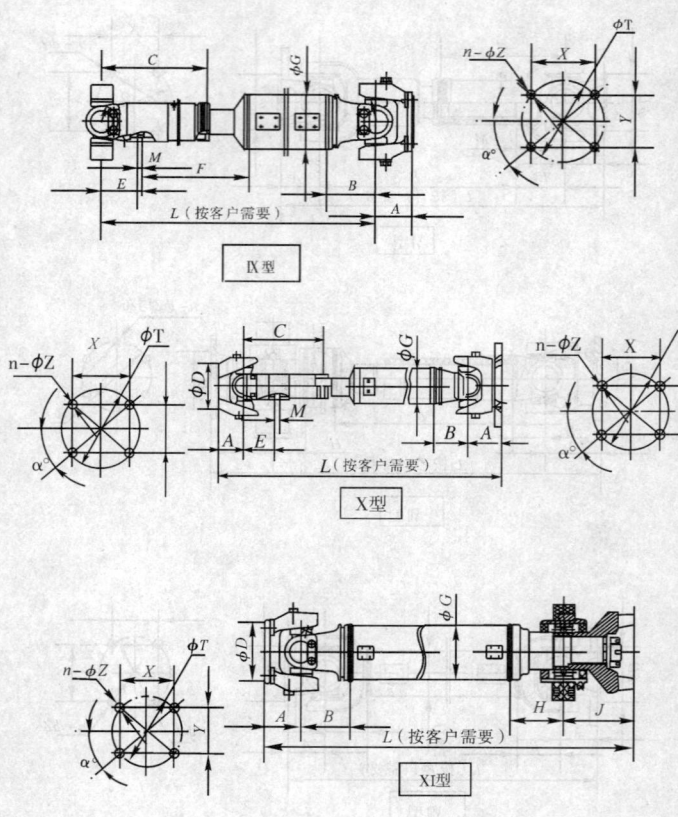

IX型

X型

XI型

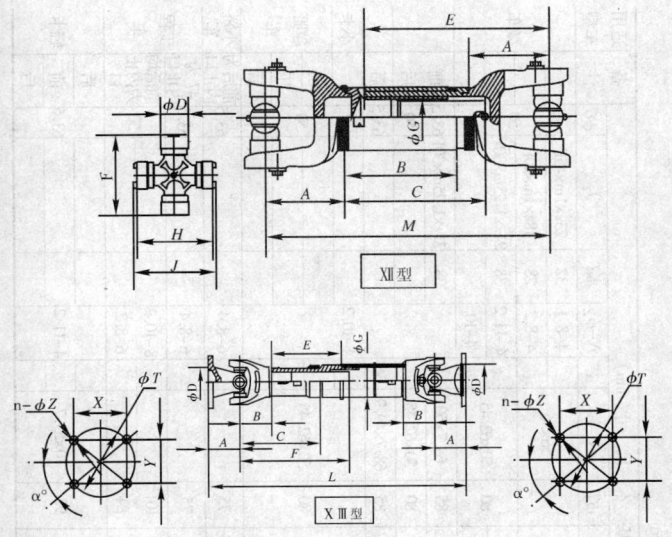

XⅡ型

XⅢ型

【特点及用途】汽车传动轴总成是汽车传动系中的重要部件之一。在常见的轻、中型货车中，连接变速器与驱动桥的传动轴总成是由传动轴及其两端焊接的花键轴和万向节叉组成。汽车在行驶中，变速器与驱动桥的相对位置经常变化，为满足动平衡要求，传动轴中设有由滑动叉和花键轴组成的滑动花键连接，以实现传动轴长度的变化。为减少磨损，传动轴总成还装有用以加注滑脂的油嘴、油封、堵盖和防尘套等。传动轴多为空心，一般用厚度为 1.5～3.0mm 的薄钢板卷焊制成，超重型货车多用无缝钢管制成。在转向驱动桥、断开式驱动桥或微型汽车的万向传动装置中，通常将传动轴制成实心轴。

[规 格]四川省雅安汽车配件总厂产品

型号	结构型式	A	B	C	E	E	F	H	J	M	φD	φT	X-Y	α°	N-φz	φd	Jc	φG	备注	适用车型
CH018	IV	40	45	113		37				30	45	80	56×56		4-8.1	32	23z×1m×45P	50		微车
SC102E	IV	35	35	112		37	145					80	56×56		4-8.2	28	18z×1m×20P	50		
CFM120	V	40		135		38	184	60	65	30	60	85	68.7×50		4-11.2	38	21z×1.25m×30P			
	VIII												50×62.45		4-10					
SLC645J	V	41	50	135		37	184	35.5	67.5	30	60	85	68.7×50			38	21z×1.25m×30P	63.5	前	
645J	I	46	47	165		34	184			46	60	80	50×62.45		4-10.2			50	后	
	I	47		165		34				46	65	85	68.7×49.9	36				63.5	后	
CDW1605	II	50		134		38	145			15										小卡
BJ212	I	41		91		34	107			30	60	80	50×62.45		4-10.2				前	越野车
	VI			133		37	145			11									中	
	I	50		133		37				30									后	
760前	VII	60	47	165		34	184			46	47/56	75	50×62.45		6-8.4			63.5	前后为内止口	小轿车
	II	60	47	165		34	184			46	56/47	75			6-8.4			63.5	47为内止口	
TRM6	I	75	50	133		37	145			30	75	101			8-10.2			50	前后均为内止口	工程车
TRM6	VI	82		133		37	225			1	57	84			6-8.2					
BJ130	I	40		158		30	167	53.5	54.5	28	60	92	70×59.7		4-11.2			63.5	后	
CD131A	III	48	48	158		30	167			28									前	轻卡
CA130BI	I																		后	

注：φ基本尺寸（mm）

续表

型号	结构型式	A	B	C	E	F	H	J	M	φD	φT	X–Y	α°	N-φZ	φd	Jc	φG	备注	适用车型
CA130D1	III	40	48				51.5	70.5	28	60	92	70×59.7		4-11.2			63.5	前	
CA130D1	I			158	30	167												后	
CA130D3	III						51.5	70.5	28									前	
CA130D3	I			158	30	167												后	
CA130D4	III			158	30	167	51.5	70.5	28									前	
CA136LF	III	40	48				51.5	70.5	28	60	92	70×59.7		4-11.2			63.5	前	
CA136LF	I			158	30	167												后	
CA136K1	III						51.5	70.5	28									前	
CA136K1	I			158	30	167												后	
NKR552	II	46	47	165	34	184	48	88	46	65	85	68.7×49.9	36	4-10.2				前	轻卡
NKR552	III						54	69										后	
NKR555	II			165	34	184			46					4-11.2				前	
NJ130	III	50	55	150	32	190	54	69	31	70	96	73.3×62		4-12			76	后	
NJ130	I						54	69										前	
NJ131	III		60	152	32	190	54	69	31									后	
NJ131	II								26									前	
CA10B	III	62	70				80	85		95	120	92×77.1	40	4-14.5			89	前	货车

续表

型号	结构型式	A	B	C	E	F	H	J	M	φD	φT	X—Y	α°	N—φz	φd	Jc	φG	备注	适用车型
CA10B	I			185	45	205			0									后	货车
CA141	III		70		51.5			70.5										前	
CA141	II			185	145	205	85	92	0									前	客车
CA141	III					232			0									后	
EQ140	II	62		200	48	205			0	95	120	92×77.13	40	4—14.5			89	前	
EQ140	I						85	92	0									后	
EQ1061	III		82	200	48	205	85	92	21									后	货车
EQ1061	II																	前	客车
EQ1090	III			200	48	205	85	92	21									后	
EQ1090	II																	前	
EQ1060	III	50	55	158	30	167	53	64.5	21	70	96	73.3×62		4—12			76	后	
EQ1060	I	40	48	158	30	167				60	92	70×59.7		4—11.2			63.5	前	货车
EQ1060	III	50	55	158	30	167	53	64.5	21	70	96	73.3×62		4—12			76	后	客车
EQ1060	I	40	48	158	30	167				60	92	70.859.7		4—11.2			63.5	前	
EQ1060	III	50	55	150	32	190	54	69	31	70	96	73.3×62		4—12			76	后	
EQ1060	I			150	32	190	54	69	31		108	83.9×68						前	货车
EQ1060	III			150	32	190					96	73.3×62						后	
EQ1060	I			150	32	190					108	73.3×62						前	客车
																		后	

续表

型号	结构型式	A	B	C	E	F	H	J	M	φD	φT	X-Y 尺寸(mm)	α°	N-φZ	φd	Jc	φG	备注	适用车型
EQ1090	III	62	82				54	69		95	120	92×77.1	40	4-14.5			89	前	货车
										70	96	73.3×62		4-12			76	后	客车
EQ1060	I	50	55	150	32	190	54	69	31	95	120	73.3×62	40	4-14.5			89	前	货车
	III	62	82							70	96	73.3×62		4-12			76	后	客车
EQ1090	I	50	55	150	32	190	54	69	31	95	120	73.3×62	40	4-14.5			89	前	货车
	III	62	82							70	96	92×77.1 73.3×62		4-12			76	后	客车
EQ1090	I	50	55	150	32	190	54	69	31	96	96	73.3	40	4-14.5			76	前	货车
	III	62	82							70	120 96	92×77.1 73.3×62		4-12			89	后	客车
EQ1090	I	50	55	150	32	190	54	69	31	95 70	120 96	73.3	40	4-14.5			76	前	货车
	III	62	82	200	48	232	85	92	9	95	120	92×77.13	40	4-14.5 4-14			89	后	货车
XEQ140	I						57	74										前	
	III	62	82	200	48	229			31	95	120		40				76	后	
别拉斯540	II	86	110	245	59	300			1	223	205			8-14.3			114		重装车
EQS153	II	78	84	220	60	204			16	108	108	88×112		4-16.5			89	后	8吨级
EQS153	II	78	84	220	60	204			16	95	120		40	4-14.5			89	后	货车级
EQS153	II	68	84	220	60	204			16	108		88×112		4-16.5			89	后	货车及
EQS153	II	78	84	220	60	204			16	108		88×112		4-16.5			92	后	大客车

续表

型号	结构型式	A	B	C	E	F	H	J	M	φD	φT	X-Y	α°	N-φZ	φd	Jc	φG	备注	适用车型
EQ153	III	78	84					85.192.1		108		88×112		4-16.5			89	前(153)	
	III	78	84					85.192.1		108		88×112		4-16.5			89	前(140)	
	III	68	84					85.192.1		108		88×112		4-16.5			89	前	8吨级货车及大客车
	III	78	84					85.192.1		108		88×112		4-16.5			92	前	
	IX	78	84	220	60	204			16	108		88×112		4-16.5			89	后	
	II	78	84	220	60	204			16	108		88×112		4-16.5			89	后	
EQ1141	XI	78	84					84.124.1		60		88×112		4-16.5			89	前	
	X	78	84					84.124.1				88×112		4-16.5			89	前	
	III	78	84					84.124.1				88×112		4-16.5			89	前	
EQ1208	X	68	84						16	90内		105×135		4-16.5			89	后	12吨级货车及大客车
	III	68	84				78	155		108	140		22.5	8-16.5			89	前	大客车
	III	90	84				75	155		108	150	88×112		4-16.5			89	前	12吨级货车及大客车
	III	90	84				75	155		108			22.5	8-16.5			89	前	大客车
	III	90	84				75	155		108		88×112		4-16.5			89	前	
EQ3308	II	90	84	220	60	204			16	95内	150	135×105		4-16.5			89	后	12吨级自卸货车
	XII	115	162	205	265	140	142	136	410	43				8-16.5			60	双桥	

续表

型号	结构型式	A	B	C	E	F	H	J	M	φD	φT	X-Y	α°	N-φZ	φd	Jc	φG	备注	适用车型
斯太尔	XIII	100	93	280	224	358.5				95内	140			22.58-16.1			104	后	15吨级货车
	XIII	100	102	280	244	358.5				90内	140	105×135		4-16.3			104	后	
	III	100	102	280	244	358.5	50	100		95内	140			22.58-16.1			104	中	
		100	102							95外				22.58-16.1			104		
CQ008	II	90	97	389	127	290			105	95内	120			22.58-16.5			92	后	8吨级货车
CA1060	X	62	55	200	48	232			0	95	100	92×77.13	40	4-14.5			89		3吨级货车
K221		50	50							68		58.7×80	36	4-12.2					

8. 中间支承

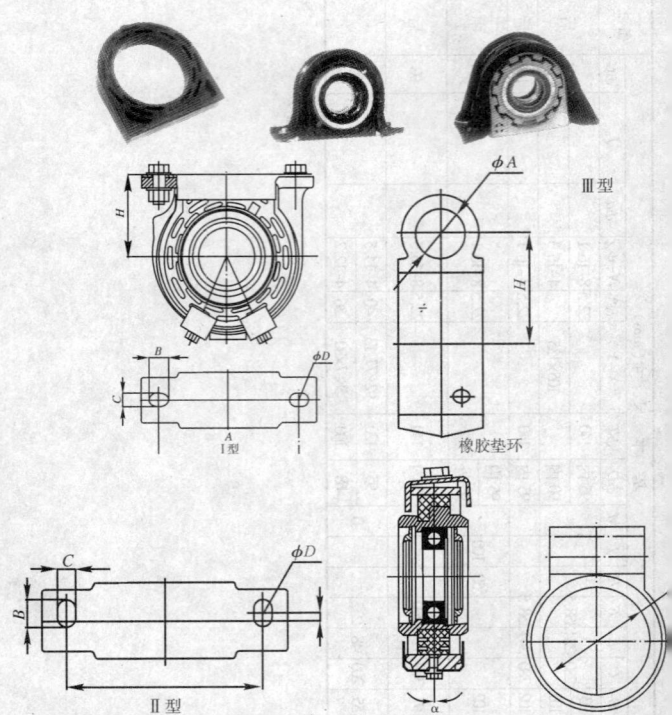

Ⅲ型

橡胶垫环

Ⅰ型

Ⅱ型

【特点及用途】中间支承通常安装在车架横梁上,其作用是补偿传动轴轴向和角度方向的安装误差以及车辆行驶过程中由于发动机窜动或车架等变形所引起的移位。中间支承采用蜂窝软垫式中间支承、双列圆柱滚子轴承式中间支承、摆动式中间支承等。

【规　　格】四川省雅安汽车配件总厂产品

传动轴类型	类型	基本尺寸（mm）							适用车型
		A	B	C	H	D	α	δ	
EQ140 型	I	230	17	15	77	17			货车、客车
CD131A 型	III	29	80		62				轻卡
NJ130 型	I	184	13	13	68	13			轻卡
CZ132A 型	III	29	80		62				轻卡
CGC3042 型	III	29	80		62				轻卡
五平柴型	I	160	15	15	80	15	4°33′		货车
CA136KL 型	I	130	13	13	104.5	13			轻卡
NKR555 型	II	158	11	20	66.5	11		5	轻卡
XEQ140 型	I	184	17	12.5	72	12.5			货车
CA141 型	I	160	15	15	80	15	4°33′		货车、客车
450 型	III	29	80		62				轻卡
CJ110 型	I	85	12	12	54.5	12			货车
CD132A 型	III	29	80		62				轻卡
EQ153 型	I	230	17	15	77	17			8t 级 货车及大客车
EQ1141 型	I	230	17	15	77	17			8t 级 货车及大客车
STR10 型	II	230	17	15	76	15			15t 级货车
EQ1208 型	I	300	17	15	105	18			12t 级 货车及大客车
ON1260 型	I	47	12	12	125	12			20t 级 货车及大客车
CA142 型	II	160	15	22	92.5	15	4°33′		8t 级 货车及大客车

9. 汽车前轴

1050 汽车前轴

457 汽车前轴

153 汽车前轴

145 汽车前轴

1060 汽车前轴

■ 1080汽车前轴

1080 汽车前轴

【特点及用途】汽车前轴是承接汽车转向轮的支承架,亦是通过悬架承载汽车车身的重要部件,其结构型式和规格尺寸因各种车型的差异而有所不同。

【规　　格】四川省雅安汽车配件总厂车桥厂产品

型　号	基本尺寸（mm）					
	α	ϕ	x	A	L	$H(h_1+h_2)$
YQ552A 系列	7	30	1 210	690	65.46	134.9(97+0)
YQ1041A 系列	7	30	1 238	690	60	86.7(57+0)
YQ1050A 系列	7.5	30	1 329	760	60	88.7(57+0)
YQ1060A 系列	8	30	1 430	760	80	106.5(60+0)
YQ1060B 系列	7.5	30	1 430	760	60	91.7(60+0)
YQ1061A 系列	8	32	1 552.4	750	80	114.6(70+35)
YQ1061B 系列	8	32	1 552.4	800	80	145.6(101+15)
YQ1061C 系列	7	30	1 458	800	63.98	137.7(101+0)
YQ1061D 系列	8	32	1 460	790	79.76	122.6(83+15)
YQ1080A 系列	6	38	1 592	851	90	115.2(65+35)
YQ1080B 系列	7	38	1 572	750	90	120.2(70+35)
YQ140A 系列	6	38	1 592	850	90	80.22(30+0)
YQ145A 系列	7	38	1 737	900	90	134.5(65+30)
YQ145B 系列	7	38	1 638	830	90	115.2(65+35)
YQ4.2TA 系列	6	42	1 727	851	90	128.6(65+35)
YQ4.2TB 系列	7	42	1 737	900	92.5	156.9(82+32)
YQ4.5TA 系列	6	42	1 727	820	90	164.8(100+0)
YQ153A 系列	7	47	1 773.3	820	93	167.7(92.3+37)
YQ153B 系列	7	47	1 773.3	900	93	167.7(92.3+37)
457 系列	6	48	1 798	850	100	145.7(85+0)

10. 驱动桥

重型汽车串联驱动车桥

【特点及用途】汽车驱动桥位于传动系的末端,其功能是增大由传动轴或直接由变速器传递来的转矩,再将转矩分配给左右驱动轮,使驱动轮具有所要求的差速功能;驱动桥还要承受作用于路面和车架或承载式车身之间的铅垂力、纵向力和横向力及其力矩。驱动桥包括主减速器、差速器、驱动车轮的传动装置及桥壳等部件。其结构型式按总体布置有三种类型:普通的非断开式驱动桥、带有摆动半轴的非断开式驱动桥和断开式驱动桥(断开式驱动桥没有一个连接左右驱动轮的刚性整体外壳或梁,为单铰节式或双铰节式的结构型式)。为提高装载质量和通过性,一些重型汽车及全部越野汽车采用多桥驱动,常采用4×4、6×4、6×6、8×8等驱动型式。驱动桥的质量及轮廓尺寸主要取决于其主减速器的结构型式及桥壳的结构型式。这里仅以襄樊展宏机械制造厂生产的驱动桥为例,加以说明。

a.重型汽车串联驱动车桥

重型汽车串联驱动桥是引进日本日产柴 CWA12 车桥产品设计及制造技术而生产的产品。中桥通过贯通轴驱动后桥,结构紧凑,抗疲劳强度高,适用于6×4 车型(参见前实物图)。

【规　格】

项　目	中桥	后桥
额定承载(kg)	11 000	11 000
自重(kg)	850	730
适用车轮轮距(mm)	1 860	1 860
最小离地间隙(mm)	252	248
最大输出扭矩(N·m)	30 000	30 000
可选速比	6.500　6.166　5.571	6.500　6.166　5.571
桥倾斜角	4°	13°20′
制动器规格(mm)	$\phi410\times180$ 或 $\phi410\times220$	$\phi410\times180$ 或 $\phi410\times220$
制动气室放松压力(kPa)		510±30

基本尺寸:(mm)

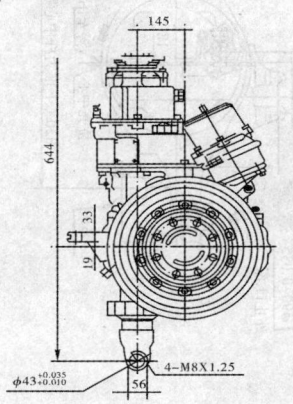

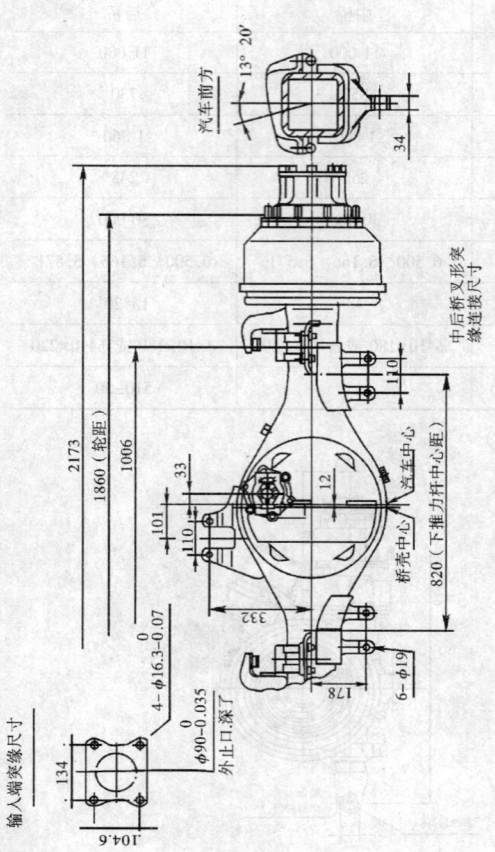

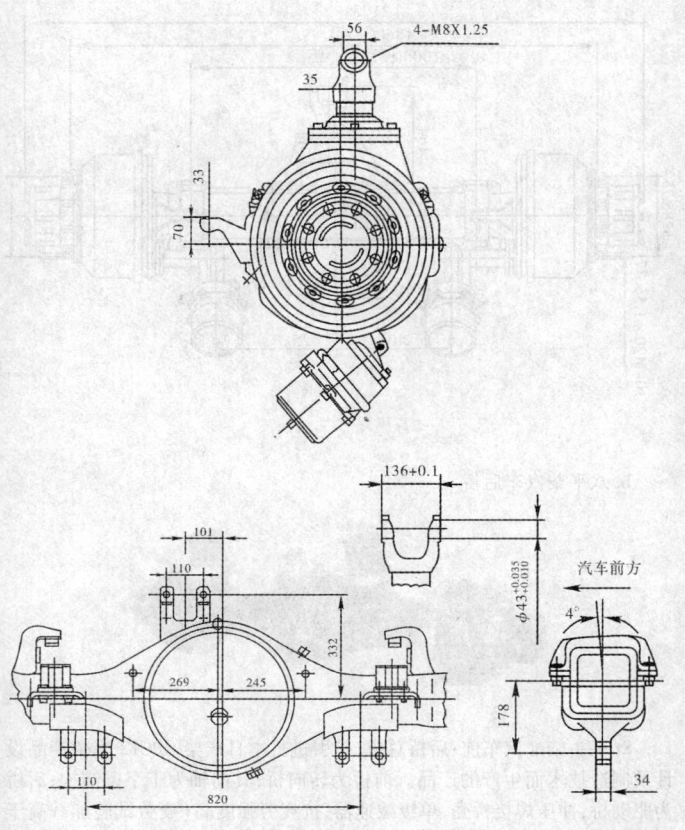

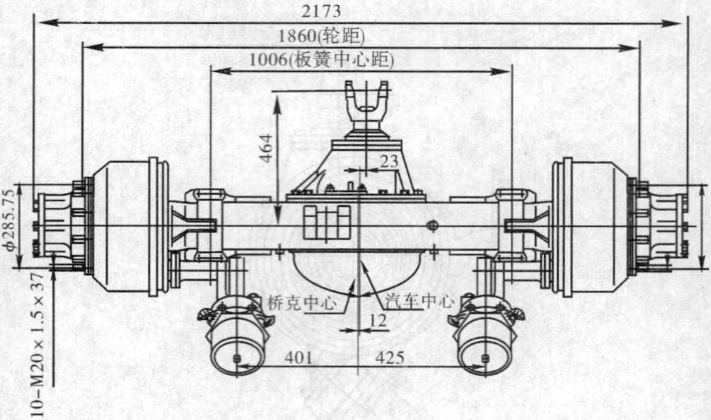

b. 八平柴汽车后桥

8t 平头柴油汽车前、后桥总成,是引进日本日产柴 CPC12 车桥产品设计及制造技术而生产的产品。前桥为转向桥,其前轴为工字梁结构;后桥为驱动桥,冲压焊接桥壳,单级减速器,抗疲劳强度高(疲劳试验加载高于国标 20%)。

【规　格】

项　目	后　　桥
额定承载(kg)	10 000
自重(kg)	685
适用车轮轮距(mm)	1 860
最小离地间隙(mm)	248
最大输出扭矩(N·m)	30 000
制动器规格(mm)	φ410×180 φ410×220
可选速比	4.875　5.143　5.571　6.166　6.500　6.83
制动气室放松压力(kPa)	510±030

基本尺寸：(mm)

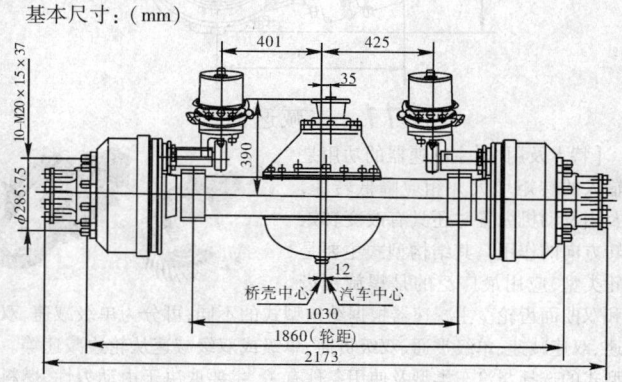

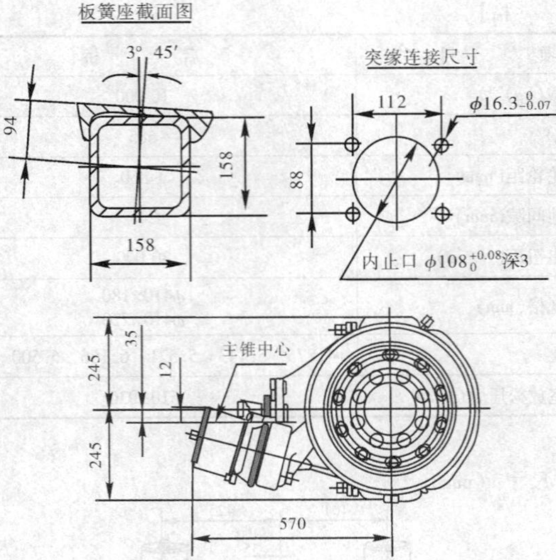

板簧座截面图

3° 45′

94

158

158

158

突缘连接尺寸

112　　φ16.3⁻⁰.₀₇ 的尺寸

88

内止口 φ108⁺⁰·⁰⁸ 深3

245

35

12

主锥中心

245

570

11. 主减速器

【特点及用途】主减速器的功用是
将输入的转矩增大并相应降低转速，
以及当发动机纵置时还具有改变转矩
旋转方向的作用。其结构型式主要是
齿轮类型，应用最广泛的是螺旋锥齿

轮和双曲面齿轮。主减速器根据结构型式的不同，可分为单级减速、双级
减速、双速减速、单级贯通、双级贯通、单级或双级减速从轮边减速等。结
构型式的选择与汽车类型及使用条件有关，主要取决于由动力性、燃料经
济性等整车性能所要求的主减速比的大小及驱动桥下的离地间距和驱动
桥的数目与布置型式等。

〔规　格〕(部分车型主减速比及其他相关参数)

车型	座位数	发动机		轮胎型号	变速器传动比		主减速比	最高车速(km/h)
		最大功率(kW)及转速(r/min)	最大转矩(N·m)及转速(r/min)		低挡	高挡		
红旗 CA770	7~8	162-4 400	412-2 800~3 000	8.20-15	变矩器2.45 1.72	II-1.0	3.9	160
红旗 CA771	6	162-4 400	412-2 800~3 000	7.60-15	变矩器2.45 1.72	II-1.0	3.54	180
红旗 CA773	7~8	162-4 400	412-2 800~3 000	8.20-15	变矩器2.45 1.72	II-1.0	3.54	170
红旗 CA7220E	5	73.5-5 200	170-2 800~3 200	185SR14	3.6	0.857	4.111	175
奥迪 Audi100C3GP	5	66-5 300	138-3 000	185/70R14	3.545	V-0.789	4.111	175
奥迪 AudiA4 2.8	5	142-6 000	280-3 200	205/60R15V	3.545	V-0.789	4.111	240
奥迪 Audi200 1B	5	125-5 500	240-3 300	205/60R15V	3.600	V-0.789	3.889	216
捷达 JETTACL GL	5	53-5 200	121-3 500	175/70R13	3.455	V-0.85	3.941	160
捷达 JETTACL GT	5	74-5 800	150-3 800	185/60R14	3.455	V-0.85	3.941	180

续表

车　型	座位数	发动机		轮胎型号	变速器传动比		主减速比	最高车速(km/h)
		最大功率(kW)及转速(r/min)	最大转矩(N·m)及转速(r/min)		低挡	高挡		
富康 CITROËN RC,RX	5	51.5-5 800	108-3 800	165/70 R14MXL	3.417	V-0.767	4.538	160
富康 CITROËN AC,AL	5	65-5 600	135-3 000	165/70 R14MXL	3.417	V-0.767	4.538	180
夏利 TJ7100	5	38-5 600	75.5-3 200	165/70SR13	3.090	IV-0.864	4.5	135
夏利 TJ7100U	5	38-5 600	75.5-3 200	165/70SR13	3.090	IV-0.864	4.5	135
夏利 TJ7100E	5	39-6 000	77-3 600	165/70SR13	3.090	V-0.707	4.5 或 4.266	138
夏利 TJ7130U	5	56-6 500	102-3 900	165/70SR13	3.090	IV-0.864	4.5 或 4.266	160
切诺基 BJ7250E	5	83-5 250	180-3 200	无内胎 P215/75R15	4.030	V-0.86	4.106	140
西安奥拓 ALTO QC7080	4	29.4-5 500	59-3 000	145/70R12	3.585	IV-0.864	4.350	120
长安奥拓 ALTO SC7080	4	29.4-5 500	59-3 000	145/70R12	3.585	IV-0.864	4.350	120

续表

车型	座位数	发动机		轮胎型号	变速器传动比		主减速比	最高车速(km/h)
		最大功率(kW)及转速(r/min)	最大转矩(N·m)及转速(r/min)		低挡	高挡		
解放 CA 6440	11	65-4 500	157-2 800	6.00-14-8PR	4.218	V-0.845	5.143	120
吉林 JL 6320	6	27.2-5 000	58.8-3 500	4.50-12-8PR	3.429	IV-1.0	5.571	92
金杯 SY 6480	15	63-5 200	162-3 000	子午线胎 185R14-8PR	4.452	V-0.845	4.556	130
依维柯 A 30·10	11	76-3 800	230-2 200	无内胎 195/75R14	6.195	V-1.0	3.91	120
依维柯 A4 0·10	17	76-3 800	230-2 200	子午线胎,无内胎 6.50R16 或 185/75R	6.195	V-1.0	4.444	110
昌河 CH 6530	12	57.3-3 800~4 000	171.5-2200~2 500	6.50R16-8PR	6.090	IV-1.0	5.830	90
昌河 CH 6531	15	65.2-3 800~4 000	181.3-2500~2 800	6.50R16-8PR	5.568	V-0.794	5.830	100
昌河 CH6600	17	75-4 800	180-3200	6.5R161-8-10PR	4.802	V-0.788	5.375	100
北京 BJ6560A2	19	62.5-3 800	179.3-2500	6.5R16-8PR	5.557	V-0.793	5.830	90
北京 BJ6700DK	20	62.5-3500	200.9-2200	6.5R16-8PR	5.594	V-0.794	5.830	90
北方 BFC6830	31	137-2600	630-1170~1450	无内胎 245/70R19.5	8.970	VI-1.0	3.230	120

续表

车型	座位数	发动机		轮胎型号	变速器传动比		主减速比	最高车速（km/h）
		最大功率（kW）及转速（r/min）	最大转矩（N·m）及转速（r/min）		低挡	高挡		
沈飞 SFQ6880	33	114-3000	412-1800~2000	8.25-16-14PR	7.310	V-1.0	5.285	90
黄海 DD6901H2	39	152-2200	739-1500	9.00R20	6.350	V-0.81	4.875	105
上饶 SR6995H	40	99-3000	353-1200-1400	900-20-10PR	7.310	V-1.0	6.330	80
上饶 SR6995T	40	99-3000	353-1200-1400	900-20-10PR	7.310	V-1.0	6.330	80
上海 SK6113N	20	154.5-2100	784.5-1200-1400	11.00R20-18PR	7.034	V-1.0	5.196	80
京通 BJK6120	50	191-2600	8300-1700	11.00-20	7.030	VI-0.81	5.730	105
北方 BFC6120	55	188-2500	817-1500	无内胎11.00 R22.5 146L	6.980	VI-1.0	4.270	115

续表

车型	驱动方式	装载质量 (t)	发动机		轮胎型号	变速器传动比		主速比	最高车速 (km/h)	总质量 (t)
			最大功率 (kW) 及转速 (r/min)	最大转矩 (N·m) 及转速 (r/min)		低挡	高挡			
吉林 JL1010B	4×2	0.50	27.2-5000	58.8-3500	4.50-12-8PR	3.429	IV-1.00	5.571	92	1.255
松花江 HFJ1010	4×2	0.50	25.7-5500	52.5-3500-4000	4.50-12-8PR	3.429	IV-1.00	5.125	100	1.410
昌河 CH1012	4×2	0.51	25.74-5500	51.48-3500	4.50-12-8PR	3.428	IV-1.00	5.125 5.1428	95	1.400
五菱 LZW1010D	4×2	0.50	25.7-5500	51.5-3500~4000	5.00-12-8PR	3.428	IV-1.00	5.833	90	1.350
五菱 LZW1010G	4×2	二人+0.39	20.59-5300	47.04-3000~3500	5.00-10	4.111	IV-1.00	5.833	85	1.300
长安 SC1010X	4×2	0.55	26.1-5500	52.4-3500	4.50-12-8PR	3.428	IV-1.00	5.143	95	1.390
金杯 SY1041DJE1	4×2	2.00	76.0-4500	192-2500	6.50-16	5.866	V-0.797	5.833	95	4.113
东风 EQ1060F	4×2	3.00	71.0-3200	245-2200	7.50-16	4.710	V-0.78	6.170	90	6.000
解放 CA1040	4×2	2.00	65（增压 110）-4800	157（增压 244）-2800~3200	6.50-16	5.568	V-0.794	6.170 (5.83)	100	3.970
解放 CA1090	4×2	5.00	99-3000	373-1200~1400	8.25-20 18层级	7.640	VI-1.00	5.77	85	9.550

续表

车型	驱动方式	装载质量(t)	发动机		轮胎型号	变速器传动比		主减速比	最高车速(km/h)	总质量(t)
			最大功率(kW)及转速(r/min)	最大转矩(N·m)及转速(r/min)		低挡	高挡			
东风EQ1090E	4×2	5.00	99—3000	353—1200~1400	9.00-20 10层级	7.310	V—1.00	6.33	85	9.310
东风EQ1090F1	4×2	5.00	99—3000	353—1200~1400	9.00-20 10层级	7.310	V—1.00	6.33	90	9.610
东方红LT180F	4×2	10.00	132—2000	706—1400	11.00-20	5.380	V—0.72	7.46	74	17.700
红岩CQ1190B46(A)	4×2	10.65	155—2100	785—1200~1400	12.00-20—18PR	6.620	V—1.00	1.647	75	19.150
红岩CQ1260.01	6×2	15.15	155.5—2100	784—1300	11.00-20—18PR	6.220	V—0.77	1.930	77	26.000
长征CZ1260	6×6	15.00	206—2400	1070—1500	11.00-20	6.93 9.36	V—0.70 V—0.95	3.390	88	25.520
五十铃CVR14K	4×2	9.00	99.36—3100	686—1400	11.00-20—14PR	6.608	V—1.00	5.571	80.7	16.800
三菱FUSO T663	4×2	7.00		343—2000	9.00-20	6.947	V—1.00	6.333	90	12.500
北京BJ2020N	4×4	5人+0.425	57—3800	172—2200	6.50R16—6PR	3.115	III—1.00	4.550	100	1.940
切诺基BJ2021	4×4	5人(0.522)	73.5—5000	178—2500	P215/75R15	3.921	V—0.852	4.106	134	2.010

续表

车　型	驱动方式	装载质量 (t)	发动机			轮胎型号	变速器传动比		主速比	最高车速 (km/h)	总质量 (t)
			最大功率 (kW) 及转速 (r/min)	最大转矩 (N·m) 及转速 (r/min)			低挡	高挡			
东风 EQ2100E	6×6	3.50	121~3200	422~1200~1400		12-20-6	7.580	V-1.00	5.830	82	9.790
解放 CA2080A	6×6	2.50	84.56~2800	352~1100~1200		12.00-18-8	7.700	V-1.00	5.500	73	7.990

注:长征 CZ1260 型车分动器传动比,低挡为 2.05;北京 BJ2020N 型、切诺基 EQ2100E 型和解放 CA2080A 型车分动器与副变速器传动比分别为 2.522/1.095;2.72/1.00;2.41/1.384;2.44/1.338。

12. 差速器

九吨差速器外壳　　　九吨轴间差速器

　　【特点及用途】差速器的功用是使汽车在转变行驶时，或在不平路面行驶时，能让左右驱动车轮以不同的转速行驶，以保证汽车顺利运动。按差速器工作特性分，常用的有普通差速器和防滑差速器。

　　【规　　格】

结构形式	基本特点
普通差速器	即齿轮式差速器，有圆锥齿轮式和圆柱齿轮式两种。按两侧的输出转矩是否相等，齿轮差速器又可分为对称式和不对称式两类。对称式用作轮间差速器或平衡悬架联系的两驱动桥之间的轴间差速器（6×6 或 6×4 的中、后驱动桥）；不对称式用作前、后驱动桥之间（4×4）或前驱动桥与中、后驱动桥之间（6×6）的轴间差速器
防滑差速器	有人工强制锁止式和自锁式两类。强制锁止式实为在普通差速器上加一差速锁。自锁式即是在两驱动轮或两驱动桥转速不同时，自动向慢转一方分配一些转矩，以提高通过性和操作稳定性。通常有摩擦片式和滑块凸轮式

13. 半 轴

【特点及用途】半轴是在差速器与驱动轮之间传递动力的实心轴,其内端用花键与差速器的半轴齿轮连接,外端与驱动轮的轮毂相连。

【规 格】

支承结构形式	基本特点
全浮式	半轴浮装于半轴套管中。行驶中,半轴只承受传递转矩,不承受其他任何反力和力矩
半浮式	除传递转矩外,其外端将承受路面作用于轮的各向作用力及力矩,只是半轴内端不承受

14. 半轴套管

CA151半轴套管

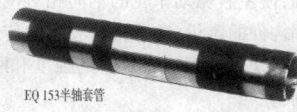

EQ 153半轴套管

【特点及用途】半轴套管是安装在汽车半轴的外环部位,与轮毂、驱动桥壳、轴承等相连,具有保护半轴和承载负荷的作用,其尺寸规格由汽车驱动桥的设计而确定。

【规　　格】浙江、诸暨市三木汽车零部件厂产品。

半轴名称	载重量(t)		适用车型
	45Mn 钢	热处理高频淬火	
EQ140 半轴套管	8 ~ 13	5 ~ 10	EQ140
CA141 半轴套管	8 ~ 13	5 ~ 10	CA141
CA151 半轴套管	10 ~ 18	8 ~ 15	CA151
九平柴半轴套管	15 ~ 22	12 ~ 20	九平柴
EQ153 半轴套管	15 ~ 22	12 ~ 20	EQ153
EQ145 半轴套管	10 ~ 18	8 ~ 15	EQ145

15. 桥　壳

EQ12420G 车桥桥壳

【特点及用途】驱动桥壳的功用是支承并保护主减速器、差速器和半轴,使左右驱动车轮的轴向相对位置固定;与从动桥共同支承车架及其上部构件的重量;并承受行驶车轮传来的路面反作用力和力矩,并经悬架传给车架。桥壳应有足够的强度和刚度,质量小,有利于主减速器的拆装及调整。

【规　　格】

项　　目		基本特点
结构形式	整体式　整体铸造	刚度大、强度高、易铸成，但质量大，铸造质量不易保证。适用于重型及中型载货汽车
	中段铸造两端压入钢管	重量较轻，工艺简单，且便于变型，但刚度较差，适于批量生产。如北京 BJ2020 型采用此种类型桥壳
	钢板冲压焊接	质量小，工艺简单，材料利用率高，抗冲击性好，成本较低。适于大量生产，现轻型货车及轿车广泛采用
	分段式	一般为两段、螺栓连接，易于铸造，加工简便，但维修和保养不方便。目前已较少采用
桥壳材料		球墨铸铁、合金钢板

16. 制动器

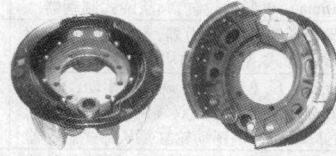

【特点及用途】汽车制动器是汽车制动系中用以产生阻碍车辆的运动或阻碍运动趋势的力的部件。一般制动器都是通过其中的固定元件对旋转元件施加制动力矩，使旋转元件的旋转角速度降低，同时依靠车轮与路面的附着作用，产生路面对车轮的制动力以使汽车减速或驻车。制动器按工作原理可分为机械摩擦式制动器、液力式制动器、电力式制动器、排气制动器等。机械摩擦式制动器是利用固定元件与旋转元件工作面摩擦产生制动力矩来制动，摩擦制动方式有分蹄式、带式和盘式等。液力式制动器是凭借阻滞由于被制动零件所搅动的液流来制动。电力式制动器是借制动零件旋转的动能转变为电能而产生制动。排气制动器是利用改进排气总管和油路，当制动时可关闭节流阀，切断供油和点火，减少排气管通过面积，使发动机变成压气机，以消耗汽车动能，进而达到制动。目前使用最为常见的是液力式制动器和机械摩擦式制动器。

【规　　格】(部分典型车型)

型　　号	行车制动	驻车制动
一汽奥迪100	双管路真空助力液压控制前、后蹄式制动器,前盘式(ϕ256mm)浮动式制动钳式,或后鼓式(ϕ230mm),单制动轮缸,领从蹄式制动器(自调式)	手操纵机械拉线式后轮制动
上海大众桑塔纳	双管路真空助力液压控制前、后蹄式制动器,前盘式(ϕ247mm)浮动式,后鼓式(ϕ180mm),单制动轮缸,领从蹄式制动器	手操纵机械拉索式后轮制动
天津夏利TJ7100	双管路真空助力液压控制前、后蹄式制动器,前盘式(ϕ211mm)浮动式制动钳式,后鼓式(ϕ180mm)单制动轮缸,领从蹄式制动器	手操纵机械拉线式后轮制动
东风神龙—富康	双管路真空助力液压控制前、后蹄式制动器,前盘式(ϕ247mm)浮动制动钳式,后鼓式(ϕ180mm),单制动轮缸,领从蹄式制动器	手操纵机械式后轮制动
柳州五菱LZW6320	双回路液压带真空助力器,鼓式制动器,前轮为双领蹄式,后轮为领从蹄非平衡式	手操纵机械钢索式后轮制动
长　安SC1010	双管路液压控制,后蹄式制动,前鼓(ϕ220mm)双制动轮缸双领蹄式制动器,后鼓式(ϕ220mm)单制动轮缸领从蹄式制动器	手操纵机械拉绳式后轮制动
北　京BJ2023	双管路液压控制前、后蹄式制动器,前鼓式双制动轮缸双领蹄式制动器,后鼓式单制动轮缸领从蹄式制动器	手操纵机械拉线式中央鼓式制动
南京跃进NJ1061	双管路真空增压液压控制前、后蹄式制动前鼓式(ϕ355.5mm)单制动轮缸领从蹄式制动器,后鼓式(ϕ380mm),单制动轮缸领从蹄式制动器	手操纵机械钢丝软轴式后轮制动
丹东黄海DD6111CS	双管路气压控制前、后蹄式制动,前、后鼓式(ϕ440mm)领从蹄式制动器,另装有发动机排气制动装置	手操纵控制阀——贮能弹簧后轮制动
东　风EQ1090E	双管路气压控制前、后蹄式制动,前鼓式(ϕ420mm)领从蹄式制动器;后鼓式(ϕ420mm)领从蹄式制动器	手操纵拉线式中央鼓式制动

续表

型 号	行车制动	驻车制动
济南黄河 JN1150/100	双管路气压控制前后蹄式制动，前后鼓式制动器（φ440mm）领从蹄式制动器，另装有发动机排气制动装置	手操纵机械拉杆式钢丝绳后轮制动

17. 汽车用制动器衬片（GB5763−1998）

轻型汽车用　　　　　重型汽车用

【特点及用途】汽车用制动器衬片又称刹车片，按其用途分为四类：1类为驻车制动器用，2类为微、轻型车鼓式制动器用，3类为中、重型车鼓式制动器用，4类为盘式制动器用。汽车用制动器衬片不允许有龟裂、起泡、凹凸不平、翘曲、扭曲等影响使用的缺陷，其基本尺寸由需方确定。

【规　　格】

衬　　片		基本尺寸（mm）	公差（mm）
1类 2类 3类	宽度	30 >30~60 >60~100 >100	0.6 1.0 1.4 2.0
1类 2类 3类	厚度	6.5 >6.5~10 >10	0.3 0.4 0.5
4类	厚度	10 >10~20 >20~30 >30	0.6 0.8 1.0 1.2

续表

类别	试验温度	摩擦系数（μ）	指定摩擦系数的允许偏差（Δμ）	磨损率（V）$10^{-7}cm^3/(N \cdot m) \leqslant$
衬片摩擦性能				
1类	100℃	0.30~0.70	±0.10	1.00
	150℃	0.25~0.70	±0.12	2.00
	200℃	0.20~0.70	±0.12	3.00
2类	100℃	0.25~0.65	±0.08	0.50
	150℃	0.25~0.70	±0.10	0.70
	200℃	0.20~0.70	±0.12	1.00
	250℃	0.15~0.70	±0.12	2.00
3类	100℃	0.25~0.65	±0.08	0.50
	150℃	0.25~0.70	±0.10	0.70
	200℃	0.25~0.70	±0.12	1.00
	250℃	0.20~0.70	±0.12	1.50
	300℃	0.15~0.70	±0.14	3.00
4类	100℃	0.25~0.65	±0.08	0.50
	150℃	0.25~0.70	±0.10	0.70
	200℃	0.25~0.70	±0.12	1.00
	250℃	0.25~0.70	±0.12	1.50
	300℃	0.25~0.70	±0.14	2.50
	350℃	0.20~0.70	±0.14	3.50

注:1. 特殊需求可不采用此公差,由供需双方商定。

2. 试验温度指试验机圆盘摩擦面温度。

3. 摩擦系数范围包括允许偏差在内。

4. 指定摩擦系数由供需双方商定。

附:部分刹车片产品规格示例

（梁山亨通实业有限公司摩擦密封材料总厂产品）

名　　称	长度×宽度×厚度（mm）	备　　注
东风 EQ140 前刹	201×80×14.5/16.0	标准带孔
东风 EQ140 前刹	201×80×18	标准带孔
东风 EQ140 后刹	201×125×16/14.5	标准带孔
东风 EQ140 后刹	201×125×18	标准带孔
东风 EQ140T 前刹	202×110×11/14.5	标准带孔
东风 EQ140T 后刹	202×180×11.5/16	标准带孔
东风 EQ145 前刹	200×100×14.5/16.0	标准带孔
东风 EQ145 后刹	200×156×14.5/16.0	标准带孔
东风 EQ153 前刹	202×130×15.5/16	标准带孔
东风 EQ153 后刹	213×180×18/16	标准带孔
郑州东风 EQ1060 前汽刹	160×95×9.5	
郑州东风 EQ1060 后汽刹	160×95×10.5	
郑州东风 EQ1061 前刹	146×100×9.5/14.5	
郑州东风 EQ1061 前刹	202×100×12.5/14.5	
解放 CA10 前刹	219×75×14.5/16	
解放 CA10 后刹	219×100×14.5/16	
解放 CA141 前刹	219×80×14.5/16.0	
解放 CA141 后刹	219×125×18/16	
解放 CA151 前刹	209×100×14.5/16	
解放 CA151 后刹	209×150×16/18	
解放 CA1046 刹车片	298×70×8	
解放 CA1026 刹车片	255×57×7	
解放 CA 九平柴前刹	209×150×16	
解放 CA 九平柴后刹	209×200×16	
跃进 NJ131 前.后刹	280×60×6.5	通用 BJD131
跃进 NJ131 前.前刹	388×60×6.5	通用 BJD131
跃进 NJ131 后.前刹	423×80×8.5	通用 BID131

续表

名　称	长度×宽度×厚度（mm）	备　注
跃进 NJ131NJ 后.后刹	295×80×8.5	通用 BID131
跃进 136 刹车片	334×60×6.7	
扬客 663 型前刹	200×110×11.5	
BJ212 前刹	314×50×5.3	
BI212 后刹	314×50×53	
BJ130 前刹	227×64×7.5	
BJ130 后刹	334×64×7.5	
北京 BJ130 手刹	191×48×6	
JAC670 汽刹	170×85×11	
JAC6800 汽刹	170×95×11	
斯太尔 991.1291 前.前刹	146×60×16	
斯太尔前.后刹	200×160×16	
斯太尔后刹	201×185×16	
黄河 JN162 前刹	204×120×17	
黄河 JN162 后刹	204×180×17	
黄河 JN150 前刹	219×70×12	·
黄河 JN150 后刹	219×160×12	
大金龙 F	212×220×16	
大金龙 R	210×150×16	
大宇 F	207×155×18.5	
大宇 R	207×220×18.5	
汉阳 46118T 前	193×160×12/16.5	
汉阳 25T30T 后刹	193×200×12/16.5	
汉阳 461 后	192×200×13.5/18	
奔驰拖斗前刹	220×180×11/18	
奔驰拖斗后刹	222×200×11/18.5	
塞大桥	220×180×11.5/18	
红岩桥	196×160×13/17	
安徽桥（C223）	181×150×16	
富华桥	212×179×18×14.5	
富华桥	217×179×18×10.5（b）	
无锡桥	215×220×16	

续表

名　　　称	长度×宽度×厚度（mm）	备　　注
东急桥	213×180×16×18.8	
越克桥	178×206×11.5/18	
越克桥	220×206×15/18	
日立桥	230×180×18	
韩国	215×178×18	
太脱拉 T815 前.后刹	201×160×15	
索玛桥	219×160×16	
北方大巴 F	193×160×18	
北方大巴 R	212×220×18	

18. 车用空压机

锡柴 XC4110　　　　　云内 4100 朝柴 6102

大柴·锡柴 6110—3B4　　　　EQ140

　　【特点及用途】车用空压机是汽车气压制动系的供能装置的重要部件,多为往复活塞式,有与发动机类似的曲柄连杆机构,通常固定在发动机支架上,通过风扇带轮和三角皮带驱动。根据结构不同有单缸式和双缸式空压机之分。

　　【规　　　格】浙江省温岭市新河制动空压机厂产品

产品名称	型　号	缸径	适用车(机)型
双缸空压机	EQ240	65	东风半挂车及大客车
单缸空压机	6105(双轴承)	82	配玉柴、湖动、柳发 6105 系列发动机
单缸空压机	6110	82	配大柴、锡柴 6110 发动机
单缸空压机	6110-2	82	适用六平柴卡车
单缸空压机	6100Q(大气量)	75	配一施 R100 汽车用发动机
单缸空压机	HD6105	75	配湖动厂 HD6105 发动机
单缸空压机	CA142	75	用于各种解放 141 汽油车
单缸空压机	6102N(南充)	75	南充充厂发动机
单缸空压机	4113	75	配锡柴 4113、4110 发动机(底座三孔)
单缸空压机	6110KZ1(短轴)	82	配锡柴 6110、6113 系列发动机
单缸空压机	EQ140	65	东风系列汽车
单缸空压机	4102BQ	65	配朝柴 4102BQ、BZO 及 4105Q
单缸空压机	6102D5	65	配朝柴 6102-28B 发动机
单缸空压机	6102D6	65	配朝柴 6102-26B 发动机
单缸空压机	140-2	65	配朝柴 6102 发动机
单缸空压机	6100	65	配一施 R100 发动机、工程机械
单缸空压机	YZ4102(扬柴)	65	配扬柴 4102、4105 系列发动机
单缸空压机	XC4110(锡柴)	65	配锡柴 4110、4113 系列发动机(底座四孔)
单缸空压机	4100-4(云内)	65	配云内 4100 系列发动机
单缸空压机	4105Q(柳发)	65	配柳发 4105 发动机

续表

产品名称	型　号	缸径	适用车(机)型
水冷单缸空压机	6110-3B4	90	配大柴、6110-3S、锡柴、6110B4 系列发动机
水冷单缸空压机	斯太尔	90	配潍柴、杭发 WD615 斯太尔发动机
水冷单缸空压机	6110AKZ-01(短轴)	90	配锡柴 6110 发动机
水冷单缸空压机	CY29348	90	配锡柴 6110 发动机
水冷单缸空压机	6112Y-194	90	配玉柴 6112-114 发动机
水冷单缸空压机	6108	90	配玉柴 6108 发动机
水冷单缸空压机	6108Q-430D	90	配玉柴 6108 发动机
水冷单缸空压机	6108-A30	90	配玉柴 6108-A30 发动机
水冷单缸空压机	D6114	90	配上柴 D6114 系列发动机
水冷单缸空压机	6102HY	90	配朝柴、常柴、广客 6102 发动机
水冷单缸空压机	XC-4K	75	配锡柴 4110、4113 系列发动机
水冷单缸空压机	XC-4AKZA1	75	配锡柴 4110、4113 系列发动机
水冷单缸空压机	6105Q-26D	75	配锡柴 6102BZ、4102BZ 系列发动机
水冷单缸空压机	153(康B)	75	适用东汽柴发康明斯 B 系列发动机
水冷单缸空压机	1061(33 齿)	75	适用风神 6102 发动机
水冷单缸空压机	1061(28 齿)	75	适用风神 6102 发动机
水冷单缸空压机	4102BQ-H	75	配锡柴 4102BQ、BZQ 及 4105Q 发动机

19. 感载比例阀

【特点及用途】感载阀是汽车后制动
管路中必备的制动力分配调节装置。其
作用是按照车辆装载质量的变化，自动
地按比例改变轮缸输入压力，以使制动
力大小与载荷大小成一定比例变化，调
节和控制汽车后轮上制动力分配，有效
防止车辆紧急制动时后轮侧滑，提高车
辆的横向稳定性和制动效果，减少交通事故的发生。

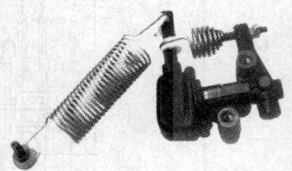

GZF-1 型

【规　格】成都航空仪表公司机械电器厂产品

型号	基本尺寸(mm)
GZF-1	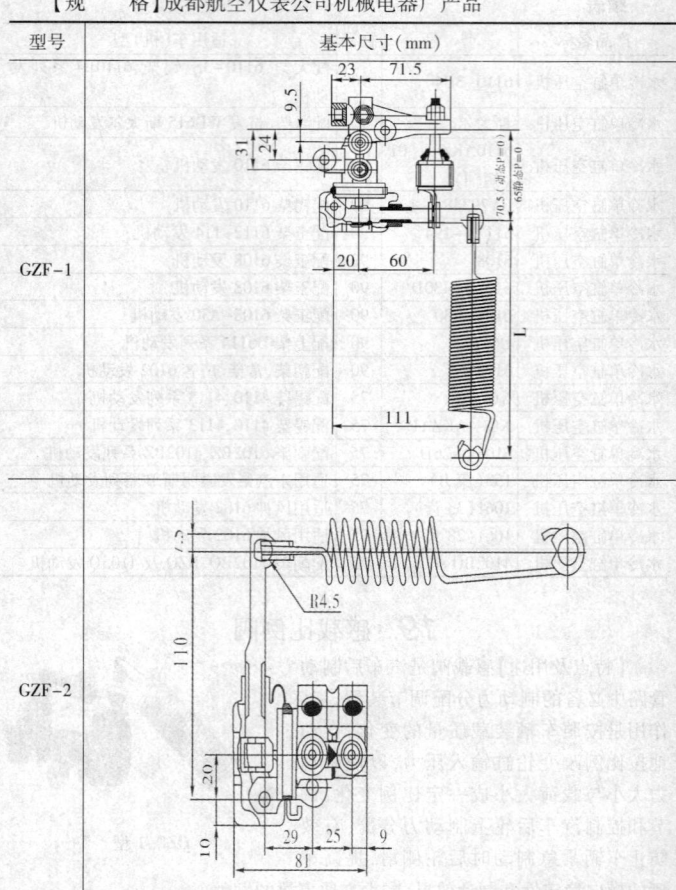
GZF-2	

20. 真空助力器

中意(6″)

五十铃 NKR(9″)

BJ1028(7″)

天皇帝 100p(8″)

　　【特点及用途】真空助力器是利用负气压能,借助制动踏板机构直接操纵的伺服制动系中的重要部件,其作用是输出力作用于液压制动主缸,以助踏板力之不足,进而实现制动目的。真空助力器一般用于各类小客车、旅游车、轿车和其他液压制动的轻、中型载重汽车,有横向和纵向安装两种型式。

　　【规　　格】杭州铁流真空助力器制造有限公司产品

名　称	规　格	适用车型
解放系列	9″	CA1046/1026
	8″+9″	CA6440
	10.5″	CA1040
东风系列	9″	EQ1032
	8″+9″	EQ1030
	10.5″+10.5″	EQ1061
跃进系列	8″	NJ1026

续表

名　　称	规　　格	适用车型
跃进系列	8″	NJ1028
	9″	NJ1030
	8″+9″	NJ1043/NJ1062
金杯系列	9″	SY6474
	9″	SY1041/SY10149
	8″+9″	SY6480
江淮系列	9″	HFC1062
	8″+9″	HFC1061
	9″+10″	JAC1062
	10.5″	HFC6700
五十铃系列	8″	NHR
	9″	NHK
	8″+9″	天皇 100P
皮卡系列	8″	长城 1020
	8″	田野 BQ1020
	8″	仪征黎明
	8″	湖南向阳
	8″	石汽征天
微型车系列	6″	SK410
	6″	HFJ6351B
	6″	CH1018
	6″	SC6342
	6″	柳州五菱
	8″	厦门小金龙
	8″	柳州乘龙
	8″	福建八闽
农用车及其他	8″	烟台 1041

续表

名　称	规　格	适用车型
农用车及其他	8″	福建永安
	8″	湛江三星
	9″	BJ1041
	8″+9″	北汽时代轻卡
	8″+9″	北客京华
	10.5″+10.5″	金龙中巴 XMQ6720

21. 减振器

富康车用

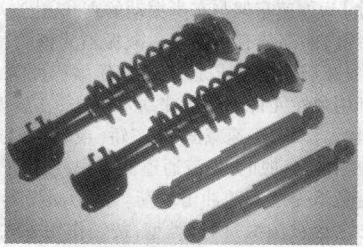

昌河北斗星车用

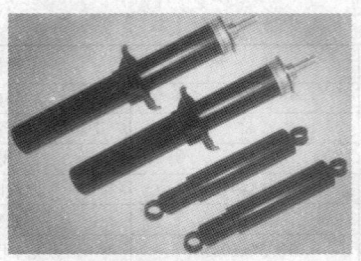

五菱车用

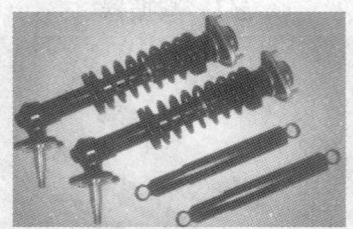

长安车用

【特点及用途】为加速车架与车身振动的衰减,让汽车行驶平顺,大多数汽车的悬架系统内部都装有减振器。减振器为液力减振,与弹性元件是并联安装的。对减震器的要求是:在悬架压缩行程内,减振器阻尼力应较小,以便充分利用弹性元件的弹性来缓和冲击;在悬架伸张行程内,减振器的阻尼力应较大,以求迅速减振;当车轿(或车轮)与车架的相对速度较大时,减振器应当能自动加大液流通道截面积,使阻尼力始终保持在一定限度之内,以避免承受过大的冲击载荷。液力减振器按其结构形式可分为筒式和摇臂式(已被淘汰)两种类型,按其作用方式不同可分为双向作用式和单向作用式两种类型,目前汽车上广泛采用双向作用筒式减振器。

【规　　　格】四川隆昌蒙德尔减振器工业有限公司产品

适用车型		复原阻尼力值			压缩阻尼力值		
		0.1m/s	0.3m/s	0.6m/s	0.1m/s	0.3m/s	0.6m/s
昌河北斗星 CH6350 型	前	230	430±76	674	220	300±68	430
	后	235	996±150	1857	219	319±60	417
桑塔纳	前	250±50	770±80	1150±100	100±45	250±50	500±65
	后	250±50	660±70	1150±89	100±45	250±50	500±68
富康	前	305±65	580±70	880±90	195±75	575±85	940±110
	后	1350±180	2385±255		1050±160	1555±155	
昌河 SK410 型 一汽佳宝 CA6350 松花江 HF6351	前	785±85	1079±157	1471±170	196±50	392±79	785±95
	后	294±50	490±88	686±102	98±25	147±39.2	196±57
羚羊 SC7100 型	前	392±55	784±80	1125±125	196±40	353±65	608±95
	后	343±45	486±60	1030±98	147±35	265±45	392±60
长安之星 SC6350 型	前	440±130	715±113	990±148	145±64	225±45	350±76
	后	700±195	1000±150	1500±215	300±110	500±100	620±119
奥拓 SC7080 型	前	180±50	490±90	830±120	120±35	250±40	390±55
	后	200±50	430±88	760±102	68±25	147±89	196±95
捷达	前	265±50	770±80	1125±100	100±45	250±50	500±65
	后	250±50	650±70	1000±85	100±45	245±50	520±50
五菱 （柳微）	前	760±80	980±150	1386±182	275±50	490±100	820±120
	后	580±79	800±100	1079±127	178±45	333±60	729±80
夏利 豪情吉利 美日吉利	前	216±35	490±48	755±62	86±30	196±40	332±52
	后	182±35	392±45	604±60	72±30	137.2±40	242±60
长安、昌河、 哈飞、汉江 SC1010 型	前	250±60	600±100	1000±135	100±30	200±50	300±65
	后	450±132	646±108	833±128	50±15	100±20	250±35

22. 曲轴扭转减振器

【特点及用途】曲轴扭转减振器是摩擦式减振器,其工作原理是使曲轴扭转振动能量来逐渐消耗于减振器内的摩擦,进而使振幅逐渐减小。曲轴扭转减振器主要结构件有减振器圆盘、橡胶垫、惯性盘等。

【规　　格】

品种:干摩擦式扭转减振器、黏液摩擦式减振器。

基本尺寸:根据发动机及曲轴等结构造型的不同而不统一。

23. 钢板弹簧

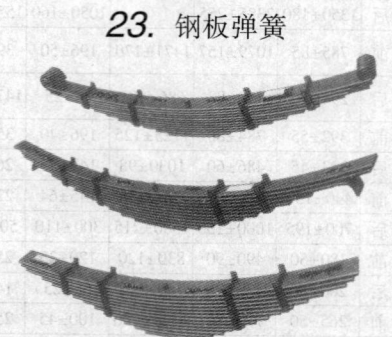

【特点及用途】钢板弹簧是汽车悬架中应用最广泛的一种弹性元件。它是由若干片等宽但不等长(厚度可以相等,也可以不相等)的合金弹簧片组合而成的一根近似等强度的弹性梁。钢板弹簧的中部,一般用 U 形螺栓固定在车桥上,中心螺栓是专门用以联接各弹簧片,以保证装配时各片的相对位置。钢板弹簧的作用是其在载荷作用下变形时,各片之间相对滑动而产生摩擦,进而促使车架振动的衰减。

【规格】河北金质做簧有限公司产品　　　　　　　　　　　　　　　　　　　　　　　　（kg）

用料	车型	总成重	一片	二片	三片	四片	五片	六片	七片	八片	九片	十片	十一片	十二片	十三片	十四片	十五片
9×76	CA-141前	40.5	8.7	8.3	6.2	5.4卡	4.4	3.6卡	2.5	1.5							
10×76	后	70	10.7	9.95	8.86	7.8	6.9卡	5.96	5.2	4.4	3.8卡	3	2.1	1.5			
9×76	付	31	6.28	6.08	4.93	4.3	3.5卡	2.7	2	1.3							
11×76	CA-141前	49	10.3	9.9	7.4	6.4卡	5.3	4.1卡	3	1.8							
11×76	付	38	7.6	7.3	6	5.4	4.3卡	3.3	2.3	1.5							
13×76	CA-141A后	88	13	12	11	10	8.9卡	7.7	6.7	5.7	4.8卡	3.8	2.8	1.9			
9×75槽	EQ-140前	42.5	8.3	8.2	6.8	5.8	4.8卡	3.9	2.8	1.8							
9×75槽	EQ-140前	36.6	7.25	7.93	5.78	4.8卡	4	3.2卡	2.2	1.4							
11×75槽	后	58.3	9.4	8.8	7.9	6.8	6卡	5.1	4.4	3.7卡	3	2.2	1.5				
9×75槽	付	25.6	5.26	5.1	3.95	3.4	2.8卡	2.1	1.7	1.2							
11×75	付	32	7.2	7	5.6	4.8	4卡	3.2	2.3	1.5							
11×75平	EQ-140A前	50	10.3	10.4	8.8	6.6卡	5.4	4.2卡	3	1.8							
11×75平	付	37	7.6	7.3	6	4.8	4卡	3.2	2.5	1.5							
13×75平	EQ-140A后	80	12.5	11.8	10.5	8.85	7.9卡	6.9	5.9	5卡	4	3	1.95				

续表

用料	车型	总成重	一片	二片	三片	四片	五片	六片	七片	八片	九片	十片	十一片	十二片	十三片	十四片	十五片
11×75槽	付	42.5	8.3	8.18	6.8	5.8	4.8卡	3.9	2.8	1.8							
13×75平	EQ140-2 后	61	10	9.2	7.8	6.6	6.2卡	5.2	4.3	4卡	3	2.3	1.5				
	EQ140-2A 后	82	13.5	12.7	10.5	8.85	7.9卡	6.9	5.9	5卡	4	3	1.95				
6.5×70	BJ-130前	23.5	4.8	4.6	3.6	3.1卡	2.6	2.2卡	1.5								
8×70	后	33	6.55	5.4	4.55	3.9卡	3.4	2.99	2.6卡	2.1	1.7	1.25					
6.5×70	付	12.6	3.3	3.1	2.3	1.8	1.4卡	1									
8×70	BJ-130前	28.2	5.7	5	4.4	3.8卡	3.3	2.6卡	1.9	1.2							
	后	35	6.55	5.4	4.6	4卡	3.4	3	2.7	2.2	1.8	1.3					
	付	15	3.87	3.6	2.7	2.2	1.6卡	1									
10×70	BJ-130后	45	8.2	6.8	5.8	5卡	4.3	3.8	3.2卡	2.7	2.1	1.6					
	付	20	5	4.3	3.52	2.85	2.2卡	1.6									
8×70加长	BJ-130后	42	6.9	5.8	5.4	5卡	4.8	5.4	4.3卡	3.1	2	1.6	1				
7×65	NJ-130前	27	4.8	5	3.4	2.8卡	2.5	2.2	1.7	1.5卡	1.2	1					

续表

用料	车型	总成重	一片	二片	三片	四片	五片	六片	七片	八片	九片	十片	十一片	十二片	十三片	十四片	十五片
10×65	后	49.5	7.98	6.74	6卡	5.1	4.5	3.98	3.46	3卡	2.6	2.2	1.8	1.4	1.1		
7×65	付	16.2	3.6	3.46	2.7	2.4卡	1.8	1.5	1								
10×65	NJ-130付	23.5	5.2	4.8	3.8	3.2卡	2.6	2	1.4								
8×70	NJ-131前	33.6	6.1	5.7	4.5	4卡	3.4	3	2.5	2卡	1.4	1					
10×70	后	40.5	8.6	7.25	6.3卡	5.3	4.4	3.5卡	2.6	1.8	1.2	1	1				
7×70	付	14.7	3.7	3.5	2.8	2.3卡	2	1.2									
10×70	NJ-131A付	22	5.25	4.98	4	3.2卡	2.5	1.8									
10×70	NJ-131A前	41.4	7.6	7	5.6	4.9卡	4.3	3.7	3	2.3卡	1.8	1.2					
7×65	NJ-134前	22.5	4.8	4.4	3.5卡	3	2.4	1.9	1.4卡	1							
10×65	后	38	8	6.7	5.8卡	4.9	4	3.2	2.3	1.5卡	1	1					
8×70	NJ-136前	24	5.6	5	4.1	4卡	2.5	2卡	1.5	1.2							
8×70	后	31.3	6.9	5.8	5	4.2卡	3.5	2.6卡	1.8	1.2	1.2	1.2					
8×65	付	16	4.2	4	3.1	2.8卡	2										
8×63	CA-10前	33	5.1	4.8	3.4	3.1	3卡	2.6	2.4	2.2	1.9	1.7卡	1.5	1.3	1.1	1	

续表

用料	车型	总成重	一片	二片	三片	四片	五片	六片	七片	八片	九片	十片	十一片	十二片	十三片	十四片	十五片
9.5×76	后	66	9.5	8	7卡	6	5.4	4.7	4.25	3.9卡	3.1	2.5	1.9	1			
8×76	付	27.8	4.6	4.4	4.2	3.7	3.2	2.7卡	2.1	1.6	1.1						
9×76	CA-151前	65	8.8	8.3	7.5	6.8	6.4	6卡	5.1	4.4	3.6	3.3卡	2.8	2			
11×80	CA-151后	110	13.7	12.9	11.5	10.8	10	9.4	8.3卡	7.4	6.5	5.5	4.8卡	3.5	2.6	1.7	
11×80	付	50	9.05	8.8	7.2	6.1	5.2卡	4	2.9	1.8							
11×76加厚	CA-151A前	76	10.4	9.9	8.7	8	7.4	7卡	6.1	5.3	4.3	3.6卡	2.7	2			
9×90加宽	CA-151前	75	10.2	9.8	8.7	7.9	7.3	6.9卡	6	5.2	4.3	3.5卡	2.7	1.9			
13×80	CA-151A后	130	16.6	15.6	13.9	12.7	12	11	10卡	8.75	7.6	6.5	5.3卡	4.2	3.2	2.2	
13×80	付	55	11	10.5	8.7	7.5	6.2卡	5	3.6	2.5							
13×80	CA-151D8前	80.8	15.8	14.8	11.2	9.8卡	8.3	6.9	5.5卡	4	2.6						
13×80	后	130.8	19	17.9	16	14.5	13.1卡	11.8	10.1	8.6	7.1卡	5.7	4.1	2.8			
13×100	EQ-153前	87.5	15.7	15	13.6	11.5	9.9卡	8	6.3卡	4.3	3.4						
13×80槽	后	90	15.4	14	12.6	11.1	9.8卡	8.2	6.7	5.4卡	3.8	2.5					

续表

用料	车型	总成重	一片	二片	三片	四片	五片	六片	七片	八片	九片	十片	十一片	十二片	十三片	十四片	十五片
13×60平	付	53	10	9.8	8.5	7	6卡	5	3.7	2.3							
	EQ-153前	104	18.6	17.8	16	13.7	11.6卡	9.5	7.3卡	5.2	4						
	后	105	17.8	16.8	15	13.2	11.8卡	9.8	8.3	6.5卡	5	3					
	付	62	11.8	11.6	9.8	8	7.2卡	6	4.4	2.8							
11×60槽	EQ-144	113	13.8	14	11.5	10.5	9.9卡	9	8.3	7.5	6.6	5.8	5卡	4.2	3.3	2.5	2
13×100	CA-3160后	116	14	13.8	13	11.8	10.8	9.6卡	8.6	7.8	7	5.8	5卡	4	3.3	2.1	
16×100	CA-3160A	144	17.6	17.1	16.6	15.2	13.1	12.2卡	10.8	9.3	8.4	6.9卡	5.9卡	4.4	3.5	2.5	
20×100	CA-3160A后	181	20	21.4	20.7	19	16.4	15.2卡	13.5	11.6	10.5	8.6	7.5	5.5	4.7	4	
20×100	3200后	187.4	24.8	24.5	24.3	19.2	17.7	16.5	14.4	12.7	11	8.5	6.9				
11×80	五吨主前	76	12.9	12.3	10.6	9.3	8.1卡	6.9	5.7	4.5卡	3.3	2.2					
13×80	后	105.5	17.8	16.8	14.9	13	11.4卡	9.7	8.1	6.3卡	4.7	2.9					
13×60	A付	65.6	11.8	11.6	9.5	8.4卡	7.2	6	4.8	3.7	2.6						
11×80	付	55	10	9.8	8	7.1卡	6	5.1	4	3.1卡	2.2						

续表

用钢	车型	总成重	一片	二片	三片	四片	五片	六片	七片	八片	九片	十片	十一片	十二片	十三片	十四片	十五片
13×80	前	90	15.2	14.7	12.6	11	9.6卡	8.2	6.7	5.3卡	3.2	2.6					
16×80	JP-42后	64.5	13	13	13.7	9卡	7	5.2									
13×90	QT-20T	71.4	10.6	10.6	10.6	10.8	7	6	5.2卡	4.5	3.4	2.6卡					
11×75槽	EQ-145前	62.5	10.3	10.4	8.8	8.1	6.9卡	5.8	4.6卡	3.3	2.3	1.9					
13×75	后	68	9.4	9.2	8.8	7.9	6.5	6卡	5.1	4.4	3.7卡	3	2.2	1.5			
11×75槽	EQ-106I前	39.5	9.1	9	6.6	5.6	4.3卡	2.9	1.9								
	后	45	9.3	9.1	6.8	6卡	4.8	3.8卡	2.8	1.9							
11×75槽	EQ-106F前	35	7	7.3	5.7	4.8卡	3.8	3.1卡	2.2	1.38							
	后	46	9.5	9.4	9	5.9卡	4.8	3.8	2.8	2							
11×120	黄河150后	128	18.8	17.8	16	13.8卡	12.8	10.8卡	7.8卡	7.9	6.8	5.8	4.3	3.2			
	付	53.6	12.8	11.2	9.3	7.8卡	4.6	3.4	2.2	2.2							
11×120	黄河162后	135	19.7	18.8	18.1	14.9卡	13.5	11.9	10.8卡	8.9	7.3	5.8	4.2	2.8			
	付	62.6	14.2	12.5	10.8	8.8卡	7.4	6.2	3.3								
16×80	15A前	126.9	23.1	22.2	19.4	16.8卡	14.1	11.5	8.9卡	6.3	4.6						

续表

用料	车型	总成重	一片	二片	三片	四片	五片	六片	七片	八片	九片	十片	十一片	十二片	十三片	十四片	十五片
16×60	15SA付	72.7	14.4	14	11.5	9.2	8.3卡	6.7	5.3	3.3							
6.5×63	BJ-212前	17.6	4.1	3.5	2.3	2卡	1.65	1.38卡	1.18卡	0.9	0.7	0.5					
	后	20.3	4.7	4.9	3.3卡	2.8	2.2卡	1.6	1								
6.5×63	BJ-2006前	16	4.2	3.5	2.3	1.76卡	1.3	1.1	1	0.8							
	后	18.2	4.66	4.9	3.3卡	2.8	2卡	1.3	1.3								
11×70	CA-1046前	23.8	9	7.38	7.37												
	后	40	10	8.3	8.1	6.1	4.6	2.9									
8×65	BJ-121后	28	6.3	6.5	4.4	3.8卡	3	2.4卡	1.5								
8×65	龙马前	15.8	5	4.7	3	2卡	1.2										
	后	18.5	5.2	4.8	3.1	2.6卡	2	1.2									
16×75	140-2A后	100	16.7	15.5	13.2	11.1	9.9卡	8.7	7.4	6.2卡	5	3.8	2.4				
12×70	131A后	50.1	10.2	8.7	7.4卡	6.3	5.1	4.1卡	3.2	2.5	1.3						
16×60	15SA后	128	21.9	20.7	18.2	15.8	13.8卡	11.8	9.2	7.6卡	5.4	3.4					
16×60	153双桥后	132	17.5	17.5	13.8	12.7	12.2卡	10.7	9.6	8.8	7.9卡	6.8	5.7	4.6	3.6		

续表

用料	车型	总成重	一片	二片	三片	四片	五片	六片	七片	八片	九片	十片	十一片	十二片	十三片	十四片	十五片
20×80	15 双桥后	164.5	21.9	21.9	17.2	15.8	15.3卡	13.4卡	12	11	9.9卡	8.5	7.1	5.8	4.5		
16×80	五吨汪后	130	21.5	20.7	18.2	16.1	14卡	12	9.9	7.8卡	5.8	3.6					
18×80	15A后	144.2	24.9	23.5	20.5	17.8卡	15.5卡	13.2	10.3	8.6	6.1	3.8					
16×75	145A,后	114	15.8	15.3	14.9	13.2	11.1卡	9.9卡	8.7	7.4	6.2卡	5	3.8	2.4			
20×100	3160A后	181	22	21.4	20.7	19	16.3卡	15.2卡	13.5	11.6	10.5	8.6	7.5卡	5.5	4.7	4	
16×75	140A后	98.5	15.8	14.9	13.2	11.1卡	9.9卡	8.7	7.4	6.2卡	5	3.8	2.4				
13×75平	106A后	63.5	12.6	12.4	9.4	9.3卡	8.1	5.1卡	3.7	2.5							
13×75平	106A前	53.5	12.4	12.4	9	7.2	5.7卡	4.1	2.4								
8×70	华川131前	29.1	6.1	5.8	4.4	4卡	3.5	2.9	2.5	1.8卡	1.3						
10×70	华川131后	41.5	8.6	7.9	6.3卡	5.3	4.4	3.5卡	2.4	1.8	1.2	1					
8×70	华川131付	16.5	4.2	4	3	2.4	1.7	1.2									
8×70	BJ-10川前	23	6.2	4.8	4.4卡	3.3	2.6卡	1.8									
10×70	后	53	6.85	8	7	6.9卡	6.2	5.4	4.5卡	3.1	2	1					

24. 转向盘（GB5911-86）

（转向盘图示为宁波明佳汽车内饰有限公司产品）

【特点及用途】转向盘又称方向盘，是汽车、拖拉机及工程机械操作方向的装置。根据结构形式的不同分为半圆键连接的转向盘和圆柱直齿渐开线花键连接的转向盘。

【规　　格】转向盘

基本尺寸 ϕ（mm）D：350、365*、375*、380、385*、390*、400、425、450、475、500、550

注：* 为市场产品规格。

a. 半圆键连接的转向盘尺寸

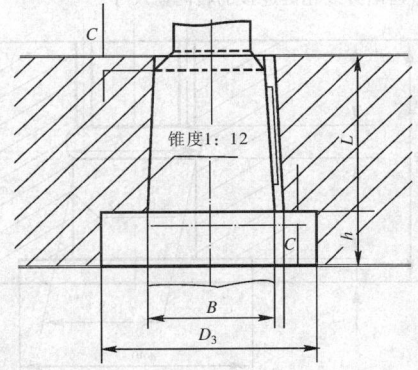

锥度1:12

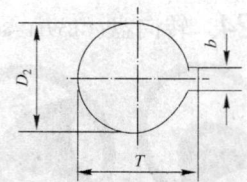

D	B	D_2	T	b	L	h	D_3	$C \geqslant$
350	20	17.67	19.97	5	26	10	40	1.0
380	20	17.67	19.97	5	26	10	40	1.0
400	20	17.67	19.97	5	26	10	40	1.0
425	20	17.67	19.97	5	26	10	40	1.0
450	20	17.67	19.97	5	26	10	40	1.0
475	28	24.92	27.22	5	34	12	48	1.5
500	28	24.92	27.22	5	34	12	48	1.5
550	32	28.58	31.38	6	38	12	60	1.5

b. 圆柱直齿渐开线花键连接的转向盘尺寸

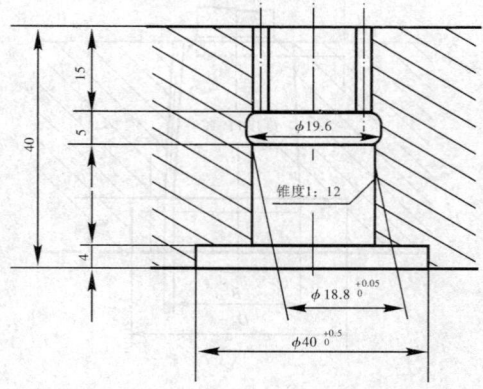

续表

内花键		外花键	
齿数	36	齿数	36
模数(mm)	0.5	模数(mm)	0.5
压力角(°)	45	压力角(°)	45
分度圆直径(mm)	18	分度圆直径(mm)	18
大径(mm)	$18.60^{+0.21}$	大径(mm)	$18.40_{-0.084}$
渐开线终止圆直径(mm)	$\geqslant 18.5$	渐开线起始圆直径(mm)	$\leqslant 17.51$
小径(mm)	$17.61^{+0.07}_{0}$	小径(mm)	$17.40_{-0.18}$
公差等级和配合类别	H7	公差等级和配合类别	h7
实际齿槽宽最大值(mm)	0.900	作用齿厚最大值(mm)	0.785
作用齿槽宽最小值(mm)	0.785	实际齿厚最小值(mm)	0.671
齿根圆弧最小曲率半径(mm)	0.12	齿根圆弧最小曲率半径(mm)	0.12

25. 汽车转向球接头(GB/T13604-92)

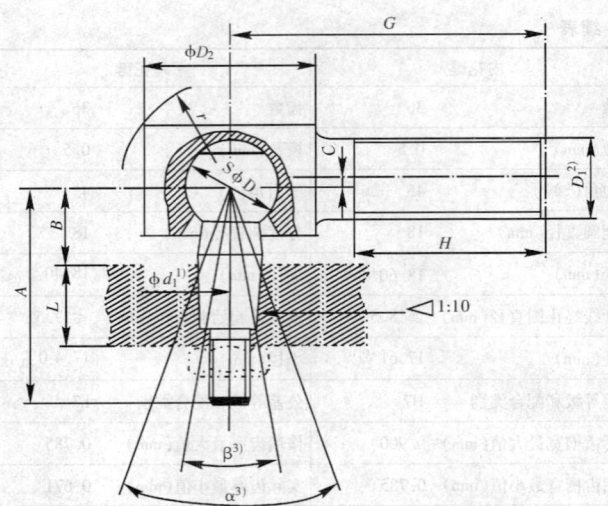

【特点及用途】转向球接头是汽车机械转向的重要部件。其适用于新设计的公路用载货汽车和客车(不包括微型汽车)。

【规　格】　　　　　　　　　　　　　　　　　　　　　(mm)

公称球径 $S\phi D$	A ≤	B	C ≤	$d_1^{①}$ h9	D_2 ≤	$D_3^{②}$	G ±2	H ≥	L h11	r ≤	$\alpha^{③}$ ≥	$\beta^{③}$ ≥
27	66	24	3	20	50	M24×1.5	95	60	24	32		
30	71	26	3	22	58	M28×1.5	105	65	26	37	40°	20°
35	81	30	3	26	67	M30×1.5	115	75	30	42		
40	91	34	3	30	74	M30×1.5	120	80	34	47		
50	109	40	3	38	85	M38×1.5	135	85	42	54		

注:①为保证锥面的配合良好,锥孔 d_1 的精度规定为 H_8,锥面配合面积不得小于60%。
　②D_3 的螺旋方向,即可左旋,也可右旋。对于左旋螺旋纹,标记后加"左"字。

③α 是图示平面内的球头极限运动角,β 是垂直于图示平面的平面内的球头极限
运动角。可根据需要规定不同的 α 和 β 值,但其最小值不得小于表中规定值。

26. 汽车轴承

【特点及用途】汽车用滚动轴承是指汽车各部位使用的各种通用和专
用轴承。主要品种有转向器轴承、转向节轴承、离合器轴承、万向节滚针
轴承、轮毂轴承等。

(1)转向器轴承

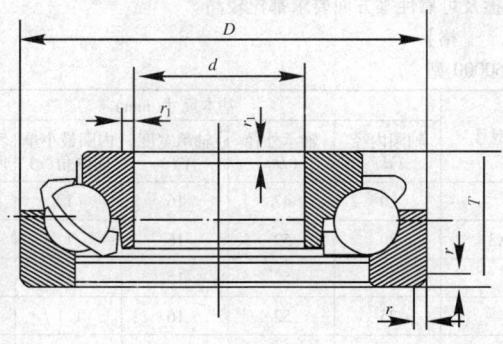

560000 型

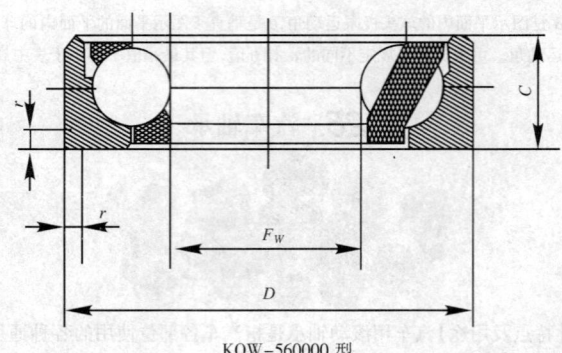

KOW-560000 型

【特点及用途】转向器轴承用于汽车的转向系统中,采用推力角接触球轴承,其主要要求是灵活性,操纵轻便性及安全性,对其承载能力,支承刚度,摩擦及可靠性等方面要求都比较高。

【规　格】

a. 560000 型

轴承型号	基本尺寸(mm)				
	轴圈内径 (d)	轴承外径 (D)	轴承宽度 (T)	内圈最小单 向倒角(r)	外圈最小单 向倒角(r_1)
569304	20	47	16	1	1
567404X3	20	52	16	1	1.5
567404	20	52	15	1	1.5
569305	25	52	16	1.1	1
569305X2	25	52	15	1	1
567405X3	25	62	18	2	1
569306	30	60	18	1.1	2

b. KOW-560000 型

轴承型号	基本尺寸(mm)			
	钢球内切圆直径(F_w)	轴承外径(D)	外圈宽度(C)	内圈最小单向倒角(r)
KOW-5617/15.2	15.2	35	10.5	1.5
KOW-5617/19.8	19.8	38.1	7.9	1
KOW-5617/20.3TN1	20.3	44	12	1.5
KOW-5617/22.1TN1	22.1	48	13.5	1.5
KOW-5617/25.6	25.6	46	9	1

（2）转向节轴承

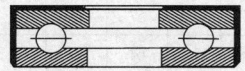

推力球轴承
50000ZS 型

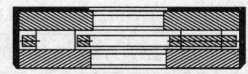

推力圆柱滚子轴承
80000ZS 型

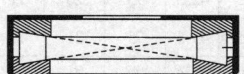

锥形轴圈圆锥滚子轴承
90000ZS 型

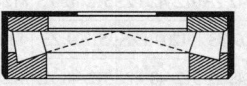

平滚道轴圈圆锥滚子轴承
90000PZS 型

【特点及用途】转向节轴承用于汽车的转向系统中,采用推力轴承,其主要要求是灵活性,操纵轻便性及安全性,对其承载能力,支承刚度,摩擦及可靠性等方面要求都比较高。

【规　格】

轴承型号				基本尺寸(mm)					
90000 ZS 型	90000 PZS 型	50000 ZS 型	80000 ZS 型	轴圈内径 (d)	座圈内径 (d_1)	带外罩轴承外径 (D_z)	带外罩轴承高度 (H_1)	轴承外径 (D)	轴承高度 (H)
91204 ZS	91204 PZS	51204 ZS	81204 ZS	20	20.5	41.6	14.8	40	14
912/22 ZS	912/22 PZS	512/22 ZS	812/22 ZS	22	22.5	43.6	14.8	42	14
91205 ZS	91205 PZS	51205 ZS	81205 ZS	25	25.5	48.6	15.8	47	15
912/28 ZS	912/28 PZS	512/28 ZS	812/28 ZS	28	28.5	51.6	15.8	50	15
91206 ZS	91206 PZS	51206 ZS	81206 ZS	30	30.5	54	17	52	16
912/32 ZS	912/32 PZS	512/32 ZS	812/32 ZS	32	32.5	57	17	55	16
91207 ZS	91207 PZS	51207 ZS	81207 ZS	35	35.5	64	19	62	18
912/38 ZS	912/38 PZS	512/38 ZS	812/38 ZS	38	38.5	67	19	65	18
91208 ZS	91208 PZS	51208 ZS	81208 ZS	40	40.5	70	20	68	19
912/42 ZS	912/42 PZS	512/42 ZS	812/42 ZS	42	42.5	73	20	71	19
91209 ZS	91209 PZS	51209 ZS	81209 ZS	45	45.5	75	21	73	20
912/48 ZS	912/48 PZS	512/48 ZS	812/48 ZS	48	48.5	78	21	76	20
91210 ZS	91210 PZS	51210 ZS	81210 ZS	50	50.5	80	23	78	22
912/52 ZS	912/52 PZS	512/52 ZS	812/52 ZS	52	52.5	83	23	81	22
91211 ZS	91211 PZS	51211 ZS	81211 ZS	55	55.5	92.4	26.2	90	25
91704 ZS	91740 PZS	51704 ZS	81704 ZS	20	20.5	45.6	14.8	44	14
917/22 ZS	917/22 PZS	517/22 ZS	817/22 ZS	22	22.5	48.6	14.8	47	14
91705 ZS	91705 PZS	51705 ZS	81705 ZS	25	25.5	51.6	15.8	50	15
917/28 ZS	917/28 PZS	517/28 ZS	817/28 ZS	28	28.5	54	16	52.4	15.2

续表

轴承型号				基本尺寸(mm)					
90000 ZS 型	90000 PZS 型	50000 ZS 型	80000 ZS 型	轴圈内径 (d)	座圈内径 (d_1)	带外罩轴承外径 (D_2)	带外罩轴承高度 (H_1)	轴承外径 (D)	轴承高度 (H)
91706 ZS	91706 PZS	51706 ZS	81706 ZS	30	30.5	58	17	56	16
917/32 ZX	917/32 PZS	517/32 ZS	817/32 ZS	32	32.5	63	18	61	17
91707 ZS	91707 PZS	51707 ZS	81707 ZS	35	35.5	67	19	65	18
917/38 ZS	917/38 PZS	517/38 ZS	817/38 ZS	38	38.5	70	19	67.7	18
91708 ZS	91708 PZS	51708 ZS	81708 ZS	40	40.5	75	20	73	19
917/42 ZS	917/42 PZS	517/42 ZS	817/42 ZS	42	42.5	77	20	75	19
91709 ZS	91709 PZS	51709 ZS	81709 ZS	45	45.5	80	21	78	20
917/48 ZS	917/48 PZS	517/48 ZS	817/48 ZS	48	48.5	84	21	82	20
91710 ZS	91710 PZS	51710 ZS	81710 ZS	50	50.5	88	23	86	22
917/52 ZS	917/52 PZS	517/52 ZS	817/52 ZS	52	52.5	93	23	91	22
91711 ZS	91711 PZS	51711 ZS	81711 ZS	55	55.5	99.4	26.2	97	25

(3) 离合器轴承

【特点及用途】汽车离合器轴承具有多种结构形式,已由过去单一的角接触球轴承向带分离套筒的离合器轴承单元发展,由不可调心轴承发展为可调心轴承。根据汽车离合器对降低振动、噪声及运动接合面的摩擦和磨损的要求,离合器轴承及其单元的结构及采取措施,应满足离合器的使用要求。

a. TZ 型

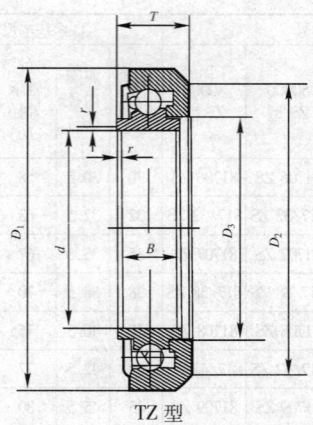

TZ 型

【规　　格】

轴承型号	基本尺寸(mm)						
	轴承内径 (d)	轴承宽度 (T)	带密封罩的轴承外径 ≤ (D_1)	外圈端面外径 ≥ (D_2)	外径内径 (D_3)	内圈宽度 (B)	最小单向倒角尺寸 (r)
TZ3011	30	11	49	41	30.5	8.5	0.3
TZ3513	35	13	57	49	35.5	10.5	0.5
TZ4014	40	14	64	56	40.5	11	0.5
TZ4514	45	14	70	62	45.5	11	0.5
TZ5014	50	14	74	66	50.5	11	0.5
TZ5516	55	16	82	74	55.5	13	0.8
TZ6016	60	16	87	79	60.5	13	0.8

续表

轴承型号	基本尺寸(mm)						
	轴承 内径 (d)	轴承 宽度 (T)	带密封罩的 轴承外径 ≤(D₁)	外圈端面 外径 ≥(D₂)	外径 内径 (D₃)	内圈 宽度 (B)	最小单向 倒角尺寸 (r)
TZ6516	65	16	92	84	65.5	13	0.8
TZ7019	70	19	102	94	70.5	15.5	0.8
TZ7519	75	19	107	99	75.5	15.5	0.8
TZ8019	80	19	112	104	80.5	15.5	0.8
TZ8522	85	22	122	114	85.5	18.5	1
TZ3016	30	16	57	49	36	15.5	0.3
TZ3517	35	17	64	56	41	16.5	0.5
TZ4018	40	18	70	62	46	17	0.5
TZ4519	45	19	77	69	51	18	0.5
T25019	50	19	82	74	56	18	0.5
TZ5522	55	22	92	84	63	21	0.8
TZ6022	60	22	97	89	68	21	0.8
TZ6522	65	22	102	94	73	21	0.8
TZ7024	70	24	112	104	78	22.5	0.8
TZ7524	75	24	118	109	83	22.5	0.8
TZ8027	80	27	128	119	88	25.5	0.8
TZ8527	85	27	133	124	93	25.5	1

b. TM 型

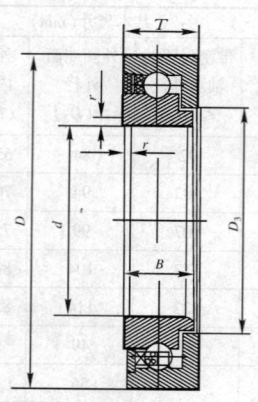

【规　格】

轴承型号	基本尺寸(mm)					
	轴承内径(d)	轴承宽度(T)	轴承外径(D)	外圈内径(D_3)	内圈宽度(B)	最小单向倒角尺寸(r)
TM3013	30	13	55	36	12.5	0.3
TM3514	35	14	62	41	13.5	0.5
TM4015	40	15	68	46	14	0.5
TM4516	45	16	75	51	15	0.5
TM5016	50	16	80	56	15	0.5
TM5518	55	18	90	63	17	0.8
TM6018	60	18	95	68	17	0.8

续表

轴承型号	基本尺寸(mm)					
	轴承内径 (d)	轴承宽度 (T)	轴承外径 (D)	外圈内径 (D_3)	内圈宽度 (B)	最小单向倒角尺寸 (r)
TM6518	65	18	100	73	17	0.8
TM7020	70	20	110	78	18.5	0.8
TM7520	75	20	115	83	18.5	0.8
TM8022	80	22	125	88	20.5	0.8
TM8522	85	22	130	93	20.5	1

c. RTZ 型

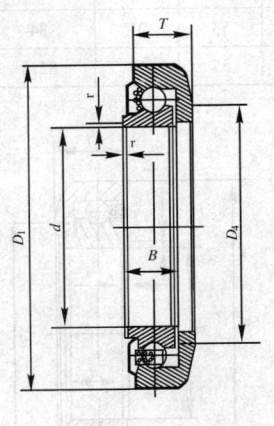

【规　格】

轴承型号	基本尺寸(mm)					
	接触圆直径(D_4)	轴承内径(d)	轴承宽度(T)	带密封罩的轴承外径(D_1)≤	内圈宽度(B)	最小单向倒角尺寸(r)
38RTZ3013	38	30	13	49	8.5	0.3
46RTZ3315	46	33	15	60	13.5	0.5
44RTZ3515	44	35	15	57	10.5	0.5
48RTZ3816	48	38	15.5	67	14.5	0.5
50RTZ4016	50	40	16	64	11	0.5
55RTZ4516	55	45	16	70.5	11	0.5
59RTZ5016	59	50	16	74.5	11	0.5
62RTZ5321	62	53	21	84	19	0.8
65RTZ5519	65	55	19	82.5	13	0.8

d. RTM 型

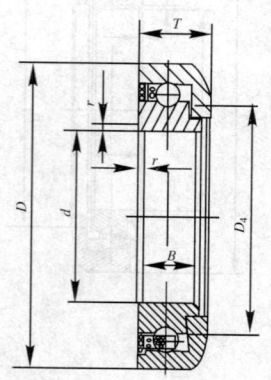

【规　　格】

轴承型号	基本尺寸(mm)					
	接触圆直径 (D_4)	轴承内径 (d)	轴承宽度 (T)	轴承外径 (D)	内圈宽度 (B)	最小单向倒角尺寸 (r)
61RTM3518	61	35	18	70	14	0.6
50RTM4020	50	40	20	69.7	16	0.6
55RTM4518	55	45	17.5	74	15	0.6
62RTM5521	62	55	21	82	19	0.6

e. WT 型

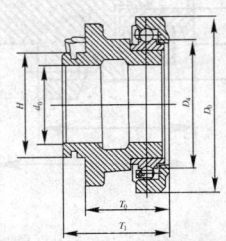

【规　　格】

轴承单元型号	基本尺寸(mm)					
	接触圆直径 (D_4)	轴承单元内径 (d_0)	轴承单元配合宽度 (T_0)	与拨叉嵌配宽度 (H)	轴承单元宽度 (T_1)	轴承单元径向最大尺寸 (D_0)
45RWT2823F2	45.2	28	22.8	36.8	30	57
54RWT3338F2	54	33	37.5	44	47.5	74
50RWT3534F2	50	35	34	44	45	70
62RWT4437F2	62	44	36.5	53	51.5	84
WT3346F2	—	33	45.5	44	55.5	74
WT3540F2	—	35	39.5	53	51.5	84
WT4456F2	—	44	55.5	55.8	66	84
WT4855F2	—	47.5	55	86	71	90

f. NT 型

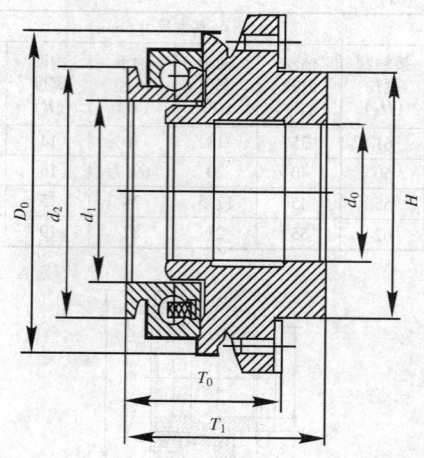

【规　格】

轴承单元型号	基本尺寸(mm)						
	轴承单元内径(d_0)	轴承单元配合宽度(T_0)	轴承内圈内径 *(d_1)	轴承内圈端面外径 *(d_2)	与拨叉嵌配宽度(H)	轴承单元宽度(T_1)	轴承单元径向最大尺寸(D_0)
NT3414F1	34	14.2	36.5	52.5	72.2	24	94.5
NT4859F2	47.5	59	67.5	92	86	75	114
NT5554F2	55	53.5	71	100	83	83.5	120
NT5737F2	57	37	57	95	74.9	56	102

注：* 轴承内圈为旋转式内圈。

g. NL 型

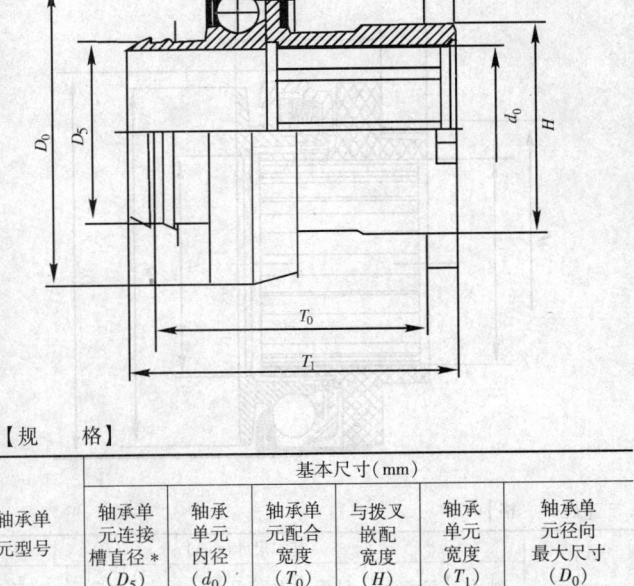

【规　　格】

轴承单元型号	基本尺寸(mm)					
	轴承单元连接槽直径 *（D_5）	轴承单元内径（d_0）	轴承单元配合宽度（T_0）	与拨叉嵌配宽度（H）	轴承单元宽度（T_1）	轴承单元径向最大尺寸（D_0）
65NL57100F0	64.7	57	100	74.9	121.5	103

注：＊为拉式离合器分离轴承。

h. CTY 型

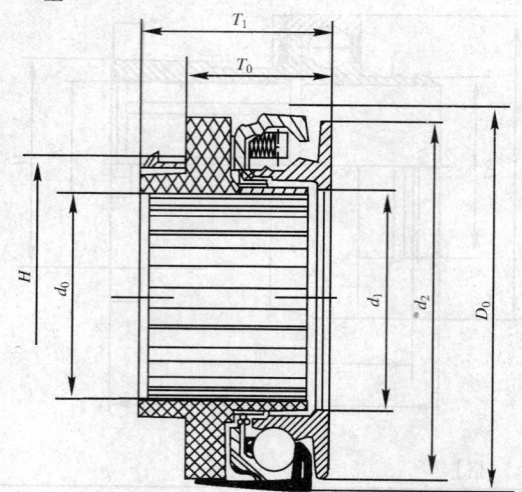

【规 格】

轴承单元型号	基本尺寸(mm)						
	轴承单元内径(d_0)	轴承单元配合宽度(T_0)	轴承内圈内径*(d_1)	轴承内圈端面外径*(d_2)	与拨叉嵌配宽度(H)	轴承单元宽度(T_1)	轴承单元径向最大尺寸(D_0)
CTYQ3026F0	30	25.5	37	47.2	78.7	45	67.5
CTY3414F0	34	13.5	40.5	60	72.5	31.5	92.5
CTY3524F0	34.5	23.7	37	60	46.2	32	63.5

注：* 轴承内圈为旋转式内圈。

i. CT 型

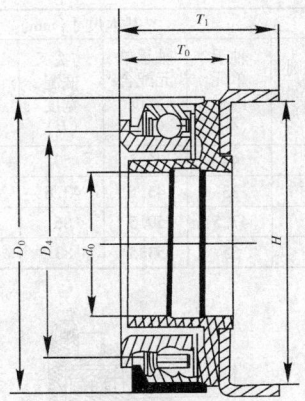

【规　　格】

轴承单元型号	基本尺寸（mm）					
	接触圆直径（D_4）	轴承单元内径（d_0）	轴承单元配合宽度（T_0）	与拨叉嵌配宽度（H）	轴承单元宽度（T_1）	轴承单元径向最大尺寸（D_0）
44RCT2823F0	44	28	22.5	44.5	28.5	61.5
47RCT2921F0	47	29.1	20.7	37.5	34	61.8
47RCT3020F0	47	30	19.5	45	24.5	63
47RCT3123F0	47	31	23	53	37	70
54RCT3232F0	54	32	32	46	40	75
47RCT3322F1	47	33	22.3	70.4	33.5	74
54RCT3430F0	54	34	29.5	46	37.5	75.4
50RCT3530F0	50	35	30	44.2	41	76
54RCT3627F1	54	36	27	77.2	42	81.5
58RCT3731F1	58	37	31	56	43	90

续表

轴承单元型号	基本尺寸（mm）					
	接触圆直径（D_4）	轴承单元内径（d_0）	轴承单元配合宽度（T_0）	与拨叉嵌配宽度（H）	轴承单元宽度（T_1）	轴承单元径向最大尺寸（D_0）
62RCT4437F2	62	44	36.5	53	51.5	97.6
CT3346F2	—	33	45.5	43.8	55.5	75
CT4860F2	—	47.5	59.5	86	76	117.6
CT5554F2	—	55	53.5	83	83.5	117.6

j. CL 型

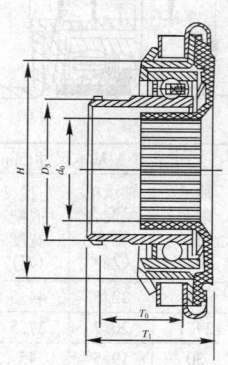

【规　格】

轴承单元型号	基本尺寸（mm）				
	轴承单元连接槽*直径（D_5）	轴承单元内径（d_0）	轴承单元配合宽度（T_0）	与拨叉嵌配宽度（H）	轴承单元宽度（T_1）
44CL3639F0	44	36	38.5	68	53.5

注：* 轴承为拉式离合器分离轴承。

(4)万向节滚针轴承

【特点及用途】万向节滚针轴承具有多种结构型式,主要用于汽车十字轴万向节上。

a. WN…T 型

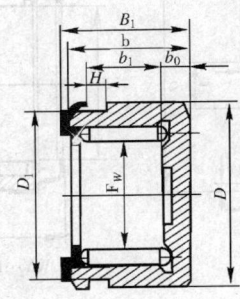

【规　　格】

轴承型号	基本尺寸(mm)							
	滚针组内径 (F_w)	轴承外径 (D)	外圈宽度 (b)	外圈底厚 (b_0)	外圈内底面与止动槽间距离 (b_1)	带密封罩的轴承外径 (D_1)	止动槽宽度 (H)	轴承宽度 (B_1)
WN1519T	15.2	28	18.5	3	11.5	D—2.3	2.5	19
WN1621T	16.3	30	20.5	4	12.5	D—2.5	3	21
WN1821T	17.6	30	20.5	4	12.5	D—2.5	3	21
WN2026T	20	32	21.5	4	12.5	D—2.5	3	26
WN2226T	22	35	21.5	4	12.5	D—2.5	3	26
WN2532T	25	39	22.5	4	12.5	D—2.5	3	32
WN2827T	27.7	42	25	5	13	D—3	3.5	27
WN3232T	31.7	47	25	5	13	D—3	4	32
WN3434T	33.65	50	27	5	15	D—3	4	34
WN3634T	35.5	50	27	5	15	D—3	4	34

b. WY 型、WY…PP 型

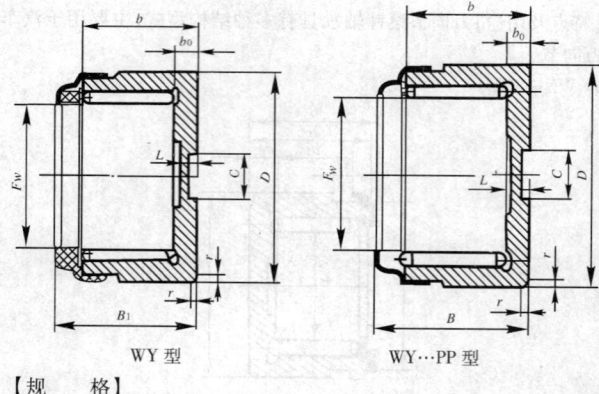

WY 型 WY…PP 型

【规　格】

WY 型	WY…PP 型	基本尺寸(mm)						
		滚针组内径(F_w)	轴承外径(D)	外圈宽度(b)	外圈底厚(b_0)	外圈底板宽×深($C×L$)	轴承宽度(B)	倒角尺寸(r)
WY1413	WY1413PP	14	24	12.6	3	6×1	16.6	0.3
WY2026	WY2026PP	20	32	21.5	4	10×1.5	26	0.3
WY2226	WY2226PP	22	35	21.5	4	10×1.5	26	0.3
WY2227	WY2227PP	22	35	21.5	4	10×1.5	26.5	0.3
WY2528	WY2528PP	25	39	22.5	5	10×1.5	28	0.3
WY2533	WY2533PP	25	39	22.5	5	10×1.5	32.6	0.3
WY2832	WY2832PP	27.7	42	25	5	10×1.5	32	0.3
WY3232	WY3232PP	31.7	47	25	5	10×1.5	32	0.3
WY3233	WY3233PP	31.7	47	22.5	5	10×1.5	32.8	0.3
WY3434	WY3434PP	33.65	50	27	5	10×1.5	34	0.3
WY3634	WY3634PP	35.5	50	27	5	10×1.5	34	0.5

续表

WY 型	WY…PP 型	基本尺寸(mm)						
		滚针组内径 (F_w)	轴承外径 (D)	外圈宽度 (b)	外圈底厚 (b_0)	外圈底板宽×深 ($C×L$)	轴承宽度 (B)	倒角尺寸 (r)
WY4034	WY4034PP	40	56	27	5	10×1.5	34	0.5
WY4540	WY4540PP	45	62	30	6	10×1.5	40	0.5
WY5048	WY5048PP	50	72	30	6	10×1.5	48	0.5

c. W 型

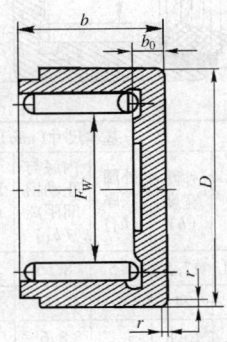

【规　　格】

轴承型号	基本尺寸(mm)				
	滚针组内径 (F_w)	轴承外径 (D)	外圈宽度 (b)	外圈底厚 (b_0)	倒角尺寸 (r)
W1009	10	19	9	2	0.3
W1110	11.2	19	10	2	0.3
W1311	13	22	11	2	0.3
W1414	14	24	13.5	2.5	0.3

d. WN…RS 型

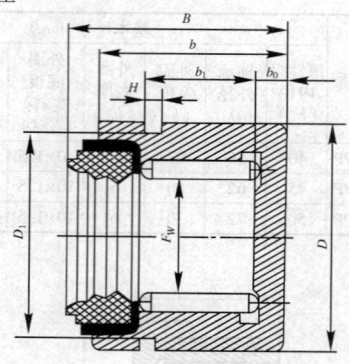

【规 格】

轴承型号	基本尺寸(mm)							
	滚针组内径 (F_w)	轴承外径 (D)	外圈宽度 (b)	外圈底厚 (b_0)	内底与止动槽间距离 (b_1)	带密封罩的轴承外径 (D_1)	轴承宽度 (B)	止动槽宽度 (H)
WN1319RS	13.3	24.61	17.5	3.5	8.55	22	18.8	2
WN1424RS	14	26	24	4	11	23	24	4
WN1518RS	14.7	25	15.8	3.1	8.6	22.5	17.8	2
WN1620RS	15.8	27.04	17.8	3.3	7.6	25	19.5	2.6
WN1721RS	16.7	27	20.2	3.1	11.5	25.2	20.8	2
WN1722RS	16.7	27	19.5	4	11.5	26	22	2
WN1723RS	16.7	27.4	20	3.15	11.35	25.2	23	2
WN1819RS	18.46	29	17.5	3.5	9.5	27	18.6	2
WN1822RS	17.77	29	21.2	3.4	10.5	26	22.2	2.1
WN2025RS	20.4	34.03	23.4	5	14.3	31.2	25	3

e. WW…RS 型

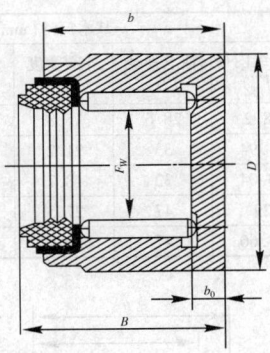

【规　格】

轴承型号	基本尺寸(mm)				
	滚针组内径 (F_w)	轴承外径 (D)	外圈宽度 (b)	外圈底厚 (b_0)	轴承宽度 (B)
WW1013RS	10	17	11.8	2.25	13.2
WW1116RS	11	20	15	2.5	16
WW1117RS	10.8	20	15	2.5	17.1
WW1214RS	12	20	12	2.2	14.3
WW1216RS	12.2	20.5	16	2.5	16.4
WW1217RS	12	21	16	3	17
WW1314RS	13.4	22	12.6	2.5	13.6
WW1316RS	13.4	22	15.5	2.2	16.3
WW1317RS	13.32	22	14.7	2.35	17
WW1421RS	14	25	20	3.5	21.2
WW1516RS	14.7	23.8	15.4	3.1	16.2
WW1717RS	16.6	27	16	2.7	16.8
WW1721RS	16.7	27	19.85	3.15	21.2

续表

轴承型号	基本尺寸(mm)				
	滚针组内径 (F_w)	轴承外径 (D)	外圈宽度 (b)	外圈底厚 (b_0)	轴承宽度 (B)
WW1821RS	18.2	28.6	15.8	2.75	17.8
WW2223RS	21.94	33	21.2	4	23.3
WW2319RS	23.04	32	18.7	2.75	18.9
WW2929RS	29	47	27.5	4	29
WW3236RS	31.66	47	30.5	5	36

f. WN…PP₂ 型

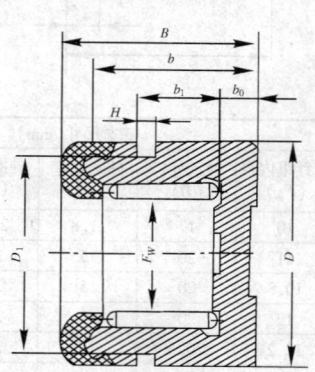

【规 格】

轴承型号	基本尺寸(mm)							
	滚针组 内径 (F_w)	轴承 外径 (D)	轴圈 宽度 (b)	外圈 底厚 (b_0)	内底与 止动槽 间距离 (b_1)	轴承 宽度 (B)	带密封 罩的轴 承外径 (D_1)	止动槽 宽度 (H)
WN1319PP2	13.36	22.5	16.2	3	8.9	19	20.75	2.1
WN1422PP2	13.5	26	19	3.2	9.8	22.2	22.85	2.8

续表

轴承型号	基本尺寸(mm)							
	滚针组内径(F_w)	轴承外径(D)	轴圈宽度(b)	外圈底厚(b_0)	内底与止动槽间距离(b_1)	轴承宽度(B)	带密封罩的轴承外径(D_1)	止动槽宽度(H)
WN1521PP2	14.7	26	18.5	5	7.55	21.2	23.8	2.7
WN1621PP2	15.9	26.5	17.5	3.5	8	21.2	24.6	2
WN1721PP2	16.7	27	17.3	2.8	9.5	20.6	25	2
WN2532PP2	24.62	38	28.5	5.4	17.1	32.1	34.8	3
WN2533PP2	24.62	38.04	29.1	6	16.45	32.7	34.8	2.8

g. WW…PP2 型

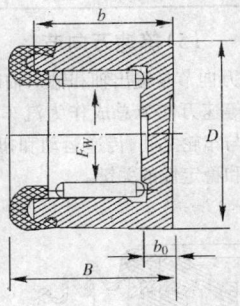

【规　格】

轴承型号	基本尺寸(mm)				
	滚针组内径(F_w)	轴承外径(D)	轴圈宽度(b)	外圈底厚(b_0)	轴承宽度(B)
WW1115PP2	11	19.1	12.8	2.5	15.2
WW1316PP2	13.4	22	13.3	2.3	16.1
WW1417PP2	14	24	13	3	17
WW1518PP2	14.7	23.8	15	2.7	18

续表

轴承型号	基本尺寸(mm)				
	滚针组内径 (F_w)	轴承外径 (D)	轴圈宽度 (b)	外圈底厚 (b_0)	轴承宽度 (B)
WW1519PP2	14.7	25	16.6	3.4	19.4
WW1618PP2	15.7	27	14.3	3.2	17.5
WW1719PP2	16.7	27	15.6	2.8	18.9
WW1721PP2	16.7	28.6	17.3	2.8	20.6
WW2024PP2	19.7	30.2	19.8	3.2	23.8
WW2124PP2	20.5	30.2	20.4	3.5	24
WW2325PP2	23.2	34.9	21.1	3.5	24.6
WW2729PP2	27	39	22.5	5	28.5

(5)等速万向节

【特点及用途】等速万向节是输出轴和输入轴以等于 1 的瞬时角速度比传递运动的万向节。等速万向节总成作为汽车的关键零部件,装置在差速器或末端减速齿轮与车轮之间,传递运动和扭矩,是直接影响汽车的安全性、舒适性、动力性和稳定性的关键。

a. BJ 型、RF 型

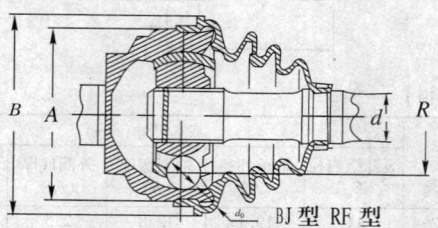

BJ 型 RF 型

【规　格】

型　号	基本尺寸（mm）				
	外套最大 外径（A）	回转直径 （B）	中间轴直径 （d）	钢球球径 （d_0）	钢球中心 圆半径（R）
BJ68	61.6	72	17	12.7	20.96
BJ71	65.3	76	18	12.7	20.96
BJ75	70	81	19	14.288	23.57
BJ87	81	100	22.2	16.699	27.5
BJ95	90	109	23.9	18.000	29.7
BJ100	92	109	25.4	19.050	31.43
BJ112	103	120	28.2	21.431	35.36
BJ125	115	125	31.8	23.812	39.2
BJ150	137	157	38.1	28.575	47.15
BJ175	160	180	44.4	33.338	55.00
BJ200	182	202	50.8	38.100	62.87
BJ225	204	225	57.2	42.862	70.72
BJ250	227	249	63.5	47.625	78.58
RF71	62	74	18	12.700	21.43
RF80	72	84	20.1	14.600	24.00
RF87	81	94	22.2	15.875	27.50
RF103	90	103	26.1	17.462	30.25
RF112	98	114	28.2	19.050	33.00
RF134	115	145	34	23.812	39.65
RF165	138	158	42	28.575	47.5
RF175	155	175	44.4	31.750	54.05
RF200	186	208	50.8	38.100	64.00

b. DOJ 型

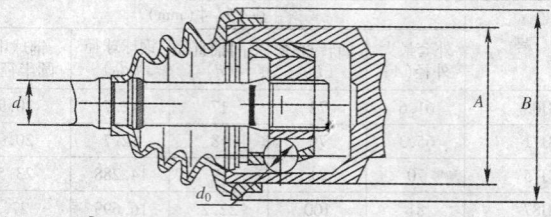

【规　格】

型　号	基本尺寸(mm)		
	外套最大外径 (A)	回转直径 (B)	中间轴直径 (d)
DOJ68	61.5	69.5	17
DOJ71	65.0	74.0	18
DOJ75	69.0	78.0	19
DOJ85	72.5	81.3	21.2
DOJ87	75.7	85.7	22.2
DOJ92	79.0	89.0	23.3
DOJ96	82.0	91.9	24
DOJ100	85.5	96.0	25.4
DOJ110	89.0	99.0	27.6
DOJ112	95.0	106.0	28.2
DOJ125	98.5	109.5	31.8

c. GI 型

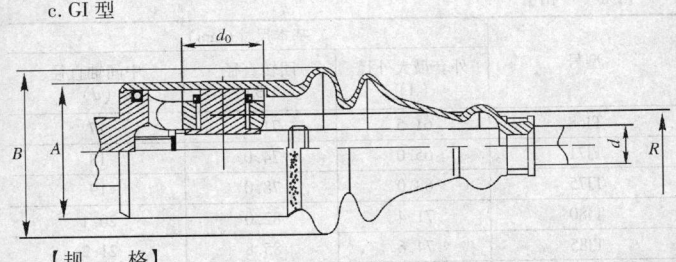

【规　格】

型　号	基本尺寸(mm)				
	外套最大外径 (A)	回转直径 (B)	中间轴直径 (d)	钢球球径 (d_0)	钢球中心圆半径 (R)
GI75	58	60	19	28.4	18.64
GI81	63	65	20.6	29.95	20.84
GI87	69	73	22.2	31.95	23.3
GI100	72	76	25.4	37.1	23.3
GI110	82	88	27.6	33.95	28.15
GI125	87	94	31.8	33.95	30.5
GI140	116 ~ 126	134	35.5		

d. TJ 型

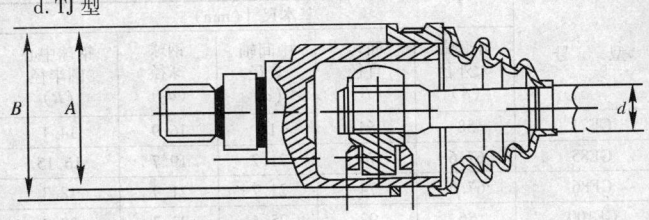

【规　格】

型号	基本尺寸(mm)		
	外套最大外径 (A)	回转直径 (B)	中间轴直径 (d)
TJ68	61.5	71.0	17
TJ71	65.0	74.0	18
TJ75	68.0	78.0	19
TJ80	71.4	82.0	20.1
TJ85	74.6	85.8	21.2
TJ87	78.7	90.2	22.2
TJ92	81.6	93.1	23.3
TJ100	89.0	100.5	25.4
TJ105	95.0	106.7	26.5

e. GE 型

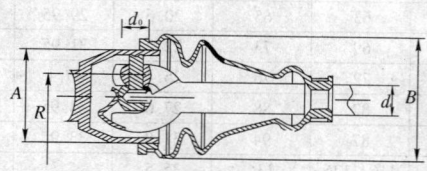

【规　格】

型号	基本尺寸(mm)				
	外套最 大外径 (A)	回转 直径 (B)	中间轴 直径 (d)	钢球 球径 (d_0)	钢球中心 圆半径 (R)
GE71	58	64	18	16.9	14.1
GE85	67.6	74	21.2	19.7	16.15
GE86	67.6	74	21.7	21.9	18.3
GE100	86	92	25.4	23.7	20.2
GE105	86	95	26.5	24.9	20.85

续表

型　号	基本尺寸（mm）				
	外套最大外径（A）	回转直径（B）	中间轴直径（d）	钢球球径（d_0）	钢球中心圆半径（R）
GE112	93	103	28.2	25.9	21.6
GE118	95	105	30	26.8	22.5
GE125	99	110	31.8	28.4	24.2

f. VL 型

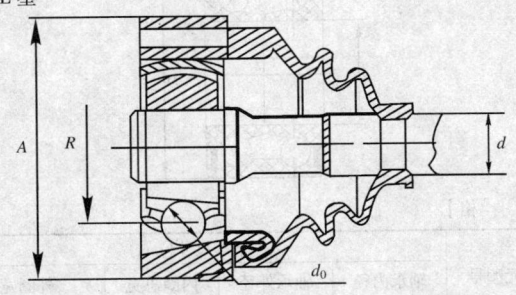

【规　格】

型号	基本尺寸（mm）			
	外套最大外径（A）	中间轴直径（d）	钢球球径（d_0）	钢球中心圆半径（R）
VL80	80	20.1	15.875	24.0
VL103	100	26.1	19.050	30.0
VL112	108	28.2	22.225	31.95
VL118	120	30	23.812	35.0
VL125	128	31.8	25.400	38.5

(6)轮毂轴承

【特点及用途】汽车轮毂轴承是为汽车承重并为轮毂的转动提供引导,同时亦承受径向载荷和轴向载荷,是汽车轮毂的重要部件。其主要有DAC 型、DACF 型、DU 型和 DUF 型。现在汽车轮毂轴承不断向单元化发展,对轴承材料、密封及润滑等要求更高。

a. DAC 型

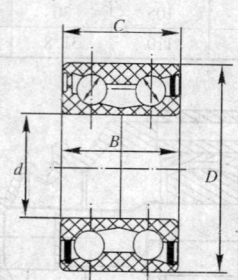

【规　　格】

轴承单元型号	基本尺寸(mm)			
	轴承内径 (d)	轴承外径 (D)	内圈总宽 (B)	外圈宽度 (C)
DAC3006037	30	60	37	37
DAC3506837	35	68	37	37
DAC3507234	35	72	34	34
DAC4007237	40	72	37	37
DAC4207537	42	75	37	37
DAC4208237	42	82	37	37
DAC3406237	34	62	37	37
DAC3406437	34	64	37	37
DAC3406637	34	66	37	37
DAC3506535	35	65	35	35

续表

轴承单元型号	基本尺寸(mm)			
	轴承内径 (*d*)	轴承外径 (*D*)	内圈总宽 (*B*)	外圈宽度 (*C*)
DAC3506632	35	66	32	32
DAC3506633	35	66	33	33
DAC3506637	35	66	37	37
DAC3507233	35	72	33	33
DAC3707237	37	72	37	37
DAC3807038	38	70	38	38
DAC3807450	38	74	50	50
DAC3906837	39	68	37	37
DAC3907237	39	72	37	37
DAC3907537	39	75	37	37
DAC4007537	40	75	37	37
DAC4207639	42	76	39	39
DAC4208236	42	82	36	36
DAC4208439	42	84	39	39
DAC4308237	43	82	37	37

b. DACF 型

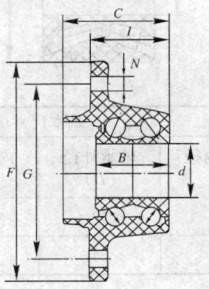

【规　格】

轴承单元型号	基本尺寸(mm)						
	轴承内径 (d)	凸缘外径 (F)	内圈总宽 (B)	外圈宽度 (C)	螺孔中心圆直径 (G)	螺孔直径 (N)	基准面与安装面距离 (I)
DACF2714873	27	148	55	73	114.3	12.5	57.5
DACF3012679	30	126	59	79	100	14	62.5
DACF3013666	30	136	40	66	100	12.1	54.5
DACF3112061	31	120	40	61	100	12	42
DACF3513774	35	137	45	74	110	12	49
DACF3614071	36	140	50	71	114.3	14	57
DACF3713964	37	139	45	64	120	12	45

c. DU 型

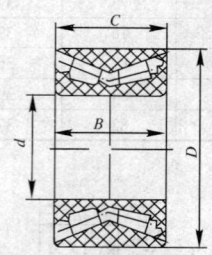

【规　格】

轴承单元型号	基本尺寸(mm)			
	轴承内径 (d)	轴承外径 (D)	内圈总宽 (B)	外圈宽度 (C)
DU2505237	25	52	37	37
DU3506437	35	64	37	37

续表

轴承单元型号	基本尺寸(mm)			
	轴承内径 (*d*)	轴承外径 (*D*)	内圈总宽 (*B*)	外圈宽度 (*C*)
DU3906837	39	68	37	37
DU4207639	42	76	39	39
DU5008454	50	84	54	54

d. DUF 型

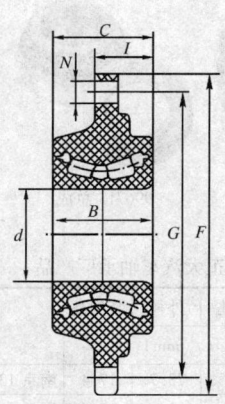

【规　格】

轴承单元型号	基本尺寸(mm)						
	轴承 内径 (*d*)	凸缘 外径 (*F*)	内圈 总宽 (*B*)	外圈 宽度 (*C*)	螺孔中 心圆直径 (*G*)	螺孔 直径 (*N*)	基准面 与安装面 距离(*I*)
DUF5515254	55	152	54	54	126	14	38.5
DUF5816762	58	167	62	62	140	14	41.2

(7)部分常用汽车轴承规格尺寸

986809 型   54TKA3501 型   329910 型

54CT3321A₁ 型   996713 总成   986911K 总成

【规　　格】奉化市正大汽车轴承厂产品

汽车轴承型号	内孔	外径	装配高	适用车型
	(mm)			
986809	45	73.7	17.4	南京 136、金杯 1041
996709	45	74	17.4	同上南京依维柯
986809k	45	73.7	17.4	小解放 1026、1046、1040
986809k2	45	73.7	17.4	郑州东风 1061F、江淮、新跃进
588911	52.388	84.5	20.5	北京 130
688911	52.388	84	20	BJ212、130
986911K	53	83.7	20	南京 131 各种农用车
996911	53	84	20	同上 BJ202S
986911k2	53	83.7	23	北京 BJ1041

续表

汽车轴承型号	内孔	外径	装配高	适用车型
	(mm)			
986911k3	53	83.7	22	东风轻卡 1061
986908	38	66.7	15.3	柳微(四缸)长安、昌河、松花江
996708	40	70	18.8	北京福田
9688211 加强型	55	90	18	解放 141、140
9688213 加强型	65	102	22	九平柴
SF0823	40	66.7	21	金杯海狮、杨子皮卡、丰田 3Y、4Y
360111	55	90	18	东风 140、145
986813	65	101.7	22	六平柴、解放 151
996713	65	102	22	东风 153、康明斯
54TKA3501	40	83	22	五十铃、解放轻卡
588909	45	72.8	17	黑豹、丰收 27
688808	40	66.8	14.4	工农、东方红
81NZ4821 总成	42.5	114	76	五吨王
48RCT3303 单元	34	67.5	30.5	长安之星 472
986809KA1 总成	33	73.7	55	解放 1026
986809KB1 总成	33	73.7	65	解放 1046
34CT3501	37	83	52	依维柯推式
44CL3642F0	37	93.5	59	依维柯拉式
9686808KA1	33	83	56	新式小解放 1026
9686808KB1	33	83	63	新式小解放 1046
996713 总成	58	102	57.4	东风 153、康明斯
986911K 总成	44	83.7	53	南京 131、北京 130
RCT356SA9	35	44	70.3	海狮系列、长城皮卡 491 发动机
RCTS338SA	33	75	32	松花江、新昌河、一汽佳宝 465 发动机
996714 总成	57	110	59	斯太尔

续表

汽车轴承型号	内孔	外径	装配高	适用车型
	(mm)			
31W2112ND	63.5	103	21	
RHPUK51W2-1/16	52.388	85	19.5	
40TRPK39-4SB	40	63.5	16	
RCT4075-1S	40	74.5	19	
A-2013 总成	32	71	57	
198905	25.3	48.4	15.5	北京130农用车
98206	30.0	52.0	16.0	NJ131、SY1041
409906K	30.0	54.4	13.5	五十铃、解放轻卡
129908	38.4	66.0	18.0	东风140、解放141
429908	38.0	70.0	18.0	东风145
198906K	32.0	63.0	18.0	东风1061
198909K	47.8	78.0	24.0	东风153、康明斯
329909	42.2	70.0	18.0	六平柴 CA151
329909A	45.3	72.0	18.0	九平柴
329909K	42.2	67.7	20.0	东风平头
329910	47.0	78.0	20.0	斯太尔
329910A	48.1	80.0	20.0	五吨王
CT55721	57	110	62	巨能王
54RCT3521 总成	30.5	75.0	49.0	东风、霸王(云柴发动机)
996914	70.0	110.0	25.5	斯太尔
54CT3321A$_1$	33.0	75.0	55.0	新式小解放1026
54CT3321B$_1$	33.0	75.0	64.0	新式小解放1046
986809 总成	33.0	73.3	47.0	解放中巴
986911K$_3$ 总成	44.0	83.5	52.0	东风轻卡1061
996709 总成	35.0	74.0	48.5	跃进136
986809K$_2$ 总成	35.0	74.0	48.5	牡丹中巴、郑州东风

27. 动力转向助力油泵

SH01-3407100　　　　WH6750-3407100A　　　　NJ1041-3407100

XMQ6113-3407100　　　CC1021SA-3407100　　　CC1021SD-3407100

　　【特点及用途】动力转向助力油泵是液压转向加力装置的能源,其作用是将输入的机械能转换为液压能输出,为了确保转向加力装置的工作可靠性,有些重型汽车在转向助力泵的驱动装置中采用自由轮机构,使动力转向助力油泵在正常情况下受发动机驱动,而在发动机转速过低甚至熄火时,脱离发动机而受以较高速度滑行的汽车驱动。转向助力油泵的结构形式有齿轮式、叶片式、转子式、柱塞式等,目前应用得最多的是外啮齿轮式转向助力油泵。

【规　　格】浙江恒隆万安泵业有限公司产品

型　号	适用车型	主要参数				备注
		公称排量 (q) (ml/r)	最大压力 (P_{max}) (MPa)	控制流量 (Q) (L/min)	旋向	
6CT-3407100	东风康明斯6CT发动机	16	14	17	右	
CC1021S-3407100	长城皮卡、中兴皮卡	8	8	7	右	与油箱一体
CC1021SA-3407100	奇瑞	8	6	6	右	
CC1021SB-3407100	万丰皮卡、金杯海狮	8	8	7	右	
CC1021SC-3407100	奇瑞	8	6	6	右	带压力信号发生器
CC1021SD-3407100	捷达轿车	8	6	6	右	
CC1021SE-3407100	宁波美日、优利欧	8	6	6	右	
CC1021SF-3407100	上海杰士达美鹿2厢、3厢	8	7	6	右	
CC1021SG-3407100	河北中兴RV厢式车	8	8	7	右	
CY4102BZLQ-3407100	朝柴	10	10	10	左	
CY4105Q-3407100	朝柴	16	10.5	10	左	
CY6105Q-3407100	朝柴	16	10.5	16	左	
CY6105Q-3407100A	朝柴	16	10.5	20	左	
CY6105Q-3407100B	朝柴	16	10.5	13	左	
CY6105Q-3407100C	绍兴金龙	16	10.5	13	右	
EQ145-3407100	东风五平柴	16	10.5	12.5	右	
EQ153-3407100	东风八平柴	16	14	18.9	右	
JMC01-3407100	江铃皮卡	7.2	10.3	8	右	
KLQ6790-3407100A	锡柴	16	10	13	左	

续表

型 号	适用车型	主要参数				备注
		公称排量（q）（ml/r）	最大压力（P_{max}）（MPa）	控制流量（Q）（L/min）	旋向	
NJ1041-3407100	南京依维柯、跃进轻卡	16	6	7	左	
SH01-3407100	玉柴 D3409、370A、370F	16	10	15	右	
SH-3407100	玉柴 D3409、370A、370F	16	14	20	右	
STR-3407100	济南重汽斯太尔	16	13	16	右	
STR-3407100A	济南重汽	16	14	16	左	
WH6750-3407100	武汉金龙	16	10	13	右	
WH6750-3407100A	绍兴金龙	16	10	13	右	
WH6750-3407100B	苏州金龙	16	10	13	右	
WH6750-3407100C	武汉金龙	16	10	9	右	
XMQ6113-3407100	厦门金龙、绍兴金龙	16	14	18.9	右	
XMQ6113-3407100L	绍兴金龙	16	14	18.9	左	
XMQ6892-3407100ZF	武汉金龙	16	14	9	右	
YZ4108Q-3407100	扬柴	16	10.5	10	左	
YZ4108Q-3407100A	扬柴	16	10.5	10	左	带进出油接头
YZ4110QA-3407100	扬柴	16	10.5	12	左	
YZ4110QA-3407100A	扬柴	16	10.5	12	左	带进出油接头
ZB12-075/100	长春轻卡（一汽）	12	10	7.5	左	
ZB16-140/100	锡柴、一汽六平柴	16	10	14	左	
ZB16A-150/100	玉柴	16	10	15	左	带传动套
ZB16A-150/130	上海申沃	16	13	15	左	

28. 专用汽车取力器

【特点及用途】汽车取力器是安装在汽车变速箱上,再与齿轮油泵或通过传动轴连接高压水泵、高压风机、空气压缩机等,将发动机的动力通过变速箱传递给油泵、水泵、气泵、压缩机等,达到自卸汽车货箱自卸,产生高压水、气效果的一种在专用汽车上广泛使用的机械总成装备。

其箱体材料:HT20-40 内腔涂红色防锈漆。

齿轮材料:(A)20CrMnTi 渗碳处理、表面硬度:HRC55—60°。

(B)45#钢表面高频淬火 HRC42-48°。

轴类材料:45#钢表面高频淬火 HRC40-48°

气动取力器使用气压:≥0.4MPa。

【规　　格】湖北随州宏业汽车取力器厂产品

取力器名称或型号	操纵方式	旋向	连接方式
140 左花	手动	左	接齿轮泵
140 左单	手动	左	接齿轮泵
140 单挡左花	手动	左	接齿轮泵
140 单挡右花	手动	左、右	接齿轮泵
140 双挡长轴	手动	左、右	接传动轴
140-2D 型	气动	左	接齿轮泵
140-2D 型	气动	左	接传动轴
140-2X 型	气动	左	接齿轮泵
145(五挡)	气动	左	接齿轮泵/传动轴
145(五挡)	手动	左	接传动轴
145(六挡)、6B$_7$	气动	左	接齿轮泵
145(六挡)	气动	左	接传动轴
K$_{16}$(运煤王)	气动	左	接齿轮泵

续表

取力器名称或型号	操纵方式	旋向	连接方式
153（G09）	气动	右	接油泵或传动轴
153（G30）	气动	右	接油泵或传动轴
153（NB₁）	气动	右	接油泵或传动轴
153（NB₂）	气动	右	接油泵或传动轴
153（NB）	气动	右	接油泵或传动轴
1061（3t）	气动	左	接油泵或传动轴
1061（3t）	手动	左	接油泵或传动轴
1020（小霸王）	手动	左	接传动轴
1050（多利卡）	气动	左	接传动轴
1050（多利卡）	手动	左	接传动轴
142（一汽）	气动	左	接油泵/传动轴
哈齿142（一汽）	气动	左	接油泵/传动轴
142（綦江六挡）	气动	左	接油泵/传动轴
142（珠洲六挡）	气动	左	接油泵/传动轴
CA6-75（一汽双挡）	气动	左	接油泵/传动轴
CA6-80（一汽双挡）	气动	左	接油泵/传动轴
CA7-90（双挡）	气动	左	接油泵/传动轴
CA7-95（双挡）	气动	左	接油泵/传动轴
五十铃（3t）	手动	左	接油泵/传动轴
五十铃（6t）	气动	左	接油泵/传动轴
日野（8t）	气动	左	接油泵/传动轴
江淮（3t）	手动	左	接油泵/传动轴
神宇（3t）	手动	左	接油泵/传动轴
王牌（1.5t）	手动	左	接油泵/传动轴
王牌（3t）	气动	左	接油泵/传动轴
杭齿80	气动	左	接油泵/传动轴
杭齿90	气动	左	接油泵/传动轴

29. 汽车 V 带轮（GB/T13405-92）

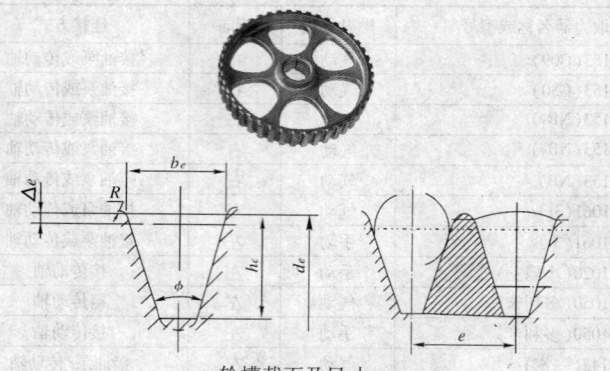

轮槽截面及尺寸

【特点及用途】汽车 V 带轮是用于汽车发动机驱动风扇、水泵、发电机以及其他辅助装置 V 带传动的部件。汽车 V 带轮按其槽型及尺寸分为 AV10、AV13、AV15、AV17 和 AV20 五种，其中 AV10 和 AV13 两种槽型优先采用。

【规　格】 （mm）

槽型	b_e	d_e	$\phi(°)$	$h_e \geqslant$	r	d_B	$2\Delta e$	$2x$	e
AV10	9.7	$\geqslant 61$	36 ± 0.5	11	0.8	$7.95_{-0.025}^{0}$	1.5	3.8	13.5 ± 0.35
AV13	12.7	$\geqslant 76$	34 ± 0.5 36 ± 0.5	13.75	0.8	$11.124_{-0.025}^{0}$	2.0	8.0	16.5 ± 0.36
AV15	15.2	$\geqslant 76$ >102 >152	34 ± 0.5 36 ± 0.5 38 ± 0.5	14	0.8	$12.7_{-0.025}^{0}$	0	6.4 7.0 7.6	19.5 ± 0.35
AV17	16.8	$\geqslant 70$ >102 >152	34 ± 0.5 36 ± 0.5 38 ± 0.5	15	0.8	$14.29_{-0.025}^{0}$	0.5	8.2 8.8 9.4	21.5 ± 0.42

续表　　　　　　　　　　　　　　　　　　　　　　　　　　　（mm）

槽型	b_e	d_e	$\psi_t(°)$	$h_e \geqslant$	r	d_B	$2\Delta e$	$2x$	e
AV20	20.0	$\geqslant 89$ >102 >152	34 ± 0.5 36 ± 0.5 38 ± 0.5	18	0.8	$17.46_{-0.025}^{0}$	1.0	11.8 12.4 13.0	24.5 ± 0.42

注：①槽间距 e 值的极限偏差适用于任何两个轮槽对称中心面的距离，无论相邻或不相邻。

②如果采用圆弧形槽底（见图示虚线所示），圆弧应在轮槽最小深度（$h_e \geqslant$）以下。

30. 汽车 V 带（GB/T13352–1996）

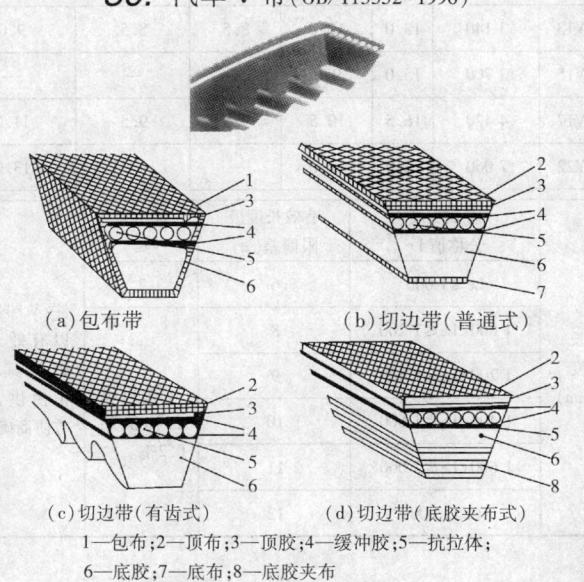

1—包布；2—顶布；3—顶胶；4—缓冲胶；5—抗拉体；
6—底胶；7—底布；8—底胶夹布

结构型式及各部名称

【特点及用途】汽车 V 带是驱动汽车内燃机的辅助设备,如风扇、发电机、水泵、动力转向泵、压缩机等的传动工作都必须使用汽车 V 带。汽车 V 带的型式根据其结构分为包边式 V 带和切边式 V 带两种。切边式 V 带又分为普通式、底胶夹布式和有齿式三种型式。

【规　格】

型号	全截面拉伸强度 ≥（N）	顶宽 b（mm）	高度 h(mm)			
			包边式	普通切边式	底胶夹布切边式	有齿切边式
AV10	2 260	10.0	8.0	7.5	7.5	8.0
AV13	3 140	13.0	10.0	8.5	8.5	9.0
AV15	3 700	15.0	9.0	—	—	—
AV17	4 420	16.5	10.5	9.5	9.5	11.0
AV22	7 060	22.0	14.0	—	—	13.0

	有效长度公称值 Le	有效长度极限偏差(±)	配组差 ≤	
长度 (mm)	Le≤1 000	6	2	注:V 带长度以有效长度表示,其公称值由供需双方协商确定
	1 000<Le≤1 200	8		
	1 200<Le≤1 400	9	有效长度公称值的 0.2%	
	1 400<Le≤1 600	10		
	1 600<Le≤2 000	11		
	Le>2 000	12		

部分市场产品规格示例

型　　号	适用车型	用途
AV17-2140	488Q 发动机	风扇带
AV17-2070	488Q 发动机	风扇带
AV17-1550	488Q 发动机	风扇带
AV17-1082	488Q 发动机	风扇带
AV13-1245	488Q 发动机	空调带
AV13-1200	488Q 发动机	空调带
AV13-1030	488Q 发动机	风扇带
AV13-800	488Q 发动机	水泵带
AV17-1067	488Q 发动机	风扇带
AV17-1056	488Q 发动机	风扇带
AV17-1000	488Q 发动机	风扇带
AV17-950	488Q 发动机	风扇带
AV17-868	488Q 发动机	风扇带
AV15-1170	488Q 发动机	风扇带
AV15-1150	488Q 发动机	空调带
AV15-1120	488Q 发动机	风扇带
AV13-915	奥迪 5 缸机	空调带
AV12.5-795	奥迪 4 缸机	发电机带
AV11.2-820	奥迪 5 缸机	发电机带
AV12.5-950	捷达	空调带
AV9.5-630	捷达	发电机带
AV9.5-950	桑塔纳 奥迪	风扇带
AV12.5-825	桑塔纳	空调带
AV12.5-850	桑塔纳	空调带
AV10-1041	五十铃	风扇带
AV17-1041	五十铃	风扇带
AV13-1285	五十铃	空调带
AV13-1335	五十铃	空调带

续表

型　　号	适用车型	用途
AV13-1365	五十铃	空调带
AV13-1450	五十铃	空调带
AV9.5-800	夏利	风扇带
AV10.5-755	夏利	风扇带
AV10-785	夏利	风扇带
AV11-840	奥托	发电机带
AV13-880	吉普2020SY	空调带
AV11-773	东安微型车	空调带
AV13-910	491Q	空调带
AV10.5-1087	沈发492Q	空调带
AV10.5-1070	北内492Q	风扇带
AV13-865	依维柯	空调带
AV13-750	依维柯	水泵带
AV9.5-1070	依维柯	发电机带
AV13×1100Li	斯太尔	发电机带
AV10×945La	桑塔纳	发电机带
AV10×763La	桑塔纳	助力泵带
AV12.5×960La	奥迪	助力泵带
AV10×860La	奇瑞	发电机带
AV13×875La	奇瑞	空调带
AV17×1175Li	新江淮	发电机带
AV17×1160Li	九平柴	发电机带
AV17×1120Li	新跃进	发电机带
AV13×850Li	小解放	发电机带
AV13×1225Li	三吨轻卡	发电机带
AV10×997Li	北京212	发电机带
AV15×1260Li	CA141	发电机带

续表

型　　号	适用车型	用途
AV15×1060Li	CA141	气泵带
AV13×1342Li	朝柴	发电机带
AV17×1200Li	东风140	水泵带
AV10×1290	465Q	发电机带
AV13×760La	柳州五菱	空调带
AV13×1275Li	三吨风神	发电机带
AV10×765	大发	发电机带
AV10×680	奥拓	空调带
AV10×763	长安之星	发电机带

31. 汽车同步带 (GB12734-91)

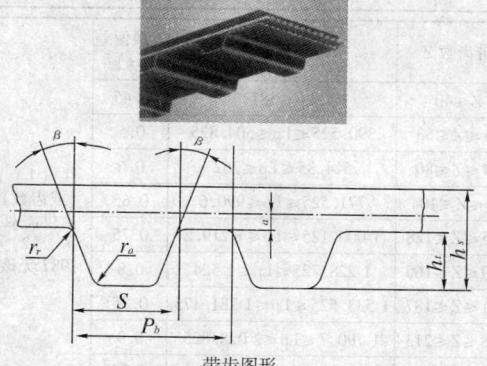

带齿图形

【特点及用途】汽车同步带主要用于汽车凸轮轴的传动,其分为ZA型用于较轻负荷)和 ZB 型(用于较重负荷),两种型号带的节距均为9.525mm,其区别在于带齿尺寸不同(市场产品中,还有其他型号存在)。

【规　　格】　　　　　　　　　　　　　　　　　　　　　　　　　（mm）

尺寸名称	代号	ZA 型		ZB 型	
		公称尺寸	极限偏差 *	公称尺寸	极限偏差 *
节距	p_b	9.525	—	9.525	—
齿形角	$2\beta(°)$	40	±3	40	±3
节根距	a	0.686	—	0.686	—
齿根圆角半径	r_r	0.51	±0.13	1.02	±0.15
齿顶圆角半径	r_a	0.51	+0.64 −0.13	1.02	±0.15
齿高	h_t	1.91	+0.10 −0.20	2.29	±0.15
齿根厚	S	4.05	+0.10 −0.25	6.12	±0.15
带高	h_s	4.1	±0.25	4.5	±0.25

	带齿数 Z	节线长度公称值	极限偏差（±）
节线长度 Lp（mm）	Z≤40	Lp≤381	0.45
	41≤Z≤53	390.525≤Lp≤504.825	0.5
	54≤Z≤80	514.35≤Lp≤762	0.6
	81≤Z≤104	771.525≤Lp≤990.6	0.65
	105≤Z≤128	1 000.125≤Lp≤1 219.2	0.75
	129≤Z≤160	1 228.725≤Lp≤1 524	0.8
	161≤Z≤187	1 533.525≤Lp≤1 781.175	0.85
	188≤Z≤213	1 790.7≤Lp≤2 028.825	0.9
	214≤Z≤240	2 038.35≤Lp≤2 286	0.95
	241≤Z≤267	2 295.525≤Lp≤2 543.175	1.0

注：(1) 节线长度
（或齿数）的公称值
由供需双方商定。
(2) *ISO9010-
1987 无该项目

续表

带宽 bs（mm）	不同节线长 Lp（或带齿数 Z）范围对应的宽度极限偏差		
	Lp<840（Z≤88）	LP>840（Z≥89）	注:带宽的公称值由供需双方商定
bs<40	±0.8	±0.8	
bs≥40	±0.8	+0.8 −1.3	

部分市场产品规格示例

型　　　号	适　用　车　型
54ZA19	菲亚特
83ZBS19	三菱吉普 2.3　2.5
84ZA19	微型面包、长安、昌河等
88ZA19	奥拓、丰田、可柔娜、马克
89ZA19	铃木 1.0、1.3
91ZA19	日本大发、天津大发
92ZA19	柳州大发
94ZA19	丰田
95ZA19	日产蓝鸟、本田雅阁
98ZA19	日产蓝鸟
102ZA19	日产阳光 1.3
106ZA19	马自达轿车
106ZBS19	马自达面包车
109ZA19	马自达
110ZA18	菲亚特
111ZA19	五十铃面包车

续表

型　号	适 用 车 型
111ZA25	丰田姬先达
118ZA19	标志
119ZBS32	五十铃客货
120ZA18	奥迪
120ZA19	三菱
120ZBS19	三菱朗特轿车
121ZA18	奥迪、桑塔纳、帕萨特、捷达、高尔夫
121ZA19	大众桑塔纳、帕萨特、奥迪等
122ZA19	福特、拉达
122ZBS19	三菱面包车
123ZA19	伏尔伏、菲亚特
124ZA18	奥迪、帕萨特、高尔春
124ZA25	小解放、红旗
126ZA25	尼桑公爵
133ZA25	日产千里马、公爵王
139ZA25	丰田、可柔娜
153ZBS30	依维柯
163ZBS25	三菱吉普
70RU17	本田
91RU19	夏利(圆弧齿)
101RU17	富康(圆弧齿)
124RU25	小解放、红旗(圆弧齿)

续表

型　号	适 用 车 型
104MR17	欧宝亚米加
106MR24	本田思域
108MR17	雪铁龙
108MR24	本田雅阁
111MR17	欧宝
111MR19	拉达
113MR24	本田雅阁
121MY28	三菱
127MY27	丰田
129MR31	丰田

32. 汽车多楔带（GB13552-1998）

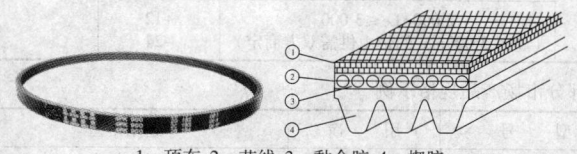

1—顶布；2—芯线；3—黏合胶；4—楔胶

结构各部名称

【特点及用途】汽车多楔带主要用于汽车内燃机的风扇、电机、水泵、压缩机、动力转向泵、增压器等传动。汽车多楔带为环形带，只采用 PK 一种型号。

【规　格】

带截面基本尺寸（mm）		拉伸性能			
	楔距 *Pb*—3.56	楔数	拉伸强度（kN）	参考力伸长率（%）	参考力（kN）
	楔角 *α*—40°	3	≥2.40	≤3.0	0.75
		4	≥3.20	≤3.0	1.00
	带厚 *h*—4～6（参考）	5	≥4.00	≤3.0	1.25
		6	≥4.80	≤3.0	1.50
	楔高 *h_r*—2～3（参考）	7以上	≥0.8×n（n—楔数）	≤3.0	0.25×n

长度（mm）	有效长度 Le	极限偏差	
	375<Le≤750	+5 −10	注：多楔带的长度以有效长度表示，其公称值原则上应是 10 的倍数
	750<Le≤1 000	+6 −12	
	1 000<Le≤1 500	+8 −16	
	1 500<Le≤2 000	+10 −20	
	2 000<Le≤3 000（超过3 000mm 的带由供需双方商定）	+12 −24	

部分市场产品规格示例

型　号	用　途	适用车型
5PK1300	发电机带	时代超人
4PK855	发电机带	富康
5PK805	空调带	富康
4PK810	空调带	富康、佳美、蓝鸟
5PK800	发电机带	金夏利
6PK1195	发电机带	捷达王 5V

续表

型　号	用　途	适用车型
6PK1003	发电机带	捷达王 2V
9PK889	风扇带	康明斯
15PK1470	风扇带	康明斯
8PK1420	风扇带	康明斯
8PK1418	风扇带	康明斯
4PK1140	空调带	康明斯
4PK1130	空调带	康明斯
4PK1070	发电机带	本田雅阁 2.0　2.2
4PK1062	助力泵带	本田雅阁 2.2
4PK910	空调带	本田雅阁 2.2
6PK2475	风扇带	切诺基 93 型
6PK2160	风扇带	切诺基 422 型
5PK1105	空调带	本田、三菱

注:型号表示含义——例 5PK1300,即指多楔带(PK)有 5 个楔,有效长度 1 300mm。

33. 轿车前加强板缓冲块

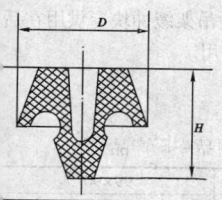

【特点及用途】轿车前加强板缓冲块专门用于发动机盖及水箱框架的减震。

【规　　格】上海橡胶制品一厂产品

基本尺寸 （mm）	D	φ27
	H	23.5
橡胶硬度(邵尔 A)		30
重量(g)		6.5

34. 轿车后悬挂臂缓冲块

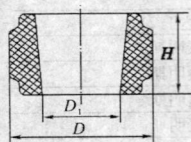

【特点及用途】轿车后悬挂臂缓冲块是固定在车身上,当汽车制动时起避震作用。

【规　　格】上海橡胶制品一厂产品

基本尺寸 (mm)	D	$\phi 87$
	D_1	$\phi 38.5$
	H	34
橡胶硬度(邵尔 A)		60 ± 3
重量(g)		146

35. 轿车后桥吊架缓冲块

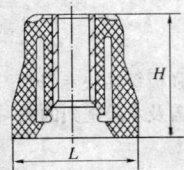

【特点及用途】轿车后桥吊架缓冲块专供用在后桥悬挂与车身之间起缓冲作用。

【规　　格】上海橡胶制品一厂产品

基本尺寸 (mm)	L	99×90
	H	75
橡胶硬度(邵尔 A)		75 ± 3
重量(g)		493

36. 轿车后桥吊架下缓冲块

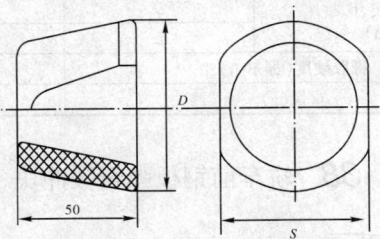

【特点及用途】轿车后桥吊架下缓冲块是将后桥吊起在行李架上,供行车时起缓冲作用。

【规　　格】上海橡胶制品一厂产品

基本尺寸 （mm）	D	$\phi 100$
	S	90
	H	50
橡胶硬度（邵尔 A）		60±3
重量（g）		267

37. 轿车后桥吊架横向拉杆缓冲块

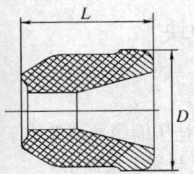

【特点及用途】轿车后桥吊架横向拉杆缓冲块专供吊起后桥起横向缓冲作用。

【规　　格】上海橡胶制品一厂产品

基本尺寸	D	$\phi 67$
（mm）	L	67
橡胶硬度（邵尔A）		55 ± 3
重量（g）		234.5

38. 轿车前钢板弹簧缓冲块

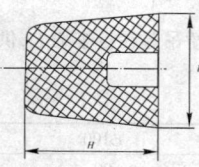

【特点及用途】轿车前钢板弹簧缓冲块专门用于卡车前桥限位及缓冲，汽车行驶时使前桥不致与车架碰撞，限制前桥与车架之间的位置。

【规　　格】上海橡胶制品一厂产品

基本尺寸	D	$\phi 43$
（mm）	H	54
橡胶硬度（邵尔A）		60 ± 30
重量（g）		80

39. 轿车前悬挂压缩缓冲块

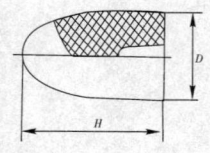

【特点及用途】轿车前悬挂压缩缓冲块专用于装在前悬挂下臂，行车时防止与元宝梁撞击。

【规　　格】上海橡胶制品一厂产品

基本尺寸	D	$\phi46.5$
（mm）	H	70
橡胶硬度（邵尔 A）		55 ± 3
重量（g）		113

40. 轿车前排气管缓冲块

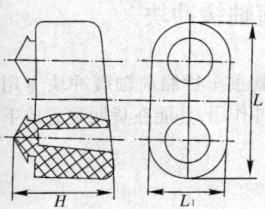

【特点及用途】轿车前排气管缓冲块专门用于排气管与车身之间，以便汽车在行车过程中起缓冲作用。

【规　　格】上海橡胶制品一厂产品

基本尺寸	L	54
	L_1	30
（mm）	H	36
橡胶硬度（邵尔 A）		55 ± 3
重量（g）		48

41. 轿车下缓冲环

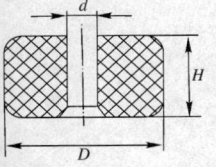

【特点及用途】轿车下缓冲环专供装于避震器连杆上，连接车身、车架起垫块避震作用。

【规　　格】上海橡胶制品一厂产品

基本尺寸 (mm)	D	φ32
	d	φ13
	H	20
橡胶硬度(邵尔 A)		55±3
重量(g)		17.5

42. 32t 载重车货厢前轴缓冲块

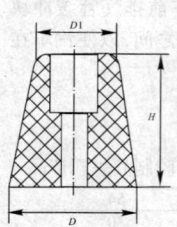

【特点及用途】32t 载重车货厢前轴缓冲块专用在货厢与大梁之间起缓冲作用,并能在货厢翻起放下时减少冲击。

【规　　格】上海橡胶制品一厂

基本尺寸 (mm)	D	110×230
	D_1	74
	H	107
橡胶硬度(邵尔 A)		75±3
重量(g)		2450

43. 32 t 载重车车后轴及货厢缓冲块

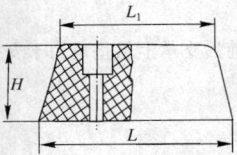

【特点及用途】32t 载重车车后轴及货厢缓冲块专供用在货厢与大梁之间起缓冲作用。

【规　格】上海橡胶制品一厂产品

基本尺寸 （mm）	L	210×230
	L_1	180×200
	H	90
橡胶硬度（邵尔 A）		75±3
重量（g）		4 300

44. 轿车吊架体缓冲衬垫

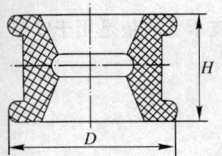

【特点及用途】轿车吊架体缓冲衬垫专门安装于横向拉杆头与头盖之间起衬垫作用，且当横向拉杆受力时起缓冲作用。

【规　格】上海橡胶制品一厂产品

基本尺寸 （mm）	D	$\phi 59$
	H	34
橡胶硬度（邵尔 A）		60±3
重量（g）		62.5

45. 货车前后支承上软垫

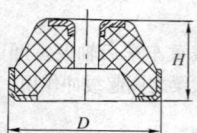

【特点及用途】货车前后支承上软垫是用于安装在发动机下供避震所用。

【规　　格】上海橡胶制品一厂产品

基本尺寸 （mm）	D	$\phi70$
	H	31
橡胶硬度（邵尔A）		55±3
重量（g）		80

46. 货车前后支承下软垫

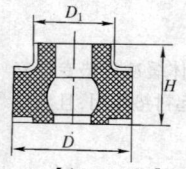

【特点及用途】货车前后支承下软垫是用于安装在发动机下供避震所用。

【规　　格】上海橡胶制品一厂产品

基本尺寸 （mm）	D	$\phi42$
	D_1	$\phi28$
	H	25
橡胶硬度（邵尔A）		55±3
重量（g）		25

47. 轿车发动机悬架减震垫

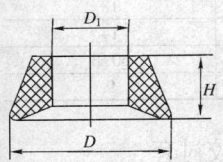

【特点及用途】轿车发动机悬架减震器专门用于发动机和元宝梁之间起减震作用。

【规　格】上海橡胶制品一厂产品

基本尺寸（mm）	D	62
	D_1	28
	H	24
橡胶硬度（邵尔 A）		55±3
重量(g)		44

48. 轿车发动机罩侧边后缓冲块

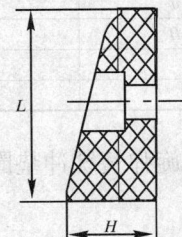

【特点及用途】轿车发动机罩侧边后缓冲块是安装在汽车发动机盖与翼子板之间供减震所用。

【规　　格】上海橡胶制品一厂产品

基本尺寸 （mm）	L	34
	L_1	18
	H	14
橡胶硬度（邵尔 A）		60 ± 3
重量（g）		9

49. 轿车后桥摆动轴橡胶衬套

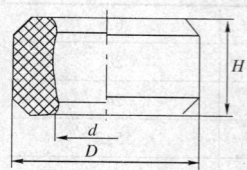

【特点及用途】轿车后桥摆动轴橡胶衬套专门装于吊架体与摆动叉上，当右后轮上下摆动时起扭转缓冲作用。

【规　　格】上海橡胶制品一厂产品

基本尺寸 （mm）	D	$\phi50$
	d	$\phi30$
	H	28
橡胶硬度（邵尔 A）		55 ± 3
重量（g）		42

50. 轿车后悬挂螺旋弹簧缓冲垫圈

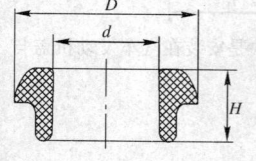

【特点及用途】轿车后悬挂螺旋弹簧缓冲垫圈专供安装在轿车车身与弹簧之间起避震作用。

【规　　格】上海橡胶制品一厂产品

基本尺寸	D	$\phi130$
（mm）	d	$\phi85$
	H	38
橡胶硬度(邵尔A)		75 ± 3
重量(g)		231

51. 囊式空气弹簧

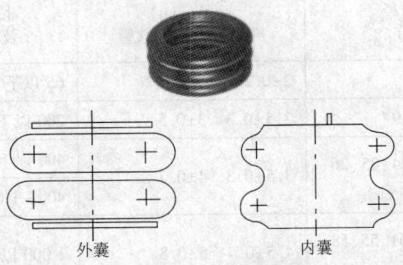

外囊　　　　　　内囊

【特点及用途】囊式空气弹簧通过模压成型，由橡胶内夹帘布织物及钢丝的外囊和密封气胀式内囊组成，其工作压力为 0.98~1.08MPa，最高工作压力≤2.16MPa，爆破压力≥7.84MPa，工作温度≤75℃，适应环境温度为-10~60℃。囊式空气弹簧适用于汽车、火车等运输工作起减震作用。

【规　　格】上海橡胶制品四厂产品

基本尺寸	内囊	$\phi426\times\phi290\times240$
（mm）	外囊	$\phi450\times\phi368\times244$
重量(kg)	内囊	8.7
	外囊	3.4

注:其他规格尺寸,供需双方可协商确定。

52. 汽车用输水软管

【特点及用途】汽车用输水软管适用于汽车发动机冷却系统及取暖系统输水,其中,中轻型车橡胶软管使用温度为-30~110℃,轿车用橡胶软管使用温度为-40~120℃,软管结构分为纯胶管和带增强层的橡胶软管两类,其形状可分为直形和异形两类。

【规 格】

胶管内径 (mm)	壁厚(mm) 纯胶管 增强软管	长度(mm) 及公差(%)
6、7、8、	2±0.2 2.5±0.3	65 以下 ±5
10、12、13、16、19	2.5±0.3 3±0.5	200 以下 ±5
20.5、22、23、24、25、26、27、30、34	3.5±0.3 4±0.7	400 以下 ±5
		400~1 000±8
38、39、46、47、51、55、58、64、76	4.5±0.4 5±0.8	1 000 以上 ±15

53. 输氟利昂胶管

【特点及用途】输氟利昂胶管为纤维编织(缠绕)胶管,其由内层胶、编织(缠绕)层和外层胶构成,专门用于空调装置及其他制冷装置输送氟利昂所用,适用温度 0~100℃。

【规　格】

内径 (mm)	外径(参数) (mm)	长度 (m)	工作压力 (MPa)	重量(参考) (kg)
12	24	1.0	3.43	42
14	26	1.1	0.98	45
19	31	1~5	0.98	54

注:输氟利昂胶管编织层数为2层。

54. 发动机暖风胶管

【特点及用途】发动机暖风胶管由内层胶、胶布层、金属螺旋绕线和外层胶构成,通常有埋线型和露线型两种型式。特点是管壁厚、重量轻、弯曲性好,用于轿车及其他发动机散热器输送暖风。

【规　格】

胶管内径(mm)	45、51、76、89、102
胶管长度/接头长度(mm)	800/70、420/65、650/65、480/70、470/50

55. 车辆水箱胶管

【特点及用途】车辆水箱胶管为夹布输水胶管,由内层胶、胶布层和外层胶构成。胶布层用挂胶的帆布制造。其专门用于汽车水箱的导水。拉伸强度:内层胶不小于4.9MPa,外层胶不小于5.88MPa。扯断伸长率:内层胶不小于250%,外层胶不小于300%。

【规　格】

胶管内径（mm）	13、16、19、22、25、32、38、45、51、64、76
胶管长度（m）	15～20
工作压力（MPa）	0.1　0.2

56. 汽车液压制动橡胶皮碗

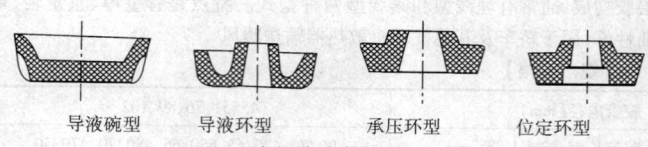

导液碗型	导液环型	承压环型	位定环型

主缸皮碗截面图

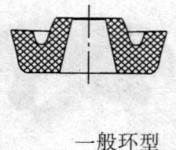 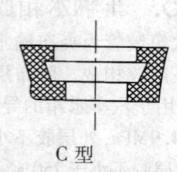 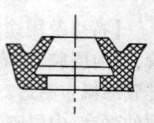

一般环型	C 型	内槽型

主缸副皮碗截面图

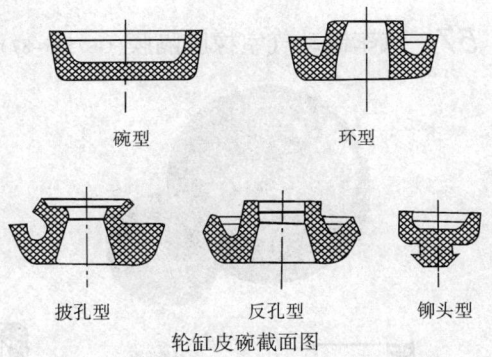

碗型　　　　　　　环型

披孔型　　　　反孔型　　　铆头型

轮缸皮碗截面图

【特点及用途】汽车液压制动橡胶皮碗专门用于轿车、轻型车、面包车及一些载重汽车的液压制动系统与离合器操纵系统及加力系统作传递压力和密封所用。制动皮碗多样，其形式主要有主缸皮碗、副皮碗和轮缸皮碗。制动皮碗按其工作适用温度范围可分为 A 类和 B 类。

【规　　格】

适用温度范围 （℃）	A 类	-40 ~ +70
	B 类	-40 ~ +120
行驶里程保证 （km）≥	平原	35 000
	山区	25 000
基本尺寸		根据具体需用确定

57. 汽车制动气室橡胶隔膜（GB7525-87）

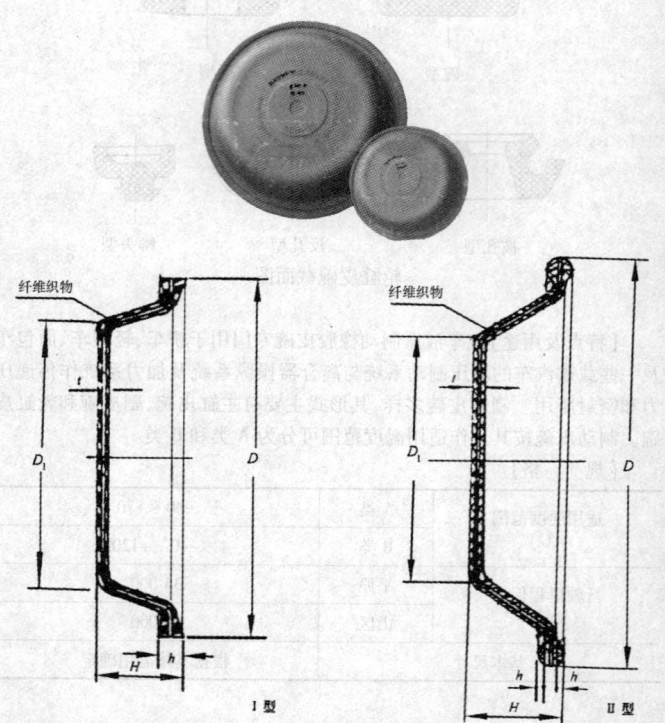

纤维织物

纤维织物

Ⅰ型

Ⅱ型

【特点及用途】汽车制动气室橡胶隔膜专门用于汽车制动气室中起传递压力作用,其模压成型,基本结构分为Ⅰ型和Ⅱ型。

【规　　格】

型　式	基本尺寸(mm)					工作压力 (MPa)	工作温度 (℃)
	D	D₁	H	h	t		
Ⅰ-1	152	112	36	10	4	0.5 ~ 0.8	-40 ~ +70
Ⅰ-2	178		40	10	4		
Ⅱ-1	163	100	36.5	2.5	3	0.5 ~ 0.8	-40 ~ +70
Ⅱ-2	179	110	40.5	2.5	3		

58. 汽车液压制动软管总成(GB4784-84)

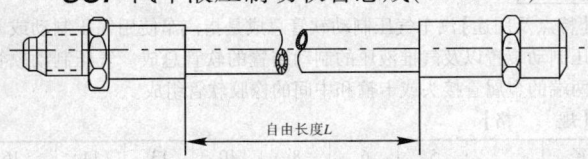

自由长度L

【特点及用途】汽车液压制动软管总成是指汽车使用非石油基制动液的连接制动能源、储能器、控制装置的管路设备。液压制动软管总成由两端的金属管接头和中间的橡胶软管组成,管接头应该永久地安装在橡胶软管上。

【规　　格】

公称内径 (mm)	自由长度 (mm)	管接头螺纹规格	保持压力 MPa(kgf/cm²)	最小爆裂压力 MPa(kgf/cm²)
3.2	200 ~ 600	M10×1 M12×1	27.6(281)	49.03(500)
4.8	250 ~ 400	M12×1.25 M12×1.5 M16×1.5	27.6(281)	34.5(352)
6.3	250 ~ 400		27.6(281)	34.5(352)

注:在管接头螺纹规格中,推荐优先采用M12×1.5。

59. 汽车气压制动软管总成 (GB7062–86)

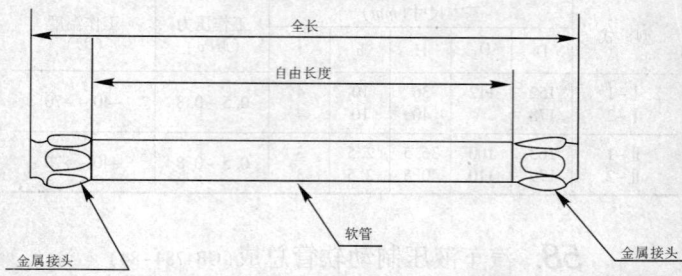

【特点及用途】汽车气压制动软管总成是指汽车使用气压制动或气伺服液压制动装置以及气推液压的制动装置的软管总成。气压制动软管总成由两端的金属管接头或卡箍和中间的橡胶软管组成。

【规 格】

内径	（mm）	5	6	8	10	13	（14）	16
外径		11	12	14	17	23	（24）	26
破坏拉力> N（kgf）		1 100	1 100	1 500	1 500	1 500	1 500	1 500

注:括号内尺寸对新设计产品不推荐使用。

60. 汽车气压制动胶管 (GB7128–86)

【特点及用途】汽车气压制动胶管是指汽车气压制动装置系统中使用的制动胶管,其结构由内胶层、增强层以及外胶层组成。

【规　　格】

内径 （mm）	内胶层厚度 （mm）	外胶层厚度 （mm）	壁厚差≤ （mm）	爆破压力≥ MPa(kgf/cm²)
10	1.2	0.8	0.5	6.2(63.3)
13	1.2	0.8	0.5	

注:1. 对规格的特殊要求,可由供需双方协商确定。

　　2. 胶管外径和长度的规格尺寸,经制造厂同意确定。

61. 汽车真空制动软管总成（GB10484-89）

【特点及用途】汽车真空制动软管总成是指适用于汽车真空伺服液压制动系统及车辆间的传递管路或系统中所用的真空制动设置的制动软管总成,其结构由两端的金属接头或卡箍和中间的橡胶软管组成。

【规　　格】

软管内径(mm):9、10、12、12.7、14、(16)、17、(18)。

注:括号内尺寸对新设计产品不推荐使用。

62. 制动软管（GB16897-1997）

【特点及用途】制动软管是指制动系统中除管接头之外用于传输或储存供汽车制动器加力的液压、气压或真空度的柔性输送导管。

(1)液压制动软管

【规　格】

公称内径（mm）	质量（g）	自由长度（mm）	自由长度的最大膨胀量			
			6.9(MPa)		10.3(MPa)	
			正常膨胀的软管（HR）	低膨胀的软管（HL）	正常膨胀的软管（HR）	低膨胀的软管（HL）
3.2	57±3	200~400	2.17	1.08	2.59	1.38
4.8	85±4	250~400	2.82	1.81	3.35	2.36
6.3	120±6	250~400	3.41	2.69	4.27	3.84

(2)气压制动软管

【规　格】　　　　　　　　　　　　　　　　　　　　　　　　　（mm）

公称内径	5	6	8	10	13	14	16
弯曲半径	40	40	45	45	50	50	65

(3)真空制动软管

【规　格】　　　　　　　　　　　　　　　　　　　　　　　　　（mm）

公称内径	耐高温性		耐低温性		弯曲		变形内直径 D 收缩量
	软管长度	芯轴半径	软管长度	芯轴半径	软管长度	软管外径的最大陷缩	
5	203.2	38.1	444.5	76.2	177.8	4.37	1.19
6	228.6	38.1	444.5	76.2	203.2	2.38	1.59
7.14	228.6	44.45	482.6	88.9	228.6	4.76	1.59
8	228.6	44.45	482.6	88.9	279.4	5.16	1.98

续表

公称内径	耐高温性		耐低温性		弯曲		变形内直径 D 收缩量
	软管长度	芯轴半径	软管长度	芯轴半径	软管长度	软管外径的最大陷缩	
10	254	44.45	482.6	88.9	304.8	3.97	2.38
11.11	279.4	50.8	520.7	101.6	355.6	6.75	1.98
12	279.4	50.8	520.7	101.6	406.4	5.56	3.18
16	304.8	57.15	558.8	114.3	558.8	5.56	3.97
19.05	355.6	63.5	609.6	127	711.2	5.56	4.76
25.4	406.4	82.55	723.9	165.1	914.4	7.14	6.35

63. 汽车液压制动系中金属管、内外螺纹管接头和软管端部接头

（GB11611-89）

【特点及用途】汽车液压制动系中金属管、内外螺纹管接头和软管端部接头是适用于装备有液压制动系统的汽车的设备部件。

（1）金属管

金属管为双层卷制管，外表面可附加塑料涂层，其材料的机械性能为：抗拉强度 ≥290N/mm²，屈服点 ≥200N/mm²，破坏时伸长率 ≥25%，硬度 HR30T≤55。金属管分无扩口和带扩口的两种。

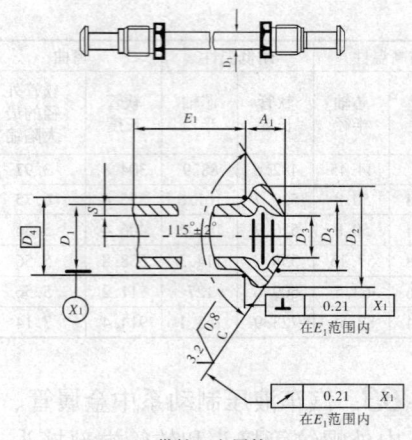

带扩口金属管

【规　格】

a. 无扩口金属管　　　　　　　　　　　　　　　　　　　　（mm）

外径 D_1 （未经表面处理）	壁厚 S	管外径 $D_1 \leqslant$ （经表面处理）	爆破压力 MPa $\geqslant$	质量 （kg/m）
4.75	0.7	4.87	110	0.07
6.00	0.7	6.12	85	0.09
8.00	0.7	8.12	67.5	0.12
10.00	0.7	10.12	55	0.16

注：未经表面处理的金属管是指用经表面处理后的材料卷制而成的金属管，使用时
不再进行表面处理，金属管的圆度值应限制在外径公差（±0.07mm）之内。

b. 带扩口金属管

外径	基本尺寸(mm)					
D_1	D_2 js14	D_3 +0.3 -0.2	D_4	D_5 ≥	A_1 ±0.3	E_1 ≥
4.75	7.1	3.2	6.0	5.5	2.5	17
6.00	8.4	4.5	7.3	6.8	2.5	18
8.00	10.7	6.5	9.3	8.8	2.7	24
10.00	12.7	8.5	11.3	10.8	3.0	28

注: D_4 为理论正确尺寸,作为 E_1 尺寸的测量基准。

(2)锥面密封的管路螺纹孔

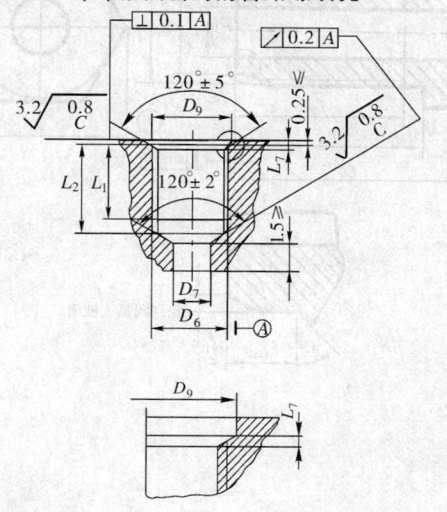

【规　　格】

螺纹规格	基本尺寸(mm)					
D_6 6H	D_7 0 -0.4	D_9 +0.27 0	L_1 ≥	L_2 0 -0.5	L_7 ≥	L_7 ≤
M10×1	3.3	10.5	7.25	10	0.35	0.50
M12×1	4.6	12.5	9.25	12	0.35	0.50
M14×1.5	6.6	14.5	13	16.5	0.47	0.68
M16×1.5	8.6	16.5	14	17.5	0.47	0.68

(3)外螺纹管接头

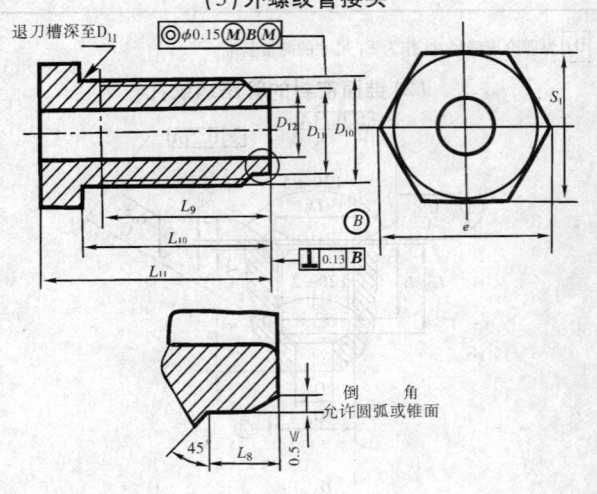

退刀槽深至D_{11}

◎ $\phi0.15$ Ⓜ B Ⓜ

Ⓑ

▯ 0.13 B

倒　　角
允许圆弧或锥面

45

【规　格】

螺纹规格 D_{10} 6g	金属管外径 D_1	破坏扭矩 (N·m) ≥	基本尺寸 (mm)							
			D_{11} 0 −0.2	D_{12} H13	L_8 +0.5 0	L_9 ≥	L_{10} js14	L_{11} js14	S_1 h13	e ≥
M10×1	4.75	25	8.4	5	2.3	10	12.5	16.5	16	17.77
M12×1	6.00	25	10.4	6.2	2.3	12.5	15	20	18	20.03
M14×1.5	8.00	35	11.7	8.2	3.3	17	20.5	25.5	21	23.35
M16×1.5	10.00	35	13.7	8.2	3.3	18	21.5	26.5	24	26.75

(4) 软管端部接头

软管端部接头分锥面密封用软管端外螺纹接头和软管端部内螺纹接头。

a. 锥面密封用软管端外螺纹接头

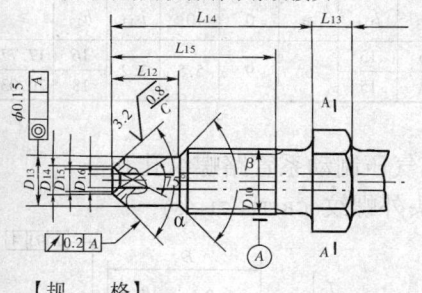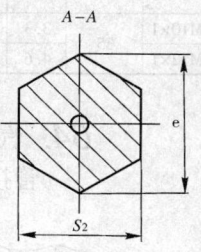

【规　格】

螺纹规格 D_{10} 6g	破坏扭矩 (N·m) ≥	基本尺寸 (mm)									
		D_{13} h13	D_{14} 0 −0.4	D_{15} js14	D_{16} 0 −0.4	L_{12} +0.5 0	L_{13} ≥	L_{14} H14	L_{15} ≥	S_2 h13	e ≥	α ±2°	β 0° −10°
M10×1	35	8.5	7	5.7	3.3	3	5	14	11.5	16	17.77	90°	90°
M12×1	35	10.5	9	7	4.6	3	5	16	13.5	18	20.03	90°	90°

b. 软管端部内螺纹接头

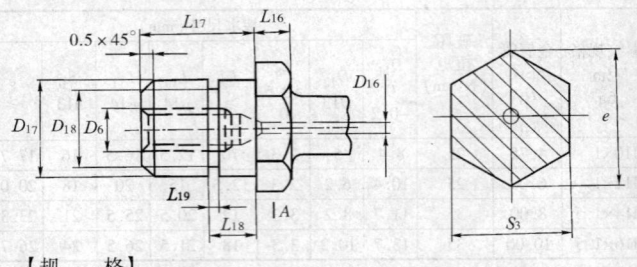

【规　　格】

螺纹规格 D_6 6H	破坏扭矩 (N·m) ⩾	基本尺寸(mm)								
		D_{16} 0 -0.4	D_{17} js_{13}	D_{18} js_{11}	L_{16} ⩾	L_{17} +0.5 0	L_{18} +0.3 0	L_{19} js_{13}	S_3 h_{13}	e ⩾
M10×1	35	3.3	16	13	6	9	5.5	3.2	16	17.77
M12×1		4.6	18	15					18	20.03

64. 汽车气压制动系管路螺纹孔和
管接头外螺纹(GB/T14171-93)

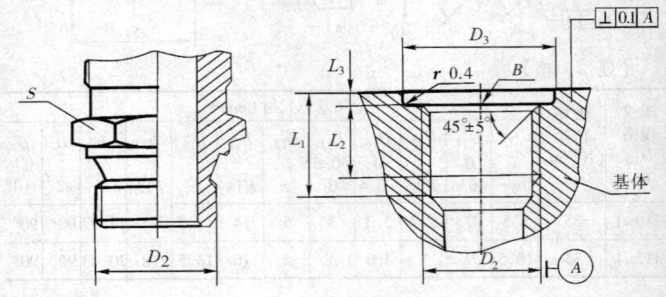

【特点及用途】汽车气压制动系管路螺纹孔和管接头外螺纹适用于气制动管路系统的气压在 $2\mathrm{MPa}(20\mathrm{kgf/cm^2})$ 以下的汽车。

(1)直螺纹

【规　格】　　　　　　　　　　　　　　　　　　　　(mm)

管子外径 D_1	D_2 6H/6g	D_3 ≥	L_1 ≤	L_2 ≥	L_3 ≤	S
5	M10×1	20	11	8	1.0	15
6						
8	M12×1.5 （M12×1.25）	22	16	12	1.5	16
10	M14×1.5	25				18
12	M16×1.5	27				21
14	M18×1.5	29	16			24
16	M22×1.5	34	18	14	2.0	27
18						
20	M27×2	40	21	16		34

注:1. 尽可能不采用括号内的规格。
　2. 如 B 表面是一个加工表面,可不加工鱼眶坑,即 D_3、L_3 和 r 尺寸可等于零。B
　　表面对螺纹孔轴线的垂直度偏差不大于 0.1mm。

(2)英制锥螺纹

英制锥螺纹孔及管接头外螺纹牙型和尺寸应符合 ZB T04 002 的规定。

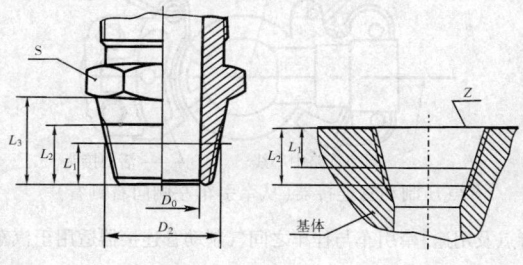

【规　格】　　　　　　　　　　　　　　　　　（mm）

管子外径 D_1	D_2	螺纹长度		L_3	D_0	S
		基面距离 L_1	有效长度 L_2			
5	$Z\frac{1}{8}$-27	4.572	7.0	10	4	13
6						
8					6	16
10	$Z\frac{1}{4}$-18	5.080	9.5		8	18
12	$Z\frac{3}{8}$-18	6.096	10.5	15	10	21
14					12	24
16	$Z\frac{1}{2}$-14	8.128	13.5		14	27
18				19	15	
20	$Z\frac{3}{4}$-14	8.611	14.0		17	34

注：采用六角棒料制造接头时，S 尺寸的极限偏差应符合原材料标准规定。

65. 牵引车与挂车之间气压制动管连接器

（GB/T13881-92）

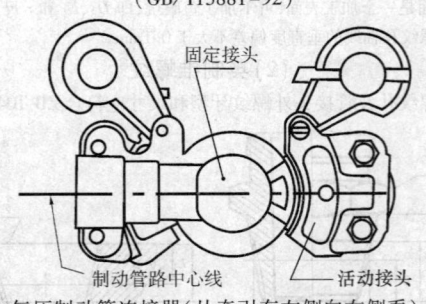

气压制动管连接器（从牵引车左侧向右侧看）

【特点及用途】牵引车与挂车之间气制动管连接器适用于汽车列车装

备双管路气压制动系统,其中一条为供能管路,另一条为控制管路。气制动管连接器的型式为掌式,装有限位装置,由固定接头和活动接头组成。

【规　格】

a. 供能管连接器接头互换性尺寸

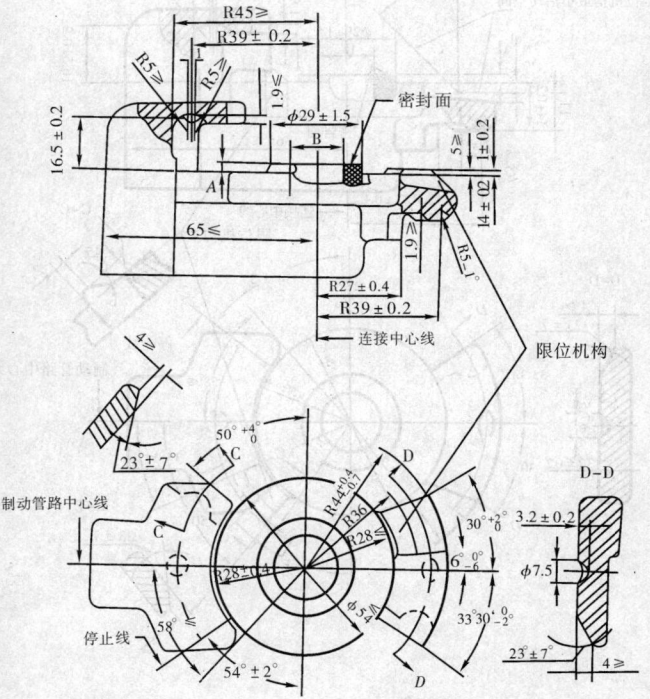

b. 控制管连接器接头互换性尺寸

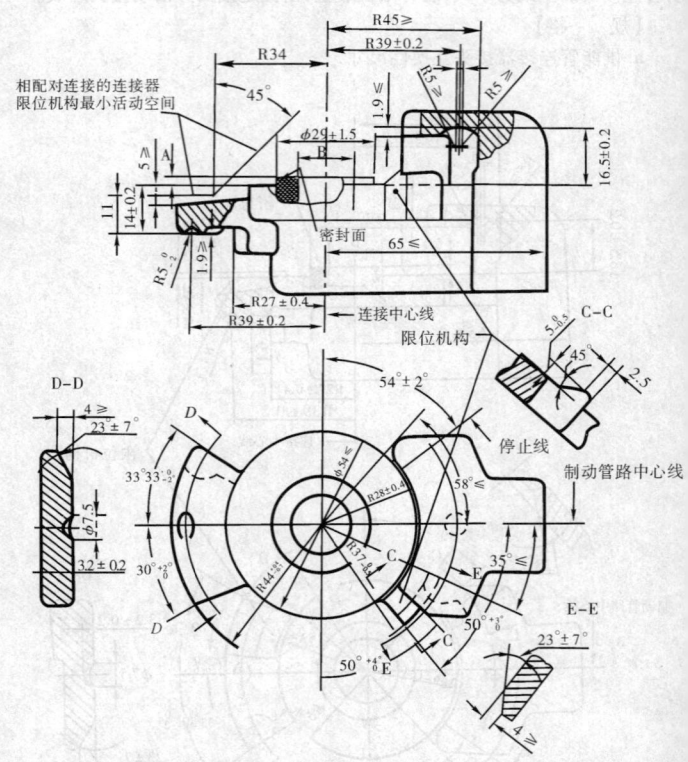

c. 连接器接头互换性尺寸的 A、B 值规定

密封件名称	互换性尺寸(mm)	
	A	B
有自动开启阀的密封件	4.5≤	$\phi21$≤
		$\phi12$≥

　　尺寸中的 A 值对于一对接头应分别为最大偏差和最小偏差值。且一对接头连接时,必须保证自动开启阀的开启,密封面应能压紧,且直至尺寸 A 到零为止。

66. 汽车用压缩天然气钢瓶(GB17258-1998)

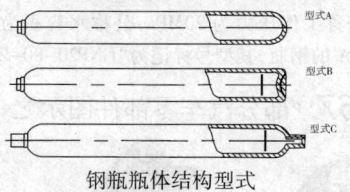

钢瓶瓶体结构型式

　　【特点及用途】汽车用压缩天然气钢瓶是指专用于公称工作压力为 16~20MPa,公称容积为 30~120L,工作温度为-50~+60℃的汽车专用储存天然气体的钢瓶。按钢瓶瓶体结构可分为 A 型、B 型和 C 型。

　　【规　　格】

瓶体材料	化学成分(%)							
	硅	锰	铬	钼	硫	磷	硫+磷	铜
	0.17~0.37	0.40~0.70	0.80~1.10	0.15~0.25	≤0.035	≤0.030	≤0.055	≤0.020

钢瓶体公称(L)水容积	30　40　50　60　70　80　90　120
钢瓶外径(mm)	219　229　232　245　267　273　335　425
钢瓶公称工作压力(MPa)	16　20

附:钢瓶型号表示方法

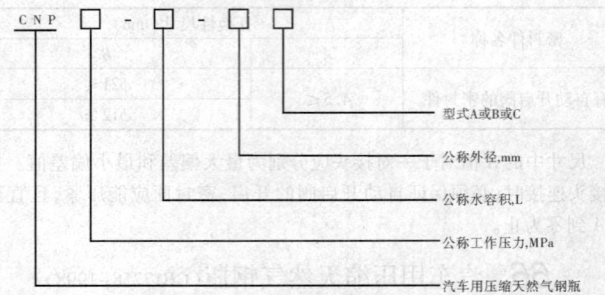

型号示例:公称工作压力为 20MPa,公称水容积为 80L,公称外径为 229,结构型式为 A 的钢瓶,其型号标记为"CNP20-80-229A"。

67. 部分汽车零部件图示之一

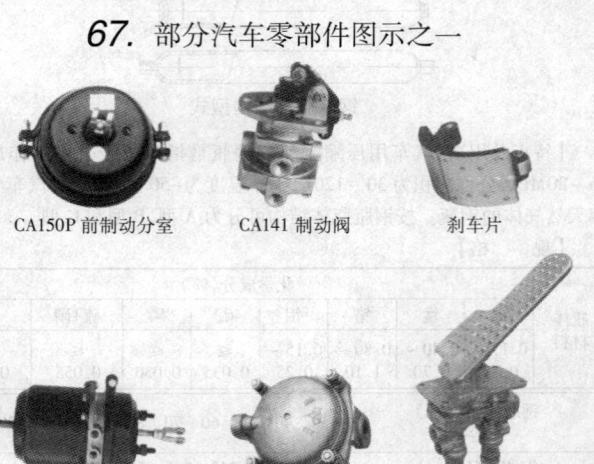

CA150P 前制动分室　　　　CA141 制动阀　　　　刹车片

客车弹簧制动气室　　　　紧急制动阀　　　　制动总泵(杭T)

油门机构踏板总成

离合器

长安之星(6350)制动
踏板支架总成

时规小轮

时规大轮

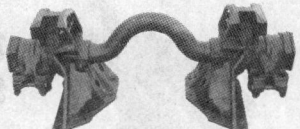

东风重型双桥平衡桥总成

NJ-131 传动轴凸缘

五十铃二轴凸缘

气门摇臂

EQ-140 差速器半轴齿轮

机油泵链轮

EQ-140 差速器行星齿轮

CA-151 同步器 3/4 挡

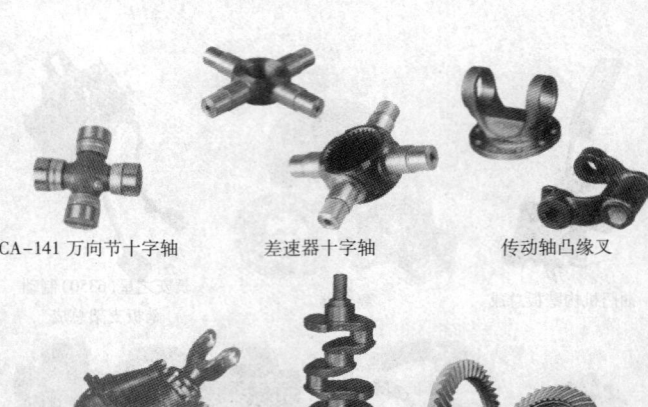

CA-141 万向节十字轴　　　差速器十字轴　　　传动轴凸缘叉

EQ153 后桥主减速器总成　　　曲轴　　　盆角齿

NJ-130 付箱中间矢　　　NJ-131 花键头　　　制动滚轮　　　制动滚轮

主轴二挡齿　　　主轴四挡齿　　　中间轴减速齿　　　南拖一轴

BJ-130 花健头

NJ-130 付箱三四挡矢

NJ-131 横接头

BJ-212 转向节
主销及座

BJ-130 传动轴
支架总成

江淮 1063 前刹车凸
轮轴支架（左右）

491 驱动轴

捷达王驱动总成

调整臂

EQ-153 皮带涨紧轮

发电机真空泵

进气歧管

油水分离器 ISUZU
（五十铃）

151 滤芯

燃油泵总成 B-102 适用
于桑塔纳 2000 型

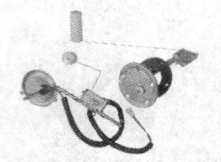

油箱浮子

EQ153 动力转向油罐

调压阀

小水箱

备轮升降器总成

第十二章　汽车车身及电气设备

1. 车　架

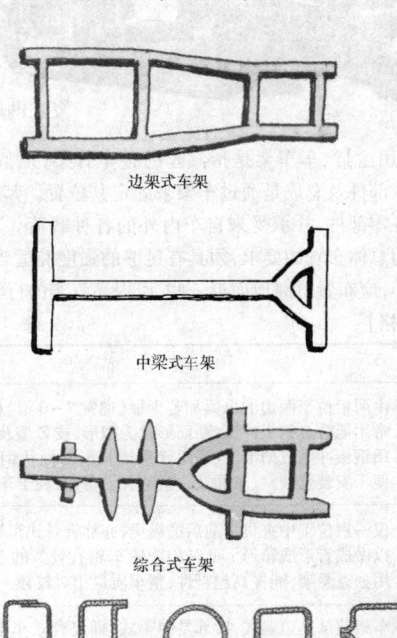

边架式车架

中梁式车架

综合式车架

槽形　叠槽形Ⅰ　叠槽形Ⅱ　管形　礼帽箱形　对接箱形

车架纵梁的剖面形状

夏利两厢车身

【特点及用途】汽车车架是指汽车的整车骨架,是整个汽车的基体。汽车绝大多数部件及总成是通过车架来固定其位置。其基本作用是支承连接汽车的各零部件,并承受来自车内外的各种载荷。车架的结构形式取决于汽车的总体布置的要求,须具有足够的强度和适当的刚度,车架质量应尽可能小,应布置得离地面近一些,以提高汽车的行驶稳定。

【规　　格】

结构形式	基 本 特 点
边架式车架	由两根位于两边的纵梁和若干根(通常5~6根)横梁组成,纵梁通常用低合金钢板冲压,断面形状为槽形,或Z型或箱形。横梁一般用钢板冲压成槽形,也采用管形或箱形断面状钢材。边架式车架便于安装驾驶室、车厢及一些特种设备,有利于车辆改型
中梁式车架	仅一根位于中央贯穿前后的纵梁,亦称脊骨式车架,中梁的断面可以做成管形或箱形。此结构能使车轮有较大的运动空间,便于采用独立悬架,能提高越野性,整车质量相对较轻
综合式车架	车架前部是边梁式,后部是中梁式,即复合式车架,兼有中梁式和边梁式车架的特点
承载式车身	以车身兼作车架,所有的力由车身承受,可以减轻整车重量。现多有轿车采用

2. 载货汽车驾驶员操作位置尺寸 (GB/T15705-1995)

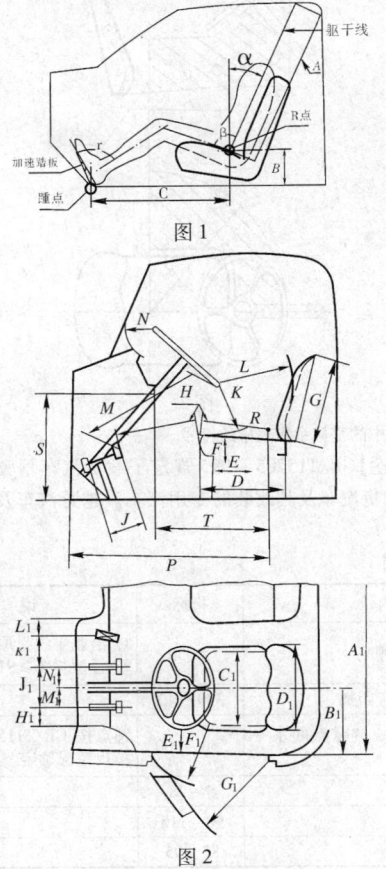

图 1

图 2

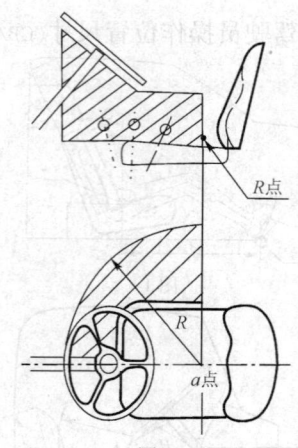

图 3

注:图1、图2中的字母系指表中的符号。

【特点及用途】GB/T15705-1995 规定了载货汽车驾驶员操作位置尺寸。其适用于载货汽车及其改装的专用汽车。越野汽车及其改装的专用汽车可参照执行。

【规　　格】

符号	内　　容	指标	说　　明
A	R 点至顶棚高	≥950	1. 沿躯干线量取 2. 轻型货车≥910
B	R 点至地板距离	390±140	
C	R 点至驾驶员踵点的水平距离	550~900	踵点按 GB/T11563 中压下加速踏板情况确定
α	背角(°)	5~28	
β	臀角(°)	90~115	
γ	足角(°)	87~95	

续表

符号	内　　容	指标	说　　明
D	座垫深度	440±60	
E	座椅前后最小调整范围	100	140 为佳
F	座椅前后最小调整范围	40	1. 70 为佳 2. 轻型货车允许不调
G	靠背高度	520±70	带头枕的整体式靠背,此尺寸可以增加,但增加部分的宽度应减小
H	R 点至离合器、制动器踏板中心距离	750～850	气制动或带有加力器的离合器和制动器,此尺寸的增加不大于100
J	离合器、制动器踏板行程	≤200	
K	转向盘下缘至座垫上表面距离	≥180	
L	转向盘后缘至靠背距离	≥450	
M	转向盘下缘至离合器、制动器踏板纵向中心面距离	≥600	
N	转向盘至前面及下面障碍物距离	≥80	
P	R 点至前围的水平距离	≥1 000	脚能伸到的最前位置
T	R 点至仪表板的水平距离	≥600	此二项规定达到一项即可
S	仪表板下缘至地板距离	≥540	
A_1	驾驶室内部宽度:单人座	≥850	1. 内宽是在高度为车门窗下缘,前门后支柱内侧量取
	驾驶室内部宽度:双人座	≥1 250	2. 轻型货车三人座≥1 550
	三人座	≥1 650	
B_1	座椅中心面至前门后支柱内侧距离	360±30	1. 在高度为前门窗下缘处取 2. 轻型货车≥310
C_1	座垫宽度	≥450	

续表

符号	内容	指标	说明
D_1	靠背宽度	≥450	在靠背最宽处测量
E_1	转向盘外缘至侧面障碍物距离	≥100	轻型货车≥80
F_1	车门打开时,下部通道宽度	≥250	
G_1	车门打开时,上部通道宽度	≥650	
H_1	离合器踏板纵向中心面至侧壁距离	≥80	
J_1	离合器踏板纵向中心面至制动器踏板纵向中心面距离	≥110	
K_1	加速踏板纵向中心面至制动器踏板纵向中心面距离	≥100	
L_1	加速踏板纵向中心面至最近障碍物的距离	≥60	
M_1	离合器踏板纵向中心面至转向柱纵向中心面距离	50～150	
N_1	制动器踏板纵向中心面至转向柱纵向中心面距离	50～150	
	转向盘中心对座椅中心面的偏移量	≤40	
	转向盘平面与汽车对称平面间夹角(°)	90±5	
	变速杆手柄在所有工作位置时,应位于转向盘下面和驾驶员座椅右面,不低于座垫表面,在通过 R 点横向垂直平面之前,而在投影平面上距 a 点(a 点为 R 点在水平面上的投影)≤600(如图3阴影线所示范围)		
	变速杆和手制动器的手柄在任意位置时,距驾驶室内其他零件或操纵杆的距离≥50		

注:1. 图中与 R 点及驾驶员踵点有关尺寸及角度,是用三维 H 点人体装置确定的。

2. 座椅位置是按照座椅调整到最低最后位置画出的。

3. 驾驶室轮廓系为驾驶室内侧表面。

4. 所作示意图,不决定驾驶室的型式和结构。

5. 示意图是对左置转向盘驾驶室而言,右置转向盘驾驶室可以按此标准类推。

3. 汽车安全带(GB14166-93)

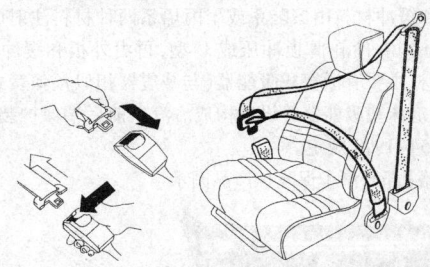

【特点及用途】汽车安全带是指当汽车紧急制动或碰撞时,能防止或减轻乘员所受伤害的带结构安全装置。安全带一般由织带、带扣锁、调节件、卷收器和固定件构成。按其结构及作用的不同可分为无锁式卷收器(NLR)、自锁式卷收器(ALR)和紧急锁止式卷收器(ELR)安全带。安全带织带的宽度不得小于46mm。

【规 格】

类 别	抗拉强度 (N)	伸长率 (%)	能量吸收性	
			功(J)	功比(%)
腰带	26 700	20	539	50
肩带	17 700	40	1 080	60
腰肩连续带	22 300	30	784	55

注:1J=1N·m。

4. 汽车保险杠

【特点及用途】汽车保险杠是指配置在汽车上能吸收缓和外界冲击

力,保护汽车车身的安全装置。同时,保险杠亦是汽车车身的外部装饰品。保险杠按其安装在汽车车身的不同部位分为前保险杠、后保险杠和车门保险杠;按生产材料可分为钢板保险杠、塑料保险杠、铝合金保险杠和镜钢保险杠;按其连接方法可分为普通保险杠和吸能保险杠。大部分汽车保险杠都比较简单。塑料保险杠由外板、缓冲材料和横梁三部分组成,其中外板和缓冲材料由聚酯系或聚丙烯系两种材料注射成型,横梁由厚度为 1.5mm 左右冷轧薄板冲压成 U 型,再由外板和缓冲材料附着其上。吸能保险杠主要有活塞式吸能器(与减震器相似)、弹簧式吸能器、隔离式吸能器及泡沫垫吸能器等设置构成。汽车前后端保护装置的性能要求应按 GB17354-1998 规定。

【规　　格】部分汽车保险杠产品图示

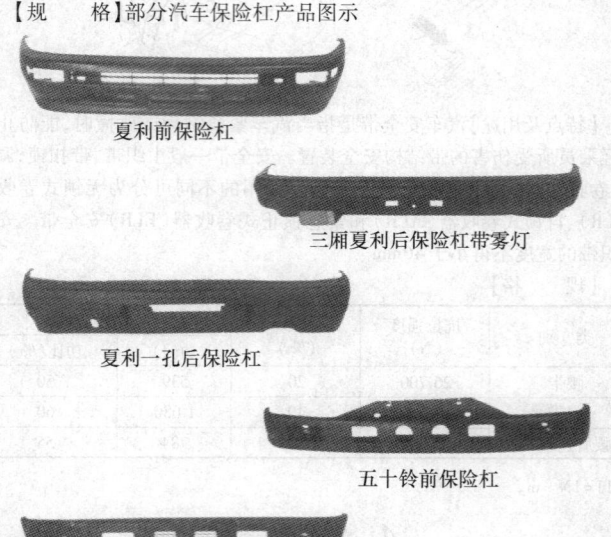

夏利前保险杠

三厢夏利后保险杠带雾灯

夏利一孔后保险杠

五十铃前保险杠

1041前保险杠

天皇100P前保险杠

时代轻卡1029型前保险杠

捷达前保险杠

捷达后保险杠

帕萨特B5前后保险杠

长安之星后保险杠

富康前保险杠

赛欧前保险杠

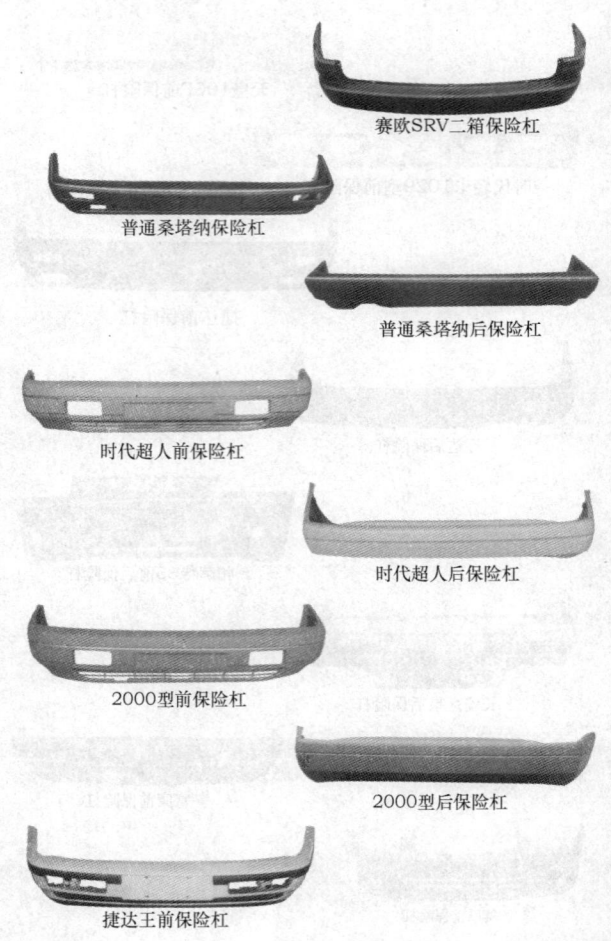

赛欧SRV二箱保险杠

普通桑塔纳保险杠

普通桑塔纳后保险杠

时代超人前保险杠

时代超人后保险杠

2000型前保险杠

2000型后保险杠

捷达王前保险杠

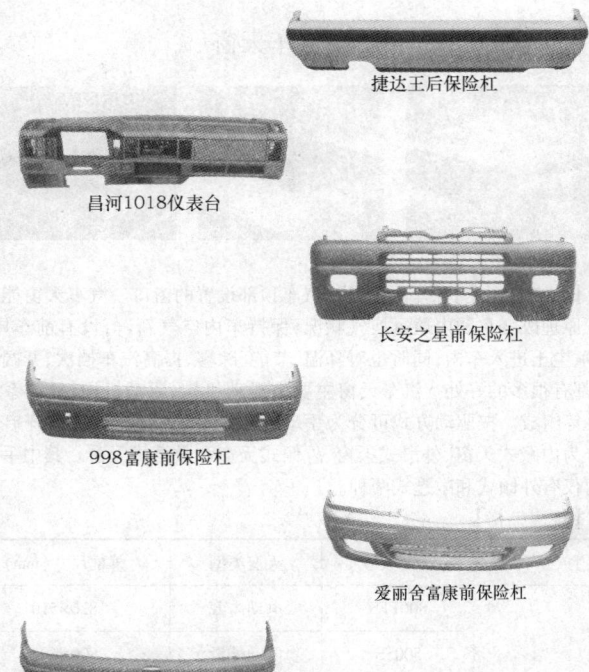

捷达王后保险杠

昌河1018仪表台

长安之星前保险杠

998富康前保险杠

爱丽舍富康前保险杠

赛欧三箱后保险杠

注:保险杠图示为江苏省丹阳市东亚灯具厂和亿利达塑料有限公司产品。

5. 汽车天窗

【特点及用途】汽车天窗是指汽车顶部设置的窗口。汽车天窗能利用负压原理改变车厢内通风换气状况,保持车内空气新鲜,没有前车尾气、噪声、尘土进入车内,同时也对降温、节能、除雾、提高汽车档次、开阔视野等,都有很多的好处。汽车天窗主要由滑动机构、驱动机构、控制系统及开关等组成。按驱动方式可分为手动式天窗和电动式天窗;按开启方式可分为内藏式天窗、外滑式天窗、外倾式天窗和敞篷式天窗。其中手动式天窗仅有外倾式和敞篷式两种。

【规　　格】

生产厂商	天窗型号	天窗类型	外框尺寸(mm)
美国 asc	800FFS	电动内藏	826×510
	500SS	电动外滑	800×605
	400SS	电动外滑	580×825
	350SS	电动外滑	765×455
	350Q/F	电动外滑	765×455

续表

生产厂商	天窗型号	天窗类型	外框尺寸(mm)
德国美驰	T3000EI 型	电动内藏	865×473
	T3000EII 型	电动内藏	865×473
	T2000E	电动外滑	820×502
	T2000M	手动外滑	820×502
	T1200E	电动外滑	820×502
	T1200M	手动外滑	820×502
	T800E	电动外滑	780×445
	T800M	手动外滑	780×445
	T220	手动上掀	816×432
	T200	手动上掀	762×380

6. 客车安全顶窗(GB/T16888-1997)

【特点及用途】客车安全顶窗是指车身长于 7m 的客车在顶部设置的窗口。其按开启的方式分为：翻转式、平推式等，均有通风和安全出口功能，亦可按通风型式分为带风扇和不带风扇的两种类型。

【规　格】

开启方式	通风型式	出口截面面积（mm²）
"FC"代表翻转式客车安全顶窗；"PC"代表平推式客车安全顶窗	0—代表不带换气扇 1—代表带 12V 直流电压的换气扇 2—代表带 24V 直流电压的换气扇	2—代表 $3.00\times10^5 \sim 3.49\times10^5$ 3—代表 $3.50\times10^5 \sim 3.99\times10^5$ 4—代表 $4.00\times10^5 \sim 4.49\times10^5$ ……

附:客车安全顶窗的型号表示方法

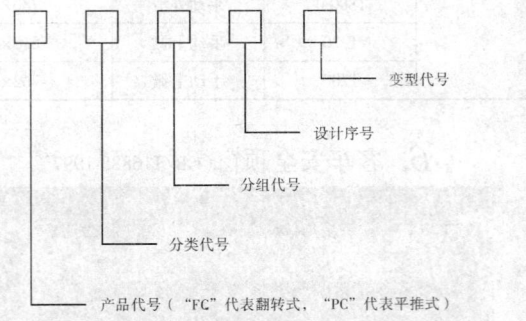

变型代号

设计序号

分组代号

分类代号

产品代号（"FC"代表翻转式，"PC"代表平推式）

　　示例:FC221——表示第一代设计的带换气扇翻转式基本型客车天窗,直流电压等级为24V,出口截面积为 $3.0\times10^5\ mm^2$。

7. 汽车护轮板（GB7063-94）

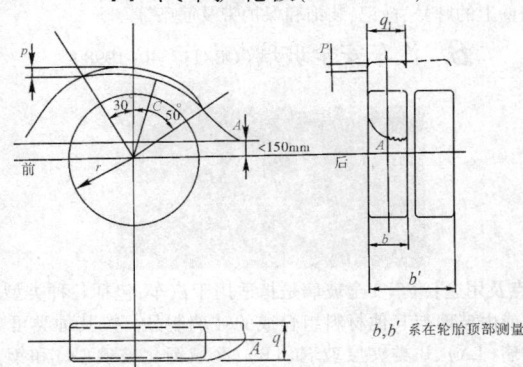

b、b' 系在轮胎顶部测量

【特点及用途】汽车护轮板是位于车轮上方,具有阻挡车轮运转时所产生的溅污及飞石等功能的零部件,它既可是独立部件,也可以是车身的一部分。汽车必须装有护轮板,护轮板应保证至少有一种型式的防滑链适用。

【规　格】

a. 在车轮中心向前 30° 和向后 50° 的两个辐射平面所形成的区域内(见图),护轮板的宽度 q 必须足以遮盖整个轮胎的宽度。如属双胎,则应遮盖两个轮胎的安装总宽度。

b. 护轮板的后缘应位于车轮中心上方150mm 的水平面以下,而且护轮板的边缘与这个平面的交点(见图中 A 点)必须位于轮胎纵向中间平面的外侧。如属双胎,则必须位于外侧轮胎的纵向中间平面的外侧。

c. 护轮板的位置应尽可能地接近轮胎,护轮板外边缘的深度 P 应不小于 30mm(通过车轮中心的横向垂直平面内测量),并在"向前 30° 和向后 50° 的两个辐射平面所形成的区域内(见图)",P 值可逐渐减少至零。

d. 护轮板下边缘与车轮中心的距离 C 应不超过 $2r$(r 为轮胎的静力半径),如果汽车的悬架高度是可调节的,其护轮板仍应满足上述规定。

＊轮胎宽度——应为制造厂家规定或推荐使用的轮胎的最大宽度，不包括胎壁上的牌号、标记、装饰和保护带及筋条等。

8. 汽车安全玻璃（GB/T17340-1998）

【特点及用途】汽车安全玻璃是指适用于汽车，包括各种类型的玻璃加工成的或由玻璃与其他材料组合成的玻璃制品。按其种类可分为：A类夹层玻璃（LA）、B类夹层玻璃（LB）、区域钢化玻璃（Z）和钢化玻璃（T）。其厚度、透射比、副像偏离、光畸变、颜色识别、抗磨性、耐热性、人头模型冲击、抗穿透性、抗冲击性、碎片状态等技术要求，应符合 GB9656-1996 相关规定。

【规　格】

a. 平型制品和单曲面玻璃尺寸偏差　　　　　　　　　　（mm）

种　类	纵向、横向偏差（边长 L）			曲线部偏差（单块面积 S, m²）	
	$L \leqslant 600$	$600 < L \leqslant 1\,200$	$L > 1\,200$	$S \leqslant 0.3$	$S > 0.3$
A 类夹层玻璃	0 −2.0	0 −3.0	0 −3.5	0 −3.0	0 −4.0
B 类夹层玻璃	0 −2.0	0 −3.0	0 −3.5	0 −3.0	0 −4.0
区域钢化玻璃	0 −2.0	0 −3.0	0 −4.0	0 −3.0	0 −4.0
钢化玻璃	0 −2.0	0 −3.0	0 −4.0	0 −3.0	0 −4.0

b. 复合曲面玻璃尺寸偏差　　　　　　　　　　　　　　　　（mm）

种类	纵向、横向偏差（长边长度 L）						曲线部偏差（长边长度 L）		
	$L \leq 1\ 200$ *		$1\ 200 < L \leq 1\ 800$		$L > 1\ 800$		$L \leq 1\ 200$	$1\ 200 < L \leq 1\ 800$	$L > 1\ 800$
	纵	横	纵	横	纵	横			
A 类夹层玻璃	0 −2.0	0 −2.0	0 −2.5	0 −2.5	0 −3.0	0 −4.0	0 −2.5	0 −4.0 （总计6.0）	0 −4.5 （总计6.0）
B 类夹层玻璃	0 −2.0	0 −2.0	0 −2.5	0 −2.5	0 −3.0	0 −4.0	0 −2.5		
区域钢化玻璃	0 −2.5	0 −2.0	0 −3.0	0 −3.0	0 −3.5	0 −4.0	0 −2.5		
钢化玻璃	0 −2.5	0 −2.0	0 −3.0	0 −3.0	0 −3.5	0 −4.0	0 −2.50		

注：1. ＊当制品长边长度小于、等于1 200mm，但面积大于0.7mm²，其尺寸偏差应符合长边长度在1 200～1 800mm的要求。

　　2. 表中"总计6.0mm"适用于曲线部。

　　3. 复合曲面玻璃基准边偏差为±1.0mm。

（1）汽车风窗

汽车风窗应用的安全玻璃为：A类夹层玻璃、B类夹层玻璃和区域钢化玻璃。

【规　　格】（GB/T12483-90）

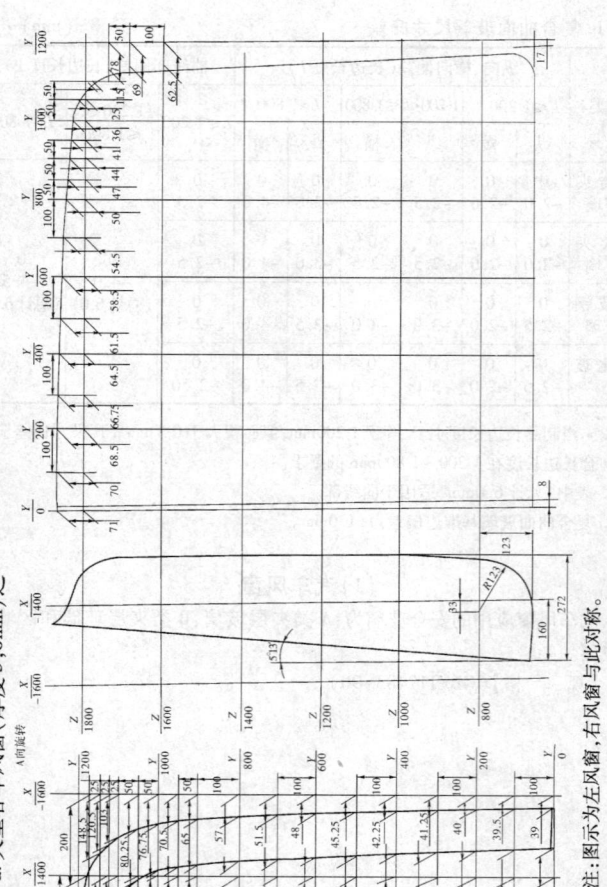

a. 大型客车风窗(厚度 5.6mm)之一

编号 DF-1

注:图示为左风窗,右风窗与此对称。

b. 大型客车风窗（厚度 5，6mm）之二

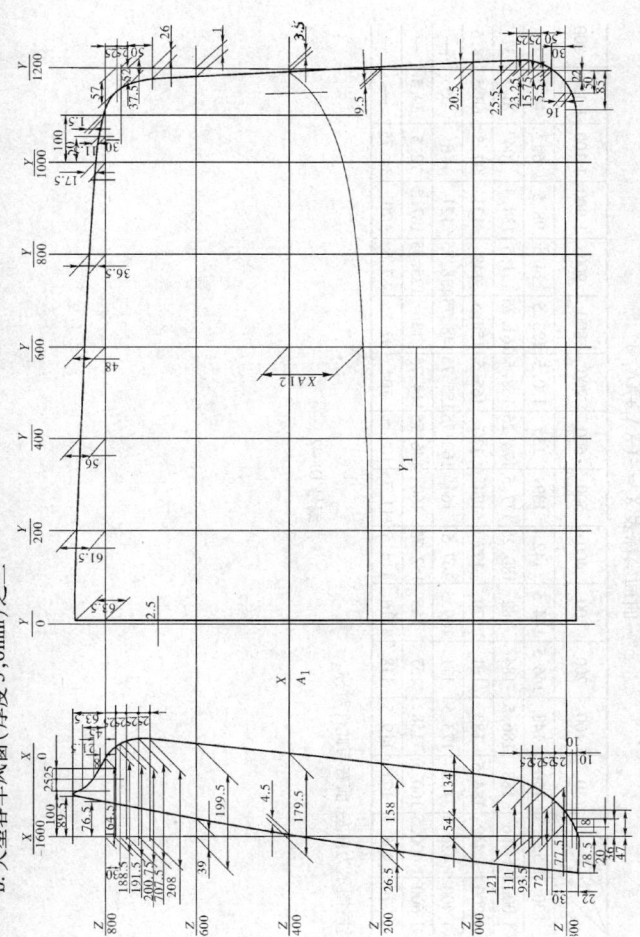

曲面坐标表 $X_i = -(XA_i + XA_{i_1})$

XA_{i_1} / Y_i 　 Z / XA_i	0	100	200	300	400	500	600	700	800	900	1 000	1 100	1 150	1 200
830 / 1 522.5	150	148	146.5	144.5	142	139	135	130.5	123.5	114.5	98.5	69	44.5	6
1 000 / 1 466	188	186.5	184	182	180.25	177.5	174.25	168.5	161.25	151.5	134.5	104	76.5	32
1 200 / 1 442	184.5	183	181	179	177	174	170	165.5	158.5	148	131	97.5	68.5	18.5
1 400 / 1 420.5	175	173.5	171	169.5	167.5	164	160.75	155.75	148.75	138.75	121	86	55	—
1 600 / 1 400.5	160.5	158	157	155	152.75	150	146.75	114.75	136	125.75	107.5	72.5	39.5	—
1 770 / 1 408.5	121	119.5	118	116	114.5	111.75	108.5	104	97.75	87.5	70	34.75	—	—

编号 DF-2

注：图示为前左，前右与此作对称。

c. 大型客车风窗(厚度8,3mm)之三。

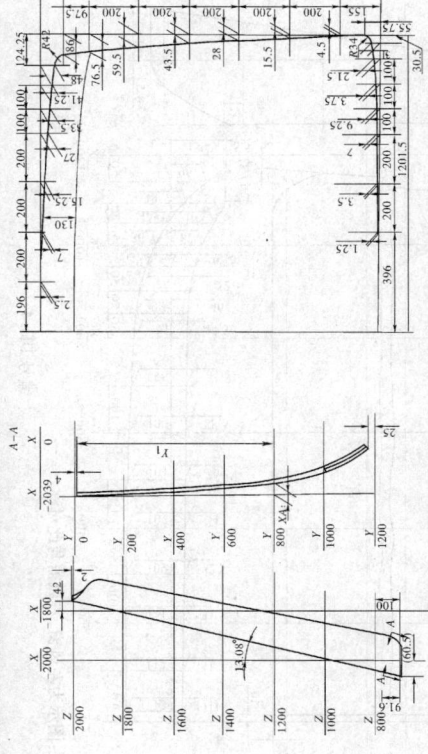

$A-A$断面外表面坐标表　$X_i = -(2039-XA_i)$

Y_i	100	200	300	400	500	600	700	800	900	950	1 000	1 050	1 075	1 100	1 125	1 150	1 175
XA_i	1	1.5	4	7	10.75	15.75	21.5	30.25	42.5	49.75	60	75.25	86.25	99.5	115.25	135.25	160.75
X_i	-2 038	-2 037.5	-2 035	-2 032	-2 028.25	-2 023.25	-2 017.5	-2 008.75	-1 996.5	-1 989.25	-199	-1 963.75	-1 952.75	-1 939.5	-1 923.75	-1 903.75	-1 878.25

注：①上部130mm内为由深变浅的墨绿色。②图示为左风窗,右风窗与此对称。

编号 DF-3

d. 大型客车风窗（厚度 5，6mm）之四

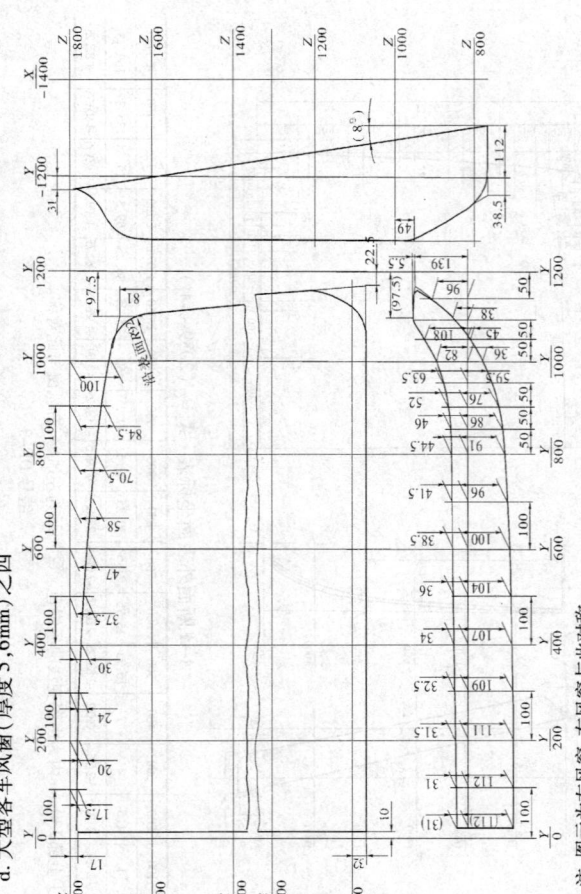

编号 DF—4

注：图示为左风窗，右风窗与此对称。

e. 中型客车风窗玻璃（厚度5，6mm）之一

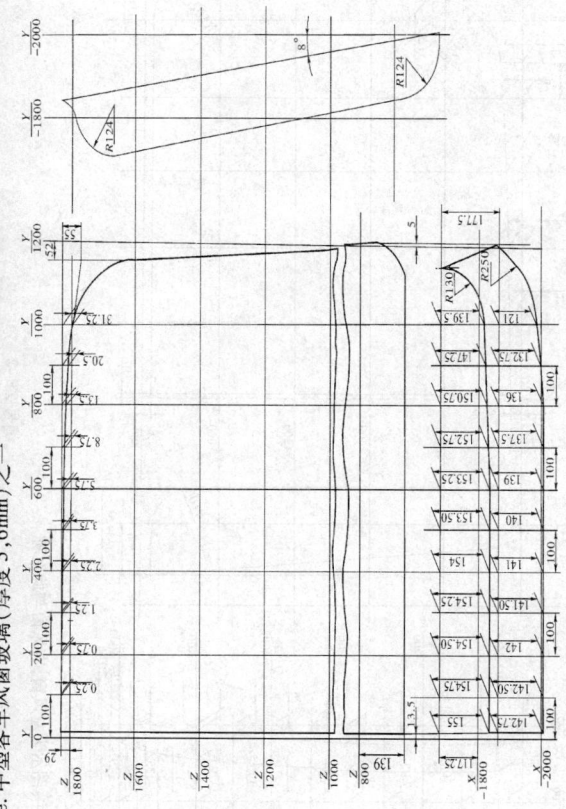

编号 ZF-1

注：图示为左风窗，右风窗与此对称

f. 中型客车风窗玻璃（厚度 5,6mm）之二

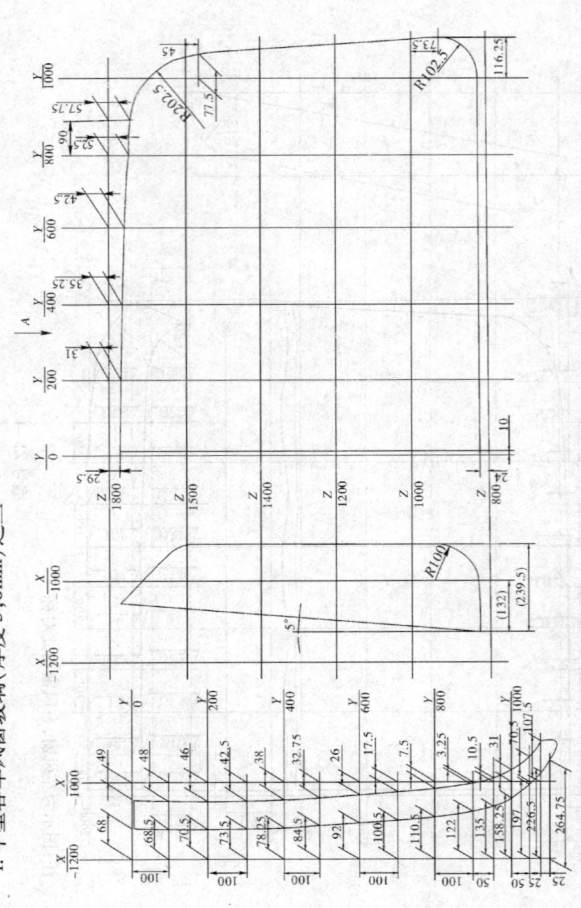

注：图示为左风窗，右风窗与左风窗比此对称。

编号 ZF-2

g. 中型客车风窗玻璃(厚度 5,6mm)之三

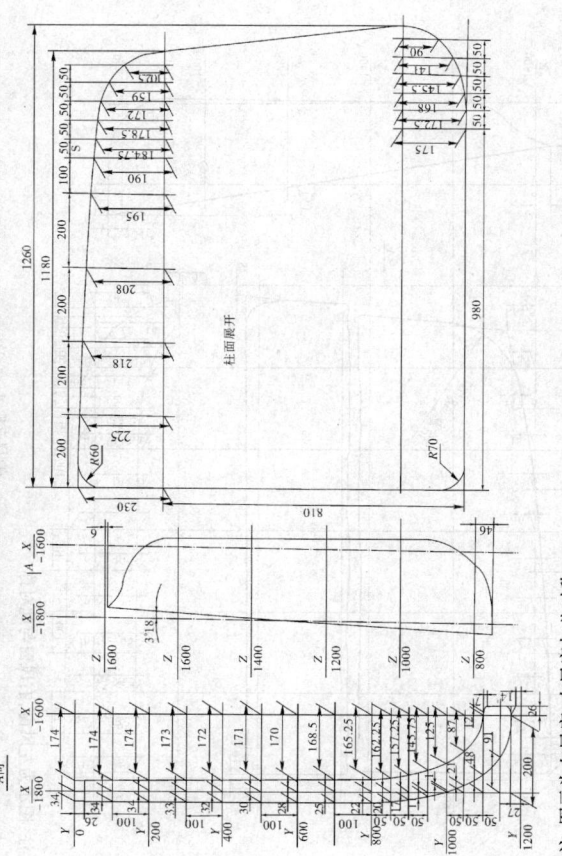

编号 ZF-3

注:图示为左风窗,右风窗与此对称。

h. 中型客车风窗（厚度5，6mm）之四

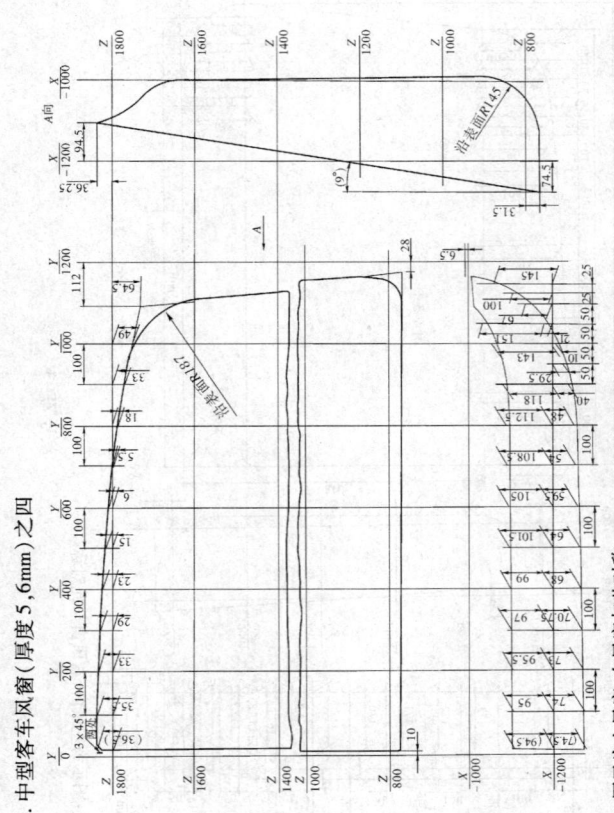

编号 ZF—4

注：图示为左风窗，右风窗与此对称

（2）客车侧窗平面玻璃（GB/T12482-90）

侧窗玻璃应用的安全玻璃为：钢化玻璃或夹层玻璃。其形状有矩形、梯形和长圆形。梯形侧窗玻璃斜边的斜角有 6°、9°、12°和 18°四种形式，矩形和梯形玻璃的圆角半径 r 为 5、30、60、90 和 120mm 五种形式。在同一块玻璃上允许选用不同的 r 尺寸。

a. 矩形侧窗玻璃

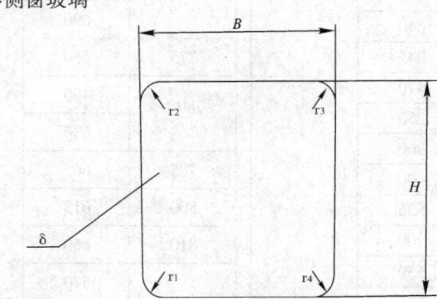

【规　　格】　　　　　　　　　　　　　　　　　（mm）

高(H)	宽(B)	厚(δ)	高(H)	宽(B)	厚(δ)
500	410		605	490	
530 *	470			495	
	500		625	350	
	570			490	
560	400			250	
580 *	290	5	635 *	515	5
	400			615	
	530		645	490	
	560		650	470	
600	530				
605	465				

续表

高(H)	宽(B)	厚(δ)
655 *	465	
	500	
665	495	
670 *	490	
	640	
695 *	245	
	470	
700	250	
	260	
715	400	
	525	
	700	
720 *	530	5
	565	
	580	
	615	
720 *	665	
	700	
725	370	
	490	
730 *	660	
	690	
	740	
745	345	
	505	
755	260	
	725	

续表

高(H)	宽(B)	厚(δ)
760 *	320	
	350	
765	505	
	690	
775	560	
780 *	490	
	630	
785	665	
800	615	
810	660	
835 *	570	5
	615	
	670	
855 *	415	
	780	
	820	
	850	
	880	
880	630	
	695	
900	1 200	
1 000	1 800	

注:" * "优选标记。

b. 梯形侧窗玻璃

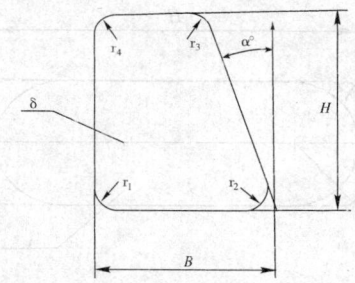

【规　格】　　　　　　　　　　　　　　　　　　　　　　　　(mm)

高 (H)	宽 (B)	斜角 ($\alpha°$)	厚 (δ)	高 (H)	宽 (B)	斜角 ($\alpha°$)	厚 (δ)	高 (H)	宽 (B)	斜角 ($\alpha°$)	厚 (δ)
500	215	12		625	520	9		730 *	415	12	
530 *	465	6		635 *	520	9			580	12	
	480	6		645 *	380	6		745	500	6	
	600	6		650	225	6		755	500	6	
	630	6			345	6		760 *	550	6	
560	270	18			380	6		765	560	6	
	425	6			580	18		775	600	6	
580 *	260	18	5	655 *	345	12	5	780 *	620	6	5
	315	12		665	580	12		800	620	6	
	325	12		670 *	470	12		835 *	460	6	
	450	6		695 *	500	12		855 *	580	6	
600	415	9		700	600	12		880	500	9	
	470	6		715	600	12		900	800	6	
	515	18		720 *	500	12		1000	800	6	
605	515	18		725	500	12					

注："＊"优选标记。

c. 长圆形侧窗玻璃

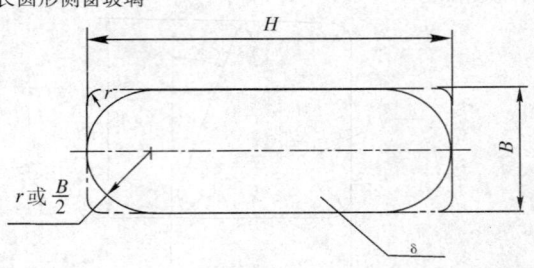

【规　格】　　　　　　　　　　　　　　（mm）

长(H)	530	630	650	670	730	830	850	870
宽(B)	95	112	90	95	140	245	118	132
半径(r)	47.5	56	45	47.5	70	122.5	59	65
厚(δ)	5	5	5	5	5	5	5	5

d. 附：侧窗玻璃的凹槽和孔的基本数据

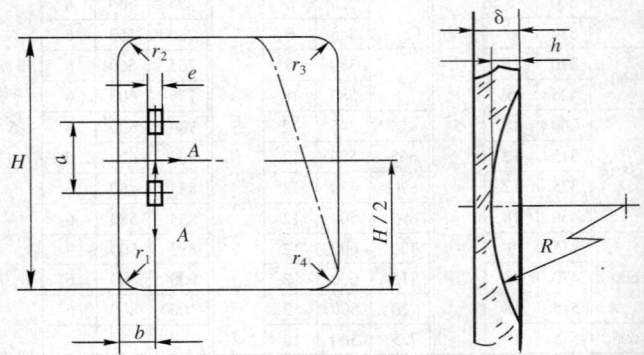

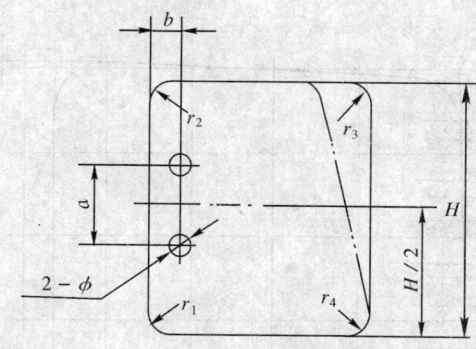

（mm）

a	b	δ	e	h	R	ϕ
0	40	4、5、6	15 ~ 20	2 ~ 3	100	—
56	40	5	—	—	—	i-ϕ12
60	40	5	—	—	—	2-ϕ10
0	40	4、5、6	—	—	—	1-ϕ10

（3）汽车后窗

汽车后窗应用的安全玻璃为：A 类夹层玻璃、B 类夹层玻璃和钢化玻璃。

【规　　格】（GB/T12483-90）

a. 大型客车后窗（厚度 5,6mm）之一

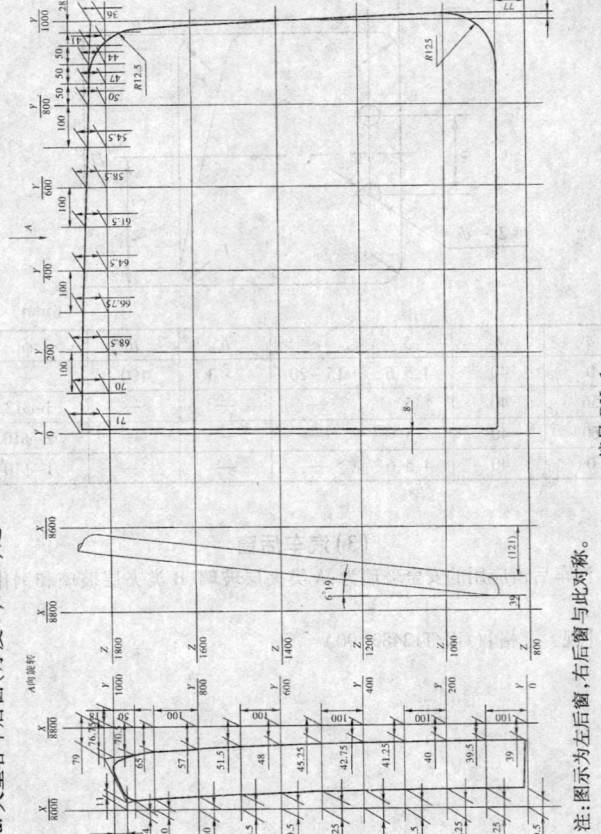

编号 DH-1

注：图示为左后窗，右窗与此窗对称。

b. 大型客车车后窗（厚度 5.6mm）之二

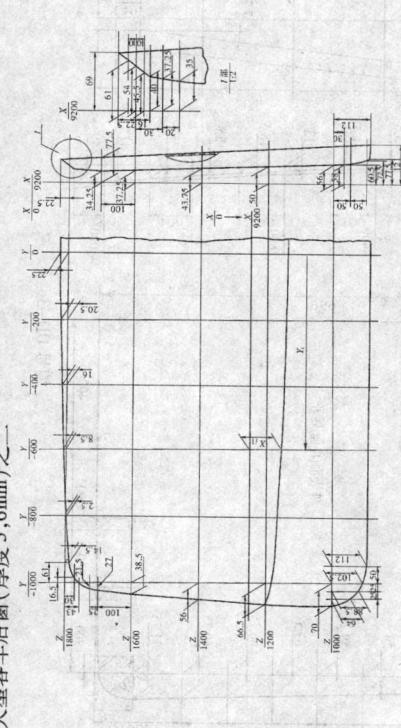

曲面坐标表　$X_i = X_{i1} + 9200$

Z＼X	-1000	-950	-900	-800	-700	-600	-500	-400	-300	-200	-100	0
970	9269.25	9276.75	9283.25	9292.5	9300.25	9304.75	9308.75	9312	9314.5	9310	9317	9318.5
1200	9261.25	9268.25	9274.5	9283.5	9290.5	9295.5	9299	9302	9304.75	9305.75	9307.25	9307.5
1400	9252.75	9259.5	9265.5	9274.25	9281	9285.25	9288.75	9291.5	9294.25	9295.5	9296.5	9297
1600	9243.25	9249.75	9255.25	9263.75	9270	9274	9277	9280	9282.5	9283.5	9284.25	9284.5
1770	—	9241	9246.5	9254.5	9260.25	9264	9266.75	9269.5	9271.75	9272.5	9273.5	9273.75

编号 DH-2

c. 大型客车后窗（厚度 5.6mm）之三

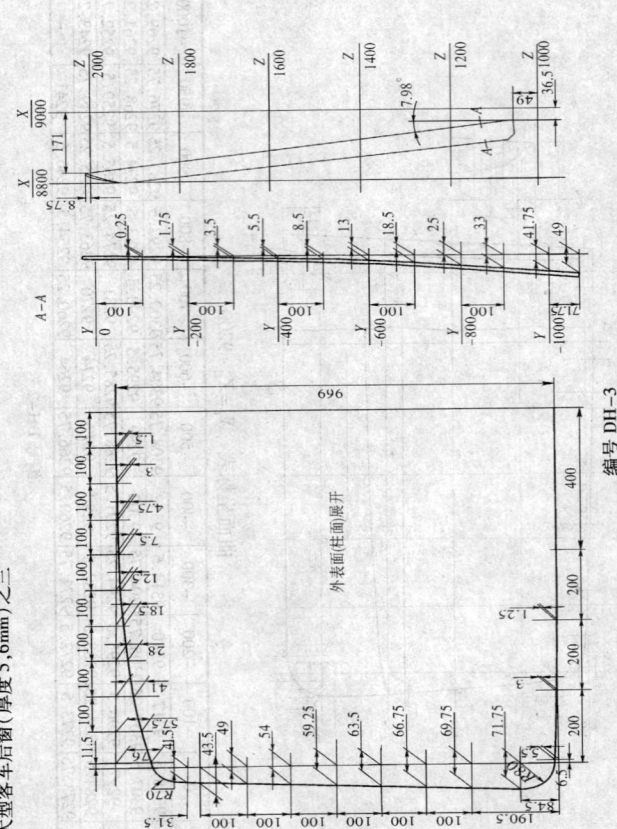

外表面(性面展开)

编号 DH-3

d. 大型客车后窗（厚度 5,6mm）之四

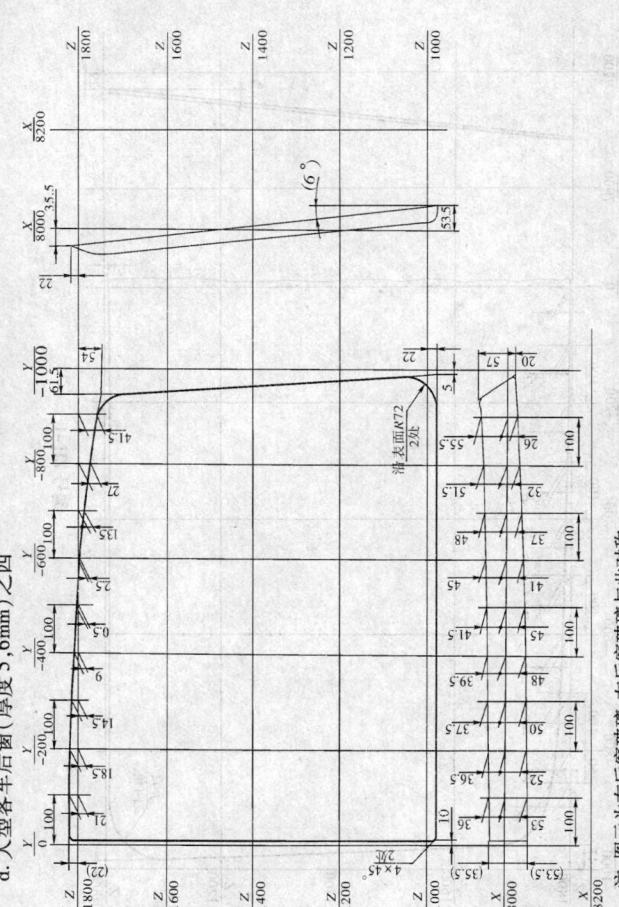

注：图示为右后窗玻璃　左后窗玻璃与此对称

编号 DH-4

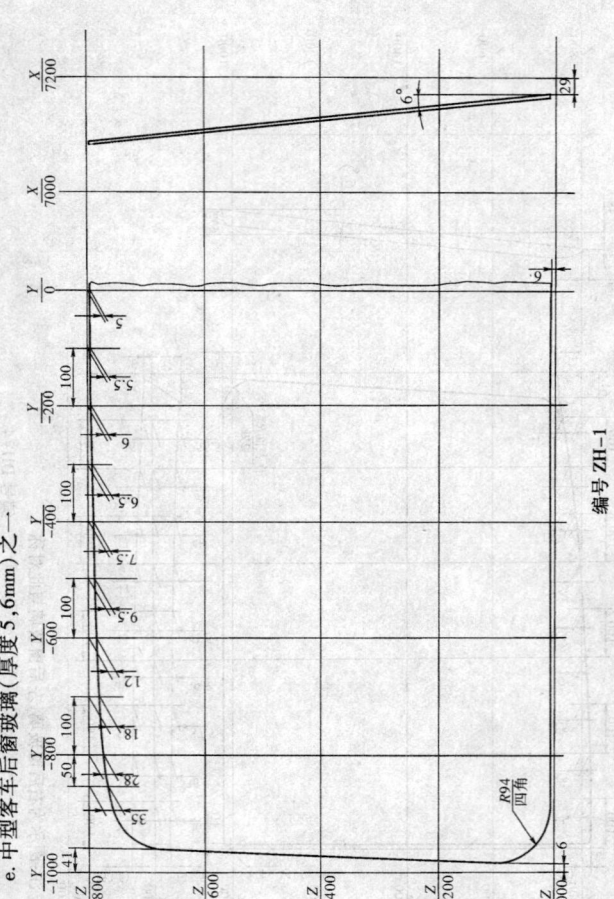

e. 中型客车后窗玻璃（厚度 5，6mm）之一

编号 ZH-1

f. 中型客车后窗玻璃（厚度 5，6mm）之二

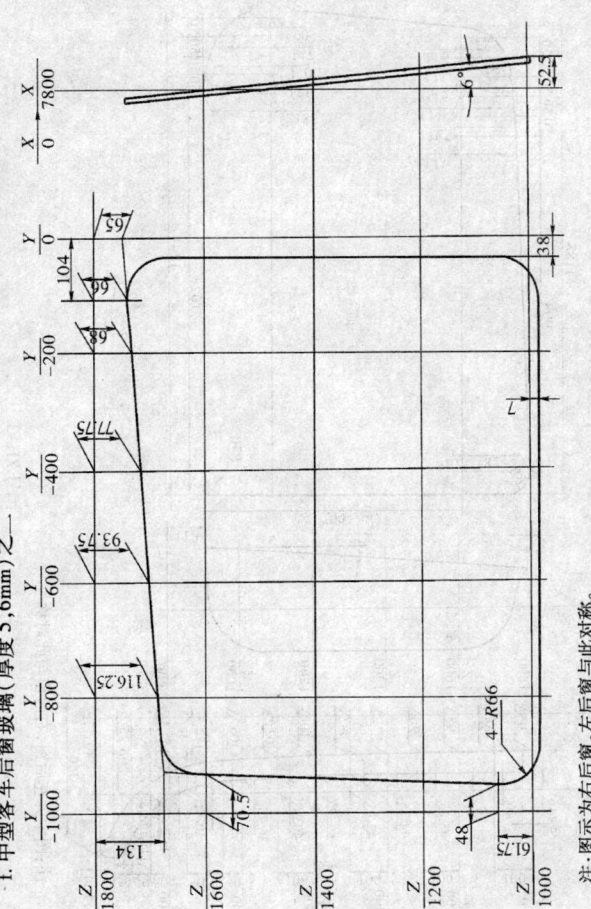

编号 ZH-2

注：图示为右后窗，左后窗与右后窗此对称。

g. 中型客车后窗（厚度 5,6mm）之三

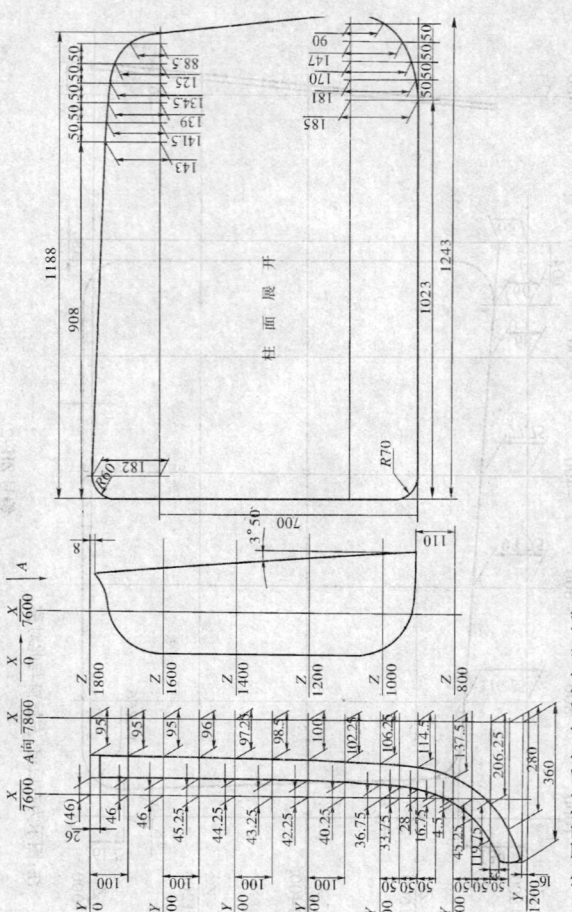

柱面展开

编号 ZH-3

注：图示为左后窗，右后窗与此对称

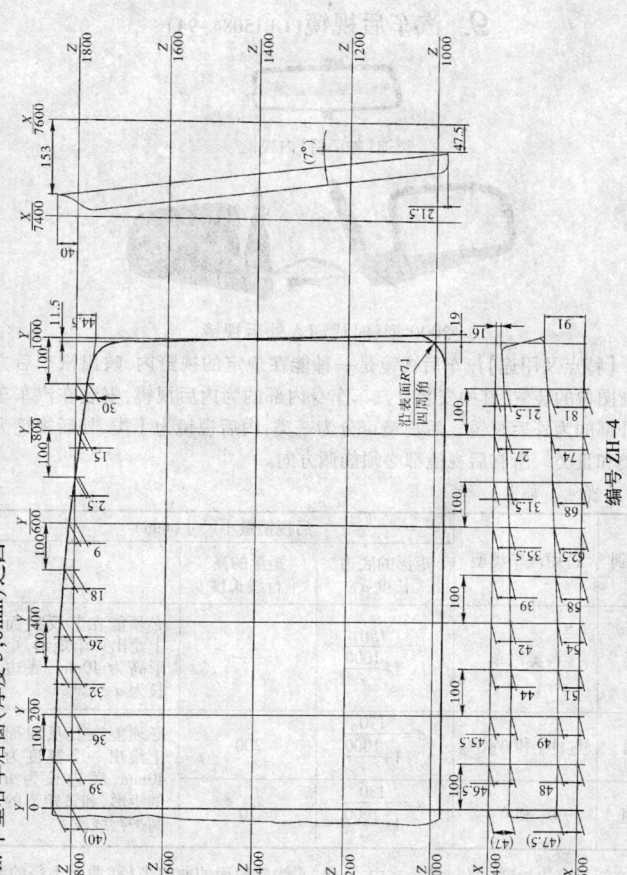

h. 中型客车后窗（厚度 5.6mm）之四

编号 ZH-4

9. 汽车后视镜（GB15084-94）

奥迪(帕萨特)内视镜

2000 型、时代超人外后视镜

【特点及用途】汽车后视镜是一种能在规定的视野内,映出汽车后方清晰图像的装置,其中安装在汽车车身内部的为内后视镜,安装在汽车车身外部的为外后视镜。后视镜可分为三类:内视镜为 I 类,外后视镜为 II 类和 III 类。所有后视镜都必须能调方向。

【规　　格】

类别	适用汽车类型	后视镜最小尺寸(mm)		备　　注
		矩形的底边长度 a	矩形的高平行线长度 b	
I	各类汽车	$a=\dfrac{150}{1+\dfrac{1000}{r}}$	——	必须能在其反射面上绘出一个矩形,矩形高为 40mm,底边长为 a
II	M_2、M_3 和 N_2、N_3	$a=\dfrac{170}{1+\dfrac{1000}{r}}$	200	必须能在其反射面上绘出一个高度为 40mm,底边长为 a 的矩形,和该矩形的高平行线段 b
III	M_1 和 N_1	$a=\dfrac{130}{1+\dfrac{1000}{r}}$	70	

注:在矩形底边长度 a 的计算公式中,字母"r"为反射面的曲率半径(曲率半径的测定方法可参见 GB15084-94 有关规定)。

10. 智能汽车后视镜

【特点及用途】智能汽车后视镜采用日本原装 TFT 真彩液晶屏,微电脑控制系统,高感度超小型嵌入式防水彩色摄像机,能使倒车时车后情况一目了然,清晰可辨。智能汽车后视镜还具有 DVD、VCD、GPS 画面显示功能,适用于各种车型的安装,且不用改变汽车原有设计结构。

【规　　格】赛特智能车载产品

其规格型号、安装方式以及需要掌握的相关知识,需参阅产品的"使用说明"。

11. 遮阳板型显示器

【特点及用途】遮阳板型显示器采用遮挡阳光的可调挡板的造型,彩色液晶显示屏,双路视频输入,可连接 DVD、VCD 及电子眼。

【规　　格】赛特智能车载产品

型号:ST-701

视屏尺寸:7″

12. 车载免提录音机

【特点及用途】车载免提录音机采用后视镜造型设计,其后视镜具有防眩目功能,内置麦克风,带外接耳机可防窃听,内置录音机,适合配接所有手机。

【规　　格】赛特智能车载产品

型号:ST-401

其规格尺寸及安装方法等相关知识,需参阅产品的"使用说明"。

13. 多奇镜车载免提装置倒车雷达系统

【特点及用途】多奇镜车载免提
装置倒车雷达系统,采用加大后视镜
设计,无须拿手机通话,内建录音功
能,两人以上同车时,可轻松拉下耳

机对话。多奇镜车载免提装置倒车雷达系统为 2 ~ 4 个内置式超声波感
应器设计全方位探测,特有左右障碍物提示,无"死角",LED 数字距离显
示,BiBi 声逐级变声报警。

【规　　格】深圳市多奇特实业发展有限公司产品

多奇镜车载免提倒车雷达系统使用工作压力为 12V。其规格型号、安
装方法及所需掌握的相关知识,需参阅产品的"使用说明"。

14. 多奇特倒车雷达系统

【特点及用途】多奇特倒车雷达系统采
用数码显示,一目了然。其功能的主要特点
在于:当进入倒挡,便自动启动本系统,2 ~ 4
个探头雷达侦测、防盲区,数码显示不仅提

示障碍物或左或右的方位,还能显示车尾与障碍物之间的距离,不同的警
示音提示安全区、警示区及危险区,并具有模糊逻辑控制技术,防误报警。
产品的探头分内置、外置,供选配。内置探头安装美观大方,与原配匹美,
外置探头安装方便容易。

【规　　格】深圳市多奇特实业发展有限公司产品

多奇特倒车雷达系统的规格型号、安装方法及所需掌握的相关知识,
需参阅产品的"使用说明"。

15. 倒车雷达

【特点及用途】倒车雷达采用三位数码显示,双 LED 光柱,声讯报警,
三挡音量开关,实行探头测距,附加双温度测量,并有开车前自动测距、
"R"挡自动启动,延续测距功能。

【规　　格】赛特智能车载产品

型号：ST-004

其规格尺寸及安装方法等相关知识，
需参阅产品的"使用说明"。

16. 车内监视器

【特点及用途】AD-92B 车内监视器是由单色监视
器和车内微型半球摄像机两部分组成。驾驶员可通过
监视器十分方便清楚地观察车内情景，特别是能够保
证乘客上、下车时的安全。该装置适用于市内公共汽
车，能有效地提高市内公共汽车的安全性。

【规　　格】宜昌安达电子器材有限责任公司产品

型号：AD-92B

监视器：单色、6″

摄像机：微型半球状

17. 汽车倒车安全可视监视器

【特点及用途】AD-150A 汽车倒车安全可视监视器是由监视器、红外
夜视微型摄像机和逻辑安全线信号发生器三部分组成。特有的逻辑安全
线信号发生器，它可以产生两条大于车体宽度、任意调节的、由点组成的
安全线。驾驶员可十分方便的通过监视器观察在安全线内倒车的情况以
及车尾部的安全监视。该倒车安全可视监视器特别适用于大型高档豪华
客车及大型箱式货车以及邮政、运钞车等。

【规　　格】宜昌安达电子器材有限责任公司产品

型号：AD-150A

监视器：单色、6″

摄像机:红外夜视微型

逻辑安全线信号发生器:1 台

18. 汽车倒车及车内监视系统

【特点及用途】AD-150AB 型汽车倒车及车内监视系统是由监视器、红外夜视微型摄像机、车内微型半球摄像机和逻辑安全线信号发生器四部分组成。它可以通过监视器的转换开关方便的观察到车内情况;同时又可以通过信号发生器产生的逻辑安全线,实现无盲区的安全倒车,是一种理想的汽车安全监视系统,特别适用于大型豪华客车和大型豪华卧铺客车。

【规　　　格】宜昌安达电子器材有限责任公司产品

型号:AD-150AB

监视器:单色、6″

摄像机:①红外夜视微型(装于车后端上部中央);②微型半球状(装于车内)

逻辑安全线信号发生器:1 台

19. 车用电子眼

ST-501 型　　　　ST-301 型　　　　ST-750 型　　　　ST-760 型

【特点及用途】车用电子眼采用防水、防潮、防震设计,其镜像通过彩色视屏显示,能有效监视车体后部动态及车载货物情况。车用电子眼安装便利,不需改变汽车原有设计及结构。

【规　　格】赛特智能车载产品

型号	ST–501	ST–301	ST–750	ST–760
主要特点	笔型嵌入式超低照度镜像设计	嵌入式镜像设计	超低照度夜视功能,镜像功能	超低照度夜视功能,镜像功能
适用车型	各种车型	各种车型	货柜车、巴士、卡车	货柜车、巴士、卡车

20. 汽车风窗玻璃刮水器(GB15085–94)

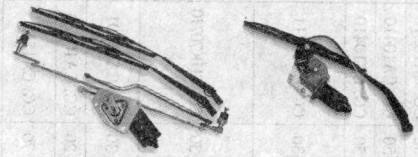

【特点及用途】汽车风窗玻璃刮水器是装置有刮水胶条用以刮刷风窗玻璃外表面的部件,每辆汽车均须装备。

【规　　格】

刮刷面积(%)		刮刷频率(次/min)			洗涤器贮液罐容量(L)≥
A 区	B 区	高频≥	低频≥	高频、低频之差≥	
98	80	45	20	15	1

注:1. 刮刷面积 A 区、B 区的确定可参见 GB11556 有关规定。

　　2. 刮水器关闭时,刮片应自动返回到其初始位置。

　　3. 刮水器工作时应能承受 15s 的外力阻挡负荷。

附:常用汽车风窗玻璃刮水器产品示例(浙江瑞鹏汽车电器有限公司产品)

产品名称	型号	电机型号	电压(V)	功率(W)	传动杆型号	刮臂型号	刮片型号	适用车型
CA6350 刮水器总成	DG.CA63500	ZD1335B	12	30	CG.CA63500	GE.CA63500	GP4000	一汽佳宝
一汽皮卡刮水器总成	DG.CA10210	ZD1338	12	30	CG.CA10210	GE.CA10210	GP4502	一汽皮卡
CA1041 刮水器总成	DG.CA10410	ZD1537F	12	50	CG.CA10410	GE.CA10410	GP5000	CA1041(12V)
CA1041 刮水器总成	DG.CA10410A	ZD2537F	24	50	CG.CA10410	GE.CA10410	GP5000	CA1041(24V)
金杯皮卡刮水器总成	DG.CA10211	ZD1338D	12	30	CG.CA10211	GE.CA10211(右) GE.CA10212(左)	GP4502	万丰皮卡 金杯皮卡
贵州云雀刮水器总成	DG.GHK70710	ZD1337A	12	30	CG.GHK70710	GE.GHK70710(右) GE.CAGHKJ70710(左)	GP4000	贵州云雀
CA6350 右舵刮水器总成	DG.CA63501	ZD1335C	12	30	CG.CA63501	GE.CA63501	GP4000	CA6350 右座
田野皮卡刮水器总成	DG.CA10212	ZD1338C	12	20	CG.CA10210	GE.CA10210	GP4502	田野皮卡
CA151(小)三刮水器总成	DG.CA1512	ZD2635	24	70	CG.CA1512	GE.CA1511	GP4802	解放平头 FM-FP
CA151 三刮水器总成	DG.CA1510	ZD2635	24	70	CG.CA1510	GE.CA1510	GP4800	解放平头(宽体)
CA151 二刮水器总成	DG.CA1511	ZD2635A	24	70	CG.CA1510	GE.CA1510	GP5300	解放平头(窄体)

续表

产品名称	型号	电机型号	电压(V)	功率(W)	传动杆型号	刮臂型号	刮片型号	适用车型
新松花江刮水器总成	DG. CA63503	ZD1335B	12	30	CG. CA63502	GE. CA63500 (右) GE. CA63502 (左)	GP3500 (左) GP3750 (右)	新松花江, 昌河
SY6480 前刮水器总成	DG. SY64800	ZD1537E	12	50	CG. SY64800	GE. SY64802 (右) GE. SY64801 (左)	GP4502	一汽狮王
红塔小卡刮水器总成	DG. LJC10420	ZD1537D	12	50	CG. LJC10420	GE. LJC10420	GP4502	红塔小卡(12V)
红塔小卡刮水器总成	DG. LJC10420A	ZD2537D	24	50	CG. LJC10420	GE. LJC10420	GP4502	红塔小卡(24V)
红塔金卡刮水器总成	DG. LJC10420B	ZD1537D	12	50	CG. LJC10420A	GE. LJC10420	GP4502	红塔金卡(12V)
红塔金卡刮水器总成	DG. LJC10420C	ZD2537D	24	50	CG. LJC10420A	GE. LJC10420	GP4502	给铃金卡(24V)
福莱尔前刮水器总成	DG. TFLR446RKO	ZD13311	12	30	CG. TFLR446RKO	GE. TFLR446RKO	GP5000	福莱尔
CA1046 刮水器总成	DG. CA10460	ZD1338E	12	30	CG. CA10460	GE. LJC10420A	GP4500	CA1046 小解放
五十铃刮水器总成	DG. LJC10421	ZD1537D	12	50	CG. LJC10421	GE. LJC10421	GP4502	五十铃 (12V)
五十铃刮水器总成	DG. LJC1042IA	ZD2537D	24	50	CG. LJC10421	GE. LJC10421	GP4502	五十铃 (24V)
北京吉普刮水器总成	DG. BJ20200	ZD1338B	12	30	CG. BJ20200	GE. BJ20200	GP3500	BJ2020S
CA141 刮水器总成	DG. CA1410	ZD1537	12	50	CG. CA1410	GE. CA1410	GP4002	CA141
CA141 刮水器总成	DG. CA1410A	ZD2537	24	50	CG. CA1410	GE. CA1410	GP4002	CA141
CA6471 刮水器总成	DG. CA64711	ZD1537G	12	50	CG. CA64711	GE. CA64711	GP4502	CA6471

续表

产品名称	型号	电机型号	电压(V)	功率(W)	传动杆型号	刮臂型号	刮片型号	适用车型
CA6471 刮水器总成	DG. CA64712	ZD2537G	24	50	CG. CA64711	GE. CA64711	GP4502	CA6471
南京长安刮水器总成	DG. CA63504	ZD1335C	12	30	CG. CA63501	GE. CA63501(左) GE. CA63504(右)	GP3500(左) GP3750(右)	南京长安右座
CA6360 刮水器总成	DG. CA63600	ZD13311A12		30	CG. CA63600	GET. CA63500	GP4000	CA6360
SY1041 刮水器总成	DG. SY10410	ZD1537H	12	50	CG. SY14010	GE. SY10410	GP4000	沈阳1041 (12V)
红塔宽体刮水器总成	DG. LJC1020K	ZD1537D	12	50	CG. LJC1042K	GE. LJC1042K	GP4502	红塔宽体车
红塔宽体刮水器总成	DG. LJC1040KA	ZD2537D	24	50	CG. LJC1042K	GE. LJC1042K	GP4502	红塔宽体车
哈轻新车刮水器总成(12V)	DG. CA10410K	ZD1537F	12	50	CG. CA10410K	GE. CA10410K	GP5801	哈轻三吨车(12V)
哈轻新车刮水器总成(24V)	DG. CA10410K	ZD2537F	12	50	CG. CA10410K	GE. CA10410K	GP5801	哈轻三吨车(24V)
斯太尔刮水器总成	DG. STEYR0	ZD2730A	24	70	CG. STEYR0	GE. STEYR0	GP5080	斯太尔
斯太尔王刮水器总成	DG. STEYR1	ZD2730A	24	70	CG. STEYR1	GE. STEYR0	GP5080	斯太尔王
斯太尔曼刮水器总成	DG. STEYM0	ZD2730	24	70	CG. STEM0	GE. STEM0	GP5080	斯太尔曼
工程车刮水器总成(12V)	DG. GC2200	ZD1330B	12	30	CG. GC2200	GE. GC2200		工程车(12V)

续表

产品名称	型号	电机型号	电压(V)	功率(W)	传动杆型号	刮臂型号	刮片型号	适用车型
工程车刮水器总成(12V)	DG. GC2200A	ZD2230B	24	30	CG. GC2200A			工程车(24V)
VAN刮水器总成	DG. VAN0	ZD1533B	12	50	CG. VAN0	GE. VAN0	GP5000	VAN
幸福使者刮水器总成	DG. XFSZ0	ZD15311	12	50	CG. XFSZ0	GE. XFSZ0(右) GE. XFZ1(左)	GP4800(右) GP4300(左)	一汽幸福使者
SC6331刮水器总成	DG. SC63310	ZD1336E	12	30	CG. SC63310	GE. SC63310	GP4000	SC6331
长安之星刮水器总成	DG. CHANO	ZD15311A	12	50	GG. CHANO	CE. CHANO	GP4004	重庆长安之星
SY1041后刮水器总成	DG. SY10410A	ZD2537H	24	20	CG. SY10410	GE. SY10410	GP4000	沈阳1041(24V)
CA6471后刮水器总成	DG. CA64710	ZD1231	12	20	在电机内	GE. CA64710	GP4000	吉轻 CA6471
CA6350后刮水器总成	DG. CA63502	ZD1231A	12	20	在电机内	GE. CA63502	GP3500	一汽佳宝
SY6480后刮水器总成	DG. SY6480H	ZD1232A	12	20	CG. SY6480H	GE. SY6480H	GP4002	一汽狮王
福莱尔后刮水器总成	DG. TFLR446RKH	ZD1232B	12	20	CG. TFLR446RKH	GE. TELRKH	GP4002	福莱尔
一汽皮卡后刮水器总成	DG. CA1021H	ZD1232	12	20	CG. CA1021H	GE. CA1021H	CP4002	皮卡系列

21. 刮水臂片

800×800、800×1000 适用北方大客　　　700×700 适用郑州宇通

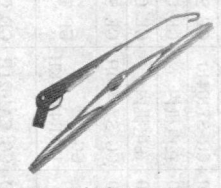
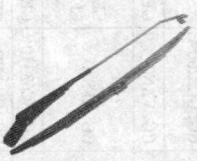

320×350 适用 BJ2020S　　　700×700 适用骏马大客

【特点及用途】刮水臂片是风窗刮水器的重要部件之一,其主要零件有刮水刷臂、橡胶刷片、刷片杆、刷片支座及拉伸弹簧等。

【规　　格】德力西集团交通电器总公司产品

刷臂长度×刷片长度(mm)	适用车型
800×1000　800×800	北方大客
700×700	郑州宇通
600×600	大客(单杆)
700×700	骏马大客
700×600	双杆大客
800×1000　800×800	厦门金龙
700×600	大客(单杆)
550×550	中巴车
700×600	桂林大宇(双杆)

续表

刷臂长度×刷片长度(mm)	适用车型
600×500	双杆大客
570×450　530×450	SY6480
600×600	中巴车
450×450	皮卡
570×480(三刮)	CA143/151
380×400	EQ140-2
550×500	牡丹中巴
500×500	中巴车
570×530(二刮)	CA143/151
560×450　500×450	EQ145/153
480×450	CA1046
450×450	郑州东风
500×480	新跃进
500×450	福田轻卡
400×400(插式)	EQ140
400×400(插式)	CA141
450×450	BJ1041 五十铃
530×530	新江淮
400×400(钩式)	EQ140
400×400(钩式)	CA141
400×400(插式)	BJ130
400×400	NJ131/136
250×250	BJ2020N
400×400	柳州五菱
400×400	农用车
320×350	BJ2020S
420×350	新昌河
400×350	ST90

22. 刮水电机

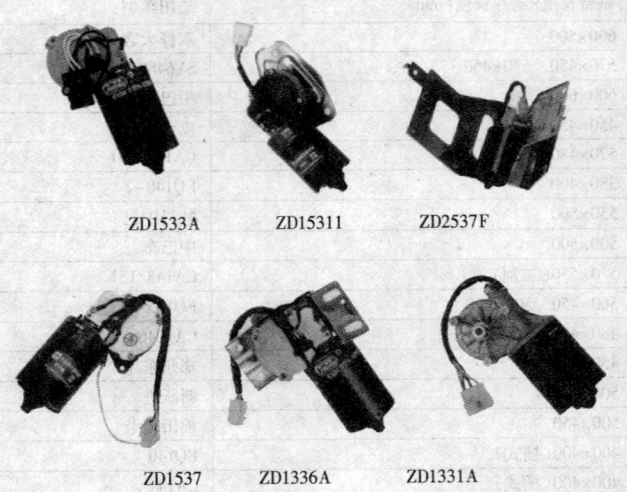

ZD1533A   ZD15311   ZD2537F

ZD1537   ZD1336A   ZD1331A

【特点及用途】刮水电机是电动风窗刮水器的动力源,按其磁场结构分,有线绕式和永磁式两种。线绕式电机刮水器是通过改变磁通来实现变速;永磁式电机刮水器的电机结构与线绕式电机基本相同,只是磁极为永久磁铁,磁场的强弱不能改变,为改变刮水器工作速度,通常采用三刷式电动机。

【规　　格】浙江瑞鹏汽车电器有限公司产品

轿车系列：

产品名称	型号	电压 (V)	功率 (W)	适用车型
捷达刮水电机	ZD1533A	12	50	桑塔纳、捷达
夏利刮水电机	ZD1334	12	30	夏利
富康刮水电机	ZD1532B	12	50	富康
小红旗刮水电机	ZD1638	12	70	奥迪、小红旗
云雀 WOW 刮水电机	ZD1337A	12	30	贵州云雀
福莱尔刮水电机	ZD13311	12	30	福莱尔、奥拓
桑塔纳刮水电机	ZD1533	12	50	桑塔纳
幸福使者刮水电机	ZD15311	12	30	一汽幸福使者
VAN 刮水电机	ZD1533B	12	50	颐中 VAN

微型车系列：

产品名称	型号	电压 (V)	功率 (W)	适用车型
ST90 三线刮水电机	ZD1336C	12	30	ST90 三线
ST90 四线刮水电机	ZD1336D	12	30	ST90 四线
新长安刮水电机	ZD1336	12	30	长安
柳州五菱刮水电机	ZD1335	12	30	柳州五菱 CA6350 右舵
天津大发刮水电机	ZD1335A	12	30	天津大发
CA6350 刮水电机	ZD1335B	12	30	一汽佳宝
新昌河刮水电机	ZD1336A	12	30	新松花江
新松花江刮水电机	ZD1336B	12	30	新昌河 CH1080
南京长安刮水电机	ZD1335C	12	30	南京长安(右)
CA6360 刮水电机	ZD13311A	12	30	CA6360
SC6331 刮水电机	ZD1336E	12	30	SC6331
长安之星刮水电机	ZD15311A	12	50	长安之星

轻型车系列：

产品名称	型号	电压 （V）	功率 （W）	适用车型
依维柯刮水电机	ZD1532A	12	50	依维柯
切诺基刮水电机	ZD1534A	12	50	切诺基、BJ213
一汽小解放刮水电机	ZD1338E	12	30	一汽小解放
BJ130 刮水电机	ZD1339	12	30	BJ130
BJ130 刮水电机	ZD2339	24	30	BJ130
BJ2020S 刮水电机	ZD1338B	12	30	BJ2020S
BJ2020N 刮水电机	ZD1338A	12	30	BJ2020N
NJ131 刮水电机	ZD1537B	12	50	NJ131
NJ131 刮水电机	ZD2537B	24	50	NJ131
东风轻卡刮水电机	ZD13310	12	30	东风小霸王
CA1041 刮水电机	ZD1537F	12	50	一汽小帅虎
CA1041 刮水电机	ZD2537F	24	50	一汽小帅虎
一汽狮王刮水电机	ZD1537E	12	50	SY6480
一汽皮卡刮水电机	ZD1338	12	30	一汽皮卡
田野皮卡刮水电机	ZD1338C	12	30	田野皮卡
金杯皮卡刮水电机	ZD1338D	12	30	万丰皮卡、五十铃皮卡系列
新跃进刮水电机	ZD1532	12	50	新跃进（12V）
新跃进刮水电机	ZD2532	24	50	新跃进（24V）
中巴扬子刮水电机	ZD1537C	12	50	中巴扬子
中巴扬子刮水电机	ZD2537C	24	50	中巴扬子
南京仪征刮水电机	ZD2331	24	50	南京仪征
红塔轻卡刮水电机	ZD1537D	12	50	红塔小卡/金卡五十铃（12V）
红塔轻卡刮水电机	ZD2537D	24	50	红塔小卡/金卡五十铃（24V）
广州三星刮水电机	ZD1332	12	30	广州三星
福田小卡刮水电机	ZD1532C	12	50	福口小卡
CA6471 刮水电机	ZD1537G	12	50	CA6471（12V）

续表

产品名称	型号	电压 (V)	功率 (W)	适用车型
CA6471 刮水电机	ZD2537G	24	50	CA6471（24V）
牡丹中巴刮水电机	ZD1538	12	50	牡丹中巴
牡丹中巴刮水电机	ZD1538	24	50	牡丹中巴
新江淮刮水电机	ZD1532D	12	50	新江淮（12V）
新江淮刮水电机	ZD2532D	24	50	新江淮（24V）
SY1041 刮水电机	ZD1537H	12	50	SY1041（12V）
SY1041 刮水电机	ZD2537H	24	50	SY1041（24V）

中重型系列：

产品名称	型号	电压 (V)	功率 (W)	适用车型
CA141 刮水电机	ZD1537	12	50	CA141（新型）
CA141 刮水电机	ZD2537	24	50	CA141（新型）
EQ140 刮水电机	ZD1537A	12	50	EQ140
EQ140 刮水电机	ZD2537A	24	50	EQ140
解放平头（窄体）刮水电机	ZD2635A	12	70	解放平头（窄体）
解放平头（宽体）刮水电机	ZD2635	24	70	解放平头（宽体）
EQ140-2 刮水电机	ZD1637	12	70	EQ140-2
EQ140-2 刮水电机	ZD2637	24	70	EQ140-2
康明斯刮水电机	ZD2636	24	70	康明斯
工程车刮水电机	ZD13311A	12	30	工程车
工程车刮水电机	ZD23311A	24	30	工程车
乘龙刮水电机	ZD2635B	24	70	乘龙（21V）

各类老式系列：

产品名称	型号	电压（V）	功率（W）	适用车型
CA141 刮水电机	ZD1530	12	50	CA141
CA141 刮水电机	ZD2530	24	50	CA141
解放平头（宽体）刮水电机	ZD2631	24	70	解放平头（宽体）
康明斯刮水电机	ZD2630B	24	70	康明斯
EQ140-1 刮水电机	ZD1531C	12	50	EQ140-1（12V）
EQ140-1 刮水电机	ZD2531C	24	50	EQ140-1（24V）
80W 大客车刮水电机	ZD1633	12	80	80W 大客车
80W 大客车刮水电机	ZD2633	24	80	80W 大客车
100W 骏马刮水电机	ZD2634	24	100	100W 骏马
CA1046 刮水电机	ZD1330	12	30	CA1046 小解放
EQ140 刮水电机	ZD1530A	12	50	EQ140（12V）
EQ140 刮水电机	ZD2530A	24	50	EQ140（12V）
EQ140-2 刮水电机	ZD1630A	12	70	EQ140-2（12V）
EQ140-2 刮水电机	ZD2630A	24	70	EQ140-2（24V）
NJ131 刮水电机	ZD1530B	12	50	NJ131
NJ131 刮水电机	ZD2530B	24	50	NJ131
郑州东风刮水电机	ZD1530C	12	50	郑州东风
南京东风刮水电机	ZD2531	24	50	南京东风
杭州东风刮水电机	ZD1530D	12	50	杭州东风
上海泸陵刮水电机	ZD1531A	12	50	上海泸陵（12V）
上海泸陵刮水电机	ZD2531A	24	50	上海泸陵（12V）
南京仪征刮水电机	ZD1331	12	30	南京仪征（12V）
南京仪征刮水电机	ZD2331	24	30	南京仪征（24V）
中巴杨子刮水电机	ZD1531B	12	50	中巴杨子（12V）
中巴杨子刮水电机	ZD2531B	24	50	中巴杨子（24V）
BJ130 刮水电机	ZD1331A	12	30	BJ130（12V）

续表

产品名称	型号	电压 (V)	功率 (W)	适用车型
BJ130 刮水电机	ZD2331A	24	30	BJ130(24V)
2020S 刮水电机	ZD1230	12	20	2020S
2020S 刮水电机	ZD1230A	12	20	2020N
ST90 三线刮水电机	ZD1230B	12	20	ST90 三线
ST90 四线刮水电机	ZD1230C	12	20	ST90 四线
皮卡系列刮水电机	ZD1330A	12	30	广州三星
广州三星刮水电机	ZD1332	12	30	广州三星
工程车刮水电机	ZD1330B	12	30	工程车(12V)
工程车刮水电机	ZD2330B	24	30	工程车(24V)
五十铃(国产)刮水电机	ZD1333	12	30	五十铃(24V)
五十铃(国产)刮水电机	ZD2333	24	30	五十铃(24V)
BJ213 刮水电机	ZD1534A	12	30	BJ213

23. 汽车玻璃升降器

【特点及用途】汽车玻璃升降器是调节风窗玻璃开放大小的专用部件，其功能是保证车门玻璃平衡升降，门窗玻璃能随时并顺利开启和关闭，可任意定位玻璃的升降位置。玻璃升降  器按结构的不同，可分为杠杆式玻璃升降器和钢绳式玻璃升降器，其中杠杆式玻璃升降器又可分为 X 型双臂式玻璃升降器(一般轿车前车门窗采用)及单臂式玻璃升降器(车顶盖的前、后窗及三角窗多采用，轿车后车门因避让车轮拱形的位置，也常采用)。按操作方式，玻璃升降器又可分为手摇式玻璃升降器和电动式玻璃升降器。

【规　格】瑞安市昌荣汽车玻璃升降器有限公司产品

图示	型号及适用车型
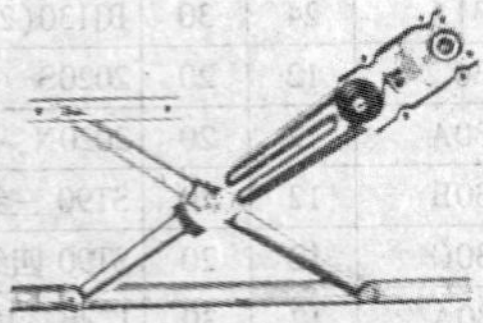	CR-801(L) 长安462 老昌河 松花江
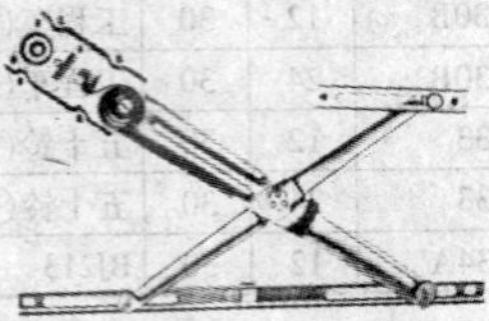	CR-801(R) ST-90 黑豹 福田1305
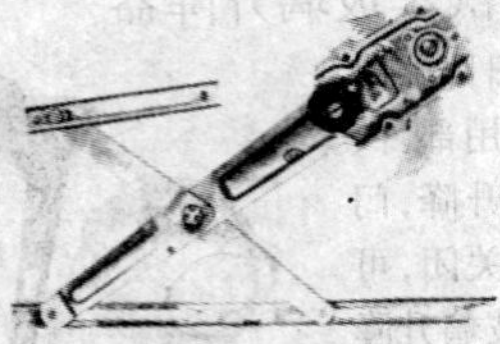	CR-802(L) 天津大发(左)
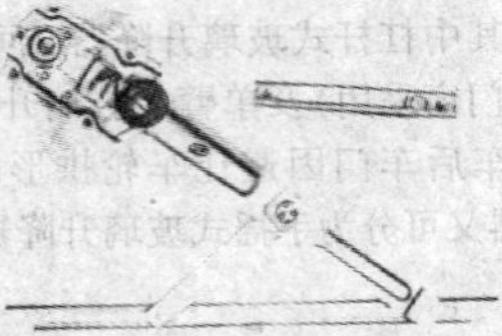	CR-802(R) 天津大发(右)

续表

图示	型号及适用车型
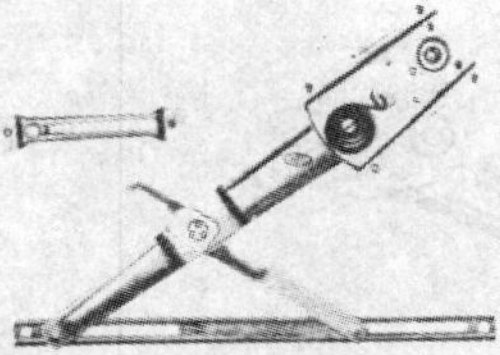	CR-803(L) 吉林(左)
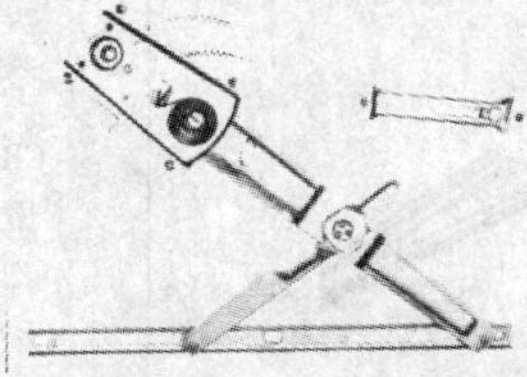	CR-803(R) 吉林(右)
	CR-804(FL) 夏利(前左)
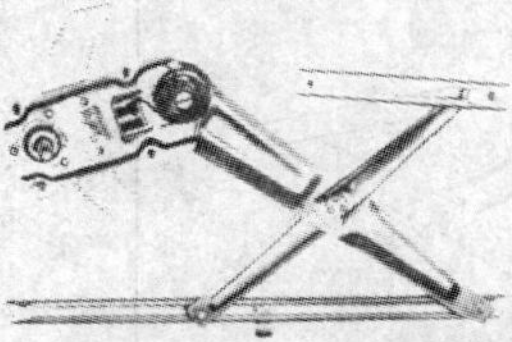	CR-804(FR) 夏利(前右)

续表

图示	型号及适用车型
	CR-805(BL) 夏利(后左)
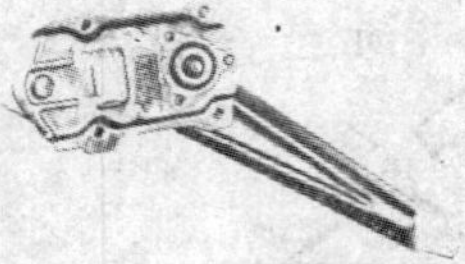	CR-805(BR) 夏利(后右)
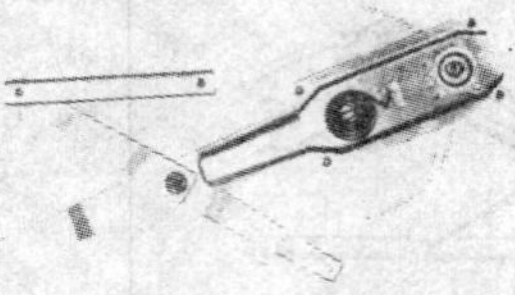	CR-806(L) 老柳州 276 型 柳州 110
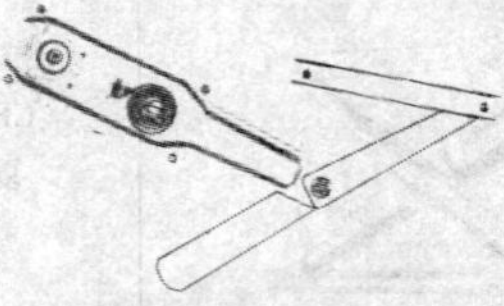	CR-806(R) 广州三星 四方农用车

续表

图示	型号及适用车型
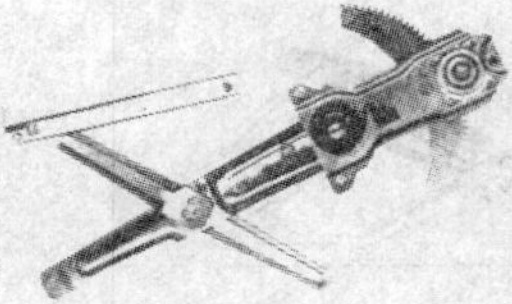	CR-807（L） 278 型 柳州五菱（左）
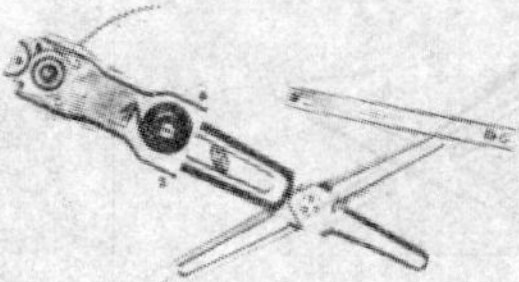	CR-807（R） 278 型 柳州五菱（右）
	CR-808（L） 1018 型 新昌河（左）
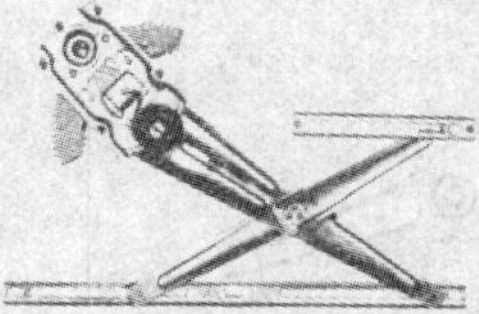	CR-808（R） 1018 型 新昌河（右）

续表

图示	型号及适用车型
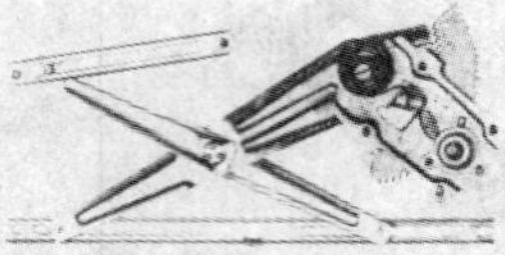	CR-809(FL) 奥拓(前左)
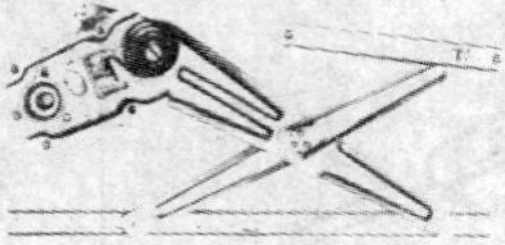	CR-809(FR) 奥拓(前右)
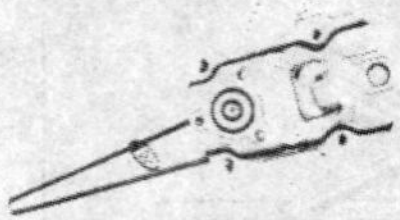	CR-810(BL) 奥拓(后左)
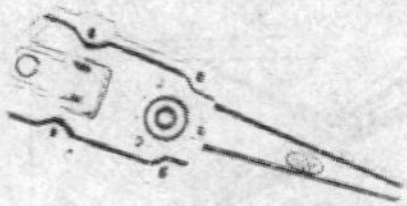	CR-810(BR) 奥拓(后右)

续表

图示	型号及适用车型
	CR-811(L) 6331 型 新长安(左)
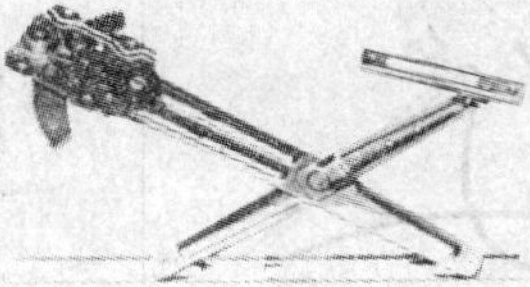	CR-811(R) 6331 型 新长安(右)
	CR-812(L) 6350 型 长安之星(左)
	CR-812(R) 6350 型 长安之星(右)

续表

图示	型号及适用车型
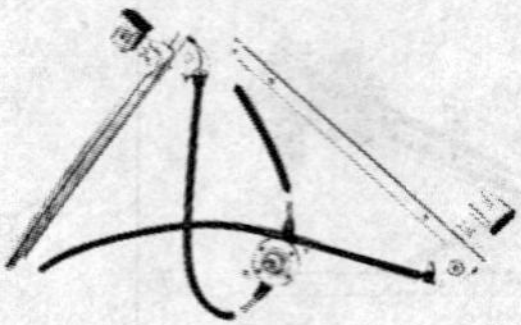	CR-813(L) 新松花江 中意(左)
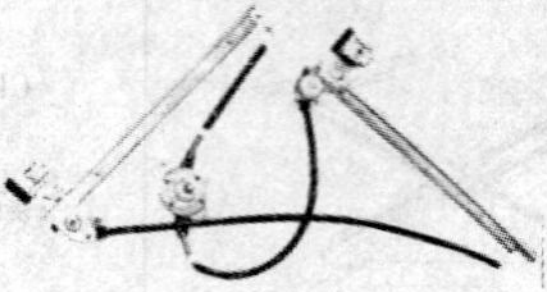	CR-813(R) 新松花江 中意(右)
	CR-814(L) 长安之星 电动升降器(左)
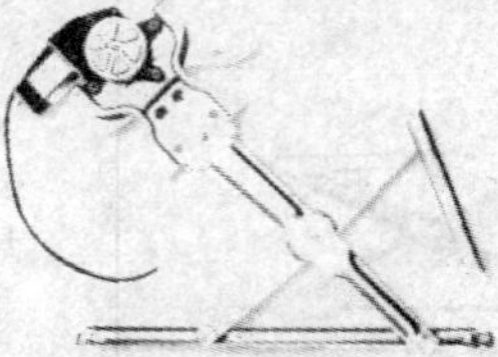	CR-815(R) 夏利、奥拓 电动升降器(右)

续表

图示	型号及适用车型
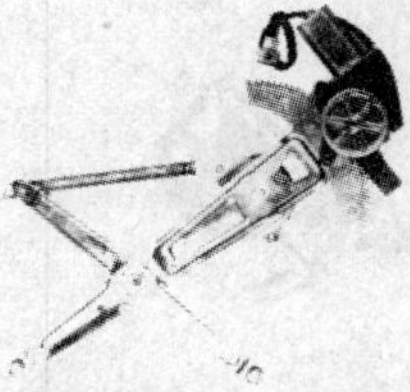	CR-816(L) 柳州五菱 电动升降器(左)
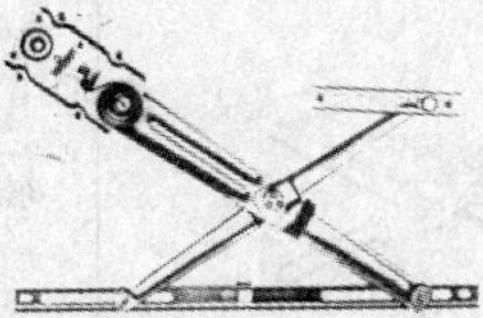	CR-817(R) 金蛙(右)
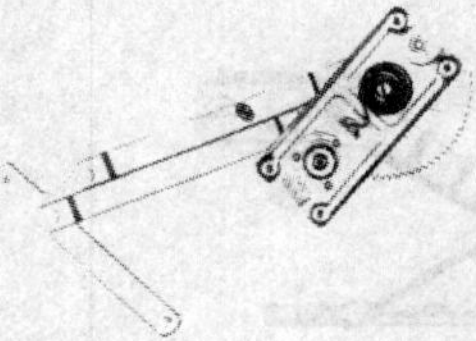	CR-818(L) 东风 EQ140(左)
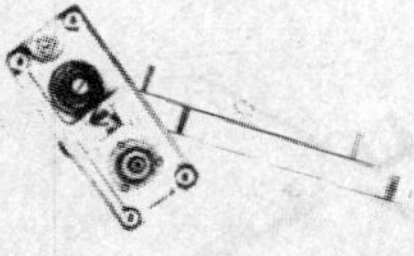	CR-818(R) 东风 EQ140(右)

续表

图示	型号及适用车型
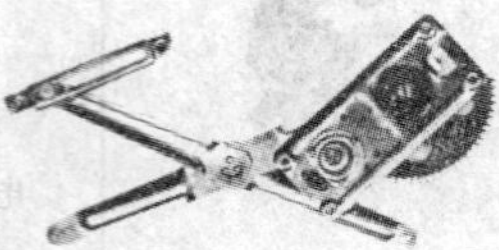	CR-819(L) 东风 EQ140-2(左)
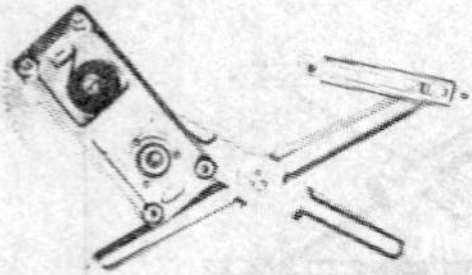	CR-819(R) 东风 EQ140-2(右)
	CR-820(L) 康明斯 153/145(左)
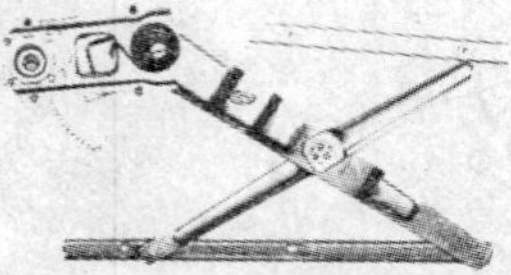	CR-820(R) 康明斯 153/145(右)

续表

图示	型号及适用车型
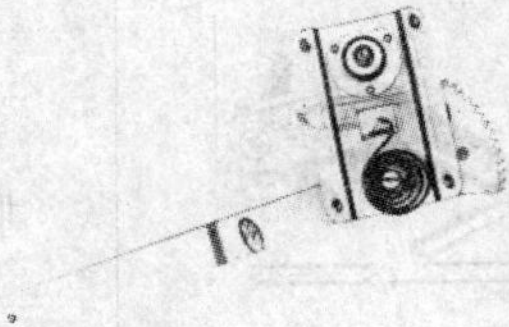	CR-821(L) 新解放 CA141(左)
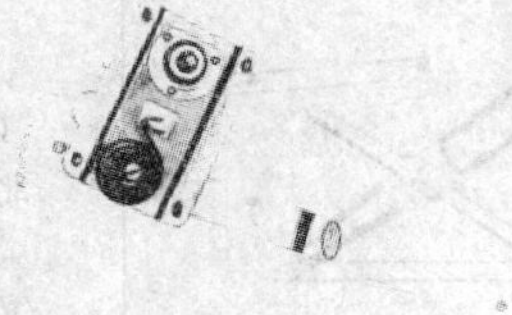	CR-821(R) 新解放 CA141(右)
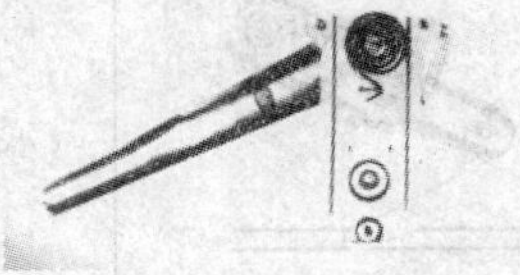	CR-822(L) 六平柴 CA151(左)
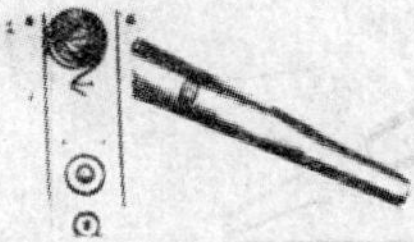	CR-822(R) 六平柴 CA151(右)

续表

图示	型号及适用车型
	CR-823(L) 北京 1041(左)
	CR-823(R) 北京 1041(右)
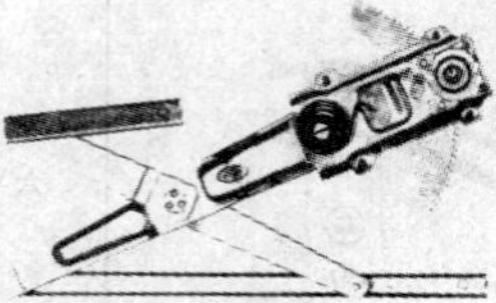	CR-824(L) 小解放 1046(左)
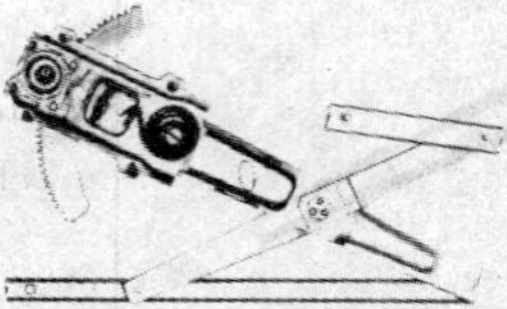	CR-824(R) 小解放 1046(右)

续表

图示	型号及适用车型
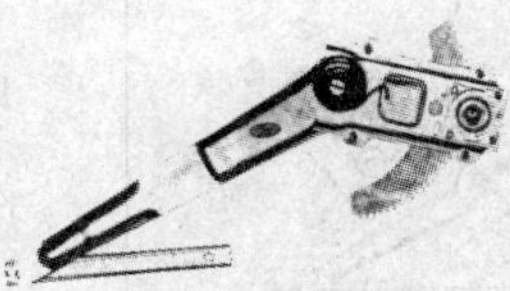	CR-825（FL） 江西、重庆 五十铃（前左）
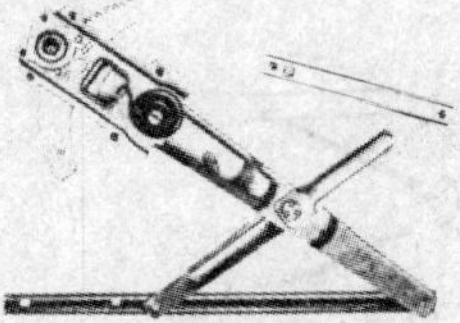	CR-826（BR） 江西、重庆 五十铃（后右）
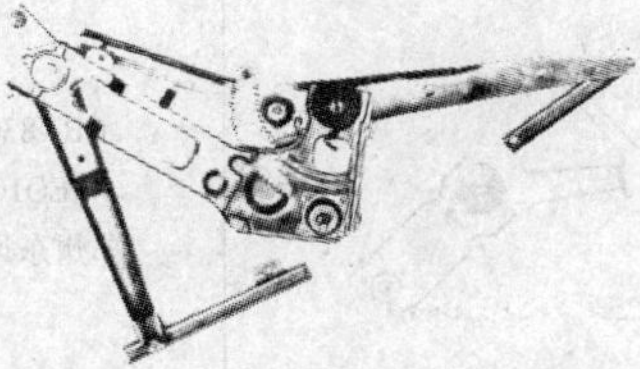	CR-827（L） 天皇100P 新江淮（左）
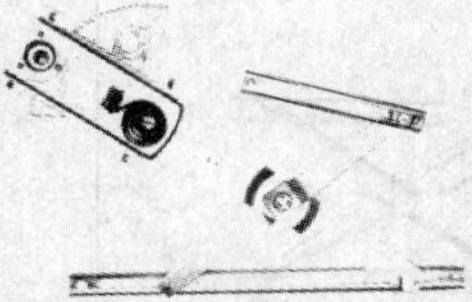	CR-828（R） 南京131/136（右）

续表

图示	型号及适用车型
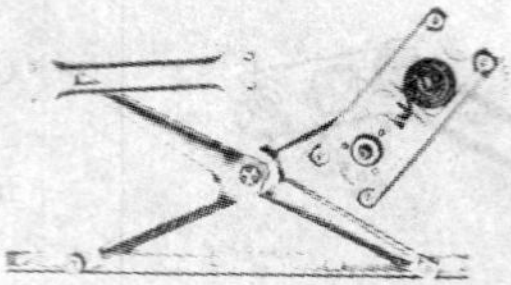	CR-829(L) 南京、杭州 平头东风(左)
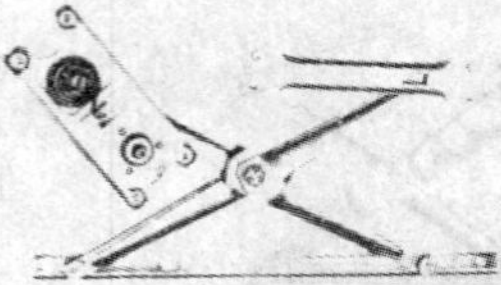	CR-829(R) 南京、杭州 平头东风(右)
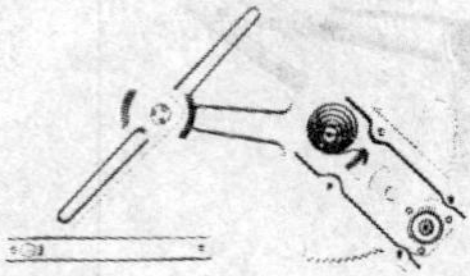	CR-830(L) EQ1060 郑州东风(左)
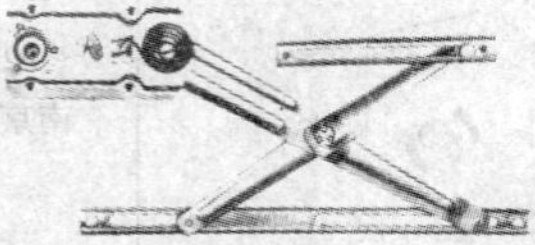	CR-831(R) 老江淮(右)

续表

图示	型号及适用车型
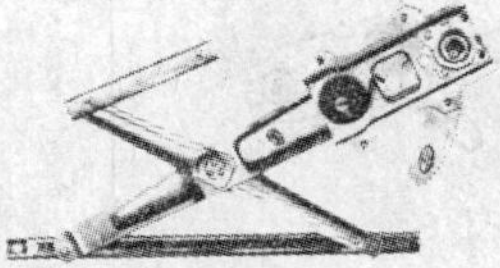	CR-832(L) 新东风 143 新跃进(左)
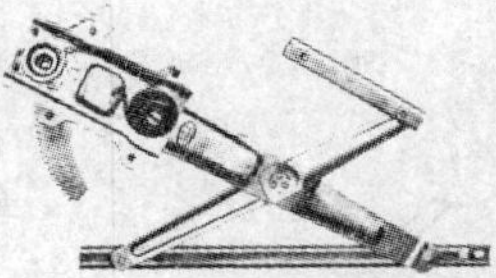	CR-832(R) 小金宝 小霸王(右)
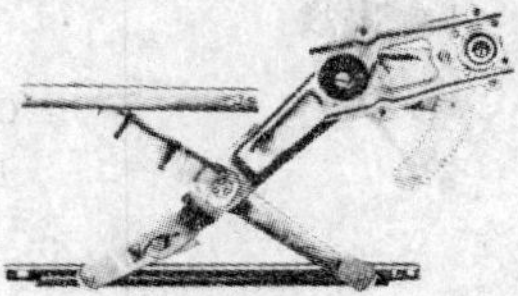	CR-833(L) 金杯 1049 沈阳 1041(左)
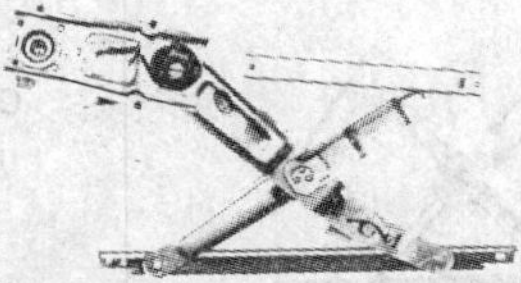	CR-833(R) 金杯 1049 沈阳 1041(右)

续表

图示	型号及适用车型
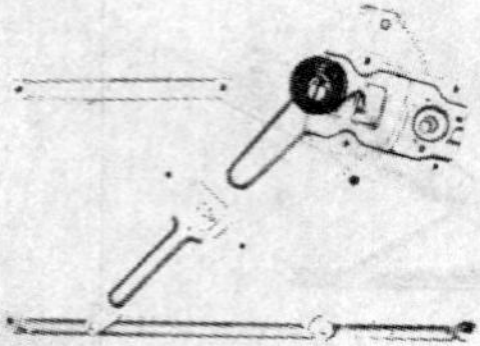	CR-834(L) SY-6480 金杯海狮(左)
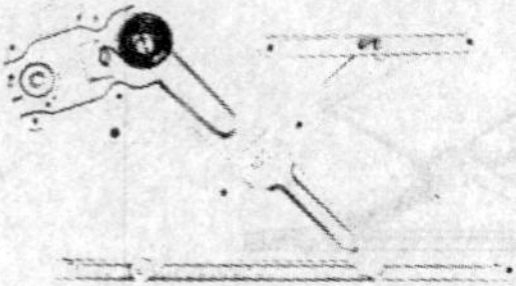	CR-834(R) SY-6480 金杯海狮(右)
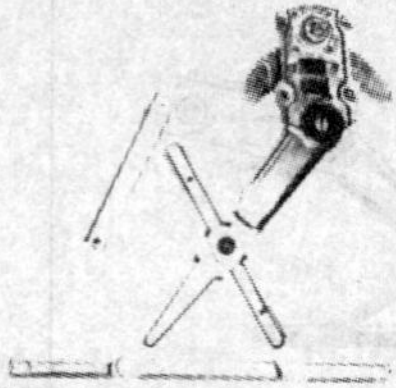	CR-835(FL) 皮卡(前左)
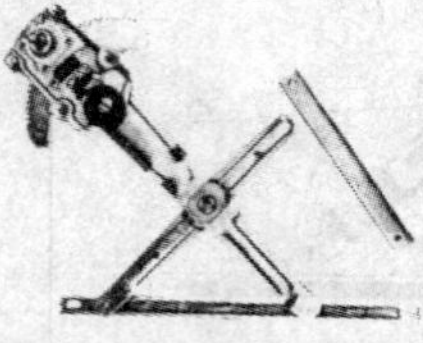	CR-836(BR) 皮卡(后右)

续表

图示	型号及适用车型
	CR-837(L) 金龙(左)
	CR-837(R) 金龙(右)
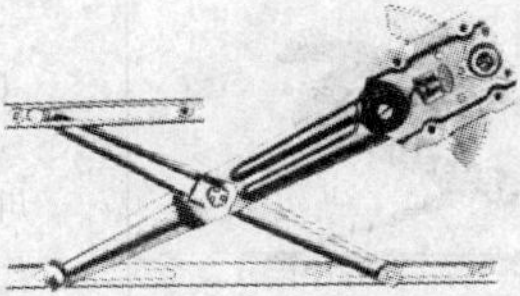	CR-838(L) 龙江(左)
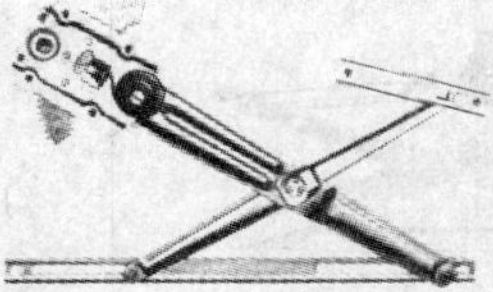	CR-839(R) 龙溪(右)

续表

图示	型号及适用车型
	CR-840(L) 福建龙马(左)
	CR-841(R) 农用四方(右)
	CR-842(L) 213 型 川路王牌(左)
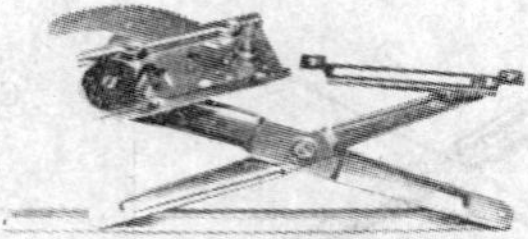	CR-842(R) 213 型 川路王牌(右)

续表

图示	型号及适用车型
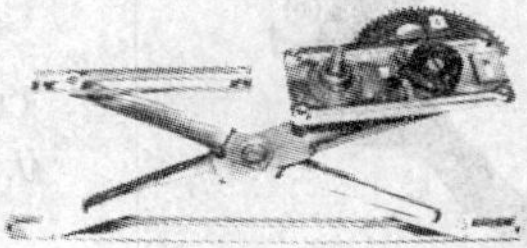	CR-843(L) 钦机王牌(左)
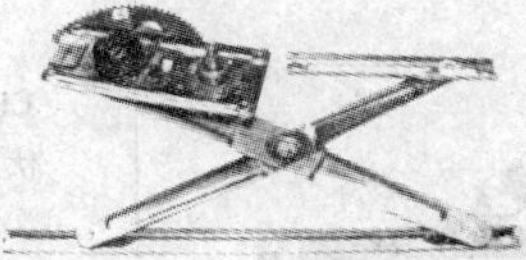	CR-843(R) 钦机王牌(右)
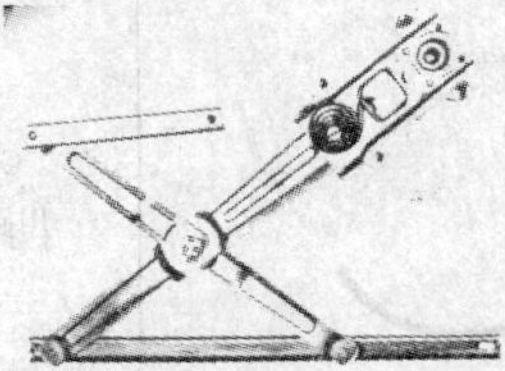	CR-844(L) 2310 型 1028 型 北汽福田(左)
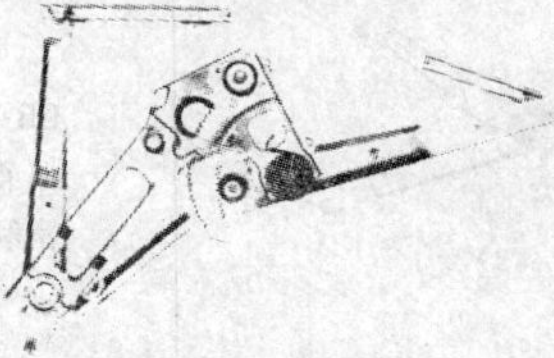	CR-845(R) 时代轻卡(右)

续表

图示	型号及适用车型
	CR-846(FL) 伏尔加(前左)
	CR-847(BR) 伏尔加(后右)
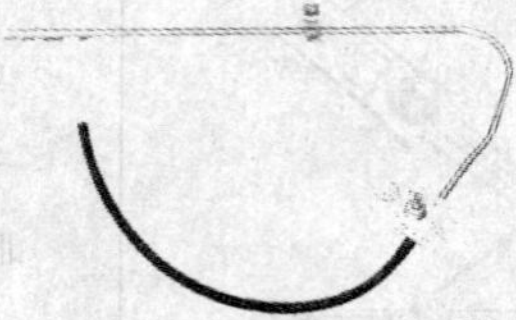	CR-848(L) 川路、川胶(左)
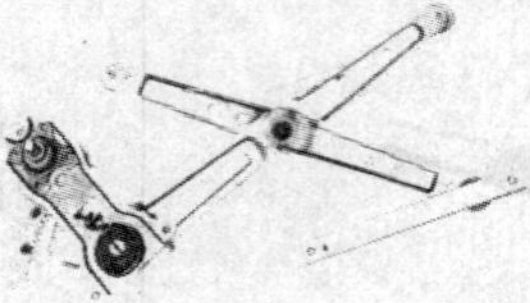	CR-849(R) 得利卡 富利卡(右)

续表

图示	型号及适用车型
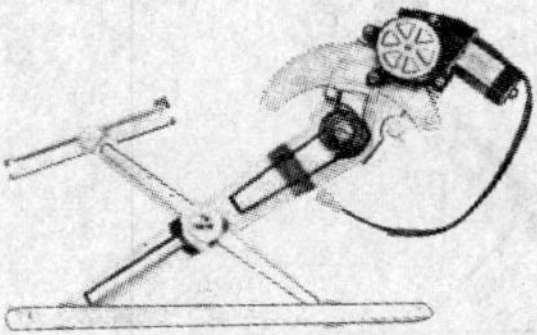	CR-850(FL) 皮卡(前左) 电动升降器
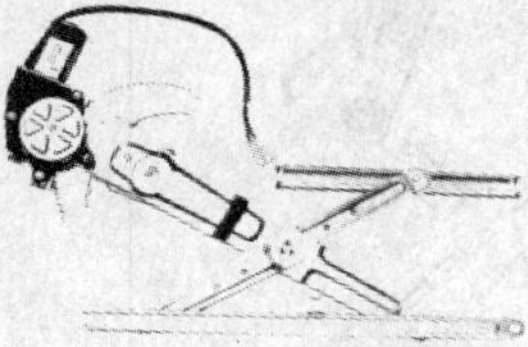	CR-851(BR) 皮卡(后右) 电动升降器
	CR-852(L) CA-151 电动升降器(左)
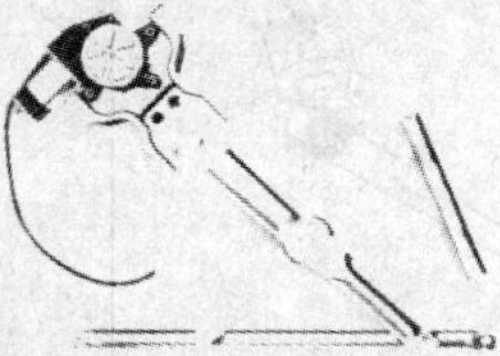	CR-853(R) 金杯6480 电动升降器(右)

续表

图示	型号及适用车型
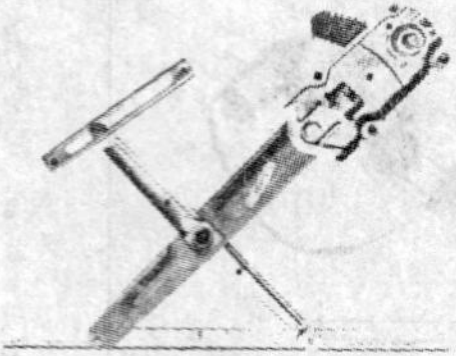	CR-901
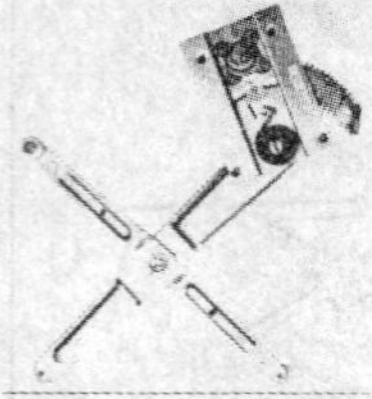	CR-902
	CR-903
	CR-904

续表

图示	型号及适用车型
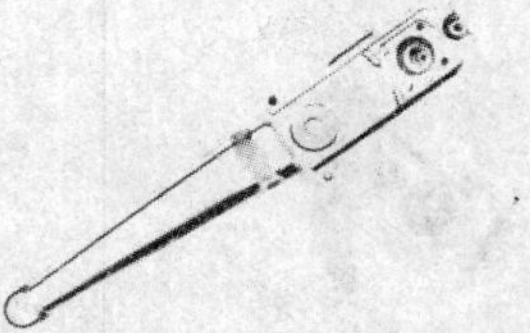	CR-905
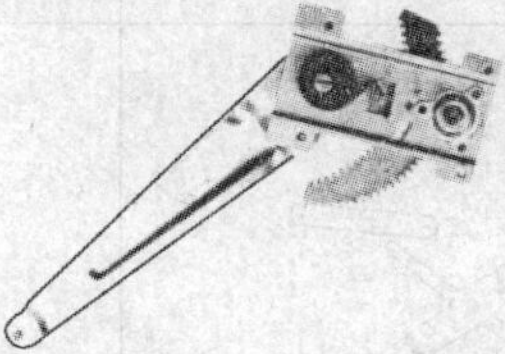	CR-906
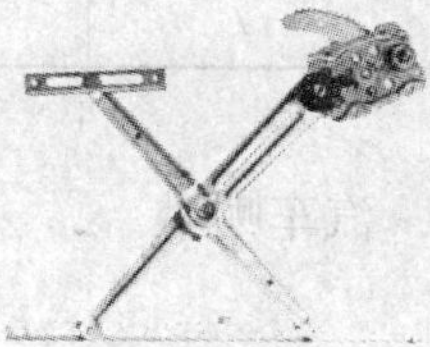	CR-907
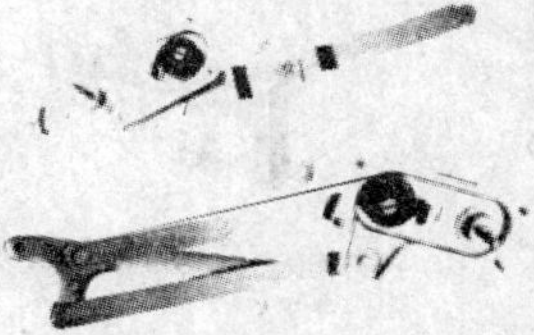	CR-908

续表

图示	型号及适用车型
	CR-909
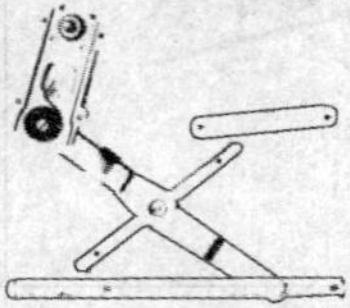	CR-910

注：CR901~910 型为出口产品。

24. 汽车喇叭

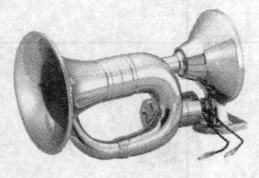

低音气喇叭

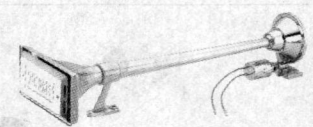

高级方形气喇叭

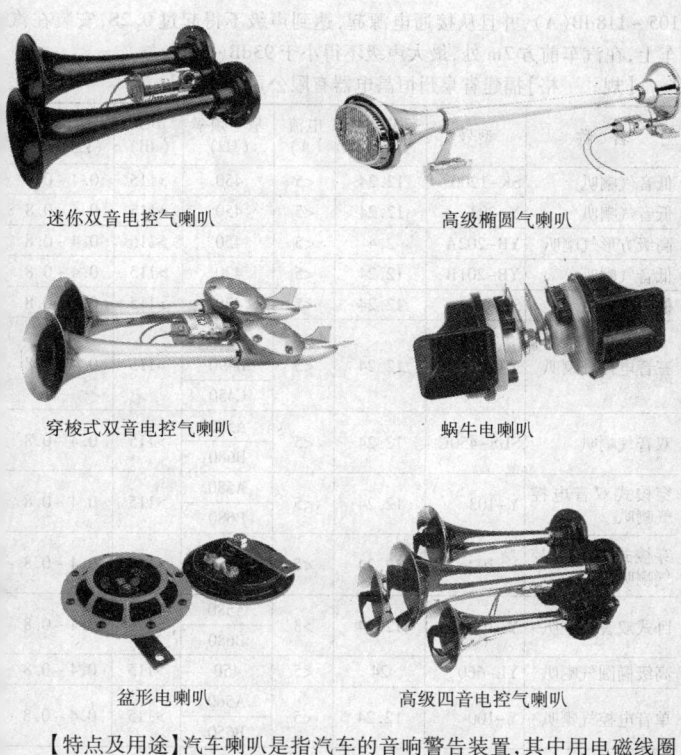

迷你双音电控气喇叭　　　高级椭圆气喇叭

穿梭式双音电控气喇叭　　　蜗牛电喇叭

盆形电喇叭　　　高级四音电控气喇叭

【特点及用途】汽车喇叭是指汽车的音响警告装置，其中用电磁线圈激励膜片振动产生音响的警告装置为电喇叭，用压缩空气激励膜电振动产生音响的警告装置为气喇叭，利用晶体管电路激励膜片振动产生音响的警告装置为晶体管电喇叭。汽车喇叭的造型主要有盆形、螺旋形、筒形等。按音调的不同可分为单音喇叭、双音喇叭和多音喇叭等。GB15742—1995 规定，电喇叭应具有连续发声的功能，距离电喇叭2m 处，其声级应为

105～118dB(A)，并且从接通电源起，达到声级不得起过 0.2S，安装在汽车上，在汽车前方 7m 处，最大声级不得小于 93dB(A)。

【规　　格】福建省泉州恒昌电器有限公司产品

名　称	型号	额定电压（V）	电流（A）	基本频率（Hz）	声级（dB）	工作压力（kgf/cm²）
低音气喇叭	SK-1200	12.24	<5	450	>115	0.4～0.8
低音气喇叭	Y-203	12.24	<5	450	>115	0.4～0.8
高级方形气喇叭	YB-202A	2.4	<5	450	>115	0.4～0.8
低音气喇叭	YB-201B	12.24	<5	420	>115	0.4～0.8
低音气喇叭	SK-740	12.24	<5	450	>115	0.4～0.8
三音电控气喇叭	Y-301A	12.24	<5	A560 B490 C450	>115	0.4～0.8
双音气喇叭	SUS-450C	12.24	<5	A580 B680	>115	0.4～0.8
穿梭式双音电控气喇叭	Y-103	12.24	<5	A580 B680	>115	0.4～0.8
穿梭式双音电控气喇叭	Y-102	12.24	<5	A580 B680	>115	0.4～0.8
卧式双音气喇叭	Y-104	12.24	>3	A580 B680	>125	0.4～0.8
高级椭圆气喇叭	YL-660	24	<5	450	>115	0.4～0.8
单音电控气喇叭	Y-100	12.24	<5	A560 B650	>115	0.4～0.8
高级双音电控气喇叭	Y-101	12.24	<5	A560 B650	>115	0.4～0.8
三音电控气喇叭	Y-301	12.24	<5	A560 B650 C650	>115	0.4～0.8

续表

名 称	型号	额定电压（V）	电流（A）	基本频率（Hz）	声级（dB）	工作压力（kgf/cm²）
高级四音电控气喇叭	Y-401	12.24	<5	A560	>115	0.4~0.8
				B650		
				C560		
				D650		
迷你双音电控气喇叭	Y-101S	12.24	<5	A560	>115	0.4~0.8
				B650		
迷你双音电控气喇叭	Y-101M	12.24	<5	A560	>115	0.4~0.8
				B650		
双音电动气喇叭	RV-101	12 24	<5、<10	A580	>115	
				B680		
电动气喇叭	RV-800	12.24	<15、<10	450	>115	
电动气喇叭	GMP-3	12.24	<15、<10	A580	>115	
				B680		
双音电动气喇叭	GP-2	12.24	<15、<10	A580	>115	
				B680		
四音电子蜗牛喇叭	CKS-300	12.24	<5	H510	>115	
				L420		
蜗牛电喇叭	DL-508	12.24	<5	H500	>115	
				L430		
蜗牛电喇叭	DL-502	12.24	<5	H500	>115	
				L430		
蜗牛电喇叭	DL-509	12.24	<5	H500	>115	
				L430		
无触点电子蜗牛喇叭	EDL-509	12.24	<5	H500	>115	
				L430		

续表

名　称	型号	额定电压 （V）	电流 （A）	基本频率 （Hz）	声级 （dB）	工作压力 （kgf/cm²）
蜗牛电喇叭	DL-506	12.24	<5	H500 L430	>115	
蜗牛电喇叭	DL-507	12.24	<5	H500 L430	>115	
盆形电喇叭	DL-505	12	<6	A500 B400	>115	φ 直径 90mm
盆形电喇叭	DL-503	12	<6	A50 B400	>115	φ 直径 90mm
盆形电喇叭	DL-501 DL-501D	12	<6	A500 B400	>115	φ 直径 95mm、 120mm
盆形电喇叭	DL-504	12	<6	A500 B400	>115	φ 直径 110mm

25. 汽车降温器

【特点及用途】汽车降温器亦称车用小风扇，主要安装在汽车驾驶室前方，供驾驶员防暑降温所用。

【规　　格】泉州恒昌电器有限公司产品

型号	额定电压 （V）	叶片直径		电流 （A）
		（mm）	（in）	
QD-8	12/24	200	8	<1
QD-10	12/24	250	10	<1.5

26. 组合仪表

【特点及用途】组合仪表是安装在驾驶座前端风窗下面位置供驾驶员观察车况的设备,其表盘主要有水温表、速度表、油量表、里程表、电流表、转向、远光指示灯及仪表灯等。汽车因造型设计与功能要求差异,各种车型车辆的组合仪表亦各具特色,形式多样。

【规　　格】成都航空仪表公司产品

型号名称	外形	配套车型	主要技术参数
ZHB-1 组合表		铁马汽车	1. 额定电压:24VDC 2. 显示范围:机油温度表:50 ~ 120 ~ 150℃ 　双针气压表 :0 ~ 1MPa,报警压力 0.55MPa,气路接头 M12×1.5 　缸头温度表:30 ~ 220℃ 　油压表 0 ~ 0.5MPa 　油量表:0 ~ 1/2 ~ 1 3. 配套传感器:GWR-17 机油温度传感器;GWR-18 缸头温度传感器;GY-11 油压传感器;ULG-2 油量传感器;传感器可根据用户的具体要求重新配置 4. 安装用外径:φ140
ZHB-2 组合表		奔驰载重车	1. 额定电压:24VDC 2. 显示范围:机油温度表:50 ~ 120 ~ 150℃ 　双针气压表 :0 ~ 1MPa,气路接头 M12×1.5 　油压表:0 ~ 0.5MPa 　油量表:0 ~ 1/2 ~ 1 3. 配套传感器:GWR-17 机油温度传感器;GY-11 油压传感器;ULG-4 油量传感器;传感器可根据用户的具体要求重新配置 4. 安装用外径:φ140

续表

型号名称	外形	配套车型	主要技术参数
ZHB-7 组合表		铁马汽车、亚星奔驰车	1. 额定电压:24VDC 2. 显示范围:水温表:40~80~120℃ 双针气压表 :0~1MPa,报警压力0.55MPa,气路接头 M12×1.5 电压表:8~32V 油压表:0~0.6MPa 油量表:0~1/2~1 3. 配套传感器:根据用户的具体要求进行配置 4. 安装用外径:φ140
ZHB-8 组合表		奔驰载重车、安凯客车	1. 额定电压:24VDC 2. 显示范围:水温表:40~80~120℃ 双针气压表 :0~1MPa,报警压力0.55MPa,气路接头 M12×1.5 油压表:0~0.5MPa 油量表:0~1/2~1 3. 配套传感器:根据用户的具体要求进行配置 4. 安装用外径:φ140
ZHB-11 组合表		安凯客车	1. 额定电压:24VDC 2. 测量范围及安装接头: 水温表:40~120℃ 双针气压表:0~1.0MPa, 报警点:0.52±0.02MPa 油压表:0~1.0MPa 油量表:E~F 3~180(Ω)(输入电阻) 安装接头:M12×1.5-6h 3. 配套传感器: 机油温度传感器:WG-25 油量传感器 ULG-26

续表

型号名称	外形	配套车型	主要技术参数
ZHB-12 透过式 组合表		昌河、铃木微型车	1. 额定电压：12VDC 2. 显示范围：水温表：C ~ H（60 ~ 130℃） 　油量表：0 ~ 1/2 ~ 1 　车速里程表：0 ~ 140km/h 累计里程表：0 ~ 99999.9km 3. 配套传感器：WG-17 水温传感器 　ULG-17 油量传感器
ZHB-13 组合表		吉利、美日、夏利轿车	1. 额定电压：12VDC 2. 测量范围：水温表：80 ~ 125℃ 　油量表：E（空）~ 1/2 ~ F（满） 　电子转速表：0 ~ 9000r/min 　车速里程表：速度：0 ~ 180km/h 　里程：累计里程 0 ~ 99999.9km 　日计里程 0 ~ 999.9km 　传动比：1 : 637 3. 配套传感器：油量传感器 ULG-29
重车 ZHB-15 组合表			工作温度：-25 ~ 70℃ 储存温度：-30 ~ 70℃（至 85℃最长 1 小时） 基本误差要求： a. 电压表指示范围：18 ~ 32V b. 试验参数应符合表 1：

表 1

指示值（V）	L(18)	24	28	H(32)
基准电压（V）	18	24	28	32
误差（V）	±1.6	±1	±1	±1.6

c. 机油表指示范围：0 ~ 6（×0.1MPa）
d. 允许偏差：全弧长的±4%
e. 试验参数应符合表 2：

表 2

指示值（×0.1MPa）	0	1	2	3	4	5
对应输入电阻（Ω）	10	48	82	116	151	184

续表

型号名称	外形	配套车型	主要技术参数
重车 ZHB-14 组合表			工作温度：-25~70℃ 储存温度：-30~70℃（至85℃最长1小时） 基本误差要求： (1) 水温表 a. 指示范围：40~120℃；b. 允许误差：全弧长的±4%；c. 试验参数见表3：

表3

指示值（℃）	40	60	80	100	120
对应输入电阻（Ω）	287.4	134	69.1	38.5	22.7

(2) 燃油表
a. 指示范围：0~1(E~F)；b. 允许误差：全弧长的±4%；c. 试验参数见表4：

表4

指示值（℃）	0(E)	1/4	1/2	3/4	1(F)
对应输入电阻（Ω）	10	36.4	76.8	124.2	180

(3) 制动系统压力表（包括表1和表2）
a. 指示范围：0~1.0MPa；b. 允许误差：全弧长的±4%；c. 试验参数见表5：

表5

指示值（×0.1MPa）	0	2	4	6	8	10
对应输入电阻（Ω）	10	48	82	116	151	184

(4) 发动机电子转速表
a. 传动比：1：3.365；b. 指示范围：0~3000r/min；c. 允许误差：最大指示值的±2%（在最大指示值的10%到90%范围内）；d. 高转速报警点：2800r/min（942Hz）±2%，滞后≤±4%。

附:部分组合仪表型式及适用车型图示(温州鑫田集团有限公司产品):

XT-GSX139A

福口收割机

ZB-129F(E)

白马王子液晶式

昌河北斗星

ZB-129P

新疆一号、二号

解放轻汽

498ZB-140

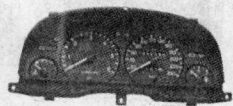

江铃全顺

BZ-168

杭州六平柴(重型车系列)

杭州 217

解放巨能王

ZB-211B2

新东风(重型车系列)

EQ1402B

南京六平柴(重型车系列)

NJ217

固安收割机

BZ-102T-2

ZB111B(冷光盘)

长城皮卡液晶式

山东鲁淮 ZB139

解放 CA-141·142

ZB-221-001

解放九平柴电子液晶

东风三吨轻卡
EQ-3801Q·1061

CA-151·150P
解放六平柴

EQ-145·153
东风六平柴 康明斯

柳州六平柴老乘龙
ZB-214A

新东风
EQ140·2B

柳州乘龙王子
ZB-235·244

东风三代带转数表
EQ-140-2

南京六平柴
NJ 东风-2

南京跃进
NJ-131·136

五十铃 BZ110·102

东风1.5吨新轻卡
EQ-3801-DF63·1030

新江淮五十铃 ZB-245C

小解放 CA-1046·1026

天皇100P 新庆铃
BZ-110·100P

金杯1041
SY-1041

金杯海狮、丰田机械电子
ZB-125D

ZB-125E（电子式）
金杯海狮客车带转速

新型考斯特 BZ-217(117)

星王·新牡丹 ZB-138

厦门小金龙
ZB-118

NJ-1062·BZ-161
南京新跃进

HFJ-6350B
哈飞中意电喷车液晶式

YM85-6450
海拉克斯

ZB-116C
丰田海拉克斯电子液晶式

XTZB-101A
一汽佳宝

长城皮卡液晶式带转表
ZB-111B

丰田吉利跑车
6360

STN·JETTA
普通型桑塔纳·捷达

时代超人桑塔纳·2000 型

TJ-7100·730 天津夏利

TJ110·1010 天津大发

TJ-7100·730
金夏利电喷车

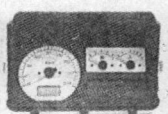

3820010-V9
一汽佳宝

LZ1010 三代柳州单排客货

BZ-116L 新长安

ST-90 铃木

ZB-160 长安之星

ZB-129F
白马王子新奥拓哈飞中意

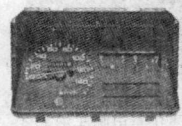

奥拓 ZB-129A

ZB-132D
江铃皮卡、机械式、电子式

新昌河 ZB-129B

LZ1010-278 柳州五菱 P 车

99 款柳州

BJ-2020N·130
北京吉普

BJ-2020N·S
北京吉普

BJ—102·S
新型吉普农用

小北京·北汽福田
BJ122、1022、1021、8104

ST-105 黑豹

ZB-152·NJ-1041·1061
小金宝新跃进

BZ102T
吉普金旋风

ZB-102D
小龙溪、小龙马、小龙江

ZB-102B
大龙溪、大龙马、大龙江

BJ223 吉普战旗

ZB-146 一汽红塔

一汽红塔·宝马金卡

27. 汽车用车速表（GB15082-94）

【特点及用途】汽车用车速表是观察汽车行驶速度的仪表。标度盘应位于驾驶员的直接视野以内,且昼夜均能清晰易读。车速表指示范围必须能包容汽车给出的最大车速,速度单位以 km/h 表示(出口至使用英制计量单位的国家可以 km/h 和 mph 两种单位表示)。速度最小分度值为 5km/h(英制 5mph),标度盘上标明的车速值应是 20km/h 和 20mph 的倍数。

【规　　格】成都航空仪表公司产品

型号及名称:重车 SLB-7 电子车速里程表

指示范围:速度:0 ~ 125km/h

里程:0 ~ 999 999km

工作温度:-30 ~ +55℃

储存温度:-30 ~ +70℃(至 85℃最长 1 小时)

额定工作电压:24V

里程脉冲数:4 476 ~ 13 002

编码:按编码盘

配套:霍尔脉冲传感器

误差:车速指示误差:试验温度 20℃,20 ~ 125km/h 区间内,指示误差为最大指示值的 4%

里程指示误差:标称值的±2%

28. 高度表

【特点及用途】QGB-1 型高度表专门用于检查猎豹汽车爬坡高度,其工作温度-20 ~ +80℃,放置温度-30 ~ +90℃。

QGB-1

【规　　格】成都航空仪表公司产品

高度检查点(m)	相应气压值(MPa)	指示误差范围(m)
0	101.325	±100
500	95.461	±150
1 000	89.874	±150
1 500	84.556	±150
2 000	79.495	±150
3 000	70.108	±200
4 000	61.640	±250

29. 坡度表

【特点及用途】QPB-1 型坡度表专门用于检查猎豹汽车爬坡坡度,其工作温度-20 ~ +80℃,放置温度-30 ~ +90℃。

【规　　格】成都航空仪表公司产品

地平仪左、右倾角(度)		地平仪俯、仰倾角(度)	
检查点	指示误差范围	检查点	指示误差范围
0	±3	0	±3
20	±5	20	±5
40	±5	40	±5

30. 双针气压表

2QYB-1　　　　　　2QYB-2

【特点及用途】双针气压表专门用于汽车指示刹车系统贮气瓶压力，其当气压低于0.55MPa时，便发出报警信号。

【规　　格】成都航空仪表公司产品

型号	2QYB-1	2QYB-2
指示压力范围	0~1MPa	
指示误差	在指示压力范围前2/3区间内允许误差为±0.02MPa，而后1/3区间，允许误差±0.04MPa	
报警开关工作点	0.55±0.02MPa	
适用环境温度	-25~+65℃	
外径	φ60mm	
配套车型	斯太尔、安凯客车、浦沅工程车	亚星奔驰、铁马汽车

31. 车用电压表

DYB-1

【特点及用途】DYB-1型车用电压表专门用于测量电瓶电压。

【规　　格】成都航空仪表公司产品

型号		DYB-1			
指示范围		18 ~ 32V			
试验参数	指示值(V)	18	24	28	32
	允许误差(V)	±1.2	±0.8	±0.8	±1.2
配套车型		亚星、奔驰载重车			

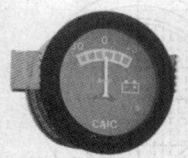

DLB-1

32. 车用电流表

【特点及用途】DLB-1 型车用电流表采用 PC 板透光式刻度盘,专门用于测量整车电源系统电流。

【规　　格】成都航空仪表公司产品

型号:DLB-1

指示范围:-30A ~ +30A

外径:φ55

标称电压:24V(DC)

接线方式:φ5mm(孔型)

配套车型:工程车

33. 汽车前照灯(GB/T4659-1984)

【特点及用途】汽车前照灯是安装在汽车前端供汽车安全照明及警示的照明装置。按安装在车辆上数量分为二灯制和四灯制(SD),按安装方式分为内装式(ND)和外装式(WD),按其形状分为圆形、矩形和特殊形,

按其灯光组型式分为半封闭式和封闭式(F),按其光束类型分为远光灯(R)、近光灯(C)和远、近光灯(CR)。

(1)圆形内装式前照灯

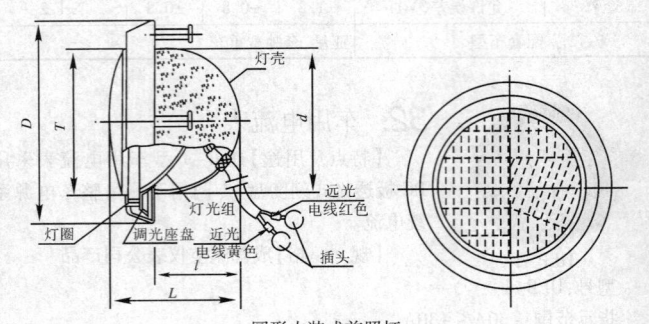

圆形内装式前照灯

注:灯壳形状不作规定。

【规　　格】

型号	基本尺寸(mm)				
	T	D ≤	L ≤	d ≤	l ≤
ND136	136	185	138	130	90
ND170	170	230	190	167	100

(2)圆形外装式前照灯

圆形外装式前照灯按其结构型式分为采用半封闭式灯光组的前照灯和采用封闭式灯光组的前照灯。

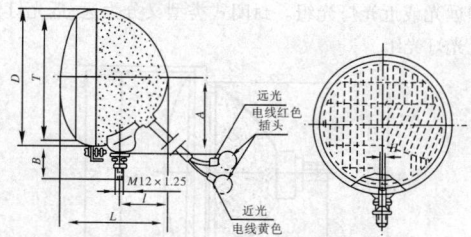

采用半封闭式灯光组的圆形外装式前照灯

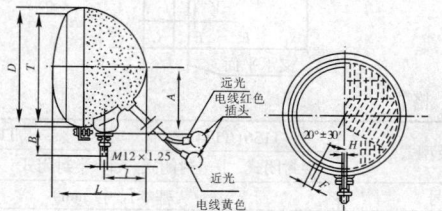

采用封闭式灯光组的圆形外装式前照灯

【规　格】

型号	基本尺寸(mm)							
	T	D	L	A	B	l	F	H
		≤	≤	≥	≥	≤		
WD136	136	152	125	90	30	41	8.4	7
WD170	170	195	150	110	30	60	14.8	9

（3）圆形前照灯灯光组

圆形前照灯灯光组分为半封闭式和封闭式两种类型。其中半封闭式类型又分内装式远、近光灯灯光组、远光灯灯光组、近光灯灯光组；外装式远、近光灯灯光组和远光或近光灯灯光组。封闭式类型又分为远、近光灯灯光组、远光灯灯光组及近光灯灯光组。

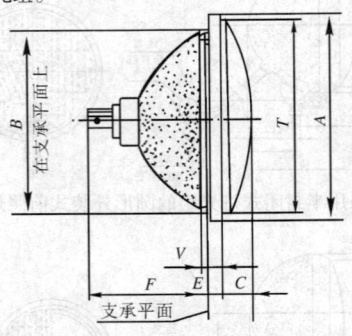

【规　　格】

型号及型式		T136（T134）*		T170	
		半封闭式	封闭式	半封闭式	封闭式
代号		基本尺寸（mm）			
T		136（134）*		170	
A		≤145	144.8	≤178.6	178.6
B	≤	130		162	
C	≤	23		29	
E	≤	13.7		13.7	
	≥	11.7		11.7	
F	≤	90	76	95	
V	≤	3.5		5.2	
	≥	2.0		2.7	

注：＊括号内型号或其尺寸仅为半封闭式前照灯灯光组的不推荐的型号或其尺寸。

(4) 矩形内装式前照灯

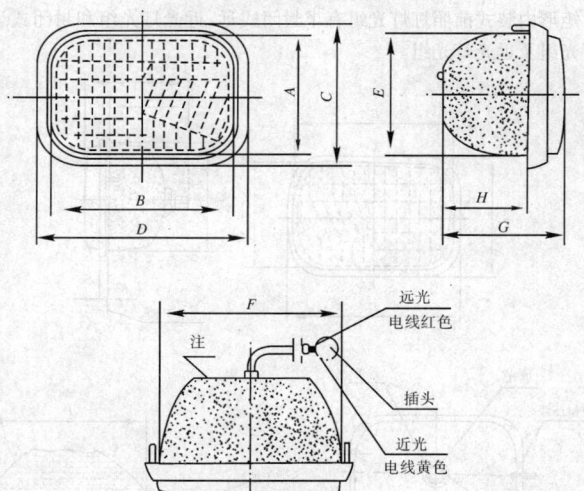

注:灯壳形状不作规定,也可以没有灯壳。

【规　格】

型号	基本尺寸(mm)									
	A		B		C	D	E	F	G	H
	≤	≥	≤	≥	≤	≤	≤	≤	≤	≤
ND132×190	132	130.9	190	188.9	185	242	135	192	138	106
ND140×220	140	139	220	218.85	218	290	162	242	170	120

（5）矩形内装式前照灯灯光组

矩形内装式前照灯灯光组有半封闭式远、近光灯灯光组和封闭式远、近光灯灯光组及远光灯灯光组。

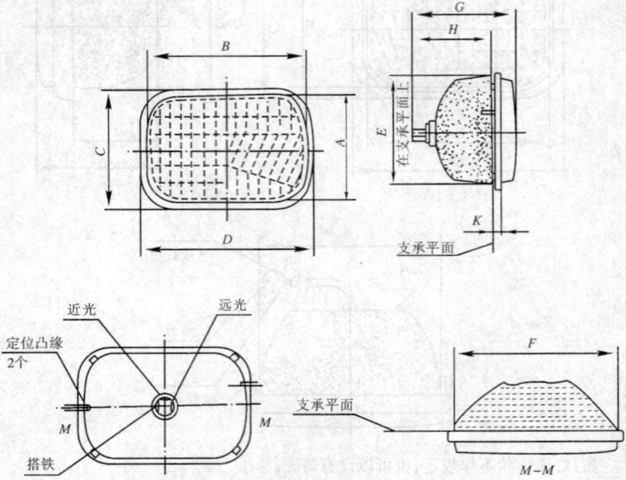

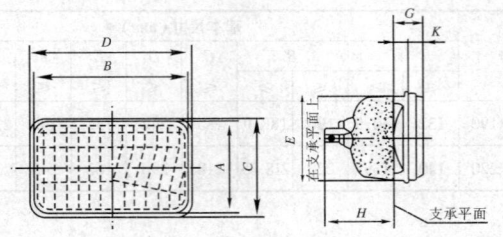

半封闭式前照灯远、近光灯灯光组

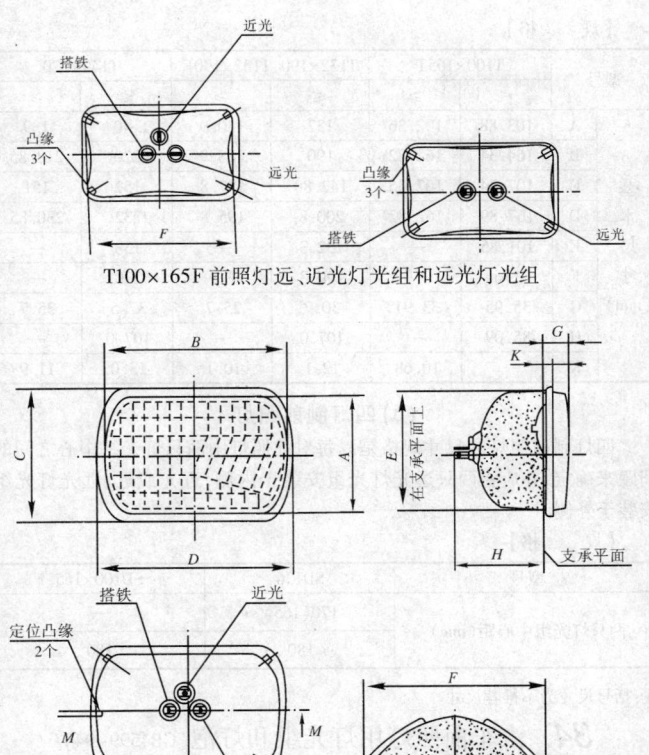

T100×165F 前照灯远、近光灯光组和远光灯光组

T132×190F 前照灯远、近光灯光组

【规　　格】

型号		T100×165T		T132×190、T132×190F		T140×220	
		≤	≥	≤	≥	≤	≥
基本尺寸（mm）	A	103.88	102.36	132	130.9	140	139
	B	164.34	162.82	190	188.9	220	218.85
	C	107.44	102.36	142.80	137.8	152	151
	D	167.89	162.82	200.8	195.8	232	230.85
	E	101.85	—	132.3		138	
	F	176	—	190.3		220	
	G	35.95	33.91	30.7	25.7	37.5	35.7
	H	85.09	—	107.0		107.0	
	K	—	10.68	12.1	10.1	13.0	11.9

(6)四灯制前照灯

四灯制前照灯的尺寸规格是以每对前照灯中两只灯光组中心之间的间距来确定,并应将两只远光灯光组安装于内侧,近光或近、远光灯光组安装于外侧。

【规　　格】

型号	SD136	SD100×165
两只灯光组中心距（mm）	170（165）	—
	180	180

注:括号尺寸为不推荐尺寸。

34. 汽车前照灯用灯光组和灯泡 (GB4599-94)

【特点及用途】汽车前照灯用灯光组是由配光镜、反射镜和光源(灯泡

或发光灯丝组件)等的组合体,有封闭式灯光组(结合成一个不可拆整体的灯光组)和半封闭式灯光组(配光镜与反射镜固定结合,灯泡可拆卸更换的灯光组)两种型式。前照灯的配光应使其近光具有足够的照明和不眩目,远光具有良好的照明。

【规　格】

a. 封闭式前照灯使用的封闭式灯光组

类 别			白　炽　灯								卤钨灯(H₄型)	
透光直径或尺寸(mm)			φ136		φ170		100×165①		132×190①		②	
标称电压(V)③			12	24	12	24	12	24	12	24	12	24
标称功率(W)④	双光束	远光	37.5		60		40		65		60	
		近光	50		50		60		55		55	
	单光束	远光	50		75		50					
		近光			50							
试验电压(V)			12.0		12.0		12.0		12.0		13.2	
试验电压下功率及其允差(W)	双光束	远光≤	37.5		60.0		40.0		65.0		75	
		近光≤	50.0		50.0		60.0		55.0		68	
	单光束	远光≤	50.0		75.0		50.0					
		近光≤			50.0							

注:①该规格功率等规定暂作试行。

　②其透光直径或尺寸参照白炽灯。

　③标称电压为 24V 的封闭式灯光组正在研究中。

b. 半封闭式前照灯使用的灯泡

类 别		白炽灯		卤钨灯							
灯泡型号		R₂		H₁		H₂		H₃		H₄	
标称电压(V)		12	24	12	24	12	24	12	24	12	24
标称功率(W)	远光	45	55	55	70	55	70	55	70	60	75
	近光	40	50							55	70

续表

类　　别		白炽灯		卤钨灯						
试验电压(V)		13.2	28.0	13.2	28.0	13.2	28.0	13.2	28.0	13.2	28.0
在试验电压下	功率(W) 远光	45+10%	55+10%	68 ≤	84 ≤	68 ≤	84 ≤	68 ≤	84 ≤	75 ≤	85 ≤
	功率(W) 近光	40+10%	50+10%							68 ≤	80 ≤
	光通量(lm) 远光	600 ≥		1 550 ±15%	1 900 ±15%	1 800 ±15%	2 150 ±15%	1 450 ±15% (±20%)	1 750 ±15% (±20%)	1 650 ±15% (±20%)	1 900 ±15% (±20%)
	光通量(lm) 近光	400~550 (400~550) (400~570)								1 000 ±15% (±20%)	1 200 ±15% (±20%)
灯头型号		P45t-41		P14.5s		×511		PK22s		P43t-38	

注:1. "在试验电压下"栏内,R_2 灯泡为标称电压下的数据。

2. 括号内数据仅适合轿车以外的车辆使用。

35. 汽车前、后位(侧)灯、示廓灯(GB5920-94)

【特点及用途】汽车前位(侧)灯是指从车辆前方观察,显示车辆存在和宽度的灯;汽车后位(侧)灯是指从车辆后方观察,显示车辆存在和宽度的灯;汽车示廓灯是指显示车辆最外边缘和最高顶部,引起对方特别关注的灯。汽车前、后位(侧)灯、示廓灯的设计和制造应在正常使用条件下,即使受到震动,仍能保证满足使用要求和符合标准(GB5920-94)的配光性能要求。汽车前位灯应为白色;后位灯应为红色;示廓灯前面白色,后面红色;侧标志灯为琥珀色(若与后位灯、后示廓灯、后雾灯、制动灯组合,或复合,或混合,或与后回复反射器组合或共有透光面,则最后面的侧标灯可以为红色)。汽车前、后位(侧)灯可组合成组合灯、复合灯和混合灯,也可作示廓灯使用。

【规 格】

灯泡型号	R5W		R10W		C5W		T4W		W5W		W3W	
标称电压(V)	12	24	12	24	12	24	12	24	12	24	12	24
标称功率(W)	5		10		5		4		5		3	
试验电压(V)	13.5	28.0	13.5	28.0	13.5	28.0	13.5	28.0	13.5	28.0	13.5	28.0
在试验电压下 功率(W)	5	7	10	12.5	5	7	4	5	5	7	3	4
允差(±%)	10										15	
光通量(lm)	50		125		45		35		50		22	
允差(±%)	20(25)		20				20(25)				30	
灯头型号	BA15s				SV8.5		BA9s		W2.1×9.5d			

注:括号内的数据仅适合轿车以外的车辆使用。

36. 汽车制动灯(GB5920-94)

【特点及用途】汽车制动灯俗称刹车灯,是指向车辆后方其他道路使用者表明车辆正在制动的灯。汽车制动灯的设计和制造应在正常使用条件下,即使受到震动,仍能保证满足使用要求和符合标准(GB5920-94)的配光性能要求。制动灯应为红色。

【规 格】

灯泡型号	P21W		灯泡型号		P21W	
标称电压(V)	12	24	在试验电压下	功率(W) 允差(±%)	25	28
标称功率(W)	21				6(7.5)	
试验电压(V)	13.5	28.0		光通量(lm)	460	
灯光型号	BA15s			允差(±%)	15(18)	

注:括号内的数据仅适合轿车以外的车辆使用。

附:制动灯与后位(侧)灯制成混合灯使用的双丝灯规格

灯泡型号		P21/5W				P21/4W	
标称电压(V)		12		24		12	24
标称功率(W)		21	5	21	5	21	4
试验电压(V)		13.5		28.0		13.5	
在试验电压下	功率(W)	25	6	28	10	25	5
	允差(±%)	6(7.5)	10	6(7.5)	10	6	10
	光通量(lm)	440	35	440	10	440	15
	允差(±%)	15(18)	20(25)	15(18)	20(25)	15	20
灯头型号		BAY15d				BAZ15d	

注:括号内的数据仅适合轿车以外的车辆使用。

37. 汽车转向信号灯 (GB17509–1998)

【特点及用途】汽车转向信号灯是指汽车和挂车用于向其他使用道路者表明车辆将向右或向左转向的灯具。按类型可分作单灯、双灯和可组合单灯(可以用作单灯,也可以组合成双灯的单灯)。汽车转向信号灯装置中应使用 GB15766.1 规定的灯泡,发出的光应为玻珀色。

【规　格】

类　别	主　要　特　点
1 类装置	安装位置与前照灯的距离不小于 40mm 的前转向信号灯
1a 类装置	安装位置与前照灯的距离大于 20mm,小于 40mm 的前转向信号灯
1b 类装置	安装位置与前照灯的距离小于 20mm 的前转向信号灯

续表

类　别	主　要　特　点
2a 类装置	安装在车辆后部,具有一个发光强度等级的后转向信号灯
2b 类装置	安装在车辆后部,具有两个发光强度等级的后转向信号灯
3 类装置	用于在车辆上仅装用本类侧转向信号灯场合的侧前转向信号灯
4 类装置	用于在车辆上装用 2a 类或者 2b 类装置场合的侧前转向信号灯
5 类和 6 类装置	用于在车辆上装用 1 类、1a 类、1b 类和 2a 类、2b 类装置场合的辅助侧转向信号灯

类　别	发光强度的最小值(cd)	发光强度的最大值(cd)		
		单灯	可组合单灯	双灯
1	175	700	490	980
1a	250	800	560	1 120
1b	400	860	600	1 200
2a	50	350	350	350
2b(白昼)	175	700	490	980
2b(夜晚)	40	120	84	168
3(向前)	175	700	490	980
3(向后)	50	200	140	280
4(向前)	175	700	490	980
4(向后)	0.6	200	140	280
5	0.6	200	140	280
6	50	200	140	280

38. 汽车倒车灯（GB15235-94）

【特点及用途】汽车倒车灯是指照明车辆后方道路和警告其他道路使用者,车辆正在或即将倒车的灯。倒

车灯的设计和制造应在正常使用条件下，即使受到震动，仍能保证满足使用要求和符合标准（GB15235-94）的配光性能要求。倒车灯应为白色。

【规　　格】

灯泡型号	P21W		C21W	
标称电压（V）	12	24	12	24
标称功率（W）	21		21	
试验电压（V）	13.5	28.0	13.5	
在试验电压下　功率（W）	25	28	25	
在试验电压下　允差（±%）	6(7.5)		6(7.5)	
在试验电压下　光通量（lm）	460		460	
在试验电压下　允差（±%）	15(18)		15(18)	
灯头型号	BA15s		SV8.5	

注：括号内数据仅适合轿车以外的车辆使用。

39. 汽车前、后防雾灯

防雾灯　　　　防雾灯　　　前黄色防雾灯（分左右）　白色防雾灯（分左右）

【特点及用途】汽车前、后防雾灯是指在雾、雪、雨或尘埃弥漫等有碍可见度的情况下，为改善车辆前部（或后部）道路照明和使迎面来车（或为使车辆后方其他道路使用者）易于发现而安装的灯具。前雾灯应为白色或黄色，后雾灯应为红色（光度应比后位灯更强的红色信号灯）。防雾灯的设计和制造应在正常使用条件下，即使受到震动，仍能保证满足使用要求和符合标准（GB4660、GB11554）的配光性能要求。

【规　格】

类　别	白炽灯		卤钨灯							
灯泡型号	F_2		H_1		H_2		H_3		\multicolumn 2 H_4(近光灯丝)	
标称电压(V)	12	24	12	24	12	24	12	24	12	24
标称功率(W)	35		55	70	55	70	55	70	55	70
试验电压(V)	13.2	28.0	13.2	28.0	13.2	28.0	13.2	28.0	13.2	28.0
在试验电压下 功率(W)	35±10%		68≤	84≤	68≤	84≤	68≤	84≤	68≤	80≤
在试验电压下 光通量(1m)	685±20%	650±20%(±25%)	1 550±15%	1 900±15%	1 800±15%	2 150±15%	1 450±15%(±20%)	1 750±15%(±20%)	1 000±15%(±20%)	1 200±15%(±20%)
灯头型号	BA20s		P14.5s		X511		PK22s		P43t−38	

注:1. 括号内的数据仅适合轿车以外的车辆使用。

　2. 表中数据为半封闭式前雾灯使用的灯泡产品的规定,封闭式灯光组的电压和功率应参照半封闭式前雾灯使用的灯泡规定。非灯泡更换式后雾灯的标称电压为12V或24V,其功率等光电参数由生产制造者和用户商定。灯泡更换式后雾灯使用的灯泡类型应符合 GB15766.1 的规定。

40. 道路机动车辆灯泡(GB15766.1-1995)

R2 灯

H4 卤素灯

【特点及用途】道路机动车辆灯泡是指机动车辆前照灯、雾灯、信号灯的白炽灯泡。

【规　　格】

灯泡类型	电压(V)	功率(W)	灯头型号	备　注
R2	6 12 14	45/40 45/40 55/50	P45t-41 P45t-41 P45t-41	无色透明或选择性黄色玻壳
H4	12 14	60/55 75/70	P43t-38 P43t-38	无色透明或选择性黄色玻壳
H6	12	65/55	PZ43t	无色透明玻壳
HS1	6 12	35/35 35/35	PX43t PX43t	无色透明或选择性黄色玻壳
S1	6 12	25/25 25/25	BA20d BA20d	无色透明或选择性黄色玻壳
S2	6 12	35/35 35/35	BA20d	无色透明或选择性黄色玻壳
S4	6 12	15/15 15/15	BAX15d BAX15d	无色或选择性黄色玻壳
HB1	12	65/45	P29t	无色,顶部涂黑色遮光层
H5	12	50	PY43d	无色透明玻壳

续表

灯泡类型	电压(V)	功率(W)	灯头型号	备 注
H1	6 12 24	55 55 70	P14.5s P14.5s P14.5s	无色透明玻壳
H2	6 12 24	55 55 70	X511 X511 X511	无色透明玻壳
H3	6 12 24	55 55 70	PK22s PK22s PK22s	无色透明玻壳
HS2	6 12	15 15	PX13.5s PX13.5s	无色透明或带选择性 黄色玻壳
HS3	6	2.4	PX13.5s	(同上)
S3	6 12	15 15	P26s P26s	无色透明或带选择性 黄色玻壳
F1	6 12 24	36 48 44	P36s P36s P36s(P36d)	无色透明或带选择性 黄色玻壳
F2	6 12 24	35 35 35	BA20s BA20s BA20s	无色透明或带选择性 黄色玻壳
F3	6 12 24	45 45 50	BA21s BA21s BA21s	无色透明或选择性黄 色玻壳
P21/5W (P25-2)*	6 12 24	21/5 21/5 21/5	BAY15d BAY15d BAY15d	无色透明玻壳
P21/4W	6 12 24	21/4 21/4 21/4	BAZ15d BAZ15d BAZ15d	(同上)

续表

灯泡类型	电压(V)	功率(W)	灯头型号	备　注
P21W (P25-1) *	6 12 24	21 21 21	BA15s(BA15d) BA15s(BA15d) BA15s(BA15d)	无色透明玻壳
R5W (R19/5) *	6 12 24	5 5 5	BA15s(BA15d) BA15s(BA15d) BA15s(BA15d)	无色透明玻壳
R10W (R19/10) *	6 12 24	10 10 10	BA15s(BA15d) BA15s(BA15d) BA15s(BA15d)	无色透明玻壳
T4W (T8/4) *	6 12 24	4 4 4	BA9s BA9s BA9s	无色透明玻壳
PY21W	6 12 24	21 21 21	BAU15s BAU15s BAU15s	琥珀色玻壳
H6W	12	6	BAX9s	无色透明玻壳
C5W (C11) *	6 12 24	5 5 5	SV8.5 SV8.5 SV8.5	无色透明玻壳
C21W (C15) *	12	21	SV8.5	无色透明玻壳
W3W (W10/3) *	6 12 24	3 3 3	W2.1×9.5d W2.1×9.5d W2.1×9.5d	无色透明玻壳
W5W (W10/5) *	6 12 24	5 5 5	W2.1×9.5d W2.1×9.5d W2.1×9.5d	无色透明玻壳
T1.4W	12	1.4	P11.5d	(同上)
B1.13W	2.7	1.13	PX13.5s	(同上)
B0.6W	6.0	0.6	E10	(同上)

续表

灯泡类型	电压(V)	功率(W)	灯头型号	备　注
B2.4W	6.0	2.4	EP10	(同上)

注：＊ECE37 号法规原版中使用的类型命名。

41. 道路机动车辆灯泡性能要求

（GB/T15766.2–1995）

（1）钨丝灯泡连续燃点情况下的额定寿命值

灯泡类型	6V			12V			24V		
	试验电压(V)	B₃ h	T h	试验电压(V)	B₃ h	T h	试验电压(V)	B₃ h	T h
R2	6.3	90	250	13.2	90	250	28.0	90	250
H4	—			13.2	120	450	28.0	120	450
H6				14.0	＊	300			
HS1	6.3	90	300	13.2	90	300	—		
S1	6.75	40/40	110/110	13.5	40/40	110/110			
S2	6.3	40/40	110/110	13.2	40/40	110/110			
S4	6.75	＊	＊	13.5	＊	＊			
HB1	—			13.2					
H5	—			14.0		100			
H1	6.3	＊	＊	13.2	90	250	28.0	90	250
H2	6.3	＊	＊	13.2	90	250	28.0	90	250
H3	6.3		165	13.2	90	250	28.0	90	250
HS2	6.75	＊	＊	13.5	＊	＊	—		

续表

灯泡类型	6V			12V			24V		
	试验电压(V)	B_3 h	T h	试验电压(V)	B_3 h	T h	试验电压(V)	B_3 h	T h
HS3	6	*	*	—			—		
S3	6.75	*	*	13.5	*	*	—		
F1	6.3	40	110	13.2	40	110	28.0	40	110
F2	6.3	40	110	13.2	40	110	28.0	40	110
F3	6.3	40	110	13.2	40	110	28.0	40	110
P21/5W	6.75	60/600	160/1 600	13.5	60/600	160/1 600	28.0	60/600	160/1 600
P21/4W	6.75	60/600	160/1 600	13.5	60/600	160/1 600	28.0	60/600	160/1 600
P21W	6.75	60	160	13.5	60	160	28.0	60	160
R5W	6.75	100	300	13.5	100	300	28.0	80	225
R10W	6.75	100	300	13.5	100	300	28.0	80	225
T4W	6.75	*	220	13.5	80	330	28.0	80	330
PY21W	6.75	*	*	13.5	*	*	28.0	*	*
H6W	—			13.5	*	*	—		
C5W	6.75	*	220	13.5	350	750	28.0	120	350
C21W	—			13.5	40	110	—		
W3W	6.75	*	*	13.5	500	1 500	28.0	400	1 100
W5W	6.75	*	*	13.5	200	500	28.0	120	350
T1.4W	—			13.5	*	*	—		
B1.13W	2.7	*	*	—			—		

续表

灯泡类型	6V			12V			24V		
	试验电压(V)	B_3 h	T h	试验电压(V)	B_3 h	T h	试验电压(V)	B_3 h	T h
B0.6W	6	*	*	—					
B2.4W	6	*	*	—					

(2)钨丝灯泡连续燃点情况下的额定光通维持率

灯泡类型	6V			12V			24V		
	试验电压(V)	光通维持率		试验电压(V)	光通维持率		试验电压(V)	光通维持率	
		h	%		h	%		h	%
R2	6.3	55/110	85/70	13.2	55/110	85/70	28.0	55/110	85/70
H4	—			13.2	110/225	85/85	28.0	110/225	85/85
H6	—			14.0	75/150	85/80	—		
HS1	6.3	75/150	85/85	13.2	75/150	85/85			
S1	6.75	75/75	80/80	13.5	75/75	80/80			
S2	6.3	75/75	80/80	13.5	75/75	80/80			
S4	6.75	*	*	13.5	*	*			
HB1				13.2					
H5	—			14.0	7.5	85			
H1	6.3	*	*	13.2	170	90	28.0	170	90
H2	6.3	*	*	13.2	170	90	28.0	170	90
H3	6.3	*	*	13.2	170	90	28.0	170	90
HS2	6.75	*	*	13.5	*	*			

续表

灯泡类型	6V			12V			24V		
	试验电压（V）	光通维持率		试验电压（V）	光通维持率		试验电压（V）	光通维持率	
		h	%		h	%		h	%
HS3	6	*	*	—	*	*	—		
S3	6.75	*	*	13.5	*	*	—		
F1	6.3	*	*	13.2	75	80	28.0	*	*
F2	6.3	*	*	13.2	75	80	28.0	*	*
F3	6.3	*	*	13.2	75	80	28.0	*	*
P21/5W	6.75	110/750	70/70	13.5	110/750	70/70	28.0	110/750	70/70
P21/4W	6.75	110/750	70/70	13.5	110/750	70/70	28.0	*	*
P21W	6.75	110	70	13.5	110	70	28.0	110	70
R5W	6.75	150	70	13.5	150	70	28.0	150	70
R10W	6.75	150	70	13.5	150	70	28.0	150	70
T4W	6.75	150	60	13.5	150	60	28.0	150	60
PY21W	6.75	*	*	13.5	*	*	28.0	*	*
H6W	—			13.5	*	*	—		
C5W	6.75	*	*	13.5	225	60	28.0	225	60
C21W				13.5	75	60	—		
W3W	6.75			13.5	750			750	
W5W		*	*	13.5	225	60	28.0	225	60
T1.4W				13.5	*	*			
B1.13w	2.7	*	*	—					
B0.6W	6	*	*	—					
B2.4W	6	*	*	—					

注：* 在考虑中。

42. 道路机动车辆辅助用灯泡（GB/T15766.3–1995）

【特点及用途】道路机动车辆辅助用灯泡是指道路机动车辆使用的，不是法规所涉及，因而没被包括在 GB15766.1–1995 中的白炽灯泡。

【规　格】

类型	电压(V)	功率(W)	灯头型号	备　注
TX1.4W	6	2	BA9s	无色透明玻壳
	6	3	BA9s	无色透明玻壳
	12	1.2	W2×4.6d	无色透明玻壳
	12	1.4		无灯头、无色透明玻壳
	12	2	W2×4.6d	无色透明玻壳
	12	2	BA9s	无色透明玻壳
	12	2.2	W2.1×9.5d	无色透明玻壳
	12	3	BA9s	无色透明玻壳
	12	4	BA9s	无色透明玻壳
H5W	12	5	BA9s	无色透明玻壳
H10W	12	10	BA9s	无色透明玻壳
H20W	12	20	BA9s	无色透明玻壳
	24	2.5	W2.1×9.5d	无色透明玻壳
	24	3	BA9s	无色透明玻壳
	24	3	BA9s	无色透明玻壳

43. 机动车回复反射器(GB11564-1998)

【特点及用途】回复反射器是指由一个或多个回复反射光学单元组成,具有回复反射功能的器件(注:回复反射——指光线沿着与入射光方向的邻近方向反射,当照射角在很大范围内变动时,仍能保持这一特性)。机动车回复反射器适用于各种类型汽车、挂车和摩托车。反射器依其光度特性分为三级:ⅠA级、ⅢA级(用于挂车)和ⅣA级。其色度为红色、琥珀色或无色透明(白色)。

【规　格】

反射器形状及尺寸	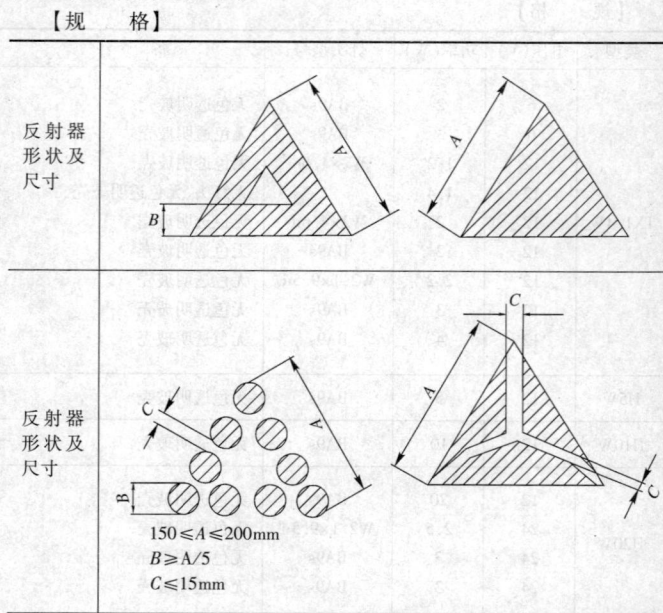
反射器形状及尺寸	150≤A≤200mm B≥A/5 C≤15mm

续表

反射器结构规定	(1) Ⅰ A 级反射器发光面外形应做成除三角形外的各种简单形状,在正常观察距离内不易与常用字母、数字或三角形相混淆,但允许其采用与简单的字母 O、Ⅰ、U 或数字 8 相似的形状。 (2) Ⅲ A 级反射器发光面外形必须是一个等边三角形,若在一角上标有安装位置标记"TOP"字样,则该角的顶点必须指向上方。反射器中心允许有(也可无)一个空白三角形的非反射区(内外三角形对应边平行),其外形边长(A)应在 150～200mm 之间,但沿垂直方向的反射区宽度(B)至少为外形边长的 20%。其反射区可以做成连续的或间断的,间断的最近间距(C)不得大于 15mm,三角形每边上的反射小区数,包括顶角处至少四个。 (3) ⅣA 级反射器发光面外形应做成除三角形外的各种简单形状,在正常观察距离内应不易与常用字母、数字或三角形相混淆,但允许其采用与简单的字母 O、Ⅰ、U 或数字 8 相似的形状。反射器发光面的面积必须至少为 25cm^2。

(1) Ⅰ A 级和Ⅲ A 级红色反射器 　　　　　　　　　mcd/lx

反射器级别	观察角 α	照射角 β			
		垂直 V 水平 H	0° 0°	±10° 0°	±5° ±20°
Ⅰ A	20′ 1°30′	CIL	300 5	200 2.8	100 2.5
Ⅲ A	20′ 1°30′		450 12	200 8	150 8

注:在以基准中心为顶点,以($V=±10°$, $H=0°$)和($V=±5°$, $H=±20°$)为边界的立体角,不允许 CIL 值低于本表最后两栏的数值。

(2) Ⅰ A 级琥珀色和无色透明反射器

Ⅰ A 级琥珀色反射器的 CIL 值不得小于上表中数值乘以系数2.5。

ⅠA级无色透明反射器的 CIL 值不得小于上表中数值乘以系数4。

(3) ⅣA 级反射器的 CIL 应不低于下表的规定。　　(mcd/lx)

续表

反射器的光度（CIL值）	颜色	观察角 α		照射角 β					
			垂直 V	0°	±10°	0°	0°	0°	0°
			水平 H	0°	0°	±20°	±30°	±40°	±50°
	白色	20′	CIL	1 800	1 200	610	540	470	400
		1°30′		34	24	15	15	15	15
	琥珀色	20′		1 125	750	380	335	290	250
		1°20′		21	15	10	10	10	10
	红色	20′		450	300	150	135	115	100
		1°30′		9	6	4	4	4	4

44. 汽车及挂车外部照明和信号装置的光色及色度特性的规定

（GB4785-1998）

a. 灯具光色规定

灯具名称	光　　　色
远光灯	白色
近光灯	白色
转向信号灯	琥珀色
制动灯	红色
牌照灯	白色
前位灯	白色
后位灯	红色
非三角形后回复反射器	红色
三角形后回复反射器	红色

续表

灯具名称	光　色
非三角形前回复反射器 （即白色或无色回复反射器）	与入射光相同
非三角形侧回复反射器	琥珀色。若与后位灯、后示廓灯、后雾灯、制动灯、最后面的红色侧标志灯组合或共有透光面则可以为红色
危险警告信号	琥珀色
前雾灯	白色或黄色
后雾灯	红色
倒车灯	白色
驻车灯	前面白色，后面红色。若与侧转向信号灯、侧标志灯混合则为琥珀色
示廓灯	前面白色，后面红色
侧标志灯	琥珀色。若与后位灯、后示廓灯、后雾灯、制动灯组合，或复合，或混合，或与后回复反射器组合或共有透光面，则最后面的侧标志灯可以为红色

b. 色度特性规定

光色	色度特性	
红色	趋黄极限	$y \leqslant 0.335$
	趋紫极限	$z \leqslant 0.008$
白色	趋蓝极限	$x \geqslant 0.310$
	趋黄极限	$x \leqslant 0.500$
	趋绿极限	$y \leqslant 0.150 + 0.640x$
	趋绿极限	$y \leqslant 0.440$
	趋紫极限	$y \geqslant 0.050 + 0.750x$
	趋红极限	$y \geqslant 0.382$
琥珀色	趋黄极限	$y \leqslant 0.429$
	趋红极限	$y \geqslant 0.398$

续表

光色	色度特性	
琥珀色	趋白极限	$z \leqslant 0.007$
黄色	趋红极限	$y \geqslant 0.138 + 0.580x$
	趋绿极限	$y \leqslant 1.29x - 0.100$
	趋白极限	$y \geqslant -x + 0.940$
		$y \geqslant 0.440$
	趋光谱轨迹极限	$y \leqslant -x + 0.992$

45. 电子调节器

电子调节器
FTD142
FTD242

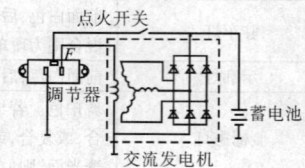

电子调节器
JFT145
JFT245

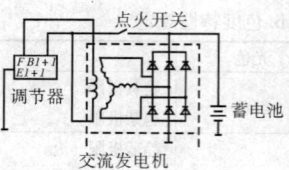

电子调节器
JFT149
JFT249

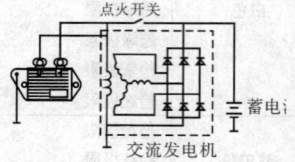

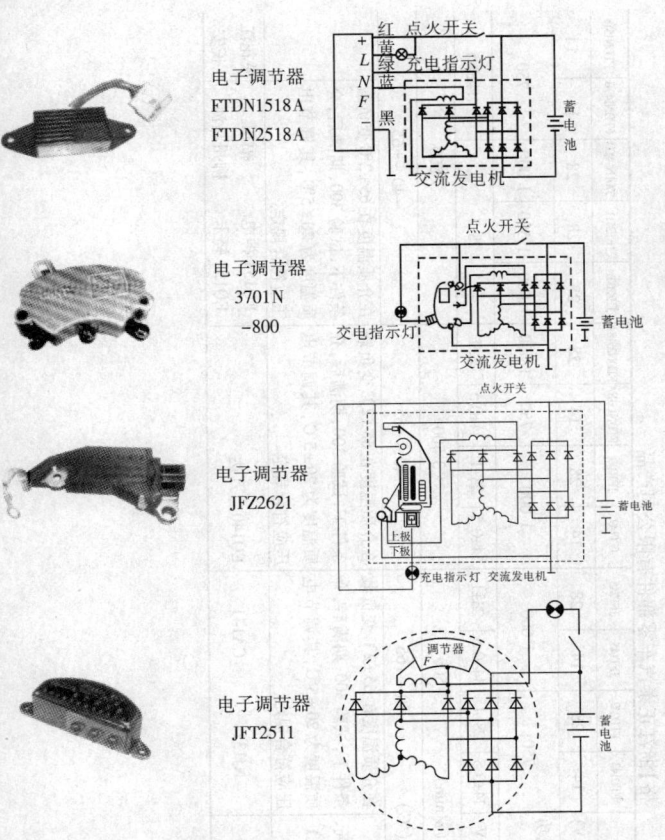

电子调节器
FTDN1518A
FTDN2518A

电子调节器
3701N
–800

电子调节器
JFZ2621

电子调节器
JFT2511

【特点及用途】电子调节器是把交流发电机输出电压控制在规定范围的调节装置,其构造简单,维护也较方便。

【规　　格】浙江正泰汽车零部件有限公司产品

基本型号	FTD142	FTD242	JFT145	JFT245	JFT149	JFT249	FTDN1518A	FTDN2518A	JTZ2621	JFT2511	3701N-800	FTDN149B	FTDN1518
额定电压(V)	14	28	14	28	14	28	14	28	28	28	28	14	14
配发电机功率(W)	750		1 000		1 000		750	1 500	1 000	1 500	1 000	750	
调节电压(V)	14±0.5	28±1	14±0.5	28±1	14±0.5	28±1	14±0.5	28±1	28±1			14±0.5	
电机转速(r/min)	3 500				3 500				3 500				
环境温度(℃)	-40～+65				-40～+65				-40～+65				
寿命(电气、机械)(次)	在介质温度在65±2℃变负载条件下,试验300,期满后,介质温度为20±5℃,其调节电压应符合规定				在介质温度在65±2℃变负载条件下,试验300,期满后,介质温度为20±5℃,其调节电压应符合规定				在介质温度在65±2℃变负载条件下,试验300,期满后,介质温度为20±5℃,其调节电压应符合规定				
适用车型	NJ131		CA141		EQ140　万达				EQ153 神电 EQ153 轻卡		福田 柳州昌河		松花江、长安

46. 电磁电源总开关

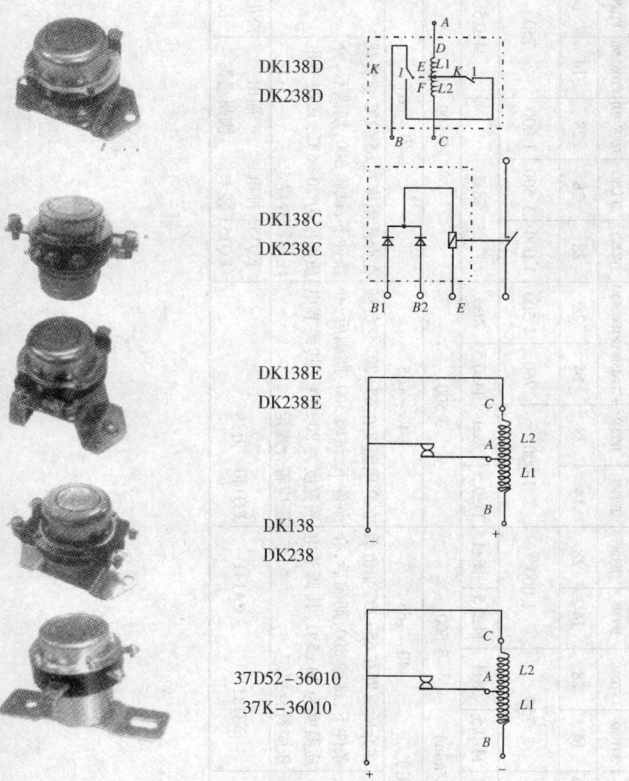

DK138D
DK238D

DK138C
DK238C

DK138E
DK238E

DK138
DK238

37D52-36010
37K-36010

【特点及用途】电磁电源总开关是指接通与切断蓄电池电路的开关。

【规　　格】浙江正泰汽车零部件有限公司产品

【规格】浙江正泰汽车零部件有限公司产品

基本型号	FTDJ42	FTDJ42	JPTJ45	JPTJ45	JPTJ49	JPTJ49	FTDNI518A	FTDNI518A	JTZ2621	JPTZ511	300IN-80D	FTDNI49B	FTDNI518
额定电压(V)	14	28	14	28	14	28	14	28	28	28	28	14	14
配发电机功率(W)	750		1 000		1 000		750	1 500	1 000	1 500	1 000	750	
调节电压(V)	14±0.5	28±1	14±0.5	28±1	14±0.5	28±1	14±0.5	28±1	28±1	28±1			14±0.5
电机转速(r/min)	3 500												
环境温度(℃)	-40～+65												
寿命(电气、机械)(次)	在介质温度在65±2℃变负载条件下,试验300,期满后,介质温度为20±5℃,其调节电压应符合规定												
适用车型	NJ131	CA141	EQ140	万达	EQ153神 EQ153轻卡		福田 柳州昌河		松花江 长安				

47. 继电器

【特点及用途】汽车用继电器是指安装在汽车蓄电池、发电机、启动机、电磁开关、指示灯等电器设备线路中，供接通或切断电源的一种装置。

(1)小型通用继电器

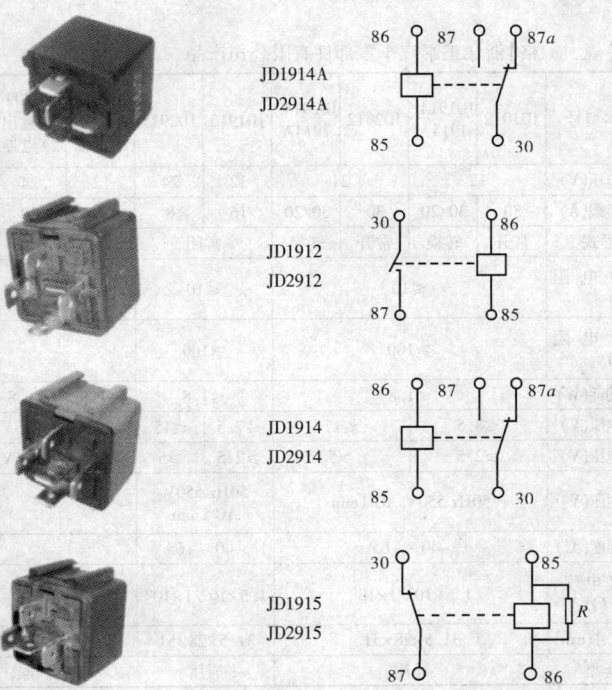

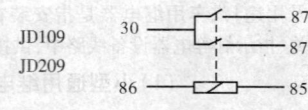

JD109
JD209

【规　　格】浙江正泰汽车零部件有限公司产品

基本型号	JD1912	JD1914/1914A	JD2912	JD2914/2914A	JD1915	JD2915	JD109双输出继电器	JD209双输出继电器
额定电压(V)	12		24		12	24	12	24
触点负载(A)	30	30/20	30	30/20	16	8	30	30
触点形式	常开	转换	常开	转换	常闭			
接触电阻(mΩ)	≤10				≤10		≤5	≤5
绝缘电阻(MΩ)	≥100				≥100			
线圈功耗(W)	≤1.8				≤1.8		≤1.8	≤1.8
吸合电压(V)	≤8.5		≤17		≤7.5	≤15	≤8.5V	≤8.5V
释放电压(V)	≥2.5		≥5		≥2.5	≥5	≥2.5V	≥2.5V
介质耐压(V)	50Hz 550V AC 1min				50Hz 550V AC 1min			
环境温度(℃)	-40 ~ +65				-40 ~ +65			
寿命(电气、机械)(次)	$1.5×10^5/1×10^6$				$1.5×10^5/1×10^6$		≥$5×10^4$次/≥$1×10^6$次	
外形尺寸(mm)	31.5×28×51				31.5×28×51			
适用车型	通用				通用			

注:JD1914A 和 JD2914A 为短脚线路板专用。

（2）小型专用继电器

 JQ101T

86　87　87*a*

85　30

 JQ101S

30　85

87　86

 JQ102S JQ202S

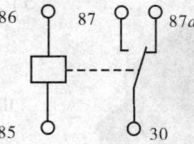

86　87　87*a*

85　30

 JQ103A JQ203A

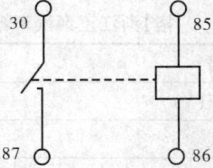

30　85

87　86

【规　　格】浙江正泰汽车零部件有限公司产品

基本型号	JQ101T	JQ101S	JQ102S	JQ202S	JQ103A	JQ203A
额定电压(V)	12			24	12	24
额定电流(A)	30	40	30/20	20/10	60	
触点形式	常开		转换		≤9	≤18
吸合电压(V)	≤8.5		≤17			
释放电压(V)	≥2.5		≥5		≥1.5	≥3
环境温度(℃)	-40 ~ +65				-40 ~ +65	
寿命(电气、机械)(次)	$1.5 \times 10^5 / 1 \times 10^6$				$5 \times 10^4 / 1 \times 10^6$	
外形尺寸(mm)	26×26×35					
适用车型	依维柯				五十铃	

(3)大功率继电器

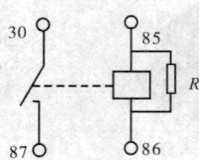

JD101K

【规　　格】浙江正泰汽车零部件有限公司产品

基本型号	JD101K
额定电压(V)	12
触点形式	常开
触点负载(A)	70
接触电阻(MΩ)	≤10
绝缘电阻(MΩ)	≥100

续表

基本型号	JD101K
线圈功耗（W）	≥1.8
吸合电压（V）	≤8.5
释放电压（V）	≥2.5
介质耐压（V）	50Hz　550V　AC　1min
环境温度（℃）	–40 ~ +65
寿命（电气、机械）（次）	$5×10^4/1×10^6$
外形尺寸（mm）	26.3×26.3×40.5
适用车型	轿车

（4）车窗下降继电器

JJD1919

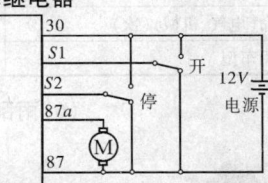

【规　　格】浙江正泰汽车零部件有限公司产品

基本型号	JJD1919
额定电压（V）	12
额定负载（A）	≤10
延时时间（s）	点动
环境温度（℃）	–40 ~ +65
寿命（电气、机械）（次）	$5×10^4$
适用车型	桑塔纳、奥迪

(5)顶灯继电器

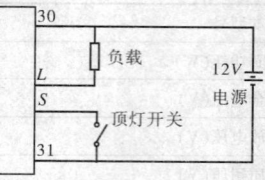

JJD151

【规　　　格】浙江正泰汽车零部件有限公司产品

基本型号	JJD151
额定电压(V)	12
负载功率(VA)	≤10
延时时间(s)	6±2
环境温度(℃)	-40 ~ +65
寿命(电气、机械)(次)	5×10⁴
适用车型	桑塔纳12V电系车辆

(6)雨刮间歇继电器

JJD162C1
JQ304

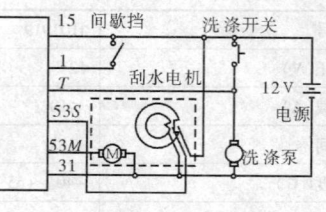

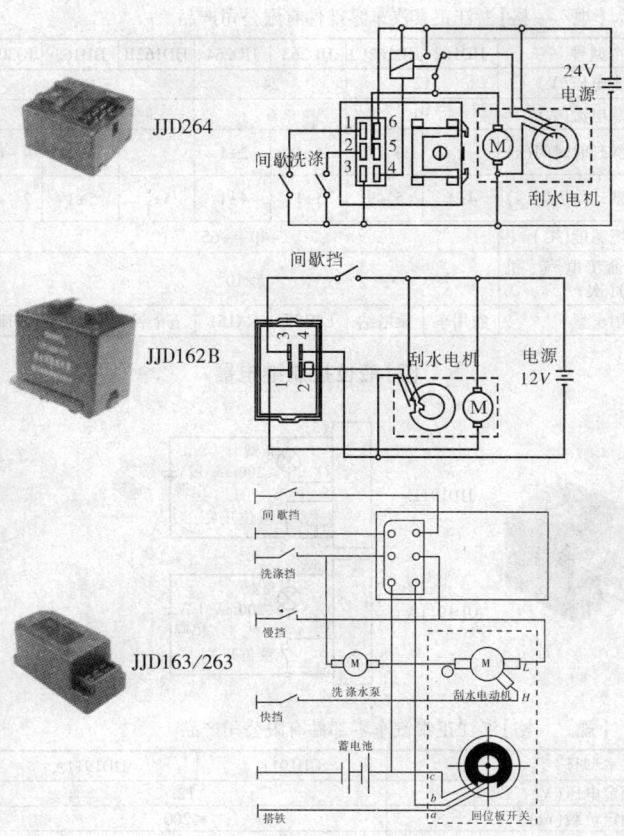

JJD264

间歇洗涤

24V电源

刮水电机

间歇挡

JJD162B

刮水电机

电源 12V

间歇挡

洗涤挡

慢挡

JJD163/263

洗涤水泵

刮水电动机

快挡

蓄电池

搭铁

回位板开关

【规　　格】浙江正泰汽车零部件有限公司产品

基本型号	JJD162	JJD162C1	JJD263	JJD264	JJD162B	JJD163	JQ304
额定电压(V)	12		24		12		
负载电流(A)	10		6		10		
洗涤延时时间(s)		3～7	4±1	2±1		4±1	4～6
间歇动作周期(s)	4±1	5～9	5±1	4±1	$5\pm^2_1$	5±1	2～4
环境温度(℃)	-40～+65						
寿命（电气、机械）(次)	5×10^4						
适用车型	农用车	桑塔纳	EQ153	CA151	五十铃	福田	富康

(7)液位控制继电器

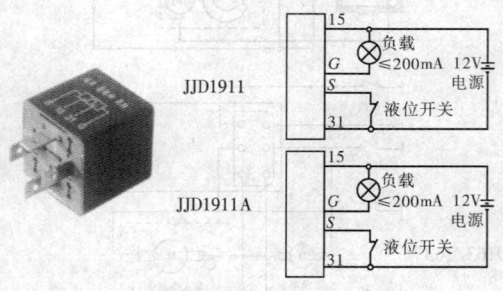

JJD1911

JJD1911A

【规　　格】浙江正泰汽车零部件有限公司产品

基本型号	JJD1911	JJD1911A
额定电压(V)	12	
额定负载(mA)	≤200	
延时时间(s)	21±3	
环境温度(℃)	-40～+65	
适用车型	桑塔纳　12V电系车辆	

(8)灯光、变光继电器

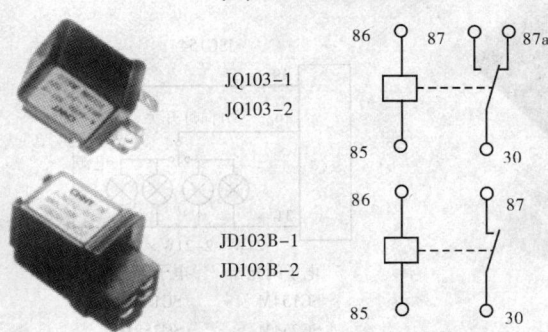

JQ103-1
JQ103-2

JD103B-1
JD103B-2

【规　　格】浙江正泰汽车零部件有限公司产品

基本型号	JQ103-1	JQ103-2
额定电压(V)	12	24
触点负载(A)	30/20	
触点形式	转换	
绝缘电阻(MΩ)	≥100	
接触电阻(mΩ)	≤25	
线圈功耗(W)	≤1.8	
吸合电压(V)	5~7.5	10~15
释放电压(V)	1.5~4	3~8
介质耐压(V)	50Hz　550V　AC　1min	
环境温度(℃)	-40~+65	
寿命(电气、机械)(次)	$5×10^4/1×10^6$	
外形尺寸(mm)	30×31.2×42.9	
适用车型	福田农用车　五十铃	

(9)闪光继电器

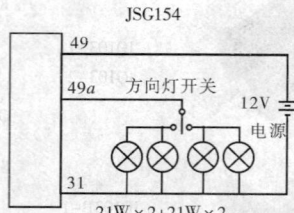

JSG154

49
49a 方向灯开关
31
12V 电源

$21W \times 2 + 21W \times 2$

电子闪光器   电子闪光器
SG154M   SG158D
SG254M   SG258D
SG158G
SG258G

B
L 方向灯开关 蓄电池
E

$21W \times 2 + 21W \times 2$

电子闪光器
SG158K
SG258K

B
L 方向灯开关 蓄电池
E

$21W \times 3 + 21W \times 3$

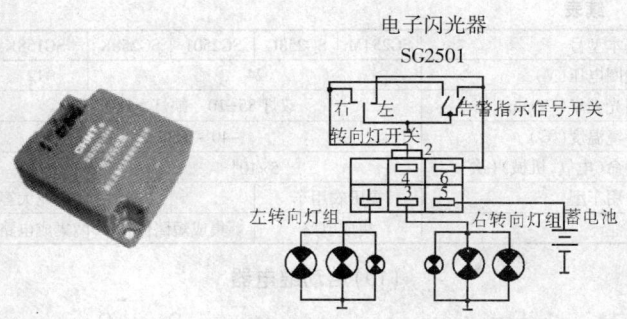

电子闪光器
SG2501

【规　　格】浙江正泰汽车零部件有限公司产品

基本型号	SG158D	SG158E	JSG143	SG154M
线圈电压(V)	12			
闪光频率(C/min)	双灯 85±10　缺灯 ≥140			
环境温度(℃)	−40 ~ +80			
寿命(电气、机械)(次)	5×10⁴			
适用车型	EQ140	CA141	依维柯	福田农用车
备注	插式	接线式		集成电路

基本型号	JSG154	SG158G	SG258D	SG258E
线圈电压(V)	12		24	
闪光频率(C/min)	双灯 85±10　缺灯 ≥140			
环境温度(℃)	−40 ~ +80			
寿命(电气、机械)(次)	5×10⁴			
适用车型	福田农用车	桑塔纳	微型车农用车	EQ140	EQ140
备注	集成电路	集成电路		插式	接线式

续表

基本型号	SG254M	SG258G	SG2501	SG258K	SG158K
线圈电压(V)	24				12
闪光频率(C/min)	双灯 85±10 缺灯≥140				
环境温度(℃)	−40 ~ +80				
寿命(电气、机械)(次)	5×10⁴				1×10⁵
适用车型		福田农用车		CA151	金龙大客
备注		集成电路		集成短路保护	集成电路

(10)启动继电器

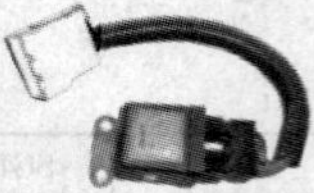

JD132
JD232

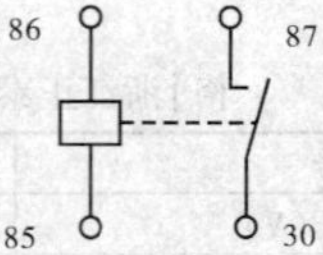

86 87
85 30

JQ104-1
JQ104-2

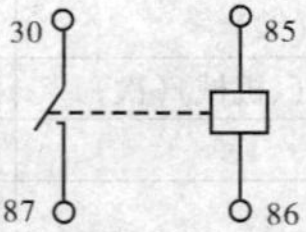

30 85
87 86

3808030-50 24V
3808030-50A 12V

37N-35085B 24V
37B-35085 12V

【规　　格】浙江正泰汽车零部件有限公司产品

基本型号	JD132	JD232	JQ104–1	JQ104–2	37N–3508SB	37B–3508S	3808030–50	3808030–50A
额定电压(V)	12	24	12	24	24	12	24	12
触点负载(A)	60				50		100	
触点形式	常开				常开			
绝缘电阻(MΩ)	≥100							
接触电阻(mΩ)	≤10		≤10		≤0.2V/50A		≤0.3V/100A	
线圈功耗(W)	≤5	≤7	≤5	≤7				
吸合电压(V)	≤9	≤18	6~8.5	12~17	≤16	≤8	≤15	≤8
释放电压(V)	≥1.5	≥3	2.2~5	4.4~10	≥6	≥3	1.2~6.5	1~3.5
介质耐压(V)	50Hz　550V　AC　1min				50Hz　550V　AC　1min			
寿命(电气、机械)(次)	5×10⁴/1×10⁶		1×10⁵/1×10⁶		5×10⁴		5×10⁴	
外形尺寸(mm)	44×41×72				55		56.6	
适用车型	福田汽车		五十铃		EQ153		CA151	

(11)预热、启动继电器

JD191A
JD291A

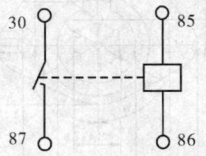

【规　　格】浙江正泰汽车零部件有限公司产品

基本型号	JD191A	JD291A
额定电压(V)	12	24
触点负载(A)	60	
接触电阻(mΩ)	≤10	
绝缘电阻(MΩ)	≥100	

续表

基本型号	JD191A	JD291A
线圈功耗(W)	≤5	≤7
吸合电压(V)	≤9	≤18
释放电压(V)	≥1.5	≥3
介质耐压(V)	50Hz　550V　AC　1min	
环境温度(℃)	−40 ~ +65	
寿命(电气、机械)(次)	$5×10^4/1×10^6$	
外形尺寸(mm)	44×41.1×71	
适用车型	福田汽车　五十铃	

48. 汽车与挂车之间 24N 型电连接器(GB5053.1−85)

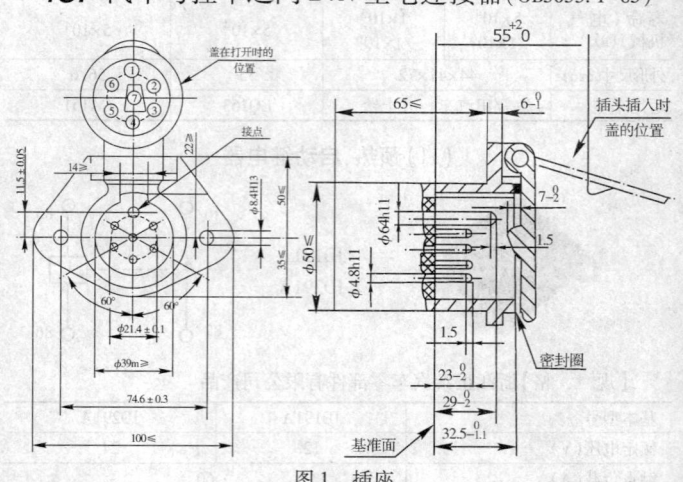

图1　插座

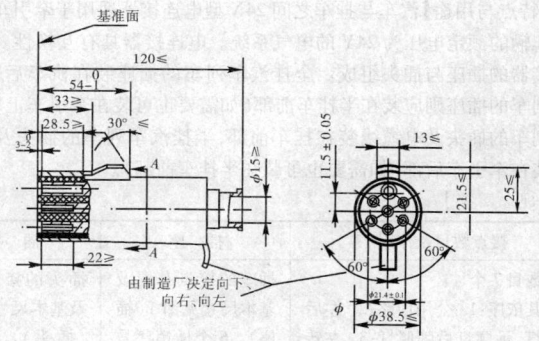

A-A 剖面

图 2　插头

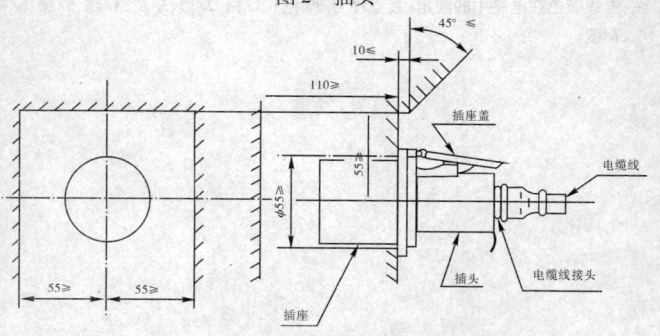

图 3　插座与插头总成

【特点与用途】汽车与挂车之间 24N 型电连接器适用于牵引车辆和被牵引车辆的额定电压为 24V 的电气系统。电连接器具有互换性。其主要由连接器的插座与插头组成。全挂汽车列车的插座装在汽车后部;半挂汽车列车的插座则应装在半挂车前部(如需要也可装在牵引车上)。全挂汽车列车的插头及电缆线装在挂车前部,半挂汽车列车的插头及电缆线则应装在牵引车后部(如需要也可装在半挂车前部)。

【规　　格】

接点数目及作用	插座	插头
接点数目 7 个 　　其依序:1. 公用回路;2. 左后位置灯、示廓灯后牌照灯;3. 左转向信号灯;4. 制动灯;5. 右转向信号灯;6. 右后位置灯、示廓灯、后牌照灯;7. 挂车制动控制器 　　注:在连接后牌照灯时,灯只能与接点 2 和 6 其中之一相连接	插座的接点布置及基本尺寸见图 1(插座)。6 个插销序号为 2、3、4、5、6、7。1 个较大的插销序号为 1	插头的接点布置及基本尺寸见图 2(插头)。6 个弹性插管序号为 2、3、4、5、6、7。1 个较大的弹性插管序号为 1

注:电线颜色在电路中的规定(接点序号/颜色):1/白、2/黑、3/黄、4/红、5/绿、6/褐、7/蓝。

49. 汽车与挂车之间 12N 型电连接器(GB5053.2–85)

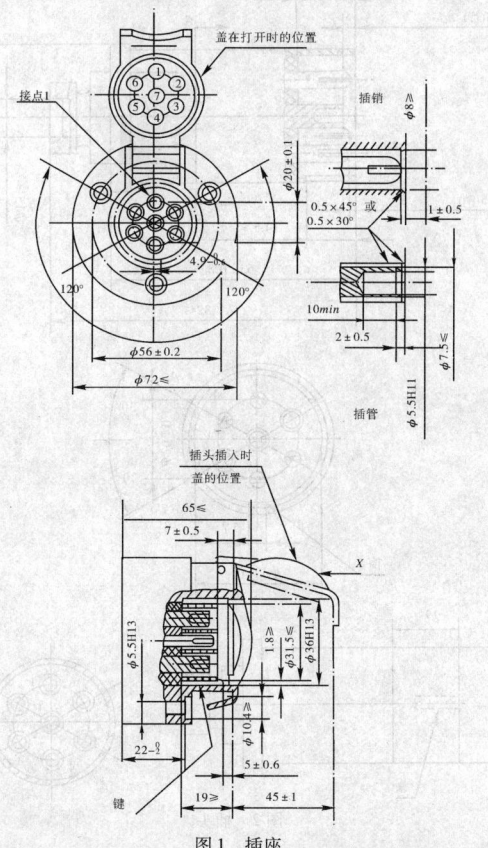

图 1 插座

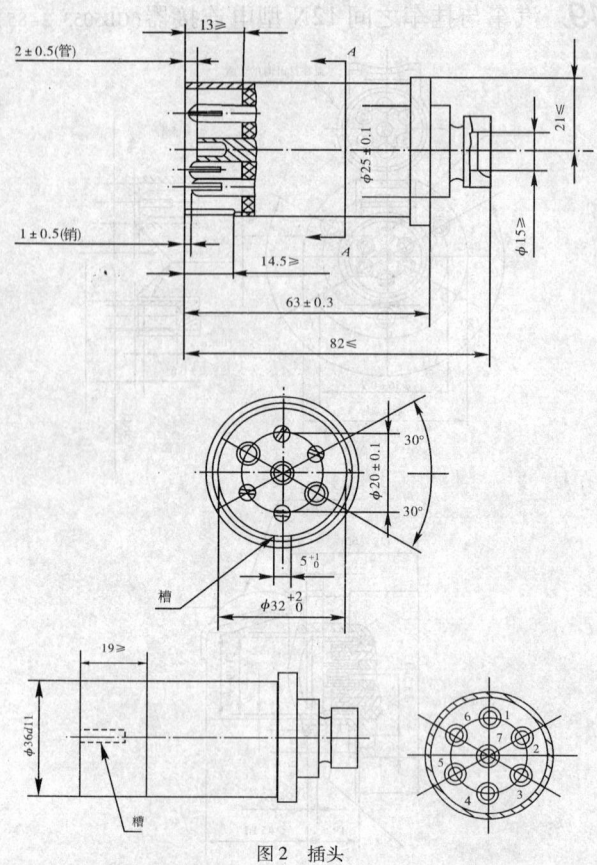

图 2　插头

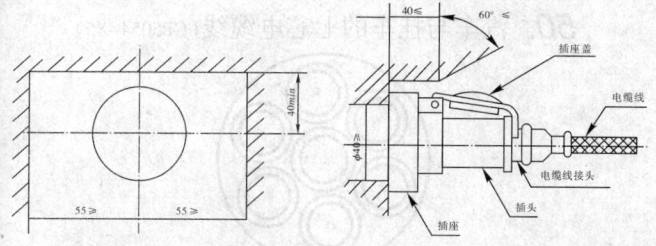

图3   插座与插头总成

【特点及用途】汽车与挂车之间12N型电连接器适用于牵引车辆和被牵引车辆的额定电压为6V或12V的电气系统。电连接器具有互换性,其主要由连接器的插座与插头组成。全挂汽车列车的插座装在汽车后部,半挂汽车列车的插座则应装在半挂车前部(如需要也可装在牵引车上),全挂汽车列车的插头及电缆线装在挂车前部;半挂汽车列车的插头及电缆线则应装在牵引车后部(如需要也可装在半挂车前部)。

【规   格】

接点数目及作用	插 座	插 头
接点数目7个 　　其依序为:1. 左转向信号灯;2. 后雾灯或备用;3. 公用回路;4. 右转向信号灯;5. 右后位置灯、示廓灯、后牌照灯;6. 制动灯;7. 左后位置灯、示廓灯、后牌照灯 　　注:在连接后牌照灯时,灯只能与接点5和7其中之一相连接	插座的接点布置及基本尺寸见图1(插座),4个插管序号为1、3、4、6。3个弹性插销序号为2、5、7	插头的接点布置及基本尺寸见图2(插头)。4个弹性插销序号为1、3、4、6。3个插管序号为2、5、7

注:电线颜色在电路中的规定(接点序号/颜色):1/黄,2/蓝,3/白,4/绿,5/褐,6/红,7/黑。

50. 汽车与挂车的七芯电缆线（GB5054-85）

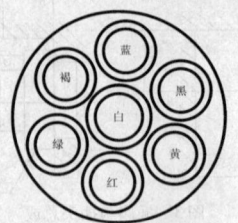

【特点及用途】汽车与挂车用七芯电缆线适用于 12N 型、24N 型、12S 型、24S 型电连接器，由 7 根不同颜色的芯线组成。

【规　　格】
组成结构：1 根截面积为 $2.5mm^2$ 的芯线（公用回路）
6 根截面积为 $1.5mm^2$ 的芯线
七芯线外径：$\phi13.5mm$
颜色及相应位置：见图示

51. 铜芯高压点火电线（GB/T14820.2-93）

【特点及用途】铜芯高压点火电线是指专用于以汽车为代表的公路车辆发动机点火系统用的无屏蔽铜芯高压点火电线，其主要由导体、绝缘层及护套组成。电线的允许工作温度为：QGV-105 型应不超过 105℃，其余型号应不超过 70℃。电线交货的标准长度为 100m。

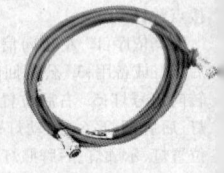

【规　　格】

型号	名　　称
QGV	公路车辆用铜芯聚氯乙烯绝缘高压点火电线
QGF	公路车辆用铜芯聚氯乙烯—丁腈复合物绝缘高压点火电线

续表

型 号	名 称
QGV-105	公路车辆用铜芯耐热105℃聚氯乙烯绝缘高压点火电线
QGXF	公路车辆用铜芯天然丁苯橡皮绝缘氯丁护套高压点火电线
QGXV	公路车辆用铜芯天丝丁苯橡皮绝缘聚氯乙烯护套高压点火电线

电线外径代号	导体标称截面（mm²）	导体结构最少根数	绝缘标称厚度（mm）QGV、QGF、QGXF、QGV-105、QGXV		护套标称厚度（mm）QGXF、QGXV	成品外径（mm）
1	1	19	1.70	0.90	0.8	5
2	1	19	2.70	1.70	0.9	7
3	1	19	3.20	2.20	0.9	8

注：单线根数允许大于表列根数，单线标称直径按导体标称截面及相应根数确定。

52. 阻尼芯高压点火电线（GB/T14820.3-93）

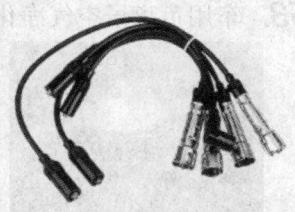

【特点及用途】阻尼芯高压点火电线是指专用于以汽车为代表的公路车辆发动机点火系统用的无屏蔽阻尼芯高压点火电线，其主要由导电线芯、绝缘层及护套组成。电线的允许工作温度为 QGZV-105 型应不超过 105℃，其余型号应不超过 70℃。电线交货的标准长度为50m。

【规　　格】

型号	名　　　称
QGZV	公路车辆用阻尼芯聚氯乙烯绝缘高压点火电线
QGZF	公路车辆用阻尼芯聚氯乙烯—丁腈复合物绝缘高压点火电线
QGZV-105	公路车辆用阻尼芯耐热105℃聚氯乙烯绝缘高压点火电线
QGZXV	公路车辆用阻尼芯天然丁苯橡皮绝缘聚氯乙烯护套高压点火电线
QGZXF	公路车辆用阻尼芯天然丁苯橡皮绝缘氯丁护套高压点火电线

电线外径代号	阻尼芯标称直径(mm)	绝缘标称厚度（mm） QGZV、QGZF、QGZXV、QGEV-105、QGZXF		护套标称厚度（mm） QGZXV、QGZXF	成品外径（mm）
1	2	1.5	0.9	0.6	5
2	2	2.5	1.5	1.0	7
3	2	3.0	2.0	1.0	8

53. 车用负离子空气净化器

　　【特点及用途】车用负离子空气净化器的特点是负离子浓度高,臭氧浓度低,无风扇,无噪音,无电磁辐射,对车载设备无干扰,主要功能是消毒杀菌,清除异味,消除烟尘,释放芳香,改善车内环境,舒适度达☆☆☆☆。

【规　　格】驰乐产品

工作电压	DC12V(点烟器供电)
负离子浓度	≥2.0×10⁶ 个/cm³
工作电流	<50mA
臭氧浓度	≤0.048mg/kg
产品尺寸	12.5cm×9.5cm×3.5cm
产品重量	86g

54. 车用空气消毒洁净器

【特点及用途】MKJ 型车用空气消毒洁净器采用正离子浸润和纳米过滤材料等专项技术生产,其细菌去除率达 99.2%,能为汽车内部空间提供一个安全清新的空气环境。

【规　　格】上海江川环保设备有限公司产品

型号	风量 (m³)	适用 空间 (m³)	细菌 去除率 >(%)	废气 去除率 >(%)	额定 功率 (W)	电源 (V)
MKJ-60C	60	3	99	70	6	DC12
MKJ-100C	100	5	99	70	10	DC12

55. 远程可视双向汽车防盗器

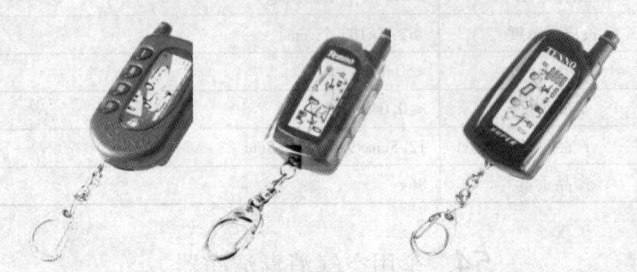

YTQF-168M 型   YTQF-168H 型   YTQF-168Ⅰ型

【特点及用途】YTQF-168 型系列远程可视双向汽车防盗器的特点是:远程可视、双向报警、智能跳码、彩色液晶显示、呼叫车主、开行李箱遥控启动等。

【规　　　格】亚太天能科技有限公司产品

型号:YTQF-168M 型、YTQF-168H 型

YTQF-168I 型(具备夜光功能)

56. 启动用铅酸蓄电池(GB/T5008.2-91)

(图为湖北骆驼蓄电池股份有限公司产品)

【特点及用途】启动用铅酸蓄电池适用于额定电压为 6V 和 12V 的供各种汽车、拖拉机及其他内燃机的启动、点火和照明。启动用铅酸蓄电

池分 A 类蓄电池(20 小时率额定容量小于 90A·h)和 B 类蓄电池(20 小时率额定容量大于或等于 90A·h)两种类型。

【规　格】

a. 橡胶槽上固定式蓄电池

额定电压 （V）	20 小时率 额定容量 （A·h）	储备容量 （min）	启动电流 I_s （A）	外形尺寸（mm）≤		
				长（L）	宽（b）	高（h）
6	75	123	300	197	178	250
6	90	154	315	224	178	250
6	105	187	368	251	178	250
6	120	227	420	278	178	250
6	135	260	435	305	178	250
6	150	300	450	332	178	250
6	165	342	495	339	178	250
6	180	386	540	369	182	228
6	195	432	585	413	178	250
12	60	94	240	319	178	250
12	75	123	300	373	178	250
12	90	154	315	427	178	250
12	105	187	368	485	178	250
12	120	223	420	517	198	250
12	135	260	435	517	216	250
12	150	300	450	517	234	250
12	165	342	495	517	252	250
12	180	386	540	517	270	250
12	195	432	585	517	288	250

b. 塑料槽上固定式蓄电池

额定电压 （V）	20 小时率 额定容量 （A·h）	储备容量 （min）	启动电流 I_s （A）	外形尺寸（mm）≤		
				长（L）	宽（b）	高（h）
6	75	123	300	190	170	245
6	90	154	315	190	170	245
6	105	187	368	240	170	245
6	120	223	420	250	175	245
6	150	300	450	305	175	245
12	30	43	120	187	127	227
12	35（36）	52	144	197	129	227
12	40	59	160	238	138	235
12	45	67	180	238	129	227
12	50	76	200	260	173	235
12	60	94	240	270	173	235
12	70	113	280	310	173	235
12	75	123	300	310 （318）	173	235
12	80	133	320	310	173	235
12	90	154	315	380	177	235
12	100	176	350	410	177	250
12	105	187	368	450	177	250
12	120	223	420	513	189	260
12	135	260	405	513	189	260
12	150	300	450	513	223	260
12	165	342	495	513	223	260
12	180	386	540	513	223	260

续表

额定电压 (V)	20 小时率 额定容量 (A·h)	储备容量 (min)	启动电流 I_s (A)	外形尺寸(mm)≤		
				长(L)	宽(b)	高(h)
12	195	432	585	517	272	260
12	200	441	600	621	278	270
12	210	450	630	521	278	270
12	220	460	660	521	278	270

注:括号内尺寸为带提手的蓄电池。

c. 塑料槽下固定式蓄电池

额定电压 (V)	20 小时率 额定容量 (A·h)	储备容量 (min)	启动电流 I_s (A)	外形尺寸(mm)≤		
				长(L)	宽(b)	高(h)
12	36	52	144	218	175	175
12	45	67	180	218	175	190
12	50	76	200	290	175	190
12	54	83	216	294	175	175
12	55	85	220	246	175	190
12	60	94	240	293	175	190
12	63	100	252	297	175	175
12	66	105	264	306	175	190
12	88	150	352	381	175	190
12	100	176	350	374	175	235
12	135	260	405	513	189	223
12	165	342	495	513	223	223

附:蓄电池端子位置及固定方式

蓄电池端子位置分为五种类型:

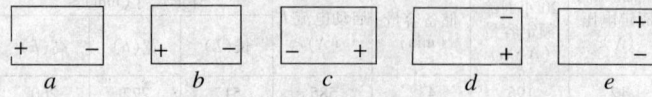

注:蓄电池端子位置具体选择可由用户与制造厂协商。

蓄电池的固定方式:

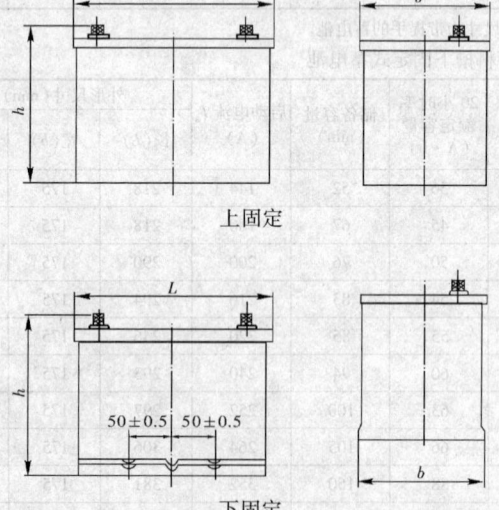

上固定

50±0.5　50±0.5

下固定

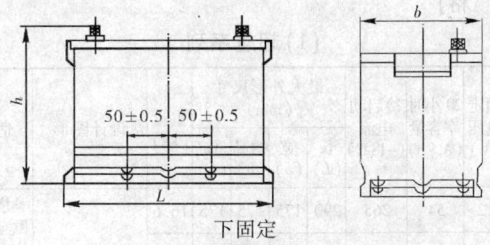

下固定

57. 汽车常用蓄电池

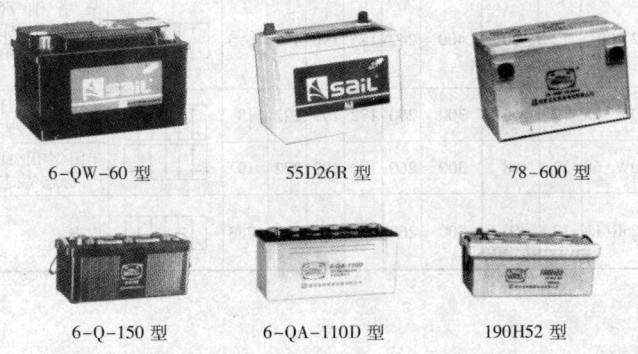

6-QW-60 型　　　55D26R 型　　　78-600 型

6-Q-150 型　　　6-QA-110D 型　　　190H52 型

【特点及用途】GB/T5008.1/2-1991 规定了启动用铅酸蓄电池的基本技术条件及产品品种和规格,汽车专用蓄电池因适用对象多样,要求各不相同,此仅选用保定金风帆蓄电池有限公司产品介绍。

【规　　格】

（1）超越系列

型号	额定电压 (V)	20小时率容量 (A·h)	冷启动电流 (-18℃)	最大外形尺寸 (mm)				重量 (kg)	设计图形	适用车型
				长 (L)	宽 (b)	槽高 (h)	总高 (h)			
6-QW-54	12	54	265	290	175	175	175	16.6	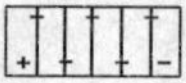	桑塔纳/富康/欧宝/标志/绅宝/捷达
6-QW-63	12	63	280	290	175	175	175	17.5		
6-QW-60	12	60	300	242	175	190	190	16.5		桑塔纳/富康/欧宝/标志/帕萨特 B5
6-QW-60a	12	60	300	242	175	190	190	16.5		
L2 400	12	60	400	242	175	190	190	16.5	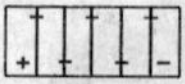	桑塔纳/富康/欧宝/标志/绅宝/帕萨特 B5
6-QW-65	12	65	300	260	172	199	222	18	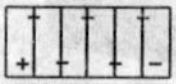	丰田/本田/日产/标志/凌志
6-QW-68	12	68	300	260	172	199	222	19	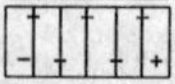	丰田/本田/日产/标志/凌志
55D26R(L)	12	60	300	260	173	204	225	17.3	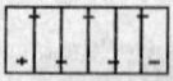	皮卡

（2）密闭免维护系列

型号	额定电压 (V)	20小时率容量 (A·h)	冷启动电流 (-18℃)	最大外形尺寸 (mm)				重量 (kg)	设计图形	适用车型
				长 (L)	宽 (b)	槽高 (h)	总高 (h)			
6—QW—60	12	60	280	242	175	190	190	16.4		帕萨特 B5/富康/欧宝/标志/绅宝/富豪
6—QW—60a	12	60	280	242	175	190	190	16.4		标志/绅宝/富豪
6—WQ—70	12	70	340	278	175	190	190	20.4		奥迪专用/帕萨特/本田
580 43	12	80	380	315	175	190	190	21.8	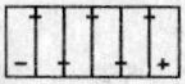	捷达柴油轿车
570 69 *	12	70	340	278	175	190	190	20.5		帕萨特 B5/富康/欧宝/标志/绅宝/富豪
560 93 *	12	60	280	242	175	190	190	16.4		奥迪专用/帕萨特/本田
6-QW-36	12	36	235	238	120	199	220	12.7	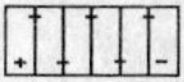	日产/丰田/马自达/现代/本田/松花江 120W/蓝鸟
6-QW-45 *	12	45	433	238	128	202	220	14.1	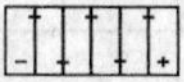	长安之星/昌河面包

续表

型号	额定电压(V)	20小时率容量(A·h)	冷启动电流(-18℃)	最大外形尺寸(mm)				重量(kg)	设计图形	适用车型
				长(L)	宽(b)	槽高(h)	总高(h)			
6-QW-47	12	47	235	238	120	199	220	12.7		日产/丰田/马自达/现代/本田/松花江120W/蓝鸟
6-QW-55	12	55	255	230	172	184	208	15	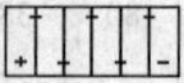	丰田/马自达/欧宝/绅宝/富豪/日产/蓝鸟/本田/现代
6-QW-65	12	65	300	260	172	199	222	18		丰田/本田/日产/三菱/标志/三星面包/凌志SC30
6-QW-68	12	68	300	260	172	199	222	20		丰田/本田/日产/三菱/标志/三星面包/凌志SC30
6-QW-80	12	80	380	305	173	198	222	21.5	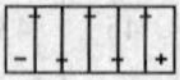	三菱吉普/凌志LS400/皇冠
6-QW-90	12	90	380	305	173	198	222	23		新款红旗/中型货车/客车
6-QW-63	12	63	300	290	175	175	175	17.6	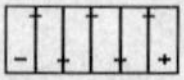	捷达/奇瑞/桑塔纳/红旗

续表

型号	额定电压(V)	20小时率容量(A·h)	冷启动电流(-18℃)	最大外形尺寸(mm) 长(L)	宽(b)	槽高(h)	总高(h)	重量(kg)	设计图形	适用车型
78-600	12	69	600	260	177.6	183.5	183.5	20.8	侧端子	别克(BUICK)
96R-590	12	54	590	242	175	175	175	16.8		金通雪弗莱/北京切诺基
L 2 400	12	60	400	242	175	169	190	18.2		神龙富康/欧宝/奇瑞/标志/绅宝/帕萨特 B5/PO-LO/BORA A4
6-QW-54a	12	54	265	290	175	175	175	17.6		桑塔纳/富豪/欧宝/标志/绅宝

注:带"＊"产品为带排气栓结构。

（3）少维护系列（之一）

型号	额定电压(V)	20小时率容量(A·h)	冷启动电流(-18℃)	最大外形尺寸(mm) 长(L)	宽(b)	槽高(h)	总高(h)	重量(kg) 干重	湿重	设计图形	适用车型
6-Q(A)-60	12	60	240	288	173	203	226	18	22		中巴/客货
6-Q(A)-75	12	75	300	339	173.5	205	227	21	27	(壳体为硬塑料)	中巴/客货
6-Q(A)-90	12	90	315	396	173.5	211	234	25	31.5		中巴/客货
6-Q(A)-105	12	105	368	444	173.5	205	227.5	27	36.5		东风/解放/中卡

续表

型号	额定电压（V）	20小时率容量（A·h）	冷启动电流（-18℃）	最大外形尺寸（mm）				重量（kg）		设计图形	适用车型
				长(L)	宽(b)	槽高(h)	总高(h)	干重	湿重		
6-Q(A)-120	12	120	420	517	186	211	237	32	43.2		东风/解放/中卡
6-Q(A)-135	12	135	435	517	186	211	237	34.8	46.5		东风/解放/中卡
6-Q(A)-150	12	150	450	517	203	211	237	37	50.8		东风/解放/中卡
6-Q(A)-165	12	165	495	517	220	211	237	41	56	（壳体为硬塑料）	东风/解放/中卡/军车
6-Q(A)-180	12	180	540	517	237	211	237	33.5	59.8		重卡
6-Q(A)-195	12	195	585	517	254	211	237	47.5	63.5		重卡
6-Q(A)-210	12	210	630	517	271	211	237	48.5	65.5		重卡/大巴
6-QA-32	12	32	128	197.5	133	161	185	7.1	10		五菱/面包车
6-QA-36	12	36	144	197	129	202	227	8.2	11		长安/昌河
6-QA-36a*	12	36	144	197	129	202	227	8.2	11		长安/昌河/夏利
6-QA-40	12	40	160	238	128	202	222	8.9	11.9		长安/昌河/夏利
6-QA-40a	12	40	160	238	128	202	222	8.9	11.9		长安/昌河/北斗星
6-QA-47	12	47	180	236	126	200	220	10.6	14.1		中巴/中卡

续表

型号	额定电压 (V)	20小时率容量 (A·h)	冷启动电流 (−18℃)	最大外形尺寸 (mm) 长(L)	宽(b)	槽高(h)	总高(h)	重量 (kg) 干重	湿重	设计图形	适用车型
6-Q(A)-60a	12	60	240	256	165.2	201.5	222	12.5	16.6		胜利小客/长城皮卡/中兴皮卡
6-Q(A)-60b	12	60	240	256	165.2	201.5	222	13.4	16.5		
6-Q(A)-90	12	90	315	367	172.5	202	226	19	25.7		中巴/中卡
6-Q(A)-100a/b	12	100	350	410	170	202	226	21.4	28		中巴/中卡
6-Q(A)-105	12	105	368	403	172.5	202	226	20	28		东风/解放
6-Q(A)-120	12	120	420	513	189	195	223	24.5	35.9		重型卡车
6-Q(A)-135	12	135	405	513	189	195	223	27.5	38.5		
6-Q(A)-150	12	150	450	513	223	195	223	30.9	44.6		重型卡车
6-Q(A)-165	12	165	495	513	223	195	223	32.7	46		
6-Q(A)-180	12	180	540	513	223	195	223	35.8	48.6		
6-Q(A)-195	12	195	585	516.5	270.5	216.5	242.5	38.5	53		
3-Q(A)-120	6	120	420	250.5	173.5	202.5	229.5	14	18.5		拖拉机农用车
3-Q(A)-150	6	150	450	324	167	212.5	252	17	21		

续表

型号	额定电压 (V)	20小时率容量 (A·h)	冷启动电流 (−18℃)	最大外形尺寸 (mm)				重量 (kg)		设计图形	适用车型
				长 (L)	宽 (b)	槽高 (h)	总高 (h)	干重	湿重		
544 34	12	44	210	207	175	190	190	10	14		桑塔纳系列
554 14MF	12	54	265	290	175	175	175	12	17.5		
554 15	12	54	265	293	175	175	175	12	17.5		
555 30	12	55	255	242	175	175	175	12	16.5		奔驰/标志
563 18a	12	63	300	290	175	175	175	12	17.5		捷达/警车/奇瑞/桑塔纳
563 18MFa	12	63	300	290	175	175	175	12	17.5		
566 18	12	66	300	294.6	175	190	190	15	19.5		中巴
588 15	12	88	395	370.5	175	190	190	18.8	25.2		南京依维柯
590 29	12	90	450	370.5	175	190	190	18.6	25		中巴/中卡
610 17	12	110	450	513	189	195	223	26.5	36.5		重卡系列
620 34	12	120	420	513	189	195	223	27.5	37.5		
635 30	12	135	420	513	189	195	223	30	40		
643 23	12	143	570	514	218	210	210	34	45		
650 12	12	150	500	513	223	195	223	32.5	45		
665 14	12	165	540	513	223	195	223	35.3	48		
680 25	12	180	580	513	223	195	223	38.4	53.5		

注:665 14 和 635 30 型可根据用户需要组装耐震型(HD)。带＊号为带提手和荷电状态指示器

（4）少维护系列（之二）

型号	额定电压 (V)	容量 (A·h)		冷启动电流 (−15℃)	最大外形尺寸 (mm)				重量 (kg)		设计图形	适用车型
		20h	5h		长 (L)	宽 (b)	槽高 (h)	总高 (h)	干重	湿重		
28B　19R	12	30	24	150	185	126	195	216	7.8	10.5		五菱
36B　20R	12	36	28	150	197	129	203	227	8.2	11		长 安/昌河/五菱
36B　20Ra *	12	36	28	150	197	129	203	227	8.2	11		长安微型车/昌河/五菱
38B　20L	12	36	28	150	197	129	203	227	8.2	11		北斗星/松花江
55B　24L	12	45	36	300	236	126	200	220	10	14.1		昌河面包/长安之星
55B　24La	12	45	36	300	236	126	200	220	10.6	14.1		上汽五棱/松花江
55B　24Lb	12	45	36	300	236	126	200	220	10	14.1		长 安（细端子）
55B　24R	12	45	36	300	236	126	200	220	10	14.1		上汽五棱/松花江
55B　24Ra	12	45	36	300	236	126	200	220	10.6	14.1		上汽五棱/松花江
55B　24Rb	12	45	36	300	236	126	200	220	10	14.1		长 安（细端子）
55D　23R	12	60	48	300	232	171	204	224	13.7	17		长城/田野/三棱/长丰
48D　26R	12	50	40	150	256.5	166	201.5	220	12.5	17.5		海南马自达/中巴
50D　20L (R)	12	50	40	150	202	173	204	225	11	15		海南马自达/上 汽五菱

续表

型号	额定电压 (V)	容量 (A·h) 20h	容量 (A·h) 5h	冷启动电流 (-15℃)	最大外形尺寸 (mm) 长 (L)	宽 (b)	槽高 (h)	总高 (h)	重量 (kg) 干重	湿重	设计图形	适用车型
55D 26R	12	60	48	300	257	166	202	222	13	17.5		皮卡/中兴长城
65D 31R(L)a	12	70	56	300	304.5	172.5	205	225	15.2	20.7		中巴
95D 31R(L)a	12	80	64	300	304.5	172.5	205	225	17	22.5		五十铃/小货/三菱吉普/道奇440/皇冠30
95E 41Ra/b	12	100	80	300	410	170	202	226	21.4	28		中型卡车/东风/解放
190H52	12	200	160	500	516.5	270.5	215	242	44	58		沃尔沃/安凯/大宇/宇通

注:型号中"R"表示正装电池,"L"表示反装电池。

(5) 少维护系列(之三)

型号	额定电压 (V)	储备容量 (min)	冷启动电流 (-18℃)	最大外形尺寸 (mm) 长 (L)	宽 (b)	槽高 (h)	总高 (h)	重量 (kg) 干重	湿重	设计图形	适用车型
L1 250	12	65	250	207	175	190	190	11	13.5		神龙富康
L2 300	12	80	300	242	175	190	190	12	15.4		神龙富康/悦达起亚/奇瑞
58 500 *	12	85	500	239	180.4	158	177	/	16		切诺基2021、2022、7250/红旗
58 500 * *	12	85	500	239	180.4	158	177	11.5	16		
58 430 *	12	80	430	250	180.5	158	177	11	15.5		吉普车2020
58 430 * *	12	80	430	250	180.5	158	177	11	15.5		

注:*为带液荷电少维护蓄电池,* *为干式荷电少维护蓄电池。

(6)低温系列

型号	额定电压(V)	20小时率容量(A·h)	冷启动电流(-40℃)	最大外形尺寸(min)				重量(kg)		设计图形	适用车型
				长(L)	宽(b)	槽高(h)	总高(h)	干重	湿重		
6-QA-60aD	12	60	240	256	165.2	201.5	222	12.5	16.6		胜利小客/长城皮卡/中兴皮卡
6-QA-65D	12	65	195	264	170	195	226	14.5	19		中巴/中卡
6-QA-100aD	12	100	350	410	170	202	226	21.4	28		江淮/瑞风/中巴/中卡
6-QA-110D	12	110	330	435	170	201	220	24	33		东风/解放
6-QW-100DF	12	100	350	401	171	202	223	28	29		东风出国车
610 17D	12	110	330	513	189	195	223	26.5	36.6		依维柯/中卡
620 34D	12	120	360	513	189	195	223	27.5	37.5		客货/中卡
635 30D	12	135	405	513	189	195	223	30	40		依维柯/中卡
650 12D	12	150	450	513	223	195	223	32.5	45		
665 14D	12	165	495	513	223	195	223	35.5	50.4		重型卡车
680 25D	12	180	540	513	189	195	223	38.4	53.5		

58. 蓄电池端子结构

　　【特点及用途】启动用铅酸蓄电池端子主要有小型锥形端子、标准锥形端子和直角形端子等型式。其适用于额定电压为 6V 和 12V 的，供各种汽车、拖拉机及其他内燃机的启动、点火和照明用的铅酸蓄电池、干式荷电蓄电池、湿式荷电蓄电池和免维护蓄电池。蓄电池端子执行 GB5008.3-91 规定。

【规　　格】保定金凤帆蓄电池有限公司产品

a. 小型锥形端子

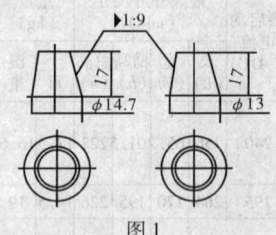

图 1

b. 标准锥形端子

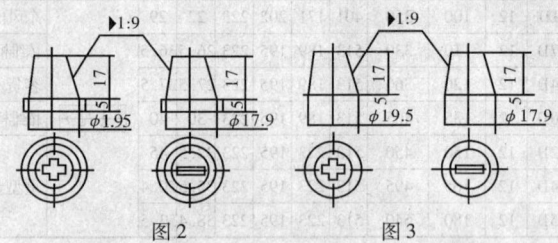

图 2　　　　　　　　　图 3

c. 直角形端子

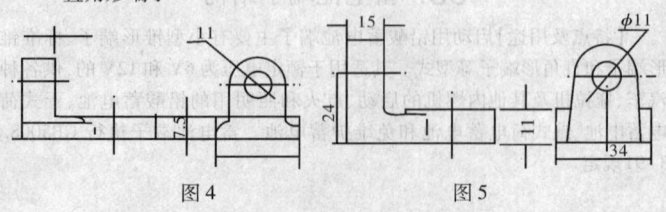

图 4　　　　　　　　　图 5

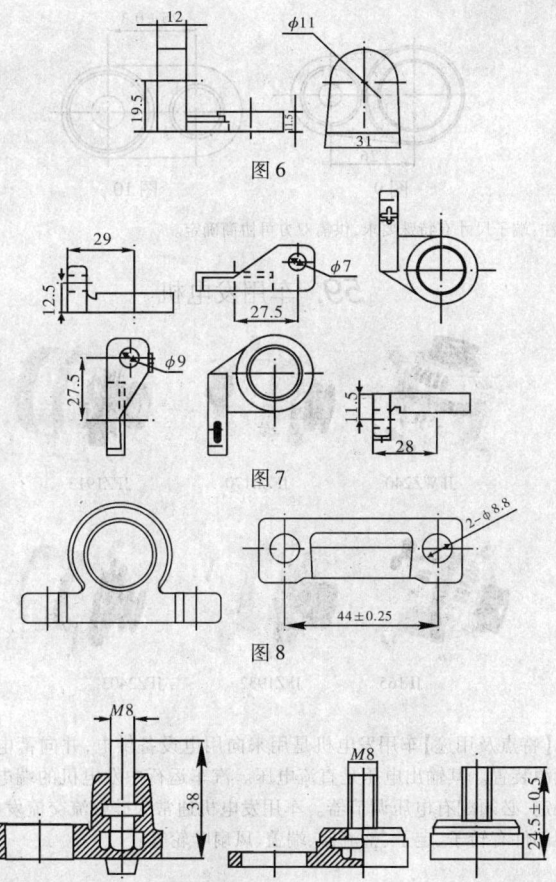

图 6

图 7

图 8

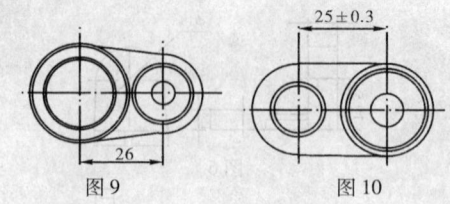

图9

图10

25±0.3

26

注:端子尺寸有特殊要求,供需双方可协商确定。

59. 车用发电机

JFWZ240   JFZB170   JFZ1913

JF165   JFZ1932   JFZ2403

【特点及用途】车用发电机是用来向用电设备供电,并向蓄电池充电的能源装置。其输出电压是直流电压。汽车运行中发电机的端电压须保持恒定,必须配有电压调节器。车用发电机通常为硅整流交流发电机,其主要部件有转子、定子、整流器、端盖、风扇叶轮等。

【规　　　格】上海耀康电器有限公司产品

发电机型号	电压（V）	功率（W）	挂脚	皮带轮型号	适用车型配套机型	备注
2JF200	14	250	单	B85	上内 495A、苏动宁动 295、上海 50、泰山 25、江拖 285	
JF131	14	350	单	A90	扬动 380Q、480Q、江柴 375Q、475Q	
JF151	14	500	单	A90	扬动 380Q、480Q、江柴 375Q、475Q	
JF251	28	500	单	B85	无柴 6120、南昌 X4105	
JF131A	14	350	单	P90	新昌 485、成内 490、巢湖、浦江、镇江 295、SH130	
JF151A	14	500	单	P90	新昌 485、成内 490、巢湖、浦江、镇江 295、SH130	
JF251A	28	500	单	B85	华丰 495、485Q	
JF154	14	500	双	065	昌河、长安、五菱、飞虎、松花江等微型车	
JF2712B	28	750	双	2B100	大柴、无柴 6110、CA141K2 汽车、解放柴油车	插座式
JF2912B	28	1 000	双	2B100	大柴、无柴 6110、CA141K2 汽车、解放柴油车	插座式
JF2912D	28	1 000	双	2B100	大柴、无柴 6110、CA141K2 汽车、解放柴油车	插座式
JF245	28	1 250	双	2B100	大柴、无柴 6110、CA141K2 汽车、解放柴油车	插座式
JF281	28	1 250	双	2B100	锡柴 4110、4113	
JF281B	28	1 250	双	2B100	锡柴 4110	
JFW152	14	500	双	2075	北京、2023、212、492Q 跃进、南京 136	
JFW152	14	500	双	A90	四方、南方等运输机主机配套（风叶逆转）	
JFW17	14	750	双	2075	北京 2023、212、492Q 跃进、南京 136	

续表

发电机型号	电压(V)	功率(W)	挂脚	皮带轮型号	适用车型配套机型	备注
JFW19	14	900	双	2075	北内 100Q、仪征	
JFWZ19	14	900	双	2075	BJ1041、北内、萍乡	
JFW152A	14	500	双	2A100	东风 EQ140	带节调器
JFW152B	14	500	双	2B85	解放 CA141	
JFW172A	14	750	双	2A100	东风 EQ140	
JFW172B	14	750	双	2B85	解放 CA141	
JFW27	28	750	双	2B100	大柴、无柴 6110	
JFW29	28	1 000	双	2B100	大柴、无柴 6110	插座式
JFW27QA	28	750	双	C115	玉柴 6105QA、南充 6102-2A90、朝阳 6102Q-2B100	插座式
JFW29QA	28	1 000	双	C115	玉柴 6105QA、南充 6102-2A90、朝阳 6102Q-2B100	
JFW27QC	28	750	双	C115	玉柴 6105QC、湖动 6105-1	
JFW29QC	28	1 000	双	C115	玉柴 6105QC、湖动 6105-1	
JFW1512	14	500	双	2A80	云内、成内 4100	
JFW1712	14	750	双	2A80	云内、成内 4100	
JFW2512	28	500	双	2A80	云内、成内 4100	
JFW2712	28	750	双	2A80	云内、成内 4100	
JFW151A	14	500	单	2A100	云内、成内 4100	代 3JF500A
JFW271	28	750	单		玉林、柳发 6105Q-C115 朝阳 6210-2B100	代 3JF500
JFW291	28	1 000	单		玉林、柳发 6105Q-C115 朝阳 6210-2B100	代 3JF500
JFW251A	28	500	单	2A100	云内、成内 4100-2A100、上柴 6135G 黄河 JN150-C115、机发、济内 6130Q、黄河 JN151、牟平 6102Q-2B100、莱动 495-B110	代 3JF500A

续表

发电机型号	电压(V)	功率(W)	挂脚	皮带轮型号	适用车型配套机型	备注
JFW271A	28	750	单	2A100	云内、成内 4100-2A100、上柴 6135G 黄河 JN150－C115、机发、济内 6130Q、黄河 JN151、牟平 6102Q－2B100、莱动 495－B110	代 3JF500A
JFW291A	28	1 000	单	2A100	云内、成内 4100-2A100、上柴 6135G 黄河 JN150－C115、机发、济内 6130Q、黄河 JN151、牟平 6102Q－2B100、莱动 495－B110	代 3JF500A
EQ145	28	1 200	双	2A100	EQ1118G(EQ145)康明斯发动机整体式	
EQ153	28	1 200	双	多齿槽	EQ1140G(EQ153)康明斯发动机整体式	
JFZ155	14	750	单	A75	克莱斯勒 488 发动机、小解放卡车	
JFZ1913	14	1 260	单		奥迪、桑塔纳、捷达	
JFZ1913A	14	1 260	单	A75	克莱斯勒 488 发动机、小解放面包车	
JFZ1932	14	1 300	双	070	依维柯	
JFZB170	14	700	双	B82	"庆铃""江铃"日本"五十铃"轻型车	带泵
JFZ270	28	2 000	双	2A82	朝柴、锡柴、扬柴 4105、中巴空调车	
JF165	14	900	双	多齿槽	一汽金杯汽车	
JFZ240	28	1 120	双	C100	东风 6108、37B19-01010 整体式	
JFZB170	14	700	双	B82	"庆铃""江铃",日本"五十铃"轻型车	带泵
JFZ270	28	2 000	双	2A82	朝柴、锡柴、扬柴 4150 中巴空调客车	
JFZ2403	28	1 260	双	2B76	CA6110 柴油机　西北王	带调节器
JF165	14	910	双	多齿槽	一汽金杯汽车	
JFWZ240	28	1 120	双	C100	东风 6108 37B19-01010 整体式	
JFZ2401	28	1 120	双	2067	WD615 柴油机、斯太尔发动机	整体式

续表

发电机型号	电压(V)	功率(W)	挂脚	皮带轮型号	适用车型配套机型	备注
JFW28D	28	1 000	双	C100	锡柴4110	
JFZ146	14	700	单	065	天津夏利	带调节器
JFWZ29	28	1 000	双	B90	朝柴4102	带调节器
JFWZ29A	29	1 000	双	B90		
JFW29D	28	1 000	双	多齿槽	6108 带增压(新乘龙王)	
JFWB29	28	1 000	双	B90	4102 发动机	带泵
JFWB2912	28	1 000	双	2A80	4100 发动机	带泵
JFWB2712	28	750	双	2A80	4100 发动机	带泵
JFWB27	28	750	双	B90	4102 发动机	带泵
JFWB29A	28	1 000	双	B80	433 发动机	带泵
JFWB27A	28	750	双	B80	433 发动机	带泵
JFZ2401A	28	750	双	2067	WD615 柴油机、斯太尔发动机	整体式
JFZ270A	28	2 000	双	2A82	羊城、大宇空调中巴	整体式
JFWB19	14	1 000	双	B90	4102 发动机	
JFWB17	14	750	双	B90	4102 发动机	
JFWB1912	14	1 000	双	2A80	4100 发动机	
JFWB1712	14	750	双	2A80		
JFWZB29	28	1 000	双	B90	4102 发动机	整体式
JFWZB27	28	750	双	B90		
JFWZB291228	28	1 000	双	2A80	4100 发动机	整体式
JFWZB271228	28	750	双	2A80		
JFWZB19	14	1 000	双	B90	4102 发动机	整体式
JFWZB17	14	750	双	B90		
JFWZB191214	14	1 000	双	2A80	4100 发动机	整体式
JFWZB171214	14	750	双	2A80		

续表

发电机型号	电压(V)	功率(W)	挂脚	皮带轮型号	适用车型配套机型	备注
JFWZB29C	28	1 000	双	B90	4102 发动机　左斜角	整体式
JFWZB27C	28	750	双	B90		整体式
JFWZB29B	28	1 000	双	B90	4102 发动机　右斜角	整体式
JFWZB27B	28	750	双	B90		整体式
JFW27S	28	750	双	890	柳柴 4105　右斜角	整体式
JFW29S	28	1 000	双	B90		整体式

60. 电力启动机

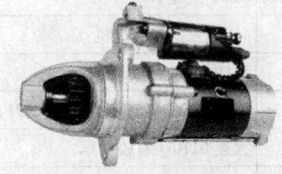

　　【特点及用途】电力启动机启动,几乎是现代汽车唯一的启动方式。电力启动机由直流电机、传动机构和控制机构等组成。其中电磁啮合式启动机结构简单,工作可靠,操作方便,应用广泛,电枢移动式启动机结构复杂,但可以传递较大的转矩,适用于启动功率大、在平坦路面上工作的工程车和特种车辆。

　　【规　　格】

型　　号	额定电压(V)	功率(kW)	适用车型
QDY1221	12	1.1	时代超人
QDY1222	12	1.1	捷达、捷达王
QDY1231	12	1.4	奥迪四缸启动机

续表

型 号	额定电压(V)	功率(kW)	适用车型
QDY1229	12	1.4	一汽小红旗
QDY1228	12	1.2	富康
QDY1232	12	1.2	491Q 发动机
QD1364	12	2.6	依维柯
QD1229	12	0.95	普桑
QDY1233	12	1.4	小解放 488 发动机
QDY1211	12	1.0	金夏利电喷四缸启动机
QD2404	24	5.5	6D31 三菱 700-5
QD2405	24	3.7	4D30 三菱轻卡挖机
QD1101	12	1.2	天津大发
QD2745	24	5.5	斯太尔 WD615T 系列 1291、991、1491、2891
QDJ261	24	6.5	大连 6110Q 解放货车
QD262	24	6.5	玉柴 6105 柴油东风
QDJ277	24	6.5	康明斯 145、153、柴油车
QDY1201	12	1.4	切诺基(四缸)
QD1139	12	1.4	天津电装夏利轿车
QD1255B	12	2	叉车
QD1218	12	1.4	491Q 金杯海狮长城皮卡
QD1332D	12	2.7	杨动、常柴、480 柴油
QD1332C	12	2.7	杨 380、江西 375、385 柴油
QD121B	12	15	松花江
QD3Q5A	24	3.7	495Q 杨柴成内、蚌柴 495

续表

型 号	额定电压(V)	功率(kW)	适用车型
QD1315A	12	2	485、495 柴油北京农用车
QD251B	24	3.7	朝柴 4102
QD1255A	12	2	QJ212、BJ2020SG
QD1229	12	2.5	桑塔纳
QD1225A	12	1.5	CA488 一汽小解放

注:以上产品规格为瑞安汽车部件有限公司和任丘市浩特汽车配件厂产品。

61. 启动机单向器

MITSUBISHI   FORD

【特点及用途】启动机单向器是启动机的离合机构,称为单向离合器,属启动机的超速保护装置。常用的单向器有滚柱式、弹簧式、摩擦片式等。

【规　　格】浙江丽水市信毅单向器有限公司产品

单向器型号	齿轮齿数	导套键数	配主要启动机型号	适合主要车型及发动机
QD1226A	8	5	QD1226,QD1101,QD112 贵阳	天津大发,夏利轿车
QD1226C	8	5	QD1226C,QD122A 贵阳,成都	日本铃木,长安,462 启动机
QD115A	9	5	QD115A,QD121B 贵阳	铃木,松花江,汉江,吉林

续表

单向器型号	齿轮齿数	导套键数	配主要启动机型号	适合主要车型及发动机
QD1139	8	5	QD1139，QD115 天津电装	天津夏利轿车/376Q
QD1106A	8	5	QD111 贵阳，华川，重庆	配奥拓轿车，QD1101
QD1225A	9	10	QD1225A 上海电机，博山电机	一汽 488，1048 小解放车
QD1229A	9	10	QD1229（金星）	一汽捷达，高尔夫车
QD1203A	9	12	神电 1203A	捷达王车
QD1229	9	10	配原装，上海\长电启动机	桑塔纳，达契亚
QDY1221	9	5	配法雷奥\中德\奥博启动机	时代超人
QDH，1217B	9	10	配原装\上海金宏	奥迪车四缸、五缸
Q037-00	9	9	505　504	标致车
QD1210	9	4	北京 213	切诺基/北京四缸机
QD1202A	9	5	法雷奥\长电\神龙	老款富康
QD1202B	9	12	神电	新款富康
QD16816	8	10	VG30	尼桑车
QDJ131	9	18	配原装 HNR\NKR\申湖	五十铃车/4JB1，4JA1
J083-00	9	18	丰田 4Y，3Y	丰田海狮车
CA20S	8	8	配 A15　CA20S 发动机	尼桑蓝鸟\长安之星车
QDJ25A	9/11	10	配仙游电机总厂4缸机	朝柴9齿，杨柴11齿
MX-B0404	9/11		配闽仙电机厂	四缸机系列
QDJ1251	9	8	配一汽 4GE 型电喷发动机	一汽小红旗，CA7200
QDJ1253	9	8	配新光\绵阳 491 发动机	沈阳金杯 CA6480A
J08200	9	10	4BC2 发动机	五十铃，4BC2 发动机
J034-00	9	10	配原装\上海金宏	奥迪车四缸、五缸
Y042-00	10	10	配上海金宏	帕萨特\克莱斯勒车
Y030-00	9	10	配上海金宏	捷达车

续表

单向器型号	齿轮齿数	导套键数	配主要启动机型号	适合主要车型及发动机
QDY1236	9	5	配奥博\中德 QDY1222	捷达车
QDY1245	9	10	配奥博\中德 QDY1223	切诺基车
QD1236	9	5	配奥博\中德 QDY1228	富康车
QDY1238	9	10	配奥博\中德 QDY1233	一汽小解放
QDY1257	10	8	配汉拿启动机	配奇瑞车
QD1109	8	8	配汉拿启动机/配东安 465YD2	配东安\悦达\北斗星
QDY1255	9	8	配汉拿启动机	配新款北京 212
QDY1266	9	8	配汉拿\二汽 Q491Q 发动机	德利卡
Q109-00	8	5	丰田 A8 发动机	配夏利电喷四缸车
QD124	9	10	配北京启动机	切诺基 北京六缸机

62. 启动机电磁开关

DK492-12V

DK1317-12V

DK384-12V

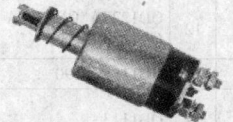

DK1332-12V

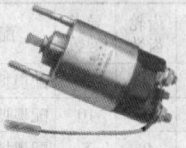

DK11–12V　　　　　　　　　　DK11A–12V

【特点及用途】启动机电磁开关安装在启动机的上部,由吸引线圈、保持线圈、固定铁心、活动铁心、启动开关接触盘等组成。其作用是控制启动机主电路的通、断和传动叉的动作,使驱动齿轮移动与退回,是启动机的重要部件。

【规　　格】瑞安市瑞东汽车部件厂产品

型号	电压 (V)	配启动机型号	适用车型
DK1212	12	QD1212　DQ122	EQ140 汽油车
DK1215	12	QD1215	新解放(CA141 142)
DK1211	12	QD1211 神电	新东风(EQ140)第三代
DK384	12	QD321	北京吉普(汽油)BJ212 130
DK1255A	12	QD1255A	北京 BJ1041 BJ130 BJ2020S(492Q)85 马力
DK1255B	12	QD1255B	上海 2020 1061 SY1041
DK1277	12	QD1277 长沙	代替 321 老式 212
DK1229	12	QD1225 QD1214 QD1229 长沙	上海桑塔纳 一汽小红旗
DK1225A	12	QD1225A QD1214A QD1339 长沙	一汽小解放 488 CA1041 吉林轻型车 上海拖内 375
DK11	12	QD1138 ST90	柳州五菱 462Q 0.8kW
DK11A	12	QD1113	日本铃木发动机(长安、西安、奥托、微型家轿)

续表

型号	电压 (V)	配启动机型号	适用车型
DK12/ DK1205	12	QD1202A. B. L QD1332D. J	常柴、莱动、扬动 195、武柴 S1110、江动 S1115、全椒 1100、菏泽 S385
DK1332	12	QD1332、QD1332C. M QD1202C、QD1293A	扬柴 380Q、福柴 375、江柴 475、云内 2100、荣成、广济 375Q1，2、莱动 375Q2、牟平 375Q、杭州 180
DK427	12	QD1202、F QD135	南汽 G427、NJ1061、新 290、北内 492QC
DK485	12	QD1315 系列、QD146 QD2Q2、QD124 系列	南昌 2105、苏州 295Q、华丰 490Q、485Q. A、上海 495A、云内、蚌埠 285、290、395 农用车；拖拉机
DK492	12	QD1204B	配开封启动机
DK1317	12	QD1317、QD1315E	南汽依维柯 493Q
DK13	12	QD138 系列、QD158	常柴 N485Q、云内 2100、扬动 4800
DK1202	12	QDJ1202	神龙富康（二汽）
DK1203	12	QD1203A	捷达、高尔夫（二汽）
DK1206	12	SD6RA49	时代超人（上汽）
DK495	24	ST614、604、QD251、QD3Q5 系列	扬柴、蚌埠、华丰 495Q、云内 695Q、610Q、4135、NJ131A
DK22	24	QD251C（二孔）	朝柴 4102Q、4102BQ
DK23	24	QD251B（三孔）	南汽、牟平 D4339A（4102）
DK265	24	QD265、QD265C 系列	大柴、玉柴 6105、朝柴 6102、锡柴 6110、4110Q、4113 冷压
DK153	24	QD3615（襄樊） QD3708N，B（襄樊）	大康明斯 5～8t 柴油汽车
DK145	24	QD3708B13B（襄樊）	朝柴 6102
DK25	24	QD2515C（襄樊）	朝柴 4102
DK27	24	QD3708Y（襄樊） QD2701、QD2702	玉柴 6105

续表

型号	电压(V)	配启动机型号	适用车型
DK261	24	QD261 配凤城	6102,6110 柴油车
DK262	24	DQ262 配神电	6102,6110 柴油车
DK263	24	QD263 配神电	CA151P 六平柴(6102,6110)
DK2634	24	QD263EQD2634 配神电	洛拖 LR4105,LR6105 柴油车
DK253 长沙	24	QD253 配长沙	南汽 NJ131,136,4102
DK213B	24	QD265,QD278(聊城)	大柴、无柴、吉柴、6110 柴油机、解放 CA141K 柴油机
DK253A 凤城	24	QD253(凤城)	朝柴 6102,4102、南充 4102 柴油机
DK285	24	QD285(上汽)	重柴(发)康明斯
DK2827	24	QD285G.K(上汽)	上柴 6114 柴油机(美国康明斯)

63. 冷凝风机

LNF241

LNF253DX

LNF253W　　　　　LNF253

【特点及用途】冷凝风机是汽车空调制冷系统的主要部件之一,它是在制冷系统中将高压冷剂气体转变为液体的装置。其吸收从压缩机排出的高温、高压制冷剂蒸气,让蒸气在漫长管路流动过程中,与周围的环境交换热量,同时用冷凝风扇强制使车外的空气流动,以达到让气态蒸气冷凝成制冷剂液体的目的。冷凝风机有管片式、管带式和鳍片式等结构型式。

【规　　格】瑞安市正中电机有限公司产品

型号	电压(V)	电流(A)	压差(Pa)	风量(w³/h)	适用车型
LNF241	24	≤7	100	≥1 400	大、中巴通用
LNF253BX/C	24	≤8	100	≥2 000	大、中巴通用
LNF253EX/C	24	≤8	100	≥1 600	大、中巴通用
LNF253DX（无刷）	24	≤8	100	≥200	大、中巴通用
LNF131	12	≤8	100	≥700	五菱、长安、昌河等微型车通用
LNF131A	12	≤8	100	≥700	扬子、长城等皮卡车通用
LNF131B	12	≤8	100	≥800	五菱、长安、昌河等微型车通用
LNF252	24	≤6	100	≥1 400	大、中巴通用
LNF253	24	≤8.5	100	≥1 600	大、中巴通用
LNF253A	24	≤8.5	100	≥1 600	大、中巴通用
LNF253W（无刷）	24	≤8.5	100	≥1 600	大、中巴通用

64. 蒸发风机

ZFF292A   ZFF143A

ZFF161   ZFF242

【特点及用途】蒸发风机亦称冷却器,是汽车空调制冷系统的主要部件之一,是制冷循环中获得冷气的直接器件,能除湿降温,通过铜管(铝管)或铝片(铁片)组成的热交换器而吸收空间的热量。

【规　　格】瑞安市正中电机有限公司产品

型号	电压 (V)	电流 (A)	压差 (Pa)	风量 (m³/h)	适用车型
ZFF292A	24	≤10	100	≥1 000	大、中巴通用
ZFF171/271	12/24	≤10/6	100	≥700	柳州五菱、长安、昌河等微型车
ZFF143A	12	≤15	100	≥500	扬子、长城等皮卡及吉利等轿车通用
ZFF161	12	≤23	100	≥650	富康系列轿车

续表

型号	电压 （V）	电流 （A）	压差 （Pa）	风量 （m³/h）	适用车型
ZFF282A	24	≤10	100	≥950	大、中巴通用
ZFF283	24	≤10	100	≥950	大、中巴通用
ZFF283T（无级调速）	24	≤10	100	≥950	大、中巴通用
ZFF283W（无刷）	24	≤10	100	≥950	大、中巴通用
ZFF293A	24	≤12	100	≥1 000	大、中巴通用
ZFF172/272	12/24	≤13/ 6.5	100	≥700	长安、昌河等微型车、金杯
ZFF141	12	≤15	100	≥550	五十铃皮卡
ZFF242	24	≤5.5	100	≥550	大、中巴通用

65. 车用暖风电机

ZD1321　　　　ZD2621　　　　ZD2520

ZD1721　　　　ZD2721A　　　　ZD1721B

【特点及用途】车用暖风电机是汽车空调系统中暖气装置的重要部

件,其造型随空调系统的结构形式而不同。

【规 格】浙江瑞鹏汽车电器有限公司产品

产品名称	型号	电压(V)	功率(W)	适用车型
解放平头暖风电机	ZD1720	12	170	解放平头(12V)
解放平头暖风电机	ZD2720	24	170	解放平头(24V)
小解放暖风电机	ZD1721	12	120	小解放(12V)
小解放暖风电机	ZD2721	24	120	小解放(24V)
CA141 暖风电机	ZD1321	12	30	CA141(12V)
CA141 暖风电机	ZD2321	24	30	CA141(24V)
康明斯暖风电机	ZD2621	24	70	康明斯 CUMMINS
EQ140-2 暖风电机	ZD1520	12	50	EQ140-2(12V)
EQ140-2 暖风电机	ZD2520	24	50	EQ140-2(24V)
BJ2020S 暖风电机	ZD1323	12	30	BJ2020S
BJ212 暖风电机	ZD1220	12	20	BJ212
东南得利卡暖风电机	ZD1324	12	30	东南得利卡
NJ131 暖风电机	ZD1521	12	50	NJ131(12V)
NJ131 暖风电机	ZD2521	24	50	NJ131(24V)
EQ140 暖风电机	ZD1325	12	30	EQ140(12V)
EQ140 暖风电机	ZD2325	24	30	EQ140(24V)
CA1041 暖风电机	ZD1721A	12	140	CA1041(12V)
CA1041 暖风电机	ZD2721A	24	140	CA1041(24V)
五十铃暖风电机	ZD1721B	12	120	五十铃(12V)
五十铃暖风电机	ZD2721B	24	120	五十铃(24V)
康明斯冷凝器电机	ZD2524	24	50	康明斯冷凝器电机
新星光暖风电机	ZD1523B	12	50	新星光(12V)
新星光暖风电机	ZD2523B	24	50	新星光(24V)
富康暖风电机	ZD1723	12	110	富康
星光暖风电机	ZD1326	12	30	星光(12V)

续表

产品名称	型号	电压 （V）	功率 （W）	适用车型
星光暖风电机	ZD2326	24	30	星光（24V）
CA6350 暖风电机	ZD1622	12	60	CA6350
幸福使者暖风电机	ZD1623	12	75	一汽幸福使者
特劳斯暖风电机	ZD1624	12	80	特劳斯
沃尔沃暖风电机	ZD1724	12	120	沃尔沃
收割机用鼓风电机	ZD2720A	24	170	农用收割机
小太阳暖风电机	ZD1722	12	120	小太阳（12V）
小太阳暖风电机	ZD2722	24	120	小太阳（24V）
金杯海狮暖风电机	ZD1620	12	60	金杯海狮

66. 部分汽车零部件图示之二

五十铃玻璃扣　　　　轿车后视镜　　　　水箱盖

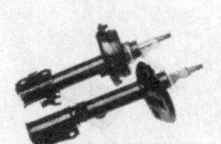
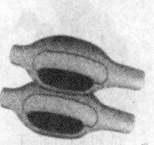

减震器　　　　桑塔纳门拉手　　　DT08-1 汽车门锁块

夏利冷凝器风机总成

长城皮卡摇把

前厢灯总成

奥拓散热器

汽车降温器

排挡锁

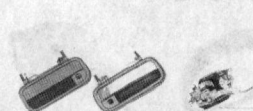

皮卡门锁

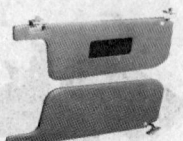
轿车遮阳板

依维柯外把手

依维柯内扣手

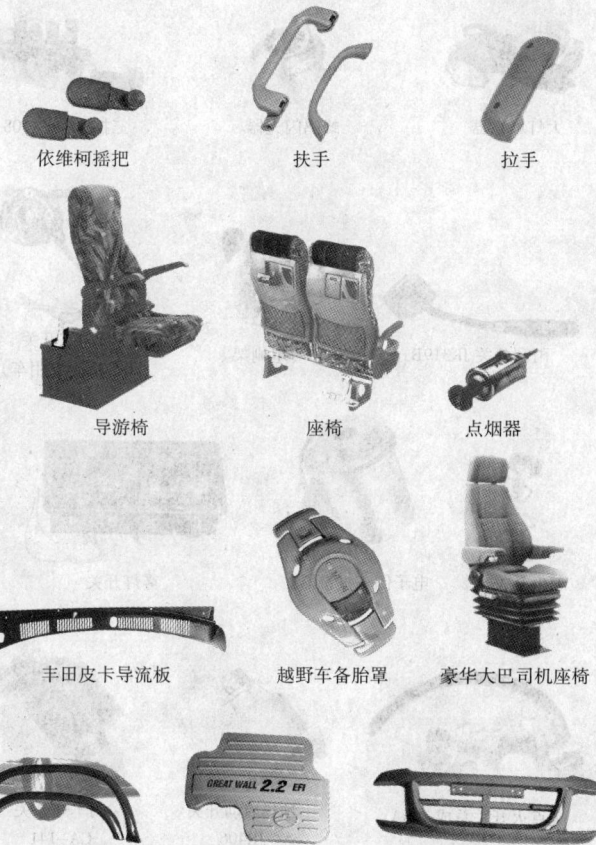

依维柯摇把

扶手

拉手

导游椅

座椅

点烟器

丰田皮卡导流板

越野车备胎罩

豪华大巴司机座椅

丰田皮卡轮眉

皮卡发动机罩

五十铃前杆

大灯增亮器

蜂鸣闪光器

三挡开关 JK108

雨刮开关 JK319B

电刷架

转向灯开关
JK802E(农用车)

点火开关

电子倒车报警器

雾灯开关

点火开关总成 306A

预热启动开关
JK406

刹车灯开关
CA-141

第十三章　汽车车轮及其零部件

1. 车轮类型（GB/T2933-1995）

【特点及用途】车轮是介于轮胎和车桥之间承受负荷的旋转件,通常由轮辋和轮辐两个主要部件组成。车轮(指适用于充气轮胎的车轮)按其轮辋和轮辐的结构不同分为辐板式车轮、对开式车轮、辐条式车轮、组装轮辋式车轮、可反装式车轮和可调式车轮等多种类型。

（1）辐板式车轮

辐板式车轮是轮辋和轮辐永久结合的车轮。

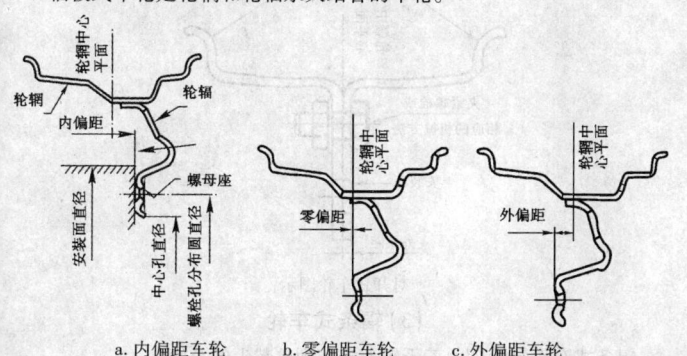

a. 内偏距车轮　　　b. 零偏距车轮　　　c. 外偏距车轮

轿车和轻型汽车辐板式车轮图示

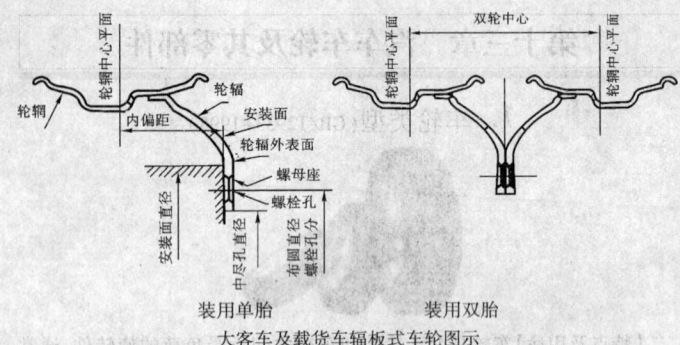

大客车及载货车辐板式车轮图示

(2) 对开式车轮

对开式车轮是轮辋由两个主要部件组成的车轮,其特点是两部件上的轮辋部位宽度可以相等,也可以不相等,把它们紧固在一起就形成了一个具有两个固定轮缘的轮辋。

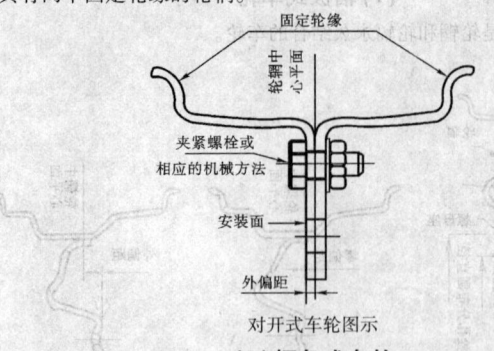

对开式车轮图示

(3) 辐条式车轮

辐条式车轮是轮辋由若干辐条连接到轮毂上的车轮。

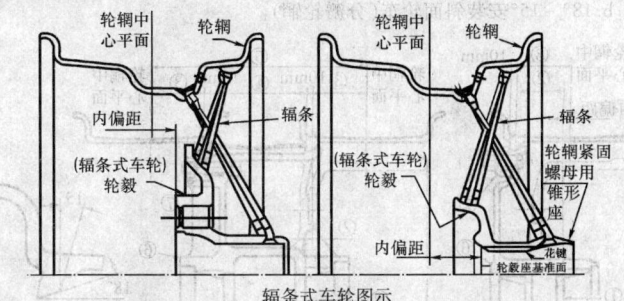

辐条式车轮图示

(4)组装轮辋式车轮

组装轮辋式车轮是一个或两个组装轮辋被夹紧到带有一定安装斜面的铸造轮毂上的车轮,按安装斜面角度的不同分为 28°安装斜面车轮和 18°~15°安装斜面车轮。

a. 28°安装斜面车轮

28°安装斜面车轮可用来做制动鼓或制动盘的支撑毂。

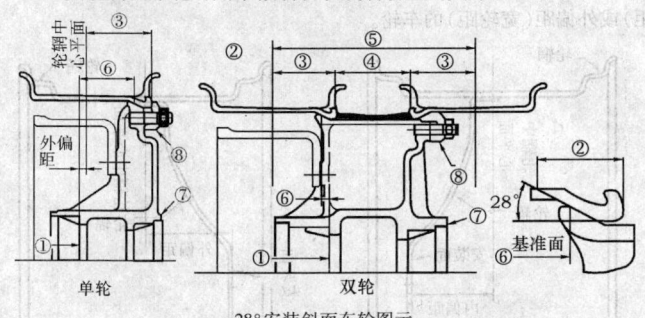

28°安装斜面车轮图示

①内轴承座肩(基准面);②轮辋安装斜面位置;③轮辋体偏距;
④隔圈宽度;⑤双轮中心距;⑥车轮斜面偏距;⑦铸造轮毂;⑧夹紧块

b.18°～15°安装斜面轮车(分瓣轮辋)。

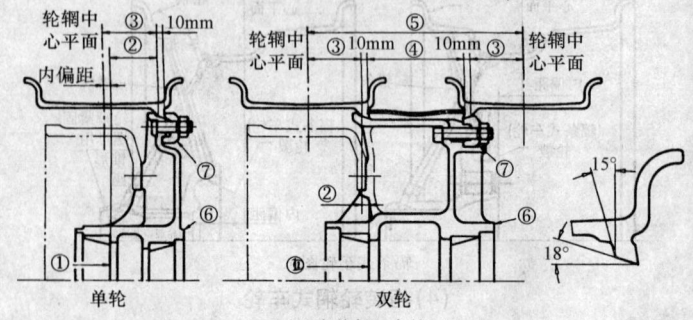

18°～15°安装斜面车轮图示

①内轴承座肩(基准面);②轮辋安装斜面位置;③轮辋体偏距;
④隔圈宽带;⑤双轮中心距;⑥铸造轮毂;⑦夹紧块

(5)可反装式车轮

可反装式车轮是轮辐的两面都可以做安装面,从而成为内偏距(窄轮距)或外偏距(宽轮距)的车轮。

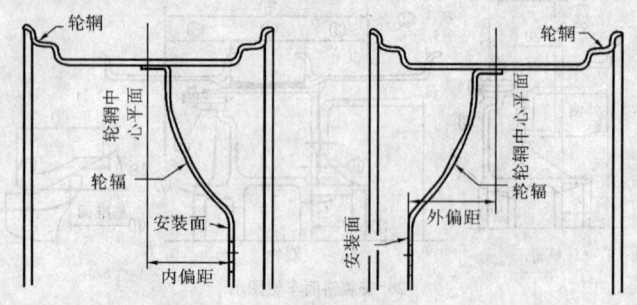

可反装式车轮图示

(6)可调式车轮

可调式车轮是轮辋可以相对于轮辐改变轴向位置的车轮,其调整方式可分为人力调整和动力调整两种型式。

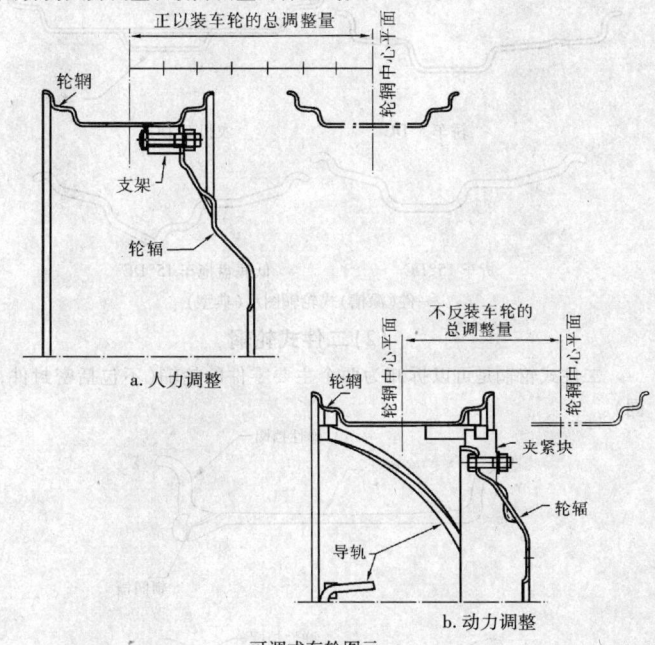

可调式车轮图示

2. 轮辋型式(GB/T2933–1995)

【特点及用途】轮辋是车轮上安装和支承轮胎的部件。按其主要零件的多少而构成的轮辋,分为一件(深槽)式轮辋、二件式轮辋、三件式轮辋、四件式轮辋和五件式轮辋。

（1）一件（深槽）式轮辋

一件（深槽）式轮辋是带有轮槽的一整体式结构的轮辋。

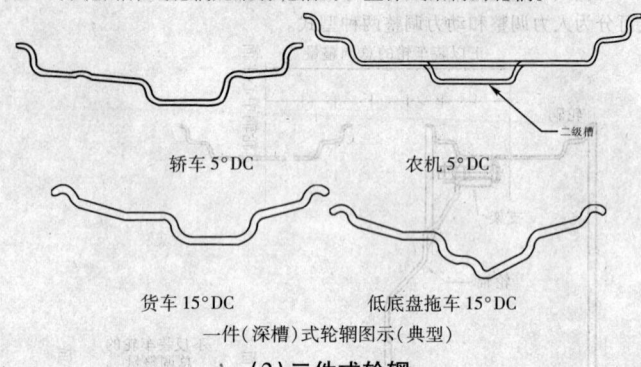

轿车 5°DC

农机 5°DC

货车 15°DC

低底盘拖车 15°DC

一件（深槽）式轮辋图示（典型）

（2）二件式轮辋

二件式轮辋是可以拆卸为两个主要零件的轮辋（不包括密封件，下同）。

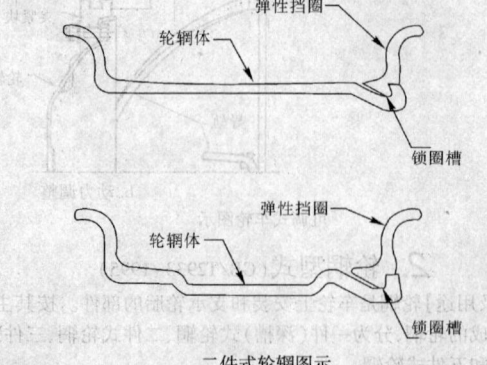

二件式轮辋图示

（3）三件式轮辋

三件式轮辋是可以拆卸为三个主要零件的轮辋。

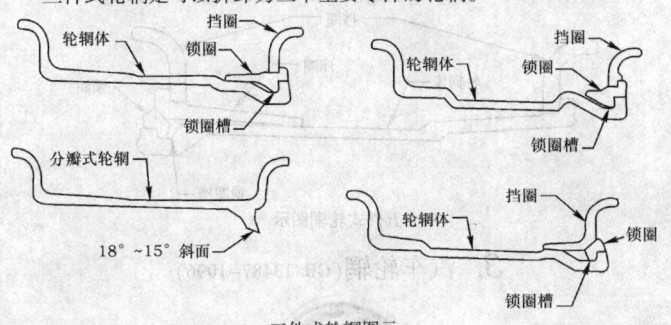

三件式轮辋图示

（4）四件式轮辋

四件式轮辋是可以拆卸为四个主要零件的轮辋。

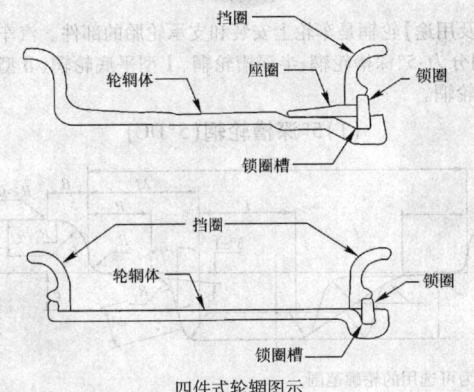

四件式轮辋图示

(5)五件式轮辋

五件式轮辋是可以拆卸为五个主要零件的轮辋。

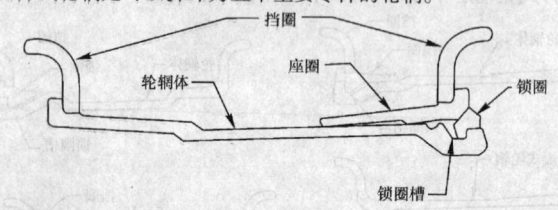

五件式轮辋图示

3. 汽车轮辋(GB/T3487–1996)

【特点及用途】轮辋是车轮上安装和支承轮胎的部件。汽车轮辋根据形状的不同分为:5°深槽轮辋、半深槽轮辋、Ⅰ型平底轮辋、Ⅱ型平底轮辋和15°深槽轮辋。

(1)5°深槽轮辋(5°DC)

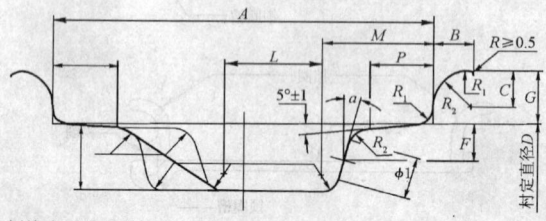

注:双点划线为可选用的轮廓范围。

5°深槽轮辋(5°DC)轮廓

【规　格】

主要尺寸（mm）

轮辋轮廓规格	A ±1.5	G $^{+1.2}_{-0.4}$	B ≥	R_1	R_2	C	P ≥	R_3 ≤	H ≥	L ≥	R_4 ≤	M ≤	α ≥	F ±1.0	V ±0.2
5.00E	127	20	13	8.5	14	13.5	18.5	6.5	25.5	25	9.5	39.7	15°	14	15.9
5JK	127	18	10.3	6.4	8.9	8.9	19.8	6.4	17.8	22	10	45	15°	11.8	11.5
5½JK	140	18	10.3	6.4	8.9	8.9	19.8	6.4	17.8	22	10	45	15°	11.8	11.5
3.00B	76	14.5				13			16.5	18	6.5	34		10	
3.50B	89	14.5				16			16.5	18	6.5	34		10	
4.00B	102	14.5				16			16.5	19	6.5	34		10	
4.50B	114	14.5		—	7.5	7.5			16.5	19	9.5	45		10	
5.00B	127	14.5	10	—	7.5	7.5			16.5	22	9.5	45		10	
5.50B	140	14.5	10	—	7.5	7.5			16.5	22	9.5	45		10	
6.00B	152	14.5	10	—	7.5	7.5			16.5	22	9.5	45		10	
4J	102	17.5	6.5		9.5	9.5	20	6.5	17.3	25.5	8	43.5	10°	10.5	11.5
4½J	114	17.5	6.5		9.5	9.5	20	6.5	17.3	25.5	8	43.5	10°	10.5	11.5
5J	127	17.5	6.5		9.5	9.5	20	6.5	17.3	25.5	8	43.5	10°	10.5	11.5
5½J	140	17.5	6.5		9.5	9.5	20	6.5	17.3	25.5	8	43.5	10°	10.5	11.5
5½JJ	140	17.5	6.5		9.5	9.5	20	6.5	17.3	25.5	8	43.5	10°	10.5	11.5
6J	152	17.5	6.5		9.5	9.5	20	6.5	17.3	25.5	8	43.5	10°	10.5	11.5
6½J	165	17.5	11	—	9.5	9.5	20	6.5	17.3	25.5	8	43.5	10°	10.5	11.5
7J	178	17.5	11	—	9.5	9.5	20	6.5	17.3	25.5	8	43.5	10°	10.5	11.5
8J	203	17.5	11	—	9.5	9.5	20	6.5	17.3	25.5	8	43.5	10°	10.5	11.5
10J	254	17.5	11	—	9.5	9.5	20	6.5	17.3	25.5	8	43.5	10°	10.5	11.5

注：表中所列的轮缘代号为 B、J、JJ 和 JK 的 5°深槽轮辋轮廓（3.00B 除外）可选用圆峰、平峰或座架式胎圈座。圆峰用于轮辋的拆装边（装车后通常位于车辆外侧）或非拆装边（装车后通常位于车辆内侧），平峰用于轮辋的拆装边（两侧都为拆装边也可都用平峰），座架用于轮辋的非拆装边。选用的圆峰、平峰、座架式胎圈座的形状和尺寸应符合图1、图2、图3的规定。

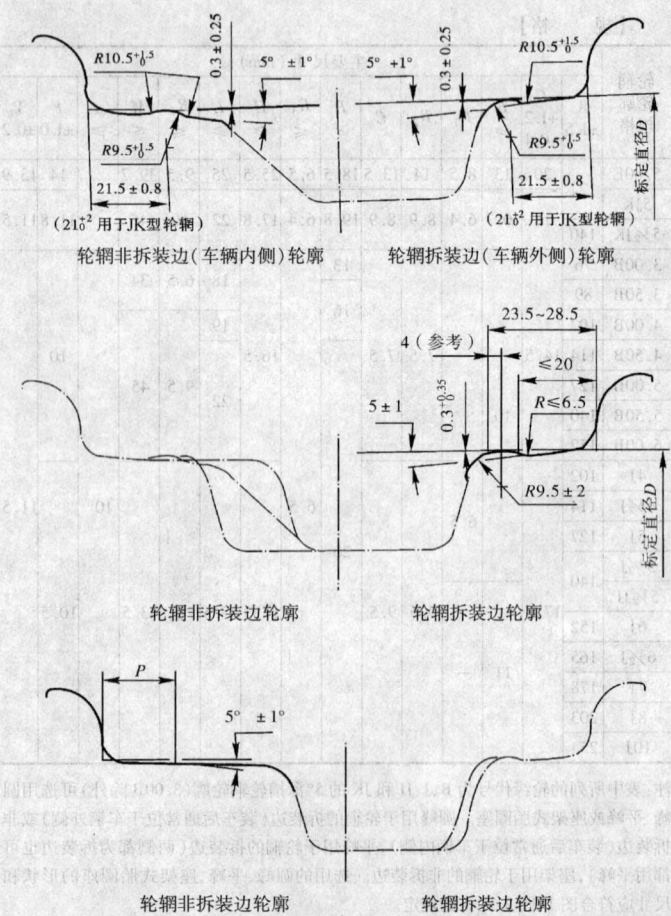

轮辋非拆装边(车辆内侧)轮廓　　　　轮辋拆装边(车辆外侧)轮廓

轮辋非拆装边轮廓　　　　轮辋拆装边轮廓

轮辋非拆装边轮廓　　　　轮辋拆装边轮廓

附:5°深槽轮辋名义直径代号、轮辋轮廓规格及标定直径对照表

轮辋名义 直径代号	相应轮辋轮廓规格	标定直径 D （mm）
10	3.50B,4.00B,4.50B	253.2
12	3.00B,3.50B,4.00B,4.50B,5.00B,4J	304.0
13	4.50B,5.00B,5.50B,6.00B,4 1/2J	329.4
14	4J,4 1/2J,5J,5 1/2J,5 1/2JJ,5JK	354.8
15	4J,4 1/2J,5J,5 1/2J,6J,6 1/2J,7J,10J, 5JK,5 1/2JK	380.2
16	5J,5 1/2J,6J,6 1/2J,7J,8J,5.00E,5JK, 5 1/2JK	405.6

（2）半深槽轮辋（SDC）

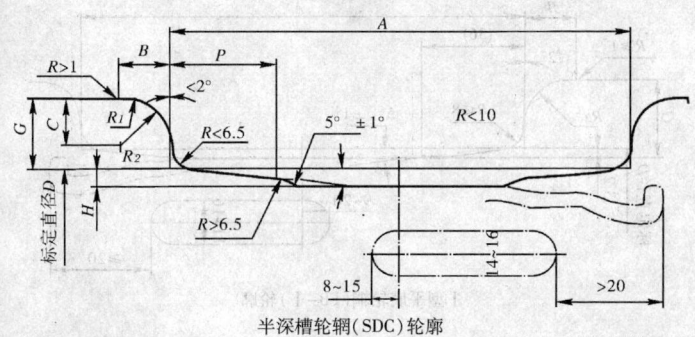

半深槽轮辋（SDC）轮廓

【规　　格】

轮辋轮廓规格	主要尺寸(mm)							
	A ±1.5	G +1.2 -0.4	B ≥	R_1	R_2	C	P ≥	H ≥
5.50F	140	22	12	9.5	15.5	14.5	32	5
6.00G	152	28	14		14			5.5
6.50H	165	34	18	—	18	—	36	

附:半深槽轮辋名义直径代号、轮辋轮廓规格及标定直径对照表

轮辋名义直径代号	相应轮辋轮廓规格	标定直径 D(mm)
15	5.50F,6.00G	380.2
16	5.50F,6.00G,6.50H	405.6

(3)Ⅰ型平底轮辋(FB-Ⅰ)

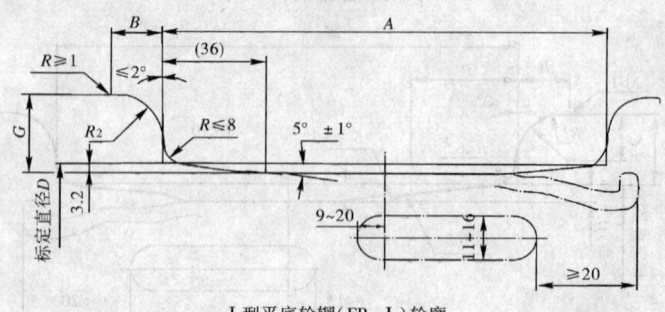

Ⅰ型平底轮辋(FB-Ⅰ)轮廓

【规　格】

轮辋轮廓规格	主要尺寸(mm)			
	A	G	$B \geqslant$	R_2
6.0	152	33	18	16.5
6.5	165	35.5	19.5	18
7.0	178	38	21	19
7.5	190	40.5	22	20
8.0	203	43	23.5	21.5
8.5	216	46	24.5	23
9.0	228	48	26	24
10.0	254	51	27	25.5

附：Ⅰ型平底轮辋名义直径代号、轮辋轮廓规格及标定直径对照表

轮辋名义直径代号	相应轮辋轮廓规格	标定直径 D(mm)
18	6.0,6.5,9.0	463.6
20	6.0,6.5,7.0,7.5,8.0,8.5,9.0,10.0	514.4

(4) Ⅱ型平底轮辋(FB-Ⅱ)

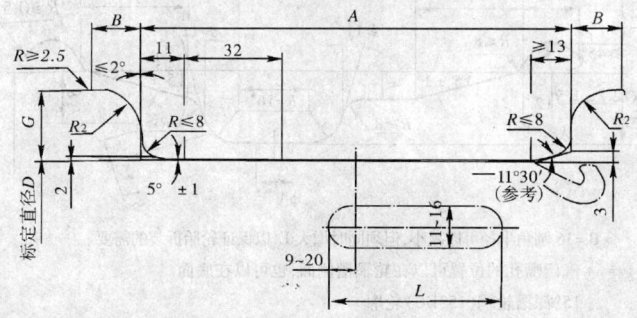

Ⅱ型平底轮辋(FB-Ⅱ)轮廓

【规　格】

轮辋轮廓规格	主要尺寸(mm)				
	A	G	$B\geqslant$	R_2	L
6.50T	165	38	22	22	70
7.00T	178				75
7.50V	190	44.5	27	27	80
8.00V	203				
8.50V	216				93
9.00V	228				105

附：Ⅱ型平底轮辋名义直径代号、轮辋轮廓规格及标定直径对照表

轮辋名义直径代号	相应轮辋轮廓规格	标定直径 D (mm)
20	6.50T，7.00T，7.50V，8.00V，8.50V，9.00V	508

(5)15°深槽轮辋(15°DC)

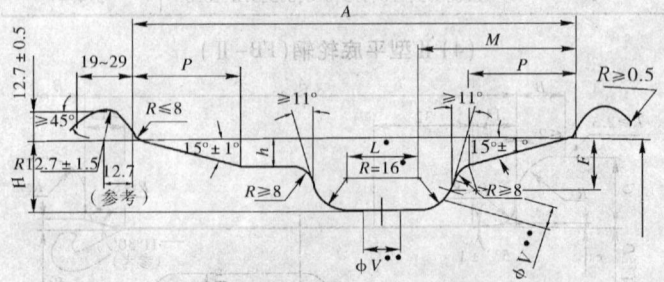

＊R=16 圆角半径可以减小，但须同时增大 L，以保证轮胎拆装的需要。

＊＊气门嘴孔的位置可以在轮辋槽侧面，也可以在底面。

15°深槽轮辋(15°DC)轮廓

【规　格】

轮辋规格代号	主要尺寸(mm)							
	$A\pm3.5$	$H\geqslant$	$h\geqslant$	$L\geqslant$	$M\leqslant$	$P\geqslant$	$F\pm1.0$	V
17.5×5.25	133.5	24	7	4	55	25	16.5	
17.5×6.00					60			
19.5×6.00	152.5	27	8.5	11	62	30	20	在轮辋槽侧时为9.7
22.5×6.00		30			64		23	
17.5×6.75	171.5	24	9	14	66	25	16.5	
19.5×6.75		27			64	30	20	
22.5×6.75		30			66	32	23	
19.5×7.50	190.5	27	9.5	21	67	30	20	在轮辋槽底时为15.7
22.5×7.50		30	10		67	34	23	
19.5×8.25	209.5	27	9.5	28	67	30	20	
22.5×8.25					70			
24.5×8.25					72			在轮辋槽底时为15.7
22.5×9.00	228.5	30	10		70	36	23	
24.5×9.00					72			
22.5×9.75	247.5				70			

4. 工程机械轮辋 (GB/T2883-93)

【特点及用途】工程机械轮辋适用于挖掘机、装载机、掘土机、起重机、铲运机、平地机、压路机、稳定土拌和机、沥青混凝土摊铺机和混凝土搅拌机和翻斗车等工程机械用轮胎。根据轮辋的形状不同可分为深槽轮辋、半深槽轮辋、平底宽轮辋、全斜底轮辋。

(1) 深槽轮辋(DC)

深槽轮辋适用于翻斗车、混凝土搅拌机和压路机等。

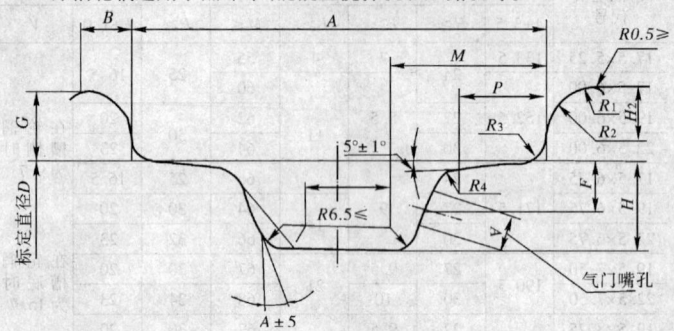

注:双点划线为可选用的轮廓。

深槽轮辋轮廓之一

【规　格】

轮辋规格代号	主要尺寸(mm)														
	A	G	R_1	R_2	H_2	R_3 ≤	R ≥	H ≥	P ≥	R_4 ≤	L ≥	M ≤	α	F	气门嘴直径 r
3.00B	76.0	14.0	—	7.5	7.5	4.5	10.0	16.5	13.0	6.5	18.0	34.0	15°	10.0	11.3
3.00D	76.0	17.5	8.0	13.0	12.5	10.5		19.0	14.0			28.7		11.0	15.7
3.50D	89.0	17.5						16.5	16.5	9.5	25.0	34.0		10.0	11.3
4.50E	114.0	20.0	8.5	14.0	13.5		13.0	25.5	18.5			39.7	20°	14.0	11.3

注:本表中所列轮辋规格与汽车轮辋共用。

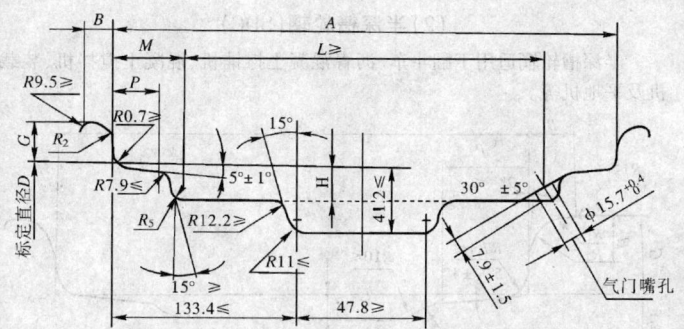

注:双点画线可选用的轮廓。

深槽轮辋轮廓之二

【规格】

轮辋规格代号	主要尺寸(mm)							
	A	G	R_2	R_5 $\leqslant$	R $\geqslant$	H $\geqslant$	P $\geqslant$	M $\leqslant$
DW16	406.4	28.6	11.0	14.3	11.1	27.0	36.5	63.5
DW18	457.2							
DW20[1]	508.0							
DW20[2]							41.3	82.5

注:本表中所列轮辋规格与拖拉机和农业、林业机械轮辋共用。

①适用于名义直径代号为26的轮辋。

②适用于名义直径代号为30的轮辋。

（2）半深槽轮辋（SDC）

半深槽轮辋适用于翻斗车、沥青混凝土摊铺机、混凝土搅拌机、装载机及平地机等。

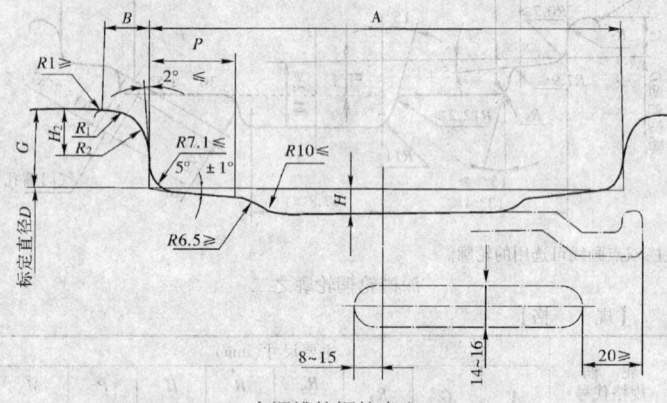

半深槽轮辋轮廓之一

【规　　格】

轮辋规格代号	主要尺寸（mm）							
	A	G	R_1	R_2	H_2	B ≥	P ≥	H ≥
5.50F	140.0	22.0	9.5 (9.0)	15.5	14.5	12.0	32 (24)	5.5 (5.0)
6.00G	152.0	28.0	—	14.0		14.0	32	5.5
6.50H	165.0	34.0	—	18.0		18.0	36	

注：①括号内尺寸不推荐使用。

②本表所列轮辋规格与汽车轮辋共用。

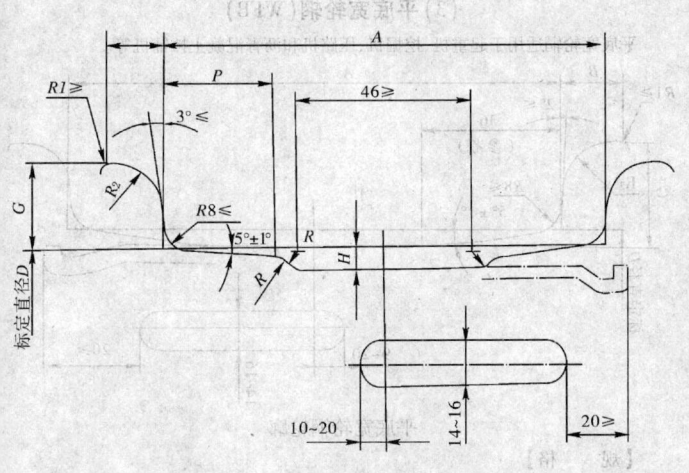

半深槽轮辋轮廓之二

【规　格】

轮　辋 规格代号	主要尺寸(mm)					
	A	G	R_2	B $\geqslant$	H $\geqslant$	P $\geqslant$
10.00VA	254.0	43.0	23.0	24.5	11.0	59.5
13	330.0	25.5	11.0	13.0	10.0	50.0

（3）平底宽轮辋（WFB）

平底宽轮辋适用于起重机、挖掘机、压路机和沥青混凝土摊铺机等。

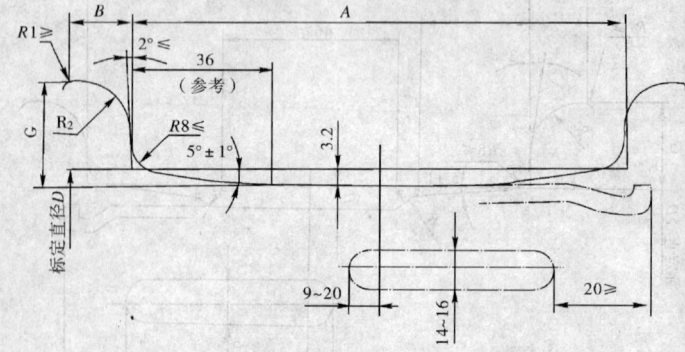

平底宽轮辋轮廓

【规　　格】

轮辋 规格代号	主要尺寸（mm）			
	A	G	R_2	B（最小）
6.0	152.0	33.0	16.5	18.0
6.5	165.0	35.5	18.0	19.5
7.0	178.0	38.0	19.0	21.0
7.5	190.0	40.5	20.0	22.0
8.0	203.0	43.0	21.5	23.5
8.5	216.0	46.0	23.0	24.5
9.0	228.0	48.0 (44.5)	24.0	26.0
10.0	254.0	51.0	25.5	27.0

注：①括号内尺寸不推荐使用。

　　②本表所列轮辋规格与汽车轮辋共用。

(4) 全斜底轮辋(TB)

全斜底轮辋适用于装载机、铲运机、推土机、平地机、压路机和稳定土拌和机等。

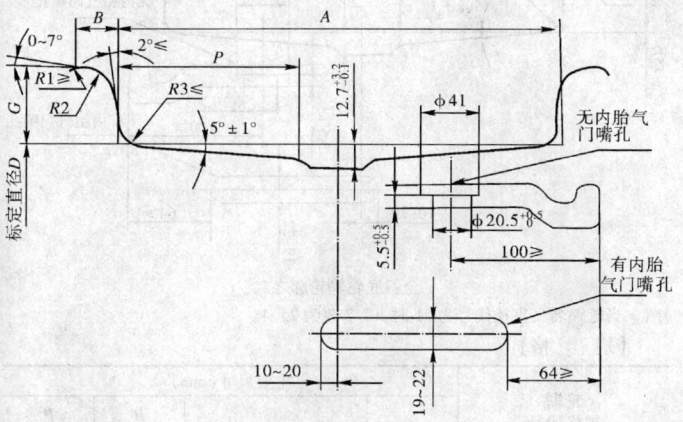

全斜底轮辋轮廓之一

【规　　格】

轮辋规格代号	主要尺寸(mm)					
	A	G	R_2	B (最小)	P (最小)	R_3 (最大)
8.50/1.3	215.9	33.0	22.9	24.5	60.0	8.0
10.00/1.5	254.0	38.1	25.4	27.0	59.0	
12.0/1.3	304.8	33.0	22.9	24.5	47.0	9.7
14.00/1.5	355.6	38.1	25.4	27.0	59.0	
17.00/1.7	431.8	43.2	22.9	24.5	60.0	8.0

注:本表所列规格只适用于名义直径代号为21和25的轮辋。

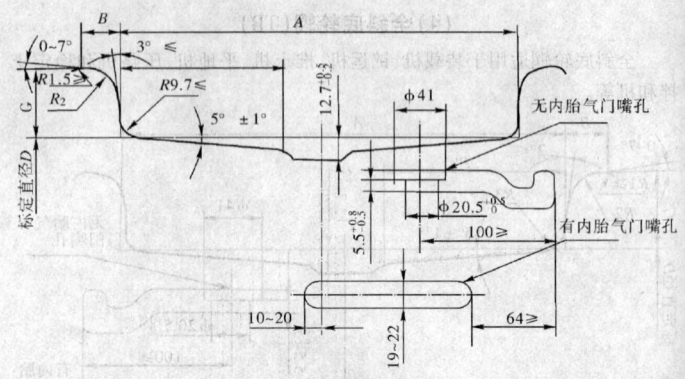

全斜底轮辋轮廓之二

注：* 当轮辋名义直径代号为 51 时，12.7 改为 25.4。

【规　　格】

轮辋 规格代号	主要尺寸（mm）				
	A	G	R_2	B （最小）	P （最小）
11.25/2.0	285.8	50.8	31.8	31.5	101.0 117.5[①]
13.00/2.5	330.2	63.5		44.5	
15.00/3.0	381.0	76.2	44.5	54.0	
15.00/3.0[②]			50.8		
17.00/3.0	431.8	50.8	31.8	31.5	
17.00/3.5		88.9	50.8	57.0	139.0
19.50/2.5	495.3	63.5	38.1	44.5	101.0
19.50/4.0		101.6	57.2	65.0	
22.00/3.0	558.8	76.2	44.5	54.0	139.0
22.00/4.0		101.6	57.2	65.0	
22.00/4.5[③]		114.3	63.5	73.0	190.5

续表

轮辋 规格代号	主要尺寸(mm)				
	A	G	R_2	B (最小)	P (最小)
24.00/3.0	609.6	76.2	44.5	54.0	139.0
24.00/5.0		127.0	69.9	85.5	190.5
25.00/3.5	635.0	88.9	50.8	57.0	139.0
26.00/5.0[③]	660.4	127.0	69.9	85.5	190.5
27.00/3.5	685.8	88.9	50.8	57.0	139.0
28.00/4.0	711.2	101.6	57.2	65.0	
29.00/6.0	736.6	152.4	83.8	96.5	190.5
31.00/4.0	787.4	101.6	57.2	65.0	
32.00/4.5	812.8				139.0
36.00/4.5	914.4	114.3	63.5	73.0	
40.00/4.5	1016.0				

注:①适用于 32 层级以上的斜交结构轮胎。

②适用于轮辋名义直径代号为 49 的轮辋。

③适用于轮辋名义直径代号为 51 的轮辋。

附:a. 轮辋两侧胎圈座根据需要可做横向滚花

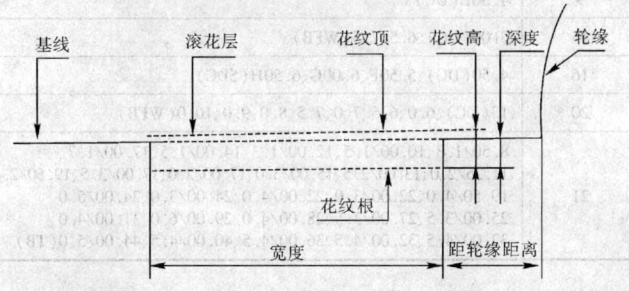

b. 轮辋名义直径代号为 24～49 的滚花规定　　　　　（mm）

轮辋名义宽度代号	花纹高度	滚花深度	滚花间距	距轮缘内侧距离	滚花宽度	
					固定胎圈座侧	座圈侧
11.25～15.00	0.4～1.0	0.4～0.8	1.6～4.8	9.5～15.9	≥25.4	38.1～50.8
≥17.00					38.1～66.7	38.1～66.7

c. 轮辋名义直径为 51 及其以上的滚花规定　　　　　（mm）

轮辋名义宽度代号	花纹高度	滚花深度	滚花间距	距轮缘内侧距离	滚花宽度	
					固定胎圈座侧	座圈侧
≥22.00	0.4～1.0	0.4～0.8	1.6～4.8	9.5～15.9	53.9～66.7	53.9～66.7

（5）轮辋名义直径代号与轮辋规格对照

轮辋名义直径代号	轮 辋 规 格（mm）
8	3.00B、3.50D（DC）
9	4.50E（DC）
15	3.00（DC）、6.5、7.5（WFB）
16	4.50（DC）、5.50F、6.00G、6.50H（SDC）
20	13（DC）、6.0、6.5、7.0、7.5、8.0、9.0、10.0（WFB）
21	8.50/1.3、10.00/1.5、12.00/1.3、14.00/1.5、17.00/1.7、11.25/2.0、13.00/2.5、15.00/3.0、17.00/2.0、17.00/3.5、19.50/2.5、19.50/4.0、22.00/3.0、22.00/4.0、24.00/3.5、24.00/5.0、25.00/3.5、27.00/3.5、28.00/4.0、29.00/6.0、31.00/4.0、32.00/4.5、32.00/4.5、36.00/4.5、40.00/4.5、44.00/5.0（TB）

续表

轮辋名义直径代号	轮 辋 规 格(mm)
24	10.00VA、13(SDC)、8.5、9.0、10.0(WFB)、11.25/2.0、13.00/2.5、15.00/3.0、17.00/2.0、17.00/3.5、19.50/2.5、19.50/4.0、22.00/4.0、24.00/3.0、24.00/5.0、25.00/3.5、27.00/3.5、28.00/4.0、29.00/6.0、31.00/4.0、32.00/4.5、36.00/4.5、40.00/4.5(TB)
25	8.50/1.3、10.00/1.5、12.00/1.3、14.00/1.5、17.00/1.7、11.25/2.0、13.00/2.5、15.00/3.0、17.00/2.0、17.00/3.5、19.50/2.5、19.50/4.5、22.00/3.0、22.00/4.0、24.00/3.0、24.00/5.0、25.00/3.5、28.00/4.0、29.00/6.0、31.00/4.0、32.00/4.0、36.00/4.5、40.00/4.5(TB)
26	DW16、DW18、DW20(DC)
29	11.25/2.0、13.00/2.5、15.00/3.0、17.00/2.0、17.00/3.5、19.50/2.5、19.50/4.0、22.00/3.0、22.00/4.0、24.00/3.0、24.00/5.0、25.00/3.5、27.00/3.5、28.00/4.0、29.00/6.0、31.00/4.0、32.00/4.5、36.00/4.5、40.00/4.5(TB)
30	DW20(DC)
33 35 39 45	11.25/2.0、13.00/2.5、15.00/3.0、17.00/2.0、17.00/3.5、19.50/2.5、19.50/4.0、22.00/3.0、22.00/4.0、24.00/3.0、24.00/5.0、25.00/3.5、27.00/3.5、28.00/4.0、29.00/6.0、31.00/4.0、32.00/4.5、36.00/4.5、40.00/4.5(TB)
49	15.00/3.0(TB)
51	22.00/4.5、26.00/5.0(TB)
57	11.25/2.0、13.00/2.5、15.00/3.0、17.00/2.0、17.00/3.5、19.50/2.5、19.50/4.0、22.00/3.0、22.00/4.0、22.00/4.5、24.00/3.0、24.00/5.0、25.00/3.5、27.00/3.5、28.00/3.5、28.00/4.0、29.00/6.0、31.00/4.0、32.00/4.0、32.00/4.5、36.00/4.5、40.00/4.5(TB)

(6) 轮辋名义直径代号、轮辋轮廓类型及轮辋标定直径对照

(mm)

轮辋名义 直径代号	轮辋轮廓 类 型	轮辋 标定直径	轮辋名义 直径代号	轮辋轮廓 类 型	轮辋 标定直径
8		202.4	26	DC	665.2
9	DC	227.8	29	TB	736.6
15		380.2	30	DC	766.8
	WFB	387.4	33		838.2
16	DC SDC	405.6	35		889.0
20	WFB	514.4	39		990.6
	SDC	512.8	45	TB	1143.0
21	TB	533.4	49		1245.0
24	WFB	616.0	51		1295.4
	SDC	614.4	57		1447.8
25	TB	609.6			
		635.0			

5. 车轮和轮辋的规格代号表示方法 (GB/T2933-1995)

车轮或轮辋的规格代号应使用数字符号按下面优选顺序表示:

①轮辋名义直径

现有轮辋用尺寸代号(英寸值)表示;使用米制的新型式轮胎配用的新型式轮辋用 mm 有示。

②轮辋型式

"×"表示一件式轮辋;"-"表示多件式轮辋。

③轮辋名义宽度

目前设计的轮辋以尺寸(英寸值)表示;将来设计的使用制的轮辋用 mm 表示。

④轮辋形状

用一个或几个字母表示轮辋的轮缘轮廓(如:B,J,K,C,D,E 和 F),通常置于轮辋名义宽度之后,有时也在轮辋名义宽度之前、两侧或不用。符号"/"跟随一个或几个数字表示非道路车辆用轮辋使用尺寸代号表示的轮缘高度(选用)。

⑤规格代号示例(现有轮辋型式)

轿车:10×3.50C

　　　　15×6J

轻型载货车:15×5 1/2J

　　　　　　16.5×6.00

　　　　　　15-5.50F SDC(SDC 表示半深槽轮辋)

中型、重型客货车:20-7.5

　　　　　　　　　22-8.00V

　　　　　　　　　22.5×8.25

农用机械:28×W12

　　　　　28×W10H

　　　　　26×DW16(DW 表示轮辋有第二槽)

非道路车辆:25-13.00/2.5(/2.5 轮缘代号是可选用的)

6. 载货汽车辐板式车轮在轮毂上的安装尺寸(GB/T4095-1995)

【特点及用途】GB/T4095-1995 规定了载货汽车辐板式车轮在轮毂上按不同方式定心时的安装尺寸,其适用于螺栓孔数为 5、6、8 和 10 的载货汽车辐板式车轮。

(1) 按中心孔定心时的车轮安装尺寸

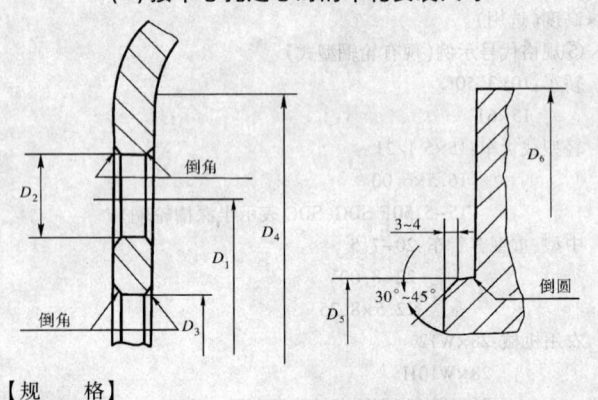

【规　格】

基　本　尺　寸(mm)

螺栓孔数	螺栓孔分布圆直径 D_1	螺栓孔位置度	螺栓孔直径 D_2 $^{+1}_{0}$	中心孔直径 D_3 $^{+0.2}_{0}$	轮辐平面部分直径 $D_{4m} \geqslant$	螺栓直径	轮毂	
							D_5 $^{0}_{-0.2}$	D_6 $^{0}_{-5}$
							参考值	
6	170	⊕ ϕ0.3	21	130	220	18	129.8	225
	180			140	235		139.8	
	205			161	255		160.8	250
8	275		24	221	325	20	220.8	320
10	285.75		26	220	345	22	219.8	340
	335			281	390		280.8	385

注:中心孔定心的车轮安装方式作为推荐方式。

(2)按螺母座定心时的车轮安装尺寸

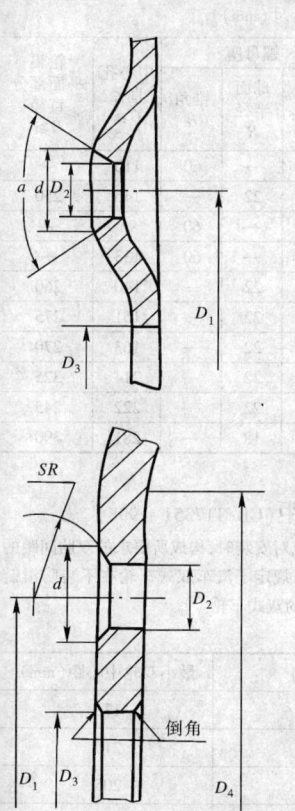
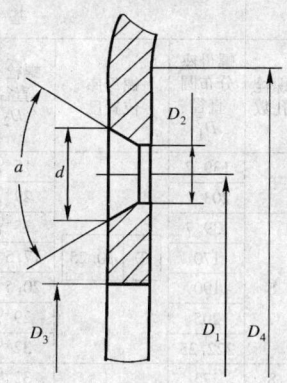
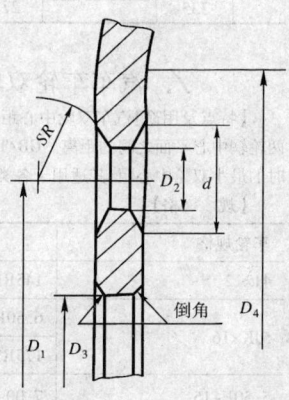

【规　格】

<table>
<tr><th colspan="9" style="text-align:center">基 本 尺 寸(mm)</th></tr>
<tr>
<th rowspan="2">螺栓孔数</th>
<th rowspan="2">螺母座分布圆直径 D_1</th>
<th rowspan="2">螺母座位置度</th>
<th rowspan="2">螺栓孔直径 D_2</th>
<th colspan="3">螺母座</th>
<th rowspan="2">中心孔直径 $D \geq$</th>
<th rowspan="2">轮辐平面部分直径 $D \geq$</th>
</tr>
<tr>
<th>直径 $d^{+0.5}_{\ 0}$</th>
<th>球面半径 R</th>
<th>锥角 α</th>
</tr>

<tr><td rowspan="2">5</td><td>139.7</td><td></td><td>$15^{+0.5}_{\ 0}$</td><td>17.8</td><td>—</td><td>60</td><td>110</td><td>—</td></tr>
<tr><td>203.2</td><td></td><td>$29^{+0.8}_{\ 0}$</td><td>34</td><td>22</td><td>—</td><td>146</td><td>250</td></tr>

<tr><td rowspan="5">6</td><td>139.7</td><td rowspan="5">⊕ ϕ0.25</td><td>$15^{+0.5}_{\ 0}$</td><td>17.8</td><td>—</td><td>60</td><td>93</td><td>—</td></tr>
<tr><td>170</td><td>$17.5^{+0.5}_{\ 0}$</td><td>20.8</td><td>—</td><td>60</td><td>133</td><td>—</td></tr>
<tr><td>190</td><td>$20.5^{+0.8}_{\ 0}$</td><td>27</td><td>22</td><td>—</td><td>140</td><td>260</td></tr>
<tr><td>205</td><td>$29^{+0.8}_{\ 0}$</td><td>34</td><td>22</td><td>—</td><td>161</td><td>275</td></tr>
<tr><td>222.25</td><td>$32^{+0.8}_{\ 0}$</td><td>37</td><td>22</td><td>—</td><td>163</td><td>270</td></tr>

<tr><td>8</td><td>275</td><td></td><td>$32^{+0.8}_{\ 0}$</td><td>37</td><td>22</td><td>—</td><td>214</td><td>325</td></tr>

<tr><td rowspan="2">10</td><td>285.75</td><td rowspan="2">⊕ ϕ0.30</td><td>$32^{+0.8}_{\ 0}$</td><td>37</td><td>22</td><td>—</td><td>222</td><td>245</td></tr>
<tr><td>335</td><td>$27^{+0.8}_{\ 0}$</td><td>32</td><td>18</td><td>—</td><td>281</td><td>390</td></tr>
</table>

7. 汽车车轮双轮中心距(GB/T17351-1998)

【特点及用途】汽车车轮中心距是指车轮成对安装时,构成所要求的双胎间距的两轮辋中心平面之间的距离。GB/T1735-1998 规定了汽车双式车轮在不装防滑链时的最小双轮中心距,其适用于各类汽车所用的双式车轮。

【规　格】

车轮规格	轮胎规格	最小双轮中心距(mm)
4J×12	145R12	172
5JK×16	6.50R16	215
	175R16	205
5.50F-15	7.00-15　7.00R15	236

续表

车轮规格	轮胎规格	最小双轮中心距(mm)
5.50F-16	6.50-16　6.50R16	220
	7.00-16　7.00R16	236
6.00G-16	7.50-16　7.50R16	255
6.50H-16	8.25-16　8.25R16	278
	9.00-16　9.00R16	301
6.0-20	7.50-20　7.50R20	254
6.5-20　6.50T-20	8.25-20　8.25R20	274
7.0-20　7.00T-20	9.00-20　9.00R20	305
7.5-20　7.50V-20	10.00-20　10.00R20	326
8.0-20　8.00V-20	11.00-20　11.00R20	345
8.5-20　8.50V-20	12.00-20　12.00R20	372
9.0-20　9.00V-20	13.00-20　13.00R20	401
10.0-20	14.00-20　14.00R20	443
17.5×5.25	7R17.5	203
17.5×6.00	8R17.5	234
17.5×6.75	9.5R17.5	270
19.5×6.00	8R19.5	234
19.5×6.75	9R19.5	259
19.5×7.50	10R19.5	286
22.5×6.75	9R22.5	262
22.5×7.50	10R22.5	290
22.5×8.25	11R22.5	320
22.5×9.00	12R22.5	343
22.5×9.75	13R22.5	360

8. 载重汽车轮胎 (GB/T 2977-1997)

【特点及用途】载重汽车轮胎是指载重汽车轮子外围安装的环形橡胶制品,轮胎中充满压缩空气后,可以减弱沿地面行驶时产生的震动,亦通称轮带。轮胎分有内胎轮胎和无内胎轮胎两种类型。

【规　　格】

(1) 微型载重普通断面斜交轮胎 (5°轮辋)

轮胎规格	基本参数			主要尺寸 (mm)					双胎最小中心距 (mm)	允许使用轮辋
	层级	标准轮辋		新胎充气后			轮胎最大使用尺寸			
			断面宽度	普通花纹外直径	负荷下静半径	断面宽度	外直径			
4.50-12 ULT	4、6、8	3.00B	127	545	254	137	558		146	3½J、3.00D、3.50B
5.00-10 ULT		3.50B	143	517	240	154	530		164	3.00D、3.50D
5.00-12ULT				568	265		582			3.00D、3.00B、4J、3½J、4.00B

注:在标准轮辋下,新胎充气后断面宽偏差为±3.5%;外直径偏差为±1.2%;负荷下静半径和轮胎最大使用尺寸为参考数据。

附表：微型载重普通断面斜交轮胎（5°轮辋）气压与负荷对应表

轮胎规格		气压（kPa）																				
		140	150	160	170	180	190	200	210	220	230	240	250	260	270	280	290	300	325	350	375	400
		负荷（kg）																				
4.50–12 ULT	D	215	225	230	240	250	255	265	270	280	285	295(4)	300	310	315	320	330	340(6)	350	365	380	395(8)
	S	225	235	245	250	260	270	280	285	295	300	310(4)	315	325	330	340	345	355(6)	370	385	400	415(8)
5.00–10 ULT	D	220	230	240	250	255	265	275	280	290	295	305(4)	310	320	325	335	340	350(6)	365	380	395	410(8)
	S	235	245	250	260	270	280	285	295	305	315	325(4)	330	335	340	350	360	370(6)	385	400	415	430(8)
5.00–12 ULT	D	250	260	270	280	290	300	310	320	325	335	345(4)	350	360	370	375	385	395(6)	410	430	445	465(8)
	S	265	275	285	295	305	315	325	335	345	350	360(4)	380		385	395	405	415(6)	430	450	470	485(8)

注：1. "D"表示双胎并装时的负荷，系英语单词"Dual"的第一个字母。

2. "S"表示单胎使用时的负荷，系英语单词"Single"的第一个字母。

3. 表示语号内的数字表示层级，粗黑体数字表示该层级轮胎在相应气压下的最大负荷。

（2）轻型载重普通断面斜交轮胎（5°轮辋）

基本参数			主要尺寸（mm）						双胎最小中心距（mm）	允许使用轮辋
轮胎规格	标准轮辋	层级	新胎充气后				轮胎最大使用尺寸			
			断面宽度	外直径		负荷下静半径	外直径	断面宽度		
				公路花纹	越野花纹					
5.00–13LT	4J	4,6,8	148	596	620	284	620	160	170	4½J,4.00B,4.50B,5J
5.50–13LT		6,8	160	620	—	295	645	173	184	4½,5
5.50–14LT				645		307	671			

续表

轮胎规格	基本参数		主要尺寸(mm)							允许使用轮辋
	层级	标准轮辋	新胎充气后			负荷下静半径	轮胎最大使用尺寸		双胎最小中心距(mm)	
			断面宽度	外直径			断面宽度	外直径		
				公路花纹	越野花纹					
6.00-13LT	6,8	4½J	170	655		312		681		.4J,5J
6.00-14LT				680		324		707	196	
6.00-15LT		4.50E		705		336	184	733		4½K
6.00-16LT	6,8,10			730	740	348		759		4.00E
6.50-13LT	6,8	4½J	180	680		324		707		
6.50-14LT		4.50E		705	—	336	194	733	207	5J
6.50-15LT				730		348		759		4½K,5K,5.50F,5½K
6.50-16LT	6,8,10	5.50F	185	750	760	357		780	215	5.00E,5.00F
7.00-13LT	6,8	5J		690	700	328	200	728	213	5½JJ
7.00-14LT	6,8,10			715	725	340		744		5½JJ,6JJ

续表

轮胎规格	基本参数		主要尺寸（mm）							允许使用轮辋
	层级	标准轮辋	新胎充气后				轮胎最大使用尺寸		双胎最小中心距（mm）	
			断面宽度	外直径		负荷下静半径	断面宽度	外直径		
				公路花纹	越野花纹					
7.00-15LT	6,8,10,12	5.50F	200	750	760	357	216	780	230	6.00G
7.00-16LT	8,10,12			775	785	369		806		
7.50-15LT	6,8,10,12	6.00G	215	780	790	371	232	811	248	5.50F,6.50H
7.50-16LT	8,10,12			805	815	383		837		
8.25-16LT	6,8,10	6.50H	235	855	865	407	253	889	271	6.00G
9.00-16LT	12,14		255	890	900	424	275	926	293	6.00G,7.00N

注：参见前表（1）注释。

附表：轻型载重普通断面斜交轮胎（5°轮辋）气压与负荷对应表

轮胎规格		气压（kPa）												
		210	250	280	320	350	390	420	460	490	530	560	600	630
		负荷（kg）												
5.00-13LT	D	280	310	330	360(6)	380	405	420(8)	460	490	530	560	600	630
	S	320	355	380	410(6)	430	460	480(8)						

续表

轮胎规格		210	250	280	320	350	390	420	460	490	530	560	600	630
								负荷(kg) 气压(kPa)						
5.50-13LT	D	330	360	395	425(6)	450	480	500(8)						
	S	375	410	445	475(6)	505	535	565(8)						
5.50-14LT	D	345	380	410	440(6)	470	500	520(8)						
	S	395	435	470	505(6)	535	565	595(8)						
6.00-13LT	D	380	420	450	485(6)	515	545	570(8)						
	S	435	475	515	555(6)	590	625	655(8)						
6.00-14LT	D	400	440	475	510(6)	540	575	600(8)						
	S	460	500	540	580(6)	620	655	685(8)						
6.00-15LT	D	420	460	500	535(6)	570	605	630(8)	—	—	—			
	S	430	525	570	610(6)	645	685	720(8)						
6.00-16LT	D	440	485	525	560(6)	595	630	665(8)	695	725	755(10)	—	—	—
	S	500	550	595	635(6)	675	715	755(8)	790	825	860(10)			
6.50-13LT	D	435	480	520	565(6)	585	625	650(8)						
	S	500	545	590	630(6)	670	710	745(8)						

续表

轮胎规格		气压（kPa） 负荷（kg）												
		210	250	280	320	350	390	420	460	490	530	560	600	630
6.50－14LT	D	460	505	545	585(6)	620	655	690(8)	—	—				
	S	525	570	615	660(6)	705	745	785(8)						
6.50－15LT	D	480	525	570	610(6)	650	685	720(8)						
	S	545	595	645	690(6)	735	780	820(8)						
6.50－16LT	D	500	550	595	635(6)	675	715	755(8)	790	825	860(10)			
	S	570	625	675	725(6)	770	815	855(8)	895	935	975(10)			
7.00－13LT	D	465	515	550	595(6)	630	670	700(8)	—	—	—			
	S	530	585	625	675(6)	715	760	795(8)						
7.00－14LT	D	475	525	560	605(6)	640	680	710(8)	750	780	815(10)			
	S	540	595	635	690(6)	725	775	810(8)	850	885	925(10)			
7.00－15LT	D	535	585	635	680(6)	720	760	800(8)	840	880	915(10)	—	—	—
	S	610	665	720	770(6)	820	865	910(8)	955	1000	1040(10)			
7.00－16LT	D	565	620	670	715(6)	760	805	850(8)	890	930	965(10)	1005	1040	1075(12)
	S	640	700	760	815(6)	865	915	965(8)	1010	1055	1100(10)	1140	1180	1220(12)
7.50－15LT	D	620	675	730	785	835	885	930(8)	975	1020	1060(10)	1110	1160	1210(12)
	S	705	770	830	890	950	1005	1055(8)	1105	1155	1205(10)	1260	1315	1370(12)

续表

轮胎规格		气压（kPa）／负荷（kg）												
		210	250	280	320	350	390	420	460	490	530	560	600	630
7.50-16LT	D	650	710	765	825(6)	875	925	970(8)	1020	1065	1105(10)	1155	1195	1240(12)
	S	735	805	875	935(6)	995	1050	1105(8)	1160	1210	1260(10)	1310	1355	1405(12)
8.25-16LT	D	790	860	930(6)	1000	1065(8)	1125	1185(10)	1240	1295	1350(12)	1400	1450	1500(14)
	S	900	980	1060(6)	1135	1210(8)	1280	1345(10)	1410	1470	1530(12)	1590	1650	1705(14)
9.00-16LT	D	905	990	1070(6)	1145	1220(8)	1290	1355(10)	1420	1485	1545(12)	1650	1665	1720(14)
	S	1030	1125	1215(6)	1300	1385(8)	1465	1540(10)	1615	1685	1755(12)	1825	1890	1955(14)

(3) 轻型载重普通断面子午线轮胎（5°轮辋）

轮胎规格	基本参数		主要尺寸 (mm)				轮胎最大使用尺寸		双胎最小中心距 (mm)	允许使用轮辋
	层级	标准轮辋	新胎充气后外直径 公路花纹	新胎充气后外直径 越野花纹	断面宽度	负荷下静半径	断面宽度	外直径		
6.00R15LT	6,8	4.50E	705	715	170	329	180	718	200	4½K
6.00R16LT	6,8,10	4.50E	725	735	170	337	180	745	201	4.00E、5.00E
6.50R15LT	8,10	5.50F	730	740	180	340	195	744	212	6.00G
6.50T16LT	6,8,10	5.50F	750	760	185	350	200	770	220	5.00E、5.00F
6.70R15LT	6,8	5.50F	722	729	190	337	205	736	224	5K、5½J、5½K
7.00R13LT	6,8	5J	690	700	185	320	198	705	218	5½JJ
7.00R14LT	6,8,10	5J	715	725	185	335	198	730	218	5½JJ
7.00R15LT	6,8,10	5.50F	750	760	185	350	198	769	218	5½JJ、6JJ
7.00R16LT	6,8,10,12	5.50F	775	785	200	362	214	800	236	6.00G
7.50R15LT	8,10	6.00G	780	790	215	364	230	800	255	5.50F、6.50H
7.50R16LT	8,10	6.00G	805	815	215	375	230	825	255	5.50F、6.50H
8.25R16LT	6,8,10	6.50H	855	865	235	397	252	876	278	6.00G
9.00R16LT	12,14	6.50H	890	900	255	416	273	912	301	6.00G、7.00N

注：新胎充气后断面宽度偏差为±3.5%；外直径偏差为±1%；负荷下静半径为参考数据。

附表：轻型载重普通断面子午线轮胎（5°轮辋）气压与负荷对应表

气压 (kPa)／负荷 (kg)

轮胎规格		250	280	320	350	390	420	460	490	530	560	600	630	670	700	740
6.00R15LT	D	420	460	500	535(6)	570	605	630(8)	—	—	—	—	—	—	—	—
	S	430	525	570	610(6)	645	685	720(8)	—	—	—	—	—	—	—	—
6.00R16LT	D	440	485	525	560(6)	595	630	665(8)	695	725	755(10)	—	—	—	—	—
	S	500	550	595	635(6)	675	715	755(8)	790	825	860(10)	—	—	—	—	—
6.50R15LT	D	480	525	570	610(6)	650	685	720(8)	—	—	—	—	—	—	—	—
	S	545	595	645	690(6)	735	780	820(8)	—	—	—	—	—	—	—	—
6.50R16LT	D	500	550	595	635(6)	675	715	755(8)	790	825	860(10)	—	—	—	—	—
	S	570	625	695	725(6)	770	815	855(8)	895	935	975(10)	—	—	—	—	—
6.70R15LT	D	480	530	575	615(6)	655	690	725(8)	760	795	830(10)	—	—	—	—	—
	S	550	600	650	695(6)	740	780	825(8)	865	900	935(10)	—	—	—	—	—
7.00R13LT	D	465	515	550	585(6)	630	670	700(8)	—	—	—	—	—	—	—	—
	S	530	585	625	675(6)	715	760	795(8)	—	—	—	—	—	—	—	—
7.00R14LT	D	475	525	560	605(6)	640	680	710(8)	750	780	815(10)	—	—	—	—	—
	S	540	595	635	690(6)	725	775	810(8)	850	885	925(10)	—	—	—	—	—
7.00R15LT	D	535	585	635	680(6)	720	760	800(8)	840	880	915(10)	—	—	—	—	—
	S	610	665	720	770(6)	820	865	910(8)	955	1000	1040(10)	—	—	—	—	—
7.00R16LT	D	565	620	670	715(6)	760	805	850(8)	890	930	965(10)	1005	1040	1075(12)	—	—
	S	640	700	760	815(6)	865	915	965(8)	1010	1055	1100(10)	1140	1180	1220(12)	—	—
7.50R15LT	D	620	675	730	785	835	885	930(8)	975	1020	1060(10)	—	—	—	—	—
	S	705	770	830	890	950	1005	1055(8)	1105	1155	1205(10)	—	—	—	—	—

续表

轮胎规格		气压(kPa) / 负荷(kg)														
		250	280	320	350	390	420	460	490	530	560	600	630	670	700	740
7.50R16LT	D	650	710	765	825(6)	875	925	970(8)	1020	1065(10)	1105(10)	1155	1195	1240(12)	1275(14)	1310(14)
	S	735	805	875	935(6)	995	1050(8)	1100(8)	1150(8)	1210(10)	1260(10)	1310	1355(12)	1405(12)	1450(14)	1495(14)
8.25R16LT	D	790	860	930(6)	1000	1065(8)	1125(8)	1185(10)	1240(10)	1295(12)	1350(12)	1400	1450	1500(14)	—	—
	S	900	980	1060(6)	1135	1210(8)	1280(10)	1345(10)	1410(10)	1470(12)	1530(12)	1590	1650	1705(14)	—	—
9.00R16LT	D	905	990	1070(6)	1145	1220(8)	1290(10)	1355(10)	1420(10)	1485(12)	1545(12)	1605	1665	1720(14)	—	—
	S	1030	1125	1215(6)	1300	1385(8)	1465(10)	1540(10)	1655(10)	1685(12)	1755(12)	1825	1890	1955(14)	—	—

注：参见前表(1)之附表的注释。

(4) 轻型载重公制子午线轮胎（5°轮辋）

轮胎规格	基本参数			主要尺寸(mm)				双胎最小中心距(mm)	允许使用轮辋
	层级	标准轮辋	断面宽度	新胎充气后公路花纹外直径	负荷下静半径	轮胎最大使用尺寸断面宽度	外直径		
145R12LT	6,8	4.00B	147	540	252	159	557	172	3½J,3.50B,4J
155R12LT	6,8	4.50B	157	553	257	170	570	182	4.00B,4½J
155R13LT	6,8	4.50B	157	580	270	170	597	182	4½J,5.00B,5J
165R13LT	6,8	4.50B	167	598	277	180	614	194	4½J,5.00B,5J
175R13LT	6,8	5.00B	178	610	283	193	627	206	5J,5½J,5.00B,5.50B

续表

轮胎规格	基本参数		主要尺寸(mm)					双胎最小中心距(mm)	允许使用轮辋
	层级	标准轮辋	新胎充气后			轮胎最大使用尺寸			
			断面宽度	公路花纹外直径	负荷下静半径	断面宽度	外直径		
185R14LT	6,8	5½JJ	188	652	312	203	670	218	6JJ
185R15LT	6,8	5½JJ	188	674	307	194	683	218	6JJ
195R14LT	6,8	5½JJ	198	688	309	214	687	230	6JJ
205R16LT	6,8	5.50F	208	735	340	213	747	236	5½K,6.00G
215R16LT	6,8	6J	218	750	344	235	760	220	5½J,6½J

注:参见前表(3)的注释。

附表:轻型载重公制子午线轮胎(5°轮辋)气压与负荷对应表

轮胎规格		气压(kPa)												
		负荷(kg)												
		180	200	220	240	260	280	300	325	350	375	400	425	450
145R12LT	D	290	310	325	340	360	375	390	410	425(6)	445	460	480	495(8)
	S	305	325	340	360	375	395	410	430	450(6)	465	485	500	520(8)
155R12LT	D	315	335	350	370	390	405	420	440	460(6)	480	500	515	535(8)
	S	330	350	370	390	405	425	445	465	485(6)	505	525	545	560(8)
155R13LT	D	330	350	370	390	410	430	445	465	490(6)	510	525	545	565(8)
	S	345	370	390	410	430	450	470	490	510(6)	535	555	575	595(8)

续表

轮胎规格		气压（kPa）												
		180	200	220	240	260	280	300	325	350	375	400	425	450
		负荷（kg）												
165R13LT	D	380	400	425	450	470	490	510	535	560(6)	580	605	625	640(8)
	S	395	420	445	470	490	515	535	560	585(6)	610	635	655	670(8)
175R13LT	D	410	435	460	485	510	530	555	580	605(6)	630	655	675	690(8)
	S	430	455	485	510	535	555	580	605	635(6)	660	685	710	730(8)
185R14LT	D	470	500	525	555	580	605	630	660	690(6)	720	745	775	800(8)
	S	490	520	550	580	610	635	665	695	725(6)	755	785	810	840(8)
185R15LT	D	495	530	560	590	615	640	670	700	730(6)	760	790	820	850(8)
	S	510	545	575	605	635	660	690	725	755(6)	785	815	845	875(8)
195R14LT	D	520	555	585	615	645	675	705	735	770(6)	800	830	860	890(8)
	S	545	580	615	645	675	705	735	770	805(6)	840	870	905	935(8)
205R16LT	D	595	630	665	700	735	770	805	840	875	900(6)	945	975	1000(8)
	S	620	660	700	735	770	805	840	880	920	950(6)	995	1030	1060(8)
215R16LT	D	640	680	715	755	790	825	860	900	940	980(8)	1015	1055	1090(8)
	S	670	715	755	795	835	870	905	950	990	1030(8)	1070	1110	1150(8)

注：参见前表（1）之附表的注释。

(5) 轻型载重公制系列斜交轮胎

轮胎规格	基本参数		主要尺寸(mm)							双胎最小中心距(mm)	允许使用轮辋
	层级	标准轮辋宽度	新胎充气后			负荷下静半径	断面宽度	轮胎最大使用尺寸			
			断面宽度	外直径 公路花纹	越野花纹			外直径 公路花纹	越野花纹		
70 系列											
215/70—14LT	6	6.00	216	658	670	313	233	679	692	246	5½J,6J,6½J,7J
245/70—15LT	6	7.00	248	725	737	345	268	749	726	283	6½J,7J,7½J,8J
255/70—15LT	6	7.00	255	739	751	352	275	764	777	291	6½J,7J,7½J,8J,8½J
265/70—15LT	6	7.50	267	753	765	359	288	779	792	304	7J,7½J,8J,8½J
285/70—15LT	6,8	8.00	286	781	793	372	309	809	822	326	7½J,8J,8½J,9J
315/70—15LT	6	8.50	313	823	835	392	338	854	867	357	8J,8½J,9J,9½J,10J
235/70—16LT	6	6.50	235	736	748	350	254	761	774	268	6J,6K,6L,6½J,6½K, 6½L,7J,7K,7KB,7L, 7½J
255/70—16LT	6	7.00	255	764	776	364	275	791	804	291	6½J,6½K,6½L,7J,7K, 7KB,7L,7½J,8J,8KB, 8L,8LB,8½J
275/70—16LT	6,8	7.50	274	792	804	377	296	821	834	312	7J,7KB,7L,7½J,8J, 8KB,8L,8LB,8½J,9J
75 系列											

续表

85 系列

轮胎规格	基本参数		主要尺寸（mm）								允许使用轮辋
	层级	标准轮辋宽度	新胎充气后			负荷下静半径	轮胎最大使用尺寸			双胎最小中心距（mm）	
			外直径		断面宽度		断面宽度	外直径			
			公路花纹	越野花纹				公路花纹	越野花纹		
175/75-14LT	6	5.00	618	630	177	294	191	636	649	202	4½J,5J,5½J
185/75-14LT	6	5.00	634	646	184	302	199	654	666	210	4½J,5J,5½J,6J
195/75-14LT	6,8	5.50	648	660	196	309	212	668	681	223	5J,5½J,6J
215/75-14LT	6	6.00	678	690	216	323	233	700	712	246	5½J,6J,6½J,7J
195/75-15LT	8	5.50	673	685	196	309	212	693	706	223	5½J,6J,6½J
205/75-15LT	6	5.50	689	701	203	328	219	711	723	231	5½J,6J,6½J
215/75-15LT	6,8	6.00	703	715	216	335	233	725	739	246	5½J,6J,6½J,7J
235/75-15LT	6,8,10	6.50	733	745	235	349	254	757	771	268	6JK,6J,6½J,7J
255/75-15LT	6	7.00	763	775	255	363	275	789	803	291	6½J,7J,7½J,8J
225/75-16LT	6,8,10	6.00	744	756	223	354	241	768	780	254	6K,6J,6½K,6½L,6½J,7K,7L,7J
245/75-16LT	6,8,10	7.00	774	786	248	369	268	800	812	283	6½K,6½L,6½J,7K,7L,7J
285/75-16LT	6,8	7.50	804	816	267	383	288	832	844	304	7K,7L,7J,8L,8J
285/75-16LT	6,8	8.00	834	846	286	397	309	864	877	326	8L,8LB,8KB,8J

续表

轮胎规格	基本参数		主要尺寸(mm)								允许使用轮辋
	层级	标准轮辋宽度	新胎充气后				轮胎最大使用尺寸			双胎最小中心距(mm)	
			断面宽度	外直径		负荷下静半径	断面宽度	外直径			
				公路花纹	越野花纹			公路花纹	越野花纹		
215/85-16LT	6,8,10	6.00	216	772	784	367	233	798	810	246	5½J,5½K,5、5.50F,6J,6K,6½J,6½L,7J,7K,7L
235/85-16LT	6,8,10	6.50	235	806	818	383	254	834	846	268	6J,6K,6L,6½J,6½L,7J,7K,7L
255/85-16LT	6,8	7.00	255	840	852	400	275	870	884	291	6½J,6½L,7J,7K,7L,7KB,8J,8KB,8I,8LB

注：参见前表(1)的注释。

(6)轻型载重公制系列子午线轮胎(5°轮辋)

轮胎规格	基本参数		主要尺寸(mm)								允许使用轮辋
	层级	标准轮辋宽度	新胎充气后				轮胎最大使用尺寸			双胎最小中心距(mm)	
			断面宽度	外直径		负荷下静半径	断面宽度	外直径			
				公路花纹	越野花纹			公路花纹	越野花纹		
			60系列								
			70系列								
285/60R17LT	6	8.00	286	774	—	361	303	788	—	—	7½J,8J,8½J,9J

续表

轮胎规格	层级	标准轮辋宽度	新胎充气后断面宽度	新胎充气后外直径公路花纹	新胎充气后外直径越野花纹	负荷下静半径	断面宽度	轮胎最大使用尺寸外直径公路花纹	轮胎最大使用尺寸外直径越野花纹	双胎最小中心距(mm)	允许使用轮辋
215/70R14LT		6.00	216	658	664	307	229	670	676	258	5½J,6J,6½J,7J
245/70R15LT	6	7.00	248	725	731	339	263	739	745	288	6J,6½J,7J,7½J,8J
255/70R15LT		7.00	255	739	745	345	270	753	760	296	6½J,7J,7½J,8J,8½J
265/70R15LT	6,8	7.50	267	753	759	352	283	768	774	310	7J,7½J,8J,8½J
285/70R15L		8.00	286	781	787	365	303	797	803	332	7½J,8J,8½J,9J
315/70R15LT		8.50	313	823	829	385	332	841	847	363	8J,8½J,9J,9½J,10J
235/70R16LT	6	6.50	235	736	742	344	249	749	755	273	6J,6K,6L,6½J,6½K,6½L,7J,7K,7KB,7L,7KB,7L,7½J
255/70R16LT		7.00	255	764	770	357	270	778	785	296	6½J,6½K,6½L,7J,7K,7KB,7L,7½J,8J,8KB,8L,8½J
275/70R16LT	6,8	7.50	274	792	798	370	290	807	814	318	7J,7K,7KB,7L,7½J,8J,8KB,8L,8½J,9J
75系列											
175/75R14LT	6	5.00	177	618	624	289	188	628	635	205	4½J,5J,5½J
185/75R14LT		5.00	184	634	640	296	195	646	651	213	4½J,5J,5½J,6J
195/75R14LT	6,8	5.50	196	648	654	303	208	660	666	227	5J,5½J,6J

续表

轮胎规格	基本参数		主要尺寸(mm)							双胎最小中心距(mm)	允许使用轮辋
	层级	标准轮辋宽度	新胎充气后				轮胎最大使用尺寸				
			断面宽度	外直径		负荷下静半径	断面宽度	外直径			
				公路花纹	越野花纹			公路花纹	越野花纹		
215/75R14LT	6	6.00	216	678	684	317	229	690	696	251	5½J,6J,6½J,7J
195/75R15LT	8	5.50	196	673	679	298	208	685	691	227	5½J,6J
205/75R15LT	6	6.00	203	689	695	322	215	701	707	235	5½J,6J,6½J
215/75R15LT	6,8	6.00	216	703	709	329	229	715	723	251	5½J,6J,6½J,7J
235/75R15LT	6,8,10	6.50	235	733	739	343	249	745	753	273	5JK,6J,6½J,7J
255/75R15LT	6	7.00	255	763	769	357	270	779	785	296	6½J,7J,7½J,8J
255/75R16LT	6	6.00	223	744	750	348	236	758	764	259	6K,6J,6½K,6½J,6½J,7K,7L,7J
245/75R16LT	6,8,10	7.00	248	774	780	362	263	788	795	288	6½K,6½L,6½J,7K,7L,7J
		7.50	267	804	810	376	283	820	827	310	7K,7L,7J,8L,8J
285/75R16LT	6,8	8.00	286	834	840	390	303	852	857	332	8L,8LB,8KB,8J
85 系列											
215/85R16LT	6,8,10	6.00	216	772	778	361	229	786	793	251	5½J,5½K,5.50F,6J,6K,6½J,6½L,7J,7K,7L
235/85R16LT	6,8,10	6.50	235	806	812	377	249	822	828	273	6J,6K,6L,6½J,6½L,7J,7K,7L

续表

轮胎规格	基本参数		主要尺寸（mm）								允许使用轮辋
	层级	标准轮辋宽度	新胎充气后外直径		断面宽度	负荷下静半径	轮胎最大使用尺寸外直径		双胎最小中心距（mm）	
			公路花纹	越野花纹			公路花纹	越野花纹		
255/85R16LT	6，8	7.00	840	846	255	393	858	864	270	296	6½J，6½L，7J，7K，7L，7KB，8J，8KB，8L，8LB

注：参见前表（3）的注释。

附表：轻型载重公制斜交系列子午线轮胎（5°轮辋）气压与负荷对应表

轮胎规格		子午线轮胎 气压（kPa）						
		250	300	350	400	450	500	550
		斜交胎 气压（kPa）						
		200	250	300	350	400	450	500
		负荷（kg）						
285/60R17LT	S	845	960	1060（6）	—	—	—	—
215/70*14LT	D	525	590	670（6）	—	—	—	—
	S	575	650	730（6）	—	—	—	—
245/70*15LT	D	660	750	850（6）	—	—	—	—
	S	725	825	925（6）	—	—	—	—

60系列

70系列

续表

轮胎规格		子午线轮胎 气压(kPa)						
		斜交胎 气压(kPa)						
		负荷(kg)						
		250	300	350	400	450	500	550
		200	250	300	350	400	450	500
255/70*15LT	D	700	795	875(6)	—	—	—	—
	S	770	875	975(6)	—	—	—	—
265/70*15LT	D	740	840	925(6)	—	—	—	—
	S	815	925	1030(6)	—	—	—	—
285/70*15LT	D	830	935	1060(6)	1145	1250(8)	—	—
	S	910	1030	1150(6)	1260	1360(8)	—	—
315/70*15LT	D	975(6)	—	—	—	—	—	—
	S	1060(6)	—	—	—	—	—	—
235/70*16LT	D	645	735	825(6)	—	—	—	—
	S	710	805	900(6)	—	—	—	—
255/70*16LT	D	730	830	900(6)	—	—	—	—
	S	800	910	1000(6)	—	—	—	—
275/70*16LT	D	815	930	1030(6)	1130	1250(8)	—	—
	S	895	1020	1120(6)	1240	1360(8)	—	—
75 系列								
175/75*14LT	D	405	460	515(6)	—	—	—	—
	S	445	505	560(6)	—	—	—	—

续表

轮胎规格		子午线轮胎——气压（kPa）						
		250	300	350	400	450	500	550
		斜交胎——气压（kPa）						
		200	250	300	350	400	450	500
		负荷（kg）						
185/75 * 14LT	D	440	500	560(6)	—	—	—	—
	S	485	550	615(6)	—	—	—	—
195/75 * 14LT	D	475	535	600(6)	655	710(8)	—	—
	S	520	590	650(6)	720	775(8)	—	—
215/75 * 14LT	D	545	620	690(6)	—	—	—	—
	S	600	680	750(6)	—	—	—	—
195/75 * 15LT	D	490	560	630(6)	—	—	—	—
	S	540	615	690(6)	—	—	—	—
205/75 * 15LT	D	530	605	690(6)	—	—	—	—
	S	585	665	750(6)	—	—	—	—
215/75 * 15LT	D	570	645	730(6)	790	875(8)	—	—
	S	625	710	800(6)	870	950(8)	—	—
235/75 * 15LT	D	645	735	825(6)	900	975(8)	1060	1150(10)
	S	710	810	900(6)	990	1060(8)	1160	1250(10)
255/75 * 15LT	D	735	835	925(6)	—	—	—	—
	S	805	915	1030(6)	—	—	—	—

续表

轮胎规格		子午线轮胎—气压(kPa)								
		250	300	350	400	450	500	550		
		斜交胎—气压(kPa)								
		200	250	300	350	400	450	500		
		负荷(kg)								
225/75*16LT	D	635	725	800(6)	885	975(8)	1040	1120(10)	—	—
	S	700	795	880(6)	970	1060(8)	1140	1215(10)	—	—
245/75*16LT	D	720	820	910(6)	1000	1080(8)	1170	1260(10)	—	—
	S	790	900	1000(6)	1100	1190(8)	1290	1380(10)	—	—
265/75*16LT	D	810	920	1030(6)	1130	1250(8)	1310	1400(10)	—	—
	S	890	1010	1120(6)	1240	1360(8)	1440	1550(10)	—	—
285/75*16LT	D	910	1030	1150(6)	1260	1360(8)	1440	—	—	—
	S	1000	1130	1250(6)	1380	1500(8)	—	—	—	—
85系列										
215/85*16LT	D	630	720	800(6)	870	975(8)	1030	1120(10)	—	—
	S	695	790	880(6)	965	1060(8)	1130	1215(10)	—	—
235/85*16LT	D	720	820	910(6)	1000	1080(8)	1170	1260(10)	—	—
	S	790	900	1000(6)	1100	1190(8)	1290	1380(10)	—	—
255/85*16LT	D	815	930	1030(6)	1130	1250(8)	—	—	—	—
	S	895	1020	1120(6)	1240	1360(8)	—	—	—	—

注:1. "*"表示"R"(子午线轮胎)和"D"(斜交轮胎)。
2. 参见前表(1)之附表的注释。

（7）轻型载重子午线无内胎轮胎（15°深槽轮辋）

轮胎规格	基本参数			主要尺寸（mm）							双胎最小中心距（mm）	允许使用轮辋
	层级	标准轮辋		新胎充气后				轮胎最大使用尺寸				
			断面宽度	外直径		负荷下静半径	断面宽度	外直径				
				公路花纹	越野花纹			公路花纹	越野花纹			
7R17.5	6,8,10	5.25	185	752	762	351	194	767	—	203	—
8R17.5	6,8,10	6.00	208	784	794	360	218	801	—	234	5.25
9R17.5	12,14	6.75	230	820	—	382	237	831	—	258	—
9.5R17.5	12,14	6.75	240	842	—	393	247	854	—	270	—

注：参见前表（3）的注释。

附表：轻型载重子午线无内胎轮胎（15°深槽轮辋）气压与负荷对应表

轮胎规格		气压（kPa）															
		250	280	320	350	390	420	460	490	530	560	600	630	670	700	740	770
		负荷（kg）															
7R17.5	D	600	660	715	765(6)	815	860	910(8)	950	995	1035(10)	—	—	—	—	—	—
	S	685	750	815	870(6)	925	980	1033(8)	1080	1130	1170(10)	—	—	—	—	—	—
8R17.5	D	655	715	770	825(6)	875	930	980(8)	1025	1070	1115(10)	—	—	—	—	—	—
	S	745	810	880	940(6)	1000	1060	1115(8)	1170	1220	1270(10)	—	—	—	—	—	—

续表

轮胎规格		气压(kPa)															
		250	280	320	350	390	420	460	490	530	560	600	630	670	700	740	770
		负荷(kg)															
9R17.5	D					—				1250	1300	1350(12)	1395	1450	1495(14)	1550	1590
	S									1350	1400	1450	1495	1550(12)	1600	1655	1700(14)
9.5R17.5	D									1410	1450	1510(12)	1555	1610	1655(14)	1710	1750
	S									1485	1530	1590	1640	1700(12)	1750	1805	1850(14)

注：参见前表(1)之附表的注释。

(8)中型载重子午线无内胎轮胎(15°深槽轮辋)

基本参数			主要尺寸(mm)								
轮胎规格	层级	标准轮辋	新胎充气后				轮胎最大使用尺寸			双胎最小中心距(mm)	允许使用轮辋
			外直径		断面宽度	负荷下静半径	外直径		断面宽度		
			公路花纹	越野花纹			公路花纹	越野花纹			
8R19.5	8、10、12	6.00	859	871	203	401	876		219	234	5.25　6.75
8R22.5	8、10、12	6.00	935	947	203	437	952		219	234	5.25　6.75
9R22.5	10、12、14	6.75	974	986	229	455	993		247	262	6.00　7.50
10R22.5	10、12、14	7.50	1 018	1 030	254	476	1 039		274	290	6.75

续表

轮胎规格	基本参数		主要尺寸(mm)							双胎最小中心距(mm)	允许使用轮辋
	层级	标准轮辋	新胎充气后				轮胎最大使用尺寸				
			断面宽度	外直径(公路花纹)	外直径(越野花纹)	负荷下静半径	断面宽度	外直径(公路花纹)	外直径(越野花纹)		
11R22.5	12,14,16	8.25	279	1 054	1 065	493	302	1 075		320	7.50
11R24.5		8.25	279	1 104	1 116	516	302		1 126	320	7.50
12R22.5		9.00	300	1 085	1 096	507	324	1 108		343	8.25
12R24.5		9.00	300	1 135	1 147	530	324		1 158	343	8.25

注：参见前表(3)的注释。

附表：中型载重子午线无内胎轮胎(15°深槽轮辋)气压与负荷对应表

轮胎规格		气压(kPa)												
		负荷(kg)												
		420	460	490	530	560	600	630	670	700	740	770	810	840
8R19.5	D	1010	1065	1115(8)	1165	1215	1260(10)	1305	1350	1395(12)	—	—	—	—
	S	1030	1095	1150	1215	1270(8)	1330	1390	1440(10)	1490	1545	1590(12)	—	—
8R22.5	D	1130	1190	1250(8)	1300	1355	1405(10)	1455	1505	1555(12)	—	—	—	—
	S	1150	1215	1290	1355	1425(8)	1485	1550	1605(10)	1660	1715	1775(14)	—	—
9R22.5	D	1330	1400	1465	1530	1590(10)	1650	1710	1770(12)	1830	1885	1940(14)	—	—
	S	1345	1430	1515	1590	1670	1745	1815(10)	1885	1950	2015(12)	2080	2145	2205(14)

续表

气压 (kPa) ／ 负荷 (kg)

轮胎规格		420	460	490	530	560	600	630	670	700	740	770	810	840
10R22.5	D	1595	1675	1755	1835(10)	1905	1980	2050(12)	2190	2255(14)	—	—	—	—
	S	1615	1710	1815	1910	2000	2095(10)	2170	2255	2340(12)	2415	2495	2575(14)	—
11R22.5	D	1800	1895	1985	2075	2160(12)	2245	2325	2405(14)	2480	2555	2630(16)	—	—
	S	—	1945	2055	2160	2265	2365	2465(12)	2560	2650	2740(14)	2830	2915	3000(16)
11R24.5	D	—	—	2110	2210	2300(12)	2390	2470	2560(14)	2645	2725	2800(16)	—	—
	S	—	—	2190	2300	2410	2520	2625(12)	2725	2820	2920(14)	3010	3100	3195(16)
12R22.5	D	1965	2070	2170	2265	2355(12)	2450	2540	2625(14)	2705	2795	2870(16)	—	—
	S	—	2120	2245	2360	2475	2585	2690(12)	2790	2895	2995(14)	3085	3185	3270(16)
12R24.5	D	—	—	2305	2405	2505(12)	2600	2700	2790(14)	2875	2965	3050(16)	—	—
	S	—	—	2380	2505	2630	2745	2855(12)	2965	3075	3180(14)	3280	3380	3480(16)

注：参见前表（1）之附表的注释。

(9)中型载重普通断面斜交轮胎(15°轮辋)

基本参数			主要尺寸(mm)							双胎最小中心距(mm)	允许使用轮辋
			新胎充气后			负荷下静半径	断面宽度	轮胎最大使用尺寸 外直径			
轮胎规格	层级	标准轮辋	外直径 公路花纹	外直径 越野花纹	断面宽度			公路花纹	越野花纹		
7.00-20	8,10,12	5.5	904	920	200	430	216	940		230	5.50S,6.0, 6.00S
7.50-20	8,10 12,14	6.0	935	952	215	445	232	972		247	6.00T,6.5, 6.50T
8.25-20	10,12,14	6.5	974	982	235	464	254	1013		270	6.50T,7.00 7.00T,7.0T5°
9.00-20		7.0	1018	1038	259	485	280	1059		298	7.00T,7.0T5° 7.5,7.50V,6.5
10.00-20		7.5	1055	1073	278	502	300	1097	–	320	7.50V, 8.0
11.00-20	12,14,16	8.0	1085	1105	293	517	316	1128		337	8.00V,8.0V5°
11.00-22			1135	1150	293	540	316	1180		337	8.5V5°, 8.50V
12.00-20	14,16,18	8.5	1125	1145	315	536	340	1170			8.50V,8.5V5° 9.00V
12.00-24			1225	1247	315	583	340	1274		362	

注:参见前表(3)的注释。

附表：中型载重普通断面斜交轮胎（5°轮辋）气压与负荷对应表

轮胎规格		气压（kPa）														
		280	320	350	390	420	460	490	530	560	600	630	670	700	740	770	810
		负荷（kg）															
7.00—20	D	835	900	—	1010	1060	1110(8)	1160	1210	1255(10)	1300	1345	1385(12)	—	—	—	—
	S	—	—	955	1025	1085	1150	1210	1265(8)	1325	1375	1430(10)	1480	1530	1580(12)	—	—
7.50—20	D	940	1005	1065	1130	1190	1250(8)	1300	1355	1405(10)	1455	1505	1555(12)	1605	1655(14)	—	—
	S	—	—	—	1150	1215	1290	1355	1425(8)	1485	1550	1605(10)	1660	1715	1775(12)	1825	1885(14)
8.25—20	D	1100	1180	1255	1330	1400	1460	1530	1590	1660	1710	1770(12)	1830	1885	1940(14)	—	—
	S	—	—	—	1345	1430	1515	1590	1670	1745	1815(10)	1885	1950	2015(12)	2080	2145	2205(14)
9.00—20	D	—	1415	1505	1595	1675	1755	1835(10)	1905	1980	2050(12)	2120	2190	2255(14)	—	—	—
	S	—	—	—	1615	1710	1815	1910	2000	2050	2175	2255	2340(12)	2415	2495	2575(14)	—
10.00—20	D	—	—	1700	1800	1895	1985	2075	2160(12)	2245	2325	2405(14)	2480	2555	2630(16)	—	—
	S	—	—	—	—	1945	2055	2160	2265	2365	2465	2560	2660	2740(14)	2850	2915	3000(16)
11.00—20	D	—	—	—	1965	2070	2170	2265	2355(12)	2450	2540	2625(14)	2705	2795	2870(16)	—	—
	S	—	—	—	—	2120	2245	2360	2475	2585	2600(12)	2720	2895	2995(14)	3065	3185	3270(16)
11.00—22	D	—	—	—	2120	2240	2310	2410	2510(12)	2605	2700	2790(14)	2880	2970	3055(16)	—	—
	S	—	—	—	—	2260	—	2510	2660	2745	2860(12)	2970	3060	3180(14)	3280	3380	3480(16)
12.00—20	D	—	—	—	—	2520	—	2690	2800	2850	2880	2990	3080	3180	3270(18)	—	—
	S	—	—	—	—	2655	—	2905	3025	3045	3065	3180(14)	3205	3410	3520(16)	3625	3730(18)
12.00—24	D	—	—	—	—	—	2875	3025	3170	—	3255	3365	3470(16)	3575	3680(18)	—	—
	S	—	—	—	—	—	—	—	—	3310	3450	3580	3710	3835	3960(16)	4075	4195(18)

注：参见前表（1）之附表的注释。

(10) 中型载重普通断面子午线轮胎（5°轮辋）

轮胎规格	基本参数		主要尺寸（mm）							双胎最小中心距(mm)	允许使用轮辋
	层级	标准轮辋	新胎充气后			轮胎最大使用尺寸					
			断面宽度	外直径		负荷下静半径	断面宽度	外直径			
				公路花纹	越野花纹			公路花纹	越野花纹		
7.00R20	8,10,12	5.5	200	904	915	422	214	927		236	5.50S,6.0, 6.00S
7.50R20	8,10, 12,14	6.0	215	935	947	437	230	958		254	6.00T,6.5, 6.50T
8.25R20	10,12,14	6.5	232	971	983	453	250	995		274	6.50T,7.0, 7.00T,7.0TS°
9.00R20	10,12,14	7.0	259	1018	1030	476	277	1043		306	7.00T,7.0TS°, 7.5,7.50V
10.00R20	12,14,16	7.5	278	1055	1065	493	297	1081	–	328	7.50V,8.0, 8.00V,8.0V5°
11.00R20	12,14,16	8.0	293	1085	1095	507	314	1112		346	8.00V,8.5
11.00R22		8.0	293	1135	1140	530	316	1158		346	8.5V5°,8.50V
12.00R20	14,16,18	8.5	315	1125	1135	526	337	1153		372	8.50V,8.50V5° 9.00V
12.00R24	14,16,18	8.5	315	1225	1238	572	337	1256		372	

注：参见前表（3）的注释。

附表:中型载重普通断面子午线轮胎(5°轮辋)气压与负荷对应表

气压(kPa) ／ 负荷(kg)

轮胎规格		320	350	390	420	460	490	530	560	600	630	670	700	740	770	810	840
7.00R20	D	835	900	955	1010	1060	1110(8)	1160	1210	1255(10)	1300	1345	1385(12)	—	—	—	—
	S				1025	1085	1150	1210	1265(8)	1325	1375	1430(10)	1480	1530	1580(12)	—	—
7.50R20	D	990	1005	1065	1130	1190	1250(8)	1300	1355	1425(10)	1455	1505	1555(12)	1605	1655	1835	1885(14)
	S				1150	1215	1290	1355	1425(8)	1485	1550	1605(10)	1660	1715	1775(12)	—	—
8.25R20	D	1100	1180	1225	1330	1400	1465	1530	1550	1650	1710	1770(12)	1830	1885	1940	2145	2205(14)
	S				1345	1430	1515	1590	1670	1745	1815(10)	1885	1950	2015(12)	2080	—	—
9.00R20	D		1415	1505	1595	1675	1755	1835(10)	1905	1980	2060(12)	2120	2190	2225	—	2575(14)	—
	S				1615	1710	1815	1910	2000	2005(10)	2175	2255	2245(14)	2415	2495	—	—
10.00R20	D			1700	1800	1895	1985	2075	2160(12)	2245	2325	2405(14)	2480	2555	2630(16)	2915	3000(16)
	S					1945	2055	2160	2265	2366	2466(12)	2560	2650	2740(14)	2830	—	—
11.00R20	D			1860	1965	2070	2170	2265	2355(12)	2450	2540	2625(14)	2705	2795	2870(16)	3185	3270(16)
	S					2120	2245	2345	2475	2585	2690(12)	2790	2895	2995(14)	3085	—	—
11.00R22	D						2310	2410	2510(12)	2605	2700	2790(14)	2880	2970	3055(16)	3380	3480(16)
	S						2380	2510	2630	2745	2860(12)	2970	3080	3180(14)	3280	—	—
12.00R20	D				2240	2360	2470	2580	2660	2790(14)	2890	2990	3065(16)	3180	3270(18)	3625	3730(18)
	S						2555	2660	2820	2945	3065	3180(14)	3295	3410	3520(16)	—	—
12.00R24	D				2520	2655	2780	2905	3025	3140(14)	3255	3365	3470(16)	3575	3680(18)	4075	4195(18)
	S						2875	3025	3170	3310	3450	3580(14)	3710	3835	3960(16)	—	—

注:参见前表(1)之附表的注释。

（11）中型载重斜交无内胎公制系列轮胎（75系列，15°深槽轮辋）

轮胎规格	基本参数		主要尺寸(mm)										双胎最小中心距(mm)	允许使用轮辋
	层级	标准轮辋	新胎充气后					轮胎最大使用尺寸						
			断面宽度	负荷下静半径	外直径			断面宽度	外直径					
					公路花纹	加深花纹	越野花纹		公路花纹	加深花纹	越野花纹			
245/75-22.5	14	7.50	248	448	940	952	960	268	966	979	987	279	6.75,7.50
265/75-22.5	14	7.50	262	461	970	982	990	283	998	1011	1019	295	7.50,8.25
295/75-22.5	12,14,	9.00	298	496	1014	1026	1034	322	1045	1058	1066	335	8.25,9.00
285/75-2.5	16	8.25	283	500	1050	1062	1070	306	1080	1093	1101	318	8.25

注：参见前表（3）的注释。

（12）中型载重子午线无内胎公制系列轮胎（75系列，15°深槽轮辋）

轮胎规格	基本参数		主要尺寸(mm)										双胎最小中心距(mm)	允许使用轮辋
	层级	标准轮辋	新胎充气后					轮胎最大使用尺寸						
			断面宽度	负荷下静半径	外直径			断面宽度	外直径					
					公路花纹	加深花纹	越野花纹		公路花纹	加深花纹	越野花纹			
245/75R22.5	14	7.50	348	439	940	—	946	260	955	—	961	279	6.75,7.50
265/75R22.5	14	7.50	262	453	970	—	976	275	986	—	992	295	7.50,8.25
295/75R22.5	12,14,	9.00	298	474	1014	—	1020	313	1032	—	1038	335	8.25,9.00
286/75R24.5	16	8.25	283	491	1050	—	1056	297	1067	—	1073	318	8.25

注：参见前表（3）的注释。

附表：中型载重斜交及子午线无内胎公制系列轮胎（75系列、15°深槽轮辋）气压与负荷对应表

轮胎规格		子午线轮胎——气压（kPa）							
		500	550	600	650	700	750	800	850
		斜交胎——气压（kPa）							
		450	500	550	600	650	700	750	800
		负荷（kg）							
245/75-22.5	D	1570	1670	1770	1860	1950			
	S	1610	1730	1830	1940	2040	2120(14)		
265/75-22.5	D	1760	1870	1970	2070	2180(14)			
	S	1800	1930	2050	2170	2280	2360(14)		
295/75-22.5	D	2040	2170	2300(12)	2410	2575(14)	2650	2725(16)	
	S	2090	2240	2380	2500(12)	2650	2800(14)	2910	3000(16)
285/75-24.5	D	2060	2180	2360(12)	2440	2575(14)	2675	2800(16)	
	S	2120	2260	2400	2575(12)	2680	2800(14)	2940	3075(16)

注：1. 参见前表（1）之附注；
　　2. 参见前表（6）之附注。

(13)中型载重子午线无内胎公制系列轮胎(70系列,15°深槽轮辋)

基本参数			主要尺寸(mm)										
轮胎规格	层级	标准轮辋	断面宽度	新胎充气后 外直径 公路花纹	新胎充气后 外直径 加深花纹	新胎充气后 外直径 越野花纹	负荷下静半径	断面宽度	轮胎最大使用尺寸 外直径 公路花纹	轮胎最大使用尺寸 外直径 加深花纹	轮胎最大使用尺寸 外直径 越野花纹	双胎最小中心距(mm)	允许使用轮辋
225/70R19.5	10,12,14	6.75	226	811	815	823	379	237	823	827	837	254	6.00
245/70R19.5	12,14,16	7.50	248	839	843	851	392	260	853	857	865	279	6.75
265/70R19.5	14	7.50	262	867	879	—	411	275	882	894	—	295	—
305/70R19.5	16,18	9.00	305	923	935	—	431	320	940	953	—	343	8.25
255/70R22.5	14,16	7.50	255	930	936	—	435	268	944	951	—	287	—

注:参见前表(3)的注释。

附表：中型载重子午线无内胎公制系列轮胎（70系列，15°深槽轮辋）气压与负荷对应表

轮胎规格		气压（kPa） 负荷（kg）										
		480	520	550	590	620	660	690	720	760	790	830
225/70R19.5	D	1230	1300	1360(10)	1410	1470	1550(12)	1580	1640	1700(14)	—	—
	S	1310	1380	1450(10)	1500	1570	1650(12)	1690	1740	1800(14)	—	—
245/70R19.5	D			1550	1590	1660	1750(12)	1790	1850	1950(14)	1970	2060(16)
	S			1650	1700	1770	1850(12)	1900	1970	2060(14)	2095	2180(16)
305/70R19.5	D			1700	1780	1860	1950	2000	2000	2120(14)	—	—
	S			1800	1900	1970	2060	2130	2200	2300(14)	—	—
305/70R19.5	D			2060	2120	2200	2300	2370	2450	2575(16)	2620	2725(18)
	S			2240	2330	2420	2500	2610	2700	2800(16)	2870	3000(18)
255/70R22.5	D	1630	1710	1800	1860	1940	2000	2020	2090	2120(14)	2230	2300(16)
	S	1730	1820	1900	1980	2060	2120	2220	2300	2360(14)	2450	2500(16)

注：参见前表（1）之附表的注释。

(14) 重型载重通用断面斜交轮胎(5°轮辋)

轮胎规格	基本参数		主要尺寸(mm)								
	层级	标准轮辋	断面宽度	新胎充气后外直径		负荷下静半径	轮胎最大使用尺寸		双胎最小中心距(mm)	允许使用轮辋
				公路花纹	越野花纹		断面宽度	外直径		
13.00—20	16、18	9.0	340	1177	1200	560	367	1224	391	—
14.00—20	14、16、18、20	10.0	375	1240	1265	590	405	1290	431	—

注:参见前表(3)的注释。

附表:重型载重通用断面斜交轮胎(5°轮辋)气压与负荷对应表

轮胎规格		气压(kPa)														
		280	320	350	390	420	460	490	530	560	600	630	670	700	740	770
		负荷(kg)														
13.00—20	D	2162	2315	—	2600	2740	2870	2995	3120	3240	3355(16)	3470	3580	3690(18)	—	—
	S	—	—	2460	2640	2805	2965	3120	3270	3415	3655	3690	3825(16)	3955	4085	4205(18)
14.00—20	D	2555	2735	2905	3075(14)	3235	3395	3545(16)	3690	3830	3970(18)	4105	4235	4365(20)	4825	4825
	S	—	—	2910	3115	3315	3505(14)	3690	3865	4040(16)	4205	4365	4525(18)	4680	4825	4980(20)

注:参见前表(1)之附表的注释。

（15）重型载重普通断面子午线轮胎（5°轮辋）

轮胎规格	基本参数		主要尺寸(mm)								
	层级	标准轮辋	新胎充气后外直径		负荷下静半径	断面宽度	轮胎最大使用尺寸		双胎最小中心距(mm)	允许使用轮辋
			公路花纹	越野花纹			断面宽度	外直径		
13.00R20	16,18	9.0	1177	1190	550	340	364	1206	401	—
14.00R20	14,16,18,20	10.0	1240	1255	579	375	401	1271	443	—

注：参见前表（3）的注释。

附表：重型载重普通断面子午线轮胎（5°轮辋）气压与负荷对应表

轮胎规格		气压（kPa）														
		320	350	390	420	460	490	530	560	600	630	670	700	740	770	810
		负荷（kg）														
13.00R20	D	2162	2315		2600	2740	2870	2995	3120	3240	3355(16)	3470	3580	3690(18)	—	—
	S	—	—	2460	2640	2805	2965	3120	3270	3415	3655	3690	3825(16)	3955	4085	4025(18)
14.00R20	D	2555	2735	2905	3075(14)	3235	3395	3545(16)	3690	3830	3970(18)	4105	4255	4365(20)	—	—
	S	—	—	2910	3115	3315	3505(14)	3690	3865	4040(16)	4205	4365	4525(18)	4680	4825	4980(20)

注：参见前表（1）之附表。

(16) 重型载重子午线无内胎公制系列轮胎

轮胎规格	基本参数		主要尺寸(mm)								允许使用轮辋
	层级	标准轮辋	新胎充气后			负荷下静半径	断面宽度	轮胎最大使用尺寸			
			断面宽度	外直径				外直径			
				公路花纹	越野花纹			公路花纹	加深花纹	越野花纹	
445/65R19.5		13.00	444	1073	1085	501	480	1096	1120	1109	14.00
385/65R22.5	18	11.75	389	1072	1084	501	420	1092	1098	1104	12.25
425/65R22.5		12.25	422	1124	1130	1136	525	456	1146	1152	1159	11.75
445/65R22.5	20	13.00	444	1150	1156	1162	537	480	1173	1179	1186	14.00

注：参见前表(3)的注释。

附表：重型载重子午线无内胎公制系列轮胎气压与负荷对应表

轮胎规格	气压(kPa)										
	480	520	550	590	620	660	690	720	760	790	830
	负荷(kg)										
445/65R19.5	3420	3600	3750	3940	4100	4250	4410	4560	4750(18)	—	
385/65R22.5	2890	3040	3190	3290	3470	3610	3730	3860	3990	4110	4250(18)
425/65R22.5	3440	3620	3800	3960	4130	4290	4440	4580	4750(18)		
445/65R22.5	3760	3950	4140	4330	4500	4670	4850	4990	5170	5310	5600(20)

注：参见前表(1)之附表的注释。

9. 载重汽车轮胎规格表示方法示例

a. 微型载重普通断面斜交轮胎规格表示方法示例

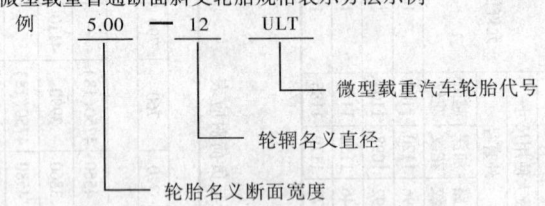

例 5.00 — 12 ULT

微型载重汽车轮胎代号

轮辋名义直径

轮胎名义断面宽度

b. 轻型载重普通断面斜交轮胎规格表示方法示例

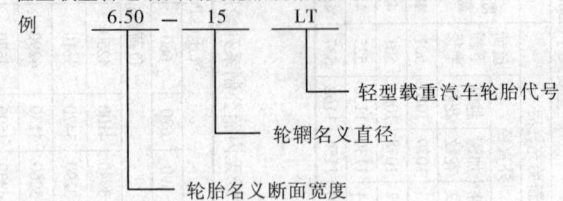

例 6.50 — 15 LT

轻型载重汽车轮胎代号

轮辋名义直径

轮胎名义断面宽度

c. 轻型载重普通断面子午线轮胎规格表示方法示例

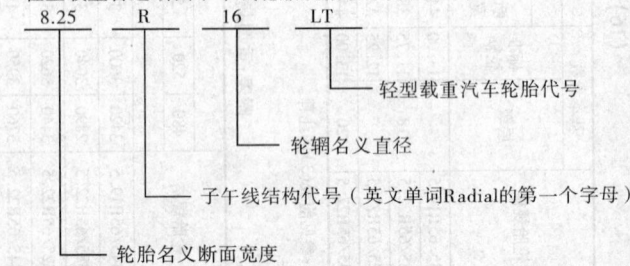

例 8.25 R 16 LT

轻型载重汽车轮胎代号

轮辋名义直径

子午线结构代号（英文单词Radial的第一个字母）

轮胎名义断面宽度

d. 轻型载重公制系列斜交轮胎规格表示方法示例

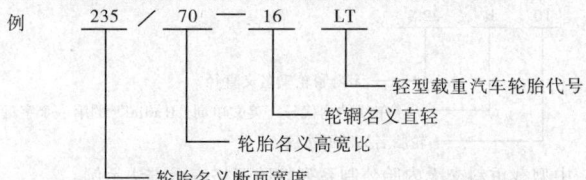

例　235 / 70 ― 16　LT

— 轻型载重汽车轮胎代号
— 轮辋名义直轻
— 轮胎名义高宽比
— 轮胎名义断面宽度

e. 轻型载重公制系列子午线轮胎规格表示方法示例

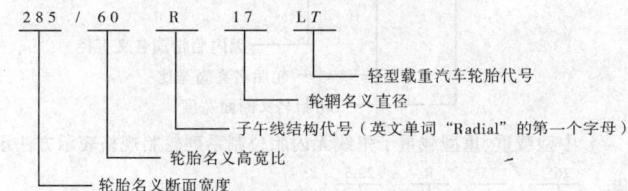

例: 285 / 60 R 17 LT

— 轻型载重汽车轮胎代号
— 轮辋名义直径
— 子午线结构代号（英文单词"Radial"的第一个字母）
— 轮胎名义高宽比
— 轮胎名义断面宽度

f. 中型载重、重型载重普通断面斜交轮胎规格表示方示例

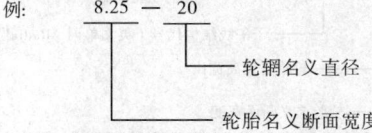

例: 8.25 ― 20

— 轮辋名义直径
— 轮胎名义断面宽度

g. 中型载重、重型载重普通断面子午线轮胎规格表示方法示例

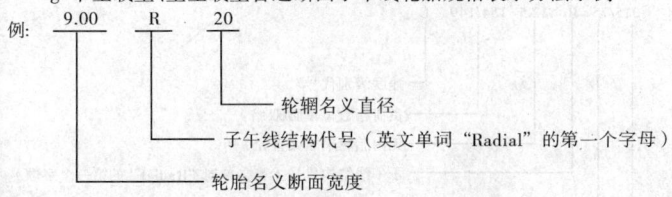

例: 9.00 R 20

— 轮辋名义直径
— 子午线结构代号（英文单词"Radial"的第一个字母）
— 轮胎名义断面宽度

h. 中型载重子午线无内胎轮胎规格表示方法示例

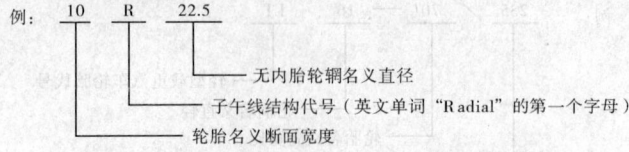

例: 10 R 22.5
- 无内胎轮辋名义直径
- 子午线结构代号(英文单词"Radial"的第一个字母)
- 轮胎名义断面宽度

i. 中型载重斜交无内胎公制系列轮胎规格表示方法示例

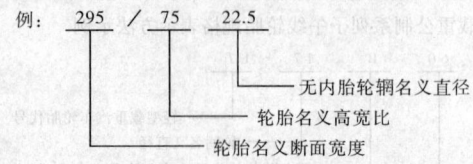

例: 295 / 75 22.5
- 无内胎轮辋名义直径
- 轮胎名义高宽比
- 轮胎名义断面宽度

j. 中型载重、重型载重子午线无内胎公制系列轮胎规格表示方法示例

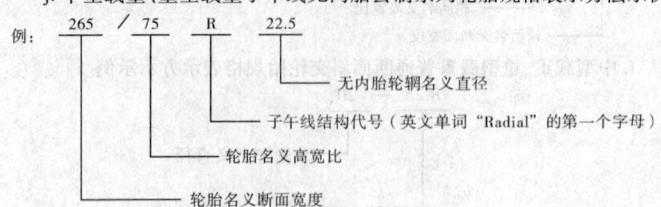

例: 265 / 75 R 22.5
- 无内胎轮辋名义直径
- 子午线结构代号(英文单词"Radial"的第一个字母)
- 轮胎名义高宽比
- 轮胎名义断面宽度

k. 中型载重子午线无内胎公制系列轮胎规格表示方法示例

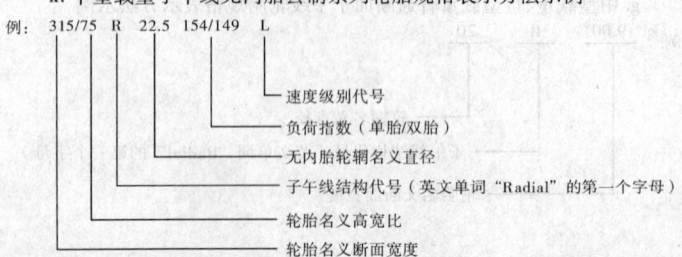

例: 315/75 R 22.5 154/149 L
- 速度级别代号
- 负荷指数(单胎/双胎)
- 无内胎轮辋名义直径
- 子午线结构代号(英文单词"Radial"的第一个字母)
- 轮胎名义高宽比
- 轮胎名义断面宽度

10. 负荷指数(LI)与轮胎负荷能力(TLCC)对应关系

LI	TLCC (kg)	LI	TLCC (kg)	LI	TLCC (kg)
0	46 *	31	109	62	265
1	46.2	32	112	63	272
2	47.5	33	115	64	280
3	48.7	34	118	65	290
4	50	35	121	66	300
5	51.5	36	125	67	307
6	53	37	128	68	315
7	54.5	38	132	69	325
8	56	39	136	70	335
9	58	40	140	71	345
10	60	41	145	72	355
11	61.5	42	150	73	365
12	63	43	155	74	375
13	65	44	160	75	387
14	67	45	165	76	400
15	69	46	170	77	412
16	71	47	175	78	425
17	73	48	180	79	437
18	75	49	185	80	450
19	77.5	50	190	81	462
20	80	51	195	82	475
21	82.5	52	200	83	487
22	85	53	206	84	500
23	87.5	54	212	85	515
24	90	55	218	86	530
25	92.5	56	224	87	545
26	95	57	230	88	560
27	97.5	58	236	89	580
28	100	59	243	90	600
29	103	60	250	91	615
30	106	61	257	92	630

续表

LI	TLCC (kg)	LI	TLCC (kg)	LI	TLCC (kg)
93	650	125	1 650	157	4 125
94	670	126	1 700	158	4 250
95	690	127	1 750	159	4 375
96	710	128	1 800	160	4 500
97	730	129	1 850	161	4 625
98	750	130	1 900	162	4 750
99	775	131	1 950	163	4 875
100	800	132	2 000	164	5 000
101	825	133	2 060	165	5 150
102	850	134	2 120	166	5 300
103	875	135	2 180	167	5 450
104	900	136	2 240	1 68	5 600
105	925	137	2 300	169	5 800
106	950	138	2 360	170	6 000
107	975	139	2 430	171	6 150
108	1 000	140	2 500	172	6 300
109	1 030	141	2 575	173	6 500
110	1 060	142	2 650	174	6 700
111	1 090	143	2 725	175	6 900
112	1 120	144	2 800	176	7 100
113	1 150	145	2 900	177	7 300
114	1 180	146	3 000	178	7 500
115	1 215	147	3 075	179	7 750
116	1 250	148	3 150	180	8 000
117	1 285	149	3 250	181	8 250
118	1 320	150	3 350	182	8 500
119	1 360	151	3 450	183	8 750
120	1 400	152	3 550	184	9 000
121	1 450	153	3 650	185	9 250
122	1 500	154	3 750	186	9 500
123	1 550	155	3 875	187	9 750
124	1 600	156	4 000	188	10 000

续表

LI	TLCC (kg)	LI	TLCC (kg)	LI	TLCC (kg)
189	10 300	219	24 300	249	58 000
190	10 600	220	25 000	250	60 000
191	10 900	221	25 750	251	61 500
192	11 200	222	26 500	252	63 000
193	11 500	223	27 250	253	65 000
194	11 800	224	28 000	254	67 000
195	12 150	225	29 000	255	69 000
196	12 500	226	30 000	256	71 000
197	12 850	227	30 750	257	73 000
198	13 200	228	31 500	258	75 000
199	13 600	229	32 500	259	77 500
200	14 000	230	33 500	260	80 000
201	14 500	231	34 500	261	82 500
202	15 000	232	35 500	262	85 000
203	15 500	233	36 500	263	87 500
204	16 000	234	37 500	264	90 000
205	16 500	235	38 750	265	92 500
206	17 000	236	40 000	266	95 000
207	17 500	237	41 250	267	97 500
208	18 000	238	42 500	268	100 000
209	18 500	239	43 750	269	103 000
210	19 000	240	45 000	270	106 000
211	19 500	241	46 250	271	109 000
212	20 000	242	47 750	272	112 000
213	20 600	243	48 750	273	115 000
214	21 200	244	50 000	2 74	118 000
215	21 800	245	51 500	275	121 000
216	22 400	246	53 000	276	125 000
217	23 000	247	54 500	277	128 500
218	23 600	248	56 000	278	132 000
				279	136 000

注：* 在 GB/T2978-1997 中，轿车轮胎负荷能力（TLCC）为 45kg。

11. 载重汽车轮胎使用速度与负荷对应表

速度 （km/h）	负荷变更（%）					
	重型载重汽车轮胎		中型载重汽车轮胎		微、轻型载重汽车轮胎	
	斜交胎	子午胎	斜交胎	子午胎	斜交胎	子午胎
40	+7.5	+10.0	+12.5	+15.0	+15.0	+17.5
50	+5.0	+7.5	+10.0	+12.5	+12.5	+15.0
60	+2.5	+5.0	+7.5	+10.0	+10.0	+12.5
70	0	+2.5	+5.0	+7.5	+7.5	+10.0
80		0	+2.5	+5.0	+5.0	+7.5
90			0	+2.5	+2.5	+5.0
100	—		0		+2.5
110			—		0	
120			—			0

注:1. 最高速度：在一级路面上，重型载重斜交胎为 70km/h，重型载重子午胎为 80km/h；中型载重斜交胎为 90km/h，中型载重子午胎为 100km/h；微、轻型载重斜交胎为 110km/h，微、轻型载重子午胎为 120km/h，最大负荷为 100%。最高速度是持续行驶速度，不是平均速度，持续行驶最长时间为 1h。

2. 40km/h 以下时不再增加。

12. 载重汽车轮胎速度级别符号与速度的对应关系

速度符号	速度级别
B	50
C	60
D	65
E	70
F	80

续表

速度符号	速度级别
G	90
J	100
K	110
L	120
M	130
N	140
P	150
Q	160
R	170
S	180
T	190

13. 轿车轮胎（GB/T2978-1997）

　　【特点及用途】轿车轮胎是指安装在轿车车轮外围的环形橡胶制品，其充满压缩空气后，可减弱沿地面行驶产生的震动。按轮胎高宽比，轿车轮胎分为 80、75、70、65、60、55、50 及 45 系列规格。

(1)"80"系列轿车子午线轮胎

[规 格]

轮胎规格	负荷指数		基本参数		主要尺寸(mm)						负荷能力(kg)		充气压力(kPa)
	标准	增强	标准轮辋	允许使用轮辋	新胎充气后 断面宽度	外直径	负荷下静半径	滚动半径	轮胎最大使用尺寸 断面宽度	外直径	标准	增强	标准240 / 增强290
125/80R12	64	–	3.50B	3½J,4.00B	126	506	231	246	131	515	280	–	
R13	65	–		4.00B,4.50B		530	243	257		538	290	–	
135/80R12	68	–		3½J,4.00B	133	521	237	253	138	530	315	–	
R13	70	74		3.50B,4J		546	249	265		555	335	375	
R14	72	–	3½J	3.50B,4.50B		572	262	278		583	355	–	标准 240
145/80R10	69	–		3.50B,4.50B	145	486	217	236	151	495	325	–	
R12	74	–	4.00B	4J,4.50B		537	243	261		546	375	–	
R13	75	79				562	256	273		571	387	437	
R14	76	–		4½J		591	270	287		603	400	–	
R15	77	–	4J			616	282	299		628	412	–	
155/80R10	73	77		4.00B,5.00B	157	502	224	244	163	512	365	412	
R12	77	–				553	249	268		563	412	–	
R13	79	83	4.50B	4½J,5.00B		578	262	281		588	437	487	
R14	81	–		5J		603	274	293		615	462	–	增强 290
R15	83	–	4½J			628	287	305		641	487	545	
165/80R13	83	87	4.50B	4½J,5.00B	165	594	268	288	172	605	487	545	
R14	85	–		5J,5½J		620	281	301		631	515	–	
R15	87	–	4½J			645	293	313		656	545	–	

续表

轮胎规格	负荷指数 标准	负荷指数 增强	标准轮辋	允许使用轮辋	新胎充气后 断面宽度	新胎充气后 外直径	负荷下静半径	滚动半径	轮胎最大使用尺寸 断面宽度	轮胎最大使用尺寸 外直径	负荷能力 标准	负荷能力 增强	充气压力(kPa)
175/80R13	87	-	5.00B	4.50B、5.50B	177	610	274	296	184	620	545	-	标准240
R14	88	92	5J	5½J,6J		636	287	309		647	560	630	
R15	89	-		5½J,6J		660	299	320		673	580	-	
185/80R13	90	-	5.00B	5J、5.50B	184	626	280	304	191	638	600	-	
R14	91	95	5J	5½J,6J		652	293	316		664	615	690	增强290
R15	93	97	5J	4½J,5½J		677	306	329		680	650	730	
195/80R14	95	-	5½J	5½J,6J	196	670	300	325	204	682	690	-	
T15	96	-		5½J,6J		694	313	337		707	710	-	
205/80R14	98	-	5½J	6J,6½J	203	685	306	333	211	699	750	-	
R15	99	-		6J,6½J		710	319	345		724	775	-	
R16	100	104		6J,6½J		734	331	356		747	800	900	
215/80R14	101	-	6J	5½J,6½J	216	700	312	340	255	713	825	-	
R15	102	-				725	325	352		739	850	-	
R16	103	107				750	337	364		764	875	975	

注:1. 新胎断面宽度偏差±3.5%;新胎外直径偏差±1%。
2. 负荷下静半径、滚动半径和轮胎最大使用尺寸为使用参考数据。
3. 表中充气压力适用于速度级别为 Q 及其以下者,R、S 级,T、U 和 H、V 级轮胎按表中规定每档分别增加 10 kPa、20 kPa 和 30 kPa。

(2)"75"系列轿车子午线轮胎

轮胎规格	负荷指数 标准	负荷指数 增强	标准轮辋	允许使用轮辋	新胎充气后 断面宽度	新胎充气后 外直径	新胎充气后 负荷下静半径	新胎充气后 滚动半径	轮胎最大使用尺寸 断面宽度	轮胎最大使用尺寸 外直径	负荷能力(kg) 标准	负荷能力(kg) 增强
175/75R14	86	-	5J	4½J,5½J	177	618	280	300	184	629	530	-
185/75R14	89	-	5J	4½J,5½J	184	634	286	308	194	645	580	-
195/75R14	92	95	5J	4½J,5½J	196	648	292	315	204	660	630	690
R15	94	-	5½J	5J,6J	196	673	304	327	204	685	670	-
205/75R14	95	98	5½J	5J,6J	203	664	298	322	211	676	690	750
R15	97	-	5½J	5J,6J	203	689	311	334	211	701	730	-
215/75R14	98	-	6J	5½J,6½J	216	678	304	329	225	690	750	-
R15	100	-	6J	5½J,6½J	216	703	316	341	225	716	800	-
R16	103	107	6J	5½J,6½J	216	728	329	353	225	741	875	975
225/75R14	101	-	6J	6½J,7J	223	694	310	337	232	706	825	-
R15	102	-	6J	6½J,7J	223	719	322	349	232	733	850	-
R16	104	108	6J	6½J,7J	223	744	335	361	232	758	900	950
235/75R15	105	-	6½J	6J,7J	235	733	328	356	244	747	925	1 000
255/75R15	110	-	7J	6½J,7½J	255	763	339	370	265	779	1 060	-
265/75R15	112	-	7½J	7J,8J	267	779	346	378	278	795	1 120	-

注:1. 轮胎标准充气压力为250 kPa,增强充气压力为300 kPa。

2. 参见"80"系列轿车子午线轮胎注释。

(3) "70"系列轿车子午线轮胎

轮胎规格	负荷指数		基本参数		主要尺寸(mm)						负荷能力(kg)	
					新胎充气后		负荷下静半径	滚动半径	轮胎最大使用尺寸			
	标准	增强	标准轮辋	允许使用轮辋	断面宽度	外直径			断面宽度	外直径	标准	增强
135/70R12	65	-	4.00B	3.50B、4.50B	138	495	227	240	144	503	290	-
R13	68	-		4J、4.50B		520	239	252		528	315	-
R14	69	-	4J	4.00B、4½J		546	252	265		554	325	-
145/70R10	63	-	4.50B	4.00B、5.00B	150	458	207	222	156	470	272	-
R12	69	-		4½J、5.00B		509	232	247		520	325	-
R13	71	-	4½J	4.50B、5J		534	245	259		546	345	-
R14	73	-		4J、5J		560	258	272		572	365	-
R15	75	-		5J、5½J		585	270	284		598	387	-
155/70R10	67	-	4.50B	5.00B、5.50B	157	472	212	229	163	483	307	-
R12	73	-		4½J、5.00B		523	237	254		533	365	-
R13	75	-	4½J	4.50B、5J		548	250	266		559	387	-
R14	77	-		5J、5½J		574	263	279		585	412	-
R15	78	-				599	276	201		611	425	-
165/70R10	72	-	5.00B	4.50B、5.50B	170	486	217	236	177	504	355	-
R12	77	-		5J、5.50B		537	243	261		554	412	-
R13	79	83	5J	5.00B、5½J		562	256	273		578	437	487
R14	81	85		4½J、5½J		588	268	285		602	462	515
R15	82	-				613	281	298		628	475	-

续表

轮胎规格	基本参数				主要尺寸(mm)						负荷能力(kg)	
	负荷指数		标准轮辋	允许使用轮辋	新胎充气后				轮胎最大使用尺寸		标准	增强
	标准	增强			断面宽度	外直径	负荷下静半径	滚动半径	断面宽度	外直径		
175/70R12	80	–	5.00B	5.50B,6.00B	177	551	248	267	184	562	450	–
R13	82	86		5J,5.50B		576	261	280		590	475	530
R14	84	–		5.00B,5½J		602	274	292		616	500	–
R15	86	–	5J	5½J,6J		627	286	304		642	530	–
185/70R13	86	–	5.50B	5½J,6.00B	189	590	266	286	197	609	530	–
R14	88	–	5½J	5J,6J		616	279	299		635	560	–
R15	89	96				641	292	311		659	580	–
R17	92	–				692	317	336		702	630	710
195/70R13	89	–	6.00B	6J,6½J	201	604	272	293	209	619	580	–
R14	91	95	6J	5½J,6½J		630	285	306		647	615	690
R15	92	97				655	297	318		666	630	730
205/70R13	91	–	6.00B	6J,6½J	209	618	277	300	217	630	615	–
R14	95	98	6J	5½J,6½J		644	290	313		656	690	750
R15	95	–				669	303	325		681	690	–
215/70R14	96	–	6½J	6J,7J	221	658	296	319	230	671	710	–
R15	97	–				683	308	332		695	730	–
225/70R14	99	–			228	672	301	326	237	685	775	–
R15	100	–				697	314	338		710	800	–
235/70R14	101	–			240	686	307	330	250	700	825	–
R1514	103	107	7J	6½J,7½J		711	319	345		725	875	975

续表

轮胎规格	负荷指数		基本参数		主要尺寸(mm)						负荷能力(kg)	
	标准	增强	标准轮辋	允许使用轮辋	新胎充气后 断面宽度	新胎充气后 外直径	负荷下静半径	滚动半径	轮胎最大使用尺寸 断面宽度	轮胎最大使用尺寸 外直径	标准	增强
R16	105	109	7J	6½J,7½J	240	736	332	357	250	750	925	1 030
245/70R16	107	–	7J	6½J,7½J	248	750	337	364	258	764	975	–
255/70R15	108	–	7½J	7J,8J	260	739	330	359	270	753	1 000	–
265/70R16	112	–	7½J	7J,8J	272	778	348	378	283	792	1 120	–
275/70R16	114	–	8J	7½J,8½J	279	792	354	384	290	808	1 180	–

注:1. 轮胎标准充气压力为250 kPa,增强充气压力为300 kPa。

2. 参见"80"系列轿车子午线轮胎注释。

(4) "65"系列轿车子午线轮胎

轮胎规格	负荷指数		基本参数		主要尺寸(mm)						负荷能力(kg)	
	标准	增强	标准轮辋	允许使用轮辋	新胎充气后 断面宽度	新胎充气后 外直径	负荷下静半径	滚动半径	轮胎最大使用尺寸 断面宽度	轮胎最大使用尺寸 外直径	标准	增强
145/65R12	67	–	4½J	4.00B,5.00B	150	493	226	239	156	501	307	–
R13	69	–	4.50B	4½J,5.00B	150	518	238	251	156	526	325	–
155/65R12	73	–	4½J	4.50B,5J	157	507	232	246	163	515	345	–
R13	73	–			157	532	244	258	163	540	365	–
R14	75	–			157	558	257	271	163	566	387	–

续表

轮胎规格	负荷指数 标准	负荷指数 增强	标准轮辋	允许使用轮辋	主要尺寸（mm） 新胎充气后 断面宽度	外直径	负荷下静半径	滚动半径	轮胎最大使用尺寸 断面宽度	外直径	负荷能力（kg） 标准	增强
165/65R13	77	-	5.00B	5J,5.50B	170	544	248	264	177	553	412	-
R14	79	-	5J	5.00B,5½J	170	570	261	277	177	579	437	-
175/65R12	78	-	5.00B	5.50B、6.00B	177	533	241	259	177	542	425	-
R13	80	-	5.00B	5J,5.50B	177	558	254	271	184	567	450	-
R14	82	-	5J	5½J,6J	177	584	267	283	184	593	475	-
R15	83	-	5J	5½J,6.00B	177	609	279	296	184	618	487	-
185/65R13	84	-	5.50B	5½J,6.00B	189	570	259	277	197	580	500	-
R14	86	-	5½J	5J,6J	189	596	272	289	197	606	530	-
R15	88	-	5½J	6J,6½J	189	621	284	301	197	631	560	-
195/65R13	87	-	6.00B	5½J,6½J	201	584	264	283	209	594	545	-
R14	89	93	6J	5½J,6½J	201	610	277	296	209	620	580	650
R15	91	95	6J	5½J,6½J	201	635	290	308	209	645	615	690
205/65R14	91	99	6J	5½J,6½J	209	622	282	302	217	633	615	690
R15	94	99	6J	5½J,6½J	209	647	294	314	217	658	670	775
215/65R15	96	100	6½J	6J,7J	221	661	300	321	230	672	710	800
R16	98	-	6½J	6J,7J	221	686	312	333	230	698	750	-
225/65R15	99	104	6½J	6½J,7½J	228	673	304	327	237	685	775	900
R16	103	107	7J	6½J,7½J	228	712	322	346	237	724	875	975
235/65R16	106	-	7J	7J,8J	240	713	320	346	250	726	950	-
255/65R15	109	-	7½J	7J,8J	260	738	333	358	270	752	1 030	-

注：1. 轮胎标准充气压力为 250 kPa，增强空气压力为 300 kPa。

2. 参见"80"系列轿车子午线轮胎注释。

(5) "60" 系列轿车子午线轮胎

轮胎规格	负荷指数 标准	负荷指数 增强	标准轮辋	允许使用轮辋	主要尺寸(mm) 新胎充气后 断面宽度	外直径	负荷下静半径	滚动半径	轮胎最大使用尺寸 断面宽度	外直径	负荷能力(kg) 标准	增强
155/60R12	67	-	4.50B	4½J,5.00B	157	491	225	238	163	498	307	-
R13	69	-				516	238	250		523	325	-
165/60R12	71	-	5.00B	4.50B,5.50B	170	503	230	244	177	511	345	-
R13	73	-		5J,5.50B		528	242	256		536	365	-
R14	75	-	5J	4½J,5½J		554	255	269		562	387	-
175/60R13	76	-	5.00B	5J,5.50B	177	540	247	262	184	548	400	-
R14	79	-	5J	5½J,6J		566	260	275		577	437	-
185/60R13	80	-	5.50B	5½J,6.00B	189	552	252	268	197	561	450	-
R14	82	-		5J,6J		578	265	281		587	475	-
R15	84	-	5½J			603	277	293		612	500	-
195/60R13	83	-	6.00B	6J,6½J	201	564	256	274	209	573	487	-
R14	86	-		5½J,6½J		590	269	286		599	530	-
R15	88	-	6J			615	282	299		624	560	-
R16	89	-				640	294	311		649	580	-

续表

轮胎规格	负荷指数 标准	负荷指数 增强	标准轮辋	允许使用轮辋	新胎 断面宽度	新胎 外直径	负荷下 静半径	滚动半径	轮胎最大使用 断面宽度	轮胎最大使用 外直径	负荷能力 标准	负荷能力 增强
205/60R13	86	-	6.00B	6J,6½J	209	576	261	280	217	586	530	-
R14	88	-	6J	5½J,6½J		602	274	292		612	560	-
R15	91	95				627	286	304		637	615	690
R16	91	96				652	299	316		662	615	710
215/60R13	89	-	6½J	6J,7J	221	588	266	285	230	598	580	-
R14	91	-				614	279	298		624	615	-
R15	94	-				639	291	310		649	670	-
R16	94	-				664	304	322		675	670	-
225/60R13	92	-	6½J	6J,7J	228	600	270	291	237	611	630	-
R14	94	-				626	283	304		637	670	-
R15	96	-				651	296	316		662	710	-
R16	98	-				676	308	328		687	750	-
235/60R13	94	-	7J	6½J,7½J	240	612	275	297	250	623	670	-
R14	96	-				638	288	310		649	710	-
R15	98	-				663	300	322		674	750	-
R16	100	-				688	313	334		699	800	-
245/60R14	90	-	7J	7½J,8J	248	650	293	316	258	662	775	-
255/60R15	102	-	7½J	7J,8J	260	687	310	333	270	699	850	-
R16	103	-	8J	7½J,8½J	272	712	322	346	283	724	875	-
265/60R14	103	-	8J	7½J,8½J	272	674	302	327	283	686	875	-

注:1. 轮胎标准充气压力为250 kPa，增强充气压力为300 kPa。
2. 参见"80"系列轿车子午线轮胎注释。

(6) "55" 系列轿车子午线轮胎

轮胎规格	负荷指数		基本参数		主要尺寸 (mm)						负荷能力 (kg)	
	标准	增强	标准轮辋	允许使用轮辋	新胎充气后 断面宽度	新胎充气后 外直径	新胎充气后 负荷下静半径	新胎充气后 滚动半径	轮胎最大使用尺寸 断面宽度	轮胎最大使用尺寸 外直径	标准	增强
165/55R12	68	–	5.00B	4.50B,5.50B	170	487	223	236	177	493	315	–
R13	70	–		5J,5.50B		512	236	249		518	335	–
R14	72	–	5J	4½J,5½J		538	249	261		545	355	–
175/55R15	77	–	5½J	5J,6J	182	573	265	278	189	581	412	–
185/55R13	77	–	6.00B	6J,6½J	194	534	245	259	202	542	412	–
R14	79	–	6J	5½J,6,6½J		560	258	272		568	437	–
R15	81	85				585	270	284		593	462	515
195/55R13	80	–	6.00B	6J,6½J	201	544	248	264	209	552	450	–
R14	82	–	6J	5½J,6,6½J		570	261	277		579	475	–
R15	84	–				595	274	289		604	500	–
205/55R14	85	–	6½J	6J,7J	214	582	266	283	223	591	515	–
R15	87	–				607	279	295		616	545	–
R16	89	93				632	291	307		641	580	650
R18	91	–				683	317	332		692	615	–
215/55R15	89	–	7J	6½J,7½J	226	617	283	300	235	626	580	–
R16	91	95				642	295	312		652	615	690

续表

轮胎规格	负荷指数 标准	负荷指数 增强	基本参数 标准轮辋	基本参数 允许使用轮辋	主要尺寸 (mm) 新胎充气后 断面宽度	外直径	负荷下静半径	滚动半径	轮胎最大使用尺寸 断面宽度	外直径	负荷能力 (kg) 标准	负荷能力 (kg) 增强
225/55R14	91	–	7J	6½J,7½J	233	604	275	293	242	614	615	–
R15	92	–				629	287	305		639	630	–
R16	94	–				654	300	317		664	670	–
235/55R15	95	–	7½J	7J,1J	245	639	291	310	255	649	690	–
R17	97	–				690	317	335		700	730	–
245/55R16	99	–	8J	7½J,8½J	253	676	308	328	263	687	775	–
255/55R17	102	–			265	712	325	346	276	724	850	–
275/R55R15	104	–	8½J	8J,9J	284	683	308	332	295	695	900	–

注:1. 轮胎标准充气压力为250 kPa，增强充气压力为300 kPa。

2. 参见"80"系列轿车子午线轮胎注释。

(7)"50"系列轿车子午线轮胎

轮胎规格	负荷指数 标准	负荷指数 增强	基本参数 标准轮辋	基本参数 允许使用轮辋	主要尺寸 (mm) 新胎充气后 断面宽度	外直径	负荷下静半径	滚动半径	轮胎最大使用尺寸 断面宽度	外直径	负荷能力 (kg) 标准	负荷能力 (kg) 增强
175/50R13	72	–	5.50B	5½J,6.00B	182	506	234	246	189	513	355	–
R15	75	–	5½J	5J,6J		557	259	270		564	387	–

续表

轮胎规格	负荷指数 标准	负荷指数 增强	标准轮辋	允许使用轮辋	新胎充气后 断面宽度	新胎充气后 外直径	新胎充气后 负荷下静半径	新胎充气后 滚动半径	轮胎最大使用尺寸 断面宽度	轮胎最大使用尺寸 外直径	负荷能力(kg) 标准	负荷能力(kg) 增强
185/50R14	77	–	6J	5½J,6,6½J	194	542	250	263	202	549	412	–
195/50R13	78	–	6.00B	6,6½J	201	526	241	255	209	534	425	–
R14	80	–	6J	5½J,6½J		549	253	266		557	450	–
R15	82	–				577	267	280		585	475	–
R16	83	–				602	279	292		610	487	–
205/50R13	81	–	6½J	6.00B,7J	214	536	245	260	223	544	462	–
R14	84	–				562	258	273		570	500	–
R15	86	–				587	271	285		595	530	–
R16	87	–				612	283	297		620	545	–
R17	89	–				638	296	310		646	580	–
215/50R15	88	–	7J	6½J,7½J	226	597	275	290	235	606	560	–
R16	90	–				622	287	302		631	600	–
R17	90	–				648	300	315		656	600	–
225/50R15	91	–			233	607	279	295		616	615	–
R16	92	96				632	291	307		641	630	710
R17	94	–				658	304	319		668	670	–
235/50R16	95	–	7½J	7J,8J	245	642	295	312	255	651	690	–
245/50R16	97	–			253	652	299	316	263	662	730	–
R17	98	–				677	312	329		687	750	–
255/50R16	99	–	8J	7½J,8½J	265	662	303	321	276	672	775	–

续表

轮胎规格	基本参数				主要尺寸（mm）						负荷能力（kg）	
	负荷指数		标准轮辋	允许使用轮辋	新胎充气后				轮胎最大使用尺寸		标准	增强
	标准	增强			断面宽度	外直径	负荷下静半径	滚动半径	断面宽度	外直径		
R17	100	-	8J	7½J,8½J	265	688	316	334	276	698	800	-
265/50R16	101	-	8½J	8J,9J	277	672	307	326	288	683	825	-
285/50R15	104	-	9J	8½J,9½J	297	667	302	324	309	678	900	-

注：1. 轮胎标准充气压力为250 kPa，增强充气压力为380 kPa。

2. 参见"80"系列轿车子午线轮胎注释。

(8) "45" 系列轿车子午线轮胎

轮胎规格	负荷指数		基本参数		主要尺寸（mm）						负荷能力（kg）	
	标准	增强	标准轮辋	允许使用轮辋	新胎充气后				轮胎最大使用尺寸		标准	增强
					断面宽度	外直径	负荷下静半径	滚动半径	断面宽度	外直径		
195/45R14	77	-	6½J	6J,7J	195	532	247	258	203	540	412	-
R15	78	-				557	259	270		564	425	-
R16	80	-				582	272	283		589	450	-
205/45R16	83	87	6½J,7,7½J		206	590	275	286	214	598	487	545
215/45R15	84	-	7J		213	575	266	279	222	583	500	-
R16	86	-	7½J,8J			600	279	291		608	530	-
R17	87	-				626	292	304		634	545	-

续表

轮胎规格	负荷指数		基本参数		主要尺寸(mm)						负荷能力(kg)	
	标准	增强	标准轮辋	允许使用轮辋	新胎充气后 断面宽度	新胎充气后 外直径	负荷下静半径	滚动半径	轮胎最大使用尺寸 断面宽度	轮胎最大使用尺寸 外直径	标准	增强
225/45R16	89	-	7½J	7J,8J	225	608	282	295	234	616	580	-
R17	90	-				633	294	307		641	600	-
235/45R15	88	-	8J	7½J,8½J	236	593	273	288	245	601	560	-
R17	93	-				644	299	313		652	650	-
245/45R16	94	-			243	626	289	304		634	670	-
R17	95	-				652	302	316		661	690	-
255/45R15	93	-	8½J	8J,9J	255	611	280	297	253	621	650	-
R17	98	-				662	306	321		672	750	-
R18	99	-				687	318	333	265	696	775	-
275/45R13	94	-	9J	8½J,9½J	273	578	262	281	284	588	670	-
285/45R18	103	-	9½J	9J,10J	285	713	328	346	296	723	875	-

注:1. 轮胎标准充气压力为250 kPa,增强充气压力为300 kPa。
　　2. 参见"80"系列轿车子午线轮胎注释。

（9）轿车轮胎规格表示方法示例

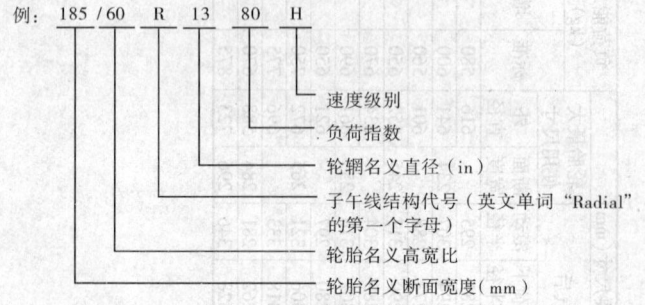

例：　185 / 60　R　13　80　H

- 速度级别
- 负荷指数
- 轮辋名义直径（in）
- 子午线结构代号（英文单词"Radial" 的第一个字母）
- 轮胎名义高宽比
- 轮胎名义断面宽度（mm）

附1：标准型轿车子午线轮胎气压与负荷对应表

负荷 指数	气　压（kPa）										
	150	160	170	180	190	200	210	220	230	240	250
	负　荷（kg）										
62	175	185	195	205	215	220	230	240	250	255	265
63	180	190	200	210	220	230	235	245	255	265	272
64	185	195	205	215	225	235	245	255	260	270	280
65	195	205	210	225	235	245	250	260	270	280	290
66	200	210	220	230	240	250	260	270	280	290	300
67	205	215	225	235	245	255	265	275	285	295	307
68	210	220	230	240	255	265	275	285	295	305	315
69	215	225	240	250	260	270	285	295	305	315	325
70	225	235	245	260	270	280	290	300	315	325	335
71	230	240	255	265	275	290	300	310	325	335	345
72	235	250	260	275	285	295	310	320	330	345	355
73	245	255	270	280	295	305	315	330	340	355	365
74	250	260	275	290	300	315	325	340	350	365	375

续表

负荷指数	气 压(kPa)										
	150	160	170	180	190	200	210	220	230	240	250
	负 荷(kg)										
75	255	270	285	300	310	325	335	350	360	375	387
76	265	280	295	310	320	335	350	360	375	385	400
77	275	290	305	315	330	345	360	370	385	400	412
78	280	295	310	325	340	355	370	385	400	410	425
79	290	305	320	335	350	365	380	395	410	425	437
80	300	315	330	345	360	375	390	405	420	435	450
81	305	325	340	355	370	385	400	415	430	445	462
82	315	330	350	365	380	395	415	430	445	460	475
83	325	340	360	375	390	405	425	440	455	470	487
84	330	350	365	385	400	420	435	450	470	485	500
85	340	360	380	395	415	430	450	465	480	500	515
86	350	370	390	410	425	445	460	480	495	515	530
87	360	380	400	420	440	455	475	490	510	525	545
88	370	390	410	430	450	470	485	505	525	540	560
89	385	405	425	445	465	485	505	525	545	560	580
90	400	420	440	460	480	500	520	540	560	580	600
91	410	430	450	475	495	515	535	555	575	595	615
92	420	440	465	485	505	525	550	570	590	610	630
93	430	455	475	500	520	545	565	585	610	630	650
94	445	470	490	515	540	560	585	605	625	650	670
95	460	485	505	530	555	575	600	625	645	670	690
96	470	495	520	545	570	595	620	640	665	685	710
97	485	510	535	560	585	610	635	660	685	705	730
98	500	525	550	575	600	625	650	675	700	725	750
99	515	540	570	595	620	650	675	700	725	750	775

续表

负荷指数	气　压（kPa）										
	150	160	170	180	190	200	210	220	230	240	250
	负　荷（kg）										
100	530	560	590	615	640	670	695	720	750	775	800
101	550	575	605	635	660	690	720	745	770	800	825
102	565	595	625	655	680	710	740	765	795	825	850
103	580	610	645	675	705	730	760	790	820	845	875
104	600	630	660	690	725	755	785	815	840	870	900
105	615	645	680	710	745	775	805	835	865	895	925
106	630	665	700	730	765	795	825	860	890	920	950
107	650	680	715	750	785	815	850	880	910	945	975
108	665	700	735	770	805	835	870	905	935	970	1 000
109	685	720	755	790	825	860	890	930	965	995	1 030
110	705	740	780	815	850	885	920	955	990	1025	1 060
111	725	765	800	840	875	910	950	985	1 020	1055	1 090
112	745	785	825	860	900	935	975	1 010	1 050	1 085	1 120
113	765	805	845	885	925	960	1 000	1 040	1 075	1 115	1 150
114	785	825	865	905	945	985	1 025	1 065	1 105	1 140	1 180

注：1. "80"系列仅作参考。

2. 表中充气压力适用于速度级别为 Q 及其以下者。

附2：轮胎速度级别与最高行驶速度对应表

速度级别	最高行驶速度（km/h）	速度级别	最高行驶速度（km/h）
A1	5	K	110
A2	10	L	120
A3	15	M	130
A4	20	N	140
A5	25	P	150
A6	30	Q	160

续表

速度级别	最高行驶速度(km/h)	速度级别	最高行驶速度(km/h)
A7	35	R	170
A8	40	S	180
B	50	T	190
C	60	U	200
D	65	H	210
E	70	V	240
F	80	W	270
G	90	Y	300
J	100		

附3:轮胎最高行驶速度的规定

速度级别	不同轮辋名义直径的轮胎最高行驶速度,km/h		
	10	12	≥13
Q	135	145	160
S	150	165	180
T	165	175	190
H	—	195	210

附4:轿车轮胎负荷指数与轮胎负荷能力对应规定

　　轿车轮胎负荷指数(LI)与轮胎负荷能力(TLCC)对应规定可参见"载重汽车负荷指数(LI)与轮胎负荷能力(TLCC)对应关系"表中相应内容。

14. 汽车轮胎内胎(GB7036.1–1997)

【特点及用途】汽车轮胎内胎是指汽车充气轮胎的内胎,其适用范围包括轿车、载重汽车、工程机械、工业车辆、拖拉机及农业机械等充气轮胎的内胎。汽车轮胎内胎按所产生制造用材料分为天然橡胶及天然胶并用胶内胎(A 类)和丁基橡胶及丁基橡胶并用胶内胎(B 类)。汽车轮胎内胎的性能基本要求:

试验项目		A 类	B 类
拉伸强度(MPa)	≥	14.7	8.4
老化后拉伸强度下降率(%)	≤	10	—
扯断伸长率(%)	≥	500	450
热拉伸变形(%)	≤	25	35
接头强度(MPa)	≥	8.3	3.4
胶垫气门嘴与胎身黏合强度(kN/m)	≥	3.5	
有底座气门嘴与胶垫黏合强度(kN/m)	≥	3.5	
无底座气门嘴与胶垫黏合力(N)	≥	80	

【规　　格】

(1)轿车轮胎内胎

内胎规格	平叠断面宽度 ≥(mm)	平叠外周长 ≥(mm)	重量 ≥(g)	适用气门嘴型　　号
5.20-13				Z1-02-1
5.50-13				Z1-02-2
5.60-13	150	1 600	610	
6.00-13				
5.90-13				
5.95-13				
6.15-13				
6.40-13	174	1 669	725	
6.45-13				
6.50-13				

续表

内胎规格	平叠断面宽度 ≥(mm)	平叠外周长 ≥(mm)	重量 ≥(g)	适用气门嘴 型 号
6.70-13				
6.95-13	184	1 740	790	
7.00-13	184	1 740	790	
7.25-13				
5.00-14				
5.20-14				
5.60-14	147	1 652	610	
5.90-14				
6.00-14				
6.45-14				
6.40-14				
6.50-14	174	1 749	745	
6.95-14				
7.00-14				
7.50-14	189	1 827	895	Z1-02-1
8.00-14				Z1-02-2
8.50-14	207	1 890	1 050	
5.00-15				
5.20-15	152	1 815	700	
5.60-15				
5.50-15				
5.90-15				
6.00-15				
6.40-15	187	1 872	815	
6.50-15				
6.85-15				

续表

内胎规格	平叠断面宽度 ≥(mm)	平叠外周长 ≥(mm)	重量 ≥(g)	适用气门嘴型 号
6.70-15	195	1 896	895	
8.15-15				
8.85-15				Z1-02-1
9.00-15	214	1 997	1 110	Z2-02-2
9.15-15				

注:B类胶可按重量的90%为重量下限;表中的重量不包括气门嘴、胶垫的重量(以下相同,不再加注)。

(2)载重汽车、大客车轮胎内胎

内胎规格	平叠断面宽度 ≥(mm)	平叠外周长 ≥(mm)	重量 ≥(g)	适用气门嘴型 号
7.00-20	179	2 337	1 750	
7.50-20	203	2 416	2 210	Z1-01-5
8.25-20	229	2 517	2 590	
9.00-20	249	2 608	3 150	Z1-01-6
10.00-20	269	2 668	3 700	Z1-01-7
11.00-20	290	2 759	3 980	
12.00-20	309	2 909	4 500	
13.00-20	339	3 019	5 800	Z1-01-8
14.00-20	360	3 109	6 800	
12.00-24	309	3 209	5 500	

（3）轻型载重汽车、中小客车轮胎内胎

内胎规格	平叠断面宽度 ≥（mm）	平叠外周长 ≥（mm）	重量 ≥（g）	适用气门嘴型　号
5.00-10	135	1 410	600	Z1-02-1 Z1-02-2
4.50-12	119	1 470	560	
5.00-12				
5.50-13	150	1 600	610	
6.00-13				
6.50-13	174	1 669	805	
7.00-13	184	1 740	870	
5.50-14	147	1 652	690	
6.00-14	170	1 700	800	
6.50-14	174	1 749	825	
7.00-14	189	1 827	915	Z1-02-1 Z1-02-2
6.00-15	187	1 872	895	
6.50-15				
7.00-15	189	1 890	1 480	
7.50-15	200	1 970	1 620	Z1-01-3
6.00-16	179	1 959	1 130	Z1-02-2
6.50-16	189	2 008	1 310	Z1-02-1 Z1-01-3
7.00-16	200	2 049	1 450	Z1-01-3
7.50-16	220	2 120	1 660	
8.25-16	240	2 211	2 100	
9.00-16	249	2 329	2 500	Z1-01-4

（4）工业车辆轮胎内胎

内胎规格	平叠断面宽度 ≥（mm）	平叠外周长 ≥（mm）	重量 ≥（g）	适用气门嘴型　号
4.00-8	100	1 015	315	Z1-02-1
5.00-8	148	1 023	555	Z1-01-1
6.00-8	169	1 410	800	
6.00-9				
7.00-9	180	1 500	940	
6.50-10	200	1 569	980	
7.50-10	203	623	1 110	
7.00-12	185	1 780	1 105	
8.25-12	229	1 900	1 570	Z1-01-2
7.00-15	189	1 890	1 480	
7.50-15	200	1 970	1 620	
8.25-15	229	2 087	2 315	
10.00-15	269	2 267	2 980	Z1-01-7
9.00-16	249	2 329	2 500	Z1-01-4
8.25-20	229	2 517	2 590	
9.00-20	249	2 608	3 150	Z1-01-6
10.00-20	269	2 668	3 700	Z1-01-7
11.00-20	290	2 759	3 980	Z1-01-8
12.00-20	309	2 909	4 500	
12.00-24		3 209	5 500	

（5）工程机械轮胎内胎

内胎规格	平叠断面宽度 ≥（mm）	平叠外周长 ≥（mm）	重量 ≥（g）	适用气门嘴型 号
10.00-15	269	2 267	2 980	Z1-01-7
6.00-16	179	1 959	1 130	Z1-02-2
7.00-16	200	2 049	1 450	Z1-01-3
7.50-16	220	2 120	1 660	
7.50-20	203	2 416	2 210	Z1-01-5
8.25-20	229	2 517	2 590	
9.00-20	249	2 608	3 150	Z1-01-6
10.00-20	269	2 668	3 700	Z1-01-7
11.0-20	290	2 759	3 980	Z1-01-8
13.00-24	339	3 193	7 820	
14.00-24	359	3 360	7 930	
16/70-20	375	2 920	6 700	Z1-01-8
16/70-24	405	3 150	7 920	
13.00-25	339	3 193	7 820	
15.5-25	394	3 479	9 260	Z1-01-7
16.00-24	413	3 671	1 0 375	
16.00-25				
17.5-25	420	3 580	10 035	Z1-08-8
20.5-25	555	4 000	14 815	
18.00-25	476	3 821	13 335	
21.00-25	564	4 023	16 615	
23.5-25	580	4 214	20 340	

(6) 拖拉机驱动轮轮胎内胎

内胎规格	平叠断面宽度 ≥ (mm)	平叠外周长 ≥ (mm)	重量 ≥ (g)	适用气门嘴 型　　号
5.00-10	115	1 319	440	Z1-02-1
5.00-12	119	1 470	560	Z1-02-2
6.00-12	191	1 651	840	
6.00-16	179	1 959	1 130	
6.50-16	189	2 008	1 310	
7.50-16	220	2 120	1 660	
7.50-20	208	2 416	2 210	Z1-03-1
9.5-24	239	2 688	2 260	
11.2-24	363	3 231	3 705	21-03-1
14.9-24	395	3 328	4 850	
15-21	479	3 658	6 260	
14.9-26	395	3 508	5 095	
23.1-26	610	3 900	1 2 950	
28L-26	675	4 320	1 3 335	
10-28				
11.2/10-28	283	3 286	3 335	
11.2-28				
11-28				
12.4-28	305	3 380	3 660	
13-28	382	3 560	5 310	
14-28	440	3 529	6 115	
18.4-30	456	4 110	7 425	
11-32	300	3 600	4 700	
13.6-36	360	3 929	4 850	
11-38	319	4 142	4 725	
12-38	359	4 274	5 615	
18.4-38	156	5 610	8 610	

(7)拖拉机导向轮轮胎内胎

内胎规格	平叠断面宽度 ≥(mm)	平叠外周长 ≥(mm)	重量 ≥(g)	适用气门嘴 型 号
3.50-5	80	744	205	Z1-02-1 Z1-02-2
4.00-8	100	1 015	315	
4.00-9	115	1 093	465	
4.00-12	115	1 399	490	Z1-02-1 Z1-02-2
4.50-12	119	1 470	560	
5.00-12				
5.00-15	152	1 690	630	
4.00-16	120	1 730	610	
4.50-16	130	1 800	715	
5.50-16	170	1 915	780	
6.00-16	179	1 959	1 130	
6.50-16	189	2 008	1 310	
4.00-19	125	1 979	665	
6.00-20	179	2 300	1 185	
6.50-20	189	2 350	1 765	
7.50-20	203	2 416	2 210	

(8)农业机械轮胎内胎

内胎规格	平叠断面宽度 ≥(mm)	平叠外周长 ≥(mm)	重量 ≥(g)	适用气门嘴 型 号
4.00-8	100	1 015	315	Z1-02-1 Z1-02-2
5.00-15	152	1 690	630	
10-15	264	2 229	2 180	
5.50-16	170	1 916	780	
9.00-16	249	2 329	2 500	

15. 轮胎气门嘴（GB1796-1996）

【特点及用途】轮胎气门嘴是指车轮内胎充气口的部件。根据不同车辆轮胎的不同需要，其选型多种，主要由嘴体、垫片、螺母、防护帽、气门芯等零件组成。

【规　　格】

型 号	零　件					用途(参考)
	嘴体	垫片	螺母	防护帽	气门芯	
Z1-01-1	T1-01-1					载重汽车轮胎 工业车辆轮胎 工程机械轮胎 畜力车轮胎
Z1-01-2	T1-01-2					
Z1-01-3	T1-01-3					
Z1-01-4	T1-01-4					
Z1-01-5	T1-01-5	YD1	LM1		TC1 或 TC2 GB1795	
Z1-01-6	T1-01-6					
Z1-01-7	T1-01-7					
Z1-01-8	T1-01-8					
Z1-01-9	T1-01-9					
Z1-01-10	T1-01-10					
Z1-02-1	T1-02-1	—				轿车轮胎 农业轮胎
Z1-02-2	T1-02-2	—		A 型或 B 型或 C 型		
Z1-03-1	T1-03-1	YD1	LM1			拖拉机驱动轮胎
Z1-04-1	T1-04-1	YD3				工业车辆轮胎
Z1-05-1	T1-05-1	—			TC1 GB1795	工业车辆轮胎
Z1-05-2	T1-05-2	—				
Z1-05-3	T1-05-3	—			TC1 或 TC2 GB 1795	拖拉机导向轮胎
Z1-06-1	T1-06-1	—			TC1 GB 1795	工业车辆轮胎
Z1-09-1	T1-09-1	—			TC1 GB 1795	工业车辆轮胎
Z1-09-2	T1-09-2	—			TC1 或 TC2 GB 1795	拖拉机导向轮胎 自行车轮胎
Z1-09-3	T1-09-3	—				

续表

型　号	零　　件					用途(参考)
	嘴体	垫片	螺母	防护帽	气门芯	
Z1-10-1	T1-10-1	YD6	LM6 YM6	A 型或 B 型或 C 型	TC1 GB 1795	轻型摩托车轮胎 自行车轮胎
Z1-10-2	T1-10-2				TC1 或 TC2 GB 1795	
Z1-10-3	T1-10-3	YD5 或 QD5	LM5 YM5			摩托车轮胎
Z1-11-1	T1-11-1	YD6	LM6		TC1 GB 1795	轻型摩托车轮胎 自行车轮胎
Z1-11-2	T1-11-2				TC1 或 TC2 GB 1795	
Z1-11-3	T1-11-3	YD5 或 QD5	LM5 YM5			摩托车轮胎
Z1-11-4	T1-11-4					

注:表中代号:"T"表示嘴体,"YD"表示圆垫片,"QD"表示桥形垫片,"LM"表示六角螺母,"YM"表示圆螺母。

16. 普通芯腔内胎气门嘴(GB3900-91)

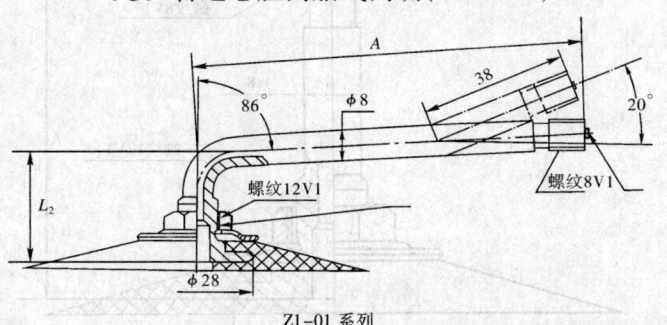

Z1-01 系列

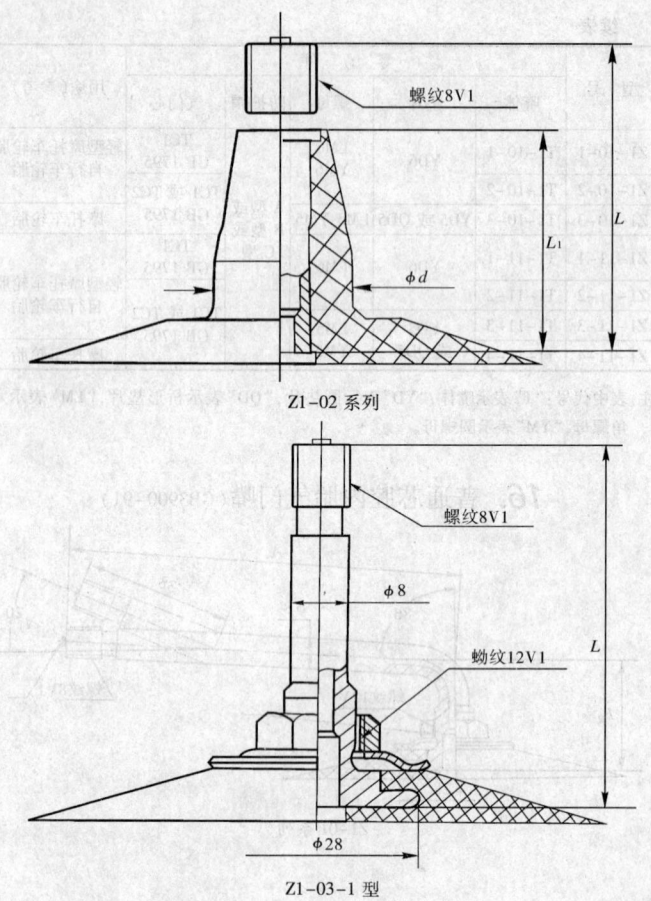

螺纹8V1

ϕd

L

L_1

Z1-02 系列

螺纹8V1

$\phi 8$

蚴纹12V1

L

$\phi 28$

Z1-03-1 型

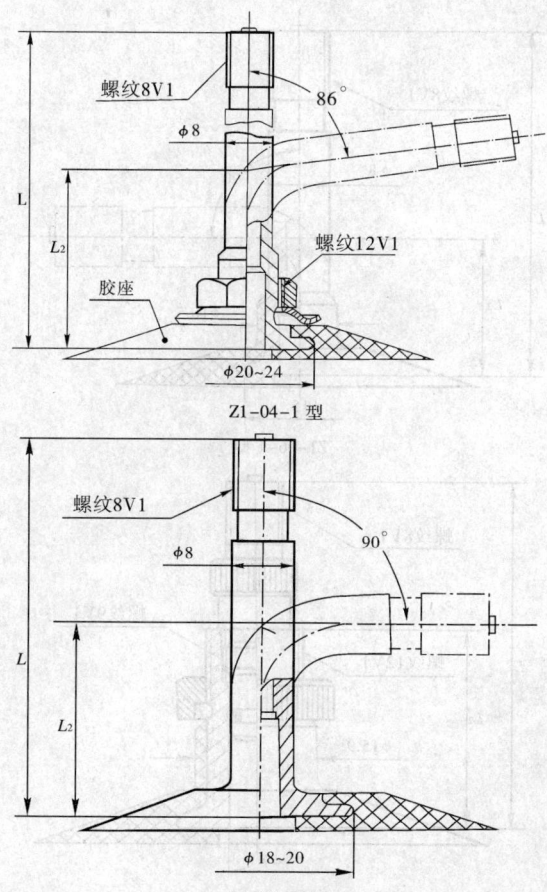

螺纹8V1

86°

φ8

螺纹12V1

L

L_2

胶座

φ20~24

Z1-04-1 型

螺纹8V1

90°

φ8

L

L_2

φ18~20

Z1-05 系列

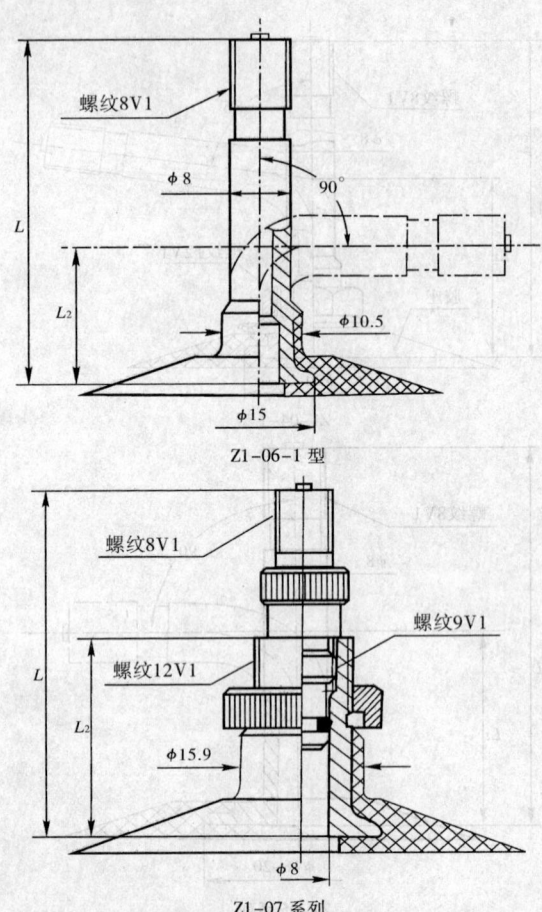

Z1-06-1 型

Z1-07 系列

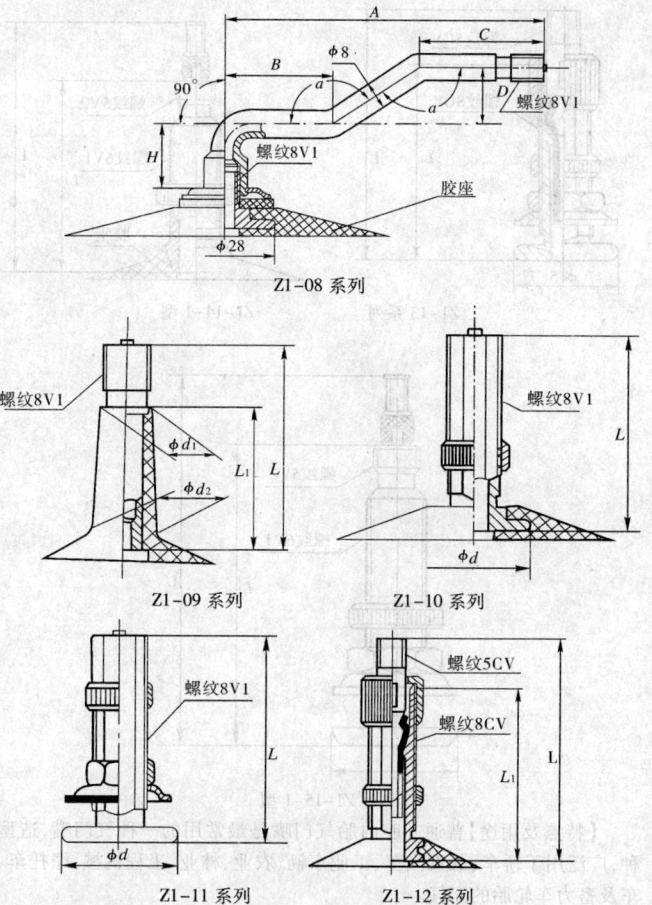

Z1-08 系列

Z1-09 系列

Z1-10 系列

Z1-11 系列

Z1-12 系列

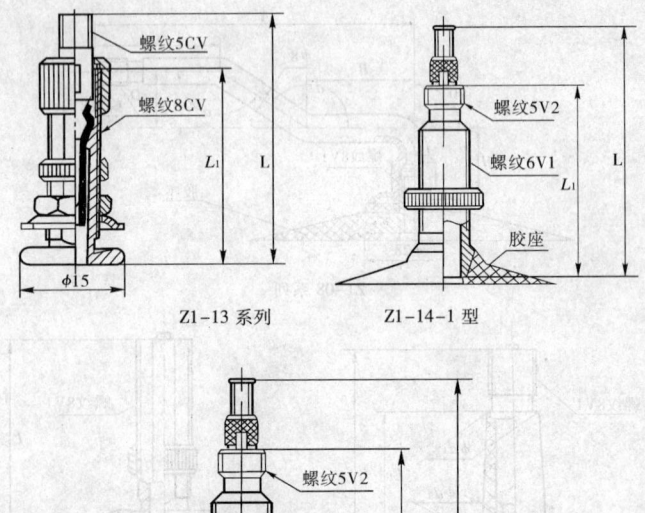

螺纹5CV

螺纹8CV

L_1

L

$\phi 15$

Z1-13 系列

螺纹5V2

螺纹6V1

胶座

L

L_1

Z1-14-1 型

螺纹5V2

螺纹6V1

L_1

L

Z1-15-1 型

【特点及用途】普通芯腔内胎气门嘴是最常用的一种气门嘴,造型多种,广泛用于轿车、载重汽车、工业车辆、农业、林业、工程机械、摩托车、力车及畜力车轮胎的充气。

【规　格】

型号	芯腔类型	适用气门芯	适用轮辋孔径(mm)	适用防护帽	用途(参考)	主要尺寸(mm)			
						L	L_1	L_2	A
Z1-01-1	1A号或1B号	TC1或TC2	14~16(槽宽)	A型或B型或C型	工业车辆			30	45
Z1-01-2								30	45
Z1-01-3					轻型载重、畜力车			30	78
Z1-01-4					中、重型载重汽车			30	85
Z1-01-5								30	101
Z1-01-6								30	114
Z1-01-7								30	128
Z1-01-8								30	143
Z1-01-9								30	158
Z1-01-10								30	178
Z1-02-1	1A号		11.3		轿车、轻型载重、工业车辆、农业机械	36	26	(ϕd 11.5mm)	
Z1-02-2			16.0			36	26	(ϕd 16.5mm)	
Z1-03-1	1A号或1B号		14~16(槽宽)		拖拉机驱动轮	50			
Z1-04-1					工业车辆	70		30	
Z1-05-1	1B号	TC1	8.3		摩托车、工业车辆、拖拉机导向轮	52		25	
Z1-05-2		TC1				57		25	
Z1-05-3	1A号	TC1或TC2				70		25	
Z1-06-1	1B号	TC1	11.3			46		18	
Z1-07-1		TCI或TCZ	16.0		农业机械	45.5	25.0		
Z1-07-2						54.5	45.5		

续表

型号	芯腔类型	适用气门芯	适用轮辋孔径(mm)	适用防护帽	用途(参考)	主要尺寸(mm) L	L_1	L_2	A
Z1-08-1	1A 号	TC1 或 TC2	14~16 (槽宽)		中、重型载重汽车	参见附表：Z1-08 系列主要尺寸			
Z1-08-2									
Z1-08-3									
Z1-08-4									
Z1-08-5	1B 号	TC1							
Z1-09-1			8.3		自行车	28	18	(ϕd_1 8.2mm, ϕd_2 8.8mm)	
Z1-09-2	1A 号	TC1 或 TC2	8.0			34	24	(ϕd_1 8.0mm, ϕd_2 8.5mm)	
Z1-09-3						34	24	(ϕd_1 8.2mm, ϕd_2 8.8mm)	
Z1-10-1	1B 号	TC1	8.3	A 型 或 B 型 或 C 型	自行车、轻型摩托车	30		(ϕd 15mm)	
Z1-10-2	1A 号 或 1B 号	TC1 或 TC2				33		(ϕd 15mm)	
Z1-10-3					摩托车	40		(ϕd 16mm)	
Z1-11-1	1B 号	TC1			自行车、轻型摩托车	30		(ϕd 15mm)	
Z1-11-2						33		(ϕd 15mm)	
Z1-11-3	1A 号 或 1B 号	TC1 或 TC2			自行车	34		(ϕd 18mm)	
Z1-11-4						46		(ϕd 18mm)	
Z1-12-1	力车内胎气门嘴芯腔	力车内胎气门芯		力车内胎气门嘴防护帽	力车	38	30		
Z1-12-2						41	33		
Z1-13-1						38	30		
Z1-13-2						41	33		
Z1-14-1	—	—	6.2		赛车型自行车	32.5	25		
Z1-15-1	—	—				39.5	32		

附表:Z1-08 系列主要尺寸

型 号	主要尺寸(mm)					
	A	B	C	D	H	α (°)
Z1-08-1	94	44.5	37.5	17.0	20.5	125
Z1-08-2	114	46.0	47.5	17.0	20.5	140
Z1-08-3	131	62.5	49.0	17.0	20.5	139
Z1-08-4	136	79.5	37.5	17.0	20.0	139
Z2-08-5	116	71.5	25.5	11.5	23.5	150

17. 普通芯腔无内胎气门嘴(GB3900-91)

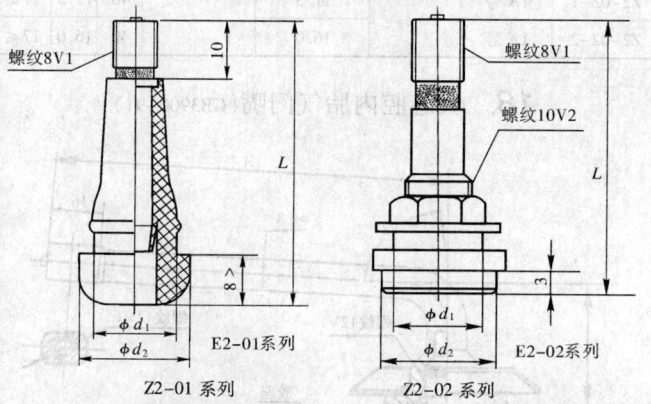

Z2-01 系列　　　　　　　Z2-02 系列

【特点及用途】普通芯腔无内胎气门嘴主要用于轿车、轻型载重汽车的无内胎设计的轮胎的充气。

【规　　格】

型号	芯腔类型	适用气门芯	适用轮辋孔径(mm)	适用防护帽	主要尺寸(mm)		
					L	d_1	d_2
Z2-01-1	1B 号	TC1	11.3		33	15.0	19.5
Z2-01-2	1A 号		11.3		43	15.0	19.5
Z2-01-3	1A 号		11.3		49	15.0	19.5
Z2-01-4	1A 号		11.3	A 型或B 型或C 型	62	15.0	19.5
Z2-01-5	1A 号	TC1或TC2	11.3		74	15.0	19.5
Z2-01-6	1A 号		16.0		43	19.3	24.0
Z2-01-7	1A 号		16.0		62	19.3	24.0
Z2-02-1	1A 号		11.3		40	11.5	17≤
Z2-02-2	1A 号		16.0		40	16.0	17≤

18. 大芯腔内胎气门嘴（GB3900-91）

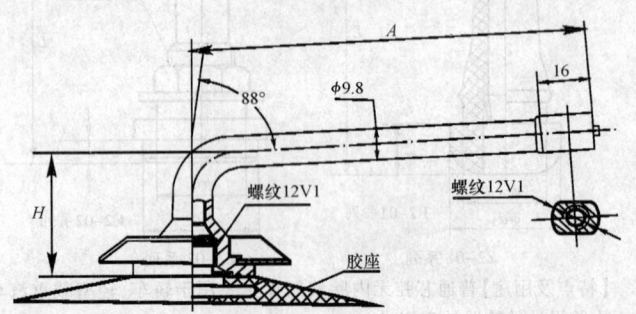

【特点及用途】大芯腔内胎气门嘴主要用于工程机械轮胎的充气。

【规　格】

型　号	芯腔类型	适用气门芯	适用轮辋槽宽（mm）	适用防护帽	主要尺寸（mm）	
					A	H
Z3-01-1	2 号	TC3 或 TC4	14~16	D 型	105	35
Z3-01-2	2 号		14~16	D 型	130	35

19. 大芯腔无内胎气门嘴（GB3900-91）

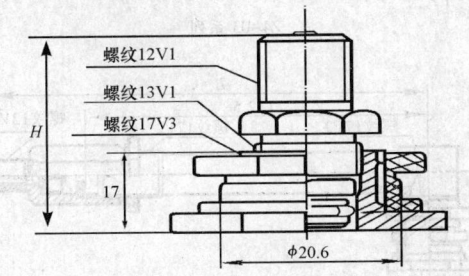

Z4-01-1 型

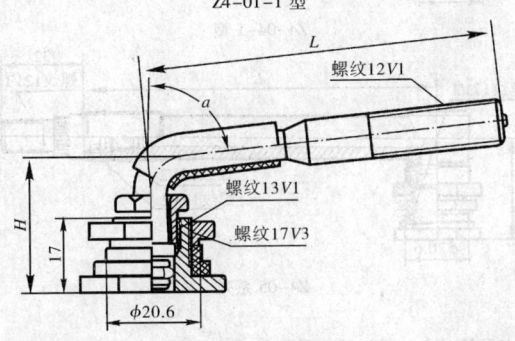

Z4-02 系列

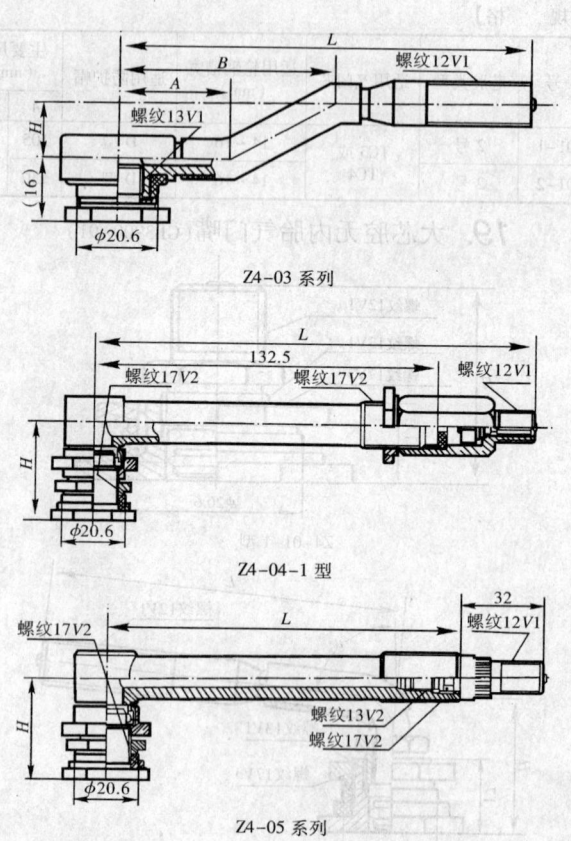

Z4-03 系列

Z4-04-1 型

Z4-05 系列

【特点及用途】大芯腔无内胎气门嘴主要用于工程机械无内胎轮胎的

充气。

【规　格】

型　号	芯腔类型	适用气门芯	适用轮辋孔径 (mm)	适用防护帽	主要尺寸(mm)				
					L	H	A	B	α (°)
Z4-01-1	2 号	TC3 或 TC4	20.5	D 型		42			
Z4-02-1	2 号	TC3 或 TC4	20.5	D 型	79	27.5			80
Z4-02-2	2 号	TC3 或 TC4	20.5	D 型	119	32.0			90
Z4-03-1	2 号	TC3 或 TC4	20.5	D 型	119	14	32	59	
Z4-03-2	2 号	TC3 或 TC4	20.5	D 型	127	25	22	62	
Z4-03-3	2 号	TC3 或 TC4	20.5	D 型	105	25	20	56	
Z4-03-4	2 号	TC3 或 TC4	20.5	D 型	108	23	17	52	
Z4-04-1	—	活塞式气门芯	20.5	E 型	171	35			
Z4-05-1	2 号	TC3 或 TC4	20.5	D 型	107	35			
Z4-05-2	2 号	TC3 或 TC4	20.5	D 型	132	35			
Z4-05-3	2 号	TC3 或 TC4	20.5	D 型	157	35			

20. 轮胎气门嘴国内外型号对照表

型号 (GB1796-1996)	对照标准				
	GB3900-91	GB1796-88	TRA	JIS	ETRTO
Z1-01-1	Z1-01-1	TC1-45			—
Z1-01-2	Z1-01-2	TZ1-50			V3-09-1
Z1-01-3	Z1-01-3	TZ1-78	TR75A		V3-09-3

续表

型号 （GB1796－1996）	对照标准				
	GB3900－91	GB1796－88	TRA	JIS	ETRTO
Z1－01－4	Z1－01－4	TZ1－85	－		V3－9－4
Z1－01－5	Z1－01－5	TZ1－101	TR77A	TR77A	V3－09－5
Z1－01－6	Z1－01－6	TZ1－114	TR175A	TR175A	V3－09－7
Z1－01－7	Z1－01－7	TZ1－128	TR78A	TR78A	V3－09－8
Z1－01－8	Z1－01－8	TZ1－143	TR179A	TR179A	V3－09－10
Z1－01－9	Z1－01－9	TZ1－158			
Z1－01－10	Z1－01－10	TZ1－178	－	－	
Z10－02－1	Z1－02－1	TZ2－36	TR13	TR13	V2－01－1
Z1－02－2	Z1－02－2		TR15	TR15	V2－01－2
Z10－3－1	Z1－03－1	TZ3－50			
Z1－04－1	Z1－04－1	TZ3－70			
Z1－05－1	Z1－05－1	TZ4－52	－	JS244A	
Z1－05－2	Z1－05－2	TZ4－57			
Z1－05－3	Z1－05－3	TZ4－70			
Z1－06－1	Z1－06－1		TR87	TR87	V1－08－1
Z1－09－1	Z1－09－1		－	－	
Z1－09－2	Z1－09－2	TZ2－34	TR1	VAR	
Z1－09－3	Z1－09－3				V1－07－1
Z1－10－1	Z1－10－1	TZ5－30		－	
Z1－10－2	Z1－10－2	TZ5－33	TR4	TR4	V1－06－1
1Z1－10－3	Z1－10－3	TZ5－40		－	
Z1－11－1	Z1－11－1	TZ5－30B	－	VAM30	
Z1－11－2	Z1－11－2	TZ5－33B		VAM33	V1－05－1
Z1－11－3	Z1－11－3	－		VAM34	
Z1－11－4	Z1－11－4	TZ5－46B		VAM46	

注：表中同一横栏的气门嘴在用途和结构型式上具有共性，具体尺寸并不完全一致。

21. 轮胎气门嘴零件（GB1796–1996）

【特点及用途】轮胎气门嘴零件包括嘴体、垫片、螺母和防护帽。

(1) 嘴　体

a. T1–01/型

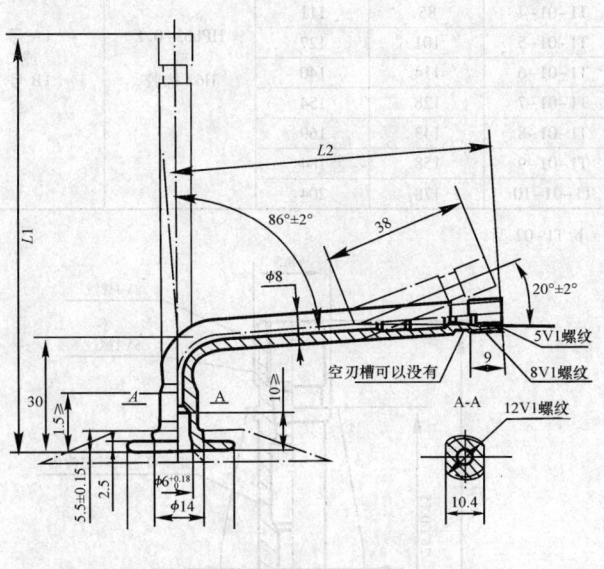

【规　格】

型　号	主要尺寸(mm)		材料	芯腔型式
	L_2	L_1		
T1-01-1	45	71		
T1-01-2	50	76		
T1-01-3	78	104		
T1-01-4	85	111		
T1-01-5	101	127	HPb63-0.1 或 H62 橡胶	1A 号 或 1B 号
T1-01-6	114	140		
T1-01-7	128	154		
T1-01-8	143	169		
T1-01-9	158	184		
T1-01-10	178	204		

b. T1-02 型

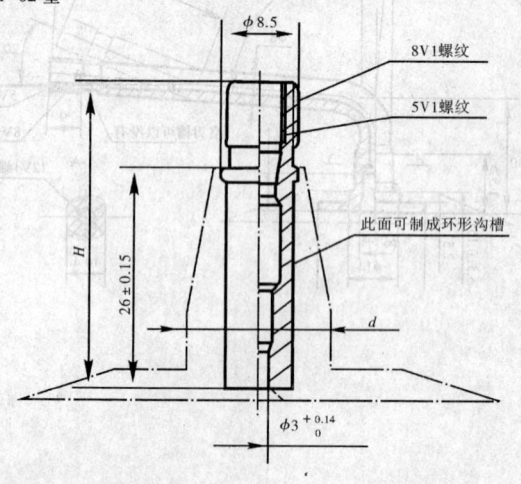

【规　格】

型　号		T1-02-1	T1-02-2	材料	芯腔型式
主要尺寸 （mm）	d	11.5	16.5	HPb63-0.1 或 +162 橡胶	1A 号
	H	36	36		

c. T1-03 型

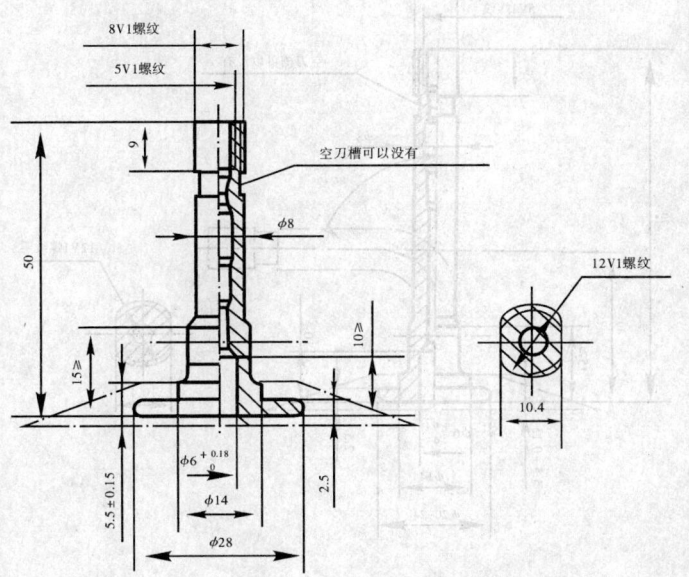

【规　　格】

型号:T1-03-1;主要尺寸详见图示。

材料:HPb63-0.1 或 H62,橡胶。

芯腔型式 1A 号或 1B 号。

d. T1-04 型

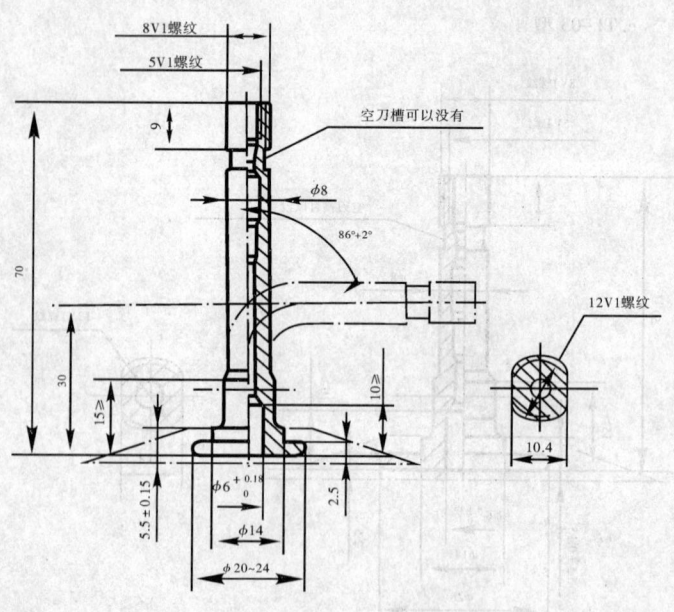

【规　　格】

型号:T1-04-1;主要尺寸详见图示。

材料:HPb63-0.1 或 H62,橡胶。

芯腔型式 1A 号或 1B 号。

e. T1-05 型

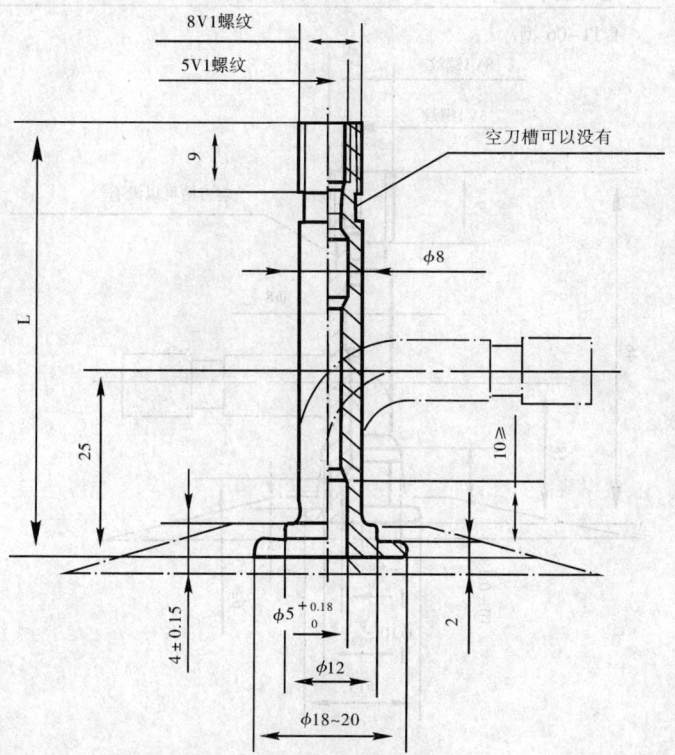

【规　格】

型　号	T1−05−1	T1−05−2	T1−05−3
高度 L	52	57	70
材料	HPb63−0.1 或 H62,橡胶		
芯腔型式	1B 号	1B 号	1A 号

f. T1−06 型

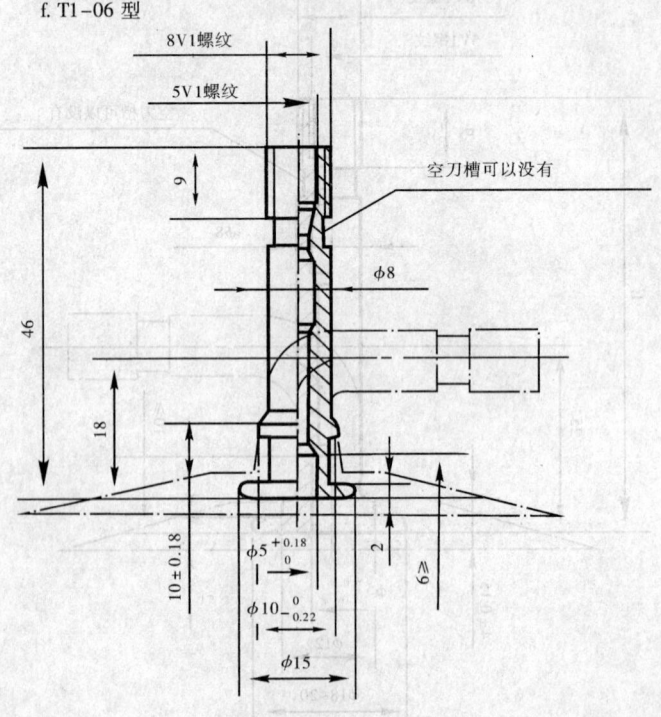

【规　格】

型号:T1-06-1;主要尺寸详见图示。

材料:HPb63-0.1 或 H62。

橡胶,芯腔型式:1B 号。

g. T1-09 型

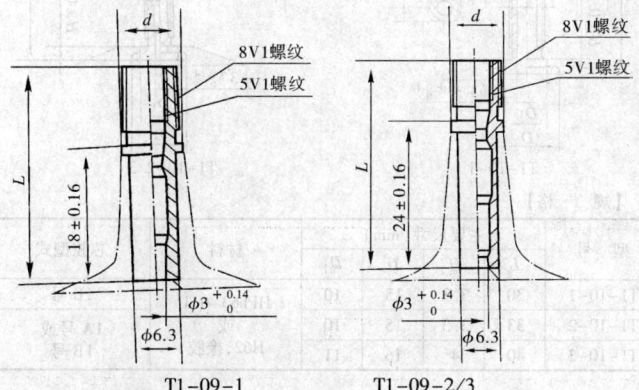

T1-09-1　　　　　　　T1-09-2/3

【规　格】

型号		T1-09-1	T1-09-2	T1-09-3
主要尺寸 （mm）	d	8.2	8.0	8.2
	L	28	34	34
材料		HPb63-0.1 或 H62,橡胶		
芯腔型式		1B 号	1A 号	1A 号

h. T1-10 型

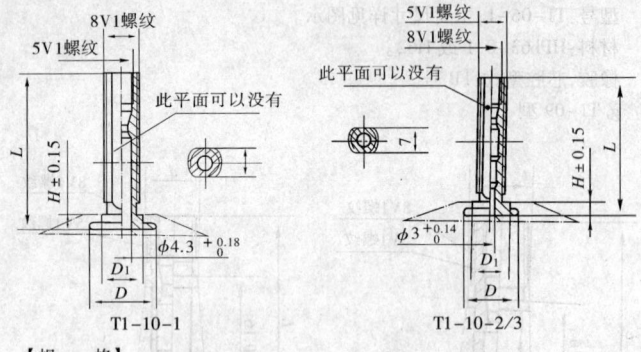

T1-10-1　　　　　　T1-10-2/3

【规　格】

型　号	主要尺寸(mm)				材料	芯腔型式
	L	H	D	D_1		
T1-10-1	30	3.3	15	10	HPb63-0.1 或 H62,橡胶	1B 号
T1-10-2	33	3.3	15	10		1A 号
T1-10-3	40	4	16	11		1B 号

i. T1-11 型

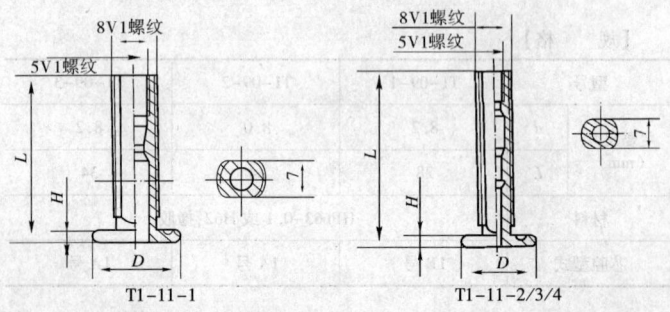

T1-11-1　　　　　　T1-11-2/3/4

【规　　格】

型　号	主要尺寸(mm)			材　料	芯腔型式
	L	D	H		
T1-11-1	30	15	2.2		1B 号
T1-11-2	33	15	2.2	黄铜	1A 号 或 1B 号
T1-11-3	34	18	2.5		
T1-11-4	46	18	2.5		

(2)垫　片

a. YD1、YD3 型圆垫片

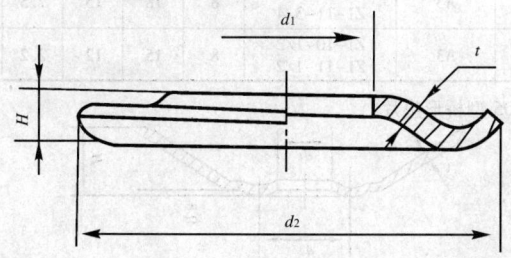

【规　　格】

型号	材料	适用气门嘴	主要尺寸(mm)			
			d_1	d_2	H	t
YD1	A3	Z1-01-1 ~ 10 Z1-03-1	13	31	3.5	1.2 ~ 1.5
YD3	A13	Z1-04-1	13	24	2.5	1.2

b. YD5、YD6 型圆垫片

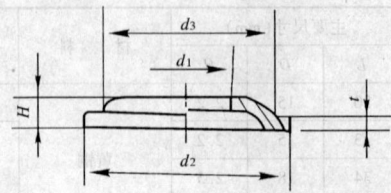

【规　格】

型号	材料	适用气门嘴	主要尺寸（mm）				
			d_1	d_2	d_3	H	t
YD5	A3	Z1-10-3 Z1-11-3/4	8	18	15	2.5	1～1.2
YD6	A3	Z1-10-1/2 Z1-11-1/2	8	15	12	2.2	0.8

c. QD5 型桥形垫片

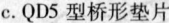

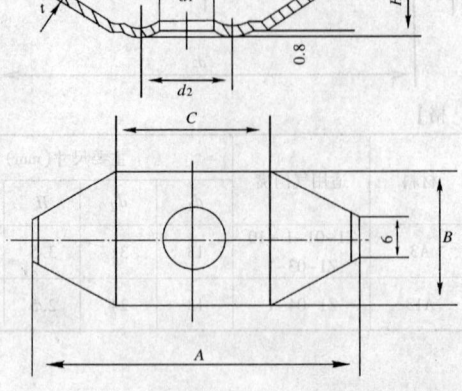

【规　格】

型号	材料	适用气门嘴	主要尺寸(mm)						
			A	B	C	H	d_1	d_2	t
QD5	A3	Z1-10-3 Z1-11-3/4	47	19	23	8.5	8	13	1.2

(3)螺　母

a. 六角螺母

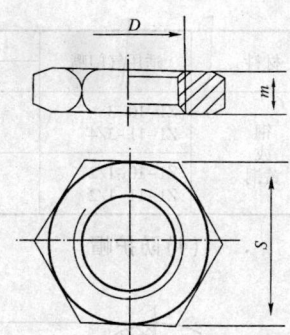

【规　格】

型　号	材料	适用气门嘴	主要尺寸(mm)		
			D	S	M
LM1	钢 或 黄铜	Z1-01-1~10 Z1-03-1 Z1-04-1	12V1	17	4.5
LM5		Z1-10-3 Z1-11-3/4	8V1	12	4
LM6		Z1-10-1/2 Z1-11-1/2	8V1	10	3.5

b. 圆螺母

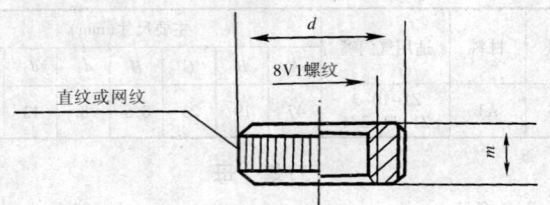

直纹或网纹

8V1螺纹

d

m

【规　格】

型　号	材料	适用气门嘴	主要尺寸（mm）	
			d	m
YM5	钢或黄铜	Z1-10-3 Z1-11-3/4	11.5	4
YM6		Z1-10-1/2 Z1-11-1/2	10	3

（4）防护帽

a. A 型防护帽

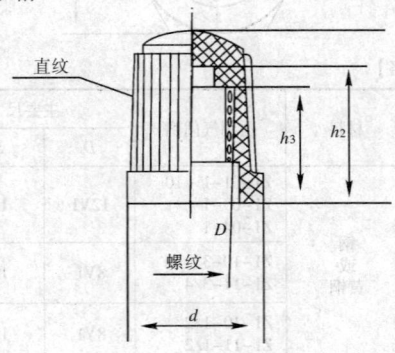

直纹

h_3

h_2

D

螺纹

d

【规　格】

型号	材料	主要尺寸(mm)				
		h_1	h_2	h_3	D	d
A 型	塑料	13	≥11	9	8V1	12

b. B 型防护帽

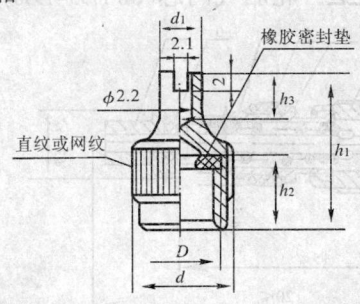

【规　格】

型号	材料	主要尺寸(mm)					
		h_1	h_2	h_3	D	d	d_1
B 型	黄铜 (密封垫片为橡胶)	15	7	5	8V1	10	4.3

c. C 型防护帽

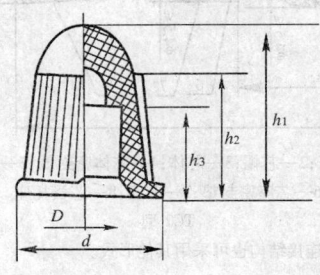

【规　格】

型号	材料	主要尺寸（mm）				
		h_1	h_2	h_3	D	d
C 型	橡胶	15	≥10	8	6.5	12

22. 轮胎气门芯 (GB 1795–1996)

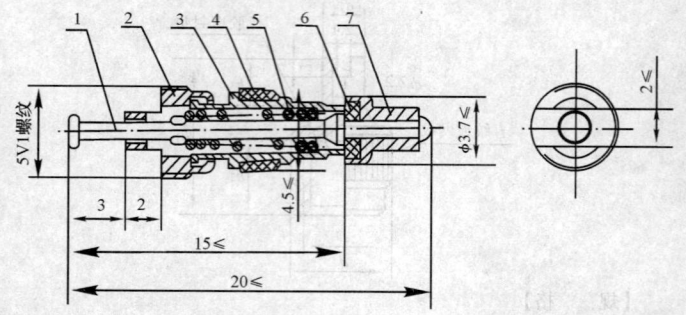

TC1 型

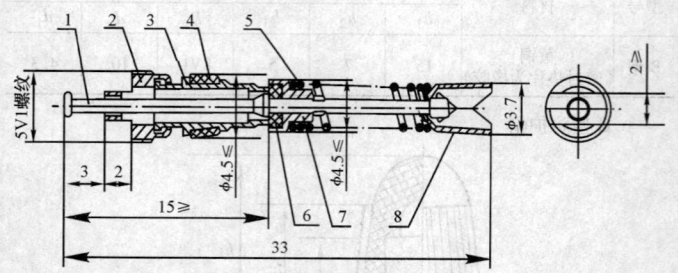

1—芯杆；2—芯帽；3—芯体；4—芯体密封圈；5—芯簧；
6—芯座密封垫；7—芯座；8—芯簧托座
TC2 型

注：芯座与芯杆的连接结构也可采用其他形式。

【特点及用途】轮胎气门芯适用于轿车、载重汽车(包括客车、挂车及无轨电车)、工业车辆、工程机械、拖拉机、农业和林业机械、摩托车及畜力车轮胎充气所用。轮胎气门芯主要由芯杆、芯帽、芯体、芯簧、芯座等多个部件构成,按其结构的不同分为 TC1 型和 TC2 型。

【规　　格】

型号	长度(mm)	密封压力(MPa)	工作温度(℃)
TC1	20≤	1.5	−40 ~ +100
TC2	33	1.5	−40 ~ +100

	零件名称	材料名称或牌号
气门芯零件材料	芯杆	黄铜
	芯帽	黄铜
	芯体	黄铜
	芯体密封圈	橡胶、塑料
	芯簧	QSn6.5−0.1 或碳素弹簧钢丝、弹簧用不绣钢丝
	芯座密封垫	橡胶
	芯座	黄铜
	芯簧托座	黄铜

第十四章 汽车检测设备及仪器

1. 汽车发动机综合分析仪

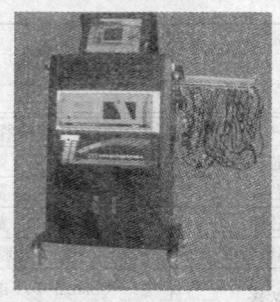

【特点及用途】HFZF2000 系列汽车发动机综合分析仪的核心是上位机和下位机,上位机使用工控机,放置于可万向移动的控制框中,顶置彩色显示器(豪华型为液晶显示器);下位机采用 8×196KC 单片机,置于信号箱内,外接十一通道传感器,并内置语音提示操作,可选配 LED 显示屏;提供网络和串行数据通讯接口。

综合分析仪主要功能有:

电瓶性能测定	电瓶启动性能测试	充电系性能测试
点火系性能分析	汽油机初、次级点火波形	点火正时检测灯
柴油机供油系检测	柴、汽油车型信息库	柴、汽油综合提前角
气缸压力测试	气缸密封性能分析	单缸动力性
进气管真空度	导向辅助分析系统	电喷发动机诊断(选配)
无负荷测功	检测线快速测试	示波器功能

【规　　格】石家庄华燕汽车检测设备厂产品

参　　数	量　　程	准确度
发动机转速	0～9999r/min	≤1%
正时法点火提前角	0～50°	±1°
缸压法点火提前角	0～50°	±1°
电瓶电压	0～50V	±2%
点火高压	0～50kV	±5%
闭合角	0～90°	±1°
重叠角	0～20°	±1°
起动电流	0～500A	±5%±1A
充电电流	0～50A	±5%±1A
加速时间	0～10000ms	±5%
无外载测功	0～9999kW	±8%
气缸压缩压力	0～4MPa	±5%
柴油车喷油压力	0～60MPa	±5%
进气管真空度	0～150kPa	±2%

采样频率:点火信号32k 次/s;电压信号1k 次/s;其他信号7.2k次/s

采样精度:10bit(电瓶电压14bit)

输出接口:RS-232C

网卡:10M

环境温度:-5～+40℃

工作电压:AC180～240V　50Hz

2. 四轮定位仪

 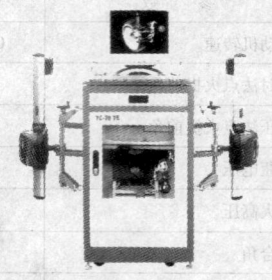

YC-18-PGY 型   YC-28-TR 型

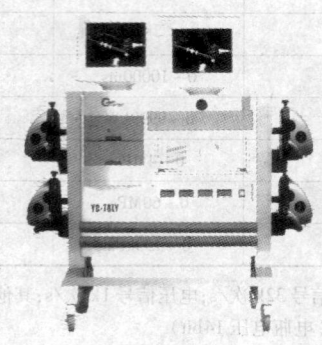

YC-78LY 型

【特点及用途】四轮定位仪是专门用于检测汽车底盘悬挂结构件、车轮与地面三者之间形成角度参数的高级检测仪器。主要附件有方向盘固定器、脚刹车固定器、传感器、转角盘、显示器、打印机、工控机、接收器系统等,YC-78LY 型为双屏显示。

【规　　　格】上海一成汽车检测设备科技有限公司产品

型号:YC-18PGY

体积:高1 750×宽2 200×厚545(mm)

1. 采用全无线8束CCD摄像头传感测试;

2. 三维成像、产生X、Y、Z轴角度误差,精确度轻松达到0.01度;

3. 在定位过程中自动监察测试状态及显示三维图画计算程序;

4. 人机友好中文系统引导操作,内置帮助软件,使您无师自通;

5. 采用美国AROTA公司精密传感元件,严格测试后上机确保0.01(百分之一)的精度;

6. 具有客户管理及仓库管理软件,帮您轻松理财;

7. 内存有15 000余种车型数据,累计31年中外车型,且有几千种车型动画调整资料,使您面对陌生车型不再为难;

8. 开放式的编辑资料窗口及远程@添加资料,使您的设备永不落后;

9. 前后电子水平显示,保证极高的测量精度;

10. 箱体由数控模具化工艺加工而成,各部位保证互换;

11. 在操作过程中,可任意切换测试内容或单独测量某个角度;

12. 系统具有智能型,传感器不准确可自动提示;

13. 多种语言选择,供各国用户使用;

14. 具有与解码器连接功能接口,带尾气检测及引擎测定功能扩展接口。

测量技术参数	名　称	测量精度	测量范围
	前、后束角	±0.02度	±2度
	外倾角	±0.01度	±10度
	主销后倾角	±0.04度	±18度
	前、后轮退缩角	±0.02度	±2度
	主销内倾角	±0.04度	±18度

型号:YC-28-TR

体积:高1 750×宽2 200×厚545(mm)

1. 蓝牙反射式无线定位系统,使主机与传感器无线传输,传输扫描速度10MHz、线阵2 081位;

续表

2. 已申请专利的机箱结构,它具有:
　　(1)防尘式的散热内腔内置 2 只进口无噪轴流扇;
　　(2)万能的隔板结构,为您升级提供方便条件;
　　(3)行走、固定,双重功能地脚轮系统,使用更加安全、可靠。
3. 进口材料的喷塑表面,光感质感与众不同;
4. Windows98 中文操作系统,全自动界面导入,真正实现人机友好傻瓜界面;
5. 立体三维图像结构,自动拆解、引导使您容易调整;
6. 高档的传感器,内置精密美国 AROTA 公司的角度传感元件、日本位置传感元件保证精度达到 0.01 度;
7. 内存有 15 000 多种中外车型数据,升级已到 2002 年;
8. 快捷界面进入测试,测量时间缩短到 4 分钟;
9. 前后轮测试全电子水平显示,水平调好,系统方可执行工作;
10. 超低底盘检测,系统自动显示提示窗引导操作;
11. 具有后倾角调整锁定功能、无需二次测量;
12. 具有车体在升举状态下,一次性调整好外倾角度,而无需落地二次调整的自动补偿功能;
13. 具有远程、现场、新车登录功能;
14. 具有客户管理、库存管理功能。

	名称	测量精度	测量范围
测量技术参数	前、后束角	±0.02 度	±2.5 度
	外倾角	±0.01 度	±12 度
	主销后倾角	±0.03 度	±18 度
	前、后轮退缩角	±0.02 度	±2.5 度
	主销内倾角	±0.03 度	±18 度

型号:YC-78LY

体积:高 1 400×宽 800×厚 1 500(mm)

1. 选配双屏显示,双工作台,花一台设备钱当两台设备使用;

续表

2. 传感器实现智能全自动遥控操作；

3. 工业计算机,配置 128M、40G 容量;4.8 束全无线 360°测量场；

5. PLC 四路电脑监控；

6. 汽车车身模具化生产工艺、全塑 ABS 工业机箱。

	名称	标准精度	高精度	测量范围
测量 技术 参数	前束角	±0.06 度	±0.02 度	±5 度
	外倾角	±0.04 度	±0.01 度	±10 度
	主销后倾角	±0.06 度	±0.02 度	±20 度
	主销内倾角	±0.03 度	±0.02 度	±20 度
	退缩角	±0.03 度	±0.01 度	±5 度
	推力角	±0.06 度	±0.02 度	±5 度

3. 汽车制动检验台

(TS)　　　　　(LS)

【特点及用途】汽车制动检验台适用于汽车左、右轮的制动力及阻滞力，左、右轮的制动力最大过程差，左、右轮最大制动力等性能检测。检验台的滚筒表面为新型高性能附着系数黏接材料，附着系数0.85以上。其中FZ-3C/FZ-10C/FZ-13C型具有较大滚筒直径，较高测试速度，并带有第三滚筒停机装置。FZZ-10D型还带有测定汽车轮（轴）重的装置，可测定汽车左、右轮重、轴重和整车质量。检验台可选配落地式(LS)或台式(TS)仪表，可遥控操作，设有RS-232或RS-233通讯接口，方便联网。

【规　格】成都成保发展股份有限公司产品

型　号	FZ-10B	FZ-13C	FZ-10C	FZ-3C	FZ-10D	FZ-3D	FZZ-10D
承载质量(kg)	10 000	130 000	10 000	3 000	10 000	3 000	10 000
最大制动力(daN)	3 000	3 900×2	3 000×2	1 000×2	3 000	1 000	3 000
滚筒尺寸(mm)	φ120×1 000	φ240×1 000	φ240×1 000 φ272×1 000	φ240×850	φ190×1 000	φ190×850	φ190×1 000
电机功率(kW)	2.2×2	9.2×2	11×2	11×2	2.2×2	1.5×2	2.2×2
举升方式	汽缸举升	有汽缸、无汽缸两种			新型气缸举升		
框架结构	分体式	整体、分体两种			整体式		
外形尺寸(mm)	4 500×940 ×680	3 845×1 200 ×460	3 800×960 ×570	3 655×900 ×540	3 750×900 ×650	3 340×750 ×570	3 750×900 ×650

4. 汽车悬架装置检测台

【特点及用途】SAT-200 型汽车悬架装置检测台采用激振扫频原理测量车轮动态接地力(共振时)与车轮静态接地力方法判断和分析悬架装置的性能,其检测速度快、测试数据精度高、重复性好,检测台采用工业控制计算机测试系统,自动化程度高,系统具有过载保护功能,留有方便计算机联网接口,可选配 LED 显示屏,便于检测线使用时引导操作。

【规　　格】成都弥荣科技发展有限公司产品

型　　号	SAT-200 型		
悬架检测		称重检测	
额定轴载质量(kg)	2 000	额定载荷(T)	10
起始激振频率>(Hz)	23	测量范围(kg)	0 ~ 10 000
吸收率重复性≤(%)	2	适用轮距(mm)	900 ~ 2 200
吸收率偏置误差≤(%)	3	轮重分辨率(kg)	1
载荷示值误差≤(%)	±2	示值误差≤(%)	2
电机电源(V、Hz)	380、50	环境温度(℃)	0 ~ 40
传感器电源(V)	DC±15	相对湿度≤(%)	85
外形尺寸(mm)		2 630×560×500	

注:计算机系统硬件配置:工业控制计算机、标准机柜、彩色喷墨打印机(选配)、LED动态显示屏(选配);软件设置:Windows 操作系统、图形型界面显示、自动进行悬架性能和轴重检测。

5. 全自动汽车转向角检验台

【特点及用途】QZJ-10 型全自动

汽车转向角检验台用于测试汽车转向轮的最大转向角及相关值(即某一转向轮外转至最大位置时,另一车轮相应转动的角度),适用于轴载质量不大于10t,转向轮轮距在1 100～2 300mm 之间的各型汽车。该产品集电子测量、自动对中、转盘自动复位、气控锁定技术为一体,操作简便,高精度角位移传感器,测试精度高,重复性好;整体框架及钣金结构均经过磷化处理;上下支承盘选用特别材料,经高温淬火处理,耐磨经用;采用落地式数显仪表,集中控制,大尺寸数码管显示,可打印测试结果;仪表操作简便,配有标准 RS232 串行通讯接口,方便联网;具有遥控功能,引车员可自行完成检测全过程。

【规　　格】成都成保发展股份有限公司产品

型　　号	QZJ-10 型
最大承载质量(kg)	10 000
可测最大转角(°)	±50(L50-0-R50)
自动找正范围(mm)	前轮轮距1 100～2 300
手动回转盘中心距(mm)	1 100～2 300
分辨率(°)	0.1

续表

型 号	QZJ-10 型
显示方式	数字显示打印输出
操作方式	铵键及远程遥控
通讯	RS232 双向传输信息及数据
电源	AC380V AC220×(1±10%)V、50Hz
气源(MPa)	0.4~0.8
重量(kg)	850

注:建议电源采用 AC220V,配稳压电源。

6. 汽车侧滑检验台

ASS-300S 型
四板式侧滑检验台

ASS-1080W 型
左、右分离式侧滑检验台

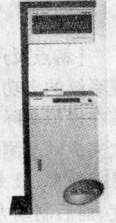

【特点及用途】汽车侧滑检验台用于动态测量汽车前轮侧滑量,并判断其是否合格。汽车侧滑检验台采用宽板式双板联动设计,测试重复性好,其双台板同步性误差可调,非接触差动变压器式位移传感器,精度高,可靠耐用,可遥控操作,超限报警,自动清零,仪表为数显仪表,全自动工作方式,内置标准 RS-232C 串行通讯接口,方便联网,可选配打印机。

数显式仪表

【规　　　格】成都弥荣科技发展有限公司产品

型　号	ASS-300	ASS-600	ASS-1000	ASS1 300	ASS-1 080W	ASS-300S
最大轴载质量(kg)	3 000	6 000	10 000	13 000	10 000	10 000
滑板尺寸(L×B)(mm)	850×1 000	1 000×1 000	1 100×1 000	1 100×1 000	800×1 000	850×500
滑板数量	2	2	2	2	2	4
测量范围(m/km)	-10.0 ~ +10.0	-10.0 ~ +10.0	-15.0 ~ +15.0	-15.0 ~ +15.0	-15.0 ~ +15.0	-10.0 ~ +10.0
仪表分度值(m/km)	0.1	0.1	0.1	0.1	0.1	0.1
主机尺寸(mm)	2 190×1 160 ×172	2 490×1 106 ×172	3 050×1 106 ×172	3 050×1 118 ×192	1 670×910 ×190	2 626×1 106 ×158

7. 平板式汽车检验台

　　【特点及用途】PBT 系列平板式汽车检验台是采用多通道并行数据采集系统的多功能、全自动平板式汽车制动、侧滑、轴重、悬架性能检验台。其在模拟实际平坦道路的平板上，汽车以一定的速度行驶，实施制动，一次完成动态测定多项检测项目。主要检测项目有——车轮阻滞力、侧滑、悬架效率、最大制动力、制动协调时间、制动力和制动力过程差、制动减速度、前后制动力分配比。检验台采用新型传感器及支承结构，其 9 通道高速并行信号采集、处理系统，比传统的串行数采方案（软件完成）更先进、快速、精确。PBT 系列平板制动台测量系统基于可靠的工业控制计算机平台,Windows 操作系统,图形化全中文显示界面,全部采用 Win32 方式编程,具有极佳的运行效率、系统兼容性以及可靠性。

【规　　格】成都弥荣科技发展有限公司产品

型　号	PBT-300 系列	PBT-1000 系列
测试轴重(kg)	3 000	10 000
通过轴重(kg)	3 000	10 000
制动力测试范围(N)	10 000	50 000
侧滑范围(m/km)	±10	±10
测试车速(km/h)	5～10	5～10
制动力测试精度(%)	±0.25(F·S)或±3	±0.25(F·S)或±3
制动力左右间差(%)	0.25(F·S)或3	0.25(F·S)或3
制动力零位误差(%)	±0.2(F·S)	±0.2(F·S)
制动力零点漂移(%)	30min 不大于 0.2(F·S)	30min 不大于 0.2(F·S)
轴重测试精度(%)	±2	±2
侧滑测试精度(m/km)	±0.2	0.2

附:平板式汽车检验台基本尺寸

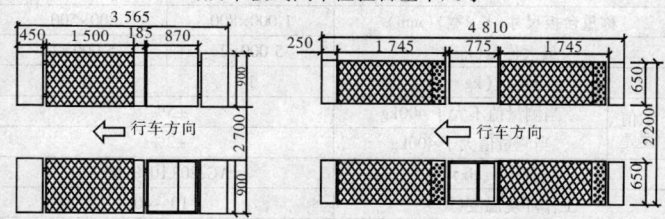

8. 轮重仪

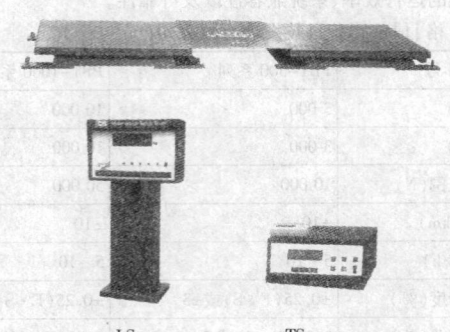

LS   TS

【特点及用途】轮重仪用于测定汽车的轮质量、轴载质量和整车质量。可以单独使用,也可以用于汽车检测线(联机使用)。该轮重仪适用轮质量不大于 5t、轴载质量不大于 10t 的汽车。轮重仪由机械部分和电气仪表两部分组成,采用标准 RS-232 串行通讯接口,方便联网。轮重仪分落地式(LS)和台式(TS)两种。

【规　　格】成都成保发展股份有限公司产品

型　号		QLZ-10	QLZ-10A
称重台板尺寸(长×宽)(mm)		1 000×800	800×500
最大称量(kg)		5 000×2	5 000×2
分度值(kg)		1	1
示值误差	当测量值不大于 400kg	±5%	
	当测量值大于 400kg	±2%	
电源(V、Hz)		AC220±10% 、50	
工作环境温度(℃)		-10 ~ 40	
工作环境相对湿度(%)		不大于 85	
外形尺寸(长×宽×高)(mm)		1 170×800×143	970×500×143

9. 自由滚筒

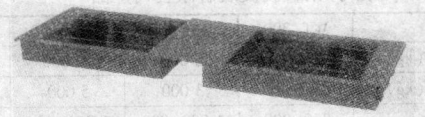

【特点及用途】自由滚筒用于检测双后桥驱动汽车的制动性能、车速表误差、底盘输出功率时辅助支承非测试后桥,是汽车制动检验台、车速表检验台、底盘测功机等设备的配套设备。

【规　　格】成都成保发展股份有限公司产品

型号	ZG-1010 型
允许承载质量(kg)	10 000
滚筒尺寸(mm)	$\phi185×1\,000$
滚筒轴中心距(mm)	235
气源压力(MPa)	1.0
外形尺寸(每组)(mm)	1 402×900×530

10. 汽车轴重检验台

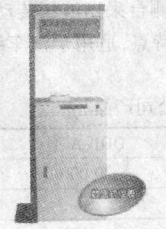 

WT-1000 型轴重检验台(分体式)

【特点及用途】汽车轴重检验台采用高精度压力传感器,测试精度高,带有数显式仪表,具有零点自动跟踪功能,计算机多功能 CRT 显示仪表,内置 RS-232 串行通讯接口,方便联网,亦可选配打印机,其安装容易,标定方便,并带标定架,有整体式和分体式结构两种。分板式称重。

【规　　格】成都弥荣科技发展有限公司产品

型号	WT-300	WT-600	WT-1000	WT-1300
最大轴载质量(kg)	3 000	6 000	10 000	13 000
轮重量大示值(kg)	1 500	3 000	5 000	6 500
台面尺寸(mm)	850×800	1 000×800	1 000×800	1 000×800
示值误差(%)	±2	±2	±2	±2
最小分度值(kg)	1	1	5	5

11. 汽车底盘间隙检测台

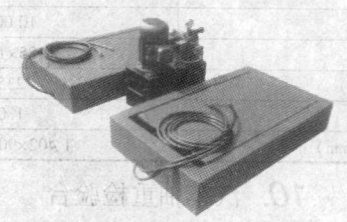

【特点及用途】QDJ-A 型汽车底盘间隙检测台采用液压传动,具有工作稳定、可靠、推动力大、噪声小、操作简单等特点,适用于汽车维修行业检查汽车底盘间隙磨损、球头磨损等情况。

【规　　格】山东淄博鲁杰电子科技有限公司产品

型号	QDJ-A 型
最大推动力(N)	20 000
行驶速度(mm/min)	50
电源电压(V)	AC380
消耗功率(kW)	2.2
占面尺寸(mm)	1 060×666×190×2
重量(kg)	500

12. 汽车动力性能及排放测功机

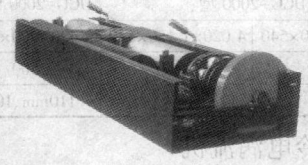 

DCG-2000 型   DCG-2000A 型

【特点及用途】DCG 型汽车动力性能及排放测功机采用钢板弯折整体焊接机身、强度好、外形美观。其采用带过热保护装置风冷电涡流机、性能稳定、准确、使用寿命长。主滚筒表面采用硬质合金等离子喷涂、涂层接合强度高、耐磨、硬度≥HRC45，滚筒使用寿命长，轮胎与滚筒的附着系数≥0.9，高附着系数使轮胎与滚筒之间不产生滑移，能很精确测量从车轮传递测功机上的功率。其采用单梁气囊举升(10t 四气囊、13t 五气囊)，举升同步性好、免维修、免加油。采用插入式可调斜滚柱挡轮，在测试前驱动汽车时不会产生横滑，有效提高测试时安全性能。该机无需地脚螺栓安装，接线及气源均采用结插件连接，安装调试极为方便，尤其对淹水地区，必要时可临时吊出。

【规　　格】交通部中通集团温州市江兴汽车检测设备厂产品

型号	DCG-2000 型		DCG-2000A 型
最大轴载质量(t)	10	13	10
最大吸收功率(kW)	250	300	250
最大制动力矩(N·m)	1 600	2 000	1 600
滚筒切向最大驱动力(kN)	8.6	10.7	8.6
最大测试车速(km/h)	120	120	120
滚筒直径×长度(mm)	$\phi373\times1\ 000$	$\phi373\times1\ 100$	$\phi216\times1\ 000$
滚筒中心距(mm)	518	518	437
滚筒内宽×外宽(mm)	700×2 700	700×2 900	700×2 700

续表

型号	DCG-2000 型		DCG-2000A 型
外廓尺寸(mm)	3 820×1 150×540	4 020×1 150×540	3 420×900×365
净质量(kg)	1 700	1 800	1 500
举升器工作行程及能力			110mm、10t

13. 风冷电涡流机

【特点及用途】CLC 型风冷电涡流机亦作汽车缓速器,其具有制动扭矩大,反应迅速,无直接摩擦的特点,它是把动能转换热能直接散发空间,无摩擦,故使用寿命长、应用广泛。

其应用在汽车底盘测功机上,根据车速和电涡机的扭矩通过计算机可方便读取汽车的动力性能及汽车底盘输出功率。

应用在汽车制动系统中,由于电涡流机在制动过程中没有直接摩擦,尤其在高速行车时制动扭矩和吸收功率大,有效减少了原制动零件的发热和磨损。

安装上分挡开关可使汽车分挡限速,提高了汽车在下坡道和弯道上的行车安全性,装有电涡流机制动系统的汽车在制动减速后重新加速反应迅速,显著提高了行车的安全性和使用寿命,国外已广泛应用于大中型客货车上。

【规　　格】交通部中通集团温州市江兴汽车检测设备厂产品

型　　号	CF200	CF160
总重(kg)	295	250
转子(kg)	115	84
定子(kg)	180	166
最大扭矩(N·m)	2 000	1 600
转子惯量(kg·m²)	3.3	1.8
最大转速(rmp)	4 000	4 000

注:该产品为法国 C.L.C 公司授权技术产品。

14. 汽车制动台专用减速箱

【特点及用途】汽车制动台专用减速箱主要用于各种中置式汽车制动检验台。

【规　　　格】交通部中通集团温州市江兴汽车检测设备厂产品

电机功率(kW)	P=11kW
电机转速(rpm)	n=1 450
减速箱传动比	i=25.625
输出轴转速(额定)(rpm)	n=56.585
输出轴扭矩 额定 最大(N·m)	T=1 836 T=5 000
外形尺寸(mm)	580×270×395

注:该产品为法国 C.L.C 公司授权技术产品。

15. 汽车底盘测功机

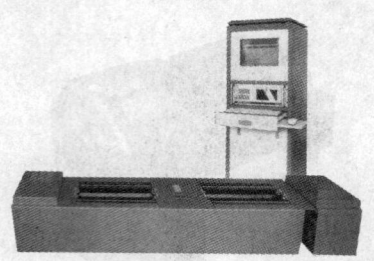

【特点及用途】汽车底盘测功机主要用于汽车动力性、经济性测试并评价。其特点是大滚筒(滚筒直径370mm),整体式框架结构,精密加工平衡滚筒(动平衡精度等级 G6.3),风冷式电涡流器,举升气囊,速度光电编码器,全套 SMC 气动元件,计算机完备的控制和数采功能,速度快,大型数据库,功能完备,开放式车型数据库,可根据车辆登记信息,自动设定车辆检测点。CDM–1000 型汽车底盘测功机适用轴载质量不大于 10t,驱动轮输出功率不大于 200kW 的汽车。

【规　格】成都弥荣科技发展有限公司产品

型号	CDM–1000 型
最大轴载质量(kg)	10 000
滚筒长度(mm)	1 000
滚筒直径(mm)	370
滚筒中心距(mm)	590
滚筒内跨距(mm)	700
滚筒外跨距(mm)	2 700
最高试验车速(km/h)	160
最大吸收功率(kW)	200
最大吸收驱动力(daN)	1 000
举升方式	空气弹簧(气囊)

续表

型号	CDM-1000 型
滚筒制动方式	刹车块
举升气压(MPa)	0.8 ~ 1.0
速度测量误差(km/h)	±0.1
驱动力测量误差(%)	±1.0
恒速控制误差(km/h)	±0.1
恒扭矩控制误差(daN)	±1
控制系统测试什的重复性误差(%)	3
速度稳定时间(s)	5
电源	AC220V±10% ,50Hz
外形尺寸	3 600×1 200×690(主机)
重量(kg)	1 500

16. 工况法汽车排放测试系统

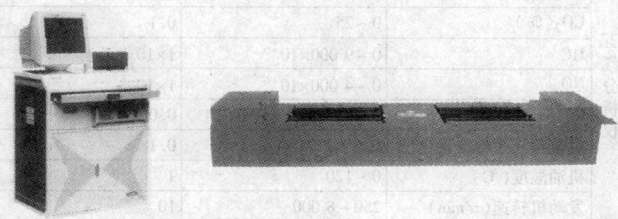

【特点及用途】工况法汽车排放测试系统采用国际流行的 ASM 工况法测试汽车尾气排放的模式进行设计。DCG-10DA 型的排放装置为五气分析仪,DCG-10DB 排放测试装置为烟度计。废气分析仪采用五气分析仪进行排放检测。可测试汽车尾气中 CO、CO_2、O_2、HC、NO_x 的含量,并可测试汽车发动机的转速和油温。CO、CO_2、HC 采用红外线测量,O_2、NO_x 采用电化学测量。烟度计采用不透光烟度计,示值误差±2.0% 。

【规　　格】成都成保发展股份有限公司产品

型号		DCG-10DA	DCG-10DB
测功机	允许轴载质量(kg)	10 000	10 000
	最大吸收功率(kW)	160	220
	最高试验车速(km/h)	120	120
	滚筒直径×长度(mm)	$\phi218\times1\,000$	$\phi218\times1\,000$
	主、副滚筒中心距(mm)	437	437
	基本惯量(当量车重)(kg)	908	908
	测量精度　速度测量精度(km/h)	±0.5%	±0.5%
	测量精度　驱动力测量精度	±2.0%	±2.0
	控制精度　速度控制精度(km/h)	±0.1	±0.1
	控制精度　功率控制精度(kW)	±0.25	±0.25

五气分析仪	测量项目	测量范围	测量精度
	CO(%)	0~14	0.01
	CO_2(%)	0~25	0.1
	HC	$0\sim9\,000\times10^{-6}$	1×10^{-6}
	NO_x	$0\sim4\,000\times10^{-6}$	1×10^{-6}
	O_2(%)	0~23	0.01
	过量空气系数测量(%)	0.5~2	0.1
	机油温度(℃)	0~120	1
	发动机转速(r/min)	250~8 000	10
	不透光度(%)	0.0~99.9	
	示值误差(%)	±2.0	

17. 汽车速度表检验台

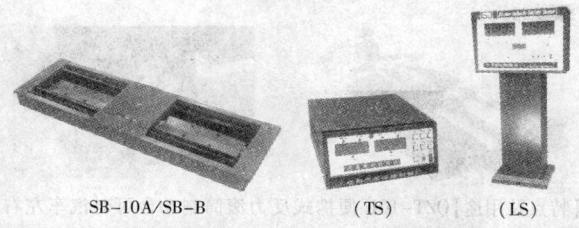

SB-10A/SB-B　　　　　(TS)　　　(LS)

【特点及用途】汽车速度表检验台是模拟汽车在行驶状态下,检验汽车速度表的精度及性能的一种设备。检验台计算机控制,具有全数字化采集和处理装置,检测结果可进行打印、数字显示等,设有标准 RS—232 串行通讯接口,方便联网。

【规　　格】成都成保发展股份有限公司产品

型　号	SB-10B 型	SB-3B 型	SB-10A 型	SB-3 型
允许轴载质量(kg)	10 000	3 000	10 000	3 000
可测最高车速(km/h)	120	120	120	120
滚筒尺寸(mm)	ϕ185×1 000	ϕ185×850	ϕ185×1 000	ϕ185×900
滚筒轴中心距(mm)	457	420	500	400
举升器工作行程(mm)	110	90	135	100
左、右滚筒中心距(mm)	1 700	1 550	1 700	1 600
使用空气压力(MPa)	0.9	0.6	0.6～1.0	0.6～0.8
举升器举升能力(kN)	50×2	15×2	50×2	15×2
电源	AC200V±10% ,50Hz			
外形尺寸(mm)	3 260×840×635	2 920×750×590	3 230×900×630	×3 000×800×494
举升方式	气囊	气囊	气缸	气缸

18. 便携式反力滚筒制动台

【特点及用途】QZT-10E 便携式反力滚筒制动台可对汽车左右车轮最大制动力、阻滞力、过程差等项目进行测试,其特点是移动轻便灵活,液压力矩马达驱动,称重制动合一,适用于汽车流动检测场所及大修厂。

【规　　格】石家庄华燕汽车检测设备厂产品

型　号	QZT-10E
最大允许轴荷(kg)	0~6 000
适用轮距(mm)	800~2 600
测试范围(N)	0~2 100×2
分辨率(N)	10
示值误差(%)	±3
滚筒直径(mm)	主 $\phi125$/副 $\phi75$
滚筒中心距(mm)	350
滚筒驱动方式	液压
电源电压	AC380V
电机功率(kW)	1.5×2
外形尺寸 L×W×H(mm)	1 100×650×140
重量(kg)	150×2

19. 微电脑移动式汽车轴重、制动力测试台

【特点及用途】ZDQ-B 型微电脑移动式汽车轴重、制动力测试台是一种以微电脑为核心的智能化仪器。它是集机电、液压于一体的可移动式汽车轴重制动力检测设

备。标准配置是 LED 数字仪表显示器、检测线网络通讯接口,并可选配微型打印机。也可选配以计算机为主机、彩色大屏幕显示器及打印机为一体的检测系统。全部测试操作过程由屏幕提示,测试过程可直接显示在屏幕上,测试结果直观准确,它是汽车制造厂、修理厂、检测站及科研单位理想的首选设备(也可检测农用车及拖拉机)。

【规　　格】山东淄博鲁杰电子科技有限公司产品

5 吨测试台	10 吨测试台
电源:AC220V　功率:1.5kW	电源:AC220V/380V　功率:2.2kW
重量:240kg　温度:-10~+50℃	重量:300kg　温度:-10~+50℃
轴重:5 000kg　制动力:0~20 000N	轴重:10 000kg　制动力:0~30 000N
湿度:<15%(无滴漏) 误差:2.5%FS	湿度:<15%(无滴漏) 误差:2.5%FS

20. 汽车称重仪

SDZ 汽车称重仪主机(分体)　　称重仪主机(整体)　　台式仪表

【特点及用途】汽车称重仪专门用于汽车的称重,其特点是大小车兼用,地基及占地面积小,安装方便,采用数显仪表,易于识读,仪表有台式

和落地式两种,称重仪分整体式和分体式。

【规　　格】交通部中通集团温州市江兴汽车检测设备厂产品

型　号	SDZ	SDZ
称重能力(t)	0~3、6、10	0~3、6、10
台板尺寸(mm)	800×500(2)	1 000×800(2)
测量精度	0.5%(F·S)	0.5%(F·S)
分辨率(kg)	1	1
输出灵敏度(mV/V)	6	6
接口	RS232	RS232

21. 汽车综合性能检测线

CH-2000 型
联动力测试台

ZS-2000 型轴重
测试台

ZD-2000 型制动
力测试台

【特点及用途】ZBHT2000 型汽车综合性能检测线,适用于专业汽车修理厂进行轴重、制动、侧滑及其他项目的检测。它以计算机为核心进行数据采集、处理、显示、打印。可根据不同级别的修理企业选择相应的配套设备,并预留全部扩展接口,便于以后增加检测功能使用。其实用性强,投资少,占地省,是汽修行业理想的检测设备。

【规　　格】淄博惠通电子有限公司产品

型号	主要设备	主要技术参数		
ZBHT2000 型	CH-2000 型联动式侧滑测试台	额定载荷(kg)	6 000	10 000
		超载能力(%)	10	10
		台面尺寸(mm)	2 600×800	2 800×800
		侧滑板型式	双板联动式	双板联动式
	ZS-2 000 型轴重测试台	额定载荷(kg)	6 000	10 000
		超载能力(%)	10	10
		台面尺寸(mm)	2 600×800	2 800×800
	ZD-2000 型制动力测试台	最大轴载质量(kg)	6 000	10 000
		最大制动力(N)	40 000	60 000
		滚筒长度(mm)	1 000	1 000
		滚筒直径(mm)	φ150 开槽	φ150 开槽
		电机功率(kW)	2.2×2	2.2×2
		工作气压(MPa)	0.8	0.8

22. 汽车检测线用广角车位镜

【特点及用途】汽车检测线用广角车位镜专门用于金测线上,便于引车员观察车轮停车位置。

【规　　格】交通部中通集团温州市江兴汽车检测设备厂产品

型　号	CGJ 型
镜面尺寸(mm)	800×600
镜片厚度(mm)	5
镜面曲率半径(mm)	3 600
反射率≥(%)	80
失真率≤(%)	7

23. 汽车检测车

 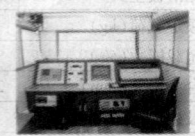 

汽车检测车　　　　　汽车检测车(内)　　　　汽车检测车展开图

【特点及用途】BQDC-7 型汽气检测车集各种检测设备(仪器)于一体,采用电子技术和微机处理系统对设备(仪器)实施测控,可实施三台车辆同时上线检测。在被测车辆不解体的情况下,检测汽车的安全性(制动、侧滑、转向、前照灯等)、动力性(转速、加速能力、发动机功率、扭矩、供油系、点火系状况等)、经济性(燃油消耗)和环保(噪声和废气排放状况)等性能。综合检测每小时约 15 台次,安全、环保检测每小时约 20 台次,并能自动显示、储存、打印测试结果,相当一个小型"流动检测站"。

BQDC—7 型汽车检测车采用滚筒式制动台和滚筒式速度台,检测项目齐全,检测性能稳定,工作环境舒适,操作安全方便。该车的特点是:投资少、见效快、灵活机动。尤其适合我国县、市级车管和运管部门使用。

【规　　格】石家庄华燕汽车检测设备厂产品

型　号	BQDC-7 型
最大允许轴荷(kg)	6 000
适用轮距(mm)	800 ~ 2 600
制动台　滚筒直径(mm)	160
制动台　滚筒中心距(mm)	410
制动台　示值误差(%)	±3
车速台　滚筒直径(mm)	161
车速台　滚筒中心距(mm)	410
车速台　示值误差(%)	±1
轴重示值误差(%)	±2
单板侧滑示值误差(m/km)	±0.2
箱体外型尺寸 L×W×H(mm)	4 540×2 400×2 400
展开尺寸 L×W×H(mm)	8 100×2 400×2 400
电源(V)	AC380
箱体重量(kg)	4 500

24. 便携式汽车解码器

【特点及用途】易网通便携式汽车解码器专用于汽车故障电脑诊断,其特点是机卡一体化精巧设计,中文界面操作,大液晶超大存储容量,独特内置网卡设计,能快捷诊断故障,读码清码,具有元件测试、数据分析、示波器波形分析、系统匹配自适应、音响解码、打印、网络升级等多项功能。

【规　　格】天津市万豪汽车检测设备有限公司产品

检测车型	欧洲车系:奔驰、宝马、奥迪、大众、欧宝、富豪、雪铁龙……
	亚洲车系:丰田、日产、三菱、本田、马自达、铃木、五十铃、起亚、现代、大宇……
	美洲车系:通用、福特、克莱斯勒……
	国产车系:红旗、宝来、捷达、桑塔纳、高尔夫、波罗、切诺基、上海别克、广州本田、富康、金杯、奇瑞、猎豹、夏利、三星、微型车系列……
	OBDII:国际 SAEJ1850、ISO9141.2 设计,适用于 1995 年以后欧、亚、美洲按 OBDII 统一标准设计的最新款式轿车
检测项目	引擎系统、自动变速器、ABS 系统、安全气囊、空调系统、中央模块、动力转向、内部扫描、防盗系统、巡航系统、自动灯光、四轮驱动、中央门锁、防滑控制、大灯控制、收音机、仪表板、充电器、转向轮、离合器

25. 汽车故障扫描仪

【特点及用途】D91 型汽车故障扫描仪专用于奔驰、宝马以及大众、奥迪、日产、三菱、丰田、本田、沃尔沃等汽车的电控系统故障的诊断。其基本功能有:读故障码、清故障码、读数据流、Coding(编码)及保养灯、故障灯归零。可测试的系统有发动机、自动变速器、ABS、电子节气门、稳定性控制及点火控制等。

【规　　格】国外产品

型号:D91

其使用方法及相关知识需参阅产品的"使用说明"。

26. SBD-102 诊断仪器

 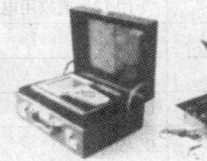 

【特点及用途】SBD-102 诊断仪器是针对宾士车研发的专业诊断仪器。其主要功能有:直接选择测试车型(依底盘型式选择),全自动快速扫描全系统,ECU 电脑版本自动侦测,读取与清除故障码,设置系统动态数据及诊断参考资料,保养归零,诊断软体升级等多项功能。

诊断仪器适用范围有:

①传动系统:引擎、变速箱、电子排挡杆系统(ESM)、自动车距控制系统(Distronic)……

②底盘系统:车身稳定系统(ESP)、ABS/ASR、刹车辅助 BAS、空气悬吊 AIRmatic、胎压监控系统(TPC)……

③车身系统:安全气囊、电子点火开关(EIS)、免钥匙启动系统(Keyless Go)、中控系统(PSE)……

④资讯与通讯系统:驻车系统、TV、卫星导航、音响、仪表板、行动电话……

⑤附属/车门、座椅系统:恒温空调、车门/电动座椅系统等。

【规　　格】利威特汽车仪器科技公司产品

型　号	SBD-102
荧幕	320×240LCD
配备	PCMCIA 卡、连线接头及线组
指示灯	电源(绿色 LED 灯)
操作按键	薄膜式
外壳	一体成型防撞击材质

续表

型　号	SBD-102
电源	车用 12V 或家用电源(使用 AC 变压器)
操作电压(VDC)	11 ~ 14
额定电压(VDC)	12
操作电流(A)	0.6 ~ 0.8
温度(℃)	0 ~ 50(操作) -10 ~ +60(储藏)
尺寸(mm)	310×210×45
重量(kg)	0.89
连接介面	列表机、诊断座、PCMCIA 插槽

27. 数字式发动机测试仪

【特点及用途】MT10 型数字式发动机测试仪采用 LCD 显示器,具有坚固耐冲击的外壳,有高输入阻抗保护和单独的电流测量输入保护。

可用于测试点火系统,λ 系统(废气氧含量反馈控制空燃比系统),空转充填调节和燃油喷射系统占空比等各种近代电子控制系统的元件和参数,而且设有单独的开关和专用的输入电路。其电流量程特别适用于测试脉冲控制电流(PWM)。

【规　格】国外产品

型　号	MT10		
检测项目		分辨率	检测说明
转速(r/min)	0 ~ 20 000	10	
闭合角(%)	0 ~ 100	0.1	

续表

型 号			MT10
占空比(%)	0~100	0.1	矩形波信号占空比(如:怠速进气调节器, KE—Jetronic调节器,λ调节)、热调节阀 (暖气或空调装置)
直流电压	±0~20V	10mV	导线(如:启动器导线、照明导线)的电压 损失,L—Jetronic(50~250mV)的挡板死 点
	±0~60V	100mV	检查电源电压
直流电流 (mA)	±0~2 000	1	怠速进气调节器电流(例如:470mA)、 KE—Jetronic的控制电流(例如:DB190E 3~ 200mA),蓄电池的静止电流放电
电阻	0~200Ω	0.1Ω	点火线圈、电磁阀、开关、线圈的初级电阻
	0~2kΩ	1Ω	喷射装置温度传感器,气量表
	0~20KΩ	10Ω	点火装置次级回路、电缆、分电器转子、火 花塞
	0~200kΩ	100Ω	温度传感器(例如:30kΩ以下的)
	0~2MΩ	1kΩ	感应传感器绝缘试验
线路通断试验	带蜂鸣器,在200Ω范围内		
二极管测试	在2kΩ范围内		
外形尺寸(mm)	180×100×50		
重量(g)	350		

28. 电流夹钳

【特点及用途】ZA10 型电流夹钳用于连接 MT10 型数字式发动机测试仪,用以测量充电电流和电压,以精确检验充电装置(发电机、调节器、充电导线、接地线)。

【规　　格】国外产品

型号:ZA10

测量范围:0～±400A

分辨率:1A

29. 座式发动机分析仪

【特点及用途】AP8700MK-2 型座式发动机分析仪集示波器、数字分析仪及打印机功能于一体,能对发动机进行有效的检测分析和故障诊断。示波器可提供多种形式波形图,并能显示电子燃油喷射波形。转速、分火角、电压、电流等参数均以五位大数码显示,并可打印测试结果。

【规　　格】香港明辉贸易公司经销产品

型 号		AP8700MK-2 型
示波器		30cm 高亮度阴极射线管,横坐标:0～10ms 纵坐标:50kV、25kV、500V、100V、25V 分火角% 刻度
波形图型式	排列方式	50kV、25kV 次级电路;500V 初级电路　自动或 10ms
	光栅方式	25kV 次级电路;500V 初级电路　自动或 10ms
	叠加方式	25kV 次级电路;500V 初级电路　自动或 10ms
	移相叠加	25kV 次级电路;500V 初级电路　自动
	特殊方式	25V　自动
		发电机　自动
		EFI(电子燃油喷射)10ms

续表

型 号	AP8700MK-2 型		
数字式输出	5 位 20mm 大数码(1 位为第一缸参数,4 位为测试结果),红灯显示正在测试的参数项目		
检测项目	转速	0~9 999,1 000~1 999×10r/min 从低到高自动变化	
	分火角	0°~199.9°自动	
	电压	0~19.99V,20~199.9V 从低到高自动变化	
	电阻	0~1kΩ,2~19.99kΩ,20~1 999kΩ 从低到高自动变化	
	千伏电压	0~49.9kV	
	触点(白金)	GOOD(好)/BAD(坏)显示,GOOD<250mV,BAD>250mV	
	电流	0~19.99A,20~199.9A 从低到高自动变化	
	点火正时	0°~60°带正时灯测试	
	动力变化	0%~99.9% 微电脑控制各缸轮流断火	
打印机	自动或手动打印机测试参数,打印纸幅 68×51mm,每次 20 字符		
附件	第一缸分火线夹头,高压线夹头,电压/电阻传感器接头,初级线路夹头,EFI 夹头,正时灯,电流传感器接头,电源线		
尺寸	630mm×370mm×380mm		
重量	20kg		

30. 手持式发动机分析仪

【特点及用途】2100A型手持式发动机分析仪采用波形显示,采样数据快捷,四通道,可显示不同的测量类型。记录和回放功能强,回放信号清晰如生。使用方便,可随车上路,解决诸多驾驶性能难题。

其主要功能有:

①具有四通道汽车专用示波仪功能。

②单缸点火波形测试分析(分电器点火和无分电器点火)。

③四通道数字电表,具有六个数据显示窗口,可显示最大值、最小值、平均值,可测量电压、涉率、百分比、有效电压等信号。

④汽车传感器和执行元件测试如:节气门位置传感器–TPS、空气流量计–MAF,喷油嘴–INJECTOR 等。

⑤在线式详尽操作提示信息。

⑥内置完备车型选择及参考波形库(标准波形和故障波形)。

⑦数据、波形记录和回放达 800 屏,0.5ms 波形突变捕捉。

⑧可以和个人电脑配合使用。

⑨可以在路试中进行实际测试。

⑩可以扩充新功能测试模块。

⑪系统升级方便。

⑫可以直接接驳打印机打印测试结果。

【规　　格】国外产品

型号:2100A

其使用方法及相关知识,需参阅产品的"使用说明"。

31. 发动机检测仪

【特点及用途】ETS 系列型发动机检测仪内含自动校准功能,可保持高测量精度;采用大型表头和刻度用 LED 灯,读数方便准确;测试连线简便;采用 LED 指示灯来辨认 O_2 传感器工作状态以及适用于多种类型发动机的检测。

ETS–25　　　ETS–26

【规　　格】国外产品

型　号	ETS-32 型	ETS-26 型	ETS-25 型
适用发动机类型	12V,二、四冲程蓄电池点火式 2、3、4、5、6、8 缸发动机		
仪表尺寸(mm)	140×80 方型	200×110 方型	
仪表（1）转速表 (r/min)	0~1 600　最小刻度 20 0~8 000　最小刻度 100 高、低自动转换、范围固定		
仪表(1)电阻表(kΩ)	0~1(×1×100×1k)	—	
仪表(2)(断电器)触 点闭合角(°)	0~90　最小刻度 1		
电流(A)	-5~0~90　最小刻度 1	—	
电压(V)	0~20,最小刻度 0.5		
测点阻抗(Ω)	0~1.0(正常区域显示)　最小刻度 0.05		
真空压力表	直径 φ100mm,单轴双针式波登管型 0~ 76cmHg(0~101.33kPa),两系统可同时测 定,最小刻度 1cmHg	—	
测试导线	主引出线 2+1.3×3m(分叉式)		
	电压电阻引出线 2.7~0.3×2m	—	
	电流表导线 3m		
	No.1 检测头 3m		
	真空软管 3m×2(红、黑)		
点火正时灯	氙管		
	ON-OFF 手动开关		单体型
外形尺寸 长×宽×高(mm)	470×120×250	390×120×255	
重量(kg)	7.5	6	4.9

32. 万用示波器

【特点及用途】KAL 550A/ 565A 型万用示波器的主要特点是：

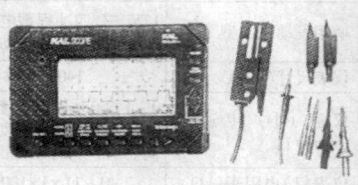

①集示波器与万用表功能于一体，具有自动量程变换功能和内置程序的帮助，使之可以快速检测并判明故障。

②带有背景光（565A 型）的大屏幕显示器（LCD 显示器），能清晰地显示数字、模拟曲线和波形。

③能检测到微弱的故障信号和存储大量屏幕信息与波形，并能回复查看与对比。

④同一时刻持续显示 Min、Max、Max−Min、Hold 和 ΔHold 值。

⑤电池驱动，轻便灵活，可与所有 DMM 探头及附件配合使用。

【规　　格】国外产品

型号		KAL550A/565A
显示器		屏幕尺寸 60mm×120mm，565A 型带背景光
		显示更新率：最多 100 个波形/s
		取样率　$25×10^6$ 次/s
存储	设置存储	550A 型：4　565A 型：8
	屏幕存储	550A 型：1　565A 型：8
	波形存储	550A 型：4　565A 型：8

续表

	型　号	KAL550A/565A
示波器	自动量程	自动定位屏幕上的垂直、水平刻度并稳定波形
	通道数	550A 型:1　565A 型:2
	频带量程	0～5MHz
	垂直量程	500V～5 000kV/分度
	水平量程	200ns～60s/分度
	测量	V_{max},V_{min},V_{peak}—V_{peak}(峰对峰值)
		时间:周期、频率
万用表	最小分辨率	3¾位　4 000 计数
	直流电压	400mV～850V,精度 0.5%
	交流电压	400mV～600V,精度 2%
	电阻	40Ω～400MΩ,精度 0.5%(40MΩ 时为 2%)
	电路通断	声像显示
	Hold 定位	静止屏幕图像,ΔHold 显示 MOLD 与目前读数的差
	二极管测试	0～2V
	电源	DC,6 个 AA 单电池、寿命 5h,自动断电防耗
	工作温度	0～50℃
	外形尺寸(高×宽×厚)(mm)	143×211×43
	重量(kg)	1

33. 汽车专用示波仪

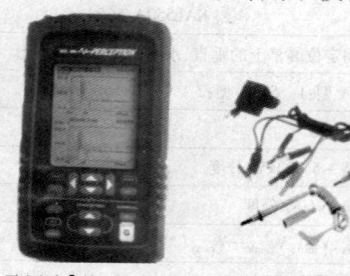

【特点及用途】美国 OTC3820 汽车专用示波仪是一种示波器与万用表一体化的手持式仪器,其主要特点是双通道、大屏幕、逐级菜单操作;可测试传感器、执行器、电器、点火(初级和次级点火),快速检测故障;在线式帮助,包括系统工作原理、测试连接方法、接线颜色、汽车缩略语词典,并有图形辅助显示;内置汽车数据库、标准波形、故障确定准确,使用方便;万用表功能可以在一个屏幕上显示三个测量项目,可测试电压、电阻、闭合角、频率、正负峰值、峰值电压、喷油脉宽、喷油时间、点火电压(kV)、燃烧电压(kV)和燃烧时间(ms);曲线显示功能可将万用表全部测量数据的变化以曲线显示,同时显示最大/最小值;记录/回放功能可轻易捕捉到瞬间故障;提供 RS232 接线,使用 OTC GTI 软件可直接与计算机进行数据通讯;借助 BBS 软件可通过网络更新数据升级。

【规　格】

型号		OTC3820
垂直轴	频带宽度	DC　100kHz
	通道数	2
	电压范围	100mV ~ 250V
	输入阻抗	1MΩ,25pF
	耦合器	AC/DC
水平轴	时间/间隔范围	20S/div ~ 0.05ms/div

续表

型　号	OTC3820
选择配件　OTC3820-04	DIS 点火探头(八缸)
OTC3820-05	同步信号感应钳
OTC3820-06	电流钳
OTC3820-07	温度探头
OTC3500-32	非接触式红外测温仪

34. 智能压力检测系统

【特点及用途】WDF—2088 型智能压力检测系统采用了故障预测、电子数字化现代检测手段,对汽车全部压力系统的数据进行记录、检测和分析,该检测系统能对汽车燃油、机油、波箱、气缸、转向、刹车、悬挂、空调、轮胎检测和加注、进气歧管真空度等一切压力的检测和记录,并广泛应用于其他领域的压力检测。

【规　格】万得福汽车电子数码检测设备有限公司产品

型　号	WDF-2088
检测精度	0.5 级
检测量程	$-1 \sim 3.0$ MPa($-10 \sim 30$kg/cm^2),可以按要求达到 35MPa
使用压力单位	kg/cm^2、MPa、PSI、Bar
压力单位转换精度	1/1 000
最小压力显示	0.001Mpa(约 0.01kg/cm^2)
采样周期	0.1ms

续表

型　号	WDF-2088
基本系统配置	智能压力检测仪一台 各种燃油压力检测配件接头一套 各种机油/自动波箱压力检测配件接头一套 各种气缸压力检测配件接头一套 各种摩托车气缸压力检测配件接头一套 配有锂电池2块和充电器一套
供选购配件接头	刹车压力检测配件接头 转向压力检测配件接头 柴油机气缸压力检测配件接头 空调、进气歧管、真空度(负压)检测配件接头 水压、悬挂检测配件接头

35. 数字式万用表

【特点及用途】OTC 系列数字式万用表具有普通万用表与发动机分析仪合二为一的功能,特点是:

①具有 LCD 数字显示和分段棒形图模拟显示,后者适用于检测读数变化的电路变量,如 TPS 传感器。

②具有"数据锁定"功能,便于捕捉显示器上的读数。

③大多系列具有自动量程变换和高输入阻抗保护功能,为测试提供方便。

④可检测电喷、点火及其他电控系统的参数和元件。

⑤具有自动断电功能和电池不足指示。

其中,OTC100 系列数字式万用表主要特点:

1	带有 34 段棒形图模拟显示,用于检测 TPS 传感器(节气门位置传感器)或其他读数
2	电感式转速(RPM)拾取器,用于检测传统点火系统和无分电器点火系统(DIS)
3	二极管测试,用于检测交流发电机、继电器、电磁线圈和 A/C 离合器压缩机二极管
4	检测燃油喷射、反馈控制式化油器和点火系统的占空比、闭合角。无需换算图表
5	线路通断检测,用于检验保险丝、线路、开关的通与不通
6	自动变换量程测试电压、电阻、电流和频率。频率测试用于 MAP(进气歧管绝对压力)、MAF(重量空气流量)传感器及其他输出频率的部件
7	10MΩ 阻抗,用以保护现代电子控制系统中的敏感元件自动断电功能,延长电池寿命;电池容量低落指示

OTC300 系列数字式万用表主要特点:

1	"数据锁定",捕捉显示读数
2	模拟棒形图显示,可检测 TPS(节气门位置传感器)及其他变化输出电路
3	检测燃油喷射、反馈控制式化油器和点火系统的占空比、闭合角,无需换算图表
4	"最大、最小、平均值"记录超时测量
5	自动量程测频率/手定量程测电压
6	二极管测试,用于检测交流发电机、电磁线圈、A/C 离合器压缩机二极管
7	带"K"型探头的温度测量至 1 090℃
8	10MΩ 阻抗,保护汽车检测元件
9	AC/DC 电流测量,测量范围至 20A。进行电路通断检测

OTC500 系列数字式万用表主要特点：

1	自动倒转极性显示
2	4 位数字，4 000 计数与 40 段棒形图混合式易读显示器，可用于检测如 TPS 一类的变化输出电路
3	带"K"型探头的温度测量，至 1 090℃
4	"最大/最小"键记录超时测量，"数据锁定"功能，用于捕捉显示器读数
5	二极管测试，用于检测交流发电机、电磁线圈、继电器和 A/C 离合器压缩机二极管
6	带+/−触发燃油喷射测试的毫秒级脉冲宽度读数
7	线路通断检测蜂鸣器
8	AC/DC 电流测试，至 20A
9	电感式转速测量
10	自动断电，延长电池寿命。电池容量低落指示

OTC700 系列数字式万用表主要特点：

1	动态记录及 99h 时间标记，每 3s 读数显示最大、最小、平均值
2	5 000 计数 LCD 显示屏幕数字读出，9 999 计数的频率、转速和脉宽测量
3	背景光显示器，在亮光下亦清晰可见，¾"字高
4	40 段棒形图，用于监测变化的读数和电路
5	触发坡度和触发电平可调
6	频率计数测量 1Hz ~ 10MHz
7	二极管测试，用于检测交流发电机、继电器、电磁线圈和 A/C 离合器压缩机二极管
8	适用于常规点火系统和无分电器(DIS)点火系统两者的电感式拾取器
9	检测电压、电阻和电流时发出声响信号(音调)
10	在 1 ~ 12 缸发动机上测量闭合角
11	用标准"K"型温度探头测量温度，可达 1 090℃

续表

12	TPI 和 PFI 两系统脉冲宽度测量。市场上无其他仪表可作此项测试(专利在申请之中)
13	600V 高能熔断器用于电流输入保护
14	10MΩ 阻抗

【规　　格】国外产品

测试功能	100 系列	300 系列	500 系列	700 系列
AC/DC 电压	●	●	●	●
AC/DC 电流(A)	●	●	●	●
AC/DC 电流(mA)	●	●	●	●
电阻(Ω)	●	●	●	●
二极管测试	●	●	●	●
线路通断蜂鸣器	●	●	●	●
各种音调声响				●
电感式转速(RPM)	●	●	●	●
闭合角直接读数	●	●	●	●
占空比	●	●	●	●
脉宽(ms)			●	●
频率	●	●	●	●
温度	●	●	●	●
电容				●
棒形图	●	●	●	●
数字显示	●	●	●	●
背景光				●
自动量程	●		●	●
零位/比例			●	●
记录/时间标志				●

续表

测试功能	100 系列	300 系列	500 系列	700 系列
最小/最大		●	●	●
数据锁定	●	●	●	●
自动断电	●	●	●	●
4 冲程/2 冲程			●	●
电池不足指示	●	●	●	●
熔断电流保护	●	●	●	●
+/-触发			●	●
触发电平调整				●
平滑处理				●
保险丝烧毁指示				●
逻辑线路检测				●

注:表中"●"表示具备有此项测试功能。

36. 便携式发动机排气分析仪

【特点及用途】便携式 TG2000-AⅡ系列发动机排气分析仪适用于对机动车辆的尾气的检测。可测量 HC、CO、CO_2、O_2 和 NO_x 等气体的浓度。

便携式 TG2000-AⅡ系列发动机排气分析仪采用了经 NMI 测试,精度等级为 0 级的不分光红外平台及电化学传感器。该光学平台及电化学传感器精度高,重复性好,响应快,体积小,重量轻。便携式 TG2000-AⅡ系列发动机排气分析仪的特点是:大屏幕液晶显示,可调背光源,中文菜单提示操作步骤,内置打印机,可配置 RS-232 通讯接口,具有高稳定性、高精度、高重复性,预热时间短,响应时间快。它是汽车制造商、发动机生产厂家、汽车检测站及汽车维修单位的必备仪器。

【规　　格】上海同光动力科技有限公司产品

型　号	基本功能
TG2000-AⅡ2	测量 HC、CO 二种组分
TG2000-AⅡ3x	测量 HC、CO、CO_2 三种组分
TG2000-AⅡ3y	测量 HC、CO、NO_x 三种组分
TG2000-AⅡ4x	测量 HC、CO、CO_2、O_2 四种组分,自动计算并显示空燃比 λ 值
TG2000-AⅡ4y	测量 HC、CO、CO_2、NO_x 四种组分
TG2000-AⅡ5	测量 HC、CO、CO_2、O_2、NO_x 五种组分,自动计算并显示空燃比 λ 值
主要技术参数	工作温度:0~50℃ 相对湿度:<90% 预热时间:<3min 工作压力范围:813~1 060mpa 响应时间:T_{90}≤5s
主要技术参数	工作原理:HC、CO、CO_2 用不分光红外原理(NDIR)O_2、NO_x 用电化学原理(Electrochmical Cell) 重　量:5kg

附:TG2000-AII 系列发动机排气分析仪测量范围

测量气体	测量范围	分辨率
HC(mg/kg)	0~30 000(0~10 000)	1
CO(%)	0~15(0~10)	0.01
CO_2(%)	0~20	0.01
NO_x(mg/kg)	0~5 000	1
O_2(%)	0~25	0.01

37. 手持式尾气分析仪

【特点及用途】手持式尾气分析仪,测试速度快,数值准确,操作方便。具有记忆功能,可随车做路试,最长可做7min的记录,并有故障提示功能,给车辆维修提供快捷的科学依据,还可用曲线、数字和条形图的方式显示测量值,以便观察尾气成分的变化趋势。亦可以网络升级。

【规　　格】国外产品

手持式尾气分析仪的使用方法及相关知识,需参阅产品的"使用说明"。

38. 烟度计

【特点及用途】YJ-Ⅱ烟度计适用于检测柴油发动机机车的排气烟度测量,测量部分利用光电转换原理,操作简便,数字显示。

【规　　格】山东淄博惠通电子有限公司产品

型　号	YJ-Ⅱ型
采样泵容积(ml)	330±15
采样时间(s)	1.4±0.2
测量范围(RB)	0.0~10.0
分辨率(RB)	0.1
体积(mm)	310×280×600
重量(kg)	≤10

39. 不透光烟度计

【特点及用途】BTY-A 型不透光烟度计,可用来测量苦柴油车和柴油发动机的排气烟度,发动机转速和发动机油温。可对排可见气污物进行动态、连续的采样测试,直接得到测量结果,可保存 16 组加速测量数据。本仪器配有汉字微打,可打印测试数据和加速图形、曲线,并配有 RS-232 串行通讯接口,方便与计算机联网。

【规　　格】山东淄博惠通电子有限公司产品

	型　　号	BTY-A 型
测量范围	不透光度Ⅳ(%)	0 ~ 100
	光吸收系数(K)	0 ~ 16m^{-1}
	连速(n/min)	0 ~ 6 000
	温度(℃)	-50 ~ +50
分辨率(%)		0.1
精度		≤2%(FS)
稳定度		±1%/h

40. 安全气囊/ABS 故障扫描仪

【特点及用途】OTC3762 型安全气囊/ABS 故障扫描仪可检测大部分车型的安全气囊和 ABS 系统。其可读取故障码,消除故障码,读数据流。

【规　　格】国外产品

型号:OTC 3762

其使用方法及相关知识,需参阅产品的"使用说明"。

41. 安全气囊模拟器

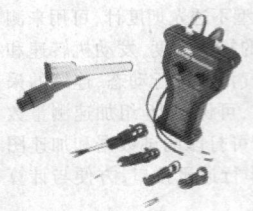

【特点及用途】OTC 3770 型安全气囊模拟器是在安装安全气囊之前，以其代替气囊，以便检查系统是否有故障或者存在引爆的条件。模拟器配有维修指导光盘，光盘内容为维修方法，故障诊断和电路图。适用车型包括通用、福特、克莱斯勒、土星、本田和三菱。

【规　　格】国外产品

型号：OTC 3770

其使用方法及相关知识，需参阅产品的"使用说明"。

42. 真空压力表

【特点及用途】DU410 型真空压力表为一组合式真空压力测试仪表，专门用于检测汽油泵输出压力、化油器中的浮子式针形阀（遇有汽油消耗过多的情况）和真空提前（开始及终了的提前）的状况。

【规　　格】国外产品

型　　号	DV410
量程（kPa）	0～60（0～600mbar） −12～0（−120～0mbar） −80～0（−800～0mbar）
外形尺寸（宽×深×高）（mm）	204×318×230
重量（kg）	4

43. 刹车油油质检测器

【特点及用途】刹车油油质检测器专门
用于检测汽车刹车油含水量。其刹车油质,
可经由仪表指针清楚识读,手握式操作简
单,感应笔应用方便。当电力不足时,可经
由电力回路设计发挥检正功能,维持其检测
的正确性。

【规　　格】青岛金华集团产品

型　号	WH-509
重量(kg)	0.3
尺寸(宽×深×高)(mm)	110×46×210

44. 润滑油质量检测仪

【特点及用途】YZJ-Ⅱ型润滑油质量检测仪专
门用于快速检测润滑油质量,能定期检查、检测判
断润滑油能否继续使用。该检测仪携带方便,操
作简单。

【规　　格】山东淄博惠通电子有限公司产品

型号:YZJ-Ⅱ

该产品基本功能及使用方法,需参阅产品"使
用说明"。

45. 电子式振动分析仪

【特点及用途】J-38792-A 型电子式振动分析仪可准确测试出有异常振
动的部位,检测仪使用的一个"加速度计"传感器,可放置在汽车的任何部

位,只需输入轮胎尺寸、驱动桥减速比和车速,仪器即可提示可能的故障部位。其使用电源为车上的12V电源。

【规　　格】国外产品

型号:J-38792-A

其使用方法及相关知识需参阅产品的"使用说明"。

46. 负载式电瓶测试仪

【特点及用途】OTC3175 型负载式电瓶测试仪专门用于测试充电系统及电瓶的存电情况,亦可用于启动机的测试。其操作方便,重量轻,便于携带。

【规　　格】国外产品

型号:OTC3175

其使用方法及相关知识需参阅产品的"使用说明"。

47. 电子点火系统火花测试器

【特点及用途】OTC 7230 型电子点火系统火花测试器,能快速检测有无高压火,火花强弱。点火系统正常时,测试器的电极间应有火花产生。

【规　　格】国外产品

型号:OTC 7230

其使用方法及相关知识需参阅产品的"使用说明"。

48. 灯光测试仪

【特点及用途】灯光测试仪专门用于机动车检测中心（站）、制造厂、维修行业、运输公司等，对各种机动车前照灯的发光强度和光轴偏斜量进行检测及调整。

【规　　格】国外产品

型　号	Mod 430/432/440
测量高度(mm)	256～1 400
光轴偏移量	5cm/10m(水平);2cm/10m(垂直)
光强偏差(%)	±5
测试仪特性	微处理器控制,测试精度高,可测试远光、近光、雾灯,测试发光强度为 150 000Lux,数显参数,自动提示操作,内置 9V 电池(可外接 12V 电源)

49. 磁力探伤机

【特点及用途】CTS-C 型磁力探伤机为移动式无损探伤,使用方便,可探测各种车型的同轴、丰轴羊角轴、缸盖、缸体等。

【规　　格】青岛金华集团产品

型号:CTS-C

最大探伤面积:φ170mm

特性:自动退磁

50. 气缸漏气检测仪

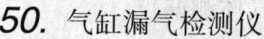

【特点及用途】QG-B 型气缸漏气检测仪,用于检测汽车发动机的气缸密封性是否在允许漏气量范围之内。还可进一步从故障现象,分析判

断其原因,以便采取措施,排除故障。

【规　格】
型号:QG-B
测量表:0~1MPa
进气压力表:0~1MPa
外部气源:0.6~0.8MPa
重量:5kg

51. 曲轴箱窜气检测仪

【特点及用途】

QZ-B型曲轴箱窜气检测仪采用玻璃转子流量计,精度高,具有操作、测试简便,使用可靠等特点。

该检测仪专门用于测量通过气缸活塞组摩擦间隙窜入曲轴箱的气体量,以评定发动机气缸活塞组的技术状态。从而考核发动机的密封、判断发动机的磨损,检测发动机的磨合,检查缸内故障等。

【规　格】
型号:QZ-B
测量范围:30~150L/min
分辨率:<3L/min
适用电源:交流电或电池
工作温度:-20~+50℃
工作湿度:25%~80%
重量:2.5kg

52. 可燃气体测漏仪

【特点及用途】TIF 8800型可燃气体测漏仪专门用于测试各种可燃气体的泄漏,其预热时间短,配置有可充电电池。

【规　　格】国外产品

型号：TIF 8800

工作温度：0～52℃

其使用方法及相关知识，需参阅产品的"使用说明"。

53. 门锁遥控器测试仪

【特点及用途】J-43241 型门锁遥控器测试仪可检测所有通用公司以及大部分其他车型的门锁遥控器。将遥控器放置在测试仪上，依次按各功能键，绿色指示灯闪烁并伴有蜂鸣声时，表示该功能键正常，否则，就是有故障。

【规　　格】国外产品

型号：J-43241 型

其使用方法及相关知识需参阅产品的"使用说明"。

54. 声级计

【特点及用途】SJ-B 型声级计采用驻极体传声器、高性能运算放大器及大观模数字集成电路组成，具有性能稳定，操作简便等特点。它采用数字式显示器，在全量程范围内均有 1dB 的分辨率。

【规　　格】山东淄博惠通电子有限公司产品

型号：SJ-B 型

该产品基本功能及使用方法，需参阅产品"使用说明"。

55. 微电脑踏板力手制动仪

【特点及用途】TA-B 型微电脑踏板力手制动仪，主要用于各种机动车液压制动踏板力及手制动力大小检测，可自动存储检测结果，并配有

RS232 串行接口,方便与计算机通讯。该仪器体积小,重量轻,功耗低,携带方便,测量精确,适用于汽车维修行业,科研单位及机动车制动系统故障检测。

【规　格】山东淄博鲁杰电子科技有限公司产品

型　号	TA-B 型
电源(V)	DC6
环境温度(℃)	-10 ~ +50
湿度≤(%)	75(无滴漏)
重量(kg)	1
测量范围(N)	踏板力　0 ~ 980 手制动力　0 ~ 980

56. 制动踏板力计

【特点及用途】制动踏板力计用于测定各种机动车制动踏板力值,并予以显示、打印或用 RS232 接口输出,供联机使用。仪器适用于机动车检测站、维修业、科研及汽车制造业。

【规　格】交通部中通集团温州市江兴汽车检测设备厂产品

型　号	TL-1000 型
踏板力测试范围(N)	0 ~ 1 000
示值误差(%)	±1.0
电源	AC220V、50Hz 或 DC9 ~ 13V
仪器尺寸(宽×深×高)(mm)	99×280×280、30×90×160(手持式)
重量(kg)	3.5　1.5(手持式)

57. 提前正时灯

【特点及用途】KAL 4071/4175 型正时灯
是用于 12V 供电点火系统的提前正时，可测提
前角和转速。其感应夹信号拾取器可使连接
快捷简便，耐用的氙灯闪烁管提供明亮光线，
能清晰地观测正时标记。

KAL-4071 型

【规　　格】国外产品

型号：KAL 4071/4175 型

提前角：0°～60°

转速：4 071 型为 0～3 000、0～6 000r/min、4175 型为 8 000r/min

58. 数字式正时灯

【特点及用途】OTC 3378 型数字式正时灯采用
高亮度发光二极管显示。可测试转速和点火提
前角，最大测试点火提前角为 90°，测试精度为 1°。

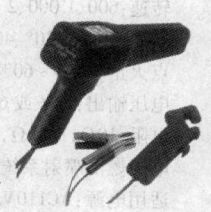

【规　　格】国外产品

型号：OTC 3378

其使用方法及相关知识，需参阅产品的"使用
说明"。

59. 汽柴油两用正时灯

【特点及用途】泰可思特 332-E 型汽柴油两
用正时灯采用微处理器控制，可测试汽油机和柴
油机的转速，汽油机的点火提前角，柴油机的喷
油提前角。

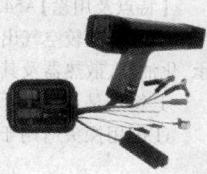

【规　　格】国外产品

型号:泰可思特地 32-E

其使用方法及相关知识,需参阅产品的"使用说明"。

60. 便携式点火系统模拟校正仪

【特点及用途】SIMA-2 型便携式点火系统模拟校正仪适用于 2、3、4、5、6 和 8 缸发动机的传统点火系统和无分电器点火系统(DIS)。其可模拟各类点火系统输出各有关参数:发动机转速、分火角变化率、点火正时、点火线圈输出电压等,还可以在示波器上提供点火波形。该仪器尤其适用于校正发动机分析仪和示波器。

【规　　格】香港明辉贸易公司经销产品

型号:SIMA-2

转速:600、1 000、2 000、3 000、4 000、6 000r/min 和转速变化

分火角:20°、30°、40°、50°、60° 和分火角变化 0%~99%

点火正时:0°~60°

电压输出:12V 或 6V

电阻:10Ω、1.8kΩ、180kΩ

电子燃油喷射系统波形输出:通过 EFI 接头

适用电源:AC110V/220V

61. 数字多功能测温器

【特点及用途】A5430 型数字多功能测温器专门用于测量和比较空气出口、气缸体、排气歧管、车轮轴承、化油器、散热器及其他有关部位的温度。

其特点是:

①配用探头适用于空气、表面和液体温度测量,

可配 K 型温差电偶。

②测量精度高,有华氏(F)和摄氏(℃)温度选择开关。

③有快速定时更换探头校正等功能,具有探头开关指示器。

④自动归零,每秒可显示到 3 次。

【规　格】国外产品

型　号	A5430
测量范围	−40 ~ +1 999 ℉, −40 ~ +1 100℃
分辨率	±1℃
精度	全范围±3% ;0 ~ 100℃ 范围±1%
探头反应时间(高限)	空气 2s,液体 1.5s,表面 10s
温度高限	表面探头　1 999 ℉(1 100℃)
	空气探头　1 000 ℉(538℃)
	浸没探头　500 ℉(260℃)
工作温度	32 ~ 112 ℉(0 ~ 45℃)
重量(g)	502(142)
外形尺寸	5"×2.4"×1"(127mm×61mm×25mm)

62. 数字温度计

【特点及用途】KAL 2874 型数字温度计专门用于精确探测汽车发动机系统温度(如:冷却液、气缸头、催化转化器、空调及电解液等温度的测量)。

其特点有:

①LCD 数字显示,测量精度高。

②袖珍便携,用耐高温 ABS 塑料制作外壳。

③℃或 ℉ 两种温度单位显示选择,并有"HOLD"数据锁定功能,便于读数。

④9V 内部电池供电，并有"LOEAT"电池能量低落显示。

⑤可与多种 HAL 温度探测器配套使用。

【规　　格】国外产品

型号：KAL 2874

测量范围：−56 ~ +927℃（−58 ~ +1 700F）

温度最小读数：±1℃（±1F）

63. 通用型柴油机缸压表

【特点及用途】OTC 5021 型通用型柴油机缸
压表可测试所有柴油机的汽缸压力。其操作简单
易行，携带方便。

【规　　格】国外产品

型号：OTC 5021

最高测试压力：7 000kPa

其使用方法及相关知识，需参阅产品的"使用说明"。

64. 柴油机汽缸压力表及接头

【特点及用途】OTC 5020 型柴油

机汽缸压力表及接头专门用于测试各
种柴油机的汽缸压力，所配接头可从
预热塞处测量汽缸压力。可测试的车
型包括康明斯、底特律、Navistar、日野、三菱和福特。

【规　　格】国外产品

型号：OTC 5020

最高测试压力：7 000kPa

其使用方法及相关知识，需参阅产品的"使用说明"。

65. 刹车压力测试组件

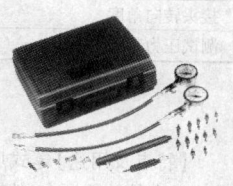

【特点及用途】OTC 7488A 型刹车压力
测试组件专门用于测试制动系统和 ABS 系
统的压力。采用双压力表，配置 16 种接头，
其中包括 45°和 90°的拉头，可测试博世、
Teves/Delco、Teves 等 ABS 系统。

【规　　格】国外产品
型号：OTC 7488A
量程：0 ~ 3 000Psi
其使用方法及相关知识，需参阅产品的"使用说明"。

66. 软管轮胎表

【特点及用途】软管轮胎表适用于各种汽车
的轮胎压力的检测。软管轮胎表由表盘、控制
阀、软管及转向接头组成。其特点是能从不同
角度对轮胎进行检测。

【规　　格】上海众达仪器仪表有限公司产品

表盘直径	φ2″(50mm)
接头转向角度	360°
测试压力范围	0 ~ 0.7MPa、0 ~ 1.2MPa、0 ~ 1.6MPa

67. 直管轮胎表

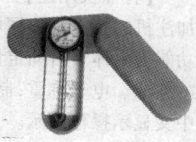

【特点及用途】直管轮胎表适用于各种汽车的
轮胎压力检测，其主要由表盘、控制阀、直管及转
向接头组成（根据需要，有不带控制阀和转向接头
的直管轮胎表）。

1264 第三篇 交通器材

【规　　格】

表盘直径	1.5″(40mm)　　2″(50mm)
接头转向角度	360°
测试压力范围	0~0.7MPa　　0~1.2MPa　　0~1.6MPa

68. 笔式胎压表

【特点及用途】笔式胎压表专门用于检测
各型汽车轮胎的压力,其携带方便,有单头和双
头两种型式。

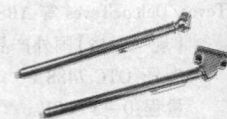

【规　　格】
测试压力范围:单头 0~3.5MPa　　双头 0~0.5MPa

69. 胎压枪

【特点及用途】胎压枪的特点是在于为力胎加
气或相类气囊加气的过程中能了解气压的大小。

【规　　格】
测量气压范围:0~1.6MPa
测量气压的分度值:0.05MPa
常见规格:大号、小号

胎压枪小

70. 冷媒回收/加注机

【特点及用途】罗宾耐尔 34711-2K 型冷媒回收/
加注机的特点是集回收、过滤、抽真空和加注 R-134a
功能为一体。自动定量充注,自动空气排除,自动加注
冷冻油。电子称重,制冷剂加注准确。液晶控制面板
中文显示操作提示。

【规　　格】国外产品

型　　号	罗宾耐尔 34711-2K
电压	220～240V　50/60Hz
制冷剂存储罐容量(kg)	14
工作温度(℃)	11～49
真空泵抽排量(L/min)	142
外形尺寸(cm)	132×83.8×50.8
重量(kg)	81.65

71. 空调故障诊断仪

【特点及用途】罗宾耐尔 16800 型空调
故障诊断仪是一套独立的空调诊断系统,使
用 PDA 做工作平台。通过压力和温度查出
故障原因,无需使用其他设备。PDA 提示操
作步骤,简单方便。带蛇形管的温度探头,可
探测不易接近之处的温度。内置空调故障数据库,通过 PC 机即可升级。

【规　　格】国外产品

型号:罗宾耐尔 16800

其使用方法及相关知识,需参阅产品的"使用说明"。

72. 空调测漏仪

【特点及用途】罗宾耐尔 16600 型空调测漏仪
的特点是蛇形软管探头,可以检测出空调系统看
不见之处的泄漏,发光二极管和蜂鸣器提示有无
泄漏及泄漏的程度。

【规　　格】国外产品

型号:罗宾耐尔 16600

其使用方法及相关知识,需参阅产品的"使用说明"。

73. 制冷剂鉴别仪

【特点及用途】罗宾耐尔 16900 型制冷剂鉴别仪专门用于对回收和加注的 R12 和 134a 制冷剂进行鉴别,以便确定是否可用,其可使用车载 12V 电源。

【规　　格】国外产品

型号:罗宾耐尔 16900

其使用方法及相关知识,需参阅产品的"使用说明"。

74. 空调系统温度计

【特点及用途】罗宾耐尔 43240 型空调系统温度计的特点是量程宽、精度高。具有摄氏和华氏转换开关,无需换算,温度计具有省电模式。

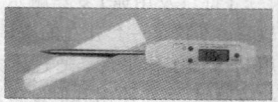

【规　　格】国外产品

型号:罗宾耐尔 43240

适用电源:1.5V 电池一节

测试温度范围:-40 ~ +200℃

75. 空调系统测试表组

【特点及用途】罗宾耐尔 40134A 型空调系统测试表组具有高低压表带有保护罩,其整体为铸造式黄铜管,表组坚固耐用。表组背面附有压力和温度对照表,方便维修时参考。

【规　　格】国外产品

型号:罗宾耐尔 40134A

其使用方法及相关知识,需参阅产品的"使用说明"。

76. 非接触式测速计

【特点及用途】DT-832 型非接触式测速计专门用于测量汽车发动机转速,其应用微电脑技术和晶体时基,可获得精确测试结果,且操作简单、便于携带。

【规　　格】淄博市淄川测试仪器厂产品

型号:DT-832

测量范围:55 ~ 9 999r/min

测量精度:±1r/min

显示器:4 位 LED

零位调整:自动

电源:4×1.5V,5#电池

77. 汽车行驶记录仪

【特点及用途】QXJ-8 型汽车行驶记录仪的功能特点是:

①USB 主控方式通用接口,RS232 通讯;

②数字显示,中文提示查询状态;

③实时时间及驾驶时间的记录、存储;

④车辆行驶速度记录、存储;

⑤车辆行驶里程记录、存储;

⑥驾驶员身份记录、识别;

⑦数据打印输出,事故疑点数据记录。

【规　　格】四川大科星智能交通有限公司产品

型号:QXJ-8

其使用方法及相关知识,需参阅产品的"使用说明"。

78. 汽车衡

(1)模拟式汽车衡

【特点及用途】模拟式汽车衡采用模块化箱式结构,整体刚度高,抗扭性能强的秤台;与高精度桥式称重传感器和性能优越、功能丰富、接口多样的称重显示控制器等外围设备共同组成称重系统。其特点是准确度高、可靠性强、智能化程度高、适应能力强、安装调试维修方便。可广泛应用于矿山、电力、冶金、碴口、海关等各个行业中。

【规　　格】重庆大唐称重系统有限公司产品

准确度等级:0IML R76　中准确度级Ⅲ

工作电压:AC 187～242V　49～51Hz

相对湿度:20%～90%RH

工作温度:称重显示控制器-10～+40℃　称重传感器-40～+60℃

数字显示毛重、净重、皮重

主要功能:状态、欠载和超重等状态显示

数字滤波、自动零量跟踪

传感器防护等级:IP68

台面尺寸(宽×长):3×5/6/7/8m,3.2×5/6/7/8m　3.4×5/6/7/8m 多种规格任意组合,秤体长度5～24m

称重范围:10～150t

(2)数字式汽车衡

【特点及用途】数字式汽车衡的特点是:

1. 数字化通讯技术

①采用 RS485 总线技术,实现信号的远距离传输,传输距离不小于1000m;

②输出数字信号达3～4V,抗干扰能力强,同时提高了系统防雷击能

力；

③总线结构便于多个称重传感器的应用,在同一个系统中最多可接32只称重传感器。

2. 智能化技术

①防止利用简单电路改变称量信号大小作弊；

②可根据软件指令更改传感器特性参数；

③故障自动诊断,出错信息代码提示功能。

3. 数字化校准技术

①使衡器偏载(四角)校准一次自动完成；

②可以根据需要修改衡器的量程系统和零点数值、使每只传感器的系数和零点参数一致。

【规　　　格】重庆大唐称重系统有限公司产品

型号	SCS-20	SCS-30	SCS-50	SCS-60	SCS-80	SCS-100	SCS-120	SCS-200
最大称量 Max(t)	20	30	50	60	80	100	120	150
分度值 d(kg)	10	10	20	20	20	20	20	50
传感器容量(t)×只数	10×4	20×4	30×4	30×4/20×6	30×6	30×8	30×8	40×8
台面尺寸宽×长(m)	优选规格							
3×7　　3×8	▲	▲						
3×9　　3×10	▲	▲	▲	▲				
3×12　　3×14		▲	▲					
3.4×14　　3×16			▲	▲	▲			
3.4×16　　3×18			▲	▲				
3.4×18　　3.4×21				▲	▲	▲	▲	▲
3.4×24					▲	▲	▲	▲

第十五章 汽保汽修设备及工具

1. 自控镗制动毂机

T8360 型　　　　　　T8354-4 型

【特点及用途】自控镗制动毂机设计轻巧,结构紧凑,具有体积小、重量轻、搬运方便等特点。其毂装卡采用锥套定心,加工精度高,镗削至深度后,可自动控制返回,主轴旋转采用两级齿轴变速。自控镗制动毂机主要适用于中型及重型卡车制动毂的加工及刹车蹄片的维修,是各类修理厂常用的设备。

【规　　格】沈阳二四五厂产品

型　　号		T8356	T8356A	T8360	T8354-4
制动毂加工直径(mm)		200~600	200~600	200~600	220~540
最大加工深度(mm)		160	220	300	140
走刀量(mm/min)		13.7	13.7	13.7	12.4
电动机	电压(V)	220/380	220/380	220/380	220/380
	功率(W)	550	550	550	370

2. 卧式双轴镗制动鼓/盘机

【特点及用途】卧式双轴镗制动鼓/盘机能
完成从微型到中型汽车的制动鼓、制动盘和制动
蹄片的修理工作。它突出的特点是具有相互垂
直的双主轴结构。在第一轴上完成制动鼓和制
动蹄片的切削加工。在第二轴上完成制动盘的
切削加工。该机具有较高的刚度，工作定位精
确，并且易于操作，其中 T8465 型配有外置式承
架，以提高第一主轴的承载能力，还配有起吊装

T8445 型

置，使得重型汽车制动鼓的装卸易于进行作业。卧式双轴镗制动鼓/盘机
执行国家标准 GB12064《制动鼓切削机》。

【规　　格】西安市中田汽车保修设备制造有限公司产品

型　　号	T8445 型	T8465 型
可加工制动鼓直径(mm)	180～450	180～650
可加工制动盘直径(mm)	≤400	≤500
主轴转速(r/min)三级	30、50、85	25、40、70
刀架行程(mm)	170	250
进给量(mm/r)	0.16	0.16
电机(kW/rpm)	1.1/1 400	1.1/1 400
电源	380V、50Hz、3phases、3A	380V、50Hz、3phases、3A
轮廓尺寸(mm)		
长	690	800
宽	790	875
高	880	940
净重(kg)	320	580

注：T8465 型的轮廓尺寸不包括起吊装置和外置承架。

3. 数控制动毂切削机

【特点及用途】T8370 型数控制动毂切削机的特点是整个操作全部由电脑控制,主轴采用先进的变频无级调速,可从 30~125r/min 随意调节,整个调速只用一个旋钮控制,可在不停车情况下随时改变主轴转速。其采用宽大底座设计,使整机刚性更强。主轴装卡配备标准卡盘,对无轮毂制动毂的装卡加工更加方便、实用。并配备完善的随机附件和任选附件适应绝大部分车型。T8370 型数控制动毂切削机一机多用,配上盘式胎具,可加工蹄片。

【规　　格】沈阳二四五厂产品

型号	T8370
切削直径(mm)	200~700
最大切削深度(mm)	300~320(用卡盘加工时)
主轴转数(r/min)	30~125(无级调节)
电动机	380V 2.2kW 50~60Hz
外形尺寸(mm)	900×625×1 540
重量(kg)	850

4. 镗缸机

【特点及用途】镗缸机主要用于镗削各种汽车、拖拉机缸体和缸套,也可用于镗削其他机械零件的孔。T8018A 为机电一体联合控制变频调速。T8018B 为机械传动。T8018C 为加工特大型发动机缸体用。

T8018C

【规　　格】枣庄龙岳机床有限公司产品

型　　号		T8018A	T8018B	T8018C
镗孔直径范围(mm)		30 ~ 180	30 ~ 180	42 ~ 180
最大镗孔深度(mm)		450	450	650
主轴转速(r/min)		140 ~ 610	175,230,300, 350,460,600	175,230,300, 350,460,600
主轴进给量(mm/r)		0.05,0.10,0.20	0.05,0.1,0.20	0.05,0.1,0.2,0
主轴行程(mm)		500	500	800
主轴快速提升速度 (m/min)		2.65	2.65	2.65
主轴中心线至机身距 离(mm)		320	320	315
工作台尺寸(mm)		1 200×500	1 200×500	1 680×450
工作台行程 (mm)	纵向	100	100	150
	横向	800	800	1 500
滑架快速移动速度 (mm/min)		2 800	2 800	2 800
工作台快速移动速度 (mm/min)		—	—	1 400
机床功率 (kW)	主电机	3	2.4/3	YD100L2-4/2, 1 400/2 800rpm, 2.4/3
	提升	0.75	0.75	Y802-4, 1 400rpm,0.75
外形尺寸 (长×宽×高)(mm)		2 000×1 235×1 920	2 000×1 235×1 920	2 680×1 500×2 325
机床净重(kg)		2 000	2 000	3 500

5. 镗磨缸机

【特点及用途】TM8012 型镗磨缸机设计小巧，一机多用，既能镗又能珩磨。可适应大部分汽车缸体的加工与修理。其主要特点是一机多用，适用范围广，采用缸体孔本身定位，定心精度高，镗至深度后，可自动回升。

【规　　格】沈阳二四五厂产品

型　　号	TM8012
加工直径(mm)	65 ~ 115
加工深度(mm)	300
电动机	220/380(V) 750(W)

6. 汽缸体轴瓦拉床

LW110 型

【特点及用途】LW110 型汽缸体轴瓦拉床用于发动机汽缸体主轴瓦，凸轮轴瓦连杆瓦的内孔加工，本机采用高精度成型拉刀和液压拉削工艺，具有操作简便，加工精度高、省时省力等特点。对不同车型的发动机可通过手动升降装置，调节拉刀中心高度，通过连动装置，一次装卡即可拉削主轴瓦和凸轮轴瓦。本机适用于解放、东风、南京、北京、黄河等多种车型的发动机主轴瓦和连杆的拉削加工。

【规　　格】丹东市五龙背龙山汽车保修机械厂产品

型　　号	LW110 型
加工直径(mm)	$\phi50 \sim \phi110$
工作行程(mm)	200

7. 多车型手摇蹄片切削机

【特点及用途】多车型手摇蹄片切削机使用车型范围广、操作方便、特设横向微进刀机构，其加工精度高。

【规　　格】温州市天马汽车保修设备有限公司产品

型号	TQ-F 型	TQ-G 型	TQ-H 型
最大切削直径(mm)	450	350	450
最小切削直径(mm)	350	280	350
切削宽度(mm)	220	200	220
轴线进刀量(mm)	1	1	1
横向进刀量(mm)	0.05	0.05	0.05

型号	TQ-F 型	TQ-G 型	TQ-H 型
适用车型	解放 141、142、151,解放 111K2P,东风 140、144、145、153、C151 大客,8 吨半挂车杭州东风 T 型底盘等车型蹄片切削加工	金龙 106D、金龙 106A、跃进 NJ104A、NJ106A、NJ2040、NJ131、NJ134、北京 BJ130、北京 BJ1040Q3DG、NJ136、老型跃进 NJ136、新江淮 132 金杯 SY1040DAZ、北京 BJ1041QZDG、等车型蹄牛场切削加工	黄河 JN4195036、斯太尔系列、延安 SX1160、红岩等蹄片切削加工

注:蹄片弧面与轴线同轴度不大于 0.05mm。

8. 等离子缸体缸套淬火机

【特点及用途】GDC-H 型超激光等离子缸体套淬火机是使发动机缸孔套经过激光表面网格硬化处理,使其缸套表面硬度达洛氏(HRC)60。该设备通过对缸套表面进行快速热扫描,使缸套合金灰铸铁金相组织变为马氏体和奥氏体耐磨合金线条宽 1～3.0mm、深 0.25mm 的网状轨迹,线空处可以储油,使缸筒从原来的面磨擦改变为线摩擦,且硬化线光洁耐磨度高,减小活塞环摩擦系数,提高活塞环使用寿命。GDC-H 型超激光等离子缸体套淬火机的特点是柔性电弧,不伤缸壁,行磨量小,处理轨迹深度≤0.25mm,并可任意调整,轨迹宽度为≤3mm,速度488#缸套约 1 分钟,缸体套激光校正,快速准确。

【规　　格】郑州华洋电气设备有限公司产品

型号	GDC-H 型
电源电压(V)	3 相 380
功率<(kVA)	6
工作电流(A)	10～80
工作气体(%)	纯氩气 99.99
可处理缸直径(mm)	50～380
工作行程(mm)	50～350
硬度(HV)	500～900(50～63HRC)
外形尺寸(mm)	1 700×750×2 100
重量(kg)	800

9. 气门、气门座两用修磨机

【特点及用途】SIQP$_4$-60 型气门、气门座两用修磨机适用多种车型及机型的气门、气门座的修磨，其磨头具有双绝缘结构（Ⅱ类电动工具），带有无级变速。供修理车型及机型为：

气门导杆内径 φ6.6mm	汉江 S-110、XA-11、大发 TJ-110、金马 SY-110、ST90、ST90K、大发 S55、D609、S609、S70V、上海 SH-110、南京 NJ110、铃木 ST20、五十铃 G180、三菱 L-3000、小天鹅 B-11 等
气门导杠内径 φ7mm	扬州 380、480 柴油机组装的农用运输车及电机组，松花江 WJ-110、昌河 CH-11X、长安 SE-110、吉林 JL-110、二汽富康、雪铁龙等康明斯 EQ145、EQ153、丰田、海拉克斯 4WD、18-A、日本丰田 2F、Hieak、三田、皇冠塞利卡、Conoa Cesica、21R-COA、丰田巡游者、CnasteA22R、桑塔纳 Audi80、一汽大众-捷达、南京依维柯、485 柴油机组装农用车、上海浦江叉车等
气门导杠内径 φ9mm	北京 130、BJ212、BJ750、BJ213、天津 TJ210C、TJ620、TJ130、TJ210E、江淮 HF140：141、武汉 WH211、日野 EC100、XL400、KM400、解放141、跃进 NJ130：230、NJ230、武汉 WH310、景风山 27、奔驰 0-3500、胜利 M20 吉姆、菲亚特 650E：213A、格格斯 51、51A、69、69A、63、63A、依发 G32 载重车、NJ70、NJ70A、玛斯 200、205、亚斯 204A、五十铃 6BBJ、依发 G32、伏尔加 T620、T630、T651、T653、T653、FM202、MR620、B620、B623、B622、SH760 等
气门导杠内径 φ9.5mm	151 解放 CA10B、CA303A、CA340、CA10、CA30、天津 TJ644C、TJ660、青海湖 QH10A、上海 SH644A、SH660、吉斯 5355、东风 EQ140、610、6105
气门导杆内径 φ10mm	长征 XD160、XG361、大拖拉 138S、CA770A、13853 上海 SH760、上海 58-1 等
气门导杠内长 φ12mm	天津 6130、红岩、新黄河、JN150、JN152、QD351、济南新黄河、交通 SH561、上海 JN150、12UB5（上海）、南阳 351、4120A、五十铃 7050A、Lsuzu、贝利埃 GL8m3、GL160、GBC86XXT、GCM10M36X4、斯克达 706R、706RS、STEVR 斯达、斯达尔重型汽车、东方红 75、54、28 德特 54 特 28 等

【规 格】温州市天马汽车保修设备有限公司产品

型 号	SIQP4-60 型
额定电压(V)	220
额定频率(Hz)	50
额定电 流(A)	1.8
输入功率(W)	450
磨头空载转速(r/min)	9 000 ~ 1 3000
适用气门导管内径(mm)	φ6.6 ~ φ12
角度范围(°)	30 ~ 75
最小进给量(mm)	0.02
轴承温度(℃)	70
砂轮线速度(m/s)	<30
砂轮粒度(粒)	60 ~ 100
额定电压(V)	220
额定频率(Hz)	50
额定电流(A)	0.5
输入功率(W)	100
主轴空载转数(r/min)	200
可夹气门杆	06 ~ 012 08 以下的属另配
密封面粗糙度	0.6 以上
拖板行程(mm)	30

主机（应用于前11行）
气门副机（应用于后8行）

10. 偏置式气门座修磨机

【特点及用途】SIQP$_2$-60 型偏置式气门座修磨机采用偏心结构专门用于精磨各种汽车、拖拉机及其他内燃机的气门座各种角度的密封面。效率高，尤其在修磨高硬度旧气门座圈，更能显示出优越的性能，功效可达到手工修磨的十余倍，修磨出的密封宽度均匀，表面粗糙度在 0.6 以上与气门工作面轴心度误差<0.03以内，无需相互研磨即可直接配合使用。偏置式气门座修磨机机头具有双重绝缘结构(Ⅱ类电动工具)，电气性能安全可靠。

供修理车型及机型为：

气门导管内径 ϕ7mm	扬州 380、480 柴油机组装的农用运输车及发电机组松花江 WJ-110、昌河 CH-110X、长安 SE-110、吉林 JL-110、二汽富康、雪铁龙等
气门导管内径 ϕ8mm	康明斯 EQ145、EQ153、丰田、海拉克斯 4WD 18R-J、日本丰田 2F、Hieakx 三田皇冠塞利卡、Corona CesiCA、21R-COA、丰田巡游者、CnasteA22R、桑塔纳 LX、桑塔纳 Audi80、一汽大众-捷达、南京依维柯、485 柴油机组装的农用运输车、上海浦江叉车等。
	北京 130、BJ212、BJ750、BJ213、天津 TJ2100、TJ620、TJ210E、TJ210、江淮 HF140：141、武汉 WH211、日野 EC100、XL400、KM400、解放 141、跃进 NJ130、132、136、武汉 WH130、井冈山 27、奔驰 0-3500、胜利 M-20、吉姆、菲亚特 650E；213A、格斯 51、51A69、69A、63、63A、依发 G32 载重车、NJ70、NJ70A、玛斯 200、205、亚斯 204A、五十铃 6BBJ、依发 G32、伏尔加 T620、T650、T630、T651、T652、T653FM202、MR620、B620、B623、B622、SH730 等

续表

气门导管内径φ9.5mm	解放 CA10B、CA30A、CA340、CA10、CA30、天津 TJ644C、TJ660、青海湖 QH10A、上海 SH644、644A、SH660、吉斯 53358 东风 EQ140、6100、6105、8V100（CA70）、红旗 CA771B、CA771、Ca773 等
气门导管内径 φ10mm	长征 XD160、XG361、太脱拉 138S、138S₃、上海 58-1、上海 SH760 等
气门导管内径 φ12mm	天津 6130、红岩、新黄河、黄河 JN150、JN151、QD351、济南新黄河、交通 SH561、上海 Sh380、12UB5（上海）、南阳 351、4120F、五十铃 7050A、Isuzu、贝利埃 GLR8S、GLR160、GBC86XLT、GCM10M10M36×4、斯克达 706RT、706RTS、依发 W50、斯可达 706R、706RS、STEV 斯达尔重型汽车、东方红 75、54、28、德特 54、特 28 等。
气门导管内径 φ14mm	定制

【规　　格】温州市天马汽车保修设备有限公司产品

型号	SIQP₂-60 型
额定电压（V）	220
额定频率（Hz）	50
额定电流（A）	1.8
输入功率（W）	450
磨头无级变速（r/min）	9000～13000
适用气门导管内径（mm）	φ7～φ14
角度范围（°）	30～75
最小进给量（mm）	0.02
轴承温度（℃）	70
砂轮线速度（m/s）	<30
砂轮粒度（粒）	60～100

11. 液压多用校正机

【特点及用途】YDJ-80 型液压多用校正机,可用于
各种汽车的前轴弯曲,扭曲的检验和校正,以及曲轴、
凸轮轴的检验和校正,另外还有铲铆差速器齿轮铆钉、
拉压缸套以及剪切,冲压等多种功能。该机适用范围
广,有移动工作台,适用于黄河、解放、东风等车型及同
类进口车辆前轴的检验和校正。

YDJ-80 型

【规　　格】丹东市五龙背龙山汽车保修机械厂产品

型　号	YDJ-80 型
额定压力(N)	800 000
工作高度(mm)	660
外形尺寸(长×宽×高)(mm)	2 000×1 400×2 200
重量(t)	3.6

12. 液压连杆检矫器

【特点及用途】LJJ-8A 型液压连杆检矫器适用
于各型内燃机修理时,连杆弯曲和扭曲的检测与矫
正作业,其具有准确、省力、高效等特点。

LJJ-8A

【规　　格】成都成保发展股份有限公司产品

型　号		LJJ-8A 型
适用连杆大承孔直径(mm)		50 ~ 105
适用连杆大、小承孔中心距(mm)		135 ~ 300
液压系统额定压力(MPa)		28
检测精度 (mm)	弯曲	每 100mm 长度应 ≤0.03
	扭曲	每 100mm 长度应 ≤0.06

13. 连杆校正器

【特点及用途】64 型连杆校正器适用于各种中、小型汽车、拖拉机及其他内燃机大、中修时连杆弯曲和扭曲的检查与校正。

【规　　格】成都成保发展股份有限公司产品

型号:64 型

连杆大头直径:40～82(mm)

测量精度:每 100mm 长度应≤0.02mm

64 型

14. 连杆、转向节衬套铰压机

【特点及用途】连杆、转向节衬套铰压机是采用机械铰削和脉冲滚压加工发动机活塞销孔、连杆小头衬套和转向节衬套的专用设备,其具有操作使用方便,加工精度高,提高衬套使用寿命等特点。JY50 型为改进型,动力机头为升降式,更有利于汽车零部件的加工。该铰压机适用解放、东风、南京、北京、黄河、跃进等多种型号的汽车发动机的保修工作。

JY50 型

【规　　格】丹东市五龙背龙山汽车保修机械厂产品

型　　号	JY38 型	JY50 型
铰压直径(mm)	16～38	16～52
主轴径程(mm)	160	170
机头升降行程(mm)	—	280

15. 飞轮盘磨床

【特点及用途】飞轮盘磨床,主要适用于从事汽车保修服务的修理单位、服务网点进行汽车发动机飞轮盘及离合器摩擦片的修磨。

【规　　格】青岛泉江汽车配件厂产品

加工工件最大直径(mm)	510
回转工作台直径(mm)	390
工作台面至砂轮面距离(mm)	0 ~ 200
砂轮直径(mm)	150
工作台转速(r/min)	13
砂轮转速(r/min)	2 840
机床外形尺寸(长×宽×高)(mm)	710×1 020×1 500

16. 就车式制动盘车削机

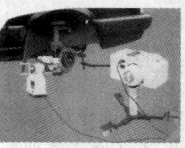

【特点及用途】DCP32A 型就车式制动盘车削机主要适用于小轿车的制动盘的车削修理,采用就车式装夹,基准统一,精度高,操作方便。

【规　　格】枣庄龙岳机床有限公司产品

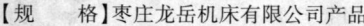

型　　号	DCP32A 型
刹车盘厚度(mm)	40
工作转速(r/min)	90
滑板行程(mm)	100
进给量(mm/r)	0 ~ 0.2

17. 半轴管拆装机

【特点及用途】BCJ-50t 型半轴管拆装机最大特点在于不用拆卸差速器,即牙包后盖不动,就可全部完成半轴管的拆装工作,利用附件可用于大、中修台式拆装用,适用于解放、东风等车型。

【规　　格】丹东市五龙背龙山汽车保修机械厂产品

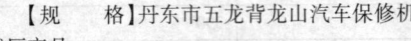

BCJ-50t 型

型　　号	BCJ-50t 型
最大压力(t)	50
行程(mm)	80

18. 刹车油更换机

【特点及用途】刹车油更换机内部采用气动泵,换油时上部加压注入新油,下部同步抽取废油,使刹车油更换过程更加安全、高效。针对不同环境,使用全套刹车油壶万用接头,即可适用卡车、客车、小型车等各种车型。

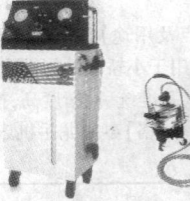

【规　　格】美国巨犀产品

BX-30D　　　　　BX-303

型　　号	BX-30D	BX-303	BX-20A
容量(L)	20	5	2
适用温度(℃)	-20～+60	-20～+60	-10～+60
适用压力(PSI)	50～170	50～170	50～170

19. 抽接油机

【特点及用途】抽接油机采用国际标准高度1.85m 直接罩住油底，防止污油飞溅；气动泵抽油，4L 热油仅需50s，10L 容量视窗；低气压排油，安全快捷；机型为全空压设计，不会产生火花及温升。适用于加油站、保修厂及作业场所。VX-90A 型还可配合自动变速箱或引擎作拆卸维修及清洗工作。

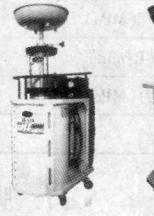

VX-90A 型　　VX-40 型

【规　　格】美国巨犀产品

型　号	VX-90A	VX-60	VX-40	VX-50
容量(L)	100	90	80	90
速度(s)	150	150	150	150
净重(kg)	80	50	40	40
毛重(kg)	160	140	120	120
工作气压(MPa)	0.1~0.8	0.1~0.8	0.1~0.3	0.1~0.8
尺寸(mm)	780×470×1 470	630×500×1 470	560×500×1 250	630×500×1 220
气泵材料	铝合金	铝合金	铝合金	铝合金

20. 气动高压注油器

【特点及用途】气动高压注油器适用于汽车、拖拉机及其他各种动力机械加注润滑油脂的作业。

【规　　格】上海科球机电有限公司产品

GZ-8 型

型 号	GZ-3 型	GZ-8 型
压力比	50 : 1	50 : 1
压缩空气(MPa)	0.5 ~ 0.7	0.5 ~ 0.7
输油量(L/min)	0 ~ 0.85	0 ~ 0.85
输送压力(MPa)	30	25 ~ 35
重量(kg)	12	7

21. 脚踏黄油机

【特点及用途】脚踏黄油机适用于汽车、拖拉机及其他各种机械加注黄油作业。

【规　　格】上海熊猫清洗机厂产品

型号	QL-180 型
容积(L)	6
输出压力(MPa)	35
油管长度(m)	2.5
外形尺寸(长×宽×高)(cm)	470×270×850
重量(kg)	20

22. 电喷宝

【特点及用途】电喷宝的主要功能有:

①喷油嘴测试:可同时检测多只喷油嘴的好坏,包括流量测试、喷雾测试、泄漏测试、平衡测试、免拆测试、加减速性能检测、动态反应测试、K 型喷油嘴开启及关闭压力测试。

②喷油嘴清洗:去除喷油嘴针阀及滤网积碳,使之恢复如新。可采用超声波清洗、反流清洗两种方式。超声波清洗,可在高达数百个大气压及喷油脉冲的共同作用下,彻底清洗喷油嘴。

③发动机免拆清洗:无需解体发动机,即可对电喷发动机的汽缸、活塞、汽缸头、气门组件及进缺阀等进行清洗。

④汽车燃油压力表:汽车喷油信号检测,可判断汽车是电路还是油路故障。

⑤汽车喷油信号检测:可检测汽车燃油系统的压力。

【规　　格】温州市天马汽车保修设备有限公司产品

型号	电喷宝-8A	电喷宝-6A	电喷宝-4A
外形尺寸(长×宽×高)(cm)	42×34×53	42×44×55	41×35×51
重量(kg)	35	35	30
电源		AC220V　50Hz	
功率(W)	300	300	200
工作环境(℃)		0～40	
油箱容量(L)	4		2.5
油泵压力(kg/cm)		4	0.5～5.5
最大检测缸数	8	6	4
转速(r/min)		0～9999RPM,步长期 IRPM	
脉宽(ms)		0-0-25ms,步长 0.1ms	
喷油次数		0～9999 次,步长 1 次	
定时时间		0～119s,步长 1s	
超声波频率(kHz)		40	
超声波功率(W)		80	

23. 动力方向系统免拆清洗更换机

【特点及用途】动力方向系统免拆清洗更换机利用安全启动泵等流量压力调节系统,换油时进出油同时进行,高压等量,换油彻底,操作简单,安全可靠。亦配备单独循环清洗功能,清除油道内的油泥杂质,使保养更加彻底。该机适用于各种小型汽柴油车。

PX-30D

【规　　格】美国巨犀产品

型　号	PX-20A	PX-30D
动力来源	气动	气动
工作压力(PSI)	0~120	0~120
重量(kg)	32	40
尺寸(长×宽×高)(mm)	360×298×922	400×450×920
气动泵材料	铝合金	铝合金

24. 润滑系统免拆清洗机

【特点及用途】润滑系统免拆清洗机体积小,操作简单,机械控制清洗流程,循环不定期过滤清洗液,随意控制清洗时间,LX-50A型为全电脑自动控制。LX-18A型为摩托车润滑系统专用设计机型;LX-30D和LX-40D型为专门针对汽车换油工作流程设计机型。润滑系统免拆清洗机适用于国产进口的各种小型汽柴油车辆。

LX-50A　　　　　LX-40D

【规　　格】美国巨犀产品

型　号	LX-20A	LX-18A	LX-50A	LX-30D	LX-40D
动力来源	气动	气动	气动	气动	气动
工作气压	60PSI	60PSI	60PSI	60PSI	60PSI
重量(kg)	32	32	30	38	38
尺寸(长×宽×高)(mm)	360×298×922	360×298×922	360×430×920	360×298×922	360×298×922
气动泵材料	铝合金	铝合金	铝合金	铝合金	铝合金

25. 燃油系统免拆清洗机

【特点及用途】燃油系统免拆清洗机采用气动泵，能够对引擎内部的喷油嘴、针阀及燃烧室各组件的积炭有效清除。其中 GX-40D 型清洗机具有六合一功能—供油系统清洗，进气支管免拆清洗，真空度测试，喷油嘴检测，燃油压力测试和燃烧室积炭清洗。燃油系统免拆清洗机广泛适用于小型汽柴油车辆的清洗养护。

GX-30D

【规　　格】美国巨犀产品

型号	GX-30D	GX-40D	GX-20A
动力来源	气动	气动	气动
工作压力(PSI)	0～120PSI	0～120PSI	0～120PSI
重量(kg)	45	45	32
尺寸(长×宽×高)(mm)	450×400×850	450×400×850	360×298×920
气动泵材料	铝合金	铝合金	铝合金

26. 自动变速箱清洗换油机

【特点及用途】自动变速箱清洗换油机采用自动流向控制装置及等流量调节系统,依靠变速箱本身动力及机器气动泵换油,并有换油后自动切换为吸油功能。其抽油快速彻底,切换过程高效。ATF-60D 型为大容量大流量,使更换变速箱油更快更方便。自动变速箱清洗换油机适用各种自排挡小型汽车。

ATF-20D

【规　格】美国巨犀产品

型号	ATF-30D	ATF-20D	ATF-60D
动力来源	气动	气动	气动
工作压力(PSI)	0~120PSI	0~120PSI	0~120PSI
重量(kg)	45	45	780
尺寸(长×宽×高)(mm)	450×400×850	450×400×850	550×450×850
气动泵材料	铝合金	铝合金	铝合金

27. 燃烧室积炭机

【特点及用途】燃烧室积炭机设计独特,能够对汽车引擎燃烧室的积炭进行有效的清除,效果显著,清洗时间仅需 10 分钟即可。

【规　格】

型　号	EF1-800
容量(ml)	2 000
适用温度(℃)	−20~+60
使用压力(PSI)	70~170

28. 发动机拆装架

FCJ-C 型　　　　　　　　　　　　　FCJ-A

【特点及用途】发动机拆装架专门用于车辆发动机拆卸安装检验、维修清理所用。FCJ-A 型适用于轿车及微型车,FCJ-B/C 型适用于东风、解放、康明斯等中型车,FCJ-D 型适用于斯太尔、黄河、延安等重型车。FCJ-C 型设计有起吊装置,起吊能力为 500kg。

【规　　　格】江苏省江都市天宇机电设备有限公司产品

型　号		FCJ-A		FCJ-B		FCJ-C	FCJ-D
承载质量(kg)		500		750		750	1 000
整机质量(kg)		126		195		335	310
基本尺寸(mm)	A	B	C	D	E	F	G
FCJ-A	1 360	690	280	380	200	850	690
FCJ-B	1 850	850	280	380	200	920	760
FCJ-C	1 850	850	280	380	200	2 020	760
FCJ-D	2 380	940	310	420	180	980	800

29. 轮胎拆装机

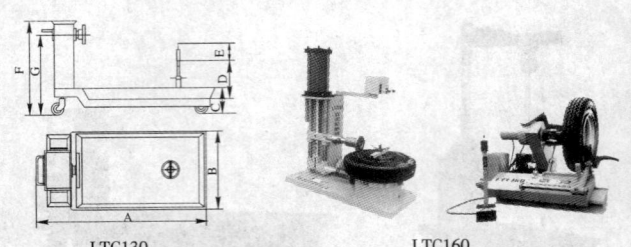

LTC130   LTC160

【特点及用途】轮胎拆装机主要用于汽车运轮公司、汽车修理厂和专业轮胎修理部门拆装轮胎所用,其操作灵活、使用方便,对车辆子午线真空轮胎、半深槽轮辋轮胎、深槽轮辋轮胎等,都能方便的拆装。LTC130 型立式轮胎拆装机主要用于拆装带钢压圈、充气内胎的轮胎。

【规   格】枣庄龙岳机庆有限公司产品

型 号	LTC95	LTC130	LTC160	LTC190
轮胎最大直径(mm)	950	650～1 300	1 600	1 900
轮胎最大宽度(mm)	340	320	600	700
轮辋直径	290～450(mm)	16″～20″	14″～26″	14″～26″
最大夹紧力(kgf)	312		4 000	4 000
电机功率(kW)	1.1	1.5	2.65	2.65
外形尺寸(mm) (L×W×H)	860×765 ×1 456	1 380×800 ×1 470	1 800×1 730 ×900	2 110×1 730 ×1 330
净重/毛重(kg)	190/240	700/780	900/1 000	950/1 150

30. 大型轮胎拆装机

【特点及用途】LT 型系列大型轮胎拆装机采用意大利进口液压系统,自动化程度高,能拆装各种大型车辆的多种型号轮胎。适用于带压环、压条的轮胎、子午线真空轮胎(无内胎轮胎),以及农用机械轮胎和工程机械轮胎。其特点是夹紧臂的夹紧力无级可调,并左右以同样转速转动,可摆装配圆盘
和可摆动装配勾的通用装配臂,操作方便,不损伤胎口和轮辋。

【规　　格】沈阳二四五厂产品

型　　号	LT-1600	LT-2300
适应轮圈尺寸范围	14″~26″	14″~52″
可拆装最大轮胎直径(mm)	1 600	2 300
可拆装最大轮胎宽度(mm)	800	910
减速机马达	1.5kW 380V	1.5kW 380V
液压系统马达	1.1kW 380V	1.1kW 380V
整机重量(kg)	595	880
外形尺寸(长×宽×高)	1 640×1 400×1 240	2 000×1 750×1 750

31. 半自动轮胎拆装机

N405 型

502 型

【特点及用途】半自动轮胎拆装机可用于尺寸不同车轮的拆装,其特点是锁止手柄用于锁止上下移动,同时可使顶尖向上运动,自动定心,圆盘装有 4 个可锁止的爪子,圆盘可正反转,有内外两个方向夹紧轮辋,压臂具有较大的压力,它由双作用力拆头驱动,能在任何条件下,持续较长时间。该机操作方便,工作效率高。

【规　　格】中国华通汽保设备有限公司产品

型号	F39、N409、N405、N412	112	502、N1600
电压(V)	220	220(1HP)	220(1HP)
电机功率(kW)	0.75 ~ 1.0	0.75 ~ 1.0	0.75 ~ 1.0
轮胎铲压力(kg)	2 500	2 500	2 500
工作压力(MPa)	0.8 ~ 1.0	0.8 ~ 1.0	0.8 ~ 1.0
轮辋直径(")	10 ~ 22	10 ~ 22	10 ~ 22

续表

型号	F39、N409、N405、N412	112	502、N1600
轮辋宽度(")	3 ~ 12	3 ~ 12	3 ~ 12
最大车轮直径(mm)	1 000	1 000	1 000
重量(kg)	185	185	200
噪音(dB)	<70	<70	<70

32. 气动轮胎拆装机

【特点及用途】QDBT40-750 型气动轮胎拆装机采用压缩空气动力转换机械能,实现轮胎与轮毂松弛拆装、无内胎快速充气一次装夹等,其带有组合保护装置,无需电机、减速机,节约能源且可野外工作。轮胎拆装机适用于大、中、小型汽车制造厂、修理厂等。

【规　　格】营吕宏达集团产品

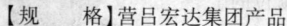

型　　号	QDBT40-750 型
轮胎直径(mm)	≤750
轮胎宽度(mm)	≤400
工作压力(PSI)	110 ~ 175
重量(kg)	220
外形尺寸(长×宽×高)(mm)	1 380×1 066×450

33. 大型扒胎机

【特点及用途】LC554 型大型轮胎拆装机
是用于拆装各种大型车辆多种型号轮胎的必
备产品。适宜于带压环、压条的轮胎和子午线
真空轮胎(无内胎轮胎)。东风、黄河、安凯、大
宇、北方、奔驰以及装载机、铲车等均可用。

【规　　格】上海腾马风动工具有限公司产品

型号	轮胎最大直径(mm)	轮辋直径(mm)	最大轮重(kg)	最大轮宽(mm)	电机功率(kW)	齿轮箱电机(kW)	拆胎铲力(kg)	操作压力(bar)	噪音(db)	净重(kg)
LC554	1 200	14″~26″	1 500	780	0.75	1.5	1 500	0~130	<70	400

34. 车轮装拆车

【特点及用途】QLC-600 型车轮装拆车是
专门用于车轮装配和拆卸时的转运和就位的工
具,其特点是操作简单,使用方便,省时省力等。

【规　　格】枣庄龙岳机床有限公司产品

型　　号	QLC-600
举升高度(mm)	900
举升重量(kg)	600
外形尺寸(长×宽×高)(mm)	1 025×1 095×1 365
重量(kg)	160

35. 全自动电脑轮胎动平衡机

【特点及用途】P-80A 型全自动电脑轮胎动平
衡机电路设计先进,中央处理器(CPU)采用美国 20
世纪 90 年代先进水平的 MOTOROLA 公司生产的
68HC11 芯片,自动化程度高,质量可靠。

本机轮圈参数采用自动输入,只需用电测量
杆在轮圈两侧轻轻一点,即可完成输入全过程,克服了手动输入操作繁
杂、数据不准等缺点。

【规　　格】沈阳二四五厂产品

型　　号	P-80A
平衡速度(r/min)	257
平衡时间(s)	8~15
测量精度(g)	±1
显示精度	1g,5g 级任选
平衡车轮直径(mm)	200~650
最大车轮重量(kg)	80
电源	220V,180W

36. 大型轮胎动平衡机

【特点及用途】PC-1288 轮胎动平衡机通过更换
夹紧定心装置可平衡各种品牌汽车、大巴车或货车
车轮。其特点是全自动智能刹车平衡运行无噪音,
强壮的主轴支撑,长期测量稳定,气动举升,多种平
衡方式适合不同轮胎需求,高强度车轮防护罩,运转
安全,具有故障自动提示功能,易于维护。

【规　　格】沈阳二四五厂产品

型　　号	PC-1288 型
功率(kW)	0.75
电压(V)	380
轮辋直径	12/24″
轮辋宽度	1.5/20″
最大轮胎直径(mm)	1 200
平衡精度	小车±1g；大卡车±25g
平衡周期	小车 7sec；大卡车 10sec
平衡速度(rpm)	210
最大轮重(kg)	200
工作气压(MPa)	0.3~0.6
净重(kg)	200
包装尺寸(长×宽×高)(mm)	1 800×950×1 300

37. 电动液压压胎机

DYT-120A　　　　DYT-120B

【特点及用途】电动液压压胎机采用全液压工作方式,具有体积小、重量轻、操作灵活、效率高、省力、安全、使用范围广等特点,是汽车轮胎维修的常用设备。

【规　　格】枣庄龙岳汽保设备公司产品

型　　号	DYT-120A/B
工作压力(t)	10
拆卸规格(mm)	600 ~ 1 200
外形尺寸(长×宽×高)(mm)	1 500×300×1 400
重量(kg)	200

38. 多功能恒温自控硫化机

【特点及用途】多功能恒温自控硫化机高效
节能、安全环保、恒温自控,对各种型号轮胎(特
别适合钢丝轮胎)任何部位出现的硬伤均能修
补,而且修补后的轮胎不老化、不变形、不翘边、
不鼓包、不爆胎。

【规　　格】营口华通汽保设备有限公司产
品

BL750-2 型

型　号	BL380-1			BL750-2		
电压(V)	220	220	220	220	220	220
功率(W)	2 500	5 200	5 200	4 700	4 700	7 200
硫化规格	各种型号轿车轮胎	650-16 至 825-16	900-20 至 1200-20	650-16 至 825-16	900-20 至 1200-20	23.5-25
硫化温度(℃)	120 ~ 130	120 ~ 130	120 ~ 130	120 ~ 130	120 ~ 130	110 ~ 130

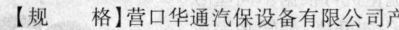

39. 多功位轮胎翻新硫化机

【特点及用途】多功位轮胎翻新硫化机可灵活转动加热载体,依据工艺需求调整至适当角度,适用9.00以下至摩托车轮胎的硫化作业,其具有可调温控装置和独有的防漏电保护系统,配有特制的导热砂袋及配套模具,可使被硫化的轮胎更符合正常状态。

【规　　格】营口大力汽保设备科技有限公司产品

型　　号	DB-520型
电压(V)	220
功率(kW)	1
硫化温度	可调

40. 翻转式硫化机

【特点及用途】翻转式硫化机可根据不同型号轮胎的不同修补位置,将操作架升降、翻转来完成硫化作业,其恒温控制能自动保证轮胎硫化所需温度,可完成10.00-20至750型号轮胎的任何部位的单面或双面硫化作业,并配有5块不同角度的模具及一个特制导热砂袋,可使被修补后的轮胎更符合轮胎的正常状态。

DB-88型

【规　　格】营口大力汽保设备科技有限公司产品

型　　号	DB-88型
电压(V)	220
功率(W)	800
硫化温度(℃)	145~155

41. 点式外胎硫化机

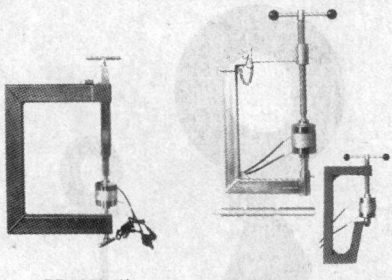

DB-900 型　　　　　XB-20-B 型

【特点及用途】点式外胎硫化机设有自动控温装置,可用于单面或双面硫化,配有 6 个可更换的胎冠、胎侧、胎肩的加热模具及特制的导热砂袋。DB-900 型主要用于 8.25-20 以上货车及铲车轮胎伤口的热补,可做不拆钢圈而进行单面加热。DB-20-A/B 型主要用于轿车及小型车 145-275 轮胎伤口的热补,其配有 3 个不同长度的加长节,可满足不同车型轮胎胎冠深度不同的各种需求。

【规　　格】营口大力汽保设备科技有限公司产品

型　号	DB-900 型	XB-20-A 型	XB-20-B 型
电压(V)	200	220	220
功率(W)	800	800	800
硫化温度(℃)	145~155	145~155	145~155

42. 扩胎机

QD-52 型　　　　　SD-2 型

【特点及用途】QD-52 型气动扩胎机设有三个挡位的扩胎搭钩,可根据需求达到大、中、小轮胎都能适应,其脚踏气动系统可保证扩胎过程中任意停止于某一个位置,24 小时不漏气,气量大小可通过旋钮控制。SD-2 型手动扩胎机的扩胎搭钩可根据轮胎宽度任意调整,适应中小型轮胎,其操作台可根据修胎需求任意旋转至某一个位置。

【规　　　格】营口大力汽保设备科技有限公司产品

型　号	QD-52 型	SD-2 型
工作压力(MPa)	≤0.4	≤0.4
可扩轮胎	大、中、小型	中、小型
扩胎方式	气动	手动

43. 自动轮胎充气机

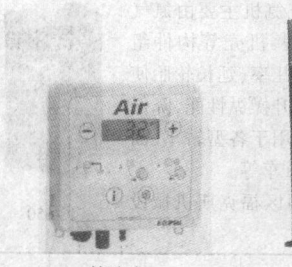

挂壁式　　　　　立式

【特点及用途】自动轮胎充气机采用背光式显示器，能确保夜间使用的清晰易读。其精确度高，充气、放气、测气压三合一自动完成。大流量的阀门使充气迅速安全。充气机操作简便，只需将目标胎压设定和连接充气管至轮胎，工作即自动完成。自动轮胎充气机分挂壁式和立式两种。

【规　　　格】上海伸成科技贸易有限公司产品

型　号	89MDA/89MDC	89HDP	89XDB/89XDE	89BEP/89FEP
外形尺寸(长×宽×高)(mm)	220×220×110	300×285×100	300×285×100	300×100×1 400
电源(AC)(V)	220～240	220～240	220～240	220～240
充气范围(kPa)	35～895 (0.3～9.0bar)	35～895 (0.;3～9.0bar)	35～895 (0.3～9.0bar)	35～895 (0.3～9.0bar)
工作温度(℃)	−10～+50	−10～+50	−10～+50	−10～+50
安装方式	挂壁式	挂壁式	挂壁式	立式(圆柱/方柱)
特性	不防水	防水	大流量(10倍)	可定色、防水

44. 轮胎充氮机

【特点及用途】轮胎充氮机主要由氮气发生器、专用阀门、压力表、机壳等构件组成。填充氮气能减少爆胎几率、延长轮胎使用寿命、降低燃油消耗、提升操纵性能、降低行驶噪音。轮胎充氮机适用于各型轿车、面包车、微型车、大巴车、载重车等。

【规　　格】珠海市西区福克斯机械设备有限公司产品

F-650　　　F-1800

型号	F-650	F-350	F-1800	F-2500	F-3000
氮气纯度	≥95% 可调	≥95% 可调	≥95% 可调	≥95% 可调	≥95% 可调
氮气出口最大压力（kg/cm²）	9.5	9	13.5	13.5	13.5
氮气产生量(L/min)	70	30	170	250	330
空气入口最大压力（kg/cm²）	12	10	14.5	14.5	14.5
空气入口最小流量（L/min）	200	100	600	850	1 000
外形尺寸(cm²)	76×59×150	70×50×135	80×70×160	80×70×160	80×70×160
净重(kg)	125	100	约160	约160	约160
适用车型	轿车、面包车等	轿车、微型车等	大巴士、载重车、轿车、面包车		

45. 电动轮胎螺母拆装机

【特点及用途】电动轮胎螺母拆装机专用
于对各种汽车的轮胎螺母及螺栓进行拆装。

【规　　格】青岛泉江汽车配件厂产品

名　　　称	电动轮胎螺母拆装机
旋转扭矩(kg/m)	5.5
驱动功率(kW)	1.1
最大冲击力(kg/m)	40
中心高度(mm)	500
电压(V)	380、220

46. 全自动电脑骑马机

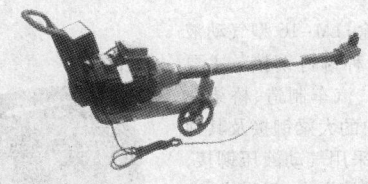

【特点及用途】全自动电脑骑马机主要供各种汽车、拖拉机、工程车辆
的骑马螺母装卸所用。

【规　　格】上海科球机电有限公司产品

电机功率	1.8kW　1 440r/min
电压(V)	380
扭矩(Nm)	550～800
输出端转速(r/min)	24
外形尺寸(长×宽×高)(mm)	1 470×450×460
	1 970×450×460(加长型)

47. 弹簧压缩机

【特点及用途】TY 型弹簧压缩机适用于国产及进口轿车弹簧减震器的压缩,可把弹簧压缩并停留在任何位置。其操作简单、速度快,是汽车修理行业常备设备。

【规　　格】

型　号	TY 型
压缩弹簧最大直径 ϕ(mm)	200
行程(mm)	360
外形尺寸(mm)	460×420×900

48. 气动液压冷铆机

【特点及用途】LM-16 型气动液压冷铆机用于各种铆钉铆接。主要适用于汽车维修、汽车制造、桥梁建设、矿车制造等中的大梁铆接及其他扳金铆接。本机采用气动液压铆接,铆钉不需加热,铆接力大,无噪音,速度快,最大可铆接直径 18mm 的铆钉。

与电动冷铆机相比,具有铆接力大,重量轻,移动方便,可单人操作等优点。

【规　　格】上海腾马风动工具有限公司产品

型号	适用气压(MPa)	最大铆接力(t)	油缸行程(mm)	冷铆直径(mm)	热铆直径(mm)
LM-16	0.69~1.0	46.5	90	8~16	24

49. 汽车外部整形机

【特点及用途】汽车外部整形机采用大功率集成模块,可碰焊拉伸,加热收缩,薄板点焊、点焊铆灯,薄板切割等,最大焊接电流达4 500A。

【规　　格】青岛金华集团产品

型　　号	ZX4500 型
输入电压(V)	AC380
最大焊接电流(A)	4 500
最长连续工作时间(s)	15
最大输入功率(kVA)	16

50. 钣金修复机

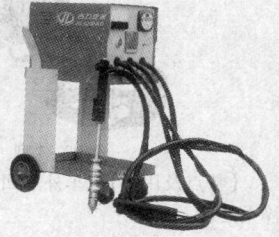

【特点及用途】JLK6.5 型汽车钣金修复机是直接点焊汽车钣金修复设备,其操作简便,功能齐全,拉杆游锤、点焊,省电省时,设有自动定时控制系统。其点焊黏合拉力可达280kg。

【规　　格】吉林市吉力汽保有限公司产品

型　　号	JLK6.5 型
额定电压(V)	380 或 220
适用电源线	6 平方以上铜芯电缆,电线须接在 40A 以上开关
额定功率(kW)	6.5

续表

型 号	JLK6.5 型
外形尺寸(长×宽×高)(mm)	460×330×770
重量(kg)	75

注:机器电源线接法—380V$_2$ 项电源(接 2 根火线)。

51. 汽车外形凹位修复机

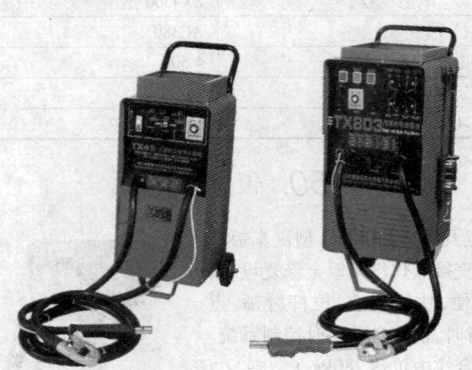

TX-4 型   TX-803 型

【特点及用途】汽车外形凹位修复机适用于高档车辆外形碰凹修整及淬火处理。

【规 格】佛山市勒流泰鑫汽车维修设备厂产品

型 号	TX-4 型	TX-803 型
输入电压(V)	220,单相	380,二相
输出电压(V)	4.5~6	5~8
视载工作电流(A)	1 400	2 000

52. 车体矫正机

【特点及用途】CLJ型系列车体矫正机适用于多种进口和国产高级轿车、面包车、越野车、轻卡及轻型客车、客货车的整形修复。车体矫正机的特点是：工作台面平面度高，台面宽广，工作台高度垂直可调，工作台举升由平行四边形举升架控制，升降自如，举升架备有液压和机械自锁双重保险；双拉塔配置，拥有行走机构，可沿工作台导轨作360°旋转，操作方便灵活，省时省力；拉塔油缸垂直安装，无任何方向的分力，拉力强劲，液压元件性能可靠；塔柱配备有吊臂，可方便地修理车顶等相关部位；测量系统为可移动式的三维坐标激光测量系统，可一边拉伸矫正操作，一边进行测量，实现准确的实时测量，操作简便，精确度高，并配备各车系最新数据手册；车辆上架只用两块桥板，不需配备其他动力源，简便省时；配有二次剪式举升架，最大举升高度408mm，可方便实现车辆上架后的固定操作；配有通用夹钳，大梁夹钳(选配)及辅助夹钳，可修有裙边和无裙边及大梁车等，夹钳动载向上可调，可调范围300~380mm，并随机配有各种结构的夹具、辅具，可满足任意形状的变形矫正。

52. 车体矫正机

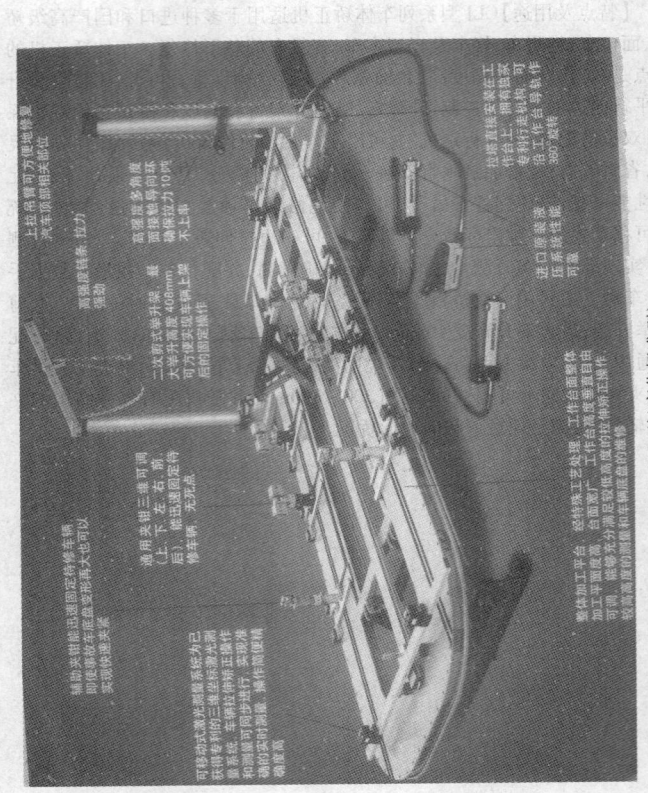

GLJI 510 型(豪华标准型)

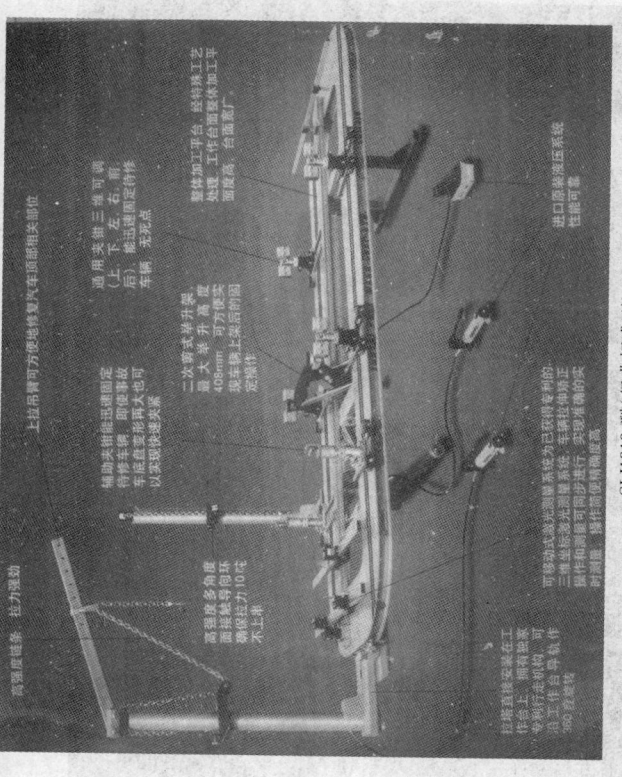

上长臂钟可方便维修置汽车顶部相关部位

通用夹锁三维可调（上、下、左、右、前、后），能迅速固定锁住各种车辆，无死点

整体加工工作台，经特殊工艺处理，工作台面经水加工平面度高、台面表厂

进口专业车身校正系统，性能可靠

高强度链条车，拉力强劲

辅助夹锁拉迅速固定待修车辆，即使事故车底变形再大也可以实现快速修复

二次牵引举升架最大牵引高度408mm可使现车辆上架后的间距缩小

可移动式液压测量系统，系统为已获得专利的三维坐标迷龙测量系统，车身拉伸时的正固作和测量可同步进行，实现更准确的时间度，操作简便快捷高效

高强度多牙度高线轴导向环，确保拉力10t不上油

拉靠直接安装在工作台上，照可监测专利行走机构，可沿工作台导轨作360度旋转

CLJ1010 型（经典标准型）

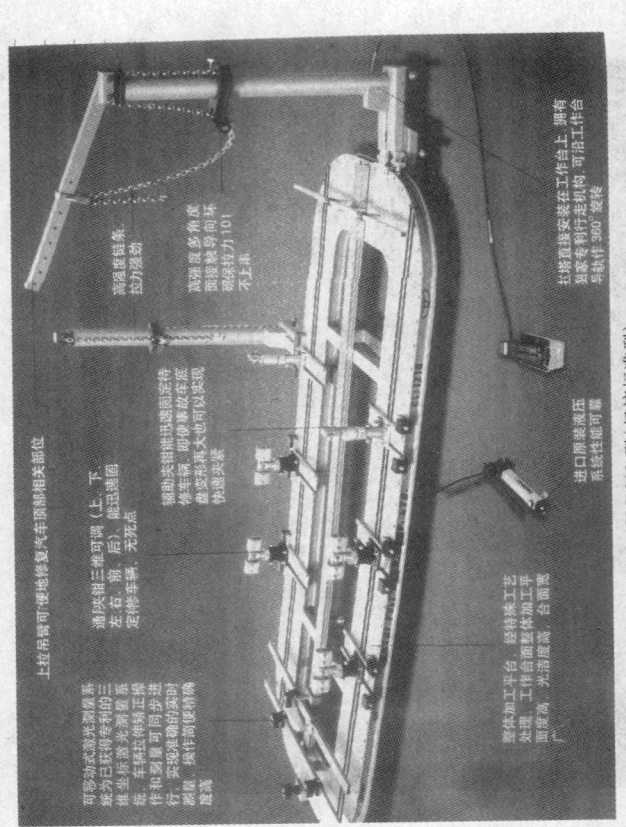

上ягฟ吊器可以便地修复复车顶部相关部位

可移动式激光源系统为已获得专利的多维坐标激光源系统，车辆技你作正校坐标同步进行，实现泡速度的实时测取，镇捷而便捷隔度高

通陕返三维可调（上、下、左、右、前、后），能已速固定桩车辆，无死点

辐射失耐特性讯速固定待修车辆，即像故障底盘变形不太也可以实现快速装紧

高强度链系拉力强劲

高强度多件度面链接镇导向101t碗采拉力不上扑

桩墙直接安装在工作台上，拥有桩墙专利标准机构，可沿工作台可绕作360°变传

进口原装液压系统性能可靠

整体加工平台，经特殊工艺处理，工作台面的整体加工平面度高，光活度高，台面宽广

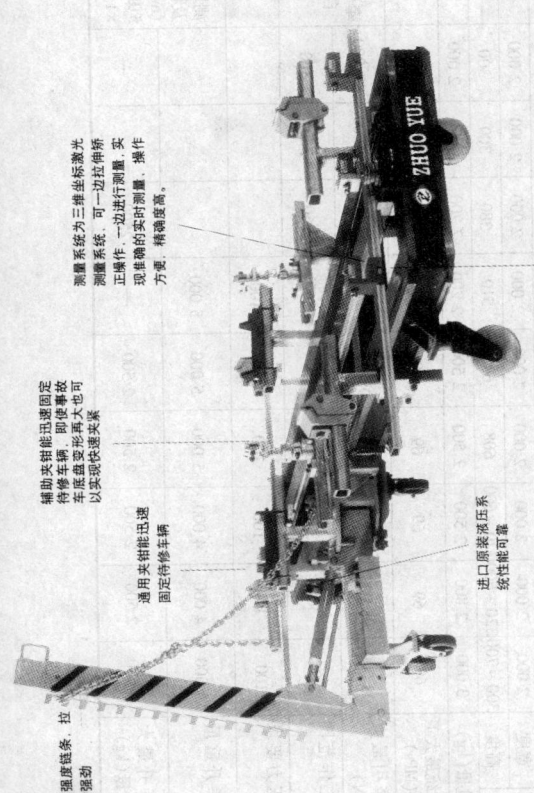

辅助夹钳能迅速固定待修车辆，即使事故车底盘变形再大也可以实现快速装夹紧

测量系统为三维坐标激光测量系统，可一边拉伸矫正操作，一边进行测量，实现车辆的实时测量，操作方便，精确度高，

通用夹钳能迅速固定待修车辆

进口原装液压系统性能可靠

高强度钛条，拉力强劲

CLJ710 型（框架/标准型）

高强度整体工作台

【规　格】烟台普利机械有限公司产品

型号	CLJ1810（超级豪华型）	CLJ1510（豪华标准型）	CLJ1610（豪华实用型）	CLJ1010（经典标准型）	CLJ1010B（经典实用型）	CLJ1310（经典经济型）	CLJ1210A（经济多功能型）	CLJ1210（经济标准型）	CLJ1210B（经济实用型）	CLJ710（框架标准型）
工作台（mm） 长度	5 846	5 328	5 180	5 180	5 180	5 032	4 884	4 884	4 884	4 500
宽度	2 000	2 000	2 000	2 000	2 000	2 000	2 000	2 000	2 000	900
高度	300~700	320~600	320~600	608	608	510	380	300	300	450
设备重量（kg）	3 000	2 800	2 500	2 500	2 500	2 200	2 200	2 000	2 000	69
液压系统最大工作压力（MPa）	69	69	69	69	69	69	69	69	69	
拉塔牵引最大拉力（N）	98 000	98 000	98 000	98 000	98 000	98 000	98 000	98 000	98 000	牵引装置 自由度 5
拉塔工作范围（°）	360	360	360	360	360	360	360	360	360	
气源压力要求（PSI）	100	100	100	100	100	100				100
最大举升重量（kg）	5 000	4 000	4 000	5 000	5 000	5 000	2500	—	—	测量范围及精度（mm） 5 000×800×1 500±3
二次举升最大举升重量（kg）	2 500	2 500	2 500	2 500	2 500	—		—	—	

[规格]江苏南通通达金工具有限公司产品

组别	细目（工具名称及数目）					
56件组	测电笔	1件	1/2火花塞	1件	压线钳(200 mm)	1件
	1/2万向	1件	1/2×5"接杆	1件	塑架内六角(1套)	5件
	1/4万向	1件	1/4×6"接杆	1件	1/4套筒(4~13 mm)	10件
	1/4滑杆	1件	批头(1套)	10件	1/2套筒(10~24 mm)	10件
	10"滑杆	1件	1/2棘轮扳手	1件	穿心螺丝批(100 mm)	1件
	10"接杆	1件	1/4棘轮扳手	1件	双色螺丝批 38×6(±)	1件
	螺批接杆	1件	钢丝钳(180 mm)	1件	双色螺丝批 100×5(±)	2件
	弹簧套筒	1件	尖嘴钳(160 mm)	1件		2件
100件组	端子	20件	30PC 批头	30件	活扳手(200 mm)	1件
	1/2接杆	1件	0.3kg钳工锤	1件	内六角(5~10mm)	4件
	L型扳手	1件	10PC 厚薄规	1件	穿心螺丝批200×8	7件
	轮胎扳手	1件	1/2万向接头	1件	两用扳手(10~19 mm)	1件
	螺批滑杆	20件	套筒(5~24 mm)	1件	轮胎套筒(21×23 mm)	1件
	1/2滑行杆	1件	压线钳(200 mm)	1件	1/2×21 mm 火花塞套筒	1件
	1/2棘轮柄	1件	钢丝钳(200 mm)	1件	双色螺丝批 38×6(±)	2件
					双色螺丝批 150×6(±)	2件
109件组	钢锯	1件	10PC 厚薄规	1件	穿心螺丝批200×8	1件
	端子	41件	防潮防震电筒	1件	1/2 滑行杆附方头	1件
	测电笔	1件	1/2,1/4 套筒	1件	两用扳手(10~19 mm)	9件
	吹塑盒	1件	套筒(5~24 mm)	20件	8PC 内六角(1.5~6 mm)	8件
	2m 卷尺	1件	压线钳(200 mm)	1件	双色螺丝批150×6(±)	2件
	滤清器扳手	1件	钢丝钳(180 mm)	1件	双色螺丝批150×6(±)	2件
	1/2,1/4 接杆	2件	尖嘴钳(5~10 mm)	2件	13/16×21 mmT 型火花塞	1件
	1/2万向接头	1件	内六角(5~10 mm)	4件	加力可调扳手附	
	0.3kg钳工锤	1件	5/8×16 mm 火花塞	1件	(21×23 mm 套筒)	2件

续表

组别	细目（工具名称及数目）					
125件组	$\frac{1}{4}$″套筒(4~13 mm)	12件	批头专用接头	1件	6$\frac{1}{2}$″尖嘴钳	1件
	$\frac{1}{4}$″×4″接杆	1件	$\frac{3}{8}$″棘轮柄	1件	6$\frac{1}{2}$″斜嘴钳	1件
	带珠方头旋柄	1件	8″活络扳手	1件	6″鲤鱼钳	1件
	$\frac{3}{8}$″套筒(14~22 mm)	5件	两用扳手(8~17 mm)	6件	测电笔	1件
	$\frac{3}{8}$″长套筒(10~15 mm)	6件	10PC厚薄规	1件	端子	30件
	更换	1件	双开口扳手(6~24 mm)	6件	胎压计	1件
	$\frac{3}{8}$″×6″接杆	1件	棘轮起子	1件	螺丝批	8件
	$\frac{3}{8}$″塑盘	1件	剥线钳	1件	电瓶刷	1件
	$\frac{5}{8}$″、$\frac{13}{16}$″火花塞套筒	2件	7″钢丝钳	1件	螺批头	22件
					内六角扳手(1.5~6 mm)	10件

注：组合细目可根据需要选组。

53. 汽车钣金车身整形修护设备

【特点及用途】汽车钣金车身整形修护设备又称钣金八卦车身手术校正系统。其特点是：可快速固定车身，易于车身大修时承受强大之拉力；作业时无角度限制，可同时进行多处整形修复，提高工作效率；配合拉塔使用，可发挥与校正台相同的功能，迅速完成拉拔作业；力道强劲（10TON）可应付任何因外力所造成的车身变型，尤其是大梁底盘的变型恢复；可依场地环境的提供同时进行多部车辆作业，而且不占空间，平时配合其他汽车修护作业使用，机动性高。

八卦系列：

J&L-A1 	J&L-A2 	J&L-A3 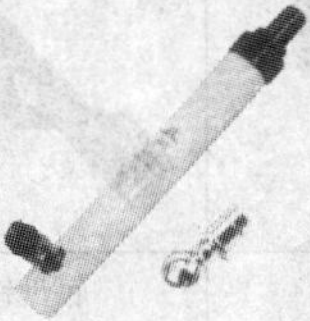	J&L-A4 
气动油压泵浦 10 TON	油压高压管	17 寸油杆 10000 LBS 含支转头	油压接杆5″、8″、14″、18″
J&L-A5 	J&L-A6 	J&L-C1 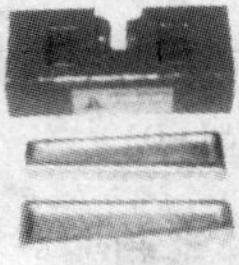	J&L-B1×4 
支转头底座	油压杆头	链条固定器	角座

续表

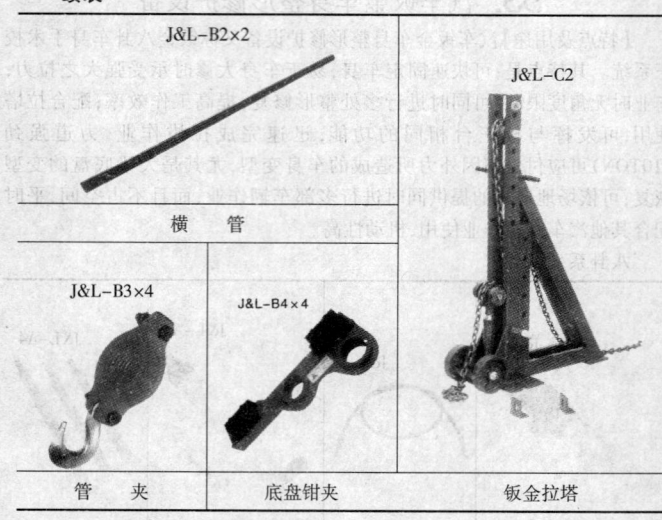

J&L-B2×2		J&L-C2
横　管		
J&L-B3×4	J&L-B4×4	
管　夹	底盘钳夹	钣金拉塔

夹具系列(标准配备)：

扁嘴钳夹 双向作业用于 一般局部拉拔 能力:5TON	J&L-DI	直角方向钳夹 双向作业,最适 合薄板使用 能力:8TON	J&L-D3
口型钳夹 单向作业齿面 高度两边不同, 适合狭小空间 使用 能力:5TON	J&L-D2	2″剪状钳夹 单向作业,无须 螺丝固定,爬 时越拉越紧 能力:3TON	J&L-D4

续表

深拉钩 用于陷处之强 力整修 能力:8TON	J&L–D5 	下拉滑轮组 用于任何下拉 角度拉拔 能力:5TON	J&L–D6 
链条连接器 链接链条使用 （3/8″ 5/16″ 链 条适用） 能力:8TON	J&L–D7 	钢板夹 用于局部之快 速整型 能力:6TON	J&L–D8 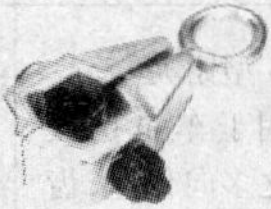
长嘴钳夹 用于较深之窄 面拉拔 能力:3TON	J&L–D9 	直角拖拉板 用于车身螺丝 孔之连接直角 拉拔 能力:3TON	J&L–D10 
快速拖拉板 能力:5TON	J&L–D11 	避震器拉座 适用于任何车 种之任何角度 拉拔 能力:3TON	J&L–D12 
链条缩短器 连接链条与缩 短使用(3/8″ 5/16″ 链条适 用) 能力:6TON	J&L–D13 	链条 10000PSI 澳洲 用于车身夹具 拉具时之连接 拉拔 5/16″×3 米	J&L–D14 

夹具系列(选用配备):

快速锚定夹 特殊角度设计, 可快速固定车 身,不需用角底 及座盘夹具固定 能力:5TON	J&L-E1	本田专用锚定夹 专为本田车系 之侧底所设计 之锚定夹 能力:5TON	J&L-E2
G 型钳夹 用于车身拉拔 之多向作业,齿 面伸缩长度 3″ 能力:3TON	J&L-E3	气动研磨抛光机 用于钣金点焊 时,抛光漆面以 利点焊拉拔作业 转速 90000RPM	J&L-E4
多方向钳夹 用于较大部位 之特殊方向拉 拔 能力:3TON	J&L-E5	倒拉油压组 用于车身因撞 击超过固定之 尺寸甚多,将之 拉回整修作业 能力:5TON	J&L-E6
油压钣金组 17 件 车身内部整型	J&L-E7	原厂工具台车 固定式	J&L-E8

【规　　格】J&L MOTO 产品

a. 钣金八卦标准配备			b. 钣金八卦普通配备		
编号	名称及规格	数量	编号	品名	数量
A1	气动油压泵浦	2 台	A1	气动油压泵浦	1 台
A2	油压高压管	2 条	A2	油压高压管	1 条
A3	17 寸油杆含支转头	2 套	A3	17 寸油杆含支转头	1 套
A4	油压接杆	2 套	A4	油压接杆	1 套
A5	支转头底座	2 套	A5	支转头底座	1 套
A6	油压杆头	2 只	A6	油压杆头	1 只
B1	角座	4 只	B1	角座	4 只
B2	横管	2 条	B2	横管	2 条
B3	管夹	4 只	B3	管夹	4 只
B4	底盘钳夹	4 只	B4	底盘钳夹	4 只
C1	链条固定器	8 组	C1	链条固定器	6 组
C2	台制钣金拉塔	1 台	C2	台制钣金拉塔	1 台
D1	扁嘴钳夹	2 只	D1	扁嘴钳夹	1 只
D2	口型钳夹	1 只	D2	口型钳夹	1 只
D3	直角方向钳夹	1 只	D3	直角方向钳夹	1 只
D4	2″剪状钳夹	1 只	D4	2″剪状钳夹	1 只
D5	深拉钩(附一只配件)	1 组	D5	深拉钩(附一只配件)	1 组
D6	下拉滑轮组	1 组	D6	下拉滑轮组	1 组
D7	链条连接器	2 只	D7	链条连接器	1 只
D8	钢板夹	1 只	D8	钢板夹	1 只
D9	长嘴钳夹	1 只	D9	长嘴钳夹	1 只
D10	直角拖拉板	1 只	D10	直角拖拉板	1 只
D11	快速拖拉板	1 只	D11	快速拖拉板	1 只
D12	避震器拉座	2 组	D12	避震器拉座	1 组
D13	链条缩短器	8 只	D13	链条缩短器	1 只
D14	链条	6 条	D14	链条	6 条
E7	油压钣金组 17 件	1 套			
E8	工具台车	1 台			

豪华选用配备：

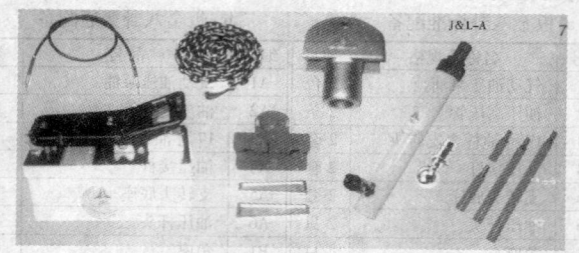

液压套装单元

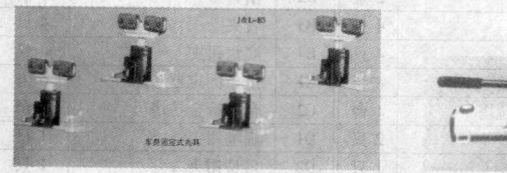

车身固定式夹具　　手动变速液压泵

欧式快速拖拉板　　多功能拉器

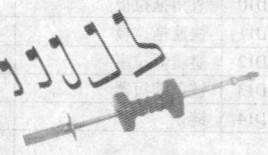

车门持开器

钣金拉锤　　车门持开器

c. 钣金八卦豪华配备

编号	名称及规格	数量
A7	液压套装单元	2 组
B5	车身固定式夹具	1 组
C1	链条固定器	4 组
C2	台制钣金拉塔	2 台
D1	扁嘴钳夹	2 只
D2	口型钳夹	2 只
D3	直角方向钳夹	1 只
D4	2″剪状钳夹	1 只
D5	深拉钩(附一只配件)	1 组
D6	下拉滑轮组	1 组
D7	链条连接器	2 只
D8	钢板夹	1 只
D9	长嘴钳夹	1 只
D10	直角拖拉板	1 只
D11	快速拖拉板	1 只
D12	避震器拉座	1 组
D13	链条缩短器	2 只
D14	链条	4 条
E1	快速锚定夹	2 只
E3	G 型钳夹	1 只
E5	多方向钳夹	1 只
E6	倒拉油压组	1 组
E7	油压钣金组 17 件	1 套
E9	欧式快速拖拉板	1 只
E10	钣金拉锤	1 组
E12	多功能拉器	1 组

注:除以上配备之外,可根据需要另行选择配备。

54. 汽车大梁钣金修复系统

【特点及用途】汽车大梁钣金修复系统主要用于车身大修作业,其承受拉力大,快速固定车身,作业时不受角度限制,采用 10t 分离式千斤顶,夹具为高级钢材锻造,对严重的车身变型及大梁底盘的修复尤为理想。

【规　　格】台湾宏钢机械厂产品

a. 标准配置(1602 型)

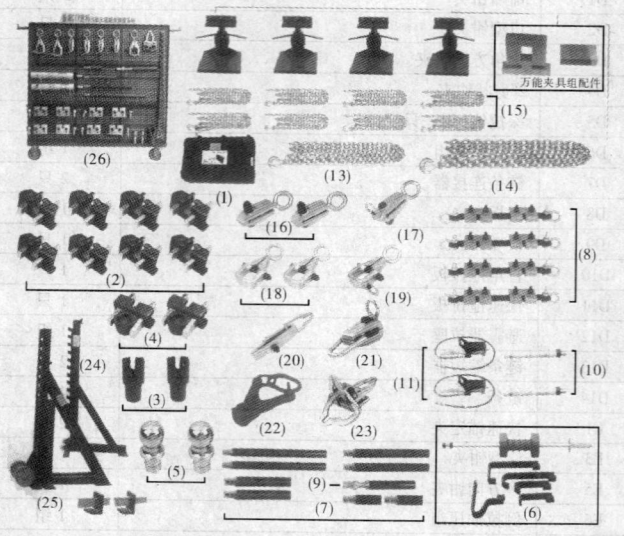

1602 型标准配置表(附:标准展示架)

序号	名称及规格	数量	备　注
01	10T 分离式千斤顶	1 组	
02	链条座	8 个	附插销 16 支

续表

序号	名称及规格	数量	备　　注
03	链条固定头	2个	
04	支转球锚座	2个	附插销4支
05	支转球	2个	
06	钣金拉引器	1组	附5支钩
07	加长式接杆	8支	
08	底盘固定夹具	4组	
09	调整式接杆	1支	
10	加长10T×10″油压缸	2支	
11	气动油压邦浦	2个	
12	万能夹具组	4组	附配件16个,插销8支
13	链条3/8　9尺	1条	
14	链条3/8　15尺	1条	
15	链条5/16　9尺	8条	
16	钣金夹具	2个	
17	钣金夹具	1个	
18	钣金夹具	2个	
19	钣金夹具	1个	
20	钣金夹具	1个	
21	钣金夹具	1个	
22	钣金夹具	1个	
23	钣金夹具	1个	
24	校正台固定臂	1台	
25	校正台钣金拉臂	1台	附插销2支,配件2个

b. 高级豪华配置(1601 型)

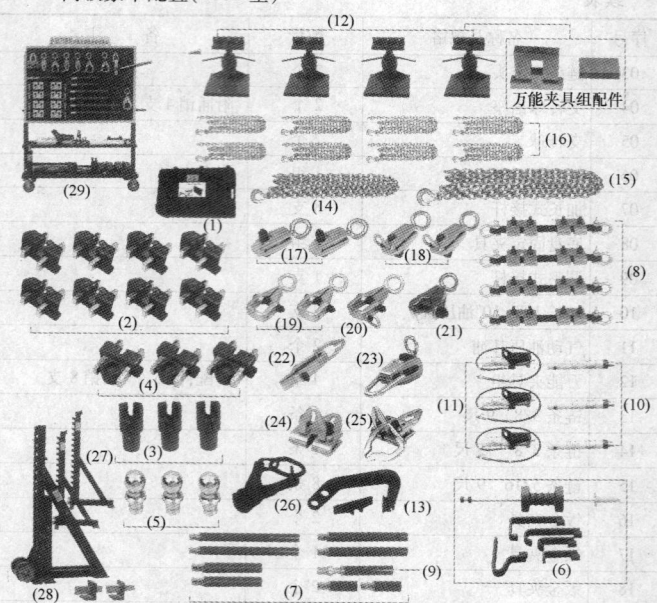

万能夹具组配件

1601 型高级豪华配置表(附:高级展示架)

序号	名称及规格	数量	备注
01	10T 分离式千斤顶	1 组	
02	链条座	8 个	附插销 16 支
03	链条固定头	3 个	
04	支转球锚座	3 个	附插销 6 支
05	支转球	3 个	
06	钣金拉引器	1 组	附 5 支钩

续表

序号	名称及规格	备注	
07	加长式接杆	8 支	
08	底盘固定夹具	4 组	
09	调整式接杆	1 支	
10	加长 10T×10″油压缸	3 支	
11	气动油压邦浦	3 个	
12	万能夹具组	4 组	附配件 16 个,插销 8 支
13	深接钩	1 组	
14	链条 3/8　9 尺	1 条	
15	链条 3/8　15 尺	1 条	
16	链条 5/16　9 尺	8 条	
17	钣金夹具	2 个	
18	钣金夹具	2 个	
19	钣金夹具	2 个	
20	钣金夹具	1 个	
21	钣金夹具	1 个	
22	钣金夹具	1 个	
23	钣金夹具	1 个	
24	钣金夹具	1 个	
25	钣金夹具	1 个	
26	钣金夹具	1 个	
27	校正台固定臂	2 台	
28	校正台钣金拉臂	1 台	附插销 2 支,配件 2 个

c. 经济型配置(1604 型)

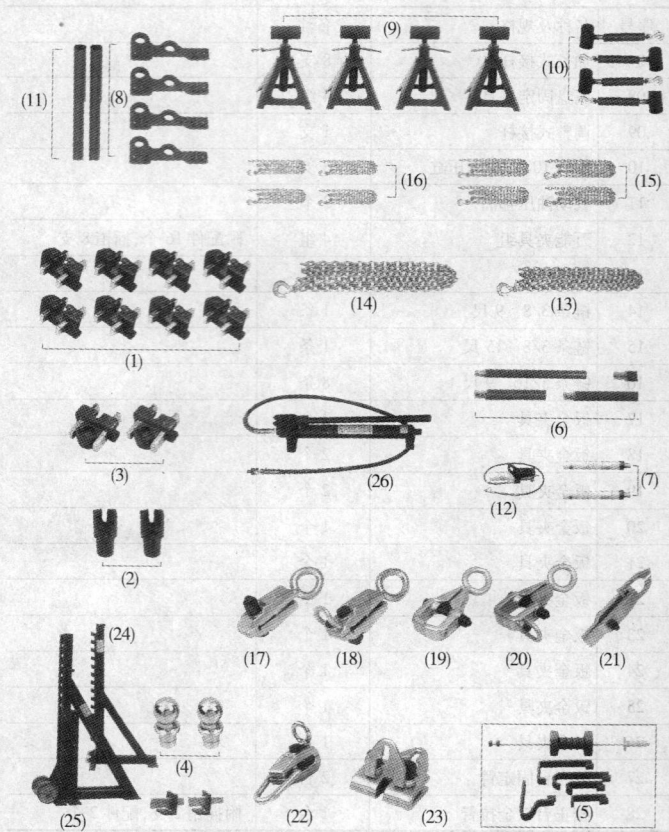

1604 经济型配置清单

序号	名称及规格	数量	备注
01	链条座	8 个	附插销 16 支
02	链条固定头	2 个	
03	支转球锚座	2 个	附插销 4 支
04	支转球	2 个	
05	钣金拉引器	1 组	附 5 支钩
06	加长式接杆	4 支	
07	加长 10T×10″油压缸	2 支	
08	底盘固定夹具	4 组	
09	脚架	4 个	
10	钢管固定器	4 组	
11	钢管	2 支	
12	气动油压邦浦	1 个	
13	链条 3/8　9 尺	1 条	
14	链条 3/8　15 尺	1 条	
15	链条 5/16　9 尺	4 条	
16	链条 5/16　5 尺	4 条	
17	钣金夹具	1 个	
18	钣金夹具	1 个	
19	钣金夹具	1 个	
20	钣金夹具	1 个	
21	钣金夹具	1 个	
22	钣金夹具	1 个	
23	钣金夹具	1 个	
24	校正台固定臂	1 台	
25	校正台钣金拉臂	1 台	附插销 2 支, 配件 2 个
26	手动油压泵浦	1 支	

55. 车轮拆装辅助工具

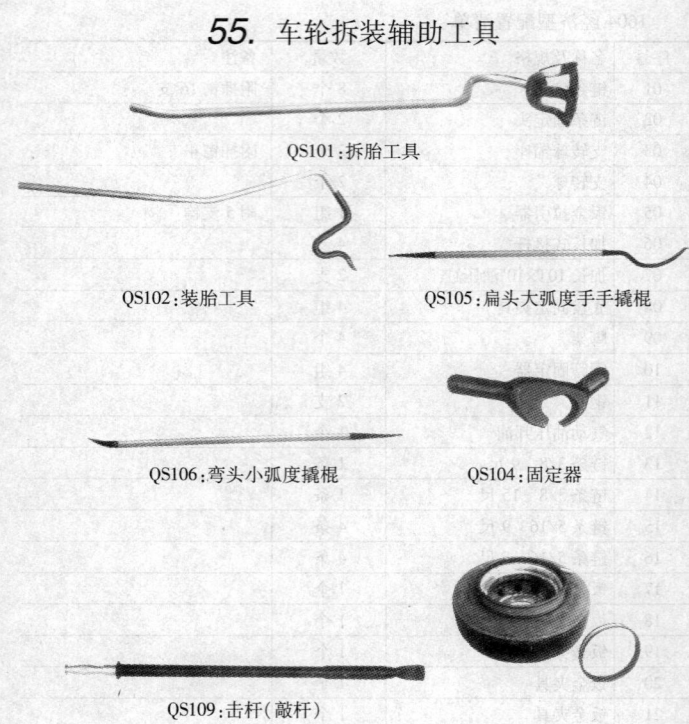

QS101:拆胎工具

QS102:装胎工具

QS105:扁头大弧度手手撬棍

QS106:弯头小弧度撬棍

QS104:固定器

QS109:击杆（敲杆）

QS110:密封圈（操作说明:将密封圈置入轮胎与钢圈间,锁紧密封圈,开始充气,至密封圈自动脱落,即完成充气。）

QS110:密封条(操作说明:将密封条置入轮胎与钢圈间,开始充气,至密封条自动脱落,即完成充气。)

【特点及用途】车轮拆装辅助工具为手工操作工具,主要有撬棍、击杆、固定器、密封圈(条)等物件,通常配合使用。

【规　　格】上海昊强汽车保养设备有限公司产品

组　　别	工具代号				
大型真空胎拆装充气工具组	101	102	104	109	110
大型真空胎拆装工具组	101	102	104		
大中型有内胎拆装工具组	105	106	109		
大型综合拆装充气工具组	101	102	104	105 106 109 110

56. 链式机油滤清扳手

【特点及用途】KT02-120L 型高强度链式机油滤清扳手具有通用、美观、不打滑和经久耐用等特点,特别适用于隐蔽位置的机油滤清器的拆装。

【规　　格】成都开天汽车工具开发部产品

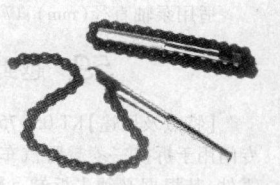

　　型号:KT02-120L

　　适用直径(mm):≤100

57. 轿车气门油封拆装工具

【特点及用途】KT03-16 型轿车气门油封拆装工具适用于轿车和轻型汽车气门油封的拆装，特别对挺筒和液压挺杆深孔中油封的拆装更为有效，拆、装均不损坏油封。其主要由导杆、冲头等组成。

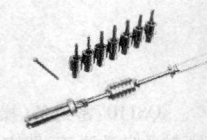

【规　　格】成都开天汽车工具开发部产品
型号：KT03-16
适用导杆直径(mm)：5.0,5.5,6.0,6.5,7.0,8.0,9.0

58. 转向助力泵皮带轮拆装工具

【特点及用途】KT04-19 型转向助力泵皮带轮拆装工具适用于切诺基及其他美产轿车转向助力泵皮带轮的拆装，其特点是使用简便，安全可靠。

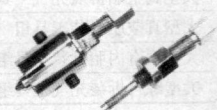

【规　　格】成都开天汽车工具开发部产品
型号：KT 04-19
适用泵轴直径(mm)：17,19

59. 越野汽车变速器轴承拉器

【特点及用途】KT 05-75 型变速器轴承拉器专门用于拆换三菱越野汽车的变速器内部损坏零件，其根据必须先拆卸一轴，主轴和中间轴的轴承后才能解体的操作特点而设计，所以工作时能简便、快速和安全地完成轴承的拆卸。

【规　　格】成都开天汽车工具开发部产品

型号:KT 05-75

适用轴承直径(mm):68,72,75

60. 轿车转向球头拉器

【特点及用途】KT 06-30 型轿车转向球头拉器适用于丰田轿车及其他一些轿车转向球头的拆卸,亦可用于其他小轴承及小零件的拆卸,特点是方便安全、省时可靠。

【规　　格】成都开天汽车工具开发部产品

型号:KT 06-30

适用直径≤(mm):30

61. 轿车前驱动轮毂推出工具

【特点及用途】KT 11-68/82 型轿车前驱动轮毂推出工具专门用于轿车前驱动轮毂拆卸,其配置有与之相应的可换拉头,有专用、部分通用和通用等多种组合,以供前轮轴承不同规格选用,其使用简便,结构独特,操作安全可靠。

【规　　格】成都开天汽车工具开发部产品

型号:KT 11-68/82

适用轴承外径(mm):68,72,74,77,80,82

62. 轿车变速器——轴前轴承拉器

【特点及用途】KT 07-17 型轿车变速器——轴前轴承拉器适用于轿车和轻型汽车装于曲轴后端盲孔中轴承的拆卸,其结构合理、使用简便、安全可靠。

【规　　格】成都开天汽车工具开发部产品

型号:KT 07-17

适用轴承内径(mm):12,15,17(三种拉头可换)

63. 两用滤清器扳手

【特点及用途】两用滤清器扳手专门用于汽车机油滤清器的拆装。其特点是扳手内含 1/2″DR 转换接头,可拆卸直径在 63～102mm 之间范围内的所有滤清器。该滤清器扳手需配合 12.5mm 系列(1/2″DR)或 10mm 系列(3/8″DR)的驱动工具使用。

【规　　格】世达工具产品

适用范围(mm):63～102

64. 轿车前驱动轮毂内钢碗拉器

【特点及用途】KT 12-62 型轿车前驱动轮毂内钢碗拉器专门用于轿车前驱动轮毂轴承内钢碗的拆卸。其结构独特,通用,使用方便,拉力愈大拉爪对内钢碗夹得愈紧,也可用于其他类似零件的拆卸。

【规　　格】成都开天汽车工具开发部产品

型号:KT 12-6 型

产品基本功能及使用方法,需参阅"产品说明"。

65. 差速器拆装工具

【特点及用途】KT 13-100 型差速器拆装工具主要用于捷达、奇瑞等轿车差速器的拆装,对驱动法兰拉出或压入,外油封安装及内油封的安装,可配以适合的配套工具,对大修差速器,或就车小修拆换差速器损坏油封都十分方便。

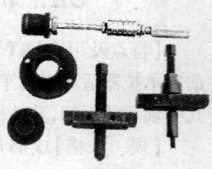

【规　　格】成都开天汽车工具开发部产品

型号:KT 13-100 型

产品基本功能及使用方法,需参阅"产品说明"。

66. 轿车气门弹簧拆装工具

【特点及用途】KT 15-125 型轿
车气门弹簧拆装工具具有结构独
特、使用简便、操作省力和安全可靠
等特点,尤其适用其他气门弹簧钳

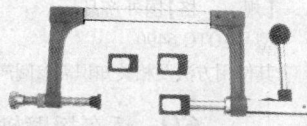

无法拆装的气门弹簧的拆装作业,其他轻型汽车的维修也可使用。

【规　　格】成都开天汽车工具开发部产品

型号:KT 15-125 型

弹簧座压头(mm):25,28,30

67. 减震弹簧拆装器

【特点及用途】TL 1501 型减震
弹簧拆装器为分体式结构,便于携
带,操作较易掌握,是汽车修理行业
用于汽车减震弹簧拆装的常用工
具。

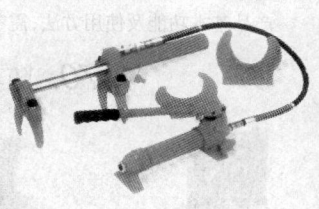

【规　　格】浙江省平湖市城关
通力机械厂产品

型　　号	TL1501
额定位力(KGS)	1650
行程(mm)	110
重量(kg)	22

68. 轴头及轴承拉拔器

【特点及用途】OTC 6490 型轴头及轴承拉拔器适合于几乎所有的车型的轴头及轴承的拆卸,其特点是节时(更换前轮轴承能省 50% 的时间),无需压床,无需拆下转向节,无需做四轮定位。

【规　　格】国外产品

型号:OTC 6490

其使用方法及相关知识需参阅产品的"使用说明"。

69. 轿车摇臂轴拉器

【特点及用途】KT 16–12 型轿车摇臂轴拉器主要用于夏利轿车摇臂轴的拆卸,其开合螺纹拉头采用优质钢制造,以滑锤为拉出动力。该产品结构独特,使用简便可靠。

【规　　格】成都开天汽车工具开发部产品

型号:KT 16–12 型

产品基本功能及使用方法,需参阅"使用说明"。

70. 随车组合工具

56 件组　　　　　　　　　125 件组

【特点及用途】随车组合工具的特点是携带方便,是汽车在行程途中急需检修的重要工具。根据实际需用,其组套有多样型式,主要工具有活扳手、呆扳手、套筒及其扳手、棘轮扳手、螺丝批、内六角扳手、钢丝钳、钳工锤、测电笔等。

【规格】 格1江苏南通金达工具有限公司产品

组别	细目（工具名称及数目）					
	测电笔	1件	1/2 火花塞	1件	压线钳(200 mm)	1件
	1/2万向	1件	1/2×5"滑杆	1件	塑架内六角(1套)	1件
	1/4万向	1件	1/4×6"接杆	1件	1/4套筒(4~13 mm)	10件
56件组	1/4滑杆	1件	批头(1套)	10件	1/2套筒(10~24 mm)	10件
	10"滑杆	1件	1/2 棘轮扳手	1件	穿心螺丝批(100 mm)	1件
	10"接杆	1件	1/4 棘轮扳手	1件	双色螺丝批 38×6(mm)	2件
	螺批接杆	1件	钢丝钳(180 mm)	1件	双色螺丝批 100×5(±)	2件
	弹簧套筒	1件	尖嘴钳(160 mm)	1件		
	端子	20件	30PC 批头	30件	活扳手(200 mm)	1件
	1/2 接杆	1件	0.3kg 钳工锤	1件	内六角(5~10mm)	4件
	L型扳手	1件	10PC厚薄规	1件	穿心螺丝批 200×8	1件
100件组	轮胎扳手	1件	1/2万向接头	1件	两用扳手(10~19 mm)	7件
	螺批接杆	1件	套筒(5~24 mm)	20件	轮胎套筒(21×23 mm)	1件
	1/2滑行杆	1件	压线钳(200 mm)	1件	1/2×21mm 火花塞套筒	1件
	1/2万向柄	1件	钢丝钳(200 mm)	1件	双色螺丝批 38×6(mm)	2件
					双色螺丝批 150×6(±)	2件
	铜刷	1件	10PC厚薄规	1件	穿心螺丝批 200×8	1件
	端子	41件	防漏防震电筒	2件	1/2 滑行杆附方身头	2件
	测电笔	1件	1/2,1/4 棘轮柄	1件	两用扳手(1.5~6 mm)	9件
	吹塑盒	1件	套筒(5~24 mm)	20件	8PC内六角(1.5~6 mm)	8件
109件组	2m 卷尺	1件	压线钳(200 mm)	1件	双色螺丝批 38×6(±)	2件
	滤清器扳手	1件	钢丝钳(180 mm)	1件	双色螺丝批 150×6(±)	2件
	1/2,1/4 接杆	2件	尖嘴钳(160 mm)	1件	13/16×21 mmΓ型火花塞	1件
	1/2万向接头	1件	内六角(5~10 mm)	4件	加力可调扳手附	
	0.3kg 钳工锤	1件	5/8×16 mm 火花塞	1件	(21×23 mm 套筒)	2件

续表

组别	细目(工具名称及数目)					
125件组	$\frac{1}{4}$"套筒(4~13 mm)	12件	批头专用接头	1件	6$\frac{1}{2}$"尖嘴钳	1件
	$\frac{1}{4}$"×4"接杆	1件	$\frac{3}{8}$"棘轮柄	1件	6$\frac{1}{2}$"弯嘴钳	1件
	带珠方头旋柄	1件	8"活络扳手	1件	6"鲤鱼钳	1件
	$\frac{3}{8}$"套筒(14~22 mm)	5件	两用扳手(8~17 mm)	6件	测电笔	1件
	$\frac{3}{8}$"长套筒(10~15 mm)	6件	10PC厚薄规	1件	端子	30件
	更换		双开口扳手(6~24 mm)	6件	胎压计	1件
	$\frac{3}{8}$"×6"接杆	1件	棘轮起子	1件	螺丝批	8件
	$\frac{3}{8}$"塑盘	1件	剥线钳	1件	电瓶刷	1件
					螺批头	22件
	$\frac{5}{8}$、$\frac{13}{16}$火花塞套筒	2件	7"钢丝钳	1件	内六角扳手(1.5~6 mm)	10件

注:组合细目可根据需要选组。

71. 机修组合工具

【特点及用途】机修组合工具的特点是便于携带，使用方便，在机修作业时，对各种特殊位置的螺母、螺钉，如地位狭小或凹下很深的地方，都能随意操作。

【规　　格】江苏省南通鑫达工具有限公司产品

组别	细目(工具名称及数目)			
25 件组	吹塑盒	1 件	½ 棘轮扳手	1 件
	加速杆	1 件	½×5″, ½×10″接杆	2 件
	½ 万向节	1 件	套筒 ½×10 ~ 32mm	18 件
	½×10″滑杆	1 件		
28 件组	快速盘	1 件	½ 棘轮扳手	1 件
	加速杆	1 件	套筒 ½×8 ~ 32mm	21 件
	½ 万向节	1 件	½×5″, ½×10″接杆	2 件
	½×10″滑杆	1 件		
32 件组	快速盘	1 件	½ 棘轮扳手	1 件
	加速杆	1 件	套筒 ½×8 ~ 32mm	25 件
	½ 万向节	1 件	½×5″, ½×10″接杆	2 件
	½×10″滑杆	1 件		
52 件组	弹簧套筒	1 件	½, ¼ 棘轮扳手	2 件
	25mm 批头	13 件	¼×5″, ½×10″滑杆	2 件
	双向棘轮起子	1 件	套筒 ¼×4 ~ 13mm	11 件
	½, ¼ 万向节	2 件	套筒 ½×10 ~ 32mm	13 件
	¼×3″接杆	1 件	½×13/16 火花塞套筒	1 件
	½×5″, ½×10″接杆	2 件	内六角扳手(1.5-2-2.5)	3 件

续表

组别	细目（工具名称及数目）			
96件组	吹塑盒	1件	钢丝钳(200mm)	1件
	厚薄规	1件	斜口钳(160mm)	1件
	30PC批头	30件	尖嘴钳(160mm)	1件
	½×5″接杆	1件	两用扳手10″~17″	8件
	¼×6″接杆	1件	双色螺丝批38×6(±)	2件
	½×10″滑杆	1件	双色螺丝批125×6(±)	2件
	½棘轮扳手	1件	½×13/16 火花塞套筒	1件
	¼棘轮扳手	1件	12套筒10~32(mm)	13件
	½万向接头	1件	¼套筒4~13(mm)	12件
	¼万向接头	1件	套筒1/4×9/16,17/32,1/2,15/32,	
	L型轮胎扳手	1件	7/16,13/32,3/8,11/32,5/16	
	L型批头扳手	1件	9/32,1/4,7/32,5/32,3/16	14件

72. 气动砂磨机

HP-305DL　　　　　　　　　　　　　　HP-301ADL

HP 系列型

【特点及用途】HP系列型气动砂磨机为自吸式研磨气动砂磨机,适用于汽车修复、清创及抛光,其特点是工作效率高,研磨效果好,操作简单易行,携带方便。

【规　　格】北京基达洵科技发展有限公司产品

型　　号	HP-305DL、HP-301AM/AL、HP-301ADL
底盘规格(mm)	ϕ125、ϕ150
振动轨距(mm)	5
无负荷转速(r/min)	9 000
空气消耗量(L/s)	0.34
全长(mm)	167
重量(kg)	1.1

73. 打蜡抛光机

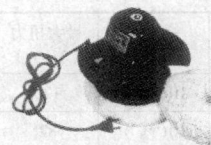

【特点及用途】XM-504型打蜡抛光机适用于汽车美容打蜡抛光,其具有摆动和震动功能,操作简单易行,携带方便。

【规　　格】上海熊猫清洗机厂产品

型　　号	XM-54
电源(V/Hz/W)	230 ~ 5 090
RPM	2 600
功率(AMPS)	0.6　0.65
重量(kg)	2.35
潮湿承受 [DB(A)]	≤70
摆/震动(m/s²)	6.4

74. 气动冲击扳手

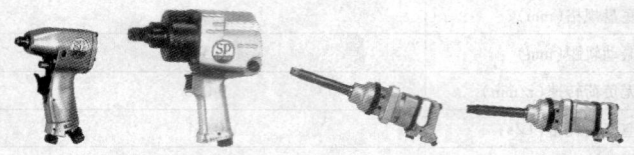

SP-1826　　　SP-1158　　　SP-1183E-8　　SP-5000E

【特点及用途】SP 系列气动冲击扳手是汽车专用工具，在汽车的钣金件、发动机修理、轮胎的拆卸以及六角螺母、凹槽、螺丝等小件的拆装，都得使用。

【规　　　格】日本产品

型　号	传动方头（mm）	螺栓帽（mm）	最大扭力（N·m）	全长（mm）	重量（kg）
SP-1135B	9.5(⅜″)	10(⅜″)	120	138	1.3
SP-1826	9.5(⅜″)	10(⅜″)	82	120	0.68
SP-1145A	12.7(½″)	16(⅝″)	500	190	2.5
SP-1140EX	12.7(½″)	16(⅝″)	625	186	2.49
SP-1148F SP-1148TR-X	12.7(½″)	16(⅝″)	550	197	2.74
SP-1156TR	19(¾″)	25(1″)	1 290	280	5.4
SP-1158	19(¾″)	25(1″)	1 500	375	6.5
SP-1183E-8	25.4(1″)	32(1¼″)	1 900	533	13
SP-1186E-8	25.4(1″)	38(1½″)	2 400	600	13
SP-5000E	25.4(1″)	50(2″)	2 700	635	17.3

75. 扭矩扳手

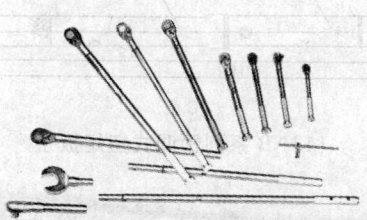

【特点及用途】扭矩扳手俗称扭力扳手,供紧固六角头螺栓螺母所用,其需配合套筒扳手套筒使用,并通过扭紧过程了解扭矩数值。扭矩扳手性能稳定,寿命长,使用方便,扳手头可任意更换,其中扭矩超过 680N·m 以上的扭矩扳手采用分体连接,携带方便。预调式扭矩扳手设置有扭力超值打滑功能,以保证螺栓螺母承受的扭矩不超过设定值。扭矩扳手适用于汽车、摩托车、拖拉机、船舶等行业装配及维修使用。

【规　　格】中国航空工业东方仪器厂产品

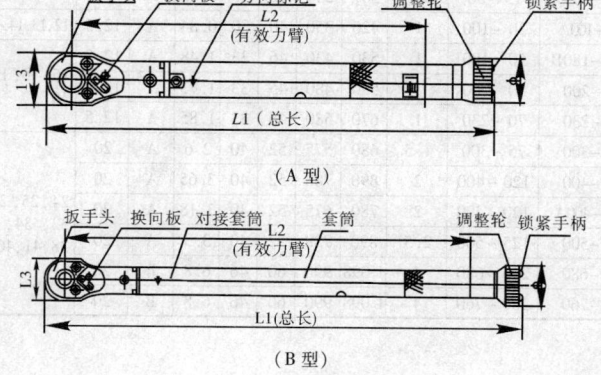

（A 型）

（B 型）

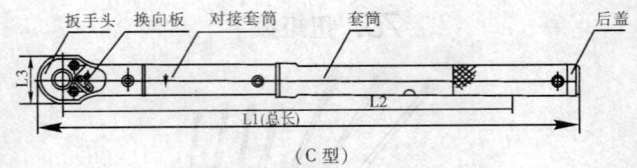

扳手头　换向板　对接套筒　　套筒　　　　　　　　后盖

L3

L2

L1(总长)

（C 型）

（1）NB 系列预调式扭矩扳手

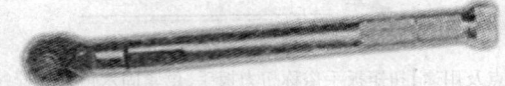

型号	设定值范围（N·m）	分度值（N·m）	基本尺寸(mm)				质量（kg）	形式	方榫公称尺寸（mm）	开口公称尺寸（mm）
			L1	L2	L3	ϕ				
NB-5	1~5	0.05	187	120	26	25	0.18	A	6.3	5,5.5,6~22
NB-10	3~10	0.1	200	140	26	25	0.20	A	10	
NB-22.5	5~22.5	0.25	255	190	32	28	0.44	A	10	8,9,10~24
NB-22.5A	5~22.5	0.25	225	165	26	25	0.28	A	10	
NB-50	15~50	0.5	307	240	32	28	0.45	A	10	
NB-100A	30~100	1	420	350	40	30	0.84	A	12.5	12,13,14~26
NB-180B	50~180	1	530	430	46	33	1.48	A	12.5	15,16,17~36
NB-200	50~200	1	580	480	45	33	1.73	A	12.5	
NB-230	70~230	1	670	580	46	33	1.85	A	12.5	
NB-300	75~300	1.5	680	575	52	40	2.6	A	20	24,25,26~32,34,36,38,41,46
NB-400	120~400	2	890	788	52	40	3.65	A	20	
NB-400A	120~400	2	780	675	52	40	3.18	A	20	
NB-500	125~500	2.5	890	788	52	40	3.3	A	20	
NB-680	200~680	4	1 098	990	60	46	6.8	B	20	
NB-760	200~760	4	1 098	990	60	46	6.8	B	20	

续表

型号	设定值范围（N·m）	分度值（N·m）	基本尺寸（mm）				质量（kg）	形式	方榫公称尺寸（mm）	开口公称尺寸（mm）
			L1	L2	L3	φ				
NB-1000	300~1 000	5	1 300	1 180	65	36	7.6	C	25	36，38，41，46，50，55，60，65，70，75
NB-1200	400~1 200	8	1 530	1 410	75	36	8.5	C	25	
NB-2000	750~2 000	12.5	1 830	1 710	75	36	13	C	25	
NB-2000A	720~2 000	16	1 320	1 203	75	36	7.6	C	25	
NB-3000A	1 000~3 000	10	1 500	1 368	90	58	25	C	25	

（2）NBD 系列定值扭矩扳手

型号	设定值范围			基本尺寸（mm）				质量（kg）	形式	方榫公称尺寸（mm）	开口公称尺寸（mm）
	N·m	lbf·ft	lbf·in	L1	L2	L3	φ				
NBD-10	2~10	1.5~8	20~90	160	120	26	15	0.25	C	10	5，5.5，6~22
NBD-25	5~25	4~18	45~220	190	140	26	15	0.28	C	10	
NBD-50	10~50	8~37	90~440	283	234	32	20	0.45	C	10	8，9，10~24
NBD-100	20~100	15~70	180~800	347	282	40	22	0.48	C	12.5	12，13，14~26
NBD-200	40~200	30~150		495	427	46	26	1.5	C	12.5	15，16，17~36
NBD-300	60~300	45~220		680	575	52	40	2.6	C	12.5	24，25，26~32
NBD-400	80~400	60~300		890	780	52	40	3.7	C	20	34，36，38，41，46
NBD-500	120~500	90~360		890	760	52	40	2.9	C	20	
NBD-760	200~760	150~600		1098	940	60	46	7	C	20	
NBD-1000	400~1 000	300~700		1300	1 183	65	36	7.5	C	25	36，38，41，46
NBD-2000	800~2 000	600~1 500		1820	1 703	75	36	13	C	25	50，55，60，65，70，75

（3）NB 英制系列扭矩扳手

型号	设定值范围	分度值	单位	基本尺寸（mm）				质量（kg）	形式	方榫公称尺寸（mm）	开口公称尺寸（mm）
				L1	L2	L3	φ				
NB-5CI	10~50	0.5	lbf. in	187	120	26	25	0.18	A	6.3	5,5.5,6 7,8~22
NB-10CI	20~100	1	lbf. in	200	140	26	25	0.20	A	10	
NB-22.5C	5~20	0.15	lbf. ft	225	165	32	28	0.28	A	10	8, 9, 10 11, 12~ 24
NB-22.5CI	40~200	2	lbf. in	225	165	32	28	0.28	A	10	
NB-50C	10~40	0.3	lbf. ft	307	240	32	28	0.45	A	10	
NB-50CI	120~400	4	lbf. in	307	240	32	28	0.45	A	10	
NB-100C	20~80	0.6	lbf. ft	420	350	40	30	0.84	A	12.5	12, 13 14,15,16 ~26
NB-100CI	240~800		lbf. fn	420	350	40	30	0.84	A	12.5	
NB-180C	35~140	0.5	lbf. ft	530	430	46	33	1.48	A	12.5	15, 16 17,18,19 ~36
NB-230C	50~170	0.5	lbf. ft	670	530	46	33	1.85	A	12.5	
NB-300C	50~200		lbf. ft	680	575	52	40	2.6	A	20	24, 25, 26,27,28 ~32,34, 36, 38, 41,46
NB-400C	90~300	1.5	lbf. ft	780	675	52	40	3.18	A	20	
NB-500C	100~400		lbf. ft	890	788	52	40	3.3	A	20	
NB-680C	150~500	2.5	lbf. ft	1 098	980	60	40	6.8	B	20	
NB-760C	150~600	3	lbf. ft	1 098	980	60	40	6.8	B	20	
NB-1000C	200~750	5	lbf. ft	1 300	1 180	65	36	7.6	C	25	36, 38, 41, 46, 50, 55, 60, 65, 70,75
NB-1200C	300~900	6	lbf. ft	1 530	1 410	75	36	8.5	C	25	
NB-2000C	500~1 500	10	lbf. ft	1 830	1 710	75	36	13	C	25	
NB-3000C	600~2 250	7.5	lbf. ft	1 500	1 368	90	58	25	C	25	

(4) NBH 系列双向预调式扭矩扳手

型号	设定值范围 (N·m)	分度值 (N·m)	方榫公称尺寸 (mm)	基本尺寸(mm)				质量 (kg)
				L1	L2	L3	φ	
NBH–23	5~23	0.1	10	275	215	23	27.5	0.4

(5) SNB 系列数显扭矩扳手

换向板　显示窗　预置报警灯　设定键　单位转换键　选择键　模式键　复位/开键
电池盒

L2(有效力臂)
L1(总长)

型号	设定值范围			分度值		方榫公称尺寸 (mm)	基本尺寸 (mm)		质量 (kg)
	N·m	lbf.ft	lbf.in	N·m	lbf.in		L1	L2	
SNB100	10~100	7~73	88~885	0.1	1	12.5	330	412	1.1
SNB200	20~200	14~147	177~1 770	0.1	1	12.5	400	485	1.39
SNB300	30~300	22~221	265~2 655	0.1	1	20	500	588	1.7

(6) NQ 预置式扭矩扳手

型号	设定值范围 （N·m）	内六方公称尺寸 （mm）	总长度 （mm）	径向最大尺寸 （mm）	质量 （kg）
NQ-1.2	0.2～1.2	6.3	120	φ30	0.15
NQ-2	0.4～2	6.3	186.5	φ35	0.15
NQ-4	0.8～4	6.3	186.5	φ35	0.25
NQ-6	1.2～6	6.3	186.5	φ35	0.4

76. 电剪刀

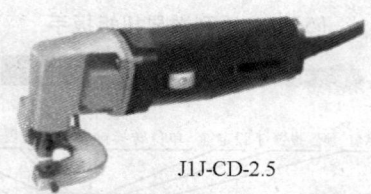

J1J-CD-2.5

【特点及用途】电剪刀是以上下刀片的运动来剪切金属板材，其操作灵活，自持把握，对于金属工件边角的修剪平整，尤为适宜。

【规　　格】成都电动工具有限责任公司产品

型　号	J1J-CD2-2	J1J-CD-2.5
额定电压（V）	220	220
额定输入功率（W）	430	430
钢板厚度（mm）	2	2.5
往复次数（次/min）	1 300	1 100
往复行程（mm）	2.5	3.0
重量（kg）	2.5	2.3

77. 气动螺丝刀

　　DH-4.5S　　　　DH-6SEL　　　　D-6WHCL

　　【特点及用途】气动螺丝刀使用气压为 0.49MPa,其产品的六角传动孔与螺钉具的配合尺寸应符合 GB3229 的相应规定。根据需要,刀头可安装一字头或十字头,旋向可分为单向和双向两种。气动螺丝刀效率高,使用方便,能装拆各种带槽螺钉。

　　【规　　格】"油谷"专业气动工具产品

型号	螺栓能力 (mm)	最大扭力 (N·m)	无负荷转速 (rpm)	重量 (kg)	总长 (mm)	方头 (mm)	进气口 (P.T)
DH-4.5S	3.5~5	10	1 1000	0.6	190	6.35	1/8
D-6SSAEL	6	29	8 500	0.8	204	6.35	1/4
D-6SSBEL	6	29	8 500	0.8	204	6.35	1/4
DH-6SEL	6	39	8 500	0.8	205	6.35	1/4
D-6SHSL	6~8	49	8 000	0.9	200	6.35	1/4
D-6WHCL	6	30	7 500	1.4	229	6.35	1/4

78. 拉 马

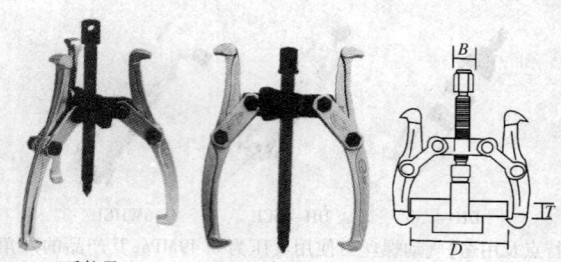

三爪拉马　　　　二爪拉马

【特点及用途】拉马亦称多用顶拔器,在汽保维修中,可用于拆卸离合器驱动盘、轴承、皮带轮等,其产品主要由经热锻压热处理铬钢制造。按拉马结构可分为二爪拉马和三爪拉马。

【规　　格】杭州方山五金工具厂产品

（mm）

规格		顶拔直径(D)		工作厚度	六角对边宽度	重量
（mm）	（in）	最小	最大	(T)<	(B)	（kg）
75	3	40	75	30	14	0.6
100	4	50	100	45	17	1.0
150	6	60	150	60	19	1.9
200	8	80	200	75	22	2.9
250	10	100	250	90	24	5.5
300	12	125	300	105	27	8.0
350	14	150	350	120	30	12.0

79. 气 铲

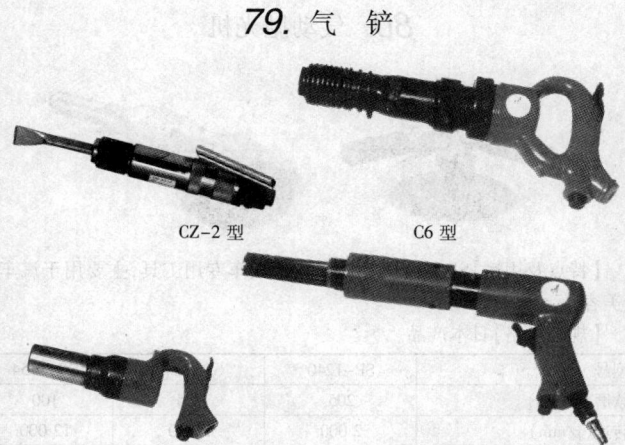

CZ-2 型   C6 型

C4 型   CQ-2 型

【特点及用途】气铲专门用于汽修行业对汽车清创以及其他类似需用的场合,如清除毛边、披锋、电焊焊渣等。手柄结构有直柄、枪柄、环柄、弯柄等型式。

【规　　格】上海腾马风动工具有限公司产品

型号	机重（kg）	耗气量（L/s）	冲击频率（Hz）	冲击能（J）	直径（mm）	噪声 dB（A）	气管内径（mm）
CZ-2	2	7	60	1.5	25	103	10
C4	4.4	21	32	10	30	110	13
C6	6.4	23	25	15	30	118	13
CQ-2	1.5	7	45	2	18	103	10
CQ-1	1.2	7	45	2	18	103	10

注:CQ-2 型为气铲除锈两用。

80. 气动抛光机

【特点及用途】SP 系列气动抛光机是汽车专用工具,主要用于汽车抛光美容。

【规　　格】日本产品

型号	SP-1240	SP-1247	SP-1254
软磨套(mm)	205	205	100
转速(r/min)	2 000	2 800	12 000
容气消耗量(m³/min)	0.09	0.11	0.08
全长(mm)	180	406	229
重量(kg)	2	2.4	1.7

81. 5 件套断丝取出器

【特点及用途】5 件套断丝取出口能快速、便捷拆卸已损坏在构件中的螺丝、管子、螺栓及大头钉,其采用 Cr—Mo 钢材制造,经热处理加工制成。组套断丝取出口携带方便,使用顺手,特别适合于随车使用。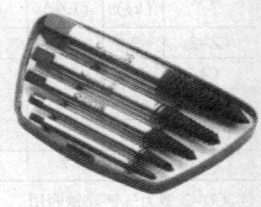

【规　　格】世达工具产品

断丝取出器规格(mm):2.5　3.0　4.5　6.0　8.0

82. 塞　尺

16 件套

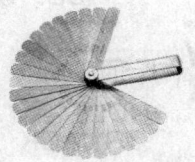
32 件套

　　【特点及用途】塞尺专门用于测量或检验汽车及其他结构精密部件（两平行面之间）的间隙，其尺身采用 65$^{\#}$Mn，表面抛光处理。

　　【规　　格】世达工具产品

件套名称	尺片规格（mm）	备注
14 件套公制塞尺	0.05、0.10、0.15、0.20、0.25、0.30、0.40、0.50、0.6、0.70、0.80、0.90、1.00	尺身 3″长，内含公制 2″直尺
16 件套公制塞尺	0.05、0.10、0.15、0.20、0.25、0.30、0.35、0.40、0.50、0.55、0.60、0.70、0.75、0.80、0.90、1.00	尺身 4″长，弯型
20 件套公制塞尺	0.05、0.10、0.15、0.20、0.25、0.30、0.35、0.40、0.45、0.50、0.55、0.60、0.65、0.70、0.75、0.80、0.85、0.90、0.95、1.00	公英制对照。尺身 3.5″长，含 6 个铜片、扳手，2 片 6 个钢丝
32 件套公制塞尺	0.03、0.04、0.05、0.06、0.07、0.08、0.09、0.10、0.13、0.15、0.18、0.20、0.23、0.25、0.28、0.30、0.33、0.38、0.40、0.45、0.50、0.55、0.60、0.63、0.65、0.70、0.75、0.80、0.85、0.90、1.00	公英制对照。尺身 3.5″长，含 1 个铜片

83. 钣金锤

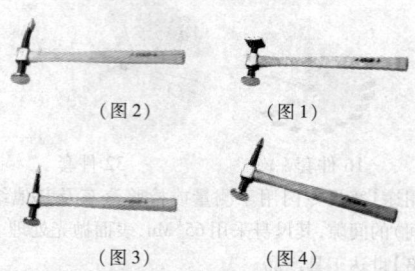

（图2）　　　　　　（图1）

（图3）　　　　　　（图4）

【特点及用途】钣金锤是汽修及其他手工机械作业的重要工具,主要用于敲击加工构件的凸凹损面。钣金锤采用高碳钢整体锻造成型,经淬火处理,耐敲击,其特点是微型状平面,使敲击面受力均匀,锤柄为核桃木,干燥弹性好,不致锤头脱落,八角形木柄设计,操作顺手。

【规　　格】世达工具产品

品种名称	重量(g)	图示
标准钣金锤	320	（图1）
重式缩减钣金锤	390	（图1）
轻式缩减钣金锤	300	（图1）
曲面精整钣金锤	305	（图2）
直面精整钣金锤	305	（图3）
鹤嘴精整钣金锤	260	（图4）

84. 6件套汽车钣金工具

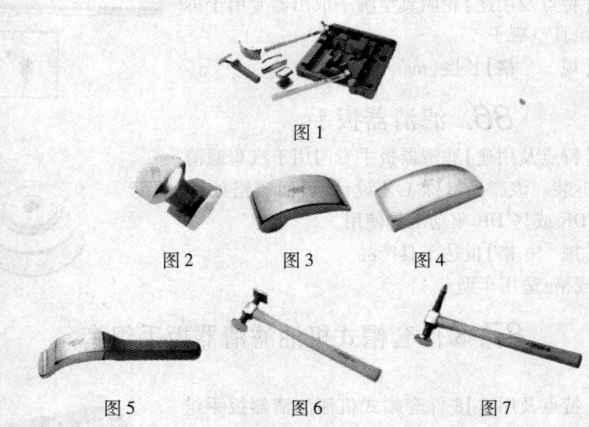

图1

图2　　图3　　图4

图5　　图6　　图7

【特点及用途】6件套汽车钣金工具专门用于手工修理汽车凸凹损面,其包括4件钣金衬铁、1件轻式缩减钣金锤和1件鹤嘴精整钣金锤。该工具携带方便,使用简单,是汽修业常备工具。

【规　　格】世达工具产品

组件名称	规格	图示
墩形钣金衬铁	墩形	(图1)
弯形钣金衬铁	弯形	(图2)
铲形钣金衬铁	铲形	(图3)
扁形钣金衬铁	扁形	(图4)
轻式缩减钣金锤	300g	(图5)
鹤嘴精整钣金锤	260g	(图6)

注:钣金衬铁采用高碳钢整体锻造成型,经淬火处理,耐敲击。

85. 轮胎真空嘴子取出器

【特点及用途】轮胎真空嘴子取出器专用于拆
卸轮胎真空嘴子。

　【规　　格】长度(mm):320

86. 滤清器扳手

【特点及用途】滤清器扳手专门用于汽车滤清
器的拆装。该产品特殊工艺设计,表面镀铬处理,须配
合⅜″DR 或½″DR 驱动工具使用。

　【规　　格】世达工具产品
规格:适用车型

87. 8 件套帽式机油滤清器扳手组套

【特点及用途】8 件套帽式机油滤清器扳手组
套专用于汽车滤清器的拆装,组套包括滤清器扳
手(65,74/76,76,80,90,93mm)6 件和 1 件 10mm
系列专业快速棘轮扳手与 1 件 12.5mm 系列转接
头(⅜″)。滤清器扳手需配合⅜″DR 或½″驱动工具使用。

　【规　　格】世达工具产品
机油滤清器扳手规格及适用车型,可参见滤清器扳手规格内容。

88. 气门油封钳

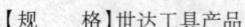

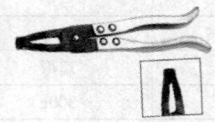

【特点及用途】气门油封钳专门用于汽车气门油封和气门弹簧的拆装。
　【规　　格】长度(mm):250

89. 12.5mm 系列带式机油滤清器扳手

【特点及用途】12.5mm 系列带式机油滤清器扳手适用于½″DR,驱动工具或 13/16″的旋柄,可拆卸直径在 120mm 之内的滤清器,其采用尼龙带设计,特别适合在狭窄的空间里操作使用。

【规　格】

适用范围(mm)	φ120
带长(mm)	450(18″)

90. 手用黄油枪

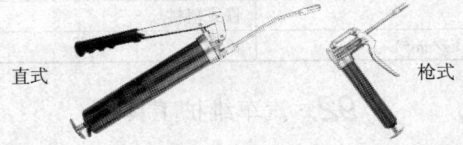

直式　　　　　　　　　　　　　　枪式

【特点及用途】手用黄油枪适用于汽车、卡车、拖拉机等机械给供黄油,其高强度热处理弹簧可保证灌注时压力持久均衡,特有自锁装置,方便安全,高强度耐压锌合金压铸头,油嘴特殊设计增加钢球,确保工作中油不回流。

【规　格】世达工具产品

适用方式	标准筒装油、密封油罐、散装油	
容量(ml)	100	400
工作耐压(PSI)	3 000~4 500	4 500~10 000

91. 空气伸缩软管

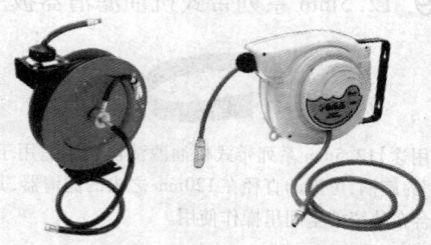

【特点及用途】空气伸缩软管专门用于汽车气动设备及其他气源设备的保修等,其特点是能方便地被安装在墙上、门上、天花板壁上,软管拉出的长短可随意稳定在固定的位置。

【规　　格】

气管长度(m)	4.5、8、9、12、15
气管直径(mm)	10、15(或⅜″、½″)
外壳材料	铁或塑料
承受压力(kg/cm²)	13.5

92. 汽车维护工具车

FG-1 型　　　　　　FG-3 型

【特点及用途】汽车维护工具车专门用于装载汽车维护工具及零星小件,其特点是操作应手,辗转方便,不易丢失,工作规范。

【规　　格】珠海市香洲京隆实业有限公司产品

型　号	FG-3 型	FG-1 型
基本尺寸(mm)(长×宽×高)	750×360×700	850×400×800
限载(kg)	60	60

93. 清洗机

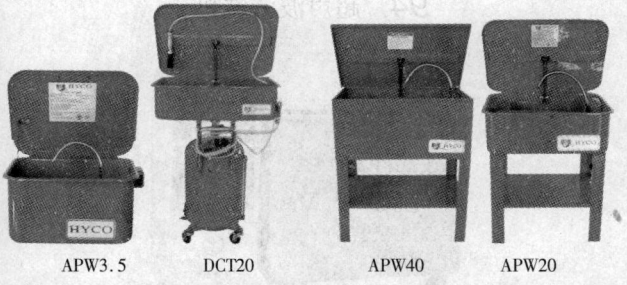

APW3.5　　DCT20　　　APW40　　　APW20

【特点及用途】清洗机使用方便,仅需将清洗零件放入清洗篮,打开电开关即可。其特点是安全可靠,设有安全防火装置。万一因清洗液过起火时,清洗机会自动关闭,使清洗液与空气隔绝达到自动灭火的目。其适用柴油、煤油以及对金属零件无腐蚀作用的清洗剂。对汽车、拖机保养修理行业,仪器仪表制造业中小零件的清洗;机械行业各种小零清洗均能使用。

【规　　格】浙江航宇实业有限公司产品

型　号	APW3.5　DCT20　APW20　APW40
电泵电压	220V,50Hz

续表

型　号	APW3.5　DCT20　APW20　APW40
单相电源功率(W)	20
扬程(m)	1.3
最大流量(L/min)	5
防护等级	IPX8
最大承受重量(kg)	25

94. 超声波清洗机

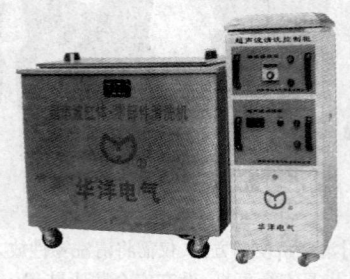

【特点及用途】超声波清洗的原理由超声波发生器所发生的高频振
讯号,通过换能器换成高频机械振荡而传播到介质——清洗溶液中,超
波在清洗液中疏密相间地向前辐射,液体流动而产生数以万计的微小
泡,这些气泡在超声波纵向传播成的负压区形成、生长,而在正压区迅
闭合,在这种被称之为"空化"效应的过程中气泡闭合可形成超过1 000
大气压的瞬间高压,连续不断产生的高压就像一连串小"爆炸"不断地
击物体表面,使物体表面及缝隙中的污垢、油渍、胶质、积碳迅速剥落,
而达到物件全面清净的清洗效果,超声清洗对任何物件的材质及精度
受影响。

超声波清洗机适用于汽修厂、镗磨厂、车辆制造厂、油泵、油嘴、化油器、缸体、缸头、缸盖、曲轴、变速箱、火花塞、活塞环等金属零件的清洗。

【规　　格】郑州华洋电气设备有限公司产品

型号	功率 （W）	电源 （V）	清洗槽尺寸 （长×宽×高） （mm）	外形尺寸 （长×宽×高） （mm）	自动 加温	加热功率 （kW）
CQH–1500	1 500	220	580×450×400	800×600×720	有	4
CQH–2400	2 400	220	770×550×450	940×720×920	有	4
CQH–3000	3 000	380	1 000×450×560	1 200×600×860	有	6
CQH–4000	4 000	380	1 200×650×600	1 400×840×900	有	8

95. 汽车美容专用脱水机

【特点及用途】汽车美容专用脱水机是汽车行业的专用设备，具有功率大、负载重、脱干率高、安全平稳等特点，其设有自动计时停机装置，主要用于清洗车脚垫等物件。

【规　　格】上海昊强汽车保养设备有限公司产品

电源（V）	220/380
功率（kW）	0.75
转速（rpm）	800
负载（kg）	13
重量（kg）	112
包装尺寸（mm）	800×550×800

96. 高压清洗机

高效 QL-280 型　　　　PX-55 型

【特点及用途】高压清洗机主要用于汽车、火车等各种车辆及农业机械等的清洗保养。

【规　　格】上海熊猫清洗机厂产品

型　号	功率（kW）	电压（V）	最高压力（MPa）	工作压力（MPa）	理论流量（L/min）
高效 QL-280	1.3	220	10	1~8	≤12
QL-280	1.3	220	8	1~6	≤9.83
QL-380	1.6	220	6	1~6	≤22
QL-585	1.6	220	10	1~10	≤15
PX-55	1.5	220	6	1~4	≤30
（双枪）QL-380	1.5~1.8	220	8	1~6	单枪≤10 双枪≤16
PX-40	3	380	4	1~4	≤40
PX-58	3	380	4	1~4	≤40
QL-280T	1.3	220	8	1~6	≤9.83
XM-80	1.5	220	6	1~6	≤22
QL-300	4	380	30	20~30	≤12
QL-100	1.5	380	15	10~15	≤12

注:XM-80 型为冷热水高压清洗机;QL-100 型为防爆清洗机。

97. 泡沫洗车机

【特点及用途】泡沫洗车机的特点是设计新颖、低耗高效、无污染，其采用气压把洗洁液压缩成喷射洗车泡沫，避免了微细砂粒损伤汽车漆面，延长汽车漆面光洁。泡沫洗车机适用于汽车美容业、车队、公共汽车等，以及宾馆、酒店等外墙、玻璃、地坪的清洗。

【规　　格】深圳法比特机电有限公司产品

型　号	3380 型
罐体容量	80L
工作压力	2.5 ~ 3.8bar
网纹管规格	13×18mm　长 6m　带泡沫喷头

注：严禁加注及接触腐蚀性和易燃性液体。

98. 洗车机

龙门式洗车机　　　　　　大巴洗车机

【特点及用途】洗车机是专门用于汽车保洁除污的设备，龙门式洗车机适用于轿车、小型面包车，大巴洗车机适用于大型公交车、通道式公交车等。

【规　　格】中国绍兴市中立机械厂产品

名　称	龙门式洗车机	大巴洗车机
外形尺寸(mm) (长×宽×高)	2 450×3 760×3 220	8 800×4 620×4 720
最大洗车规格(mm) (长×宽×高)	6 500×1 950×2 000	2 600×4 500×2 000
洗车速度(约)	15~30 辆/h(时间可调)	40 辆/h
耗水量(L)	120	250
装机总容量(kW)	15	10
压缩空气压力(MPa)	0.8	0.8
机器重量(t)	2	2
导轨长度(m)	10	—

99. 隧道式全自动电脑洗车机

【特点及用途】隧道式洗车机采用全自动电脑控制,其特点是采用连续式传动方式,洗车速度快,每小时可达 60 辆车。其适用于各型轿车及小型客车的清洗。

【规　　　格】中国绍兴市中立机械厂产品

型号	大侧刷(支)	小侧刷(支)	轮刷(支)	横刷(支)	风机数(只)	底喷装置	输送机长度(m)	装机容量(kW)	耗水量(L/辆)	压缩空气压力(MPa)	最大洗车规格(长×宽×高)(mm)	使用场地(mm)
DXC(B)–941	4	2	2	1	4	1组	10	30	120	0.8	5 500×1 950×2 000	25 000×4 500
DXC(B)–740	4	2	无	1	4	无	10	28	120	0.8	5 500×1 950×2 000	25 000×4 500
DXC(B)–980	4	2	2	1	8	无	10	43	120	0.8	5 500×1 950×2 000	25 000×4 500

100. 汽车喷/烤漆房

WL-900 经济型

【特点及用途】汽车喷/烤漆房为拼装结构,房体采用子母插式保温喷塑 EPS 彩色保温板,密封保温性能良好,经久耐用,低噪声离心式鼓风机能使房内空气以全降式流通,门扇用专用型材铝合金包边,工作门设有安全防压装置,地台经过镀锌处理,不生锈,与整体达到一致效果,程序化电控系统,自动恒温,操作简单,照明光线柔和不变色,不会形成视差。该烤房远红外线燃油式相结合,天然气红外线相结合,不受外界气候的限制,是汽车生产及维修必备的设备。

【规　　格】成都市威隆机电设备厂产品

型号	WL-900（经济型）	WL-900 I（标准型）	WL-900 I（豪华型）	WL-900 II	WL-900 III
外形尺寸（mm）	7 000×5 200×2 750	7 000×5 200×3 000	7 000×5 200×3 300	8 700×6 200×4 300	14 000×6 800×5 000
房内尺寸（mm）	6 900×4 000×2 400	6 900×4 000×2 400	6 900×4 000×2 700	8 600×4 500×3 500	13 800×5 200×4 400
进车门宽（mm）	3 000	3 000	3 000	3 500	4 000
进车门（mm）	2 350	2 350	2 650	3 400	4 000
风机风量（m³/h）	18 000	20 140	20 140	36 400	70 000
耗油量（kg/台）	3~4	4~5	4~5	8~12	18~30
房内空气流速（m/s）	0.3~0.5	0.3~0.5	0.3~0.5	0.3~0.5	0.3~0.5
工作温度（℃）	80	80	80	80	80
照明功率（kW）	0.8	0.8	0.96	1.12	1.76
风机功率（kW）	4	8	8	15	20
过滤效率（%）	>95	>95	>95	>95	>95
远红外线汽车喷/烤漆房	灯管功率24支×1kW 或 12支×12kW				

101. 短波红外线烤漆灯

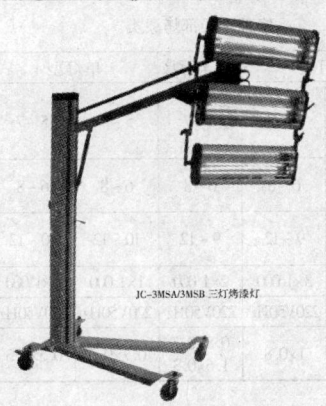

JC-3MSA/3MSB 三灯烤漆灯

【特点及用途】短波红外线烤漆灯的波长具有很强的渗透力,直入漆层,干透时间短、速度快,漆层表面光泽度与丰满度高,镜物清晰,不易产生"橘皮、流泪"现象。短波红外线烤漆灯的特点是半热或全热工作状况分别控制,自动转换;三组灯管独立开关控制;三根灯管包角可调至90°;整个灯管组可作360°旋转;发射管支架由气压撑杆支持,上下操纵自如;可烘烤任何部分汽车车身,包括车顶、引擎盖等。

【规　　格】上海仲成科技贸易有限公司产品

类型	修理厂局部烤漆类				生产线快速高温烤漆类	
	三灯型	二灯型	单灯型		三灯型	二灯型
型号	JC-3MSA 智能型	JC-3MSB 普通型	JC-2MB 插销式 21in 灯管	JC-1MC 三角架式 21in 灯管	JC-1SD 万向手 15in 灯管	JC-3SSA -H15 寸 高温灯管	JC-2SSA -H15 寸 高温灯管
照射距离(mm)	≥400	≥400	≥400	≥400	≥500	≥300	≥300

续表

类型	修理厂局部烤漆类					生产线快速高温烤漆类	
	三灯型		二灯型	单灯型		三灯型	二灯型
原子灰烘烤时间（min）	5~7	5~7	5~7	5~7	5~7		
底漆烘烤时间（min）	6~8	6~8	6~8	6~8	6~8		
面漆烘烤时间（min）	9~12	9~12	9~12	10~12	10~12	7~10	7~10
功率（W）	3×1 000	3×1 000	2×1 000	1×1 000	1×1 000	3×1 500	2×1 500
使用电源	220V50Hz	220V50Hz	220V50Hz	220V50Hz	220V50Hz	220V50Hz	220V50Hz
烘烤面积（m）	1×0.8	1×0.8	0.8×0.7 1.6×0.3	0.7×0.3	0.5×0.3	0.8×0.6	0.55×0.6

102. 高能量启动电源

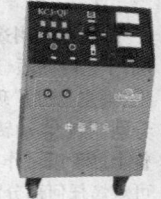

【特点及用途】KCJ-QF 高能量启动电源采用大功率整流横块，稳压启动，其体积小、重量轻、功率大、移动方便，适用于各型汽油车和柴油车。

【规　　格】青岛金华集团产品

型　号	KGJ-QF 型
额定输入电压（V）	380
输出电压（V）	12/24
最大启动电流（A）	1 200/800
最大输出功率（kW）	30

103. 启动充电机

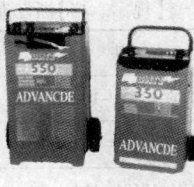

【特点及用途】启动充电机的充电电流可多挡调整,并可作为汽车的启动电源。适用范围广,国内外一般车用电瓶均可使用。

【规　　格】营口先进汽车维修设备制造有限公司产品

机　型	350 充电机	550 充电机
交流输入	220V±10% ,50Hz	220V±10% ,50Hz
直流输出(V)	12,24	12,24
启动电流(A)	>300	>300
充电电流(A)	0 ~ 30	0 ~ 30

104. 充电器

HY-16212-15A　　　　HY-16212-20A

【特点及用途】HY 型系列充电器具有短路保护、反接保护、过流保护功能,电池充满后,能自动切断输出,防止过充,其具有 12V 或 24V 电池选择开关。HY 型系列充电器操作简单、使用寿命长,摩托车、汽车、船只、卡车、拖拉机、农用和工业中所使用的铅酸电池充电均可使用。HY-16212-11A/15A/20A 及 HY-17212-23A、HY-17212-30A 型为超强充电型。

【规   格】浙江航宇实业有限公司产品

型 号	输 入	输 出
HY-17121-10A	AC220V,50Hz	12V/24V,10A
HY-17121-20A	AC220V,50Hz	12V/24V,20A
HY-17121-11A	AC220V,50Hz	6V/12V,11A
HY-16212-15A	AC220V,50Hz	6V/12V,15A
HY-16212-20A	AC220V,50Hz	6V/12V,20A
HY-17212-23A	AC220V,50Hz	12V/24V,23A
HY-17212-30A	AC220V,50Hz	12V/24V,30A

105. 快速充电汽车辅助启动电源

【特点及用途】TXB-1000A 型快速充电汽车辅助
启动电源能快速补充电池容量,能对中轻型车辆辅助启
动,适用于汽车维修部门及运输部门对 12V 或 24V 中
轻型车辆电池充电及辅助启动。

【规   格】

型 号	TXB-1000A
输入电压(V)	220
辅助启动及充电范围(V)	12 ~ 24
充电电流(A)	0 ~ 100
启动电流最大(A)	1 000

106. 浮充充电器

【特点及用途】浮充充电器具有全自动安全切断功能，能确保不会过度充电而维持充足的充电量。

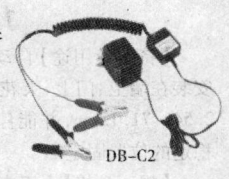

DB-C2

【规　　格】永康市大奔机电有限公司产品

型　　号	DB-C2
额定输出电压（V）	13.5
额业输出电流（A）	0.55
使用电压（V）	220/110

107. 萤光工作灯

【特点及用途】萤光工作灯使用小功率灯泡(管)照明，能有效地减少电力冲突和消防的风险，但不能在危险的场合使用，不能放入液体内，如果把手或电线损坏便不可再使用。

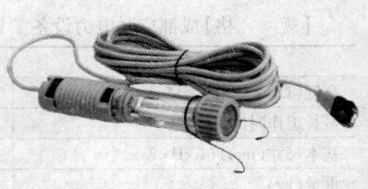

【规　　格】永康市大奔机电有限公司产品

型　　号	DB-B1
电线长度（m）	8
适用电压（V）	220,120
适用电流（A）	12
功率（W）	13,9

108. 自动卷绕工作灯

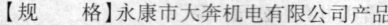

【特点及用途】自动卷绕工作灯能方便地被安装在墙上、门上、天花板壁上，灯线伸缩范围为2.54～71.12cm，并能停止在任何要求的长度上稳定的位置固定。

【规　　格】永康市大奔机电有限公司产品

型　号	DB-A3
适用电压(V)	110/220
灯线伸缩范围(mm)	25～700

109. 应急灯

【特点及用途】FL-5000型应急灯适用于缺电或停电以及光亮不便照明的作业场合，其连续工作可达2小时。

【规　　格】成都广联电力设备工具有限公司产品

型　号	FL-5000 型
亮度(Lux)	5 000
最长工作时间(h)	2
基本尺寸(mm)(L×H×W)	219×236×110
重量(kg)	580

110. 双柱液压举升机

【特点及用途】双柱液压举升机采用独有的整体结构，用6mm厚优质钢板整体轧压成型，具有较高的强度和刚性，举升机举升在任何高度都具有自锁保护，举升臂采用不对称结构，能使车门的打开角度较宽，转臂有自动锁定装置，导轨滑块为工程塑料，以减少举升过程中的

震动和噪音,J-30A 型双柱液压举升机最大举升能力可达 3t,能满足绝大部分轿车及轻型卡车的举升。

【规　　格】沈阳二四五厂产品

型　号	J-30A 型
最大举升重量(kg)	3 000
最大举升高度(mm)	1 800
举升时间(s)	约 45
电源或电机	单相 220V 50Hz 2.2kW
	三相 380V 50Hz 1.5kW
额定压力(MPa)	18

111. 龙门式双柱液压举升机

【特点及用途】龙门式双柱液压举升机双柱采用独有的整体结构,用 6mm 厚优质钢板整体轧压成型,具有较高的强度和刚性。举升机举升到 650mm 高度以上具有自锁保护,举升臂采用不对称结构,使车门打开角度较宽,转臂有自动锁定装置,导轨滑块为工程塑料,以减少举升过程中的震动和噪音。

JL-35A 型龙门式双柱液压举升机最大举升能力可达 3.5t,能满足绝大部分轿车及轻型卡车的举升。

【规　　格】沈阳二四五厂产品

型　号	JL-35A 型
最大举升重量(kg)	3 500
最大举升高度(mm)	1 800
举升时间(s)	上升约 45
	下降约 60
电源或电机	单相 220V 50Hz 2.2kW
	三相 380V 50Hz 1.5kW

续表

型　号	JL-35A 型
额定压力（MPa）	20
自重（kg）	780

112. 液压剪式举升机

【特点及用途】液压剪式举升机液压系统采用双重密封方式，具有断电自我保护功能，可移动的有线遥控器。JXL-3000 型可直接下降功能，无需为了释放保险而先上升，再下降，减少操作时间，滚动驱动部内装有 DU 轴承，设计有先进的电磁保险装置。JSL-4000A 型带有特殊制作的制动装置，拥有车轮定位用自动锁定装置，采用双线式钢丝绳，带有下降时安全停止装置，可根据汽车宽度自由调整二次举升宽度。

JSL-4000A

【规　格】奥斯匹特产品

JXL-3000 型		JSL-4000A 型		
举升重量（kg）	3 000	举升重理（kg）	主机	4 000
			二次举升	2 000×2EA
最大举升高度（mm）	1 811～1 898	最大举升高度（mm）	主机	1 800
			二次举升	555
最低举升高度（mm）	115～202	最低举升高度	主机	320
			二次举升	195
外幅×内幅×长（mm）	1 974×906×3 705	上升高度	主机	1 451
			二次举升	360

续表

JXL-3000 型		JSL-4000A 型		
		外形	宽×长	2 040×5 842
		尺寸	最大高度	2 212
		(mm)	升降板外宽×内宽×长	2 040×840×4 420
上升时间(s)	appro×45	上升时间	主机	appro×35～50
		(s)	二次举升	appro×5～15
下降时间(s)	appro×25	下降时间	主机	appro×25～35
		(s)	二次举升	appro×15～25
自重(kg)	760	自重(kg)		1 440
电源及电机	1φ:2.5HP 220V 50Hz	电源及电机		2.2HP 220V 50Hz
	3φ:2HP 220/380V 50Hz			2HP 380V 50HZ
操作方法	控制箱,有线	操作方法		控制箱,有线遥控

113. 液压双剪式举升机

【特点及用途】双剪式举升机采用优质合金钢制造,数控加工精度高,液压控制系统,自动锁紧,气动解锁,工作空间大于 1.8m,适用于轴距为 1.95～3.8m 的各型车辆可抽拉加长的二次举升平板用于各种车型。双剪式举升机尤其适合各种汽车快修店、维修店对各类轿车和依维客、金龙、丰田、金杯等中型客车的维修及四轮定位的需要。

【规　　格】青岛金华汽车维修检测设备制造有限公司产品

型　号	SLA207	SLA309	SLF309
电源(V)	220/380	220/380	220/380
气源(MPa)	0.5~0.7	0.5~0.7	0.5~0.7
功率(kW)	2.2	3	3
举升重量(t)	3.5	4.5	4.5
举升高度(m)	1.7	1.925	1.925
机体长度(m)	4.0	4.5	4.5

114. 液压四柱举升机

【特点及用途】带跨梁的液压四柱系
列举升机是电动液压驱动、板式链传动的
举升设备,运行平稳、噪音低;工作平台采
用花纹钢板,可有效防滑;设有电气限位
保险、液压安全阀保险和主副立柱自锁保

险,安全可靠。举升机安装方便、操作简单,适用于各种大、中型客车、货
车室内外的举升作业,进行维修、装配等工作。YSJ4 型举升机自带杠梁,
无需另行选配二次举升器。YSJ5 型举升机可选配手动或气动液压二次举
升器进行轮胎的拆卸与安装。特别适用于依维柯、全顺等中高档客车的
维修、装配作业,YSJ8 型举升机选配手动或气动液压二次举升器进行轮胎的拆
卸与安装。特别适用于各种大型中高档客车及货车的维修、装配等作业。

【规　　格】合肥皖安机械厂产品

型号	举升重量(kg)	最高高度(mm)	最低高度(mm)	举升时间(s)	下降时间(s)	电机功率(kW)	电压(V)	液压油	外形尺寸(长×宽×高)(mm)
YSJ4	4 000	1 760	158	48	48	2.2	380	抗磨液压油	4 800×3 065×2 310
YSJ5	5 000	1 770	170	74	₤30	2.2	380	抗磨液压油	5 500 ×3 225×2 310
YSJ8	8 000	1 538	238	70	₤30	3	380	抗磨液压油	6 870×3 465×2 187

115. 地坑举升机

【特点及用途】地坑举升机使用方便,工作稳定,适用于检测人员在地坑中的高度调整,以便观察被检车辆的各检查部位。举升机上升的最大高度由油缸的最大行程限制,下降时的最低高度由下框架上的限位支柱限制。举升机的升降分别由台板上标有升"↑"降"↓"标志的两只脚踏开关控制,当松开踏板时,台板升降即停止,升降高度可根据需要任意选择。该举升机使用方便、工作稳定可靠。

【规　格】成都成保发展股份有限公司产品

型　号	DKJ-90	DKJ-70
允许载荷(kg)	300	300
举升高度(mm)	750	750
上升时间(s)	8	8
整机最低高度(mm)	425	425
液压系统压力(MPa)	1.0	1.0
电动机	50Hz,380V,1.5kW	
外形尺寸(mm)	9 000×700×425	7 000×700×425

116. 液压半高度举升机

【特点及用途】液压半高度举升机采用优质合金钢材制造,十四级机械锁紧装置,手动解锁,移动方便,操作简单,特别适用于汽车维修业的小型举升作业。

【规　　格】青岛金华汽车维修检测设备制造有限公司产品

型　号	SLP206 型
举升重量(t)	2.7
举升高度(mm)	1 200
占地面积(mm)	2 080×1 778
电源	380V/1.5kW

117. 折叠式液压举升机

【特点及用途】折叠式液压举升机是可以进行移动的设备,适宜于较小工作场地的轿车维修保养,使用方便简捷。移动时,将推杆装置插入底板后面孔中,通过前面两固定的滚轮行走来实现,本机开启油泵即可举升工作,并设有推干式保险定位装置,安全可靠,是轿车维修保养的重要设备。

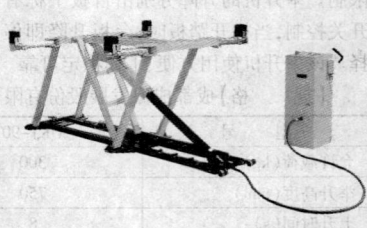

【规　　格】上海繁宝汽车保修设备有限公司产品

型　号	QJY2.0-Z 型
提升质量(T)	2.0
最高高度(mm)	1 040
最低高度(mm)	125
工作电压(V)	380/220
液压油	N46
整机长度(mm)	2 500
最大宽度(mm)	1 630
最小宽度(mm)	940
重量(kg)	280

118. 液压举升小车

【特点及用途】YJC-1 型液压举升小车可用来拆装各种汽车的变速箱、差速器、弹簧钢板等。该机具有体积小、重量轻、结构简单、手动液压升降、操作方便灵活、省工省时等特点。

【规　　格】丹东市五龙背龙山汽车保修机械厂产品

YJC-1 型

型　　号	YJC-1
举升高度(mm)	400(220～620)
举升重量(kg)	250
外形尺寸(mm)(长×宽×高)	1 200×500×640
整机重量(kg)	65

119. 轻型流动式起重机

【特点及用途】轻型流动式起重机是一种平衡式起重设备，特别适用于无专用起重条件的作业场合，汽车修理、仓储装卸等作业尤为适宜。起重机有电动或手动操作两种型式，其作业定位准确，回转灵活，移动方便，整机可收缩折叠，便于放置。

【规　　格】成都贝利精工机械制造厂产品

型　号	最大起重量 (kg)	提升高度 (mm)	工作半径 (mm)	回转角度 (度)	工作电源 (V)	重量(kg)
BLQ1-800	140～800	3 000	2 000	360	手动	385
BLQ1-1000	160～1 000	3 000	2 000	360	手动	425

续表

型　号	最大起重量（kg）	提升高度（mm）	工作半径（mm）	回转角度（度）	工作电源（V）	重量（kg）
BLQ1-1600	400～1 600	2 700	2 000	360	手动	750
BLQ2-500	160～500	3 000	2 000	360	220	425
BLQ2-1000	160～1 000	3 000	2 000	360	220	425
BLQ2-1600	400～1 600	2 700	2 000	360	380/220	750

120. 电动油压机

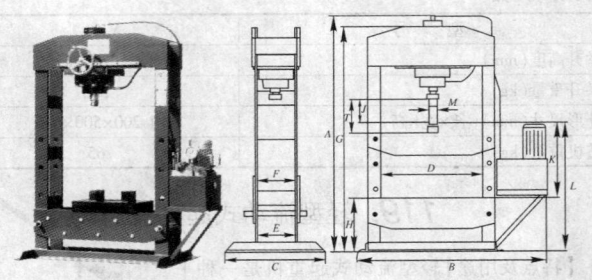

　　【特点及用途】电动油压机为门型钢架结构,采用单活塞双作用油缸,工作平稳,以手动控制和脚踏开关控制活塞杆上下行程。工作台上下调节方式有手摇调节和吊具调节两种,MDY-30～MDY-100 型可设计有油缸左右移动装置,使用更为方便。根据不同规格的机型可选用八字轮铲冲、铆模具等。供汽修工作需要。

　　【规　格】江苏省江都市天宇机电设备有限公司产品

型　号	MDY-30	MDY-50	MDY-63	MDY-80	MDY-100	MDY-150	MDY-200
额定压力（kN）	300	500	630	800	1 000	1 500	2 000
额定系统工作压力（MPa）	25	30	30	30	30	30	30

续表

型　　号	MDY-30	MDY-50	MDY-63	MDY-80	MDY-100	MDY-150	MDY-200
活塞杆行程(mm)	300	320	350	350	350	350	350
辅助行程(mm)	200	200	250	250	250	250	250
电机功率 380V/50Hz(kW)	1.5	1.5	3	3	7.5	7.5	7.5
整机质量(kg)	650	800	1 000	1 200	1 450	1 750	2 150

基本尺寸(mm)	A	B	C	D	E	F	G	H	I	J	K	L	M
MDY-20	1 830	1 260	800	700	235	300	1 700	290	250	130	780	1 180	55
MDY-30	1 870	1 420	800	800	280	360	1 790	435	300	145	605	1 035	70
MDY-50	1 980	1 505	850	900	270	375	1 880	435	320	210	600	1 030	80
MDY-63	2 130	1 650	900	1 100	260	375	1 975	435	350	180	760	1 190	80
MDY-80	2 260	1 760	1 100	1 100	270	375	2 130	480	350	300	720	1 230	100
MDY-100	2 300	2 030	1 200	1 060	300	425	2 155	430	350	540	500	905	140
MDY-150	2 310	2 040	1 300	1 060	390	515	2 140	430	350	445	507	935	160
MDY-200	2 300	2 070	1 360	1 160	470	530	2 140	450	350	480	500	950	220

121. 手动(脚踏)油压机

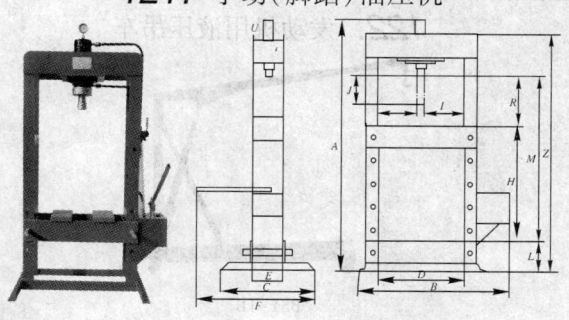

MSY-30

【特点及用途】MSY-30 型手动油压机采用双柱塞手压泵,双作用油缸,手动换向控制活塞杆上、下行程。MSY-20 型手动油压机采用双柱塞手压泵,单作用油缸、弹簧复位。MJY-15 型脚踏油压机采用脚踏油压泵,单作用油缸,弹簧复位。

【规　格】江苏省江都市天宇机电设备有限公司产品

型　　号	MJY-15	MSY-20	MSY-30
额定压力(kN)	150	200	300
活塞杆行程(mm)	200	170	200
辅助行程(mm)	150	150	150
整机质量(kg)	130	180	200

基本尺寸 (mm)	A	B	C	D	E	H	I	J	K	L	M	N
MSY-10A	1 750	660	510	430	120	450	45	180	100	910	300	1 625
MSY-10B	800	500	254	440	130	/	45	180	/	100	370	640
MSY-15	1 660	880	720	540	180	750	50	200	215	280	965	1 550
MSY-20	1 980	980	600	540	175	770	60	220	375	275	1 145	1 700
MSY-30	1 940	1 080	650	650	170	750	55	210	225	345	975	1 700

122. 发动机用液压吊车

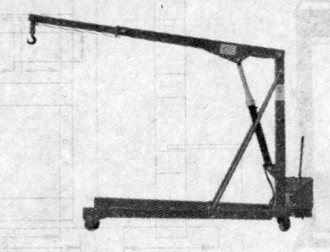

BSY-1B

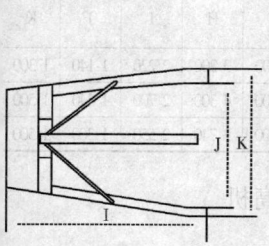
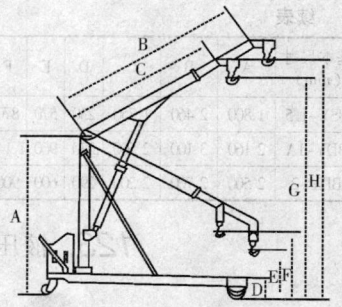

【特点及用途】液压吊车为折弯成形钢架结构,吊物行走方便灵活平稳,尤其适合就车吊装发动机。BSY-1B 型适用东风、解放、中型货车发动机吊装。BSY-1C 型适用客车发动机吊装。BSY-1.5 型适用东风、解放、康明斯中、重型货车发动机吊装。BDY-1A 型起吊高度 4m,适宜装货、卸货、驾驶室吊装。BDY-2 型适宜工程机械、重型车辆维修等。

【规　　格】江苏省江都市天宇机电设备有限公司产品

系　　列	手动系列			电动系列	
型号	BSY-1B	BSY-1C	BSY-1.5	BDY-1A	BDY-2
额定起吊质量(kg)	1 000	1 000	1 500	1 000	2 000
液压系统工作压力(MPa)	8～14	8～14	10～16	12～15	10～16
电机功率380V/50Hz(kW)　　200V/50Hz				0.75	1.5
手动操纵力(N)	≤200	≤200	≤200	≤300	≤300
整机质量(kg)	240	260	320	390	480

基本尺寸(mm)	A	B	C	D	E	F	G	H	I	J	K
BSY-1B	1 800	2 460	1 750	230	570	870	2 700	3 200	2 230	1 040	1 200
BSY-1C	1 820	2 310	1 900	250	510	770	2 730	3 000	2 500	1 240	1 300

续表

基本尺寸 （mm）	A	B	C	D	E	F	G	H	I	J	K
BSY-1.5	1 800	2 460	1 750	230	570	870	2 700	3 200	2 220	1 140	1 300
BDY-1A	2 160	3 100	2 500	230	960	1 140	4 000	4 300	2 700	1 340	1 500
BDY-2	2 500	2 700	2 200	290	600	900	3 500	3 740	2 550	1 300	1 500

123. 液压顶高机

SYD-15 SYD-30

【特点及用途】液压顶高机采用高精度珩磨无缝钢管制造,液压、机械双重安全保护,性能可靠,操作方便。SYD-15 型适用中型车辆顶升;SYD-30 型适用重型车辆顶升,也可用于其他顶升作业。

【规　　　格】江苏省江都市天宇机电设备有限公司产品

型　　号	SYD-15 型	SYD-30 型
额定起顶质量(t)	15	30
手动操作能力(N)	≤300	≤300
整机重量(kg)	50	75
顶柱高度(mm)	570	600
顶升能力(mm)	530	530

124. 气动液压千斤顶

专利号：ZL002　16876.6

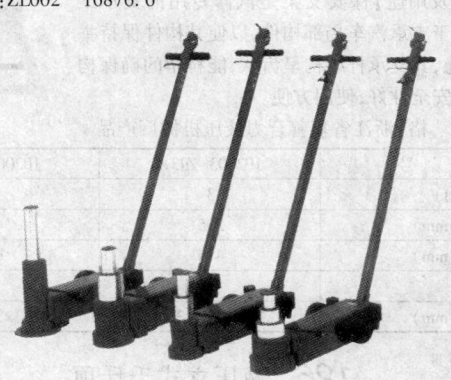

QD25-1　QD50-2　QD25-2　QD50-3

【特点及用途】TB 型气动液压千斤顶是利用气、液增压原理配合伸缩式液压缸组合设计而成的一种新型、精巧的液压举升设备。它完全采用气动代替手动作业，特别适宜于汽车、拖拉机等交通运输行业。

【规　　格】上海腾马风动工具有限公司产品

型号	起重量 （t）	使用气压 （MPa）	最低高度 （mm）	起升高度 （mm）	加长顶 （mm）	额定油压 （MPa）	净重 （kg）
QD25-1	25	0.7~0.9	360	250	2~75	31.2	62
QD25-2	25/10	0.7~0.9	180	25t/92.10t/195	2~75	31.2	57
QD50-2	50/25	0.7~0.9	230	50t/117.25t/225	2~75	31.2	79
QD50-3	50/25/10	0.7~0.9	160	50t/60.25t/113	2~75	31.2	65

125. 保安支架

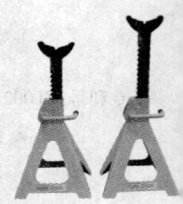

【特点及用途】保安支架是汽修专用的支承工具,主要用于支承汽车局部构件,以使其构件保持举升后的平稳,其支承杆结构呈齿状,能科学的确保构件不滑落,安全性好,使用方便。

【规　格】浙江省嘉善合力液压机械厂产品

型　号	JP2003-ZJ3A	JP2003-ZJ6B
额定载荷(t)	3	6
最低高度(mm)	295	400
最高高度(mm)	435	610
重量(kg)	6	12
外形尺寸(mm)	210×190×360	290×255×460

126. 液压立式千斤顶

【特点及用途】液压立式千斤顶适用于汽车顶升,以便检测修理作业,也用于其他类似需用的场合。

【规　格】四川省绵阳市金象机械有限责任公司产品

QYL20D

QYL20DG

型　号	起重量(t)	最低高度	起升高度	调整高度	净重(kg)
		(mm)			
QYL2D	2	158	90	60	2.2
QYL4D	4	180	110	60	3.1
QYL6D	6	200	125	80	4.4
QYL8D	8	200	125	80	5.1
QYL10D	10	200	125	80	5.6

续表

型 号	起重量 （t）	最低高度	起升高度	调整高度	净重 （kg）
			（mm）		
QYL12D	12	210	125	80	7.2
QYL16D	16	225	140	80	8.3
QYL20D	20	235	145	80	10.6
QYL20DG	20	235	145	80	12

127. 剪式千斤顶

【特点及用途】剪式千斤顶主要用于小吨位汽车的起顶，剪式千斤顶是汽车小型维修的常备工具。

【规　　格】世达工具产品

最低高度：95mm

举升高度：390mm

调整高度：48mm

产品长宽：450mm×1 188mm

最大举升：1.5t

128. 液压分离式千斤顶

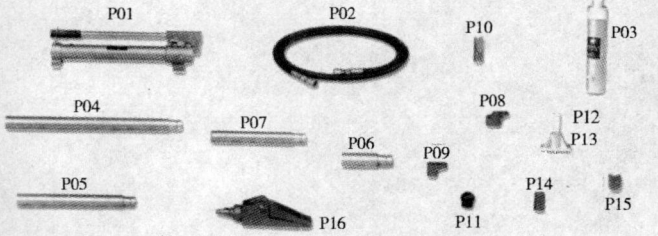

部件名称

P01 液压站　P02 高压软管　P03 千斤顶　P04～P07 接长杆
P08 平衡块　P09 偏心顶头　P10 尖顶头　P11 橡胶顶头
P12 连接销　P13 底　　座　P14 圆顶头　P15 方顶头

【特点及用途】液压分离式千斤顶除具有一般顶举功能外,配合其他附件尚可进行侧顶、横顶、倒顶以及拉、压、扩张、夹紧等作业。其主要附件有接长杆,高压软管,尖、方、圆、偏心顶头,橡胶顶头,平衡块,连接销等。液压分离式千斤顶采用分离式结构,拆装迅速,互换性强,具有远程控制,自动回位等特点。

【规　　　格】四川省绵阳市金象机械有限责任公司产品

型号	起重量 (t)	最低高度 (mm)	最高高度 (mm)	起重高度 (mm)	公称压力 (MPa)
QYF5	5	325	1 500	100	51
QYF8	8	405	1 800	130	50
QYF10	10	405	1 800	130	50

第十六章 摩托车及零部件

1. 摩托车型号表示方法（GB/T5375-85）

（1）摩托车型号组成结构

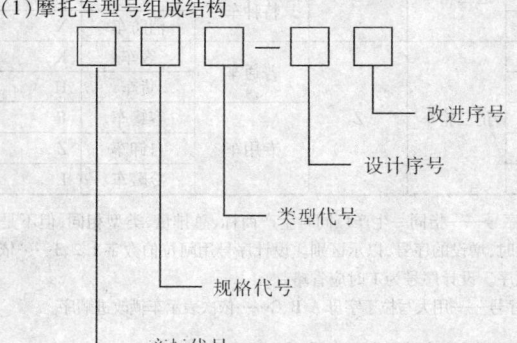

商标代号

规格代号

类型代号

设计序号

改进序号

（2）商标代号——用商标名称中每一个字的大写汉语拼音字母表示。

（3）规格代号——用发动机气缸总排量表示（单位 cm^3）。

（4）类型代号——由摩托车种类代号和车型代号组合成。详见表：

类型代号	摩长车种类		摩托车车型	
	名称	代号	名称	代号
——（省略）			普通车	——（省略）
W			微型车	W
Y			越野车	Y
S	两轮车	— （省略）	普通赛车	S
WS			微型赛车	WS
YS			越野赛车	YS
K			特种车、开道车	K

续表

类型代号	摩长车种类		摩托车车型		
	名称	代号	名称		代号
B	边三轮车	B	普通车		—(省略)
BJ			特种车	警车	J
BX				消防车	X
ZK	正三轮车	Z	普通车	客车	K
ZH				货车	H
ZR			专用车	容罐车	R
ZZ				自卸车	Z
ZL				冷藏车	L

　(5)设计序号——指同一生产厂同时生产商标、总排量、类型相同,但不是同一个基本型车辆时,增设的序号,以示区别。设计序号用阿拉伯数字1、2、3……依次表示车辆设计顺序。设计序号为1时应省略。

　(6)改进序号——用大写拉丁字母 A、B、C……依次表示车辆改进顺序。

2. 轻便摩托车型号表示方法(GB/T4732-84)

(1)轻便摩托车型号组成结构

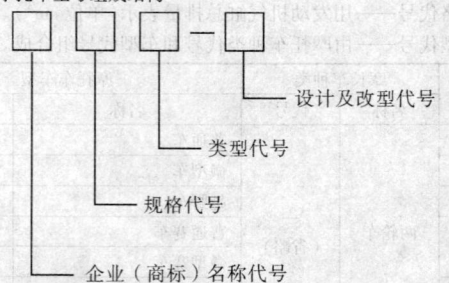

注:凡是最高设计车速不超过每小时 50km,其汽油机气缸总工作容积不超过 50ml 的两轮机动车,称为轻便摩托车。

　(2)企业(商标)名称代号——用两个大写汉语拼音字母表示,代号所用的字母应选取具有代表意义的汉字拼音首位字母（企业和商标名称代号不允许并用）。

（3）规格代号——用汽油机气缸总工作容积表示（单位：ml）。

（4）类型代号——指区分车辆类别的符号，用大写汉语拼音字母 Q 表示轻便摩托车。

（5）设计及改型代号——设计代号用阿拉伯数字 1、2、3……依次表示车辆设计顺序，设计序号为 1 时，可以省略。改型代号用大写字母 A、B、C……依次表示原型车改型顺序。

3. 摩托车、轻便摩托车型号表示举例

a. 幸福牌商标，气缸总排量为 250cm³，基本型的两轮普通车。

XF250：XF——幸福牌商标代号

　　　　250——总排量代号

b. 长江牌商标，气缸总排量为 750cm³，第二个基本型边三轮警车。

CJ750BJ-2：CJ——长江牌商标代号

　　　　　750——总排量代号

　　　　　BJ——边三轮警车代号

　　　　　2——设计顺序号

c. 玉河机器厂、气缸总工作容积 50ml、第二次设计、第二次改型的轻便摩托车。

YH50Q-2B：YH——玉河机器厂

　　　　　50——气缸总工作容积

　　　　　Q——轻便摩托车

　　　　　2B——第二次设计，第二次改型

4. 摩托车、轻便摩托车零部件名称 (GB/T5359.4-94)

编号	组件名称	分组件名称	部件名称	零件名称
1	发动机			
1.1		气缸头		气门导管、气缸头体、排气门座、进气门座、气缸头盖、气门盖、侧盖、气缸头盖密封垫、气缸头密封垫
1.2		气缸		气缸盖、气缸体、气缸套、气缸体密封垫、气缸螺母、气缸双头螺栓
1.2.1			进气管	进气管体、进气管衬垫、进气阀座
1.3		曲轴箱		曲轴箱体、曲轴箱密封垫
1.3.1			曲轴箱盖	机油标尺、曲轴箱盖体、离合器盖、转速输出轴、离合器盖密封垫、离合器操纵杆、操纵臂、前盖、后盖
1.4		曲轴连杆		曲柄、曲柄销、连杆、连杆衬套连杆轴瓦、滚针轴承
1.4.1			曲柄组合	
1.5		活塞组合		活塞、活塞销、活塞销挡圈、油环衬套、油环导轨、扩张环
1.5.1			活塞环	油环、气环
1.6		配气机构		
1.6.1			凸轮轴	法兰盘、凸轮轴
1.6.2			链式配气传动	正时主动链轮、正时链条、正时从动链轮、传动链条、气门间隙调整螺钉、气门间隙调整螺母、摇臂、摇臂轴、摇臂轴定位板
1.6.3			齿轮式配气传动	正时主动齿轮、正时从动齿轮
1.6.4			张紧调节	调节板定位销轴、调节螺管、复位弹簧、链条张紧杆弹簧、链条导向滚轮销轴、链条导向滚轮

续表

编号	组件名称	分组件名称	部件名称	零件名称
1.6.5			气门	锁夹、弹簧座、气门弹簧、挡油罩、进气门、排气门、气门簧片
1.6.6			进气簧片阀	进气簧片、进气簧片座、限位板
1.7		润滑机构		
1.7.1			润滑油箱	
1.7.2			油泵	
1.8		机油滤清器		
1.8.1			滤清器体	
1.8.2			机油过滤网	
1.9		化油器		浮子销、锁紧圈、主量孔、主发泡管、喷油嘴、怠速量孔、柱塞微调螺钉、油针、油针限位片簧、柱塞盖、柱塞、柱塞复位弹簧、怠速微调螺钉、怠速发泡管、阻风门复位扭簧、浮子针挂簧、阻风门、节气门
1.9.1			进油管	
1.9.2			浮子针	
1.9.3			浮子	
1.9.4			阻风门轴	
1.9.5			化油器体	化油器本体、副空气量管、主空气量管、针阀管
1.9.6			浮子室盖	
1.10		进气系统		进气道衬套、卡簧、进气管、空气活门夹子、空气活门夹子螺钉
1.10.1			空气活门组合	
1.10.2			卡箍组合	
1.10.3			空气滤清器	

续表

编号	组件名称	分组件名称	部件名称	零件名称
1.11		离合器		离合器压盘、离合器盖、离合器盖密封垫、离合器凸轮轴弹簧、离合器拨板、离合器压板、离心块、摩擦轮、摩擦片、离合器弹簧
1.11.1			离合器中心套	
1.11.2			离合器摩擦盘	
1.11.3			离合器外罩组合	离合器外罩、离合器端盖、主动齿轮外套
1.11.4			离合器操纵机构	离合器弹簧、离合器升板、离合器升杆、离合器摇臂
1.12		分气轴超越离合器组合		滚动轴承、钢丝挡圈、分电器传动齿轮、超越离合器挡圈
			超越离合器组合	分气齿轮、滚针轴承、超越离合器内环、超越离合器外环、滚柱半圈缓冲块
1.13		变速机构		初级主动齿轮、初级从动齿轮、传动主轴、传动副轴、起动过桥齿轮、从动齿轮、主动齿轮、起动齿轮、花键从动齿轮、花键主动齿轮、花键齿轮、主动链轮
1.13.1			拨叉	
1.13.2			转鼓	变速凸轮、空挡开关片
1.13.3			操纵装置	复位弹簧、活动拨板、变速踏板
1.13.4			挡位装置	挡位板、滚轮、挡位板弹簧、变速轴、变速副轴
1.14		启动机构		启动轴、启动齿轮、弹簧挡圈、启动棘轮、棘轮弹簧
			启动臂	启动蹬杆、橡胶套
2	排气消声器			排气口密封垫

续表

编号	组件名称	分组件名称	部件名称	零件名称
.2.1			排气管	
.2.2			消声器	
.	车架			
.1		车架体组合		
.2		支承架		
.2.1			脚蹬焊接组合	脚蹬、脚蹬胶套
.2.2			支架	
.2.3			副支架	
.3		后挡泥板		
.4		平叉		
.	导流罩			
.1		前导流罩体		挡风玻璃
.2		护膝组合		护膝板、安装板
.3		后罩体		
.	前悬挂			
.1		前减震器		
.1.1			底筒组合	
.1.2			前叉管组合	
.1.3			端盖组合	
.2		前挡泥板		
.3		前摇架		摇架弹簧、摇架、轴销、前轮轴、轴套、锁紧螺钉
			前摇架体	
	后悬挂			
.1		后减震器		
.1.1			上接头	
.1.2			阻尼器	
.1.3			外筒体组合	

续表

编号	组件名称	分组件名称	部件名称	零件名称
6.2		后叉		链条护卡、链条调整挡板、副脚蹬胶套
6.2.1			后叉体	
6.2.2			后叉减震套	
6.2.3			链条调节器	
6.3		后摇架		后摇架衬套、后轮轴、锁紧螺母、转轴、油封、油封挡圈
			后摇架体	
7	车轮			轮辋、条母、辐条、外胎、内胎、垫带
7.1			轮毂	
7.2			缓冲块	
7.3			车轮体	
8	液压制动器			
8.1		液压鼓式制动器		
8.2		滚压盘式制动器		制动盘、制动输油管、制动软管、制动软管胶套
8.2.1			制动总泵	总泵体、总泵活塞、总泵油封、复位弹簧、防尘罩、安装支架
8.2.2			制动分泵	分泵体、分泵活塞、制动片、片开弹簧、销轴、活塞油封、放气螺钉、防尘罩
9	机械制动器			
9.1		机械鼓式制动器		制动蹄块弹簧、制动凸轮
9.1.1			制动器盖	
9.1.2			制动蹄块	
9.2		机械盘式制动器		
10	操纵、转向机构			方向把管、缓冲器、定位卡环、方向把套、加油器、把手

续表

编号	组件名称	分组件名称	部件名称	零件名称
			离合器操纵拉索	
			油门操纵拉索	
			弯管	
			制动操纵拉索	
			后视镜	
10.1		后制动杆		螺母、销、弹簧、垫圈、制动杆
			制动臂组合	
10.2		制动把手座		制动把手座后体、调整螺管、调整螺母、销轴
10.2.1			制动把手座前体	
10.2.2			制动手柄	
10.2.3			连接座	
10.3		离合器把手座		离合器把手座后体、前照灯开关座、调整螺管、调整螺母、前照灯开关手柄、转向信号灯开关手柄、喇叭按钮、远近光转换触片、前照灯转换触片、喇叭触点座、压板、转向信号灯开关滑块、转向信号灯开关座、转向信号灯开关触片
10.3.1			离合器把手座前体	
10.3.2			离合器手柄	
10.3.3			连接座	
10.3.4			远近光转换手柄	
10.3.5			滑块	
10.4		方向柱		

续表

编号	组件名称	分组件名称	部件名称	零件名称
10.4.1			前叉立管组合	
10.4.2			前照灯支架组合	
10.4.3			调节螺母组合	
10.4.4			前照灯灯罩支架焊接组合	
11	传动系统			
11.1		链传动机构		链传动轴、链传动轴套、链轮、传动链壳、缓冲件壳体
			传动链条	
11.2			皮带传动机构	
			传动带	皮带、传动轮、变速调节轮
11.3		轴传动机构		
11.3.1			轴齿驱动系	轴、弹簧、支承套筒、内四方套、传动机匣、主动齿轮、从动齿轮、隔套
11.3.2			联轴器	
12	油箱			
12.1		油箱体		
12.1.1			油箱盖	
12.1.2			油箱盖锁	
12.1.3			燃油开关	
13	座垫			
13.1		单人座垫		
13.2		双人座垫		
13.3		附加座垫		
14	货架			
14.1		扶手		保护胶套

续表

编号	组件名称	分组件名称	部件名称	零件名称
			扶手组合	
14.2		护框		减震胶条、减震垫
			护框组合	
15	电器			
		调压整流器		
		电压调节器		
		电流限制器		
		过流保护器		
		蓄电池		
		点火线圈		
		电容放电式点火器		
		电容放电式控制器		
		火花塞		
		继电器		
		电缆		
		熔断器		
		磁电机		
16	照明及信号			
		前照灯		
		尾灯		
		转向信号灯		
		制动灯		
		后位灯		
		组合后位灯		
		内烁器		
		电喇叭		
		蜂鸣器		
		点火开关		
		制动灯开关		

续表

编号	组件名称	分组件名称	部件名称	零件名称
		启动开关		
		组合开关		
		变光开关		
		转向信号灯开关		
17	仪表			
		组合仪表		
		车速里程表		
		发动机转速表		
		燃油传感器		
		机油传感器		
		车速里程表软轴		
		发动机转速表软轴		

注:1. 因各型摩托车结构不同,组件名称、分组件名称不作严格的限制。

　　2. 表中摩托车、轻例摩托车零部件为两轮车型的零部件,三轮车型的零部件可参见 GB/T15367-94《摩托车和轻便摩托车三轮车零部件名称》。

5. 摩托车车架

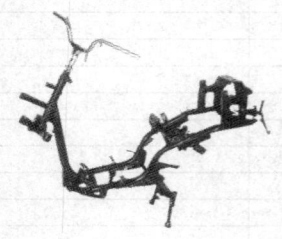
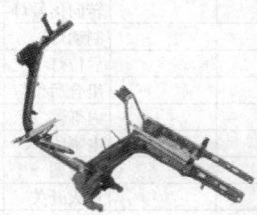

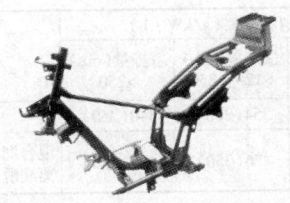

【特点及用途】车架是安装发动机、后传动装置、行车部件、电气仪表及操纵制动部分的骨架,其需采用重量轻、强度高、刚性好的金属材料制造。摩托车品种繁多,其车架亦型式多样。

【规　格】

材料形式	结构造型	常用材料
钢管式车架	摇篮式、脊椎形、菱形、U形等	35#钢、锰钢等
钢板式车架	普通型	低碳钢钢板、低碳合金钢钢板
钢管和钢板合成车架	型式多种	钢管、钢板(钢板厚度需考虑焊接强度)

6. 摩托车发动机

【特点及用途】摩托车发动机是摩托车动力装置的核心部件,为往复活塞式汽油机,包括二冲程及四冲程、风冷式及水冷式类型。按GB5360规定,其在环境温度为263K(−10℃)及以上时,应能顺利地启动,能在最低空载稳定性转速(怠速)下稳定运转15min,其转速波动率不大于±10%。汽油机油耗规定:

种类	燃油消耗率≤(g/kW·h)			机油消耗率≤ [g/kW·h(s/马力 h)]
	总排量(mL) 50~125	总排量(mL) >125~250	总排量(mL) >250	
四冲程	367(270)	354(260)	340(250)	8(6)
二冲程	476(350)	476(350)	476(350)	混合润滑方式比不低于22:1;分离润滑方式暂不规定

【规　格】部分典型车型

发动机型式	适用车型	主要技术指标
单缸卧式、强制风冷二冲程	南　方 NF50QT-3	缸径×行程:40.0mm×39.2mm 总排量:49 mL 压缩比:7.0:1 标定功率:3.0kW/(6 500r/min) 最大功率:3.67kW(7 000r/min) 最大扭矩:5.0N·m(6 500r/min) 急速转速:1 800±180r/min 启动方式:电启动、脚踏反冲启动并用 化油器型号:P219 化油器型式:平吸、柱塞浮子式(附有启动电热自动阀) 空气滤清器:湿式、泡沫塑料滤心 润滑方式:自动分离润滑 机油泵型式:柱塞式 机油泵流量:0.47~0.6mL/min(175r/min 时) 机油箱容量:1.2L
强制风冷二冲程单缸前倾式	建设、雅马哈、风帆 JYM90T	缸径×行程:50mm×42mm 排量:82mL 压缩比:5.6:1 润滑方式:雅马哈自动润滑 润滑油容量:1.1L 急速:1 800r/min

续表

发动机型式	适用车型	主要技术指标
单缸四冲程 自然风冷	嘉陵 JH100	汽缸排列:与垂线成80°夹角 缸径×行程:50mm×49.5mm 汽缸工作容积:97mL 压缩比:8.6:1 汽缸压缩压力:1 270±147kPa 空气滤清器:纸质过滤 气门间隙(冷态):进气门　0.05±0.02mm 　　　　　　　　排气门　0.05±0.02mm 怠速:1 500±150r/min 化油器型式:柱塞平吸式 汽油牌号:90 润滑油牌号:15W/40QE 润滑方式:压力飞溅式 启动方式:电启动与脚踏反冲启动并存 点火方式:CDI
单缸风冷四 冲程	建设JS110-3	缸径×行程:49.0mm×54.0mm 排量:101.8mL 压缩比:9.0:1 启动系统:反冲、电启动并用 润滑系统:压力、飞溅 机油类型:10W/30·GB11121-89(<5℃) 　　　　　20W/30·GB11121-89(>5℃) 空气滤清器:湿式滤心 化油器:VM16SH 浮子高度:16mm 怠速:1 400～1 600r/min 燃油类型:GB484-93 车用汽油90 号 燃油箱容积:4.3L

续表

发动机型式	适用车型	主要技术指标
单缸风冷四冲程顶置凸轮轴式	五羊、本田WH125	缸径×行程:56.5mm×49.5mm
		汽缸排量:124.1mL
		压缩比:9.2:1
		气门传动装置:2气门、单链、顶置凸轮轴式
		点火提前角:进气门 上止点前8°,下止点后2°
		排气门 下止点前38°,上止点后2°
		润滑系统:压力及飞溅润滑
		油泵类型:转子泵
		制冷系统:风冷
		空气滤清器:泡沫湿式
		推荐机油:五羊、本田机油或同等规格黏度SAE10W-40
		机油容积:换油时0.9L、拆卸时1.1L
单缸四冲程自然风冷	力之星LZX125GY	缸径×行程:56.5mm×49.5mm
		汽缸工作容积:124mL
		压缩比:9.2:1
		最大功率:7.2kW(8 500r/min)
		最大扭矩:8.6N·m(7 000r/min)
		化油器型式:PZ26
		空气滤清器:海锦铁丝网干式
		急速:1 400±140r/min
		润滑方式:压力飞溅式
		汽油牌号:≥RQ90
		机油牌号:15W/40SF
		机油量:1.0L
		启动方式:电启动与脚踏启动
		点火方式:CDI无触点电子点火

续表

发动机型式	适用车型	主要技术指标
单缸四冲程	豪爽 135	总排量:133mL 缸径×行程:58.9×49.5mm 压缩比:9.2:1 最大功率:9.2kW(8 500r/min) 最大扭矩:10.78N·m(7 000r/min) 制动距离:14m(50km/h) 最小转弯半径:2.0m 压缩压力:1 274±196kPa(500r/min) 气门间隙:0.05mm(冷车时) 润滑方式:压力飞溅式 冷却方式:自然风冷
单缸斜置排列风冷四冲程	幸福 XF150	缸径×行程:62mm×49.5mm 排量:149mL 压缩比:9.2:1 润滑方式:压力与飞溅润滑 润滑油容量:1L 息速:1 400r/min
单缸四冲程自然风冷	宗申 ZS150	缸径×行程:61 mm×49.5mm 汽缸工作容积:144.6mL 压缩比:8.6:1 化油器型式:平吸柱塞式 润滑方式:压力飞溅式 最大功率:9.6kW(8 500r/min) 最大扭矩:9.5N·m(7 000r/min) 空气滤清器:纸质滤心 息速:1 500±100r/min 进、排气门间隙:0.05mm

续表

发动机型式	适用车型	主要技术指标
单缸四冲程自然风冷	宗申 ZS150	汽油牌号：≥RQ90 油箱容积：11L 机油牌号：15W/40 机油量：1.0L 启动方式：电启动与脚踏启动 点火方式：CDI 无触点电子点火
单缸、四冲程、风冷	新大洲超影 XDZ175	缸径×行程：65.0mm×52.4mm 汽缸排量：173.8mL 压缩比：9.1:1 最大功率：10.5kW(8 500r/min) 最大扭矩：12.5N·m(7 000r/min) 化油器：MIKUNI BS28 急速：1 300±100r/min 润滑方式：压力飞溅润滑 启动方式：电启动 机油：等级 SE、SF 或 SG 黏度 SAE 10W–40、10W–5、20W–40、20W–50、容量1.4L。
前倾式单缸风冷四冲程	建设、雅马哈劲飚 SRV 200	排气量：222mL 缸径×行程：70.0mm×57.0mm 压缩比：8.5:1 压缩压力：1 200kPa 启动方式：电动/脚踩并用式 润滑方式：湿式油底壳 火花塞型式：DPREA 火花塞间隙：0.8～0.9mm 离合器型式：湿式多片式 机油泵型式：余摆线齿轮泵

续表

发动机型式	适用车型	主要技术指标
四冲程风冷双顶置凸轮轴双圆顶燃烧室	轻骑、铃木QSX250	汽缸数:2 缸径×行程:57.0mm×48.8mm 总排量:249mL 化油器:MIKUNI BST29 空气滤清器:聚氨基甲酸酯发泡塑料元件和非编织纤维元件滤芯 启动系统:电动启动及反冲启动 润滑系统:湿油底壳

7. 摩托车汽缸、活塞、活塞环及活塞销

【特点及用途】摩托车汽缸、活塞、活塞环及活塞销是摩托车发动机中的核心结构件之一,亦是往复运动件中的易损部件,需要有足够的强度、抗冲击韧性和耐磨性,以及良好的散垫性能。

【规　　格】(部分典型车型)

适用车型	南方 NF50QT-3		嘉陵 JL50QT-9	
汽缸 (mm)	内径40.000~40.020	内径	识别记号 A 39.000~39.005	
			识别记号 L 39.005~39.010	
活塞 (mm)	活塞外径39.960~39.980 活塞与汽缸配合间隙0.03~0.05	外径	识别记号 A 38.955~38.960	
			识别记号 B 38.965~38.970	
			识别记号 L 38.960~38.965	
		缸体与活塞间隙0.035~0.050		

续表

适用车型	南方 NF50QT-3			嘉陵 JL50QT-9
活塞环 （mm）	活塞环与活 塞环槽间隙	第一环 0.02～0.06		活塞环开口间隙 0.10～0.25 活塞环侧隙 0.10～0.25
		第二环 0.02～0.06		
	活塞环端隙	第一环 0.15～0.35		
		第二环 0.15～0.35		
活塞销 （mm）	活塞销孔内径 10.003～10.013 连杆小端内径 14.006～14.017 活塞销外径 9.994～10.000 活塞销与销孔间隙 0.006～0.016			活塞销孔内径 12.002～12.008 活塞销外径 11.994～12.000 活塞与活塞销间隙 0.002～0.014
气缸 （mm）	缸径（距顶 20mm 处测量） 41.005～41.020			内径 50.000～50.012
活塞 （mm）	活塞外径（距活塞裙底 15mm 处测量）40.940～40.955 活塞与汽缸间隙 0.06～0.07			活塞外径 49.952～49.972 汽缸与活塞的间隙 0.040～0.045
活塞环 （mm）	活塞环外径 9.995～10.000			活塞环端隙 0.15～0.35 活塞环侧隙 0.03～0.05
	活塞环自由 端间隙	第一环：右约 4.0		
		第二环：右约 4.3		
	第一、二活塞环和环槽间隙 0.020～0.060			
	第一、二右活塞环端间隙 0.10～0.25			
适用车型	金城 AJ50			建设、雅马哈、风帆 JYM90T
活塞销 （mm）	活塞销孔径 10.002～10.010			活塞销孔内径 12.004～12.015 活塞销外径 11.996～12.000
适用车型	五羊、本田 WH100T			金城、铃木 SJ110
汽缸 （mm）	内径 50.000～50.010			内径 53.500～53.510
活塞 （mm）	活塞外径 49.970～49.990 汽缸与活塞间隙 0.010～0.040			活塞外径（距活塞裙底 11mm 处测量）53.465～53.480 活塞与汽缸间隙 0.03～0.04

续表

适用车型	五羊、本田 WH100T			金城、铃木 SJ110		
活塞环 (mm)	一、二环与沟槽间隙 0.015~0.050			活塞环自 由间隙	第一环 R 约6.6	
					第二环 R 约5.2	
	活塞环 开口间隙	一、二环 0.10~0.25		活塞环 端间隙	第一环 0.10~0.25	
					第二环 0.3~0.45	
		油环 0.20~0.70		活塞环和 环槽间隙	第一环	
					第二环	
				活塞环 槽宽度	第一环 1.01~1.03	
					第二环 1.01~1.03	
					油环 2.01~2.03	
				第一、二环厚度 0.97~0.99		
活塞销 (mm)	连杆小端内径 13.010~13.028 连杆与活塞销间隙 0.010~0.034 活塞销孔内径 13.002~13.008 活塞销外径 12.994~13.000 活塞与活塞销间隙 0.002~0.014			活塞销孔径 14.002~14.008 活塞销外径 13.996~14.000		

适用车型	轻骑、铃木 GS125		宗申 ZS150	
汽缸 (mm)	内径 57.000~57.015		内径 61.0~61.01	
活塞 (mm)	活塞外径 56.975~56.990 汽缸与活塞间隙 0.020~0.030		活塞裙部直径 60.97~60.99 汽缸与活塞间隙 0.02~0.06	
活塞环 (mm)	活塞环 自由间隙	第一环约 7.0	活塞环 开口间隙	气环 0.150~0.350
		第二环约 7.5		
	第一、二活塞环端部间隙 0.10~0.25			油环 0.010~0.040
	活塞环 槽宽度	第一、二环 1.21~1.23	活塞环与 环槽间隙	第一环 0.015~0.050
		油环 2.51~2.53		
	活塞环 厚度	第一、二环 1.175~1.190		第二环 0.015~0.045
		第二环 1.170~1.190		

续表

适用车型	轻骑、铃木 GS125			宗申 ZS150	
活塞销 (mm)	活塞销孔径 14.002~14.008 活塞销外径 13.994~14.002			活塞销孔内径 15.002~15.008 活塞销外径 14.994~15.000 活塞销与孔间隙 0.002~0.014	
汽缸 (mm)	内径 70.016~70.044			内径 64.99~65.02	
活塞 (mm)	与汽缸间隙 0.020~0.034			活塞外径 64.94~64.97 汽缸与活塞的间隙 0.020~0.080	
	外径（距底部 8.5mm） 69.989~70.017				
活塞环 (mm)	开口间隙	第一、二环 0.15~0.30		活塞环 开口间隙	第一环 0.15~0.30
		油环 0.3~0.9			第二环 0.15~0.30
	侧隙	第一环 0.035~0.070			油环 0.15~0.30
		第二环 0.02~0.06		活塞环 侧隙	第一环 0.70~0.011
		油环 0.06~0.15			第二环 0.050~0.090
	活塞环厚度 1.2			活塞环 厚度	第一环 2.485~2.500
					第二环 2.485~2.500
活塞销 (mm)	销孔内径 16.002~16.013 销外径 15.991~16.000 销与孔间隙 0.002~0.022			活塞销孔直径 14.99~15.00 活塞销直径 14.983~15.993	

8. 常用活塞环

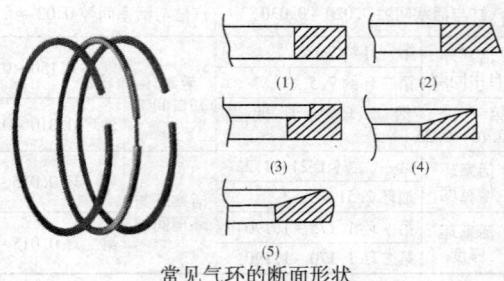

(1)　(2)　(3)　(4)　(5)

常见气环的断面形状

【特点及用途】活塞环是一种具有一定弹性的金属开口环,在自由状态下,活塞环外径比所装置的气缸直径大些,开口间隙亦大,将其置入气缸后,活塞环的开口间隙须保证在规定的数值内。活塞环分气环和油环两种类型。

【规　　格】(部分典型车型)

排量(mL)	配套主机厂车(机)型	缸径(mm)	每组缸付数	缸付配比(平:油)	结构材料
50	豪迈50(139FM)、CH50	39	1	2:1	钢铬、球铁进口钢带环
	本田GW050、本田50、春兰CL50	39	1	2:0	球铬、铸铁
	迪奥50　D1050	39	1	2:0	铸铬、铸铬
	领导50　YB50	40	1	2:0	铸铬、铸铬
	本田50、鹿城LC50	41	1	2:0	球铬、球铁
	本田QM50、木兰TB50、AD50	41	1	2:0	铸铬、铸铁
70	本田70、嘉陵JH70、天虹TH70、金城JC70、大阳DY70	47	1	2:1	钢铬、球铁进口钢带S环
			1	2:1	钢铬、球铁进口钢带H环
	林海LH70(144FM)	44	1	2:1	球铬、球铁进口钢带S环
80	雅马哈80、建设80、洛阳80	47	1	2:1	铸铬、铸铬
			1	2:0	铸铬、铸铁
90	本田90、嘉陵JH90大阳DY90、捷达JD90	47	1	2:1	钢铬、球铁进口钢带S环
			1	2:1	钢铬、球铁进口钢带H环
	大路易90	48	1	2:0	铸铬、铸铬

续表

排量 (mL)	配套主机厂车(机)型	缸径 (mm)	每组 缸付 数	缸付配 比（平 ：油）	结构材料
90	雅马哈 90、林海 LH90、南方 NF90、航空 HK90、西湖 XH90	50	1	2:0	球铬、球铬
100	捷达 JD100	47	1	2:1	钢铬、球铁 进口钢带 S 环
	本田 100、光阳 CH100、南方 NF100、金轮 JL100、大阳 DY100、 捷达 JD100	50	1	2:1	球铬、球铁 进口钢带 S 环
			1	2:1	球铬、球铁 进口钢带 H 环
	铃木 100、金城铃木 AX100 长春铃木 AX100、轻骑 K90	50	1	2:0	球铬、球铬
			1	2:0	铸铬、铸铬
	雅马哈 100、林海 LH100	52	1	2:0	铸铬、铸铬
	铃木 K100	52	1	2:0	铸铬、铸铬
125	本田 CB125T、嘉陵 CB125T、春兰 虎、豹 CL125	44	2	2:1	球铬、球铁 进口钢带 S 环
	光阳豪迈 125、南方豪迈 125、鹿 城 LC125、本田 CH125、光阳 CH125、大鲨 125、林海 LH125、风 速 CH125、春兰水冷 125	52.4	1	2:1	钢铬、球铁 进口钢带 S 环
					钢铬、球铁 进口钢带 H 环
	轻骑 MTI125	53	1	2:1	球铬、球铁 进口钢带环
	轻骑水冷 125	54	1	2:0	球铬、球铁
	雅马哈 ZY125	51.5	1	2:1	球铬、球铁 进口钢带 S 环

续表

排量 (mL)	配套主机厂车(机)型	缸径 (mm)	每组 缸付 数	缸付配 比（平 ：油）	结构材料
125	本田 CG125、嘉陵 JH125、五羊 WY125、富先达 FXD125、佛斯弟 125、钱江 CG125、捷达 CG125、幸 福 XF125	56.5	0.00 ~ 0.75	1	2:1	球铬、铸铁 进口钢带 S 球
					球铬、铸铁 进口钢带 H 环
	本田 CB125	56.5	1	2:1	球铬、铸铁 进口钢带 S 环
	铃木 GS125、WJ125、钱江 QJ125、轻骑 GS125	57	0.00 ~ 0.75	1	2:1	钢铬、球铁 进口钢带 S 环
	铃木 GS125R	57	0.00 ~ 0.75	1	2:1	钢铬、球铁 进口钢带 S 环
	RX125、NF125	56	0.00	1	2:0	球铬、球铁
	LH125	56	0.00	1	2:0	铸铬、铸铬
145	本田 145、JH145（JH150）	61	1	2:1	钢铬、球铁 进口钢带 S 环
150	本田 CG150、钱江 CG150、鹿城 LC150、幸福 XF150	62	1	2:1	球铬、铸铁 进口钢带 S 环
	春兰 CL150	47	2	2:1	钢铬、球铁 进口钢带 S 环
	雅马哈迎光 150	53.7	1	2:1	球铬、铸铁 进口钢带 S 环
250	本田 VT250C、春兰 CL1250	60	2	2:1	钢铬、球铁 进口钢带环
	铃木 250、WJ250	68	1	2:0	球铬、球铁
750	长江 750、奉通 750	78	2	2:2	铸铬、铸铁 铸铁普油

注:以上产品为江苏仪征双环活塞环有限公司产品。

9. 摩托车配气机构

（图为四川红光汽车机电有限公司生产的节气门体产品）

【特点及用途】摩托车配气机构的作用是按照工作循环的需要，定时打开、关闭进排气门，吸入可燃混合气，排除燃烧后的废气，并密封气门，保证发动机正常工作。根据摩托车发动机的工作原理，其配气机构可分为四冲程发动机配气机构和二冲程发动机配气机构。根据气门的布置形式，四冲程发动机常用的配气形式可分为侧置式、顶置式和混合式三种。二冲程发动机配气机构比四冲程发动机配气机构简单，依其结构可分为活塞阀吸气式、旋转圆盘阀吸气式和簧片阀吸气式三种。

【规　　格】（部分典型车型）

适用车型	主要技术指标(标准值)(mm)		
嘉陵 JH90A	凸轮轴油隙		0.010 ~ 0.025
	凸轮轴侧隙		0.004 ~ 0.036
	凸轮升程	进气	26.641
		排气	26.408
	摇臂孔内径		10.000 ~ 10.005
	摇臂轴外径		9.978 ~ 9.987
	气门弹簧 自由长度	外弹簧	35.5
		内弹簧	32.8
	气门间隙(进或排)		0.05
	气门杆外径	进气	4.970 ~ 4.985
		排气	4.955 ~ 4.970

续表

适用车型	主要技术指标(标准值)(mm)		
嘉陵 JH90A	气门导管内径	进气	5.000 ~ 5.012
		排气	5.000 ~ 5.012
	气门杆至导管内隙	进气	0.015 ~ 0.042
		排气	0.030 ~ 0.050
	气门座宽度		1.0
大阳 DY100	气门座宽度		1.0
	凸轮高度	进气	26.503 ~ 26.623
		排气	26.318 ~ 26.438
	摇臂内径		10.000 ~ 10.015
	摇臂轴外径		9.978 ~ 9.987
	摇臂与摇臂轴间隙		0.013 ~ 0.037
	气门弹簧自由长度	内气	32.8
		外气	35.5
	气门杆外径	进气	4.970 ~ 4.985
		排气	4.955 ~ 4.970
	气门导管内径	进气	5.000 ~ 5.012
		排气	5.000 ~ 5.012
	气门杆与导管间隙	进气	0.015 ~ 0.042
		排气	0.030 ~ 0.057
金城.铃木 SJ110	气门直径	进气	25
		排气	22
	进排气门冷态间隙		0.04 ~ 0.07
	气门导套与气门杆间隙	进气	0.010 ~ 0.037
		排气	0.030 ~ 0.057

续表

适用车型	主要技术指标(标准值)(mm)		
金城. 铃木 SJ110	进排气门导套内径		5.000 ~ 5.012
	气门杆外径	进气	4.975 ~ 4.990
		排气	4.955 ~ 4.970
	进排气门座宽		1.0
	气门弹簧张力	内(24mm 时)	54.7 ~ 62.9N
		外(27mm 时)	63.7 ~ 73.5N
轻骑. 铃木 GS125	进、排气门凸轮高度	进气	33.830 ~ 33.870
		排气	32.990 ~ 33.030
	进、排气门摇臂孔径		12.000 ~ 12.018
	进、排气门摇臂轴外径		11.977 ~ 11.995
	气门直径	进气	30
		排气	26
	气门升程	进气	7.5
		排气	6.5
	进、排气门间隙(冷态)		0.08 ~ 0.13
	进、排气门导管内径		5.500 ~ 5.512
	气门杆外径	进气	5.475 ~ 5.490
		排气	5.455 ~ 5.470
	气门与气门导杆间隙	进气	0.010 ~ 0.037
		排气	0.030 ~ 0.057
	进、排气门座宽度		0.9 ~ 1.1
	进、排气门弹簧张力	内(长度 32.5mm 时)	69.6±81.3N
		外(长度 36.0mm 时)	166.6±198.9N
	进、排气门凸轮轴轴颈储油腹间隙		0.032 ~ 0.066
	进、排气门凸轮轴轴颈外径		21.959 ~ 21.980

续表

适用车型	主要技术指标(标准值)(mm)		
嘉陵、本田 HJ125-9	凸轮轴	凸轮高度	进气	27.383~27.543
			排气	27.208~27.368
	摇臂	内径		10.000~10.015
		轴外径		9.972~9.987
		摇臂与轴间隙		0.013~0.043
	气门弹簧自由长度	外弹簧		36.45
		内弹簧		29.90
	气门杆外径	进气		4.450~4.465
		排气		5.430~5.445
	气门导管内径	进气		5.475~5.485
		排气		5.475~5.485
	气门杆与导管间隙	进气		0.010~0.035
		排气		0.030~0.055
	气门座宽			1.0
宗申 ZS150	凸轮升程	进气		31.452~31.612
		排气		31.285~31.445
	凸轮轴轴套内径			20.005~20.045
	凸轮轴轴颈外径			19.967~19.980
	凸轮轴套至轴颈间隙			0.055~0.065
	摇臂内径			12.000~12.018
	摇臂轴外径			11.983~11.994
	摇臂及摇臂轴间隙			0.005~0.041
	气门弹簧自由长度	外层		44.85
		内层		39.2
	气门杆外径	进气		5.450~5.460
		排气		5.430~5.445
	气门导管内径			5.475~5.485
	气门杆与导管间隙	进气		0.010~0.035
		排气		0.030~0.055
	气门座宽度			1.1~1.3

续表

适用车型	主要技术指标(标准值)(mm)		
轻骑·铃木 QS150T	凸轮高度	进气	32.970~33.010
		排气	32.850~32.890
	摇臂内径	进气或排气	12.000~12.018
	摇臂轴外径	进气或排气	11.966~11.984
	气门直径	进气	25.5
		排气	22.5
	气门冷态间隙	进气或排气	0.08~0.13
	气门导管至气门杆的间隙	进气	0.010~0.037
		排气	0.030~0.057
	气门导管内径	进气或排气	5.000~5.012
	气门杆外径	进气	4.975~4.990
		排气	4.955~4.970
	气门座宽度	进气或排气	0.9~1.1
	气门弹簧张力（进或排）	内(长 23.67)	5.58~6.42kg
		外(长 26.67)	6.5~7.5kg)
金勇 125、豪爽 135、豪爽 150	进排气门间隙(冷态)		0.05~0.10
	汽缸头盖端面平面度		<0.05
	进排气门摇臂与轴间隙		0.013~0.046
	进排气门座角度		89°~90°
	气门导杆外径	进气	5.450~5.465
		排气	5.430~5.445
	气门导管内径	进气	5.475~4.585
		排气	5.475~5.485
	气门杆与导杆间隙	进气	0.010~0.035
		排气	0.030~0.055

续表

适用车型	主要技术指标(标准值)(mm)		
新大洲超景 XDZ175	凸轮轴高度	排气	22.356~22.456
		进气	22.715~22.815
	凸轴轮径向跳动		≤0.02(表针指数)
	定时链条长度(20节)		127.00~127.36
	摇臂孔径		13.00~13.011
	摇臂轴直径		12.983~12.994
	气门间隙	排气	0.15~0.19
		进气	0.08~0.12
	气门头部厚度	排气	0.75~0.95
		进气	0.6~0.8
	气门杆直线度		≤0.01(表针指数)
	气门杆直径	排气	4.455~4.478
		进气	4.475~4.490
	进、排气门导管内径		4.500~4.512
	气门与气门导管间隙	排气	0.14~0.19
		进气	0.03~0.13
	气门座铰销角度		45°、32°、60°
	气门座面	外径 排气	25.5~25.7
		外径 进气	29.5~29.7
		宽度 排气	0.8~1.2
		宽度 进气	0.8~1.2
	进排气门弹簧自由长度		43.03

续表

适用车型	主要技术指标(标准值)(mm)		
建设·雅马哈劲飚 SRV200	进气 凸轮	高度	36.52 ~ 36.62
		宽度	30.201 ~ 30.301
	排气凸轮	高度	36.564 ~ 36.664
		宽度	30.216 ~ 31.316
	摇臂内径		12.000 ~ 12.018
	摇臂轴外径		11.981 ~ 11.991
	摇臂与摇臂轴间隙		0.009 ~ 0.037
	摇臂轴、径向摆幅		1
	气门头直径	进气	28.9 ~ 29.1
		排气	23.9 ~ 24.1
	气门面宽度		2.26
	气门座宽度		0.9
	边缘厚度		0.8 ~ 1.2
	气门间隙 (冷车)	进气	0.05 ~ 0.09
		排气	0.11 ~ 0.15
	气门杆外径	进气	5.975 ~ 5.990
		排气	5.960 ~ 5.975
	进、排气门导管内径		6.000 ~ 6.012
	气门杆与 导管间隙	进气	0.010 ~ 0.037
		排气	0.025 ~ 0.052
	进、排气门座宽度		0.9 ~ 1.1
	进排气门弹簧	自由长度	内	38.1
			外	36.93
		安装长安	内	30.1
			外	31.6
		压缩力	内	76.4 ~ 88.2
			外	114.7 ~ 132.3

10. 摩托车机油泵

【特点及用途】摩托车机油泵的作用在于向摩托车发动机运动提供润滑油，使运动件降低摩擦系数，避免干摩擦；并充填配合间隙而减少噪声；消散配合件之间的摩擦热量，降低零件工作温度；同时还可清洗磨屑，以及防锈和起密封作用。机油泵在回冲程发动机的润滑系统中常见有三种类型，即外啮合齿轮泵、内啮合转子泵和柱塞泵。摩托车机油泵的造型随不同发动机型式而不异相同。

CG125 机油泵

【规　　格】(部分典型车型)

技术项目	参　数		适用车型
	标准值（mm）	极限值（mm）	
内外转子径向间隙	0.15	0.20	嘉陵 JH90A（C）嘉陵 JH100 宗申 ZS100
泵体与外转子径向间隙	0.02～0.07	0.12	
轴向间隙	0.10～0.15	0.20	
顶部间隙	0.15	0.20	嘉陵 JH150T 嘉陵 JH125E
转子至阀体间隙	0.30～0.36	0.40	
端间隙	0.15～0.20	0.25	
端间隙	0.15	0.20	建设 JS110-3
侧间隙	0.06～0.10	0.15	
内外转子间隙	<0.15	0.23	建设.雅马哈天剑 JYM125
外转子与转子室间隙	0.06～0.10	0.14	
转子表面与转子室表面间隙	0.06～0.10	0.14	
进出油转子间隙	0.15	0.2	建设·雅马哈劲龙 JYM250
转子与阀体间隙	0.04～0.09	0.15	
机油泵端隙	0.03～0.09	0.15	

续表

技术项目	参　数		适用车型
	标准值（mm）	极限值（mm）	
进出油转子间隙	≤0.15	0.23	建设·雅马哈劲飚 SRV200
出油转子与转子缸体间隙	0.04~0.09	0.14	
旁通阀打开压力	40~80（KPa）		
内转子顶端间隙	0.15	0.20	五羊·本田 WH100T
外转子与泵体间隙	0.15~0.21	0.35	
泵体侧隙	0.05~0.10	0.12	
内外转子径向间隙	0.15~0.21	0.35	五羊·本田 WH125
外转子与泵体间隙	0.15	0.20	
转子端面间隙	0.03~0.12	0.15	
外转子与泵体间隙	0.15~0.21	0.25	五羊·本田 WH125T
转子顶端间隙	0.15	0.20	
尾端间隙	0.05~0.10	0.12	
内外转子径向间隙	0.10~0.15	0.25	
泵体与外转子径向间隙	0.14~0.25	0.25	宗申 ZS110-12
泵顶间隙	0.02~0.045	0.20	
油泵顶部间隙	0.15	0.20	宗申 ZS125-2
泵体与外转子间隙	0.016~0.040	0.20	
转子与泵体端面间隙	0.03		
泵顶间隙	0.15	0.20	
外转子与泵体经向间隙	0.15~0.20	0.25	力之星 LZX125GY
内转子与外转子间隙	0.15~0.20	0.25	
泵间间隙	0.15	0.20	
外转子与泵体径向间隙	0.30~0.36	0.40	力之星 LZX125-19
内转子与外转子间隙	0.15~0.20	0.25	

续表

技术项目	参　　数		适用车型
	标准值 （mm）	极限值 （mm）	
油泵变化比	30.000(30/1)		金城 AJ50 金城 JS50QT-6
油泵排泄率	0.9～1.1mL (3 000r/min,5min)		
机油泵减速比	1.566(47/30)		轻骑·铃木 QS150T
油压(在 60℃)	15～35kPa (3 000r/min)		
油泵减速比	2.028		轻骑·铃木 QSX250
油压(60℃时,kPa)	200～400 (3 000r/min)		
内外转子间隙	0.30	0.35	幸福 XF90
转子与阀体间隙	0.10～0.21	0.40	
泵端隙	0.02～0.07	0.12	
内外转子间隙	0.15	0.20	幸福 XF125-A6、幸 福 XF150
转子与阀体间隙	0.15～0.20	0.25	
泵端隙	0.15	0.20	
内外转子间隙	0.15	0.20	幸福 XF125T
转子与阀体间隙	0.15～0.21	0.25	
泵端隙	0.03～0.10	0.25	
内外转子间隙	0.15	0.20	宗申 ZS150
泵体与外转子间隙	0.15～0.20	0.25	
转子与泵体端面间隙	0.03～0.07	0.10	
内外转子间径向间隙	0.10	020	五羊·本田 WY125A 五羊·本田 WY125C
外转子至泵体间隙	0.15～0.20	0.25	
转子端面间隙	0.04～0.06	0.10	

11. 摩托车燃油箱

（图示为 HONDA 产品）

【特点及用途】摩托车燃油箱的作用是贮存燃油。其形状、大小、尺寸及安装位置因车型而异。通常的燃油箱结构是：上部设置加油口，并设计有油箱盖。加油口座内装置有加油滤网，油箱盖上加工有小孔或类似小孔的设施（使箱内油面压力与大气压力相等）。燃油箱下部设置有与燃油开关连接的附属零件等。有些燃油箱还设计有备用燃油容积结构。

【规　　格】（部分典型车型）

摩托车车型	燃油箱容积（L）
南方 NF50QT-3	5.5
南方 NF125	9.5
大阳 DY100	3.5
幸福 XF90	9.0（备用油容积1.4L）
幸福 XF125-A6	9.0（备用油容积2.0L）
幸福 XF125T	6.0（备用油容积1.5L）
幸福 XF250C	12（备用油容积2.0L）
嘉陵 JL50QT-9	4.6
嘉陵 JH90A	8.0（备用油容积1.2L）
嘉陵 JH125	11（备用油容积2.2L）
嘉陵·本田 JH125-10H	9.0（备用油容积2.0L）

续表

摩托车车型	燃油箱容积(L)
嘉陵.本田 JH125-9	12.7(备用油容积 2.7L)
嘉陵 JH150T	10(备用油容积 1.0L)
五羊.本田 WH100T	6.5(备用油容积 1.7L)
五羊.本田 WH125	12(备用油容积 2.2L)
五羊.本田 WY125C	11(备用油容积 2.2L)
宗申 ZS100	3.5
宗申 ZS110-12	3.5(备用油容积 1.5L)
宗申 ZS125-2	9.7(备用油容积 1.6L)
宗申 ZS150	11
建设·雅马哈风帆 JYM90T	5.5
建设 JS110-3	4.3
建设·雅马哈劲龙 JYM250	12(备用油容积 2.7L)
新大洲·本田 SDH100-41	3.8
新大洲·本田 SDH125	10.5(备用油容积 2.7L)
新大洲超影 XDZ175	12(备用油容积 1.4L)
金城 AJ50	4.2
金城·铃木 SJ110	4.5
金城·铃木 SJ125	15
豪爵·铃木 CN125	10.3(备用油容积 2.0L)
豪爵·铃木 HJ125	8.0
力之星 LZX125GY	6.5(备用油容积 1.5L)
力之星 LZX125-19	11
轻骑·铃木 GS125	11(备用油容积 1.6L)
轻骑·铃木 QS150T	8.0
轻骑·铃木 QSX250	18(备用油容积 4.5L)

12. 燃油开关

【特点及用途】燃油开关的作用是开启或关闭燃油箱到化油器的油路。其主要结构件有本体、油滤件、密封件、控制件及油管等。因摩托车型各异,其燃油开关结构不尽相同。

【规　　格】

结构型式	基本特点
平面导通式	控制件端面设置油道,手柄控制"开"、"关"、"备"
阀芯导通式	控制件阀芯上设置油道,转动(移动)阀芯而控"开"、"关"、"备"

13. 摩托车空气滤清器

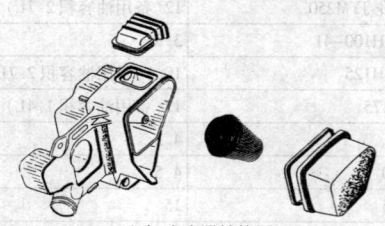

空气滤清器结构图

【特点及用途】空气滤清器的作用是滤除空气中的尘灰,使进入发动机气缸中的混合气体保持干净。其需具有对空气流动保证较小的阻力。空气滤清器一般油清器壳体、滤芯、进气口、出气口及安装孔等组成,其造型多样。

【规　　格】

空气滤清器滤芯材质及结构:纸质干式、滤网式、泡沫塑料湿式、惯性油浴式。

14. 摩托车化油器

GY6 化油器　　　木兰 50 化油器

【特点及用途】化油器的作用是将燃油与适量的空气混合,使其变成雾状混合气,然后送给发动机。化油器的结构主要包括进油、雾化、启动、急速和主供油系,有的化油器还具有加浓和加速系统等。化油器按其腔体分有单腔化油器和多腔化油器,按结构特征分有膜片式和浮子室式,按其气流方向分,可分为上吸式、下吸式和平吸式。化油器的造型多样,不同的摩托车车型的化油器亦不相同。

【规　　格】(部分典型车型)

型　号	VM14SH	3VR04
适用车型	金城 AJ50	建设. 雅马哈风帆 JYM90T
主要技术指标	孔径:14mm L. D. 号码:25E3 急速:1 800±100r/min 浮筒高度:18.5±1.0mm 主喷嘴(M. J.):#57.5 主空气喷嘴(M. A. J.):0.7mm 喷嘴针(J. N.):3L30-第三 针型喷嘴(N. J.):E-0 阀座(V. S.):1.2mm 向导喷嘴(P. J.):#20 启动喷嘴(G. S.):#25 油门线间隙:3～6mm	主喷嘴:#76 喷油针切削位置:3R01-3/5 针阀调节喷嘴:2.095 切口:2.5 低速喷嘴:#42 混合气调整螺钉:1-3/4 浮子高度:15.0～17.0mm

续表

型号	VM15SC	VKOAA
适用车型	重庆. 雅马哈 CY80	五羊. 本田 WH100T
主要 技术 指标	主量孔:#125 油针夹子位置:3 针状喷孔:E-2 引导喷孔:#20 启动喷孔:#30 浮子高度:23±1mm 空气调节螺钉:向外 1+3/4 圈 急速:1 500±100r/min	喉管直径:18mm 喷嘴:主#80,副#35 浮子高度:13.0±0.5mm 急速混合比调节螺钉初始开度: 2 ~3/8圈 急速:1 700±100r/min
主要 技术 指标	主喷嘴:#72.5 急速喷嘴:#15 油针卡环位置:从底部向上第 2 个槽 空气螺钉回退圈数:回转1 $\frac{3}{8}$ 圈 浮子高度:18.2mm 急速:1 500±100r/min 油门手把自由行程:2 ~6mm	孔径:26mm 急速:1 450±50r/min 燃油液面:4.0±0.5mm 浮子高度:21.4±1.0mm 主喷嘴:#125 空气喷嘴:0.8mm 喷嘴针:4FCH51-2 引导喷嘴:#37.5 空气调节螺钉:1-3/4 圈 油门钢索游隙:0.5 ~1.0mm

续表

型号	VM16A	BS26SS
适用车型	新大洲.本田 SDH100–41	轻骑.铃木 GS125
主要技术指标	主喷嘴:#88 怠速喷嘴:#38 喷针夹片位置:第三切口 混合比螺钉初始开度:向外转 1~3/8 浮子高度:18mm 怠速:1 400±100r/min 油门手把自由行程:2.6mm	孔尺寸:26mm I.D.号:20EB 怠速:1 600±100r/min 浮子高度:21.4±1.0mm 主量孔:#95 主空气喷嘴:1.2mm 量孔针阀:4CX2 第三 针阀量孔:0~7 节流阀:#110 启动喷嘴:P.J.#37.5 　　　　　G.S.#27.5 空气调节螺钉:预设定(1$\frac{3}{8}$旋出) 节流钢丝游隙:3~6mm
主要技术指标	主喷口:#140 主空气喷口:0.9mm 引导喷气口:0.6mm 引导喷油口:0.8mm 引导喷口:#38 旁通阀 1、2、3:0.8mm 引导螺丝(回转圈数)2.0 阀座尺寸:2.0mm 启动喷油口 1:0.5mm 启动喷油口 2:0.7mm 油量高度:4.5~5.5mm 怠速:1 400~1 500r/min	文氏管口径:φ26 主喷口:#112 主空气喷口:0.9 油针止夹段数:#4D00–3 主喷油管:φ2.590 引导喷油口:0.9 引导喷气口:0.5 引导喷口:#40 引导螺丝(回转圈数):2.0 启动喷油口 1:0.05 启动喷油口 2:1.05 油面尺寸(高度尺寸):4.5~5.5mm 怠速:1 400~1 500r/min 吸入负压:28kPa

15. 摩托车消声器

【特点及用途】摩托车消声器是用来阻止发动机排气噪声传播,允许气流通过而使空气动力噪声衰减的装置.消声器大多采用扩张膨胀、节流、反射、干涉、叠加等形式,将排气振幅降到合理值,而达到消声。消声器的结构及造型因车型而异。

【规　　格】

抗式消声器:借助管道截面的变化(扩张、缩小及旁接共振腔等)衰减排气能量。

阻式消声器:借助管壁的吸声材料或吸声结构达到消声。

阻抗复合式消声器:综合抗式与阻式消声器的特点而达到消声。

常见消声器结构:盒式、筒式。

16. 摩托车离合器

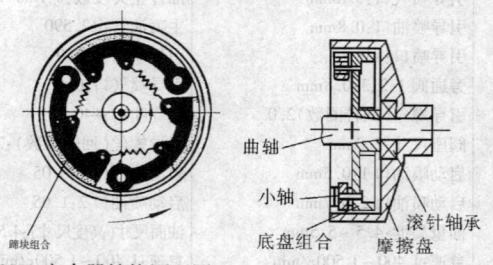

曲轴

小轴

底盘组合

滚针轴承

摩擦盘

蹄块组合

CJ50 离合器结构原理图

【特点及用途】摩托车离合器的作用是通过其分离或结合状态使摩托车能平稳起步、摘挂挡轻便、停车时发动机免受重负荷冲击,以及能自动打滑而避免变速器和传动系零件超载损坏等。离合器结构主要由主动部分、从动部分、压紧机构和操纵机构四部分组成。离合器按工作条件可分为干式和湿式两类；按操纵方式可分为属于外力操纵的机械式离合器和非外力操纵的离心式自动离合器；离心式自动离合器按照摩擦表面的形状，分为片式和鼓式两种；按压紧弹簧分，可分为螺旋弹簧离合器和膜片弹簧离合器；按从动构件的摩擦片的数目来分，可分为单片、双片和多片式离合器。

【规　　格】(部分典型车型)

离合器型式	干式闸瓦自动离心式		多片油浴式	
适用车型	金城 AJ50		宗申 ZS100	
适用车型	金城 AJ50		宗申 ZS100	
主要尺寸 （mm）	离合器内径	110.00 ~ 110.15	初级主动齿轮内径21.000 ~ 21.021	
	离合器压盘厚度	3.0	离合器弹簧自由长度	20
	离合器啮合	4 400±500r/min	离合器摩擦盘厚度	3.45 ~ 3.55
	离合器锁定	5 500±500r/min	轴套外径	20.930 ~ 20.950
离合器型式	湿式多片式		湿式多片式	
适用车型	嘉陵.本田 JH125-9		轻骑.铃木 GS125	
主要尺寸 （mm）	弹簧自由长度	35.5	离合器拉索游隙	4
	离合主动片厚度	3.0	主动片厚度	2.90 ~ 3.10
	离合外盘内径	26.000 ~ 26.021		
	离合外 盘滑套	内径 20.000 ~ 20.021	主动片卡爪宽度	11.8 ~ 12.0
		外径 25.959 ~ 25.980	从动片厚度	1.60±0.05
	滑套安装处的主轴外径19.959 ~ 19.980			
离合器型式	干式自动离心式		湿式多片式	
适用车型	轻骑.铃木 QS150T		建设.雅马哈劲飚 SRV200	

续表

离合器型式	干式闸瓦自动离心式		多片油浴式	
主要尺寸 （mm）	离合器内径	125.0～125.2	离合器摩擦片厚度	2.92～3.08
	离合器闸瓦厚度	3.0	离合器板厚度	1.05～1.35
	离合器啮合时速度	2 700～3 300r/min	离合器弹簧自由长度	34.5
	离合器锁定	4 500～5 500r/min	离合器座轴向间隙	0.10～0.39
			离合器座径向间隙	0.010～0.044
适用车型	建设·雅马哈劲龙 JYM250		幸福 XF250C	
主要尺寸 （mm）	摩擦片厚度	2.92～3.08	离合器拉杆自由长度	10～20
	离合片厚度	1.75～1.35	离合器弹簧自由长度	23～23.6
	离合弹簧自由长度	34.5	离合器摩擦片厚度	3.70～3.85
			离合器中间片不平度	0.140
离合器型式	多片、湿式摩擦式		湿式多片	
适用车型	南方 NF125-3		新大洲超影 XDZ175	
主要尺寸 （mm）	驱动片厚度	2.9～3.1	摩擦片厚度	2.92～3.08
	驱动片爪宽度	13.9～13.97	离合器弹簧自由长度	35.0
	从动片厚度	1.09～1.31	摩擦片、中间片的 允许变形量	≤0.2
	离合器弹簧自由长度	34.5		

17. 摩托车变速器

　　【特点及用途】摩托车变速器的作用在于按需要改变传动系统的传动比，以满足车在各种行驶条件的变化需要；依靠空挡（离合器处在结合状态时）以便发动机启动；在临时停车和滑行时，依靠空挡，中断动力的传递。摩托车变速器多数采用齿轮变速器（因为齿轮变速器的传动比恒定，结构紧凑，效率高，寿命长），又称机械式齿轮传动有级变速器；有利用离心式离合器传递动力，使其自动换挡而得到不同转速的离心式自动调挡变速器;还有采用离心式齿形皮带无级变速机构,实现随着发动机转速变化而自动进行无级变速的离心式自动无级变速变速器。

　　【规　　格】(部分典型车型)

适用车型	主要技术指标变速器
南方 NF50QT-3	变速器型式:离心式、V 型皮带、自动无级变速 动力输出方式:直接式(后轮直接装在发动机输出轴上) 功率输出轴旋转方向:右旋(面对输出轴) 皮带规格:AV17×700L 初级减速:3.692 终级减速:3.454 总减速比:29.97～9.42(从曲轴至后轮) 变速比:2.512∶0.79 变速器机油容量:100mL
建设.雅马哈风帆 JYM90T	主减速系统:斜齿轮 主减速比:47∶15 副减速系统:正齿轮 副减速比:31∶11 传动型式:无级变速(V 型皮带) 无级变速比:(2.258～0.883)∶1 操作方式:自动离心式
大阳 DY100	变速机构:4 挡往复常啮合式 初级减速比:1.058(69/17) 末级减速比:2.571(36/14) 变速比:1 挡 2.833(34.12) 　　　　2 挡 1.705(29/17) 　　　　3 挡 1.238(26/21) 　　　　4 挡 0.958(23/24) 变速型式:N-1-2-3-4(往复式)

续表

适用车型	主要技术指标变速器
建设 JS110-3	传动方式:链传动
	变速型式:4 挡变速
	初级减速比:3.722
	末级减速比:2.467
	变速比:1 挡 3.167
	2 挡 1.941
	3 挡 1.381
	4 挡 1.095
幸福 XF125T	变速装置:无级自动变速
	一级自动变速:皮带传动,无级变速
	一级速比范围:2.64~0.86
	减速齿轮减速比:
	一级减速比:2.800
	二级减速比:3.076
	操作方式:左脚操作式
幸福 XF150	变速器:5 挡
	初级减速比:4.055
	变速比:1 挡 2.769
	2 挡 1.778
	3 挡 1.333
	4 挡 1.083
	5 挡 0.96
	末级减速比:2.533
	操作方式:左脚操作式

续表

适用车型	主要技术指标变速器

宗申 ZS150	变速器型式:5 挡
	初级减速比:3.33
	终级减速比:2.733
	变速比:1 挡 2.769
	    2 挡 1.882
	    3 挡 1.400
	    4 挡 1.130
	    5 挡 0.960
	传动链条:型号 428H
	    节数:132 节

新大洲超影 XDZ175	初级传动:齿轮传动
	传动比:3.666(77/21)
	齿轮传动形式:常啮合 5 挡
	传动比:1 挡 2.700(27/10)
	    2 挡 1.706(29/17)
	    3 挡 1.300(26/20)
	    4 挡 1.090(24/22)
	    5 挡 0.952(20/21)

建设.雅马哈劲飚 SRV200	第一级减速系统:斜齿轮
	第一级减速比:96/24(2.875)
	第二级减速系统:链轮驱动
	第二次减速比:48/15(3.200)
	传动类型:常啮合式 5 挡变速
	操作方式:左脚操作
	减速比:1 挡 34/12(2.833)
	    2 挡 29/16(1.813)
	    3 挡 26/19(1.368)
	    4 挡 24/22(1.090)
	    5 挡 25/27(0.926)

续表

适用车型	主要技术指标变速器
轻骑、铃木 QSX250	变速器:6 速常啮合 挡位型式:1—下、5—上 最初减速比:3.304(76/23) 最终减速比:3.142(44/14) 齿轮比:1 挡:2.461(32/13) 2 挡:1.777(32/18) 3 挡:1.380(29/21) 4 挡:1.125(27/24) 5 挡:0.961(25/26) 6 挡:0.851(23/27) 驱动链:D.I.D.520VC$_5$,112 链

18. 摩托车减震器

【特点及用途】减震器是安装在车轮与车架之间的一种装置,其作用是缓和摩托车在行驶中因道路凹凸不平面受到的冲击,衰减冲击载荷引起的承载系统的震动,以保证行车平稳。前减震器用于摩托车前悬挂装置,主要形式有弹簧套筒式和弹簧液力伸缩式。后减震器用于摩托车后悬挂装置,主要形式有弹簧——空气阻尼式、弹簧——液力阻尼式和油气减震器等。

【规　　格】(部分典型车型)

适用车型		新大洲·本田 SDH100-41	大阳 DY100	轻骑·铃木 GS125	嘉陵·本田 JH125-10H	金城 JC125-2A	豪爵·铃木 HJ125	轻骑·铃木 QS150T
悬挂型式	前轮	伸缩管式	杠杆式	伸缩管式圆型弹簧、油液阻尼	伸缩式	伸缩管式	弹簧油阻尼筒式	可伸缩螺旋弹簧、油缓冲式
	后轮	后平叉(双减震器)	摇臂式	弹簧——液压阻尼式	摇臂式	弹簧——液压阻尼式	弹簧油阻尼筒式	摇摆臂型、螺旋弹簧、油缓冲式
(标准值)前减震器(mm)	行程	80.2	100	110	115	130	95	95
	弹簧自由长度	329.9	319.4	467(极限值)	466.5	450	226.5(极限值)	226.5(极限值)
	油位高度	94	93	205	189.4	170	75	75
后减震器行程(mm)		80.5	63	91	67(弹簧自由长度197.8)	65	130	85

适用车型		南方 NF50QT-3	建设·雅马哈风帆 JYM90T	力之星 LZX125GY	宗申 ZS110-12	南方 NF125-3	五羊·本田 WY125A(C)	建设·雅马哈劲飙 SRV200
悬挂型式	前轮	弹簧套筒式	螺旋形弹簧、油压式	液压弹簧往复式	液压弹簧复合式	套筒、弹簧液压式	弹簧液压套筒式	伸缩式、弹簧、油压缓冲
	后轮	弹簧液压套筒式	螺旋形弹簧、油压式	摇臂式	双臂式	摆臂、弹簧液压式	弹簧液压套筒式	摇臂式、弹簧、油压缓冲

续表

		最大行程	40	60	108	108	130	135	140
减震器（标准值）（mm）	前轮	弹簧自由长度	205	左206.7 右224.3	185.9	185.9	300	480	353.4
	后轮	最大行程	60	60	70	70	60	60	32
		弹簧自由长度	200	191.5（安装长度）	170	170	214	225.6	128.5

19. 摩托车轮辋（GB/T13202-91）

摩托车轮辋类型有圆柱型（WM 型）、5°斜底式（MT 型）、斜底式（直边式）、对开槽和深（槽）式。其适用轮胎有代号系列、公制系列、轻便型系列和小轮径系列。

（1）圆柱型圈座轮辋（WM 型）

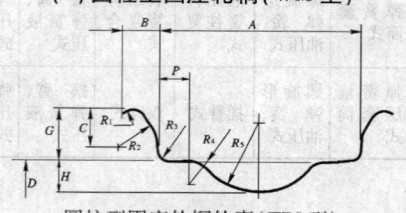

圆柱型圈座轮辋轮廓（WM 型）

【特点及用途】WM 型轮辋适用于代号标志系列,也适用于公制定 0、90、100 系列的摩托车轮胎。

【规　格】　　　　　　　　　　　　　　　　　　　　(mm)

轮辋名义宽度 (R_M)	A 轮辋宽度	轮缘宽度 B≥	轮缘高度 G	轮缘高度 C	H 槽底深度	胎圈座宽度 P≥	R_2 轮缘半径	轮缘端部半径 R_1≥	胎圈座圆角半径 R_3≤	槽顶圆角半径 R_4≥	槽底圆角半径 R_5
1.10	28.0	5.0	7.0	5.0	7.0	3.0	5.5	1.5			7.0
1.20	30.5	5.5	9.0	5.5			6.0		1.5	5.0	
1.35	34.0	6.5	10.0	6.0	7.5	3.5	6.5				
1.40	36.0										10.0
1.50	38.0	7.5	10.5	6.5	8.0		7.0	2.0		5.5	11.5
1.60	40.5		12.0	7.5		4.5	8.0		2.0		13.0
1.85	47.0	8.5				5.0	5.0			6.0	15.0
2.15	55.0		14.0	10.5	9.0	7.5	12.5				18.5
2.50	63.5	9.5							3.0	7.0	19.0
2.75	70.0	10.5			12.0	11.0	3.0				

附:规定轮辋直径及周长

轮辋名义直径代号	规定轮辋直径(mm) D	规定轮辋周长(mm) π$^{+2}_{-0.5}$
14	357.1	1 121.9
15	382.5	1 201.7
16	405.6	1 274.2
17	433.3	1 361.2
18	458.7	1 441.0
19	484.1	1 520.8
20	509.5	1 600.6
21	534.9	1 680.4
22	558.8	1 755.5
23	584.2	1 835.3

(2)5°斜底式圈座轮辋(MT 型)

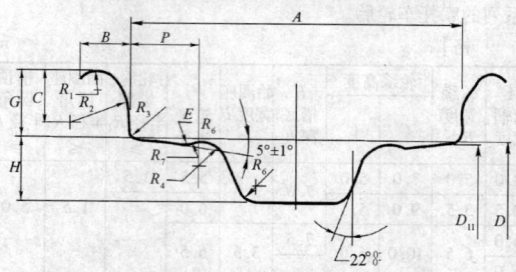

5°斜底式轮辋轮廓(MT 型)

【特点及用途】5°斜底式圈座轮辋(MT 型)适用于代号标志系列和公制 80、90 和 100 系列的摩托车轮胎。

【规 格】

轮辋名义宽度代号	轮辋宽度 A	轮缘宽度 B $\geqslant$	轮缘高度		胎圈座宽度 P $\geqslant$	槽底深度 H $\geqslant$	轮缘端部半径 R_1	轮缘半径 R_2	胎圈座圆角半径 R_3 $\leqslant$	槽顶圆角半径 R_4	槽底圆角半径 R_5^* $\geqslant$	R_6	R_7
			G	G									
MT1.85	47.0				—	9.0					3		
MT2.15	55.0				13.0								
MT2.50	63.5					12.0							
MT2.75	70.0	9.0	10.5	14.0	14.0		3	12.5	2.5		3	3	2.5
MT3.00	76.0				15.0					5.5			
MT3.50	89.0					13.0							
MT4.00	101.5				16.0								
MT4.50	114.5												

注:1. 图中 E 为凸峰位置。

2. *槽底圆角半径 R_5:MT2.50 和大于 MT2.50 的轮辋、轮辋槽 R 可为全半径的圆型(见附图2)。

附图1、附图2和附图3列出轮辋槽轮廓和无凸峰的 MT1.85 和 MT2.15 的轮辋圈座轮廓,其相应尺寸见附表1和附表2。

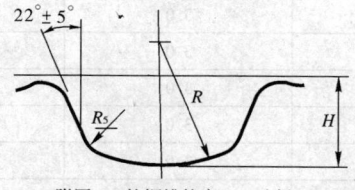

附图1 轮辋槽轮廓——选择1

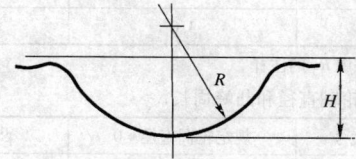

附图2 轮辋槽轮廓——选择2

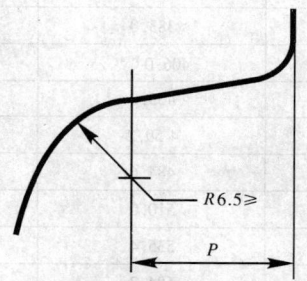

附图3 没有凸峰的 MT1.85 和 MT2.15 轮辋圈座轮廓

附表1：可选择的轮辋槽轮廓　　　　　　　　　　　　（mm）

轮辋名义宽度 宽度代号	槽底圆角半径 R_5^* ≥	槽底圆半径 R≥
MT1.85	3.0	20.0
MT2.15	3.0	20.0
MT2.50	3.0	30.0
MT2.75	3.0	30.0
MT3.00	3.0	40.0
MT3.50	3.0	40.0
MT4.00	3.0	40.0
MT4.50	3.0	40.0

注：＊详见"规格"表中 R_5 的注释。

附表2：规定轮辋直径和凸峰周长　　　　　　　　　（mm）

轮辋名义直径代号	规定轮辋直径＊0	凸峰周长 D_{-1}^{+2}
13	329.4	1 032.7
14M/C＊	357.6	1121.1
15M/C＊	383.0	1 201.2
16	406.0＊＊	1 273.4
17	433.8	1 360.7
18	4 59.2	1 440.5
19	484.6	1 520.3
20	510.0	1 600.1
21	535.4	1 679.9
23	584.7	1 837.8

注：1. ＊圈座外周的偏差为+1.5mm，-0.5mm。

2. ＊＊标记为16者，偏差为±1.0mm。

(3)对开式轮辋

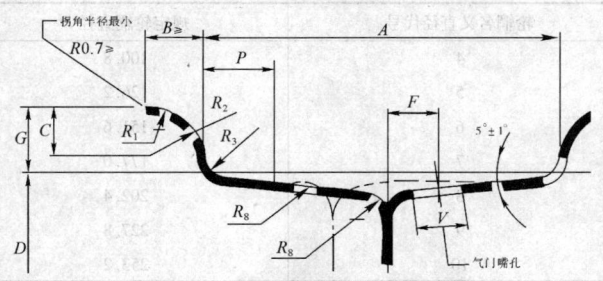

对开式轮辋轮廓

【特点及用途】对开式轮辋适用于小轮径型摩托车轮胎系列中轮辋名义直径代号 4～10 的轮胎。

【规　格】 (mm)

轮辋名义宽度代号	轮辋宽度 A	轮缘宽度 B ≥	轮缘高度 G	轮缘高度 C	轮缘半径 R2	胎圈座宽度 P*	胎圈座圆角半径 R3 ≤	R8 ≤	轮缘端部半径 R1	F ≥	F ≤
1.50	38.		10.5				2.0				8.5
1.75	44.5	7.0	9.5	7.0	7.0	12.0	2.5	5.0	—	8.0	
2.10	53.5		12.0								11.0
2.15²⁾	54.5	8.5	15	10.0	12.5	12.5	3.0				
2.50C	63.5	10.0	16.0	11.5	12.0		3.5		7.5	9.0	14.0
3.00D	76.0		17.5	12.5	13.0	14.0				11.0	
3.50D	89.0						4.5				14.0
4.00E	101.5	11.5	20.0	13.5	18.5	16.0		6.5	10.5	12.5	16.0
4.00D			17.5	12.5	13.0		6.5				
5.00D	127.0		17.5	12.5	13.0	16.0				11.0	16.0

注:1. *对偏心转毂(不对称轮辋)而言,其值为斜圈座的最小宽度。

2. 轮辋名义宽度代号为 2.15 的,仅适用于公称轮辋直径代号为 8 的轮辋。

附:对开式轮辋直径与名义直径代号对照 （mm）

轮辋名义直径代号	规定轮辋直径 D
4	100.8
5	126.2
6	151.6
7	177.0
8	202.4
9	227.8
10	253.2

（4）深（槽）式轮辋

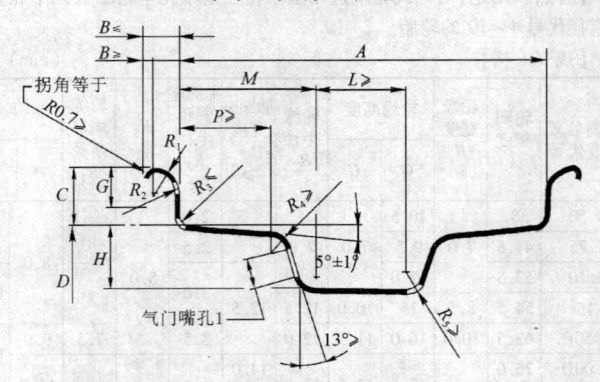

深（槽）式轮辋轮廓

注:气门嘴的位置,1.50,2.50C,3.00D 和 3.50D 在 MT 轮辋的槽底中央,轮廓可为深式或对开式。

【特点及用途】深（槽）式轮辋适用于小轻径型摩托车轮胎,也适用于轮辋名义直径代号 8～12 的轻便型摩托车轮胎上使用。

【规　格】　　　　　　　　　　　　　　　　　　　　　　　　　（mm）

轮辋名义宽度代号	轮辋宽度 A	轮缘宽度 B ≥	轮缘宽度 B ≤	轮缘高度 G	轮缘高度 C	槽底深度 H≥	槽底宽度 L	胎圈座宽度 P≥	轮缘半径 R_2	胎圈座圆角径 R_4	槽顶圆角半径 R_4	槽底圆角半径 R_5	轮缘端部半径 R_1
1.50	38.0	7.5	11.5	10.5	6.5	8.0	10.0	4.0	7.0	2.0	5.5		–
1.85MT	47.0	9.0		14.0		9.0 *	11.0	8.0				3.0	
2.15MT	55.0		12.5		10.5	9.0 *	13.0	11.0	12.5	2.5			3.0
2.50MT	63.5			14.0			12.0	15.0	13.0				
2.50C	63.5	10.00	13.5	16.0	11.5		12.5	12.5	12.0	3.0	6.5		7.5 ≤
3.00MT	76.0		12.5	14.0			13.0	23.5	12.5	2.5			3.0
3.00D	76.0	11.0	15.5	17.5	12.5		18.0	17.5	14.0	13.0	4.5 **	6.5	8
3.50MT	89.0		12.5	14.0	10.5		13.0	36.5	12.5	2.5			3.0
3.50D	89.0	11.5	15.5	17.5	12.5		18	19.0	15.0	13.0	4.5		8.0

注:1. * 如果装胎有困难,使用12mm 的轮辋。

　　2. ** 轮辋名义直径代号为10者,最大可为6.5。

附:深(槽)式轮辋直径与名义直径代号对照　　　　　　（mm）

轮辋名义直径代号	规定轮辋直径
8	202.4
9	227.8
10	253.2
12	304.0

(5)斜底(直边)轮辋

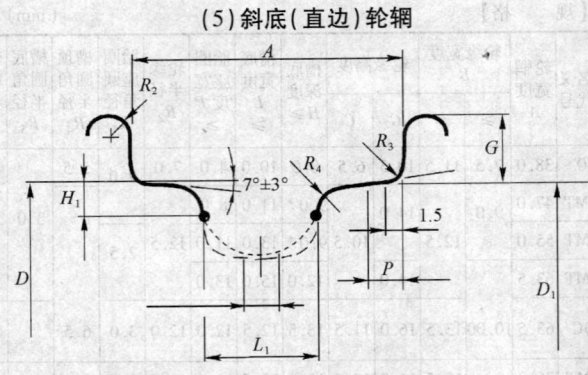

斜底(直边)轮辋轮廓

【特点及用途】斜底(直边)轮辋适用于轻便型摩托车轮胎系列。

【规　格】

轮辋名义宽度代号	轮辋宽度 A	轮缘高度 G	胎圈座宽度 P ≥	深度 H* ≥	槽底宽度 L₁ ≥	轮缘半径 R₂ ≥	胎圈座圆角半径 R₃ ≤	槽顶圆角半径 R₄≥
27	27	7.5	3.5	3.5	14	2.5	1	2.5
30.5	30.5	8	3.5	3.5	14	2.5	1	2.5
34	34	10	4.5	4.5	16	4.5	1.5	3
38	38	10.5	5	5	16	7	1.5	3.5

注：*对于小于或等于400mm的轮辋直径，深度H_{1min}增加1mm。

H_1与L_1的尺寸决定轮辋槽底部上方的无阻碍空间，装上垫带后安装轮胎仍能妥帖稳固，为达到这一目的，轮辋槽的实际深度由轮辋制造厂自行决定。

附:规定轮辋直径与测量轮辋直径及名义直径代号对照 　（mm）

轮辋名义直径代号	规定轮辋直径 D	测量轮辋 * 直径 D_1
14	357.47	357.1
15	382.87	382.5
16	405.97	405.6
17	433.67	433.3
18	459.07	458.7
19	484.47	484.1
21	535.27	534.9

注：* 轮辋的测量着合周长（测量轮辋直径×π）的公差为+2mm，−0.5mm。

20. 摩托车轮胎（GB2983−91）

摩托车轮胎分为四个类型，分别为

（1）代号标志系列轮胎；

（2）公制系列轮胎；

（3）轻便型系列轮胎；

（4）小轮径系列轮胎。

（1）代号标志系列轮胎

【特点及用途】代号标志系列轮胎适用于安装在名义直径代号为14至21的圆柱型或5°斜底式圈座的轮辋上，用于公路行驶。当断面宽度代号≤2.50时，最高速度为120km/h（L级）；断面宽度代号≥2.75时，最高速度为150km/h（9级），并可作为越野特殊用轮胎。

【规　格】

轮胎规格	负荷指数 标准型	负荷指数 加强型	标准轮辋宽度代号 (R_M)	设计新胎尺寸 (mm) 断面宽度 (S)	设计新胎尺寸 (mm) 外直径 (D_0)	最大使用尺寸 断面总宽度 (W) ≤	最大使用尺寸 外直径 (D_0) ≤	最大负荷能力 (kg) 标准型内压 225kPa	最大负荷能力 (kg) 加强型内压 280kPa
2.00–14	21		1.20	52	466	57	478	82.5	—
2.00–17	27	—			542		554	97.5	
2.00–19	31				593		605	109	
2.25–14	27	32		61	480	67	492	97.5	112
2.25–15	29	34			505		517	103	118
2.25–16	31	36			530		542	109	125
2.25–17	33	38			556		568	115	132
2.25–18	35	40			581		593	121	140
2.25–19	37	42			607		619	128	150
2.50–14	32	37	1.60	65	492	72	506	112	128
2.50–15	34	39			517		531	118	136
2.50–16	36	41			542		556	125	145
2.50–17	38	43			568		582	132	155
2.50–18	40	45			593		607	140	165
2.50–19	41	46			619		633	145	170
2.50–21	43	48			669		683	155	180
2.75–14	35	41		75	512	83	524	121	145
2.75–15	37	42			537		549	128	150
2.75–16	40	46			562		574	140	170
2.75–17	41	47	1.85		588		600	145	175
2.75–18	42	48			613		625	150	180
2.75–19	43	49			639		651	155	185
2.75–21	45	52			689		701	165	200
3.00–14	40	45			526		540	140	165
3.00–15	41	47			551		565	145	175
3.00–16	43	48			576		590	155	180
3.00–17	45	50		80	602	88	616	165	190
3.00–18	47	52			627		641	175	200
3.00–19	49	54			653		667	185	212
3.00–21	51	57			703		717	195	230

续表

轮胎规格	负荷指数		标准轮辋宽度代号 (R_M)	设计新胎尺寸 (mm)		最大使用尺寸 (mm)		最大负荷能力 (kg)	
	标准型	加强型		断面宽度 (S)	外直径 (D_0)	断面总宽度 (W) ≤	外直径 (D_0) ≤	标准型内压 225kPa	加强型内压 280kPa
3.25-14	44	52			538		552	160	200
3.25-15	46	53			563		577	170	206
3.25-16	48	55			588		602	180	218
3.25-17	50	57		89	614	98	628	190	230
3.25-18	52	59			639		653	200	243
3.25-19	54	60			665		679	212	250
3.25-21	57	62			715		729	230	265
3.50-14	48	54	2.15		548		564	180	212
3.50-15	50	56			573		589	190	224
3.50-16	52	58			598		614	200	236
3.50-17	54	60		93	624	102	640	212	250
3.50-18	56	62			649		665	224	265
3.50-19	57	63			675		691	230	272
3.50-21	60	65			725		741	250	290
2.75-18	60	—		99	661	109	677	250	
2.75-19	61				687		703	257	
4.00-16	60				620		638	250	
4.00-18	64			104	671	114	689	280	
4.00-19	65				697		715	290	
4.25-17	64		2.15		658		676	280	—
4.25-18	66	—		108	683	119	701	300	
4.25-19	67				709		727	307	
4.50-17	67			111	666	122	684	307	
4.50-18	70				691		709	335	
5.00-16	71		3.00	129	666	142	686	345	

注：*加强型标记可以用 REINF 或 6PR 或 LRC 表示。

附1：代号标志系列摩托车轮胎允许轮辋宽度代号
与轮胎名义断面宽度对照表

轮胎名义断面宽度	允许轮辋宽度代号*				轮胎名义断面宽度	允许轮辋宽度代号*		
2.00	1.10	1.35			3.50	1.85	2.50	
2.25	1.20	1.35	1.40	1.50	3.75	1.85	2.50	
2.50	1.35	1.40	1.50		4.00	2.50	2.75	3.00
2.75	1.40	1.50	1.60		4.25	2.50	2.75	3.00
3.00	1.60	2.15			4.50	2.50	2.75	3.00
3.25	1.85	2.50			5.00	2.50	2.75	3.50

注：* MT 型轮辋可以适用。

附2：代号标志系列摩托车轮胎规格表示方法

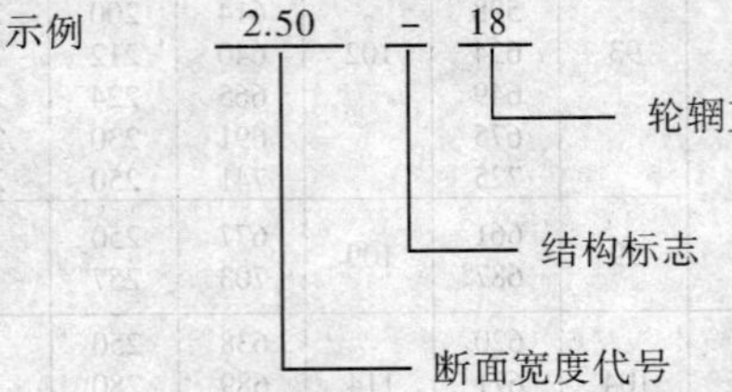

示例　　　　2.50　　－　　18

— 轮辋直径代号

— 结构标志

— 断面宽度代号

（2）公制系列轮胎

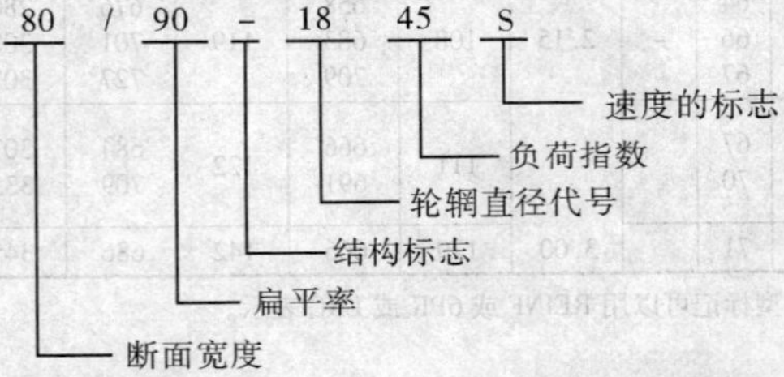

80 / 90 － 18　45　S

— 速度的标志

— 负荷指数

— 轮辋直径代号

— 结构标志

— 扁平率

— 断面宽度

【特点及用途】公制系列轮胎以其断面高度 H 与断面宽度 S 的比值乘

以 100 即作为扁平率来命名,并规定了 80、90、100 扁平率的轮胎适用于圆柱型和 5°斜底式轮辋。根据轮胎断面的不同扁平率,其最高速度分别为 150km/h(P 级)、180km/h(S 级)、210km/h(H 级)和 130km/h(M 级)。

【规　　格】

轮胎规格 名义扁平率	轮胎规格	负荷指数 标准型	加强型	高速型	标准轮辋宽度代号(R_M)	设计新胎尺寸(mm) 断面宽度(S)	外直径(D_0)	最大使用尺寸(mm) 断面总宽度(W)≤ A型胎面	B型C型胎面	D型胎面	外直径(D''_0)≤ A型和B型胎面	C型D型胎面	最大负荷能力(kg) 标准型内压225kPa	加强型内压280kPa	高速型S级/H级内压kPa 250/280
80系列	70/80-18	36	41		1.60	69	569	75	79	90	579	585	125	145	—
	80/80-18	42	48	42	1.85	80	585	86	92	104	595	601	150	180	150
	90/80-18	47	54	47	2.15	90	601	97	104	117	611	619	175	212	175
	100/80-18	53	59	53	2.50	101	617	109	116	131	627	637	206	243	206
	110/80-18	58	64	58		109	633	118	125	142	643	655	236	280	236
	120/80-18	62	68	62	2.75	119	649	129	137	155	661	673	265	315	265
	130/80-18	66	72	66	3.00	129	665	139	148	168	677	689	300	355	300
90系列	70/90-17	38	43		1.60	69	558	75	79	90	568	574	132	155	—
	70/90-18	39	44		1.60	69	583	75	79	90	593	599	136	160	—
	70/90-19	40	45				609				619	625	140	165	
	80/90-17	44	50	44	1.85	80	576	86	92	104	586	592	160	190	160
	80/90-18	45	51	45			601				611	617	165	195	165
	80/90-19	46	52	46			627				637	645	170	200	170
	90/90-17	49	56	49	2.15	90	594	97	104	117	604	614	185	224	185
	90/90-18	51	57	51			619				629	639	195	230	195
	90/90-19	52	58	52			645				655	665	200	236	200
	100/90-16	54		54	2.50	101	586	109	116	131	596	608	212		212
	100/90-17	55	61	55			612				622	634	218	257	218
	100/90-18	56	62	56			637				647	659	224	265	224
	100/90-19	57	63	57			663				673	685	230	272	230

续表

轮胎规格	名义扁平率	负荷指数 标准型	负荷指数 加强型	负荷指数 高速型	标准轮辋宽度代号(R_M)	设计新胎尺寸 断面宽度(S)	设计新胎尺寸 外直径(D_0)	断面总宽度(W)≤ A型胎面	B型和C型胎面	D型胎面	外直径(D_0)≤ A型和B型胎面	C型和D型胎面	标准型内压225kPa	加强型内压280kPa	高速型S级/H级内压kPa 250/280
110/90-16		59	—	59	2.50	109	604	118	125	142	616	628	243	—	243
110/90-17		60	66	60			630				642	654	250	300	250
110/90-18		61	67	61			655				667	679	257	307	257
110/90-19		62	68	62			681				693	705	265	315	265
120/90-16		63	—	63	2.75	119	622	129	137	155	634	648	270	—	270
120/90-17		64	70	64			648				660	674	280	335	289
120/90-18		65	71	65			673				685	699	290	345	290
120/90-19		66	72	66			699				711	725	300	355	300
130/90-16		67	73	67	3.00	129	640	139	148	168	654	668	307	365	307
130/90-17		68	74	68			666				680	694	315	375	315
130/90-18		69	75	69			691				705	719	325	387	325
130/90-19		70	76	70			717				731	745	335	400	335
140/90-16		71	77	71	3.50	142	658	153	163	185	674	688	345	412	345
70/100-17		40	46		1.60	69	572	75	79	90	582	588	140	170	
70/100-18		41	47				597				607	613	145	175	
70/100-19		42	48				623				633	639	150	180	
80/100-17		46	53		1.85	80	592	86	92	104	602	612	170	206	
80/100-18		47	54				617				627	637	175	212	
80/100-19		49	54				643				653	663	185	218	
90/100-17		53	59		2.15	90	612	97	104	117	622	634	206	243	
90/100-18		54	60				637				647	659	212	250	
90/100-19		55	61				663				673	685	218	257	
100/100-17	100系列	58	64	—	2.50	101	632	109	116	131	644	656	236	280	
100/100-18		59	65				657				669	681	243	290	
100/100-19		60	66				683				695	707	250	300	

续表

轮胎规格	名义扁平率	负荷指数			标准轮辋宽度代号(R_M)	设计新胎尺寸(mm)		最大使用尺寸(mm)					最大负荷能力(kg)		
								断面总宽度(W)≤			外直径(D_0)≤				
		标准型	加强型	高速型		断面宽度(S)	外直径(D_0)	A型胎面	B型和C型胎面	D型胎面	A型和B型胎面	C型和D型胎面	标准型内压225kPa	加强型内压280kPa	高速型S级/H级内压250/280
10/100-17		63	69				652				666	678	272	325	
10/100-18		64	70			109	667	118	125	142	691	703	280	335	
10/100-19		65	71				70				717	729	290	345	
20/100-17		67	73				672				686	700	307	365	
20/100-18		68	74		2.75	119	697	129	137	155	711	725	315	375	
20/100-19		69	75				723				737	751	325	387	
30/100-16		70	76				666				682	698	335	400	
30/100-17		71	77		3.00	129	692	139	148	168	708	724	345	412	
30/100-18		72	78				717				733	749	355	425	
30/100-19		73	79				743				759	775	365	437	
40/100-16		74	80		3.50	142	686	153	163	185	702	720	375	450	

注: *加强型可用 REINF 或 6PR 或 LRC 标记表示。

附1: 公制系列摩托车轮胎允许轮辋断面宽度代号
与名义断面宽度及推荐轮辋宽度代号对照表

名义断面宽度	推荐轮辋宽度代号	允许轮辋断面宽度代号
70	WM1/1.6	1.40、WM0/1.5、WM2/1.85、MT1.85
80	WM2/1.85、MT1.85	WM1/1.6、WM3/2.15、MT2.15
90	WM3/2.15、MT2.15	WM2/1.85、MT1.85
100	2.50、MT2.5	WM2/1.85、MT1.85、WM3/2.15、MT2.15
110	2.75、MT2.75	WM3/2.15、MT2.15、2.75、MT2.75
120	2.75、MT2.75	WM3/2.15、MT2.15、2.50、MT2.50、MT3.0
130	MT3.0 *	WM3/2.15、MT2.15、2.50、MT2.50、2.75、MT2.75、MT3.5
140	MT3.5	MT2.75、2.75

注: *名义直径代号为16的轮辋, 也允许使用3.00D。

附2：公制系列摩托车轮胎规格表示方法

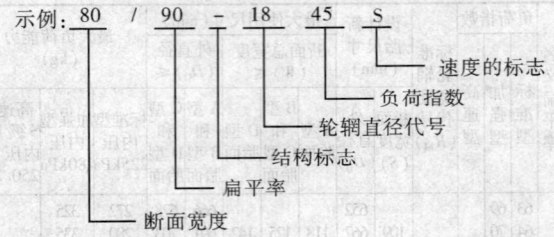

示例：80 / 90 - 18 45 S

- 速度的标志
- 负荷指数
- 轮辋直径代号
- 结构标志
- 扁平率
- 断面宽度

(3)公制系列摩托车轮胎胎面型式

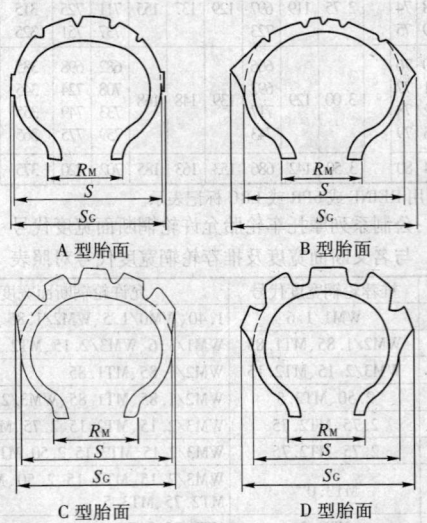

A型胎面

B型胎面

C型胎面

D型胎面

公制系列摩托车轮胎胎面型式分为 A 型、B 型、C 型和 D 型四种，供摩托车在不同行驶速度、用途和路面的条件下选用。其中 A 型为 P 级、级和 H 级速度的一般公路用轮胎的胎面型式。

B 型为 S 级和 H 级速度的特种轮胎胎面型式。

C 型为 M 级和 P 级速度的公路用越野轮胎的胎面型式。

D 型为 M 级速度的仅用于越野轮胎。

注:上图中:S——轮胎断面宽度;S_G——轮胎断面总宽度;R_M——标准轮辋宽度。

(4)轻便型系列轮胎

【特点及用途】轻便型系列轮胎适用于最大速度不超过 50km/h 的二轮或三轮摩托车,该类摩托车的驱动马达是工作容量超过 $50cm^3$ 的往复式发动机。

【规　　格】

a. 适用于安装在直径代号 8～12 的深(槽)式轮辋的规格

轮胎规格	标准轮辋宽度代号 (R_M)	设计新轮胎尺寸		最大使用尺寸		最大负荷能力	
		(mm)				(kg)	
		断面宽度 (S)	外直径 (D_0)	断面总宽度 (W) ≤	外直径 (D_0) ≤	充气压力 250	充气压力 280
						kPa	
2–12	1.50	55	417	59	426	70	—
2¼–12	1.50	62	431	67	441	80	—
2½–8	1.75	70	345	76	356	75	105
2½–9			371		382		
2¾–9	1.75	73	381	79	393	90	
3–10	2.15MT	84	418	91	431	110	
3–12			469		482	120	

b. 适用于安装在直径代号 14 ~ 22 的斜底(直边)式轮辋的规格

轮胎规格	标准轮辋宽度代号 (R_M)	设计新轮胎尺寸 (mm)		最大使用尺寸		最大负荷能力 (kg)	
		断面宽度 (S)	外直径 (D_0)	断面总宽度 (W) ≤	外直径 (D_0) ≤	充气压力 250	充气压力 280
						kPa	
1¾-19	30.5	50	589	54	597	80	—
2-14	34	55	468	59	477	75	—
2-16			518		527	80	—
2-17			544		553	85	110
2-18			569		578	85	—
2-19			595		604	90	—
2-22			670		680	95	—
2¼-14	38	62	482	67	492	90	—
2¼-15			507		517	90	—
2¼-16			532		542	95	130
2¼-17			553		568	100	135
2¼-18			583		593	105	—
2¼-19			609		619	105	145
2¼-22			685		695	115	155
2½-15	40.5	68	523	73	534	105	—
2½-16			548		559	110	150
2½-17			574		585	115	155
2½-18			599		610	120	—
2½-19			625		636	120	165
2¾-15	47	75	533	81	545	120	—
2¾-16			558		570	125	170
2¾-17			584		596	130	175
2¾-18			609		621	135	—
3-17	47	81	596	87	607	145	195
3¼-18	55	89	637	96	651	175	—

附1:轻便型摩托车轮胎允许轮辋宽度代号
与轮辋名义直径、宽度代号对照表

轮辋名义直径代号	轮胎名义断面宽度代号	允许轮辋宽度代号	
		斜底(直边)轮辋	圆柱型 WM 轮辋
≥12	1¾	27–30.5	1.20
	2	27–30.5–34	1.20–1.35
	2¼	27–30.5–34–38	1.20–1.35–1.50
	2½	30.5–34–38	1.20–1.35–1.50–1.60
	2¾	34–38	1.35–1.50–1.60–1.85
	3	38	1.50–1.60–1.85
轮辋名义直径代号	轮胎名义断面宽度代号	允许轮辋宽度代号	
		对开式轮辋	深槽式轮辋
≤10	2½	1.50–1.75	1.50–1.85
	3	1.75–2.10	1.85–2.15–2.50–2.50C

附2:轻便型系列摩托车轮胎规格表示方法

示例:

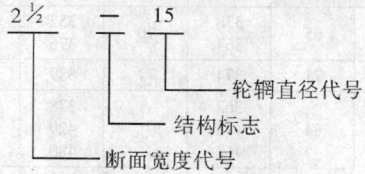

(5)小轮径系列轮胎

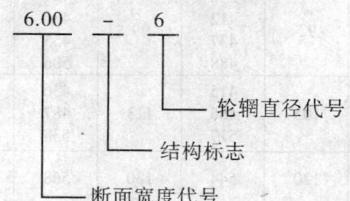

【特点及用途】小轻径系列轮胎适用于安装在轮辋名义直径代号4～

12 的对开式或深(槽)式的轮辋上,最高速度为100km/h(J级)。

【规　格】

轮胎规格	标准轮辋宽度代号 (R_M)	设计新胎尺寸 (mm)		最大使用尺寸 (mm)		最大负荷能力 (kg)	
		断面宽度 (S)	外直径 (D_0)	断面总宽度(W)≤	外直径(D_0)≤	2PR 内压175kPa	4PR 内压250kPa
3.00-5 3.00-7		84	276 327	91	291 342	60 85	75 105
3.50-4 3.50-5 3.50-6 3.50-7	2.50MT 2.50C	92	274 299 324 350	99	291 316 341 367	70 80 90 100	100 110 125 140
4.00-5 4.00-7	2.50MT 2.5℃	105	326 377	113	346 397	110 130	145 180
4.50-6	3.00D	120	376	130	398	150	200
6.00-6		154	436	166	464	230	310
2.50-8 2.50-9	1.50	65	338 364	70	352 376	70 80	100 105
2.75-9	1.75	71	374	77	389	90	120
3.00-8 3.00-10 3.00-12		84	362 413 464	91	378 429 480	95 110 130	130 150 175
3.25-12		88	475	95	492	140	190
3.50-8 3.50-9 3.50-10 3.50-12	2.50MT 2.50C	92	386 412 437 488	99	404 430 455 506	120 135 145 165	170 180 195 225
4.00-8 4.00-10 4.00-12		105	415 466 517	113	436 487 538	160 185 210	220 250 285
4.50-12	3.00MT 3.00D	120	544	130	568	255	350
6.00-9		154	532	166	562	320	435

附1：小轮径系列轮胎允许轮辋宽度代号与名义断面宽度代号对照表

名义断面宽度代号	允许轮辋宽度代号					名义断面宽度代号	允许轮辋宽度代号		
2.50	1.50	1.75	1.85			3.50	2.10	2.15	2.50
2.75	1.50	1.75	1.85	2.10	2.15	4.00	2.15	2.50	3.00
3.00	1.85	2.10	2.15	2.50		4.50	3.00		
3.25	2.10	2.15	2.50			6.00	4.00		

附2：小轮径系列轮胎规格表示方法

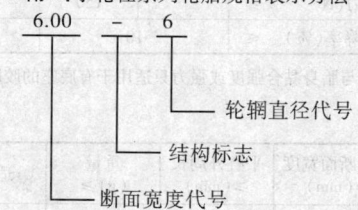

示例：　　　　6.00　　－　　6

　　　　　　　　　　　　　　　　└──── 轮辋直径代号

　　　　　　　　　　　└──────── 结构标志

　　　　　└────────────── 断面宽度代号

21. 摩托车轮胎内胎（GB7036-89）

【特点及用途】摩托车轮胎内胎是指摩托车充气轮胎的内胎，按其所用材料的不同分为天然橡胶及天然橡胶并用胶内胎（A类）和丁基橡胶及丁基橡胶并用胶内胎（B类）两类。摩托车车轮内胎的性能基本要求：

试验项目		A 类		B 类	
		断面 3.00 以上	断面 3.00 及其以下或小轮径	断面 3.00 以上	断面 3.00 及其以下或小轮径
扯断伸长率(%)	≥	500		450	
接头拉伸强度(MPa)	≥	8.3	6.5	3.4	
热拉伸变形率(%)	≤	25	28	35	
胶座气门嘴胶座与胎身黏合试验	强度(kN/m) ≥	3.5	—	3.5	—
	强力(N) ≥		150		150
老化后拉伸强度下降率(%)	≤	10		—	

注:胶座气门嘴胶座与胎身黏合强度或强力只适用于有底座的胶座气门嘴

【规　　格】

内胎规格	平叠断面宽度 ≥(mm)	平叠外周长 ≥(mm)	重量 (g) ≥	适用气门嘴型号
3.00-10	80	1 130	350	Z1-11-1 Z1-10-1
3.50-10	95	1 150	410	
3.00-12	80	1 250	400	
2.50-14	55	1 200	270	Z1-11-2 Z1-10-2
2.75-14	70	1 300	330	
3.00-16	80	1 500	460	Z1-10-3
2-16	55	1 320	250	Z1-10-1/Z1-11-1
3.25-16	80	1 500	470	Z1-11-1
2.00-17	50	1 370	205	Z1-11-1/Z1-10-1
2.25-17	55	1 410	310	
2.50-17	60	1 450	330	Z1-11-2 Z1-10-2
2.75-17	70	1 500	380	

续表

内胎规格	平叠断面宽度 ≥（mm）	平叠外周长 ≥（mm）	重量 （g）≥	适用气门嘴型号
3.00-17				Z1-10-3
3.25-17	80	1 560	480	
3.50-17				Z1-11-1
4.00-17	110	1 750	610	
2.50-18	60	1 510	350	Z1-11-2
2.75-18	70	1 560	380	Z1-10-2
3.00-18	80	1 650	490	
3.25-18	95	1 700	505	
3.50-18				
4.00-18	124	1 900	665	Z1-11-4
4.50-18				
5.10-18	126	1 845	750	
2.00-19	50	1 550	220	Z1-11-1/Z1-10-1
3.25-19				
3.50-19	95	1 840	525	
3.75-19				Z1-11-4
4.00-19	124	1 978	67	
3.00-21	80	1 900	510	

22. 轮胎气压与负荷对应关系(GB518-91)

轮胎规格	气压(kPa)						
	125	150	175	200	225	250	280
	负荷(kg)						
2.25-14	70	78	84	92	97.5(4)	104	112(6)
2.25-17	82	92	100	108	115(4)	124	132(6)
2.50-17	94	104	114	124	132(4)	140	155(6)
2.50-18	98	109	121	132	140(4)	150	165(6)
2.75-14	92	102	110	118	121(4)	132	145(6)
2.75-17	109	121	132	140	145(4)	155	175(6)
2.75-18	112	125	132	145	150(4)	165	180(6)
3.00-16	115	132	140	145	155(4)	165	180(6)
3.00-17	121	136	145	150	165(4)	170	190(6)
3.00-18	128	140	150	160	175(4)	185	200(6)
3.00-21	145	155	165	175	195(4)	212	230(6)
3.25-16	136	145	155	170	180(4)	200	218(6)
3.25-19	150	170	185	200	212(4)	236	250(6)
3.50-17	155	175	185	200	212(4)	236	250(6)
3.50-18	160	180	190	206	224(4)	243	265(6)
3.50-19	165	185	195	212	230(4)	250	272(6)
3.75-19	175	195	206	230	257(4)	280	300(6)
4.00-18	200	220	243	265	280(4)	—	—

注:表中黑体字后括号内的数字为层级,黑体数字为该层级的最大负荷值。

23. 轮胎速度与负荷的对应关系(GB518-91)

最大速度 (km/h)	负荷变动(%)		
	速度级别		
	J	L	P
70	+16	+16	+16
80	+10	+10	+14
90	+5	+7.5	+12
100	0	+5	+10
110	—	+2.5	+8
120	—	0	+6
130	—	—	+4
140	—	—	0
150	—	—	0

24. 摩托车轮胎气门嘴(GB1796-1996)

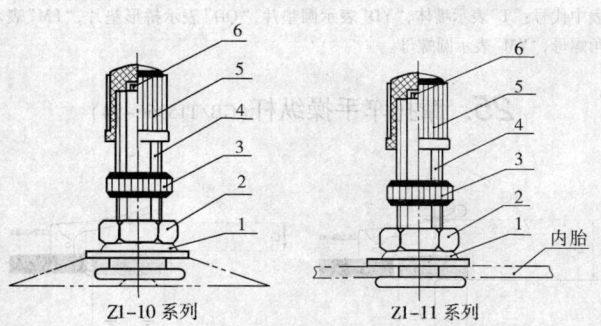

Z1-10 系列　　　　Z1-11 系列

1-垫片;2 -六角螺母;3 -圆螺母;4-嘴体;5-防护帽;6-气门芯

【特点及用途】摩托车轮胎气门嘴是由嘴体、垫片、螺母、防护帽和气门芯组成,其主要用于摩托车、轻型摩托车以及自行车的轮胎的充气。

【规　　格】

型号	结构零件					主要尺寸(mm) GB3900		主要用途
	嘴体	垫片	螺母	防护帽	气门芯	L	d	
Z1-10-1	T1-10-1	YD6	LM6 YM6	A 型 或 B 型 或 C 型	TC1 GB1795	30	15	轻型摩托车轮胎 自行车轮胎
1-10-2	T1-10-2					33	15	
Z1-10-3	T1-10-3	YD5 或 QD5	LM5 YM5		TC1 或 TC2 GB1795	40	16	摩托车轮胎
Z1-11-1	T1-11-1	YD6	LM6		TC1 GB1795	30	15	轻型摩托车轮胎 自行车轮胎
Z1-11-2	T1-11-2					33	15	
Z1-11-3	T1-11-3	YD5 或 QD5	LM5 YM5		TC1 或 TC2 GB1795	34	18	
Z1-11-4	T1-11-4					46	18	摩托车轮胎

注:表中代号:"T"表示嘴体,"YD"表示圆垫片,"QD"表示桥形垫片,"LM"表示六
　角螺母,"YM"表示圆螺母。

25. 摩托车手操纵杆 (GB/T15366-94)

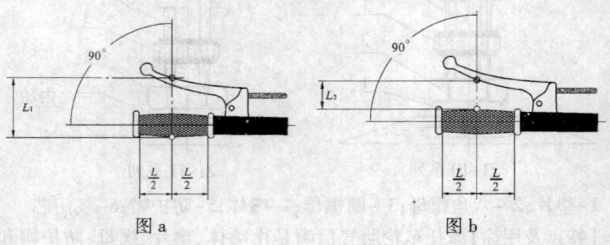

图 a　　　　　　　　　图 b

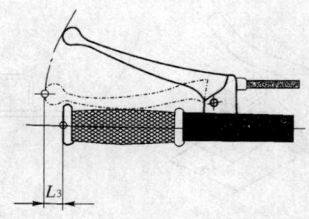

图 c

【特点及用途】摩托车手操纵杆是摩托车操纵机构的重要部件,亦是使用脚操纵机构不方便或脚操纵机构失灵时的一个备用机构,可以操纵摩托车制动、离合器、变速器等功能。

【规　　格】

手操纵杆基本尺寸代号	图示	基本尺寸(mm)
L_1	图 a	≤135
L_2	图 b	≥45
L_3	图 c	≤30

26. 摩托车脚操纵杆及踏板(GB/T15366-94)

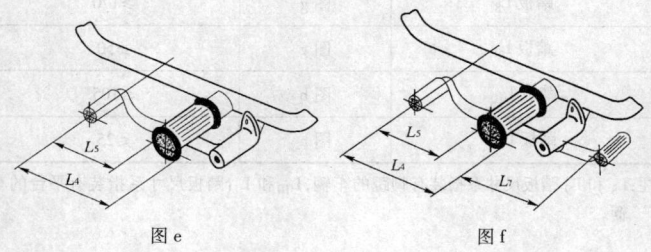

图 e　　　　　　　　　　　　　　图 f

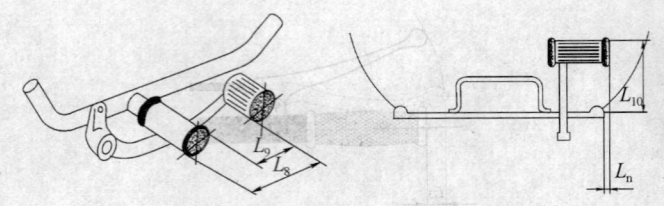

图 g　　　　　　　　　图 h

【特点及用途】摩托车脚操纵杆及踏板是摩托车操纵机构的重要部件,对摩托车油门控制、后(轮)制动、离合器、变速器等功能都可操纵掌握。

【规　　格】

基本尺寸代号	图示	基本尺寸(mm)
L_4	图 e	≤200
L_5	图 e	≥105
L_6	图 f	60~200
L_7	图 f	50~100
踏板 L_8	图 g	≥170
踏板 L_9	图 g	≥50
踏板 L_{10}	图 h	≤105
踏板 L_{11}	图 h	≤25

注:L_8 和 L_9 踏板尺寸系指装有脚蹬的车辆,L_{10} 和 L_{11} 踏板尺寸系指装有平台的车辆。

27. 摩托车制动器

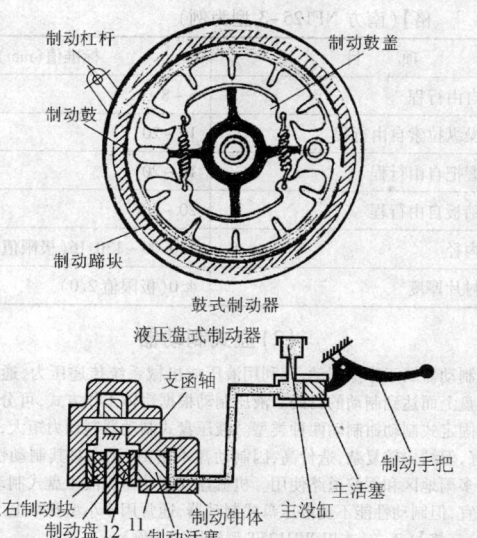

鼓式制动器

液压盘式制动器

【特点及用途】制动器是用于减低摩托车行驶速度的装置。有鼓式制动器和盘式制动器两种型式。摩托车的制动系可分为鼓式制动系统(前、后轮均采用鼓式制动器)、盘式制动系统(前、后轮均采用盘式制动器)和鼓式、盘式混合制动系统(前轮为盘式制动系,后轮为鼓式制动器)三种类型。

(1)鼓式制动器

鼓式制动器属于摩擦制动,主要部件有制动杠杆、制动鼓、制动凸轮、制动蹄块、弹簧、支承销、制动鼓盖等。鼓式制动器是利用握紧制动手柄或踏下制动踏板时,致制动蹄块张开而让制动片紧贴制动鼓的内表面,进而达到制动车轮的目的。鼓式制动器结构简单,成本较低、维修方便,且因有制动鼓盖封闭,灰尘、雨水、泥泞不会进入制动器内,其性能不会受到影响。其广泛应用于中、小排量的摩托车制动系统上。

【规　　格】(南方 NF125-3 型为例)

项　　目	标准值(mm)
油门把自由行程	5~8
离合器操纵拉索自由行程	10~20
前制动握把自由行程	10~20
后制动踏板自由行程	20~30
制动鼓内径	130.00~130.16(极限值131)
制动蹄衬片厚度	4.0(极限值2.0)

(2)盘式制动器

盘式制动器属于摩擦制动,其利用液压或机械系统传递压力,通过制动钳的作用于制动盘上而达到制动的目的。液压制动根据钳体工作方式,可分为浮动式制动钳制动和固定式制动钳制动两种类型。液压盘式制动器制动力矩大,制动滞后时间短,效果好,但结构较复杂,造价高,因制动盘不密封,泥水对其制动性能影响较大,不适用于多雨地区和泥泞道路使用。机械盘式制动器比液压盘式制动器结构简单,价格较便宜,但制动性能不及液压盘式制动器,通常用于小型赛车上。

【规　　格】(五羊、本田 WH125T 型液压式为例)

项　　目	标准值(mm)
制动圆盘厚度	0.3(极限值)
制动圆盘偏心率	0.3(极限值)
主液压缸内径	14.000~14.043(极限值14.055)
主活塞外径	13.957~13.984(极限值13.945)
卡钳液压缸内径	25.400~15.405(极限值25.450)
卡钳活塞外径	25.335~15.368(极限值25.320)

28. 摩托车仪表

　　摩托车仪表是指安装在摩托车前端,方向把中间供驾驶员了解掌握摩托车行驶状况的表盘。主要包括有发动机转速表、车速里程表,以及燃油油量表,电压、电流表等。发动机转速表计量单位通常为 km/h,最高时速 120km/h。车速里程表是由车速和里程两部分组成,其机构的总减速比一般为 1 000∶1~1 600∶1,计数器为 6 位,最后一位的单位为 0.1km,最大里程 99 999.9km。摩托车仪表多采用组合式结构造型,集各种表盘及指示灯于一体,款式多样,外形美观,常为体现各款型摩托车个性,起到锦上添花的作用。

　　【规　　格】(部分摩托车仪表造型图示)

H100 BTL58071

WIN100 BTL58072

CY80 BTL58073

CBT125 BTL58075

YSP BTL58076

GL145 BTL58077

GT125 BTL58001

CB125 BTL58002

TZR BT58003

XCG BTL58005

FR80 BTL58006

CD70D BTL58007

NSR RR BTL58008

CD180 BTL58009

RGSPORT BTL58010

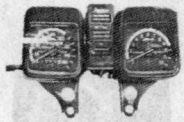

RXS125 BTL58011

Y80 BTL58012

RGVTXR BTL58013

EX5 BTL58015

RC100 BTL58016

Y100 BTL58017

GT0125 BTL58018

JH90 BTL58019

BTL58020

本田嘉陵 250

钻豹 125 BTL58022

港田太子 BTL58023

豪爵 125 太子 BTL58025

金太阳 BTL58026

中华夏杏 BTL58027

电子五羊挡显 BTL58028

铃木 AX100 BTL58029

捷达太子 BTL58030

朱峰太子 150 BTL58031

大洋 100 BTL58032

春兰虎 BTL58033

本田 125 BTL58035

幸福 250 BTL58036

铃木王 125 BTL58037

新野狼 125 BTL58038

未来之星 BTL58039

本田连体 125 BTL5805

JH100 BTL58051

NOVAS BTL58052

MATE111 BTL58053

RC100 BTL58055

KR150 BTL58056

C700 BTL58057

RXZ125 BTL58058

LZSN19V BTL58059

BTL58060

NSR BTL58061

RXZ BTL58062

GBOA BTL58063

RXK BTL58065

RXZNEM BTL58066

GL145 BTL58067

RC110 BTL58068

NDVASASH BTL58069

SERPIC BTL58070

JXS125 BTL58078

JH125 BIL58079

YB100 BTL58080

BTL58081

A70 BTL58082

RXZM BTL58083

A100 BTL58085

TBT125 BTL58086

BTL58087

HM100 BTL58088

BTL 各种仪表机芯

注:以上摩托车仪表为温州鑫田集团有限公司产品

29. 摩托车前照灯 (GB5948-86)

【特点及用途】摩托车前照灯是安装在摩托车前端供安全照明及警示的照明装置。以配光要求的不同分为 A 级和 B 级,A 级为过渡要求,B 级为最终要求。

【规　格】

额定电压(V)		6		12	
额定功率(W)	远光	25	35	25	35
	近光				
试验电压(V)		6.75	6.3	13.5	
在试验电压下	功率(W)	远光	25	35	25	35
		近光				
		±%	5			
	光通量(Lm)	远光	435	650	435	650
		近光	315	465	315	465
		±%	20			
配光光通量(Lm) (在额定电压左右)	远光	398	568	398	568
	近光	284	426	284	426

30. 摩托车电喇叭

【特点及用途】摩托车电喇叭的作用是用以发出音响信号,提醒附近的车辆及行人注意。电喇叭一般使用盆形直流喇叭,由蓄电池供电,其主要结构件有壳体、线圈、铁芯、触点、振动片、音片、衔铁、接线片、外罩等。

【规　　格】

额定电压(V)	6
额定电流(A)	3
声压(dB)	100
基频(Hz)	400

31. 摩托车蓄电池

【特点及用途】摩托车蓄电池的功用是当发电机不工作或低转速时,向各用电设备供电。其装在有启动机的摩托车上,还要在启动发动机时向启动机供电。蓄电池在充电时将电能转变为化学能贮存起来,放电时则正相反,故在较长时间放置不用或出现放电现象时应及时检查和维修。

【规　　格】台州市路桥吉达蓄电池厂产品

型号	额定电压（V）	额定容量（Ah）	外形尺寸(mm)				重量（g）
			长(L)	宽(W)	高(H)	总高	
3-FM-4	6	4	70	70	96	96	750
3-FM-4	6	4	70	46	102	103	690
6-FM-2.5	12	2.5	80	65	103	103	1 080
6-FM-3	12	3	95	55	110	110	1 280
6-FM-4	12	4	112	69	85	85	1 480
6-FM-4(扁)	12	4	150	48	104	104	1 880
6-FM-5(Ⅰ)	12	5	119	61	130	130	1 950
6-FM-5(Ⅱ)	12	5	114	70	106	106	1 950
6-FM-6.5	12	6.5	139	65	99	99	2 250
6-FM-7	12	7	150	87	94	94	2 750
6-FM-9	12	9	150	87	106	106	3 250

32. 点火线圈

【特点及用途】点火线圈是一个高升压比的变压器,其利用低压电流的变化感应产生高压,供点火使用。电压由 6V/12V 变升为 10 000V 以上。使火花塞电极可靠地产生电火花。点火线圈由初级线圈、次级线圈和硅钢铁心等组成。主要用在触点式磁电机点火系和电容放电式电子点火系统中。

【规　　格】

初级线圈（漆包线）	线径(mm)	0.5 ~ 0.8
	匝数	200 ~ 300
次级线圈（漆包线）	线径(mm)	0.05 ~ 0.08
	匝数	(200 ~ 300)×100 左右

注:通常初级线圈在内层,次级线圈在外层。

33. 火花塞

【特点及用途】火花塞的功用是将点火线圈产生的高压脉冲电流引入燃烧室，在两电极之间产生火花，点燃混合气。火花塞要承受 2 000℃高温和 5MPa 高压高频的冲击负荷，承受 10 000～20 000V 的高压电，其中心电极与侧电极间还有着油污和炭渣的污染。故火花塞应具有优良的机械强度、耐热性、高温绝缘性、密封性，以及良好的自净功能。

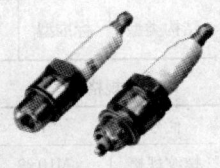

【规格】

火花塞主要结构件	壳体、绝缘体（高铝陶瓷）、中心电极、侧电极、密封填料等
电极之间跳火间隙(mm)	0.6～0.7

34. 国产火花塞的型号（JB24Q90-78）

以 T4198J 型为例所示

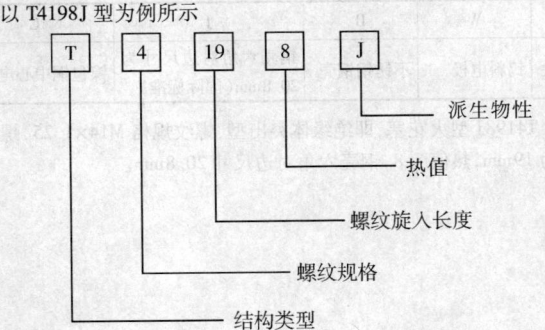

a. 结构类型

代号	空白	T	A	Z	P	S
结构类型	标准型	绝缘体突出型	矮座型	锥座型	屏蔽型	防水型

b. 螺纹规格

代号	1	2	4	8
螺纹规格	M10×2	M12×1.25	M14×1.25	M18×1.5

c. 螺纹旋入长度

代号	11	12	13	19
螺纹旋入长度	11mm	12mm	12.7mm	19mm

d. 热值

代号	1 2 3 4	5	6 7 8 9
热值	热型←	一般用	→冷型

e. 派生特性

代号	W	B	J	C
派生特性	钨料电极	不锈钢钢壳	钢壳六角对边尺寸为20.8mm(国际标准)	镍包铜中心电极

示例 T4198J 型火花塞,即绝缘体突出型,螺纹规格 M14×1.25,螺纹旋入长度为 19mm,热值为 8,钢壳六角对边尺寸 20.8mm。

35. 国产火花塞新旧型号对照及国外
常见火花塞型号对照

a. 国产火花塞新旧型号对照

结构类型	旧型号	新型号	旧型号	新型号
	4K5	4105J	4K6	4106J
	4K7	4107J	4K8	4108J
	4Z4	4114J	4Z5	4115J
	4Z6	4116J	4Z7	4117J
	4Z8	4118J	4Z9	4119J
标准型	4E5	4135J	4E6	4136J
	4E7	4137J	4E8	4138J
	4E9	4139J	4C4	4194J
	4C5	4195J	4C6	4196J
	4C7	4197J	4C8	4198J
	4C9	4199J		
	424T	T4114J	425T	T4115J
	4Z6T	T4116J	4Z7J	T4117J
	428J	T4118J	4Z9T	T4119J
	4E5T	T4135J		
凸出型	4E6T	T4136J	4E7T	T4137J
	4E8T	T4138J	4E9T	T4139J
	4C4T	T4194J	4C5T	T4195J
	4C6T	T4196J	4C7T	T4197J
	4C8T	T4198J	4C9T	T4199J

续表

结构类型	旧型号	新型号	旧型号	新型号
矮座型	4K5A	A4105J	4K6A	A4106J
	4K7A	A4107J	4K8A	A4108J
	4Z5A	A4115	4Z6A	A4116
	4Z7A	A4117	4Z8A	A4118
	4Z9A	A4119	8Z4	8124

b. 国外常见火花塞型号对照

中国	NGK （日本）	ND （日本）	CHAMPION （美国）	K. L. G. （英国）	BOSCH （西德）
4104J	B-4	W14	J11	FS30	W9EC （W95T3）
4106J	B6S	W20S	J8	FS50	W7EC （W175T3）
A4106	BM6A	W20M	CJ8		WS8E （WKA175T3）
4137J	B6HS	W20FS	L90	F75	W7AC （W175T1）
4138J	B7HS	W22FS	L82	F80	W5AC （W225T1）
4139J	B8HS	W24FS	L78	F100	W3AC （W260T1）
T4135J	BP4HS	W14FP	L95Y		
T4136J	BP5HS	W16FP	L92Y	F55P	W8BC （W145T35）
T4137J	BP6HS	W20EP	L87Y	F65P	W7BC （W175T35）
T4138J	BP7HS	W22FP	L82Y	F95P	W5BC （W225T35）
4197J	B6ES	W20ES	N8	FE75	W7CC （W175T2）
4198J	B7ES	W22ES	N4	FE80	W5CC （W225T2）
T4195J	BP4ES	W14EP-U	N14Y		W10DC （W95T30）

续表

中国	NGK （日本）	ND （日本）	CHAMPION （美国）	K. L. G. （英国）	BOSCH （西德）
T4196J	BP5ES	W16EP–U	N12Y	FE45P	W8DC （W145T30）
T4197J	BP6ES	W20EP–U	N9Y	FE65P	W7DC （W175T30）
T4198J	BP7ES	W22EP	N8Y	FE95P	W5DC （W225T30）
T2136	D6HA	X20FS–U	P8Y	TW270	XR4AS
2197	D7ES				
T2197	D7EA	X22ES–U	A6YC		XR4CS
T2198	D8EA	X24ES–U	A6YC	TWE270	XR2CS
1146	C6M				
1137	C6HS		Z10		
T1136	C6HSA	U20FS	Z9Y		UR4AS
T1137	C7HSA	U22FS	Z8	T90	UR3AS

36. 摩托车皮带

【特点及用途】摩托车皮带即指橡胶摩托车变速带，专门用于摩托车无级变速传动，其不应粘污任何油质及油类物质，以免影响皮带的工作质量和使用寿命。摩托车皮带执行标准 Q/GDXJ026–1999。

【规　　格】

基本尺寸（mm）	适用车型
813×22	迪光 150
847×22	A 博士 250、艇王 250、大绵羊 250

续表

基本尺寸(mm)	适用车型
762×22	凌鹰 125
840×20.5	大绵羊 150、豪迈 150
818×19	名流 125、大沙 125
810×17.5	领导 125
760×19.5	豪迈 125、迪爵 125
817×17	风速 125、迪飞 125
743×20	五羊公主、钱江 125
745×16	领导 90、爱得利 100
666×16.8	豪华木兰 100、AG50、幻象 50、铃木 50
690×18	欧风 100、木兰 100、AG100
788×17	钱江 100、名流 100、大路易 125
708×17	翔鹰 100
861×17	加长西湖 90
880×17	旋风 90、建设 55
789×16	西湖 90、鹿城 100
748×15	领导 90SS
802×16.5	凌风 90
730×18	大路易 90、小沙 90、五羊公主 100
1 016×15	嘉陵 50

续表

基本尺寸(mm)	适用车型
669×18	豪迈 50、光阳四冲
641×15.5	本田 80(宽)、绍兴机 50
674×14.5	达可达 50、金祥离 50
1 140×13	BYQ 霸伏豪霸
1 095×13	BYQ 霸伏超霸
1 085×13	BYQ 霸伏普霸
667×18	风神 50
664×14	新生代 50
790×17	凌风 50
700×15	领导 50SS
738×16.5	天箭 50
733×15	领导 50
664×16.5	超级达可达 50
800×15.5	兜风 50
667×18	迪奥 50、风神 50
667×17.7	四冲 50
642×15.5	动感 50
680×17	旋风 50
708×17.5	大路易 50
642×15.2	本田小松鼠

续表

基本尺寸(mm)	适用车型
709×17.5	嘉陵 50/70
776×17.5	南方 50、南方 55
687×11	二冲 50
641×11	本田 50(窄)
600×10	1230
623×10	1240
653×10	1250
680×10	1260
700×10	1270
713×10	1280
842×20	豪迈 150
710×17	豪迈 100

37. 摩托车操纵件、指示器和信号装置的
图形符号及标志意义(GB15365-94)

按国家 GB15365-94 规定,摩托车操纵件及信号装置上的符号与其
色反差对比应明显清楚,图形符号应置于需要识别的操纵件、指示器及
号装置上或其邻近处。如果不能放置时,则图形符号和所对应的操纵件
指示器或信号装置之间应用一条短的引线连接。如图形符号以侧视图
示摩托车或摩托车部件时,则应假定摩托车是从右往左行驶。聚焦光
以平行射线表示,散射光应用发射光线表示。图形符号及信号装置的

置,应使驾驶员在正常操纵位置易于观察识别。

光信号装置颜色的意义规定:红色,表示危险;黄色(或琥珀色),表示注意;绿色,表示安全。蓝色仅用于前照灯行驶灯光的信号装置。

图形符号	标志意义		光信号装置颜色
	前照灯开关	远光	蓝色
		近光	
	转向指示器		琥珀色或绿色
	危险信号		红色
	手动阻风阀(冷起动用)		
	喇叭		
	燃油		琥珀色
	发动机冷却液温度		红色
	蓄电池充电状况		红色
	机油		红色

图形符号	标志意义		光信号装置颜色
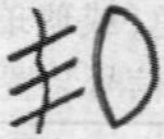	前雾灯		绿色
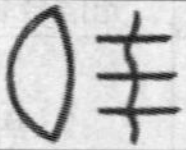	后雾灯		琥珀色
	放油开关	关	
		开	
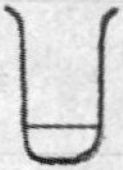		储备	
	发动机点火停机操纵件	运转	
		关	
	灯光开关（可以和点火控制件结合）	示廓灯	
		灯光总开关	
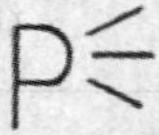		停车灯	

图形符号	标志意义	光信号装置颜色
 N	空挡指示器	绿色
	启动电机	
	风窗玻璃刮水器	
R	倒车灯	

注：该标志边框内的无色部分可涂实。
　　允许将左指示器及右指示器箭头分开。
　　该标志仅适用于操纵件及红色信号灯上，并可用 3.2 转向指示器两个箭头同时
　　工作代替。
　　前后雾灯使用同一个操纵件控制时可用前雾灯的标志。

38. 部分摩托车车型

珠峰 ZF125－18　　　　五羊－本田 WY125

【特点及用途】摩托车是指一种装有一个驱动轮和一个从动轮的两轮
机动车或整车整备质量不超过 400kg 的三轮机动车，其适用于公路或城市
道路上以及用于崎岖路面上行驶。因结构及适用环境不同，摩托车有普
通摩托车、踏板摩托车、越野摩托车、场地赛车、公路赛车、越野赛车、拉力
赛车、特种摩托等多种型式。摩长车的最大设计车速不超过 50km/h，如
动力为一种热机，其总排量不得超过 50ml 的车型为轻便摩托车。

【规　　格】(部分摩托车车型)

型号		南方 NF50QT-3	重庆雅马哈 CY80	嘉陵 JH90A	宗申 ZS100	金城·铃木 SJ110	五羊·本田 WY125-A
基本尺寸(mm)	长	1 670	1 840	1 885	1 885	1 905	2 010
	宽	610	660	760	670	650	755
	高	980	1 025	999	1 050	1 050	1 065
质量(kg)		73	81	82	94	95	114
排量(mL)		49	79	86	97.20	109	124.1
制动方式	前轮	鼓式	鼓式	鼓式	鼓式	鼓式	鼓式
	后轮	鼓式	鼓式	鼓式	鼓式	鼓式	鼓式
启动方式		电启动、脚踏反冲启动并用	脚踏反冲式	脚踏反冲式	电启动、脚踏反冲启动并用	电启动、脚踏反冲启动并用	脚踏反冲式
基本尺寸(mm)	长	1 945	1 905	1 920	2 150	2 020	2 080
	宽	710	835	685	780	740	740
	高	1 110	1 120	1 095	1 020	1 130	1 080
质量(kg)		123	110	105	135	139	130
排量(mL)		124	133	152	173.8	222	248.5
制动方式	前轮	盘式	碟式	鼓式	盘式	碟式	鼓式
	后轮	鼓式	鼓式	鼓式	鼓式	鼓式	鼓式
启动方式		脚踏电启动	脚踏反冲式	反冲式启动或电启动	电启动	电启动、脚踏并用式	脚踏式

39. 四轮摩轮车

【特点及用途】ZN90A 型四轮摩托车制动性能高,具有环保性、可靠性、舒适性,安全系数高,已获得国家专利,已通过 ISO9002 国际质量体系认证。其适合残疾人驾驶的手把式方向,技术性能、操作方式不仅可作残疾人代步,亦为一定质量的运载工具,是一定程度替代存在安全隐患的三轮代步车的新型工具。

【规　格】广安智能四轮车制造有限公司产品

型　号		ZN90A/ZN90A-1	
车型结构		前、中置发动机	后置发动机
外形尺寸 (mm)	总长	2 580	2 900
	总宽	1 250	1250
	总高(空载)	1 580	1 580
轴距(mm)		1 710	2 000
轮距(mm)		1 110	1 110
最小转弯半径(m)		3.4	4.0
前轮定位参数	前束(mm)	3~8	
	主销后倾角	2°30′	
	主销内倾角	5°30′	
	车轮外倾角	1°30′	
妥近角		25°	

续表

型　号	ZN90A/ZN90A-1			
离去角	21°			
最小离地间隙(mm)	170			
最大乘员数	4 人			
最高车速(km/h)	50			
※百公里油耗(L/100km)	3.5			
爬坡角度	15°			
制动性能(m)	≤7(30km/h)			
发动机型号	按配置情况而定			
润滑方式	自动分离润滑(压力飞溅)			
排量(mL)	110	125	150	175
缸径×行程(mm)	52.4×49.5	56.5×49.5	62×49.5	75×45.5
压缩比	8.5:1	9.0:1	9.2:1	9.2:1
最大功率	5.1/kw.7 500~8 500r/min	8.2kw/9 000r/min	9~9.43kw/8 200r/min	13.7kw/8 500r/min
最大扭矩	7.1Nm.5 500~6 050r/min	7.1Nm/5 500~6 050r/min	8.2Nm/7 000r/min	15Nm/7 000r/min
启动方式	电启动			
点火系	CDI 点火器			
燃油箱容积(L)	15			
化油器型号	与发动机适配			
车轮参数	前轮	4.00-12 尼龙6 层级,负荷 260kg		
	后轮	4.00-12 尼龙6 层级,负荷 260kg		
整备质量　　(kg)	350			

40. 部分头盔图示

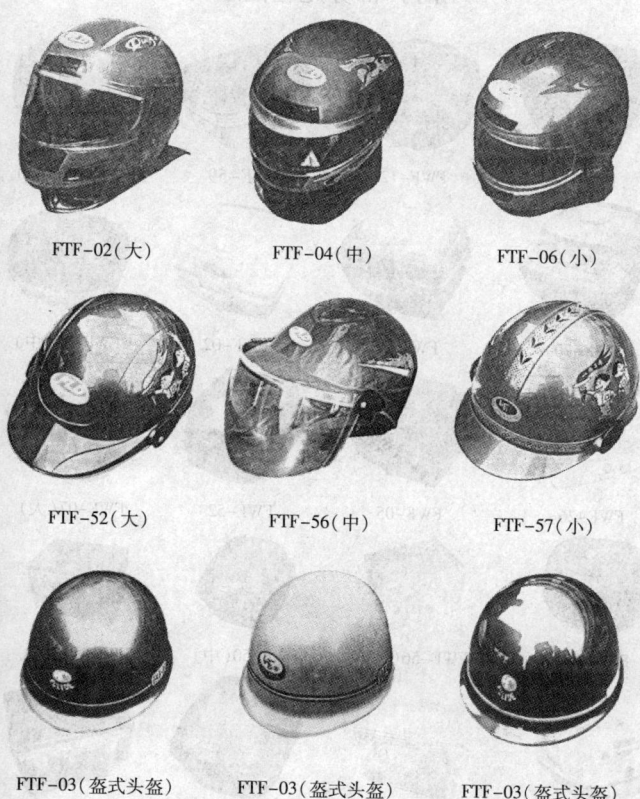

FTF-02(大)　　　FTF-04(中)　　　FTF-06(小)

FTF-52(大)　　　FTF-56(中)　　　FTF-57(小)

FTF-03(盔式头盔)　FTF-03(盔式头盔)　FTF-03(盔式头盔)

注:图示头盔为四川省成都富利得机电有限责任公司产品。

41. 部分尾箱图示

FWF-65

FWF-12

FWF-59

FWF-07（小）

FWF-70

FWF-03

FWF-02

FWF-07（中）

FWF-26

FWF-05

FWF-52

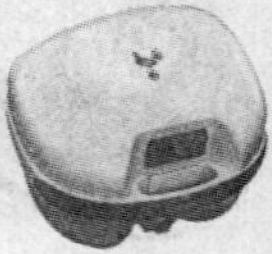

FWF-07（大）

FWF-67

FWF-56（大）

FWF-50（中）

FWF-56（大）

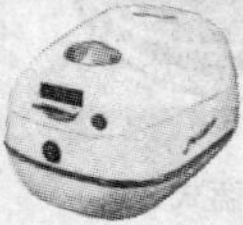

FWF-68
（电动车箱）

FWF-54（特大）

FWF-58（大）

FWF-54（特大）

FWB-22

FWB-14

FWJ-17(大)

FWB-20(带靠背)

FWB-63
(电动车箱)

FWJ-18(大)

FWB-52

FWB-19(无靠背)

FWJ-16(中)

FWB-15

FWB-58(大)

FWB-50(中)

FWB-12

FWB-53(特大)

FWB-55(大)

FWB-53(特大)

WB-55(大)

42. 全车型摩托车检测线

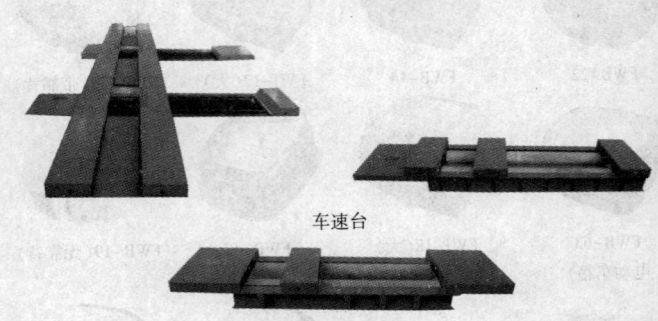

车速台

轴重制动台

【特点及用途】全车型摩托车检测线采用集中控制模式，能检测外观
排放、灯光、喇叭声级、制动、速度、定位，具有三工位检测能力，检测效率
高，能进行全车型检测，包括两轮车、正三轮、偏三轮摩托车。全车型摩托
车检测线电气线路简洁，安全可靠，易于维护软件具有注册登录、实时监
控、系统维护、数据管理等功能。

【规　　格】石家庄华燕汽车检测设备厂产品

项　　目	HMST-750 型车速台	HMLY-750 型轮偏仪	HMZT-750型制动台
最大允许轴荷(kg)	750	750	750
测试范围	0～80km/h	-15～+15m/km	0～2 500N×2
示值误差	±1%	±0.2mm	±2%
适用轴距(mm)	900～1 700	900～1 700	900～1 700
适用轮距(mm)	400～1 500		400～1 500
适用轮胎宽度(mm)	40～250	40～250	40～250

续表

项　目	HMST-750 型车速台	HMLY-750 型轮偏仪	HMZT-750 型制动台
适用轮胎直径(mm)	$\phi500\sim750$	$\phi500\sim750$	$\phi500\sim750$
滚筒直径(mm)	$\phi176.8$		$\phi176.8$
滚筒长度(mm)	300+1 000		300+1 000
滚筒中心距(mm)	350		350
气缸压力/工作方式(MPa)	气动 0.4~0.6	气动对中夹紧	气动 0.4~0.6
电源电压	AC380V	电磁阀 AC220V	AC380V
电机功率(kW)	1.5		1.5
外形尺寸 L×W×H(mm)	2 700×680×600	2 340×900×270	2 760×745×600
重量(kg)	570	350	700

43. 全车型摩托车安全性能检测设备

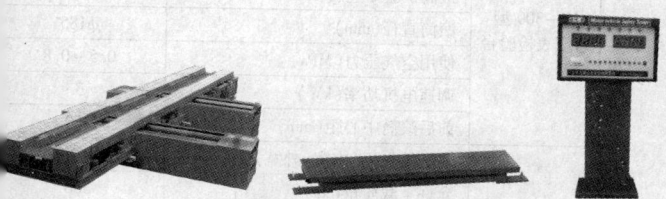

MZZ-600 型摩托车轴(轮)重仪

【特点及用途】QMJX-300 型全车型摩托车安全性能检测设备适用于
类二轮、边三轮及正三轮摩托车的安全性能(轴/轮重、制动、车速表、前
定位)的检测,其设备具有自动化程度高、测试速度快、可靠性高等特
。主要组成设备有:MZZ-600 全车型摩托车轴(轮)重仪、MZ-300 制动
验台、MS-300 速度表检验台、MCD-300 前轮定位检验台以及 MC-300

车轮夹持台。QMJX-300型全车型摩托车安全性能检测设备的电气仪表采用落地数显仪表,采用单片控制与测量,全自动及手动工作方式并存,测试精度高,易于观察,并配有打印机和RS-232通讯接口。

【规　　格】成都成保发展股份有限公司产品

型号	主要设备	主要技术参数	
QMJX -300 型	MZZ-600型 轴(轮)重仪	允许承载重量(kg)	600
		台板尺寸(长×宽)(mm)	1 600×300
	MZ-300型 制动检验台	允许承载轮重(kg)	300
		可测最大制动力(daN)	200
		滚筒直径(mm)	φ190
		滚筒转速(r/min)	7
		电机功率(kW)	0.55×2
		前后滚筒中心距(mm)	298
		外形尺寸(长×宽×高)(mm)	2 400×640×580
	MS-300型 速度表检验台	允许承载轮重(kg)	300
		最高试验车速(km/h)	60
		滚筒直径(mm)	φ185
		使用空气压力(MPa)	0.5 ~0.8
		调速电机功率(kW)	3
		前后滚筒中心距(mm)	350
	MCD-300型 前后轮定 位检验台	前后轮夹板(内宽×外宽)(mm)	620×2 020
		允许承载质量(kg)	300
		最大测定量(mm)	±15
		前后轮夹板中心距(mm)	1 320
		前后轮夹板有效行程(mm)	50 ~320
		使用空气压力(MPa)	0.5 ~0.8
		外形尺寸(长×宽×高)(mm)	2 520×1 100×580

续表

型号	主要设备	主要技术参数	
QMJX -300 型	MC-300 型 车轮夹持台	允许承载质量(kg)	300
		夹板夹持范围(mm)	50 ~ 320
		使用空气压力(MPa)	0.5 ~ 0.8
		夹板高度(mm)	90
		夹板有效长度(mm)	800
		外形尺寸(长×宽×高)(mm)	1 400×980×363

44. 移动式摩托车检测车

【特点及用途】移动式摩托车检测车是一种新型的整体检测设备,是高自动化程度的移动式检测线。其主要特点是:移动检测,机动性强。可将摩北车检测车开到被检测车辆相对集中的区域进行流动检测,减少了被测车辆的调车里程,有利于交通安全。其操作简单、使用方便,展开和撤收时间均不超过 10min,不需固定占用土地。

【规　　格】石家庄华燕汽车检测设备厂产品

型　　号		HMLJ-750
最大允许轴荷(kg)		750
适用轴距(mm)		900 ~ 1 700
适用轮距(mm)		300 ~ 1 300
制动台	滚筒直径(mm)	135
	滚筒中心距(mm)	280
	示值误差(%)	±3
	测力臂长(mm)	150
车速台	滚筒直径(mm)	150
	滚筒中心距(mm)	280
	示值误差(%)	±1
轴重示值误差		测量值不大于4%(FS):±4% 测量值大于4%(FS):±2%
箱体外型尺寸(L×W×H)(mm)		4 800×2 450×2 400
展开后尺寸(L×W×H)(mm)		4 800×4 350×2 400
电源		AC380V±10%

45. 摩托车称重仪

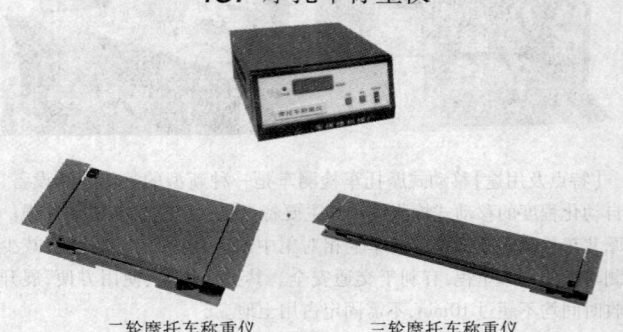

二轮摩托车称重仪　　　　　三轮摩托车称重仪

【特点及用途】摩托车称重仪专门用于摩托车的称重,其采用数显仪表,易于识读,仪表有台式和落地式两种。摩托车称重仪占地面积小,安装方便,有两轮摩托车称重仪和三轮摩托车称重仪两种类型。

【规　　格】

类　型	二轮车用	三轮车用
称重能力(t)	0 ~ 0.5	0 ~ 0.5
台板尺寸(mm)	300×500	300×1 600
测量精度	0.5%(F.S)	0.5%(F.S)
分辨率(kg)	1kg	1kg
输出灵敏度(mv/v)	6	6
接口	RS232	RS232

第十七章 自行车及零部件

1. 自行车型号表示方法(QB1714–1993)

(1)自行车型号组成结构

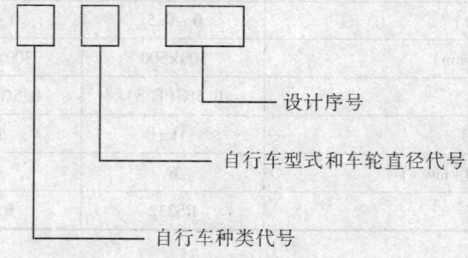

设计序号

自行车型式和车轮直径代号

自行车种类代号

(2)自行车种类代号

代号	P	Z	Q	Y	S	T
自行车种类	普通型	载重型	轻便型	运动型	竞赛型	特种型

(3)自行车型式和车轮直径代号

代号	男式	A	C	E	G	K	M	O	Q	S	U	Y
	女式	B	D	F	H	L	N	P	R	T	W	Z
车轮直径 (mm)		710	685	660	610	560	510	455	405	355	304	254

(4)设计序号

设计序号以阿拉伯数字表示,由生产厂家根据结构型式自行编制。

(5)自行车型号表示方法举例

a. 普通型男式自行车,车轮直径为710mm,生产厂家设计序号为13,其型号应为:PA13 型。

b. 轻便型女式自行车,车轮直径为 660mm,生产厂家设计序号为 711,其型号应为:QF711 型。

2. 自行车规格的表示方法

自行车的规格以车轮直径 D 和车架高度 H 来表示(见图示)。

例:自行车的车轮直径为 710mm,车架高度为 560mm,其规格应为 710×560。

3. 自行车部件分类及其名称(GB/T3564-93)

自行车的部件分为两大类,即基本部件和附属部件。

(1)自行车基本部件

自行车的基本部件有:车架部件、前叉部件、车把部件、鞍座部件、中轴部件、脚蹬部件、链条部件、飞轮部件、前轮部件、后轮部件、前拨链器部件、后拨链器部件、前闸部件、后闸部件、链罩部件、车铃部件、反射器部件。其主要型式为:

基本部件名称	主要型式
车架部件	男式车架、女士车架、折叠车架、鞍管
前叉部件	斜肩前叉、平肩前叉、管肩前叉、直式前叉、前叉合件
车把部件	固定式车把、组合式车把
鞍座部件	双立簧鞍座、三立簧鞍座、撑板鞍座

续表

基本部件名称	主要型式
中轴部件	曲柄销式中轴、无曲柄销中轴、连体曲柄中轴、链轮曲柄
脚蹬部件	整体式脚蹬、组合式脚蹬
链条部件	普通链条、薄型链条
飞轮部件	单级飞轮、多级飞轮
前轮部件	前轴:普通前轴、涨闸前轴、快卸前轴
	轮胎轮辋:软边、直边、勾边、管形轮胎和轮辋
	辐条和条母、衬带
后轮部件	后轴:普通后轴、涨闸后轴、抱闸后轴、脚闸后轴、内变速后轴、飞轮后轴、快卸后轴
	轮胎轮辋:软边、直边、勾边、管形轮胎和轮辋
	辐条和条母、衬带、调链螺钉
前拨链器部件	夹环固定式、直接固定式
后拨链器部件	连接片式固定式、直接固定式
前闸部件	普通闸、钳形闸、前触闸、涨闸、悬臂闸
后闸部件	曾通闸、钳形闸、涨闸、抱闸、脚闸、悬臂闸、盘闸
链罩部件	半链罩、全链罩
车铃部件	大车铃、小车铃、转铃
反射器部件	前反射器、后反射器、侧反射器、脚蹬反射器

(2) 自行车附属部件

自行车附属部件有前泥板部件、后泥板部件、保险叉部件、衣架部件、支架部件、照明部件、车锁部件、气筒部件以及其他附件。其主要型式为:

附属部件名称	主要型式
前泥板部件	短泥板、长泥板
后泥板部件	
保险叉部件	直式保险叉、弯式保险叉

续表

附属部件名称	主要型式
衣架部件	前衣架、后衣架、侧衣架、置物篮
支架部件	单支架(侧支架、中支架、后支架)、双支架
照明部件	前灯、后灯
车锁部件	蟹钳形锁、条形锁
气筒部件	手动气筒、脚踏气筒
其他附件	维修工具、各种仪表

4. 自行车米制螺纹(QB/T1220-1991)

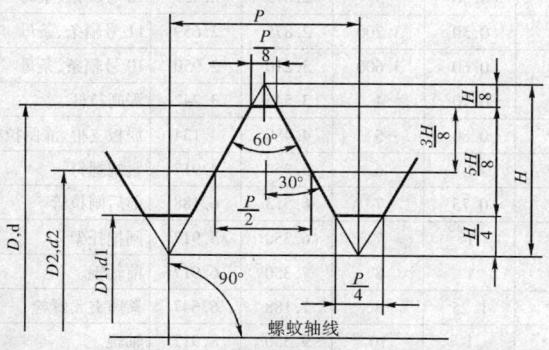

D—内螺纹大径;d—外螺纹大径;D_2—内螺纹中径;d_2—外螺纹中径;
D_1—内螺纹小径;d_1—外螺纹小径;P—螺距;H—原始三角形高度

$$H=\sqrt{3}/2P=0.866025404P \qquad D_2=D-2\times3H/8$$

$$5H/8-0.541265877P \qquad d_2=d-2\times3H/8$$

$$3H/8=0.324759526P \qquad D_1=D-2\times5H/8$$

$$1H/4=0.216506351P \qquad d_1=d-2\times5H/8$$

$$1H/8=0.108253175P$$

基本牙型

【特点及用途】QB/T 1220-1991 标准规定了自行车用的各种成品零件上的米制螺纹的基本牙型、基本尺寸、公差与基本偏差,其基本尺寸应用于自行车相应的成品零件:

公称直径	螺距 P	大径 D 或 d	中径 D_2 或 d_2	小径 D_1 或 d_1	应用示例
2.1 *	0.45	2.146	1.854	1.659	15 号辐条、条母
2.3 *	0.45	2.349	2.057	1.862	14 号辐条、条母
2.6 *	0.45	2.654	2.362	2.167	13 号辐条、条母
3 * *	0.50	3	2.675	2.459	12 号辐条、条母
3.2	0.50	3.200	2.875	2.659	11 号辐条、条母
3.6	0.60	3.600	3.210	2.950	10 号辐条、条母
4 * *	0.70	4	3.545	3.242	涨闸拉杆
5 * *	0.80	5	4.480	4.134	泥板支棍、涨闸拉杆
6 * *	1	6	5.350	4.917	紧闸螺钉
7 * *	0.75	7	6.513	6.188	前后闸拉管
7 * *	1	7	6.350	5.917	闸把托架
8 * *	1	8	7.350	6.917	前轴辊
8 * *	1.25	8	7.188	6.647	鞍座夹紧螺栓
10 * *	1	10	9.350	8.917	轴辊
11 * *	1	11	10.350	9.917	脚闸后轴辊
14 * *	1.25	14	13.188	12.647	脚蹬轴、曲柄
18 * *	1	18	17.350	16.917	A 型中轴辊
24 * *	1	24	23.350	22.917	外五速盖板
26	1	26	25.350	24.917	前叉立管、上挡
33 * *	1	33	32.350	31.917	脚闸右大挡

续表

公称直径	螺距 P	大径 D 或 d	中径 D₂ 或 d₂	小径 D₁ 或 d₁	应用示例
34	1	34	33.350	32.917	赛车右后轴身、锁紧母
35	1	35	34.350	33.917	后轴身、中轴碗、飞轮芯子、中接头
38	1	38	37.350	36.917	16 牙飞轮芯子、丝挡
39＊＊	1	39	38.350	37.917	飞轮芯子
42＊＊	1	42	41.350	40.917	多级外变速飞轮外套
56＊＊	1	56	55.350	51.917	内变速棘齿盖

注：＊ 公称直径为参考尺寸，不等于工件大径尺寸。

　　＊＊ 为本标准对 GB/T196 的选用。

【规　　格】

（1）外螺纹极限尺寸和公差　　　　　　　　（mm）

公称直径	螺距	公差带	最大小径	中　径			大　径		
				最大	公差	最小	最大	公差	最小
2.1	0.45	6g6e	1.636	1.834	0.071	1.763	2.096	0.100	1.996
2.3	0.45	6g6e	1.839	2.037	0.071	1.966	2.299	0.100	2.199
2.6	0.45	6g6e	2.144	2.342	0.071	2.271	2.604	0.100	2.504
3	0.50	6g	2.435	2.655	0.075	2.580	2.980	0.106	2.874
3.2	0.50	6g	2.635	2.855	0.075	2.780	3.180	0.106	3.074
3.6	0.60	6g	2.923	3.189	0.085	3.104	3.579	0.125	3.454
4	0.70	6g	3.211	3.523	0.090	3.433	3.978	0.140	3.838
5	0.80	6g	4.098	4.456	0.095	4.361	4.976	0.150	4.826
6	1	6g	4.875	5.324	0.112	5.212	5.974	0.180	5.794
7	0.75	6g	6.158	6.491	0.100	6.391	6.978	0.140	6.838
7	1	6g	5.875	6.324	0.112	6.212	6.974	0.180	6.794

续表

公称直径	螺距	公差带	最大小径	中 径			大 径		
				最大	公差	最小	最大	公差	最小
8	1	6g	6.875	7.324	0.112	7.212	7.974	0.180	7.794
8	1.25	6g	6.592	7.160	0.118	7.042	7.972	0.212	7.760
10	1	6g	8.875	9.324	0.112	9.212	9.974	0.180	9.794
11	1	6g	9.875	10.324	0.112	10.212	10.974	0.180	10.794
14	1.25	6g	12.596	13.160	0.132	13.028	13.972	0.212	13.760
18	1	6g	16.876	17.324	0.118	17.206	17.974	0.180	17.794
24	1	6g	22.878	23.324	0.125	23.199	23.974	0.180	23.794
26	1	6g	24.878	25.324	0.125	25.199	25.974	0.180	25.794
33	1	6g	31.878	32.324	0.125	32.199	32.974	0.180	32.794
34	1	6g	32.878	33.324	0.125	33.199	33.974	0.180	33.794
35	1	6g	33.878	34.324	0.125	34.199	34.974	0.180	34.794
35	1	6g8e	33.878	34.324	0.125	34.199	34.940	0.280	34.660
38	1	6g	36.878	37.324	0.125	37.199	37.974	0.180	37.794
39	1	6g	37.878	38.324	0.125	38.199	38.974	0.180	38.794
42	1	6g	40.878	41.324	0.125	41.199	41.974	0.180	41.794
56	1	6g	54.881	55.324	0.140	55.184	55.974	0.180	55.794

（2）内螺纹极限尺寸和公差　　　　　　（mm）

公称直径	螺距	公差带	中 径			小 径		
			最大	公差	最小	最大	公差	最小
2.1	0.45	6H	1.949	0.095	1.854	1.784	0.125	1.659
2.3	0.45	6H	2.152	0.095	2.057	1.987	0.125	1.862
2.6	0.45	6H	2.457	0.095	2.362	2.292	0.125	2.167
3	0.50	6H	2.775	0.100	2.675	2.599	0.140	2.459
3.2	0.50	6H	2.975	0.100	2.875	2.799	0.140	2.659
3.6	0.60	6H	3.322	0.112	3.210	3.110	0.160	2.950

续表

公称直径	螺距	公差带	中　径			小　径		
			最大	公差	最小	最大	公差	最小
4	0.70	6H	3.663	0.118	3.545	3.422	0.180	3.242
5	0.80	6H	4.605	0.125	4.480	3.434	0.200	4.134
6	1	6H	5.500	0.150	5.350	5.153	0.236	4.917
7	0.75	6H	6.645	0.132	6.513	6.378	0.190	6.188
7	1	6H	6.500	0.150	6.350	6.153	0.236	5.917
8	1	6H	7.500	0.150	7.350	7.153	0.236	6.917
8	1.25	6H	7.348	0.160	7.188	6.912	0.265	6.647
10	1	6H	9.500	0.150	9.350	9.153	0.236	8.917
11	1	6H	10.500	0.150	10.350	10.153	0.236	9.917
14	1.25	6H	13.368	0.180	13.188	12.912	0.265	12.647
18	1	6H	17.510	0.160	17.350	17.153	0.236	16.917
24	1	6H	23.520	0.170	23.350	23.153	0.236	22.971
26	1	6H	25.520	0.170	25.350	25.153	0.236	24.917
33	1	6H	32.520	0.170	32.350	32.153	0.236	31.917
34	1	6H	33.520	0.170	33.350	33.153	0.236	32.917
35	1	6H	34.520	0.170	34.350	34.153	0.236	33.917
38	1	6H	37.520	0.170	37.350	37.153	0.236	36.917
39	1	6H	38.520	0.170	38.350	38.153	0.236	37.917
42	1	6H	41.520	0.170	41.350	41.153	0.236	40.917
56	1	6H	55.530	0.180	55.350	55.153	0.236	54.917

（3）螺纹标记表示方法

螺纹标记为：在 M 符号后面是由以毫米为单位的直径和每毫米牙数及螺纹公差带代号所组成。之间用"×"、"—"分开。

示例：零件螺纹标记

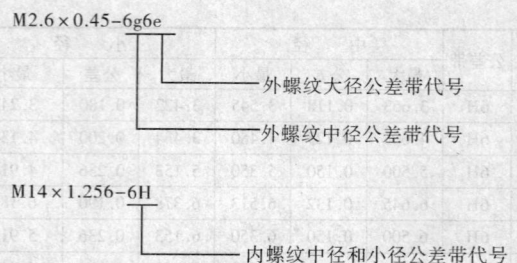

M2.6 × 0.45 − 6g6e

————— 外螺纹大径公差带代号

————— 外螺纹中径公差带代号

M14 × 1.256 − 6H

————— 内螺纹中径和小径公差带代号（相同）

配合螺纹标记
M39 × 1左 − 6H / 6g

————— 内螺纹中径和大径公差带代号（相同）

————— 内螺纹中径和小径公差带代号（相同）

5. 自行车英制螺纹(QB/T1221−1991)

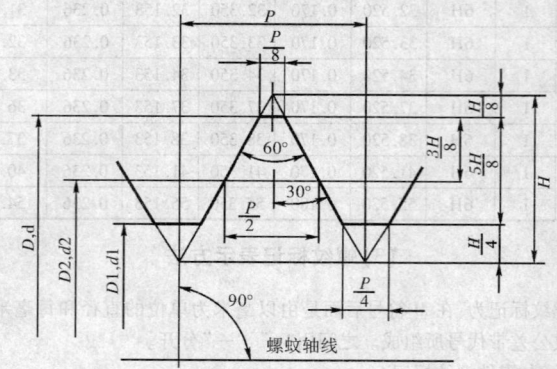

D—内螺纹大径; d—外螺纹大径; D_2—内螺纹中径; d_2—外螺纹中径;

D_1—内螺纹小径; d_1—外螺纹小径; P—螺距; H—原始三角形高度

$$H = \sqrt{3}/2P = 0.866025404P \qquad D_1 = D - 2 \times 5H/8$$
$$1H/4 = 0.216506351P \qquad d_1 = d - 2 \times 5H/8$$
$$1H/8 = 0.108253175P \qquad D_2 = D - 2 \times 3H/8$$
$$3H/8 = 0.324759520P \qquad d_2 = d - 2 \times 3H/8$$
$$5H/8 = 0.541265877P$$

基本牙型

【特点及用途】QB/T1221-1991 标准规定了自行车用的各种成品零件上的英制螺纹的基本牙型、基本尺寸、公差与基本偏差,其基本尺寸应用于自行车相应的成品零件:

公称尺寸 (in)	每英寸 牙数 (t.p.i.)	大径 D 或 d (mm)	中径 D_2 或 d_2 (mm)	小径 D_1 或 d_1 (mm)	应用举例
0.317 *	26	8.052	7.417	6.994	前轴棍、前轴母
0.379 *	26	9.639	9.004	8.581	后轴棍、后轴母
0.413 *	26	10.500	9.865	9.442	脚闸后轴辊、左大挡
0.500	20	12.700	11.875	11.325	脚蹬轴、曲柄(E 型)
0.568	20	14.437	13.612	13.062	脚蹬轴、曲柄
1.005	24	25.523	24.836	24.378	前叉、上挡
1.295 *	24	32.893	32.806	31.747	脚闸右大挡
1.375	24	34.925	34.238	33.780	中轴碗、中接头、后轴身、飞轮

注:带 * 者为推荐使用。

【规　格】

(1)外螺纹极限尺寸和公差 （mm）

公称尺寸（in）	每英寸牙数（t.p.i.）	公差带	大径 d			中径 d_2			小径 d_1 最大
			最大	公差	最小	最大	公差	最小	
0.317	26	6g6e	7.992	0.180	7.812	7.391	0.112	7.279	6.862
0.379	26	6g6e	9.579	0.180	9.399	8.978	0.112	8.866	8.449
0.413	26	6g	10.474	0.180	10.294	9.839	0.112	9.727	9.310
0.500	20	6g	12.672	0.212	12.460	11.847	0.132	11.715	11.160
0.568	20	6g6e	14.374	0.212	14.162	13.584	0.132	13.452	12.897
1.005	24	6g	25.497	0.180	25.317	24.810	0.125	24.685	24.237
1.295	24	6g6e	32.833	0.180	32.653	32.180	0.125	32.055	31.608
1.375	24	6g	34.899	0.180	34.719	34.212	0.125	34.087	33.639
1.375	24	6g8e	34.865	0.280	34.585	31.212	0.125	34.087	33.639

(2)内螺纹极限尺寸和公差 （mm）

公称尺寸（in）	每英寸牙数（t.p.i.）	公差带	大径 D 最小	中径 D_2			小径 D_1		
				最大	公差	最小	最大	公差	最小
0.317	26	6H	8.025	7.567	0.150	7.417	7.230	0.236	6.994
0.379	26	6H	9.639	9.154	0.150	9.004	8.817	0.236	8.581
0.413	26	6H	10.500	10.015	0.150	9.865	9.678	0.236	9.442
0.500	20	6H	12.700	12.055	0.180	11.875	11.590	0.265	11.325
0.568	20	6H	14.437	13.792	0.180	13.612	13.327	0.265	13.062
1.005	24	6H	25.523	25.006	0.170	24.836	24.614	0.236	24.378
1.295	24	6H	32.893	32.376	0.170	32.206	31.983	0.236	31.747
1.375	24	6H	34.925	34.408	0.170	34.238	34.016	0.236	33.780

（3）螺纹标记表示方法

螺纹标记为:在 B 符号后面是由以英寸为单位的直径和每英寸牙数及螺纹公差带代号所组成。之间用"×"或"—"分开。

示例:零件螺纹标记

BO.317—26—6g6e

    └─────── 外螺纹大径公差带代号

    └─────── 外螺纹中径公差带代号

BO.379—26—6H

    └─────── 内螺纹中径和小径公差带代号（相同）

配合螺纹标记

B1.375—24L—6H/6g

    └─────── 外螺纹中径和大径公差带代号（相同）

    └─────── 内螺纹中径和小径公差带代号（相同）

6. 自行车车把（QB/T1715—1993）

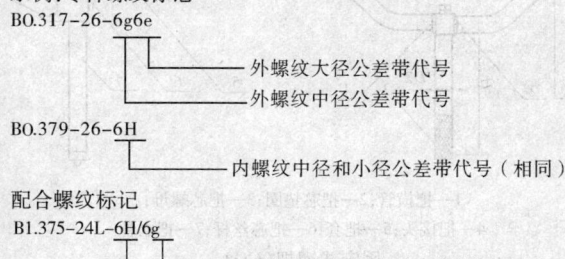

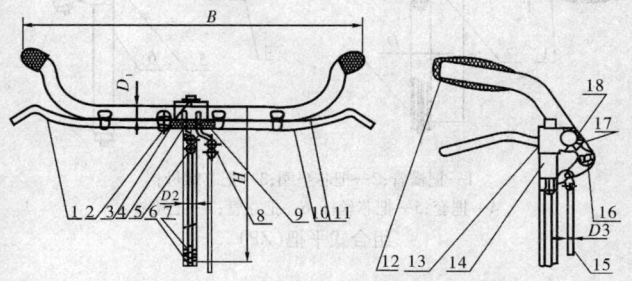

1—前闸把;2—右闸簧;3—把芯垫圈;4—右拉板;5—短拉杆接头;6—把芯螺母;7—把芯丝杆;8—左拉板;9—左闸簧;10—后闸把;11—把横管;12—把套;13—把接头;14—把立管;15—短拉杆;16—闸把托架;17—托架垫圈;18—托架螺母

固定式平把（GP）

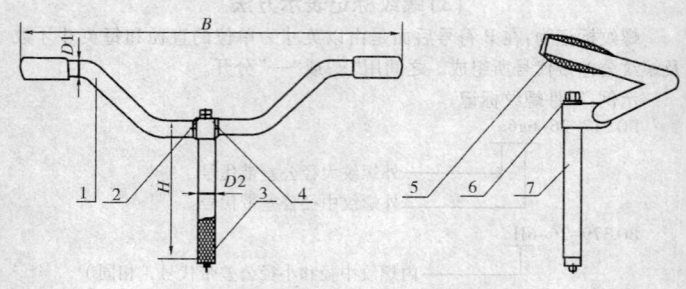

1—把横管;2—把芯垫圈;3—把芯螺母;
4—把接头;5—把套;6—把芯丝杆;7—把立管
固定式翘把(GQ)

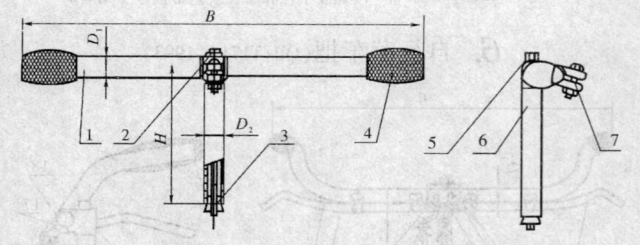

1—把横管;2—把芯垫圈;3—把芯螺母;
4—把套;5—把芯丝杆;6—把立管;7—把接头
组合式平把(ZP)

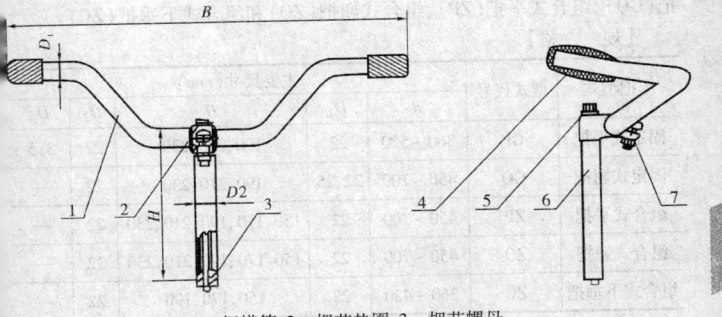

1—把横管；2—把芯垫圈；3—把芯螺母；

4—把套；5—把芯丝杆；6—把立管；7—把接头

组合式翘把（ZQ）

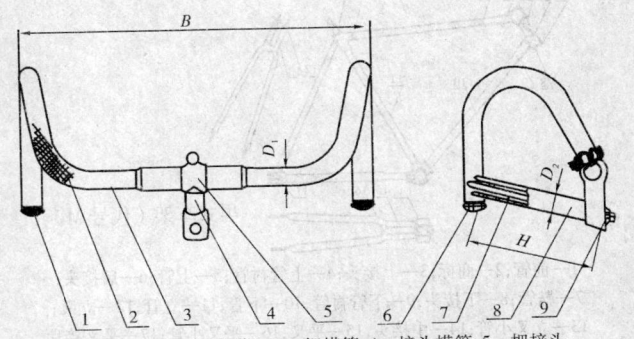

1—把盖；2—把套（包带）；3—把横管；4—接头横管；5—把接头；

6—把芯螺母；7—把芯丝杆；8—把立管；9—把芯垫圈

组合式下垂把（ZC）

【特点及用途】自行车车把的主要作用是供操作行驶中的自行车的平衡和方向的把握。按其结构型式的不同分为固定式平把（GP）、固定式翘

把(GQ)、组合式平把(ZP)、组合式翘把(ZQ)和组合式下垂把(ZC)

【规　　格】

车把型式	型式代号	主要尺寸(mm)				
		B	D_1	H	D_2	D_3
固定式平把	GP	360~520	22	190、210、230	22	3.5
固定式翘把	GQ	450~700	22、25	190、210、230	22	—
组合式平把	ZP	450~700	22	150、170、190、210、230	22	—
组合式翘把	ZQ	450~700	22	150、170、190、210、230	22	—
组合式下垂把	ZC	360~420	22	150、170、190	22	

7. 自行车车架 (QB1880–1993)

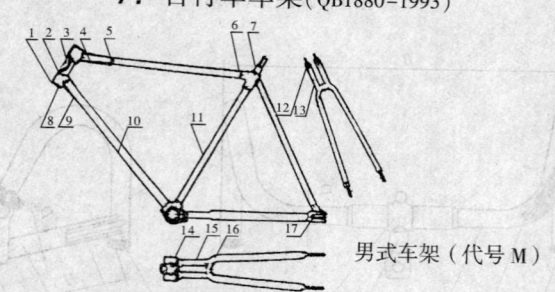

男式车架（代号 M）

1—前管；2—商标；3—上接头；4—上管衬管；5—上管；6—后接头；
7—鞍管；8—下接头；9—下管衬管；10—下管；11—立管；12—立叉；
13—立叉小管；14—中接头；15—平叉；16—平叉小管；17—平叉接片

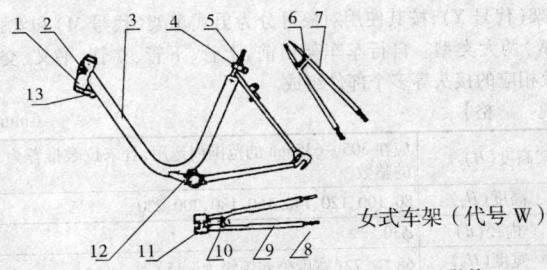

女式车架（代号 W）

1—前管;2—商标;3—U 形管;4—鞍管夹环;5—鞍管;
6—立叉小板;7—立叉;8—平叉接片;9—平叉;10—平叉小板;
11—中接头;12—下加强板;13—上架强板

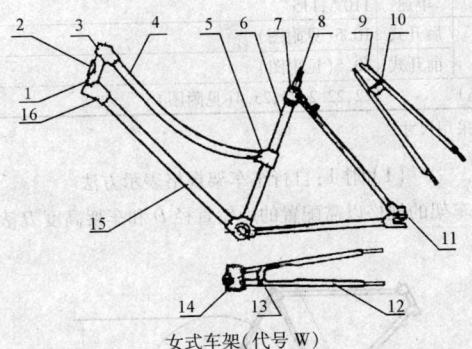

女式车架（代号 W）

1—前管;2—商标;3—上接头;4—上管;5—中间接头;
6—立管;7—后接头;8—鞍管;9—立叉;10—立叉小板;
11—平叉接片;12—平叉;13—平叉小板;14—中接头;
15—下管;16—下接头

【特点及用途】自行车车架是自行车最主要的部件之一,按其用途分为普通型车架(代号 P)、载重型车架(代号 Z)、轻便型车架(代号 Q)和运动型车架(代号 Y),按其使用对象可分为男式车架(代号 M)和女式车架(代号 W)两大类型。自行车车架由前、上管、下管、立管、平叉、交叉、鞍管,以及相应的接头等多个部件组成。

【规　格】　　　　　　　　　　　　　　　　　　　　(mm)

车架高度(H)			应在 305～635mm 的范围内选用,且末位数推荐为 5 或 0 的整数
前管	高度(H_1)		80、100、120、140、160、180、200、220、
	内径(d)		ϕ30
中接头	宽度(H_2)		68 * 72(宽度公差等级为 js15)
	螺纹规格	(d_1)	M35×1 左-6H,B1.375-24 左-6H
		(d_2)	M35×1-6H,B1.375-24-6H
平叉开档宽度(B)	多速		117,126,130,135
	单速		110 * ,115
平叉接片开口	后开式		10.5(见附图)
	前开式		10.5(见附图)
鞍管直径(d_3)			22,22.2,25,25.4(见附图)

注:＊为优先采用尺寸。

(1)附 1:自行车车架规格表示方法

自行车车架的规格以需配置的后轮直径 D 和车架高度 H 表示,即 $D×H$(见图示)。

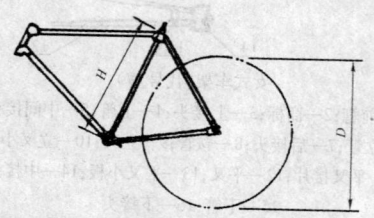

示例:设某自行车车架配置的后轮直径为 660mm,车架高度为 510mm,其规格为 660mm×510mm。

(2) 附 2：自行车车架主要部件图示

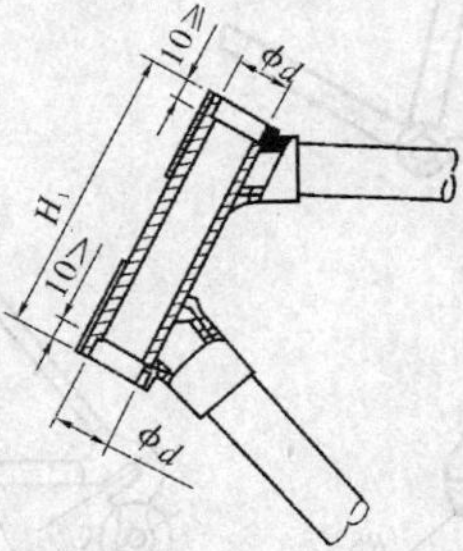

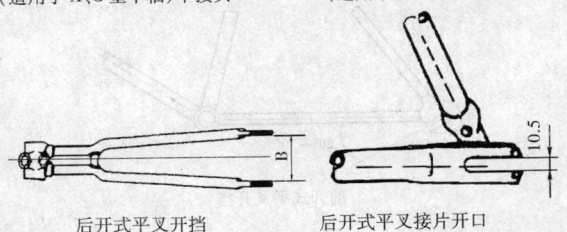

前管

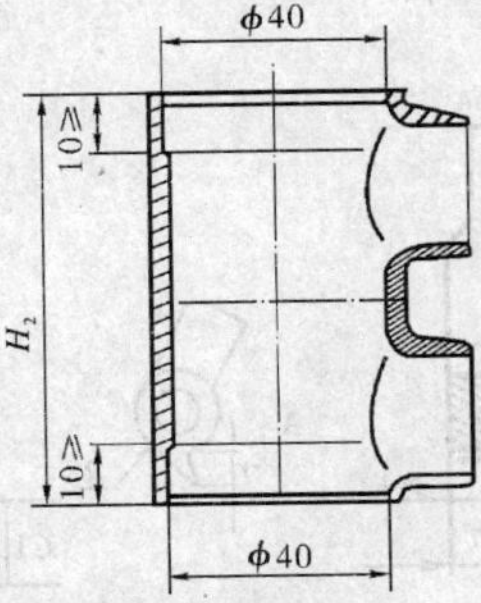

（适用于 A、C 型中轴）中接头 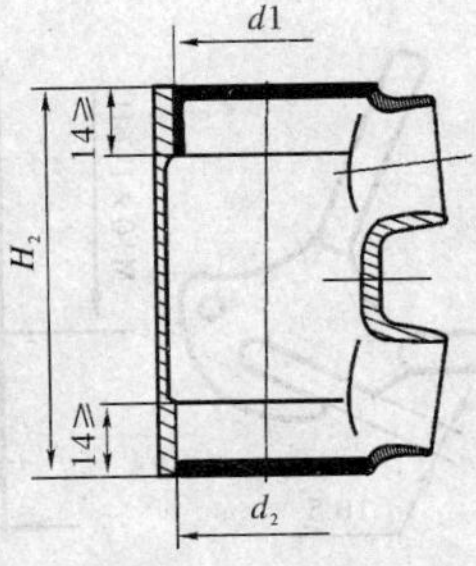　　　　（适用于 B、D 型中轴）中接头

后开式平叉开挡　　　　后开式平叉接片开口

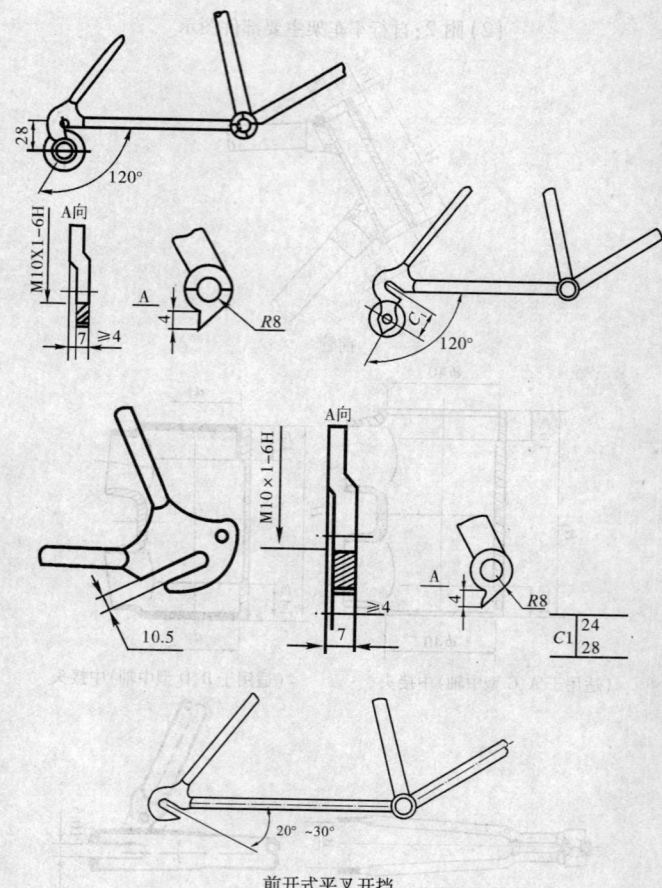

前开式平叉开挡

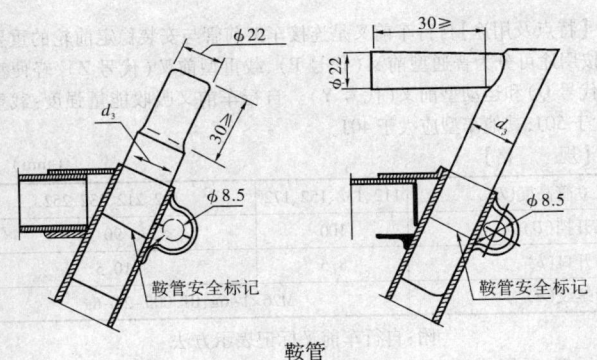

鞍管

8. 自行车前叉(QB1881–1993)

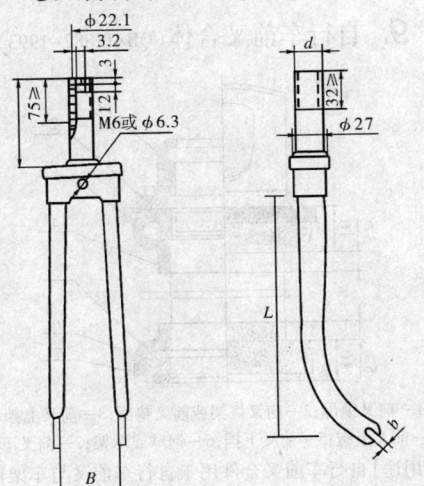

【特点及用途】自行车前叉是连接车架前管与安装稳定前轮的重要部件,按用途可分为普通型前叉(代号 P)、载重型前叉(代号 Z)、轻便型前叉(代号 Q)和运动型前叉(代号 Y)。自行车前叉吸收能量强度:载重型应大于 50J,其他车型应大于 40J。

【规 格】 (mm)

前叉立管高度(L)	112、132、152、172	192、212、232、252
前叉开挡(B)	100	90
前叉开口(b)	8.5	10.5
立管螺纹(d)	M26×1–6g、B1.005–24–6g	

附:自行车前叉标记表示方法

示例:适用轮径 710mm,前叉立管高度 172mm,普通型前叉,其表示为:前叉 P710×172 QB1881。

9. 自行车前叉合体 (QB/T1882–1993)

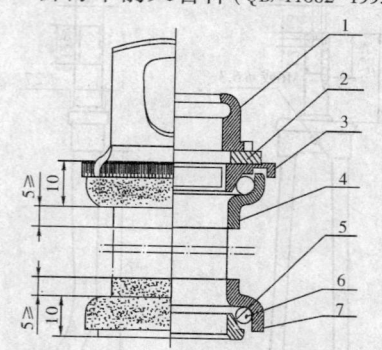

1—前叉锁母;2—前叉灯架或前叉垫圈;3—前叉上挡;
4—前叉上碗;5—前叉下挡;6—钢球或球架;7—前叉下碗

【特点及用途】自行车前叉合件用于自行车前叉与车架前管的活络连接,以及灯架的固定。主要由前叉锁母、前叉上、下挡、前叉灯架、前叉上、下碗等多个零部件组成。自行车前叉合件分 A 型和 B 型。

(1) 前叉锁母

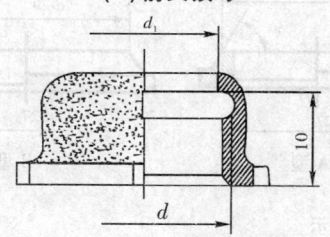

【规　格】

零件名称	螺纹规格 d	d_1(mm)
米制前叉锁母	M26×1-6H	22.1
英制前叉锁母	B1.005-24-6H	22.3

注:前叉锁母采用六角或八角形,其对边"S"必须符合 32mm 或 34mm 两种。

(2) 前叉上挡

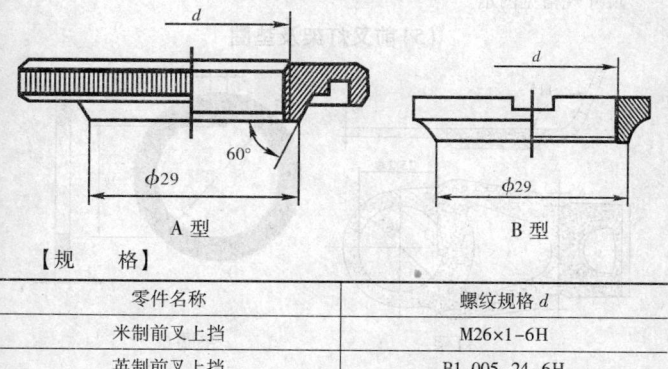

A 型　　　　　　　　　　B 型

【规　格】

零件名称	螺纹规格 d
米制前叉上挡	M26×1-6H
英制前叉上挡	B1.005-24-6H

(3) 前叉下挡

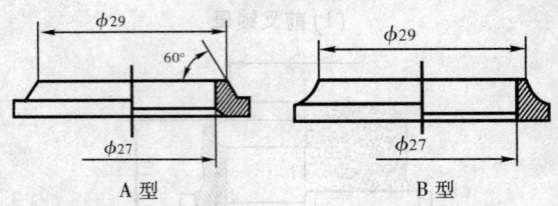

A 型　　　　　　　　　B 型

【规　格】
尺寸规格见图示。

(4) 前叉上碗、下碗

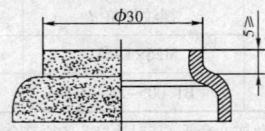

【规　格】
尺寸规格见图示。

(5) 前叉灯架及垫圈

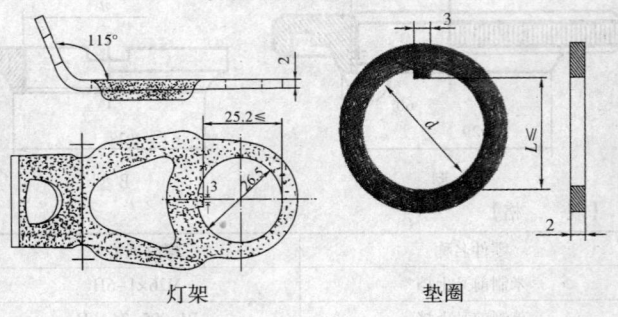

灯架　　　　　　　　　垫圈

【规　　格】 （mm）

零件名称	d	$L\leqslant$
米制前叉灯架或前叉垫圈	26.5	25.2
英制前叉灯架或前叉垫圈	26	24.5

10. 把芯丝杆（QB/T1715-1993）

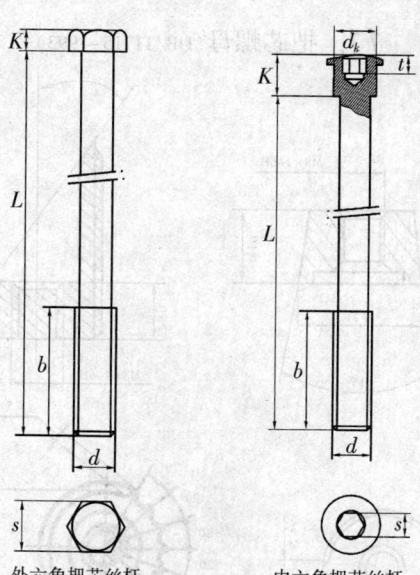

外六角把芯丝杆　　　内六角把芯丝杆

【特点及用途】把芯丝杆是车把的主要部件,主要用于支撑车把及活络连接车架,有外六角把芯丝杆和内六角把芯丝杆两种型式。

【规　格】

名称	主要尺寸(mm)					
	b	d	d_k	K	S	t
外六角把芯丝杆	28	M8×1-6g	—	≥5.3	13(最大)	—
内六角把芯丝杆	28	M8×1-6g	10	≥10	6	4

注:把芯丝杆 L 比把立管 H 大 10～15mm。

11. 把芯螺母(QB/T1715-1993)

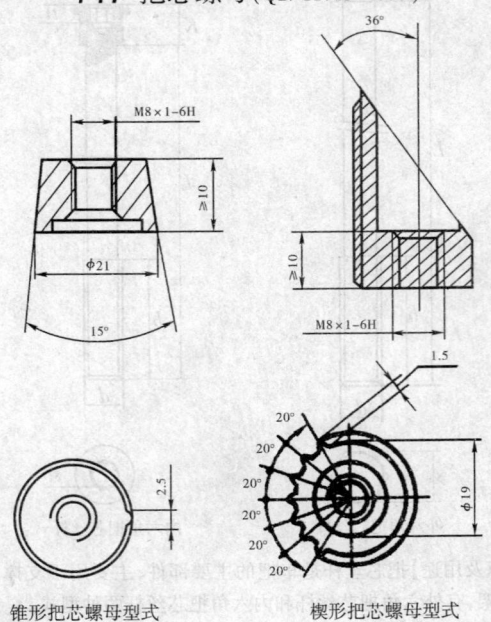

锥形把芯螺母型式　　　　楔形把芯螺母型式

【特点及用途】把芯螺母的作用是固定把芯丝杆。有锥形把芯螺母和楔形把芯螺母两种类型。

【规　　格】

参见图示。把芯螺母标记由技术特性(型式代号、主要技术参数:B×H)和标准号组成。

示例:把横管宽度为 500mm 和把立管高为 230mm 的固定式平把,其标记为——GP500×230　QB/T1715。

12. 自行车保险叉(QB1724–1993)

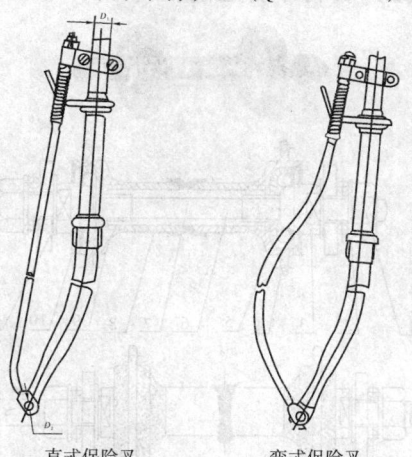

直式保险叉　　　　　　弯式保险叉

【特点及用途】自行车保险叉专门用于载重型自行车,以增加自行车前叉防撞减震的安全保险。保险叉有直式(代号 Z)和弯式(代号 W)两种型式,其主要由夹板、保险弹簧、叉杆及垫圈等组成。保险叉弹簧承受压力为 392N。

【规　格】

型式	代号	D_1夹板孔直径	D_2叉杆孔直径	叉杆螺纹规格
直式保险叉	Z	22	10.5	M10×1–6g
弯式保险叉	W	22	10.5	M10×1–6g

附：自行车保险叉产品代号编制方法

产品代号由名称代号 B、型式代号和产品设计顺序号组成。

示例：BZ—××，即表示直式保险叉，××为设计顺序号。

13. 自行车普通前轴（QB/T1883–1993）

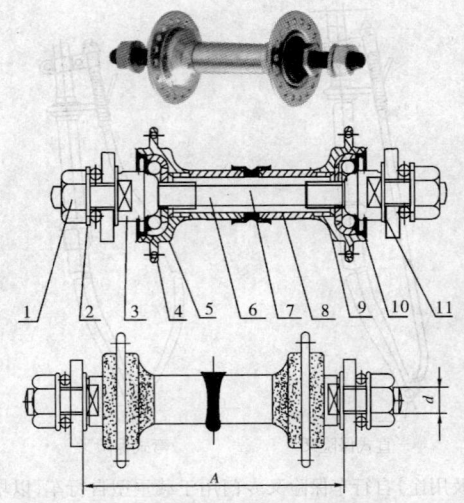

1—螺母；2—垫圈；3—轴挡；4—球架或钢球；5—轴碗；6—轴辊；
7—油孔夹；8—轴管；9—花盘；10—防尘盖；11—垫圈或锁母
前轴（代号 PQ）

【特点及用途】自行车前轴是自行车前轮转动的核心部分，主要有轴棍、轴碗、轴挡、球架或钢球、花盘、防尘盖、锁母、垫圈等多个零部件组成。

【规格】

代号	A (mm)	螺纹规格 d_1	每个花盘的条孔数
090	90	M8×1−6H/6g 或 B0.317−26− 6H/6g6e	10,14,16,18(两个花盘上的条孔 应相互错开半个孔距)
100	100	M10×1−6H/6g 或 0.379−26− 6H/6g6e	

附:自行车前轴产品代号表示方法

示例

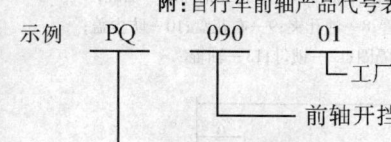

PQ　　090　　01

└─工厂设计程序号

└─前轴开挡尺寸90mm

└─普通前轴

14. 自行车普通后轴(GB/T1883−1993)

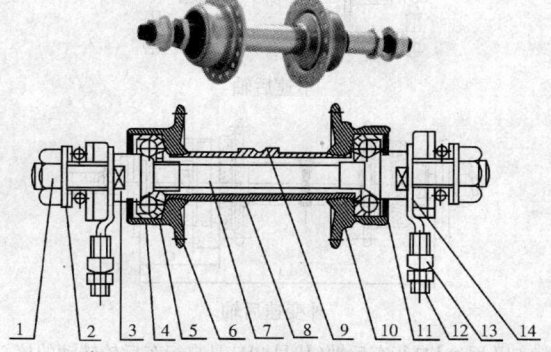

1—螺母;2—垫圈;3—轴挡;4—球架或钢球;5—轴碗;
6—左花盘;7—轴辊;8—轴管;9—油凡夹;10—右花盘;
11—防尘盖;12—螺母;13—调链螺钉;14—调链螺钉或垫圈或锁母

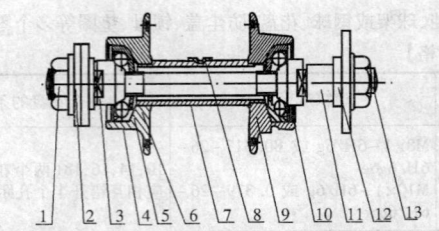

1—螺母；2—垫圈；3—轴挡；4—球架或钢球；5—轴碗；
6—左花盘；7—轴管；8—油孔夹；9—右花盘；10—防尘盖；
11—隔圈；12—锁母；13—轴辊

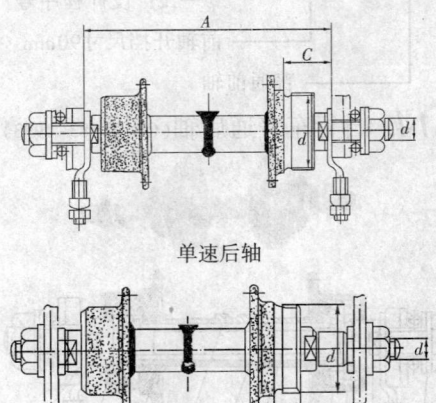

单速后轴

外变速后轴

　　【特点及用途】自行车后轴(代号 PH)是自行车后轮转动的核心部分
主要有轴管、花盘、轴碗、轴挡、球架或钢球、锁母、油孔夹、轴辊、防尘盖等
多个零部件组成，有单速自行车用后轴和外变速自行车用后轴两种型式。

【规　　格】

型式	代号	A	C	d	d_1	每个花盘上的条孔数
		(mm)				
单速后轴	110	110*	22*	M35×1-6g 或 B1.375-24-6g	M10×1-6H/6g 或 B0.379-26-6H/6g6e	10,14,18,20(两个花盘上的条孔应相互错开半个孔距)
	115	115	22.5			

	代号	A	适用范围	规格代号	C	d	d_1	每个花盘的条孔数
外变速后轴	117	117	2级飞轮	26	26	M35×1-6g 或 B1.375-24-6g	M10×1-6H/6g 或 B0.379-26-6H/6g6e	14,18,20(两个花盘上的条孔应相互错开半个孔距)
			3级飞轮					
			4级飞轮	28	28			
	126	126	5级飞轮	36	36			
			6级飞轮					
	130	130	6级飞轮	38	38			
			7级飞轮					
	135	135	7级飞轮	40	40			

注：* 为优先使用型式尺寸。

附:自行车后轴产品代号表示方法

示例:

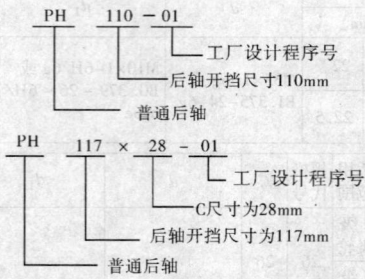

PH　110－01
工厂设计程序号
后轴开挡尺寸110mm
普通后轴

PH　117×28－01
工厂设计程序号
C尺寸为28mm
后轴开挡尺寸为117mm
普通后轴

15. 自行车前轴、后轴辐条孔尺寸规格

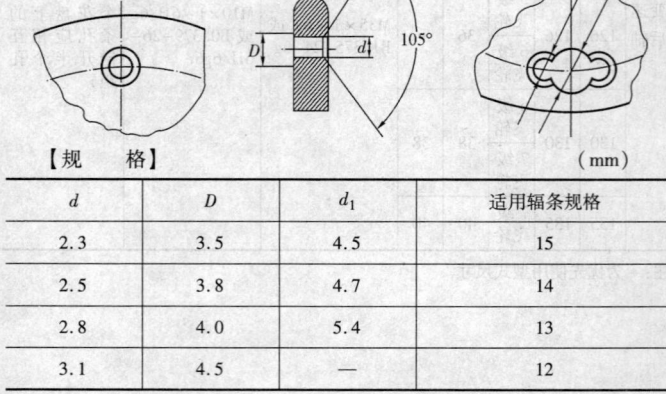

【规　格】　　　　　　　　　　　　　　　　　　　　　　(mm)

d	D	d_1	适用辐条规格
2.3	3.5	4.5	15
2.5	3.8	4.7	14
2.8	4.0	5.4	13
3.1	4.5	—	12

16. 自行车飞轮后轴（QB/T2177–1995）

【特点及用途】自行车飞轮后轴是兼有飞轮功能的自行车后轴，其轴体是由花盘、轴管、螺母、飞轮心子、轴挡、钢球或球架、防尘盖等多个零部件组成。链轮有整体式和组合式两种。自行车飞轮后轴按用途不同分为单级飞轮后轴和多级飞轮后轴两类型。

(1) 单级飞轮后轴

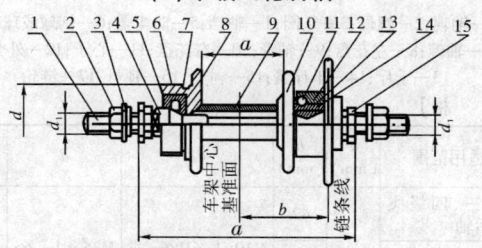

1—轴辊；2—螺母；3—垫圈；4—轴挡；5—防尘盖；
6—钢球或球架；7—轴碗；8—左花盘；9—轴管；10—右花盘；
11—心子；12—链轮；13—千斤簧；14—千斤；15—锁母

【规　格】

A （mm）	a （mm）	b （mm）	d_1	d	每个花盘的条孔数
110 * 115	45,48.5, 52.5	41 *，43， 45	M10×1–6H/6g 或 B0.379–26 –6H/6g6e	M35×1 – 6g 或 B1.375 – 24–6g	10,14,18,20（两个花 盘上的条孔应相互错 开半个孔距）

注：* 为优选尺寸。

（2）多级飞轮后轴

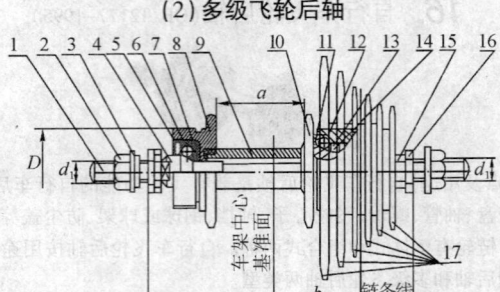

1—轴辊；2—螺母；3—垫圈；4—轴挡；5—防尘盖；6—钢球或球架；
7—轴碗；8—左花盘；9—轴管；10—右花盘；11—心子；12—外套；
13—千斤；14—千斤簧；15—衬套；16—锁母；17—链轮

【规　格】

A (mm)	适用范围	a (mm)	b (mm)	d_1	d	每个花盘 的条孔数
117	二、三、四级飞轮后轴	48.5 50.5	42	M10×1-6H/6g 或 B0.379-26-6H/6g6e	M35×1-6g 或 B1.375-24-6g	14，18，20 （两个花盘 上的条孔应 相互错开半 个孔距）
126	五、六、七级飞轮后轴		42，45			
130	六、七级飞轮后轴		45，47.5			
135						

附：自行车飞轮后轴型号表示方法

飞轮后轴的代号由型式代号、规格代号和工厂设计顺序号组成。

带抱闸螺纹的飞轮后轴，在型式代号后面还要加上抱闸螺纹代号，米制螺纹为 M，英制螺纹为 B。

示例:a.单级飞轮后轴型号表示示例

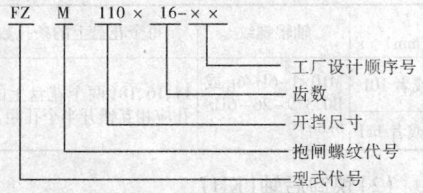

FZ M 110 × 16-× ×
工厂设计顺序号
齿数
开挡尺寸
抱闸螺纹代号
型式代号

b.多级飞轮后轴型号表示示例

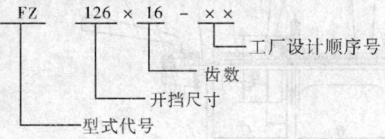

FZ 126 × 16 - × ×
工厂设计顺序号
齿数
开挡尺寸
型式代号

17. 自行车快卸前轴和后轴(QB/T2179-1995)

【特点及用途】自行车快卸前轴(代号 KQ)和后轴(代号 KH)的用途与自行车普通前轴和后轴相同,其特点是能方便的调整车轴的松脱或锁紧。快卸机构应承受 250N 的锁紧力,松动所需的力应不小于 50N。

(1)快卸前轴(KQ)

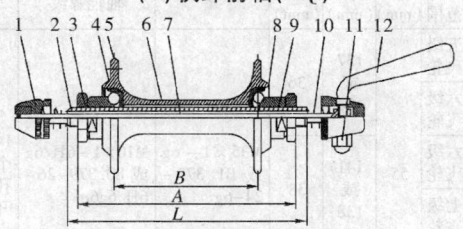

1—调整螺母;2—轴辊;3—锁母;4—钢球或球架;
5—轴碗;6—轴身(整体或组合);7—拉杆;8—防尘盖;
9—轴挡;10—锥形弹簧;11—盖形螺母;12—扳杆和套盖

【规　　格】

代号	A（mm）	B（mm）	L（mm）	轴辊螺纹	每个花盘上的条孔数
090	90	70	98 或者 101	M10×1-6H/6g 或 B0.379-26-6H/6g6e	14、16、18（两个花盘上的条孔应相互错开半个孔距）
100	100		106 或者 111		

（2）快卸后轴（KH）

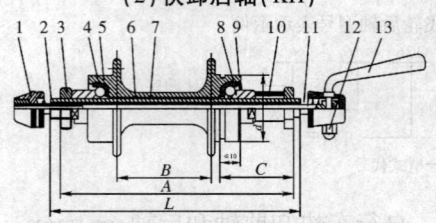

1—调整螺母；2—轴辊；3—锁母；4—钢球或球架；
5—轴碗；6—轴身（整体或组合）；7—拉杆；8—轴挡；
9—防尘盖；10—隔圈；11—锥形弹簧；12—盖形螺母；12—扳杆和套盖

【规　　格】

代号	A（mm）	适用范围	B（mm）	L（mm）	C（mm）	d	轴辊螺纹	每个花盘上的条孔数
126	126	五级飞轮	55	137 或 134	36	M35×1-6g 或 B1.375-24-6g	M10×1-6H/6g 或 B0.379-26-6H/6g6e	14、18、20（两个花盘的条孔应相互错开半个孔距）
		六级飞轮						
130	130	六级飞轮		141 或 138	38			
		七级飞轮						
135	135	七级飞轮		146 或 143	40			

附:快卸前轴后轴产品代号表示方法

产品代号由型式式代号,开挡尺寸和工厂设技顺序号组成。

示例a

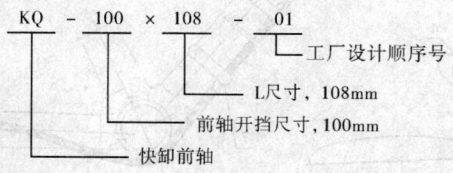

KQ - 100 × 108 - 01

工厂设计顺序号

L尺寸, 108mm

前轴开挡尺寸, 100mm

快卸前轴

b

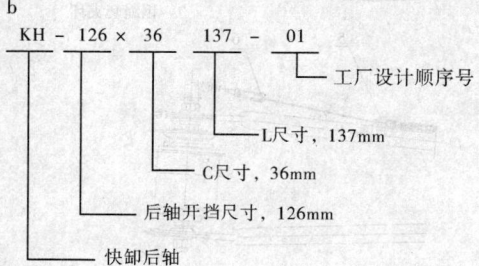

KH - 126 × 36 137 - 01

工厂设计顺序号

L尺寸, 137mm

C尺寸, 36mm

后轴开挡尺寸, 126mm

快卸后轴

18. 自行车快卸前轴后轴辐条孔尺寸规格

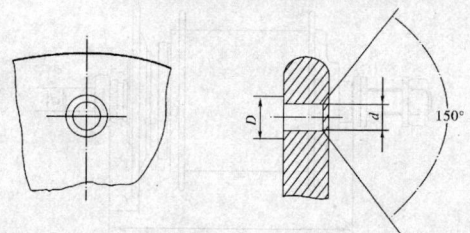

【规　　格】尺寸规格可参见"自行车前轴后轴辐条孔尺寸规格"的相关数据。

19. 自行车内变速后轴（QB/T2178–1995）

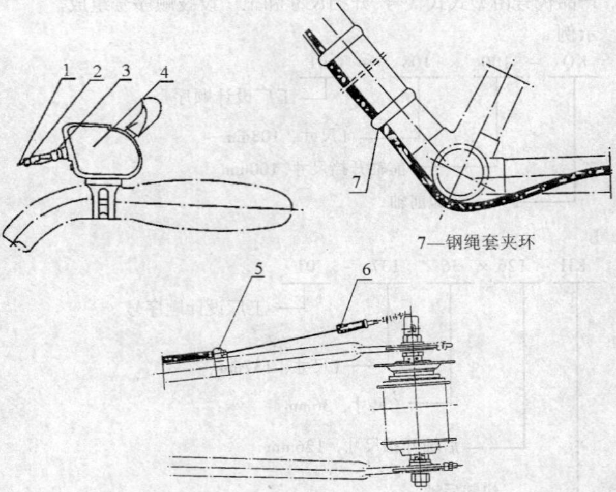

7—钢绳套夹环

1—钢绳；2—钢绳套；3—钢绳定位套；4—扳机；
5—止环；6—调节螺灯；7—钢绳套夹环

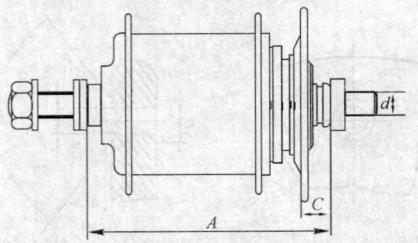

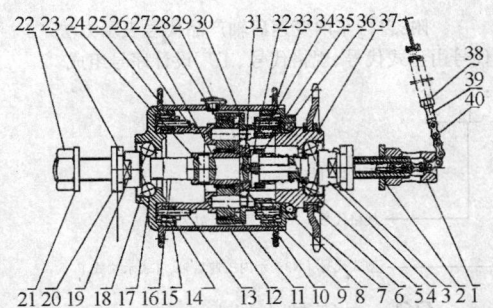

1—右螺母；2—拉链螺钉；3—双舌止退垫圈；4—传动轴挡；5—弹簧；6—衬圈；7—飞轮；8—φ4 钢球；9—右棘轮；10—活动键；11—行星齿轮销；12—轴壳；13—左棘轮销；14—左棘爪；15—左棘轮；16—后轴棍；17—φ6 钢球；18—防尘盖；19—M10 轴挡；20—厚垫圈；21—垫圈；22—M10 六角螺母；23—M10 锁母；24—中心齿轮销；25—棘爪弹簧；26—行星轮座；27—中心齿轮；28—行星齿轮；29—油环；30—内齿轮；31—花键套筒；32—连接销；33—右棘爪销；34—右棘爪；35—连接锁定位圈；36—φ48 防尘盖；37—弹簧定位圈；38—调节螺钉；39—调节螺钉；40—拉链片

【特点及用途】自行车内变速后轴系拉式内三速后轴，是由控制器部件、传动部件及内三速后轴部件组成，其特点是机构部件均藏于轴壳内，外表简洁安全。

【规　格】

A（mm）	110 * 115
C（mm）	22 * 22.5
d	M10×1-6H/6g
飞轮齿数	20、18、16 牙
飞轮节距（mm）	12.7
飞轮齿厚（mm）	3
每只花盘条孔数	20、18、16、14、12

注：* 为优先使用型式尺寸。

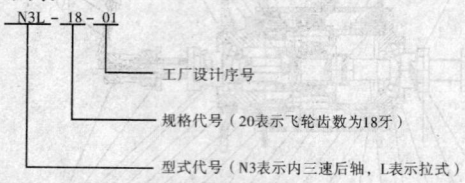

附:自行车内变速后轴产品代号表示方法

产品代号由型式代号、规格代号、工厂设计序号组成。

示例:

N3L - 18 - 01

工厂设计序号

规格代号(20表示飞轮齿数为18牙)

型式代号(N3表示内三速后轴,L表示拉式)

20. 自行车中轴(QB/T1884-1993)

【特点及用途】自行车中轴是自行车传动系统中的核心部件之一,其通过骑车人脚蹬运动而转换为链轮传动,以达到行驶目的。自行车中轴由轴辊、轴挡、球架或钢球、轴碗、轴垫圈、防尘盖、锁母等多个零部件组成,有 A 型中轴、B 型中轴、C 型中轴和 D 型中轴四种型式。

(1)A 型中轴

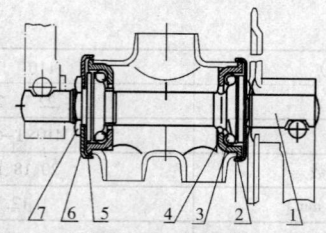

1—中轴辊;2—中轴挡;3—中轴球架或钢球;4—中轴碗;
5—中轴垫圈;6—中轴防尘盖;7—中轴锁母

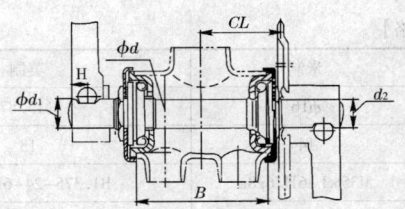

【规格】 （mm）

B	CL	H	d_1	d_2	d
72	43	9	$\phi16$	$\phi14$	$\phi40$

（2）B 型中轴

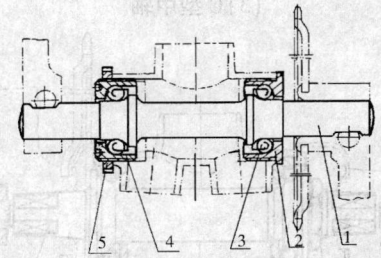

1—中轴辊；2—右中轴碗；3—中轴球架或钢球；4—左中轴碗；5—中轴锁母

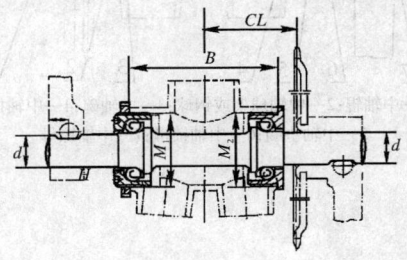

【规　　格】

(mm)

代号	米制	英制
d	$\phi16$	$\phi15.87$
H	14	13
M_1	M35×1–6H/6g8e	B1.375–24–6H/6g8e
M_2	M35×1 左–6H/6g8e	B1.375L–24–6H/6g8e
B	68 * 、72	
CL	41 * 、43	

注：* 为优先推荐尺寸。

(3) C 型中轴

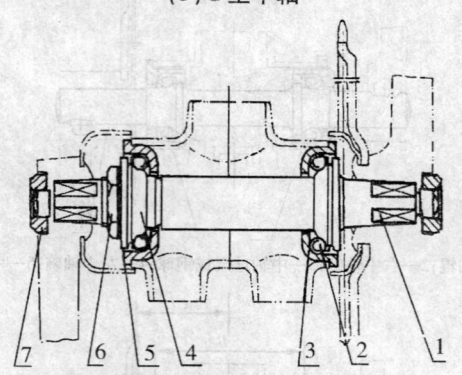

1—中轴辊；2—中轴球架或钢球；3—中轴碗；4—中轴挡；
5—中轴垫圈；6—中轴锁母；7—中轴螺母

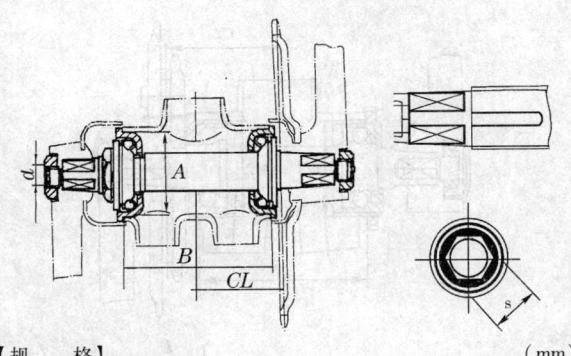

【规　格】 （mm）

B	CL	D	d 螺纹规格	S
72	43	$\phi40$	M10×1.25–6H/6g	13.5

(4) D 型中轴

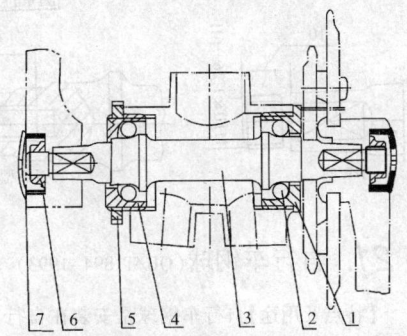

1—右中轴碗；2—中轴球架或钢球；3—中轴辊；4—左中轴碗；
5—中轴锁母；6—中轴螺母；7—曲柄盖

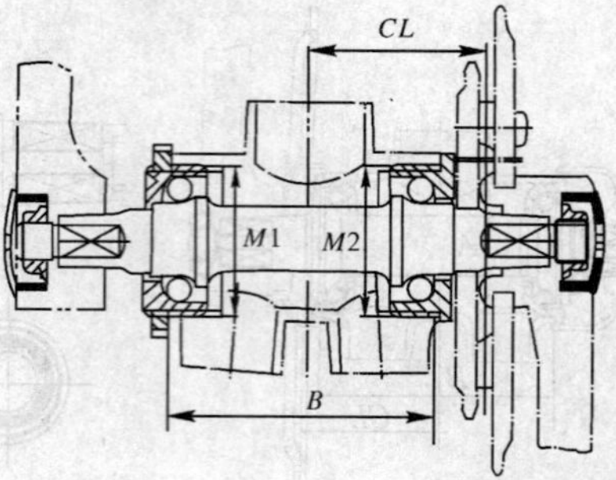

CL

M1 *M2*

B

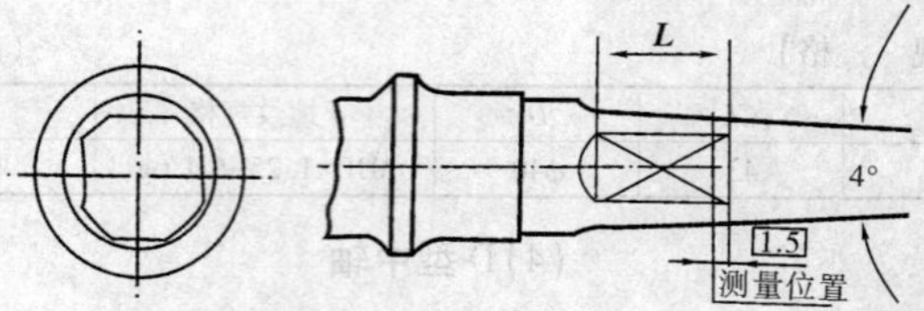

L

4°

1.5
测量位置

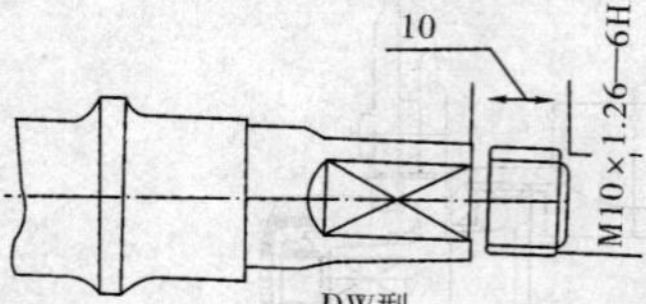

10
M10×1.26−6H

DW型

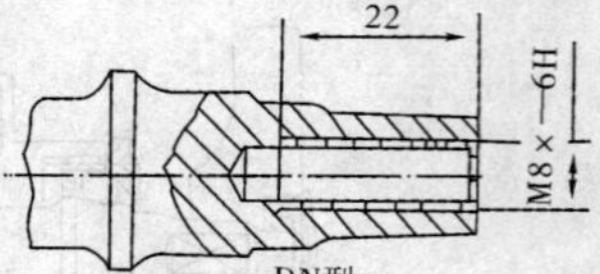

22
M8×−6H

DN型

21. 自行车钢球 (QB/T1894−1993)

　　【特点及用途】自行车钢球是安装在自行车转动轴承上的主要零部件,其作用是减少转动时的摩擦。钢球按生产材料分为碳钢钢球(代号 C)和滚动轴承钢钢球(代号 Cr)。

【规　　格】

碳素钢钢球		轴承钢钢球	
钢球公称直径 D_W		钢球公称直径 D_W	
公制(mm)	英制(in)	公制(mm)	英制(in)
3.000	—	3.000	—
3.175	1/8	3.175	1/8
3.969	5/32	3.969	5/32
4.000	—	4.000	—
4.763	3/16	4.763	3/16
5.000	—	5.000	—
5.556	7/32	5.556	7/32
6.000	—	6.000	—
6.350	1/4	6.350	1/4
7.938	5/16	7.938	5/16
9.525	3/8	9.525	3/8
12.700	1/2	12.700	1/2

附:标记示例

碳素钢(C)公称直径5mm　200级的自行车钢球

自行车钢球 C5G200　QB/T 1894

轴承钢(Cr)公称直径6mm　100级的自行车钢球

自行车钢球 Cr6G100　QB/T 1894

22. 自行车链轮和曲柄(QB/T1885-1993)

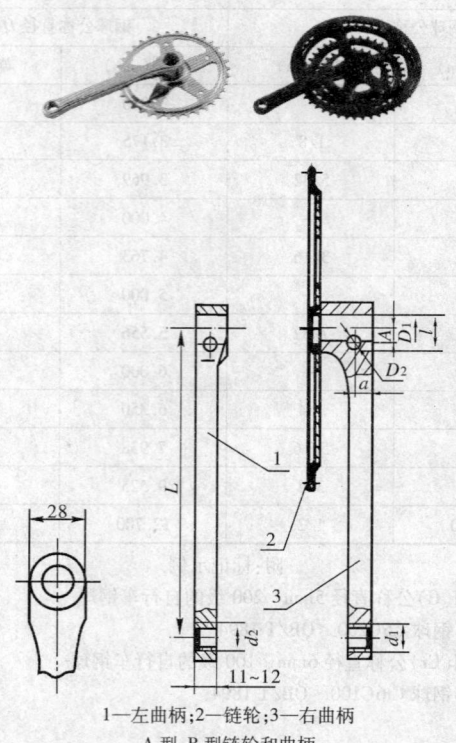

1—左曲柄;2—链轮;3—右曲柄

A 型、B 型链轮和曲柄

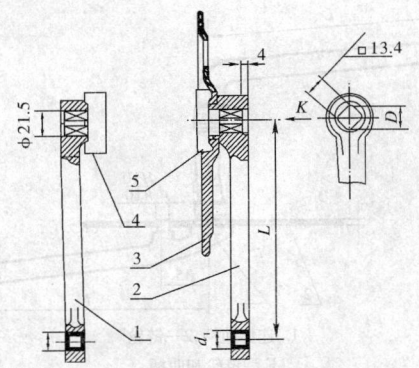

1—左曲柄；2—右曲柄；3—链轮；4—左防尘盖；5—右防尘盖

C 型链轮和曲柄

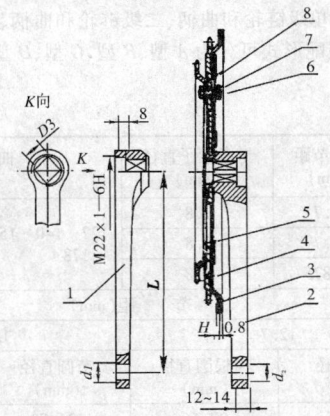

1—左曲柄；2—右曲柄；3—链轮罩；4—大链轮；
5—小链轮；6—螺钉；7—垫圈；8—螺母

D 型链轮和曲柄

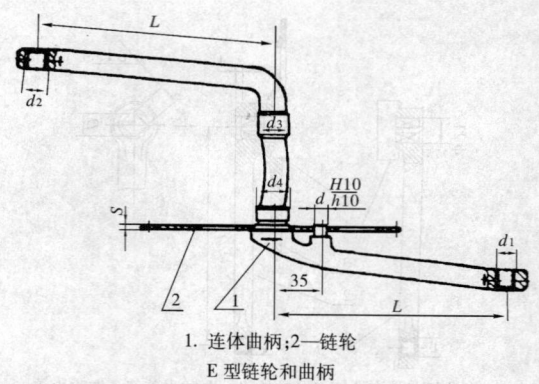

1. 连体曲柄;2—链轮

E 型链轮和曲柄

【特点及用途】自行车链轮和曲柄是自行车传动系统的主要部件。根据链片的数量分为单级链轮和曲柄、二级链轮和曲柄、三级链轮和曲柄。根据曲柄与中轴装配形式可分为 A 型、B 型、C 型、D 型和 E 型链轮和曲柄。

【规　　格】

链轮齿厚 （mm）	链轮节距 （mm）	链条滚子直径 （mm）	曲柄长度 （mm）					
2.1	12.7	7.8	127　140　152　165　170　175　178					
3.0	12.7	7.8						
4.0	15.875	7.8						

齿轮齿数	节　　距（mm）			
	12.7		15.875	
	节圆直径 （mm）	齿根圆直径 （mm）	节圆直径 （mm）	齿根圆直径 （mm）
26	105.36	97.56	131.70	123.90
27	109.40	101.60	136.74	128.94
28	113.43	105.63	141.79	133.99

续表

齿轮齿数	节　距(mm)			
	12.7		15.875	
	节圆直径（mm）	齿根圆直径（mm）	节圆直径（mm）	齿根圆直径（mm）
29	117.46	109.66	146.83	139.03
30	121.50	113.70	151.87	144.07
31	125.53	117.73	156.92	149.12
32	129.57	121.77	161.96	154.16
33	133.61	125.81	167.01	159.21
34	137.64	129.84	172.05	164.25
35	141.68	133.88	177.10	169.30
36	145.72	137.92	182.15	174.35
37	149.75	141.95	187.19	179.39
38	153.79	145.99	192.24	184.44
39	157.83	150.03	197.29	189.49
40	161.87	154.07	202.33	194.53
41	165.91	158.11	207.28	199.58
42	169.94	162.14	212.43	204.63
43	173.98	166.18	217.48	209.68
44	178.02	170.22	222.53	214.73
45	182.06	174.26	227.58	219.78
46	186.10	178.30	232.63	221.83
47	190.14	182.31	237.68	229.88
48	194.18	186.38	242.73	234.93
49	198.22	190.42	247.78	239.98
50	202.26	194.46	252.82	245.82
51	206.30	198.50	257.87	250.07
52	210.34	202.54	262.92	255.12

续表

齿轮齿数	节　　　距(mm)			
	12.7		15.875	
	节圆直径(mm)	齿根圆直径(mm)	节圆直径(mm)	齿根圆直径(mm)
53	214.38	206.50	267.97	260.17
54	218.42	210.62	273.03	265.23

(1)链轮和曲柄的基本尺寸

型式	代号	基本尺寸(mm)	
		米制	英制
A 型 B 型	D_1	$\phi 16$	$\phi 15.88$
	D_2	$\phi 9$	$\phi 9.53$
	d_1	M14×1.25-6H	B0.568-20-6H
	d_2	M14×1.25 左-6H	B0.568-20L-6H
	L	21.40	20.61
	A	(9)	(8)
	a	9	9.5
C 型	d_1	M14×1.25-6H	B0.568-20-6H
	d_2	M14×1.25 左-6H	B0.568-20L-6H
D 型	d_1	*M*14×1.25-6*H*	*B*0.568-20-6*H*
	d_2	*M*14×1.25 左-6*H*	*B*0.568-20*L*-6*H*
	H	≥5	≥5
	D_3	□12.15 或 □12.35	□12.15 或 □12.35
E 型	d	$\phi 10$	$\phi 9.5$
	d_1	M14×1.25-6H	B0.568-20-6H、B0.5-20-6H
	d_2	M14×1.25 左-6H	B0.568-20L-6H、B0.5-20L-6H
	d_3	M22-1 左-6g	B0.875-24L-6g
	d_4	M24×1-6g	B0.938-24-6g

（2）链轮组装型式尺寸　（mm）

链轮级数	图示	M	S_1	S_2
单级链轮	三级链轮 双级链轮 单级链轮	32.5 29.5	—	
二级链轮	S_2 M S_1	31 28	7.5	—
三级链轮		30.5	—	15

（3）曲柄销型式尺寸

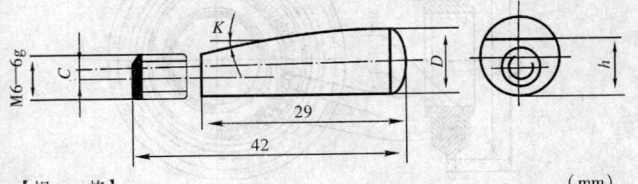

【规　格】　（mm）

代号	基本尺寸	
	米制	英制
D	$\phi129$	$\phi129.53$
K	$5°30'±30'$	
h	7	7.1
c	1	1.5

附:链轮和曲柄产品标记表示方法

产品标记由产品名称、产品技术特性及标准号组成。

产品技术特性由链轮和曲柄分类、规格(链轮节距×链轮齿厚-链轮齿数-曲柄长度)组成。

示例:A 型 B 型单级自行车链轮和曲柄,链轮节距 12.7mm,齿厚3.0 mm,齿数48,曲柄长度175mm,即表示为:

链轮和曲柄 A、B 型单级 12.7×3.0-48-175 QB/T 1885。

23. 自行车飞轮(QB/T 1887-1993)

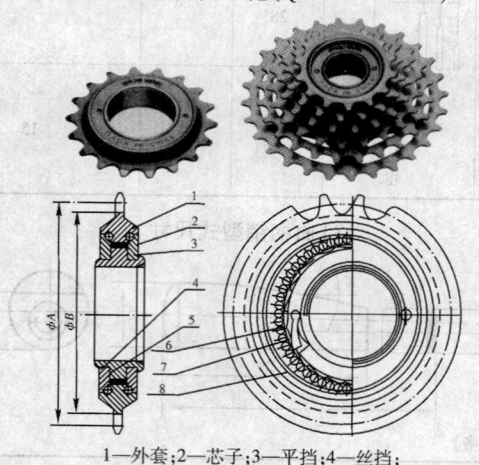

1—外套;2—芯子;3—平挡;4—丝挡;
5—芯子垫圈;6—千斤;7—千斤簧;8—钢球

单级飞轮(代号 F)

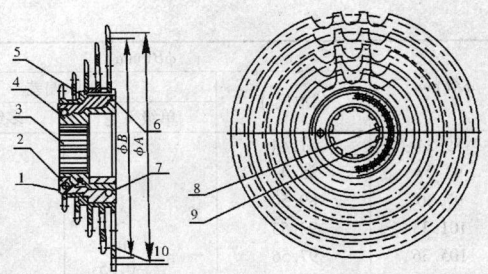

1—外套;2—丝挡;3—芯子;4—芯子垫圈;5—链轮垫圈;

6—垫圈;7—钢球;8—千斤簧;9—千斤;10—链轮

多级飞轮(代号 W)

【特点及用途】自行车飞轮是安装在自行车后轮中心轴部位,由链条传动而带动后轮运转的重要部件,按飞轮的结构不同可分为单级飞轮(代号 F)和多级飞轮(代号 W)两种型式。

【规　　格】

齿数	ϕA(mm)	ϕB(mm)		
		基本尺寸	极限偏差	
			单级飞轮	多级飞轮
11	45.08	37.28		
12	49.07	41.27	0	0
13	53.07	45.27	-0.25	-0.62
14	57.07	49.27		
15	61.08	53.28		
16	65.10	57.30		
17	69.12	61.32		
18	73.14	65.34	0	0
19	77.16	69.36	-0.30	-0.74
20	81.18	73.38		
21	85.21	77.41		

续表

齿数	ϕA(mm)	ϕB(mm)		
		基本尺寸	极限偏差	
			单级飞轮	多级飞轮
22	89.24	81.44		
23	93.27	85.47		
24	97.30	89.50		
25	101.33	93.53		
26	105.36	97.56	0	0
27	109.40	101.60	−0.35	−0.87
28	113.43	105.63		
29	117.46	109.66		
30	121.50	113.70		
31	125.53	117.73		
32	129.57	121.77		
33	133.61	125.81	0	0
34	137.64	129.81	−0.40	−1.00
36	145.72	137.92		
38	153.79	145.99		

规格	图示	C	E
单级飞轮	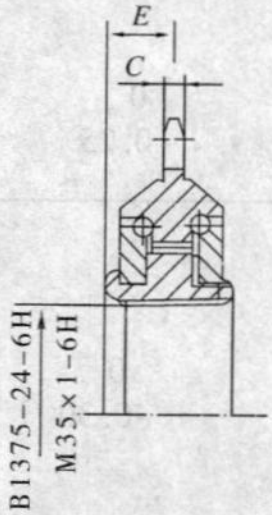 （B1375−24−6H M35×1−6H）	2	8
		3	

续表

规格	图示	C	节距	D≥	M≤	N≤	O≤	P≥	Z	S≤
2 级	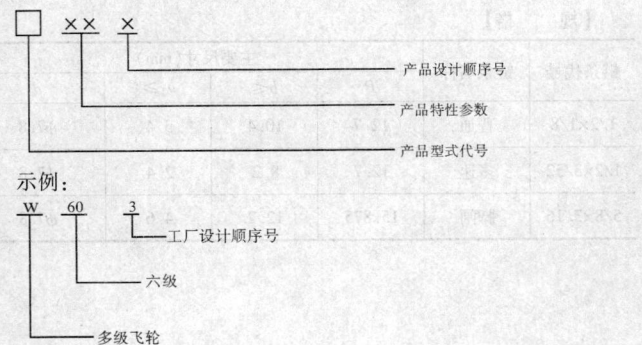	3	12.7	—	18	24	24	20	–	12
3 级				—	21	24	24			18
4 级		2	12.7	10.2	21	27	27	20	2	20
5 级					27	30	30			25
6 级					33	33	33			31
7 级					35	35	35			34

附:自行车飞轮产品代号表示方法

产品代号由产品型式代号、产品特性参数和产品设计顺序号三部分组成。

产品设计顺序号
产品特性参数
产品型式代号

示例:

W　60　3

工厂设计顺序号

六级

多级飞轮

24. 自行车链条(QB/T 1716-1993)

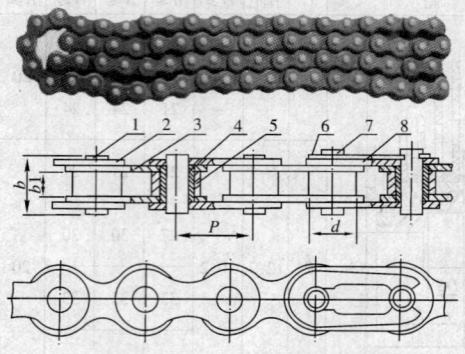

1—销轴;2—外片;3—内片;4—衬圈;

5—滚子;6—弹簧片;7—接头轴;8—接头片

　　【特点及用途】自行车链条的作用是通过链轮之间传递动力而驱使车轮运转。自行车链条的拉断力不得小于8010N,其型式有普通型、多速型和脚闸型三种。

　　【规　　格】

链条代号	链条名称	主要尺寸(mm)			
		P	$b \leqslant$	$b_1 \geqslant$	d
1/2×1/8	普通	12.7	10.4	3.4	$\phi 7.8$
1/2×3/32	多速	12.7	8.2	2.4	$\phi 7.8$
5/8×3/16	脚闸	15.875	12.2	4.6	$\phi 7.8$

25. 自行车拨链器(QB/T 1895-1993)

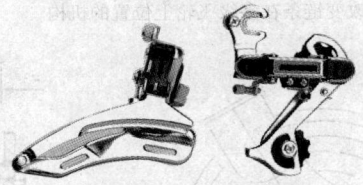

前拨链器　　　后拨链器

【特点及用途】自行车拨链器是改变链条在多级链轮或多级飞轮上的位置,使之获得不同传动比的机构。它是由前拨链器、后拨链器、调速控制器和拨链绳等部件组成,但也有无前拨链器存在的情况。

(1)前拨链器(代号 Q)

前拨链器是改变链条在多级链轮上位置的机构。

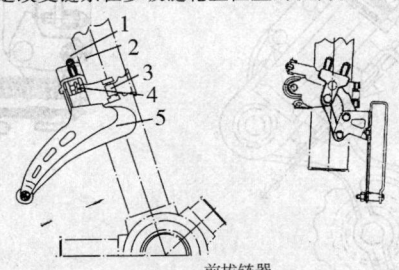

前拨链器

【规　　格】按定位方式分类

定位方式	高速定位式	低速定位式	其他
型式代号	A	B	C

注:固定在自行车上的拨链器,其钢绳处松弛状态,即拨链器扭簧复位时,拨链器的变速位置位于最高速轮片的称高速定位式,位于最低速轮片的称低速定位式。
　其他是无变速弹簧,复位时无特定位置的拨链器。

（2）后拨链器（代号 H）

后拨链器是改变链条在多级飞轮上位置的机构。

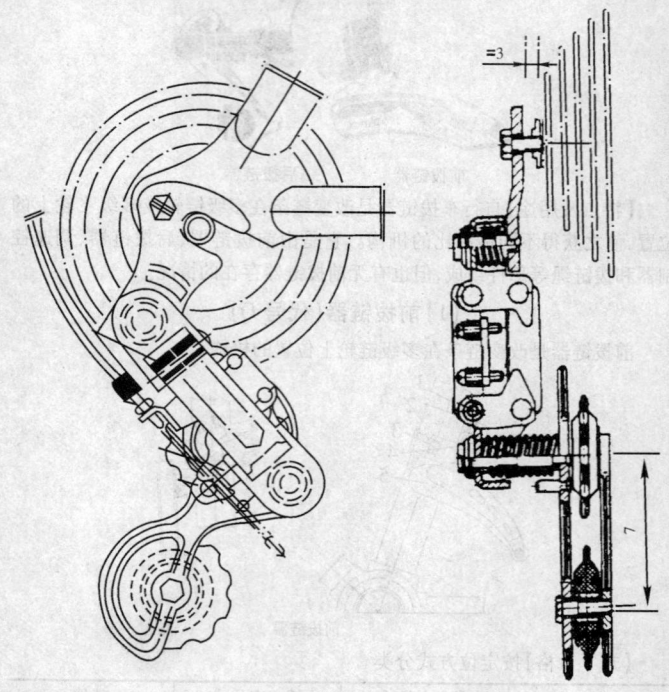

后拨链器			
【规　　格】按定位方式分类			
定位方式	高速定位式	低速定位式	其他
型式代号	A	B	C

(3)调速控制器(代号 K)

调速控制器是前、后拨链器的操纵机构。

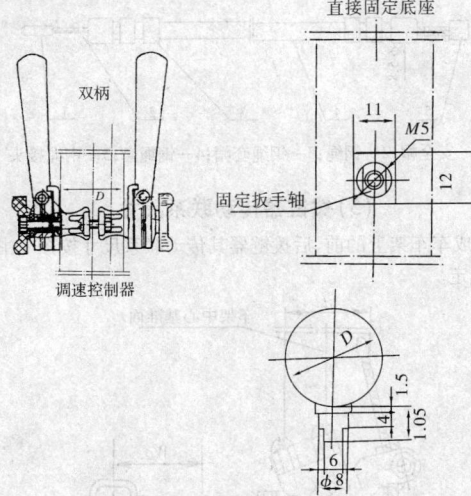

调整控制器

【规　　格】

结　　构	单柄	双柄	其他
型式代号	D	S	T
夹环直径 D(mm)	28	25	22

(4)拨链器钢绳(代号 G)

拨链器钢绳是调速控制器操纵前、后拨链器的传动部件。

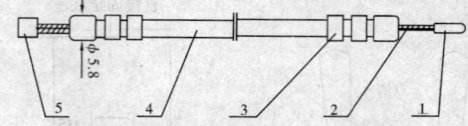

1—安全帽;2—钢绳;3—钢绳套帽;4—钢绳套;5—钢绳接头

(5)拨链器传动联系尺寸

安装在成车车架上的前、后拨链器其传动联系尺寸按图 1、图 2、图 3 表 1、表 2 规定。

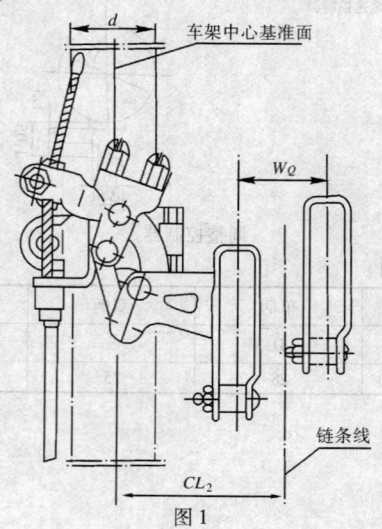

图 1

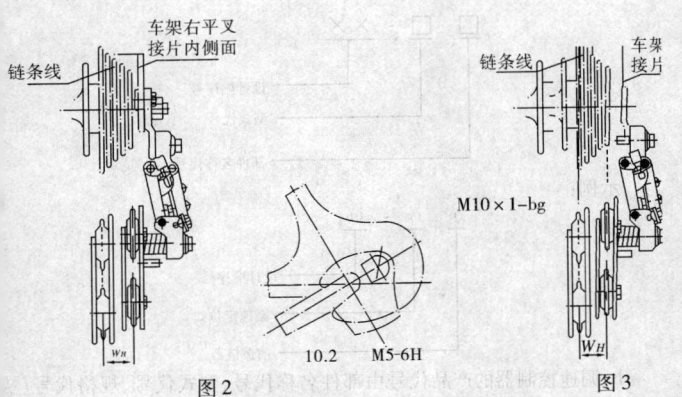

图2   图3

表1 前拨链器传动联系尺寸   （mm）

主要尺寸	2 级链轮	3 级链轮
前拨链器工作行程 W_Q	≥11.5	≥19.0
链条线距离 CL_2	42 或 45	
立管直径 d	$\phi 28$ 或 $\phi 28.6$	

表2 后拨链器传动联系尺寸   （mm）

主要尺寸	2 级飞轮	3 级飞轮	4 级飞轮	5 级飞轮	6 级飞轮	7 级飞轮
后拨链器工作行程 W_H	≥14	≥20	≥22	≥27	≥33	≥35
车架右平立叉接片内侧面至链条线的距离 D	16.5			21	18	22.5

（6）拨链器产品代号表示方法

a. 前、后拨链器的产品代号由部件名称代号、型式代号及设计顺序号组成。

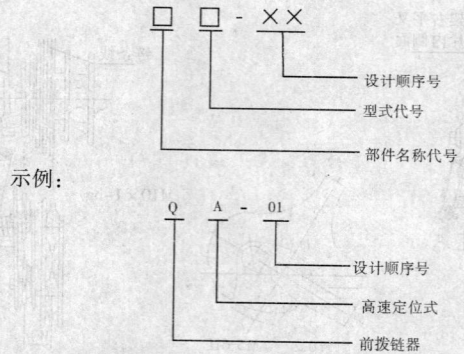

示例:

b. 调速控制器的产品代号由部件名称代号、型式代号、规格代号(夹环直径)及设计顺序号组成。

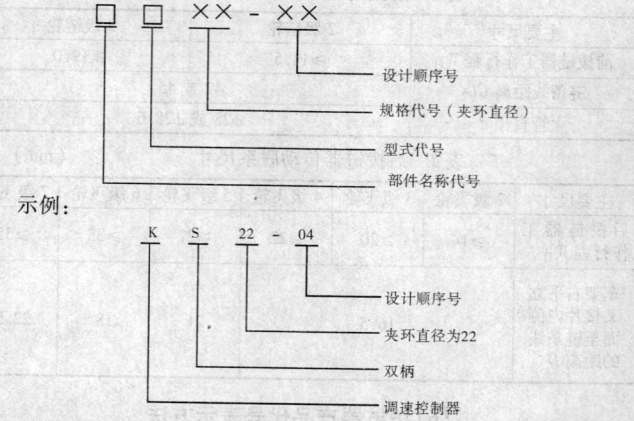

示例:

c. 拨链器钢绳的产品代号由部件名称代号、规格代号(钢绳、钢绳套长度)组成。

```
□ □ ×××× - ××× × ×××
```

规格代号(钢绳套长度)

规格代号(钢绳套长度)

规格代号(钢绳长度)

部件名称代号(前或后拨链器)

部件名称代号(拨链器钢绳)

示例:

```
G Q 1 000 - 280 × 165
```

套管长度280、165各一根

钢绳长度1 000

前拨链器

拨链器钢绳

26. 赛车调速控制器

【特点及用途】调速控制器主要用于赛车手动控制车速,其操作简单易掌握,随赛车结构和造型的不同,调整控制器的品种亦呈多样,现仅以宁波赛冠车业有限公司产品加以介绍。

(1)定位旋转控制器

KDSAG-B-3SI/7SI

定位旋转控制器采用手握旋把定位调速,其中左把控制链轮,右把控制飞轮。

【规　格】

型　号	KDSAG-B-3SI/7SI
握把材料	树脂
安装直径(mm)	22.2
左控链轮	3挡
右控飞轮	7挡

(2) 摩擦式调速控制器

KD-05A

摩擦式调速控制器采用拇指掀动手柄调控车速,并可通过"咔嗒"声掌握调速状态。

【规　格】

型　号	KD-02/05/05A/06
特征	铝合金手柄带树脂套,钢制夹环
安装直径(mm)	22.2

(3) 立管调速控制器

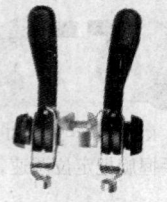

KD-01

立管调速控制器是适应赛车龙头特殊造型而设计的款式,其功能与普通调速控制器相同。

【规　格】

型　号	KD-01、KD-01A
特征	铝合金手柄或硬树脂手柄
安装直径(mm)	22.2

(4)多速定位旋转控制器

KDSG-3SI/6SI-Y

多速定位旋转控制器采用手握旋把定位调速,其左把控制链轮,右把控制飞轮,根据左右调节的不同配合,产生多速挡位。

【规　格】

型　号	KDSG-3SI/5SI-Y;KDSG-3SI/6SI-Y;KDSG-3SI/7SI-Y;KDSG-3SI/8SI-Y
挡位	15速、18速、21速、24速
特征	树脂旋把
安装直径(mm)	22.2

27. 自行车脚踏

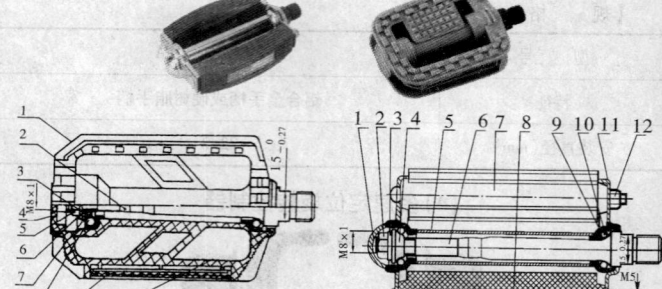

1—脚蹬框架;2—左、右脚蹬轴;

3—脚蹬碗;4—防尘盖;

5—螺母 M8×1;

6—脚蹬垫圈;7—脚蹬挡;

8—φ4 钢球或球架;

9—反射器;10—防尘圈

整体脚蹬

1—外板;2—螺母 8M×1;

3—脚蹬垫圈;4—脚蹬挡;

5—脚蹬管;6—左、右脚蹬轴;

7—脚蹬皮;8—橡皮轴;

9—脚蹬碗;10—φ4 钢球或球架;

11—内板;12—螺母 M5

可拆型组合脚蹬

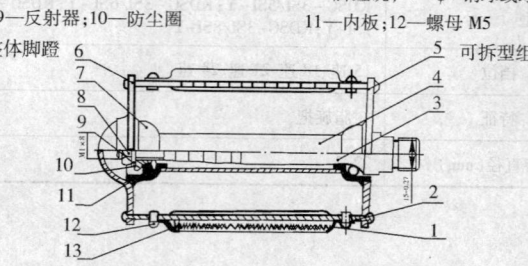

1—反射器;2—脚蹬板;3—左、右脚蹬轴;4—脚蹬管;5—内板;
6—外板;7—脚蹬碗;8—螺母 M8×1;9—脚蹬垫圈;10—脚蹬挡;
11—φ4 钢球或球架;12—铆钉(螺钉);13—反射器框架

不可拆型组合脚蹬

【特点及用途】自行车脚蹬是供骑行者踏脚操纵自行车传动系统的装置,其结构型式有整体和组合型两种。组合型脚蹬又可分为可拆型和不可拆型脚蹬。脚蹬允许有多种型式。

【规　　格】

脚蹬与曲柄装配的螺纹为:

米制:M14×1.25–6g　M14×1.25 左–6g

英制:B0.5–20–6g,B0.5–20L–6g

B0.568–20–6g6e,B0.568–20L–6g6e

左右脚蹬螺纹的区分为,左脚蹬为左螺纹;右脚蹬为右螺纹。

28. 自行车链罩(QB/T 1721–1993)

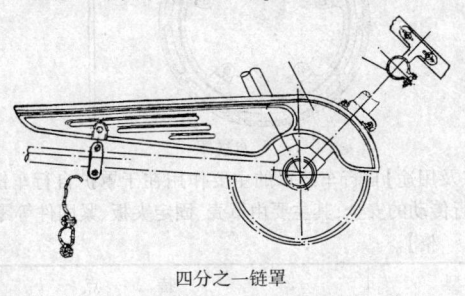

四分之一链罩

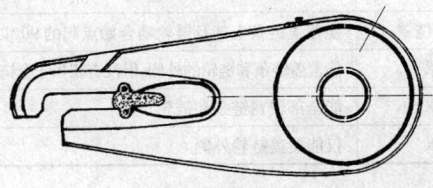

半链罩

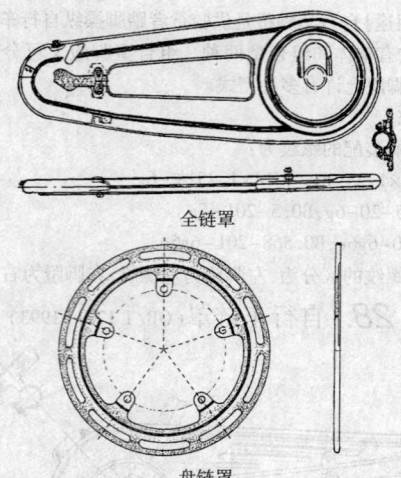

全链罩

盘链罩

【特点及用途】自行车链罩的主要作用在于罩护自行车链轮及链条，以保障运行传动的安全，其主要由罩壳、固定夹板、紧固件等零部件组成。

【规　格】

类型	特　　点
四分之一链罩	能覆盖链条上部及链轮啮合始点起的90°以上部分
半链罩	能覆盖链条和链轮的外侧,但没有相当于全链罩的内罩壳
全链罩	能全部覆盖链条和链轮
盘链罩	仅能覆盖链轮外侧

29. 自行车普通前后闸(QB/T 1718–1993)

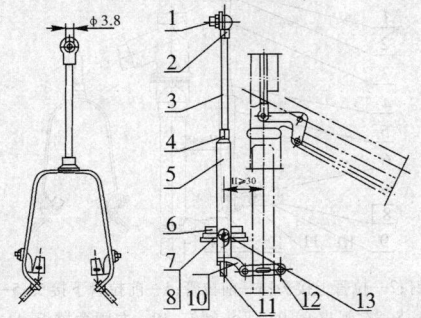

1—紧闸螺钉;2—拉管上接头;3—前接管;4—前接管下接头;5—前闸叉;6—闸皮;7—左闸皮盒;8—右闸皮盒;9—左前闸板;10—右前闸板;11—闸叉支柱;12—夹板;13—平头螺钉单侧式前闸

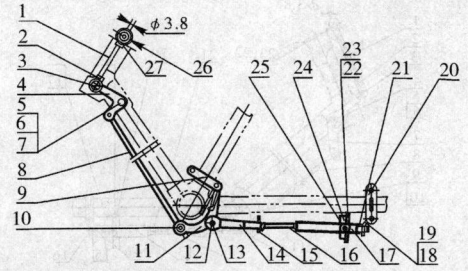

1—后拉管;2—拉管下接头;3—下接头螺钉;4—前曲拐;5—穿心螺钉;6—前曲拐垫圈;7—平垫圈;8—长拉杆;9—后曲拐夹板;10—后曲拐衬套;11—后曲拐;12—后曲拐簧;13—后曲拐铆钉;14—调节螺钉接头;15—调节螺母;16—调节螺钉;17—后闸叉;18—左后闸板;19—右后闸板;20—夹板;21—闸叉支柱;22—左闸皮盒;23—右闸皮盒;24—闸皮;25—平头螺钉;26—紧闸螺钉;27—拉管上接头

单侧式后闸

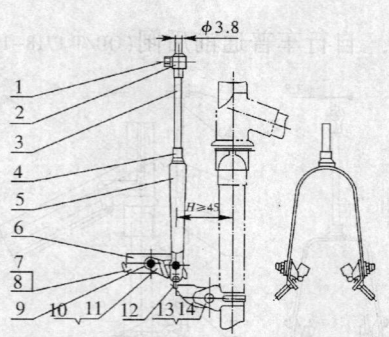

1—紧闸螺钉;2—拉管上接头;3—前拉管;4—前拉管下接头;5—前闸叉;6—闸皮;7—左闸皮盒;8—右闸皮盒;9—平头螺钉;10—左闸盒撑板;11—右闸盒撑板;12—闸叉支柱;13—左前闸板;14—右前闸板

双侧式前闸

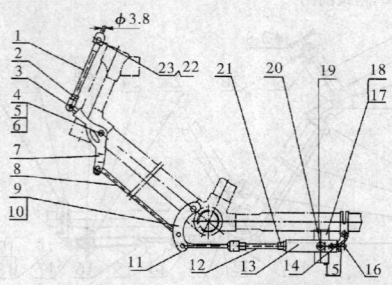

1—后拉管(1);2—后拉管(1)下接头;3—前曲拐接头;4—穿心螺钉;5—管子垫圈;6—螺母衬套;7—前曲拐;8—长拉杆;9—左后曲拐;10—右后曲拐;11—短拉杆;12—后拉管(2);13—后闸叉;14—左后闸板;15—右后闸板;16—闸叉支柱;17—左闸皮盒;18—右闸皮盒;19—闸皮;20—平头螺钉;2—拉管下接头;22—紧闸螺钉;23—拉管上接头

双侧式后闸

【特点及用途】自行车普通前后闸是最常见的一种自行车制动装置，其基本型式有单侧式前闸、单侧式后闸、双侧式前闸和双侧式后闸。自行车普通前后闸制动系统灵敏性能需能承受闸把44.5N捏刹力，闸皮与闸皮盒组合强度应能承受纵向294N横向147N的静负荷，拉杆的连接最低拉断力为980N。

【规　　格】

车闸型式		适用车架型式			表面涂装		设计序号	
代号	型式	代号		车轻直径	代号	类型	前闸	后闸
		男	女	（mm）				
D	单侧式前闸	A	B	710	G	镀铬		
S	双侧式前闸	C	D	685			01	02
		E	F	660	X	镀锌	03	04
D	单侧式后闸	G	H	610			05	06
		K	L	560			…	…
S	双侧式后闸	M	N	550	Q	油漆		

附：自行车普通前后闸产品代号编制方法

产品代号由型式代号、规格代号、表面涂装代号、工厂设计序号组成。

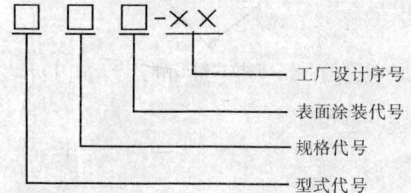

　　　　　　工厂设计序号

　　　　　表面涂装代号

　　　　规格代号

　　型式代号

示例：

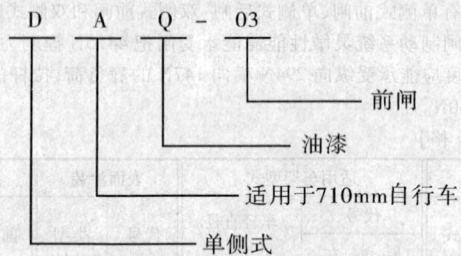

30. 自行车钳形闸（QB/T 1719-1993）

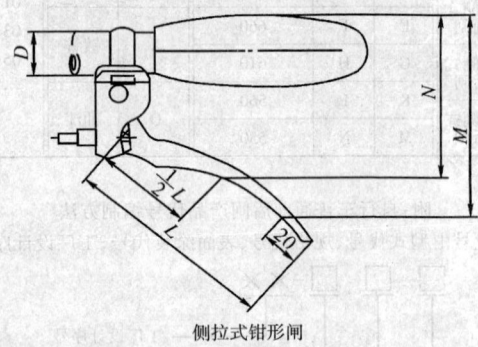

侧拉式钳形闸

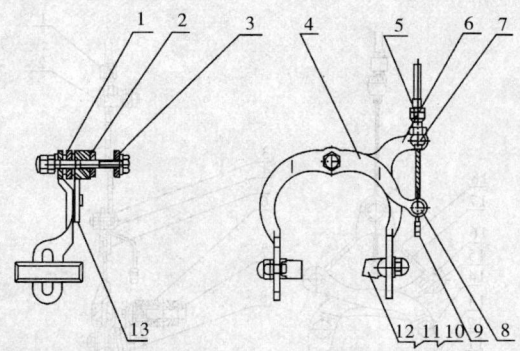

1—垫圈；2—闸叉衬圈；3—穿心螺钉；4—右闸叉；5—调节螺钉；6—左闸叉；7—托架螺钉；8—紧绳螺钉；9—安全帽；10—闸皮；11—闸皮盒；12—平头螺钉；13—闸簧

侧拉式钳形闸

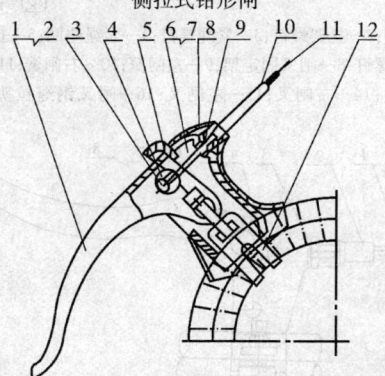

1—前闸把（右闸把）；2—后闸把（左闸把）；3—钢绳上接头；4—接头套；5—辅助闸把；6—前闸把（右闸把）支架；7—后闸把（左闸把）支架；8—闸把支架套；9—定位套；10—钢绳套；11—钢绳；12—支架夹环

中拉式钳形闸

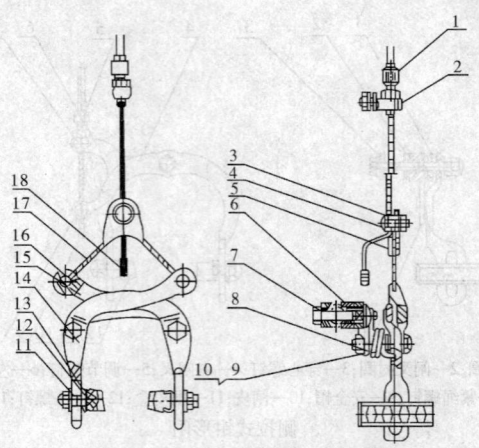

1—调节螺钉;2—托架螺钉;3—紧绳螺钉;4—紧绳垫圈;5—拉板;6—闸叉固定架衬圈;7—穿心螺钉;8—闸叉固定架;9—左闸簧;10—右闸簧;11—平头螺钉;12—闸皮;13—闸皮盒;14—右闸叉;15—左闸叉;16—闸叉钢绳拉头;17—闸叉钢绳;18—安全帽

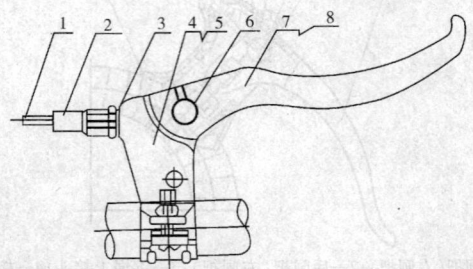

1—钢绳;2—钢绳套;3—调节螺母;4—前闸把(右闸把)支架;5—后闸把(左闸把)支架;6—钢绳上接头;7—前闸把(右闸把);8—后闸把(左闸把)

悬臂式钳形闸

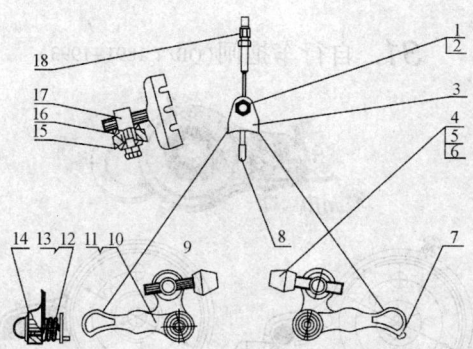

1—紧绳螺钉；2—紧绳垫圈；3—拉板；4—闸皮；5—闸皮盒；6—闸皮杆；7—闸臂钢绳接头；8—安全帽；9—闸臂钢绳；10—左闸臂；11—右闸臂；12—左闸簧；13—右闸簧；14—轴套；15—凸片；16—凹片；17—定位杆；18—调节螺钉；

【特点及用途】自行车钳形闸是常见的一种自行车制动装置，其基本型式有侧拉式钳形闸、中拉式钳形闸和悬臂式钳型闸。自行车钳形闸制动系统灵敏性能需能承受闸把44.5N捏刹力，闸皮与闸皮盒组合强度应能承受纵向294N横向147N的静负荷，钢绳与钢绳接头拉断力最低为1500N。

【规　格】

车闸型式		主要尺寸(mm)					
代号	型式	H	\multicolumn{2}{c	}{A}	D	$N\leqslant$	$M\leqslant$
			钢质	铝质			
C	侧拉式	57	14	14			
Z	中拉式	67	22	18	$\phi22$	90	100
		81	22	18			
B	悬臂式	\multicolumn{2}{c	}{80～90 (闸臂定位孔中心距)}		$\phi25$	90	100

31. 自行车抱闸（QB/T 1891-1993）

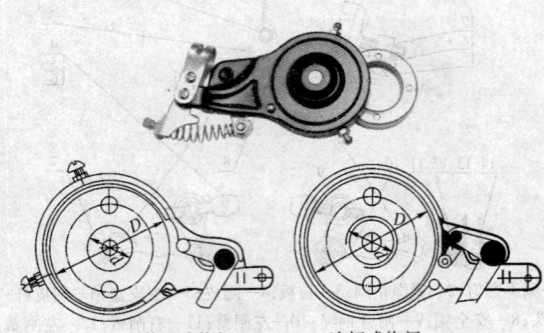

普通式抱闸　　　　　　连杆式抱闸

【特点及用途】自行车抱闸是通过成车握闸力传动机构对自行车实行制动的一种装置。根据传递机构的不同分为线式抱闸（代号 S）和杆式抱闸（代号 G），按闸体内部结构不同分为普通式抱闸（代号 P）和连杆式抱闸（代号 L）。

【规　格】

规格代号	D(mm)	螺纹规格(d)	
		米制	英制
060 *	$\phi60$		
070	$\phi70$		
080	$\phi80$		
(083)	($\phi83$)	M35×1-6H	B1.375-24-6H
090	$\phi90$		
(093)	($\phi93$)		
127	$\phi127$		

注:规格表中,带括号的为连杆式抱闸规格,未带括号的为普通式抱闸规格, * 为市场产品规格。

附：自行车抱闸产品代号表示方法。

产品代号由型式代号、规格代号和设计程序号组成。

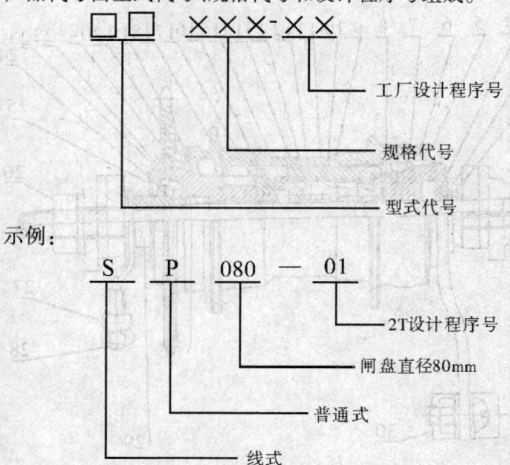

示例：

32. 自行车脚闸

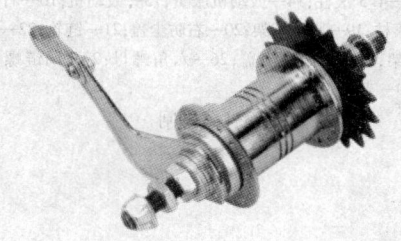

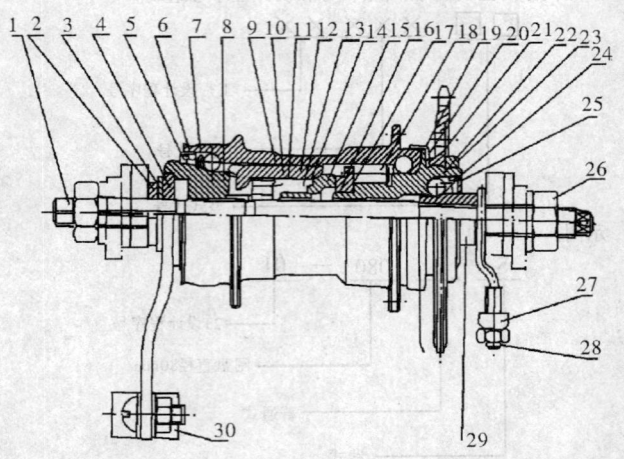

1—后轴棍;2—锁母;3—垫圈;4—脚闸支板;5—左挡外防尘盖;6—左挡内防尘盖;7—脚闸身;8—左挡;9—刹车胀套钢丝圈;10—鼓动机钢丝圈;11—鼓动机垫圈;12—刹车胀套;13—4.5滚柱;14—鼓动机胀簧;15—鼓动机;16—右挡钢丝圈;17—五柱碗;18—6.5滚柱;19—脚闸球架;20—右防尘盖;21—链轮;22—右挡;23—左旋锁母;24—右挡球架;25—右挡防尘盖;26—六角螺母;27—调链螺盖;28—调链螺钉;29—后轴挡;30—支板夹

滚柱式脚闸

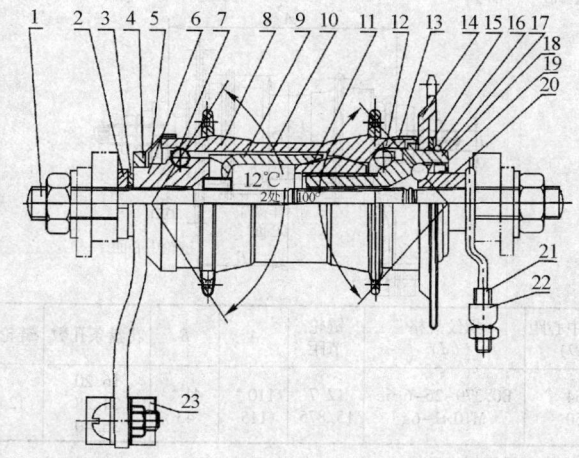

1—后轴棍;2—锁母;3—垫圈;4—脚闸支板;5—左挡外防尘盖;6—左挡;7—左挡球架;8—脚闸身;9—刹车胀套;10—刹车胀套钢丝圈;11—锥体;12—右挡球架;13—右挡外防尘盖;14—链轮;15—挡圈;16—右挡钢丝圈;17—右挡内球架;18—右挡;19—右挡内防尘盖;20—后轴挡;21—调链螺钉;22—调链螺盖;23—支板夹

锥体式脚闸

【特点及用途】自行车脚闸是通过链传动、离合器及其他构件实行对自行车的驱动、制动和滑行的一种独立机构。有滚柱式脚闸和锥体式脚闸两种型式。

【规　格】

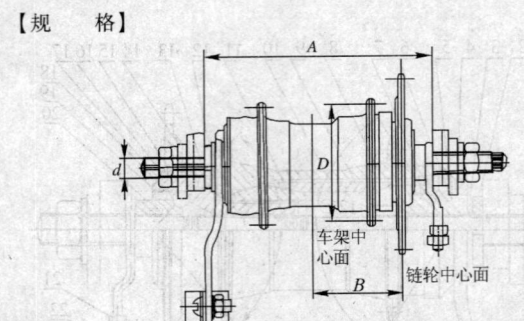

条孔中心距 (D)	螺纹规格 (d)	链轮 节距	A	B	花盘条孔数	链轮齿数
54 50	B0.379-26-6g6e M10×1-6g	12.7 15.875	110 * 115	41 * 43	16.20 24.28 36.40	12 ~ 24

注：* 为优先采用规格尺寸。

附：自行车脚闸产品代号表示方法

产品代号由产品名称 代号、型式代号、规格代号和设计顺序号组成。

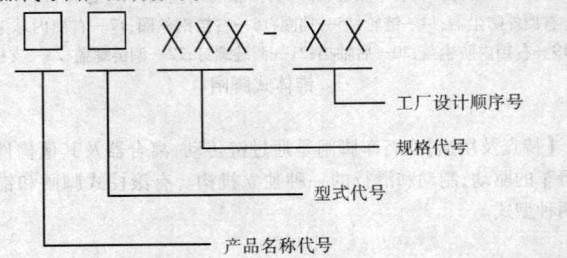

示例：

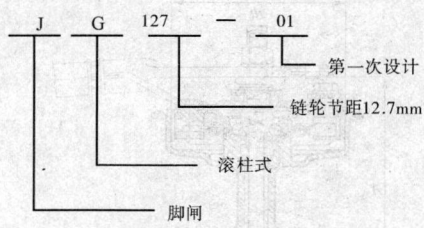

J　G　127　—　01

第一次设计

链轮节距12.7mm

滚柱式

脚闸

33. 自行车涨闸 (QB/T 1720-1993)

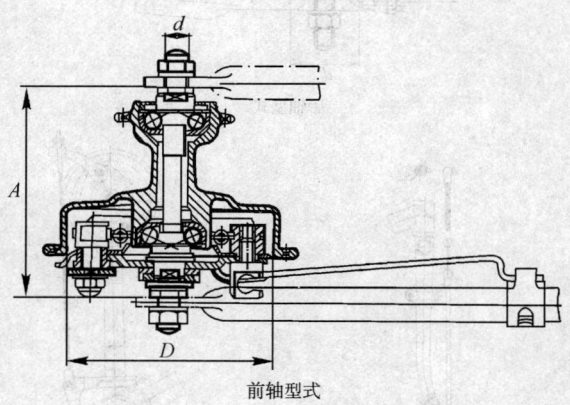

前轴型式

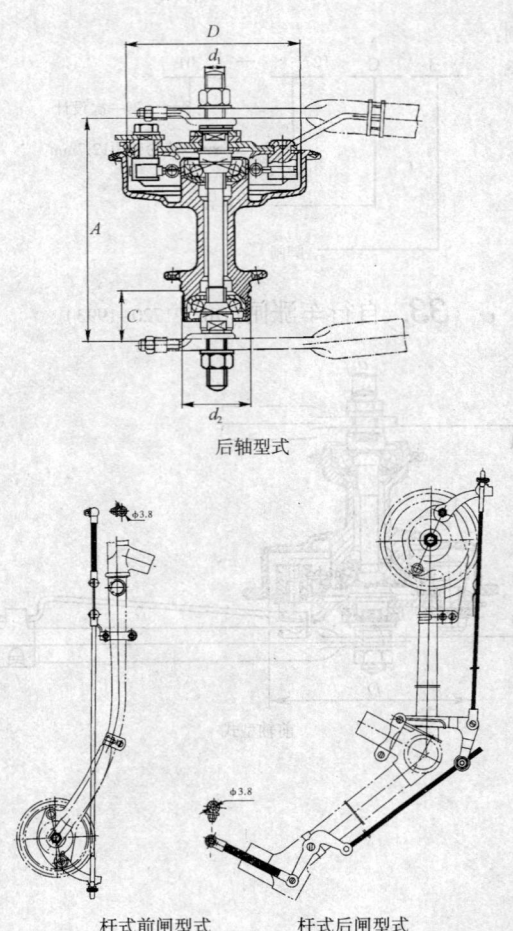

后轴型式

杆式前闸型式　　　杆式后闸型式

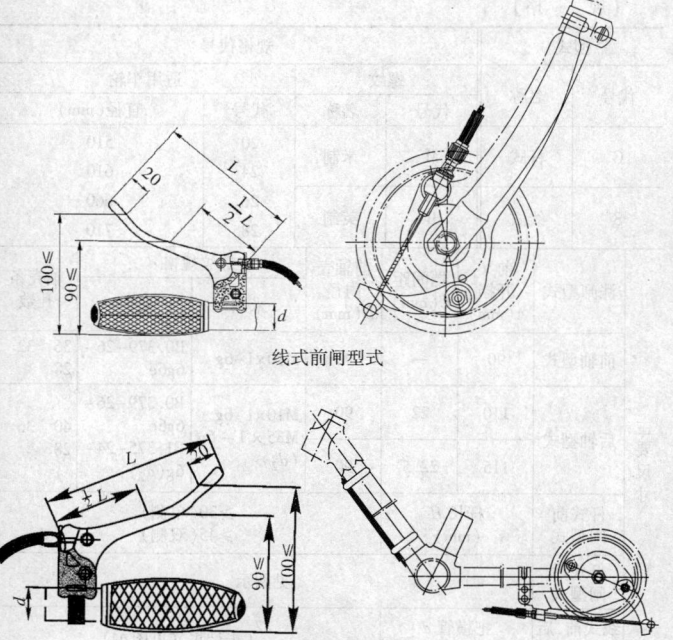

线式前闸型式

线式后闸型式

　　【特点及用途】自行车涨闸是通过自行车轮轴部位进行制动的一种制动装置。有杆式涨闸和线式涨闸两种类型,杆式涨闸的拉管及其接头应能承受的最低拉断力为980N,线式涨闸的钢绳与钢绳接头组合最低拉断力为1 500N。

【规　格】

型式		规格代号			
代号	名称	螺纹		适用车轮	
		代号	名称	代号	直径(mm)
G	杆式	M	米制	20	510
				24	610
S	线式	B	英制	26	660
				28	710

	涨闸型式	前叉开挡 A(mm)	挡间距 C(mm)	前轴壳内径 D(mm)	螺纹规格 d		轴壳条孔数
					米制	英制	
主要尺寸	前轴型式	90	—	90	M10×1-6g	B0.379-26-6g6e	36　32 28
	后轴型式	110	22	90	M10×1-6g M35×1-6g(d_2)	B0.379-26-6g6e B1.375-24-6g(d_2)	40　36 28
		115	22.5	90			
	杆式前闸型式	杆长 H (mm)	≥30(单侧) ≥45(双侧)				
	杆式后闸型式	见图示					
	线式前、后闸型式	把横管 d (mm)	22 25 (手把尺寸见图示)				

附:自行车涨闸产品代号表示方法

产品代号由型式代号、规格代号、工厂设计序号组成。其中规格代号由螺纹规格代号与适用自行车车轮直径代号构成。

示例:

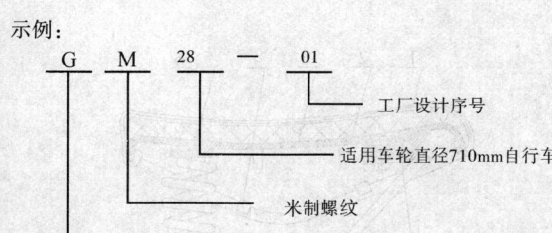

注:适用自行车车轮直径的代号与轮直径对应为:

代号	20	24	26	28
适用车轮直径(mm)	510	610	660	710

34. 自行车鞍座(QB/T 1717-1993)

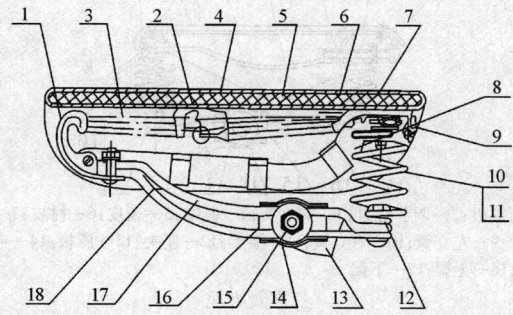

1—前撑板;2—拉簧;3—拉板;4—表皮;5—衬垫;6—衬皮;7—夹紧片;8—鞍掌;9—商标;10—左立簧;11—右立簧;12—横梁;13—座夹;14—压板;15—夹紧螺栓;16—夹板;17—上梁;18—下梁

两(双)立簧鞍座

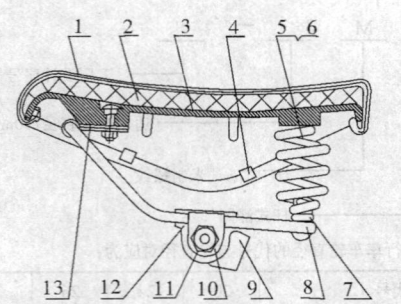

1—表皮；2—衬垫；3—托板；4—夹紧片；5—左立簧；6—右立簧；7—横梁；8—鞍梁；9—座夹；10—压板；11—夹紧螺栓；12—夹板；13—接板

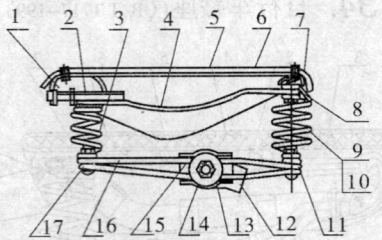

1—前撑板；2—调节螺钉；3—前立簧；4—鞍撑；5—表皮；6—衬皮；7—后撑板；8—挂袋片；9—左立簧；10—右立簧；11—横梁；12—座夹；13—压板；14—夹紧螺栓；15—夹板；16—上梁；17—下梁

三立簧鞍座

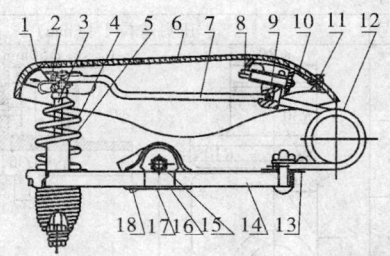

1—后撑板;2—吊簧卡子;3—吊簧柱;4—吊簧;5—大扣碗;6—表皮;7—鞍撑;
8—调节螺灯;9—前弹簧架;10—前撑板;11—开口铆钉;12—前弹簧;13—前弹簧
卡;14—鞍梁;15—夹紧螺栓;16—压板;17—夹板;18—座夹

吊簧鞍座

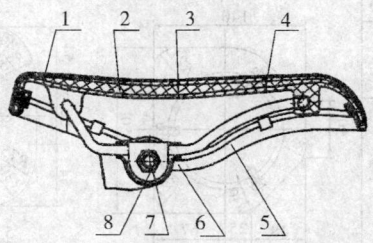

1—表皮;2—衬垫;3—托板;4—夹紧片;
5—鞍梁;6—夹板;7—夹紧螺栓;8—压板

无立簧鞍座

【规　　格】

型式	代号	压头基本尺寸(mm)
两(双)立簧鞍座	L	
三立簧鞍座	S	
吊簧鞍座	D	
无立簧鞍座	W	
其他型式鞍座	Q	
座夹直径(mm)		

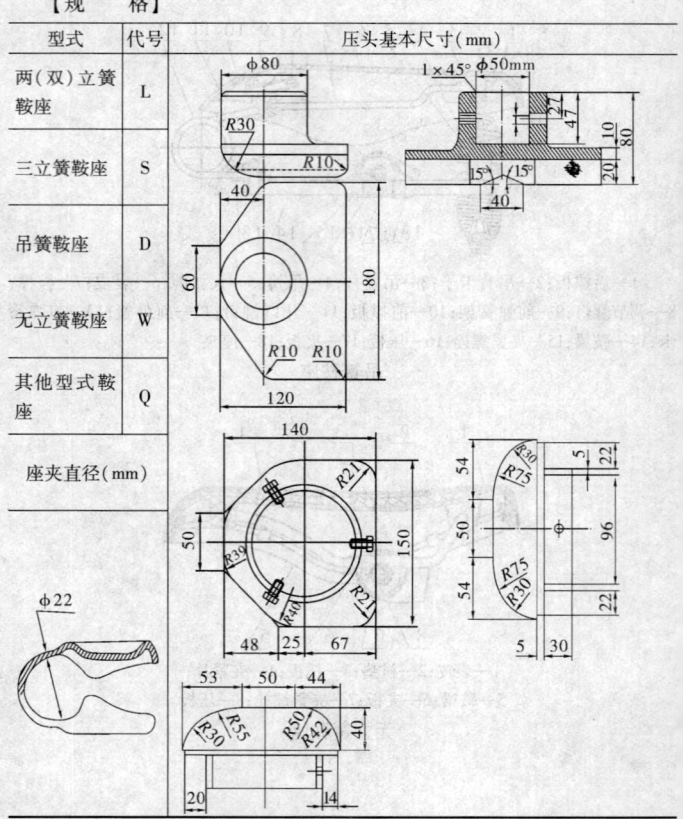

注:压头尺寸精度为IT15,形状部分制造材料为硬度 HA65°~75°的橡胶。图1为两(双)立簧鞍座压头形状,图2为其余型式鞍座选用压头形式。

35. 自行车组合鞍管（QB/T 2180–1995）

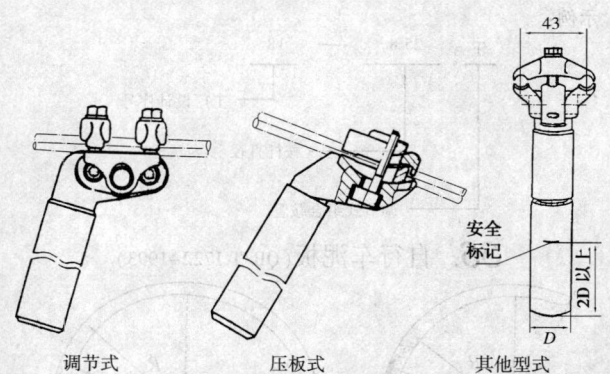

调节式　　　　　　　压板式　　　　　　　其他型式

　　【特点及用途】组合鞍管专用于自行车鞍座的支撑于车架上,并可适当升降鞍座高度,主要型式有调节式组合鞍管、压板式组合鞍管以及其他型式组合鞍管。组合鞍管的鞍杆与弯头组合强度应不得小于4 900N。

　　【规　　格】

型式	代号	鞍管直径 D（mm）
调节式组合鞍管	T	25　25.2　25.4　25.6　25.8　26　26.2　26.4
压板式组合鞍管	Y	26.6　26.8　27　27.2　28　28.2　28.4
		28.6　28.8　29　29.2　29.4　29.6　29.8　30
		30.2　30.4　30.6　30.8　31　31.2　31.4
其他型式组合鞍管	Q	31.6　31.8　32

注:鞍杆直径公差:钢制件——$D_{-0.15}^{\ 0}$;非钢制件——$D_{-0.10}^{\ 0}$。

附:组合鞍管产品代号表示方法

组合鞍管产品代号由型式代号、鞍杆直径和工厂设计序号组成。

示例:

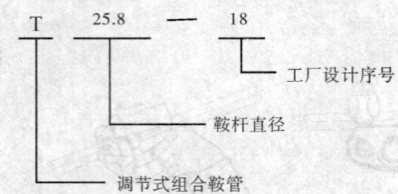

工厂设计序号

鞍杆直径

调节式组合鞍管

36. 自行车泥板（QB/T 1722-1993）

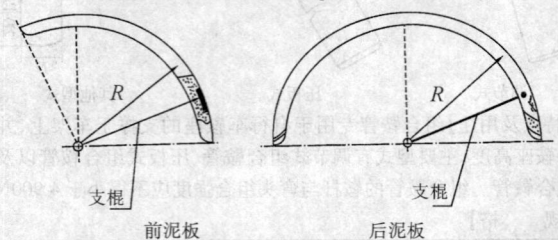

| 前泥板 | 后泥板 |

【特点及用途】自行车泥板主要用于遮挡因车轮转动而飞溅起来的泥泞。自行车泥板有前泥板和后泥板之分,其主要工艺有油漆泥板和不锈钢泥板。

【规　格】

泥板半径 （mm）>R	385	370	355	330	305	280	255	230	205
适用轮径 （mm）	710	685	660	610	560	510	455	405	355

注:泥板支棍通常与自行车泥板配套供应。

37. 自行车衣架（QB 1892–1993）

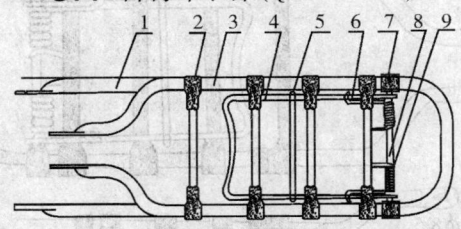

1—衣架腿；2—横撑；3—外框；4—衣架夹；5—夹杆；6—右弹簧；7—接片；8—横轴；9—左弹簧

示例图1

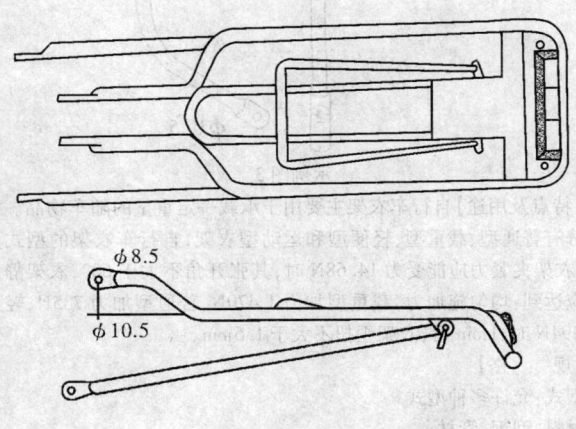

$\phi 8.5$

$\phi 10.5$

示例图2

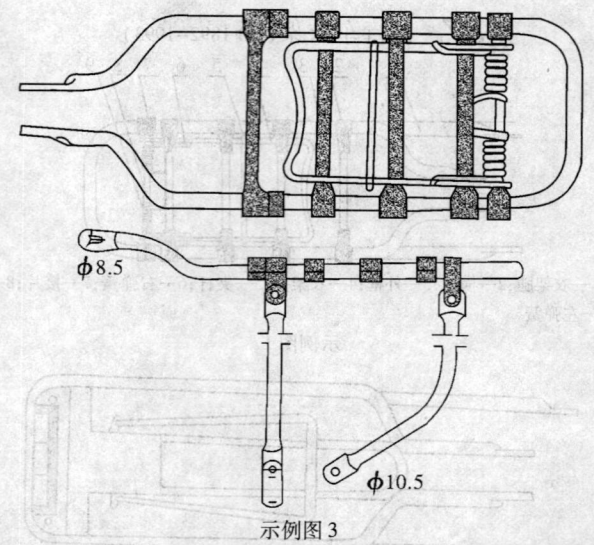

示例图 3

【特点及用途】自行车衣架主要用于承载一定重量的随车物品。按其用途分有普通型、载重型、轻便型和运动型衣架,自行车衣架的型式允许多种,衣架夹紧力应能受力 14.68N 时,其张开角不大于 60°,衣架静负荷能力应达到:均匀施加力,载重型加力 1 470N、普通型加力 735N、轻便型加力 294N 时,1min 后,衣架歪扭不大于 1.5mm。

【规　　格】

型式:允许多种型式

材料:型钢、管材

外观工艺:油漆、电镀

(结构连接孔 ϕ8.5mm 和 ϕ10.5mm,为载重型、普通型和轻便型衣架的统一尺寸)

38. 自行车支架（QB/T 1893–1993）

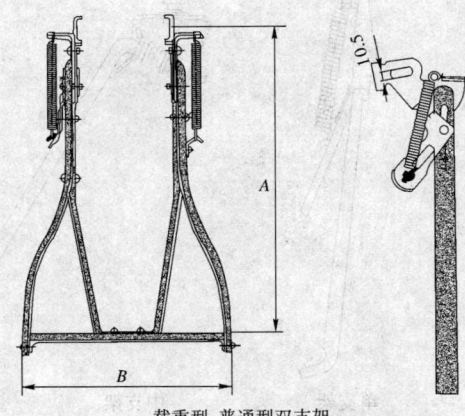

载重型、普通型双支架

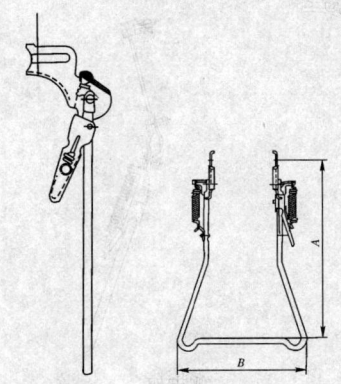

轻便型双支架

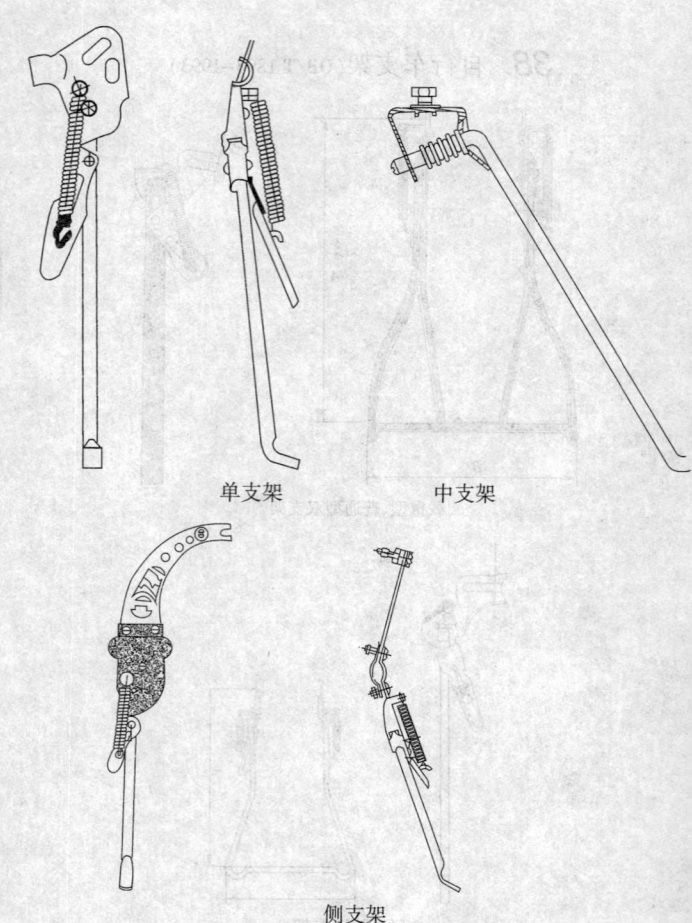

单支架 中支架

侧支架

【特点及用途】自行车支架主要用于自行车停放时的稳固,按其构造和用途分为双支架、单支架、中支架和侧支架。双支架又有载重型、普通型和轻便型之分。自行车支架允许多种型式。

【规　格】　　　　　　　　　　　　　　　　　　　（mm）

适用车轮规格	≥A 高度	≥B 宽度
355	205	200
405	230	200
455	255	200
510	280	230
560	305	230
610	330	230
660	355	245
680	370	245
685	370	245
710	380	245

39. 钢管报警锁

【特点及用途】钢管报警锁的特点是机械锁紧,数码防盗设置,集喇叭、闪光蜂鸣、防盗报警于一体,适用于电动自行车、自行车的防盗。

【规　格】江苏省淮安市恒泰电子科技有限公司产品

使用电源	AG13 型扣式电池(4 只)
静态电流	<2μA
报警电流	<30mA
报警响度	>90dB(电池使用寿命>半年)

40. 插杆报警锁

【特点及用途】插杆报警锁的特点是机械锁紧,数码防盗设置,集喇叭、闪光蜂鸣、防盗报警于一体,适用于电动车、摩托车的防盗。

【规　　格】江苏省淮安市恒泰电子科技有限公司产品

使用电源	AG13 型扣式电池(4 只)
静态电流	<2μA
报警电流	<30mA
报警响度	>95dB(电池使用寿命>半年)

41. 钢缆报警锁

【特点及用途】钢缆报警锁的特点是机械锁紧,数码防盗设置,集喇叭、闪光蜂鸣、防盗报警于一体,适用于电动自行车、摩托车、自行车及三轮车的防盗。

【规　　格】江苏省淮安市恒泰电子科技有限公司产品

使用电源	AG13 型扣式电池(4 只)
静态电流	<2μA
报警电流	<30mA
报警响度	>95dB(电池使用寿命>半年)

42. 自行车车铃(QB/T 1723-1993)

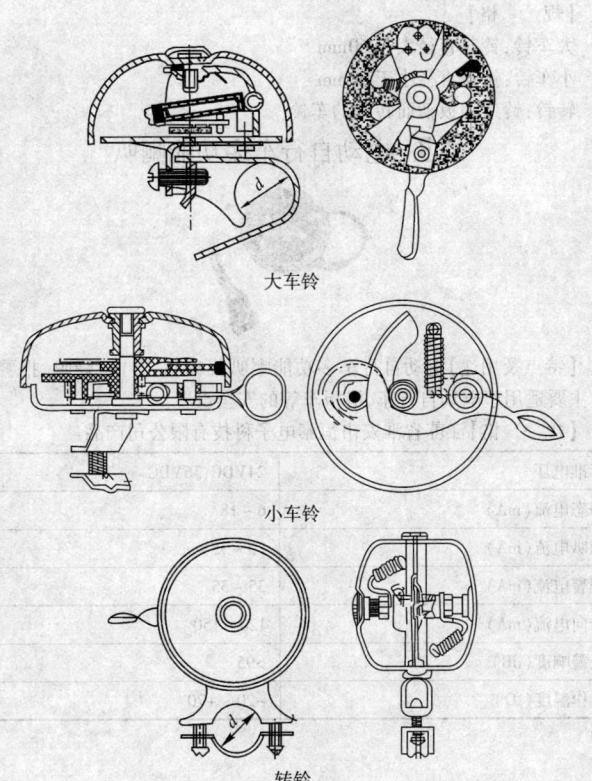

大车铃

小车铃

转铃

【特点及用途】自行车车铃是以手动方式操纵,靠撞击发声而提出警示的安全预警装置,其主要由铃底座、铃扳手、铃拉簧、铃锤、传动齿轮、铃盖等多个零件组成。铃盖的镀铬层厚度应不小于 0.25μm,声压级不小于75dB(A)(连续扳动车铃,测距为1m)。

【规　　格】

大车铃:铃盖直径大于 60mm

小车铃:铃盖直径小于 60mm

转铃:铃盖随扳动而转动的车铃

43. 电动自行车多功能喇叭

【特点及用途】电动自行车多功能喇叭集喇叭、转向、蜂鸣、报警于一体,主要适用于电动自行车、滑板车等的安全设置。

【规　　格】江苏省淮安市恒泰电子科技有限公司产品

标准电压	24VDC,36VDC
静态电流(mA)	6~18
喇叭电流(mA)	20~35
报警电流(mA)	35~55
转向电流(mA)	120~150
报警响度(dB)	>95
工作温度(℃)	-20~+70

44. 自行车摩电灯 (QB/T 2181-1995)

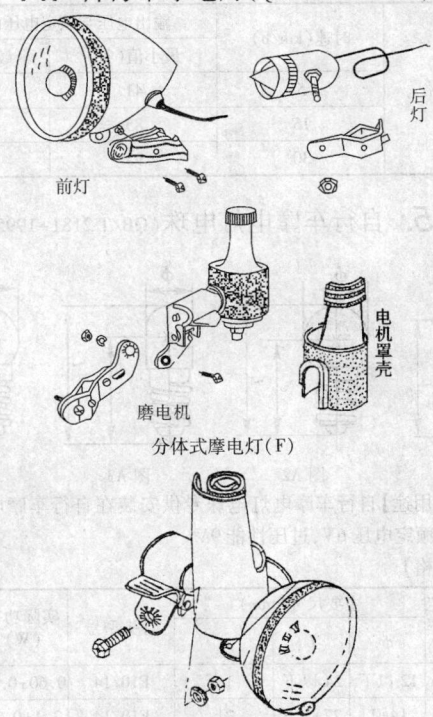

前灯

后灯

磨电机

电机罩壳

分体式摩电灯(F)

连体式摩电灯(L)

【特点及用途】自行车摩电灯是由摩电机、前灯（或前灯与后灯）、电线、电机罩壳、支撑紧固部件组成的自行车照明装置，其摩电机通过与自行车回转部(外胎、轮辋)的摩擦，从而使前灯发光照明。摩光灯按结构分为分体式摩电灯和连体式摩电灯。

【规　　格】

磨电机规格	时速（km/h）	输出电压与额定电压的百分比	
		最小值（%）	最大值（%）
	5	41	117
	15	85	117
	30	95	133

45. 自行车摩电灯电珠（QB/T 2181–1995）

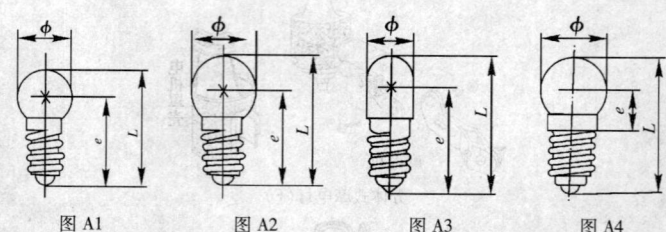

图 A1　　　　　图 A2　　　　　图 A3　　　　　图 A4

【特点及用途】自行车摩电灯电珠专供安装在自行车摩电灯内，以便行驶照明，其额定电压6V，过压性能9V。

【规　　格】

代号	形状	额定功率（W）	主要尺寸（mm）			灯头型号	实际功率（W）	光通量（Lx）	寿命（h）
			ϕ	L	e				
D1	图 A1	0.6	12 以下	24 以下	18	E10/14	0.60±0.06	2	200
D2	图 A2	2.4	14±1	27±1.5	21	E10/14	2.4±0.24	26±5	60
D3	图 A3	2.4	12 以下	28±1.5	21	E10/14	2.4±0.24	28±5	60
D4	图 A2	3	14±1	27±1.5	21	E10/14	3.0±0.3	33±6	60
D5	图 A3	3	12 以下	28±1.5	21	E10/14	3.0±0.3	40±7	60
D6	图 A4	2.4	15.5 以下	29 以下	8.75±0.50	EP10/14×11	2.4±0.24	24±5	60

46. 自行车反射器 (QB 2191-1995)

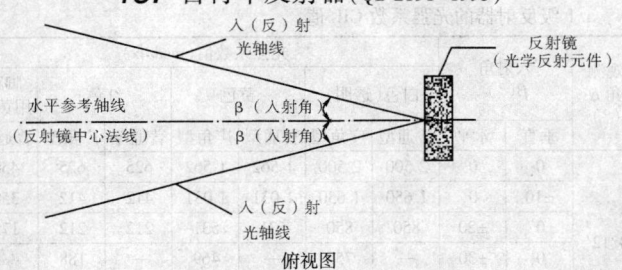

俯视图

【特点及用途】自行车反射器是由一个或多个能按入射光方向反射回光的元件组成的现成可用的部件。按反射范围分广角型和普通型两种。广角型反射器是在反射镜水平参考轴线的任何一侧,对于入射角 β 从 0° 到不少于 50° 范围内的水平入射光线均能作出有效反射的反射器。普通型反射器是在反射镜水平参考轴线的任何一侧,对于入射角 β 从 0° 到不少于 20° 范围内的水平入射光线均能作出有效反射的反射器. 自行车反射器按使用部位分前反射器(车前用)、后反射器(车后用)、侧反射器(车侧用,如辐条反射器)和脚踏反射器四种。其能在恶劣环境和夜间中反射外来的光照,使道路上的车辆和行人有效地识别自行车位置,保证行车安全。反射器按标准分成三个等级,1 级标准、2 级标准和 3 级标准。

【规　格】

种类型式 (代号)	前反射器 (Q)	后反射器 (H)		侧反射器 (C)		脚踏反射器 (J)
	广角型 (G)	普通型 (P)	广角型 (G)	普通型 (P)	广角型 (G)	普通型 (P)
反射镜 颜色	白色 (透明)	红色	红色	黄色或 白色 (透明)*	黄色或 白色 (透明)*	黄色

注:1. *同一辆车的侧反射器其反射镜的颜色应相同。

　　2. 反射镜的颜色应符合 QB 2191 标准规定的色度要求。

附1：自行车反射器的光强系数 CIL 值

a.1 级反射器的光强系数 CIL 值

观测角 α (°)	入射角 β(°)		光强系数值（med/lx）						
			白色(透明)		黄色		红色		脚蹬用黄色
	垂直	水平	普通型	广角型	普通型	广角型	普通型	广角型	普通型
0°12′	0	0	2 500	2 500	1 562	1 562	625	625	450
	±10	0	1 650	1 650	1 031	1 031	412	412	350
	0	±20	850	850	531	531	212	212	175
	0	±30	—	750	—	469	—	188	—
	0	±40	—	650	—	406	—	162	—
	0	±50	—	550	—	344	—	138	—
1°30′	0	0	26.0	26.0	16.2	16.2	6.50	6.50	16.5
	±10	0	18	18	11.2	11.2	4.50	4.50	11.5
	0	±20	11	11	6.88	6.88	2.75	2.75	7.50
	0	±30	—	11	—	6.88	—	2.75	—
	0	±40	—	11	—	6.88	—	2.75	—
	0	±50	—	11	—	6.88	—	2.75	—

b.2 级反射器的光强系数 CIL 值

观测角 α (°)	入射角 β(°)		光强系数值（med/lx）						
			白色(透明)		黄色		红色		脚蹬用黄色
	垂直	水平	普通型	广角型	普通型	广角型	普通型	广角型	普通型
0°12′	0	0	1 115	1 115	697	697	279	279	201
	±10	0	743	743	464	464	186	186	158
	0	±20	372	372	232	232	93.0	93.0	76.5
	0	±30	—	328	—	205	—	82	—
	0	±40	—	284	—	178	—	71	—
	0	±50	—	241	—	151	—	60.2	—

续表

观测角 α (°)	入射角 β(°)		光强系数值（mcd/lx）						
	垂直	水平	白色(透明)		黄色		红色		脚蹬用黄色
			普通型	广角型	普通型	广角型	普通型	广角型	普通型
1°30′	0	0	26.0	26.0	16.2	16.2	6.50	6.50	16.5
	±10	0	18	18	11.2	11.2	4.50	4.50	11.5
	0	±20	11	11	6.88	6.88	2.75	2.75	7.50
	0	±30	—	11	—	6.88	—	2.75	
	0	±40	—	11	—	6.88	—	2.75	
	0	±50	—	11	—	6.88	—	2.75	

c. 3 级反射器的光强系数 CIL 值

观测角 α(°)	入射角 β(°)		光强系数值（mcd/lx）			
	垂直	水平	白色(透明)	黄色	红色	脚蹬用黄色
0°12′	0	0	125	78.1	31.2	22.5
	±10	0	82.5	51.6	20.6	17.5
	0	±20	42.5	26.6	10.6	8.75
1°30′	0	0	26.0	16.2	6.5	8.25
	±10	0	18.0	11.2	4.5	5.75
	0	±20	11.0	6.88	2.75	3.75

附2：反射光的颜色的色度坐标范围

颜色	光色边界线交点的色度坐标						
红色	X	0.665	0.645	0.721	0.735	—	—
	Y	0.335	0.335	0.259	0.265		
黄色	X	0.560	0.546	0.612	0.618	—	—
	Y	0.440	0.426	0.382	0.382		
白色(透明)	X	0.285	0.453	0.500	0.500	0.440	0.285
	Y	0.332	0.440	0.440	0.382	0.382	0.264

47. 自行车随车打气筒（QB/T 2182–1995）

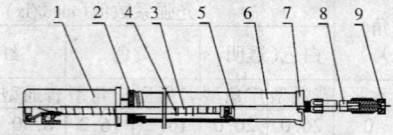

1—手柄；2—筒盖；3—拉管；4—弹簧；5—皮碗；
6—筒身；7—底碗；8—丝包管；9—两用嘴螺帽

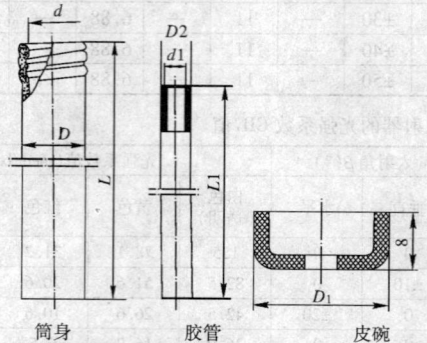

筒身　　　　　胶管　　　　　皮碗

【特点及用途】自行车随车打气筒轻便易携带，有利于随车加气，其基本型式有普通螺纹连接型（代号 A）和螺旋线连接型（代号 B），螺旋线连接型随车打气筒为优先选用产品。

【规　格】　　　　　　　　　　　　　　　　　　　　（mm）

基本型式	筒　身			皮碗	胶　管		
	D	d	L	D_1	D_2	d_1	L_1
A 型、B 型	22	20.4	346	20	8	4	128

附：自行车随车打气筒标记表示方法

产品标记由产品名称、产品代号、规格（筒身外径×筒身长度）及标准号组成。

示例:普通螺纹连接型随车打气筒,筒身外径 22mm,筒身长度 346mm。

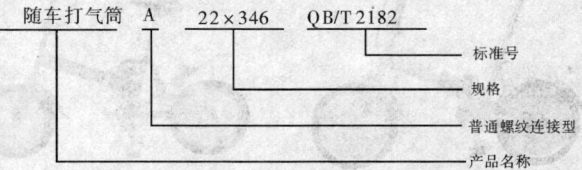

48. 部分时尚自行车图示

跃马
MTN-2007FS

蓝月
MTN-2621G
MTN-2412G

飞狐
MTN-2001FY

旋风2
MTN-2406FS

小海豚
MTN-1602FD

小魔法师
MTN-1601D

路安骑
MTN-2618G
MTN-2414G

路安骑
MTN-2617N
MTN-2413N

菱形眼镜蛇
MTN-2613FS

极光
MTN-2002FY

旗舰 3
MTN-2605A
MTN-2405A

超级星
MTN-2006FS

注:以上车型为四川成都蒙塔纳自行车制造有限公司产品。

49. 电动自行车(GB 17761-1999)

（图为成都倍特电动自行车产品）

【特点及用途】电动自行车是指以蓄电池作为辅助能源,肯有两个车轮,能实现人力骑行、电动或电助动功能的特种自行车。电动自行车按电动机与驱动轮之间的传动方式分为轴传动(代号 Z)、链传动(代号 L)、皮带传动(代号 P)、摩擦传动(代号 M)和其他传动(代号 Q)。

【规　格】

最高车速(km/h)	20
整车质量(kg)≤	40
续行里程(km)	25
电动机功率(W)	240
≤蓄电池标称电压(V)	48
脚踏行驶能力(km)(30min,≥)	7
最大骑行噪声 dB(A)	62
百公里电耗(kW·h)	1.2

注:1. 电助动骑行的电动自行车的最大骑行噪声以 15 ~ 18km/h 速度测定。

　 2. 电动自行车轮胎宽度应不大于 54mm。

50. 电动自行车型号表示方法(GB 17761–1999)

(1)电动自行车型号组成结构

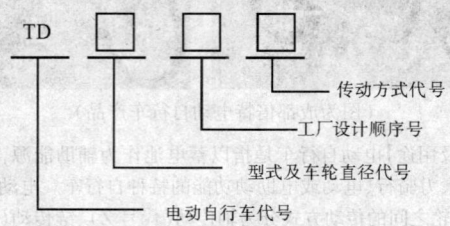

(2)电动自行车代号

用汉语拼音字母 TD 代表电动自行车。

（3）电动自行车型式及车轮直径代号

型式	男式	A	E	G	K	M	O	Q
	女式	B	F	H	L	N	P	R
车轮直径(mm)		710	660	610	560	510	455	405

（4）工厂设计顺序号

工厂设计顺序号由生产厂自行确定。

（5）电动自行车传动方法代号

代号	Z	L	P	M	Q
传动方式	轴传动	链传动	皮带传动	摩擦传动	其他传动

（6）电动自行车型号举例

车轮直径为 660mm、男士车架,轴传动、工厂设计顺序号为 12 的电动自行车,其型号为:

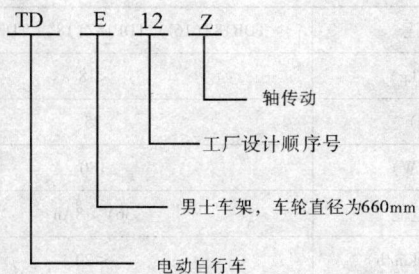

51. 折叠式电动车

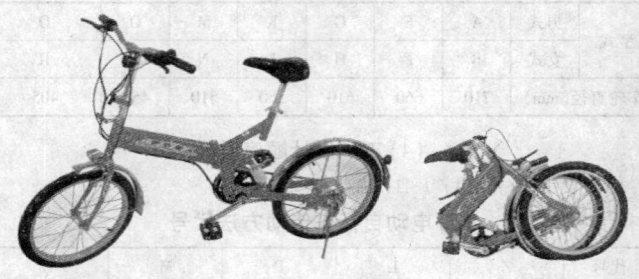

【特点及用途】折叠式电动车采用锂电池为动力,高强度铝合金车身,其特点是重量轻、携带方便、耗电省,骑行性能好,环保不锈蚀,特适宜出差旅游运动休闲等。

【规　格】浙江无限能源科技有限公司

型　号	TDR18Z(16″)、TDP18Z(18″)、TDN18Z(20″)
整车重量(kg)	<18
载重量(kg)	75
电机功率(W)	180
蓄电池锂电池	36V 8Ah
最高时速(km/h)	≤20
续行里程(km)	≥40

52. 电动自行车蓄电池

【特点及用途】12V DZM 系列电动自行车电池的特点

高功率放电性能好:特殊正负极配方和独特的生产工艺,使蓄电池在 2h 率放电条件下放电时间不低于 140min。

失水少:氧内部循环的电池设计,使充电过程中,正极上产生的氧气经隔板的扩散通道,在负极上吸收,减少电池失水。

低温性能好:在室温下充足电,在-30℃下使用仍具有良好的放电性能。

搁置期长、自放电少:采用独特的合金板栅,优质的原材料和特殊的铅膏工艺,使蓄电池具有良好的抗极板硫酸盐化能力并减少板栅的腐蚀,自放电率≤3%/月。

使用寿命长:采用了正极长期大电流放电的防软化、脱落和负极防硫酸盐化技术措施,以及隔板电解液量的合理设计,在正常情况下,充放电次数在 450 次以上。

贫液设计:蓄电池的电解液完全吸收在极板和隔板中及氧内部循环的贫液设计,无液态游离酸流出或溢出,使用过程无需维护,安全可靠。其专用于电动自行车和电动摩托车。

【规　　格】四川金马电源系统有限公司产品

蓄电池型号	额定电压（V）	额定容量 C_2(Ah)	最大外形尺寸(mm)				参考重量（kg）
			长	宽	高	总高	
3DZM-10	6	10	151	50	94	103	2.00
6DZM-6	12	6	151	65	94	103	2.70
6DZM-10	12	10	151	98	94	103	4.10
6DZM-14	12	14	180	76	167	176	7.40
6DZM-32	12	32	197	165	170	177	14.00

53. 纳米复合胶体动力车铅蓄电池

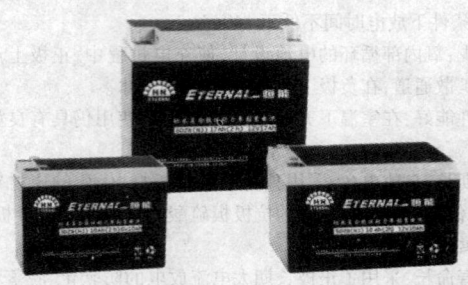

　　【特点及用途】纳米复合胶体动力车铅蓄电池的特点是电池添加了纳米碳纤维材料，提高了电池的活性物质利用效率，使电池大电流放电容量大，循环使用寿命长，比能量高。板栅采用超钙多元合金，正、负板栅采用不同合金成分设计，使极板的抗蠕变和抗腐蚀性能超强，电池的使用寿命延长。电池采用高强度隔板，结合 AGM 具有动力性好的特征，运用胶体材料使电池保持低内阻特性，更具富液工作原理，提高了电池的充电接受能力及电池的容量。

　　电池采用合理比例的极板和铅膏，适用于动力型大电流放电，加之采用放射型板栅设计,平焊式联接,特别适合高倍率放电。电池均衡性好,能保障电池的压差范围 12V 开路电压不大于 25mV。其自放电率低,自放率不大于 1.5%C$_{10}$月。纳米复合胶体动力车铅蓄电池主要用于以蓄电池作为动力源的电动自行车、小型电动助力车、高尔夫球车、电动滑雪板等电动交通、娱乐工具。

【规　　格】武汉恒能科技发展有限公司

电池型号	额定电压（V）	额定容量（Ah）	实际容量（Ah）	外形尺寸(mm)		
				长	宽	高
3DZB(NJ)10Ah(2h)	6V	10	12	150	50	100
6DZB(NJ)8Ah(2h)	12V	8	9	110	85	100
6DZB(NJ)10Ah(2h)	12V	10	12	150	100	100
6DZB(NJ)17Ah(2h)	12V	17	18	180	80	162
6DZB(NJ)20Ah(2h)	12V	20	24	166	125	176
6DZB(NJ)38Ah(2h)	12V	38	40	196	166	169

54. 电动自行车专用充电器

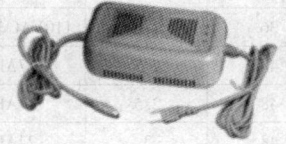

JH-DC48V 系列

【特点及用途】智能型充电器采用独特造型、流线型设计,具有精确、稳定的充电参数,独立三灯显示设计,恒流式充电,内部采用集成运放技术,能精密控制充电电流。并采用精确取样、稳定基准和脉冲宽度调制(PWM)技术,智能限压,保证输出电压的稳定性。内设防串扰器件,可防止在突然停电时电池向充电器反相充电。内设短路保护装置,当输出端因某种原因短路时,其可自行保护,且能在排除短路后自行恢复正常工作。智能型充电器还具有自动浮充功能:自动检测充电电池两端的电压和充电电池的亏电电程,控制输出充电电压和充电电流;当充电电池充电接近充满值时,其内部自动改变充电电量,使输出变为浮充状态,以保护蓄电池和保证充电电量。

　　【规　　　格】常州江河电子科技有限公司产品

型号	额定电压(V)	额定电流(A)	适用电池类型
JH-DC24V-1	24	2.5	17AH24V 铅酸电池组
JH-DC24V-2	24	1	6AH24V 铅酸电池组
JH-DC24V-3	24	1.8	12AH24V 铅酸电池组
JH-DC24V-4	24	1.8	12AH24V 胶体电池组
JH-DC24V-5	24	2.5	110VAC 输入 12AH24V 电池组
JH-DC36V-1	36	1.8	12AH36V 胶体电池组
JH-DC36V-2	36	1.8	12AH36V 铅酸电池组
JH-DC36V-3	36	2.5	17AH36V 胶体电池组
JH-DC36V-4	36	2.5	17AH36V 铅酸电池组
JH-DC36V-5	36	1.8	110VAC 输入 12AH36V 电池组
JH-DC48V-1	48	2.5	17AH48V 铅酸电池组
JH-DC48V-2	48	2.5	17AH48V 胶体电池组
JH-DC48V-3	48	3	24AH48V 铅酸电池组
JH-DC48V-4	48	3	24AH48V 胶体电池组
JH-DC48V-5	48	3	110VAC 输入 24AH48V 电池组

55. 电动自行车专用控制器

【特点及用途】自行车专用控制器主要用于电动自行车在使用过程中对其电源欠压及过流进行控制和保护。

【规　　格】常州市武进合力电机有限公司产品

控制器:有刷/无刷

额定电压:36VDC

欠压保护值:31.5V　±0.5V

过流保护值:12.5A　±0.5A

刹车电平:低电位

调速电压:1-4.4V

56. 电动自行车用电机(一)

ZD188 无齿轮毂电机　　　　ZD3791 中置电机

ZD188 有齿轮毂电机　　　ZD2792 外轮驱动电机

【特点及用途】电动自行车用永磁直流电机具有设计先进、结构合理、运行稳定、效率高、安全耐用等特点,其主要结构件中,磁瓦采用稀土钕铁硼 NdFeB,具有高磁性能;电刷经特殊处理,具有高耐磨性;电枢冲片为优质冷轧硅钢片,电磁性能优越;换向器的银铜合金,导电性能好且耐磨。电动自行车用永磁直流电机主要类型有齿轮毂电机、无齿轮毂电机、外轮驱动电机、中置电机等。

【规　　格】成都棠湖东风电器有限责任公司产品

产品名称	型号	电压（V）	功率（W）	效率（%）	转速（rpm）	空载电流（A）	噪声（dB）	特点
有齿轮毂电机	ZD188（A 型、B 型、C 型、D 型）	36/24	180	>77	180～195	≤0.9	≤60	有刷、有齿轮毂驱动式
无齿轮毂电机	ZD188	36	150	>75	175±7	≤0.5	≤55	有刷无齿轮毂驱动式
外轮驱动电机	Zd2792	24	200	≥80	3 600～3 900	≤1.3	≤60	高速输出外轮驱动式
中置电机	ZD3791	36	120	≥75	250～265	≤0.9	≤60	大扭矩输出

注:安装方法可根据用户要求设计。

附:电机的基本尺寸规格

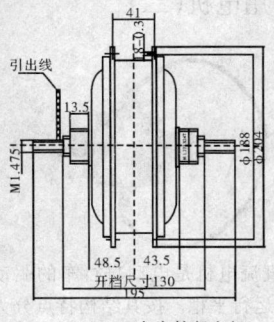

ZD188 有齿轮毂电机

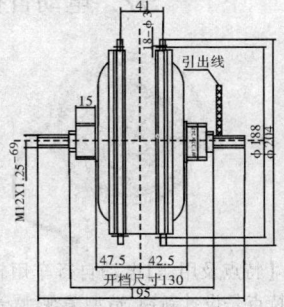

ZD188 无齿轮毂电机

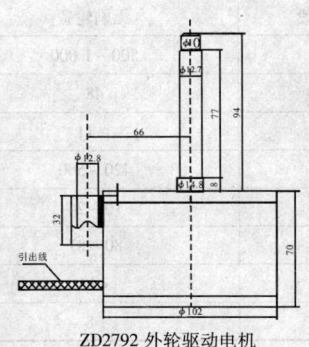

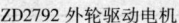

ZD2792 外轮驱动电机

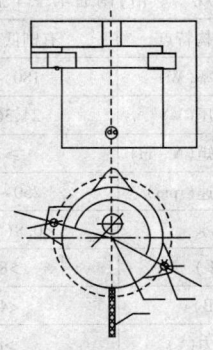

ZD3791 中置电机

57. 电动自行车用电机(二)

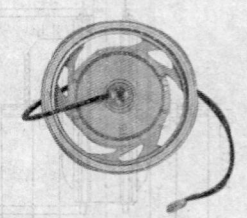 

【特点及用途】电动自行车用轮毂直流电机是电动自行车的驱动装置,特点是设计新颖,造型美观,噪音小,运行平稳。按其结构特点分为有刷低速轮毂直流电机和无刷轮毂直流电机。

【规　　格】南通华亨车业有限公司产品

结构特点	有刷低速轮毂	无刷轮毂
额定功率(W)	180~500	500~1 000
额定电压(V)	24,36,48	48
额定扭矩(N·m)	≥11	≥11
额定转速(rpm)	250~520	420~500
电流(A)	<0.8(空载)	10~24
效率(%)	>80	80~87
噪声(dB)	<40	<40
爬坡能力(°)	>8	>8

58. 电动三轮车专用电机

【特点及用途】HL2型系列直流串励多极电动机具有体积小、重量轻功率大、过载能力强、运行平稳、效率高、温升低、使用寿命长、可有效防止由于链轮轴的振荡而导致半轴折断等多方面特点。电机采用多极(四极),电刷4只,内部带有降温风扇,大大延长了电机的使用寿命。该电机专门用于电动三轮车,还可广泛用于电动汽车、游乐车、游船、快速船艇及机械驱动用电机等多种场合。

【规　　格】常州市武进合力电机有限公司产品

型　　号	HL2-800-77	SHL2-1000-77S
额定电压(V)	48	48
输出功率(W)	800	1 000
输出力矩(N·m)	14	20
输出转速(rpm)	>500	>500
工作电流(A)	<25	<30
基本尺寸(mm)	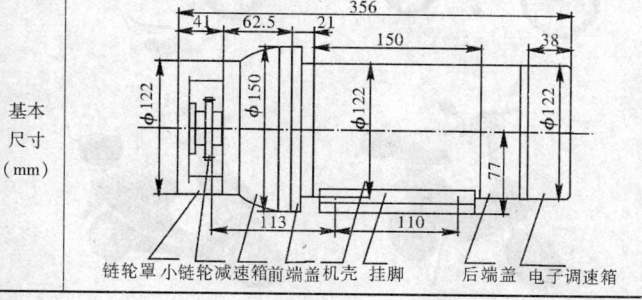	

链轮罩　小链轮减速箱前端盖机壳　挂脚　　后端盖　电子调速箱

59. 部分电动自行车车型图示

彩虹公主

概念车

胜龙豹

金色神童

迷影车

小鲨

金色魔力

恒丹 11 号

小螳螂
TDP-18

腾龙富康

小海狮

空军二号

红蜻蜓

TDL01Z 伊莱达

福拉利
TDN038Z

金鸟王 TDP3010Z

梦幻之变

桦之帆

60. 电动三轮车

💙 CD-4型

💙 BC-12型

💙 BC-10型

💙 BC-14型

【特点及用途】电动三轮车操作简单,省时省力,充电方便,尤其适宜老年人走亲访友、接送、购物、逛街、游园等,并能起到代步健身的作用。电动三轮车设计款型多样,根据需要,可增设豪华龙头、换装铝轮、增加手刹、增加电池、增设双动力、倒挡等功能及款式。

【规　格】台州市路桥增辉电动车厂产品

型号	C-11、BC-6、BC-10、BC-14、CD-4、BC-12		
轮径(mm)	480	控制器欠压保护值(V)	32±0.5
前后轮中心距(mm)	1 260	控制器过流保护值(A)	16
左右轮距(mm)	640	充电器输入电压(V/Hz) AC22/50	
外形尺寸(mm)	1 900×750×1 000 (定制)	充电时间(h)	2-10
驱动方式	电动脚踏 (双动力)	100公里能耗(kW/h)	≤1.3
电机功率(W)	250(定制)	制动距离(m)	≤4
最高车速(km/h)	≤20	爬坡能力≥	4°30″
蓄电池电压(V)	DC36	额定负载(kg)	≤140
蓄电池容量(AH)	12;17	车身自重(kg)	55
一次充电行驶里程(km)	≤30		

61. 观光电动车

CM-B4

CM-B8

CM-B14

【特点及用途】观光电动车采用牵引电机,电池配组,其电控系统,闸流、加速、限流效果佳,性能稳定,配置机械变速箱增大了车辆牵引力及承载能力和爬坡度,配置有电流表、电压表、车速里程表、前后转向灯、前照灯、危险警报灯、雨刮器、倒车蜂鸣器和专业音响等电器,观光电动机适用于酒店、度假村、旅游景区、大型社区和楼盘的接送服务及旅游观光等。

【规　　格】成都晨明电动车辆制造厂产品

型 号	CM-B4	CM-B6	CM-B8	CM-B11	CM-B14
基本尺寸(mm) (长×宽×高)	2 500×1 200 ×1 750	3 270×1 105 ×1 805	3 435×1 105 ×1 805	4 205×1 455 ×2 105	4 625×1 455 ×2 205
额定乘员(人)	4	6/8	6/8	11	14
续驶里程(km)	80 ~ 100	80 ~ 100	80 ~ 100	80	80
最高车速(km/h)	30	26	26	25	25
最大坡度(满载)	25%	27%	27%	28%	28%

62. 高尔夫电动车

CM-A2   CM-A4

【特点及用途】高尔夫电动车采用牵引电机,电池配组,其电控系统、闸流、加速、限流效果佳,性能稳定,配置机械变速箱增大了车辆牵引力及承载能力和爬坡度,配置有电流表、电压表、车速里程表、前照灯、转向灯等电器。高尔夫电动车采用特宽轮胎,能有效保护草坪,且爬坡能力强,结构分二座和四座,适合任何高尔夫球场。

【规　　格】成都晨明电动车辆制造厂产品

型　　号	CM-A2/A4
基本尺寸(mm)(长×宽×高)	2 455×1 105×1 765
续驶里程(km)	80 ~ 100
最高车速(km/h)	25
最大坡度(满载)	40%

63. 二座工具电动车

【特点及用途】二座工具电动车采用牵引电机,电池配组,其电控系统、闸流、加速、限流效果佳,性能稳定,配置有机械变速箱,增添了车辆牵引力、承载能力及爬坡度。配置电器主要有车速里程表、前照灯、转向灯、危险警报灯、倒车蜂鸣器、专业音响等。该车适用于车站、仓库、机场、客运码头、运动场馆等。

【规　　格】成都晨明电动车辆制造厂产品

型　号	CM－E2
长×宽×高(mm)	4 485×1 395×1 250
额定乘员(人)	2
额定载重(kg)	800
续驶里程(km)	80
最高车速(km/h)	30
最大坡度(满载)	25%

64. 二座载货电动车

【特点及用途】二座载货电动车采用牵引电机、电池配组,其电控系统、闸流、加速、限流效果佳,性能稳定,配置有机械变速箱,增强了车辆牵引力、承载能力及爬坡度。配置电器主要有车速里程表,前照灯、转向灯、危险警报灯、雨刮器、倒车蜂鸣器及专业音响等。该车适用于室内运输、仓库运输、客运码头等大型公共场所。

【规　　　格】成都晨明电动车辆制造厂产品

型　　号	CM-D2
长×宽×高(mm)	4 485×1 395×1 945
额定乘员(人)	2
后箱载重(kg)	1 250
续驶里程(km)	80
最高车速(km/h)	30
最大坡度(满载)	25%

65. 警用电动车

【特点及用途】警用电动车采用牵引电机、电池配组,其电控系统、闸流、加速、限流效果佳,性能稳定,配置机械变速箱增大了车辆牵引力及承载能力和爬坡度,配置有车速里程表、前照灯、转向灯、电流电压表等电器,其适用于城市步行街、大型度假胜地、旅游景区、规模社区和楼盘的警务巡逻。

【规 格】成都晨明电动车辆制造厂产品

型 号	CM-C4
长×宽×高(mm)	2 500×1 200×1 750
额定乘员(人)	4
续驶里程(km)	80 ~ 100
最高车速(km/h)	30
最大坡度(满载)	25%

66. 救伤电动车

【特点及用途】救伤电动车采用牵引电机、电池配组,其电控系统、闸流、加速、限流效果佳,性能稳定,配置有机械变速箱,增强了车辆牵引力、承载能力及爬坡度,配置电器主要有车速里程表、前照灯、转向灯、危险警报灯、倒车蜂鸣器及专业音响等。该车适用于医院、疗养院、大型社区等场合为急救服务等。

【规　　格】成都晨明电动车辆制造厂产品

型　　号	CM-F4
长×宽×高(mm)	3 355×1 105×1 250
额定乘员(人)	4
额定载重(kg)	600
续驶里程(km)	80~100
最高车速(km/h)	26
最大坡度(满载)	27%

67. 力车轮胎

力车轮胎包括力车补胎和力车内胎。

(1) 力车外胎

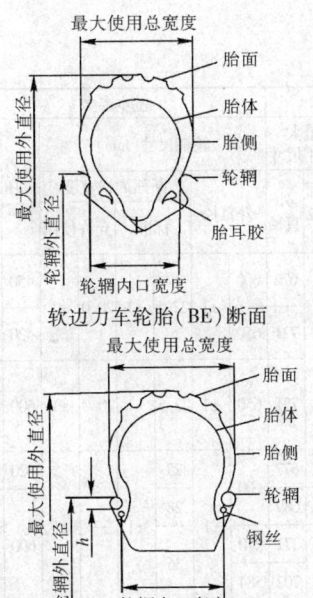

软边力车轮胎(BE)断面

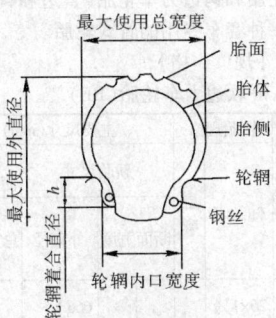

直边力车轮胎(WO)断面

钩边力车轮胎(HE)断面

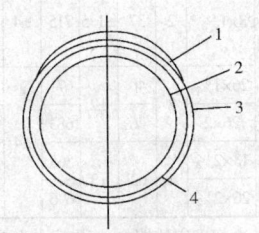

管式轮胎

1—外胎胎冠;2—内胎;
3—外胎侧;4—封口带

【特点及用途】力车外胎是指以人力驱动的充气轮胎,包括自行车胎、三轮车胎及手推车轮胎等。按所用骨架材料可分为棉帘线力车轮胎和锦纶帘线力车胎，按其载荷性能可分为轻型（L）轮胎、普通（N）轮胎和重型（H）轮胎。力车轮胎以黑色居多，也有黄色及其他浅色的彩色力车轮胎。力车轮胎因其胎圈和胎踵的结构不同，通常亦分为软边力车轮胎、直边力车轮胎和钩边力车轮胎（直边和钩边力车轮胎俗称硬边轮胎）。此外，还有一种赛车专用的管式轮胎。

【规　　格】

a. 软边力车轮胎（BE）

品类	轮胎规格 标志	层级	新胎尺寸 断面宽度	新胎尺寸 外直径	最大使用尺寸 断面总宽度	最大使用尺寸 外直径	轮辋尺寸(mm) 外直径	断面内口宽度 标准	断面内口宽度 允许使用	推荐气压(kPa)	推荐负荷(kg)
非载重自行车用	26×1½	2	37 ±1.5	666	40	672 ±4	600 ±1	22.5 ±1	20.0 ±1	450	100
	28×1½ *			715		721	650			420	
载重自行车用	28×1½ *	2	37 ±1.5	715	40	721 ±4	650 ±1	22.5 ±1	20.0 ±1	600	150
三轮车手推车用	26×1¾	2	40 ±2	671	43	677	600 ±1	25	— ±1	420	120
	26×2		46	683	49	689		28			200
	13×2½	4	62 ±3	365	67 ±4	371	270	36		600	160
	26×2½			696		702	584				325

注：* 本标准实施期内，规格标志为 28×1½ 的力车轮胎，其新胎断面宽度暂允许在 34.5～38.5mm 的范围内变化，但新设计的模型必须完全符合本表规定。

b. 直边力车轮胎(WO)

品类	轮胎规格 现标志	轮胎规格 原标志	层级	新胎尺寸 断面宽度	新胎尺寸 外直径	最大使用 断面总宽度	最大使用 外直径	轮辋尺寸 着合直径	断面内口宽度 标准	断面内口宽度 允许使用	推荐气压 kPa	推荐负荷 kg
非载重自行车用	32-630	27×1¼		29	694	32	700	630	18	20 22	500	70
	37-540	24×1⅜		34	614	37	620	540	22	20	350	65
	37-590 *	26×1⅜			662		668	590		25		70
	40-330	16×1½	2	±1.5	410	±4	416	330	±1	±1	420	45
	40-432	20×1½		37	512		518	432	25			60
	40-584	26×1½			664	40	670	584			350	80
	40-635 *	28×1½			715		721	635			420	100
	47-622	28×1¾		44 ±2	712	47	622	718	27	25	350	100
载重自行车用	10-635 *	28×1½	2	37 ±1.5	715	40 (±4)	721	635 ±1	25 ±1	— ±1	600	150
三轮车手推车用	70-535	26.5×2.75	4	70 ±2	677	73 (±6)	690	535 ±1	45 ±1	— ±1	700	400
	80-535	27×3		76 ±3	693	81	706					500

注：* 规格标志 40-635 的力车轮胎，其新胎断面宽度暂允许在 34.5～38.5mm 范围；37-590 新胎断面宽度，暂允许在 31.5～35.5mm 范围内变化，但新设计的模型必须完全符合本表规定。

c. 钩边力车轮胎(HE)

轮胎规格		主要尺寸(mm)					基本参数			
		新胎尺寸		最大使用尺寸			轮辋尺寸(mm)			
							断面内口宽度			
标志	层级	断面宽度	外直径	断面总宽度	外直径	外直径	标准	允许使用	推荐气压 kPa	推荐负荷 (kg)
47–203 (12½×1.75×2¼)	2	44 ±2	307	47 ±4	315	220	25 ±1	—	350	40
14×1.75			349		355	270				45
16×1.75			399		405	321				50
18×1.75			449		455	371				60
20×1.75			500		506	422				65
24×1.75			602		608	524				80
26×1.75			653		659	575				85
16×2.125		54	417	57	423	321	27 ±1		250	55
20×2.125			518		524	422				75
24×2.125			620		626	524				90
26×2.125			671		677	575				100
57–203 * (12½×2¼)			309		315	220				45

注:1. 钩边力车轮胎为非载重用自行车轮胎。

　2. *安装在直边轮辋上时,轮辋着合直径为203mm。

d. 力车轮胎规格标志表示方法

①软边力车轮胎（BE）

示例：

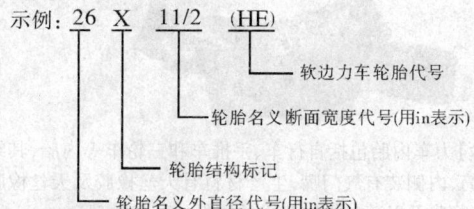

②直边力车轮胎（WO）

示例：

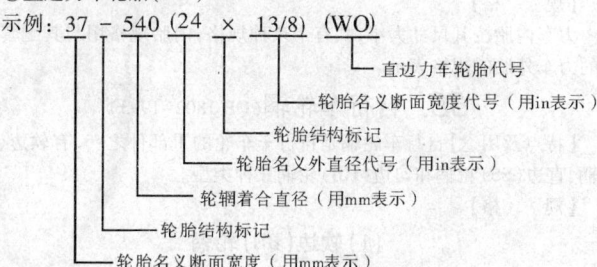

注：37-540为直边力车轮胎规格现标志，而24×1⅜为原标志。

③钩边力车轮胎（HE）

示例：

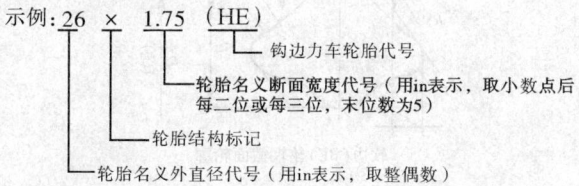

(2)力车内胎

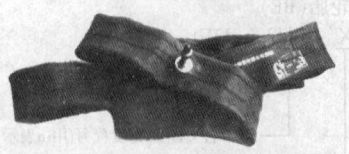

【特点及用途】力车内胎包括自行车、手推车和三轮车等内胎,其结构
为圆形的空心胶筒,内侧装有气门嘴,生产材料有天丝橡胶及天丝橡胶
主的原料,或丁基橡胶及以丁基橡胶为主的原料的两种类型。

【规　格】

力车内胎按其尺寸大小,共有十余种规格,内胎规格用与其配套的
应的力车外胎的规格表示。

68. 自行车轮辋(QB 1802–1993)

【特点及用途】自行车轮辋是自行车车轮的重部件之一,有软边(BE
轮辋、直边(SS)轮辋和勾边(HB)轮辋三种类型。

【规　格】

(1)软边(BE)轮辋

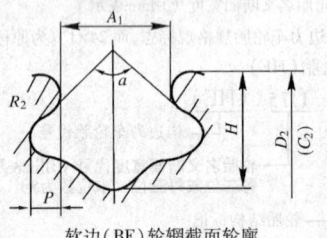

软边(BE)轮辋截面轮廓

轮辋规格	主要尺寸(mm)						
	圈座处内宽 A_1		圈座宽 P	轮缘半径 R_2	角度 α	截面槽深 H	
22.5	22.5	±0.8	≥3	≤2.5	100°	15	±0.8
20	20					13	

公称直径	外径 D_2	外周长 $C_2±3$
BE600	600.0	1 885
BE650	650.0	2 042

(2) 直边(SS)轮辋

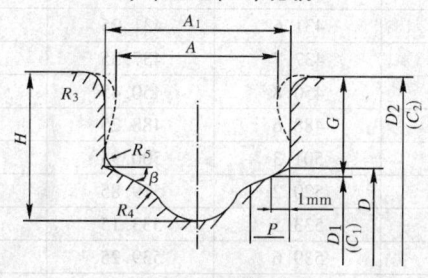

直边(SS)轮辋截面轮廓

轮辋规格	主要尺寸(mm)								
	圈座处内宽		边高 $G±0.5$	圈座宽 $P≥$	轮缘半径 $R_2≥$	圈座半径 $R_3≤$	$R_4≥$	角度 β	截面槽深 $H±0.8$
	A_1 ±1	A 0 −1							
16.5	16.5	16.5	6.3	1.5	1.5	1	1.5	10°	10.8
18	18	18	6.5	1.8	1.5	1	1.5	10°	11.5
20	20	—	6.5	2.0	1.8	1	1.5	10°	11.5
22	22	—	6.5	2.2	1.8	1	2.0	10°	13.5
24	24	—	7.0	3.0	2.0	1	2.5	10°	15.0
25	25	—	7.3	3.0	2.0	1	2.5	10°	15.0

续表

公称直径	标准直径 D	测量直径 D_1	测量周长 C、±2
SS330	329.8	329.45	1 035
SS337	336.6	336.25	1 056
SS349	349.2	348.85	1 096
SS381	380.9	380.55	1 196
SS387	387.1	386.75	1 215
SS400	400.1	399.75	1 256
SS419	418.6	418.25	1 314
SS432	431.6	431.25	1 355
SS438	437.7	437.35	1 374
SS451	450.8	450.45	1 415
SS489	488.6	488.25	1 534
SS501	501.3	500.95	1 574
SS520	520.2	519.85	1 633
SS534	533.5	533.15	1 675
SS540	539.6	539.25	1 694
SS547	546.5	546.15	1 716
SS559	558.8	558.45	1 754
SS571	571.0	570.65	1 793
SS584	583.9	583.55	1 833
SS590	590.2	589.85	1 853
SS597	597.2	596.85	1 875
SS622	622.3	621.95	1 954
SS630	629.7	629.35	1 977
SS635	634.7	634.35	1 993
SS642	641.7	641.35	2 015

(3) 勾边(HB)轮辋

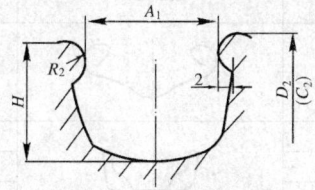

勾边(HB)轮辋截面轮廓

轮辋规格	主要尺寸(mm)		
	圈座处内宽 $A_1 \pm 1$	截面槽深 $H \pm 0.8$	轮缘半径 R_2
20	20	13.8	2
25	25	14.8	2
27	27	15.8	2

公称直径	外径 D_2	外周长 $C_2 \pm 3$
HB270	269.9	848
HB321	320.7	1 008
HB372	371.5	1 167
HB422	422.3	1327
HB473	473.1	1 486
HB524	523.9	1 646
HB575	574.7	1 805

69. 轮辋有效展开面积的计算方法(QB 1802-1993 参考件)

　　计算轮辋有效展开面积,须先计算出轮辋截面有效展开长度值。轮辋截面有效展开长度为轮辋截面上受检部位各段曲线展开之和。计算轮辋有效展开面积,适用于轮辋防腐蚀能力的评判。

　　几种常用轮辋的截面有效展开长度 L 如下表所示:

种类	公称内宽 mm	截面形式	有效展开长度 L, dm
软边 (BE)	22.5		0.48
直边 (SS)	16.5	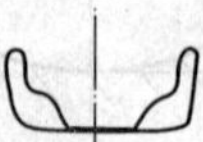	0.38
	18		0.40
	20		0.42
	22		0.48
	24(25)	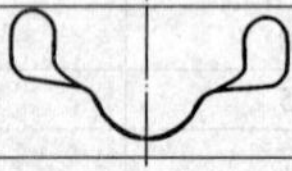	0.46
勾边 (HB)	25	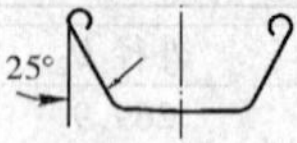 25°	0.50
		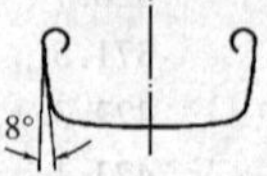 8°	0.53
		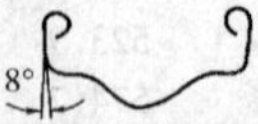 8°	0.52

a. 软边(BE)、勾边(HB)轮辋有效展开面积 S_1(dm^2)按式(C1)计算：

$$S_1 = L \times (C_2 - 4.2H) \quad\cdots\cdots\cdots\cdots\cdots\cdots\cdots\cdots\cdots\cdots\cdots \quad (C1)$$

式中：L——轮辋截面有效展开长度, dm;

$\quad\quad C_2$——轮辋外周长, dm;

$\quad\quad H$——截面槽深, dm。

b. 直边(SS)轮辋有效展开面积 S_1(dm^2)按式(C2)计算：

$$S_1 = L \times C_1 \quad \cdots\cdots\cdots\cdots\cdots\cdots\cdots\cdots\cdots\cdots\cdots\cdots\cdots\cdots\cdots \text{(C2)}$$

式中:L——轮辋截面有效展开长度,dm;

　　C_1——测量周长,dm。

c. 把 S_1 精确到 $0.1\,\mathrm{dm^2}$。

70. 常用轮辋的适用轮胎对照表(QB 1802-1993 参考件)

轮辋	适用轮胎
BE600×22.5	$26 \times 1\frac{1}{2}$,(BE)
BE650×22.5	$28 \times 1\frac{1}{2}$,(BE)
SS597×16.5	28–597(WO)
SS630×16.5	28–630(WO)
SS547×18	32–547(WO)
SS597×18	32–597(WO)
SS630×18	32–630(WO)
SS349×20	37–349(WO)
SS400×20	37–400(WO)
SS451×20	37–451(WO)
SS501×20	37–501(WO)
SS540×20	37–540(WO)
SS590×20	37–590(WO)
SS337×22	37–337(WO)
SS387×22	37–387(WO)
SS438×22	37–438(WO)
SS489×22	37–489(WO)

续表

轮辋	适用轮胎
SS540×22	37−540(WO)
SS590×22	37−590(WO)
SS642×22	37−642(WO)
SS330×22	40−330(WO)
SS432×22	40−432(WO)
SS534×22	40−534(WO)
SS584×22	40−584(WO)
SS330×24	40−330(WO)
SS381×24	40−381(WO)
SS432×24	40−432(WO)
SS534×24	40−534(WO)
SS584×24	40−584(WO)
SS635×24	40−635(WO)
SS317×24	47−317(WO)
SS419×24	47−419(WO)
SS520×24	47−520(WO)
SS571×24	47−571(WO)
HB270×25	14×1.75(HE)
HB321×25	16×1.75×2.125(HE)
HB372×25	18×1.75(HE)
HB422×25	20×1.75×2.125(HE)
HB473×25	22×1.75(HE)

续表

轮辋	适用轮胎
HB524×25	24×1.75×2.125(HE)
HB575×25	26×1.75(HE)
HB321×27	16×2.125(HE)
HB422×27	20×2.125(HE)
HB524×27	24×2.125(HE)
HB575×27	26×2.125(HE)

注:轮胎规格选自 GB/T 1702、GB/T 7377。适用对照为推荐选用。

71. 轮辋气门孔和条孔安装尺寸

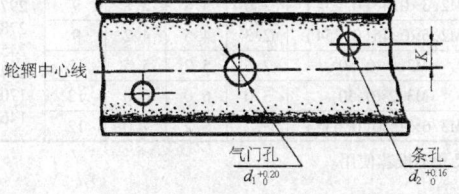

轮辋中心线

气门孔
$d_1^{+0.20}_0$

条孔
$d_2^{+0.16}_0$

气门孔直径 d_1 推荐为气门嘴外径加 0.5mm。条孔直径 d_2 推荐为条母外径加 0.5mm。条孔中心与轮辋中心线距离 K 的推荐值:

种类	软边(BE)轮辋		直边(SS)轮辋						勾边(HB)轮辋		
公称内宽(mm)	20	22.5	16.5	18	20	22	24	25	20	25	27
距离(mm)$K \geq$	1		0.8						1.5		

72. 自行车辐条和条母 (QB/T 1888—1993)

【特点及用途】自行车辐条和条母是自行车车轮组装的重要配件,辐条和条母需配合使用。辐条有镀铬辐条(代号 C)、镀锌辐条(代号 Z)和

不锈钢辐条(代号 S),条母有铜条母(代号 H)和易切削钢条母(代号 Y)

(1) 自行车辐条

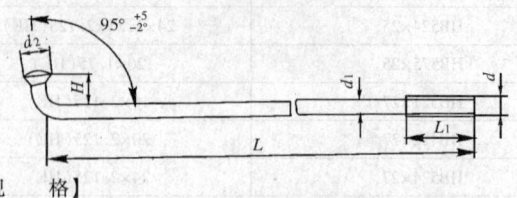

【规　格】

辐条号数	主要尺寸(mm)					
	d	d_1	d_2	H	L_1	L(推荐尺寸)
15	M2.1×0.45(0.454)	1.8	3.5	3.8	9	305　300
14	M2.3×0.45(0.454)	2.0	3.8	3.8	9	297　283
13	M2.6×0.45(0.454)	2.3	4.5	4.2	9	278　260
12	M3.0×0.50	2.6	5.2	5.5	12	245　220 204　195
11	M3.2×0.50	3.0	6.0	6.0	12	170　155
10	M3.6×0.60(0.635)	3.2	6.2	7.0	12	146

注:括号内尺寸不推荐使用。

(2) 条　母

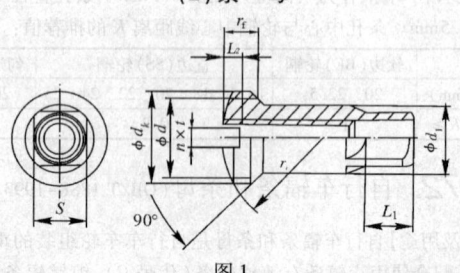

图 1

【规　格】　　　　　　　　　　　　　　（mm）

辐条号数	d_1	d 参考	d_k ≥	L_1 ≥	S	螺纹旋合长度	头部厚度和槽宽										
							厚圆头				薄圆头				厚平头		
							r_f ≥	L_2	n	t	r_i ≥	L_2	n	t	L_2	n	t
15 14	4	5	6	4	3.3	4≥	5	2.7	1.6	1.6	10	2	1.1	1.1	2.3	1.6	1.5
13	4.8	5.5	6.5	4	3.8	4.5	6	2.7	1.6	1.6	—	—	—	—	3.15	1.6	1.75
12	5.5	5.5	7.5	4	4.5	5.5	7.5	3.6	2	2	12.5	2.6	1.6	1.6	3.2	1.6	1.75

注:优先采用以上规格尺寸。

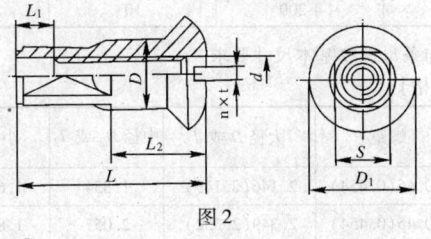

图 2

【规　格】　　　　　　　　　　　　　　（mm）

辐条号数	d	D	D_1	S	L_1≤	L_2	L	n	t^*
15	M2.1×0.45(0.454)	3.8	6.0	3.3	4.0 6.0	6 10	12.0 16.0	1.5	1.2
14	M2.3×0.45(0.454)	4.0	6.5	3.5					
13	M2.6×0.45(0.454)	4.3	7.0	3.8					
12	M3.0×0.50	4.8	7.5	4.2	4.5	7	13.5		
11	M3.2×0.50	5.0	8.0	4.4					
10	M3.6×0.60(0.635)	6.0	9.5	5.0	6.0	8	16.0		

注:1. 括号内尺寸不推荐使用。

　　2. *对无槽条母 $n×t$ 不作规定。

附1:自行车辐条和条母的技术要求

a. 辐条与条母组合后的破坏拉力

辐条号数	破坏拉力不低于 N	符合反复弯曲试验	
		弯曲半径(mm)	弯曲次数 次≥
15	1 500	5	8
14	2 100	5	8
13	2 700	7.5	7
12	2 900	7.5	7
11	3 200	7.5	6
10	4 200	10	6

b. 辐条与条母螺纹基本尺寸要求

【规　　　格】　　　　　　　　　　　　　　　　　　　(mm)

辐条号数	公称直长	螺距 P	大径 D 或 d	中径 D_2 或 d_2	小径 D_1 或 d_1
15	2.1	0.45(0.454)	2.146(2.149)	1.854	1.659(1.658)
14	2.3	0.45(0.454)	2.349(2.352)	2.057	1.862(1.861)
13	2.6	0.45(0.454)	2.654(2.657)	2.362	2.167(2.166)
12	3.0	0.50	3.000	2.675	2.459
11	3.2	0.50	3.200	2.875	2.659
10	3.6	0.60(0.635)	3.600(3.622)	3.210	2.950(2.934)

注:括号内尺寸不推荐使用。

c. 辐条螺纹极限尺寸与公差

【规　格】　　　　　　　　　　　　（mm）

公称直径	螺距 P	公差带	中径			大径		
			最大	公差	最小	最大	公差	最小
2.1	0.45 (0.454)	6g6e	1.834	0.071	1.763	2.096 (2.099)	0.100	1.996 (1.999)
2.3	0.45 (0.454)	6g6e	2.037	0.071	1.966	2.299 (2.302)	0.100	2.199 (2.202)
2.6	0.45 (0.454)	6g6e	2.342	0.071	2.271	2.604 (2.607)	0.100	2.504 (2.507)
3.0	0.50	6g	2.655	0.075	2.500	2.900	0.106	2.874
3.2	0.50	6g	2.855	0.075	2.780	3.180	0.106	3.074
3.6	0.60 (0.635)	6g	3.189	0.085	3.104	3.579 (3.601)	0.125	3.454 (3.476)

注：括号内尺寸不推荐使用。

附2：自行车辐条和条母标记表示方法。

示例：

号数为 14，长度为 305mm 的镀铬辐条，其标记为：

辐条 C14-305　QB/T 1888

号数为 14 的铜条母，其标记为：

条母 H14　QB/T 1888

73. 自行车轮胎气门嘴（GB 1796–1996）

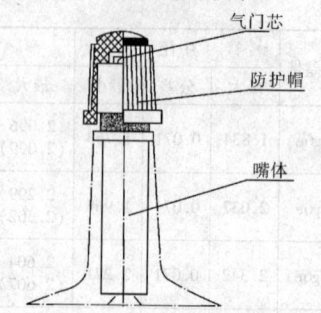

气门芯

防护帽

嘴体

【特点及用途】自行车轮胎气门嘴是由嘴体、防护帽和气门芯等组成
其主要用于自行车轮胎的充气。

【规　　格】

型号	结构零件		主要尺寸（mm）GB3900		
	嘴体	防护帽	气门芯	长度	直径
T1–09–1	T1–09–1	A 型或 B 型或 C 型	TC1 或 TC2 GB 1795	28	8.2
T1–09–2	T1–09–2			34	8.0
T1–09–3	T1–09–3			34	8.2

第四篇

机电产品

第十八章 电动机

电动机的作用是将电能转换为机械能。现代各种生产机械都广泛使用着电动机。电动机对简化生产机械的结构，提高生产效率和产品质量，减轻繁重的体力劳动，以及实现自动控制和远距离操作等，都有着不可缺少的积极的重要作用。

1. 电动机的分类

电动机按其特性和结构的不同，可分为：

电动机 { 直流电动机
交流电动机 { 同步电动机
异步电动机 { 单相异步电动机
三相异步电动机 { 鼠笼型三相异步电动机
绕线型三相异步电动机 } } } }

社会生产实践的应用中，交流电动机的数量远远多于直流电动机，在交流电动机中，三相异步电动机则占有相当大的比重。

2. 电动机型号的表示方法

(1) 电动机型号组成结构 (GB4831-84)

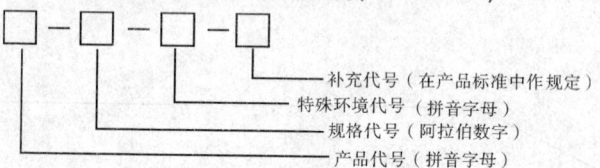

补充代号（在产品标准中作规定）
特殊环境代号（拼音字母）
规格代号（阿拉伯数字）
产品代号（拼音字母）

(2)电动机规格代号

名称	规格代号内容
小型异步电动机	中心高(mm)—机座长度(字母代号)—铁心长度(数字代号)—极数
大、中型异步电动机	中心高(mm)—铁心长度(数字代号)—极数
小型同步电动机	中心高(mm)—机座长度(字母代号)—铁心长度(数字代号)—极数
大、中型同步电动机	中心高(mm)—铁心长度(数字代号)—极数
小型直流电动机	中心高(mm)—机座长度(数字代号)
中型直流电动机	中心高(mm)或机座号(数字代号)—铁心长度(数字代号)—电流等级(数字代号)
大型直流电动机	电枢铁心外径(mm)—铁心长度(mm)
分马力电动机 (小功率电动机)	中心高(mm)或外壳外径(mm)(或/)机座长度(字母代号)—铁心长度、电压、转速(均用数字代号)
交流换向器电动机	中心高或机壳外径(mm)—(或/)铁心长度、转速(均用数字代号)
测功机	功率(kW)—转速(仅对直流测功机)

(3)电动机特殊环境代号

汉语代号	"热"带用	"湿热"带用	"干热"带用	"高"原用	"船"(海)用	化工防"腐"用	户"外"用
汉语拼音代号	T	TH	TA	G	H	F	W

(4) 电动机型号组成结构举例

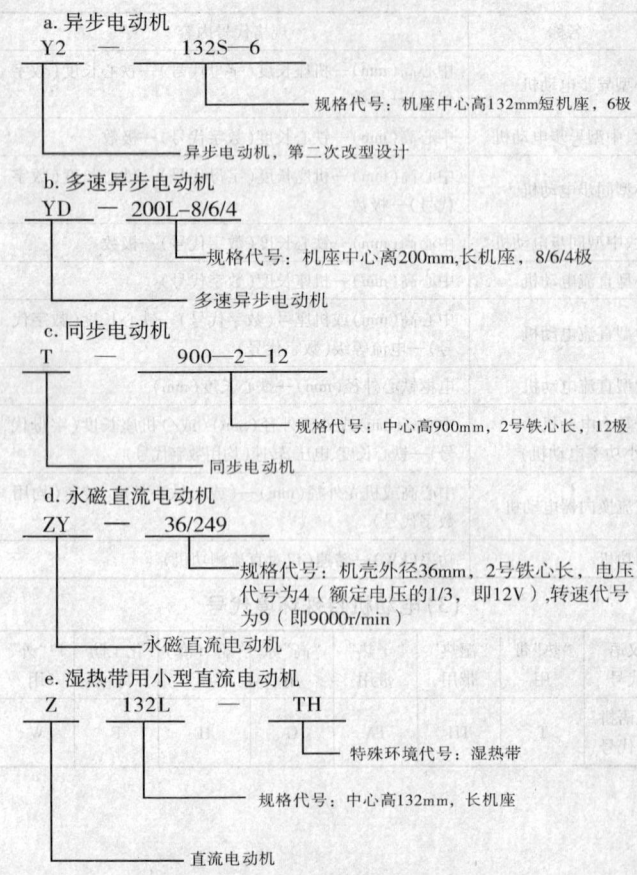

a. 异步电动机

Y2 — 132S—6

└─ 规格代号：机座中心高132mm短机座，6极

└─ 异步电动机，第二次改型设计

b. 多速异步电动机

YD — 200L-8/6/4

└─ 规格代号：机座中心离200mm，长机座，8/6/4极

└─ 多速异步电动机

c. 同步电动机

T — 900—2—12

└─ 规格代号：中心高900mm，2号铁心长，12极

└─ 同步电动机

d. 永磁直流电动机

ZY — 36/249

└─ 规格代号：机壳外径36mm，2号铁心长，电压代号为4（额定电压的1/3，即12V），转速代号为9（即9000r/min）

└─ 永磁直流电动机

e. 湿热带用小型直流电动机

Z 132L — TH

└─ 特殊环境代号：湿热带

└─ 规格代号：中心高132mm，长机座

└─ 直流电动机

3. 电动机主要性能

额定功率（P）：电动机额定功率是指电动机在频率、电压、电流都为额定值时，电机转轴每秒钟所输出的机械能，单位为 W。

额定转速（n）：额定转速是指电动机在电压、电流、频率、功率都为额定值时，每分钟的转速，单位为 r/min。

额定电压（U）：额定电压是指电动机在额定情况下运动时，定子绕组线端的电压值，单位为 V。电动机铭牌常见"220V/380V"，其表示两种额定电压。如果电源电压为 220V，则应把电动机的出线端接成三角形（△）；电源电压为 380V，应把电动机的出线端接成星形（Y）。

额定电流（I）：额定电流是指电动机在额定电压，额定频率下以额定功率运行时，定子绕组线端的电流值，单位为 A。

电动机的接法：电动机的接法是指电动机在额定电压下定子绕组出线端的连接方式。例如："Y"形连接，"△"形连接。

额定频率（f）：额定频率是指电动机在额定运行时的情况下定子绕组所接交流电源的频率，单位为 Hz。我国规定标准交流电源频率为 50Hz。

绝缘等级：根据电动机绝缘材料和允许承受的不同温升所划分的等级称为绝缘等级。有 A、E、B、F、H 级，其最热点温度分别依次为 105、120、130、155、180（℃）。

工作定额：工作定额是指电动机在正常使用时允许连续运转的时间。一般分为连续、短时、断续三种工作方式。

温升：温升是指电动机在正常运行时绕组允许超出周围环境的最高温度。

效率：效率是指电动机输出功率与输入功率之比。

功率因数（cosφ）：功率因数是指电动机有功功率与视在功率之比。

启动电流：启动电流是指电动机在启动时瞬间电流，一般是额定电流的 5.5 ~ 7 倍。

启动转矩：启动转矩是指电动机启动时所输出的力矩。常用启动转矩与额定转矩的倍数来表示。

最大转矩:最大转矩是指电动机所能拖动最大负载的转矩。常用最大转矩与额定转矩的倍数来表示。

4. 电动机常用计算公式

额定电流 $I = \dfrac{1000P}{1.73u\eta\cos\varphi}$	P—额定功率,kW U—额定电压,V $\cos\phi$—功率因数,$\cos\varphi$ η—效率,%
同步转速 $n = \dfrac{f}{p} \times 60$	f—频率,Hz p—磁极对数(如:两极,p=1;四极,P=2)
转差率 $s = \dfrac{n-ne}{n} \times 100\%$	n—电动机同步转速,r/min ne—电动机额定转速,r/min
转短 $M = \dfrac{9555N}{n}$ $M = F\dfrac{D}{2}$ $F = \dfrac{19110N}{nD}$	M—电动机转矩,N·m N—工作机械的负荷,kW n—转速,r/min F—皮带拉力,N D—皮带轮直径,mm

5. 三相交流异步电动机

三相交流异步电动机广泛地应用在社会的各个生产领域中,它的基本部分是由定子(固定部分)和转子(旋转部分)所构成。根据其转子构造上的不同分为鼠笼型和绕线型两种型号。鼠笼型异步电动机结构简单,坚

固耐用,工作可靠,维护方便,但调速困难,功率因数较低,启动性能较差因此,要求机械性能较硬而无特殊调速要求的一般生产机械的拖动,应尽可能采用鼠笼型电动机。绕线型异步电动机性能较好,并可在不大的范

内平滑调速,但其价格偏贵,维护亦较不便,故对某些不能采用鼠笼型
的场合,才采用绕线型的电动机。以下主要选用了四川自贡东风电机有
限公司等厂家的部分产品加以介绍。

(1) Y 系列三相异步电动机

【特点及用途】Y 系列电动机是封闭自扇冷
鼠笼型三相异步电动机,具有高效、节能、起动转
矩高、噪声低、振动小、体积小、重量轻、外形美
观、结构坚固、运行可靠、使用维护方便等特点。

Y 系列电动机为一般用途电动机,适用于驱
动无特殊要求的各种机械设备。如金属切削机床、泵、风机、运输机械、搅
拌机、农业及食品机械等。由于有较好的启动性能。故也适用于驱动对
启动转矩有较高要求的机械,如压缩机。Y 系列电动机按 JB/T9616—1999
标准设计制造,防护等级 IP44,绝缘等级 B 级,频率 50Hz。

【规　　格】表 18-4 Y 系列电动机规格

型　　号	额定功率 (kW)	额定功率时运作特性				堵转电流	堵转转矩	最大转矩	重量 (kg)
		电流 (A)	转速 (r/min)	效率 (%)	功率因数 (cosφ)	额定电流	堵转转矩	堵转转矩	
Y801-2	0.75	1.81	2 830	75	0.84	6.5	2.2	2.3	16
Y802-2	1.1	2.52	2 830	77	0.86	7.0	2.2	2.3	17
Y90S-2	1.5	3.44	2 840	78	0.85	7.0	2.2	2.3	22
Y90L-2	2.2	4.8	2 840	80.5	0.86	7.0	2.2	2.3	25
Y100L-2	3	6.4	2 870	82	0.87	7.0	2.2	2.3	33
Y112M-2	4	8.2	2 890	85.5	0.87	7.0	2.2	2.3	45
Y132S1-2	5.5	11.1	2 900	85.5	0.88	7.0	2.0	2.3	64

续表

型　号	额定功率（kW）	额定功率时运作特性					堵转电流	堵转转矩	最大转矩	重量（kg）
		电流（A）	转速（r/min）	效率（%）	功率因数（cosφ）		额定电流	堵转转矩	堵转转矩	
Y132S2-2	7.5	15	2 900	86.2	0.88		7.0	2.0	2.3	70
Y160M1-2	11	21.8	2 930	87.2	0.88		7.0	2.0	2.3	117
Y160M2-2	15	29.4	2 930	88.2	0.88		7.0	2.0	2.3	125
Y160L-2	18.5	35.5	2 930	89	0.89		7.0	2.0	2.2	147
Y180M-2	22	42.2	2 940	89	0.89		7.0	2.0	2.2	180
Y200L1-2	30	56.5	2 950	90	0.89		7.0	2.0	2.2	240
Y200L2-2	37	69.8	2 950	90.5	0.89		7.0	2.0	2.2	255
Y225M-2	45	83.9	2 970	91.5	0.89		7.0	2.0	2.2	309
Y250M-2	55	103	2 970	91.5	0.89		7.0	2.0	2.2	403
Y280S-2	75	140	2 970	92	0.89		7.0	2.0	2.2	544
Y280M-2	90	167	2 970	92.5	0.89		7.0	2.0	2.2	620
Y315S-2	110	203	2 980	92.5	0.89		6.8	1.8	2.2	980
Y325M-2	132	242	2 980	93	0.89		6.8	1.8	2.2	1 08
Y315L1-2	160	292	2 980	93.5	0.89		6.8	1.8	2.2	1 16
Y315L2-2	220	365	2 980	93.5	0.89		6.8	1.8	2.5	1 19
Y801-4	0.55	1.51	1 390	73	0.76		6.0	2.4	2.3	17
Y802-4	0.75	2.01	1 390	74.5	0.76		6.0	2.3	2.3	18
Y90S-4	1.1	2.75	1 400	78	0.78		6.5	2.3	2.3	22
Y90L-4	1.5	3.65	1 400	79	0.79		6.5	2.2	2.3	27
Y100L1-4	2.2	5.03	1 430	81	0.82		7.0	2.2	2.3	34
Y100L2-4	3	6.82	1 430	82.5	0.81		7.0	2.2	2.3	38

续表

型　号	额定功率 (kW)	额定功率时运作特性				堵转电流	堵转转矩	最大转矩	重量 (kg)
		电流 (A)	转速 (r/min)	效率 (%)	功率因数 (cosφ)	额定电流	堵转转矩	堵转转矩	
Y112M-4	4	8.77	1 440	84.5	0.82	7.0	2.2	2.3	43
Y132S-4	5.5	11.6	1 440	85.5	0.84	7.0	2.2	2.3	68
Y132M-4	7.5	15.4	1 440	87	0.85	7.0	2.2	2.3	81
Y160M-4	11	22.6	1 460	8.8	0.84	7.0	2.2	2.3	123
Y160L-4	15	30.3	1 460	88.5	0.85	7.0	2.2	2.3	144
Y180M-4	18.5	35.9	1 470	91	0.86	7.0	2.0	2.2	182
Y180L-4	22	42.5	1 470	91.5	0.86	7.0	2.0	2.2	190
Y200L-4	30	56.8	1 470	92.2	0.87	7.0	2.0	2.2	270
Y225S-4	37	69.8	1 480	91.8	0.87	7.0	1.9	2.2	284
Y225M-4	45	84.2	1 480	92.3	0.88	7.0	1.9	2.2	320
Y250M-4	55	103	1 480	92.6	0.88	7.0	1.9	2.2	427
Y280S-4	75	140	1 480	92.7	0.88	7.0	1.9	2.2	562
Y280M-4	90	164	1 490	93.5	0.89	7.0	1.9	2.2	667
Y315S-4	110	201	1 490	93.8	0.89	7.0	1.8	2.2	1 000
Y315M-4	132	240	1 490	94	0.89	6.8	1.8	2.2	1 100
Y315L1-4	160	289	1 490	94.5	0.89	6.8	1.8	2.2	1 160
Y315L2-4	200	362	1 490	94.5	0.89	6.8	1.8	2.2	1 070
Y90S-6	0.75	2.3	910	72.5	0.70	6.0	2.0	2.0	23
Y90L-6	1.1	3.2	910	72.5	0.70	6.0	2.0	2.0	25
Y100L-6	1.5	4.0	940	77.5	0.74	6.0	2.0	2.0	33
Y112M-6	2.2	5.6	940	80.5	0.74	6.0	2.0	2.0	45
Y132S-6	3	7.2	960	83	0.76	6.5	2.0	2.0	63

续表

型 号	额定功率 (kW)	额定功率时运作特性				堵转电流	堵转转矩	最大转矩	重量 (kg)
		电流 (A)	转速 (r/min)	效率 (%)	功率因数 (cosφ)	额定电流	堵转转矩	堵转转矩	
Y132M1-6	4	9.4	960	84	0.77	6.5	2.0	2.0	73
Y132M2-6	5.5	12.6	960	85.3	0.78	6.5	2.0	2.0	84
Y160M-6	7.5	17	970	86	0.78	6.5	2.0	2.0	119
Y160L-6	11	24.6	970	87	0.78	6.5	2.0	2.0	147
Y180L-6	15	31.6	970	89.5	0.81	6.5	1.8	2.0	195
Y200L1-6	18.5	37.7	970	89.8	0.83	6.8	1.8	2.0	220
Y200L2-6	22	44.6	970	90.2	0.83	6.5	1.8	2.0	250
Y225M-6	30	59.5	980	90.2	0.85	6.5	1.8	2.0	292
Y250M-6	37	72	980	90.8	0.86	6.5	1.8	2.0	408
Y280S-6	45	85.4	980	92	0.87	6.5	1.8	2.0	536
Y280M-6	55	104.9	980	91.6	0.87	6.5	1.8	2.0	595
Y315S-6	75	141	990	92.8	0.87	6.5	1.6	2.0	990
Y315M-6	90	169	990	93.2	0.87	6.5	1.6	2.0	1 08
Y315L1-6	110	206	990	93.5	0.87	6.8	1.6	2.0	1 15
Y315L2-6	132	246	990	93.8	0.87	6.5	1.6	2.0	1 21
Y90S-8	0.37	1.6	700	56	0.6	5.0	1.8	1.8	23
Y90L-8	0.55	2.0	700	59	0.6	5.0	2	1.8	25
Y100L1-8	0.75	2.9	710	65	0.6	5.0	1.7	1.8	38
Y100L2-8	1.1	3.2	700	65	0.6	5.5	1.6	1.8	40
Y112M-8	1.5	5.0	700	72	0.61	5.5	1.7	1.8	49
Y132S-8	2.2	5.8	710	81	0.71	5.5	2.0	2.0	63
Y132M-8	3	7.7	710	82	0.72	5.5	2.0	2.0	79

续表

型　号	额定功率（kW）	额定功率时运作特性				堵转电流	堵转转矩	最大转矩	重量（kg）
		电流（A）	转速（r/min）	效率（%）	功率因数（cosφ）	额定电流	堵转转矩	堵转转矩	
Y160M1-8	4	9.9	720	84	0.73	6.0	2.0	2.0	118
Y160M2-8	5.5	13.3	720	85	0.74	6.0	2.0	2.0	119
Y160L-8	7.5	17.7	720	86	0.75	5.5	2.0	2.0	145
Y180L-8	11	25.1	730	86.5	0.77	6.0	1.7	2.0	184
Y200L-8	15	34.1	730	88	0.76	6.0	1.8	2.0	250
Y225S-8	18.5	41.3	730	89.5	0.76	6.0	1.7	2.0	266
Y225M-8	22	47.6	730	90	0.78	6.0	1.8	2.0	292
Y250M-8	30	63	730	90.5	0.80	6.0	1.8	2.0	405
Y280S-8	37	78.2	740	91	0.79	6.0	1.8	2.0	520
Y280M-8	45	93.2	740	91.7	0.80	6.0	1.8	2.0	592
Y315S-8	55	114	740	92	0.80	6.5	1.6	2.0	1 000
Y315M-8	75	152	740	92.5	0.81	6.5	1.6	2.0	1 100
Y315L1-8	90	179	740	93	0.82	6.5	1.6	2.0	1 160
Y315L2-8	110	218	740	93.3	0.82	6.3	1.6	2.0	1 230
Y315S-10	45	101	590	91.5	0.74	6.0	1.4	2.0	990
Y315M-10	55	123	590	92	0.74	6.0	1.4	2.0	1 150
Y315L2-10	75	164	590	92.5	0.75	6.0	1.4	2.0	1 220

（2）Y2 系列三相异步电动机

【特点及用途】Y2 系列三相异步电动机采用全封闭自扇冷式鼠笼型设计，防护等级 IP54，绝缘等级 F 级，频率 50Hz，其噪声低、振动小、结构省材美观，为一般用途电动机。适用于无特殊要求的各种机械设备，如机床、风机、水泵、农业机械、运输机械等设备的驱动动力所用。

【规　　格】

型　号	额定功率（kW）	满　载　时				堵转电流	堵转转矩	最大转矩
		定子电流（A）	转速（r/min）	效率（％）	功率因数	额定电流	额定转矩	额定转矩
Y2-801-2	0.75	1.83	2 830	75	0.83	6.1	2.2	2.3
Y2-802-2	1.1	2.55		77	0.84	7.0		
Y2-801-4	0.55	1.57	1 390	71	0.75	5.2	2.4	2.3
Y2-802-4	0.75	2.03		73	0.76	6.0	2.3	
Y2-801-6	0.37	1.30	890	62	0.70	4.7	1.9	2.0
Y2-802-6	0.55	1.79		65	0.72			2.1
Y2-801-8	0.18	0.88	630	51	0.61	3.3	1.8	1.9
Y2-802-8	0.25	1.15	640	54				
Y2-90S-2	1.5	3.40	2 840	79	0.84	7.0	2.2	2.3
Y2-90L-2	2.2	4.80		81	0.85			
Y2-90S-4	1.1	2.82	1 400	75	0.77	6.0	2.3	2.3
Y2-90S-4	1.5	3.70		78	0.79			
Y2-90S-6	0.75	2.26	910	69	0.72	5.5	2.0	2.1
Y2-90L-6	1.1	3.14		72	0.73			
Y2-90S-8	0.37	1.49	660	62	0.61	4.0	1.8	1.9
Y2-90L-8	0.55	2.18		63				2.0
Y2-100L1-2	3.0	6.31	2 870	83	0.87	7.5	2.2	2.3
Y2-100L2-2	3.0	6.31						
Y2-100L1-4	2.2	5.16	1 430	80	0.81	7.0	2.2	2.3
Y2-100L2-4	3.0	6.78		82	0.82			

续表

型　　号	额定功率 (kW)	满载时				堵转电流额定电流	堵转转矩额定转矩	最大转矩额定转矩
		定子电流(A)	转速 (r/min)	效率 (%)	功率因数			
Y2-100L1-6	1.5	3.95	940	76	0.75	5.5	2.0	2.1
Y2-100L2-6	1.5							
Y2-100L1-8	0.75	2.43	690	71	0.67	4.0	1.8	2.0
Y2-100L2-8	1.1	3.42		73	0.69	5.0		
Y2-112M-2	4.0	8.23	2 890	85	0.88	7.5	2.2	2.3
Y2-112M-4	4.0	8.83	1 440	84	0.82	7.0	2.3	2.3
Y2-112M-6	2.2	5.57	940	79	0.76	6.5	2.0	2.1
Y2-112M-8	1.5	4.47	680	75	0.69	5.0	1.8	2.0
Y2-132S1-2	5.5	11.18	2 900	86	0.88	7.5	2.2	2.3
Y2-132S2-2	7.5	15.06		87				
Y2-132S1-4	5.5	11.7	1440	85	0.83	7.0	2.3	2.3
Y2-132S2-4	5.5							
Y2-132M1-4	7.5	15.6	1 400	87	0.84	7.0	2.3	2.3
Y2-132M2-4	7.5							
Y2-132S1-6	3.0	7.41	960	81	0.76	6.5	2.1	2.1
Y2-132S2-6	3.0							
Y2-132M1-6	4.0	9.64	960	82	0.76	6.5	2.1	2.1
Y2-132M2-6	5.5	12.93		84	0.77			
Y2-132S1-8	2.2	6.04	710	78	0.71	6.0	1.8	2.0
Y2-132S2-8	2.2							
Y2-132M1-8	3.0	7.9	710	79	0.73	6.0	1.8	2.0
Y2-132M2-8	3.0							

续表

型 号	额定功率 (kW)	满 载 时				堵转电流 额定电流	堵转转矩 额定转矩	最大转矩 额定转矩
		定子电流(A)	转速 (r/min)	效率 (%)	功率因数			
Y2-160M1-2	11	21.35	2 930	88	0.89	7.5	2.2	2.3
Y2-160M2-2	15	28.78		89				
Y2-160M1-4	11	22.35	1 460	88	0.84	7.0	2.2	2.2
Y2-160M2-4	11							
Y2-160M1-6	7.5	17.0	970	86	0.77	6.5	2.0	2.1
Y2-160M2-6	7.5							
Y2-160M1-8	4	10.28	.720	81	0.73	6.0	1.9	2.0
Y2-160M2-8	5.5	13.61		83	0.74			
Y2-160L-2	18.5	34.72	2 930	90	0.90	7.5	2.2	2.3
Y2-160L-4	15	30.14	1 460	89	0.85	7.5	2.2	2.3
Y2-160L-6	11	24.23	970	87.5	0.78	6.5	2.0	2.1
Y2-160-8	7.5	17.88	720	85.5	0.75	6.0	2.0	2.0
Y2-180M-2	22	41.28	2 940	90	0.90	7.5	2.2	2.3
Y2-180M-4	18.5	36.47	1 470	90.5	0.86	7.5	2.2	2.3
Y2-180L-4	22	43.14	1 470	91.0	0.86	7.5	2.2	2.3
Y2-180L-6	15	31.63	970	89	0.81	7.0	2.0	2.1
Y2-180L-8	11	25.29	730	87.5	0.76	6.6	2.0	2.0
Y2-200L1-2	30	55.37	2950	91.2	0.90	7.5	2.2	2.3
Y2-200L2-2	37	67.92		92				
Y2-200L1-4	30	57.63	1470	92	0.86	7.2	2.2	2.3
Y2-200L2-4	30							

续表

型　号	额定功率(kW)	满载时				堵转电流 额定电流	堵转转矩 额定转矩	最大转矩 额定转矩
		定子电流(A)	转速(r/min)	效率(%)	功率因数			
Y2–200L1–6	18.5	38.10	970	90	0.81	7.0	2.1	2.1
Y2–200L2–6	22	44.52			0.83			
Y2–200L1–8	15	34.09	730	88	0.76	6.6	2.0	2.0
Y2–200L2–8	15							
Y2–225S–4	37	69.99	1480	92.5	0.87	7.2	2.2	2.3
Y2–225S–8	18.5	40.58	730	90	0.76	6.6	1.9	2.0
Y2–225M–2	45	82.16	2 970	92.3	0.90	7.5	2.0	2.3
Y2–225M–4	45	84.54	1 480	92.8	0.87	7.2	2.2	2.3
Y2–225M–6	30	58.63	980	91.5	0.84	7.0	2.0	2.1
Y2–225M–8	22	47.37	740	90.5	0.78	6.6	1.9	2.0
Y2–250M–2	55	100.1	2 970	92.5	0.90	7.5	2.0	2.3
Y2–250M–4	55	103.1	1 480	93	0.87	7.2	2.2	2.3
Y2–250M–6	37	71.08	980	92	0.86	7.0	2.1	2.1
Y2–250M–8	30	64.43	740	91	0.79	6.6	1.9	2.0
Y2–280S–2	75	134	2 970	93	0.90	7.5	2.0	2.3
Y2–280M–2	90	160.27		93.8	0.91			
Y2–280S–4	75	139.7	1 490	93.8	0.87	7.2	2.2	2.3
Y2–280M–4	90	166.93		94				
Y2–280S–6	45	85.98	980	92.5	0.86	7.0	2.1	2.0
Y2–280M–6	55	104.75		92.8				
Y2–280S–8	37	76.83	740	91.5	0.79	6.6	1.9	2.0
Y2–280M–8	45	92.93		92				

续表

型　　号	额定功率 (kW)	满 载 时				堵转电流	堵转转矩	最大转矩
		定子电流(A)	转速 (r/min)	效率 (%)	功率因数	额定电流	额定转矩	额定转矩
Y2-315S-2	110	195.46		94	0.91			
Y2-315M-2	132	233.3	2 980	94.5	0.91	7.1	1.8	2.2
Y2-315L1-2	160	279.44		94.6	0.92			
Y2-315L2-2	200	347.83		94.8	0.92			
Y2-315S-4	110	201.06		94.5	0.88			
Y2-315M-4	132	240.57	1 490	94.8	0.88	6.9	2.1	2.2
Y2-315L1-4	160	287.95		94.9	0.89			
Y2-315L2-4	200	358.8		95	0.89			
Y2-315S-6	75	141.77		93.5	0.86	7.0		
Y2-315M-6	90	169.58	990	93.8	0.86	7.0	2.0	2.0
Y2-315L1-6	110	206.83		94	0.86	6.7		
Y2-315L2-6	132	244.82		94.2	0.87	6.7		
Y2-315S-8	55	112.97		92.8	0.81	6.6		
Y2-315M-8	75	151.33	740	93	0.81	6.6	1.8	2.0
Y2-315L1-8	90	177.86		93.8	0.82	6.6		
Y2-315L2-8	110	216.92		94	0.82	6.4		
Y2-315S-10	45	99.67		91.5	0.75			
Y2-315M-10	55	121.16	590	92	0.75	6.2	1.5	2.0
Y2-315L1-10	75	162.16		92.5	0.76			
Y2-315L2-10	90	191.03		93	0.77			
Y2-355M1-2	250	432.50	2 980	95.3	0.92	7.1	1.6	
Y2-355M2-2	250		2 980	95.3	0.92			2.2
Y2-355L-2	315	543.25	2 980	95.6	0.92	7.1	1.6	

续表

型　号	额定功率 (kW)	满载时				堵转电流 额定电流	堵转转矩 额定转矩	最大转矩 额定转矩
		定子电流(A)	转速(r/min)	效率(%)	功率因数			
Y2-355M1-4	250	442.12	1 490	95.3	0.90	6.9	2.1	
Y2-355M2-4	250							
Y2-355L-4	315	555.32		95.6	0.90	6.9	2.1	
Y2-355M1-6	160	291.52		94.5				
Y2-355M2-6	200	263.64	990	94.7	0.88	6.7	1.9	
Y2-355L-6	250	453.60		94.9				
Y2-355M1-8	132	260.30		93.7	0.82			2.0
Y2-355M2-8	160	310.07	740	94.2	0.82	6.4	1.8	
Y2-355L-8	200	386.36		94.5	0.83			
Y2-355M1-10	110	230		93.2				
Y2-355M2-10	132	275.11	590	93.5	0.78	6.0	1.3	
Y2-355L-10	160	333.47		93.5				

（3）Y2E 系列三相异步电动机

【特点及用途】Y2E 系列三相异步电动机是在 Y2 系列三相异步电动机的基础上为提高效率而设计，其满载效率比 Y2 系列提高 1.79%。Y2E 系列三相异步电动机适用于运行时间长、负载率较高的各种机械设备作驱动动力所用。

【规　　格】

型　号	额定功率（kW）	满　载　时				堵转电流	堵转转矩
		定电子电流(A)	转速(r/min)	效率(%)	功率因数	额定电流	额定转矩
Y2E-801-2	0.75		3 000	77.0	0.83	7.0	2.2
Y2E-802-2	1.1		3 000	79.0	0.84	7.0	2.2
Y2E-801-4	0.55		1 500	73.5	0.75	6.0	2.4
Y2E-802-4	0.75		1 500	75.5	0.77	6.0	2.4
Y2E-90S-2	1.5		3 000	80.5	0.85	7.0	2.2
Y2E- 90L-2	2.2		3 000	82.5	0.85	7.0	2.2
Y2E-90S-4	1.1		1 500	76.5	0.78	6.5	2.2
Y2E-90L-4	1.5		1 500	79.5	0.78	6.5	2.2
Y2E-90S-6	0.75		1 000	72.5	0.71	5.6	2.1
Y2E-90L-6	1.1		1 000	74.5	0.71	5.6	2.1
Y2E-100L1-2	3		3 000	84.0	0.87	8.0	2.2
Y2E-100L1-4	2.2		1 500	82.0	0.81	7.1	2.2
Y2E-100L2-4	3		1 500	83.0	0.82	7.1	2.3
Y2E-100L1-6	1.5		1 000	78.0	0.74	6.4	2.2
Y2E-112M-2	4		1 500	86.0	0.90	8.0	2.2
Y2E-112M-4	4		1 500	86.0	0.82	7.1	2.3
Y2E-112M-6	2.2		1 000	81.0	0.75	6.4	2.1
Y2E-132S1-2	5.5		3 000	88.0	0.90	8.0	2.2
Y2E-132S2-2	7.5		3 000	88.5	0.90	8.0	2.1
Y2E-132S1-4	5.5		1 500	87.0	0.83	7.1	2.3
Y2E-132S1-6	3		1 000	84.0	0.76	6.4	2.1
Y2E-132M1-4	7.5		1 500	88.0	0.85	7.1	2.3
Y2E-132M1-6	4		1 000	85.5	0.76	7.0	2.1
Y2E-132M2-6	5.5		1 000	86.5	0.77	7.0	2.1

续表

型　号	额定功率(kW)	满　载　时				堵转电流额定电流	堵转转矩额定转矩
		定电子电流(A)	转速(r/min)	效率(%)	功率因数		
Y2E-160M1-2	11		3 000	90.5	0.90	8.0	2.1
Y2E-160M2-2	15		3 000	91.0	0.90	8.0	2.1
Y2E-160M1-4	11		1 500	90.5	0.85	7.7	2.1
Y2E-160M1-6	7.5		1 000	88.5	0.78	7.5	1.9
Y2E-160L-2	18.5		3 000	92.0	0.90	8.2	2.1
Y2E-160L-4	15		1 500	91.0	0.85	7.7	2.1
Y2E-160L-6	11		1 000	89.0	0.80	7.7	1.9
Y2E-180M-2	22		3 000	91.7	0.90	8.2	2.1
Y2E-180M-4	18.5		1 500	92.5	0.86	7.7	2.1
Y2E-180L-4	22		1 500	92.8	0.86	7.7	2.1
Y2E-180L-6	15		1 000	90.5	0.81	7.0	1.9
Y2E-200L1-2	30		3 000	92.7	0.90	7.6	1.9
Y2E-200L2-2	37		3 000	93.2	0.90	7.6	1.9
Y2E-200L1-4	30		1 500	93.2	0.86	7.3	2.1
Y2E-200L1-6	18.5		1 000	91.5	0.81	7.0	1.9

（4）YR系列绕线转子三相异步电动机

【特点及用途】YR系列绕线转子三相异步电动机是Y系列三相异步电动机派生产品。电动机采用绕线型转子，转子绕组形式为双层叠式，Y形连接，定子绕组形式为双层叠式，接法△。其启动电流小，起动转矩大，能在一定范围内调节电动机转速。电动机绝缘等级下级，防护级IP23，频率50Hz主要适用于要求启动转矩大，而需要小范围调速的生产场合。

[规格]

型号	额定功率 (kW)	满载时转速 (r/min)	满载时电流 (A)	满载时效率 (%)	满载时功率因数	转子电压 (V)	转子电流 (A)	定转子槽数 Z₁/Z₂	定子绕组每槽线数	定子绕组并联路数/节距	定子绕组线规 n_c-d_c	转子绕组每槽线数	转子绕组并联路数/节距	转子绕组线规 n_c-d_c 或 n_c-a×b	并联支路数	最大转矩/额定转矩数	转动惯量 (kg·m²)
YR160M-4	7.5	1 420	16	84	0.84	260	19		34	1	1-φ1.50	18		3-φ1.12		2.8	0.0875
YR160L1-4	11	1 435	22.7	86.5	0.85	275	26		50	2	2-φ0.85	14		4-φ1.12			0.1215
YR160L2-4	15	1 445	30.8	87	0.85	260	87		38	2	2-φ1.0	10	1~11	3-φ1.30 / 1-φ1.40			0.1493
YR180M-4	18.5	1 425	36.7	87		197	61	48/36	40	2	2-φ1.12	8		1-1.8×5			0.25
YR180L-4	22	1 435	43.2	88		232	61		34	2	1-φ1.18 / 1-φ1.25	8	1~9	1-1.8×5		3.0	0.2725
YR200M-4	30	1 440	58.2	88	0.88	255	76		62	4	2-φ0.95	8		1-2×5.6			0.455
YR200L-4	37	1 450	71.8	89		316	74		50	4	2-φ1.0	8		1-2×5.6	1		0.5525
YR225M1-4	45	1 440	87.3	89		240	120		24	4	1-φ1.12 / 3-φ1.18	6	1~12	2-1.8×4.5		2.5	0.65
YR225M2-4	55	1 450	105.5	90		288	121		40		1-φ1.25 / 1-φ1.30	6		2-1.8×4.5			0.74
YR250S-4	75	1 450	141.5	90.5	0.89	449	105	60/48	14	2	2-φ1.25 / 4-φ1.30	6	1~12	2-1.6×4.5		2.6	1.34
YR250M-4	90	1 460	168.8	91		524	107		12		2-φ1.25 / 2-φ1.30	6		2-1.6×4.5	4		1.5
YR280S-4	110	1 460	205.2	91.5		349	196		24	4	4-φ1.25	4	1~14	2-2.24×6.3		3.0	2.275
YR280M-4	132		243.6	92.5		419	194		20	4	4-φ1.40	4		2-2.24×6.3			2.5975

续表

型号	额定功率 (kW)	满载时 转速 (r/min)	电流 (A)	效率 (%)	功率因数	转子 电压 (V)	转子 电流 (A)	定转子槽数 Z1/Z2	定子线组 每槽线数	定子线组 线规 nc-dc	定子线组 并联路数	定子线组 节距	转子线组 每槽线数	转子线组 线规 nc-dc 或 nc-axb	转子线组 并联支路数	转子线组 节距	最大转矩/额定转矩	转动惯量 (kg·m²)
YR160M-6	5.5	950	13.2	82.5	0.77	279	13	36	36	2-φ0.95	1	1~9	24	1-φ1.18 / 1-φ1.25	1	1~6	2.5	0.143
YR160L-6	7.5		17.5	83.5	0.78	260	19	58	58	1-φ1.06			18	3-φ1.12				0.1638
YR180M-6	11	940	25.4	84.5		146	50	54/36	46	1-φ1.40			8	1-1.8×4			2.8	0.3125
YR180L-6	15	950	33.7	85.5	0.79	187	53		36	2-φ1.06			8	1-1.8×4				0.37
YR200M-6	18.5		40.1	86.5	0.81		65		36	1-φ1.18			8	1-1.85×5			2.8	0.5425
YR200L-6	22	955	46.6	87.5	0.82	224	63		30	1-φ1.30 / 1-φ1.40	2		8	1-1.8×5				0.6375
YR225M1-6	30		61.3		0.85	227	86	72/54	38	2-φ1.12			6	2-1.6×4.5		1~9	2.2	0.8093
YR225M2-6	37	965	74.3	89		287	82		30	1-φ1.18 / 1-φ1.25		1~12·9	6	2-1.6×4.5				0.934
YR250S-6	45		90.4		0.86	307	93		28	2-φ1.40	3		6	2-1.8×4.5				1.6525
YR250M-6	55	970	108.6	89.5		359	97		24	4-φ1.06			6	2-1.8×4.5				1.88
YR280S-6	75		143.1	90.5	0.88	392	121		22	3-φ1.40			6	2-2×5			2.5	2.88
YR280M-6	90		168.7	91	0.89	481	118		18	3-φ1.50			6	2-2×5				3.5125

续表

型号	额定功率 (kW)	满载时 转速 (r/min)	满载时 电流 (A)	满载时 效率 (%)	满载时 功率因数	转子 电压 (V)	转子 电流 (A)	定转子 槽数 Z_1/Z_2	定子绕组 每槽线数	定子绕组 线规 n_c-d_c	定子绕组 并联支路数	定子绕组 节距	转子绕组 每槽线数	转子绕组 线规 n_c-d_c 或 n_c-$a×b$	转子绕组 并联支路数	转子绕组 节距	最大转矩/额定转矩	转动惯量 (kg·m²)
YR160M-8	4	705	10.6	81	0.71	262	11		54	1-φ1.25	1	1~6	30	1-φ1.06 / 1-φ1.12	1	1~5	2.2	0.1418
YR160L-8	5.5		14.4	81.5		243	15		43	1-φ1.40			22	2-φ1.25			2.2	0.162
YR180M-8	7.5	690	19	82	0.73	105	49	48/36	70	1-φ0.90	2		8	1-1.8×4				0.309
YR180L-8	11		27.6	83		140	53		54	2-φ1.0			8	1-1.8×4			2.2	0.3675
YR200M-8	15	710	36.7	85	0.78	153	64		50	2-φ0.95			8	1-1.8×5				0.5355
YR200L-8	18.5		41.9	86		187			43	2-φ1.30			8	1-1.8×5				0.63
YR255M1-8	22	715	49.2	86	0.79	161	90	72/48	62	1-φ1.25	4	1~9	6	2-1.6×4.5		1~6	2.0	0.791
YR255M2-8	30		66.3	87		200	97		50	1-φ1.40			6	2-1.6×4.5				0.9063
YR250S-8	37	720	81.3	87.5		218	110		46	2-φ1.06			6	2-1.8×4.5				1.605
YR250M-8	45		97.8	88.5		264	109		38	2-φ1.18 / 1-φ1.25			6	2-1.8×4.5				1.8325
YR280S-8	55	725	114.5	89	0.82	279	125		36	1-φ1.30 / 1-φ1.40			6	2-2×5			2.2	2.6375
YR280M-8	75		154.4	90		359	131		28	1-φ1.50 / 1-φ1.60			6	2-2×5				3.4225

(5) YZR 系列冶金及起重用三相异步电动机

【特点及用途】YZR 系列电动机是用于驱动各
种型式的起重和冶金机械及其他类似设备的专用
电动机。具有较大的过载能力和较高的机械强度，
结构紧凑、控制方便，使用维护简单等特点。特别
适用于那些短时或断续运行，频繁启动和制动，有

过载负荷及有显著振动与冲击的起重及冶金机械设备。电动机防护等级
为 IP44、IP54，额定电压为 380V，额定频率为 50Hz，绝缘等级为 F 级，H 级
两种。

[规 格]

型号	额定功率 (kW)	定子铁芯 外径	内径	长度 (mm)	定子绕组 槽数	每槽线数	线规 n_c-d_c	绕组形式	节距	接法	转子绕组 每槽线数	线规 n_c-d_c 或 $a×b$	绕组形式	节距	接法	槽数
YZR112M-6	1.5	182	127	95	45	42	1-φ0.75	双层叠式	1~8	Y	14	1-φ0.9 1-φ1.0	单层链式	1~6	Y	36
YZR132M1-6	2.2	210	148	100	45	34	1-φ0.95	双层叠式	1~8	Y	15	2-φ1.12	单层链式	1~6	Y	36
YZR132M2-6	3.7	210	148	150	45	24	2-φ0.85	双层叠式	1~8	Y	15	2-φ1.12	单层链式	1~6	Y	36
YZR160M1-6	5.5	245	182	115	54	40	1-φ1.0	双层叠式	1~9	2Y	22	3-φ1.0	单层链式	1~6	2Y	36
YZR160M2-6	7.5	245	182	150	54	30	1-φ1.18	双层叠式	1~9	2Y	22	3-φ1.0	单层链式	1~6	2Y	36
YZR160L-6	11	245	182	210	54	22	2-φ0.95	双层叠式	1~8	2Y	22	3-φ1.0	单层链式	1~6	2Y	36
YZR180L-6	15	280	210	200	54	28	2-φ0.9	双层叠式	1~11	3Y	16	3-φ1.3	单层链式	1~6	3Y	36
YZR200L-6	22	327	245	255	54	24	2-φ1.25	双层叠式	1~11	3Y	19	4-φ1.25	单层链式	1~6	3Y	54
YZR225M-6	30	327	245	280	72	20	2-φ1.4	双层叠式	1~12	3Y	19	4-φ1.25	双层叠式	2/1~9 1/1~8	3Y	54
YZR250M1-6	37	368	280	280	72	14	3-φ1.3	双层叠式	1~12	3Y	12	3-φ1.4 1·φ1.3	双层叠式	2/1~9 1/1~8	6Y	54
YZR250M2-6	45	368	280	330	72	12	3-φ1.4	双层叠式	1~12	3Y	12	3-φ1.4 1·φ1.3	双层叠式	2/1~9 1/1~8	6Y	48
YZR280S-6	55	423	310	285	72	24	2-φ1.18 1-φ1.18	双层叠式	1~12	6Y	12	6-φ1.3	双层叠式	1~9	6Y	48
YZR280M-6	75	423	310	360	72	18	3-φ1.18 1-φ1.12	双层叠式	1~12	6Y	12	6-φ1.3	双层叠式	1~9	6Y	48

续表

型号	额定功率 (kW)	定子铁芯 外径	内径	长度 (mm)	槽数	定子绕组 每槽线数	线规 n_c-d_c	绕组形式	节距	接法	转子绕组 每槽线数	线规 n_c-d_c 或 $a×b$	绕组形式	节距	接法	槽数
YZR160L-8	7.5	245	182	210	54	14	2-φ1.18	双层叠式	1~7	Y	24	2-φ1.18	双层叠式	1~5	2Y	36
YZR180L-8	11	280	210	200		24	2-φ1.06		1~8		14	3-φ1.25				
YZR200L-8	15	327	245	285	60	20	3-φ1.12		1~7	2Y	12	4-φ1.3	单层链式	1~6		48
YZR225M-8	22	327	245	285		16	3-φ1.3		1~8		12					
YZR250M1-8	30	368	280	380	72	12	2-φ1.4 / 1-φ1.3		1~7	4Y	11	3-φ1.4 / 1-φ1.3				
YZR250M2-8	37	368	280	350		10	4-φ1.3		1~8							
YZR280S-8	45	423	310	285		18	1-φ1.4 / 1-φ1.3		1~9		10	6-φ1.4	双层叠式	1~7		54
YZR280M-8	55	423	310	360		16	4-φ1.25		1~8							
YZR315S-8	75	493	400	340	60	14	3-φ1.4 / 1-φ1.3		1~6	5Y	2	2.23×16	双层波式	1~13 / 1~12		96
YZR315M-8	90	493	400	430		12	4-φ1.3 / 1-φ1.4		1~8							
YZR280S-10	37	423	310	325	75	30	2-φ1.3		1~6			2.8×12.5	双层叠式	1~8	Y	75
YZR280M-10	45	423	310	370		26	3-φ1.18									
YZR315S-10	55	493	400	340		18	1-φ1.25 / 1-φ1.18		1~8			2.23×16	双层波式	1~9 / 1~10		90
YZR315M-10	75	493	400	380		14	3-φ1.4									
YZR355M-10	90	560	440	380	90	26	2-φ1.18 / 1-φ1.12		1~9	10Y		3.15×16	双层波式	1~11 / 1~12		105
YZR355L1-10	110	560	440	440		22	2-φ1.25 / 1-φ1.3									
YZR355L2-10	132	560	540	540		18	3-φ1.4									

(6) YDEJ 变极多速电磁制动三相异步电动机

【特点及用途】YDEJ 变极多速电磁制动三相异步电动机是在 YD 系列变极多速三相异步电动机的风扇端，端盖与风扇之间附加圆盘直流电磁铁制动器所组成的派生系列产品。其防护等级为 IP44，绝缘等级为 B 级，频率为 50Hz。

【规　格】

型　号	极数	额定数据				堵转电流额定电流	堵转转矩额定转矩	最大转矩额定转矩	重量（kg）
		功率（kW）	电压（V）	电流（A）	转速（r/min）				
YDEJ801–4/2	4	0.45	380	1.4	1 420	6.5	1.5	1.8	17
	2	0.55		1.5	2 860	7	1.7		
YDEJ802–4/2	4	0.55	380	1.7	1 420	6.5	1.6	1.8	18
	2	0.75		2.0	2 860	7	1.8		
YDEJ90S–4/2	4	0.85	380	2.3	1 430	6.5	1.8	1.8	22
	2	1.1		2.8	2 850	7	1.9		
YDEJ90L–4/2	4	1.3	380	3.3	1 430	6.5	1.8	1.8	27
	2	1.8		4.3	2 850	7	2.0		
YDEJ100L1–4/2	4	2	380	4.8	1 430	6.5	1.7	1.8	34
	2	2.4		5.6	2 850	7	1.9		
YDEJ100L2–4/2	4	2.4	380	6.7	1 430	6.5	1.7	1.8	38
	2	3		6.7	2 850	7	1.7		
YDEJ112M–4/2	4	3.3	380	7.4	1 450	6.5	1.9	1.8	43
	2			8.6	2 890	7	2		
YDEJ132S–4/2	4	4.5	380	9.8	1 450	6.5	1.7	1.8	68
	2	5.5		11.9	2 860	7	1.8		

续表

型　号	极数	额定数据				堵转电流额定电流	堵转转矩额定转矩	最大转矩额定转矩	重量（kg）
		功率（kW）	电压（V）	电流（A）	转速（r/min）				
YDEJ132M–4/2	4	6.5	380	13.8	1 450	6.5	1.7	1.8	81
	2	8		17.1	2 880	7	1.8		
YDEJ160M–4/2	4	9	380	18.5	1 460	6.5	1.6	1.8	123
	2	11		22.9	2 920	7	1.8		
YDEJ160L–4/2	4	11	380	22.3	1 460	6.5	1.7	1.8	144
	2	14		28.8	2 920	7	1.9		
YDEJ180M–4/2	4	15	380	29.4	1 470	6.5	1.6	1.8	182
	2	18.5		36.7	2 940	7	1.9		
YDEJ180L–4/2	4	18.5	380	35.9	1 470	6.5	1.6	1.8	190
	2	22		42.7	2 940	7	1.8		
YDEJ200L–4/2	4	26	380	49.9	1 470	6.5	1.4	1.8	270
	2	30		58.3	2 950	7	1.6		
YDEJ225S–4/2	4	32	380	60.7	1 480	6.5	1.4	1.8	318
	2	37		71.1	2 960	7	1.6		
YDEJ225M–4/2	4	37	380	69.4	1 480	6.5	1.6	1.8	354
	2	45		86.4	2 960	7	1.6		
YDEJ250M–4/2	4	45	380	84.4	1 480	6.5	1.6	1.8	427
	2	55		104.4	2 960	7	1.6		
YDEJ280S–4/2	4	60	380	111.3	1 490	6.5	1.4	1.8	597
	2	72		135.1	2 970	7	1.5		
YDEJ280M–4/2	4	72	380	133.6	1 480	6.5	1.4	1.8	667
	2	82		152.2	2 970	7	1.5		

续表

| 型 号 | 极数 | 额定数据 | | | | 堵转电流额定电流 | 堵转转矩额定转矩 | 最大转矩额定转矩 | 重量（kg） |
		功率（kW）	电压（V）	电流（A）	转速（r/min）				
YDEJ90S-6/4	6	0.64	380	2.2	920	6	1.6	1.8	23
	4	0.85		2.3	1 420	6.5	1.4		
YDEJ90L-6/4	6	0.85	380	2.8	930	6	1.6	1.8	25
	4	1.1		3	1 400	6.5	1.5		
YDEJ100L1-6/4	6	1.3	380	3.8	940	6	1.7	1.8	34
	4	1.8		4.4	1 440	6.5	1.4		
YDEJ100L2-6/4	6	1.5	380	4.3	940	6	1.6	1.8	38
	4	2.2		5.4	1 440	6.5	1.4		
YDEJ112M-6/4	6	2.2	380	5.7	960	6	1.8	1.8	49
	4	2.8		6.7	1 440	6.5	1.5		
YDEJ132S-6/4	6	3	380	7.7	970	6	1.8	1.8	68
	4	4		9.5	1 440	6.5	1.7		
YDEJ132M-6/4	6	4	380	9.8	970	6	1.6	1.8	80
	4	5.5		12.3	1 440	6.5	1.4		
YDEJ160M-6/4	6	6.5	380	15.1	970	6	1.5	1.8	119
	4	8		17.4	1 460	6.5	1.5		
YDEJ160L-6/4	6	9	380	20.6	970	6	1.6	1.8	107
	4	11		23.4	1 460	6.5	1.7		
YDEJ180M-6/4	6	11	380	25.9	980	6	1.6	1.8	192
	4	14		29.8	1 470	6.5	1.7		
YDEJ180L-6/4	6	13	380	29.4	980	6	1.7	1.8	224
	4	16		33.6	1 470	6.5	1.7		

续表

| 型号 | 极数 | 额定数据 | | | | 堵转电流额定电流 | 堵转转矩额定转矩 | 最大转矩额定转矩 | 重量(kg) |
		功率(kW)	电压(V)	电流(A)	转速(r/min)				
YDEJ200L-6/4	6	18.5	380	41.4	980	6.5	1.6	1.8	250
	4	22		44.7	1 460	7	1.5		
YDEJ225-6/4	6	22	380	44.2	980	6.5	1.8	1.8	330
	4	28		56.2	1 470	7	1.8		
YDEJ225M-6/4	6	26	380	52.2	980	6.5	1.8	1.8	344
	4	34		66	1 470	7	1.8		
YDEJ250M-6/4	6	32	380	62.1	980	6.5	1.5	1.8	479
	4	42		80.6	1 480	7	1.3		
YDEJ280S-6/4	6	42	380	81.5	980	6.5	1.5	1.8	614
	4	55		106.7	1 480	7	1.3		
YDEJ280M-6/4	6	55	380	106.7	990	6.5	1.6	1.8	710
	4	72		139.7	1 480	7	1.3		
YDEJ90S-8/6	8	0.35	380	1.5	700	5	1.8	1.8	23
	6	0.46		1.4	930	6	2		
YDEJ90L-8/6	8	0.45	380	1.9	700	5	1.7	1.8	25
	6	0.65		1.9	920	6	1.8		
YDEJ100-8/6	8	0.75	380	2.9	710	5	1.8	1.8	38
	6	1.1		3.1	950	6	1.9		
YDEJ112M-8/6	8	1.3	380	4.5	710	5	1.7	1.8	51
	6	1.8		4.8	950	6	1.9		
YDEJ132S-8/6	8	1.8	380	5.8	730	5	1.6	1.8	63
	6	2.4		6.2	970	6	1.9		

续表

型　号	极数	额定数据				堵转电流额定电流	堵转转矩额定转矩	最大转矩额定转矩	重量（kg）
		功率（kW）	电压（V）	电流（A）	转速（r/min）				
YDEJ132M–8/6	8	2.6	380	8.2	730	5	1.9	1.8	84
	6	3.7		9.4	970	6	1.9		
YDEJ160M–8/6	8	4.5	380	13.3	730	5	1.6	1.8	119
	6	6		14.7	980	6	1.9		
YDEJ160L–8/6	8	6	380	17.5	730	5	1.6	1.8	147
	6	8		19.4	980	6	1.9		
YDEJ180M–8/6	8	7.5	380	21.9	730	5	1.9	1.8	195
	6	10		24.2	980	6	1.9		
YDEJ180L–8/6	8	9	380	24.8	730	5	1.8	1.8	224
	6	8		19.4	980	6	1.9		
YDEJ180M–8/6	8	7.5	380	21.9	730	5	1.9	1.8	195
	6	10		24.2	980	6	1.9		
YDEJ180L–8/6	8	9	380	24.8	730	5	1.8	1.8	224
	6	12		28.3	980	6	1.8		
YDEJ200L1–8/6	8	12	380	32.6	730	5	1.8	1.8	250
	6	17		39.1	980	6	2		
YDEJ200L2–8/6	8	15	380	40.3	730	5	1.8	1.8	301
	6	20		45.4	980	6	2		
YDEJ250–8/6	8	17.5	380	38.4	730	5	1.8	1.8	
	6	22		42.8	980	6.5	1.8		
YDEJ160M–12/6	12	2.6	380	11.6	480	4	1.2	1.8	119
	6	5		11.9	970	6	1.4		

续表

型　　号	极数	额定数据				堵转电流额定电流	堵转转矩额定转矩	最大转矩额定转矩	重量（kg）
		功率（kW）	电压（V）	电流（A）	转速（r/min）				
YDEJ160L-12/6	12	3.7	380	16.1	480	4	1.2	1.8	147
	6	7		15.8	970	6	1.4		
YDEJ180L-12/6	12	5.5	380	19.6	490	4	1.3	1.8	224
	6	10		20.5	980	6	1.3		
YDEJ200L1-12/6	12	7.5	380	24.5	490	4	1.5	1.8	270
	6	13		26.4	970	6	1.5		
YDEJ200L2-12/6	12	9	380	28.9	490	4	1.5	1.8	301
	6	15		30.1	980	6	1.5		
YDEJ225M-12/6	12	12	380	35.2	490	4	1.5	1.8	292
	6	20		39.7	980	6	1.5		
YDEJ250M-12/6	12	15	380	42.1	490	4	1.5	1.8	408
	6	24		47.1	990	6	1.5		
YDEJ280S-12/6	12	20	380	54.8	490	4	1.5	1.8	536
	6	30		58.9	990	6	1.5		
YDEJ280M-12/6	12	24	380	63.7	490	4	1.5	1.8	585
	6	37		72.6	990	6	1.5		
YDEJ90L-8/4	8	0.45	380	1.9	700	5.5	1.6	1.8	25
	4	0.75		1.82	1 420	6.5	1.4		
YDEJ100L-8/4	8	0.85	380	3.1	700	5.5	1.6	1.8	38
	4	1.5		3.5	1 410	6.5	1.4		
YDEJ112M-8/4	8	1.5	380	5.0	700	5.5	1.7	1.8	49
	4	2.4		5.3	1 410	6.5	1.7		

续表

| 型　　号 | 极数 | 额定数据 | | | | 堵转电流额定电流 | 堵转转矩额定转矩 | 最大转矩额定转矩 | 重量（kg） |
		功率（kW）	电压（V）	电流（A）	转速（r/min）				
YDEJ132S-8/4	8	2.2	380	7.0	720	5.5	1.5	1.8	63
	4	3.3		7.1	1 440	6.5	1.7		
YDEJ132M-8/4	8	3	380	9.0	720	5.5	1.5	1.8	80
	4	4.5		9.4	1 440	6.5	1.6		
YDEJ160M-8/4	8	5	380	13.9	730	5.5	1.5	1.8	119
	4	7.5		15.2	1 450	6.5	1.6		
YDEJ160L-8/4	8	7	380	19	730	5.5	1.5	1.8	147
	4	11		21.8	1 450	6.5	1.6		
YDEJ180L-8/4	8	11	380	26.7	730	6	1.5	1.8	254
	4	17		32.3	1 470	7	1.5		
YDEJ200L1-8/4	8	14	380	33	740	6	1.8	1.8	261
	4	22		41.3	1 470	7	1.7		
YDEJ200L2-8/4	8	17	380	40.1	740	6	1.5	1.8	301
	4	26		48.8	1 470	7	1.7		
YDEJ225M-8/4	8	24	380	53.2	740	6	1.5	1.8	340
	4	31		66.7	1 470	7	1.5		
YDEJ250M-8/4	8	30	380	64.9	740	6	1.6	1.8	479
	4	42		78.8	1 480	7	1.7		
YDEJ280S-8/4	8	40	380	83.5	740	6	1.6	1.8	585
	4	55		102	1 480	7	1.7		
YDEJ280M-8/4	8	47	380	96.9	740	6	1.6	1.8	730
	4	67		122.9	1 480	7	1.7		

续表

型　号	极数	额定数据				堵转电流额定电流	堵转转矩额定转矩	最大转矩额定转矩	重量（kg）
		功率（kW）	电压（V）	电流（A）	转速（r/min）				
YDEJ100L-6/4/2	6	0.75		2.6	950	5.5	1.8		
	4	1.3	380	23.7	1 450	6	1.6	1.8	38
	2	1.8		4.5	2 900	7	1.6		
YDEJ112M-6/4/2	6	1.1		3.5	960	5.5	1.7		
	4	2	380	5.1	1 450	6	1.4	1.8	43
	2	2.4		5.8	2 920	7	1.6		
YDEJ132S-6/4/2	6	1.8		5.1	970	5.5	1.4		
	4	2.6	380	6.1	1 460	6	1.3	1.8	68
	2	3		7.4	2 910	7	1.7		
YDEJ132M1-6/4/2	6	2.2		6	970	5.5	1.3		
	4	3.3	380	7.5	1 460	6	1.3	1.8	78
	2	4		8.8	2 910	7	1.7		
YDEJ132M2-6/4/2	6	2.6		6.9	970	5.5	1.5		
	4	4	380	9	1 460	6	1.4	1.8	84
	2	5		10.8	2 910	7	1.7		
YDEJ160M-6/4/2	6	3.7		9.5	980	5.5	1.5		
	4	5	380	11.2	1 470	6	1.3	1.8	124
	2	6		13.2	2 930	7	1.4		
YDEJ160L-6/4/2	6	4.5		11.4	980	5.5	1.5		
	4	7	380	15.1	1 470	6	1.2	1.8	145
	2	9		18.8	2 930	7	1.3		

续表

型 号	极数	额定数据				堵转电流额定电流	堵转转矩额定转矩	最大转矩额定转矩	重量（kg）
		功率（kW）	电压（V）	电流（A）	转速（r/min）				
YDEJ112M–8/4/2	8	0.65	380	2.7	700	4.5	1.4	1.8	45
	4	2		5.1	1 450	6	1.3		
	2	2.4		5.8	2 920	7	1.2		
YDEJ132S–8/4/2	8	1	380	3.6	720	4.5	1.4	1.8	68
	4	2.6		6.1	1 460	6	1.2		
	2	3		7.1	2 910	7	1.4		
YDEJ132M–8/4/2	8	1.3	380	4.6	720	4.5	1.5	1.8	81
	4	3.7		8.4	1 460	6	1.3		
	2	4.5		10	2 910	7	1.4		
YDEJ160M–8/4/2	8	2.2	380	7.6	720	4.5	1.4	1.8	124
	4	5		11.2	1 440	6	1.3		
	2	6		13.2	2 910	7	1.4		
YDEJ160L–8/4/2	8	2.8	380	9.2	720	4.5	1.3	1.8	145
	4	7		15.1	1 440	6	1.2		
	2	9		18.8	2 910	7	1.3		
YDEJ112M–8/6/4	8	0.85	380	3.7	710	5.5	1.7	1.8	45
	6	1.0		3.1	950	6.5	1.3		
	4	1.5		3.5	1 440	7	1.5		
YDEJ132S–8/6/4	8	1.1	380	4.1	730	5.5	1.4	1.8	65
	6	1.5		4.2	970	6.5	1.3		
	4	1.8		4.0	1 460	7	1.3		

续表

型　号	极数	额定数据				堵转电流额定电流	堵转转矩额定转矩	最大转矩额定转矩	重量（kg）
		功率（kW）	电压（V）	电流（A）	转速（r/min）				
YDEJ132M1–8/6/4	8	1.5		5.2	730	5.5	1.3		
	6	2	380	5.4	970	6.5	1.5	1.8	78
	4	2.2		4.9	1 460	7	1.4		
YDEJ132M2–8/6/4	8	1.8		6.1	730	5.5	1.5		
	6	2.6	380	6.8	970	6.5	1.5	1.8	84
	4	3		6.5	1 460	7	1.5		
YDEJ160M–8/6/4	8	3.3		10	720	5.5	1.7		
	6	4	380	9.9	960	6.5	1.4	1.8	120
	4	5.5		11.6	1 440	7	1.5		
YDEJ160L–8/6/4	8	4.5		13.8	720	5.5	1.5		
	6	6	380	14.5	960	6.5	1.5	1.8	147
	4	7.5		15.6	1 440	7	1.5		
YDEJ180L–8/6/4	8	7		20.2	740	6.5	1.6		
	6	9	380	20.6	980	7	1.5	1.8	205
	4	12		24.1	1 470	7	1.5		
YDEJ200L–8/6/4	8	10		24.8	740	6.5	1.6		
	6	13	380	28.4	980	7	1.5	1.8	301
	4	17		33.4	1 470	7	1.4		
YDEJ225S–8/6/4	8	14		34.8	740	6.5	1.8		
	6	18.5	380	39.9	990	7	1.6	1.8	330
	4	24		46.6	1 480	7	1.5		

续表

型　　号	极数	额定数据				堵转电流额定电流	堵转转矩额定转矩	最大转矩额定转矩	重量（kg）
		功率（kW）	电压（V）	电流（A）	转速（r/min）				
YDEJ225M–8/6/4	8	17		42.4	740	6.5	1.8		
	6	22	380	45.2	980	7	1.6	1.8	360
	4	28		54.3	1 480	7	1.6		
YDEJ250M–8/6/4	8	24		55.2	740	6.5	1.5		
	6	26	380	52.8	990	7	1.6	1.8	490
	4	34		63.8	1 480	7	1.4		
YDEJ280S–8/6/4	8	30		68.3	740	6.5	1.5		
	6	34	380	67.5	990	7	1.6	1.8	667
	4	42		77.9	1 480	7	1.4		
YDEJ280M–8/6/4	8	24		77.4	740	6.5	1.4		
	6	37	380	73.4	990	7	1.5	1.8	740
	4	50		92.8	1 480	7	1.4		
YDEJ180L–12/8/6/4	12	3.3		13	480	5	1.6		
	8	5		16	740	6	1.5		
	6	6.5	380	14	970	6	1.3	1.8	210
	4	9		19	1 470	7	1.3		
YDEJ200L1–12/8/6/4	12	4.5		17	490	5	1.3		
	8	7		20	740	6	1.3		
	6	8	380	17	980	6	1.3	1.8	285
	4	11		23	1 480	7	1.3		

续表

型 号	极数	额定数据				堵转电流额定电流	堵转转矩额定转矩	最大转矩额定转矩	重量(kg)
		功率(kW)	电压(V)	电流(A)	转速(r/min)				
YDEJ200L2–12/8/6/4	12	5.5	380	20	490	5	1.3	1.8	301
	8	8		22	740	6	1.3		
	6	10		21	980	6	1.3		
	4	13		27	1 480	7	1.3		
YDEJ225M–12/8/6/4	12	7	380	21	490	5	1.6	1.8	340
	8	11		27	740	6	1.6		
	6	13		26	980	6	1.5		
	4	20		39	1 480	7	1.3		
YDEJ250M–12/8/6/4	12	9	380	26	490	5	1.6	1.8	479
	8	14		34	740	6	1.6		
	6	16		33	990	6	1.5		
	4	26		49	1 480	7	1.3		
YDEJ280S–12/8/6/4	12	11	380	32	490	5	1.6	1.8	650
	8	18.5		43	740	6	1.6		
	6	20		41	990	6	1.5		
	4	34		65	1 490	7	1.3		
YDEJ280M–12/8/6/4	12	13	380	37	490	5	1.7	1.8	730
	8	22		51	740	6	1.7		
	6	24		49	990	6	1.6		
	4	40		75	1 490	7	1.5		

(7) YZO 系列振动源三相异步电动机

【特点及用途】

YZO 系列振动源电机为各类振动机械通用型激振源,如振动给料机、振动输送机、振动放矿机、振动落砂机、振动筛分机、料仓的振动防闭塞装置等,可广泛应用于电力、建材、煤矿、矿山、冶金、化工、轻工、铸造等行业。

【规　格】

型　　　号	最大激振力 (kN)	额定功率 (kW)	额定电流 (A)
振动次数 2 900(1/min)			
YZO-1-2	1	0.09	0.32
YZO-2-2	2	0.18	0.59
YZO-3-2	8	0.25	0.78
YZO-5-2	5	0.37	1.10
YZO-10-2A	10	0.78	1.96
YZO-20-2A	20	0.5	3.66
YZO-30-2A	30	2.2	5.1
YZO-50-2A	50	3.7	8.47
振动次数 1 450(1/min)			
YZO-2-4	2	0.12	0.47
YZO-3-4	3	0.18	0.68
YZO-5-4	5	0.25	0.87
YZO-8-4	8	0.37	1.18
YZO-10-4	10	0.55	1.76
YZO-16-4	16	0.78	2.17
YZO-17-4	17	0.85	2.20
YZO-20-4	20	1.1	3.18
YZO-30-4	30	1.5	3.8
YZO-32-4	32	1.5	3.8
YZO-50-4	50	2.2	5.57
YZO-75-4A	75	3.7	8.9
YZO-100-4A	100	6.3	14.41

续表

型　号	最大激振力 （kN）	额定功率 （kW）	额定电流 （A）
振动次数 970（1/min）			
YZO-1.5-6	1.5	0.12	0.50
YZO-3-6	3	0.25	0.99
YZO-5-6	5	0.32	1.37
YZO-6-6	6	0.4	1.4
YZO-10-6	10	0.75	2.47
YZO-20-6	20	1.5	4.47
YZO-30-6	30	2.2	6.22
YZO-50-6A	50	3.7	9.37
YZO-75-6A	75	5.5	13.6
YZO-100-5A	100	7.59	18.08
YZO-140-6A	140	10.00	23.83
振动次数 720（1/min）			
YZO-5-8	5	0.37	1.73
YZO-10-8	10	0.7	2.7
YZO-20-8	20	1.5	4.93
YZO-30-8A	30	2.2	6.72
YZO-50-8A	50	3.7	9.77
YZO-75-8A	75	5.5	14.6
YZO-100-8A	100	7.5	18.55
YZO-140-8A	140	10	24.44

（8）户外型、防腐型、户外防腐型三相异步电动机

【特点及用途】Y-W、Y-F、Y-WF 户外型、防腐型、户外防腐型三相异步电动机是在 Y 系列（IP44）电动机的基础上派生产品。电动机在一般户

外环境下,不需任何防护设备可直接安装使用,对于户外环境的潮气、霉菌、雨水、雪、风沙、日辐射及严寒(零下 25℃)等均有良好防护作用。电动机除具有高效、节能、噪声低、振动小的特点外,在结构防护、材料选用及工艺处理方面采用了特殊密封措施和防腐蚀措施,因此能广泛地应用于化工、冶金、酸碱制造、塑料合成、制药、印染等企业户内、户外有腐蚀性气体或腐蚀性粉尘的场所。Y-W、Y-WF 户外型、户外型腐型电动机按 JB5275-91 设计制造,Y-F 防腐型电动机按 JB/T7124-1993 设计制造。B 级绝缘,防护等级 IP54、IP55。

【规 格】

型 号	功率 (kW)	额定功率时运作特性				堵转 电流 额定 电流	堵转 转矩 额定 转矩	最大 转矩 额定 转矩	重量 (kg)
		电流 (A)	转速 (r/ min)	效率 (%)	功率 因数 (cos φ)				
801-2	0.75	1.9	2 825	75	0.84	6.5	2.2	2.3	17
802-2	1.1	2.6	2 825	77	0.86	7.0	2.2	2.3	18
90S-2	1.5	3.4	2 840	78	0.85	7.0	2.2	2.3	22
90L-2	2.2	4.7	2 840	80.5	0.86	7.0	2.2	2.3	26
100L-2	3.0	6.4	2 880	82	0.87	7.0	2.2	2.3	35
112M-2	4.0	8.2	2 890	85.5	0.87	7.0	2.2	2.3	15
132S1-2	5.5	11.1	2 900	85.5	0.88	7.0	2.2	2.3	67
132S2-2	7.5	15.0	2 900	86.2	0.88	7.0	2.2	2.3	71
160M1-2	11	21.8	2 930	87.2	0.88	7.0	2.2	2.3	118
160M2-2	15	29.4	2 930	88.2	0.88	7.0	2.2	2.3	128
160L-2	18.5	35.5	2 930	89	0.88	7.0	2.2	2.2	150
180M-2	22	42.2	2 940	89	0.89	7.0	2.2	2.2	178
200L1-2	30	56.9	2 950	90	0.89	7.0	2.2	2.2	230

续表

型　号	功率 （kW）	额定功率时运作特性				堵转 电流	堵转 转矩	最大 转矩	重量 （kg）
		电流 （A）	转速 （r/min）	效率 （%）	功率 因数 （cosφ）	额定 电流	额定 转矩	额定 转矩	
200L2-2	37	69.8	2 950	90.5	0.89	7.0	2.0	2.2	250
225M-2	45	83.9	2 970	91.5	0.89	7.0	2.0	2.2	319
250M-2	55	102.7	2 970	91.5	0.89	7.0	2.0	2.2	403
280S-2	75	140.1	2 970	92	0.89	7.0	2.0	2.2	549
280M-2	90	167	2 970	92.5	0.89	7.0	2.0	2.2	595
315S-2	110	204	980	92.5	0.89	7.0	1.8	2.2	980
315M1-2	132	245	980	93	0.89	7.0	1.8	2.2	1050
315M2-2	160	295	980	93.5	0.89	7.0	1.8	2.2	1100
801-4	0.55	1.6	1 390	73	0.76	6.0	2.4	2.3	17
802-4	0.75	2.1	1 390	73	0.76	6.0	2.3	2.3	18
90S-4	1.1	2.7	1 400	78	0.78	6.5	2.3	2.3	23
90L-4	1.5	3.7	1 400	79	0.79	6.5	2.3	2.3	27
100L1-4	2.2	5.0	1 420	81	0.81	7.0	2.2	2.3	35
100L2-4	3	6.8	1 420	82.5	0.81	7.0	2.2	2.3	38
112M-4	4	8.8	1 440	84.5	0.82	7.0	2.2	2.3	49
132S-4	5.5	11.6	1 440	85.5	0.84	7.0	2.2	2.3	67
132M-4	7.5	15.4	1 440	87	0.85	7.0	2.2	2.3	80
160M-4	11	22.6	1 460	88	0.84	7.0	2.2	2.3	124
160L-4	15	30.3	1 460	88.5	0.85	7.0	2.2	2.3	147
180M-4	18.5	35.9	1 470	91	0.86	7.0	2.0	2.2	173

续表

型号	功率(kW)	额定功率时运作特性				堵转电流	堵转转矩	最大转矩	重量(kg)
		电流(A)	转速(r/min)	效率(%)	功率因数(cos φ)	额定电流	额定转矩	额定转矩	
180L-4	22	42.5	1 470	91.5	0.86	7.0	2.0	2.2	197
200L-4	30	56.8	1 470	92.2	0.87	7.0	2.0	2.2	255
225S-4	37	69.8	1 480	91.8	0.87	7.0	1.9	2.2	305
225M-4	45	84.2	1 480	92.3	0.88	7.0	1.9	2.2	333
250M-4	55	102.5	1 480	92.6	0.88	7.0	2.0	2.2	400
180S-4	75	139.7	1 480	92.7	0.88	7.0	1.9	2.2	560
280M-4	90	164.3	1 480	93.5	0.89	7.0	1.9	2.2	660
315S-4	110	201	1 480	93.5	0.89	7.0	1.8	2.2	1000
315M1-4	132	241	1 490	94.0	0.89	7.0	1.8	2.2	1100
315M2-4	160	291	1 490	94.5	0.89	7.0	1.8	2.2	1140
90S-6	0.75	2.3	910	72.5	0.70	5.5	2.0	2.2	25
90L-6	1.1	3.2	910	73.5	0.72	5.5	2.0	2.2	27
100L-6	1.5	4.0	940	77.5	0.74	6.0	2.0	2.2	32
112M-6	2.2	5.6	940	80.5	0.74	6.0	2.0	2.2	45
132S-6	3.0	7.2	960	83	0.76	6.5	2.0	2.2	65
132M1-6	4.0	9.4	960	84	0.77	6.5	2.0	2.2	75
132M2-6	5.5	12.6	960	85.3	0.78	6.5	2.0	2.2	84
160M-6	7.5	17.0	970	86	0.78	6.5	2.0	2.0	121
160L-6	11	24.6	970	87	0.78	6.5	2.0	2.0	146
180L-6	15	31.4	970	89.5	0.81	6.5	1.8	2.0	186
200L1-6	18.5	37.7	970	89.8	0.83	6.5	1.8	2.0	235

续表

型 号	功率 (kW)	额定功率时运作特性				堵转电流	堵转转矩	最大转矩	重量 (kg)
		电流 (A)	转速 (r/min)	效率 (%)	功率因数 (cos φ)	额定电流	额定转矩	额定转矩	
200L2-6	22	44.6	970	90.2	0.83	6.5	1.8	2.0	260
225M-6	30	59.5	980	90.2	0.85	6.5	1.7	2.0	302
250M-6	37	72	980	90.8	0.86	6.5	1.8	2.0	400
280S-6	45	95.4	980	92	0.87	6.5	1.8	2.0	533
280M-6	55	104.9	980	90	0.87	6.5	1.8	2.0	590
315S-6	75	141	990	92.8	0.87	6.5	1.8	2.0	990
315M1-6	90	168	990	93.2	0.87	6.5	1.6	2.0	1050
315M2-6	110	205	990	93.5	0.87	6.5	1.6	2.0	1110
315M3-6	132	246	990	93.8	0.87	6.5	1.6	2.0	1190
132S-8	2.2	5.8	710	80.5	0.71	5.5	2.0	2.0	64
132M-8	3.0	7.7	710	82	0.72	5.5	2.0	2.0	75
160M1-8	4.0	9.9	720	84	0.73	6.0	2.0	2.0	110
160M2-8	5.5	13.3	720	85	0.74	6.0	2.0	2.0	121
160L-8	7.5	17.7	720	86	0.75	5.5	2.0	2.0	147
180L-8	11	25.1	730	87.5	0.77	6.0	1.7	2.0	182
200L-8	15	34.1	730	88	0.76	6.0	1.8	2.0	290
225S-8	18.5	41.3	730	89.5	0.76	6.0	1.7	2.0	276
225M-8	22	47.6	730	90	0.78	6.0	1.8	2.0	303
250M-8	30	63.0	730	90.5	0.80	6.0	1.8	2.0	400
280S-8	37	78.7	740	91	0.79	6.0	1.8	2.0	522

续表

型　号	功率 （kW）	额定功率时运作特性				堵转 电流	堵转 转矩	最大 转矩	重量 （kg）
		电流 （A）	转速 (r/min)	效率 （%）	功率 因数 （cos φ）	额定 电流	额定 转矩	额定 转矩	
280M–8	45	93.2	740	91.7	0.80	6.0	1.8	2.0	578
315S–8	55	111	740	92	0.80	6.5	1.6	2.0	830
315M1–8	75	150	740	92.5	0.81	6.5	1.6	2.0	930
315M2–8	90	179	740	93	0.82	6.5	1.6	2.0	1030
315M3–8	110	219	740	93.3	0.82	6.5	1.6	2.0	1200
315S–10	45	99	590	91.5	0.74	6.5	1.4	2.0	990
315M2–10	55	120	590	92	0.74	6.5	1.4	2.0	1110
315M3–10	75	160	590	92.5	0.75	6.5	1.4	2.0	1190

(9) YLJ 系列力矩三相异步电动机

【特点及用途】YLJ 系列力矩三相异步电动机是一种机械特性软、线性度好和调速范围宽、具有独特电气性能的电动机。当负载增加时，电动机转速随之下降，而输出转矩增加，保持与负载平衡。由于电动机具有较大的阻抗，堵转电流远较一般电动机小，且最大转矩发生在堵转附近，可稳定运行的范围很广，可以在接近同步转速一直到堵转都能稳定运行。同时，较小的负载变化即能引起电动机的转速相应改变；较小的电压变化即能引起转矩或转速的相应改变，是一种理想的调压无级调速电动机。

YLJ 系列力矩三相异步电动机按 JB/T9546-1999 标准设计制造,防护等级为 IP21、IP44,绝缘等级为 B,频率为 50Hz,工作制 S9。

【规　格】性能指标(IP21 IMB3)

型　号	输出转矩 (N·m)	堵转电流 (A)	允许堵转时间 (S)	调速范围 (r/min)	重　量 (kg)
YLJ801-2-4	2	1.05			23
YLJ802-2.5-4	2.5	1.25	15		24
YLJ90S-3-4	3	1.45		0~1 400	28
YLJ90L-4-4	4	1.90			33
YLJ100L-5-4	5	240	20		41
YLJ100L-6-4	6	2.80			45
YLJ112-6-4	6	3.5	15		50
YLJ112-10-4	10	6.5			34
YLJ132-10-4	16	8.5	10		73
YLJ132-25-4	25	15			78
YLJ132-40-4	40	25		0~1 420	86
YLJ160-Y60-4	60	35			142
YLJ160-80-4	80	45	5		151
YLJ160-100-4	100	55			160
YLJ180-125-4	125	70		0~1 440	198
YLJ180-160-4	160	82	2		288
YLJ180-200-4	200	110			294
YLJ90S-3-6	3	2.5			28
YLJ90L-4-6	4	1.65	15		30
YL90L-5-6	5	2.0		0~900	39
YLJ100L-6-6	6	2.3	20		41
YLJ112-6-6	6	3.5	15		50
YLJ112-10-6	10	6.0			54

续表

型 号	输出转矩 （N·m）	堵转电流 （A）	允许堵 转时间 （S）	调速范围 （r/min）	重 量 （kg）
YLJ132-16-6	16	8.0	10		73
YLJ132-25-6	25	13			77
YLJ132-40-6	40	20		0~920	85
YLJ160-60-6	60	30			142
YLJ160-80-6	80	40	5		151
YLJ160-100-6	100	50			160
YLJ180-125-6	125	60			206
YLJ180-160-6	160	80	2		210
YLJ180-200-6	200	100			214
YLJ112-6-8	6	3.5		0~940	50
YLJ112-10-8	10	5.5	15		54
YLJ132-16-8	16	7.5			73
YLJ132-25-8	25	12	10		78
YLJ132-40-8	40	18			85
YLJ160-60-8	60	25		0~700	142
YLJ160-80-8	80	35	5		154
YLJ160-100-8	100	45			160
YLJ180-125-8	125	32			188
YLJ180-160-8	160	40		0~720	194
YLJ180-200-8	200	48	3		202

性能指标(IP44 IMB3 IMB5 IMB35)

型　　号	输出转矩 （N·m）	堵转电流 （A）	允许堵 转时间 （S）	调速范围 （r/min）	重　量 （kg）
YLJ631-0.3-4	0.3	0.2			7
YLJ632-0.5-4	0.5	0.3			8
YLJ711-0.8-4	0.8	0.4			11
YLJ712-1.2-4	1.2	0.55	30		12
YLJ801-1.6-4	1.6	0.75			14
YLJ802-2-4	2	1.05		0~1 400	15
YLJ90S-2.5-4	2.5	1.25			21
YLJ90L-3-4	3	1.35			22
YLJ100L-4-4	4	2	15		31
YLJ100L-3.5-4	3.5	1.65	30		42
YLJ112M-4-4	4	2	10		48
YLJ132M-6-4	6	2.7			70
YLJ132M-10-4	10	4.3	5	0~1 420	75
YLJ160L-16-4	16	8			128
YLJ100L-5-6	5	2.5	15	0~900	32
YLJ112M-6-6	6	2.2			44
YLJ132M-10-6	10	3.5			58
YLJ160L-16-6	16	6.5	5	0~920	122
YLJ160L-25-6	25	9			126

续表

型　　号	输出转矩 （N·m）	堵转电流 （A）	允许堵 转时间 （S）	调速范围 （r/min）	重　量 （kg）
YLJ631-0.5-8	0.5	0.25			7
YLJ632-0.8-8	0.8	0.3			8
YLJ711-1.2-8	1.2	0.4			11
YLJ712-1.6-8	1.6	0.5	30		12
YLJ801-2-8	2	0.7			14
YLJ802-2.5-8	2.5	0.9		0~700	15
YLJ90S-3-8	3	1.05			21
YLJ90L-4-8	4	1.15			22
YLJ100L-5-8	5	2.8	15		31
YLJ132M-6-8	6	2			61
YLJ132M-10-8	10	2.9			66
YLJ160L-16-8	16	7	5	0~720	128
YLJ160L-25-8	25	8			132

（10）YVP 三相交流变频调速异步电动机

【特点及用途】YVP 系列三相交流变频调速异步电动机可与国内外同类型变频装置配套，互换性、通用性强。电动机单独装有轴流风机，保证电机在不同转速下均具有较好的冷却效果。定子、转子采用冷扎硅钢片、特殊设计，确保电机低速运行时输出转矩保持恒定。电动机防护等级为 IP44，绝缘等级为 B 级，频率为 5~100Hz。YVP 系列三相交流变频调速异步电动机底脚安装尺寸、中心高等的对应关系与 Y 系列电动机相同（H80~160 机座轴长度一般比同机座 Y 系列电动机增加 20~60mm；H180~315 机座轴向长度一般比同机座 Y 系列电动机增加 80～200mm)。

【规　格】

装置型号	装置容量 (kVA)	配套电机型号	电机容量 (kW)	装置型号 恒转矩调速(Hz)	装置型号 恒功率调速(Hz)
BT40-0.75	0.75	YVP5614	0.06		
		YVP5624	0.09		
		YVP6314	0.12		
		YVP6324	0.18		
		YVP7114	0.25		
		YVP7124	0.37		
YVPZ-1-15(BT40-1.5)	1.5	YVP801-4	0.55		
		YVP802-4	0.75		
YVPZ-1-36(BT40-3.7)	3.6	YVP90S-4	1.1		
		YVP90L-4	1.5		
		YVP100L-4	2.2		
YVPZ-3-15(BT40-1.5)	1.5	YVP801-4	0.55	5～50 或 6～60	50～100
		YVP802-4	0.75		
YVPZ-3-36(BT40-3.7)	3.6	YVP90S-4	1.1		
		YVP90L-4	1.5		
		YVP100L-4	2.2		
YVPZ-3-70(BT40-7.5)	7.0	YVP1002-4	3		
		YVP112M-4	4		
YVPZ-3-120(BT40-11)	12	YVP132S-4	5.5		
		YVP132M-4	7.5		
YVPZ-3-150(BT40-15)	15	YVP160M-4	11		
YVPZ-3-220(BT40-22)	22	YVP160L-4	15		
YVPZ-3-260(BT40-22)	26	YVP180M-4	18.5		
YVPZ-3-320(BT40-30)	32	YVP180L-4	22		

续表

装置型号	装置容量 (kVA)	配套电机型号	电机容量 (kW)	装置型号 恒转矩调速 (Hz)	装置型号 恒功率调速 (Hz)
YVPZ-3-420(BT40-37)	42	YVP200L-4	30		
YVPZ-3-520(BT40-45)	52	YVP225S-4	37		
YVPZ-3-620(BT40-55)	62	YVP225M-4	45		
YVPZ-1-36(BT40-3.7) YVPZ-3-36(BT40-3.7)	3.6	YVP90S-6	0.75		
		YVP90L-6	1.1		
		YVP100L-6	1.5		
		YVP112M-6	2.2		
YVPZ-3-70(BT40-7.5)	7.0	YVP132S-6	3	5~50 或 6~60	50~100
		YVP132M-6	4		
YVPZ-3-120(BT40-55)	12	YVP132M2-6	5.5		
		YVP160M-6	7.5		
YVPZ-3-150(BT40-15)	15	YVP160L-6	11		
YVPZ-3-220(BT40-22)	22	YVP180L-6	15		
YVPZ-3-420(BT40-22)	26	YVP200L1-6	18.5		
YVPZ-3-320(BT40-30)	32	YVP200L2-6	22		
YVPZ-3-420(BT40-57)	42	YVP225M-6	30		

(11) YCT 系列三相电磁调速电动机

【特点及用途】YCT 系列电磁调速异步电动机为防护式、空气制冷、卧式安装。电动机由电磁转差离合器、拖动电机、测速发电机组成，配上专用的控制器可进行恒转矩无级调速，并具有速度负反馈的自动调节系统。YCT 系列电磁调速异步电动机具有效率高、噪声低、振动小、可靠性高、重量轻、外形美观、节能效果显著等优点。

　　该电动机广泛用于恒转矩无级调速的各种机械设备上,更适用于变转矩的离心式水泵和风机负载上,用转速调节来代替阀门的开闭以控制流量和压力。

　　YCT 系列电磁调速异步电动机是按 JB/DQ3167-86 标准设计制造。

【规　格】

型　号	极数	标称功率(kW)	额定转矩(N.m)	调速范围(r/min)	转速变化率(%)	拖动电动机型号	噪声[dB(A)]	重量(kg)
YCT112	4A	0.55	3.60	125~1 250		Y801-4	≤75	55
	4B	0.75	4.90			Y802-4		
YCT132	4A	1.1	7.13	125~1 250		Y90S-4	≤78	85
	4B	1.5	9.72			Y90L-4		
	6A	0.75	7.48	76~760		Y90S-6		
	6B	1.1	11.0			Y90L-6		
YCT160	4A	2.2	14.1	125~1 250		Y100L1-4		120
	4B	3.0	19.2			Y100L2-4		
	6A	1.5	14.5	76~760		Y100L-6		
YCT180	4A	4.0	25.2	125~1 250	<3	Y112M-4		160
	6A	2.2	21.0	76~760		Y112M-6		
YCT200	4A	5.5	35.1	125~1 250		Y132S-4	≤82	231
	4B	7.5	47.7			Y132M-4		
	6A	3.0	28.6	76~760		Y132S-6		
	6B1	4.0	38.2			Y132M1-6		
	6B2	5.5	52.6			Y132M2-6		
	8A	2.2	28.4	52~520		Y132S-8		
	8B	3.0	38.8			Y132M-8		
YCT225	4A	11	69.1	125~1 250		Y160M-4	≤86	502
	4B	15	94.3			Y160L-4		
	6A	7.5	70.9	76~760		Y160M-6		
	6B	11	104			Y160L-6		

续表

型 号	极数	标称功率（kW）	额定转矩（N·m）	调速范围（r/min）	转速变化率（%）	拖动电动机型号	噪声[dB(A)]	重量（kg）
	8A1	4.0	51.0			Y160M1-8		
	8A2	5.5	70.1	52～520		Y160M2-8		
	8B	7.5	95.5			Y160L-8		
	4A	18.5	116	132～1 320		Y180M-4		
YCT250	4B	22	137			Y180L-4	≤90	630
	6B	15	142	82～820		Y180L-6		
	8B	11	138	58～580		Y180L-8		
	4A	30	189	132～1 320		Y200L-4		
YCT280	6A	18.5	175	82～820		Y200L1-6	≤97	900
	6B	22	208			Y200L2-6		
	8B	15	189	58～580		Y200L-8		
	4A	37	232	132～1 320	<3	Y225S-4		
	4B	45	282			Y225M-4		
YCT315	6B	30	281	82～820		Y225M-6	≤99	1250
	8A	18.5	232	58～580		Y225S-8		
	8B	22	276			Y225M-8		
	4A	55	344	440～1 320		Y250M-4		
	6A	37	346	270～820		Y250M-6		1510
	8A	30	377	195～580		Y250M-8		
	4B	75	469	600～1 320		Y280S-4		
YCT355	6B	45	421	370～820		Y280S-6	≤102	
	8B	37	458	265～580		Y280S-8		
	4C	90	564	600～1 320		Y280M-4		1700
	6C	55	515	370～820		Y280M-6		
	8C	45	558	265～580		Y280M-8		

(12) YVPEJ 三相交流变频调速电磁制动异步电动机

【特点及用途】YVPEJ 三相交流变频调速电磁
制动异步电动机,是在 YVP 系列三相交流变频调
速异步电动机的风扇端,端盖与风扇之间附加圆
盘直流电磁铁制动器所组成的派生系列产品。该

电动机外形尺寸除轴向长度比 Y 系列电动机长以外,其他尺寸相同。该
电动机的安装尺寸与 Y 系列电动机相同,YVPEJ 三相交流变频调速电磁
制动异步电动机防护等级为 IP44,绝缘等级为 B 级,频率为 5~100Hz。

【规　格】

型　　号	功率 (kW)	变 频 调 速 范 围		空载启动次数
		恒转矩调速 (Hz)	恒功率调速 (Hz)	
YVPEJ801-4	0.55	5~50 或 6~60	50~100	2 500
YVPEJ802-4	0.75	5~50 或 6~60	50~100	2 500
YVPEJ90S-4	1.1	5~50 或 6~60	50~100	2 000
YVPEJ90L-4	1.5	5~50 或 6~60	50~100	2 000
YVPEJ100L1-4	2.2	5~50 或 6~60	50~100	1 500
YVPEJ100L2-4	3	5~50 或 6~60	50~100	1 500
YVPEJ112M-4	4	5~50 或 6~60	50~100	1 000
YVPEJ132S-4	5.5	5~50 或 6~60	50~100	600
YVPEJ132M-4	7.5	5~50 或 6~60	50~100	600
YVPEJ160M-4	11	5~50 或 6~60	50~100	450
YVPEJ160L-4	15	5~50 或 6~60	50~100	450
YVPEJ180M-4	18.5	5~50 或 6~60	50~100	350
YVPEJ180L-4	22	5~50 或 6~60	50~100	350

续表

型 号	功率（kW）	变 频 调 速 范 围		空载启动次数
		恒转矩调速（Hz）	恒功率调速（Hz）	
YVPEJ200L-4	30	5~50 或 6~60	50~100	200
YVPEJ225S-4	37	5~50 或 6~60	50~100	120
YVPEJ225M-4	45	5~50 或 6~60	50~100	120
YVPEJ90S-6	0.75	5~50 或 6~60	50~100	3 500
YVPEJ90L-6	1.1	5~50 或 6~60	50~100	3 500
YVPEJ100L-6	1.5	5~50 或 6~60	50~100	2 500
YVPEJ112M-6	2.2	5~50 或 6~60	50~100	2 000
YVPEJ132S-6	3	5~50 或 6~60	50~100	1 200
YVPEJ132M1-6	4	5~50 或 6~60	50~100	1 200
YVPEJ132M2-6	5.5	5~50 或 6~60	50~100	1 200
YVPEJ160M-6	7.5	5~50 或 6~60	50~100	800
YVPEJ160L-6	11	5~50 或 6~60	50~100	800
YVPEJ180L-6	15	5~50 或 6~60	50~100	600
YVPEJ200L1-6	18.5	5~50 或 6~60	50~100	400
YVPEJ200L2-6	22	5~50 或 6~60	50~100	200
YVPEJ225M-6	30	5~50 或 6~60	50~100	200

(13) YEJ 系列电磁制动三相异步电动机

【特点及用途】YEJ 系列电磁制动三相异步电动机的风扇端、端盖与风扇之间附加有圆盘直流电磁铁制动器，其高效、节能、起动转矩高；制动迅速、定位准确、安全可靠；结构简单、使用方便、维护容易；振动

小、噪声低、寿命长。

　　YEJ 系列电磁制动三相异步电动机的功率等级与安装尺寸的对应关系、安装尺寸、使用条件、工作方式、冷却方法、额定电压等均与 Y 系列相应规格相同。外形尺寸除长度比 Y 系列的长以外,其他尺寸相同。电动机按 JB/T6456–1992 标准设计制造,防护等级为 IP44,绝缘等级为 B 级,频率为 50Hz。

【规　格】

型　号	功率 (kW)	额定功率时运作特性				堵转	堵转 转矩	最大 转矩	重量 (kg)
		电流 (A)	转速 (r/ min)	效率 (%)	功率 因数 (cosφ)	额定 电流 (A)			
YEJ801-2	0.75	1.9	2 825	75	0.84	7.0	2.2	1 400	20
YEJ802-2	1.1	2.6	2 825	77	0.86	7.0	2.2	1 400	21
YEJ90S-2	1.5	3.4	2 840	78	0.85	7.0	2.2	1 100	26
YEJ90L-2	2.2	4.7	2 840	80.5	0.86	7.0	2.2	1 100	29
YEJ100L-2	3.0	6.4	2 880	82	0.87	7.0	2.2	800	39
YEJ112M-2	4.0	8.2	2 890	85.5	0.87	7.0	2.2	600	53
YEJ132S1-2	5.5	11.1	2 900	85.5	0.88	7.0	2.2	400	85
YEJ132S2-2	7.5	15	2 900	85.5	0.88	7.0	2.2	400	90
YEJ160M1-2	11	21.8	2 930	87.2	0.88	7.0	2.2	300	146
YEJ160M2-2	15	29.4	2 930	88.2	0.88	7.0	2.2	300	153
YEJ160L-2	18.5	35.5	2 930	89	0.89	7.0	2.2	300	175
YEJ180M-2	22	42.2	2 940	89	0.89	7.0	2.2	250	212
YEJ200L1-2	30	56.9	2 950	90	0.89	7.0	2.2	150	290
YEJ200L2-2	37	69.8	2 950	90.5	0.89	7.0	2.2	150	302
YEJ225M-2	45	83.9	2 970	91.5	0.89	7.0	2.2	100	380

续表

型 号	功率 (kW)	额定功率时运作特性				堵转	堵转 转矩	最大 转矩	重量 (kg
		电流 (A)	转速 (r/ min)	效率 (%)	功率 因数 (cosφ)	额定 电流 (A)			
YEJ801-4	0.55	1.6	1 390	73	0.76	6.5	2.4	2 500	20
YEJ802-4	0.75	2.1	1 390	74.5	0.76	6.5	2.3	2 500	20
YEJ90S-4	1.1	2.7	1 400	78	0.78	6.5	2.3	2 000	27
YEJ90L-4	1.5	3.7	1 400	79	0.79	6.5	2.3	2 000	30
YEJ100L1-4	2.2	5	1 420	81	0.82	7.0	2.2	1 500	39
YEJ100L2-4	3.0	6.8	1 420	82.5	0.81	7.0	2.2	1 500	44
YEJ112M-4	4.0	6.8	1 440	84.5	0.82	7.0	2.2	1 000	55
YEJ132S-4	5.5	11.6	1 440	87	0.84	7.0	2.2	600	80
YEJ132M-4	7.5	15.4	1 440	87	0.85	7.0	2.2	600	95
YEJ160M-4	11	22.6	1 460	88	0.84	7.0	2.2	450	15
YEJ160L-4	15	30.3	1 460	88.5	0.85	7.0	2.2	450	17
YEJ180M-4	18.5	35.9	1 470	91	0.86	7.0	2.2	350	21
YEJ180L-4	22	42.5	1 470	91.5	0.86	7.0	2.0	350	21.
YEJ200L-4	30	56.8	1 470	92.2	0.87	7.0	2.0	200	32
YEJ225S-4	37	69.8	1 480	91.8	0.87	7.0	1.9	120	56
YEJ225M-4	45	84.2	1 480	92.3	0.87	7.0	1.9	120	69
YEJ90S-6	0.75	2.3	910	72.5	0.70	6.0	2.0	3 500	27
YEJ90L-6	1.1	3.2	910	73.5	0.72	6.0	2.0	3 500	28
YEJ100L-6	1.5	4.0	940	77.5	0.74	6.0	2.0	2 500	37

续表

型 号	功率 (kW)	额定功率时运作特性				堵转	堵转 转矩	最大 转矩	重量 (kg)
		电流 (A)	转速 (r/ min)	效率 (%)	功率 因数 (cosφ)	额定 电流 (A)			
EJ112M–6	2.2	5.6	940	80.5	0.74	6.0	2.0	2 000	51
EJ132S–6	3.0	7.2	960	83	0.76	6.5	2.0	1 200	81
EJ132M1–6	4.0	9.4	960	84	0.77	6.5	2.0	1 200	90
EJ132M2–6	5.5	12.6	960	85.3	0.78	6.5	2.0	1 200	100
EJ160M–6	7.5	17	970	86	0.78	6.5	2.0	800	150
EJ160L–6	11	24.6	970	87	0.78	6.5	2.0	800	170
EJ180L–6	15	31.4	970	89.5	0.81	6.5	1.8	600	225
EJ200L1–6	18.5	37.7	970	89.8	0.83	6.5	1.8	400	280
EJ200L2–6	22	44.6	970	90.2	0.83	6.5	1.8	200	300
EJ225M–6	30	59.5	980	90.2	0.85	6.5	1.7	200	370
EJ132S–8	2.2	5.8	710	81	0.71	5.5	2.0	1 300	82
EJ132M–8	3.0	7.7	710	82	0.72	5.5	2.0	1 300	95
EJ160M1–8	4.0	9.9	720	84	0.73	6.0	2.0	1 000	135
EJ160M2–8	5.5	13.3	720	85	0.74	6.0	2.0	1 000	145
EJ160L–8	7.5	17.7	720	85	0.75	5.5	2.0	1 000	175
EJ180L–8	11	25.1	730	86.5	0.77	6.0	1.7	800	220
EJ200L–8	15	34.1	730	87	0.76	6.0	1.8	600	293
EJ225S–8	18.5	41	730	89.5	0.78	6.0	1.7	300	340
EJ225M–8	22	47.6	730	90	0.78	6.0	1.8	300 ·	456

（14）YH 系列高转差率三相异步电动机

【特点及用途】YH 系列高转差率三相异步电动机是 Y 系列三相异步电动机的电气派生产品。采用高电阻率铝合金转子，具有转差率高、堵转转矩大、堵转电流小、机械特性软、能承受冲击负载及频繁启动等

特点。并具有体积小、重量轻、性能优良、运行可靠的特点。YH 系列高转差率三相异步电动机广泛应用于各种机床、建筑机械及频繁启动(反、顺转机械的传动机构。

该机按 JB/T6449－1992 标准设计制造，防护等级 IP44，绝缘等级 B级，频率为 50Hz，工作制 S3。

【规 格】

型 号	额定功率（kW）	额定功率时运作特性					堵转额定电流（A）	堵转转矩	重量（kg）
		电流（A）	转速（r/min）	效率（%）	转差率（%）	功率因数（cosφ）			
YH801-2	0.75	1.87	2 670	71	11	0.86	5.5	2.7	16
YH802-2	1.1	2.63	2 670	73	11	0.87	5.5	2.7	17
YH90S-2	1.5	3.67	2 670	73	11	0.85	5.5	2.7	22
YH90L-2	2.2	5.15	2 670	75.5	11	0.86	5.5	2.7	25
YH100L-2	3	6.89	2 700	76	10	0.87	5.5	2.7	33
YH112M-2	4	8.81	2 730	77.5	9	0.89	5.5	2.7	45
TH132S1-2	5.5	11.9	2 730	78	9	0.90	5.5	2.7	64
TH132S2-2	7.5	16	2 730	78.5	9	0.91	5.5	2.7	70
YH160M1-2	11	22.9	2 760	81	8	0.91	5.5	2.7	117
YH160M2-2	15	30.5	2 760	82	8	0.91	5.5	2.7	125
YH160L-2	18.5	37.4	2 760	82.5	8	0.91	5.5	2.7	147

续表

型　号	额定功率 (kW)	额定功率时运作特性					堵转额定电流 (A)	堵转转矩	重量 (kg)
		电流 (A)	转速 (r/min)	效率 (%)	转差率 (%)	功率因数 (cosφ)			
YH801-4	0.55	1.65	1 305	66.5	13	0.76	5.5	2.7	17
YH802-4	0.75	2.18	1 305	68	13	0.77	5.5	2.7	18
YH90S-4	1.1	2.98	1 305	70	13	0.80	5.5	2.7	22
YH90L-4	1.5	3.96	1 305	72	13	0.80	5.5	2.7	27
YH100L1-4	2.2	5.52	1 305	73	13	0.83	5.5	2.7	34
YH100L2-4	3.0	7.42	1 305	74	13	0.83	5.5	2.7	38
YH112M-4	4.0	9.51	1 335	77	11	0.83	5.5	2.7	43
YH132S-4	5.5	12.5	1 350	77.5	10	0.86	5.5	2.7	68
YH132M-4	7.5	17.0	1 350	78	10	0.87	5.5	2.7	81
YH160M-4	11	24.3	1 365	80	9	0.86	5.5	2.6	123
YH160L-4	15	32.3	1 380	82	8	0.86	5.5	2.6	144
YH180M-4	18.5	38.5	1 380	82	8	0.89	5.5	2.6	182
YH180L-4	22	45.2	1 380	83	8	0.89	5.5	2.6	190
YH200L-4	30	61	1 380	84	8	0.89	5.5	2.6	270
YH225S-4	37	74.4	1 395	84	7	0.90	5.5	2.6	284
YH225M-4	45	88.9	1 395	84.5	7	0.91	5.5	2.6	320
YH250M-4	55	108	1 395	86	7	0.90	5.5	2.6	427
YH280S-4	75	144	1 395	86	7	0.92	5.5	2.6	562
YH280M-4	90	172	1 395	86.5	7	0.92	5.5	2.6	667

续表

型 号	额定功率 (kW)	额定功率时运作特性					堵转额定电流 (A)	堵转转矩	重量 (kg
		电流 (A)	转速 (r/min)	效率 (%)	转差率 (%)	功率因数 (cosφ)			
YH90S-6	0.75	2.48	870	66.5	13	0.69	5.0	2.7	23
YH90L-6	1.1	3.46	870	67	13	0.72	5.0	2.7	25
YH100L-6	1.5	4.28	880	70	12	0.76	5.0	2.7	33
YH112M-6	2.2	6.02	880	73	12	0.76	5.0	2.7	45
YH132S-6	3.0	7.69	900	76	10	0.78	5.0	2.7	63
YH132M1-6	4.0	10	900	77	10	0.79	5.0	2.7	73
YH132M2-6	5.5	13.6	900	78	10	0.79	5.0	2.7	84
YH160M-6	7.5	17.8	890	79	11	0.81	5.0	2.5	11
YH160L-6	11	25.8	890	80	11	0.81	5.0	2.5	14
YH180L-6	15	33.5	910	82	9	0.83	5.0	2.5	19
YH200L1-6	18.5	39.8	920	82	8	0.86	5.0	2.5	22
YH200L2-6	22	46.6	920	82.5	8	0.87	5.0	2.5	25
YH225M-6	30	62.7	930	83	8	0.8	5.5	2.5	29
YH250M-6	37	75.2	930	84	7	0.89	5.5	2.5	40
YH280S-6	45	90.9	930	84.5	7	0.89	5.5	2.5	53
YH280M-6	55	110	930	85	7	0.89	5.5	2.5	59
YH132S-8	2.2	6.27	660	73	12	0.73	4.5	2.6	63
YH132M-8	3.0	8.21	660	74	12	0.75	4.5	2.6	79
YH160M1-8	4.0	10.5	670	77	11	0.75	4.5	2.4	9
YH160M2-8	5.5	13.9	670	78	11	0.77	4.5	2.4	11

续表

型　号	额定功率（kW）	额定功率时运作特性					堵转额定电流（A）	堵转转矩	重量（kg）
		电流（A）	转速（r/min）	效率（%）	转差率（%）	功率因数（cosφ）			
YH160L-8	7.5	18.5	670	79	11	0.78	4.5	2.4	145
YH180L-8	11	27.3	675	76.5	10	0.80	4.5	2.4	184
YH200L-8	15	36.6	683	77.5	9	0.80	4.5	2.4	250
YH225S-8	18.5	45	683	80	9	0.78	4.5	2.4	266
YH225M-8	22	51.6	683	81	9	0.80	4.5	2.4	292
YH250M-8	30	67.4	690	81.5	8	0.83	4.5	2.4	405
YH280S-8	37	84.6	690	82	8	0.81	4.5	2.4	520
YH280M-8	45	99.8	690	82.5	8	0.83	4.5	2.4	592

（15）YD 系列变极多速三相异步电动机

【特点及用途】YD 系列（IP44）变极多速三相异步电动机是 Y 系列三相异步电动机派生系列产品。YD 系列变极多速电动机是利用改变定子绕组的接线方法以改变电动机的极数来达

到变速随负载的不同要求而有级地变化功率和转速的特性，可达到与负载的合理匹配。因而简化变速系统和节约能源，YD 系列电动机的电压、频率、绝缘等级、防护等级、冷却方式、安装及外形尺寸均与 Y 系列相同。其广泛应用于机床、矿山、冶金、纺织等工业部门的各式万能组合、专用金属切削机床以及需要变速的各种传动机构。

【规　格】

型　号	极数	额　定　数　据				堵转额定电流（A）	堵转额定转矩	最大额定转矩	重量（kg）
		功率（kW）	电压（V）	电流（A）	转速（r/min）				
YD801-4/2	4	0.45	380	1.4	1 420	6.5	1.5	1.8	17
	2	0.55		1.5	2 860	7	1.7		
YD802-4/2	4	0.55	380	1.7	1 420	6.5	1.6	1.8	18
	2	0.75		2.0	2 860	7	1.8		
YD90S-4/2	4	0.85	380	2.3	1 430	6.5	1.8	1.8	22
	2	1.1		2.8	2 850	7	1.9		
YD90L-4/2	4	1.3	380	3.3	1 430	6.5	1.8	1.8	27
	2	1.8		4.3	2 850	7	2.0		
YD100L1-4/2	4	2	380	4.8	1 430	6.5	1.7	1.8	34
	2	2.4		5.6	2 850	7	1.9		
YD100L2-4/2	4	2.4	380	5.6	1 430	6.5	1.6	1.8	38
	2	3		6.7	2 850	7	1.7		
YD112M-4/2	4	3.3	380	7.4	1 450	6.5	1.9	1.8	43
	2	4		8.6	2 890	7	2		
YD132S-4/2	4	4.5	380	9.8	1 450	6.5	1.7	1.8	68
	2	5.5		11.9	2 860	7	1.8		
YD132M-4/2	4	6.5	380	13.8	1 450	6.5	1.7	1.8	81
	2	8		17.1	2 880	7	1.8		
YD160M-4/2	4	9	380	18.5	1 460	6.5	1.6	1.8	123
	2	11		22.9	2 920	7	1.8		
YD160L-4/2	4	11	380	22.3	1 460	6.5	1.7	1.8	144
	2	14		28.8	2 920	7	1.9		

续表

型　　　号	极数	额　定　数　据				堵转额定电流（A）	堵转额定转矩	最大额定转矩	重量（kg）
		功率（kW）	电压（V）	电流（A）	转速（r/min）				
YD180M-4/2	4	15	380	29.4	1 470	6.5	1.8	1.8	182
	2	18.5		36.7	2 940	7	1.9		
YD180L-4/2	4	18.5	380	35.9	1 470	6.5	1.6	1.8	190
	2	22		42.7	2 940	7	1.6		
YD200L-4/2	4	26	380	49.9	1 470	6.5	1.4	1.8	270
	2	30		58.3	2 950	7	1.6		
YD225S-4/2	4	32	380	60.7	1 480	6.5	1.4	1.8	318
	2	37		71.1	2 960	7	1.6		
YD225M-4/2	4	37	380	69.4	1 480	6.5	1.6	1.8	354
	2	45		86.4	2 960	7	1.6		
YD250M-4/2	4	45	380	84.4	1 480	6.5	1.6	1.8	427
	2	55		104.4	2 960	7	1.6		
YD280S-4/2	4	60	380	111.3	1 490	6.5	1.4	1.8	597
	2	72		135.1	2 970	7	1.5		
YD280M-4/2	4	72	380	133.6	1 480	6.5	1.4	1.8	667
	2	82		152.2	2 970	7	1.5		
YD90S-6/4	6	0.64	380	2.2	920	6	1.6	1.8	23
	4	0.85		2.3	1 420	6.5	1.4		
YD90L-6/4	6	0.85	380	2.8	930	6	1.6	1.8	25
	4	1.1		3	1 400	6.5	1.5		

续表

| 型 号 | 极数 | 额 定 数 据 | | | | 堵转额定电流（A） | 堵转额定转矩 | 最大额定转矩 | 重量（kg） |
		功率（kW）	电压（V）	电流（A）	转速（r/min）				
YD100L1-6/4	6	1.3	380	3.8	940	6	1.7	1.8	34
	4	1.8		4.4	1 440	6.5	1.4		
YD100L2-6/4	6	1.5	380	4.3	940	6	1.6	1.8	38
	4	2.2		5.4	1 440	6.5	1.4		
YD112M-6/4	6	2.2	380	5.7	960	6	1.8	1.8	49
	4	2.8		6.7	1 440	6.5	1.5		
YD132S-6/4	6	3	380	7.7	970	6	1.8	1.8	65
	4	4		9.5	1 440	6.5	1.7		
YD132M-6/4	6	4	380	9.8	970	6	1.6	1.8	84
	4	5.5		12.3	1 440	6.5	1.4		
YD160M-6/4	6	6.5	380	15.1	970	6	1.5	1.8	119
	4	8		17.4	1 460	6.5	1.5		
YD160L-6/4	6	9	380	20.6	970	6	1.6	1.8	107
	4	11		23.4	1 460	6.5	1.7		
YD180M-6/4	6	11	380	25.9	980	6	1.6	1.8	192
	4	14		29.8	1 470	6.5	1.7		
YD180L-6/4	6	13	380	29.4	980	6	1.7	1.8	224
	4	16		33.6	1 470	6.5	1.7		
YD200L-6/4	6	18.5	380	41.4	980	6.5	1.6	1.8	250
	4	22		44.7	1 460	7	1.5		

续表

型　号	极数	额定数据				堵转额定电流(A)	堵转额定转矩	最大额定转矩	重量(kg)
		功率(kW)	电压(V)	电流(A)	转速(r/min)				
YD225-6/4	6	22	380	44.2	980	6.5	1.8	1.8	330
	4	28		56.2	1470	7	1.8		
YD225M-6/4	6	26	380	52.2	980	6.5	1.8	1.8	344
	4	34		66	1 470	7	1.8		
YD250M-6/4	6	32	380	62.1	980	6.5	1.5	1.8	479
	4	42		80.6	1 480	7	1.3		
YD280S-6/4	6	42	380	81.5	980	6.5	1.5	1.8	614
	4	55		106.7	1 480	7	1.3		
YD280M-6/4	6	55	380	106.7	990	6.5	1.6	1.8	710
	4	72		139.7	1 480	7	1.3		
YD90S-8/6	8	0.35	380	1.6	700	5	1.8	1.8	230
	6	0.45		1.4	930	6	2		
YD90L-8/6	8	0.45	380	1.9	700	5	1.7	1.8	250
	6	0.65		1.9	920	6	1.8		
YD100L-8/6	8	0.75	380	2.9	710	5	1.8	1.8	38
	6	1.1		3.1	950	6	1.9		
YD112M-8/6	8	1.3	380	4.5	710	5	1.7	1.8	51
	6	1.8		4.8	950	6	1.9		
YD132S-8/6	8	1.8	380	5.8	730	5	1.8	1.8	63
	6	2.4		6.2	970	6	1.9		
YD132M-8/6	8	2.6	380	8.2	730	5	1.9	1.8	84
	6	3.7		9.4	970	6	1.9		

续表

型　　　号	极数	额定数据					堵转额定电流（A）	堵转额定转矩	最大额定转矩	重量（kg
		功率（kW）	电压（V）	电流（A）	转速（r/min）					
YD160M-8/6	8	4.5	380	13.3	730		5	1.6	1.8	119
	6	6		14.7	980		6	1.9		
YD160L-8/6	8	6	380	17.5	730		5	1.6	1.8	147
	6	8		19.4	980		6	1.9		
YD180M-8/6	8	7.5	380	21.9	730		5	1.9	1.8	195
	6	10		24.2	980		6	1.9		
YD180L-8/6	8	9	380	24.8	730		5	1.8	1.8	224
	6	12		28.3	980		6	1.8		
YD200L1-8/6	8	12	380	32.6	730		5	1.8	1.8	250
	6	17		39.1	980		6	2		
YD200L2-8/6	8	15	380	40.3	730		5	1.8	1.8	301
	6	20		45.4	980		6	2		
YD250-8/6	8	17.5	380	38.4	730		6	1.8	1.8	
	6	22		42.8	980		6.5	1.8		
YD160M-12/6	12	2.6	380	11.6	480		4	1.2	1.8	119
	6	5		11.9	970		6	1.4		
YD160L-12/6	12	3.7	380	16.1	480		4	1.2	1.8	147
	6	7		15.8	970		6	1.4		
YD180L-12/6	12	5.5	380	19.6	490		4	1.3	1.8	224
	6	10		20.5	980		6	1.3		
YD200L1-12/6	12	7.5	380	24.5	490		4	1.5	1.8	270
	6	13		26.4	970		6	1.5		

续表

| 型　号 | 极数 | 额　定　数　据 | | | | 堵转额定电流（A） | 堵转额定转矩 | 最大额定转矩 | 重量（kg） |
		功率（kW）	电压（V）	电流（A）	转速（r/min）				
YD200L2-12/6	12	9	380	28.9	490	4	1.5	1.8	301
	6	15		30.1	980		1.5		
YD225M-12/6	12	12	380	35.2	490	4	1.5	1.8	292
	6	20		39.7	980		1.5		
YD250M-12/6	12	15	380	42.1	490	6	1.5	1.8	408
	6	24		47.1	990		1.5		
YD280S-12/6	12	20	380	54.8	490	6	1.5	1.8	536
	6	30		58.9	990		1.5		
YD280M-12/6	12	24	380	63.7	490	4	1.5	1.8	585
	6	37		72.6	990		1.5		
YD90L-8/4	8	0.45	380	1.9	700	5.5	1.6	1.8	25
	4	0.75		1.82	1 420	6.5	1.4		
YD100L-8/4	8	0.85	380	3.1	700	5.5	1.6	1.8	38
	4	1.5		3.5	1 410	6.5	1.4		
YD112M-8/4	8	1.5	380	5.0	700	5.5	1.7	1.8	49
	4	2.4		5.3	1 410	6.5	1.7		
YD132S-8/4	8	2.2	380	7.0	720	5.5	1.5	1.8	63
	4	3.3		7.1	1 440	6.5	1.7		
YD132M-8/4	8	3	380	9.0	720	5.5	1.5	1.8	80
	4	4.5		9.4	1 440	6.5	1.6		

续表

型　号	极数	额定数据				堵转额定电流（A）	堵转额定转矩	最大额定转矩	重量（kg）
		功率（kW）	电压（V）	电流（A）	转速（r/min）				
YD160M-8/4	8	5	380	13.9	730	5.5	1.5	1.8	119
	4	7.5		15.2	1 450	6.5	1.6		
YD160L-8/4	8	7	380	19	730	5.5	1.5	1.8	147
	4	11		21.8	1 450	6.5	1.6		
YD200L1-8/4	8	14	380	33	740	6	1.8	1.8	261
	4	22		41.3	1 470	7	1.7		
YD200L2-8/4	8	17	380	40.1	740	6	1.5	1.8	301
	4	26		48.8	1 470	7	1.7		
YD225M-8/4	8	24	380	53.2	740	6	1.5	1.8	340
	4	34		66.7	1 470	7	1.5		
YD250M-8/4	8	30	380	64.9	740	6	1.5	1.8	479
	4	42		78.8	1 480	7	1.7		
YD280S-8/4	8	40	380	83.5	740	6	1.6	1.8	585
	4	55		102	1 480	7	1.7		
YD280M-8/4	8	47	380	96.9	740	6	1.6	1.8	730
	4	67		122.9	1 480	7	1.7		
YD100L-6/4/2	6	0.75	380	2.6	950	5.5	1.8	1.8	38
	4	1.3		3.7	1 450	6	1.6		
	2	1.8		4.5	2 900	7	1.6		

续表

型 号	极数	额 定 数 据				堵转额定电流（A）	堵转额定转矩	最大额定转矩	重量（kg）
		功率（kW）	电压（V）	电流（A）	转速（r/min）				
YD112M-6/4/2	6	1.1		3.5	960	5.5	1.7		
	4	2	380	5.1	1 450	6	1.4	1.8	43
	2	2.4		5.8	2 920	7	1.6		
YD132S-6/4/2	6	1.8		5.1	970	5.5	1.4		
	4	2.6	380	6.1	1 460	6	1.3	1.8	68
	2	3		7.4	2 910	7	1.7		
YD132M1-6/4/2	6	2.2		6	970	5.5	1.3		
	4	3.3	380	7.5	1 460	6	1.3	1.8	78
	2	4		8.8	2 910	7	1.7		
YD132M2-6/4/2	6	2.6		6.9	970	5.5	1.5		
	4	4	380	9	1 460	6	1.4	1.8	84
	2	5		10.8	2 910	7	1.7		
YD160M-6/4/2	6	3.7		9.5	980	5.5	1.5		
	4	5	380	11.2	1 470	6	1.3	1.8	124
	2	6		13.2	2 930	7	1.4		
YD160L-6/4/2	6	4.5		11.4	980	5.5	1.5		
	4	7	380	15.1	1 470	6	1.2	1.8	145
	2	9		18.8	2 930	7	1.3		
YD112M-8/4/2	8	0.65		2.7	700	4.5	1.4		
	4	2	380	5.1	1 450	6	1.3	1.8	45
	2	2.4		5.8	2 920	7	1.2		

续表

型 号	极数	额定数据					堵转额定电流（A）	堵转额定转矩	最大额定转矩	重量（kg）
		功率（kW）	电压（V）	电流（A）	转速（r/min）					
YD132S-8/4/2	8	1		3.6	720		4.5	1.4		
	4	2.6	380	6.1	1 460		6	1.2	1.8	68
	2	3		7.1	2 910		7	1.4		
YD132M-8/4/2	8	1.3		4.6	720		4.5	1.5		
	4	3.7	380	8.4	1 460		6	1.3	1.8	81
	2	4.5		10	2 910		7	1.4		
YD160M-8/4/2	8	2.2		7.6	720		4.5	1.4		
	4	5	380	11.2	1 440		6	1.3	1.8	124
	2	6		13.2	2 910		7	1.4		
YD160L-8/4/2	8	2.8		9.2	720		4.5	1.3		
	4	7	380	15.1	1 440		6	1.2	1.8	145
	2	9		18.8	2 910		7	1.3		
YD112M-8/4/2	8	0.85		3.7	710		5.5	1.7		
	66	1.0	380	3.1	950		6.5	1.3	1.8	45
	4	1.5		3.5	1 440		7	1.5		
YD132S-8/6/4	8	1.1		4.1	730		5.5	1.4		
	6	1.5	380	4.2	970		6.5	1.3	1.8	65
	4	1.8		4.0	1 460		7	1.3		
YD132M1-8/6/4	8	1.5		5.2	730		5.5	1.3		
	66	2	380	5.4	970		6.5	1.5	1.8	78
	4	2.2		4.9	1 460		7	1.4		

续表

| 型　号 | 极数 | 额 定 数 据 | | | | 堵转额定电流 (A) | 堵转额定转矩 | 最大额定转矩 | 重量 (kg) |
		功率 (kW)	电压 (V)	电流 (A)	转速 (r/min)				
YD132M2-8/6/4	8	1.8		6.1	730	5.5	1.5		
	6	2.6	380	6.8	970	6.5	1.5	1.8	84
	4	3		6.5	1 460	7	1.5		
YD160M-8/6/4	8	3.3		10	720	5.5	1.7		
	6	4	380	9.9	960	6.5	1.4	1.8	120
	4	5.5		11.6	1 440	7	1.5		
YD160L-8/6/4	8	4.5		13.8	720	5.5	1.6		
	6	6	380	14.5	960	6.5	1.6	1.8	147
	4	7.5		15.6	1 440	7	1.5		
YD180L-8/6/4	8	7		20.2	740	7	1.5		
	6	9	380	20.6	980	7	1.5	1.8	205
	4	12		24.1	1 470	7	1.4		
YD200L-8/6/4	8	10		24.8	740	6.5	1.6		
	6	13	380	28.4	980	7	1.5	1.8	301
	4	17		33.4	1 470	7	1.5		
YD225S-8/6/4	8	14		34.8	740	6.5	1.8		
	6	18.5	380	39.9	990	7	1.6	1.8	330
	4	24		46.6	1 480	7	1.5		
YD225M-8/6/4	8	17		42.4	740	6.5	1.8		
	6	22	380	45.2	980	7	1.6	1.8	360
	4	28		54.3	1 480	7	1.5		

续表

型 号	极数	额 定 数 据				堵转额定电流 (A)	堵转额定转矩	最大额定转矩	重量 (kg)
		功率 (kW)	电压 (V)	电流 (A)	转速 (r/min)				
YD250M-8/6/4	8	24		55.2	740	6.5	1.5		
	6	26	380	52.8	990	7	1.6	1.8	490
	4	34		63.8	1 480	7	1.4		
YD280S-8/6/4	8	30		68.3	740	6.5	1.5		
	6	34	380	67.5	990	7	1.6	1.8	667
	4	42		77.9	1 480	7	1.4		
YD280M-8/6/4	8	34		77.4	740	6.5	1.4		
	6	37	380	73.4	990	7	1.5	1.8	740
	4	50		92.8	1 480	7	1.4		
YD180L-12/8/6/4	12	3.3		13	480	5	1.6		
	8	5	380	16	740	6	1.5	1.8	210
	6	6.5		14	970	6	1.5		
	4	9		19	1 479	7	1.3		
YD200L1-12/8/6/4	12	4.5		17	490	5	1.3		
	8	7	380	20	740	6	1.3	1.8	285
	6	8		17	980	6	1.3		
	4	11		23	1 480	7	1.3		
YD200L2-12/8/6/4	12	5.5		20	490	5	1.3		
	8	8	380	22	740	6	1.3	1.8	301
	6	10		21	980	6	1.3		
	4	13		27	1 480	7	1.3		

续表

型 号	极数	额 定 数 据				堵转额定电流（A）	堵转额定转矩	最大额定转矩	重量（kg）
		功率（kW）	电压（V）	电流（A）	转速（r/min）				
YD225M-12/8/6/4	12	7	380	21	490	5	1.6	1.8	340
	8	11		27	740	6	1.6		
	6	13		26	980	6	1.5		
	4	20		39	1 480	7	1.3		
YD250M-12/8/6/4	12	9	380	20	490	5	1.6	1.8	479
	8	14		34	740	6	1.6		
	6	16		33	990	6	1.5		
	4	26		49	1 480	7	1.3		
YD280S-12/8/6/4	12	11	380	32	490	5	1.6	1.8	650
	8	18.5		43	740	6	1.6		
	6	20		41	990	6	1.5		
	4	34		65	1 490	7	1.3		
YD280M-12/8/6/4	12	13	380	37	490	6	1.7	1.8	730
	8	22		51	740	6	1.7		
	6	24		49	990	6	1.6		
	4	40		75	1 490	7	1.5		

(16) YLT 系列冷却塔专用异步电动机

【特点及用途】YLT 冷却塔专用电动机是在 Y 系列三相异步电动机上改型制造,电动机为满足冷却塔户外使用和有关特殊的要求,对其外形、安装尺寸、密封、防水性能作了特殊设计。其具有噪声低、振动小、效率高、启动性能好、运行可靠、安装和使用维护方便等特点。YLT 冷却塔专用电动机防护等级 IP55,绝缘等级 B 级,频率为 50Hz。

【规　格】

型　号	额定功率（kW）	额定电压（V）	满载时				堵转额定电流（A）	噪声［dB（A）］	重量（kg）
			转速（r/min）	电流（A）	效率（%）	功率因数（cosφ）			
YLT90S-6	0.75	380	910	2.3	72.5	0.70	6.0	(63)	26
YLT90L-6	1.1	380	910	3.2	73.5	0.72	6.0	(63)	28
YLT100M1-6	1.1	380	950	3.2	75	0.70	6.0	59	30
YLT100M2-6	1.5	380	950	4.1	77	0.72	6.0	61	33
YLT100L2-6	2.2	380	950	5.7	80	0.74	6.0	61	37
YLT100L1-6	1.5	380	940	4.0	77.5	0.74	6.5	(65)	34
YLT112M-6	2.2	380	940	5.6	80.5	0.76	6.5	(65)	41
YLT132S1-6	3.0	380	960	7.4	83	0.74	6.5	65	65
YLT132S2-6	4.0	380	960	9.4	84	0.74	6.5	65	69
YLT132M1-6	4.0	380		9.4	84	0.77	6.5	(69)	77
YLT132M2-6	5.5	380	960	12.5	85	0.76	6.5	65(69)	80
YLT160M-6	7.5	380	970	17.4	85	0.77	6.5	67	119
YLT160L-6	11	380	970	24.9	86	0.78	6.5	67	147

续表

型　号	额定功率(kW)	额定电压(V)	满载时				堵转额定电流(A)	噪声[dB(A)]	重量(kg)
			转速(r/min)	电流(A)	效率(%)	功率因数(cosφ)			
YLT160M-6	7.5	380	970	16.9	86	0.78	6.5	(73)	115
YLT160L-6	11	380	970	24.6	87	0.78	6.5	(73)	136
YLT180L-6	15	380	970	31.5	89	0.81	6.5	(76)	182
YLT200L1-6	18.5	380	970	37.6	89.8	0.83	6.5	(76)	230
YLT200L2-6	22	380	970	44.5	90.2	0.83	6.5	(76)	255
YLT100M1-8	0.75	380	710	2.2	75	0.68	6.5	56	30
YLT100M2-8	1.1	380	710	3.2	76	0.68	6.5	56	32
YLT100L-8	1.5	380	710	4.4	77	0.68	6.5	59	33
YLT100L1-8	0.75	380	700	2.7	71	0.60	5.5	(60)	34
YLT100L2-8	1.1	380	700	3.5	73	0.65	5.5	(60)	35
YLT112M-8	1.5	380	700	4.5	75	0.67	5.5	(62)	41
YLT132S1-8	2.2	380	720	6.0	80	0.70	5.5	59(64)	61
YLT132S2-8	3.0	380	720	8.1	80	0.70	5.5	61	65
YLT132M-8	3.0	380	710	7.7	82	0.72	5.5	(64)	72
YLT160M1-8	4.0	380	725	9.4	84	0.61	5.5	61	118
YLT160M2-8	5.5	380	725	12.6	85	0.61	5.5	61	119
YLT160L-8	7.5	380	725	17.0	86	0.65	5.5	65	145
YLT160M1-8	4	380	720	9.9	84	0.73	6.0	67	100
YLT160M2-8	5.5	380	720	13.3	85	0.74	6.0	67	112
YLT160L-8	7.5	380	720	17.6	86	0.75	5.5	70	136
YLT180L-8	11	380	730	25.0	86.5	0.77	6.0	70	182

续表

型　号	额定功率（kW）	额定电压（V）	满载时				堵转额定电流（A）	噪声〔dB（A）〕	重量（kg）
			转速（r/min）	电流（A）	效率（%）	功率因数（cosφ）			
YLT200L-8	15	380	730	34.0	88	0.76	6.0	73	280
YLT160M1-12	3	380	480	9.1	78	0.64	5.5	61	105
YLT160M2-12	4	380	480	12.2	78	0.64	5.5	61	115
YLT160L-12	5.5	380	480	16.3	80	0.64	5.5	61	125
YLT160M1-16	2.2	380	350	8.3	65	0.62	5.5	63	105
YLT160M2-16	3	380	350	11.3	65	0.62	5.5	63	115
YLT160L-16	4	380	350	14.9	66	0.62	5.5	63	125
YLT132S-12	1.1	380	450	4.3	70.0	6.56	5.0	59	61
YLT1132M1-12	1.5	380	450	5.5	71.0	0.58	5.0	61	72
YLT132M2-12	2.2	380	450	7.7	72.0	0.60	5.0	63	80
YLT160M-12	3	380	460	9.6	76.0	0.62	5.0	63	112
YLT160L1-12	4	380	460	12.5	77.0	0.63	5.0	65	125
YLT160L2-12	5.5	380	460	16.7	78.0	0.64	5.0	65	136
YLT180L-12	7.5	380	470	22.1	79.0	0.65	5.0	67	182
YLT200L-12	11	380	480	31.6	80.0	0.66	5.0	67	280
YLT160M1-16	1.5	380	315	6.2	64.0	0.57	5.0	61	100
YLT160M2-16	2.2	380	315	8.7	65.0	0.59	5.0	63	112
YLT160L-16	4	380	315	11.1	68.0	0.60	5.0	63	136
YLT180L-16	4	380	325	14.2	70.0	0.61	5.0	65	182
YLT200L-16	5.5	380	335	18.7	72.0	0.62	5.0	65	280
YLT200L-20	4	380	240	15.1	68.0	0.59	5.0	63	280

(17) YS 系列三相异步电动机

【特点及用途】YS 系列三相异步电动机具有起动转矩大,力能指标高,运行可靠,维护方便等特点。电动机为全封闭式结构,防护等级 IP44,绝缘等级 B,频率为 50Hz,IC0141 冷却方式。接线盒装在电机的顶部。

【规　格】

型　号	功率 (W)	电压 (V)	转速 (r/min)	额定电流 (A)	效率 (%)	功率因数 (cosφ)	堵转额定电流 (A)	堵转额定转矩	最大额定转矩	重量 (kg)
YS 5012	40			0.17	55	0.65				2.5
YS 5022	60			0.23	60	0.66				2.5
YS 5612	90	380		0.32	62	0.68		2.3		3.5
YS 5622	120			0.38	67	0.71				4
YS 6312	180			0.94/0.53	69	0.75	6.0			7
YS 6322	250			1.17/0.68	72	0.78			2.4	7.5
YS 7112	370		2 800	1.66/0.96	73.5	0.80				11
YS 7122	550			2.33/1.35	75.5	0.82				12
YS 8012	750	220/380		3.03/1.75	76.35	0.85				16
YS 8022	1100			4.41/2.55	77	0.85		2.2		17
YS 90S2	1500			5.93/3.44	78	0.85	7.0			22
YS 90L2	2200			8.34/4.83	80.5	0.86		2.0		24
YS 100L12	3000			11.0/6.39	80	0.87		2.2	2.3	34

续表

型　号	功率 （W）	电压 （V）	转速 （r/min）	额定电流 （A）	效率 （%）	功率因数 （cosφ）	堵转额定电流 （A）	堵转额定转矩	最大额定转矩	重量 （kg）
YS 5014	25			0.17	42	0.53				2.5
YS 5024	40	380		0.23	50	0.54				2.5
YS 5614	60			0.28	56	0.58				3.5
YS 5624	90			0.39	58	0.61				4
YS 6314	120			0.83/0.48	60	0.63		2.4		7
YS 6324	180			1.12/0.66	64	0.66	6.0		2.4	7.5
YS 7113	250		1 400	1.44/0.83	67	0.68				11
YS 7124	370			1.94/1.12	69.5	0.72				12
YS 8014	550	220/ 380		2.7/1.56	73.5	0.73				16
YS 8024	750			3.48/2.01	75.5	0.75				17
YS 90S4	1100			4.74/2.75	78	0.78	6.5	2.3		22
YS 90L4	1500			6.31/3.65	79	0.79				24
YS 100L14	2200			8.69/5.03	81	0.82	7.0	2.2	2.3	34
YS 100L24	300			11.8/82	82.5	0.81				37
YS 8016	370			2.23/1.29	68.0	0.64			2.0	16
YS 8026	550	220/ 380	930	3.13/1.81	71.0	0.65	5.5	2.0		17
YS 90S6	750			3.89/2.25	73.0	0.69			2.1	22
YS 90L6	1100			5.46/3.16	74.0	0.71				24
YS 100L6	1500			6.86/3.97	77.5	0.74	6.0		2.2	34

(18) YSF 系列轴流风机专用三相异步电动机

【特点及用途】YSF 系列轴流风机专用三相电
动机是 T35-11 系列轴流式通风机专用配套电动机。其
具有结构简单、运行可靠、维护方便、节约能源等特点。
电动机小功率(25~1 100V)外壳防护等级为 IP44，绝缘
等级为 E 级，绕组具有良好的绝缘性能和机械强度。电
动机通过机壳上等分三面的六螺孔与风机固定。接线
盒在风筒外壁上。

【规　　格】

型　号	功率(W)	电流(A)	电压(V)	频率(Hz)	转速(r/min)	效率(%)	功率因数(cosφ)	堵转额定转矩	堵转额定电流(A)	最大额定转矩
YSF50-1-4	25	0.17	380	50	1 400	42	0.53	2.0	6	2.4
YSF50-2-4	40	0.23	380	50	1 400	50	0.54	2.0	6	2.4
YSF56-1-4	60	0.23	380	50	1 400	56	0.58	2.0	6	2.4
YSF56-2-4	90	0.39	380	50	1 400	58	0.61	2.0	6	2.4
YSF56-2-2	120	0.38	380	50	2 800	67	0.71	2.0	6	2.4
YSF56-3-2	180	0.53	380	50	2 800	69	0.75	2.0	6	2.4
YSF63-1-4	120	0.48	380	50	1 400	60	0.63	2.0	6	2.4
YSF63-2-4	180	0.65	380	50	1 400	64	0.66	2.0	6	2.4
YSF63-1-2	180	0.53	380	50	2 800	69	0.75	2.0	6	2.4
YSF63-2-2	250	0.67	380	50	2 800	72	0.74	2.0	6	2.4
YSF63-3-2	370	0.95	380	50	2 800	76	0.78	2.0	6	2.4
YSF71-1-4	250	0.83	380	50	1 400	67	0.68	2.0	6	2.4
YSF71-2-4	370	1.12	380	50	1 400	69.5	0.72	2.0	6	2.4
YSF71-1-2	370	0.95	380	50	2 800	73.5	0.80	2.0	6	2.4

续表

型 号	功率 (W)	电流 (A)	电压 (V)	频率 (Hz)	转速 (r/min)	效率 (%)	功率 因数 (cosφ)	堵转 额定 转矩	堵转 额定 电流 (A)	最大 额定 转矩
YSF71-2-2	550	1.35	380	50	2 800	75.5	0.82	2.0	6	2.4
YSF71-3-2	750	1.75	380	50	2 800	76.5	0.85	2.0	6	2.4
YSF80-1-4	550	1.55	380	50	1 400	73.5	0.73	2.0	6	2.4
YSF80-2-4	750	2.01	380	50	1 400	75.5	0.75	2.0	6	2.4
YSF80-1-6	370	1.21	380	50	960	68	0.68	2.0	6	2.4
YSF80-2-2	1 100	2.53	380	50	2 800	77	0.86	2.0	6	2.4

（19）YT 系列轴流风机专用电动机

【特点及用途】YT 系列三相异步电动机是 T35-11 系列轴流式通风机专用配套电动机。其具有结构简单、运行可靠、维护方便、节约能源及技术经济指标优异等特点。电动机外壳防护等级为 IP44，绝缘等级为 E 级，绕组具有良好的绝缘性能及机械强度。电动机通过机壳上等分三面的六螺孔与风机固定。接线盒在风筒外壁上。

【规 格】

型 号	功率 (W)	电流 (A)	电压 (V)	频率 (Hz)	转速 (r/min)	效率 (%)	功率 因数 (cosφ)	堵转 额定 转矩	堵转 额定 电流 (A)	最大 额定 转矩
YT90S-2	1 500	3.4	380	50	2 800	78	0.85	2.2	7.0	2.2
YT90S-4	1 100	2.7	380	50	1 400	78	0.78	2.2	6.5	2.2
YT90L-4	1 500	3.7	380	50	1 400	79	0.79	2.2	6.5	2.2

续表

型　号	功率 (W)	电流 (A)	电压 (V)	频率 (Hz)	转速 (r/min)	效率 (%)	功率因数 (cosφ)	堵转额定转矩	堵转额定电流 (A)	最大额定转矩
YT90S-6	750	2.3	380	50	960	72.5	0.70	2.0	6.0	2.0
YT90L-6	1 100	3.2	380	50	960	73.5	0.72	2.0	6.0	2.0
YT100L1-4	2 200	5.0	380	50	1 400	81	0.82	2.2	7.0	2.2
YT100L2-4	3 000	6.8	380	50	1 400	82.5	0.81	2.2	7.0	2.2
YT100L-6	1 500	4.0	380	50	960	77.5	0.74	2.0	6.0	2.0
YT112M-4	4 000	8.8	380	50	1 400	84.5	0.82	2.2	7.0	2.2
YT112M-6	2 200	5.6	380	50	960	80.5	0.74	2.0	6.0	2.0
YT132S-4	5 500	11.6	380	50	1 400	85.5	0.84	2.2	7.0	2.2
YT132M-4	7 500	15.4	308	50	1 400	87	0.85	2.2	7.0	2.2
YT132S-6	3 000	7.2	380	50	960	83	0.76	2.0	6.5	2.0
YT132M1-6	4 000	9.4	380	50	960	84	0.77	2.0	6.5	2.0
YT132M2-6	5 500	12.6	380	50	960	85.3	0.78	2.0	6.5	2.2

6. 直流电动机

　　直流电动机是一种将直流电能转换成机械能,是拖动生产机械的一种动力设备,通常由定子、电枢(转子)、端盖或端罩、电刷、轴承等部件组成。根据需要,有些直流电动机还配备鼓风机、制动器及其他监测保护装置。直流电动机的主要特点在于:优良的调速特性,过载能力大,可实现无级快速启动,制动和反转,能满足生产过程自动化系统各种不同的特殊运动要求。

（1）Z2 系列直流电动机

【特点及用途】Z2 系列直流电动机供恒速或转速调节范围不大于 2:1 的电力拖动系统使用，并可与发电机组合运行。该系列直流电动机仅适用正常的使用条件，即非湿热带地区、非多尘或无有害气体场所，非严重过载的情况。

【规　格】

型号	电枢 外径	内径	长度	槽数	换向器外径	电刷 b×l (mm× mm)	主极 极数	极身宽度	极长	气隙 δ	换向极 极数	极身长度	极宽	气隙
	(mm)				(mm)				(mm)			(mm)		
Z2-11	83	22	65	14	62	10× 12.5	2	38	65	0.7	1	50	20	1.5
Z2-12			90						90			75		
Z2-21	106	30	65	18	82	10× 12.5	2	48	65	0.8	1	50	20	1.5
Z2-22			90						90			75		
Z2-31	120	30	75	18	82	10× 12.5	2	58	75	1.0	1	55	25	1.5
Z2-32			105						105			85		
Z2-41	138	45	85	27	100	10× 12.5	4	42	85	1.0	4	65	20	1.5
Z2-42			110						110			90		
Z2-51	162	55	90	31	125	10× 12.5	4	50	90	1.2	4	65	20	1.7
Z2-52			130						130			105		
Z2-61	195	55	95	31	125	10× 12.5	4	58	95	1.5	4	70	25	2.5
Z2-62			125						125			100		
Z2-71	210	60	125	35	150	12.5× 75	4	68	125	1.5	4	95	28	3
Z2-72			160	27					160			130		

续表

型号	电枢				换向器外径	电刷 b×l		主极					换向极			
	外径	内径	长度	槽数	(mm)	(mm)	极数	极身宽度	极长	气隙 δ		极数	极身长度	极宽	气隙	
	(mm)							(mm)					(mm)			
Z2–81	245	70	135	31	180	12.5×75	4	84	135	2		4	105	32	4	
Z2–82			180	35					180				150			
Z2–91	294	80	145	37	200	16×75	4	106	145	2.5		4	115	40	4	
Z2–92			185	29					185				155			
Z2–101	327	95	195	37	230	20×75	4	128	195	2.5		4	160	45	5	
Z2–102			240	31					240				205			
Z2–111	368	110	230	50	250	25×32	4	145	230	3		4	195	55	6	
Z2–112			280	42					280				245			

注:Z2–11～Z2–82 直流电机,电刷一段用 D104;Z2–91～Z2–112 直流电机,电刷一段用 D172。

(2)Z4 系列直流电动机

【特点及用途】Z4 系列直流电动机为小型直流电动机,适用于调速范围广、过载负荷不大于 1.6 倍的电力拖动系统。恒功率消磁向上调速范围对于不同规格可以达到额定转速的 1.0～3.8 倍,恒转矩降压向下调速,最低可至 20r/min。Z4 系列直流电动机不仅可用直流电源供 电,更适用于静止整流电源供电,转动惯量小,有较好的动态性能,并能承受较高的负载变化率。适用于需要平滑调速、效率高、自动稳速、反应灵敏的控制系统。Z4 系列电动机广泛使用在冶金、造纸、染织、机床、水泥、塑料、印刷等设备中。

【规 格】

型 号	额定功率 (kW)	额定转速 (t/min) 160V	40V	440V	弱磁转速 (t/min)	电枢电流 (A)	励磁功率 (W)	电枢回路电阻 Ω (20℃)	电枢回路电感 (mH)	磁场电感 (H)	外接电感 (mH)	效率 (%)	转动惯量 (kg·m²)	质量 (kg)
ZA-100-1	2.2	1490			3 000	17.9	315	1.19	11.2	22	15	67.8	0.044	72
	1.5	955			2 000	13.3		2.17	21.4	13	15	58.5		
	4		2 630		4 000	12		2.82	26	18		78.9		
	4			2 960	4 000	10.7				18		80.1		
	2	1310			3 000	6.6		9.12	86	18		68.4		
	2.2			1 480	3 000	6.5						70.6		
	1.4	860			2 000	5.1		16.76	163	18		60.3		
	1.5			990	2 000	4.77						63.2		
ZA-112/2-1	3	1 540			3 000	24	320	0.785	7.1	14	20	69.1	0.072	100
	2.2	975			2 000	19.6		1.498	14.1	13	20	62.1		
	5.5		2630		4 000	16.4		1.963	17.9	17		79.9		
	5.5			2 940	4 000	14.7				17		81.1		
	2.8	1340			3 000	9.1		6	59			71.2		
	3			1 500	3 000	8.6						72.8		
	1.9	855		2 000	6.9			11.67	110	13		61.1		
	2.2			965	2 000	7.1						63.5		

续表

型号	额定功率(kW)	额定转速(r/min)			弱磁转速(r/min)	电枢电流(A)	励磁功率(W)	励磁回路电阻[Ω(20℃)]	电枢回路电感(mH)	磁场电感(H)	外接电感(mH)	效率(%)	惯量矩(kg·m²)	质量(kg)
		160V	400V	440V										
ZA-111/2-2	4	1450			3 000	31.3	350	0.567	6.2	14	12	72.6	0.088	107
	3	1070			2 000	24.8		0.934	10.3	14	10	66.8		
	7		2660		4 000	20.4		1.305	14	19	6.5	82.4		
	7.5			2 980	4000	19.7		1.305	14	19	4.5	83.5		
	3.7			1500	3 000	11.7				19		74.1		
ZA-112/2-2	4		1320		3 000	11.2	500	4.24	48.5	14		76		
	2.6		895		2000	9		7.62	83	14		65.1		
	3			1010	2 000	9.1				14		67.3		
	5.5	1520			3 000	42.5		0.38	3.85	6.8	6.5	73		
	4	990			2 000	33.7		0.741	7.7	6.7	4.5	64.9		
	10		2 680		4 000	29		0.89	9	6.8		82.7		
	11			2 950	4000	28.8				6.8		83.3		
ZA-112/4-1	5			1480	2 200	15.7		3.01	30.5	6.8		74.3	0.128	106
	5.5		1340		2 200	15.4				6.8		75.7		
	3.7			980	1 400	13		5.78	60	6.7		65.2		
	4		855		1 400	12.2				6.7		68.7		

续表

型号	额定功率(kW)	额定转速(r/min) 160V	400V	440V	弱磁转速(r/min)	电枢电流(A)	励磁功率(W)	励磁回路电阻Ω(20℃)	电枢回路电感(mH)	磁场电感(H)	外接电感(mH)	效率(%)	惯量矩(kg·m²)	质量(kg)
ZA-112/4-2	5.5	1090			2000	43.5	570	0.441	5.1	7.8	6	69.5	0.156	114
	13		2740		4000	37		0.574	6.4	5.8		84.4		
	15			3035	4000	38.6						85.4		
	6.7		1330		2200	20.6		2.12	24.1	7.8		76.8		
	7.5			1480	2200	20.6						78.4		
	5		955		1500	16.1		3.46	40.5	5.8		71.1		
	5.5			1025	1500	15.7						71.9		

型号	额定功率(kW)	额定转速(r/min) 400V	440V	弱磁转速(r/min)	电枢电流(A)	励磁功率(W)	电磁回路电阻[Ω(20℃)]	电枢回路电感(mH)	磁场电感(H)	效率(%)	惯量矩(kg·m²)	质量(kg)
ZA-13 2-1	18.5	2610		4000	52.2	650	0.368	5.3	6.5	85	0.32	140
	18.5		2850	4000	47.1					85.9		
	10	1330		2400	30.1		1.309	18.9	8.9	79.4		
	11		1480	2500	29.6					80.9		
	7	865		1600	22.7		2.56	37.5	6.3	71.9		
	7.5		975	1600	21.4					74.5		

续表

型号	额定功率 (kW)	额定转速 (r/min) 400V	额定转速 (r/min) 440V	弱磁转速 (r/min)	电枢电流 (A)	励磁功率 (W)	电枢回路电阻 [Ω(20℃)]	电枢回路电感 (mH)	磁场电感 (H)	效率 (%)	惯量矩 (kg·m²)	质量 (kg)
Z4-132 -2	20	2800		3 600	55.4	730	0.226	3.65	10	87.8	0.4	160
	22		3 090	3 600	55.3					88.3		
	15	1360		2 500	44.5		0.811	13.5	7.7	81.2		
	15		1 510	2 500	39.5					83.4		
	10	905		1 600	31.1		1.565	26	6	75.6		
	11		995	1 600	30.5					77.7		
Z4-132 -3	27	2720		3 600	74.5	800	0.190 5	3.4	21	88.2	0.48	180
	30		3 000	3 600	75					88.6		
	18.5	1390		2 800	53.2		0.531	9.8	6.6	83.6		
	18.5		1 540	3 000	47.6					84.7		
	15.5	945		1 600	40.5		0.976	19.4	6.5	79.4		
	15		1 050	1 600	40.5					80.5		
Z4-160 -11	33	2710		3500	93.4	820	0.183 5	3.15	10	87.4	0.64	220
	37		3 000	3500						88.5		
	19.5	1 350		3 000	58.8		0.593	10.4	7.7	80.4		
	22		1 500	3 000						82.6		

续表

型号	额定功率(kW)	额定转速(r/min) 400V	440V	弱磁转速(r/min)	电枢电流(A)	励磁功率(W)	电枢回路电阻[Ω(20℃)]	电枢回路电感(mH)	磁场电感(H)	效率(%)	惯量矩(kg·m²)	质量(kg)
ZA-160-21	40.5 / 45	2 710	3 000	3 500	113	920	0.142 6	2.7	10	88.2 / 89.1	0.76	242
	16.5 / 18.5	900	1 000	2 000	50.5		0.862	17.7	6	77.9 / 79.4		
ZA-160-31	49.5 / 55	2710	3 010	3 500	137	1 050	0.097	2.07	11	89.1 / 90.2	0.86	268
	27 / 30	1 350	1 500	3 000	77.8		0.376	8.3	10	84.7 / 85.7		
	19.5 / 22	900	1 000	2 000	59.1		0.675	15.2	6.3	79.1 / 81.7		
ZA-180-11	33 / 37	1 350	1 500	3 000	95.4	1 200	0.29	5.8	7.1	84.7 / 86.5	1.52	326
	16.5 / 18.5	670	750	1 900	51.4		0.947	17.6	5.6	75.5 / 78.1		
	13 / 15	540	600	2 000	42.4		1.264	25	5.6	73 / 74.1		

续表

型号	额定功率 (kW)	额定转速 (r/min) 400V	额定转速 (r/min) 440V	弱磁转速 (r/min)	电枢电流 (A)	励磁功率 (W)	电枢回路电阻 [Ω(20℃)]	电枢回路电感 (mH)	磁场电感 (H)	效率 (%)	惯量矩 (kg·m²)	质量 (kg)
Z4-180 -22	67	2710		3 400	185		0.055 5	1.16	6.9	89.5	1.72	350
	75		3 000							90.7		
	40.5	1 350		2 800	115		0.212 5	4.65	6.6	85.8		
	45		1 500							87		
	27	900		2 000	78.7	1 400	0.419	9.3	7.3	82.2		
	30		1 000							83.7		
Z4-180 -21	19.5	670		1 400	60.3		0.756	15.7	7.1	77.3		
	22		750							79.7		
	16.5	540		1 600	52		1.003	21.9	5	73.8		
	18.5		600							76.8		
Z4-180 -31	33	900		2 000	96.6	1500	0.332	7.7	6.6	82.8	1.92	380
	37		1 000							83.6		
	19.5	540		1 250	61.8		0.801	19	6.6	74.8		
	22		600							76.6		

续表

型号	额定功率 (kW)	额定转速 (r/min) 400V	额定转速 (r/min) 440V	弱磁转速 (z/min)	电枢电流 (A)	励磁功率 (W)	电枢回路电阻 [Ω(20℃)]	电枢回路电感 (mH)	磁场电感 (H)	效率 (%)	惯量矩 (kg·m²)	质量 (kg)
ZA-18 0-42	81	2 710		3 200	221	1 700	0.051	1.16	12	91	2.2	410
	90		3 000							91.3		
ZA-18 0-41	50	1 350		3 000	139		0.141 7	3.2	5.7	87.5		
	55		1 500							87.7		
	27	670		2 250	79.5		0.459	10.4	6.3	80.4		
	30		750							81.1		
ZA-18 0-12	99	2 710		3 000	271	1 400	0.037 3	0.83	7.62	90.2	3.68	485
	110		3 000							91.6		
	40.5	900		2 000	118		0.265 3	8.4	7.01	83.4		
	45		1 000							85.5		
ZA-20 0-11	33	670		2 000	99		0.369	10.6	7.77	80.9		
	37		750							83.5		
	19.5	450		1 350	63.5		0.93	21.9	7.3	73.5		
	22		500							78.6		
ZA-20 0-21	67	1 350		3 000	188	1 500	0.088 5	2.8	6.78	88.7	4.2	530
	75		1 500							89.6		
	27	540		1 000	82		0.535	14	9.64	78.8		
	30		600							80.4		

续表

型号	额定功率 (kW)	额定转速 400V 440V (r/min)	弱磁转速 (r/min)	电枢电流 (A)	励磁功率 (W)	电枢回路电阻 [Ω(20℃)]	电枢回路电感 (mH)	励磁场电感 (H)	效率 (%)	惯量矩 (kg·m²)	质量 (kg)
32	119	2 710	3 200	322	1750	0.026 6	0.79	10.9	91.7	4.8	580
31	132	3 000							92.4		
ZA-200 -31	81	1 350	2 800	224		0.077 1	2.6	5.61	88.7		
31	90	1 500							90		
31	49.5	900	2 000	141		0.175 1	4.8	8.54	85.6		
31	55	1 000							87.1		
	40.5	670	1 600	119		0.283	8.5	8.35	82.5		
	45	750							84.1		
	33	540	750	101		0.42	12.2	8.42	79.6		
	37	600							82		
	27	450		83.5		0.598	17.1	8.4	77.5		
	30	500							79.5		

续表

型号	额定功率(kW)	额定转速(r/min) 400V	额定转速(r/min) 440V	弱磁转速(r/min)	电枢电流(A)	励磁功率(W)	电枢回路电阻[Ω(20℃)]	电枢回路电感(mH)	励磁回路磁场电感(H)	效率(%)	惯量矩(kg·m²)	质量(kg)
ZA-225-11	99	1360		3000	276	2300	0.0664	2.1	4.45	87.9	5	680
	110		1500	3000	276		0.0664	2.1	4.45	89.4		
	67	900		2000	193		0.1406	4.9	4.28	84.4		
	75		1000	2000	193		0.1406	4.9	4.28	86.5		
	49	680		1600	146		0.2433	8.7	5.77	81.2		
	55		750	1600	146		0.2433	8.7	5.77	84		
	40	540		1800	123		0.356	9.5	6.38	78.2		
	45		600	1800	123		0.356	9.5	6.38	80.8		
	33	450		1600	103		0.476	15.2	6.10	76.5		
	37		500	1600	103		0.476	15.2	6.10	78.8		
ZA-225-21	49	540		1200	148	2470	0.2648	9.5	4.14	79.3	5.6	740
	55		600	1200	148		0.2648	9.5	4.14	82.4		
	40	450		1400	125		0.397	13.7	5.41	76.6		
	45		500	1400	125		0.397	13.7	5.41	78.9		

续表

型号	额定功率 (kW)	额定转速 (r/min) 400V	440V	弱磁转速 (r/min)	电枢电流 (A)	励磁功率 (W)	电枢回路电阻 [Ω(20℃)]	电枢回路电感 (mH)	磁场回路磁场电感 (H)	效率 (%)	惯量矩 (kg·m²)	质量 (kg)
ZA-225 -31	119	1 360		2 400	327	2 580	0.045 4	1.5	5.33	89.3	6.2	800
	132		1 500							90.5		
	81	900		2 000	227		0.093	3.4	5.3	86.9		
	90		1 000							88		
	67	680		2 250	197		1.167	5.1	5.44	82.5		
	75		750							85.1		
12 ZA-250 -11	144	1 360		2 100	399	2 500	0.044 4	1.3	4.29	88.8	8.8	890
	160		1 500							89.9		
	99	900		2 000	281		0.091 1	2.4	4.55	86.2		
	110		1 100							88.1		
ZA-250 -21	167	1 360		2 200	459	2750	0.032 5	0.91	4.28	89.8	10	970
	185		1 500							90.5		
	81	680		2 250	234		0.130 6	3.9	5.41	84.3		
	90		750							86.3		
	67	540		2 000	202		0.198	4.4	4.4	80.5		
	75		600							84.1		
	49	450		1 000	150		0.294	7.9	5.44	78.4		
	55		500							82.2		

续表

型号	额定功率 (kW)	额定转速 (r/min) 400V	额定转速 (r/min) 440V	弱磁转速 (r/min)	电枢电流 (A)	励磁功率 (W)	电枢回路电阻 [Ω(20℃)]	电枢回路电感 (mH)	磁场电感 (H)	效率 (%)	惯量矩 (kg·m²)	质量 (kg)
ZA-250-31	180	1 360		2 400	493	2 850	0.028 1	0.87	5.32	90.4	11.2	1 070
	200		1 500							91.5		
	119	900		2 000	334		0.066 8	1.7	5.46	87.4		
	132		1 000							89.1		
	99	680		1 900	283		0.098 7	2.3	5.58	85.3		
	110		750							86.9		
41	198	1 360		2 400	539	3 000	0.023 7	0.93	6.19	91	12.8	1 180
42	220		1 500							91.7		
	144	900		2 000	401		0.485	1.9	4.53	88.3		
ZA-250-41	160		1 000							89.4		
	81	540		2 000	236		0.141	4.7	6.36	83.64		
41	90		600							85		
	67	450		1 900	201		0.195	5.1	4.97	80		
	75		500							83.5		
ZA-280-11	226	1 355		2 000	614	3 100	0.213 4	0.69	4.58	90.9	16.4	1 280
	250		1 500							91.6		

续表

型　号	额定功率 (kW)	额定转速 (r/min) 400V	440V	弱磁转速 (r/min)	电枢电流 (A)	励磁功率 (W)	电枢回路电阻 [Ω(20℃)]	电枢回路电感 (mH)	磁场电感 (H)	效率 (%)	惯量矩 (kg·m²)	质量 (kg)
	253	1 355		1 800	684	3 500	0.179 6	0.77	5.3	91.5	18.4	1 400
22	280		1 500							92.1		
	180	900		2 000	498		0.037 3	1.2	4.46	89.1		
21	200		1 000							90.1		
ZA-280	119	675		1 600	333		0.662	2.3	4.37	87.1		
-21	132		750							88.6		
21	99	540		1 500	281		0.093	3.1	4.57	85.3		
	110		600							86.6		
	284	1 360		1 800	768	3600	0.014 93	0.59	6.94	91.7	21.2	1 550
32	315		1 500							92.6		
42	198	900		2 000	545		0.031 4	1.1	5.54	89.7		
	220		1 000							90.6		
ZA-280	144	675		1 700	402		0.053 2	2	5.47	87.8		
-41	160		750							89.1		
41	118	540		1 200	339		0.083 9	2.6	5.77	85.4		
	132		600							86.8		
	80	450		1 800	234		0.137 7	5.3	9.03	84.1		
	90		500							85.4		

续表

型号	额定功率(kW)	额定转速(t/min) 400V	440V	弱磁转速(t/min)	电枢电流(A)	励磁功率(W)	电枢回路电阻[Ω(20℃)]	电枢回路电感(mH)	磁场电感(H)	效率(%)	惯量矩(kg·m²)	质量(kg)
42	321	1 360		1 800	863	4 000	0.013 36	0.77	5.67	92.1	24	1 700
	355		1 500							92.6		
42	225	900		1 800	616		0.025 45	0.96	5.29	90.2		
	250		1 000							91.1		
ZA-280 -41	166	675		1 900	464		0.045 7	1.7	5.19	88.1		
	185		750							89.4		
41	98	450		1 200	282		0.099 3	3.7	6.86	85.1		
	110		500							86.9		
ZA-315 -12	253	990		1 600	690	3850	0.023 55	0.46	5.06	90.4	21.2	1 890
	280		1 000							91.6		
	180	680		1 900	500		0.043 71	0.83	4.97	88.4		
	200		750							89.4		
	144	540		1 900	409		0.069 19	1.3	7.6	86.4		
	160		600							87.4		
ZA-315 -11	118	450		1 600	344		0.1	2.3	9.43	84.4		
	132		500							86.3		
	98	360		1 200	294		0.141 5	2.9	9.96	81.7		
	110		400							84.3		

型号	额定功率 (kW)	额定转速 (r/min) 400V	440V	弱磁转速 (r/min)	电枢电流 (A)	励磁功率 (W)	电枢回路电阻 [Ω(20℃)]	电枢回路电感 (mH)	磁场电感 (H)	效率 (%)	惯量矩 (kg·m²)	质量 (kg)
ZA-315 -22	284	900		1 600	772	4350	0.020 34	0.49	5.91	91	24	2080
	315		1 000	1 600	772		0.020 34	0.49	5.91	91.5		
	225	680		1 600	624		0.033 92	0.74	18.8	88.7		
	250		750	1 600	624		0.033 92	0.74	18.8	89.6		
ZA-315 -21	166	540		1 600	468		0.053 82	1.2	25	87.2		
	185		600	1 600	468		0.053 82	1.2	25	84.7		
	143	450		1 500	413		0.076	1.5	19	86		
	160		500	1 500	413		0.076	1.5	19	91.3		
ZA-315 -32	320	900		1 600	867	4650	0.016 58	0.39	23.1	92.3	27.2	2 290
	355		1 000	1 600	867		0.016 58	0.39	23.1	89.1		
	252	680		1 600	689		0.030 43	0.82	21.5	89.8		
	280		750	1 600	689		0.030 43	0.82	21.5	88.2		
	180	540		1 500	501		0.045 36	0.95	31.6	89.4		
	200		600	1 500	501		0.045 36	0.95	31.6			
ZA-315 -31	118	360		1 200	344		0.100 2	2.1	23.3	83.2		
	132		400	1 200	344		0.100 2	2.1	23.3	85.3		

续表

型号	额定功率 (kW)	额定转速 (r/min) 400V	额定转速 (r/min) 440V	弱磁转速 (r/min)	电枢电流 (A)	励磁功率 (W)	电枢回路电阻 [Ω(20℃)]	电枢回路电感 (mH)	磁场电感 (H)	效率 (%)	惯量矩 (kg·m²)	质量 (kg)
ZA-315-42	361	900		1 600	971		0.013 02	0.33	29	92.1	30.8	2 520
	400		1 000							92.7		
	284	680		1 600	778		0.023 64	0.67	20.8	90		
	315		750							90.7		
	225	540		1 600	626	5 200	0.035 54	0.87	21.9	88.3		
	250		600							89		
ZA-315-41	166	450		1 500	468		0.055	1.4	37.4	87.3		
	185		500							88.3		
	143	360		1 200	416		0.080 3	1.8	22.2	84		
	160		400							85.3		

续表

型号	额定功率 (kW)	额定转速 (r/min) 400V	额定转速 (r/min) 440V	弱磁转速 (r/min)	电枢电流 (A)	励磁功率 (W)	电枢回路电阻 [Ω(20℃)]	电枢回路电感 (mH)	磁场电感 (H)	效率 (%)	惯量矩 (kg·m²)	质量 (kg)
ZA-355-12	406	900		1 500	1094	5 400	0.012 59	0.36	37.6	91.8	42	2 890
	450		1 000							92.8		
	321	680		1 500	877		0.020 87	0.59	28.1	90.4		
	355		750							91.2		
	253	540		1 600	697		0.029 52	0.91	22	89.2		
	280		600							90.2		
ZA-355-11	180	450		1 500	506		0.050 2	1.5	8.91	87.6		
	200		500							88.9		
	166	360		1 200	478		0.066	1.8	22.4	84.9		
	185		400							85.9		
ZA-355-22	361	680		1 600	978	5900	0.01583	0.44	15.6	90.8	46	3 170
	400		750							91.7		
	284	540		1 500	783		0.026 76	0.81	34.7	89.5		
	315		600							90.5		
	225	450		1 600	624		0.034 62	1.0	20.5	88.4		
	250		500							89.5		
ZA-355-21	180	360		1 200	511		0.056 42	1.6	35.5	86.3		
	200		400							87.5		

续表

型 号	额定功率(kW)	额定转速(r/min) 400V	额定转速(r/min) 440V	弱磁转速(r/min)	电枢电流(A)	励磁功率(W)	电枢回路电阻[Ω(20℃)]	电枢回路电感(mH)	磁场电感(H)	效率(%)	惯量矩(kg·m²)	质量(kg)
ZA-355-32	406	680		1 500	1098	6200	0.013 62	0.39	19	91.3	52	3 490
	450		750							92.1		
	320	540		1 600	877		0.021 53	0.7	24.3	89.9		
	355		600							91		
	284	450		1 500	789		0.029 3	0.91	18.5	88.3		
	315		500							89.5		
ZA-355-31	197	360		1 200	559		0.049 57	1.3	34.6	86.6		
	220		400							88.4		
ZA-355-42	361	540		1 600	985	6700	0.018 36	0.64	29.6	90.5	60	3 840
	400		600							91.2		
	320	450			882		0.023 61	0.76	17.7	88.9		
	355		500							89.2		
	255	360		1 200	627		0.035 8	1.2	17.7	87.5		
	250		400							88.8		

(3) S 系列直流伺服电动机

【特点及用途】S 系列直流伺服电动机的结构与普通的直流电动机相同。其采用封闭自冷式,一般用于自动控制中作执行元件以及小功率传动。

【规　格】

型号	额定功率 (kW)	额定电压 (V)	励磁方式	额定转矩 (g·cm)	额定电流小于 (A)	额定转速 (r/min)	允许正反转速差 (r/min)
S-121	5	110	并励	140	0.23	3 500 ~ 5 500	300
S-161	7.5	110	并励	210	0.25	3 500 ~ 5 000	200
S-221	13	110	并励	352	0.35	3 600 ~ 4 200	200
S-261	24	110	并励	650	0.50	3 600 ~ 4 600	200
S-321	38	110	并励	1 250	0.70	3 000 ~ 3 700	200
S-361	50	110	并励	1 600	0.85	3 000 ~ 3 600	200
S-369	55	110	并励	1 500	0.9	3 600 ~ 4 200	200
S-521	77	110	并励	2 500	1.2	3 000 ~ 3 700	200
S-621	172	110	他励	7 000	2.3	2 400 ~ 2 700	200
S-661	230	110	他励	9 250	2.9	2 400 ~ 2 750	200

(4) SZ_D 系列直流伺服电动机

【特点及用途】SZ_D 系列直流伺服电动机同 S 系列相比,具有体积小,重量轻,伺服性能好,力能指标高等特点。其广泛用于自动控制等系统中作执行元件,并可作驱动元件。电动机激磁方式为他激。使用环境条件为:温度 -10 ~ +40℃,相对湿度 15% ~ 90%,大气压力 86 ~ 06kPa。

【规 格】湖州太平微特电机有限公司产品

型 号	电压(V)	电流不大于(A)		功率(W)	转 速	转 矩	允许顺逆转差
	电枢激磁	电枢	激磁		(r/min)	(mN·m)	(r/min)
55SZ$_D$01	24	1.55	0.43	20	3 000	64.68	200
55SZ$_D$02	27	1.37	0.42	20	3 000	64.86	200
55SZ$_D$03	48	0.79	0.22	20	3 000	64.68	200
55SZ$_D$04	110	0.34	0.09	20	3 000	64.68	200
55SZ$_D$05	24	2.7	0.43	35	6 000	54.88	300
55SZ$_D$06	27	2.3	0.42	35	6 000	54.88	300
55SZ$_D$07	48	1.34	0.22	35	6 000	54.88	300
55SZ$_D$08	110	0.54	0.09	35	6 000	54.88	300
55SZ$_D$51	24	2.25	0.49	29	3 000	91.14	200
55SZ$_D$52	27	2	0.44	29	3 000	91.14	200
55SZ$_D$53	48	1.15	0.24	29	3 000	91.14	200
55SZ$_D$54	110	0.46	0.097	29	3 000	91.14	200
55SZ$_D$55	24	3.45	0.49	50	6 000	78.4	300
55SZ$_D$56	27	3.1	0.44	50	6 000	78.4	300
55SZ$_D$57	48	1.74	0.24	50	6 000	78.4	300
55SZ$_D$58	110	0.74	0.097	50	6 000	78.4	300
70SZ$_D$01	24	3	0.5	40	3 000	127.4	200
70SZ$_D$02	27	2.0	0.44	40	3 000	127.4	200
70SZ$_D$03	48	1.6	0.25	40	3 000	127.4	200
70SZ$_D$04	110	0.6	0.11	40	3 000	127.4	200
70SZ$_D$05	24	4.8	0.5	68	6 000	107.8	300

续表

型 号	电压(V) 电枢 激磁	电流不大于(A) 电枢 激磁		功率(W)	转 速 (r/min)	转 矩 (mN·m)	允许顺逆转差 (r/min)
70SZ$_D$06	27	4.4	0.44	68	6 000	107.8	300
70SZ$_D$07	48	2.4	0.25	68	6 000	107.8	300
70SZD08	110	1	0.11	68	6 000	107.8	300
70SZ$_D$51	24	4	0.57	55	3 000	176.4	200
70SZ$_D$52	27	3.5	0.5	55	3 000	176.4	200
70SZ$_D$53	48	1.9	0.31	55	3 000	176.4	200
70SZ$_D$54	110	0.8	0.13	55	3 000	176.4	200
70SZ$_D$55	24	6	0.57	92	6 000	147	300
70SZ$_D$56	27	5.4	0.5	92	6 000	147	300
70SZ$_D$57	48	3	0.31	92	6 000	147	300
70SZ$_D$58	110	1.2	0.13	92	6 000	147	300
70SZ$_D$59	220	0.08	0.38	55	3 000	176.4	300
70SZ$_D$60	24/110	0.8	0.57	55	3 000	176.4	300
70SZ$_D$61	110	0.45	0.13	30	1 500	191	300
90SZ$_D$01	110	0.63	0.2	50	1 500	323.4	100
90SZ$_D$02	220	0.33	0.11	50	1 500	323.4	100
90SZ$_D$03	110	1.2	0.2	92	3000	323.4	200
90SZ$_D$04	220	0.6	0.11	92	3 000	323.4	200
90SZ$_D$05	24	6.1	0.8	92	3 000	323.4	200
90SZ$_D$51	110	1.1	0.23	80	1 500	509.6	100
90SZ$_D$52	220	0.55	0.13	80	1 500	509.6	100

续表

型　号	电压(V) 电枢 激磁	电流不大于(A) 电枢　激磁	功率(W)	转　速 (r/min)	转　矩 (mN·m)	允许顺逆转差 (r/min)
90SZ$_D$53	110	2　　0.23	150	3 000	480.2	200
90SZ$_D$54	220	1　　0.13	150	3 000	480.2	200
90SZ$_D$55	24	5　　1	80	1 500	509.6	100
90SZ$_D$56	24	6.4　0.8	100	3 000	318.4	300
90SZ$_D$57/H$_1$	110	1.1　0.1	92	2 700	325.4	200
110SZ$_D$01	110	1.8　0.27	123	1 500	784	100
110SZ$_D$02	220	0.9　0.13	123	1 500	784	100
110SZ$_D$03	110	2.8　0.27	200	3 000	637	200
110SZ$_D$04	220	1.4　0.13	200	3 000	637	200
110SZ$_D$51	110	2.5　0.32	185	1 500	1 176	100
110SZ$_D$52	220	1.25　0.16	185	1 500	1 176	100
110SZ$_D$53	110	4　　0.32	308	3 000	980	200
110SZ$_D$54	220	2　　0.16	308	3 000	980	200
110SZ$_D$56	110	1.7　0.32	123	1 000	1 176	100
110SZ$_D$57	220	1.4　0.16	200	1 500	1 273	150
110SZ$_D$101	110	1.62　0.24	107	450	2 271	45
130SZ$_D$01	110	4.4　0.28	355	1 500	2 254	100
130SZ$_D$02	220	2.2　0.18	355	1 500	2 254	100
130SZ$_D$03	110	7.6　0.28	600	3 000	1 911	200
130SZ$_D$04	220	3.8　0.18	600	3 000	1 911	200
130SZ$_D$06	110	2.3　0.28	177	750	2 254	75

续表

型 号	电压(V) 电枢 激磁	电流不大于(A) 电枢 激磁	功率(W)	转 速 (r/min)	转 矩 (mN·m)	允许顺逆转差 (r/min)
130SZ_D07	110	3.2　0.28	250	750	3 184	75
130SZ_D08	110	3.5　0.32	270	750	3 438	75

(5)ZYT$_D$ 系列直流永磁电动机

【特点及用途】ZYT$_D$ 系列直流永磁电动机采用高性能铁氧体材料作励磁源,其性能稳定,线性精度高,调速性能好,并且有低噪声、低温升、效率高等特点。广泛用于数控、汽车、食品、焊割、纺织、皮革、包装、运动器材等机械设备中作驱动元件,也用于执行元件。在家庭手工业的小功率机械设备中应用更为广泛。

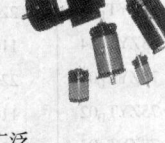

【规　　格】湖州太平微特电动机有限公司产品。

型 号	电压 (V)	电流 (A)	转 矩 (mN·m)	转 速 (r/min)	功率 (W)
50ZYT$_D$01	48	0.27	20	3 500	8
50ZYT$_D$02	24	0.55	20	3 500	8
50ZYT$_D$03	110	0.12	20	3 500	8
50ZYT$_D$01	24	1.5	63.7	3 000	20
55ZYT$_D$02	24	1.6	80	3 000	25
55ZYT$_D$03	48	0.8	80	3 000	25
55ZYT$_D$04	110	0.34	80	3 000	25
55ZYT$_D$05	24	2.2	55.7	6 000	35
55ZYT$_D$06	110	0.54	55.7	6 000	35
65ZYT$_D$01	220	0.19	95.5	3 000	30
65ZYT$_D$02	110	0.38	95.5	3 000	30

续表

型 号	电压 (V)	电流 (A)	转 矩 (mN·m)	转 速 (r/min)	功 率 (W)
65ZYT$_D$03	220	0.095	95.5	1 500	15
65ZYT$_D$04	110	0.19	95.5	1 500	15
65ZYT$_D$51	220	0.38	191	3 000	60
65ZYT$_D$52	110	0.76	191	3 000	60
65ZYT$_D$53	220	0.19	191	1 500	30
65ZYT$_D$54	110	0.38	191	1 500	30
75ZYT$_D$01	220	0.5	254.7	3 000	80
75ZYT$_D$02	110	1	254.7	3 000	80
75ZYT$_D$03	220	0.25	254.7	1 500	40
75ZYT$_D$04	110	0.4	254.7	1 500	40
75ZYT$_D$51	220	1	509	3 000	160
75ZYT$_D$52	110	2	509	3 000	160
75ZYT$_D$53	220	0.5	509	1 500	80
75ZYT$_D$54	110	1	509	1 500	80
80ZYT$_D$01	220	0.77	318.3	3 000	100
80ZYT$_D$02	110	1.54	318.3	3 000	100
80ZYT$_D$03	220	0.4	318.3	1 500	50
80ZYT$_D$04	110	0.8	318.3	1 500	50
80ZYT$_D$51	220	1.54	636.7	3 000	200
80ZYT$_D$52	110	3.1	636.7	3 000	200
80ZYT$_D$53	220	0.77	636.7	1 500	100
80ZYT$_D$54	110	1.54	636.7	1 500	100
90ZYT$_D$01	220	1.23	636.7	3 000	200

续表

型　号	电压 （V）	电流 （A）	转　矩 （mN·m）	转　速 （r/min）	功　率 （W）
90ZYT$_D$02	110	2.46	636.7	3 000	200
90ZYT$_D$03	220	0.62	636.7	1 500	100
90ZYT$_D$04	110	1.23	636.7	1 500	100
90ZYT$_D$51	220	2.5	1 273	3 000	400
90ZYT$_D$52	110	5	1 273	3 000	400
90ZYT$_D$53	220	1.25	1 273	1 500	200
90ZYT$_D$54	110	2.5	1 273	1 500	200
90ZYT$_D$80/H$_1$	80	3.3	636.7	3 000	200
90ZYT$_D$81/H$_1$	220	1.2	636.7	3 000	200
110ZYT$_D$01	220	1.54	796	3 000	250
110ZYT$_D$02	110	3.1	796	3 000	250
110ZYT$_D$03	220	0.77	796	1 500	125
110ZYT$_D$04	110	1.54	796	1 500	125
110ZYT$_D$51	110	4.8	955	4 000	400
110ZYT$_D$52	220	3.1	1 592	3 000	500
110ZYT$_D$53	110	6.2	1 592	1 500	250
110ZYT$_D$54	220	1.54	1 592	1 500	250
110ZYT$_D$55	110	3.1	1 592	1 500	250
120ZYT$_D$01/H$_1$	220	2.9	2 865	1 500	450
120ZYT$_D$51/H$_1$	220	4.3	4 775	1 500	750
130ZYT$_D$01	220	3.7	1 910	3 000	600
130ZYT$_D$02	110	7.4	1 910	3 000	600
130ZYT$_D$03	220	1.85	1 910	1 500	300

续表

型 号	电压 (V)	电流 (A)	转矩 (mN·m)	转速 (r/min)	功率 (W)
130ZYT$_D$04	110	3.7	1 910	1 500	300
130ZYT$_D$51	220	7.4	3 820	3 000	1 200
130ZYT$_D$52	110	14.7	3 820	3 000	1 200
130ZYT$_D$53	220	3.7	3 820	1 500	600
130ZYT$_D$54	110	7.4	3 820	1 500	600
140ZYT$_D$01/H$_1$	220	5.1	5094	1 500	800
140ZYT$_D$51/H$_1$	220	7.8	7 640	1 500	1 200

注:转速允差为±1 090,功率允差为±10%。

(6)ZYT$_D$261 永磁直流电动机

【特点及用途】ZYT$_D$261、ZYT$_D$261/H$_1$ 永磁直流电动机系封闭自冷式,以铁氧体永久磁铁激磁的直流电动机,广泛应用于自动焊割设备和其他装置中作驱动元件。其使用条件:

海拔不超过4 000m　　　　工作位置:任意

环境温度:−40～+55℃　　电动机系连续工作制

相对湿度:≤95%(+25℃时)

【规　　格】

型 号	电压 (V)	转矩 (mN·m)	转速 (r/min)	功率(W)	电流(A)	顺逆转差 (r/min)	重量 (kg)
ZYT$_D$261	110	80	3 600～4 600	30	0.5	200	1.2
ZYT$_D$261/H$_1$	110	80		30	0.5	200	1.2

(7) ZYSC 系列永磁式直流宽调速伺服测速机组

【特点及用途】ZYSC 系列永磁式直流宽调速伺服测速机组是由永磁伺服电动机和高灵敏度永磁式直流测速发电机组成共轴式电机组。其具有体积小、动作反应快、过载能力大、调速范围宽、低速波动小等优点，也可配置脉冲编码器和电磁制动器减速机。

【规　格】湖州太平微特电机有限公司产品

型　号	额定功率 (W)	额定转矩 (N．m)	最大转矩 (N·m)	最高工作电压(V)	最大工作转速(r /min)	测速机输出斜率(V /kr·min)
82ZYSC01	180	0.588	4.7	48	3 000	7 +2
82ZYSC02	100	0.476	3.8	110	2 000	7 +2
90ZYSC01	200	0.635	4.45	110	3 000	7 +2
90ZYSC02	150	0.714	5	160	3 000	7 +2
110ZYSC01	300	0.952	5.7	180	3 000	8 +2
110ZYSC02	250	1.19	7.14	160	2 000	8 +2
130ZYSC01	750	2.38	11.9	200	3 000	8 +2
130ZYSC02	500	2.38	11.9	180	2 000	8 +2

(8) ZYND 系列钕铁硼直流永磁电动机

【特点及用途】ZYND 系列钕铁硼直流永磁电动机采用高性能钕铁硼稀土永磁材料生产，具有效率高、重量轻、噪声低、低速稳定性好和磁性能稳定等特点。适用于机床或其他有关传动要求快速响应及低速平稳的设备中。

【规　　格】湖州太平微特电机有限公司产品

型　号	电　压 （V）	电　流 （A）	功　率 （W）	转　速 （r/min）	转　矩 （N·m）
90ZYND01	160	1.2	150	1 500	0.952
90ZYND02	180	2	300	3 000	0.952
110ZYND01	160	1.5	200	1 500	1.27
110ZYND02	180	2.7	400	3 000	1.27
120ZYND01	110	3.9	350	1 000	3.330
120ZYND02	180	3.4	500	1 500	3.17
130ZYND01	38	14	400	1 500	2.546
140ZYND01	110	11	1 000	1 000	9.52
140ZYND02	180	10	1 500	1 500	9.52
150ZYND01	110	17	1 500	1 000	14.29
150ZYND02	160	17	2 200	1 500	13.97

（9）ZXJ 系列微型直流减速电动机

【特点及用途】ZXJ 系列微型直流减速电动
机由行星齿轮减速器与 SZ 或其他系列电动机联
接而成。可实现无级调速，且调速范围宽，具有
体积小、重量轻、效率高、结构紧凑、输出转矩大
等特点，是理想的低速动力源。适用于轻工、化
工、印刷、食品、医药制糖等行业，要求低速高转矩的驱动装置。

【规　格】

型　号	额定功率(W)	输出传速(r/min)	输出传矩(N·cm)	减速器		配用电动机
				型号	速比	
ZXJ20-10-4	20	750	18.3	10	4	
ZXJ20-10-5	20	600	22.9	10	5	
ZXJ20-10-6	20	500	27.5	10	6	55SZ01-
ZXJ20-10-16	20	187.5	73.4	10	16	24V,3 000r/min
ZXJ20-10-20	20	150	91.7	10	20	55SZ02-
ZXJ20-10-24	20	125	110	10	24	27V,3 000r/min
ZXJ20-10-30	20	100	137.6	10	30	55SZ03-
ZXJ20-10-36	20	83.3	165	10	36	48V,3 000r/min
ZXJ20-10-64	20	46.9	293.5	10	64	55SZ04-
ZXJ20-10-80	20	37.5	366.9	10	80	110V,3 000r/
ZXJ20-10-96	20	31.3	440.3	10	96	min
ZXJ20-10-120	20	25	550.3	10	120	
ZXJ20-10-144	20	20.8	660.4	10	144	
ZXJ20-12-180	20	16.7	825.5	12	180	
ZXJ20-12-216	20	13.9	990.7	12	216	
ZXJ29-10-4	29	750	26.6	10	4	
ZXJ29-10-5	29	600	33.3	10	5	
ZXJ29-10-6	29	500	39.9	10	6	55SZ51-
ZXJ29-10-16	29	187.5	106.4	10	16	24V,3 000r/min
ZXJ29-10-20	29	150	133	10	20	55SZ52-
ZXJ29-10-24	29	125	159.6	10	24	27V,3 000r/min
ZXJ29-10-30	29	100	199.5	10	30	55SZ53-
ZXJ29-10-36	29	83.3	239.4	10	36	48V,3 000r/min
ZXJ29-10-64	29	46.9	425.6	10	64	55SZ54-
ZXJ29-10-80	29	37.5	532	10	80	110V,3 000r
ZXJ29-10-96	29	31.3	638.4	10	96	/min
ZXJ29-12-120	29	25	798	12	120	
ZXJ29-12-144	29	20.8	957.6	12	144	
ZXJ29-12-180	29	16.7	1197	12	180	

续表

型 号	额定功率(W)	输出传速(r/min)	输出传矩(N·cm)	减速器 型号	速比	配用电动机
ZXJ40-12-4	40	750	36.7	12	4	
ZXJ40-12-5	40	600	45.9	12	5	70SZ01-
ZXJ40-12-6	40	500	55	12	6	24V,3 000r/
ZXJ40-12-16	40	187.5	146.8	12	16	min
ZXJ40-12-20	40	150	183.5	12	20	70SZ02-
ZXJ40-12-24	40	125	220	12	24	27V,3 000r/
ZXJ40-12-30	40	100	275	12	30	min
ZXJ40-12-36	40	83.3	330	12	36	
ZXJ40-12-64	40	46.9	587	12	64	70SZ03-
ZXJ40-12-80	40	37.5	733.8	12	80	48V,3 000r/
ZXJ40-12-96	40	31.3	880.6	12	96	min
ZXJ40-12-120	40	25	1 100.7	12	120	70SZ04-
ZXJ40-16-144	40	20.8	1 320.9	16	144	110V,3 000r/
ZXJ40-16-180	40	16.7	1 651	16	180	min
ZXJ40-16-216	40	13.9	1 981	16	216	
ZXJ55-12-4	55	750	50.5	12	4	
ZXJ55-12-5	55	600	63	12	5	70SZ51-
ZXJ55-12-6	55	500	75.8	12	6	24V,3 000r/
ZXJ55-12-16	55	187.5	201.8	12	16	min
ZXJ55-12-20	55	150	252	12	20	70SZ52-
ZXJ55-12-24	55	125	302.7	12	24	27V,3 000r/
ZXJ55-12-30	55	100	378	12	30	min
ZXJ55-12-36	55	83.3	454	12	36	70SZ53-
ZXJ55-12-64	55	46.9	807	12	64	48V,3 000r/
ZXJ55-12-80	55	37.5	1 009	12	80	min
ZXJ55-16-96	55	31.3	1 210.8	16	96	70SZ54-
ZXJ55-16-120	55	25	1 513.5	16	120	110V,3 000r/
ZXJ55-16-144	55	20.8	1 816	16	144	min
ZXJ55-16-180	55	16.7	2 270	16	180	

续表

型　号	额定功率(W)	输出传速(r/min)	输出传矩(N·cm)	减速器型号	速比	配用电动机
ZXJ55-16-216	55	13.9	2724	16	216	同上
ZXJ80-16-4	80	375	146.7	16	4	
ZXJ80-16-5	80	300	183.4	16	5	90SZ51-
ZXJ80-16-6	80	250	220	16	6	110V,1 500r/
ZXJ80-16-16	80	93.8	587	16	16	min
ZXJ80-16-20	80	75	733.8	16	20	
ZXJ80-16-24	80	62.5	880.6	16	24	90SZ52-
ZXJ80-16-30	80	50	1 100.7	16	30	220V,1 500r/
ZXJ80-16-36	80	41.7	1 320.8	16	36	min
ZXJ80-16-64	80	23.4	2 348	16	64	
ZXJ80-16-80	80	18.7	2 935	16	80	90SZ55-
ZXJ80-22-96	80	15.6	3 522	22	96	24V,1 500r/
ZXJ80-22-120	80	12.5	4 402.9	22	120	min
ZXJ80-22-144	80	10.4	5 283.5	22	144	
ZXJ80-22-180	80	8.3	6 604.4	22	180	
ZXJ80-22-216	80	6.9	7 925	22	216	
ZXJ150-16-4	150	750	137.6	16	4	
ZXJ150-16-5	150	600	172	16	5	
ZXJ150-16-6	150	500	206.3	16	6	
ZXJ150-16-16	150	187.5	550.4	16	16	
ZXJ150-16-20	150	150	688	16	20	90SZ53-
ZXJ150-16-24	150	125	825.5	16	24	110V,3 000r/
ZXJ150-16-30	150	100	1 032	16	30	min
ZXJ150-16-36	150	83.3	1 238	16	36	
ZXJ150-16-64	150	46.9	2 201	16	64	90SZ54-
ZXJ150-16-80	150	37.5	2 751.8	16	80	220V,3 000r/
ZXJ150-22-96	150	31.3	3 302	22	96	min
ZXJ150-22-120	150	25	4 127.7	22	120	
ZXJ150-22-144	150	20.8	4 953	22	144	
ZXJ150-22-180	150	16.7	6 191.6	22	180	
ZXJ150-22-211	150	13.8	7 430	22	216	

续表

型　号	额定功率(W)	输出传速(r/min)	输出传矩(N·cm)	减速器		配用电动机
				型号	速比	
ZXJ185-22-4	185	375	339	22	4	110SZ51—110V,1 500r/min 110SZ52—220V,1 500r/min
ZXJ185-22-5	185	300	424	22	5	
ZXJ185-22-6	185	250	509	22	6	
ZXJ185-22-16	185	93.8	1 357.5	22	16	
ZXJ185-22-20	185	75	1 697	22	20	
ZXJ185-22-24	185	62.5	2 036	22	24	
ZXJ185-22-30	185	50	2 545.5	22	30	
ZXJ185-22-36	185	41.7	3 054.6	22	36	
ZXJ185-22-64	185	23.4	5 430	22	64	
ZXJ185-22-80	185	18.7	6 787.8	22	80	
ZXJ185-25-96	185	15.6	8 145.4	25	96	
ZXJ185-25-120	185	12.5	1 0181.8	25	120	
ZXJ185-25-144	185	10.4	12 218	25	144	
ZXJ200-22-4	200	750	183.4	22	4	110SZ03—110V,3 000r/min 110SZ04—220V,3 000r/min
ZXJ200-22-5	200	600	229.3	22	5	
ZXJ200-22-6	200	500	275	22	6	
ZXJ200-22-16	200	187.5	733.8	22	16	
ZXJ200-22-20	200	150	917	22	20	
ZXJ200-22-24	200	125	1 100.7	22	24	
ZXJ200-22-30	200	100	1 375.9	22	30	
ZXJ200-22-36	200	83.3	1 651	22	36	
ZXJ200-22-64	200	46.9	2 935	22	64	
ZXJ200-22-80	200	37.5	3 669	22	80	
ZXJ200-22-96	200	31.3	4 403	22	96	
ZXJ200-22-120	200	25	5 503.6	22	120	
ZXJ200-22-144	200	20.8	6 604	22	144	
ZXJ200-25-180	200	16.7	8 255.5	25	180	
ZXJ200-25-216	200	13.9	9 906.6	25	216	

续表

型　号	额定功率(W)	输出传速(r/min)	输出传矩(N·cm)	减速器型号	速比	配用电动机
ZXJ308-22-4	308	750	282.5	22	4	
ZXJ308-22-5	308	600	353	22	5	
ZXJ308-22-6	308	500	423.7	22	6	
ZXJ308-22-16	308	187.5	1 130	22	16	
ZXJ308-22-20	308	150	1 412.6	22	20	110SZ53-110V,3000r/min
ZXJ308-22-24	308	125	1695	22	24	
ZXJ308-22-30	308	100	2 118.9	22	30	110SZ54-220V,3000r/min
ZXJ308-22-36	308	83.3	2 542.7	22	36	
ZXJ308-22-64	308	46.9	4 520	22	64	
ZXJ308-22-80	308	37.5	5 650.4	22	80	
ZXJ308-22-96	308	31.3	6 780.5	22	96	
ZXJ308-22-120	308	25	8 475.6	25	120	
ZXJ308-22-144	308	20.8	10 170.8	25	144	
ZXJ355-25-4	355	375	651	25	4	
ZXJ355-25-5	355	300	814	25	5	
ZXJ355-25-6	355	250	976.9	25	6	130SZ01-110V,1 500r/min
ZXJ355-25-16	355	93.8	2 605	25	16	
ZXJ355-25-20	355	75	3 256	25	20	
ZXJ355-25-24	355	62.5	3 907.6	25	24	130SZ02-220V,1 500r/min
ZXJ355-25-30	355	50	4 884.5	25	30	
ZXJ355-25-36	355	41.7	5 861.4	25	36	
ZXJ355-25-64	355	23.4	10 420.3	25	64	

(10) ZW 系列无刷直流电动机

【特点及用途】无刷直流电动机是以电子换向装置取代了传统直流电动机的电刷和换向器结构式换向装置,消除了换向火花和电磁干扰,大大提高了可靠性和寿命,降低了噪声。同时又具备

启动力矩大、调速范围宽、机械特性和调节特性线性度好等优点,适用于要求调速范围宽,稳速的场合。

【规　格】湖州太平微特电机有限公司产品

型　号	功率 (W)	电压 (A)	电流 (A)	额定转矩 (N·m)	起动转矩 (N·m)	转速 (r/min)	工作状态
90ZW03-3	300	110	≤4	≥0.25	≥0.5	1 2000	高速
110ZW07-3	750	110	≤9	≥3.65	≥10	2 000	连续
110ZW10-3	1 000	110	≤11.5	≥4.9	≥15	2 000	连续
130ZW15-3	1 500	110	≤17.5	≥7.3	≥20	2 000	连续

7. 其他专用电动机

(1) YY 系列单相电容运转异步电动机

【特点及用途】YY 系列单相电容运转异步电动机为全封闭式结构,接线盒装在电机的顶部。电动机具有力能指标高、起动转矩大和启动电流小、高

效节能、运行可靠、维护方便等特点。YY 系列单相电容运转异步电动机按照 JB1012-91 标准设计制造,防护等级为 IP44,绝缘等级为 E 级,频率为 50Hz。适用于家用电器、风扇、电影放映机、录音机、记录仪表等驱动设备上。

【规　格】

型号	功率(W)	转速(r/min)	额定电流(A)	效率(%)	功率因数(cosφ)	堵转电流(A)	堵转转矩/额定转矩(N·m)	最大转矩/额定转矩(N·m)	重量(kg)
YY5012	40		0.48	42	0.90	1.5			2.8
YY5022	60		0.57	53		2.0	0.50		2.5
YY5612	90		0.79	56		2.5			4.0
YY5622	120		0.99	60		3.5			4.0
YY6312	180		1.37	65	0.92	5	0.40		7.0
YY6322	250	2 800	1.84	67		7		1.6	8.0
YY7112	340		2.60	68		10	0.35		10.5
YY7122	550		3.76	70		15			11.5
YY8012	750		4.98	72	0.95	20	0.33		14.5
YY8022	1 100		7.02	75		30			17
YY90S2	1 500		9.44	76		45	0.30		20.5
YY90L2	2 200		13.7	77		65			23.5
YY 5014	25		0.35	38		1.2			2.5
YY5024	40		0.48	45		1.5	0.55		2.5
YY5614	60		0.61	50	0.85	2.0			3.5
YY5624	90		0.87	52		2.5			4
YY6314	120		1.06	57	0.90	3.5	0.45		7
YY6324	180	1 400	1.54	59		5		1.6	7.5
YY7114	250		2.07	61		7			10.5
YY7124	370		2.95	62		10	0.40		11.5
YY8014	550		4.25	64		15			14.5
YY8024	750		5.45	68	0.92	20	0.35		16
YY90S4	1 100		7.65	71		30	0.30		19.5
YY90L4	1 500		10.2	73		45			22.5

（2）YC 系列单相电容启动异步电动机

【特点及用途】YC 系列单相电容启动异步电动机为全封闭扇冷式采用电容启动，特点是启动电流小。启动转矩大、运转平稳、温升低、噪声小、过载能力强、额定电源 220V/50Hz，可采用铸铝机壳或铸铁机壳。该机型适用于小型机床、家用电器、泵、木工机械、农业机械等。

【规　格】

型　号	功率（W）	电流（A）	转速（r/min）	效率（%）	堵转转矩额定转矩（N·m）
YC-7112	180	1.89	2 800	60	3.0
YC-7122	250	2.46	2 800	64	3.0
YC-7132	370	3.36	2 800	65	2.8
YC-7114	120	1.88	1 400	50	3.0
YC-7124	180	2.49	1 400	53	2.8
YC-7134	250	3.11	1 400	58	2.8
YC-8012	370	3.36	2 800	65	2.8
YC-8022	550	4.65	2 800	68	2.8
YC-8032	750	6.09	2 800	70	2.5
YC-8014	250	3.11	1 400	58	2.8
YC-8024	370	4.24	1 400	62	2.5
YC-8034	550	5.49	1 400	66	2.5
YC-90S2	750	6.09	2 800	70	2.5
YC-90L2	1100	8.68	2 800	72	2.5
YC-90LX2	1500	11.38	2 800	74	2.5
YC-90S4	550	5.49	1 400	66	2.5

续表

型　号	功率 （W）	电流 （A）	转速 （r/min）	效率（%）	堵转转矩 额定转矩 （N·m）
YC-90L4	750	6.87	1 400	68	2.5
YC-90LX4	1 500	9.52	1 400	71	2.5
YC-90S6	250	4.21	950	54	2.5
YC-90L6	370	5.27	950	58	2.5
YC-90LX6	550	6.94	950	60	2.5
YC-100L1-2	1 500	11.38	2 800	74	2.5
YC-100L2-2	2 200	16.46	2 800	75	2.2
YC-100L1-4	1 100	9.52	1 400	71	2.5
YC-100L2-4	1 500	12.45	1 400	73	2.5
YC-100L2-6	750	9.01	950	61	2.2
YC-100L1-6	550	6.94	950	60	2.5
YC-112M2	3 000	21.88	2 800	76	2.2
YC-112M4	2 200	17.8	1 400	74	2.2
YC-112M6	1 100	12.21	950	63	2.2

（3）YL 系列单相双值电容异步电动机

【特点及用途】YL 系列为单相双值电容异步
电动机(其一电容用作启动电容,另一用作运转电
容)具有启动转矩大、启动电流小、力能指标高、高
效节能、运行可靠、维护方便等特点。YL 系列单相
双值电容异步电动机按照 JB/T9542-1999 标准设
计制造,全封闭式结构,防护等级为 IP44,绝缘等级 B 级,频率 50Hz,
IC0141 冷却方式。接线盒装在电机的顶部。其适用于小功率机械传动设
备;并能取代同机座号,同功率和转速的三相异步电动机,使以上设备可
在单相电源上运行。

【规　　格】

型　号	功率 (W)	转速 (r/min)	额定电流 (A)	效率 (%)	功率因数 (cosφ)	堵转电流 (A)	堵转转矩/额定转矩 (N·m)	最大转矩/额定转矩 (N·m)	重量 (kg)
YL 7112	370		2.73	67		16			10.5
YL 7122	550		3.88	70	0.92	21	1.8		11.5
YL8012	750		5.15	72		29			15
YL 8022	1 100	2 800	7.02	75		40		1.7	17
YL 90S2	1 500		9.44	76		55			21
YL 90L2	2 200		13.7	77	0.95	80	1.7		24
YL100L12	2 600		15.9	78		100			42
YL 7114	250		1.93	62		12			10.5
YL7124	370		2.81	65		16	1.8		11.5
YL 8014	550		4.00	68	0.92	21			14.5
YL 8024	720	1 400	5.22	71		29		1.7	16
YL 90S4	1 100		7.21	73		40			21
YL 90L4	1 500		9.57	75		55	1.7		24
YL 100L14	2 200		11.5	75	0.95	70			40
YL100L24	3 000		16.4	76		100			45

(4) TYP 系列三相永磁同步电动机

【特点及用途】TYP 系列三相永磁同步电动机具有高效率和高功率因素,属高效节能电机。具有较高的控制精度,是运行平稳、维护方便的变频调速电机,被广泛用于化纤、纺织、印染、电梯和高精度机床中作驱动元件。该电机装有独特的交流风机,电机在不同转速时均有较好的冷却效果。其额定功率为 0.55～7.5kW, 额定电压为 380V（或 220V）, 额定频率为 50Hz, 防护等级为 IP54, 绝缘等级为 F 级。

【规　格】

型　号	同步转速 (r/min)	额定功率 (kW)	额定电压 (V)	额定电流 (A)	功率因数 (cosφ)	频率范围(Hz)	转速范围 (r/min)	启动电流 (A)	启动转矩 (N·m)
TYP801-2	3 000	1.1	380	2.39	0.89	25～110	1 500～6 600	7	1.8
TYP802-4	1 500	0.55	380	1.4	0.8	25～110	750～3 300	7	1.8
TYP90S-2	3 000	1.5	380	3.18	0.9	25～110	1 500～6 600	7	1.8
TYP90L-4	1 500	1.1	380	2.56	0.82	25～110	750～3 300	7	1.8
TYP100L-2	3 000	3	380	6.0	0.91	25～80	1 500～4 800	7	1.8
TYP112M-4	1 500	3	380	6.29	0.86	25～110	750～3 300	7	1.8
TYP132S1-2	3 000	5.5	380	10.4	0.91	25～80	1 500～4 800	7	1.8
TYP132S2-4	1 500	7.5	380	14.2	0.91	25～110	750～3 300	7	1.8

(5) DM 型单相电容运转异步电动机

【特点及用途】DM 型单相电容运转异步电动机, 封闭式结构, 具有结构简单、安装方便、输出转矩大、效率高、噪音低等优点, 可广泛用于焊割机械中作驱动元件。

【规　格】

型号: DM 型

电压: 110V

频率: 50/60Hz

电流: 0.44/0.4A

输入功率: 37.5/38W

(6) 小齿轮减速电机

【特点及用途】GL(H)系列小齿轮减速电机
为小功率的齿轮减速电机。其外形美观大方，线
条流畅，齿轮采用表面硬化钢制造，结构紧凑，运
转噪音低。小齿轮减速电机整体的适应性强，机
械效率高，在任意方位安装亦无漏油现象。

【规　　格】浙江东方传动机械有限公司产品

齿轮箱型号	减速比	出力轴容许扭力(kgf·m)		输出功率(kW)	荷重(kg·f)
		50Hz	60Hz		
GLF(W)18	5	0.56	0.46		60
	10	1.12	0.93		90
	15	1.69	1.4		100
	20	2.25	1.87		120
	25	2.81	2.34		130
	30	3.38	2.81		140
	40	4.51	3.75		150
	50	5.63	4.69		150
GLF(W)22	60	6.76	5.63	0.12	220
	80	9	7.51		250
	100	11.2	9.39		250
	120	13.5	11.21	0.18	250
	180	18	15		250
	200	22.5	18.7		250
GLF(W)18/28	300	31.5	26.6	(VSJ63-)	350
	375	35	29.1		350
	450	35	29.1		350
GHF(W)22/32	600	50	41.6		600
	750	50	41.6		600
	900	50	41.6		600
	1200	50	41.6		600

续表

齿轮箱型号	减速比	出力轴容许扭力(kgf·m)		输出功率(kW)	荷重(kg·f)
		50Hz	60Hz		
GLF(W)22	5	1.16	0.96		60
	10	2.31	1.93		90
	15	3.47	2.89		100
	20	4.63	3.86		120
	25	5.79	4.82		130
	30	6.95	5.79		180
	40	9.26	7.72		190
	50	11.5	9.65		200
GLF(W)28	60	13.9	11.5	0.25 0.37 (YSJ71-)	350
	80	18.5	15.4		350
	100	23.1	19.3		350
	120	27.7	23.1		350
	160	35	29.1		350
	200	35	29.1		350
GHF(W)22/32	300	50	41.6		600
	375	50	41.6		600
	450	50	41.6		600
GHF(W)28/40	600	82	68.3		720
	750	82	68.3		720
	900	82	68.3		720
	1 200	82	68.3		720

续表

齿轮箱型号	减速比	出力轴容许扭力(kgf·m)		输出功率(kW)	荷重(kg·f)
		50Hz	60Hz		
GLF(W) 28	5	2.34	1.96	0.55 0.75 (YSJ80-)	130
	10	4.69	3.91		180
	15	7.04	5.86		220
	20	9.39	7.82		240
	25	11.7	9.76		250
	30	14	11.7		250
	40	18.7	15.6		290
	50	23.4	19.5		320
GHF(W) 32	60	28.1	23.4	0.55	560
	80	37.5	31.3		600
	100	46.9	39.1		600
	120	55	45.8		600
	160	55	45.8		600
	200	55	45.8		600
GHF(W) 28/40	300	82	68.3	0.75 (YSJ80-)	720
	375	82	68.3		720
	450	82	68.3		720
GHF(W) 32/50	600	132	110		1 000
	750	132	110		1 000
	900	132	110		1 000
	1 200	132	110		1 000

续表

齿轮箱型号	减速比	出力轴容许扭力(kgf·m)		输出功率(kW)	荷重(kg·f)
		50Hz	60Hz		
GHF(W) 32	5	4.69	3.91		180
	10	9.39	7.82		250
	15	14	11.7		290
	20	18.7	15.6		330
	25	23.4	19.5		390
	30	28.1	28.4		410
	40	37.5	31.3	1.1	430
	50	46.9	39.1		470
GHF(W) 40	60	56.3	46.9	1.5	720
	80	75.1	62.6		720
	100	82	68.3	(YSJ90)	720
	120	82	68.3		720
	160	82	68.3		720
	200	82	68.3		720
GHF(W) 50	120	112	93.9		1 000
	160	132	110		1 000
	200	132	110		1 000
GHF(W) 40	5	9.39	7.82		220
	10	18.7	15.6		320
	15	28.1	23.4		360
	20	37.5	31.3	2.2	410
	25	46.9	39.1		480
	30	56.3	46.9	3.0	520
	40	75.1	62.6		600
	50	82	68.3	(Y2-100)	720
GHF(W) 50	60	112.6	93.9		1 000
	80	132	110		1 000
	100	132	110		1 000

续表

齿轮箱型号	减速比	出力轴容许扭力(kgf·m)		输出功率(kW)	荷重(kg·f)
		50Hz	60Hz		
GHF(W)50	5	12.5	10.4	4.0 (Y2-112)	390
	10	25	20.8		570
	15	37.5	31.3		640
	20	50	41.7		730
	25	62.6	52.1		860
	30	75.1	62.6		1 000
	40	100.1	83.4		1 000
	50	125.2	104.3		1 000

(7)卷帘门专用电动机

【特点及用途】QL系列卷帘门专用电动机,适用于商场、仓库、车库、影剧院、宾馆、厂房等各种建筑物卷帘门的开启、关闭,有电动和手动功能,由限位开关自动控制,定位、精确可靠,开闭安全。电动机绕组装有过热保护装置,当温度达到110℃时,能自动切断电源,保护电机不被烧坏,当温度降至70℃时(约经过8min),装置可再次启动使用。电动机运行时噪音低,振动小,功耗小。

【规　　格】漳州麒麟电子有限公司产品

型号	最大提升重量（kg）	最大提升高度（m）	电压（V）	额定功率（W）	输出转速（r/min）	额定电流（A）
QL-300	300	5.1	220 380	250 180	5.2	3.3 1.2
QL-500	500	5.2	220 380	370 250	6.1	3.9 1.3
QL-600	600	5.1	220 380	370 250	5.2	3.9 1.7
QL-800	800	7.2	220 380	500 300	4.6	4.5 2
QL-1000	1 000	8.5	380	400	6.5	2.3

(8)防火卷帘门专用电动机

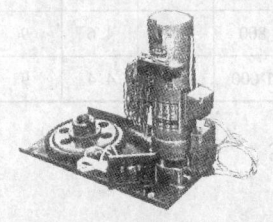

【特点及用途】QLZ 系列防火卷帘门专用电动机,造型美观,结构先进,马力强劲,可用于左、右两种安装形式,控制系统可兼配接遥控。该电动机噪音低、振动小、功耗小、重量轻、体积小、安装方便、寿命长、是现代建筑物卷帘门理想配套产品。

【规　　格】漳州麒麟电子有限公司产品

型号	额定功率（W）	额定负载			最大提升高度(m)	卷帘门最大外径(m)	使用链号	主机重量(kg)
		提升力（kg）	输出转矩（N·m）	输出转速（r/min）				
220V　50Hz								
QL-300-1P	250	300	168	5.4	6	0.42	08B	11.8
QL-500-1P	370	500	343	5.7	6	0.42	10A	12.8
QL-600-1P	370	600	412	5.3	6	0.48	10A	12.8
QL-800-1P	370	800	647	4.6	9	0.54	10A	13.8
380V　50Hz								
QL-300-3P	180	300	168	5.4	6	0.42	08A	11.8
QL-500-3P	250	500	343	5.7	6	0.42	10A	12.8
QL-600-3P	250	600	412	5.3	6	0.48	10A	12.8
QL-800-3P	300	800	647	4.6	9	0.54	10A	13.8
QL-1000-3P	380	1 000	809	4.4	9	0.54	12A	13.8

(9) 管状电机

【特点及用途】QL 管状电机具有体积小、重量轻、噪音低、安装方便、防护能力大等特点。其特别适合于铝合金卷帘门、窗以及安装场地空间狭小的建筑物。

【规　　格】漳州麒麟电子有限公司产品

型 号	电压 (V)	电流 (A)	输出转速 (r/min)	额定提升力 (kg·f)	连续运转时间 (min)	主要尺寸 (mm)	自重 (kg)	绝缘等级
QL-25-S				30		Ø62 × 500	2	
QL-25-D	220	0.7~1.1	12	50	4		3	
QL-25-DS								
QL-60-D	220	1.1~1.8	12	100	4	Ø80 × 680	4	IP44
QL-60-DS								
QL-80-D	220	1.8~22	12	150	4		4	
QL-80-DS								

第十九章 发电机

发电机是把机械能转换成
电能的一种装置。其以汽油、
柴油或其他燃料在发动机内经
燃烧,将化学能转换成热能,再
通过一定机构变为机械能,进
而拖动同步发电机发电。发电

机以不同燃料的使用,可分为汽油发电机、柴油发电机、燃气发电机等。
发电机用途十分广泛,是工厂、医院、发电厂、电讯部门、高楼大厦、宾馆
商场等重要部门和场所的备用或应急电源,是工程、地质、石油钻探、矿山
等工地用的移动电源。

1. 汽油单相发电机

ZSQF4D   ZSQF1.3–11(圆孔式面板设计)

【特点及用途】ZSQF系列汽油发电机采用自动电压调节及保护装置
电感点火系统,自动电路保护、低噪音、低油耗,标准配置有燃油箱、空滤
器、消音器、电压表、机油警示系统、空气开关等。机组结构紧凑,操作方
便,适用于中小型生产企业、商店、超市、服务行业等生产发电。

【规　格】重庆宗申通用动力机械有限公司产品

	机型	ZSQF 1.3-Ⅰ	ZSQF 1.3-Ⅱ	ZSQF 1.3-Ⅲ	ZSQF 2-Ⅰ	ZSQF 2-Ⅱ	ZSQF 2-Ⅲ	ZSQ F3	ZSQ F4	ZSQ F4D	ZSQ F5	ZSQ F5D
发电机	额定电压（V）	110,120,220,230,240,220/110,230/115,240/120			110,120,220,230,240,220/110,230/115,240/120			110,120,220,230,240,220/110,230/115,240/120	110,120,220,230,240,220/110,230/115,240/120		110,120,220,230,240,220/110,230/115,240/120	
发电机	额定电流（A）	5.9			9.2			12.7	18.2		22.7	
发电机	最大功率（kW）	1.43			2.2			3.1	4.2		5.2	
发电机	额定功率（kW）	1.3			2.0			2.8	3.8		4.8	
发电机	额定频率（Hz）	50/60			50/60			50/60	50/60		50/60	
发电机	相数	1			1			1	1		1	
发电机	电压调节方式	自动调压			自动调压			自动调压	自动调压		自动调压	

续表

	名称	ZS168FA			ZS168FA			ZS173F	ZS182F		ZS188F	
发动机	缸径×行程(mm)	68×45			68×45			73×58	82×64		88×64	
发动机	压缩比	8.5:1			8.5:1			8.2:1	8.0:1		8.0:1	
发动机	启动系统	手拉反冲式			手拉反冲式			手拉反冲式	手拉反冲式	电/手启动	手拉反冲式	电/手启动
发动机	点火系统	电感点火			电感点火			电感点火	电感点火		电感点火	
发动机	燃油容积(L)	3.6	15	7.6	3.6	15	7.6	25	25		25	
发动机	机油容量(L)	0.6			0.6			1.1	1.1		1.1	
发动机	发动机形式	OHV25°倾斜、单缸、强制风冷四冲程			OHV25°倾斜、单缸、强制风冷四冲程			OHV25°倾斜、单缸、强制风冷四冲程	OHV25°倾斜、单缸、强制风冷四冲程		OHV25°倾斜、单缸、强制风冷四冲程	
净重/毛重(kg)		33/36	41/44	36/39	36/39	44/47	39/42	72/76	81/85	88/92	84/88	91/95
包装箱尺寸(mm)		600×450×470	610×530×520		600×450×470	610×530×520		715×595×620	715×595×620	885×595×620	715×595×620	885×595×620
标准配置		小型燃油箱、机油警示系统、无熔丝断路器	大(中)型燃油箱、大型空滤器、燃油显示表、电压表、机油警示系统、空气开关		小型燃油箱、机油警示系统、无熔丝断路器	大(中)型燃油箱、大型空滤器、燃油显示表、电压表、机油警示系统、空气开关		大型燃油箱、大型空滤器、大型消声器、燃油显示表、电压表、机油警示系统、空气开关	大型燃油箱、大型空滤器、大型消声器、燃油显示表、电压表、机油警示系统、空气开关		大型燃油箱、大型空滤器、大型消声器、燃油显示表、电压表、机油警示系统、空气开关	

2. 汽油三相发电机

【特点及用途】DAJ 系列三相汽油发电机采用强制风冷四冲程顶置式进排气门机构,机械自动减压装置,晶体管磁电机点火系统,自动电压调节器,机油警告系统、大型消音器。该发电机使用方便容易操作,是补充电源的重要设备。

【规　　格】台州市大江实业有限公司产品。

型　号	5500A 三相 4.0GF-5	6600A 三相 5.0GF-5	5500B 三相 4.0GF-5	6600B 三相 5.0GF-5
型号	182F	188F	182F	188F
结构型式	强制风冷四冲程顶置式汽油发动机			
排量(ml)	337	389	337	389
最大输出功率 (HP/rpm)	11/3 600	13/3 600	11/3 600	13/3 600
点火系统	无触点晶体管(TCl)			
启动系统	手拉手反冲式启动		电动机/手启动	
燃油箱容量(L)	25	25	25	25
耗油率 L/H	2.45	2.7	2.45	2.7
连续工作时间(H)	10	9	10	9
机油容量(L)	1.1	1.1	1.1	1.1
噪音　隔7m(dB)	72	74	72	74

续表

型　号	5500A 三相 4.0GF-5	6600A 三相 5.0GF-5	5500B 三相 4.0GF-5	6600B 三相 5.0GF-5
频定频率(Hz)	50	50	50	50
发　额定电压(V)	380/220	380/220	380/220	380/220
电　功率因数	0.8	0.8	0.8	0.8
机　额定功率(kW)	4.0	5.0	4.0	5.0
最大功率(kW)	4.5	5.5	4.5	5.5
整　毛重(kg)	81	84	88	91
机　净重(kg)	80	83	87	90
外包装尺寸 长×宽×高(mm)	710×540× 590	710×540× 590	710×540× 590	710×540× 590

3. 直流汽油发电机

LC6500DC

【特点及用途】直流汽油发电机为同步发电机,电压调节器在设备载时能自动保护电压稳定,以确保提供平稳电力,尤其适宜对电压波动感的设备。其标准配置主要有大型燃油箱、大型消音器、大型空滤器、油显示表、电压表、发动机机油警示系统、无熔丝断路器等。

规　怡 1 里次隆鑫迪讯机动刀力动机有限公司产品

机　型		LC1800	LC2500	LC3800	LC3800	LC5000	LC5000	LC6500	LC6500
		DC	DC	DC	DDC	DC	DDC	DC	DDC
发电机	发电机类型	同步发电机							
	电压调节方式	AVR式							
	相数	单相							
	额定转速(rpm)	3000							
	额定功率(kW)	1.3	2	2.8	2.8	4	4	5	5
	额定电压(V)	220V							
	最大功率(kW)	1.5	2.2	3.1	3.1	4.5	4.5	5.5	5.5
	效率(%)	≥78	≥80	≥79	≥79	≥81	≥81	≥83	≥83
	功率因数($\cos\varphi$)	1							
	额定频率(Hz)	50							
	低压输出(V)	14.4							
	绝缘等级	F级							
发动机	发动机名称	LC168F-1		LC173F	LC173 FD	LC182 F	LC182 FD	LC188 F	LC188 FD
	缸径×行程(mm×mm)	68×45		73×58	73×58	82×64	82×64	88×64	88×64
	排量(cm³)	163		242	242	337	337	389	389
	压缩比	8.5:1		8.5:1	8.5:1	8.2:1	8.2:1	8.0:1	8.0:1
	最大输出功率(HP/rpm)	5.5(4.1(kW))/3600		8(5.88(kW))/3600	8(5.88(kW))/3600	11(8(kW))/3600	11(8(kW))/3600	13(9.55(kW))/3600	13(9.55(kW))/3600
	额定功率(HP/rpm)	4.8(3.5(kW))/3500		7.4(5.4(kW))/3000	7.4(5.4(kW))/3000	9.5(7(kW))/3600	9.5(7(kW))/3600	11.5(8.3(kW))/3600	11.5(8.3(kW))/3600

续表

	发动机名称	LC168F-1	LC173F	LC173 FD	LC182 F	LC182 FD	LC188 F	LC188 FD
发动机	最大扭矩(N·m/rpm)	11/2 500	16.6/2 500		23.5/2 500		26.5/2 500	
	点火方式	无触点晶体管(T.C.I)						
	启动方式	手拉反冲式	手拉反冲式	手拉/电启动	手拉/电冲启动	手拉/电启动	手拉反冲启动	手拉/电启动
	机油容量(L)	0.6	0.6	0.6	1.1	1.1	1.1	1.1
	最低油耗(g/kW·h)	330						
	容滤器型式	半干、油浴、泡沫滤芯						
	发动机型式	OHV25°倾斜、单缸、强制风冷、四冲程						
	充电电压(V)	12(DC)						
	充电电流(V)	8.3A						
	整流方式	全波整流						
整机	标准配置	大型燃油箱、大型消音器、大型空滤器、燃油过滤器、燃油显示表、自动电压调节器、发动机油警示系统、无熔丝断路器						
	燃油容积(L)	15	25	25	25	25	25	25
	连续工作时间(h)	16	13	13	10	10	9	9
	噪音(距离机组7m处)	63	69	69	72	72	74	74
	振动	单振幅值≤0.5mm						
	长×宽×高(mm)	590×430×435			680×510×540			
	净重(kg)	42	45	68	73	80	83	90
	选配	四轮车轮组						

4. 工频汽油发电机

便携式　　　　　　　　框架式

【特点及用途】HW 系列工频汽油发电机负载能力强，电压稳定，可靠性高，便于维修、使用方便、主要用于部队兵种武器装备或设备配套使用，是通讯车、指挥车、维修车及野营照明等的重要电源。

【规　　　格】重庆华伟隆福科技有限责任公司产品

机组型号名称	0.5GF1 工频汽油发电机组	1GF5 工频汽油发电机组	3GF35 工频汽油发电机组
额定功率(kW)	AC:0.5 DC:0.1	1.0	3.0
额定电压(V)	AC:230 DC:24	230	230
额定电流	AC:2.17 DC:4.27	5.43	16.3
额定频率(Hz)	AC:50	50	50
额定电压调整率(%)	±7	3	3
电压波动率(%)	15	0.5	0.5
瞬态电压调整率(%)	/	20	20
电压稳定时间(s)	1.5	1	1
急定频率调整率(%)	5	4	4
瞬态频率调整率(%)	/	1.5	15

续表

机组型号名称	0.5GF1 工频汽油发电机组	1GF5 工频汽油发电机组	3GF35 工频汽油发电机组
频率波动率(%)	1.5	1.0	1.0
频率稳定时间(s)	7	5	5
机组型式	全封闭箱型便携式	半框架移动式	全框架式
汽油机形式	四冲程立式单缸风冷	二冲程立式风冷	四冲程单缸立式风冷
发电机型式	电容式逆序磁场无刷	单相工频同步发电机	单相工频同步发电机
控制箱形式	/	箱式可控励磁恒压系统	可控励磁恒压系统
机组外形尺寸(mm)(长×宽×高)	420×210×410	490×330×400	690×460×630
机组重量(kg)	24	29	98

5. 便携式直流发电机

【特点及用途】HW0.4GF 型便携式直流发电机为汽油机,其性能优越,手拉启动,具有电压稳定、噪音小、油耗低,体积小,重量轻,便于携带,易维修等特点。特别适用于部队兵种和武器装备或设备配套使用,是通讯车,指挥车,维修车及野营照明等的重要电源。

【规　　格】重庆华伟隆福科技有限责任公司产品

型号及名称	HW0.4GF 便携式直流汽油发电机组
型式	强制风冷四冲程汽油发动机
总排气量	31
点火系统	无触点晶体管磁电点火
启动方式	寻拉启动
燃油箱容积(L)	2.4
燃油消耗量(g/kW.h)	680
燃油持续工作时间(h)	4.5
机油容积	0.1
噪音(lm)dB	≤85
额定转速(r/min)	5 000
额定频率(Hz)	/
额定电压(V)	Dc24
额定功率(持续)(kW)	0.4
最大功率(kW)	0.45
相数	单相
功率因数	1
整机尺寸(长×宽×高)(mm)	315×265×307
净重(kg)	13

6. 小功率发电机

LC950GFDC

【特点及用途】LC 系列小功率发电机,结构紧凑小巧,携带方便,为同步发电机,电压调节为电容补偿式,其发动机采用 OHV25°倾斜四冲程单缸,强制风冷系统、电感点火方式,手拉反冲式启动。其中 LC650GFDC 和 LC950GFDC 型直流充电电压为 12V。该系列小功率发电机标准配置主要有大型燃油箱,大型消音器、大型空滤器(半干、油浴、泡沫滤芯),电压表及无熔丝断路器等,尤其适宜家庭使用。

【规　　格】重庆隆鑫通机动力有限公司产品

	型号	LC650GF	LC650GFDC	LC950GF	LC950GFDC
发电机	发电机类型	同步发电机			
	电压调节方式	电容补偿式			
	电容容量	12μF			
	相数	单相			
	额定转速(rpm)	3 000			
	额定功率(kW)	0.45		0.65	
	额定电压(V)	220V			
	最大功率(kW)	0.55		0.75	
	效率(%)	≥75			
	功率因数(cosφ)	1			
	额定频率(Hz)	50			
	绝缘等级	F 级			

续表

发动机	发动机名称	LCIE45F-I			
	缸径×行程（mm×mm）	45×40			
	排量（cm³）	63.1			
	最大输出功率（kW/rpm）	1.5kW/3 600			
	额定功率（kW/rpm）	1.2kW/3 600			
	最大扭矩（N·m/rpm）	4.58/2 500			
	点火方式	电感点火			
	启动方式	手拉反冲式			
	燃油混合比	50:1			
	最低油耗（g/kW·h）	544			
	空滤器型式	半干、油浴、泡沫滤芯			
	发动机型式	OHV25°倾斜、单缸、强制风冷、四冲程			
整机	标准配置	大型燃油箱、大型消音器、大型空滤器、电压表、无烙丝断路器			
	直流充电电压（V）	/	12	/	12
	燃油容积（L）	4			
	连续工作时间（h）	10.5		8.1	
	噪音（距离机组7m处）	56			
	振动	单振幅值≤0.5mm			
	长×宽×高（mm）	400×350×345			
	净重（kg）	19		21	

7. 小型轮式柴油发电机

【特点及用途】小型轮式柴油发电机采用水冷柴油发动机,四冲程,3 缸、功率强劲,采用自动电压调节器,在设备加载时能自动保持电压的稳定,确保提供平稳电力。其具有超静音低震动特点,结构紧凑轻巧,标准四轮移动方便。

SH15D

【规　格】英杰尔产品

型　号				SH15D	SHT15D
发电机	输出功率	50Hz	额定	12kVA	13kVA
			最大	14kVA	15kVA
		60Hz	额定	13kVA	—
			最大	15kVA	—
	功率因数			cosφ1	cosφ0.8
	电压			220V	220V/380V
发电机	转速及频率			3 000rpm(50Hz) 3 600rpm(60Hz)	
	激励系统			有刷 AVR 稳压	
发动机	型　号			HONDA—GD1250	
	额定输出			24HP/3 000rpm	
	最大输出			26HP/3 600rpm	
	冷却形式			水冷柴油发动机	
	气缸容量			1 235cm^3	
	气缸数			3	
	启动方式			电启动	
	油箱容量			38L	
噪音(距7m)				69dB	
外形尺寸(mm)				1 440×630×815	
重量(kg)				341	

8. 柴油发电机组

【特点及用途】柴油发电机组结构紧凑、移动灵活、操作方便、功率强劲、具有噪音低、低震动特点,频率为50Hz,电压400/230V,转速1 500rpm。

【规　　格】扬州市沪江发电设备厂产品。

20-40kW

规格型号	额定功率(kW)	柴油机型号	发电机型号	额定电流(A)	燃油消耗(kg)	机组外形尺寸 L×W×H(mm)	机组重量(kg)
3GF	3	R175	STC-3	5.4	≤280	950×550×720	200
5GF	5	R180	STC-5	9	≤280	950×550×720	260
8GF	8	S195	STC-8	14.5	≤258.4	1 360×600×750	290
10GF	10	S1100	STC-10	18.1	≤258.4	1 360×600×750	310
12GF	12	295D	STC-12	21.7	≤258.4	1 300×560×890	580
15GF	15	2100D	STC-15	27.1	≤258.4	1 300×560×890	590
20GF	20	495D	STC-20	36.1	≤263.8	1 650×720×1 070	800
24GF	24	495D	STC-24	43.3	≤263.8	1650×720×1 070	810
30GF	30	495ZD	STC-30	54.1	≤263.8	1 680×720×1 070	960
40GF	40	4100ZD	STC-40	72.2	≤263.8	2 200×780×1 240	1 410
50GF	50	4135D	STC-50	90.2	≤238	2 300×780×1 240	1 500
64GF	64	4135AD	STC-64	115.2	≤238	2 300×780×1 240	1 600
75GF	75	6135D-3	STC-75	135.3	≤238	2 700×900×1 350	2 150
90GF	90	6135AD	STC-90	162	≤238	2 700×900×1 350	2 300
00GF	100	6135AD	STC-100	180	≤238	2 700×900×1 350	2 350
20GF	120	6135JED	STC-120	216.5	≤238	2 700×900×1 350	2 400
50GF	150	12V135D	STC-150	270.6	≤238	3 230×1 250×1 630	3 200

续表

规格型号	额定功率	柴油机型号	发电机型号	额定电流(A)	燃油消耗(kg)	机组外形尺寸 L×W×H(mm)	机组重量(kg)
200GF	200	12V135AD	STC-200	360.8	≤238	3 420×1 400×1 720	3 500
250GF	250	12V135ED	STC-250	451	≤238	3 450×1 400×1 800	3 800
300GF	300	12V135AED	STC-300	541.3	≤238	3 450×1 400×1 800	4 100
350GF	350	8V190	STC-350	631.5	≤213.5	3 990×1 675×2 500	5 100
400GF	400	8V190	STC-400	721.8	≤213.5	3 990×1 675×2 495	5 500
500GF	500	12V190BO-2	STC-500	902.2	≤213.5	4 010×1 675×2 490	8 000
630GF	630	Z12V190B	STC-630	1 140	≤209.4	4 800×1 900×2 500	1 350
700GF	700	Z12V190B	STC-700	1 263	≤209.4	4 800×1 900×2 500	1 330
800GF	800	Z12V190B	STC-800	1 443	≤209.4	5 460×1 900×2 630	1 380
1000GF	1 000	6240ZD	STC-1000	1 804	≤209.4	5 460×1 900×2 630	1 450

9. 燃气发电机组

【特点及用途】燃气发电机组采用节能型单燃料和双燃料气体发动机,电子调速系统,其结构设计合理、噪音低、振动小、启动快、性能稳定可靠、寿命长、安装维修方便。燃气发电机组适用于油田、酒厂、食品加工厂、炼铁厂、污水处理站、农场等有气源单位生产动力用电或作为备用电源。

(1)双燃料发电机组

双燃料发电机组为混合双燃料进气系统,其单燃料与双燃料转换方便,随时可恢复纯柴油工作状态,机组排放好。烟度值↓80%,噪音低↓2dB~3 dB,燃料经济性好,运营本低,仅用原柴油机标定功率1/7 油量即可稳定工作

【规格】潍坊潍柴培新气体发动机有限公司产品

机组型号	额定功率(kW)	额定电压(V)	额定电流(A)	功率因数	额定转速(rpm)	额定频率(Hz)	励磁方式	启动方式	发动机型号	燃料消耗 (Nm³(g)/kW·h)			冷却方式	外形尺寸(长×宽×高)	重量(kg)
										柴油	天然气	沼气			
2GFS	2	230/115	8.7	1.0	1 500	50	三次谐波	手摇	165FH	42.60	0.30	0.55	风冷	1 000×500×500	130
3GFS	3	230/115	13.0	1.0	1 500	50	三次谐波	手摇	175FH	43.05	0.30	0.55	风冷	1 000×500×500	130
5GFS	5	400/230	9.0	0.8	1 500	50	三次谐波	手摇	HF195H	46.50	0.30	0.55	闭式	1 350×620×670	375
7.5GFS	7.5	400/230	13.5	0.8	1 500	50	三次谐波	手摇	HF1100H	46.50	0.30	0.55	闭式	1 350×620×670	390
10GFS	10	400/230	18.0	0.8	1 500	50	三次谐波	电	295DH	46.20	0.30	0.55	闭式	1 400×650×1 000	500
12GFS	12	400/230	21.7	0.8	1 500	50	三次谐波	电	2100DH	46.20	0.30	0.55	闭式	1 400×650×1 000	520
15GFS	15	400/230	27.1	0.8	1 500	50	三次谐波	电	495DH	43.50	0.30	0.55	闭式	1 840×650×1 300	780
20GFS	20	400/230	36.1	0.8	1 500	50	三次谐波	电	494DH	43.50	0.30	0.55	闭式	1 830×660×1 300	790
30GFS	30	400/230	54.1	0.8	1 500	50	相复励	电	R4100DH	39.00	0.30	0.55	闭式	2 000×650×1 255	1 000
40GFS	40	400/230	72.2	0.8	1 500	50	相复励	电	R4100ZDH	38.25	0.30	0.55	闭式	2 030×650×1 255	1030
50GFS	50	400/230	90.2	0.8	1 500	50	相复励	电	R615.00DH	9.00	0.30	0.55	闭式	2 330×660×1 295	1 300
60GFS	60	400/230	108.0	0.8	1 500	50	相复励	电	R6105ZDH	33.60	0.30	0.55	闭式	2 600×660×1 295	1 600

续表

机组型号	额定功率(kW)	额定电压(V)	额定电流(A)	功率因数	额定转速(rpm)	额定频率(Hz)	励磁方式	启动方式	发动机型号	燃料消耗(Nm³(g)/kW·h) 柴油	天然气	沼气	冷却方式	外形尺寸(长×宽×高)	重量(kg)
75GFS	75	400/230	135.0	0.8	1 500	50	无刷	电	WD615.00DH	35.70	0.32	0.55	闭式	2870×958×1680	2000
84GFS	84	400/230	152.0	0.8	750	50	相复励	气	6160H	33.90	0.30	0.55	开式	3845×1015×1531	4200
100GFS	100	400/230	180.0	0.8	1 500	50	无刷	电	WD615.00 61D-H	33.60	0.30	0.55	闭式	2870×958×1685	2000
120GFS	120	400/230	217.0	0.8	750	50	相复励	气	6160H-9	33.01	0.30	0.55	开式	3850×1025×1612	4300
150GFS	150	400/230	271.0	0.8	1 000	50	相复励	气	6160H-6	33.87	0.30	0.55	开式	3580×1025×1612	4300
200GFS	200	400/230	361.0	0.8	1 000	50	相复励	电	X6160Z-1H	32.40	0.30	0.55	开式	3688×1025×1612	4600
250GFS	250	400/230	451.0	0.8	1 000	50	无刷	气	X6170ZH	32.40	0.30	0.50	开式	3667×1096×1632	5000
300GFS	300	400/230	541.0	0.8	1 000	50	相复励	气	6200ZDH	33.66	0.30	0.50	开式	4117×1320×1950	8800

(2) 单燃料发电机组

单燃料发电机组为电火花塞点火式,其天然气、沼气燃料经济性好,运营成本低,动力性能保持原柴油机水平,排放好,无烟,无气味、噪音低↓2dB～4dB。机组电子调速器具有水温高,机油压力低,超速限制等保护功能。多台机组并网时,具有负载均匀分配功能等。

【规格】潍坊潍柴新气体发动机有限公司产品

机组型号	额定功率(kW)	额定电压(V)	额定电流(A)	功率因数	额定频率(Hz)	额定转速(rpm)	励磁方式	启动方式	发动机型号	燃料消耗率(Nm³(g)/kW·h)		冷却方式	外形尺寸(长×宽×高)(mm)	重量(kg)
										天然气	沼气			
75GFT	75	400/230	135.0	0.8	50	1 500	无刷	电	WT615.00D	0.32	0.70	闭式	2 870×958×1 680	2 000
100GFT	100	400/230	180.0	0.8	50	1 500	无刷	电	WT615.64D	0.30	0.60	闭式	2 987×958×1 425	2 100
120GFT	120	400/230	217.0	0.8	50	1 000	相复励	电	6160ZM	0.30	0.65	开式	3 667×1 096×1 632	4 600
150GFT	150	400/230	271.0	0.8	50	1 000	相复励	电	6160ZM	0.32	0.65	开式	3 658×1 025×1 612	4 650
200GFT	200	400/230	361.0	0.8	50	1 000	相复励	电	6200ZM	0.32	0.60	开式	4 117×1 320×950	8 500
250GFT	250	400/230	451.0	0.8	50	1 000	相复励	电	6200ZM	0.30	0.65	开式	4 117×1 320×950	8 500
300GFT	300	400/230	541.5	0.8	50	1 000	相复励	电	6200ZM	0.30	0.65	开式	4 117×1 320×950	8 500

注：发电机组功率是指燃用天然气、沼气(CH_4含量≥60%,热值≥5 500kcal/m³)时功率,若燃用低热值燃气(热值≥1 100kcal/m³),则机组功率有所下降。

10. 水轮发电机

【特点及用途】SFW 系列水轮发电机的特点是采用无刷励磁,单机运行强励性能好,并网运行励磁容量大,无功补偿好,其结构简单,操作维护方便。可在海拔不超过 1 000m,周围气温不超过 +40℃,相对湿度不超过 80% 的有掩蔽的厂房内连续运行。适用于农村小电站,城镇、工矿照明及动力用电。

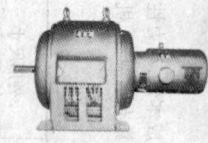

【规　　格】福州方圆机电有限公司产品

型号	额定功率 (kW)	额定电压 (V)	额定电流 (A)	额定转速 (rpm)	飞逸转速 (rpm)	励磁电压 (V)	励磁电流 (V)
SFW200–6/740	200	400	361	1 000	1 800	29	145
SFW250–6/740	250	400	451	1 000	1 800	32.3	143.5
SFW160–8/740	160	400	288	750	1 350	30.4	135
SFW200–8/740	200	400	361	750	1 350	35.5	134
SFW125–10/740	125	400	225	600	1 080	28.6	147
SFW160–10/740	160	400	288	600	1 080	31.3	141.5
SFW320–6/850	320	400	577	1 000	1 800	29.3	169
SFW400–6/850	400	400	722	1 000	1 800	34.2	165.2
SFW250–8/850	250	400	451	750	1 350	29.4	173.5
SFW320–8/850	320	400	577	750	1 350	36.8	168
SFW200–10/850	200	400	361	600	1 080	29.7	180

续表

型号	额定功率 (kW)	额定电压 (V)	额定电流 (A)	额定转速 (rpm)	飞逸转速 (rpm)	励磁电压 (V)	励磁电流 (A)
SFW250–10/850	250	400	451	600	1 080	34.4	173.5
SFW100–12/850	100	400	288	500	900	29	163.2
SFW200–12/850	200	400	361	500	900	34	162
SFW125–14/850	125	400	225	428	770	23.2	165.5
SFW160–14/850	160	400	288	428	770	31.3	165
SFW500–6/990	500	400	903	1 000	1 800	40.8	167
SFW630–6/990	630	400	1 137	1 000	1 800	47	165
SFW400–8/990	400	400	722	750	1 350	42.7	180
SFW500–8/990	500	400	903	750	1 350	48.3	175
SFW320–10/990	320	400	577	600	1 080	39.7	183
SFW400–10/990	400	400	722	600	1 080	43.3	177.5
SFW250–12/990	250	400	451	500	900	39.1	154.5
SFW320–12/990	320	400	577	500	900	44.1	152
SFW200–14/990	200	400	361	428	770	37.2	150
SFW250–14/990	250	400	451	428	770	40.3	139
SFW160–16/990	160	400	288	375	675	41.4	134
SFW200–16/990	200	400	361	375	675	44.7	133
SFW125–20	125	400	225	300	540	33.4	157
SFW160–20/990	160	400	288	300	540	34.6	155.8

11. ST 系列单相交流同步发电机

【特点及用途】ST 系列单相交流同步发电机性
能和安装尺寸符合 IEC 标准、B 级绝缘。三次谐波
励磁(可根据要求增加 AVR 可控硅励磁)、具备双电
压(230/115V)、双频(50/60Hz)。性能稳定、结构简
单、维护方便、适用于城镇、乡村、船舶等需要自行供
电的单相交流电源。

【规　　格】福州方圆机电有限公司产品

型　号	功　率 (kW)	电流 (A)		电压 (V)		极数	转速 (rpm)	
		串联	并联	串联	并联		50Hz	60Hz
ST-2	2	8.7	17.4					
ST-3	3	13	26					
ST-5	5	21.8	43.5					
ST-7.5	7.5	32.6	65.2	230	115	4	1 500	1 800
ST-10	10	43.5	87					
ST-12	12	52.2	104					
ST-15	15	65.3	130					
ST-20	20	87	174					

12. STC 系列三相交流同步发电机

【特点及用途】STC 系列三相交流同步发电机，性能和安装尺寸符合 IEC 标准，B 级绝缘。三次谐波励磁（可根据要求增加 AVR 可控硅励磁）、发电机为三相四线制、线电压为 400V、相电压为 230V、频率为 50Hz。发电机恒压性能优良，工作稳定，维护方便。适用于城镇、乡村、船舶等需要自行供电的三相交流电源。

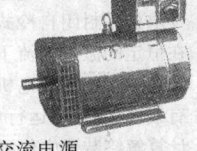

【规　格】福州方圆机电有限公司产品。

型号	功率		电流	同步转速
	kVA	kW	（A）	（rpm）
STC–3	3.8	3	5.4	
STC–5	6.3	5	9	
STC–7.5	9.4	7.5	13.5	
STC–10	12.5	10	18.1	1 500
STC–12	15	12	21.7	
STC–15	18.8	15	27.1	
STC–20	25	20	36.1	
STC–30	37.5	30	54.1	
STC–40	50	40	72.2	
STC–50	62.5	50	90.2	
STC–64	80	64	115.5	1 500
STC–75	93.8	75	135.3	
STC–90	112.5	90	162.4	
STC–120	150	120	216.5	

13. ZCFH 系列直流测速发电机

【特点及用途】ZCFH 系列直流测速
发电机系封闭自冷式他激直流发电机，
在恒定的激磁电流下，电枢电压与电枢
转速成正比。发电机为连续工作制，具

有线性误差小，运行可靠、尺寸小、重量轻等特点，可广泛用于数控系统及
计算解答装置中作测速和反馈等元件。

电机按使用环境分为普通型和湿热型两类。

【规　　格】湖州太平微特电机有限公司产品

型　号	电枢电压（V）	激磁		转速（rpm）	负载电阻（Ω）	输出电压不对称度≤（%）	输出电压线性误差（%）	重量≤（kg）
		电流	电压					
70ZCFH01	51±2.5	0.3	–	2 400	2 000	1	±1	0.9
70ZCFH02	51±2.5	0.3	–	2 400	2 000	1	±1	0.9
70ZCFH03	51±2.5	0.3	–	2 400	2 000	1	±3	0.9
70ZCFH04	74±3.7	0.06	–	3 500	2 500	2	±3	0.9
90ZCFH01	100^{+10}_{-5}	–	110	1 500	1 000	3	±3	1.7
90ZCFH02	106±5	0.3	–	1 100	10 000	1	±1	2.0
90ZCFH03	174±8.7	0.3	–	1 100	2 000	1	±1	2.0
90ZCFH04	51±2.5	0.4	–	1 500	2 000	1	±1	0.9
90ZCFH05	75±3.75	0.3	–	3 000	5 000	1	±1	0.9

第二十章　电焊机

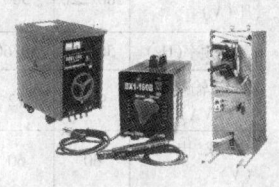

　　电焊机是将电能转换成焊接能量，使金属或非金属工件的焊接部分熔融或塑性挤压，达到原子间的结合，从而实现焊接的一种热加工设备。电焊机按焊接能源及不同的焊接原理，可分为三种基本类型，即电弧焊机、电阻焊机和特种焊机，尤以前两种类型电焊机应用广泛。电弧焊机是利用电弧产生的热量熔化金属而实现焊接的设备，其主要品种有手工电弧焊机、埋弧焊机、熔化极气体保护焊机、等离子弧焊机、氩弧焊机等。电阻焊机是使大电流通过被焊金属、利用电阻(材料电阻和接触电阻)发热并施加压力的方法将熔融的塑性态金属挤压而焊合的设备，其主要品种有点焊机、凸焊机、缝焊机、对焊机等。

1. BX1 系列交流弧焊机

　　【特点及用途】BX1 系列交流弧焊机采用动铁芯式变压器结构，导轨采用铜杆与特殊的石墨块相结合，自动润滑，无需加油。

　　通过转动手柄调节电流大小，可保持稳定电弧。其具有良好的焊接特性，适用于中板及厚板焊接。该焊机工作噪声低、免维护、散热快、效率高、寿命长。

　　【规　　格】上海创美电机有限公司产品

型　号	BX1-160	BX1-200	BX1-250	BX1-315	BX1-400	BX1-500	BX1-630
额定输出电流（A）	160	200	250	315	400	500	630

续表

型 号	BX1-160	BX1-200	BX1-250	BX1-315	BX1-400	BX1-500	BX1-630
额定输入电压(V)	380/220	380	380	380	380	380	380
额定频率(Hz)	50/60	50/60	50/60	50/60	50/60	50/60	50/60
额定输入容量(kVA)	9.6	12	16	24	30.4	38	48
空载电压(V)	60	60	66	76	76	76	76
额定负载持续率(%)	20	20	35	35	35	35	35
额定负载电压(V)	24.4	26	30	32.6	36	40	45.2
电流调节范围(A)	40~160	40~200	50~250	60~315	80~400	100~500	120~630
适用焊条直径(mm)	2~3.2	2~3.2	2~3.2	2~3.2	2~4	2~4	2~5
绝缘等级	F	F	F	F	F	F	F
重量(kg)	60	75	85	94	103	148	175
包装尺寸(cm)	50×49×76	59×49×76	59×49×76	69×50×79	69×50×79	75×54×83	75×54×83

2. BX1-C 系列交流弧焊机

【特点及用途】BX1–C 系列交流弧焊机采用动铁芯变压器结构,工作稳定可靠。其设计新颖,选用高性能材料,重量轻、体积小、效率高,可调式电流设计,调节范围宽,380V/220V 电源均可使用。尤其适合家庭使用。

【规　　格】上海创美电机有限公司产品

型　号	BX1–160C	BX1–180C	BX1–200C	BX1–250C
额定输出电流(A)	160	180	200	250
额定输入电压(V)	380/220	380/220	380/220	380/220
额定频率(Hz)	50/60	50/60	50/60	50/60
额定输入容量(kVA)	8.5	9.3	11	14.3
空载电压(V)	50	50	50	50
额定负载持续率(%)	10	10	10	10
额定负载电压(V)	24.4	25.2	26	30
电流调节范围(A)	55~160	55~180	50~200	55~250
适用焊条直径(mm)	2~3.2	2~3.2	2~3.2	2~3.2
绝缘等级	F	F	F	F
重　量(kg)	21.5	21.8	22	22.5
包装尺寸(cm)	42×29×34.5	42×29×34.5	42×29×34.5	42×29×34.5

3. BX3 系列交流弧焊机

【特点及用途】BX3 系列交流弧焊机,电弧柔和,特别稳定,其采用动圈式变压器结构,工作噪音低,性能最好。

输出线包采用裸铜扁线技术,用石棉绝缘材料垫层,散热快、效率高、寿命长。

采用高空载电压设计,特别适合于钢筋竖向对焊,是

建筑业钢筋对焊的首选产品。

【规　　格】上海创美电机有限公司产品

型号	BX3-315	BX3-400	BX3-500	BX3-630
额定输出电流(A)	315	400	500	630
额定输入电压(V)	380	380	380	380
额定频率(Hz)	50	50	50	50
额定输入容量(kVA)	24/31.5	31/38.8	34/40	46/53.5
空载电压(V)	70/76	70/76	70/76	70/76
额定负载持续率(%)	35～60	35～60	35～60	35～60
额定负载电压(V)	32.6	36	40	52
电流调节范围(A)	45～315	55～400	60～500	75～630
适用焊条直径(mm)	2～6	2.5～8	2.5～8	2.5～8
绝缘等级	F	F	F	F
重　量(kg)	160	190	205	215

4. BX6 系列交流弧焊机

BX6-250　　　　BX6-140

【特点及用途】BX6 系列交流弧焊机

采用抽头式变压器结构,调节抽头即可调节电流的大小。其体积小、重量轻、便于携带,适用于室外现场施工作业。焊机适用于 220V 和 380V 两种电压,效率高,安全可靠。

【规　　格】上海创美电机有限公司产品

型　号	BX6-140	BX6-160	BX6-200	BX6-250	BX6-315	BX6-400	BX6-500	BX6-160A	BX6-200A	BX6-250A
额定输出电流(A)	140	160	200	250	315	400	500	160	200	250
额定输入电压(V)	380/220	380/220	380/220	380/220	380/220	380	380	380/220	380/220	380/220
额定频率(Hz)	50	50	50	50	50	50	50	50	50	50
额定输入容量(kVA)	8	8.8	11	18	19	26	34	8	10	15.6
空载电压(V)	55	55	55	60	60	65	68	55	55	55
额定负载持续率(%)	20	20	20	35	35	35	35	20	20	20
额定负载电压(V)	23.6	24.4	26	32	32.6	36	40	24.4	26	28
电流调节范围(A)	85~140	85~160	85~200	130~250	130~315	130~400	150~500	60~160	75~200	80~250
适用焊条直径(mm)	2~2.5	2~3.2	2~3.2	2~4	2~4	2~4	2~4	2~2.5	2~3.2	2~3.2
绝缘等级	F	F	F	F	F	F	F	F	F	F
重量(kg)	26.2	35	45.5	50.5	53	69	70	25	26	27.5
包装尺寸(cm)	46×35×49	54×39×57	56×41×59	57×41×63	57×42×66	63×42×66	63×42×66	47×22×35	47×22×35	47×22×35

5. 微型交流弧焊机

BXW-125　　　　　　BXW-100-2

【特点及用途】BXW 系列微型交流弧焊机,采用玻璃钢外壳,主变为玻璃丝包线、导磁性高的冷轧硅钢片制造,输出电压稳定,温升低。该焊机为220V 及380V 两用便携式焊机,其特点为体积小、重量轻、价格低、操作方便。凡有交流电的地方都可以使用,最适宜野外焊接和修理使用。可配用 φ2～φ4mm 爆条,可焊接各种低碳钢、铸铁等,也可以做短时间的电弧切割。

【规　　格】成都西南焊接设备制造有限责任公司产品

型号	BXW-125A
电流电压(V)	220
频率(Hz)	50
相数(相)	1
额定焊接电流(A)	125
额定输入功率(kVA)	4.5
额定负载率(%)	20
绝缘等级(级)	F
空载电压(V)	52
焊条直径(mm)	2～1

续表

型号	BXW-10	BXW-125-2
输入电压(V)		60/380
空载电压(V)	48	52
额定焊接电流(A)	100	60~2
可调焊接电流(A/V)	180/380	0
额定输入容量(kVA)		4.8
重量(kg)		25

6. 交直流弧焊机

ZXE1-200

ZXE1-315

【特点及用途】ZXE1 系列交直流弧焊机设计简单、轻巧、采用动铁芯变压器,档位电流调节。具有自动降温功能。风冷式系统高效率。适合工业生产使用,交直流两用。

【规　格】上海肯麦机电焊接设备有限公司产品

型号	额定输入电压(V)	空载电压(V)	电流调节范围(A)	额定负载持续率(%)	输入容量(kVA)	绝缘等级(级)	适用焊条直径(mm)	重量(kg)	包装尺寸(cm)
ZXE-200	220	58	40~200	20	12	F	2~4	94	67×51×80
ZXE-250	220	60	50~250	35	16.7	F	2~4	98	69×52×82

续表

型号	额定输入电压(V)	空载电压(A)	额定负载持续率(%)	输入容量(kVA)	绝缘等级(级)	适用焊条直径(mm)	重量(kg)	包装尺寸(cm)
22		5~315	35	24.7	F	2~5	143	73×57×90
20		80~400	35	30	F	2~6	143	73×57×90
70		100~500	35	38	F	2~8	168	77×52×92

7. 可控硅直流弧焊机

ZX5-215   ZX5-400

【特点及用途】ZX5 系列可控硅直流弧焊机采用三相可控硅整流器，电流无极调节，具有自动降温功能，风冷式系统高效率、设有引弧、推力调节，焊接更为方便。其适用于各种焊条焊接，飞溅少，波动少，具远距离电流调节功能。对任何焊条都可适用，特别适合碱性焊条焊接，用在低碳钢、中碳钢及合金钢、不锈钢、铸铁等金属材料的焊接。

【规　　格】上海肯麦机电焊接设备有限公司产品

型号	额定输入电压(V)	空载电压(V)	电流调节范围(A)	额定负载持续率(%)	输入容量(kVA)	绝缘等级(级)	适用焊条直径(mm)	重量(kg)	包装尺寸(cm)
ZX5-250	380	60	30~250	35	15	F	2~4	172	70×56×98
ZX5-315	380	65	40~315	35	19	F	2~5	185	70×56×98

续表

型号	额定输入电压(V)	空载电压(V)	电流调节范围(A)	额定负载持续率(%)	输入容量(kVA)	绝缘等级(级)	适用焊条直径(mm)	重量(kg)	包装尺寸(cm)
ZX5–400	380	65	40～400	35	28	F	2～5	190	70×56×98
ZX5–500	380	65	40～500	35	34	F	2～5	220	70×56×104
ZX5–630	380	65	45～630	35	44	F	2～5	251	70×56×104

8. 逆变直流弧焊机

ZX7–315　　　　ZX7–630

【特点及用途】ZX7 系列逆变直流弧焊机,采用逆变技术,其电源利用率高,空载损耗小,焊接质量好。适用于所有牌号的焊接条对低碳钢、普通低合金钢的手工电弧焊。

【规　　　格】上海豪磊机电有限公司产品

型号	ZX7–315	ZX7–400	ZX7–500	ZX7–630
电源电压(V)	380	380	380	380
频率(Hz)	47～63	47～63	47～63	47～63
额定输入电流(A)	17.3	24.3	33.4	42
额定输出电压(V)	32.6	36	40	44

续表

型号	ZX7-315	ZX7-400	ZX7-500	ZX7-630
额定负载持续率(%)	60	60	60	60
绝缘等级(级)	F	F	F	F
外形尺寸(mm)	580×340 ×585	580×340 ×585	580×340 ×585	580×340 ×585
相数(相)	3	3	3	3
额定输入功率(kVA)	11.4	16	22	28
输出电流(A)	15～315	20～400	25～500	30～630
满载效率(%)	90	90	90	90
外壳防护等级	IP21	IP21	IP21	IP21
重量(kg)	31	34	46	50

9. 手工直流钨极氩弧焊机

WS-125   WS-160

【特点及用途】其焊接电源垂直下降的外特性,焊接电流稳定:具有电流自动衰减装置,保证焊缝收尾的质量。采用晶闸管可控整流电路,维护简便、噪音小、效率高。

焊机结构:焊机面板装有电源开关、电流表、指示灯、控制电流熔断器、检气开关、氩弧焊、手工焊选择开关、电流调节旋钮、焊炬开关接口、直流输出接头、氩气接头等。焊机外形为卧式,前部装有高频振荡器,中部安装主变、晶闸管元件和直流电抗器，后部安装冷却风机，左边屏蔽盒内安装触发电路板，焊机底前后部各有两只活支轮，拉把手即可自由移动。焊炬的本体系由玻璃钢制成。焊炬手把上装有控制开关。具有重量轻、操作方便，并备有多种形式不同大小的喷嘴和电极夹头。

　　WS 系列手工直流钨极氩弧焊机主要用于不锈钢焊接，可以采用无填充焊接。

【规　　格】上海豪磊机电有限公司产品

型号	WS-125	WS-160	WS-200	WS-250
电源电压(V)	220	220/380	220/380	380
相数(相)	1	1	1	1
频率(Hz)	50	50	50	50
额定焊接电流(A)	125	160	200	250
电流调节范围(A)	5～125	5～160	5～200	5～250
额定负载持续率(%)	35	35	35	35
额定输入容量(kVA)	5.6	7.2	9.1	11.4
氩气容量(L/min)	0～15	0～15	1～15	1～20
钨极直径(mm)	$\phi1$、$\phi1.6$、$\phi2$	$\phi1$、$\phi1.6$、$\phi2$、$\phi3$	$\phi1.6$、$\phi2$、$\phi3$	$\phi1.6$、$\phi2$、$\phi3$
焊炬电缆长度(m)	5	5	5	5
外形尺寸(mm)	560×280×500	590×300×540	610×360×570	680×400×620
重量(kg)	43	60	65	43

10. 交直流无级调式晶闸管氩弧焊机

【特点及用途】WSES 系列交直流无级调式晶闸管氩弧焊机

有直流氩弧焊机和交流氩弧焊机的功能。又具有直流电弧焊和交流电弧焊功能。其特点是:

(1)采用晶闸管模块,实现了电压、电流无级可调,达到最佳所需焊接电流。

(2)采用双补偿控制和收弧系统,使电流稳定,弧束集中,渗透性强,焊缝成型美观。

(3)使用了最先进的高频引弧系统,引弧成功率达100%。

(4)采用独特的水冷式变压器。使用循环水将主变压器深层热量散发,保证长时间不间断工作,暂载率100%。

(5)装有缺水断电保护装置,工作安全可靠,故障率极低。该焊机适用于不锈钢、合金钢、碳钢、铝、铝合金、镁、钛及其合金焊接,广泛应用于机械制造、医疗及食品机械、造船、车辆、锅炉压力容器、管道施工安装、装潢工程等所有金属加工行业的点焊和长焊。

【规　　格】长沙得星电器有限公司产品

型号	WSES-160	WSES-200	WSES-250	WSES-315	WSES-400	WSES-500
额定电压(V)	二相,380	二相,380	二相,380	二相,380	二相,380	二相,380
额定功率(kVA)	8	10.6	13.6	18	23.8	29.4
铝、不锈钢焊接厚度(mm)	0.8~3/ 0.8~3	1~4/ 1~5	1~5/ 1~8	1~8/ 1~12	1~12/ 1~18	1~15/ 1~20
外形尺寸(mm)	420×670 ×610	440×670 ×630	460×710 ×650	460×740 ×650	480×780 ×670	500×840 ×690
净重(kg)	80	95	120	170	200	

11. 交流无级调式晶闸管氩弧焊机

【特点及用途】 WSJS 系列交流无级调式晶闸管氩弧焊机的特点是:

(1)采用晶闸管模块,实现了电压电流无级可调,达到最佳所需焊接电流。

(2)采用双补偿控制和收弧系统,使电流稳定,弧束集中,渗透性强,焊缝成型美观。

(3)使用了最先进的高频引弧系统,引弧成功率达100%。

(4)采用独特的水冷式变压器。使用循环水将主变压器深层热量散发,保证长时间不间断工作,暂载率100%。

(5)装有缺水断电保护装置,工作安全可靠,故障率极低。交流无级式晶闸管氩弧焊机适用于各种铝合金、铝制品、镁及其合金制品的焊接。同时具有交流电弧焊的功能,对黑色金属材料焊接效果极佳,广泛应用于铝制品的生产、加工、修理、制造、车辆维修、冶金、锅炉、压力容器、造船等金属加工行业。

【规　　格】 长沙得星电器有限公司产品

型　号	WSJS-200	WSJS-250	WSJS-315	WSJS-400	WSJS-500
额定电压(V)	二相,380	二相,380	二相,380	二相,380	二相,380
额定功率(kVA)	10.6	13.6	18	23.8	29.4
铝焊接厚度(mm)	1~4	1~5	1~8	1~12	1~15
外形尺寸(mm)	440×670 ×630	440×710 ×650	460×710 ×650	460×740 ×650	480×780 ×670
净重(kg)	90	115	150	165	195

12. 直流无级调式晶闸管氩弧焊机

【特点及用途】WSS 系列直流无级调式晶闸管氩弧焊机具有直流无级可调氩弧焊功能,又具有直流电弧焊功能,其特点是

(1)采用晶闸管模块,实现了电压电流无级可调,达到最佳所需焊接电流。

(2)采用双补偿控制和收弧系统,使电流稳定,弧束集中,渗透性强,焊缝成型美观。

(3)使用了最先进的高频引弧系统,引弧成功率达100%。

(4)采用独特的水冷式变压器,使用循环水将主变压器深层热量散发,保证长时间不间断工作,暂载率100%。

(5)装有缺水断电保护装置,工作安全可靠,故障率极低。该焊机适用于不锈钢、合金钢、碳钢、钛合金等金属材料焊接。广泛应用于不锈钢制品、机械制造、医疗及食品机械、造船、车辆、锅炉压力容器、管道施工安装、不锈钢防盗门窗、装潢工程等所有金属加工行业。

【规　　格】长沙得星电器有限公司产品

型　号	WSS-200	WSS-250	WSS-315	WSS-400	WSS-500
额定电压(V)	二相,380	二相,380	二相,380	二相,380	二相,380
额定功率(kVA)	9.6	13.6	18	23.8	29.4
不锈钢焊接厚度(mm)	1~5	1~8	1~12	1~18	1~20
外形尺寸(mm)	420×670 ×610	440×670 ×630	460×710 ×650	460×740 ×650	480×780 ×670
净重(kg)	90	115	150	165	195

13. 挡位开关式交直流氩弧焊机

【特点及用途】WSES 系列挡位开关式交直流氩
弧焊机

具有直流氩弧焊机和交流氩弧焊机的功能。又
具有直流电弧焊和交流电弧焊功能。适用于不锈
钢、合金钢、碳钢、铝、铝合金、镁、钛及其合金焊接,
方便可靠,一台机能达到多台机器的效果。其特点是:

(1)采用双补偿控制和收弧系统,使电流稳定、弧束集中、渗透性强、
焊缝成型美观。

(2)使用了最先进的高频引弧系统,引弧成功率达 100%。

(3)采用独特的水冷式变压器。使用循环水将主变压器深层热量散
发,保证长时间不间断工作,暂载率 100%。

(4)装有缺水断电保护装置,工作安全可靠,故障率极低。WSES 系列
挡位开关式交直流氩弧焊机广泛应用于机械制造、医疗及食品机
械、造船、车辆、锅炉压力容器、管道施工安装、装潢工程等所有金
属加工行业的点焊和长焊。

【规 格】长沙得星电器有限公司产品

型 号	WSES-200D	WSES-315D
额定电压(V)	二相,380	二相,380
额定功率(kVA)	15	24
铝、不锈钢焊接厚度(mm)	1~4/1~5	1~8/1~12
外形尺寸(mm)	730×460×700	730×460×700
净重(kg)	88	101

14. 挡位开关式交流氩弧焊机

【特点及用途】WSJS 系列挡位开关式交流氩弧焊机适用于各种铝合金、铝制品、镁及其合金制品的焊接。同时具有交流电弧焊的功能，对黑色金属材料焊接效果极佳，该焊机特点是：

(1) 主变压器采用抽头分级挡位开关调节、方便实用、故障低。

(2) 采用双补偿控制和收弧系统，使电流稳定，弧束集中，渗透性强，焊缝成型美观。

(3) 使用了最先进的高频引弧系统，引弧成功率达 100%。

(4) 采用独特的水冷式变压器，使用循环水将主变压器深层热量散发，保证长时间不间断工作，暂载率 100%。

(5) 装有缺水断电保护装置，工作安全可靠，故障率极低。WSJS 系列挡位开关式交流氩弧焊机广泛应用于铝制品的生产、加工、修理、制造、车辆维修、冶金、锅炉、压力容器、造船等金属加工行业。

【规　　格】长沙得星电器有限公司产品。

型　　号	WSJS-160D	WSJS-250D	WSJS-315D
额定电压(V)	二相,380	二相,380	二相,380
额定功率(kVA)	15	20	24
铝焊接厚度(mm)	0.8~3	1~5	1~8
外形尺寸(mm)	690×360×550	690×360×550	690×360×550
净重(kg)	49	70	73

15. 挡位开关式直流氩弧焊机

【特点及用途】WSS 系列挡位开关式直流氩弧焊
机具有直流无级可调氩弧焊功能，又具有直流电弧焊
功能,适用于不锈钢、合金钢、碳钢、钛合金等金属材
料焊接。该焊机的特点是:

(1)双补偿控制和收弧系统,使电流稳定,弧束集
中,渗透性强,焊缝成型美观。

(2)使用了最先进的高频引弧系统,引弧成功率达 100%。

(3)采用独特的水冷式变压器,使用循环水将主变压器深层热量散
发,保证长时间不间断工作,暂载率 100%。

(4)装有缺水断电保护装置,工作安全可靠,故障率极低。WSS 系列
挡位开关式直流氩弧焊机广泛应用于不锈钢制品、机械制造、医
疗及食品机械、造船、车辆、锅炉压力容器、管道施工安装、不锈钢
防盗门窗、装潢工程等所有金属加工行业。

【规　　格】长沙得星电器有限公司产品。

型号	WSS-125D	WSS-160D	WSS-200D
额定电压(V)	220	220	单相,380
额定功率(kVA)	8.5	10.8	15
不锈钢焊接厚度(mm)	0.5~2.5	0.8~3	1~5
外形尺寸(mm)	530×280×400	530×280×400	670×350×500
净重(kg)	29	29	41

16. 自动埋弧焊焊机

【特点及用途】自动埋弧焊焊机
具有恒流/恒压两种电源特性,且数显预设焊
接电流,焊接电压及小车行走速度,具有手工焊功
能及碳弧气刨功能,引弧,收弧可靠。

小车可手动/自动行走,机械调节方便,行走稳
定,适应多种工况条件。其中 MZ-1250 型采用开
式焊丝盘,省工省料。

【规　格】北京时代科技股份有限公司产品

型　号	MZ-1000 (A311-1000)	MZ-1250 (A310-1250)
输入电源(V/Hz)	三相,380+(15% ~ 20%)	50 ~ 60
额定输入电流(A)	75	100
额定输入功率(kW)	52	67
电压调节范围(V)	20 ~ 50	20 ~ 50
电流调节范围(A)	100 ~ 1 000	100 ~ 1 250
额定负载持续率(%)	100	80
小车行走速度(M/h)	6 ~ 72	6 ~ 72
送丝速度(M/min)	0.5 ~ 2.5	0.5 ~ 2.5
适用焊丝规格	$\phi 3.2 \sim \phi 5.0$	
绝缘等级(级)	F	F
外壳防护等级	IP23	IP23
冷却方式	风冷	风冷
外形尺寸(mm)	810×345×1 022	810×345×1 022
重量(kg)	110	110
小车外形尺寸(mm)	1 038×480×628	1 038×480×628
小车重量(kg)	51	51

17. 二氧化碳气体保护焊机

【特点及用途】二氧化碳气体保护焊机,有一体化及分体机,使用送丝机及焊枪,运转稳定,噪声小,连续使用性好。设有36V气体加热电源,焊接效果好。特别适用于汽车车体维修制造及工业制造使用。该机还设有时控焊接及停止功能,能有效提高焊接质量。

【规　　格】顺德市勒流镇新电联电器设备厂产品

型　号	NB～250	NB～230	NB～190	NB～400	NB～380
输入电源(V/Hz)	三相,380/50	三相,380/50	单相,220/50	三相,380/50	三相,380/50
焊接电流(A)	250(40%)	230(40%)	190(40%)	400(60%)	380(60%)
输入功率(kW)	8	6.5	6	13	11
空载输出电压(V)	20～40V	20～35	18～32	22～45	22～42
焊丝盘直径(mm)	300	300	300	300	300
焊丝直径(mm)	0.8～1.2	0.8～1.0	0.8～1.0	0.8～1.4	0.8～1.2
气体流量(L/min)	10～15	10～15	10～15	10～15	10～15
电流调节的数(级)	10	10	10	22	22
送丝速度(m/min)	2～25	2～25	2～25	2～25	2～25

18.　晶闸管 CO_2 无级调式半自动气体保护焊机

【特点及用途】SKR 系列气体保护焊机是利用二氧化碳气体(或二氧化碳气体与氩气的混合气体)作为保护介质的一种半自动熔化极电弧焊机。焊接过程中,保护介质在电弧周围形成局部的保护层,以防止有害气体对熔滴和熔池的侵入,保证了焊接过程的稳定性,从而获得高质量的焊缝。该机可用于全方位的二氧化碳气体保护焊接,与普通药皮焊条手工焊相比具有生产效率高、焊接成本低、节约能源显著、操作方便、焊件热影响区小、变形小、焊缝成型美观等优点。SKR 晶闸管 CO_2 无级调式半自动气体保护焊机的特点是:

(1)采用先进的集成电路设计,利用晶闸管模块快速反应控制的特点,实现无级调节,找出最佳电流的功能,焊机动特性能优良。

(2)无级调整:电压可以随着设定的电流值进行内部自调,使之趋向一个合理值。

(3)具有焊后削小球功能,消除焊丝端部熔滴小球,并辅以高空载慢送丝引弧程序,提高一次引弧成功率。

(4)具有焊接电流、电压连续可调功能,电弧燃烧稳定,飞溅小、焊缝成型美观,焊接效率高。

(5)该系列焊机由电源、送丝机、焊枪组成,属分体式结构,送丝机上配有远控电流、电压调节,操作方便。该焊机尤其适合低碳钢、中碳钢、低合金钢等金属材料的焊接。其广泛应用于造船、车辆、锅炉、压力容器、石油管道安装、金属铁制工艺品、集装箱、冶金、轧钢、矿山机械、钢木家具等行业,是大型工厂高质量产品不可缺少的设备。

【规　　格】长沙得星电器有限公司产品

型　号	SKR-200	SKR-280	SKR-350	SKR-500	SKR-630
额定电压(V)	三相,380	三相,380	三相,380	三相,380	三相,380
额定功率(kVA)	8	15	18	32	40
收弧电压(V)	16~25	16~36	16~36	16~45	19~55
输出电流(A)	50~200	50~280	60~350	60~500	60~630
收弧电流(A)	50~200	50~280	60~350	60~500	60~630
负载持续率(%)	60	60	60	60	60
适用焊丝类型	实芯/药芯	实芯/药芯	实芯/药芯	实芯/药芯	实芯/药芯
适用焊丝直径(mm)	0.8/1.0/1.2	0.8/1.0/1.2	0.8/1.0/1.2	1.2/1.4/1.6	1.2/1.4/1.6
外形尺寸(mm)	720×430×740	720×430×740	720×430×740	830×510×780	830×510×780
净重(kg)	113	132	145	204	215

19. NBC 抽头式半自动气体保护焊机

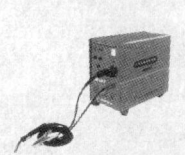

同体式　　　分体式

【特点及用途】NBC 系列气体保护焊机是利用二氧化碳气体(或二氧化碳气体与氩气的混合气体)作为保护介质的一种半自动熔化极电弧焊机。焊接过程中,保护介质在电弧周围形成局部的保护层,以防止有害气体对溶滴和溶池的侵入,保证了焊接过程的稳定性,从而获得高质量的焊缝。该机可用于全方位的二氧化碳气体保护焊接,与普通药皮焊条手工焊相比具有生产效率高、焊接成本低、节约能源显著、操作方便、焊件热影响区小、变形小、焊缝成型美观等优点。NBC 系列抽头式半自动气体保护焊机的特点是通过改变初级线圈的匝数,用转换开关调节电压的三相抽头式,具有平特性,操作灵活方便。主要进行 CO_2/MAG 焊,可以焊接低碳钢、低合金钢等金属材料。可进行全位置的点焊、对焊、角焊和搭焊。保护气体可采用纯 CO_2、Ar、$CO_2 + Ar$、$CO_2 - O_2$ 等,均可获得稳定的焊接过程,该焊机主电路采用三相桥式整流加电感防冲击飞溅,电流稳定。采用先进集成控制电路,送丝调速采用复合型电路,送丝速度均匀,焊机还具有点焊时间,间隙焊时间连续可调,滞后断气功能,以及过热保护功能。NBC 系列气体保护焊机适应于对低碳钢、低合金钢、普通钢、优质碳钢等金属的焊接。广泛用于汽车、摩托车、船舶、集装箱、电站设备、农用机具、建筑、矿山等金属结构的焊接作业。

【规 格】长沙得星电器有限公司产品

型号	NBC-200T	NBC-280T	NBC-350T	NBC-200F	NBC-280F*	NBC-350F*
额定电压(V)	三相,380	三相,380	三相,380	三相,380	三相,380	三相,380
额定功率(kVA)	6	11	16	6	11	16
空载电压(V)	18~31	19~37	19~40	18~31	19~37	19~40
电压调节(V)	16~24	16~28	17~32	16~24	16~28	17~32
电流调节范围(V)	40~200	40~280	40~350	40~200	40~280	40~350
额定电流(A)	200	280	350	200	280	350
额定负载持续率(%)	60	60	60	60	60	60
适用焊丝直径(mm)	0.8/1.0	0.8/1.0/1.2	0.8/1.0/1.2	0.8/1.0	0.8/1.0/1.2	0.8/1.0/1.2
外形尺寸(mm)	650×400×720	650×400×720	650×400×720	635×400×680	635×400×680	635×400×680
净重(kg)	85	92	110	79	85	102

注:型号带"*"为分体式结构焊机。

20. 熔化极气体保护焊机

【特点及用途】NB(KR)系列熔化极气体保护焊机为晶闸管模块控制的半自动熔化极气体保护焊机。适用于低碳钢、低合金钢、不锈钢、铝及铝合金等材料的焊接,具有电流、电压分别调整,简易一元化转换机能,可进行半自动熔化极气体保护焊,适用于 CO_2、MAG 和 MIG 各种气体保护焊。

NB(KR)-200

【规　　格】成都西南焊接设备制造有限责任公司产品

型　　号	NB(KR)-200	NB(KR)-350	NB(KR)-500
电源电压(V)	380	380	380
频率(Hz)	50	50	50
空载电压(V)	34	52	66
输出电压(V)	15~25(DC)	16~36(DC)	16~45(DC)
重量(kg)	98	128	168
相数(相)	3	3	3
额定输入功率(kW)	7.6	18.1	31.9
输出电流(A)	50~200(DC)	60~350(DC)	60~500(DC)
负载持续率(%)	60	60	60
外形尺寸(mm)	675×376×747	675×376×747	675×440×762

21. 交直流方波焊机

【特点及用途】WSE 系列交直流方波焊机,集交流方波,直流脉冲氩弧、直流氩弧、直流氩弧点焊及直流手工焊等功能于一体,直流 TIG、直流脉冲 TIG 焊接分别有 8 种操作方式可选,交流方波 TIG 焊接有 4 种操作方式可选。采用微电脑控制技术,输入电压范围宽,面板参数采用坐标式

触摸键选择,单旋钮调节。

【规　　格】北京时代科技股份有限公司产品

型　号	WSE-315 (PNE20—315ADP)	WSE-500 (PNE10-500ADP)
输入电源(V/Hz)	三相,380±(15% ~ 20%)/50 ~ 60	
额定输入功率(kW)	12.8	20.4
空载电压(V)	67±5	79±6
输出电流调节范围(A)	20 ~ 315	MMA:20 ~ 410/TIG:20 ~ 510
上坡时间(s)	0.1 ~ 10	0.1 ~ 10
下坡时间(s)	0.1 ~ 10	0.1 ~ 10
提前送气时间(s)	0.1 ~ 1.5	0.1 ~ 1.5
滞后停气时间(s)	1 ~ 15	1 ~ 15
焊接基值电流(A)	20 ~ 320	20 ~ 510
焊接峰值电流(A)	20 ~ 320	20 ~ 510
额定负载持续率(%)	60	35
引弧电流(A)	50 ~ 300	50 ~ 300
点焊时间(s)	0.2 ~ 5	0.2 ~ 5
脉冲频率(Hz)	0.5 ~ 200	0.5 ~ 200
外壳防护等级	IP21S	IP21S
清理强度(%)	25 ~ 75	25 ~ 75
外形尺寸(mm)	700×360×780	700×360×780
重量(kg)	63	68

22. 点焊机

DN-25

【特点及用途】DN 系列点焊机为单相圆柱形点焊机,焊柄可以移动,晶闸管控制,水冷系统,档位调节电流,可任意调节焊接时间,操作方便,灵敏度高,寿命长。

【规　　格】浙江申元机电有限公司产品。

型　号	DN-10	DN-16	DN-25
额定输入电压(V)	1~380	1~380	1~380
点焊厚度(mm)	1.5+1.5	2+2	3+3
额定负载持续率(%)	20	20	20
输入容量(kVA)	10	16	25
绝缘等级(级)	F	F	F
重量(kg)	83	93	100
包装尺寸(mm)	600×400×1180	850×380×1180	1300×440×1180

23. 油冷式电焊机

OC-160

【特点及用途】OC 系列油冷式电焊机为单相交流弧焊机,尤其适宜于中小型结构件及短时间使用。

【规　　格】浙江申元机电有限公司产品

型　号	OC-130	OC-160
额定输入电压(V)	220	220
相数(相)	1	1
空载电压(V)	52	52
电流调节范围(A)	90~130	90~160
额定负载持续率(%)	20	20
输入容量(kVA)	7	8
绝缘等级(级)	F	F
冷却方式	油液	油液
重量(kg)	20	22
包装尺寸(mm)	260×240×310	260×240×310

24. 螺柱焊机

【特点及用途】RSR 系列螺柱焊机专用于各种螺柱及螺钉的焊接，具有高效、节能、方便、工件不变形和各种位置都可以快速方便焊接的特点，其操作简单，可以取代铆钉或钻孔的紧固的方法。焊接放电时间仅 3~6ms，可以将螺柱焊到厚度仅为 0.5mm 的薄板上，不致引起变形、变色或烧穿，不会破坏工件背面油漆、镀层或薄膜覆层。因此，广泛应用于机车车辆汽车制造、船舶、化工、电器、仪器仪表、厨房用具金属器皿等。螺柱焊机适用材料主要用于焊接碳钢、不锈钢、铝、铜合金及许多异种金属，并能获得符合要求的强度和金相组合。

【规　　格】深圳市东山和实业有限公司产品

型　号	输入电源 (V/Hz)	充电电压范围(V)	可焊螺柱直径(mm)		电容器容量 (μf)	焊接生产率 (个/min)
			低碳钢、不锈钢	铝合金		
RSR-1 600	220/50	20~190	M2-M10	M2-M6	60 000	10~15
RSR-2 500	220/50	20~190	M2-M12	M2-M8	90 000	10~15
RSR-4000	220/50	20~190	M2-M14	M2-M10	150 000	10~15

注：以上最大可焊螺柱直径为在 1.5mm 厚的低碳钢板上焊接的极限参数。

25. 缝焊机

气动式缝焊机　　　　脚踏式缝焊机

【特点及用途】FN 系列缝焊机适用于焊接材料为无镀层低碳钢的筒形工件、箱形工件或平板工件上的直焊缝。缝焊可分为横向缝焊和纵向缝焊两种，其加压形式分脚踏式和气动式两种。

【规　　格】成都永生焊接设备有限公司产品

	型号	额定容量（kVA）	负载持续率	输入电流（A）	电极最大压力（kN）	臂伸长度（mm）	焊件厚度（mm）	焊接速度（m/min）
脚踏式	FN-25	25	20%	66	1.55	500	0.8+0.8	0.7~7
	FN-40	40	20%	105	2	600	1+1	0.7~7
	FN-63	63	20%	166	2.5	600	1.2+1.2	0.53~5.3
气动式	FN-25	25	50%	66	4	600	0.8+0.8	0.2~1.2
	FN-40	40	50%	105	4.5	600	1+1	0.36~3
	FN-63	63	50%	166	6	600	1.2+1.2	0.43~3.22
	FN-100	100	50%	270	8	800	1.5+1.5	0.58~3.22
	FN-160	160	50%	422	12.5	1 000	2+2	0.6~3.1

26. 对焊机

【特点及用途】UN-75-150 对焊机适用于低碳钢、中碳钢、部分合金和有色金属的接触对焊，焊机采用杠杆加压，焊接时可以用电阻焊接法或闪光焊接法。对对焊机使用的基本要求：

UN-75

(1) 海拔高度不超过 1 000m。

(2) 焊机冷却部分其入口冷却水的温度在 5～30℃ 的范围内。

(3) 冷却水压力能够保证焊机所需的流量，其水质符合工业用水标准。

(4) 空气相对湿度不超过 90°(25 ℃ 时)；

(5) 使用场所无剧烈震动和颠簸；

(6) 使用场所应无严重影响产品使用的气体、蒸汽、化学性沉积、污垢、霉菌灰尘及其他爆炸性介质。

(7) 电网供电电压，交流 380V±10°；频率：50Hz±1% 。

【规 格】成都西南焊接设备制造有限责任公司产品

型 号	UN-75	UN-100	UN-150
额定容量(kVA)	75	100	150
额定负载持续率	50	50	50
输入电源(V/Hz)	单相,380/50		
初级额定电流(A)	197	264	395
初级连续电流(A)	139	187	279
次级电压调节范围(V)	3.52～7.04	3.8～7.6	4.22～8.44
额定级次级电压(V)	7.04	7.6	8.44
调节级数	8	8	8

续表

型　号	UN-75	UN-100	UN-150
额定级数	8	8	8
额定焊件截面积(mm)（低碳钢）	600	1 000	1 500
最大顶锻力(kN)	35	40	50
最大送料行程(mm)	40	40	50
焊接生产率(次/h)	75	75	50
冷却水消耗量(L/min)	8	8	8
外形尺寸(mm)	1 440×540×120		2 100×780×1 180
重量(kg)	350	380	505

27. 管道纤维素下向焊机

【特点及用途】ZX7-400(PE21-400)型管道纤维素下向焊机具有数显电流表、焊接前可精确预置焊接电流；可调节推力电流，保证最佳电弧性能；可调节引弧电流，保证最佳引弧性能；可加长焊接电缆，设有长/中/短焊接电缆选择开关。其适用酸性、碱性、纤维素、耐热钢等多种焊条。

【规　　格】北京时代科技股份有限公司产品

型　号	ZX7-400（PE21-400）
输入电源（V/Hz）	三相，380±（15%～20%）/50～60
额定输入电流（A）	28
额定输入功率（kW）	17
空载电压（V）	65～75
空载辅助电源电压（V）	5～15
电流调节范围（A）	10～420
推力电流调节范围（A）	0～200
额定负载持续率（%）	60
工作周期（min）	10
效率	≥0.85
功率因数	0.7～0.9
绝缘等级	F
外壳防护等级	IP21
冷却方式	风冷
外形尺寸（mm）	698×360×529
重量（kg）	42

28. 氩弧/手工直流/纤维素下向焊三用机

【特点及用途】WS-315（PEN30-315）型氩弧/手工直流/纤维素下向焊三用机的特点是：氩弧焊非接触式高频引弧；焊接回路可长至200m；可用于纤维素下向焊；焊接电流范围宽，小电流（5A）电弧稳定，通过欧洲CE认证，属环保型绿色焊机。

【规　　格】北京时代科技股份有限公司产品

型　　号	WS-315（PEN30-315）
输入电压（V/Hz）	三相，400±10%/50~60
额定输入电流（A）	20
额定输入功率（kW）	12
空载电压（V）	60~70
电流调整范围（A）	手工电弧焊20~315，氩弧焊5~315
额定负载持续率（%）	35
效率	≥0.85
功率因数	0.7~0.9
绝缘等级	F
外壳防护等级	IP21
冷却方式	风冷
外形尺寸（mm）	610×254×430
重量（kg）	40

29. 多功能电焊机

【特点及用途】DW系列多功能电焊机集电弧、炭阻焊、电阻焊、点焊等功能于一体：

①电弧焊：具有良好的电弧稳定性，飞溅极少，
手感好、适用于机械制造、建筑、装饰等一切
适用于机钢、铁结构生产、维修领域。

②炭阻焊：直接将铜线、铜、铁管路局部升温，且
无强光、火焰，适用于焊机、变压器、电机制冷
一切铜线、铜、铁管路结构的焊接

DW-2 型

③电阻焊：可对铜、铁、钢、铝线、缆绳的弧化焊接，适用于各类通讯、起重、线路等行业维修。

④点　焊：适用于五金、电机、机壳、薄板、细线的点接。

DW系列多功能电焊机采用电脑优化设计，国际豪华流行款式控制电

路选用进口高精度集成电路。可任意找到最佳焊接电流,无论是极大件还是极小件,均能确保焊接质量。该机双管手提式,活动脚轮,手提,肩背、推、拉均灵活方便。

内嵌快速接头,全外壳保护,安全系数高,其电源适用方便,能量充沛。

【规　　格】湖南省祁阳得星电气有限公司产品

型号	DW-1	DW-2
额定容量(kVA)	8	10
弧焊焊条(mm)	0.8～3.2	0.8～3.2
多功能焊条	磷、铜、银、铝等	磷、铜、银、铝等
暂载率(%)	35	35
体积(mm)	150×180×230	160×195×340
电源	220V,50Hz	220V/380V,50Hz
弧焊电流:(A)	0～100 可调	0～100/150 可调
多功能电流(A)	0～400	0～220/420
绝缘等级(级)	B	B
重量:(kg)	12	20

30. 多功能钢筋压力电渣焊机

【特点及用途】DZH 系列多功能钢筋压力电渣焊机

由焊接变压器、大小挡转换开关、电流调整手柄、竖向焊接夹具等部分组成。一台电源可同时配两套或多套夹具,以进行流水作业,提高工作效率。

电源输入回路采用可控硅控制无触点电子开关,控制灵敏、可靠性高、寿命长、无振动、无噪音。每个接头焊接结束后,电子开关自动把输入电流断开,消

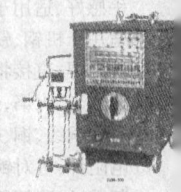

DZH-500

除了空载损耗,具有显著的空载节能效果。

焊接过程中电压及时间显示为一体,操作方便、普通工人只需经过简单的培训即可上岗作业。

焊接夹具体积小、重量轻、移动方便、能够焊接密度较大的钢筋网,并能前后左右四个方向任意调整,使所焊钢筋同轴度能得到方便的控制。

空载电压高,输出电流大,引弧可靠,施工直径达36mm,且可以实现流水作业。焊机外壳防护等级高,安全性能指标符合安全认证要求。施工中无明火、明弧及铁水飞溅,施工安全系数高,操作工人不会受高温和弧光危害。

本焊机为多功能焊机,除进行竖向钢筋电渣对焊外,还可用各种药皮焊条对钢构件施焊。本系列钢筋电渣焊机,适用于高层建筑、桥梁、烟囱、高塔等现浇钢筋混凝土结构中φ14～φ36mm的Ⅰ、Ⅱ、Ⅲ级螺纹钢筋接头的竖向电渣对焊,也可以作为普通电弧焊机焊接任何钢结构件。采用本设备及先进的夹具进行电渣对焊,可以完全取代传统的捆绑联接、气压焊铰接、帮条电弧焊、搭接电弧焊等联接方法。

【规　格】成都西南焊接设备制造有限责任公司产品

型　号	DZH-500	DZH-630
输入电压(V)	AC380	AC380
相数	单相	单相
额定输入电流(A)	94	129
额定输入容量(kVA)	36	49
额定输出电流(A)	500	630
电流调节范围(A)	75～570	100～660
负载持续率(%)	60	35
输出空载电压(V)	76/66	78/68
工作电压(V)	40	44
可焊钢筋直径(mm)	14～32	16～36
焊机外形尺寸(mm)	680×475×850	700×495×850
焊机重量(kg)	236	252

附:竖向钢筋电渣接规范及各阶段参数表

| 钢筋直径 (mm) | 焊接电流 (A) | 焊接时间 | | | 工作电压(V) | | 钢筋熔化 |
		电弧(t_1)	电渣(t_2)	t_1+t_2	电弧过程	电渣过程	(mm)
φ14	200~230	10~12	4	14~16			
φ16	230~250	12~15	4	16~19			
φ18	250~300	15~18	5	20~23			
φ20	300~350	16~19	5	21~24			
φ22	350~400	18~21	6	24~27	40~44	22~27	20~25
φ25	400~450	21~24	7	28~31			
φ28	500~550	23~27	8	31~35			
φ32	550~650	27~30	9	36~39			
φ36	650~750	30~35	10	40~45			
φ40	800~900	33~37	10	43~47			

31. 多功能无焰焊机

【特点及用途】GX-3型多功能无焰焊机,体积轻巧、方便、灵活、实用,具有炭阻焊、点焊功能。无级调节,焊接电流稳定。输入电流最大5A,最适用居民住宅使用。广泛地应用于电焊机,变压器,制冷维修,最适用上门修理冰箱,空调焊接铜铁管路。

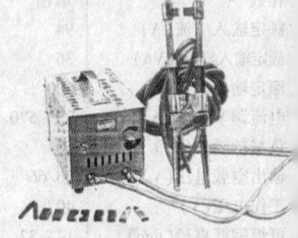

【规　　格】湖南省祁阳得星电气有限公司产品

型号	GX-3 型
额定容量(kVA)	1.5
初级电流(A)	4
暂载率(%)	20
体积(mm)	200×135×145
电源	220　50Hz
输出电流:	150
绝缘等级:(级)	B
重量:(kg)	6

32. 自动焊接机

【特点及用途】HW-2000 型自动焊接机结构设计紧凑,操作轻便,主机采用铝合金 铸件,经久耐用,速度调节用集成电路调速,液晶显示,可配套 MIG/TIG 进行自动焊接。特别适用于造船、金属结构、集装箱制造等工厂生产作业。

【规　　格】上海华威焊割机械有限公司产品。

型号	机身外形 L×W×H (mm)	输入电压 (V/Hz)	行走速度 (mm/min)	重量 (kg)
HW-2000	380×330×250	AC220/50	50~3 000	19

33. 自动角焊机

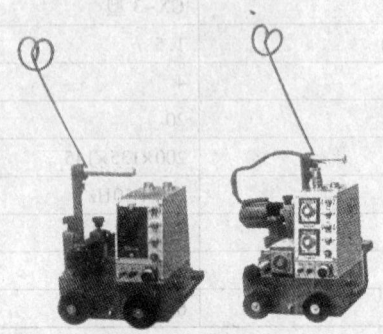

AWT-1-1　　　　　　AWT-ICA

(1) AWT-1-1 自动角焊机

【特点及用途】AWT-1-1 自动角焊机小型轻便,操作简单,无轨仿行不需要专用轨道即可实现焊缝跟踪;牵引力大,可双向行走;无级调速,调速精度高($\triangle V < 1\%$);(设计合理,可扩充功能,如添加间断焊,平焊功能。)

【规　　格】北京时代科技股份有限公司产品

型　号	AWT-1-1
应用范围	平角焊
电源电压(V)	220(AC)
输入功率(W)	<80
额定电流(A)	<0.5
驱动系统	四轮驱动+电磁铁
行走速度(m/min)	0.1 ~ 1.4

续表

型　号	AWT-1-1
速度调节精度△V	电网电压波动+10%时△V≤1%
焊枪调节角度	45°
焊枪调节范围(mm)	上/下:45　　前/后:45
行走坡度	纵向:25　横向:20°
仿行系统(m)	沿垂直板仿行:R>2 的平缓曲线。
外形尺寸(mm)	230×315×300
重量(kg)	14

(2) AWT-1CA 自动角焊机

【特点及用途】AWT-1CA 自动角焊机,小型轻便,操作简便,无轨仿行,不需要专用轨道即可实现焊缝跟踪;牵引力大,可双向行走,配置小型焊枪摆动器;配置双时针时间控制器,可实施间断焊接;无级调速,调速精度高(△V≤1%);设计合理,可扩充功能,如添加间断焊、平焊功能。

【规　　格】北京时代科技股份有限公司产品

型　号	AWT-ICA
应用范围	平角焊
电源电压(V)	220(AC)
输入功率(W)	<80
额定电流(A)	<0.5
驱动系统	四轮驱动+电磁铁
行走速度(m/min)	0.1～1.4
速度调节精度△V	电网电压波动+10%时,△V≤1%
焊枪调节角度	45°

续表

型 号	AWT-ICA
焊枪调节范围(mm)	上/下:45 水平:45
焊枪摆动幅设	1~10/3~15
焊枪摆动速度	5~96 周/10~144
间断焊时间调节	0.05~30
行走坡度	纵向25°;横向20°
仿行系统(m)	沿垂直板仿行:R>2 的平缓曲线
外形尺寸(mm)	310×315×300
重量(kg)	14

(3) AWT-3 自动角焊机

【特点及用途】AWT-3 自动角焊机小型轻便,操作简便,不需要专用轨道,利用工件的"H"型钢定位行走牵引力大,可双向行走。双焊枪,双面焊接,提高焊接效率。无级调速,调速精度高(△V≤1%)。

设计合理,可扩充功能,如添加间断焊接功能。

【规 格】北京时代科技股份有限公司产品

型 号	AWT-3
应用范围	平角焊、平焊
电源电压(V)	220(AC)
输入功率(W)	<80
额定电流(A)	<0.5
驱动系统	四轮驱动
行走速度(m/min)	0.1~1.4
速度调节精度△V	电网电压波动±10%时,△V≤1%

续表

型　号	AWT-3
焊枪调节角度	45°
焊枪调节范围(mm)	上、下,150 ±45;前/后;45
行走坡度	纵向:25°;横向:20°
仿行系统(m)	沿垂直板仿行:R>2 的平缓曲线
外形尺寸(mm)	230×550×300
重量(kg)	16

34. 便携式焊机

【特点及用途】BX-150 便携式焊机,大众化设计,散热量快,经济便宜;引弧方便、稳定、焊接中飞溅小,成型美观;体积小轻巧、美观,零故障,质量优良;重量轻,手提式设计,最适合于流动作业;广泛用于机械制造、建筑安装、电机维修等。

【规　　格】湖南省祁阳得星电气有限公司产品

型号	BX-150
额定容量(kVA)	10
弧焊焊条(mm)	0.8 ~3.2
空载电压(V)	50
暂载率(%)	40
体积(mm)	160×160×230
电源:	220V/380V ,50Hz
输出电流(A)	100/150

续表

型号	BX-150
温升	160℃以下
绝缘等级(级)	B
重量(kg)	19

35. 小型电焊机

BXI-130B

【特点及用途】小型电焊机为单相手提式(其中 C 系带有足轮),采用风扇冷却,无极电流调节及过热保护,可适用于各种焊条,附件全套配备使用方便。有单电压(220V)和双电压(380V、220V)两种规格类型。

[规格]　浙江申元机电有限公司产品

型　号	BX1-130B	BX1-160B	BX1-180B	BX1-200B	BX1-250B	BX1-130C	BX1-160C	BX1-180C	BX1-200C	BX1-250C	BX1-130D/F	BX1-160D/F	BX1-180D/F	BX1-200D/F	BX1-250D/F
额定输电电压(V)	220/380	220/380	220/380	220/380	220/380	220/380	220/380	220/380	220/380	220/380	220/380	220/380	220/380	220/380	220/380
空载电压(V)	48~50	48~50	48~50	48~50	48~50	50	50	50	50	50	50	50	50	50	50
电流调节范围(A)	50~130	55~160	60~180	75~200	75~200	50~130	50~130	60~180	75~200	75~200	50~130	60~180	60~180	75~200	75~200
额定负载持续率(%)	A±5%	±5%	±5%	±5%	±5%	±5%	±5%	±5%	±5%	±5%	±5%	±5%	±5%	±5%	±5%
额定负载持续率(%)	10	10	10	10	10	10	10	10	10	10	10	10	10	10	10
输入容量(kVA)	7	10	9.5	10.7	12	7	8	9.5	10.7	12	7	8	9.5	10.7	12
绝缘等级(级)	F	F	F	F	F	F	F	F	F	F	F	F	F	F	F
适用焊条直径(mm)	2~3.2	2~4	2~4	2.5~5	2.5~5	2~3.2	2~4	2~4	2~4	2~5	2~3.2	2~4	2~4	2~4	2~5
重量(kg)	18	18.5	19.5	21.5	22	20	21	22	22.5	23.5	20	21	22	22.5	23.5
包装尺寸(mm)	510×220×330	510×220×330	510×220×330	510×220×330	510×220×330	520×285×310	520×285×310	520×285×310	520×285×310	520×285×310	520×285×310	520×285×310	520×285×310	520×285×310	520×285×310

第二十一章 切割机

切割是焊接生产备料工序的重要加工方法,包括冷切割和热切割两大类型(本章主要指热切割)。热切割种类多样,主要有气体火焰切割、电弧切割、等离子弧切割,激光切割等。此仅选用了上海华威焊割机械有限公司等生产厂生产的部分常用产品加以介绍。

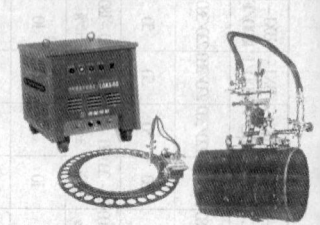

1. 空气等离子切割机

【特点及用途】空气等离子弧切割机是利用压缩空气作为工作气体,被割金属材料在电压的作用下,自身产生高达 10 000℃ 以上的电离子,被时速 100m/s 的压缩空气吹离开工件,产生割缝,而达到切割目的。其原理主要是依靠高温高速的等离子弧及其焰流把局部金属熔化,及蒸发并吹离基体,随着等离子弧割炬的移动,而形成切缝。由于其弧柱的温度远远超过绝大部分金属及其氧化物熔点,所以它可以切割任何黑色及有色金属,且切割速度快、生产效率高、切割质量好、成本低、操作简单、使用安全、切口窄而光洁。空气等离子切割机主机有水冷式和气冷式两种机型,是理想的热切割设备。其广泛应用于机械制造,造船、压力容器、车辆修理等行业的金属切割。

【规　　格】长沙得星电器有限公司产品

a. 水冷式系列主要技术参数

型　号	LGKS-40A	LGKS-60A	LGKS-80A	LGKS-120A
额定电压(V)	三相,380	三相,380	三相,380	三相,380
额定功率(kVA)	10	15	20	34
输入电流(A)	15	23	34	53
空气压力(MPa)	0.3~0.4	0.3~0.4	0.3~0.5	0.3~0.6
切割厚度(mm) 铝	7	10	12	17
铜	4	5	6	9
铸铁、碳钢、不锈钢	0.3~12	0.3~20	1~28	1~40
额定负载持续率(%)	100	100	100	100
外形尺寸(mm)	575×440×530	575×440×530	595×460×575	595×460×575
重量(kg)	74	79	86	102

型　号	LGKS-40/80A	LGKS-60/120A	LGKS-80/160A	LGKS-100/200A	LGKS-120/250A
额定电压(V)	三相,380	三相,380	三相,380	三相,380	三相,380
额定功率(kVA)	10/32	14//48	21/42	33/66	43/85
输入电流(A)	16/49	21/74	32/65	50/100	65/130
空气压力(MPa)	0.3~0.5	0.3~0.6	0.3~0.6	0.3~0.6	0.3~0.6

续表

型 号		LGKS–40 /80A	LGKS–60 /120A	LGKS–80 /160A	LGKS–100 /200A	LGKS–120 /250A
切割厚度 (mm)	铝	12	17	25	33	40
	铜	6	9	13	17	20
	铸铁、碳钢、不锈钢	0.3~28	0.3~0.4	1~55	1~65	1~80
额定负载持续率（%）		100	100	100	100	100
外形尺寸(mm)		650×420 ×760	650×420 ×760	820×590 ×940	820×590 ×940	820×590 ×940
重量(kg)		115	125	180	220	260

b. 风冷式系列主要技术参数

型 号		LGK–40A	LGK–60A	LGK–80A	LGK–100A	LGK–120A
额定电压(V)		三相,380	三相,380	三相,380	三相,380	三相,380
额定功率(kVA)		10.5	16.7	21.8	27.3	32.8
输入电流(A)		16	24	33	41.5	49.8
空气压力(MPa)		0.3~0.4	0.3~0.4	0.3~0.5	0.3~0.5	0.3~0.6
切割厚度 (mm)	铝	7	10	12	14	17
	铜	4	5	6	7	9
	铸铁、碳钢、锈钢	0.3~12	0.3~20	1~28	1~34	1~40
额定负载持续率（%）		60	60	60	60	60

续表

型　号	LGK-40A	LGK-60A	LGK-80A	LGK-100A	LGK-120A
外形尺寸(mm)	620×440 ×660	620×440 ×660	690×520 ×760	690×520 ×760	690×520 ×760
重量(kg)	91	103	128	142	

2. 甲虫式切割机

HK-12A　　　　　　HK-12MAX-1

【特点及用途】甲虫式切割机,主机采用高强度铝锭材料铸造,结构设计紧凑,轻便、便于携带。速度调节采用机械调速,能在高热条件下连续工作。电动机自带冷却风扇,根据要求可同时安装两把割炬,根据需要可配圆盘导轨进行切割圆形零件,坡口 I、Y、V(45°)。

【规　　格】上海华威焊割机械有限公司产品

型号	机身外形尺寸 L×W×H (mm)	输入电压 (V/Hz)	切割钢板厚度 (mm)	切割钢板速度 (mm /min)	切割圆直径 (mm)	电机转速 (R/P.M)	圆盘导轨 (m)	重量 (kg)
HK-12	350×140×175	AC220/50	5～100	150～800	$\phi 290\sim\phi 540$	1 500	0.9	10
HK-12A	350×140×175	AC220/50	5～100	150～800	$\phi 910\sim\phi 1160$	1 500	0.9	10
HK-12 MAX-I	600×175×228	AC220/50	5～100	150～800	$\phi 390\sim\phi 640$	1 500	1.0	15
HK-12 MAX-II	600×175×228	AC220/50	5～100	150～800	$\phi 1010\sim\phi 1260$	1 500	1.0	21

3. 切割机(改进型)

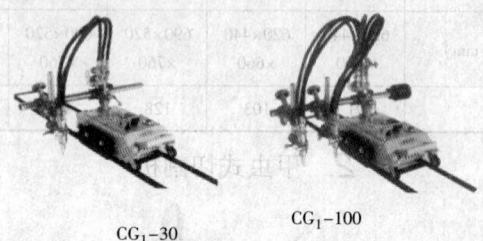

CG₁-30

CG₁-100
（双割炬）

【特点及用途】CG₁-30/100型切割机(改进型)机身采用高强度铝锭材料,精密压铸制成,调速系统采用可控硅触角调速,氧乙炔管采用进口胶管,管路总成装有快速开关,可提高工效,以直线切割为主,可作>φ200mm圆周切割,单割炬切割,坡口Ⅰ、V(45°),适用于造船、石油、冶金、金属结构等工厂。

【规　　格】上海华威焊割机械有限公司产品

型号	机身外形尺寸 L×W×H (mm)	输入电压 (V/Hz)	切割钢板厚度 (mm)	切割钢板速度 (mm/min)	切割圆直径 (mm)	机器总重量 (kg)
CG₁－30 (改进型)	470×230×240	Ac220/50	8～100	50～750	φ200～φ2000	17.50
CG₁-100 (改进型)	470×230×240	Ac220/50	8～100	50～750	φ200～φ2000	23

4. 多向切割机

【特点及用途】CG_1-13 型多向切割机采用铝合金制成,轻巧便携、调速系统采用可控硅触角调速,其重量轻,装卸方便,操作简单,机身在导轨上能进行垂直、横向、仰面、曲面等切割。广泛用于造船、锅炉、化工、金属结构等工厂。

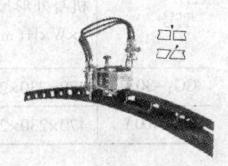

【规 格】上海华威焊割机械有限公司产品

型号	机身外形尺寸 L×W×H (mm)	切割厚度 (mm)	切割速度 (mm/min)	切割不平直钢板曲率半径 (mm)	重量 (kg)
CG_1-13	230×200×230	5~30	50~750	R≥700	15

5. 精密火焰切割机

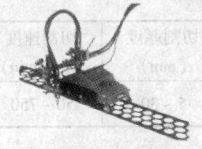

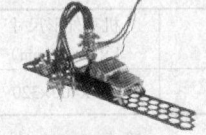

CG₁-30A CG_1-100A(双割炬)

【特点及用途】CG_1-30A/100A 型精密火焰切割机采用高强度铝锭精密压铸制作,调速系统采用集成电路,行走稳定,装有皮管快速接头,便于快速连接,有快速开关,可提高工效。直线切割、可作>φ200mm 圆周切割,单割炬切割,坡口 I、V、Y(45°),适用于造船、锅炉、金属结构,冶金等工厂。

【规　　格】上海华威焊割机械有限公司产品

型号	机身外形尺寸 L×W×H（mm）	输入电压 （V /Hz）	切割钢板厚度 （mm）	切割钢板速度 （mm/min）	切割圆直径 （mm）	机器总重量 （kg）
CG₁–30A	470×230×250	AC220/50	5 ~ 100	50 ~ 750	φ200 ~ φ2000	18.50
CG₁–100A	470×230×250	AC220/50	5 ~ 100	50 ~ 750	φ200 ~ φ2000	23

6. 手提式切割机

【特点及用途】HK–30 手提式切割机，采用高强度铝锭材料，精密压铸制成，调速系统采用可控硅触角调速，管路总成装有快速开关，单割炬切割，坡口 I、V（45°）以直线切割为主，可作>200mm 圆周切割，适用于造船、石油、冶金、金属结构等工厂。

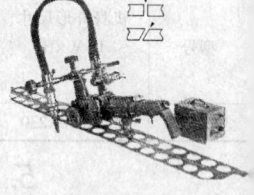

【规　　格】上海华威焊割机械有限公司产品

型号	机身外形尺寸 L×W×H（mm）	切割厚度 （mm）	切割速度 （mm/min）	重量 （kg）
HK–30	450×400×320	5 ~ 30	50 ~ 750	9

7. 割圆机

【特点及用途】CG₂-600 割圆机，采用铝合金制成，轻巧便携，专业切割圆形零部件、圆孔、法兰。广泛应用于石油、化工、造船、机械加工等企业。

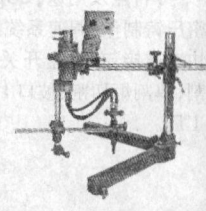

【规　　格】上海华威焊割机械有限公司产品

型号	机身外形尺寸 L×W×H（mm）	输入电压 （V/Hz）	切割板厚度 （mm）	切割圆直径 （mm）	割炬转速 （R/P.M）	切割精度 （mm）	重量 （kg）
CG$_2$-600	750×300×700	AC220/50	5～100	5～600	0.2～6.0	<1	28

8. 仿形切割机

CG$_2$-150　　　　CG$_2$-150A　　　　CG$_2$-150C

【特点及用途】CG$_2$-150 系列仿形切割机机身采用铝锭精密压铸制成,调速系统采用可控硅角调速,按样板能切割出各种形状零件,切割表面质量好,切割精度高,适用于造船、锅炉、冶金、金属结构等工厂及野外作业,特别适用于批量生产同一形状的切割零件。其输入电压为 AC220V/50Hz。

【规　　格】上海华威焊割机械有限公司产品

型号	机身外形尺寸 L×W×H （mm）	切割厚度 （mm）	切割速度 （mm /min）	切割圆直径 （mm）	切割直线长度 （mm）	切割正方形 （mm）	切割长方形 （mm）	重量 （kg）
CG$_2$- 150	1 190×335×800	5～100	50～750	600	1200	500× 500	400×900 450×750	58.5
CG$_2$- 150A	1 390×335×800	5～100	50～750	1800	1650	1270× 1270	1700×340 500×1650	61.5

续表

型号	机身外形尺寸 L×W×H (mm)	切割厚度 (mm)	切割速度 (mm/min)	切割圆直径 (mm)	切割直线长度 (mm)	切割正方形 (mm)	切割长方形 (mm)	重量 (kg)
CG$_2$-150C	3 600×1 700×2 000	5~100	100~1 000	2 300	5 300	2 000×2 000	5 000×600	35

9. 手提式仿形切割机

【特点及用途】KMQ-1 手提式仿形切割机,采用铝合金制成,轻巧便携,具有切割精度高,操作灵活方便,调速采用集成电路控制,行走均匀稳定。广泛应用于造船、锅炉、化工、金属结构工厂及野外作业,特别适用于批量生产同一形状的切割零件。

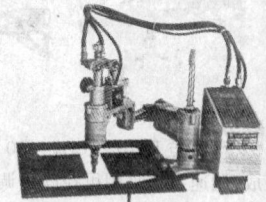

【规 格】上海华威焊割机械有限公司产品

型号	输入电压 (^{V}/Hz)	切割板厚度 (mm)	切割圆直径(mm)	切割腰圆 (mm)	磁辊直径 (mm)	重量 (kg)
KMQ-1	Ac220/50	5~30	100~300	600×200	24	15

10. 型钢切割机

【特点及用途】CG$_1$-2H 型型钢切割机,机身采用铝合金,结构紧凑,调速系统采用可控硅触角调速,可进行腹板斜切、开坡口与翼板斜切、开坡口、专业切割 H 型钢槽钢等型材,适用于机械,金属结构等工厂。

【规　　格】上海华威焊割机械有限公司产品

输入电压（V/Hz）	AC220/50
切割厚度（mm）	6～40
切割宽度（mm）	150～900
切割高度（mm）	150～400
切割速度（mm）	50～750
外形尺寸（mm）	400×450×1 000
重量（kg）	21

11. 钢锭切割机

【特点及用途】CG1-75 型钢锭切割机，机身采用铝合金，结构紧凑，调速系统采用可控硅触角调速，专用直线切割厚度钢锭，尤其适用于钢锭下料。

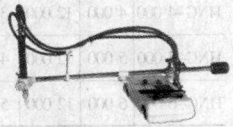

【规　　格】上海华威焊割机械有限公司产品

输入电压（V/Hz）	AC220/50
切割厚度（mm）	200～350
切割速度（mm/min）	50～750
外形尺寸（mm）	510×1 200×500
重量（kg）	28

12. 数控火焰/等离子切割机

【特点及用途】数控火焰/等离子切割机采用宽体、低重心龙门架结构,双边驱动为对称型端架,单边驱动用等腰型结构,其采用进口高精度减速器及电磁阀。割炬为升降丝杆带动,直线轴承定位,纵向导轨为 UMn 高强度重轨(43kg)。

【规 格】上海华威焊割机械有限公司产品

机型	轨距 (mm)	轨长 (mm)	有效切割宽度 (mm)	有效切割长度 (mm)	火焰单割炬数 (组)	火焰切割厚度 (mm)	火焰切割速度 (mm/min)	整机行走速度 (mm/min)	驱动形式
HNC–3 000	3 000	12 000	2 200	10 000	2	6~100	100~750	0~12 000	单边
HNC–4 000	4 000	12 000	3 200	10 000	2	6~100	100~750	0~12 000	单边
HNC–5 000	5 000	12 000	4 200	10 000	2	6~100	100~750	0~12 000	双边
HNC–6 000	6 000	12 000		10 000	2	6~100	100~750	0~12 000	双边

注:1. 轨宽、轨长及割炬数均可根据需求增减;
   2. 可增加火焰直线三割炬和直条割炬;
   3. 可增配等离子割炬;
   4. 根据需要可提高切割厚度。

13. 三/四/五割炬直条切割机

【特点及用途】三/四/五割炬直条切割机机身采用铝锭材料精密压铸制成,调速系统为可控硅触角调速,装有管路总成快速开关,操作方便,切割精度高,表面粗糙度可达12.5。

GCD3–100 三割炬直条切割机

【规　　格】上海华威焊割机械有限公司产品

机型	GCD3～100	GCD4～100	GCD5～100
切割宽度(mm)	1 000	1 100	1 300
切割厚度(mm)	5～50	5～50	5～50
切割速度(mm/min)	50～750	50～750	50～750
输入电压(V/Hz)	AC220/50	AC220/50	AC220/50
重量(kg)	35	40	50

14. 多头直条切割机

【特点及用途】多头直条切割机,机身为龙门式
框架结构,行走部分均为齿轮、齿条啮合传动,集成
化的调速控制、数码显示,直流伺服驱动,标准割炬
配置为纵向 10 组、横向 1 组,加工厚度 4 组以下为
200mm、10 组以下为 50mm,最小切割宽度为 60mm。

【规　　格】上海华威焊割机械有限公司产品

机型	轨距(mm)	轨长(mm)	有效切宽(mm)	纵向割炬(组)	横向割炬(组)	切割厚度(mm)	切割速度(mm/min)	输入电压(V/Hz)
CG₁-2500	2 500	12 000	2 000	10	1	5～100	50～2 000	AC220/50
CG₁-3000	3 000	12 000	2 500	10	1	5～100	50～2 000	AC220/50
CG₁-4000	4 000	12 000	3 500	10	1	5～100	50～2 000	AC220/50
CG₁-5000	5 000	12 000	4 5000	10	1	5～100	50～2 000	AC220/50
CG₁-6000	6 000	12 000	5 500	10	1	5～100	50～2 000	AC220/50

15. 手摇式管道切割机

【特点及用途】CG_2-11G 型手摇式管道切割机采用铝合金制成,轻便易携带,其采用链节锁紧管道,操作灵活方便,根据管子直径、可随意增减链条节数、切割坡口 I、Y、V(45℃)。手摇式管道切割机适用于锅炉、石油、化工等工厂,特别适用于野外无电源作业。

【规　　格】上海华威焊割机械有限公司产品

型号	机身外形尺寸 L×W×H(mm)	输入电压 (V/Hz)	切割无缝钢管直径 (mm)	切割管壁厚度 (mm)	切割钢板速度 (R/P.M)	重量 (kg)
CG_2-11G	420×280×450	AC220/50	>100	5~50	手工控制	13(包括链条2.5kg)

注:机器配置的链条长度最大可割直径600mm。

16. 磁力管道切割机

【特点及用途】CG_2-11 型磁力管道切割机,采用铝合金制成,结构紧凑,其采用永久磁块吸附在钢管上爬行切割,可在水平、垂直、仰面上切割,切割坡口 I、V(45°),磁力管道切割机还具有切割圆周特好,操作方便等特点,广泛用于石油、化工管道工程钢管切割。

【规　　格】上海华威焊割机械有限公司产品

型号	机身外形尺寸 L×W×H (mm)	输入电压 (V/Hz)	切割无缝钢管直径 (mm)	切割管壁厚度 (mm)	切割钢板速度 (R/P.M)	磁性吸附力(kg)
CG_2-11	350×310×180	AC220/50	>108	5~50	50~75	>50

注:如切割大直径管道需另配柔性轨道。

17. 自动管道切割机

【特点及用途】自动管道切割机,机身采用铝合金制成,轻巧便携,机器运转采用电机变速驱动,其有切割圆周精度高,运行平稳等特点。其根据管径的大小,可随意增减链条。切割坡口 I、V(40℃),机器采用链节锁紧管子、操作灵活方便,适用于石油、化工管道工程钢管切割。

CG₂-11B 型

【规　　格】

型号	机身外形尺寸 L×W×H(mm)	输入电压 (V/Hz)	切割无缝钢管直径 (mm)	切割管壁厚度 (mm)	切割钢板速度 (R/P.M)	重量 (kg)
CG₂-11D	280×280×450	AC220/50	150～600	6～50	5～1 150	16
CG₂11B	280×350×450	AC220/50	150～600	根据选用切割机	5～2 300	14.5

注:CG₂-11B 型为不锈钢管道切割机。

18. 管子坡口机

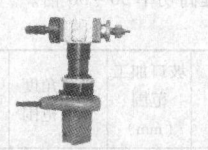

ISY-80　　　　　　　　ISY-150

【特点及用途】ISY 系列管子坡口机,采用交流 220V 电机作为动力,内涨式结构,自定管子中心,操作方便。主要用于管子的各种不同要求的坡口加工。

【规　　格】

型号	坡口管子内径（mm）	坡口管子外径（mm）	一次性切削最大壁厚（mm）	轴向进刀最大行程（mm）	横向走刀量（mm/r）	重量（kg）
ISY-80	28～76	32～30	15	35		7
ISY-150	65～159	73～180	20	50		12.5
ISY-250	80～240	90～270	20			38
ISY-351-1	150～330	163～351	20		0.15	42
ISY-351-2			70	55		45
ISY-630-1	280～600	300～630	20			55
ISY-630-2			70			55

19. 管板坡口机

【特点及用途】PQX 管板坡口机能对管子和平板坡口，亦可铣削。其具有重量轻、携带方便、结构紧凑、性能可靠、应用广泛、坡口精度高等诸多优越之处，尤其是对铜、铝、不锈钢等有色金属的坡口加工有着不可替代的优势。比原始的手工打磨可提高功率 30～50 倍。

【规　　格】

型号	工作电源	电机功率	坡口加工范围（mm）	坡口角度调节范围	需装刀片数量	主机重量（kg）
PQX-Ⅰ	3-380V/50Hz	370W-（1/2HP）	≤5	15°～45°	3	17
PQX-Ⅱ	3-380V/50Hz	550W-（3/4HP）	≤10	15°～45°	10	24

20. 外部安装式管子切割坡口机

【特点及用途】ISD 系列外部安装式管子切割坡口机适用于工地现场上施工,亦适用于有爆炸危险的场合使用。

【规　　格】

型号	坡口机切割范围	切削壁厚（mm）	输入电压（V/Hz）	输入电机功率（W）	旋转盘转速（r/min）
ISD-150	65 ~ 150	≤20	AC22C/50	2 000	16
ISD-300	150 ~ 300	≤20	AC220/50	2 000	13
ISD-450	300 ~ 450	≤20	AC220/50	2 000	10
ISD-600	450 ~ 600	≤20	AC220/50	2 000	8
ISD-750	600 ~ 750	≤20	AC220/50	2 000	7
ISD-900	750 ~ 900	≤20	AC220/50	2 000	6
ISD-1050	900 ~ 1 050	≤20	AC220/50	2 000	5

21. 手把式自动切割器

【特点及用途】HK-55 型手把式自动切割器,本体采用高强度铝锭材料压铸制成,经久耐用,行走采用直流伺服电机驱动,行走均匀稳定,更换附件可进行 V 型坡口,曲线切割。

【规　　格】

型号	HK-55 型
额定电压(V)	AC220
额定频率(Hz)	50

第二十二章 空气压缩机

空气压缩机是输送和压缩各种压力下气体介质的机器,是将自由空气压缩到所需压力的压缩空气设备。按其压缩气体方式不同分为容积型压缩机和速度型压缩机两类。容积型压缩机是通过气缸内作往复运动的活塞或作回转运动的转子来改变工作容积,进而使气体得到压缩来提高气体压力。速度型压缩机是借助于高速旋转叶轮的作用,使气体得到很高的速度,然后又在扩压器中急剧降速,使气体的动能变为压力能。往复活塞型压缩机按其压缩次数可分为单级压缩,两(双)级压缩和多级压缩。此仅选取了最为常见的部分机型压缩机,加以介绍。

1. 直联式空气压缩机

LD1002-超豹　　　　　LD3006-新超豹

【特点及用途】直联式空气压缩机采用一体式设计,新型、阀片,压缩效率高,安静无噪音,全自动控制系统,操作方便。其高强度整体为铝合金机体,轻便且散热,电机在低压启动运转性能优异,强力风扇冷却,特殊避震设计,双排气嘴分别用于直接排气和调压排气,带推拉按钮的压力开关，方便安全。

【规　　格】福建省泉州市亿达机电有限公司产品

型　号	电机		气缸			排气量	额定压力	储气量	外形尺寸	重量
	kW	HP	缸径×缸数（mm）	行程（mm）		m³/min	MPa	L	L×W×H（cm）	kg
LD1501	1.1	1.5	42×1	38		0.10	0.8	6	47×21×48	17
LD1002	0.75	1.0	42×1	36		0.10	0.8	6	47×21×48	19
LD2001	1.5	2.0	42×1	38		0.10	0.8	24	59×29×64	27
LD2501	1.5	2.5	47×1	40		0.12	0.8	24	59×29×64	27
LD2502	1.5	2.5	47×1	40		0.12	0.8	24	59×29×64	27
LD2503	1.5	2.5	47×1	40		0.12	0.8	24	59×29×64	27
LD2504	1.5	2.5	47×1	40		0.12	0.8	24	64×34×66	27
LD2505	1.5	2.5	47×1	40		0.12	0.8	24	59×29×64	27
LD2508	2.2	3.0	47×1	40		0.15	0.8	30	74×32×62	30
LD3006	2.2	3.0	47×1	46		0.15	0.8	35	74×32×62	35

2. 单级压缩皮带传动风冷式压缩机

V-0.48/7　　　　　　　　　W-1.4/7

【特点及用途】单级压缩皮带传动风冷式压缩机采用优良铸铁材质，超强耐磨，单体式阀片设计，压缩效率高，维修容易，多叶式散热风扇，强迫冷却的散热系统、使用压力在 0 ~ 0.7MPa。其适用于工厂、自动化系统、汽车维修、涂装、工程等任何需要空气来源之处。

【规　　格】泉州市华达压缩机厂产品

型　号	电机		气缸	排气量	额定压力	储气桶	外形尺寸	重量
	kW	HP	mm×n	m³×min	MPa	L	L×W×H(cm)	kg
HD 0209	2.2	3	φ55×2	0.25	0.7	30	70×34×65	38
Z-0.036/7	0.55	0.75	φ51×1	0.036	0.7	24	66×33×58	40
V-0.08/7	0.75	1	φ51×2	0.08	0.7	40	84×37×66	63
V-0.12/7	1.1	1.5	φ51×2	0.12	0.7	40	85×37×66	65
V-0.17/7	1.5	2	φ51×2	0.17	0.7	62	91×37×72	73
V-0.25/7	2.2	3	φ65×2	0.25	0.7	96	104×39×83	97
V-0.36/7	3	4	φ65×3	0.36	0.7	103	113×40×87	112
V-0.48/7	4	5.5	φ90×2	0.48	0.7	120	128×50×93	164
W-0.67/7	5.5	7.5	φ80×3	0.67	0.7	120	130×50×93	192
W-0.90/7	7.5	10	φ90×3	0.9	0.7	172	141×51×101	223
W-1.4/7	11	15	φ100×3	1.4	0.7	230	152×65×113	324
W-1.9/7	15	20	φ120×3	1.9	0.7	295	179×69×131	438

3. 双级压缩皮带传动风冷式压缩机

【特点及用途】双级压缩皮带传动风冷式压缩机采用特殊高压设计，压力高、安全、结构稳固，坚固耐用，具有特殊辅助桶装置，压缩效率更高。其使用压力范围为 0.8 ~ 1.25MPa，是一级压缩的空气经一定冷却后，再进入二级气缸压缩，故压缩比较小，效率比单级式空压机高，较省电。适用于工

VFY-3.0/10

厂、汽车修理业、轮胎店等场所。

【规　　格】泉州市华达压缩机厂产品。

型　号	电机		气缸	排气量	额定压力	储气桶	外形尺寸	重量
	kW	HP	mm×n	m³×min	MPa	L	L×W×H(cm)	kg
V–0.15/12.5	1.5	2	φ65×1 φ51×1	0.15	1.25	62	94×43×75	76
V–2.0/12.5	2.2	3	φ65×1 φ51×1	0.20	1.25	96	104×39×83	102
W–0.30/12.5	3	4	φ65×2 φ51×1	0.30	1.25	103	113×40×87	126
W–0.53/12.5	5.5	7.5	φ80×1 φ65×1	0.53	1.25	120	130×50×98	186
W–0.71/12.5	7.5	10	φ90×2 φ80×1	0.71	1.25	172	141×51×101	220
W–1.05/12.5	11	15	φ100×2 φ90×1	1.05	1.25	230	152×65×113	315
W–1.5/12.5	15	20	φ120×2 φ100×1	1.5	1.25	295	179×69×131	430
VFY–3.0/10	22	30	φ155×2 φ82×2	3.0	1.0	323	192×85×150	950

4. 风冷全无油空气压缩机

【特点及用途】风冷全无油空气压缩机采用新型舌型空气阀，密封式曲轴箱轴承，单级压缩，特殊耐磨，耐高温活塞环及精密轴承，其使用寿命长，有效环保无污染，高性能，适用于医疗、化工、食品、电子等行业喷涂各种高精密工业制品。

【规　　格】厦门东亚机械有限公司产品

型号	功率		排气量 (m³ /min)	气桶 容积 (L)	使用压 力 (kg/ cm²)	缸径×缸数 (mm×只)	最高使 用转数	包装尺寸 L×B×H(cm)
	(kW)	(HP)						
OL–80	4	5	0.45	160	7	90×3	800	151×62×159
OL–90	5.5	7.5	0.6	160	7	90×3	950	151×62×159
OL–100	7.5	10	0.9	260	7	100×3	800	181×77×130
OL–150	11	15	1.36	300	7	90×6	950	181×77×130
OL–200	15	20	2.0	300	7	100×6	900	181×77×130

5. 水冷微油润滑压缩机

【特点及用途】水冷微油润滑压缩机采用新型舌型空气阀,密封式曲轴箱轴承,单级压缩,特殊耐磨、耐高温活塞环及精密轴承,水冷却系统,低温升,运转平稳,噪音低,使用寿命长久,安装简便,易于操作,适用于 24 小时长时间运转,广泛应用于喷涂各种高精密制品的行业。

W4–400
W4–500

【规　　格】厦门东亚机械有限公司产品

型号	功率 (kW /HP)	排气量 (m³ /min)	气桶 容积 (L)	使用 压力 (kg/ cm²)	缸径× 缸数 (mm ×只)	最高 用转数	包装尺寸 L×B×H (cm)	冷却 水量 (L/ min)
W2–80	7.5/10	1.5	300	8	120×2	950	185×86×138	20
W4–100	11/15	1.8	500	8	100×4	800	198×87×146	

续表

型号	功率（kW/HP）	排气量（m³/min）	气桶容积（L）	使用压力（kg/cm²）	缸径×缸数（mm×只）	最高使用转数	包装尺寸L×B×H（cm）	冷却水量（L/min）
W4-200	15/20	2.0	500	8	100×4	950	198×87×146	30
W4-300	15/20	2.25	500	8	120×4	650	198×87×146 桥架、立式桶	40
W4-400	18.5/25	2.6	500	8	120×4	780		
W4-500	20/30	3.12	500	8	120×4	950		

6. 风冷微油润滑压缩机

【特点及用途】风冷微油润滑压缩机采用单级压缩，密封式曲轴箱轴承，新型舌型空气阀，耐磨耐高温，有效环保无污染高性能，排气量为 $0.09 \sim 2.12 \text{m}^3/\text{min}$。适用于喷涂各种高精密制品的行业。

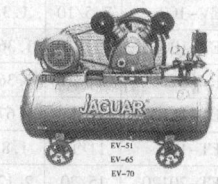

【规　格】厦门东亚机械有限公司产品

型　号	功率（kW/HP）	排气量（m³/min）	气桶容积（L）	使用压力（kg/cm²）	缸径×缸数（mm×只）	最高使用转数	包装尺寸L×B×H（cm）
J-1900	1.5/2	0.15	24	8	47×1	2 800	54×34×66
EC-51	0.75/1	0.09	33	8	51×1	1 400	76×41×67
EC-65	1.1/1.5	0.15	44	8	65×1	1 400	92×44×72
EV-51	1.5/2	0.21	60	8	51×2	1 200	94×44×75
EV-65	2.2/3	0.28	95	8	65×2	1 200	114×48×85
EV-70	3/4	0.36	120	8	70×2	1 200	130×52×87

续表

型　　号	功率 (kW/HP)	排气量 (m³/min)	气桶容积 (L)	使用压力 (kg/cm²)	缸径×缸数 (mm×只)	最高使用转数	包装尺寸 L×B×H (cm)
ET-65	3/4	0.42	120	8	65×3	1 000	130×52×87
ET-70	4/5	0.48	120	8	70×3	1 000	130×52×87
EV-80	4/5	0.52	140	8	80×2	950	131×57×98
EV-90	5.5/7.5	0.67	160	8	90×2	950	151×62×109
ET-80	5.5/7.5	0.96	160	8	80×3	950	151×62×109
ET-90	7.5/10	1.08	160/260	8	90×3	950	151×62×109
EV-100	7.5/10	1.3	300	8	100×2	950	158×67×123
ET-100	7.5/10	1.36	300	8	100×3	800	158×72×130
EV-120	7.5/10	1.36	300	8	120×3	800	158×72×130
ET-15100	11/15	1.67	330	8	100×3	700	181×77×130
ET-120	11/15	1.8	330	8	120×3	800	181×83×138
ET-20120	15/20	2.12	330	8	120×3	800	181×83×138
HEV- 65 *	2.2/3	0.14	95	12.5～14	51×1&651	1 200	114×48×85
HET-65 *	3/4	0.36	120	12.5～14	51×1&65×2	1 000	130×52×87
HEV-90 *	4/5	0.48	160	12.5～14	90×1&65×1	950	151×62×109
HET-80 *	5.5/7.5	0.58	160	12.5～14	80×2&65×1	950	151×62×109
HET-90 *	7.5/10	0.72	160	12.5～14	90×2&65×1	950	151×62×109
HET-100 *	7.5/10	0.9	260	12.5～14-2	100×2&80×1	900	158×72×130
HEM-10105 *	7.5/10	1.08	260	12.5～14	51×2&105×2	900	158×72×130
HET-120 *	11/15	1.36	320	12.5～14	120×2&100×1	800	184×87×146

注：＊型号为二级压缩型式。

7. 双控风冷微油润滑压缩机

4V-80

4V-90

【特点及用途】双控(电控和气控)风冷微油润滑压缩机采用四V双缸并列单级压缩,风量大、噪音低、运行平稳,使用寿命长久,其排气量为1.36~3.0m³/min,可根据需要用气情况,选择电控断续式或气控卸载式。通过双控系统装置调节,电控断续式可自动转换为压缩运转或停机,适用于断续作业,节省电力;气控卸载式可自动转换为无负载或压缩运转,使压力保持在设定范围内,避免电机连续负载启动,适用于大型机器,连续作业和用气量大的用户使用。

【规 格】厦门东亚机械有限公司产品

型 号	功率 (kW/HP)	排气量 (m³/min)	气桶容积 (L)	使用压力 (kg/cm²)	缸径×缸数 (mm×只)	最高使用转数	包装尺寸 L×B×H (cm)
4V-80	75/10	1.36	320	8	80×4	950	158×67×123
2V-120	7.5/10	1.36	320	8	120×2	850	160×80×138
4V-90	11/15	1.6	320	8	90×4	950	158×67×123
4V-100	11/15	1.8	320	8	100×4	850	185×86×138

续表

型 号	功率 (kW/HP)	排气量 (m^3 /min)	气桶容积 (L)	使用压力 (kg/ cm^2)	缸径×缸数 (mm×只)	最高使用转数	包装尺寸 L×B×H (cm)
4V-20100	15/20	2.12	320	8	100×4	950	185×86×138
4V-120	15/20	2.5	500	8	120×4	680	198×87×146
4V-30120	22/30	3	500	8	120×4	850	198×87×146

8. 涡轮式压缩机

【特点及用途】涡轮式压缩机结构新颖、精密、具有体积小、噪音低、重量轻、振动小、能耗小、寿命长。输气连续平稳,运行可靠,气源清洁等特点。其主要运动件涡盘只有啮合没有磨损。涡轮式压缩机广泛用于工业、农业、交通运输、医疗机械、食品、装潢和纺织等行业和其他需要压缩空气的场合,是风动机械理想的动力源。

WXA-0.1/7 WXA-0.2/7

续11　州涡旋压缩机实业有限公司产品

1.规

型号 项目	单位	WXA-0.11/7	WXA-0.2/7	WXA-0.4/7	WXA-0.6/10	WXA-0.85/7	WXA-1/7A	WXA-1.5/7	WXA-1.7/7	WXA-2/7	WXA-2.3/7	WXA-3/7	WXA-4/7	WXA-0.7/0.5
电机功率	HP	1.5	3	5	7.5	10	10	15	15	20	25	30	40	1.5
	kW	1.1	2.2	4	5.5	7.5	7.5	11	15	15	18.5	22	30	1.1
电压/频率	V/Hz	220/50/1	380/50/3	380/50/3	380/50/3	380/50/3	380/50/3	380/50/3	380/50/3	380/50/3	380/50/3	380/50/3	380/50/3	220/50/1
排气量 m³/min	≤0.1MPa	0.11	0.2	0.4	0.6	0.85	1.0	1.5	1.7	2.0	2.3	3.0	4.0	0.7
排气压力		7	7	7	10	7	7	7	7	7	7	7	7	0.5
	Psi	100	100	100	144	100	100	100	100	100	100	100	100	7.14
噪声	dB(A)	50	54	54	56	58	60	62	62	63	63	65	65	55
冷却方式		风冷	风冷	风冷	风冷	风冷	风冷	风冷	风冷	风冷	风冷	风冷	风冷	风冷
驱动方式		直联	皮带	皮带	皮带	皮带	皮带	皮带	皮带	皮带	皮带	皮带	皮带	直联
控制方式		全自动	全自动	全自动	全自动	全自动	全自动	全自动	全自动	全自动	全自动	全自动	全自动	全自动
外形尺寸 长×宽×高 Lx×Wx×H	mm	485× 445× 800	530× 530× 990	680× 520× 980	850× 650× 1100	850× 660× 1200	720× 700× 1350	850× 850× 1440	850× 850× 1440	870× 870× 1440	920× 880× 1500	1100× 1000× 1500	1300× 1300× 1650	800× 430× 820
净重	kg	86	138	170	250	270	318	430	460	505	550	618	805	120
配用储气罐最小容积	L	内置	150	300	800	1000	1200	1300	1300	1300	1300	1500	2000	80

9. 超小型空压机

 SA1006   SA1015

【特点及用途】SA 系列超小型空压机可用于家庭汽车清洗,喷漆等,其结构小巧紧凑,使用方便,根据需要,可以配置3/4HP 或 1HP 的电动机。

【规　　格】浙江申元机电有限公司产品

型号	电机	气缸	排气量 (m³/min)	额定压力 (MPa)	气罐 (L)	包装尺寸 (mm)	重量 (kg)
SA0306	3/4HP/0.55kW	φ42mm×1	100	0.8	6	51×23.5×45.5	15.5/14.5
SA1006	1.0HP/0.75kW	φ42mm×1	100	0.8	6	51×23.5×45.5	16/15
SA1015	1.0HP/0.75kW	φ42mm×1	100	0.8	15	41×41×46	16/15

第二十三章　减速机

减速机是应用于原动机和工作机之间的独立传动装置。主要功能是降低转速、增大转矩、以便带动大转矩的工作。减速机按其结构特点分为四大类，即：圆柱齿轮减速机；圆锥、圆锥—圆柱齿轮减速机；蜗杆、蜗杆—圆柱齿轮减速机；行星齿轮减速机。减速机按其减速级数可分为单级减速器，两级减速器和三级减速器等，按其布置型式可分为水平轴减速器，立轴减速器，展开式减速器，分流式减速器，同轴式减速器及蜗杆下置、上置、侧置式等等。此仅选用了部分常用型号加以介绍。

1.　螺旋锥齿轮减速机

［特点及用途］Z 系列螺旋锥齿轮减速机可以正反运转，采用多方向整体式轴输入、输出设计结构，其具有体积小，承载能力大，功率范围广，噪音低，效率高，任意转换方向等特点。螺旋锥齿轮减速机输出转速 0.1 ~ 1 450r/min，输出转矩高至 3 800N·m.适用电机功率为0.12 ~ 96kW。

【规　　格】浙江通力变速机械有限公司产品

机型号	Z2	Z4	Z6	Z7	Z8	Z10	Z12
输入功率（kW）	0.015 ~ 1.79	0.026 ~ 4.94	0.037 ~ 14.9	0.042 ~ 22	0.064 ~ 45.6	0.11 ~ 65.3	0.188 ~ 96
传动比	1 ~ 2	1 ~ 2	1 ~ 3	1 ~ 3	1 ~ 3	1 ~ 3	1 ~ 3
许用转矩（N·m）	11	31	94	139	199	288	607
机型号	Z2	Z4	Z6	Z7	Z8	Z10	Z12
重量（kg）（参考）	2	10	21	32	49	78	124

附:型号表示方式

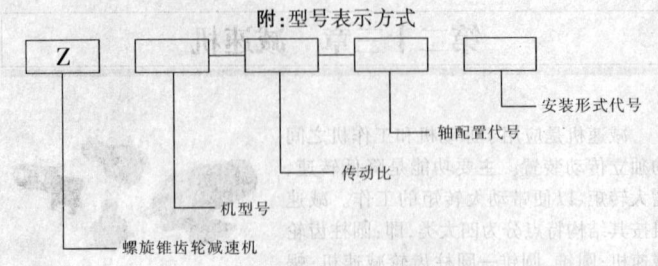

Z

螺旋锥齿轮减速机

机型号

传动比

轴配置代号

安装形式代号

2. 螺旋伞齿轮减速机

【特点及用途】TK 系列螺旋伞齿轮减速机的轮齿线呈圆弧状,重叠系数大,承载能力高,磨损均匀,噪音小,传动平稳,适宜用于传递两相交轴之间的回转运动。该机广泛应用于各行业机械高速重载中,并能与各种减、变速机组合。螺旋伞齿轮减速机输出转速为 0.1～522r/min,输出转矩高至 48 000N·m,适用电机功率为 0.18～200kW。安装形式有底脚安装、法兰安装和轴装安装。

【规　　格】浙江通力变速机械有限公司产品

机型号	TK-38	TK-48	TK-58	TK-68	TK-78	TK-88	TK-98	TK-108	TK-128	TK-158	TK-168	TK-188
输入功率 (kW)	0.18 ～3	0.18 ～3	0.18 ～5.5	0.18 ～5.5	0.37 ～11	0.75 ～22	1.1 ～30	3～ 45	7.5～ 90	11～ 160	11～ 200	18.5～ 200
传动比	5.36 ～ 106.38	5.81 ～ 131.87	6.57 ～ 145.14	7.14 ～ 144.79	7.24 ～ 192.18	7.19 ～ 197.37	8.95 ～ 176.05	8.74 ～ 141.46	8.68 ～ 146.07	12.65 ～ 150.41	17.28 ～ 163.91	17.27 ～ 180.78
许用转矩 (N·m)	200	400	600	820	1 550	2 700	4 300	8 000	13 000	18 000	32 000	50 000
重量(kg) (参考)	11	20	27	33	57	85	130	250	380	610	1 015	1 700

附:TK系列型号表示方式

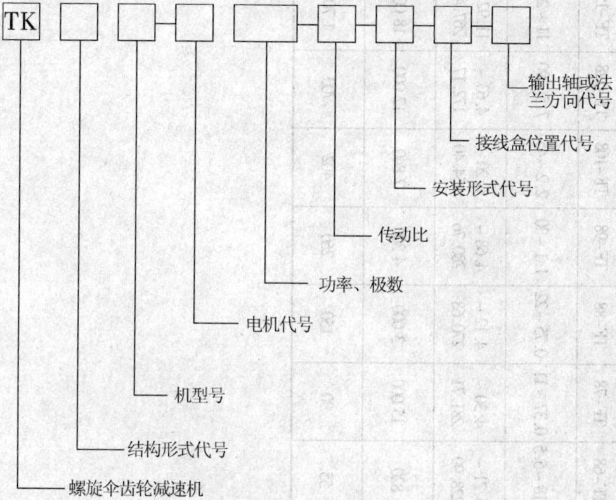

TK □ □ □ □ □ □ □ □

- 输出轴或法兰方向代号
- 接线盒位置代号
- 安装形式代号
- 传动比
- 功率、极数
- 电机代号
- 机型号
- 结构形式代号
- 螺旋伞齿轮减速机

3. 平行轴斜齿轮减速机

【特点及用途】TF系列平行轴斜齿轮减速机具有体积小,重量轻,传递扭矩大,低损耗,启动平稳,安装方式多样,输入输出灵活等特点。尤其适用于空间受限制的场合使用。平行轴斜齿轮减速机能与各种减、变速机组合,其输出转速为0.1～152r/min,转出转矩高至17 000N·m,适用电机功率为0.18～200kW,安装形式有底脚安装,法兰安装和轴装安装。

[规　格]浙江通力变速机械有限公司产品

型　号	TF-38	TF-48	TF-58	TF-68	TF-78	TF-88	TF-98	TF-108	TF-128	TF-158
输入功率(kW)	0.18~3	0.18~3	0.18~5.5	0.18~5.5	0.37~11	0.75~22	1.1~30	2.2~45	7.5~90	11~200
转动比	3.81~128.51	5.06~189.39	5.18~199.70	4.21~228.99	4.30~281.71	4.12~270.68	4.68~280.76	6.20~254.40	4.63~172.17	11.92~267.43
许用转矩(N·m)	200	400	600	820	15 000	3 000	4 300	7 840	12 000	18 000
重量(kg)(参考)	13	18	34	55	90	150	260	402	700	1 700

附:TF 系列型号表示方式

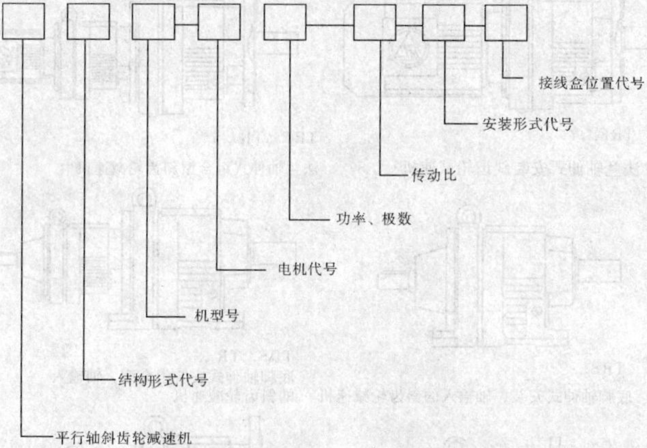

- 接线盒位置代号
- 安装形式代号
- 传动比
- 功率、极数
- 电机代号
- 机型号
- 结构形式代号
- 平行轴斜齿轮减速机

4. 斜齿轮硬齿面减速机

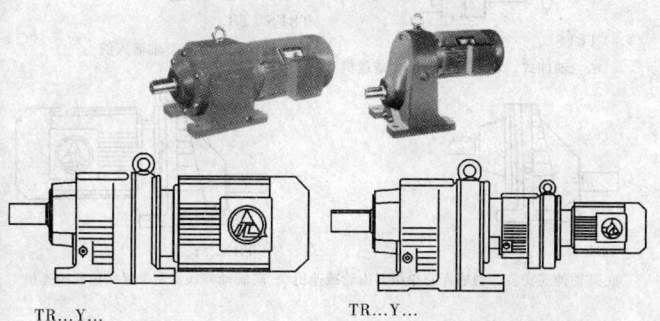

TR…Y…
底脚轴伸式安装斜齿轮减速机

TR…Y…
底脚轴伸式安装组合型斜齿轮减速机

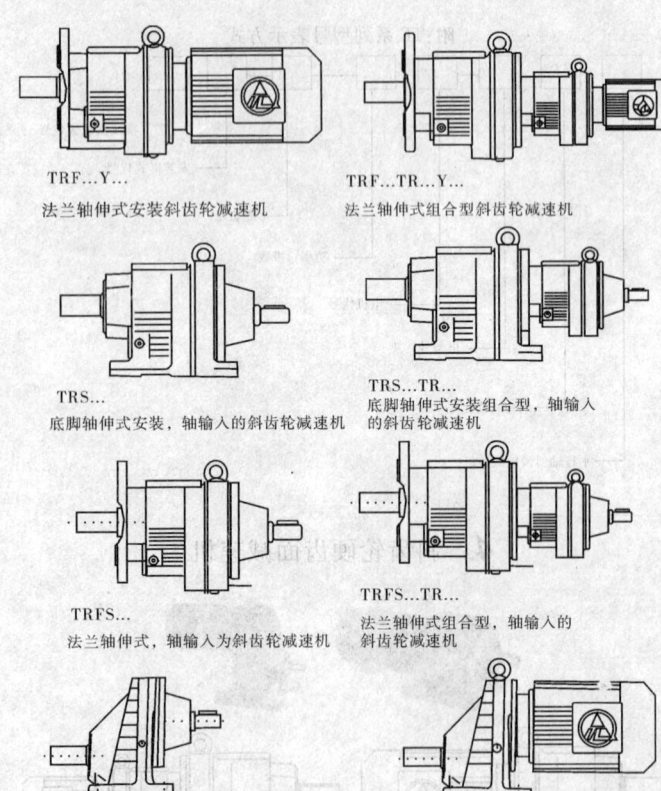

TRF…Y…
法兰轴伸式安装斜齿轮减速机

TRF…TR…Y…
法兰轴伸式组合型斜齿轮减速机

TRS…
底脚轴伸式安装,轴输入的斜齿轮减速机

TRS…TR…
底脚轴伸式安装组合型,轴输入的斜齿轮减速机

TRFS…
法兰轴伸式,轴输入为斜齿轮减速机

TRFS…TR…
法兰轴伸式组合型,轴输入的斜齿轮减速机

TRXS…
底脚轴伸式安装,轴输入的单级斜齿轮减速机

TRX…Y…
底脚轴伸式安装单级斜齿轮减速机

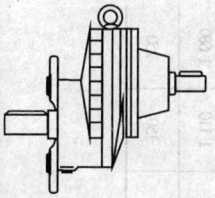

TRXFS…
法兰轴伸式，轴输入的单级斜齿轮减速机

TRXF…Y…
法兰轴伸式安装单级斜齿轮减速机

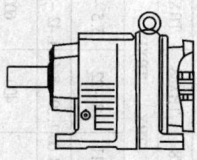

TR(TRF,TRX,TRXF)…ZP…
电机用户自配或配特殊电机时
需加联接法兰

　　【特点及用途】TR 系列斜齿轮硬齿面减速机是通用性强，组合性好，承载能力高的一种减速机，能方便地获得各种不同的传动比，且效率高，震动小，允许有高的轴伸径向载荷，能与多种减，变速机组合，其输出转速为 0.05～740r/min，输出转矩高至 15 000N·m，适用电机功率 0.18～32kW。安装形式有法兰安装和底脚安装。

【规 格】浙江通力变速机械有限公司产品

机型号	TR18	TR28	TR38	TR48	TR58	TR68	TR78	TR88	TR98	TR108	TR138	TR148	TR168
结构形式			TR									TRF	
输入功率 (kW)	0.18~0.75	0.18~3	0.18~3	0.18~5.5	0.18~7.5	0.18~7.5	0.18~11	0.55~18.5	0.55~30	2.2~45	5.5~55	11~90	11~160
传动比	3.83~74.84	3.37~135.09	3.33~134.82	3.83~176.88	4.39~186.89	4.29~199.81	5.21~195.24	5.26~246.54	4.49~289.74	5.06~249.16	5.15~222.60	5.00~163.31	10.24~229.71
重量(kg) (参考)	4	5.5	8.5	10	18	25	36	63	101	153	220	400	700

机型号	TRX38	TRX58	TRX68	TRX78	TRX88	TRX98	TRX108	TRX128	TRX158
结构形式				TRX	TRXF				
输入功率 (kW)	0.18~1.1	0.18~5.5	0.18~7.5	1.1~11	3~22	5.5~30	7.5~45	7.5~90	11~132
传动比	1.62~4.43	1.3~5.5	1.4~6.07	1.42~8.00	1.39~8.65	1.42~8.23	1.44~6.63	1.51~6.2	1.57~6.2
许用转矩 (N·m)	20	70	135	215	400	600	830	1110	1680
重量(kg) (参考)	5	8	14	23	39	70	100	150	250

附:TR 系列型号表示方式

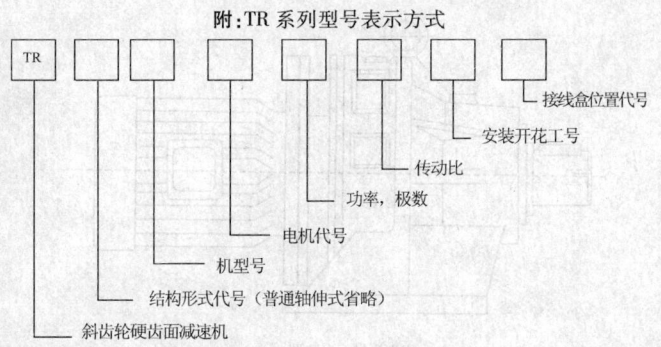

接线盒位置代号

安装开花工号

传动比

功率，极数

电机代号

机型号

结构形式代号（普通轴伸式省略）

斜齿轮硬齿面减速机

5. 摆线针轮减速机

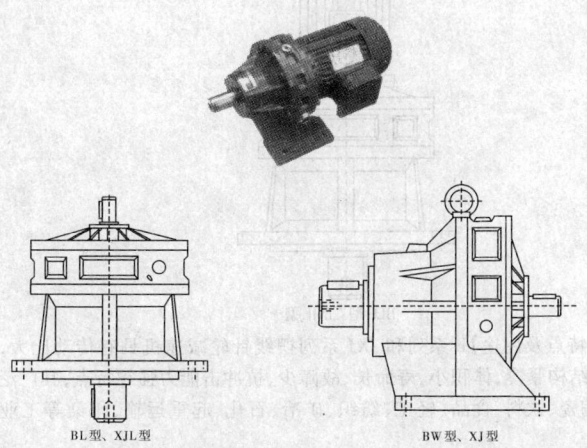

BL型、XJL型

BW型、XJ型

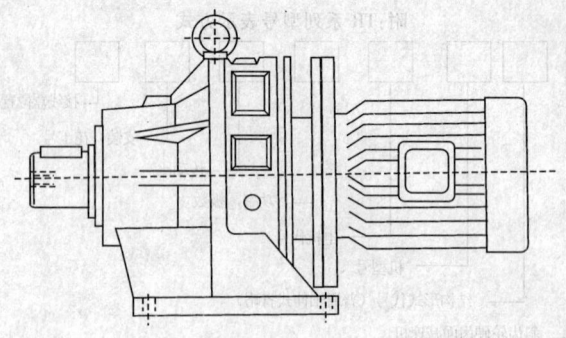

BWD型、JXJ型

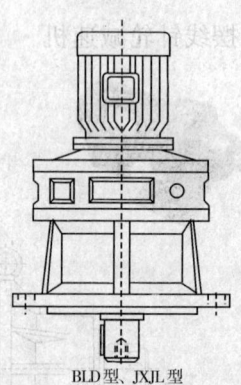

BLD型、JXJL型

【特点及用途】B 系列和 JXJ 系列摆线针轮减速机具有传动比大,效率高,结构紧凑,体积小、寿命长、故障少、抗冲击能力强等特点,其广泛应用于陶瓷、饮料、食品、轻工、纺织、矿冶、石化、起重运输、印染等工业部门。

[规　格]广东星光机电有限公司产品

系列	机座号	电机功率(kW)	传动比(i)								
			11	17	23	29	35	43	59	71	87
			输出轴额定转速(r/min)/输出轴许用转矩(N·m)								
	0	0.37	124/20	80/30	59/40	47/53	39/63				
		0.55	126/29	82/45	60/54			32/77			
		0.75	126/40	82/61							
	1	0.55	126/36	82/56	60/76	48/77	40/93	32/114	24/156		
		0.75	126/50	82/77	60/104	48/104	40/125	32/151	24/207		
		1.1	127/72	82/112	61/151	48/152	40/184				
JXJ		1.5	127/99	82/149	61/202	48/187					
JXJL		2.2	129/142								
BWD	2	0.75	126/50	82/77	60/104	48/131	40/137	32/168	24/231	20/278	
BLD		1.1	127/71	82/110	61/150	48/189	40/200	33/227	24/336	20/333	
		1.5	127/98	82/151	61/207	48/261	40/272	33/334	24/380		
		2.2	129/143	84/221	62/299	49/377					
		3	129/195	84/300							
		4	131/258	85/398							

续表

系列	机座号	电机功率(kW)	传动比(i) 输出轴额定转速(r/min) 输出轴许用转矩(N·m)								
			11	17	23	29	35	43	59	71	87
JXJ JXJL BWD BLD	3	1.5	127/99	82/153	61/207	48/261	40/315	33/382	24/452	20/552	16/676
		2.2	129/143	84/221	62/299	49/377	41/455	33/553	24/663	20/624	16/764
		3	129/195	84/301	62/408	49/514	41/615	33/755	24/760		
		4	131/256	85/396	63/534	50/672	41/820				
		5.5	131/353	85/544	63/741	50/934					
		7.5	131/483	85/746							

系列	机座号	传动比(i) 输入轴许用输入功率(kW) 输出轴许用转矩(N·m)								
		11	17	23	29	35	43	59	71	87
BW	0	0.75/48	0.75/75	0.4/54	0.4/68	0.4/82	0.4/101			
BL	1	2.2/142	1.5/149	1.5/202	1.1/187	1.1/225	0.6/151	0.6/207		
JX	2	4/258	4/398	2.2/296	2.2/374	1.5/307	1.5/378	1.1/380	0.8/333	
JXL	3	7.5/483	7.5/746	5.5/741	5.5/934	4/820	3/755	2.2/760	1.5/624	1.5/764

附：型号表示方式

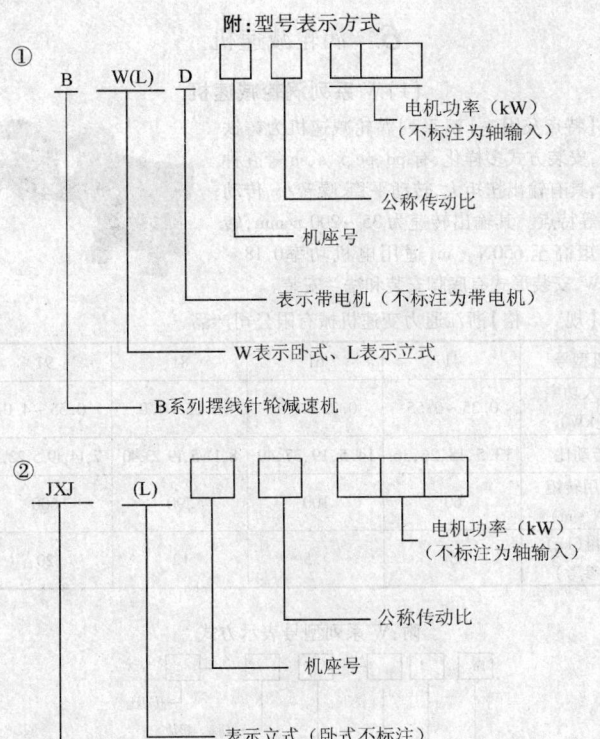

6. 涡轮减速机

（1）W 系列涡轮减速机

【特点及用途】W 系列涡轮减速机为铸铁
机箱,安装方式多样化,有 pd、pc、x、s、sh 等五种
结构,具有输出扭矩大、转动平稳、噪音小、传动
比大等特点。其输出转速为 35～200 r/min,转
出转矩高至 650N·m,适用电机功率0.18～
7.5kW,安装形式有底脚安装和法兰安装。

【规　　格】浙江通力变速机械有限公司产品

机型号	41	61	81	91
输入功率 （kW）	0.25～0.55	0.25～1.1	0.55～4.0	0.55～4.0
传动比	13.5,18,26,36	14.5,19,37,49	8,14.5,19,23,40	7,14,19.5,22,39
许用转矩 （N·m）	60	100	290	600
重量(kg) （参考）	5	7.5	12	20

附:W 系列型号表示方式

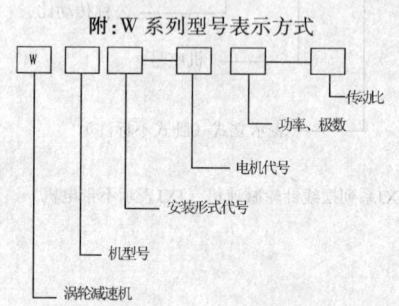

（2）NMPV 系列涡轮减速机

【特点及用途】NMPV 系列涡轮减速机采用优质铝合金压铸制造，具有高强度、外形美观、体积小、散热快、输出扭矩大、传动平稳、噪音小、多面安装等特点。其转出转速为 14～187r/min，输出转矩高至 650N·m，适用电机功率 0.18～7.5kW，安装形式有底脚安装和法兰安装。

【规　　格】浙江通力变速机械有限公司产品

机型号	30	40	50	63	75	90	110
输入功率（kW）	0.18	0.18～0.37	0.18～0.75	0.37～1.5	0.55～4.0	0.75～4.0	1.1～7.5
传动比	7.5～30	7.5～60	7.5～80	7.5～100	7.5～100	10～100	7.5～100
许用转矩(N·m)	21	44	81	167	230	377	647
重量(kg)	3	4	6	8	10	13	18

附：NMRV 系列型号表示方式

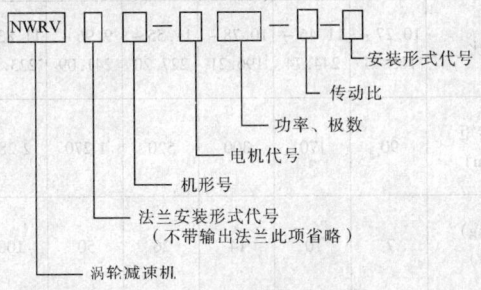

7. 涡轮涡杆减速机

【特点及用途】TS 系列涡轮涡杆减速机
除具有常规特性外,还采用了斜齿—涡轮涡
杆传动,结构更加合理,有更高的传动效率
和承载能力,可在相近体积条件下获得更大
传动比,更利于设备的配置。涡轮涡杆减速
机能与各种减、变速机组合。其输出转速 0.1 ~ 349r/min,输出转矩高至
3 800N·m,适用电机功率 0.18 ~ 22kW,安装形式有底脚安装,法兰安装
和轴装安装。

【规　　　格】浙江通力变速机械有限公司产品

机型号	TS-38	TS-48	TS-58	TS-68	TS-78	TS-88	TS-98
输入功率 (kW)	0.18 ~ 0.75	0.18 ~ 1.5	0.18 ~ 3	0.25 ~ 5.5	0.55 ~ 7.5	0.75 ~ 15	1.5 ~ 22
传动比	10.27 ~ 165.71	11.46 ~ 244.74	10.78 ~ 196.21	11.55 ~ 227.20	9.96 ~ 241.09	11.83 ~ 223.26	12.75 ~ 230.48
许用转矩 (N·m)	90	170	300	520	1 270	2 280	4 000
重量(kg) (参考)	7	10	14	26	50	100	170

附:TS 系列型号表示方式

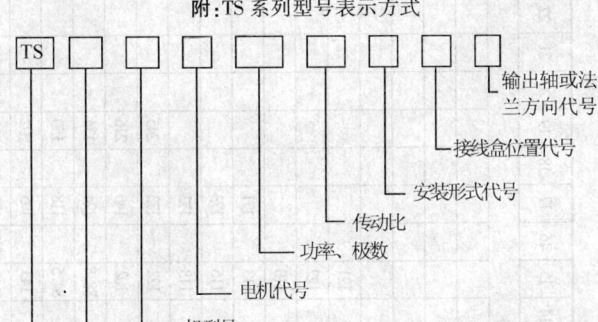

8. 大功率减速机

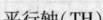

平行轴(TH)   直交轴(TB)

【特点及用途】TH、TB 斜齿/伞齿—斜齿系列大功率减速机为硬齿面减速机,具有大转矩范围。采用单元结构模块设计可卧式安装,也可立式安装。有实心轴、空心轴和收缩盘空心轴输出。其采用高强度优质合金钢渗碳淬火,具有高效率高寿命齿轮及高许用轴向径向载荷,运行噪音低,可靠性高,结构紧凑,应用范围广泛。大功率减速机输出转速 1.7 ~ 1 200r/min,输出转矩高至 470 000N·m,适用电机功率 9 ~ 5 082kW。

(1) 平行轴(TH)减速机

[规格]1…22(传动级数:一级,二级,三级,四级)

公称传动比	1	2	3	4	5	6	7	8	9	10	11	12	13	14	15	16	17	18	19	20	21	22
									额定输出扭矩(kN·m)													
1.25	0.79		2.6		7		13.3		21.5													
1.4	0.83		2.7		7.2		13.9		22.3													
1.6	0.87		2.9		7.5		14.2		23.6		40		63									
1.8	0.91		2.4		7.7		15.2		24.4		41.4		66.3									
2	0.93		2.5		8.2		15.5		25		42.7		68.2		121							
2.24	0.96		2.5		8.4		15.5		25		44		70.3		122							
2.5	1		2.6		8.4		15.5		25		44		72		110							
2.8	1		2.7		8.4		14.9		23.7		44		72		113		171					
3.15	1		2.7		8.4		15.2		24.5		41.9		68.4		116		173					
3.55	1		2.8		8.3		15.5		24.9		43.7		69.6		118		173					
4	1		2.8		8.4		15.5		25		44		70.8		122		173		245			
4.5	0.82		2.2		6.7		13.8		21.4		40		57.6		102		146		216			
5	0.78		2.1		6.3		12		20.5		33.7		54.5		88.8		124		174			
5.6	0.62		2		6		11.4		17.5		31.8		51.8		84.5		118		150			
6.3			3.5	6.3	10.5		19		31.5		55.5		86		143		195		292			
7.1			3.5	6.3	10.5		19		31.5		55.5		86		143	160	195	230	292	335	410	

续表

额定输出扭矩(kN·m)

公称传动比	1	2	3	4	5	6	7	8	9	10	11	12	13	14	15	16	17	18	19	20	21	22
8			3.5	6.3	10.5	13.5	19	24	31.5	39.5	55.5	69	86	107	143	160	195	230	292	335	410	458
9			3.5	6.3	10.5	13.5	19	24	31.5	39.5	55.5	69	86	107	143	160	195	230	292	335	410	458
10			3.5	6.3	10.5	13.5	19	24	31.5	39.5	55.5	69	86	107	143	160	195	230	292	335	410	458
11.2			3.5	6.3	10.5	13.5	19	24	31.5	39.5	55.5	69	86	107	143	160	195	230	292	335	410	458
12.5			3.5	6.3	10.5	13.5	19	24	31.5	39.5	55.5	69	86	107	143	160	195	230	292	335	410	458
14			3.5	6.3	10.5	13.5	19	24	31.5	39.5	55.5	69	86	107	143	160	195	230	292	335	410	458
16			3.5	6.3	10.5	13.5	19	24	31.5	39.5	55.5	69	86	107	143	160	195	230	292	335	410	458
18			3.5	6.3	10.5	13.5	19	24	31.5	39.5	55.5	69	86	107	143	160	195	230	292	335	410	458
20			3.5	6.3	10.5	13.5	19	24	31.5	39.5	55.5	69	86	107	143	160	195	230	292	335	410	458
22.4			3.5	6.3	10.5	13.5	19	24	31.5	39.5	55.5	69	86	107	143	160	195	230	292	335	410	458
25					11	13.5	20.5	24	34	39.5	60	69	88	107	153	173	200	240	300	345	420	470
28					11	14.5	20.5	24	34	39.5	60	69	88	107	153	173	200	240	300	345	420	470
31.5					11	14.5	20.5	24	34	39.5	60	69	88	107	153	173	200	240	300	345	420	470
35.5					11	14.5	20.5	24	34	39.5	60	69	88	107	153	173	200	240	300	345	420	470
40					11	14.5	20.5	24	34	39.5	60	69	88	107	153	173	200	240	300	345	420	470
45					11	14.5	20.5	24	34	39.5	60	69	88	107	153	173	200	240	300	345	420	470
50					11	14.5	20.5	24	34	39.5	60	69	88	107	153	173	200	240	300	345	420	470
56					11	14.5	20.5	24	34	39.5	60	69	88	107	153	173	200	240	300	345	420	470

续表

公称传动比	额定输出扭矩(kN·m)																					
	1	2	3	4	5	6	7	8	9	10	11	12	13	14	15	16	17	18	19	20	21	22
63					11	14.5	20.5	24	34	39.5	60	69	88	107	153	173	200	240	300	345	420	470
71					11	14.5	20.5	24	34	39.5	60	69	88	107	153	173	200	240	300	345	420	470
80					11	14.5	20.5	25.5	34	39.5	60	69	88	107	153	173	200	240	300	345	420	470
90					11	14.5	20.5	25.5	34	39.5	60	69	88	107	153	173	200	240	300	345	420	470
100						14.5	20.5	25.5	34	42	60	69	88	107	153	173	200	240	300	345	420	470
112						14.1	20.5	25.5	34	43	60	75	88	109	153	173	200	240	300	345	420	470
125							20.5	25.5	34	43	60	75	88	109	153	173	200	240	300	345	420	470
140							20.5	25.5	34	43	60	75	88	109	153	173	200	240	300	345	420	470
160							20.5	25.5	34	43	60	75	88	109	153	173	200	240	300	345	420	470
180							20.5	25.5	34	43	60	75	88	109	153	173	200	240	300	345	420	470
200							20.5	25.5	34	43	60	75	88	109	153	173	200	240	300	345	420	470
224							20.5	25.5	34	43	60	75	88	109	153	173	200	240	300	345	420	470
250							20.5	25.5	34	43	60	75	88	109	153	173	200	240	300	345	420	470
280							20.5	25.5	34	43	60	75	88	109	153	173	200	240	300	345	420	470
315							19.6	25.5	34	43	60	75	88	109	153	173	200	240	300	345	420	470
355								25.5	34	43	60	75	88	109	153	173	200	240	300	345	420	470
400								25.5		44		75		109		158		223		335		465
450								24.8		41.6		74		109								

（2）直交轴（TB）减速机

[规格]1…22（传动级数：二级，三级，四级）

公称传动比	额定输出扭矩（kN·m）																					
	1	2	3	4	5	6	7	8	9	10	11	12	13	14	15	16	17	18	19	20	21	22
5	1.15	2	3.1	5.8	9.4		17.8		28		43		66	66	122		195					
5.6	1.15	2	3.1	5.8	9.4		17.8		28		43		66	66	122	135	195					
6.3	1.15	2	3.1	5.8	9.4	12	17.8	22.3	28	35.6	47	55	71	71	130	141	195					
7.1	1.15	2	3.1	5.8	9.4	12	17.8	22.3	28	35.6	49	57	73	82	132	145	195					
8	1.15	2	3.1	5.8	9.4	12	17.8	22.3	28	35.6	50.5	59	77	84	132	148	195					
9	1.15	2	3.1	5.8	9.4	12	17.8	22.3	28	35.6	50.5	61	78	88	132	148	195	230				
10	1.15	2	3.1	5.8	9.4	12	17.8	22.3	28	35.6	50.5	62	78	91	132	148	195	230				
11.2	1.15	2	3.1	5.8	9.4	12	17.8	22.3	28	35.6	50.5	62	78	95	132	148	195	230				
12.5	1.15	2	3.1	5.8	9.4	12	17.8	22.3	28	35.6	50.5	62	78	97.5	132	148	195	230				405
14	1.15	2	3.1	5.5	9.8	12	17	22.3	29.5	35.6	53	62	80	97.5	137	154	200	230	250	295	340	422
16	1.1	1.95	3.1	6	10.2	12	18.2	22.3	31	35.6	56	62	83	97.5	142	160	200	230	262	308	360	438
18	1.03	1.8	3	6.2	10.6	12.6	19.1	23.1	32.5	37.5	58	68	85	100	148	167	200	230	275	320	380	455
20			3.6	6.4	11	13.2	19.8	23.9	34	39.3	60	72	88	103	153	173	200	240	288	332	400	470
22.4			3.6	6.6	11	13.8	20.5	24.8	34	41	60	75	88	106	153	173	200	240	300	345	420	470
25			3.6	6.6	11	14.5	20.5	25.5	34	43	60	75	88	109	153	173	200	240	300	345	420	470
28			3.6	6.6	11	14.5	20.5	25.5	34	43	60	75	88	109	153	173	200	240	300	345	420	470
31.5			3.6	6.6	11	14.5	20.5	25.5	34	43	60	75	88	109	153	173	200	240	300	345	420	470
35.5			3.6	6.6	11	14.5	20.5	25.5	34	43	60	75	88	109	153	173	200	240	300	345	420	470
40			3.6	6.6	11	14.5	20.5	25.5	34	43	60	75	88	109	153	173	200	240	300	345	420	470

续表

额定输出扭矩(kN·m)

公称传动比	1	2	3	4	5	6	7	8	9	10	11	12	13	14	15	16	17	18	19	20	21	22
45			3.6	6.6	11	14.5	20.5	25.5	34	43	60	75	88	109	153	173	200	240	300	345	420	470
50			3.6	6.6	11	14.5	20.5	25.5	34	43	60	75	88	109	153	173	200	240	300	345	420	470
56			3.6	6.6	11	14.5	20.5	25.5	34	43	60	75	88	109	153	173	200	240	300	345	420	470
63			3.6	6.6	11	14.5	20	25.5	34	43	60	75	88	109	153	173	200	240	300	345	420	470
71			3.6	6.6	11	14.5	20	25.5	34	43	60	75	88	109	153	173	200	240	300	345	420	470
80					11	14	20.5	25.2	34	43	60	75	88	109	153	173	200	240	300	345	420	470
90					11	14	20.5	25.2	34	43	60	75	88	109	153	173	200	240	300	345	420	470
100					11	14	20.5	25.2	34	43	60	75	88	109	153	173	200	240	300	345	420	470
112					11	14	20.5	25.2	34	43	60	75	88	109	153	173	200	240	300	345	420	470
125					11	14	20.5	25.2	34	43	60	75	88	109	153	173	200	240	300	345	420	470
140					11	14	20.5	25.2	34	43	60	75	88	109	153	173	200	240	300	345	420	470
160					11	14	20.5	25.2	34	43	60	75	88	109	153	173	200	240	300	345	420	470
180					11	14	20.5	25.2	34	43	60	75	88	109	153	173	200	240	300	345	420	470
200					11	14	20.5	25.2	34	43	60	75	88	109	153	173	200	240	300	345	420	470
224					11	14	20.5	25.2	34	43	60	75	88	109	153	173	200	240	300	345	420	470
250					11	14	20.5	25.2	34	43	60	75	88	109	153	173	200	240	300	345	420	470
280					11	14	20.5	25.2	34	43	60	75	88	109	153	173	200	240	300	345	420	470
315					11	14	20.5	25.2	34	43	60	75	88	109	153	173	200	240	300	345	420	470
355						14.5	20.5	25.5		43		75		109	153	173		240		345		470
400						14.5		25.5				75		109								

附:TH、TB 系列型号表示方式

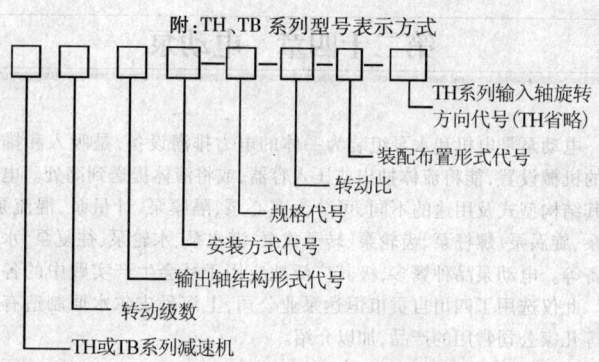

- TH系列输入轴旋转方向代号(TH省略)
- 装配布置形式代号
- 转动比
- 规格代号
- 安装方式代号
- 输出轴结构形式代号
- 转动级数
- TH或TB系列减速机

第二十四章　电动泵

　　电动泵是电机和水泵组装为一体的电力排灌设备,是吸入和排出流体的机械设置,能将流体抽出或压入容器,或将液体提送到高处。电动泵按其结构型式及用途的不同,可分为离心泵、隔膜泵、计量泵、混流泵、轴流泵、旋涡泵、螺杆泵、齿轮泵、转子式泵、潜水泵、水轮泵、往复泵、水射流设备等。电动泵品种繁多,极其广泛地应用于社会生产实践中的各个领域。此仅选用了四川自贡市恒达泵业公司,上海爱皮尔水原制造有限公司等几家公司常用的产品,加以介绍。

1. 离心清水泵

　　【特点及用途】IS 型离心清水泵为单级单吸(轴向吸入)离心泵,其口径为 50 ~ 200mm,扬程 5 ~ 125m,流量 6.3 ~ 400m³/h,介质温度可达80℃。适用于工业和城市给水、排水,亦可用于农业排灌、供输送清水或物理化学性质类似清水的其他流体之用。IS 型离心清水泵有填料密封和机械密封两种轴封形式供选择。

【规　　格】四川自贡市恒达泵业公司产品

型　号	转速 n (r/min)	流量 Q (m³/h)	(L/s)	扬程 H (m)	效率 η (%)	功率（kW）		必需汽蚀余量 (m)	重量 (kg)
						轴功率 (Pa)	电机功率		
IS50-32 -125	2 900	12.5	3.47	20	60	1.13	2.2	2.0	33
	1 450	6.3	1.74	5	54	0.16	0.55	2.0	
IS50-32 -160	2 900	12.5	3.47	32	54	2.02	3	2.0	38
	1 450	6.3	1.74	8	48	0.28	0.55	2.0	
IS50-32 -200	2 900	12.5	3.47	50	50	3.54	5.5	2.0	45
	1 450	6.3	1.74	12.5	42	0.51	0.75	2.0	
IS50-32 -250	2 900	12.5	3.47	80	38	7.16	11	20	75
	1 450	6.3	1.74	20	32	1.07	15	20	
IS65-50 -125	2 900	25	6.94	20	69	1.97	3	2.0	36
	1 450	12.5	3.47	5	64	0.027	0.55	2.0	
IS65-50 -160	2 900	25	6.94	32	65	3.35	5.5	2.0	41
	1 450	12.5	3.47	8.0	60	0.045	0.75	2.0	
IS65-40 -200	2 900	25	6.94	50	60	5.67	7.5	2.0	47
	1 450	12.5	3.47	12.5	55	0.77	1.1	2.0	
IS65-40 -250	2 900	25	6.94	80	53	10.3	15	2.0	78
	1 450	12.5	3.47	20	48	1.42	2.2	2.0	
IS65-40 -315	2 900	25	6.94	125	40	21.3	30	2.5	86
	1 450	12.5	3.47	32.0	37	2.94	4	2.5	
IS80-65 -125	2 900	50	13.9	20	75	3.63	5.5	3.0	40
	1 450	25	6.94	5	71	0.48	0.75	3.0	
S80-65 -160	2 900	50	13.9	32	73	5.97	7.5	2.5	46
	1 450	25	6.94	8	69	0.79	1.5	2.5	

续表

型 号	转速 n (r/min)	流量 Q (m³/h)	(L/s)	扬程 H (m)	效率 η (%)	功率(kW) 轴功率 (Pa)	电机 功率	必需汽 蚀余量 (m)	重量 (kg)
IS80-50 -200	2 900	50	13.9	50	69	9.87	15	2.5	52
	1 450	25	6.94	12.5	65	1.31	2.2	2.5	
IS80-50 -250	2 900	50	13.9	80	63	17.3	22	2.5	83
	1 450	25	6.94	20	60	2.27	3	2.5	
IS80-50 -315	2 900	50	13.9	125	54	31.5	37	2.5	91
	1 450	25	6.94	32	52	4.19	5.5	2.5	
IS100-80 -125	2 900	100	27.8	20	78	7.00	11	4.5	46
	1 450	50	13.9		75	0.91	1.5		
IS100-80 -160	2 900	100	27.8	32	78	11.2	15	4.0	67
	1 450	50	13.9	8.0	75	1.45	2.2	2.5	
IS100-65 -200	2 900	100	27.8	50	76	17.9	22	3.6	81
	1 450	50	13.9	12.5	73	2.33	4	2.0	
IS100-65 -250	2 900	100	27.8	80	72	30.3	37	3.8	9
	1 450	50	13.9	20	68	4.00	5.5	2.0	
IS100-65 -315	2 900	100	27.8	125	66	51.6	75	3.6	1
	1 450	50	13.9	32	63	6.92	11	2.0	
IS125-100 -200	2 900	200	55.5	50	81	33.6	45	4.5	1
	1 450	100	27.8	12.5	76	4.48	7.5	2.5	
IS125-100 -315	2 900	200	55.6	125	75	90.8	110	4.2	
	1 450	100	27.8	32	73	11.9	15	2.5	

续表

型 号	转速 n (r/min)	流　量 Q		扬程 H (m)	效率 η (%)	功率(kW)		必需汽蚀余量 (m)	重量 (kg)
		(m³/h)	(L/s)			轴功率 (Pa)	电机功率		
IS125-100 -400	1 450	100	27.8	50	65	21.0	30	2.5	171
IS150-125 -250	1 450	200	55.6	20	81	13.5	18.5	3.0	135
IS150-125 -315	1 450	200	55.6	32	79	22.3	30	2.2	167
IS150-125 -400	1 450	200	55.6	50	75	36.3	45	2.8	187
IS200-150 -250	1 450	400	111.1	20	82	26.6	37	3.5	187
IS200-150 -315	1 450	400	111.1	32	82	42.5	55	3.5	265
IS200-150 -400	1 450	400	111.1	50	81	67.2	90	3.8	275
125-100 -250	2900	200	55.6	80	78	55.9	75	4.5	132
	1450	100	27.8	20	76	7.17	11	2.5	

2. 立式离心清水泵

【特点及用途】ISL 型立式单级单吸离心清水泵占地
积小,仅为同类型 IS 泵的 1/4～1/3,同时泵的进出口
平面,投影相互关系中有 0 ℃、90℃、180℃、270℃四
形式,便于用户根据使用情况自行调整,其口径为
~100mm,扬程 14～80m,流量 10.8～100m³/h。该泵

运行平稳,噪音低,高效节能,适用于工厂、矿山、船舶及城市给排水,农__
排灌等。

【规 格】四川自贡市恒达泵业公司产品

型 号	流 量 (m³/h)	扬 程 (m)	转 速 (r/min)	效 率 (%)	汽蚀余量 (m)	功率(kW)	
						轴功率	电机功
ISL50-32-125	12.5	20	2 900	60	2.0	1.13	2.2
ISL50-32-125A	11.9	18	2 900	60	2.0	0.96	1.5
ISL50-32-125B	11.2	16.2	2 900	60	2.0	0.8	1.1
ISL50-32-160	12.5	32	2 900	54	2.0	2.02	3.0
ISL50-32-160A	11.9	28	2 900	54	2.0	1.68	2.2
ISL50-32-160B	10.8	24	2 900	54	2.0	1.31	1.5
ISL50-32-200	12.5	50	2 900	48	2.0	3.54	5.5
ISL50-32-200A	11.7	44	2 900	48	2.0	2.8	4.0
ISL50-32-200B	10.8	38	2 900	48	2.0	2.3	3.0
ISL50-32-250	12.5	80	2 900	38	2.0	7.16	11
ISL50-32-250A	11.7	70	2 900	38	2.0	5.76	7.5
ISL50-32-250B	10.8	60	2 900	38	2.0	4.68	5.5
ISL65-50-125	25	20	2 900	69	2.0	1.97	3.0
ISL65-50-125A	22.4	18	2 900	69	2.0	1.64	2.2
ISL65-50-125B	20.8	13.9	2 900	69	2.0	1.1	1.5
ISL65-50-160	25	32	2 900	65	2.0	3.35	5.5
ISL65-50-160A	23.4	28	2 900	65	2.0	2.82	4.0

续表

型　号	流　量 (m^3/h)	扬　程 (m)	转　速 (r/min)	效　率 (%)	汽蚀余量 (m)	功率(kW)	
						轴功率	电机功率
SL65-50-160B	21.7	24	2 900	65	2.0	2.2	3.0
SL65-40-200	25	50	2 900	60	2.0	5.67	7.5
SL65-40-200A	22.5	40.5	2 900	60	2.0	4.13	5.5
SL65-40-200B	20	32	2 900	60	2.0	2.9	4.0
SL65-40-250	25	80	2 900	53	2.0	10.3	15
SL65-40-250A	23.4	70	2 900	52	2.0	8.58	11
SL65-40-250B	20.8	55.7	2 900	52	2.0	6.07	7.5
SL80-65-125	50	20	2 900	75	3.0	3.63	5.5
SL80-65-125A	47	17.7	2 900	74	3.0	3.03	4.0
SL80-65-125B	43.5	15	2 900	73	3.0	2.39	3.0
SL80-65-160	50	32	2 900	73	2.5	5.97	7.5
SL80-65-160A	47	28.2	2 900	73	2.5	4.9	5.5
SL80-65-160B	42.2	22.8	2 900	73	2.5	3.59	4.0
SL80-50-200	50	50	2 900	69	2.5	9.87	15
SL80-50-200A	46.8	44	2 900	69	2.5	8.3	15
SL80-50-200B	43	43	2 900	68	2.5	7.81	11
SL80-50-250	50	80	2 900	63	2.5	17.3	22
SL80-50-250A	47.5	72	2 900	63	2.5	14.8	18.5
SL80-50-250B	44	63	2 900	63	2.5	12.1	15

续表

型 号	流 量 (m³/h)	扬 程 (m)	转 速 (r/min)	效 率 (%)	汽蚀余量 (m)	功率(kW)	
						轴功率	电机功
ISL100-80-125	100	20	2 900	78	4.5	7.00	11
ISL100-80-125A	95	18	2 900	78	4.5	5.96	7.5
ISL100-80-125B	90	16	2 900	77	4.5	5.05	5.5
ISL100-80-160	100	32	2 900	78	4.0	11.2	15
ISL100-80-160A	93	28	2 900	77	4.0	9.16	11
ISL100-80-160B	83.5	23.2	2 900	77	4.0	7.05	7.5
ISL100-65-200	100	50	2 900	76	3.6	17.9	22
ISL100-65-200A	95	45	2 900	75.5	3.6	15.5	18.5
ISL100-65-200B	90	40.9	2 900	75	3.6	13.37	15
ISL100-65-250	100	80	2 900	72		30.3	37
ISL100-65-250A	93	70	2 900	72	4.0	24.9	30
ISL100-65-250B	86	59	2 900	72	4.0	19.2	22

3. 卧式悬臂式离心泵

【特点及用途】PW 型污水泵其口径 65～200mm,扬程 8～48.5m 流量 36～550m³/h,为卧式单级悬臂式离心泵,适用于输送 80 ℃以下,带有纤维或其他悬浮物的液体,可供城市、工矿企业排除污水、粪便之用。

【规　格】

型　号	流量（m³/h）	扬程（m）	转速（r/min）	配套电机		重量（kg）
				型　号	功率（kW）	
$2\frac{1}{2}$ PW	43 ~ 108	39 ~ 48.5	2 940	Y180M-2	22	65
	43 ~ 108	24 ~ 34	2 930	Y160M₂-2	15	
	36 ~ 72	8 ~ 11	1 440	Y112M-4	4	
4PW	72 ~ 120	10.5 ~ 12	970	Y160M-6	7.5	125
	108 ~ 180	24.5 ~ 27.5	1 470	Y200L-4	30	
6PW	300	14	970	Y225M-6	3	417
	350	27	1 440	Y250M-4	55	
8PW	500	13	730	Y280M-8	45	750
	550	25	970	Y315S-6	75	

4. 立式多级泵

【特点及用途】DL 型、DLR 型立式多级泵为单吸节段式级立式离心泵，其口径为 40 ~ 150mm，扬程 23.6 ~ 225m，量 4.9 ~ 200m³/h。可供输送清水或物理化学性质类似于的液体之用。DLR 型泵还可输送介质温度为 150℃ 以下热水。主要用于高层建筑、消防、城镇供水及集中供热系更换部分零件可抽送海水或排放污水。

【规　　格】四川自贡市恒达泵业公司产品

型　号	级　数	流　量		扬程（m）	转　速（r/min）	功率（kW）		效　率η（%）	必需汽蚀余量（m）
		（m³/h）	（L/S）			轴功率	电机功率		
	2	4.9	1.36	24.8		0.83		37	
		6.2	1.72	23.6		0.92	1.5	40	
		7.4	2.06	21.6		1.03		39	
	3	4.9	1.36	37.2		1.25		37	
		6.2	1.72	35.4		1.38	2.2	40	
		7.4	2.06	32.4		1.55		39	
	4	4.9	1.36	49.6		1.67		37	
		6.2	1.72	47.2		1.84	3	40	
		7.4	2.06	43.2		2.07		39	
	5	4.49	1.36	62		2.08		37	
		6.2	1.72	59		2.30	4	40	
		7.4	2.06	54		2.58		39	
40DL 40DLR	6	4.9	1.36	74.4		2.50		37	
		6.2	1.72	70.8		2.76	4	40	
		7.4	2.06	64.8		3.10		39	
	7	4.9	1.36	86.3		2.91		37	3.19
		6.2	1.72	82.6		3.22	5.5	40	
		7.4	2.06	75.6		3.62		39	
	8	4.9	1.36	99.2	1 450	3.33		37	
		6.2	1.72	94.4		3.68	5.5	40	
		7.4	2.06	86.4		4.14		39	
	9	4.9	1.36	112		3.75		37	
		6.2	1.72	106		4.14	7.5	40	
		7.4	2.06	97.2		4.65		39	

续表

型　号	级　数	流　量		扬程 (m)	转速 (r/min)	功　率 (kW)		效　率 η(%)	必需汽蚀余量(m)
		(m³/h)	(L/S)			轴功率	电机功率		
	10	4.9	1.36	124		4.16		37	
		6.2	1.72	118		4.60	7.5	40	
		7.4	2.06	108		5.17		39	
	11	4.9	1.36	136		4.58		37	
		6.2	1.72	130		5.06	7.5	40	3.19
		7.4	2.06	119		5.69		39	
	12	4.9	1.36	149		5.00		37	
		6.2	1.72	142		5.52	11	40	
		7.4	2.06	130		6.20		39	
	2	9.0	2.5	26.6		1.30		50	2.58
		12.6	3.5	24.4		1.55	3	54	2.66
		16.2	4.5	21.2		1.80		52	3.16
	3	9.0	2.5	39.9		1.96		50	2.58
		12.6	3.5	36.6		2.33	3	54	2.66
		16.2	4.5	31.8		2.70		52	3.16
	4	9.0	2.5	53.2		2.61		50	2.58
		12.6	3.5	48.8		3.10	4	54	2.66
		16.2	4.5	42.4		3.60		52	3.16
50DL 50DLR	5	9.0	2.5	66.5		3.26		50	2.58
		12.6	3.5	61		3.88	5.5	54	2.66
		16.2	4.5	53		4.50		52	3.16
	6	9.0	2.5	79.8		3.91		50	2.58
		12.6	3.5	73.2		4.65	5.5	54	2.66
		16.2	4.5	63.6		5.49		52	3.16
	7	9.0	2.5	93.1		4.56		50	2.58
		12.6	3.5	85.4		5.43	7.5	54	2.66
		16.2	4.5	74.2		6.30		52	3.16
	8	9.0	2.5	106		5.22		50	2.58
		12.6	3.5	97.6		6.20	7.5	54	2.66
		16.2	16.2	4.5		7.20		52	3.16

续表

型　号	级　数	流　量		程 (m)	转　速 (r/min)	功　率 (kW)		效　率 (%)	必需汽蚀余量(m)
		(m³/h)	(L/S)			轴功率	电机功率		
50DL 50DLR	9	9.0 12.6 16.2	2.5 3.5 4.5	120 110 95.4		5.87 6.98 8.10	11	50 54 52	2.58 2.66 3.16
	10	9.0 12.6 16.2	2.5 3.5 4.5	123 122 106		6.52 7.75 9.00	11	50 54 52	2.58 2.66 3.16
65DL 65DLR	2	18 30 35	5 8.33 9.72	37 32 29		3.24 4.22 4.6	5.5	56 62 60	2.41 2.82 3.03
	3	18 30 35	5 8.33 9.72	55.5 48 43.5		4.86 6.33 6.9	7.5	56 62 60	2.41 2.82 3.03
	4	18 30 35	5 8.33 9.72	74 64 58		6.48 8.44 9.2	11	56 62 60	2.41 2.82 3.03
	5	18 30 35	5 8.33 9.72	92.5 80 72.5	1 450	8.1 10.6 11.5	15	56 62 60	2.41 2.82 3.03
	6	18 30 35	5 8.33 9.72	111 96 87		6.72 12.7 13.8	15	56 62 60	2.41 2.82 3.03
	7	18 30 35	5 8.33 9.72	130 112 102		11.3 14.8 16.1	185	56 62 60	2.41 2.82 3.03
	8	18 30 35	5 8.33 9.72	148 128 116		13.0 16.9 18.4	22	56 62 60	2.41 2.82 3.03

续表

型　号	级　数	流　量		扬程 (m)	转速 (r/min)	功率 (kW)		效　率 (%)	必需汽蚀余量(m)
		(m³/h)	(L/S)			轴功率	电机功率		
	9	18	5	167		14.6		56	2.41
		30	8.33	144		19.0	22	62	2.82
		35	9.72	131		20.7		60	3.03
	10	18	5	185		16.2		56	2.41
		30	8.33	160		11.2	30	62	2.82
		35	9.72	145		23		60	3.03
	2	32.4	9	43.2		6.28		60.7	2.16
		50.4	14	40		7.84	11	70	2.49
		65.16	18.1	34.2		9.12		66.5	2.82
	3	32.4	9	64.8		9.42		60.7	2.16
		50.4	14	60		11.8	15	70	2.49
		65.16	18.1	51.3		13.7		66.5	2.82
	4	32.4	9	86.4		12.6		60.7	2.16
		50.4	14	80		15.7	22	70	2.49
		65.16	18.1	68.4		18.2		66.5	2.82
80DL	5	32.4	9	108		15.7		60.7	2.16
80DLR		50.4	14	100		19.6	30	70	2.49
		65.16	18.1	85.5		22.8		66.5	2.82
	6	32.4	9	130		18.8		60.7	2.16
		50.4	14	120		23.5	30	70	2.49
		65.16	18.1	103		27.4		66.5	2.82
	7	32.4	9	151		20.0		60.7	2.16
		50.4	14	140		27.4	37	70	2.49
		65.16	18.1	120		31.9		66.5	2.82
	8	32.4	9	173		25.1		60.7	2.16
		50.4	14	160		31.4	45	70	2.49
		65.16	18.1	137		36.5		66.5	2.82
	9	32.4	9	194		28.3		60.7	2.16
		50.4	14	180		35.3	45	70	2.49
		65.16	18.1	154		41.0		66.5	2.82

续表

型 号	级 数	流 量		扬程 (m)	转 速 (r/min)	功 率 (kW)		效 率 (%)	必需汽蚀余量(m)
		(m³/h)	(L/S)			轴功率	电机功率		
80DL 80DLR	10	32.4	9	216		31.4	55	60.7	2.16
		50.4	14	200		39.2		70	2.49
		65.16	18.1	171		45.6		66.5	2.82
100DL 100DLR	2	72	20	43.4		13.1	18.5	65	2.83
		100	27.8	40		15.1		72	3.53
		126	35	34		16.7		70	4.40
	3	72	20	65.1		19.7	30	65	2.83
		100	27.8	60		22.7		72	3.53
		126	35	51		25.0		70	4.40
	4	72	20	86.8		26.2	37	65	2.83
		100	27.8	80		30.3		72	3.53
		126	35	68		33.3		70	4.40
	5	72	20	109		32.8	45	65	2.83
		100	27.8	100		37.9		72	3.53
		126	35	85		41.7		70	4.40
	6	72	20	130		39.3	55	65	2.83
		100	27.8	120		54.4		72	3.53
		126	35	102		50.0		70	4.40
	7	72	20	152		45.9	75	65	2.83
		100	27.8	140		53.0		72	3.53
		126	35	119		58.4		70	4.40
	8	72	20	174	1 450	52.4	75	65	2.83
		100	27.8	160		60.6		72	3.53
		126	35	136		66.7		70	4.40
	9	72	20	195		59.0	90	65	2.83
		100	27.8	180		68.1		72	3.53
		126	35	153		75.0		70	4.40

续表

型　号	级　数	流　量		扬程(m)	转　速(r/min)	功　率(kW)		效　率(%)	必需汽蚀余量(m)
		(m³/h)	(L/S)			轴功率	电机功率		
	10	72	20	217		65.5		65	2.83
		100	27.8	200		75.7	90	72	3.53
		126	35	170		83.4		70	4.40
	2	120	33.3	53		24.1		72	3.1
		160	44.4	50		28.7	37	76	3.5
		200	55.6	44		32.8		73	3.8
	3	120	33.3	79.5		36.1		72	2.16
		160	44.4	75		43.0	55	76	2.49
		200	55.6	66		49.2		73	2.82
	4	120	33.3	106		48.1		72	3.1
		160	44.4	100		57.3	75	76	3.5
		200	55.6	88		65.7		73	3.8
	5	120	33.3	133		60.1		72	3.1
		160	44.4	125		71.7	90	76	3.5
		200	55.6	110		82.1		73	3.8
150DL 150DLR	6	120	33.3	159		72.2		72	3.1
		160	44.4	150		86.0	110	76	3.5
		200	55.6	132		98.5		73	3.8
	7	120	33.3	186		84.2		72	3.1
		160	44.4	175		100	132	76	3.5
		200	55.6	154		115		73	3.8
	8	120	33.3	212		96.2		72	3.1
		160	44.4	200		115	132	76	3.5
		200	55.6	176		132		73	3.8
	9	120	33.3	239		108		72	3.1
		160	44.4	225		129	160	76	3.5
		200	55.6	198		148		73	3.8

5. 螺旋离心泵

【特点及用途】WL 型螺旋离心泵是一种用途广、效率高的螺旋离心式杂质污水泵,其口径为 65～300mm,扬程 8～66m,流量 18～960m³/h。适用于造纸、食品行业及城市和工矿企业的排污。可输送 12% 浓度的纸浆。也可输送鱼类、蔬菜、水果、带骨肉的液体,而不损坏絮凝物。

【规　　格】四川自贡市恒达泵业公司产品

型　号	流量		扬程	转速	配用电机	效率	汽蚀余量
	（m³/h）	（L/s）	（m）	（r/min）	（kW）	（%）	（m）
65WL-30	18	5.0	35	1 470	7.5	30	2.4
	25	6.94	32		11		
	34	9.44	28				
80WL-20	30	8.33	22	1 470	11	50	2.4
	70	19.44	20				
	100	27.78	15				
80WL-A	60	16.67	29	1 470	18.5	50	2.4
	80	22.22	26				
	95	26.39	22				
80WL-B	60	16.67	14.5	1 470	7.5	53	2.4
	80	22.22	12.5				
	95	26.39	10				
80WL-C	60	16.67	12.5	1 470	5.5	55	2.4
	80	22.22	11				
	95	26.39	8				

续表

型　号	流量		扬　程 (m)	转　速 (r/min)	配用电机 (kW)	效　率 (%)	汽蚀余量 (m)
	(m³/h)	(L/s)					
100WL–A	100	27.78	44	1 470	55	57	3.5
	150	41.67	40				
	200	55.56	35				
100WL–B	100	27.78	38	1 470	37	60	3.5
	150	41.67	35				
	200	55.56	31				
100WL–C	100	27.78	21	1 470	15	62	3.5
	150	41.67	18				
	200	55.56	15				
150WL–A	150	41.67	61	1 470	75	60	3.8
	220	61.11	55				
	288	80	47				
150WL–B	150	41.67	37.5	1 470	55	65	3.8
	220	61.11	34				
	288	80	29				
150WL–C	150	41.67	29	1 470	37	65	3.8
	220	61.11	26				
	288	80	22				
200WL–A	300	83.3	66	1 470	160	70	4.2
	440	122.2	59				
	570	158.3	50				
200WL–B	300	83.3	43	1 470	110	72	4.2
	440	122.2	38				
	570	158.3	32				

续表

型 号	流量		扬 程	转 速	配用电机	效 率	汽蚀余量
	(m³/h)	(r/s)	(m)	(r/min)	(kW)	(%)	(m)
200WL-C	300	83.3	30	1 470	55	75	4.0
	440	122.2	25				
	570	158.3	19				
250WL-A	500	138.9	61	1 470	200	72	5.2
	600	166.7	55				
	700	194.4	48				
250WL-B	500	138.9	43	1 470	132	75	5.2
	600	166.7	38				
	700	194.4	32				
250WL-C	500	138.9	28	1 470	75	76	5.2
	600	166.7	24				
	700	194.4	19				
250WL-A	600	166.7	63	1 470	220	75	6.2
	780	216.7	57				
	960	266.7	49				
300WL-B	600	166.7	35	1 470	132	78	6.2
	780	216.7	31				
	960	266.7	26				

6. 双吸泵

【特点及用途】S型双吸泵为单级、双吸、泵壳中开式离心泵,供吸送清水及物理化学性质类似水的液体之用其液体温度可达80℃,口径为150

~500mm,扬程11~98m,流量144~2 020m³/h。适用于矿山、工厂、城市给排水、电站、大型水利工程、农田排涝和灌溉等。

【规　格】

型号	流量		扬程 (m)	转速 (r/min)	功率 N(kW)		效率 (%)	汽蚀余量 (m)	叶轮直径 (mm)	重量 (kg)
	(m³/h)	(L/S)			轴功率 (Pa)	配用功率				
150S78	162	45	78	2 950	46.5	55	74	4.7	251	165
150S78A	144	40	62	2 950	33.8	45	72	4.7	223	165
150S50	170	47.2	47.6	2 950	27.6	45	79.8	4.7	200	155
150S50A	144	40	40	2 950	20.9	30	75	4.7	186	155
200S95	234	65	93.5	2 950	81	90	73.5	5.2	282	309
200S63	288	80	62.5	2 950	61.6	75	79.5	5.2	233	242
200S63A	270	75	46	2 950	46	55	76	6	218	241
200S42	288	80	42	2 950	40.1	55	82	6	204	195
200S42A	270	75	36	2 950	33	45	80	5.3	193	195
250S65	486	135	65.1	1 470	112	132	76.5	4.3	460	528
250S65A	468	130	54	1 470	92	110	75	4.2	430	528
250S39	486	135	38.5	1 470	63	75	81	4.2	367	428
250S39A	468	130	30.5	1 470	48.6	55	80	4.2	338	428
250S24	486	135	23.5	1 470	36.2	45	86	4.2	296	420
250S24A	414	115	20.3	1 470	27.6	37	83	4.2	270	420
250S14	486	135	14	1 470	22.6	30	82	4.2	240	405
250S14A	432	120	11	1 470	15.8	22	82	4.2	224	405

续表

型号	流量		扬程 (m)	转 速 (r/min)	功率 N(kW)		效率 (%)	汽蚀余量 (m)	叶轮直径 (mm)	重量 (kg)
	(m³/h)	(L/S)			轴功率 (Pa)	配用功率				
300S90	792	220	90	1 470	250	315	77.5	5.5	540	857
300S90A	756	210	78	1 470	217	280	74	5.3	510	857
300S90B	720	200	67	1 470	180	230	73	5	475	857
300S58	792	220	58	1 470	150	220	83.5	5.5	435	773
300S58A	720	200	49	1 470	115.6	160	83	5	402	773
300S58B	684	190	43	1 470	97.7	132	82	5.3	378	773
300S32	792	220	32.2	1 470	83.5	110	83.5	5.5	352	709
300S32A	720	200	26	1 470	67	75	82.5	5	322	709
300S19	792	220	19.4	1 470	51	55	82	5.5	290	478
300S19A	720	200	16	1 470	38.3	45	82	5	265	478
300S12	792	220	12	1 470	32	45	81	5.5	248	472
300S12A	685	190	10	1 470	24.4	30	77	5.3	225	471
350S125	1 250	347	125	1 470	545	630	78	6.6	665	1 58
350S125A	1 180	328	112	1 470	481	630	75	6.5	620	1 58
350S125B	1 100	305	96	1 470	388	500	74	6.5	575	1 58
350S75	1 260	350	75	1 470	322	355	80	6.5	500	1 20
350S75A	1 170	325	65	1 470	262	280	79	6.5	465	1 20
350S75B	1 080	300	55	1 470	207.2	250	78	6.5	428	1 20
350S44	1 260	350	43.8	1 470	179	220	84	6.6	410	1 10

续表

型号	流量		扬程 (m)	转速 (r/min)	功率 N(kW)		效率 (%)	汽蚀余量 (m)	叶轮直径 (mm)	重量 (kg)
	(m³/h)	(L/S)			轴功率 (Pa)	配用功率				
350S44A	1 116	310	36	1 470	130	160	84	6.5	380	1 105
350S26	1 260	350	26	1 470	102	132	88	6.6	350	878
350S26A	1 116	310	21.5	1 470	77	110	85	6.5	326	878
350S16	1 260	350	16.2	1 470	68.5	75	81	6.6	290	760
350S16A	1 044	290	13.4	1 470	48.8	55	78	6.5	265	760
500S13	2 020	561	13	970	86.2	110	83	6		2 000
500S22	2 020	561	22	970	144.1	200	84	6	460	1 722
500S22A	1 746	485	17	970	101	132	80	6		1 722
500S35	2 020	561	35	970	219	280	88	6		2 340
500S35A	1 746	485	27	970	151	220	85	6		2 340
500S59	2 020	561	59	970	391	450	83	6		2 747
500S59A	1 872	520	49	970	333	400	75	6		2 747
500S59B	1 746	485	40	970	257	315	74	6		2 747
500S98	2 020	561	98	970	678	800	79.5	6		4 320
500S98A	1 872	520	83	970	540	630	78.5	6		4 320
500S98B	1 746	485	74	970	452	530	78	6		4 320

7. 隔膜泵

【特点及用途】DBY 型电动隔膜泵的特点是不需灌引水,自吸能力达 7m 以上。其通过性能好,直径在 10mm 以下的颗料、泥浆等均可以通过。

由于隔膜将被输送介质和传动机械件分开、所以介质绝对不会向外泄漏。且泵体无轴封,使用寿命大大延长。根据不同介质,隔膜分为氯丁橡胶、氟橡胶、丁腈橡胶等,可以满足不同需要。

【规　　　格】上海爱皮尔水泵制造有限公司产品

型号	流量	吸程 (m)	扬程 (m)	出口压力 (kgf/cm²)	电机功率 转/分 (kW)	使用温度(%)		泵进出口尺寸	重量 (kg)
						铸铁	不锈钢		
DBY–10	0.5	3	30	3	1 450/0.55	90	150	⅜"丝扣	50
DBY–15	0.75	3	30	3	1 450/0.55	90	150	½"丝扣	50
DBY–25	3.5	4	30	3	1 450/1.5	90	150	1"丝扣	170
DBY–40	4.5	4	30	3	1 450/2.2	90	150	1½"丝扣	180
DBY–50	6.5	4.5	30	3	1 450/4	90	150	50mm 法兰	400
DBY–65	8	4.5	30	3	1 450/4	90	150	65mm 法兰	400
DBY–80	16	5	30	3	1 450/5.5	90	150	80mm 法兰	610
DBY–100	20	5	30	3	1 450/5.5	90	150	100mm 法兰	610

8. 电动往复泵

【特点及用途】WB 型电动往复泵结构紧凑,机座分为 1 号、2 号和 3 号,减速箱采用皮带齿轮二级变速,润滑采用飞溅方式,不锈钢泵活塞环采用特制的碗形聚四氟乙烯环,耐磨、耐磨蚀,密封性能好,泵轴配用不锈钢轴或陶瓷轴,垫料采用聚四氟乙烯与碳纤维垫料,高压型采用柱塞式双阀座结构,低压型采用活塞球阀结构,WB 型电动往复泵主要用于远距离输送水,码头输送油品,甲醇等。亦用于油罐车、油库装卸、热水回收及循环等,是制药、酿造、化工、石油等行业的常用设备。

【规　格】上海爱皮尔水泵制造有限公司产品

型　号	流量 (m³ /h)	压力 (kg/ cm³)	活塞 直径 (mm)	活塞 行程 (mm)	电机功率 (r/kW)	往复 次数 (z/min)	吸入口 尺寸 (法兰)	排出口 尺寸 (法兰)	重量 (kg)
WB1-0.75/16	0.75	16	36	100	1 450/2.2	130	1″	1″	370
WB1-0.75/25	0.75	25	36	100	1 450/3	130	1″	1″	370
WB1-0.75/40	0.75	40	36	100	1 450/4	130	1″	1½″	370
WB1-6/5	6	5	100	100	1 450/4	130	1½″	1½″	370
WB1-6/15	6	15	100	100	1 450/5.5	65	1½″	1½″	370
WB1-10/7	10	7	160	100	1 450/7.5	45	2½″	2½″	400
WB1-13/3	13	3	160	100	1 450/5.5	45	2½″	2½″	400
WB1-13/6	13	6	160	100	1 450/7.5	45	2½″	2½″	420
WB2-1/120	1	120	36	120	1 450/7.5	145	1″	1″	400

续表

型 号	流量 (m³ /h)	压力 (kg/ cm³)	活塞 直径 (mm)	活塞 行程 (mm)	电机功率 (r/kW)	往复 次数 (z/min)	吸入口 尺寸 (法兰)	排出口 尺寸 (法兰)	重量 (kg)
WB2-2/60	2	60	50	120	1 450/7.5	145	1″	1″	400
WB2-10/15	10	15	160	120	1 450/7.5	73	2½″	2″	740
WB2-10/25	10	25	160	120	1 450/11	73	2½″	2″	760
WB2-20/5	20	5	160	120	1 450/7.5	73	2½″	2½″	760
WB2-20/10	20	10	160	120	1 450/11	73	2½″	2½″	760
WB2-30/3	30	3	210	120	1 450/7.5	73	4″	4″	790
WB2-30/6	30	6	210	120	1 450/11	73	4″	4″	790
WB3-4/100	4	100	80	150	1 450/18.5	94	1″	1″	790
WB3-4/160	4	160	80	150	1 450/22	94	1″	1″	790
WB3-16/30	16	30	160	150	1 450/22	47	2½″	2½″	810
WB3-16/45	16	45	160	150	1 450/30	47	2½″	2½″	840
WB3-30/10	30	10	210	150	1 450/22	47	4″	4″	840
WB3-30/16	30	16	210	150	1 450/30	47	4″	4″	880
WB3-40/7	40	7	250	150	1 450/22	47	4″	4″	920
WB3-40/10	40	10	250	150	1 450/30	47	4″	4″	920

9. 高温电动往复泵

【特点及用途】WBR 型高温电动往复泵结构紧凑,由齿轮箱,电机,飞轮十字头等构成,齿轮箱采用飞溅方式润滑。泵体由铸造组成双层夹套结构,夹套内可通蒸汽,以进行保温(如重油类)。泵阀结构为球阀方式,密封可靠,运作灵敏。泵头和箱体之间有冷却套隔开。密封填料为石墨纤维高温填料。WBR 型高温电动往复泵适用于温度在 100～400℃的热水,热油浆,导热油或其他物理、化学性能类似于油水的高温介质的输送。

【规　格】上海爱皮尔水泵制造有限公司产品

型　号	流量 (m³ /h)	压力 (kg/c m²)	活塞直径 (mm)	活塞行程 (mm)	往返次数 (z/ min)	电机功率 (r/kW)	泵口径 (法兰)		冷却套接口螺纹 (丝扣)	保温套接口螺纹 (丝扣)	重量 (kg)
							吸口	出口			
WBR–5/7	5	7	100	100	65	1 450/4	1½″	2½″	1½″	1½″	370
WBR–3/10	3	10	100	100	42	1 450/4	1½″	2½″	½″	½″	370
WBR–20/7	20	7	160	120	73	1 450/11	½″	½″	½″	½″	730
WBR–15/15	15	15	160	120	50	1 450/11	½″	½″	1½″	1½″	730
WBR–30/10	30	10	210	150	47	1 450/22	4″	4″	1″	1″	900
WBR–25/25	25	25	210	150	40	1 450/22	4″	4″	1″	1″	930
WBR–40/7	40	7	250	150	47	1 450/30	4″	4″	1″	1″	960
WBR–40/10	40	10	250	150	47	1 450/30	4″	4″	1″	1″	980

10. 2CY 型齿轮输油泵

【特点及用途】2CY 型齿轮油泵口径为 20 ~ 12S,扬程 33 ~ 250m,流量 1.08 ~ 60m3/h,该泵型适用于输送温度低于 60℃,黏度 10 ~ 200°E,不含固体颗粒和纤维物,无腐蚀性的石油、柴油及其他油类。

【规   格】四川自贡市恒达泵业公司产品

型号	流量 (m³/h)	扬程 (m)	吸程 (m)	转速 (r/min)	配套电机 型 号	功率	口径(mm) 入口	口径(mm) 出口
2CY–1.8/14.5	1.8	145	5	1 420	Y90L–4	1.5	20	20
2CY–3/3.3	3	33	5	1 420	Y90L–4	1.5	25	25
2CY–4.5/3.3	4.5	33	3	1 420	Y100L1–4	2.2	40	40
2CY–5/3.3	5	33	3	1 420	Y100L1–4	2.2	40	40
2CY–6/3.3	6	33	3	1 420	Y100L2–4	7.5	50	50
2CY–7.5/25	7.5	250	5	1 440	Y132M–4	7.5	50	50
2CY–9/3.3	9	33	5	1 440	Y100L2–4	3	50	50
2CY–12/3.3	12	33	5	1 440	Y112M–4	4	50	50
2CY–12/6	12	60	5	1 440	Y132S–4	5.5	50	50
2CY–18/3.6	18	36	5	1 440	Y132S–4	5.5	50	50
2CY–21/3.6	21	36	5	1 440	Y132S–4	5.5	70	70
2CY–24/3.6	24	36	5	1 440	Y132M–4	5.5	70	70
2CY–29/3.6	29	36	5	1 440	Y132M–4	7.5	100	100
2CY–38/2.8	38	28	7	1 460	Y160M–4	11	125	125
2CY–60/2.8	60	28	7	1 470	Y180L–4	22	125	125

续表

型号	流量 (m³/h)	扬程 (m)	吸程 (m)	转速 (r/min)	配套电机 型号	功率	口径(mm) 入口	口径(mm) 出口
2CY-1.08/25	1.08	250	2	1 430	Y100L1-4	2.2	18	18
2CY2.1/25	2.1	250	2	1 440	Y112M-4	3	25	25
2CY-3/25	3	250	2	1 440	Y112M-4	4	25	25
2CY-4.2/25	4.2	250	2	1 440	Y132S-4	5.5	25	25

11. KCB型齿轮输油泵

【特点及用途】KCB 型齿轮油泵主要用于输送温度低于 60℃，黏度为 5～1 500CP，不含固体颗粒和纤维物、无腐蚀性的润滑油、重油、工业轻油和食用油等具有可润滑性的油类。其口径为 25～125mm，扬程 35～150m，流量 4.5～60m³/h。应用于油库、码头、船舶、工厂、矿山等部门。

【规　　格】四川自贡市恒达泵业公司产品

型号	流量 (m³/h)	扬程 (m)	吸程 (m)	转速 (r/min)	配套电机 型号	功率	口径(mm) 入口	口径(mm) 出口
KCB-75	4.5	35	5	1 440	Y100L1-4	2.2	25	25
KCB-83.3	5	33	5	1 440	Y100L2-4	3	25	25
KCB-100	6	35	5	1 440	Y100L1-4	2.2	40	40
KCB-150	9	35	5	1 440	Y100L2-4	3	50	50
KCB-200	12	33	5	1 440	Y112M-4	4	50	50
KCB-300	18	50	5	1 440	Y132S-4	5.5	70	70
KCB-483	29	50	5	970	Y160M-6	7.5	100	100

续表

型 号	流量 (m³/h)	扬程 (m)	吸程 (m)	转速 (r/min)	配套电机 型 号	功率	口径(mm) 入口	出口
KCB-650	38	60	4	1 440	Y200M-4	18.5	125	100
KCB-700	42	36	4	1 440	Y160M-4	11	125	125
KCB-1000	60	150	3	750	Y225M-8	22	125	100

12. 卧式离心油泵

【特点及用途】Y型卧式离心油泵适用介质温度为-45℃～400℃。其口径为25～150mm,扬程43～240m,流量2.4～240m³/h。适用于输送汽油、柴油、煤油及不含固体颗粒的石油产品等液体介质。

【规　　格】自贡市恒达泵业有限公司产品

型号	流量 (m³/h)	扬程 (m)	比重 (r)	转速 (r/min)	配套电机 型 号	功率 (kW)	口径(mm) 入口	出口	重量 (kg)
40Y40×2	2.5	90	1	2 950	YB132S2-2	7.5	40	50	123
	6.25	80	0.75		YB132S1-2	5.5			
	7.2	75	0.5		YB112M-2	4			
40Y40×2A	2.4	78	1	2 950	YB132-2	5.5	40	25	123
	5.85	70	0.75		YB112M-2	4			
	6.5	62	0.54		YB100L-2	3			
50Y60	7.5	68	1	2 950	YB160M1-2	11	50	40	167
	13	63	0.75		YB132S2-2	7.5			
	15	60	0.5		YB132S1-2	5.5			

续表

型号	流量 （m³/h）	扬程 （m）	比重 （r）	转速 （r/min）	配套电机		口径（mm）		重量
					型　号	功率 （kW）	入口	出口	（kg）
50Y60A	7.2	54	1	2 950	YB132S2-2	7.5	50	40	167
	11.2	49	0.75		YB132S1-2	5.5			
	14.5	44	0.5		YB112M-2	4			
50Y60×2	7.2	130	1	2 950	YB160M2-2	15	50	40	180
	12.5	120	0.75		YB160M2-2	15			
	15	110	0.5		YB150M1-2	7.5			
50Y60×2A	7	114	1	2 950	YB160M2-2	15	50	40	180
	12	105	0.75		YB160M1-2	11			
	14	98	0.5		YB132S2-2	7.5			
65Y60	15	68	1	2 950	YB160M1-2	11	65	50	139
	25	60	0.75		YB132S2-2	7.5			
	30	53	0.5		YB132S1-2	5.5			
65Y60A	13.5	55	1	2 950	YB132S2-2	7.5	65	50	139
	22.5	49	0.75		YB132S1-2	5.5			
	27	45	0.5		YB112M-2	4			
65Y100	15	115	1	2 950	YB200L1-2	30	65	50	150
	25	110	0.75		YB180M-2	22			
	30	104	0.5		YB160M2-2	15			
65Y100A	15	115	1	2 950	YB200L1-2	30	65	50	150
	25	110	0.75		YB180M-2	22			
	30	104	0.5		YB160M2-2	15			

续表

| 型号 | 流量
（m³/h） | 扬程
（m） | 比重
（r） | 转速
（r/min） | 配套电机 | | 口径（mm） | | 重量 |
					型 号	功率 （kW）	入口	出口	（kg）
65Y100×2	15	220	1	2 950	YB250M-2	55	65	50	180
	25	200	0.75		YB225M-2	45			
	30	180	0.5		YB200L2-2	37			
65Y100×2A	14	192	1	2 950	YB250M-2	37	65	50	180
	23	175	0.75		YB200L1-2	30			
	28	160	0.5		YB180M-2	22			
80Y60	30	66	1	2 950	YB160L-2	18.5	80	65	150
	50	58	0.75		YB160M2-2	15			
	60	51	0.5		YB160M1-2	11			
80Y60A	27	56	1	2 950	YB160M2-2	15	80	65	150
	45	49	0.75		YB160M1-2	11			
	53	43	0.5		YB132S2-2	7.5			
80Y100	30	110	1	2 950	YB200L2-2	37	80	65	175
	50	100	0.75		YB200L1-2	30			
	60	90	0.5		YB160L-2	18.5			
80Y100A	26	91	1	2 950	YB200L1-2	30	80	65	175
	45	80	0.75		YB180M-2	22			
	55	68	0.5		YB160M2-2	15			
BY100-60	60	67	1	2 950	YB200L1-1	30	100	80	150
	100	63	0.75		YB180M-2	22			
	120	59	0.5		YB160L-2	18.5			
BY100-60A	54	54	1	2 950	YB180M-2	22	100	80	150
	90	49	0.75		YB160L-2	18.5			
	108	45	0.5		YB160M2-2	15			

续表

型号	流量 (m³/h)	扬程 (m)	比重 (r)	转速 (r/min)	配套电机 型　号	功率 (kW)	口径(mm) 入口	口径(mm) 出口	重量 (kg)
BY100－120	60	130	1	2 950	YB280S-2	55	100	80	283
	100	123	0.75		YB250M-2	18.5			
	120	116	0.5		YB200L2-2	37			
BY100 120A	55	115	1	2 950	YB250M-2	55	100	80	283
	93	105	0.75		YB200L2-2	37			
	115	101	0.5		YB200L1-2	30			
100Y 120×2	60	225	1	2 950	YB315M2-2	160	100	80	460
	100	240	0.75		YB280M2-2	90			
	120	218	0.5		YB280S-2	55			
100Y 120×2A	55	223	1	2 950	YB315S-2	110	100	80	460
	93	210	0.75		YB280M2-2	90			
	115	195	0.5		YB250M-2	55			
150Y75	122	86	1	2 950	YB280S-2	75	150	125	255
	200	78	0.75		YB225M-2	55			
	220	75	0.5		YB225M-2	45			
150Y75A	110	70	1	2 950	YB250M-2	55	150	125	255
	180	64	0.75		YB225M-2	45			
	200	61	0.5		YB200L2-2	37			
150Y150	120	164	1	2 950	YB315M2-2	160	150	125	550
	180	150	0.75		YB315M1-2	132			
	240	133	0.5		YB280M-2	90			
150Y 150A	111.5	141	1	2 950	YB315S-2	110	150	125	550
	167.5	130	0.75		YB280S-2	75			
	223	114	0.5		YB250M-2	55			

13. 多级离心泵

【特点及用途】D型多级离心泵系单吸多级分段式离心泵,供输送清水及物理化学性质类似水的液体,介质温度可达80℃,当改变部分零件材质时,可以用来输送含酸性(pH = 2 ~ 4)的矿坑水。其口径为80 ~ 200mm,扬程19 ~ 450m,流量21 ~ 346m³/h。适用于矿山、城市和工厂给排水用。

【规　格】四川自贡市恒达泵业公司产品

型　号	流　量 (m³/h)	扬　程 (m)	配带电机型号	电机功率 (kW)
80D12×2	21.6 ~ 39.6	19 ~ 27.6	Y112M-2	4
80D12×3	21.6 ~ 39.6	28.5 ~ 41.8	Y132S1-2	5.5
80D12×4	21.6 ~ 39.6	38 ~ 55.2	Y132S2-2	7.5
80D12×5	21.6 ~ 39.6	47.5 ~ 69	Y160M2-2	15
80D12×6	21.6 ~ 39.6	60 ~ 82.8	Y160M2-2	15
80D12×7	21.6 ~ 39.6	65.8 ~ 96.6	Y160L-2	18.5
80D12×8	21.6 ~ 39.6	79.0 ~ 110.4	Y160L-2	18.5
80D12×9	21.6 ~ 39.6	84.7 ~ 124.2	Y160L-2	18.5
80D30×3	23 ~ 50	79.8 ~ 102.6	Y180M-2	22
80D30×4	23 ~ 50	106.4 ~ 136.8	Y200L1-2	30
80D30×5	23 ~ 50	133 ~ 171	Y200L2-2	30
80D30×6	23 ~ 50	159.6 ~ 205.2	Y200L2-2	37
80D30×7	23 ~ 50	186.2 ~ 239.4	Y225M-2	45
80D30×8	23 ~ 50	212.8 ~ 273.6	Y250M-2	55
80D30×9	23 ~ 50	239.4 ~ 307.8	Y250M-2	55
80D30×10	23 ~ 50	266 ~ 342	Y280S-2	75

续表

型　号	流　量 （m³/h）	扬　程 （m）	配带电机型号	电机功率 （kW）
100D16×2	39.6~72	20.4~36.8	Y132S2-2	7.5
100D16×3	39.6~72	30.6~55.2	Y160M1-2	11
100D16×4	39.6~72	40.8~73.6	Y160M2-2	15
100D16×5	39.6~72	51~92	Y180M-2	22
100D16×6	39.6~72	61.2~110.4	Y180M-2	22
100D16×7	39.6~72	71.4~128.8	Y200L1-2	30
100D16×8	39.6~72	81.6~147.2	Y200L1-2	30
100D16×9	39.6~72	91.9~165.6	Y200L2-2	37
100D45×2	54~97	80~100	Y200L2-2	37
100D45×3	54~97	120~150	Y250M-2	55
100D45×4	54~97	160~200	Y280S-2	75
100D45×5	54~97	200~250	Y315S-2	110
100D45×6	54~97	240~300	Y315S-2	110
100D45×7	54~97	280~350	Y315M1-2	132
100D45×8	54~97	320~400	Y315M2-2	160
100D45×9	54~97	360~450	Y315M2-2	160
100D25×2	72~119	35~51.2	Y180M2-2	22
125D25×3	72~119	52.5~76.8	Y200L1-2	30
125D25×4	72~119	70~102.4	Y200L2-2	37
125D25×5	72~119	87.5~128	Y250M-2	55
125D25×6	72~119	105~153.6	Y250M-2	55
125D25×7	72~119	122.5~179.2	Y280S-2	75
125D25×8	72~119	140~204.8	Y280S-2	75
125D25×9	72~119	157.5~230.4	Y280M-2	90

续表

型 号	流 量 （m³/h）	扬 程 （m）	配带电机型号	电机功率 （kW）
150D30×3	119～190	79.5～93	Y280S-4	75
150D30×4	119～190	106～124	Y280M-4	90
150D30×5	119～190	133～155	JR114-4	115
150D30×6	119～190	159～186	JR116-4	125
150D30×7	119～190	186～217	JR116-4	155
150D30×8	119～190	212～248	JR117-4	180
150D30×9	119～190	239～299	JR117-4	180
150D30×10	119～190	265～310	JR126-4	225
200D43×2	190～346	74～90.6	Y315S-4	110
200D43×3	190～346	111～135.9	Y315M2-4	160
200D43×4	190～346	148～181.2	JR127-4	230
200D43×5	190～346	185～226.5	JR136-4	300
200D43×6	190～346	222～271.8	JR136-4	300
200D43×7	190～346	259～317.1	JR137-4	350
200D43×8	190～346	296～362.4	JR138-4	410
200D43×9	190～346	333～407.7	JSQ148-4	440

14. 卧式多级泵

【特点及用途】D 型、DG 型泵是卧式单吸多级节段式离心泵，供输送清水或物理化学性质类似于水的其他液体，属节能型产品。其口径为 40 ~ 250mm，扬程 75 ~ 650m，流量 6.3 ~ 500m³/h。D 型泵输送介质的温度小于 80℃，适用于工矿及城市给排水等场合。DG 型泵输送介质温度小于 105℃，适用于各种锅炉给水。

【规　　格】

型　　号	流量		扬程 (m)	转速 (r/ min)	效率 (%)	功率(kW)		必需汽蚀余量 (m)	进出口径 (mm)	重量 (kg)	
	(m³ /h)	(L/s)				轴功率	电机功率			D	DG
D DG6-25×3	3.75	1.04	76.5	2 950	34.0	2.4		2.0	40	86	90
	6.30	1.75	75.0		46.5	2.8	4	2.0			
	7.50	2.08	73.5		50.0	3.0		2.5			
D DG6-25×4			102			3.1				96	100
			100			3.7	5.5				
			98			4.0					
D DG6-25×5			127.5			3.8				106	110
			125.0			4.6	5.5				
			122.5			5.0					
D DG6-25×6			153			4.6				116	120
			150			5.5	7.5				
			147			6.0					
D DG6-25×7			178.5			5.4				126	130
			175.0			6.5	7.5				
			171.5			7.0					
D DG6-25×8			204			6.1				136	140
			200			7.2	11				
			196			8.0					
D DG6-25×9			229.5			6.8				146	150
			225.0			8.3	11				
			220.5			9.0					
D DG6-25×10			255			7.7				156	160
			250			9.2	11				
			245			10.0					

续表

型　号	流量		扬程(m)	转速(r/min)	效率(%)	功率(kW)		必需汽蚀余量(m)	进出口径(mm)	重量(kg)	
	(m³/h)	(L/s)				轴功率	电机功率			D	DG
D DG6-25×11			280.5 275.0 269.5			8.4 10.2 11.0	15			166	170
D DG6-25×12			306 300 294			9.2 11.1 12.0	15			176	180
D DG12-25×3	7.5 12.5 15.0	2.08 3.47 4.17	84.6 75.0 69.0	2 950	44 54 53	3.93 4.73 5.32	5.5	2.0 2.0 2.5	40	86	90
D DG12-25×4			112.8 100.0 92.0			5.42 6.30 7.09	7.5			96	100
D DG12-25×5			141 125 115			6.55 7.88 8.86	11			106	110
D DG12-25×6			169.2 150.0 138.0			7.85 9.46 10.64	11			116	120
D DG12-25×7			197.4 175.0 161.0			9.16 11.00 12.41	15			126	130
D DG12-25×8	7.5 12.5 15.0	2.08 3.47 4.17	225.6 200.0 184.0	2 950	44 54 53	10.47 12.61 14.18	15	2.0 2.0 2.5	40	136	140
D DG12-25×9			253.8 225.0 207.0			11.78 14.18 15.95	18.5			146	150
D DG12-25×10			282 250 230			13.09 15.76 17.73	18.5			156	160

续表

型　　号	流量		扬程 (m)	转速 (r/min)	效率 (%)	功率(kW)		必需汽蚀余量 (m)	进出口径 (mm)	重量 (kg)	
	(m³/h)	(L/s)				轴功率	电机功率			D	DG
D DG12-25×11	15	4.17	310.2	2 950	50	14.40	22	2.2	80	166	170
	25	6.94	275.0		62	17.34		2.2			
	30	8.33	253.0		63	19.50		2.6			
D DG12-25×12			338.4			15.7	22			176	180
			300.0			18.9					
			276.0			21.3					
D DG25-30×3			102.0			8.33	15			175	188
			90.0			9.88					
			82.5			10.70					
D DG25-30×4			136			11.11	18.5			192	205
			120			13.10					
			110			14.26					
D DG25-30×5			170.0			13.89	22			209	222
			150.0			16.47					
			137.5			17.83					
D DG25-30×6			204			16.67	30			226	230
			180			19.77					
			165			21.40					
D DG25-30×7			238.0			19.44	30			243	250
			210.0			23.10					
			192.5			24.96					
D DG25-30×8			272			22.22	37			260	273
			240			26.40					
			220			28.53					
D DG46-30×3	30	8.33	102		64	13.02	22	2.4	80	276	290
	46	12.80	90		70	16.11		3.0			
	55	15.30	81		68	17.84		4.6			
D DG46-30×4			136			17.36	30			294	307
			120			21.48					
			108			23.79					

续表

型　号	流量		扬程 (m)	转速 (r/ min)	效率 (%)	功率(kW)		必需汽 蚀余量 (m)	进出 口径 (mm)	重量 (kg)
	(m³ /h)	(L/s)				轴功率	电机 功率			
D DG25-30×9			306.0 270.0 247.5			25.00 29.55 32.10	37			
D DG25-30×10			340 300 275			27.8 329 35.7	45			
D DG46-30×5	30 46 55	8.33 12.80 15.30	170 150 135	2 950	64 70 68	21.70 26.85 29.74	37	2.47 3.0 4.6	80	
D DG46-30×6			204 180 162			26.04 32.21 35.68	37			
D DG46-30×7			238 210 189			30.58 27.58 41.63	45			
D DG46-30×8			274 240 216			34.72 42.95 47.58	55			
D DG46-30×9			306 270 243			39.05 48.32 53.53	55			
D DG46-30×10			340 300 270			43.40 53.69 59.47	75			
D DG46-50×3	30 46 55	8.33 12.80 15.30	166.5 150.0 138.0	2 950	54 63 64	25.19 29.83 32.30	37	2.5 2.8 3.2	80	
D DG46-50×4			222 200 184			33.59 39.77 43.06	45			
D DG46-50×5			277.5 250.0 230.0			41.98 49.71 53.83	55			

续表

型　号	流量 (m³/h)	(L/s)	扬程 (m)	转速 (r/min)	效率 (%)	功率(kW) 轴功率	电机功率	必需汽蚀余量 (m)	进出口径 (mm)	重量 (kg)
D DG46-50×6			330 300 276			50.38 59.65 64.59	75			
D DG46-50×7			388.5 350.0 322.0			58.78 69.60 75.36	75 90			
D DG46-50×8			440 400 368			67.18 79.54 86.12	90			
D DG46-50×9			499.5 450.0 414.0			75.57 89.48 96.89	110			
D DG46-50×10			555 500 460			83.97 99.42 107.66	110			
D DG46-50×11			610.5 550.0 506.0			92.37 109.36 118.42	132			
D DG46-50×12	34 46 55	8.33 12.80 15.30	666 600 552	2 950	54 63 64	100.8 119.30 129.20	132	2.5 2.8 3.2	80	
D DG85-45×2	55 85 100	15.3 23.6 27.8	102 90 78	2 950	63 72 70	24.25 28.94 30.35	37	3.2 4.2 5.2	100	
D85-45×3			153 135 117			36.38 43.30 45.52	55			
D85-45×4			204 180 156			48.50 57.87 60.70	75			
D85-45×5			255 225 195			60.63 72.34 75.86	90			
D85-45×6			306 270 234			72.75 86.81 91.04	110			
D85-45×7			357 315 273			84.88 101.30 106.20	132			

续表

型　号	流量		扬程 (m)	转速 (r/ min)	效率 (%)	功率(kW)		必需汽蚀余量 (m)	进出口径 (mm)	重量 (kg)
	(m³/h)	(L/s)				轴功率	电机功率			
D85-45×8	119	33	408	1 480	72.0	97.0	132	2.7	150	
	155	43	360		77.0	115.7		3.2		
	190	53	312		76.5	121.4		3.9		
D85-45×9			459			109.1	160			
			405			130.2				
			351			136.6				
D155-30×2			64			28.76	55			490
			60			32.84				
			54			36.68				
D155-30×3			96			43.14	75			560
			90			49.26				
			81			55.02				
D155-30×4			128			57.52	90			630
			120			65.68				
			108			73.36				
D155-30×5			160			71.90	110			700
			150			82.10				
			135			91.70				
D155-30×6			192			86.28	132			770
			180			98.52				
			162			110.04				
D155-30×7			224			100.66	160			840
			210			114.97				
			189			128.38				
D155-30×8	119	33	256	1 480	72.0	115.04	180	2.7	150	910
	155	43	240		77.0	131.36		3.2		
	190	53	216		76.5	146.72		3.9		

续表

型 号	流量 (m³/h)	(L/s)	扬程 (m)	转速 (r/min)	效率 (%)	功率(kW) 轴功率	电机功率	必需汽蚀余量 (m)	进出口径 (mm)	重量 (kg)
D155–30×9			288 270 243			129.42 147.78 165.06	180			980
D155–30×10			320 300 270			143.80 164.20 183.40	225			1 050
D DG155–67×3	100 155 185	27.8 43.0 51.4	228 201 177	2 950	64 74 72	97.0 114.7 123.9	132	3.2 5.0 6.6	150	
D DG155–67×4			304 268 236			129.4 152.9 165.1	185			
D DG155–67×5			380 335 295			161.7 191.1 206.4	220			
D DG155–67×6			456 402 354			194.0 229.3 247.7	275			
D DG155–67×7			532 469 413			226.4 267.5 289.0	350			
D DG155–67×8			608 536 472			258.7 305.7 330.3	350			
D DG155–67×9			684 603 531			291.1 344.0 371.6	440			
D280–43×2	180 280 335	51.4 77.8 93.1	94 86 76	1 480	69 77 75	68.60 85.17 92.40	110	2.5 4.0 5.2	200	667
D280–43×3			141 129 114			103.0 127.7 138.7	150			787

续表

型　　号	流量		扬程 (m)	转速 (r/min)	效率 (%)	功率(kW)		必需汽蚀余量 (m)	进出口径 (mm)	重量 (kg)
	(m³/h)	(L/s)				轴功率	电机功率			
D280–43×4			188 172 152			137.3 170.3 184.9	230			908
D280–43×5			235 215 190			171.6 212.9 231.1	300			1 028
D280–43×6			282 258 228			205.9 255.5 277.3	300			1 149
D280–43×7	180 280 335		329 301 266	1 480	69 77 75	240.2 298.1 323.6	350	2.5 4.0 5.2	200	1 271
D280–43×8			376 344 304			274.5 340.7 369.8	410			1 391
D280–43×9			424 387 342			308.9 383.2 416.0	430			1 512
D280–65×6	180 280 335	51.4 77.8 91.3	408 390 372	1 480	61 73 75	337.0 407.4 452.5	500	2.3 3.0 4.3	200	1 552
D280–65×7			476 455 434			393.1 475.3 528.0	680			1 734
D280–65×8			544 520 496			449.3 543.2 603.3	680			1 916
D280–65×9			612 585 558			505.5 611.1 678.8	850			2 098
D280–65×10			680 650 620			561.6 679.0 754.2	850			2 280

续表

型 号	流量		扬程 (m)	转速 (r/min)	效率 (%)	功率(kW)		必需汽蚀余量 (m)	进出口径 (mm)	重量 (kg)
	(m³/h)	(L/s)				轴功率	电机功率			
D450-60×3	335	93.1	195		72	247.1		3.1		1 750
	450	125.0	180		79	279.2	360	4.2		
	500	139.0	171		78	298.5		5.3		
D450-60×4			260			329.4				2 000
			240			372.3	500			
			228			398.0				
D450-60×5			325			411.8				2 250
			300			465.4	680			
			285			497.5				
D450-60×6			390			494.2				2 500
			360			558.5	680			
			342	1 480		597.0			200	
D450-60×7			455			576.5				2 750
			420			651.5	850			
			399			696.5				
D450-60×8			520			658.9				3 000
			480			744.6	850			
			456			796.0				
D450-60×9			585			741.2				3 250
			540			837.7	1 050			
			513			895.6				
D450-60×10			650			823.6				3 500
			600			930.8	1 050			
			570			995.1				

15. 磁力驱动泵

CQ 型

ZCQ 型

【特点及用途】CQ、ZCQ(自吸式)型磁力驱动泵结构紧凑,体积小、噪音低、使用维修方便,是将永磁联轴器的工作原理在离心泵上的应用。其以静密封取代动密封,泵的过流部件处于完全密封状态。采用耐腐蚀、高强度的工程塑料,刚玉陶瓷、不锈钢等作为制造材料,具有良好的抗腐蚀性能,并能使被输送的介质免受污染。CQ、ZCQ 型磁力驱动泵适用于化工、制药、石油、电镀、食品、电影照相洗印、科研机构、国防工业等单位抽送酸、碱液、油类、稀有贵重液、毒液、挥发性液体,以及循环水设备配套等。

【规　　　格】上海爱皮尔水泵制造有限公司产品

a. CQ 型磁力泵

型号	口径(mm)		扬程 (m)	流量 (L /min)	吸程 (m)	电机 功率 (kW)	转速 (r/ min)	电源 电压 (V)	外形尺寸 (长×宽×高) (mm)	总量 (kg)
	进口	出口								
8CQ-1.2	8	6	1.2	15	2	0.025	2 800	220	200×85×100	1.8
10CQ-3	10	10·	3	19	2.5	0.025	2 800	220	200×85×100	1.8
14CQ-5	14	10	5	20	3	0.12	2 800	380	200×110×110	2.5
16CQ-8	16	10	8	25	3	0.18	2 800	380	320×120×145	10
20CQ-12	20	12	12	50	4	0.37	2 800	380	320×140×160	8/12
25CQ-15	25	20	15	110	4	1.10	2 800	380	460×240×210	23/33
32CQ-15	32	25	15	110	4	1.10	2 800	380	460×240×210	25/35
32CQ-25	32	25	25	110	4	1.10	2 800	380	460×240×210	35

续表

型号	口径(mm)		扬程(m)	流量(L/min)	吸程(m)	电机功率(kW)	转速(r/min)	电源电压(V)	外形尺寸(长×宽×高)(mm)	总量(kg)
	进口	出口								
40CQ-20	40	32	20	180	7.5	2.2	2 800	380	580×290×210	50
40CQ-40	40	32	40	200	8	4	2 800	380	620×336×270	110
50CQ-25	50	40	25	240	8.3	4	2 800	380	620×336×270	75
50CQ-40	50	40	40	220	7	4	2 800	380	620×336×270	75
50CQ-50	50	32	50	130	8	5.5	2 800	380	695×350×320	110
65CQ-25	65	50	25	280	7	5.5	2 800	380	695×350×320	110
65CQ-35	65	50	35	450	6	7.5	2 800	380	770×350×320	125
80CQ-35	80	65	35	850	7	11	2 800	380	890×435×385	200
80CQ-50	80	65	50	850	7	15.5	2 800	380	980×435×385	250

b. ZCQ 型自吸磁力泵

型号	口径(mm)		扬程(m)	流量(L/min)	电机功率(kW)	转速(r/min)	电压(伏)	自吸性能(m/3min)
	进口	出口						
ZCQ25-20-115	25	20	15	110	1.1	2 900	380	4
ZCQ32-25-115	32	25	15	110	1.1	2 900	380	4
ZCQ32-25-145	32	25	25	110	1.1	2 900	380	4
ZCQ40-32-132	40	32	20	180	2.2	2 900	380	4
ZCQ40-32-160	40	32	32	180	4	2 900	380	4
ZCQ50-40-145	50	40	25	240	4	2 900	380	4
ZCQ50-40-160	50	40	32	220	4	2 900	380	4
ZCQ65-50-145	65	50	25	280	5.5	2 900	380	4
ZCQ65-50-160	65	50	32	450	7.5	2 900	380	4
ZCQ80-65-125	80	65	20	800	7.5	2 900	380	4
ZCQ80-65-160	80	65	32	800	15	2 900	380	4
ZCQ100-80-160	100	80	32	1 500	22	2 900	380	4

16. 高效节能管道泵

SG 型　　　　　　　SGB 型

【特点及用途】高效节能管道泵体积小,结构紧凑,重量轻,装修方便是解决管道压力过低,为管道增压输送的实用设备。其中 SG 型适用于高层建筑增压送水。园林喷灌、冷却塔上水,远距离输水及空调,制冷冲洗浴室等冷暖水循环加压,使用温度在 80℃ 以下;SGR 型适用于采暖、锅炉等行业的高温热水增压循环,使用温度在 150℃ 以下;SGP 型适用于输送食品、制药,造酒,化工等行业的工艺流程中腐蚀性介质,使用温度 100℃以下;SGB 型适用于输送无腐蚀性液体,有甲烷或煤矿井下固定设备 I 类及工厂 II A、II B 级、温度组别为 T1、T2、T3、T4 组存在爆炸混合物的其他工业场所。使用温度在 80℃ 以下;SGPB 型适用于输送化工、制药、石油食品,国防等工业腐蚀性液体,有甲烷或煤矿井下固定设备 I 类、及工厂 II A、II B 级,温度组别为 T1、T2、T3、T4 组存在爆炸性混合物的其他工业场所,使用温度在 150℃ 以下。

[规格] 上海爱皮尔水泵制造有限公司产品

型号	口径 (mm)	流量 (m³/h)	扬程 (L/s)	效率 (%)	电机功率 (kW)	电压 (V)	转速 (r/min)
15SG0.6-5	15	0.6	5	60	0.04	220	2 800
15SG1.8-10	15	1.8	10	60	0.12	220	2 800
20SG2-8	20	2	8	60	0.12	220	2 800
20SG3-14	20	3	14	60	0.25	220	2 800
20SG3-30	20	3	30	60	0.75	220	2 800
25SG2.5-15	25	2.5	15	60	0.25	220	2 800
25SG4-20	25	4	20	60	0.75	220	2 800
25SG3-30	25	3	20	60	0.75	220	2 800
32SG5-20	32	5	20	60	0.75	220	2 800
40SG5-8	40	5	8	60	0.25	220	2 800
40SG6-20	40	6	20	60	0.75	220	2 800
50SG10-7.5	50	10	7.5	55	0.75	220	2 800
50SG10-15	50	10	15	60	0.75	220	2 800
25SG4-20	25	4	20	60	0.75	380	2 800
25SG3-30	25	3	30	60	0.75	380	2 800
25SG6.5-30	25	6.5	30	60	1.5	380	2 800
25SG10-50	25	10	50	60	4	380	2 800
32SG5-20	32	5	20	60	0.75	380	2 800
32SG8-30	32	8	30	65	1.5	380	2 800
32SG15-40	32	15	40	60	4	380	2 800
32SG12-50	32	15	50	60	4	380	2 800
32SG14-80	32	14	80	60	7.5	380	2 800
65SG30-50	65	30	50	65	7.5	380	2 800
65SG31-65	65	50	65	65	15	380	2 800
65SG40-80	65	40	80	65	18.5	380	2 800
65SG45-100	64	45	100	65	22	380	2 800
80SG35-20	80	35	20	65	4	380	2 800
80SG50-30	80	50	30	65	7.5	380	2 800
80SG70-40	80	70	40	65	15	380	2 800
80SG60-50	80	70	50	65	15	380	2 800
80SG80-65	80	80	65	70	22	380	2 800
80SG70-80	80	80	80	70	30	380	2 800
80SG55-100	80	55	100	70	30	380	2 800
100SG40-18	100	40	18	65	4	380	2 800
100SG50-30	100	50	30	65	0.75	380	2 800
100SG70-40	100	70	40	65	15	380	2 800
100SG60-50	100	70	50	70	15	380	2 800
100SG80-65	100	80	65	70	22	380	2 800
100SG70-78	100	75	78	70	30	380	2 800
100SG100-60	100	100	60	70	30	380	2 800
100SG55-100	100	55	100	70	30	380	2 800
125SG80-18	125	80	18	70	7.5	380	1 450
150SG100-15	150	100	15	70	7.5	380	1 450
150SG140-26	150	140	26	70	18.5	380	1 450

续表

型号	口径 (mm)	流量 (m³/h)	扬程 (L/s)	效率 (%)	电机功率 (kW)	电压 (V)	转速 (r/min)
40SG6-20	40	6	20	60	0.75	380	2 800
40SG9-30	40	9	30	65	1.5	380	2 800
40SG18-40	40	18	40	70	4	380	2 800
40SG15-50	40	15	50	65	4	380	2 800
40SG18-65	40	18	65	65	7.5	380	2 800
40SG15-80	40	15	80	65	7.5	380	2 800
50SG10-7.5	50	10	7.5	55	0.75	380	2 800
50SG10-15	50	10	15	60	0.75	380	2 800
50SG12-25	50	12	25	65	1.5	380	2 800
50SG15-30	50	15	30	65	2.2	380	2 800
50SG18-40	50	18	40	65	4	380	2 800
50SG16-50	50	16	50	65	4	380	2 800
50SG20-65	50	20	65	65	7.5	380	2 800
50SG25-80	50	25	80	65	15	380	2 800
50SG30-100	50	30	100	65	22	380	2 800
65SG30-15	65	30	15	65	2.2	380	2 800
65SG30-27	65	30	27	65	4	380	2 800
65SG40-40	65	40	40	65	7.5	380	2 800
150SG160-40	150	160	40	70	30	380	2 800
150SG220-50	150	220	50	70	37	380	2 800
150SG220-65	150	220	65	70	55.5	380	2 800
150SG1170-180	150	170	180	70	55.5	380	2 800
200SG200-20	200	200	20	70	18.5	380	1 450
200SG200-35	200	200	35	70	30	380	2 800
200SG200-44	200	200	44	70	37	380	2 800
200SG240-60	200	240	60	70	55.5	380	2 800
200SG200-75	200	200	75	70	55.5	380	2 800
250SG380-22	250	380	22	70	37	380	1 450
250SG300-30	250	500	30	70	55	380	1 450
300SG4400-20	200	400	20	70	37	380	1 450
300SG500-30	300	500	30	70	55	380	1 450
350SG800-20	350	800	20	70	55	380	1 450
400SG1000-18	400	1 000	18	70	55	380	1 450
500SG1200-15	500	1 200	15	70	55	380	1 450
500SG800-20	500	800	20	70	55	380	1 450

17. 管道离心泵

【特点及用途】SG 型管道离心泵口径为 25～300mm，扬程 20～100m，流量 4～400m³/h，其介质温度小于 150℃。适用于高层建筑加压送水、锅炉循环用水、水塔上水、远距离送水、消防用水等，改变材质可适用于化工、石油、冶金、矿山、轻工、制药、食品等行业输送酸、碱类介质，也可用于输送汽油、煤油、柴油、酒精、香水等液体。

【规　格】

型　号	流量 （m³/h）	扬程 （m）	转速 （r/min）	配套电机		口径（mm）	
				型　号	功率 （kW）	入口	出口
25SG4-20	4	20	2 850		0.55	25	25
25SG6.5-30	6.5	30	2 850	Y80L-2	1.1	25	25
40SG9-30	9	30	2 800	Y90L-2	2.2	40	40
40SG15-50	15	50	2 960	Y112M-2	4	40	40
50SG20-65	20	65	2 960	Y132S1-2	5.5	50	50
50SG25-80	25	80	2 960	Y160M1-2	11	50	50
50SG30-100	30	100	2 960	Y160M2-2	15	50	50
65SG30-27	30	27	2 960	Y112M-2	4	65	65
65SG30-50	30	50	2 960	Y132S2-2	7.5	65	65
80SG50-30	50	30	2 960	Y132S2-2	7.5	80	80
80SG60-50	60	50	2 960	Y160L-2	18.5	80	80
80SG65-80	65	80	2 960	Y200L1-2	30	80	80
100SG40-18	40	18	2 960	Y112M-2	4	100	100

续表

| 型　号 | 流　量
（m³/h） | 扬　程
（m） | 转　速
（r/min） | 配套电机 | | 口径（mm） | |
				型　号	功　率 （kW）	入口	出口
100SG100-60	100	60	2 960	Y200L1-2	30	100	100
150SG140-26	140	26	2 960	Y160L-2	18.5	150	150
150SG200-50	200	50	2 950	Y225M-2	45	150	150
200SG200-20	200	20	1 440	Y180L-4	22	200	200
200SG220-45	220	45	1 440	Y250M-4	55	200	200
300SG400-40	400	40	1 440	Y280M-4	90	300	300
300SG400-60	400	60	1 440	Y315M-4	132	300	300

18. 立式多级管道泵

【特点及用途】GDL型立式多级管道泵

　　在结构上采用了立式,分段形,泵的吸入口与吐出口设计在下面呈一字形,并采用了最佳水力模型,泵的轴向力采用水力平吸方法解决、残余轴向力由一个球轴承承受,因而运转平稳、低噪音、占地面积小、装修方便、外筒体用不锈钢制造,外形美观,特别适合于高层建筑多台泵并联使用,以减少单泵机组配带功率,简化电控设备,适用于高低层建筑的住宅、医院、旅馆、百货大楼、办公大楼等的消防、生活供水以及空调机组循环、冷却水输送等。

【规　　格】上海爱皮尔水泵制造有限公司产品

型　号	进出口径 （mm）	流量 （m³/h）	扬程 （m）	电机功率 （kW）
25GDL2-12×3	25	2	36	1.1
25GDL2-12×4	25	2	48	1.1

续表

型　号	进出口径 （mm）	流量 （m³/h）	扬程 （m）	电机功率 （kW）
25GDL2−12×5	25	2	60	1.5
25GDL2−12×6	25	2	72	1.5
25GDL2−12×7	25	2	84	2.2
25GDL2−12×8	25	2	96	2.2
25GDL2−12×9	25	2	108	2.2
25GDL2−12×10	25	2	120	3
25GDL2−12×11	25	2	132	3
25GDL2−12×12	25	2	144	3
25GDL4−11×3	25	4	33	1.1
25GDL4−11×4	25	4	44	1.5
25GDL4−11×5	25	4	55	2.2
25GDL4−11×6	25	4	66	2.2
25GDL4−11×7	25	4	77	3
25GDL4−11×8	25	4	88	3
25GDL4−11×9	25	4	99	3
25GDL4−11×10	25	4	110	4
25GDL4−11×11	25	4	121	4
25GDL4−11×12	25	4	132	4
25GDL4−11×13	25	4	143	4
40GDL6−12×3	40	4	36	1.5
40GDL6−12×4	40	4	48	2.2

续表

型　　号	进出口径 （mm）	流量 （m³/h）	扬程 （m）	电机功率 （kW）
40GDL6-12×5	40	4	60	2.2
40GDL6-12×6	40	4	72	3
40GDL6-12×7	40	4	84	3
40GDL6-12×8	40	6	96	4
40GDL6-12×9	40	6	106	4
40GDL6-12×10	40	6	120	5.5
40GDL6-12×11	40	6	132	5.5
40GDL6-12×12	40	6	144	7.5
50GDL12-15×2	50	12	30	2.2
50GDL12-15×3	50	12	45	3
50GDL12-15×4	50	12	60	4
50GDL12-15×5	50	12	75	5.5
50GDL12-15×6	50	12	90	5.5
50GDL12-15×7	50	12	105	7.5
50GDL12-15×8	50	12	120	7.5
50GDL12-15×9	50	12	135	11
50GDL12-15×10	50	12	150	11
50GDL18-15×2	50	18	30	3
50GDL18-15×3	50	18	45	4
50GDL18-15×4	50	18	60	5.5
50GDL18-15×5	50	18	75	7.5

续表

型 号	进出口径 （mm）	流量 （m³/h）	扬程 （m）	电机功率 （kW）
50GDL18−15×6	50	18	90	7.5
50GDL18−15×7	50	18	105	11
50GDL18−15×8	50	18	120	11
50GDL18−15×9	50	18	135	15
50GDL18−15×10	50	18	150	15
65GDL24−12×2	65	24	24	3
65GDL24−12×3	65	24	36	4
65GDL24−12×4	65	24	48	5.5
65GDL24−12×5	65	24	60	7.5
65GDL24−12×6	65	24	72	7.5
65GDL24−12×7	65	24	84	11
65GDL24−12×8	65	24	96	11
65GDL24−12×9	65	24	108	15
65GDL24−12×10	65	24	120	15
80GDL36−12×2	80	36	24	4
80GDL36−12×3	80	36	36	5.5
80GDL36−12×4	80	36	48	7.5
80GDL36−12×5	80	36	60	11
80GDL36−12×6	80	36	72	11
80GDL36−12×7	80	36	84	15
80GDL36−12×8	80	36	96	15

续表

型　号	进出口径 （mm）	流量 （m³/h）	扬程 （m）	电机功率 （kW）
80GDL36-12×9	80	36	108	18.5
80GDL36-12×10	80	36	120	18.5
80GDL54-14×2	80	54	28	7.5
80GDL54-14×3	80	54	42	11
80GDL54-14×4	80	54	56	15
80GDL54-14×5	80	54	70	18.5
80GDL54-14×6	80	54	84	18.5
80GDL54-14×7	80	54	98	22
100GDL72-14×2	100	72	28	11
100GDL72-14×3	100	72	42	15
100GDL72-14×4	100	72	56	18.5
100GDL72-14×5	100	72	70	22
100GDL72-14×6	100	72	84	30
100GDL72-14×7	100	72	98	30
100GDL72-14×8	100	72	112	37

19. 锅炉给水泵

【特点及用途】GC 型锅炉给水泵为单级多吸分段式离心泵，可以输送 110℃ 以下纯净水，其口径为 37.5～100mm，扬程 46～410m，流量 6～45m³/h，适用于供小型锅炉给水。

【规　格】

型　号	流　量		扬程	转速	功率(kW)		效率	允许吸上真空高度	重量
	(m³/h)	(L/s)	(m)	(r/min)	轴功率 (Pa)	电动机功率	(%)	(m)	(kg)
1$\frac{1}{2}$GC--5×2	6	1.66	46	2 950	2	3	38	6.5	60
1$\frac{1}{2}$GC-5×3	6	1.66	69	2 950	3	4	38	6.5	67
1$\frac{1}{2}$GC-5×4	6	1.66	92	2 950	4	5.5	38	6.5	74
1$\frac{1}{2}$GC-5×5	6	1.66	115	2 950	5	7.5	38	6.5	81
1$\frac{1}{2}$GC-5×6	6	1.66	138	2 950	6	7.5	38	6.5	88
1$\frac{1}{2}$GC-5×7	6	1.66	161	2 950	7	11	38	6.5	95
1$\frac{1}{2}$GC-5×8	6	1.66	184	2 950	8	11	38	6.5	102
1$\frac{1}{2}$GC-5×9	6	1.66	207	2 950	9	11	38	6.5	109
2GC-5×2	10	2.8	64	2 950	4.4	5.5	39.6	5.5	125
2GC-5×3	10	2.8	96	2 950	6.6	11	39.6	5.5	142
2GC-5×4	10	2.8	128	2 950	8.8	11	39.6	5.5	159
2GC-5×5	10	2.8	160	2 950	11.0	15	39.6	5.5	176
2GC-5×6	10	2.8	192	2 950	13.2	18.5	39.6	5.5	193
2GC-5×7	10	2.8	224	2 950	15.4	18.5	39.6	5.5	210
2GC-5×8	10	2.8	256	2 950	17.6	22	39.6	5.5	227
2GC-5×9	10	2.8	288	2 950	19.8	30.0	39.6	5.5	244

续表

型　号	流　量		扬程	转速	功率(kW)		效率	允许吸上真空高度	重量
	(m³/h)	(L/s)	(m)	(r/min)	轴功率(Pa)	电动机功率	(%)	(m)	(kg)
$2\frac{1}{2}$GC-6×2	15	4.2	62	2 950	5.8	7.5	43.7	5.2	125
	20	5.6	54		6.2		47.4	4.9	
$2\frac{1}{2}$GC-6×3	15	4.2	93	2 950	8.7	11	43.7	5.2	142
	20	5.6	81		9.3		47.4	4.9	
$2\frac{1}{2}$GC-6×4	15	4.2	124	2 950	11.6	15	43.7	5.2	159
	20	5.6	108		12.4		47.4	4.9	
$2\frac{1}{2}$GC-6×5	15	4.2	155	2 950	14.5	18.5	43.7	5.2	176
	20	5.6	135		15.5		47.4	4.9	
$2\frac{1}{2}$GC-6×6	15	4.2	186	2 950	17.4	22	43.7	5.2	193
	20	5.6	162		18.6		47.4	4.9	
$2\frac{1}{2}$GC-6×7	15	4.2	217	2 950	20.2	30	43.7	5.2	210
	20	5.6	189		21.7		47.4	4.9	
$2\frac{1}{2}$GC-6×8	15	4.2	248	2 950	23.2	30	43.7	5.2	227
	20	5.6	216		24.8		47.4	4.9	
$2\frac{1}{2}$GC-6×9	15	4.2	279	2 950	26.1	37	43.7	5.2	244
	20	5.6	243		27.9		47.4	4.9	
4GC-6×2	45	12.5	82	2 950	16.8	22	60	5.2	240
4GC-6×3	45	12.5	123	2 950	25.2	30	60	5.2	270
4GC-8×4	45	12.5	164	2 950	33.6	45	60	5.2	300
4GC-8×5	45	12.5	205	2 950	42.0	55	60	5.2	330
4GC-8×6	45	12.5	246	2 950	50.4	75	60	5.2	360
4GC-8×7	45	12.5	287	2 950	58.8	75	60	5.2	390
4GC-8×8	45	12.5	328	2 950	67	90	60	5.2	420
4GC-8×9	45	12.5	369	2 950	75.5	90	60	5.2	450
4GC-8×10	45	12.5	410	2 950	84	110	60	5.2	480

20. 砂 泵

【特点及用途】PS 型砂泵属卧式单泵壳侧面进水的离心泵. 其口径为 62.5 ~ 150mm, 扬程 19 ~ 37m, 流量 30 ~ 500m³/h, 适用于输送矿浆类的液体或含砂、污浊液体, 含固体的液体, 可输送浓度(按重量计)65% 的液体, 在灌注不高的情况下可不用轴封水。

【规　格】

型号	流量 （m³/h）	扬程 （m）	转速 （r/min）	配套电机	
				型号	功率 （kW）
$2\frac{1}{2}$PS	30 ~ 70	33 ~ 35	1 800	Y180L-4	22
	30 ~ 70	19 ~ 21	1 460	Y160L-4	15
4PS	90 ~ 160	35.5 ~ 37	1 470	Y250M-4	55
	90 ~ 160	21 ~ 25	1 200	Y200L-4	30
5PS$_{G1}$	180 ~ 320	31 ~ 36	1 080	Y280S-4	75
5PS$_{G1}$	180 ~ 320	25 ~ 29	980	Y280M-6	55
5PS$_{G2}$	320 ~ 398	20 ~ 26.5	980	Y280M-6	55
5PS$_{G3}$	180 ~ 320	31 ~ 36	1 480	Y280S-4	75
6PS	320 ~ 500	26 ~ 29	980	Y315M-6	90

21. 灰渣泵

【特点及用途】PH 型灰渣泵属卧式单级单吸悬臂式离心泵。其口径为 100 ~ 250mm, 扬程 37 ~ 97m, 流量 100 ~ 1 123m³/h, 可供电站水力除灰及矿山、冶金、建材、轻工、石油、煤炭等部门输送固液混合物, 可串联使用。

【规　　格】

型号	流量 （m³/h）	扬程 （m）	转速 （r/min）	配套电机	
				型号	功率 （kW）
4PH	100～220	58～62	1 900	Y280S-4	75
	100～200	37～41	1 470	Y225M-4	45
4PH$_{60}$	140～220	58～62	1 470	Y280S-4	75
4PH$_{70}$	174～244	71～73	1 470	Y315S-4	110
6PH	330～480	45～48	1 480	JS114-4	155
6PH$_{G1}$	350～450	56～62	1 480	JS116-4	115
8PH 8PH$_{G1}$	450～600	62～65	980	JS127-6 JS128-6	185 215
10PH$_{G5}$	873～1 123	85～91	980	JSQ158-6	550
	562～960	47.4～51	730	JSQ148-8	240
10PH$_{G6}$	826～954	93～97	980	JSQ158-6	550

22. 卧式悬臂式离心泥浆泵

【特点及用途】PN 型卧式悬臂式离心泥浆泵
为单吸泵。其口径为 25～250mm，扬程 12～97m，
流量 7.2～1 290m³/h，可供矿山、冶金、建筑、轻
工、石油、煤炭等部门输送固液混合物，输送浓度（按重量计）50%～70%
的浆液，可串联使用。

【规　　格】

型号	流量 （m³/h）	扬程 （m）	转　速 （r/min）	配套电机		重量 （kg）
				型号	功率 （kW）	
1PN	7.2 ~ 16	12 ~ 14	1 430	Y100L-2-4	3	120
2PN	30 ~ 58	19 ~ 22	1 450	Y160M-4	11	150
2PNL	30 ~ 58	17 ~ 22	1 450	Y160M-4	11	300
3PN	54 ~ 151	16.5 ~ 25	1 470	Y180L-4	22	250
3PNL	54 ~ 151	15.5 ~ 26	1 470	Y180L-4	22	400
4PN	100 ~ 200	37 ~ 41	1 470	Y250M-4	55	1 000
$4PN_{60}$	140 ~ 220	58 ~ 62	1 470	Y280M-4	75	1 000
$4PN_{70}$	174 ~ 244	71 ~ 73	1 470	Y315S-4	110	1 340
6PN	230 ~ 320	25 ~ 27	980	Y250M-6	55	1 200

23. 泥浆泵

【特点及用途】N 型泥浆泵是因考虑固液两相流动的
特点而设计的杂质泵。其口径为 25 ~ 250mm，扬程
13 ~ 93m，流量 7 ~ 1 300m³/h。N 型泥浆泵适用于输送含
悬浮固体颗粒的液体（如精矿、尾矿、灰渣、煤渣、水泥、泥
土、沙砾等），可输送浆液最大浓度（按重量计）50% ~
70%，该泵型轴封采用填料与副叶轮可互换的机构，可直接串联使用。

【规　　格】自贡市恒达泵业有限公司产品

型号	流量 （m³/h）	扬程 （m）	转速 （r/min）	配套电机		重量 （kg）
				型号	功率 （kW）	
25ND	7 ~ 18	12.9 ~ 15.6	1 430	Y112-4	4	140
	9 ~ 23	19 ~ 26	1 800	Y132S1-2	7.5	140
	11 ~ 26	31 ~ 37	2 200	Y160M1-2	11	140
40NG	20 ~ 52	57.5 ~ 63	2 300	Y200L1-2	30	350
	16.5 ~ 41	38.5 ~ 43	1 900	Y160L-2	18.5	350
50ND	24 ~ 61	18 ~ 22	1 450	Y160M-4	11	230
	28 ~ 65	25 ~ 29	1 650	Y160L1-2	18.5	230
	31 ~ 80	31 ~ 38	1 900	Y200L1-2	30	230
80ND	55 ~ 110	19 ~ 22	1 460	Y180M-4	18.5	300
	62 ~ 115	25 ~ 27	1 650	Y200L-2	30	
	72 ~ 140	34 ~ 37	1 930	Y225M-2	45	
80NG	54 ~ 130	59 ~ 62	1 470	Y225M-4 Y250M-4	55 75	500
	45 ~ 110	38 ~ 41	1 200	Y200L-4 Y225S-4	30 37	
80NG$_{80}$	54 ~ 120	78 ~ 83	1 470	Y280S-4 Y280M-4	75 90	800
100ND	90 ~ 170	18 ~ 21.5	1 100	Y180M-4 Y180L-4	18.5 22	650
	130 ~ 230	33 ~ 38	1 470	Y225M-4 Y250M-4	45 55	
100ND$_{27}$	105 ~ 195	25 ~ 28	1 470	Y200L-4 Y250S-4	30 37	650
100NG$_{40}$	105 ~ 210	38 ~ 42	1 470	Y225M-4 Y250M-4	45 55	955
100NG$_{47}$	160 ~ 260	46 ~ 50	1 470	Y280S-4 Y280M-4	75 90	1 020

续表

型号	流量 （m³/h）	扬程 （m）	转速 （r/min）	配套电机		重量 （kg）
				型号	功率 （kW）	
100NG₅₃	160 ~ 260	52 ~ 55	1 470	Y280S–4 Y280M–4	75 90	960
100NG	160 ~ 260	56 ~ 62	1 470	Y280S–4 Y280M–4	75 90	960
100NG₇₅	170 ~ 240	71 ~ 77	1 470	Y280M–4 Y315S–4	90 110	1 115
100NG₉₀	160 ~ 260	87 ~ 93	1 470	JS116–4 Y315L1–4	155 160	1 200
150NDI	170 ~ 330	18.5 ~ 21	740	Y280S–8	37	910
	230 ~ 430	37 ~ 41	980	Y315S–6 Y315M–6	75 90	
150ND₂₈	200 ~ 370	26 ~ 29	980	Y280M–6 Y315S–6	55 75	900
150NG₄₀	225 ~ 400	38 ~ 42	980	Y315S–6 JS117–6	75 95	2 285
150NG₅₁	240 ~ 450	47.5 ~ 53	980	Y315L1–4 JS114–4	110 115	2 290
150NG	260 ~ 450	62 ~ 64	980	JS126–6 JS127–6	155 185	2 300
150NG₇₅	190 ~ 320	71 ~ 77	980	JS126–6 JS127–6	250 280	4 400
150NG₉₀	260 ~ 430	87 ~ 92	980	JS137–6 JS138–6	250 280	4 500

续表

型号	流量 (m³/h)	扬程 (m)	转 速 (r/min)	配套电机		重量 (kg)
				型号	功率 (kW)	
200ND	450~800	35~39	980	JS126-6 JS127-6	155 185	2 320
	335~600	17.5~23	730	JS115-8 Y315M-8	60 75	
200ND₂₇	380~610	25~29	980	Y280M-6 Y315S-6	55 75	2 310
200NG₄₃	430~710	41~45	980	JS126-6 Y355-6	155 185	3 500
200NG	500~760	57~65	980	JS136-6 Y355-50-6	240 250	3 500
200NG₇₅	360~520	71~75	980	JS128-6 Y136-6	215 240	4 500
200NG₉₀	500~750	86~90	980	JS1410-6 Y400-54-6	380	4 800
200NG₁₀₀	450~800	86~90	980	Y400-50 Y450-46-6	400 450	5 000
250ND	520~930	19~22	740	JS125-8 Y315L2-8	95 110	3 000
	700~1 250	35~40	980	JS136-6 Y400-43-6	240 280	

续表

型号	流量 （m³/h）	扬程 （m）	转速 （r/min）	配套电机 型号	功率 （kW）	重量 （kg）
250NG	620～1 050	56～58	590	JS158-10 Y450-5-10	310 315	9 900
	780～1 300	88～91	740	JS1512-8 Y500-59-8	570 560	
200NG₇₅	560～960	47～50	590	JS157-10 Y450-54-10	260 280	9 800
	700～1 200	74～76	740	Y450-64-8 JS1510-8	450 475	
80NQ	80～120	30～35	1 470	Y225S-4	37	350
100NQ₅₅	100～150	53～57	1 470	Y250M-4	55	395
100NQ₃₅	100～150	32～40	1 470	Y200L-4	30	
150NQ	230～450	50～55	980	JS126-6	155	

24. 热水泵

【特点及用途】IR 型热水泵为单级单吸轴向及入离心泵。其口径为 50～200mm，扬程 5～25mm，流量 6.3～400m³/h，输送液体的温度在 50℃以下。适用工业和城市给排水，输送清水或物理化学性质类似于清水的其他液体。

【规　格】

| 型　号 | 转速 (r/min) | 流　量 | | 扬程 (m) | 效率 (%) | 功率(kW) | | 必需汽蚀余量 (m) | 重量 (kgf) |
		(m³/h)	(L/s)			轴功率 (Pa)	电机功率 (kW)		
IR50-32-	2 900	12.5	3.47	20	60	1.13	2.2	2.0	33
125	1 450	6.3	1.74	5	54	0.16	0.55	2.0	
IR50-32-	2 900	12.5	3.47	32	54	2.02	3	2.0	38
160	1 450	6.3	1.74	8	48	0.28	0.55	2.0	
IR50-32	2 900	12.5	3.47	50	48	3.54	5.5	2.0	45
-200	1 450	6.3	1.74	12.5	42	0.51	0.75	2.0	
IR50-32	2 900	12.5	3.47	80	38	7.16	11	2.0	75
-250	1 450	6.3	1.74	20	32	1.07	1.5	2.0	
IR65-50	2 900	25	6.94	20	69	1.97	3	2.0	36
-125	1 450	12.5	3.47	5	64	0.27	0.55	2.0	
IR65-50	2 900	25	6.94	32	65	3.35	5.5	2.0	41
-160	1 450	12.5	3.47	8.0	60	0.45	0.75	2.0	
IR65-40	2 900	25	6.94	50	60	5.67	7.5	2.0	47
-200	1 450	12.5	3.47	12.5	55	0.77	1.1	2.0	
IR65-40	2 900	25	6.94	80	53	10.3	15	2.0	78
-250	1 450	12.5	3.47	20	48	1.42	2.2	2.0	
IR65-40	2 900	25	6.94	125	40	21.3	30	2.5	86
-315	1 450	12.5	3.47	32.0	37	2.94	4	2.5	
IR80-65	2 900	50	13.9	20	75	3.63	5.5	3.0	40
-125	1 450	25	6.94	5	71	0.48	0.75	2.5	
IR80-65	2 900	50	13.9	32	73	5.97	7.5	2.5	46
-160	1 450	25	6.94	8	69	0.79	1.5	2.5	
IR80-50	2 900	50	13.9	50	69	9.87	15	2.5	52
-200	1 450	25	6.94	12.5	65	1.31	2.2	2.5	
IR80-50	2 900	50	13.9	80	63	17.3	22	2.5	83
-250	1 450	25	6.94	20	60	2.27	3	2.5	

续表

型　号	转速 (r/ min)	流　量		扬程 (m)	效率 (%)	功率(kW)		必需汽蚀 余量 (m)	重　量 (kgf)
		(m³/h)	(L/s)			轴功率 (Pa)	电机 功率 (kW)		
IR80-50 -315	2 900	50	13.9	125	54	31.5	37	2.5	91
	1 450	25	6.94	32	52	4.19	5.5	2.5	
IR100-80 -125	2 900	100	27.8	20	78	7.00	11	4.5	46
	1 450	50	13.9	5	75	0.91	1.5	2.5	
IR100-80 -160	2 900	100	27.8	32	78	11.2	15	4.0	67
	1 450	50	13.9	8.0	75	1.45	2.2	2.5	
IR100-65 -200	2 900	100	27.8	50	76	17.9	22	3.6	81
	1 450	50	13.9	12.5	73	2.33	4	2.0	
IR100-65 -250	2 900	100	27.8	80	72	30.3	37	3.8	94
	1 450	50	13.9	20	68	4.00	5.5	2.0	
IR100-65 -315	2 900	100	27.8	125	66	51.6	75	3.6	110
	1 450	50	13.9	32	63	6.92	11	2.0	
IR125-100 -200	2 900	200	55.5	50	81	33.6	45	4.5	115
	1 450	100	27.8	12.5	76	4.48	7.5	2.5	
IR125-100 -250	2 900	200	55.6	80	78	55.9	75	4.2	132
	1 450	100	27.8	20	76	7.17	11	2.5	
IR125-100 -315	2 900	200	55.6	125	75	90.8	110	4.0	150
	1 450	100	27.8	32	73	11.9	15	2.5	
IR125-100 -400	1 450	100	27.8	50	65	21.0	30	2.5	171
IR150-125 -250	1 450	200	55.6	20	81	13.5	18.5	3.0	135
IR150-125 -315	1 450	200	55.6	32	79	22.3	30	2.2	167
IR150-125 -400	1 450	200	55.6	50	75	36.3	45	2.8	187

续表

| 型　号 | 转速
(r/min) | 流　量 | | 扬程
(m) | 效率
(%) | 功率(kW) | | 必需汽蚀余量
(m) | 重　量
(kg) |
		(m³/h)	(L/s)			轴功率 (Pa)	电机功率 (kW)		
IR200-150 -250	1 450	400	111.1	20	82	26.6	37	3.5	187
IR200-150 -315	1 450	400	111.1	32	82	42.5	55	3.5	265
IR200-150 -400	1 450	400	111.1	50	81	67.2	90	3.8	275

25. 化工离心泵

【特点及用途】IH 型化工离心泵属单级(轴向吸入)离心泵,适用于输送不含固体颗粒、有腐蚀性的液体,介质温度可达-20 ~ 105℃。其口径为 50 ~ 200mm,扬程 5 ~ 125m,流量 6.3 ~ 400m³/h。
适用于化工、石油、冶金、电力、造纸、食品、制药、合成纤维等工业部门。

【规　格】

| 型　号 | 流　量 | | 扬程
(m) | 转速
(r/min) | 效率
(%) | 汽蚀余量
(m) | 叶轮直径
(mm) | 重量
(kg) |
	(m³/h)	(L/s)						
IH50-32-125	6.3	1.75	5	1 450	51	1.0	125	44
	12.5	3.47	20	2 900	56	1.8		
IH50-32-160	6.3	1.75	8	1 450	43	1.0	160	48
	12.5	3.47	32	2 900	48	1.8		
IH50-32-200	6.3	1.75	12.5	1 450	34	1.0	200	58
	12.5	3.47	50	2 900	39	1.8		

续表

型　号	流　量		扬程	转速	效率	汽蚀余量	叶轮直径	重量
	(m³/h)	(L/s)	(m)	(r/min)	(%)	(m)	(mm)	(kg)
IH50-32	6.3	1.75	20	1 450	26	1.0	250	95
-250	12.5	3.47	80	2 900	30	1.8		
IH65-50	12.5	3.47	5	1 450	60	1.2	125	50
-125	25	6.94	20	2 900	65	2.0		
IH65-50	12.5	3.47	8	1 450	56	1.2	160	55
-160	25	6.94	32	2 900	61	2.0		
IH65-40	12.5	3.47	12.5	1 450	48	1.2	200	60
-200	25	6.94	50	2 900	53	2.0		
IH65-40	12.5	3.47	20	1 450	39	1.2	250	103
-250	25	6.94	80	2 900	43	2.0		
IH65-40	12.5	3.47	32	1 450	30	1.2	315	110
-315	25	6.94	125	2 900	34	2.0		
IH80-65	25	6.94	5	1 450	68	1.4	125	56
-125	50	13.89	20	2 900	72	2.4		
IH80-65	25	6.94	8	1 450	65	1.4	160	60
-160	50	13.89	32	2 900	69	2.4		
IH80-50	25	6.94	12.5	1 450	61	1.4	200	66
-200	50	13.89	50	2 900	65	2.4		
IH80-50	25	6.94	20	1 450	53	1.4	250	113
-250	50	13.89	80	2 900	57	2.4		
IH80-50	25	6.94	32	1 450	43	1.4	315	115
-315	50	43.89	125	2 900	47	2.4		
IH100-80	50	13.89	5	1 450	74	1.8	125	90
-125	100	27.8	20	2 900	77	3.2		

续表

型　号	流　量		扬程	转速	效率	汽蚀余量	叶轮直径	重量
	（m³/h）	（L/s）	（m）	（r/min）	（%）	（m）	（mm）	（kg）
IH100-80	50	13.89	8	1 450	72	1.8	160	95
-160	100	27.8	32	2 900	75	3.2		
IH100-65	50	13.89	12.5	1 450	69	1.8	200	97
-200	100	27.8	50	2 900	72	3.2		
IH100-65	50	13.89	20	1 450	65	1.8	250	111
-250	100	27.8	80	2 900	68	3.2		
IH100-65	50	13.89	32	1 450	57	1.8	315	160
-315	100	27.8	125	2 900	60	3.2		
IH125-100	100	27.8	12.5	1 450	75	2.2	200	110
-200	200	55.6	50	2 900	77	4.5		
IH125-100	100	27.8	20	1 450	72	2.2	250	170
-250	200	55.6	80	2 900	74	4.5		
IH125-100	100	27.8	32	1 450	68	2.2	315	190
-315	200	55.6	125	2 900	70	4.5		
IH125-100-400	100	27.8	50	1 450	60	2.2	400	210
IH150-125-250	200	55.6	20	1 450	77	3.2	250	200
IH150-125-315	200	55.6	32	1 450	74	3.2	315	225
IH150-125-400	200	55.6	50	1 450	70	3.2	400	237
IH200-150-250	400	111		1 450	81	4.5	250	255
IH200-150-315	400	111	32	1 450	79	4.5	315	268
IH200-150-400	400	111	50	1 450	76	4.5	400	278

26. 耐腐蚀泵

【特点及用途】F_1 型耐腐蚀泵适用于输送不含悬浮颗粒的腐蚀性液体，其口径为 25 ~ 200mm，扬程 11.5 ~ 103m，流量 3.6 ~ 190m³/h。输送介质温度为 -20 ~ +105℃，适用于化工、石油、冶金、化纤、医药等部门流程用泵，亦可供工矿企业及城市给排水用。

【规　格】

型　号	流　量		扬程（m）	效率（%）	允许吸上真空度（m）	功率(kW)			叶轮直径（mm）
	(m³/h)	(L/s)				轴功率	电机功率		
							r=1.4	r=2	
$25F_1$–16	3.6	1.0	16	30	6.5	0.52	0.75	1.10	130
$25F_1$–16A	3.27	0.91	12.5	29	6.5	0.38	0.75	1.10	118
$25F_1$–25	3.6	1.0	25	27	6	0.908	1.5	2.2	146
$25F_1$–25A	3.27	0.91	20	27	6	0.696	1.1	1.5	133
$25F_1$–41	3.6	1.0	41	20	6	2.01	3	4	186
$25F_1$–41A	3.27	0.91	34	20	6	1.53	3	4	169
$40F_1$–16	7.2	2.0	16	49	6.5	0.63	1.1	1.5	122
$40F_1$–16A	6.55	1.82	12	47	6.5	0.458	0.75	1.1	110
$40F_1$–26	7.2	2.0	26	44	6	1.14	2.2	3	148
$40F_1$–26A	6.55	1.82	20.5	42	6	0.875	1.5	2.2	135
$40F_1$–40	7.2	2.0	40	35	6	2.24	4	5.5	184
$40F_1$–40A	6.55	1.82	33.4	35	6	1.71	3	4	168

续表

型　号	流　量		扬　程（m）	效　率（%）	允许吸上真空度(m)	功率(kW)			叶轮直径（mm）
	（m³/h）	（L/s）				轴功率	电机功率		
							r=1.4	r=2	
40F₁-65	7.2	2.0	65	24	6	5.3	7.5	11	236
40F₁-65A	6.72	1.87	56	24	6	4.15	7.5	11	224
40F₁-65B	6.4	1.78	49	23	6	3.72	5.5	11	208
50F₁-16	14.4	4	16	62	6	0.995	1.5	2.2	123
50F₁-16A	13.1	3.64	12	60	6	0.72	1.5	2.2	112
50F₁-25	14.4	4	25	53.5	6	1.8	3	4	145
50F₁-25A	13.1	3.64	20.5	50	6	1.47	2.2	3	132
50F₁-40	14.4	4	40	46	5.8	3.4	7.5	7.5	190
50F₁-40A	13.1	3.64	32.5	44	5.8	2.64	5.5	7.5	174
50F₁-63	14.4	4	63	38	5.5	6.5	11	15	220
50F₁-63A	13.5	3.75	54.5	34	5.5	5.85	11	15	208
50F₁-63B	12.7	3.53	48	33	5.5	5	7.5	11	205
50F₁-103	14.4	4	103	25	6	15.7	22	37	288
50F₁-103A	13.4	37.3	88	25	6	12.9	22	30	262
50F₁-103B	12.7	3.53	78	25	6	10.8	18.5	22	247
65F₁-16	28.8	8	16	69	6	1.78	3	4	122
65F₁-16A	26.3	7.3	12	67	6	1.28	2.2	3	112
65F₁-25	28.8	8.0	25	63	5.5	3.11	5.5	7.5	148

续表

型 号	流 量 (m³/h)	流 量 (L/s)	扬程 (m)	效率 (%)	允许吸上真空度 (m)	功率(kW) 轴功率	功率(kW) 电机功率 r=1.4	功率(kW) 电机功率 r=2	叶轮直径 (mm)
65F₁-25A	26.2	7.28	21.5	61	5.5	2.52	4	5.5	135
65F₁-40	28.8	8	40	60	6	5.23	11	11	182
65F₁-40A	26.3	7.28	32	58	6	3.95	7.5	11	166
65F₁-64	28.8	8	64	53	5.6	9.47	15	22	227
65F₁-64A	25.2	7.0	54	52	5.5	7.13	15	18.5	212
65F₁-64B	25.4	7.05	50	53	5.6	6.5	11	15	200
65F₁-100	28.8	8	100	40	6	19.6	30	45	278
65F₁-100A	26.9	7.48	87	40	6	15.9	30	37	260
65F₁-100B	25.2	7.0	77	40	6	13.2	22	30	245
80F₁-24	54	15	24	72	5.5	4.91	7.5	11	150
80F₁-24A	46.8	13	19.5	66	5.5	3.74	7.5	11	136
80F₁-38	54	15	38	66	6	6.38	11	18.5	185
80F₁-38A	49.1	13.6	30.5	64	6	6.38	11	15	169
80F₁-60	54	15	60	61	5.8	14.5	22	37	225
80F₁-60A	50.5	14	52	60	5.5	11.9	18.5	30	210
80F₁-60B	47.5	13.2	46	58	5.5	10.9	18.5	22	198
80F₁-97	54	15	97	56	5.5	25.4	45	55	275
80F₁-97A	50.5	14	84	65	5.5	20.6	37	45	257

续表

型　号	流　量		扬　程（m）	效率（%）	允许吸上真空度（m）	功率（kW）			叶轮直径（mm）
	（m³/h）	（L/s）				轴功率	电机功率		
							r=1.4	r=2	
80F₁-97B	47.5	13.2	74	56	5.5	17.1	30	45	242
100F₁-37	100.8	28	37	75	4.5	13.3	18.5	30	184
100F₁-37A	91.8	25.5	29	73	4.5	9.93	15	22	167
100F₁-57	100.8	28	57	69	4	22.6	37	45	225
100F₁-37A	94.3	26.2	49	67	4	19.9	30	37	210
100F₁-57B	88.6	24.6	43.5	6	4	16.2	22	37	198
150F₁-35	190.8	53	35	75	6	24.1	37	55	190
150F₁-56	190.8	53	56	70	4.5	41.25	75	90	220
150F₁-56A	178.2	49.5	48	69	4.5	33.8	55	75	210
150F₁-56B	167.8	46.6	42.5	68	4.5	28.5	45	75	198

27. 污水泵

【特点及用途】W 系列污水泵具有固体物料和纤维类通过能力好，不堵塞、无缠绕，使用维护方便等特点。其口径为 25～800mm，扬程 7.93～55mm，流量 4.25～7 200m³/h。可用于输送城市及工矿污水或液体中含有纤维、纸屑等固液混合物。

【规　格】

型　号	流　量		扬程	转速	功　率(kW)		效率	汽蚀余量	过流断面最小尺寸	排出口径/吸入口径
	(m³/h)	(L/s)	(m)	(r/min)	轴功率	电机功率	(%)	(m)	(mm)	(mm)
25WG 25WGF 25WGL	7	1.94	30	2 860	1.97	3	29	4	20	25/32
	4.25	1.18	11.06	1 700	0.53	1.1	24			
25WGA 25WGFA 25WGLA	5.46	1.52	18.3	2 860	1.24	1.5	22			
50WG 50WGF 50WGL	24	6.67	45	2 920	6.39	15	46		40	50/65
	11.84	3.29	10.94	1 440	0.80	2.2	44			
	15.2	4.22	18.06	1 850	1.66	4	45			
50WGA 50WGFA 50WGLA	19.03	5.29	28.43	2 920	3.88	7.5	38			
50WGF34	24	6.67	34	2 920	5.56	7.5	40	5.5		
80WG 80WGF 80WGL	80	22.2	45	2 940	15.56	22	63		50	80/100
	39.2	10.89	10.8	1 440	2.45	4	47			
	50.4	14	17.8	1 850	4.99	5.5	49			
80WGA 80WGFA 80WGLA	63.5	17.6	28.43	2 940	10.03	11 15	49			
100WG 100WGF 100WGL	165	45.83	29	1 470	20	30	65	3	80	100/150
	108.8	30.22	12.6	970	5.74	11	65			
	105.4	29.28	8.5	730	3.81	5.5	64			

续表

型号	流量 (m³/h)	流量 (L/s)	扬程 (m)	转速 (r/min)	功率(kW) 轴功率	功率(kW) 电机功率	效率 (%)	汽蚀余量 (m)	过流断面最小尺寸 (mm)	排出口径/吸入口径 (mm)
100WG35	125	34.72	35	1 470	20.54	30				
100WG55	125	34.72	55	1 470	32.28	55	58	3	25	
100WD 100WDF 100WDL	140	38.89	15	970	8.80	15	65	4	85	100/150
150WG 150WGF	320	88.89	26	1 470	34.33	55				
150WGL	211	58.6	11.32	970	9.86	15		6		
150WD 150WDF	300	83.3	14	970	17.33	30	66			
150WDL	225.2	62.56	7.93	730	7.37	11		4.5	95	150/200
200WG	560	155.6	22	970	49.34	75				
200WGL	421	116.94	12.46	730	21	30		5.6		
200WD	480	133.3	13	730	25	37	68		120	
200WDL	381	105.83	8.2	580	12.51	22		4.5		200/250
250WG	1 000	277.8	22	730	83.21	132				
250WGL	794.5	220.7	18.89	580	56.77	90			155	
250WD	900	250	13	730	44.25	75	72	6		
250WDL	715	198.6	8.21	580	22.2	45			100	250/300
350WGL	2 150	597.2	25	740	197.81					
350WGL	1 685	468.06	15.36	580	95.25		74	6.5	70	350/400

续表

| 型 号 | 流 量 | | 扬程 (m) | 转速 (r/min) | 功 率(kW) | | 效率 (%) | 汽蚀余量 (m) | 过流断面最小尺寸 (mm) | 排出口径/吸入口径 (mm) |
	(m³/h)	(L/s)			轴功率	电机功率				
350WDL	1 900	527.8	13.4	730	95		73	6	75	350/400
	1 509.6	419.3	8.46	580	47.64					
50WGL	4 000	1111	28	590	401.33			8	95	500/600
	3 322	922.78	19.3	490	229.67					
500WGLA	2 885	801.39	14.6	490	150.93		76			
500WDL	3 000	833.3	13.5	590	145.12			7.5		
	2 466	685	9.12	485	80.6					
800WDL	7 200	2 000	15	590	387			9		800/900
	5 918.6	1644	10.14	485	215.05					

28. 自吸式无堵塞排污泵

【特点及用途】ZW 型自吸式无堵塞排污泵集自吸和无堵塞排污于一体,采用轴向回流外混式,并通过泵体、叶轮流道的独特设计,不需要安装底阀和灌引水,能吸排含有大颗粒固体直径为出口口径的 60% 和纤维长度为叶轮直径 1.5 倍的杂质液体。ZW 型自吸式无堵塞排污泵适用于轻工、造纸、纺织、食品、电业、矿山、化工、市政排污工程及河蟹养殖等行业,是抽送含有固体颗粒纤维、浆料和混合悬浮介质的实用杂质泵。

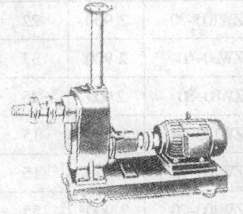

【规　　格】水泵制造有限公司产品

型　号	转速 （r/min）	电机功率 （kW）	流量 （m³/h）	扬程 （m）	效率 （%）	通过能力（mm）	
						固体直径	纤维长度
25ZW8-15	2 900	1.5	8	15	55	15	120
32ZW10-20	2 900	2.2	10	20	55	20	150
40ZW15-30	2 900	3	15	30	60	25	230
50ZW10-20	2 900	2.2	10	20	58	30	230
50ZW15-30	2 900	3	15	30	60	30	250
65ZW30-18	1 450	4	30	18	60	40	380
65ZW20-30	2 900	5.5	20	30	60	40	350
65ZW25-40	2 900	7.5	25	40	55	40	380
80ZW40-16	1 450	4	40	16	62	48	400
80ZW80-35	2 900	15	80	35	62	48	400
80ZW50-60	2 900	22	50	60	55	48	400
100ZW100-15	1 450	7.5	100	15	65	60	500
100ZW80-20	1 450	7.5	80	20	65	60	500
100ZW100-30	2 900	22	100	30	60	60	450
100ZW80-60	2 900	37	80	60	58	60	450
100ZW80-80	2 900	45	80	60	55	60	450
125ZW180-14	1 450	15	180	14	60	80	600
150ZW200-15	1 450	15	200	15	63	90	750
150ZW400-20	2 900	55	400	20	60	90	750
200ZW300-18	1 450	37	300	18	65	120	1 000
250ZW400-22	1 450	55	400	22	68	150	1 200

29. 潜水泵

【特点及用途】Q(D)X型潜水泵是电机和水泵组装为一体的电力排灌设备,结构简单紧凑,机组潜入水中工作无需建筑泵房,使用方便,其具有一定的全扬程性能,短时间偏离额定流量扬程,使用电泵不会严重过载而烧坏电机。潜水泵潜水深度不超过5m,露出水面不超过整机高度的1/4,水温不超过50℃,液体 pH 值为 2 ~ 12。Q(D)X型潜水泵应用广泛、如农田排灌、浅水提水、水塔供水、人工喷泉、船舶排水、工矿排水等。

[规 格]四川兴文县经久精密制造公司产品

型号	扬程(m) 额定值	扬程(m) 范围	流量(m³/h) 额定值	流量(m³/h) 范围	额定值 电压(V)	电流(A)	频率(Hz)	转速(r/min)	功率(kW)	绝缘等级	相数	配管内径(mm)	重量(kg)
Q(D)×3-26-0.75	26	0~28	3	1~15	220(380)	5.5(1.6)	50	2860	0.75	B,F	2(3)	40	21
Q(D)×15-10-0.75	10	0~15	15	1~20	220(380)	5.5(1.6)	50	2860	0.75	B,F	2(3)	50	21
Q(D)×6-24-1.1	24	0~30	6	1~13	220(380)	7(2.5)	50	2820	1.1	B,F	2(3)	50	22
Q(D)×10-24-1.5	24	0~30	10	1~15	220(380)	9(3.5)	50	2820	1.5	B,F	2(3)	50	25
Q×6-40-2.2	40	0~43	6	3~30	380	5.5	50	2860	2.2	B,F	3	50	28
Q×15-34-3	34	0~40	15	5~35	380	6.5	50	2860	3	B,F	3	50	30
Q×40-16-3	16	0~20	40	10~60	380	6.5	50	2860	3	B,F	3	80	30
Q×10-56-4	56	0~60	10	5~40	380	8.8	50	2860	4	B,F	3	50	44
Q×40-21-4	21	0~30	40	10~60	380	8.8	50	2860	4	B,F	3	80	44
Q×15-55-5.5	55	0~60	15	5~40	380	11.6	50	2860	5.5	B,F	3	50	50
Q×40-28-5.5	28	0~35	40	10~60	380	11.6	50	2860	5.5	B,F	3	80	50
Q×40-38-7.5	38	0~45	40	10~60	380	15.8	50	2860	7.5	B,F	3	80	60
Q×20-60-7.5	60	0~70	20	5~40	380	15.8	50	2860	7.5	B,F	3	80	60
Q×100-17-7.5	17	0~20	100	0~120	380	15.8	50	2860	7.5	B,F	3	80	60

型号	扬程 (m) 额定值	范围	流量 (m³/h) 额定值	范围	额定值 电压 (V)	电流 (A)	频率 (Hz)	转速 (r/min)	功率 (kW)	绝缘等级	相数	配管内径 (mm)	重量 (kg)
Q×25-70-9.2	60	0~70	25	5~40	380	19.6	50	2 860	9.2	B.F	3	100	70
Q×40-4.5-9.2	45	0~50	40	10~100	380	19.6	50	2 860	9.2	B.F	3	80	70
Q×40-55-11	55	0~60	40	10~100	380	23	50	2 860	11	B.F	3	80	90
Q×20-80-11	80	0~86	20	5~40	380	23	50	2 860	11	B.F	3	80	90
Q×20-130-22	130	0~135	20	1~60	380	45	50	2 860	22	B.F	3	50	120
Q×50-80-22	80	0~90	50	1~70	380	45	50	2 860	22	B.F	3	80	120
Q×100-50-22	50	0~58	100	10~120	380	45	50	2 860	22	B.F	3	100	120
Q×40-125-37	125	0~130	40	10~100	380	79	50	2 860	37	B.F	3	80	280

30. 潜污水泵

【特点及用途】QWF 型潜污水泵是电机和水泵组装为一体的电力排灌设备，结构简单紧凑，机组潜入水中无需建筑泵房，使用方便，其接触液体部件全部采用非磁性不锈钢制造，具有自身无污染、耐腐蚀的特别性能，潜污水泵潜水深度不超过 5m，露出水面不超过整机高度的 1/4，水温不超过 50℃，液体 pH 值为 2～12。QWF 型潜污水泵为无堵塞设计，具有良好的通过性能，即使在抽送颗粒及纤维物质时，也不会缠绕和堵塞叶轮而造成损坏。适合本泵材质腐蚀性液体的排送，如化工废水、城市污水、农村粪水等。

【规　　格】四川兴文县经久精密创造公司产品

规　格	排出口径 (mm)	流量 (m³/h)	扬程 (m)	功率 (kW)	额　定　值			同步转速 (r/min)	通过颗粒最大直径 (mm)
					电压 (V)	电流 (A)	频率 (Hz)		
QWF50-10-7-0.75	50	10	7	0.75	380	5.5	50	3 000	20
QWF50-7-10-0.75	50	7	10	0.75	380	5.5	50	3 000	15
QWF32-5-15-0.75	32	5	15	0.75	380	5.5	50	3 000	5
QWF30-15-7-1.1	50	15	7	1.1	380	7	50	3 000	20
QWF50-10-10-1.1	50	10	10	1.1	380	7	50	3 000	20
QWF50-7-15-1.1	50	7	15	1.1	380	7	50	3 000	15
QWF50-25-7-1.5	50	25	7	1.5	380	9	50	3 000	25
QWF50-15-10-1.5	50	15	10	1.5	380	9	50	3 000	20
QWF50-10-15-1.5	50	10	15	1.5	380	9	50	3 000	20

续表

规　格	排出口径 (mm)	流量 (m³/h)	扬程 (m)	功率 (kW)	额定值 电压 (V)	电流 (A)	频率 (Hz)	同步转速 (r/min)	通过颗粒最大直径 (mm)
WF50-6-22-1.5	50	6	22	1.5	380	9	50	3 000	15
WF50-35-7-2.2	50	35	7	2.2	380	5.5	50	3 000	25
WF50-25-10-2.2	50	25	10	2.2	380	5.5	50	3 000	25
WF50-15-15-2.2	50	15	15	2.2	380	5.5	50	3 000	20
WF50-9-22-2.2	50	9	22	2.2	380	5.5	50	3 000	20
WF80-50-7-3	80	50	7	3	380	6.5	50	3 000	30
WF65-35-10-3	65	35	10	3	380	6.5	50	3 000	25
WF50-25-15-3	50	25	15	3	380	6.5	50	3 000	25
WF50-15-22-3	50	15	22	3	380	6.5	50	3 000	20
WF100-75-7-4	100	75	7	4	380	8.8	50	3 000	25
WF80-50-10-4	80	50	10	4	380	8.8	50	3 000	30
WF65-40-15-4	65	40	15	4	380	8.8	50	3 000	25
WF50-25-22-4	50	25	22	4	380	8.8	50	3 000	25
WF50-15-32-4	50	15	32	4	380	8.8	50	3 000	25
WF100-100-7-5.5	100	100	7	5.5	380	11.6	50	3 000	35
WF80-70-10-5.5	80	70	10	5.5	380	11.6	50	3 000	30
WF80-50-15-5.5	80	50	15	5.5	380	11.6	50	3 000	30
WF50-30-22-5.5	50	30	22	5.5	380	11.6	50	3 000	25
WF30-18-32-5.5	30	18	32	5.5	380	11.6	50	3 000	20

续表

| 规 格 | 排出口径(mm) | 流量(m³/h) | 扬程(m) | 功率(kW) | 额定值 | | | 同步转速(r/min) | 通过最大(mm) |
					电压(V)	电流(A)	频率(Hz)		
QWF150-110-7-7.5	150	110	7	7.5	380	15.8	50	3 000	45
QWF100-100-10-7.5	100	100	10	7.5	380	15.8	50	3 000	35
QWF100-70-15-7.5	100	70	15	7.5	380	15.8	50	3 000	30
QWF80-45-22-7.5	80	45	22	7.5	380	15.8	50	3 000	30
QWF50-30-32-7.5	50	30	32	7.5	380	15.8	50	3 000	20
QWF50-20-40-7.5	50	20	40	7.5	380	15.8	50	3 000	20

31. 充水湿式多级潜水电泵

【特点及用途】QS 型充水湿式多级潜水电泵是水泵和三相异步电动机合成一体的电力排灌设备。具有可靠的防水密封性能,体积小,重量轻、扬程高、不需泵房、不需引灌水,使用维护和管理较为方便。水泵适用水温一般不得高于 20℃。进水口必须在动水位 1m 以下,但潜水深度不得超过静水位以下 70m,电机下端距井底水深最少在 1m 以上。QS 型充水湿式多级潜水电泵广泛的用于农田园林的排灌、井灌、喷灌、井下提水、水塔送水、河流、水库、水渠提水、排涝防汛、船舶仓底排水、建筑工地、地下施工,桥梁隧道、矿山井下、地质勘探等。该泵对要求:

(1)水中含砂量不大于 0.01%(重量比);

(2)pH 值在 6.5~8.5 范围;

(3)氯离子含量不大于 400mg/L。如一般常温清水、井水、河水、湖

【规　　格】上海爱皮尔水泵制造有限公司产品

型　号	扬程参考 使用范围 （m）	电机功率 （kW）	额定电流 （A）	出口管 直径(in)
200QS15-45/3	40~50	4	10.1	
200QS15-58/4	50~63	5.5	13.6	
200QS15-71/5	63~75	7.5	18	1½
200QS15-82/6	75~86	7.5	18	
200QS15-97/7	86~102	9.2	21.7	
200QS20-40/3	35~45	4	10.1	
200QS20-54/4	45~58	5.5	13.6	
200QS20-67/5	58~72	7.5	18	
200QS20-81/6	72~86	7.5	18	2
200QS20-93/7	86~98	9.2	21.7	
200QS20-108/8	98~115	11	25.8	
200QS25-40/3	35~45	4	10.1	
200QS25-54/4	45~58	5.5	13.6	
200QS25-67/5	58~72	7.5	18	
200QS25-81/6	72~86	7.5	18	2½
200QS25-93/7	86~98	9.2	21.7	
200QS25-108/8	98~115	11	25.8	
200QS30-40/3	35~45	5.5	13.6	
200QS30-54/4	45~58	7.5	18	
200QS30-67/5	58~72	9.2	21.7	
200QS30-81/6	72~86	9.2	21.7	3
200QS30-93/7	86~98	11	25.8	
200QS30-108/81	98~115	13	29.8	

32.   高效无堵塞液下泵

【特点及用途】YW 型高效无堵塞液下泵的泵叶轮采用国内独特的单通道结构,具有不怕堵塞、节能显著、运行可靠、维修方便等特点,较好地解决抽吸重量较大的颗粒,以及易堵塞的难度。YW 型高效无堵塞液下泵适用介质温度不超过 70℃,介质平均重量不超过 $150 kg/m^3$ 被抽送液体的 pH 值为 5 ~ 9,是相关行业抽吸含有颗粒、杂质、纤维、浆料液体的实用设备。

【规   格】上海爱皮尔水泵制造有限公司产品

型　号	口径 (mm)	流量 (t)	扬程 (m)	功率 (kW)	转速 (r/min)	电压 (V)	可抽污物(mm)	
							固体直径	纤维长度
25YW8–22	25	8	22	1.1	2 900	380	15	150
32YW8–12	32	8	12	0.75	2 900	380	20	200
40YW15–30	40	15	30	2.2	2 900	380	22	300
50YW20–7	50	20	7	0.75	2 900	380	30	350
50YW20–15	50	20	15	1.5	2 900	380	30	350
50YW15–30	50	15	30	2.2	2 900	380	30	350
65YW25–15	65	25	15	2.2	2 900	380	38	400
65YW25–30	65	25	30	4	2 900	380	38	400
80YW40–7	80	40	7	2.2	1 450	380	45	550
80YW40–15	80	40	15	4	1 450	380	45	550
80YW65–25	80	65	25	7.5	2 900	380	45	550
80YW80–15	80	80	15	7.5	1 450	380	45	550
100YW85–10	100	85	10	4	1 450	380	60	700

续表

型 号	口径 (mm)	流量 (t)	扬程 (m)	功率 (kW)	转速 (r/min)	电压 (V)	可抽污物(mm)	
							固体直径	纤维长度
100YW85-20	100	85	20	7.5	1 450	380	60	700
100YW100-15	100	100	15	7.5	1 450	380	60	700
100YW100-25	100	100	25	11	2 900	380	60	700
100YW100-35	100	100	35	18.5	2 900	380	60	700
125YW115-15	125	115	15	15	1 450	380	65	800
150YW180-15	150	180	15	15	1 450	380	70	900
150YW180-20	150	180	20	18.5	1 450	380	70	900
150YW180-35	150	180	35	22	1 450	380	70	900
200YW300-15	200	300	15	22	1 450	380	80	1000
200YW300-25	200	300	25	37	1 450	380	80	1 000

33. 高效无堵塞潜水排污泵

【特点及用途】WQ 型高效无堵塞潜水排污泵由无堵塞泵、潜水电机、机械密封三大部分组成，潜水电机绝缘等级F 级，定子绕组内预埋了热敏元件，其中 15kW 电机以上外壳配有自流循环冷却水套，机械密封为双端面耐磨密封，密封油室内设置有高精度抗干扰漏水检测传感器，以及水位开关和电机综合保护器等。WQ 型高效无堵塞潜水排污泵广泛应用于市政、矿山、工地等工程污水、杂物的排放。

带切割装置型

【规　　格】上海爱皮尔水泵制造有限公司产品

型　号	排出口径 (mm)	流量 (m³/h)	扬程 (m)	转速 (r/min)	功率 (kW)	效率 (%)	重量 (kg)	水泵电器控制柜	自动耦合器
40WQ12-15-1.5	40	12	15	2 900	1.5	48	55	QZD-1.5	
50WQ20-7-0.75	50	20	7	1 450	0.75	62	50	QZD-0.75	
50WQ10-10-0.75	50	10	10	2 900	0.75	54	45	QZD-0.75	
50WQ15-15-1.5	50	15	15	2 900	1.5	51	55	QZD-1.5	GAK-50
50WQ15-20-2.2	50	15	20	2 900	2.2	51	60	QZD-2.2	
50WQ17-25-3	50	17	25	2 900	3	53	70	QZD-3	
50WQ17-25-3	50	25	32	2 900	5.5	49	105	QZD-5.5	
65WQ25-15-2.2	65	25	15	2 900	2.2	52	65	QZD-2.2	
65WQ37-13-3	65	37	13	2 900	3	60	80	QZD-3	GAK-65
65WQ25-28-4	65	25	28	2 900	4	58	90	QZD-4	
80WQ40-7-2.2	80	40	7	2 900	2.2	50	70	QZD-2.2	
80WQ29-8-2.2	80	29	8	2 900	2.2	45	70	QZD-2.2	
80WQ43-13-3	80	43	13	2 900	3	65	80	QZD-3	GAK-80
80WQ40-15-4	80	40	15	2 900	4	57	90	QZD-4	
80WQ50-25-7.5	80	50	25	2 900	7.5	56	140	QZD-7.5	
100WQ80-9-4	100	80	9	1 450	4	62	130	QZD-4	
100WQ110-10-5.5	100	110	10	1 450	5.5	62	150	QZD-5.5	
100WQ65-15-5.5	100	65	15	1 450	5.5	59	150	QZD-5.5	
100WQ100-15-7.5	100	100	15	1 450	7.5	70	165	QZD-0.75	GAK-100
100WQ80-20-7.5	100	80	20	1 450	7.5	71	170	QZD-7.5	
100WQ100-22-15	100	100	22	1 450	15	61	280	JJI-15	

续表

型　号	排出口径 (mm)	流量 (m³/h)	扬程 (m)	转速 (r/min)	功率 (kW)	效率 (%)	重量 (kg)	水泵电器控制柜	自动耦合器
150WQ145-9-7.5	150	145	9	1 450	7.5	63	180	QZD-7.5	
150WQ200-10-15	150	200	10	1 450	15	64	300	JJI-15	
150WQ160-15-15	150	160	15	1 450	15	67	300	JJI-15	
150WQ150-26-18.5	150	150	26	1 450	18.5	72	400	JJI-18.5	GAK-150
150WQ150-26-18.5	150	150	26	1 450	18.5	72	400	JJI-18.5	
150WQ130-30-22	150	130	30	1 450	22	69	420	JJI-22	
150WQ200-30-37	150	200	30	1 450	37	69	750	JJI-37	
150WQ150-35-37	150	150	35	1 450	37	63	760	JJI-37	
200WQ300-7-11	200	300	7	980	11	75	370	JJI-11	
200WQ250-11-15	250	250	11	1 450	15	72	350	JJI-15	
200WQ250-15-18.5	200	250	15	1 450	18.5	72	420	JJI-18.5	
200WQ400-10-22	200	400	10	1 450	22	75	450	JJI-22	
200WQ310-13-22	200	310	13	1 450	22	71	450	QZD-22	GAK-200
200WQ400-13-30	200	400	13	1 450	30	76	650	JJI-30	
200WQ250-22-30	200	250	22	1 450	30	71	720	JJI-30	
200WQ350-25-37	200	350	25	1 450	37	73	850	JJI-37	
200WQ250-35-45	200	250	35	1 450	45	69	950	JJI-45	
200WQ400-30-55	200	400	30	1 450	55	72	1 300	JJI-55	
250WQ600-9-30	250	600	9	980	30	78	850	JJI-30	
250WQ600-12-37	250	600	12	1 450	37	76	850	JJI-37	
250WQ600-15-45	250	600	15	1 450	45	73	950	JJI-45	GAK-250
250WQ600-20-55	250	600	20	1 450	55	73	1 300	JJI-55	
250WQ600-25-75	250	600	25	1 450	75	71	1 500	JJI-75	

续表

型　号	排出口径(mm)	流量(m³/h)	扬程(m)	转速(r/min)	功率(kW)	效率(%)	重量(kg)	水泵电器控制柜	自动耦合器
300WQ800-12-45	300	800	12	980	45	74	1 550	JJI-45	
300WQ480-15-45	300	480	15	1 450	45	66	1 500	JJI-45	
300WQ400-20-45	300	400	20	1 450	45	64	1 500	JJI-45	
300WQ600-20-55	300	600	20	1 450	55	73	1 550	JJI-55	GAK-300
300WQ800-20-75	300	800	20	1 450	75	75	1 600	JJI-75	
300WQ950-20-90	300	950	20	1 450	90	76	1 700	JJI-90	
300WQ950-24-110	300	950	24	1 450	100	76	2 000	JJI-110	

34. HD（S）型导叶式混流泵

【特点及用途】HD（S）型导叶式混流泵为大中型单级单吸立轴导叶式混流泵，可供大中型农田水利设施排灌之用，也可适用于工矿船坞、海产养殖、城市建设、电站排水、电厂给排水、电厂循环水输送。本泵具有很宽的高效区及汽蚀性能好的特点，特别适用于水位变化较大及扬程较高的场合使用。输送介质一般为常温清水，也可用于物理、化学性质类似于水的液体，被吸送液体温度一般不高于 50℃。

HD 型泵结构特点是：

（1）HD 型泵均采用立轴式结构，配用立式电动机。它由水泵部分和传动部分组成，两者通过刚性联轴器连接成一个整体。

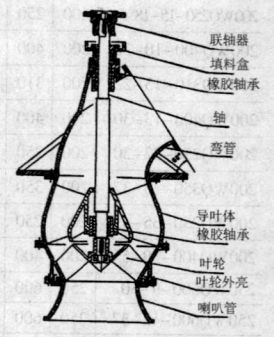

联轴器
填料盒
橡胶轴承
轴
弯管

导叶体
橡胶轴承
叶轮
叶轮外壳
喇叭管

导叶式混流泵典型结构图

（2）HD 型泵，可分为固定式、半调节式两种。半调节式混流泵，叶片可以调节角度；固定式叶轮，叶片与叶轮铸成一体，叶片角度不能调节。

（3）水泵部分结构（见结构图）一般由喇叭管、叶轮外壳、叶轮（转子体）、导叶体、直管、弯管、主轴、水润滑轴承等组成，橡胶轴承只承受经向力，叶轮产生的轴向力由传动部分的轴承承受或由电机承受。

（4）泵的转向，从吸入口处看，为逆时针方向旋转。

（5）传动部分结构（见结构图）一般由电机座、油箱、推力头、径向轴承、推力轴承组件、传动轴等组成，电机通过弹性柱销联轴器与传动轴联接。大型泵无传动部分，水泵直接与电机直联。

（6）泵的支承，泵的本体重量（除去传动部分）由支承泵体的基础承受，泵的传动部分、传动装置、电机以及轴向力一概由传动楼面基础承受。水泵层分两种结构形式；干式和湿式结构。

HDS 型结构特点是：

（1）HDS 型泵采用立式单基础结构型式，水泵出口在基础之上。

（2）泵轴之间通过分半式夹壳联轴器联接，电机与泵联轴器采用刚性联接，水泵轴向力一般由电机承受，转子轴向间隙由电机联轴器及水泵联轴器之间的调整螺母来调整。

（3）采用圆盘干式结构。

【规　　格】四川东风电机厂有限公司产品

型　号	流量 (m³/s)	扬程 (m)	转速 (r/min)	功率(kW)		效率 (%)	叶轮直径 (mm)	汽蚀余量 (m)	轴向水推力 (t)	出水口径 (mm)
				轴功率	配用功率					
600HD(S)-14	0.65	16.5	730	135	180	78	627	6.0	2.4	600
	0.92	14.0		148		85				
	1.15	9.8		145		76				

续表

型 号	流量 (m³/s)	扬程 (m)	转速 (r/min)	功率(kW)		效率 (%)	叶轮直径 (mm)	汽蚀余量 (m)	轴向水推力 (t)	出水口径 (mm)
				轴功率	配用功率					
600HD(S)–12	0.80	15.0	730	143	180	82	630	6.4	2.1	600
	1.00	12.2		141		85				
				113		83				
	1.20	8.0								
600HD(S)–8 (0°)	0.96	10.7	730	125	132	80	650	7.2	1.9	600
	1.11	8.5		109		85				
	1.26	6.2		96		80				
600HD(S)–8 (–2°)	0.88	10.2	730	110	132	80	650	6.9	1.9	600
	1.05	8.3		100		85				
	1.22	5.5		82		80				
600HD(S)–8 (–4°)	0.83	9.8	730	100	110	80	650	6.7	1.7	600
	1.01	8.0		93		85				
	1.16	5.0		71		80				
600HD(S)–8 (–6°)	0.77	9.0	730	85	95	80	650	6.4	1.7	600
	0.93	7.2		77		85				
	1.10	4.3		58		80				
600HD(S)–8 (–8°)	0.73	8.2	730	73	80	80	650	6.1	1.6	600
	0.86	6.6		65		85				
				46						
	1.02	3.7				80				
700HD(S)–28	1.00	30.6	730	390	500	77	680	7.5	8.5	700
	1.34	27.8		424		86				
	1.80	19.0		447		75				

续表

型　号	流量 (m³/s)	扬程 (m)	转速 (r/min)	功率(kW)		效率 (%)	叶轮 直径 (mm)	汽蚀 余量 (m)	轴向 水推力 (t)	出水 口径 (mm)
				轴功率	配用 功率					
00HD(S)-20	1.00	22.0	730	287	380	75	720	7.6	6.2	700
	1.36	19.6		307		85				
	1.80	12.5		298		74				
700HD(S)- 14.5	1.00	19.5	730	248	280	77	700	7.8	4.5	700
	1.41	14.5		236		85				
				142						
	1.80	6.2				77				
00HD(S)-11 (0°)	1.42	14.3	730	249	280	80	745	9.1	3.4	700
	1.70	11.6		225		86				
	1.96	8.0		192		80				
00HD(S)-11 (-2°)	1.30	13.8	730	220	250	80	745	8.9	3.4	700
	1.60	11.0		201		86				
	1.86	7.0		159		80				
00HD(S)-11 (-4°)	1.20	13.2	730	194	215	80	745	8.6	3.3	700
	1.50	10.5		179		86				
	1.76	6.0		129		80				
00HD(S)-11 (-6°)	1.10	12.3	730	166	185	80	745	8.1	3.2	700
	1.38	9.7		153		86				
	1.63	5.3		106		80				
00HD(S)-11 (-8°)	1.02	11.5	730	144	155	80	745	6.7	3.1	700
	1.28	9.0		131		86				
	1.50	5.0		92		80				
700HD(S)-9 (+2°)	1.40	13.2	730	226	250	80	745	8.9	3.2	700
	1.75	10.3		205		86				
	2.02	7.2		178		80				

续表

型 号	流量 (m³/s)	扬程 (m)	转速 (r/min)	功率(kW) 轴功率	配用功率	效率 (%)	叶轮直径 (mm)	汽蚀余量 (m)	轴向水推力 (t)	出口 (m
700HD(S)-9 (0°)	1.24	12.5	730	190	200	80	745	8.4	3.1	70
	1.6	9.5		173		86				
	1.84	6.4		144		80				
700HD(S)-9 (-2°)	1.10	11.6	730	272	185	80	745	8.0	3.1	70
	1.49	8.8		149		86				
	1.68	5.6		115		80				
700HD(S)-9 (-4°)	0.98	11.0	730	132	155	80	745	7.4	3.0	70
	1.30	8.2		121		86				
	1.56	5.0		96		80				
700HD(S)-9 (-6°)	0.88	10.0	730	108	132	80	745	6.8	3.0	70
	1.15	7.5		98		86				
	1.38	4.4		74		80				
800HD(S)-25	1.20	28.0	585	452	630	73.0	810	6.9	11.0	80
	1.80	25.0		516		85.5				
	2.40	18.0		543		78.0				
800HD(S)-17.5	1.40	19.8	585	344	450	79.0	850	6.7	7.0	80
	1.80	17.5		361		85.5				
	2.40	8.9		291		72.0				
800HD(S)-12.5	1.40	16.0	585	278	315	79.0	820	6.7	5.2	80
	1.80	12.4		256		85.5				
	2.20	6.9		186		80				
800HD(S)-10 (0°)	1.84	12.6	585	281	315	81	875	7.8	4.7	80
	2.20	10.5		264		86				
	2.52	7.8		238		81				

续表

型　号	流量 (m³/s)	扬程 (m)	转速 (r/min)	功率(kW)		效率 (%)	叶轮 直径 (mm)	汽蚀 余量 (m)	轴向 水推力 (t)	出水 口径 (mm)
				轴功率	配用 功率					
300HD(S)-10 (-2°)	1.73	12.1	585	253	280	81	875	7.5	4.5	800
	2.09	10.0		238		86				
	2.40	6.6		192		81				
300HD(S)-10 (-4°)	1.60	11.5	585	223	250	81	875	7.1	4.3	800
	2.00	9.0		205		86				
	2.27	5.9		162		81				
300HD(S)-10 (-6°)	1.47	10.8	585	192	220	81	875	6.7	4.1	800
	1.80	8.5		175		86				
	2.10	5.1		130		81				
300HD(S)-10 (-8°)	1.35	10.0	585	164	180	81	875	5.8	4.0	800
	1.63	8.0		149		86				
	1.90	4.5		104		81				
300HD(S)-8 (+2°)	1.64	11.4	585	229	250	80	860	8.0	4.3	800
	2.14	8.8		215		86				
	2.50	5.8		178		80				
300HD(S)-8 (0°)	1.45	10.8	585	192	220	80	860	7.6	4.1	800
	1.95	8.2		183		86				
	2.32	5.0		142		80				
300HD(S)-29	1.70	32.5	585	695	900	78	880	8.3	1.4	900
	2.30	29.7		779		86				
	2.90	23.3		818		81				
300HD(S)-19	1.70	22.6	585	483	630	78	905	8.0	9.0	900
	2.30	19.1		501		86				
	2.90	10.2		382		76				

续表

型　号	流量 (m³/s)	扬程 (m)	转速 (r/min)	功率(kW)		效率 (%)	叶轮 直径 (mm)	汽蚀 余量 (m)	轴向 水推力 (t)	出水 口径 (mm
				轴功率	配用 功率					
900HD(S)– 11.5	1.70	15.2		317		80				
	2.30	11.5	490	305	355	85	938	8.0	7.0	900
	2.90	5.3		188		80				
900HD(S)–9 (+2°)	2.36	13.9		397		81				
	3.00	10.8	585	370	450	86	960	9.5	6.5	900
	2.43	7.7		320		81				
900HD(S)–9 (0°)	2.10	13.2		336		81				
	2.72	10.2	585	316	400	86	960	9.1	6.4	900
	3.17	7.0		269		81				
900HD(S)–9 (–2°)	1.80	12.5		282		81				
	2.44	9.5	585	264	315	86	960	8.8	6.3	900
	2.90	6.3		221		81				
900HD(S)–9 (–4°)	1.65	11.8		236		81				
	2.18	8.8	585	219	260	86	960	8.2	6.2	900
	2.57	5.7		177		81				
900HD(S)–9 (–6°)	1.47	11.2		199		81				
	1.92	8.3	585	182	220	86	960	7.6	6.2	900
	2.26	5.3		145		81				
1000HD(S)–27	2.00	30.0		736		80				
	2.80	27.3	495	882	1000	85	995	7.3	18	1 00
	3.60	21.2		902		83				
1000HD(S)–17	2.30	19.3		544		80				
	2.80	17.0	495	543	630	86	1 030	7.1	11.5	1 00
	3.50	12.3		528		80				

续表

型　号	流量 (m³/s)	扬程 (m)	转速 (r/min)	功率(kW) 轴功率	功率(kW) 配用功率	效率 (%)	叶轮直径 (mm)	汽蚀余量 (m)	轴向水推力 (t)	出水口径 (mm)
1000HD(S)-12	2.50	14.5	495	434	480	82	1 030	7.7	8.0	1 000
	3.00	11.5		398		85				
	3.50	7.3		306		82				
1000HD(S)-9 (+2°)	2.90	13.0	495	451	500	82	1 100	8.9	7.9	1 000
	3.80	10.0		428		87				
	4.45	5.9		314		82				
1000HD(S)-9 (0°)	2.60	12.4	495	386	420	82	1 100	8.3	7.4	1 000
	3.40	9.4		360		87				
	4.12	5.2		256		82				
1000HD(S)-9 (-2°)	2.30	11.6	495	319	355	82	1 100	7.8	7.1	1 000
	3.10	8.8		308		87				
	3.80	4.7		214		82				
1000HD(S)-9 (-4°)	2.10	11.0	495	276	315	82	1 100	7.3	6.6	1 000
	2.80	8.2		259		87				
	3.45	4.2		173		82				
1 000HD(S)-9 (-6°)	1.85	10.2	495	226	260	82	1 100	6.8	6.0	1 000
	2.50	7.5		211		87				
	3.05	4.0		146		82				
1 200HD(S)-29	3.00	32.0	425	1177	1 500	80	1 180	7.6	25.2	1 200
	4.00	29.0		1323		86				
	5.00	23.5		1389		83				
1200HD(S)-20	3.20	22.3	425	875	1 000	80	1 250	7.8	17.5	1 200
	4.20	19.6		928		87				
	5.20	13.5		861		80				

续表

型　号	流量 （m³/s）	扬程 （m）	转速 （r/min）	功率(kW)		效率 （%）	叶轮 直径 （mm）	汽蚀 余量 （m）	轴向 水推力 （t）	出水 口径 （mm）
				轴功率	配用 功率					
1200HD(S)–14	3.00	19.0	425	699	800	80	1 195	7.6	12.5	1 200
	4.00	14.5		662		86				
	5.00	8.0		491		80				
1200HD(S)– 10.5(0°)	3.60	14.4	425	636	710	80	1 250	8.9	11.1	1 200
	4.70	11.0		582		87				
	5.50	6.5		438		80				
1200HD(S)– 10.5(–2°)	3.30	13.9	425	562	630	80	1 250	8.7	10.6	1 200
	4.50	10.5		532		87				
	5.30	5.8		377		80				
1200HD(S)– 10.5(–4°)	3.10	13.2	425	502	560	80	1 250	8.2	10.2	1 200
	4.20	9.8		464		87				
	5.00	5.0		307		80				
1200HD(S)– 10.5(–6°)	2.80	12.5	425	429	480	80	1 250	7.9	9.8	1 200
	3.80	9.2		394		87				
	4.60	4.4		248		80				
1200HD(S)– 10.5(–8°)	2.60	11.8	425	376	400	80	1 250	6.5	9.5	1 200
	3.40	8.5		326		87				
	4.20	3.8		196		80				
1200HD(S)–9 (+2°)	3.68	13.3	425	600	630	80	1 270	8.7	10.2	1 200
	4.96	10.0		559		87				
	6.00	6.0		441		80				
1200HD(S)–9 (0°)	3.30	12.6	425	510	560	80	1 270	8.1	9.8	1 200
	4.50	9.5		482		87				
	5.44	5.5		367		80				

续表

型 号	流量 (m³/s)	扬程 (m)	转速 (r/min)	功率(kW) 轴功率	配用 功率	效率 (%)	叶轮 直径 (mm)	汽蚀 余量 (m)	轴向 水推力 (t)	出水 口径 (mm)
1200HD(S)-9 (-2°)	2.90	12.0	425	427	480	80	1 270	7.6	9.5	1 200
	4.00	9.0		406		87				
	4.90	5.1		306		80				
1200HD(S)-9 (-4°)	2.70	11.4	425	377	420	80	1 270	7.2	8.8	1 200
	3.70	8.5		355		87				
	4.40	4.9		264		80				
1200HD(S)-9 (-6°)	2.44	10.7	425	320	355	80	1 270	6.7	8.2	1 200
	3.20	8.0		289		87				
	3.82	4.8		225		80				
1400HD-28	4.00	22.4	370	1589	2 000	80	1 380	8.0	35	1 400
	5.60	28.6		1796		87.5				
	7.50	19.8		1821		80				
1400HD-20	4.50	22.4	370	1206	1 600	82	1 460	8.0	24	1 400
	5.60	20.0		1383		89				
	7.10	14.0		1219		80				
1 400HD-14	4.50	18.4	370	979	1 100	83	1 398	7.8	16.8	1 400
	5.60	14.5		910		87.5				
	6.50	10.2		856		76				
1400HD-11 (0°)	5.08	14.5	370	881	1 000	82	1 445	9.0	14.9	1 400
	6.35	11.3		809		87				
	7.48	7.0		626		82				
1400HD-11 (-2°)	4.72	14.0	370	791	900	82	1 445	8.8	14.6	1 400
	6.05	10.7		730		87				
	7.66	6.2		531		82				

续表

型　号	流量 (m³/s)	扬程 (m)	转速 (r/min)	功率(kW)		效率 (%)	叶轮 直径 (mm)	汽蚀 余量 (m)	轴向 水推力 (t)	出水 口径 (mm)
				轴功率	配用 功率					
1400HD-11 (-4°)	4.40	13.4	370	705	800	82	1 445	8.3	14.2	1 400
	5.60	10.0		631		87				
	6.88	5.5		453		82				
1400HD-11 (-6°)	4.40	12.6	370	663	710	82	1 445	8.0	13.8	1 400
	5.20	9.5		557		87				
	6.20	4.8		356		82				
1400HD-11 (-8°)	3.60	11.8	370	508	560	82	1 445	6.6	13.5	1 400
	4.65	8.7		456		87				
	5.60	4.0		270		82				
1400HD-9 (+2°)	5.10	14.2	370	888	1 000	80	1 480	9.0	14.5	1 400
	7.00	10.5		829		87				
	8.50	6.0		625		80				
1400HD-9 (0°)	4.50	13.5	370	745	800	80	1 480	8.5	14.0	1 400
	6.40	10.0		722		87				
	7.80	5.0		478		80				
1400HD-9 (-2°)	4.00	12.7	370	623	710	80	1 480	8.0	13.5	1 400
	5.75	9.5		616		87				
	7.10	4.5		392		80				
1400HD-9 (-4°)	3.60	11.8	370	521	600	80	1 480	7.5	13.0	1 400
	5.20	8.7		510		87				
	6.30	4.0		309		80				
1400HD-9 (-6°)	3.20	11.2	370	439	500	80	1 480	6.5	12.5	1 400
	4.60	8.2		425		87				
	5.50	3.5		236		80				

续表

型 号	流量 (m³/s)	扬程 (m)	转速 (r/min)	功率(kW) 轴功率	功率(kW) 配用功率	效率 (%)	叶轮直径 (mm)	汽蚀余量 (m)	轴向水推力 (t)	出水口径 (mm)
600HD–26	5.40	29.0	298	1 970	2 500	78	1 610	7.2	44	1 600
	7.20	26.5		2151		87				
	9.00	21.2		2340		80				
600HD–17	5.00	19.0	298	1165	1 500	80	1 644	6.7	28	1 600
	6.60	16.6		1221		88				
	8.50	10.0		1042		80				
600HD–13	5.50	17.4	298	1145	1250	80	1633	7.2	22	1660
	7.30	13.0		1058		88				
	9.50	5.0		582		80				
600H–9.5	4.00	13.6	247	684	800	78	1 730	5.3	16	1 600
	6.60	9.5		699		88				
	8.00	5.0		473		83				
600HD–10	5.00	13.5	249	828	1 000	80	1 770	5.7	18	1 600
	7.25	10.0		808		88				
	9.00	5.4		581		82				
600HD–9 (+2°)	7.2	13.0	298	1134	1 250	81	1 770	8.8	21	1 600
	9.7	9.6		1038		88				
	12.0	5.3		770		81				
600HD–9 (0°)	6.0	12.3	298	894	1 000	81	1 770	8.4	20	1 600
	8.8	9.0		883		88				
	10.7	4.5		583		81				
600HD–9 (−2°)	5.4	11.8	298	772	900	81	1 770	8.0	19	1 600
	7.9	8.5		749		88				
	9.6	4.0		465		81				

续表

型　号	流量 (m³/s)	扬程 (m)	转速 (r/min)	功率(kW)		效率 (%)	叶轮直径 (mm)	汽蚀余量 (m)	轴向水推力 (t)	出口
				轴功率	配用功率					
1600HD−9 (−4°)	4.6	11.3	298	630	800	81	1 770	7.3	18.5	1
	7.0	8.0		624		88				
	8.7	3.5		396		81				
1600HD−9 (−6°)	4.1	10.5	298	521	600	81	1 770	6.7	18	1
	6.1	7.5		516		87				
	7.7	3.3		307		81				
1600HD−6 (+2°)	6.1	8.6	250	627	800	82	1 770	5.8	13.3	1
	8.1	6.7		604		88				
	9.4	4.1		461		82				
1600HD−6 (0°)	5.5	8.3	250	546	630	82	1 770	6.1	14	1
	7.4	6.3		519		88				
	8.6	3.8		391		82				
1600HD−6 (−2°)	5.0	8.0	250	478	560	82	1 770	5.4	13	1
	6.6	6.0		441		88				
	7.7	3.5		322		82				
1600HD−6 (−4°)	4.4	7.6	250	400	450	82	1 770	5.0	12.7	1
	5.8	5.7		368		88				
	6.8	3.4		276		82				
1600HD−6 (−6°)	3.8	7.1	250	322	355	82	1 770	4.6	12.5	1
	5.1	5.2		295		88				
	5.9	3.3		233		82				

第五篇

电工材料

第二十五章 照明器

1. 普通灯泡

 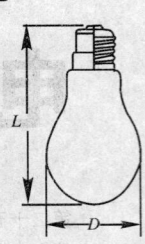

【特点及用途】普通灯泡即普通白炽灯泡,使用电压 220 V,按其玻壳的形态可分为水晶明泡、磨砂泡、彩色泡等,按其外形可分为烛型泡、菇泡、球型泡等。普通灯泡的灯头主要有螺旋或插卡两种型式。其适范围十分广泛,是生产、生活中最常用的照明器。

【规 格】

型号	工作电压 (V)	功率 (W)	光通量 (lm)	基本尺寸 D 直径×L 长度 (mm)	灯头型号
PZ220–15	220	15	110	φ61×110	B22d/25×2 E27/27
PZ220–25	220	25	220		
PZ220–40	220	40	350		
PZ220–60	220	60	630		
PZ220–100	220	100	1 250		
PZ220–150	220	150	2 090	φ76×157	
PZ220–200	220	200	2 920		
PZ220–300	220	300	4 610	φ111.5×240	E40/45
PZ220–500	220	500	8 300		

2. 低压灯泡

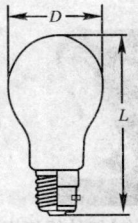

【特点及用途】低压灯泡通常用在局部照明的安全场所,如机床工作、作业用灯等。

【规 格】

型号	工作电压 (V)	功率 (W)	光通量 (lm)	基本尺寸 D 直径×L 长度 (mm)	灯头型号
12－15	12	15	180	φ61×110	
12－25	12	25	325	φ61×110	
12－40	12	40	550	φ61×110	
12－60	12	60	850	φ61×110	
12－100	12	100	1 600	φ71×125	B22d/25×26 E27/27
36－15	36	15	135	φ61×110	
36－25	36	25	250	φ61×110	
36－40	36	40	500	φ61×110	
36－60	36	60	800	φ61×110	
36－100	36	100	1 550	φ61×110	

3. 红外线灯泡

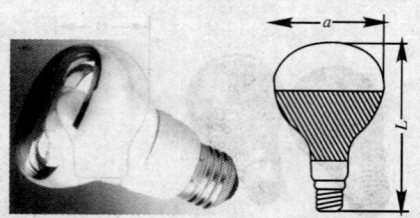

【特点及用途】红外线灯泡属于特殊的白炽灯泡,专用于加热烘干、[ ]
疗、灯光孵化及某些家用电器(浴霸)等场合。

【规　　格】

型号	工作电压 (V)	功率 (W)	色温 (K) ≤	基本尺寸(mm) D 直径×L 长度	灯头型号
HW120–100	120	100	2 350	φ81×133	
HW120–175	120	175	2 350	φ128.5×180	E27/27
HW220–125	220	125	2 350	φ81×133	
HW220–250	220	250	2 350	φ128.5×180	

4. 直管荧光灯

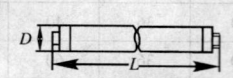

【特点及用途】直管荧光灯是最常用的一种灯管,具有光效强、光[ ]
好、寿命长、冷光源、节电等特点,按其光色可分为日光色(6 700 K)、高[ ]
色(5 800 K)、三基色(5 100 K)、冷白色(4 200 K)和暖白色(3 100 K)等

【规　格】

号	功率 (W)	工作电压 (V)	工作电流 (A)	光通量 (lm)	尺寸(mm) D 直径×L 长度	色温 (K)	灯头型号
Z4	4	50	0.10	120	φ16×136		G5
Z4	6	50	0.14	240	φ16×212		G5
3RR	8	60	0.15	250	φ16×302	6 500	G5
3RL	8	60	0.15	280	φ16×302	4 300	G5
3RN	8	60	0.15	285	φ16×302	2 900	G5
5RR	15	51	0.33	450	φ40.5×451.6	6 500	G13
5RL	15	51	0.33	490	φ40.5×451.6	4 300	G13
5RN	15	51	0.33	510	φ40.5×451.6	2 900	G13
ORR	20	57	0.37	775	φ40.5×604	6 500	G13
ORL	20	57	0.37	835	φ40.5×604	4 300	G13
ORN	20	57	0.37	880	φ40.5×604	2 900	G13
ORR	20	59	0.36	1 000	φ32×604	6 500	G13
ORR	30	81	0.405	1 295	φ40.5×908.8	6 500	G13
ORL	30	81	0.405	1 415	φ40.5×908.8	4 300	G13
ORN	30	81	0.405	1 465	φ40.5×908.8	2 900	G13
ORR	40	103	0.45	2 000	φ40.5×1 213.6	6 500	G13
ORL	40	103	0.45	2 200	φ40.5×1 213.6	4 300	G13
ORN	40	103	0.45	2 285	φ40.5×1 213.6	2 900	G13
ORR	40	107	0.43	2 500	φ32×1 213.6	6 500	G13

5. 超细荧光灯管

【特点及用途】超细荧光灯管采用超细设计,三基色涂粉,显色性Ra85,寿命可达 16 000 h 以上。其适用于所有需要紧凑、高效、节能的质量荧光灯照明系统场所。

【规　　格】环球迈特照明电子有限公司产品

功率 (W)	色温 (K)	光通量 (lm)	显色 指数 (Ra)	灯头 型号	平均 寿命 (h)	管径 (mm)	管总长 (mm)
14	2 700、3 500、4 000	1 200	85	G5	16 000	16	563.2
	6 500	1 100					
21	2 700、3 500、4 000	1 900	85	G5	16 000	16	863.2
	6 500	1 750					
28	2 700、3 500、4 000	2 600	85	G5	16 000	16	1163.2
	6 500	2 400					
35	2 700、3 500、4 000	3 300	85	G5	16 000	16	1463.2
	6 500	3 100					

6. 插拔式节能灯

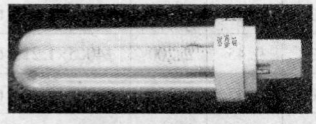

【特点及用途】插拔式节能灯结构紧凑,重量轻,寿命长,低能耗,独的汞齐技术确保在任何燃点位置和很宽的温度范围内保持稳定的光通

出。其灯管造型有单 U、双 U 和 3U 三种型式。插拔式节能灯适用范围广泛，宾馆、餐厅、商店、办公室的筒灯、壁灯、台灯、廊灯等多有采用。

【规　　格】四川亚浦耳照明电器有限公司产品

品种	型号	功率 (W)	光通量 (lm)	显色指数 (Ra)	色温 (K)	长度 (mm)	灯头型号	额定平均寿命 (h)
单 U 插拔式节能灯 -2 针	F7BX/827/2P/STD	7	400	80	2 700	114	G23	8 000
	F7BX/865/2P/STD	7	400	80	6 500	114	G23	8 000
	F9BX/827/2P/STD	9	550	80	2 700	147	G23	8 000
	F9BX/840/2P/STD	9	550	80	4 000	147	G23	8 000
	F9BX/865/2P/STD	9	550	80	6 500	147	G23	8 000
	F11BX/827/2P/STD	11	850	80	2 700	235	G23	8 000
	F11BX/865/2P/STD	11	850	80	6 500	235	G23	8 000
长 U 筷子管 -4 针	F18BX/827	18	1 250	82	2 700	228	2G11	10 000
	F18BX/840	18	1 250	82	4 000	228	2G11	10 000
	F24BX/827	24	1 800	82	2 700	323	2G11	10 000
	F24BX/840	24	1 800	82	4 000	323	2G11	10 000
	F34BX/830	34	2 800	82	3 000	535	2G11	10 000
	F34BX/835	34	2 800	82	3 500	535	2G11	10 000
	F34BX/840	34	2 800	82	4 000	535	2G11	10 000
	F36BX/827	36	2 900	82	2 700	418	2G11	10 000
	F36BX/835	36	2 900	82	3 500	418	2G11	10 000
	F36BX/840	36	2 900	82	4 000	418	2G11	10 000
	F40BX/830	40	3 500	82	3 000	571	2G11	10 000
	F40BX/840	40	3 500	82	4 000	571	2G11	10 000
	F55BX/830	55	4 850	82	3 000	571	2G11	10 000
	F55BX/840	55	4 850	82	4 000	571	2G11	10 000
双 U 插拔式节能灯 -2 针	F10DBX/827	10	600	82	2 700	109	G24d-1	10 000
	F10DBX/840	10	600	82	4 000	109	G24d-1	10 000
	F10DBX/865	10	600	82	6 500	109	G24d-1	10 000

续表

品种	型号	功率 (W)	光通量 (lm)	显色 指数 (Ra)	色温 (K)	长度 (mm)	灯头 型号	额定平 均寿命 (h)
双U 插拔式 节能灯 -2针	F13DBX/827	13	900	82	2 700	134	G24d-1	10 000
	F13DBX/840	13	900	82	4 000	134	G24d-1	10 000
	F13DBX/865	13	900	82	6 500	134	G24d-1	10 000
	F18DBX/827	18	1 200	82	2 700	154	G24d-2	10 000
	F18DBX/840	18	1 200	82	4 000	154	G24d-2	10 000
	F18DBX/865	18	1 200	82	6 500	154	G24d-2	10 000
	F26DBX/827	26	1 800	82	2 700	170	G24d-3	10 000
	F26DBX/840	26	1 800	82	4 000	170	G24d-3	10 000
	F26DBX/865	26	1 800	82	6 500	170	G24d-3	10 000
双U 插拔式 节能灯 -4针	F10DBX/827/4P	10	600	82	2 700	101	G24q-1	10 000
	F10DBX/840/4P	10	600	82	4 000	101	G24q-1	10 000
	F13DBX/827/4P	13	900	82	2 700	126	G24q-1	10 000
	F13DBX/840/4P	13	900	82	4 000	126	G24q-1	10 000
	F18DBX/827/4P	18	1 200	82	2 700	147	G24q-2	10 000
	F18DBX/840/4P	18	1 200	82	4 000	147	G24q-2	10 000
	F26DBX/827/4P	26	1 800	82	2 700	162	G24q-3	10 000
	F26DBX/840/4P	26	1 800	82	4 000	162	G24q-3	10 000
3U 插拔式 节能灯 -2针	F13TBX/827	13	900	82	2 700	116	GX24d-1	10 000
	F13TBX/840	13	900	82	4 000	116	GX24d-1	10 000
	F13TBX/865	13	900	82	6 500	116	GX24d-1	10 000
	F18TBX/827	18	1 200	82	2 700	130	GX24d-2	10 000
	F18TBX/840	18	1 200	82	4 000	130	GX24d-2	10 000
	F18TBX/865	18	1 200	82	6 500	130	GX24d-2	10 000
	F26TBX/827	26	1 800	82	2 700	140	GX24d-3	10 000
	F26TBX/840	26	1 800	82	4 000	140	GX24d-3	10 000
	F26TBX/865	26	1 800	82	6 500	140	GX24d-3	10 000

续表

品种	型号	功率 (W)	光通量 (lm)	显色 指数 (Ra)	色温 (K)	长度 (mm)	灯头 型号	额定平 均寿命 (h)
3U 插拔式 节能灯 -4针	F13TBX/827/A/4P	13	900	82	2 700	108	GX24q-1	10 000
	F13TBX/840/A/4P	13	900	82	4 000	108	GX24q-1	10 000
	F18TBX/827/A/4P	18	1 200	82	2 700	123	GX24q-2	10 000
	F18TBX/840/A/4P	18	1 200	82	4 000	123	GX24q-2	10 000
	F26TBX/827/A/4P	26	1 800	82	2 700	133	GX24q-3	10 000
	F26TBX/840/A/4P	26	1 800	82	4 000	133	GX24q-3	10 000
	F32TBX/827/A/4P	32	2 200	82	2 700	150	GX24q-3	10 000
	F32TBX/840/A/4P	32	2 200	82	4 000	150	GX24q-3	10 000

7. 紧凑型荧光灯

【特点及用途】紧凑型荧光灯采用单端灯头设计,使布线简单,安装方便,与普通荧光灯相比,光通量及消耗功率相同,但长度仅是其一半,可配合普通电感镇流器和启辉器(DL40W、DL55W 除外)或高频电子镇流器。其配合电子镇流器平均寿命 1 万 h,配合电感镇流器平均寿命 8 000 h,紧凑型荧光灯有冷白色、暖白色、暖色等多种流行光色,其适宜配合矩形、方形和圆形的吸顶灯和挂墙式灯具,多为办公楼,商场和展示厅等场所使用。其中 LUMILUX® DELUXE 显色指数均高于 90。对色彩还原性要求高的环境尤为适用,比如演播厅等。

【规　格】

a. 欧司朗 DULUX® L LUMILUX® 高显色性
长形紧凑节能荧光灯

型号	光色	功率 (W)	光通量 (lm)	显色指数 (Ra)	长度 (mm)	直径 (mm)	灯头
DULUXL 18W/21–840	冷白色	18	1 200	≥80	217	17.5	2G11
DULUXL 18W/31–830	暖白色	18	1 200	≥80	217	17.5	2G11
DULUXL 18W/41–827	暖色	18	1 200	≥80	217	17.5	2G11
DULUXL 24W/21–840	冷白色	24	1 800	≥80	317	17.5	2G11
DULUXL 24W/31–830	暖白色	24	1 800	≥80	317	17.5	2G11
DULUXL 24W/41–827	暖色	24	1 800	≥80	317	17.5	2G11
DULUXL 36W/11–860	日光色	36	2 900	≥80	411	17.5	2G11
DULUXL 36W/21–840 *	冷白色	36	2 900	≥80	411	17.5	2G11
DULUXL 36W/31–830 *	暖白色	36	2 900	≥80	411	17.5	2G11
DULUXL 36W/41–827 *	暖色	36	2 900	≥80	411	17.5	2G11
DULUXL 40W/21–840 *	冷白色	40	3 500	≥80	533	17.5	2G11
DULUXL 40W/31–830 *	暖白色	40	3 500	≥80	533	17.5	2G11
DULUXL 40W/41–827 *	暖色	40	3 500	≥80	533	17.5	2G11
DULUXL 55W/21–840	冷白色	55	4 800	≥80	533	17.5	2G11
DULUXL 55W/31–830	暖白色	55	4 800	≥80	533	17.5	2G11
DULUXL 55W/41–827	暖色	55	4 800	≥80	533	17.5	2G11

b. 欧司朗 DULUX® L LUMILUX® DE LUXE
超高显色性长形紧凑型节能荧光灯

型号	功率（W）	光通量（lm）	显色指数（Ra）	长度（mm）	直径（mm）	灯头
DULUXL 18W/12	18	750	≥90	217	17.5	2G11
DULUXL 18W/22	18	750	≥90	217	17.5	2G11
DULUXL 18W/32	18	750	≥90	217	17.5	2G11
DULUXL 24W/12	24	1 200	≥90	317	17.5	2G11
DULUXL 24W/22	24	1 200	≥90	317	17.5	2G11
DULUXL 24W/32	24	1 200	≥90	317	17.5	2G11
DULUXL 36W/12	36	1 900	≥90	411	17.5	2G11
DULUXL 36W/22	36	1 900	≥90	411	17.5	2G11
DULUXL 36W/32	36	1 900	≥90	411	17.5	2G11
DULUXL 40W/12 *	40	2 200	≥90	533	17.5	2G11
DULUXL 55W/12 *	55	3 000	≥90	533	17.5	2G11
DULUXL 55W/32 *	55	3 000	≥90	533	17.5	2G11

注：*仅适用于电子式整流器。

8. U 型电子节能灯

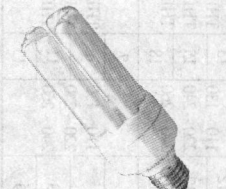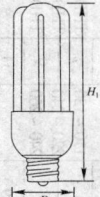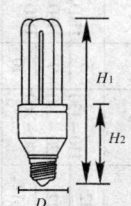

【特点及用途】U 型电子节能灯显色好，光效高，光线舒适，节能效果显著，寿命长，紧凑小巧轻便，适合各种灯饰设计需要。其中 4U 大功率的节能灯可取代 150 W 以下的高压钠灯、金属卤化物灯，取代 250 W 以下的高压汞灯及 500 W 以下的白炽灯。U 型电子节能灯按其结构可分为 2U、U、4U 等品种。

[规　格]朗能电器产品

品种	型号	电压（V）	功率（W）	谐波含量（THD）	灯电流波峰比（CF）	基本尺寸（mm）			光通量（Lm）	色温（K）	显色指数（Ra）	灯头型号
						D	H_1	H_2				
2U 普通电子节能灯	JX-2U5-φ12	110~130	5	THD≤150%	≤1.7	40	112		270	2 700~6 400	80	B22
	JX-2U7-φ12	220~240	7	THD≤35%		40	123		390	2 700~6 400	80	E27
	JX-2U10-φ12	240~260	10	THD≤15%		40	140		560	2 700~6 400	80	E26
2U 高亮度电子节能灯	JX-2U5-φ9	110~130	5	THD≤150%	≤1.7	40	112		300	2 700~6 400	80	B22
	JX-2U7-φ9	220~240	7	THD≤35%		40	123		420	2 700~6400	80	E27
	JX-2U9-φ9	240~260	9	THD≤15%		40	133		530	2 700~6 400	80	E26
	JX-2U11-φ9		11			40	140		650	2 700~6 400	80	
3U 普通电子节能灯	JX-3U13-φ12	110~130	13	THD≤150%	≤1.7	50	143		630	2 700~6 400	80	B22
	JX-3U15-φ12	220~240	15	THD≤35%		50	153		790	2 700~6 400	80	E27
	JX-3U18-φ12	240~260	18	THD≤15%		50	163		990	2 700~6 400	80	E26
3U 高亮度电子节能灯	JX-3U7-φ9		7			40	112		420	2 700~6 400	80	
	JX-3U9-φ9	110~130	9	THD≤150%	≤1.7	40	123		530	2 700~6 400	80	B22
	JX-3U11-φ9	220~240	11	THD≤35%		40	133		650	2 700~6 400	80	E27
	JX-3U13-φ9	240~260	13	THD≤15%		40	140		770	2 700~6 400	80	E26

续表

品种	型号	电压(V)	功率(W)	谐波含量(THD)	灯电流波峰比(CF)	基本尺寸(mm) D	H_1	H_2	光通量(Lm)	色温(K)	显色指数(Ra)	灯头型号
4U 大功率电子节能灯	JX-4U45-φ17	110~130	45			80	250	131	2 880	2 700~6 400	80	
	JX-4U55-φ17	220~240	55	THD≤150%		80	265	146	3 500	2 700~6 400		
	JX-4U65-φ17	240~260	65	THD≤35%	≤1.7	80	275	156	3 900	2 700~6 400	80	E27
	JX-4U75-φ17		75	HTD≤15%		80	285	166	4 500	2 700~6 400	80	E39
	JX-4U85-φ17		85			92	320	196	5 100	2 700~6 400	80	E40
	JX-4U105-φ17		105			92	350	226	6 300	2 700~6 400	80	
4U 普通电子节能灯	JX-4U20-φ12	110~130	20			60	180	80	1 200	2 700~6 400	80	
	JX-4U26-φ12	220~240	26	THD≤150%		60	190	90	1 800	2 700~6 400	80	E26
	JX-4U30-φ12	240~260	30	THD≤35%	≤1.7	60	200	100	2 000	2 700~6 400	80	E27
	JX-4U36-φ12		36	HTD≤15%		60	210	105	2 400	2 700~6 400	80	B22
4U 高亮度电子节能灯	JX-4U15-φ9	110~130	20			50	180	65	1 050	2 700~6 400	80	
	JX-4U18-φ9	220~240	26	THD≤150%		50	190	75	1 260	2 700~6 400	80	E27
	JX-4U20-φ9	240~260	30	THD≤35%	≤1.7	50	200	85	1 400	2 700~6 400	80	E39
	JX-4U22-φ9		36	HTD≤15%		50	210	95	1 540	2 700~6 400	80	E40

9. 自镇式电子节能灯

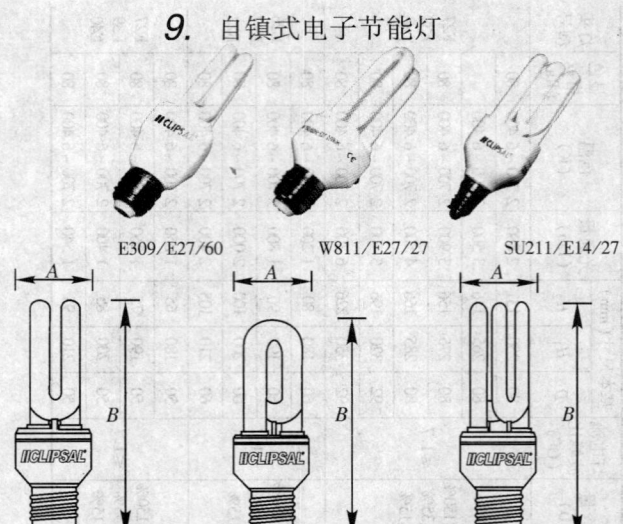

E309/E27/60 W811/E27/27 SU211/E14/27

【特点及用途】自镇式电子节能灯结构紧凑,外形轻巧,适用于所有国内标准接头,其寿命达到普通白炽灯的 5～15 倍,光通量为相同功率白炽灯的 5 倍。灯头由特殊塑料替代金属,无焊锡,防锈,接触性好,外壳使用可再生塑料,有益环保,其热损耗极小,外壳无须通风孔,能应用于浴室等湿度高的环境。E 系列经济型额定平均寿命 5 000 h,W 系列曲线型额定平均寿命 10 000 h,SU 系列豪华型额定平均寿命 15 000 h。

【规　　格】奇胜电器(惠州)工业有限公司产品

型号	功率（W）	灯头型号	色温（K）	光通亮（lm）	显色指数（Ra）	基本尺寸(mm)	
						A	B
E309/E27/27	9	E27	2 700	400	>80	45	139
E309/E27/60	9	E27	6 000	380	>80	45	139

续表

型号	功率 （W）	灯头 型号	色温 （K）	光通亮 （lm）	显色 指数 （Ra）	基本尺寸（mm）	
						A	B
E311/E27/27	11	E27	2 700	525	>80	45	152
E311/E27/60	11	E27	6 000	500	>80	45	152
E315/E27/27	15	E27	2 700	750	>80	45	174
E315/E27/60	15	E27	6 000	715	>80	45	174
W105/E14/27	5	E14	2 700	190	>80	42	117
W105/E14/60	5	E14	6 000	180	>80	42	117
W107/E14/27	7	E14	2 700	305	>80	42	127
W107/E14/60	7	E14	6 000	290	>80	42	127
W205/E27/27	5	E27	2 700	190	>80	42	117
W205/E27/60	5	E27	6 000	180	>80	42	117
W207/E27/27	7	E27	2 700	305	>80	42	127
W207/E27/60	7	E27	6 000	290	>80	42	127
W809/E27/27	9	E27	2 700	420	>80	40	131
W809/E27/60	9	E27	6 000	405	>80	40	131
W811/E27/27	11	E27	2 700	560	>80	40	143
W811/E27/60	11	E27	6 000	535	>80	40	143
W815/E27/27	15	E27	2 700	840	>80	40	172
W815/E27/60	15	E27	6 000	800	>80	40	172
U109/E27/27	9	E27	2 700	500	>80	45	106
U109/E27/60	9	E27	6 000	475	>80	45	106
U111/E27/27	11	E27	2 700	700	>80	45	117
U111/E27/60	11	E27	6 000	665	>80	45	117
U115/E27/27	15	E27	2 700	950	>80	45	135
U115/E27/60	15	E27	6 000	905	>80	45	135
U209/E14/27	9	E14	2 700	450	>80	40	106
U209/E14/60	9	E14	6 000	430	>80	40	106
U211/E14/27	11	E14	2 700	650	>80	40	120

续表

型号	功率 (W)	灯头 型号	色温 (K)	光通亮 (lm)	显色 指数 (Ra)	基本尺寸(mm)	
						A	B
SU211/E14/60	11	E14	6 000	620	>80	40	120
SU320/E27/27	20	E27	2 700	1 350	>80	56	143
SU320/E27/60	20	E27	6 000	1 285	>80	56	143
SU323/E27/27	23	E27	2 700	1 500	>80	56	155
SU323/E27/60	23	E27	6 000	1 425	>80	56	155

10. 螺旋型电子节能灯

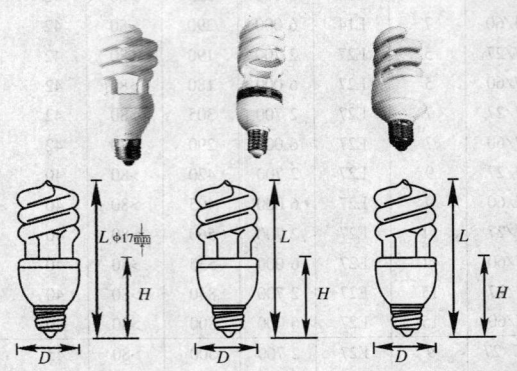

【特点及用途】螺旋型电子节能灯具有高效、无频闪、色温柔和、显色指数高、寿命较长、节能省电——节约能源80%等特点。其明显的优点有逐渐取代白炽灯泡的趋势。

【规　格】波迪电器产品

型号	功率 (W)	光通量 (lm)	基本尺寸 L×D 或 L×H×D (mm)	寿命(h)
MS-7	7	400	114×45	6 000

续表

型号	功率（W）	光通量（lm）	基本尺寸 L×D 或 L×H×D（mm）	寿命(h)
MS-9	9	520	120×45	6 000
MS-11	11	640	130×45	6 000
MS-13	13	760	136×45	6 000
MS-15	15	880	142×45	6 000
BD-SN15	15	950	122×60	8 000
BD-SN21	21	1 280	142×60	8 000
BD-SN23	23	1 460	152×60	8 000
BD-SN26	26	1 610	162×60	8 000
BD-S15	15	900	120×78×58	8 000
BD-S18	18	1 080	130×78×58	8 000
BD-S21	21	1 260	140×78×58	8 000
BD-S23	23	1 380	150×78×58	8 000
BD-S26	26	1 600	160×78×58	8 000
BD-S32	32	1 920	178×78×58	8 000
HS-45	45	2 700		8 000
HS-55	55	3 500		8 000
HS-65	65	4 250		8 000
HS-85	85	5 500		8 000

注:额定电压 110~130/220~240 V,60/50 Hz。

11. 2D 型节能荧光灯管

2D 型节能灯管

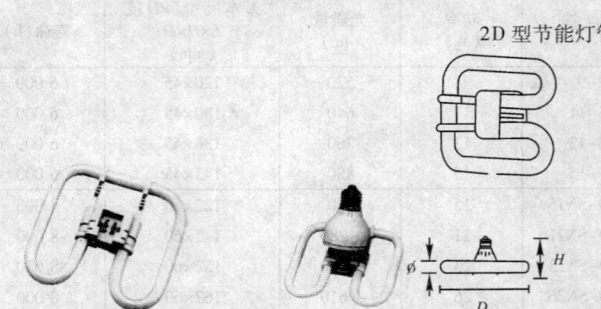

【特点及用途】2D 型节能荧光灯管具有光效强、光色好、寿命长、冷光源、节电能等特点。其通常作装饰照明所用。

【规 格】

型号	功率（W）	光通量（lm）	主要尺寸(mm)			平均寿命
			φ	H	D	
CS–D16	16	880	12	100	135	6 000
CS–D28	28	1 540	17	100	200	6 000

12. 环形荧光灯管

【特点及用途】环形荧光灯管具有光效强、光色好、寿命长、冷光源、节电能等特点，通常用作吸顶灯及其他装饰照明用。

【规　　格】顺德高迅电子有限公司产品

型号	功率 （W）	光通量 （lm）	适用灯头及长度 （mm）	直径（mm）
CCL30W/T5	30/T5	1 800	E26/90、E27/93、B22/91	146
CCL30W/T9	30/T9	1 800	E26/90、E27/93、B22/91	225
CCL36W/T6	36/T6	2 100	E 26/90、E27/93、B22/91	146
CCL40W/T5	40/T5	2 400	E26/90、E27/93、B22/91	186
CCL58W/T6	58/T6	3 480	E26/90、E27/93、B22/91	210
CCL/2C	40	2 400	E26/90、E27/93	183

13. 异型电子节能灯

　烛型　　　球型　　　桶型　　　蘑菇型　　　普通型　　　球型

【特点及用途】异型电子节能灯具有高效、无频闪、色温柔和、显色指
效高、寿命较长、节能省电——节约能源80%等特点。其优点明显，有逐
渐取代白炽灯泡的趋势。

【规　　格】波迪电器产品

名称及外形图	型号	功率 （W）	光通量 （lm）	基本尺寸 （$L \times d_1 \times d_2$）	寿命(h)
烛型电子节能灯	BD-C9	9	420	150×43×50	6 000

续表

名称及外形图	型号	功率 (W)	光通量 (lm)	基本尺寸 ($L×d_1×d_2$)	寿命(h)
蘑菇型电子节能灯 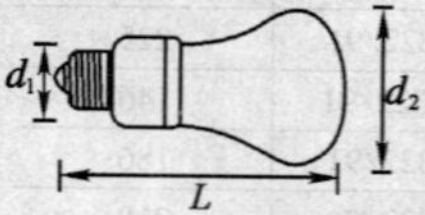 d_1 d_2 L	BD-M5	5	230	98×35×48	6 000
球型电子节能灯 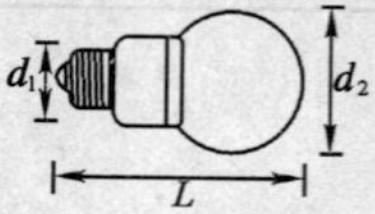 d_1 d_2 L	BD-Q5	5	230	98×35×50	6 000
普通型电子节能灯 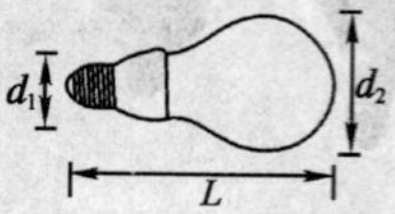 d_1 d_2 L	BD-Q11	11	490	150×43×65	6 000
	BD-Q15	15	750	130×100(d_2)	6 000
桶型电子节能灯 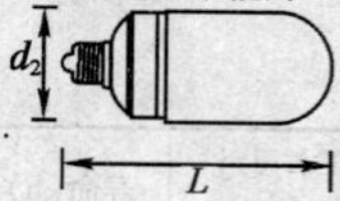 d_2 L	BD-T18	18	900	155×63(d_2)	6 000

注:额定电压为 110~130/220~240V,60/50 Hz。

14. 荧光高压汞灯

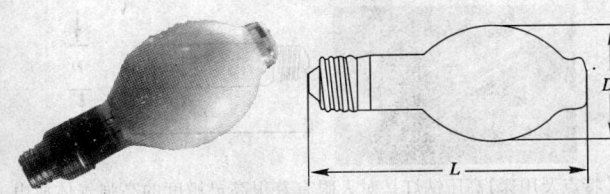

【特点及用途】荧光高压汞灯是高压汞放电灯，其玻壳内表面涂有荧光粉，具有光效高、寿命长的特点。荧光高压汞灯适用于街道、广场、工地、高大建筑物和交通运输等场所。GYZ 系列为自镇流荧光高压汞灯，使用更方便，不需要镇流器，可直接与白炽灯泡互换使用。

【规　　格】重庆灯泡工业公司特种灯泡厂产品

型号	额定电压 (V)	功率 (W)	启动电压 (V)	工作电压 (V)	光通量 (lm)	平均寿命 (h)	主要尺寸(mm)		灯头型号
							D	L	
GGY–50		50		95±15	1 575	3 500	56	140±5	E27
GGY–80		80		110±15	2 940		71	165±5	E27
GGY–125		125		115±15	4 990	5 000	81	184±7	
GGY–250	220	250	≤180	130±15	11 025	6 000	91	227±7	E40
GGY–400		400		135±15	21 000		122	292±10	E40
GGY–1 000		1 000		145±15	52 500	5 000	182	400±10	E40
GYZ125		125		0.598	1 750	2 500	71	165±5	E27
GYZ160		160		0.75	2 560		81	184±7	
GYZ250	220	250	≤180	1.2	4 900	3 000	91	227±7	E40
GYZ450		450		2.25	11 000		122	292±10	E40
GYZ750		750		3.55	22 500	3 000	152	370±10	E40

15. 高压钠灯

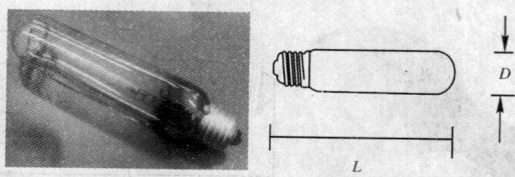

【特点及用途】高压钠灯是对人眼有着很灵敏度的高强气体放电光源，光效很强，但色温偏低，可与其他光源进行混光照明以改善光色，达到节能目的。高压钠灯有内触发与外触发两种方式，外形常有管形和椭圆形等。

【规　　格】

型号	额定电压（V）	功率（W）	启动电压（V）	工作电压（V）	光通量（lm）	平均寿命（h）	主要尺寸（mm）		灯头型号
							D	L	
NG-100	220	100	≤198	90±15	9 200	16 000	37	175	E27
NG-150		150		100±20	15 000	20 000	46	200	
NG-250		250		100±20	26 000	24 000	46	260	E40
NG-400		400			48 000		46	280	

16. 双管高压钠灯

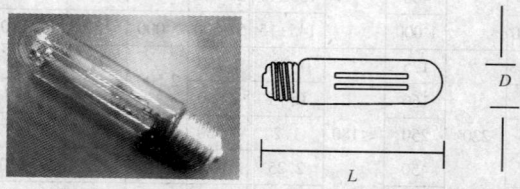

【特点及用途】双管高压钠灯发光效率高，耗电少，寿命为单管高压钠灯的两倍。光线为金白色，其尤其适合对不能间断照明的重要场所使用。

【规　　格】

型号	功率 (W)	电源电压 (V)	光通量 (lm)	平均寿命 (h)	灯头 型号	主要尺寸(mm)
NG-100TT	100	220	8 300	32 000	E40	φ47×205
NG-110TT	110	220	9 800	32 000	E40	φ47×205
NG-150TT	150	220	15 600	48 000	E40	φ47×205
NG-215TT	215	220	21 800	32 000	E40	φ47×252
NG-250TT	250	220	26 600	48 000	E40	φ47×252
NG-360TT	360	220	38 000	32 000	E40	φ47×280
NG-400TT	400	220	45 600	48 000	E40	φ47×280

17. 内触发高压钠灯

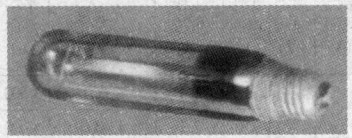

【特点及用途】内触发高压钠灯的特点是与普通高压钠灯比较,启动时间短,且不需要触发器助启动,可以安装在有触发器或无触发器的点灯线路上使用。其具有发光效率高、用电省、透雾能力强等优点,适用于道路、机场、码头、车站、广场等场所的照明。

【规　　格】飞利浦亚明照明有限公司产品

型号	额定 电压 (V)	功率 (W)	工作电压(V)			初始 光通量 (lm)	电流(A)		启动≤ 时间 (S)	升温≤ 时间 (S)
			额定	最小	最大		工作	启动		
NG110K	220	110	100	80	120	7 353	1.3	1.8	5	5
NG150K	220	150	100	80	120	11 764	1.8	2.5	5	5

注:启动电压不大于198 V,熄灭电压为198 V。

18. 高压钠汞混光灯

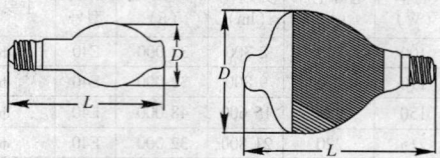

【特点及用途】高压钠汞混光灯是集钠灯、汞灯的特点,具有光色柔和、明快、显色性好,光效高,寿命长的优点,其适用于街道港口、高速公路、隧道、机场、工矿等场所的照明。

【规　　格】重庆灯泡工业公司特种灯泡厂产品

型号	功率(W)	额定电压(V)	启动电压(V)	工作电压(V)	工作电流(A)	光通量(lm)	平均寿命(h)	最大直径 D	全长 L	灯头型号
HG/100	100			110	1.1	5 000	3 500	71	165	E27
HG/200	200	220	≤180	110	2.1	13 000	4 000	81	184	
HG/300/250	300/250			115	3.0/2.25	21 000/17 500	6 000	91	227	
HG/400	400			115	3.9	28 000	6 000	122	292	E40
HG/650	650	380	≤320	240	3.0	45 500	6 000	122	292	E40

19. 低压钠灯

【特点及用途】低压钠灯具有光效高、透雾性能强、视觉敏感度高、价廉

省电等特点,其广泛应用于庭院、公路、街道、船坞、水港等类似需用场所。

【规　　格】

型号	功率（W）	电源电压	工作电压	工作电流（A）	光通量（lm）	平均寿命（h）	灯头型号	基本尺寸(mm)D 直径×L 长度
		（V）						
ND-18	18	220	55	0.35	1 800	2 000	BY22d	φ54×216
ND-35	35	220	70	0.60	4 500	3 000	BY22d	φ54×311
ND-55	55	220	109	0.59	7 500	3 000	BY22d	φ54×425
SO×18	18	220	55	0.35	1 800	16 000	BY22d	φ54×216
SO×35	35	220	70	0.60	4 600	16 000	BY22d	φ54×311
SO×55	55	220	109	0.59	7 650	16 000	BY22d	φ54×425
SO×90	90	220	112	0.94	12 750	16 000	BY22d	φ68×528
SO×135	135	220	164	0.95	22 000	16 000	BY22d	φ68×775
SO×180	180	220	240	0.91	33 000	16 000	BY22d	φ68×1 120

注:型号中 SO 系列为国外产品牌号。

20. 金属卤化物灯

【特点及用途】金属卤化物灯是在发光管中除填充汞和稀有气体外,还填充发光的金属卤化物。其特点是光效高、寿命长、光色好。适用于体育场、展览中心、大型百货、街道及广场等场所照明。

【规　　格】汉光特种照明光源公司产品

型号	功率（W）	工作电流（A）	工作电压（V）	光通量（lm）	平均寿命（h）	显色指数（Ra）	色温（K）	灯头型号	基本尺寸（mm）	
									直径	长度
JLZ50KN·ED	50	0.68	85	3 400	5 000	65	4 000	E27/E26	55	145
JLE70KN·ED	70	0.98	90	5 600	6 000	65	4 000	E27/E26	55	145
JLZ100KN·ED	100	1.10	100	7 500	6 000	65	4 000	E27/E26	55	145
JLZ150KN·ED	150	1.80	100	12 000	6 000	65	4 000	E27/E26	55	145
JLZ175KN·ED	175	1.50	132	14 000	8 000	65	4 000	E27/E26	56	145
JLZ250KN·ED	250	2.10	133	20 500	10 000	65	4 000	E40/E39	91	228
JLZ400KN·ED	400	3.25	135	36 000	10 000	65	4 000	E40/E39	91	228
JLZ1000KN·BT	1 000	4.10	263	110 000	10 000	65	4 000	E40/E39	152	396

21. 紧凑型金属卤化物灯

【特点及用途】紧凑型金属卤化物灯的特点是光效高、寿命长、显色性高、节能省电、结构紧凑。适用于广告橱窗、体育场、展览中心、大型百货、广场等场所照明。

【规　　格】汉光特种照明光源公司产品

型号	功率(W)	工作电流(A)	工作电压(V)	光通量(lm)	平均寿命(h)	显色指数(Ra)	灯头型号	基本尺寸(mm)	
								直径	长度
JLZ50KN·TS	50	0.68	85	3 400	5 000	65	R×7S	22	120
JLZ70KN·TS	70	0.98	90	5 600	6 000	65	R×7S	22	120
JLZ100KN·TS	100	1.10	100	7 500	6 000	65	R×7S	25	138
JLZ150KN·TS	150	1.80	100	12 000	6 000	65	R×7S	25	138
JLZ50KN·T	50	0.68	85	3 400	5 000	65	G12	23	108
JLZ70KN·T	70	0.98	90	5 600	6 000	65	G12	23	108
JLZ100KN·T	100	1.10	100	7 500	6 000	65	G12	23	108
JLZ150KN·T	150	1.80	100	12 000	6 000	65	G12	23	108

22. 陶瓷金卤灯

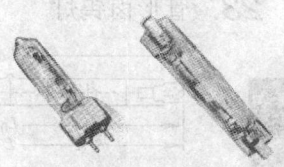

单端　　　　双端

　　【特点及用途】GE 陶瓷金卤灯采用三部件结构电弧管设计,寿命长,色温飘移小,灯与灯之间光色一致性好,可直接替换石英金卤灯,光效更高,其防紫外线泡壳,能滤掉有害紫外线辐射,不会引起褪色。GE 陶瓷金卤灯适用于室内商业照明、泛光照明、人行道照明等。陶瓷金卤 PAR 灯特别适合展示照明,是普通 PAR 灯的换代产品。

【规　　格】四川亚浦耳照明电器有限公司产品

品种	型　号	功率 (W)	色温 (K)	显色 指数 (Ra)	外形	灯头 型号	燃点 位置	初始 流明 (lm)	额定平 均寿命 (h)
(单端)	CMH35/TC/UVC/U/830/G8.5	35	3 000	80+	–	G8.5	任意	3 400	9 000
	CMH70/TC/UVC/U/830/G8.5	70	3 000	80+	–	G8.5	任意	6 400	9 000
(单端)	CMH35/T/UVC/U/830/G12	35	3 000	80+	T6	G12	任意	3 400	9 000
	CMH70/T/UVC/U/830/G12	70	3 000	80+	T6	G12	任意	6 400	12 000
	CMH70/T/UVC/U/942/G12	70	4 200	90+	T6	G12	任意	6 000	12 000
	CMH150/T/UVC/U/830/G12	150	3 000	80+	T6	G12	任意	14 000	12 000
	CMH150/T/UVC/U/942/G12	150	4 200	90+	T6	G12	任意	13 000	12 000
(双端)	CMH70/TD/UVC/U/830/Rx7s	70	3 000	80+	T6	Rx7s	水平 ∠45	7 000	15 000
	CMH70/TD/UVC/U/942/Rx7s	70	4 200	90+	T6	Rx7s	水平 ∠45	6 200	15 000
	CMH150/TD/UVC/U/830/ Rx7s-24	150	3 000	80+	T7	Rx7s	水平 ∠45	14 500	15 000
	CMH150/TD/UVC/U/942/ Rx7s-24	150	4 200	90+	T7	Rx7s	水平 ∠45	12 500	15 000

23. 管形卤钨灯

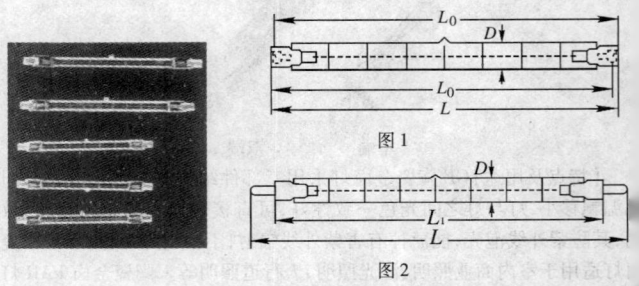

图 1

图 2

【特点及用途】管形卤钨灯是在白炽灯的基础上充入卤素的改进型

灯,由于充入卤素而产生卤钨循环,避免了管壁发黑,改进了工作特性,光效显著提高。管形卤钨灯其显色性好,光衰小,寿命长,体积小,使用方便,适用于工矿、舞台等较大面积照明。其中 LSY 系列摄影卤钨管色温高,是摄影、录像的理想光源;LHW 系列红外线卤钨管尤其适用于红外线加热干燥及复印定型干燥等。

【规　　格】重庆灯泡工业公司特种灯泡厂产品

灯管型号	额定电压(V)	功率(W)	色温(K)	光通量(lm)	平均寿命(h)	主要尺寸				
						D	灯头(图1)		灯头(图2)	
							L	L_0	L	L_1
XG220/110-200	220/110	200	2 850 ±50	3 300	1 000	12	–	117.8	141.0	121.0
ZG220/110-300		300		4 800	1 500		–	117.6	141.0	121.0
ZG220/110-500		500		8 500	1 500		–	117.6	141.0	121.0
ZG220/110-1000		1 000		22 000	2 000		–	189.1	212.5	192.5
ZG220/110-1500		1 500		33 000	2 000		–	254.1	277.5	257.5
ZG220/110-2000		2 000		44 000	2 000		–	330.8	354.2	334.2
HW110-500	220	500	2 300		2 000	12	156±1	154±1	176±3	156±3
HW220-500		500			5 000		223±2	221±2	243±3	223±3
HW220-1000		1 000					317±3	315±3	337±3	317±3
ZG220-500		500	2 800	8 500	1 000		155±1	153±1	175±3	155±3
ZG220-1000		1 000		22 000	1 500		208±2	206±2	228±3	208±3
ZG220-2000		2 000		44 000	1 000		273±3	271±3	293±3	273±3
SY220-500		500	3 200	14 000	50		140±1	138±1	160±3	140±3
SY220-1000		1 000		28 000						
SY220-1300		1 300		36 400	30					
SY230-800	230	800		24 000		15	80	78	100	80

注:LHW-红外线卤钨灯管;Fa4-单插脚式灯头;R7S-凹式灯头;LZG-管形照明卤钨管;LSY-摄影卤钨灯管。

24. 镝 灯

【特点及用途】镝灯是金属卤化物灯中的一种,通常为大功率,其适用于体育场、广场、码头、高大建筑等场所,作大面积照明。

【规　　格】汉光特种照明光源公司产品

型号	功率(W)	工作电流(A)	工作电压(V)	光效(lm/W)	平均寿命(h)	显色指数≥(Ra)	色温(K)	灯头型号	基本尺寸(mm)	
									直径	长度
DDQ300	300	4. 20	85±5	70	200	90	5 600	SFc9-4	18	115
DDQ330	330	3. 60	105±5	80	800	90	5 600	SFc9-4	16	98
DDQ575	575	7. 00	90±5	85	200	90	5 600	SFc10-4	21	135
DDQ1000	1 000	10. 00	105±5	85	200	90	5 600	SFc15-5	26	170
DDQ1200	1 200	13. 80	105±5	85	200	90	5 600	SFc15. 5-6	27	220
DDQ2500	2 500	25. 00	115±5	90	200	85	5 600	SFa21-12	31	355
DDS250	250	3. 10	90±5	70	200	85	5 600	GY9. 5	23	108

25. 球形汞灯

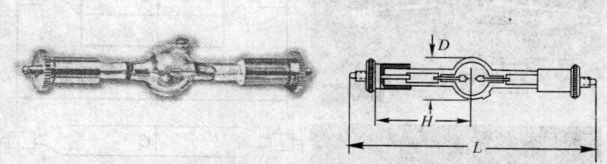

【特点及用途】球形汞灯是一种体积小、亮度高的球形点光源,当该灯点燃稳定之后,能辐射出很强的紫外线光和可见光谱。在光刻制版、萤光显微技术、直接式记录示波器、印染老化、生物学等方面具有广泛的用途。

【规　格】常州玉宇电光器件有限公司产品

型号	功率 (W)	电源电压 (V)	工作电压 (V)	工作电流 (A)	启动电流 (A)	基本尺寸(mm)			工作位置
						长度 L	外径 D	发光中心高度 H	
GCQ50	50	220	35	$1.5^{+0.5}$	≤2	50	9	23	Vertical±15° 垂直
GCQ75	75	220	51	1.6	≤2.2	81	12	39	Vertical±15° 垂直
GCQ200	200	220	55	$3.9^{+0.5}$	≤4.4	110	18	45	Vertical±15° 垂直
GCQ300	300	220	65	5	≤5.5	140	20	57	Vertical±15° 垂直
GCQ250Z	250	85	38	5~8	≤13	152	22	62	Vertical±15° 垂直
GCQ350Z	350	120	60	5~7	≤15	124	22	48	Vertical±15° 垂直
GCQ500Z	500	130	60	7~10	≤26	190	30	75	Vertical±15° 垂直

26. 碘镓灯

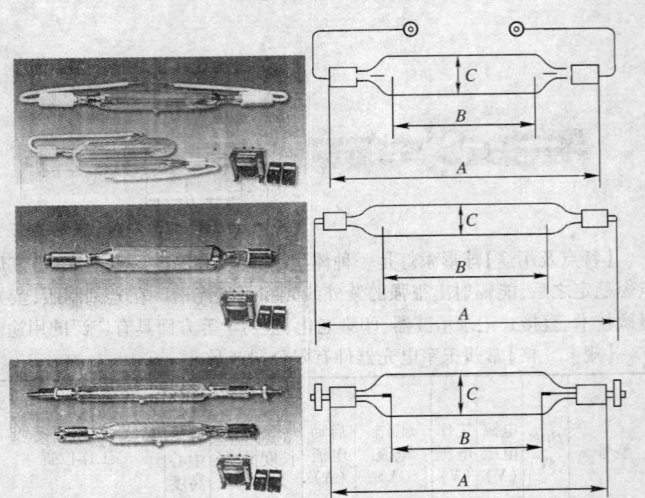

【特点及用途】碘镓灯系列产品是一种新型的金属卤化物灯,内充有镓的卤化物,还有汞和缓冲气体氩、氙,在放电电弧的高温区域中,这些物质,特别是镓在蓝紫光区域辐射较强的特征光谱,占可见光的67%,光谱线在3 000~4 500 Å范围内有丰富的辐射,峰值谱线为4 200 Å。该灯特别适用于印刷平印、凸印、PS版晒版,同样适用于标牌、印刷电路版晒版等。它具有光谱稳定、晒版时间短、使用寿命长、耗电少等优点。

【规　　格】常州玉宇电光器件有限公司产品

图号	型号 功率	电压 (V)	电流 (A)	基本尺寸(mm)		
				全长 A	发光长 B	管径 C
L1	220 V,500 W	100	5	165	85	15

续表

图号	型号 功率	电压 (V)	电流 (A)	基本尺寸(mm)		
				全长 A	发光长 B	管径 C
L1	220 V,1 000 W	100	10	200	100	20
L1	220 V,1 000 W	100	10	175	85	20
L1	220 V,400 W	90	5	115	50	17
L1	220 V,400 W	90	5	165	85	15
L1	220 V,1 500 W	120	13	155	55	30
L1	220 V,2 000 W	140	14	200	100	25
L1	220 V,2 000 W	140	14	270	155	20
L1	220 V,2 000 W	140	14	280	155	30
L1	220 V,3 000 W	170	17	210	115	27
L1	220 V,3 000 W	170	17	270	155	20
L1	220 V,3 000 W	170	17	280	155	30
L1	220 V,4 000 W	170	23	280	175	30
L1	220 V,6 000 W	170	34	223	135	27
L1	380 V,1 000 W	200	5	175	85	20
L1	380 V,2 000 W	200	10	210	115	22
L1	380 V,3 000 W	220	14	210	115	23
L1	380 V,4 000 W	240	17	240	140	27
L1	380 V,4 000 W	240	17	280	180	28
L1	380 V,6 000 W	260	23	270	145	32
L1	380 V,3 000 W(环形)	220	14	240		17
L1	380 V,4 000 W(环形)	230	17	240		18
L2	220 V,1 000 W	100	10	210	95	17
L2	220 V,2 000 W	140	14	210	100	25
L2	380 V,2 000 W	200	10	210	115	22
L2	380 V,3 000 W	220	14	210	115	23
L2	380 V,4 000 W	240	17	240	140	27

续表

图号	型号 功率	电压 (V)	电流 (A)	基本尺寸(mm)		
				全长 A	发光长 B	管径 C
L2	380 V,2 000 W	200	10	270	155	20
L2	380 V,3 000 W	220	14	270	155	20
L3	220 V,1 000 W	100	10	225	95	17
L3	220 V,2 000 W	140	14	225	100	25
L3	380 V,2 000 W	200	14	225	115	22
L3	380 V,3 000 W	220	14	225	115	23
L3	220 V,2 000 W	170	17	225	115	27
L3	380 V,4 000 W	240	17	265	140	27

27. 放映氙灯

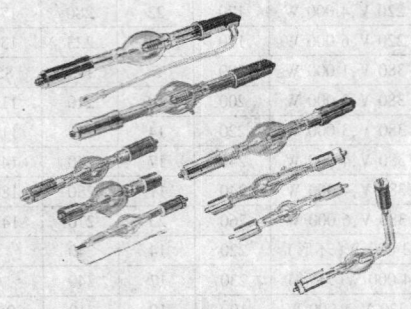

【特点及用途】放映氙灯,也称球形氙灯,又称高压短弧氙灯,它是一种日光色、高强光的电光源,是电影放映、摄影、光学仪器、火车车头灯的理想光源。它是一种模拟日光用光源,近似日光色 5 500 ~ 6 000 K,高显色指数>95,灯的寿命中,颜色保持不变,可利用功率在 50 ~ 10 000 W。

[规　格]常州玉宇电光器件有限公司产品

型号	输入功率 额定值 (W)	输入功率 最大值 (W)	工作电流 电源电压 DC (V)	工作电流 额定值 (A)	工作电流 使用范围 (A)	工作电压 (V)	光通量 (Lm)	平均寿命 (h)	风冷速度 (m^3/s)	极间距离 (mm)	基本尺寸 D 外径 (mm)	基本尺寸 L 全长 (mm)	基本尺寸 L_0 安装全长 (mm)	基本尺寸 H 光中心高度 (mm)	灯头 阳极 D_1 (mm)	灯头 阳极 D_2 (mm)	灯头 阴极 D_3 (mm)	灯头 阴极 D_4 (mm)	图号
XQ35	35	45	35	3	2.5~3.5	11.5	700	300		0.4	9	85	75	35	7.5	2	7.5	2	1
XQ75	75	85	50	5	3.5~5	15	1 400	500		1	13	100	85	40	8	M3-P0.5	8	M3-P0.5	2
XQ150	150	160	50	8	5~8	18.5	3 200	1 000		2.5	18	150	126	62	10	M4-P0.5	10	M4-P0.5	2
XQ200	200	220	50	12	6~12	17.5	4 500	800		3	22	130	107	53	15	M6-P1	15	M6-P1	2
XQ350	350	400	50	16	15~17	22	11 500	800	5	2.9	22	133	120	65	13	M6-P1	13	M5-P0.8	11
XQ400	400	450	50	21	13~21	19	11 400	1 000		3.4	26	146	121	54	13	M6-P1	13	M6-P1	2
XQ400-1	400	450	50	21	13~21	19	11 400	800		3.4	26	122	90	63	15	M6-P1	15	M6-P1	12
XQ500	500	550	50	25	17~25	20	14 200	1 000	5	4	30	175	150	73	17	M6-P1	17	M6-P1	2
XQ500-1	500	550	50	25	17~25	20	14 200	800		4	30	135	85	66	17	M6-P1	17	M6-P1	12
XQ550	550	625	50	25	17~25	22	17 000	800	5	4	30	148	135	65	15	M6-P1	15	M6-P1	11
XQ700/GC	700	800	50	37	30~45	20	20 000	800		4.2	35	235	205	95	27	11	27	M8-P1.25	7
XQ750	750	800	50	33	20~36	23	24 000	800		4.5	35	200	175	800	17	M6-P1	17	M6-P1	2
XQ750-2	750	800	50	36	20~38	21	22 000	800		4	35	136	124	56	17	6	17	6	1
XQ900/SG	900	990	50	45	35~45	20	30 000	1 200		4	40	320	275	125	25	10	25	12	1
XQ1000	1 000	1 100	65	45	38~45	22	34 000	1 200		5	40	320	275	125	25	M10P1.25	25	M10P1.25	2

续表

型号	输入功率 额定值 (W)	输入功率 最大值 (W)	工作电流 电源电压 DC (V)	工作电流 额定值 (A)	工作电流 使用范围 (A)	工作电压 (V)	光通量 (Lm)	平均寿命 (h)	风冷速度 (m/s)	极间距离 (mm)	基本尺寸 D 外径 (mm)	L 全长 (mm)	L0 安装长 (mm)	H 光中心高度 (mm)	灯头 阳极 D_1 (mm)	阳极 D_2 (mm)	阴极 D_3 (mm)	阴极 D_4 (mm)	图号
XQ1000-2	1 000	1 100	65	45	38~45	22	34 000	1 200	5	5	40	275	230	108	22	M10-P1	22	M10-P1	2
XQ1000-3	1 000	1 100	65	45	38~45	22	32 000	800	5	4.5	40	200	175	80	17	M6-P1	17	M6-P1	2
XQ1000/DL	1 000	1 100	65	45	38~45	22	34 000	1 200	5	5	40	320	275	125	25	14	25	M14-P1.25	4
XQ1000/GC	1 000	1 100	65	50	30~50	20	32 000	1 000	5	4.2	40	225	205	95	27	11	27	M8-P1.25	7
XQ1000/XC-II	1 000	1 100	65	50	30~50	20	3 200	1 000	5	4.2	40	245	214	98.5	25		25	M8-P1	8
XQ1500	1 500	1 600	65	60	40~60	25	50 000	1 200	5	5.5	48	320	275	125	22	M10-P1	22	M10-P1	2
XQ1600/DX	1 600	1 750	65	65	40~65	25	62 000	1 200	5	5.5	48	370	322	145	27	10	27	12	9
XQ1600/GC	1 400	1 600	65	65	40~65	25	60 000	1 200	5	4	48	225	205	95	27	11	27	M8-P1.25	7
XQ1600/SG	1 600	1 750	65	65	40~65	25	60 000	1 200	5	5.5	48	370	322	145	25	10	25	12	1
XQ1600/XC-II	1 430	1 600	65	70	50~70	22	60 000	1 200	5	4	48	245	214	98.5	25	25	25	M8-P1	8
XQ2000	2 000	2 100	65	70	45~70	28	75 000	1 200	6	6	52	360	330	145	25	M10-P1.25	25	M10-P1.25	3
XQ2000/DL	2 000	2 100	65	70	45~70	28	75 000	1 200	6	6	52	370	330	145	25	14	25	M14-P1.25	4
XQ2000/DX	2 000	2 100	65	70	45~70	28	75 000	1 200	6	6	52	340	300	145	27	9.5	27	8	9
XQ2000/SL	2 000	2 100	65	70	45~70	28	7 500	1 200	6	6	52	345	315	145	27	M12-P1	28	M12-P1	2
XQ2000/SX	2 000	2 100	65	70	45~70	28	75 000	1 200	6	6	52	370	330	145	28	10	27	12	10

续表

型号	输入功率		电源电压 DC (V)	工作电流		工作电压 (V)	光通量 (Lm)	平均寿命 (h)	风冷速度 (m³/s)	极间距离 (mm)	基本尺寸				灯头				图号
															阴极		阳极		
	额定值 (W)	最大值 (W)		额定值 (A)	使用范围 (A)						D 外径全长 (mm)	L 全长 (mm)	L_0 安装长 (mm)	H 光中心高度 (mm)	D_1 (mm)	D_2 (mm)	D_3 (mm)	D_4 (mm)	
XQ2500V/DX	2 500	2 800	65	100	70~100	28	100 000	1 200	10	6	55	340	300	145	27	9.5	27	8	9
XQ3000	3 000	3 300	65	100	60~100	30	130 000	1 000	13	6.6	55	420	365	170	28	10	28	10	9
XQ3000/DL	3 000	3 300	65	100	60~100	30	130 000	1 000	13	6.6	55	400	355	165	28	14	28	M14-P1.5	4
XQ3000/DX	3 000	3 300	65	100	70~100	30	130 000	1 000	13	6.6	55	340	300	145	27	9.5	27	8	9
XQ3000/SL	3 000	3 300	65	100	60~100	30	130 000	1 000	13	6.6	55	395	355	165	28	13	28	M13-P1.5	3
XQ3000/SX	3 000	3 300	65	100	60~100	31	130 000	1 000	13	6.6	60	425	380	170	28	13	28	14	10
XQ4000	4 000	4 400	65	130	70~130	31	155 000	1 000	13	6.5	60	435	380	170	28	10	28	10	9
XQ4000/DL	4 000	4 400	65	135	90~130	31	155 000	1 000	13	6.5	60	428	380	170	28	14	28	M14-P1.5	4
XQ4000/DX	4 000	4 400	65	130	70~135	31	155 000	1 000	13	6.5	60	410	370	170	28	9.5	28	8	9
XQ4000/SL	4 000	4 400	65	130	70~130	31	155 000	1 000	13	6.5	60	400	360	165	28	13	28	M13-P1.5	3
XQ4000/SX	4 000	4 400	65	130	70~130	31	155 000	1 000	13	6.5	60	380	380	170	28	13	28	14	10
XQ4000/SX-V	4 000	4 400	65	130	70~130	31	155 000	800	13	7.5	70	460	390	175	34	10	30	10	6
XQ5000	5 000	5 400	65	145	80~145	34.5	220 000	800	13	8	70	480	410	185	34	8	34	8	5
XQ6000	5 400	6 500	65	155	90~155	35	250 000	500	15	8	70	480	410	185	34	8	34	8	5
XQ7000	7 000	7 400	65	160	100~160	43	310 000	500	15	9	75	485	415	185	34	8	34	8	5

附：放映氙灯系列外形尺寸图

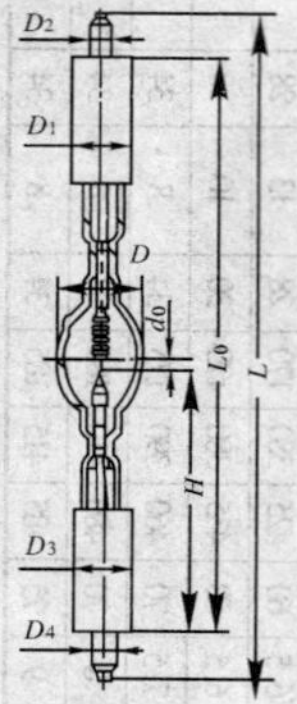

图1

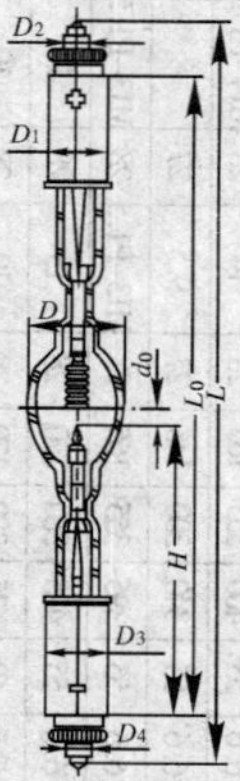

图2

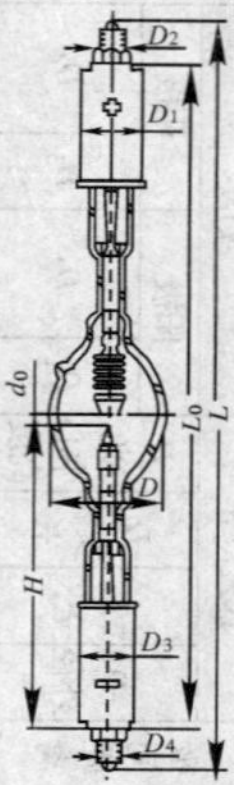

图3

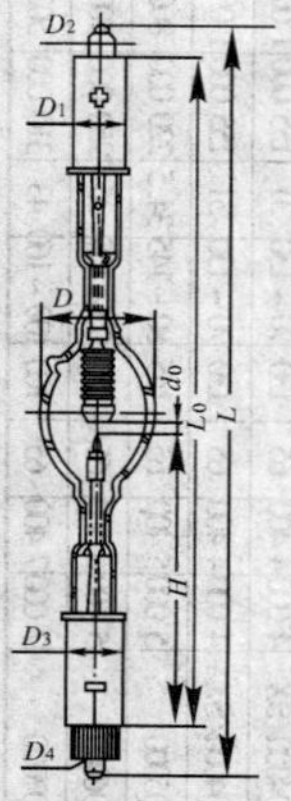

图4

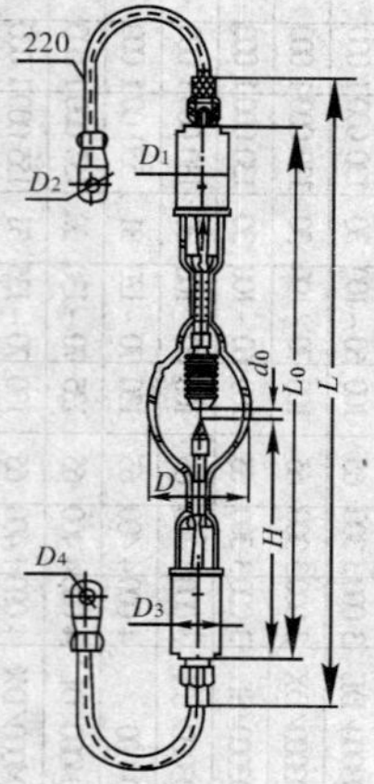

图5

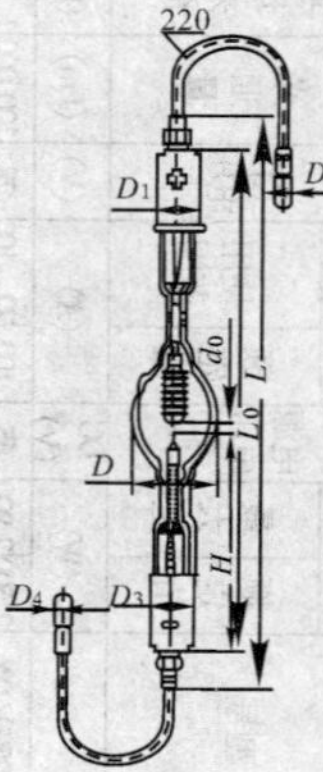

图6

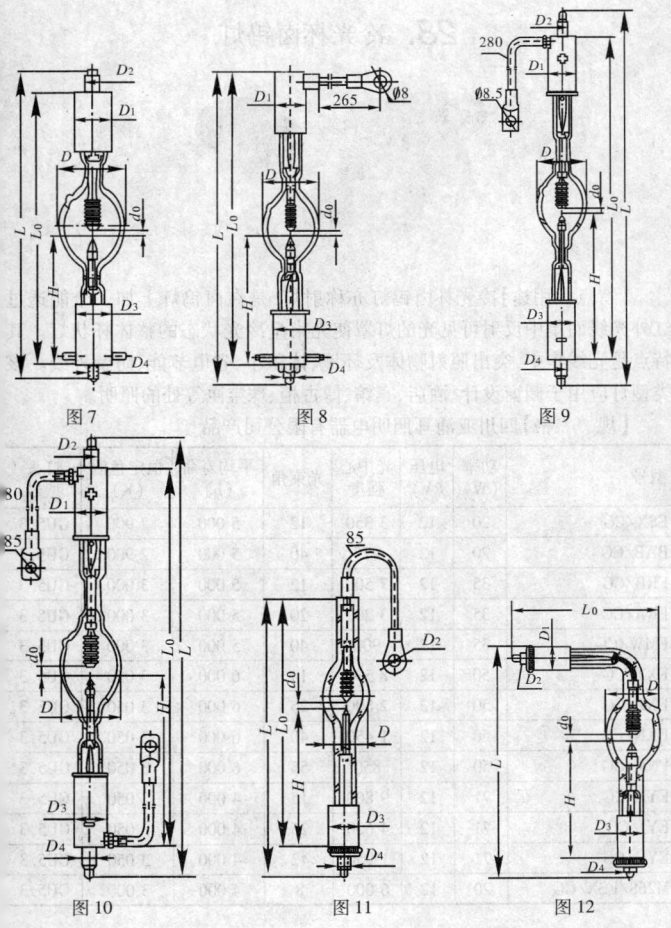

图 7　　　　　　图 8　　　　　　图 9

图 10　　　　　　图 11　　　　　　图 12

28. 冷光杯卤钨灯

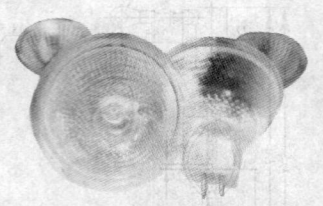

【特点及用途】冷光杯卤钨灯亦称射灯,是在卤钨灯上加一个能透过红外光线而集中反射可见光的灯罩使光束呈冷光状态的整体杯状灯。其特点是光线集中,突出照射物体及环境、体积小、省电节能、防紫外线。该类型灯应用于橱窗设计、酒店、宾馆、博古柜、珠宝匣等处的照明。

【规 格】四川亚浦耳照明电器有限公司产品

型号	功率(W)	电压(V)	光中心强度	光束角	平均寿命(h)	恒定色温(K)	灯头型号
ESX/CG	20	12	3 350	12	5 000	2 900	GU5.3
BAB/CG	20	12	475	40	5 000	2 900	GU5.3
FRB/CG	35	12	7 500	12	5 000	3 000	GU5.3
FRA/CG	35	12	3 200	12	5 000	3 000	GU5.3
FMW/CG	35	12	900	40	5 000	3 000	GU5.3
EXT/CG	50	12	8 500	14	6 000	3 050	GU5.3
EXZ/CG	50	12	2 800	25	6 000	3 050	GU5.3
EXN/CG	50	12	1 450	40	6 000	3 050	GU5.3
FNV/CG	50	12	850	55	6 000	3 050	GU5.3
EYF/CG	71	12	9 800	15	4 000	3 050	GU5.3
EYJ/CG	71	12	4 600	25	4 000	3 050	GU5.3
EYC/CG	71	12	1 950	42	4 000	3 050	GU5.3
M268/ESX/CG	20	12	6 000	8	4 000	3 000	GU5.3

续表

型号	功率 (W)	电压 (V)	光中心 强度	光束角	平均寿命 (h)	恒定色温 (K)	灯头 型号
M269/BAB/CG	20	12	450	36	4 000	3 000	GU5.3
M270/FRA/CG	35	12	2 950	24	4 000	3 000	GU5.3
M281/FMW/CG	35	12	1 300	36	4 000	3 000	GU5.3
M249/EXT/CG	50	12	10 100	8	4 000	3 000	GU5.3
M250/EXZ/CG	50	12	4 750	24	4 000	3 000	GU5.3
M258/EXN/CG	50	12	2 100	36	4 000	3 000	GU5.3
M280/FNV/CG	50	12	950	60	4 000	3 000	GU5.3
M251/FTC/CG	20	12	1 800	17	3 500	2 900	GU4
M266/FTF/CG	35	12	2 070	21	3 500	2 900	GU4
0MR16/SP(ESX)	20	12	1 000	24	1 000	2 900	GU5.3
0MR16/FL(BAB)	20	12	460	36	1 000	2 900	GU5.3
0MR16/SP(EXZ)	50	12	3 000	24	1 000	3 000	GU5.3
0MR16/FL(EXN)	50	12	1 500	36	1 000	3 000	GU5.3
020MR16/SP	20	12	3 500	12	2 000	2 900	GU5.3
020MR16/FL	20	12	500	36	2 000	2 900	GU5.3
050MR16/SP	50	12	9 500	12	2 000	3 000	GU5.3
050MR16/FL	50	12	1 500	36	2 000	3 000	GU5.3

29. 卤钨 PAR 灯

【特点及用途】卤钨PAR灯是一种集卤钨灯和射灯特性于一体的灯种,在结构上,密封玻壳设计,以免受大气侵袭,其光线可再次反射到灯丝上加热灯丝,使发光效率提高,亦不需要变压器而直接使用。卤钨PAR灯透光率高,耐冲击,耐高温,防水防潮,防腐蚀,常规颜色有白、蓝、黄、绿、红,适用于装饰照明、广告照明、橱窗照明以及水池灯具照明、舞台迪厅照明等。

【规　　　格】汉光特种照明光源公司产品

a. PAR16/20/30 型

型号	电压 (V)	功率 (W)	水平 扩散	竖直 扩散	额定寿命 (h)	基本尺寸(mm)	
						直径	长度
PAR16	120/230	35	12	38	1 300	114	70
PAR20	120/230	50	12	38	1 300	114	70
PAR30	120/230	50	12	38	1 500	114	70
PAR36	120/230	100	12	38	2 000	114	70

b. PAR36 型

型号	电压 (V)	功率 (W)	光强 (cd)	水平 扩散	竖直 扩散	额定寿命 (h)	基本尺寸(mm)	
							直径	长度
4014	6.4	18	1 500	50	25	200	114	70
4 044	12.0	12	1 100	50	25	150	114	70
4 405	12.8	30	50 000	6	5	100	114	70
4 515	6.4	30	55 000	5	5	100	114	70
H 4515	6.4	30	67 000	5.5	4	100	114	70
4 509	13.0	100	110 000	12	6	25	114	70
4 587	28.0	250	40 000	13	25	114	70
4 444	12.8	18	4 500	40	5	100	114	70
4 464	12.8	60	50 000	12	5	300	114	70
PAR36DWE	120.0	650	24 000	40	30	100	114	70
PAR36VWFL	12.0	50	600	40	37	2 000	114	70

c. PAR38 型

品种	型号	功率 （W）	中心 照明度 （cd）	灯头 型号	额定 寿命 （h）	基本尺寸 （mm）	
						直径	长度
聚光 射灯	PAR38 SPOT 60W	60	3 000	E27/E26	2 000	121	136
	PAR38 SPOT 80W	80	5 000	E27/E26	2 000	121	136
	PAR38 SPOT 120W	120	9 000	E27/E26	1 500	121	136
	PAR38 SPOT COOL 120W	120	10 000	E27/E26	1 500	121	136
冷光 射灯	PAR38 FLOOD 60W	60	1 000	E27/E26	2 000	121	136
	PAR38 FLOOD 80W	80	1 500	E27/E26	2 000	121	136
	PAR38 FLOOD 120W	120	2 800	E27/E26	1 500	121	136
	PAR38 FLOOD COOL 120W	120	2 800	E27/E26	1 500	121	136
彩色 冷光灯	PAR38 COLOUR FLOOD	80		E27/E26		121	136

d. PAR46 型

型号	电压 （V）	功率 （W）	光强 （cd）	水平 扩散	竖直 扩散	额定寿命 （h）	基本尺寸（mm）	
							直径	长度
4007	13.0	100	20 000	7	13	25	146	95
40495	13.0	150	300 000	15	7	15	146	95
436	12.8	35	60 000	10	4	300	146	95
580	28.0	450	400 000	13	14	10	146	95
PAR46NPS	220.0	150	10 000	—	—	300	146	95
PAR46WEL	220.0	300	15 000	—	—	300	146	95

e. PAR56 型

型号	电压 （V）	功率 （W）	光强 （cd）	水平 扩散	竖直 扩散	额定寿命 （h）	基本尺寸（mm）	
							直径	长度
545	12.0	100	22 500	9	5	100	178	127
045	26.0	170	230 000	9	8	100	178	127

续表

型号	电压(V)	功率(W)	光强(cd)	水平扩散	竖直扩散	额定寿命(h)	基本尺寸(mm) 直径	基本尺寸(mm) 长度
RAR56WFL	120.0	300	11 000	37	18	2 000	178	127
RAR56NSP	120.0	300	68 000	20	14	2 000	178	127

f. PAR64

型号	电压(V)	功率(W)	光强(cd)	水平扩散	竖直扩散	额定寿命(h)	基本尺寸(mm) 直径	基本尺寸(mm) 长度
4552	28.0	250	500 000	7	8	25	203	150
Q4559	28.0	600	600 000	12	8	100	203	150
CP86	230.0	500	240 000	16	13	300	203	150
CVP87	240.0	500	140 000	11	9	300	203	150
POWERSAVER	240.0	800	310 000	17	17	250	203	150
CP60	240.0	1 000	400 000	20	17	300	203	150
CP62	240.0	1 000	110 000	39	24	300	203	150

30. 七彩 LED 射灯

LVE-MR16+20

LVE-MR16

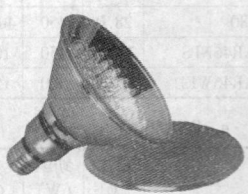

LVE-PAR30

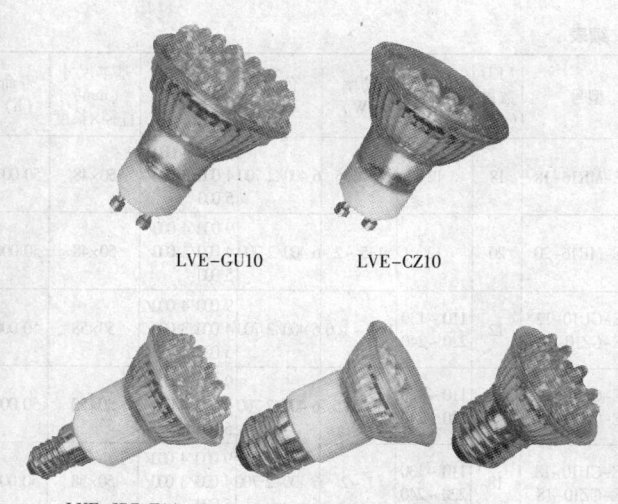

LVE-GU10　　　　LVE-CZ10

LVE-JDR E14　　　LVE-JDR E27　　　LVE-HR E27

　　【特点及用途】七彩 LED 射灯具有橙、蓝、绿、黄、红、紫、白等多种颜色光亮,能使被照射物体及空间光彩迷离,变幻生辉。七彩 LED 射灯多应用于大型娱乐场所,酒吧等类似需用场合,以烘托气氛及装饰效果。
　　【规　　　格】广州亮而丽灯饰有限公司产品

型号	LED数量(个)	电压(V)	功率(W)	色温(K)	光强度(MCD)	基本尺寸(mm)直径×长度	寿命(h)
VE-MR16-12	12	12	0.8~1.0	6 400/2 700	9 000/4 000/4 000/3 000/5 000	50×48	50 000
VE-MR16-15	15	12	1~1.5	6 400/2 700	9 000/4 000/4 000/3 000/5 000	50×48	50 000

续表

型号	LED数量（个）	电压（V）	功率（W）	色温（K）	光强度（MCD）	基本尺寸（mm）直径×长度	寿命（h）
LVE–MR16–18	18	12	1~1.5	6 400/2 700	9 000/4 000/4 000/3 000/5 000	50×48	50 000
LVE–MR16–20	20	12	1.5~2	6 400/2 700	9 000/4 000/4 000/3 000/5 000	50×48	50 000
LVE–GU10–12 LVE–GZ10–12	12	110~130 220~240	0.8~1.0	6 400/2 700	9 000/4 000/4 000/3 000/5 000	50×58	50 000
LVE–GU10–15 LVE–GZ10–15	15	110~130 220~240	1~1.5	6 400/2 700	9 000/4 000/4 000/3 000/5 000	50×58	50 000
LVE–GU10–18 LVE–GZ10–18	18	110~130 220~240	1~2	6 400/2 700	9 000/4 000/4 000/3 000/5 000	50×58	50 000
LVE–GU10–20 LVE–GZ10–20	20	110~130 220~240	2~3	6 400/2 700	9 000/4 000/4 000/3 000/5 000	50×60	50 000
LVE–GU10–20 LVE–GZ10–20	30	110~130 220~240	3~4	6 400/2 700	9 000/4 000/4 000/3 000/5 000	50×60	50 000
LVE–HR–12	12	110~130 220~240	0.8~1.0	6 400/2 700	9 000/4 000/4 000/3 000/5 000	50×52	50 000
LVE–HR–15	15	110~130 220~240	1~1.5	6 400/2 700	9 000/4 000/4 000/3 000/5 000	50×52	50 000
LVE–HR–18	18	110~130 220~240	1~1.5	6 400/2 700	9 000/4 000/4 000/3 000/5 000	50×52	50 000

续表

型号	LED数量（个）	电压（V）	功率（W）	色温（K）	光强度（MCD）	基本尺寸（mm）直径×长度	寿命（h）
LVE–HR–20	20	110～130 220～240	1～1.5	6 400/2 700	9 000/4 000/ 4 000/3 000/ 5 000	50×55	50 000
LVE–HR–30	30	110～130 220～240	2～2.7	6 400/2 700	9 000/4 000/ 4 000/3 000/ 5 000	50×55	50 000
LVE–JDR–12	12	110～130 220～240	0.8～1.0	6 400/2 700	9 000/4 000/ 4 000/3 000/ 5 000	50×73	50 000
LVE–JDR–15	15	110～130 220～240	1～1.5	6 400/2 700	9 000/4 000/ 4 000/3 000/ 5 000	50×73	50 000
LVE–JDR–18	18	110～130 220～240	1～1.5	6 400/2 700	9 000/4 000/ 4 000/3 000/ 5 000	50×73	50 000
LVE–JDR–20	20	110～130 220～240	1～1.5	6 400/2 700	9 000/4 000/ 4 000/3 000/ 5 000	50×78	50 000
LVE–JDR–30	30	110～130 220～240	2～2.7	6 400/2 700	9 000/4 000/ 4 000/3 000/ 5 000	50×78	50 000
LVE–PAR38–60	60	110～130 220～240	6～8	6 400/2 700	10 000/4 000/ 4 000/3 000/ 6 000	123×136	50 000
LVE–PAR–36	36	110～130 220～240	4～5	6 400/2 700	10 000/4 000/ 4 000/3 000/ 6 000	95×90	50 000
LVE–PAR–15	15	110～130 220～240	1～2	6 400/2 700	10 000/4 000/ 4 000/3 000/ 6 000	65×82	50 000

31. LED 数码灯管

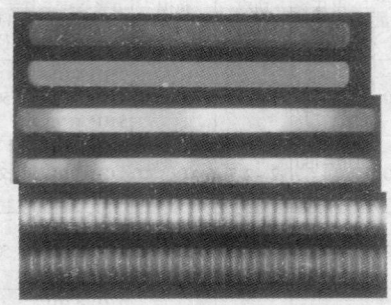

【特点及用途】LED 数码灯管是一种现代新型装饰灯具,根据其安装方式不同,可变化出不同的颜色,能达到同步七彩、渐变、跳变、流水、追逐、扫描等效果。LED 数码灯管广泛应用于舞台、花园、立交桥护栏、高楼大厦轮廓、景观照明等场所,以及城市亮化工程装饰等。

【规　　格】中山古镇古光照明灯饰厂产品

型　　号	G–S0100	G–S0101	G–S0102
工作电源(V/HZ)	220/50	220/50	220/50
工作温度(℃)	−35 ~ 55	−35 ~ 55	−35 ~ 55
功率(W/米)	>16	>16	>16
防水等级	IP65	IP65	IP65
颜色	乳白色	乳白色	透明条纹
变色范围	七色多变	七色或多色渐变	七色或多色渐变
正常使用寿命(万小时)	10	10	10
亮度(Lux)	1 000±40	1 000±40	1 000±40
(直径×长度) 外形尺寸(mm)	50×1 000	50×1 000	80×1 000

32. LED 渐变数码灯管

【特点及用途】LED 渐变数码灯管是一种现代新型装饰灯具,根据其安装方式不同,色彩可达到七彩、渐变、跳变、七根追逐流水等效果。LED 渐变数码灯管可广泛应用于舞台、花园、立交桥护栏、高楼大厦轮廓及景观照明、广告牌招等场所的亮化工程等。

【规　　格】中山古镇古光照明灯饰厂产品

型号	G-S0201
工作电源	220 V/50 Hz
工作温度	-35~55 ℃
功率	>10 W/m
防水等级	IP65
颜色	乳白色
变色范围	七色、跳变、渐变、七根流水
正常使用寿命	10 万 h
外形尺寸(mm)(直径×长度)	50×1 000(半圆)

注:LED 渐变数码灯管的颜色亦可为透明管,形状有圆形或半圆形。

33. LED 追逐轮廓灯管

【特点及用途】LED 追逐轮廓灯管是一种现代新型装饰灯具,其安装方便,经久耐用,灯光具有追逐、流水等功能。适用于花园、舞台、立交桥护栏、大楼轮廓、景观照明、广告牌等场所及其他亮化工程等。

【规　　格】中山古镇古光照明灯饰厂产品

型号	G–S0200
工作电源	220 V/50 Hz
工作温度	–35 ~ +55 ℃
功率	>8W/m
防水等级	IP65
颜色	透明条管
变色范围	七色或七种组合
正常使用寿命	10 万 h
外形尺寸(mm)(直径×长度)	50×1 000(半圆)

34. LED 线条灯

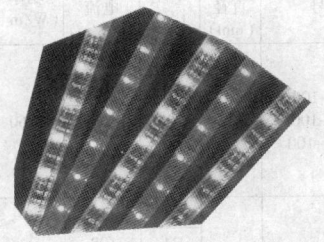

【特点及用途】LED 线条灯耗电量极低,寿命长,亮度高,易弯曲,耐高温,耐低温,适用于各种商场、大厦、山庄等轮廓勾画,夜景装饰等。其中 12 mm×23.8 mm 规格线条灯,视角亮度更宽,色彩更艳丽,气势效果更佳。四线变色线条灯配合微电脑控制,可产生多种幻彩效果。

【规　　格】广州亮而丽灯饰有限公司产品

品种名称	型　号	线条直径(mm)	电压(V)	平均电流(mA/m)	功率(W/m)	LED数量(个/m)	颜色
圆二线线条灯	LVE-2SR-100 LVE-2SY-100	φ13	12	130	1.56	36	红、黄
			24	65			
			100	15.6			
圆二线线条灯	LVE-2SR-100 LVE-2SY-100	φ13	12	13	1.56	36	红、黄
			230	6.8			
扁二线线条灯	LVE-2BSR-100 LVE-2BSY-100	10.5×18	12	130	1.56	36	红、黄
			24	65			
			100	15.6			
			120	13			
			230	6.8			

续表

品种名称	型　号	线条直径（mm）	电压（V）	平均电流（mA/m）	功率（W/m）	LED数量（个/m）	颜色
圆二线线条灯	LVE-2SB-100 LVE-2SG-100 LVE-2SW-100	φ13	12	216	2.60	36	蓝、绿、白
			24	108			
			100	26			
			120	21.6			
			230	11.3			
扁二线线条灯	LVE-2BSB-100 LVE-2BSG-100 LVE-2BSW-100	10.5×18	12	216	2.60	36	蓝、绿、白
			24	108			
			100	26			
			120	21.6			
			230	11.3			
扁三线线条灯	LVE-3SR-50 LVE-3SY-50	10.5×18	12	260	3.12	72	红、黄
			24	130			
			100	31.2			
			120	26			
			230	13.6			
扁三线线条灯	LVE-3SB-50 LVE-3SG-50 LVE-3SW-50	10.5×18	12	432	5.18	72	蓝、绿、白
			24	216			
			100	54			
			120	43.2			
			230	22.6			
扁四线线条灯	LVE-4SR-50 LVE-4SY-50	12×23.8	12	324	3.90	90	红、黄
			24	162			
			100	39			
			120	32			
			230	17			

续表

品种名称	型　号	线条直径(mm)	电压(V)	平均电流(mA/m)	功率(W/m)	LED数量(个/m)	颜色
扁四线线条灯	LVE-4SB-50 LVE-4SG-50 LVE-4SW-50	12×23.8	12	540	6.50	90	蓝、绿、白
			24	270	6.50		
			100	56	5.60		
			120	56	6.70		
			230	22.5	5.18		
扁四线变色线条灯	LVE-4BSB-50 LVE-4BSG-50 LVE-4RGB-50	12×23.8	12	90~360	1~4.3	90	(同步变幻)红→蓝→黄、红→绿→黄、红→绿→蓝
			24	54~218	1.3~5.2		
			100	10~40	1~4		
			120	10~40	1.2~4.8		
			230	4~18	1~4.14		
扁五线线条灯	LVE-5SR-50 LVE-5SY-50	13×29	12	518	6.20	144	红、黄
			24	259	6.20		
			100	58	5.80		
			120	58	7.00		
			230	22	5.00		
扁五线线条灯	LVE-5SB-50 LVE-5SG-50 LVE-5SW-50	13×29	12	867	10.4	144	蓝、绿、白
			24	434	10.4		
			100	90	9.0		
			120	90	10.8		
			230	36	8.3		

35. 萤火虫光纤

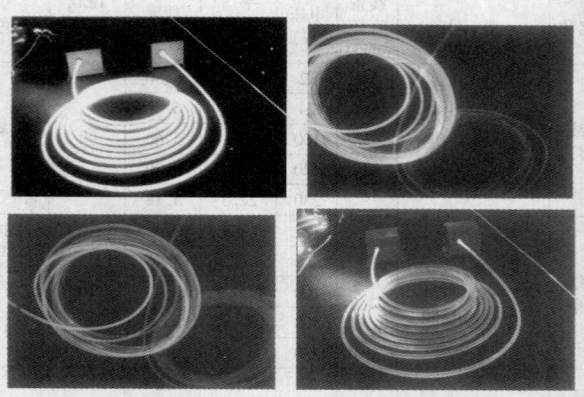

【特点及用途】"萤火虫"光纤系指非通讯用光纤,其由液体高分子化合物聚合而成,具有导光性强、省电、耐用、不发热、无污染、可弯曲、可变色、环境适应范围广、使用安全等特点。光纤的导光方式分为柔美温馨的侧光和熠熠生辉的点光,广泛应用于建筑物装饰照明、景观装饰照明、文物工艺品照明、特殊场合照明、广告牌、娱乐场所等各种装饰工程。

【规　　格】南宁锦明产业开发有限公司产品

型号	JM 系列
主要技术指标	推荐最小弯曲半径——8 倍直径 温度范围——-40 ~ +100 ℃ 光损耗——<350 dB/km 波长范围——390 ~ 760 nm 数孔值——0.6 外层折射率——1.402 推荐贮存温度——20 ~ 50 ℃

续表

品种	型号	内径 （mm）	外径 （mm）	长度 （m）	外表颜色
普通型实心 侧光光纤	JM–I–3	–	3	30	透明
	JM–I–5	–	5	30/60	透明
	JM–I–6	–	6	30/60	透明
	JM–I–8	–	8	30/60	透明
	JM–I–10	–	10	30/60	透明
	JM–I–12	–	12	30/60	透明
	JM–I–14	–	14	30/60	透明
	JM–I–16	–	16	30/60	透明
	JM–I–18	–	18	30/60	透明
PVC 实芯侧光光纤	JM–IP–14	12	14	30/60	透明
	JM–IP–16	14	16	30/60	透明
	JM–IP–18	16	18	30/60	透明
	JM–IP–20	18	20	30/60	透明
PVC 实芯点光光纤	JM–II–12	10	12	30/60	黑色
	JM–II–14	12	14	30/60	黑色
	JM–II–16	14	16	30/60	黑色
	JM–II–18	16	18	30/60	黑色
	JM–II–20	18	20	30/60	黑色
	JM–IIR–4	3	4	30/60	黑色
	JM–IIR–6	5	6	30/60	黑色
	JM–IIR–7	6	7	30/60	黑色
	JM–IIR–9	8	9	30/60	黑色
	JM–IIR–11	10	11	30/60	黑色
	JM–IIR–13	12	13	30/60	黑色

36. 立体发光字

模块

【特点及用途】JG 立体发光字采用 LED 光源，LED 系列模块具有短路、过压、过流、过热保护功能；输出噪声、纹波电压低；安全性、电磁兼容性能极佳。立体发光字采用低压供电，无需防水密封，其能效高，节能达 90.6%，无污染，可回收再利用。超高亮度，可替代霓虹灯制作的发光字，其安装简便、快捷，适应各种自然环境，广泛应用于视觉广告等类似场合。

【规　　格】北京晶格科技发展有限公司产品

型号	基本尺寸 （mm）	输入电压 （V）	功　率 （W）	半功率角	LED 个数
JG–352	35×12×10	DC12	红、黄色 0.36	±60	2 个
			蓝、绿、白色 0.24	±90	2 个
JG–513	51×12×10	DC12	红、黄色 0.36	±60	3 个
			蓝、绿、白色 0.24	±90	3 个
JG–986	98×12×10	DC12	红、黄色 0.72	±60	6 个
			蓝、绿、白色 0.48	±90	6 个
JG–502	50×12×10	DC12	红、黄色 0.36	±60	2 个
			蓝、绿、白色 0.24	±90	2 个
JG–783	78×12×10	DC12	红、黄色 0.36	±60	3 个
			蓝、绿、白色 0.24	±90	3 个
JG–503	50×12×10	DC12	红、黄、蓝、绿、白色 0.24	±90	3 个
JG–936	93×12×10	DC12	红、黄、蓝、绿、白色 0.48	±90	6 个
JG–1008	100×12×2	DC3.6	红、黄色 0.30	±90	8 个
JG–1005	100×12×2	DC3.3	蓝、绿、白色 0.33	±90	5 个

37. 光导灯座

【特点及用途】光导灯座专与亚克力板雕刻配套,令室内小型发光标牌明暗变换生辉,从浓艳到柔和,有多种变化形式组合。其适用于视觉广告、展示标牌、娱乐场所、精品店等场合。

【规　　格】北京晶格科技发展有限公司产品

常规长度(mm)	400、600、800、1 200、1 600、1 800
外壳材料及处理	挤压成型的铝合金,表面经阳极氧化或喷涂处理
使用电流	AC220V、DC24V、DC12V 电瓶、常规电池、太阳能电池
光源变化形式	①分别静态发出红、蓝、黄、绿、粉红、白等多种色彩,色泽纯洁 ②红、蓝或红、绿双色配套,扫描式往返交替,亮丽霓虹 ③渐明渐暗交叉发出红、绿、蓝三种颜色,自然柔和 ④以红→粉红→青→绿四种颜色循环跳动,明艳醒目

38. 小夜灯

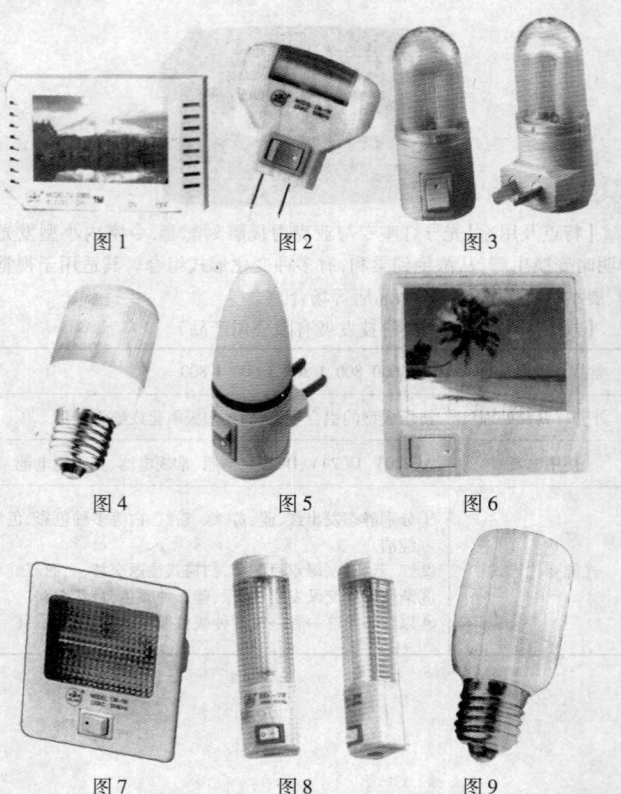

图1　　　　　　　图2　　　　　　　图3

图4　　　　　　　图5　　　　　　　图6

图7　　　　　　　图8　　　　　　　图9

【特点及用途】小夜灯是用于局部范围内微弱光线的照明。多用于卧室、吧屋一类的房间,有独特的装饰效果。

【规　　格】波迪电器产品

品种	型号	功率（W）	基本尺寸(mm) 长×宽×厚或 高×直径	说明
宽屏幕电视小夜灯	TV2000	1	80×53×16	图1 画面多种选择
朦胧三角形小夜灯	CM–IW	1	66×61×19	图2
带插头圆柱形小夜灯	BD–CS3W	3	89×40	图3
朦胧小夜灯	BU–3W	3	90×44	图4
火箭型小夜灯	RK–1W	1	98×37	图5
平面直角小夜灯	TV–2000–1	1	72×72×17	图6 画面多种选择
钻石面方形小夜灯	DM–1W	1	72×72×16	图7
带插头柱形小夜灯	BD–2W	2	107×32×25	图8
乳白小夜灯	BU–3W–1	3	90×44	图9

注：①灯光颜色：红、绿、蓝、黄、白。
　　②额定电压：110～130/220～240 V,60/50 Hz。

39. 灯　串

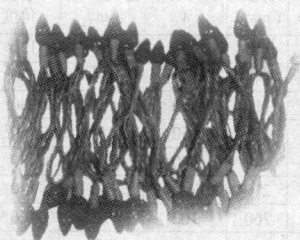

　　【特点及用途】灯串低能耗,有球形、尖形等泡形,为多种色彩灯泡串联而成,适用于室内外,节目以及节日装饰等。
　　【规　　格】
　　灯泡功率：10 W

灯泡只数:25 只
总功率:250 W
灯串长度:7.5 m(可三串串联为 22.5 m)
使用寿命:80 000 ~ 100 000 h

40. 感应灯

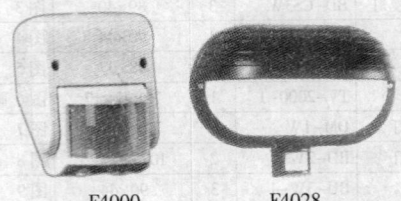

F4000   F4028

【特点及用途】感应灯的最大特点是防盗,省电及报警。其主要安装在住宅、仓库、店铺及庭院、阳台、门口等需用场所。

【规   格】宁波远东照明有限公司产品

型号	长度 (mm)	宽度 (mm)	深度 (mm)	最大功率 (W)	感应距离 (m)	感应角度	感应时间 (s)	防水等级
F4001	138	195	115	150	10	120°	6 ~ 900	IP 44
F4002	185	296	145	500	12	120°	6 ~ 900	IP 44
F4000	75	100	115	500	12	180°	6 ~ 900	IP 44
F4100	105	105	60	150	5	360°	6 ~ 6006	
F4200	86	95	67	150	10	180°	6 ~ 720	IP 44
F4018	150	266	210	60	12	120°	6 ~ 480	IP 33
F4021	185	480	260	100	12	120°	6 ~ 720	IP 33
F4025	176	406	232	60	12	120°	6 ~ 720	IP 33
F4028	264	185	105	60	10	110°	75	IP 33
F4125	203	355	210	60	7	60°	6 ~ 90	IP 33
F4034-2	270	220	115	2×150	10	120°	6 ~ 720	

41. 全封闭净化灯

HQ2010T5C-2×14W

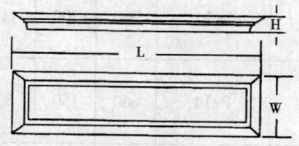

【特点及用途】HQ 系列超薄型全封闭净化灯采用 T5(φ16 mm)直管荧光灯光源,具有光效高、显色性好、寿命长、无频闪、节能环保等特点。其采用特制防眩光透明罩,无眩光,不积尘,易洁净,抗干扰,易检修,亦可以附加应急电源,适用于制药业、生化业、食品业、食品制罐业等净化车间照明,也可用于电子、电脑室及高级办公楼照明。

【规　格】上海侨光灯具厂产品

型号	功率 (W)	外形尺寸(mm)			相当功率 (W)
		L	W	H	
HQ9818T5A(D)-1 HQ2010T5A-1 HQ9810T5D-1	1×28	1 260	150	60	1×40
HQ9818T5A(D)-2 HQ2010T5A-2 HQ9810T5D-2	2×28	1 260	200	60	2×40

续表

型号	功率 (W)	外形尺寸(mm)			相当功率 (W)
		L	W	H	
HQ9818T5A(D)-3 HQ2010T5A-3 HQ9810T5D-3	3×28	1 260	280	60	3×40
HQ9818T5B(E)-1 HQ2010T5B-1 HQ9810T5E-1	1×21	960	150	60	1×30
HQ9818T5B(E)-2 HQ2010T5B-2 HQ9810T5E-2	2×21	960	200	60	2×30
HQ9818T5C(F)-1 HQ2010T5C-1 HQ9810T5F-1	1×14	660	150	60	1×20
HQ9818T5C(F)-2 HQ2010T5C-2 HQ9810T5F-2	2×14	660	200	60	2×20

注:型号中 HQ9818 系列为喷塑透明罩,其中 A、B、C 系列为条纹罩,D、E、F 系列为有机罩,HQ2010 系列为不锈钢透明条纹罩,HQ9810 系列为不锈钢透明有机罩。

42. 铝合金手电筒

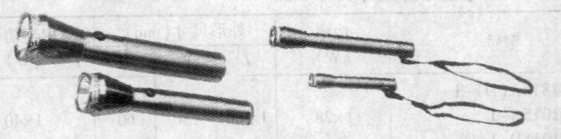

【特点及用途】铝合金手电筒采用高强度耐腐蚀铝材制造,其结构紧凑,结实耐用,轻巧灵便,具有防水防潮设计。手电筒有尾开关,首开关,附有腕带,可调焦距等不同功能的选型制造。

【规　　格】

使用电池型号	电池数量	结构特点
7#	1	尾开关,附有腕带
5#	2	尾开关,附有腕带
3#	2	首开关,可调焦距,尾部备灯泡1只
1#	2	首开关,可调焦距,尾部备灯泡1只

43. 手摇式充电环保电筒

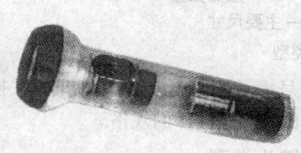
手摇式

手握式

【特点及用途】手摇式充电环保电筒为生态环保超亮光手电筒,特点是无需电池,简单摇动即可充电,防水防震设计,具有穿雨透雾的性能。只用手左右摇动30秒钟即可产生长达5分钟的亮度十足的光线。手摇式充电环保电筒适用于工程、维修、勘测、探险、露营、钓鱼等,亦是驾车、家用的应急工具。

【规　　格】广东省东莞喜而乐实业有限公司产品

筒体材料:优质 PC 材料

长度(mm):175

放电电流(mA):20

44. 灯头及灯座的型号命名方法（QB 2218 - 1996）

(1)灯头及灯座的型号组成结构

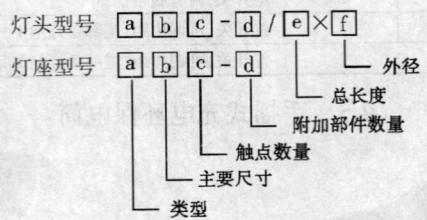

注:灯头型号中斜线前面的符号表示对其灯头相应灯座的互换性具有十分重要内容,即灯头及其所用的灯座是同样的规格。

(2)灯头类型

灯头类型由型号 a 部位表示,以一个或一个以上的大写字母组成。

代号	灯头类型
B	卡口灯头
BA	卡口灯头(最初用于汽车灯)
BM	矿灯用卡口灯头
E	(爱迪生)螺口灯头
F	带一个凸出触点灯头
G	两个或两个以上的凸出触点灯头
K	带导线连接件灯头
P	预聚焦式灯头
R	带凹式触点灯头
S	外壳式灯头(灯座不靠凸出部件固定灯头)
SV	带锥形末端的外壳式灯头(V形)

续表

代号	灯头类型
T	电话机用灯头
W	灯端
X	其他

注：1. 代号 F 后加小写字母 a，表示圆柱形插脚，加 b 表示带凹槽的插脚，加 c 表示特殊形状的插脚。

　　2. 代号 W 表示灯端，灯与灯座的电接触直接通过位于灯端表面的引线来完成。灯端的玻璃部分（或其他绝缘材料部分）对灯在灯座中的安装来说是必不可少的。对于能替代整个灯头并符号同一互换性要求的绝缘材料的单个灯头，也可用该符号表示。早期某些符号形状类似于楔形物，亦袭用字母符号"W"。

（3）灯头主要尺寸

灯头主要尺寸（近似值），单位为 mm，由型号 $\boxed{b}$ 部位表示。

尺寸的表示含义	尺寸的表示形式规定
灯头外壳直径	在 B、BA、BM、K、S 和 SV 字母后面
灯头螺纹的牙顶直径	在 E 字母后面
灯头触点的直径或其他类似的尺寸	在 F 字母后面
灯横向定位的那个部位的最主要尺寸	在 P 字母后面
灯头在灯座中的匹配安装必不可少的那种绝缘部件的最大横向尺寸	在 R 字母后面
两触片外侧之间宽度	在 T 字母后面
灯端上封接部位（玻璃或其他绝缘材料）的总厚度及宽度［二者之间乘号隔开（×）］	在 W 字母后面

注：* 在 G 字母后面，对于两个以上的插脚则指各插脚中心所在圆周的直径。

（4）灯头触点数量

灯头触点、触电、插脚或挠性连接件的数量，由型号 $\boxed{c}$ 部位以小写字母构成。

代号	s	d	t	q	p
触点数量	1	2	3	4	5

(5)灯头附加部件数量

灯头附加部件数量由型号 d 部位表示。该部分表示对互换性十分重要的附加部件数量，由其前面带连字符(—)的数字构成。例如：表示销钉的数量，或灯头的主要外形的某一尺寸等。

(6)灯头总长度

灯头总长度由型号 e 部位表示。其由前面带有斜线(/)的数字构成，总长度的近似值单位为 mm。总长度包括凸出的绝缘材料，但不包括触点或插脚的长度。

(7)灯头外径

灯头外径由型号 f 部位表示。其数字为灯头外壳的敞口端或带裙边一端的外径近似值，单位 mm。数字之前须与总长度用乘号"×"隔开。灯头裙边不包括喇叭口的外径或开口端的内径。

(8)灯头型号举例

a. BA15b 即：外壳直径为 15 mm 的汽车灯用卡口灯头。

b. E26d 即：具有两个底部触点的，牙顶直径为 26 mm 的螺纹灯头。

c. B22d/25×26 即：总长度为 25 mm，裙边外径为 26 mm。灯头外壳直径为 22 mm 的卡口灯头。

d. EP10/14×11 即：螺纹牙顶直径为 10 mm 的预聚焦式螺口灯头，总长度 14 mm，裙边直径 11 mm。

e. K59d/80×63 即：带两个挠性连接件，外壳直径 59 mm 的灯头，其外壳总长度为 80 mm，裙边直径为 63 mm。

第二十六章　低压元器件

低压元器件是指在额定电压交流 1 200 V 或直流 1 500 V 及以下的供电系统和用电设备的电路中的电器或设备构件。

1. 胶木制品

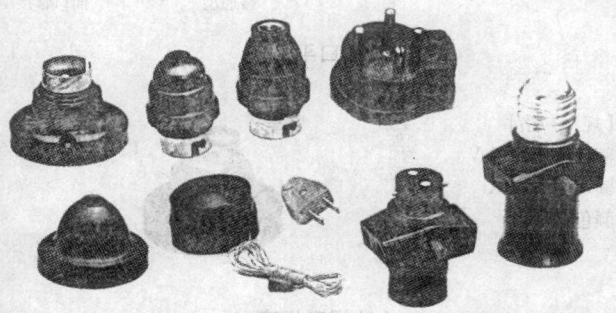

【特点及用途】胶木制品是指采用胶木粉、聚丙烯及电玉粉压制的各种灯头、灯座、插头、插座、吊线盒、开关等电器装置件。胶木制品是使用最为广泛的传统电器制品。

(1) 吊线盒

【规　　格】
额定电压:250 V
额定电流:6 A
颜色:黑、白

(2) 插口灯座

【规　　格】
额定电压:250 V
额定电流:4 A
颜色:黑、白

普通型　　　　　插口管接型

(3) 插口平灯座

【规　　格】
额定电压:250 V
额定电流:4 A
颜色:黑、白

(4) 螺口灯座

【规　　格】
额定电压:250 V
额定电流:4 A
颜色:黑、白

普通型　　　　　螺口管接型

(5) 螺口平灯座

【规　格】
额定电压:250 V
额定电流:4 A
颜色:黑、白

(6) 插口圆扁二用带开关分火灯座

【规　格】
额定电压:250 V
额定电流:4 A
颜色:黑、白

(7) 斜形插口灯座

【规　格】
额定电压:250 V
额定电流:4 A
颜色:白、黑

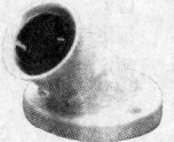

(8) 螺口圆扁二用带开关分火灯座

【规　格】
额定电压:250 V
额定电流:4 A
颜色:黑

(9) 螺口防水灯座

【规　　格】
额定电压:250 V
额定电流:4 A
颜色:黑

(10) 斜形螺口灯座

【规　　格】
额定电压:250 V
额定电流:4 A
颜色:白、黑

(11) 日光灯座

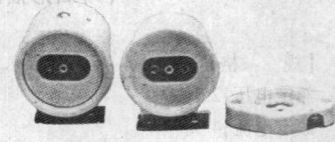

【规　　格】
额定电压:250 V
额定电流:2.5 A
颜色;白、黑

(12) 拉线开关

【规　　格】
额定电压:250 V
额定电流:4 A
颜色:黑、白

(13)平开关

【规　格】
额定电压：250 V
额定电流：4 A
颜色：黑、白
型式：圆形、方形

(14)床头开关

【规　格】
额定电压：220 V
额定电流：3 A
型式：单头式、双通式
颜色：白

(15)电饭煲插头

【规　格】
额定电压：250 V
额定电流：6 A
颜色：黑

(16)两极插头

【规　格】
额定电压：250 V
额定电流：6 A、10 A
颜色：白、黑

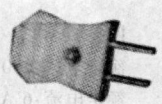

(17)双用插座

额定电压:250 V
额定电流:10 A
颜色:黑

(18)三面插座

额定电压:250 V
额定电流:10 A
颜色:白、黑
型式:三面式、斜三面式

(19)单相三极扁插座

【规　　格】
额定电压:250 V
额定电流:10 A
颜色:黑

(20)单相三极扁插头

【规　　格】
额定电压:250 V
额定电流:6 A、10 A
颜色:白

(21)三相安全圆插头

【规　格】
额定电压:380 V
额定电流:15 A、20 A、30 A
颜色:黑

(22)三相安全圆插座

【规　格】
额定电压:380 V
额定电流:15 A、20 A、30 A
颜色:黑

2. 墙壁开关插座

【特点及用途】墙壁开关插座的面板采用 PC 塑料防弹胶,阻燃、抗冲击、持久不变色。导电铜件采用锡磷青铜片,导电性能优异,弹力持久,耐氧化,在通电瞬间能有效减少电弧对外的损害。开关次数在 15 000 次以上。墙壁开关插座手感舒适,颜色有白色、桃红、浅绿、大红、淡黄、天蓝等。常用的基本尺寸有 86×86×7(mm)、146×86×7(mm)、172×86×7(mm)等。

【规　　格】广州市九佛电器有限公司产品

名　　称	图　　示	型　　号	适用电源
一位单控开关 一位双控开关	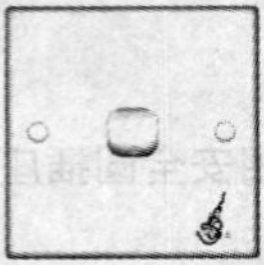	JF6/101 JF6/101S	10 A 250 V 10 A 250 V
二位单控开关 二位双控开关	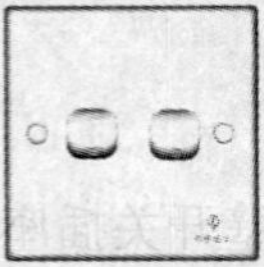	JF6/102 JF6/102S	10 A 250 V 10 A 250 V
三位单控开关 三位双控开关	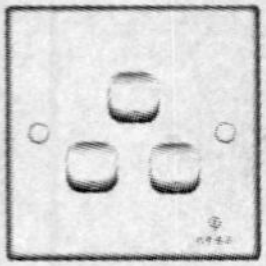	JF6/103 JF6/103S	10 A 250 V 10 A 250 V
四位单控开关 四位双控开关	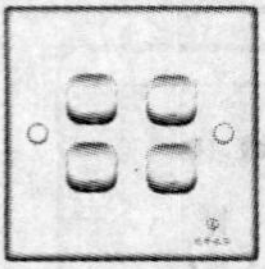	JF6/104 JF6/104S	10 A 250 V 10 A 250 V
五位单控开关 五位双控开关	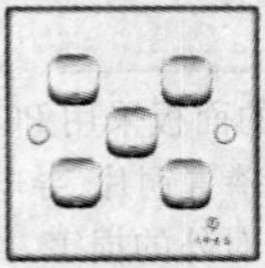	JF6/105 JF6/105S	10 A 250 V 10 A 250 V

续表

名　称	图　示	型　号	适用电源
电铃开关 一位单(双)控开关+电铃	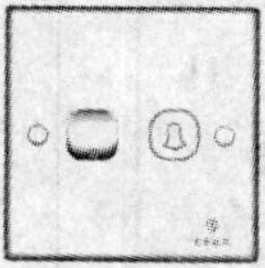	JF6/101 JF6/102M	10 A 250 V 10 A 250 V
带灯双极开关	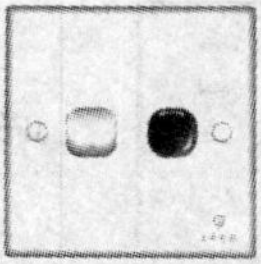	JF6/10D K	20 A 250 V
带灯双极开关(空调机及套房主开关专用)		JF6/102DK JF6/102S	25 A 250 V 32 A 250 V
二极、三极插座(连体封闭式)		JF6/223	10 A 250 V
带开关二极、三极插座(连体封闭式)	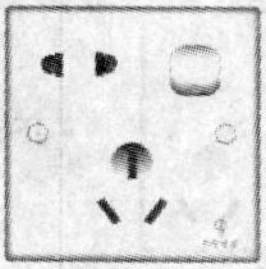	JF6/223K	10 A 250 V

续表

名　称	图　示	型　号	适用电源
二极、二极、三极插座 （连体封闭式）		JF6/223H	10 A 250 V
二位单控开关三极扁脚 插座		JF6/203K2	10 A 250 V
二位开关二、三极扁插 座		JF6/223K2	10 A 250 V
开关三、二、二插座		JF6/223HK	10 A 250 V
开关三、三、二插座		JF6/2233K	10 A 250 V

续表

名　　称	图　　示	型　号	适用电源
二极扁圆两用插座 带开关二极扁圆两用插座	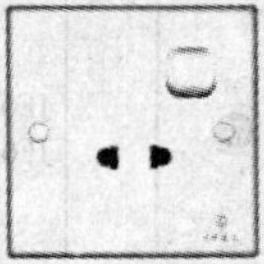	JF6/202 JF6/202K	10 A 250 V 10 A 250 V
双联二极扁圆两用插座(连体封闭式)	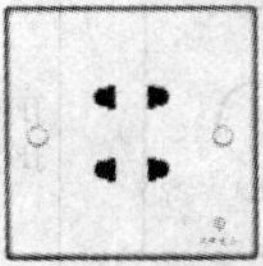	JF6/222	10 A 250 V
三极扁脚插座 带开关、三极扁脚插座 带开关、带灯、三极扁脚插座	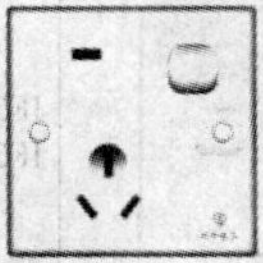	JF6/203 JF6/203K JF6/203DK	16 A 250 V 16 A 250 V 16 A 250 V
三极圆脚插座 带开关三极圆脚插座 带开关、带灯三极圆脚插座	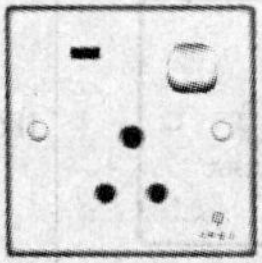	JF6/2030 JF6/2030DK2 JF6/2030DK2	16 A 250 V 16 A 250 V 16 A 250 V
三极圆脚插座 带开关三极圆脚插座 带开关、带灯三极圆脚插座	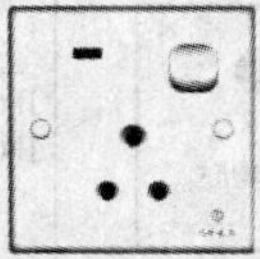	JF6/2030 JF6/2030K3 JF6/2030DK3	5~10A 250V 5~10A 250V 5~10A 250V

续表

名 称	图 示	型 号	适用电源
电视调频插座 (抗干扰电子板) 电视调频插座(防雷击型)	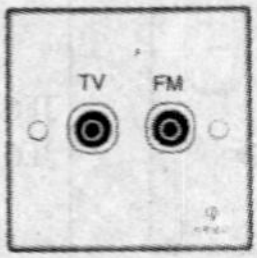	JF6/302TF JF6/302TF2	
调光开关 调光开关	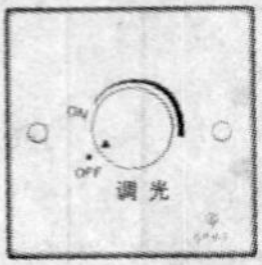	JF6/312G JF6/312S	630 W 250 V 250 W 250 V
调光开关及单联单控开关	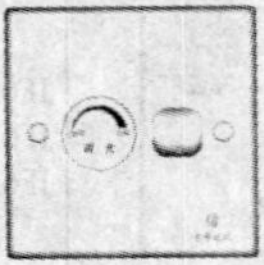	JF6/312GK JF6/312SK	500 W 250 V 250 W 250 V
夜光触摸电子式 延时开关		JF6/301Y	3 A 250 V
人体自动感应开关 夜光声,光控开关		JF6/3YS JF6/3YSG	3 A 250 V 3 A 250 V

续表

名 称	图 示	型 号	适用电源
三极扁脚插座 带开关三极扁脚插座	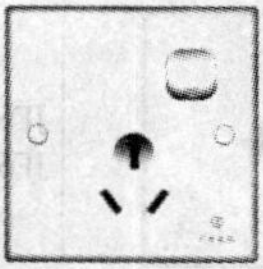	JF6/410 JF6/410K	10 A 250 V 10 A 250 V
二位单控双三极 插座	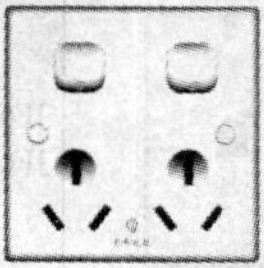	JF6/427KZ	10 A 250 V
二、二、三、三极插座	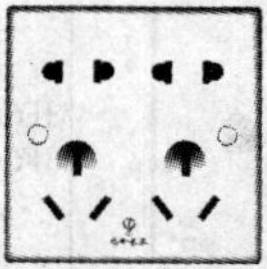	JF6/427B	10 A 250 V
一位电视插座 一位带电子线路板电视 插座(防雷击型)	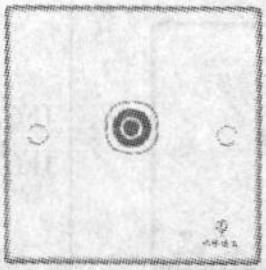	JF6/401TV JF6/401TVL	
二位普通型电视插座 二位带电子线路板电视 插座(防雷型、带借分线 端子)	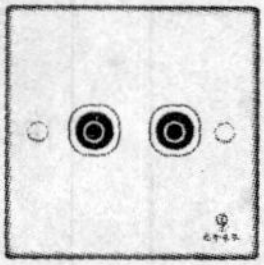	JF6/402TV JF6/402TVL	

续表

名　称	图　示	型　号	适用电源
电话插座(美国式插头) 电话插座(美国式插头, 防雷、保密型)	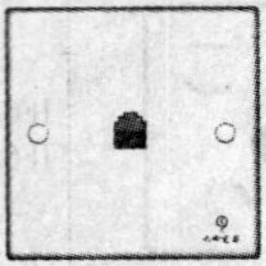	JF6/401TE JF6/401TEL	
二位电话插座(美国式 插头) 二位电话插座(美国式 插头,防雷、保密型)		JF6/402TE JF6/402TEL	
电话插座+电视插座 T型电话插座+电视插 座		JF6/401STE JF6/402STE	
T型电话插 双T型电话插	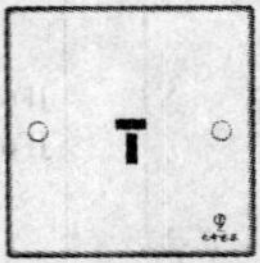	JF6/401T JF6/401ST	
二位美式电脑插座	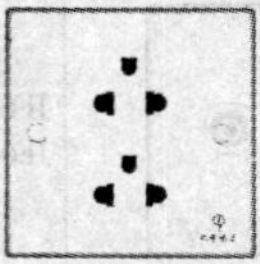	JF6/419IT	16 A 250 V

续表

名　　称	图　　示	型　号	适用电源
二极+多能插座	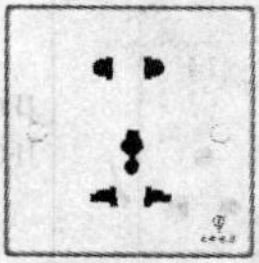	JF6/530	10 A 250 V
带灯一位开关二扁圆、三扁圆多用插座 一位开关二扁圆、三扁圆多用插座	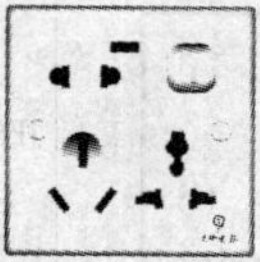	JF6/528D JF6/528	13 A 250 V 13 A 250 V
一位开关二、三极多用插座	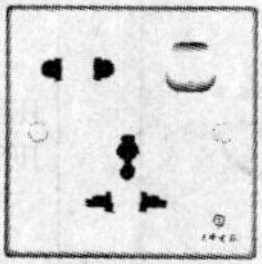	JF6/511	10 A 250 V
三极方脚插座 带开关、三极方脚插座 带开关、带灯、三极方脚插座		JF6/518 JF6/518K JF6/518DK	13 A 250 V 13 A 250 V 13 A 250 V
一位开关、三扁、三圆二扁插座 一位开关、带灯、三扁、三圆、二扁插座	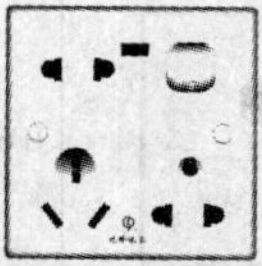	JF6/511 JF6/511DK	10 A 250 V 10 A 250 V

续表

名 称	图 示	型 号	适用电源
三扁、三圆、二扁、二极插座 带灯三扁、三圆、二、二极插座	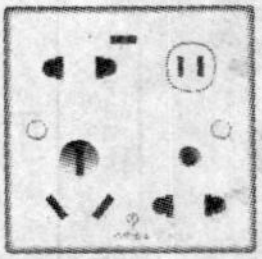	JF6/511N JF6/511ND	10 A 250 V 10 A 250 V
三、二、二、二插	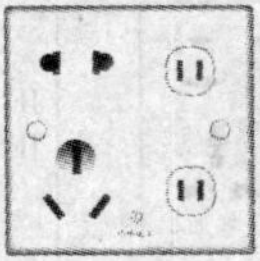	JF6/509BA	10 A 250 V
螺口灯座 插口灯座	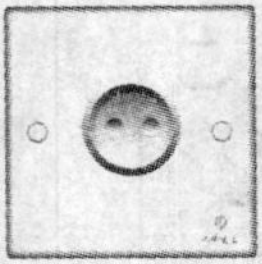	JF6/5LD JF6/5CD	2 A 250 V 2 A 250 V
三相四极插座 三相四极插座		JF6/534-16A JF6/534-25A	16 A 380 V 25 A 380 V
二位单控开关带指示灯	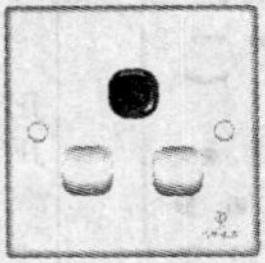	JF6/602D	10 A 250 V

续表

名 称	图 示	型 号	适用电源
四位单控开关带指示灯		JF6/604D	10 A 250 V
带开关、带灯三极扁插座		JF6/610DK	10 A 250 V
带指示灯二、三极插座（连体封闭式）		JF6/607D	10 A 250 V
带指示灯二、三极多用插座		JF6/636D	10 A 250 V
带熔丝管单联单控开关 带熔丝管单联双控开关		JF6/702G JF6/702SG	10 A 250 V 10 A 250 V

续表

名　　称	图　　示	型　号	适用电源
带熔丝管二位单控开关 带熔丝管二位双控开关	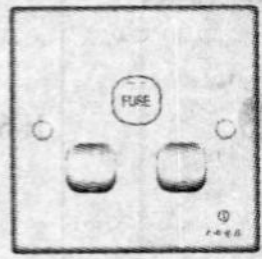	JF6/703G JF6/703SG	10 A 250 V 10 A 250 V
带熔丝管三位单控开关	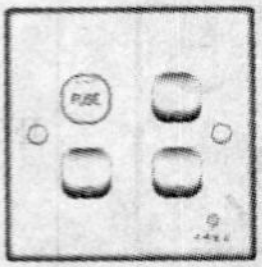	JF6/704G	10 A 250 V
带熔丝然管四位单控开关	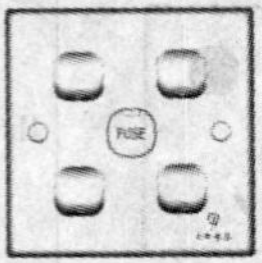	JF6/705G	10 A 250 V
熔丝管三、三、二插座	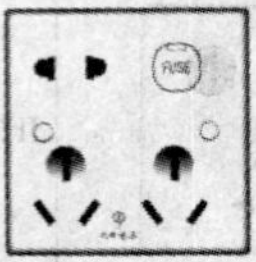	JF6/703H	10 A 250 V
带熔丝管二极圆扁两用插座		JF6/714G	10 A 250 V

续表

名　　称	图　　示	型　　号	适用电源
带熔丝管三极扁脚插座	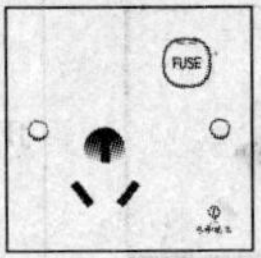	JF6/710G	10 A 250 V
带熔丝管三极圆脚插座	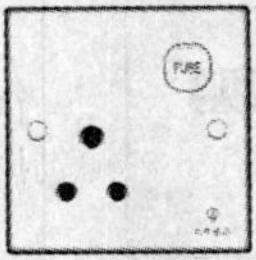	JF6/715G	10 A 250 V
带熔丝管三极扁脚插座		JF6/708G	16 A 250 V
带熔丝管三极圆脚插座	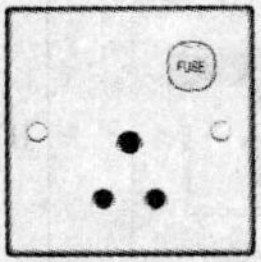	JF6/717G	15 A 250 V
带熔丝管三极方脚插座		JF6/718G	13 A 250 V

续表

名　称	图　示	型　号	适用电源
带熔丝管二极、三极插座（连体封闭式）		JF6/707G	10 A 250 V
门铃开关及指示"请勿打扰"		JF6/802S1 JF6/802S2	8 V 220 V
门铃开关及"请勿打扰""请即清理"指示		JF6/803E	10 A 250 V
插匙取电节能开关（机械式）		JF6/831	16 A 250 V
双极电磁式节能开关（电磁式、带延时可调）		JF6/834	16 A 250 V

续表

名 称	图 示	型 号	适用电源
刮须插座(内附变压器及过流保护)		JF6/823	110 V/240 V
插卡节能灯开关 插卡节能灯延时开关		JF8/51J JF8/51JS	20 A 250 V 20 A 250 V
带熔丝管带灯三极、三圆、二极插座		JF6/711G	10 A 250 V
带熔丝管带开关三极扁脚插座		JF6/710KG	10 A 250 V
带熔丝管带开关三、三极扁脚插座		JF6/727KG	10 A 250 V

续表

名　称	图　示	型　号	适用电源
带开关带熔丝管二、三极插座		JF6/709KG	10 A 250 V
带熔丝管二、三极多用插座		JF6/736G	10 A 250 V
一位单控大按钮开关 一位双控大按钮开关		JF8/101 JF8/101S	10 A 250 V 10 A 250 V
二位单控大按钮开关 二位双控大按钮开关		JF8/102 JF8/102S	10 A 250 V 10 A 250 V
三位单控大按钮开关 三位双控大按钮开关		JF8/103 JF8/103S	10 A 250 V 10 A 250 V

续表

名 称	图 示	型 号	适用电源
大面板门铃开关 一位(单、双控)开关+ 门铃		JF8/101M JF8/102M	250 V 250 V
单相二极扁圆两用插座		JF8/202	10 A 250 V
单相二位二极扁圆两用 插座	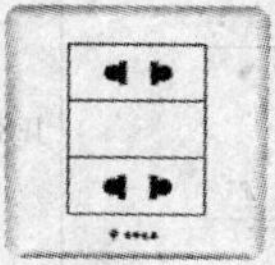	JF8/222	10 A 250 V
单相二极扁圆带开关插 座 带开关单相二位二极扁 圆插座		JF8/202K JF8/222K	10 A 250 V 10 A 250 V
三位二极扁圆插座	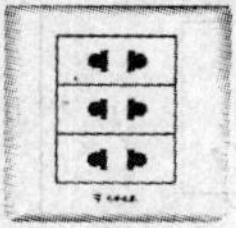	JF8/222	10 A 250 V

续表

名　　　称	图　　示	型　　号	适用电源
单相二、三极连体插座		JF8/223	10 A 250 V
带开关二、三极插座		JF8/223K	10 A 250 V
连体二位三极扁插座		JF8/233	10 A 250 V
单相三扁插座		JF8/203	10 A 250 V
单相三扁带开关插座		JF8/203K	10 A 250 V

续表

名　　　称	图　　　示	型　　号	适用电源
单相二、三极插座（分体）	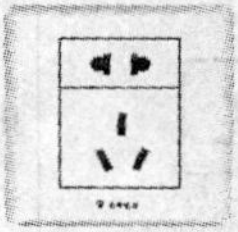	JF8/223	10 A 250 V
扁圆两极插座及多用插座	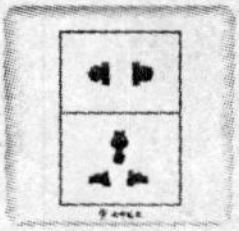	JF8/223	5 ~ 13 A 250 V
二位二极扁圆插座及三极扁插座	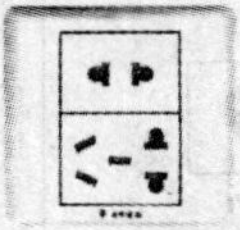	JF8/2223	10 A 250 V
单相三极带开关插座 单相三极插座		JF8/203K–16 JF8/203–16	16 A 250 V 16 A 250 V
带开关多用插座		JF8/207K	5 ~ 13 A 250 V

续表

名　　称	图　　示	型　号	适用电源
多用插座		JF8/207	5～13 A 250 V
三相四线插座 三相四线插座		JF8/404－25 JF8/404－16	25 A 380 V 16 A 380 V
双极开关(适用于空调机及房间总开关) 双极开关(适用于空调及房间总开关)		JF8/101－25 JF8/101－32	25 A 250 V 32 A 250 V
一位美式电脑插座		JF8/409	16 A 250 V
一位美式带开关电脑插座		JF8/409K	16 A 250 V

续表

名　称	图　示	型　号	适用电源
方脚带开关插座		JF8/208K	13 A 250 V
方脚插座		JF8/208T	13 A 250 V
带开关圆脚三极插座	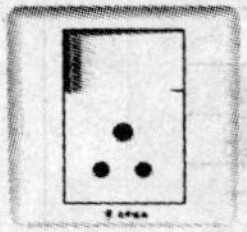	JF8/206FK	15 A 250 V
圆脚三极插座	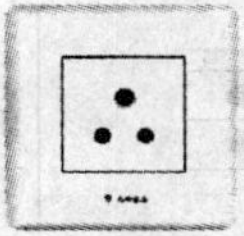	JF8/206F	15 A 250 V
一位电话插座（美式带门）	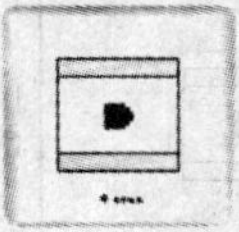	JF8/301	

续表

名　称	图　示	型　号	适用电源
一位八芯电脑信息插座（带门）	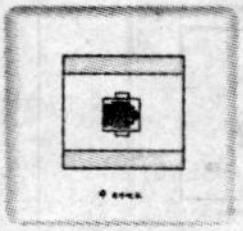	JF8/303	
二位电话插座（美式,带门）	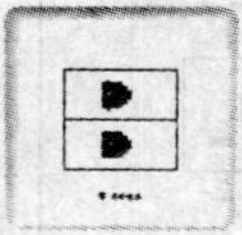	JF8/302	
二位八芯电脑信息插座（带门）	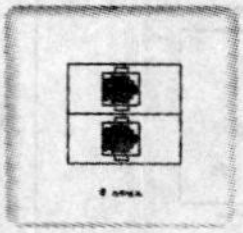	JF8/304	
一位电视、电话插座	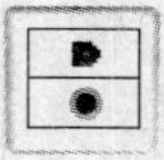	JF8/STE	
一位普通型电视插座 一位电视插座（带分支器）	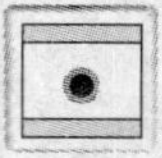	JF8/TV JF8/TVL	

续表

名　　称	图　　示	型　号	适用电源
二位普通型电视插座	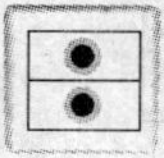	JF8/TV2	
300W 调光开关		JF8/501	250 V
300W 调速开关		JF8/502	250 V
开关带调速器 开关带调光器		JF8/512 JF8/511	250 V 250 V
触摸延时开关 声光控延时开关 红外线(人体)感应开关		JF8/5YS JF8/5SYS JF8/5YG	(夜光标志) 100 W 250 W (仅限白炽灯泡)

续表

名 称	图 示	型 号	适用电源
电子式风量开关		JF8/540	16 A 250 V
"请勿打扰"门铃开关	 请勿打扰	JF8/51P	
"请勿打扰""请即清理"门铃开关	 请勿打扰 请即清理	JF8/519PP	
刮须插座(内附变压器及过流保护)		JF8/601	110 V/240 V
单相四位二极扁圆带开关插座	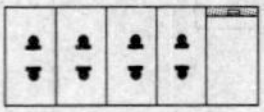	JF8/604 K	10 A 250 V
单相五位二极扁圆两用插座	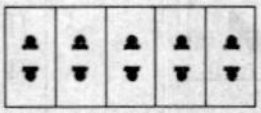	JF8/605	10 A 250 V

续表

名 称	图 示	型 号	适用电源
二极扁圆插座及二位多用插座		JF8/617	5 ~ 13 A 250 V
五位单控开关 四位单控开关		JF8/615 JF8/614	10 A 250 V 10 A 250 V
带开关三位二极扁圆插座及三扁插座		JF8/632K	10 A 250 V
二位二、三极插座及二极扁圆插座		JF8/636K	10 A 250 V
三位二极扁圆及多用插座		JF8/637	5 ~ 13 A 250 V
四位二极扁圆及三极插座		JF8/643	10 A 250 V

3. 移动式多位插座

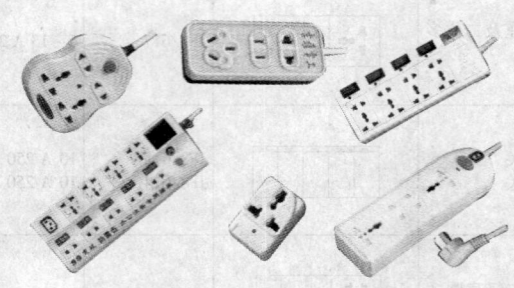

【特点及用途】移动式多位插座采用优质工程塑料制造,耐高温,抗震抗摔,优质铜片不生铜锈。其使用方便、安全、寿命长、负荷能力大。

【规　　格】潮阳市吉雅实业有限公司产品

型　号	名称	额定电流	外线规格 (mm²)	功　能
JY-103	5位插座,零火双断开关	10 A,250 V	0.75	开关、指示灯、保护门、过载保护
JY-104	4位插座	10 A,250 V	0.75	开关、指示灯
JY-105	4位插座	10 A,250 V	0.75	开关、指示灯、过载保护
JY-410	4位插座	10 A,250 V	0.75	开关、指示灯、保护门
JY-202	4位插座,零火双断开关	10 A,250 V	0.75	开关、指示灯、保护门
JY-101	3位插座,零火双断开关	10 A,250 V	0.75	开关、指示灯、保护门

续表

型　　号	名称	额定电流	外线规格（mm²）	功　　能
JY-102	4 位插座,零火双断独立开关	10 A,250 V	0.75	开关、指示灯、保护门、过载保护
JY-308	3 位插座	10 A,250 V	0.75	开关、指示灯、保护门
JY-203	6 位插座,零火双断开关	10 A,250 V	0.75	开关、指示灯、保护门、过载保护
JY-204	8 位插座,零火双断开关	10 A,250 V	0.75	开关、指示灯、保护门、过载保护
JY-108	5 位插座,零火双断独立开关	10 A,250 V	0.75	开关、指示灯、保护门、过载保护
JY-203D	6 位插座,零火双断开关	16 A,250 V	1.5	开关、指示灯、保护门、过载保护
JY-202D	4 位插座,零火双断开关	16 A,250 V	1.5	开关、指示灯、保护门
JY-106	3 位插座,零火双断独立开关	10 A,250 V	0.75	开关、指示灯、保护门、过载保护
JY-309	3 位插座	10 A,250 V	0.75	开关、指示灯、保护门
JY-205D	2 位插座	16 A,250 V	1.5	开关、指示灯、保护门
JY-205	2 位插座	10 A,250 V	0.75	指示灯、保护门
JY-2005	5 位插座	10 A,250 V	0.75	开关、指示灯
JY-805	5 位插座	10 A,250 V		开关、指示灯
JY-804	4 位插座	10 A,250 V		开关、指示灯
JY-806	5 位插座	10 A,250 V		开关、指示灯、保险管座
JY-803	3 位插座	10 A,250 V		指示灯
JY-905	5 位插座	10 A,250 V		开关、指示灯、过载保护

续表

型 号	名 称	额定电流	外线规格 (mm²)	功 能
JY-9855	10 位插座 2 路开关	10 A,250 V	0.75	开关、指示灯、过载保护
JY-996	4 位插座	10 A,250 V		开关、指示灯、过载保护
JY-2006	3 位插座(空调专用)	16 A,250 V	1.0	指示灯
JY-998	4 位插座(空调专用)	16 A,250 V	1.0	指示灯
JY-大七孔	JY 大七孔插座	10 A,250 V	0.75	
JY-大九孔	JY 大九孔插座	10 A,250 V	0.75	
JY-9603	3 位插座(空调专用)	16 A,250 V	1.0	指示灯
JY-9703	2 位插座(空调专用)	16 A,250 V	1.0	指示灯
JY-994	4 位插座	10 A,250 V		开关、指示灯
JY-9704	4 位插座	10 A,250 V		开关、指示灯
JY-2015	10 位插座 5 路独立开关	10 A,250 V	0.75	开关、指示灯、过载保护
JY-999	10 位插座	10 A,250 V	0.75	开关、指示灯、过载保护
JY-888	6 位插座,漏电保护开关	16 A,250 V	1.0	开关、指示灯、过载保护
JY-2008	8 位插座	10 A,250 V	0.75	开关、指示灯
JY-2007	7 位插座	10 A,250 V	0.75	开关、指示灯
JY-2048	8 位插座,4 路独立开关	10 A,250 V	0.75	开关、指示灯、过载保护

续表

型　号	名称	额定电流	外线规格 （mm²）	功　　能
JY-323	5 位插座	10 A,250 V	0.75	开关、指示灯、过载保护
JY-303	4 位插座	10 A,250 V	0.75	开关、指示灯
JY-333	5 位插座	16 A,250 V	1.0	开关、指示灯、过载保护
JY-9388	6 位插座	10 A,250 V	0.75	开关、指示灯、过载保护
JY-9389	8 位插座	10 A,250 V	0.75	开关、指示灯、过载保护
JY-304	8 位插座	16 A,250 V	1.0	开关、指示灯、过载保护
JY-99K8	8 位插座,4 路独 立开关	10 A,250 V	0.75	开关、指示灯、过载保护
JY-305	10 位插座	16 A,250 V	1.0	开关、指示灯、过载保护
JY-99K2	2 位插座	10 A,250 V		
JY-99K1	1 位插座	10 A,250 V		
JY-99K5	3 位插座	10 A,250 V		
JY-99K4	3 位插座	10 A,250 V		

注:移动式多位插座通常有不可拆电源线插头,其延接外线长度常见有 1.8 m、2 m、3 m、
4 m、5 m、10 m 等。亦有无延接外线,用户根据需要自行延接。

4. 家电及办公设备安全插座(一)

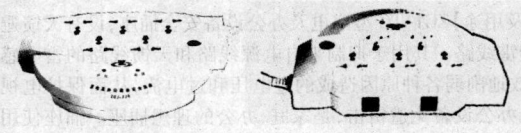

【特点及用途】ZGJ-X1H 型家电及办公设备安全插座,设有信号避雷

线路和电源避雷线路。ZGJ-X2R 型家电及办公设备安全插座,设有计算机网络信号避雷线路和电源避雷线路。其用于抑制来自信号线路和电源线路的雷电感应高电压,能有效地削弱各种原因造成的过电压和过电流,从而保护计算机网络设备、家用电器及办公设备免遭雷击,是家庭、办公的理想插座。插座使用环境为:温度:-40 ~ +70 ℃;相对湿度:≤95%;大气压:70 ~ 106 kPa。

【规　　　格】四川中光高技术研究所有限责任公司产品

型号	电源					信号					接口
	额定电压 50 Hz (V)	额定电流 (A)	限制电压 8/20 μs (V)	响应时间 (ns)	标称放电电流 8/20 μs (kA)	被保护端子号	传输速率 (Mbit/s)	插入损耗 (dB)	限制电压 10/700 μs (V)	标称放电电流 8/20 μs (kA)	
ZGJ-X2R	250	10	≤600	≤25	10	1/2、3/6	100	≤0.5	≤40	5	RJ45
ZGJ-X1H	250	10	≤600	≤25	10	3、4	2	≤0.5	≤300	5	RJ11

5. 家电及办公设备安全插座(二)

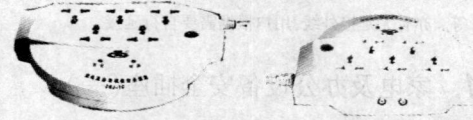

【特点及用途】ZGJ-TC 型家电及办公设备安全插座,设有天馈避雷线路和电源避雷线路。其用于抑制来自电源线路和天馈线路的雷电感应高电压,能有效地削弱各种原因造成的过电压和过电流,从而保护电视机等家用电器及办公设备免遭雷击,是家庭、办公的理想插座。插座使用环境为:温度:-40 ~ +70 ℃;相对湿度:≤95%;大气压:70 ~ 106 kPa。

【规　　格】四川中光高技术研究所有限责任公司产品

型号	电源					电视天馈					
	额定电压 50 Hz（V）	额定电流（A）	限制电压 8/20 μs（V）	响应时间（ns）	标称放电电流 8/20 μs（kA）	工作频率（MHz）	插入损耗（dB）	反射损耗（dB）	响应时间（ns）	限制电压 10/700 μ（V）	接口
ZGJ-TC	250	10	≤600	≤25	10	40~960	≤1	≥12	≤5	≤100	TC10

6. 防触电不松脱安全插座

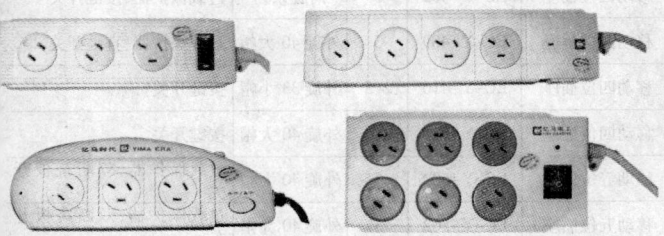

【特点及用途】防触电不松脱安全插座采用高阻燃和绝缘性极佳的工程塑料制造，使用寿命长。其防触电设计，在不接入电器的情况下，插座孔内无电，使用普通插头插入插孔内，并向右旋转，由"0"转到"1"位置，插头便被机械锁紧并通电，能有效防止插头松动而引发掉电现象及接触不良引发的过热、火灾等情况。插座结构独特，导向旋转轴旋转不到位不得送电，插头片与插座铜块楔紧全面接触，带电容量大。

【规　　　格】北京亿马时代电工科技有限公司产品

名　称	型号	电源线（m）	总成	功能
移动三位插座	EC-Y-301	3	内旋系列	过载保护器、按键开关
移动三位插座	EC-Y-302	3	外旋40大帽	过载保护器、双断跷板开关
移动三位插座	EC-Y-303	2.5	外旋40大帽	按键开关
移动三位插座	EC-Y-304	2.5	外旋33小帽	按键开关
移动四位插座	EC-Y-401	3	内旋系列	过载保护器、按键开关
移动四位插座	EC-Y-402	3	内旋系列	过载保护器、按键开关
移动四位插座	EC-Y-409	3	外旋40大帽	过载保护器、直键开关
移动四位插座	EC-Y-410	2.5	外旋33小帽	按键开关
移动四位插座	EC-Y-411	2.5	外旋40大帽	按键开关
移动五位插座	EC-Y-501	3	外旋40大帽	过载保护器、双断跷板开关
移动五位插座	EC-Y-502	3	外旋40大帽	过载保护器、双断跷板开关
移动六位插座	EC-Y-601	3	内旋系列	过载保护器、按键开关
移动六位插座	EC-Y-602	2.5	外旋40大帽	双断跷板开关
移动六位插座	EC-Y-607	3	外旋40大帽	过载保护器、直键开关

7. 刀开关

(1)普通开启式刀开关

【特点及用途】普通开启式刀开关适用于交流 50 Hz、额定电压 380 V、额定电流 1 500 A 的线路中,作为不频繁地接通和分断交直流电路或作为隔离开关所用。其主要用于成套配电装置。

【规　格】

型　号	结构形式	转换方向	极数	额定电流(A)
HD(S)11—□/□	中央手柄式(不装灭弧室)	单投、双投	一、二、三	100、200、400、600、1 000
HD(S)12—□/□	侧方正石杠杆操作机构式	单投、双投	二、三	100、200、400、600、1 000、1 500
HD(S)13—□/□	中央正面杠杆操作机构式	单投、双投	二、三	100、200、400、600、1 000、1 500
HD14—□/□	侧面操作、手柄式	单投	三	100、200、400、600

注:HD(S)11、HD(S)12、HD(S)13 系列型号的结构形式有装有灭弧室和不装灭弧室两种类型。

（2）胶盖闸刀开关

【特点及用途】胶盖闸刀开关适用于交流 50 Hz、额定电压 220 V、380 V的电路中不频繁地接通与分断有负载电路与小容量线路保护所用。其主要用于照明、电热及小容量电动机的不频繁切换及短路保护。

【规　格】

型　号	额定电压（V）	极数	额定电流（A）	控制相应电动机功率（kW）	熔丝规格（mm）
HK1-□/2	250	2	15、30、60	1.5 3.0 4.5	1.45～4.0
HK1-□/3	380	3	15、30、60	2.2 4.0 5.5	1.45～4.0
HK2-□/2	250	2	10、15、30	1.1 1.5 3.0	0.25～0.56
HK2-□/3	380	3	15、30、60	2.2 4.0 5.5	0.45～1.12

注:熔丝规格系指熔体线径。

8. 插入式熔断器

【特点及用途】插入式熔断器俗称瓷插保险,主要用于交流 50 Hz 380 V的低压电路末端作为电气设备的短路保护,其在一定程度亦能起着过载保护的作用。

【规　格】RC1A 型

额定电流（A）	熔体的额定电流（A）	交流 380 V 的极限分断电流（A）（$\cos\varphi \geqslant 0.4$）	允许断开次数（次）
5	2、5	250	3
10	2、4、6、10	500	3
15	6、10、15	500	3
30	20、25、30	1 500	3
60	40、50、60	3 000	3
100	80、100	3 000	3
200	120、150、200	3 000	3

9. 断路器

断路器亦称自动开关,其应用最广泛的是采用空气作为灭弧介质,故又被称作空气断路器或空气开关。断路器的主体为一个开关和保护电路的组合,基本作用是对电路中发生过载、短路、欠电压等不正常情况进行自动分断电路,在正常情况下也可作线路的不频繁转换之用。常用的断路器有万能式(框架式)断路器、塑料外壳式(装置式)断路器,电子式漏电断路器及小型断路器等。

(1)万能式断路器

固定式 　　　　　　　　抽屉式

【特点及用途】万能式断路器适用于交流 50 Hz,额定电流 400 ~ 4 000 A,额定绝缘电压 690 V,额定工作电压 400 V,690 V 的配电网络中,用来分配电能和保护线路及电源设备免受过载、欠电压、短路、单相接地等故障的危害。也可作为隔离开关使用,具有多种保护功能,高精确的选择性保护,及提高供电可靠性。

【规　　格】TCL 国际电工产品

型　号	框 I			框 II		
	TIW1-2000			TIW1-3200		TIW1-4000
额定电流(A)	400、630、800	1 000、1 250、1 600	2 000	2 000 2 500	2 900 3 200	4 000
额定工作电压(A)	400,690					

续表

型　号		框 I		框 II	
		TIW1-2000		TIW1-3200	TIW1-4000
额定绝缘电压(V)		690			
极数		3、4			3
分断时间(ms)		≤30			
合闸时间(ms)		≤60			
额定极限短路 分断能力(KA)	400 V	80		100	
	690 V	50		65	
额定运行短路 分断能力(KA)	400 V	50		65	
	690 V	40		50	
额定短时耐受 电流(KA 1s)	400 V	50		65	
	690 V	40		50	
操作 性能	电气寿命 (次数) 400 V	500			
	690 V	500			
	机械寿命 (次数) 免维护	2 500			
	有维护	10 000			
安装型式	固定式	▲			–
	抽屉式	▲			▲
主电路联接		水平	垂直	水平	垂直
方式	固定式	▲	▲	▲	–
	抽屉式	▲	▲	▲	–
外形尺寸 (mm)	固定 3P	362×323×402		422×323×402	–
	固定 4P	457×323×402		537×323×402	–
	抽屉 3P	375×421×432		435×421×432	550×494×432
	抽屉 4P	470×421×432		550×421×432	–
重量 (kg)	固定 3P	39	40　41	46　56	–
	固定 4P	48	49　50	58　68	–
	抽屉 3P	68	70　71	92　96	135.5
	抽屉 4P	86	88　91	108　118	–

（2）塑料外壳式断路器

【特点及用途】塑料外壳式断路器其额定绝缘电压为 690 V（其中壳架等级 125 A 额定绝缘电压为 400 V），主要用于交流 50 Hz，额定电流 10～800 A、额定工作电压 400 V 的配电网络中，用来分配电能，并具有符合 IEC60947-2 所规定的隔离功能，对线路及电源设备的过载、短路和欠电压起保护作用，在正常情况下也可作线路的不频繁转换之用。塑料外壳式断路器的安装方式有固定式、插入式和抽屉式三种。

【规　　格】TCL 国防电工产品

型　号	TIM1N-125	TIM1S-125	TIM1H-125
壳架等级额定电流（A）	125		
额定电流（A）	10、12.5、16、20、25、32、40、50、63、80、100、125		
额定绝缘电压（V）	400		
额定工作电压（V）	400		
极数	3/4		
隔离功能（—／✕—）	有		
额定极限短路分断能力（kA）	25	35	50
额定运行短路分断能力（kA）	50%Icu	75%Icu	75%Icu
额定短时耐受电流（kA）	—		
额定冲击耐受电压（V）	6 000		
电性能（V）	2 500		

续表

型号			TIM1N-125	TIM1S-125	TIM1H-125
操作性能	总次数			8 000	
	通电			1 000	
	不通电			7 000	
飞弧距离(mm)				≤50	
使用类别	主电路			A	
	辅助电路及控制电路			AC-15	
外形尺寸	W (mm)	3P	76	76	76
		4P	103	103	103
	L (mm)	3P	120	120	120
		4P	120	120	120
	H (mm)	3P	70	70	79
		4P	70	70	79
重量 (kg)	固定式 3P/4P			0.92/1.3	
	插入式 3P/4P			1.2/1.5	
	抽屉式 3P/4P				

型号	TIM1N-160	TIM1S-160	TIM1H-160	TIM1G-160
壳架等级额定电流(A)			160	
额定电流(A)		32、40、50、63、80、100、125、160		
额定绝缘电压(V)			690	
额定工作电压(V)			400	
极数			3/4	
隔离功能 (—✗—)			有	
额定极限短路分断能力(kA)	25	35	50	65
额定运行短路分断能力(kA)	75% Icu	75% Icu	75% Icu	75% Icu
额定短时耐受电流(kA)			–	
额定冲击耐受电压(V)			8 000	
介电性能(V)			2 500	

续表

型号		TIM1N-160	TIM1S-160	TIM1H-160	TIM1G-160
作能	总次数	8 000			
	通电	1 000			
	不通电	7 000			
飞弧距离(mm)		≤50			
用别	主电路	A			
	辅助电路及控制电路	AC-15			
外形尺寸	W (mm) 3P	90	90	90	90
	4P	120	120	120	120
	L (mm) 3P	120	120	120	120
	4P	120	120	120	120
	H (mm) 3P	70	70	79	79
	4P	70	70	79	79
重量 (kg)	固定式 3P/4P	1.2/1.6			
	插入式 3P/4P	1.4/1.8			
	抽屉式 3P/4P				

型号	TIM1N-250	TIM1S-250	TIM1H-250	TIM1G-250
架等级额定电流(A)	250			
定电流(A)	125、160、200、(225)、250			
定绝缘电压(V)	690			
定工作电压(V)	400			
极数	3/4			
离功能(⌐／—X—)	有			
定极限短路分断能力(kA)	35	50	65	70
定运行短路分断能力(kA)	100% Icu	75% Icu	75% Icu	75% Icu
定短时耐受电流(kA)	5			
定冲击耐受电压(V)	8 000			
电性能(V)	2 500			

续表

型号		TIM1N-250	TIM1S-250	TIM1H-250	TIM1G-250
操作性能	总次数	8 000			
	通电	1 000			
	不通电	7 000			
飞弧距离(mm)		≤100			
使用类别	主电路	A			
	辅助电路及控制电路	AC-15			
外形尺寸	W (mm)	3P	105			
		4P	140			
	L (mm)	3P	170			
		4P	254			
	H (mm)	3P	103.5			
		4P	103.5			
重量(kg)	固定式3P/4P	2.7/3.5			
	插入式3P/4P	3.2/4.2			
	抽屉式3P/4P	3.6/4.6			

型号	TIM1N-400	TIM1S-400	TIM1H-400	TIM1G-400
壳架等级额定电流(A)	400			
额定电流(A)	250、315、400			
额定绝缘电压(V)	690			
额定工作电压(V)	400			
极数	3/4			
隔离功能(⌐⊢✕⌐)	有			
额定极限短路分断能力(kA)	35	50	70	85
额定运行短路分断能力(kA)	100% Icu	100% Icu	75% Icu	75% Icu
额定短时耐受电流(kA)	5			
额定冲击耐受电压(V)	8 000			
介电性能(V)	2 500			

续表

型　号	TIM1N-400	TIM1S-400	TIM1H-400	TIM1G-400
作能 总次数	5 000			
通电	1 000			
不通电	4 000			
飞弧距离(mm)	≤100			
用别 主电路	A			
辅助电路及控制电路	AC-15			
外形尺寸 W (mm) 3P	140			
4P	184			
L (mm) 3P	254			
4P	254			
H (mm) 3P	103.5			
4P	103.5			
重量 (kg) 固定式3P/4P	5.5/6.8			
插入式3P/4P				
抽屉式3P/4P				

型　号	TIM1N-800 (630)	TIM1S-800 (630)	TIM1H-800 (630)	TIM1G-800 (630)
架等级额定电流(A)	800(630)			
定电流(A)	400、500、630、800			
定绝缘电压(V)	690			
定工作电压(V)	400			
极数	3/4			
离功能(─/─✕─)	有			
极限短路分断能力(kA)	35	50	70	85
运行短路分断能力(kA)	100%Icu	75%Icu	75%Icu	75%Icu

续表

型号			TIM1N–800 (630)	TIM1S–800 (630)	TIM1H–800 (630)	TIM1G–800 (630)
额定短时耐受电流(kA)			10			
额定冲击耐受电压(V)			8 000			
介电性能(V)			2 500			
操作 性能	总次数		3 000			
	通电		500			
	不通电		2 500			
飞弧距离(mm)			≤100			
使用 类别	主电路		A			
	辅助电路及控制电路		AC–15			
外形尺寸	W (mm)	3P	210			
		4P	280			
	L (mm)	3P	268			
		4P	268			
	H (mm)	3P	103.5			
		4P	103.5			
重量 (kg)	固定式3P/4P		10/12.5			
	插入式3P/4P					
	抽屉式3P/4P					

(3) 电子式漏电断路器

【特点及用途】电子式漏电断路器主要用于交流电 50/60 Hz、额定电压 230/400 V、额定电流至 50 A 的线路中,具有过压、过载、短路、触电、漏电保护功能,也可根据需要增加欠压保护功能。电子式漏电断路器主要应用于建筑照明和配电系统。

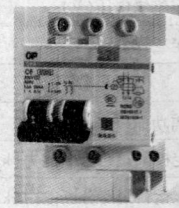

【规　　格】超霸电工电器(顺德)有限公司产品

额定电压(V)	230/400
额定电流(A)	6、10、16、20、25、32、40、50
漏电动作电流 Inn	30 mA
额定漏电不动作电流 Inno	In/2
分断能力(KA)	6~32 A、6、40~50 A、4
脱扣特性(In)	C 型 5~10
极数	1P+N 2P 3P 3P+N 4P
机械和电气寿命	4 000 次(一次为一个通断循环,其中电气寿命 2 000 次,机械寿命 2 000 次)
环境温度(℃)	−5~+40
接线	25 mm² 及以下导线
防护等级	IP20

(4) 小型断路器

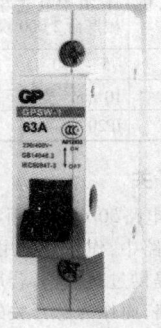

GPB-1

GPB-2

【特点及用途】GPB-1 系列型断路器适用于交流 50/60 Hz、额定电压 230/400 V、额定电流至 63 A 及以下的电路中作过载和短路保护之用,但不适用于保护电动机。GPB-2 系列 1P+N 型断路器主要适用于交流 50/60 Hz、额定工作电压为 230 V 及以下、额定电流至 32 A 的电路中作过载和短路保护之用。小型断路器广泛应用于家庭、宾馆、公寓、医院、工矿企业等场合作为支路开关。它同时分断极线和中性线,用于 TT 及 TNS 接地分流中,防止终端配电线路中的过流故障和短路。

【规　　　格】起霸电工电器(顺德)有限公司产品

型　号	GPB-1 系列	GPB-2 系列 1P+N 型
额定电压(V)	230 ~ 400	230
额定电流(ln)	6、10、16、20、25、32、40、50、63	6、10、16、20、25、32
分断能力(KA)	6 ~ 40A(ln) 6 50 ~ 63A(ln) 4	3
脱扣特性	C 型 5 ~ 10	C 型 5 ~ 10
极数	1P、2P、3P、4P	1P+N
机械和电气寿命	20 000 次(一次为一个通断循环,其中电气寿命 4 000 次,机械寿命 16 000 次)	4 000 次(一次为一个通断循环,其中电气寿命 2 000 次,机械寿命 2 000 次)
环境温度(℃)	-5 ~ +40	-5 ~ +40
接线	25 mm² 及以下导线	10 mm² 及以下
防护等级	IP20	IP20

(5) 隔离开关

【特点及用途】隔离开关适用于交流电路 50/60 Hz,额定电压为 230/400 V,额定电流至 100 A 的线路中,作总开关用,在负载情况下接通或断开负载电路,但不提供过载保护,若用断路器作总开关时,可能因某分支电路短路,而作为总开关的断路器亦自动脱扣,中断了其他运行正常的回路,用此隔离开关,

则避免了这一现象。

【规　　格】超霸电工电器(顺德)有限公司产品

额定电压(V)	230～400
额定电流(A)	63、80、100
极数	1P、2P、3P、4P
机械和电气寿命	10 000 次(一次为一个通断循环,其中电气寿命 1 500 次,机械寿命 8 500 次)
短时承载电流能力	12 ln 下可承载 1 秒钟
接线容量	63 A、80 A 适合 25 mm² 以下导线,100 A 适合 35 mm² 以下导线

10. 自动定时开关

TS510–C 型

【特点及用途】TS 系列自动定时开关适用于广告灯箱,霓虹灯,路灯自动定时控制,亦可用于小区物管高层楼房水泵自动供水、照明,以及动定时绿化喷灌,农田暖房蔬菜的自动定时控制等各种需定时控制的置和场所。

【规 格】上海龙信计时器有限公司产品

型　号	TS510-E 型	TS510-C 型	TS510-D 型
额定工作电压	220 V AC 50 Hz	220 V AC 50 Hz	DC 3 V(2 号电池 2 节)
计时误差	不大于 1 秒钟/天(25℃)		
负荷形式	220 V AC 直接控制	220 V AC 直接控制	触点式无源输出
自动定时开关	手动开/关式开关	/	
负荷容量	电阻负荷　　　　　　　　15 A 白炽灯负荷　　　　　　　15 A 电感负荷(cos=0.7)　　　10 A 电动机负荷(cos=0.7)　1 500 W		
时刻设定	最小设定单位 15 min,最小设定间隔 30 min,开/关操作次数:标准 6 次操作,最多 48 次操作		
使用环境条件	温度-25 ~ +55 ℃ 相对湿度:85% 以下		
时间指示	具有时、分、秒针指示现在时刻		
保电功能	电源停电内部蓄电池补偿时间 120 h		
开关动作精度	开关结构为单键插入式,本自动定时开关的开或关动作时间精度应在±3 min 以内;环境温度为 25 ℃时。		

注:1. 接点开关次数(在阻抗负荷交流 250 V AC 15 A 及温度 25 ℃相对湿度 65%时)使用次数为 6 万次。

　　2. 用 70BH2ANi-MH2.4V 电池(在温度 25 ℃和相对湿度 65%)电池使用寿命为 5 年。

11. 启动器

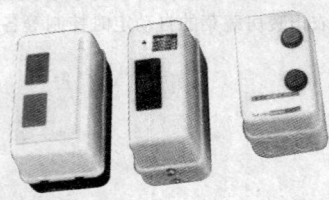

　　启动器是控制电动机启动和停止并具有过载、失压保护作用的电器，通常由接触器，热继电器，按钮等元件组成。

（1）QC10 系列磁力启动器

【特点及用途】QC10 系列磁力启动器适用于交流 50 Hz、电压 500 V、电流 150 A 的电力线路中，供远距离直接控制三相鼠笼型电动机的启动，停止和反转正转所用，并能在电路电压消失时起失压保护之用。带有热断电器的启动器能对电动机过载和断相起保护作用。

【规　格】

型号	额定电流（A）	可控鼠笼式电机最大功率（kW）			吸引线圈电压（V）	热元件额定电流（A）
		220 V	380 V	500 V		
QC10-2	10	2.2	4	4	36 110 127 222 380	0.35 0.5 0.72 1.1 1.6 2.4 3.5 5 7.2 11
QC10-3	20	5.5	10	10		11 16 24
QC10-4	40	11	20	26		24 33 45
QC10-5	60	17	30	40		50 72 100
QC10-6	100	29	50			50 72 100
QC10-7	150	47	72			110 150

附：QC10 系列磁力启动器型号及其分类

磁力启动器等级	额定电流（A）	型号						
		开启式（K）				保护式（H）		
		不可逆（K）		可逆（NK）	不可逆（K）		可逆（NK）	
		有热继电器	无热继电器	有热继电器	无热继电器	有热继电器	无热继电器	有热继电器
1	5	QC10-1/2	QC10-1/3	QC10-1/4	QC10-1/5	QC10-1/6	QC10-1/7	QC10-1/8
2	10	QC10-2/2	QC10-2/3	QC10-2/4	QC10-2/5	QC10-2/6	QC10-2/7	QC10-2/8
3	20	QC10-3/2	QC10-3/3	QC10-3/4	QC10-3/5	QC10-3/6	QC10-3/7	QC10-3/8
4	40	QC10-4/2	QC10-4/3	QC10-4/4	QC10-4/5	QC10-4/6	QC10-4/7	QC10-4/8

续表

磁力启动器等级	额定电流 (A)	型 号						
		开启式（K）				保护式（H）		
		不可逆（K）		可逆（NK）		不可逆（K）		可逆（NK）
		有热继电器	无热继电器	有热继电器	无热继电器	有热继电器	无热继电器	有热继电器
5	60	QC10-5/2	QC10-5/3	QC10-5/4	QC10-5/5	QC10-5/6	QC10-5/7	QC10-5/8
6	100	QC10-6/2	QC10-6/3	QC10-6/4	QC10-6/5	QC10-6/6	QC10-6/7	QC10-6/8
7	150	QC10-7/2	QC10-7/3	QC10-7/4	QC10-7/5	QC10-7/6	QC10-7/7	QC10-7/8

（2）QZ73 系列综合启动器

【特点及用途】QZ73 系列综合启动器适用于交流 50 Hz、电压 380 V、功率 10 kW 的三相鼠笼型感应电动机的直接启动，停止、正转和反转及远距离控制。其具有对电动机过载、断相、短路及失压等保护功能。启动器的触点为双断点形式，触点寿命不低于 60 万次，采用迎击式弹簧缓冲形式，能减少磁系统的冲击力，机械寿命不低于 300 万次。

【规　格】

型号	380伏时额定容量（kW）	吸引线圈额定电压（V）	主触头额定电流（A）	辅助触头		热继电器额定电流（A）	整定电流调节范围（A）	熔断器额定电流（A）	外形基本尺寸（长×宽×高）（mm）
				数量	额定电流（A）				
QZ73-1	3.2	127 220 380 500	6.4	二常分二常合	5	1 1.6 2.5 4.0 6.4	0.64～1 1～1.6 1.6～2.5 2.5～4 4～6.4	2、4 4、5、6 6、10 10、15 15	355× 269× 156
QZ73-2	3.2	380/36 380/110 380/127	6.4		5	同 QZ73-1			340× 284× 156

续表

型号	380伏时额定容量(kW)	吸引线圈额定电压(V)	主触头额定电流(A)	辅助触头数量	辅助触头额定电流(A)	热继电器额定电流(A)	整定电流调节范围(A)	熔断器额定电流(A)	外形基本尺寸(长×宽×高)(mm)
QZ73-3	10	同QZ73-2	20	二常分、二常合	5	10	6.4~10	20、25、30、35	340×284×156
						16	10~16	35、40、50	
						25	16~20	50、60	
QZ73-4	3.2	127、220 380、500	6.4		5	同QZ73-1			260×269×156
QZ73-5	10	同QZ73-4	20		5	同QZ73-1			260×269×156
QZ73-6	3.2	同QZ73-4	6.4		5	同QZ73-3			310×269×163
QZ73-7	10	同QZ73-4	20		5	同QZ73-3			310×269×163
QZ73-8	12.5	同QZ73-2	25		5	25	16~25	50、60	340×284×156
QZ73-9	12.5	127、220 380、500	25		5	25	16~25	50、60	260×269×156
QZ73-10	12.5	同QZ73-9	25		5	25	16~25	50、60	310×269×163

(3) QJ3 系列自耦减压启动器

【特点及用途】QJ3 系列自耦减压启动器主要用于 75 kW 以下的三相交流 50 Hz 鼠笼式感应电动机的不频繁降压启动和停止,并具有过载和失压保护作用。当其热继电器负载超过 120% 额定电流时,能在不大于 20 分钟内自动跳开,自动切断电路。失压释放器在额定电压的 75% 以上时,能保持吸合接通电路。在额定电压 85% ~ 105% 时,能保证可靠工作。在额定电压的 35% 及以下时,能保证脱扣,切断电路。

【规　　格】

型号	额定电流 (A)	额定电压 (V)	最大启动 时间(S)	所控制电动机 最大容量(kW)
QJ3-10	22	220 380	30	4.5 10
QJ3-14	30	220 380	30	7 14
QJ3-20	43	220 380	40	10 20
QJ3-28	59	220 380	40	14 28
QJ3-40	86	220 380	60	20 40
QJ3-55	120	220 380	60	28 55
QJ3-75	145	220 380	60	40 75

(4) QWJ2 系列无触点启动器

【特点及用途】QWJ2 系列无触点启动器适用于三相异步电动机直接或降压启动和节电运行,并具有过载、过流、短路、断相、欠压等多种保护。其主回路由传感器、晶闸管、电动机组成,控制回路由取样、比较、触发、保中等电路组成。最大额定电压380 V,最大控制功率75 kW。

【规　格】

型号	额定电压(V)	额定发热电流(A)	额定电流(A)		控制电动机额定功率(kW)
			三线接法	六线接法	
QWJ2-10	380	10	2.75	1.3	1
			3.65	1.8	1.5
			5.03	2.6	2.2
			6.82	3.5	3
			8.77	4.6	4
				6.5	5.5
				9	7.5
QWJ2-20	380	20	11.6		5.5
			15.4		7.5
				13	11
				18	15
QWJ2-60	380	60	42.5		22
			57		30
				40	37
				49	45
				60	55
QWJ2-100	380	100	70		37
			84.2		45
				80	75

12. 主令控制器

主令控制器是在电力传动装置中,用作频繁转换控制电路的电器制品,其主要使用在各类电力驱动装置的遥控之中。

(1) LK5 系列主令控制器

【特点及用途】LK5 系列主令控制器适用于交流 50 Hz、电压 380 V 及直流 440 V 的电路中,作各种电力驱动装置的遥远控制,可控制需要较多控制电路的连锁与转换装置,适合频繁操作。其凸轮片高度为非调整式,不能用于需要对触头分合位置作精确调整的特殊场合。

【规　　格】

额定电压 (V)	额定发热 电流(A)	接通能力 (A)	分析能力 (A)	功率因数 cosφ±0.05	时间常数 T(s)±15%
交流 380	10	100	10	0.4	
直流 220	10	75	1.5		0.01
直流 110			2		

型　号	凸轮盘 数目	工作 电路数	备用 电路数	工作 位置数	传动机构特点
LK5-027-1	1	2		1-0-1	手柄直接操作,可自复 至零位
LK5-227-4	1	2		1-0-1	
LK5-227-5	1	2		1-0-1	带滚子的杠杆传动,可 自复至零位
LK5-227-6	1	2		1-0-1	

续表

型 号	凸轮盘数目	工作电路数	备用电路数	工作位置数	传动机构特点
LK5-031/3-401	2	4	1	1-0-1	手柄直接操作,可自复至零位
LK5-031/3-405	2	4		1-0-1	
LK5-051/6-816	4	8	1	7-0-7	带正齿轮传动装置,1:2的手柄,每一位有定位装置
LK5-051/6-1003	5	10	1	7-0-7	
LK5-052/2-816	4	8		7-0-7	带正齿轮传动装置,1:2 的与杠杆相连的摇臂,无固定的位置
LK5-052/2-1003	5	10		7-0-7	

(2) LK18 系列主令控制器

【特点及用途】LK18 系列主令控制器适用于交流 380 V 及直流 220 V 的电力传动装置,作控制站遥控转换电路所用。其手柄有立式和水平式两种,操作手柄有零位自锁装置,控制挡位左、右各 5 挡,触头数多达 12 个。

【规 格】

类别	额定工作电流(A)	接通及分断条件			接通次数	额定操作频率(次/h)	主触头电寿命(万次)
		电流(A)	电压(V)	cosφ 或 T0.95(ms)			
交流	2.6	28.6	418	0.7	50	1 200	100
	4.5	49.5	242	0.7			
直流	0.4	0.44	242	300	20		60
	0.8	0.88	121	300			

注:T095 是指达到稳态值的 95% 时的时间常数(ms)。

13. 万能转换开关

　　万能转换开关由多组相同结构的开关元件叠装而成,能控制多回路的主令电器,其特点是换接的线路多、用途广,故常使用在断路器的分合闸,配电线路的换接,遥控和电流电压表的换相测量,以及控制小容量电动机的启动、制动、正反转向转换控制、变速控制等。

（1）LW5、LW6 系列万能转换开关

　　【特点及用途】LW5、LW6 系列万能转换开关适用于交流 50 Hz、电压 500 V 的电力电路。LW5 系列产品每一触头座内有 2 对触头,挡数共 21 种,其中 16 挡以下为单列式,18 挡以上为三列式。LW6 系列产品每一触头座有 3 对触头,挡数共 11 种。

　　【规　格】

型号	额定电压（V）	额定电流（A）	双断点触头参数												操作次数（次/h）
			交流						直流						
			接通			分断			接通			分断			
			电压（V）	电流（A）	cosφ	电压（V）	电流（A）	cosφ	电压（V）	电流（A）	T(s)	电压（V）	电流（A）	T(s)	
LW5	交直流500	15	24		0.3 ~ 0.4	24		0.3 ~ 0.4	24	20	0.06 ~ 0.066	24	20	0.06 ~ 0.066	120
			48			48			48	15		48	15		
			110	30		110	30		110	2.5		110	2.5		
			220	20		220	20		220	1.25		220	1.25		
			380	15		380	15		380			380			
			440			440			440	0.5		440	0.5		
			500	10		500	10		500	0.35		500	0.35		

续表

型号	额定电压（V）	额定电流（A）	双断点触头参数												操作次数（次/h）
			交流						直流						
			接通			分断			接通			分断			
			电压（V）	电流（A）	cosφ	电压（V）	电流（A）	cosφ	电压（V）	电流（A）	T(s)	电压（V）	电流（A）	T(s)	
LW6	交流380 直流220	5	380	5	0.3~0.4	380	0.5	0.3~0.4	220	0.2	0.05~0.1	220	0.2	0.05~0.1	

（2）LW2 系列封闭式万能转换开关

【特点及用途】LW2 系列封闭式万能转换开关适用于交流 50 Hz、电压 220 V 或直流 220 V 的电气设备,作各种配电设备远距离控制之用,亦可作为各种仪表的测量转换所用。

【规　格】

类别	电流（A）	功率因数 cosφ±0.05	操作频率（次/h）	时间常数 T±15%（ms）	通电时间（ms）	电寿命（次）
交流	10（双断口）5（单断口）	0.35	120	-	60~200	10 000
直流	1（双断口）0.5（单断口）	-	120	10		3 000

14. 行程开关

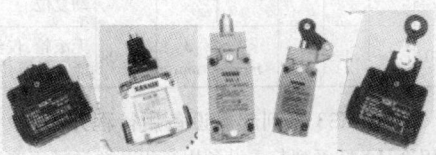

　　行程开关又称限位开关,主要用于将机构位移变为电信号,以用来控制机械动作或用作程序控制。

（1）LX19 系列行程开关

【特点及用途】LX19 系列行程开关适用于交流 50 Hz，电压 380 V 或直流 220 V、电流 5 A 的控制电路中，将机床、自动生产线等机械信号转变为电气信号，以控制机械动作或程序控制等。

【规　格】

型号	规格		触点对数		工作行程	超行程	触点转换时间(s)	结构特点
	电压(V)	电流(A)	常开	常闭				
LX19—111	380	5	1	1	~30°	~20°	≤0.04	单轮，滚轮装在传动杆内侧，能自动复位
LX19—121	380	5	1	1	~30°	~20°	≤0.04	单轮，滚轮装在传动杆外侧，能自动复位
LX19—131	380	5	1	1	~30°	~20°	≤0.04	单轮，滚轮装在传动杆凹槽内，能自动复位
LX19—212	380	5	1	1	~30°	~15°	≤0.04	双轮，滚轮装在 U 形传动杆内侧，不能自动复位
LX19—222	380	5	1	1	~30°	~15°	≤0.04	双轮，滚轮装在 U 形传动杆外侧，不能自动复位
LX19—232	380	5	1	1	~30°	~15°	≤0.04	双轮，滚轮装在 U 形传动杆内外侧各 1，不能自动复位
LX19—001	380	5	1	1	<4 mm	3 mm	≤0.04	无滚轮，仅经向传动杆，能自动复位

（2）LX33 系列起重设备用行程开关

【特点及用途】LX33 系列起重设备用行程开关适用于交流 50 Hz、电压 380 V 或直流 220 V 的起重控制设备电路，其基本规格有杆式（1）、叉式

（2）、重锤式（3）及旋转式（4）。机械寿命 100 万次，电寿命 20 万次。

【规　　格】

型　号	额定工作电压（V）	约定发热电流（A）	额定工作电流（A）	极限速度（m/min）或（r/min）		操作频率（次/h）
				最高	最低	
LX33-1	交流380直流220	10	2.6 0.4	200	5	300
LX33-2				100	3	
LX33-3				80	1	
LX33-4				不限	交流 4 r/min 直流 4 r/min	

15. 按钮开关

　　ϕ22LAY16 系列按钮开关适用于交流电压 660 V、频率 50～60 Hz、直流电压 440 V 及以下控制电路中作主令控制、信号指示及联锁等用途。其使用环境温度为-25～+55 ℃，海拔高度≤2 000 m，空气相对湿度≤85%，安装类别Ⅲ类，防护等级 IP55，污染等级 3 级。按钮开关的主要性能指标：

工频耐压　2 500 V/ min	机械寿命　100×10⁴ 次（按钮）20×10⁴ 次（旋钮）
接触电阻　≤25 mΩ	电寿命　50×10⁴ 次（按钮）5×10⁴ 次（旋钮）
约定发热电流　10 A	Y 型　6 A
使用类别　AC-15　DC-13	相比漏电起痕指数 CTI≥100 阻燃

（1）标准型（LB）

　　ϕ22LAY16 系列标准型按钮开关外形美观、紧凑，安装方便，避免了斜式螺钉固定的麻烦。其触头可任意组合，滑动式接触，摩擦自洁，触点采用银氧化铬复合材料，抗强电蚀。带灯按钮系列发光体有 LED、氖灯等多种配置。

【规　格】杭州三力电器厂产品

图示	型号含义
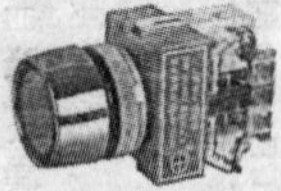 普通平钮　自锁平钮 注：Ⅱ、Ⅲ型无自锁型	φ22 — 规格 | 含义 | 颜色 | 常开体 NO | 常闭体 NC 规格：Ⅰ、Ⅱ、Ⅲ 含义：A 普通平钮；A1 自锁平钮 颜色：R 红；G 绿；Y 黄；W 白；BL 蓝；B 黑 常开体：NO≤4 常闭体：NC≤4
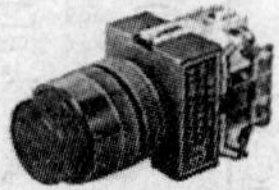 高位按钮　自锁高钮 注：Ⅱ、Ⅲ型无自锁型	φ22 — 规格 | 含义 | 颜色 | 常开体 NO | 常闭体 NC 规格：Ⅰ、Ⅱ、Ⅲ 含义：A2 高位按钮；A3 自锁高钮 颜色：R 红；G 绿；Y 黄；W 白；BL 蓝；B 黑 常开体：NO≤4 常闭体：NC≤4

续表

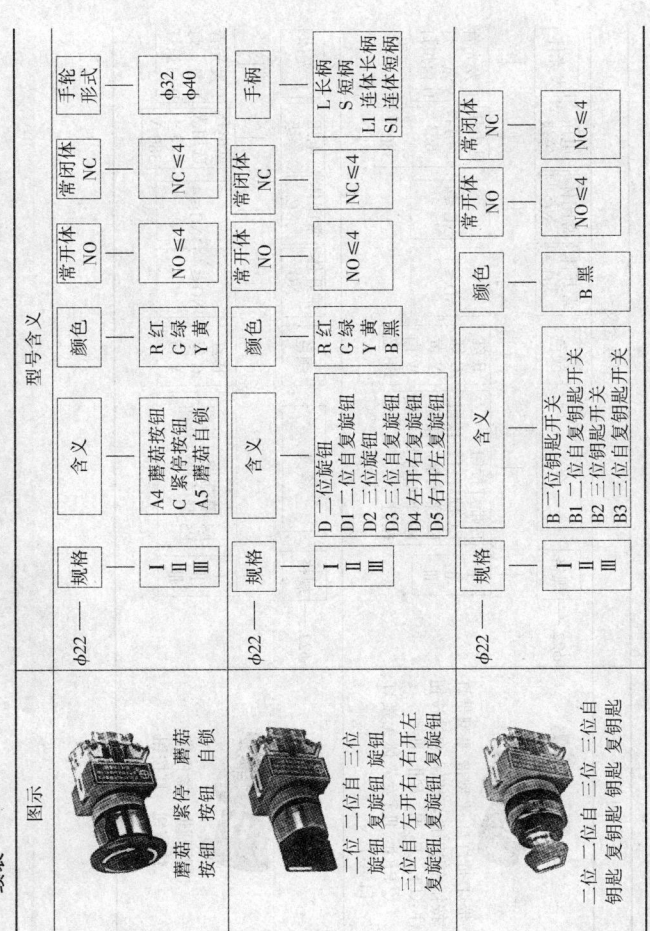

图示	型号含义					
	规格	含义	颜色	常开体 NO	常闭体 NC	手轮形式
蘑菇按钮　紧停按钮　蘑菇自锁	φ22 I II III	A4 蘑菇按钮 C 紧停按钮 A5 蘑菇自锁	R 红 G 绿 Y 黄	NO≤4	NC≤4	φ32 φ40
	规格	含义	颜色	常开体 NO	常闭体 NC	手柄
二位旋钮　二位自复旋钮　三位旋钮 三位自复旋钮　左开右复旋钮　右开左复旋钮	φ22 I II III	D 二位旋钮 D1 二位自复旋钮 D2 三位旋钮 D3 三位自复旋钮 D4 左开右复旋钮 D5 右开左复旋钮	R 红 G 绿 Y 黄 B 黑	NO≤4	NC≤4	L 长柄 S 短柄 LL 连体长柄 S1 连体短柄
	规格	含义	颜色	常开体 NO	常闭体 NC	
二位钥匙　二位自复钥匙　三位钥匙　三位自复钥匙	φ22 I II III	B 二位钥匙开关 B1 二位自复钥匙开关 B2 三位钥匙开关 B3 三位自复钥匙开关	B 黑	NO≤4	NC≤4	

续表

图示	型号含义						
		规格	含义	颜色	常开体 NO	常闭体 NC	电压等级	发光体

图示	规格	含义	颜色	常开体 NO	常闭体 NC	电压等级	发光体
带灯 平型带灯 按钮 自锁带灯 按钮 注:①E₁、E₂、E₃ 无Ⅱ、Ⅲ型 ②E(Ⅱ、Ⅲ)发光体无氖灯、白炽灯 φ22	Ⅰ Ⅱ Ⅲ	E 带灯按钮 E1 带灯自锁按钮 E2 平型带灯自锁按钮 E3 平型带灯自锁按钮	R 红 G 绿 Y 黄 W 白 Bl 蓝	NO≤4	NC≤4	见电压选用表 6.3~380 V	L 发光管 N 氖灯 D 白炽灯
蘑菇带 紧停带 灯按钮 灯按钮 φ22	Ⅰ Ⅱ Ⅲ	E4 蘑菇带灯按钮 E5 紧停带灯按钮	R 红 G 绿 Y 黄	NO≤4	NC≤4	见电压选用表 6.3~380 V	L 发光管 N 氖灯 D 白炽灯

续表

图示	型号含义						
	规格	含义	颜色	常开体 NO	常闭体 NC	电压等级	发光体
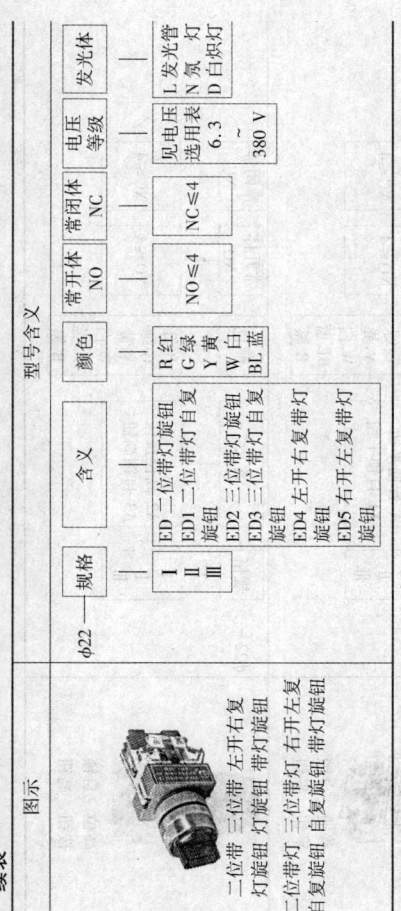 二位带灯 左开右复 灯旋钮 带灯旋钮 二位带灯旋钮 带灯旋钮 二位带灯 三位带灯 右开左复 自复旋钮 自复旋钮 带灯旋钮	φ22 —	I II III	ED 二位带灯旋钮 ED1 二位带灯自复旋钮 ED2 三位带灯旋钮 ED3 三位带灯自复旋钮 ED4 左开右复带灯旋钮 ED5 右开左复带灯旋钮	R 红 G 绿 Y 黄 W 白 BL 蓝	NO≤4	NC≤4	见电压选用表6.3 ~380 V	L 发光管 N 氖灯 D 白炽灯

(2)快动型（Y）

φ22LAY16系列快动型按钮开关采用高级工程塑料制造，强度高，韧性好。触头具有快动功能，不仅保持了标准型各项特点，而且具有手感更清晰，开、闭速度更快，接触更可靠等的优点。

【规 格】杭州三力电器厂产品

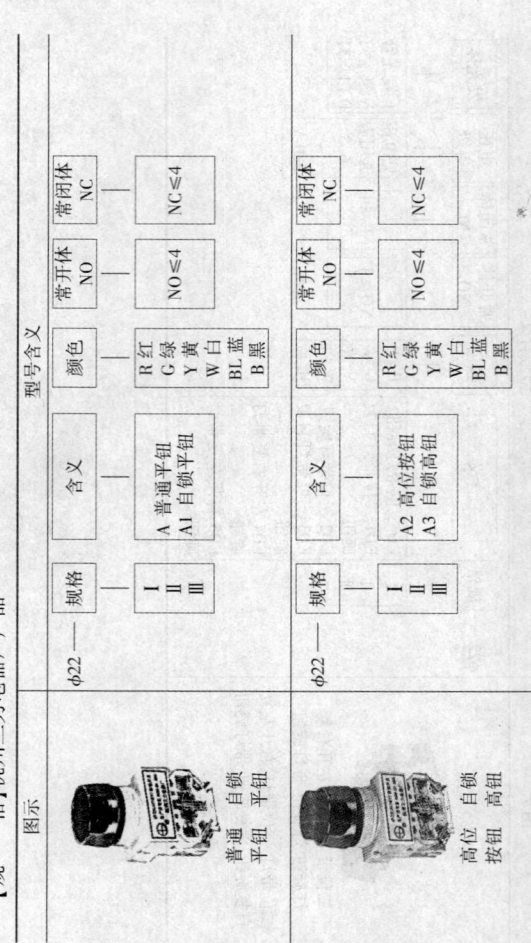

图示	型号含义				
	φ22——	规格	含义	颜色	常开体 NO	常闭体 NC

型号含义

φ22——

规格	含义	颜色	常开体 NO	常闭体 NC
I II III	A 普通平钮 A1 自锁平钮	R 红 G 绿 Y 黄 W 白 BL 蓝 B 黑	NO≤4	NC≤4

普通 自锁 平钮 平钮

规格	含义	颜色	常开体 NO	常闭体 NC
I II III	A2 高位按钮 A3 自锁高钮	R 红 G 绿 Y 黄 W 白 BL 蓝 B 黑	NO≤4	NC≤4

高位 自锁 按钮 高钮

续表

图示	型号含义					
		规格	含义	颜色	常开体 NO	常闭体 NC	手轮形式

型号含义（第一组）

φ22 —

规格	含义	颜色	常开体 NO	常闭体 NC	手轮形式
I II III	A2 蘑菇按钮 C 紧停按钮 A5 蘑菇自锁	R 红 G 绿 Y 黄	NO≤4	NC≤4	φ32 φ40

图示：蘑菇按钮　紧停按钮　蘑菇自锁

型号含义（第二组）

φ22 —

规格	含义	颜色	常开体 NO	常闭体 NC	手柄
I II III	D 二位旋钮 D1 二位自复旋钮 D2 三位旋钮 D3 三位自复旋钮 D4 左开右复旋钮 D5 右开左复按钮	R 红 G 绿 Y 黄 B 黑	NO≤4	NC≤4	L 长柄 S 短柄 L1 连体长柄 S1 连体短柄

图示：二位旋钮　二位自复旋钮　三位旋钮　左开右复旋钮　右开左复旋钮

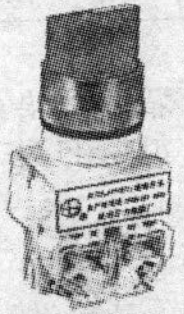

续表

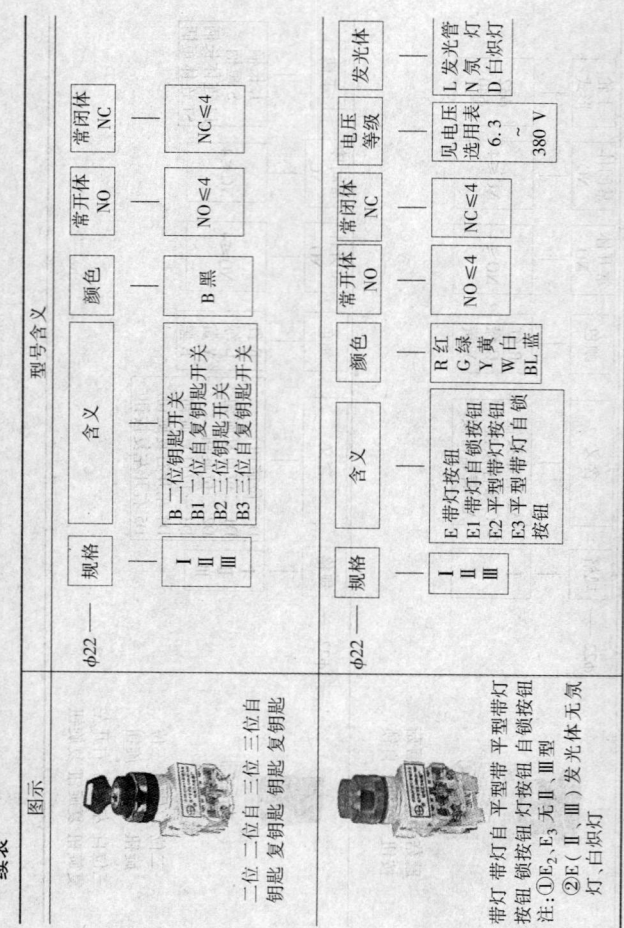

型号含义

φ22 —	规格	含义	颜色	常开体 NO	常闭体 NC
	I II III	B 二位钥匙开关 B1 二位自复钥匙开关 B2 三位钥匙开关 B3 三位自复钥匙开关	B 黑	NO≤4	NC≤4

图示：二位自钥匙 二位自复钥匙 三位自钥匙 三位自复钥匙开关

型号含义

φ22 —	规格	含义	颜色	常开体 NO	常闭体 NC	电压等级	发光体
	I II III	E 带灯按钮 E1 带灯自锁按钮 E2 平型带灯按钮 E3 平型带灯自锁按钮	R 红 G 绿 Y 黄 W 白 Bl 蓝	NO≤4	NC≤4	见电压选用表 6.3 ~ 380 V	L 发光管 N 氖灯 D 白炽灯

图示：带灯自锁按钮 平型带灯按钮 平型带灯自锁按钮

注：①E2、E3 无Ⅱ、Ⅲ型
②E（Ⅱ、Ⅲ）发光体无氖灯、白炽灯

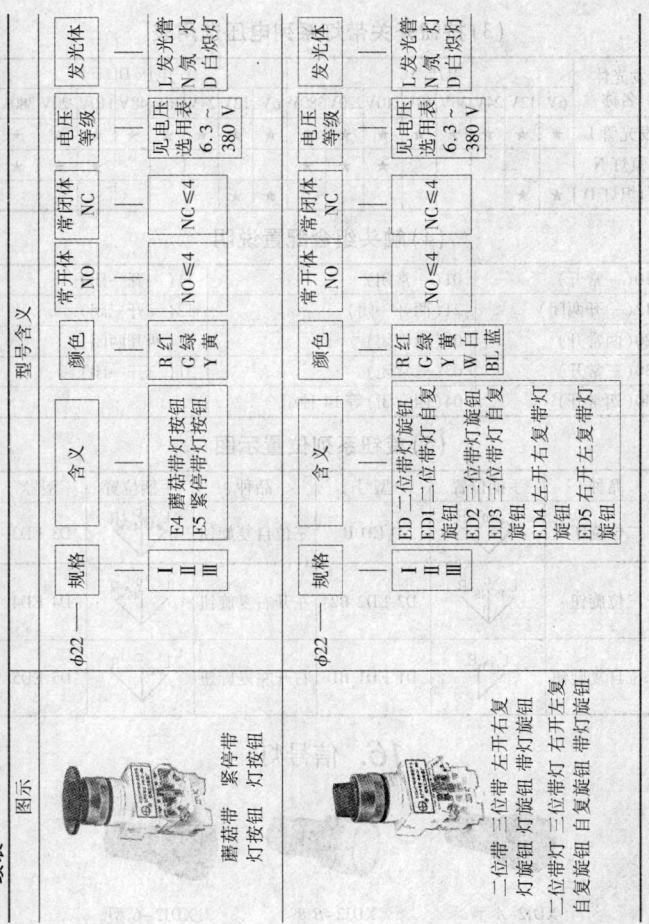

型号含义

图示	规格	含义	颜色	常开体 NO	常闭体 NC	电压等级	发光体
φ22 —	I II III	E4 蘑菇带灯按钮 E5 紧停带灯按钮	R 红 G 绿 Y 黄	NO≤4	NC≤4	见电压选用表 6.3～380 V	L 发光管 N 氖灯 D 白炽灯

蘑菇带灯按钮　紧停带灯按钮

图示	规格	含义	颜色	常开体 NO	常闭体 NC	电压等级	发光体
φ22 —	I II III	ED 二位带灯旋钮 ED1 二位带灯自复旋钮 ED2 三位带灯旋钮 ED3 三位带灯自复旋钮 ED4 左开右复带灯旋钮 ED5 右开左复带灯旋钮	R 红 G 绿 Y 黄 W 白 BL 蓝	NO≤4	NC≤4	见电压选用表 6.3～380 V	L 发光管 N 氖灯 D 白炽灯

二位带灯旋钮 左开右复
灯旋钮 带灯旋钮 右开左复
二位带灯旋钮 自复旋钮 带灯旋钮

(3)按钮开关带灯系列电压选用表

发光体名称	电压 AC								电压 DC							
	6V	12V	24V	36V	48V	110V	220V	380V	6V	12V	24V	36V	48V	110V	220V	380V
发光管 L	★	★	★	★	★	★	★	★	★	★	★	★	★	★	★	★
氖灯 N						★	★	★						★	★	★
白炽灯 D	★	★							★	★						

(4)触头组合配置说明

10(一常开)	01(一常闭)	11(一开一闭)
12(一开两闭)	21(两开一闭)	13(一开三闭)
20(两常开)	02(两常闭)	22(两开两闭)
30(三常开)	03(三常闭)	31(三开一闭)
40(四常开)	04(四常闭)等 14 种组合	

(5)旋钮系列位置示图

品种	手柄位置	型号	品种	手柄位置	型号
二位旋钮	L ←90°→ R	D ED B	三位自复旋钮	L 45° C 45° R	D3 ED3
三位旋钮	L 45° C 45° R	D2 ED2 B2	左开右复旋钮	L 45° C R	D4 ED4
二位自复旋钮	L 45° R	D1 ED1 B1	右开左复旋钮	L C 45° R	D5 ED5

16. 信号灯

XDJ2-*A* 型

XDJ2-*B* 型

XDJ2-*C* 型

【特点及用途】φ22XDJ2 系列信号灯适用于交流电压 660 V、频率 50 ~60 Hz、直流电压 440 V 及以下电讯电器等设备电气线路中作各种指示信号、预告信号、事故信号和其他指示用信号,其发光体色泽鲜艳,寿命长,可靠性高,外形有多种风格。发光形式也有二极管型、氖灯型、白炽灯等形式,能满足不同需求信号灯使用。

使用环境温度为-25 ~ +55 ℃,海拔高度≤2 000 m,空气相对湿度≤85%,安装类别 Ⅲ类,防护等级 IP55,污染等级 3 级。其主要性能指标:

工频耐压 2 500 V/min	允许电压波动-20% ~ +20%
连续工作寿命:发光管 LED 5×10⁴ h	发光亮度:LED 型≥60 cd/m²
氖灯 N 0.5×10⁴ h	N 型≥40 cd/m²
白炽灯 D 0.2×10⁴ h	D 型≥100 cd/m²

【规　　格】杭州三力电器厂产品

型号	型号含义
XDJ2	φ22 ── 规格 → A B C ；颜色 → R 红 G 绿 Y 黄 W 白 BL 蓝 ；品种 → P 普通型 F 放电型 S 闪光型 B 闪光报警型 ；电压等级 → 见电压选用表 6.3 ~380 V
XDJ2(XDF)	φ22 ── 颜色 → R 红 G 绿 Y 黄 W 白 BL 蓝 ；电压等级 → 见电压选用表 6.3 ~380 V ；发光体 → L 发光管 N 氖 灯 D 白炽灯

续表

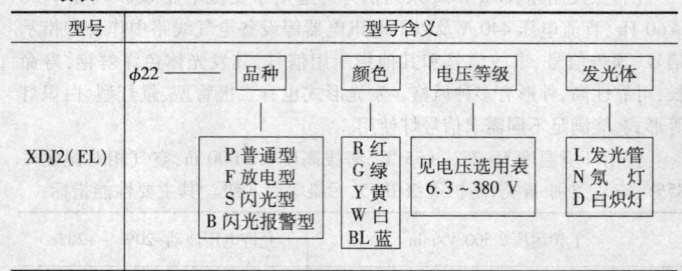

型号	型号含义
XDJ2(EL)	φ22 —— 品种 / 颜色 / 电压等级 / 发光体 品种: P 普通型 F 放电型 S 闪光型 B 闪光报警型 颜色: R 红 G 绿 Y 黄 W 白 BL 蓝 电压等级: 见电压选用表 6.3~380 V 发光体: L 发光管 N 氖 灯 D 白炽灯

附:信号灯系列电压选用表:

发光体名称	电压 AC								电压 DC							
	6V	12V	24V	36V	48V	110V	220V	380V	6V	12V	24V	36V	48V	110V	220V	380V
发光管 L	■▲●	■▲●	■▲●	■▲	■▲	■●	■●	■●	■▲	■▲●	■▲●	■▲	■▲	■●	■●	■●
氖灯 N				■▲	■▲	■▲								■▲	■▲	■●
白炽灯 D	■▲	■▲							■▲	■▲						

注:表中图案表示——XDJ2(EL) ■;XDJ2(XDF) ▲;XDJ2 ●。

17. 控制继电器

控制继电器主要用于控制系统中作为控制其他电器动作或作为主电路保护的电器。其广泛地用在机床电力拖动、自动调节、程序控制及自动

检测系统中远距离接通或分断交、直流小容量控制电路,亦用作传递信号中间元件。

(1) JTX 系列通用继电器

【特点及用途】JTX 系列通用继电器适用于一般的自动装置、信号装置、继电保护装置及通信设备中,作为信号指示和启闭电路的元件。

【规　格】

规　格		工作电流（mA）	线圈数据			吸动值 ≤	释放值 ≥
			线径（mm）	电阻（Ω）	匝数		
交流	6 V	415	0.31	5.5	505	5.1	
	12 V	208	0.21	24	1 010	10.2	
	24 V	102	0.15	92	2 020	20.4	
	36 V	69	0.13	190	3 030	30.6	
	110 V	24.2	0.08	1 600	9 260	93.5	
	127 V	19	0.08	2 000	10 700	108	
	220 V	11.5	0.08	7 500	18 500	187	
直流	6 V	150	0.21	40	1 535	5.1	2.7
	12 V	80	0.15	150	2 875	10.2	5.4
	24 V	42	0.11	570	5 475	20.4	10.8
	48 V	21.5	0.08	2 230	10 700	40.8	21.6
	110 V	11	0.05	10 000	22 000	93.5	49.5
	220 V		0.04	20 000		187	99

注:1. 继电器的释放值为额定值的 45% 。

2. 交流线圈的匝数误差为±5%

3. 直流线圈的电阻在 20 ℃时,测得电阻最大波动<±10% 。

附:JTX 系列通用继电器触点技术数据

型 号		JTX-1. JTX-2		JTX-3	
		电流（A）		电流（A）	
		阻性 cosφ=1	感性 cosφ=0.4	阻性 cosφ=1	感性 cosφ=0.4
交流电压 （V）	220	7.5	3	5	2
	380	3	1.5	2	1
直流电压 （V）	6	7.5	7	5	4.6
	12	7	6.5	4.6	4.3
	24	4.5	4	3	2.4
	220	3	0.5	1	

（2）JL14 系列电流继电器

【特点及用途】JL14 系列交直流电流继电器适用于交流 380 V，直流 440 V 以下的控制电路中，作过电流或欠电流继电保护之用。

【规　格】

名　称	型　号	吸引电流调节范围	释放电流调节范围	吸引线圈（A）	触头数量
直流过电流继电器	JL14-□□Z JL14-□□ZS	70% ~ 300% IN		1 1.5 2.5 5 10 15 25 40 60 100 150 300 600 1 200 1 500	
直流欠电流继电器	JL14-□□ZQ	30% ~ 65% IN	10% ~ 20% IN		
交流过电流继电器	JL14-□□J JL14-□□JS	110% ~ 400% IN		1 1.5 2.5 5 10 15 25 40 60 100 150 300　　600 1 200	二常开二常闭，或一常开一常闭
高返回系数交流过流继电器	JL14-□□JG	110% ~ 400% IN		1 1.5 2.5 5 10 15 25 40 60 100 150 300 600	

注:IN 为吸引线圈额定电流。

(3) 中间继电器

【特点及用途】中间继电器实质上是电压继电器,特点是触点数量多、容量大。

a. JZ7 系列中间继电器

JZ7 系列中间继电器结构紧凑,体积小(最大外形尺寸 66 mm×52 mm×90 mm),主要用于控制各种电磁线圈,以增大被控制线路数量和扩大控制容量,将信号传递给有关控制元件。

【规　　格】

型号	触头数量□□ 常开常闭	吸引线圈		触头参数		额定操作频率(次/h)	机械寿命(万次)	电寿命(万次)
		电压(V)	功率(VA)	额定发热电流(A)	额定电压(V)			
JZ7-□□	22, 41, 42, 44, 53, 62, 80	交流 6.3,12,24, 36,48,110, 127, 220, 380, 420, 440,500	启动:75 吸持:13	5	交流 380,500 直流 220,440	1 200	300	100

b. JZC2 系列接触式继电器

JZC2 系列接触式继电器采用 E 形铁芯,双断点直动式结构,设计紧凑安全,动作灵活,能控制各种电磁线圈,可得到放大信号或将信号同时传递给有关控制元件。

【规　　格】

型　号	触头数量		吸引线圈				触头参数				操作频率（次/h）
				电压（V）			AC-11		DC-11		
	常开	常闭	功率（VA）	50 Hz	50/60 Hz	50 Hz 60 Hz 通用	额定电压（V）	额定电流（A）	额定电压（V）	额定电流（A）	
JZC2（3TH80）-40-0A	4	0									
JZC2（3TH80）-31-0A	3	1			10/12 12/14.5						
JZC2（3TH80）-22-0A	2	2		20 92 96	24/29 32/38 36/42	110/132 127/152 220/264					
JZC2（3TH82）-80-0A	8	0	启动 68	100 183 192	40/48 42/50 48/58	240/288 380/460 415/500	24,42, 110,115, 120,127,	220 380 500 660	110 220 600	0.9 0.45 0.2	3 000
JZC2（3TH82）-71-0A	7	1	吸持 10	200 267 480	50/60 60/72	500/600	208,220, 230,240, 440,475	10 6 4 2			
JZC2（3TH82）-62-0A	6	2									
JZC2（3TH82）-53-0A	5	3									
JZC2（3TH82）-44-0A	4	4									

c. JZX5 系列小型中间继电器

　　JZX5 系列小型中间继电器采用 U 型拍合式电磁机构，带有封闭式透明塑料保护外壳。其适用于电流至 5 A 电路中，供通讯、电子、电子计算机控制设备、自动化控制作切换电路和扩大控制范围所用。

【规　　格】

型　号	吸引线圈			时间参数（ms）	触头参数			接触电阻（mΩ）≤	绝缘电阻（mΩ）≥
	额定电源电压 Us（V）	额定功率（VA）	控制电压20 ℃（V）		额定电压（V）	约定发热电流（A）	触点数□		
JZX5-□/P,B,S,E(基型)	交流6,12,24,48,110,220(50Hz)12,24,48,110(60Hz)直流6,12,24,48,110	交流50 Hz≤1.960 Hz≤1.7直流≤1.2 W	吸合:Us≤75%Us释放:交流≥30%Us直流≥10%Us	动作及释放≤110	交流220直流20	5	转换数量2,3,4	50	100
JZX5-□F/P,B,S,E(带浪涌抑制回路)	直流24,48,110,								
JZX5-□L/P,B,E(带指示灯)	交流24,48,110,220(50Hz)24,48,110(60Hz)直流24,48,110								

注:继电器机械寿命5 000 万次,电寿命50 万次。

　　d. JZW4 系列微型中间继电器

　　JZW4 系列微型中间继电器采用拍合式电磁结构,超小型(最大外形尺寸 20mm×5mm×18.5mm)、线圈功率小,适用于 IC 半导体器件直接驱动及电子回路的输入、输出接口电路。

【规　　格】

触头数量	吸引线圈			时间参数（ms）	接触电阻（mΩ）≤	绝缘强度
	额定电压（V）	额定功耗（W）	控制电压			
1-1常开	直流3,4,5 6,9,12 15,18 24	0.2 高灵敏型: 0.12	动作: ≤70% U_s; 高灵敏型: ≤85% U_s; 释放: ≥10% U_s	动作: ≤10 释放: ≤10	50	触点组间交流 1 000 V lmin

注:继电器机械寿命 2 000 万次,电寿命 10 万次。

e. H5 系列微型大功率继电器

H5 系列微型大功率继电器体积小、容量大、寿命长、工作可靠,可作为集成电路板上程序控制器、机械通讯等控制系统的执行元件或中间过渡元件。产品分单稳态型(电磁式)和双稳态型(磁保持式、记忆型),其中,又有防尘型(HO)及密封型(HD)两种形式。触点采用 Ag 和 CdO 及 Ag 和 Cu 复合材料制成。

【规　　格】

型号	触头数量	吸引线圈		时间参数（ms）		绝缘电压（V）	触头参数				抗震性能（g）	电寿命（万次）
		标准电压直流（V）	吸合功率（mW）	吸合	释放		额定电压（V）	额定电流（A）	最大负载（VA）	接触电阻（mΩ）		
H548	2 常开	5~110	230	12	4	交流4 000	交流250 直流220	6	1 500	<100	5	50
H548-双稳态型	2 常闭	5~110 6×2~48×2		20	20							30
H550		5~110	250	13	4		交流380 直流220	16	4 000			20

续表

型号	触头数量	吸引线圈		时间参数(ms)		绝缘电压(V)	触头参数				抗震性能(g)	电寿命(万次)
		标准电压直流(V)	吸合功率(mW)	吸合	释放		额定电压(V)	额定电流(A)	最大负载(VA)	接触电阻(mΩ)		
H560矮型	/常开/常闭	5~110	250	12	4	交流4000	交流380直流220	10	2 500	<50	10	40

注:继电器操作频率20(次/s),机械寿命1 000万次。

(4) 时间继电器

【特点及用途】时间继电器是在电路中启动作时间控制作用的继电器。即从接受信号到触头动作需要经过一定的延时时间,才对输出回路起控制作用。

a. JS7系列空气阻尼式时间继电器

JS7系列空气阻尼式时间继电器是通过杠杆驱动,依靠进入气室的空气速度得到快慢延时,其延时范围大,不受电压影响,但延时误差大,宜用在延时精度要求不高的场合。

【规　格】

型号	延时范围(s)	延时精度		吸引线圈电压(V)	触点参数						
		重复误差	稳定性误差		额定电压(V)	额定电流(A)	延时触头数量				不延时触头数	
							通电延时		断电延时			
							常开	常闭	常开	常闭	常开	常闭
JS7-1A	0.4~60	≤15%	≤20%	交流24,36,110,127,220,380	交流380	3	1	1				
JS7-2A							1	1			1	1
JS7-3A	0.4~180								1	1		
JS7-4A									1	1	1	1

注:继电器操作频率600次/h,机械寿命100万次,电寿命50万次。

b. JS11 系列电动式时间继电器

JS11 系列电动式时间继电器属同步电动机式,其延时长,整定偏差较小,延时范围 0 ~ 72 h 中分 7 个级别。继电器体积大,适用于自控线路延时控制。

【规　格】

型号	代号□	延时范围		吸引线圈电压(V)	额定电压(V)	额定控制容量(VA)	触点参数					
		50 Hz	60 Hz				延时触头数				不延时触头数	
							通电延时		断电延时			
							常开	常闭	常开	常闭	常开	常闭
JS11-□1	1	0.4 ~ 8 s	0.25 ~ 6.5 s	交流110,127,220,380	交流380	100	3	3			1	1
	2	2 ~ 40 s	1 ~ 33 s									
	3	10 ~ 240 s	10 ~ 200 s									
	4	1 ~ 20 min	40 s ~ 16 min									
JS11-□2	5	5 ~ 120 min	5 ~ 100 min						3	3		
	6	0.5 ~ 12 h	30 min ~ 10 h									
	7	3 ~ 72 h	2 ~ 60 h									

注:1. 延时误差——重复动作误差不超过延时满刻度值的±1% 。

　　2. 指针复位时间<0.3s。

　　3. 操作频率1 200 次/h。

c. JS20 系列晶体管电子式时间继电器

JS20 系列晶体管电子式时间继电器采用晶体管延时控制电路,标准八脚管插头和管座,用电位器外接旋钮调整定时。其精度高,输出接点容量大,工作稳定可靠,通用性及系列性强,适用于交流 380 V、直流 110 V时间控制电路。

[规　格]

名称	型号	延时等级 (s)	延时精度 ≤ 重复误差	延时误差	稳定性误差	吸引线圈电压 (V)	消耗功率 (W)	切换对数 通电	断电	瞬动	触头参数 控制电压 (V)	通断电流 阻性负载	感性负载 cosφ=0.4　T=0.007 s
通电延时时间继电器	JS20－0 □/□1 2	1,5,10, 30,60, 120,180, 240,300, 600,900	±3%		5%; 动作12万次后 10%	交流36, 110,127, 220,380 直流24, 48,110	5	2		1	交流220	5	2
											交流380	2	1
瞬动延时时间继电器	JS20－3 □/□4 5	1,5,10, 30,50, 120,180, 240,300, 600				交流36, 110,127, 220 直流 24,48,110	5	1		2	直流6	5	4.6
											直流12	4.6	4.3
断电延时时间继电器	JS20-0□ D/0□1 2	1,5,10, 30,60, 120,180				交流36, 110,127, 220	5				直流24	3	2.4
											直流220	1	

注：继电器机械寿命 60 万次，电寿命 10 万次。

d. JSZ3 系列集成电路电子式时间继电器

JSZ3 系列集成电路电子式时间继电器采用大规模专用集成电路及高性能电子元器件电路，有效保证了高精度及长延时。大型设定旋钮和单刻度板设计，多档式不同延时同延时范围，由转换式开关选择，适用于各种高精度、高可靠性自控系统的按预定时间通、断电路。

[规　格]

名称	型号	延时范围	延时精度			额定电压(V)	消耗功率	约定发热电流(A)	触头参数			机械寿命 ≥(万次)	电寿命 ≥(万次)
			重复精度<	设定误差<				触点数量				
								延时	瞬动			
通电延时时间继电器	JSZ3-A	0.05～3 min, 0.1～6 min, 0.5～3 min, 1～60 min	0.5% ±10ms		交流110,220 直流24,48,110	交流110 V 2.2 VA	3			1 转换	5 000	100
通电延时带瞬动触点时间继电器	JSZ3-C	5～6 h, 0.25～12 h, 0.5～24 h (以上均分4档)		0.5% ±10 ms	24,48,110	交流220 V 2.9 VA 直流24 V 1.2 W	3	2 转换 1 转换			1 000	25
断电延时时间继电器	JSZ3-F	0.1～1,0.2～2, 0.5～5,1～10, 2.5～30, 5～60(s)				交流1 VA 直流1 W	3	1 转换			2 000	29

续表

名称	型号	延时范围	延时精度 重复精度<	延时精度 设定误差<	额定电压 (V)	消耗功率	约定发热电流(A)	触头参数 延时	触头参数 瞬动	机械寿命 > (万次)	电寿命 (万次) >
断开延时时间继电器	JSZ3-K	0.1~0.5, 0.25~2, 0.5~5,1~10, 2.5~30, 5~60(s)	1%	5%	交流110/220 直流24	交流2 VA 直流0.8 W	3	1转换		2 000	25
星三角延时时间继电器	JSZ3-Y	1~10, 2.5~30, 5~60(s)	0.5% ±10ms	±10 ms	交流110/220	交流3 VA	3	1转换	1 常开	1 000	25
重复循环延时时间继电器	JSZ3-R	0.5~6/60 s 1~10 s/10 min 2.5~30 s/30 min	1%	10%	交流110/220 直流24,48,110	交流2.5 VA 直流0.9 W	2	1转换		2 000	40

(5) JR20 系列热继电器

【特点及用途】JR20系列热继电器具有过载保护、断相保护、温度补偿以及手动和自动复位功能,还具有动作脱扣灵活性检查、动作脱扣指示和断开检查按钮等功能,适用于额定电压660 V,电流630 A 的电力系统中三相鼠笼型电动机过载和断相保护,并可用 CJ20 系列接触器组成电磁启动器。

【规　格】

型　　号	额定电压(V)	额定电流(A)	极数	整定电流调节范围		触头数量		温度补偿	断相保护	复位方式
				范围(A)	挡数	常开	常闭			
JR20–10		10		0.1 ~ 11.6	15					
JR20–16		16		3.6 ~ 18	6					
JR20–25		25		7.8 ~ 29	4					
JR20–63	660	63	3	16 ~ 71	6	1	1	具有	具有	手动或自动
JR20–160		160		33 ~ 176	9					
JR20–250		250		130 ~ 250	2					
JR20–400		400		200 ~ 400	2					
JR20–630		630		320 ~ 630	2					

注:JR20 系列热继电器有组合安装式(Z)、独立安装式(L)、导轨安装式(G)及
"GZ"、"GL"等综合结构形式。

18. 接触器

接触器是用在频繁地远距离接通或断开交、直流主电路以及大容量控制电路的控制电器中,主要控制电动机以及电焊机、电容器组、照明设备、电热装置等电力负载。其主要结构有电磁线圈、铁芯、动静主触头、辅助触头、灭弧系统、外壳等。接触器是利用电磁场的作用使触头闭合或触点断开,从而达到被控制电路的接通或断离电源。

(1) TIC1 系列交流接触器

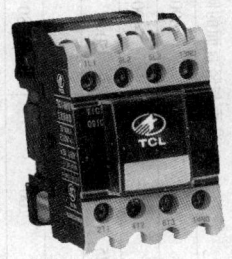

【特点及用途】

TIC1 系列交流接触器主要用于交流 50 Hz(或 60 Hz)、额定绝缘电压 690 V,在 AC-3 使用类别下,额定工作电压为 400 V 时主回路额定电流至 95 A 的电力系统中,供接通和分断电路,并与适当的热继电器或电子式保护装置组成电动启动器,以保护可能发生过载的电路。

[规 格] TCL 国防电工产品

型号		TIC1 -09	TIC1 -12	TIC1 -18	TIC1 -25	TIC1 -32	TIC1 -38	TIC1 -40	TIC1 -50	TIC1 -65	TIC1 -80	TIC1 -95
一般使用环境	污染等级	3										
	安装类别	III										
	使用温度 ℃	-5~+40										
	海拔高度 m	≤2 000										
	安装条件	安装面与竖直面的倾斜度不大于±5°										
一般特性	额定绝缘电压 V	690										
	额定工作电压 V	400										
	约定发热电流 A	25		32	40	50			80		125	
机械寿命 万次		1 000									600	
电寿命 400 V	AC-3 万次	100					80			60		
	AC-4 万次			20					15		10	
操作频率	AC-3 (电寿命) 次/小时	1 200						800			600	
	AC-4 (电寿命) 次/小时					300						
	(机械寿命) 次/小时	3 600										

型号		单位	TIC1-09	TIC1-12	TIC1-18	TIC1-25	TIC1-32	TIC1-38	TIC1-40	TIC1-50	TIC1-65	TIC1-80	TIC1-95
主电路基本参数	继续周期工作制下的 I_e AC-3(400 V)	A	9	12	18	25	32	38	40	50	65	80	95
	AC-4(400 V)	A	3.5	5	7.7	8.5	12	13	18.5	24	28	37	44
	AC-3(690 V)	A	6.6	8.9	12	18	21	21.5	34	39	42	49	49
	AC-4(690 V)	A	1.5	2	3.8	4.4	7.5	8	9	12	14	17.3	21.3
	可控三相鼠笼电动机功率 AC-3　230 V	kW	2.2	3	4	5.5	7.5	9	11	15	18.5	22	25
	400 V	kW	4	5.5	7.5	11	15	18.5	18.5	22	30	37	45
	690 V	kW	5.5	7.5	9	15	18.5	18.5	30	37	37	45	45
	配熔断器型号 AC-3	RT16	16	20	25	32	50	50	63	63	80	100	125
控制电路基本参数	额定控制电压	V	24~660										
	控制电压限额　吸合		80%~110%Us				85%~110%Us						
	释放		30%~70%Us										
	功耗　启动(cosφ0.75)	VA	65			100				180			
	吸持(cosφ0.3)	VA	8			9				20			
	保持功率	W	1.7~2.8			2.8~3.6				5~8			
	动作时间　接通	ms	14~22			17~24			22~28			22~37	
	分断	ms	5~20			7~21			8~13			8~20	

续表

型号		(最小/最大) mm²	TIC1-09	TIC1-12	TIC1-18	TIC1-25	TIC1-32	TIC1-38	TIC1-40	TIC1-50	TIC1-65	TIC1-80	TIC1-95
接线端子连接导线的能力	非预制端头软线 主电路 1根		1/4	1/4	1.5/6	1.5/6	2.5/10	2.5/10		2.5/25		4/50	4/50
	非预制端头软线 主电路 2根		1/4	1/4	1/4	1.5/6	2.5/10	2.5/10		2.5/16		4/35	4/35
	非预制端头软线 辅助电路(控制电路) 1根		1/4	1/4	1/4	1.5/10	1/4	1/4		1/4		1/4	1/4
	非预制端头软线 辅助电路(控制电路) 2根		1/4	1/4	1/4	1.5/6	1/4	1/4		1/4		1/4	1/4
	有预制端头软线 主电路 1根		1/4	1/4	1/6	1/6	1/10	1/10		2.5/25		4/50	4/50
	有预制端头软线 主电路 2根		1/2.5	1/4	1/4	1/4	1.5/6	1.5/6		2.5/10		4/25	4/25
	有预制端头软线 辅助电路(控制电路) 1根		1/4	1/4	1/4	1/4	1/4	1/4		1/4		1/4	1/4
	有预制端头软线 辅助电路(控制电路) 2根		1/2.5	1/2.5	1/2.5	1/4	1/2.5	1/2.5		1/2.5		1/2.5	1/2.5
	非预制端头软线 主电路 1根		1/4	1/4	1.5/6	1.5/6	1.5/10	1.5/10		2.5/25		4/50	4/50
	非预制端头软线 主电路 2根		1/4	1/4	1.5/6	1.5/6	2.5/10	2.5/10		2.5/16		4/35	4/35
	非预制端头软线 辅助电路(控制电路) 1根		1/4	1/4	1/4	1.5/6	1/4	1/4		1/4		1/4	1/4
	非预制端头软线 辅助电路(控制电路) 2根		1/4	1/4	1/4	1.5/6	1/4	1/4		1/4		1/4	1/4

型号			TIC1 -09	TIC1 -12	TIC1 -18	TIC1 -25	TIC1 -32	TIC1 -38	TIC1 -40	TIC1 -50	TIC1 -65	TIC1 -80	TIC1 -95
辅助触头基本参数	约定发热电流	A						10					
	额定绝缘电压	V						690					
	额定工作电压	V						380 220					
	额定工作电流	AC-15(380 V) A						0.95					
		DC-13(220 V) A						0.15					
	额定控制容量	AC-15 VA						360					
		DC-13 W						33					

(2)TIC1N 系列可逆接触器

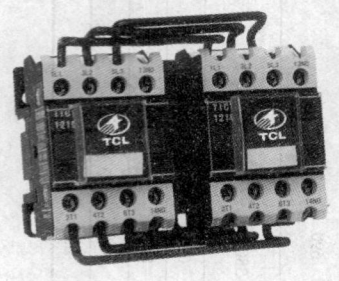

【特点及用途】

TIC1N 系列可逆接触器主要用于交流 50 Hz（或 60 Hz）、额定绝缘电压 690 V，在 AC-4 使用类别下，额定工作电压为 400 V 时主回路额定电流至 44 A 的电力系统中，作控制可逆运转或可反向制动的电动机，并与适当的热继电器或电子式保护装置组成电动机启动器，以保护可能发生过载的电路。

规格 1 TIC1N国际电工产品

分类	项目	单位	TIC1N-09	TIC1N-12	TIC1N-18	TIC1N-25	TIC1N-32	TIC1N-38	TIC1N-40	TIC1N-50	TIC1N-65	TIC1N-80	TIC1N-95
一般使用环境	污染等级		3										
	安装类别		III										
	使用温度	℃	-5～+40										
	海拔高度	(m)	≤2 000										
	安装条件		安装面与竖起面的倾斜度不大于±5°										
一般特性	额定绝缘电压	(V)	690										
	额定工作电压	(V)	400										
	约定发热电流	(A)	25	25	32	40	50	50	60	80	80	125	125
	机械寿命	(万次)	300	300	300	300	300	300	250	250	250	250	250
	电寿命 400V AC-4	(万次)	20	20	20	20	20	15	15	15	15	10	10
	操作频率（次/小时） AC-4 电寿命		1 200										
	操作频率（次/小时） 机械寿命		3 600										
主电路基本参数	继续周期工作制下的 Ie AC-4（400 V）	(A)	3.5	5	7.7	8.5	12	13	18.5	24	28	37	44
	继续周期工作制下的 Ie AC-4（690 V）	(A)	1.5	2	3.8	4.4	7.5	8	9	12	14	17.3	21.3

续表

型号			TIC1N -09	TIC1N -12	TIC1N -18	TIC1N -25	TIC1N -32	TIC1N -38	TIC1N -40	TIC1N -50	TIC1N -65	TIC1N -80	TIC1N -95
主电路基本参数	可控三相鼠笼式电动机功率 AC-4	230 V (kW)	1.5	1.5	2.2	3	4	4	4	5.5	7.5	7.5	9
		400 V (kW)	2.2	3	4	5.5	7.5	7.5	9	11	11	15	15
		690 V (kW)	4	5.5	7.5	10	11	11	15	18.5	22	25	25
	配熔断器型号	RT16	16	20	25	32	50	50	63	63	80	100	125
控制电路基本参数	额定控制电压	V	24~660										
	控制电压范围	吸合	80%~110% Us						85%~110% Us				
		释放	30%~70% Us										
	控制电路功率限额 (VA)	起动 (cosφ0.75)	65				100				180		
		吸持 (cosφ0.3)	8				9				20		
	功耗 (W)	保持功率	1.7~2.8				2.8~3.6				5~8		
	动作时间 (ms)	接通	14~22			17~24			22~28			22~37	
		分断	5~20			7~21			8~13			8~20	

型 号			TIC1N-09	TIC1N-12	TIC1N-18	TIC1N-25	TIC1N-32	TIC1N-38	TIC1N-40	TIC1N-50	TIC1N-65	TIC1N-80	TIC1N-95
接线端子连接按导线的能力 (最小/最大) mm²	非预制端头软线	主电路 1根	1/4	1/4	1.5/6	1.5/10	2.5/10	2.5/10	2.5/25	2.5/25	2.5/25	4/50	4/50
		主电路 2根	1/4	1/4	1.5/6	1.5/6	2.5/10	2.5/10	2.5/16	2.5/16	2.5/16	4/35	4/35
		辅助电路 1根	1/4	1/4	1/4	1.5/10	1/4	1/4	1/4	1/4	1/4	1/4	1/4
		辅助电路 (控制电路2根)	1/4	1/4	1/4	1.5/6	1/4	1/4	1/4	1/4	1/4	1/4	1/4
	有预制端头按导线	主电路 1根	1/2.5	1/2.5	1/6	1/6	1/10	1/10	2.5/25	2.5/25	2.5/25	4/50	4/50
		主电路 2根	1/4	1/4	1/4	1/4	1.5/6	1.5/6	2.5/10	2.5/10	2.5/10	4/25	4/25
		辅助电路 1根	1/4	1/4	1/4	1/4	1/4	1/4	1/4	1/4	1/4	1/4	1/4
		辅助电路 (控制电路2根)	1/2.5	1/2.5	1/2.5	1/4	1/2.5	1/2.5	1/2.5	1/2.5	1/2.5	1/2.5	1/2.5
	非预制端头软线	主电路 1根	1/4	1/4	1.5/6	1.5/6	1.5/10	1.5/10	2.5/25	2.5/25	2.5/25	4/50	4/50
		主电路 2根	1/4	1/4	1.5/6	1.5/6	2.5/10	2.5/10	2.5/16	2.5/16	2.5/16	4/35	4/35
		辅助电路 1根	1/4	1/4	1/4	1.5/6	1/4	1/4	1/4	1/4	1/4	1/4	1/4
		辅助电路 (控制电路2根)	1/4	1/4	1/4	1.5/6	1/4	1/4	1/4	1/4	1/4	1/4	1/4

续表

型号			TIC1N -09	TIC1N -12	TIC1N -18	TIC1N -25	TIC1N -32	TIC1N -38	TIC1N -40	TIC1N -50	TIC1N -65	TIC1N -80	TIC1N -95
辅助触头基本参数	约定发热电流	(A)						10					
	额定绝缘电压	(V)						690					
	额定工作电压	(V)						380 220					
	额定工作电流	AC-15 (380 V) (A)						0.95					
		DC-13 (220 V)						0.15					
	额定控制容量	AC-15 (VA)						360					
		DC-13 (W)						33					

(3)TIC2 系列交流接触器

【特点及用途】TIC2 系列交流接触器

主要适用于交流 50 Hz(或 60 Hz),额定电压至 400 V、额定电流至40 A的电路中,接通和分断使用类别为 AC-8a 及 AC-8b 的电路,特别适用于频繁启动或控制空调机中制冷压缩机的运作。

【规　　格】TCL 国际电工产品

型　　号		TIC2−20	TIC2−25	TIC2−20/1	TIC2−25/1
一般使用环境	污染等级	3			
	安装类别	Ⅲ			
	工作环境温度(℃)	−5 ~ +50			
	海拔高度(m)	≤2 000			
	额定绝缘电压(V)	690			
	约定自由空气发热电流(A)	25	32	25	32
一般特性	额定工作电压(V)	220			
	额定工作电流(A)	20	25	20	25
	最大通断电流(A)	120	150	120	150
	极数	2	2	1	1
	安装	安装面与竖直面的倾斜度不大于±5°;接触器采用螺钉安装;接线端子采用插入式			

续表

型　　号		TIC2-20	TIC2-25	TIC2-20/1	TIC2-25/1
主回路基本参数	使用类别	约定操作性能接通分断条件			
	AC-8a	Ic/Ie	1.0	Ur/Ue	1.05
		通电时间 s	0.05	CosΦ	0.8
		间隔时间 s	10		
		操作次数	30 000		
	AC-8b	Ic/Ie	6.0		
		通电时间 s	1　10	Ur/Ue	1.05
		间隔时间 s	9　90	CosΦ	0.35
		操作次数	5 900　100		
控制电源电压标准(AC Us V)		110,220,380			
控制电源电压工作条件		85% ~110% Us			
端子连接导线种类		硬线单芯或多股			
导线截面(mm²)	一根导线	2.5 ~6			
	两根导线	1.5 ~4			

(4) TIK1 系列切换电容器接触器

【特点及用途】TIK1 系列切换

电容器接触器适用于交流 50 Hz(或 60 Hz),
额定绝缘电压 690 V,在 AC-6b 使用类别下,额定
工作电压为 400 V 时额定工作电流至 87 A,广泛用
于低压无功功率补偿设备中通断电容器组,接触器
附有抑制涌流装置,能有效地减少合闸涌流对电力
线路的冲击和降低操作过电压。

【规　　格】TCL国际电工产品

型　号			TIK1 -25	TIK1 -32	TIK1 -40	TIK1 -50	TIK1 -60	TIK1 -80	TIK1 -125
一般使用环境	污染等级		3						
	安装类别		Ⅲ						
	使用温度	℃	−5 ~ +40						
	海拔高度	m	≤2000						
	安装条件		安装面与竖直面的倾斜度不大于±5°						
一般特性	额定绝缘电压	V	690						
	额定工作电压	V	400						
	约定发热电流	A	25	32	40	50	60	80	125
	抑制涌流能力		20Ie						
	机械寿命	万次	300						
	电寿命 AC-6b	万次	12		10				
	操作频率（次/小时）	电寿命 AC-6b	300				120		
		机械寿命							
主电路基本参数	额定工作电流（AC-6b 400V）Ie	A	18	24	29	36	48	58	87
	可控容量 AC-6b	230 V	Kvar	6.7	8.5	10	15	20	25	40
		400 V	Kvar	12.5	16.7	20	25	33.3	40	60
	配熔断器型号	RT16	32		50		63		80	125
控制电路基本参数	额定控制电压	V	24 ~660						
	控制电压限额	吸合	80% ~100% Us				85% ~100% Us		
		释放	30% ~70% Us						
	功耗	启动（cosφ0.75）	VA	65		100		180		
		吸持（cosφ0.3）		8		9		20		
	保持功率	W	1.7 ~2.8		2.8 ~3.6		5 ~8		
	动作时间	接通	ms	14 ~22		17 ~24		22 ~28		22 ~37
		分断		5 ~20		7 ~21		8 ~13		8 ~20

续表

型号				TIK1-25	TIK1-32	TIK1-40	TIK1-50	TIK1-60	TIK1-80	TIK1-125
接线端子连接导线的能力	非预制端头软线	主电路 1根	(最小最大) mm²	1/4	1.5/6	1.5/10	2.5/10	2.5/25		4/50
		2根		1/4	1.5/6	1.5/6	2.5/10	2.5/16		4/35
		辅助电路 1根		1/4	1/4	1.5/10	1/4	1/4		1/4
		(控制电路)2根		1/4	1.5/6	1.5/6	1/4	1/4		1/4
	有预制端头软线	主电路 1根		1/4	1/6	1/6	1/10	2.5/25		4/50
		2根		1/2.5	1/4	1/4	1/6	2.5/10		4/25
		辅助电路 1根								
接线端子连接导线的能力		(控制电路)2根		1/2.5	1/2.5	1/4	1/2.5	1/2.5		1/2.5
	非预制端头硬线	主电路 1根		1/4	1.5/6	1.5/6	1.5/10	2.5/25		4/50
		2根		1/4	1.5/6	1.5/6	2.5/10	2.5/16		4/35
		辅助电路 1根		1/4	1/4	1.5/6	1/4	1/4		1/4
		(控制电路)2根		1/4	1/4	1.5/6	1/4	1/4		1/4

辅助触头基本参数			单位	值
	约定发热电流		A	10
	额定绝缘电压		V	690
	额定工作电压		V	380 220
	额定工作电流	AC-15(380 V)	A	0.95
		DC-13(220 V)		0.15
	额定控制容量	AC-15	VA	360
		DC-13	W	33

19. 控制器

控制器主要用于电力传动控制设备中,是按预定顺序变换主回路或磁回路的接法和改变接在电路中的电阻值来控制电动机的启动、换向、速及制动等。

(1) KTJ6 系列凸轮控制器

【特点及用途】KTJ6 系列凸轮控制器额定电压 380 V,机械寿命 150 次。其由棘轮、凸轮、接触组件等构成。主要用于起重机的交流电动机启动、制动、调速和换向所用。

【规　格】

型　号	额定电流(A)	工作位置		在通电持续率为25%时所能控制电动机		额定操作频率次/h	通断能力(A) 418 V $\cos\varphi=0.65$		手柄操作力(N) <	重量(kg)
		向前(上升)	向后(下降)	定转子最大电流(A)	最大功率(kW)		接通	分断		
TJ6–25/1	32	5	5	32	12.5	600	128 25 次	128 25 次	4	8
TJ6–25/2					2×6.3					10
TJ6–25/3		1	1		8					8
TJ6–60/1	63	5	5	80	32		252 25 次	252 25 次	5	9
TJ6–60/2					2×16					11
TJ6–60/3					2×25					9

(2) KT10 系列凸轮控制器

【特点及用途】KT10 系列凸轮控制器适用于起重设备中控制三相交流感应电动机的启动、停止、调速、换向及制动,也可用于有相同要求的其他电力驱动装置。

【规 格】

型 号	位置数		额定电流 (A)	控制器额定功率(kW)		分断能力(380 V) cosφ=0.65(安)
	左	右		220 V	380 V	
KT10-25J/1	5	5	25	7.5	11	
KT10-25J/2	5	5	25			
KT10-25J/3	1	1	25	3.5	5	
KT10-25J/5	5	5	25	2×3.5	2×5	77.5
KT10-25J/6	5	5	25	7.5	11	
KT10-25J/7	1	1	25	3.5	5	
KT10-60J/1	5	5	60	22	30	
KT10-60J/2	5	5	60			
KT10-60J/3	1	1	60	11	16	
KT10-60J/5	5	5	60	2×7.5	2×11	200
KT10-60J/6	5	5	60	22	30	
KT10-60J/7	1	1	60	11	16	

注:1. 控制器的额定功率为其控制的电动机在通电持续率 25% 时的额定功率。
   2. 控制器每小时关合次数不高于 600 次,超过须将控制器额定功率降低至 60%。
   3. 操作力 50 N,机械寿命 300 万次。

(3) KT14 系列凸轮控制器

【特点及用途】KT14 系列凸轮控制器适用于交流 50 Hz,电压 380 V 的电路中,主要用作起重机交流电动机的启动、调速及换向等。其具有可逆对称性电路,适合起重机的平移和升降机构所用。

【规　格】

型　号	额定电流(A)	位置数		在通电持续率为25%时所能控制的电动机				额定操作频率(次/h)	手柄操作力(N)	最大工作周期(min)	质量(kg)
		向前(上升)	向后(下降)	转子最大电流(A)	最大功率(kW)	形式	台数				
KT14-25J/1	25	5	5	32	11	线绕型	1	600	<49	10	14.5
KT14-25J/2				2×32	2×5.5		2				18.2
KT14-25J/3		1	1	32	5.5	笼型	1				13.5
KT14-60J/1	60	5	5	80	30	线绕型	1	600	<49	10	15
KT14-60J/2				2×32	2×11		2				18.2
KT14-60J/4				2×80	2×30		2				15

20. 电阻器

　　电阻器的作用在于控制电动机的限流和降压,其主要用作交流
50 Hz、电压 500 V 或 600 V、直流 440 V 的电路中,供电动机的启动、制动、
调速之用。

(1) ZX₁ 系列电阻器

型 号	20 ℃时的电阻值(Ω)						额定电流 (冷态值 A)	电阻 元件数
	总阻值	1 级	2 级	3 级	4 级	5 级		
ZX₁-1/5	0.10	0.03	0.02	0.02	0.03		215	20
ZX₁-1/7	0.14	0.042	0.028	0.028	0.042		181	20
ZX₁-1/10	0.20	0.06	0.04	0.04	0.06		152	20
ZX₁-1/14	0.28	0.084	0.056	0.056	0.084		128	20
ZX₁-1/20	0.40	0.12	0.08	0.08	0.12		107	20
ZX₁-1/28	0.56	0.168	0.112	0.112	0.168		91	20
ZX₁-1/40	0.80	0.24	0.16	0.16	0.24		76	20
ZX₁-1/55	1.10	0.33	0.22	0.22	0.33		64	20
ZX₁-1/80	1.60	0.48	0.32	0.32	0.48		54	20
ZX₁-1/110	2.20	0.66	0.44	0.44	0.66		46	20
ZX₁-2/38	1.52	0.456	0.304	0.304	0.228	0.228	55	40
ZX₁-2/54	2.16	0.648	0.432	0.432	0.324	0.324	46	40
ZX₁-2/75	3.0	0.9	0.6	0.6	0.45	0.45	39	40
ZX₁-2/105	4.2	1.26	0.84	0.84	0.63	0.63	33	40
ZX₁-2/140	5.6	1.68	1.12	1.12	0.84	0.84	29	40
ZX₁-2/200	8.0	2.4	1.6	1.6	1.2	1.2	24	40
ZX₁-2/280	11.2	3.36	2.24	2.24	1.68	1.68	20	40

注:1. 温度每增高 100 ℃,电阻值约增加 10% 。

2. 电阻值误差为±15% 。

(2) ZX$_2$ 系列电阻器

型　号	+20 ℃时的电阻值(Ω)		元件型号	额定电流(A)	电阻元件数据		电阻元件数量	重量(kg)
	总阻值	单片阻值			线材规格	匝数		
ZX$_2$-1/0.2	2	0.2	ZB1	42	10×1.0	15	10	21.6
ZX$_2$-1/0.25	2.5	0.25	ZB1	37	10×0.8	15	10	21
ZX$_2$-1/0.33	3.3	0.33	ZB1	32	10×0.6	15	10	20.2
ZX$_2$-1/0.4	4	0.4	ZB1	29	10×0.5	15	10	19.5
ZX$_2$-1/0.5	5	0.5	ZB1	26	10×0.4	15	10	19.1
ZX$_2$-1/0.66	6.6	0.66	ZB$_1$	23	10×0.3	15	10	18.8
ZX$_2$-2/0.7	7	0.7	ZB$_2$	22.3	ϕ2	2×36	10	22.6
ZX$_2$-2/0.9	9	0.9	ZB$_2$	19.9	ϕ1.8	2×36	10	21.5
ZX$_2$-2/1.1	11	1.1	ZB$_2$	17.7	ϕ1.6	2×36	10	20.7
ZX$_2$-2/1.45	14.5	1.45	ZB$_2$	15.4	ϕ1.4	2×36	10	19.8
ZX$_2$-2/1.95	19.5	1.95	ZB$_2$	13.8	ϕ1.2	2×36	10	19.6
ZX$_2$-2/2.8	28	2.8	ZB$_2$	11.2	ϕ2	74	10	22.6
ZX$_2$-2/3.5	35	3.5	ZB$_2$	10.1	ϕ1.8	74	10	21.4
ZX$_2$-2/4.4	44	4.4	ZB$_2$	8.9	ϕ1.6	74	10	20.5
ZX$_2$-2/5.8	58	5.8	ZB$_2$	7.7	ϕ1.4	74	10	19.7
ZX$_2$-2/8	80	8	ZB$_2$	6.6	ϕ1.2	74	10	18.9
ZX$_2$-2/12	120	12	ZB$_2$	5.4	ϕ1.2	112	10	20.8
ZX$_2$-2/18	180	18	ZB$_2$	4.4	ϕ1.0	112	10	19.5
ZX$_2$-2/21.6	216	21.6	ZB$_2$	4.0	ϕ0.9	112	10	19.1

续表

型 号	+20℃时的电阻值(Ω)		元件型号	额定电流(A)	电阻元件数据		电阻元件数量	重量(kg)
	总阻值	单片阻值			线材规格	匝数		
ZX$_2$-2/27.6	276	27.6	ZB$_2$	3.5	φ0.8	112	10	18.7
ZX$_2$-2/37	370	37	ZB$_2$	3.1	φ0.8	150	10	19.4
ZX$_2$-2/48	480	48	ZB$_2$	2.7	φ0.7	150	10	19.0
ZX$_2$-2/68	680	68	ZB$_2$	2.3	φ0.6	150	10	18.7
ZX$_2$-2/96	960	96	ZB$_2$	1.9	φ0.5	150	10	18.4
ZX$_2$-2/140	1 400	140	ZB$_2$	1.6	φ0.4	150	10	18.1
ZX$_2$-2/188	1 880	188	ZB$_2$	1.4	φ0.35	150	10	18.0
ZX$_2$-2/260	2 600	260	ZB$_2$	1.2	φ0.3	150	10	17.8

注:ZX$_2$ 系列电阻器由 ZB$_1$ 或 ZB$_2$ 型板形康铜电阻元件组成,其容量为 3.5 kw。在型号中"1"表示带状元件,"2"表示线状元件。

(3) ZX$_9$ 系列电阻器

型 号	额定电流(A)	电阻值(Ω)							电阻元件数量	重量(kg)
		总标准值	总计算值	1级	2级	3级	4级	5级		
ZX$_9$-1/10	215	0.1	0.106	0.032	0.021	0.021	0.032	–	40	15
ZX$_9$-2/14	181	0.14	0.14	0.042	0.028	0.028	0.042	–	40	15
ZX$_9$-3/20	152	0.20	0.188	0.063	0.031	0.031	0.063	–	48	15
ZX$_9$-4/28	128	0.28	0.254	0.085	0.042	0.042	0.085	–	48	15
ZX$_9$-1/40	107	0.40	0.426	0.128	0.085	0.085	0.128	–	40	15
ZX$_9$-2/55	91	0.55	0.56	0.168	0.112	0.112	0.168	–	40	15

续表

型　号	额定电流（A）	电阻值（Ω）							电阻元件数量	重量（kg）
		总标准值	总计算值	1 级	2 级	3 级	4 级	5 级		
ZX₉–3/80	76	0.80	0.756	0.252	0.126	0.126	0.252	–	48	15
ZX₉–4/110	64	1.10	1.016	0.339	0.169	0.169	0.339	–	48	15
ZX₉–5/152	55	1.52	1.467	0.489	0.306	0.306	0.183	0.183	48	10
ZX₉–6/216	46	2.16	2.019	0.673	0.421	0.421	0.252	0.252	48	10
ZX₉–5/300	39	3.0	2.935	0.855	0.612	0.612	0.428	0.428	96	15
ZX₉–6/420	33	4.2	4.044	1.18	0.842	0.842	0.59	0.59	96	15
ZX₉–7/560	29	5.6	5.378	1.57	1.12	1.12	0.784	0.784	96	16
ZX₉–8/800	24	0.8	7.396	2.16	1.54	1.54	1.078	1.078	96	16

注：ZX₉系列电阻器由汲浪形元件组成。

21. 变阻器

（1）BL1 系列励磁变阻器

【特点及用途】BL1 系列励磁变阻器适用于直流 500 V 以下的励磁电路中，作调整直流或交流电动机的电压所用，亦用于调整直流电动机的转速等。

【规　格】

电动机		级数		重量
容量(W)	额定电流(A)	不开路接线	带开路接线	(kg)
300	15	32	30	6.5
450	15	32	30	8.0
650	15	40	38	11.5
900	15	60	58	15.5
1 200	15	64	62	24.0
1 800	15	64	62	28.0
2 400	15	64	62	32
2 500	25	120	118	43
3 500	25	120	118	45
4 500	25	142	140	48

注:传动装置为小手轮。

(2) BP1 系列频敏变阻器

【特点及用途】BP1 系列频敏变阻器为 50 Hz 三相交流绕线型,适用于容量自 22 kW 至 2 5240 kW 电动机的启动、反接之用。有偶尔启动用频敏变阻器和重复短时工作制用频敏变阻器两种类型。

(a)偶尔启动用频敏变阻器

偶尔启动用频敏变阻器技术性能:①轻载启动用频敏变阻器,适用于启动负载为轻载,$\mu c \leqslant 0.5$ 的传动设备;重轻载启动用频敏变阻器,适用于启动负载为重轻载,$\mu c \leqslant 0.8$ 的传动设备;重载启动用频敏变阻器,适用于启动负载为重载,$\mu c \leqslant 0.9$ 的传动设备。②总启动时间,轻载系列不得超过 60s;重轻载系列不得超过 90s;重载系列不得超过 90s。

规 格 1　成都万兴电器有限公司产品

电动机容量 (kW)	额定电流 (A)	轻载启动用		重轻载启动用		重载起动用	
		型号	合数及接法	型号	合数及接法	型号	合数及接法
22~28	51~63			BP1-205/10005	1	BP1-205/8006	1
	64~80			BP1-205/8006	1	BP1-205/6308	1
	81~100			BP1-205/6308	1	BP1-205/5010	1
	101~125			BP1-205/5010	1	BP1-205/4012	1
29~35	51~63			BP1-206/10005	1	BP1-206/8006	1
	64~80			BP1-206/8006	1	BP1-206/6308	1
	81~100			BP1-206/6308	1	BP1-206/5010	1
	101~125			BP1-206/5010	1	BP1-206/4012	1
36~45	51~63	BP1-204/16003	1	BP1-208/10005	1	BP1-208/8006	1
	64~80	BP1-204/12504	1	BP1-208/8006	1	BP1-208/6308	1
	81~100	BP1-204/10005	1	BP1-208/8006	1	BP1-208/6308	1
	101~125	BP1-204/8006	1	BP1-208/5010	1	BP1-208/4012	1

续表

电动机		轻载启动用		重轻载启动用		重载起启动用	
容量(kW)	额定电流(A)	型号	台数及接法	型号	台数及接法	型号	台数及接法
46~55	64~80	BP1-205/12504	1	BP1-210/8006	1	BP1-210/6308	1
	81~100	BP1-205/10005	1	BP1-210/6308	1	BP1-210/5010	1
	101~125	BP1-205/8006	1	BP1-210/5010	1	BP1-210/4012	1
	126~160	BP1-206/6308	1	BP1-212/4012	1	BP1-212/3216	1
56~70	161~200	BP1-206/5010	1	BP1-212/3216	1	BP1-212/2520	1
	201~250	BP1-206/4012	1	BP1-212/2520	1	BP1-212/2025	1
	251~315	BP1-206/3216	1	BP1-212/2025	1	BP1-212/1632	1
71~90	161~200	BP1-208/5010	1	BP1-305/5016	1	BP1-305/4020	1
	201~250	BP1-208/4012	1	BP1-305/4020	1	BP1-305/3225	1
	251~315	BP1-208/3216	1	BP1-305/3225	1	BP1-305/2532	1
	316~400	BP1-208/2520	1	BP1-305/2532	1	BP1-305/2040	1
91~115	161~200	BP1-210/5010	1	BP1-306/5016	1	BP1-306/4020	1
	201~250	BP1-210/4012	1	BP1-306/4020	1	BP1-306/3225	1

续表

电动机		轻载启动用		重轻载启动用		重载起动用	
容量(kW)	额定电流(A)	型号	合数及接法	型号	合数及接法	型号	合数及接法
91~115	251~315	BP1-210/3216	1	BP1-306/3225	1	BP1-306/2532	1
	316~400	BP1-210/2520	1	BP1-306/2532	1	BP1-306/2040	1
120~140	201~250	BP1-212/4012	1	BP1-308/4020	1	BP1-308/3225	1
	251~315	BP1-212/3216	1	BP1-308/3225	1	BP1-308/2532	1
	316~400	BP1-212/2520	1	BP1-308/2532	1	BP1-308/2040	1
	401~500	BP1-212/2025	1	BP1-308/2040	1	BP1-308/1650	1
145~180	201~250	BP1-305/6312	1	BP1-310/4020	1	BP1-310/3225	1
	251~315	BP1-305/5016	1	BP1-310/3225	1	BP1-310/2532	1
	316~400	BP1-305/4020	1	BP1-310/2532	1	BP1-310/2040	1
	401~500	BP1-305/3225	1	BP1-310/2040	1	BP1-310/1650	1
185~225	201~250	BP1-306/6312	1	BP1-312/4020	1	BP1-312/3225	1
	251~315	BP1-306/5016	1	BP1-312/3225	1	BP1-312/2532	1
	316~400	BP1-306/4020	1	BP1-312/2532	1	BP1-312/2040	1

续表

电动机		轻载启动用		重轻载启动用		重载起动用	
容量(kW)	额定电流(A)	型号	台数及接法	型号	台数及接法	型号	合数及接法
230~280	401~500	BP1-306/3225	1	BP1-312/2040	1	BP1-312/1650	1
	201~250	BP1-308/6312	1	BP1-316/4020	1	BP1-316/3225	1
	251~315	BP1-308/5016	1	BP1-316/3225	1	BP1-316/2532	1
	316~400	BP1-308/4020	1	BP1-316/3232	1	BP1-316/2532	1
	401~500	BP1-308/3225	1	BP1-316/2040	1	BP1-316/1650	1
285~355	251~315	BP1-310/5016	1	BP1-310/6312	2并	BP1-310/5016	2并
	316~400	BP1-310/4020	1	BP1-310/5016	2并	BP1-310/4020	2并
	401~500	BP1-310/3225	1	BP1-310/4020	2并	BP1-310/3225	2并
	501~630	BP1-310/2532	1	BP1-310/3225	2并	BP1-310/2532	2并
360~450	251~315	BP1-312/5016	1	BP1-312/6312	2并	BP1-312/5016	2并
	316~400	BP1-312/4020	1	BP1-312/5012	2并	BP1-312/4020	2并
	401~500	BP1-312/3225	1	BP1-312/4020	2并	BP1-312/3225	2并
	501~630	BP1-312/2532	1	BP1-312/3225	2并	BP1-312/2532	2并

续表

电动机		轻载启动用		重轻载启动用		重载起动用	
容量 (kW)	额定电流 (A)	型号	台数及 接法	型号	台数及 接法	型号	台数及 接法
460~560	316~400	BP1-316/4020	1	BP1-316/5016	2并	BP1-312/4020	2并
	401~500	BP1-316/3225	1	BP1-316/4020	2并	BP1-316/3225	2并
	501~630	BP1-316/2532	1	BP1-316/3225	2并	BP1-316/2532	2并
	631~800	BP1-316/2040	1	BP1-316/2532	2并	BP1-316/2040	2并
570~710	316~400	BP1-310/4020	2串	BP1-310/5016	2串2并	BP1-310/4020	2串2并
	401~500	BP1-310/3225	2并	BP1-310/4020	2串2并	BP1-310/3225	2串2并
	501~630	BP1-310/5016	2并	BP1-310/3225	2串2并	BP1-310/2532	2串2并
	631~800	BP1-310/4020	2串	BP1-310/2532	2串2并	BP1-310/2040	2串2并
720~900	401~500	BP1-312/3225	2串	BP1-316/6312	3并	BP1-316/5016	3并
	501~630	BP1-312/2532	2串	BP1-316/5016	3并	BP1-316/4020	3并
	631~800	BP1-312/4020	2并	BP1-316/4020	3并	BP1-316/3225	3并
	801~1000	BP1-312/3225	2并	BP1-316/3225	3并	BP1-316/2532	3并
910~1120	401~500	BP1-316/3225	2串	BP1-316/4020	2串2并	BP1-316/3225	2串2并

续表

电动机 容量(kW)	额定电流(A)	轻载启动用 型号	台数及接法	重轻载启动用 型号	台数及接法	重载起动用 型号	台数及接法
	501~630	BP1-316/2532	2串	BP1-316/3225	2串2并	BP1-316/2532	2串2并
	631~800	BP1-316/4020	2串	BP1-316/5016	4并	BP1-316/4020	4并
	801~1000	BP1-316/3225	2并	BP1-316/4020	4并	BP1-316/3225	4并
	631~800	BP1-310/4020	2串2并	BP1-316/6312	5并	BP1-316/5016	5并
1130~1400	801~1000	BP1-310/3225	2串2并	BP1-316/5016	5并	BP1-316/4020	5并
	1001~1250	BP1-310/2532	2串2并	BP1-316/4020	5并	BP1-316/3225	5并
	1251~1600	BP1-310/2040	2串2并	BP1-316/3225	5并	BP1-316/2532	5并
	801~1000	BP1-316/5016	3并	BP1-316/3225	2串3并	BP1-316/2532	2串3并
1410~1800	1001~1250	BP1-316/4020	3并	BP1-316/2532	2串3并	BP1-316/2040	2串3并
	1251~1600	BP1-316/3225	3并	BP1-316/2040	2串3并	BP1-316/3225	6并
	1601~2000	BP1-316/2532	3并	BP1-316/1650	2串3并	BP1-316/2532	6并
1810~2240	801~1000	BP1-316/3225	2串2并	BP1-316/4020	2串4并	BP1-316/3225	2串4并
	1001~1250	BP1-316/2532	2串2并	BP1-316/3225	2串4并	BP1-316/2532	2串4并

续表

电动机		轻载启动用		重轻载启动用		重载起动用	
容量 (kW)	额定电流 (A)	型号	台数及接法	型号	台数及接法	型号	台数及接法
	1251～1600	BP1-316/4020	4并	BP1-316/2532	2串4并	BP1-316/4020	8并
	1601～2000	BP1-316/3225	4并	BP1-316/2040	2串4并	BP1-316/3225	8并

(b) 重复短时工作制频敏变阻器

重复短时工作制频敏变阻器用于电动机后按启动次数及操作频繁程度大致可分为：400s/h,630s/h,1 000 s/h,1 600s/h 四类。

【规　格】成都方兴电器有限公司产品

频敏变阻器

电动机		tqz=400 s/h 250 次以下/h		tqz=630 s/h 250～400 次/h		tqz=1 000 s/h 400～630 次/h		tqz=1 600 s/h 630 次上/h	
容量 (kW)	额定电流 (A)	型号	台数及接法	型号	台数及接法	型号	台数及接法	型号	台数及接法
2～2.5	12～16	BP1-504/12504	1	BP1-004/10003	1	BP1-006/8004	1	BP1-010/6305	1
3.2～4	12～16			BP1-006/10003	1	BP1-010/8004	1	BP1-508/8006	1
4.1～5	18～22			BP1-008/8004	1	BP1-012/6305	1	BP1-510/6308	1
6.3～8	19～25			BP1-506/10005	1	BP1-510/8006	1	BP1-406/8010	1

续表

电动机		频敏变阻器							
		tqz=400 s/h 250 次以下/h		tqz=630 s/h 250~400 次/h		tqz=1 000 s/h 400~630 次/h		tqz=1 600 s/h 630 次上/h	
6.3~8	26~32	BP1-504/10005	1	BP1-506/8006		BP1-510/6308		BP1-406/6312	1
10~12.5	32~40	BP1-506/8006	1	BP1-510/6308		BP1-406/6312		BP1-410/5016	1
10~12.5	41~50	BP1-506/6306	1	BP1-510/5010		BP1-406/5016		BP1-410/4020	1
12.6~16	40~50	BP1-508/6308	1	BP1-512/5010		BP1-408/5016		BP1-412/4020	1
20~25	63~80	BP1-512/4012	1	BP1-408/4020		BP1-412/3225		BP1-410/2532	2 串
26~32	63~80	BP1-406/5016	1	BP1-410/4020		BP1-416/3225		BP1-412/2532	2 串
26~32	125~160	BP1-406/2532	1	BP1-410/2040		BP1-416/1650	1	BP1-412/2532	2 并
40~50	125~160	BP1-410/2532	1	BP1-416/2040	1	BP1-412/3225	2 并	BP1-410/2532	2 串 2 并
51~63	125~160	BP1-412/2532	1	BP1-410/4020	2 并	BP1-416/3225	2 并	BP1-412/2532	2 串 2 并
64~80	160~200	BP1-416/2040	1	BP1-412/3225	2 并	BP1-410/2532	2 串 2 并	BP1-410/2040	2 串 2 并
81~100	160~200	BP1-410/4020	2 并	BP1-416/3225	2 并	BP1-412/2532	2 串 2 并		
101~125	160~200	BP1-410/4020	2 并	BP1-416/2532	2 并	BP1-416/2532	2 串 2 并		

(c) BP1 系列频敏变阻器外形及安装尺寸

型　　号	安装尺寸(C×D)(mm)	外形尺寸 A×B×H(mm)	重量(kg)
BP1-004/…	225×98	270×260×245	9
BP1-006/…	225×122	270×290×245	12
BP1-008/…	225×146	270×320×245	14
BP1-010/…	225×170	270×340×245	17
BP1-012/…	225×194	270×360×245	19
BP1-204/…	275×105	325×300×250	17
BP1-205/…	275×119	325×315×250	20
BP1-206/…	275×134	325×330×250	23
BP1-208/…	275×162	325×360×250	29
BP1-210/…	275×190	325×390×250	35
BP1-212/…	275×218	325×420×250	41
BP1-305/…	410×143	470×340×330	55
BP1-306/…	410×157	470×355×330	64
BP1-308/…	410×185	470×380×330	81
BP1-310/…	410×213	470×410×330	98
BP1-312/…	410×240	470×440×330	115
BP1-316/…	410×295	470×500×330	150
BP1-406/…	410×160	470×360×330	48
BP1-408/…	410×195	470×390×330	60
BP1-410/…	410×227	470×430×330	72
BP1-412/…	410×258	470×460×330	84
BP1-416/…	410×320	470×520×330	108
BP1-504/…	275×108	325×306×250	14
BP1-506/…	275×140	4325×340×250	18
BP1-508/…	275×172	325×370×250	23
BP1-510/…	275×204	325×400×250	27
BP1-512/…	275×236	325×440×250	31

22. 荧光灯镇流器

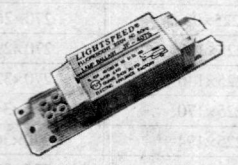

【特点及用途】荧光灯镇流器是荧光灯工作照明的重要构件,其作用是启动时促使灯管瞬间放电,工作时限制灯管中电流,以保证荧光灯的照明。

【规　　格】广州市九佛电器有限公司产品

型号	适用灯管	输入电流(A)	输入功率(W)	功率因数(cosφ)	基本尺寸(mm)
7W(JF-775W)	PL 7W	0.175	11.5	0.26	
9W(JF-975W)	PL 9W	0.170	13.5	0.33	
11W(JF-1175W)	PL 11W	0.155	15.5	0.38	(A)型
13W(JF-1375W)	PL 13W	0.170	17.5	0.41	
15W(JF-1575W)	FL T8-T10 15W	0.33	23	0.29	
18W(JF-1875W)	PL 18W	0.220	25	0.43	
20W(JF-2075W)	FL T8-T12 20(18)W	0.37	28	0.34	(B)、(C)型
22W(JF-2275W)	环形 22W	0.40	30	0.34	
30W(JF-3075W)	FL T8-T12 30W	0.36	38	0.45	
32W(JF-3275W)	环形 32W	0.45	43	0.38	
40W(JF-4075W)	FL T8-T12 40(36)W	0.43	49	0.53	
65W(JF-6575W)	FL T8-T12 65(58)W	0.67	78	0.50	

23. 单端紧凑型荧光灯镇流器

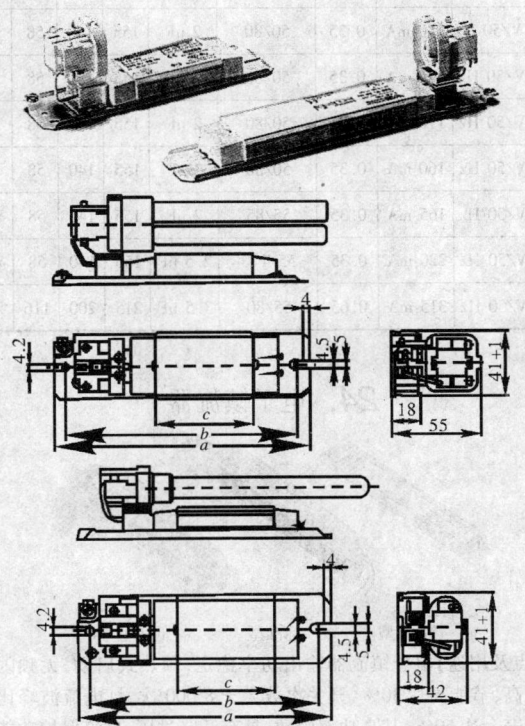

【特点及用途】单端紧凑型荧光灯镇流器外形尺寸小巧,厚度仅有 18 mm。可以广泛用于各种场合。由于灯座、泛光板和镇流器结合设计,故能够非常方便的安装使用。

【规 格】华东电子集团光源科技公司产品

功率 (W)	工作电压 /频率	工作 电流	重量 (kg)	△T/△Tam (k)	补偿 电容	基本尺寸(mm)			适用 灯型
						a	*b*	*c*	
5	230 V/50 Hz	180 mA	0.35	50/80	2 uF	155	140	58	U 型
7	230V/50 Hz	175 mA	0.35	50/80	2 uF	155	140	58	U 型
9	230V/50 Hz	170 mA	0.35	50/80	2 uF	155	140	58	U 型
11	230V/50 Hz	160 mA	0.35	50/80	2 uF	155	140	58	U 型
13	230V/50 Hz	165 mA	0.35	55/85	2 uF	155	140	58	双 U 型
18	230V/50 Hz	220 mA	0.35	55/110	2.5 uF	155	140	58	双 U 型
26	230V/50 Hz	315 mA	0.65	55/80	3.5 uF	215	200	116	双 U 型

24. 电子镇流器

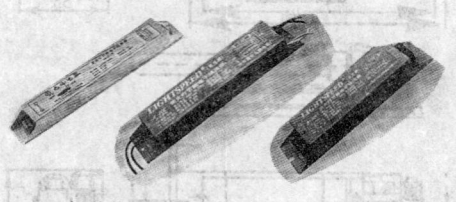

加强型 标准型 低压型

【特点及用途】电子镇流器输出功率稳定,预热式启动,无频闪现象,输出光通高,节能高达 30% ,开关次数大于 8 000 次,灯电流波峰比少,可延长灯管寿命达 50% ,其高功率因数,具有开路过压、过流保护功能,低谐波,对家用电器、电脑、通讯办公设备无干扰。

【规　　格】广州市九佛电器有限公司产品

型　号	JF2000(加强型)			JF980(标准型)		JF998(低压型)	
	32 W	18/20 W	36/40 W	18/20 W	36/40 W	20 W	40 W
额定电压(V)	220～240					12～24	
适用电压范围(V)	160～260						
输入频率(Hz)	50～60						
起辉温度(℃)	−1…+15						
起辉型式	预热启动			快速启动			
灯管类型(T)	5	8,10	8,10	8,10	8,10	8,10	
灯管功率(W)	29	16	32	16	32		
输入功率	33±3	19±3	35±3	19±3	35±3		
输入电流(A)	0.15	0.085	0.17	0.085	0.17		
功率因素	0.95						
波峰系数	1.5						
泄漏电流(mA)	<0.5						
外壳最高温度(℃)	<50			<70		<70	
超电压保护	★						
过电流保护	★			★			
负载开路保护	★						

25. 可调光电子镇流器

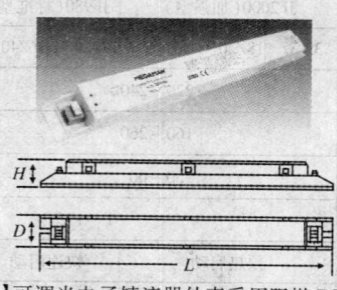

【特点及用途】可调光电子镇流器外壳采用阻燃 PC 塑料,适用于不同环境,卡槽式接线,可直接用于调光电路,光谱连续可调,光度从 10% ~ 100%,无频闪,无噪音,节能方便。

【规　　格】曼佳美电器产品

型号	额定电压	额定电流	工作温度	功率因数	负载功率	基本尺寸 ($L×D×H$)
BF0736	220 ~ 240 V 50 Hz	0.13 ~ 0.23 A	−10 ~ +40 ℃	≥0.5	1×36 W (T8) 1×40 W (T12)	331×32 ×27 mm

26. 通用电压型环形及紧凑型荧光灯电子镇流器

【特点及用途】该电子镇流器通用电压 108 ~ 305 V,一机可拖多品种、多型号一或二灯,全电压范围内保持恒定光通量输出,超高性能,低谐波失真(< 10%),高功率因素(>0.98)。其具有更换灯管后自动及灯管寿终保护功能,是筒灯、吸顶灯和户外灯的理想组合的镇流器。

[规 格]环球迈特照明电子有限公司产品

型号	启动方式	配用灯管	灯管数量(只)	电压(V)	频率(Hz)	适用电压范围(V)	输入功率(W)	输入电流(A)	流明系数	功率因数	总谐波失真	波峰系数	最低启动温度(℃)
	预热	CFL T4H/U π形 26W	2	120	50/60	108~305	56	0.49	.98	>0.98	<10%	<1.5	0/-18
	预热	CFL T4H/U π形 26W	2	277	50/60	108~305	56	0.21	.98	>0.98	<10%	<1.5	0/-18
	预热	CFL T4H/U π形 26W	1	120	50/60	108~305	28	0.25	1.02	>0.98	<10%	<1.5	0/-18
	预热	CFL T4H/U π形 26W	1	277	50/60	108~305	28	0.11	1.02	>0.98	<10%	<1.5	0/-18
C2642 UNVSE	预热	CFL T4H/U π形 42W	1	120	50/60	108~305	48	0.42	.98	>0.98	<10%	<1.5	0/-18
	预热	CFL T4H/U π形 42W	1	277	50/60	108~305	48	0.18	.98	>0.98	<10%	<1.5	0/-18
C2642 UNVBE	预热	CFL T4H/U π形 32W	1	120	50/60	108~305	36	0.32	1.00	>0.98	<10%	<1.5	0/-18
	预热	CFL T4H/U π形 32W	1	277	50/60	108~305	36	0.14	1.00	>0.98	<10%	<1.5	0/-18
C2642 UN-VBES	预热	CFL T4H/U π形 24W	1	120	50/60	108~305	30	0.26	.90	>0.98	<10%	<1.6	0/-18
	预热	CFL T4H/U π形 24W	1	277	50/60	108~305	30	0.11	.90	>0.98	<10%	<1.6	0/-18
	预热	2D 28W	1	120	50/60	108~305	31	0.27	.95	>0.98	<10%	<1.6	0/-18
	预热	2D 28W	1	277	50/60	108~305	31	0.12	.95	>0.98	<10%	<1.6	0/-18
	预热	环形 T5 22W	1	120	50/60	108~305	25	0.22	1.00	>0.98	<10%	<1.5	0/-18
	预热	环形 T5 22W	1	277	50/60	108~305	25	0.10	1.00	>0.98	<10%	<1.5	0/-18

续表

型号	启动方式	配用灯管	灯管数量(只)	电源 电压(V)	电源 频率(Hz)	适用电压范围(V)	输入功率(W)	输入电流(A)	流明系数	功率因数	总谐波失真	波峰系数	最低启动温度(℃)
	预热	环形 T5 40W	1	120	50/60	108~305	42	0.37	.98	>0.98	<10%	<1.5	0/-18
	预热	环形 T5 40W	1	277	50/60	108~305	42	0.16	.98	>0.98	<10%	<1.5	0/-18
	预热	2D 38W	1	120	50/60	108~305	33	0.29	.80	>0.98	<10%	<1.6	0/-18
	预热	2D 38W	1	277	50/60	108~305	33	0.13	.80	>0.98	<10%	<1.6	0/-18

注:附外形图示及基本尺寸。

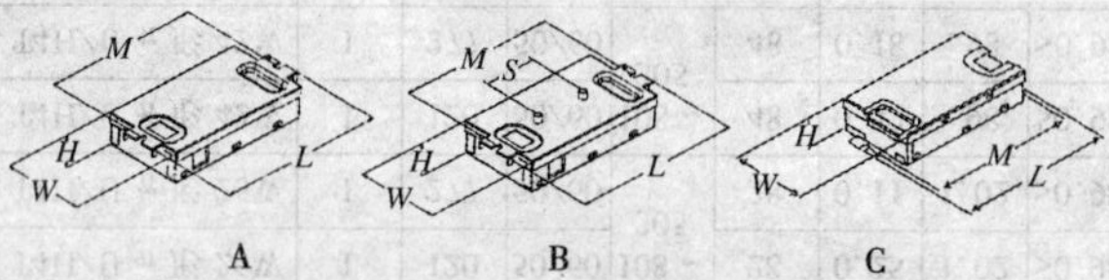

A   B   C

基本尺寸	L(mm)	W(mm)	S(mm)	M(mm)	H(mm)	型号
A	125	61	—	118	25.4	C2642UNVSE
B	125	61	—	118	25.4	C2642UNVBE
C	125	61	50.8	118	25.4	C2642UNVBES

27. 环形荧光灯可调光电子镇流器

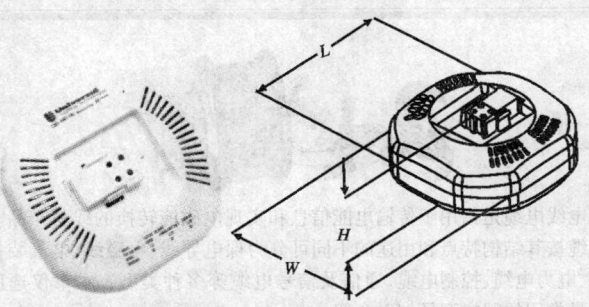

【特点及用途】环形荧光灯可调光电子镇流器适用于各种落地灯和台灯系统,2C65W 和 2D55W 灯管可通用,调光范围 10% ~ 100%,良好的启动特性可提高灯管寿命,省电效果明显,荧光灯管表面工作温度低。

【规　格】

型号	启动方式	配用灯管	灯管数量(只)	电源		适用电压范围(V)	输入功率(W)	输入电流(A)	波峰系数	最低启动温度(℃)	基本尺寸(mm)		
				电压(V)	频率(Hz)						L	W	H
CBD–165	预热	E2C 65W	1	220	50/60	198 ~ 242	67	0.60	<1.7	32/0	94	94	43
	预热	2D 55W	1	220	50/60	198 ~ 242	58	0.55	<1.7	32/0			
	预热	2C 40W	1	220	50/60	198 ~ 242	55	0.50	<1.7	32/0			
CBD–165C –120S	预热	E2C 65W	1	120	60	108 ~ 132	67	0.94	<1.7	32/0			
	预热	2D 55W	1	120	60	108 ~ 132	58	0.85	<1.7	32/0			
	预热	2D 55W	1	120	60	108 ~ 132	55	0.88	<1.7	32/0			

第二十七章　电线电缆

　　电线电缆是指用于传输电能信息和实现电磁能转换的线材产品。电线电缆按其结构特点和用途的不同可分为裸电导线、电磁线、电气装备用线缆、电力电缆、控制电缆、通信及信号电缆等多种类型。本章仅选用了部分最常用的规格型号加以介绍。

1. 电线电缆的识别标志

　　为确保电线电缆的正确安装和安全使用,GB6995—86 对电线电缆产品及其芯线作了明确规定。

　　电线电缆识别标志以颜色、文字、符号作为标志。

　　电线电缆用标志颜色色谱共有 12 种:即白色、红色、黑色、黄色、蓝色、绿色、橙色、灰色、棕色、青绿色、紫色、粉红色。

　　接地线芯或类似保护目的用线芯,必须用绿/黄组合颜色为识别标志,且绿/黄组合颜色不允许用到其他线芯上。绿/黄组合颜色的其中一种颜色,在线芯表面上应占 30% ～70% ;余下部分为另一种颜色,此颜色应在整个长度的线芯上保持一致。

　　多芯电缆中的绿/黄组合颜色线芯,应放在缆芯的最外层。

　　在有绿/黄组合颜色线芯的缆芯中,应尽量避免采用黄色或绿色作为其他线芯的识别标志。

　　电力电缆颜色使用的规定:

　　a. 二芯电缆的颜色应为红、浅蓝(或蓝)色。

　　b. 三芯电缆的颜色应为红、黄、绿色。

　　c. 四芯电缆的颜色应为红、黄、绿用于主芯线，浅蓝色为中性线芯。

　　d. 多芯电缆也可采用数字标志。文字、字母或符号标志应以简要、明确的形式标志，做到用户一看便能明白。

2. 电线电缆型号中字母含义

种类名称	字母含义		
	类别字母	特征字母	派生字母
裸电导线	T(铜线) L(铝线) T(天线) M(母线) C(电车线) ……	形状:Y(圆形) 　　　G(沟形) 加工:J(绞制) 　　　X(镀锡) 软硬:R(柔软) 　　　Y(硬) 其他:F(防腐) 　　　G(钢芯)	A 或 1(第一种) B 或 2(第二种) ……
电磁线	T(铜线) L(铝线) TWC(无磁性铜)	形状:B(扁线)　　D(带箔) 　　　J(绞制)　　R(柔软) 绝缘层: ①绝缘漆 　Q(绝缘漆)　　　QA(聚氨酯漆) 　QG(硅有机漆)　QH(环氧漆) 　QQ(缩醛漆) 　QXY(聚酰胺酰亚胺漆) 　QY(聚酰亚胺漆) 　QZ(聚酯漆)　　　QX(聚酰胺漆) 　QZY(聚酯亚胺漆) ②绝缘纤维 　M(棉纱)　　　　SB(玻璃丝) 　SR(人造丝)　　　ST(天然丝) 　Z(纸) ③其他 　B(编织)　　　　E(双层) 　J(加厚)　　　　C(醇酸浸渍) 　G(醇酸浸渍)　　N(自黏性) 　NF(耐冷冻)　　S(彩色、三层) 　V(聚氯乙烯)　　BM(玻璃膜) 　YM(一氧化膜)　……	1(1 级薄漆膜) 2(2 级薄漆膜) …… Ⅰ(第Ⅰ型) Ⅱ(第Ⅱ型) ……

续表

种类名称	字母含义		
	类别字母	特征字母	派生字母
电气装备用电线电缆	A(安装) B(布电线) F(飞机用低压线) Y(一般工业移动电器用线) SB(无线电装置用电缆) T(天线) HR(电话软线) I(电影用电缆) ……	绝缘层: 　X(橡皮)　　　V(聚氯乙烯) 　F(氟塑料)　　Y(聚乙烯) 　ST(天然丝)　　SE(双丝包) 　B(聚丙烯)　　VZ(阻燃聚氯乙烯) 　R(辐照聚乙烯) 护套: 　H(橡套)　　　B(编织套) 　N(尼龙套)　　SK(尼龙丝) 　V(聚氯乙烯)　VZ(阻燃聚氯乙烯) 　L(腊克)	P(屏蔽) R(软) B(平行) D(带形) S(双绞) T(特种) P_1(缠绕屏蔽)
电力电缆	T(铜线通常省略) L(铝线)	绝缘层: 　Z(纸、油纸)　　X(天丝橡皮) 　XE(乙丙橡皮)　V(聚乙烯) 　YJ(交联聚乙烯) 内护套: 　H(橡套)　　　　L(铝护套) 　Q(铅护套)　　　V(聚氯乙烯护套) 　Y(聚乙烯护套)　LW(皱纹铝护套) 其他: 　D(不滴流)　　　F(分相金属护套) 　CY(充油电缆) 外护层: 　①第1位数字代号 　　0(无铠装层) 　　2(双层钢带铠装层) 　　3(细圆钢丝铠装层) 　　4(粗圆钢丝铠装层) 　②第2位数字代号 　　0(无外被层) 　　1(纤维绕包(涂沥青)外被层) 　　2(聚氯乙烯套外被层) 　　3(聚乙烯套外被层)	

续表

种类名称	字母含义		
	类别字母	特征字母	派生字母
控制电缆（K）	T(铜芯) L(铝芯)	绝缘层： 　X(橡皮)　　　　V(聚氯乙烯) 　Y(聚乙烯) 护套、屏蔽： 　V(聚氯乙烯)　Y(聚乙烯) 　Q(铅套)　　　F(氯丁胶) 　P(屏蔽) 外护层：02、03、20、22、23、30、32、33	
通信及信号电缆	H（市内电话电缆） HB(通信线) HR(电话软线) P(信号电缆) …… T(铜芯) L(铝芯) G(铁芯)	绝缘层： 　X(橡皮)　　　　V(聚氯乙烯) 　Y(聚乙烯)　　　YF(泡漆聚乙烯) 　Z(纸) 内护套： 　H(橡套)　　　　L(铝套) 　Q(铅套)　　　　V(聚氯乙烯套) 　…… 外护层：02、03、20、21、22、23、31、32、 　　33、41、42、43、(2)*、(11)*、 　　(20)*、(29)*……	1(第1种) 2(第2种)

注：*括号内数字2、11、20、29分别代表信号电缆外护层：钢带铠装麻被护层、裸金
　　属护套—级外护层、裸钢带铠装护层和内钢带铠装护层。

3. 450/750 V 及以下聚氯乙烯绝缘电缆(线)

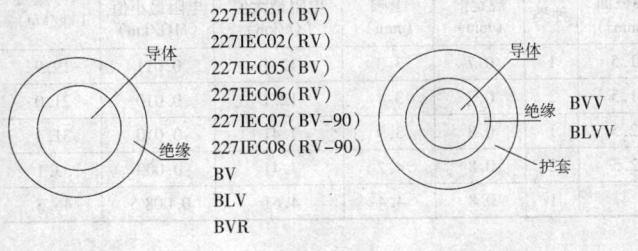

227IEC01（BV）
227IEC02（RV）
227IEC05（BV）
227IEC06（RV）
227IEC07（BV-90）
227IEC08（RV-90）
BV
BLV
BVR

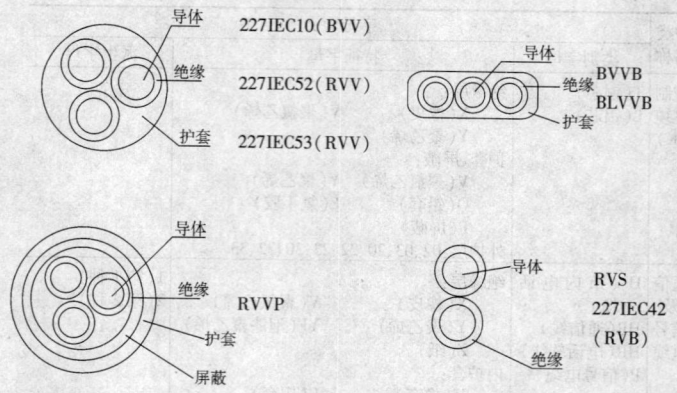

【特点及用途】额定电压 450／750 V 及以下聚氯乙烯绝缘电缆(线)主要用于交流额定电压 450／750 V 及以下的动力装置和照明线路,其结构形状多种,通常成圈供应,长度为 100 m。

【规　格】重庆泰山电线电缆有限责任公司产品

a. 单芯硬导体无护套电缆(450/750 V)

227 IEC 01 (BV)型

导体标称截面（mm²）	导体种类	绝缘厚度规定值（mm）	平均外径上限（mm）	20℃导体直流电阻最大值（Ω/km）	70℃绝缘电阻最小值（MΩ/km）	参考重量（kg/km）
1.5	1	0.7	3.3	12.1	0.011	19.9
1.5	2	0.7	3.4	12.1	0.010	21.0
2.5	1	0.8	3.9	7.41	0.010	31.4
2.5	2	0.8	4.2	7.41	0.009	33.1
4	1	0.8	4.4	4.61	0.008 5	46.3

续表

导体标称截面 （mm²）	导体种类	绝缘厚度规定值 （mm）	平均外径上限 （mm）	20 ℃导体直流电阻最大值 （Ω/km）	70 ℃绝缘电阻最小值 （MΩ/km）	参考重量 （kg/km）
4	2	0.8	4.8	4.61	0.007 7	49.0
6	1	0.8	4.9	3.08	0.007 0	66.0
6	2	0.8	5.4	3.08	0.006 5	69.4
10	1	1.0	6.4	1.83	0.007 0	116
10	2	1.0	6.8	1.83	0.006 5	120
16	2	1.0	8.0	1.15	0.005 0	175
25	2	1.2	9.8	0.727	0.005 0	275
35	2	1.2	11.0	0.524	0.004 0	372
50	2	1.4	13.0	0.387	0.004 5	496
70	2	1.4	15.0	0.268	0.003 5	701
95	2	1.6	17.0	0.193	0.003 5	969
120	2	1.6	19.0	0.153	0.003 2	1 202
150	2	1.8	21.0	0.124	0.003 2	1 478
185	2	2.0	23.5	0.099 1	0.003 2	1 853
240	2	2.2	26.5	0.075 4	0.003 2	2 417
300	2	2.4	29.5	0.060 1	0.003 0	3 024
400	2	2.6	33.5	0.047 0	0.002 8	3 824

b. 单芯软导体无护套电缆（450/750 V）

227 IEC 02（RV）型

导体标称截面 （mm²）	绝缘厚度规定值 （mm）	平均外径上限 （mm）	20 ℃导体直流电阻最大值 （Ω/km）	70 ℃绝缘电阻最小值 （MΩ/km）	参考重量 （kg/km）
1.5	0.7	3.5	13.3	0.010	20.5

续表

导体标称截面（mm²）	绝缘厚度规定值（mm）	平均外径上限（mm）	20 ℃导体直流电阻最大值（Ω/km）	70 ℃绝缘电阻最小值（MΩ/km）	参考重量（kg/km）
2.5	0.8	4.2	7.98	0.009	32.5
4	0.8	4.8	4.95	0.007	52
6	0.8	6.3	3.30	0.006	74
10	1.0	7.6	1.91	0.005 6	124
16	1.0	8.8	1.21	0.004 6	185
25	1.2	11.0	0.78	0.004 4	288
35	1.2	12.5	0.554	0.003 8	397
50	1.4	14.5	0.386	0.003 7	557
70	1.4	17.0	0.272	0.003 2	772
95	1.6	19.0	0.206	0.003 2	1 002
120	1.6	21.0	0.161	0.002 9	1 216
150	1.8	23.5	0.129	0.002 9	1 529
185	2.0	26.0	0.106	0.002 9	1 923
240	2.2	29.5	0.081	0.002 8	2 477

c. 导体温度为70 ℃的单芯实心导体无护套电缆（300/500 V）227 IEC 05（BV）型

导体标称截面（mm²）	绝缘厚度规定值（mm）	平均外径上限（mm）	20 ℃导体直流电阻最大值（Ω/km）	70 ℃绝缘电阻最小值（MΩ/km）	参考重量（kg/km）
0.5	0.6	2.4	3.0	0.015	8.5
0.75	0.6	2.6	24.5	0.012	11.2
1	0.6	2.8	18.1	0.011	13.9

d. 导体温度为 70 ℃的单芯软导体无护套电缆(300/500 V)

227 IEC 06(RV)型

导体标称截面(mm²)	绝缘厚度规定值(mm)	平均外径上限(mm)	20 ℃导体直流电阻最大值(Ω/km)	70 ℃绝缘电阻最小值(MΩ/km)	参考重量(kg/km)
0.5	0.6	2.6	39.0	0.013	9.1
0.75	0.6	2.8	26.0	0.011	12.1
1	0.6	3.0	19.5	0.010	14.8

e. 导体温度为 90 ℃的单心实心导体无护套电缆(300/500 V)

227 IEC 07(BV-90)型

导体标称截面(mm²)	绝缘厚度规定值(mm)	平均外径上限(mm)	20 ℃导体直流电阻最大值(Ω/km)	90 ℃绝缘电阻最小值(MΩ/km)	参考重量(kg/km)
0.5	0.6	2.4	36.0	0.015	11.8
0.75	0.6	2.6	24.5	0.013	14.2
1	0.6	2.8	18.1	0.012	18.2
1.5	0.7	3.3	12.1	0.011	23.2
2.5	0.8	3.9	7.41	0.009	35.3

f. 导体温度为 90 ℃的单芯软导体无护套电缆(300/500 V)

227 IEC 08(RV-90)型

导体标称截面(mm²)	绝缘厚度规定值(mm)	平均外径上限(mm)	20 ℃导体直流电阻最大值(Ω/km)	90 ℃绝缘电阻最小值(MΩ/km)	参考重量(kg/km)
0.5	0.6	2.6	39	0.013	10
0.75	0.6	2.8	26	0.012	13
1	0.6	3.0	19.5	0.010	16
1.5	0.7	3.5	13.3	0.009	22
2.5	0.8	4.2	7.98	0.009	35

g. 轻型聚氯乙烯护套电缆(300/500 V)
227 IEC 10 (BVV)型

导体标称截面 (mm²)	导体种类	绝缘厚度规定值 (mm)	护套厚度规定值 (mm)	平均外径		20 ℃导体直流电阻最大值 (Ω/km)	70 ℃绝缘电阻最小值 (MΩ/km)	参考重量 (kg/km)
				下限 (mm)	上限 (mm)			
2×1.5	1	0.7	1.2	7.6	10.0	12.1	0.011	116.9
	2	0.7	1.2	7.8	10.5	12.1	0.010	124.3
2×2.5	1	0.8	1.2	8.6	11.5	7.41	0.010	158.6
	2	0.8	1.2	9.0	12.0	7.41	0.009	171.4
2×4	1	0.8	1.2	9.6	12.5	4.61	0.008 5	203.5
	2	0.8	1.2	10.0	13.0	4.61	0.007 7	218.9
2×6	1	0.8	1.2	10.5	13.5	3.08	0.007 0	260.4
	2	0.8	1.2	11.0	14.0	3.08	0.006 5	280.1
2×10	1	1.0	1.4	13.0	16.5	1.83	0.007 0	458.3
	2	1.0	1.4	13.5	17.5	1.83	0.006 5	476.8
2×16	2	1.0	1.4	15.5	20.0	1.15	0.005 2	628.6
2×25	2	1.2	1.4	18.5	24.0	0.727	0.005 0	945.9
2×35	2	1.2	1.6	21.0	27.5	0.524	0.004 4	1 258.8
3×1.5	1	0.7	1.2	8.0	10.0	12.1	0.011	137.3
	2	0.7	1.2	8.2	11.0	12.1	0.010	145.5
3×2.5	1	0.8	1.2	9.2	12.0	7.41	0.010	189.8
	2	0.8	1.2	9.4	12.5	7.41	0.009	204.5
3×4	1	0.8	1.2	10.0	13.0	4.61	0.008 5	248.9
	2	0.8	1.2	10.5	13.5	4.61	0.0077	266.7
3×6	1	0.8	1.4	11.5	14.5	3.08	0.007 0	337.8
	2	0.8	1.4	12.0	15.5	3.08	0.006 5	360.7
3×10	1	1.0	1.4	14.0	17.5	1.83	0.007 0	569.3
	2	1.0	1.4	14.5	19.0	1.83	0.006 5	571.5
3×16	2	1.0	1.4	16.5	21.5	1.15	0.005 2	812.5

续表

导体标称截面（mm²）	导体种类	绝缘厚度规定值（mm）	护套厚度规定值（mm）	平均外径 下限（mm）	平均外径 上限（mm）	20℃导体直流电阻最大值（Ω/km）	70℃绝缘电阻最小值（MΩ/km）	参考重量（kg/km）
3×25	2	1.2	1.4	20.5	26.0	0.727	0.005	1 230.2
3×25	2	1.2	1.6	22.0	29.0	0.524	0.004 4	1 608.9
4×1.5	1	0.7	1.2	8.6	11.5	12.1	0.011	163.3
	2	0.7	1.2	9.0	12.0	12.1	0.010	172.9
4×2.5	1	0.8	1.2	10.0	13.0	7.41	0.010	228.8
	2	0.8	1.2	10.0	13.5	7.41	0.009	246.3
4×4	1	0.8	1.4	11.5	14.5	4.61	0.008 5	317.1
	2	0.8	1.4	12.0	15.0	4.61	0.007 7	338.5
4×6	1	0.8	1.4	12.5	16.0	3.08	0.007 0	427.5
	2	0.8	1.4	13.0	17.0	3.08	0.006 5	455.5
4×10	1	1.0	1.4	15.5	19.0	1.83	0.007 0	702.0
	2	1.0	1.4	16.0	20.5	1.83	0.006 5	735.6
4×16	2	1.0	1.4	18.0	23.5	1.15	0.005 2	995.6
4×25	2	1.2	1.6	22.5	28.5	0.727	0.005 0	1 557.9
4×35	2	1.2	1.6	24.5	32.0	0.524	0.004 4	2 098.8
5×1.5	1	0.7	1.2	9.4	12.0	12.1	0.011	190.7
	2	0.7	1.2	9.8	12.5	12.1	0.010	201.7
5×2.5	1	0.8	1.2	11.0	14.0	7.41	0.010	269.6
	2	0.8	1.2	11.0	14.5	7.41	0.009	290.2
5×4	1	0.8	1.4	12.5	16.0	4.61	0.008 5	388.2
	2	0.8	1.4	13.0	17.0	4.61	0.007 7	413.9
5×6	1	0.8	1.4	13.5	17.5	3.08	0.007 0	507.4
	2	0.8	1.4	14.5	18.5	3.08	0.006 5	541.1
5×10	1	1.0	1.4	17.0	21.0	1.83	0.007 0	839.8
	2	1.0	1.4	17.5	22.0	1.83	0.006 5	874.8
5×16	2	1.0	1.6	20.5	26.0	1.15	0.005 2	1 236.6

续表

导体标称截面（mm²）	导体种类	绝缘厚度规定值（mm）	护套厚度规定值（mm）	平均外径		20℃导体直流电阻最大值（Ω/km）	70℃绝缘电阻最小值（MΩ/km）	参考重量（kg/km）
				下限（mm）	上限（mm）			
5×25	2	1.2	1.6	24.5	31.5	0.727	0.005 0	1 874.7
5×35	2	1.2	1.6	27.0	35.0	0.524	0.004 4	2 468.3

h. 扁型无护套软线（300/300 V）

227 IEC 42（RVB）型

导体标称截面（mm²）	绝缘厚度规定值（mm）	平均外径		20℃导体直流电阻最大值（Ω/km）	70℃绝缘电阻最小值（MΩ/km）	参考重量（kg/km）
		下限（mm）	上限（mm）			
0.5	0.8	2.5×5.0	3.0×6.0	39.0	0.016	22
0.75	0.8	2.7×5.4	3.2×6.4	26.0	0.014	29

i. 轻型聚氯乙烯护套软线（300/300 V）

227 IEC 52（RVV）型

导体标称截面（mm²）	绝缘厚度规定值（mm）	护套厚度规定值（mm）	平均外径		20℃导体直流电阻最大值（Ω/km）	70℃绝缘电阻最小值（MΩ/km）	参考重量（kg/km）
			下限（mm）	上限（mm）			
2×0.5	0.5	0.6	4.8 或 3.0×4.8	6.0 或 3.6×6.0	39.0	0.012	39.1 29.4
2×0.75	0.5	0.6	5.2 或 3.2×5.2	6.4 或 3.9×6.4	26.0	0.010	49.3 42.9
3×0.5	0.5	0.6	5.0	6.2	39.0	0.012	47.0
3×0.75	0.5	0.6	5.4	6.8	26.0	0.010	60.6

j. 普通型聚氯乙烯护套软线(300/300 V)
227 IEC 53(RVV)型

导体标称截面(mm²)	绝缘厚度规定值(mm)	护套厚度规定值(mm)	平均外径		20 ℃导体直流电阻最大值(Ω/km)	70 ℃绝缘电阻最小值(MΩ/km)	参考重量(kg/km)
			下限(mm)	上限(mm)			
2×0.75	0.6	0.8	6.0 或 3.8×6.0	7.6 或 5.2×7.6	26.0	0.011	62 46
2×1	0.6	0.8	6.4	8.0	19.5	0.010	70
2×1.5	0.7	0.8	7.4	9.0	13.3	0.010	94
2×2.5	0.8	1.0	8.9	11.0	7.98	0.009	151
3×0.75	0.6	0.8	6.4	8.0	29.0	0.011	73
3×1	0.6	0.8	6.8	8.4	19.5	0.010	84
3×1.5	0.7	0.9	8.0	9.8	13.3	0.010	118
3×2.5	0.8	1.0	9.6	12.0	7.98	0.009	181
4×0.75	0.6	0.8	6.8	8.6	29.0	0.011	88
4×1	0.6	0.9	7.6	9.4	19.5	0.010	105
4×1.5	0.7	1.0	9.0	11.0	13.3	0.010	148
4×2.5	0.8	1.1	10.5	13.0	7.98	0.009	229
5×0.75	0.6	0.9	7.4	9.6	29.0	0.011	108
5×1	0.6	0.9	8.3	10.0	19.5	0.010	124
5×1.5	0.7	1.1	10.0	12.0	13.3	0.010	181
5×2.5	0.8	1.2	11.5	14.0	7.98	0.009	279

k. 铜芯聚氯乙烯绝缘电线（300/500 V）

BV 型

导体标称截面（mm²）	绞合导体中单线最少根数	绝缘厚度规定值（mm）	平均外径上限（mm）	20 ℃导体直流电阻最大值（Ω/km）		70 ℃绝缘电阻最小值（MΩ/km）	参考重量（kg/km）
				铜芯	镀锡铜芯		
0.75	7	0.6	2.6	24.5	24.8	0.014	11.7
1	7	0.6	2.8	18.1	18.2	0.013	14.7

l. 铝芯聚氯乙烯绝缘电线（450/750 V）

BLV 型

导体标称截面（mm²）	绞合导体中单线最少根数	绝缘厚度规定值（mm）	平均外径上限（mm）	20 ℃导体直流电阻最大值（Ω/km）	70 ℃绝缘电阻最小值（MΩ/km）	参考重量（kg/km）
2.5	1	0.8	3.9	12.1	0.010	16.0
4	1	0.8	4.4	7.41	0.008 5	21.7
6	1	0.8	5.0	4.61	0.007 0	29.0
10	7	1.0	6.7	3.08	0.006 5	53.1
16	7	1.0	7.8	1.91	0.005 0	75.6
25	7	1.2	9.7	1.20	0.005 0	117
35	7	1.2	10.9	0.868	0.004 0	153
50	19	1.4	12.8	0.641	0.004 5	202
70	19	1.4	14.6	0.443	0.003 5	274
95	19	1.6	17.1	0.320	0.003 5	377
120	37	1.6	18.8	0.253	0.003 2	453
150	37	1.8	20.9	0.206	0.003 2	560
185	37	2.0	23.3	0.164	0.003 2	701
240	61	2.2	26.6	0.125	0.003 2	905
300	61	2.4	29.6	0.100	0.003 0	1 127
400	61	2.6	33.2	0.077 8	0.002 8	1 425

m. 铜芯聚氯乙烯绝缘软电缆(450/750 V)

BVR 型

导体标称截面(mm²)	绞合导体中单线最少根数	绝缘厚度规定值(mm)	平均外径上限(mm)	20 ℃导体直流电阻最大值(Ω/km)		70 ℃绝缘电阻最小值(MΩ/km)	参考重量(kg/km)
				铜芯	镀锡铜芯		
2.5	19	0.8	4.1	7.41	7.56	0.011	33.0
4	19	0.8	4.8	4.61	4.70	0.009	49.0
6	19	0.8	5.3	3.08	3.11	0.008 4	71.0
10	49	1.0	6.8	1.83	1.84	0.007 2	125.5
16	49	1.0	8.1	1.15	1.16	0.006 2	181
25	98	1.2	10.2	0.727	0.734	0.005 8	302
35	133	1.2	11.7	0.524	0.529	0.005 2	395
50	133	1.4	13.9	0.384	0.391	0.005 1	544
70	189	1.4	16.0	0.268	0.270	0.004 5	728

n. 铜(铝)芯聚氯乙烯绝缘聚氯乙烯护套圆型电缆(300/500V)

BVV、BLVV 型

导体标称截面(mm²)	绞合导体中单线最少根数	绝缘厚度规定值(mm)	护套厚度规定值(mm)	平均外径(mm)		20 ℃导体直流电阻最大值(Ω/km)			70 ℃绝缘电阻最小值(MΩ/km)	参考重量(kg/km)	
				下限(mm)	上限(mm)	铜芯	镀锡铜芯	铝芯		铜芯	铝芯
0.75	1	0.6	0.8	3.6	4.4	24.5	24.8	–	0.012	22.0	–
1.0	1	0.6	0.8	3.7	4.5	18.1	18.2	–	0.011	25.0	–
1.5	1	0.7	0.8	4.2	5.0	12.1	12.2	–	0.011	33.0	–
1.5	7	0.7	0.8	4.3	5.2	12.1	12.2	–	0.010	33.0	–
2.5	1	0.8	0.8	4.8	5.7	7.41	7.56	12.1	0.010	46.5	30.52
2.5	7	0.8	0.8	4.8	5.9	7.41	7.56	–	0.009	66.0	–
4	1	0.8	0.9	5.4	6.5	4.61	4.70	7.41	0.008 5	70.0	40.28

续表

导体标称截面（mm²）	绞合导体中单线最少根数	绝缘厚度规定值（mm）	护套厚度规定值（mm）	平均外径（mm）		20 ℃导体直流电阻最大值（Ω/km）			70 ℃绝缘电阻最小值（MΩ/km）	参考重量（kg/km）	
				下限（mm）	上限（mm）	铜芯	镀锡铜芯	铝芯		铜芯	铝芯
4	7	0.8	0.9	5.5	6.8	4.61	4.70	–	0.007 7	88.0	–
6	1	0.8	0.9	5.9	7.1	3.08	3.11	4.61	0.007 0	92.5	49.52
6	7	0.8	0.9	6.0	7.3	3.08	3.11	–	0.006 5	104.4	–
10	7	1.0	0.9	7.3	8.8	1.83	1.84	3.08	0.006 5	144.5	75.40

o. 铜（铝）芯聚氯乙烯绝缘聚氯乙烯护套扁型电缆（300/500 V）BVVB、BLVVB 型

导体标称截面（mm²）	绞合导体中单线最少根数	绝缘厚度规定值（mm）	护套厚度规定值（mm）	平均外径（mm）		20 ℃导体直流电阻最大值（Ω/km）			70 ℃绝缘电阻最小值（MΩ/km）	参考重量（kg/km）	
				下限（mm）	上限（mm）	铜芯	镀锡铜芯	铝芯		铜芯	铝芯
2×0.75	1	0.6	0.9	3.8×5.9	4.6×7.1	24.5	24.8	–	0.012	42	–
2×1.0	1	0.6	0.9	3.9×6.1	4.8×7.4	18.1	18.2	–	0.011	49	–
2×1.5	1	0.7	0.9	4.4×7.0	5.3×8.5	12.1	12.2	–	0.011	65	–
2×2.5	1	0.8	1.0	5.1×8.4	6.2×10.1	7.41	7.56	12.1	0.010	96	65.5
2×4	1	0.8	1.0	5.6×9.2	6.7×11.1	4.61	4.70	7.41	0.085	130	81
2×4	7	0.8	1.0	5.7×9.5	6.9×11.5	4.61	4.70	–	0.008 0	139	–
2×6	1	0.8	1.1	6.2×10.4	7.5×12.5	3.08	3.11	4.61	0.007 0	179	105

续表

导体标称截面（mm²）	绞合导体中单线最少根数	绝缘厚度规定值（mm）	护套厚度规定值（mm）	平均外径（mm）		20 ℃导体直流电阻最大值（Ω/km）			70 ℃绝缘电阻最小值（MΩ/km）	参考重量（kg/km）	
				下限（mm）	上限（mm）	铜芯	镀锡铜芯	铝芯		铜芯	铝芯
2×6	7	0.8	1.1	6.4×10.8	7.8×13.0	3.08	3.11	–	0.006 5	190	–
2×10	7	1.0	1.2	7.9×13.4	9.5×16.2	1.83	1.84	3.08	0.006 5	304	178
3×0.75	1	0.6	0.9	3.8×7.9	4.6×9.6	24.5	24.8		0.012	60	–
3×1	1	0.6	0.9	3.9×8.4	4.8×10.1	18.1	18.2		0.011	70	–
3×1.5	1	0.7	0.9	4.4×9.6	5.3×11.7	12.1	12.2		0.011	94	–
3×2.5	1	0.8	1.0	5.1×11.6	6.2×14.0	7.41	7.56	12.1	0.010	141	95
3×4	1	0.8	1.0	5.8×13.1	7.0×15.8	4.61	4.7	7.41	0.008 5	198	124
3×4	1	0.8	1.0	5.9×13.5	7.1×16.3	4.61	4.7		0.008 0	210	–
3×6	1	0.8	1.0	6.2×14.5	7.5×17.5	3.08	3.11	4.61	0.007 0	265	154
3×6	1	0.8	1.1	6.4×15.1	7.8×18.2	3.08	3.11		0.006 5	281	–
3×10	7	1.0	1.2	7.9×19.0	9.5×23.0	1.83	1.84	3.08	0.006 5	451	263

p. 铜芯聚氯乙烯绝缘绞型连接用软电线（300/500 V）RVS 型

导体标称截面（mm²）	导体中单线最大直径（mm）	绝缘厚度规定值（mm）	平均外径上限（mm）	20 ℃导体直流电阻最大值（Ω/km）		70 ℃绝缘电阻最小值（MΩ/km）
				铜芯	镀锡铜芯	
2×0.5	0.16	0.8	6.0	39.0	40.1	0.016
2×0.75	0.16	0.8	6.2	26.0	26.7	0.014

q. 铜芯聚氯乙烯绝缘、屏蔽、聚氯乙烯护套软电缆(300/500 V)
RVVP 型

导体标称截面（mm²）	导体中单线最大直径（mm）	绝缘厚度规定值（mm）	屏蔽层单线直径（mm）	护套厚度规定值（mm）	平均外径（mm）		20℃导体直流电阻最大值（Ω/km）		70℃绝缘电阻最小值（MΩ/km）	参考重量（kg/km）
					下限（mm）	上限（mm）	铜芯	镀锡铜芯		
1×0.08	0.13	0.4	0.10	0.4	2.4	2.9	247	254	0.018	9.3
1×0.12	0.16	0.4	0.10	0.4	2.4	3.0	158	163	0.016	10.7
1×0.2	0.16	0.4	0.10	0.4	2.6	3.2	92.3	95.0	0.013	13.2
1×0.3	0.16	0.5	0.10	0.4	2.9	3.5	69.2	71.2	0.014	16.3
1×0.4	0.16	0.5	0.10	0.4	3.0	3.7	48.2	49.6	0.013	18.9
1×0.5	0.21	0.5	0.10	0.4	3.1	3.8	39.0	40.1	0.012	20.1
1×0.75	0.21	0.5	0.10	0.4	3.4	4.1	26.0	26.7	0.010	24.4
1×1.0	0.21	0.5	0.10	0.6	4.1	4.9	19.5	20.0	0.010	34.4
1×1.5	0.26	0.6	0.10	0.6	4.5	5.2	13.3	13.7	0.009	40.8
1×2.5	0.26	0.7	0.10	0.6	4.9	6.0	7.98	8.21	0.008	65.2
2×0.08	0.1	0.4	0.10	0.4	3.2	4.2				16.8
					2.4×3.5	2.9×4.2	247	264	0.018	14.9
2×0.12	0.16	0.4	0.10	0.6	3.7	4.9				21.9
					2.8×4.0	3.4×4.9	156	163	0.016	20.4
2×0.2	0.16	0.4	0.10	0.6	4.1	5.3				28.3
					3.0×4.4	3.6×5.3	92.3	95	0.013	26.2
2×0.3	0.16	0.5	0.15	0.6	4.8	6.2				41.1
					3.5×5.1	4.2×6.2	69.2	71.2	0.014	38.0
2×0.4	0.16	0.5	0.15	0.6	5.1	6.6				47.7
					3.6×5.4	4.4×6.6	48.2	49.6	0.013	43.8
2×0.5	0.21	0.5	0.15	0.6	5.3	6.8				49.7
					3.7×5.6	4.5×6.8	39	40.1	0.012	46.7
2×0.75	0.21	0.5	0.15	0.6	5.8	7.4				59.8
					4.0×6.1	4.8×7.4	26	26.7	0.010	55.3

续表

导体标称截面（mm²）	导体中单线最大直径（mm）	绝缘厚度规定值（mm）	屏蔽层单线直径（mm）	护套厚度规定值（mm）	平均外径（mm）下限（mm）	平均外径（mm）上限（mm）	20℃导体直流电阻最大值（Ω/km）铜芯	20℃导体直流电阻最大值（Ω/km）镀锡铜芯	70℃绝缘电阻最小值（MΩ/km）	参考重量（kg/km）
2×1.0	0.21	0.6	0.15	0.6	6.4	8.2	19.5	20	0.010	74.2
					4.3×6.7	5.2×8.3				69.4
2×1.5	0.26	0.6	0.15	0.8	7.3	9.2	13.3	13.7	0.009	95.0
					4.9×7.6	6.0×9.3				89.1
3×0.12	0.16	0.4	0.10	0.6	3.9	5.1	158	163	0.016	29.0
3×0.2	0.16	0.4	0.15	0.6	4.5	5.8	92.3	95.0	0.013	39.6
3×0.3	0.16	0.5	0.15	0.6	5.1	6.5	69.2	71.2	0.014	49.2
3×0.4	0.16	0.5	0.15	0.6	5.4	6.9	48.2	49.0	0.013	62.4
3×0.5	0.21	0.6	0.15	0.6	5.6	7.1	39.0	40.1	0.012	62.4
3×0.75	0.21	0.6	0.15	0.6	6.1	7.8	26.0	26.7	0.010	75.0
3×1.0	0.21	0.6	0.15	0.6	7.2	9.1	19.5	20.0	0.010	101.9
3×1.5	0.26	0.6	0.20	0.6	8.0	10.0	13.3	13.7	0.009	117.0
4×0.12	0.16	0.4	0.15	0.6	4.5	5.8	158	163	0.016	35.7
4×0.2	0.16	0.4	0.15	0.6	4.9	6.2	92.3	95.0	0.013	46.9
4×0.3	0.16	0.5	0.15	0.6	5.5	7.0	69.2	71.2	0.014	57.9
4×0.4	0.16	0.5	0.15	0.6	5.9	7.5	48.2	49.6	0.013	75.2
5×0.12	0.16	0.4	0.15	0.6	4.8	6.2	158	163	0.016	40.6
5×0.2	0.16	0.4	0.15	0.6	5.3	6.7	92.3	95.0	0.013	53.5
5×0.3	0.16	0.5	0.15	0.6	6.0	7.6	69.2	71.2	0.014	66.6
5×0.4	0.16	0.5	0.15	0.6	6.4	8.1	48.2	49.6	0.013	69.4
6~7×0.12	0.16	0.4	0.15	0.6	5.2	6.6	158	163	0.016	50.3
6~7×0.2	0.16	0.4	0.15	0.6	5.7	7.2	92.3	95.0	0.013	61.0
6~7×0.3	0.16	0.5	0.15	0.6	6.5	8.2	69.2	71.2	0.014	74.6
6~7×0.4	0.16	0.5	0.15	0.8	7.3	9.2	48.2	49.6	0.013	98.8

续表

导体标称截面（mm²）	导体中单线最大直径	绝缘厚度规定值（mm）	屏蔽层单线直径（mm）	护套厚度规定值（mm）	平均外径（mm）		20℃导体直流电阻最大值（Ω/km）		70℃绝缘电阻最小值（MΩ/km）	参考重量（kg/km）
					下限（mm）	上限（mm）	铜芯	镀锡铜芯		
10×0.12	0.16	0.4	0.15	0.6	6.4	8.1	158	163	0.016	66.8
10×0.2	0.16	0.4	0.15	0.8	7.4	9.3	92.3	95.0	0.013	95.1
10×0.3	0.16	0.5	0.20	0.8	8.7	10.9	69.2	71.2	0.014	134.6
10×0.4	0.16	0.5	0.20	0.8	9.3	11.6	48.2	49.6	0.013	159.4
12×0.12	0.16	0.4	0.15	0.6	6.6	8.3	458	163	0.016	74.0
12×0.2	0.16	0.4	0.15	0.8	7.6	9.6	92.3	95.0	0.013	115.8
12×0.3	0.16	0.5	0.20	0.8	9.0	11.2	69.2	71.2	0.014	153.5
12×0.4	0.16	0.5	0.20	0.8	9.6	11.9	48.2	49.6	0.13	186.6
14×0.12	0.16	0.4	0.15	0.6	7.2	9.1	158	163	0.06	88.8
14×0.2	0.16	0.4	0.15	0.8	8.2	10.3	92.3	95.0	0.013	129.8
14×0.3	0.16	0.5	0.20	0.8	9.4	11.7	69.2	71.2	0.014	165.5
14×0.4	0.16	0.5	0.20	0.8	10.0	12.5	48.2	49.6	0.013	199.6
16×0.12	0.16	0.4	0.15	0.8	7.6	9.5	158	163	0.016	96.9
16×0.2	0.16	0.4	0.15	0.8	8.6	10.8	92.3	95	0.013	134.8
16×0.3	0.16	0.5	0.20	0.8	9.9	12.3	69.2	71.2	0.014	188.7
16×0.4	0.16	0.5	0.20	0.8	10.5	13.1	48.2	49.6	0.013	219.0
19×0.12	0.16	0.4	0.15	0.8	8.2	10.3	158	163	0.016	118.3
19×0.2	0.16	0.4	0.15	0.8	9.0	11.3	92.3	95.0	0.013	158.7
19×0.3	0.16	0.5	0.20	0.8	10.4	12.9	69.2	71.2	0.014	206.8
19×0.4	0.16	0.5	0.20	1.0	11.5	14.2	48.2	49.6	0.013	259.9
24×0.12	0.16	0.4	0.15	0.8	9.4	11.7	158	163	0.016	144.3
24×0.2	0.16	0.4	0.15	0.8	10.4	12.9	92.3	95.0	0.013	188.7
24×0.3	0.16	0.5	0.20	1.0	12.4	14.4	69.2	71.2	0.014	268.2
24×0.4	0.16	0.5	0.20	1.0	13.2	16.4	48.2	49.6	0.013	321.2

4. 450/750V 及以下聚氯乙烯绝缘电缆(线)的载流量

a. 450/750 V 单芯聚氯乙烯塑料绝缘电缆在空气中敷设长期连续负荷允许载流量

适用电线型号	227 IEC 01（BV）、227 IEC 02（RV）、BLV、BVR		
导体标称截面（mm²）	长期连续负荷允许载流量(A)		相应电线表面温度（℃）
	铜	铝	
0.75	16	–	60
1.0	19	–	60
1.5	24	18	60
2.5	32	25	60
4	42	32	60
6	55	42	60
10	75	59	60
16	105	80	60
25	138	105	60
35	170	130	60
50	215	165	60
70	265	205	60
95	325	250	60
120	375	285	60
150	430	325	60
185	490	380	60
240	590	460	60
300	660	520	60
400	–	585	60

注:载流量为环境温度25 ℃,导电线芯最高允许工作温度70 ℃时参考值。

b. 450/750 V 聚氯乙烯绝缘软线、聚氯乙烯绝缘聚氯乙烯护套电线在空气中使用长期连续负荷允许载流量

适用电线型号	227 IEC 05(RV)、227 IEC 52(RVV)、227 IEC 53(RVV)、227 IEC 42(RVB)、227 IEC 10(BVV)、RVS、BVV、BLVV					
导体标称截面（mm²）	长期连续负荷允许载流量（A）					
	一芯电缆		二芯电缆		三芯电缆	
	铜	铝	铜	铝	铜	铝
0.12	5	–	4.0	–	3	–
0.2	7	–	5.5	–	4	–
0.3	9	–	7.0	–	5	–
0.4	11	–	8.5	–	6	–
0.5	12.5	–	9.5	–	7	–
0.75	16	–	12.5	–	9	–
1	19	–	15	–	11	–
1.5	24	–	19	–	14	–
2	28	–	22	–	16	–
2.5	32	25	26	20	20	16
4	42	34	36	26	26	22
6	55	43	47	33	32	25
10	75	59	65	51	32	40

注：导电线芯最高允许工作温度：+70 ℃。

c. 450/750 V 单芯聚氯乙烯绝缘电线穿铁管时在空气中敷设长期连续负荷允许载流量

适用电线型号	227 IEC 01(BV)、227 IEC 02 (RV)、BLV、BVR					
导体标称截面（mm²）	长期连续负荷允许载流量（A）					
	穿二根电线		穿三根电线		穿四根电线	
	铜	铝	铜	铝	铜	铝
1.0	14	–	13	–	11	–
1.5	19	15	17	13	16	12
2.5	26	20	24	18	22	15

续表

适用电线型号	227 IEC 01（BV）、227 IEC 02（RV）、BLV、BVR					
4	35	27	31	24	28	22
6	47	35	41	32	37	28
10	65	49	57	44	50	38
16	82	63	73	56	65	50
25	107	80	95	70	85	65
35	133	100	115	90	105	80
50	165	125	146	110	130	100
70	205	155	183	143	465	127
95	250	190	225	170	200	152
120	290	220	260	195	230	172
150	330	250	300	225	265	200
185	380	285	340	255	300	230

注：载流量为环境温度 25 ℃，导线线芯最高允许工作温度 70 ℃时参考值。

　　d. 450/750 V 单芯聚氯乙烯绝缘电缆穿塑料管时在空气中敷设长期连续负荷允许载流量

适用电线型号	227 IEC 01（BV）、227 IEC 02（RV）、BLV、BVR					
导体标称截面（mm²）	长期连续负荷允许载流量（A）					
	穿二根电线		穿三根电线		穿四根电线	
	铜	铝	铜	铝	铜	铝
1.0	12	–	11	–	10	–
1.5	16	13	15	11.5	13	10
2.5	24	18	21	16	19	14
4	31	24	28	22	25	19
6	41	31	36	27	32	256

续表

适用电线型号	227 IEC 01 (BV) 、227 IEC 02 (RV) 、BLV、BVR					
10	56	42	49	38	44	33
16	72	55	65	49	57	44
25	95	73	85	65	75	57
35	120	90	105	80	93	70
50	150	114	132	102	117	90
70	185	145	167	130	148	115
95	230	175	205	158	185	140
120	270	200	240	180	215	160
150	305	230	275	207	250	185
185	355	265	310	235	280	212

注:载流量为环境温度 25 ℃,导电线芯最高允许工作温度 70 ℃时参考值。

5. 0.6/1kV 及以下聚氯乙烯绝缘电力电缆

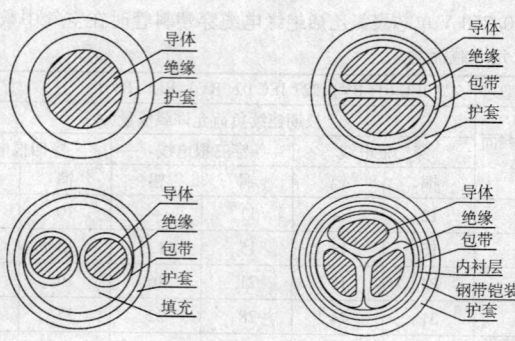

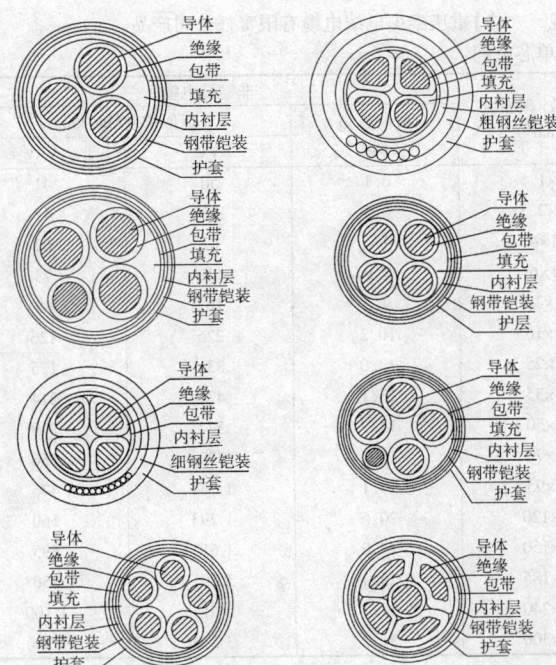

【特点及用途】0.6/1kV 及以下聚氯乙烯绝缘电力电缆主要用于敷设在管道或沟道中,供输配电之用,其最高额定温度为 70 ℃,短路时(最长持续时间不超过5 s)电缆导体的最高温度不超过160 ℃,敷设环境温度应不低于0 ℃。聚氯乙烯绝缘电力电缆有很好的机械性能和化学性能,价格较便宜,使用广泛,但燃烧时会释放出有毒气体。电缆通常成卷状供应,长度100 m。

【规　　格】重庆泰山电线电缆有限责任公司产品。

a. 单芯电缆

芯数×截面 （mm²）	非铠装电缆		
	近似外径 （mm）	近似重量（kg/km）	
		VV	VLV
1×1.5	6.1	50	41
1×2.5	6.5	63	47
1×4	7.4	87	62
1×6	7.9	110	73
1×10	9.2	162	99
1×16	10.2	226	126
1×25	12.0	331	175
1×35	13.1	431	214
1×50	14.9	577	279
1×70	16.7	779	356
1×95	19.1	1 064	476
1×120	20.6	1 293	560
1×150	23.0	1 613	695
1×185	25.4	2 001	856
1×240	28.7	2 614	1 100
1×300	31.7	3 233	1 346

b. 2 芯电缆

芯数×截面 （mm²）	非铠装电缆			钢带铠装电缆		
	近似外径 （mm）	近似重量 （kg/km）		近似外径 （mm）	近似重量 （kg/km）	
		VV	VLV		VV22	VLV22
2×1.5	9.8×6.7	94	75	–	–	–
2×2.5	10.6×7.1	119	89	–	–	–
2×4	14.0	213	163	16.8	383	334

续表

芯数×截面 (mm²)	非铠装电缆			钢带铠装电缆		
	近似外径 (mm)	近似重量 (kg/km)		近似外径 (mm)	近似重量 (kg/km)	
		VV	VLV		VV22	VLV22
2×10	17.7	372	244	20.5	586	458
2×6	15.1	263	188	17.9	466	370
2×16	19.8	513	310	22.6	752	550
2×25	22.1	736	426	25.5	987	677
2×35	24.1	949	515	27.5	1 267	833
2×50	24.1	1 276	656	27.5	1 824	1 204
2×70	25.3	1 712	844	29.7	2 324	1 456
2×95	28.1	2 168	990	33.2	2 876	1 698
2×120	31.9	2 570	1 082	37.3	3 344	1 856
2×150	34.7	3 220	1 360	39.8	4 114	2 254
2×185	42.1	3 969	1 675	47.6	4 964	2 670

c.3 芯电缆

芯数×截面 (mm²)	非铠装电缆			钢带铠装电缆			细钢丝铠装电缆		
	近似外径 (mm)	近似重量 (kg/km)		近似外径 (mm)	近似重量 (kg/km)		近似外径 (mm)	近似重量 (kg/km)	
		VV	VLV		VV22	VLV22		VV32	VLV32
3×1.5	11.9	148	120	–	–	–	–	–	–
3×2.5	12.8	187	140	–	–	–	–	–	–
3×4	14.7	265	191	17.5	443	369	–	–	–
3×6	15.8	336	224	18.6	527	415	–	–	–
3×10	18.6	501	309	21.4	726	534	–	–	–
3×16	20.9	677	319	23.7	946	643	–	–	–
3×25	24.04	1 017	547	27.4	1 315	845	–	–	–
3×35	22.2	1 315	617	25.4	1 669	972	27.6	2 131	1 433
3×50	25.9	1 800	818	30.3	2 448	1 467	32.3	2 961	1 979

续表

芯数×截面 (mm²)	非铠装电缆			钢带铠装电缆			细钢丝铠装电缆		
	近似外径 (mm)	近似重量 (kg/km)		近似外径 (mm)	近似重量 (kg/km)		近似外径 (mm)	近似重量 (kg/km)	
		VV	VLV		VV22	VLV22		VV32	VLV32
3×70	28.7	2 447	1 066	33.1	3 156	1 780	35.1	3 721	2 344
3×95	33.1	3 230	1 403	37.3	4 029	2 202	39.5	4 686	2 859
3×120	35.8	3 890	1 654	40.0	4 751	2 515	43.1	5 834	3 598
3×150	39.8	4 550	2 051	44.6	5 871	3 067	47.8	7 075	4 271
3×185	44.0	5 908	2 498	48.6	7 005	3 596	51.8	8 336	4 926
3×240	48.9	7 740	3 214	54.0	9 004	4 478	57.1	10 482	5 956

d. 3+1 芯电缆

芯数×截面 (mm²)	非铠装电缆			钢带铠装电缆			细钢丝铠装电缆		
	近似外径 (mm)	近似重量 (kg/km)		近似外径 (mm)	近似重量 (kg/km)		近似外径 (mm)	近似重量 (kg/km)	
		VV	VLV		VV22	VLV22		VV32	VLV32
3×4+1×2.5	15.3	313	223	18.2	499	409	–	–	–
3×6+1×4	16.8	405	268	19.6	609	424	–	–	–
3×10+1×6	19.5	594	365	22.3	831	546	–	–	–
3×16+1×10	22.2	834	468	25.0	1 103	736	–	–	–
3×25+1×16	26.0	1 219	649	28.8	1 534	964	–	–	–
3×35+1×16	24.4	1 625	727	27.6	1 914	1 116	29.8	2 415	1 618
3×50+1×25	28.2	2 122	980	32.4	2 809	1 668	34.6	3 398	2 256
3×70+1×35	31.4	2 869	1 276	35.6	3 631	2 008	37.8	4 264	2 671
3×95+1×50	36.4	3 801	1 675	40.6	4 676	2 550	42.8	5 403	3 276
3×120+1×70	38.9	4 656	1 999	43.9	5 630	2 974	46.7	6 931	4 231
3×150+1×70	43.0	5 632	2 408	47.6	6 674	3 450	50.8	7 980	4 756
3×185+1×95	47.4	6 960	2 961	52.0	8 140	4 140	55.2	9 569	5 570
3×240+1×120	52.6	9 018	3 758	57.7	10 376	5 115	60.9	11 947	6 686

e. 3+2 芯电缆

芯数×截面 (mm²)	非铠装电缆			钢带铠装电缆		
	近似外径 (mm)	近似重量 (kg/km)		近似外径 (mm)	近似重量 (kg/km)	
		VV	VLV		VV22	VLV22
3×25+2×16	27	1 420	683	31	2 212	1 373
3×35+2×16	29	1 733	804	32	2 601	1 487
3×50+2×25	33	2 480	1 129	38	3 474	2 100
3×70+2×35	38	3 381	1 457	42	4 455	2 536
3×95+2×50	43	4 602	1 956	48	5 865	2 986
3×120+2×70	48	5 770	2 396	53	7 190	3 816
3×150+2×70	52	6 952	2 881	57	8 551	4 479
3×185+2×95	58	8 780	3 671	63	10 696	5 588
3×240+2×120	64	10 749	4 445	69	13 676	7 373
3×300+2×150	71	13 849	5 632	76	16 272	8 607

f. 芯电缆（相同截面）

芯数×截面 (mm²)	非铠装电缆			钢带铠装电缆		
	近似外径 (mm)	近似重量 (kg/km)		近似外径 (mm)	近似重量 (kg/km)	
		VV	VLV		VV22	VLV22
4×4	15.9	328	229	18.7	521	422
4×6	17.1	421	271	19.9	629	479
4×10	20.2	537	381	23.0	882	628
4×16	22.8	890	486	25.6	1 166	792
4×25	27.0	1 314	890	29.8	1 641	1 014
4×35	24.1	1 714	784	27.5	2 110	1 180
4×50	27.9	2 361	1 053	32.3	3 055	1 746
4×70	31.3	3 226	1 390	35.5	3 982	2 146
4×95	36.0	4 252	1 816	40.4	5 135	2 699
4×120	38.5	5 119	2 138	43.3	6 103	3 121

续表

芯数×截面 (mm²)	非铠装电缆			钢带铠装电缆		
	近似外径 (mm)	近似重量 (kg/km)		近似外径 (mm)	近似重量 (kg/km)	
		VV	VLV		VV22	VLV22
4×150	42.8	6 409	2 671	47.4	7 483	3 743
4×185	47.2	7 796	3 250	52.2	9 015	4 469
4×240	52.4	10 217	4 184	57.4	11 566	5 531

g. 4+1 芯电缆

芯数×截面 (mm²)	非铠装电缆			钢带铠装电缆		
	近似外径 (mm)	近似重量 (kg/km)		近似外径 (mm)	近似重量 (kg/km)	
		VV	VLV		VV22	VLV22
4×25+16	28	1 535	730	32	2 330	1 525
4×35+16	30	1 948	877	35	2 745	1 674
4×50+25	35	2 723	1 216	40	3 700	2 193
4×70+35	40	3 740	1 580	44	4 834	2 675
4×95+50	45	5 096	2 124	50	6 059	3 087
4×120+70	51	6 266	2 571	55	7 755	4 060
4×150+70	55	7 813	3 190	60	9 480	4 858
4×185+95	61	9 716	4 004	66	12 449	6 737
4×240+120	68	11 943	4 877	73	15 006	7 940
4×300+150	75	15 401	6 171	81	18 833	9 603

h. 5 芯电缆

芯数×截面 (mm²)	非铠装电缆			钢带铠装电缆		
	近似外径 (mm)	近似重量 (kg/km)		近似外径 (mm)	近似重量 (kg/km)	
		VV	VLV		VV22	VLV22
5×16	25	1 020	520	29	1 530	1 030
5×25	28	1 740	815	32	2 618	1 691

续表

芯数×截面 (mm²)	非铠装电缆			钢带铠装电缆		
	近似外径 (mm)	近似重量 (kg/km)		近似外径 (mm)	近似重量 (kg/km)	
		VV	VLV		VV22	VLV22
5×35	31	2 287	1 015	35	3 281	2 010
5×50	36	3 120	1 375	41	4 310	2 560
5×70	40	4 301	1 806	45	5 648	3 060
5×95	47	5 880	2 427	52	7 551	4 090
5×120	51	7 105	2 890	57	9 183	4 718
5×150	57	9 115	3 681	63	11 428	5 744
5×185	62	11 197	4 566	68	13 706	6 875
5×240	70	13 805	5 586	76	16 625	8 208
5×300	78	17 850	7 095	84	20 986	10 231

6. 0.6/1kV 及以下聚氯乙烯绝缘 电力电缆的载流量

a. 单芯聚氯乙烯绝缘电力电缆参考载流量

型号	VV、VLV、VY、VLY、VV32、VLV32、VV33、VLV33、VV42、VLV42、VV43、VLV43							
电压	0.6/1 kV							
排列	⚬⚬⚬ 三角形(相互接触)				○○○扁平形(相邻间距离 等于电缆外径)			
敷设	空气中		土壤中		空气中		土壤中	
截面(mm²)	铜	铝	铜	铝	铜	铝	铜	铝
载流量 (A) 1.5	19	–	27	–	24	–	29	–
2.5	25	19	36	27	31	24	38	30
4	33	26	47	35	41	32	49	39

续表

型号	VV、VLV、VY、VLY、VV32、VLV32、VV33、VLV33、VV42、VLV42、VV43、VLV43							
	6	41	34	58	46	52	42	61	50
	10	57	44	78	58	72	55	83	64
	16	76	59	100	76	95	73	105	83
	25	98	76	130	98	120	96	135	105
	35	115	90	155	115	150	115	160	125
载流量(A)	50	145	110	185	140	180	140	195	150
	70	180	140	255	170	230	175	240	185
	95	225	175	270	205	280	215	285	220
	120	260	200	310	235	325	250	325	250
	150	300	230	350	265	375	290	365	285
	185	345	270	395	300	430	335	415	320
	240	410	320	455	350	510	395	480	375
	300	475	370	515	395	585	455	545	425
	400	555	440	585	455	690	540	625	490
工作温度(℃)	70							
环境温度(℃)	40		25		40		25	

b. 二芯及以上聚氯乙烯绝缘及护套电力电缆参考载流量

截面 (mm²)	在空气中(A)				在地下(A)			
	两芯		三芯及以上		两芯		三芯及以上	
	VV	VLV	VV	VLV	VV	VLV	VV	VLV
1.5	17	–	15	–	27	–	22	–
2.5	23	18	19	15	35	28	30	23
4	31	24	26	20	47	36	39	31
6	38	32	32	26	58	45	49	38
10	53	42	46	35	80	62	68	52
16	71	55	60	47	105	82	89	69
25	90	70	77	60	133	104	107	83

续表

截面 (mm²)	在空气中(A)				在地下(A)			
	两芯		三芯及以上		两芯		三芯及以上	
	VV	VLV	VV	VLV	VV	VLV	VV	VLV
35	110	86	95	74	164	127	131	101
50	135	105	115	90	201	159	159	123
70	165	130	145	115	244	186	195	150
95	210	165	185	140	275	210	231	178
120	245	190	210	165	310	245	262	201
150	280	215	245	190	350	275	300	231
185	320	250	280	215	395	310	337	262
240	–	–	335	260	–	–	390	301
300	–	–	375	295	–	–	435	340
工作温度(℃)	70							
环境温度(℃)	40				25			

7. 0.6/1kV 及以下交联聚乙烯绝缘电力电缆

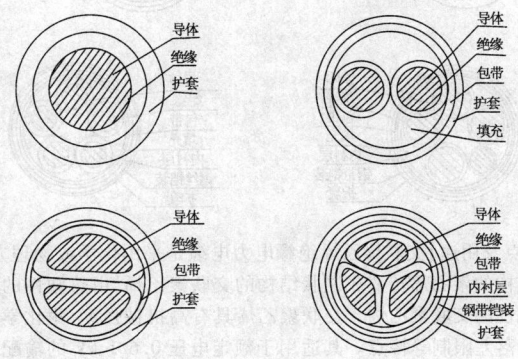

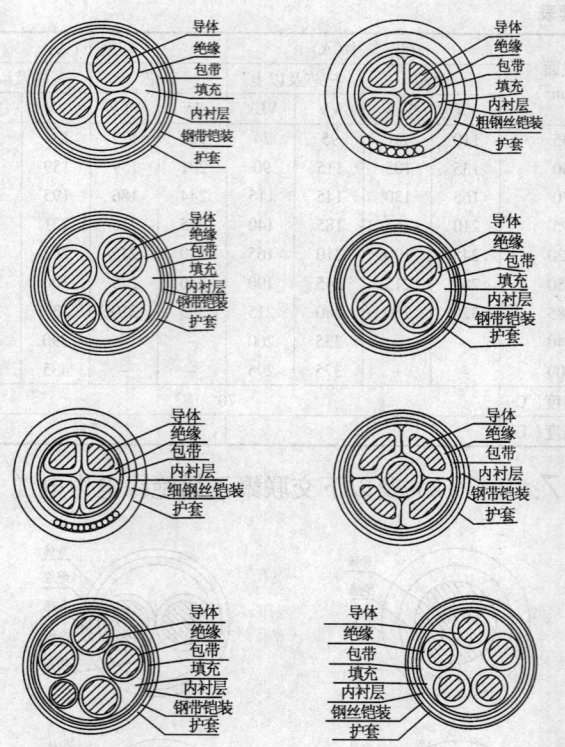

【特点及用途】交联聚乙烯绝缘电力电缆是采用化学或物理方法,使直链状结构的聚乙烯转变成网状结构的交联聚乙烯,由热塑性的聚乙烯变成热固性的交联聚乙烯。交联聚乙烯具有高机械强度、耐化学腐蚀和敷设不受落差限制等特点。其适用于额定电压 0.6/1 kV 的输配电线路中,供输配电能之用。电缆导体最高长期允许工作温度 90 ℃,短路时(最大短路持续时间 5 s)导体最高温度不超过 250 ℃,敷设最低温度为 0 ℃。

【规　格】

a. 单芯非铠装电缆

芯数×截面 (mm²)	绝缘标称 厚度(mm)	外护套标称 厚度(mm)	电缆近似外径 (mm)	电缆近似重量 (kg/km)	
				铜	铝
1×4	0.7	1.8	7.5	76	54
1×6	0.7	1.8	8.0	99	61
1×10	0.7	1.8	10.4	146	83
1×16	0.7	1.8	12.0	208	108
1×25	0.9	1.8	13.2	306	150
1×35	0.9	1.8	14.8	403	187
1×50	1.0	1.8	16.9	538	240
1×70	1.1	1.8	18.7	739	316
1×95	1.1	1.8	20.5	1 002	414
1×120	1.2	1.8	22.5	1 232	499
1×150	1.4	1.8	24.8	1 541	622
1×185	1.6	1.8	27.5	1 903	758
1×240	1.7	1.8	29.2	2 489	974
1×300	1.8	1.9	30.6	3 076	1 189

b. 单芯铠装电缆

芯数×截面 (mm²)	绝缘标称厚度 (mm)	外护套标称 厚度(mm)	电缆近似外径 (mm)	电缆近似重量 (kg/km)	
				YJV22	YJLV22
1×10	0.7	1.8	14.4	312	250
1×16	0.7	1.8	15.5	391	292
1×25	0.9	1.8	17.2	515	360

续表

芯数×截面 （mm²）	绝缘标称厚度 （mm）	外护套标称厚度（mm）	电缆近似外径 （mm）	电缆近似重量 （kg/km）	
				YJV22	YJLV22
1×35	0.9	1.8	18.3	631	414
1×50	1.0	1.8	19.6	798	488
1×70	1.1	1.8	21.2	1 017	583
1×95	1.1	1.8	23.0	1 285	696
1×120	1.2	1.8	24.9	1 559	815
1×150	1.4	1.8	26.8	1 881	951
1×185	1.6	1.9	29.3	2 279	1 132
1×240	1.7	2.0	32.1	2 857	1 369
1×300	1.8	2.1	34.8	3 482	1 622

c. 二芯电缆

芯数×截面 （mm²）	绝缘标称厚度 （mm）	外护套标称厚度（mm）		电缆近似外径 （mm）		电缆近似重量 （kg/km）			
		非铠装	钢带铠装	非铠装	钢带铠装	YJV	YJLV	YJV22	YJLV22
2×2.5	0.7	–	1.8	–	16.1	–	–	380	349
2×4	0.7	1.8	1.8	12.8	17.1	186.9	137.1	443	393
2×6	0.7	1.8	1.8	13.9	18.1	234.3	159.1	511	437
2×10	0.7	1.8	1.8	16.5	20.1	337.6	209.7	645	521
2×16	0.7	1.8	1.8	18.5	22.2	473.8	271.6	828	630
2×25	0.9	1.8	1.8	22.0	25.0	685.8	371.6	1 120	810
2×35	0.9	1.8	1.8	24.5	27.8	896.2	458.4	1 375	941
2×50	1	1.8	1.9	20.8	30.7	1 124.5	505.4	1 775	1 155
2×70	1.1	1.9	2.1	24.3	35.3	1 526.9	660.2	2 531	1 663
2×95	1.1	2.1	2.2	26.8	39.1	2 031.5	855.4	3 180	2 002
2×120	1.2	2.2	2.3	30.5	43.4	2 548.2	1 062.6	3 893	2 405
2×150	1.4	2.3	2.5	33.4	47.7	3 161.2	1 304.2	4 720	2 860

续表

芯数×截面（mm²）	绝缘标称厚度（mm）	外护套标称厚度（mm）		电缆近似外径（mm）		电缆近似重量（kg/km）			
		非铠装	钢带铠装	非铠装	钢带铠装	YJV	YJLV	YJV22	YJLV22
2×185	1.6	2.5	2.6	36.3	52.5	3 877.3	1 587.1	5 680	3 386

d. 三芯电缆

芯数×截面（mm²）	绝缘标称厚度（mm）	外护套标称厚度（mm）		电缆近似外径（mm）		电缆近似重量（kg/km）			
		非铠装	钢带铠装	非铠装	钢带铠装	YJV22	YJLV22	YJV	YJLV
3×4	0.7	1.8	1.8	13.8	17.5	464	390	230	156
3×6	0.7	1.8	1.8	14.9	18.6	551	438	298	185
3×10	0.7	1.8	1.8	17.8	21.4	753	562	453	262
3×16	0.7	1.8	1.8	19.8	23.6	978	675	639	337
3×25	0.9	1.8	1.8	23.4	27.0	1 344	874	945	475
3×35	0.9	1.8	1.8	25.8	29.5	1 691	1 037	1 250	596
3×50	1.0	1.8	1.9	21.3	24.8	2 129	1 148	1 701	720
3×70	1.1	1.9	2.1	24.7	28.2	3 067	1 690	2 345	968
3×95	1.1	2.0	2.2	27.8	32.5	3 863	2 035	3 062	1 234
3×120	1.2	2.1	2.3	30.9	35.8	4 621	2 385	3 722	1 486
3×150	1.4	2.3	2.4	34.2	39.2	5 659	2 855	4 674	1 871
3×185	1.6	2.4	2.6	38.6	43.3	6 796	3 386	5 669	2 259
3×240	1.7	2.6	2.8	42.5	47.6	8 692	4 166	7 428	2 901

e. 四芯电缆

芯数×截面（mm²）	绝缘标称厚度（mm）	外护套标称厚度（mm）		电缆近似外径（mm）		电缆近似重量（kg/km）			
		非铠装	钢带铠装	非铠装	钢带铠装	YJV22	YJLV22	YJV	YJLV
4×4	0.7	1.8	1.8	18.1	14.6	534	436	284	185
4×6	0.7	1.8	1.8	19.5	15.9	644	494	372	222
4×10	0.7	1.8	1.8	22.5	18.9	900	644	645	390
4×16	0.7	1.8	1.8	25.1	21.5	1 186	783	819	416
4×25	0.9	1.8	1.8	29.2	25.6	1 656	1 029	1 220	593
4×35	0.9	1.8	1.9	30.5	28.5	2 106	1 234	1 623	751
4×50	1.0	1.9	2.0	31.2	26.6	2 882	1 573	2 203	895
4×70	1.1	2.0	2.2	35.1	30.3	3 840	2 004	3 056	1 221
4×95	1.1	2.1	2.3	39.2	33.9	4 885	2 449	3 991	1 554
4×120	1.2	2.3	2.4	41.9	37.3	5 829	2 848	4 874	1 893
4×150	1.4	2.4	2.6	46.6	41.5	7 195	3 457	6 096	2 358
4×185	1.6	2.6	2.8	51.3	45.8	8 662	4 116	7 426	2 880
4×240	1.7	2.8	3.0	56.2	50.6	11 121	5 086	9 738	3 703

f. 3+1 芯电缆

芯数×截面（mm²）	绝缘标称厚度（mm）	外护套标称厚度（mm）		电缆近似外径（mm）		电缆近似重量（kg/km）			
		非铠装	钢带铠装	非铠装	钢带铠装	YJV22	YJLV22	YJV	YJLV
3×4+2.5	0.7	1.8	1.8	14.4	18	522	432	275	185
3×6+4	0.7	1.8	1.8	15.6	19	625	488	358	221
3×10+6	0.7	1.8	1.8	18.3	22	847	618	535	306
3×16+10	0.7	1.8	1.8	20.9	25	1 125	758	767	400
3×25+16	0.9	1.8	1.8	24.7	26	1 552	981	1 131	561
3×35+16	0.9	1.8	1.8	25.6	27	1 890	1 135	1 432	677
3×50+25	1.0	1.8	2.0	27.8	31	2 674	1 532	1 985	843

续表

芯数×截面（mm²）	绝缘标称厚度（mm）	外护套标称厚度（mm）		电缆近似外径（mm）		电缆近似重量（kg/km）			
		非铠装	钢带铠装	非铠装	钢带铠装	YJV22	YJLV22	YJV	YJLV
3×70+35	1.1	1.9	2.1	30.1	35	3 501	1 908	2 719	1126
3×95+50	1.1	2.1	2.2	33.9	39	4 448	2 322	3 589	1 463
3×120+70	1.2	2.2	2.4	37.0	42	5 410	2 754	4 440	1 783
3×150+70	1.4	2.3	2.5	41.1	46	6 485	3 261	5 388	2 170
3×185+95	1.6	2.5	2.7	45.6	51	7 882	3 882	6 648	2 650
3×240+120	1.7	2.7	2.9	50.3	56	10 022	4 761	8 642	3 381

g. 五芯电缆

芯数×截面（mm²）	绝缘标称厚度（mm）	外护套标称厚度（mm）		电缆近似外径（mm）		电缆近似重量（kg/km）			
		非铠装	钢带铠装	非铠装	钢带铠装	YJV	YJLV	YJV22	YJLV22
5×4	0.7	1.8	1.8	15.0	20.0	421	301	638	517
5×6	0.7	1.8	1.8	16.1	21.6	537	351	777	590
5×10	0.7	1.8	1.8	19.8	24.0	775	462	1 054	752
5×16	0.7	1.8	1.8	22.7	26.7	1 100	606	1 414	931
5×25	0.9	1.8	2.0	27.2	33.0	1 617	780	2 255	1 428
5×35	0.9	1.9	2.1	30.6	36.1	2 158	1 066	2 866	1 787
5×50	1.0	2.1	2.2	35.1	39.9	2 947	1 388	3 740	2 380
5×70	1.1	2.3	2.4	41.2	44.8	4 034	1 851	4 953	2 969
5×95	1.1	2.5	2.6	47.3	50.3	5 306	2 343	6 416	3 953
5×120	1.2	2.6	2.8	52.2	56.2	6 617	2 873	7 652	4 508
5×150	1.4	2.8	3.0	58.1	63.0	8 254	3 575	9 754	5 375
5×185	1.6	3.0	3.2	64.5	70.1	10 084	4 314	11 979	6 408

h. 4+1 芯电缆

芯数×截面（mm²）	绝缘标称厚度（mm）	外护套标称厚度（mm）		电缆近似外径（mm）		电缆近似重量（kg/km）			
		非铠装	钢带铠装	非铠装	钢带铠装	YJV	YJLV	YJV22	YJLV22
4×4+2.5	0.7	1.8	1.8	17.0	22.0	374	260	592	477
4×6+4	0.7	1.8	1.8	18.8	23.7	492	319	702	528
4×10+6	0.7	1.8	1.8	22.2	27.2	731	443	933	645
4×16+10	0.7	1.8	1.8	24.5	29.6	1 034	577	1 351	893
4×25+16	0.9	1.8	2.0	27.7	32.9	1 501	778	1 809	1 087
4×35+16	0.9	1.9	2.1	30.2	36.0	1 811	967	2 289	1 445
4×50+25	1.0	2.1	2.2	34.9	40.5	2 687	1 284	3 287	1 884
4×70+35	1.1	2.2	2.4	39.6	45.6	3 639	1 674	4 201	2 341
4×95+50	1.1	2.4	2.6	44.6	50.4	4 852	2 169	5 861	3 278
4×110+70	1.2	2.5	2.8	47.8	52.9	6 076	2 644	7 368	4 237
4×150+70	1.4	2.7	3.0	53.4	60.1	7 424	3 245	8 580	5 108
4×185+95	1.6	2.9	3.2	59.2	64.8	9 114	3 905	13 019	7 911

i. 3+2 芯电缆

芯数×截面（mm²）	绝缘标称厚度（mm）	外护套标称厚度（mm）		电缆近似外径（mm）		电缆近似重量（kg/km）			
		非铠装	钢带铠装	非铠装	钢带铠装	YJV	YJLV	YJV22	YJLV22
3×4+2×2.5	0.7	1.8	1.8	16.9	21.9	354	250	653	529
3×6+2×4	0.7	1.8	1.8	18.2	23.2	461	301	785	615
3×10+2×6	0.7	1.8	1.8	20.7	25.5	706	444	1 030	770
3×16+2×10	0.7	1.8	1.8	23.8	28.8	1 004	582	1 390	983
3×25+2×16	0.9	1.8	1.9	27.2	32.2	1 441	776	1 932	1 276
3×35+2×16	0.9	1.9	2.0	29.1	34.2	1 719	866	2 589	1 802
3×50+2×25	1.0	2.0	2.2	32.8	37.8	2 386	1 139	3 471	2 423
3×70+2×35	1.1	2.2	2.3	37.5	43.0	3 264	1 518	4 521	2 974

续表

芯数×截面（mm²）	绝缘标称厚度（mm）	外护套标称厚度（mm）		电缆近似外径（mm）		电缆近似重量（kg/km）			
		非铠装	钢带铠装	非铠装	钢带铠装	YJV	YJLV	YJV22	YJLV22
3×95+2×50	1.1	2.3	2.5	41.6	46.1	4 342	1 940	5 812	3 509
3×120+2×70	1.2	2.5	2.7	47.0	53.3	5 569	2 450	7 370	4 310
3×150+2×70	1.4	2.6	2.9	50.6	56.8	6 527	2 846	8 998	5 418
3×185+2×95	1.6	2.8	3.2	56.2	63.4	8 187	3 485	11 076	6 473

8. 0.6/1 kV 及以下交联聚乙烯绝缘电力电缆的载流量

a. 单芯交联聚乙烯绝缘电力电缆（0.6/1 kV）连续负荷载流量

型号	YJV、YJLV、YJY、YJLY、YJV22、YJLV22、YJV23、YJLV23、YJV32、YJLV32、YJV33、YJLV33							
电压	0.6/1 kV							
排列	⚬⚬ 三角形（相互接触）				○○○ 扁平形（相邻间距离等于电缆外径）			
敷设	空气中		土壤中		空气中		土壤中	
截面（mm²）	铜	铝	铜	铝	铜	铝	铜	铝
4	44	35	56	42	56	44	77	61
6	56	45	70	54	70	57	97	79
10	77	59	74	69	97	75	130	100
16	100	78	120	90	125	99	170	135
25	130	100	155	115	165	185	220	170
35	160	125	185	135	200	155	265	205
50	195	150	220	165	245	190	320	245
70	245	190	270	200	305	240	395	305

续表

型号	YJV、YJLV、YJY、YJLY、YJV22、YJLV22、YJV23、YJLV23、YJV32、YJLV32、YJV33、YJLV33							
95	300	230	320	240	375	290	475	370
120	350	270	365	275	435	340	545	420
150	400	310	410	310	500	390	610	475
185	465	360	465	355	580	450	695	540
240	500	430	540	410	685	535	810	630
300	635	495	610	465	795	615	910	710
工作温度(℃)	90							
环境温度(℃)	40		25		40		25	

b. 多芯交联聚乙烯绝缘电力电缆(0.6/1 kV)连续负荷载流量

型号	YJV、YJLV、YJY、YJLY、YJV22、YJLV22、YJV23、YJLV23、YJV32、YJLV32、YJV33、YJLV33							
电压	0.6/1kV							
芯数	二芯				三芯以上			
敷设	空气中		土壤中		空气中		土壤中	
截面(mm²)	铜	铝	铜	铝	铜	铝	铜	铝
4	45	35	55	47	44	33	47	35
6	57	45	68	55	48	40	58	42
10	75	60	89	70	66	55	70	54
16	99	80	112	87	88	68	94	69
25	129	115	143	120	116	89	120	90
35	154	140	168	145	139	100	153	115
50	182	160	196	167	169	137	180	135
70	221	210	236	218	208	169	219	165
95	263	250	273	267	253	210	261	200
120	297	265	305	270	293	265	320	240
150	339	315	344	320	334	290	365	275
185	388	365	387	370	383	350	410	310

续表

型号	YJV、YJLV、YJY、YJLY、YJV22、YJLV22、YJV23、YJLV23、YJV32、YJLV32、YJV33、YJLV33						
240	–	–	–	451	410	465	350
300						530	400
工作温度(℃)	90						
环境温度(℃)	40		25		40		25

9. 6~35kV 交联聚乙烯绝缘电力电缆

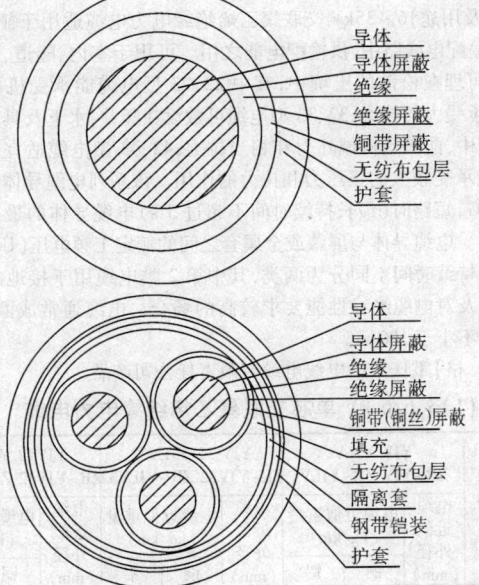

导体
导体屏蔽
绝缘
绝缘屏蔽
铜带屏蔽
无纺布包层
护套

导体
导体屏蔽
绝缘
绝缘屏蔽
铜带(铜丝)屏蔽
填充
无纺布包层
隔离套
钢带铠装
护套

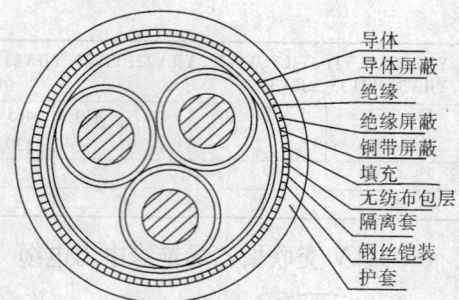

导体
导体屏蔽
绝缘
绝缘屏蔽
铜带屏蔽
填充
无纺布包层
隔离套
钢丝铠装
护套

【特点及用途】6~35kV 交联聚乙烯绝缘电力电缆适用于额定电压 6 ~35kV 的输配电线路中,供输配电能之用。可用于室内、隧道、电缆沟或管道中,也可埋在松散的土壤中,其中 22、23 型电缆能承受机械外力作用,但不能承受大的拉力;32、33 型电缆可敷设在竖井,水下及具有落差条件下的土壤中,能承受机械外力和相当拉力;42、43 型电缆适宜使用于水中、海底,能承受较大的正压力和拉力的作用。该系列电缆导体的最高额定温度 90 ℃,短路时(最长持续时间不超过 5 s)电缆导体的最高温度不超过 250 ℃。电缆导体与屏蔽或金属套之间的额定工频电压(Uo)按系统接收地故障持续时间不同分为两类,其中第 2 类电缆用于接地故障时间更长的系统及对电缆绝缘性能要求较高的场合。电缆通常成圈供应,一般交货长度不小于 100 m。

【规　　格】重庆泰山电线电缆有限责任公司产品

(1)3.6/6 kV 单芯交联聚乙烯绝缘电力电缆

导体标称截面（mm²）	绝缘标称厚度（mm）	YJV YJLV ZR-YJV ZR-YJLV			YJV 32 YJLV32 ZR-YJV32 ZR-YJLV32			YJV42 YJLV42 ZR-YJV42 ZR-YJLV42		
		电缆近似外径（mm）	电缆近似重量（kg/km）		电缆近似外径（mm）	电缆近似重量（kg/km）		电缆近似外径（mm）	电缆近似重量（kg/km）	
			铜	铝		铜	铝		铜	铝
25	2.5	19	576	421	25	1 565	1 410	30	2 599	2 444

续表

导体标称截面（mm²）	绝缘标称厚度（mm）	YJV YJLV ZR-YJV ZR-YJLV 电缆近似外径（mm）	电缆近似重量（kg/km）铜	铝	YJV 32 YJLV32 ZR-YJV32 ZR-YJLV32 电缆近似外径（mm）	电缆近似重量（kg/km）铜	铝	YJV42 YJLV42 ZR-YJV42 ZR-YJLV42 电缆近似外径（mm）	电缆近似重量（kg/km）铜	铝
35	2.5	20	695	479	26	1 727	1 510	31	2 799	2 582
50	2.5	21	860	550	27	1 955	1 645	33	3 092	2 782
70	2.5	23	1 081	648	29	2 269	1 836	35	3 460	3 027
95	2.5	24	1 350	762	30	2 609	2 021	36	3 878	3 290
120	2.5	26	1 640	897	32	2 948	2 205	38	4 258	3 515
150	2.5	27	1 947	1 019	33	3 670	2 741	40	4 721	3 792
185	2.5	29	2 302	1 156	36	4 115	2 970	41	5 214	4 068
240	2.6	32	2 886	1 400	38	4 828	3 342	44	5 998	4 512
300	2.8	35	3 483	1 626	41	5 616	3 759	47	6 865	5 008
400	3.0	38	4 477	2 001	45	7 611	5 135	52	8 400	5 924

（2）6/6、6/10 kV 单芯交联聚乙烯绝缘电力电缆

导体标称截面（mm²）	绝缘标称厚度（mm）	YJV YJLV ZR-YJV ZR-YJLV 电缆近似外径（mm）	电缆近似重量（kg/km）铜	铝	YJV 32 YJLV32 ZR-YJV32 ZR-YJLV32 电缆近似外径（mm）	电缆近似重量（kg/km）铜	铝	YJV42 YJLV42 ZR-YJV42 ZR-YJLV42 电缆近似外径（mm）	电缆近似重量（kg/km）铜	铝
25	3.4	20	598	443	27	1 439	1 283	32	2 832	2 677
35	3.4	22	719	502	28	1 604	1 387	34	3 049	2 833

续表

导体标称截面（mm²）	绝缘标称厚度（mm）	YJV YJLV ZR-YJV ZR-YJLV			YJV 32 YJLV32 ZR-YJV32 ZR-YJLV32			YJV42 YJLV42 ZR-YJV42 ZR-YJLV42		
		电缆近似外径（mm）	电缆近似重量（kg/km）		电缆近似外径（mm）	电缆近似重量（kg/km）		电缆近似外径（mm）	电缆近似重量（kg/km）	
			铜	铝		铜	铝		铜	铝
50	3.4	23	884	575	29	1 828	1 518	35	3 332	3 023
70	3.4	24	1 097	664	31	2 091	1 657	37	3 721	3 288
95	3.4	26	1 378	790	32	2 674	2 086	38	4 128	3 540
120	3.4	28	1 658	916	34	3 051	2 308	40	4 529	3 786
150	3.4	30	1 967	1 038	36	3 517	2 589	42	4 981	4 052
185	3.4	31	2 335	1 190	38	3 967	2 822	43	5 496	4 351
240	3.4	34	2 908	1 423	40	5 023	3 538	46	6 260	4 775
300	3.4	36	3 507	1 650	44	5 774	3 917	48	7 051	5 194
400	3.4	39	4 503	2 027	47	6 929	4 453	53	8 531	6 055

（3）8.7/10、8.7/15 kV 单芯交联聚乙烯绝缘电力电缆

导体标称截面（mm²）	绝缘标称厚度（mm）	YJV YJLV ZR-YJV ZR-YJLV			YJV 32 YJLV32 ZR-YJV32 ZR-YJLV32			YJV42 YJLV42 ZR-YJV42 ZR-YJLV42		
		电缆近似外径（mm）	电缆近似重量（kg/km）		电缆近似外径（mm）	电缆近似重量（kg/km）		电缆近似外径（mm）	电缆近似重量（kg/km）	
			铜	铝		铜	铝		铜	铝
25	4.5	23	680	525	30	1 616	1 461	35	3 140	2 986
35	4.5	24	804	587	31	1 786	1 570	36	3 348	3 131
50	4.5	25	984	674	32	2 015	1 706	37	3 651	3 341
70	4.5	27	1 201	768	34	2 515	2 082	39	4 048	3 614

续表

导体标称截面（mm²）	绝缘标称厚度（mm）	YJV YJLV ZR-YJV ZR-YJLV			YJV 32 YJLV32 ZR-YJV32 ZR-YJLV32			YJV42 YJLV42 ZR-YJV42 ZR-YJLV42		
		电缆近似外径（mm）	电缆近似重量（kg/km）		电缆近似外径（mm）	电缆近似重量（kg/km）		电缆近似外径（mm）	电缆近似重量（kg/km）	
			铜	铝		铜	铝		铜	铝
95	4.5	29	1 490	902	37	2 906	2 318	41	4 461	3 873
120	4.5	30	1 765	1 022	38	3 260	2 518	42	4 868	4 125
150	4.5	32	2 091	1 162	41	3 735	2 805	44	5 326	4 398
185	4.5	34	2 452	1 307	44	4 582	3 437	46	5 849	4 704
240	4.5	36	3 034	1 548	46	5 295	3 810	48	6 602	5 116
300	4.5	39	3 672	1 815	48	6 035	4 178	50	7 421	5 564
400	4.5	42	4 646	2 170	51	7 200	4 724	55	8 920	6 444

（4）12/20 kV 单芯交联聚乙烯绝缘电力电缆

导体标称截面（mm²）	绝缘标称厚度（mm）	YJV YJLV ZR-YJV ZR-YJLV			YJV 32 YJLV32 ZR-YJV32 ZR-YJLV32			YJV42 YJLV42 ZR-YJV42 ZR-YJLV42		
		电缆近似外径（mm）	电缆近似重量（kg/km）		电缆近似外径（mm）	电缆近似重量（kg/km）		电缆近似外径（mm）	电缆近似重量（kg/km）	
			铜	铝		铜	铝		铜	铝
35	5.5	27	979	762	35	2 335	2 118	39	3 695	3 479
50	5.5	29	1 155	846	36	2 598	2 288	40	4 005	3 696
70	5.5	30	1 393	959	38	2 884	2 450	42	4 393	3 959
95	5.5	32	1 681	1 093	40	3 256	2 668	44	4 831	4 243
120	5.5	34	1 979	1 236	42	3 620	2 877	45	5 226	4 483

续表

导体标称截面（mm²）	绝缘标称厚度（mm）	YJV YJLV ZR-YJV ZR-YJLV			YJV 32 YJLV32 ZR-YJV32 ZR-YJLV32			YJV42 YJLV42 ZR-YJV42 ZR-YJLV42		
		电缆近似外径（mm）	电缆近似重量（kg/km）		电缆近似外径（mm）	电缆近似重量（kg/km）		电缆近似外径（mm）	电缆近似重量（kg/km）	
			铜	铝		铜	铝		铜	铝
150	5.5	35	2 301	1 373	45	4 518	3 589	47	5 710	4 782
185	5.5	38	2 718	1 573	47	4 981	3 836	48	6 220	5 075
240	5.5	40	3 302	1 817	49	5 728	4 243	51	7 003	5 518
300	5.5	43	3 941	2 084	52	6 503	4 646	53	7 833	5 976
400	5.5	45	4 931	2 455	56	8 303	5 827	57	9 234	6 808

（5）18/20、18/30kV 单芯交联聚乙烯绝缘电力电缆

导体标称截面（mm²）	绝缘标称厚度（mm）	YJV YJLV ZR-YJV ZR-YJLV			YJV32 YJLV32 ZR-YJV32 ZR-YJLV32			YJV42 YJLV42 ZR-YJV42 ZR-YJLV42		
		电缆近似外径	电缆近似重量（kg/km）		电缆近似外径	电缆近似重量（kg/km）		电缆近似外径	电缆近似重量（kg/km）	
		（mm）	铜	铝	（mm）	铜	铝	（mm）	铜	铝
50	8.0	35	1 562	1 253	44	3 733	3 423	47	4 979	4 670
70	8.0	37	1 838	1 405	456	4 089	3 656	49	5 406	4 972
95	8.0	39	2 138	1 550	49	4 479	3 819	51	5 865	5 276
120	8.0	40	2 446	1 703	50	5 456	4 713	52	6 275	5 532
150	8.0	42	2 791	1 863	52	5 934	5 006	54	6 781	5 852
185	8.0	44	3 200	2 054	54	6 458	5 313	56	7 308	6 163
240	8.0	46	3 797	2 312	56	7 208	5 722	58	8 119	6 634
300	8.0	48	4 461	2 604	58	8 028	6 171	60	8 977	7 120
400	8.0	52	5 531	3 055	62	9 325	6 849	64	10 328	7 852

(6)21/35kV 单芯交联聚乙烯绝缘电力电缆

导体标称截面（mm²）	绝缘标称厚度（mm）	YJV YJLV ZR-YJV ZR-YJLV			YJV 32 YJLV32 ZR-YJV32 ZR-YJLV32			YJV42 YJLV42 ZR-YJV42 ZR-YJLV42		
		电缆近似外径（mm）	电缆近似重量（kg/km）		电缆近似外径（mm）	电缆近似重量（kg/km）		电缆近似外径（mm）	电缆近似重量（kg/km）	
			铜	铝		铜	铝		铜	铝
50	9.3	37	1 609	1 360	47	3 779	3 469	50	5 414	5 104
70	9.3	38	1 850	1 417	48	4 112	3 679	52	5 822	5 416
95	9.3	40	2 193	1 605	50	4 518	3 935	54	6 317	5 729
120	9.3	42	2 498	1 756	52	4 944	4 202	55	6 734	5 991
150	9.3	44	2 839	1 910	54	5 510	4 581	57	7 248	6 320
185	9.3	45	3 248	2 102	56	6 634	5 489	59	7 782	6 637
240	9.3	48	3 881	2 395	60	7 447	5 961	61	8 604	7 119
300	9.3	50	4 529	2 672	63	8 308	6 451	63	9 473	7 616
400	9.3	53	5 570	3 094	65	9512	7 036	67	10 840	8 365

(7)26/35kV 单芯交联聚乙烯缘电力电缆

导体标称截面（mm²）	绝缘标称厚度（mm）	YJV YJLV ZR-YJV ZR-YJLV			YJV 32 YJLV32 ZR-YJV32 ZR-YJLV32			YJV42 YJLV42 ZR-YJV42 ZR-YJLV42		
		电缆近似外径（mm）	电缆近似重量（kg/km）		电缆近似外径（mm）	电缆近似重量（kg/km）		电缆近似外径（mm）	电缆近似重量（kg/km）	
			铜	铝		铜	铝		铜	铝
50	10.5	39	1 758	1 449	48	4 083	3 773	53	5 885	5 576
70	10.5	41	2 038	1 604	50	4 422	3 989	55	6 329	5 896
95	10.5	43	2 355	1 767	52	4 840	4 252	57	6 781	6 193
120	10.5	44	2 666	1 923	53	5 269	4 526	58	7 230	6 487
150	10.5	46	3 031	2 103	57	6 497	5 569	60	7 727	6 799

续表

导体标称截面（mm²）	绝缘标称厚度（mm）	YJV YJLV ZR-YJV ZR-YJLV			YJV 32 YJLV32 ZR-YJV32 ZR-YJLV32			YJV42 YJLV42 ZR-YJV42 ZR-YJLV42		
		电缆近似外径（mm）	电缆近似重量（kg/km）		电缆近似外径（mm）	电缆近似重量（kg/km）		电缆近似外径（mm）	电缆近似重量（kg/km）	
			铜	铝		铜	铝		铜	铝
185	10.5	48	3 427	2 282	59	7 007	5 861	62	8 295	7 150
240	10.5	50	4 070	2 584	62	7 856	6 371	64	9 130	7 644
300	10.5	53	4 748	2 891	64	8 676	6 819	66	9 982	8 125
400	10.5	56	5 801	3 325	67	9 917	7 441	70	11 365	8 889

（8）3.6/6 kV 三芯交联聚乙烯绝缘电力电缆

导体标称截面（mm²）	绝缘标称厚度（mm）	YJV YJLV ZR-YJV ZR-YJLV			YJV 22 YJLV22 ZR-YJV22 ZR-YJLV22			YJV32 YJLV32 ZR-YJV32 ZR-YJLV32			YJV42 YJLV42 ZR-YJV42 ZR-YJLV42		
		电缆近似外径（mm）	电缆近似重量（kg/km）		电缆近似外径（mm）	电缆近似重量（kg/km）		电缆近似外径（mm）	电缆近似重量（kg/km）		电缆近似外径（mm）	电缆近似重量（kg/km）	
			铜	铝		铜	铝		铜	铝		铜	铝
25	2.5	40	1 895	1 430	46	2 945	2 480	49	4 246	3 781	49.2	5 289	4 821
35	2.5	43	2 293	1 642	49	3 390	2 739	52	4 770	4 119	51.6	5 798	5 143
50	2.5	46	2 812	1 881	52	4 065	3 135	57	6 194	5 263	54.6	6 685	5 749
70	2.5	49	3 508	2 205	55	4 816	3 513	60	7 092	5 790	58.6	7 681	6 371
95	2.5	53	4 402	2 635	60	5 897	4 129	64	8 763	6 495	62.3	8 887	7 109
120	2.5	57	5 317	3 087	63	6 844	4 611	68	9 422	7 190	65.5	9 969	7 723
150	2.5	61	6 300	3 518	67	7 973	5 182	71	10 667	7 876	69.1	11 320	8 512
185	2.5	63	7 319	3 877	71	9 281	5 838	76	12 113	8 110	72.8	12 711	9 308
240	2.5	72	9 218	4 753	77	11 229	6 361	84	14 361	9 895	78.4	15 010	10 518
300	2.5	75	11 159	5 977	83	14 106	8 524	87	16 632	11 050	85.4	17 783	12 168

(9)6/6、6/10kV 三芯交联聚乙烯绝缘电力电缆

导体标称截面 (mm²)	绝缘标称厚度 (mm)	YJV YJLV ZR-YJV ZR-YJLV			YJV 22 YJLV22 ZR-YJV22 ZR-YJLV22			YJV32 YJLV32 ZR-YJV32 ZR-YJLV32			YJV42 YJLV42 ZR-YJV42 ZR-YJLV42		
		电缆近似外径 (mm)	电缆近似重量 (kg/km)		电缆近似外径 (mm)	电缆近似重量 (kg/km)		电缆近似外径 (mm)	电缆近似重量 (kg/km)		电缆近似外径 (mm)	电缆近似重量 (kg/km)	
			铜	铝		铜	铝		铜	铝		铜	铝
25	3.4	42	1 895	1 430	47	3 010	2 544	50	4 337	3 872	54	5 902	5 452
35	3.4	44	2 293	1 640	50	3 490	2 847	53	4 863	4 214	56	6 444	5 789
50	3.4	46	2 812	1 881	52	4 135	3 205	56	6 302	5 371	59	7 349	6 413
70	3.4	50	3 508	2 205	56	4 958	3 655	61	7 177	5 976	63	8 345	7 035
95	3.4	54	4 402	2 635	61	5 874	4 206	65	8 431	6 663	67	9 570	7 792
120	3.4	58	5 319	3 087	64	6 969	4 736	69	9 559	7 326	70	10 671	8 425
150	3.4	62	6 309	3 518	68	8 161	5 390	73	10 873	8 246	74	12 044	9 237
185	3.4	66	7 404	3 877	72	9 417	5 975	78	12 256	8 814	77	13 486	10 023
240	3.4	71	9 218	4 753	77	11 340	6 874	82	14 509	10 044	84	16 036	11 544
300	3.4	75	11 159	5 577	84	14 247	8 665	88	16821	11239	88	18 340	12 725

(10)8.7/10、8.7/15 kV 三芯交联聚乙烯绝缘电力电缆

导体标称截面 (mm²)	绝缘标称厚度 (mm)	YJV YJLV ZR-YJV ZR-YJLV			YJV 22 YJLV22 ZR-YJV22 ZR-YJLV22			YJV32 YJLV32 ZR-YJV32 ZR-YJLV32			YJV42 YJLV42 ZR-YJV42 ZR-YJLV42		
		电缆近似外径 (mm)	电缆近似重量 (kg/km)		电缆近似外径 (mm)	电缆近似重量 (kg/km)		电缆近似外径 (mm)	电缆近似重量 (kg/km)		电缆近似外径 (mm)	电缆近似重量 (kg/km)	
			铜	铝		铜	铝		铜	铝		铜	铝
25	4.5	50	2 537	2 072	53	3 500	3 035	60	6 058	5 593	59	6 775	6 287
35	4.5	53	2 985	2 334	55	3 980	3 329	63	6 661	6 010	62	7 296	6 641
50	4.5	55	3 529	2 598	58	4 679	3 648	66	7 456	6 525	64	8 122	7 186
70	4.5	58	4 197	2 895	61	5 410	4 107	68	8 376	7 074	68	9 247	7 936

续表

导体标称截面 (mm²)	绝缘标称厚度 (mm)	YJV YJLV ZR-YJV ZR-YJLV			YJV 22 YJLV22 ZR-YJV22 ZR-YJLV22			YJV32 YJLV32 ZR-YJV32 ZR-YJLV32			YJV42 YJLV42 ZR-YJV42 ZR-YJLV42		
		电缆近似外径 (mm)	电缆近似重量 (kg/km)		电缆近似外径 (mm)	电缆近似重量 (kg/km)		电缆近似外径 (mm)	电缆近似重量 (kg/km)		电缆近似外径 (mm)	电缆近似重量 (kg/km)	
			铜	铝		铜	铝		铜	铝		铜	铝
95	4.5	63	5 230	3 462	66	6 567	4 799	73	9 657	7 890	72	10 500	8 722
120	4.5	66	6 120	3 888	70	7 541	5 308	76	10 834	8 602	75	11 624	9 378
150	4.5	70	7 207	4 416	73	8 674	5 983	81	12 160	9 369	79	13 024	10 216
185	4.5	74	8 378	4 935	77	9 991	6 547	85	13 661	10 219	84	14 758	11 295
240	4.5	79	10 177	5 712	84	12 887	8 421	91	15 992	11 527	89	16 951	12 459
300	4.5	84	12 159	6 577	89	14 974	9 392	96	18 262	12 680	94	19 436	13 820

(11) 12/20kV 三芯交联聚乙烯绝缘电力电缆

导体标称截面 (mm²)	绝缘标称厚度 (mm)	YJV YJLV ZR-YJV ZR-YJLV			YJV 22 YJLV22 ZR-YJV22 ZR-YJLV22			YJV32 YJLV32 ZR-YJV32 ZR-YJLV32			YJV42 YJLV42 ZR-YJV42 ZR-YJLV42		
		电缆近似外径 (mm)	电缆近似重量 (kg/km)		电缆近似外径 (mm)	电缆近似重量 (kg/km)		电缆近似外径 (mm)	电缆近似重量 (kg/km)		电缆近似外径 (mm)	电缆近似重量 (kg/km)	
			铜	铝		铜	铝		铜	铝		铜	铝
35	5.5	57	3 348	2 096	63	4 840	4 189	68	7 430	6 752	68	8 229	7 574
50	5.5	60	3 904	2 973	66	5 463	4 532	70	8 139	7 200	71	9 181	8 245
70	5.5	65	4 623	3 321	69	6 346	5 044	73	9 133	7 831	75	10 234	8 924
95	5.5	65	5 593	3 825	72	7 457	5 698	78	10 450	8 682	78	11 517	9 739
120	5.5	71	6 495	4 262	77	8 439	6 227	82	11 612	9 371	82	12 926	10 680
150	5.5	74	2 637	4 846	82	10 555	7 764	86	12 482	10 191	86	14 258	11 451
185	5.5	81	8 803	5 361	86	11 925	8 483	89	14 540	11 098	90	15 874	12 412
240	5.5	84	10 729	6 263	93	13 959	9 274	95	16 751	12 785	95	18 209	13 717
300	5.5	89	12 723	7 141	97	16 314	10 731	101	19 242	13 660	100	20 632	15 017

(12) 26/35 kV 三芯交联聚乙烯绝缘电力电缆

导体标称截面（mm²）	绝缘标称厚度（mm）	YJV YJLV ZR–YJV ZR–YJLV			YJV22 YJLV22 ZR–YJV22 ZR–YJLV22			YJV32 YJLV32 ZR–YJV32 ZR–YJLV32			YJV42 YJLV42 ZR–YJV42 ZR–YJLV42		
		电缆近似外径（mm）	电缆近似重量（kg/km）		电缆近似外径（mm）	电缆近似重量（kg/km）		电缆近似外径（mm）	电缆近似重量（kg/km）		电缆近似外径（mm）	电缆近似重量（kg/km）	
			铜	铝		铜	铝		铜	铝		铜	铝
50	10.5	84	6 000	5 078	92	9 491	8 569	91.6	10 024	9 088	94.9	13 058	12 122
70	10.5	88	6 960	5 643	96	10 614	9 298	95.5	11 186	9 876	98.8	14 350	13 040
95	10.5	92	7 661	6 150	100	11 788	9 978	99.7	12 537	10 759	103.0	14 064	15 842
120	10.5	95	9 203	6 958	103	13 216	10 791	102.9	13 698	11 452	106.4	17 156	14 910
150	10.5	98	10 349	7 535	107	14 512	11 698	106.8	15 120	12 312	110.1	18 057	15 849
185	10.5	102	11 612	8 181	111	15 981	12 550	110.4	16 620	13 158	113.7	20 276	16 814
240	10.5	107	13 594	9 117	116	18 219	13 742	115.3	18 871	14 379	118.4	22 641	18 149
300	10.5	112	15 757	10 134	121	20 703	15 080	120.1	21 222	15 606	123.2	25 158	19 542

10. 6~35 kV 单芯、三芯交联聚乙烯绝缘电力电缆的载流量

a. 单芯交联聚乙烯绝缘电力电缆连续负荷载流量（一）

型号		YJV YJLV YJY YJLY			
电压		3.6/6 ~ 12/20（kV）			
排列		⚬⚬⚬ 三角形（相互接触）			
敷设	空气中	土壤中（K. m/w）			
		Pw		Po	
		1.0	2.5	3.0	3.5

续表

截面(mm²)	铜	铝	铜	铝	铜	铝	铜	铝	铜	铝
载流量(A) 25	140	110	150	115	130	99	120	89	105	75
35	170	135	180	135	155	115	140	105	125	90
50	205	160	215	160	180	135	170	125	150	105
70	260	200	265	200	210	165	205	150	180	130
95	315	245	315	240	265	200	245	180	215	155
120	360	280	360	270	300	225	275	205	245	175
150	410	320	405	305	335	255	310	230	275	195
185	470	365	455	345	380	285	350	260	310	220
240	555	435	530	400	440	330	405	300	360	255
300	640	500	595	455	495	375	455	340	405	290
400	745	585	680	520	560	430	515	385	460	330
工作温度(℃)	90									
环境温度(℃)	40		25							

注:Pw—未发生水分迁移时土壤热阻系数,Po—水分迁移使土壤干枯时土壤热阻系数。以下表中相同,不再加注。

b. 单芯交联聚乙烯绝缘电力电缆连续负荷载流量(二)

型号			YJV　YJLV　YJY　YJLY						
电压			3.6/6~26/35(kV)						
排列			⚬⚬⚬ 三角形(相互接触)						
敷设	空气中		土壤中(K.m/w)						
			Pw			Po			
			1.0		2.5		3.0		3.5
截面(mm²)	铜	铝	铜	铝	铜	铝	铜	铝	铜	铝
载流量(A) 25	165	130	160	120	140	110	135	105	135	105
35	205	115	190	145	165	130	160	125	160	125
50	245	190	225	175	195	150	190	150	190	145
70	305	235	275	215	240	185	235	180	230	180

续表

截面(mm²)	铜	铝	铜	铝	铜	铝	铜	铝	铜	铝
95	370	290	330	255	285	220	280	215	275	210
120	430	335	375	290	325	250	315	245	310	240
150	490	380	425	330	365	280	355	275	345	270
185	560	435	480	370	410	320	400	310	390	305
240	665	515	555	435	475	370	460	360	455	350
300	765	595	630	490	535	415	520	405	510	400
400	890	695	725	565	610	480	595	465	585	455
工作温度(℃)	90									
环境温度(℃)	40				25					

c. 单芯交联聚乙烯绝缘电力电缆连续负荷载流量(三)

型号	YJV　YJLV　YJY　YJLY									
电压	3.6/6 ~ 26/35(kV)									
排列	○○○扁平形(相邻间距等于电缆外径)									

敷设	空气中		土壤中(K.m/w)							
			Pw				Po			
			1.0		2.5		3.0		3.5	
截面(mm²)	铜	铝	铜	铝	铜	铝	铜	铝	铜	铝
载流量(A) 25	165	130	160	120	140	110	135	105	135	105
35	205	115	190	145	165	130	160	125	160	125
50	245	190	225	175	195	150	190	150	190	145
70	305	235	275	215	240	185	235	180	230	180
95	370	290	330	255	285	220	280	215	275	210
120	430	335	375	290	325	250	315	245	310	240
150	490	380	425	330	365	280	355	275	345	270
185	560	435	480	370	410	320	400	310	390	305
240	665	515	555	435	475	370	460	360	455	350
300	765	595	630	490	535	415	520	405	510	400
400	890	695	725	565	610	480	595	465	585	455

续表

工作温度(℃)	90		
环境温度(℃)	40	25	

d. 单芯交联聚乙烯绝缘电力电缆连续负荷载流量(四)

型号	YJV YJLV YJY YJLY								
电压	3.6/6 ~ 26/35(kV)								
排列	〇〇〇扁平形(相邻间距等于电缆外径)								
敷设	空气中		土壤中(K.m/w)						
			P_w				P_o		
			1.0		2.5		3.0		3.5
截面(mm²)	铜	铝	铜	铝	铜	铝	铜	铝	铜	铝

截面(mm²)	铜	铝	铜	铝	铜	铝	铜	铝	铜	铝
50	245	190	225	175	200	155	200	155	195	150
70	305	235	275	215	245	190	240	185	240	185
95	370	285	330	255	295	225	290	225	285	220
120	425	330	375	290	335	260	325	255	320	250
150	485	375	420	325	375	290	365	285	360	280
185	555	430	475	370	420	325	410	320	405	315
240	650	505	555	430	485	380	475	370	470	365
300	745	580	630	490	550	425	535	415	530	410
400	870	680	720	565	630	490	615	480	605	470

载流量(A)

工作温度(℃)	90		
环境温度(℃)	40	25	

e. 三芯交联聚乙烯绝缘电力电缆连续负荷载流量(一)

型号	YJV YJY YJV22 YJV23 YJV32 YJV42 YJV43 YJLV YJLY YJLV22 YJLV23 YJLV32 YJLV33 YJLV42 YJLV43
电压	3.6/6 ~ 12/20(kV)

续表

敷设	空气中		土壤中(K.m/w)							
			P_w				P_o			
			1.0		2.5		3.0		3.5	
截面(mm²)	铜	铝	铜	铝	铜	铝	铜	铝	铜	铝
载流量(A) 25	120	90	125	100	120	90	120	90	115	90
35	140	110	155	120	140	110	140	110	135	105
50	165	130	180	140	165	125	165	125	165	125
70	210	165	220	170	205	160	200	155	195	155
95	255	200	265	210	240	185	235	185	235	180
120	290	225	300	235	270	210	265	210	260	205
150	330	255	340	260	300	235	300	235	295	230
185	375	295	380	300	345	265	335	260	330	255
240	435	345	435	345	390	305	385	305	380	300
300	495	390	485	390	435	345	430	340	420	335
工作温度(℃)	90									
环境温度(℃)	40		25							

f. 三芯交联聚乙烯绝缘电力电缆连续负荷载流量(二)

型号	YJV YJY YJV22 YJV23 YJV32 YJV42 YJV43 YJLV YJLY YJLV22 YJLV23 YJLV32 YJLV33 YJLV42 YJLV43				
电压	26/35(kV)				
敷设	空气中	土壤中(K.m/w)			
		P_w		P_o	
		1.0	2.5	3.0	3.5

续表

截面(mm²)		铜	铝	铜	铝	铜	铝	铜	铝	铜	铝
载流量(A)	50	180	138	186	140	180	136	180	136	180	136
	70	220	174	220	170	215	169	210	165	205	165
	95	258	200	263	203	242	185	237	185	235	180
	120	285	218	295	230	265	205	260	200	255	195
	150	320	252	342	253	290	232	290	232	285	227
	185	372	290	370	290	315	260	305	255	300	250
	240	437	337	430	340	385	297	380	297	375	292
	300	400	378	480	382	430	335	425	380	415	325
工作温度(℃)		90									
环境温度(℃)		40				25					

11. 聚氯乙烯(交联聚乙烯)绝缘聚氯乙烯护套控制电缆

聚氯乙烯(交联聚乙烯)绝缘聚氯乙烯护套控制电缆主要用于敷设在室内、电缆沟中、管道内及地下等场所。聚氯乙烯绝缘聚氯乙烯护套控制电缆制造工艺和接头制造简单,质量轻,弯曲性能好,耐油、耐酸碱,不延燃,但绝缘电阻较低,介质损耗较高。交联聚乙烯绝缘聚氯乙烯护套控制电缆性能优良,结构简单,外径小,载流量大。电缆额定电压为450/750 V(600/1 000 V),其品种多样以适应不同需要。

(1) 铜芯聚氯乙烯(交联聚氯乙烯)绝缘聚氯乙烯护套控制电缆

【特点及用途】KVV(KYJV)型铜芯聚氯乙烯(交联聚氯乙烯)绝缘聚氯乙烯护套控制电缆主要用于敷设在室内、电缆沟、电缆沟、管道固定场合,其额定电压为 450/750 V(600/1 000 V)。

【规格】重庆泰山电线电缆有限责任公司产品

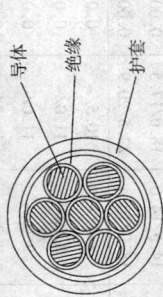

芯数× 标称截面 (mm²)	导体种类	绝缘标称厚度 (mm)	护套标称厚度 (mm)	平均外径 KVV/KYJV (mm) 下限	上限	70 ℃/90 ℃ (PVC/XLPE) 时最小绝缘电阻 (MΩ/km) KVV	KYJV	近似重量 (kg/km) KVV	KYJV
4×2.5	2	0.8/0.7	1.2	10.0/9.5	13.0/12.5	0.009	0.707	211	199
4×4	1	0.8/0.7	1.5	11.5/11.0	14.0/13.5	0.008 5	0.664	291	277
4×4	2	0.8/0.7	1.5	12.0/11.5	15.0/14.5	0.007 7	0.601	301	287
4×6	1	0.8/0.7	1.5	12.5/12.0	15.0/14.5	0.007 0	0.567	384	368
4×6	2	0.8/0.7	1.5	13.0/12.5	16.5/16.0	0.006 5	0.527	396	380
4×10	2	1.0/0.7	1.5	16.0/14.6	20.0/18.6	0.006 5	0.458	608	579
5×0.75	1	0.6/−	1.2	7.8/−	9.6/−	0.012	−	111	−

续表

芯数×标称截面 (mm²)	导体种类	绝缘标称厚度 (mm)	护套标称厚度 (mm)	平均外径 KVV/KYJV (mm)		70℃/90℃(PVC/XLPE)时最小绝缘电阻 (MΩ·km)		近似重量 (kg/km)	
				下限	上限	KVV	KYJV	KVV	KYJV
5×0.75	2	0.6/–	1.2	8.0/–	10.5/–	0.014	–	116	–
5×1.0	1	0.6/–	1.2	8.2/–	10.0–	0.011	–	129	–
5×1.0	2	0.6/–	1.2	8.4/–	11.0/–	0.013	–	139	–
5×1.5	1	0.7/0.7	1.2	9.4/9.4	11.5/11.5	0.011	0.948	170	162
5×1.5	2	0.7/0.7	1.2	9.8/9.8	12.5/12.5	0.010	0.863	176	166
5×2.5	1	0.8/0.7	1.5	11.5/11.0	14.0/13.5	0.010	0.785	259	244
5×2.5	2	0.8/0.7	1.5	11.5/11.0	14.5/14.0	0.009	0.707	270	255
5×4	1	0.8/0.7	1.5	12.5/12.0	15.0/14.5	0.008 5	0.664	349	332
5×4	2	0.8/0.7	1.5	13.0/12.5	16.5/16.0	0.007 7	0.601	361	344
5×6	1	0.8/0.7	1.5	14.0/13.5	16.5/16.0	0.007 0	0.567	464	444
5×6	2	0.8/0.7	1.5	14.5/14.0	18.0/17.5	0.006 5	0.527	478	468
5×10	2	1.0/0.7	1.7	18.0/16.4	22.5/20.9	0.006 5	0.458	757	723
7×0.75	1	0.6/–	1.2	8.4/–	10.5/–	0.012	–	139	–
7×0.75	2	0.6/–	1.2	8.8/–	11.0/–	0.014	–	144	–
7×1.0	1	0.6/–	1.2	9.0/–	11.0/–	0.011	–	163	–
7×1.0	2	0.6/–	1.2	9.2/–	11.5/–	0.013	–	175	–

续表

芯数×标称截面 (mm²)	导体种类	绝缘标称厚度 (mm)	护套标称厚度 (mm)	平均外径 KVV/KYJV (mm)		70℃/90℃(PVC/XLPE)时最小绝缘电阻 (MΩ/km)		近似重量 (kg/km)	
				下限	上限	KVV	KYJV	KVV	KYJV
7×1.5	1	0.7/0.7	1.2	10.0/10.0	12.5/12.5	0.011	0.948	216	212
7×1.5	2	0.7/0.7	1.2	10.5/10.5	13.5/13.5	0.010	0.863	224	210
7×2.5	1	0.8/0.7	1.5	12.5/11.9	15.0/14.4	0.010	0.785	333	312
7×2.5	2	0.8/0.7	1.5	12.5/11.9	16.0/15.4	0.009	0.707	345	324
7×4	1	0.8/0.7	1.5	13.5/12.9	16.5/15.9	0.008 5	0.664	456	432
7×4	2	0.8/0.7	1.5	14.0/13.4	17.5/16.9	0.0077	0.601	471	447
7×6	1	0.8/0.7	1.5	15.0/14.4	18.0/17.4	0.007 0	0.567	613	585
7×6	2	0.8/0.7	1.5	15.5/14.9	19.5/18.9	0.006 5	0.527	632	604
7×10	2	1.0/0.7	1.7	20.0/18.2	24.0/22.2	0.006 5	0.458	1 007	957
8×0.75	2	0.6/–	1.2	9.4/–	11.5/–	0.012	–	155	–
8×0.75	2	0.6/–	1.2	9.6/–	12.0/–	0.014	–	161	–
8×1.0	1	0.6/–	1.2	10.0/–	12.0/–	0.011	–	181	–
8×1.0	2	0.6/–	1.2	10.0/–	13.0/–	0.013	–	196	–
8×1.5	1	0.7/0.7	1.5	12.0/12.0	14.5/14.5	0.011	0.949	260	247
8×1.5	2	0.7/0.7	1.5	12.5/12.5	15.5/15.5	0.010	0.863	269	256
8×2.5	1	0.8/0.7	1.5	14.0/13.3	16.5/15.8	0.010	0.785	374	355

续表

芯数× 标称截面 (mm²)	导体种类	绝缘标称厚度 (mm)	护套标称厚度 (mm)	平均外径 KVV/KYJV (mm)		70 ℃/90 ℃ (PVC/XLPE) 时最小绝缘电阻 (MΩ/km)		近似重量 (kg/km)	
				下限	上限	KVV	KYJV	KVV	KYJV
8×2.5	2	0.8/0.7	1.5	14.0/13.3	17.5/16.8	0.009	0.707	389	370
8×4	1	0.8/0.7	1.5	15.5/14.8	18.0/17.3	0.008 5	0.664	514	488
8×4	2	0.8/0.7	1.5	16.0/15.3	19.5/18.8	0.007 7	0.601	531	504
8×6	1	0.8/0.7	1.7	17.5/16.8	20.0/19.3	0.007 0	0.567	709	674
8×6	2	0.8/0.7	1.7	18.0/17.3	22.0/21.3	0.006 5	0.527	730	694
8×10	2	1.0/0.7	1.7	22.5/20.5	27.0/25.0	0.006 5	0.458	1 141	1 084
10×0.75	1	0.6/–	1.2	10.5/–	12.5/–	0.012	–	188	–
10×0.75	2	0.6/–	1.2	10.5/–	13.5/–	0.014	–	195	–
10×1.0	1	0.6/–	1.5	11.5/–	14.0/–	0.011	–	237	–
10×1.0	2	0.6/–	1.5	12.0/–	15.0/–	0.013	–	257	–
10×1.5	1	0.7/0.7	1.5	13.5/13.5	16.0/16.0	0.011	0.949	317	296
10×1.5	2	0.7/0.7	1.5	14.0/14.0	17.0/17.0	0.010	0.863	329	308
10×2.5	1	0.8/0.7	1.5	15.5/14.7	18.5/17.7	0.010	0.785	460	431
10×2.5	2	0.8/0.7	1.5	16.0/15.2	19.5/18.7	0.009	0.707	478	449
10×4	1	0.8/0.7	1.7	18.0/17.2	20.5/19.7	0.008 5	0.664	651	616
10×4	2	0.8/0.7	1.7	18.5/17.7	22.5/21.7	0.007 7	0.601	672	637

续表

芯数×标称截面 (mm²)	导体种类	绝缘标称厚度 (mm)	护套标称厚度 (mm)	平均外径 KVV/KYJV (mm)		70 ℃/90 ℃ (PVC/XLPE) 时最小绝缘电阻 (MΩ/km)		近似重量 (kg/km)	
				下限	上限	KVV	KYJV	KVV	KYJV
10×6	1	0.8/0.7	1.7	19.5/18.7	22.5/21.7	0.007 0	0.567	876	836
10×6	2	0.8/0.7	1.7	20.5/19.7	25.0/24.2	0.006 5	0.527	902	862
10×10	2	1.0/0.7	1.7	25.5/23.1	30.5/28.1	0.006 5	0.458	1 414	1 357
12×0.75	1	0.6/–	1.5	11.5/–	13.5/–	0.012	–	229	–
12×0.75	2	0.6/–	1.5	11.5/–	14.5/–	0.014	–	239	–
12×1.0	1	0.6/–	1.5	12.0/–	14.5/–	0.011	–	268	–
12×1.0	2	0.6/–	1.5	12.5/–	15.5/–	0.013	–	291	–
12×1.5	1	0.7/0.7	1.5	14.0/14.0	16.5/16.5	0.011	0.949	362	348
12×1.5	2	0.7/0.7	1.5	14.0/14.0	17.5/17.5	0.010	0.863	375	360
12×2.5	1	0.8/0.7	1.5	16.0/15.2	19.0/18.2	0.010	0.785	530	500
12×2.5	2	0.8/0.7	1.5	16.5/15.7	20.5/19.7	0.009	0.707	540	518
12×4	1	0.8/0.7	1.7	18.5/17.7	21.5/20.7	0.008 5	0.664	753	723
12×4	2	0.8/0.7	1.7	19.0/18.2	23.0/22.2	0.007 7	0.601	778	747
12×6	1	0.8/0.7	1.7	20.5/19.7	23.5/22.7	0.007 0	0.567	1 020	979
12×6	2	0.8/0.7	1.7	21.0/20.2	26.0/25.2	0.006 5	0.527	1 050	1 008
14×0.75	1	0.6/–	1.5	12.0/–	14.5/–	0.012	–	257	–

续表

芯数×标称截面 (mm²)	导体种类	绝缘标称厚度 (mm)	护套标称厚度 (mm)	平均外径 KVV/KYJV (mm)		70 ℃/90 ℃ (PVC/XLPE) 时最小绝缘电阻 (MΩ/km)		近似重量 (kg/km)	
				下限	上限	KVV	KYJV	KVV	KYJV
14×0.75	2	0.6/–	1.5	12.0/–	15.0/–	0.014	–	267	–
14×1.0	1	0.6/–	1.5	12.5/–	15.0/–	0.011	–	302	–
14×1.0	2	0.6/–	1.5	13.0/–	16.0/–	0.013	–	328	–
14×1.5	1	0.7/0.7	1.5	14.5/14.5	17.0/17.0	0.011	0.949	409	380
14×1.5	2	0.7/0.7	1.5	15.0/15.0	18.5/18.5	0.010	0.863	424	395
14×2.5	1	0.8/0.7	1.5	17.0/16.1	19.5/18.6	0.010	0.785	603	562
14×2.5	2	0.8/0.7	1.5	17.5/16.6	21.5/20.6	0.009	0.707	625	584
14×4	1	0.8/0.7	1.7	19.5/18.6	22.5/21.6	0.008 5	0.664	860	811
14×4	2	0.8/0.7	1.7	20.0/19.1	24.5/23.6	0.007 7	0.601	887	838
14×6	1	0.8/0.7	1.7	21.5/20.6	24.5/23.6	0.007 0	0.567	1 169	1 122
14×6	2	0.8/0.7	1.7	22.5/21.6	27.0/26.1	0.006 5	0.527	1 202	1 142
16×0.75	2	0.6/–	1.5	12.5/–	15.0/–	0.012	–	284	–
16×0.75	2	0.6/–	1.5	13.0/–	16.0/–	0.014	–	296	–
16×1.0	1	0.6/–	1.5	13.0/–	15.5/–	0.011	–	335	–
16×1.0	2	0.6/–	1.5	13.5/–	17.0/–	0.013	–	365	–
16×1.5	1	0.7/0.7	1.5	15.0/15.0	18.0/18.0	0.011	0.979	456	438

续表

芯数×标称截面 (mm²)	导体种类	绝缘标称厚度 (mm)	护套标称厚度 (mm)	平均外径 KVV/KYJV (mm)		70 ℃/90 ℃ (PVC/XLPE) 时最小绝缘电阻 (MΩ/km)		近似重量 (kg/km)	
				下限	上限	KVV	KYJV	KVV	KYJV
16×1.5	2	0.7/0.7	1.5	15.5/15.5	19.5/19.5	0.010	0.863	472	453
16×2.5	2	0.8/0.7	1.7	18.0/17.1	21.0/20.1	0.010	0.783	694	666
16×2.5	2	0.8/0.7	1.7	19.0/18.1	23.0/22.1	0.009	0.707	720	691
19×0.75	1	0.6/–	1.5	13.0/–	15.5/–	0.012	–	323	–
19×0.75	2	0.6/–	1.5	13.5/–	16.5/–	0.014	–	336	–
19×1.0	1	0.6/–	1.5	14.0/–	16.5/–	0.011	–	383	–
19×1.0	2	0.6/–	1.5	14.5/–	17.5/–	0.013	–	418	–
19×1.5	1	0.7/0.7	1.5	16.0/16.0	19.0/19.0	0.011	0.949	525	486
19×1.5	2	0.7/0.7	1.5	16.5/16.5	20.5/20.5	0.010	0.863	843	524
19×2.5	1	0.8/0.7	1.7	19.0/18.0	22.0/21.0	0.010	0.785	801	745
19×2.5	2	0.8/0.7	1.7	20.0/19.0	24.0/23.0	0.009	0.707	835	779
24×0.75	1	0.6/–	1.5	15.0/–	18.0/–	0.012	–	398	–
24×0.75	2	0.6/–	1.5	15.5/–	19.0/–	0.014	–	414	–
24×1.0	1	0.6/–	1.5	16.0/–	19.0/–	0.011	–	462	–
24×1.0	2	0.6/–	1.5	16.5/–	20.5/–	0.013	–	480	–
24×1.5	1	0.7/0.7	1.7	19.0/19.0	22.0/22.0	0.011	0.949	669	636

续表

芯数×标称截面 (mm²)	导体种类	绝缘标称厚度 (mm)	护套标称厚度 (mm)	平均外径 KVV/KYJV (mm)		70 ℃/90 ℃ (PVC/XLPE) 时最小绝缘电阻 (MΩ/km)		近似重量 (kg/km)	
				下限	上限	KVV	KYJV	KVV	KYJV
24×1.5	2	0.7/0.7	1.7	20.0/20.0	24.0/24.0	0.010	0.803	692	657
24×2.5	1	0.8/0.7	1.7	22.5/21.4	25.5/24.4	0.010	0.785	996	946
24×2.5	2	0.8/0.7	1.7	23.0/21.9	28.0/26.9	0.009	0.707	1080	1026
27×0.75	1	0.6/–	1.5	15.5/–	18.0/–	0.012	–	435	–
27×0.75	2	0.6/–	1.5	16.0/–	19.5/–	0.014	–	452	–
27×1.0	1	0.6/–	1.5	16.5/–	19.0/–	0.011	–	518	–
27×1.0	2	0.6/–	1.5	17.0/–	20.5/–	0.013	–	566	–
27×1.5	1	0.7/0.7	1.7	19.5/19.5	22.5/22.5	0.011	0.949	734	697
27×1.5	2	0.7/0.7	1.7	20.0/20.0	24.5/24.5	0.010	0.863	759	721
27×2.5	1	0.8/0.7	1.7	23.0/21.8	26.0/24.8	0.010	0.785	1 099	1 044
27×2.5	2	0.8/0.7	1.7	23.5/22.3	28.5/27.3	0.009	0.707	1 139	1 182
30×0.75	1	0.6/–	1.5	16.0/–	19.0/–	0.012	–	473	–
30×0.75	2	0.6/–	1.5	16.5/–	20.0/–	0.014	–	492	–
30×1.0	1	0.6/–	1.7	17.5/–	20.5/–	0.011	–	582	–
30×1.0	2	0.6/–	1.7	18.0/–	22.0/–	0.013	–	635	–
30×1.5	1	0.7/0.7	1.7	20.0/20.0	23.0/23.0	0.011	0.949	802	762

续表

芯数×标称截面 (mm²)	导体种类	绝缘标称厚度 (mm)	护套标称厚度 (mm)	平均外径 KVV/KYJV (mm) 下限	上限	70℃/90℃(PVC/XLPE)时最小绝缘电阻 (MΩ/km) KVV	KYJV	近似重量 (kg/km) KVV	KYJV
30×1.5	2	0.7/0.7	1.7	21.0/21.0	25.0/25.0	0.010	0.863	830	789
30×2.5	1	0.8/0.7	1.7	24.0/22.7	27.0/25.7	0.010	0.785	1 206	1 146
30×2.5	2	0.8/0.7	1.7	24.5/23.2	29.5/28.2	0.009	0.707	1 249	1 187
37×0.75	1	0.6/-	1.7	17.5/-	20.5/-	0.012	-	579	-
37×0.75	2	0.6/-	1.7	18.0/-	22.0/-	0.014	-	602	-
37×1.0	1	0.6/-	1.7	18.5/-	21.5/-	0.011	-	693	-
37×1.0	2	0.6/-	1.7	19.5/-	23.5/-	0.013	-	757	-
37×1.5	1	0.7/0.7	1.7	21.5/21.5	25.0/25.0	0.011	0.949	961	884
37×1.5	2	0.7/0.7	1.7	22.5/22.5	27.0/27.0	0.010	0.863	993	916
37×2.5	1	0.8/0.7	1.7	25.5/24.1	29.0/27.6	0.010	0.785	1 453	1 344
37×2.5	2	0.8/0.7	1.7	26.5/25.1	31.5/30.1	0.009	0.707	1 504	1 395

(2)铜芯聚氯乙烯(交联聚乙烯)绝缘聚氯乙烯护套编织屏蔽控制电缆

【特点及用途】KVVP(KYJVP)型铜芯聚氯乙烯(交联聚乙烯)绝缘聚氯乙烯护套编织屏蔽控制电缆主要敷设在室内、电缆沟、管道等要求屏蔽的固定场合,其额定电压为450/750 V(600/1 000 V)。

【规格】重庆泰山电线电缆有限责任公司产品

护套
编织屏蔽
绝缘
导体

芯数×标称截面(mm²)	导体种类	绝缘标称厚度 PVC/XLPE (mm)	屏蔽单线标称直径 (mm)	护套标称厚度 (mm)	平均外径 KVVP/KYJVP (mm)		70 ℃/90 ℃ (PVC/XLPE) 时最小绝缘电阻 (MΩ/km)		近似重量 (kg/km)	
					下限	上限	KVVP	KYJVP	KVVP	KYJVP
2×0.75	2	0.6/-	0.15	1.2	7.8/-	9.8/-	0.014	-	94	-
2×1.0	2	0.6/-	0.15	1.2	8.2/-	10.5/-	0.013	-	107	-
2×1.5	2	0.7/0.7	0.15	1.2	9.2/9.2	11.5/11.5	0.010	0.863	127	122
2×2.5	2	0.8/0.7	0.15	1.2	10.0/9.6	12.5/12.1	0.009	0.707	169	162
2×4	2	0.8/0.7	0.20	1.5	11.5/11.1	14.5/14.1	0.007 7	0.601	242	232
2×6	2	0.8/0.7	0.20	1.5	13.0/12.6	16.0/15.6	0.006 5	0.527	297	285

续表

芯数×标称截面（mm²）	导体种类	绝缘标称厚度 PVC/XLPE（mm）	屏蔽单线标称直径（mm）	护套标称厚度（mm）	平均外径 KVVP/KYJVP（mm）		70℃/90℃（PVC/XLPE）时最小绝缘电阻（MΩ/km）		近似重量（kg/km）	
					下限	上限	KVVP	KYJVP	KVVP	KYJVP
2×10	2	1.0/0.7	0.20	1.5	15.5/14.3	19.0/17.8	0.006 5	0.458	428	411
3×0.75	2	0.6/-	0.15	1.2	8.2/-	10.5/-	0.014	-	111	-
3×1.0	2	0.6/-	0.15	1.2	8.6/-	10.5/-	0.013	-	126	-
3×1.5	2	0.7/0.7	0.15	1.2	9.6/9.6	12.0/12.0	0.010	0.863	157	151
3×2.5	2	0.8/0.7	0.15	1.2	10.5/10.1	13.5/13.1	0.009	0.707	209	201
3×4	2	0.8/0.7	0.20	1.5	12.5/12.1	15.5/15.1	0.007 7	0.607	299	287
3×6	2	0.8/0.7	0.20	1.5	13.5/13.1	17.0/16.6	0.006 5	0.527	377	362
3×10	2	1.0/0.7	0.20	1.5	16.5/15.2	20.0/18.7	0.006 5	0.458	555	533
4×0.75	2	0.6/-	0.15	1.2	8.8/-	11.0/-	0.014	-	129	-
4×1.0	2	0.6/-	0.15	1.2	9.2/-	11.5/-	0.013	-	149	-
4×1.5	2	0.7/0.7	0.15	1.2	10.0/10.0	12.5/12.5	0.010	0.863	184	176
4×2.5	2	0.8/0.7	0.20	1.5	12.5/12.0	15.0/14.5	0.009	0.707	284	272
4×4	2	0.8/0.7	0.20	1.5	13.5/13.0	16.5/16.0	0.007 7	0.601	365	351
4×6	2	0.8/0.7	0.20	1.5	15.0/14.5	18.0/17.5	0.006 5	0.527	467	451
4×10	2	1.0/0.7	0.20	1.7	18.0/16.6	22.0/20.6	0.006 5	0.458	712	684
5×0.75	2	0.6/-	0.15	1.2	9.4/-	11.5/-	0.014	-	148	-

续表

芯数×标称截面 (mm²)	导体种类	绝缘标称厚度 PVC/XLPE (mm)	屏蔽单线标称直径 (mm)	护套标称厚度 (mm)	平均外径 KVVP/KYJVP (mm) 下限	平均外径 KVVP/KYJVP (mm) 上限	70℃/90℃ (PVC/XLPE) 时最小绝缘电阻 (MΩ/km) KVVP	70℃/90℃ (PVC/XLPE) 时最小绝缘电阻 (MΩ/km) KYJVP	近似重量 (kg/km) KVVP	近似重量 (kg/km) KYJVP
5×1.0	2	0.6/–	0.15	1.2	9.8/–	12.0/–	0.013	–	173	–
5×1.5	2	0.7/0.7	0.15	1.2	11.0/11.0	13.5/13.5	0.010	0.863	215	205
5×2.5	2	0.8/0.7	0.20	1.5	13.5/13.0	16.5/16.0	0.009	0.707	332	317
5×4	2	0.8/0.7	0.20	1.5	14.5/14.0	18.0/17.5	0.007 7	0.601	431	414
5×6	2	0.8/0.7	0.20	1.5	16.0/15.5	19.5/18.0	0.006 5	0.527	455	435
5×10	2	1.0/0.7	0.20	1.7	19.5/17.9	24.0/22.4	0.006 5	0.458	854	820
7×0.75	2	0.6/–	0.15	1.2	10.0/–	12.5/–	0.014	–	179	–
7×1.0	2	0.6/–	0.15	1.2	10.5/–	13.0/–	0.013	–	212	–
7×1.5	2	0.7/0.7	0.15	1.5	12.5/12.5	15.0/15.0	0.010	0.863	283	269
7×2.5	2	0.8/0.7	0.20	1.5	14.5/13.9	17.5/16.9	0.009	0.707	414	397
7×4	2	0.8/0.7	0.20	1.5	15.5/14.9	19.0/18.4	0.0077	0.601	549	527
7×6	2	0.8/0.7	0.20	1.5	17.5/16.6	21.0/20.4	0.0065	0.527	716	687
7×10	2	1.0/0.7	0.20	1.5	21.5/19.7	26.0/24.2	0.0065	0.458	1114	1069
8×0.75	2	0.6/–	0.15	1.2	11.0/–	13.5/–	0.014	–	98	–
8×1.0	2	0.6/–	0.15	1.5	12.0/–	15.0/–	0.013	–	256	–
8×1.5	2	0.7/0.7	0.20	1.5	14.0/14.0	17.0/17.0	0.010	0.863	318	331

续表

芯数×标称截面 (mm²)	导体种类	绝缘标称厚度 PVC/XLPE (mm)	屏蔽单线标称直径 (mm)	护套标称厚度 (mm)	平均外径 KVVP/KYJVP (mm)		70℃/90℃ (PVC/XLPE) 时最小绝缘电阻 (MΩ/km)		近似重量 (kg/km)	
					下限	上限	KVVP	KYJVP	KVVP	KYJVP
8×2.5	2	0.8/0.7	0.20	1.5	16.0/15.3	19.0/18.3	0.009	0.707	367	352
8×4	2	0.8/0.7	0.20	1.7	18.0/17.3	21.5/20.8	0.007 7	0.601	639	613
8×6	2	0.8/0.7	0.20	1.7	19.5/18.8	24.0/23.3	0.006 5	0.527	823	790
8×10	2	1.0/0.7	0.25	1.7	24.0/22.0	29.0/27.0	0.006 5	0.458	1 287	1 236
10×0.75	2	0.6/–	0.20	1.5	13.0/–	16.0/–	0.014	–	271	–
10×1.0	2	0.6/–	0.20	1.5	13.5/–	16.5/–	0.013	–	320	–
10×1.5	2	0.7/0.7	0.20	1.5	15.5/15.5	18.5/18.5	0.010	0.863	402	386
10×2.5	2	0.8/0.7	0.20	1.7	17.5/16.7	21.5/20.7	0.009	0.707	565	542
10×4	2	0.8/0.7	0.20	1.7	20.0/19.2	24.0/23.2	0.007 7	0.601	771	740
10×6	2	0.8/0.7	0.25	1.7	22.5/21.7	27.0/26.2	0.006 5	0.527	1041	999
10×10	2	1.0/0.7	0.25	1.7	27.0/24.6	32.5/30.1	0.006 5	0.458	1 588	1 524
12×0.75	2	0.6/–	0.20	1.5	13.0/–	16.0/–	0.014	–	300	–
12×1.0	2	0.6/–	0.20	1.5	144.0/–	17.0/–	0.013	–	356	–
12×1.5	2	0.7/0.7	0.20	1.5	16.0/16.0	19.0/19.0	0.010	0.863	450	432
12×2.5	2	0.8/0.7	0.20	1.7	18.5/17.7	22.5/21.7	0.009	0.707	656	630
12×4	2	0.8/0.7	0.20	1.7	20.5/19.7	25.0/24.2	0.007 7	0.601	879	845

续表

芯数×标称截面 (mm²)	导体种类	绝缘标称厚度 PVC/XLPE (mm)	屏蔽单线标称直径 (mm)	护套标称厚度 (mm)	平均外径 KVVP/KYJVP (mm)		70 ℃/90 ℃ (PVC/XLPE) 时最小绝缘电阻 (MΩ/km)		近似重量 (kg/km)	
					下限	上限	KVVP	KYJVP	KVVP	KYJVP
12×6	2	0.8/0.7	0.20	1.7	23.0/22.2	27.5/26.7	0.006 5	0.527	1 193	1 145
14×0.75	2	0.6/–	0.20	1.5	14.0/–	17.0/–	0.014	–	331	–
14×1.0	2	0.6/–	0.20	1.5	14.5/–	17.5/–	0.013	–	397	–
14×1.5	2	0.7/0.7	0.20	1.5	16.5/16.5	20.0/20.0	0.010	0.863	503	483
14×2.5	2	0.8/0.7	0.20	1.7	19.5/18.6	23.5/22.6	0.009	0.707	738	708
14×4	2	0.8/0.7	0.20	1.7	21.5/20.6	26.0/25.1	0.007 7	0.601	994	954
14×6	2	0.8/0.7	0.25	1.7	24.0/23.1	29.0/28.1	0.006 5	0.527	1 353	1 299
16×0.75	2	0.6/–	0.20	1.5	14.5/–	17.5/–	0.014	–	363	–
16×1.0	2	0.6/–	0.20	1.5	15.0/–	18.5/–	0.013	–	437	–
16×1.5	2	0.7/0.7	0.20	1.5	17.5/17.5	21.0/21.0	0.010	0.863	556	534
16×2.5	2	0.8/0.7	0.20	1.7	20.5/19.6	24.0/32.1	0.009	0.707	810	778
19×0.75	2	0.6/–	0.20	1.5	15.0/–	18.0/–	0.014	–	406	–
19×1.0	2	0.6/–	0.20	1.5	16.0/–	19.0/–	0.013	–	494	–
19×1.5	2	0.7/0.7	0.20	1.7	18.5/18.5	22.5/22.5	0.010	0.863	621	596
19×2.5	2	0.8/0.7	0.20	1.7	21.5/20.5	25.5/24.5	0.009	0.707	942	904
24×0.75	2	0.6/–	0.20	1.5	17.0/–	20.5/–	0.014		498	–

续表

芯数×标称截面 (mm²)	导体种类	绝缘标称厚度 PVC/XLPE (mm)	屏蔽单线标称直径 (mm)	护套标称厚度 (mm)	平均外径 KVVP/KYJVP (mm)		70 ℃/90 ℃ (PVC/XLPE)时最小绝缘绝缘电阻 (MΩ/km)		近似重量 (kg/km)	
					下限	上限	KVVP	KYJVP	KVVP	KYJVP
24×1.0	2	0.6/-	0.20	1.7	18.5/-	22.0/-	0.013	-	622	-
24×1.5	2	0.7/0.7	0.20	1.7	21.5/21.5	25.5/25.5	0.010	0.863	797	765
24×2.5	2	0.8/0.7	0.25	1.7	25.0/23.9	29.5/28.4	0.009	0.707	1 191	1 143
27×0.75	2	0.6/-	0.20	1.5	17.5/-	21.0/-	0.014	-	537	-
27×1.0	2	0.6/-	0.20	1.7	19.0/-	22.5/-	0.013	-	674	-
27×1.5	2	0.7/0.7	0.20	1.7	21.5/21.5	26.0/26.0	0.010	0.863	866	831
27×2.5	2	0.8/0.7	0.25	1.7	25.5/24.3	30.5/29.3	0.009	0.707	1 301	1 249
30×0.75	2	0.61/-	0.20	1.7	18.5/-	22.01/-	0.014	-	597	-
30×1.0	2	0.61/-	0.20	1.7	19.51/-	23.5/-	0.013	-	730	-
30×1.5	2	0.7/0.7	0.25	1.7	22.5/22.5	27.0/27.0	0.010	0.863	969	930
30×2.5	2	0.8/0.7	0.25	1.7	26.5/25.2	31.5/30.2	0.009	0.707	1 301	1 249
37×0.75	2	0.6/-	0.20	1.7	19.5/-	23.5/-	0.014	-	724	-
37×1.0	2	0.6/-	0.20	1.7	21.0/-	25.0/-	0.013	-	843	-
37×1.5	2	0.7/0.7	0.25	1.7	24.5/24.5	29.0/29.0	0.010	0.863	1 185	1 138
37×2.5	2	0.8/0.7	0.25	2.0	29.0/27.6	34.0/32.6	0.009	0.707	1 417	1 360

(3) 铜芯聚氯乙烯（交联聚乙烯）绝缘聚氯乙烯护套铜带屏蔽控制电缆

【特点及用途】KVVP2（KJJVP2）型铜芯聚氯乙烯（交联聚乙烯）绝缘聚氯乙烯护套铜带屏蔽控制电缆主要适用于敷设在室内、电缆沟、管道等要求屏蔽的固定场合，额定电压 450/750 V（600/1 000 V）。

【规格】重庆泰山电线电缆有限责任公司产品

护套
铜带屏蔽
绝缘
导体

芯数×标称截面（mm²）	导体种类	绝缘标称厚度 PVC/XLPE（mm）	屏蔽单线标称直径（mm）	护套标称厚度（mm）	平均外径 KVVP2/KJJVP2（mm）		70 ℃/90 ℃（PVC/XLPE）时最小绝缘电阻（MΩ/km）		近似重量（kg/km）	
					下限	上限	KVVP2	KJJVP2	KVVP2	KJJVP2
4×0.75	1	0.6/–	0.05～0.15	1.2	8.0/–	10.0/–	0.012	–	120	–
4×1.0	1	0.6/–	0.05～0.15	1.2	8.4/–	10.5/–	0.011	–	135	–
4×1.5	1	0.7/0.7	0.05～0.15	1.2	9.4/9.4	11.5/11.5	0.011	0.948	172	165
4×2.5	1	0.8/0.7	0.05～0.15	1.5	11.0/10.5	14.0/13.5	0.010	0.785	252	242
4×4	1	0.8/0.7	0.05～0.15	1.5	12.5/12.0	15.0/14.5	0.008 5	0.664	329	315
4×6	1	0.8/0.7	0.05～0.15	1.5	13.5/13.0	16.0/15.5	0.007 0	0.567	427	411

续表

芯数×标称截面 (mm²)	导体种类	绝缘标称厚度 PVC/XLPE (mm)	屏蔽单线标称直径 (mm)	护套标称厚度 (mm)	平均外径 KVVP2/KYJVP2 (mm)		70 ℃/90 ℃ (PVC/XLPE) 时最小绝缘电阻 (MΩ·km)		近似重量 (kg/km)	
					下限	上限	KVVP2	KYJVP2	KVVP2	KYJVP2
4×10	2	1.0/0.7	0.05~0.15	1.7	17.5/16.1	21.5/20.1	0.006 5	0.045 8	681	653
5×0.75	1	0.6/-	0.05~0.15	1.2	8.6/-	11.0/-	0.012	-	134	-
5×1.0	1	0.6/-	0.05~0.15	1.2	9.0/-	11.0/-	0.011	-	156	-
5×1.5	1	0.7/0.7	0.05~0.15	1.5	10.0/10.0	12.5/12.5	0.011	0.949	216	207
5×2.5	1	0.8/0.7	0.05~0.15	1.5	12.0/11.5	15.0/14.5	0.010	0.785	297	285
5×4	1	0.8/0.7	0.05~0.15	1.5	13.5/13.0	16.0/15.5	0.008 5	0.664	391	375
5×6	1	0.8/0.7	0.05~0.15	1.5	14.5/14.0	17.5/17.0	0.007 0	0.567	510	490
5×10	2	1.0/0.7	0.05~0.15	1.7	19.0/17.4	23.5/21.9	0.006 5	0.458	820	787
7×0.75	1	0.6/-	0.05~0.15	1.2	9.2/-	11.5/-	0.012	-	167	-
7×1.0	1	0.6/-	0.05~0.15	1.2	9.6/-	12.0/-	0.011	-	193	-
7×1.5	1	0.7/0.7	0.05~0.15	1.5	11.5/11.5	14.0/14.0	0.011	0.949	267	256
7×2.5	1	0.8/0.7	0.05~0.15	1.5	13.0/12.4	16.0/15.4	0.010	0.785	382	367
7×4	1	0.8/0.7	0.05~0.15	1.5	14.5/13.9	17.5/16.9	0.008 5	0.664	502	482
7×6	1	0.8/0.7	0.05~0.15	1.5	16.0/15.4	19.0/18.4	0.007 0	0.567	664	637
7×10	2	1.0/0.7	0.05~0.15	1.7	20.5/18.7	25.0/22.2	0.006 5	0.458	1 053	1 011
8×0.75	1	0.6/-	0.05~0.15	1.5	10.0/-	12.5/-	0.012	-	199	-
8×1.0	1	0.6/-	0.05~0.15	1.5	11.0/-	13.5/-	0.011	-	228	-

续表

芯数×标称截面 (mm²)	导体种类	绝缘标称厚度 PVC/XLPE (mm)	屏蔽单线标称直径 (mm)	护套标称厚度 (mm)	平均外径 KVVP2/KYJVP2 (mm) 下限	上限	70℃/90℃ (PVC/XLPE) 时最小绝缘电阻 (MΩ/km) KVVP2	KYJVP2	近似重量 (kg/km) KVVP2	KYJVP2
8×1.5	1	0.7/0.7	0.05~0.15	1.5	12.5/12.5	15.5/15.5	0.011	0.949	397	381
8×2.5	1	0.8/0.7	0.05~0.15	1.5	14.5/13.8	17.5/16.8	0.010	0.785	419	402
8×4	1	0.8/0.7	0.05~0.15	1.7	16.0/15.3	19.0/18.3	0.008 5	0.664	627	602
8×6	1	0.8/0.7	0.05~0.15	1.7	18.0/17.3	21.0/20.3	0.007 0	0.567	762	732
8×10	2	1.0/0.7	0.05~0.15	1.7	23.0/21.0	28.0/26.0	0.006 5	0.458	1 217	1 168
10×0.75	1	0.6/-	0.05~0.15	1.5	11.5/-	14.5/-	0.012	-	240	-
10×1.0	1	0.6/-	0.05~0.15	1.5	12.5/-	15.0/-	0.011	-	276	-
10×1.5	1	0.7/0.7	0.05~0.15	1.5	14.0/14.0	17.0/17.0	0.011	0.949	362	348
10×2.5	1	0.8/0.7	0.05~0.15	1.7	16.5/15.7	19.5/18.7	0.010	0.785	528	507
10×4	1	0.8/0.7	0.05~0.15	1.7	18.5/17.7	21.5/20.7	0.008 5	0.664	710	682
10×6	1	0.8/0.7	0.05~0.15	1.7	20.5/19.7	23.5/22.7	0.007 0	0.567	943	905
10×10	2	1.0/0.7	0.05~0.15	1.7	26.0/23.6	31.5/29.1	0.006 5	0.458	1 504	1 444
12×0.75	1	0.6/-	0.05~0.15	1.5	12.0/-	14.5/-	0.012	-	267-	-
12×1.0	1	0.6/-	0.05~0.15	1.5	12.5/-	15.5/-	0.011	-	308	-
12×1.5	1	0.7/0.7	0.05~0.15	1.5	14.5/14.5	17.5/17.5	0.011	0.949	408	392
12×2.5	1	0.8/0.7	0.05~0.15	1.7	17.0/16.2	20.5/19.7	0.010	0.785	600	576
12×4	1	0.8/0.7	0.05~0.15	1.7	19.0/18.2	22.5/21.7	0.008 5	0.664	815	782

续表

芯数×标称截面（mm²）	导体种类	绝缘标称厚度 PVC/XLPE（mm）	屏蔽单线标称直径（mm）	护套标称厚度（mm）	平均外径 KVVP2/KYJVP2（mm）		70℃/90℃（PVC/XLPE）时最小绝缘电阻（MΩ/km）		近似重量（kg/km）	
					下限	上限	KVVP2	KYJVP2	KVVP2	KYJVP2
12×6	1	0.8/0.7	0.05~0.15	1.7	21.0/20.2	24.5/22.7	0.007 0	0.567	1 090	1 064
14×0.75	1	0.6/–	0.05~0.15	1.5	12.5/–	15.5/–	0.012	–	296	–
14×1.0	1	0.6/–	0.05~0.15	1.5	13.5/–	16.0/–	0.011	–	343	–
14×1.5	1	0.7/0.7	0.05~0.15	1.5	15.0/15.0	18.0/18.0	0.011	0.949	457	439
14×2.5	1	0.8/0.7	0.05~0.15	1.7	18.0/17.1	21.0/20.1	0.010	0.785	677	650
14×4	1	0.8/0.7	0.05~0.15	1.7	20.0/19.1	23.5/22.6	0.008 5	0.664	975	963
14×6	1	0.8/0.7	0.05~0.15	1.7	22.0/21.1	25.5/24.6	0.007 0	0.567	1 243	1 193
16×0.75	1	0.6/–	0.05~0.15	1.5	13.0/–	16.0/–	0.012	–	325	–
16×1.0	1	0.6/–	0.05~0.15	1.5	14.0/–	16.5/–	0.011	–	379	–
16×1.5	1	0.7/0.7	0.05~0.15	1.5	16.0/16.0	19.0/19.0	0.011	0.949	508	488
16×2.5	1	0.8/0.7	0.05~0.15	1.7	19.0/18.1	22.0/21.1	0.010	0.785	755	725
19×0.75	1	0.6/–	0.05~0.15	1.5	14.0/–	16.5/–	0.012	–	367	–
19×1.0	1	0.6/–	0.05~0.15	1.5	14.5/–	17.5/–	0.011	–	430	–
19×1.5	1	0.7/0.7	0.05~0.15	1.7	16.5/16.5	20.0/20.0	0.011	0.949	595	571
19×2.5	1	0.8/0.7	0.05~0.15	1.7	20.0/19.0	23.0/22.0	0.010	0.785	866	813
24×0.75	1	0.6/–	0.05~0.15	1.5	16.0/–	19.0/–	0.012	–	449	–
24×1.0	1	0.6/–	0.05~0.15	1.7	17.0/–	20.5/–	0.011	–	430	–

续表

芯数×标称截面 (mm²)	导体种类	绝缘标称厚度 PVC/XLPE (mm)	屏蔽单线标称直径 (mm)	护套标称厚度 (mm)	平均外径 KVVP2/KYJVP2 (mm)		70℃/90℃ (PVC/XLPE) 时最小绝缘电阻 (MΩ·km)		近似重量 (kg/km)	
					下限	上限	KVVP2	KYJVP2	KVVP2	KYJVP2
24×1.5	1	0.7/0.7	0.05~0.15	1.7	20.0/20.0	23.0/23.0	0.011	0.949	735	706
24×2.5	1	0.8/0.7	0.05~0.15	1.7	23.0/21.9	26.5/25.4	0.010	0.785	1 073	1 030
27×0.75	1	0.6/–	0.05~0.15	1.7	16.0/–	19.0/–	0.012	–	502	–
27×1.0	1	0.6/–	0.05~0.15	1.7	17.5/–	20.5/–	0.011	–	590	–
27×1.5	1	0.7/0.7	0.05~0.15	1.7	20.0/20.0	23.5/23.5	0.011	0.949	800	768
27×2.5	1	0.8/0.7	0.05~0.15	1.7	23.5/22.3	27.0/25.8	0.010	0.785	1 178	1 131
30×0.75	1	0.6/–	0.05~0.15	1.7	17.0/–	20.0/–	0.012	–	543	–
30×1.0	1	0.6/–	0.05~0.15	1.7	18.0/–	21.5/–	0.011	–	640	–
30×1.5	1	0.7/0.7	0.05~0.15	1.7	21.0/21.0	24.0/24.0	0.011	0.949	870	835
30×2.5	1	0.8/0.7	0.05~0.15	1.7	24.5/23.2	28.0/26.7	0.010	0.785	1 287	1 236
37×0.75	1	0.6/–	0.05~0.15	1.7	18.5/–	21.5/–	0.012	–	638	–
37×1.0	1	0.6/–	0.05~0.15	1.7	19.5/–	22.5/–	0.011	–	756	–
37×1.5	1	0.7/0.7	0.05~0.15	1.7	22.5/22.5	26.0/26.0	0.011	0.949	1 035	994
37×2.5	1	0.8/0.7	0.05~0.15	2.0	26.5/25.1	30.0/28.6	0.010	0.785	1 578	1 515

(4)铜芯聚氯乙烯(交联聚乙烯)绝缘聚氯乙烯护套钢带铠装控制电缆

【特点及用途】KVV22(KYJV22)型铜芯聚氯乙烯(交联聚乙烯)绝缘聚氯乙烯护套钢带铠装控制电缆主要敷设在室内、电缆沟、管道、直埋等承受较大机械外力的固定场合,其额定电压为450/750 V(600/1 000 V)。

【规 格】重庆泰山电线电缆有限责任公司产品

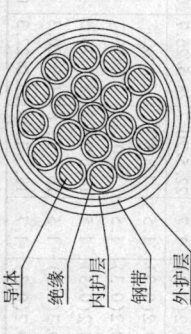

导体
绝缘
内护层
钢带
外护层

芯数×标称截面 (mm²)	导体种类	绝缘标称厚度 PVC/XLPE (mm)	钢带层数×厚度 (mm)	护套标称厚度 (mm)	平均外径 KVV22/KYJV22 (mm)		70℃/90℃ (PVC/XLPE) 时最小绝缘电阻 MΩ/km		近似重量 (kg/km)	
					下限	上限	KVV2	KYJV22	KVV22	KYJV22
4×2.5	1	0.8/0.7	2×0.2(0.3)	1.5	13.0/12.5	17.0/16.5	0.010	0.785	439	427
4×4	1	0.8/0.7	2×0.2(0.3)	1.5	14.0/13.5	18.5/18.0	0.008 5	0.664	526	512
4×6	1	0.8/0.7	2×0.2(0.3)	1.5	15.5/15.0	19.0/18.5	0.007 0	0.567	640	614
4×10	2	1.0/0.7	2×0.2(0.3)	1.7	19.0/17.6	25.0/23.6	0.006 5	0.458	948	919
5×2.5	1	0.8/0.7	2×0.2(0.3)	1.5	14.0/13.5	18.0/17.5	0.010	0.785	497	482

续表

芯数× 标称截面 (mm²)	导体种类	绝缘标称厚度 PVC/XLPE (mm)	钢带层数× 厚度 (mm)	护套标称厚度 (mm)	平均外径 KVV22/KYJV22 (mm)		70 ℃/90 ℃ (PVC/XLPE) 时最小绝缘电阻 (MΩ/km)		近似重量 (kg/km)	
					下限	上限	KVV2	KYJV22	KVV22	KYJV22
5×4	1	0.8/0.7	2×0.2(0.3)	1.5	15.0/14.5	19.5/19.0	0.008 5	0.664	603	579
5×6	1	0.8/0.7	2×0.2(0.3)	1.7	17.0/16.5	21.5/21.0	0.007 0	0.567	757	727
5×10	2	1.0/0.7	2×0.2(0.3)	1.7	20.0/18.9	26.5/24.9	0.006 5	0.458	1 078	1 035
7×0.75	1	0.6/-	2×0.2(0.3)	1.5	11.5/-	15.5/-	0.012	-	345	-
7×1.0	1	0.6/-	2×0.2(0.3)	1.5	12.0/-	16.0/-	0.011	-	376	-
7×1.5	1	0.7/0.7	2×0.2(0.3)	1.5	13.5/13.5	17.5/17.5	0.011	0.949	443	425
7×2.5	1	0.8/0.7	2×0.2(0.3)	1.5	15.0/14.4	19.0/18.4	0.010	0.785	590	566
7×4	1	0.8/0.7	2×0.2(0.3)	1.5	16.5/15.9	20.5/19.9	0.008 5	0.664	729	700
7×6	1	0.8/0.7	2×0.2(0.3)	1.7	18.0/17.4	22.5/21.9	0.007 0	0.567	930	893
7×10	2	1.0/0.7	2×0.2(0.3)	1.7	22.5/20.7	28.5/26.7	0.006 5	0.458	1 394	1 338
8×0.75	1	0.6/-	2×0.2(0.3)	1.5	12.5/-	16.5/-	0.012	-	443	-
8×1.0	1	0.6/-	2×0.2(0.3)	1.5	13.0/-	17.0/-	0.011	-	482	-
8×1.5	1	0.7/0.7	2×0.2(0.3)	1.5	14.5/14.5	18.5/18.5	0.011	0.949	564	541
8×2.5	1	0.8/0.7	2×0.2(0.3)	1.5	16.5/15.8	21.0/20.3	0.010	0.785	753	723
8×4	1	0.8/0.7	2×0.2(0.3)	1.5	18.5/17.8	23.0/22.3	0.008 5	0.664	940	902

续表

芯数×标称截面（mm²）	导体种类	绝缘标称厚度 PVC/XLPE（mm）	钢带层数×厚度（mm）	护套标称厚度（mm）	平均外径 KVV22/KYJV22（mm）		70℃/90℃（PVC/XLPE）时最小绝缘电阻（MΩ/km）		近似重量（kg/km）	
					下限	上限	KVV2	KYJV22	KVV22	KYJV22
8×6	1	0.8/0.7	2×0.2(0.3)	1.7	20.0/19.3	24.5/23.8	0.0070	0.567	1 164	1 117
8×10	2	1.0/0.7	2×0.2(0.3)	1.7	25.0/23.0	31.5/29.5	0.006 5	0.458	1 718	1 649
10×0.75	1	0.6/–	2×0.2(0.3)	1.5	13.5/–	18.0/–	0.012	–	518	–
10×1.0	1	0.6/–	2×0.2(0.3)	1.5	14.5/–	18.5/–	0.011	–	566	–
10×1.5	1	0.7/0.7	2×0.2(0.3)	1.5	16.0/16.0	20.5/20.5	0.011	0.949	667	640
10×2.5	1	0.8/0.7	2×0.2(0.3)	1.7	18.5/17.7	23.0/22.2	0.010	0.785	938	900
10×4	1	0.8/0.7	2×0.2(0.3)	1.7	20.5/19.7	25.0/24.2	0.008 5	0.664	1 130	1 085
10×6	1	0.8/0.7	2×0.2(0.3)	1.7	22.5/21.7	27.0/26.2	0.0070	0.567	1 403	1 347
10×10	2	1.0/0.7	2×0.2(0.3)	2.0	28.5/26.1	35.0/31.6	0.006 5	0.458	2 150	2 064
12×0.75	1	0.6/–	2×0.2(0.3)	1.5	14.0/–	18.0/–	0.012	–	553	–
12×1.0	1	0.6/–	2×0.2(0.3)	1.5	14.5/–	19.0/–	0.011	–	608	–
12×1.5	1	0.7/0.7	2×0.2(0.3)	1.5	16.5/16.5	20.5/20.5	0.011	0.949	723	694
12×2.5	2	0.8/0.7	2×0.2(0.3)	1.7	19.0/18.2	23.5/22.7	0.010	0.785	1 004	964
12×4	1	0.8/0.7	2×0.2(0.3)	1.7	21./20.2	25.5/24.7	0.008 5	0.664	1 248	1 198
12×6	1	0.8/0.7	2×0.2(0.3)	1.7	23.0/22.2	28.0/27.2	0.0070	0.567	1 596	1 506

续表

芯数×标称截面（mm²）	导体种类	绝缘标称厚度 PVC/XLPE（mm）	钢带层数×厚度（mm）	护套标称厚度（mm）	平均外径 KVV22/KYJV22（mm）		70℃/90℃（PVC/XLPE）时最小绝缘电阻（MΩ/km）		近似重量（kg/km）	
					下限	上限	KVV2	KYJV22	KVV22	KYJV22
14×0.75	1	0.6/-	2×0.2(0.3)	1.5	14.5/-	18.5/-	0.012	-	595	571
14×1.0	1	0.6/-	2×0.2(0.3)	1.5	15.0/-	19.5/-	0.011	-	656	630
14×1.5	1	0.7/0.7	2×0.2(0.3)	1.7	17.5/17.5	22.0/22.0	0.011	0.949	805	773
14×2.5	1	0.8/0.7	2×0.2(0.3)	1.7	20.0/19.1	24.5/23.6	0.010	0.785	1 104	1 060
14×4	1	0.8/0.7	2×0.2(0.3)	1.7	22.0/21.1	26.5/25.6	0.008 5	0.664	1 199	1 151
14×6	1	0.8/0.7	2×0.2(0.3)	1.7	24.0/23.1	29.0/28.1	0.007 0	0.567	1 747	1 677
16×0.75	1	0.6/-	2×0.2(0.3)	1.5	15.0/-	19.5/-	0.012	-	640	-
16×1.0	1	0.6/-	2×0.2(0.3)	1.5	16.0/-	20.0/-	0.011	-	708	-
16×1.5	1	0.7/0.7	2×0.2(0.3)	1.7	18.0/18.0	22.5/22.5	0.011	0.949	873	838
16×2.5	1	0.8/0.7	2×0.2(0.3)	1.7	21.0/20.1	25.5/24.6	0.010	0.785	1 203	1 155
19×0.75	1	0.6/-	2×0.2(0.3)	1.5	15.5/-	20.0/-	0.012	-	697	-
19×1.0	1	0.6/-	2×0.2(0.3)	1.5	17.0/-	21.5/-	0.011	-	788	-
19×1.5	1	0.7/0.7	2×0.2(0.3)	1.7	19.0/19.0	23.5/23.5	0.011	0.949	949	911
19×2.5	1	0.8/0.7	2×0.2(0.3)	1.7	22.0/21.0	26.5/25.5	0.010	0.785	1 340	1 286
24×0.75	1	0.6/-	2×0.2(0.3)	1.7	18.0/-	22.5/-	0.012		1 021	

续表

芯数×标称截面 (mm²)	导体种类	绝缘标称厚度 PVC/XLPE (mm)	钢带层数×厚度 (mm)	护套标称厚度 (mm)	平均外径 KVV22/KYJV22 (mm)		70 ℃/90 ℃ (PVC/XLPE) 时最小绝缘电阻 (MΩ·km)		近似重量 (kg/km)	
					下限	上限	KVV2	KYJV22	KVV22	KYJV22
24×1.0	1	0.6/–	2×0.2(0.3)	1.7	19.0/–	23.5/–	0.011	–	1 139	–
24×1.5	1	0.7/0.7	2×0.2(0.3)	1.7	21.5/21.5	26.5/26.5	0.011	0.949	1 159	1 113
24×2.5	1	0.8/0.7	2×0.2(0.3)	1.7	25.0/23.9	30.0/28.9	0.10	0.785	1 625	1 560
27×0.75	1	0.6/–	2×0.2(0.3)	1.7	18.5/–	23.0/–	0.012	–	894	–
27×1.0	1	0.6/–	2×0.2(0.3)	1.7	19.5/–	24.0/–	0.011	–	1 001	–
27×1.5	1	0.7/0.7	2×0.2(0.3)	1.7	22.0/–22.0	27.0/27.0	0.011	0.949	1 237	1 188
27×2.5	1	0.8/0.7	2×0.2(0.3)	1.7	25.5/24.3	30.5/29.3	0.010	0.785	1 745	1 675
30×0.75	1	0.6/–	2×0.2(0.3)	1.7	19.0/–	23.5/–	0.012	–	949	–
30×1.0	1	0.6/–	2×0.2(0.3)	1.7	20.0/–	24.5/–	0.011	–	1 065	–
30×1.5	1	0.7/0.7	2×0.2(0.3)	1.7	23.0/23.0	27.5/27.5	0.011	0.949	1 324	1 271
30×2.5	1	0.8/0.7	2×0.2(0.3)	1.7	26.5/25.2	31.5/30.2	0.010	0.785	1 873	1 798
37×0.75	1	0.6/–	2×0.2(0.3)	1.7	20.5/–	25.0/–	0.012	–	1 075	–
37×1.0	1	0.6/–	2×0.2(0.3)	1.7	21.5/–	26.0/–	0.011	–	1 215	–
37×1.5	1	0.7/0.7	2×0.2(0.3)	1.7	24.5/24.5	29.5/29.5	0.011	0.949	1 525	1 464
37×2.5	1	0.8/0.7	2×0.5	2.0	30.0/28.6	35.0/33.6	0.010	0.785	2 224	2 135

(5) 铜芯聚氯乙烯(交联聚乙烯)绝缘聚氯乙烯护套细钢丝铠装控制电缆

【特点及用途】KVV32(KYJV32)型铜芯聚氯乙烯(交联聚乙烯)绝缘聚氯乙烯护套细钢丝铠装控制电缆主要用于敷设在室内、电缆沟、管道、竖井等承受较大机械外力的固定场合,其额定电压为450/750 V(600/1000 V)。

【规格】重庆泰山电线电缆有限责任公司产品

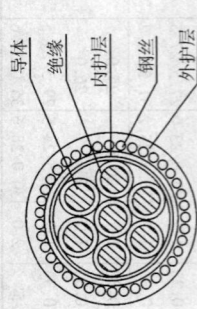

导体　绝缘　内护层　钢丝　外护层

芯数×标称截面(mm²)	导体种类	绝缘标称厚度 PVC/XLPE (mm)	细钢丝直径 (mm)	护套标称厚度 (mm)	平均外径 KVV32/KYJV32 (mm)		70 ℃/90 ℃ (PVC/XLPE) 时最小绝缘电阻 (MΩ/km)		近似重量 (kg/km)	
					下限	上限	KVV32	KYJV32	KVV32	KYJV32
4×4	1	0.8/0.7	0.8~1.6	1.5	15.0/14.5	20.5/20.0	0.008 5	0.664	731	717
4×6	1	0.8/0.7	0.8~1.6	1.5	16.0/15.5	21.5/21.0	0.007 0	0.567	878	860
4×10	2	1.0/0.7	1.6~2.0	1.7	21.5/20.1	28.0/26.6	0.006 5	0.458	1 396	1 368
5×4	1	0.8/0.7	0.8~1.6	1.5	16.0/15.5	21.5/21.0	0.008 5	0.664	840	825
5×6	1	0.8/0.7	0.8~1.6	1.7	17.5/17.0	23.5/23.0	0.007 0	0.567	1 030	1 009
5×10	2	1.0/0.7	1.6~2.0	1.7	23.0/21.4	29.5/27.9	0.006 5	0.458	1 592	1 560

续表

芯数×标称截面 (mm²)	导体种类	绝缘标称厚度 PVC/XLPE (mm)	细钢丝直径 (mm)	护套标称厚度 (mm)	平均外径 KVV32/KYJV32 (mm)		70 ℃/90 ℃ (PVC/XLPE) 时最小绝缘电阻 (MΩ/km)		近似重量 (kg/km)	
					下限	上限	KVV32	KYJV32	KVV32	KYJV32
7×1.5	1	0.7/0.7	0.8~1.6	1.5	14.0/14.0	19.5/19.5	0.011	0.949	626	613
7×2.5	1	0.8/0.7	0.8~1.6	1.5	16.0/15.4	21.5/20.9	0.010	0.785	808	792
7×4	1	0.8/0.7	0.8~1.6	1.7	17.5/16.9	23.0/22.4	0.008 5	0.664	1 003	983
7×6	1	0.8/0.7	0.8~1.6	1.7	19.0/18.4	24.5/24.1	0.007 0	0.567	1 233	1 208
7×10	2	1.0/0.7	1.6~2.0	1.7	24.5/22.7	31.5/29.7	0.006 5	0.458	1 925	1 887
8×1.5	1	0.7/0.7	0.8~1.6	1.5	15.5/15.5	21.0/21.0	0.011	0.949	673	660
8×2.5	1	0.8/0.7	0.8~1.6	1.7	17.5/16.8	23.5/22.8	0.010	0.785	904	886
8×4	1	0.8/0.7	1.6~2.0	1.7	20.5/19.8	26.0/25.3	0.008 5	0.664	1 219	1 195
8×6	1	0.8/0.7	1.6~2.0	1.7	22.5/21.9	27.5/26.9	0.007 0	0.567	1 485	1 455
8×10	2	1.0/0.7	1.6~2.0	1.7	27.5/25.5	34.5/32.5	0.006 5	0.458	2 117	2 075
10×1.5	1	0.7/0.7	0.8~1.6	1.7	17.0/17.0	23.0/23.0	0.011	0.949	869	852
10×2.5	1	0.8/0.7	1.6~2.0	1.7	21.0/20.2	26.0/25.2	0.010	0.785	1 194	1 170
10×4	1	0.8/0.7	1.6~2.0	1.7	22.2/21.7	28.0/27.2	0.008 5	0.664	1 457	1 422
10×6	1	0.8/0.7	1.6~2.0	1.7	24.5/23.7	30.0/29.2	0.007 0	0.567	1 765	1 730
10×10	2	1.0/0.7	1.6~2.0	2.0	31.0/28.6	38.5/36.1	0.006 5	0.458	2 605	2 553
12×1.5	1	0.7/0.7	0.8~1.6	1.7	17.5/17.5	23.5/23.5	0.011	0.949	865	848
12×2.5	1	0.8/0.7	1.6~2.0	1.7	21.5/20.7	26.5/25.7	0.010	0.785	1 292	1 266
12×4	1	0.8/0.7	1.6~2.0	1.7	23.5/22.7	28.5/27.7	0.008 5	0.664	1 585	1 853

续表

芯数× 标称截面 (mm²)	导体种类	绝缘标称厚度 PVC/XLPE (mm)	细钢丝直径 (mm)	护套标称厚度 (mm)	平均外径 KVV32/KYJV32 (mm)		70 ℃/90 ℃ (PVC/XLPE) 时最小绝缘电阻 (MΩ/km)		近似重量 (kg/km)	
					下限	上限	KVV32	KYJV32	KVV32	KYJV32
12×6	1	0.8/0.7	1.6~2.0	1.7	25.5/24.7	31.0/30.2	0.007 0	0.567	1 937	1 898
14×1.5	1	0.7/0.7	0.8~1.6	1.7	18.0/18.0	24.0/24.0	0.011	0.949	932	913
14×2.5	1	0.8/0.7	1.6~2.0	1.7	22.5/21.6	27.5/26.6	0.010	0.785	1 268	1 243
14×4	1	0.8/0.7	1.6~2.0	1.7	24.0/23.1	29.5/28.6	0.008 5	0.664	1 829	1 792
14×6	1	0.8/0.7	1.6~2.0	1.7	26.5/25.6	32.0/31.1	0.007 0	0.567	2 142	2 099
16×1.5	1	0.7/0.7	1.6~2.0	1.7	20.5/20.5	25.5/25.5	0.011	0.949	1 152	1 129
16×2.5	1	0.8/0.7	1.6~2.0	1.7	23.0/23.1	28.5/27.6	0.010	0.785	1 528	1 497
19×1.5	1	0.7/0.7	1.6~2.0	1.7	21.5/21.5	26.5/26.5	0.011	0.949	1 222	1 198
19×2.5	1	0.8/0.7	1.6~2.0	1.7	24.0/23.0	29.5/28.5	0.010	0.785	1 662	1 629
24×1.5	1	0.7/0.7	1.6~2.0	1.7	24.0/24.0	29.5/29.5	0.011	0.949	1 461	1 432
24×2.5	1	0.8/0.7	1.6~2.0	2.0	28.0/26.9	33.5/32.4	0.010	0.785	2 038	1 997
27×1.5	1	0.7/0.7	1.6~2.0	1.7	24.5/24.5	30.0/30.0	0.011	0.949	1 554	1 523
27×2.5	1	0.8/0.7	1.6~2.0	2.0	28.5/27.3	34.0/32.8	0.010	0.785	2 170	2 127
30×1.5	1	0.7/0.7	1.6~2.0	1.7	25.0/25.0	30.5/30.5	0.011	0.949	1 650	1 617
30×2.5	1	0.8/0.7	1.6~2.0	2.0	29.5/28.2	34.5/33.2	0.010	0.785	2 332	2 285
37×1.5	1	0.7/0.7	1.6~2.0	2.0	27.5/27.5	33.0/33.0	0.011	0.949	1 901	1 683
37×2.5	1	0.8/0.7	2.0~2.5	2.2	32.5/31.1	38.5/37.1	0.010	0.785	2 930	2 871

(6)铜芯聚氯乙烯绝缘聚氯乙烯护套控制软电缆

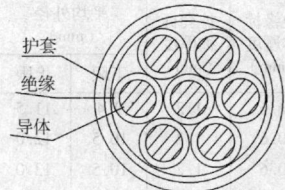

护套
绝缘
导体

【特点及用途】KVVR 型铜芯聚氯乙烯绝缘聚氯乙烯护套控制软电缆主要用于敷设在室内移动要求柔软等场合,其额定电压为450/750 V。

【规　　格】重庆泰山电线电缆有限责任公司产品

芯数×标称截面（mm²）	导体种类	绝缘标称厚度（mm）	护套标称厚度（mm）	平均外径（mm）		70 ℃时最小绝缘电阻（MΩ/km）	近似重量（kg/km）
				下限	上限		
4×0.5	5	0.6	1.2	7.2	9.0	0.013	86
4×0.75	5	0.6	1.2	7.6	9.4	0.011	103
4×1.0	5	0.6	1.2	8.0	10.0	0.010	119
4×1.5	5	0.6	1.2	9.0	11.5	0.010	151
4×2.5	5	0.8	1.2	10.5	13.0	0.009	213
5×0.5	5	0.6	1.2	7.8	9.6	0.013	99
5×0.75	5	0.6	1.2	8.4	10.5	0.011	109
5×1.0	5	0.6	1.2	8.8	11.0	0.010	139
5×1.5	5	0.7	1.2	9.6	12.0	0.010	179
5×2.5	5	0.8	1.5	12.0	14.5	0.009	272
7×0.5	5	0.6	1.2	8.4	10.5	0.013	121
7×0.75	5	0.6	1.2	9.0	11.0	0.011	148
7×1.0	5	0.6	1.2	9.6	11.5	0.010	175
7×1.5	5	0.7	1.2	10.5	13.0	0.010	228
7×2.5	5	0.8	1.5	13.0	16.0	0.009	350

续表

芯数×标称截面 （mm²）	导体种类	绝缘标称厚度 （mm）	护套标称厚度 （mm）	平均外径 （mm）		70 ℃时最小绝缘电阻 （MΩ/km）	近似重量 （kg/km）
				下限	上限		
8×0.5	5	0.6	1.2	9.4	11.5	0.013	135
8×0.75	5	0.6	1.2	10.5	12.0	0.011	167
8×1.0	5	0.6	1.2	10.5	13.0	0.010	196
8×1.5	5	0.7	1.5	12.5	15.0	0.010	273
8×2.5	5	0.8	1.5	15.0	17.5	0.009	393
10×0.5	5	0.6	1.2	10.5	12.5	0.013	163
10×0.75	5	0.6	1.2	11.0	13.5	0.011	200
10×1.0	5	0.6	1.5	12.5	15.0	0.010	257
10×1.5	5	0.7	1.5	14.0	17.0	0.010	334
10×2.5	5	0.8	1.5	16.5	19.5	0.009	483
12×0.5	5	0.6	1.2	10.5	13.0	0.013	183
12×0.75	5	0.6	1.5	12.0	14.5	0.011	245
12×1.0	5	0.6	1.5	12.5	15.5	0.010	290
12×1.5	5	0.7	1.5	14.5	17.5	0.010	381
12×2.5	5	0.8	1.5	17.5	20.5	0.009	556
14×0.5	5	0.6	1.2	11.0	13.5	0.013	206
14×0.75	5	0.6	1.5	12.5	15.0	0.011	276
14×1.0	5	0.6	1.5	13.5	16.0	0.010	325
14×1.5	5	0.7	1.5	15.0	18.0	0.010	430
14×2.5	5	0.8	1.5	18.5	21.0	0.009	633
16×0.5	5	0.6	1.5	12.5	15.0	0.013	244
16×0.75	5	0.6	1.5	13.5	16.0	0.011	304
16×1.0	5	0.6	1.5	14.0	17.0	0.010	361
16×1.5	5	0.7	1.5	16.0	19.0	0.010	480
16×2.5	5	0.8	1.7	19.5	23.0	0.009	728

续表

芯数×标称截面（mm²）	导体种类	绝缘标称厚度（mm）	护套标称厚度（mm）	平均外径（mm）下限	平均外径（mm）上限	70℃时最小绝缘电阻（MΩ/km）	近似重量（kg/km）
19×0.5	5	0.6	1.5	13.0	15.5	0.013	276
19×0.75	5	0.6	1.5	14.0	16.5	0.011	346
19×1.0	5	0.6	1.5	15.0	17.5	0.010	412
19×1.5	5	0.7	1.5	16.5	20.0	0.010	552
19×2.5	5	0.8	1.7	20.5	24.0	0.009	840
24×0.5	5	0.6	1.5	15.0	18.0	0.013	338
24×0.75	5	0.6	1.5	16.0	19.0	0.011	426
24×1.0	5	0.6	1.5	17.0	20.0	0.010	508
24×1.5	5	0.7	1.7	20.0	23.5	0.010	703
24×2.5	5	0.8	1.7	24.0	27.5	0.009	1 049
27×0.5	5	0.6	1.5	15.0	18.0	0.013	367
27×0.75	5	0.6	1.5	16.5	19.5	0.011	465
27×1.0	5	0.6	1.5	17.5	20.5	0.010	556
27×1.5	5	0.7	1.7	20.5	24.0	0.010	772
27×2.5	5	0.8	1.7	24.5	28.5	0.009	1 152
30×0.5	5	0.6	1.5	16.0	18.5	0.013	399
30×0.75	5	0.6	1.5	17.0	20.0	0.011	499
30×1.0	5	0.6	1.7	18.5	21.5	0.010	624
30×1.5	5	0.7	1.7	21.0	25.0	0.010	843
30×2.5	5	0.8	1.7	25.5	29.5	0.009	1 663
37×0.5	5	0.6	1.5	27.0	20.0	0.013	471
37×0.75	5	0.6	1.7	19.0	21.5	0.011	619
37×1.0	5	0.6	1.7	20.0	23.5	0.010	741
37×1.5	5	0.7	1.7	22.5	27.0	0.010	1 009
37×2.5	5	0.8	1.7	27.5	31.5	0.009	1 521

(7)铜芯聚氯乙烯绝缘聚氯乙烯护套编织屏蔽控制软电缆

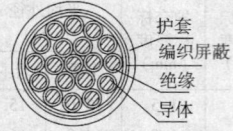

护套
编织屏蔽
绝缘
导体

【特点及用途】KVVRP 型铜芯聚氯乙烯绝缘聚氯乙烯护套编织屏蔽控制软电缆主要用于敷设在室内移动要求柔软且屏蔽的场合,其额定电压为 450/750 V。

【规　　格】重庆泰山电线电缆有限责任公司产品

芯数×标称截面（mm²）	导体种类	绝缘标称厚度（mm）	屏蔽单线标称直径（mm）	护套标称厚度（mm）	平均外径（mm）		70 ℃时最小绝缘电阻（MΩ/km）	近似重量（kg/km）
					下限	上限		
4×0.5	5	0.6	0.15	1.2	8.6	10.5	0.013	113
4×0.75	5	0.6	0.15	1.2	9.0	11.0	0.011	133
4×1.0	5	0.6	0.15	1.2	9.4	11.5	0.010	152
4×1.5	5	0.7	0.15	1.2	10.0	12.5	0.010	187
4×2.5	5	0.8	0.15	1.2	12.5	15.0	0.009	287
5×0.5	5	0.6	0.15	1.2	9.0	11.0	0.013	129
5×0.75	5	0.6	0.15	1.2	9.6	11.5	0.011	152
5×1.0	5	0.6	0.15	1.2	10.0	12.0	0.010	176
5×1.5	5	0.7	0.15	1.2	11.0	13.5	0.010	218
5×2.5	5	0.8	0.20	1.5	13.5	16.0	0.009	336
7×0.5	5	0.6	0.15	1.2	9.8	11.5	0.013	154
7×0.75	5	0.6	0.15	1.2	10.0	12.5	0.011	183
7×1.0	5	0.6	0.15	1.2	10.5	13.0	0.010	215
7×1.5	5	0.7	0.15	1.2	12.5	15.0	0.010	287
7×2.5	5	0.8	0.20	1.5	15.0	17.5	0.009	419
8×0.5	5	0.6	0.15	1.2	10.5	13.0	0.013	168

续表

芯数× 标称截面 （mm²）	导体 种类	绝缘标 称厚度 （mm）	屏蔽单 线标称 直径 （mm）	护套标 称厚度 （mm）	平均外径 （mm）		70 ℃时最小 绝缘电阻 （MΩ/km）	近似 重量 （kg/km）
					下限	上限		
8×0.75	5	0.6	0.15	1.2	11.0	13.5	0.011	205
8×1.0	5	0.6	0.15	1.5	12.5	15.0	0.010	255
8×1.5	5	0.7	0.20	1.5	14.0	17.0	0.010	336
8×2.5	5	0.8	0.20	1.5	16.5	19.0	0.009	468
10×0.5	5	0.6	0.15	1.5	12.0	14.5	0.013	220
10×0.75	5	0.6	0.15	1.5	13.5	15.5	0.011	252
10×1.0	5	0.6	0.15	1.5	14.0	16.5	0.010	325
10×1.5	5	0.7	0.20	1.5	15.5	18.5	0.010	408
10×2.5	5	0.8	0.20	1.5	18.5	21.0	0.009	572
12×0.5	5	0.6	0.15	1.5	12.5	15.0	0.013	242
12×0.75	5	0.6	0.20	1.5	13.5	16.0	0.011	308
12×1.0	5	0.6	0.20	1.5	14.5	17.0	0.010	360
12×1.5	5	0.7	0.20	1.5	16.0	19.0	0.010	457
12×2.5	5	0.8	0.20	1.7	19.0	22.5	0.009	665
14×0.5	5	0.6	0.20	1.5	13.5	26.0	0.013	288
14×0.75	5	0.6	0.20	1.5	14.0	16.5	0.011	341
14×1.0	5	0.6	0.20	1.5	15.0	17.5	0.010	400
14×1.5	5	0.7	0.20	1.5	16.5	20.0	0.010	510
14×2.5	5	0.8	0.20	1.7	20.0	23.0	0.009	747
16×0.5	5	0.6	0.20	1.5	14.0	16.5	0.013	308
16×0.75	5	0.6	0.20	1.5	15.0	17.5	0.011	374
16×1.0	5	0.6	0.20	1.5	15.5	18.5	0.010	440
16×1.5	5	0.7	0.20	1.5	17.5	20.5	0.010	565
16×2.5	5	0.8	0.20	1.7	21.0	24.5	0.009	830
19×0.5	5	0.6	0.20	1.5	14.5	17.0	0.013	341

续表

芯数×标称截面（mm²）	导体种类	绝缘标称厚度（mm）	屏蔽单线标称直径（mm）	护套标称厚度（mm）	平均外径（mm）		70 ℃时最小绝缘电阻（MΩ/km）	近似重量（kg/km）
					下限	上限		
19×0.75	5	0.6	0.20	1.5	15.5	18.0	0.011	420
19×1.0	5	0.6	0.20	1.5	16.5	19.0	0.010	495
19×1.5	5	0.7	0.20	1.7	18.5	22.0	0.010	658
19×2.5	5	0.8	0.20	1.7	22.0	25.5	0.009	948
24×0.5	5	0.6	0.20	1.5	16.5	19.5	0.013	416
24×0.75	5	0.6	0.20	1.5	18.0	20.5	0.011	512
24×1.0	5	0.6	0.20	1.7	19.0	22.0	0.010	623
24×1.5	5	0.7	0.20	1.7	21.5	25.0	0.010	809
24×2.5	5	0.8	0.20	1.7	26.0	29.5	0.009	1 175
27×0.5	5	0.6	0.20	1.5	17.0	19.5	0.013	447
27×0.75	5	0.6	0.20	1.5	18.0	21.0	0.011	553
27×1.0	5	0.6	0.20	1.7	19.5	22.5	0.010	673
27×1.5	5	0.7	0.20	1.7	22.0	25.5	0.010	880
27×2.5	5	0.8	0.25	1.7	26.5	30.0	0.009	1 317
30×0.5	5	0.6	0.20	1.5	17.5	20.5	0.013	481
30×0.75	5	0.6	0.20	1.7	19.0	22.0	0.011	614
30×1.0	5	0.6	0.20	1.7	20.0	23.5	0.010	728
30×1.5	5	0.7	0.25	1.7	23.0	27.0	0.010	984
30×2.5	5	0.8	0.25	1.7	27.5	31.0	0.009	1 434
37×0.5	5	0.6	0.20	1.7	19.0	22.0	0.013	577
37×0.75	5	0.6	0.20	1.7	20.5	23.5	0.011	718
37×1.0	5	0.6	0.20	1.7	21.5	25.0	0.010	854
37×1.5	5	0.7	0.25	1.7	24.5	28.5	0.010	1 162
37×2.5	5	0.8	0.25	2.0	30.0	34.0	0.009	1 746

12. 耐候绝缘架空电缆

【特点及用途】耐候绝缘架空电缆主要用于城镇配电网中,其结构简单,具有优良的机械、物理性能和电气性能,其耐电痕、耐大气性能优良。与裸电线相比,敷设同隙小,节约线路走廊,线路电压降减小,尤其是减少供电事故发生,确保人身安全性。

(1)0.6/1 kV 耐候绝缘架空电缆

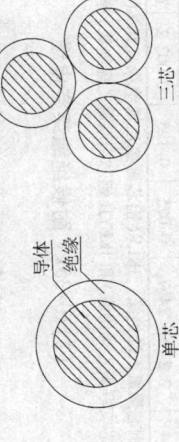

单芯

导体

绝缘

三芯

【规　格】

标称截面 (mm²)	导电线芯			最大外径 (mm)	20℃时导体直流电阻不大于 (Ω/km)		70℃时最小绝缘电阻 (MΩ/km)	计算拉断力 (kN)		电缆参考重量 (kg/km)	
	结构 (根/mm)	直径 (mm²)	绝缘标称厚度 (mm)		铜芯	铝芯		铜芯	铝芯	铜芯	铝芯
16	7/1.80	4.60	1.0	7.1	1.15	1.91	0.005 0	5.120	2.556	160	67
25	7/2.25	6.0	1.2	8.9	0.727	1.20	0.005 0	8.135	3.920	267	110
35	7/2.62	7.0	1.2	10.0	0.524	0.868	0.004 5	11.139	5.184	355	140
50	19/1.89	8.30	1.4	11.7	0.387	0.641	0.004 0	15.430	7.137	497	196

续表

标称截面 (mm²)	导电线芯 结构 (根/mm)	直径 (mm²)	绝缘标称厚度 (mm)	最大外径 (mm)	20℃时导体直流电阻不大于 (Ω/km) 铜芯	铝芯	70℃时最小绝缘电阻 (MΩ/km)	计算拉断力 (kN) 铜芯	铝芯	电缆参考重量 (kg/km) 铜芯	铝芯
70	19/2.25	10.0	1.4	13.5	0.268	0.443	0.003 5	22.081	9.855	703	266
95	19/2.62	11.6	1.6	15.8	0.193	0.320	0.003 5	30.234	13.005	946	357
120	37/2.25	13.0	1.6	17.5	0.153	0.253	0.003 2	38.791	17.478	1172	432
150	37/2.36	14.6	1.8	19.4	0.124	0.206	0.003 2	47.295	20.979	1478	546
185	37/2.62	16.2	2.0	21.7	0.099	0.164	0.003 2	58.878	25.596	1821	673
240	62/2.36	18.4	2.2	24.7	0.075	0.125	0.003 2	69.765	32.634	2341	860

注：电缆主要型号有 JKV（铜芯聚氯乙烯绝缘）、JKLV（铝芯聚氯乙烯绝缘）、JKY（铜芯聚乙烯绝缘）、JKLY（铝芯聚乙烯绝缘）、JKYJ（铜芯交联聚乙烯绝缘）和 JKLYJ（铝芯交联聚乙烯绝缘）等。

(2) 10/35kV 耐候绝缘架空电缆

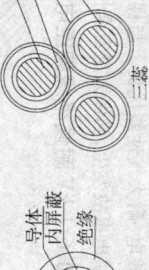

导体　绝缘　外屏蔽　内屏蔽

三芯

导体　内屏蔽　绝缘

单芯

[规　格]

导体标称截面 (mm²)	导体最少单线根数	导体标称直径	导体屏蔽层最小厚度(近似值) (mm) 10 kV	35 kV	绝缘标称厚度 (mm) 10 kV 薄绝缘	10 kV 普通绝缘	35 kV	绝缘屏蔽层标称厚度 (mm) 10 kV	35 kV	20 ℃时导体电阻不大于 (Ω/km) 硬铜芯	软铜芯	铝芯	铝合金芯	导体拉断力不小于 (kN) 硬铜芯	铝芯	铝合金芯
16	6	4.8	0.5	—	—	3.4	—	—	—	—	1.150	1.910	1.393	—	—	6.284
25	6	6.0	0.5	—	2.5	3.4	—	1.0	—	0.749	0.727	1.200	1.007	8.465	3.762	8.800
35	6	7.0	0.5	—	2.5	3.4	—	1.0	—	0.540	0.524	0.868	0.744	11.731	5.177	12.569
50	6	8.3	0.5	0.8	2.5	3.4	9.3	1.0	1.5	0.399	0.387	0.641	0.514	16.502	7.011	17.596
70	12	10.0	0.5	0.8	2.5	3.4	9.3	1.0	1.5	0.276	0.268	0.443	0.371	23.461	10.354	23.880
95	15	11.6	0.6	0.8	2.5	3.4	9.3	1.0	1.5	0.199	0.193	0.320	0.294	31.759	13.727	30.164
120	18	13.0	0.6	0.8	2.5	3.4	9.3	1.0	1.5	0.158	0.153	0.253	0.239	39.911	17.339	37.706
150	18	14.6	0.6	0.8	2.5	3.4	9.3	1.0	1.5	0.128	—	0.206	0.190	49.505	21.033	46.503
185	30	16.2	0.6	0.8	2.5	3.4	9.3	1.0	1.5	0.102 1	—	0.164	0.145	61.846	26.732	60.329
240	34	18.4	0.6	0.8	2.5	3.4	9.3	1.0	1.5	0.077 7	—	0.125	0.110	79.823	34.679	75.411
300	34	20.6	0.6	0.8	2.5	3.4	9.3	1.0	1.5	0.061 9	—	0.100	—	99.788	43.349	—

注：①10/35 kV 耐候绝缘架空电缆主要型号有 JKYJ(铜芯交联聚乙烯绝缘)、JKLYJ(铝芯交联聚乙烯绝缘)、JKY(铜芯聚乙烯绝缘)、JKLY(铝芯聚乙烯绝缘)、JKGLYJ(钢芯铝芯交联聚乙烯绝缘)和 JKGLY(钢芯铝芯聚乙烯绝缘)等。

②本色绝缘应有外屏蔽。

(3)耐候绝缘平型进户线

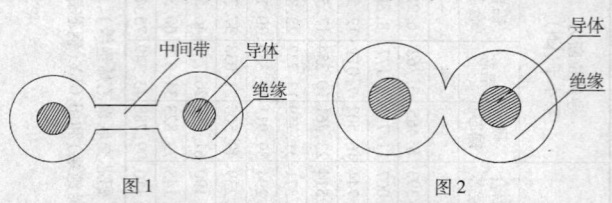

中间带　导体　　　　　　　　　　导体

绝缘　　　　　　　　　　　　　绝缘

图1　　　　　　　　　　　　　图2

【特点及用途】耐候绝缘平型进户线采用耐候聚氯乙烯、聚乙烯、交联聚乙烯绝缘，其绝缘性能良好，有较强的耐大气候性能，二绝缘线芯呈平形状，中间有连接带，敷设接头时中间带易于撕裂。其主要用于 0.6/1 kV 及以下动力照明及家用电器等供电线路中。可露天或室内敷设，是橡皮绝缘电线的替代产品。

【规　格】

型号	名　称	规格	20 ℃时导体电阻不大于（Ω·mm²/m）	最高工作温度时绝缘电阻不小于（MΩ/km）
JKYB（JKLYB）	铜(铝)芯耐候聚乙烯绝缘平型进户线	2×42×6 2×102×16	0.017 241	XLPE、PE：0.67 PVC：0.006 7
JKVB（JKLVB）	铜(铝)芯耐候聚氯乙烯绝缘平型进户线	2×42×6 2×102×16	0.017 241	
JKYJB（JKLYJB）	铜(铝)芯耐候交联聚氯乙烯绝缘平型进户线	2×42×6 2×102×16	0.017 241	

(4)耐候绝缘架空电缆载流量

截面（mm²）	0.6/1						10		35	
	铜			铝			铜	铝	铜	铝
	PVC	PE	XLPE	PVC	PE	XLPE	XLPE	XLPE	XLPE	XLPE
16	102	104	134	79	81	104	–	–	–	–

续表

截面 (mm²)	0.6/1						10		35	
	铜			铝			铜	铝	铜	铝
	PVC	PE	XLPE	PVC	PE	XLPE	XLPE	XLPE	XLPE	XLPE
25	138	142	182	107	111	141	158	122	–	–
35	170	175	224	132	136	174	192	149	–	–
50	209	216	277	162	168	215	232	180	206	160
70	266	275	352	207	214	274	291	226	323	195
95	332	344	440	257	267	341	357	276	310	243
120	384	400	513	299	311	398	413	320	355	285
150	448	459	586	342	356	454	473	366	416	322
185	515	536	684	399	416	531	545	423	462	355
240	615	641	820	476	497	635	647	503	537	417

注：载流量为环境温度 30 ℃的空气中敷设时参考值。

13. 圆线同心绞架空导线

【特点及用途】圆线同心绞架空导线主要用于吊架、悬挂、架空通讯电缆电力线路及固定物件、栓系等。

【规　格】四川九卅线缆有限责任公司产品

（1）铝绞线

JL 型

规格	面积 (mm²)	单线根数	直径（mm）		单位长度质量 (kg/km)	额定抗拉力 (kN)	直流电阻 (20 ℃)(Ω/km)
			单线	绞线			
10	10	7	1.35	4.05	27.4	1.95	2.863 3

续表

规格	面积 （mm²）	单线 根数	直径（mm）		单位长度质量 （kg/km）	额定抗拉力 （kN）	直流电阻(20 ℃) （Ω/km）
			单线	绞线			
16	16	7	1.71	5.12	43.8	3.04	1.789 6
25	25	7	13	6.40	68.4	4.50	1.145 3
40	40	7	70	8.09	109.4	6.80	0.715 8
63	63	7	39	10.2	172.3	10.39	0.454 5
100	100	19	2.59	12.9	274.8	17.00	0.287 7
125	125	19	2.89	14.5	343.6	21.25	0.230 2
160	160	19	3.27	16.4	439.8	26.40	0.179 8
200	200	19	3.66	18.3	549.9	32.00	0.143 9
250	250	19	4.09	20.5	687.1	40.00	0.115 1
315	315	37	3.29	23.0	867.9	51.97	0.091 6
400	400	37	3.71	26.0	1 102.0	64.00	0.072 1
450	450	37	3.94	27.5	1 239.8	72.00	0.064 1
500	500	37	4.15	29.0	1 377.6	80.00	0.057 7
560	560	37	4.39	30.7	1 542.9	89.60	0.051 5
630	630	61	3.63	32.6	1 738.3	100.80	0.045 8
710	710	61	3.85	34.6	1 959.1	113.60	0.040 7
800	800	61	4.09	36.8	2 207.4	128.00	0.036 1
900	900	61	4.33	39.0	2 483.3	144.00	0.032 1
1 000	1 000	61	4.57	41.1	2 759.2	160.00	0.028 9
1 120	1 120	91	3.96	43.5	3 093.5	179.00	0.025 8
1 250	1 250	91	4.18	46.0	3 452.6	200.00	0.023 1
1 400	1 400	91	4.43	48.7	3 866.9	224.00	0.020 7
1 500	1 500	91	4.58	50.4	4 143.1	240.00	0.019 3

(2)铝合金绞线

JLHA1 型

规格	面积 (mm²)	单线 根数	直径（mm）		单位长度质量 （kg/km）	额定抗拉力 （kN）	直流电阻(20 ℃) （Ω/km）
			单线	绞线			
16	18.6	7	1.84	5.52	50.8	6.04	1.789 6
25	29.0	7	2.30	6.90	79.5	9.44	1.145 3
40	46.5	7	2.91	8.72	127.1	15.10	0.715 8
63	73.2	7	3.65	10.9	200.2	23.06	0.454 5
100	116	19	2.79	14.0	319.3	37.76	0.287 7
125	145	19	3.12	15.6	339.2	47.20	0.230 2
160	186	19	3.53	17.6	511.0	58.56	0.179 8
200	232	19	3.95	19.7	638.7	73.20	0.143 9
250	290	19	4.41	22.1	798.4	91.50	0.115 1
315	366	37	3.55	24.8	1 008.4	115.29	0.091 6
400	465	37	4.00	28.0	1 280.5	146.40	0.072 1
450	523	37	4.24	29.7	1 440.5	164.70	0.064 1
500	581	37	4.47	31.3	1 600.6	183.00	0.057 7
560	651	61	3.69	33.2	1 795.3	204.96	0.051 6
630	732	61	3.91	35.2	2 019.8	230.58	0.045 8
710	825	61	4.15	37.3	2 276.2	259.86	0.040 7
800	930	61	4.40	39.6	2 564.8	292.80	0.036 1
900	1 046	91	3.83	42.1	2 888.3	329.40	0.032 1
000	1 162	91	4.03	44.4	3 209.3	366.00	0.028 9
120	1 301	91	4.27	46.9	3 594.4	409.92	0.025 8

(3) 钢芯铝合金绞线

54Al./19St. 　45Al./7St. 　26Al./7St. 　18Al./1St. 　6Al./1St.

JLHA2/G1A,JLHA2/G1B,JLHA2/G3A

规格	钢比 (%)	面积 (mm²)			单线根数		单线直径 (mm)		直径 (mm)		单位长度质量 (kg/km)	额定拉力 (kN)			直流电阻 (20 ℃) (Ω/km)
		铝	钢	总计	铝	钢	铝	钢	钢芯	绞线		JLHA2 /G1A	JLHA2 /G1B	JLHA2 /G3A	
16	17	18.4	3.07	21.5	6	1	1.98	1.98	1.98	5.93	74.4	9.02	8.81	9.88	1.793 4
25	17	28.8	4.80	33.6	6	1	2.47	2.47	2.47	7.41	116.2	13.96	13.62	15.25	1.147 8
40	17	46.0	7.67	53.7	6	1	3.13	3.13	3.13	9.38	185.9	22.02	21.25	24.17	0.717 4
63	17	72.5	12.1	84.6	6	1	3.92	3.92	2.92	11.8	292.8	34.68	33.48	37.58	0.045 5
100	6	115	6.39	121	18	1	2.85	2.85	2.85	14.3	366.4	41.24	40.79	42.97	0.028 8
125	6	144	7.99	152	18	1	3.19	3.19	3.19	16.0	458.0	51.23	50.43	53.47	0.230 4
125	16	144	23.4	167	26	7	2.65	2.06	6.19	16.8	579.9	69.86	68.22	76.42	0.231 0

续表

规格	钢比(%)	面积(mm²) 铝	面积(mm²) 钢	面积(mm²) 总计	单线根数 铝	单线根数 钢	单线直径(mm) 铝	单线直径(mm) 钢	直径(mm) 钢芯	直径(mm) 绞线	单位长度质量(kg/km)	额定抗拉力(kN) JLHA2/G1A	额定抗拉力(kN) JLHA2/G1B	额定抗拉力(kN) JLHA2/G3A	直流电阻(20℃)(Ω/km)
160	6	184	10.2	194	18	1	3.61	3.61	3.61	18.0	586.2	65.58	64.56	68.03	0.180 0
160	16	184	30.0	214	26	7	3.00	2.34	7.01	19.0	742.3	88.52	86.42	96.61	0.180 5
200	6	230	12.8	243	18	1	4.04	4.04	4.04	20.2	732.8	81.97	80.69	85.04	0.144 4
200	16	230	37.5	268	26	7	3.36	2.61	7.83	21.3	927.9	110.64	108.02	120.77	0.144 4
250	10	288	28.3	316	22	7	4.08	2.27	6.80	23.1	1 013.5	117.09	115.12	124.72	0.115 4
250	16	288	46.9	335	26	7	3.75	2.92	8.76	23.8	1 159.8	138.31	135.03	150.96	0.115 5
315	7	363	25.1	388	45	7	3.20	2.14	6.41	25.6	1 196.5	136.28	134.52	143.30	0.091 7
315	16	363	59.0	422	26	7	4.21	3.28	9.83	26.7	1 461.4	171.90	166.00	188.44	0.091 7
400	7	460	31.8	492	45	7	3.61	2.41	7.22	28.9	1 519.4	172.10	169.87	180.69	0.072 2
400	13	460	59.7	520	54	7	3.29	3.29	9.88	29.7	1 738.3	201.46	195.49	218.17	0.072 3
450	7	518	35.8	554	45	7	3.83	2.55	7.66	30.6	1 709.3	193.61	191.10	203.28	0.064 2
450	13	518	67.1	585	54	7	3.49	3.49	10.5	31.5	1 955.6	226.64	219.93	245.44	0.064 3
500	7	575	39.8	615	45	7	4.04	2.69	8.07	32.3	1 899.3	215.12	212.33	225.86	0.057 8
500	13	575	74.6	650	54	7	3.68	3.68	11.1	33.2	2 172.9	251.82	244.36	269.73	0.057 8
560	7	645	44.6	689	45	7	4.27	2.85	8.54	34.2	2 127.2	240.93	237.82	252.97	0.051 6

续表

规格	钢比 (%)	面积 (mm²)			单线根数		单线直径 (mm)		直径 (mm)		单位长度质量 (kg/km)	额定抗拉力 (kN)			直流电阻 (20℃) (Ω/km)
		铝	钢	总计	铝	钢	铝	钢	钢芯	绞线		JLHA2/G1A	JLHA2/G1B	JLHA2/G3A	
560	13	645	81.6	726	54	19	3.90	2.34	11.7	35.1	2 420.9	283.21	277.49	305.25	0.051 6
630	4	725	31.3	756	72	7	3.58	2.39	7.16	35.8	2 248.0	249.62	247.43	258.08	0.045 9
630	13	725	91.8	817	54	19	4.13	2.48	12.4	37.2	2 723.5	318.61	312.18	343.4	0.045 9
710	4	817	35.3	852	72	7	3.80	2.53	7.60	38.0	2 533.4	281.32	278.85	290.85	0.040 7
710	13	817	104	921	54	19	4.39	2.63	13.2	39.5	3 069.4	359.06	351.82	387.01	0.040 7
800	4	921	39.8	961	72	7	4.04	2.69	8.07	40.4	2 854.6	316.98	314.19	327.72	0.036 1
800	8	921	76.7	997	84	7	3.74	3.74	11.2	41.1	3 145.1	356.03	348.35	374.44	0.036 2
900	4	1 036	44.8	1 081	72	7	4.28	2.85	8.6	42.8	3 211.4	356.60	353.47	368.69	0.032 1
900	8	1 036	86.3	1 122	84	7	3.96	3.96	11.9	43.6	3 538.3	400.53	391.90	412.25	0.032 2
1 000	8	1 151	93.7	1 245	84	19	4.18	2.51	12.5	45.9	3 916.8	446.37	439.81	471.67	0.028 9
1 120	8	1 289	105	1 394	84	19	4.42	2.65	13.3	48.6	4 386.8	499.93	492.59	528.29	0.025 8

(4) 铝合金芯铝绞线

JL/LHA1 型

规格	直径		单线根数		面积(mm)			单位长度质量(kg/km)	额定抗拉力(kN)	直流电阻(20℃)(Ω/km)
	单线(mm)	导体(mm)	铝	铝合金	铝	铝合金	总计			
16	1.76	5.29	4	3	9.78	7.33	17.1	46.8	4.07	1.789 6
25	2.21	6.62	4	3	15.3	11.5	26.7	73.1	6.29	1.145 3
40	2.79	8.37	4	3	24.4	18.3	42.8	117.0	9.82	0.715 8
63	3.50	10.5	4	3	38.5	28.9	67.4	184.3	14.80	0.454 5
100	4.41	13.2	4	3	61.1	45.8	107	292.5	23.49	0.286 3
125	2.98	14.9	12	7	83.7	48.8	132	364.1	29.29	0.230 2
160	3.37	16.9	12	7	107	62.5	170	466.0	36.95	0.179 8
200	3.77	18.8	12	7	134	78.1	212	582.5	44.78	0.143 9
250	4.21	21.1	12	7	167	97.6	265	728.1	55.98	0.115 1
250	3.05	21.4	18	19	132	139	271	746.0	64.67	0.115 4
315	3.34	23.4	30	7	263	61.4	325	894.4	62.40	0.091 6
315	3.43	24.0	18	19	166	175	341	940.0	81.48	0.091 6
400	3.77	26.4	30	7	334	78.0	412	1 135.8	76.82	0.072 1
400	3.86	27.0	18	19	211	222	433	1 193.7	100.30	0.072 1
450	3.99	28.0	30	7	376	87.7	464	1 277.8	86.42	0.064 1
450	4.10	28.7	18	19	237	250	487	1 342.9	112.84	0.064 1
500	4.21	29.5	30	7	418	97.5	515	1 419.8	96.08	0.057 7
500	4.32	30.2	18	19	263	278	542	1 492.1	125.38	0.057 7
560	4.46	31.2	30	7	468	109	577	1 590.1	107.55	0.051 5
560	3.45	31.1	54	7	505	65.5	570	1 573.9	103.53	0.051 6
630	3.72	33.4	42	19	456	206	662	1 826.0	134.59	0.045 8

续表

规格	直径		单线根数		面积(mm)			单位长度质量(kg/km)	额定抗拉力(kN)	直流电阻(20℃)(Ω/km)
	单线(mm)	导体(mm)	铝	铝合金	铝	铝合金	总计			
630	3.80	34.2	24	37	272	420	692	1 909.0	169.14	0.045 8
710	3.95	35.5	42	19	514	232	746	2 057.8	151.68	0.040 7
710	4.03	36.3	24	37	307	473	780	2 151.4	190.61	0.040 7
800	4.19	37.7	42	19	579	262	840	2 318.7	170.90	0.036 1
800	4.28	38.5	24	37	346	533	879	2 424.2	214.78	0.036 1
900	4.44	40.0	42	19	651	294	945	2 608.5	192.27	0.032 1
900	3.66	40.3	54	37	569	390	595	2 649.5	207.79	0.032 1
1 000	3.80	41.8	72	19	818	216	1 034	2 855.4	195.47	0.028 9
1 000	3.86	42.5	54	37	632	433	1 066	2 943.9	230.88	0.028 9
1 120	4.02	44.3	72	19	916	242	1 158	3 198.1	218.92	0.025 8
1 120	4.09	45.0	54	37	708	485	1 194	3 297.2	258.58	0.025 8
1 250	4.25	46.8	72	19	1 022	270	1 192	3 569.3	244.33	0.023 1
1 250	4.32	47.5	54	37	791	542	1 332	3 679.9	288.60	0.023 1
1 400	4.50	49.5	72	19	1 145	302	1 447	3 997.6	273.6	0.020 7

(5)铝包钢芯铝绞线

JLHA1/LB1A 型

规格	钢比(%)	面积(mm²)			单线根数		单线直径		直径(mm)		单位长度质量(kg/km)	额定抗拉力(kN)	直流电阻(20℃)(Ω/km)
		铝	铝包钢	总计	铝	铝包钢	铝	铝包钢	铝	铝包钢			
16	16.7	17.7	2.96	20.7	6	1	1.94	1.94	1.94	5.82	68.1	9.31	1.769 1
25	16.7	27.7	4.62	32.3	6	1	2.42	2.42	2.42	7.26	106.4	14.54	1.132 3
40	16.7	44.3	7.39	51.7	6	1	3.07	3.07	3.07	9.21	170.2	23.27	0.707 7

续表

规格	钢比(%)	面积(mm²) 铝	铝包钢	总计	单线根数 铝	铝包钢	单线直径 铝	铝包钢	直径(mm) 铝	铝包钢	单位长度质量(kg/km)	额定抗拉力(kN)	直流电阻(20℃)(Ω/km)
63	16.7	69.8	11.6	81.4	6	1	3.85	3.85	3.85	11.6	268.0	34.79	0.449 3
100	16.7	110	18.5	129	6	1	4.85	4.85	4.85	14.6	425.5	53.38	0.283 1
125	5.6	143	7.64	151	18	1	3.18	3.18	3.18	15.9	445.5	55.97	0.229 3
125	16.3	139	22.6	161	26	7	2.61	2.03	6.08	16.5	532.0	72.17	0.227 9
160	5.6	183	10.2	193	18	1	3.60	3.60	3.60	18.0	570.3	69.21	0.179 2
160	16.3	178	28.9	206	26	7	2.95	2.29	6.88	18.7	680.9	92.38	0.178 1
200	5.6	229	12.7	241	18	1	4.02	4.02	4.02	20.1	712.8	86.00	0.143 3
200	16.3	222	36.1	358	26	7	3.30	2.56	7.69	20.9	851.2	115.47	0.142 4
250	9.8	282	27.7	310	22	7	4.04	2.25	6.74	22.9	961.7	122.25	0.114 4
250	16.3	277	45.2	323	26	7	3.69	2.87	8.60	23.4	1 064.0	141.57	0.114 0
315	6.9	359	24.8	384	45	7	3.19	2.12	6.36	25.1	1 154.6	146.38	0.091 2
315	16.3	349	56.9	406	26	7	4.14	3.22	9.65	26.1	1 340.6	178.38	0.090 4
400	6.9	456	31.5	487	45	7	3.59	2.39	7.18	28.7	1 406.1	181.32	0.071 8
400	13.0	448	58.1	506	54	7	3.25	3.25	9.75	29.3	1 621.6	115.12	0.071 5
450	6.9	513	35.4	548	45	7	3.81	2.54	7.62	30.1	1 649.6	203.99	0.063 8
450	13.0	504	65.3	569	54	7	3.45	3.45	10.3	31.0	1 824.3	240.81	0.063 0
500	6.9	570	39.4	609	46	7	4.01	2.68	8.03	32.1	1 832.6	226.65	0.057 4
500	13.0	560	72.6	632	54	7	3.63	3.63	10.9	32.7	2 027.0	259.07	0.057 2
560	6.9	638	44.1	682	45	7	4.25	2.83	8.50	34.0	2 052.6	253.85	0.051 3
560	12.7	628	79.5	707	54	19	3.85	2.31	11.5	34.6	2 261.6	293.05	0.051 1
630	6.9	718	49.6	767	45	7	4.51	3.00	9.01	36.1	2 303.9	285.58	0.045 6
630	12.7	706	89.4	795	54	19	4.08	2.45	12.2	36.7	2 544.3	329.68	0.045 4

续表

规格	钢比(%)	面积(mm²)			单线根数		单线直径		直径(mm)		单位长度质量(kg/km)	额定抗拉力(kN)	直流电阻(20℃)(Ω/km)
		铝	铝包钢	总计	铝	铝包钢	铝	铝包钢	铝	铝包钢			
710	6.9	809	55.9	865	45	7	4.78	3.19	9.57	38.3	2 602.3	321.85	0.040 5
710	12.7	796	101	896	54	19	4.33	2.60	13.0	39.0	2 867.4	371.55	0.040 3
800	4.3	918	39.7	958	72	7	4.03	2.69	8.06	40.3	2 798.8	336.79	0.036 0
800	8.3	908	75.6	983	84	7	3.71	3.71	11.1	40.8	3 010.1	369.11	0.035 9
800	12.7	896	114	1 010	54	19	4.60	2.76	13.8	41.4	3 230.9	418.64	0.035 8
900	4.3	1 033	44.6	1 077	72	7	4.27	2.85	8.55	42.7	3 148.6	378.89	0.032 0
900	8.3	1 021	85.1	1 106	84	7	3.93	9.39	11.8	43.2	3 386.3	415.24	0.031 9
1 000	4.3	1 148	49.6	1 197	72	7	4.50	3.00	9.01	45.0	3 498.5	420.99	0.028 8
1 120	4.2	1 286	54.3	1 340	72	19	4.77	1.91	9.54	47.7	3 912.3	470.12	0.025 7
1 120	8.1	1 271	104	1 375	84	19	4.39	2.63	13.2	48.3	4 202.7	524.73	0.025 7
1 250	4.2	1 435	60.6	1 495	72	19	5.04	2.01	10.1	50.4	4 366.4	524.68	0.023 1
1 250	8.1	1 419	116	1 535	84	19	4.64	2.78	13.9	51.0	4 690.5	585.64	0.023 0

(6) 钢绞线

JG1A、JG1B、JG2A、JG3A 型

规格	面积(mm²)	单线根数	直径(mm)		单位长度质量(kg/km)	额定抗拉力(kN)				直流电阻(20℃)(Ω/km)
			单线	绞线		JG1A	JG1B	JG2A	JG3A	
4	27.1	7	2.22	6.66	213.3	36.3	33.6	39.3	43.9	7.144 5
6.3	42.7	7	2.79	8.36	335.9	55.9	51.7	60.2	67.9	4.536 2
10	67.8	7	3.51	10.53	533.2	87.4	80.7	93.5	103.0	2.857 8
12.5	84.7	7	3.93	11.78	666.5	109.3	100.8	116.9	128.8	2.286 2
16	108.4	7	4.44	13.32	853.1	139.9	129.0	199.7	164.8	1.786 1

续表

规格	面积 （mm²）	单线 根数	直径（mm）		单位长 度质量 （kg/km）	额定抗拉力（kN）				直流电阻 （20 ℃） （Ω/km）
			单线	绞线		JG1A	JG1B	JG2A	JG3A	
16	108.4	19	2.70	13.48	857.0	142.1	131.2	152.9	172.4	1.794 4
25	169.4	19	3.37	16.85	1 339.1	218.6	201.6	238.9	262.6	1.148 4
40	271.1	19	4.26	21.31	2 142.6	349.7	322.6	374.1	412.1	0.717 7
40	271.1	37	3.05	21.38	2 148.1	349.7	322.6	382.3	420.2	0.719 6
63	427.0	37	3.83	26.83	3 388.2	550.8	508.1	589.3	649.0	0.456 9

（7）铝包钢绞线

JLB1A、JLB1B 型

规格	面积 （mm²）	单线 根数	直径 （mm）		单位长度质量 （kg/km）		额定抗拉力 （kN）		直流电阻 （20 ℃） （Ω/km）
			单线	绞线	JLB1A	JLB1B	JLB1A	JLB1B	
4	12	7	1.48	4.43	80.1	79.4	16.08	15.84	7.159 2
6.3	18.9	7	1.85	5.56	126.2	125.0	25.33	24.95	4.545 5
10	30	7	2.34	7.01	200.3	198.5	40.20	39.60	2.863 7
12.5	37.5	7	2.01	7.84	250.4	248.1	50.25	49.50	2.291 0
16	48	7	2.95	8.86	320.5	317.5	64.32	63.36	1.789 8
25	75	7	3.69	11.08	500.7	496.2	93.75	99.00	1.145 5
40	120	7	3.69	11.08	801.2	793.9	132.00	158.40	0.715 9
40	120	19	2.84	14.18	805.0	797.7	160.80	158.40	0.719 4
63	189	19	3.56	17.19	1 267.9	1 256.4	240.03	249.48	0.456 8
100	300	37	3.21	22.49	2 017.3	1 999.0	402.00	396.00	0.288 4
125	375	37	3.59	25.15	2 521.7	2 498.7	476.25	495.00	0.230 7

续表

规格	面积 (mm²)	单线根数	直径 (mm)		单位长度质量 (kg/km)		额定抗拉力 (kN)		直流电阻 (20 ℃) (Ω/km)
			单线	绞线	JLBIA	JLBIB	JLBIA	JLBIB	
160	480	37	4.06	28.45	3 227.7	3 198.3	580.80	633.60	0.180 3
200	900	37	4.54	31.81	4 034.7	3 997.9	684.00	792.00	0.144 2
200	600	61	3.54	31.85	4 040.6	4 003.8	762.00	792.00	0.144 4

（8）耐热铝合金绞线

【特点及用途】耐热铝合金绞线的性能要求是：

①相对电导率：58% IACS（20 ℃时电阻率不大于 0.029 726Ω. mm²/m）。

②加热至 230 ℃，保温 1 h，冷却至室温时，强度保持率不小于 90%。

③线膨胀系数 0.000 023 1/℃。

④电阻温度系数 0.003 9 1/℃。

耐热铝合金绞线主要用于架空输电线路，长期工作强度可达 150 ℃，在相同条件下，其传输容量比普通产品可提高 60%。

【规　　格】重庆泰山电线电缆有限责任公司产品

标称截面 (mm²)	结构（根数/单径） (mm)	计算截面 (mm²)	外径 (mm)	20 ℃ 直流电阻 ≤（Ω/km）	计算拉断力 (kN)	计算重量 (kg/km)	交货长度≥ (m)
35	7/2.50	34.36	7.50	0.876 3	5.125	94.2	2 000
50	7/3.00	49.48	9.00	0.608 5	7.380	135.7	1 500
75	7/3.60	71.25	10.80	0.422 6	10.289	195.4	1 250
95	7/4.16	95.14	12.48	0.316 5	13.287	260.9	1 000
120	19/2.85	121.21	14.25	0.249 6	18.079	334.0	1 500
150	19/3.15	148.07	15.75	0.204 3	21.381	408.0	1 250
185	19/3.50	182.80	17.50	0.165 5	26.396	503.7	1 000

标称截面（mm²）	结构（根数/单径）（mm）	计算截面（mm²）	外径（mm）	20 ℃直流电阻≤（Ω/km）	计算拉断力（kN）	计算重量（kg/km）	交货长度≥（m）
210	19/3.75	209.85	18.75	0.144 2	30.302	578.2	1 000
240	19/4.00	238.76	20.00	0.126 7	33.343	657.9	1 000
300	37/3.20	297.57	22.40	0.101 9	42.969	821.6	1 000
400	37/3.70	397.83	25.90	0.076 22	57.447	1 098.5	1 000
500	37/4.16	502.90	29.12	0.060 30	70.230	1 388.6	1 000
630	61/3.63	631.30	32.67	0.048 03	86.362	1 746.8	800
800	61/4.10	805.36	36.90	0.037 65	106.549	2 228.4	800

注:耐热铝合金绞线型号表示方法举例。

例:

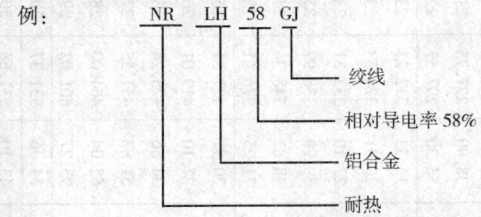

> NR　LH　58　GJ
>
> ├── 绞线
> ├── 相对导电率58%
> ├── 铝合金
> └── 耐热

(9)耐热钢芯铝合金绞线

【特点及用途】耐热钢芯铝合金绞线的性能要求是:①相对电导率:58% IACS(20 ℃时电阻率不大于 0.029 726Ω·mm²/m)。②加热至230℃,保温 1 h,冷却至室温时,强度保持率不小于 90%。③线膨胀系数 0.000 023 1/℃。④电阻温度系数 0.003 9 1/℃。耐热钢芯铝合金绞线主要用于架空输电线路,长期工作强度可达 150 ℃,在相同条件下,其传输容量比普通产品可提高 60%。

【规格】 重庆泰山电线电缆有限责任公司产品

标称截面 (mm²)	结构 (根数/直径) (mm)		计算截面 (mm²)			外径 (mm)	20 ℃直流电阻最大 (Ω/km)	计算拉断力 (kN)	计算重量 (kg/km)	最小交货长度 (m)
	铝	钢	铝	钢	总计					
240/30	24/3.60	7/2.40	244.29	31.67	275.06	21.60	0.124 2	73.170	923	2 000
240/40	26/3.42	7/2.66	238.85	38.90	277.75	21.66	0.127 1	80.570	965	2 000
240/55	30/3.20	7/3.20	241.27	56.30	297.57	22.40	0.126 0	98.770	1 109	2 000
300/15	42/3.00	7/1.67	296.88	15.33	312.21	23.01	0.102 3	64.580	941	2 000
300/20	45/2.93	7/1.95	303.42	20.91	324.33	23.43	0.100 1	72.140	1 003	2 000
300/25	48/2.85	7/2.22	306.21	27.10	333.31	23.76	0.099 2	79.840	1 060	2 000
300/40	24/3.99	7/2.65	300.09	38.90	338.99	23.94	0.101 1	89.880	1 134	2 000
300/50	26/3.83	7/2.96	299.54	48.82	348.36	24.26	0.101 3	101.100	1 211	2 000
300/70	30/3.60	7/3.60	305.36	71.25	376.61	25.20	0.995 3	125.000	1 403	2 000
400/20	42/3.51	7/1.95	406.40	20.91	427.31	26.91	0.074 71	86.280	1 287	1 500
400/25	45/3.33	7/2.22	391.91	27.10	419.01	26.64	0.077 51	91.330	1 297	1 500
400/35	48/3.22	7/2.50	390.88	34.36	425.24	26.82	0.077 72	98.520	1 351	1 500
400/50	54/3.07	7/3.07	399.73	51.82	451.55	27.63	0.076 06	117.920	1 513	1 500
400/65	26/4.42	7/3.44	398.94	65.06	464.00	28.00	0.076 10	130.400	1 612	1 500
400/95	30/4.16	19/2.50	407.75	93.27	501.02	29.14	0.074 54	166.100	1 961	1 500
500/35	45/3.75	7/2.50	497.01	34.36	531.37	30.00	0.061 12	114.700	1 644	1 500
500/45	48/3.60	7/2.80	488.58	43.10	531.68	30.00	0.062 18	123.300	1 690	1 500

续表

标称截面 (mm²)	结构 (根数/直径)(mm)		计算截面(mm²)			外径 (mm)	20℃直流电阻最大 (Ω/km)	计算拉断力 (kN)	计算重量 (kg/km)	最小交货长度 (m)
	铝	钢	铝	钢	总计					
500/65	54/3.44	7/3.44	501.88	65.06	566.94	30.96	0.060 6	148.000	1 899	1 500
630/45	45/4.20	7/2.80	623.45	43.10	666.55	33.60	0.048 73	140.700	2 061	1 200
630/55	48/4.12	7/3.20	639.92	56.30	696.22	34.32	0.047 47	156.200	2 210	1 200
630/80	54/3.87	19/2.32	635.19	80.32	715.15	34.82	0.047 9	187.800	2 190	1 200
800/55	45/4.80	7/3.20	814.30	56.30	870.60	38.40	0.037 31	181.800	2 691	1 000
800/70	48/4.63	7/3.60	808.15	71.25	879.40	33.53	0.037 59	197.400	2 793	1 000
800/100	54/4.33	19/2.60	795.17	100.88	896.05	38.98	0.038 3	231.600	2 995	1 000
1 440/120	84/4.67	19/2.80	1 438.81	116.99	1 555.80	51.36	0.021 3	344.500	4 928	700

耐热钢芯铝合金绞线型号表示方法举例:

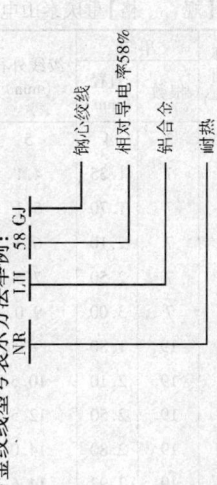

（10）硬铜绞线

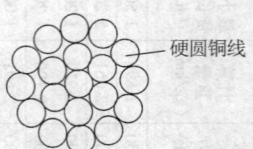

硬圆铜线

【特点及用途】硬铜绞线（TJ 型系列）主要用于架空电力线路和电气化铁路的供电系统。

【规　　格】重庆泰山电线电缆有限责任公司产品

标称截面（mm²）	单线		绞线外径（mm）	计算拉断力（kN）	20 ℃时导体直流电阻（Ω/km）	连续载流量（A）	计算重量（kg/km）
	根数	直径（mm）					
2	3	4	5	6	7	8	9
10	7	1.35	4.1	4.02	1.815 6	90	90
16	7	1.70	5.1	6.37	1.145 0	125	143
25	7	2.10	6.3	9.72	0.742 4	160	218
35	7	2.50	7.5	13.77	0.523 8	200	310
50	7	3.00	9.0	19.84	0.363 8	250	446
50	19	1.80	9.0	19.38	0.378 1	250	437
70	19	2.50	10.5	26.38	0.274 7	310	596
95	19	2.50	12.5	37.39	0.193 9	380	845
120	19	2.80	14.0	46.90	0.154 6	440	1 060
127	19	2.92	14.6	51.00	0.142 2	470	1 163
150	37	2.25	15.8	58.98	0.123 2	510	1 337
185	37	2.50	17.5	72.81	0.099 81	585	1 649
240	61	2.25	20.2	97.23	0.074 90	700	2 209
300	61	2.50	22.5	120.04	0.060 67	800	2 725

续表

标称截面 (mm^2)	单线		绞线外径 (mm)	计算拉断力 (kN)	20 ℃时导体直流电阻 (Ω/km)	连续载流量 (A)	计算重量 (kg/km)
	根数	直径 (mm)					
400	61	2.89	26.0	160.42	0.045 40	960	3 640
500	61	3.23	29.1	200.38	0.036 35	1 110	4 545

注:1. 绞线重量是按密度为 8.9 kg/dm^3 及平均节距比计算的。

2. 参考适用于风速为 0.6 m/s,环境温度为 35 ℃的日照作用及架空输电绞线最高温度为 70 ℃的 60 Hz 及以下的线路。在静上空气的特殊敷设情况下,载流量平均下降约 30%。

附:圆铜单线主要性能

单线直径(mm)		导线截面 (mm^2)	抗拉强度(N/mm^2)		20 ℃时导体电阻率 ($\Omega \cdot mm^2/m$)	重量 (kg/km)
标称值	公差		绞前最小	绞后最小		
1.35		1.43				12.7
1.50		1.77			0.017 96	15.3
1.75		2.41				21.5
2.00	±0.03	3.14				28.0
2.25		3.98	422	392		35.4
2.50		4.91				43.7
2.70		5.64			0.017 77	52.9
3.00		7.07				62.9
3.25	±0.04	8.30				73.8

注:1. 直径允许有中间值,其偏差值取下一个较大直径的允许偏差值。

2. 标称直径小于 2.00 mm,其 20 ℃时导体电阻率选择 0.017 96 $\Omega \cdot mm^2/m$。

（11）软铜绞线

【特点及用途】软铜绞线主要用于电气装备及电子电器或元件接线等。Ⅰ型软铜绞线（TJR1）标称截面 $0.40 \sim 1\,000\ \mathrm{mm^2}$，2 型软铜绞线（TJR2）标称面积 $2.5 \sim 63\ \mathrm{mm^2}$。

【规　　格】重庆泰山电线电缆有限责任公司产品

a. TJR1 型

标称 截面 （mm²）	计算 截面 （mm²）	结　　　构		计算外径 （mm）	20 ℃直流电阻 （Ω/km）	计算重量 （kg/km）
		单线 总数	股数 ×根数/ 单线标称直径 （mm）			
0.10	0.102	9	9/0.12	0.44	176	0.94
(0.12)	0.124	7	7/0.15	0.45	145	1.15
0.16	0.159	9	9/0.15	0.56	113	1.47
(0.20)	0.194	11	11/0.15	0.60	92.9	1.80
0.25	0.247	14	14/0.15	0.68	72.9	2.29
(0.30)	0.300	17	17/0.15	0.74	60.3	2.80
0.40	0.408	13	13/0.20	0.86	44.2	3.80
(0.50)	0.503	16	16/0.20	0.96	36.0	4.70
0.63	0.628	20	20/0.20	1.05	28.8	5.86
(0.75)	0.754	24	24/0.20	1.14	24.0	7.04
1.00	1.01	32	32/0.20	1.30	17.9	9.43
1.60	1.57	32	32/0.25	1.63	11.5	14.7
(2.00)	1.96	40	40/0.25	1.82	9.24	18.3
2.5	2.41	49	7×7/0.25	2.25	7.58	22.7
4.0	3.94	49	7×7/0.32	2.88	4.64	37.1
6.3	6.16	49	7×7/0.40	3.60	2.97	58.0
10	10.01	49	7×7/0.51	4.59	1.83	94.3
16	15.84	84	7×12/0.49	6.17	1.16	150
25	25.08	133	19×7/0.49	7.35	0.736	239
(35)	35.14	133	19×7/0.58	8.70	0.525	334

续表

标称截面（mm²）	计算截面（mm²）	结 构		计算外径（mm）	20 ℃直流电阻（Ω/km）	计算重量（kg/km）
		单线总数	股数×根数/单线标称直径（mm）			
40	40.15	133	19×7/0.62	9.30	0.459	382
(50)	48.30	133	19×7/0.68	10.20	0.382	459
63	62.72	183	27×7/0.65	12.00	0.294	597
(70)	68.64	189	27×7/0.68	12.53	0.269	653
80	78.20	259	37×7/0.62	13.02	0.236	744
(95)	94.06	259	37×7/0.68	14.28	0.196	895
100	99.68	259	37×7/0.70	14.70	0.185	948
(120)	117.67	324	27×12/0.68	17.39	0.157	1 119
125	124.69	324	27×12/0.70	17.90	0.148	1 186
160	162.86	324	27×12/0.80	20.20	0.113	1 549
(185)	183.85	324	27×12/0.85	21.74	0.100	1 749
200	196.15	444	27×12/0.75	21.80	0.094 0	1 866
250	251.95	444	37×12/0.85	24.72	0.073 2	2 397
315	310.58	703	37×19/0.75	26.25	0.059 4	2 954
400	398.92	703	37×19/0.85	29.75	0.046 2	3 795
500	498.30	703	37×19/0.95	33.25	0.037 0	4 740
630	627.1	1159	61×12/0.83	37.35	0.029 4	5 965
800	804.3	1159	61×12/0.94	42.30	0.022 9	7 651
1 000	1 003.6	1159	61×12/1.05	47.25	0.018 4	9 547

b. TJR2 型

标称截面（mm²）	计算截面（mm²）	结 构		计算外径（mm）	20 ℃直流电阻（Ω/km）	计算重量（kg/km）
		单线总数	股数×根数/单线标称直径（mm）			
2.5	2.47	140	7×20/0.15	2.36	7.40	23.3
4.0	3.96	126	7×18/0.20	3.00	4.62	37.3

续表

标称截面 （mm^2）	计算截面 （mm^2）	结　构			计算外径 （mm）	20 ℃直流电阻 （Ω/km）	计算重量 （kg/km）
		单线总数	股数×根数/ 单线标称直径 （mm）				
6.3	6.16	196	7×28/0.20		3.72	2.97	58.0
10	9.90	315	7×45/0.20		4.62	1.85	93.3
16	15.83	504	12×42/0.20		6.18	1.16	150
25	25.07	798	19×42/0.20		7.45	0.736	238
(35)	35.41	1 127	7×7×23/0.20		10.57	0.521	337
40	40.02	1 274	7×7×26/0.20		10.62	0.461	381
(50)	49.26	1 568	7×7×32/0.20		11.70	0.375	469
63	63.11	2 009	7×7×41/0.20		13.32	0.292	600

14. 电磁线

电磁线是具有绝缘层，用于实现电能与磁能相互转换的导线，通常用来制造电器、电机、变压器等产品的线圈。按其绝缘特点和用途，主要包括漆包线、绕包线及特种电磁线三类。

（1）漆色线

【特点及用途】漆包线由漆膜与导电线芯（铜或铝）组成，其质量的基本要求是电阻率（ρ）低，耐刮性和相容性好，柔软。选用时根据具体需要还应考虑击穿强度、耐热等级、有无腐蚀性物质、耐冷冻、耐辐射、自粘等特殊要求。常用漆包线品种有：

品种	型号	常用规格 (mm)	耐热等级 (℃)	使用特性及用途
油性漆包线	Q	0.02~2.5	A(105)	机械性能好,耐有机溶剂差,漆膜均匀,适宜作中高频线圈及仪器仪表线圈
聚氨酯漆包线	QA	0.02~2.5	E(120) H(180)	耐有机溶剂性优异,具有直焊性,耐高频,能染色,过载性能较差,用于制造各种仪器仪表微细线圈
缩醛漆包线	QQ	0.018~2.5 a.0.7~2.5 b.2~16	E(120)	具有较高的耐冷水变压器油的特性,适用于制造油浸变压器,耐油耐水电机,电器的绕组
聚酯漆包线	QZ	0.018~5 a.0.8~5.6 b.2~16	B(130) F(155)	具有较好的附着性能,与含氯高分子化合物不相容,使用广泛,适用设备绕组等
聚酯亚胺漆包线	QZY	0.018~2.5 a.0.8~5.6 b.2~16	F(155) H(180) C(200)	机械性能优良,具有较高热冲击性能,耐有机溶剂优异,适于高温电机,干式变压器,耐冷冻剂电机的绕组等
改性聚酯漆包线	QE (G)	0.02~3.0	F(155)	具有较高热冲击性能,用于制造F级绝缘电机,电器,仪器仪表及电子设备的绕组
聚酯胺酰亚胺漆包线	QXY	0.02~2.5 a.0.8~5.6 b.2~16	C(200) H(180)	综合性能优良,与含氯高分子化合物不相容,适用于高温电机,制冷电机,干式变压器等线圈绕组
耐制冷剂漆包线	QF	0.6~2.5	A(105) F(155)	机械性能好,耐潮,耐制冷剂,适用于空调及制冷设备中的线圈绕组
聚酰亚胺漆包线	QY	0.018~2.5 a.0.8~5.6 b.2~16	C(220)	耐热,耐寒,耐辐射,易水解,耐碱性差,卷绕应力易产生裂纹,适用于高温电机干式变压器线圈等

注:常用规格栏中,圆线规格以直径表示,扁线以线芯窄边(a)与宽边(b)长度表示。

【规　格】

标称直径	外皮直径	截面积	质量	导线容许通过电流（A）		每厘米可绕匝数	每立方厘米可绕匝数	20 ℃时电阻值
（mm）		（mm²）	（kg/km）	2.5A/mm²	3A/mm²	（匝）		（Ω/km）
0.06	0.085	0.002 8	0.025 2	0.007 0	0.008 4	117	13 689	6 440
0.07	0.095	0.003 8	0.034 2	0.009 5	0.011 4	105	11 025	4 730
0.08	0.105	0.005	0.0448	0.012 5	0.015 0	95	9 025	3 630
0.09	0.115	0.006 4	0.0567	0.016 0	0.019 2	86	7 395	2 860
0.10	0.125	0.007 9	0.070	0.019 7	0.023 7	80	6 400	2 240
0.11	0.135	0.009 5	0.085	0.023 7	0.028 5	74	5 476	1 850
0.12	0.145	0.011 3	0.101	0.028 2	0.033 9	68	4 624	1 550
0.13	0.155	0.013 3	0.118	0.033 2	0.039 9	64	4 096	1 320
0.14	0.165	0.015 4	0.137	0.038 5	0.046 2	60	3 600	1 140
0.15	0.180	0.017 7	0.158	0.044 2	0.053 1	55	3 025	994
0.16	0.190	0.020 1	0.179	0.050 2	0.060 3	52	2 704	873
0.17	0.200	0.022 7	0.202	0.056 7	0.068 1	50	2 500	773
0.18	0.210	0.025 4	0.227	0.064	0.076 2	47	2 209	688
0.19	0.220	0.028 4	0.253	0.071 0	0.085 2	45	2 025	618
0.20	0.230	0.031 5	0.280	0.078 7	0.094 5	43	1 849	558
0.21	0.240	0.034 2	0.309	0.086 7	0.104	41	1 681	507
0.23	0.270	0.041 5	0.370	0.103	0.124	37	1 369	423
0.25	0.290	0.049 2	0.437	0.123	0.147	34	1 156	357
0.27	0.310	0.057 3	0.510	0.143	0.171	32	1 024	306
0.29	0.330	0.066 0	0.589	0.165	0.198	30	900	266
0.31	0.350	0.075 5	0.673	0.188	0.226	28	784	233
0.33	0.370	0.085 5	0.762	0.213	0.256	27	729	205
0.35	0.390	0.096 2	0.857	0.240	0.288	25	625	182
0.38	0.420	0.113 4	1.01	0.283	0.340	23	529	155

续表

标称直径	外皮直径	截面积	质量	导线容许通过电流（A）		每厘米可绕匝数	每立方厘米可绕匝数	20 ℃时电阻值
		（mm²）	（kg/km）	2.5A/mm²	3A/mm²			（Ω/km）
（mm）						（匝）		
0.41	0.450	0.132 0	1.17	0.330	0.396	22	484	133
0.44	0.480	0.152 1	1.35	0.380	0.456	20	400	115
0.47	0.510	0.173 5	1.54	0.433	0.520	19	361	101
0.49	0.530	0.188 6	1.67	0.471	0.565	18	324	93.1
0.51	0.560	0.204	1.82	0.510	0.612	17	317	85.9
0.53	0.580	0.221	1.96	0.552	0.663	17.2	295	79.3
0.55	0.600	0.238	2.11	0.595	0.714	16.6	275	73.9
0.57	0.620	0.255	2.26	0.637	0.765	16.1	259	68.7
0.59	0.640	0.273	2.43	0.682	0.819	15.6	243	64.3
0.62	0.670	0.302	2.69	0.755	0.906	14.8	222	57.9
0.64	0.690	0.322	2.89	0.805	0.966	14.4	207	54.6
0.67	0.720	0.353	3.14	0.882	1.05	13.8	190	49.7
0.69	0.740	0.374	3.33	0.935	1.12	13.5	182	46.9
0.72	0.770	0.407	3.72	1.01	1.22	12.9	166	43
0.74	0.800	0.430	3.83	1.07	1.29	12.5	156	40.8
0.77	0.830	0.466	4.15	1.16	1.39	12	144	37.6
0.80	0.860	0.503	4.48	1.25	1.50	11.6	134	34.9
0.83	0.890	0.541	4.82	1.35	1.62	11.2	125	32.4
0.86	0.920	0.581	5.17	1.45	1.74	10.8	117	30.2
0.90	0.960	0.636	5.67	1.59	1.99	10.4	108	27.5
0.93	0.990	0.679	6.05	1.69	2.03	10.1	102	25.8
0.96	1.02	0.724	6.45	1.81	2.17	9.8	96	24.2
1.00	1.08	0.785	7.00	1.96	2.35	9.25	85.6	22.4
1.04	1.12	0.849	7.87	2.12	2.54	8.92	79.5	20.6

续表

标称直径	外皮直径	截面积 (mm²)	质量 (kg/km)	导线容许通过电流（A）		每厘米可绕匝数	每立方厘米可绕匝数	20 ℃时电阻值 (Ω/km)
(mm)				2.5A/mm²	3A/mm²	匝		
1.08	1.16	0.916	8.16	2.29	2.74	8.62	74.3	19.2
1.12	1.20	0.986	8.78	2.46	2.95	8.33	69.4	17.75
1.16	1.24	1.057	9.41	2.64	3.17	8.06	65	16.6
1.20	1.28	1.131	10.0	2.84	3.35	7.81	61	15.5
1.25	1.33	1.227	10.9	3.06	3.68	7.51	56.4	14.3
1.30	1.38	1.327	11.8	3.31	3.98	7.24	52.4	13.2
1.35	1.43	1.431	12.7	3.57	4.29	7	49	12.2
1.40	1.48	1.539	13.7	3.84	4.61	6.75	45.56	11.4
1.45	1.53	1.651	14.7	4.12	4.95	6.53	42.44	10.6
1.50	1.58	1.767	15.7	4.41	5.30	6.32	39.94	9.89
1.56	1.64	1.911	17.0	4.77	5.73	6.09	37.08	9.18
1.62	1.70	2.06	18.3	5.15	6.18	5.88	34.57	8.50
1.68	1.76	2.22	19.7	5.55	6.66	5.49	32.26	7.92
1.74	1.82	2.38	21.1	5.95	7.14	5.49	30.14	7.36
1.81	1.90	2.57	22.9	6.42	7.71	5.26	27.66	6.83
1.88	1.97	2.78	24.7	6.95	8.34	5.07	25.70	6.30
1.95	2.04	2.99	26.6	7.47	8.97	4.9	24.01	5.87
2.02	2.11	3.20	28.5	8.00	9.60	4.73	22.37	5.48
2.10	2.20	3.46	30.8	8.65	10.3	4.54	20.61	5.06
2.26	2.36	4.01	35.7	10.0	12.0	4.23	17.89	4.38
2.44	2.54	4.67	41.6	11.6	14.0	3.93	15.44	3.75

(2) 绕包线

【特点及用途】绕包线是用纸、玻璃丝或合成树脂等绝缘物紧密绕缠包覆在裸导线芯上或漆包线上面形成的电磁线。一些绕包线还另作浸漆或胶凝处理。绕包线绝缘层较为厚实，其电性能优良，过载能力强，通常应用在大中型及耐高温的设备中。常用规格有：

品种	型号	常用规格 （mm）	耐热等级 （℃）	使用特性及用途
纸包线	Z、ZB、ZL、ZLB	1.0 ~ 5.0 a. 0.8 ~ 5.6 b. 2.0 ~ 16	A(105)	耐电压击穿，但纸质易破，适用于油浸式变压器或类似电器设备的绕组
纸包扁线	ZB、ZLB	a. 1.0 ~ 5.6 b. 2.0 ~ 16	C(200)	耐高温，耐电压击穿，适用于干式变压器绕组，起重电磁铁绕组等
玻璃丝绕包线	SBE、SBEB、SBEL、SBEBL、SBQB、SBQLB、SBEQB、SBEQLB	0.3 ~ 5.0 a. 0.8 ~ 5.6 b. 2.0 ~ 16	B(130) F(155) H(180)	耐电晕，边载能力强，耐潮性和弯曲性较差，适用于电机、电器线圈绕组
玻璃丝包裹薄膜绕包扁线	SBMB、SBEMB	a. 0.8 ~ 5.6 b. 2.0 ~ 16	B(130) F(155) H(180)	耐电压性能优良，过载性优良，绝缘层较厚实，适用于电机、电器线圈绕组

续表

品种	型号	常用规格 （mm）	耐热等级 （℃）	使用特性及用途
聚酰亚胺- 氟46复合 薄膜绕包线	MYFE、MYFBE	2.5~6.0 a.0.8~5.6 b.2.0~16	C(220)	耐电压性能优良，耐热性 良好，耐辐射耐低温，但 耐碱性差，宜用于耐热等 级高且可靠性要求高的 交直流电机，如冶金、探 井等特殊机电线圈绕组

注:1. 常用规格栏中，圆线规格以直径表示，扁线以线芯窄边(a)与宽边(b)长度
表示。
2. 绕包线的选用方法与漆包线相同。

（3）特种电磁线

【特点及用途】特种电磁线是指为特殊场合使用的电磁线。如用于湿式潜水电机、高压旋转电机、电磁炉、高清晰数字电视机等产品的绕组。常用规格有:

品种	型号	常用规格 （mm）	耐热等级 （℃）	使用特性及用途
聚乙烯绝缘 尼龙护套绕 组线	QYN、SYN	0.28~5.0 3.55~23.6	Y(70)	护套机械强度高，耐水性 能良好，适于湿水电机及 类似条件下工作电机、电 器绕组

续表

品种	型号	常用规格（mm）	耐热等级（℃）	使用特性及用途
聚酯薄膜单面补粉云母带绕包扁铜线	FYB	a.1.5~4.5 b.5.0~12.5	F(155)	适用于高压旋转电机或特殊电机的绕组
自黏直焊性聚酯亚胺漆包束绞线	QZYN(2)S	0.05~2.5	H(180)	具有较高的软化击穿性能及自黏性和直焊性能，适用于高清晰数字电视、电磁炉等产品
自黏直焊性聚氨酯漆包束绞线	QANS	0.05~2.5	H(180)	具有耐高频性、自黏性、直焊性和较高的热冲击性，适用于高清晰数字电视、电磁炉等产品
聚酯亚胺/聚酰胺酰亚胺复合漆包束绞线	Q(ZY/XY)S	0.05~2.5	C(200)	具有耐冷冻性能及较好的耐热性能和机械性能，适用于高中频电机等绕组

注：1. 常用规格栏中，圆线规格以直径表示，扁线以线芯窄边(a)与宽边(b)长度表示。

2. 选用方法与漆包线相同 。

15. 橡皮绝缘固定敷设电线

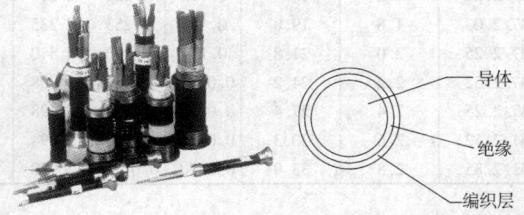

导体

绝缘

编织层

【特点及用途】橡皮绝缘固定敷设电线采用棉纱或其他相当纤维编织

外层的电线,其适用于交流额定电压 500 V 及以下或直流 1 000 V 及以下的电气设备及照明装置。电线的允许工作温度应不超过 65 ℃,通常成圈或成盘供应,长度 100 m。

【规　　格】重庆泰山电线电缆有限责任公司产品

a. 铜(铝)芯橡皮绝缘棉纱或其他相当纤维编织电线(300/500 V)BX、BLX 型

导体标称截面 (mm²)	导电线芯结构根数/单线标称直径 (根/mm)	绝缘厚度规定值 (mm)	平均外径上限 (mm)	20 ℃导体直流电阻最大值 (Ω/km)		参考重量 (kg/km)	
				铜芯	铝芯	铜芯	铝芯
0.75	1/0.97	1.0	4.4	24.5	–	21	–
1	1/1.13	1.0	4.5	18.1	–	24	–
1.5	1/1.38	1.0	4.8	12.1	–	30	–
2.5	1/1.78	1.0	5.2	7.41	11.8	40	25
4	1/2.25	1.0	5.8	4.61	7.39	57	33
6	1/2.76	1.0	6.3	3.08	4.91	77	46
10	7/1.35	1.2	8.2	1.83	3.08	130	69
16	7/1.70	1.2	9.4	1.15	1.91	196	97
25	7/2.14	1.4	11.2	0.727	1.20	296	142
35	7/2.52	1.4	12.5	0.524	0.868	395	180
50	19/1.78	1.6	14.4	0.387	0.641	562	249
70	19/2.14	1.6	16.4	0.268	0.443	745	311
95	19/2.52	1.8	18.9	0.193	0.320	1 014	422
120	37/2.03	1.8	19.8	0.153	0.253	1 235	479
150	37/2.25	2.0	21.8	0.124	0.206	1 540	784
185	37/2.52	2.2	24.2	0.099 1	0.164	1 908	1 152
240	37/2.25	2.4	27.4	0.075 4	0.125	2 498	1 742
300	61/2.52	2.6	30.3	0.060 1	0.100	3 094	2 338
400	61/2.85	2.8	33.9	0.047 0	0.077 8	3 970	3 214

b. 铜芯橡皮绝缘棉纱或其他相当纤维编织软电线(300/500 V)BXR 型

导体标称截面 （mm²）	导电线芯结构根数/单线标称直径 （根/mm）	绝缘厚度规定值 （mm）	平均外径上限 （mm）	20 ℃导体直流电阻最大值 （Ω/km）	参考重量 （kg/km）
0.75	7/0.37	1.0	4.5	24.5	22
1	7/0.43	1.0	4.7	18.1	26
1.5	7/0.52	1.0	5.0	12.1	31
2.5	19/0.41	1.0	5.6	7.41	44
4	19/0.52	1.0	6.2	4.61	62
6	19/0.64	1.0	6.8	3.08	84
10	49/0.52	1.2	8.9	1.83	133
16	49/0.64	1.2	10.1	1.15	207
25	98/0.58	1.4	12.6	0.727	328
35	133/0.58	1.4	13.8	0.524	417
50	133/0.68	1.6	15.8	0.387	565
70	189/0.68	1.6	18.4	0.268	789
95	259/0.68	1.8	20.8	0.193	1 055
120	259/0.76	1.8	21.6	0.153	1 285
150	336/0.74	2.0	25.9	0.124	1 589
185	427/0.74	2.2	26.6	0.099 1	1 998
240	427/0.85	2.4	30.2	0.075 4	2 605
300	513/0.85	2.6	33.3	0.060 1	3 161
400	703/0.85	2.8	38.2	0.047 0	4 237

16. 橡皮绝缘固定敷设电线的载流量

a. 300/500 V 橡皮绝缘电线在空气中长期连续负荷允许载流量

适用电线型号	BX、BLX、BXR		
导体标称截面（mm²）	长期连续负荷允许载流量（A）		相应电线表面温度（℃）
	铜	铝	
0.75	18	–	60
1.0	21	–	60
1.5	27	19	60
2.5	35	27	61
4	45	35	61
6	58	45	61
10	85	65	61
16	110	85	61
25	145	110	61
35	180	138	61
50	230	175	61
70	285	220	61
95	345	265	61
120	400	310	61
150	470	360	61
185	540	420	61
240	660	510	61
300	770	600	61
400	940	730	61

注：载流量为环境温度 25 ℃，导电线芯最高允许工作温度 65 ℃时参考值。

b. 300/500 V 单芯像皮绝缘电线穿铁管时在空气中敷设长期连续负荷允许载流量

适用电线型号	BX、BLX、BXR					
导体标称截面（mm²）	长期连续负荷允许载流量（A）					
	穿二根电线		穿三根电线		穿四根电线	
	铜	铝	铜	铝	铜	铝
1.0	15	–	14	–	12	–
1.5	20	15	18	14	17	11
2.5	28	21	25	19	23	16
4	37	28	33	25	30	23
6	49	37	43	34	39	30
10	68	52	60	46	53	40
16	86	66	77	59	69	52
25	113	86	100	76	90	68
35	140	106	122	94	110	83
50	175	133	154	118	137	105
70	215	165	193	150	173	133
95	260	200	235	180	210	160
120	300	230	270	210	245	190
150	340	260	310	240	280	220
185	385	295	355	270	320	250

注:载流量为环境温度25 ℃,导电线芯最高允许工作温度65 ℃时参考值。

c. 300/500 V 单芯橡皮绝缘电线穿塑料管时在空气中敷设长期连续负荷允许载流量

适用电线型号	BX、BLX、BXR					
导体标称截面 （mm²）	长期连续负荷允许载流量（A）					
	穿二根电线		穿三根电线		穿四根电线	
	铜	铝	铜	铝	铜	铝
1.0	13	–	12	–	11	–
1.5	17	14	16	12	14	11
2.5	25	19	22	17	20	15
4	33	25	30	23	26	20
6	43	33	38	29	34	26
10	59	44	52	40	46	35
16	76	58	68	52	60	46
25	100	77	90	68	80	60
35	125	95	110	84	98	74
50	160	120	140	108	123	95
70	195	153	175	135	155	120
95	240	184	215	165	195	450
120	278	210	250	190	227	170
150	320	240	290	227	265	205
185	360	282	330	225	300	232

注：载流量为环境温度 25 ℃，导电线芯最高允许工作温度 65 ℃时参考值。

17. 同轴电缆

　　同轴电缆专门用于无线电通信、闭路电视、程控交换及高频率机器配线等场合,其结构特点是由同轴排列的内导体和外导体组成。内导体为实心导线,外导体为金属编织网,内外导体之间充以高频绝缘介质,最外层为绝缘外被。同轴电缆抗干扰能力强,传输损耗小,但价格较贵。根据需用的不同,其品种多样。

(1) 实芯聚乙烯绝缘射频同轴电缆

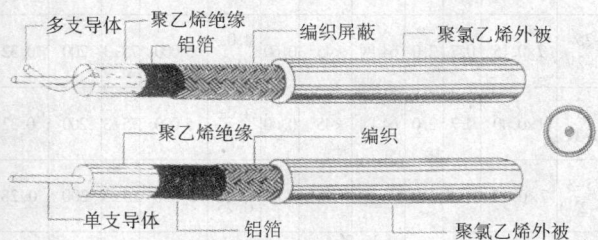

　　【特点及用途】SYV 型实芯聚乙烯绝缘射频电缆,其导体使用单支或或多支软裸铜线,特性阻抗 50 Ω 或75Ω,适宜在-40 ~ +70 ℃条件下使用,适用于无线电通信、公共天线、闭路电视监控系统、传输系统及单向控制系统戈高频率机器之配线。电缆常规包装长度:200 m/卷,300 m/卷。

【规　　格】深圳市来事达电线电缆实业有限公司产品

型号	内导体结构（No/mm）	绝缘介质（mm）		外导体（编织屏蔽）		护套（mm）		绝缘电阻不小于（MΩ/km）	特性阻抗（Ω）	衰减常数 20℃	
		厚度	外径	规格（No）	编织角不大于	厚度	外径			频率（MHz）	衰减不大于（dB/m）
SYV–50–2–1 (2D–2V)	7×0.16	0.44	1.5	96 网	<45°	0.43	2.8±0.2	5 000	50±2	200	0.45
SYV–50–2–41 (2D–2V)	1×0.68	0.68	2.2	96 网	<45°	0.56	4.0±0.2	5 000	50±2	200	0.31
SYV–50–3 –1(3D–2V)	7×0.32	0.80	2.95	128 网	<45°	0.75	5.0±0.2	5 000	50±2	200	0.24
SYV–50–3 –4(3D–2V)	1×0.90	0.85	2.95	128 网	<45°	0.75	5.0±0.2	5 000	50±2	200	0.22
SYV–50–5 –1(5D–2V)	1×1.40	1.30	4.80	168 网	<45°	0.88	7:2±0.3	5 000	50±2	200	0.15
SYV–75 –2(2.5C–2V)	7×0.15	0.7	2.0	64 网	<45°	0.60	4.0±0.2	5 000	75±3	200	0.32
SYV–75 –2(2.5C–2V)	1×0.40	0.7	2.0	64 网	<45°	0.60	4.0±0.2	5 000	75±3	200	0.32
SYV–75–3 –41(3C–2V)	7×0.15	1.05	3.0	96 网	<45°	0.66	5.0±0.25	5 000	75±3	200	0.28
SYV–75 –3(3C–2V)	1×0.5	1.05	3.0	96 网	<45°	0.66	5.0±0.25	5 000	75±3	200	0.28
SYV–75–4 –1(RG–59)	7×0.21	1.25	3.70	96 网	<45°	0.80	6.0±0.2	5 000	75±3	200	0.22

续表

型号	内导体结构(No/mm)	绝缘介质(mm)		外导体(编织屏蔽)		护套(mm)		绝缘电阻不小于(MΩ/km)	特性阻抗(Ω)	衰减常数20℃	
		厚度	外径	规格(No)	编织角不大于	厚度	外径			频率(MHz)	衰减不大于(dB/m)
SYV-75-4-4(RG-59)	1×0.60	1.25	3.70	96网	<45°	0.80	6.0±0.2	5 000	75±3	200	0.19
SYV-75-5 41(5C-2V)	1×0.8	1.6	4.8	128网	<45°	0.88	7.2±0.3	5 000	75±3	200	0.15
SYV-75-5(5C-2V)	7×0.26	1.6	4.8	96网	<45°	0.88	7.2±0.3	5 000	75±3	200	0.16
SYV-75-7-2(7C-2V)	7×0.4	2.4	7.25	192网	<45°	1.05	10.3±0.3		75±3	200	0.1
SYV-75-7 8(7C-2V)	1×1.15	2.5	7.25	192网	<45°	1.05	10.3±0.3	5 000			0.10
SYV-75-9 41(9C-2V)	1×1.37	3.2	9.0	208网	<45°	1.18	12.2±0.4	5 000	75±3	200	0.088

(2)物理发泡聚乙烯绝缘同轴电缆

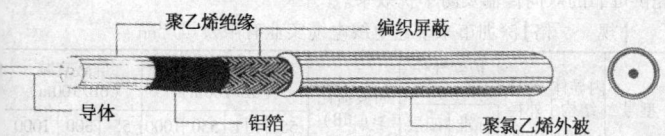

聚乙烯绝缘　　　　　编织屏蔽

导体　　　铝箔　　　聚氯乙烯外被

【特点及用途】SYWV 型物理发泡聚乙烯绝缘同轴电缆内导体使用单裸铜线编织屏蔽使用镀锡铜线特性阻抗75 Ω,适宜在-25～+70 ℃条件下使用。适用于闭路电视系统、公共天线电视系统主干、分支电缆、有线电视系统作分支线和用户线及其他电子装置用电缆。

【规　　格】深圳市来事达电线电缆实业有限公司产品

型号	内导体结构(mm)	绝缘外径(mm)	护套外径(mm)	特性阻抗(Ω)	回波损耗≥(dB)	标准衰减20℃时(dB/100m)				屏蔽衰减(dB/100m)		
						50 MHz	200 MHz	550 MHz	800 MHz	50 MHz	200 MHz	800 MHz
SYWV–75–5 (5C–FB)	1.0	4.8	7.2	75±3	VHF 20.0 UHF 18.0	4.8	9.7	16.8	20.3	60	70	70
SYWV–75–7 (7C–FB)	1.66	7.25	10.3	75±3	VHF 20.0 UHF 18.0	3.2	6.4	10.7	13.3	60	70	70
SYWV–75–9 (9C–FB)	2.15	9.0	12.3	75±3	VHF 20.0 UHF 18.0	2.4	5.0	8.5	10.4	60	70	70

(3) 接入网用同轴电缆

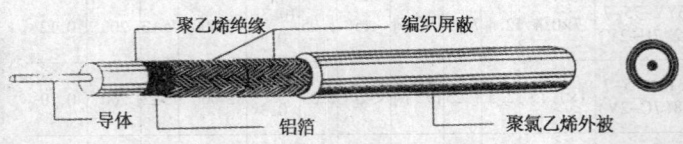

聚乙烯绝缘　　　编织屏蔽

导体　　　铝箔　　　聚氯乙烯外被

【特点及用途】RG 型接入网用同轴电缆内导体使用单支裸铜线，外导体采用四层屏蔽编织，特性阻抗 75 Ω，适宜在 -25 ~ +70 ℃条件下使用。主要用于宽带、兼容多功能公用网络传输数据、计算机信号等通信业务，提供可靠的双向传输及防干扰效果。

【规　　格】深圳市来事达电线电缆实业有限公司产品

型号	内导体结构(mm)	绝缘外径(mm)	护套外径(mm)		回波损耗≥(dB)	标准衰减20℃时(dB/100m)				屏蔽衰减(dB/100m)		
			标准屏蔽	四层屏蔽		55 MHz	211 MHz	550 MHz	1000 MHz	55 MHz	300 MHz	1000 MHz
RG–59	0.80	3.70	6.0	6.8	VHF 20.0 UHF 18.0	6.5	12.5	20.0	27.6	60	70	70

续表

型号	内导体结构（mm）	绝缘外径（mm）	护套外径（mm）		回波损耗≥（dB）	标准衰减 20 ℃时（dB/100m）				屏蔽衰减（dB/100m）		
			标准屏蔽	四层屏蔽		55 MHz	211 MHz	550 MHz	1000 MHz	55 MHz	300 MHz	1000 MHz
RG-6	1.02	4.80	6.9	7.5	VHF 20.0 UHF 18.0	5.2	10.5	16.5	23.0	60	70	70
RG-11	1.63	7.10	10.0	10.3	VHF 20.0 UHF 18.0	3.0	6.1	10.3	14.8	60	70	70

(4)75 Ω 电梯专用视频同轴电缆

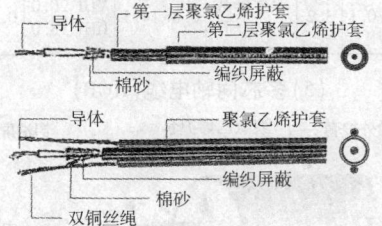

【特点及用途】75 Ω 电梯专用视频同轴电缆，导体使用柔软多股铜线和钢线组成，护套材料为聚乙烯绝缘及防寒柔韧性优聚氯乙烯，适宜使用温度-40～+70 ℃。适用于中、高层智能化系统楼宇电梯内部视频控制线。

【规　　格】深圳市来事达电线电缆实业有限公司产品

型号	内导体结构（mm）	绝缘外径（mm）	屏蔽规格	护套外径（mm）	回波损耗≥（dB）	标准衰减 20 ℃时（dB/m）		
						10 MHz	50 MHz	200 MHz
SYV75-4-1 电梯电缆	100/0.1	3.2	双层屏蔽	7.0	VHF 20.0 UHF 18.0	0.33	0.69	1.13

续表

型号	内导体结构（mm）	绝缘外径（mm）	屏蔽规格	护套外径（mm）	回波损耗 ≥（dB）	标准衰减 20 ℃时（dB/m）		
						10 MHz	50 MHz	200 MHz
SYV75-4-1 电梯电缆	100/0.1	3.2	三层屏蔽	7.0	VHF 20.0 UHF 18.0	0.32	0.60	1.02
SYV75-4-1 电梯电缆	100/0.1	3.2	四层屏蔽 双层护套	8.5	VHF 20.0 UHF 18.0	0.28	0.59	0.97
SYV75-4-1 电梯电缆	100/0.1	3.2	双层屏蔽 带钢绳	6.8×14.5	VHF 20.0 UHF 18.0	0.32	0.66	1.07

（5）多芯同轴电缆（RGB）

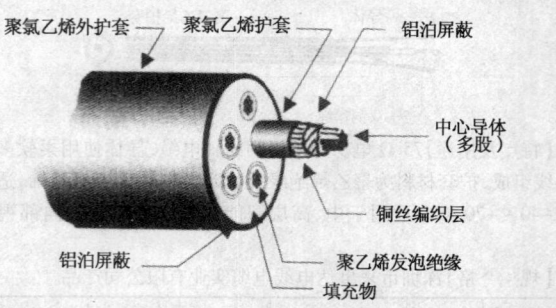

聚氯乙烯外护套　　聚氯乙烯护套　　铝泊屏蔽

中心导体（多股）

铜丝编织层

铝泊屏蔽　　聚乙烯发泡绝缘

填充物

【特点及用途】SYWV 型多芯同轴电缆，其导体使用多股镀锡铜线绞合成，物理发泡聚乙烯绝缘，铝箔麦拉隔离，镀锡铜线编织，为多条同轴电缆加填充物一起绞合挤塑成缆。适用于近距离多项传输系统、数码投影或高频率机器之接续用线，并适用于程控交换机机房的通信。

【规　　格】深圳市来事达电线电缆实业有限公司产品

型号	内导体结构（mm）	绝缘外径（mm）	护套外径（mm）	回波损耗≥（dB）	标准衰减 20 ℃时（dB/100m）				屏蔽衰减（dB/100mm）		
					50 MHz	200 MHz	550 MHz	800 MHz	50 MHz	200 MHz	800 MHz
SYWV 75-2 * 5	7/0.16	2.0	9.5	VHF 20.0 UHF 18.0	23.2	31.8	40.5	48.2	70	80	80
SYWV 75-4 * 5	40/0.1	3.7	19.0	VHF 20.0 UHF 18.0	20.2	28.3	34.6	43	70	80	80
SYV 5-2-2 * 8	1/0.38	2.6	9.5	VHF 20.0 UHF 18.0	25.6	36.3	42.6	49.0	70	80	80

（6）聚丙烯绝缘聚氯乙烯护套电话线

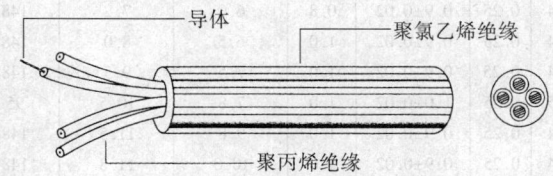

导体　　　　　　　　　　　聚氯乙烯绝缘

聚丙烯绝缘

【特点及用途】HPVV 型聚丙烯绝缘聚氯乙烯护套电话线，其内导体采用单支或多支裸铜线组成。专门应用于室内外电话布线。

【规　　格】深圳市来事达电线电缆实业有限公司产品

规格	绝缘厚度（mm）	绝缘外径（mm）	护套厚度（mm）	外形尺寸（mm）		20 ℃时导体电阻最大值（Ω/km）
				下限	上限	
2×1/0.4	0.25	0.90±0.02	0.5	2.6 2.00×3.3	3.2 2.40×3.90	148
2×1/0.5	0.25	1.0±0.02	0.5	2.8 2.00×3.5	3.5 2.50×4.0	95.0

续表

规格	绝缘厚度（mm）	绝缘外径（mm）	护套厚度（mm）	外形尺寸（mm）		20 ℃时导体电最大（Ω/km）
				下限	上限	
4×1/0.4	0.25	0.90±0.02	0.5	3.2	4.0	148.0
4×1/0.5	0.25	1.0±0.02	0.6	3.5	4.6	95.0
6×1/0.4	0.25	0.90±0.02	0.6	3.6	4.8	148.0
6×1/0.5	0.25	1.0±0.02	0.6	3.6	5.0	95.0
8×1/0.4	0.25	0.90±0.02	0.6	3.8	5.2	148.0
8×1/0.5	0.25	1.0±0.02	0.6	3.8	5.9	95.0
10×1/0.4	0.25	0.9±0.02	0.8	5.8	6.9	148.0
10×1/0.5	0.25	1.0±0.02	0.8	6.0	7.5	95.0
12×1/0.4	0.25	0.9±0.02	0.8	6.0	7.2	148
16×1/0.4	0.25	0.9±0.02	1.0	6.5	8.0	148
20×1/0.4	0.25	0.9±0.02	1.0	7.5	9.5	148
20×1/0.5	0.25	1.0±0.02	1.0	7.8	10.5	95
30×1/0.4	0.25	0.9±0.02	1.0	9.8	11.5	148
32×1/0.4	0.25	0.9±0.02	1.0	10.0	11.8	148
40×1/0.4	0.25	0.9±0.02	1.0	12.5	14.0	148
50×1/0.4	0.25	0.9±0.02	1.0	12.8	14.5	148
60×1/0.4	0.25	0.9±0.02	1.0	13.6	15.0	148

第二十八章　电力金具

　　电力金具是指连接和组合电力系统中各类装置,以传递机械、电气负荷及起到某种防护作用的金属附件。电力金具应承受安装、维修及运行中可能出现的有关机械载荷,并能经受设计工作电流(包括短路电流)、工作温度及环境条件等各种情况的考验。

1. 电力金具的分类

　　电力金具的分类可按其结构性能、安装方法和使用范围的不同,分为悬垂线夹、耐张线夹、连接金具、接续金具、防护金具、T形线夹、设备线夹、母线金具等类。

2. 电力金具型号表示方法

(1)电力金具型号组成结构(DL/T683-1999)

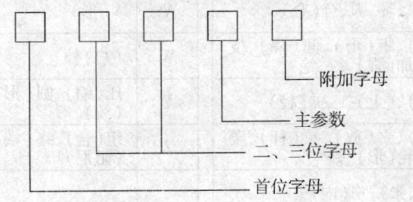

附加字母

主参数

二、三位字母

首位字母

(2) 首位字母的代表含义

字母	类别或产品型号	字母	类别或产品型号
B	避雷线	P	平行
C	悬垂线夹	Q	球头、牵引板
D	调整板	S	设备线夹
F	防护金具	T	T 形线夹
J	接续金具	U	U 形
L	联板	W	碗头
M	母线金具	Y	延长
N	耐张线夹	Z	直角

(3) 二、三位字母的代表含义

字母	含义	字母	含义
B	板、爆(压)、补(修)、并(沟)、变(电)、避(雷)、包	P	平(行、面、放)、屏(蔽)
C	槽(形)、垂(直)、(下、悬)垂	Q	球(绞)、轻(型)
D	倒(装)、单(板、联、线)、导(线)、吊(挂)、搭(接)	R	软(线)
E	楔(形)	S	双(线、联)、三(腿)、伸(缩)、设备
F	方(形)、封(头)、防(晕、盗、振)、复(铜)	T	T(形)、椭(圆)、跳(线)、(可)调、(复)铜
G	固(定)、过(渡)、管(形)、沟、钢	U	U(形)
H	护(线)、环、弧、合(金)	V	V(形)
J	均(压)、矩(形)、间(隔)、支(架)、加(强)、绞、绝	W	(户)外
K	卡(子)、(上)扛、护(径)	Y	压(缩)、圆(形)、(牵)引、预(绞)
L	螺(栓)、立(放)、拉(杆)、菱(形)、轮(形)、铝	Z	组(合)、终(端)、重(锤)、自(阻尼)
N	耐(热、张)、户(内)		

（4）主参数的代表含义

主参数 （组合号）		0	1	2	3	4	5	6	7	8	9	10
绞线直径（mm）	铝绞线 铝芯绞线 钢芯铝绞线	5.5~7.0	8.0~12.0	13.0~16.0	16.0~18.0	18.0~22.5	23.0~29.5	30.0~35.0	38.0~39.0	40.0~44.0	45.0~49.0	50.0~55.0
	钢绞线		6.4~8.6	8.7~12.0	13.0~14.5	16.0~17.5						

注：根据产品的特点，主参数还可用其他办法表示：如，导线的标称截面或直径；母线规格。

（5）附加字母的代表含义

附加字母是补充性的区分标记。

（a）以 A、B、C、D 作区分标记

区分标记字母	区分总长度	区分引流角度	区分附属构件
A	短形	0	附碗头挂板
B	长形	30	附 U 形挂板
C		45	
D		90	

（b）用附加字母区分绞线结构

代号	G	B	K	N	L	H	Z	T	J
绞线结构型式	钢（绞）	铝包钢	扩径	耐热（铝合金）	铝（绞）	合金（铝）	自阻尼	铜（绞）	绝缘线

注：钢芯铝绞线属最常用结构，不用字母表示，即：型号后无附加字母者为钢芯铝绞线。

3. 电力金具型号举例

例1. CGU——5A：C——悬垂线夹；G——固定；U——U 型螺丝型；
　　　　　　　5——用于钢芯铝绞线直径为 23.0 ~ 29.5mm；
　　　　　　　A——附碗头挂板。

例2. JT——16L：J——接续金具；T——椭圆管；16——绞线截面积
　　　　　　　16mm²；L——铝绞线用。

例3. NY——35G：N——耐张线夹；Y——压缩型；35——绞线截面积
　　　　　　　35mm²；G——钢绞线用。

例4. QP——10：Q——球头；P——平面接触；10——标称破坏载荷
　　　　　　　100kN。

例5. LV——1020：L——联板；V——V 型悬挂　前两位数表示破坏
　　　　载荷标记，后二位表示孔距(mm)。

4. 电力金具标称破坏载荷系列（GB/T2315-2000）

标记	4	7	10	12	16	21	25	32	42	50	64	84	100
标称破坏载荷(kN)	40	70	100	120	160	210	250	320	420	500	640	840	100
螺栓直径(mm)	16	16	18	22	24	24	27	30	36	36	42	48	52
螺栓抗拉强度(MPa)	≥400				≥600								

5. 悬垂线夹（DL/T756-2001）

悬垂线夹是用于悬挂或支托导线，主要承受垂直荷重的金具。适用于架空电力线路的直线杆塔导线、地线和非直线杆塔固定跳线等。悬垂线夹可分为 CGU 固定型悬垂线夹、CGF 防晕型悬垂线夹、CGH 铝合金提包式悬垂线夹、CGJ 加强型悬垂线夹和 CSH 垂直排列双导线悬垂线夹。悬垂线夹的船体和压条采用牌号不低于 KTH330-08 的可锻铸铁或铝合金（GB/T1173 的规定）制造。挂板、U 型螺丝等附件采用抗拉强度不低于 375N/mm²，牌号为 Q235A 钢制造。

(1)CGU 固定型悬垂线夹

（a）悬垂线夹

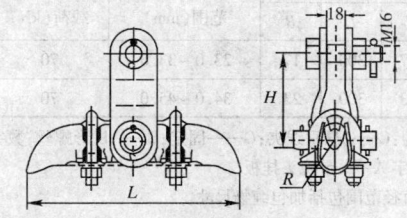

【规　格】

型号	主要尺寸(mm)			适用绞线直径范围(mm)	标称破坏载荷(kN)	(参考值)重量(kg)
	H	L	R			
CGU–1	82.5	180	4.0	5.0～7.0	40	1.4
CGU–2	82	200	7.0	7.1～13.0	40	1.8
CGU–3	101	220	11.0	13.1～21.0	40	2.0
CGU–4	109	250	13.5	21.1～26.0	40	3.0

注:1. 型号意义为:C——悬垂线夹;G——固定;U——U 形螺丝;数字——适用导线组合号。

2. 适用绞线直径范围包括加色缠物尺寸。

（b）悬垂线夹(带碗头挂板)

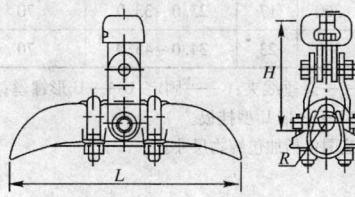

【规　格】

型号	主要尺寸(mm)			适用绞线直径范围(mm)	标称破坏载荷(kN)	(参考值)重量(kg)
	H	L	R			
CGU-5A	157	300	17	23.0~33.0	70	5.7
CGU-6A	163	300	23	34.0~45.0	70	6.1

注:1. 型号意义为:C——悬垂线夹;G——固定;U——U形螺丝;数字——适用导线组合号;附加字 A——带碗头挂板。

2. 适用绞线直径范围包括加包缠物尺寸。

（C）悬垂线夹（U 型挂板）

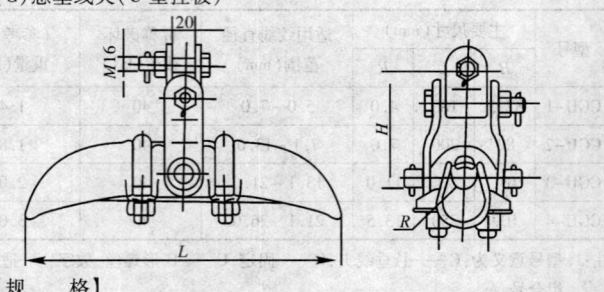

【规　格】

型号	主要尺寸(mm)			适用绞线直径范围(mm)	标称破坏载荷(kN)	(参考值)重量(kg)
	H	L	R			
CGU-5B	137	300	17	23.0~33.0	70	5.4
CGU-6B	130	300	23	34.0~45.0	70	5.8

注:1. 型号意义为:C——悬垂线夹;G——固定;U——U形螺丝;数字——适用导线组合号;附加字 B——带 U 型挂板。

2. 适用绞线直径范围包括加包缠物尺寸。

(2) CGF 防晕型悬垂线夹

(a) 下垂式悬垂线夹

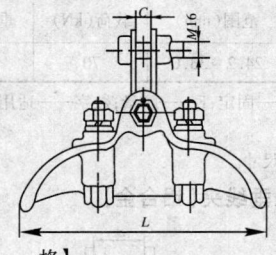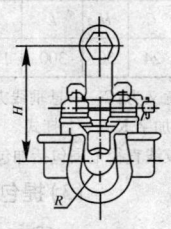

【规 格】

型号	主要尺寸(mm)				适用绞线直径范围(mm)	标称破坏载荷(kN)	(参考值)重量(kg)
	C	H	L	R			
CGF-5C	18	147	300	17.0	24.1~33.0	70	3.55
CGF-6C	20	140	300	23.0	34.0~45.0	90	4.00

注:1. 型号意义为:C——悬垂线夹;G——固定;F——防晕;数字——适用导线组合号;附加字 C——下垂式。

2. 适用绞线直径范围包括加包缠物尺寸。

(b) 上扛式悬垂线夹

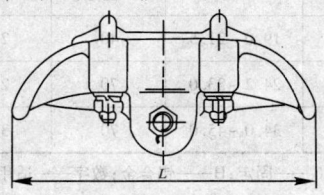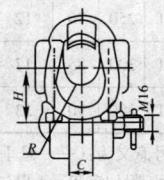

【规　格】

型号	主要尺寸(mm)				适用绞线直径范围(mm)	标称破坏载荷(kN)	(参考值)重量(kg)
	C	H	L	R			
CGF~5K	24	50	300	17.0	24.2~33.0	70	2.38

注:1.型号意义为:C——悬垂线夹;G——固定;F——防晕;数字——适用导线组合号;附加字K——上扛式。

2.适用绞线直径范围包括加包缠物尺寸。

(3)提包式悬垂线夹(铝合金)

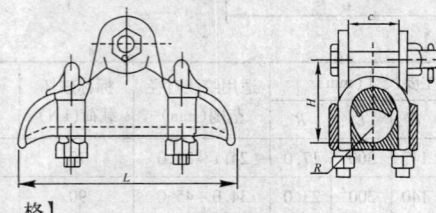

【规　格】

型号	主要尺寸(mm)				适用绞线直径范围(mm)	标称破坏载荷(kN)	(参考值)重量(kg)
	L	H	R	C			
CGH-3T	220	65	9.5	22	12.4~17.0	40	1.5
CGH-4T	250	70	12	27	19.0~21.5	40	2.2
CGH-5T	300	85	17	33	24.2~33.0	70	2.8
CGH-6T	300	90	23	36	34.0~45.0	70	3.5

注:1.型号意义为:C——悬垂线夹;G——固定;H——铝合金;数字——适用导线组合号;附加字T——提包。

2.适用绞线直径范围包括加包缠物尺寸。

（4）加强型悬垂线夹（铝合金）

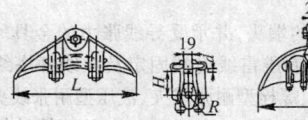

【规　　格】

型号	主要尺寸（mm）				适用绞线直径范围（mm）	标称破坏载荷（kN）	（参考值）重量（kg）
	D	H	R	L			
CGJ-2	18	52	8	300	11.0～13.0	100	3.8
CGJ-5	22	56	22	390	23.0～43.0	120	9

注：1. 型号意义为：C——悬垂线夹；G——固定；J——加强型；数字——适用导线组合号。

2. 适用绞线直径范围包括加包缠物尺寸。

（5）垂直排列双线夹（铝合金）

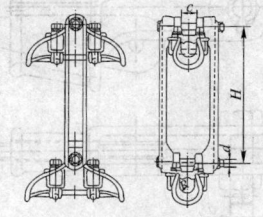

【规　　格】

型号	配套线夹	主要尺寸（mm）			适用绞线外径范围（mm）	标称破坏载荷（kN）
		C	H	R		
CSH-4	CGH-4T	29	250	13.5	19.0～21.5	40
CSH-5	CGH-5T	33	250	17.0	24.2～33.0	70
CSH-6	CGH-6T	36	300	23.0	34.0～45.0	100

注：型号意义为：C——悬垂；S——双线夹；H——铝合金；数字——适用导线组合号。

6. 耐张线夹（DL/T757-2001）

耐张线夹是用于固定导线的端头，并承受导线张力的金具。适用于架空电力线路的承力杆塔导线或避雷线终端固定及拉线杆塔终端固定等。耐张线夹可分为拉线线夹、螺栓型耐张线夹、液压型耐张线夹和爆压型耐张线夹。耐张线夹采用牌号不低于 KTH330-08 的可锻铸铁或铝合金（GB/T1173 的规定）制造。压缩型耐张线夹的铝管及引流线夹采用牌号不低于 1050A 的热挤压成型铝管，其布氏硬度 HB 不大于 25（超过 25 时必须进行退火处理）。耐张线夹钢锚及避雷线耐张线夹采用 10 号优质钢或 Q235A，含碳量不超过 0.15%，硬度 HB 不大于 137 的钢材。

(1) 拉线线夹

（a）楔型耐张线夹

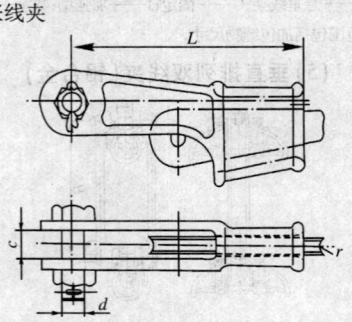

【规　格】

型号	主要尺寸（mm）				适用钢绞线		标称破坏载荷（kN）
	c	d	L	r	截面（mm²）	外径（mm）	
NE-1	18	16	150	6.0	25~30	6.6~7.8	45
NE-2	20	18	180	7.3	50~70	9.0~11.0	88

注：型号意义为：N——耐张线夹；E——楔型；数字——产品序号。

(b)楔型可调耐张线夹

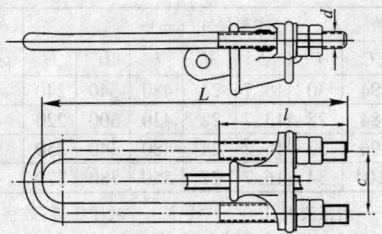

【规　格】

型号	主要尺寸(mm)				适用钢绞线		标称破坏载荷(kN)
	D	L	l	C	截面(mm^2)	外径(mm)	
NUT-1	18	370	200	56	25～30	6.6～7.8	45
NUT-2	20	452	250	62	50～70	9.0～11.0	88

注:型号意义为:N——耐张线夹;U——U形;T——可调;数字——产品序号。

(c)螺栓型(液压)拉线耐张线夹

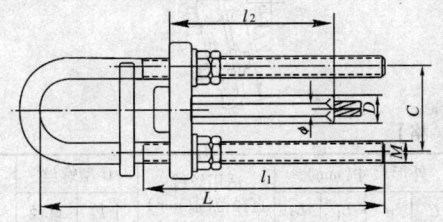

【规　格】

型号	主要尺寸(mm)							适用钢绞线直径(mm)	握力强度不小于(kN)
	C	D	ϕ	M	L	l_1	l_2		
NLY-100GB	84	26	13.7	22	420	300	210	13.0	120
NLY-120GB	94	28	14.7	24	480	340	220	14.0	140

续表

型号	主要尺寸(mm)							适用钢绞线直径(mm)	握力强度不小于(kN)
	C	D	ϕ	M	L	l_1	l_2		
NLY–135GB	94	30	15.7	24	480	340	240	15.0	155
NLY–100GC	84	28	13.7	22	420	300	220	13.0	130
NLY–125GC	96	32	15.2	24	480	340	250	14.5	165
NLY–150GC	104	34	16.7	27	550	380	270	16.0	200

注:型号意为:N——耐张线夹;L——拉线;Y——液压压接;数字——适用钢绞线截面积;G——钢绞线;B——钢绞线抗拉强度为 $1225N/mm^2$;C——钢绞线抗拉强度为 $1370N/mm^2$。

(2)螺栓型耐张线夹

(a)螺栓型铝合金耐张线夹

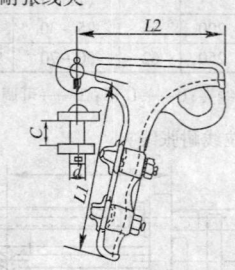

【规 格】

型号	外形尺寸(mm)				适用绞线直径范围(mm)	U型螺丝		使用范围
	C	d	L_1	L_2		个数	直径	
NLL–16	16	16	115	140	5.0~11.50	2	M12	配电线路用,握力应不小于导线计算拉断力的65%
NLL–19	19	16	120	160	7.5~15.75	2	M12	
MLL–22	22	16	125	170	8.16~18.90	2	M12	
MLL–29	29	16	130	200	11.4~21.66	2	M12	

续表

型号	外形尺寸(mm)				适用绞线直径范围(mm)	U型螺丝		使用范围
	C	d	L_1	L_2		个数	直径	
MLL-18	18	16	185	200	5.10～14.50	3	M12	输电线路用,握力应不小于导线计算拉断力的95%
MLL-21	21	16	225	220	7.75～18.70	4	M12	
MLL-27	27	16	275	290	12.48～21.66	4	M16	
MLL-35	35	24	400	350	18.00～30.00	5	M16	
NLL-32	32	16	160	240	12.48～25.2	2	M12	变电所用,握力应不小于导线计算拉断力的65%
MLL-42	42	16	265	360	19.00～33.6	3	M16	

注:型号意为:N——耐张线夹;L——螺栓;L——铝合金;数字——产品序号。

（b）螺栓型耐张线夹（NLD型）

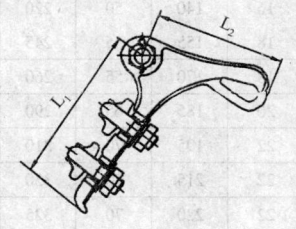 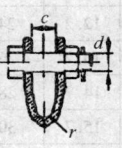

【规　格】

型号	主要尺寸(mm)					适用钢绞线直径范围(mm)	U型螺丝	
	d	c	L_1	L_2	r		个数	直径
NL-1	16	18	150	120	6.5	5.0～10.0	2	M12
NL-2	16	18	205	130	8.0	10.1～14.0	3	M12
NL-3	18	22	310	100	11.0	14.1～18.0	4	M16
NL-4	18	25	410	220	12.5	18.1～23.0	4	M16

注:型号意为:N—耐张线夹;L—螺栓;数字—产品序号。

(3)液压型耐张线夹

(a)液压型地线用耐张线夹

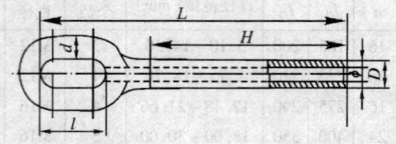

【规 格】

型号	主要尺寸(mm)						适用钢绞线直径(mm)
	ϕ	D	d	H	l	L	
NY-35GB	8.4	16	16	115	50	195	7.8
NY-50GB	9.7	18	16	130	50	210	9.0
NY-55GB	10.2	20	16	140	50	220	9.6
NY-70GB	11.7	22	18	155	55	245	11.0
NY-80GB	12.2	24	18	170	55	260	11.5
NY-100GB	13.7	26	20	185	65	290	13.0
NY-120GB	14.7	28	22	195	70	310	14.0
NY-135GB	15.7	30	22	215	70	330	15.0
NY-100GC	13.7	28	22	220	70	325	13.0
NY-125GC	15.2	32	24	250	80	360	14.5
NY-150GC	16.7	34	24	270	80	395	16.0

注:1.型号意义为:N——耐张线夹;Y——压缩(液压或爆压);数字——钢绞线截面积;G——钢绞线;B——钢绞线抗拉强度为 1 225N/mm²;C——钢绞线抗拉强度为 1 370N/mm²。

2.液压型地线用耐张线夹(NY-G)也可用作爆压型地线用耐张线夹(NB-G),两者相同。

(b) 液压型良导体地线用耐张线夹

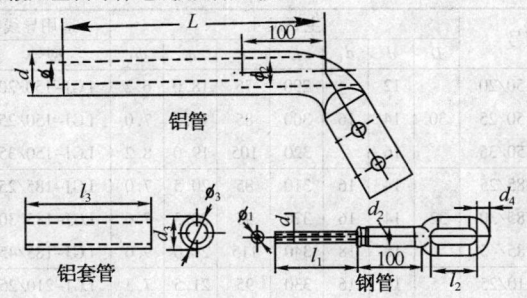

铝管

铝套管　　　　　钢管

【规　格】

型号	铝管				钢管						铝套管			适用导线(mm)	
	d	ϕ	ϕ_2	L	d_1	ϕ_1	d_2	d_4	l_1	l_2	d_3	ϕ_3	l_3	型号	外径
NY-50/30	26	16	18	280	14	7.4	17	16	105	55	15	12.5	75	LGJ-50/30	11.60
NY-70/40	32	20	22	310	18	8.8	21	16	120	55	19	14.2	90	LGJ-70/40	13.60
NY-95/55	34	22	24	345	20	9.3	23	18	140	60	21	17.0	105	LGJ-95/55	16.00
NY-120/70	36	24	26	375	22	11.5	25	18	155	60	23	19.0	120	LGJ-120/70	18.00

注:型号意为:N——耐张线夹;Y——压缩型;数字——铝截面/钢截面。

(c) 液压型钢芯铝绞线用耐张线夹(NY-150～400)

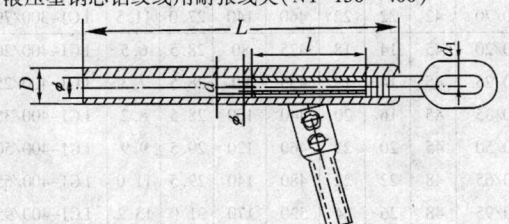

【规 格】

型号	主要尺寸							适用导线（mm）	
	D	d	d_1	L	l	ϕ	ϕ_1	型号	外径
NY-150/20		12		290	75	18.0	6.2	LGJ-150/20	16.67
NY-150/25	30	14	16	300	85	18.5	7.0	LGJ-150/25	17.10
NY-150/35		16		320	105	19.0	8.2	LGJ-150/35	17.50
NY-185/25		14	16	310	85	20.5	7.0	LGJ-185/25	18.90
NY-185/30	32	14	16	320	95	20.5	7.6	LGJ-185/30	18.88
NY-185/45		18	18	340	115	21.0	9.0	LGJ-185/45	19.60
NY-210/25		14	16	330	95	21.5	7.3	LGJ-210/25	19.98
NY-210/35	34	16	18	340	105	22.0	8.2	LGJ-210/35	20.38
NY-210/50		18	18	360	125	22.5	9.6	LGJ-210/50	20.86
NY-240/30		16	18	390	100	23.0	7.0	LGJ-240/30	21.60
NY-240/40	36	16	18	390	110	23.0	8.7	LGJ-240/40	21.66
NY-240/55		20	20	420	130	24.0	10.3	LGJ-240/55	22.40
NY-300/15	40	14	16	385	70	24.5	5.7	LGJ-300/15	23.01
NY-300/20	40	14	18	390	80	25.0	6.5	LGJ-300/20	23.43
NY-300/25	40	14	18	400	90	25.5	7.3	LGJ-300/25	23.76
NY-300/40	40	16	18	420	110	25.5	8.7	LGJ-300/40	23.94
NY-300/50	40	18	20	430	120	26.0	9.0	LGJ-300/50	24.26
NY-300/70	42	18	22	460	140	27.0	11.5	LGJ-300/70	25.20
NY-400/20	45	14	18	425	80	28.5	6.5	LGJ-400/20	26.91
NY-400/25	45	14	18	435	90	28.5	7.3	LGJ-400/25	26.64
NY-400/35	45	16	20	440	100	28.5	8.2	LGJ-400/35	26.82
NY-400/50	45	20	22	460	120	29.5	9.9	LGJ-400/50	27.63
NY-400/65	48	22	22	480	140	29.5	11.0	LGJ-400/65	28.00
NY-400/95	48	26	24	520	170	31.0	13.2	LGJ-400/95	29.14

注：型号意为：N——耐张线夹；Y——压缩型；数字——铝截面/钢截面。

(d)液压型钢芯铝绞线用耐张线夹(NY-500~800)

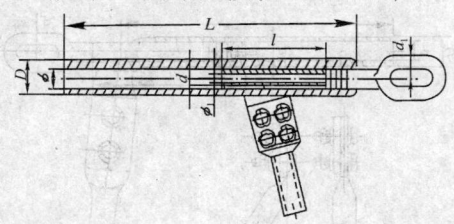

【规　格】

型号	主要尺寸							适用导线(mm)	
	D	d	d_1	L	l	ϕ	ϕ_1	型号	外径
NY-500/35	52	16	22	480	100	31.5	8.2	LGJ-500/35	30.00
NY-500/45	52	18	22	480	110	31.5	9.1	LGJ-500/45	30.00
NY-500/65	52	22	22	510	140	32.5	11.0	LGJ-500/65	30.96
NY-630/45	60	18	22	490	110	35.5	9.1	LGJ-630/45	33.60
NY-630/55	60	20	24	510	130	36.0	10.3	LGJ-630/55	34.32
NY-630/80	60	24	24	550	160	36.5	12.3	LGJ-630/80	34.82
NY-800/55	65	20	24	580	130	40.0	10.3	LGJ-800/55	38.40
NY-800/70	65	22	26	580	145	40.5	11.5	LGJ-800/70	38.58
NY-800/100	65	26	26	610	180	40.5	13.7	LGJ-800/100	38.98

注:型号意义为:N—耐张线夹;Y—压缩型;数字—铝截面/钢截面。

(4)爆压型耐张线夹

(a)爆压型 NB-G 地线用耐张线夹

爆压型 NB-G 地线用耐张线夹与液压型地线用耐张线夹相同,其结构型式及规格参见液压型地用耐张线来。

(b)爆压型 NB 型钢芯铝绞线用耐张线夹

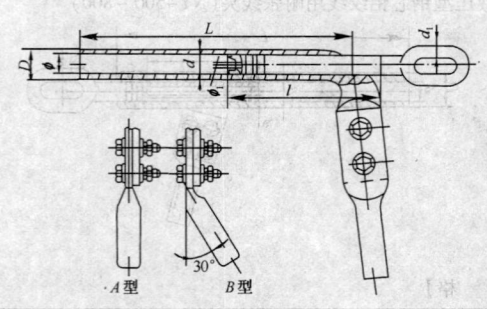

A型　　B型

【规　格】

型号	主要尺寸							适用导线型号（mm）
	D	d	ϕ	ϕ_1	L	l	d_1	
NB-300/15A（B）	40	22	24.5	5.7	260	130	16	LGJ-300/15
NB-300/20A（B）			25.0	6.5	280	140	18	LGJ-300/20
NB-300/25A（B）			25.5	7.3	300	160	18	LGJ-300/25
NB-300/40A（B）			25.5	8.6	320	160	18	LGJ-300/40
NB-300/50A（B）	42	24	26.0	9.6	340	190	20	LGJ-300/50
NB-300/70A（B）			27.0	11.5	350	200	22	LGJ-300/70
NB-400/20A（B）	45	26	28.5	6.6	280	140	18	LGJ-400/20
NB-400/25A（B）			28.0	7.3	300	160	18	LGJ-400/25
NB-400/35A（B）			28.5	8.2	320	180	20	LGJ-400/35
NB-400/50A（B）			29.5	9.8	340	170	22	LGJ-400/50
NB-400/65A（B）	48	28	29.5	11.0	360	200	22	LGJ-400/65
NB-400/95A（B）			31.0	13.2	390	220	24	LGJ-400/95

注：型号意义为：N——耐张线夹；B——爆炸压接；数字——铝截面/钢截面；数字后的字母A、B表示引流板角度（这里A为0°，B为30°）。

7.　连接金具(DL/T759-2001)

连接金具是指用于架空电力线路和变电所连接悬式绝缘子串及导线与绝缘子串连接和固定的金具。主要有挂环、挂板、拉杆、调整板、牵引板、联板及 U 型螺丝等。

(1)球头挂环

球头挂环分为 Q 型、QP 型及 QH 型。

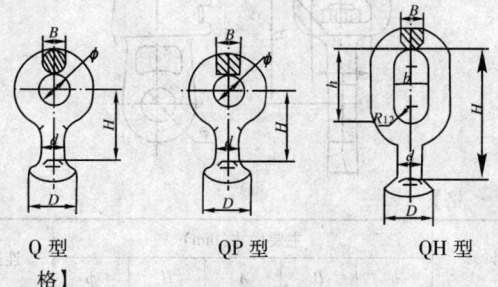

Q 型　　　　　QP 型　　　　　QH 型

【规　格】

型号	主要尺寸(mm)							连接标记
	B	b	d	D	ϕ	H	h	
Q-7	16	–	17	33.3	22	50		16
QP-7	16		17	33.3	18	50		16
QP-10	16		17	33.3	20	50		16
QP-12	16		17	33.3	24	50		16
QP-16	20		21	41.0	26	60		20
QP-20	24		25	49.0	30	80		24
QP-21	20		21	41.0	30	80		20
QP-30	28		25	49.0	39	80		24
QH-7	16	24	17	33.3	–	100	57	16

注:型号意义为:Q——球头;P——平面接触;H——椭圆环;数字——标称破坏载荷

标记。QP-20 为原产品系列型号,暂保留,连接标记 24;QP-21 为新产品系列型号,连接标记 20。

（2）碗头挂板

碗头挂板分为 W 型、W 鼓型、WS 型。

W 型碗头挂板

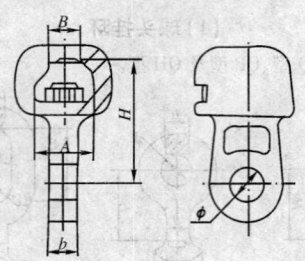

【规　格】

型号	主要尺寸(mm)					连接标记
	b	B	A	H	ϕ	
W-7A	16	19.2	34.5	70	20	16
W-7B				115		

注:型号意义为:W——碗头;数字——标称破坏载荷标记;附加字母 A——短;
　　B——长。

(3) W 鼓型碗头挂板

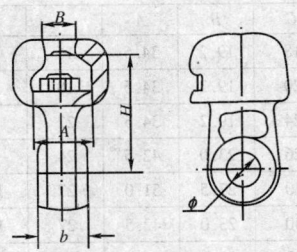

【规　格】

型号	主要尺寸(mm)					连接标记
	b	B	A	H	φ	
W-0720	20					
W-0724	24					
W-0728	28	19.2	34.5	70	20	16
W-0732	32					
W-1032	32					
W-1045	45	34.5	34.5	70	20	16

注:型号意义为:W——碗头;数字——前两位数字为标称破坏载荷标记;后两位数字为单联碗头板厚。

(4) WS 型碗头挂板

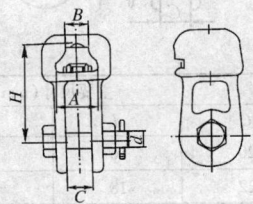

【规　　格】

型号	主要尺寸(mm)					连接标记
	C	B	A	d	H	
WS-7	18	19.2	34.5	16	70	16
WS-10	20	19.2	34.5	18	85	16
WS-12	24	19.2	34.5	22	85	16
WS-16	26	23.0	42.5	24	95	20
WS-20	30	27.5	51.0	27	100	24
WS-21	30	23.0	42.5	27	100	20
WS-30	38	27.5	51.0	36	110	24

注：型号意义为：W——碗头；S——双联；数字——标称破坏载荷标记。WS-20 为原
产品系列型号，暂保留，连接标记24；WS-21 为新产品系列型号，使用连接标记20。

(5)U 型挂环

U 型挂环分为 U 型、UL 型。

(a)U 型挂环

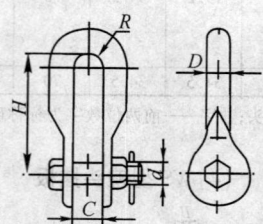

【规　　格】

型号	主要尺寸(mm)			
	C	d	D	H
U-7	20	16	16	80
U-10	22	18	18	85

续表

型号	主要尺寸(mm)			
	C	d	D	H
U-12	24	22	20	90
U-16	26	24	22	95
U-21	30	27	24	100
U-25	24	30	26	110
U-30	38	36	30	130
U-50	44	42	36	150

注:型号意义为:U——U形;数字——标称破坏载荷标记。

（b）UL 型挂环

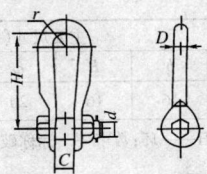

【规　　格】

型号	主要尺寸(mm)				
	C	d	D	H	r
UL-7	20	16	16	120	15
UL-10	22	18	18	140	15
UL-12	24	22	20	140	18
UL-16	26	24	22	140	19
UL-21	30	27	24	160	22

注:型号意义为:U——U形;L——延长;数字——标称破坏载荷标记。

(6)挂 环

挂环分为 ZH 型、PH 型。

(a)ZH 型挂环(直角环)

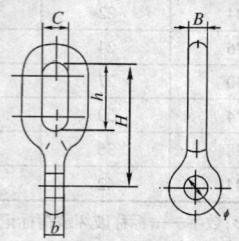

【规　格】

型号	主要尺寸(mm)					
	C	b	B	ϕ	H	h
ZH–7	24	16	16	20	100	57

注:型号意义为:Z——直角;H——环;数字——标称破坏载荷标记。

(b)PH 型挂环(延长环)

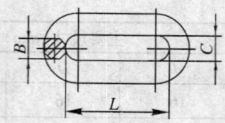

【规　格】

型号	主要尺寸(mm)		
	C	B	L
PH–7	20	16	80
PH–10	22	18	100
PH–12	24	20	120

续表

型号	主要尺寸(mm)		
	C	B	L
PH-16	26	22	140
PH-21	30	24	160
PH-25	34	26	160
PH-30	38	30	180

注:型号意义为:——平行;H——环;数字——标称破坏载荷标记。

(7)拉 杆

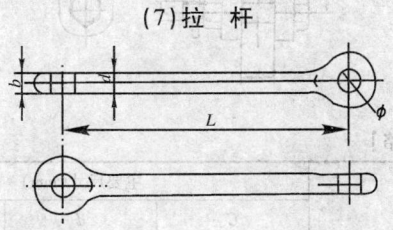

【规 格】

型号	主要尺寸(mm)			
	b	ϕ	d	L
YL-1040	16	20	20	400
YL-1243	18	24	24	430
YL-1643	18	26	24	430
YL-2543	22	33	33	430
YL-3043	24	39	32	430

注:型号意义为:Y——延长;L——拉杆;数字——前两位表示标称破坏载荷标记,
后两位表示标称长度(cm)。

(8)挂 板

挂板分为 Z、P、UB、PD、ZS 和 PS 型。

(a)Z 型挂板

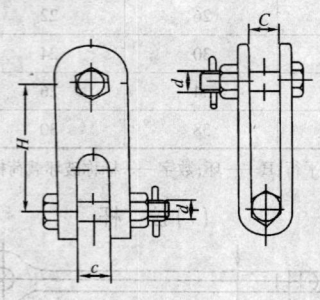

【规　格】

型号	主要尺寸(mm)		
	C	d	H
Z-7	18	16	80
Z-10	20	18	80
Z-12	24	22	100
Z-16	26	24	100
Z-21	30	27	120
Z-25	33	30	120

注:型号意义为:Z——直角;数字——标称破坏载荷标记。

(b)P 型挂板

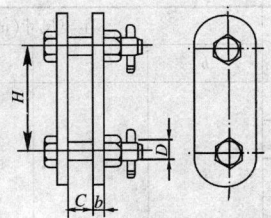

【规　格】

型号	主要尺寸(mm)			
	b	c	d	H
P-7	6	18	16	70
P-10	8	20	18	80
P-12	10	24	22	90
P-16	12	26	24	100
P-24				120
P-2118				180
P-2124	14	30	27	240
P-2130				300
P-2136				360
P-2142				420
P-2148	14	30	27	480
P-2154				540

续表

型号	主要尺寸(mm)			
	b	c	d	H
P-30				120
P-3018				180
P-3024				240
P-3030				300
P-3036	16	38	36	360
P-3042				420
P-3048				480
P-3054				540
P-50				200
P-5026				260
P-5032				320
P-5038				380
P-5044	18	44	42	440
P-5050				500
P-5056				560
P-5062				620

注:型号意义为:P——平行;数字——前两位表示标称破坏载荷标记,后两位表示 H 值(cm)。

（c）UB 型挂板

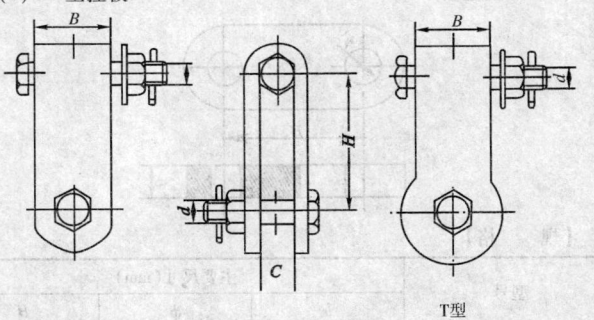

T型

【规　格】

型号	主要尺寸（mm）			
	B	C	d	H
UB-7	45	18	16	70
UB-10	45	20	18	80
UB-12	60	24	22	100
UB-13	60	26	24	100
UB-21	70	30	27	120
UB-30	70	39	36	150
UB-12T	45	24	22	100
UB-16T	45	26	24	100
UB-21T	60	27	27	120
UB-30T	60	39	36	150

注：型号意义为：UB——UB 形；数字——标称破坏载荷标记；T——特殊。

（d）PD 型挂板

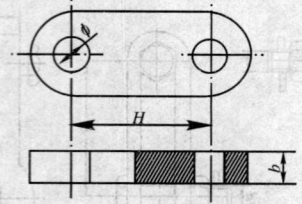

【规　　格】

型号	主要尺寸（mm）		
	b	ϕ	H
PD-7	16	18	70
PD-10	16	20	80
PD-12	16	24	100

注：型号意义为：P——平行；D——单板；数字——标称破坏载荷标记。

（e）ZS、PS 型挂板

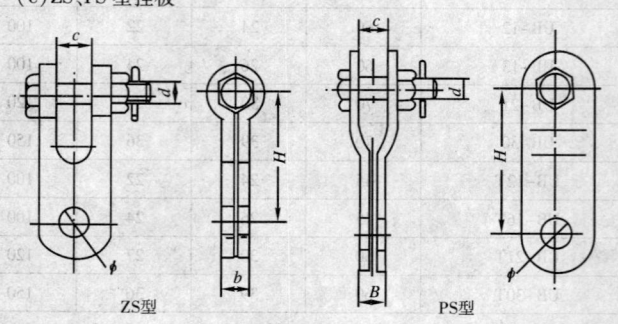

ZS型　　　　　　　　　　　　　PS型

【规　格】

型号	主要尺寸(mm)				
	C	b	d	ϕ	H
ZS-7	18	16	16	20	80
ZS-10	20	18	18	20	80
ZS-665	20	16	16	20	65
PS-7	18	16	16	20	90

注:型号意义为:Z——直角;S——三腿;P——平行;数字——标称破坏载荷标记。

(9)调整板

调整板分为 DB 型、PT 型。

(a)DB 型调整板

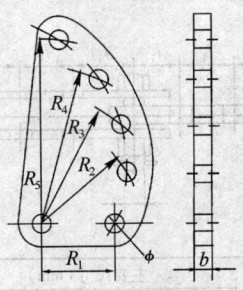

【规　格】

型号	主要尺寸(mm)						
	ϕ	R_1	R_2	R_3	R_4	R_5	b
DB-7	18	70	95	120	145	170	16
DB-10	20	80	110	140	170	200	16
DB-12	24	100	135	170	205	240	16

续表

型号	主要尺寸(mm)						
	ϕ	R_1	R_2	R_3	R_4	R_5	b
DB-16	26	110	125	140	155	170	18
DB-21	30	120	135	150	165	180	26
DB-25	33	120	135	150	165	180	30
DB-30	39	120	140	160	180	200	32
DB-50	45	140	185	230	275	320	38

注:型号意义为:D——蝶形;B——板;数字——标称破坏载荷标记。

(b) PT 型调整板

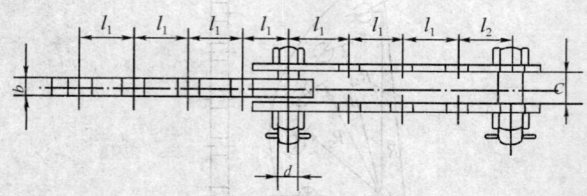

【规　　格】

型号	主要尺寸(mm)						
	l_1	l_2	d	ϕ	b	C	L(可调尺寸)
PT-7	45	60	16	16	16	18	240~375
PT-10	50	65	18	16	16	20	265~415
PT-12	60	75	22	16	16	24	315~495
PT-16	65	80	26	18	18	26	340~535
PT-21	70	90	30	26	26	30	370~580
PT-30	80	100	39	32	32	38	420~660

注:型号意义为:P—平行;T—调整;数字—标称破坏载荷标记。

(10)牵引板

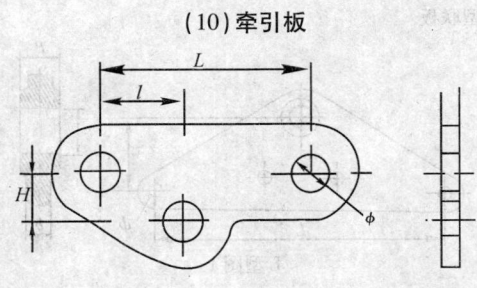

【规　格】

型号	主要尺寸(mm)				
	b	ϕ	H	l	L
QY-7	16	18	22	38	100
QY-10	16	20	25	42	120
QY-12	16	24	30	45	150
QY-16	18	26	35	55	180
QY-21	26	30	45	75	200
QY-30	32	39	57	85	240
QY-50	45	45	70	100	260

注:型号意义为:Q—牵;Y—引;数字——标称破坏载荷标记。

(11)联　板

联板的型式分为:L型(包括单串绝缘子与两分裂导线联板、双串绝缘子与单根导线联板、三联板)、LF型(双串绝缘子与两分裂导线联板)、LV型(双拉线并联联板)、LS型(组合母线用双联板)、LJ型(装均压环用联板)、LK型(上杠用联板)、LC型(下垂用联板)、LL型(下垂组合用联板)。

（a）L 型联板

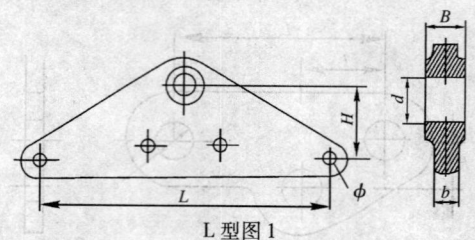

L 型图 1

【规　格】

型号	主要尺寸（mm）					
	b	B	H	d	φ	l
L-1040	16	16	70	20	18	400
L-1240	16	16	70	24	18	400
L-1640	18	18	100	26	20	400
L-2140	16	26	100	30	20	400
L-2540	16	30	110	33	24	400
L-3040	18	32	110	39	26	400

注：型号意义为：L——联板；数字——前两位表示标称破坏载荷标记，后两位表示孔
距（cm）。

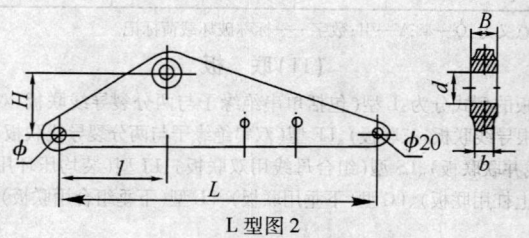

L 型图 2

【规　格】

型号	主要尺寸(mm)						
	b	B	H	d	ϕ	L	l
L-2160	18	26	120	30	26	600	200
L-3060	18	32	140	39	30	600	200

注:型号意义为:L——联板;数字——前两位表示标称破坏载荷标记,后两位表示孔距(cm)。

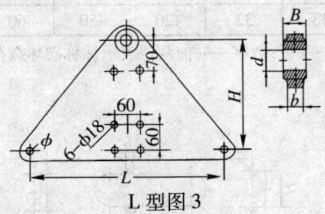

L 型图 3

【规　格】

型号	主要尺寸(mm)					
	b	B	H	d	ϕ	L
L-1645	16	26	250	30	20	450
L-2145	16	26	250	30	20	450
L-2145	16	26	250	30	24	450
L-3045	18	32	250	39	26	450

注:型号意义为:L——联板;数字——前两位表示标称破坏载荷标记,后两位表示孔距(cm)。

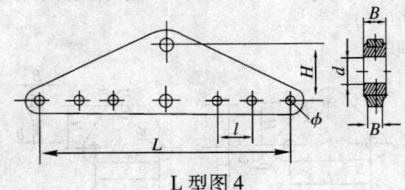

L 型图 4

【规　格】

型号	主要尺寸(mm)						
	b	B	H	L	l	d	ϕ
L-1245	16	16	100	450	60	24	20
L-1645-1	18	18	110	450	60	26	20
L-2145-1	16	26	110	450	60	30	20
L-2545-1	16	30	110	450	60	33	24
L-3045-1	18	32	120	450	60	39	26

注:型号意义为:L——联板;数字——前两位表示标称破坏载荷标记,后两位表示孔距(cm)。

　(b)LF 型联板

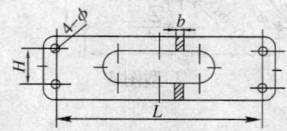

【规　格】

型号	主要尺寸(mm)			
	b	H	ϕ	L
LF-2140	16	70	20	400
LF-2540	16	110	24	400
LF-3040	18	120	26	400
LF-3055	18	120	26	550

注:型号意义为:L——联板;F——方形;数字——前两位表示标称破坏载荷标记,后两位表示孔距(cm)。

　(c)LV 型联板

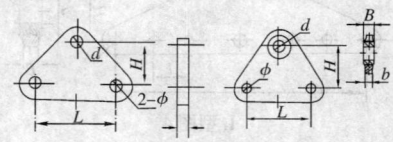

【规　格】

型号	主要尺寸(mm)					
	b	B	H	d	ϕ	L
LV-0712	16		60	18	20	120
LV-1020	16		60	20	20	200
LV-1214	16		90	24	20	140
LV-2115	18	26	100	30	24	150
LV-3018	18	32	120	30	26	180

注:型号意义为:L——联板;V——V形;数字——前两位表示标称破坏载荷标记,后两位表示孔距(cm)。

(d)LS型联板

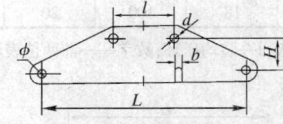

【规　格】

型号	主要尺寸(mm)					
	b	H	ϕ	d	L	l
LS-1212						120
LS-1221						210
LS-1225						250
LS-1229	16	65	18	20	400	290
LS-1233						330
LS-1237						370
LS-1255						550

注:型号意义为:L——联板;S——双联;数字——前两位表示标称破坏载荷标记,后两位表示孔距(cm)。

(e)LJ 型联板

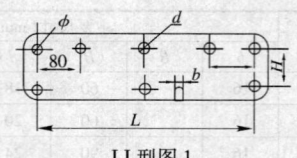

LJ 型图 1

【规　格】

型号	主要尺寸(mm)				
	b	H	ϕ	d	L
LJ–1040	16	70	18	20	400
LJ–1240	16	70	18	24	400
LJ–1640	18	100	20	26	400

注:型号意义为:L——联板;J—装均压环;数字——前两位表示标称破坏载荷标记,
后两位表示孔距(cm)。

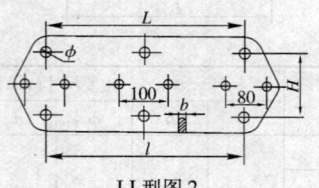

LJ 型图 2

【规　格】

型号	主要尺寸(mm)				
	b	H	ϕ	L	l
LJ–2540	16	120	24	400	400
LJ–3040	18	120	26	400	400
LJ–3045/40	18	120	26	450	400

注:型号意义为:L——联板;J—装均压环;数字——前两位表示标称破坏载荷标记,
后两位表示孔距(cm)。

(f)LK 型联板

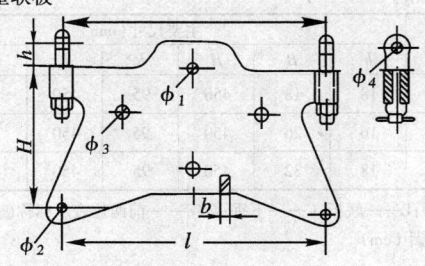

【规　　格】

型号	主要尺寸(mm)								
	b	H	h	L	l	ϕ_1	ϕ_2	ϕ_2	ϕ_4
LK–1045	16	230	40	450	450	20	8	26	18
LK–1645	18	230	40	450	450	26	18	26	18
LK–1649/45	18	230	40	490	450	26	18	26	18
LK–2149/45	18	230	40	490	450	26	18	26	18

注:型号意义为:——联板;K——上扛;数字——前两位表示标称破坏载荷标记,后
两位表示孔距(cm)。

(g)LC 型联板

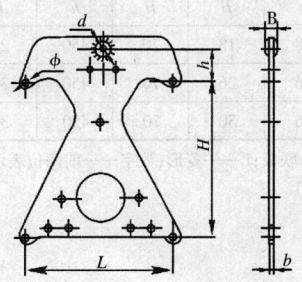

【规　格】

型号	主要尺寸(mm)						
	b	B	H	h	L	d	ϕ
LC-1645	18	18	450	95	450	26	20
LC-2145	16	26	450	95	450	30	20
LC-3045	18	32	450	95	450	39	26

注:型号意义为:L——联板;C——下垂;数字——前两位表示标称破坏载荷标记,后两位表示孔距(cm)。

(h)LL型联板

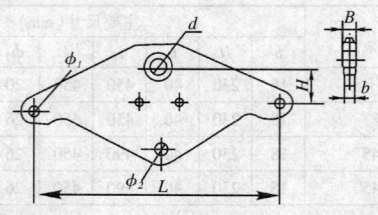

【规　格】

型号	主要尺寸(mm)						
	b	B	H	h	L	d	ϕ
LL-1645	18	18	70	450	26	20	24
LL-2145	16	26	70	450	30	20	24
LL-2545	16	30	70	450	33	20	24

注:型号意义为:L——联板;L——菱形;数字——前两位表示标称破坏载荷标记,后两位表示孔距(cm)。

（12）UJ 型螺栓

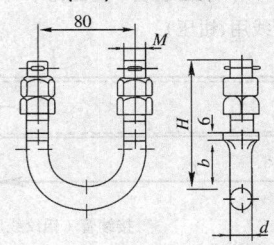

【规　　格】

型号	主要尺寸(mm)				允许使用载荷(kN)		
	d	M	h	H	垂直载荷	纵向载荷	横向载荷
UJ-1880	18	18	39	105	35.3	17.6	5.3
UJ-2080	20	20	43	120	47.0	23.5	7.4
UJ-2280	22	22	45	127	56.8	28.4	10.8

注：型号意义为：U——U 形；J——加强；数字——前两位表示标称破坏载荷标记，后两位表示距离(cm)。

8. 接续金具（DL/T758-2001）

接续金具是指适用于架空电力线路上接续铝绞线、钢绞线及钢芯铝绞线的各种形状和结构的接续管、并沟跳夹、跳线夹等金具。铝接续管采用牌号不低于 1050A 的铝材制造，热挤压管材抗拉强度不低于 80N/mm²，其布氏硬度不大于 HB25（硬度超过时应进行退火处理，铝管不允许采用铸造成型）。钢管采用 10 号优质碳素结构钢无缝钢管制造，当采用一般碳素结构钢时，含碳量不大于 0.15%，布氏硬度不大于 HB137，抗拉强度不低于 375N/mm²。

(1)接续管(椭圆形)

(a)接续管(铝绞线用、钳压)

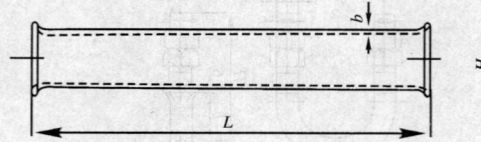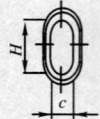

接续管(铝绞线用、钳压)

【规　格】

型号	主要尺寸(mm)				适用导线		握力不小于(kN)
	b	H	c	L	型号	外径(mm)	
JT–16L	1.7	12.0	6.0	110	JT–16	5.10	2.7
JT–25L	1.7	14.4	7.2	120	JT–25	6.45	4.1
JT–35L	1.7	17.0	8.5	140	JT–35	7.50	5.5
JT–50L	1.7	20.0	10.0	190	JT–50	9.00	7.5
JT–70L	1.7	23.7	11.7	210	JT–70	10.80	10.4
JT–95L	1.7	26.8	13.4	280	JT–95	12.48	13.7
JT–120L	2.0	30.0	15.0	300	JT–120	14.25	18.4
JT–150L	2.0	34.0	17.0	320	JT–150	15.75	22.0
JT–185L	2.0	38.0	19.0	340	JT–185	17.50	27.0

注:型号意义为:J——接续管;T——椭圆形;数字表示适用导线的标称面积;附加字
　母 L 表示铝绞线。

（b）接续管（钢芯铝绞线用、钳压）

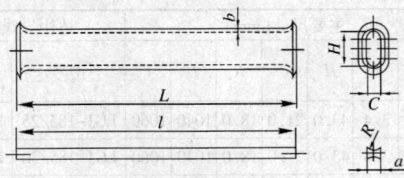

接续管（钢芯铝绞线用、钳压）

【规　格】

型号	主要尺寸（mm）							适用导线		握力
	a	b	H	c	R	L	l	型号	外径（mm）	不小于（kN）
JT-10/2	4.0	1.7	11.0	5.0	-	170	180	LGJ-10/2	4.50	3.9
JT-16/3	5.0	1.7	14.0	6.0	-	210	220	LGJ-16/3	5.55	5.8
JT-25/4	6.5	1.7	16.6	7.8	-	270	280	LGJ-25/4	6.96	8.8
JT-35/6	8.0	2.1	18.6	8.8	12.0	340	350	LGJ-35/6	8.16	12.0
JT-50/8	9.5	2.3	22.0	10.5	13.0	420	430	LGJ-50/8	9.60	16.0
JT-70/10	11.5	2.6	26.0	12.5	14.0	500	510	LGJ-70/10	11.40	22.0
JT-95/15	14.0	2.6	31.0	15.0	15.0	690	700	LGJ-95/15	13.61	33.3
JT-95/20	14.0	2.6	31.5	15.2	15.0	690	700	LGJ-95/20	13.87	35.3
JT-120/7	15.0	3.1	33.0	16.0	15.0	910	920	LGJ-120/7	14.50	26.2
JT-120/20	15.5	3.1	35.0	17.0	15.0	910	920	LGJ-120/20	15.07	39.0
JT-150/8	16.0	3.1	36.0	17.5	17.5	940	950	LGJ-150/8	16.00	31.2
JT-150/20	17.0	3.1	37.0	18.0	17.5	940	950	LGJ-150/20	16.67	44.3
JT-150/25	17.5	3.1	39.0	19.0	17.5	940	950	LGJ-150/25	17.10	51.4
JT-185/10	18.00	3.4	40.0	19.5	18.0	1 040	1 060	LGJ-185/10	18.00	38.8

续表

型号	主要尺寸(mm)							适用导线		握力不小于(kN)
	a	b	H	c	R	L	l	型号	外径(mm)	
JT-185/25	19.5	3.4	43.0	21.0	18.0	1040	1060	LGJ-185/25	18.90	56.4
JT-185/30	19.5	3.4	43.0	21.0	18.0	1040	1060	LGJ-185/30	18.88	61.1
JT-210/10	20.0	3.6	43.0	21.0	19.5	1070	1090	LGJ-210/10	19.00	42.9
JT-210/25	20.0	3.6	44.0	21.5	19.5	1070	1090	LGJ-210/25	19.98	62.7
JT-210/35	20.0	3.6	45.0	22.0	19.5	1070	1090	LGJ-210/35	20.38	70.5
JT-240/30	22.0	3.9	48.0	23.5	20.0	540	550	LGJ-240/30	21.60	71.8
JT-240/40	22.0	3.9	48.0	23.5	20.0	540	550	LGJ-240/40	21.66	79.2

注:型号意义为:J——接续管;T——椭圆形;数字表示适用导线标称面积;分子表示
铝截面,分母表示钢截面。

（C）接续管（钢芯铝绞线用、爆压搭接）

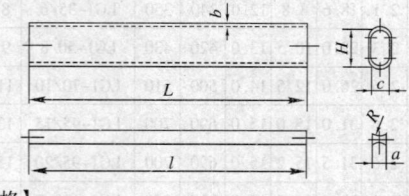

【规　格】

型号	主要尺寸(mm)							适用导线		握力不小于(kN)
	a	b	H	c	R	L	l	型号	外径(mm)	
JTB-35/6	8.0	2.1	18.6	8.8	12.0	170	180	LGJ-35/6	8.16	12.0
JTB-50/8	9.5	2.3	22.0	10.5	13.0	210	220	LGJ-50/8	9.60	16.0

续表

型号	主要尺寸（mm）							适用导线		握力不小于（kN）
	a	b	H	c	R	L	l	型号	外径（mm）	
JTB-70/10	11.5	2.6	26.0	12.5	14.0	250	260	LGJ-70/10	11.40	22.2
JTB-95/15	14.0	2.6	31.0	15.0	15.0	260	270	LGJ-95/15	13.61	33.3
JTB-95/20	14.0	2.6	31.5	15.2	15.0	260	270	LGJ-95/20	13.87	35.3
JTB-120/7	15.0	3.1	33.0	16.0	15.0	300	310	LGJ-120/7	14.50	26.2
JTB-120/20	15.5	3.1	35.0	17.0	15.0	300	310	LGJ-120/20	15.07	39.0
JTB-150/8	16.0	3.1	36.0	17.5	17.5	310	320	LGJ-150/8	16.00	31.2
JTB-150/20	17.0	3.1	37.0	18.0	17.5	310	320	LG-150/20	16.67	44.3
JTB-150/25	17.5	3.1	39.0	19.0	17.5	310	320	LGJ-150/25	17.10	51.4
JTB-185/10	18.0	3.4	40.0	19.5	18.0	350	360	LGJ-185/10	18.00	38.8
JTB-85/25	19.5	3.4	0	21.0	18.0	350	360	LGJ-185/25	18.90	56.4
JTB-185/30	19.5	3.4	43.0	21.0	18.0	350	360	LGJ-185/30	18.88	61.1
JTB-210/10	20.0	3.6	43.0	21.0	19.5	360	370	LGJ-210/10	19.00	42.9
JTB-210/25	20.0	3.6	44.0	21.5	19.5	360	370	LGJ-210/25	19.98	62.7
JTB-210/35	20.5	3.6	45.0	22.0	19.5	400	410	LGJ-210/35	20.38	70.5
JTB-240/30	22.0	3.9	48.0	23.5	20.0	270	380	LGJ-240/30	21.60	71.8
JTB-240/40	22.0	3.9	48.0	23.5	20.0	460	470	LGJ-240/40	21.66	79.2

注：型号意义为：—接续管；T-椭圆形；B-爆压；数字表示适用导线标称面积；分子表示铝截面，分母表示钢截面。

（2）钢绞线用接续管（圆形）

ⓐ JY 型接续管（钢绞线用）

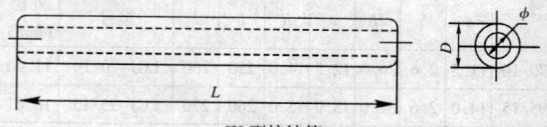

JY 型接续管

【规　格】

型号	主要尺寸（mm）			适用钢绞线	握力不小于（kN）
	D	ϕ	L		
JY-35G	16	8.4	220	1×7-7.8	45
JY-50G	18	9.6	240	1×7-9	60
JY-55G	22	10.3	240	1×7-9.6	70
JY-70G	22	11.7	290	1×19-11	80
JY-80G	24	12.2	290	1×19-11.5	100
JY-100G	26	13.7	340	1×19-13	120

注：型号意义为：J—接续管；Y—圆形；G—钢绞线用；数字表示适用钢绞线的标称面积。本系列接续管适用于钢丝强度为 1 270N/mm² 的钢绞线。

ⓑ JBD 型接续管（钢绞线用、爆压搭接）

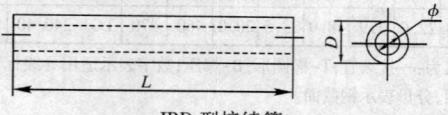

JBD 型接续管

【规　格】

型号	主要尺寸(mm)			适用钢绞线	握力不小于 (kN)
	D	ϕ	L		
JBD–35G	22	16	110	1×7–7.8	45
JBD–50G	25	17	130	1×7–9	60
JBD–55G	26	18	130	1×7–9.6	70
JBD–70G	28	20	150	1×19–11	80
JBD–80G	29	21	150	1×19–11.5	100
JBD–100G	32	24	170	1×19–13	120

注:型号意义为:J—接续管;B—爆压;D—搭接;G—钢绞线用;数字表示适用钢绞线
标称载面。本系列接续管适用于钢丝强度为1270N/mm² 的钢绞线。

(3)铝绞线用液压接续管(圆形、对接)

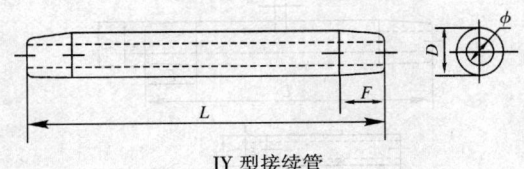

JY 型接续管

【规　格】

型号	主要尺寸(mm)				适用钢绞线		握力 不小于 (kN)
	D	F	ϕ	L	型号	外径 (mm)	
JY–150L	30	20	17.0	280	LJ–150	15.75	22
JY–185L	32	20	19.0	310	LJ–185	17.50	27
JY–210L	34	20	20.0	330	LJ–210	18.75	31
JY–240L	36	20	21.5	350	LJ–240	20.00	34
JY–300L	40	25	24.0	390	LJ–300	22.40	45

续表

型号	主要尺寸(mm)				适用钢绞线		握力 不小于 (kN)
	D	F	ϕ	L	型号	外径 (mm)	
JY-400L	45	25	27.5	450	LJ-400	25.90	58
JY-500L	52	30	30.5	510	LJ-500	29.12	73
JY-630L	60	35	34.0	570	LJ-630	32.67	87
JY-800L	65	40	38.5	650	LJ-800	36.90	110

注:型号意义为:J-接续管;Y-圆形;数字表示适用导线的标称面积;附加字母 L 表
示铝绞线。

(4) 钢芯铝绞线用液压接续管

ⓐ钢芯铝绞线用液压接续管(钢芯对接)

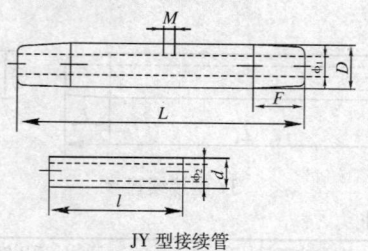

JY 型接续管

【规　格】

型号	主要尺寸(mm)							适用导线			握力 不小于 (kN)
	D	d	L	l	F	ϕ_1	ϕ_2	型号	钢芯 外径 (mm)	导线 外径 (mm)	
JY-240/30		16	570	170		23.0	7.9	LGJ-240/30	7.20	21.60	70
JY-240/40	36	16	590	190	22	23.0	8.7	LGJ-240/40	7.98	21.66	80
JY-240/50		20	640	230		24.0	10.3	LGJ-240/50	9.60	22.40	100

续表

型号	主要尺寸(mm)							适用导线			握力不小于(kN)
	D	d	L	l	F	ϕ_1	ϕ_2	型号	钢芯外径(mm)	导线外径(mm)	
JY-300/15	40	14	560	120	24	24.5	5.7	LGJ-300/15	5.01	23.01	65
JY-300/20		14	580	140		25.0	6.5	LGJ-300/20	5.85	23.43	70
JY-300/25		14	600	160		25.0	7.3	LGJ-300/25	6.66	23.76	80
JY-300/40		16	640	190		25.5	8.7	LGJ-300/40	7.98	23.94	90
JY-300/50		18	660	210		26.0	9.6	LGJ-300/50	8.94	24.26	100
JY-300/70	42	22	710	260	25	26.5	11.5	LGJ-300/70	10.80	25.20	120
JY-400/20	45	14	580	140	27	28.5	6.5	LGJ-400/20	5.85	26.91	85
JY-400/25		14	660	160		28.5	7.3	LGJ-400/25	6.66	26.64	90
JY-400/35		16	680	180		28.5	8.2	LGJ-400/35	7.50	26.82	100
JY-400/50		20	730	220		29.5	9.9	LGJ-400/50	9.21	27.63	120
JY-400/65	48	22	760	220	29	29.5	11.0	LGJ-400/65	10.32	28.00	130
JY-400/95		16	830	300		31.0	13.2	LGJ-400/95	12.50	29.14	160
JY-500/35	52	16	740	180	30	31.5	8.2	LGJ-500/35	7.50	30.00	110
JY-500/45		18	760	200		31.5	9.1	LGJ-500/45	8.40	30.00	120
JY-500/65		22	820	250		32.5	11.0	LGJ-500/65	10.32	30.96	150
JY-630/45	60	18	840	200	36	35.5	9.1	LGJ-630/45	8.40	33.60	140
JY-630/55		20	880	230		36.5	10.3	LGJ-630/55	9.60	34.32	155
JY-630/80		24	940	280		36.5	12.3	LGJ-630/80	11.60	34.82	180
JY-800/55	65	20	950	230	39	40.0	10.3	LGJ-800/55	9.60	38.40	180
JY-800/70		22	980	260		40.5	11.5	LGJ-800/70	10.80	38.58	200
JY-800/100		26	1050	310		40.5	13.7	LGJ-800/100	13.00	38.98	230

注:①型号意义为:J-接续管;Y-圆形;数字表示适用导线的标称面积;分子表示铝截面,分母表示钢截面;②M-注油螺孔,对 LGJ-210 及以下为 M6×1.0,对 LGJ—

240 及以上为 M8×1.25，配铝合金的开槽锥端紧固螺钉。

ⓑ钢芯铝绞线用液压接续管(钢芯搭接)

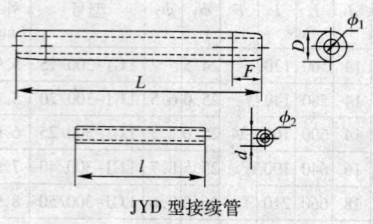

JYD 型接续管

【规　　格】

型号	主要尺寸(mm)							适用导线			握力不小于(kN)
	D	d	L	l	F	ϕ_1	ϕ_2	型号	钢芯外径(mm)	导线外径(mm)	
JYD-240/30	36	20	450	100	22	23.0	12.0	LGJ-240/30	7.20	21.60	70
JYD-240/40	36	20	470	100	22	23.0	13.3	LGJ-240/40	7.98	21.66	80
JYD-240/50		22	490	120		24.0	16.0	LGJ-240/50	9.60	22.40	100
JYD-300/15		18	440	70		24.5	8.4	LGJ-300/15	5.01	23.01	65
JYD-300/20		18	450	80		25.0	9.8	LGJ-300/20	5.85	23.43	70
JYD-300/25	40	20	480	90	24	25.0	11.2	LGJ-300/25	6.66	23.76	80
JYD-300/40		20	490	100		25.5	13.3	LGJ-300/40	7.98	23.94	90
JYD-300/50		22	510	120		26.0	15.0	LGJ-300/50	8.94	24.26	100
JYD-300/70	42	24	560	130	25	26.5	18.0	LGJ-300/70	10.80	25.20	120

续表

型号	主要尺寸(mm)							适用导线			握力不小于(kN)
	D	d	L	l	F	ϕ_1	ϕ_2	型号	钢芯外径(mm)	导线外径(mm)	
JYD-400/20	45	18	510	80	27	28.5	9.8	LGJ-400/20	5.85	26.91	85
JYD-400/25		20	520	90		28.5	11.2	LGJ-400/25	6.66	26.64	90
JYD-400/35		22	540	100		28.5	12.5	LGJ-400/35	7.50	26.82	100
JYD-400/50		24	570	120		29.5	15.4	LGJ-400/50	9.21	27.63	120
JYD-400/65	48	26	580	130	29	29.5	17.2	LGJ-400/65	10.32	28.00	130
JYD-500/35	52	22	580	100	30	31.5	12.5	LGJ-500/35	7.50	30.00	110
JYD-500/45		24	610	110		31.5	14.0	LGJ-500/45	8.40	30.00	120
JYD-500/65		26	640	130		32.5	17.2	LGJ-500/65	10.32	30.96	150
JYD-630/45	60	24	650	110	36	35.5	14.0	LGJ-630/45	8.40	33.60	140
JYD-630/55		26	680	120		36.5	16.0	LGJ-630/55	9.60	34.32	155
JYD-800/55	65	26	730	120	39	40.0	16.0	LGJ-800/55	9.60	38.40	180
JYD-800/70		26	760	130		40.5	18.0	LGJ-800/70	10.80	38.58	200

注:型号意义为:J-接续管;Y-圆形;D-搭接;数字表示适用导线标准称面积;分子表示铝截面,分母表示钢截面。

(5)钢芯铝绞线用接续管(爆压)

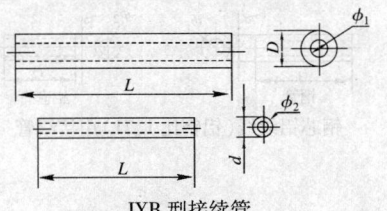

JYB 型接续管

【规　格】

型　号	主要尺寸(mm)						适用导线		握力不小于(kN)
	D	ϕ_1	L	l	D	ϕ_2	型号	外径(mm)	
JYB–300/40	40	25.5	430	120	22	17	LGJ–300/40	23.94	90
JYB–300/50	40	26.0	460	140	22	17	LGJ–300/50	21.26	100
JYB–300/70	42	27.0	550	160	25	19	LGJ–300/70	25.20	120
JYB–400/50	45	29.5	500	140	24	19	LGJ–400/50	27.63	120
JYB–400/65	48	29.5	530	160	26	21	LGJ–400/65	28.00	130
JYB–400/95	48	31.0	560	170	29	23	LGJ–400/95	29.14	160
JYB–500/65	52	32.5	560	160	24	19	LGJ–500/65	39.95	145

注:①型号意义为:J–接续管;Y–圆形;B—爆压;数字表示适用导线标称面积;分子表示铝截面,分母表示钢截面。②钢芯铝绞线用接续管(爆压)分对接和搭接两种。

(6)良导体地线用液压接续管

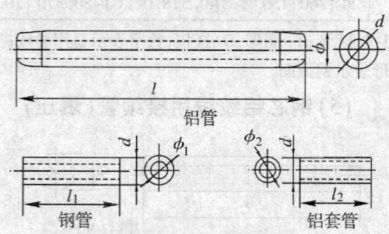

钢芯铝绞线(铝钢比 1.71)用接续管

【规　　格】

型号	主要尺寸(mm)适用导线									型号	结构（铝线根数/线径+钢线根数/线径）	外径(mm)	参考质量(kg)
	D	ϕ	L	d_1	ϕ_1	l_1	d_2	ϕ_2	l_2				
JY-50/30	26	16	340	14	7.4	190	15	12.5	75	LGJ-50/30	12/2.32+7/2.32	11.60	0.54
JY-70/40	32	20	400	18	8.8	220	19	14.2	90	LGJ-70/40	12/2.72+7/2.72	13.60	0.98
JY-95/55	34	22	470	20	10.2	260	21	17.0	105	LGJ-95/55	12/3.20+7/3.20	16.00	1.30
JY-120/70	36	24	510	22	11.5	290	23	19.0	120	LGJ-120/70	12/3.60+7/3.60	18.00	1.62

注:型号意义为:J-接续;Y-圆形;数字表示适用导线标称面积;分子表示铝截面;分
母表示钢截面。

(7)补修管

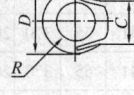

补修管

【规　　格】

型　　号	主要尺寸(mm)				适用绞线型号	(参考值)质量(kg)
	C	D	L	R		
JBE-185/10	21	32	170	10.0	LGJ-185/10	0.20
JBE-185	21	32	170	10.5	LGJ-185/25 185/30 185/45 210/10	0.20
JBE-210	22	34	220	11.0	LGJ-210/25 210/35	0.29
JBE-240	24	36	220	11.5	LGJ-240/30 240/40 210/50	0.33

续表

型 号	主要尺寸(mm)				适用绞线型号	(参考值)质量(kg)
	C	*D*	*L*	*R*		
JBE-240/55	24	36	220	12.0	LGJ-240/55	0.31
JBE-300/15	26	40	270	12.5	LGJ-300/15	0.52
JBE-300	26	40	270	13.0	LGJ-300/20 300/25 300/40 300/50	0.51
JBE-300/70	26	42	270	13.5	LGJ-300/70	0.55
JBE-400	30	45	320	14.5	LGJ-400/20 400/25 400/35 400/50	0.75
JBE-400/65	30	48	320	15.0	LGJ-400/65	0.90
JBE-400/95	31	48	320	15.5	LGJ-400/95	0.85
JBE-500	32	52	320	16.0	LGJ-500/35 500/45 500/65	1.07
JBE-630	36	60	370	18.0	LGJ-630/45 630/55 630/80	1.70
JBE-800/55	41	65	370	20.0	LGJ-800/55	1.90
JBE-800	41	65	370	20.5	LGJ-800/70 800/100	1.90
JBE-35G	8.6	16	120	4.2	GJ-35	0.11
JBE-50G	9.8	18	120	4.8	GJ-50	0.14
JBE-70G	11.8	22	140	5.8	GJ-70	0.25
JBE-100G	14.0	26	160	7.0	GJ-100	0.41

注:型号意义为:J-接续管;BE-补修管;G-钢绞线;数字表示适用导线标称面积;分子表示铝截面;分母表示钢截面。

(8)并沟线夹

并沟线夹分 JBB 型（钢绞线用），JB 型及 JBR 型（铝绞线或钢芯铝绞线用）。

ⓐJBB 型并沟线夹（钢绞线用）

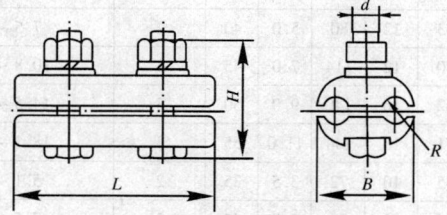

JBB 型并沟线夹（钢绞线用）

【规　格】

型号	主要尺寸(mm)					螺栓个数	适用绞线外径(mm)
	B	d	L	R	H		钢绞线
JBB-1	44	12	90	4.5	40	2	6.6 ~ 7.8
JBB-2	50	16	90	6.0	50	2	9.6 ~ 11.0
JBB-3	56	16	124	7.0	55	2	13.0 ~ 14.0

注:型号意义为:J-接续;B-并沟;B-避雷线;数字表示适用钢绞线组合号。

ⓑJB 型、JBR 型并沟线夹（铝绞线或钢芯铝绞线用）

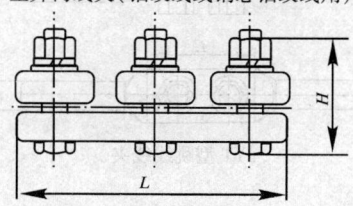

JB 型、JBR 型并沟线夹（铝绞线或钢芯铝绞线用）

【规　　格】

型号	主要尺寸(mm)					螺栓个数	适用钢绞线或钢芯铝绞线外径(mm)
	B	d	L	R	H		
JB-0	36	10	72	3.5	35	2	5.1~7.0
JB-1	43	12	80	5.0	40	2	7.5~9.6
JB-2	50	12	114	7.0	45	3	10.8~14.0
JB-3	62	16	140	9.0	50	3	14.5~17.5
JB-4	71	16	144	11.0	55	3	18.1~22.0
JBR-0	35	10	72	3.5	35	2	5.1~7.0
JBR-1	46	12	80	5.0	45	2	7.5~9.6
JBR-2	50	12	108	7.0	55	3	10.8~14.0
JBR-3	62	16	1387	9.0	55	3	14.5~17.5
JBR-4	71	16	144	11.0	60	3	18.1~22.0

注:型号意义为:J-接续管;B-并沟;R-热挤压;数字表示适用钢绞线及导线的组合号。

(9)跳线线夹

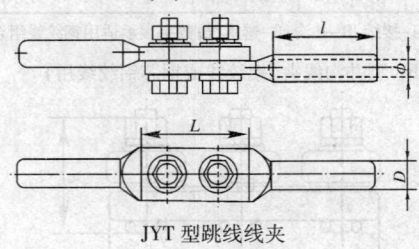

JYT 型跳线线夹

【规　格】

型　号	主要尺寸(mm)				适用导线	
	D	l	L	ϕ	型号	外径（mm）
JYT-35/6	16	60	65	9.5	LGJ-35/6	8.16
JYT-50/8	18	60	65	11.0	LGJ-50/8	9.60
JYT-70/10	22	70	65	13.0	LGJ-70/10	11.40
JYT-95/15	26	80	65	15.0	LGJ-95/15	13.61
JYT-120/7	26	80	85	16.0	LGJ-120/7	14.50
JYT-120/20	26	80	85	16.5	LGJ-120/20	15.07
JYT-150/8	30	90	85	17.5	LGJ-150/8	16.00
JYT-150/20	30	90	85	18.0	LGJ-150/20	16.67
JYT-150/25	30	90	85	18.5	LGJ-150/25	17.10
JYT-185/10	32	90	85	19.5	LGJ-185/10	18.00
JYT-185/25	32	90	85	20.5	LGJ-185/25	18.90
JYT-185/30	32	90	85	20.5	LGJ-185/30	18.88
JYT-210/10	34	100	85	20.5	LGJ-210/10	19.0
JYT-210/25	34	100	85	21.5	LGJ-210/25	19.98
JYT-210/35	34	100	85	22.0	LGJ-210/35	20.38

注:型号意义为:J-接续管;Y-压缩;T-跳线;数字表示适用导线标称面积;分子 表示铝截面;分母表示钢截面。

(10)线卡子

线卡子分为 JK 型和 JKL 型(JK 型适用于钢绞线,JKL 型适用于铝绞线)。

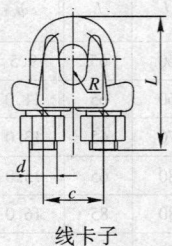

线卡子

【规　　格】

型　号	主要尺寸(mm)				适用绞线直径(mm)
	d	c	L	R	
JK–1	10	22	55	5	钢绞线 6.60~8.40
JK–2		28	70	6	9.00~11.50
JKL–1	10	22	55	5	铝绞线 6.45~8.16
JKL–2		28	70	6	9.00~11.40

注:型号意义为:J–接续管;K–卡子;L–铝绞线;数字表示适用的绞线组合号。

9. 防护金具

防护金具是指适于架空电力线路上起着保护导线及绝缘子等电力设备的金属附件。其防护作用如:抑制导线受微风震动,改善绝缘子串压分布,使被屏蔽范围内不出现电晕现象,使分裂导线的子导线之间保持固定间隔等。均压环、屏蔽环和均压屏蔽环采用铝及铝合金材料制造,牌号不低于 1 015A,采用无缝钢管制造,抗拉强度应不低于 372.5N/ mm^2,也可采用 10 号优质碳素结构无缝钢管制造。防震锤锤头采用黑色金属材料制造,线夹及压板采用铝合金制造,绞线应采用没有使用过的新钢绞线抗拉强度不低于 1 520N/mm^2

(1)均压环(DL/T760.3−2001)

ⓐ500kV 线路用均压环

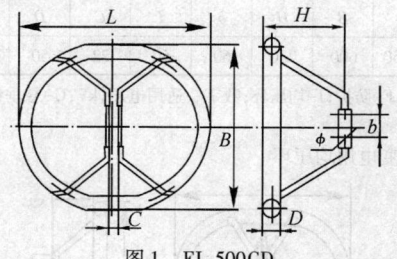

图 1　FJ−500CD

【规　格】

型　号	主要尺寸(mm)							重量(kg)
	L	B	H	b	ϕ	D	C	
FJ−500CD	700	600	290	80	18	50	20	6.0

注:型号意义为:F−防护;J−均压环;数字−适用电压,kV;C−悬垂绝缘子串用;D−单联。

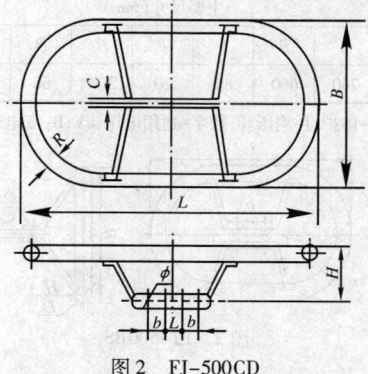

图 2　FJ−500CD

【规　格】

型　号	主要尺寸(mm)								重量(kg)
	L	B	H	b	I	C	D	ϕ	
FJ-500CS	1 050	600	230	60	60	22	50	18	6.5

注:型号意义为:F-防护;J-均压环;数字—适用电压,kV;C-悬垂绝缘子串用;S-双联。

(b)500kV 变电用均压环

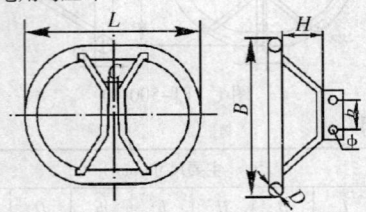

图1　FJ-500BD

【规　格】

型　号	主要尺寸(mm)							重量(kg)
	L	B	b	c	H	D	ϕ	
FJ-500BD	760	660	80	20	200	60	18	5.5

注:型号意义为:F-防护;J-均压环;数字-适用电压,kV;B-变电;D-单联。

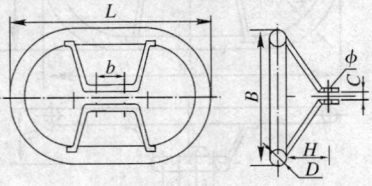

图2　FJ-500BS

【规　格】

型　号	主要尺寸(mm)							重量(kg)
	L	B	b	c	H	ϕ	D	
FJ-500BS	1 026	660	80	20	200	18	60	6.4

注:型号意义为:F-防护;J-均压环;数字-适用电压,kV;B-变电;S-双联。

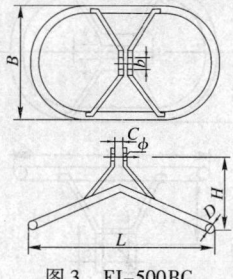

图3　FJ-500BC

【规　格】

型　号	主要尺寸(mm)							重量(kg)
	L	B	c	b	ϕ	H	D	
FJ-500BC	1 060	660	20	80	18	500	60	6.7

注:型号意义为:F-防护;J-均压环;数字-适用电压,kV;B-变电;C-悬垂绝缘子串用。

(2)屏蔽环(DL/T760.3-2001)

ⓐ500kV 线路用屏蔽环

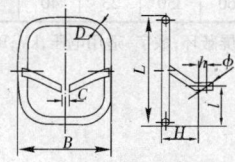

FP-500C

型　号	主要尺寸(mm)								重量 (kg)
	L	B	I	H	h	C	ϕ	D	
FP-500C	700	600	250	235	60	20	18	50	5

注:型号意义为:F-防护;P-屏蔽环;数字-适用电压,kV;C-悬垂绝缘子串用。

ⓑ500kV 变电用屏蔽环

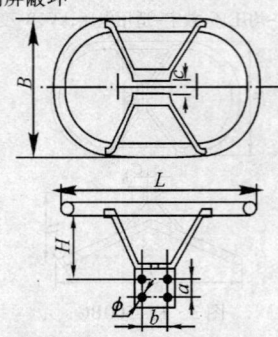

FP-500BD-1、FP-500BD-2、FP-500BS

【规　格】

型　号	主要尺寸(mm)							重量 (kg)
	L	B	H	c	b	a	ϕ	
FP-500BD-1	900	620	195	23	40	50	14	6.2
FJ-500BD-2	1 060	660	200	23	40	50	14	6.5
FP-500BS	1 060	660	350	23	40	50	14	6.8

注:型号意义为:F-防护;P-屏蔽环;数字-适用电压,kV;B-变电;D-单联;S-双联。

(3)均压屏蔽环(DL/T760.3—2001)

ⓐ线路用均压屏蔽环

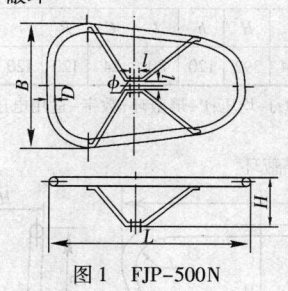

图 1　FJP-500N

【规　格】

型　号	主要尺寸(mm)						重量 (kg)
	L	B	H	I	D	ϕ	
FJP-500N	1 450	900	330	60	50	18	7.19

注:型号意义为:F-防护;J-均压;P-屏蔽环;数字-适用电压,kV;N-耐张绝缘子串用。

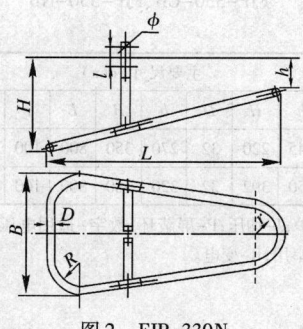

图 2　FJP-330N

【规　格】

型　号	主要尺寸(mm)										重量(kg)
	L	B	H	h	l	C	R	r	D	ϕ	
FJP-330N	1 029	504	392	120	80	24	120	120	32	18	5.5

注:型号意义为:F-防护;J-均压;P-屏蔽环;数字-适用电压,kV;N-耐张绝缘子串
　用。

ⓑ变电用均压屏蔽环

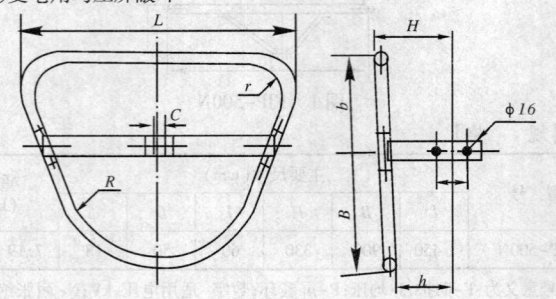

FJP-330-CB、FJP-330-NB

【规　格】

型　号	主要尺寸(mm)										重量(kg)
	C	h	H	D	b	B	L	r	R	L	
FJP-330-CB	18	145	220	32	270	350	800	100	270	80	5.5
FJP-330-NB	26	150	392	32	320	380	800	100	270	80	5.54

注:型号意义为:F-防护;J-均压;P-屏蔽环;数字-适用电压,kV;C-悬垂绝缘子串
　用;N-耐张绝缘子串用;B-变电。

(4)防震锤

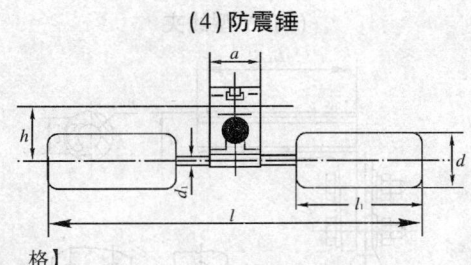

【规　格】

型号	主要尺寸（mm）						适用导线型号	滑移载荷
	d_1	d	h	a	l	l_1		
FD-3	11	52	65	60	450	150	LGJ-120~150	锤头与钢绞线：≥5 000N 钢绞线与夹板：≥2 500N 防震锤与导线：≥2 500N
FD-4	11	62	70	60	500	175	LGJ-185~240	
FD-5	13	68	70	70	550	200	LGJ-300~400	
FD-6	13	70	75	70	550	200	LGG LGJQ -500~600	

(5)间隔棒

可参见"12.软母线固定金具"中相关内容。

10. T型线夹（GB/T 2340－1998）

T型线夹是指用于架空电力线路和电 J 及变电站配电装置中母线与引下线,导线与分支线相连接的 T 形金具。其压缩型 T 型线夹采用牌号不低于 AL99.5 的铝材制造,U 型螺丝采用抗拉强度不低于 375N/mm^2 的钢材制造,螺栓型 T 型线夹采用 ZL-102 铝硅合金制造。T 型线夹分为 TY型、TL 型、TLY 型和 TLL 型(下列表中 T 型线夹型 号的意义为:T-接;Y-压缩型;K-扩径空芯;N-耐热;数字-表示适用导线标称截面 mm^2,分子表示铝截面,分母表示钢截面)。

(1)TY 型线夹

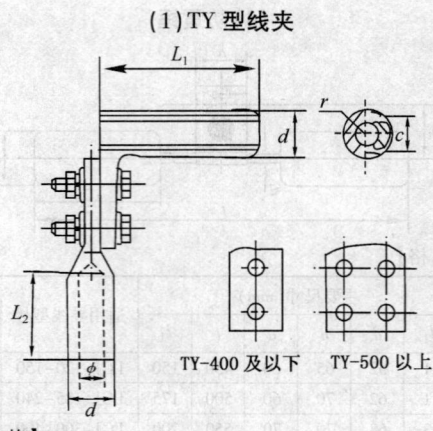

TY-400 及以下   TY-500 以上

【规　格】

型　号	主要尺寸(mm)						适用导线	
	c	d	L_1	L_2	ϕ	r	型号	外径(mm)
TY-120/7	16	26	115	80	16.0	8.0	LGJ-120/7	14.50
TY-120/20					16.6	8.3	LGJ-120/20	15.07
TY-150/8	18	30	125	90	17.5	8.8	LGJ-150/8	16.00
TY-150/20					18.0	9.0	LGJ-150/20	16.67
TY-185/10	21	32	125	90	19.5	9.8	LGJ-185/10	18.00
TY-185/25~30					20.5	10.3	LGJ-185/25	18.90
					20.5	10.3	LGJ-185/30	18.88
TY-210/10	22	34	135	100	20.5	10.3	LGJ-210/10	19.00
TY-210/25					21.5	10.8	LGJ-210/25	19.98

续表

型　号	主要尺寸(mm)						适用导线	
	c	d	L_1	L_2	φ	r	型号	外径(mm)
TY-240/30~40	24	36	135	100	23.0	11.5	LGJ-240/30	21.60
					23.0	11.5	LGJ-240/40	21.66
TY-300/15	26	40	145	110	24.5	12.3	LGJ-300/15	23.01
TY-300/20					25.0	12.5	LGJ-300/20	23.43
TY-300/25~40					25.5	12.8	LGJ-300/25	23.76
					25.5	12.8	LGJ-300/40	23.94
TY-400/20~35	29	45	155	120	28.5	14.3	LGJ-400/20	26.91
					28.5	14.3	LGJ-400/30	26.64
					28.5	14.3	LGJ-400/35	26.82
TY-400/50~65					29.5	14.8	LGJ-400/50	27.63
					29.5	14.8	LGJ-400/65	28.00
TY-500/35~45	32	52	165	130	31.5	15.8	LGJ-500/35	30.00
					31.5	15.8	LGJ-500/45	30.00
TY-500/65					32.5	15.8	LGJ-500/65	30.96
TY-630/45	36	60	185	150	35.5	17.8	LGJ-630/45	33.60
TY-630/55					36.0	18.0	LGJ-630/55	34.32
TY-800/55	41	65	210	170	40.0	20.0	LGJ-800/55	38.40
TY-800/70					40.5	20.3	LGJ-800/70	38.58

(2) TL 型线夹

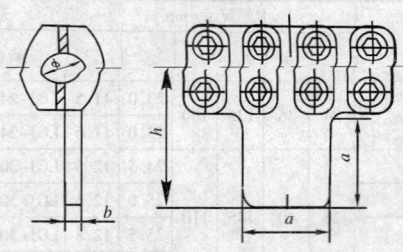

TL 型图 1

【规　　格】

型　号	主要尺寸(mm)				适用导线型号
	a	b	h	ϕ	
TL-10K	125	20	196	51	LGKK-600(带芯棒)
TL-9K	125	20	196	50	LGKK-900(带芯棒)
TL-10	125	22	196	51	LGJQT-1400
TL-10N	125	22	205	52	NAHLGJQ-1440

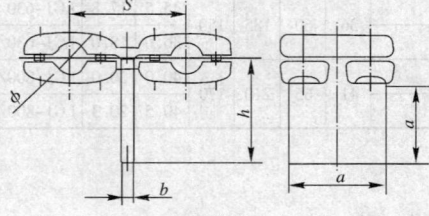

TL 型图 2

【规　格】

型号	主要尺寸(mm)					适用导线型号
	b	a	h	s	ϕ	
TL-2×5N/200	20	100	140	200	28	NAHLGJQ-400
TL-2×10K/200	22	125	180	200	51	LGKK-600
TL-2×9K/200	22	125	180	200	50	LGKK-900
TL-2×10/200	22	125	180	200	51	LGJQT-1400
TL-2×10N/200	22	125	180	200	52	NAHLGJQ-1440

(3) TLY 型线夹

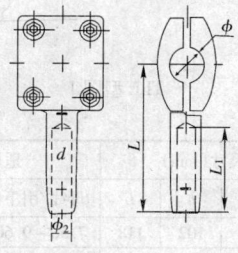

【规　格】

型号	主要尺寸(mm)					适用导线型号
	L	L_1	ϕ_1	ϕ_2	d	母分/引下线
TLY-10K/5	204	150	52	29	46	LGKK-600/LGJ-400
TLY-9K/5	204	150	50	29	46	LGKK-900/LGJ-400
TLY-10/5	204	150	52	29	76	LGJQT-1400/LGJ-400
TLY-10K/10	270	190	52	52	76	LGKK-600/LGKK-600
TLY-9K/9	270	190	50	50	76	LGKK-900/LGKK-900
TLY-10/10	270	190	52	52	76	LGJQT-1400/LGJQT-1400

(4) TLL 型线夹

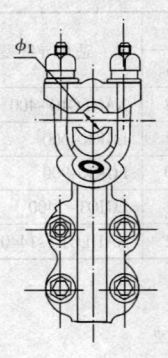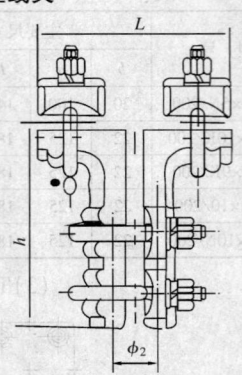

TLL 型图 1

【规　格】

型　号	主要尺寸(mm)				适用导线外径(mm)
	ϕ_1	ϕ_2	h	L	母线/引下线
TLL-1/1	10	10	102	118	7.50 ~ 9.60/7.50 ~ 9.60
TLL-2/1	14	10	103	118	10.80 ~ 13.61/7.50 ~ 9.60
TLL-2/2	14	14	103	120	10.80 ~ 13.61/10.80 ~ 13.61
TLL-3/1	16	10	117	120	14.50 ~ 16.00/7.50 ~ 9.60
TLL-3/2	16	14	117	120	14.50 ~ 16.00/10.80 ~ 13.61
TLL-3/3	16	16	117	120	14.50 ~ 16.00/14.50 ~ 16.00
TLL-4/1	23	10	117	120	18.00 ~ 22.40/7.50 ~ 9.60
TLL-4/2	23	14	117	120	18.00 ~ 22.40/10.80 ~ 13.61
TLL-4/3	23	16	117	120	18.00 ~ 22.40/14.50 ~ 16.00
TLL-4/4	23	23	117	120	18.00 ~ 22.40/18.00 ~ 22.40

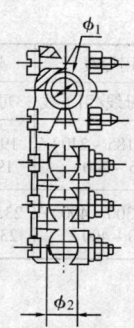 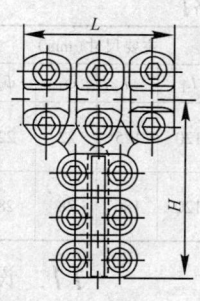

TLL 型图 2

【规 格】

型 号	主要尺寸(mm)				适用导线外径(mm)
	ϕ_1	ϕ_2	h	L	母线/引下线
TLL-5/2	25	16	168	146	25.20/16.00
TLL-5/3	29	18	168	146	29.14/18.00
TLL-5/4	29	22	190	146	29.14/22.40
TLL-5/5	29	29	190	146	29.14/29.14

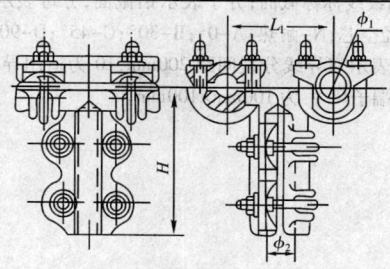

TLL 型图 3

【规　　格】

型　号	主要尺寸(mm)				适用导线	外径(mm)
	L_1	h	ϕ_1	ϕ_2	型号　母线/引下线	母线/引下线
TLL-2×4/4	120	125	22	22	LGJ-2(185~240)/ 185~240	19.60~21.6/ 19.60~21.6
TLL-2×5/5	120	186	28	28	LGJ-2(300~400)/ 300~400	23.94~28.00/ 23.94~28.00

11. 设备线夹

　　设备线夹是指导线与电气设备出线端子相连接用的金具。设备线夹适用于发电厂及变电所配电装置中母线引下线与电气设备及电气设备间的连接等。设备线夹本体采用牌号不低于 AL99.5 的铝材制造,铝管及铝板采用牌号不低于 L3 的材料制造,挤压铝管的抗拉强度应不低于78.4 N/mm²,压板的抗拉强度应不低于 375N/mm²。240 以上导线线夹采用铝合金,240 以下用 Q235 铜板,铜板采用牌号为 T2 的铜板。设备线夹分为 SL 型、SLG 型、SY 型和 SYG 型下列表中设备线夹型号的意义为:S-设备;L-螺栓;Y-压缩;G-过渡;数字-表示适用导线直径组合编号;LGJ-300/50 等表示钢芯铝绞线标称截面;分子表示铝截面,分母表示钢截面 mm²。附加字母 K-扩径空芯;N-耐热;A-0°;B-30°;C-45°;D-90°。附加数字;2×10kA/200-1,表示双导线分裂间距200mm,10 为适用导线组合线径编号,-1 表示线夹端子尺寸 为 100mm×100mm。

（1）SL 型设备线夹

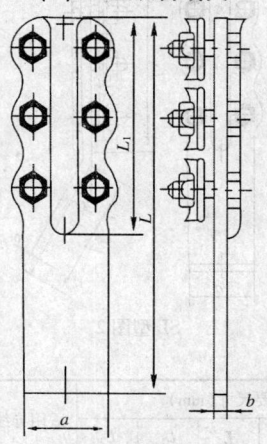

SL 型图 1

【规　　格】

型　号	主要尺寸（mm）				适用导线截面（mm²）	螺栓数量
	a	b	L	L_1		
SL–1A	40	6.0	145	65	35 ~ 50	4
SL–2A	40	6.0	175	80	70 ~ 95	4
SL–3A	50	8.0	225	125	120 ~ 150	6
SL–4A	50	8.0	225	125	185 ~ 240	6

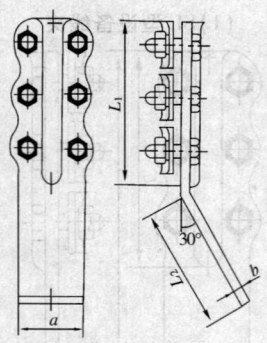

SL 型图 2

【规　格】

型　号	主要尺寸(mm)					适用导线截面(mm²)	螺栓数量
	a	b	L	L_1	L_2		
SL-1B	40	6.0	145	65	65	35 ~ 50	4
SL-2B	40	6.0	175	80	80	70 ~ 95	4
SL-3B	50	8.0	225	125	85	120 ~ 150	6
SL-4B	50	8.0	225	125	85	185 ~ 240	6

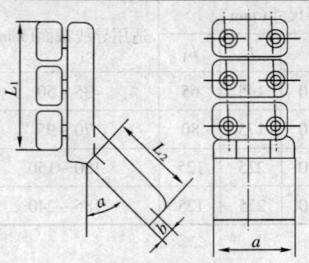

SL 型图 3

【规　格】

型　号	主要尺寸(mm)					适用导线	
	α	a	L_1	b	L_2	型号	外径(mm)
SL-10KA-3	0°			22			
SL-10KB-3	30°	125	200	22	125	LGKK-600（带芯棒）	51
SL-10KC-3	45°			26			
SL-10KD-3	90°			30			
SL-9KA-3	0°			22			
SL-9KB-3	30°	125	200	22	125	LGKK-900（带芯棒）	49
SL-9KC-3	45°			26			
SL-9KD-3	90°			30			
SL-10KA-3	0°			22			
SL-10KB-3	30°	125	200	22	125	LGKK-1400	51
SL-10KC-3	45°			26			
SL-10KD-3	90°			30			

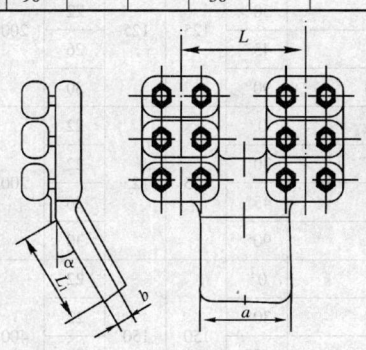

SL 型图 4

【规　格】

型　号	主要尺寸(mm)					适用导线
	α	a	L_1	b	L	
SL-2×10KA/200-3	0°			22		
SL-2×10KB/200-3	30°	125	125	22	200	LGKK-600 (带芯棒)
SL-2×10KC/200-3	45°			26		
SL-2×10KD/200-3	90°			30		
SL-2×10KA/400-4	0°			22		
SL-2×10KB/400-4	30°	150	150	22	400	LGKK-600 (带芯棒)
SL-2×10KC/400-4	45°			26		
SL-2×10KD/400-4	90°			30		
SL-2×9KA/200-3	0°			22		
SL-2×9KB/200-3	30°	125	125	22	200	LGKK-900 (带芯棒)
SL-2×9KC/200-3	45°			26		
SL-2×9KD/200-3	90°			30		
SL-2×10A/200-3	0°			22		
SL-2×10B/200-3	30°	125	125	22	200	LGJQT-1400
SL-2×10C/200-3	45°			26		
SL-2×10D/200-3	90°			30		
SL-2×10A/400-4	0°			22		
SL-2×10B/400-4	30°	150	150	22	400	LGJQT-1400
SL-2×10C/400-4	45°			26		
SL-2×10D/400-4	90°			30		

（2）SLG 型设备线夹

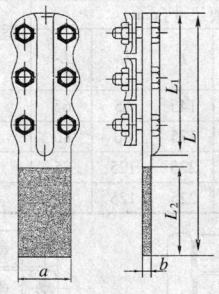

SLG 型图 1

【规　格】

型　号	主要尺寸（mm）					适用导线截面（mm²）	螺栓数量
	a	b	L	L_1	L_2		
SLG–1A	40	6.3	145	65	65	35~50	4
SLG–2A	40	6.3	175	80	80	70~95	4
SLG–3A	50	6.3	225	125	85	120~150	6
SLG–4A	50	6.3	225	125	85	185~240	6

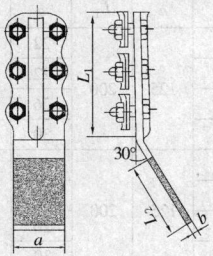

SLG 型图 2

【规 格】

型 号	主要尺寸(mm)					适用导线截面 (mm²)	螺栓数量
	a	b	L	L_1	L_2		
SLG-1B	40	6.3	145	65	65	35 ~ 50	4
SLG-2B	40	6.3	175	80	80	70 ~ 95	4
SLG-3B	50	6.3	225	125	85	120 ~ 150	6
SLG-4B	50	6.3	225	125	85	185 ~ 240	6

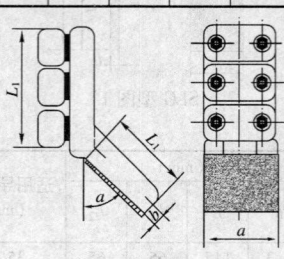

SLG 型图 3

【规 格】

型 号	主要尺寸(mm)					适用导线
	α	a	L_1	b	L_2	
SLG-10KA-3	0°			22		
SLG-10KB-3	30°			22		LGKK-600
SLG-10KC-3	45°	125	200	26	125	(带芯棒)
SLG-10KD-3	90°			30		
SLG-9KA-3	0°			22		
SLG-9KB-3	30°			22		LGKK-900
SLG-9KC-3	45°	125	200	26	125	(带芯棒)
SLG-9KD-3	90°			30		

续表

型　号	主要尺寸（mm）					适用导线
	α	a	L_1	b	L_2	
SLG-10KA-3	0°			22		
SLG-10KB-3	30°	125	200	22	125	LGKK-1400
SLG-10KC-3	45°			26		
SLG-10KD-3	90°			30		

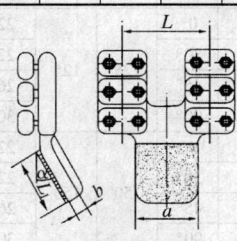

SLG 型图 4

【规　格】

型　号	主要尺寸（mm）					适用导线
	α	a	L_1	b	L	
SLG-2×10KA/200-3	0°			22		
SLG-2×10KB/200-3	30°	125	125	22	200	LGKK-600
SLG-2×10KC/200-3	45°			26		（带芯棒）
SLG-2×10KD/200-3	90°			30		
SLG-2×10KA/400-4	0°			22		
SLG-2×10KB/400-4	30°	150	150	22	400	LGKK-600
SLG-2×10KC/400-4	45°			26		（带芯棒）
SLG-2×10KD/400-4	90°			30		

续表

型 号	主要尺寸(mm)					适用导线
	α	a	L_1	b	L	
SLG-2×9KA/200-3	0°			22		LGKK-900 （带芯棒）
SLG-2×9KB/200-3	30°	125	125	22	200	
SLG-2×9KC/200-3	45°			26		
SLG-2×9KD/200-3	90°			30		
SLG-2×10A/200-3	0°			22		LGJQT-1400
SLG-2×10B/200-3	30°	125	125	22	200	
SLG-2×10C/200-3	45°			26		
SLG-2×10D/200-3	90°			30		
SLG-2×10A/400-4	0°			22		LGJQT-1400
SLG-2×10B/400-4	30°	150	150	22	400	
SLG-2×10C/400-4	45°			26		
SLG-2×10D/400-4	90°			30		

(3)SY 型设备线夹

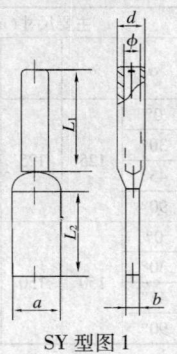

SY 型图 1

【规　　格】

型　号	主要尺寸(mm)						适用导线	
	a	b	d	L_1	L_2	ϕ	型号	外径(mm)
SY-35/6A	30	8	16	60	60	9.5	LGJ-35/6	8.16
SY-50/8A	30	8	18	60	60	11.0	LGJ-50/8	9.60
SY-70/10A	40	8	22	70	60	13.0	LGJ-70/10	11.40
SY-95/15A	40	8	26	80	60	15.0	LGJ-95/15	13.61
SY-120/7A	50	10	26	80	80	16.0	LGJ-120/7	14.50
						16.6	LGJ-120/20	15.07
SY-150/8A	50	10	30	90	80	17.5	LGJ-150/8	16.00
SY-150/20A						18.0	LGJ-150/20	16.67
SY-185/10A	50	12	32	90	80	19.5	LGJ-185/10	18.00
SY-185/25~30A						20.5	LGJ-185/25	18.90
						20.5	LGJ-185/30	18.88
SY-210/10A	50	12	34	100	80	20.5	LGJ-210/10	19.00
SY-210/25A						21.5	LGJ-210/25	19.98
SY-240/30~40A	50	12	36	100	80	23.0	LGJ-240/30	21.60
						23.0	LGJ-240/40	21.66
SY-300/15A	63	16	40	110	100	24.5	LGJ-300/15	23.01
SY-300/20A						25.0	LGJ-300/20	23.43
SY-300/25~40A						25.5	LGJ-300/25	23.76
						25.5	LGJ-300/40	23.94
SY-400/20~35A	63	16	45	120	100	28.5	LGJ-400/20	26.91
						28.5	LGJ-400/25	26.64
						28.5	LGJ-400/35	26.82
SY-400/50~65A						29.5	LGJ-400/50	27.63
						29.5	LGJ-400/65	28.00

续表

型　号	主要尺寸(mm)						适用导线	
	a	b	d	L_1	L_2	ϕ	型号	外径(mm)
SY-500/35~45A	80	16	52	130	100	31.5	LGJ-500/35	30.00
						31.5	LGJ-500/45	30.00
SY-500/65A						32.5	LGJ-500/65	30.96
SY-630/45A	100	20	60	150	100	35.5	LGJ-630/45	33.60
SY-630/55A						36.0	LGJ-630/55	34.32
SY-800/55A	125	22	65	170	125	40.0	LGJ-800/55	38.40
SY800/70~100A						40.5	LGJ-800/70	38.58
						40.5	LGJ-800/100	38.98

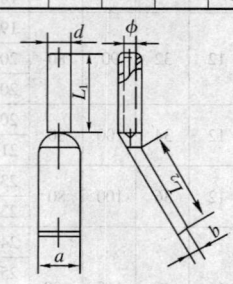

SY 型图 2

【规　　格】

型　号	主要尺寸(mm)						适用导线	
	a	b	d	L_1	L_2	ϕ	型号	外径(mm)
SY-35/6B	30	8	16	60	60	9.5	LGJ-35/6	8.16
SY-50/8B	30	8	18	60	60	11.0	LGJ-50/8	9.60
SY-70/10B	40	8	22	70	60	13.0	LGJ-70/10	11.40

续表

型　号	主要尺寸(mm)						适用导线	
	a	b	d	L_1	L_2	ϕ	型号	外径（mm）
SY-95/15B	40	10	26	80	60	15.0	LGJ-95/15	13.61
SY-120/7B	50	10	26	80	80	16.0	LGJ-120/7	14.50
SY-120/20B						16.6	LGJ-120/20	15.07
SY-150/8B	50	10	30	90	80	17.5	LGJ-150/8	16.00
SY-150/20B						18.0	LGJ-150/20	16.67
SY-185/10B	50	12	32	90	80	19.5	LGJ-185/10	18.00
SY-185/25～30B						20.5	LGJ-185/25	18.90
						20.5	LGJ-185/30	18.88
SY-210/10B	50	12	34	100	80	20.5	LGJ-210/10	19.00
SY-210/25B						21.5	LGJ-210/25	19.98
SY-240/30～40B	50	12	36	100	80	23.0	LGJ-240/30	21.60
						23.0	LGJ-240/40	21.66
SY-300/15B	63	16	40	110	100	24.5	LGJ-300/15	23.01
SY-300/20B						25.0	LGJ-300/20	23.43
SY-300/25～40B						25.5	LGJ-300/25	23.76
						25.5	LGJ-300/40	23.94
SY-400/20～35B	63	16	45	120	100	28.5	LGJ-400/20	26.91
						28.5	LGJ-400/25	26.64
						28.5	LGJ-400/35	26.82
SY-400/50～65B						29.5	LGJ-400/50	27.63
						29.5	LGJ-400/65	28.00
SY-500/35～45B	80	16	52	130	100	31.5	LGJ-500/35	30.00
						31.5	LGJ-500/45	30.00
SY-500/65B						32.5	LGJ-500/65	30.96

续表

型 号	主要尺寸(mm)						适用导线	
	a	b	d	L_1	L_2	ϕ	型号	外径(mm)
SY-630/45B	100	20	60	150	100	35.5	LGJ-630/45	33.60
SY-630/55B						36.0	LGJ-630/55	34.32
SY-800/55B	125	22	65	170	125	40.0	LGJ-800/55	38.40
SY-800/70~100B						40.5	LGJ-800/70	38.58
						40.5	LGJ-800/100	38.98

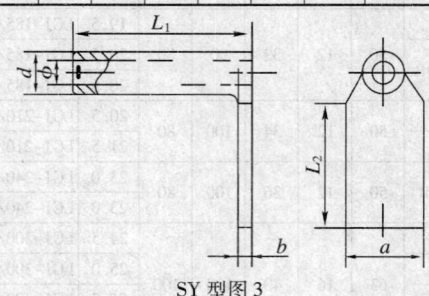

SY 型图 3

【规 格】

型 号	主要尺寸(mm)						适用导线	
	a	b	d	L_1	L_2	ϕ	型号	外径(mm)
SY-120/7D	50	10	26	115	80	16.0	LGJ-120/7	14.50
SY-120/20D						16.6	LGJ-120/20	15.07
SY-150/8D	50	10	30	125	80	17.5	LGJ-150/8	16.00
SY-150/20D						18.0	LGJ-150/20	16.67

续表

型　号	主要尺寸(mm)						适用导线	
	a	b	d	L_1	L_2	ϕ	型号	外径 （mm）
SY–185/10D	50	12	32	125	80	19.5	LGJ–185/10	18.00
SY–185/25~30D						20.5	LGJ–185/25	18.90
						20.5	LGJ–185/30	18.88
SY–210/10D	50	12	34	135	80	20.5	LGJ–210/10	19.00
SY–210/25D						21.5	LGJ–210/25	19.98
SY–240/30~40D	50	12	36	135	80	23.0	LGJ–240/30	21.60
						23.0	LGJ–240/40	21.66
SY–300/15D	63	16	40	145	100	24.5	LGJ–300/15	23.01
SY–300/20D						25.0	LGJ–300/20	23.43
SY–300/25~40D						25.5	LGJ–300/25	23.76
						25.5	LGJ–300/40	23.94
SY–400/20~35D	63	16	45	155	100	28.5	LGJ–400/20	26.91
						28.5	LGJ–400/25	26.64
						28.5	LGJ–400/35	26.82
SY–500/35~45D	80	16	52	165	100	31.5	LGJ–500/35	30.00
						31.5	LGJ–500/45	30.00
SY–630/45D	100	20	60	185	100	35.5	LGJ–630/45	33.60
SY–630/55D						36.0	LGJ–630/55	34.32
SY–800/55D	125	22	65	210	125	40.0	LGJ–800/55	38.40
SY–800/70~100D						40.5	LGJ–800/70	38.58
						40.5	LGJ–800/100	38.98

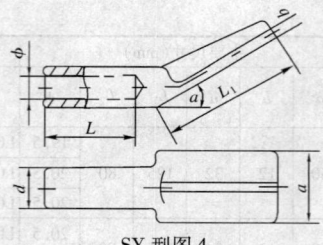

SY 型图 4

【规　格】

型　号	主要尺寸(mm)							适用导线
	α	a	L_1	d	b	L	ϕ	
SY-10KA-2	0°				22			
SY-10KB-2	30°	120	120	76	22	200	53	LGKK-600
SY-10KC-2	45°				26			(带芯棒)
SY-10KD-2	90°				30			
SY-10KA-4	0°				22			
SY-10KB-4	30°	150	150	76	22	200	53	LGKK-600
SY-10KC-4	45°				26			(带芯棒)
SY-10KD-4	90°				30			
SY-9KA-3	0°				22			
SY-9B-3	30°	125	125	75	22	200	51	LGKK-900
SY-9C-3	45°				26			(带芯棒)
SY-9D-3	90°				30			
SY-10A-3	0°				22			
SY-10B-3	30°	125	125	76	22	200	53	LGJQT-1400
SY-10C-3	45°				26			
SY-10D-3	90°				30			

续表

型 号	主要尺寸(mm)							适用导线
	α	a	L_1	d	b	L	φ	
SY-10A-4	0°				22			
SY-10B-4	30°				22			
SY-10C-4	45°	150	150	76	26	200	53	LGJQT-1400
SY-10D-4	90°				30			
SY-10NA-4	0°				22			
SY-10NB-4	30°				22			
SY-10NC-4	45°	150	150	80	26	240	53	NAHLGJQ-1440
SY-10ND-4	90°				30			
SY-10NA-3	0°				22			
SY-10NB-3	30°				22			
SY-10NC-3	45°	125	125	80	26	240	53	NAHLGJQ-1440
SY-10ND-3	90°				30			

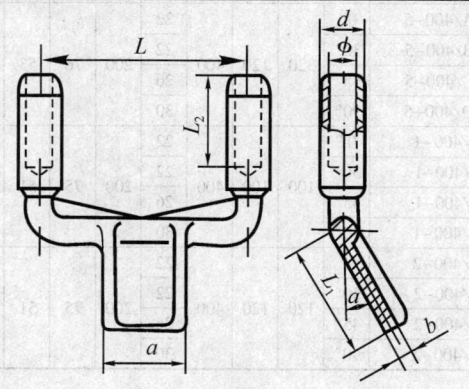

SY 型图 5

【规　　格】

型　号	主要尺寸(mm)								适用导线
	α	a	L_1	L	b	L_2	d	ϕ	
SY-2×10KA/400-1	0°				22				
SY-2×10KB/400-1	30°	100	100	400	22	200	76	53	LGKK-600
SY-2×10KC/400-1	45°				26				（带芯棒）
SY-2×10KD/400-1	90°				30				
SY-2×10KA/400-2	0°				22				
SY-2×10KB/400-2	30°	120	120	400	22	200	76	53	LGKK-600
SY-2×10KC/400-2	45°				26				（带芯棒）
SY-2×10KD/400-2	90°				30				
SY-2×10KA/400-4	0°				22				
SY-2×10KB/400-4	30°	150	150	400	22	200	76	53	LGKK-600
SY-2×10KC/400-4	45°				26				（带芯棒）
SY-2×10KD/400-4	90°				30				
SY-2×10KA/400-5	0°				22				
SY-2×10KB/400-5	30°	320	120	400	22	200	76	53	LGKK-600
SY-2×10KC/400-5	45°				26				（带芯棒）
SY-2×10KD/400-5	90°				30				
SY-2×9KA/400-1	0°				22				
SY-2×9KB/400-1	30°	100	100	400	22	200	75	51	LGKK-900
SY-2×9KC/400-1	45°				26				（带芯棒）
SY-2×9KD/400-1	90°				30				
SY-2×9KA/400-2	0°				22				
SY-2×9KB/400-2	30°	120	120	400	22	200	75	51	LGKK-900
SY-2×9KC/400-2	45°				26				（带芯棒）
SY-2×9KD/400-2	90°				30				

续表

型　号	主要尺寸(mm)								适用导线
	α	a	L_1	L	b	L_2	d	ϕ	
SY-2×9KA/400-4	0°				22				
SY-2×9KB/400-4	30°	150	150	400	22	200	75	51	LGKK-900
SY-2×9KC/400-4	45°				26				（带芯棒）
SY-2×9KD/400-4	90°				30				
SY-2×9KA/400-5	0°				22				
SY-2×9KB/400-5	30°	320	120	400	22	200	75	51	LGKK-900
SY-2×9KC/400-5	45°				26				（带芯棒）
SY-2×9KD/400-5	90°				30				
SY-2×10A/400-1	0°				22				
SY-2×10B/400-1	30°	100	100	400	22	200	76	53	LGJQT-1400
SY-2×10C/400-1	45°				26				
SY-2×10D/400-1	90°				30				
SY-2×10A/400-2	0°				22				
SY-2×10B/400-2	30°	120	120	400	22	200	76	53	LGJQT-1400
SY-2×10C/400-2	45°				26				
SY-2×10D/400-2	90°				30				
SY-2×10A/400-4	0°				22				
SY-2×10B/400-4	30°	150	150	400	22	200	76	53	LGJQT-1400
SY-2×10C/400-4	45°				26				
SY-2×10D/400-4	90°				30				
SY-2×10A/400-5	0°				22				
SY-2×10B/400-5	30°	320	120	400	22	200	76	53	LGJQT-1400
SY-2×10C/400-5	45°				26				
SY-2×10D/400-5	90°				30				

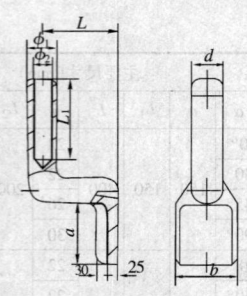

SY 型图 6

【规　　格】

型号	主要尺寸(mm)						适用导线
	a	b	ϕ_1	ϕ_2	L	L_1	
SY-10KA/4	150	150	76	53	185	200	LGKK-600(带芯棒)
SY-9KA/4	150	150	75	51	185	200	LGKK-900(带芯棒)
SY-10A/4	150	150	76	53	185	200	LGJQT-1400
SY-10A/4	150	150	76	53	85	200	LGJQT-1400

(4) SYG 型设备线夹

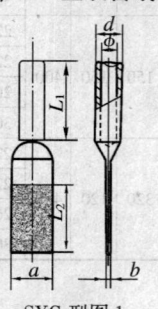

SYG 型图 1

【规 格】

型 号	主要尺寸(mm)						适用导线	
	a	b	d	L_1	L_2	ϕ	型号	外径 (mm)
SYG-120/7A	50	6.3	26	80	80	16.0	LGJ-120/7	14.50
SYG-120/20A						16.6	LGJ-120/20	15.07
SYG-150/8A	50	6.3	30	90	80	17.5	LGJ-150/8	16.00
SYG-150/20A						18.0	LGJ-150/20	16.67
SYG-185/25~30A	50	6.3	32	90	80	20.5	LGJ-185/25	18.90
						20.5	LGJ-185/30	18.88
SYG-210/10A	50	8.0	34	100	80	20.5	LGJ-210/10	19.00
SYG-210/25A						21.5	LGJ-210/25	19.98
SYG-240/30~40A	50	8.0	36	100	80	23.0	LGJ-240/30	21.60
						23.0	LGJ-240/40	21.66
SYG-300/15A	63	10.0	40	110	100	24.5	LGJ-300/15	23.01
SYG-300/20A						25.0	LGJ-300/20	23.43
SYG-300/25~40A						25.5	LGJ-300/25	23.76
						25.5	LGJ-300/40	23.94
SYG-400/20~35A	63	10.0	45	120	100	28.5	LGJ-400/20	26.91
						28.5	LGJ-400/25	26.64
						28.5	LGJ-400/35	26.82
SYG-400/50A						29.5	LGJ-400/50	27.63
SYG-500/35~45A	80	10.0	52	130	100	31.5	LGJ-500/35	30.00
						31.5	LGJ-500/45	30.00
SYG-500/65A						32.5	LGJ-500/65	30.96
SYG-630/45A	100	10.0	64	150	100	35.5	LGJ-630/45	33.60
SYG-630/55A						36.0	LGJ-630/55	34.32

续表

| 型 号 | 主要尺寸(mm) | | | | | | 适用导线 | |
	a	b	d	L_1	L_2	ϕ	型号	外径(mm)
SYG-800/55A	125	12.5	65	170	125	40.0	LGJ-800/55	38.40
						40.5	LGJ-800/70	38.58
SYG-800/70~100A						40.5	LGJ-800/100	38.98

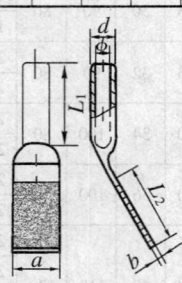

SYG 型图 2

【规　格】

| 型 号 | 主要尺寸(mm) | | | | | | 适用导线 | |
	a	b	d	L_1	L_2	ϕ	型号	外径(mm)
SYG-120/7B	50	6.3	26	80	80	16.0	LGJ-120/7	14.50
SYG-120/20B						16.6	LGJ-120/20	15.07
SYG-150/8B	50	6.3	30	90	80	17.5	LGJ-150/8	16.00
SYG-150/20B						18.0	LGJ-150/20	16.67
SYG-185/10B	50	6.3	32	90	80	19.5	LGJ-185/10	18.00
SYG-185/25~30B						20.5	LGJ-185/25	18.90
						20.5	LGJ-185/30	18.88

续表

型 号	主要尺寸(mm)						适用导线	
	a	b	d	L_1	L_2	ϕ	型号	外径(mm)
SYG-210/10B	50	8.0	34	100	80	20.5	LGJ-210/10	19.00
SYG-210/25B						21.5	LGJ-210/25	19.98
SYG-240/30~40B	50	8.0	36	100	80	23.0	LGJ-240/30	21.60
						23.0	LGJ-240/40	21.66
SYG-300/15B	63	10.0	40	110	100	24.5	LGJ-300/15	23.01
SYG-300/20B						25.0	LGJ-300/20	23.43
SYG-300/25~40B						25.5	LGJ-300/25	23.76
						25.5	LGJ-300/40	23.94
SYG-400/20~35B	63	10.0	45	120	100	28.5	LGJ-400/20	26.91
						28.5	LGJ-400/25	26.64
						28.5	LGJ-400/35	26.82
SYG-400/50B						29.5	LGJ-400/50	27.63
SYG-500/35~45B	80	10.0	52	130	100	31.5	LGJ-500/35	30.00
						31.5	LGJ-500/45	30.00
SYG-500/65B						32.5	LGJ-500/65	30.96
SYG-630/45B	100	10.0	64	150	100	35.5	LGJ-630/45	33.60
SYG-630/55B						36.0	LGJ-630/55	34.32
SYG-800/55B	125	12.5	65	170	125	40.0	LGJ-800/55	38.40
SYG-800/70~100B						40.5	LGJ-800/70	38.58
						40.5	LGJ-800/100	38.98

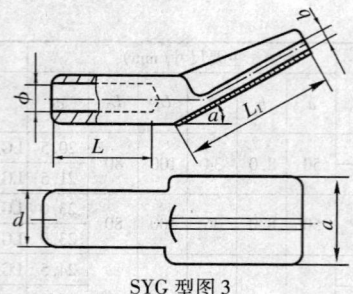

SYG 型图 3

【规　格】

型号	主要尺寸(mm)							适用导线
	α	a	L_1	d	b	L	ϕ	
SYG-10KA-1	0°				22			
SYG-10KB-1	30°				22			LGKK-600
SYG-10KC-1	45°	100	100	76	26	200	53	（带芯棒）
SYG-10KD-1	90°				30			
SYG-10KA-2	0°				22			
SYG-10KB-2	30°				22			LGKK-600
SYG-10KC-2	45°	120	120	76	26	200	53	（带芯棒）
SYG-10KD-2	90°				30			
SYG-10KA-4	0°				22			
SYG-10KB-4	30°				22			LGKK-600
SYG-10KC-4	45°	120	120	75	26	200	53	（带芯棒）
SYG-10KD-4	90°				30			
SYG-9KA-2	0°				22			
SYG-9KB-2	30°				22			LGKK-900
SYG-9KC-2	45°	120	120	76	26	200	51	（带芯棒）
SYG-9KD-2	90°				30			

续表

型号	主要尺寸(mm)							适用导线
	α	a	L_1	d	b	L	ϕ	
SYG-10A-2	0°				22			
SYG-10B-2	30°	120	120	76	22	200	53	LGJQT-1400
SYG-10C-2	45°				26			
SYG-10D-2	90°				30			
SYG-10NA-3	0°				22			
SYG-10NB-3	30°	125	125	80	22	240	53	NAHLGJQ-1440
SYG-10NC-3	45°				26			
SYG-10ND-3	90°				30			
SYG-10NA-4	0°				22			
SYG-10NB-4	30°	150	150	80	22	240	53	NAHLGJQ-1440
SYG-10NC-4	45°				26			
SYG-10ND-4	90°				30			

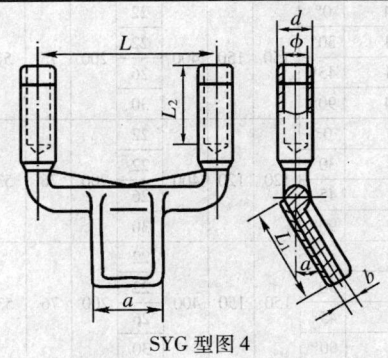

SYG 型图 4

【规　格】

型号	主要尺寸(mm)								适用导线
	α	a	L_1	L	b	L_2	d	ϕ	
SYG-2×10KA/400-2	0°				22				
SYG-2×10KB/400-2	30°	120	120	400	22	200	76	53	LGKK-600
SYG-2×10KC/400-2	45°				26				(带芯棒)
SYG-2×10KD/400-2	90°				30				
SYG-2×10KA/400-4	0°				22				
SYG-2×10KB/400-4	30°	150	150	400	22	200	76	53	LGKK-600
SYG-2×10KC/400-4	45°				26				(带芯棒)
SYG-2×10KD/400-4	90°				30				
SYG-2×9KA/400-2	0°				22				
SYG-2×9KB/400-2	30°	120	120	400	22	200	75	51	LGKK-900
SYG-2×9KC/400-2	45°				26				(带芯棒)
SYG-2×9KD/400-2	90°				30				
SYG-2×9KA/400-4	0°				22				
SYG-2×9KB/400-4	30°	150	150	400	22	200	75	51	LGKK-900
SYG-2×9KC/400-4	45°				26				(带芯棒)
SYG-2×9KD/400-4	90°				30				
SYG-2×10A/400-2	0°				22				
SYG-2×10B/400-2	30°	120	120	400	22	200	76	53	LGJQT-1400
SYG-2×10C/400-2	45°				26				
SYG-2×10D/400-2	90°				30				
SYG-2×10A/400-4	0°				22				
SYG-2×10B/400-4	30°	150	150	400	22	200	76	53	LGJQT-1400
SYG-2×10C/400-4	45°				26				
SYG-2×10D/400-4	90°				30				

12. 软母线固定金具 (DL/T 696 – 1999)

软母线固定金具适用于户外配电装置中,固定软母线于支柱瓷绝缘子上及双、三软母线固定间隔距离,固定组合软母线的圆环和终端等。单、双分裂线的固定金具底座、上盖及线夹、双分裂软母线、三分裂软母线间隔棒线夹、组合圆环、终端金具压板等,采用牌号不低于 ZL102 铝合金制造,MRJ-10/200、MRJ10/400 用于耐热和扩径导线的线夹,采用牌号为 ZL104 铝合金制造组合圆环、终端金具圆环、耳板、盖板、底座等,采用牌号不低于 Q235 的钢材制造,软母线固定金具的型号有 MDG型、MSG 型、MRJ 型、MSJ 型、MYH 型和 MZD 型。

软母线固定金具型号意义为:

字母:M—母线;D—单母线;S—双母线;G—固定;R—软母线;J—间隔;Y—圆;H—环;Z—终。

数字:分子表示适用导线组合号,分母表示双分裂母线间距或三分裂母线外侧线间距(mm)。

(1)单分裂母线固定金具

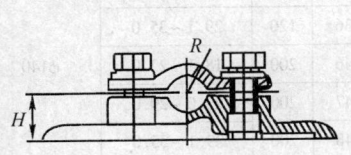
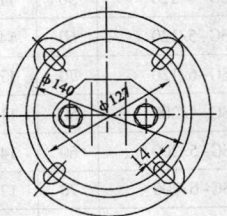

单分裂软母线

【规　　格】　　　　　　　　　　　　　　　　　　　　　(mm)

型号	主要尺寸		适用母线直径	与支柱绝缘子配合尺寸
	R	H		
MDG-4	11	30	18.1 ~ 22.0	
MDG-5	14	33	23.0 ~ 29.0	φ140
MDG-6	17	36	29.1 ~ 35.0	

(2)双分裂母线固定金具

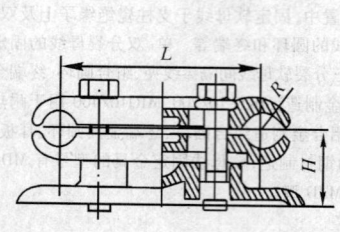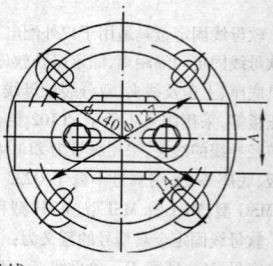

双分裂软母线

【规 格】 (mm)

型号	主要尺寸				适用母线直径	与支柱绝缘子配合尺寸
	A	R	H	L		
MSG-4/120	50	11	30	120	18.1~22.0	
MSG-5/120	60	14	33	120	23.0~29.0	
MSG-6/120	70	17	36	120	29.1~35.0	
MSG-4/200	50	11	46	200	18.1~22.0	φ140
MSG-5/200	60	14	47	200	23.0~29.0	
MSG-6/200	70	17	48	200	29.1~35.0	
MSG-4/400	50	11	46	400	18.1~22.0	
MSG-5/400	60	14	47	400	23.0~29.0	
MSG-6/400	70	17	48	400	29.1~35.0	
MSG-9/400	60	24	57	400	45.0~49.0	φ140
MSG-10/400	70	27	60	400	50.0~55.0	

（3）双分裂软母线间隔棒

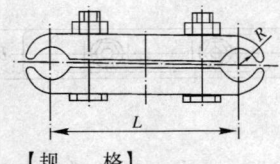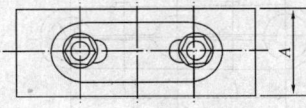

【规　　格】

型　号	主要尺寸			适用母线直径
	A	R	L	
MRJ-4/120	50	11	120	18.1~22.0
MRJ-5/120	60	14	120	23.0~29.0
MRJ-6/120	70	17	120	29.1~35.0
MRJ-4/200	50	11	200	18.1~22.0
MRJ-5/200	60	14	200	23.0~29.0
MRJ-6/200	70	17	200	29.1~35.0
MRJ-4/400	50	11	400	18.1~22.0
MRJ-5/400	60	14	400	23.0~29.0
MRJ-6/400	70	17	400	29.1~35.0
MRJ-9/120	60	24	120	45.0~49.0
MRJ-9/200	60	24	200	45.0~49.0
MRJ-9/400	60	24	400	45.0~49.0
MRJ-10/200	70	27	200	50.0~55.0
MRJ-10/400	70	27	400	50.0~55.0

(4)三分裂软母线间隔棒

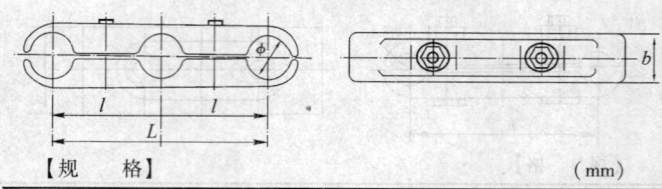

【规 格】 (mm)

型 号	主要尺寸				适用母线	
	L	l	ϕ	b	导线型号	直径
MSJ-9/240	240	120	50	60	LGJQT-900	49
MSJ-10/240	240	120	52	70	LGKK-600 LGJQT-1400	51

(5)软母线组合圆环

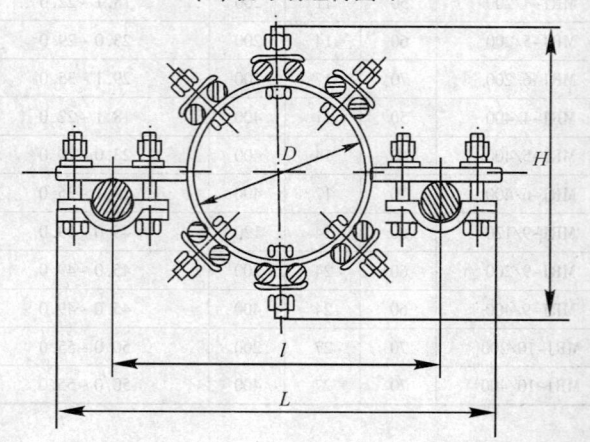

【规　格】 (mm)

型　号	配套联板型号	主要尺寸				适用母线根数×型号	
		D	H	l	L	承重导线	载流导线
MYH(2—8)	LS-21	120	220	210	290	2×⌈LGJ-185/10 LGJ-240/30 LGJ-300/15 LGJ-400/20⌋	8× LJ-120 LJ-150 LJ-185
MYH(2—12)	LS-25	160	260	250	330		12×
MYH(2—16)	LS-29	200	300	290	370		16×
MYH(2—20)	LS-33	240	340	330	410		20×
MYH(2—24)	LS-37	280	380	370	450		24×

注:型号中数字,前一位表示承重导线根数,后二位表示载流导线根数。

(6)软母线终端固定金具

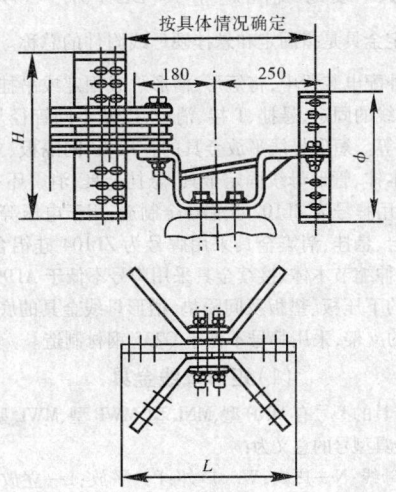

【规　　格】 (mm)

型　号	主要尺寸			适用母线最大范围		
	L	H	ϕ	软导线		硬铝母线 根×(宽×厚)
MZD(2+8)	400	360	200		±8	2×(100×10)
MZD(2+12)	470	400	280		±12	3×(125×10) 或 4×(125×10)
MZD(2+16)	590	400	280	2×[LGJ-185 LGJ-240]	±16	3×(125×10) 或 4×(125×10)
MZD(2+20)	590	400	300		±20	3×(125×10) 或 4×(125×10)
MZD(2+24)	330	380	320		±240	槽形母线[200×90×10] 或 [200× 90×12](高×宽×厚)

软导线列中部标注: LJ-120 LJ-150 LJ-185

注:型号中数字,前一位表示承重导线根数,后二位表示载流导线根数。

13. 硬母线固定金具(DL/T 697－1999)

　　硬母线固定金具是指固定和悬挂硬母线附件的总称。硬母线固定金具适用于户内外配电装置中,将短形、槽形母线固定或吊挂在支柱瓷绝缘子上,或管形母线的固定、悬挂、T接、消震,以及不同管径与导线的接续、伸缩、终端屏蔽等。短形母线平放金具的上压板、间隔板、立放金具立柱、槽形母线金具本体、管形母线固定金具、悬挂金具、消震环本体、管母线终端球及封头,采用牌号为 ZL102 硅铝合金制造;用于电压等级 330kV 及以上的管母线固定、悬挂、消震金具采用牌号为 ZL104 硅铝合金制造;管母线 T 接金具、伸缩节本体、接续金具采用牌号不低于 AL99.5 的铝制造;矩形母线金具的下压板、垫板及间隔垫、槽形母线金具的底板、吊挂耳环、管形母线金具的支架,采用牌号不低于 Q235 钢材制造。

(1)矩形母线金具

　　矩形母线金具的型号有 MNP 型、MNL 型、MWP 型、MWL 型和 MJG 型。

　　矩形母线金具型号的意义为:

　　字母:M—母线;N—户内;W—户外;P—平放;L—立放;J—矩形;G—间隔。

数字:型号横线后第一位数字为母线片数,第二三位数字为顺序号,矩形间隔垫的数字为顺序号。

ⓐ 户内平放矩形母线金具(MNP 型)

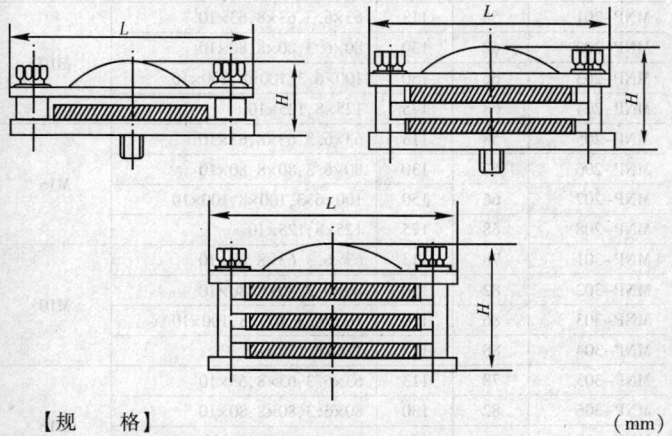

【规 格】　　　　　　　　　　　　　　　　　　　　　　　(mm)

型 号	主要尺寸		适用母线规格	安装配合螺径 d
	H	L		
MNP-101	38	113	63×6.3,63×8,63×10	M10
MNP-102	42	130	80×6.3,80×8,80×10	
MNP-103	46	150	100×6.3,100×8,100×10	
MNP-104	48	175	125×8,125×10	
MNP-105	38	113	63×6.3,63×8,63×10	M16
MNP-106	42	130	80×6.3,80×8,80×10	
MNP-107	46	150	100×6.3,100×8,100×10	
MNP-108	48	175	125×8,125×10	

续表

型 号	主要尺寸		适用母线规格	安装配合螺径 d
	H	*L*		
MNP-201	58	113	63×6.3,63×8,63×10	M10
MNP-202	62	130	80×6.3,80×8,80×10	
MNP-203	66	150	100×6.3,100×8,100×10	
MNP-204	68	175	125×8,125×10	
MNP-205	58	113	63×6.3,63×8,63×10	M16
MNP-206	62	130	80×6.3,80×8,80×10	
MNP-207	66	150	100×6.3,100×8,100×10	
MNP-208	68	175	125×8,125×10	
MNP-301	78	113	63×6.3,63×8,63×10	M10
MNP-302	82	130	80×6.3,80×8,80×10	
MNP-303	86	150	100×6.3,100×8,100×10	
MNP-304	88	175	125×8,125×10	
MNP-305	78	113	63×6.3,63×8,63×10	M16
MNP-306	82	130	80×6.3,80×8,80×10	
MNP-307	86	150	100×6.3,100×8,100×10	
MNP-308	88	175	125×8,125×10	

ⓑ 户外平放矩形母线金具(MWP 型)

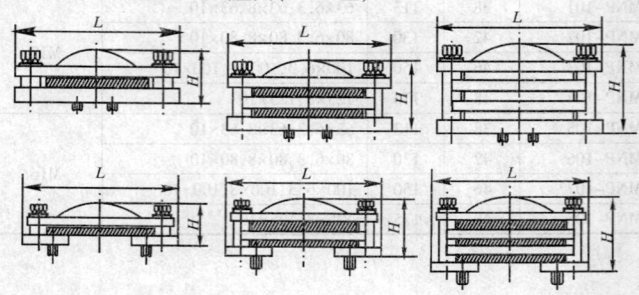

【规　　格】　　　　　　　　　　　　　　　　　　　　　　　　　（mm）

型　号	主要尺寸		适用母线规格	安装配合尺寸
	H	L		
MWP-101	38	140	63×6.3,63×8,63×10	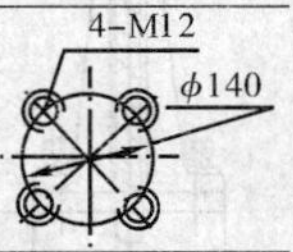
MWP-102	42	140	80×6.3,80×8,80×10	
MWP-103	46	180	100×6.3,100×8,100×10	
MWP-104	48	180	125×8,125×10	
MWP-105	38	113	63×6.3,63×8,63×10	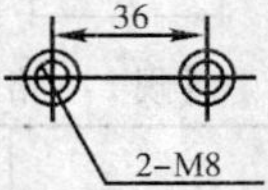
MWP-106	42	130	80×6.3,80×8,80×10	
MWP-107	46	150	100×6.3,100×8,100×10	
MWP-108	48	175	125×8,125×10	
MWP-201	58	140	63×6.3,63×8,63×10	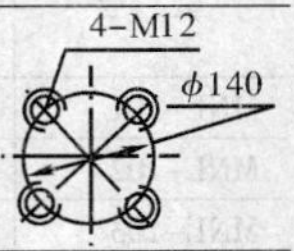
MWP-202	62	140	80×6.3,80×8,80×10	
MWP-203	66	180	100×6.3,100×8,100×10	
MWP-204	68	180	125×8,125×10	
MWP-205	58	113	63×6.3,63×8,63×10	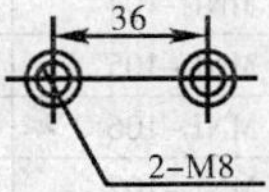
MWP-206	62	130	80×6.3,80×8,80×10	
MWP-207	66	150	100×6.3,100×8,100×10	
MWP-208	68	175	125×8,125×10	
MWP-301	78	140	63×6.3,63×8,63×10	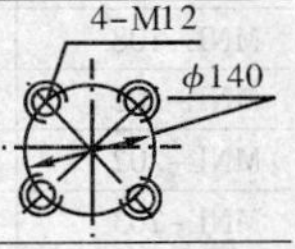
MWP-302	82	140	80×6.3,80×8,80×10	
MWP-303	86	180	100×6.3,100×8,100×10	
MWP-304	88	180	125×8,125×10	
MWP-305	78	113	63×6.3,63×8,63×10	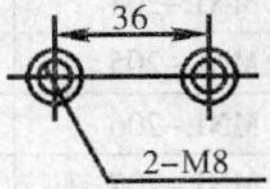
MWP-306	82	130	80×6.3,80×8,80×10	
MWP-307	86	150	100×6.3,100×8,100×10	
MWP-308	88	175	125×8,125×10	

安装配合尺寸图示：4-M12，φ140；36，2-M8

ⓒ 户内立放矩形母线金具(MNL 型)

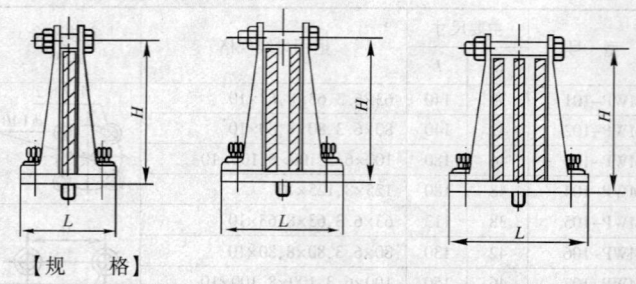

【规　格】

型　号	主要尺寸		适用母线规格	安装配合螺径 d
	H	L		
MNL-101	82	90	63×6.3,63×8,63×10	M10
MNL-102	100		80×6.3,80×8,80×10	
MNL-103	120		100×6.3,100×8,100×10	
MNL-104	145		125×8,125×10	
MNL-105	82	90	63×6.3,63×8,63×10	M16
MNL-106	100		80×6.3,80×8,80×10	
MNL-107	120		100×6.3,100×8,100×10	
MNL-108	145		125×8,125×10	
MNL-201	82	113	63×6.3,63×8,63×10	M10
MNL-202	100		80×6.3,80×8,80×10	
MNL-203	120		100×6.3,100×8,100×10	
MNL-204	145		125×8,125×10	
MNL-205	82	113	63×6.3,63×8,63×10	M16
MNL-206	100		80×6.3,80×8,80×10	
MNL-207	120		100×6.3,100×8,100×10	
MNL-208	145		125×8,125×10	

续表

型　号	主要尺寸		适用母线规格	安装配合螺径 d
	H	L		
MNL-301	82		63×6.3,63×8,63×10	
MNL-302	100	130	80×6.3,80×8,80×10	M10
MNL-303	120		100×6.3,100×8,100×10	
MNL-304	145		125×8,125×10	
MNL-305	82		63×6.3,63×8,63×10	
MNL-306	100	130	80×6.3,80×8,80×10	M16
MNL-307	120		100×6.3,100×8,100×10	
MNL-308	145		125×8,125×10	

ⓓ 户外立放矩形母线金具(MWL 型)

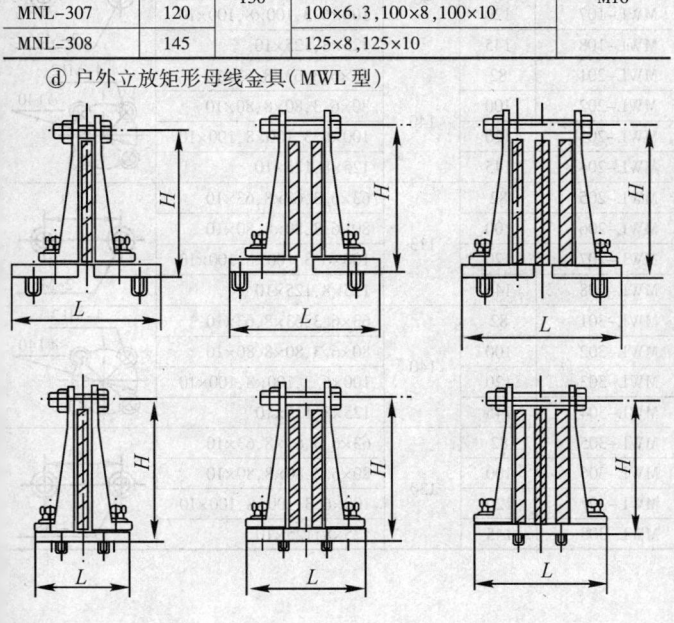

【规　　格】

型　号	主要尺寸		适用母线规格	安装配合尺寸
	H	L		
MWL-101	82		63×6.3,63×8,63×10	4-M12
MWL-102	100	140	80×6.3,80×8,80×10	φ140
MWL-103	120		100×6.3,100×8,100×10	
MWL-104	145		125×8,125×10	
MWL-105	82		63×6.3,63×8,63×10	36
MWL-106	100	90	80×6.3,80×8,80×10	
MWL-107	120		100×6.3,100×8,100×10	
MWL-108	145		125×8,125×10	2-M8
MWL-201	82		63×6.3,63×8,63×10	4-M12
MWL-202	100	140	80×6.3,80×8,80×10	φ140
MWL-203	120		100×6.3,100×8,100×10	
MWL-204	145		125×8,125×10	
MWL-205	82		63×6.3,63×8,63×10	36
MWL-206	100	113	80×6.3,80×8,80×10	
MWL-207	120		100×6.3,100×8,100×10	
MWL-208	145		125×8,125×10	2-M8
MWL-301	82		63×6.3,63×8,63×10	4-M12
MWL-302	100	140	80×6.3,80×8,80×10	φ140
MWL-303	120		100×6.3,100×8,100×10	
MWL-304	145		125×8,125×10	
MWL-305	82		63×6.3,63×8,63×10	36
MWL-306	100	130	80×6.3,80×8,80×10	
MWL-307	120		100×6.3,100×8,100×10	
MWL-308	145		125×8,125×10	2-M8

ⓔ 矩形母线间隔垫(MJG 型)

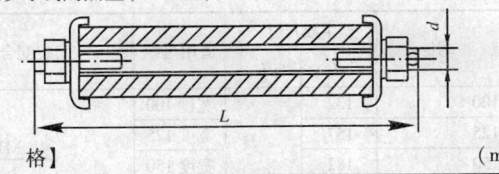

【规　　格】　　　　　　　　　　　　　　　　　　　(mm)

型　　号	主要尺寸		适用母线宽度
	d	L	
MJG–01	10	100	63
MJG–02	10	120	80
MJG–03	10	140	100
MJG–04	10	160	125

(2)槽形母线金具

槽形母线金具的型号有 MCN 型、MCW 型、MCD 型、MCG 型和 MDT 型。

槽形母线金具型号的意义为：

字母:M—母线;C—槽形;N——户内;W—户外;D—吊挂;G—间隔;T—调整。

数字:槽形母线吊挂金具和间隔垫为序号;吊挂调整环为吨位系列;槽形母线户内、户外固定金具为槽形母线高度(mm)。01 为第一次改进。

ⓐ 槽形母线固定金具(MCW 型、MCN 型)

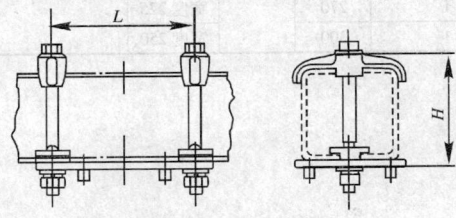

【规　格】 (mm)

型　号	主要尺寸		适用母线	安装配合尺寸
	H	L		
MCW-100	132		宽度100	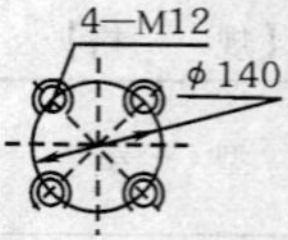
MCW-125	157		宽度125	
MCW-150	182		宽度150	
MCW-175	212	250	宽度175	
MCW-200	245		宽度200	
MCW-225	270		宽度225	
MCW-250	300		宽度250	
MCN-100	132		宽度100	
MCN-125	157		宽度125	
MCN-150	182		宽度150	
MCN-175	212	200	宽度175	
MCN-200	245		宽度200	
MCN-225	270		宽度225	
MCN-250	300		宽度250	
MCN-100·1	132		宽度100	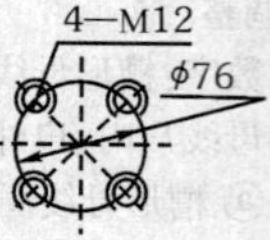
MCN-125·1	157		宽度125	
MCN-150·1	182		宽度150	
MCN-175·1	212	200	宽度175	
MCN-200·1	245		宽度200	
MCN-225·1	270		宽度225	
MCN-250·1	300		宽度250	

ⓑ 槽形母线吊挂金具(MCD 型)

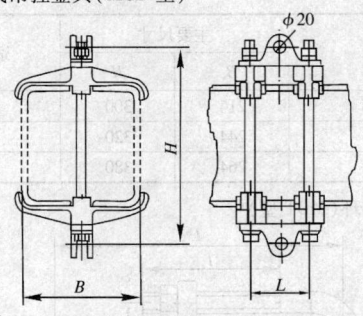

【规 格】 (mm)

型 号	主要尺寸			适用母线宽度
	B	H	L	
MCD-1	214	332	100	200
MCD-2	244	357	100	225
MCD-3	264	392	100	250

ⓒ 槽形母线间隔垫(MCG 型)

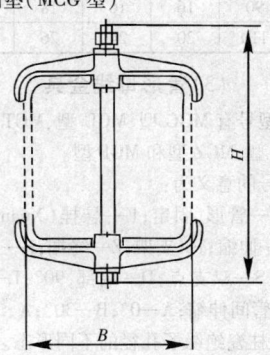

【规　格】　　　　　　　　　　　　　　　　　　　　（mm）

型　号	主要尺寸		适用母线宽度
	B	H	
MCG-1	214	300	200
MCG-2	244	320	225
MCG-3	264	380	250

ⓓ 吊挂调整环（MDT 型）

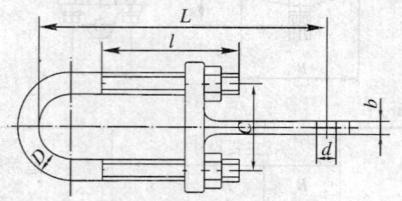

【规　格】　　　　　　　　　　　　　　　　　　　　（mm）

型　号	主要尺寸						适用母线规格
	L	l	b	D	d	C	
MDT-7	210	90	16	16	18	56	适用于槽形母
MDT-16	275	110	20	24	26	82	线吊挂金具

（3）管形母线金具

　　管形母线金具的型号有 MGG 型、MGU 型、MGT 型、MGP 型、MGH 型、MGD 型、MGS 型、MGJ 型、MGZ 型和 MGF 型。

　　管形母线金具型号的意义为：

　　字母：M—母线；G—管形，固定；U—悬挂（Xuan）；T—T 接；P—平接；H—消震；D—导线；S—伸缩；J—支架；Z—终端；F—封头。

　　数字后附加字母：S—双支点；D—端部，90°；L—螺栓型，铝片；J—铝绞线；Y—压缩形；G—管间伸缩；A—0°；B—30°；A、B、C、D 为主要参数相同，代表改进配套支柱瓷绝缘子孔径的不同形态。

A＝φ190、B＝φ225、C＝φ250、D＝φ280（mm）。

数字：支架横线后数字为总长（cm）；消震环横线后数字为顺序号；其他型号字母横线后数字为管母线标称外径（mm）。

括号内附加数字：(3/2)、(1/1)、(1/2)分子代表管母线根数,分母代表软母线根数。

ⓐ 管形母线固定金具（MGG 型）

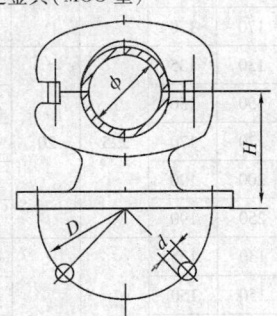

【 规　格 】 　　　　　　　　　　　　　　　　　　　　　（mm）

型　号	主要尺寸				适用母线规格
	ϕ	H	D	d	
MGG–70	70	90			φ70/64
MGG–80	80	98			φ80/72
MGG–100	100	114			φ100/90
MGG–110	110	120	140	14	φ110/100
MGG–120	120	122			φ120/110
MGG–130	130	135			φ130/116
MGG–150	150	150			φ150/136

续表

型 号	主要尺寸				适用母线规格
	ϕ	H	D	d	
MGG–130. A	130	135			ϕ130/116
MGG–150. A	150	150	190	18	ϕ150/136
MGG–170. A	170	170			ϕ170/156
MGG–130. B	130	135			ϕ130/116
MGG–150. B	150	150			ϕ150/136
MGG–170. B	170	170	225	20	ϕ170/156
MGG–200. B	200	190			ϕ200/180
MGG–250. B	250	190			ϕ250/230
MGG–130. C	130	135			ϕ130/116
MGG–150. C	150	150			ϕ150/136
MGG–170. C	170	170	254	20	ϕ170/156
MGG–200. C	200	190			ϕ200/180
MGG–250. C	250	190			ϕ250/230
MGG–120. D	120	122			ϕ120/110
MGG–130. D	130	135			ϕ130/116
MGG–150. D	150	150	280	20	ϕ150/136
MGG–170. D	170	170			ϕ170/156
MGG–200. D	200	190			ϕ200/180
MGG–250. D	250	190			ϕ250/230

ⓑ 管形母线固定金具(双支点)(MGG型)

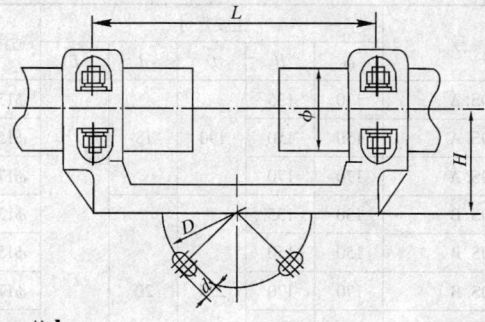

【规　格】　　　　　　　　　　　　　　　　　　　　　　　（mm）

型　号	主要尺寸					适用母线规格
	ϕ	H	D	d	L	
MGG–70S	70	90				$\phi70/64$
MGG–80S	80	98				$\phi80/72$
MGG–100S	100	114	140	14	340	$\phi100/90$
MGG–110S	110	120				$\phi110/100$
MGG–120S	120	122				$\phi120/110$
MGG–130S	130	135	140	14	360	$\phi130/116$
MGG–150S	150	150				$\phi150/136$

续表

型　号	主要尺寸					适用母线规格
	ϕ	H	D	d	L	
MGG-130S.A	130	135				$\phi130/116$
MGG-150S.A	150	150	190	18		$\phi150/136$
MGG-170S.A	170	170				$\phi170/156$
MGG-130S.B	130	135				$\phi130/116$
MGG-150S.B	150	150				$\phi150/136$
MGG-170S.B	170	170	225	20		$\phi170/156$
MGG-200S.B	200	190			360	$\phi200/180$
MGG-250S.B	250	190				$\phi250/230$
MGG-130S.C	130	135				$\phi130/116$
MGG-150S.C	150	150				$\phi150/136$
MGG-170S.C	170	170	254	20		$\phi170/156$
MGG-200S.C	200	190				$\phi200/180$
MGG-250S.C	250	190				$\phi250/230$
MGG-120S.D	120	122				$\phi120/110$
MGG-130S.D	130	135				$\phi130/116$
MGG-150S.D	150	150				$\phi150/136$
MGG-170S.D	170	170	280	20	360	$\phi170/156$
MGG-200S.D	200	190				$\phi200/180$
MGG-250S.D	250	190				$\phi250/230$

ⓒ 管形母线固定金具(端部)(MGG 型)

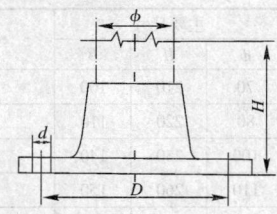

【规　格】　　　　　　　　　　　　　　　（mm）

型　号	主要尺寸				适用母线规格
	ϕ	H	d	D	
MGG-70D	70	85	12		$\phi70/64$
MGG-80D	80	90	12	190	$\phi80/72$
MGG-100D	100	105	12		$\phi100/90$
MGG-110D	110	105	16		$\phi110/100$
MGG-120D	120	120	16		$\phi120/110$
MGG-130D	130	120	16	225	$\phi130/116$
MGG-150D	150	130	16		$\phi150/136$
MGG-170D	170	140	16		$\phi170/156$

ⓓ 管形母线悬挂金具(MGU 型)

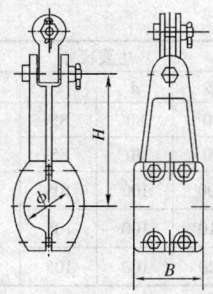

【规 格】 (mm)

型 号	主要尺寸			适用母线规格
	ϕ	H	B	
MGU-70	70	210	100	$\phi70/64$
MGU-80	80	220	110	$\phi80/72$
MGU-100	100	250	140	$\phi100/90$
MGU-110	110	260	150	$\phi110/100$
MGU-120	120	270	160	$\phi120/110$
MGU-130	130	290	180	$\phi130/116$
MGU-150	150	310	200	$\phi150/136$
MGU-170	170	340	220	$\phi170/156$
MGU-200	200	350	240	$\phi200/180$
MGU-250	250	370	260	$\phi250/230$

ⓔ 管形母线 T 接金具(MGT 型)

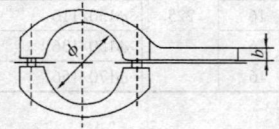

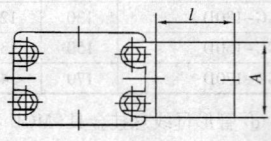

【规 格】 (mm)

型 号	主要尺寸				适用母线规格
	ϕ	A	l	b	
MGT-70	70	80	85	16	$\phi70/64$
MGT-80	80	80	85		$\phi80/72$
MGT-100	100	100	105		$\phi100/90$
MGT-110	110	100	105	18	$\phi110/100$
MGT-120	120	100	105		$\phi120/110$

续表

型号	主要尺寸				适用母线规格
	ϕ	A	l	b	
MGT–130	130	125	130	20	$\phi130/116$
MGT–150	150	125	130		$\phi150/136$
MGT–170	170	150	160	22	$\phi170/156$
MGT–200	200	160	170		$\phi200/180$
MGT–250	250	170	180	24	$\phi250/230$

ⓕ 管形母线 T 接金具（MGT–D 型）

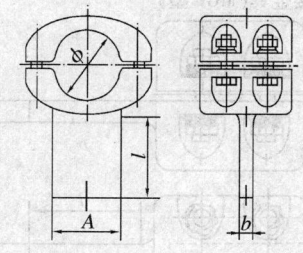

【规　　格】　　　　　　　　　　　（mm）

型号	主要尺寸				适用母线规格
	ϕ	A	l	b	
MGT–70D	70	80	100	16	$\phi70/64$
MGT–80D	80	80			$\phi80/72$
MGT–100D	100	100			$\phi100/90$
MGT–110D	110	100	125	18	$\phi110/100$
MGT–120D	120	100			$\phi120/110$

续表

型 号	主要尺寸				适用母线规格
	ϕ	A	l	b	
MGT-130D	130	125	150	20	$\phi130/116$
MGT-150D	150	125			$\phi150/136$
MGT-170D	170	150	180	22	$\phi170/156$
MGT-200D	200	160	200		$\phi200/180$
MGT-250D	250	170		24	$\phi250/230$

ⓖ 管形母线平接金具（MGP 型）

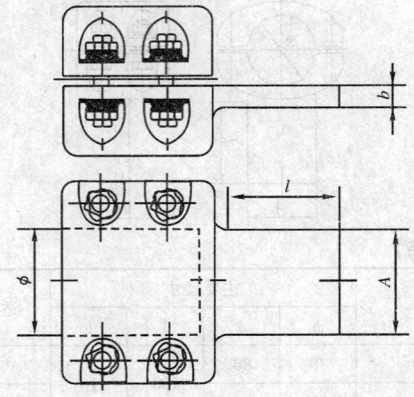

【规　格】　　　　　　　　　　　　　　　　　　　（mm）

型 号	主要尺寸				适用母线规格
	ϕ	A	l	b	
MGP-70	70	80	85	16	$\phi70/64$
MGP-80	80	80			$\phi80/72$

续表

型 号	主要尺寸				适用母线规格
	ϕ	A	l	b	
MGP-100	100	100			$\phi100/90$
MGP-110	110	100	105	18	$\phi110/100$
MGP-120	120	100			$\phi120/110$
MGP-130	130	125	130	20	$\phi130/116$
MGP-150	150	125			$\phi150/136$
MGP-170	170	150	160	22	$\phi170/156$
MGP-200	200	160	170		$\phi200/180$
MGP-250	250	170	180	24	$\phi250/230$

ⓗ 管母线消震环(螺栓型)(MGH 型)

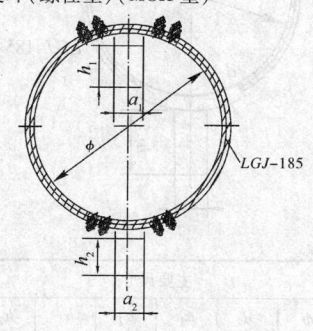

【规 格】   (mm)

型 号	主要尺寸					适用母线规格
	ϕ	a_1	a_2	h_1	h_2	
MGH-1L		80	100	110	120	$\phi70 \sim 80$
MGH-2L	520	100	100	110	120	$\phi100 \sim 120$
MGH-3L		125	100	185	190	$\phi130 \sim 170$

续表

型 号	主要尺寸					适用母线规格
	ϕ	a_1	a_2	h_1	h_2	
MGH-1L.1		80	100	110	120	$\phi 70 \sim 80$
MGH-2L.1	550	100	100	110	120	$\phi 100 \sim 120$
MGH-3L.1		125	100	185	190	$\phi 130 \sim 170$

ⓘ 管母线消震环(压缩型)(MGH 型)

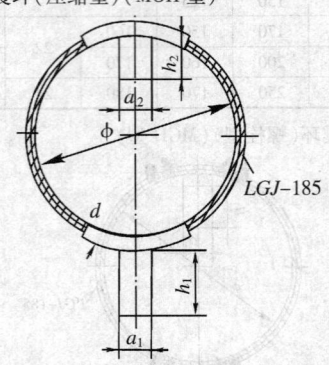

【规　格】　　　　　　　　　　　　　　　　　(mm)

型 号	主要尺寸						适用母线规格
	ϕ	d	a_1	a_2	h_1	h_2	
MGH-1Y			80	80	155	195	$\phi 70 \sim 80$
MGH-2Y	550	32	80	100	155	175	$\phi 100 \sim 120$
MGH-3Y			100	125	155	185	$\phi 130 \sim 170$

ⓙ 管与导线接续金具(1/1)(MGD 型)

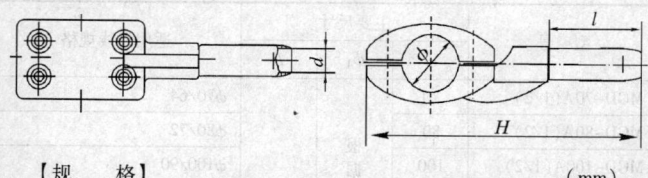

【规　格】 (mm)

型　号	主要尺寸				适用母线规格	备注
	ϕ	d	H	l		
MGD-70(1/1)	70	根据选定的引下线制造	450	170	ϕ70/64	扩径导线带芯棒
MGD-80(1/1)	80		450	170	ϕ80/72	
MGD-100(1/1)	100		500	200	ϕ100/90	
MGD-110(1/1)	110		500	200	ϕ110/100	
MGD-120(1/1)	120		520	200	ϕ120/110	
MGD-130(1/1)	130		520	200	ϕ130/116	
MGD-150(1/1)	150		560	200	ϕ150/136	
MGD-170(1/1)	170		560	200	ϕ170/156	

ⓚ 管与导线接续金具(0°,1/2)(MGD 型)

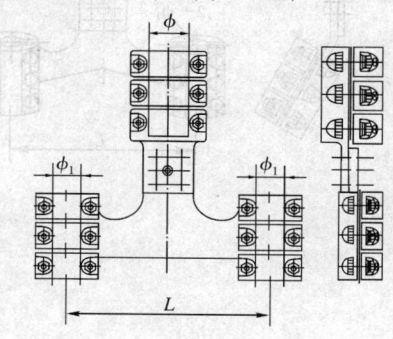

【规 格】 （mm）

型 号	主要尺寸			适用母线规格
	ϕ	ϕ_1	L	
MGD-70A(1/2)	70			$\phi70/64$
MGD-80A(1/2)	80			$\phi80/72$
MGD-100A(1/2)	100	根据用户选定导线制造		$\phi100/90$
MGD-110A(1/2)	110			$\phi110/100$
MGD-120A(1/2)	120			$\phi120/110$
MGD-130A(1/2)	130		400	$\phi130/116$
MGD-150A(1/2)	150			$\phi150/136$
MGD-170A(1/2)	170			$\phi170/156$
MGD-200A(1/2)	200			$\phi200/180$
MGD-250A(1/2)	250			$\phi250/230$

①管与导线接续金具（30°,1/2）（MGD型）

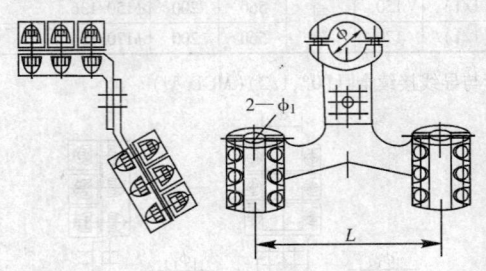

【规　　格】　(mm)

型　号	主要尺寸			适用母线规格
	ϕ	ϕ_1	L	
MGD-70B(1/2)	70	根据用户选定导线制造	400	$\phi70/64$
MGD-80B(1/2)	80			$\phi80/72$
MGD-100B(1/2)	100			$\phi100/90$
MGD-110B(1/2)	110			$\phi110/100$
MGD-120B(1/2)	120			$\phi120/110$
MGD-130B(1/2)	130			$\phi130/116$
MGD-150B(1/2)	150			$\phi150/136$
MGD-170B(1/2)	170			$\phi170/156$
MGD-200B(1/2)	200			$\phi200/180$
MGD-250B(1/2)	250			$\phi250/230$

⑩管与导线接续金具(90°,1/2)(MGD型)

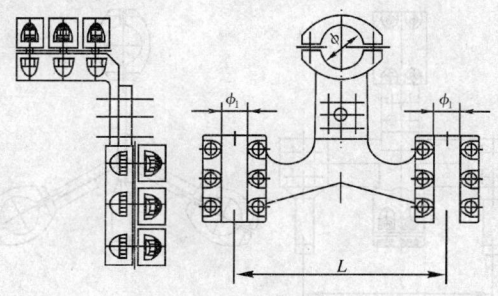

【规　格】 （mm）

型　号	主要尺寸			适用母线规格
	ϕ	ϕ_1	L	
MGD-70D(1/2)	70	根据用户选定导线制造	400	$\phi70/64$
MGD-80D(1/2)	80			$\phi80/72$
MGD-100D(1/2)	100			$\phi100/90$
MGD-110D(1/2)	110			$\phi110/100$
MGD-120D(1/2)	120			$\phi120/110$
MGD-130D(1/2)	130			$\phi130/116$
MGD-150D(1/2)	150			$\phi150/136$
MGD-170D(1/2)	170			$\phi170/156$
MGD-200D(1/2)	200			$\phi200/180$
MGD-250D(1/2)	250			$\phi250/230$

ⓝ管与导线接续金具(3/2)(MGD 型)

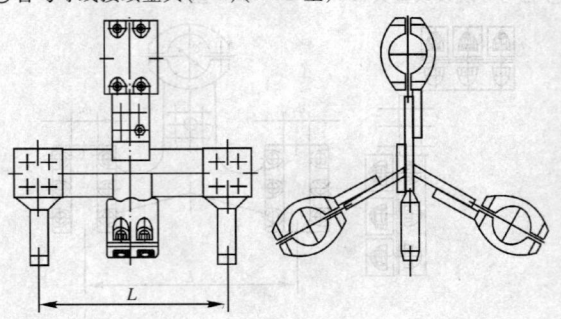

【规　格】 (mm)

型　号	主要尺寸		适用母线规格	备注
	ϕ	L		
MGD–70(3/2)	70	400	$\phi70/64$	
MGD–80(3/2)	80	400	$\phi80/72$	
MGD–100(3/2)	100	400	$\phi100/90$	软导线型号
MGD–110(3/2)	110	400	$\phi110/100$	用户选定设
MGD–120(3/2)	120	400	$\phi120/110$	备线夹用户
MGD–130(3/2)	130	400	$\phi130/116$	提供规格
MGD–150(3/2)	150	400	$\phi150/136$	
MGD–170(3/2)	170	400	$\phi170/156$	

◎管母线间伸缩节(MGS 型)

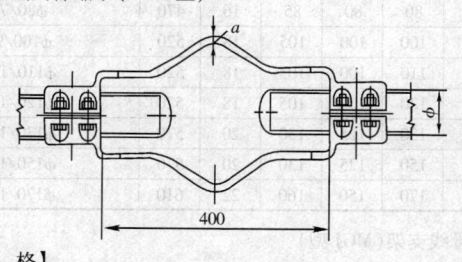

【规　格】 (mm)

型　号	主要尺寸		适用母线规格
	ϕ	伸缩量范围 a	
MGS–80LG	80		$\phi80/72$
MGS–100LG	100	±40	$\phi100/90$
MGS–120LG	120		$\phi120/110$

ⓟ管母线与设备间伸缩节（MGS 型）

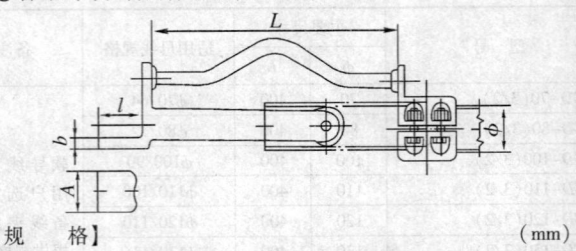

【规　格】　　　　　　　　　　　　　　　　　　　　　　（mm）

型　号	主要尺寸					适用母线规格
	ϕ	A	l	b	L	
MGS-70L	70	80	85	16	470	$\phi70/64$
MGS-80L	80	80	85	16	470	$\phi80/72$
MGS-100L	100	100	105	18	520	$\phi100/90$
MGS-110L	110	100	105	18	520	$\phi110/100$
MGS-120L	120	100	105	18	520	$\phi120/110$
MGS-130L	130	125	130	20	570	$\phi130/116$
MGS-150L	150	125	130	20	570	$\phi150/136$
MGS-170L	170	150	160	22	610	$\phi170/156$

ⓠ管母线支架（MGJ 型）

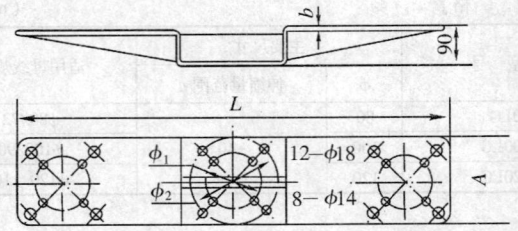

【规　　格】　　　　　　　　　　　　　（mm）

型　号	主要尺寸					适用管母线固定金具型号
	L	A	ϕ_1	ϕ_2	b	
MGJ–105	1050	170	140	*	6	MGG–70 MGG–80 MGG–100 MGG–110 MGG–120 MGG–130
MGJ–110	1100	225	140	225	8	MGG–130. B MGG–150. B MGG–170. B MGG–200. B MGG–250. B
MGJ–115	1150	250	140	254	8	MGG–130. C MGG–150. C MGG–170. C MGG–200. C MGG–250. C

⑦终端球（MGZ 型）

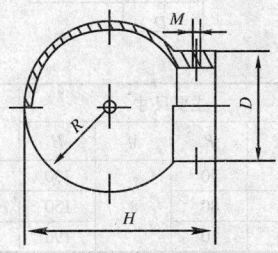

【规　格】　　　　　　　　　　　　　　　　（mm）

型　号	主要尺寸				适用母线规格
	D	H	R	M	
MGZ-70	64	165	70		φ70/64
MGZ-80	72	165	70	8	φ80/72
MGZ-100	90	195	80		φ100/90
MGZ-110	100	215	90		φ110/100
MGZ-120	110	220	90		φ120/110
MGZ-130	116	220	90	10	φ130/116
MGZ-150	136	340	150		φ150/136
MGZ-170	156	380	170		φ170/156
MGZ-200	180	415	180	12	φ200/180
MGZ-250	230	515	230		φ250/230

Ⓢ 终端球（A 型）（MGZ 型）

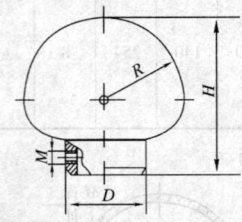

【规　格】　　　　　　　　　　　　　　　　（mm）

型　号	主要尺寸				适用母线规格
	D	R	M	H	
MGZ-70.A	64	70		130	φ70/64
MGZ-80.A	72	80	8	150	φ80/72
MGZ-100.A	90	10		190	φ100/90

续表

型 号	主要尺寸				适用母线规格
	D	R	M	H	
MGZ-110.A	100	110		205	$\phi110/100$
MGZ-120.A	110	120		225	$\phi120/110$
MGZ-130.A	116	130	10	240	$\phi130/116$
MGZ-150.A	136	150		270	$\phi150/136$
MGZ-170.A	156	170		300	$\phi170/156$
MGZ-200.A	180	200	12	365	$\phi200/180$
MGZ-250.A	230	250		440	$\phi250/230$

①封头(MGF 型)

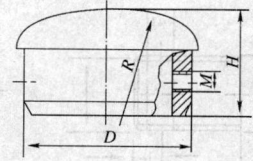

【规　格】　　　　　　　　　　　　　　　　(mm)

型 号	主要尺寸				适用母线规格
	D	H	R	M	
MGF-70	64	42	70		$\phi70/64$
MGF-80	72	50	70	8	$\phi80/72$
MGF-100	90	60	90		$\phi100/90$
MGF-110	100	60	100		$\phi110/100$
MGF-120	110	65	120		$\phi120/110$
MGF-130	116	65	120	10	$\phi130/116$
MGF-150	136	70	150		$\phi150/136$
MGF-170	156	80	160		$\phi170/156$

续表

型　号	主要尺寸				适用母线规格
	D	H	R	M	
MGZ-200	180	85	170	12	$\phi 200/180$
MGZ-250	230	85	180		$\phi 250/230$

14. 电力金具专用紧固件

　　电力金具专用紧固件是指适用于连接金具配套的紧固配件,主要指六角头带销孔螺栓、闭口销等。

(1) 六角头带销孔螺栓(DL/T764.1-2001)

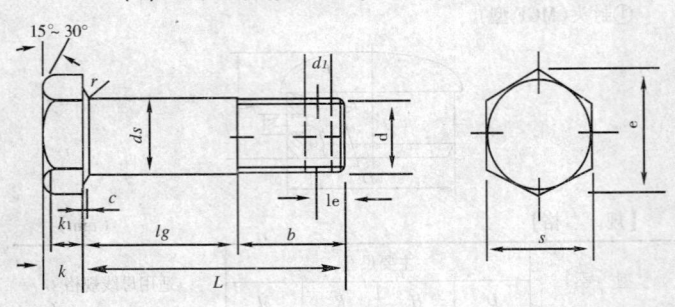

六角头带销孔螺栓

【规　格】   (mm)

螺纹规格 d		M16	(M18)	M20	(M22)	M24	(M27)	M30	M36	M42	M48
b	螺纹长	25	30	35	35	35	40	45	50	55	60
c	最大	0.8	0.8	0.8	0.8	0.8	0.8	0.8	0.8	1.0	1.0
d_s	最大	16	18	20	22	24	27	30	36	42	48
	最小	15.57	17.57	19.48	21.48	23.48	26.48	29.48	35.38	41.38	47.38
e	最小	26.17	29.56	32.95	37.29	39.55	45.20	50.85	60.79	72.02	82.60

续表

螺纹规格 d		M16	(M18)	M20	(M22)	M24	(M27)	M30	M36	M42	M48
	公称	10.0	11.5	12.5	14.0	15.0	17.0	18.7	22.5	26.0	30.0
k	最小	9.71	11.15	12.15	13.65	14.35	16.65	18.28	22.08	25.58	29.58
	最大	10.29	11.85	12.85	14.35	15.35	17.35	19.12	22.92	26.42	30.42
k_1	最小	6.8	7.8	8.5	9.5	10.2	11.7	12.8	15.5	17.9	20.9
r	最小	0.6	0.6	0.8	0.8	0.8	1.0	1.0	1.0	1.2	1.6
s	最大	24	27	30	34	36	41	46	55	65	75
	最小	23.16	26.16	29.16	33	35	40	45	53.8	63.8	73.1

螺栓长度 L		无螺比方部长度 lg									
公称	最大										
55	56.5	30									
60	61.5	35									
65	66.5	40	35								
70	71.5	45	40	35							
75	76.5	50	45	40	40						
80	81.5	55	50	45	45						
85	86.5	60	55	50	50	50					
90	91.3	65	60	55	55	55					
(95)	96.3	70	65	60	60	60	55				
100	101.7		65	65	65	60	55				
(105)	106.7			70	70	65	60				
110	111.7			75	75	70	65	60			
120	121.7				85	80	70	70			
130	132					90	85	80			
140	142						95	90	85		

闭口销		DL/T764.2									
销孔	最大	6.1				7.7			9.2		
d_1	最小	5.8				7.3			8.8		

续表

螺纹规格 d	M16	(M18)	M20	(M22)	M24	(M27)	M30	M36	M42	M48
闭口销型号	3.6A 型		3.6B 型			4.6C 型			5.6D 型	
l_e	6	8	8			10			10	

注:①尽可能不采用括号内的。② 除特殊符号外,螺栓均符合 GB/T5780 的规定。

(2) 闭口销(DL/T764.2–2001)

闭口销按适用螺栓号分为 A、B、C、D 四种。

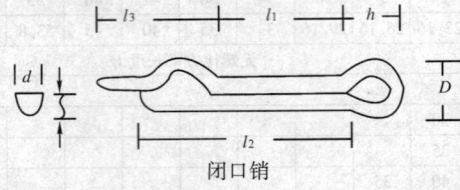

闭口销

【规格】 (mm)

代号	主要尺寸							安装范围(螺栓直径)	销孔直径	
	l_1	l_2	l_3	h	D	d	s		最小	最大
A	18	32	15	11.5	9.0	3.6	1.8	M16 ~ 18	5.8	6.1
B	24	38	15	11.5	9.0	3.6	1.8	M20 ~ 24	5.8	6.1
C	36	52	18	14.0	11.0	4.6	2.3	M27 ~ 36	7.3	7.7
D	48	66	21	16.0	13.5	5.6	2.8	M42 ~ 48	8.8	9.2

第二十九章　绝缘子

　　绝缘子是专供处在不同电位的电气设备或导体电气绝缘和机械固定用的器件。绝缘子按用途可分为线路绝缘子、变电所绝缘子以及套管。按绝缘件材料可分为由瓷、玻璃或有机材料制作的绝缘子,其应承受一定的电压,具有一定的机械强度,额定电压应符合线路电压等的要求,铁脚与瓷件、玻璃或有机材料的结构应紧固,铁件镀锌良好,釉面光滑无裂纹破损等缺陷。

1. 绝缘子型号表示方法(JB/T9683-1999)

(1)绝缘子型号组成结构

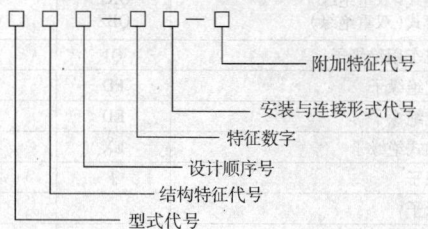

(2)绝缘子型式代号及结构特征代号

绝缘子类别		型式代号	结构特征代号	
高压线路针式绝缘子		P	按补充3规定	
高压线路瓷横担绝缘子		S	按补充3规定	
高压线路柱式绝缘子 其中:带金具线夹结构		PS PSJ	按补充3规定	
高压线路蝶式绝缘子		E		
高压线路盘形悬式瓷绝缘子		X	P	
高压线路盘形悬式玻璃绝缘子		LX	P	
直流高压线路盘形悬式瓷绝缘子		XZ	P	
直流高压线路盘形悬式玻璃绝缘子		LXZ	P	
高压线路耐污盘形悬式瓷绝缘子		X	按补充3规定	P
高压线路耐污盘形悬式玻璃绝缘子		LX		P
高压线路瓷拉棒绝缘子		X		S
绝缘地线用盘形悬式绝缘子		XD		P
高压线路棒形悬式绝缘子		X		S
交流牵引绝缘子	接触网用棒形绝缘子	Q	按补充3规定	
	悬挂式 定位式 腕臂式	QX QE QB		
	悬挂式(双重绝缘) 腕臂式(双重绝缘)	QXZ QBZ		
	电机车用绝缘子	QJ		
低压线路针式绝缘子		PD		
低压线路蝶式绝缘子		ED		
低压线路线轴式绝缘子		EX		
线路拉紧绝缘子		J		
电车线路绝缘子				
悬挂式低压线路绝缘子		WX		

续表

绝缘子类别			型式代号	结构特征代号	
瓷环式低压线路绝缘子			WH		
布线用绝缘子	鼓形绝缘子		D	胶装式 K	
	瓷夹板		N	电缆出线隔板 L	
	瓷套	直瓷管	U		
		弯头瓷管	UW		
		包头瓷管	UB		
通信线路绝缘子	针式绝缘子		T	胶装式 K，保护用 H	
	蝶式绝缘子		TE		
	线轴式绝缘子		TX		
户内支柱绝缘子	外胶装式		Z		
	内胶装式		ZN		
	联合胶装式		ZL		
户外针式支柱绝缘子			ZP		
户外棒形支柱绝缘子			ZS		
耐污型户外棒形支柱绝缘子			ZS	按补充 3 规定	
户外悬挂式棒形支柱绝缘子			ZSX	按补充 3 规定	
户外抗压棒形支柱绝缘子			ZY	按补充 3 规定	
户外棒形操作支柱绝缘子			ZC	按补充 3 规定	
户内穿墙套管	铜导体		C	户外式按补充 3 规定	
	铝导体		C		L
户外-户内穿墙套管	铜导体		CW		
	铝导体		CW		L
母线式户内式穿墙套管			CM	户外式按补充 3 规定	
母线式户外-户内式穿墙套管			CMW		
变压器瓷套（导杆式、对夹式）			B	穿缆式 L	户外式按补充 3 规定
变压器瓷套瓷压盖			BC		

续表

绝缘子类别			型式代号	结构特征代号
断路器瓷套	多油式	户内式	DWD	户外式按补充3规定
		户外式	DWS	
	少油式	户内式	DS	
		户外式	DMS	
	空气式	支持用	DKZ	
		灭弧室用	DKM	
		电阻器用	DKJ	
	防爆开关用		DB	
	柱上负荷开关用		DF	
	隔离开关用		DG	
	六氟化硫断路器	支持用	DLZ	户外式按补充3规定
		灭弧室用	DLM	
		电阻器用	DLJ	
		出线套管用	DL	
电流互感器瓷套		户内式	HL	户外式按补充3规定
		户外式	HLW	
电压互感器瓷套		户内式	HY	户外式按补充3规定
		户外式	HYW	
		电容式	HRY	
电容器瓷套	移相电容器用	户内式	R	户外式按补充3规定
		户外式	RW	
	耦合电容器用		RO	
	脉冲电容器用		RM	
	均压电容器用		RJ	
电缆瓷套	户内式		L	户外式按补充3规定
	户外式		LW	
	全瓷式电缆头用		LC	

续表

绝缘子类别		型式代号	结构特征代号
避雷器瓷套	碳化硅避雷器	A	按补充3规定
	普阀式	A	
	配电型	A	
	电站型	AZ	
	磁吹式	AC	
	电站型	ACZ	
	电机用	ACD	
	金属氧化物避雷器	AY	
低压电器瓷件	瓷插式熔断器瓷件	RC	C
	螺旋式熔断器瓷件	RC	L
	有填料封闭管式熔断器	RC	T
	开启式负荷开关瓷件	KC	K
	封闭式负荷开关瓷件	KC	B
拉杆瓷件		A	胶装式K
支柱瓷件		Z	胶装式K
户外高压熔断器瓷件		RW	C
电缆出线隔板		NL	
电除尘器	实心转轴绝缘子	JZ	
	棒形支柱绝缘子	JZ	
	支持瓷套	JH	
	穿墙套管	JT	

a. 补充 1. 电容式套管型式代号及结构特征代号

套管类别		型式代号	结构特征代号			
			尾部形式	可装电流互感器	试验室用	伞形结构
电容式变压器套管	油纸式(短尾)	BR	D	L	S	按表4规定
	油纸式(长尾)	BR		L	S	
	油—SF_6套管(完全浸入式)	BQ	D	L		
	胶纸式	BJ	D	L	S	
油纸电容式断路器套管		DR	D	L		
胶纸电容式断路器套管		DJ	D	L		
电容式穿墙套管		CR		L	S	

b. 补充 2. 主绝缘结构材料特征代号

当产品的主绝缘由瓷、玻璃、有机材料或由二种及以上的绝缘材料构成(复合)绝缘子时,其材料特征代号应排在产品型式代号的首位。

主绝缘结构材料	代号
电瓷(瓷)	一般不表示
玻璃	L
有机材料(单一)	Y
二种及以上材料(复合)	F

c. 补充 3. 外绝缘结构(伞形)特征代号

代号	意 义
W	双层伞形盘形悬式绝缘子未有规定的其他类绝缘子
H	钟罩伞,伞裙有垂直面部分,其垂直高度大于30mm
N	普通标准伞、加强型耐污等级的铁道棒形绝缘子
Q	线路针式绝缘子和35kV及以下变压器瓷套
B	不论伞形结构如何,上半导体釉的绝缘子
不表示	普通地区用绝缘子

(3)绝缘子设计顺序号

为表示同一类型产品的不同设计,区别其基本结构、尺寸、性能,按照产品设计的次序,以阿拉伯数码表征其设计顺序,顺序号由 1 开始,按照自然数顺序排列。

(4)绝缘子特征数字

绝缘子类别	特性数字
高压线路针式绝缘子	额定电压千伏数
高压线路瓷横担绝缘子	额定电压千伏数/额定弯曲破坏负荷千牛数
高压线路柱式绝缘子 其中:带金具线夹结构	额定电压千伏数/额定弯曲破坏负荷千牛数
高压线路蝶式绝缘子	形状尺寸序号
高压线路盘形悬式瓷绝缘子	机电破坏负荷千牛数
高压线路盘形悬式玻璃绝缘子	机电破坏负荷千牛数
直流高压线路盘形悬式瓷绝缘子	机电破坏负荷千牛数
直流高压线路盘形悬式玻璃绝缘子	机电破坏负荷千牛数
高压线路耐污盘形悬式瓷绝缘子	机电破坏负荷千牛数
高压线路耐污盘形悬式玻璃绝缘子	机电破坏负荷千牛数
高压线路瓷拉棒绝缘子	额定电压千伏数/机械破坏负荷千牛数
绝缘地线用盘形悬式绝缘子	机电破坏负荷千牛数
高压线路棒形悬式绝缘子	额定电压千伏数/机械破坏负荷千牛数
悬挂式接触网用棒形绝缘子 定位式接触网用棒形绝缘子 腕臂式接触网用棒形绝缘子 悬挂式(双重绝缘) 腕臂式(双重绝缘)	接触网额定电压千伏数

续表

绝缘子类别		特性数字
低压线路针式绝缘子		形状尺寸序号
低压线路蝶式绝缘子		形状尺寸序号
低压线路线轴式绝缘子		形状尺寸序号
线路拉紧绝缘子		机械破坏负荷千牛数
鼓形绝缘子		瓷件高度毫米数
瓷夹板		线槽数和长度毫米数
瓷套	直瓷管	内径与长度毫米数
	弯头瓷管	
	包头瓷管	
针式绝缘子		绝缘电阻兆欧数
蝶式绝缘子		形状尺寸序号
线轴式绝缘子		形状尺寸序号
户内支柱绝缘子	外胶装式	额定电压千伏数/弯曲破坏负荷千牛数
	内胶装式	
	联合胶装式	
户外针式支柱绝缘子		额定电压千伏数/弯曲破坏负荷千牛数
户外棒形支柱绝缘子		额定电压千伏数/弯曲破坏负荷千牛数（对于元件以高度毫米数-弯曲破坏负荷千牛数表示）
耐污型户外棒形支柱绝缘子		
户外悬挂式棒形支柱绝缘子		
户外抗压棒形支柱绝缘子		额定电压千伏数/压破坏负荷千牛数（对于元件以高度毫米数-压缩破坏负荷千牛数表示）
户外棒形操作支柱绝缘子		额定电压千伏数/扭转破坏负荷千牛米数,负荷前加一字母 N 表示扭转。（对于元件以高度毫米数-扭转破坏负荷千牛米数表示）

续表

绝缘子类别		特性数字
户内穿墙套管	铜导体	额定电压千伏数/额定电流安培数
	铝导体	
户外–户内穿墙套管	铜导体	
	铝导体	
户内式母线穿墙套管		额定电压千伏数–瓷套内径毫米数
户外–户内式母线穿墙套管		
变压器瓷套(导杆式、对夹式)		额定电压千伏数/额定电流安培数
变压器瓷套瓷压盖		瓷盖内径毫米数
断路器瓷套	多油式 户内式	额定电压千伏数与顺序号
	多油式 户外式	
	少油式 户内式	
	少油式 户外式	
	空气式 支持用	
	空气式 灭弧室用	
	空气式 电阻器用	
	防爆开关用	
	柱上负荷开关用	
	隔离开关用	
	六氟化硫断路器 支持用	高度(毫米数)与顺序号
	六氟化硫断路器 灭弧室用	
	六氟化硫断路器 电阻器用	
	六氟化硫断路器 出线套管用	
电流互感器瓷套	户内式	额定电压千伏数与顺序号
	户外式	
电压互感器瓷套	户内式	额定电压千伏数与顺序号
	户外式	
	电容式	

续表

绝缘子类别		特性数字
移相电容器用瓷套	户内式	额定电压千伏数与顺序号
	户外式	
耦合电容器用瓷套		
脉冲电容器用瓷套		
均压电容器用瓷套		
电缆瓷套	户内式	额定电压千伏数与顺序号
	户外式	
	全瓷式电缆头用	
避雷器瓷套	碳化硅避雷器	额定电压千伏数与顺序号
	普阀式	
	配电型	
	电站型	
	磁吹式	
	电站型	
	电机用	
	金属氧化物避雷器	
低压瓷插式熔断器瓷件		额定电流-瓷件类号
低压螺旋式熔断器瓷件		
低压有填料封闭管式熔断器		
低压开启式负荷开关瓷件		
低压封闭式负荷开关瓷件		
拉杆瓷件		额定电压与顺序号
支柱瓷件		额定电压与顺序号
户外高压熔断器瓷件		额定电压千伏数与顺序号

续表

绝缘子类别		特性数字
电缆出线隔板		孔数与孔径数
电除尘器	实心转轴绝缘子	额定电压千伏数,顺序号和工作温度代号:常 温——不 表 示,A—150℃、B—200℃、C—250℃、D—350℃
	棒形支柱绝缘子	
	支持瓷套	
	穿墙套管	
电容式变压器套管	油纸式(短尾)	额定电压千伏数/额定电流安培数
	油纸式(长尾)	
	油—SF$_6$套管(完全浸入式)	
	胶纸式	
电容式断路器套管	油纸式胶纸式	
	电容式穿墙套管	

(5)绝缘子安装与连接形式代号

代号	安装与连接形式
C	槽形连接(U 形)
B	板形
F	方形底座
Y	圆形底座
T	椭圆形底座
T	铁担直脚
M	木担直脚
MC	木担加长直脚

续表

代号	安装与连接形式
W	弯脚
D	大安装直径
不表示	上附件为螺孔 下附件为光孔
L	上下附件均为螺孔(用于棒形支柱)
K	上下附件均为光孔(用于户内支柱)
N	上下附件均为单孔(用于支柱)
A	上附件为单孔、下附件为双孔
S	嵌入螺栓式
M	嵌入螺母式
L	胶入螺套(用于针式)
Z	直立安装
K,	胶(铠)装式
J	金具线夹

注:①球窝连接一般不表示,但在某些场合,不表示不足以区别产品时,以 Q 表示。
②水平安装一般不表示。

(6)绝缘子附加特征代号

附加特征代号是表征产品适用的特殊环境条件

代号	附加特征
G	用于高海拔地区
T	用于干湿热带地区
TH	用于湿热带地区
TA	用于干热带地区

注:外绝缘污秽等级:对耐污型产品还应根据共最小公称爬电比距数值给以耐污等级
代号(不能以最小公称爬电比距表示的产品除外),耐污等级按 GB/T5582 规定,外

绝缘污秽等级Ⅰ、Ⅱ、Ⅲ、Ⅳ分别以1、2、3、4表示,但当该产品没有0级产品时,则Ⅰ级产品不表示耐污型及其代号,排在a、b、c或d之后,并以一间隔号隔开。

(7) 绝缘子型号举例

a. XP-160 即:机电破坏强度为160kN,采用球窝连接,其连接标记为20(符合标准规定)的高压线路盘形悬式瓷绝缘子。

b. ZS-110/4 即:额定电压110kV,弯曲破坏负荷为4kN的户外棒形支柱绝缘子。

c. ZSW2-110/4-3 即:额定电压110kV,弯曲破坏负荷为4kN的大小伞结构的耐污型户外棒形支柱瓷绝缘子,爬电比距为25mm/kV,第2次设计。

d. ZL-35/4Y-G 即:适用于3 000m海拔地区的额定电压35kV,弯曲破坏负荷4kN的户内支柱绝缘子,法兰底座为圆形的联合胶装。

e. BRDLW2-110/630-2 即:额定电压为110kV,额定电流为630A的短尾油纸电容式变压器套管,可装设电流互感器(油中接地部分长度为400mm),大小伞形结构,户外端外绝缘爬电比距为20mm/kV,第2次设计。

2. 高压线路柱式瓷绝缘子(JB/T8509-1996)

【特点及用途】高压线路柱式瓷绝缘子供标称电压高于1 000V,频率不大于100Hz,海拔不超过1 000m,普通地区和中、重污秽地区的交流架空电力线路中绝缘和支持导线用绝缘。其安装地点的环境温度在-40～40℃之间。按额定雷电冲击耐受电压值可分为95、105、125、150、170、200、250和325kV八个等级;按额定弯曲破坏负荷值可分为3、5、8和12.5 kN四个等级;按其安装方式可分为直立安装和水平安装二种;按其与高压导线的连接方式分为顶部绑扎型和顶部线夹型二种;按钢脚与底座连接方式可分为分离式(螺纹连接)和不可分离式二种。

(1)顶部绑扎型线路柱式瓷绝缘子

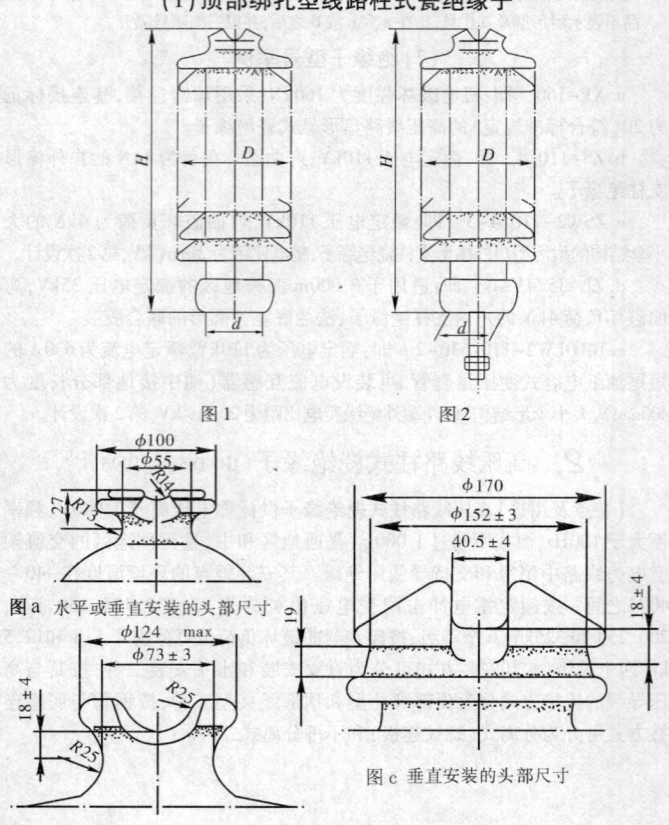

图1

图2

图a 水平或垂直安装的头部尺寸

图b 水平或垂直安装的头部尺寸

图c 垂直安装的头部尺寸

【规　格】

绝缘子型号	图示	雷电全波冲击耐受电压(kV)(峰值)≥	工频湿耐受电压(kV)(有效值)≥	最小公称爬电距离(mm)	额定弯曲破坏负荷(kN)	公称总高 H(mm)	绝缘件最大公称直径 D(mm)	头部尺寸图号	底座接触面公称直径 d(mm)	底座中心螺孔
PS-105/3Z	图2	105	40	300	3	224	120	图a	90	–
PSN-105/5ZS	图1	105	40	360	5	283	125	图a	60	M16
PSN-95/8ZS	图1	95	38	350	8	222	145	图b	90	M20
PSN-125/8ZS	图1	125	50	530	8	305	150	图b	100	M20
PSN-170/8ZS	图1	170	70	720	8	370	160	图b	90	M20
PS-150/12.5Z	图2	150	65	534	12.5	336	170	图b	110	–
PS-170/12.5ZS	图1	170	70	580	12.5	370	170	图b	100	M20
PS-200/12.5ZS	图1	200	85	620	12.5	430	180	图b 或 图c	120	M20
PS-250/12.5ZS	图1	250	95	860	12.5	510	190	图b 或 图c	120	M20
PS-325/12.5ZS	图1	325	140	1 200	12.5	660	200	图b 或 图c	140	M24
PSN-95/12.5ZS	图1	95	38	350	12.5	222	165	图b	100	M20
PSN-125/12.5ZS	图1	125	50	530	12.5	305	170	图b	100	M20
PSN-170/12.5ZS	图1	170	70	720	12.5	370	170	图b	100	M20
PSN-200/12.5ZS	图1	200	85	900	12.5	430	190	图b 或 图c	120	M20
PSN-250/12.5ZS	图1	250	95	1 140	12.5	510	200	图b 或 图c	120	M20
PSN-325/12.5ZS	图1	325	140	1 450	12.5	660	210	图b 或 图c	140	M24

注：型号中 PS 表示线路柱式瓷绝缘子，N 表示较长爬电距离，Z 表示直立安装（水平安装不表示），S 表示螺纹连接式，斜线"/"前数字为雷电全波冲击耐受电压（kV），斜线"/"后数字表示弯曲破坏负荷（kN）。

（2）顶部线夹型线路柱式瓷绝缘子

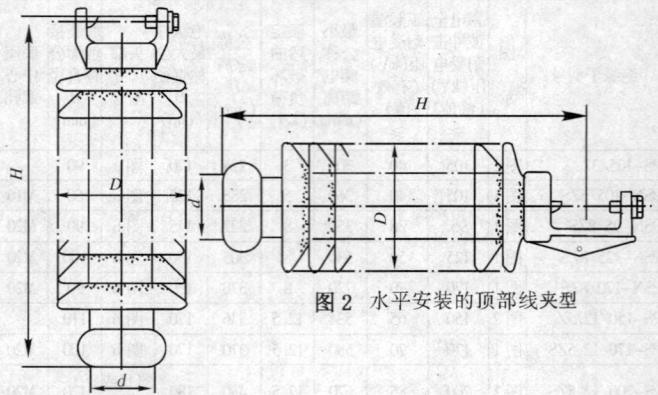

图2 水平安装的顶部线夹型

图1 直立安装的顶部线夹型

【规　　格】

型　号	图示	雷电全波冲击耐受电压(kV)(峰值)≥	工频湿耐受电压(kV)(有效值)≥	最小公称爬电距离(mm)	额定弯曲破坏负荷(kN)	公称总高 H (mm)	绝缘件最大公称直径 D (mm)	底座接触面公称直径 d (mm)	底座中心螺孔
PSJ−125/12.5ZS	图1	125	50	400	12.5	350	160	100	M20
PSJ−125/12.5S	图2					370			
PSJ−170/12.5ZS	图1	170	70	580	12.5	420	170	110	M20
PSJ−170/12.5S	图2					440			
PSJ−200/12.5ZS	图1	200	85	620	12.5	490	180	120	M20
PSJ−200/12.5S	图2					515			

续表

型　号	图示	雷电全波冲击耐受电压(kV)(峰值)≥	工频湿耐受电压(kV)(有效值)≥	最小公称爬电距离(mm)	额定弯曲破坏负荷(kN)	公称总高H(mm)	绝缘件最大公称直径D(mm)	底座接触面公称直径d(mm)	底座中心螺孔
PSJ–250/12.5ZS	图1	250	95	860	12.5	570	190	120	M20
PSJ–250/12.5S	图2					590			
PSJ–325/12.5ZS	图1	325	140	1 200	12.5	710	200	140	M24
PSJ–325/12.5S	图2					730			
PSJN–95/12.5ZS	图1	95	38	350	12.5	270	165	100	M20
PSJN–95/12.5S	图2					290			
PSJN–125/12.5ZS	图1	125	50	530	12.5	350	170	100	M20
PSJN–125/12.5S	图2					370			
PSJN–170/12.5ZS	图1	170	70	720	12.5	420	180	110	M20
PSJN–170/12.5S	图2					440			
PSJN–200/12.5ZS	图1	200	85	900	12.5	495	190	120	M20
PSJN–200/12.5S	图2					515			
PSJN–250/12.5ZS	图1	250	95	1 140	12.5	570	200	120	M20
PSJN–250/12.5S	图2					590			
PSJN–325/12.5ZS	图1	325	140	1 450	12.5	710	210	140	M24
PSJN–325/12.5S	图2					730			

注:型号中 J 表示线夹型(绑扎型不表示),型号的其他表示含义参见前页"顶部绑扎型线路柱式瓷绝缘子"的注释。

(3)高压线路柱式瓷绝缘子其他主要尺寸

a. 头部线夹尺寸

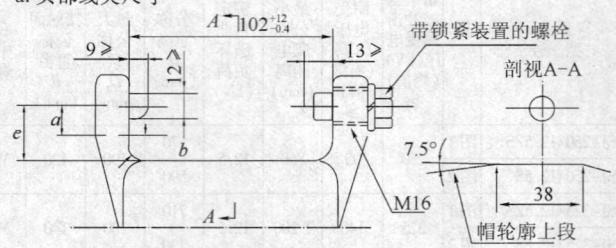

注:尺寸 a、b、c 和图示最小值用量规检查(见图 6)。

b. 线夹量规尺寸

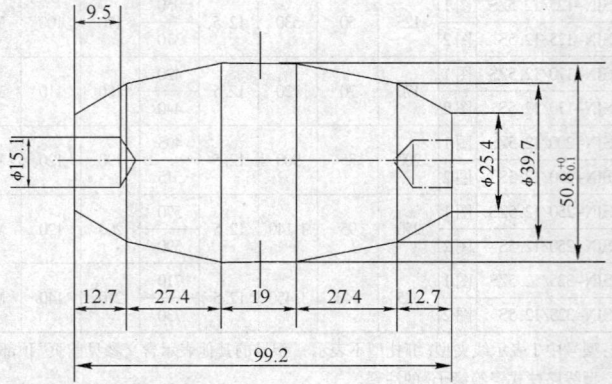

注:除图示外偏差士 0.05mm。

c. 底部金属附件凹进部分和螺孔尺寸

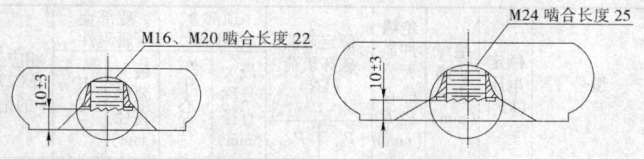

3. 高压支柱瓷绝缘子（GB/T 8287.2 – 1999）

【特点及用途】高压支柱瓷绝缘子是指用于标称电压高于 1 000V, 频率不超过 100Hz 的交流系统中运行的电气设备和装置上的户内和户外支柱瓷绝缘子和支柱瓷绝缘子元件。其主要包括户内支柱绝缘子、户外棒形支柱绝缘子和户外针式支柱绝缘子等三种型式。

（1）户内支柱绝缘子（相应于 IEC 的系列）

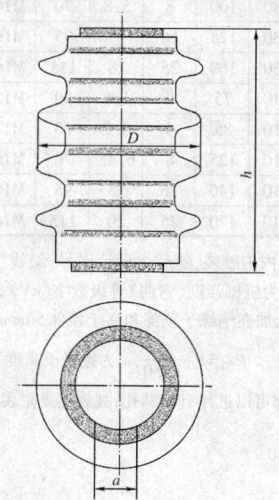

【规 格】

型号	额定电压（kV）	绝缘子高度 h（mm）	绝缘件最大公称直径 D（mm）	额定弯曲破坏负荷（kN）		顶部金属附件		底部金属附件		相应于IEC273中的记号
				P_0	P_{50}	最大公称直径（mm）	中心孔	最大公称直径（mm）	中心孔	
ZN6-7.2/2	7.2	95	60	2	1.3	40	M12	55	M12	J2-60
ZN6-7.2/4	7.2	95	75	4	2.6	60	M12	70	M16	J4-60
ZN6-7.2/8	7.2	95	85	8	5.2	70	M16	80	M16	J8-60
ZN6-7.2/16	7.2	95	125	16	10.5	95	M16	115	M20	J16-60
ZN6-7.2/25	7.2	95	160	25	16.4	115	M16	140	M20	J25-60
ZN6-12/2	12	130	60	2	1.45	40	M12	55	M12	J2-75
ZN6-12/4	12	130	75	4	2.9	60	M12	70	M16	J4-75
ZN6-12/8	12	130	85	8	5.8	70	M16	95	M16	J8-75
ZN6-12/16	12	130	125	16	11.6	95	M16	115	M20	J16-75
ZN6-12/25	12	130	160	25	18	115	M16	140	M20	J25-75
ZN6-24/2	24	210	75	2	1.6	40	M12	70	M12	J2-125
ZN6-24/4	24	210	85	4	3.2	60	M12	80	M16	J4-125
ZN6-24/8	24	210	125	8	6.45	70	M16	115	M20	J8-125
ZN6-24/16	24	210	140	16	13	95	M16	130	M20	J16-125
ZN6-24/25	24	210	170	25	20	115	M16	150	M24	J25-125

注：①型号中 ZN 表示户内内胶装，随后为设计序号，斜线"/"前为额定电压等级数字（kV），斜线"/"后为机械强度（弯曲）等级数字（kV）。

②P_0 和 P_{50} 分别表示加在绝缘子顶部和高于顶部50mm 处的弯曲负荷。

$$P_{50} = P_0 \frac{h}{h+50}(h \text{ 为绝缘子高度})$$

③绝缘子顶部和底部可以选择有辅助孔，其规定见附表：

附表（相应于 IEC 的系列）

绝缘子的 弯曲破坏负荷 （kN）	螺　孔	孔的螺纹 最小深度 （mm）	孔中心距 a （mm）
2	–	–	–
4	M6	6	36
8	M10	6	46
16	M10	6	66
25	M10	6	66

注:辅助孔是供选择的。是否需要辅助孔由供需双方协议,按协议也可将辅助孔制成光孔。

（2）户外棒形支柱绝缘子（相应于 IEC 的系列）

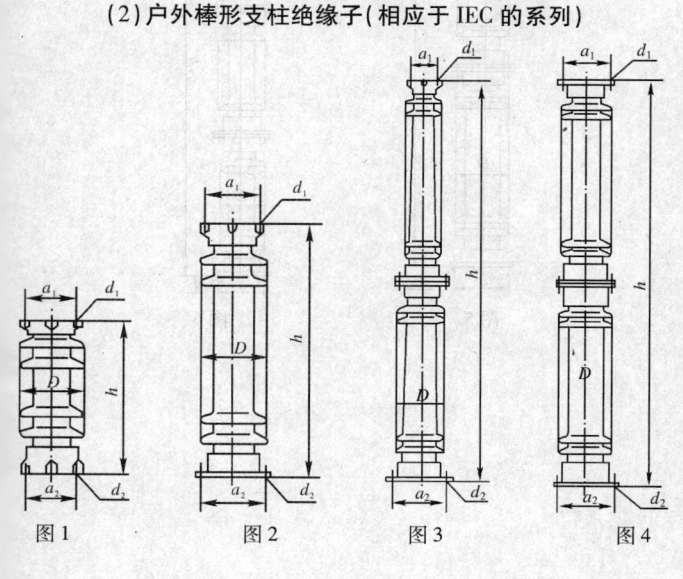

图1　　　　　图2　　　　　图3　　　　　图4

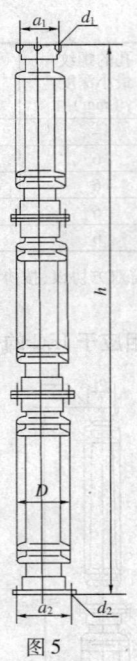

图 5

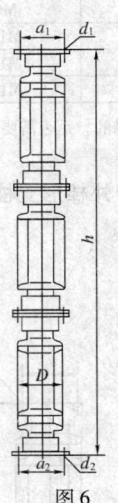

图 6

【规　格】

型号	图示	额定电压 (kV)	额定机械破坏负荷		高度 h	最小公称电爬距离 L	绝缘件最大公称直径 D	上附件安装孔中心圆直径 a_1	下附件安装孔中心圆直径 a_2	组合方法（推荐）	相应于IEC273中的记号
			弯曲 P_0 (kN)	扭转 (kN·m)			(mm)				
ZS6-12/4	图1	12	4.0	0.6	215	190	180	76	76	-	C4-75
ZS6-12/6	图1	12	6.0	0.6	215	190	180	76	76	-	C6-75
ZS6-24/8	图1	24	8.0	1.2	305	385	195	76	76	-	C8-125
ZS6-24/16	图1	24	16.0	6.0	305	385	230	76	76	-	C16-125
ZS6-40.5/6	图1	40.5	6.0	1.5	445	650	205	76	76	-	C6-170
ZS6-40.5/8	图1	40.5	8.0	2.0	445	650	205	76	76	-	C8-170
ZS6-72.5/4	图1	72.5	4.0	2.0	770	1 160	225	127	127	-	C4-325
ZS6-72.5/6	图1	72.5	6.0	2.5	770	1 160	225	127	127	-	C6-325
ZS6-126/4	图2	126	8.0	3.0	1 220	2 015	300	127	178	-	C4-550
ZS6-126/8	图2	126	8.0	4.0	1 220	2 015	300	127	200	-	C8-550
ZS6-126/12.5	图2	126	12.5	6.0	1 220	2 015	350	127	254	-	C12.5-550
ZS6-252/4	图3	252	4.0	3.0	2 300	4 030	450	127	200	R5BD+R10DD	C4-1 050
ZS6-252/8	图4	252	8.0	4.0	2 300	4 030	450	225	254	R10EF+R20FF	C8-1 050
ZS6-252/12.5	图4	252	12.5	6.0	2 300	4 030	450	225	275	R20EF+R40FG	C12.5-1 050
ZS6-252/16	图4	252	16.0	6.0	2 300	4 030	450	225	300	R20EF+R40FH	C16-1 050
ZS6-363/4	图5	363	4.0	3.0	3 350	5 810	450	127	225	R5BD+R10DD +P14DF	C4-1 550

续表

型 号	图 示	额定电压 (kV)	额定机械破坏负荷 弯曲 P_0 (kN)	额定机械破坏负荷 扭转 (kN·m)	高度 h	最小公称电爬距离 L	绝缘件最大公称直径 D	上附件安装孔中心圆直径 a_1	下附件安装孔中心圆直径 a_2	组合方法(推荐)	相应于IEC273中的记号
					(mm)						
ZS6-363/8	图6	363	8.0	4.0	3 350	5 810	450	225	275	R10EF+R20FF+P28FG	C8-1 550
ZS6-363/10	图6	363	10.0	4.0	3 350	5 810	450	225	300	R14EF+R28FG+P40GH	C10-1 550
ZS6-550/8	图6	550	8.0	4.0	4 400	8 800	450	254	300	V14FF+V28FG+U40GH	C8-1950
ZS6-550/12.5	图6	550	12.5	6.0	4 400	8 800	450	254	356	V20FG+V40GH+U56HK	C12.5-1950

注:①型号中 ZS 表示户外棒形,随后为设计序号数字。斜线"/"前为额定电压等级数字(kV),斜线"/"后为机械强度(弯曲)等级数字(kN)。

②当绝缘子结构需要时,经供需双方协议绝缘件最大直径可以增加。

③绝缘子顶部金属附件应能耐受以下弯矩 M:

额定电压 126kV 及以下 $M=0.5\,P_0 h$ 额定电压 252kV 及以上 $M=0.2\,P_0 h$

④户外棒形支柱绝缘子的安装尺寸,其规定见附表 A。

⑤组合方法仅作为推荐,元件及代号见附表 B。

附表 A. 户外棒形支柱绝缘子的安装尺寸(相应于 IEC 的系列)

附件安装孔中心圆直径 a_1 或 a_2 (mm)	孔径 d_1 或 d_2 (mm)	孔数 (个)	附件安装面最大公称直径 (mm)
76	M12	4	115
127	M16	4	165
178	18	4	225
200	18	4	245
225	18	4	270
254	18	8	300
275	18	8	320
300	18	8	345
325	18	8	370
356	18	8	400

附表 B. 户外棒形支柱绝缘子元件尺寸特性(推荐)

元件代号	高度 (mm)	破坏弯矩设计值 (kN·m)		爬电距离 (mm)	孔中心圆直径 (mm)	
		上端	下端		上附件	下附件
P14DE	1 050	10	14	1 750	200	225
P28FG	1 050	20	28	1 750	254	275
P40GH	1 050	28	40	1 750	275	300
R5BD	1 150	2.5	5	2 025	127	200
R10DD	1 150	7.1	10	2 025	200	200
R10EF	1 150	7.1	10	2 025	225	254
R14EF	1 150	10	14	2 025	225	254
R20EF	1 150	14	20	2 025	225	254
R20FF	1 150	14	20	2 025	254	254
R28FG	1 150	20	28	2 025	254	275

续表

元件代号	高度（mm）	破坏弯矩设计值（kN·m）		爬电距离（mm）	孔中心圆直径（mm）	
		上端	下端		上附件	下附件
R40FG	1 150	28	40	2 025	254	275
R40GH	1 400	28	40	2 025	254	300
U40FH	1 400	28	40	2 600	275	300
U56HK	1 500	40	56	2 600	300	356
V14FF	1 500	10	14	3 100	254	254
V20FG	1 500	14	20	3 100	254	275
V28FG	1 500	20	28	3 100	254	275
V40GH	1 500	28	40	3 100	275	300

（3）户内内胶装和联合胶装支柱绝缘子（原有系列）

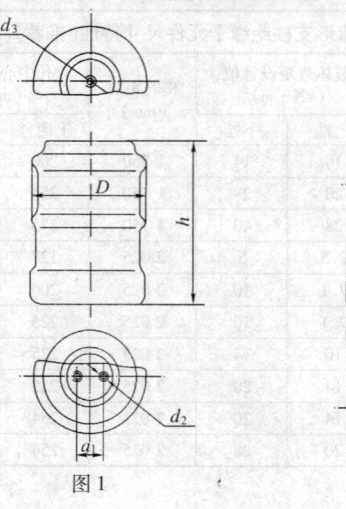

图 1

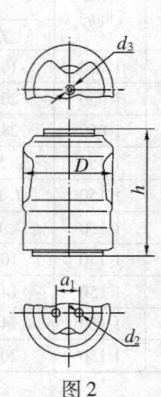

图 2

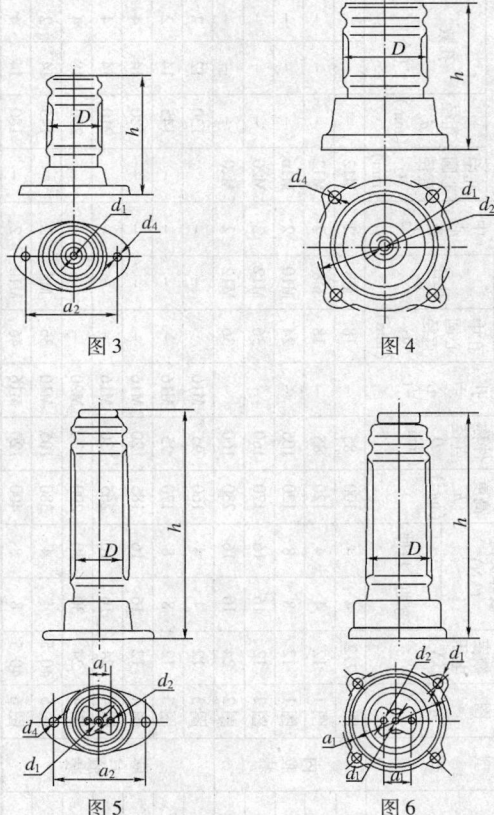

图 3 图 4

图 5 图 6

[规　格]

型号	型式	图示	额定电压 (kV)	额定机械破坏负荷 (kN) 弯曲	额定机械破坏负荷 (kN) 拉伸	高度 h (mm)	绝缘件直径 D (mm)	上附件安装尺寸 孔中 d_1	上附件安装尺寸 劳孔 孔中心圆直径 a_1 (mm)	上附件安装尺寸 劳孔 孔径 d_2	上附件安装尺寸 劳孔 孔数	下附件安装尺寸 中心孔 d_3	下附件安装尺寸 孔中心圆直径 a_2 (mm)	下附件安装尺寸 劳孔 孔径 d_4 (mm)	下附件安装尺寸 劳孔 孔数 (个)
ZN-7.2/4	内胶装	图1	7.2	4	4	100	85	-	18	M8	2	M12	-	-	-
ZN-12/4		图1	12	4	4	120	85	-	18	M8	2	M12	-	-	-
ZN-12/8		图1	12	8	8	120	105	-	24	M10	2	M16	-	-	-
ZN-12/16		图2	12	16	16	170	160	-	36	M12	2	M20	-	-	-
ZN-24/16		图2	24	16	16	230	160	-	36	M12	2	M20	-	-	-
ZL-12/4	联合胶装	图3	12	4	4	160	95	M10	-	-	-	-	130	12	2
ZL-12/8		图3	12	8	8	170	95	M16	-	-	-	-	145	14	2
ZL-12/16		图4	12	16	16	185	120	M16	-	-	-	-	180	14	4
ZL-24/16		图4	24	16	16	265	130	M16	-	-	-	-	210	14	4
ZL-24/30		图4	24	30	30	290	170	M20	-	-	-	-	250	18	4
ZL-40.5/4		图5	40.5	4	4	380	105	M10	36	M8	2	M8	145	14	2
ZL-40.5/8		图6	40.5	8	8	400	120	M16	46	M10	2	M10	180	14	4

注: 型号中 ZN 表示户内内胶装, ZL 表示户内联合胶装, 斜线 "/" 前为额定电压数字 (kV), "/" 后为机械强度 (弯曲) 等级数字 (kN)。

(4)户内外胶装支柱绝缘子(原有系列)

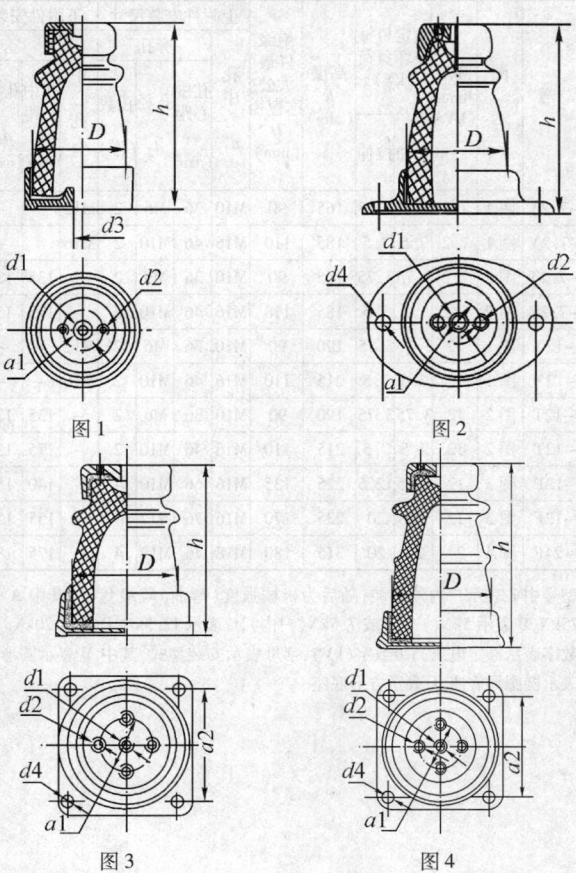

图 1

图 2

图 3

图 4

【规　格】

型　号	图示	额定电压(kV)	额定机械破坏负荷(kN) 弯曲 拉伸		高度 h (mm)	绝缘件最大公称直径 D (mm)	上附件安装尺寸 孔中心 d_1	旁孔 孔中心距 a_1 (mm)	孔径 d_2	孔数 (个)	下附件安装尺寸 中心孔 d_3	旁孔 孔中心距 a_1 (mm)	孔径 d_4 (mm)	孔数 (个)
ZA-7.2Y	图1	7.2	3.75	3.75	165	90	M10	36	M6	2	M12	–	–	–
ZB-7.2Y	图1	7.2	7.5	7.5	185	110	M16	46	M10	2	M16	–	–	–
ZA-7.2T	图2	7.2	3.75	3.75	165	90	M10	36	M6	2	–	135	12	2
ZB-7.2T	图2	7.2	7.5	7.5	185	110	M16	46	M10	2	–	175	15	2
ZA-12Y	图1	12	3.75	3.75	190	90	M10	36	M6	2	M12	–	–	–
ZB-12Y	图1	12	7.5	7.5	215	110	M16	46	M10	2	M16	–	–	–
ZA-12T	图2	12	3.75	3.75	190	90	M10	36	M6	2	–	135	12	2
ZB-12T	图2	12	7.5	7.5	215	110	M16	46	M10	2	–	175	15	2
ZC-12F	图3	12	12.5	12.5	225	135	M16	66	M10	4	–	140	15	4
ZD-12F	图3	12	20	20	235	170	M16	76	M12	4	–	155	15	4
ZD-24F	图4	24	20	20	315	180	M18	76	M12	4	–	175	18	4

注:型号中 Z 表示户内外胶装,随后为机械强度(弯曲)等级代号,其中 A 表示 3
75kN,B 表示 5kN(户外)或 7.5kN(户内),C 表示 12.5kN,D 表示 20kN。"-"后
数字表示额定电压高级数字(kV),字母表示安装型式,其中 Y 表示圆形底座,
表示椭圆形底座,F 表示方形底座。

（5）户外棒形支柱绝缘子（原有系列）

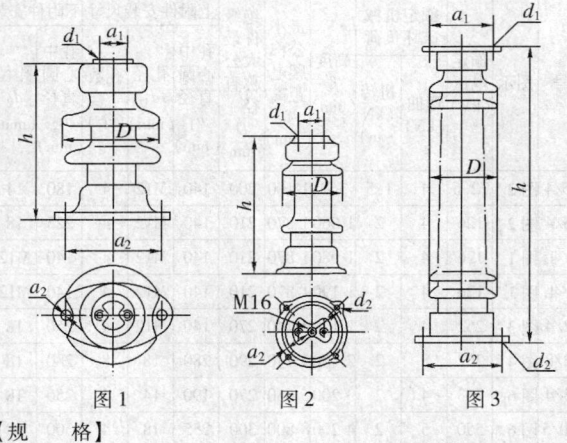

图1　　　　　　图2　　　　　　图3

【规　格】

型　号	图示	额定电压(kV)	额定机械破坏负荷		高度 h (mm)	最小公称爬电距离 L (mm)	绝缘件最大公称直径 D (mm)	上附件安装尺寸			下附件安装尺寸		
			弯曲(kN)	扭转(kN·m)				孔中心圆直径 a_1 (mm)	孔径 d_1 (mm)	孔数(个)	孔中心圆直径 a_2 (mm)	孔径 d_2 (mm)	孔数(个)
S-12/4	图1	12	4	–	210	200	145	36	M8	2	130	12	2
S-24/8	图2	24	8	–	350	400	185	76	M12	2	180	14	4
S-24/16	图2 *	24	16	–	350	400	210	140	M12	4	210	14	4
S-24/30	图2 *	24	30	–	400	400	230	140	M12	4	250	18	4
S-40.5/4	图3	40.5	4	1	400	625	185	140	14	4	140	14	4
S-40.5/6L	图1 *	40.5	6	1	420	625	200	140	M12	4	140	M12	4
S-40.5/8	图2 *	40.5	8	1.5	420	625	200	140	M12	4	180	14	4

续表

型　号	图示	额定电压 (kV)	额定机械破坏负荷		高度 h (mm)	最小公称爬电距离 L (mm)	绝缘件最大公称直径 D (mm)	上附件安装尺寸			下附件安装尺寸		
			弯曲 (kN)	扭转 (kN·m)				孔中心圆直径 a_1 (mm)	孔径 d_1 (mm)	孔数 (个)	孔中心圆直径 a_2 (mm)	孔径 d_2 (mm)	孔数 (个)
ZS-72.5/4	图2*	72.5	4	1.5	760	1 100	200	140	M12	4	180	14	4
ZS-126/4	图2*	126	4	2	1 060	1 870	210	140	M12	4	225	18	4
ZS5-126/4L	图1*	126	4	2	1 080	1 870	210	140	M12	4	140	M12	4
ZS5-126/4L	图1*	126	4	2	1 190	1 870	210	140	M12	4	140	M12	4
ZS-252/4	图3*	252	4	2	2 120	3 740	270	140	14	4	250	18	4
ZS-252/8	图4*	252	8	2	2 400	3 740	290	280	18	8	280	18	8
ZS-363/4	图6*	363	4	2	3 200	5 630	270	190	14	4	250	18	4
ZS1-550/5	图6*	550	5	2	4 200	8 800	300	255	18	4	300	18	8

注：①图示中带＊的图应参见前"户外棒形支柱绝缘子"（相应于 IEC 的系列）的图示。

②ZS-363/4 绝缘子的均压环直径为600mm。

③ZS1-550/5 绝缘子的均压环直径为1 000mm。

④型号中 ZS 表示户外棒形，斜线"/"前为额定电压等级数字(kN)，斜线"/"后为机械强度（弯曲）等级数字(kN)，L 表示上下安装孔均为螺孔。

(6)户外针式支柱绝缘子(原有系列)

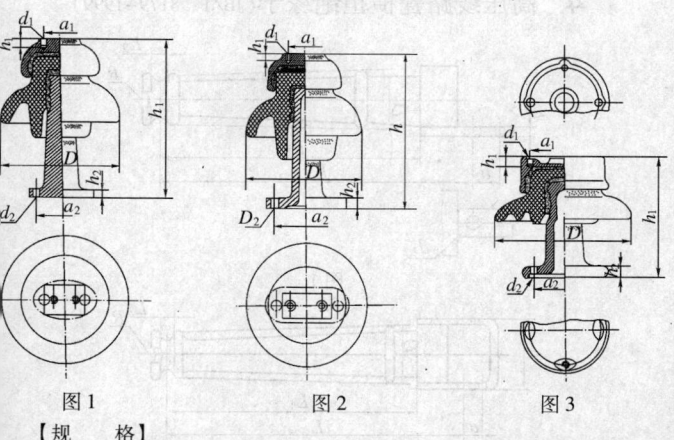

图1　　　　　　　　图2　　　　　　　　图3

【规　格】

型号	图示	额定电压(kV)	额定弯曲破坏负荷(kN)	高度 h	最小公称爬电距离 L	绝缘件最大公称直径 D	上附件安装尺寸				下附件安装尺寸			法兰厚度 h_2
							孔距 a_1	孔径 d_1	孔数(个)	螺孔深 h_1	孔距 a_2	孔径 d_2	孔数个	
				(mm)						(mm)				(mm)
PA-7.2	图1	72	3.75	170	170	150	36	M8	2	8	50	11	2	2
ZPB-12	图2	12	5	188	200	170	36	M8	2	10	70	11	2	13
ZPD-12	图3	12	20	210	200	260	120	M12	4	18	120	15	4	16

注:型号中 ZP 表示户外针式,随后表示机械强度(弯曲)等级,A 表示 3.75kN,B 表示 5kN,D 表示20kN。"-"后额定电压等级数字(kV)。

4. 高压线路瓷横担绝缘子(JB/T 8179-1999)

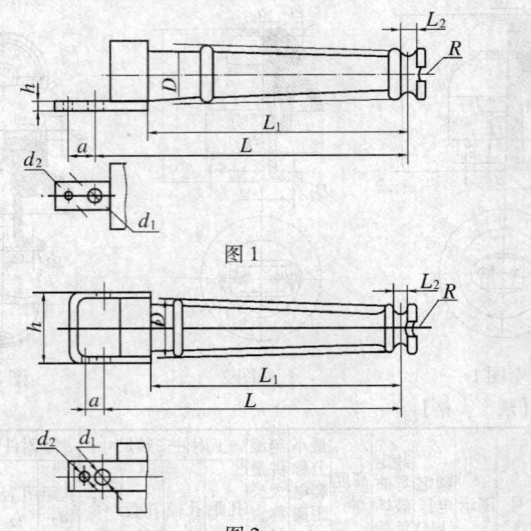

图1

图2

【特点及用途】高压线路瓷横担绝缘子适用于三相电力系统标称电压35kV 及以下、频率不超过 100Hz、海拔不超过 1 000m 的高压架空电力线路中绝缘和支持导线用的绝缘安装地点环境温度为-40 ~ +40℃。

【规格】

型号	图示	线槽号安孔中心距 L (mm)	绝缘距离 L_1 (mm)	线槽尺寸 (mm) L_2	R	安装尺寸 (mm) 孔直径 d_1 ±0.5	高度 h ≤	稳定孔直径 d_2 ±0.5 (mm)	安装孔与稳定孔中心距 a(±1) (mm)	最小公称爬电距离 (mm)	额定弯曲破坏负荷 (kN)	工频湿耐受电压(有效值)(kV)	标准雷电冲击全波耐受电压(峰值)(kV)
S-10/2.5	图1	390	315	22	11	18	14	6.5	40	320	2.5	45	165
S1-10/2.5		440	365							380		50	185
(S2-10/2.5)									(30)				
S-10/5.0	图2	400	320	28	14	22	140	11.0	40	360	5.0	45	165
(S1-10/5.0)									(30)				
S-35/5.0		580	490						40	700		85	250
(S1-35/5.0)									(35)	750			
S2-35/5.0		620	520						40	1120		100	265
(S3-35/5.0)									(35)				

注：①带括号的型号为过渡型产品，括号内的尺寸为过渡型尺寸。
②型号中，S 表示瓷横担绝缘子，随后是设计顺序号。斜线"/"前为额定电压(单位 kV)，"/"后为额定弯曲破坏负荷(单位 kN)。

5. 高压架空线路绝缘地线用盘形悬式瓷绝缘子

(JB9680-1999)

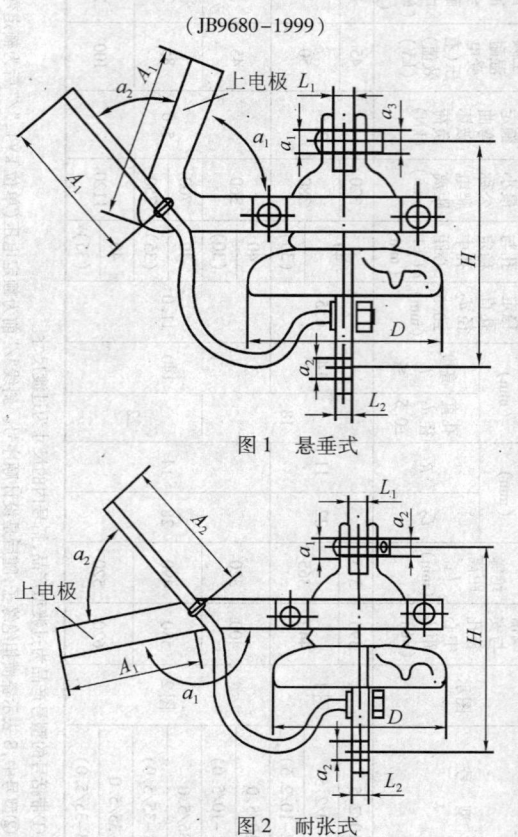

图 1 悬垂式

图 2 耐张式

【特点及用途】 地线绝缘子是用于支持架空线路中的地线,当线路正常运行时,保证地线与铁塔绝缘,减少输电能量损耗和开通地线载波通信;当地线电压超过整定值时,保护间隙放电,地线与铁塔导通,发挥各种保护作用。其安装地点的环境湿度应在-40 ～ +40℃之间,海拔不超过1 000m。按其安装形式和电极结构可分为悬垂式和耐张式,机电破坏负荷等级有 70kN 和 100kN 二级(100kN 级地线绝缘子应附带一个能与金具配用的连接螺栓)。

【规　　格】

型号		XDP-70C	XDP-70CN	XDP-100C	XDP-100CN
图示		图1	图2	图1	图2
基本尺寸(mm)	H	200	200	210	210
	D	160	160	170	170
	最小公称爬电距离 L	160	160	170	170
	A_1	155	135	155	135
	A_2	135	135	135	135
	α_1	70°	170°	70°	170°
	α_2	60°	60°	60°	60°
	L_1	19	19	19	19
工频电压(kV)≥(有效值)	湿耐受	30	30	30	30
	击穿	110	110	110	110
额定机电破坏负荷(kN)(试验电压40kV)		70	70	100	100
打击破坏负荷(N·cm)≥		565	565	678	678
工频闪络电压(kV)(有效值)≥	干	45	45	45	45
	25	25	25	25	湿

续表

型号		XDP-70C	XDP-70CN	XDP-100C	XDP-100CN
图示		图1	图2	图1	图2
工频（干或湿）放电电压（kV）（间隙距离20mm,有效值）	上限	30	30	30	30
	下限	8	8	8	8
电极耐弧能力≥	工频电流（kV）（有效值）	10	10	10	10
	时间（S）	0.2	0.2	0.2	0.2
	次数	2	2	2	2

6. 盘形悬式绝缘子串元件（GB7253-87）

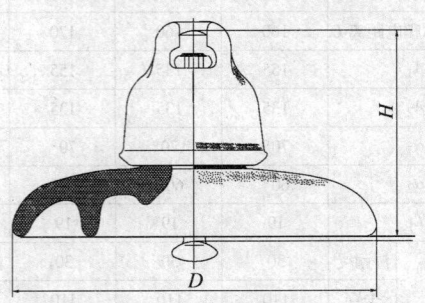

【特点及用途】 盘形悬式绝缘子串元件适用于额定电压高于1 000V、频率不超过100Hz的交流架空电力线路、变电站和电气化铁路接触网用绝缘，有瓷质材料和玻璃材料两种类型，其安装点环境温度在−40～+40℃之间。

【规　格】

绝缘子型号	机械破坏负荷（kN）≥	打击破坏负荷（N·cm）≥	公称结构高度 H	绝缘件公称直径 D	最小公称爬电距离 L	连接型式标记	雷电全波冲击耐受电压(kV)(峰值)≥	一分钟湿耐受	击穿
			\(mm\)					工频电压(kV)(有效值)≥	
XP-70	70	565	146	255	295	16	100	40	110
LXP1-70			146	255	295		100	40	110
XP1-70			127	255	295		95	35	110
XP2-70			146	190	200		85	30	90
XP-100	100	678	146	255	295	16	100	40	110
LXP-100			146	255	295		100	40	
XP-120	120	678	146	255	295	16	100	40	110
LXP-120			146	255	295		100	40	
XP1-160	160	1 017	146	255	305	20	100	40	110
LXP1-160			146	255	305		100	40	
XP2-160			146	280	330		105	42	
LXP2-160			146	280	330		105	42	
XP-160 *			155	255	305		100	40	
LXP-160 *			155	280	330		105		
XP1-210	210	1 017	170	280	335	20 * *	105		120
LXP1-210			170	280	335		105		
XP-300	300	1 017	195	320	370	24	110	45	120
LXP-300			195	320	370				
XP-400	400		205	360	525	28	—	—	—
LXP-400			205	360	525				
XP1-400			220	380	550				
LXP1-400			220	380	550				

续表

绝缘子型号	机械破坏负荷（kN）≥	打击破坏负荷（N·cm）≥	公称结构高度 H	绝缘件公称直径 D	最小公称爬电距离 L	连接型式标记	雷电全波冲击耐受电压（kV）（峰值）≥	工频电压（kV）（有效值）≥	
								一分钟湿耐受	击穿
			（mm）						
XP-530			240	380	600				
LXP-530	530		240	380	600	32	–	–	–
XP1-530			255	440	640				
LXP1-530			255	440	640				

注：①型号中，X 表示悬式瓷绝缘子；LX 表示悬式玻璃绝缘子；P 表示机电破坏负荷；
　　数字 1、2 为设计顺序号；破折号后面的数字为额定机电破坏负荷千牛数。

②＊括号内等级为过渡型产品。

③＊＊现行 210kN 等级的产品其连接型式标记为 24，系过渡尺寸，原型号分别
　　为 XP-21，LXP-21。

7. 户外少油断路器用瓷套（JB/T1542-1999）

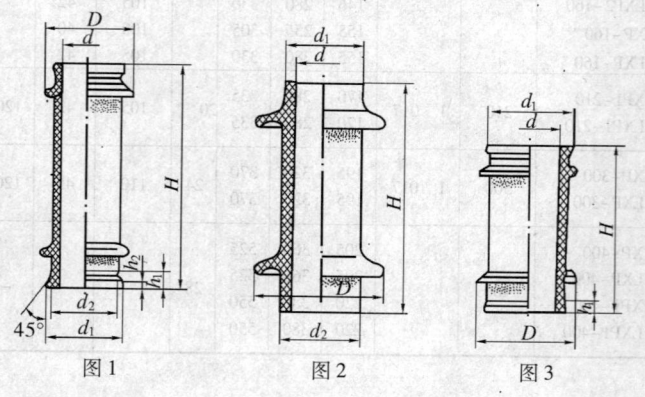

图 1　　　　图 2　　　　图 3

【特点及用途】 户外少油断路器用瓷套专供工频交流额定电压110kV 及 220kV 户外少油断路器用灭弧室瓷套和支柱瓷套绝缘。

【规　　格】

名称	型号	图示	液压试验(MPa)		基本尺寸(mm)							伞数(个)	爬电距离(mm)
			一分钟耐受值	破坏值 ≥	H	D	d	d_1	d_2	h_1	h_2		
支柱瓷套	DWS-11010	图1	1.5	2.0	200±15	335	185±5	276^{+1}_{-2}	263^{+1}_{-2}	70	45±5	16	1870
灭弧室瓷套	DWS-11008	图2	1.0	2.0	670±5	295	185±5	225^{+5}_{-10}	235^{+5}_{-10}	-	-	9	-
灭弧室瓷套	DWS-11011	图2	1.0	1.5	700±5	350	220±6	270^{+5}_{-10}	270^{+5}_{-10}	-	-	9	-
灭弧室瓷套	DWS-11012	图3	1.0	1.5	1100±10	370	240±7	320±10	-	45 *	-	16	-

注:①型号中 DWS 表示户外少油断路器瓷套,其后所带数字前三位为额定电压千伏数,
　　后两位数字为顺序号。
　②*尺寸允许不制成 凸台,或 凸台高度控制在60mm 以下。

8. 高压线路针式瓷绝缘子(GB1000.2-88)

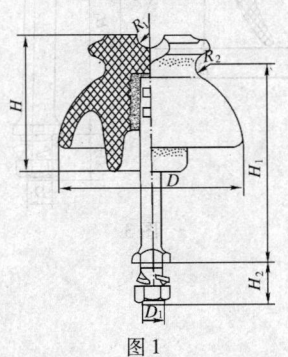

图 1

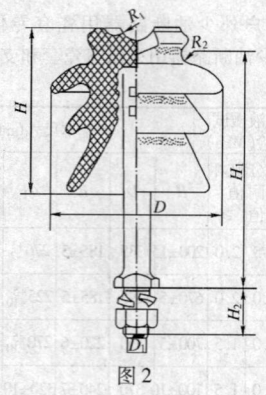

图 2

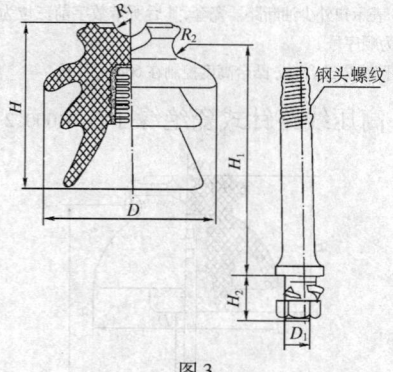

图 3

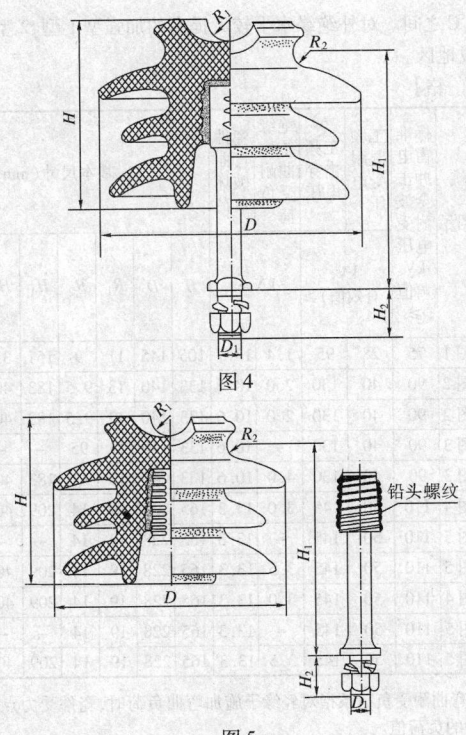

图 4

图 5

【特点及用途】　针式瓷绝缘子是可通过装在瓷件孔内的脚刚性地安装到支持结构上的一种刚性绝缘子,其瓷件与脚可以是可分开的(螺纹连接)或者是永久性连接的(水泥胶合剂胶装)。高压线路针式瓷绝缘子适用于三相电力系统标称电压 10kV、频率不超过 100Hz、海拔不超过 1 000m普通地区、污秽地区的高压架空电力线路中绝缘,其安装地点的环境温度在-40~40℃之间。对外绝缘水平较大提高的加强型 1 型、2 型绝缘子,可用于高海拔地区。

【规　　格】

型号	图示	标准雷电冲击全波耐受电压 kV(峰值)≥	工频湿耐受电压	工频击穿电压	绝缘子弯曲耐受负荷	瓷件弯曲破坏负荷	基本尺寸(mm)							
			kV (有效值)≥		kN≥		H	D	R_1	R_2	H_1	H_2	D_1	最小公称爬电距离
P–10T	图 1	75	28	95	1.4	13.7	105	145	11	9	151	35	M16	195
PQ1–10T16	图 2	90	40	130	2.0	10.6	133	140	13	9.5	183	40	M16	255
PQ1–10T20	图 2	90	40	130	2.0	10.6	133	140	13	9.5	183	40	M20	255
PQ1–10L	图 3	90	40	130	–	10.6	133	140	13	95	–	–	–	255
PQ1–10LT	图 3	90	40	130	4.0	10.6	133	140	13	9.5	183	40	M20	255
PQ2–10T	图 4	110	50	145	3.0	13.3	165	228	19	14	209	40	M20	450
PQ2–10L	图 5	110	50	145	–	13.3	165	228	19	14	–	–	–	450
PQ2–10LT	图 5	110	50	145	3.5	13.3	165	228	19	14	209	40	M20	450
PQ2–10BT	图 4	110	50	145	3.0	13.3	165	228	19	14	209	40	M20	450
PQ2–10BL	图 5	110	50	145	–	13.3	165	228	19	14	–	–	–	450
PQ2–10BLT	图 5	110	50	145	3.5	13.3	165	228	19	14	209	40	M20	450

注:①绝缘子弯曲耐受负荷系指对经缘子施加弯曲负荷时,瓷件受力点相对轴线偏移 5°时的负荷值。

②标准雷电冲击全波耐受电压和工频湿耐受电压值,其试验安装方式为模拟铁横担安装。

③型号中,P 表示普通型针式绝缘子;PQ1 表示加强绝缘 1 型(中污型)针式绝缘子;PQ2 表示加强绝缘 2 型(特重污型)针式绝缘子;B 表示瓷件侧槽以上部位,除承烧面外,全部上半导体釉;T 表示带脚,铁担;L 表示不带脚,瓷件与脚螺纹连接;LT 表示带脚,瓷件与脚螺纹连接,铁担;破折号后的数字 10 表示额定电压 10kV;T 后的数字 16、20 表示下端螺纹直径。

9. 高压线路蝶式绝缘子(GB1390-93)

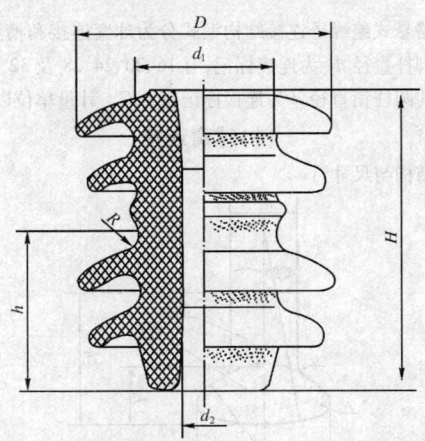

【特点及用途】 高压线路蝶式绝缘子是指用于 1kV 及以上高压架空电力线路终端,耐张和转角杆上作绝缘和固定导线用的蝶式绝缘子,其适用于地点的周围环境温度为-40~40℃,海拔不超过 1 000m。

【规　格】

型号	(mm)					工频电压(kV)≥			机械破坏负荷(kN)≥
	H	h	D	d	R	干闪	湿闪	击穿	
E-1	180	95	150	26	12	45	27	78	20
E-2	150	80	130	26	12	38	23	65	20

注:型号中,E 表示高压线路蝶式绝缘子;破折号后数字为形状尺寸序数。

10. 高压线路悬式绝缘子连接结构和尺寸(GB/T4056-94)

高压线路悬式绝缘子连接结构型式分为球窝连接和槽型连接。球窝连接以标称脚杆直径 d_1 为连接标记,有 16、20、24、28 及 32 五种。槽型连接以其连接的圆柱销直径 d 为连接标记有 16C。计量单位以毫米表示。

(1)球窝连接

①脚球结构与尺寸

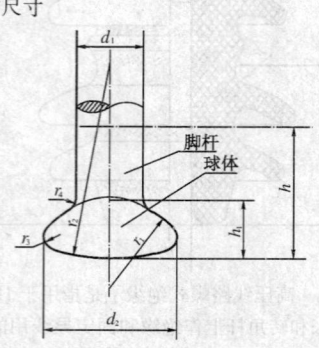

【规　格】

连接标记	基本尺寸（mm）							
	d_1	d_2	h_1	r_1	r_2	r_3	r_4	h
16	$17_{-1.2}^{0}$	$33.3_{-1.5}^{0}$	$13.4_{-1.3}^{0}$	23	50	3	$3_{-0.5}^{+1.0}$	32
20	$21_{-1.3}^{0}$	$41_{-1.6}^{0}$	$19.5_{-1.4}^{0}$	27	60	5.7	3.5 ± 1.0	42.5
24	$25_{-1.4}^{0}$	$49_{-1.8}^{0}$	$21_{-1.7}^{0}$	40	70	6.6	$4_{-1.0}^{+1.5}$	46.5
28	$29_{-1.5}^{0}$	$57_{-1.9}^{0}$	$23.5_{-1.8}^{0}$	55	80	8	$4.5_{-1.0}^{+1.5}$	51.5
32	$33_{-1.6}^{0}$	$65_{-2.1}^{0}$	$27_{-1.9}^{0}$	70	90	10	$5_{-1.0}^{+1.5}$	62.0

注:① r_3 尺寸仅作参考。

②在高度 h 的范围内,d_1 的尺寸不应超过规定值。

②帽窝结构与尺寸

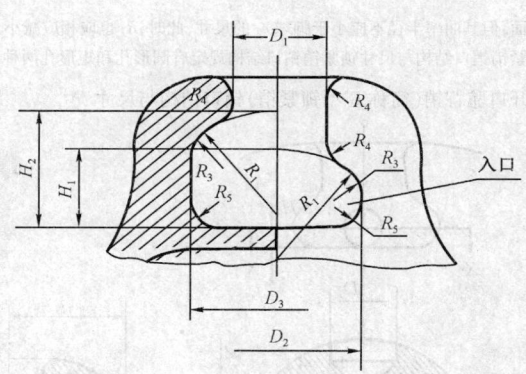

【规　格】

0	基本尺寸(mm)									
连接标记	D_1	D_2	D_3	H_1	H_2		R_1	R_3	R_4	R_5
					用 R 型销时	用 W 型销时				
16A	$19.2^{+1.6}_{0}$	$34.5^{+1.5}_{0}$	$34.5^{+1.5}_{0}$	$14.5^{+1.6}_{0}$	$21.6^{+1.5}_{0}$	$20.5^{+1.5}_{0}$	23	3	3	5
16B	$19.2^{+1.6}_{0}$	$34.5^{+1.5}_{0}$	$34.5^{+1.5}_{0}$	$17^{+1.6}_{0}$	$25.5^{+1.5}_{0}$	$25.5^{+1.5}_{0}$	23	3	3	5
20	$23^{+2.1}_{0}$	$42.5^{+2.0}_{0}$	$42.5^{+2.0}_{0}$	$20.5^{+2.1}_{0}$	$29.3^{+2.0}_{0}$	$28.5^{+2.0}_{0}$	27	6	3.5	7
24	$27.5^{+2.5}_{0}$	$51^{+2.0}_{0}$	$51^{+2.0}_{0}$	$23.5^{+2.5}_{0}$	$33.5^{+2.0}_{0}$	$32.5^{+2.0}_{0}$	40	5	4	10
28	$32^{+2.9}_{0}$	$59^{+2.5}_{0}$	$59^{+2.5}_{0}$	$26^{+2.9}_{0}$	$37.4^{+2.5}_{0}$	$36.5^{+2.5}_{0}$	55	8	4.5	12
32	$36^{+3.3}_{0}$	$67.5^{+2.5}_{0}$	$67.5^{+2.5}_{0}$	$30^{+3.3}_{0}$	$43^{+2.5}_{0}$	$42^{+2.5}_{0}$	70	10	5	14

注:①有选择 16A 或 16B 型时,推荐采用 16B 型。

②在选择锁紧销结构时,连接标记 20 及以下时,推荐优先采用 W 型销结构;连接标记 24 及以上时,推荐优先采用 R 型结构。

③在保持脚球与锁紧销之间的间隙不变的情况下,帽窝底平面可以做成圆弧形

底面，但其曲率半径不应小于脚球 r_2 的尺寸，此时，R_s 也应相应减小。

④锁紧销销口结构与尺寸锁紧销销口结构规定有圆形孔和矩形孔两种。

a. 开口驼背销（简称 R 型锁紧销）销口结构与尺寸

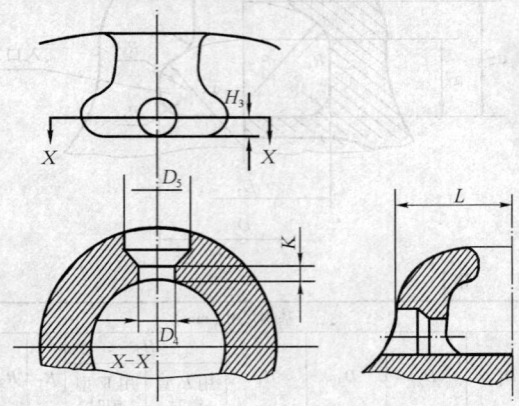

【规 格】

连接标记	基本尺寸（mm）				
	D_4	$D_5 \geqslant$	H_3	K	$L \leqslant$
16RA	9.2 ± 0.5	16	4.75^{+1}_{0}	4 ± 0.7	32
16RB	10 ± 0.5	18	5.0^{+1}_{0}	5 ± 1	32
20R	10 ± 0.5	18	$5.0^{+1.2}_{0}$	5 ± 1	40
24R	12 ± 0.5	21.5	$6.0^{+1.5}_{0}$	6 ± 1	51
28R	3 ± 0.5	24.0	$6.5^{+1.5}_{0}$	7 ± 1	59
32R	5 ± 0.5	28.0	$7.5^{+1.5}_{0}$	8 ± 1	68

b.W型锁紧销销口结+构与尺寸

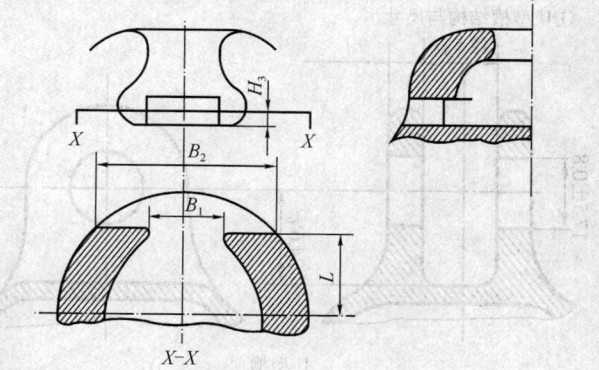

$X-X$

【规　格】

标接标记	基本尺寸(mm)			
	B_1	$B_2 \geqslant$	H_3	$L \leqslant$
16WA	16±1	33	7±0.8	24
16WB	16±1	33	9.5±0.8	24
20W	17±1	34	8.5±0.8	29
24W	17.5±1	34.5	10.5±0.8	34
28W	20±1	39	11.5±0.8	42
32W	22±1	42	13.0±0.8	48

注:在长度 B_2 尺寸内,槽的高度 H_3 应保持不变。

（2）槽型连接

①U 型槽结构与尺寸

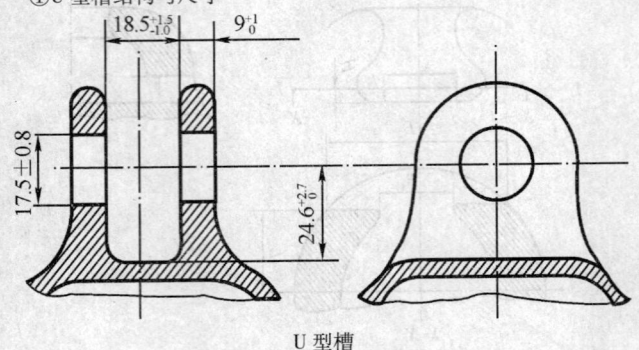

U 型槽

②扁脚结构与尺寸

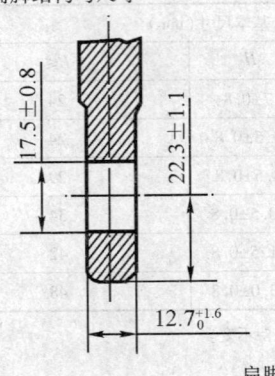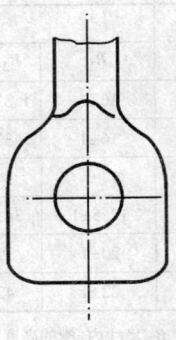

扁脚

③驼背销结构与尺寸

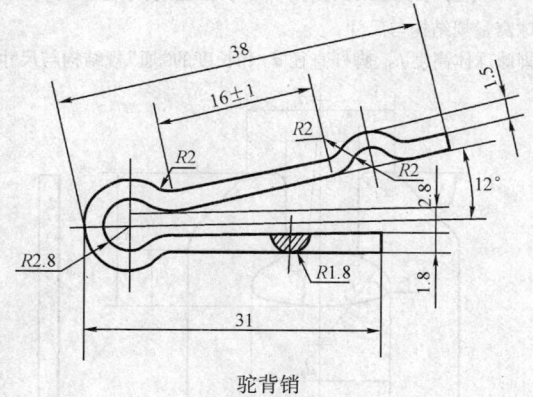

驼背销

④圆柱销结构与尺寸

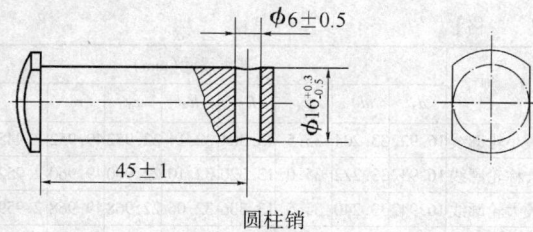

圆柱销

(3)球窝量规与球窝尺寸检查的判定准则

① 球窝量规结构与尺寸

a. 脚球球体高度 h_1、脚杆直径 d_1 和长度的"通"规结构与尺寸

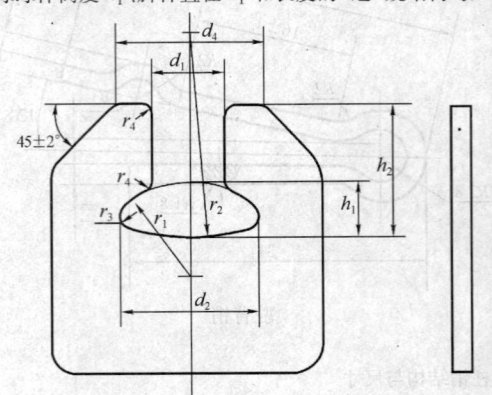

【规 格】

连接标记	量规		基本尺寸(mm)								
			d_1	d_2	d_4	h_1	h_3	r_1	r_2	r_3	r_4'
16	新的	最小轮廓线	16.922	33.204	35.5	13.304	32.14	22.952	49.952	2.945	4.03
		公称轮廓线	16.932	33.222	35.0	13.320	32.10	22.960	49.960	2.952	4.03
		最大轮廓线	16.942	33.240	34.5	13.336	32.06	22.968	49.968	2.959	4.02
		已磨损的	17.000	33.300	34.0	13.400	32.00	23.000	50.000	2.993	4.00
20	新的	最小轮廓线	20.916	40.900	45.5	19.400	42.64	26.950	59.950	5.703	4.54
		公称轮廓线	20.928	40.920	45.0	19.418	42.60	26.959	59.959	5.711	4.53
		最大轮廓线	20.940	40.940	44.5	19.436	42.56	26.968	59.968	5.719	4.53
		已磨损的	21.000	41.000	44.0	19.500	42.50	27.000	60.000	5.753	4.50

连接标记	量规		基本尺寸（mm）								
			d_1	d_2	d_4	h_1	h_3	r_1	r_2	r_3	r_4
24	新的	最小轮廓线	24.912	48.890	50.5	20.888	46.65	39.944	69.744	5.558	5.544
		公称轮廓线	24.924	48.912	50.0	20.908	46.61	39.954	69.954	6.567	5.538
		最大轮廓线	24.936	48.934	49.5	20.928	46.57	39.964	69.964	6.577	5.532
		已磨损的	25.000	49.000	49.0	21.000	46.50	40.000	70.000	6.615	5.500
28	新的	最小轮廓线	28.906	56.811	68.5	23.380	51.66	54.940	79.940	7.803	6.044
		公称轮廓线	28.919	56.905	68.0	23.402	51.62	54.951	79.951	7.814	6.038
		最大轮廓线	28.932	56.929	67.5	23.424	51.58	54.962	79.962	7.825	6.032
		已磨损的	29.000	57.000	67.0	23.500	51.50	55.000	80.000	7.864	6.000
32	新的	最小轮廓线	32.899	64.871	87.5	26.868	62.16	69.934	89.984	9.506	6.544
		公称轮廓线	32.913	64.897	87.0	26.892	62.12	69.946	89.946	9.517	6.538
		最大轮廓线	32.927	64.923	86.5	26.916	62.08	69.958	89.958	9.528	6.532
		已磨损的	33.000	65.000	86.0	27.000	62.00	70.000	90.000	9.572	6.500

注：新量规轮廓线必须在最小和最大轮廓线之间。

b. 球体直径 d_2 的"通"规结构与尺寸

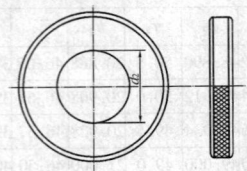

【规　格】

连接标记	量规	d_2(mm)
16	新的	33.223±0.012
	已磨损的	33.300
20	新的	40.920±0.013
	已磨损的	41.000
24	新的	48.913±0.014
	已磨损的	49.000
28	新的	56.908±0.015
	已磨损的	57.000
32	新的	64.903±0.016
	已磨损的	65.000

c. 球体高度 h_1 的"止"规结构与尺寸

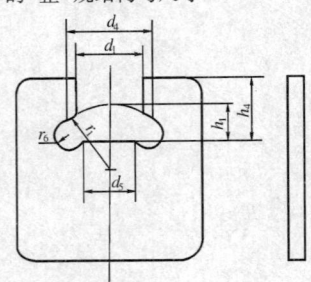

【规　格】

连接标记	量 规	基本尺寸（mm）						
		d_1	d_4	d_5	h_1	h_4	r_1	r_6
16	最小轮廓线	23.66	30.3	18.3	12.084	21.5	22.992	4.7
	公称轮廓线	23.70	30.0	18.0	12.100	22.0	23.000	5.0
	最大轮廓线	23.74	29.7	17.7	12.116	22.5	23.008	5.3
20	最小轮廓线	28.36	36.3	23.3	18.082	29.5	26.991	6.7
	公称轮廓线	28.42	36.0	23.0	18.100	30.0	27.000	7.0
	最大轮廓线	28.48	35.7	22.7	18.118	30.5	27.009	7.3
24	最小轮廓线	34.48	42.3	28.3	19.280	31.5	39.990	7.7
	公称轮廓线	34.54	42.0	28.0	19.300	32.0	40.000	8.0
	最大轮廓线	34.60	41.7	27.7	19.320	32.5	40.010	8.3
28	最小轮廓线	36.90	47.3	32.3	21.678	44.5	54.989	9.7
	公称轮廓线	37.00	47.0	32.0	21.700	45.0	55.000	10.0
	最大轮廓线	37.10	46.7	31.7	21.722	45.5	55.011	10.3
32	最小轮廓线	40.88	52.3	36.3	25.076	47.5	69.988	11.7
	公称轮廓线	41.00	52.0	36.0	25.100	48.0	70.000	12.0
	最大轮廓线	41.12	51.7	35.7	25.124	48.5	70.012	12.3

注：量规的轮廓线必须在最大和最小轮廓线之间。

d. 球体直径 d_2 的"止"规结构和尺寸

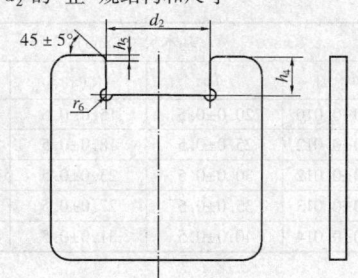

【规 格】

连接标记	基本尺寸（mm）			
	d_2	h_4	h_5	r_6
16	31.800±0.012	12.0±0.5	1.0±0.3	1.5±0.5
20	39.400±0.013	18.0±0.5	1.0±0.3	1.5±0.5
24	47.200±0.014	20.0±0.5	1.0±0.3	1.5±0.5
28	55.100±0.015	22.0±0.5	1.0±0.3	1.5±0.5
32	62.900±0.016	25.0±0.5	1.0±0.3	1.5±0.58

e. 脚杆直径 d_1 的"止"规结构与尺寸

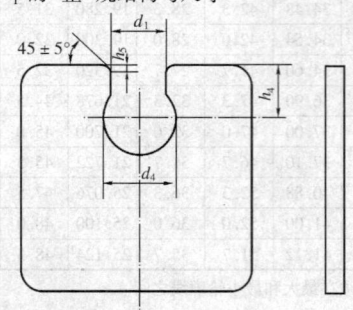

【规 格】

连接标记	基本尺寸（mm）			
	d_1	d_4	h_4	h_5
16	15.800±0.010	20.0±0.5	15.0±0.5	1.0±0.3
20	19.700±0.012	25.0±0.5	18.0±0.5	1.0±0.3
24	23.600±0.012	30.0±0.5	23.0±0.5	1.0±0.3
28	27.500±0.013	35.0±0.5	27.0±0.5	1.0±0.3
32	31.400±0.014	40.0±0.5	31.0±0.5	1.0±0.3

f. 帽窝入口高度 H_1、入口宽度 D_2 和颈部宽度 D_1 的"通"规结构与尺寸

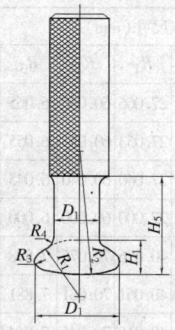

适用于连接标记 16A,24

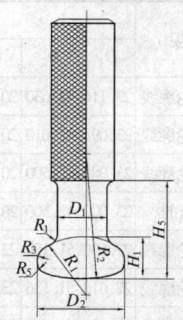

适用于连接标记 16B,20,28,32

【规　格】

连接标记	量　规		基本尺寸（mm）								
			D_1	D_2	H_1	H_5	R_1	R_2	R_3	R_4	R_5
16A	新的	最大轮廓线	19.294	34.602	14.608	40.5	23.053	50.054	3.338	2.953	–
		公称轮廓线	19.280	34.588	14.588	40.0	23.044	50.044	3.325	2.960	–
		最小轮廓线	19.266	34.574	14.568	39.5	23.034	50.034	3.311	2.967	–
		已磨损的	19.200	34.500	14.500	30.0	23.000	50.000	3.281	3.000	–
16B	新的	最大轮廓线	19.294	34.602	17.108	40.5	23.054	50.054	3.051	2.953	3.051
		公称轮廓线	19.280	34.588	17.088	40.0	23.044	50.044	3.044	2.960	3.044
		最小轮廓线	19.266	34.574	17.068	39.5	23.034	50.034	3.037	2.967	3.037
		已磨损的	19.200	34.500	17.000	39.0	23.000	50.000	3.000	3.000	3.000

续表

连接标记	量规		基本尺寸(mm)								
			D_1	D_2	H_1	H_5	R_1	R_2	R_3	R_4	R_5
20	新的	最大轮廓线	23.116	42.630	20.632	50.5	27.066	60.066	6.065	3.442	5.565
		公称轮廓线	23.098	42.610	20.606	50.0	27.053	60.053	6.055	3.451	5.555
		最小轮廓线	23.080	42.590	20.580	49.5	27.040	60.040	6.045	3.460	5.545
		已磨损的	23.000	42.500	20.500	49.0	27.000	60.000	6.000	3.500	5.500
24	新的	最大轮廓线	27.630	51.150	23.652	55.5	40.076	70.076	7.898	3.935	–
		公称轮廓线	27.610	51.126	23.622	55.0	40.061	70.061	7.881	3.945	–
		最小轮廓线	27.590	51.102	23.592	54.5	40.046	70.046	7.864	3.955	–
		已磨损的	27.500	51.000	23.500	54.0	40.000	70.000	7.821	4.000	–
28	新的	最大轮廓线	32.144	59.166	26.170	60.5	55.085	80.085	8.083	4.429	10.083
		公称轮廓线	32.122	59.138	26.135	60.0	55.067	80.063	8.069	4.440	10.06
		最小轮廓线	32.100	59.110	26.100	59.5	55.050	80.050	8.055	4.451	10.05
		已磨损的.	32.000	59.000	26.000	59.0	55.000	80.000	8.000	4.500	10.00
32	新的	最大轮廓线	36.158	67.680	30.190	70.5	70.095	90.095	10.090	4.923	11.89
		公称轮廓线	36.134	67.650	30.150	70.0	70.075	90.075	10.075	4.935	11.87
		最小轮廓线	31.110	67.620	30.110	69.5	70.055	90.055	10.060	4.947	11.86
		已磨损的	36.000	67.500	30.000	60.0	70.000	90.000	10.000	5.000	11.80

注:量规的轮廓线必须在最小和最大轮廓线之间。

g. 帽窝内部高度 H_2 和内部直径 D_3 的"通"规结构与尺寸

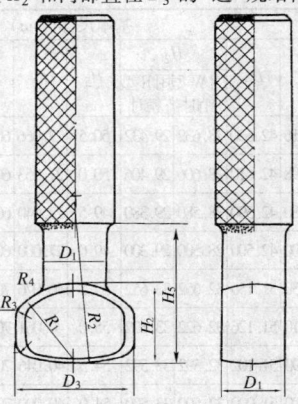

【规　格】

连接标记	量规		基本尺寸(mm)									
			D_1	D_3	H_2 用W型销时	H_2 用R型销时	H_5	R_1	R_2	R_3	R_4	R_5
16A	新的	最大轮廓线	19.294	34.602	20.608	21.708	40.5	23.054	50.054	3.051	2.953	3.051
		公称轮廓线	19.280	34.588	20.588	21.688	40.0	23.044	50.044	3.044	2.960	3.044
		最小轮廓线	19.266	34.574	20.568	21.668	39.5	23.034	50.034	3.037	2.967	3.037
	已磨损的		19.200	34.500	20.500	21.600	39.0	23.000	50.000	3.000	3.000	3.000
16B	新的	最大轮廓线	19.294	34.602	25.108	25.608	40.5	23.054	50.054	3.051	2.953	3.051
		公称轮廓线	19.280	34.588	25.088	25.588	40.0	23.044	50.044	3.044	2.960	3.044
		最小轮廓线	19.266	34.574	25.068	25.568	39.5	23.034	50.034	3.037	2.967	3.037
	已磨损的		19.200	34.500	25.000	25.500	39.0	23.000	50.000	3.000	3.000	3.000

续表

连接标记	量规		基本尺寸(mm)									
			D_1	D_3	H_2 用W型销时	H_2 用R型销时	H_5	R_1	R_2	R_3	R_4	R_5
20	新的	最大轮廓线	23.116	42.630	28.632	29.432	50.5	27.066	60.066	6.065	3.442	6.065
		公称轮廓线	23.098	42.610	28.606	29.406	50.0	27.053	60.053	6.053	3.451	6.055
		最小轮廓线	23.080	42.590	28.580	29.380	49.5	27.040	60.040	6.045	3.460	6.045
	已磨损的		23.000	42.500	28.500	29.300	49.0	27.000	60.000	6.000	3.500	6.000
24	新的	最大轮廓线	27.630	51.150	32.652	33.652	55.5	40.076	70.076	5.075	3.935	8.075
		公称轮廓线	27.610	51.126	32.622	33.622	55.0	40.061	70.061	5.063	3.945	8.063
		最小轮廓线	27.590	51.102	32.592	33.592	54.5	40.046	70.046	5.051	3.955	8.051
	已磨损的		27.500	51.000	32.500	33.500	54.0	40.000	70.000	5.000	4.000	8.000
28	新的	最大轮廓线	32.144	59.166	36.670	37.570	60.5	55.085	80.085	8.083	4.429	8.083
		公称轮廓线	32.122	59.138	36.635	37.533	60.0	55.067	80.068	8.069	4.440	8.069
		最小轮廓线	32.100	59.110	36.600	37.500	59.5	55.050	80.050	8.055	4.451	8.055
	已磨损的		32.000	59.000	36.500	37.400	59.0	55.000	80.000	8.000	4.500	8.000
32	新的	最大轮廓线	36.158	67.680	42.190	43.190	70.5	70.095	90.095	10.090	4.923	10.090
		公称轮廓线	36.134	67.650	42.150	43.150	70.0	70.075	90.075	10.075	4.935	10.075
		最小轮廓线	36.110	67.620	42.110	43.110	69.5	70.055	90.055	10.060	4.967	10.060
	已磨损的		36.000	67.500	42.000	43.000	69.0	70.000	90.000	10.000	5.000	10.000

注:新量规的轮廓线必须在最大和最小轮廓线之间。

h. 帽窝入口高度 H_1 的"止"规结构与尺寸

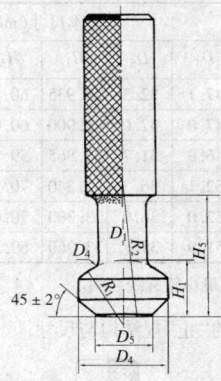

$45 \pm 2°$

【规　格】

连接标记	量规	基本尺寸(mm)							
		D_1	D_4	D_5	H_1	H_5	R_1	R_2	R_4
16A	最大轮廓线	15.9	30.1	18.3	16.120	40.5	23.010	50.010	3.3
	公称轮廓线	15.8	30.0	18.0	16.100	40.0	23.000	50.000	3.0
	最小轮廓线	15.7	29.9	17.7	16.080	39.5	22.999	49.990	2.7
16B	最大轮廓线	15.9	30.1	18.3	18.620	40.5	23.010	50.010	3.3
	公称轮廓线	15.8	30.0	18.0	18.600	40.0	23.000	50.000	3.0
	最小轮廓线	15.7	29.9	17.7	18.580	39.5	22.999	49.990	2.7
20	最大轮廓线	19.8	36.1	23.3	22.626	50.5	27.013	60.013	3.8
	公称轮廓线	19.7	36.0	23.0	22.600	50.0	27.000	60.000	3.5
	最小轮廓线	19.6	35.9	22.7	22.574	49.5	26.987	59.987	3.2
24	最大轮廓线	23.7	42.1	28.3	26.030	55.5	40.015	70.015	4.3
	公称轮廓线	23.6	42.0	28.0	26.000	55.0	40.000	70.000	4.0
	最小轮廓线	23.5	41.9	27.7	25.970	54.5	39.985	69.985	3.7

续表

连接标记	量规	基本尺寸(mm)							
		D_1	D_4	D_5	H_1	H_5	R_1	R_2	R_4
28	最大轮廓线	27.6	47.1	32.3	28.935	60.5	55.018	80.018	4.8
	公称轮廓线	27.5	47.0	32.0	28.900	60.0	55.000	80.000	4.5
	最小轮廓线	27.4	46.9	31.7	28.865	59.5	54.982	79.982	4.2
32	最大轮廓线	31.5	52.1	36.3	33.340	70.5	70.020	90.020	5.3
	公称轮廓线	31.4	52.0	36.0	33.300	70.0	70.000	90.000	5.0
	最小轮廓线	31.3	51.9	35.7	33.260	69.5	69.980	89.980	4.7

注:量规的轮廓线必须在最大最小轮廓线之间。

j. 帽窝颈部宽度 D_1 的"止"规结构与尺寸

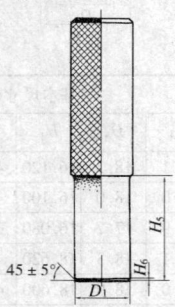

$45 \pm 5°$

【规　格】

连接标记	基本尺寸(mm)		
	D_1	H_5	H_6
16	20.800±0.014	40.0±0.5	1.0±0.3
20	25.100±0.018	50.0±0.5	1.0±0.3
24	30.000±0.020	55.0±0.5	1.0±0.3

续表

连接标记	基本尺寸（mm）		
	D_1	H_5	H_6
28	34.900±0.023	60.0±0.5	1.0±0.3
32	39.300±0.026	70.0±0.5	1.0±0.3

j. 帽窝顶端"通"规结构与尺寸

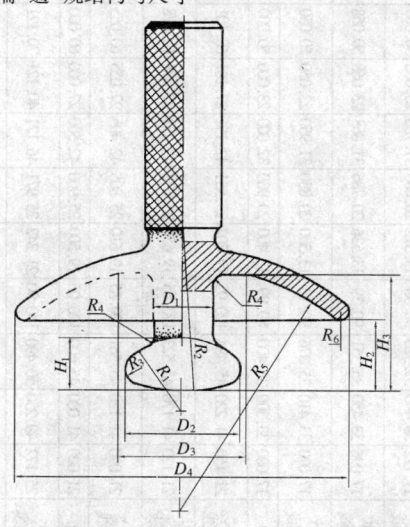

【规 格】

连接标记	量 规		基本尺寸 (mm)												
			D_1	D_2	D_3	D_4	H_1	H_2	H_3	R_1	R_2	R_3	R_4	R_5	R_6
16	新的	最大轮廓线	17.122	33.490	35.326	90.95	13.572	20.686	31.786	23.086	50.086	3.071	2.939	71.70	2.80
		公称轮廓线	17.096	33.450	35.351	90.39	13.536	20.786	31.868	23.068	50.068	3.055	2.952	71.80	2.70
		最小轮廓线	17.070	33.410	35.376	90.19	13.500	20.850	31.950	23.050	50.050	3.039	2.965	71.90	2.60
	已磨损的		17.000	33.300	35.400	89.99	13.400	20.900	32.000	23.000	50.000	2.993	3.000	72.00	2.50
20	新的	最大轮廓线	21.150	41.220	45.484	120.95	19.702	25.551	42.151	27.101	60.101	5.845	3.425	89.55	3.45
		公称轮廓线	21.120	41.170	45.523	120.65	19.656	25.678	42.278	27.078	60.078	5.828	3.440	89.70	3.30
		最小轮廓线	21.090	41.120	45.561	120.35	19.610	25.805	42.405	27.055	60.055	5.803	3.455	89.85	3.15
	已磨损的		21.000	41.000	45.600	120.05	19.500	25.900	42.500	27.000	60.000	5.753	3.500	90.00	3.00
24	新的	最大轮廓线	25.172	49.250	50.490	140.90	21.242	25.971	46.171	40.121	70.121	6.732	3.914	104.55	3.45
		公称轮廓线	25.136	49.190	50.527	140.60	21.186	26.093	46.293	40.093	70.093	6.706	3.932	104.70	3.30
		最小轮廓线	25.100	49.130	50.564	140.30	21.130	26.215	46.415	40.065	70.065	6.680	3.950	104.85	3.15
	已磨损的		25.000	49.000	50.600	140.00	21.000	26.300	46.500	40.000	70.000	6.615	4.000	105.00	3.00

续表

连接标记	量规		基本尺寸(mm)												
			D_1	D_2	D_3	D_4	H_1	H_2	H_3	R_1	R_2	R_3	R_4	R_5	R_6
28	新的	最大轮廓线	29.190	57.290	66.870	165.94	23.770	29.100	51.100	55.135	80.135	7.994	4.414	129.55	3.45
		公称轮廓线	29.150	57.215	66.915	165.64	23.708	29.250	51.250	55.104	80.104	7.967	4.432	129.70	3.30
		最小轮廓线	29.110	57.140	66.960	165.34	23.646	29.400	51.400	55.073	80.073	7.938	4.450	129.85	3.15
	已磨损的	最小轮廓线	29.000	57.000	67.000	165.04	23.500	29.500	51.500	55.000	80.000	7.864	4.500	130.00	3.00
32	新的	最大轮廓线	33.220	65.310	85.800	198.45	27.300	34.000	61.400	70.150	90.150	9.719	4.914	149.55	3.45
		公称轮廓线	33.170	65.230	85.880	198.22	27.225	34.175	61.600	70.112	90.113	9.683	4.932	149.70	3.30
		最小轮廓线	33.120	65.150	85.900	197.98	27.150	34.350	61.800	70.075	90.075	9.647	4.950	149.85	3.15
	已磨损的	最小轮廓线	33.000	65.000	86.000	197.83	27.000	34.500	62.000	70.000	90.000	9.572	5.000	150.00	3.00

注：新量规的轮廓线必须在最大和最小轮廓线之间。

②球窝尺寸检查的判定准则

球窝尺寸应经 GB/T4056-94 标准规定的量规进行检查,其判定准则应符合相应规定。

a. 脚球球体和脚杆应至少有一个方向能通过球高、杆径和杆长"通"规(见前"球窝量规结构与尺寸"的 a 部分)。

b. 脚球球体应至少有一个方向能通过球径"通"规(见前"球窝量规结构与尺寸"的 b 部分)。

c. 脚球球体和脚杆的任何方向都不应通过球高"止"规(见前"球窝量规结构与尺寸"的 c 部分)。

d. 脚球球体的任何方向都不应通过球径"止"规(见前"球窝量规结构与尺寸"的 d 部分)。

e. 脚球脚杆的任何方向都不应通过脚杆直径"止"规(见前"球窝量规结构与尺寸"的 e 部分)。

f. 帽窝入口应能通过入口高度和宽度以及颈部宽度"通"规(见前"球窝量规结构与尺寸"的 f 部分)。

g. 帽窝内部高度和直径应能使内部高度和直径"通"规在其窝内旋转180°(见前"球窝量规结构与尺寸"的 g 部分)。

h. 帽窝入口高度不应通过入口高度"止"规(见前"球窝量规结构与尺寸"的 h 部分)。

i. 帽窝入口宽度不应通过颈部宽度"止"规(见前"球窝量规结构与尺寸"的 i 部分)。

j. 帽窝顶端应能通过顶端"通"规(见前"球窝量规结构与尺寸"的 j 部分)。

11. 低压架空电力线路绝缘子(GB/T1386.1-1997)

【特点及用途】 低压架空电力线路绝缘子是指用于直流或工频交流额定电压低于1 000V 的架空电力线路中作绝缘和固定导线用的绝缘子。按其结构型式分为低压针式绝缘子、低压蝶式绝缘子和低压线轴式绝缘子。该绝缘子安装使用地点的周围环境温度为-40～40℃,海拔不超过

1 000m。

(1) 针式绝缘子

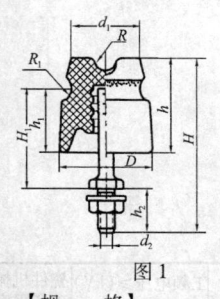

图 1

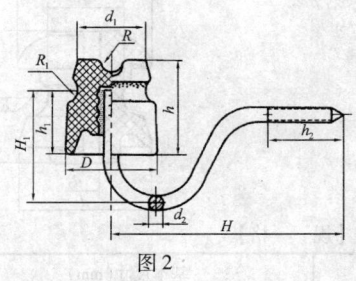

图 2

【规　格】

型号	图示	基本尺寸(mm)										工频电压≥(kV)		瓷件机械破坏强度≥(kN)
		H	H_1	h	h_1	h_2	D	d_1	d_2	R	R_1	干闪	湿闪	
PD-1T	1	145	80	80	50	35	80	50	16	10	10	35	15	8
PD-1M	1	220	80	80	50	110	80	50	16	10	10	35	15	8
PD-2T	1	125	69	66	45	35	70	44	12	8	8	30	12	5
PD-2M	1	195	69	66	45	105	70	44	12	8	8	30	12	5
PD-2W	2	155	72	66	45	55	70	44	12	8	8	30	12	5

注:①根据用户要求,瓷件顶部线槽亦可制成十字槽。

　　②型号中,PD 表示低压线路针式绝缘子;"-"后数字为形状尺寸序数,"1"为尺寸最大的一种;T、M、W—安装连接形式代号,分别表示铁担直脚、木担直脚和弯脚。

(2)蝶式绝缘子

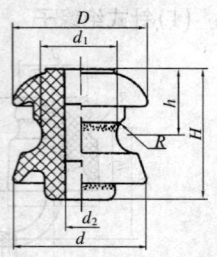

【规 格】

型号	基本尺寸(mm)							工频电压≥(kV)		瓷件机械破坏强度≥(kN)
	H	h	D	d	d_1	d_2	R	干闪	湿闪	
ED-1	90	46	100	95	50	22	12	22	10	12
ED-2	75	38	80	75	42	20	10	18	9	10
ED-3	65	34	70	65	36	16	8	16	7	8
ED-4	50	26	60	55	30	16	6	14	6	5

注:型号中,ED 表示低压线路蝶式绝缘子;"-"后数字为形状尺寸序数,"1"为尺寸
最大的一种。

(3)线轴式绝缘子

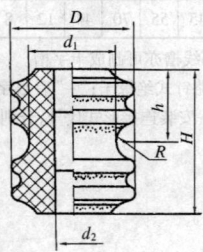

【规　　格】

型号	基本尺寸(mm)						工频电压≥(kV)		瓷件机械破坏强度≥(.kN)
	H	h	D	d_1	d_2	R	干闪	湿闪	
EX–1	90	45	85	55	22	12	22	9	15
EX–2	75	37.5	70	45	20	10	18	8	12
EX–3	65	32.5	65	40	16	8	16	6	10
EX–4	50	25	55	35	16	6	14	5	7

注：型号中，EX 表示低压线轴式绝缘子；"–"后数字为形状尺寸序数，"1"为尺寸最大的一种。

12. 低压布线用绝缘子(GB/T1386.3–1997)

【特点及用途】　低压布线用绝缘子是指用于工频交流或直流额定电压低于1 000V的户内配电线路中作绝缘和固定导线用的绝缘子。按其结构型式分为低压布线用鼓形绝缘子，低压布线用瓷夹板和低压布线用瓷管。该绝缘子安装使用地点的周围环境温度为–40～40℃，海拔不超过1 000m。

(1)鼓形绝缘子

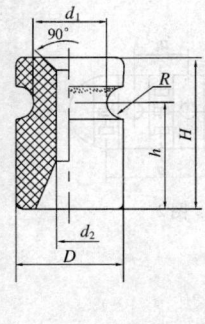

图1

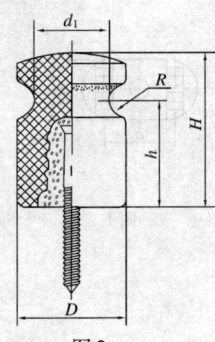

图2

【规　　格】

型号	图示	基本尺寸(mm)					
		H	h	D	d_1	d_2	R
G-25	图1	25	15	22	16	7	3
G-38	图1	38	25	30	20	8	5
G-50	图1	50	35	36	24	9	6
G-60	图1	60	40	45	30	10	7.5
GK-50	图2	50	35	35	24	—	6

注:型号中,G 表示低压布线用鼓形绝缘子;K 表示胶装木螺钉;半字线后数字为瓷件高度毫米数。

(2)瓷夹板

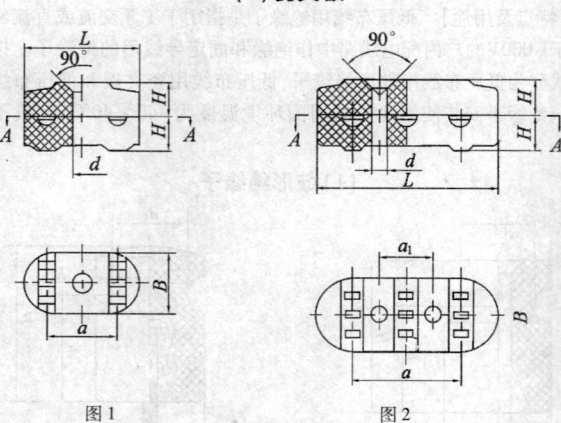

图1　　　　　　　　　　图2

【规　格】

型　号	图示	基本尺寸(mm)					
		H	L	B	d	a	a_1
N-240-1	图1	10	40	20	6	–	–
N-240-2	图1	10	40	20	6	25	–
N-250-1	图1	12	50	22	7	–	–
N-250-2	图1	12	50	22	7	28	–
N-376-1	图2	15	76	30	7	–	24
N-376-2	图2	15	76	30	7	46	24

注:型号中,N 表示低压布线用瓷夹板;半字线后数字,首位数为线槽数,后两位数为
瓷夹板长度毫米数;第二个半字线后数字,"1"为上瓷件;"2"为下瓷件。

(3) 瓷　管

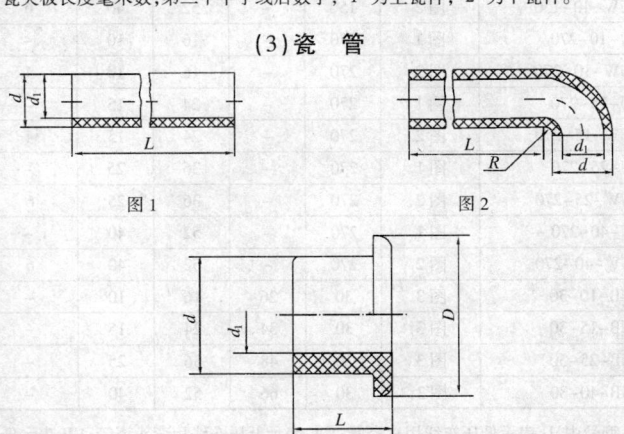

图1　　　　　　　　　　　　图2

图3

【规　　格】

型　　号	图示	基本尺寸(mm)				
		L	D	d	d_1	R
U-10-150	图 1	150	-	16	10	-
UW-10-150	图 2	150	-	16	10	4
U-15-150	图 1	150	-	24	15	-
UW-15-150	图 2	150	-	24	15	4
U-25-150	图 1	150	-	36	25	-
UW-25-150	图 2	150	-	36	25	6
U-40-150	图 1	150	-	52	40	-
UW-40-150	图 2	150	-	52	40	6
U-10-270	图 1	270	-	16	10	-
UW-10-270	图 2	270	-	16	10	4
U-15-270	图 1	270	-	24	15	-
UW-15-270	图 2	270	-	24	15	4
U-25-270	图 1	270	-	36	25	-
UW-25-270	图 2	270	-	36	25	6
U-40-270	图 1	270	-	52	40	-
UW-40-270	图 2	270	-	52	40	6
UB-10-30	图 3	30	26	16	10	-
UB-15-30	图 3	30	34	24	15	-
UB-25-30	图 3	30	48	36	25	-
UB-40-30	图 3	30	66	52	40	-

注:型号中,U 表示低压布线用直瓷管;UW 表示低压布线用弯头瓷管;UB 表示低压
布线用包头瓷管;第一个半字线后数字为瓷管内径毫米数;第二个半字线后数字
为瓷管长度毫米数。

13. 低压架空电力线路

用拉紧绝缘子(GB/T1386.2-1997)

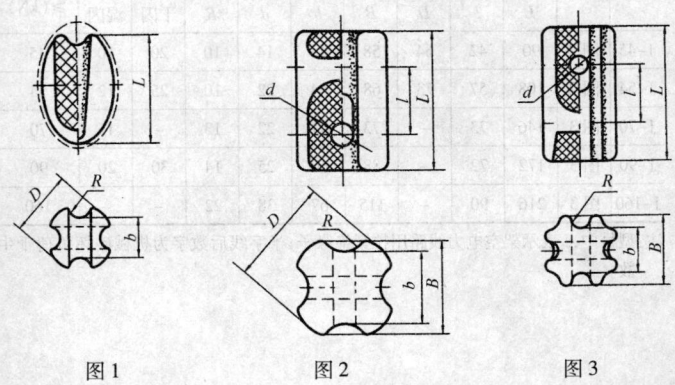

图1   图2   图3

【特点及用途】 低压架空电力线路用拉紧绝缘子供工频交流或直流架空电力线路中电杆拉线或张紧导线作绝缘所用。其安装使用地点的周围环境温度为-40~40℃，海拔不超过1 000m。按结构型式分为蛋形、四角形和八角形三种。

【规　　格】

型号	图示	基本尺寸 (mm)							工频电压 ≥(kV)		机械破坏负荷 ≥(kN)
		L	l	D	B	b	d	R	干闪	湿闪	
J–5	图1	38	–	30	–	20	–	4	4	2	5
J–10	图1	50	–	38	–	26	–	6	5	2.5	10
J–20	图1	72	–	53	–	30	–	8	6	2.8	20

续表

型号	图示	基本尺寸（mm）							工频电压 ≥（kV）		机械破坏负荷 ≥（kN）
		L	l	D	B	b	d	R	干闪	湿闪	
J-45	图2	90	42	64	58	45	14	10	20	10	45
J-54	图2	108	57	73	68	54	22	10	25	12	54
J-70	图3	146	73	–	73	44	22	13	–	15	70
J-90	图3	172	72	–	88	60	25	14	30	20	90
J-160	图3	216	90	–	115	67	38	22	–	–	160

注:型号中,J 表示架空电力线路用拉紧绝缘子;半字线后数字为机械破坏负荷千牛数。

第三十章 电工仪表

电工仪表按其测量对象,可分为电流表、电压表、功率表、电能表、相位表(功率因数表)、频率表、万用表、欧姆表等。按使用场合可分为便携式仪表和安装式(面板式)仪表,其结构一般为模拟式和数字式两种类型。电工仪表的准确度分为0.05、0.1、0.2、0.3、0.5、1.0、1.5、2.0、2.5、3.0、5等11个等级。此仅选用了浙江正泰仪器仪表有限责任公司等生产的部分常用仪表加以介绍。

1. 单相电能表

【特点及用途】 DD862 系列单相电能表是使用最为广泛的一种电能表,属全国联合设计的系列产品,性能稳定,用于计量单相交流有功电能。可根据需要设置双向计量、脉冲输出、载波通讯等功能。

【规　　格】

电流规格:1.5(6)A,2.5(10)A,3(6)A,5(20)A,10(40)A,15(60)A,20(80)A,30(100)A

参比电压及频率:220V/50Hz

外形尺寸:118mm×118mm×(167~175)mm

准确度等级:2级

工作温度:23℃

工作温度范围:-25~+55℃

工作极限温度范围:-40~+70℃

2. 三相电能表

【特点及用途】　D□86系列三相电能表为全国联合设计的感应式交流电能表,其性能稳定,用于三相交流电网中工业用电和民用电的电能计量。可根据需要设置双向计量、止逆、脉冲输出、载波通讯等功能。其工作温度范围在-25~+55℃,工作极限温度范围为-40~+70℃。外形尺寸:150mm×124mm×273(279)mm(电流规格小于40A为273mm,大于40A为279mm)。

【规　　格】

品　种	型号	参比电压(V)	准确等级	电流规格(A)
三相四线有功电能表	DT862	3×220/380	2	1.5(6)　3(6)　5(20)　10(40) 15(60)　20(80)　30(100)
	DT864	3×220/380 3×57.7/100	1	1.5(6)　3(6)

续表

品 种	型号	参比电压（V）	准确等级	电流规格（A）
三相三线 有功电能表	DS862	3×380	2	1.5(6) 3(6) 5(20) 10(40) 15(60) 20(80) 30(100)
		3×100	2	1.5(6) 3(6)
	DS864	3×380 3×100	1	1.5(6) 3(6)
三相四线 无功电能表	DX862	3×380	3	1.5(6) 3(6)
	DX864	3×380 3×100	2	
三相三线 无功电能表	DX865	3×380 3×100	3	1.5(6) 3(6)
	DX863	3×380 3×100	2	

3. 单相多费率电能表

【特点及用途】 DDF666 单相多费率电能表是为城网改造而专门设计的机电一体化电能表。其具有测量平、谷有功累计电量的功能。采用机械式双费率计度器可同时显示平、谷电量。可对平、谷时段进行编程。8 个时段,2个费率,任意设置。可利用手掌机实现自动抄表和对时的功能。

具有有功电量脉冲输出,输出脉冲可供校表、采集电量之用。参数设置抄收,可通过红外口对电表进行各种编程操作及抄收数据。计度器倒走字功能,在计度器接到倒走命令后进行倒走字,并与电量累计值相减,断电后不做记忆,恢复正常状态。防窃电功能,在电流进线反接情况下,脉冲指示灯由常灭变为常亮,计度器仍做正向累加。

【规　　格】

电流规格:2.5(10)A,5(20)A,5(30)A,15(40)A,15(60)A,15(90)A,20(80)A,30(100)A

外形尺寸:126mm×115mm×174mm

工作温度范围:−25~+55℃

工作极限温度范围:−40~+70℃

准确度等级:2级

频率范围:50Hz±5%

参比电压 Un:220V

工作电压范围:70%~120%Un

电压线路功耗:≤1W

电流线路功耗:≤2.5VA

时钟日记时误差:≤0.5s/d

备用电池工作寿命:≥10年

脉冲输出宽度:80±20ms

4. 单相电子式多费率电能表

【特点及用途】　DDSF666单相电子式多费率电能表具有低功耗高过

载,使用方便可靠等特点。其可以分别测量平、谷有功累计电量(双色指示灯红色代表平时段,绿色代表谷时段),可对平、谷时段进行编程。8 个时段,2 种费率,任意设置。可利用手掌机实现自动抄表和对时的功能。具有有功电量脉冲输出,输出脉冲可供校表、采集电量之用。参数设置抄表,可通过红外口对电表进行各种编程操作及抄收数据。同时也可通过485 通讯接口 A、B 端与电脑进行数据交换,实现微机管理及抄表。计度器倒走字功能,在计度器接到倒走命令后进行倒走字,并与电量累计值相减,断电后不做记忆,恢复正常状态。防窃电功能,在电流进线反接情况下,脉冲指示灯由常灭变为常亮,计度器仍做正向累加。

【规　　格】

电流规格:2.5(10)A,5(20)A,5(30)A,10(40)A,15(60)A,15(90)A,20(80)A,30(100)A

外形尺寸:130mm×68.5mm×226mm

工作温度范围:-25 ~ +55℃

工作极限温度范围:-40 ~ +70℃

准确度等级:2 级

频率范围:50Hz+5%

参比电压 Un:220V

工作电压范围:70% ~ 120% Un

电压线路功耗:≤1W(5VA)

电流线路功耗:≤1VA

时钟日记时误差:≤0.5s/d

备用电池工作寿命:≥10 年

脉冲输出宽度:80±20ms

5. 单相电子式多功能电能表(LCD 显示)

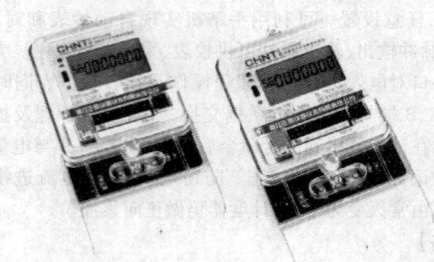

【特点及用途】 DDSD666(LCD)单相电子式多功能电能表是适用电网一户一表改造及峰、平、谷分时电价需要的新型电能表。其具有单相双向有功电能的计量、存储和显示,最大需量的测量、存储和显示,可根据用户需要通过编程设置具有日历、星期、公共假期及闰年自动切换功能。在24 小时内具有可任意编程的尖、峰、平、谷 4 种费率和 9 个时段,每个时段可设置为尖、峰、平、谷 4 种费率。电能表记录功能有编程次数和最近一次编程的日期和时间,最大需量的复零次数和最近一次复零的日期和时间,辅助电源的断电次数和断电时间的累计值及每次断电的起始、结束时刻。电能表具有无源脉冲输出接口,红外数据通讯口,电气隔离的 RS485 接口,电能表可通过掌上机和 PC 机预置用户所需要的各种参数。当电源失电后,锂电池作为后备电源可以保证内部数据不丢失,来电后自动投入运行。电能表抄表日需清为自动需清,其余为手动需清。

【规 格】

电流规格:5(20)A,5(30)A,10(40)A,10(60)A,15(60)A,20(80)A

外形尺寸:130mm×68.5mm×226mm

工作温度范围:−25 ~ +55℃

工作极限温度范围:−40 ~ +70℃

准确度等级:1 级,2 级

工作频率范围:50Hz±5%

工作电压范围:220V$^{+20}_{-30}$%

电压线路功耗:≤1W(5VA)

电流线路功耗:≤1VA

时钟日记时误差:≤0.5s/d

时段转换误差:≤0.1s

备用电池工作寿命:≥10年

脉冲输出宽度:80±20ms,可在20~320ms内设置

6. 单相电子式多费率电能表(LED 显示)

【特点及用途】　DDSF666(LED)单相电子式多费率电能表是适用城乡电网一户一表改造、峰、平、谷分时电价的新型电能表。其具有单相双向有功电能的计量、存储和自动循环显示。内部设有百年历,可自动计算闰年、闰月。在 24h 内具有可任意编程的峰、平、谷 3 种费率和 10 个时段,每个时段可设置为峰、平、谷 3 种费率。电能表可根据用户要求设定 7 项循环数据,加上手动按钮,可显示 20 项数据。电量通过数码管显示 5 位整数,1 位小数(单位 kWh)。数码管在-40 ~ +70℃温度范围内可清晰显示。电能表自动记录每月总、峰、平、谷电量,本表共可存储 12 个月的用电数据,并可通过红外抄表器或 RS485 总线将数据抄收。

　　如在设定的抄表日处于停电状态,电能表将在重新上电时对表进行

数据转存。其具有红外数据通讯口,电气隔离的 RS485 接口,无源隔离型脉冲输出接口。电能表具有对时功能,在可编程条件下,可通过掌上电脑向本机写入任意时间,并提供无密码校时功能,可在 5min 范围内校正本机时钟,如果校时成功,将在一天内屏蔽校时功能,电能表可通过掌上机和 PC 机可对仪表预置用户所需要的各种参数。其抄表日需清为自动清,其余为手动需清。当电源失电后锂电池作为后备电源。可以保证内部数据不丢失,来电后自动投入运行。电能表内设编程开关,编程允许时可通过红外通信口、RS485 通信接口对表进行编程,编程软件设有密码。

【规　格】

电流规格:5(20)A,5(30)A,10(40)A,10(60)A,15(60)A,20(80)A

外形尺寸:130mm×68.5mm×226mm

工作温度范围:-25 ~ +55℃

工作极限温度范围:-40 ~ +70℃

准确度等级:1 级,2 级

工作频率范围:50Hz±5%

参比电压 Un:220V

工作电压范围:0.7% ~ 120% Un

电压线路功耗:≤1W(5VA)

电流线路功耗:≤1VA

时钟日记时误差:≤0.5s/d

时段转换误差:≤0.1s

备用电池工作寿命:≥10 年

脉冲输出宽度:80±20ms

7. 电子式单相电能表

【特点及用途】 DDS666 型电子式单相电能表采用超大规模专用计量电能集成电路芯片和先进的 SMT 工艺，以及高质量电子元器件和优良的结构材料制造。其具有计量准确、运行稳定可靠、结构坚固等特点，保证长寿命运行的要求。具有无源脉冲输出口，可用于电能计费系统的数据采集以及对该表进行校验。电能表可供单相二线、单相三线，具备防窃电功能。

【规　　格】
电流规格:5(30)A,10(60)A,15(100)A,5(20)A,10(40)A,5(60)A,20(80)A,30(100)A

参比电压及频率:220V/50Hz

外形尺寸:110mm×65mm×168mm

准确度等级:1 级,2 级

工作温度范围:-25 ~ +55℃

工作极限温度范围:-40 ~ +70℃

电压线路功耗:≤1.5W(6VA)

电流线路功耗:≤26VA

参比电压:AC220V

工作温度范围:-25 ~ 55℃

工作频率范围:50Hz±5%

8. 电子式预付费电能表

【特点及用途】 DDSY666 型和 DTSY666 型电子式预付费电能表是以专用的预付费芯片为核心,采用模块化设计,应用大电流继电器接插件,以及高保密的 IC 卡,保证了使用上的安全性和计量上的准确性,其具有无费断电功能,负荷限制功能,报警功能等,断电数据可保存十年。

【规 格】
电流规格:5(20)A,5(30)A,10(40)A
外形尺寸:88.5mm×66mm×166mm
准确度等级:2 级
工作极限温度范围:−40 ~ +70℃
有功功耗:≤0.8W

9. 三相电子式多功能电能表

【特点及用途】 DTSD666、DSSD666 型三相电子式多功能电能表,采用数字采样处理技术及 SMT 加工工艺的电子式电能表。该表能精确地测量三相电能计量中正向和反向的有功和无功电能、有功和无功功率、功率因数、电压、电流及频率等电参数,并根据相应费率和需量等要求进行数据处理。电能表具有 4 种费率、4 个时区、10 套日时段、百年日历时钟、红外遥控编程抄表、设有 RS485 通讯接口以及脉冲输出等功能,是适应电能管理现代化的理想计量器具。其精度高,可靠性好,宽负荷,低功耗,误差曲线平直,抗干扰能力强。

【规　　格】

电流规格:1.5(6)A,3(6)A

启动电流:0.5s　cosφ=1 时　0.001In

　　　　 1.0s　cosφ=1 时　0.002In

外形尺寸:185mm×87.5mm×303mm

规定的工作温度范围:-25 ~ +55℃

工作极限温度范围:-40 ~ +70℃

准确度等级:有功 0.5s、1.0s,无功 2.0s

工作频率范围:50Hz±5%

参比电压:3×220/380V,3×57.7/100V,3×100V,3×57.7V

工作电压:90% ~ 110% Un

极限工作电压:80% ~ 115% Un

电压线路功耗:1.5W　(6VA)

电流线路功耗:≤2VA

时钟日记时误差:≤0.5s/d

时段转换误差:≤0.1s

备用电池工作寿命:≥10 年

停电换电池数据保持时间:≥1h

停电数据保存电池电压:3 ~ 3.6VDC

停电抄表电池电压:6VDC

电池容量:≥1 000mAH

脉冲输出宽度:80±20ms

10. 三相电子式多费率电能表

【特点及用途】 DTSF666、DSSF666 三相电子式多费率电能表采用单片微处理器及其外围芯片技术设计、制作,可精确地测量三相电能计量中正向有功电能;用于 4 种费率 9 个时段 9 个年时区电量的分时计量;采用多种先进算法,充分满足用户的各种需要;可利用 RS485(可选)及红外进行编程、抄表;可通过 LCD 显示各种参数设置情况和测量数据。同时,可实现轮显,轮显的参数和时间可预先设置,参数轮显的顺序也可任意设定。电能表当电源失电后锂电池作为后备电源。可以保证内部数据不丢失,来电后自动投入运行。其抄表日需清为自动需清,其余为手动需清。三相电子式多费率电能表精度高、宽负荷、低功耗、误差曲线平直、抗干扰能力强,方便了居民及商业复费率计量的管理。

【规　格】
电流规格 1.5(6)A,3(6)A,5(20)A,(40)A,15(60)A,20(80)A,30(100)A
外形尺寸:185mm×87.5mm×303mm
工作温度范围:-25 ~ +55℃
工作极限温度范围:-40 ~ +70℃
准确度等级:1 级
工作频率范围:50Hz±5%
参比电压:3×220/380V,3×57.7/100V,3×100V,3×57.7V

正常工作电压范围:70% ~ 120% Un

电压线路功耗:≤1.5W (6VA)

电流线路功耗:≤2VA

时钟日记时误差:≤0.5s/d

时段转换误差:≤0.1s

备用电池工作寿命:≥10 年

停电换电池数据保持时间:≥4h

停电数据保存电池电压:3 ~ 3.6VDC

电池容量:≥1000mAH

脉冲输出宽度:80±20ms

11. 三相电子式有功、无功电能表

【特点及用途】 DT(X)S634 型、DS(X)S633 型三相电子式有功、无功电能表采用专用三相电能计量芯片设计、制作,可精确地测量三相电能计量中有功及无功电能;其机械式双费率计度器可同时显示有功、无功电量。电能表具有失压指示,在表的外面有 A、B、C 三相的指示灯以提供失压指示。并具有有功、无功电量脉冲输出,输出脉冲可供校表、采集电量

之用。电能表为超低功耗固态集成技术和 SMT 工艺设计、制造,供计量额定频率为 50Hz 电网中的交流有功及无功电能。其精度高、可靠性好、宽负荷、低功耗、误差曲线平直、抗干扰能力强。

【规　　格】

电流规格:1.5(6)A,3(6)A,5(20)A,10(40)A,15(60)A,20(80)A,30(100)A

外形尺寸:185mm×87.5mm×303mm

工作温度范围:−25~+55℃

工作极限温度范围:−40~+77℃

准确度等级:1 级

工作频率范围:50Hz±5%

参比电压:3×220/380V,3×57.7/100V,3×100V,3×57.7V

正常工作电压范围:70%~120% Un

电压线路功耗:≤1.5W　(6VA)

电流线路功耗:≤2VA

12. 三相电子式无功电能表

【特点及用途】 DXS634 型、DXS633 型三相电子式无功电能表采用专用三相电能计量芯片设计、制作,可精确地测量三相电能计量中无功电能;其机械式计度器可显示无功累计电量具有失压指示,在表的外面有

A、B、C 三相的指示灯以提供失压指示,具有无功电量脉冲输出,输出脉冲可供校表、采集电量之用。电能表为超低耗固态集成技术和 SMT 工艺设计、制造,是供计量额定频率为 50Hz 电网中的交流无功电能。其特点是精确度高、可靠性好、宽负荷、低功耗、误差曲线平直、抗干扰能力强。

【规　格】

电流规格 1.5(6)A,3(6)A, 5(20)A,10(40)A,15(60)A,20(80)A,30(100)A

外形尺寸:185mm×87.5mm×303mm

工作温度范围:-25 ~ +55℃

工作极限温度范围:-40 ~ +70℃

准确度等级:2 级

工作频率范围:50Hz±5%

参比电压:3×220/380V, 3×57.7/100V, 3×100V, 3×57.7V

正常工作电压范围:70% ~ 120% Un

电压线路功耗:≤1.5W　(6VA)

电流线路功耗:≤2VA

13. 三相电子式有功电能表

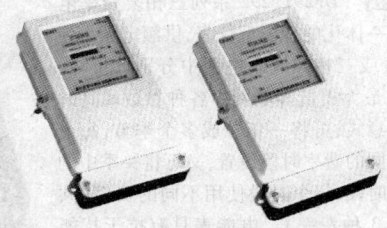

【特点及用途】 DSS633 型、DTS634 型三相三线、三相四线电子式有功电能表采用了三相双向功率、电能计量专用电路芯片及 SMT 工艺制造,长期工作不需调校。其三相电源供电,一相或两相断电时,计量准确性不

受影响。电能表工作温度范围宽,具有有功电能脉冲输出,输出脉冲可供校表、采集电量之用。

【规　格】

电流规格 1.5(6)A,3(6)A, 5(20)A,10(40)A,15(60)A,20(80)A,30(100)A

外形尺寸:172mm×150mm×280(272)mm

电流规格(20)A 以上为 280mm 高度,1.5(6)A,3(6)A,为 272mm 高度)

工作温度范围:−25 ~ +55℃

工作极限温度范围:−40 ~ +70℃

准确度等级:1 级,2 级

频率范围:50Hz±5%

参比电压 Un:220V

工作电压范围:≤70% ~ 120% Un

电压线路功耗:≤1.5W(5VA)

电流线路功耗:≤2VA

14. 复费率电能表

【特点及用途】　DF291、292 系列三相复费率电能表是一种机电一体化的智能型仪表,供额定频率为 50Hz 的三相三线或三相四线制电网中分别计量峰、谷、平及总电量、最大需量等电网中各种参数。其时段控制程序为任意式,可将一年分成多个季节,每个季节使用一套不同的费率时段设置,又可将一季中的每一天分成多个时段,每个时段使用不同的费率(共可设置峰、平、谷 3 种费率)。电能表具有抗干扰能力强、可靠性强、稳定性好等特点,其配备有抄表器和编程器及可选 RS232、RS485 接口,方便供电部门对

配电网的负荷监控和计算机管理。电能表工作温度范围-25～55℃,工作极限温度范围:-40～70℃,外形尺寸:150mm×140mm×273mm。

【规　　格】

品种	型号	参比电压(V)	准确度等级	电流规格(A)
三相三线有功复费率电能表	DSF291	3×380 3×100	1.0	1.5(6),3(6)
三相三线有功复费率电能表	DSF292	3×180	2.0	1.5(6),3(6),5(20),10(40)
		3×100	2.0	1.5(6),3(6)
三相四线有功复费率电能表	DTF291	3×57.7/100 3×220/380	1.0	1.5(6),3(6)
三相四线有功复费率电能表	DTF292	3×220/380	2.0	1.5(6),3(6),5(20),10(40)

15. 三相嵌入式电能表

【特点及用途】　D□29□-K 系列三相嵌入式电能表为感应式交流电能表,其性能稳定,用于三相交流电网中工业用电和民用电及各成套配电设备柜中的电能计量。电能表可根据需要设置双向计量、止逆、脉冲输出、载波通讯等功能,其工作温度范围:-25～+55℃,工作极限温度范围:-40～+70℃,外形尺寸:162mm×157mm×240mm。

【规　格】

品　种	型号	参比电压（V）	准确度等级	电流规格（A）
三相四线嵌入式有功电能表	DT292-K	3×220/380	2	1.5(6),3(6)
	DT291-K	3×220/380 3×57.7/100	1	1.5(6),3(6)
三相三线嵌入式有功电能表	DS292-K	3×100　3×380	2	1.5(6),3(6)
	DS291-K	3×100　3×380	1	1.5(6),3(6)
三相四线嵌入式无功电能表	DX292-K	3×100　3×380	3	1.5(6),3(6)
	291-K	3×100　3×380	2	1.5(6),3(6)
三相四线嵌入式无功电能表	DX292-KS	3×100　3×380	3	1.5(6),3(6)
	DX291-KS	3×100　3×380	2	1.5(6),3(6)

16. 防盗电电能表

【特点及用途】　DDJ666型单相防窃电电能表具有防窃电的功能；即主线圈接地窃电、副线圈接地窃电、反转窃电（又称双向计量单相电能表）、电流线圈换位窃电、分流窃电及断压窃电。电能表具有自动罚款功能，当用户窃电时加倍罚款，强迫用户停止窃电。

【规　格】型号：DDJ666

电流规格：1.5(6)A，2.5(10)A，5(20)A，5(10)A，3(6)A，10(20)A

准确度等级：2级

工作极限温度范围：−40～+70℃

参比电压及频率：220V/50Hz

外形尺寸：118mm×118mm×167mm

17. 三相脉冲电能表

【特点及用途】　三相脉冲电能表是一种机电一体化仪表,可供额定频率为 50Hz 的三相三线和三相四线制电网中电量的计量。其采用抗干扰能力强、稳定性好的 CMOS 集成电路,可输出一定幅值,一定脉宽的矩形脉冲,为用户实现远程抄表系统提供方便。电能表输出脉冲宽度为 80±20ms,脉冲装置功耗≤0.5VA,工作温度范围:−25 ~ +55℃,工作极限温度范围−40 ~ +70℃,外形尺寸:150mm×140mm×273(279)mm(电流规格大于 40A 高为 279mm,小于 40A 高为 273mm)。

【规　格】

品种		型号	参比电压(V)	准确度等级	电流规格(A)
三相四线脉冲电能表	有功	DTM292	3×220/380	2	1.5(6),3(6),5(20),10(40),15(60),20(80),30(100)
		DTM291	3×220/380,3×57.7/100	1	1.5(6),3(6)
	无功	DXM292/T	3×100,3×380	3	1.5(6),3(6)
		DXM291/T	3×100,3×380	2	1.5(6),3(6)
三相三线脉冲电能表	有功	DSM292	3×380	2	1.5(6),3(6),5(20),10(40),15(60),20(80),30(100)
			3×100	2	1.5(6),3(6)
		DSM291	3×100,3×380	1	1.5(6),3(6)
	无功	DXM292/S	3×100,3×380	3	1.5(6),3(6)
		DXM291/S	3×100,3×380	2	1.5(6),3(6)

18. 长寿命技术单相电能表

【特点及用途】 DD701 型长寿命技术单相电能表在材料、工艺等方面采用了新的设计方案,使基本误差曲线更加平直,其调整结构上设置了锁紧装置,消除了由于震动冲击等带来的误差变化的影响,可靠寿命为 25 年。电能表的主要结构特点是:自动叠铆成型电磁系统、焊接连通电流回路,蜗杆与转轴一体化设计;采用双极铝镍钴磁推轴承,进口石墨衬套;细长形结构树脂浇铸的电压线圈,温升低、功耗小;优质热固性工程塑料注射成形一体化底座端钮盒、配套聚碳酸酯全透明表盖及防辐射标志,其密封性好,防护等级高等。

【规　　格】

电流规格:5(20)A、5(30)A、10(40)A、10(60)A、15(60)A、15(90)A、20(80)A、30(100)A

外形尺寸:120mm×120mm×178mm

准确度等级:2 级

工作极限温度范围:-40 ~ +70℃

参比电压及频率:220V/50Hz

19. 亚型长寿命技术单相电能表

【特点及用途】 DD666 亚型长寿命技术单相电能表在工艺上采用了新的设计方案,使基本误差曲线更加平直,其调整结构上增设锁紧装置,消除了由于震动冲击等带来误差变化的影响,平均使用寿命 20 年以上。电能表的结构特点主要

是:磁推轴承采用高磁能材料的铝镍钴钛永磁材料制成;计度器采用防锈·铝弯架,不锈钢转轴、无需润滑油;电压元件装配中的电压铁芯采用高速冲床自动冲裁叠铆成型;电压线圈为树脂浇注,有优良的绝缘性能,采用高稳定度的铝镍钴 37 以上的双极材料,并加上特殊要求的温度补偿材料的阻尼磁钢,与组合件由铝合金一次冲压成型;调整结构为"搬把式"自锁装紧机构;电流铁芯所用材料的初磁导率高,带有过载,一致性好,容易将负载特征曲线补偿到比较平直。

【规　格】

电流规格 1.5(6)A、2.5(10)A、5(20)A、10(40)A、15(60)A、20(80)A、30(100)A

外形尺寸:118mm×113mm×169mm

准确度等级:2 级

电压线路有功功率和视在功率消耗:0.9W　6VA

电流线路功率消耗:＜1VA

参比电压:220V

20. 安装式电流、电压、频率、功率因数、功率板表

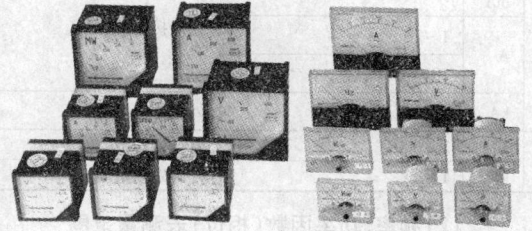

【特点及用途】　该系列安装式板表适用于交直流电路中测量电流、电压、频率、相应、功率。其主要技术参数:

①准确度为:1.5、2.5 级。

②使用条件:-20～+40℃,相对湿度≤80%(25℃)。

③机械性能:能承受加速为 30m/s^2、冲击频率每分钟 80 ~ 120 次、2h 运输颠震。

④绝缘强度:交流电压 50Hz、2kV,历时 1min。

⑤电压影响:自额定值变化±15% 时,引起指示值误差不超过基本误差。

⑥工作位置:垂直方向使用。

【规　　格】

(1)电流电压表测量范围

板表名称		常用规格(测量范围)	
交流电流表	A	0.5 ~ 50 ,1T1 型 10 ~ 200	直接接通
		10/5 ~ 800/5	经电流互感器接通次级电流 5A
	kA	1 ~ 10	
交流电压表	V	5 ~ 600	直接接通
	kV	1 ~ 35	经电压互感器接通次级电流 100V
直流电流表	μA,mA	50 ~ 500μA　1mA ~ 500mA	直接接通
	A	1 ~ 20	
		30 ~ 750	
	kA	1 ~ 3	外附分流器 75mV
直流电压表	V	3 ~ 600	直接接通
	kV	1 ~ 3	外附定值电阻

(2)频率、功率因数(相位)表测量范围

名　　称		量　　限	精度
频率表	Hz	45 ~ 55Hz　100V　220V　380V	2.5
功率因数表	cosφ	cosφ=0.5 ~ 1 ~ 0.5　100V　200V　380　5A	2.5

(3)三相无功功率表测量范围

经电流互感器接入(次级电流为5A)	测量范围	额定电压(V)											
		直接接入			经电压互感器接入(次级电压为100V)								
		100	220	380	380	3k	6k	10k	15k	35k	110k	220k	380k
5	kW	0.8	2	3	3	25	50	80	120	300	1	2	3
7.5	kW	1.2	3	5	5	40	80	120	200	500	1.5	3	5
10	kW	1.5	4	6	6	50	100	150	250	600	2	4	6
15	kW	2.5	6	10	10	80	150	250	400	1	3	6	10
20	kW	3	8	12	12	100	200	300	500	1.2	4	8	12
30	kW	5	12	20	20	150	300	500	800	2	6	12	20
40	kW	6	15	25	25	200	400	600	1	2.5	8	15	25
50	kW	8	20	30	30	300	500	800	1.2	3	10	20	30
75	kW	12	30	50	50	400	800	1.2	2		15	30	50
100	kW	15	40	60	60	500	1	1.5	2.5	6	20	40	60
150	kW	25	60	100	100	800	1.5	2.5	4	10	30	60	100
200	kW	30	80	120	120	1	2	3	5	12	40	80	120
300	kW	50	120	200	200	1.5	3	5	8	20	60	120	200
400	kW	60	150	250	250	2	4	6	10	25	80	150	250
600	kW	100	250	400	400	3	6	10	15	40	120	250	400
750	kW	120	300	500	500	4	8	12	20	50	150	300	500
800	kW	120	300	500	500	4	8	15	20	50	150	300	500
1k	kW	150	400	600	600	5	10	25		60	200	400	600
1.5k	kW	250	600	1	1		15	25	40	100	300	600	1000
2k	kW	300	800	1.2	1.2	10	20	40	50	120	400	800	1200
3k	kW	500	1.2	2	2	15	30	50	80	200	600	1200	2000

续表

经电流互感器接入(次级电流为5A)	测量范围	额定电压(V)											
		直接接入			经电压互感器接入(次级电压为100V)								
		100	220	380	380	3k	6k	10k	15k	35k	110k	220k	380k
4k	kW	600	1.5	2.5	2.5	20	40	60	100	250	800	1500	2500
5k	kW	800	2	3	3	25	50	80	120	300	1000	2000	1000
6k	MW	1	2.5	4	4	30	60	100	150	400	1200	2500	4000
7.5k	MW	1.2	3	5	5	40	80	120	200	500	1500	3000	5000
10k	MW	1.5	4	6	6	50	100	150	250	600	2000	3500	6000

(4)三相功率表测量范围

经电流互感器接入(次级电流为5A)	测量范围	额定电压(V)											
		直接接入			经电压互感器接入(次级电压为100V)								
		100	220	380	380	3k	6k	10k	15k	35k	110k	220k	380k
5	kvar	0.6	1.5	2.5	2.5	20	40	60	100	250	800	1.5	2.5
7.5	kvar	1	2.5	4	4	30	60	100	150	400	1.2	2.5	4
10	kvar	1.2	3	5	5	40	80	120	200	500	1.5	3	5
15	kvar	2	5	8	8	60	120	250	300	800	2.5	5	8
20	kvar	2.5	6	10	10	80	150	250	400	1	3	6	10
30	kvar	4	10	15	15	120	250	400	600	1.5	5	10	15
40	kvar	5	12	20	20	150	300	500	800	2	6	12	20
50	kvar	6	15	25	25	200	400	600	1	2.5	8	15	25
75	kvar	10	25	40	40	300	600	1	1.5	4	12	25	40
100	kvar	12	30	50	50	400	800	1.2	2	5	15	30	50
150	kvar	20	50	80	80	600	1.2	2	2.5	8	25	50	80
200	kvar	25	60	100	100	800	1.5	2.5	4	10	30	60	100

续表

经电流互感器接入(次级电流为5A)	测量范围	额定电压(V)											
		直接接入			经电压互感器接入(次级电压为100V)								
		100	220	380	380	3k	6k	10k	15k	35k	110k	220k	380k
300	kvar	40	100	150	150	1.2	2.5	4	5	15	50	100	150
400	kvar	50	120	200	200	5	3	5	8	20	60	120	200
600	kvar	80	200	300	300	2.5	5	8	10	30	100	200	300
750	kvar	100	250	400	400	3	6	10	15	40	120	250	400
800	kvar	100	250	400	400	3	6	10	20	40	120	250	400
1k	kvar	120	300	500	500	4	8	12	30	50	150	300	500
1.5k	kvar	200	500	800	800	6	12	20	40	80	250	500	800
2k	kvar	250	600	1	1	8	15	25	40	100	300	600	1 000
3k	kvar	400	1	1.5	1.5	12	25	40	50	150	500	100	1 500
4k	kvar	500	1.2	2	2	15	30	50	80	200	600	1 200	2 000
5k	kvar	600	1.5	2.5	2.5	20	40	60	100	250	800	1 500	2 500
6k	kvar	800	2	3	3	25	50	80	120	300	1 000	2 000	3 000
7.5k	Mvar	1	2.5	4	4	30	60	100	150	400	1 200	2 500	4 000
10k	Mvar	1.2	3	5	5	40	80	120	200	500	1 500	3 000	5 000

(5)安装式板表外形及安装尺寸

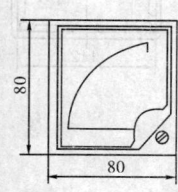
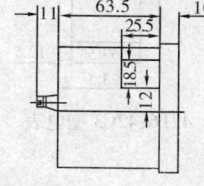
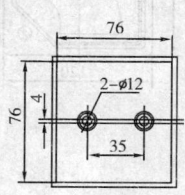

6L2,6C2 型电表

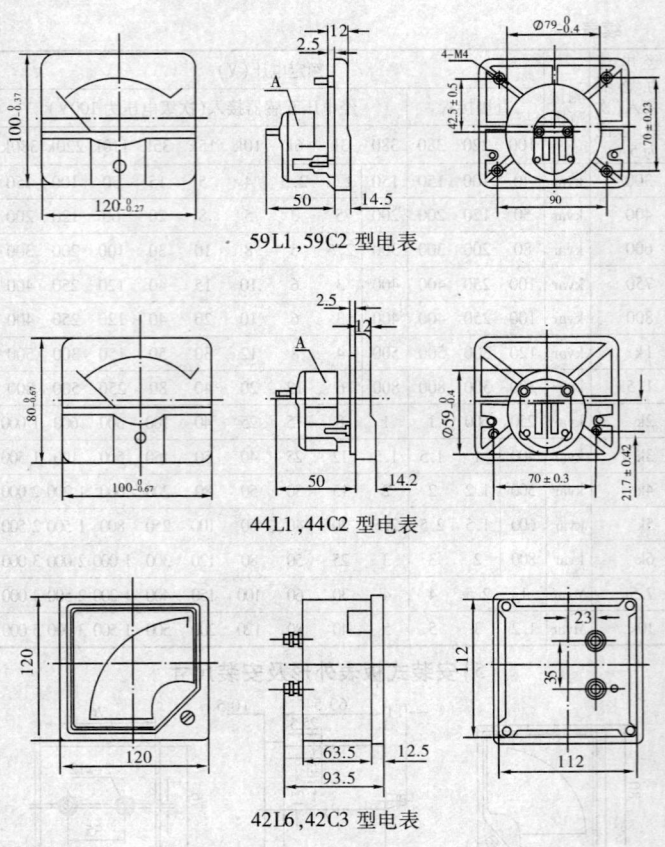

59L1,59C2 型电表

44L1,44C2 型电表

42L6,42C3 型电表

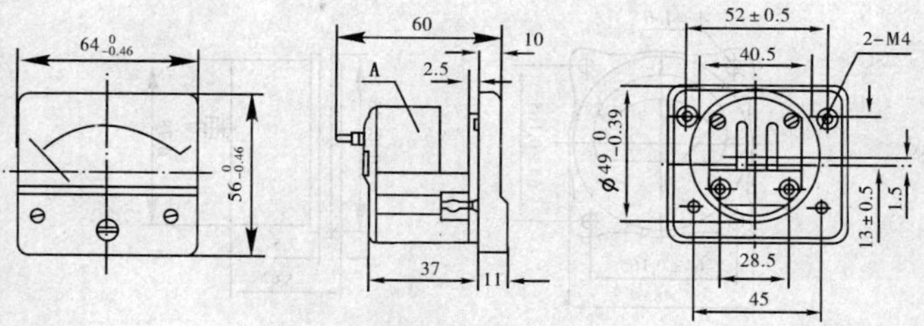

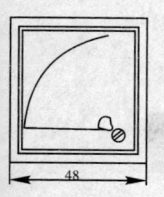

85L1,85C1,85L17 型电表

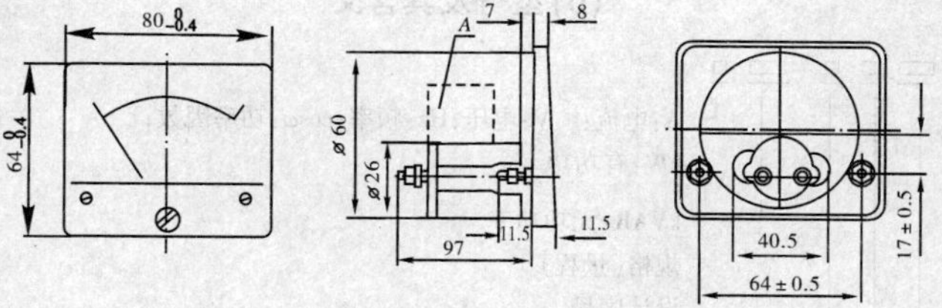

69L9,69C9,69L17,69L13 型电表

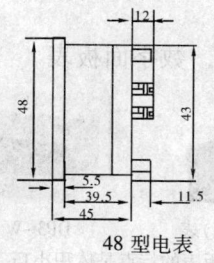

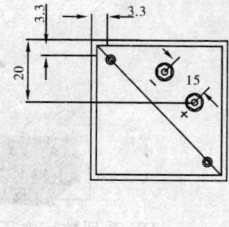

48 型电表

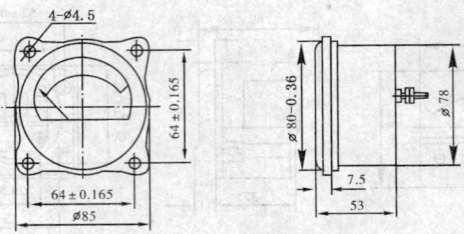

62T51,62C2,62L2 型电表

(6)型号及其含义

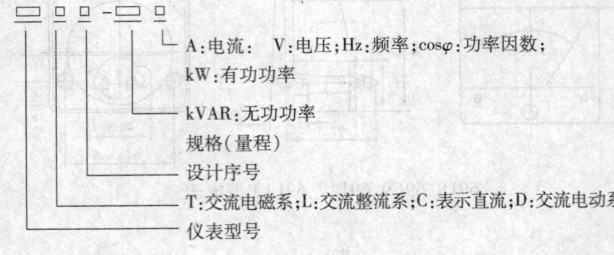

A:电流;　V:电压;Hz:频率;cosφ:功率因数;
kW:有功功率

kVAR:无功功率

规格(量程)

设计序号

T:交流电磁系;L:交流整流系;C:表示直流;D:交流电动系

仪表型号

21. 数字面板表

DE 系列数字电压(流)表

DP3-W 数字功率表

　【特点及用途】　数字面板表的特点是体积小巧,采用通用性表壳,测量准确、性能可靠,具有小数点设定功能。数字面板表为指针式面板表的换代产品。

【规　　格】东崎电气有限公司产品

(1) 交/直流数字电压表

型号	量程	分辨力	输入电阻	精度
DE3□-DV0.2	199.9mV	100μV	10MΩ	±0.3% F. S±2Digit
DE3□-DV2	1.999V	1mV	10MΩ	±0.3% F. S±2Digit
DE3□-DV20	19.99V	10mV	10MΩ	±0.3% F. S±2Digit
DE3□-DV200	199.9V	100mV	10MΩ	±0.3% F. S±2Digit
DE3□-AV600	600V	1V	5MΩ	±1% F. S±2Digit
DE4□-DV2	1.9999V	100uV	10MΩ	±0.1% F. S±2Digit
DE4□-DV20	19.999V	1mV	10MΩ	±0.1% F. S±2Digit
DE4□-DV200	199.99V	10mV	5MΩ	±0.1% F. S±2Digit

注:"□"中的外形尺寸可选,A:36H×72W,B:42H×79W,C:48H×96W。

(2) 直流数字电流表

型号	量程	分辨力	输入电阻	精度
DE3□-DA0.0002	199.9uA	100nA	1kΩ	±0.3% F. S±2Digit
DE3□-DA0.002	1.999mA	1μA	100Ω	±0.3% F. S±2Digit
DE3□-DA0.02	19.99mA	10μA	10Ω	±0.3% F. S±2Digit
DE3□-DA0.2	199.9mA	100μA	1Ω	±0.3% F. S±2Digit
DE3□-DA2	1.999A	1mA	0.1Ω	±0.5% F. S±2Digit
DE3□-DA20	20A	10mA	5MΩ	±0.5% F. S±2Digit
DE3□-DA200	200A	100mA	5MΩ	±0.5% F. S±2Digit

附:电压、电流表技术参数

最大显示	1999(3 1/2);19999(4 1/2)
输入方式	单端输入
测量方式	双积分 A/D 转换
测量速度	约 2.5 次/秒
溢出显示	"-1"or"1"(3 1/2);"0000"or"-0000"(4 1/2)LED 闪动
极性显示	只显示"-"
显　示	红色 LED
电　源	DC 5V±10% ≤70mA(3 1/2);DC 5V±0.2≤80mA(4 1/2)
工作温度	0~50℃ <85% RH

(3)频率数字表

型　号	DM4A-FR1	DM4B-FR1	DM5C-FR1
测量范围	1~9 999Hz	1~9 999Hz	1~10 000Hz
显　示	LED 红色		
输入电阻	>10k		
输入电平	5~25V		
输入波形	方波、正弦波信号		
极限输入电压	25V		
频率精度	±0.05% ±1Digit(DM4A-FR1;DM4B-FR1);±0.05% ± 10Digit(DM5C-FR1) (23±2℃ 45%~75%R.H)		
频率采样时间	自动		
小数点	根据量程自动改变		
溢出显示	"UUUU"or"UUUU"		

续表

型 号	DM4A-FR1	DM4B-FR1	DM5C-FR1
电 源	DC10~30V		
工作温度	0~50℃ <85%RH		

注:该数字表亦可测量转速、计数等到。

(4)功率数字表

型号	输入电压	输入电流	变送输出	测量精度
DP3-W20	90~450V	0~100mA		±0.5% F.S±2Digit
DP3-W200	90~450V	0~1A	无	±0.5% F.S±2Digit
DP3-W1100	90~450V	0~5A		±0.5% F.S±2Digit
DP3I-W20	90~450V	0~100mA		±0.5% F.S±2Digit
DP3I-W200	90~450V	0~1A	4~20mA	±0.5% F.S±2Digit
DP3I-W1100	90~450V	0~5A		±0.5% F.S±2Digit

测量功能	交流单相有功功率
超量程能力	电压:1.2 倍数;1.5 倍 10min 电流:1.2 倍数;1.5 倍 10min
输入方式	CT、PT 隔离
功率因数范围	-0.5~1~0.5;
测量精度	±0.5% F.S±2digit
A/D 转换	二重积分
采样速度	约 2.5s
最大显示	1999
频率影响	≤±0.05% 45~65Hz
溢出显示	"1"

续表

型号	输入电压	输入电流	变送输出	测量精度
显示	红色数码管(14.2mmH)			
重量	约500g			
电源	AC 110V/220±10% 50/60Hz			
功耗	≤5VA			
耐电压	AC 1 500V/1min			
绝缘阻抗	100MΩ			

(5)数字面板表外形尺寸及型号含义

a. 电压、电流、频率数字表外形尺寸

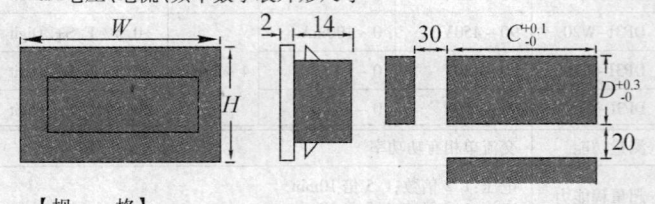

【规格】

型号	主要尺寸(mm)			
	W	H	C	D
DM-A	72	36	69	33.5
DM-B	79	42	76	39.5
DM-C	96	48	93	45.5

b. 功率数字表外形尺寸

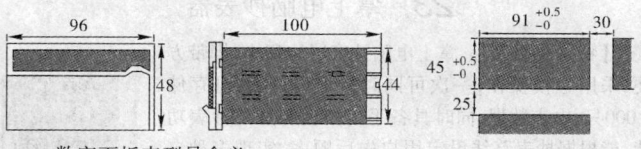

c. 数字面板表型号含义

① DE □ □-□ □ ——量程代号或量程

DA:直流电流;AA:交流电流 DV:直流电压;

AV:交流电压 FR:频率

外形尺寸 A:36H×72W B:42H×79W

C:48H×96W

电流、电压表 3(三位半) 4(四位半)

频率,4(4位) 5(5位)

数字面板表

② DP3 I-W □——量程或代号

交流单相有功功率表

I:变送输出 空白:无变送输出

3位半数显表

22. 便携式抄表器

【特点及用途】 便携式抄表器自带远距离红外通讯装置,具有红外和手工抄收电表功能及采集器数据,存储用户资料不少于 5 000 户,能自动计算电量,自动校时等。

【规 格】四川启明星蜀达电气有限公司产品电源:普通电池一对或充电电池

显示窗:160mm×160mm。全点阵液晶(可显示 100 个汉字)

内存:1M 到 16M 字节(可选)的 FLASH 及 128K 字节 SRAM

重量:190g(不带电池)

外形尺寸:171mm×71mm×23mm

23. 掌上电脑抄表器

【特点及用途】 掌上电脑抄表器体积小,携带方便,采用触摸操作,一次可同时抄 100 只表,可存储 3 000 只,电表数据,同时具备手工抄表和红外抄表功能,能根据抄表路线设定用户先后顺序,实现多种自动抄表功能及不同的声音提示抄表结果,能提供多种模糊查询方式等。

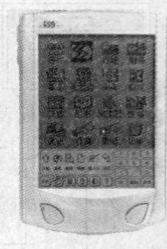

【规　　格】四川启明星蜀达电气有限公司产品

电源:5 号碱性电池 1 对

红外抄表范围:−60 ~ +60℃

外形尺寸:117×77×16.5mm

设置:32 位 CPU,带 RS232 接口,方便与计算机通讯

24. 掌上型数字万用表

【特点及用途】 掌上型数字万用表可以测量直流和交流电压/电流、电阻、电容或频率等,亦同样用于进行通断测试和二极管测试。掌上型数字万用表小巧轻便,携带方便,主要用于测量民用工业用电力系统生产作业等。

【规　　格】成都中南实业有限公司产品

(1) UT30 系列数字万用表

UT30A

UT30C

【规　格】

型号	UT30A	UT30C	UT30D	UT30F
直流电压	400mV/4V/40V	200mV/2000mV/20V/200V/500V	200mV/2000mV/20V/200V/500V	200mV/2V/20V/200V/500V
交流电压	4V/40V/400V/500V	200V/500V	200V/500V	200mV/2V/20V/200V/500V
直流电流	400μA/4mA/40mA/400mA/10A	2mA/20mA/200mA/10A	2mA/20mA/200mA/10A	20mA/200mA/10A
交流电流	400μA/4mA/40mA/400mA/10A			200mA/10A
电阻	400W/4kW/40kW/400kW/4MW/40MW	200W/2000W/20kW/200kW/20MW	200W/2000W/20kW/200kW/20MW	200W/2000W/20kW/200kW/20MW
测量温度			40~1000℃	
频率测量				2KH-10MHz
三极管测试	☆	☆	☆	☆
二极管测试	☆	☆	☆	☆
通断蜂鸣	☆	☆	☆	☆
睡眠功能	☆	☆		

续表

型号	UT30A	UT30C	UT30D	UT30F
电池不足提示	☆	☆	☆	☆
电压测量输入阻抗	10MW,(400mV)>4000MW	10MW	10MW	10MW,(400mV)>4000MW
数据保持	☆	☆	☆	☆
自动量程	直流电压/交流电压/电阻			频率
电源	1.5V 电池(AAA×2)	9V 电池(6F22)	9V 电池(6F22)	9V 电池(6F22)
最大显示	3999	1999	1999	1999
显示器尺寸	16mm×8mm	16mm×8mm	16mm×8mm	16mm×8mm

(2) UT50 系列数字万用表

UT50

UT50A

UT50B

【规　格】

型号	UT50	UT50A	UT50B	UT50C	UT50
直流电压	200mV/2000mV/20V/200V/500V	200mV/2V/20V/200V/1000V	200mV/2V/20V/200V/1000V	200mV/2V/20V/200V/1000V	200mV/2V/20V/200V/1000V
交流电压	200V/200V/500V	200mV/2V/20V/200V/750V	2V/20V/200V/750V	2V/20V/200V/750V	2V/20V/200V/750V
直流电流	200μA/2mA/20mA/200mA/10A	2mA/20mA/200mA/20A	2mA/20mA/200mA/20A	20mA/200mA/20A	2mA/20mA/200mA/20A
交流电流	200mA/2mA/200mA/20A	200mA/2mA/200mA/20A	20mA/200mA/20A	20mA/200mA/20A	20mA/200mA/20A
电阻	200W/2000W/20kW	200W/2kW/20kW/2MW/20MW/200MW	200W/2kW/20kW/2MW/20MW/200MW	200W/2kW/20kW/2MW/20MW/200MW	200W/2kW/20kW/2MW/20MW/200MW
电容		2nF/20nF/2mF/100mF	20nF/200nF/2mF/100mF	20nF/200nF/2mF/100mF	20nF/20nF/2mF/20mF
摄氏温度			−40～1000℃	−40～1000℃	
华氏温度		−40～+1832°F	−40～+1832°F	−40～+1000°F	
全电符号显示		☆	☆	☆	☆
二极管测试	☆	☆	☆	☆	☆
三极管测试	☆				
通断蜂鸣	☆	☆	☆	☆	☆

续表

型号	UT50	UT50A	UT50B	UT50C	UT50
电池不足提示	☆	☆	☆	☆	☆
电压测量输入阻抗	10MW	10MW	10MW	10MW	10MW
数据保持	☆	☆	☆	☆	☆
背光		自动	自动	自动	自动
电源	9V 电池 (6F22)	9V 电池 (6F22)	9V 电池 (6F22)	9V 电池 (6F22)	9V 电池 (6F22)
最大显示	1999	1999	1999	1999	1999
显示器尺寸	16mm×8mm	59mm×25mm	59mm×25mm	59mm×25mm	59mm×25mm
自动关机			☆	☆	☆

(3) UT60 系列数字万用表

UT60C

UT60F

[规　格]

型号	UT60A	UT60B	UT60C	UT60D	UT60E	UT60F	UT60G
直流电压	400mV/4V/40V/400V/1000V	400mV/4V/40V/400V/1000V	400mV/4V/40V/400V/1000V	340mV～1000V	400mV/4V/40V/400V/1000V	400mV/4V/40V/400V/1000V	600mV/6V/60V/600V/1000V
交流电压	4V/40V/400V/750V	4V/40V/400V/750V	4V/40V/400V/750V	3.4V～1000V	4V/40V/400V/750V	400mV/4V/40V/400V/1000V	600mV/6V/60V/600V/1000V
交流电流	40Hz～400Hz	40Hz～400Hz	40Hz～400Hz	100kHz～3db	40Hz～400Hz		
直流电流 40Hz～1kHz	400μA/4mA/40mA/400mA/4A/10A	400μA/4mA/40mA/400mA/4A/10A	400μA/4mA/40mA/400mA/4A/10A	340mA～10A	400μA/4mA/40mA/400mA/4A/10A	400μA/4mA/40mA/400mA/4A/10A	60mA/600mA/10A
交流电流	400mA/4000mA/40mA/400mA/4mA/10A	400mA/4000mA/40mA/400mA/4A/10A					
电　阻	400W/4kW/40kW/400kW/4MW/40MW	400W/4kW/40kW/400kW/4MW/40MW	400W/4kW/40kW/400kW/4MW/40MW	340W～34MW	400W/4kW/40kW/400kW/4MW/40MW	400W/6kW/40kW/400kW/4MW/40MW	600W/6kW/60kW/600kW/6MW/60MW

续表

型号	UT60A	UT60B	UT60C	UT60D	UT60E	UT60F	UT60G
电容	40nF/400nF/ 4mF/40mF 100mF	40nF/400nF/ 4mF/40mF 100mF	40nF/400nF/ 4mF/40mF 100mF		40nF/400nF/ 4mF/40mF 100mF	40nF/40nF/ 400nF/4mF/ 4mF/400mF 1.4mF	6mF/60mF/ 600nF/ 6mF/ 600mF/6mF
频率	10Hz~10MHz	10Hz~10MHz	10Hz~10MHz	3.4kHz~34MHz	50Hz~10MHz	4kHz/40kHz/ 400kHz/ 4MHz/40MHz	6kHz/60kHz /600kHz/ 6MHz/60MHz
温度					40~1 000℃		40~1 000℃
转速 RPM				34K/340K/ 34M/340M			
二极管测试	☆	☆	☆	☆	☆	☆	☆
10A保险丝	陶瓷保险丝	陶瓷保险丝	陶瓷保险丝	☆	陶瓷保险丝	☆	☆
通断蜂鸣	☆	☆	☆	☆	☆	☆	☆

续表

型号	UT60A	UT60B	UT60C	UT60D	UT60E	UT60F	UT60G
数据保持	☆	☆	☆	☆	☆	☆	☆
全符号显示	☆	☆	☆	☆	☆	☆	☆
低电压提示	☆	☆	☆	☆	☆	☆	☆
睡眠功能		☆	☆	☆	☆	☆	☆
电压测量输入阻抗	10MW	10MW	10MW	10MW	10MW	10MW	10MW
RS232接口				☆	☆	☆	☆
电源	9V 电池 (6F22)	9V 电池 (6F22)	9V 电池 (6F22)	9V 电池 (6F22)	9V 电池 (6F22)	9V 电池 (6F22)	9V 电池 (6F22)
最大显示	3999	3999	3999	3999	3999	3999	5999
显示器尺寸	63mm×31mm	63mm×31mm	63mm×31mm	63mm×31mm	63mm×31mm	63mm×31mm	63mm×31mm

续表

型号	UT60A	UT60B	UT60C	UT60D	UT60E	UT60F	UT60C
相对测量	☆	☆	☆		☆		
占空比	0.1% ~ 99.9%	0.1% ~ 99.9%	0.1% ~ 99.9%		AC		
自动量程	☆	☆	☆	☆	☆	☆	☆
自动手动量程选择	☆	☆	☆	☆	☆	☆	☆
背光		☆	☆	☆	☆	☆	☆
自动关机			☆	☆	☆	☆	☆

(4) UT70系列数字万用表

【规 格】

型号	UT70A	UT70B	UT70C	UT70D
直流电压	200mV/2V/20V/200V/ 1000V	400mV/4V/40V/400V/ 1000V	80mV/800mV8V/80V/ 800V/1000V	80mV/800mV/8V/ 80V/800V/1000V
交流电压	200mV/2V/20V/200V/ 750V	4V/40V/400V/750V	800mA/800mA8 V/80V/800V/ 1000V	
交流频宽	100kHz ~ 3db			
直流电流	2mA/20mA/200mA/10A	400μA/4mA/40mA/ 400mA/10A	80mA/800mA/8A/10A	80mA/800mA/8A/ 10A
交流电流	2mA/20mA/200mA/10A	400μA/4mA/40mA/ 400mA/10A	80mA/800mA/8A/10A	80mA/800mA/8A/ 10A
电阻	200W/2kW/20kW/ 200kW/2MW/20MW/ 200MW	400W/4kW/40kW/ 400kW/4MW/40MW	800W/8kW/80kW/ 800kW/8MW/80MW	800W/8kW/80kW/ 800kW/8MW/80MW
电容	20nF/200nF/2mF/ 100mF	4nF/40nF/400nF/4mF/ 40mF/400mF400mHz	1nF/10nF/100nF/1mF/ 10mF/100mF	1nF/10nF/100nF/ 1mF/10mF/100mF
电感	2mH/20mH/200mH/ 20H			
电导			80nS	80nS
频率	10MHz	4kHz/40kHz/400kHz/ 4MHz/40MHz/400MHz	1kHz/10kHz/100kHz/ 1MHz	1kHz/10kHz/ 100kHz/1MHz
摄氏温度	-40 ~ +1 000℃	-40 ~ +1 000℃		
华氏温度	-40 ~ +1 832°F	-40 ~ +1 832°F		

续表

型号	UT70A	UT70B	UT70C	UT70D
二极管测试	☆	☆	☆	☆
三极管测试	☆			
10A保险丝	☆	☆	☆	☆
相对模式	☆	☆	☆	
通断蜂鸣	☆	☆	☆	☆
自动数据保持	☆	☆	☆	☆
最大值/最小值	☆	☆	☆	☆
全符号显示	☆	☆	☆	☆
低电压提示	☆	☆	☆	
睡眠功能	☆	☆	☆	☆
电压测量输入阻抗	10MW	10MW	10MW	10MW
模拟条显示	☆	☆	☆	☆

续表

型号	UT70A	UT70B	UT70C	UT70D
峰值保持	☆			☆
逻辑测试	☆			
RS232接口		☆	☆	☆
电源	9V 电池 (6F22)	9V 电池 (6F22)	9V 电池 (6F22)	9V 电池 (6F22)
最大显示	1 999	3 999	7 999， (频率测量) 99 999	79 999， (频率测量) 99 999
显示器 尺寸	53mm×62mm	53mm×62mm	53mm×62mm	53mm×62mm
相对 测量			1% ~ 99%	1% ~ 99%
占空比			☆	☆
自动量程	频率	☆	☆	☆
背光显示	☆	☆	☆	☆

(5) UT90 系列数字万用表

[规 格]

型号	UT90A	UT90B	UT90C
直流电压	200mV/2V/20V/200V/1000V	200mV/2V/20V/200V/1000V	400mV/4V/40V/400V/1000V
交流电压	2V/20V/200V/750V	2V/20V/200V/750V	4V/40V/400V/750V
直流电流	200μA/2mA/20mA/200mA/20A	200μA/2mA/20mA/200mA/20A	400μA/4mA/40mA/400mA/4A/20A
交流电流	200μA/2mA/20mA/200mA/20A	200μA/2mA/20mA/200mA/20A	400μA/4mA/40mA/400mA/4A/20A
电阻		200W/2kW/20kW/200kW/2MW/20MW	
电容			40nF/4000nF/4mF/40mF/100ml
二极管测试	☆	☆	☆
自动数据保持	☆		☆
通断蜂鸣	☆	☆	☆
全符号显示	☆	☆	☆
电池不足提示	☆	☆	☆
电压测量输入阻抗	10MW	10MW	10MW
电 源	9V电池(6F22)	12~36V,230VMAX	
最大显示	1999	1999	3999
显示器尺寸	60mm×54mm	60mm×26mm	60mm×26mm

25. 钳　表

【特点及用途】HT75 和 HT76 钳表，用于测量 1000A 的交流或直流电流。拥有独特的钳头设计能够方便地钳度电缆（最大直径 53mm）和导电棒（最大 50mm×10mm），其可在 CATIV600V 环境下测量电流和在 CAT Ⅲ600V 环境下测量电压。HT75 可以测量交流/直流电流和电压、电阻、频率和通断测试。HT76 可以进行同样的真有效值测量。钳表适用于变速器、电梯、自动机械、直流马达、航海和航空工程，是理想的工业电网和船舶或飞机工业测量仪器。

【规　　格】广州市英标港科技有限公司经营产品

型 号	HT75	HT76
最大显示值	3 999	3 999
取样速度	2.0 次/s	2.0 次/s
过载指示	☆	☆
电量不足指示	☆	☆
自动关机	10min	30min
安全标准 IEC 1010-1	电流 CAT Ⅳ600V 电压 CAT Ⅲ600V	电流 CAT Ⅳ600V 电压 CAT Ⅲ600V
污染水平	2	2
最大电缆直径	53mm	53mm
钳头最大开口	55mm	55mm
电池寿命	200h	200h
交流电压量程	400mV,4V,40V, 400V,750V	400mV,4V,40V, 400V,750V
分辨力	0.1～1V	0.1mV～1V
准确度	±(1.5%+5d)	±(1.5%+5d)
输入阻抗	10MΩ	10MΩ

续表

型 号	HT75	HT76
直流电压量程	400mV,4V,40V, 400V,1000V	400mV,4V,40V, 400V,1000V
分辨力	0.1mV ~ 1V	0.1mV ~ 1V
准确度	±(0.5%+3d)	±(0.5%+3d)
输入阻抗	10MΩ	10MΩ
过载保护电压	750Vac,1000Vdc	750Vac,1000Vdc
交流电流量程	40A,400A,600A	40A,400A,600A
分辨力	0.01 ~ 1A	0.01 ~ 1A
准确度	A±(2.5%+20d) 40A±(2%+5d)	A±(2.5%+20d) 40A±(2%+5d)
保护	1 000A1min	1 000A1min
直流电流量程	40A,400A,600A	40A,400A,600A
分辨力	0.01 ~ 1A	0.01 ~ 1A
准确度	A±(2.5%+30d) 40A±(1.5%+5d)	A±(2.5%+20d) 40A±(2.0%+5d)
保护	1 000A1min	1 000A1min
电阻量程	400Ω,4k,40k 400k,4M,40M	400Ω,4k,40k 400k,4M,40M
分辨力	0.1Ω-10kΩ	0.1Ω-10kΩ
准确度	±(1.0%+3d)	±(1.0%+3d)
保护	600Vrms	600Vrms
通断提示音	☆	☆
频率量程	1Hz ~ 400kHz	1Hz ~ 400kHz
各种功能量程选择	手动/自动	手动/自动
真有效值	N/A	yes
模拟棒显示	☆	☆
体积和重量	260×85×46(mm)/500g	260×85×46(mm)/500g

注:1. 表中☆表示技术指示具有。
  2. 标准配件有手提袋、测试笔、9V 电池等。

26. 绝缘电阻表

【特点及用途】ZC25 型及 ZC11D 型绝缘电阻表适用于测量各种电机、电缆、变压器、电讯元器件、家用电器和其他电气设备的绝缘电阻。

【规　格】

型　号	额定电压（V）		测量范围（MΩ）	准确度（级）	
				等级指数	相当于弧长
ZC25B-1、ZC25-1	100	±10%	0～100	10	1.0
ZC25B-2、ZC25-2	250	±10%	0～250	10	1.0
ZC25B-3、ZC25-3	500	±10%	0～500	10	1.0
ZC25B-4、ZC25-4	1000	±10%	0～1000	10	1.0
ZC11D-1	100	±10%	0～500	10	1.0
ZC11D-2	250	±10%	0～1000	10	1.0
ZC11D-3	500	±10%	0～2000	10	1.0
ZC11D-4	1000	±10%	0～5000	10	1.0
ZC11D-5	2500	±10%	0～10000	20	1.5
ZC11D-6	100	±10%	0～20	10	1.0
ZC11D-7	250	±10%	0～50	10	1.0
ZC11D-8	500	±10%	0～100	10	1.0
ZC11D-9	50	±10%	0～200	10	1.0
ZC11D-10	2500	±10%	0～2500	20	1.5

27. 回路电阻测试仪

【特点及用途】HLR-Ⅱ型回路电阻测试仪能在
100A 直流下,直接测量接点断路器、开关等设备的接
触电阻或截流导体电阻,仪器采用开关电源,信号稳
定,设备重量轻,微机控制,使用方便。

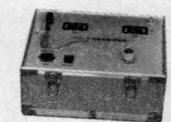

【规　　格】成都广联电力设备工具有限公司产品

型　　号	HLR-Ⅱ
电阻测试范围	1 ~ 1999 μΩ
电阻测试最小分辨率	0.1 μΩ
电阻测试准确度	±0.5%
测试电流	100A

28. 微电脑快速直流电阻测试仪

【特点及用途】BY2580 型微电脑快速直流电阻测
试仪可用于取代直流单、双壁电桥的高精度仪表,其采
用先进的开关电源恒流技术,具备自动调零和自动消
弧功能全程自动换挡,特别适于感性试品的电阻测量。

【规　　格】成都广联电力设备工具有限公司产品

型　　号	BY2580
电阻测量范围	2mΩ ~ 2KΩ
分辨率	1μΩ
电阻测试准确度	0.5 级

29. 电　桥

QJ31　　　　　　　　QJ42

【特点及用途】QJ 系列电桥主要用于精密测量直流电阻,测量变压器绕组电阻、开关接触电阻、分流器电阻等多种电器的电阻大小。电桥桥臂接触点应及时清理,保证接触点的良好接触,确保其精密度。

【规　　格】成都中南实业有限公司产品

(1) QJ23 **直流单臂电桥**

型号	QJ23 直流单臂电桥		
测量范围	0~999 900Ω		
量程	有效量程	等级指数	分辨率
×10⁻³	0~9.999Ω	2	1mΩ
×10⁻²	0~99.99Ω	0.2	10mΩ
×10⁻¹	0~999.9Ω	0.2	100mΩ
×1	0~9.999kΩ	0.2	1Ω
×10	0~99.99kΩ	1	10Ω
×10²	0~999.9kΩ	2	100Ω
×10³	0~9.999MΩ	5	1kΩ
指零仪电源	9V(6F22 型)电池 1 节		
电桥电源	1.5V2 号电池 2 节		
外形尺寸	225mm×175mm×120mm		
重量	2kg		

(2)QJ31 直流单双臂电桥

型　　号	QJ31 直流单双臂电桥	
测量范围	（单）10～1 111 000 Ω （双）10-4-111.1Ω	
量　　程	有效量程	等级指数
×10⁻²	0～111.10mΩ	0.1
×10⁻¹	0～1.1110Ω	0.1
×1	0～11.110Ω	0.1
×10	0～111.10Ω	0.1
×10²	0～1.1110kΩ	0.1
×10³	0～11.110kΩ	0.1
×10⁴	0～111.10kΩ	0.2
×10⁵	0～1.1110MΩ	0.5
指零仪电源	9V(6F22 型)电池 2 节	
电桥电源	1.5V1 号电池 4 节 9V(6F22 型)电池 2 节	
外形尺寸 3	100mm×250mm×160mm	
重　　量	4.5kg	

(3)QJ42 直流双臂电桥

型号	QJ42 直流双臂电桥		
测量范围	0.0001～11.00Ω		
量　　程	有效量程	等级指数	分辨率
×10⁻⁴	0.100～1.100mΩ	5	5μΩ
×10⁻³¹	1.00～11.00mΩ	5	50μΩ
×10⁻²	10.0～110.0mΩ	2	500μΩ
×10⁻¹	0.100～1.100Ω	2	5mΩ
×1	1.00～11.00Ω	2	50mΩ

续表

型号	QJ42 直流双臂电桥
指零仪电源	9V(6F22 型)电池 1 节
电桥电源	1.5V1 号电池 5 节
外形尺寸	230mm×200mm×150mm
重　量	2.5kg

(4) QJ44 直流双臂电桥

型　号	QJ44 直流双臂电桥		
测量范围	00001 ~ 11.0000Ω		
量　程	有效量程	分辨等级	指数率
×10⁻²	0.01 ~ 1.1000mΩ	1	0.5μΩ
×10⁻¹	0.1 ~ 11.000mΩ	0.5	5μΩ
×1	1 ~ 110.00mΩ	0.2	50μΩ
×10	0.01 ~ 1.1000Ω	0.2	500μΩ
×10²	0.1 ~ 11.000Ω	0.2	5mΩ
指零仪电源	9V(6F22 型)电池 1 节		
电桥电源	1.5V1 号电池 6 节并联		
外形尺寸	310mm×250mm×160mm		
重　量	4.5kg		

30. 直流电位差计

UJ33A

【特点及用途】UJ33A/UJ36A 型直流电位差计主要用于测量直流电动势、电压、校正电子电位差计、毫伏表刻度及测试热偶温度等。其小巧轻便、携带方便。

【规 格】

型号	UJ33A			UJ36A		
量程	测量范围	最小分辨率	准确度	测量范围	最小分辨率	准确度
×5	0 ~ 1.0550V	50μV	±0.05%			
×1	0 ~ 211.0mV	10μV	±0.05%	0 ~ 230mV	50μV	±0.1%
×0.1	0 ~ 21.10mV	1μV	±0.05%			
×0.2				0 ~ 46mV	10μV	±0.1%
工作电流	3mA			1mA		
工作电源	1.5V1 号干电池 6 节			1.5V1 号干电池 4 节		
指零仪电源	9V(6F22) 叠层电池(3 节并联)			9V(6F22) 叠层电池(2 节并联)		
形 式	便携式			便携式		
外形尺寸	310mm×250mm×160mm			402mm×225mm×140mm		
重量	5kg			4.5kg		

31. 继电保护检验仪

【特点及用途】WKJBC-II 型继电保护检验仪内部的交直流电压、电流源采用了新的电源技术,为现场人员实验提供了稳定可靠的保障。仪器在简化操作的前提下,增加仪器测量功能,能对各种常见继电器进行各项校验,且面板布置精巧、简便、一目了然。

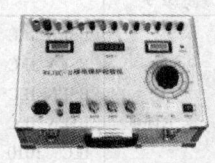

【规　　格】成都广联电力设备工具有限公司产品

型　号	WKJBC-II
交流电流	0~100A/1000W 可调
直流电流	0~20A/25V
交流电压	0~350V/4A 可调
直流电压	0~250V/4A 可调
定值输出直流电压	24V,48V,110V,220V

32. 电力安装测试仪

【特点及用途】 HT2019 型电力安装测试仪具有测试漏电断路掣、各种接地电阻、电线与故障回路阻抗,预算短路电流,相线顺序显示,通断测试和绝缘测试等多种功能,其结构紧凑轻便(1 000g),体积小巧(222mm×162mm×57mm),易携带,是电力作业的理想工具。

【规　　格】ITALIA 产品

型号	HT2019 型			
安全标准	BSEN/IEC　61557-2 BSEN/IEC　61557-3 BSEN/IEC　61557-4 BSEN/IEC　61557-6 IEC　1010 VDE　0100 VDE　0413-1		VDE　0413-3 VDE　0413-4 VDE　0413-6 16th Edition IEE wiring regulations	

功能	量程	基本精确度	分辨率
通断测试 测试电流 > 200mA 当 R≤16Ω 测试电流>40mA 当 R>16Ω	0.01 ~ 19.99Ω 20.0 ~ 99.9Ω	±(2% +2d)	0.01Ω 0.1Ω
绝缘测试	0.01MΩ ~ 9909MΩ/50V 0.01MΩ ~ 199.9MΩ/100V 0.01MΩ ~ 499MΩ/250V 0.01MΩ ~ 999MΩ/500V	±(2% +2d)	0.01MΩ 0.01MΩ ~ 19.99MΩ 0.1MΩ 99.9MΩ 0.01MΩ 0.01MΩ ~ 19.99MΩ 0.1MΩ 199.9MΩ 0.01MΩ 0.01MΩ ~ 19.99MΩ 0.1MΩ 199.9MΩ 0.01MΩ 499MΩ 0.01MΩ 0.01MΩ ~ 19.99MΩ 0.1MΩ 199.9MΩ 0.01MΩ

续表

功能	量程	基本精确度	分辨率
绝缘测试	0.01MΩ ~ 1999MΩ/1000V	±(2% +2d)	999MΩ 0.01MΩ 0.01MΩ ~ 19.99MΩ 0.1MΩ 199.9MΩ 0.01MΩ 1999MΩ
漏电断路器动作时间测试	10, 30, 100, 300, 500mA/0 ~ 999ms($1/2I_{\triangle N}$, $I_{\triangle N}$) 10, 30, 100, 300, 500mA/0 ~ 200ms($2I_{\triangle N}$非延时性) 10, 30, 100, 300, 500mA/0 ~ 250ms($2I_{\triangle N}$延时性) 10, 30, 100, 300, 500mA/0 ~ 50ms($5I_{\triangle N}$非延时性) 10, 30, 100, 300, 500mA/0 ~ 160ms($5I_{\triangle N}$延时性)	±(2% +2d)	1ms
漏电断路器动作电流测试	$(0.5 ~ 1.4)I_{\triangle N}$(AC 型, 正弦交流电流) $(0.5 ~ 2.4)I_{\triangle N}$(A 型, 脉冲直流电流)	±5% $I_{\triangle N}$	10% $I_{\triangle N}$
漏电断路器回路电阻测试	0 ~ 2kΩ/ 测试电流 = $1/2I_{\triangle N}$	±(2% +2d)	1Ω
漏电断路器接触电压测试	50V, 100V	±(2% +2d)	0.1V
相线/回路阻抗 (测试电流 = 6.64A 测试230V/11.5A 测试400V)	0.01 ~ 19.99Ω 20.0 ~ 199.9Ω 200 ~ 2 000Ω	±(5% +2d)	0.01Ω 0.1Ω

续表

功能	量程	基本精确度	分辨率
相线/回路阻抗 电流预算	1~999A 1~40kA	±(5%+2d)	1A 0.1kA
接地电阻测量	1~2 000Ω	±(5%+2d)	1Ω
相位顺序/电压 显示	0~250V 单相系统 0~440V 两相或三相系统	±(2%+2d) ±(5%+5d)	1V

注:电力安装测试仪标准及配件有:蕉形电线 3 条、鳄鱼夹 3 个、测试棒 1 支;一线三芯电线插头;手提袋;电脑软件和感光串联线;红色测试棒等。

33. 电力质量分析仪

【特点及用途】HT9030 型电力质量分析仪能分析和测试单相和三相三线制或三相四线制电力系统,其取样频率为 6 400Hz,能即时显示电力基本参数(如:电流、电压、有功功率、无功功率、视在功率和功率因素等),显示电压和电流的动态波形,及监测异常电压和电力中断。可同时分析并存储 64 个不同项目。能够显示并记录电压和电流中的谐波。分析仪具有模拟式和数字式两种输入端。

【规　　格】ITALIA 产品

安全标准:EN61010-1

绝缘级数:1 级

抗污染水平:2 级

使用最高海拔:2 000m

过载电压等级:CATⅢ600V 电压测量

体积:290mm×340mm×150mm

重量:大约 4 000g

电力供应:230V+6%,-10%,45~63Hz

显示:点阵图

钳表

最大口径:53mm

最大电缆直径:50mm

标准温度:23°±1℃

额定温度:-5 ~ +40℃

相对湿度:<80%

存放温度:-10 ~ +60℃

存放湿度:<70%

电压测量

最大显示	Fs 间隔	分辨率	准确度	输入阻抗	过载保护
150V	1 ~ 10% Fs	0.1V	0.7% ±2d	220kΩ	700V1 分钟
	>10% Fs		0.4% ±2d		
300V	1 ~ 10% Fs	0.2V	0.7% ±2d	220kΩ	700V1 分钟
	>10% Fs		0.4% ±2d		
600V	1 ~ 10% Fs	0.4V	0.7% ±2d	220kΩ	700V1 分钟
	>10% Fs		0.4% ±2d		

* Fs:最大显示值(FuII Scale),仪器会自动清除所有小于选定的 Fs 1% 的值。

电流测量

最大显示	Fs 间隔	分辨率	准确度	输入阻抗	过载保护
Fs = 1V	2 ~ 10% Fs	0.1%	0.7% ±2d	1MΩ	2V,1mA
	>10% Fs		0.4% ±2d		

* 当选择 Fs ,仪器会自动清除所有小于 2% 的值。

功率测量　　　　　　　　功率因数 cosφ 测量

　　　　　　　　　　　　谐波测量(cosφ = 0.8C　0.8i)

分辨率	准确度	分辨率	准确度	分辨率	准确度
10W	0.7%±2d	0.01	0.5%±2d	0.01	0.5%±2d

模拟辅助输入端

工作电压	分辨率	准确度	最大频率	输入阻抗	过载保护
Fs=1V	0.5mV	0.7%±2d	10Hz	2MΩ	30VDC

数字辅助输入端

工作电压	最大频率	输入阻抗	过载保护
30V	10Hz	光电绝缘	100VAC

配件

标准	可选
黑色电线 1 条、鳄鱼夹 1 个,红色电线 3 条,鳄鱼夹 3 个(KITSKYLAB) 电源供应线(C7001) 10-200-1000A/1V 钳头 3 个(HT97U) 手提袋(BORSA2098) 软件及连接线(SKYLINK) 说明书 英文软件说明书 保修证书 ISO9000 校准证明	200-2000A/V 钳头(HP30C2) 3000A/1V 钳头(HP30C3)

34. 全功能电工仪表

【特点及用途】 HT5080 型全功能电工仪表可用于电力安装测试,电力质数记录分析和环境测量等,能轻易解决漏电断路制突然跳制、变压器过热、电机烧坏、电压中断或突变等问题,并可建立精确的分析文件,以便更加专业化管理。

【规　　格】ITALIA 产品

型号：HT5080 型

体积：230mm×222mm×90mm

重量：约 1 500g（包括电池）

符合标准：EN 61010-1,EN61557

绝缘级数：2 级，双绝缘

抗污染水平：2 级

室内使用最高海拔：2 000m

过载电压类别：CAT Ⅲ300V

标准温度：23±5℃

额定测试：10～50℃

相对湿度：<80%

存放温度：-20～+60℃

存放湿度：<70%

通断测试

量程	分辨率	准确度	测试电流	开路测试电压
0.01～19.99Ω	0.01Ω	±(2%+2d)	>200mA 直流	＞4.5V

绝缘电阻测试

测试电流	量程	分辨率	准确度	开路测试电压	断路电流	理论测试电流
100,250,500,1000V	0.01～99.99MΩ 100.0～999.9MΩ	0.01MΩ 0.1MΩ	±(2%+2d)	1.3x 测试电压	1.4mA（最大）	1mA

接地电阻测试

量程	分辨率	准确度	频率	测试电流	开路测试电压	测试电压波形
0.01～99.99Ω 100.0～999.9Ω 1000～1999Ω	0.01Ω 0.1Ω 1Ω	±(2%+2d)	125Hz±1Hz	≤10mA	≤80V	正弦

电线回路阻抗测试 （相线—相线，相线—中线，相线—地线）

量程	分辨率	准确度	测试电流
0.01 ~ 9.99Ω 10.0 ~ 99.9Ω 100 ~ 1999Ω	0.01Ω 0.1Ω 1Ω	±(2% +2d)	18A±10% (10ms)

预算短路电流　　　　不促动漏电断路器测量接地电阻

最大预算值	接地电阻量程	测试电流	准确度
40kA	1 ~ 1999Ω	$0.5I_{\Delta N}$	+10% ~ 0% ±0.2V/$I_{\Delta N}$

交流电压测量　　　　　　　电流测量（配合 HT99 钳头）

量程	分辨率	准确度	量程	基本准确度
500V	1V	±(2% +2d)	200A/1V	±1% ±0.25mV

频率测量

量程	分辨率	准确度
15.3 ~ 99.9Hz 100 ~ 499Hz	0.1Hz 1Hz	±(0.1% +1d)

漏电断路器测试

类型	额定电流测试($I_{\Delta N}$)	相线–地线最小电压
AC, A	10mA, 30mA, 100mA, 300mA, 500mA, 1000mA	127V(AC正弦交流电流) ~ 230V(A脉冲直流电流)

	动作时间测试($T_{\Delta N}$)			动作电流测试			接触电压测试		
测试电流	量程	分辨率	准确度	量程 $I_{\Delta N}$(A)	分辨率	准确度	量程	分辨率	准确度
$\frac{1}{2}I_{\Delta N}, I_{\Delta N}$ $2I_{\Delta N}$ $5I_{\Delta N}$RCDS(﹡) $5I_{\Delta N}$RCD(﹡)	0 ~ 99ms 0 ~ 999ms 0 ~ 50ms (﹡﹡) 0 ~ 50ms (﹡﹡)	1ms	±(2% +2ms)	(0.5 ~ 1.1) $I_{\Delta N}$	0.1 $I_{\Delta N}$	±0.15 $I_{\Delta N}$	0 ~ 2 U_BLim	1V	+10% ~ 0% U_BLim

备注：U_BLim：接触电压 25V 或 50V　　（﹡）不适用于 500mA 和 1 000mA
　　　（﹡﹡）不适用于 1 000mA　　（﹡﹡）有接触电压监测

功率因数测量		功率测量	
准确度	分辨率	准确度	分辨率
±(2% ±2d)	0.01	(2% ±3d)(cosφ:0.8c ~ 0.8i)	10W

谐波测量

量程	准确度	分辨率
2 ~ 50 次谐波	±(2% +2d)	0.1

环境测量

输入直流电压	分辨率	准确度	温度测量（配合辅助设备）	风速测量（配合辅助设备）	湿度测量（配合辅助设备）	光度测量（配合辅助设备）
−100mV/+100mV	0.1mV	±(2% ±2d)	−40 ~ +80℃	0 ~ 10m/s	10 ~ 98% RH	0 ~ 20.000 Lux

注:电工仪表标准及可选配件有:一线三芯电线插头;蕉形电线 3 条、鳄鱼夹 3 个、测试棒 1 支;200A 电流测量钳头;软件及串联电线;漏电测量钳头;勒克斯照明度测量计;温度/湿度测量计;声音测量计;变压器;红色测试棒 1 支;风速计;手提袋等。

第三十一章 电工电力工具

1. 电工刀（QB/T2208－1996）

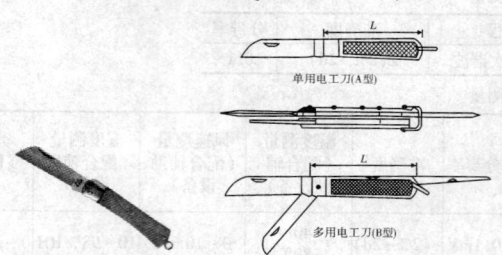

单用电工刀(A型)

多用电工刀(B型)

【特点及用途】电工刀适用于铺设电源线路中割削电线绝缘层、软性金属、绳索以及相关的木质、塑料、橡胶等制品，是电工的常用工具，其刀片硬度应不低于 HRC54，电工刀按结构和用途分为单用电工刀（A 型）和多用电工刀（B 型）。

【规　　格】

代号	刀柄长度 L(mm)
1 号	115
2 号	105
3 号	95

注：多用电工刀分为二用、三用、四用：二用附有锥子；三用附有锥子、锯片；四用附有锥子、锯片、旋具

2. 测电笔

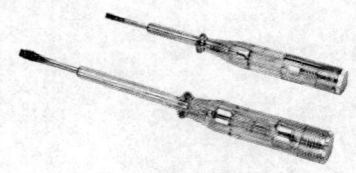

【特点及用途】测电笔学名低压验电器,是由氖管、电阻、弹簧、笔身及笔尖等组成,有螺丝刀式和钢笔式两种。

【规　　格】

结构设计:螺丝刀式、钢笔式。

供用电压范围:60~500V。

3. 电烙铁

【特点及用途】电烙铁是焊接电工钎焊的热源,是利用电能加热发热元件,供铜焊头终端温度达到熔化铅锡焊料所需的250℃左右,进而进行焊接或拆开的一种常用电工工具。电烙铁有内热式、外热式和快热式三种类型。

【规　　格】

额定电压（V）		220
额定功率（W）	内热式	20、35、50、70、100、150、200、300
	外热式	30、50、75、100、150、200、300、500
	外热式	60、100
电源线长度（m）		1.8~2.0
工作寿命（h）		（在额定电压下）不低于500

4. 电缆脱皮钳

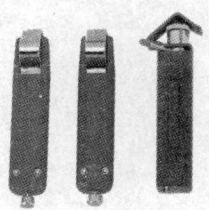

【特点及用途】电缆脱皮钳是专门用于剥脱电缆线外皮绝缘层的简易手动工具。

【规　　格】成都广联电力设备工具有限公司产品

型号	适用范围 ϕ(mm)
LY25-1	4 ~ 16
LY25-2	8 ~ 28
LY25-9	4.5 ~ 25

5. 手动剥皮器

【特点及用途】手动剥皮器是专门用于安装在电缆线上，并通过转动切皮器将电缆去掉外皮，以达到作业要求。

【规　　格】成都广联电力设备工具有限公司产品

型号：NP-4W。

适用范围(mm)：$\phi10 \sim \phi32$。

6. 万能剥皮钳

【特点及用途】万能剥皮钳适用于 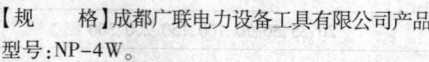线型的电缆外层皮的剥削。

【规　　格】

型号：LY-501。

适用范围(mm)：3.5 ~ 9。

7. 钢丝钳（QB/T2442.1—1999）

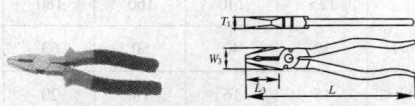

【特点及用途】钢丝钳适用于夹持弯曲扭折圆柱形、薄片形金属工件以及剪切金属细丝等。表面处理为发黑或镀铬。根据需要,钢丝钳也可以不带花腮剪切刃。

【规　格】

长度 L(mm)	钳口长度 L_3(mm)	钳头宽度 W_3(mm) ≤	钳头厚度 T_1(mm) ≤	载荷能力 (N)	扭矩 (N·m)	剪切力 ≤(N)
160	32	25	12	1 120	20	580
180	36	28	13	1 260	20	580
200	40	32	14	1 400	20	580

注:钢丝钳手柄有带塑料套和无塑料套两种类型。

8. 尖嘴钳（QB/T 2440.1—1999）

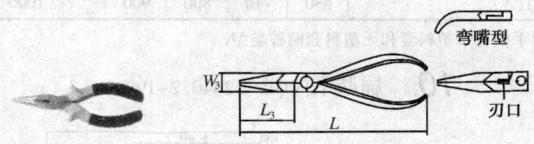

弯嘴型

刃口

【特点及用途】尖嘴钳适用于操作空间比较狭小的场合,是电讯、仪表等修配的常用工具。尖嘴钳根据需要可制作成弯嘴形,其嘴部亦有带刃的品种(可见 QB/T 2442、3—1999),便于剪切金属细丝。

【规　　格】

长度 L(mm)	125	140	160	180	200
头部长度 L_3(mm)	32	40	50	63	80
头部宽度 W_3(mm) ≤	15	16	18	20	22

注:尖嘴钳手柄有带塑料套和无塑料套两种类型。

9. 圆嘴钳 (QB/T 2440.3-1999)

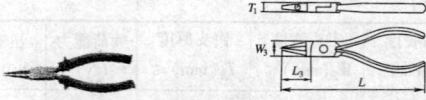

【特点及用途】圆嘴钳适用于将金属细丝、薄片弯曲成环状的形体,为电讯、仪表、家用电器等装配维修的常用工具。

【规　　格】

长度 L(mm)	125	140	160	180	200
嘴部长度 L_3(mm)	25	32	40	50	63
嘴部宽度 W_3 ≤ (mm)	16	18	20	22	25
嘴部厚度 T_1 ≤ (mm)	8	9	10	11	12
载荷能力(N)	630	710	800	900	1000

注:圆嘴钳手柄有带塑料套和无塑料套两种类型。

10. 扁嘴钳 (QB/T 2440.2-1999)

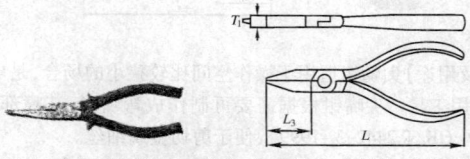

【特点及用途】扁嘴钳适用于弯曲金属细丝或薄片,适用于装配小弹

簧以及拧拔销子等,是电讯、仪表装修的常用工具。有长嘴和短嘴之分。

【规　格】

品　　种	长度 L(mm)	嘴部长度 L_3(mm)	嘴部宽度 T_1(mm) ≤	载荷能力 (N)	扭矩 (N·m)
	125	25	8	630	5.0
短嘴型	140	32	9	710	5.5
	160	40	10	800	6.5
	125	32	7.5	560	
	140	40	8.0	640	
长(薄)嘴型	160	50	9.0	710	–
	180	63	10.0	800	
	200	80	11.0	900	

注:1. 扁嘴钳手柄有带塑料套和无塑料套两种类型。

　　2. 薄扁嘴钳不作扭力试验。

11. 斜嘴钳 (QB/T2441.1–1999)

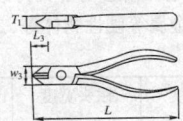

【特点及用途】斜嘴钳适用于剪切金属丝及其他硬性物品,平口斜嘴钳还特别适应在凹下的工作空间使用。

【规　格】

长度 L(mm)	钳嘴长度 L_3(mm) ≤	钳嘴宽度 W_3(mm) ≤	钳嘴厚度 T_1(mm) ≤	载荷能力 (N)	剪切力 (N)
125	18	22	10	800	450
140	20	25	11	900	450

续表

长度 L(mm)	钳嘴长度 L_3(mm) ≤	钳嘴宽度 W_3(mm) ≤	钳嘴厚度 T_1(mm) ≤	载荷能力 (N)	剪切力 (N)
160	22	28	12	1 000	450
180	25	32	14	1 120	450
200	28	36	16	1 250	450

注:斜嘴钳手柄有带塑料套和无塑料套两种类型。

12. 电工钳(QB/T2442.2–1999)

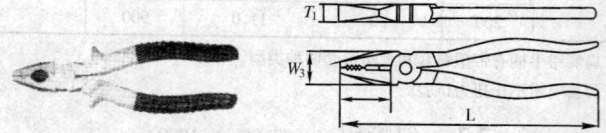

【特点及用途】电工钳适用于夹持或弯曲扭折圆柱形、薄片形金属工件,以及剪切塑料、金属等硬性物体等,是电工常用工具。

【规　　格】

长度 L(mm)	钳口长度 L_3(mm) ≤	钳头宽度 W_3(mm) ≤	钳头厚度 T_1(mm) ≤	载荷能力 (N)	剪切力 (N)
160	28	25	12	1 120	580
180	32	28	13	1 260	580
200	36	32	14	1 400	580

注:1. 电工钳手柄有带塑料套和无塑料套两种。

2. 电工钳无钢丝钳那样的前凹圆钳口和旁刃口。

13.　弯嘴钳

【特点及用途】弯嘴钳主要用于狭窄或凹处的工作空间夹持较小的零部件，其手柄有带塑料套和无塑料套两种类型。

【规　　格】长度(mm)：140,160,180,200。

14.　剥线钳 (QB/T2207-1996)

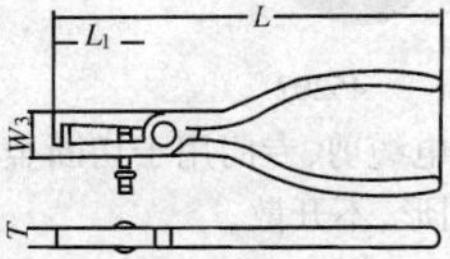

可调式端面剥线钳 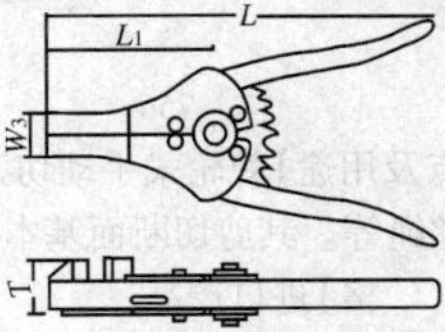　　　　自动剥线钳

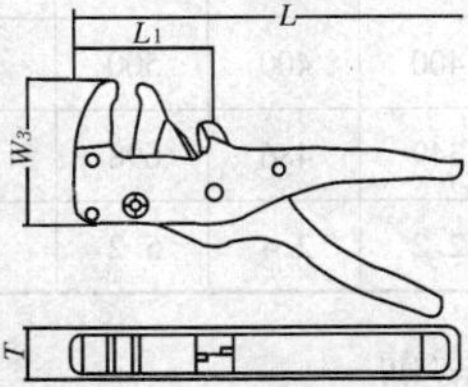

多功能剥线钳 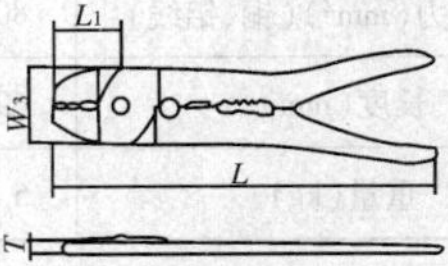　　　　压接剥线钳

【特点及用途】剥线钳适用于在不带电的条件下，剥离线芯直径 $\phi 0.5 \sim 2.5\text{mm}$ 的电讯类导线外部的塑料或橡胶绝缘层。多功能剥线钳可用于剪切和剥离带状电缆。剥线钳的钳口硬度应不低于 HRA65 或不低于 HRC30。

【规　格】

型　式	可调式端面剥线钳	自动剥线钳	多功能剥线钳	压接剥线钳
长　度 L(mm)	160	170	170	200
头部长度 L_1(mm)	36	70	60	34
头部宽度 W_3(mm) ≤	20	22	70	38
头部厚度 T(mm) ≤	10	30	20	8

15. 棘轮式手动切刀

756　　　　　　　　45207

【特点及用途】棘轮式手动切刀又称电缆剪,专门用于切断金属导线、电缆、钢丝绳等。其剪切断面基本保持圆形,不开散。

【规　格】进口产品

型号	756	763	764	45207	45206
切断能力(mm^2)(铜、铝线)	800	400	400	500	400
长度(mm)	698	349	486	698	743
重量(kg)	5.2	2.2	2.4	5.2	5.5

16. 钢索剪

【特点及用途】钢索剪专门用于剪切钢索、电缆及一定直径的金属棒材。

长度(mm)	600		
重量(kg)	2.1		
切断能力 φ(mm)	铁棒9	钢索12	电缆150

17. 断线钳(QB/T2206–1996)

 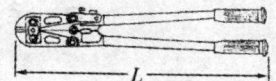

【特点及用途】断线钳是用于剪切一般碳素结构钢线材、圆钢、刺丝、电缆绳以及硬铜线等金属材料的专门工具,其刀刃口的硬度不低于HRC53,通常有铁柄和管柄两种型式。

【规　格】

规　格(mm)	300	350	450	600	750	900	1 050
钳体长度 L(mm)	305	365	460	620	765	910	1 070
最大剪切直径(mm)	4	5	6	8	10	12	14
最大载荷(N)	145	245	345	490	685	835	1 130

18. 压线钳

【特点及用途】压线钳专门用于冷轧压接铜线铝线,起线段连接或线段封端的作用。其特点是连接紧密,操作简单易行。

【规　格】 成都广联电力设备工具有限公司产品

型　号	长度(mm)	重量(kg)	压线范围(mm)
KH-8	250	0.5	1.25～8 裸端子
KH-12	270	0.55	0.55～14 裸端子

续表

KH-16	270	0.55	2~16 裸端子
KH-22	365	0.92	5.5~22 裸端子
KH-11	270	0.6	1.25~2.0 绝缘端子
KH-12	270	0.6	2.0~5.5 绝缘端子
KH-13	270	0.55	0.5~6.0 绝缘端子
KH-28C	270	0.55	6.0~10.0 绝缘端子

19. 手动液压压接钳

TP-400H   TP-400

【特点及用途】手动液压压接钳专门用于压接铜或铝端子,使其接头或封端紧密连接。该压接钳具有180°旋转工作头,可不同位置压接,能应对较大直径的电缆及接续套,适合电力作业工作。

【规　　格】成都广联电力设备工具有限公司产品

型　　号	出力 (t)	重量 (kg)	长度 (mm)	压接范围 (mm²)
EP-431 EP-432H	12	6.2 4.6	610 340	铜端子 16~300,铝端子 16~240 钳压管 35~95
EP-510B EP-510HB	13	7.7 5.0	640 315	铜端子 16~400,铝端子 16~300 钳压管 35~95
TP-240 TP-240H	11	6.3 3.6	582 210	铜端子 16~240,铝端子 16~185 钳压管 35~95
TP-300 TP-300H	12	6.3 4.0	610 220	铜端子 16~300,铝端子 16~240 钳压管 35~95
TP-400 TP-400H	12	7.7 4.8	636 245	铜端子 16~400,铝端子 16~300 钳压管 35~95

20. 分离式液压钳

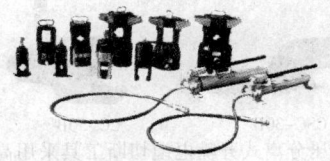

【特点及用途】分离式液压钳专门用于较大截面的铜、铝导线或电缆的接头或封端的压接。

【规　格】成都广联电力设备工具有限公司产品

型　号	工作压力 (MPa)	额定压力 (kN)	工作行程 (mm)	适用范围	重量 (kg)
YQ(F)-150T×14 15吨分离式液压钳	63	150	19(导线)	围压 L16-240　T25-150 坑压 L25-240　T35-150	2.7
			16(电缆)	钳压 LJ25-195 LGJ35-240	
YQ(F)-240T×15 25吨液压钳	63	250	22	围压 L16-240 T25-240 坑压 L25-240 T35-150 钳压 LJ25-185 LGJ35-240	6
YQ(F)-400T×18 40吨液压钳	63	400	26	围压 L150-400 T185-400 坑压 L185-500 T240-400	10
YQ(F)-70G×18	63	600	18	GL16-70 LJ150-400 TJ240-630 LGJ300/50-400/50 LGJQ150-400	17
YQ(F)-100G×24 100吨液压钳	63	1 000	20	GL16-100 LJ240-800 TJ240-845 LGJ300/50-500/65 LGJQ150-500	30
YQ(F)-150G×40 200吨液压钳	63	2 000	25	GL35-150 LJ240-800 TJ240-845 LGJ300/50-800/100	75
300吨液压钳	63	3 000	30	LGJQ300-700　LGJJ185-400	

注:分离式液压钳型号中-□T(G)×□表示:截面铜(钢)×压模宽度。例如:YQ(F)-150T×14 表示压接 TJ150 模宽14;YQ(F)-100G×24 表示压接 GJ100 模宽24。

21. 油压分离式开嘴电缆切断工具

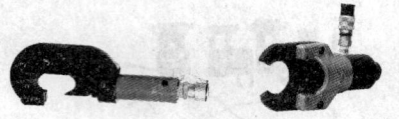

CSC-30B   CC-50B

【特点及用途】油压分离式开嘴电缆切断工具采用高碳钨合金钢刀片,其坚固耐用,热处理后硬度 HRC-65°,适用于高压 PE、IV 电缆线、电话线的切断,尤其方便于配电盘箱内切断作业。

【规　　格】崴稜企业有限公司产品

型　　号	出力(t)	重量(kg)	适用切断电缆 ϕ(mm)
CSC-30B	6	2.8	30
CSC-52B	6	4.0	52
CC-32B	12	5.0	32
CC-50B	12	6.0	50

注:CSC-30B、CSC-52B 型切断工具可以切断稜 ϕ9mm 铁条。

22. 油压电缆切断工具

【特点及用途】CPC 系到油压电缆切断工具专门用于对钢筋钢棒、钢芯铅线、钢绞线、铜或铝绞线及电力电缆线的剪切,特点是轻便省力、速度快捷、切断质量高,有手动式和分离式(须配合电动油压缸)两种类型。

【规　　格】崴移企业有限公司产品

23. 紧线钳

【特点及用途】紧线钳专供架设空中线路工程中拉紧电线电缆、钢绞绳索等。按其造型的不同,可分为平口式和虎口式两种。

虎口式

【规　　格】

	规格号数	钳口弹开 ≥(mm)	夹线 φ 范围(mm)	额定拉力 (N)	扳手扭矩 (N·m)	
平口式	1	21.5	10~20	15 000	450	
	2	10.5	5~10	8 000	320	
	3	5.5	1.5~5	3 000	100	
虎口式	长度(mm)	150	200	250	300	350	400
	钳口宽度(mm)	32	40	48	54	62	70
	夹线范围 φ	1.6~2.6	2.5~3.5	3.0~4.5	4.0~6.5	5.0~7.2	5.0~10.5

24. 电讯组合工具

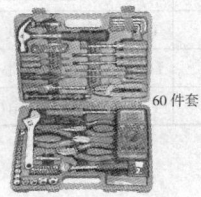

60件套

【特点及用途】电讯组合工具的特点在于科学实用的组合,便于携带保管。箱体采用中空吹塑包装工艺,美观轻便。根据不同需要可组成有钳、刀、锤、批等多种件套的电讯工具系列。

【规　格】部分常用规格

品种	名称	数量	名称	数量
22件套	吹塑盒	1件	钟表批(1套)	6件
	美工刀	1件	L型批头扳手	1件
	1m卷尺	1件	活扳手(160mm)	1件
	测电笔	1件	尖嘴钳(125mm)	1件
	电烙铁	1件	钢丝钳(160mm)	1件
	微型锯弓	1件	双色螺丝批100×5(±)	2件
	10PC批头	2件	双色螺丝批180×3(±)	2件
46件套	吹塑盒	1件	电工刀	1件
	方身	1件	吸锡泵	1件
	数显电表830B	1件	方便锯	1件
	1m卷尺	1件	尖嘴钳(160mm)	1件
	可调剥线钳	1件	斜嘴钳(160mm)	1件
	钟表螺丝批	6件	双色螺丝批75×3(±)	2件
	30W电烙铁	1件	双色螺丝批100×5(+)	1件
	微型万用表	1件	双色螺丝批150×6(±)	2件
	套筒(4~12mm)	11件	双色螺丝批180×3(±)	2件
	活扳手(160mm)	1件	9PC内六角(1.5~6mm)	9件

续表

<table>
<tr><td>吹塑盒</td><td>1 件</td><td>钢丝钳(160mm)</td><td>1 件</td></tr>
<tr><td>电工刀</td><td>1 件</td><td>斜嘴钳(160mm)</td><td>1 件</td></tr>
<tr><td>吸锡泵</td><td>1 件</td><td>尖嘴钳(160mm)</td><td>1 件</td></tr>
<tr><td>焊锡丝</td><td>1 件</td><td>压线钳(160mm)</td><td>1 件</td></tr>
<tr><td>3/8×3″接杆</td><td>1 件</td><td>活扳手(200mm)</td><td>1 件</td></tr>
<tr><td>塑合钟表批</td><td>4 件</td><td>PT890 数显万用表</td><td>1 件</td></tr>
<tr><td>3/8 棘轮扳手</td><td>1 件</td><td>5PC 内六角(2~6mm)</td><td>5 件</td></tr>
<tr><td>数显测电笔</td><td>1 件</td><td>螺批接杆</td><td>1 件</td></tr>
<tr><td>30W 电烙铁</td><td>1 件</td><td>25mm 批头</td><td>10 件</td></tr>
<tr><td>0.25kg 羊角锤</td><td>1 件</td><td>双色螺丝批 75×3(±)</td><td>2 件</td></tr>
<tr><td>套筒(4~19mm)</td><td>16 件</td><td>双色螺丝批 125×6(±)</td><td>2 件</td></tr>
<tr><td>方身</td><td>1 件</td><td>双色螺丝批 180×3(±)</td><td>2 件</td></tr>
<tr><td>1/4 更换</td><td>1 件</td><td></td><td></td></tr>
<tr><td>2m 卷尺</td><td>1 件</td><td></td><td></td></tr>
</table>

60 件套

25. 电工锤

【特点及用途】电工锤是电工的专用工具,其硬度为 HRC43~HRC50。

【规　　格】锤体高度(mm):140。

锤头端面尺寸(mm²):16×18。

26. 喷 灯

【特点及用途】喷灯装有不锈钢通针、放油阀等,是利用喷射火焰对工件进行加热的一种工具,特别是户外铸铁鼎足式电缆终端头安装的必备工具。喷灯分汽油喷灯和煤油喷灯两种。

【规　　格】上海汽灯厂产品

型　号	规格	燃料	工作压力 （MPa）	火焰温度 （℃）>	耗油量 （kg/h）	喷灯净重 （kg）
QD151	1.5			1 000	0.5	1.5
QD201	2	汽油	0.25~0.4	900	2.1	2.3
QD251	2.5			900	2.1	2.4
MD151	1.5			900	0.8~1.0	1.8
MD201	2	煤油	0.25~0.4	900	1.5	2.4
MD251	2.5			900	1.5	2.5

注:汽油喷灯不得使用煤油,煤油喷灯不得使用汽油。

27. 卡线器

【特点及用途】卡线器供输配电工程施工中用于架空电力线路时应抓夹导线,以调整导线弧垂或拉紧导线。

【规　　格】

型号	额定负荷 (kN)	适用导线	最大开口 (mm)	重量 (kg)
GK–08	8	LGJ25–70	13.5	1.6
GK–16	16	LGJ95–120	17.5	2.2
GK–30	30	LGJ150–240	24	2.7
GK–42	42	LGJ300–400	32	4.5
GK–80	80	LGJ630–800	40	6.6
SDJ–08	8	LGJ25–50	11	2
SDJ–15	15	LGJ70–95	15	4
SDJ–20	20	LGJ120–150	18	6
SDJ–30	30	LGJ150–240	24	13
SXJ–10	10	LJ25–70　LGJ25–70	12.5	1.5
SXJ–20	20	LJ95–120　LGJ95–120	16.5	2.7
DHJ–08	8	LJ25–70　LGJ25–50	13	1

28. 拉夹器

【特点及用途】拉夹器又称紧线器。采用合金钢材质锻造,用于铝线、SS电线、铜线、钢索拉紧。拉夹器齿条抗张力强,咬合度高,不易滑脱与变形。

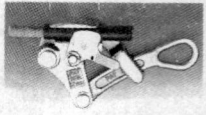

【规 格】

型号	使用范围 φ(mm)(最小~最大)	安全负荷(kg)	重量(kg)
SP-1000C	输配电 2.6~15	1 000	0.6
SP-3000CL	输配电 16~32	3 000	2.5
SP-2000C	输配电 4~22	2 000	1.3
SP-1604-20L	输配电、电信 3~13	2 500	1.2
SP-2000CL	输配电 4~22	2 000	1.3
SP-2000AL	输配电 4~22	2 000	1.3
SP1656-20	5.8~10.16	4 500	1.36
SP165-30	7.87~13.46	4 500	1.7
SP1656-40	13.46~18.8	8 000	3.4
SP1656-50	18.14~21.83	8 000	3.4
SP1656-60	21.83~24.6	8 000	3.4
SP1658-70	24.38~25.91	8 000	3.4
SP1613-30	2.03~5.08	1 500	0.68
SP1659-30	7.87~12.7	4 500	1.7

29. 手扳葫芦

【特点及用途】手扳葫芦主要用于电力导线、电讯电缆线、地线、杆塔拉线的收紧，或用于安装附件、起吊牵引、拉线等作业。

【规　　格】

型号	吨位(t)	钢索长度(m)	直径(mm)	重量(kg)
HP-117	1	3	4	2
HP-142	2	3	5	3
HP-147	3	3～5	6	4

30. 液压钢丝绳切割机

【特点及用途】液压钢丝绳切割机专门用于切割钢丝缆绳、捆轧和牵引钢丝绳，以及起吊钢丝网兜等。

【规　　格】成都广联电力设备工具有限公司产品

型　　号	YQG32
出力(kN)	125
切割范围(mm)	φ10～φ32
操作力(N)	250
重量(kg)	15.5

31. 油压冲孔机

【特点及用途】油压冲孔机适合开关箱、配电盘仪表以及其他型材钢板的开孔,油压冲孔机有直接式和分体式两种型式。

【规　　格】

型　号	出力(t)	喉深(mm)	使用范围(mm)	重量(kg)
PP-70	30	70	铁板厚度0~13	13
冲孔模规格 (mm/in)		10.5/3/8 17.5/5/8	13.5/1/2 20.5/3/4	

32. 角钢切断机

【特点及用途】角钢切断机专门用于剪切角钢制品。角钢切断快速,无噪声,切断面整齐,适用于桥梁、铁塔、电力、建筑等凡是角钢使用的地方。

【规　　格】

型　号	工作压力 (MPa)	额定出力 (kN)	适用范围(mm)	重量 (kg)
YD-75×8	63	250	切断角钢(铝) ≤75×75×8 切断扁钢≤75×8	16
YD(D)-80×8	63	200	≤80×80×8 的角钢 (铝)两端切成45°或30°的斜角	19
YD(Z)-63×6	63	250	≤63×63×6 的角钢 (铝)上切出90°的直角	15

33. 液压弯管机

【特点及用途】液压弯管机专供把管子弯曲成一定弧度,其可卸下弯管部件当作分离式多功能千万顶使用。

【规格】

型号	YWGZ-2(整体式),YWGF-2(分体式)
弯曲性能(mm)	钢管外径60,钢管壁厚3.5
弯曲角度(°)	90
额定工作压力(MPa)	63
最大载荷(kN)	98
重量(kg)	75

34. 液压弯排机

【特点及用途】液压弯排机专门用于电力线路安装中,把铝排、铜排弯制成一定弧度以供生产安装需要。

【规格】

型号	WPS-120
最大工作压力(MPa)	44
最大工作行程(mm)	250
整机重量(kg)	52
弯管高度	90°≤α≤180°
液压油牌号	N15
弯排能力(厚度)(mm)	4 5 6 8 10
最大工作力(N)	≤500

35. 剥线机

【特点及用途】剥线机的特点是速度快捷、轻巧、调整简单。其适用于各种单芯线、多股排线、电脑线、电源线的剥线,是电器、家电、线束加工等行业常备的剥线设备。

【规　　格】台州市椒江东方自动剥线机厂产品

(1)自动剥线机

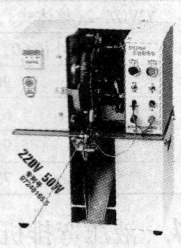

DX200H

【规　　格】

型　号	DX200H	DB3-12
电　源	220V 50Hz	220V 50Hz
功　率(W)	<50	<50
切线长度(mm)	85~700	30~125
剥线直径(mm)	$\phi 0.8 \sim \phi 2.5$	$\phi 0.8 \sim \phi 2$
可加工线材	多股铜芯线	多股铜芯线
重　量(kg)	33	36.5
外形尺寸(mm)	410×275×520	400×330×335

（2）电动剥线机

【规　格】

型　号	DB-1	DB-3	DY-1
电　源	220V 50Hz	220V 50Hz	220V 50Hz
功　率（W）	<50	<50	<50
剥线长度（mm）	2~30	2~38	3~25
剥线直径（mm）	φ1~φ6	φ0.8~φ6	φ1.2~φ4
可加工线材	单股多芯线	排线（最大宽度过40mm）、单股多芯线	单股多芯线
重　量（kg）	22	23	6
外形尺寸（mm）	300×280×250	400×300×185	210×110×100

（3）气电式剥线机

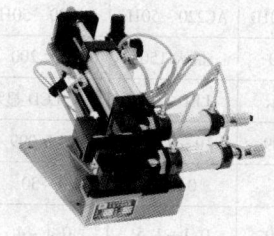

DC-310

【规　格】

型　号	DC-305	DC-310
电　源	220V　50Hz	220V　50Hz
行　程(mm)	50	100
气　压(kg)	5~7	5~7
剥线长度(mm)	≤50	≤100
剥线直径(mm)	≤8	≤15
重　量(kg)	20	26
外形尺寸(mm)	400×310×250	430×300×280

(4)电脑剥线机

DNB-131、132

【规　格】

型　号	DNB-131	DNB-132、133	DNB-135	DNB-135A
电　源	AC220　50Hz	AC220　50Hz	AC220　50Hz	AC220　50Hz
功　率(W)	最大150	最大150	最大200	最大200
显　示	LED 显示	LED 显示	中文 LCD 显示	中文 LCD 显示
切线长度(mm)	10~9 999	10~9 999	5~9 999	5~9 999
剥线长度(mm)	0~30	0~30	0~30	0~30
导线截面积(mm²)	0.1~1.0	0.1~1.5	0.1~4	单线0.1~4 排线最大宽度15mm

续表

型　号	DNB-131	DNB-132、133	DNB-135	DNB-135A
可加工线材	PVC	PVC、编织线	PVC、铁氟龙、编织线等	PVC、铁氟龙、编织线、排线等
中间剥皮	一	可升级	带有四处切剥	带有四处切剥
导管最大直径（mm）	$\phi4$	$\phi4$	$\phi5 \sim \phi7$	$\phi5 \sim \phi7$
重量（kg）	28	29	30	30
外形尺寸（mm）	400×300×235	400×300×235	430×435×260	430×435×260

36. 母线加工机

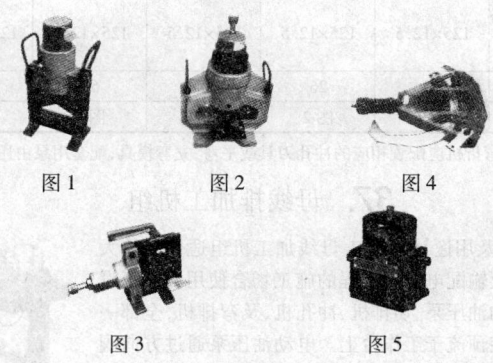

图 1　　　　图 2　　　　图 4

图 3　　　　图 5

【特点及用途】母线加工机适用于发电厂、变电站、高层建筑或加工车间等输供电系统安装施工中，按系统要求对铜、铝母线切断、冲孔、弯折或压花等。

【规　　　格】成都广联电力设备工具有 限公司产品

型　号	YMQ-125×12	YMC-125×12	YMP-125×12	YMP-125×12	YMP-125×12
品　种	液压母线切断机	液压母线冲孔机	液压母线平弯机	液压母线立弯机	液压母线压花机
工作压力（MPa）	45	45	63	63	63
工作行程（mm）	50	20	60	180	25
功能 类别	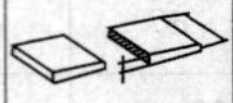 切断	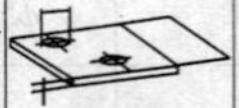 冲孔	 平弯	 立弯	 压花
功能 刀模具规格（mm）		$\phi11$、$\phi13$、$\phi15$、$\phi17$、$\phi19$	0～140°	0～90°	
适用最大规格母线 a×b（mm）	125×12.5	125×12.5	125×12.5	125×12.5	125×12.5
重量（kg）	19	26	13	60	53
图示	图1	图2	图3	图4	图5

注:冲孔机,弯折机应配置相应的冲孔刀具或平弯,立弯模具,配套用泵由用户选购。

37. 母线排加工机组

【特点及用途】OK-401 母线加工机组适合制作大
型电控箱及输配电建设工程的施工场合使用。整套设
备包括电动油压泵、切排机、冲孔机、及弯排机,全部一
体化地安装预流于工作台上。电动油压泵通过方向阀
连接各工作机,选择功能简便易行。电器系统使用
12V 低压控制电路,确保工人免受意外触电危险。OK-
401 母线加工机的特点是灵活性高,体积小而功能强,
生产能力及工作效率极高,加工成品美观精准,且不会对工作环境造成污
染或噪音公害。

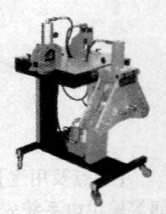

【规　　格】成都广联电力设备工具有限公司产品

型　号	OK-401
功能	切断、冲孔、平弯、立弯
流动工作台尺寸(mm)	80×600×770
输入电力要求	单相 50Hz　220V
控制电压(V)	12
额定工作油压	700kg/cm(超压安全阀设定值)
切排机出力(t)	25
切排能力(mm)	铜排/铝非 120×12
冲孔机出力(t)	30
孔中到排边距离(mm)	70
冲孔能力-铜排(mm)	孔径 14 至 21 时:排厚 10；　孔径 8～11 时:排厚 8；　孔径小于 8 时:排厚 66
冲孔能力-铝排(mm)	孔径 6～21 时:排厚 10
标准配套冲孔模具(mm)	铜排用冲孔模具 ϕ10.5,ϕ13.5,ϕ17.8 及 ϕ20.5
弯排机出力(t)	2
平弯能力 铜排/铝排(mm)	120×16
立弯能力 铜排/铝排(mm)	120×12
标准配套弯排模具(mm)	铜排用 90 平弯模具;60～100 立弯模具
重量(kg)	140

38. 收放线机

图 1　　　　　　图 2

【特点及用途】收放线机专门作延放或收集架空导线、电缆线所用,其操作方便、效率高。

【规　　格】成都广联电力设备工具有限公司产品

型　号	额定牵引力 （kN）	牵引速度 （m/min）	原动机	重量 （kg）	图示
SFJ-10	10	3.3～24.3	汽油机	160	图1
SXJ-60	10（快挡） 20（慢挡）	14～15	汽油机	280	图2

39. 钢丝绳收放线架

【特点及用途】钢丝绳收放线架专门用于回收或展放钢丝绳。

【规　　格】成都广联电力设备工具有限公司产品

型　号	额定负荷 （kN）	线盘直径（mm） （内径）/（外径）	线盘宽度 （mm）	重量 （kg）
SPJ-1	10	220/500	340	32
SPJ-2	20	400/720	640	42
SPJ-3	30	400/850	640	52

40. 立式放线架

折叠式

提升式

框式

【特点及用途】立式放线架用于回收或展放线缆。有折叠式、提升式和框式之分。

【规　　格】成都广联电力设备工具有限公司产品

型　号	额定负荷 （kN）	调升高度 （mm）	重量 （kg）
LFJ（T）-30 （提升式）	30	700～1 250	40
LFJ（K）-30 （框式）	30	350～1 000	22
LFJ-30	30	650～850	20
LFJ-60	60	960～130	36
LFJ（S）-60 （折叠式）	60	950～1 300	45

41. 卧式放线架

【特点及用途】卧式放线架用于回收或展放线缆，其特点是快捷、方便、操作容易。

【规　　格】成都广联电力设备工具有限公司产品

型　号	额定负荷(kN)	线盘直径(mm)	重量(kg)
WFJ-20	20	800	66
WFJ-30	30	980	90

42. 液压放线架

【特点及用途】液压放线架适用于输配电工程及电讯工程施工中于支承或搁置导线盘以展放导线。有立式放线架(立式,折叠式,提升式,框式)、卧式放线架之分。立式放线架支承线盘的托架有固定式和滚轮式两种。

【规　　格】成都广联电力设备工具有限公司产品

型　号	工作压力(MPa)	额定负荷(kN)	导线延放速度(m/min)	制动力矩(kN)	调升高度(mm)	适用线盘(m)≤盘径×宽度	适用线盘中心孔径(mm)	重量(kg)
YFJ-80(单侧制动)	63	80	40	1.2	600～1 100	2.2×1.2	60～80	170
YFJ-100	40	100	40		920～1 320	2.5×1.5	60～80	52

43. 手推绞磨

图 1

图 2

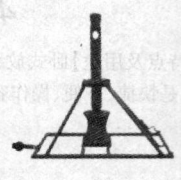

图 3

【特点及用途】手推绞磨主要用于电力、邮电线路施工中敷设电缆、放线、立杆、竖塔的牵引或吊装。

【规　　格】成都广联电力设备工具有限公司产品

型　号	额定牵引力(kN)	重量(kg)	图示
SM-10	10	30	图1
STM-20	20	55	图2
STM-30	30	32	图3

44. 绞磨机

FM-IVA

【特点及用途】FM机动绞磨机是一种野外无电源施工中较理想的牵引吊装机械设备,主要用于电力、邮电线路施工中的立杆、塔、机动放线、敷设电缆,也可用于建筑、码头、矿山等施工中牵引或吊装其他重物。

【规　　格】成都广联电力设备工具有限公司产品

型　号	挡位	牵引力 (t)	牵引速度 (m/min)	功率 (kW)	外形尺寸 (mm)	重量 (kg)
FM-IA	快	0.8	25	4.85	1 000×525×600	130
	中	1.5	13			
	中	2.5	8			
	慢	54				

续表

型　号	挡位		牵引力 （t）	牵引速度 （m/min）	功率 （kW）	外形尺寸 （mm）	重量 （kg）
FM–IB	快		1	24	4.85	1100×498×600	137
	中		1.5	13			
	中		2.5	8			
	慢		5	4			
FM–IVA	快	I	0.5	24	5.88	750×420×530	85
		II	1.5	8			
	慢	I	1	12			
		II	3	4			

注：FM–ⅠVA 型的原动机转速为 3 000rpm。

45. 电缆输送机

【特点及用途】电缆输送机是专门用于输送敷设电缆的机械设备。适用场所为大于 500mm 的地沟和大于直径 660mm 的工井孔。

【规　格】成都广联电力设备工具有限公司产品

型　号	额定输送力 （kN）	输送速度 （m/min）	适用范围 （mm）	重量 （kg）
DSJ–150	5	7	φ80～φ150 电缆外径	180

46. 放线滑车

【特点及用途】单轮铝放线滑车用于直线杆塔上延放单导线,导线接续管可从轮槽中通过。

【规　格】成都广联电力设备工具有限公司产品

型　号	吊架额负荷 (kN)	轮外径	轮底径	轮宽	适用导线	重量 (kg)
		(mm)				
SDH-5	5	120	92	40	LGJ25～70	2
SDH-10	10	160	116	50	LGJ95～120	3
SDH-20	20	22	150	60	LGJ150～240	4
SDH-40	40	320	228	82	LGJ300～400	10.5
SDH-50	50	400	302	83	LGJ400～500	12

47. 朝天钩式两用放线滑车

【特点及用途】朝天钩式两用放线滑车具有悬挂和朝天放线功能,用于杆塔上延放中小截面单导线。

【规　　格】成都广联电力设备工具有限公司产品

型　号	吊架额负荷（kN）	轮外径	轮底径	轮宽	适用导线	重量（kg）
		（mm）				
DH-15	悬挂15 朝天6	220	150	60	≤LGJ240	4.5

48. 宽槽铝放线滑车

【特点及用途】宽槽铝放线滑车用于直线杆塔上延放中小截面单导线。

【规　　格】成都广联电力设备工具有限公司产品

型　号	吊架额负荷（kN）	轮外径	轮底径	轮宽	适用导线	重量（kg）
		（mm）				
KDH-10	10	120	60	65	LJ25～185 LGJ35～240	2.4

49. 双轮铝放线滑车

【特点及用途】双轮铝放线滑车用于延放大截面单根导线,接续管可从轮槽中通过。

【规　　格】成都广联电力设备工具有限公司产品

型　号	吊架额负荷（kN）	轮外径	轮底径	轮宽	适用导线	重量（kg）
		（mm）				
SSH-25	25	180	94	78	≤LGJ500	13.5

50. 三轮、五轮放线滑车

SH 型   WH 型

【特点及用途】三轮放线滑车用于双分裂导线,五轮放线滑车用于四分裂导线延放。导线接续管或联接器,可从轮槽中通过。铝轮槽包以导电胶,导电胶导电电阻值≤500Ω.cm。

【规　　格】成都广联电力设备工具有限公司产品

型　号	吊架额负荷 (kN)	轮外径 (mm)	轮底径 (mm)	轮宽	轮材质	适用导线	重量 (kg)
SH–30A	30	508	408	75	铝轮包胶	≤LGJ400	65
					尼龙轮		50
SH–30B	30	660	550	90	铝轮包胶	≤LGJ400	78
							56
SH–90	90	916	800	110	尼龙轮	≤LGJ800	130
WH–50	50	660	560	100	铝轮包胶	≤LGJ400	8.5
					尼龙轮		10.5
WH–80	80	660	560	100	铝轮包胶	≤LGJ500	117
					尼龙轮		145

51. 压线滑车

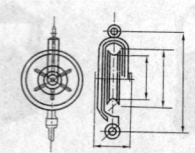

【特点及用途】压线滑车用于张力放线过程中压线作业。

【规　　格】

型　号	额定载荷 （kN）	适用导线	轮槽半径 R（mm）	重量（kg）
YHL-1	10	LGJ-400	17	10.5
YHG-1	10	GJ-120	10	17.5

52. 接地放线滑车

【特点及用途】接地放线滑车分 JH□-100 型和 WHD
-100 型。JH□-100 型用于单导线延放，WHD-100 型用
于四分裂导线延长，接地后对地释放感应电流。

【规　　格】成都广联电力设备工具有限公司产品

WHD-100 型

型　号	轮数	允许最 大电流 （A）	轮外径	轮底径	轮宽	轮材质	适用导线	重量 （kg）
			（mm）					
JHL-100	3	100	88	60	47	铝轮	≤LGJ185	8.5
JHG-100	3	100	88	60	47	钢轮	≤GJ180	10.5
WHD-100	5	100	600	560	100	尼龙轮	≤LGJ400	117

---

53. 光缆滑车

【特点及用途】光缆滑车专用于延放 OPGW 地线光缆，其轮槽内包以导电胶（导电胶导电电阻值≤500Ω.cm）。

【规　　　格】成都广联电力设备工具有限公司产品

型　号	吊架额定负荷(kN)	轮外径(mm)	轮底径(mm)	轮宽(mm)	适用光缆	重量(kg)
GH-15	40	660	546	90	OPGW14.05～15.08	30
GH-18	40	660	546	90	OPGW16.1～18.39	30

54. 绝缘滑车

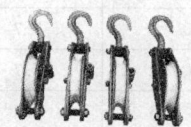 

【特点及用途】绝缘滑车用于固定在杆塔上，配合绝缘绳索，在不停电情况下，用来提升材料、工具或导线，滑车由绝缘材料制造，悬挂件为吊钩式(G)。

【规　　　格】成都广联电力设备工具有限公司产品

型号名称	额定负荷(kN)	轮径(mm)	底径(mm)	轮宽(mm)	适用范围	重量(kg)
WH-15 无头绳滑车	15	144	118	28	传递材料、工具或 LGJ300 以下带电导线	3
JH5-1 单轮绝缘滑车	5	80	62	20	提升材料或工具	1.4
JH10-2 双轮绝缘滑车	10	80	62	20	提升 LGJ95 以下带电导线	2.2
JH15-3 三轮绝缘滑车	15	80	62	20	提升 LGJ300 以下带电导线	3
JH20-4 四轮绝缘滑车	20	80	62	20	提升 LGJ400 以下带电导线	4

55. 铁起重滑车

【特点及用途】铁起重滑车主要用于组立杆塔、架线、吊装或其他起重作业。

【规　　　格】成都广联电力设备工具有限公司产品

型号	吊架额定负荷（kN）	轮适数	用钢丝绳直径（mm）	重量（kg）
QH10-1KB	10	1	7.7	2.5
QH10-2	10	2	5.7	3.5
QH10-3	10	3	5.7	5
QH20-1KB	20	1	11	5.5
QH20-2	20	2	7.7	5.5
QH20-3	20	3	7.7	6.5
QH30-1KB	30	1	12.5	8.5
QH30-2	30	2	11	7.3
QH30-3	30	3	7.7	8
QH50-1KB	50	1	15.5	18.5
QH50-2	50	2	12.5	10.5
QH50-3	50	3	11	16.5

56. 电缆滑车

DHL 型

DHB 型

DHSZ、DHV2 型

DHG 型

【特点及用途】电缆滑车专门用于地面或电缆沟内延放电缆。

【规　　格】成都广联电力设备工具有限公司产品

型号	轮外径(mm)	轮底径(mm)	轮宽(mm)	重量(kg)
DHL–60	140	60	165	5.5
DHB–60	140	60	165	5.4
DHG–60	140	60	165	6.5
DHG–100	175	100	245	8.5
DHSZ–60	140	60	250	18.5
DHVZ–60	140	60	165	10

注:DHL 型为瓦楞式样,DHB 型为平板式,DHG 型为管架式,DHSZ 型为立式双向转角型,DHVZ 型为 V 式双向转角型。

57. 朝天式铝放线滑车

SCD   SCD(Z)型

【特点及用途】朝天式铝放线滑车用于直线杆横担上延放中小截面导线。其中 SCD(Z)-5 型可或左或右转角延放导线。

【规　　格】成都广联电力设备工具有限公司产品

型　号	额定负荷 (kN)	轮外径	轮底径	轮宽	适用导线	重量 (kg)
		(mm)				
SCD-5	5	80	40	55	LJ25 ~ 185	1.3
SCD-20	20	120	60	65	LJ25 ~ 185 LGJ35 ~ 240	1.6
SCD-5A	5	80			LJ25 ~ 185	1.3
SCD-20A	20	120			LJ25 ~ 185 LGJ35 ~ 240	1.6
SCD(Z)-5 (右向、左向)	5	74	37	50	LJ25 ~ 185	2.4

注:SCD(E)-5 型的轮尺寸指主轮尺寸。

58. 网套连接器

【特点及用途】网套连接器是用于放线和紧线时连接和握紧各种铝导线、钢芯铝绞线电缆用,能通过各类放线滑车;具有不损线、重量轻、使用方便等优点,是电力施工中的理想机具。

【规　　格】成都广联电力设备工具有限公司产品

型　号		适用导线	负荷（kN）	
单头	双头		额定	极限
LW-2	SLW-2	LGJ120-150	20	40
LW-2.5	SLW-2.5	LGJ185-240	25	50
LW-3	SLW-3	LGJ300-400	30	60

59. 旋转连接器

【特点及用途】旋转连接器是用来连接牵引绳，以释放牵引绳或导线的回捻扭矩。

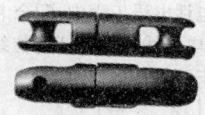

【规　　格】成都广联电力设备工具有限公司产品

型号	额定负荷（kN）	外形尺寸（mm） （外径×长度）	槽宽（mm）	重量（kg）
XL-30	30	40×134	15	0.9
XL-50	50	50×202	22	1.8
XL-80	80	55×215	25.5	2.9

60. 走板防捻器

图1

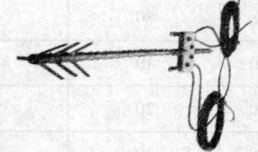

图2

【特点及用途】走板防捻器专用于张力放线时，对导线进行牵引和导，防止导线回捻。

【规　　格】成都广联电力设备工具有限公司产品

型　号	额定负荷(kN)	重量(kg)	图示
SZB-1×2(一牵二)	60	30	图1
SZB-1×4(一牵四)	120	95	图2

61. 双钩紧线器

【特点及用途】双钩紧线器适用在输配电工程、电话电讯工程中，配合卡线器对架空电力导线、电讯电缆线、地线、杆塔拉线收紧或用于更换绝缘子、安装附件等作业。

【规　　格】

型　号	额定负荷(kN)	钩心间最大距离（mm）	调节距离（mm）	重量(kg)
SJ-10	10	800	300	2
SJ-20	20	994	360	5.5
SJ-30	30	1 300	500	6.5
SJ-50	50	1 430	500	8
SJ-80	80	1 788	738	12
TSJ-10	10	368	310	3
TSJ-20	20	400	335	3.3
TSJ-30	30	530	500	5.2
TSJ-50	50	550	575	6.5

注:TSJ型为套式双钩紧线器。

62. 锚固工具

【特点及用途】锚固工具是用在送变电工程、电讯电缆工程施工时,作临时性锚固钢丝绳,也可作为永久性地锚或地面钻孔之用。

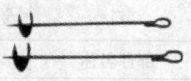

【规　格】

型　号	抗拔力 (kN)	最大深度 (m)	全长 (m)	叶片直径 (mm)	叶片厚度 (mm)	重量 (kg)
SDZ-10	10	1	1.12	250	5	10
SDZ-30	30	1.5	1.71	300	8	14

63. 脚　扣

【特点及用途】脚扣是由钢质或铝合金材质 的近似半圆形带皮带扣环及脚蹬板等所构成,有 木杆专用和水泥杆专用两种形式。

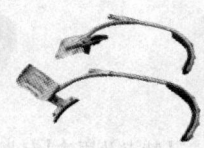

【规　格】木杆专用式脚扣:半圆环内和根 部均有突起小齿。

水泥杆专用式脚扣:半圆环内和根部装有橡胶套或橡胶垫防滑。

尺寸:大号、小号。

64. 安全带

【特点及用途】安全带是由腰带、护腰带、围杆带、绳索及金属配件等组成。因其作业性质不同,可分为围杆作业安全带和悬挂作业安全带两种类型。安全带适用于电工、电信工等杆上作业及建筑安装修建维护作业等。

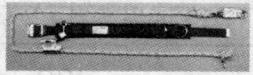

【规　　格】

材料	锦纶、维尼纶、黄牛革 金属材料为普通碳素钢或铝合金钢			
部件名称	围杆带	围杆绳	护腰带	安全绳
试验静拉力(N)	2 205	2 205	1 470	2 205
载荷时间(min)	5	5	5	5

注:1. 静电荷试验周期为一年,其中牛皮革带周期为半年。

2. 绳索超过3m以上,应加设缓冲器。

65. 专业吊重带

【特点及用途】专业吊重带是专门用于电力作业时,工作人员安全操作护身的必备工具。

【规　　格】

型　号	吨位(t)	基本尺寸(宽×长)(mm)
TS-5020W	4.5	50×6 000
S-5007DW	7.0	50×6 000

66. 玻璃纤维"绝缘"梯

【特点及用途】玻璃纤维"绝缘"梯不导电,耐腐蚀,耐枯杓,耐褪色低吸水率,比同级环氧树脂绝缘梯还轻(本产品系苏州宝富轻工制品有限公司生产)。

(1)关节梯

【特点及用途】绝缘两关节梯 LFA-232、LFA-238、LFA-250，关节自动上锁，稳定性好，一梯两用，可作 A 型梯及直梯使用。绝缘六关节梯 LFA638 一梯多用，功能齐全，携带、收藏方便，特别适用于邮电、电力系统 110 抢修车使用。

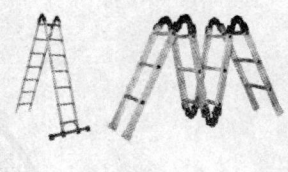

【规　格】

型　号	全长(m)	A 型梯高度(m)	自重(kg)	荷重(kg)
LFA-232	3.2	1.6	11	90
LFA-238	3.8	1.9	13	90
LFA-250	5.0	2.5	17	90
LFA-638	3.8	1.9	19	90

(2)单　梯

【特点及用途】单梯的特点是轻巧、强度高、搬运方便。

A1 型耐高压安全辅助玻璃纤维梯，铝合金踩杆，耐压在5kV 以下带电使用，稳固、轻便。

A2 型耐超高压玻璃纤维绝缘梯，玻璃纤维踩杆，特殊工艺制作，耐压在220kV 以下带电操作。

【规　格】

型　号	全长(m)	A1(kg)	A2(kg)	荷重(kg)
LFS-30	3.0	9.1	10.1	110
LFS-37	3.7	10.6	11.6	110
LFS-43	4.3	12.6	13.6	110

(3)伸缩梯

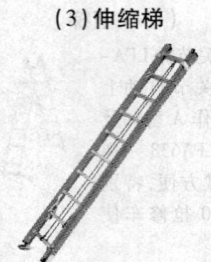

【特点及用途】伸缩梯收放自如,使用、运输方便,安全,强度高。

【规　格】

型　号	伸长(m)	缩长(m)	自重(kg)	荷重(kg)
LFE-50	5.0	3.2	19.0	100
LFE-64	6.4	3.9	22.0	100
LFE-77	7.7	4.5	25.0	100
LFE-94 (加厚料制成)	9.4	5.5	46.0	100

67. 带电作业防护具

【特点及用途】带电作业防护具系列产品应适用于 10kV 带电作业使用。安全绝缘帽采用高密度聚氯乙烯(塑料)或玻璃钢材料制造,绝缘衣裤所使用材料为 E、V、A(耐电树脂),具有质轻、绝缘性好、穿戴柔软等特点。绝缘鞋采用优质橡胶,绝缘手套采用橡胶、乳胶等制造,须保证柔软性和耐曲挠性良好。

(1)安全绝缘帽

【规　格】
质量:一般不超过 400g。
颜色:黄色。

测试电压:20kV/ 1 min。
使用电压:17 000V。

(2)绝缘肩套

【规　格】
基本尺寸:LLL、LL、L、M、S。
测试电压:20kV/3 min。
使用电压:17 000V。

(3)绝缘衣

U 型　　　　　　　J 型

基本尺寸:U 型:LL、L、M、S。
J 型:LL、L、M。
测试电压:200kV/3 min。
使用电压:17 000V。

(4)羊皮手套

【规　格】
基本尺寸:大号、中号、小号。
注:羊皮手套须皮质柔软,使穿戴橡胶手套后
于操作,以保护橡胶手套不被刺穿。

(5)绝缘手套

【规　格】

基本尺寸	测试电压(kV)	使用电压(V)
掌围 10″	20	17 000
掌围 10 1/2″	20	17 000
掌围 10 1/2″	30	26 000
掌围 10 1/2″	40	36 000

注:绝缘手套须戴过手腕。

(6)绝缘裤

【规　格】

基本尺寸:LL、L、M。

测试电压:20kV/ 3 min。

使用电压:17 000V。

(7)橡胶绝缘鞋

【规　格】

基本尺寸:25、25.5、26、26.5、27、28、29、30、31。

测试电压:20kV/3min。

使用电压:17 000V。

第三十二章　绝缘黑胶布及其他

1. 绝缘黑胶布

【特点及用途】绝缘黑胶布是在布基上涂敷黑色黏性绝缘胶料的电工包扎带,其具有一扯即断、使用方便的特点,在-10～+40℃的温度环境中有良好黏着性。绝缘黑胶布适用于交流380V及以下的导线接头绝缘包扎之用。

【规　　格】

宽度(mm)	长度(mm)	厚度(mm)
10,15,20	10 000,20 000	0.3

2. 塑料绝缘胶带

【特点及用途】塑料绝缘胶带是以聚氯乙烯(PVC)薄膜为基材,涂覆压敏胶制造而成,具有良好的绝缘、耐电压,耐抗拉强度、耐寒等特性,适合于1 000V及以下电线电缆、各种电器导线连接接头的绝缘包扎之用。

【规　　格】

宽度(mm)	长度(mm)	厚度(mm)
15,20,25	10 000	0.13

3. 涤纶绝缘胶带

【特点及用途】涤纶绝缘胶带是在聚酯薄膜上涂敷黏性绝缘胶料的电工包扎带,其具有基材薄、化学性质稳定,机械强度高、不渗水等特点,适用于在电压1 000V以下作导线绝缘包扎之用,亦可作包扎其他物件、密封管子等。

【规　格】

宽度（mm）	长度（mm）	厚度（mm）
10,25,20,25	10 000	0.06

4. 绝缘自粘带

【特点及用途】绝缘自粘带以橡胶为主要材料压延制造，外加薄护层保护。具有良好的绝缘、密封性能，适用于 1 000V 及以下，正常工作温度不超过 75℃ 的电缆绝缘和密封防水。

【规　格】

宽度（mm）	长度（mm）	厚度（mm）
20,25	5 000,10 000	0.4

5. AD 绝缘胶带

【特点及用途】AD 绝缘胶带是一种黏性和绝缘性能极强的自粘性绝缘胶带，一旦贴上难以剥落。其以黑色聚乙烯带基和丁基橡胶类自粘材料制造而成，构造像经过注塑成型一样，有出色的融着性。适用于  100V/33kW 电气绝缘，如电线电缆端末处理、接续部位绝缘处理、线缆绝缘体损伤部位修理、金具罩壳安装部位的防水绝缘防滑处理等。

【规　格】

宽度（mm）	长度（mm）	厚度（mm）
20	10 000	0.5

注：使用时不要让胶带起皱，将黏面朝向被包扎物，每层胶带在包扎中一半重合。

6. 热缩复合绝缘带

【特点及用途】热缩复合绝缘带适用于电缆绝缘层的修补、汇流母排的绝缘防护、管道的修补及起到防腐蚀的作用。

【规　格】

宽度（mm）	长度（mm）	厚度（mm）
25,50,100	5 000,10 000,15 000	0.8 ~ 1.0

7. PVC 绝缘带

【特点及用途】PVC绝缘带是以聚氯乙烯薄膜制作而成,具有良好的绝缘、耐电压、耐寒冷等特性,适用于各种电线电缆的绝缘缠包即作绝缘外包所用。PVC绝缘带主要色彩有红、黄、绿、蓝、白、黑等多种。

【规　格】

宽度（mm）	长度（mm）	厚度（mm）
10,15,20,25	10 000,20 000	0.06

8. 电力电缆用 CPVC 套管

【特点及用途】CPVC管材是在原料PVC、CPVC经改性后的一种特殊性能的管材,即以PVC、CPVC树脂为主要原料,同时加入适量的稳定剂、润滑剂、加工改性剂和抗冲改性剂等,经捏合挤出而成。它与普通PVC管材相比,其具有维卡软化温度高、抗冲击强度较好、耐老化、抗腐蚀、无污染、阻燃性能好等特点。CPVC管材安装方便,直接在扩口承插连接处加高温橡胶胶圈,

起到防止热胀冷缩的作用,且无需在施工现场浇混凝土及保障层。其自重轻、施工简便,施工费用低,还可大大缩短工期。CPVC 管材主要应用于高压及超高压电力电缆套管系统,低压电缆保护系统,电信、光缆保护套管。同时起导向和保护电缆作用。

【规　　格】重庆顾地塑胶电器有限公司产品

名称	规格	公称外径（mm）	壁厚（mm）	长度（mm）	性能参数
高压电部力电缆 CPVC 管	110×5.0	110	5.0	6 000	密度:1 350～1 500g/cm³
	160×5.0	160	5.0	6 000	维卡软化温度:≥93℃
	180×7.0	180	7.0	6 000	环片热压缩力:≥0.70kN(厚≥7.0mm)
	180×8.5	180	8.5	6 000	环片热压缩力:≥1.26kN(厚≥8.5mm)
	200×8.5	200	8.5	6 000	摩擦系数:≤0.35
	225×9.5	225	9.5	6 000	体积电阻率:≥1.0×10¹²Ω.cm
低压电力电缆保护管	75×2.8	75	2.8	6 000	维卡软化温度:≥80℃
	90×3.0	90	3.0	6 000	体积电阻率:≥1.0×10¹²Ω.cm
	110×3.4	110	3.4	6 000	扁平实验:不破裂

9. 硬聚氯乙烯(PVC-U)双壁波纹管

【特点及用途】硬聚氯乙烯(PVC-U)双壁波纹管重量轻,耐化学腐蚀性强,不生锈,寿命长,有良好的密封性能,环刚度大于 $6.3kN/m^2$。其主要用作电信、铁路、隧道、高速公路、通信电缆、广播电视线路保护套管。

【规　　格】安徽全柴动力股份有限公司产品

公称通径(mm)	平均内径(mm)	管道长度(m)
110	100	
160	145	
200	184	
250	228	4,6,8
315	286	
400	361	
500	451	

10. 聚乙烯碳素螺旋管

【特点及用途】碳素螺旋管是以高密度聚乙烯和改性碳素为主要原料独特配方,采用挤出成型和特殊的旋转成型工艺技术生产的新型管道,具有高强度、高韧性、耐腐蚀、耐电压性能强、绝缘电阻高、阻燃性高、质量轻、寿命长、不易变形、弯曲半径小、施  工简单等特点,其内置牵引铁丝,便于光、电缆导入安装。螺旋管耐压可达 1 250～4 000N,拉伸强度大于 22.5MPa,绝缘电阻量大于 100 000MΩ(60±2℃),耐高低温-25～+90±2℃。其主要应用于光缆、电缆外套保护等。

【规　　格】重庆顾地塑胶电器有限公司产品

规格	内径(mm)	外径(mm)
65/85	65	85
80/105	80	105
100/130	100	130
125/165	125	165
150/185	150	185
175/230	175	230
200/260	200	260

11. 通讯用梅花管/蜂窝管

【特点及用途】梅花管及蜂窝管,以 PVC 树脂为主料,加入适量的稳定剂、润滑剂、阻燃剂、加工改性剂和抗冲击改性剂等,经捏合挤出而成。产品具有优良的绝缘性能、阻燃性能和抗冲击性能。产品采用多孔一体结构,可以预留管孔,提高通信孔位利用率。安装时采用直通套接结构,终端有管帽封头,便于安装和维修。产品主要用于通信和广电系统的光缆、综合布线电缆、广播电视同轴电缆等直径较小的缆线的穿放。

【规　　格】重庆顾地塑胶电器有限公司产品

名称	公称外径(mm)	小孔直径(mm)	壁厚(mm)	长度(mm)
φ110 七孔梅花管	103	36	2.0	6 000
φ110 七孔蜂窝管	108	33	2.0	6 000

12. 热缩套管(一)

【特点及用途】阴燃性热缩绝缘套管广泛应用于电线连接终端,电阻和电容的绝缘保护;金属的防腐防锈;电线的标志等。标准颜色有黑色、红色、蓝色、白色、黄色、绿色。热缩管主要性能指标为:

径向收缩率:105℃,3min,径向收缩率≥50%

轴向收缩率:105℃,3min 轴向收缩率≤15%

拉伸强度:508mm/min,σ≥8.0MPa

断裂伸长率:508mm/min,ε≥200%

老化后拉伸强度:158℃,168h,508mm/min,σ≥6.4MPa

老化后断裂伸长率:158℃,168h,508mm/min,ε≥100MPa

吸水性:去离子水,24h,吸水率≤0.3%

体积电阻率:500VDC,1min,pv>110^{14}Ω·cm

耐电压:2 500VAC,60s,无击穿

阻燃性:火焰高度100~125mm,蓝色内焰38mm,引燃15s,5次,
每次残焰时间≤60s,指示旗不烧毁,烧焦面积≤25%

【规　格】天虹塑料有限公司产品

公称内径	收缩前尺寸(mm)		收缩后尺寸(mm)		适用范围
	内径	壁厚	内径	壁厚	
φ1.0	1.50±0.30	0.16±0.05	0.60	0.28±0.05	0.5~0.9
φ1.5	2.00±0.30	0.16±0.05	0.80	0.30±0.05	0.7~1.4
φ2.0	2.50±0.30	0.16±0.05	1.00	0.35±0.05	1.0~1.8
φ2.5	3.00±0.30	0.16±0.05	1.25	0.38±0.05	1.2~2.3
φ3.0	3.50±0.40	0.20±0.05	1.50	0.38±0.05	1.5~2.7
φ3.5	4.00±0.40	0.20±0.05	1.75	0.40±0.05	1.7~3.2
φ4.0	4.50±0.40	0.20±0.05	2.00	0.45±0.05	2.0~3.6
φ5.0	5.50±0.40	0.20±0.05	2.50	0.47±0.08	2.5~4.5
φ6.0	6.50±0.40	0.22±0.05	3.00	0.55±0.08	3.0~5.4
φ7.0	7.50±0.40	0.28±0.05	3.50	0.55±0.08	3.5~6.3
φ8.0	8.50±0.50	0.28±0.05	4.00	0.60±0.08	4.0~7.2
φ9.0	9.50±0.50	0.30±0.08	4.50	0.60±0.08	4.5~8.0
φ10	10.5±0.50	0.30±0.08	5.00	0.60±0.08	5.0~9.0
φ11	11.5±0.50	0.30±0.08	5.50	0.65±0.08	5.5~10.0
φ12	12.5±0.50	0.30±0.08	6.00	0.65±0.08	6.0~11.0
φ13	13.5±0.50	0.33±0.10	6.50	0.65±0.08	6.5~12.0

续表

公称内径	收缩前尺寸(mm)		收缩后尺寸(mm)		适用范围
	内径	壁厚	内径	壁厚	
φ14	14.5±0.50	0.33±0.10	7.00	0.65±0.08	7.0~12.0
φ15	15.5±0.60	0.35±0.12	7.50	0.75±0.08	7.5~14.0
φ16	16.5±0.60	0.35±0.12	8.00	0.75±0.08	8.0~15.0
φ18	19.0±0.60	0.40±0.15	9.00	0.80±0.15	9.0~17.0
φ20	20.5±0.60	0.40±0.15	10.00	0.80±0.15	10.0~19.0
φ22	22.6±0.70	0.45±0.15	11.00	0.80±0.15	11.0~21.0
φ25	25.6±0.70	0.45±0.15	12.00	0.95±0.15	12.0~24.0
φ28	29.0±0.70	0.45±0.15	13.00	0.95±0.15	14.0~29.0
φ30	31.5±0.70	0.50±0.15	15.00	0.95±0.15	15.0~29.0
φ35	38.0±0.70	0.50±0.15	16.00	1.00±0.15	17.0~34.0
φ40	40.5±0.70	0.50±0.15	20.00	1.00±0.15	20.0~39.0
φ50	50.5±0.70	0.50±0.15	25.00	1.00±0.15	25.0~49.0

13. 热缩套管(二)

【特点及用途】热缩套管(二)具有耐气候老化、抗电碳痕及阻燃等优良特性,作为35kV及以下电缆户内、外终端的绝缘管,66kV,110kV户内、外穿墙套管及电流互感器的绝缘管,不但具有良好的耐环境温度和耐环境污染  性能,而且具有良好的机械强度,可耐较高的额定电压。其性能指标:硬度≥90(邵氏),抗张强度≥8.0MPa,断裂伸长率≥300%,热老化(120℃,168h)$K_1>0.8$、$K_2>0.7$,体积电阻系数≥10^{14} $\Omega \cdot$ cm,击穿强度≥20kV/

mm, 收缩温度 120~140℃, 耐漏电痕迹电压等级(IA 级, 3.5 级)≥3.5, 氧指数≥28(OI)。

【规　格】深圳市长园新材料股份有限公司产品

型号	收缩前尺寸(mm)		自由收缩后尺寸(mm)	
	内径	壁厚±30%	内径	壁厚
RSWT-30/11	≥28	1.3	≤11	2.7±0.25
RSWT-35/13	≥33	1.3	≤14	2.8±0.25
RSWT-40/15	≥38	1.3	≤18	3.0±0.4
RSWT-45/17	≥43	1.6	≤18	3.0±0.4
RSWT-50/22	≥48	1.6	≤23	3.0±0.4
RSWT -60/22	≥58	1.4		
RSWT-80/27	≥74	1.6	≤30	3.3±0.4
RSWT-100/37	≥94	1.8	≤40	3.7±0.4
RSWT -120/37	≥118	1.4		
RSWT-140/49	≥138	2.0	≤55	5.0±0.4
RSWT-200/66	≥198	2.0	≤70	6.0±0.4

14. 热缩应力控制管

【特点及用途】热缩应力控制管是电缆附件的核心部分, 主要起应力分散作用。其性能指标: 硬度≥90(邵氏), 抗张强度≥13MPa, 断裂伸长率≥300%, 热老化(120℃168h)$K_1 > 0.8$、$K_2 > 0.7$, 体积电阻系数10^8~10^{11}Ω·cm, 介电常数≥20, 收缩温度 120~130℃。

【规　格】

参见热缩套管(二)规格。

15. 热缩隔油管

【特点及用途】热缩隔油管具有良好的
耐油性、绝缘性和柔软性,外观光亮易收缩,
主要在油纸电缆的连接中起到隔油、绝缘、
密封的作用。其性能指标:硬度≥90(邵

氏)、抗张强度≥12MPa,断裂伸长率≥500%,热老化(120℃,168h)K_1>
0.8、K_2>0.7,耐油性(70℃电缆油168h)K_1>0.8、K_2>0.7,体积电阻系数
≥$10^{14}\Omega \cdot cm$,击穿强度≥25kV/mm,收缩温度120~130℃。

【规 格】

参见热缩套管(二)规格

16. 热缩护套管

【特点及用途】热缩护套管具有良好的绝缘性
和抗开裂性,主要用于电缆的外保护层的修补和
电缆中间连接的外层保护。

热缩护套管性能指标:硬度≥90(邵氏),抗张
强度≥13.0MPa,断裂伸长率≥300%,热老化(120℃,168h)K_1>0.8、K_2>
0.7,吸水率≤0.1%,体积电阻系数≥$10^{14}\Omega \cdot cm$,击穿强度≥20kV/mm,
收缩温度120~130℃。

【规 格】深圳市长园新材料股份有限公司产品

型号	收缩前尺寸(mm)		自由收缩后尺寸(mm)	
	内径	壁厚±30%	内径	壁厚
RSBT–15/7	≥14	0.6	≤7	1.7±0.25
RSBT–20/9	≥18	0.7	≤9	1.8±0.25
RSBT–25/9	≥23	0.7	≤9	1.7±0.25
RSBT–30/11	≥28	0.7	≤12	2.2±0.25
RSBT–35/13	≥33	0.8	≤14	2.2±0.25

续表

型号	收缩前尺寸（mm）		自由收缩后尺寸（mm）	
	内径	壁厚±30%	内径	壁厚
RSBT-40/15	≥38	0.8	≤16	2.2±0.25
RSBT-45/18	≥43	0.8	≤18	2.2±0.25
RSBT-50/22	≥48	1.2	≤22	2.9±2.5
RSBT-60/22	≥58	1.0		2.8±0.25
RSBT-80/27	≥75	1.0	≤28	3.2±0.4
RSBT-100/38	≥93	1.5	≤39	4.3±0.4
RSBT-120/44	≥118	1.5	≤45	4.5±0.4
RSBT-140/49	≥138	1.9	≤50	5.0±0.4
RSBT-160/66	≥150	2.0	≤67	6.0±0.4
RSBT-200/66	≥195	1.5	≤70	

17. 热缩半导管

【特点及用途】热缩半导管主要用于连接电缆的半导内屏蔽层。其性能指标：硬度 ≥ 90（邵氏），抗张强度 ≥ 11MPa，断裂伸长率 ≥ 300%，热老化（120℃，168h）$K_1 > 0.8$、$K_2 > 0.7$，吸水率 ≤ 0.5%，体积电阻系数 $10^{0-3}\Omega \cdot cm$，击穿强度 0.5 ~ 3kV/mm，收缩温度 120 ~ 130℃。

【规　　格】
参见热缩护电套管。

18. 热缩指套

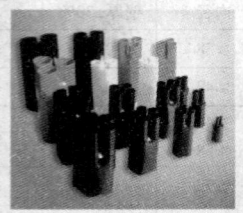

【特点及用途】热缩指套专门用于电缆分叉处的绝缘和密封保护,有二芯、三芯、四芯、五芯等多种类型。其性能指标:

性能指标	单位	数值	
		绝缘	隔油
硬度	邵氏	≥90	≥90
抗张强度	MPa	≥11	≥12
断裂伸长率	%	≥300	≥250
热老化 120℃168h		$K_1>0.8$ $K_2>0.7$	$K_1>0.8$ $K_2>0.7$
体积电阻系数	$\Omega \cdot cm$	$\geq 10^{14}$	$\geq 10^{14}$
耐油性 70℃电缆油168h		—	$K_1>0.8$ $K_2>0.7$

【规格】

型号	收缩前尺寸(mm) 支部 内径(±30%)	支部 壁厚(±30%)	支部 长度	基部 内径	基部 壁厚±30	基部 长度	自由收缩后尺寸(mm) 支部 内径	支部 壁厚	支部 长度	基部 内径	基部 壁厚	基部 长度	总长(mm)
RSI₂-25/9	≥8	0.9	27	>25	1.2	50	≤3.5	1.5±0.4	27	≤11	2.2±0.4	50	
RSI₂-38/16	≥15	1.1	35	>38	1.4	77	≤6.5	1.7±0.4	35	≤15	2.7±0.4	77	
RSI₂-45/18	≥18	1.2	28	>45	1.56	73	≤8	1.8±0.4	28	≤22	2.7±0.4	73	
RSI₂-75/28	≥28	1.68	38	>75	1.86	100	≤11	2.8±0.4	38	≤37	3.0±0.4	100	
RSI₃-50/25 RSC₃-50/25	≥23	1.5	43	>48	1.8	132	≤9	2.5±0.4	45	≤21	3.5±0.4	130	175
RSI₃-75/30 RSC₃-75/30	≥28	2.0	42	>73	2.9	148	≤12	3.4±0.4	40	≤34	4.1±0.4	145	185
RSI₃-90/40 RSC₃-90/40	≥38	2.2	45	>88	2.7	175	≤15	3.6±0.4	43	≤45	3.6±0.4	162	205
RSI₃-110/50	≥48	2.2	40	>108	2.7	175	≤19	3.7±0.4	40	≤55	3.6±0.4	165	205
RSI₃-130/60	≥58	2.2	63	>123	2.8	192	≤27	3.5±0.4	65	≤55	4.5±0.4	190	255
RSI₄-55/20	≥20	1.4	36	>52	2.2	114	≤7	2.7±0.4	38	≤27	3.3±0.4	120	150
RSI₄-55/22	≥20	1.8	40	>54	3.0	145	≤9.0	3.0±0.4	40	≤35	4.0±0.4	144	184

续表

型号	收缩前尺寸(mm)						自由收缩后尺寸(mm)						总长(mm)
	支部			基部			支部			基部			
	内径±30%	壁厚±30%	长度	内径	壁厚±30	长度	内径	壁厚	长度	内径	壁厚	长度	
RSI₄-70/25	≥26	1.4	50	≥68	2.2	115	≤9.0	2.5±0.4	48	≤30	3.5±0.4	110	165
RSI₄-85/32	≥30	1.4	45	≥86	3.2	135	≤12.5	3.0±0.4	47	≤42.5	4.3±0.4	140	185
	≥30	2.0	45	≥86	3.1	135	≤14	3.2±0.4	47	≤46	4.3±0.4	140	187
RSI₄-110/45	≥44	2.2	45	≥110	3.5	170	≤14	3.7±0.4	47	≤51	4.9±0.4	158	205
RSI₅-50/15	≥14	1.4	40	≥46	2.2	95	≤8	2.3±0.4	40	≤30	3.0±0.4	95	135
RSI₅-75/25	≥22	1.5	50	≥69	2.4	100	≤11	2.7±0.4	50	≤44	3.2±0.4	105	150
RSI₅-100/35	≥32	1.6	53	≥98	2.8	112	≤14	3.2±0.4	55	≤55	3.8±0.4	110	165

注:PSI—绝缘套管,PSC—隔油套管。

19. 热缩复合双壁管

【特点及用途】热缩复合双壁管是外层半导,内层绝缘的复合管,主要用于提高电缆连接的可靠性,并能简化安装工艺。其性能指标:硬度≥90(邵氏);抗张强度≥11MPa,断裂伸长率≥300%,热老化(120℃,168h)K₁>0.8、K₂>0.7,体积电阻系数半导10⁰⁻³,绝缘≥10¹⁴Ω·cm,击穿强度半导0.5~3,绝缘≥25,收缩温度120~130℃。

【规　格】

型号	收缩前尺寸(mm)				自由收缩后尺寸(mm)			适用电缆 (mm²)
	外径 (±1mm)	内径 (±1mm)	总壁厚 (±0.3mm)	半导层壁厚 (±0.1mm)	外径 (±1mm)	内径 (±1mm)	总壁厚 (±0.3mm)	
RSCBT-30/12	39	33.6	2.8	0.9	23	12	5.5	25~50
RSCBT-30/12	48.4	43	2.8	1.2	27	15	5.8	70~120
RSCBT-45/21	55.2	47.4	4.0	1.2	35	21	6.6	150~240
RSCBT-50/26	59	50.6	4.3	1.5	40	26	6.8	300

20. 塑料电线管

【特点及用途】塑料电线管采用硬聚氯乙烯注塑而成,主要用于保护电线避免损伤绝缘层,有轻型和重型之分,轻型塑料管的使用压力大于6kg/cm²,重型塑料管的使用压力大于10kg/cm²,塑料电线管多使用在暗线敷设的线路安装。

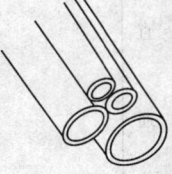

【规　　格】

公称口径	外径	轻型管		重型管	
（mm）	（in）	（mm）	壁厚（mm）	重量（kg/m）	壁厚（mm）	重量（kg/m）
15	½	20	2.0	0.16	2.5	0.19
20	¾	25	2.0	0.20	3.0	0.29
25	1	32	3.0	0.38	4.0	0.49
32	1¼	40	3.5	0.56	5.0	0.77
40	1½	51	4.0	0.88	6.0	1.49
50	2	65	4.5	1.17	7.0	1.74
65	2½	76	5.0	1.56	8.0	2.34
80	3	90	6.0	2.20	–	–

21. 塑料电线管零件

【特点及用途】塑料电线管零件采用硬聚氯乙烯注塑而成，是电线管路结合、分路、转弯、安装灯头、开关等部位的保护零部件，是塑料电线管敷设的必备零件，其结构形式多样，规格系列化。

【规　　格】

名称	图　示	规格（mm）
直通		φ16
		φ20
		φ25
		φ32
		φ40
		φ50

续表

名称	图示	规格（mm）
大小直通	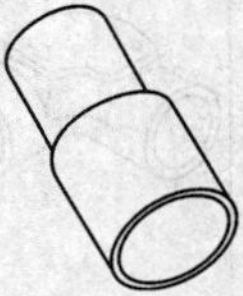	$\phi16/\phi20$
		$\phi20/\phi25$
		$\phi25/\phi32$
		$\phi32/\phi40$
		$\phi40/\phi50$
角弯	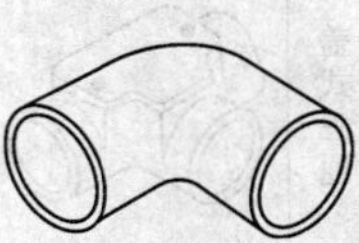	$\phi16$
		$\phi20$
		$\phi25$
		$\phi32$
		$\phi40$
		$\phi50$
三通		$\phi16$
		$\phi20$
		$\phi25$
		$\phi32$
		$\phi40$
		$\phi50$

续表

名称	图示	规格(mm)	名称	图示	规格(mm)
灯头盒角双通		φ65×φ16	盖式角弯		φ16
		φ65×φ20			φ20
		φ65×φ25			φ25
		φ80×φ32			φ32
		φ80×φ40			φ40
灯头盒三通		φ65×φ16			φ50
		φ65×φ20	盖式三通		φ16
		φ65×φ25			φ20
		φ80×φ32			φ25
		φ80×φ40			φ32
灯头盒四通		φ65×φ16			φ40
		φ65×φ20			φ50
		φ65×φ25	管卡		φ16
		φ80×φ32			φ20
		φ80×φ40			φ25
暗装盒单通		φ65×φ16			φ32
		φ65×φ20			φ40
		φ65×φ25			φ50
暗装盒直双通		φ65×φ16	入盒锁扣		φ16
					φ20
		φ65×φ20			φ25
					φ32
		φ65×φ25			φ40
					φ50

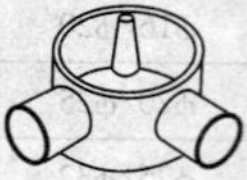

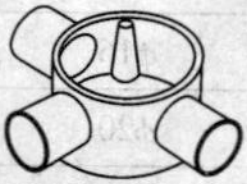

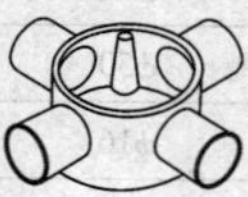

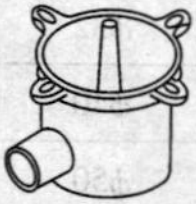

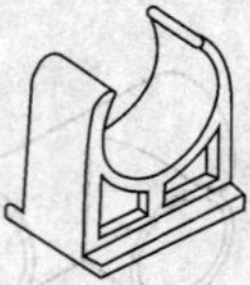

续表

名称	图示	规格（mm）	名称	图示	规格（mm）
暗装盒角双通		φ65×φ16	灯头盒盖		φ65
		φ65×φ20			φ80
		φ65×φ25			φ65×φ16
暗装盒三通		φ65×φ16			φ65×φ20
		φ65×φ20	灯头盒单通		φ65×φ16
		φ65×φ25			φ65×φ20
暗装盒四通		φ65×φ16			φ65×φ25
		φ65×φ20			φ80×φ32
		φ65×φ25			φ80×φ40
方型暗装盒		86×86×38	灯头盒直双通		φ65×φ16
		86×86×50			φ65×φ20
		86×86×60			φ65×φ25
		明 86×86×32			φ80×φ32
分线盒盖		126×126			φ80×φ40
		108×108	长方接线盒		146×86×50
分线盒		125×125×76（现场开机）			150×80×50
					146×86×60
		108×108×70（现场开孔）			150×80×60
			报警器安装盒		φ80×φ60

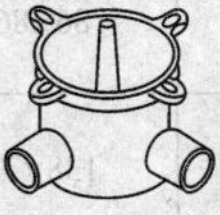

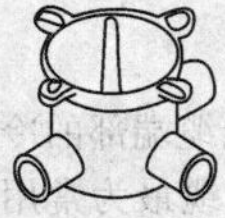

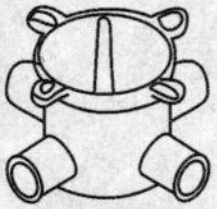

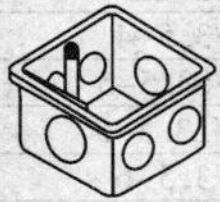

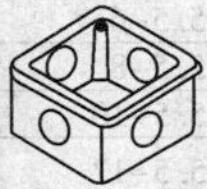

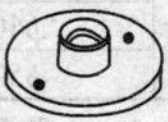

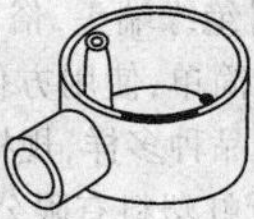

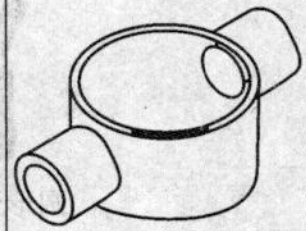

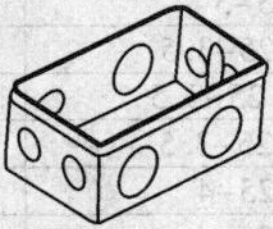

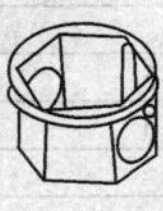

续表

名称	图示	规格(mm)	名称	图示	规格(mm)
管堵头		φ16	方盒盖		86×86
		φ20			
		φ25			
		φ32	长方盒盖		138×77
		φ40			
		φ50			

22. 绝缘端头

【特点及用途】绝缘端头,俗称线鼻子。专门用于线缆端部的冷压连接。其特点是操作简单,使用方便,安全可靠,是电力电缆最为常用的线缆附件。绝缘端头品种多样,规格呈系列。

【规　格】天虹塑料有限公司产品

(1)圆形预绝缘端头

圆形预绝缘端头

型　号	规　格　系　列		
TO-JTK型	RV1.25-3	RV1.25-12	RV2-12
	RVS1.25-3.5	RV2.3	RV3.5-4
	RVM1.25-3.5	RVS2-3.5	RVS3.5-5
	RVL1.25-3.5	RVM2-3.5	RVL3.5-5
	RVS1.25-4	RVL2-3.5	RV3.5-6
	RVL1.25-4	RVS2-4	RV5.5-3.5
	RV1.25-5	RVL2-4	RVS5.5-4
	RVL1.25-5	RVS2-5	RVL5.5-4
	RVS1.25-6	RVL2-5	RV5.5-5
	RV1.25-6	RV2-6	RV5.5-6
	RV1.25-8	RV2-8	RV5.5-8
	RV1.25-10	RV2-10	RV5.5-10
			RV5.5-12

(2) 叉形预绝缘端头

叉形预绝缘端头

型　号	规　格　系　列		
TU-JTK型	SV1. 25-3	SV2-3	SV3. 5-4
	SVS1. 25-3. 5	SVS2-3. 5	SV3. 5-5
	SVL1. 25-3. 5	SVL2-3. 5	SV3. 5-6
	SVS1. 25-4	SVS2-4	SV5. 5-3. 5
	SVM1. 25-4	SVM2-4	SVS5. 5-4
	SVL1. 25-4	SV1. 2-4	SVL5. 5-4
	SVS1. 25-5	SVS2-5	SV5. 5-5
	SVL1. 25-5	SVS2-5	SVS5. 5-6
	SVS1. 25-6	SVL2-5	SVL5. 5-6
	SVL1. 25-6	SVL2-6	SV5. 5-8

(3) 针形预绝缘端头

型号	规格系列	
TZ-JTK型	PTV1. 25-9	PVT2-10
	PTV1. 25-10	PVT2-12
	PTV1. 25-12	PVT2-13
	PTV1. 25-13	PVT2-18
	PTV1. 25-18	PVT5. 5-13
	PTV2-9	

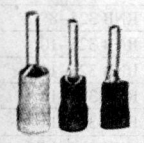

针形预绝缘端头

(4) 圆形裸端头

圆形裸端头

续表

型 号	规 格 系 列			
TO 型	RNB 1.25-3	RNB 5.5-6	RNB 38-12	RNB 180-11
	RNBS 1.25-3.5	RNB 5.5-8	RNB 60-6	RNB 180-12
	RNBM 1.25-3.5	RNB 5.5-10	RNB 60-8	RNB 180-14
	RNBL 1.25-3.5	RNB 5.5-12	RNB 60-10	RNB 180-16
	RNBS 1.25-4	RNB 8-4	RNB 60-12	RNB 180-18
	RNBL 1.25-4	RNBS 8-5	RNB 70-6	RNB 180-20
	RNBL 1.25-5	RNBM 8-5	RNB 70-8	RNB 180-22
	RNBL 1.25-5	RNBL 8-5	RNB 70-10	RNB 180-24
	RNBS 1.25-6	RNBS 8-6	RNB 70-11	RNB 180-27
	RNB 1.25-6	RNBL 8-6	RNB 70-12	RNB 200-8
	RNB 1.25-8	RNB 8-8	RNB 80-6	RNB 200-10
	RNB 1.25-10	RNB 8-10	RNB 80-8	RNB 200-11
	RNB 1.28-12	RNB 8-12	RNB 80-10	RNB 200-12
	RNB 2-3	RNB 14-4	RNB 80-11	RNB 200-14
	RNBS 2-3.5	RNB 14-5	RNB 80-12	RNB 200-16
	RNBM 2-3.5	RNBS 14-6	RNB 100-6	RNB 200-18
	RNBL 2-3.5	RNBL 14-6	RNB 100-10	RNB 200-20
	RNBS 2-4	RNB 14-8	RNB 100-11	RNB 200-22
	RNBL 2-4	RNB 14-10	RNB 100-12	RNB 200-24
	RNBS 2-5	RNB 14-12	RNB 100-14	RNB 200-27
	RNBL 2-5	RNBS 22-5	RNB 100-16	RNB 325-8
	RNB 2-6	RNBL 22-5	RNB 100-18	RNB 325-10
	RNB 2-8	RNBS 22-6	RNB 100-20	RNB 325-11
	RNB 2-10	RNBL 22-6	RNB 100-22	RNB 325-12
	RNB 2-12	RNB 22-8	RNB 150-8	RNB 325-14
	RNB 3.5-4	RNB 22-10	RNB 150-10	RNB 325-16
	RNBS 3.5-5	RNB 22-12	RNB 150-11	RNB 325-18
	RNBL 3.5-5	RNB 38-5	RNB 150-12	RNB 325-20
	RNB 3.5-6	RNB 38-6	RNB 150-14	RNB 325-22
	RNB 5.5-3.5	RNBS 38-8	RNB 150-16	RNB 325-24
	RNBS 5.5-4	RNBL 38-8	RNB 180-8	RNB 325-27
	RNBL 5.5-4	RNBS 38-10	RNB 180-10	
	RNB 5.5-5	RNBL 38-10		

（5）叉形裸端头

叉形裸端头

型　　号	规　格　系　列	
	SNB 1.25-3	SNB L2-6
	SNB S1.25-3.5	SNB 3.5-4
	SNB L1.25-3.5	SNB 3.5-5
	SNB S1.25-4	SNB 3.5-6
	SNB M1.25-4	SNB 5.5-3.5
	SNB L1.25-4	SNB S5.5-4
	SNB S1.25-5	SNB L5.5-4
	SNB L1.25-5	SNB 5.5-5
	SNB S1.25-6	SNB S5.5-6
TU 型	SNB L1.25-6	SNB L5.5-6
	SNB 2-3	SNB 5.5-8
	SNB S2-3.5	SNB 8-4
	SNB L2-3.5	SNB 8-5
	SNB S2-4	SNB 8-6
	SNB M2-4	SNB 8-8
	SNB L2-4	SNB 14-5
	SNB S2-5	SNB 14-6
	SNB L2-5	SNB 14-8
	SNB S2-6	SNB 22-8

(6) 针形裸端头

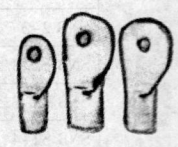

针形裸端头

型　号	规　格　系　列
TZ 型	PTN 1.25-9
	PTN 1.25-10
	PTN 1.25-12
	PTN 1.25-13
	PTN 1.25-18
	PTN 2-9
	PTN 2-10
	PTN 2-12
	PTN 2-13
	PTN 2-18
	PTN 5.5-13

(7) 窥口铜接线端子

型　号	规　格　系　列	
DTGA 型	SC 1.25mm²	SC 95mm²
	SC 2.5mm²	SC 120mm²
	SC 4mm²	SC 150mm²
	SC 6mm²	SC 185mm²
	SC 10mm²	SC 240mm²
	SC 16mm²	SC 300mm²
	SC 25mm²	SC 400mm²
	SC 35mm²	SC 500mm²
	SC 50mm²	SC 630mm²
	SC 70mm²	

窥口铜接线端子

(8) 管形预绝缘端头

管形预绝缘端头

型　号	规　格　系　列		
	E 0506	E 1510	E 6018
	E 0508	E 1512	E 10–12
	E 0510	E 1518	E 10–18
	E 0512	E 2508	E 16–12
	E 7506	E 2510	E 16–18
	E 7508	E 2512	E 25–16
TG–JT 型	E 7510	E 2518	E 25–22
	E 7512	E 4009	E 35–16
	E 1006	E 4010	E 35–25
	E 1008	E 4012	E 50–20
	E 1010	E 4018	E 50–25
	E 1012	E 6010	
	E 1508	E 6012	

(9) 双线管形预绝缘端头

型　号	规　格　系　列	
	TE 0508	TE 2510
	TE 7508	TE 2513
	TE 7510	TE 4012
TG–JT 型	TE 1008	TE 6014
	TE 1010	TE 10–14
	TE 1508	TE 16–14
	TE 1512	

双线管形预绝缘端头

（10）全绝缘中间接头

型　号	规　格　系　列	
	短形	长形
	PVT 1.25	BV 1.25
	PVT 2	BV 2
TL-JTK 型	PVT 5.5	BV 5.5
		BV 8
		BV 14
		BV 22
		BV 38

全绝缘中间接头

（11）钩形预绝缘端头

型　号	规　格　系　列	
	HV 1.25-3.5	HV 2-5
	HV 1.25-4	HV 2-6
	HV 1.25-5	HV 5.5-3.5
TG-JL 型	HV 1.25-6	HV 5.5-4
	HV 2-3.5	HV 5.5-5
	HV 2-4	HV 5.5-6

钩形预绝缘端头

（12）凸缘叉形预绝缘端头

型　号	规　格　系　列	
	FSV 1.25-3.5	FSNB 1.25-3.5
	FSV 1.25-4	FSNB 1.25-4
	FSV 1.25-5	FSNB 1.25-5
	FSV2-3.5	FSNB 2-3.5
TUL-JTK 型	FSV2-4	FSNB 2-4
	FSV 2-5	FSNB 2-5
	FSV 5.5-3.5	FSNB 5.5-3.5
	FSV 5.5-4	FSNB 5.5-4
	FSV 5.5-5	FSNB 5.5-5

凸缘叉形预绝缘端头

注：FSNB 为凸缘叉形裸端头。

（13）凹片形预绝缘端头

规格系列：

LBV 1.25–3	LBN 1.25–3
LBV 1.25–4.6	LBN 1.25–4.6
LBV 2–3	LBN 2–3
LBV 2–4.6	LBN 2–4.6
LBV 5.5–3	LBN 5.5–3
LBV 5.5–4.6	LBN 5.5–4.6

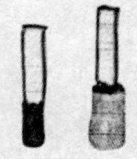

凹片形绝缘端头

注：LBN 为凹片形裸端头。

（14）母全绝缘接头

规格系列：

FDFD 1.25–187(5)
FDFD 1.25–187(8)
FDFD 1.25–250
FDFD 2–187(5)
FDFD 2–187(8)
FDFD 2–250
FDFD 5.5–250

母全绝缘接头

（15）肩背形公母预绝缘接头

规格系列：

PBDD 1.25–250
PBDD 2–250
PBDD 5.5–250

肩背形公母预绝缘接头

(16) 片形预绝缘端头

片形预绝缘端头

规格系列：

DBV 1.25-10	DBN 1.25-11
DBV 1.25-11	DBN 1.25-14
DBV 1.25-14	DBN 1.25-18
DBV 1.25-18	DBN 2-9
DBV 2-9	DBN 2-14
DBV 2-14	DBN 2-18
DBV 2-18	DBN 5.5-10
DBV 5.5-10	DBN 5.5-14
DBV 5.5-14	DBN 5.5-18
DBV 5.5-18	DBN 8-14
DBN 1.25-10	DBN 14-16

注：DBN 为片形裸端头

(17) 锁扣叉形预绝缘端头

锁扣叉形预绝缘端头

规格系列：

LSV 1.25-3.5	LSV S2-5
LSV S1.25-4	LSV L2-5
LSV L1.25-4	LSV 5.5-3.5
LSV S1.25-5	LSV 5.5-4
LSV 2-3.5	LSV 5.5-5
LSV S2-4	LSV 5.5-6
LSV L2-4	

(18) 公预绝缘接头

规格系列：

| MDD 1.25-110(5) |
| MDD 1.25-110(8) |
| MDD 1.25-187(5) |
| MDD 1.25-187(8) |
| MDD 1.25-250 |
| MDD 2-187(5) |
| MDD 2-187(8) |
| MDD 2-250 |
| MDD 5.5-250 |

公预绝缘接头

(19) 母预绝缘接头

规格系列：

FDD 1.25-110(5)	FDD 2-110(8)
FDD 1.25-110(8)	FDD 2-187(5)
FDD 1.25-187(5)	FDD 2-187(8)
FDD 1.25-187(8)	FDD 2-205
FDD 1.25-205	FDD 2-250
FDD 1.25-250	FDD 2-312
FDD 2-110(5)	FDD 5.5-250
FDD 5.5-375	

母预绝缘接头

(20) 管形裸端头

管形裸端头

规格系列:

EN 0506	EN 1508	EN 6012
EN 0508	EN 1510	EN 6018
EN 0510	EN 1512	EN 10-12
EN 0512	EN 1518	EN 10-18
EN 7506	EN 2507	EN 16-12
EN 7508	EN 2508	EN 16-18
EN 7510	EN 2510	EN 25-16
EN 7512	EN 2512	EN 25-22
EN 1006	EN 2518	EN 35-16
EN 1008	EN 4009	EN 35-25
EN 1010	EN 4012	EN 50-20
EN 1012	EN 4018	EN 50-25
EN 1507	EN 6010	

(21) 中间裸接头

规格系列:

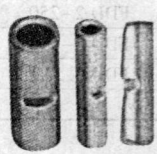

中间裸接头

BN 1.25
BN 2
BN 3.5
BN 5.5
BN 8
BN 14
BN 22
BN 38
BN 60
BN 70
BN 80
BN 100
BN 150
BN 180
BN 200
BN 325

子弹形公母绝缘接头

(22) 子弹形公母绝缘接头

规格系列：

MPD 1.25–156
MPD 2–156
MPD 2–195
MPD 5.5–195

23. 压着端子用绝缘浸塑护套

【特点及用途】压着端子用绝缘浸塑护套采用软质盐化塑料聚氯乙烯（PVC）制造，其操作简单，使用方便，绝缘性能良好，广泛应用于各类电装部件的绝缘处理。

【规　　格】乐清市虹桥浸塑厂产品

图　示	型　号	基　本　尺　寸(mm)			
		D	W	E	L
	110－20	2.0	4.0	16	22
	110－25	2.5	4.0	16	22
	110－30	3.0	4.0	16	22
	187－25	2.5	5.7	17	23
	187－30	3.0	6.0	17	23
	187－35	3.5	5.7	17	23
	187－40	4.0	5.7	17	23
	205－30	3.0	6.5	16.5	22.5
	205－35	3.5	6.5	16.5	22.5
	250－25	2.5	7.9	20.5	26.5
	250－30	3.0	7.9	20.5	26.5
	250－35	3.5	7.9	20.5	26.5
	250－40	4.0	7.9	20.5	26.5
	250－50	5.0	7.9	20.5	26.5
	L187	3.0	6.5	14	12
	L205	3.5	7.0	16.5	14
	L250	3.5	8.2	19	16
	L187	3.0	6.5	15	12
	L205	3.5	7.0	16.5	14
	L250	4.0	8.2	19	16
	L110	2.5	4.0	13	15
	L187	3.0	6.5	14.5	12
	L250	4.0	8.2	19	16

续表

图　示	型　号	基 本 尺 寸(mm)			
		D	W	E	L
	Cφ5	2.5	5.0	26	32
	Cφ5	3.0	5.0	26	32
	Cφ5	3.0	5.0	32	38
	J 线鼻	2.0	3.0	9.0	15
	J 线鼻	2.5	3.5	9.0	15
	J 线鼻	3.0	3.9	9.0	15
	J 线鼻	4.0	4.0	9.0	15
	F110	1.3×3.5	2×4	19	21
	F187	1.3×6	2.5×6	22	24
	F250	1.5×7	3.5×8	22.5	26
	Hz4	4.0	0.8		14
	Hz5	5.0	0.8		14
	Hz6	6.0	0.8		14
	Hz7	7.0	0.8		14
	Hz8	7.9	1.0		12.5
	Hz10	10	1.0		13
	Hz12	12	1.0		13.5
	Hz14	14	1.0		14

24. 热缩电缆封帽

【特点及用途】热缩电缆封帽具有良好的防水性,广泛用于电力电缆

和通信电缆储存时的末端处理，也可用于路灯接头和低压运转电缆的末端处理。

【规　　格】

名称	型号	直径(±10%)(mm)		长度	适用电缆
		出厂尺寸	收缩后	(mm)	(mm²)
热缩电缆封帽	RSM-22/9	≥20	≤9	70	9~17
	RSM-35/18	≥33	≤18	85	18~30
	RSM-55/30	≥53	≤30	145	31~45
	RSM-75/42	≥73	≤42	150	45~60
	RSM-100/55	≥98	≤55	160	61~82
	RSM-120/70	≥18	≤70	170	83~100
热缩电缆封帽（带气门）	RSMA-22/9	≥20	≤9	70	9~17
	RSMA-35/18	≥33	≤18	85	18~30
	RSMA-55/30	≥53	≤30	145	31~45
	RSMA-75/42	≥73	≤42	150	45~60
	RSMA-100/55	≥98	≤55	160	61~82
	RSMA-120/70	≥18	≤70	170	83~100

25. 安全型压线帽

【特点及用途】安全型压线帽外壳注塑成型，防火等级 94V-2，内部采用特长加厚铜套管，便于夹住电线，不会脱落。其具有绝缘性良好，耐老化，操作省时简便等特点。

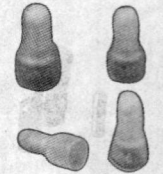

【规　　格】

基本尺寸(mm)：$\phi3$，$\phi4$，$\phi5$，$\phi6$，$\phi8$，$\phi10$。

外壳材料：尼龙，塑料。

26. 自锁式尼龙扎带

【特点及用途】自锁式尼龙扎带耐酸,耐腐蚀,绝缘性能良好,不易老化,承受力强,防火等级94V-2,使用环境温度-40～+85℃。标准颜色白色,以及抗紫外线的黑色,亦有蓝色,绿色等特殊颜色。其专门用于捆扎线缆。

【规　　格】

宽度×长度（mm）	宽度×长度（mm）	宽度×长度（mm）
3×60	5×250	8×400
3×80	5×300	8×450
3×100	5×350	8×500
3×120	5×380	9×450
3×150	5×400	10×500
3×200	5×450	10×650
4×150	5×500	10×720
4×180	8×150	10×760
4×200	8×200	10×800
4×250	8×250	10×920
4×300	8×300	10×1 000
5×200	8×350	

27. 吸盘(定位片)

【特点及用途】吸盘(定位片)采用 ABS 材料注塑成型,背附双石海绵胶,能在各种干净界面可靠粘贴而不易脱落,并且有绝缘性良好,耐老化,使用省时简便等特点。其用于机板固定,再以扎带捆扎电线所用。

【规 格】

基本尺寸(mm):20×20,25×25,

30×30,40×40。

28. 热缩爬距增长器

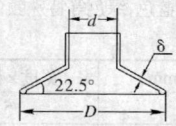

【特点及用途】线路绝缘子在污秽等情况下的闪络是造成停电事故的主要原因之一,热缩爬距增长器的特点是抗老化,耐电痕、性能稳定,安装方便。其适用于各种户外棒式支柱绝缘子、绝缘套管、开关及其他高压电力设备,增大爬电距离,能够防止污水流形成,从而提高整个系统的抗污染能力。热缩爬距增长器的性能指标:

项目	参 数 数 据	
电气性能	击穿强度	30kV
	体积电阻率	$>10^{14}\Omega \cdot cm$
	介电常数	4.0(max)
	相比漏电起痕指数	525V
物理性能	拉伸强度	>8MPa
	断裂伸长率	>400%
	耐低温脆性	-40℃
	吸水率	0.37%
加速老化	168h at 120℃,$k_1>0.9$,$k_2>0.9$	20 年

【规　　格】深圳市长园新材料股份有限公司产品

型　　号	直径(±10%)(mm)						适用电缆
	出厂尺寸			收缩后			
	D	d	$\delta(\pm30\%)$	D	d	δ	
RSS1-32/15		≥30	1.8		≤16	3.0±0.4	
RSS1-40/17		≥38	2.0		≤18	3.0±0.4	10kV
RSS1-45/24		≥43	2.2		≤24	3.1±0.4	
RSS1-60/38	140	≥58	2.3	140	≤38	3.0±0.4	
RSS1-70/38	140	≥68	2.2	140	≤38	3.0±0.4	35kV
RSS1-80/38	140	≥78	2.0	140	≤38	3.0±0.4	
RSS1-90/38	140	≥88	1.8	140	≤38	3.0±0.4	
RSS1-100/45	200	≥98	2.2	200	≤48	3.4±0.4	
RSS1-120/45	200	≥118	2.0	200	≤48	3.4±0.4	
RSS1-140/55	270	≥135	2.4	270	≤55	4.0±0.4	220kV 及
RSS1-200/80	360	≥188	2.6	360	≤66	4.0±0.4	以下
RSS1-240/110	430	≥238	3.5	430	≤120	5.0±0.4	
RSS1-450/200	560	≥448	3.5	560	≤190	6.0±0.4	

29. 硅橡胶电气接点防护盒

【特点及用途】硅橡胶电气接点防护盒采用硅橡胶原料，HTV 固态高温硫化成型，厚度 2.5～3mm，绝缘强度≥20kV/mm，可在 -50～+200℃范围内使用，不影响电气接点的温升，具有耐爬电性高柔韧性、抗撕裂、抗紫外线、耐老化等特点，适于户外长期运行条件。常见颜色有红、黄、绿、黑。硅橡胶电气接点防护盒安装简捷、快速、扣接结构便于检修时拆装重复使用，适用于变压器、高低压侧多规格导线、母排、电缆等进出线。

【规　　格】深圳市长园电力技术有限公司产品

编号	名称	接点形式	防护图示	产品图示	应用参考
CY-T01	10kV 配变低压水平出线防护盒	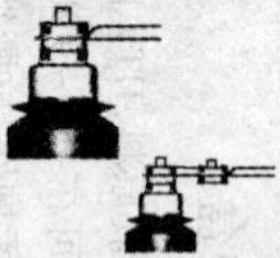	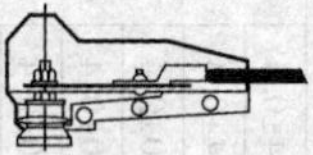	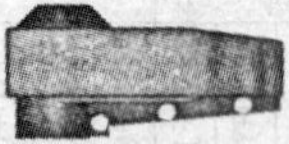	裸绞线，绝缘导线或 $120mm^2$ 以下电缆出线情况
CY-T02	10kV 配变高压水平进线防护盒	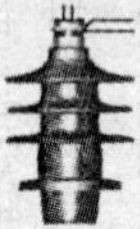	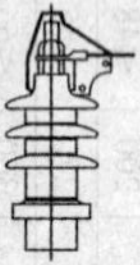	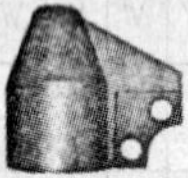	裸绞线，绝缘导线进线情况
CY-T03	10kV 配变低压 60 度出线防护盒	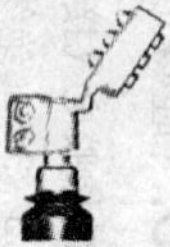	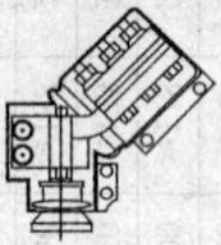	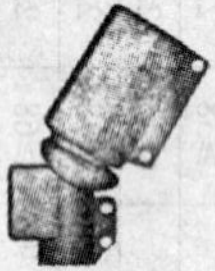	对应此类金具的各种出线方式
CY-T04	10kV 配变高压 60 度进线防护盒	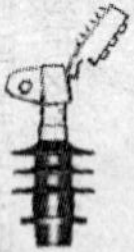	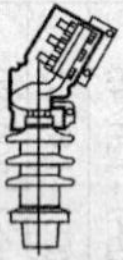	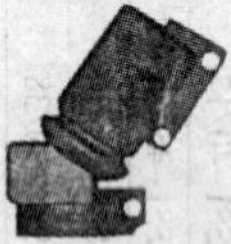	对应此类金具的各种进线方式

续表

编号	名称	接点形式	防护图示	产品图示	应用参考
CY-S05	柱上开关45度出线防护盒		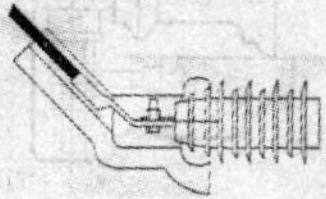		柱上开关出线
CY-T05	10kV配变低压30度角出线防护盒	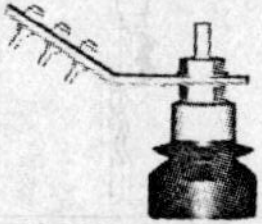	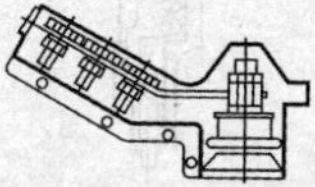		对应于此类金具或30度角出线的情况
CY-T06	10kV配变高压30度角进线防护盒	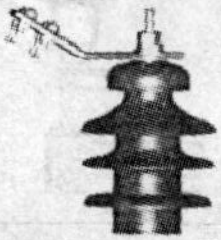	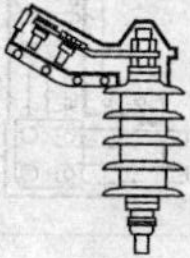		对应此类金具30度出线情况
CY-T07	10kV配变低压45度角出线防护盒		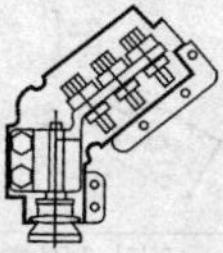		对应此类金具的各种出线方式

续表

编号	名称	接点形式	防护图示	产品图示	应用参考
CY-T08	10kV配变低压45度出线防护盒				对应此类金具的各种出线方式
CY-T09	10kV配变低压靠背水平双出线防护盒		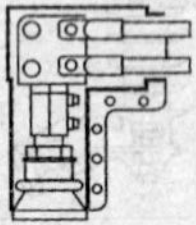		水平多电缆出线情况,最多出2根240mm²电缆
CY-T10	10kV配变低压靠背垂直双出线防护盒		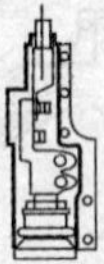		垂直多电缆出线情况,最多出2根240mm²电缆
CY-T11	10kV配变低压水平单电缆出线防护盒		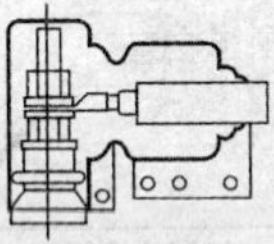		一根240mm²电缆出线情况

续表

编号	名称	接点形式	防护图示	产品图示	应用参考
CY-T12	10kV配变高压水平单电缆进线防护盒		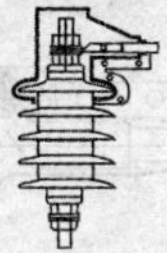		240mm² 以下电缆进线情况
CY-S01	跌落式开关上静触头防护盒	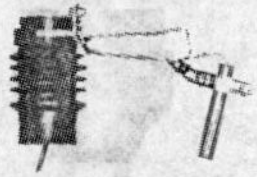	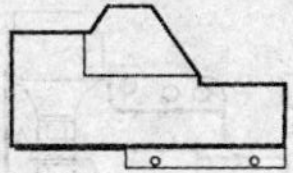		200A 以下上进线
CY-S02	跌落式开关下静触头防护盒		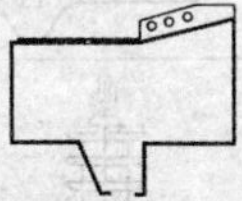		200A 以下下出线
CY-S03	跌落式开关上动触头防护盒	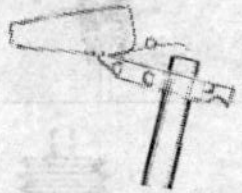	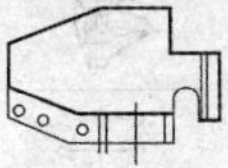		跌落式开关动触头
CY-S04	跌落式开关下动触头防护盒	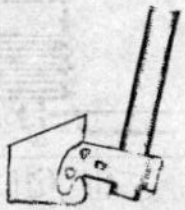	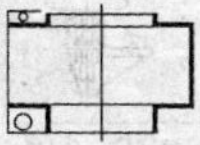		跌落式开关动触头

续表

编号	名称	接点形式	防护图示	产品图示	应用参考
CY-A01	10kV瓷外套避雷器防护盒	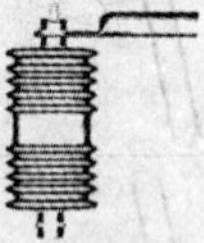	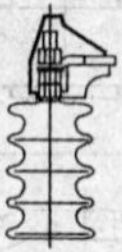		裸纹线,单根绝缘导线情况
CY-A02	10kV硅橡胶避雷器防护盒				裸纹线,单根绝缘导线情况
CY-J01	高压计量箱防护盒1#		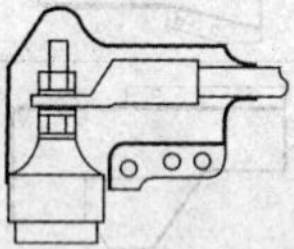		高压计量箱电缆进线或1~2根240mm²电缆进线情况
CY-J02	高压计量箱防护盒2#				高压计量箱电缆出线

30. 电缆挂牌打印机

【特点及用途】M-10 型电缆挂牌打印机采用热转印方式,通过与计算机相连,可根据要求印制出各种图形和符号,打印机的特点:

①先进的挂牌制作方式,直接快速地在标牌上印字,字体美观,不易脱落,且耐候性好。

②可自动进给,直接在 PVC 硬质板上印字,实现大批量制作。

③有 3 种不同色带可选择,可以根据需求,选择黑、红、蓝几种不同颜色的色带。

④与 Windows95/98/2000/NT4.0 兼容,可以直接读取和利用 PC 机中的数据和图像,操作非常方便。

【规　　格】国外产品

型　　号	M-10
打印方式	热转印
打印精度	200dpi
最大有效打印宽度	20 ~ 40mm
最大有效打印长度	48 ~ 250mm
进给方式	PVC 自动进给
打印色带	专用打印色带
色带长度	100m/卷
色带颜色	黑、红、蓝

续表

型　　号	M-10
使用环境	温度 10~35℃，湿度 15%~80%RH
输入方式	计算机
接口	RS-232C 标准
电源	100~24VAC　50~60Hz
重量	4.2kg
外形尺寸	W316×D348×H130mm
配件	色带盒(黑)1 卷，承受台，清洁滚，铭牌样品

31. 电力线路故障指示器

【特点及用途】HDCR-A 型电力线路故障指示器具有自动跟踪，准确显示电力线路的各种状态，无时间盲区和空间盲区，无需电流启动，并可带电安装，还具有线路恢复供电即自动复位，空载带电线路突然短路快速启动等功能。其适用于架空线(裸线、绝缘线均可)，楼层电缆，电缆分接箱等场合。

【规　　格】成都民胜电力电子器件有限公司产品

型号：HDCR-A。

适用电压：0.4~110kV。

复位方式：电流自动复位。

动作条件:超过动作电流值即动作。大于 1.5 倍以上时,时间少于 200ms。

锁定条件:线路跳闸后电流为零。

工作环境:-35 ~ +70℃,户外。

复归电流:3A±20% <100s。

连续工作时间:>30 000h。

32. 电缆盘

【特点及用途】电缆盘适用于电压 250V 及以下的电路中,作导电所用,尤其适用于远离电源的场合。电缆盘使用方便安全,为小规模施工用电的常备设备。

【规　　格】慈溪市公牛电器有限公司产品

型号	额定电压(V)	额定电流(A)	导线长度(m)	备注
GN-801	250	10	5	
GN-802	250	10	10 12.5	带开关
GN-803	250	10	20 30	带过载保护
GN-804	250	10	40 50 60	带过载保护

电器制品

第三十三章　灯　具

1. 灯具型号表示方法（QB/T3728.1～4-1999）

（1）灯具型号组成结构

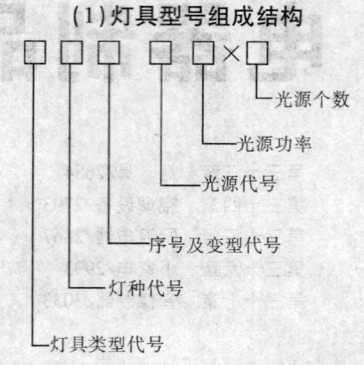

- 光源个数
- 光源功率
- 光源代号
- 序号及变型代号
- 灯种代号
- 灯具类型代号

（2）灯具类型代号

代号	M	G	Z	C	S	H	L	B	Y	X	W	N	J
类型	民用建筑	工矿	公共场所	船用	水面水下	航空	陆上交通	防爆	医疗	摄影	舞台	农用	军用

(3) 灯种代号

a. 民用建筑类灯种代号

代号	灯种	代号	灯种
B	壁灯	Q	嵌入式顶灯
C	床头灯	T	台灯
D	吊灯	X	吸顶灯
L	落地灯	W	未列入类
M	门灯		

b. 工矿类灯种代号

代号	灯种	代号	灯种
B	标志灯	J	机床灯
C	石房照明灯	T	投光灯
G	工作台灯	Y	应急灯
H	行灯	W	未列入类

c. 公共场所类灯种代号

代号	灯种	代号	灯种
B	标志灯	S	射灯
D	道路照明灯	T	庭院灯
G	广场灯	Y	通用照明灯
W	未列入类		

(4) 序号及变型代号

序号用阿拉伯数字表示,其位数不限,一般由归口单位给定。变型代号用汉语拼音(小写)字母表示。

(5)光源代号

代号	光源种类	代号	光源种类
不注	白炽灯	X	氙灯
Y	荧光灯	N	钠灯
L	卤钨灯	T	金属卤化物灯
G	汞灯	H	混合光源

(6)光源功率代号

光源功率以实数表示,其中白炽灯泡和混光光源的功率不作表示。

(7)光源个数代号

光源个数以阿拉伯数字表示,其个数为 1 个时,应省略不写。

(8)灯具型号表示方法举例

a. MC2-2　　即:民用建筑灯具,床头灯,序号为 2,2 个白炽灯泡。

b. MD36-20　即:民用建筑灯具,吊灯,序号为 3,在原型灯种中第二次局部变型,用 20 个白炽灯泡。

c. GT5-J400　即:工矿灯具,投光灯,序号为 5,用 1 个 400W 金属卤化物灯。

d. ZY5-L1300　即:公共场所灯具,通用照明灯,序号为 5,用 1 根 1 300W 卤钨灯管。

e. ZT4-3　　即:公共场所的灯具,庭院灯,序号为 4,用 3 个白炽灯泡。

2. 吊 灯

【特点及用途】吊灯是悬挂在厅室屋顶上的照明灯具,通常用作大面积范围的一般照明。吊灯的造型千姿百态,种类及风格繁多,能有效地装饰和美化室内空间。

【规　格】市场部分产品规格

吊灯名称	型号	基本尺寸(mm)	重量(kg)
花篮罩花灯	MD101−100×13	φ1 760　H2 200	110
八角罩组合花灯	MD102−100×37	φ2 600　H2 650	250
花盘吊灯	MD103−60×8	φ1 115　H950	17
乌砂花纹灯笼罩吊灯	MD104−60×4	φ524　H900	12
圆球吊灯	MD105−60×6	φ770　H950	15
三火砂罩灯	MD106−40×3	φ500　H700	2
三火蘑菇吊灯	MD107−40×3	φ450　H680	2.1
圆球吊灯	MD108−40×12	φ1 118　H1 220	35
碗罩花灯	MD109−60×3(5)	φ870　H1 075	11(13)
束腰罩花灯	MD110−60×3(5、7)	φ850(1 050)　H1 075	8(10、12)
灯笼罩花灯	MD111−60×3(4)	φ800　H320	7(8.5)
三环罩花灯	MD112−60×4	φ540　H1 000	8
伞形罩花灯	MD113−60×5	φ600　H300	12

续表

吊灯名称	型号	基本尺寸(mm)	重量(kg)
荷花罩花灯	MD114–10×15(7、9)	φ946　H1 200	20(23、26)
盖形罩花灯	MD115–100×5(7)	φ820　H1 000	40(48)
橄榄罩花吊灯	MD116–40×(3~9)	φ680(720)　H800	4.5~9
玉兰罩花吊灯	MD117–60×(3~9)	φ800　H800	6~12
玉兰罩花吊灯	MD118–60×5(9)	φ720(930) H1 500(2 000)	12(18)
橄榄吊灯	MD119–60×1	φ130×260 H500~1 000	2
筒形吊灯	MD120–40×1	φ150（200）×250 (300)H500~1 000	1.8(2.2)
花篮罩直杆灯	MD121–100×1	φ300×210 H500~1 000	2.5
伞形纱罩直杆灯	MD122–100×1	φ420×350 H500~1 000	3
明月罩吊链灯	MD123–100×1	φ300×240 H500~1 000	2.8
束腰直杆吊灯	MD124–60×1	φ300×200 H500~1 000	2.8
菱形罩吊链灯	MD125–100×1	φ250×425 H500~1 000	3
切口球直杆灯	MD126–100×1	φ250 H500~1 000	1.2
单火小吊灯	MD127–100×1	φ260×380	2.0
方伞升降吊灯	MD128–100×1	φ400×400×300	4.0
方伞形升降吊灯	MD129–100×1	φ400×400×300	4.0
升降吊灯	MD130–100×1	φ400×300	3.6
升降吊灯	MD131–100×1	φ450×300	3.8
三火小吊灯	MD132–40×3	φ400×360	2.0

续表

吊灯名称	型号	基本尺寸(mm)	重量(kg)
半球吊杆灯	MD133-100×1	ϕ350×320 H500～1 000	3.0
半球吊杆灯	MD134-100×1	ϕ400×200 H500～1 000	1.8
球筒吊杆灯	MD135-100×1	ϕ250×200 H500～1 000	3.2
球筒吊杆灯	MD136-100×1	ϕ200×200 H500～1 000	2.0
球筒吊杆灯	MD137-100×1	ϕ250×280 H500～1 000	3
球筒吊杆灯	MD138-100×1	ϕ200×180 H500～1 000	1.8
直筒吊杆灯	MD139-100×1	ϕ120×160 H500～1 000	1.8
直筒吊杆灯	MD140-100×1	ϕ150×340 H500～1 000	3.2
直筒吊杆灯	MD141-100×1	ϕ130×280 H500～1 000	2.8
直筒吊杆灯	MD142-100×1	ϕ120×200 H500～1 000	2.2

: 1. 型号表示方法举例:例 MD132-40×3,即 MD 指民用吊灯,132 为顺序号(由生产厂自编),灯泡功率40W,灯数 3 只。

  2. 基本尺寸举例说明:例 ϕ520×160,H500～1 000,即灯型最大直径为 520mm(或指灯簇团直径),吊灯高度 160mm,吊灯悬挂高度与屋顶间距为 500～1 000mm。

3. 吸顶灯

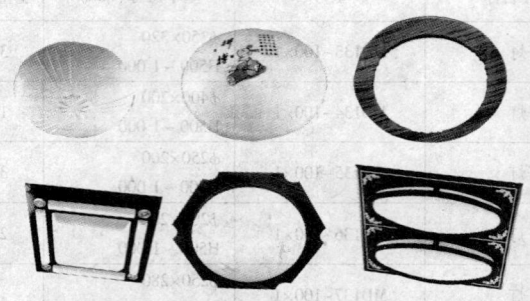

图示为拓普灯饰有限公司产品

【特点及用途】吸顶灯是直接固定在天花板上的一种灯具,为室内的一般照明所用,室内空间相对偏低的场所多有采用。吸顶灯有白炽灯与荧光灯及节能灯等光源配置,其造型多种多样,风格各异,但共同特点都是灯具厚度(即高度)相对较薄(低)。

【规　格】市场部分产品规格

吸顶灯名称	型号	基本尺寸(mm)	重量(kg)
星球吸顶灯	MX101-40×4	φ450　H300	6.2
星球吸顶灯	MX102-40×4	φ550　H650	7.5
星球吸顶灯	MX103-60×4	φ380　H300	3.6
星球吸顶灯	MX104-40×5	φ550　H350	7.8
方罩吸顶灯	MX105-40×4	440×440　H193	4.4
方罩吸顶灯	MX106-40×2	440×224　H193	2.1
方罩吸顶灯	MX107-40×9	450×450　H150	10.5
方罩吸顶灯	MX108-40×4	300×300　H150	4.5
大直边圆吸顶灯	MX109-60×2	φ400　H85	3.6

续表

吸顶灯名称	型号	基本尺寸(mm)	重量(kg)
大直边圆吸顶灯	MX110－60×2	φ400　H90	3.8
大直边圆吸顶灯	MX111－60×2	φ400　H85	3.6
直边圆吸顶灯	MX112－60×1	φ290　H136	2.2
圆形吸顶灯	MX113－60×3	φ650　H150	5.4
圆弧边吸顶灯	MX114－60×3	φ510　H220	6.8
大方直边吸顶灯	MX115－60×2	400×400　H85	4.2
八角边吸顶灯	MX116－60×4	φ800　H200	7.5
八角花边吸顶灯	MX117－60×4	φ750　H200	7.8
方罩吸顶灯	MX118－40×1	150×150　H150	1.6
波纹吸顶灯	MX119－60×4	350×350　H240	5.8
波纹吸顶灯	MX120－60×1	150×150　H200	1.6
茶色挂片吸顶灯	MX121－40×4	300×300　H170	4.8
茶色挂片吸顶灯	MX122－60×4	480×480　H220	5.5
茶色挂片吸顶灯	MX123－40×1	150×150　H160	1.1
茶色挂片吸顶灯	MX124－60×4	450×450　H300	9.8
晶棒吸顶灯	MX125－60×1	160×160　H300	3
晶棒吸顶灯	MX126－60×1	φ180　H240	2.3
晶棒吸顶灯	MX127－40×4	φ310　H200	4.2
丙烯圆形吸顶灯	MX128－32×1	φ400(418,419)　H107	1.6(1.7)
丙烯八角形吸顶灯	MX129－32×1	φ411　H105	1.6
丙烯方形吸顶灯	MX130－32×1	430×430　H21	2.0

注：1. 型号表示方法举例：例 MX120－60×1，即 MX 指民用吸顶灯，120 为顺序号（由生产厂自编），灯泡功率60W，灯数1只。

2. 基本尺寸举例说明：例 φ750　H200，即灯型最大直径750mm，高度200mm。

4. 壁 灯

【特点及用途】壁灯是直接安装在墙壁,门柱及其他立面上的灯具,通常使用的光源功率都比较小,为补充室内光线的一般照明,壁灯的造型多种多样,风格各异,能有效地起到装饰和美化室内环境的作用。

【规　　格】市场部分产品规格

壁灯名称	型号	基本尺寸(mm)(宽×高×厚)
门灯	MB101−60×2(3)	500×960×220 (600×880×430)
双龙戏珠壁灯	MB102−60×1	280×200×186
凤珠壁灯	MB103−60×1	200×250×180
喷金石榴罩壁灯	MB104−40×1	162×270×246
双龙裙型壁灯	MB105−60×2	380×266×260
棱晶壁灯	MB106−40×1(2)	140×260×220 (380×265×130)
割口罩圆球壁灯	MB107−60×2	360×220×270
玉兰壁灯	MB108−60×1	130×500×280
玉兰壁灯	MB109−60×2	390×608×280
玉兰壁灯	MB110−60×3	370×500×230
杯形壁灯	MB111−60×2	400×375×230
杯形壁灯	MB112−60×3	720×600×415
圆筒壁灯	MB113−60×1	122×380×180

续表

壁灯名称	型号	基本尺寸(mm)(宽×高×厚)
直筒壁灯	MB114-100×1(2)	180×350×120 (245×350×120)
蜡烛壁灯	MB115-15×1	30×300×150
蜡烛壁灯	MB116-40×2	220×400×120
扁鼓壁灯	MB117-15×2	400×180×200
笙形壁灯	MB118-60×2	268×360×155
长杯壁灯	MB119-60×1(2)	120×400×240 (300×400×240)
碗罩壁灯	MB120-60×2	546×300×281
碗罩壁灯	MB121-60×2	815×645×450
海鸥壁灯	MB122-25×1	175×200×160
白桦壁灯	MB123-40×1	150×275×215
梅花壁灯	MB124-60×1	115×303×108
菠萝壁灯	MB125-60×1	174×272×210
郁金香壁灯	MB126-100×2	475×486×256
波纹方座壁灯	MB127-100×1	160×250×260
斜口罩壁灯	MB128-60×2	260×300×200
横圆筒壁灯	MB129-2×(60×2)	344×534×226
火炬壁灯	MB130-60×2	375×635×280
铜镜蜡烛壁灯	MB131-15×2	250×360×150
纱罩壁灯	MB132-60×2	500×290×295
圆晶罩壁灯	MB133-40×1(2)	150×280×220 (300×280×180)

续表

壁灯名称	型号	基本尺寸(mm)(宽×高×厚)
筒形壁灯	MB134−60×1(2)	105×255×126 (218×218×126)
亭式壁灯	MB135−1×(100×2)	350×750×300
双U壁灯	MB136−25×2	210×190×127
亭式壁灯	MB137−1×(60×2)	300×750×400
双棱壁灯	MB138−25×2	350×200×200
橄榄壁灯	MB139−40×2	360×400×230
橄榄壁灯	MB140−40×1	128×400×260
花边杯壁灯	MB141−40×2	488×480×287
双火方型壁灯	MB142−60×2	450×350×260
乌砂螺纹罩壁灯	MB143−60×2	370×310×170

注:1. 型号表示方法举例:例 MB133−40×1(2),即 MB 指民用壁灯 132 为顺序号(由生产厂自编),灯泡 40W,灯数 1 只(或 2 只)。

2. 基本尺寸举例说明,例 210×190×127,即灯型宽度 210mm,高度 190mm,厚度127mm。

部分壁灯图示

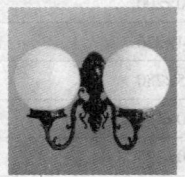
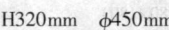

DH−0577
H320mm φ450mm

DH−0580
H550mm φ700mm

DH−0581
H500mm φ600mm

DH-0620
H580mm φ230mm

DH-0621
H630mm φ280mm

DH-0622
H630mm φ290mm

DH-0615
H530mm φ270mm

DH-0616
H540mm φ240mm

DH-0617
H620mm φ280mm

DH-0618
H510mm φ200mm

DH-0566
H360mm φ170mm

DH-0567
H460mm φ160mm

DH-0568
H570mm φ280mm

DH-0570

H380mm　φ160mm

DH-0571

H560mm　φ200mm

DH-0573

H530mm　φ290mm

DH-0574

H660mm　φ660mm

DH-0575

H450mm　φ440mm

DH-0576

H300mm　φ500mm

DH-0583

H310mm　φ250mm

DH-0584

H480mm　φ250mm

DH-0614

H400mm　φ150mm

DH-0587　　　　DH-0588　　　　DH-0595

H420mm　φ230mm　H460mm　φ200mm　H600mm　φ290mm

DH-0591　　　　DH-0592　　　　DH-0593

H380mm　φ160mm　H370mm　φ170mm　H600mm　φ200mm

DH-0605　　　DH-0599　　　DH-0600　　　DH-0601

H500mm φ260mm　H630mm φ240mm　H500mm φ200mm　H480mm φ280

DH-0610   DH-0602   DH-0603

H560mm φ320mm H520mm φ200mm H430mm φ170mm

DH-0611   DH-0612   DH-0608

H400mm φ150mm H560mm φ270mm H540mm φ240mm

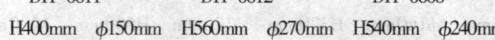

DH-0604   DH-0609

H520mm φ150mm   H400mm φ150mm

注:以上图示壁灯为大恒路灯厂产品。

5. 庭院灯

SYT6001　　　　SYT6008　　　　SYT6031

SYT6086　　　　SYT6105　　　　SYT6130

【特点及用途】庭院灯为室外照明灯具,通常安装在公园、庭院、广场、行街及大型建筑物的周围。其既是照明器材,又是艺术欣赏品,因长期置在室外,要经受日晒雨淋、刮风下雪,因此必须具备防水、防喷、防滴能。庭院灯造型千姿百态,具有很强的夜景装饰效果。此仅选用了南晟阳照明设备有限公司部分产品,加以介绍。

【规　格】

简图及基本尺寸(mm)	型号	SYT6001
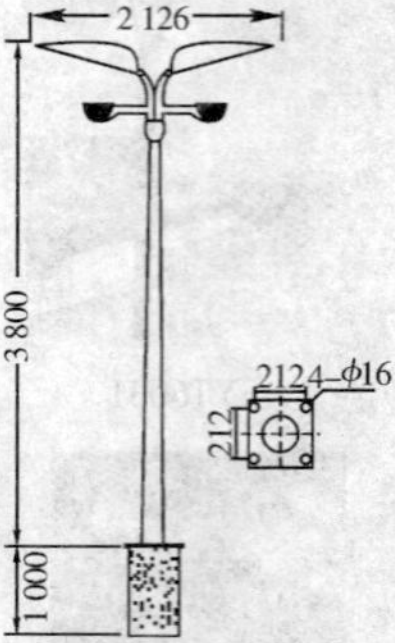	光源	●70~110W 高压钠灯或金卤灯
	材料	●灯柱为钢件,经热镀锌处理后,表面聚酯粉体喷塑涂装 ●反射板为高分子复合材料,具有比铝制品更高的耐候性能,并有优良的机械强度和自清洗优点(通过自然雨水即可清洁自身污迹) ●紧固件螺钉、螺母为不锈钢线 ●线体力为 1.5mm^{2}BVVB−300/500 双层护套线
	标准	●1 类灯具 ●电器箱防护等级 IP23 ●灯罩防护等级 IP66
简图及基本尺寸(mm)	型号	SYT6004
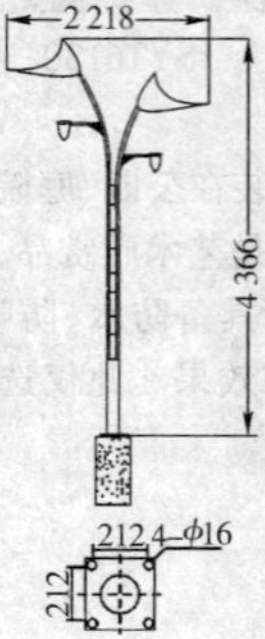	光源	●70~110W 高压钠灯或金卤灯
	材料	●灯柱为钢件,经热镀锌处理后,表面聚酯粉体喷塑涂装 ●反射板为高分子复合材料,具有比铝制品更高的耐候性能,并有优良的机械强度和自清洗优点(通过自然雨水即可清洁自身污迹) ●紧固件螺钉、螺母为不锈钢 ●线体为 1.5mm^{2}BVVB−300/500 双层护套线
	标准	●1 类灯具 ●电器箱防护等级 IP23 ●灯罩防护等级 IP54

续表

简图及基本尺寸(mm)	型号	SYT6003
	光源	●70W 或 150W 金属卤物灯,上端有一反射器为进口高纯铝制成
	材料	●灯柱为钢件,经热镀锌处理后,表面聚酯粉体涂装 ●灯架为铝铸品,经喷砂弹丸处理后表面聚酯粉体涂装 ●反射板为高分子复合材料,具有比铝制品更高的耐候性能,并有优良的机械强度和自清洗优点 ●紧固件螺钉、螺母为不锈钢 ●线体为 1.5mm²BVVB—300/500 双层护套线
	标准	●1 类灯具 ●电器箱防护等级 IP23 ●灯罩防护等级 IP54
简图及基本尺寸(mm)	型号	SYT6005
	光源	●70~110W 高压钠灯或金卤灯
	材料	●灯柱为钢件,经热镀锌处理后,表面聚酯粉体喷塑涂装 ●反射板为高分子复合材料,具有比铝制品更高的耐候性能,并有优良的机械强度和自清洗优点(通过自然雨水即可清洁自身污迹) ●紧固件螺钉、螺母为不锈钢 　线体为 1.5mm²BVVB-300/500 双层护套线
	标准	●1 类灯具 ●电器箱子防护等级 IP23 ●灯罩防护等级 IP66

续表

简图及基本尺寸(mm)	型号	SYT6008
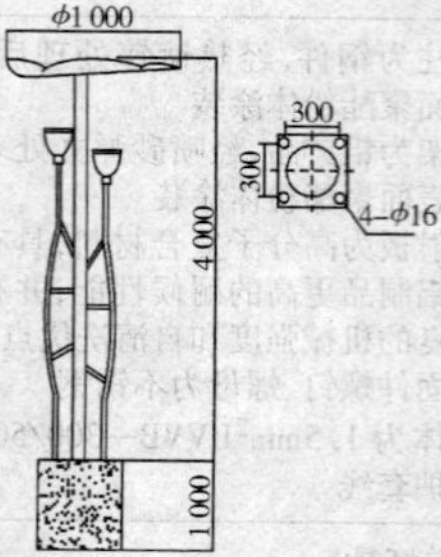	光源	●110～250W 高压钠灯或金卤灯
	材料	●灯柱为铝制品,表面聚酯粉体涂装 ●灯托为铝制品,经喷砂弹丸处理后涂装 ●反射板为高分子复合材料,具有比铝制品更高的耐候性能,并有优良的机械强度和自清洗优点 ●紧固件螺栓、螺母为不锈钢 ●线体为 1.5mm²BVVB－300/500 双层护套线
	标准	●一类灯具 ●电器箱防护等级 IP23
简图及基本尺寸(mm)	型号	SYT6009
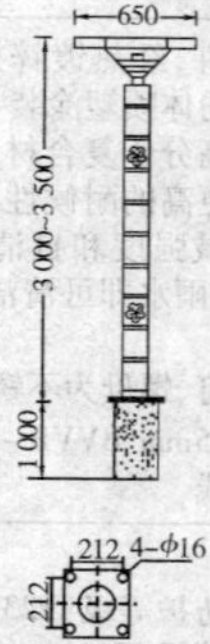	光源	●110～250W 高压钠灯或金卤灯
	材料	●灯柱为铝制品,表面聚酯粉体涂装 ●灯托为铝制品,经喷砂弹丸处理后涂装 ●反射板为高分子复合材料,具有比铝制品更高的耐候性能,并有优良的机械强度和自清洗优点 ●紧固件螺栓、螺母为不锈钢 ●线体为 1.5mm²BVVB－300/500 双层护套线
	标准	●一类灯具 ●电器箱防护等级 IP23

续表

简图及基本尺寸(mm)	型号	SYT6011
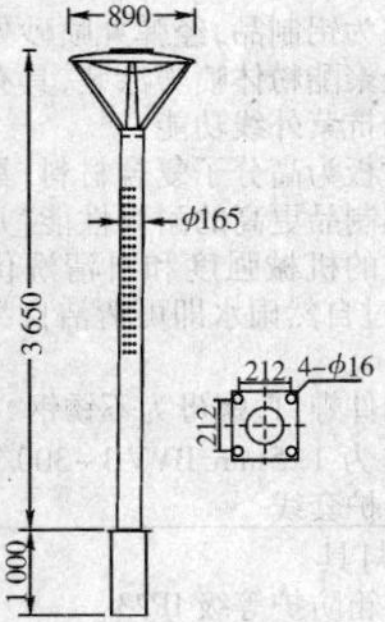	光源	●上端为金属卤化物,下端为高压钠灯或小反射角度灯
	材料	●灯柱为钢件,经热镀锌处理后,表面全聚酯粉体喷塑涂装,具有很强的抗紫外线功能 ●灯架为铝铸品,经弹丸喷砂处理后喷塑涂装 ●反射板为高分子复合材料,具有比铝制品更高的耐候性能,并有优良的机械强度和自清洗优点(通过自然雨水即可清洁自身污迹) ●紧固件螺钉、螺母为不锈钢 ●线体为 1.5mm^{2}BVVB-300/500双层护套线
	标准	●1 类灯具 ●电器箱防护等级 IP23 ●灯罩防护等级 IP54

简图及基本尺寸(mm)	型号	SYT6015
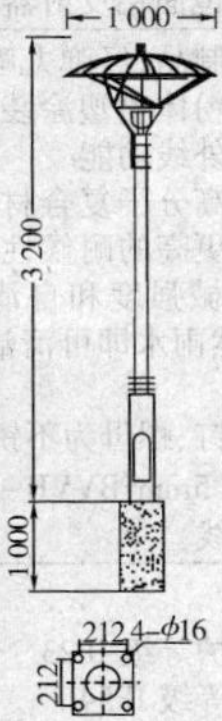	光源	●70～150W 高压钠灯或金卤灯
	材料	●灯柱为钢件,经热镀锌处理后,表面聚酯粉体喷塑涂装 ●灯盖为高分子复合材料,具有比铝制品更高的耐候性能,并有优良的机械强度和自清洗优点(通过自然雨水即可清洁自身污迹) ●紧固件螺钉、螺母为不锈钢 ●线体为 1.5mm^{2}BVVB-300/500双层护套线
	标准	●1 类灯具 ●电器箱防护等级 IP23 灯罩防护等级 IP66

（SYT6011 尺寸标注：890、φ165、3 650、1 000、212、4-φ16）

（SYT6015 尺寸标注：1 000、3 200、1 000、212、4-φ16、212）

续表

简图易及基本尺寸(mm)	型号	SYT6020
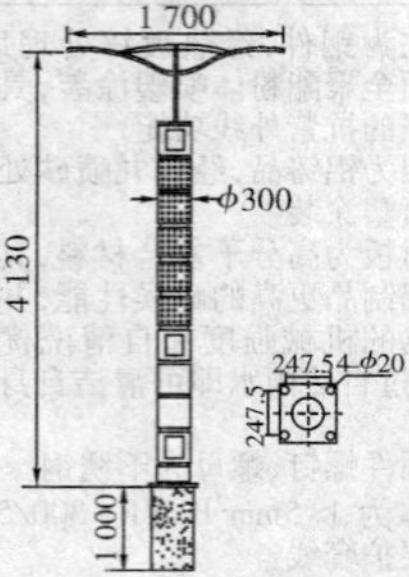	光源	●双端金属卤化物灯或钠灯,进口耐高温镜面铝反射器
	材料	●灯柱为铝制品,经弹丸喷砂处理后全聚酯粉体喷塑涂装,具有很强的抗紫外线功能 ●反射板为高分子复合材料,具有比铝制品更高的耐候性能,并有优良的机械强度和自清洗优点(通过自然雨水即可清洁自身污迹) ●紧固件螺钉、螺母为不锈钢 ●线体为1.5mm²BVVB-300/500双层护套线
	标准	●1类灯具 ●电器箱防护等级IP23 ●灯罩防护等级IP54
简图及基本尺寸(mm)	型号	SYT6021
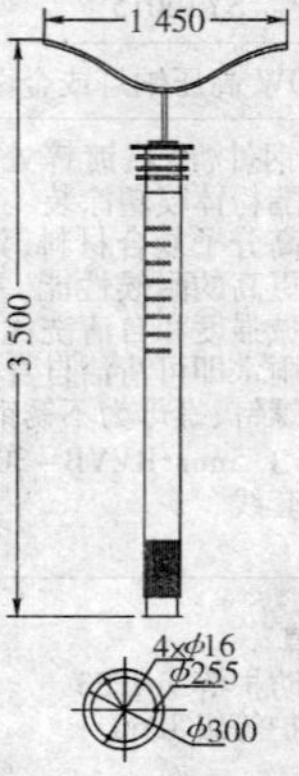	光源	●110W金卤灯或数码彩光管,进口耐高温镜面铝反射器
	材料	●灯柱为铝制品,经弹丸喷砂处理后全聚酯粉体喷塑涂装,具有很强的抗紫外线功能 ●反射板为高分子复合材料,具有比铝制品更高的耐候性能,并有优良的机械强度和自清洗优点(通过自然雨水即可清洁自身污迹) ●紧固件螺钉、螺母为不锈钢 ●线体为1.5mm²BVVB-300/500双层护套线
	标准	●1类灯具 ●电器箱防护等级IP23 ●灯罩防护等级IP54

续表

简图及基本尺寸(mm)	型号	SYT6031
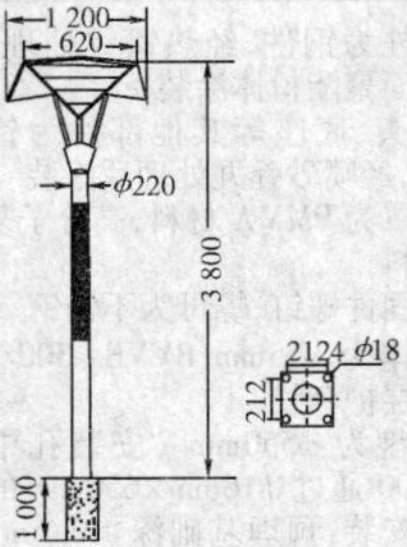	光源	●高压钠灯或金属卤化物灯,PC透光板
	材料	●灯杆为钢件,经热镀锌处理后全聚酯粉体喷塑涂装 ●灯头上盖为高分子复合材料,强度高,易清洁,其他部分为铝铸品,经弹丸喷砂处理后聚酯粉塑涂装 ●紧固件螺钉、螺母为不锈钢 ●线体为1.5mm²BVVB−300/500双层护套线
	标准	●1 类灯具 ●电器箱防护等级 IP43 ●灯罩防护等级 IP56
简图及基本尺寸(mm)	型号	SYT6032
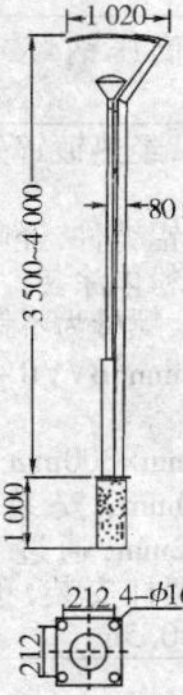	光源	●金属卤化物灯或钠灯,上端有一小型反射器,反射器为进口高纯铝制成
	材料	●灯柱为钢件,经热镀锌处理后,表面全聚酯粉体喷塑涂装,具有很强的抗紫外线功能 ●灯托为铝铸品,经弹丸喷砂处理后喷塑涂装 ●反射板为高分子复合材料,具有比铝制品更高的耐候性能,并有优良的机械强度和自清洗优点(通过自然雨水即可清洁自身污迹) ●紧固件螺钉、螺母为不锈钢 ●线体为1.5mm²BVVB−300/500双层护套线
	标准	●1 类灯具 ●电器箱防护等级 IP23 ●灯罩防护等级 IP54

续表

简图及基本尺寸(mm)	型号	SYT6038
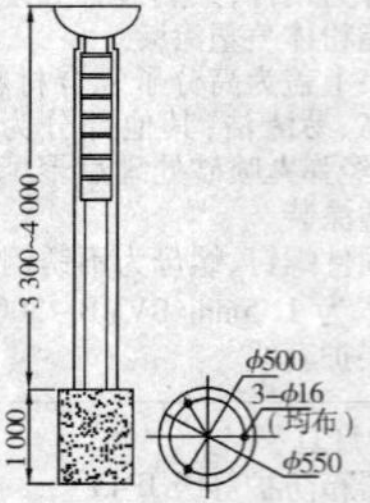 φ500 3-φ16 (均布) φ550	光源	●荧光灯、数码彩光管,灯光透过灯罩,无眩光
	材料	●灯柱为钢件,经热镀锌处理后,表面聚酯粉体涂装 ●灯头、底座等其他部件为铝铸品,经喷砂弹丸处理后涂装 ●灯罩为PMMA材料,高分子复合材料 ●紧固件螺钉、螺母为不锈钢 ●线体为1.5mm²BVVB-300/500双层护套线 ●底盘为φ550mm,安装孔中心φ500通过φ16mm×650mm的螺件安装,预埋基础深≥0.6m,宽0.5m
	标准	●1类灯具 ●电器箱防护等级IP23 ●灯罩防护等级IP54
简图及基本尺寸(mm)	型号	SYT6042
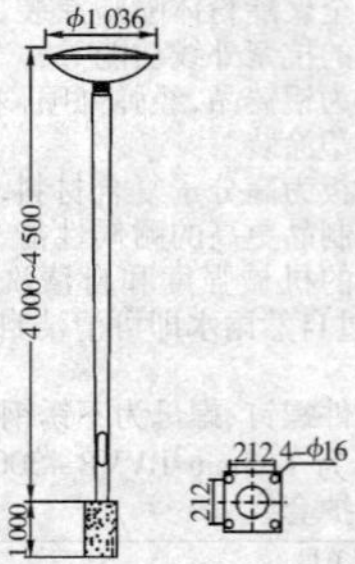 φ1036 212.4-φ16	光源	●70~110W高压钠灯或金卤灯PMMA灯罩
	材料	●灯杆为钢件,经热镀锌处理聚酯粉体涂装 ●灯头支架为铝铸件,经喷砂弹丸处理后聚酯粉体涂装 ●紧固件螺钉、螺母为不锈钢 ●线体为1.5mm²BVVB-300/500双层护套线 ●检视口100mm×300mm ●底盘φ350mm,安装孔中心212mm×212mm,通过φ16mm×650mm的螺杆安装,预埋基础深≥1m,宽0.5m
	标准	●1类灯具 ●电器箱防护等级IP23 ●灯罩防护等级IP54

续表

简图及基本尺寸(mm)	型号	SYT6061
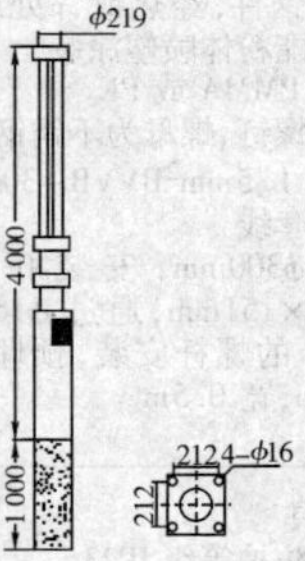	光源	● 金卤灯或彩色数码光管、日光灯, PMMA 灯管, 打不碎、耐高温、耐冰冻, 灯罩使光线成漫射、无眩光, 光线通过灯罩聚光后折射
	材料	● 灯柱为钢件, 经热镀锌处理后, 表面聚酯粉体喷塑涂装, 具有很强的抗紫外线功能 ● 光柱为 PMMA 材料, φ200mm 柔光照明 ● 紧固件螺钉、螺母为不锈钢 ● 线体为 1.5mm²BVVB—300/500 双层护套线 ● 检视口为 400mm×120mm ● 底盘为 φ350mm, 安装孔中心 212mm×212mm, 通过 φ16mm×650mm 的螺杆安装, 预埋基础深≥1m, 宽 0.5m×0.5m
	标准	● 1 类灯具 ● 电器箱防护等级 IP23 ● 灯罩防护等级 IP54
简图及基本尺寸(mm)	型号	SYT6070
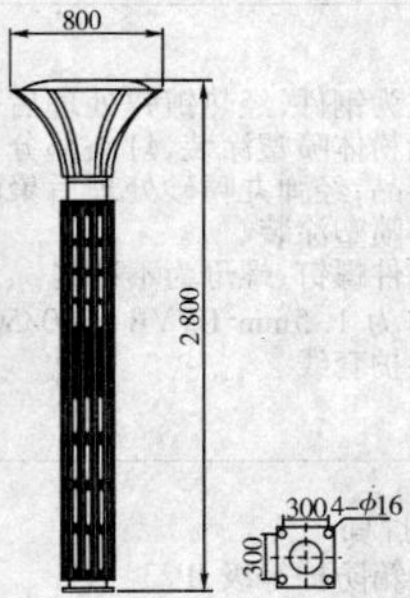	光源	● 150W 金卤灯+9×30W 荧光灯+3×5W 数码柔光灯 ● PMMA 透光罩, 导光性好, 光线漫射、无眩光
	材料	● 灯柱为铝型材, 表面聚酯粉体涂装 ● 反射板为高分子复合材料, 具有比铝制品更高的耐候性能, 并有优良的机械强度和自清洗优点 ● 灯具连接件为铸铝件, 经喷砂弹丸处理后聚酯粉体涂装 ● 灯罩为 PMMA ● 紧固件螺钉、螺母为不锈钢 ● 线体为 1.5mm²BVVB—300/500 双层护套线
	标准	● 1 类灯具 ● 电器箱防护等级 IP43 ● 灯罩防护等级 IP55

续表

简图及基本尺寸(mm)	型号	SYT6072
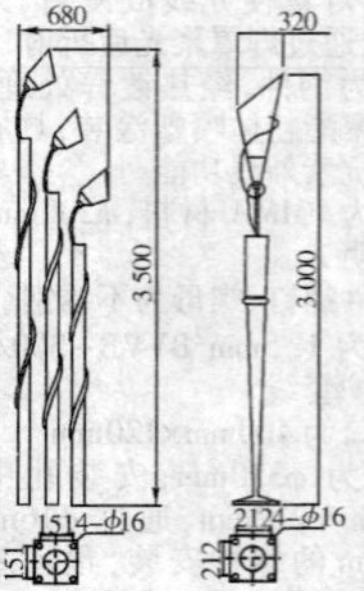	光源	●70W 高压钠灯或节能灯
	材料	●灯柱为钢件,经热镀锌处理后,表面聚酯粉体喷塑涂装 ●灯罩为 PMMA 或 PE ●紧固件螺钉、螺母为不锈钢 ●线体为 1.5mm²BVVB-300/500 双层护套线 ●底盘 φ300mm,安装孔中心 151mm×151mm,通过 φ16mm×650mm 的螺杆安装,预埋基础深≥1m,宽 0.5m
	标准	●1 类灯具 ●电器箱防护等级 IP23 ●灯罩防护等级 IP66

简图及基本尺寸(mm)	型号	SYT6085
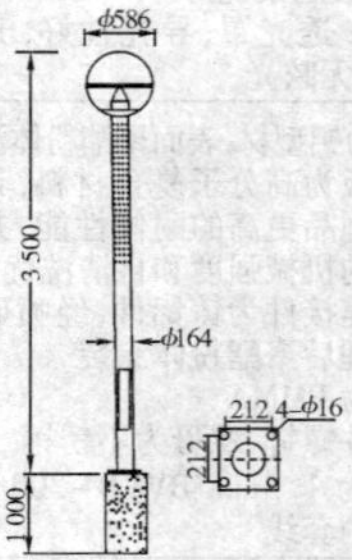	光源	●70~110W 高压钠灯或金卤灯,进口耐高温镜面铝反射器,PMMA 灯罩
	材料	●灯柱为钢件,经热镀锌处理后全聚酯粉体喷塑涂装,灯头部分为铝铸品,经弹丸喷砂处理后聚酯粉体喷塑涂装 ●紧固件螺钉、螺母为不锈钢 ●线体为 1.5mm²BVVB-300/500 双层护套线。
	标准	●1 类灯具 ●电器箱防护等级 IP23 ●灯罩防护等级 IP54

续表

简图及基本尺寸(mm)	型号	SYT6076
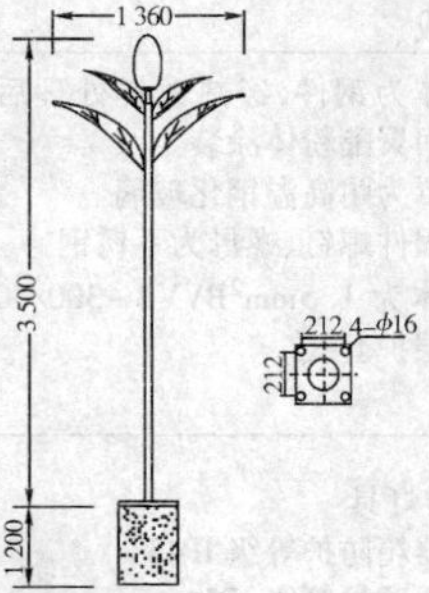	光源	●70～110W 高压钠灯或金卤灯，PL 灯罩，打不碎、耐高温、耐冰冻，灯罩使光线成漫射、无眩光，光线通过灯罩聚光后折射
1 360 3 500 1 200 212.4-φ16 212	材料	●灯杆为钢件，经热镀锌处理聚酯粉体涂装 ●底座、灯托为铝铸品，经喷砂弹丸处理后聚酯粉体涂装 ●树叶为高分子复合材料，具有比铝制品更高的耐候性能，并有优良的机械强度和自清洗优点 ●灯罩为进口专用工程塑料 PL ●紧固件螺钉、螺母为不锈钢 ●线体为 1.5mm²BVVB－300/500 双层护套线
	标准	●1 类灯具 ●电器箱防护等级 IP23 ●灯罩防护等级 IP55

简图及基本尺寸(mm)	型号	SYT6080
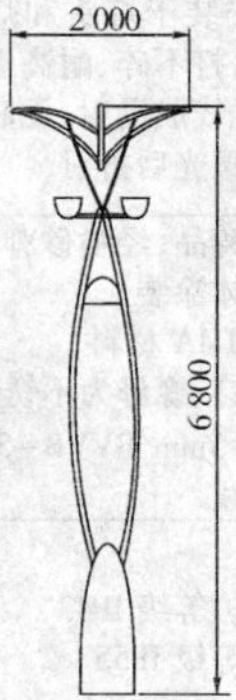	光源	●70W 或 150W 金属卤化物灯，上端有一反射器，反射器为进口高纯铝制成
2 000 6 800	材料	●灯柱为钢件，经热镀锌处理后，表面全聚酯粉体喷塑涂装 ●灯架为铝铸品，经喷砂弹丸处理后，表面聚酯粉体涂装 ●反射板为高分子复合材料，具有比铝制品更高的耐候性能，并有优良的机械强度和自清洗优点 ●紧固件螺钉、螺母为不锈钢 ●线体为 1.5mm²BVVB－300/500 双层护套线
	标准	●1 类灯具 ●电器箱防护等级 IP23 ●灯罩防护等级 IP55

续表

简图及基本尺寸(mm)	型号	SYT6081
	光源	●70W 或 150W 金属卤化物灯,上端有一反射器,反射器为进口高纯铝制成
	材料	●灯体为钢件,经热镀锌处理后,表面聚酯粉体涂装 ●灯罩为耐高温钢化玻璃 ●紧固件螺钉、螺母为不锈钢 ●线体为 1.5mm²BVVB−300/500 双层护套线
	标准	●1 类灯具 ●电器箱防护等级 IP43 ●灯罩防护等级 IP54
简图及基本尺寸(mm)	型号	SYT6086
	光源	●两支 70~150W 高压钠灯或金卤灯,分别安装于灯头和灯柱内,PMMA 灯罩,打不碎、耐高温、耐冰冻,灯罩使光线成漫射、无眩光,光线通过灯罩聚光后折射
	材料	●灯头为铝铸品,经喷砂弹丸处理后聚脂粉体涂装 ●灯罩为 PMMA 材料 ●紧固件螺钉、螺母为不锈钢 ●线体为 1.5mm²BVVB−300/500 双层防套线
	标准	●1 类灯具 ●电器箱防护等级 IP43 ●灯罩防护等级 IP55

续表

简图及基本尺寸(mm)	型号	SYT6088
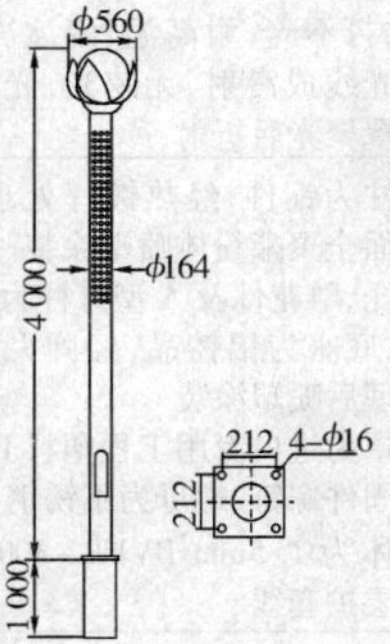	光源	●高压钠灯或金卤灯,进口耐高温镜面铝反射器,PMMA 灯罩
	材料	●灯柱为钢件,经热镀锌处理后全聚酯粉体喷塑涂装,灯头部分为铝铸品,经弹丸喷砂处理后聚酯粉体喷塑涂装 ●紧固件螺钉,螺母为不锈钢 ●线体为 1.5mm² BVVB-300/500 双层护套线
	标准	●1 类灯具 ●电器箱防护等级 IP23 ●灯罩防护等级 IP54
简图及基本尺寸(mm)	型号	SYT6100
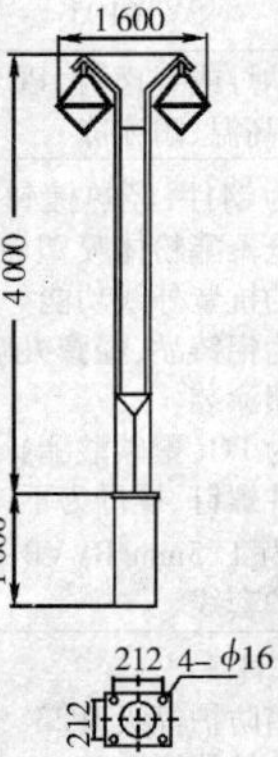	光源	●高压钠灯或金卤灯 ●灯罩使光线成漫射、无眩光,光线通过灯罩聚光后折射
	材料	●灯柱为钢件,经热镀锌处理后,表面全聚酯粉体喷塑涂装,具有很强的抗紫外线功能 ●灯头为铝铸品,经弹丸喷砂处理后喷塑涂装 ●灯罩为 PC 材料 ●紧固件螺钉,螺母为不锈钢 ●线体为 1.5mm² BVVB-300/500 双层护套线
	标准	●1 类灯具 ●电器箱防护等级 IP23 ●灯罩防护等级 IP54

续表

简图及基本尺寸(mm)	型号	SYT6103
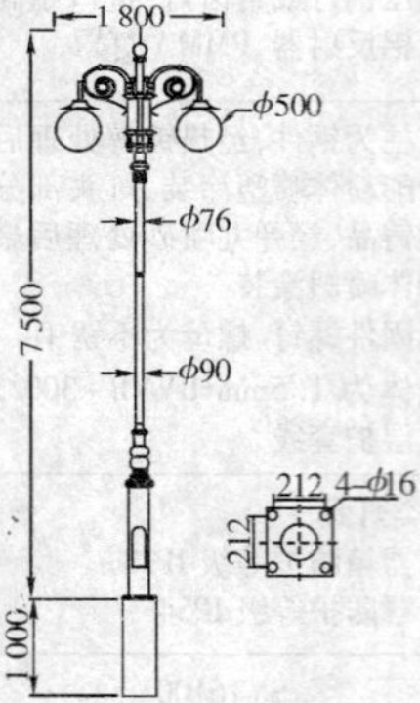	光源	●高压钠灯、金卤灯或节能灯,PE灯罩,打不碎、耐高温、耐冰冻,灯罩使光线成漫射、无眩光,光线通过灯罩聚光后折射
	材料	●灯柱为钢件,经热镀锌处理后,表面全聚酯粉体喷塑涂装 ●灯托、雕花件及 A 型灯柱为铝型材,底座为铝铸品,经弹丸喷砂处理后喷塑涂装 ●灯罩为进口专用工程塑料 PE ●紧固件螺钉、螺母为不锈钢 ●线体为 1.5mm²BVVB-300/500 双层护套线
	标准	●1 类灯具 ●电器箱防护等级 IP23 ●灯罩防护等级 IP66
简图的基本尺寸(mm)	型号	SYT6105
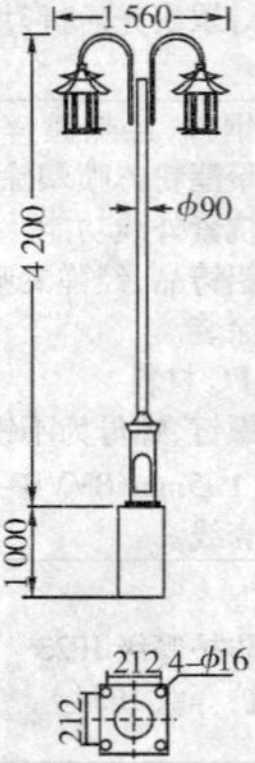	光源	●高压钠灯或金卤灯,PC 灯罩,打不碎、耐高温、耐冰冻
	材料	●灯柱为钢件,经热镀锌处理后,表面全聚酯粉体喷塑涂装,具有很强的抗紫外线功能 ●灯头为铝铸品,经弹丸喷砂处理后喷塑涂装 ●灯罩为 PC(聚碳酸酯) ●紧固件螺钉、螺母为不锈钢 ●线体为 1.5mm²BVVB-300/500 双层护套线
	标准	●1 类灯具 ●电器箱防护等级 IP23 ●灯罩防护等级 IP55

续表

简图及基本尺寸(mm)	型号	SYT6106
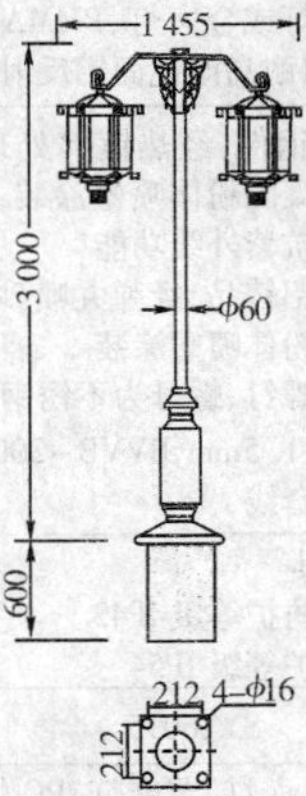	光源	●节能灯或高压钠灯,PC灯罩,打不碎、耐高温、耐冰冻,灯罩使光线成漫射、无眩光、光线通过灯罩聚光后折射
	材料	●灯柱为钢件,经热镀锌处理后,表面聚酯粉体涂装 ●灯头、底座等其他部件为铝铸品,经喷砂弹丸处理后涂装 ●灯罩为PC(聚碳酸酯) ●紧固件螺钉、螺母为不锈钢 ●线体为1.5mm²BVVB-300/500双层护套线
	标准	●1类灯具 ●电器箱防护等级IP23 ●灯罩防护等级IP55
简图及基本尺寸(mm)	型号	SYT6091
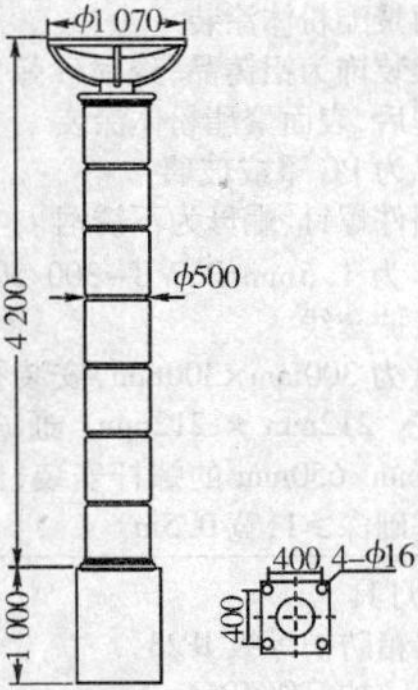	光源	●高压钠灯或金卤灯,PMMA透光罩,进口耐高温镜面铝反射器
	材料	●灯柱为钢件,经热镀锌处理后,表面全聚酯粉体喷塑涂装,具有很强的抗紫外线功能 ●灯头为铝铸品,经弹丸喷砂处理后聚酯粉体喷塑涂装 ●紧固件螺钉、螺母为不锈钢 ●线体为1.5mm²BVVB-300/500双层护套线
	标准	●1类灯具 ●电器箱防护等级IP43 ●灯罩防护等级IP54

续表

简图及基本尺寸(mm)	型号	SYT6092
	光源	●高压钠灯或金卤灯,PMMA 透光罩,进口耐高湿镜面铝反射器
	材料	●灯柱为钢件,经热镀锌处理后,表面全聚酯粉体喷塑涂装,具有很强的抗紫外线功能 ●灯头为铝铸品,经弹丸喷砂处理后聚酯粉体喷塑涂装 ●紧固件螺钉、螺母为不锈钢 ●线体为 1.5mm² BVVB-300/500 双层护套线
	标准	●1 类灯具 ●电器箱防护等级 IP43 ●灯罩防护等级 IP54

简图及基本尺寸(mm)	型号	SYT6095
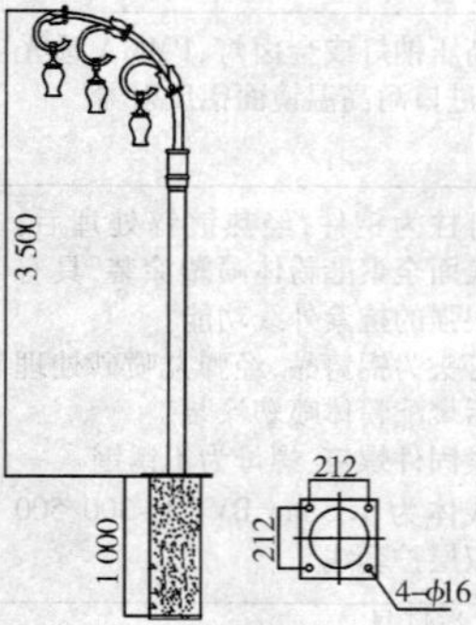	光源	●钠灯、金卤灯、节能灯,PC 灯罩,打不碎、耐高温、耐冰冻
	材料	●灯柱为钢件,经热镀锌处理后,表面聚酯粉体涂装 ●灯架装饰为铝铸品,经喷砂弹丸处理后,表面聚酯粉体涂装 ●灯罩为 PC 罩或玻璃 ●紧固件螺钉、螺母为不锈钢 ●线体为 1.5mm² BVVB-300/500 双层护套线 ●底盘为 300mm×300mm,安装孔中心 212mm × 212mm. 通过 φ16mm×650mm 的螺杆安装,预埋基础深≥1,宽 0.5m。
	标准	●1 类灯具 ●电器箱防护等级 IP23 灯罩防护等级 IP54

续表

简图及基本尺寸(mm)	型号	SYT6113
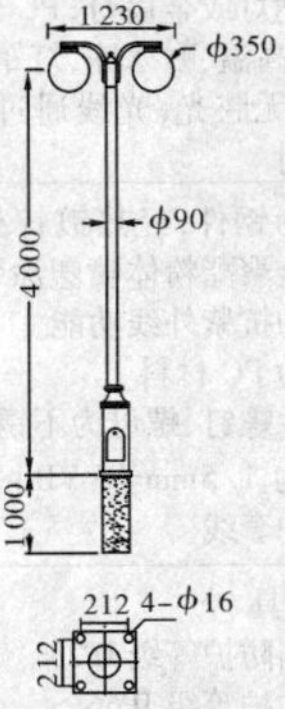	光源	●高压钠灯或金卤灯、节能灯，PE灯罩，打不碎、耐高温、耐冰冻，灯罩使光线成漫射、无眩光、光线通过灯罩聚光后折射
	材料	●灯柱为钢件，经热镀锌处理后，表面全聚酯粉体喷塑涂装 ●灯罩为进口专用工程塑料 PE ●紧固件螺钉、螺母为不锈钢 ●线体为 1.5mm²BVVB－300/500 双层护套线
	标准	●1 类灯具 ●电器箱防护等级 IP23 ●灯罩防护等级 IP66
简图及基本尺寸(mm)	型号	SYT6115
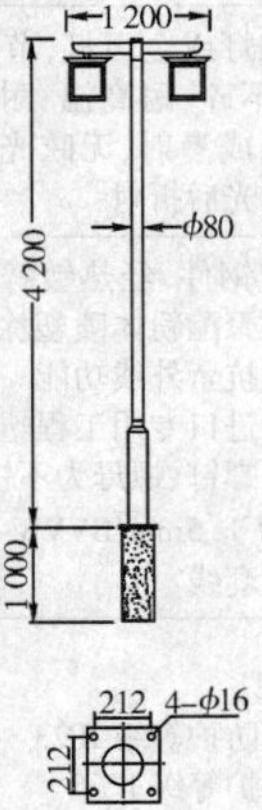	光源	●高压钠灯或金卤灯，PC 灯罩，打不碎、耐高温、耐冰冻，灯罩使光线成漫射、无眩光、光线通过灯罩聚光后折射，使地面有效照度较透明玻璃加强5%
	材料	●灯柱为钢体，经热镀锌处理后，表面全聚酯粉体喷塑涂装，具有很强的抗紫外线功能 ●灯托为铝铸品，经弹丸喷砂处理后喷塑涂装 ●灯罩为聚碳酸酯 PC ●紧固件螺钉、螺母为不锈钢 ●线体为 1.5mm²BVVB－300/500 双层护套线
	标准	●1 类灯具 ●电器箱防护等级 IP23 ●灯罩防护等级 IP55

续表

简图及基本尺寸(mm)	型号	SYT6130
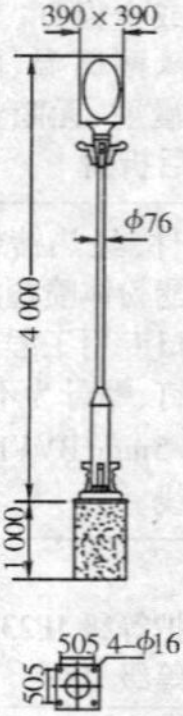	光源	●高压钠灯或金卤灯,PC灯罩,打不碎、耐高温、耐冰冻,灯罩使光线成漫射、无眩光,光线通过灯罩聚光后折射
390×390 φ76 4 000 1 000 505 505 4-φ16	材料	●灯柱为钢件,经热镀锌处理后,表面全聚酯粉体喷塑涂装,具有很强的抗紫外线功能 ●灯罩为PC材料 ●紧固件螺钉、螺母为不锈钢 ●线体为1.5mm²BVVB-300/500双层护套线
	标准	●1类灯具 ●电器箱防护等级IP23 ●灯罩防护等级IP66
简图及基本尺寸(mm)	型号	SYT6132
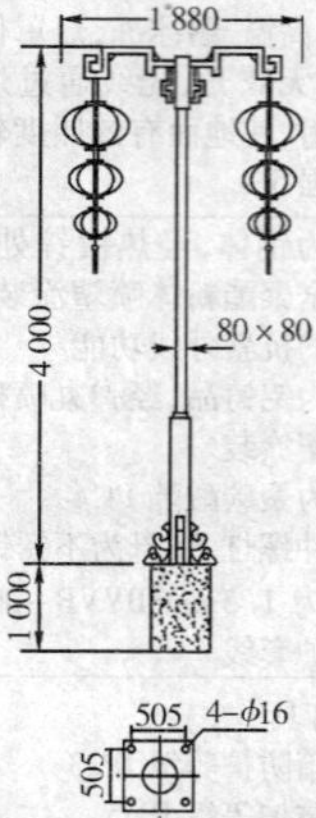 1 880 80×80 4 000 1 000 505 505 4-φ16	光源	●高压钠灯或金卤灯,节能灯,PE灯罩,打不碎、耐高温、耐冰冻,灯罩使光线成漫射、无眩光,光线通过灯罩聚光后折射
	材料	●灯柱为钢件,经热镀锌处理后,表面全聚酯粉体喷塑涂装,具有很强的抗紫外线功能 ●灯罩为进口专用工程塑料PE ●紧固件螺钉、螺母为不锈钢 ●线体为1.5mm²BVVB-300/500双层护套线
	标准	●1类灯具 ●电器箱防护等级IP23 ●灯罩防护等级IP66

6. 草坪灯

SYC8001   SYC8002   SYC8006

SYC8015   SYC8016   SYC8018

【特点及用途】草坪灯为室外照明灯具,是安装在庭院草坪、公园绿地、大型建筑的绿化四周等绿地场所,既是照明器材,又是艺术欣赏品,其造型多姿多彩、风格各异,高度通常在1 100mm以内。草坪灯因长年在室外,须经受日晒雨淋、风霜雪雾,因此,草坪灯具必须具备防水、防腐、防尘、防滴性能。

【规　　格】南京晟阳照明设备有限公司产品

型号及特性	基本尺寸(mm)	型号及特性	基本尺寸(mm)
SYC8001 ● 节能灯 ● E27 瓷灯头 ● 防紫外线粉体涂装	 800	SYC8002 ● 节能灯 ● E27 瓷灯头 ● 防紫外线粉体涂装	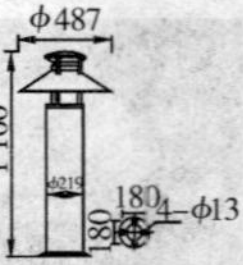 φ487 1 100 180 180 4-φ13
型号及特性	基本尺寸(mm)	型号及特性	基本尺寸(mm)
SYC8003 ● 节能灯 ● E27 瓷灯头 ● 防紫外线粉体涂装	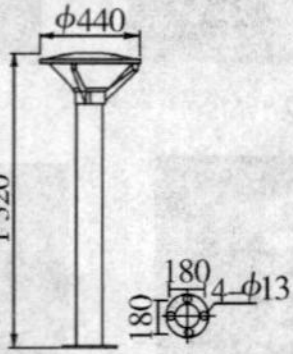 φ440 1 320 180 180 4-φ13 	SYC8005 ● 节能灯 ● E27 瓷灯头 ● 防紫外线粉体涂装	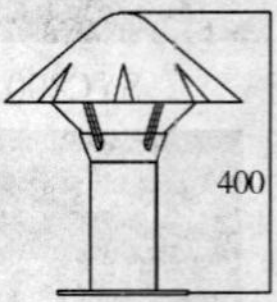 400
型号及特性	基本尺寸(mm)	型号及特性	基本尺寸(mm)
SYC8006 ● 节能灯 ● E27 瓷灯头 ● 防紫外线粉体涂装	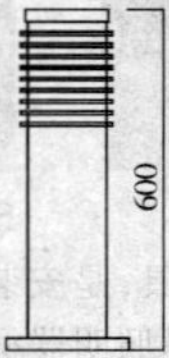 600	SYC8007 ● 节能灯 ● E27 瓷灯头 ● 防紫外线粉体涂装	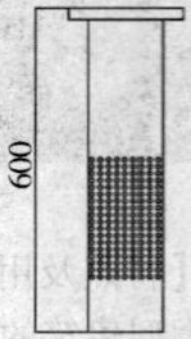 600
型号及特性	基本尺寸(mm)	型号及特性	基本尺寸(mm)
SYC8008 ● 节能灯 ● E27 瓷灯头 ● 防紫外线粉体涂装	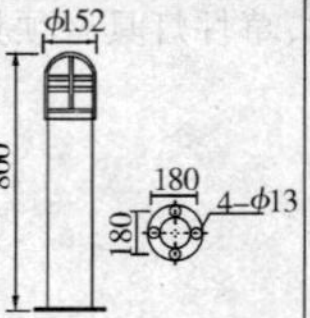 φ152 800 180 180 4-φ13 	SYC8009 ● 节能灯 ● E27 瓷灯头 ● 防紫外线粉体涂装	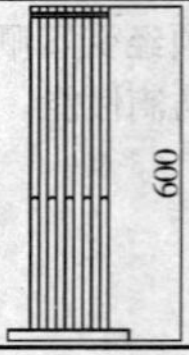 600

续表

型号及特性	基本尺寸(mm)	型号及特性	基本尺寸(mm)
SYC8010 ●节能灯 ●E27 瓷灯头 ●防紫外线粉体涂装	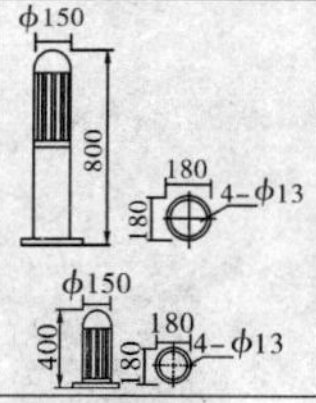 φ150 800 180 180 4-φ13 φ150 400 180 180 4-φ13	SYC8011 ●节能灯 ●E27 瓷灯头 ●防紫外线粉体涂装	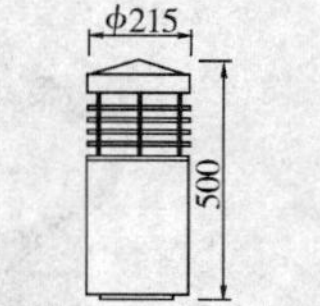 φ215 500
型号及特性	基本尺寸(mm)	型号及特性	基本尺寸(mm)
SYC8012 ●节能灯 ●E27 瓷灯头 ●防紫外线粉体涂装	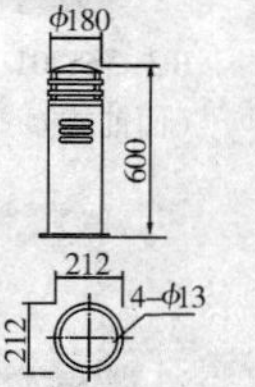 φ180 600 212 212 4-φ13	SYC8013 ●节能灯 ●高分子复合材料反射板 ●E27 瓷灯头 ●防紫外线粉体涂装	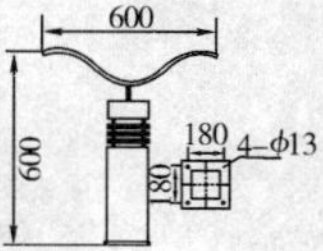 600 600 180 4-φ13
型号及特性	基本尺寸(mm)	型号及特性	基本尺寸(mm)
SYC8015 ●节能灯 ●E27 瓷灯头 ●防紫外线粉体涂装	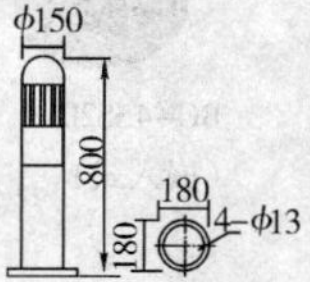 φ150 800 180 180 4-φ13	SYC8016 ●节能灯 ●E27 瓷灯头 ●防紫外线粉体涂装	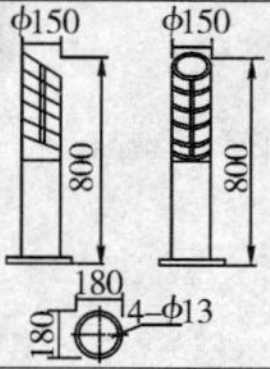 φ150 φ150 800 800 180 180 4-φ13
型号及特性	基本尺寸(mm)	型号及特性	基本尺寸(mm)
SYC8017 ●节能灯 ●E27 瓷灯头 ●防紫外线粉体涂装	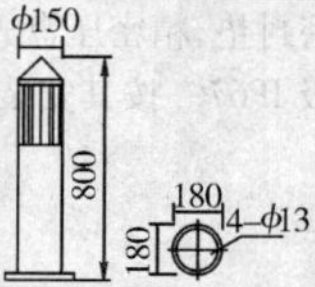 φ150 800 180 180 4-φ13	SYC8018 ●节能灯 ●E27 瓷灯头 ●防紫外线粉体涂装	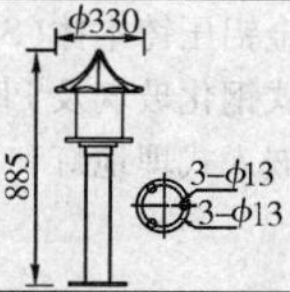 φ330 885 3-φ13 3-φ13

7. 嵌入及面铺式埋地灯

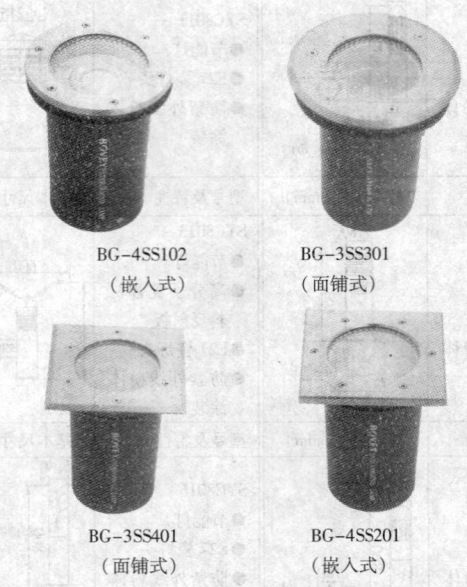

BG-4SS102
（嵌入式）

BG-3SS301
（面铺式）

BG-3SS401
（面铺式）

BG-4SS201
（嵌入式）

【特点及用途】埋地灯采用不锈钢面板,不锈钢拉伸本体(SS 型),或合金铝压铸本体(SA 型),增强硅橡胶密封垫,精密压盘式联通节,8mm 台阶式钢化玻璃及 PE 预埋件等,防护等级 IP67。按其安装在地面的状态分为嵌入式埋地灯和面铺式埋地灯。

【规　　格】宁波博维灯具制造有限公司产品

型　号	面板款式	适配光源	灯座规格	基本尺寸(mm)
BG-2SS100	圆形嵌入式	LED	φ60	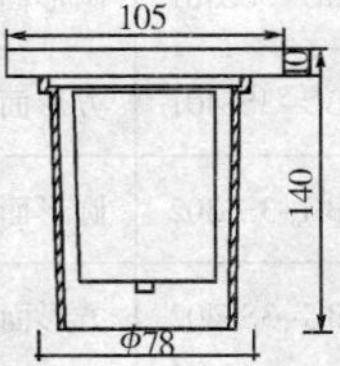 105 / 140 / Φ78
BG-2SS200	方形嵌入式	LED	φ60	
BG-2SS102	圆形嵌入式	MR16/35W	G5.3	
BG-2SS202	方形嵌入式	MR16/35W	G5.3	
BG-2SS300	圆形面铺式	LED	φ60	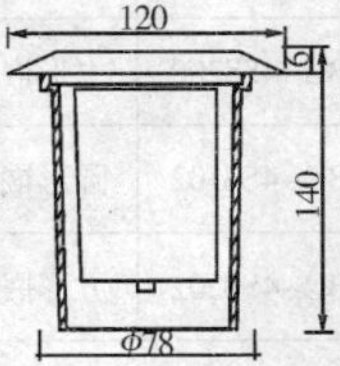 120 / 140 / Φ78
BG-2SS400	方形面铺式	LED	φ60	
BG-2SS302	圆形面铺式	MR16/35W	G5.3	
BG-2SS402	方形面铺式	MR16/35W	G5.3	
BG-3SS101	圆形嵌入式	节能灯	E27	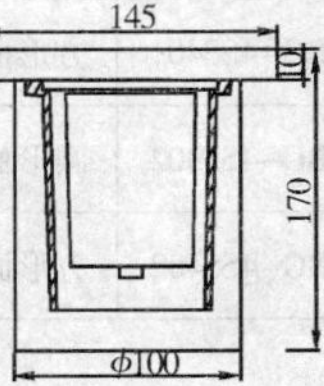 145 / 170 / Φ100
BG-3SS201	方形嵌入式	节能灯	E27	
BG-3SS102	圆形嵌入式	MR16/35W	G5.3	
BG-3SS202	方形嵌入式	MR16/35W	G5.3	

续表

型　号	面板款式	适配光源	灯座规格	基本尺寸(mm)
BG-3SS301	圆形面铺式	节能灯	E27	
BG-3SS401	方形面铺式	节能灯	E27	
BG-3SS302	圆形面铺式	MR16/35W	G5.3	
BG-3SS402	方形面铺式	MR16/35W	G5.3	
BG-4SS100	圆形嵌入式	节能灯	E27	
BG-4SS200	方形嵌入式	节能灯	E27	
BG-4SS102	圆形嵌入式	MR16/35W	G5.3	
BG-4SS202	方形嵌入式	MR16/35W	G5.3	
BG-4SS301	圆形面铺式	节能灯	E27	
BG-4SS401	方形面铺式	节能灯	E27	
BG-4SS302	圆形面铺式	MR16/50W	G5.3	
BG-4SS402	方形面铺式	MR16/50W	G5.3	

续表

型　号	面板款式	适配光源	灯座规格	基本尺寸(mm)
BG-5SS101	圆形嵌入式	节能灯	E27	
BG-5SS201	方形嵌入式	节能灯	E27	
BG-5SS102	圆形嵌入式	PAR36/QR111/50W	/	
BG-5SS202	方形嵌入式	PAR36/QR111/50W	/	
BG-5SS103	圆形嵌入式	3XMR16/25W	G5.3	
BG-5SS203	方形嵌入式	3XMR16/25W	G5.3	
BG-5SS301	圆形面铺式	节能灯	E27	
BG-5SS401	方形面铺式	节能灯	E27	
BG-5SS302	圆形面铺式	PAR36/QR111/50W	/	
BG-5SS402	方形面铺式	PAR36/QR111/50W	/	
BG-5SS303	圆形面铺式	3XMR16/25W	G5.3	
BG-5SS403	方形面铺式	3XMR16/25W	G5.3	

续表

型 号	面板款式	适配光源	灯座规格	基本尺寸(mm)
BG-6SS101	圆形嵌入式	节能灯	E27	
BG-6SS201	方形嵌入式	节能灯	E27	
BG-6SS112	圆形嵌入式	单端金卤灯	G12	230 290 φ195
BG-6SS212	方形嵌入式	单端金卤灯	G12	
BG-6SS104	圆形嵌入式	70/150W 双端金卤灯	R7s	
BG-6SS204	方形嵌入式	70/150W 双端金卤灯	R7s	
BG-6SS105	圆形嵌入式	调角 70W 双端金卤灯	R7s	
BG-6SS205	方形嵌入式	调角 70W 双端金卤灯	R7s	
BG-6SS301	圆形面铺式	节能灯	E27	
BG-6SS401	方形面铺式	节能灯	E27	
BG-6SS312	圆形面铺式	单端金卤灯	G12	245 290 φ195
BG-6SS412	方形面铺式	单端金卤灯	G12	
BG-6SS304	圆形面铺式	70/150W 双端金卤灯	R7s	
BG-6SS404	方形面铺式	70/150W 双端金卤灯	R7s	
BG-6SS305	圆形面铺式	调角 70W 双端金卤灯	R7s	
BG-6SS405	方形面铺式	调角 70W 双端金卤灯	R7s	

续表

型　号	面板款式	适配光源	灯座规格	基本尺寸(mm)
BG-7SS101	圆形嵌入式	节能灯 	E27	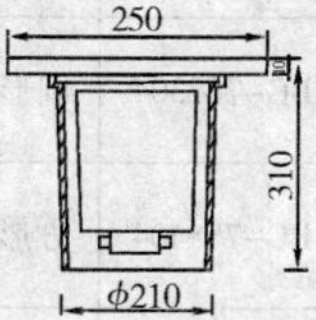
BG-7SS201	方形嵌入式	节能灯 	E27	
BG-7SS103	圆形嵌入式	150W 金卤灯/110W 钠灯 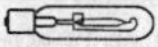	E27	
BG-7SS203	方形嵌入式	150W 金卤灯/110W 钠灯 	E27	
BG-7SS104	圆形嵌入式	70/150W 双端金卤灯 	R7s	
BG-7SS204	方形嵌入式	70/150W 双端金卤灯 	R7s	
BG-7SS105	圆形嵌入式	调角 70W 双端金卤灯 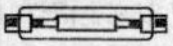	R7s	
BG-7SS205	方形嵌入式	调角 70W 双端金卤灯 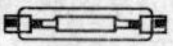	R7s	
BG-7SS107	圆形方口	70/150W 双端金卤灯 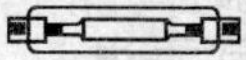	R7s	
BG-7SS207	方形方口	70/150W 双端金卤灯 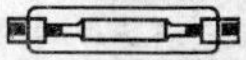	R7s	

续表

型 号	面板款式	适配光源	灯座规格	基本尺寸(mm)
BG–7SS301	圆形面铺式	节能灯	E27	
BG–7SS401	方形面铺式	节能灯	E27	
BG–7SS303	圆形面铺式	150W 金卤灯/110W 钠灯	E27	
BG–7SS403	方形面铺式	150W 金卤灯/110W 钠灯	E27	
BG–7SS304	圆形面铺式	70/150W 双端金卤灯	R7s	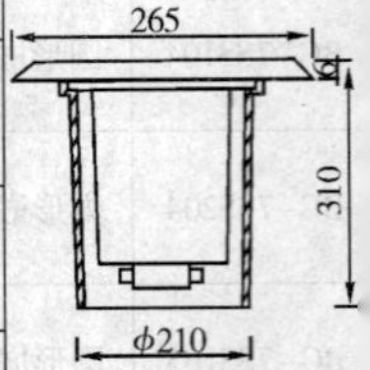
BG–7SS404	方形面铺式	70/150W 双端金卤灯	R7s	265 310 φ210
BG–7SS305	圆形面铺式	调角 70W 双端金卤灯	R7s	
BG–7SS405	方形面铺式	调角 70W 双端金卤灯	R7s	
BG–7SS307	圆形方口	70/150W 双端金卤灯	R7s	
BG–7SS407	方形方口	70/150W 双端金卤灯	R7s	

续表

型　号	面板款式	适配光源	灯座规格	基本尺寸(mm)
BG-5SS301	圆形面铺式	节能灯	E27	
BG-5SS401	方形面铺式	节能灯	E27	
BG-5SS302	圆形面铺式	RAR36/QR111/50W	/	
BG-5SS402	方形面铺式	RAR36/QR111/50W	/	
BG-5SS303	圆形面铺式	3XMR16/25W	G5.3	
BG-5SS403	方形面铺式	3XMR16/25W	G5.3	
BG-6SS101	圆形嵌入式	节能灯	E27	
BG-6SS201	方形嵌入式	节能灯	E27	
BG-6SS112	圆形嵌入式	单端金卤灯	G12	
BG-6SS212	方形嵌入式	单端金卤灯	G12	
BG-6SS102	圆形嵌入式	75/150W 双端金卤外	R7s	
BG-6SS204	方形嵌入式	75/150W 双端金卤灯	R7s	
BG-6SS105	圆形嵌入式	调角 70W 双端金卤灯	R7s	
BG-6SS205	方形嵌入式	调角 70W 双端金卤灯	R7s	
BG-6SS301	圆形面铺式	节能灯	E27	
BG-6SS401	方形面铺式	节能灯	E27	
BG-6SS312	圆形面铺式	单端金卤灯	G12	
BG-6SS412	方形面铺式	单端金卤灯	G12	
BG-6SS304	圆形面铺式	70/150W 双端金卤灯	R7s	
BG-6SS404	方形面铺式	70/150W 双端金卤灯	R7s	
BG-6SS305	圆形面铺式	调角 70W 双端金卤灯	R7s	
BG-6SS405	方形面铺式	调角 70W 双端金卤灯	R7s	

续表

型 号	面板款式	适配光源	灯座规格	基本尺寸(mm)
BG-8SS101	圆形嵌入式	70/150W 金卤灯/钠灯	E27	320 / 270
BG-8SS201	方形嵌入式	70/150W 金卤灯/钠灯	E27	
BG-8SS301	圆形嵌入式	70/150W 金卤灯/钠灯	E27	
BG-8SS401	方形嵌入式	70/150W 金卤灯/钠灯	E27	
BG-2SA100	圆形嵌入式	LED	φ60	105 / 140
BG-2SA200	方形嵌入式	LED	φ60	
BG-2SA102	圆形嵌入式	MR16/35W	G5.3	
BG-2SA202	方形嵌入式	MR16/35W	G5.3	φ78
BG-5SA100	圆形嵌入式	节能灯	E27	
BG-5SA200	方形嵌入式	节能灯	E27	200 / 240
BG-5SA102	圆形嵌入式	PAR36/QR111/50W	/	
BG-5SA202	方形嵌入式	PAR36/QR111/50W	/	
BG-5SA103	圆形嵌入式	3XMR16/25W	G5.3	
BG-5SA203	方形嵌入式	3XMR16/25W	G5.3	φ150

续表

型　号	面板款式	适配光源	灯座规格	基本尺寸(mm)
BG-2SA300	圆形面铺式	LED	φ60	
BG-2SA400	方形面铺式	LED	φ60	
BG-2SA302	圆形面铺式	MR16/35W	G5.3	
BG-2SA402	方形面铺式	MR16/35W	G5.3	
BG-5SA301	圆形面铺式	节能灯	E27	
BG-5SA401	方形面铺式	节能灯	E27	
BG-5SA302	圆形面铺式	PAR36/QR111/50W	/	
BG-5SA402	方形面铺式	PAR36/QR111/50W	/	
BG-5SA303	圆形面铺式	3XMR16/25W	G5.3	
BG-5SA403	方形面铺式	3XMR16/25W	G5.3	
BG-7SA101	圆形嵌入式	节能灯	E27	
BG-7SA201	方形嵌入式	节能灯	E27	
BG-7SA103	圆形嵌入式	150W 金卤灯/110W 钠灯	E27	
BG-7SA203	方形嵌入式	150W 金卤灯/110W 钠灯	E27	
BG-7SA104	圆形嵌入式	70/150W 双端金卤灯	R7s	
BG-7SA204	方形嵌入式	70/150W 双端金卤灯	R7s	
BG-7SA105	圆形嵌入式	调角 70/150W 双端金卤灯	R7s	
BG-7SA205	方形嵌入式	调角 70/150W 双端金卤灯	R7s	

续表

型　号	面板款式	适配光源	灯座规格	基本尺寸(mm)
BG-7SA301	圆形面铺式	节能灯 	E27	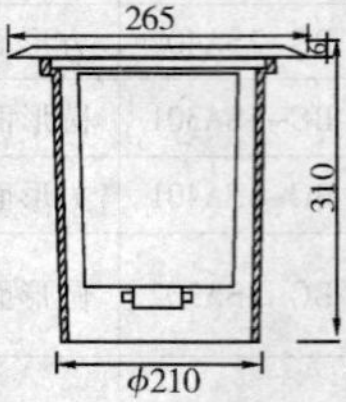
BG-7SA401	方形面铺式	节能灯 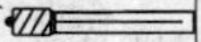	E27	
BG-7SA303	圆形面铺式	150W 金卤灯/110W 钠灯 	E27	
BG-7SA403	方形面铺式	150W 金卤灯/110W 钠灯 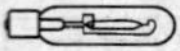	E27	
BG-7SA304	圆形面铺式	70/150W 双端金卤灯 	R7s	
BG-7SA404	方形面铺式	70/150W 双端金卤灯 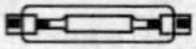	R7s	
BG-7SA305	圆形面铺式	调角 70/150W 双端金卤灯 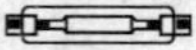	R7s	
BG-7SA405	方形面铺式	调角 70/150W 双端金卤灯 	R7s	

注:型号中灯座代号说明:

　　00-LED 圆形电器板

　　01-E27 节能灯瓷灯座组合

　　02-G5.3 插座

　　03-E27 钠灯,金卤灯,瓷灯头组合

　　04-R7s

　　05-R7s 可调角度组合

　　12-G12 插座

　　25-FC2

　　40-E40 瓷灯关

8. 盖板埋地灯

12口盖板　　4口盖板　　2口盖板

BG-6SS101-C12

【特点及用途】盖板式埋地灯采用不锈钢面板,不锈钢拉伸本体,增强
硅橡胶密封垫,精密压盘式联通节,8mm台阶式钢化玻璃,处置不锈钢接
线盒,配置 PE 预埋件。防护等级 IP67。

【规　　格】宁波博维灯具制造有限公司产品

型号	面板款式	适配光源	灯座规格
BG-6SS101-C2	圆形嵌入式	节能灯	E27
BG-6SS201-C2	方形嵌入式	节能灯	E27
BG-6SS112-C2	圆形嵌入式	单端金卤灯	G12
BG-6SS212-C2	方形嵌入式	单端金卤灯	G12
BG-6SS104-C2	圆形嵌入式	70/150W 双端金卤灯	R7s
BG-6SS204-C2	方形嵌入式	70/150W 双端金卤灯	R7s

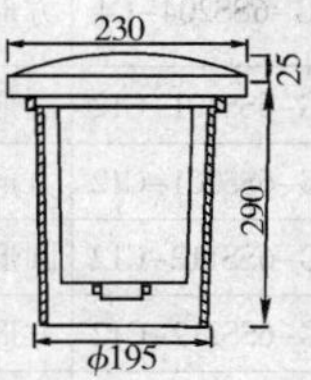

续表

型　号	面板款式	适配光源	灯座规格	
BG-7SS101-C3	圆形嵌入式	节能灯	E27	
BG-7SS201-C3	方形嵌入式	节能灯	E27	
BG-7SS103-C3	圆形嵌入式	单端金卤灯/钠灯	E27	
BG-7SS203-C3	方形嵌入式	单端金卤灯/钠灯	E27	
BG-7SS104-C3	圆形嵌入式	70/150W 双端金卤灯	R7s	
BG-7SS204-C3	方形嵌入式	70/150W 双端金卤灯	R7s	
BG-6SS101-C4	圆形嵌入式	节能灯	E27	
BG-6SS201-C4	方形嵌入式	节能灯	E27	
BG-6SS112-C4	圆形嵌入式	单端金卤灯	G12	
BG-6SS212-C4	方形嵌入式	单端金卤灯	G12	
BG-6SS104-C4	圆形嵌入式	70/150W 双端金卤灯	R7s	
BG-6SS204-C4	方形嵌入式	70/150W 双端金卤灯	R7s	
BG-6SS101-C12	圆形嵌入式	节能灯	E27	
BG-6SS201-C12	方形嵌入式	节能灯	E27	
BG-6SS112-C12	圆形嵌入式	单端金卤灯	G12	
BG-6SS212-C12	方形嵌入式	单端金卤灯	G12	
BG-6SS104-C12	圆形嵌入式	70/150W 双端金卤灯	R7s	
BG-6SS204-C12	方形嵌入式	70/150W 双端金卤灯	R7s	

9. 外格栅埋地灯

BG-6SS104-C7

【特点及用途】外格栅埋地灯采用不锈钢面板,不锈钢拉伸本体,增强硅橡胶密封垫,8mm 台阶式钢化玻璃,配置 PE 预埋件,防护等级 IP67。

【规　　格】

型号	面板款式	适配光源	灯座规格	基本尺寸(mm)
BG-6SS101-C7	圆形嵌入式	节能灯	E27	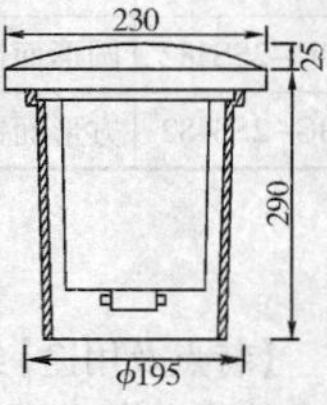
BG-6SS201-C7	方形嵌入式	节能灯	E27	
BG-6SS112-C7	圆形嵌入式	单端金卤灯	G12	
BG-6SS212-C7	方形嵌入式	单端金卤灯	G12	
BG-6SS104-C7	圆形嵌入式	70/150W 双端金卤灯	R7s	
BG-6SS204-C7	方形嵌入式	70/150W 双端金卤灯	R7s	
BG-6SS105-C7	圆形嵌入式	调角 70W 双端金卤灯	R7s	
BG-6SS205-C7	方形嵌入式	调角 70W 双端金卤灯	R7s	

10. 面铺式超薄地板灯

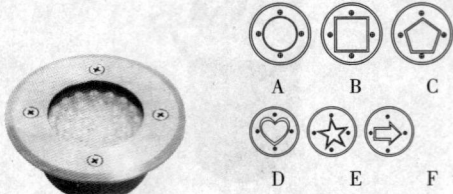

BG-2SS380   各种形状透光孔面板

【特点及用途】面铺式超薄地板灯采用不锈钢面板,不锈钢拉伸本体,增强硅橡胶密封垫,5mm 钢化玻璃,多种形状透光孔面板选择,独特超薄设计,防护等级 IP65。

【规　格】

型　号	面板款式	适配光源	灯座规格	基本尺寸(mm)
BG-2SS380	圆形面铺式	LED	φ60	
BG-2SS480	方形面铺式	LED	φ60	100 / 35 / φ63
BG-2SS382	圆形面铺式	JC-10W	G5.3	
BG-2SS482	方形面铺式	JC-10W	G5.3	

11. 分体式埋地灯

【特点及用途】分体式埋地灯采用不锈钢面板,高镁压延铝分体式本体,增强硅橡胶密封垫,精密压盘式联通节,8mm 台阶式钢化玻璃,防护等级 IP67。分体式埋地灯适用于埋地空间有特殊要求的场合。

BG-5SL304

【规 格】

型号	面板款式	适配光源	灯座规格	基本尺寸(mm)
BG-7SL303	圆形面铺式	150W 金卤灯/110W 钠灯	E27	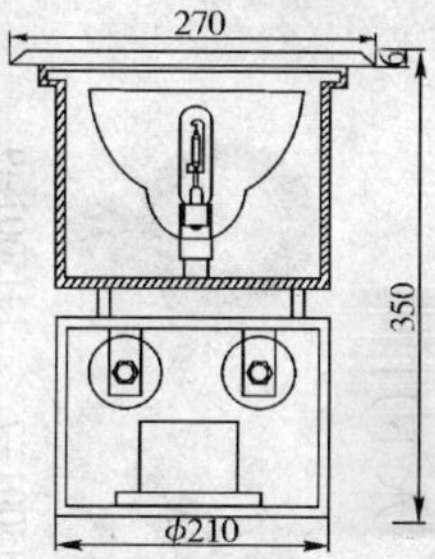
BG-7SL403	方形面铺式	150W 金卤灯/110W 钠灯	E27	
BG-7SL304	圆形面铺式	70W/150W 双端金卤灯	R7s	
BG-7SL404	方形面铺式	70W/150W 双端金卤灯	R7s	
BG-7SL305	圆形面铺式	调角 70W/150W 双端金卤灯	R7s	
BG-7SL405	方形面铺式	调角 70W/150W 双端金卤灯	R7s	
BG-5SL312	圆形面铺式	金卤灯	G12	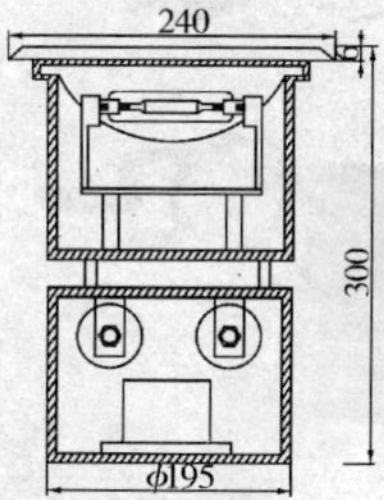
BG-5SL412	方形面铺式	金卤灯	G12	
BG-5SL304	圆形面铺式	70W 双端金卤灯	R7s	
BG-5SL404	方形面铺式	70W 双端金卤灯	R7s	

12. 水下灯

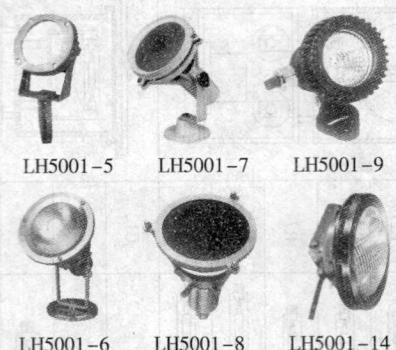

LH5001-5　　LH5001-7　　LH5001-9

LH5001-6　　LH5001-8　　LH5001-14

　　【特点及用途】水下灯采用 PC 塑料压铸外壳,或优质不锈钢精铸面板拉伸本体及不锈钢可调万向节式抱箍,合成增强型耐热硅橡胶密封圈,其防水等级 IP67,主要使用于水族馆、水池雕塑、喷池、游泳池等场所。水下灯造型多种多样,风格各异。

[规格]宁波市鄞州爱供电电器有限公司产品

型号	基本尺寸(mm)及适用	光源
LH5001-1	255　280　160	12V300WPAR56
LH5001-2	60　290	12V 50W QR111
LH5001-3	315　181　132　221	12V 300W PAR56
LH5001-5	160　290　150	12V20~50W
LH5001-6	125　90　145	12V 100W PAR38
LH5001-7	140　90　130	12V 100W PAR38
LH5001-9	70　90	12V 20W
LH5001-10	100　130　100	12V 20~50W
LH5001-11	18　90　70	12V 50W PAR36
LH500-14	220　115	12V 300WPAR56
LH5001-15	210　110　120	12V 300W PAR56
LH5001-16	240　220	12V 300W PAR56

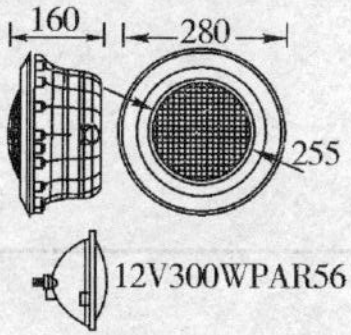

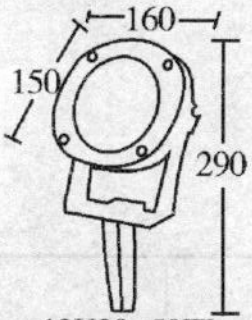

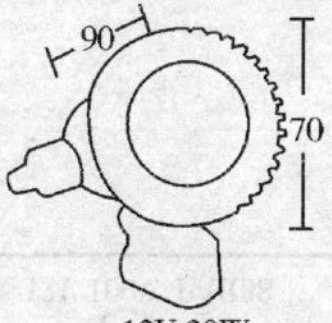

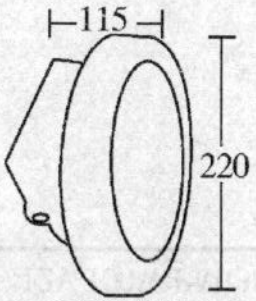

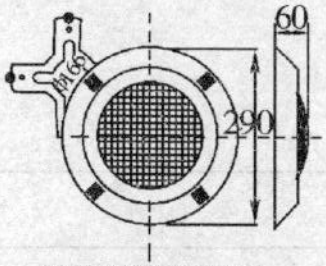

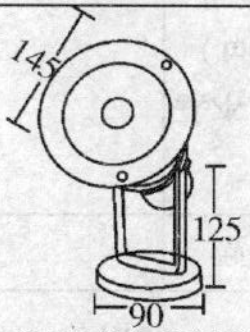

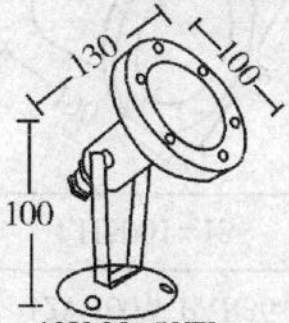

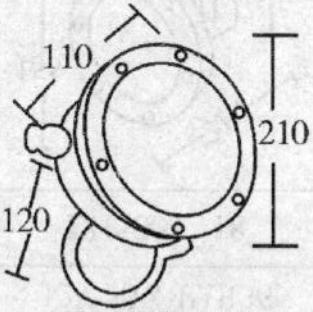

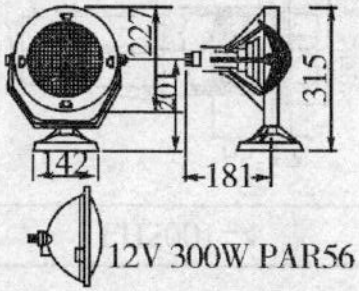

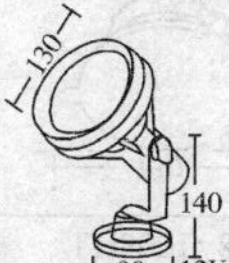

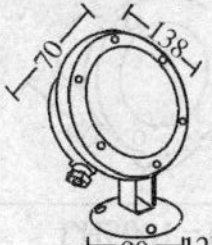

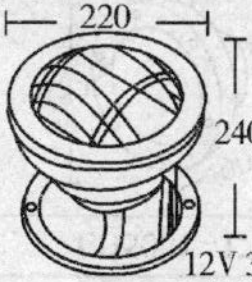

续表

型号	LH5001-4	LH5001-8	LH5001-12	LH5001-17
基本尺寸 (mm) 及适用 光源	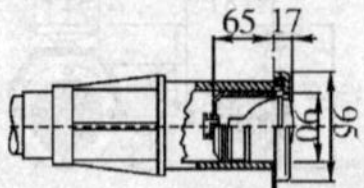  95 65 17 A 12V 50W A 220V 50W	 130 12V 100W PAR38	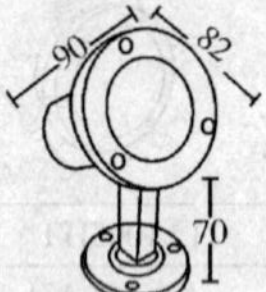 82 90 70 12V 100W PAR36	 90 155 95 12V 50W PAR36
型号			LH5001-13	LH5001-18
基本尺寸 (mm) 及适用 光源			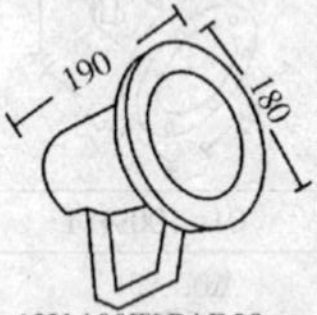 180 190 12V 100W PAR38	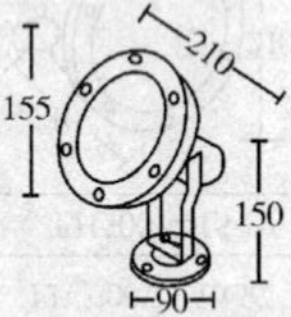 210 150 155 12V 100W PAR38

13. LED 地砖灯

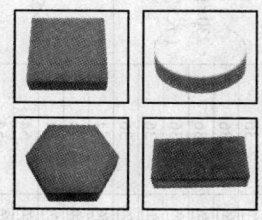

　　【特点及用途】LED 地砖灯采用仿真石材材料配制而成,发光表面色彩柔和,配合微电脑控制器,便具有跳变、渐变、追逐多种效果选择。LED地砖灯适用于园林景点及广场、步行街的夜景设置,其防护等级为 IP65。

【规 格】广州高丽灯饰有限公司产品

品种名称	型号	电流 (mA)	电压 (V)	功率 (W)	颜色	LED数量 (个)	基本尺寸 (mm)
正方形地砖灯	LVE-DG-C01R	114	24	3.5	红色	72	200×200×55 (长×宽×高)
正方形地砖灯	LVE-DG-C01Y	114	24	3.5	黄色	72	
正方形地砖灯	LVE-DG-C01B	218	24	5.2	蓝色	72	
正方形地砖灯	LVE-DG-C01G	218	24	5.2	绿色	72	
正方形地砖灯	LVE-DG-C01W	218	24	5.2	白色	72	
变色正方形地砖灯	LVE-7DG-C01	<218	24	<5.2	七色	72	
长方形地砖灯	LVE-DG-C02R	108	24	2.6	红色	36	230×115×55 (长×宽×高)
长方形地砖灯	LVE-DG-C02Y	108	24	2.6	黄色	36	
长方形地砖灯	LVE-DG-C02B	108	24	2.6	蓝色	36	
长方形地砖灯	LVE-DG-C02G	108	24	2.6	绿色	36	
长方形地砖灯	LVE-DG-C02W	108	24	2.6	白色	36	
变色长方形地砖灯	LVE-7DG-C02	<108	24	<2.6	七色	36	
六角形地砖灯	LVE-DG-C03R	160	24	3.9	红色	54	120×55 (边×高)
六角形地砖灯	LVE-DG-C03Y	160	24	3.9	黄色	54	
六角形地砖灯	LVE-DG-C03B	160	24	3.9	蓝色	54	
六角形地砖灯	LVE-DG-C03G	160	24	3.9	绿色	54	
六角形地砖灯	LVE-DG-C03W	160	24	3.9	白色	54	
变色六角形地砖灯	LVE-7DG-C03	<160	24	<3.9	七色	54	
圆形地砖灯	LVE-DG-C04R	360	24	9	红色	126	φ250×55 (直径×高)
圆形地砖灯	LVE-DG-C04Y	360	24	9	黄色	126	
圆形地砖灯	LVE-DG-C04B	360	24	9	蓝色	126	
圆形地砖灯	LVE-DG-C04G	360	24	9	绿色	126	
圆形地砖灯	LVE-DG-C04W	360	24	9	白色	126	
变色圆形地砖灯	LVE-7DG-C04	<378	24	<9	七色	126	

14. LED 满天星地砖灯

【特点及用途】LED 满天星地砖灯采用高分子树脂聚合而成,耐磨耐用,灯光效果充满传奇色彩。LED 满天星地砖适用于广场及步行街的夜景装饰。

【规　　格】广州亮而丽灯饰有限公司产品

型号	电流(mA)	电压(V)	功率(W)	颜色	LED 数量(个)
LVE-MTS-C05R	216	24	5.2	红色	48
LVE-MTS-C05Y	216	24	5.2	黄色	48
LVE-MTS-C05B	216	24	5.2	蓝色	48
LVE-MTS-C05G	216	24	5.2	绿色	48
LVE-MTS-C05W	216	24	5.2	白色	48
LVE-7MTS-C05	<216	24	<5.2	七色	48

注:1. LVE-7MTS-C05 型为变色满天星地砖灯。

2. 地砖灯基本尺寸(长×宽×厚)为 300m×300mm×36mm。

15. 道路灯

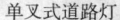
单叉式道路灯　　　　双叉式道路灯

道路灯是专门为车辆及行人安全照明的灯具,通常安装高度为 8 ~ m,按其结构可分为单叉式道路灯和双叉式道路灯,单叉式道路灯一般安装在道路的两旁,双叉式道路灯安装在道路的中央带上。道路灯应密封性能良好,经得起日晒雨淋及高温影响,其造型姿态多种多样,能起到美化道路及环境的效果。在此仅选用了常州市鸿欧灯具有限公司的部分产品为例,加以介绍。

①HO790 型道路灯

【特点及用途】HO790 型道路灯具的灯体、灯盖由铝合金压铸而成,造型大方,结构轻巧牢固,灯具的棱镜透明罩为硬质硼砂玻璃,耐高温,透光率大于85%,抗冲击性能良好,光线经棱镜折射照明柔和。灯具有

HO790

反射器采用高纯铝拉伸成型,经阳极氧化、氧化膜封闭处理,反射率高。灯具的反射器内有活性炭空气净化过滤器,确保光通量的高输出和降低反射系数的衰减。灯具表面喷塑处理,具耐高温、耐气候、性能优良、美观。灯具的一体化设计,使电气部件安装于灯具内部,其使用维修方便,适用于不同要求场合使用。

【规　格】

型号	HO790
防护等级	IP55
配用光源	高压钠灯(150～250W)
额定电压和频率	220V±10/50～60Hz
安装管尺寸(mm)	φ48～φ60×120
安装高度(m)	8～10
基本尺寸(mm)	320　718　120　260　φ48～φ60

②HO822(826)型道路灯

HO822(826)

【特点及用途】HO822(826)型道路灯具的灯体盖板采用纯铝板拉伸压铸而成、经阳极氧化、防腐处理后经喷塑处理,具有优质的机械性能和耐腐性能、外形美观、结构轻巧。灯具的反射器选用高纯铝板拉伸而成、表面采用抛光阳极氧化处理,具有较高的反射系数和理想的配光曲线。灯具的透明罩采用聚碳酸酯注塑加工而成、具有耐老化、耐冲击等优点。灯具的尾座采用铝合金压铸而成,具有重量轻、强度高、外观美等优点。灯具的一体化设计,使电气部分安装在尾座上,维护检修方便。其适用于不同要求场合使用。

【规　格】

型号	HO822(826)
防护等级	IP55
配用光源	150 ~ 400W 高压钠灯
额定电压和频率	220V±10/50 ~ 60Hz
安装管尺寸(mm)	φ48 ~ φ60×110
安装高度(m)	8 ~ 12
基本尺寸(mm)	317 185 370 775 105 φ48 450

③HO1004 型道路灯

HO1004

【特点及用途】HO1004 型道路灯具的灯体及灯盖为铝合金压铸成型,□表光滑、配合紧密、安装方便。灯具的反光器内设有可调节的灯头支□,调节支架位置,可安装不同功率(150 ~ 400W)钠灯灯泡,从而使灯具适应不同安装状态,发挥其最大的照明效果。灯具灯罩用钢化玻璃制成,透明度好,强度高。灯具结构设计成内换泡结构,密封性能好,能防雨水、虫类、灰尘进入内部。灯具反射器内有空气净化呼吸器,确保光通量的高输出和降低反射系数的衰减。灯具采用滑动配合螺检,灯杆压板压紧,易于安装,可按水平上下调节±4°,适用于不同要求场合使用。

【规　格】

型　号	HO1004
防护等级	IP65
配用光源	高压钠灯(150~400W)
额定电压和频率	220V±10/50~60Hz
安装管尺寸(mm)	$\phi48 \sim \phi60$
安装高度(m)	8~12
基本尺寸(mm)	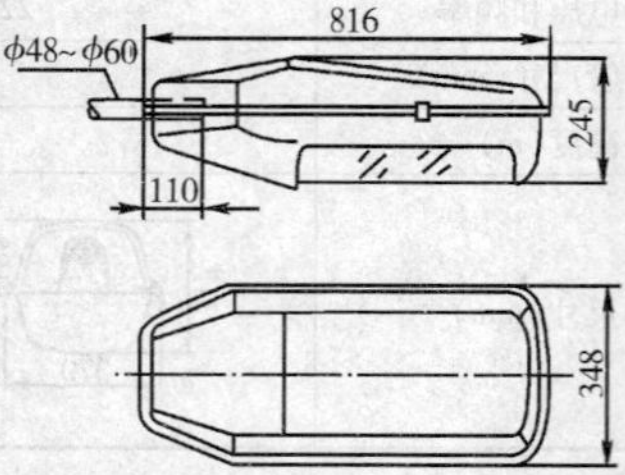

④HO1005 型道路灯

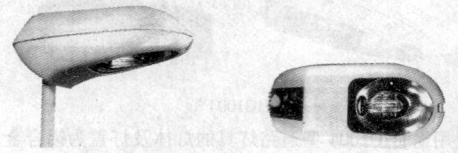

HO1005

【特点及用途】HO1005 型道路灯具的灯体及灯盖为铝合金压铸成型

外表光滑、曲线优美。灯具的灯罩用钢化玻璃制成,具有良好的透明度和强度。灯具的反射罩与玻璃用密封胶粘成一体,灯头套内设有可调节灯头支架,调节灯头支架位置,可安装不同功率(150~400W)钠灯灯泡,灯头套与反射器采用弹性不锈钢扣攀连接,维修换泡方便。灯具灯头套内设有空气净化呼吸器,以防空气中的灰尘进入光学设备并能确保光通量的高输出和降低反射系数的衰减。灯具用铝合金扣攀脱卸,安装和维修方便。灯具与灯杆采用压板压紧,易于安装,有水平和垂直二种安装方式,并设有角度调节座,可按需要在水平中下调节±3°。其适用于不同要求场合使用。

【 规 格 】

型号	HO1005
防护等级	IP65
配用光源	高压钠灯(150~400W)
额定电压和频率	220V±10/50~60Hz
安装管尺寸(mm)	$\phi60 \sim \phi76$
安装高度(m)	9~15
基本尺寸(mm)	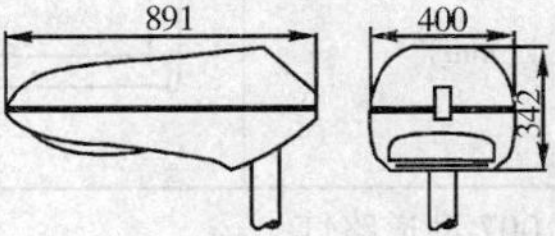 891 400

⑤HO1006 型道路灯

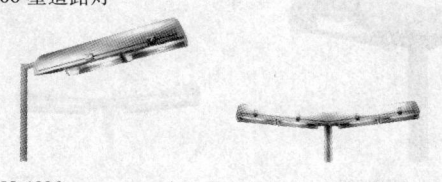

HO 1006

【特点及用途】HO1006 型道路灯具的灯壳由二块挤压铝型材和 4 件压铸件组合而成。灯具灯罩用钢化玻璃制成、透明度好、强度高。灯具结构设计成内换泡结构,密封性能好,能防雨水、虫类、灰尘进入内部。反射器采用高纯铝拉伸成型,经阳极氧化,氧化膜封闭处理,使用寿命长。灯具反射器内有活性空气净化过滤器,确保光通量,高输出和降低反射系数的衰减。灯具表面经喷塑处理后,具耐高温、耐气候、性能优良,美观耐用。灯具用不锈钢弹性扣紧器脱卸,一体化设计,使电器安装于灯具内部,维护检修方便。其适用于不同要求场合使用。

【规　　格】

型号	HO1006
防护等级	IP65
配用光源	高压钠灯(250～400W)×2
额定电压和频率	220V±10/50～60Hz
安装管尺寸(mm)	$\phi88～\phi108$
安装高度(m)	10～15
基本尺寸(mm)	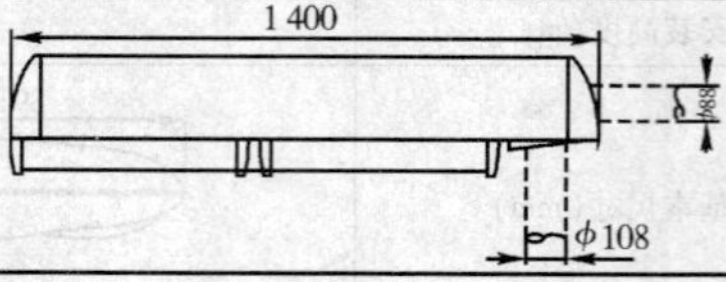 1 400　$\phi108$

⑥HO1007 型道路灯

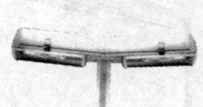

HO1007

【特点及用途】HO1007 型道路灯具的灯壳由二块挤压铝型材和 4 件压铸件组合而成。灯具灯罩用钢化玻璃制成，透明度好、强度高。灯具结构设计成内换泡结构，密封性能好，能防雨水、虫类、灰尘进入内部。反射器采用高纯铝拉伸成型，经阳极氧化，氧化膜封闭处理，使用寿命长。灯具的反射器内有活性空气净化过滤器，确保光通量、高输出和降低反射系数的衰减。灯具表面经喷塑处理后，具耐高温、耐气候、性能优良、美观耐用。灯具用不锈钢弹性扣紧器脱卸、一体化设计，使电器安装于灯具内部，维护检修方便。其适用于不同要求场合使用。

【规　　格】

型号	HO1007
防护等级	IP65
配用光源	高压钠灯(250～400W)
额定电压和频率	220V±10/50～60Hz
安装管尺寸(mm)	$\phi88～\phi108$
安装高度(m)	8～12
基本尺寸(mm)	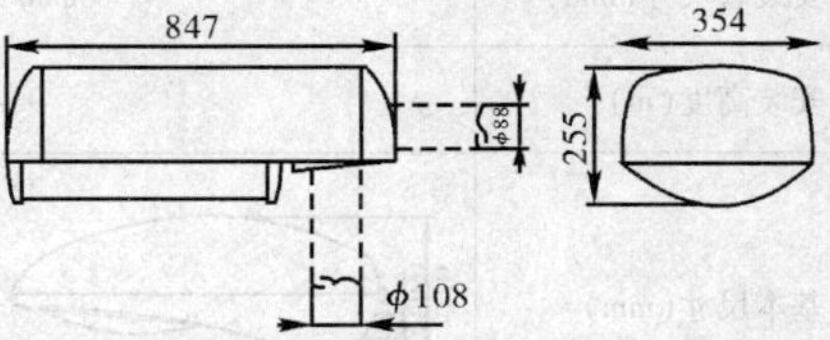

⑦HO1008 型道路灯

HO 1008

【特点及用途】HO1008 型道路灯具的灯体及灯盖由铝合金压铸而成。灯具的反射罩采用高纯度阳极氧化铝板拉伸而成,并经氧化膜封闭处理,具有较好的光学性能。灯具采用内换泡结构,并配用空气净化呼吸器,确保了光通量的高输出和反射系数的衰减。灯具采用通用的安装转换器,可实现水平和顶部安装,并可根据需要作水平上下调节,使用于不同需求场合的照明。采用全套不锈钢紧固件,其适用于不同要求场合使用。

【规 格】

型号	HO1008
防护等级	IP65
配用光源	高压钠灯(250~400W)
额定电压和频率	220V±10/50Hz
安装管尺寸(mm)	φ60~φ76
安装高度(m)	9~12
基本尺寸(mm)	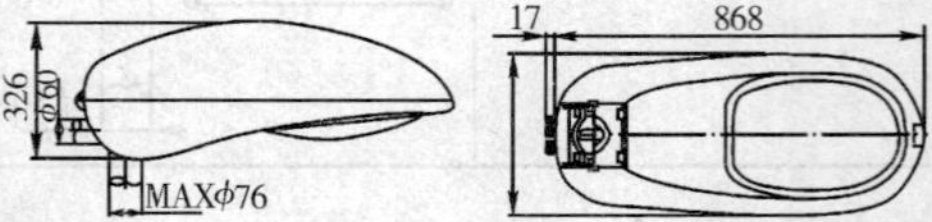

⑧HO1009 型道路灯

【特点及用途】HO1009 型道路灯具的灯
体、面框及尾座为铝合金压铸而成,结构轻巧、
牢固。尾座作为安装灯具的部位精心设计而
成,调节活络,压板可作垂直和水平安装,以适
用不同要求场合。灯具灯罩用钢化玻璃罩,具

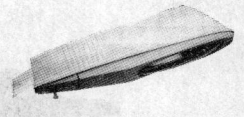

HO 1009

有透明度好,强度高。灯具反射器与钢化玻璃灯套,灯头套用密封胶成一
体,组成内换泡结构,调节灯头盒支架,可安装不同功率(150～250W)钠
灯灯泡。灯具结构设计成内换泡结构,具有良好的密封性能,在北方干燥
多尘地区使用,更能体现优越性。反射器内有空气净化呼吸器,确保光通
量的高输出和降低反射系数的衰减。用弹性扣紧器脱卸,一体化设计,使
用电器部件安装于灯具内部,维护检修方便,其适用于不同要求场合使
用。

【规　　格】

型号	HO1009
防护等级	IP65
配用光源	高压钠灯(150～250W)
额定电压和频率	220V±10/50～60Hz
安装管尺寸(mm)	φ60～φ75
安装高度(m)	8～12
基本尺寸(mm)	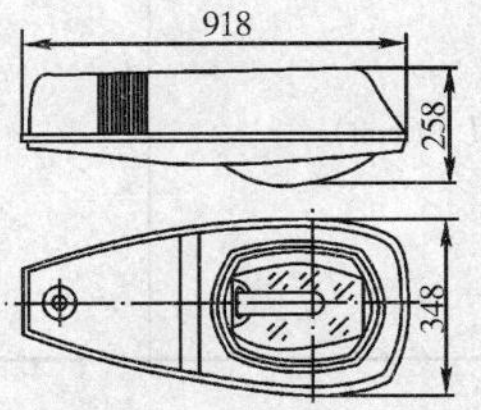 918 258 348

⑨HO1010 型道路灯

HO1010

【特点及用途】HO1010 型道路灯具的外壳全套采用铝合金压铸而成。灯具灯罩有平面玻璃、曲面玻璃、碗形玻璃三种钢化玻璃罩,可根据需要调换。内换灯泡方式,高纯度阳极氧化铝板拉伸反射罩。电源自动断绝装置,使得维修十分安全方便。安装有吊装和侧装二种方试,使得安装方式多样化。采用全套不锈钢紧固件,其适用于不同要求场合便用。

【规　　格】

型号	HO1010
防护等级	IP65
配用光源	高压钠灯(250~400W)
额定电压和频率	220V±10/50~50Hz
安装管尺寸(mm)	$\phi60~\phi76mm$
安装高度(m)	9~12
基本尺寸(mm)	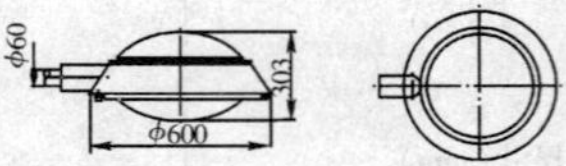

⑩HO1012型道路灯

HO1012

【特点及用途】HO1012型道路灯具的灯体、灯盖由铝合金压铸而成。灯具灯罩用钢化玻璃制成、透明度好、强度高。灯具结构设计成内换泡结构,密封性能好、能防雨水、虫类、灰尘进入内部。反射器采用高纯铝拉伸成型,经阳极氧化,氧化膜封闭处理,使用寿命长。灯具的反射器内有活性空气净化过滤器,确保光通量的高输出和降低反射系数的衰减。灯具的灯体与灯盖用弹性密封胶连接,内设角度调节座,安装角度可从0°到15°内任意调整。灯具表面经喷塑处理后,具耐高温、耐气候、性能稳定、美观耐用,灯具用弹性不锈钢弹性扣紧器脱卸,一体化设计,使电器安装于灯具内部,维护检修方便,其适用于不同要求场合使用。

【规　格】

型　号	HO1012
防护等级	IP65
配用光源	高压钠灯(150~400W)
额定电压和频率	220V±10/50~60Hz
安装管尺寸(mm)	$\phi 60 \sim \phi 76$
安装高度(m)	8~12
基本尺寸(mm)	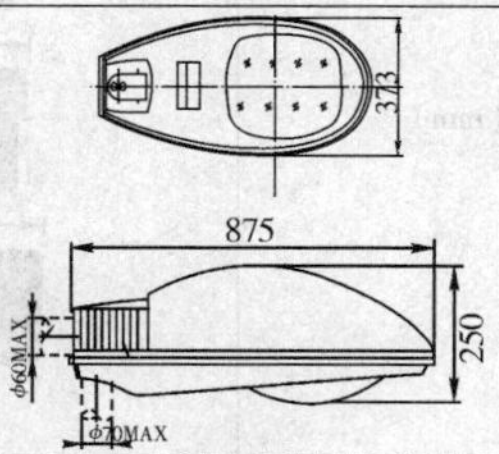

⑪HO1013 型道路灯

【特点及用途】HO1013 型道路灯具的灯体和灯盖都由铝合金压铸成型,外表光滑、灯具、电器一体化全密封装置设计。灯具的灯罩用强化平面(曲面)玻璃制成,具有良好的透明度和强度。纯铝板压制反光器,经电化抛光处理,具有良好的蝙蝠形配光曲线。塑料合金螺口密封装置适用于E40 和 E27 灯头,可调光源最佳位置。灯具与灯杆连接,易于安装,有水平和垂直二种安装方式,安装高度 8 ~ 13m。其适用于不同要求场合使用。

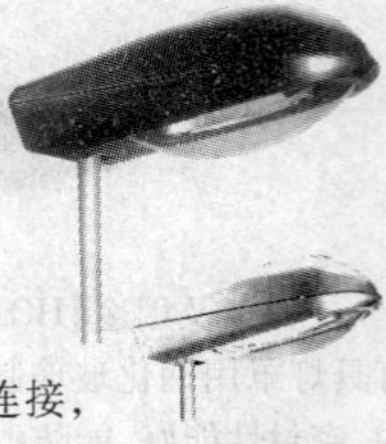

HO1013

【规 格】

型号	HO1013
防护等级	IP65
配用光源	150W、250W、400W
额定电压和频率	220V/50Hz
外形尺寸(mm)	847×380×276
安装管尺寸(mm)	φ60
安装高度(m)	8 ~ 13

基本尺寸(mm)

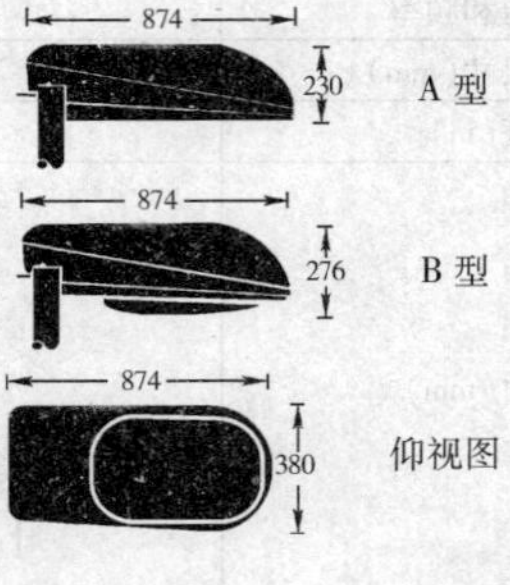

874 230 A 型

874 276 B 型

874 380 仰视图

⑫HO1015 型道路灯

【特点及用途】HO1015 型道路灯具造型别致、美观大方、安装方便。灯具外壳采用铝合金压铸成型,外表光滑,曲线优美,结构轻巧牢固。灯具外罩采用钢化玻璃制成,透明度好、强度高。灯具反光器系高纯铝制,经电化抛光处理,具有良好的蝙蝠形配光曲线。灯具、电器一体化设计,使电器部件安装于灯具内部,维护检修方便,其适用于不同等级的道路照明。

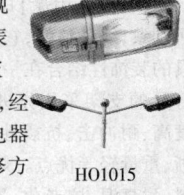

HO1015

【规　格】

型号	HO1015
防护等级	IP65
配用光源	高压钠灯(150～400W)
额定电压和频率	220V±10/50Hz
外形尺寸(mm)	700×300×270
安装管尺寸(mm)	φ48～φ60
安装高度(m)	8～11
基本尺寸(mm)	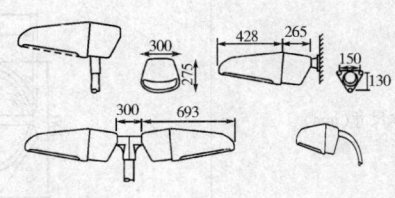

⑬HO1016 型道路灯

【特点及用途】HO1016 型道路灯具的造型新颖别致，线条流畅，它将灯具的照明功能与庭院灯具的装饰性结合在一起、与周围的环境交相辉映。灯具的支架采用先进的铝合金铸造工艺，具有强度高、耐冲击、抗震性能好、材料结构紧密、轮廓清晰、重量轻等优点。灯具的防弹罩采用进口 PC 材料，耐高温、抗老化、透光率达 85% 以上。灯具的配光采用非对称布光，设计合理，防眩光。灯具采用整体和分体双层密封，光源室和电器室采用新型结构设计，整个灯具的结构简单，并具有灯具安装维护方便的独特设计，其适用于不同要求场合使用。

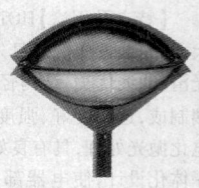

HO 1016

【规　　格】

型号	HO1016
防护等级	IP55
配用光源	高压钠灯(150～250W)
额定电压和频率	220V±10/50Hz
安装管尺寸(mm)	$\phi48 \sim \phi60$
安装高度(m)	10～13
基本尺寸(mm)	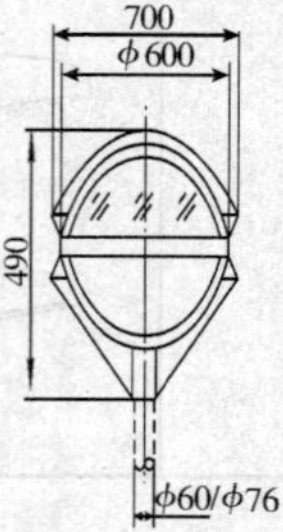

700
ϕ600
490
ϕ60/ϕ76

⑭HO1018 型道路灯

【特点及用途】HO1018 型道路灯具的灯体灯盖由铝合金压铸而成,电器部件采用内装式结构,全部安装于灯具内部,维护检修简捷、方便。灯具反射器由高纯铝板压延而成,经阳及氧化处理,反射率高,具有最佳的道路照明

HO 1018

功能。透明罩采用硬质钢化玻璃压制而成,耐温差>85%,透光率>85%。亢冲击性能良好,光线经棱镜折射,照明柔和。反射器和玻璃罩用硅橡胶玉板封闭形成一体,拆卸方便,以密封,防护等级达到 IP65。灯头设计采用抽拔式结构维护方便。灯具电器引出线全部采用接插式结构,安装维护须螺栓紧固,安全性能和维护效率大大提高。灯具内设有活性炭呼吸器,有效降低腔内过热现象,从而提高灯泡的使用寿命。灯具外壳面采用讨高温、耐老化的金属漆,色彩可任意选择,使灯具更美观。

【规 格】

型号	HO1018
防护等级	IP65
配用光源	高压钠灯(150～400W)
额定电压和频率	220V±10/50～60Hz
安装管尺寸(mm)	$\phi48～\phi60$
安装高度(m)	8～12
基本尺寸(mm)	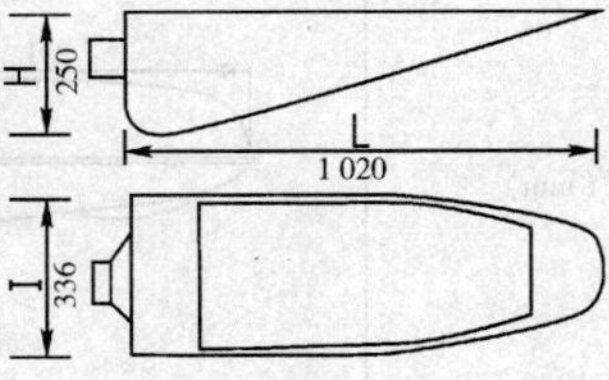

⑮HO 1020 型道路灯

【特点及用途】HO1020 型道路灯具的灯体灯
盖由铝合金压铸而成,电器部件采用内装式结构,
全部安装于灯具内部,维护检修简捷、方便。灯具
反射器由高纯铝板压延而成,经阳极氧化处理,反

HO 1020

射率高,具有最佳的道路照明功能。透明罩采用硬质钢化玻璃压制而成,
耐温差>85%,透光率>85%,抗冲击性能良好,光线经棱镜折射,照明柔
和。反射器和玻璃罩用硅橡胶压板封闭形成一体,拆卸方便,以密封,防
护等级达到 IP65。灯头设计采用抽拔式结构维护方便。灯具电器引出线
全部采用接插式结构,安装维护须螺栓紧固,安全性能和维护效率大大提
高。灯具内设有话性炭呼吸器,有效降低腔内过热现象,从而提高灯泡的
使用寿命。灯具外壳面采用耐高温,耐老化的金属漆,色彩可任意选择,
使灯具更美观。该灯具适用于不同要求场合使用。

【规　　格】

型号	HO1020
防护等级	IP65
配用光源	高压钠灯(150~400W)
额定电压和频率	220V±10/50~60Hz
安装管尺寸(mm)	$\phi48~\phi60$
安装高度(m)	8~12
基本尺寸(mm)	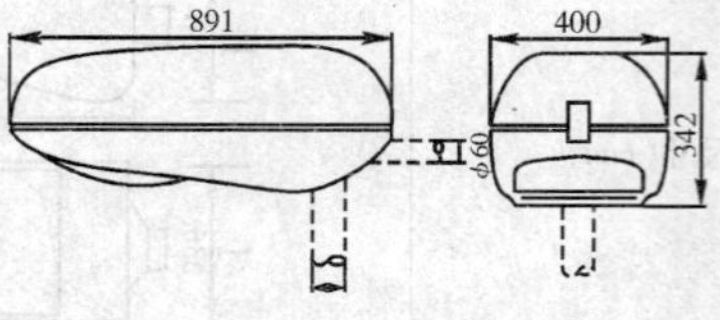

⑯HO 1022 型道路灯

【特点及用途】HO1022 型道路灯具的灯体灯盖由铝合金压铸而成,美观高雅。电器部件采用内装式结构,全部安装于灯具内部,维护检修简捷、方便,灯具反射器由高纯铝板压延而成。经阳极氧化处理,反射率高,具有最佳的道路照明功能。透明罩采用硬质钢化玻璃压制而成,耐温差>85%,透光率>85%,抗冲击性能良好,光线经棱镜折射,照明柔和。反射器和玻璃罩用硅橡胶压板

HO1022

封闭形成一体,拆卸方便,以密封,防护等级达到 IP65。灯头设计采用抽拔式结构,维护方便。灯具电器引出线全部采用接插式结构,安装维护列须螺栓紧固,安全性能和维护效率大大提高。灯具内设有活性炭呼吸器,有效降低腔内过热现象,从而提高灯泡的使用寿命。灯具外壳面采用耐高温,耐老化的金属漆,色彩可任意选择,命灯具更美观。该灯具适用于不同要求场合使用。

【规　格】

型号	HO1022
防护等级	IP65
配用光源	高压钠灯(150~400W)
额定电压和频率	220V±10/50~60Hz
安装管尺寸(mm)	$\phi60$
安装高度(m)	8~12
基本尺寸(mm)	

$\phi1$
500~700

H_1
H_2 280~400
350~510

$\phi2$
410~500

16. 部分道路灯灯杆尺寸规格（mm）

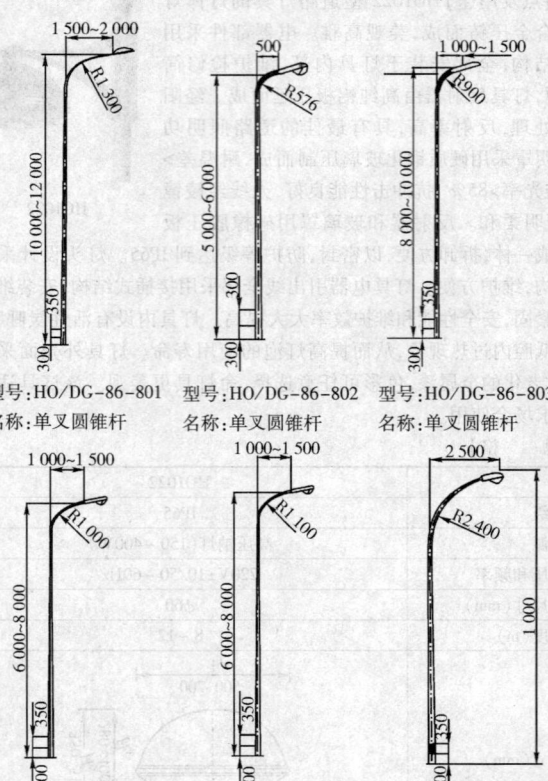

型号：HO/DG-86-801
名称：单叉圆锥杆

型号：HO/DG-86-802
名称：单叉圆锥杆

型号：HO/DG-86-803
名称：单叉圆锥杆

型号：HO/DG-86-804
名称：单叉圆锥杆

型号：HO/DG-86-805
名称：单叉圆锥杆

型号：HO/DG-86-806
名称：单叉六角路灯杆

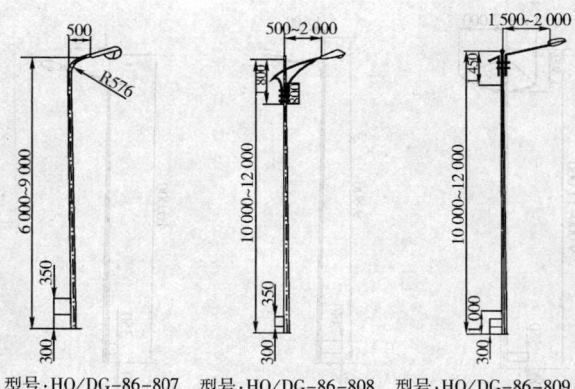

型号:HO/DG-86-807
名称:单叉圆锥杆

型号:HO/DG-86-808
名称:单叉圆锥杆

型号:HO/DG-86-809
名称:单叉工艺圆锥杆

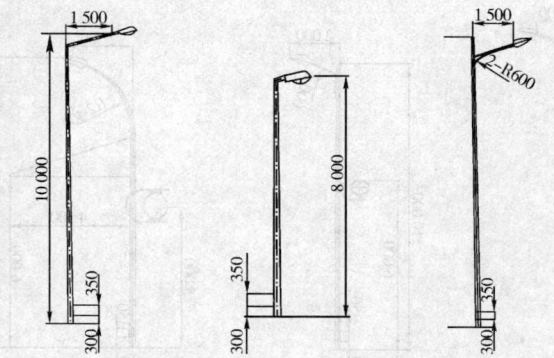

型号:HO/DG-86-810
名称:单叉圆锥杆

型号:HO/DG-86-811
名称:单叉六角路灯杆

型号:HO/DG-86-812
名称:单叉工艺圆锥杆

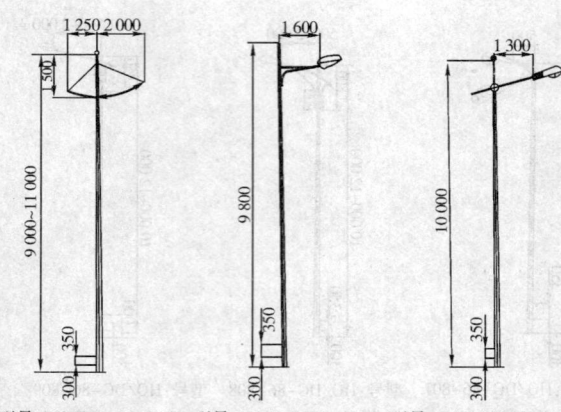

型号:HO/DG-86-813
名称:帆船形路灯杆

型号:HO/DG-86-814
名称:单叉工艺圆锥杆

型号:HO/DG-86-815
名称:单叉工艺圆锥杆

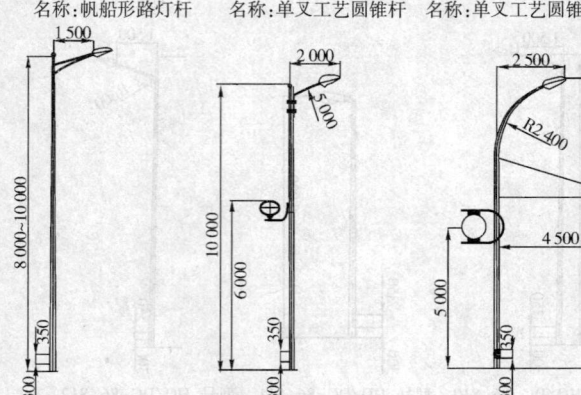

型号:HO/DG-86-816
名称:单叉工艺圆锥杆

型号:HO/DG-86-817
名称:单叉工艺圆锥杆

型号:HO/DG-86-818
名称:单叉电车路灯广告牌
复合杆

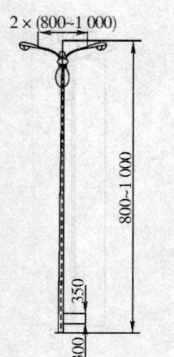

型号:HO/DG-86-819
名称:双叉圆锥杆

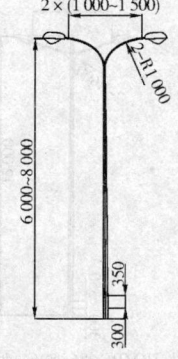

型号:HO/DG-86-820
名称:双叉圆锥杆

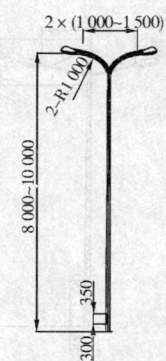

型号:HO/DG-86-821
名称:双叉圆锥杆

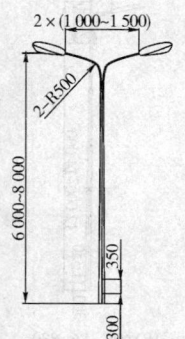

型号:HO/DG-86-822
名称:双叉圆锥杆

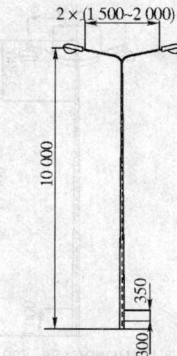

型号:HO/DG-86-823
名称:双叉六角路灯杆

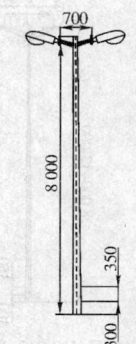

型号:HO/DG-86-824
名称:双叉六角路灯杆

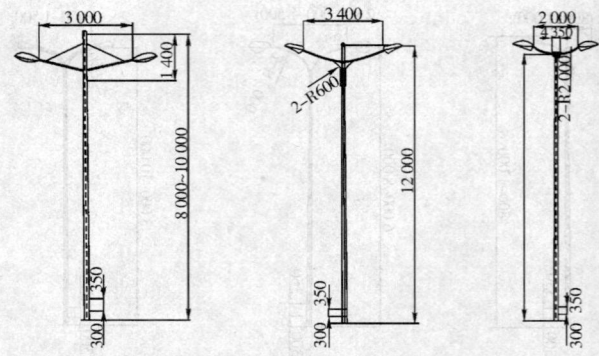

型号:HO/DG-86-825
名称:双叉圆锥杆

型号:HO/DG-86-826
名称:双叉圆锥杆

型号:HO/DG-86-827
名称:双叉圆锥形路灯杆

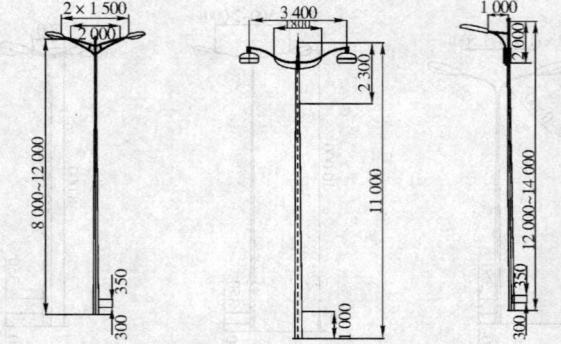

型号:HO/DG-86-828
名称:双叉工艺圆锥杆

型号:HO/DG-86-829
名称:双叉倒挂工艺杆

型号:HO/DG-86-830
名称:单叉工艺圆锥杆

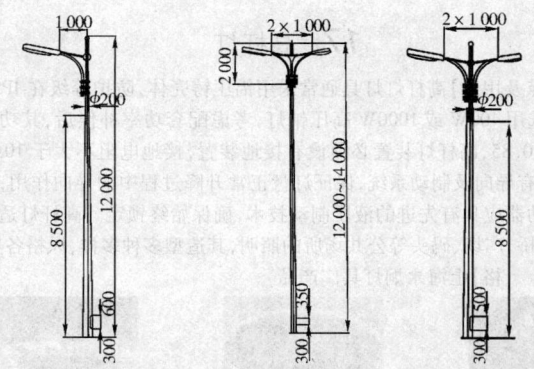

型号:HO/DG-86-831
名称:单叉工艺圆锥杆

型号:HO/DG-86-832
名称:单叉工艺圆锥杆

型号:HO/DG-86-834
名称:双叉工艺圆锥杆

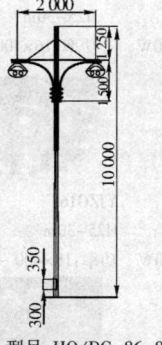

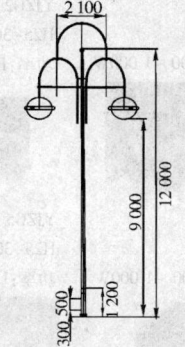

型号:HO/DG-86-835
名称:双叉倒挂工艺杆

型号:HO/DG-86-836
名称:双叉倒挂圆锥杆

17. 高杆灯

【特点及用途】高杆灯灯具通常采用铝压铸壳体,防护等级在 IP55 以上,光源选用 400W 或 1000W 高压钠灯,考虑配套功率补偿后,其功率因数不小于 0.85,高杆灯装置必须设有接地装置,接地电阻不大于 10Ω,高杆灯应具有导向及制动系统,保证灯盘正常升降过程中的导向作用,以防意外,制动器应具有先进的液压制动技术,确保始终锁定。高杆灯适用于高架立交桥、广场、码头等公共场所的照明,其造型多种多样,风格各异。

【规 格】上海永炯灯具广产品

YJZG1
H25-30m
功率:16×400～1 000W

YJZG2
H25-30m
功率:18×400～1 000W

YJZG3
H25-30m
功率:16×400～1 000W

YJZG4
H25-35m
功率:24×400～1 000W

YJZG5
H25-30m
功率:12×400～1 000W

YJZG16
H25-30m
功率:18×400～1 000W

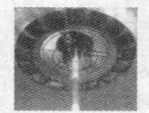

YJZG7
H25-30m
功率:16×400～1 000W

YJZG8
H25-30m
功率:12×400～1 000W

YJZG9
H20-25m
功率:12×400～1 000W

YJZG10
H30~40m
功率:24×400~1 000W

YJZG11
H20~25m
功率:10×400~1 000W

YJZG12
H30m
功率:24×400~1 000W

18. 投光灯

GLGT404

GLGT36

GLGT402

GLGT29-B-400W

【特点及用途】投光灯通常为大功率的灯具,具有抛光的镜面反射罩,射出去的光斑根据反射罩的形状不同而变化,其主要有点照射(光束集)和面照射(光束散放)两种类型,造型式样多种。投光灯一般用于广、码头、港口、体育馆、广告招牌、高大建筑物外墙等类似场所的照射。

【规　　格】常州市格林照明灯具制造有限公司产品

型号及基本尺寸(mm)	材料及特性

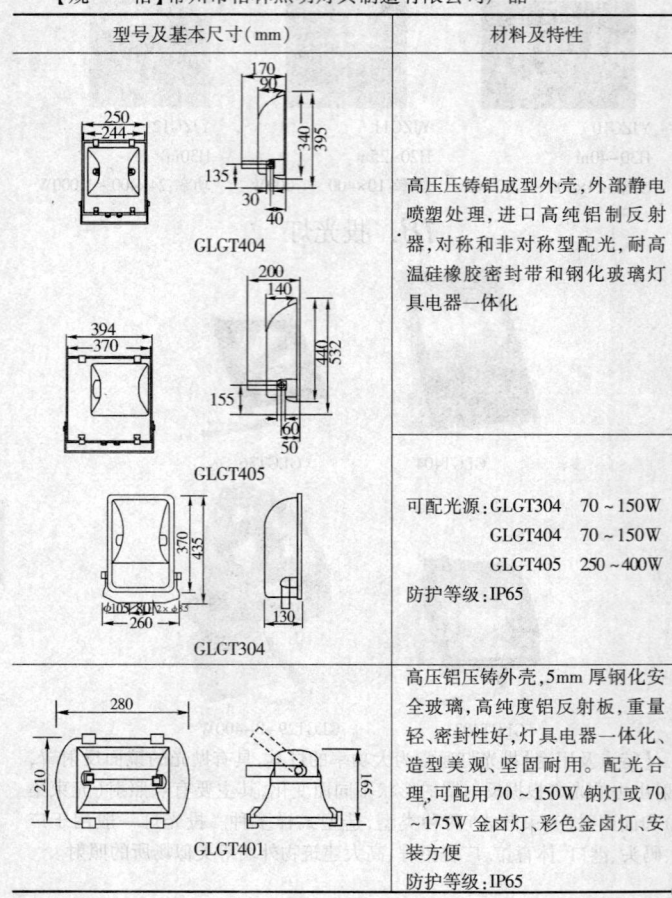

型号及基本尺寸部分:

GLGT404

GLGT405

GLGT304

GLGT401

材料及特性部分:

高压压铸铝成型外壳,外部静电喷塑处理,进口高纯铝制反射器,对称和非对称型配光,耐高温硅橡胶密封带和钢化玻璃灯具电器一体化

可配光源:GLGT304　70~150W
　　　　　GLGT404　70~150W
　　　　　GLGT405　250~400W
防护等级:IP65

高压铝压铸外壳,5mm 厚钢化安全玻璃,高纯度铝反射板,重量轻、密封性好,灯具电器一体化、造型美观、坚固耐用。配光合理,可配用 70~150W 钠灯或 70~175W 金卤灯、彩色金卤灯、安装方便
防护等级:IP65

续表

型号及基本尺寸(mm)	材料及特性
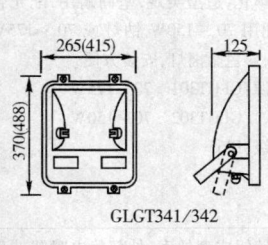 GLGT341/342	高压压铸铝外壳,高纯度铝反射板,5mm 钢化玻璃,高纯度铝反射板,有对称或非对称型配光选择,眩光控制好,灯具电器一体化,造型轻巧美观,安装简便,防尘防水等级高达 IP65,可配合 170～400W 金卤灯或高压钠灯,前开式更换光源,维护简便 可配光源:GLGT341-1　70～150W 　　　　　GLGT342-1　70～175W 　　　　　GLGT342-2　250～400W 防护等级:IP65
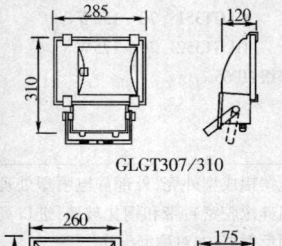 GLGT307/310  GLGT311	高压压铸铝成型外壳,外部静电喷塑处理,耐高温硅橡胶密封带和钢化玻璃,进口高纯铝制反射器,对称型配光 可配光源:GLGT307　70～150W 　　　　　GLGT310　70～175W 　　　　　GLGT311　70～150W 防护等级:IP65

续表

型号及基本尺寸(mm)	材料及特性
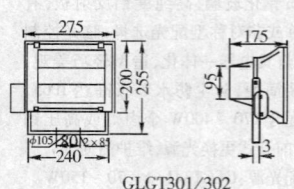 GLGT301/302	高压铝压铸外壳,5mm 厚钢化安全玻璃,高纯度铝反射板,重量轻,密封性好,灯具电器一体化,造型美观,坚固耐用,配光合理,可配用 70～150W 钠灯或 70～175W 金卤灯,彩色金卤灯,安装方便 可配光源:GLGT301　70～175W 　　　　　GLGT302　70～150W 防护等级:IP65
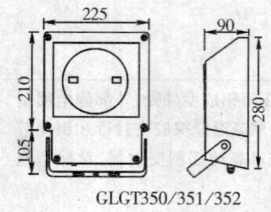 GLGT350/351/352	高压压铸铝成型外壳、外部静电喷塑处理耐高温硅橡胶密封带和钢化玻璃,进口高纯铝制反射器,对称型配光 可配光源:GLGT350　70～150W 　　　　　GLGT351　70～150W 　　　　　GLGT352　70～175W 防护等级:IP65
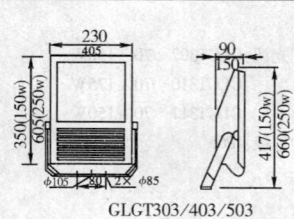 GLGT303/403/503	高压压铸铝成型外壳、外部静电喷塑处理耐高温硅橡胶密封带和钢化玻璃,进口高纯铝制反射器,非对称型配光 可配光源:GLGT303　70～150W 　　　　　GLGT403　70～150W 　　　　　GLGT503　250～400W 防护等级:IP65

续表

型号及基本尺寸(mm)	材料及特性
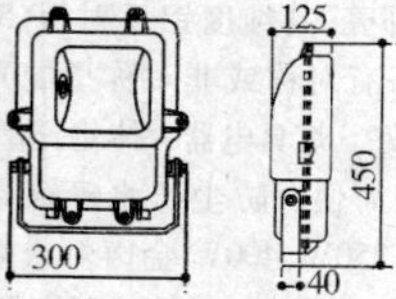 GLGT314/315	高压铝压铸外壳,5mm 厚钢化安全玻璃,高纯度铝反射板,重量轻,密封性好,灯具电器一体化,造型美观,坚固耐用,配光合理,可配用 70～150W 钠灯或 70～175W 金卤灯,彩色金卤灯,安装方便 防护等级:IP65
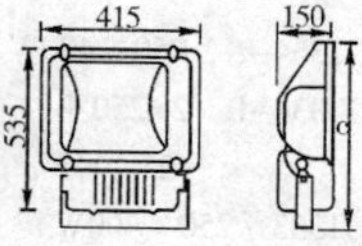 GLGT131 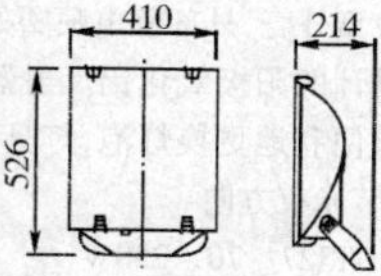 GLGT132	高压压铸铝外壳,高纯度铝反射板,5mm 钢化玻璃,备有对称或非对称型配光系统,眩光控制好。灯具电器一体化,造型轻巧美观,安装简便。防尘防水 等级高达 IP65。可配合 250W、400W 金卤灯或高压钠灯使用,适合范围广。前开式更换光源,维护简便 可配光源:GLGT131-1　175W 　　　　　GLGT131-2　400W 　　　　　GLGT132　400W 防护等级:IP65
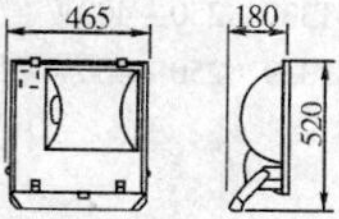 GLGT330 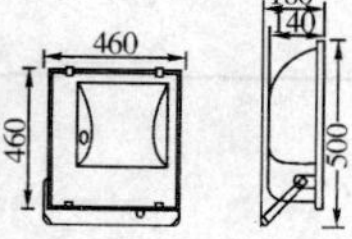 GLGT340	高压压铸铝外壳,5mm 钢化玻璃,高纯度铝反射板,对称和非对称投光灯,水平安装角度(+7.5 度),效率最高,眩光最小,防腐蚀,适用于沿海地区及工业区,灯具电器一体化,安装使用方便 可配光源:GLGT330-1　175W 　　　　　GLGT330-2　250W 　　　　　GLGT330-3　400W 　　　　　GLGT340　250～400W 防护等级:IP65

续表

型号及基本尺寸(mm)	材料及特性
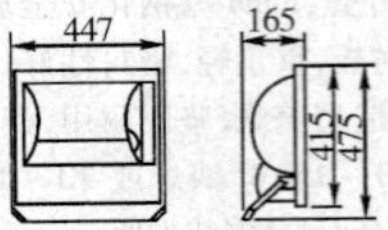 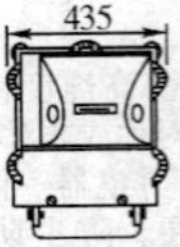 447 165 415 475 GLGT333 435 GLGT334-A/B	高压压铸铝外壳,高纯度铝反射板,5mm钢化玻璃。备有对称或非对称型配光系统,眩光控制好。灯具电器一体化,造型轻巧美观,安装简便。防尘防水等级高达IP65,可配合 250W、400W 金卤灯或高压钠灯使用,适合范围广。前开式更换光源,维护简便 可配光源:GLGT334-A 250～400W 　　　　　GLGT334-B 2×250W 　　　　　　　　　　　　2×400W 　　　　　GLGT333 250～400W
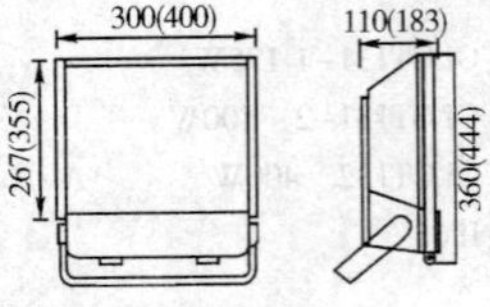 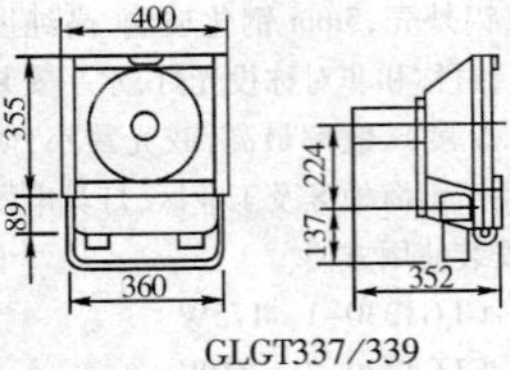 300(400) 110(183) 267(355) 360(444) GLGT327/329 400 355 89 224 137 360 352 GLGT337/339	高压压铸铝成型外壳,外部静电喷塑处理,专为窄光束设计的阳极氧化铝反射器,通过前部搭扣可便利地更换灯泡,灯具附有刻度板,可调节光束方向 可配光源:GLGT327 70～250W 　　　　　GLGT329 70～175W 　　　　　GLGT337 250～400W 　　　　　GLGT339 250～400W 防护等级:IP65

续表

型号及基本尺寸(mm)	材料及特性
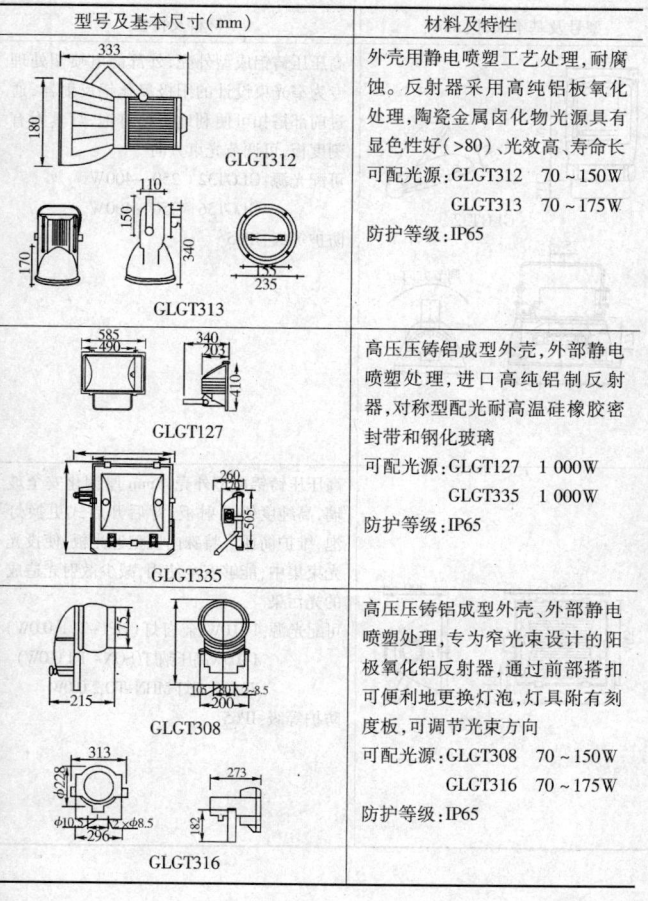	外壳用静电喷塑工艺处理,耐腐蚀。反射器采用高纯铝板氧化处理,陶瓷金属卤化物光源具有显色性好(>80)、光效高、寿命长 可配光源:GLGT312 70~150W 　　　　　GLGT313 70~175W 防护等级:IP65
	高压压铸铝成型外壳,外部静电喷塑处理,进口高纯铝制反射器,对称型配光耐高温硅橡胶密封带和钢化玻璃 可配光源:GLGT127 1 000W 　　　　　GLGT335 1 000W 防护等级:IP65
	高压压铸铝成型外壳、外部静电喷塑处理,专为窄光束设计的阳极氧化铝反射器,通过前部搭扣可便利地更换灯泡,灯具附有刻度板,可调节光束方向 可配光源:GLGT308 70~150W 　　　　　GLGT316 70~175W 防护等级:IP65

续表

型号及基本尺寸(mm)	材料及特性
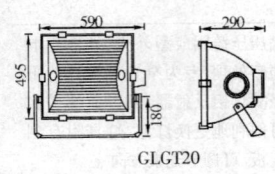 440 540 115 190 GLGT32 75 75 调节方向 177 355 341 GLGT36	高压压铸铝成型外壳,外部静电喷塑处理专为窄光束设计的阳极氧化铝反射器,通过前部搭扣可便利地更换灯泡,灯具附有刻度板,可调节光束方向 可配光源:GLGT32　250~400W 　　　　　GLGT36　250~400W 防护等级:IP65
590 290 495 180 GLGT20	高压压铸铝成型外壳,5mm 厚钢化安全玻璃,高纯度铝反射板,背后开启式更换灯泡,维护简便。特殊内置型遮光板,使投光光束集中,能够安全使用,减少散射光造成的光污染 可配光源:1 000W 金卤灯(HPI-T 1 000W) 　　　　　1 000W高压钠灯(SON-T 1 000W) 　　　　　双头金卤灯 MHN-TD 2 000W 防护等级:IP65

续表

型号及基本尺寸(mm)	材料及特性
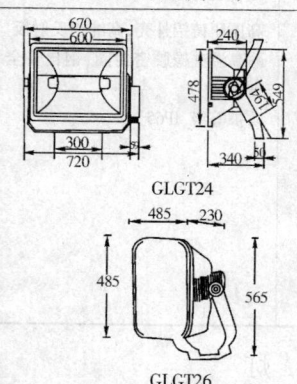 GLGT24 GLGT26	高压压铸铝成型外壳,5mm厚钢化安全玻璃外加不锈钢防护网,高纯度铝反射板,背后开启式更换灯泡,维护简便,附有安全开关,背后开启便自动切断电源,有宽角、中角、窄角等3种不同配光系统,可依需要灵活运用,灯具两侧附有刻度板,方便调整照射角度,特殊内置型遮光板,使投光光束集中,能够安全使用,减少散射光造成的光污染 可配光源:1 000W金卤灯(HPI-T 1 000W)和1 000W高压钠灯(SON-T 1 000W) 双头金卤灯 MHN-TD 2 000W,色温4 200K,显色指数 Ra=80,颜色自然,色彩鲜艳,适合彩色转播 防护等级:IP65
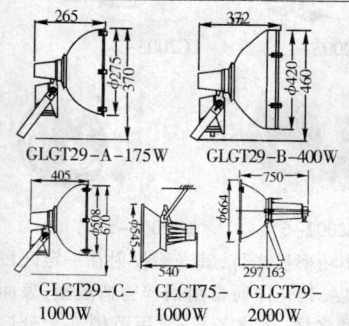 GLGT29-A-175W　GLGT29-B-400W GLGT29-C-　GLGT75-　GLGT79- 1000W　　1000W　　2000W	高压压铸铝后座,高纯铝反射罩,5mm厚钢化安全玻璃 喇叭型投光灯具,照射距离远,效率高 窄角、宽角二种配光系统 可配光源:1 000 W 钠灯或1 000W、2 000W金卤灯 防护等级:IP65

续表

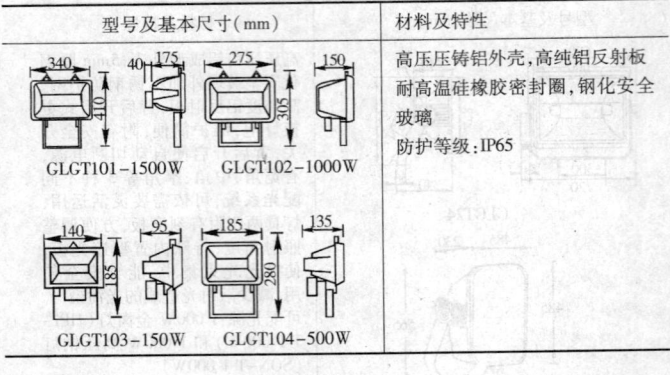

型号及基本尺寸(mm)	材料及特性
GLGT101-1500W GLGT102-1000W GLGT103-150W GLGT104-500W	高压压铸铝外壳,高纯铝反射板 耐高温硅橡胶密封圈,钢化安全玻璃 防护等级:IP65

19. 射 灯

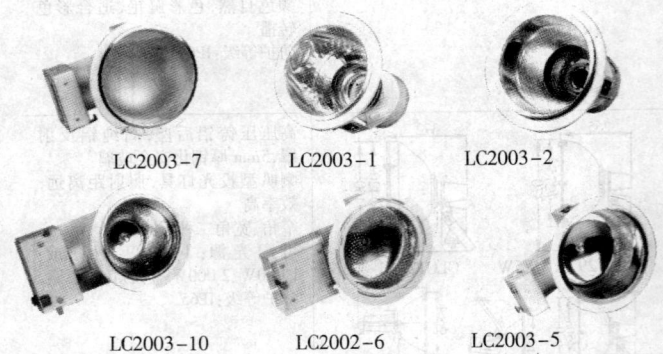

LC2003-7　　LC2003-1　　LC2003-2

LC2003-10　　LC2002-6　　LC2003-5

【特点及用途】射灯实质上是小功率投光灯,其光线投射在一定区域内,使被照射的物体获得充足的亮度,其壳体通常用铝锌铸造成型,表面经喷塑、镀铬、镀金处理。射灯造型多样,风格各异,应用范围亦十分广泛,多用于展览厅、橱窗、博物馆、玻柜等处作室内照明,以增添被照物的吸引力及装饰效果。

　　【规　　格】宁波市鄞州爱使电器有限公司产品

型号	LC2003-1	LC2003-2	LC2003-3	LC2003-4
适用光源	E27 1×9W　13W　18W 4″5″6″8″ 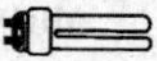	E27 1×9W　13W　18W 4″5″6″8″ 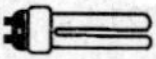	E27 1×9W　13W　18W 4″5″6″8″ 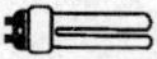	E27 1×9W　13W 4″5″6″ 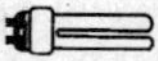

型　号	LC2003-5	LC2003-6	LC2003-7	LC2003-8
适用光源	E27 1×9W　13W　18W 4″5″6″ 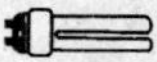	1×9W　13W　18W 4″5″6″8″ 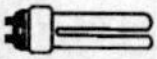	1×9W　13W　18W 2×10W　13W　18W 26W 4″5″6″8″ 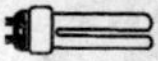	1×9W　13W 4″5″6″ 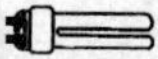

型号	LC2003-9	LC2003-10	LC2003-11	LC2002-5
适用光源	E27 1×9W　13W　18W 2×10W　13W　18W 26W 4″5″6″8″ 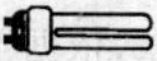	1×9W　13W　18W 4″5″6″8″ 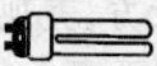	1×9W　13W　18W 2×10W　13W　18W 26W 4″5″6″8″ 	1×9W　13W 18W 4″5″6″8″ 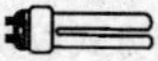

20. 筒 灯

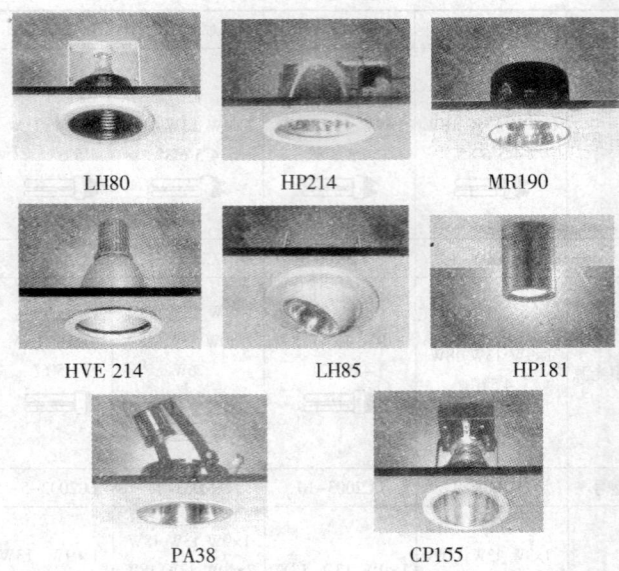

LH80 HP214 MR190

HVE 214 LH85 HP181

PA38 CP155

　　【特点及用途】筒灯设计简约大方,美观时尚,是采用嵌入式或明装的安装方式以及可调角度的灯具。其可配合多种 PL 和 PLC 节能灯管,白炽灯胆及气体放电灯胆,反射照一般采用压铸铝反射罩,依据不同环境对颜色的要求配以银色、金色、银喷砂和金喷吵反射罩。筒灯安装维护简单方便,适用于不同场所需要。可营造各种不同氛围。

[规 格] 奇胜电器(惠州)工业有限公司产品

	型号	灯座	光源	瓦数	开孔位	备注
低压卤素灯	LH62	G5.3	12V	<50W	62mm	外框可镀金、镀银或白色
	LH80	G5.3	12V	<50W	80mm	黑色遮光罩
	LH85	G5.3	12V	<50W	85mm	灯体可镀金、镀银或白色
	LH93	G5.3	12V	<50W	93mm	铝反射罩可镀金、镀银或银喷砂
	LH95	G5.3	12V	<50W	95mm	灯体可镀金、镀银或白色

	型号	灯座	光源	瓦数	灯座安装结构	开孔位	备注
低压卤素灯	LH127	G5.3	12V	<75		127mm	铝反射罩可镀金、镀银或银喷砂
紧凑型节能筒灯	CP115	G24d-1	1×13W		直装	115mm	铝反射罩,可银喷砂,条状纹砂
	CP145	G24d-1	2×13W		横装	145mm	铝反射罩,可镀金、镀银或银喷砂

续表

	型号	CP155	CP170	CP172	CP210	HP176 IP65
紧凑型节能管筒灯	灯座	G24d-2	G24d-2	G24d-1	G24d-2	G24d-2
	光源	1×18W	2×18W	2×13W	2×18W	1×18W
	灯座安装结构	直装	横装	横装	横装	直装
	开孔位	155mm	170mm	172mm	210mm	176mm
	备注	铝反射罩,可镀金、镀银或镀喷砂	铝反射罩,可镀金、镀银或镀喷砂	铝反射罩,可镀金、镀银或镀喷砂	铝反射罩,可镀金、镀银或镀喷砂	银铝罩

	型号	HP214 IP65	明装及壁装紧凑型节能管筒灯		HP181 IP65
紧凑型节能管筒灯	灯座	G24d-1	型号		G24d-2
	光源	2×13W	灯座		1×18W
	灯座安装结构	横装	光源		直装
	开孔位	214mm	灯座安装结构		181mm
	备注	银铝罩	外径		银铝罩,灯体压铸铝,前端套环镶嵌
			备注		

续表

类别	项目			
明装及壁装紧凑型节能管筒灯	型号	HP228 IP65	HP260	IE 115
	灯座	G24d-2	G24d-2	E27
	光源	2×18W	2×18W	GLS≤150W
	灯座安装结构	直装	横装（白炽灯）	直装
	外径	228m	260mm	115mm
	备注	银铝罩,明装式	压铸铝	银铝罩,银喷砂,条状位置
白炽灯	型号	PA38	PA56	PA64
	灯座	E27	GX16d	GX16d
	光源	PAR38≤150W	PAR56	PAR64
	灯座安装结构	直装	直装	直装
	开孔位	185mm	260mm	260mm
	备注	铝罩,可镀金、镀银或银喷砂	铝罩,可镀金、镀银或银喷砂	铝罩,可镀金、镀银或银喷砂
高强度气体放电筒灯	型号	SP160	SP170	MP190
	灯座	PG12 或 E27	PG12 或 E27	R7s
	光源	100WSDW-T 或 EYE SDX	100WSDW-T 或 EYE SDX	MH150W 金属卤化物灯
	灯座安装位置	直装	直装	横装
	开孔位	160mm	170mm	190mm
	备注	钢板筒身,铝罩,可镀金或银喷砂	钢板筒身,铝罩,可镀金或银喷砂	可镀金、镀银或银喷砂

续表

型号	HMR208	HMG214	HVE214
灯座	R7s	G12	E27
光源	MH70W 金属卤化物灯	MH150W 金属卤化物灯	HMB80W 汞灯
灯座安装位置	横装	直装	直装
开孔位	208mm×265mm	214mm	214mm
备注	铝材灯体,银铝罩配有紫外滤光片的强化玻璃罩	灯体钢片或铝材,银铝罩	灯体压铸铝,热塑胶料天花外框,银铝罩

高强电气体放电筒灯

21. 探照灯

【特点及用途】FT 系列探照灯誉称空中霸王，其采用高强度防锈压铸铝灯体，优质防爆钢化玻璃，超高压电子触发电路。空中霸王探照灯可调节水平旋转范围 30°～120°，俯仰可调节范围 90°，适用于广场及高层建筑物的夜空扫描等。

【规　　格】上海富冈机电设备有限公司产品

型号:FT 系列。

使用电源:220V/50Hz。

光源:氙灯。

功率:2～7kW。

色温:6 200K。

颜色:红、黄、绿、蓝、白、单色。

可调角度:光束角可调范围 0°～4°。

　　　　　水平旋围范围 30°～120°(360°可订做)。

　　　　　俯仰可调范围 90°。

22. 礼花灯

【特点及用途】FL 系列礼花灯誉称空中玫瑰，其采用高强度防锈压铸铝灯体，高精度成像凸镜，超高玉电子触发电路。空中玫瑰礼花灯可调节水平旋转范围 30°～120°，俯仰可调节范围 90°，适用于美化夜空，特别是节假日或喜庆盛事的夜空装饰。

【规　　格】上海富冈机电设备有限公司产品

型号:FL 系列。

使用电源:220V/50Hz。

光源:氙灯。

颜色:彩色,白色。

光束:15 束、24 束、36 束、51 束。

功率:2 ~ 5kW。

可调范围:水平旋转 30° ~ 120°(360°可订做)。

俯仰可调范围 90°内。

23. 商业灯具

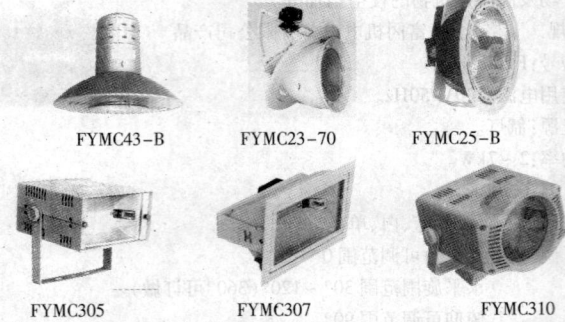

FYMC43-B　　　　FYMC23-70　　　　FYMC25-B

FYMC305　　　　FYMC307　　　　FYMC310

【特点及用途】FYMC 型系列商业灯具一般采用压铸铝成型外壳或钢板成型外壳,灯体电器箱为一体化,其表面喷塑处理,反光罩喷砂阳极化处理,钢化玻璃罩。灯具外观紧凑美观,时尚耐用,其造型因需用场合不同而多种多样,风格各异。

【规　　格】上海亚示照明电器有限公司产品

型号及适用光源	基本尺寸(mm)	型号及适用光源	基本尺寸(mm)
FYMC43-A 70 ~ 150W R7s 7 ~ 24W E27	358 440 φ455	FYMC43-B 70 ~ 150W R7s 7 ~ 24W E27 70 ~ 150W E27	340 φ440

续表

型号及适用光源	基本尺寸(mm)	型号及适用光源	基本尺寸(mm)
FYMC23-70 70W R7s 35～70W G12	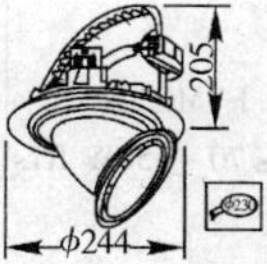 φ244 205	FYMC23-150 150W R7s 70～150W G12	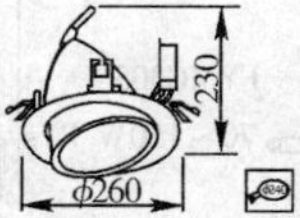 φ260 230
型号及适用光源	基本尺寸(mm)	型号及适用光源	基本尺寸(mm)
FYMC25-A 70～150W R7s	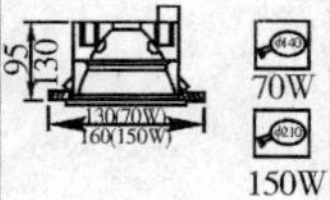 95 130 160(150W) 70W 150W	FYMC25-B 13W G24d	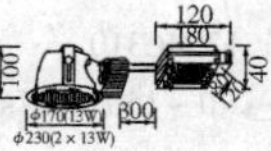 120 180 165 40 φ230(2×13W) 300
型号及适用光源	基本尺寸(mm)	型号及适用光源	基本尺寸(mm)
FYMC317 70～150W R7s	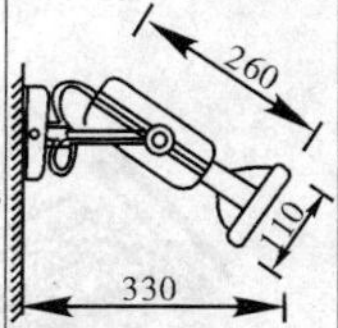 260 330 101	FYMC318 35～150W G12	 335 365
型号及适用光源	基本尺寸(mm)	型号及适用光源	基本尺寸(mm)
FYMC322 70～150W R7s 35～150W G12	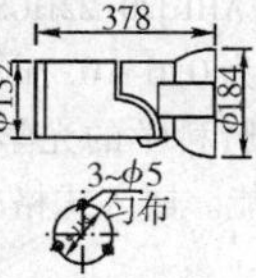 378 φ132 φ184 3-φ5 灯布	FYMC323 70～150W R7s 35～150W G12	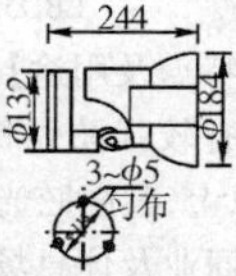 244 φ132 φ184 3-φ5 灯布

续表

型号及适用光源	基本尺寸(mm)	型号及适用光源	基本尺寸(mm)
FYMC305 70～150W R7s	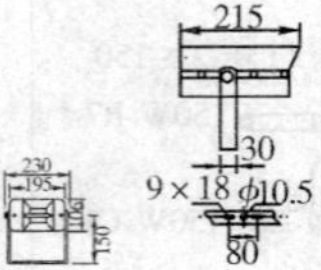 215 30 9×18 $\phi10.5$ 80	FYMC307 70～150W R7s	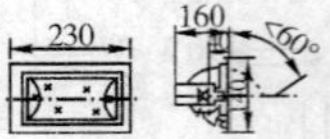 230 160 60°

型号及适用光源	基本尺寸(mm)
FYMC310 70～150W R7s	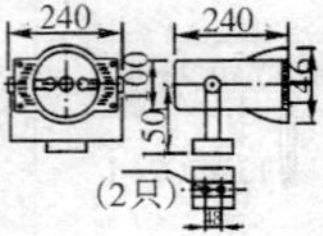 240 240 (2只)

24. 嵌入式格栅灯盘

LBD320-22

AHL320-22HGS-SR

【特点及用途】嵌入式格栅灯盘灯体为0.6～0.7mm静电喷涂电解钢板,具有较强防锈性能,采用氧化铝格栅,科学的光学设计,灯具效率达75%以上,其防眩光效果好,一级电器性能。嵌入式格栅灯盘特别适合办公室、商业及休息场所。

【规　　格】奇胜电器产品

名　称		型号	基本尺寸（mm）	适用灯
全镜面单弧抛物线型铝面反射节能灯盘		HGS340-24		
低亮度哑面单弧抛物线型铝反射节能灯盘		LBS□-□		
全镜面双弧抛物线型铝反射节能灯盘		HGD□-□	320-22	3×18/20W
低亮度哑面双弧抛物线型铝反射节能灯盘		LBD□-□	420-22	4×18/20W
空调型系列灯盘	全镜面单弧抛物线型铝质格栅	AHL□-□HGS-□*	240-14	2×36/40W
			240-24	2×36/40W
	低亮度哑面单弧抛物线型铝质格栅	AHL□-□LBC-□*	340-24	3×36/40W
			440-24	4×36/40W
	全镜面双弧抛物线型铝质格栅	AHL□-□HGD-□*		
	低亮度哑面双弧抛物线型铝质格栅	AHL□-□LBD-□*		

注:灯盘型号栏中,□*的字母为 SS,即灯体抽风类型,SR 为两旁抽风类型,SD 为两旁喉管类型。

25. 工厂灯具

GC134-C-250W

GC133-A-250W

GC132-C-400W

GC203-B-250W+400W 一体化(带电器箱)

【特点及用途】工厂灯具的反光罩采用高纯铝板拉伸(旋压)、压花成型,新型的曲面块板反射器设计合理,灯具效率高,眩光小。灯具为优质铝材、结构紧凑、重量轻、寿命长。是高天棚照明专用灯具,适用于照明高度为15 m 以上的高大型厂房、仓库等场地的室内照明。

【规　格】常州市亚黎照明电器有限公司产品

灯具适用光源	205~400WST　205~400WMT　205~400WQE		
型号	GC131-250/400W 敞开式	GC134-C-250/400W 敞开式	GC132-400W 敞开式
基本尺寸(mm)	280 590 580	280 520 φ465	G½″ 590 φ480

续表

型号	GC133-A-250/400W	GC133-B-250/400W	GC133-C-250/400W
基本尺寸(mm)	630 φ480	590 φ480	511 100 φ480
型号	GC134-A-250/400W 敞开式	GC134-B-250/400W 敞开式	GC82-A-250+400W 敞开式
基本尺寸(mm)	585 580	210 450 φ465	180 150 460 480 500×360 620×420
型号	GC206-B-175+250W 一体化(带电器箱)	GC203-A-250+400W 敞开式	GC203-B-250+400W 一体化(带电器箱)
基本尺寸(mm)	240 300 540	380 360 600	120 675 360 600

26. 体育场馆用灯

【特点及用途】SLS 系列灯能提供优质照明效果,其坚固耐用,灯具配有 1 000W 或 1 500W 金卤或高压钠灯,有多种光束角可供选择,主要用于体育场馆照明及其他泛光照明。其结构特点是:防眩光设计,有一体式和分体式两种类型。光源有垂直和水平点燃位置供选择,可配镇流器分离箱,光结的铝质抛物面反射器。高强度玻璃透镜,密封性能好且耐高温,水平和垂直刻

度盘能准确快捷地调节照射点等。使用电源200/240V,50Hz。

【规　　格】奇胜照明电器产品

型　号	功率	光源	光速角		重量	
			类型	水平×垂直（mm）	lb	kg
SLS1000H12EL	1 000W	MH	2	21×20	47.0	21.4
SLS1000H13EL	1 000W	MH	3	35×33	47.0	21.4
SLS1000H14EL	1 000W	MH	4	67×66	47.0	21.4
SLS1000H15EL	1 000W	MH	5	88×85	47.0	21.4
SLS1000H16EL	1 000W	MH	6	117×112	47.0	21.4
SLS1000H1NEL	1 000W	MH	N	41×22	49.0	22.6
SLS1000H1MEL	1 000W	MH	M	54×84	49.0	22.6
SLS1000H1WEL	1 000W	MH	W	71×83	49.0	22.6
SLS1000H1AEL	1 000W	MH	A	69×70	46.0	20.0
SLS1000H1BEL	1 000W	MH	B	106×106	46.0	20.0
SLS1500H12EL	1 500W	MH	2	21×20	47.0	21.4
SLS1500H13EL	1 500W	MH	3	35×33	47.0	21.4
SLS1500H14EL	1 500W	MH	4	67×66	47.0	21.4
SLS1500H15EL	1 500W	MH	5	88×85	47.0	21.4
SLS1500H16EL	1 500W	MH	6	117×112	47.0	21.4
SLS1500H1NEL	1 500W	MH	N	41×22	49.0	22.6
SLS1500H1MEL	1 500W	MH	M	54×84	49.0	22.6
SLS1500H1WEL	1 500W	MH	W	71×83	49.0	22.6
SLS1500H1AEL	1 500W	MH	A	69×70	46.0	20.0
SLS1500H1BEL	1 500W	MH	B	106×106	46.0	20.0
SLS1650H12EL	1 650W	MH	2	21×20	47.0	21.4
SLS1650H13EL	1 650W	MH	3	35×33	47.0	21.4
SLS1650H14EL	1 650W	MH	4	67×66	47.0	21.4
SLS1650H15EL	1 650W	MH	5	88×85	47.0	21.4

续表

型　号	功率	光源	光速角		重量	
			类型	水平×垂直（mm）	lb	kg
SLS1650H16EL	1 650W	MH	6	117×112	47.0	21.4
SLS1650H1NEL	1 650W	MH	N	41×22	49.0	22.6
SLS1650H1MEL	1 650W	MH	M	54×84	49.0	22.6
SLS1650H1WEL	1 650W	MH	W	71×83	49.0	22.6
SLS1650H1AEL	1 650W	MH	A	69×70	46.0	20.0
SLS1650H1BEL	1 650W	MH	B	106×106	46.0	20.0
SLS0600S12EL	600W	HPS	2	24×33	46.0	21.0
SLS0600S13EL	600W	HPS	3	36×34	46.0	21.0
SLS0600S14EL	600W	HPS	4	58×59	46.0	21.0
SLS0600S15EL	600W	HPS	5	83×85	46.0	21.0
SLS0600S16EL	600W	HPS	6	105×107	46.0	21.0
SLS1000S12EL	1 000W	HPS	2	27×24	51.0	23.2
SLS1000S13EL	1 000W	HPS	3	N/A	51.0	23.2
SLS1000S14EL	1 000W	HPS	4	55×53	51.0	23.2
SLS1000S15EL	1 000W	HPS	5	88×83	51.0	23.2
SLS1000S16EL	1 000W	HPS	6	114×115	51.0	23.2

注:1. 表中"光源"栏中,MH为金卤灯,HPS为高压钠灯。

　2. 表中"光束角·类型"栏中,N、M、W分别为水平光源安置的窄光、中光和宽光;A、B分别为垂直光源安置的中光和宽光。

27. 广告灯箱

(1) 水晶灯箱

【特点及用途】ESD(易施特)水晶灯箱是应用导光板、反射片、扩散片、光管等主要配件,组合多种材料的外框而制成的一种多功能的广告灯箱。其特点是超薄、省电、环保、易施工、易更换、光线均匀,确保广告物不受灯管热度而黄化或变形。水晶灯箱主要应用于现代机场、车站、地铁、交易中心、酒楼、商场、大型娱乐场所等室内外广告展示。

【规　　格】广州悠广新型材料有限公司产品

型号	外部尺寸(mm)	视窗尺寸 (mm)	图片尺寸 (mm)	耗电量 (W)
ESD-A1 水晶灯箱	840×600×28	665×478	685×491	14
ESD-A2 水晶灯箱	600×450×28	482×332	491×345	7
ESD-A3 水晶灯箱	530×410×28	420×287	450×315	7
ESD-A4 水晶灯箱	386×300×28	293×204	310×212	7
ESD-A4 桌上型双面灯箱	365×265×22	279×192	290×200	7
ESD-B6 桌上型水晶灯箱	236×182×28	172×118	185×127	2

(2)超薄灯箱

【特点及用途】帷康(VICORN)超薄灯箱是应用导光板、反射片、扩散片、光管等主要配件,组合多种材料的外框而制成的一种多功能广告灯箱,其外框材料主要有铝合金型材和不锈钢材料,铝合金型材可作多种表面处理,制作香槟金、珍珠白、闪亮银等时尚色彩。超薄灯箱厚度仅35~57mm,节能,长度方向放光管(可尽量多装光管),均光、冷光、使用安全维护方便,快捷。超薄灯箱可制作包柱系列和双面系列。其适用于地下铁路、机场、车站、码头、交易中心、银行、酒店、商场超市、大型娱乐场所等制作室内外广告展示。

【规　　格】广州悠广新型材料有限公司产品

型号	导光板尺寸(mm)	外框尺寸(mm)	视窗尺寸(mm)	耗电量(W)
YG80-1520	20×3 020×1 520	3 164×1 664×57	2 995×1 495	80×4
YG70-1140	15×1 740×1 140	1 884×1 284×52	1 715×1 115	70×2
YG80-940	10×1 440×940	1 546×1 046×42	1 418×918	80×2
YG54-925	10×1 140×925	1 246×1 031×42	1 118×903	54×2
YG54-840	10×1 140×840	1 246×946×42	1 118×818	54×2

续表

型号	导光板尺寸(mm)	外框尺寸(mm)	视窗尺寸(mm)	耗电量(W)
YG39-840	10×840×840	946×946×42	818×818	39×2
YG39-775	10×840×775	946×881×42	818×753	39×2
YG24-925	10×545×925	651×1031×42	523×903	24×2
YG24-525	10×549×525	655×631×42	527×503	24×2

28. 护眼台灯

  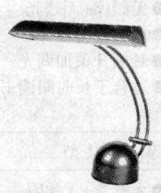

TW-1801 型   JW-1804 型   TW-1105 型

【特点及用途】护眼台灯采用铝合金反光罩及网格组合技术,实现定□照明,消除了光源的直接眩光及电脑荧屏上光源影像及其刺眼的反射光,使用三基色荧光灯管,显色性好,被照物体颜色逼真。护眼台灯采□无频闪电子镇流器,彻底消除了荧光灯的频闪缺陷。护眼台灯还具有□干扰、抗辐射,使用安全、节能、省电、无噪音等特点。

【规　　　格】江阴经纬电子有限公司产品

号	TW—1103J 型	JW—1083 型
要点	●11W 节能荧光灯管 ●独特多关节设计,可任意角度照明 ●创新坚固夹座,独特设计,不伤桌面 ●拥有台式底座(选用件),不便夹持处也可以使用 ●两种颜色备选(白、黑)	●2×9W 节能荧光灯管 ●采用铝合金网格技术 ●实现定向照明 ●消除荧屏反光 ●最宜操作电脑使用 ●拥有台式底座(选用件),不便夹持处也可以使用

续表

型号	TW—2701 型	TW—1105 型
主要特点	●18W 节能荧光灯管 ●无眩光+无频闪 ●二档开关可调光 ●适合现代办公书写需要	●11W 节能荧光灯管 ●无频闪电子镇流器 ●三种颜色备选 （深灰、深蓝、金黄）
型号	TW—1802 型	JW—1804 型
主要特点	●18W 节能荧光灯管 ●无频闪+无眩光 ●现代流行设计 ●触摸开关加调光 ●适合于长时间读书写字	●2×9W 节能荧光灯管 ●无频闪电子镇流器 ●独特的设计 ●消除荧屏反光 ●最适合操作电脑使用 ●备有台式、夹式、落地式三种供选用
型号	TW—1801 型	TG—6009 型
主要特点	●无眩光+无频闪 ●二档调光开关 ●适合学生书写，现代办公使用	●60W 白炽灯泡 ●设计小巧精美 ●五种颜色备选 （粉红、粉紫、杏色、蓝色、银灰）
型号	TG—4011 型	TW—1312 型
主要特点	●40w 白炽灯泡 ●设计小巧精美 ●三种颜色备选 （杏色、粉紫、粉红）	●13W 节能荧光灯管 ●无频闪电子镇流器 ●现代流行设计 ●适合学生书写 ●现代办公使用 （深灰、黑色、珠光红）

第三十四章　空调设备

1. 空调器

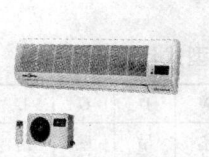

壁挂式　　　　　　落地式

空调器是一种调节室内温度、湿度以及加速空气循环和过滤空气的装置。按功能空调器可分为单冷型(冷风型)和冷热两用型,按结构可分为整体式和分体式,按压缩机工作状态可分为定速(定频)式空调器和变频式空调器。分体式空调器由室外机组和室内机组组成,其中室内机组又分为吊顶式、壁挂式、落地式、嵌入式、天井式等。

(1)空调器型号表示方法

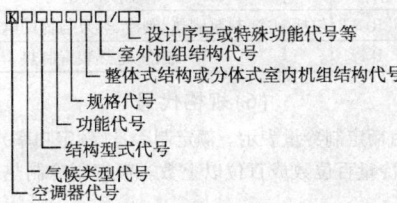

设计序号或特殊功能代号等

室外机组结构代号

整体式结构或分体式室内机组结构代号

规格代号

功能代号

结构型式代号

气候类型代号

空调器代号

(2)空调器代号

空调器代号由汉语拼音 K 表示。

(3)气候类型代号

气候类型代号	T_1	T_2	T_3
环境最高温度(^{0}C)	43	35	52

注:在型号表示中,T_1 可省略不写。

(4)结构型式代号

代号	C	F	C	Y	W	D	G	L	Q	T
结构型式	整体式	分体式	窗式穿墙式（可省略）	移动式	室外机组	吊顶式	壁挂式	落地式	嵌入式	天井式

室内机组（D、G、L、Q、T）

分体式（W及室内机组）

(5)功能代号

功能类型	代号	说明
单冷型	省略	制冷专用
热原型	R	包括制冷、热泵制热、制冷、热泵与辅助电热装置一起制热
电热型	D	制冷、电热装置制热

(6)规格代号

规格代号由额定制冷量表示。额定制冷量(额定功率)用阿拉伯数字表示,其值取制冷量百位数或百位以上数。额定制冷制热优先选用系列为:

额定功率(W)	制冷	1 400	1 600	1 800	2 000	2 200	2 500	2 800
		3 200	3 600	4 000	4 500	5 000	5 600	6 300
		7 100	8 000	9 000	10 000	11 200	12 000	14 000
	制热	1 600	1 800	2 000	2 200	2 500	2 800	3 200
		3 600	4 000	4 500	5 000	5 600	6 300	7 100
		8 000	9 000	10 000	11 200	14 000	16 000	

(7) 设计序号或特殊功能代号

设计序号或特殊功能代号由生产厂自行设计。

(8) 空调器型号表示方法举例

a. KT3C-36/A　表示为 T_3 气候类型，整体式窗式（或穿墙式）冷风型空调器，额定制冷量 3 600W。

b. KFR-25GW　表示为分体式壁挂冷暖两用机。额定制冷量 2 500W。

c. KCRD-28　表示制冷量为 2 800W 的热泵电辅助加热型窗式（或穿墙式）空调器。

2. 壁挂式空调器

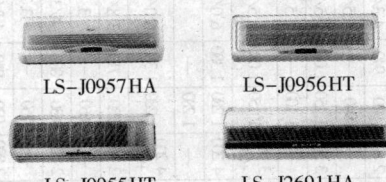

LS-J0957HA　　　　　LS-J0956HT

LS-J0955HT　　　　　LS-J2691HA

【特点及用途】壁挂式空调器是由室内和室外两个机组组成的空调器，有冷风型和冷暖型两种型式，其功能设计因需求不同而功用多种多样，如采用等离子体技术净化空气，生物抗菌过滤层，新型风扇及内部风设计、辅助电加热方式、三维送风镜框式设置。超远距离送风，独立除功能，自动摆风功能。停电补偿，静音设计等，以及各种科学现代的形设计。挂壁式空调器应用十分广泛，是家庭、办公室、机房、商店、诊所、店等类似需用场所的常用空调设备。

[规 格]LG电器产品

型号	规格		输出功率(W)		输入功率(W)		额定电流(A)	分贝值(dB)	尺寸(宽×高×深)(mm)	
	国标	功率(匹)	制冷	制热	制冷	制热	冷/热	内/外	室内	室外
LS-U2611HD	KFR-26GW/U11D	1.0冷暖	2 600	2 800	940	880	4.5/4.1	34(27)/46	1030×290×153	770×540×245
LS-U3611HD	KFR-36GW/U11D	1.5冷暖	3 600	4 200	1 280	1 380	6/6.5	37(29)/48	1030×290×153	684×634×270
LS-J2691HA	KFR-26GW/J91A	1.0冷暖	2 600	2 800	920	940	4.3/4.5	34(27)/46	802×262×168	770×540×245
LS-J2691CA	KF-26GW/J91A	1.0单冷	2 600	—	940	—	4.5/4.1	34(27)/46	802×262×168	575×530×260
LS-J329HA	KFR-32GW/191A	1.5冷暖	3 200	3 500	1 150	1 080	5.5/5.2	37(29)/48	888×287×173	770×540×245
LS-J3291CA	KF-32GW/191A	1.5单冷	3 200	—	1 100	—	5.3	37(29)/48	888×287×173	770×540×245
LS-J3291DT	KFRd-32GU/191T	1.5冷暖	3 200	3 500 +650	1 150	1 080	5.5/5.2	37(29)/48	888×287×173	770×540×245
LS-J3691HA	KFR-36GW/191A	1.5冷暖	3 600	4 200	1 280	1 380	6.0/6.5	37(29)/48	888×287×173	770×540×245
LS-J3691CA	KF-36GW/191A	1.5单冷	3 600	—	1 280	—	6	37(29)/48	888×287×173	770×540×245
LS-J3691DT	KFRd-36GW191T	1.5冷暖	3 600	4 200 +650	1 280	1 380	6.0/6.5	37(29)/48	888×287×173	770×540×245
LS-J2081HT	KFR-20GW/J8T	0.8冷暖	2 000	2 100	780	710	3.8/3.5	29(25)/45	802×262×175	575×530×260
LS-J2081CT	KF-20GW/J8T	0.8单冷	2 000	—	660	—	3.1	29(25)/45	802×262×175	575×530×260
LS-J2381HT	KFR-23GW/J8T	1.0冷暖	2 300	2 500	830	800	4/3.8	34(27)/46	802×262×175	575×530×260
LS-J2381CT	KF-23GW/J8T	1.0单冷	2 300	—	760	—	3.7	34(27)/46	802×262×175	575×530×260
LS-J2681HT	KFR-26GW/J8T	1.0冷暖	2 600	2 800	920	940	4.3/4.5	34(27)/46	802×262×175	770×540×245
LS-J2681CT	KF-26GW/J8T	1.0单冷	2 600	—	940	—	4.5	34(27)/46	802×262×175	575×530×260
LS-J3681HT	KFR-36GW/181T	1.5冷暖	3 600	4 200	1 280	1 390	6/6.5	37(29)/48	888×287×180	770×540×245
LS-J3681CT	KF-36GW/181T	1.5单冷	3 600	—	1 280	—	6/6.5	37(29)/48	888×287×180	770×540×245

续表

型号	规格 国标	功率(匹)	输出功率(W) 制冷	制热	输入功率(W) 制冷	制热	额定电流(A) 冷/热	分贝值(dB) 内/外	尺寸(宽×高×深)(mm) 室内	室外
LS-1125HT	KFR-32GW/15T	1.5冷暖	3 200	3 500	1 180	1 080	5.5/5.0	32/51	888×287×170	801×555×262
LS-1125CT	KF-32GW/15T	1.5单冷	3 200	—	1 150	—	5.4	31/48	888×287×170	660×540×200
LS-J055HT	KFR-23GW/J5T	1.0冷暖	2 300	2 500	800	800	4.1/3.8	30/47	802×262×165	575×530×200
LS-J055CT	KF-25GW/J5T	1.0单冷	2 500	—	850	—	4.1	30/47	802×262×165	575×530×200
LS-1126HT	KFR-32GW/16T	1.5冷暖	3 200	3 500	1 180	1 080	5.5/5.0	32/51	888×287×180	801×555×262
LS-1126CT	KF-32GW/16T	1.5单冷	3 200	—	1 150	—	5.4	31/48	888×287×180	660×540×200
LS-K451HT	KFR-49GW/K5T	2.0冷暖	4 300	4 700	1 600	1 750	7.6/7.9	44/53	1030×344×172	870×655×320
LS-K451CT	KF-49GW/K5T	2.0单冷	4 300	—	1 600	—	7.6	44/53	1030×344×172	870×655×320
LS-J091NA	KF-26GW/J9JA	1.0冷暖	2 600 (1000~3 200)	3 300 (800~4 200)	950	1 450	4.9	34/48	802×262×168	801×555×262
LS-1391NA	KFR-36GW/191N	1.5冷暖	3 600 (1000~4 200)	4 700 (1000~5 600)	1 350	1 750	5.9/7.0	36/49	888×287×170	801×555×262
LS-J057HA	KFR-26GW/J7A	大1.0冷暖	2 600	2 800	920	900	4.3/4.5	30/47	802×262×165	575×530×200
LS-J057CA	KF-26GW/J7A	大1.0单冷	2 600	—	900	—	4.1	30/47	802×262×165	575×530×200
LS-J057HD	KFR-26GW/J7D	大1.0冷暖	2 600	2 800	920	900	4.3/4.5	30/47	802×262×165	575×530×200
LS-J057CD	KF-26GW/J7D	大1.0单冷	2 600	—	900	—	4.1	30/47	802×262×165	575×530×200
LS-1127HA	KFR-32GW/17A	大1.5冷暖	3 600	4 200	1 280	1 380	6.3/6.5	32/51	888×287×170	801×555×262

续表

型号	国标	功率(匹)	制冷	制热	制冷	制热	冷/热	内/外	室内	室外
			输出功率(W)		输入功率(W)		额定电流(A)	分贝值(dB)	尺寸(宽×高×深)(mm)	
规格										
IS-L125TCA	KF-32GW/17A	大1.5 单冷	3 550	—	1 200	—	6	31/48	888×287×170	660×540×260
IS-L125THD	KFR-32GW/17D	大1.5 冷暖	3 600	4 200	1 280	1 380	6.3/6.5	32/51	888×287×170	801×555×262
IS-L125TCD	KF-32GW/17D	大1.5 单冷	3 500	—	1 200	—	6	31/48	888×287×170	660×540×260

型 号　**基本功能**

IS-L261HD 1.0匹冷暖
IS-L061HD 1.5匹冷暖

- 等离子体空气净化 ● 人工智能
- 节电制冷 ● 定时预约功能
- 超远距离送风 ● 新activ睡眠
- 独立除湿功能 ● 新 Claes 自然风
- 自动super风设计 ● 镜面显示窗设计
- 自动开合门 ● 钻石角设计
- 时尚镜面设计 ● 停电补偿

- 超远距离送风 ● 待机功能
- 除异味过滤网 ● 静音设计
- 抗菌过滤网 ● 恒温除湿
- 中文遥控器 ● 定时功能
- 镜面显示窗设计 ● 动态显示窗
- 辅助电加热

型 号　**基本功能**

IS-L269INA 1.0匹冷暖
IS-L369INA 1.5匹冷暖

- 等离子体空气净化 ● 抗菌过滤网
- 超远距离送风 ● 待机功能
- 除异味过滤网 ● 静音设计
- 恒温除湿
- 中文遥控器
- 定时功能

IS-L0955HT 1.0匹冷暖
IS-L0955CT 1.0匹单冷

- 数码自然风 ● 出风口自动开合
- 中央显示窗 ● 超小室外机
- 静音设计 （09系列）
- 恒温除湿 ● 触摸定时
- 抗菌过滤网 ● 适温睡眠
- 中文液晶显示无边框遥控

IS-L369DT 1.5匹冷暖
IS-L369DT 1.5匹冷暖

续表

型　号	基本功能	型　号	基本功能
LS-J291HA 1.0匹冷暖 LS-J291CA 1.0匹单冷	●等离子体空气净化 ●抗菌过滤网 ●超远距离送风 ●待机功能 ●除异味过滤网 ●静音设计 ●恒温除湿 ●定时功能 ●中文遥控器 ●动态显示窗 ●镜面显示窗设计	LS-J328CT 1.5匹冷暖 LS-J328HT 1.5匹冷暖 LS-J388HT 1.5匹冷暖	●数码自然风 ●出风口自动开合 ●中央显示窗 ●超小室外机 ●静音设计 ●待机节能 ●恒温除湿 ●除霜定时 ●抗菌过滤网 ●适温睡眠 ●中文显示窗
LS-J239ICA 1.5匹单冷 LS-J239HA 1.5匹冷暖 LS-J139HA 1.5匹冷暖	●等离子体空气净化 ●抗菌过滤网 ●超远距离送风 ●待机功能 ●除异味过滤网 ●静音设计 ●恒温除湿 ●温度感应 ●中文遥控器 ●定时功能 ●镜面显示窗设计 ●动态显示窗	LS-J0957HD/1S-J097HA 大1.0匹冷暖 LS-J0957CD/1S-J057CA 大1.0匹单冷 LS-J1257HD/1S-J127HA 大1.5匹冷暖 LS-J1257CD/1S-J127CA 大1.5匹冷暖 大1.5匹单冷	●等离子体空气净化 ●抗菌过滤网 ●温度感应 ●静音设计 ●热交换器金色 ●定时功能 ●防锈设计 ●除异味过滤网 ●中文遥控器 ●数码动态显示窗 ●恒温除湿 ●超小室外机 （限 09 系列） ●数码自然风
LS-J056HT 0.8匹冷暖 LS-J056CT 0.8匹单冷	●数码自然风 ●出风口自动开合 ●中央显示窗 ●超小室外机 ●静音设计 ●待机节能 ●恒温除湿 ●健康定时 ●抗菌过滤网 ●中文显示窗 ●适温睡眠	LS-J056HT 1.0匹冷暖 LS-J056CT 1.0匹单冷 LS-J1256HT 1.5匹冷暖 LS-J1256CT 1.5匹单冷	●数码自然风 ●出风口自动开合 ●中央显示窗 ●待机节能 ●静音设计 ●中文显示窗 ●恒温除湿 ●健康定时 ●抗菌过滤网 ●适温睡眠
LS-J281HT 1.0匹冷暖 LS-J281CT 1.0匹单冷 LS-J281HT 1.0匹冷暖 LS-J281CT 1.0匹单冷 LS-J281HT 1.0匹冷暖 LS-J281CT 1.0匹单冷	●恒温除湿 ●待机节能 ●健康定时 ●适温睡眠 ●抗菌过滤网	LS-K4351HT 2.0匹冷暖 LS-K4351CT 2.0匹单冷	●数码自然风 ●出风口自动开合 ●中央显示窗 ●待机节能 ●静音设计 ●中文显示窗 ●恒温除湿 ●健康定时 ●抗菌过滤网 ●适温睡眠

3. 立柜式空调器

【特点及用途】立柜式空调器是由室内室外两个机组组成的空调器具,有冷风型和冷暖型两种型式,其功能设计因需求不同而多种多样,如超远距离送风,独特的除湿功能,辅助电加热,三维立体送风,定时预约设置,自动摆风功能,停电保护补偿,静音设计,待机节能,遥控设置等,以及时尚的个性造型设计。立柜式空调器应用十分广泛,是家庭、办公室、商店、宾馆、医院等类似需用场所的常用空调设备。

续11　外美乡制冷设备有限公司产品

品类及主要功能

天朗星（触摸屏系列）

- ●一体化面板设计,彰显时尚气派;
- ●全优化制冷系统设计,超速、超温制冷热,舒适瞬间即开;
- ●高效率低能耗压缩机和高效热交换器,高效运行更省电;
- ●先进的模内复合技术,凸显的大叶片离心风轮和大直径大叶片离心风轮,优化风道设计,超静音运行;
- ●智能近屏技术,更显时尚科技感;
- ●强劲制冷和强劲制热功能,热冷比高达140%,严寒强劲送暖风,舒适;
- ●新款中文液晶遥控器,舒适生活尽在掌握;
- ●特效电子钟功能;防止温度件;
- ●显华贵;

型号													
室内	KF-50 L/MY	KFR-50 L/MY	KFR-50 L/MDY	KF-60 L/MY	KFR-60 L/MY	KFR-60 L/MDY	KF-71 L/M	KFR-71 L/M	KFR-71 L/MD	KF-71 L/MS	KFR-71 L/MSD	KF-120 L/MS	KFR-120 L/MSD
室外	KF-50 W/M	KFR-50 W/M	KFR-50 W/M	KF-60 W/M	KFR-60 W/M	KFR-60 W/M	KF-71 W/M	KFR-71 W/M	KFR-71 W/M	KF-71 W/MS	KFR-71 W/MS	KF-120 W/MS	KFR-120 W/MS
电源规格 (V-PH-Hz) 室内	220-1 -50	220-1 -50	220-1 -50	220-1 -50	220-1 -50	220-1 -50	220-1 -50	220-1 -50	220-1 -50	380-3 -50	380-3 -50	380-3 -50	380-3 -50
制冷 制冷量 (W)	5 000	5 000	5 000	6 000	6 000	6 000	7 100	7 100	7 100	7 100	7 100	12 000	12 000
额定功率 (W)	1 890	1 890	1 890	2 450	2 420	2 400	2 600	2 600	2 600	2 780	2 780	4 950	4 750
额定电流 (A)	9.0	9.0	9.0	11.5	11.4	11.3	12.3	12.3	12.3	4.5	4.6	8.6	8.0
制热 制热量 (W)	/	6 200	6 200+ 1 400	/	6 700	6 700+ 1 300	/	8 100	8 100+ 2 100	/	8 100+ 2 100	/	13 000+ 3 500
额定功率 (W)	/	1 890	1 890+ 1 400	/	2 400	2 400+ 1 300	/	2 600	2 600+ 2 100	/	2 780+ 2 100	/	4 700+ 3 500
额定电流 (A)	/	9.0	9.0+ 6.6	/	11.1	11.1+ 6.3	/	12.3	12.3+ 6.6	/	4.4+ 3.7	/	7.8+ 5.8

续表

运行噪音 dB(A) 室内	38~46	38~46	38~46	39~46	39~46	39~46	39~50	39~50	39~50	39~50	39~50	49~57	49~57
运行噪音 dB(A) 室外	54	54	54	58	58	58	58	58	58	58	58	62	62
循环风量 (m³/h)	800	800	800	880	880	880	1 100	1 100	1 100	1 100	1 100	1 680	1 680
质量 (kg) 室内	44	45	46	45	46	47	50	50	50	50	50	63	63
质量 (kg) 室外	50	53	53	55	60	60	79	79	79	79	79	110	110
外形尺寸 宽×高×深(mm) 室内	480× 1 695 ×273	480 ×1 695 ×273	480× 1 695 ×273	480× 1 695 ×273	480× 1 695 ×273	480× 1 695 ×273	540× 1 774 ×287	540× 1 774 ×287	540× 1 774 ×287	540× 1 774 ×287	540× 1 774 ×287	540× 1 774 ×367	540× 1 774 ×367
外形尺寸 宽×高×深(mm) 室外	843× 695 ×313	843× 695 ×313	843× 695 ×313	843× 695 ×313	843× 695 ×313	843× 695 ×313	895× 860 ×350	895× 860 ×350	895× 860 ×350	895× 860 ×350	895× 860 ×350	940× 1 245 ×400	940× 1 245 ×400
控制方式	触控/遥控	触控/遥控	触控/遥控	触控/遥控	触控/遥控	触控/遥控	触控	触控	触控	触控	触控	触控	触控
适用面积 (m²)	23~34	23~34	23~34	27~40	27~40	27~40	32~48	32~48	32~48	32~48	32~48	54~81	54~81

品类及主要功能

天蜚星

●超小三维设计,居室尽显舒"畅";
●先进的模内复合技术,凸显豪华贵;
●全优化制冷系统设计,超速送冷热,舒适睡眠同期有;
●高效率低能耗压缩机和高效率换热器,高效运行更省电;

●大直径大叶片离心风轮与全优化风道,远距离送风更静音;
●强劲电辅热,热冷比高达140%,严寒强劲送暖风;
●智能独立抽湿,梅雨天尽享干爽舒畅;
●新款中文液晶温控器,舒适生活尽在掌握。

型号		室内	KF-43 L/Y-Q	KFR-43 L/Y-Q	KFR-43 L/DY-Q	KF-50 L/Y-Q	KFR-50 L/Y-Q	KFR-50 L/DY-Q	KF-61 L/Y-Q	KFR-61 L/Y-Q	KFR-61 L/DY-Q	KF-71 L/Y-Q
		室外	KF-43 W-110L	KFR-43 W-110L	KFR-43 W-110L	KF-50 W-210L	KFR-50 W-210L	KFR-50 W-210L	KF-61 W-210L	KFR-61 W-210L	KFR-61 W-210L	KF-71 W-310L
电源·频率(V·PH·Hz)			220-1-50	220-1-50	220-1-50	220-1-50	220-1-50	220-1-50	220-1-50	220-1-50	220-1-50	220-1-50
制冷	制冷量(W)		4 300	4 300	4 300	5 000	5 000	5 000	6 100	6 100	6 100	7 100
	额定功率(W)		1 550	1 550	1 550	2 050	2 050	2 050	2 350	2 400	2 400	2 700
	额定电流(A)		7.5	7.5	7.5	9.5	9.5	9.5	11.2	11.4	11.4	12.5
制热	制热量(W)		/	4 700	4 700+1 500	/	5 700	5 700+1 500	/	7 000	7 000+1 600	/
	额定功率(W)		/	1 400	1 400+1 500	/	2 050	2 050+1 500	/	2 300	2 300+1 600	/
	额定电流(A)		/	7.0	7.0+6.8	/	9.5	9.5-6.8	/	10.9	11.4+7.3	/
运行噪音 dB(A)		室内	37~43	37~43	37~43	37~43	37~43	37~43	36~45	36~45	36~45	42~48
		室外	55	55	55	54	56	56	58	58	58	58
循环风量(m³/h)		室内	800	800	800	800	800	800	900	900	900	990
		室外	800	800	800	800	800	800	900	900	900	990
质量(kg)		室内	39	39	39	39	39	40	46	46	46	46
		室外	37	40	40	50	53	53	60	60	60	68
外形尺寸 宽×高×深(mm)		室内	450×150×285	450×150×285	450×150×285	450×150×285	450×150×285	450×150×285	500×150×665	500×150×665	500×150×665	500×150×665
		室外	780×540×250	780×540×250	780×540×250	845×540×330	845×540×330	845×540×330	845×695×330	845×695×330	845×695×330	895×880×330
控制方式			遥控/键控	遥控/键控	遥控/键控	遥控/键控	遥控/键控	遥控/键控	遥控/键控	遥控/键控	遥控/键控	遥控/键控
适用面积(m²)			19~29	19~29	19~29	23~34	23~34	23~34	27~41	27~41	27~41	32~48

续表

型号（室内）	型号（室外）	电源规格 (V·PH·Hz)	制冷量 (W)	制冷 额定功率 (W)	制冷 额定电流 (A)	制热量 (W)	制热 额定功率 (W)	制热 额定电流 (A)	运行噪音 dB(A) 室内	运行噪音 室外	循环风量 (m³/h)	质量(kg) 室内	质量(kg) 室外	外形尺寸(mm) 宽×高×深 室内	外形尺寸(mm) 室外	控制方式	适用面积 (m²)
KFR-71 L/Y-Q	KFR-71 W-300L	220-1-50	7100	2700	12.5	7800	2600	12.3	42~48	58	990	46	77	500×1665×268	895×860×320	遥控/键控	32~48
KFR-71 L/DY-Q	KFR-71 W-300L	220-1-50	7100	2700	12.5	7800+2100	2600+2100	12.3+10.0	42~48	58	990	46	77	500×1665×268	895×860×320	遥控/键控	32~48
KF-71 L/SY-Q	KF-71 W/S-300L	380-3-50	7100	2780	4.8	/	/	/	42~48	58	990	46	68	500×1665×268	895×860×320	遥控/键控	32~48
KFR-71 L/SDY-Q	KFR-71 W/S-300L	380-3-50	7100	2780	4.8	7800+2500	2600+2500	4.8+4.4	42~48	58	990	46	77	500×1665×268	895×860×320	遥控/键控	32~48
KF-75 L/Y-Q	KF-75 W-300L	220-1-50	7500	3050	14.5	/	/	/	48~52	58	1150	50	73	540×1775×290	895×860×320	遥控/键控	34~51
KFR-75 L/Y-Q	KFR-75 W-300L	220-1-50	7500	3050	14.5	8800	3100	13.5	48~52	58	1150	50	79	540×1775×290	895×860×320	遥控/键控	34~51
KFR-75 L/DY-Q	KFR-75 W-300L	220-1-50	7500	3050	14.5	8800+2500	3000+2500	13.5+9.6	48~52	60	1150	50	79	540×1775×290	895×860×320	遥控/键控	34~51
KF-75 L/SY-Q	KF-75 W/S-300L	380-3-50	7500	3050	5.3	/	/	/	48~52	58	1150	50	79	540×1775×290	895×860×320	遥控/键控	34~51
KFR-75 L/SDY-Q	KFR-75 W/S-300L	380-3-50	7500	3050	5.3	8800+2500	3000+2500	5.2+4.0	48~52	58	1150	50	79	540×1775×290	895×860×320	遥控/键控	34~51
KF-120 L/SY-Q	KF-120 W/S-300L	380-3-50	12000	4950	8.2	/	/	/	51~57	65	1900	56	90	540×1775×367	990×960×360	遥控/键控	54~81
KFR-120 L/SDY-Q	KFR-120 W/S-300L	380-3-50	12000	4900	8.0	13000+3500	4750+3500	7.9+5.8	51~57	65	1900	58	101	540×1775×367	990×960×360	遥控/键控	54~81

●一种简约时尚高雅的风格; ●健康负离子,除尘杀菌; 补充"空气维生素"; ●复合式空气清新网与防霉过滤网等多层净化装置,全面清新空气; ●特效电子除臭功能,防止返臭味;

●先进的鳍状复合技术,凸显亲情; ●新一代光触媒过滤网,高效除臭更健康; ●PTC电辅助加热,超低温强劲送温暖; ●新款中文液晶显示遥控器,舒适生活尽在掌握。

●低温等离子技术,二次除尘又消烟,效率高达95%; ●生物杀菌过滤网,有效抑制和杀死有害病菌; ●大直径大叶片离心风轮,远距离送风更静音。

品类及主要功能 型号		天俊星(豪华型)					
		KF-50L/Y-P KF-50W-211L	KFR-50L/Y-P KFR-50W-211L	KFR-50L/DY-P KFR-50W-211L	KF-61L/Y-P KF-61W-310L	KFR-61L/Y-P KFR-61W-310L	KFR-61L/DY-P KFR-61W-310L
电源规格(V-PH-Hz)		220-1-50	220-1-50	220-1-50	220-1-50	220-1-50	220-1-50
制冷	制冷量(W)	5 000	5 000	5 000	6 100	6 100	6 100
	额定功率(W)	1 930	1 930	1 930	2 320	2 320	2 320
	额定电流(A)	9.1	9.1	9.1	11.0	11.0	11.0
制热	制热量(W)	/	6 200	6 200+1 500	/	7 100	7 100+1 600
	额定功率(W)	/	1 950	1 950+1 500	/	2 350	2 350+1 600
	额定电流(A)	/	9.5	9.4+6.9	/	11.2	11.2+7.2
运行噪音 dB(A)	室内	38~46	38~46	38~46	39~48	39~48	39~48
	室外	55	55	55	58	58	58
循环风量(m³/h)	室内	800	800	800	900	900	900
质量(kg)	室内	51	51	51	52	52	52
	室外	53	53	53	73	73	73

续表

续表

型号		KF-50L/Y-P	KFR-50L/Y-P	KFR-50L/DY-P	KF-61L/Y-P	KFR-61L/Y-P	KFR-61L/DY-P
	室内	KF-50L/Y-P	KFR-50L/Y-P	KFR-50L/DY-P	KF-61L/Y-P	KFR-61L/Y-P	KFR-61L/DY-P
	室外	KF-50W-211L	KFR-50W-211L	KFR-50W-211L	KF-61W-310L	KFR-61W-310L	KFR-61W-310L
外形尺寸(mm) 宽×高×深	室内	845×695×330	845×695×330	845×695×330	895×860×320	895×860×320	895×860×320
	室外	500×1 850×293	500×1 850×293	500×1 850×293	500×1 850×293	500×1 850×293	500×1 850×293
控制方式		触控/遥控	触控/遥控	触控/遥控	触控/遥控	触控/遥控	触控/遥控
适用面积(m²)		23～34	23～34	23～34	27～41	27～41	27～41

品类及主要功能　星海系列

- 先进的模内复合技术,彰显华贵;
- 强劲电辅热,全智能控制热冷比高温140℃,严寒强劲送暖风;
- 大直径大叶片离心风轮和全优化风道设计,超静音运行;
- 国际名牌压缩机,高效省电更静音;
- 187V 超低压,超低温制热矫正常启动运行;
- 智能独立抽湿,梅雨天尽享干爽舒畅;
- 新款中文液晶遥控器,舒适生活尽在掌握。

型号		KF-50L/F₂Y	KFR-50L/F₂Y	KFR-50L/F₂DY	KF-61L/F₂Y	KFR-61L/F₂Y	KFR-61L/F₂DY
	室内	KF-50L/F$_2$Y	KFR-50L/F$_2$Y	KFR-50L/F$_2$DY	KF-61L/F$_2$Y	KFR-61L/F$_2$Y	KFR-61L/F$_2$DY
	室外	KF-50W/F$_2$	KFR-50W/F$_2$	KFR-50W/F$_2$	KF-61W/F$_2$	KFR-61W/F$_2$	KFR-61W/F$_2$
电源规格(V-PH-Hz)		220-1-50	220-1-50	220-1-50	220-1-50	220-1-50	220-1-50
制冷	制冷量(W)	5 000	5 000	5 000	6 100	6 100	6 100
	额定功率(W)	2 000	2 000	2 000	2 350	2 400	2 400
	额定电流(A)	10.0	10.0	10.0	11.2	11.4	11.4

型号	室内/室外	KF-50L/F₂Y / KF-50W/F₂	KFR-50L/F₂Y / KFR-50W/F₂	KFR-50L/F₂DY / KFR-50W/F₂	KF-61L/F₂Y / KF-61W/F₂	KFR-61L/F₂Y / KFR-61W/F₂	KFR-61L/F₂DY / KFR-61W/F₂
制热 制热量(W)		/	5 700	5 700+1 400	/	7 000	7 000+1 600
制热 额定功率(W)		/	2 000	2 000+1 400	/	2 300	2 300+1 600
制热 额定电流(A)		/	10.3	10.3+6.4	/	10.9	10.9+7.3
运行噪音 dB(A)	室内	39~45	39~45	39~45	39~48	39~48	39~48
运行噪音 dB(A)	室外	56	56	56	58	58	58
循环风量 (m³/h)	室内	800	800	800	900	900	900
循环风量 (m³/h)	室外	40	40	40	42	42	42
质量 (kg)		50	50	50	59	60	60
外型尺寸 宽×高×深(mm)	室内	500×1 680×268	500×1 680×268	500×1 680×268	500×1 680×268	500×1 680×268	500×1 680×268
外型尺寸 宽×高×深(mm)	室外	830×695×313	843×695×313	843×695×313	843×695×313	843×695×313	843×695×313
控制方式		遥控	遥控	遥控	遥控	遥控	遥控
适用面积 (m²)		23~34	23~34	23~34	27~41	27~41	27~41

续表

型号		KF-71L/F₂Y KF-71W/F₂	KFR-71L/F₂Y KFR-71W/F₂	KFR-71L/F₂DY KFR-71W/F₂	KF-71L/F₂SY KF-71W/F₂S	KFR-71L/F₂SY KFR-71W/F₂S	KF-ⅡL/F₃DY KF-ⅡW/F₃S	KFR-ⅡL/F₃DY KFR-ⅡW/F₃S
电源规格(V·PH·Hz)		220-1-50	220-1-50	220-1-50	380-3-50	380-3-50	380-3-50	380-3-50
制冷	制冷量(W)	7 100	7 100	7 100	7 100	7 100	12 000	12 000
	额定功率(W)	2 700	2 700	2 700	2 850	2 850	5 000	4 750
	额定电流(A)	12.5	12.5	12.5	5.0	5.0	8.2	8.0
制热	制热量(W)	/	7 800	7 800+2 100	/	7 800+2 100	/	13 000+3 500
	额定功率(W)	/	2 600	2 600+2 100	/	2 900+2 100	/	4 700+3 500
	额定电流(A)	/	12.3	12.3+9.5	/	5.1+3.5	/	8.0+6.0
运行噪音 dB(A)	室内	43~50	43~50	43~50	43~50	43~50	49~57	49~57
	室外	58	58	58	58	58	62	62
循环风量(m³/h)	室内	990	990	990	990	990	1680	1680
	室外							
质量(kg)	室内	50	50	50	50	50	63	63
	室外	79	79	79	79	79	110	110
外形尺寸 宽×高×深(mm)	室内	540×1780×270	540×1780×270	540×1780×270	540×1780×270	540×1780×270	540×1780×350	540×1780×350
	室外	895×860×350	895×860×350	895×860×350	895×860×350	895×860×350	940×1245×400	940×1245×400
控制方式		遥控	遥控	遥控	遥控	遥控	遥控	遥控
适用面积(m²)		32~48	32~48	32~48	32~48	32~48	54~81	54~81

续表

型号	室内	KF-50L/K2Y	KFR-50L/K2Y	KFR-50L/K2DY	KF-60L/K2Y	KFR-60L/K2Y	KFR-60L/K2DY
	室外	KF-50W/k_2	KFR-50W/k_2	KFR-50W/k_2	KF-60W/k_2	KFR-60W/k_2	KFR-60W/k_2
电源规格（V·PH·Hz）		220-1-50	220-1-50	220-1-50	220-1-50	220-1-50	220-1-50
制冷	制冷量（W）	5 000	5 000	5 000	6 000	6 000	6 000
	额定功率（W）	2 000	2 000	2 000	2 430	2 430	2 430
	额定电流（A）	10.0	10.0	10.0	11.5	11.3	11.3
制热	制热量（W）	/	5 800	5 800+1 400	/	6 800	6 800+1 400
	额定功率（W）	/	2 000	2 000+1 400	/	2 380	2 300+1 400
	额定电流（A）	/	10.0	10.0+6.0	/	11.0	11.2+6.8
运行噪音 dB（A）	室内	39~46	39~46	39~46	39~47	39~47	39~47
	室外	54	54	54	58	58	58
循环风量（m³/h）	内	750	750	750	880	880	880
	室外	43	43	43	43	43	43
质量（kg）	室内	52	52	52	55	60	60
外形尺寸 宽×高×深（mm）	室内	480×1 695 ×293	480×1 695 ×293	480×1 695 ×293	480×1 695 ×293	480×1 695 ×293	480×1 695 ×293
	室外	843×695 ×313	843×695 ×313	843×695 ×313	843×695 ×313	843×695 ×313	843×695 ×313
控制方式		遥控	遥控	遥控	遥控	遥控	遥控
适用面积（m²）		23~34	23~34	23~34	27~40	27~40	27~40

续表

型号	室内 室外	KF-71L/K₂ KF-71W/K₂	KFR-71L/K₂ KFR-71W/K₂	KFR-71L/K₂DY KFR-71W/K₂	KF-71L/K₂SY KF-71W/K₂S	KFR-71L/K₂SDY KFR-71W/K₂S	KF-120L/K₂SY KF-120W/K₂S	KFR-120L/K₂SY KFR-120W/K₂S
电源规格（V-PH-Hz）		220-1-50	220-1-50	220-1-50	380-3-50	380-3-50	380-3-50	380-3-50
制冷	制冷量（W）	7 100	7 100	7 100	7 100	7 100	12 000	12 000
	额定功率（W）	2 700	2 700	2 700	2 850	2 850	5 000	4 750
	额定电流（A）	12.5	12.5	12.5	5.0	5.0	8.2	8.0
制热	制热量（W）	/	7 800	7 800+2 100	/	7 800+2 100	/	13 000+3 500
	额定功率（W）	/	2 600	2 600+2 100	/	2 900+2 100	/	4 700+3 500
	额定电流（A）	/	12.3	12.3+9.5	/	5.3+3.2	/	8.0+6.0
运行噪音 dB（A）	室内	43~50	43~50	43~50	43~50	43~50	49~58	49~58
	室外	58	58	58	58	58	62	62
循环风量（m³/h）		990	990	990	990	990	1 680	1 680
质量（kg）	室内	50	50	50	50	50	63	63
	室外	79	79	79	79	79	110	110
外形尺寸 宽×高×深（mm）	室内	540×1 775×295	540×1 775×295	540×1 775×295	540×1 775×295	540×1 775×295	540×1 775×375	540×1 775×375
	室外	895×860×350	895×860×350	895×860×350	895×860×350	895×860×350	940×1 245×400	940×1 245×400
控制方式		遥控	遥控	遥控	遥控	遥控	遥控	遥控
适用面积（m²）		32~48	32~48	32~48	32~48	32~48	54~81	54~81
品类及主要功能		世纪星系列 ● 超小三维设计，居室尽显舒"敞"； ● 高效率低能耗压缩机和高效率换热器，高效运行更省电； ● 强劲电辅热功能，全智能控制，热冷比高达到140%，严冬强劲送暖风； ● 新款中文液晶遥控器； ● 全优化制冷系统设计，超速送冷热，舒适瞬间即拥有； ● 大直径大叶片离心风轮与全优化风道，远距离商送风更静音； ● 智能独立抽湿，梅雨天尽享干爽舒畅；						

续表

型号		KF-43L/H₁Y / KF-43W/H₁	KFR-43L/H₁DY / KFR-43W/H₁	KF-50L/H₁Y / KF-50W/H₁	KFR-50L/H₁DY / KFR-50W/H₁
电源规格(V-PH-Hz)	室内	220-1-50	220-1-50	220-1-50	220-1-50
	室外	220-1-50	220-1-50	220-1-50	220-1-50
制冷	制冷量(W)	4 300	4 300	5 000	5 000
	额定功率(W)	1 560	1 560	1 980	1 980
	额定电流(A)	7.5	7.5	10.2	10.2
制热	制热量	/	4 700+1 400	/	5 900+1 400
	额定功率(W)	/	1 400+1 400	/	1 900+1 400
	额定电流(A)	/	7.0+6.0	/	9.4+6.4
运行噪音 dB(A)	室内	38~44	38~44	37~44	37~44
	室外	56	56	56	56
循环风量(m³/h)		720	720	750	750
质量(kg)	室内	37	37	37	37
	室外	41	41	52	52
外形尺寸 宽×高×深(mm)	室内	450×1 550×286	450×1 550×286	450×1 550×286	450×1 550×286
	室外	780×540×240	780×540×240	843×695×313	843×695×313
控制方式		遥控	遥控	遥控	遥控
适用面积(m²)		19~29	19~29	23~34	23~34

4. 窗式空调器

KC–25/CX

KC–25/CXC

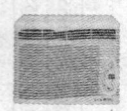

KC–20/A

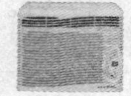

蓝色面板

　　【特点及用途】窗式空调器是专门装置在窗框或开洞的墙壁上，为向室内输送冷气的空调器具。其特点是室外无滴水、干净睦邻、具有吐故纳新的换气功能。导风叶左右摇摆送风，以及独立的抽湿、睡眠运转、防霉过滤网、仿数码管显示等设置。窗式空调器适合家庭、办公室、机房、试验室等类似场所使用。

【规格】 格力华凌电器有限公司产品

型号	适用面积(m²)	额定制冷量(W)	额定制冷功率(W)	额定制冷电流(A)	电源(PH-V-Hz)	外形尺寸(宽×高×厚)(mm)	内/外机净重质量(kg)	循环风量(m³/h)	除湿量(l/h)	室内/外运行噪音 dB(A)	控制方式
KC-20/A	9~14	2 000	790	3.6	单相/220/50	460×350×470	27	250	1.2	47/54	遥控
KC-25/CX	12~18	2 500	1 000	4.8	单相/220/50	450×345×575	35	330	1.4	47/53	遥控
KC-25/CXC	12~18	2 500	1 000	4.8	单相/220/50	450×345×575	35	330	1.4	47/53	旋钮
KC-33	15~22	3 300	1 330	6.2	单相/220/50	560×375×615	42	450	1.8	52/57	旋钮
KC-33/B	15~22	3 300	1 330	6.2	单相/220/50	560×375×615	42	450	1.8	52/57	遥控

5. 吊顶式空调器

KF-73QW
KF-73QW/S
KFR-73QW
KFR-73QW/S

KF-50DLW　KFR-50DLW

【特点及用途】吊顶式空调器属于分体式室内机组结构形式中的一种变型产品,可紧贴楼顶吊顶安装,节省空间,其四布出风,冷热均匀,气流遍布室内空间,高效节能,采用超静音设计,大屏幕液晶遥控,易取出式防霉过滤网,24小时时钟定时控制功能。吊顶式空调器特别适用于商业营业厅堂及类似需用场所。

【规格】华凌电器有限公司产品

型号	适用面积 (m²)	额定制冷量 (W)	额定制冷功率 (W)	额定制冷电流 (A)	额定制热量 (+辅助电加热) (W)	额定制热功率 (+辅助电加热) (W)	额定制热电流 (+辅助电加热) (A)	电源 (PH~V~Hz)
KF-120LW/P0202	55~83	12 000	4 500	8.6	—	—	—	室内机:单相/220/50 室外机:三相/380/50
KFR-120LW/P0202	55~83	12 000	4 500	8.9	14 000+2 700	4 700+2 700	9.2+12.3	室内机:单相/220/50 室外机:三相/380/50
KF-120LW/S	55~83	12 000	4 500	8.6	—	—	—	室内机:单相/220/50 室外机:三相/380/50
KFR-120LW/Sa	55~83	12 000	4 500	8.9	14 000+2 700	4 700+2 700	9.2+12.3	室内机:单相/220/50 室外机:三相/380/50
KF-73QW	34~53	7 300	3 030	14.1	—	—	—	单相/220/50
KF-73QW/S	34~53	7 300	3 030	8.0	—	—	—	室内机:单相/220/50 室外机:三相/380/50
KFR-73QW	34~53	7 300	3 030	14.2	8 200+1 700	2 980+1 700	14+7.7	室内机:单相/220/50 室外机:三相/380/50
KFR-73QW/S	34~53	7 300	3 030	5.2	8 200+1 700	2 980+1 700	5.3+7.7	室内机:单相/220/50 室外机:三相/380/50
KF-112QW/S	52~78	11 200	4 350	8.0	—	—	—	室内机:单相/220/50 室外机:三相/380/50
KFR-112QW/S	52~78	11 200	4 300	8.0	12 500	4 800	9.0	室内机:单相/220/50 室外机:三相/380/50
KF-50LW *	23~35	5 000	2 000	9.3	—	—	—	单相/220/50
KFR-50LW *	23~35	5 000	2 050	9.3	5 800	2 050	9.3	单相/220/50

注:带 * 型号机可座吊两用。

续表

室内机外形尺寸（宽×高×厚）(mm)	室外机外形尺寸（宽×高×厚）(mm)	内/外机净重质量(kg)	循环风量(m³/h)	除湿量(1/h)	室内/外运行噪音 dB(A)	控制方式	功能
600×1 900×350	970×1 258×345	53/112	1 800	6.0	42-49/57	遥控	单冷
600×1 900×350	970×1 258×345	53/112	1 800	6.0	42-49/57	遥控	冷暖辅热
600×1 900×350	970×1 258×345	53/112	1 800	6.0	42-49/57	轻触	单冷
600×1 900×350	970×1 258×345	53/112	1800	6.0	42-49/57	轻触	冷暖辅热
950×950×75（面板）843×843×265（机身）	870×850×295	面板7, 内/外机28/75	1 030	3.2	49/52	遥控	单冷
950×950×75（面板）843×843×265（机身）	870×850×295	面板7, 内/外机28/75	1 030	3.2	49/52	遥控	单冷
950×950×75（面板）843×843×265（机身）	870×850×295	面板7, 内/外机29/75	1 030	3.2	49/52	遥控	冷暖辅热
950×950×75（面板）843×843×265（机身）	870×850×295	面板7, 内/外机29/75	1 030	3.2	49/52	遥控	冷暖辅热
950×950×75（面板）843×843×265（机身）	970×1 258×345	面板7, 内/外机35/114	1 400	5.8	52/57	遥控	单冷
950×950×75（面板）843×843×265（机身）	970×1 258×345	面板7, 内/外机35/114	1 400	5.8	52/58	遥控	冷暖
1 100×180×650	850×610×290	26/48	660	2.5	49/53	遥控	单冷
1 100×180×650	850×610×290	26/48	640	2.5	49/53	遥控	冷暖

6. 风管式空调机

【特点及用途】风管式空调机采用高效率内螺纹发卡管和高性能涡旋压缩机,制冷(热)能力强,其通过增加高性能风扇数量和隔音措施,低静音达 40dB(3HP),10 匹机型最高静压为 196Pa(标准为 100Pa),并且 0 ～ 196Pa 连续可调。风管式空调机为超薄设计,3 匹厚度只有 295mm,空调机可根据室内温度及设定温度自动选择最佳的运转方式,设置有自动定时运转及停止的智能运转功能,并有故障自动检测、自动显示及全自动停电补偿等多种功能设置。风管式空调机适用于大型商场、超市、车站大厅等类似需用场所。

[规 格] 三菱重工海尔（青岛）空调机有限公司产品

型号	冷房能力(W)	暖房能力(W)	消耗功率(W) 冷房	消耗功率(W) 暖房	运转电流(A) 冷房	运转电流(A) 暖房	最大配管 长度(m)	内外机 高度差(m)	额定风量(m³/h)	最大静压(Pa)
LFU75WDA	7 500	-	2 800	-	14	-	30	15	1 500	140
LFU13WDA	1 300	-	4 900	-	9.0	-	50	15	2 520	160
LFU25WD	25 000	-	10 000	-	17.6	-	50	30(15)	4 080	196
RFU75WDA	7 500	8 500	2 800	2 900	14	14.5	30	15	1 500	140
RFU13WDA	13 000	14 000	4 800	4 900	9.2	9.4	50	15	2 520	160
RFU25WD	2 500	2 800	10 000	9 800	17.6	17.4	50	30(15)	4 080	196
RFUD75WDA	7 500	8 500(119 000)	2 800	2 900(6 300)	14	14.5(28.1)	30	15	1 500	140
RFUD13WDA	13 000	14 000(17 400)	4 800	4 900(8 300)	9.2	9.4	50	15	2 520	160
RFUD25WD	25 000	28 000(※35 500)	10 000	9 800(※5 500)	17.6	17.4(※25)	50	30(15)	4 080	196

规 格	2.7匹 3匹	5匹	10匹
外观			
主要尺寸(mm) 内机外形尺寸(mm)	295×850×650	350×1 370×650	360×1 570×830
内机进风口尺寸(mm)	246×846	1 366×300	250×1 505
内机出风口尺寸(mm)	246×846	1 366×300	250×1 450
外机外形尺寸(mm)	844×1 024×340	1 250×1 035×340	1 350×600×1 450
质量 内机(kg)	48	49	92
外机(kg)	69	69	203

注：表中"（ ）"内显示数字带※数值是电加热器单独工作时的数值，不带※数值是热泵和电加热器共同工作时的数值。

7. 一拖二分体式空调器

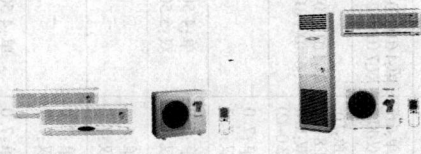

K-[35G/A(F)×2]50W/A   KR-[25G/A+45Ld/A]70W/A

【特点及用途】一拖二分体式空调器是用一台室外主机带动两台室内机工作,可以同时或分别满足两个房间调节空气,其具有节省场地、节省电耗、降低噪音等优点。使用亦同样方便。一拖二分体式空调器主要类型有相同功率壁挂式一拖二(两个相当房间配置选用),不同功率壁挂式一拖二(两个大小不同房间配置选用),以及柜挂厅卧式一拖二等。一拖二分体式空调器适用于不同房型,不同装修环境及房间面积,其比单独购买多套空调可节省20% ~30%的费用。

[规　格] 青岛海尔空调器有限公司产品

类型	型号	适用面积 (m²)	制冷量 (W)	制冷功率 (W)	电流 (A)	制热量 (W)
相同功率挂壁式一拖二	KR-[32G/D(F)×2]50W/B(BP)	单:15~22 双:(12~18)×2	单:3 200(500~3 800) 双:5 000(700~6 000)	单:1 350(300~1 600) 双:2 100(300~2 500)	单:6.6 双:10.4	单:4 600(600~5 200) 双:7 000(700~8 000)
	KR-[32G/C(F)×2]50W/A(BP)	单:15~22 双:(12~18)×2	单:3 200(500~3 800) 双:5 000(700~6 000)	单:1 250(300~1 500) 双:2 000(400~2 400)	单:6.6 双:10.4	单:4 600(600~5 200) 双:7 000(700~8 000)
	KR-[30G/(F)×2]48W/(BP)	单:18~24 双:(14~20)×2	单:3 000(500~3 600) 双:4 800(700~5 800)	单:1 250(300~1 500) 双:2 000(400~2 400)	单:7.0(1.8~8.6) 双:10.0(3.0~12)	单:4 000(600~4 800) 双:6 500(1 200~8 000)
	K-[35G/A(F)×2]50W/A	单:15~22 双:(12~18)×2	单:3 500 双:5 000	单:1 500 双:1 650	单:7.0 双:7.7	单:4 500 双:5 500
	KR-[35G/A(F)×2]50W/A	单:15~22 双:(12~18)×2	单:3 500 双:5 000	单:1 500 双:1 650	单:7.0 双:7.7	-
	K-[30G/(F)×2]43W	单:14~20 双:(9~14)×2	单:3 000 双:4 300	单:1 350 双:1 530	单:6.3 双:7.2	-
	K-[35G/(F)×2]50W	单:17~26 双:(11~17)×2	单:3 500 双:5 000	单:1 500 双:1 650	单:7.0 双:7.7	-
	KR-[35G/(F)×2]50W	单:17~26 双:(11~17)×2	单:3 500 双:5 000	单:1 500 双:1 650	单:7.0 双:7.7	单:4 500 双:5 500

续表

类型	型号	运转	内	适用面积(m²)	制冷量(W)	制冷功率(W)	电流(A)	制热量(W)
不同功率挂壁式一拖二	内1 KR-2C/D(F) 内2 KR-4C/D(F) 外 KR-6DW/A(BP)	单机运转	内1	10~20	3 200(500~3 800)	1 350(300~1 600)	6.6(2.5~8.2)	4 600(600~5 200)
		单机运转	内2	18~25	4 000(1 000~4 500)	1 500(500~1 700)	7.6(2.5~8.6)	5 000(1 200~5 500)
		双机运转	内1	10~20	2 500(700~3 000)	2 500(500~2 700)	12.7(2.5~13.6)	3 000(600~3 800)
		双机运转	内2	18~25	3 500(600~3 800)			4 000(800~4 600)
	内1 KR-2C/H(F) 内2 KR-4C/H(F) 外 KR-6DW/H(BP)	单机运转	内1	10~20	3 200(1 000~3 600)	1300(500~1 600)	6.5(2.5~8.2)	4 300(420~4 800)
		单机运转	内2	18~25	4 000(1 000~4 500)	1 500(500~1 700)	7.6(2.5~8.6)	5 000(1 200~5 500)
		双机运转	内1	10~20	2 500(600~3 000)	2 500(500~2 700)	12.7(2.5~13.6)	3 000(600~3 800)
		双机运转	内2	18~25	3 500(600~3 800)			4 000(800~4 600)
柜挂厅卧式一拖二	内1 KR-2C/A(F) 内2 KR-5L/A(DF) 外 KR-70W/A(BP)	单机运转	内1	10~20	3 200(1 000~3 600)	1 300(500~1 600)	7.4(3.0~9.4)	4 300(1 100~4 800)
		单机运转	内2	23-36	5 000(1 000~6 000)	2 050(500~2 500)	10.4(2.8~14.0)	5 000(1 200~6 700)
		双机运转	内1	10~20	2 500(600~3 000)	2 920(500~3 700)	13.7(2.8~18.7)	3 200(600~3 800)
		双机运转	内2	23-36	4 500(600~5 000)			5 300(600~5 800)
	KR-(25G/A,45Li/A)70W/A			45Li:20~31 25G:11~17	4500+2500	1700+1000	7.8+4.6	(5 000+1 000)+3 000

续表

类型	型号	制热功率(W)	电流(A)	内机尺寸(mm)(宽深高)	外机尺寸(mm)(宽深高)	噪音dB(A)	循环风量(m³/h)	除湿量(×10⁻³m³/h)	冷质量(kg)
	KR-[32G/D(F)×2]50W/B(BP)	单:2 000(300~2 100) 双:2 350(320~3 000)	单:9.1 双:11.4	727×195×285	810×288×680	30~39/46~56	500	单:1.7 双:1.3×2	9/56
	KR-[32G/C(F)×2]50W/A(BP)	单:2 000(300~2 100) 双:2 350(320~3 000)	单:9.1 双:11.4	795×182×265	810×288×680	30~39/46~56	500	单:1.7 双:1.3×2	7.6/56
	KR-[30G/(F)×2]48W/(BP)	单:1 800(360~2 100) 双:2 300(320~3 000)	单:8.4(2.0~10.0) 双:12.5(2.0~13)	795×182×265	780×250×650	31~40/54	600	单:1.7 双:1.4×2	7.6/42
相同功率壁挂式三拖二	K-[35G/A(F)×2]50W/A	—	—	727×195×285	810×288×680	30~40/50	500	单:1.7 双:1.3×2	9/58
	KR-[35G/A(F)×2]50W/A	单:1850 双:1650	单:8.6 双:7.7	727×195×285	810×288×680	30~40/50	500	单:1.7 双:1.3×2	9/59
	K-[30G/(F)×2]43W	—	—	795×180×265	780×270×550	30~39/45~51	420	单:1.7 双:1.5×2	7.2/42
	K-[35G/(F)×2]50W	—	—	795×182×265	810×288×680	30~39/45~51	500	单:1.6 双:1.3×2	7.6/58
	KR-[35G/(F)×2]50W	单:1850 双:1650	单:8.6 双:7.7	795×182×265	810×288×680	30~40/50	500	单:1.7 双:1.3×2	7.6/59

续表

类型	型号	制热功率(W)	电流(A)	内机尺寸(mm)(宽深高)	外机尺寸(mm)(宽深高)	噪音 dB(A)	循环风量(m³/h)	除湿量(×10⁻³ m³/h)	冷质量(kg)
不同功率挂壁式二拖二	内 1KR-32G/D(F)	2 000(300~2 100)	9.1(2.5~9.6)	727×195×285		30~39/54	500	1.7	9/65
	内 2KR-40G/D(F)	1 990(500~2200)	9.4(2.5~11.1)	804×195×285	880×308×730	30~41/54	700	1.8	10/65
	外 KR-60W/A(BP)	2 500(500~3 000)	11.9(2.5~15.0)	727×195×285		30~39/54	500	1.7	9/65
	内 1KR-32G/H(F)	1 700(500~1 900)	8.5(2.5~9.6)	804×195×285		30~39/54	500	1.6	10/65
	内 2KR-40G/H(F)	1 990(500~2 200)	9.4(2.5~11.1)	795×182×265	880×308×730	30~41/54	700	1.8	7.6/65 9.5/65
	外 KR-60W/H(BP)	2 500(500~3 000)	11.9(2.5~15.0)	938×182×265 938×182×265		30~39/54	500	1.6	7.6/65 9.5/65
柜挂厅卧式二拖二	内 1KR-32G/A(F)	1 790(500~2 100)	9.3(3.0~11.5)	795×182×265		30~39/50~58	500	1.6	7.6/74
	内 2KR-50L/A(JXF)	2 300(500~2 700)	11.1(2.8~14.8)	500×250×1 746	948×340×830	39~48/50~58	900	2.6	36/74
	外 KR-70W/A(BP)	3 100(500~4 200)	15.7(2.8~21.2)	795×182×265		30~39/50~58	500	1.6	7.6/74
		(1 700+1 000) +1 100	12.3+5.2	500×250×1 746 500×250×1 740 795×182×265	948×340×830	39~48/50~58 30~48/51~56 30~39/51~56	900 900+500	2.6 2.6+1.5	36/74 36+7.2 /78

基本功能

不同功率挂壁式二拖二:

KR-[32G/D(F)×2]50W/B(BP)

环绕立体风"不得了空调病" 一拖多变频技术与完美结合
● 超智能变频、大小房间自由兼顾
● 超智能负离子"预防装修病"
● 采用变频压缩机,高效节能
● 人工化彩色显示屏,运行状态一目了然
粗底温-15℃,超低压150V启动

KR-[32G/C(F)×2]50W/A(BP)
KR-[30G/(F)×2]48W/(F)

单机运行能量叠加,双机运行节能
● 超智能膨胀阀,精确控制冷媒流量 电子膨胀阀
● 多元光触媒,解决装修病"空调病"
国际名牌压缩机,超低压150V启动
亲水铝箔内螺纹铜管

柜挂厅卧式二拖二:

K-[35G/A(F)×2]50W/A
KR-[35G/A(F)×2]50W/A

环绕立体风"空调病" 多种健康技术全方位健康享受
● 单机运行节能"空调病"双机运行
● 健康负离子"预防病"
● 多元光触媒,解决装修病换新风
● 多段变频节能,提高换新效率
不等距贯流风叶,运转宁静

续表

型号	K-[30G/(F)×2]43W K-[35G/(F)×2]50W KR-[35G/(F)×2]50W	KR-[32G/D(F)+40G/D(F)]60W/A(BP)	KR-[32G/H(F)+40G/H(F)]60W/H(BP)
基本功能	●不等距贯流风扇,运转宁静 ●多种健身技术,全方位健康享受 ●国际名牌压缩机,双机运行 ●单机运行能量叠加,双机运行 ●高效节能 ●健康负离子,预防"空调病" ●多元光触媒,解决装修污染 ●多段式送风器,提纯换热效率	●环绕立体风不等"空调" ●一拖多技术与变频技术完美结合 ●超智能变频,大小房间,自由兼顾 ●健康负离子,预防"空调病" ●多元光触媒,解决装修污染 ●人性化多色显示屏,运行状态一目了然 ●超低温-15℃,超低压150V启动 ●采用高效内螺纹铜管,提高效率	●单拖多可拖绌,双机运行制冷制热能 ●超智能变频,大小房间,自由兼顾 ●电子膨胀阀,精确控制冷媒流量 ●健康负离子,预防"空调病" ●多元光触媒,解决装修污染 ●超低温-15℃,超低压150V启动 ●国际名牌压缩机,高效宁静 ●不等距贯流风扇,运转宁静 ●表水结箱(内螺纹铜管
型号	KR-[32G/A(F)+50L/A(JXF)]70W/(BP)	KR-[25G/A+45L/A]70W/A	
基本功能	●超智能变频,自动控制,舒适恒温 ●多种健康技术,全方位健康享受 ●数字信息传送,数字控制机更精确 ●两处外观柜机可选配 ●健康负离子,预防"空调病" ●多元光触媒,解决装修污染 ●超低温-15℃,超低压150V启动 ●电子膨胀阀,精确控制冷媒流量	●高效运转,静音节能 ●功率强劲,舒适健康 ●柜机,连机组合,与家居完美搭配 ●大客厅用柜机,卧室用挂机,完美组合 ●柜机15m远距离送风,辅助电加热功能 ●大圆弧挂壁,低噪静音,高效运转	

8. 变频式空调器

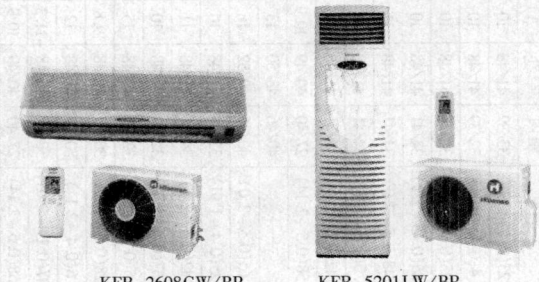

KFR-2608GW/BP   KFR-5201LW/BP

【特点及用途】变频式空调器利用电子变频技术和微电脑控制技术，使压缩机根据室温的不断变化自动进行无级变速，调整电流频率，始终将室温控制在最佳状态，变频式空调器节能省电，高效运行，是一种新型空调器，应用十分广泛。

[规 格]青岛海信空调有限公司产品

型号	制冷量(kW)	制冷功率(kW)	制热量(kW)	制热功率(kW)	噪音[dB(A)]		最大电流(A)	单机除湿量(L/h)
					室内	室外		
KFR-2618GW/BPR	2.6(0.9~3.0)	0.9(0.4~1.53)	3.6(0.9~4.6)	1.25(0.4~1.91)	33/39	41/48	10	1.0
KFR-2601GW/BP	2.6(0.91~3.2)	0.96(0.4~1.98)	3.6(0.9~4.6)	1.4(0.4~1.98)	32/39	41/48	10	1.5
KFR-2608GW/BP	2.6(0.9~3.0)	0.9(0.4~1.53)	3.6(0.9~4.6)	1.25(0.4~1.91)	32/39	41/48	10	1.0
KFR-2801GW/BP	2.8(0.9~3.4)	1.08(0.5~1.9)	3.8(0.9~4.8)	1.45(0.45~1.9)	34/41	41/48	10	1.5
KFR-3001GW/BP	3.0(0.9~3.5)	1.15(0.4~1.9)	4.0(1.0~4.9)	1.48(0.5~2.0)	34/41	41/48	11	1.5
KFR-3002GW/BP	3.0(0.9~3.5)	1.15(0.4~1.9)	4.0(1.0~4.9)	1.5(0.5~2.1)	34/41	41/48	11	1.5
KFR-3066GW/BP	3.0(0.9~3.6)	1.1(0.4~1.78)	4.0(1.0~5.0)	1.42(0.5~2.1)	31/41	41/48	11	1.2
KFR-3602GW/BP	3.6(1.0~4.0)	1.34(0.4~1.54)	5.0(1.2~6.0)	1.58(0.5~2.14)	27/40	40/49	10.9	1.8
KF-5001LW/BP	5.0(0.5~7.0)	1.85(0.36~2.6)	—	—	40/46	48/50	13	2
KFR-5001LW/BP	5.0(0.7~6.2)	1.96(0.5~2.7)	7.2(0.7~8.2)	2.65(0.5~3.0)	40/46	49/52	16	2.5
KFR-2618GW/BPR	2.6(0.9~3.0)	0.9(0.4~1.53)	3.6(0.9~4.6)	1.25(0.4~1.91)	32/39	41/48	10	1
KFR-3066GW/BP	3.0(0.9~3.6)	1.1(0.4~1.78)	4.0(1.0~5.0)	1.42(0.5~2.1)	34/41	41/48	11	1.2
KFR-2701GW/BP	2.7(0.6~3.4)	1.0(0.4~2.3)	3.9(0.6~4.6)	1.37(0.4~2.3)	32/39	41/48	10	1.4
KFR-3501GW/BP	3.5(0.4~4.0)	1.2(0.21~2.0)	4.8(0.3~6.5)	1.5(0.19~2.3)	32/39	41/48	15	2
KFR-2802GW/BP	2.8(0.9~3.5)	1.0(0.40~1.54)	4.1(1.0~4.6)	1.28(0.5~1.98)	30/39	41/48	9.8	1.5
KFR-3502GW/BP	3.5(1.0~4.2)	1.29(0.3~1.54)	4.8(1.2~6.0)	1.6(0.4~2.14)	30/39	41/48	12	1.8
KFRP-35GW	3.5(0.4~3.8)	1.18(0.21~1.42)	4.8(0.3~6.5)	1.37(0.19~2.05)	30/42	40/48	11.3	1.8
KFR-3601GW/BP	3.6(1.0~4.0)	1.34(0.4~1.52)	5.0(1.2~6.0)	1.58(0.5~2.14)	27/40	40/49	10.9	1.8
KFR-5201LW/BP	5.2(0.7~6.2)	1.96(0.5~2.7)	7.2(0.7~8.2)	2.65(0.5~3.0)	40/46	49/52	16	2.5

续表

型号	KFR-2618GW/BPR	KFR-2601GW/BP	KFR-2801GW/BP
基本功能	●强劲制冷(热)、高效节能 ●可控经济运行,大幅节约用电 ●健康三重过滤 ●出风口、蒸发器采用抗菌材料,抗菌率可达到93.6% ●机身/内、外观、遥控器夜光键 ●特有"人机对话"系统,轻松实现I feel随身感等功能	●高效变频压缩机,省电1/3 ●特有"人机对话"系统,轻松实现I feel随身感等功能 ●健康三重过滤 ●强力除湿、自动间节;夜间节能运行	●纯正高效变频压缩机,省电1/3 ●特有"人机对话"系统,轻松实现I feel随身感等功能 ●健康三重过滤 ●软启动,经济运行,保证运行安全
型号	KFR-3066GW/BP	KFR-2608GW/BP	KFR-3001GW/BP KFR-3002GW/BP
基本功能	●全新外观,彩色液晶显示屏 ●微电脑控制,精确控温 ●运行频率显示,随时了解空调运行状况 ●智能变频,高效运行 ●强劲除油垢、高效除尘 ●可显示室内、室外温度,设定三种温度	●高效变频压缩机,省电1/3 ●特有"人机对话"系统,轻松实现I feel随身感等功能 ●软启动,并用I feel随身感等功能,保证运行安全 ●具备空气清新,对室内空气中细菌具备强力杀灭作用 ●强力除湿、夜间节能运行	●智能变频,迅速制冷,保持恒温 ●特有"人机对话"系统,轻松实现I feel随身感等功能 ●并用节电,防止"跳闸" ●超级静音、流线型风道设计 ●智能定时,夜间节能运行 ●自动除霜、超强抽湿 ●健康三重过滤
型号	KFR-3602GW/BP	KFR-5001LW/BP	KF-5001LW/BP
基本功能	●特有"人机对话"系统,轻松实现I feel随身感等功能 ●超强除湿、静音运行 ●自动诊断 ●并用节电 ●健康三重过滤 ●能看见空调运转快慢	●微电脑控制变频器,实现智能控制 ●特有"人机对话"系统,轻松实现I feel随身感等功能 ●彩色VFD真空荧光显示屏 ●绿色负离子 ●健康负离子 ●能看见空调运转快慢	●微电脑控制变频器,实现智能控制 ●特有"人机对话"系统,轻松实现I feel随身感等功能 ●实现绿色VFD真空荧光显示屏 ●绿色负离子 ●健康负离子 ●能看见空调运转快慢

续表

型号	KFR-2618W/BPR	KFR-2802GW/BP KFR-3502CW/BP	KFR-3601GW/BP
基本功能	●可省经济运行,大幅节约用电 ●机身小巧,纯扫光观,遥控器安放按键 ●强劲抽湿,高效运行 ●室内机主要部件,遥控器采用抗菌材料,抗菌率高达93.6% ●强劲制冷(热),高效节能 ●特有"人机对话"系统,轻松实现"I feel 随身感"等功能	●国际名牌变频双转子压缩机,运转平稳 ●健康三重过滤,除菌杀菌 ●应用纳米材料,防霉防潮,更易清洗 ●经典造型,新潮外观 ●中央电压变频 VFD显示,显示空调内外温度 ●速度显示室内外温度 ●特有"人机对话"系统,轻松实现"I feel	●大屏幕彩色 VFD全功能显示,掌握自如 ●行速度,能力变化显著 ●超强抽湿,保证室内空气清新 ●特有数码显示工作,-15℃超低温运行 ●故障自诊断,断电自动恢复 ●特有"人机对话"系统,轻松实现"I feel 随身感"等功能

型号	KFR-2701GW/BP	KFRP-35GW	KFR-5201LW/BP
基本功能	●国际名牌变频双转子压缩机,省电1/3 ●健康三重过滤,除尘杀菌 ●彩色靓哗液晶显示,显示空调运行速度 ●智能空调,动力强劲 ●合理风道设计,超级静音 ●特有"人机对话"系统,轻松实现"I feel 随身感"等功能	●日本进口双转子压缩机,高效节能,省电1/3 ●全方位环绕立体送风 ●宽带除湿 ●宽电压工作,-15℃超低温运行 ●超微软启动,超静音运行 ●不带电辅热箱 ●特有"人机对话"系统,轻松实现"I feel 随身感"等功能	●大屏幕彩色 VFD 动态全功能显示,运转快捷得见 ●超级静音,保持居室安静舒适 ●超强抽湿,负离子杀菌,保证环境健康 ●适应节电运行,并用节电,用电高峰安全运行 ●全功行 ●特有"人机对话"系统,轻松实现"I feel 随身感"等功能 ●经典造型,施工精细,面板可自由变换

型号	KFR-3066GW/BP	KFR-3501GW/BP
基本功能	●全新外观,彩色液晶显示屏 ●可显示室内、室外,设三种温度 ●强劲抽湿,高效除尘 ●五彩变频眼,变频看得见 ●微电脑控制精确控温 ●运行瞬准温控,随时了解空调运行状况 ●智能变频,高效运行 ●特有"人机对话"系统,轻松实现"I feel 随身感"等功能	●国际名牌双转子压缩机,高效节能省电1/3 ●超宽变频范围 10Hz~140Hz ●全方位环绕立体送风 ●特有"人机对话"系统,轻松实现"I feel 随身感"等功能 ●并用节电,健康三重过滤 ●-15℃超低温运行 ●采用珍珠白外壳,经典华贵

9. 电风扇

KYTA20　　　　FST-35

（图示为格力电器产品）

　　电风扇是用于调节空气的最为常用的电器设备,其结构形式多样,但大体上都是由扇头、风叶、网罩、底座及相应的功能设施等部件组成。按外形结构及安装形式分,有台扇、吊扇、顶扇、转页扇(鸿运扇)、排气扇、落地扇、壁扇、台地扇等多种类型。按其功能分,有普通型、微风型、冷暖风型、模拟自然风型、喷香型、无级变速型、声控型、光控型等。

(1)电风扇型号表示方法

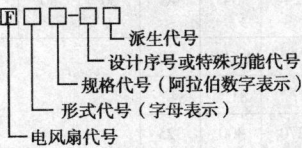

(2)电风扇型式代号

型式	摇头式	台式	壁式	顶式	台地式	落地式	吊式	转页式	换气式	装饰型
代号	省略	T	W(B)	D	TD、(TS)	L(S)	D	Y	A	Z

（3）电风扇规格代号

电风扇规格代号是以电风扇叶（叶轮）直径大小表示,通常以 mm 为单位,取其前 1 位或 2 位数表示。

（4）设计序号或特殊功能代号及派生代号

设计序号或特殊功能代号及派生代号是由工厂设计自定。

（5）电风扇型号表示举例

a. FTS35–A1 型:即台地扇,350mm 规格,A1 型。

b. FS40–B2 型:即落地扇,400mm 规格,B2 型。

（6）电风扇规格与输入功率及输出风量对照

规格 （mm）	200	250	300	350	400	500	600	900	1 050
输入功率 <（W）	26	30	42	51	59	72	103	46 *	55 *
输出风量 （m³/min）	16	24	34	46	60	80	130	140	170
	1 200	1 400	1 600	1 800					
	66 *	77 *	81 *	84 *					
	215	270	300	325					

注:1. 带 * 数据仅指吊扇的输入功率。

2. 输入功率是指在额定参数和最高转速下运转时的数值。

3. 输出风量是指在额定电压、额定频率和最高转速档时的数值,允许–10% 偏差。

10. 摇头台扇

【特点及用途】摇头台扇具有俯仰角度调节送风及水平摇头送风的基本功能，具有两档或强、中、弱三挡风速调节，可随意定时，亦有设计夜明、彩幻灯、无线遥控、模拟自然风力、超温自动保护等其他功能。摇头台扇造型美观大方，有流线型新潮，时尚装饰发展趋势。因其移动方便，随意摆放，故适用范围十分广泛，是人们日常生活中最为常用的电风扇之一。

FT35

【规　　格】

额定电源:220V/50Hz。

常用规格:200、250、300、350、400mm。

风速调节:强、中、弱(有两挡调速)。

定时器控制时间挡:45、60、120min 等。

11. 摇头壁扇

【特点及用途】摇头壁扇的特点是固定在墙壁上使用,仅占有少量空间而不占用有效面积。是餐厅、酒吧、会议室等类似场所常选用的电扇。其具有俯仰摇头送风,快慢速度可调,循环式拉线开关调速等基本功能,有些机型还具有远距离红外线遥控、微电脑触控式开关,模拟高原风,海湾风、睡眠风及自动摆头等多种功能。

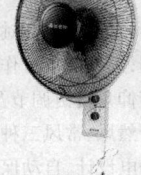

TF-W329T3

【规　　格】

额定电源:220V/50Hz。

常用规格:250、300、350、400mm。

风速调节:强、中、弱三挡。

定时器控制时间挡:30、45、60、120、180min 等。

12. 摇头落地扇

【特点及用途】摇头落地扇的特点是根据需要扇头可作升降调节,其升降幅度不小于300mm。底座有圆盘形、方形、十字形、异形等多种型式,并有带滑轮和不带滑轮两种设计。摇头落地扇具有立体摇头,全方位送风,强弱风速可调等基本功能,有些机型还具有模拟自然风、睡眠风、轻触式俯仰送风、无级升降定位,红外线全功能遥控、按钮夜光设计等多种功能。摇头落地扇适用于客厅、办公室、卧室等类似需用场所。

FS40—D1

【规　格】

额定电源:220V/50Hz。

常用规格:300、350、400、500、600mm。

风速调节:强、中、弱三挡。

定时控制时间挡:45、60、90、120、180、240min 等。(最长达7.5小时)

13. 摇头台地扇

【特点及用途】摇头台地扇的特点是扇头升起可作落地扇,扇头降下可作台扇的两用电扇。其通常为三挡风速设置,俯仰角自由调节及水平摇头送风。有的机型还具有睡眠风、自然风、常风三种送风方式,以及遥控控制、按钮夜光设计、防静电设计、自动保护功能等。摇头台地扇适用于家庭、客厅、办公室、会议室、卧室等类似需用的场合。

FTS35—51Y

【规　格】

额定电源:220V/50Hz。

常用规格:300、350、400mm。

风速调节:强、中、弱三挡。

定时控制时间挡:45、60、90、120、180、240min 等。(最长达7.5h)

14. 摇头顶扇

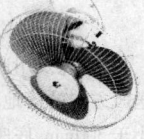

FD40-1

【特点及用途】摇头顶扇是固定在天花板上的电风扇,其扇头轴线与座架垂直中心线可作 15°~30°摇摆,水平方向能作 360°循环送风,通常摇头回转次数每分钟不少于 4 次,三挡风速可调,有些机型还设置有电动机超温自动保护功能。摇头顶扇送风范围广泛,适用于饮食店,商场及类似需用的公共场所。

【规　　格】

额定电源:220V/50Hz。

常用规格:300、350、400mm。

风速调节:强、中、弱三挡。

风向:360°全方位送风。

15. 转页台扇

KYT30-21

【特点及用途】转页台扇又称箱式台扇,是由导风轮变换送风方向的台式电风扇,其通常设有多挡风量选择及跌停装置,五叶扇片送风。有些机型还具有双向导风轮 360°送风,超温自动保护、红外线远距离遥控、电脑遥控。有些机型为折叠式底板,方便收藏,提柄设计,携带方便,还有仿生流线设计,生动活泼。转页台扇尤其适用于老人、儿童、学生使用,以及卧室,书房等类似需用场所。

【规　　格】

额定电源:220V/50Hz。

常用规格:200、250、300、350、400mm。

定时控制时间挡:45、60、90、120、180、240min 等。(最长达 8h)

16. 升降转页扇

【特点及用途】升降转页扇可作升降调节,由导风轮变送风方向的落地扇,有单杆和双杆两种型式,其升降范围不小于300mm,底座设计有十字形、圆盘形、圆环形、异形等多种样式,设有三档风量选择。有些机型具有远距离红外线遥控,双向风轮360°全方位送风,轻触式俯仰送风、配有定时、彩灯或照明灯装置,语言提示,防静电等多种功能。升降转页扇适合于家庭、会客厅、卧室等场所。

KYS30-A2

【　规　　格　】

额定电源:220V/50Hz。

常用规格:300、350、400mm。

风速调节:强、中、弱三挡。

定时器控制时间挡:30、45、60、120min 等。

风向:导风轮360°送风。

17. 吊 扇

【特点及用途】吊扇是悬吊在天花板或房顶下的电风扇,具有送风面广、风力柔和、调速范围宽、不占用场地等特点。吊扇通常

采用专用调速器调速,五挡风速,叶片多用铁质或铝质制造。有些机型具有声控、遥控等控制方式、设有定时装置,亦有附装照明灯具及新型弯叶片设计等。吊扇应用广泛,多用于餐馆、商场、办公室等需用场所。

【　规　　格　】

额定电源:220V/50Hz。

常用规格:900、1 050、1 200、1 400、1 600、1 800mm。

风速调节:五挡调速器。

18. 夹式电风扇

【特点及用途】夹式电风扇可夹持在工作台上或其他物体上作任意定位的电风扇,其规格较小,由微电机扇头、网罩、支架、夹卡等组成,夹式电风扇头可绕垂直轴线360°旋转,有两挡风速可调,扇头俯仰角90°调节,适用于书桌、工作台等多种环境中使用。

FSJ-15

【规　　格】

额定电源:220V/50Hz。

常用规格:150、180mm。

风速调节:强、弱两挡。

风向定位:吊、卡定位360°换向节头。

19. 换气扇

换气扇是专门用来排出室内污浊空气或吸纳室外新鲜空气的电扇,按其启闭百叶窗式的结构分为风压式和机械联动式两种。换气方式有单向型和双向型,按换气扇安装特点及用途,可分为橱窗式换气扇、挂墙/窗夹式换气扇、天花板管道式换气扇等。换气扇应用十分广泛,如家庭、工厂、餐馆、地下室、实验室等类似需用的场所。换气扇常用规格(扇轮直径)有100、150、200、250、300、350、400、450、500mm。

(1)橱窗式换气扇

【特点及用途】橱窗式换气扇机身轻巧超薄,适宜在玻璃门窗上安装,拉线或自动控制后盖开闭及电源开关,其采用透明后盖配置,能有效隔绝外界污染,且采光度好,是高层建筑、

V8

居室、宾馆等场所的理想通风用品。

【规　　格】艾美特电器有限公司产品

型号	电源 （V/Hz）	功率 （W）	风量 （m³/min）	适用面积 （m²）	噪音 （dB）	绝缘 等级	重量 （kg）
V6	220/50	14	4.3	8~12	30	I 类	0.75
V8	220/50	34	6	15~20	29	I 类	1.2

型号	基本尺寸（mm）		
	外径（A）	轮径（B）	厚度（C）
V6	210	150	85
V8	272	278	80

（2）挂墙式百叶窗换气扇

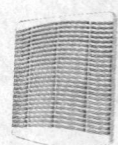

【特点及用途】挂墙式百叶窗换气扇是安装在墙壁上的风压式换气扇，采用超薄机身设计，实用美观，金属机身为高压静电喷涂工艺制造，亮丽，防锈性良好，其内置集油槽，拆洗方便。挂墙式百叶窗换气扇适用于油烟、异味较大而需要经常通风换气的场合。

【规　　格】艾美特电器有限公司产品

型号	电源 （V/Hz）	功率 （W）	风量 （m³/h）	适用面积 （m²）	噪音 （dB）	绝缘 等级	重量 （kg）
XF1535P/H	220/50	18	270	20~25	43	I 类	2.0
XF2535P/H	220/50	34	900	35~40	50	I 类	2.5
XF3035P/H	220/50	45	1 050	40~55	53	I 类	3.5

续表

型号	基本尺寸(mm)						
	A	B	C	D	E	F	G
XF1535P	248	264	191	150	80	59	38
XF2535P	330	376	288	250	85	65	37
XF3035P	407	423	339	300	92.5	76	41
XF1535H	250	264.6	191	150	80	59	60
XF2535H	333	380.5	288	250	85	65	59.5
XF3035H	408	424	339	300	92.5	76	63

注:型号中字母 P 代表普通型,H 代表豪华型。

(3)挂墙/窗夹式浴室换气扇

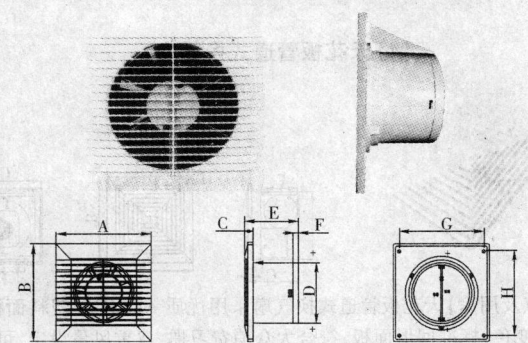

【特点及用途】挂墙/窗夹式浴室换气扇采用全封闭结构,双重绝缘,机体超薄,轻巧玲珑,内置防逆流阀,能有效阻隔室外污染及强风倒灌,换气扇防溅水测试 IPX4。该机型适宜浴室、卫生间等场合的通风换气。

【规　　格】艾美特电器有限公司产品

型号	电源(V/Hz)	功率(W)	风量(m³/h)	适用面积(m²)	噪音(dB)	绝缘等级	重量(kg)	防水
SLIM4	220	18	90	5～8	39	II类	0.5	IP×4
SLIM5	220	23	140	7～12	42	II类	0.8	IP×4
SLIM6	220	29	250	7～12	46	II类	1.2	IP×4

型号	基本尺寸(mm)							
	A	B	C	D	E	F	G	H
SLIM4	158	158	14	98	90	9	140	140
SLIM5	178	178	14	118	99	9	160	160
SLIM6	205	205	14	148	104	9	187	187

（4）天花板管道式换气扇

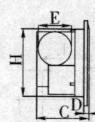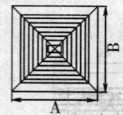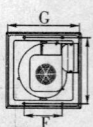

【特点及用途】天花板管道式换气扇采用优质 ABS 工程塑料面板，耐腐蚀不易变色，标准回形面板，符合大众消费习惯，双重风量设定，可视实际空间需求进行调整（XC13E/XC15E）。换气扇为超矮机身，尤其适合现代室内低吊顶装修需要。

【规 格】艾美特电器有限公司产品

型号	电源 （V/Hz）	功率 （W）	风量 （m³/h）	适用面积 （m²）	噪音 （dB）	绝缘 等级	质量 （kg）
XC 10E	220/50	20	120	5～8	43	I类	1.0
XC 13E	220/50	25	160	7～12	45	I类	1.5
		27	200	7～12	48	I类	1.5
XC 15E	220/50	29	240	15～20	48	I类	2.0
		31	280	15～20	50	I类	2.0

型 号	基本尺寸（mm）								
	A	B	C	D	E	F	G	H	J
XC 10E	250	250	150	14	100	126	240	198	220
XC 13E	270	270	150	14	100	130	264	228	260
XC 15E	326	326	169	14	100	144	320	276	300

20. 轴流式排气扇

【特点及用途】轴流式排气扇是设置在墙洞上用来排出室内热气流或混浊空气的电风扇，其主要由电动机、叶轮、框架等组成，具有4级左右的风力，结构简洁牢实，适用于工矿企业的车间、仓库、地下室及厨房等需通风排气和降温所用。

【规 格】

规格（mm）	额定电源（V/Hz）	输入功率（W）	风量（m³/min）
400	380、220/50	130（150）	48
500	380、220/50	300（350）	95
600	380/50	600	145
750	380/50	850	230

注：输入功率栏中带括号数据为单相输入功率，其余为三相输入功率。

21. 降温风扇

【特点及用途】降温风扇又称轴流式降温机,是安装在支架上或平放在地面上的强力型电风扇,其主要型式有带喷雾盘的冷风型和不带喷雾的吹风型两种。冷风型喷出的雾粒能增加降温效果,吹风型的风力在 6 级左右。降温风扇适用于炼钢、铸造、烧窑、热处理车间等需要强力降温的场所。

【规　　格】

规格 (mm)	额定电源 (V/Hz)	风量 (m³/mim)	风压	输入功率 (W)
400	220/50	55	49	150(单相)
500	380/50	250	147	1 800(三相)
600	380/50	330	216	3 400(三相)

22. 冷风扇

DF-188RS　　　　　DF-188C

【特点及用途】冷风扇又称冷气机,是将室内热空气吸入器内,通过水汽的过滤或冷却,再喷出带水汽的冷空气来实现降温效果的电扇。其采用电脑仿真贯流式风道设计,风阻小风量大,喷淋式水循环制冷及冰晶储能降温,氧吧功能,光触媒材料、除臭杀菌,净化空气。冷风扇造型时尚美观,适用于家庭、办公室、宾馆、商店等类似需用的场所防暑降温。

【规　　格】深圳市联创实业有限公司产品

型号	额定电源（V/Hz）	功率（W）	风量（m³/miim）	使用空间（m²）	包装尺寸（mm）
DF-198C	220/50	80	23	20~30	430×335×850
DF-198R	220/50	80	23	20~30	420×320×850
DF-188C	220/50	80	21	20~30	430×320×770
DF-188RS	220/50	80	21	20~30	420×295×770
DF-188R	220/50	80	21	20~30	420×295×770

型号	DF-198C	DF-198R	DF-188C
基本功能	●电脑仿真贯流式风道设计,野村技术超静电机 ●喷淋式水循环+冰晶储能双重制冷 ●负离子氧吧制造清新空气 ●语音报时多功能万年历 ●引进日本手机背光技术,液晶显示清晰豪华 ●采用国际先进的ABS+纳米抗菌材料制造 ●独创内循环水过滤装置,确保空气清新 ●运用光触媒材料,除臭杀菌,光源再生 ●可拆卸式水帘结构,方便清洁	●电脑设计贯流式风道,风阻小,风量更大 ●日本野村技术超静电机 ●80W省电制冷,冰晶储能降温 ●喷淋式水循环制冷,循环量大,效率高 ●独有氧吧功能,制造健康空气 ●光触媒材料,除臭、杀菌,净化空气 ●迅速提高空气湿度,充分呵护肌肤 ●6m远距离遥控,100°大角度接收 ●清凉风景画面	●电脑仿真贯流式风道设计,野村技术超静电机 ●喷淋式水循环+冰晶储能双重制冷 ●负离子氧吧制造清新空气 ●多功能万年历 ●引进日本手机背光技术,液晶显示清新豪华 ●采用国际先进的ABS+纳米抗菌材料制造 ●独创内循环水过滤装置,确保空气清新 ●运用光触媒材料,除臭杀菌,光源再生 ●可拆卸式水帘结构,方便清洁

续表

型号	DF-198C	DF-198R	DF-188C
基本功能	●电脑设计贯流式风道,风阻小,风量更大 ●日本野村技术超静电机 ●80W 省电制冷,冰晶储能降温 ●喷淋式水循环制冷,循环量大,效率高 ●光触媒材料,除臭、杀菌、净化空气 ●迅速提高空气湿度,充分呵护肌肤 ●两波段收音机,选用索尼专用芯片,音质优美,内置无方向天线,接收力强	●电脑设计贯流式风道,风阻小,风量更大 ●日本野村技术超静电机 ●80W 省电制冷,冰晶储能降温 ●喷淋式水循环制冷,循环量大,效率高 ●独有氧吧功能,制造健康空气 ●光触媒材料,除臭、杀菌、净化空气 ●迅速提高空气湿度,充分呵护肌肤 ●6m 远距离遥控,100°大角度接收	

23. 空调扇

DF-198T   DF-188A

【特点及用途】空调扇又称空调式电风扇,其采用超静电机,电脑仿真贯流式风道设计,风阻小,风量大,喷淋式水循环制冷效率高,氧吧功能,光触媒材料,除臭、杀菌、净化空气,高科技 PTC 陶瓷加热,200℃自动保护,省电安全,DF-198K 型还具有仿真炭火,0.5～7.5h 的定时功能。空调扇额定电源为220V/50Hz。

【规　　格】深圳市联创实业有限公司产品

型号	功率(W)		风量	使用空间	包装尺寸
	冷风	热风	(m³/min)	(m²)	(mm)
DF-198A	80	1 000~2 000	23	20~30	430×335×850
DF-198K	80	1 000~2 000	23	20~30	430×320×850
DF-198T	80	1 000~2 000	23	20~30	430×320×850
DF-188A	80	1 000~2 000	21	20~30	430×320×770
DF-188K	80	1 000~2 000	21	20~30	420×295×770

型　号	DF-198T	DF-198K
基本功能	●电脑设计贯流式风道，风阻小，风量更大 ●日本野村技术超静音电机 ●80W 省电制冷，冰晶储能降温 ●喷淋式水循环制冷，循环量大，效率高 ●独有氧吧功能，制造健康空气 ●光触媒材料，除臭、杀菌、净化空气 ●迅速提高空气湿度，充分呵护肌肤 ●6m 远距离遥控，100°大角度接收 ●PTC 陶瓷发热，200℃自动保护，省电、安全 ●清凉风景画面	●电脑设计贯流式风道，风阻小，风量更大 ●日本野村技术超静音电机 ●80W 省电制冷，冰晶储能降温 ●喷淋式水循环制冷，循环量大，效率高 ●独有氧吧功能，制造健康空气 ●光触媒材料，除臭、杀菌、净化空气 ●迅速提高空气湿度，充分呵护肌肤 ●6m 远距离遥控，100°大角度接收 ●PTC 陶瓷发热，200℃自动保护，省电、安全 ●全新设计，仿真炭火，0.5~7.5h 定时功能
基本功能	●电脑仿真贯流式风道设计，野村技术超静音电机 ●喷淋式水循环+冰晶储能双重制冷 ●负离子氧吧制造清新空气 ●多功能万年历 ●引进日本手机背光技术，液晶显示清晰豪华 ●采用国际先进的 ABS+纳米搞菌材料制造 ●独创内循环水过滤装置，确保空气清新 ●运用光触媒技术，除臭杀菌、光源再生 ●高科技 PTC 陶瓷加热，节电安全 ●可拆卸式水帘结构，方便清洁	●电脑设计贯流式风道，风阻小，风量更大 ●日本野村技术超静音电机 ●80W 省电制冷，冰晶储能降温 ●喷淋式水循环制冷，循环量大，效率高 ●独有氧吧功能，制造健康空气 ●光触媒材料，除臭、杀菌、净化空气 ●迅速提高空气湿度，充分呵护肌肤 ●6m 远距离遥控，100°大角度接收 ●PTC 陶瓷发热，200℃自动保护，省电、安全

型　号	DF-198A
基本功能	●贯流式风道、日本野村超静音电机，风量大，更安静 ●负离子氧吧生成活性氧，净化空气仿佛置身大自然 ●引进日本手机背光技术，液晶显示清晰豪华 ●冰晶储能制冷蓄冷量大，释放时间长，效果更好 ●喷淋式水循环制冷技术水循环量大，制冷快 ●光触媒材料除臭、杀菌，光源再生，确保长期使用效果 ●PTC 陶瓷发热200℃自动断电、节电、安全 ●可拆卸式水帘结构，方便清洗

24. 远红外电暖器

FG-9 　　　QGW15D 　　　FGE-10 　　　FGW-8

【特点及用途】远红外电暖器是利用高阻合金丝通电加热而产生远红外辐射的室内加热器,其由外壳、发热体、绝热衬垫、防护网栅及开关等组成。远红外电暖器具有定向辐射、空气对流影响小、无污染、遇水滴不会爆裂等特点,适用于家庭、办公室等及类似需用的室内取暖、去湿。其使用电压220V,频率50Hz,常用额定功率为750~1 500W。

【规　　格】格力小家电产品

型号	FGD-8	FGW-8
基本功能	●多角度、多方位随意可调、送暖范围广 ●远红外辐射加热、快速升温 ●具有超温保护功能 ●具有水平摇头功能 ●机头俯仰可调	●远红外辐射加热、升温快速 ●水平摇头功能使送暖范围更广 ●具有超温保护功能 ●跌倒自动断电、安全可靠
型号	FG-9	FGE-10
基本功能	●自然加湿功能、保持室内空气湿度 ●强远红外辐射加热、快速升温 ●按键式低热,高热选择 ●具有超温保护功能 ●跌倒自动断电、安全可靠 ●特设自然加湿功能、保持室内空气湿度	●多角度、多方位随意可调送暖范围广 ●远红外辐射加热、快速升温 ●超稳定设计、倾斜15°不倒 ●120min 定时选择 ●具有水平摇头功能 ●机头俯仰可调

续表

型号	FG-10A	FGC-12B
基本功能	●强远红外辐射加热、快速升温 ●低热、高热二挡功率可调 ●具有超温保护功能 ●跌倒自动断电,安全可靠 ●特设水平摇头功能、送暖范围更广	●最新外形设计、时尚、简约 ●独创平面直角设计,带遥控,美观大方 ●远红外辐射加热技术、快速升温 ●低热、高热选择 ●具有超温保护功能 ●具有水平摇头功能 ●跌倒自动断电,安全可靠
型号	FGF-12	FGW-12
基本功能	●红外辐射加热,即开即热 ●远红外辐射加热、快速升温 ●二挡功率可调 ●水平摇头功能使送暖范围更广 ●具有超温保护功能 ●跌倒自动断电,安全可靠	●红外辐射加热,即开即热 ●远红外辐射加热、快速升温 ●三挡功率可调 ●水平摇头功能使送暖范围更广 ●具有超温保护功能 ●跌倒自动断电,安全可靠
型号	HGW-15A	QGW-15D
基本功能	●采用高效远红外发热体 ●内设过热保护装置,安全可靠 ●无噪音、无明火、类似太阳光波长辐射发热 ●二挡功率可调 ●可根据需要随意调节温度 ●可台/壁挂使用	●多功能、大角度可调,方便实用采用优质电热丝加热,升温快速 ●凉风、热风选择 ●具有超温保护装置,安全可靠 ●90°角自动水平摇头,10°角度俯仰调节 ●可根据需要随意调节温度

25. 红外暖霸

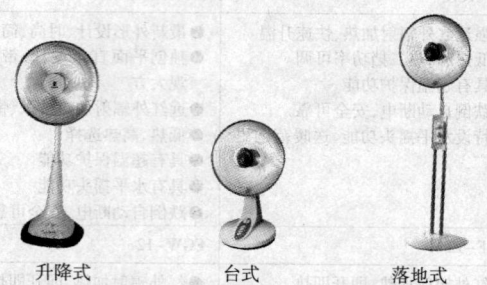

升降式　　　　　台式　　　　　落地式

【特点及用途】红外暖霸誉称小太阳,其采用全抛物面高效反射,可将散射的远红外线会聚在较小范围并反射热量,取暖迅速,省电节能,热量利用效高。红外暖霸根据需要可左右摆动或上下府仰角调节扳动,具有翻倒自动切断电源功能,适用于家庭客厅、卧室、浴室、办公室等需用场所。

【规　　格】宁波金利坚电器有限公司产品

型号	NSB-A(G201)	NSB-A(G301)	NSB-B(G103 遥控,G102 机械)
基本功能	●升降式造型 ●适用电源:220V/50Hz ●功率:1 100W ●全抛物面高效反射,取暖迅速 ●大角度摆头,取暖范围广 ●热量利用率高,省电节能 ●可伸缩调节,让您随心所欲 ●远红外线制热,皮肤深层取暖,温暖舒适	●落地式造型 ●适用电源:220V/50Hz ●功率:1 100W ●全抛物面高效反射,取暖迅速 ●大角度摆头,取暖范围广 ●热量利用率高,省电节能 ●多挡调节开关,更多选择	●台式造型 ●适用电源:220V/50Hz ●功率:900W ●带负离子氧吧发生器,使空气清新 ●全抛物面高效反射,取暖迅速 ●大角度摆头取暖范围广 ●热量利用率高,省电节能

26. PTC 陶瓷电暖器

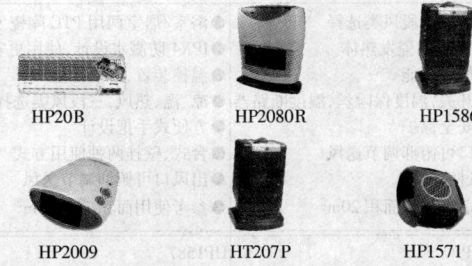

| HP20B | HP2080R | HP1586 |

| HP2009 | HT207P | HP1571 |

【特点及用途】PTC 陶瓷电暖器的发热组件由 PTC 元件组成(以钛酸钡掺和微量的稀土元素,经陶瓷制造工艺烧结而成)。具有随温度升高电阻增大,功率降低的特性,电暖器主要由壳体(钢板或工程塑料)、电热元件、风机、转换开关,支架及指示灯等组成,其特点是无明火、不耗氧、无污染及辐射、瞬时启动电流大等,适用于家庭房间、办公室、会议室等场所取暖。PTC 陶瓷电暖器使用电压220V,频率50Hz,常用额定功率为1 200W、1 600W、1 800W 及 2 000W。

【规　　格】艾美特电器(深圳)有限公司产品

型号	HP20B HP20BR	HP2080R HP2080P
基本功能	●欧式豪华空调外形,美观大方 ●冷、温、热三段风类选择 ●温控装置,自动控温(HP20B) ●远距离遥控控制(HP208BR) ●可闭合式导风门设计 ●温度断路器,微动开关多重安全保护 ●参考使用面积25m²	●远距离遥控功能(HP2080R) ●分段式大角度摆头送暖 ●优质 PTC 陶瓷发热体 ●隐藏式开关设计,美观大方 ●具有加湿功能,有效保持空气水分 ●独特的空气滤清装置 ●凉、暖三段风类(2 000W) ●防倒安全保护 ●出风口俯仰调节 ●15h 定时预约开机及关机功能(HP2080R) ●参考使用面积25m²

续表

型号	HP1554P	HP1555
基本功能	●凉、暖、热三段风类选择 ●优质 PTC 陶瓷发热体 ●具有加湿功能 ●防倒开关,温度保险丝,温度断路器多重安全保护 ●出风口可俯仰调节送风 ●空气过滤装置 ●参考适用房间面积 20m²	●浴室/居室两用 PTC 陶瓷发热 ●IPX4 防溅水设计,使用更安全 ●温控装置,自动控温 ●凉、温、热风,三段风类选择 ●方便式手把设计 ●台式、壁挂两种使用方式 ●出风口可俯仰调节送风 ●参考使用面积 15～20m²
型号	HP1586P	HP1587
基本功能	●自动双摆头,取暖范围广 ●超温自动断电安全保护 ●防倒安全保护开关 ●凉、温、热风,三段风类选择 ●安全过滤网 ●工作状态指示灯提示 ●独特回旋式精致外观设计 ●参考使用面积 15～20m²	●浴室/居室两用优质 PTC 陶瓷发热 ●IPX4 防溅水设计,使用更安全 ●温控装置,自动控温 ●凉、温、热风,三段风类选择 ●超静音铝合金风轮 ●台式、壁挂两种使用方式 ●可俯仰调节送风 ●参考使用面积 15m²
型号	HP2009	HP1571
基本功能	●凉、温、暖、热四段功率选择 　(25W/800W/1 400W/2 000W) ●2 000W 大功率,远距离送风 ●IPX4 防溅水设计 ●出风口可俯仰调节 ●多重安全保护 ●超静音运转设计 ●台放、壁挂两用,方便手把 ●防冻结型温控器自动控温 ●工作状态指示灯提示 ●参考使用面积 15～25m²	●四组 PTC 制热 ●机械式按键开关 ●双进风道设计 ●四面出风,取暖范围广 ●空气过滤网 ●参考使用面积 15m²

续表

型号	HP1585C2 HP1585B2	TW-HT206PT	HT207P
基本功能	●凉、温、暖三段风类选择（25W、800W、1 500W） ●精致小巧，不占桌面空间 ●多重安全保护 ●进风口带滤网 ●工作状态时，指示灯提示 ●适用面积 15~20m²	●采用先进 PTC 高效热源 ●自动恒温，节能省电 ●旋转式三段送风选择 ●凉暖风选择，热效率高 ●分段温度调整（600W/1 100W） ●超温断电安全保护 ●温度控制器装置 ●可壁挂、台式两用 ●参考适用房间面积 15m²	●自动摆头，取暖范围广 ●超温自动断电安全保护 ●防倒安全保护开关 ●冷、温、热风三段风类选择 ●安全过滤网 ●参考使用面积 20m²

27. 卤素取暖器

NSB-90

NSB-90(摇头式)

【特点及用途】卤素取暖器是使用卤素管作为发热元件的取暖用具，主要由壳体、底座、顶盖、卤素电热管、蜂窝网板、防护栅、镀膜反光板、电孔、开关等组成。卤素取暖器具有升温速度快、热感舒适、发热均匀、使用安全等特点。使用电压 220V，频率 50Hz，常用额定功率有 800、900、200W等。

【规　　格】中国·先锋电器集团产品

名称	台式卤素取暖器	立式Ⅰ型卤素取暖器	光彩Ⅰ型卤素取暖器	光彩Ⅱ型卤素取暖器
型号	NSB-90	NSB-120	NSB-9TH21	NSB-9TH22
基本功能	●总功率:900W ●参考使用面积:6～9m² ●卤素管发热,升温迅速 ●台式外观,安放更方便 ●二档加热,升温更快 ●防跌倒开关,贴心保护,安全放心 ●自动摇头,手动调节俯仰角度,取暖范围更大	●总功率:1 200W ●参考使用面积:9～12m² ●外观大方,线条流畅 ●卤素管发热,高效节能 ●自动摇头,取暖范围更大 ●大面积底座,安放更平稳 ●防跌倒开关,安全更放心	●总功率:900W ●参考使用面积:6～9m² ●卤素管发热,高效节能 ●台式外观,安放更方便 ●二挡加热,升温更快 ●防跌倒开关,安全更放心	●总功率:900W ●参考使用面积:6～9m² ●卤素管发热,高效节能 ●台式外观,安放更方便 ●自动摇头,取暖范围更大 ●二挡加热,升温更快 ●防跌倒开关,安全更放心

28. 导电膜取暖器

HGW-15A　　　　　　HGW-15

【特点及用途】导电膜取暖器又称辐射式电暖器,采用搪瓷钢发热板为载体,由发热屏、壳体、支架、温控器、防护栅、开关及指示灯等组成,可随需要调节温度。其特点是安全、发热自然、无明火、不发光、无噪声、低温区发热柔和、不致使室内空气干燥,适用于家庭、办公室及类似需用场所。

【规　　格】格力电器产品

型号	HW-10	HGW-15A	HGW-15/20
额定电压(V)	220	220	220
额定频率(Hz)	50	50	50
输入功率(W)	1 000	1 500	1 500/2 000
基本功能	●发热均匀、柔和、舒适 ●采用国际先进水平的进口搪瓷钢发热板 ●内设过热保护装置,安全可靠 ●无噪音、无明火,类似太阳光波长辐射发热 ●可根据需要随意调节温度 ●壁挂使用	●高科技工艺打造,840℃高温熔凝,温感舒适 ●采用国际先进水平的进口搪瓷钢发热板 ●内设过热保护装置,安全可靠 ●无噪音、无明火,类似太阳光波长辐射发热 ●二挡功率可调 ●可根据需要随意调节温度 ●可台/壁挂使用	●采用防酸、防碱、抗磨损、耐腐蚀的新型电热元件 ●采用国际先进水平的进口搪瓷钢发热板 ●内设过热保护装置,安全可靠 ●无噪音、无明火,类似太阳光波长辐射发热 ●二挡功率可调 ●可根据需要随意调节温度 ●可台/壁挂使用

29. 快热型电暖炉

　　【特点及用途】快热型电暖炉由发热黑管、铝制高效散热系统、安全系统、防水系统、温控系统、金属外壳、脚支架及挂壁架、电源线、工作指示灯等构成。发热黑管通电后发出的热量经铝制高效散热系统迅速传导并散发到电暖炉内的空气中,热浪经科学设计的高效热流道宁静、安全、及时的送到室内,达到取暖的目的,其可居浴两用。

HC1808

【规　　　格】艾美特电器(深圳)有限公司产品

型号	HC1808
额定电源	220V/50Hz
额定功率	900W/1 800W
基本功能	●居浴两用,IPX4 防溅水设计 ●铝片升温/导热快 ●科学热流道,节能省电 ●无噪音运转,安静不扰眠 ●自动控温设计 ●立式、壁挂、嵌入多种安装方式 ●工作状态指示灯提示

30. 电热油汀

NB18　　NR18K 系列　　NRC 系列　　NYH 系列　　NYA 系列　　NR15LA

【特点及用途】电热油汀又称充油式电暖器,是利用电力将密封在金属壳体内的导热油加热,再由散热片传热,即以自然对流形式工作而发热的室内加热器具。其主要由壳体、金属管式电热元件、温控器件、转换开关(通常三挡)、支承板及脚轮等组成。电热油汀的特点在于使用方便、安全、长期使用无需加油、无明火、不耗氧、无污染、发热均匀、热感舒适等,适用于家庭卧室、浴室及类似需用取暖的场所。电热油汀供用电压220V频率50Hz,常用额定功率:900W、1 000W、1 200W、1 500W、2 000W、及3 000W 等。

型号	NB18	NYI 系列
基本功能	●三档功率选择　工作状态指示 ●连续可调式温度控制器，随意调节 ●采用先进的自动化设备和工艺制造，质量稳定 ●厂家提供 ●主要电气元件均由国际、国内著名 ●万向轮支承设计，移动方便 ●突破传统结构的专利产品，采用先进的三维 CAD 系统设计，结构合理 ●工作静无噪音 ●具备粗糙、过热多重安全保护装置 ●外置式收线板，方便电源线收藏 ●备有红外线电暖，发热迅速的"二合一"电热暖，使用中享受"二合一"的电热暖气舒适之效果	●三档功率选择　工作状态指示 ●连续可调式温度控制器，随意调节使用温度 ●双按键指示三档功率选择开关，使用方便 ●独有专利技术的密封装置，多重安全保护装置，使用安全 ●主要电气元件均由国际、国内著名厂家提供 ●连续可调式温度控制器，移动方便 ●万向轮支承设计，结构合理 ●突破传统结构的专利产品，采用先进的三维 CAD 系统设计，结构合理 ●工作静无噪音 ●产品采用先进的自动化设备制造，质量稳定 ●外置式收线板，方便电源线收藏 ●工作片边缘采用独特的卷边工艺，靓丽、耐用

型号	NYD 系列	NYM 系列
基本功能	●三档功率选择　工作状态指示 ●连续可调式温度控制器，随意调节使用温度 ●采用先进的自动化设备和工艺制造，质量稳定 ●主要电气元件均由国际、国内著名厂家提供 ●万向轮支承设计，移动方便 ●突破传统结构的专利产品，采用先进的三维 CAD 系统设计，结构合理 ●工作静无噪音 ●非球形散热片结构，热燃性大大减少 ●具备粗糙、过热多重安全保护装置 ●大容量收线盒，方便电源线收藏 ●顶置加湿器，可配置轻巧型烘衣架 ●散热片边缘采用独特的卷边工艺，光滑、漂亮、耐用	●流线型造型，典雅美观 ●连续光态显示，移动轻便，热燃性大减少 ●独有专利技术的缝封技术装置 ●主要安全可靠，多重安全保护装置 ●主要电气元件均由国际、国内著名厂家提供 ●旋转式支承设计，移动灵活，操转方便　功率指示直观 ●连续可调式温度控制器，随意调节使用温度 ●可靠 ●产品采用先进的自动化设备制造，质量稳定 ●非球形散热片结构，热燃性大大减少 ●外置式收线板，方便电源线收藏 ●工作静无噪音

型号	NYH 系列
基本功能	●三档功率选择　工作状态指示 ●连续可调式温度控制器，随意调节使用温度 ●采用先进的自动化设备和工艺制造，质量稳定 ●主要电气元件均由国际、国内著名厂家提供 ●万向轮支承设计，移动方便 ●突破传统结构的专利产品，采用先进的三维 CAD 系统设计，结构合理 ●工作静无噪音 ●非球形散热片结构，热传导快，换热效果大提高 ●具备粗糙、过热多重安全保护装置 ●大容量收线盒，方便电源线收藏 ●顶置加湿器，可配置轻巧型烘衣架 ●散热片边缘采用独特的卷边工艺，光滑、漂亮、耐用

续表

型号	NY18K 系列	NY19F 系列
基本功能	●三档功率选择、工作状态指示 ●连续可调式温度控制器，随意调节使用温度，质量稳定 ●采用先进的自动化设备和工艺制造，国内省名厂家提供 ●主要电气元件均由国际、国内省名厂家提供 ●万向轮支承设计、移动方便 ●突破传统结构的专利产品，采用先进的三维 CAD 系统设计，结构合理 ●工作宁静无噪音 ●夹板式半封闭强制对流导热、热效率大大减少 ●非对称散热片结构，热惯性大大减少 ●具备粗短、过热多重安全保护装置 ●外置式收线板，方便电源线收藏 ●可配置轻巧脚轮状衣架 ●散热片边缘采用独特的卷边工艺、光洁、靓丽、耐用	●三档功率选择、工作状态指示 ●连续可调式温度控制器，随意调节使用温度，质量稳定 ●采用先进的自动化设备和工艺制造，国内省名厂家提供 ●主要电气元件均由国际、国内省名厂家提供 ●万向轮支承设计、移动方便 ●突破传统结构的专利产品，采用先进的三维 CAD 系统设计，结构合理 ●工作宁静无噪音 ●夹板式半封闭强制对流导热、热效率大大减少 ●非对称散热片结构，热惯性大大减少 ●具备粗短、过热多重安全保护装置 ●外置式收线板，方便电源线收藏 ●可配置轻巧脚轮状衣架 ●散热片边缘采用独特的卷边工艺、光洁、靓丽、耐用

型号	NYEB 系列	NYA 系列	NYE 系列
基本功能	●三档功率选择、工作状态指示 ●连续可调式温度控制器，随意调节使用温度，质量稳定 ●采用先进的自动化设备和工艺制造，国内省名厂家提供 ●主要电气元件均由国际、国内省名厂家提供 ●万向轮支承设计、移动方便 ●突破传统结构的专利产品，采用先进的三维 CAD 系统设计，结构合理 ●工作宁静无噪音 ●夹板式半封闭强制对流导热、热效率大大减少 ●非对称散热片结构，热惯性大大减少 ●具备粗短、过热多重安全保护装置 ●外置式收线板，方便电源线收藏 ●可配置轻巧脚轮状衣架 ●散热片边缘采用独特的卷边工艺、光洁、靓丽、耐用	●三档功率选择、工作状态指示 ●连续可调式温度控制器，随意调节使用温度，质量稳定 ●采用先进的自动化设备和工艺制造，国内省名厂家提供 ●主要电气元件均由国际、国内省名厂家提供 ●万向轮支承设计、移动方便 ●突破传统结构的专利产品，采用先进的三维 CAD 系统设计，结构合理 ●工作宁静无噪音 ●夹板式半封闭强制对流导热、热效率大大减少 ●非对称散热片结构，热惯性大大减少 ●具备粗短、过热多重安全保护装置 ●外置式收线板，方便电源线收藏 ●可配置轻巧脚轮状衣架 ●散热片边缘采用独特的卷边工艺、光洁、靓丽、耐用	●三档功率选择、工作状态指示 ●连续可调式温度控制器，随意调节使用温度，质量稳定 ●采用先进的自动化设备和工艺制造，国内省名厂家提供 ●主要电气元件均由国际、国内省名厂家提供 ●万向轮支承设计、移动方便 ●突破传统结构的专利产品，采用先进的三维 CAD 系统设计，结构合理 ●工作宁静无噪音 ●夹板式半封闭强制对流导热、热效率大大减少 ●非对称散热片结构，热惯性大大减少 ●具备粗短、过热多重安全保护装置 ●外置式收线板，方便电源线收藏 ●可配置轻巧脚轮状衣架 ●散热片边缘采用独特的卷边工艺、光洁、靓丽、耐用

型号	NYC系列	NY138R/NY18	NY12EC/NY16EC/NY18EC
基本功能	●三档功率选择、工作状态指示 ●连续可调式温度控制器，随意温度调节使用温度 ●采用先进的自动化设备和工艺制造，质量稳定 ●主要电气元件均由国际、国内著名厂家提供 ●万向轮支承设计，移动方便 ●突破传统结构的专利产品，采用先进的CAD系统设计，结构大提高 ●工作噪声半封闭制对流导热，热效率高 ●具备超温、过热多重安全保护装置 ●窗口式收纳盒，方便电源线收藏 ●散热片边缘采用独特的卷曲工艺、光滑、靓丽前削	●流线造型　高档典雅 ●三档功率选择、工作状态指示 ●连续可调式温度控制器，随意温度调节使用温度 ●采用先进的自动化设备和工艺制造，质量稳定 ●主要电气元件均由国际、国内著名厂家提供 ●万向轮支承设计，移动方便 ●突破传统结构的专利产品，采用先进的CAD系统设计，结构大提高 ●工作噪声半封闭制对流导热，热效率高 ●具备超温、过热多重安全保护装置 ●散热片边缘采用独特的卷曲工艺、光滑、靓丽	●流线造型　高档典雅 ●三档功率选择、工作状态指示 ●连续可调式温度控制器，随意温度调节使用温度 ●采用先进的自动化设备和工艺制造，质量稳定 ●主要电气元件均由国际、国内著名厂家提供 ●万向轮支承设计，移动方便 ●突破传统结构的专利产品，采用先进的CAD系统设计，结构合理 ●工作噪声低 ●非对称式散热片结构　热惯性大大减少 ●具备超温、过热多重安全保护装置 ●外置式收纳盒，方便电源线收藏 ●散热片边缘采用独特的卷曲工艺、光滑、靓丽

型号	NY151A/NY18LA	NY18AE
基本功能	●流线造型　高档典雅 ●三档功率选择、工作状态指示 ●连续可调式温度控制器，随意温度调节使用温度 ●采用先进的自动化设备和工艺制造，质量稳定 ●主要电气元件均由国际、国内著名厂家提供 ●万向轮支承设计，移动方便 ●突破传统结构的专利产品，采用先进的CAD系统设计，结构合理 ●工作噪声低 ●非对称式散热片结构　热惯性大大减少 ●具备超温、过热多重安全保护装置 ●窗口式收纳盒，方便电源线收藏 ●散热片边缘采用独特的卷曲工艺、光滑、靓丽前削	●全电子自动控制，最长23h 开/关机功能 ●操作方便 ●连续可调式温度控制器，七段温度设定随意温度调节使用温度 ●采用先进的自动化设备和工艺制造，质量稳定 ●主要电气元件均由国际、国内著名厂家提供 ●万向轮支承设计，移动方便 ●突破传统结构的专利产品，采用先进的CAD系统设计，结构合理 ●工作噪声低 ●非对称式散热片结构　热惯性大大减少 ●具备超温、过热多重安全保护装置 ●大容量收纳盒，方便电源线收藏

注：电热油汀的厂有放热片有 6、7、8、9、10 及其 12 片等。

31. 薄板式电热油灯

HU15S7P

HU20S4P

【特点及用途】薄板式电热油汀的特点是体积小,造型美观,安全不烫手,三重安全保护,内胆采用精密数控压力滚焊技术一次成型,不会漏油,并且超静音设计。薄板式电热油汀尤其适用于家庭卧室,办公室等类似需用取暖的场所。

【规　格】艾美特电器(深圳)有限公司产品

型号	HU15S7P	HU20S7P	HU15S4P	HU20S4P	HU18S5P	HU22S5P
额定电源	220V/50Hz	220V/50Hz	220V/50Hz	220V/50Hz	220V/50Hz	220V/50Hz
额定功率	600W/90W /1 500W	800W/1 200W /2 000W	600W/900W /1 500W	800W/1 200W /2 000W	450W/850W /1 400W	950W/1 250W /2 200W
基本功能	●欧式豪华外观设计 ●电热管超 15 000h 寿命测试正常 ●超量永久高效导热油可靠传热 ●内胆采用精密数控压力滚焊技术一次成型 ●内胆低于 8% 空气密度可靠抽空机械双位开关,三段温度选择 ●防倒开关,温度断路器,温控器三重安全保护 ●防冻结温控器自动控温 ●万向轮装置移动平稳自如,方便式手把设计 ●隐闭式收线盒,电源线方便收藏 ●先进对流通道可靠散热 ●参考使用面积 20～25m²		●新型超薄式电热油汀,造型美观 ●电热管超 15 000h 寿命测试正常 ●超量永久高效导热油可靠传热 ●内胆采用精密数控压力滚焊技术一次成型 ●内胆低于 8% 空气密度可靠抽空机械双位开关,三段温度选择 ●防倒开关,温度断路器,温控器自动控温 ●防冻结温控器自动控温 ●独特加湿功能,有效调节室内空气水分 ●附精美烘衣架 ●缠绕式收线盒,电源线方便收藏 ●参考使用面积 15～20m²		●欧式豪华外观设计 ●电热管超 15 000h 寿命测试正常 ●超量永久高效导热油可靠传热 ●内胆采用精密数控压力滚焊技术一次成型 ●内胆低于 8% 空气密度可靠抽空机械双位开关,三段温度选择 ●防倒开关,温度断路器,温控器三重安全保护 ●防冻结温控器自动控温 ●加湿功能有效调节室内空气湿度 ●隐闭式收线盒,电源线方便收藏 ●先进对流通道可靠散热 ●附精美烘衣架 ●参考使用面积 25m²	

32. 壁炉取暖器

【特点及用途】壁炉取暖器又称豪华型取暖器,其仿欧洲古典式外观,集观赏和实用于一体,欧式与中式优化组合,取暖器主要由外壳、PTC 电热元件、微电脑芯片、送风部件、调节器及透风窗等组成,适用于客厅、宾馆等高品位场所。

【规　　格】中国·先锋电器集团产品

型号:FBG-18KP1。

额定电压:220V。

额定频率:50Hz。

总功率:1 800W。

使用面积:15 ~ 18m²(参考)。

33. 房间/浴室多用暖风机

NY16F　　　NY16B/NY15F　　　NY15D/NY13D

【特点及用途】房间/浴室多用暖风机采用独特的贯风轮结构及 PTC陶瓷发热元件,强制对流式暖风设计和过热安全保护装置。其特点是噪音低、热量大、热得快、寿命长。暖风机为迷宫式防水设计,防淋防溅。电子板控制,自动控制风向,并对温度可预先设定,自动开启。

【规　　格】北京桑普电器有限公司产品

型号	三档功率(W)	外形尺寸(mm)	适用面积(m²)	重量(kg)	操作方式
NY15G	900/1 500 和凉风	410×180×395	房间 14 ~ 16 浴室 6	2.3	机械调节

续表

型号	三档功率(W)	外形尺寸(mm)	适用面积(m²)	重量(kg)	操作方式
NY15H	900/1 500 和凉风	410×180×395	房间 14～16 浴室 6	2.5	电子调节
NY16E	950/1 600 和凉风	365×190×415	房间 14～18 浴室 6	2.3	机械调节
NY16F	950/1 600 和凉风	365×190×415	房间 14～18 浴室 6	2.5	电子调节
NY15E	900/1 500 和凉风	232×182×310	房间 14～16 浴室 6	2.5	机械调节
NY15F	900/1 500 和凉风	235×144×288	房间 14～16 浴室 6	2.5	机械调节
NY16C	950/1 600 和凉风	380×258×1156	房间 14～18 浴室 6	3.1	机械调节
NY16D	950/1 600 和凉风	348×194×438	房间 14～18 浴室 6	3.2	机械调节
NY16A	950/1 600 和凉风	232×182×310	房间 14～18 浴室 6	2.5	机械调节
NY16B	950/1 600 和凉风	235×144×288	房间 14～18 浴室 6	2.5	机械调节
NY15D	900/1 500 和凉风	235×144×288	房间 14～16 浴室 6	2	机械调节
NY13D	850/1 300 和凉风	235×144×288	房间 14～15 浴室 6	2	机械调节
NY15C	900/1 500 和凉风	348×194×438	房间 14～16 浴室 6	3.2	机械调节
NY15A	900/1 500 和凉风	438×258×1156	房间 14～16 浴室 6	3.1	机械调节

注:最大适用面积仅供参考,应视房间密封情况而定。

34. 除湿机

 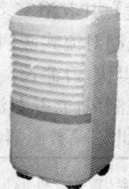

BD-816B   BD-826B

【特点及用途】除湿机是专门用于减少空气中水蒸气含量,以提高室为空气干燥度的一种小型空调电器,其采用全自动除湿控制,具有空气滤网,连续排水装置,能除湿、防霉、除尘、创造干净清爽的空间,除湿机为广角上吹式出风口设计,可吹干衣物等,适用于办公室、电脑房、家庭、仓库等场所。

【规　　格】日本仟岛电机株式会社产品

机型	功率 （W）	额定除 湿能力（L/d）	净重 （kg）	适用环 境温度 （℃）	适用面积 （m²）
BD-816B	230	16	13	5~35	15~35
BD-916E	270	16	13.6	5~35	15~35
BD-826B	350	26	16	5~35	25~50
BD-835B	450	35	18	5~35	45~70
BD-853B	600	53	27	5~35	60~100

35. 加湿器

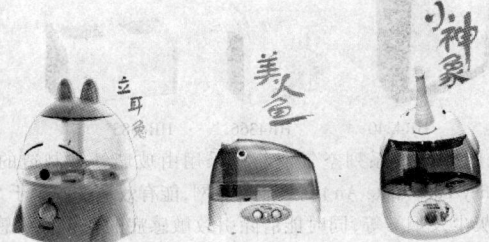

【特点及用途】加湿器是用于增加空气中水蒸气含量,提高室内空气度的一种现代空调电器,其利用电加热使水转化为蒸汽进行喷湿,适用

于家庭、实验室、养颜护肤及需要恒湿的场所。

【规　　格】山东九阳小家电有限公司产品

型号	JYJS-602	JYJS-601	G30 *
名称	美人鱼	小神象	立耳兔
雾化量≥（mL/h）	350	350	260
水箱容积（L）	6.0	3.5	3.6
噪音（dB）≤	35	35	35
额定电压（V）	220	220	220
额定频率（Hz）	50	50	50
额定功率（W）	45	35	25

注：*型号为华生电器九厂产品。

36. 空气清新机

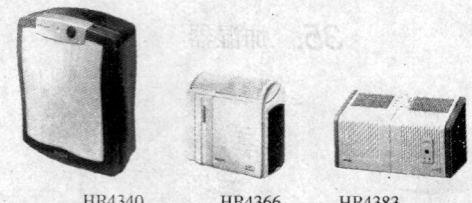

HR4340　　　　HR4366　　　　HR4383

【特点及用途】HR 系列空气清新机采用由玻璃纤维制造的 HEPA
(High Efficiency Particulate Air) 高效能过滤网，能有效地过滤少于 5 μm 的
微粒、毛发、灰尘及烟雾等，同时能清除引致敏感症的花粉及敏感微粒。
其细菌净化率可达 99.99%。其中 HR4340 型专为清除烟雾、异味设计，
HR4320 型为有效净化引起过敏症的微粒设计。空气清新机特别适宜因
人口密集、清洁欠佳的密封式大厦或类似环境的空气清洁。

【规　　格】飞利浦电器产品

型号	HR4340	HR4320	HR4383	HR4381	HR4366	HR4368
过滤系统(层)	3	4	3	3	3	3
负离子装置	—	—	☆	☆	—	—
风速选择	3	3	3	2	2	3
可挂墙	☆	☆				
更换过滤网 指示	☆	☆	☆	☆	☆	☆
适用空间(m³)	120	90	75	40	30	55
过滤网	HR4940	HR4920	HR4978	HR4977	HR4985	HR4985
活性炭	HR4941	—	—	—	—	—
耗电量(W)	60	70	75	55	40	44
电线长度(m)	1.8	1.8	1.8	1.8	1.8	1.8
体积(m³)(高 H×阔 W×深) (D)	575×445 ×265	507×445 ×265	266×450 ×204	266×300 ×204	295×315 ×175	295×450 ×175

37. 臭氧消毒器

AJ/YXD-Y-14000　AJ/YXD-Y-5000　AJ/YXD-G-3500　AJ/YXD-B-1000

【特点及用途】AJ/YXD系列臭氧消毒器的特点是:臭氧发生量大、性能稳定、功耗小、安全、操作简单、使用方便、移动灵活、无需任何辅助材料、消毒无死角、无污染、重量轻。其适用于学校、医院、仓储、血站、加工厂及家庭房间等场合对空气和物体表面进行消毒、杀菌、灭病毒、除异味、洁净空气。

【规　　格】四川奥洁消毒设备有限公司产品

规格	I	II	III	IV	V
型号	AJ/YXD－B－1000 AJ/YXD－G－1000	AJ/YXD－B－1750 AJ/YXD－Y－1750 AJ/YXD－G－1750	AJ/YXD－B－3500 AJ/YXD－Y－3500 AJ/YXD－G－3500	AJ/YXD－Y－5000	AJ/YXD－Y－14000
臭氧发生量（mg/h）	1 000	1 750	3 500	5 000	14 000
电源电压（V）	∿220±10%	∿220±10%	∿220±10%	∿220±10%	∿220±10%
电源频率（Hz）	50	50	50	50	50
电源输入功率（W）	≤90	≤135	≤150	≤165	≤180

38. 光催化空气净化器

KJ-980B

YKJ-180

【特点及用途】光催化空气净化器采用环保新技术——以纳米光催化分解有害气体为核心，融活性氧和纳米光催化耦合杀菌技术及 HEPA（高效空气过滤器）除尘技术、光催化特效技术和负离子清新技术于一体，具有强力除尘、脱臭、消毒、灭菌、分解有害气体等净化空气的功能，是净化房间及类似需用环境的理想设备。

【规 格】漳州万利达光催化科技有限公司产品

型号	KJ-960A	KJ-960B	KJ-980A	KJ-980B	YKJ-180
输入功率(W)	<75	<70	<80	<75	<80
适用面积(m²)	30~40	30~40	40~50	40~50	20~30
活性氧光催化耦合技术	☆		☆		☆
除氨(甲醛)光催化特效板	☆	☆	☆	☆	☆
HEPA 高效过滤器	☆	☆	☆	☆	☆
负离子	☆	☆	☆	☆	☆
预过滤网	☆	☆	☆	☆	☆
活性炭过滤网				☆	
微电脑遥控器	☆	☆	☆	☆	☆
风速选择	☆	☆	☆	☆	☆
轻触式电子显示板按键	☆	☆	☆	☆	☆
尺寸:L(cm)×W(cm)×H(cm)	40×40×40	40×40×40	40×40×50	40×40×50	47×18.7×44

型号	KJ-960A	KJ-960B
基本功能	●HEPA 超高效过滤器,烟尘净化效率高达 99.9% ●DFC(DAC)－除甲醛(除氨)光催化特效板,高速分解甲醛(氨气) ●纳米光催化板,具有自我再生功能,能高效持续分解有害气体,无须更换 ●适宜浓度的活性氧,强力灭菌,安全可靠 ●释放负离子,清新空气 ●环形进出风,超大风量、超静低音 ●CPU 控制,定时、风量选择、遥控、电子显示等功能齐全、操作简单 ●各种净化技术优化组合,达到全方位、高效率的净化 ●简易积木式结构,维护操作简单方便	●HEPA 超高效过滤器,烟尘净化效率高达 99.9% ●DFC(DAC)－除甲醛(除氨)光催化特效板,高速分解甲醛(氨气) ●释放负离子,清新空气 ●环形进出风,超大风量、超静低音 ●CPU 控制,定时、风量选择、遥控、电子显示等功能齐全、操作简单 ●各种净化技术优化组合,达到全方位、高效率的净化 ●简易积木式结构,维护操作简单方便

续表

型号	KJ-980A	KJ-980B
基本功能	●HEPA 超高效过滤器,烟尘净化效率高达 99.9% ●DFC(DAC)-除甲醛(除氨)光催化特效板,高速分解甲醛(氨气) ●纳米光催化板,具有自我再生功能,能高效持续分解有害气体,无须更换 ●适宜浓度的活性氧,强力灭菌,安全可靠 ●释放负离子,清新空气 ●环形进出风,超大风量、超静低音 ●CPU 控制,定时、风量选择、遥控、电子显示等功能齐全,操作简单 ●各种净化技术优化组合,达到全方位、高效率的净化 ●简易积木式结构,维护操作简单方便	●HEPA 高效过滤器,烟尘净化效率高达 99.9% ●DFC(DAC)除甲醛(除氨)光催化特效板,高速分解甲醛(氨气) ●释放负离子,清新空气 ●环形进出风,超大风量、超静低音 ●CPU 控制,定时、风量选择、遥控、电子显示等功能齐全,操作简单 ●各种净化技术优化组合,达到全方位、高效率的净化 ●简易积木式结构,维护操作简单方便

型号	YKF-180	
基本功能	●HEPA 超高效过滤器,烟尘净化效率高达 99.9% ●DFC(DAC)-除甲醛(除氨)光催化特效板,高速分解甲醛(氨气) ●纳米光催化板,具有自我再生功能,能高效持续分解有害气体,无须更换 ●强力灭菌,安全可靠 ●释放负离子,清新空气 ●CPU 控制,定时、风量选择、遥控、电子显示等功能齐全,操作简单 ●各种净化技术优化组合,达到全方位、高效率的净化 ●简易抽屉式结构,维护操作简单方便	

39. 动态空气消毒机

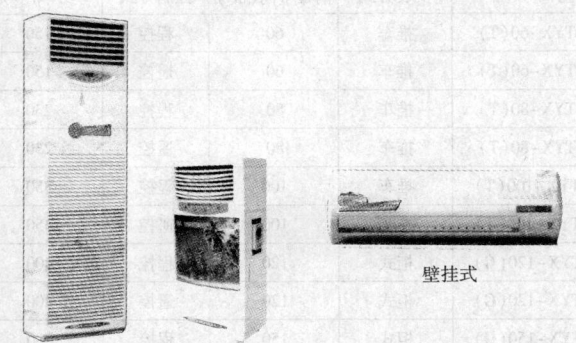

壁挂式

柜式　　　　推车式

【特点及用途】TT/DTYX 系列静电吸附式动态空气消毒机采用了等离子技术,半导体光触媒技术及自控技术,该消毒机具有高效抗菌过滤、等离子、C 波段紫外线、臭氧、半导体光触媒、负离子六重杀菌功能。其使用方便,适用于室内空间,特别是医院病房及类似需用去除空气中的尘埃及细菌的场所。

【规　　格】成都天田医疗电器科技有限公司产品

型　号	安装方式	消毒空间(m³)	控制方式	功率(W)
TT/DTYX–60(B)	壁挂	60	程控	150
TT/DTYX–60(B)	壁挂	60	遥控	150
TT/DTYX–80(B)	壁挂	80	程控	230
TT/DTYX–80(B)	壁挂	80	遥控	230
TT/DTYX–100(B)	壁挂	100	程控	350
TT/DTYX–100(B)	壁挂	100	遥控	350

续表

型 号	安装方式	消毒空间(m³)	控制方式	功率(W)
TT/DTYX-60(T)	推车	60	程控	150
TT/DTYX-60(T)	推车	60	遥控	150
TT/DTYX-80(T)	推车	80	程控	230
TT/DTYX-80(T)	推车	80	遥控	230
TT/DTYX-100(T)	推车	100	程控	350
TT/DTYX-100(T)	推车	100	遥控	350
TT/DTYX-120(G)	柜式	120	程控	400
TT/DTYX-120(G)	柜式	120	遥控	400
TT/DTYX-150(G)	柜式	150	程控	500
TT/DTYX-150(G)	柜式	150	遥控	500
TT/DTYX-200(G)	柜式	200	程控	600
TT/DTYX-200(G)	柜式	200	遥控	600

第三十五章　厨卫电器

1. 电冰箱

　　电冰箱是以电能为动力,通过制冷机使箱体内部保持一定的低温,以供冷藏,冷冻食品,贮存水果、饮料及蔬菜,制作冰块,冷饮,或贮藏特定物品(如药品、血浆、种子等)的一类电气器具。其制冷方式有压缩式制冷,吸收式制冷和半导体制冷等,冷却方式有直接冷却式和间接冷却式等。

(1) 电冰箱型号表示方法

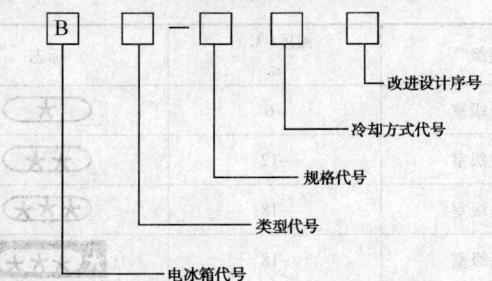

(2)电冰箱类型代号

代号	C	D	CD
类型	冷藏	冷冻	冷藏冷冻

(3)电冰箱规格代号

电冰箱的规格以电冰箱的有效容积(L)表示,采用阿拉伯数字。

(4)电冰箱冷却方式代号

电冰箱冷却方式代号为:直冷式有霜电冰箱不标注字母;间冷式无霜电冰箱用拼音字母"W"表示。

(5)电冰箱型号表示举例

① BCD-241　　表示电冰箱总有效容积为241L 的直冷式家用冷藏冷冻箱(有霜电冰箱)。

② BD-112　　表示为总有效容积112L 的冷冻箱(冷柜)。

③ BC-150　　表示为总有效容积150L 的冷藏箱。

④ BCD-320WB　　表示为总有效容积320L,第二次改进设计的间冷式无霜冷藏冷冻箱。

2. 冷冻温度与星级对照

星级	温度(℃) ≤	标志
一星级室	-6	⬭ ★
二星级室	-12	⬭ ★★
三星级室	-18	⬭ ★★★
四星级室	-18	★ ★★★

3. 电冰箱使用环境气候划分及其代号

电冰箱类型	温度(℃)	代号
亚湿带型	10～32	SN
温带型	16～32	N
亚热带型	18～38	ST
热带型	18～43	T

注:使用环境的相对湿度均不大于90%。

4. 单门电冰箱

【特点及用途】单门电冰箱是设置一扇门和一个箱温调节器,按直接冷却方式运作的有霜层的电冰箱。箱内上部设有一小容积冷冻室,并带内门,下部为冷藏室,上下相隔开,冷藏室温度通常在0～10℃之间,冷冻室温度在-4～-18℃之间。冰箱的总有效容积一般在200L以下,适用于人口较少的家庭或类似需用的场所。

【规　格】

型号	总有效容积(L)		冷冻温度(℃)	日耗电量(kW·h/24h)	外形尺寸(mm)
	冷藏室	冷冻室			
BCD-103	80	23	≤-6	0.6	840×480×510
BCD-110	90	20	≤-6	0.6	860×497×510
BCD-120	100	20	≤-6	0.6	975×500×556

续表

型号	总有效容积(L)		冷冻温度 (℃)	日耗电量 (kW·h/24h)	外形尺寸(mm)
	冷藏室	冷冻室			
BCD-140	115	25	≤-7	0.7	1 050×550×600
BCD-150	120	30	≤-7	0.8	1 073×550×600
BCD-160	128	32	≤-12	1.0	1 100×540×585
BCD-170	135	35	≤-12	0.8	1 200×515×585
BCD-180	130	50	≤-12	0.9	1 230×500×585
BCD-185	155	30	≤-12	0.8	1 250×520×556
BCD-188	110	78	≤-18	1.3	1 280×521×560

5. 双门电冰箱

【特点及用途】双门电冰箱是由冷冻和冷藏上下两个不相通的间室和两个独立的箱门组成。电冰箱采用无氟压缩机,高效散热系统与优化的制冷系统互相配合,其丝管式蒸发器和内藏式冷凝器设计,传热效率强,耗电量省,并具有温度自感应,低温自补偿功能,三宽设计(宽气候带、宽电压带、宽湿度带)适用范围广。双门电冰箱是现代普通家庭及类似需用场所的首选冰箱。

[规 格] 河南新飞电器有限公司产品

型号	总有效容积 (L)	冷冻室有效容积 (L)	冷冻能力 (kg/24h)	耗电量 (kW·h/24h)	总输入功率 (W)	冷冻室星级	外形尺寸 (mm)	重量 (kg)	制冷剂	备注
BCD-160H	160	40	2.0	0.68	137	★★★	521×574×1452	55	HFC-134a 110g	箱体采用独特的镜面感材料，金属质感非凡，激情红、白自由青两种先锋色彩
BCD-180H	180	40	2.0	0.7	137	★★★	521×574×1532	57	HFC-134a 110g	
BCD-195H	195	66	3.0	0.75	137	★★★	521×574×1667	64	HFC-134a 120g	
BCD-200H	200	51	3.0	0.58	137	★★★	554×618×1496	63	HFC-134a 120g	
BCD-215H	215	70	3.5	0.65	137	★★★	554×618×1607	65	HFC-134a 130g	
BCD-235H	235	70	3.5	0.68	137	★★★	554×618×1685	66	HFC-134a 130g	
BCD-160F	160	40	2.0	0.68	137	★★★	521×574×1452	55	HFC-134a 110g	大空间，自由青两种时尚色彩
BCD-180F	180	40	2.0	0.7	137	★★★	521×574×1532	57	HFC-134a 110g	
BCD-195F	195	66	3.0	0.75	137	★★★	554×618×1667	64	HFC-134a 120g	
BCD-200F	200	51	3.0	0.58	137	★★★	554×618×1496	63	HFC-134a 120g	
BCD-215F	215	70	3.5	0.65	137	★★★	554×618×1607	65	HFC-134a 130g	
BCD-175F	175	66	3.5	0.64	137	★★★	521×574×1524	60	HFC-134a 110g	
BCD-185F	185	66	3.5	0.64	137	★★★	521×574×1584	64	HFC-134a 110g	
BCD-196F	196	69	3.5	0.64	137	★★★	521×574×1662	67	HFC-134a 115g	
BCD-206F	206	73	4	0.59	137	★★★	556×618×1531	66	HFC-134a 120g	
BCD-216F	216	73	4	0.64	137	★★★	556×618×1633	70	HFC-134a 125g	

续表

型号	总有效容积 (L)	冷冻室有效容积 (L)	冷冻能力 (kg/24h)	耗电量 (kw·h/24h)	总输入功率 (W)	冷冻室星级	外形尺寸 (mm)	重量 (kg)	制冷剂	备注
BCD-171	171	66	3.5	0.64	137	★★★★	521×574×1 529	60	HFC-134a 110g	
BCD-181	181	66	3.5	0.64	137	★★★★	521×574×1 589	64	HFC-134a 110g	
BCD-191	191	69	3.5	0.64	137	★★★★	521×574×1 667	67	HFC-134a 115g	节能高手
BCD-201 上	201	73	4.0	0.59	137	★★★★	556×618×1 535	66	HFC-134a 120g	
BCD-211	211	73	4.0	0.64	137	★★★★	556×618×1 638	70	HFC-134a 125g	
BCD-241	241	73	4.0	0.64	145	★★★★	556×618×1 724	71	HFC-134a 130g	

6. 三门电冰箱

【特点及用途】三门电冰箱是设置三个独立箱门,可分类储存而互不干扰的电冰箱。其采用宽带自由变温设计,冷藏、果菜保鲜、啤酒保鲜、冰温、微冻、软冷冻、轻度冷冻、冷冻、深度冷冻等,均能给予食物最佳储藏温度,保持最佳口感。电冰箱采用负离子纳米技术除异味、保湿保鲜及抗病毒。其设计典雅大方,吸顶灯散光漫射,钢化玻璃,镀膜,美观易清洁有效抗菌,蓝色 LCD 液晶显示屏,大屏幕蓝背光运作一目了然,智能锁,一键通,门面板拉丝银设计。三开门电冰箱容量大,适用于大家庭及类似需用的环境。

【规　　格】广东科龙电器股份有限公司产品

型号	BCD-238AY3	BCD-218AY3	BCD-258AY3
外观特点	暗拉手,三开门	暗拉手,三开门	暗拉手,三开门
总容积(L)	238	218	258
冷冻室/冷藏室(L)	64/25/149	64/25/129	85/26/145
外观宽(mm)	560	560	590
外观深(mm)	621	621	622
外观高(mm)	1 780	1 680	1 686
包装宽(mm)	623	623	653
包装深(mm)	719	719	723
包装高(mm)	1 869	1 769	1 780
净重/毛重(kg)	70/77	65/72	73/80
上门长度/下门长度(mm)	845.5/216/627	745.5/216/627	702.5/218/672.5
气候类型	ST	ST	ST
耗电量(kW·h/24h)	0.79	0.79	0.82
国家节能等级	2	2	2

续表

型号	BCD-238AY3	BCD-218AY3	BCD258AY3
欧洲节能等级	A	A	A
冷冻能力(kg)	15	15	20
养鲜魔宝	有	有	有
输入功率(W)	100	100	100
制冷剂	R600a	R600a	R600a
温控方式	电脑温控	电脑温控	电脑温控
照明灯位置	冷藏室顶部	冷藏室顶部	冷藏室顶部
显示方式	液晶显示	液晶显示	液晶显示
有无自适应补偿	有	有	有
内观颜色	水晶蓝	水晶蓝	水晶蓝
外观颜色	珍珠白/银灰	珍珠白/银灰	珍珠白/银灰
冷冻室抽屉	3/全透明	3/全透明	3/全透明
制冰盒	1	1	1
冷藏室层架	2/强化玻璃	2/强化玻璃	2/强化玻璃
果菜箱盖类型	1/强化玻璃	1/强化玻璃	1/强化玻璃
瓶架	1/简易酒瓶架	1/简易酒瓶架	1/简易酒瓶架
冷藏室门搁架	4(小)+1(大)	3(小)+1(大)	2(小)+2(大)
蛋格、蛋数、类型	2/4/PS	2/4/PS	2/12/PS
滚轮个数	2+2(前脚部件)	2+2(前脚部件)	2+2(前脚部件)
压缩机后罩	金属	金属	金属
门胆有无内衬或整体发泡	整体发泡	整体发泡	整体发泡

7. 四门电冰箱

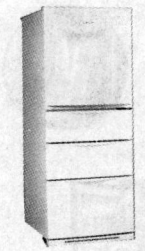

BCD-320WB

【特点及用途】四门电冰箱多门多温,其特点是六大温区分类保鲜,"即时切"软冷冻技术,明抽屉分隔式冷冻,全自动智能控制,自动除霜除臭一体设计,环境感温而自动调节运行状态,生熟食品分类双冷冻及保温蔬菜室抽屉设计,风冷无霜,独立快速制冰格,优质节能宁静型压缩机,冷凝器内置,冷藏室灵活折叠层架,超级防锈喷涂箱体等。四门电冰箱特别适合家庭人口较多的用户使用。

【规　　格】华凌电器有限公司产品

型号	能耗 (kW·h /24h)	有效容积 (L)	冷冻室容积(L)	CH/V 室容积 (L)	冷藏室 容积 (L)
BCD-280WB	1.70	280	76	V66	138
BCD-320WB	1.90	320	86	V76	158

额定输入功率 (W)	净重 (kg)	毛重 (kg)	机身尺寸 (宽×深×高) (mm)	气候类型
130	66	74	575×705×1 605	N
130	70	78	615×705×1 605	N

8. 带饮水机冰箱

BCD-24ANS

【特点及用途】带饮水机冰箱是饮水机与冰箱于一体的电气器具。其特点是无需开门就可以方便的取得冷水,并能因为减少开门次数而节约用电,亦相应少占用空间和地面。

【规　　格】三星电器产品

项目 型号	冷冻 星级	温控 方式	总容 积(L)	冷藏容 积(L)	冷冻容 积(L)	耗电量 (kW·h/d)	外观 颜色	外形尺寸 (mm)
BCD-202	★★★★	机械	202	137	65	0.78	白色	550×646×1 515
BCD-202N	★★★★	机械	202	137	65	0.86	白色	550×646×1 515
BCD-202NS	★★★★	机械	202	137	65	0.86	银色	550×646×1 515
BCD-211AN	★★★★	电脑	211	146	65	0.93/0.7/0.42	白色	550×646×1 564
BCD-211NS	★★★★	电脑	211	146	65	0.93/0.7/0.42	银色	550×646×1 564
BCD-231WNS	★★★★	电脑	231	176	55	0.99/0.4/0.5	银色	550×646×1 689

续表

项目 型 号	冷冻 星级	温控 方式	总容 积(L)	冷藏容 积(L)	冷冻容 积(L)	耗电量 (kW·h/24h)	外观 颜色	外形尺寸 (mm)
BCD–246NS	★★★	电脑	246	166	80	0.85	银色	550×646×1 750
BCD–266WN	★★★	机械	266	196	70	1.40/1.25/0.45	白色	578×615×1 669

注:BCD–231WNS 型号具有语言功能。

9. 家庭酒吧型冰箱

电子显示

大瓶架

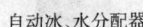
自动冰、水分配器

立式内部闭灯
能顾及每个角落

家庭酒吧

【特点及用途】家庭酒吧型冰箱采用冷藏和冷冻可以独立运作的双制冷系统,两套独立的蒸发器和精确的电子控制,多重冷流无霜运转,自动冰,水分配器,并具有方便的家庭酒吧。该冰箱实为现代家庭的时尚生活设备。

【规　　格】三星电器产品

型　　号		SR-S20FTLM	SR-S20FTLS	SR-S20FTCS
容积(L)　净容量	总容积	514	514	514
	冷冻室容积	176	176	176
	冷藏室容积	338	338	338
尺寸(mm)　净尺寸	宽	908	908	908
	深	664	664	664
	高	1 738	1 738	1 738
包装尺寸	宽	974	974	974
	深	776	776	776
	高	1 892	1 892	1 892
重量(kg)　净重/毛重		120/133	120/133	120/133
颜色		镜面	银色	不锈钢外观

10. 冰　吧

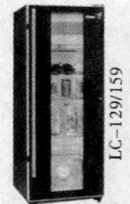

LC-129/159　　LCD-132A/152A　　LC-128/158

　　【特点及用途】冰吧是现代家庭生活用于饮料、水果等食物制冷保鲜的电气器具。其特设国际四星级冷冻制冰室,可快速制冷及冷冻雪糕等。采用无边框门体的单门设计,时尚外观,尊贵典雅,适合各类客厅装修风格。

【规　格】海尔电器产品

型　号	容积 (L)	冷藏室温度 (℃)	额定耗电量 (kW·h/24h)	外形尺寸 长×宽×高(mm)	备注
LC-129	129	0~15	0.78	506×620×1 080	黑色外观、机械温控
LC-159	159	0~15	0.80	506×620×1 280	
LCD-132A	132	0~10	1.25	590×505×1 276	银色外观、智能温控、大容量冷冻抽屉
LCD-152A	152	0~10	1.5	590×505×1 400	
LC-128	128	0~15	1.25	505×590×1 076	银色外观、智能温控
LC-158	158	0~15	1.5	505×590×1 276	

11. 冰柜

　　冰柜又称冷冻箱，其箱内温度不高于-18℃是能在一定时间内冷冻食品和储藏冷冻食品的制冷电气器具。冰柜的有效容积(L)通常在500L以下，主要供商业经营所用，小型规格亦有用于家庭，此仅选用了青岛澳柯玛股份有限公司产品加以介绍。

(1)宽带变温系列冷冻箱

宽带变温系列冷冻箱的特点是：

①宽带变温，一机四用。温控器宽带变温设计，可实现冷藏、微冻、冷冻和速冻的随意切换，一机四用。

②内置冷凝器，高效散热。

③门锁设计，安全贴心。体贴的门锁设计，您无需担心商品丢失，也无须担忧好奇的小宝宝。

④双层门体，保温更好。上层蝶形对折门，下层推拉玻璃门，保温节能、展示商品双重功效，更加适合头脑精明的您。

⑤内胆设计合理化。采用平内胆设计，符合人机原理，存取方便。

【规　格】

型号	气候类型	防触电保护类型	有效容积（L）	额定电压/频率（V/Hz）	额定输入功率（W）	冷冻能力（kg/24h）	净重（kg）	外形尺寸（mm）
BD(C)141	N	I	141	–220/50	142	4	41.5	744×534×910
BD(C)170	N	I	170	–220/50	142	4	43.5	874×534×910
BD(C)205	N	I	205	–220/50	152	4	48.5	1 034×534×910
BD(C)242	N	I	242	–220/50	160	4	53	1 194×534×910
BD(C)260	N	I	260	–220/50	160	4	53.5	1 194×534×950

(2) 绿色宽带变温系列冷冻箱

绿色宽带变温系列冷冻箱的特点是：

① 宽带变温，一机四用。温控器宽带变温设计，可实现冷藏、微冻、冷冻和速冻的随意切换，一机四用。

② 双重冷凝，效果更佳。打破传统，采用丝管式冷凝器和内藏式冷凝器相结合的方法，高效散热。

③ 保温设计，更加节能。门体全方位限位，下沉式门封结构，密封好，节能更好。

④ 无氟设计，绿色环保。

⑤ 新技术，新材料。切换到冷藏状态时，纯纳米光为媒无需太阳光照，即可再生；且能够真正杀死细菌，起到保健作用。

⑥ 杀灭细菌，种类多，效果彻底。纯纳米光为媒的保健功能，对肺结核、乙肝、流感等近十种病菌的预防、消灭等效果显著。

【规　格】

型号	气候类型	防触电保护类型	有效容积（L）	额定电压/频率（V/Hz）	额定输入功率（W）	冷冻能力（kg/24h）	净重（kg）	外形尺寸（mm）
BD(C)190	N	Ⅰ	190	−220/50	152	13	48	996×574×860
BD(C)211	N	Ⅰ	211	−220/50	152	15.5	49	996×574×910
BD(C)227	N	Ⅰ	227	−220/50	160	16	53.5	1 160×574×860
BD(C)251	N	Ⅰ	251	−220/50	160	17	54.5	1 160×574×910

（3）双温系列冷藏冷冻箱

双温系列冷藏冷冻箱的特点是：

①内胆设计合理化。采用平内胆设计，符合人机原理，存取方便。

②门锁设计，安全贴心。体贴的门锁设计，您无需担心商品丢失，也无须担忧好奇的小宝宝。

③内置冷凝器，高效散热。

④双温双效，冷藏冷冻各负其责，满足您的不同需求。

⑤双层门体保温好。上层蝶形对折门，保温性能好；下层推拉玻璃门，透明展示。

【规　格】

型号	气候类型	防触电保护类型	有效容积（L）	额定电压/频率（V/Hz）	额定输入功率（W）	冷冻能力（kg/24h）	净重（kg）	外形尺寸（mm）
PCD160	N	Ⅰ	160	−220/50	142	4	42	874×534×860
PCD195	N	Ⅰ	195	−220/50	142	4.5	45.5	1 034×534×860

续表

型号	气候类型	防触电保护类型	有效容积（L）	额定电压/频率（V/Hz）	额定输入功率（W）	冷冻能力（kg/24h）	净重（kg）	外形尺寸（mm）
PCD215	N	I	215	−220/50	142	5	46	1 034×534×910
PCD231	N	I	231	−220/50	152	5.5	47	1 034×534×950
PCD253	N	I	253	−220/50	152	6	49.5	1 194×534×910

（4）绿色双温系列冷藏冷冻箱

绿色双温系列冷藏冷冻箱的特点是：

①双重冷凝，效果更佳。打破传统，采用丝管式冷凝器和内藏式冷凝器相结合的方法，高效散热。

②门锁设计，安全贴心。体贴的门锁设计，无需担心商品丢失，也无须担忧好奇儿童随意打开箱门。

③保温设计，更加节能。门体全方位限位，下沉式门封结构，密封好，节能更好。

④无氟设计，绿色环保。

⑤新技术，新材料。切换到冷藏状态时，纯纳米光为媒无需太阳光照，即可再生，且能够真正杀死细菌，起到保健作用。

⑥杀灭细菌，种类多，效果彻底。纯纳米光为媒的保健功能，对肺结核、乙肝、流感等近十种病菌的预防、消灭等效果显著。

【规　格】

型号	气候类型	防触电保护类型	有效容积（L）	额定电压/频率（V/Hz）	额定输入功率（W）	冷冻能力（kg/24h）	净重（kg）	外形尺寸（mm）
PCD183	N	I	183	−220/50	142	4.5	48	996×574×860
PCD203	N	I	203	−220/50	142	5	49	996×574×910
PCD220	N	I	220	−220/50	152	5.5	53.5	1 160×574×860
PCD243	N	I	243	−220/50	152	6	54.5	1 160×574×910

（5）宽带变温顶开式系列冷冻箱

宽带变温顶开式系列冷冻箱的特点是：

①温控器宽带变温设计，可实现冷藏、微冷、冷冻和速冻的随意切换，一机四用。

②顶开式箱盖，前倾式大圆弧设计，造型活泼。

③底置式风冷冷凝器，不占用箱外空间，散热效果好。

④BD（C）322/BD（C）389采用获国家专利扇形电器盒，切换自如。

⑤超大冷冻容量设计，满足更多需求。

⑥吸风式强制风冷冷凝器，风机、压缩机冷却及时，延长使用寿命。

【规　格】

型号	气候类型	防触电保护类型	有效容积（L）	额定电压/频率（V/Hz）	额定输入功率（W）	冷冻能力（kg/24h）	净重（kg）	外形尺寸（mm）
BDC322	N	I	322	−220/50	216	19	59	1 219×612×910
BDC389	N	I	389	−220/50	255	23	64	1 309×693×868
BDC560	N	I	560	−220/50	305	32	84	1 843×695×842

（6）绿色变温系列冷柜

绿色变温系列冷柜的特点是：

①箱盖采用圆弧过渡，箱体采用流线型，美观大方；

②自然风冷管式冷凝器，散热效果好；

③变温转换功能，同一冷冻室可实现从冷藏到冷冻之间的转换；

④超保温功能，采用超微孔发泡技术，多一份冷量，少一份电量；

⑤绿色无氟产品，深冷速冻，保持食物营养成分不流失。

【规　　格】

型号	气候类型	防触电保护类型	有效容积（L）	额定电压/频率（V/Hz）	额定输入功率（W）	冷冻能力（kg/24h）	净重（kg）	外形尺寸（mm）
BD(C)168N	N	I	168	-220/50	150	12.5	45	874×534×910
BD(C)202N	N	I	202	-220/50	160	15	49	1034×534×910
BD(C)238N	N	I	238	-220/50	170	16	53	1194×534×910
BD(C)256N	N	I	256	-220/50	170	16	53.5	1194×534×950
BD(C)150S	N	I	150	-220/50	122	7	38.5	738×625×791
BD(C)208S	N	I	208	-220/50	137	10	45.0	913×625×811
BD(C)238S	N	I	238	-220/50	160	16	53	1194×534×910
BD(C)168S	N	I	168	-220/50	150	12.5	45	874×534×910
BD(C)202S	N	I	202	-220/50	160	15	49	1034×534×910

(7)小精灵系列冰柜

小精灵系列冰柜的特点是：

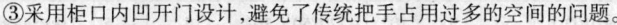

①采用可转换的温控器，可根据需求调节温控器，
　实现冷冻与冷藏功能的切换。

②门封条采用高效抗菌剂，能有效抑制有害细菌的
　滋生，无损食物的营养成分。

③采用柜口内凹开门设计，避免了传统把手占用过多的空间的问题。

④采用平内胆设计，便于存取食品。

⑤箱体采用平背设计，不多占用空间。

⑥外形设计充分考虑了橱具特点，能有效利用厨房空间。

【规　　格】

型号	气候类型	防触电保护类型	有效容积(L)	额定电压/频率(V/Hz)	额定输入功率(W)	冷冻能力(kg/24h)	净重(kg)	外形尺寸(mm)
BD(C)66N	N	I	66	−220/50	93	5	26.5	404×576×852
BD(C)99N	N	I	99	−220/50	105	7.5	31.5	554×576×852

(8)智能化多功能绿色系列冷柜

智能化多功能绿色系列冷柜采用智能化
控制技术和全新的双绿无氟设计，其特点是：

①具有冷藏、微冷、冷冻、速冻等多种
功能。

②可以精确设定箱内温度。

③断电记忆和异常报警功能。

④自动故障诊断处理功能。

⑤防止误操作锁键功能。

【规 格】

型号	气候类型	防触电保护类型	有效容积（L）	额定电压/频率（V/Hz）	额定输入功率（W）	冷冻能力（kg/24h）	净重（kg）	外形尺寸（mm）
BD99 I	N	I	99	−220/50	105	7.5	31.5	554×576×852
BD102 I	N	I	102	−220/50	102	5	34.5	738×545×701

(9)厨宝系列冷冻箱

厨宝系列冷冻箱的特点是：

①双箱双温设计,上部冷冻室可实现深冷速冻,下部冷冻食品储藏室可微冻食品,一机两用。

②上顶开、下抽屉设计,食品可分类存放,存取更方便,下部间室温度特别适合肉类食品储存,切割更容易。

③下部间室可用于冷冻食品临时存放,减少冷冻室箱盖开启次数,结霜更少,耗电更省。

④CFD-110采用柜口内凹式开门设计,CFD-155采用内凹式把手设计,占用空间更小。

⑤外形设计充分考虑橱具特点,有效利用厨房空间。

【规 格】

型号	气候类型	防触电保护类型	有效容积（L）	额定电压/频率（V/Hz）	额定输入功率（W）	净重（kg）	外形尺寸（mm）
CFD110	N	I	110	−220/50	95	34	554×576×852
CFD155	N	I	155	−220/50	137	41	738×590×852

(10) 立式系列冷冻箱

立式系列冷冻箱的特点是：

①采用可调节的温控器，可根据需求实现
　冷冻温度的调节。

②多组抽屉、存取方便、不串味。

③门体大圆弧设计、造型活泼、美观大方。

④后置式温控盒，切换自如，外观更漂亮。

⑤采用内置式冷凝器，不占用箱外空间，散热效果好。

【规　　格】

型号	气候类型	防触电保护类型	有效容积（L）	额定电压/频率(V/Hz)	额定输入功率(W)	净重(kg)	外形尺寸（mm）
BD112	N	I	112	~220/50	121	49	558×519×1 088
BD133	N	I	133	~220/50	121	54	558×519×1 233

(11) 商用小冷库系列冷柜

商用小冷库系列冷柜的特点是：

①可根据需求调节，实现冷藏与冷冻功能的
　切换。

②顶开式箱盖，前倾式大圆弧设计，造型活泼。

③底置式风冷冷凝器，不占用箱外空间，散热效果好。

④BD(C)315/BD(C)378 采用获国家外观专利的扇形控制板，切换
　自如。

其中，BD715 型为：

①超大冷冻容量设计，满足更多需求。

②吸风式强制风冷冷凝器，风机、压缩机冷却及时，延长使用寿命。

③三门设计，减少取放物品时的冷气损失。

【规　格】

型号	气候类型	防触电保护类型	有效容积（L）	额定电压/频率（V/Hz）	额定输入功率（W）	冷冻能力（kg/24h）	净重（kg）	外形尺寸（mm）
BD(C)315	N	Ⅰ	315	−220/50	216	19	59	1 219×612×910
BD(C)362	N	Ⅰ	362	−220/50	255	20	71	1 356×695×842
BD(C)378	N	Ⅰ	378	−220/50	255	23	64	1 309×693×868
BD(C)418	N	Ⅰ	418	−220/50	253	25	76	1 523×695×842
BD(C)462	N	Ⅰ	462	−220/50	305	27	80	1 653×695×842
BD(C)525	N	Ⅰ	525	−220/50	255	31	85	1 843×695×842
BD(C)568	N	Ⅰ	568	−220/50	355	34	90	1 973×695×842
BD715	N	Ⅰ	715	−220/50	355	32	102	2 415×695×842

（12）冰岛商用岛柜系列

冰岛商用岛柜系列冰柜的特点是：

①外形结构采用最合理化的设计，增加了展示
　面积，使用方便。

②超宽透明钢化镀膜玻璃推拉门，更清晰展示
　箱内物品。

③全篮筐结构设计，可使食品分别摆放，存取方便。

④采用底置风冷超大冷凝器，散热好，更节省空间。

⑤箱内底部装有排水孔，清洁方便。

【规　格】

型号	气候类型	防触电保护类型	有效容积（L）	额定电压/频率（V/Hz）	额定输入功率（W）	冷冻能力（kg/24h）	净重（kg）	外形尺寸（mm）
SD535	N	Ⅰ	535	−220/50	305	4	93	1 690×900×880
SD626	N	Ⅰ	626	−220/50	355	4.5	101	1 950×900×880

(13) 绿色变温系列水冷柜

绿色变温系列水冷柜的特点是:

①内胆采用不锈钢材料,系统最佳匹配,可加水
　冰镇啤酒、饮料等,降温速度提高数倍。

②多功能转换,既可作二星级冷冻食品储藏箱
　使用,又可作冷藏或微冻食品柜使用。

③设有排水装置,可以方便排放冷却水。

④采用强制风冷冷凝器,在高温下运行自如。

【规　　格】

型号	气候类型	防触电保护类型	有效容积(L)	额定电压/频率(V/Hz)	额定输入功率(W)	净重(kg)	外形尺寸(mm)
SPC138	N	I	138	-220/50	180	42	752×542×905
SPC168	N	I	168	-220/50	190	45	882×542×905

(14) 绿色双温双箱系列水冷柜

绿色双温双箱系列水冷柜的特点是:

①双箱双温设计,冷藏室采用不锈钢内胆,既
　可储存冷冻食品,又可冷藏物品或加水冷
　浸啤酒、饮料等,一机三用。

②采用平内胆设计,便于存取物品。

③采用强制风冷冷凝器,在高温下运行自如。

【规 格】

型号	气候类型	防触电保护类型	有效容积（L）	额定电压/频率（V/Hz）	额定输入功率（W）	净重（kg）	外形尺寸（mm）
SCD146N	N	I	134	~220/50	150	45.5	882×542×855
SCD162N	N	I	149	~220/50	155	48	882×542×905
SCD178N	N	I	166	~220/50	150	48.5	1 042×542×855
SCD196N	N	I	181	~220/50	165	51	1 042×542×905

（15）绿色双温系列冷藏冷冻箱

绿色双温系列冷藏冷冻箱的特点是：

PCD156N/PCD188N/PCD206N

PCD226N/PCD246N/PCD266N

PCD188S/PCD206S/PCD246S

①双温双箱设计，一机两用，既可冷冻食品，又可冷藏冰镇饮料。

②蝶形对折门，个性化设计，外观豪华、典雅。

③采用平内胆设计，便于存取物品。

④箱体一体化设计，四面可做展示面。

SCD146AN/SCD162AN/SCD178AN

SCD196AN/SCD246

①双温双箱设计，既可冷冻，又可冷藏、微冻，一机多用。

②推拉玻璃门，箱内物品一目了然。

③采用平内胆设计，便于存取物品。

④采用强制风冷冷凝器，在高温环境下可运行自如。

⑤冷藏室设有排水装置，可以方便排放冷却水。

【规　格】

型号	气候类型	防触电保护类型	有效容积（L）	额定电压/频率（V/Hz）	额定输入功率（W）	净重（kg）	外形尺寸（mm）
PCD156N	N	I	156	-220/50	130	42	874×534×860
PCD188N	N	I	188	-220/50	140	45.5	1 034×534×860
PCD206N	N	I	206	-220/50	150	46	1 034×534×910
PCD226N	N	I	226	-220/50	150	47	1 034×534×950
PCD246N	N	I	246	-220/50	155	49.5	1 194×534×910
PCD266N	N	I	266	-220/50	160	51.5	1 194×534×950
PCD188S	N	I	188	-220/50	140	45.5	1 034×534×860
PCD206S	N	I	206	-220/50	150	46	1 034×534×910
PCD246S	N	I	246	-220/50	155	49.5	1 194×534×910
SCD146AN	N	I	134	-220/50	150	44	882×542×855
SCD162AN	N	I	149	-220/50	155	46	882×542×905
SCD178AN	N	I	166	-220/50	150	47	1 024×542×855
SCD196AN	N	I	181	-220/50	165	49	1 024×542×905

(16)绿色超级节能王系列冷柜

绿色超级节能王系列冷柜的特点是：

①节能设计：低于美国 2001DOE 能源标准的 8%，日耗电量仅相当 30W 的灯泡。

②静音设计：噪音低于 38dB，振动更小。

③国际标准设计：占用空间小，使用容积大。

④宽气候带设计：43℃环境下开停自如。

⑤可转换的温控器，实现箱内冷冻与冷藏的切换。

⑥内藏式冷凝器、蒸发器，无须清理。

⑦深冷速冻设计，保持食品营养成分不流失。

⑧加锁设计,使用更安全。

【规　格】

型号	气候类型	防触电保护类型	有效容积（L）	额定电压/频率（V/Hz）	额定输入功率（W）	冷冻能力（kg/24h）	净重（kg）	外形尺寸（mm）
BD102C	ST	I	102	−220/50	107	4.5	35	738×512×774
BD(C)146	ST	I	146	−220/50	130	7.5	39	739×564×837
BD(C)203B	ST	I	203	−220/50	140	12	50	964×564×837

12. 调温电灶

JZATW2-232　　　　　　JZATW2-236

【特点及用途】调温电灶采用合金电热丝,能耐高温,红外技术辐射加热,热耗低节能省电,隔热绝缘安全保护性能良好,设置自动温控,使用方便,灶壳不沾油垢,清洁容易。按造型分有台式和嵌入式两种。

【规　格】杭州德意电气有限公司产品

型号	适用电源	额定功率	面板	外形尺寸(mm)	净重	炉盘
JZATW2-232	220V ~50Hz	左 1.5kW 右 2.5kW	不沾油	685×385×120	8.2kg	2
JZATW2-236	220V ~50Hz	左 1.5kW 右 2.5kW	不沾油	750×440×110	11.5kg	2
JZATW2-238	220V ~50Hz	左 1.5kW 右 2.5kW	防爆玻璃	750×440×116	13kg	2

13. 吸油烟机(一)

CXW-130-DS43
单马达深型

CXW-160-DZ23
单马达中型

【特点及用途】吸油烟机是现代厨房必需的设备。美的吸油烟机运用空气动力学原理,单电机型号采用大容量离心式涡轮;双电机型号采用双离心式涡轮。双向抽风渐开式风道设计,运转时产生高速上升气流,吸排量大。油路设计合理运用漏斗诱导原理,采用广角导油板的锥形油杯,将油脂完全收集,不漏不滴,整机内外采用高级喷涂料,不沾油;油杯不需工具手工即可拆卸,清洗简单、轻松。

【规　　格】美的集团股份有限公司产品

型号	传动方式	照明	风量调节	风量
CXW-160-DZ23	单电机	≤2×25W 白炽灯泡	不可调	>10.5m³/min
CXW-160-DZ24	单电机	≤2×25W 白炽灯泡	不可调	>10.5m³/min
CXW-130-SB03	双电机	≤1×25W 白炽灯泡	可调	>11m³/min
CXW-130-DS43	单电机	≤2×25W 白炽灯泡	可调	>11m³/min
CXW-160-DS45	单电机	≤2×25W 白炽灯泡	可调	>11m³/min
CXW-130-SB01	双电机	≤1×40W 白炽灯泡	可调	>11m³/min
CXW-130-DB02	单电机	≤2×40W 白炽灯泡	可调	>11m³/min
CXW-130-SS41	双电机	≤1×40W 白炽灯泡	可调	>11m³/min
CXW-130-SZ21	双电机	≤1×40W 白炽灯泡	可调	>11m³/min

续表

型号	截止压力	噪声	额定功率	体积(mm) （长×宽×高）
CXW-160-DZ23	>210Pa	<52dB(A)	210W	730×510×230
CXW-160-DZ24	>210Pa	<52dB(A)	210W	730×510×230
CXW-130-SB03	>185Pa	<55dB(A)	155W	740×520×125
CXW-130-DS43	>210Pa	<51dB(A)	180W	740×520×125
CXW-130-DS45	>210Pa	<51dB(A)	180W	750×540×475
CXW-130-SB01	>195Pa	<53dB(A)	170W	710×560×170
CXW-160-DB02	>195Pa	<55dB(A)	240W	720×542×192
CXW-130-SS41	>195Pa	<53dB(A)	170W	750×550×400
CXW-130-SZ21	>195Pa	<53dB(A)	170W	710×540×230

注：1. 使用电源为交流电 220V/50Hz。使用风管口径 φ150mm。
　　2. 吸油烟机执行 GB/T17713-1999 标准。

14. 吸油烟机(二)

CXW-158-F5　　　　　CXW-158-F3

CXW-168-F6　　　CXW-186-F7　　　CXW-186-F8

【特点及用途】双发吸油烟机采用时尚色彩,欧式设计与现代厨房厨具配合达到完美至臻。配置大风量离心风轮,超强吸力,集烟罩口加装过滤网,减少环境污染。机内置有12V低压照明系统,安全明亮,电机采用超低噪音滚珠轴承。

【规　　格】浙江双发电器有限公司产品

型号	CXW-158-F5	CXW-168-F6	CXW-186-F7 CXW-186-F8	CXW-158-F3
额定电源	Ac220V50Hz	Ac220V50Hz	Ac220V50Hz	Ac220V50Hz
输入总功率 （W）	198	208	226	198
照明功率（W）	2×20	2×20	2×20	2×20
噪声	≤55dB *	≤55dB *	≤55dB *	≤55dB *
机体尺寸(mm) 长×宽×高	900×485×355	900×540×360	F7/900×500×310 F8/905×600×340	890×510×550
净重（kg）	15	20	F7/16.7 F8/17.5	20
排风量（m³/h）	750±15%	750±15%	800±15%	750±15%
出风口径（mm）	150	150	160	150
风压（Pa）≥	180	180	180	180

注：*55 为声压级；A 计权声功率级为69dB。

15. 强力排油烟扇

【特点及用途】强力排油烟扇采用优质钢板，静电喷塑，钢塑结合，耐酸，耐碱，耐用，绝缘，不沾油，开启式易清洗，具有吸力强、功率大、噪音低等特点。

【规　　格】湖北省黄石市思创电器有限公司产品

型号：PSG2-25 型。

扇叶直径（mm）：250。

额定电压（V）：220。

输入功率（W）：≤40。

风量（m³/min）：≥15。

噪音（dB）：≤50。

注：油烟扇安装位置与灶台间垂直距离为 600～800mm 时，抽烟效果最佳。

16. 电饭煲

CFXB50-90 钢

CFXB40-70 绿

CFXB130-190A 花

CDK130-C 花

【特点及用途】电饭煲亦称电饭锅,主要由锅体、电热元件、控制和定时装置等组成,具有自动煮饭,保持恒温,卫生方便不需看管等特点,电饭煲还可用蒸食、煮汤、熬粥等多种用途。

【规　　格】广东省顺德市红心电器制造厂产品

品类	型号	电压(V)	频率(Hz)	功率(W)	容积(L)	外形尺寸(cm)	备 注
精美系列	CFXB15-35	220	50	350	1.5	22×22×24	保温式自动型:新款电子变温。具有煮饭、煲汤、煲粥、蒸面食等功能。外壳拉伸成型,坚固耐用。合金自然发色内胆,不粘涂层,设有蒸格。造型现代,美观大方
	CFXB30-50	220	50	500	3.0	25.5×25.5×26.1	
	CFXB40-70	220	50	700	4.0	28×28×29	
	CFXB50-90	220	50	900	5.0	30×30×31.5	
	CFXB60-100	220	50	1 000	6.0	32×32×32.3	
精英系列	CFXB30-50	220	50	500	3.0	28×28×28	豪华自动型:密封煲体结构,保温效果显著。合金自然发色内胆,高级不粘涂层。设有蒸馏水收集器和防溢盖板。附带蒸笼,方便实用
	CFXB40-70	220	50	700	4.0	30.5×30.5×30.5	
	CDK130-C	220	50	1 300	3.0	32×32×18	

续表

品类	型号	电压 (V)	频率 (Hz)	功率 (W)	容积 (L)	外形尺寸 (cm)	备注
精壮系列	CFXB100-160A	220	50	1 600	10.0	39×39×35	大容量型:新款电子变温,超大容量.具有煮饭、煲汤、煲粥、蒸面食等功能。外壳拉伸成型,坚固耐用。合金铝内胆,不粘涂层,设有蒸格。造型现代,美观大方
	CFXB130-190A	220	50	1 900	13.0	41×41×36.5	
	CFXB180-250A	220	50	2 500	18.0	45.5×45.5×36.5	

17. 微波炉

【特点及用途】微波炉是利用电磁波(俗称微波)来加热食物的一种特殊炉具,热效率高,耗电量少,烹调快捷,安全卫生,能适应人们煎、煮、炒、烘、烤、焖、蒸、烩、再加热与解冻等多种烹饪方法。有的微波炉设置有智能感应及变频功能,能自动选择食物最佳的烹调时间和火力,烧烤与微波可以同时进行,保持营养,省时省电。

【规　格】

型号	容积 (L)	输出功率 (W)	烧烤功能	耐高温抗菌内胆	颜色	造型	备注
MG-5599SDT	25	800	电脑	△	银灰白、绿	S型手拉门设计	红外线感应温控系统,高效可控解冻
MG-5529ST	25	800	电脑	△	银灰、白、绿	手拉门设计	红外线感应温控系统,高效可控解冻,计时器预置功能
MS-2588SDT	25	850	-		白	S型手拉门设计	红外线感应温控系统,高效可控解冻

续表

型　号	容积 (L)	输出 功率 (W)	烧烤 功能	耐高温 抗菌 内胆	颜色	造型	备注
MS-2529ST	25	800	–	△	白	手拉门 设计	红外线感应温控系统,高效可控解冻,计时器预置功能
MG-5529MT	25	800	电脑	△	白	手拉门 设计	自动按重量解冻,计时预置功能
MG-5029DT	20	700	电脑	△	白	圆弧造型	
MS-2019T	20	700	–	△	白、红	圆弧造型	60min 定时,5 档微波火力设定
MS-2079T	20	700	–	–	白	圆弧门 造型	60min 定时,5 档微波火力设定
MS-2069T	20	700	–	–	白	立体门型	60min 定时,5 档微波火力设定
MG-5529T	25	800	机械	△	白	手拉门 设计	60min 定时,5 档微波火力设定
MG-5019T	20	700	机械	△	白、红	圆弧造型	60min 定时,5 档微波火力设定
MG-5569T	25	800	机械	△	白		60min 定时,5 档微波火力设定
MG-5039T	20	700	机械	△	白	圆弧门 设计	60min 定时,5 档微波火力设定

续表

	NN-C781JFS	NN-V691JFS	NN-K572SF	NN-K562SF	NN-S672SF	NN-S552WF	NN-GX35WF	NN-GX30WF	NN-MX25WF	NN-MX20WF
变频电路	△	△			△	△				
热风对流烤焗	△	△						△		
变频组合烧烤				△			△			
一般组合烧烤			△							
再加热	感应	感应	感应	自动	感应	自动	自动		自动	
智能感应烹饪	△5种	△7种	△5种	△5种	△6种	△3种	△2种		△3种	
电脑自动烹饪	△7种	△6种	△3种		△6种					
巧速解冻	△	△	△	△	△	△	△	△	△	△
儿童安全锁	△	△	△	△	△	△	△	△	△	△
烹调火力　微波	1 000W	1 000W	1 000W	800W	1 000W	1 000W	800W	800W	800W	800W
烹调火力　烧烤	1 515W	1 050W	1 100W	1 100W	1 100W		1 100W	1 100W		
炉内容量	28L	28L	23L	23L	32L	23L	20L	20L	22L	22L
炉内材料	不锈钢	不锈钢	不锈钢	不锈钢	耐高温涂层	不锈钢	耐高温涂层	耐高温涂层	耐高温涂层	耐高温涂层
外观颜色	金香槟色	金香槟色	银色	银色	银色	白色	白色	白色	白色	白色
外部尺寸(mm) (高×宽×深)	312×520×400	312×520×400	306×510×378	306×510×378	310×518×407	306×510×378	282×482×357	282×482×357	282×482×357	282×482×357

注：1. "△"表示具备有。
2. 微波炉使用电源：交流电 220V，50Hz。
3. 表中 MS、MG 系列产品为 LG 电子电器有限公司产品，NN 系列产品为松下电器产品。

18. 电磁炉

S-189   TS-698

【特点及用途】电磁炉是利用电磁感应原理,通过对陶瓷板下方的线圈通电产生磁力线,感应到炉面的铁质锅具底部,使其产生涡流,直接令锅底迅速发热,从而加热煮熟食物,电磁炉无烟,无明火,微电脑控制,高级耐热晶化陶瓷板面,使用卫生安全,升温快捷热效率高,能源开支比传统炉具节省一半以上。

【规　　格】广东德昕科技有限公司产品

系列	型号	额定电压 (V/Hz)	额定功率 (W)	功率可调范围 (W)	尺寸 (mm)	重量 (kg)	备注
S系列 微电脑电磁炉	S-188	220/50	1 600	320~1600	340×70×300	2.8	微电脑控制定时定温
	S-189	220/50	1 600	320~1600	365×66×335	2.7	
	S-198	220/50	1 700	320~1700	380×70×335	2.9	
	S-199	220/50	1 800	320~1800	380×75×335	2.95	
TS系列 数码变频电磁炉	TS-388	220/50	1 600	320~1 600	340×70×300	2.8	数码变频多功能功率软启动
	TS-389	220/50	1 600	320~1 600	365×66×335	2.7	
	TS-398	220/50	1 700	320~1 700	380×70×335	2.9	
	TS-399	220/50	1 800	320~1 800	380×75×335	2.95	

续表

系列		型号	额定电压 (V/Hz)	额定 功率	功率可 调范围 (W)	尺寸 (mm)	重量 (kg)	备 注
T S 系 列	数 码 变 频 电 磁 炉	TS-698	220/50	1 700	320~1 700	380×70×335	3.0	火锅城专用 电磁炉(线 控)
		TS-699	220/50	1 800	320~1 800	380×75×335	3.1	
		TS-800A	220/50	3 000	320~1 200 320~1 800	734×435×98	11.1	
		TS-800B		3 700	320~1 500 320~2 200			

19. 双炉头电磁炉

DCL1+1-A   1H-P160B

【特点及用途】双炉头电磁炉具有普通电磁炉(单炉头)的特点和功能,其更能满足需同时进行烹饪的需要。两只炉头功能一大一小,不同要求的作业可酌情同时工作,方便省时。

【规 格】

型号	DCL1+1-JA/B/C	DCL1+1-A/B/C	1H-P160A/B
主要技术参数	左炉功能:自动煮饭、文火煎炒、蒸、煮、炖、火锅、自动煲粥、煲汤、保温	左炉功能:自动煮饭、文火煎炒、蒸、煮、炖、火锅、自动煲粥、煲汤、保温	全塑外壳、全液晶显示左炉自动加热、煮饭、煲粥、煲汤。右炉自设煎炒火力,自动加热保温

续表

型号	DCL1+1–JA/B/C	DCL1+1–A/B/C	1H–P160A/B
主要技术参数	右炉功能：猛火炒菜、快速煮水、蒸、煮、炖、火锅、煎、炸、烤、自动煲粥、煲汤、保温。数码显示，美观大方。温度60～260℃可调。1～99min精确定时关机。左炉功率80～900W可调。右炉功率120～1800W可调。七重安全可靠性保护措施。微电脑芯片控制，模糊逻辑技术	右炉功能：猛火炒菜、快速煮水、蒸、煮、炖、火锅、煎、炸、自动煲粥、煲汤、保温。左炉功率80～900W可调。右炉功率120～1500W可调。温度60～260℃可调。20～140min定时关机。七重安全可靠性保护措施。微电脑芯片控制，模糊逻辑技术	1～120min定时，五段功率调节，80～260℃控温。输入电压：AC220V50Hz。输入功率：350W～2 800W（A型）350W～3 300W（B型）

注：DCL系列电磁炉为南海市爱迪宝电器有限公司产品；1H–P系列电磁炉为南海市富士宝家用电器有限公司产品。

20. 电子压力煲

【特点及用途】电子压力煲采用全密封高压烹饪，定时保压，人工智能储存记忆，能自动保温快速御压，具有防漏电和干烧超温保护，超硬4mm锅胆表面经阳极氧化处理。经久耐磨性能好。

【规　　格】南海市立邦电器有限公司产品

DYB350M

型号	容积（L）	功率（W）
DYB150	5.0	1 000
DYB250	5.0	1 000
DYB350M	5.0	1 200
DYB270	7.0	1 420

注：电子压力煲通常附有量杯、饭勺等。

21. 紫砂煲

【特点及用途】紫砂是多种矿物质共存的黏土,耐酸耐碱,不会破坏食物的营养成分,不含任何有害金属物质,且富有人体所需的多种微量元素,对保健有一定功效。紫砂煲采用微电脑操作,设有四个挡位,可自动设置各种煲/煮对象的加热方式:全电脑控制煲/煮过程中的火候变化,不会滚泄,不怕水干。食物煲/煮到位时,电脑控制系统将自动转入保温。

【规　　格】容量、功率及煲煮时间以 4L 容量为例,快速煲的使用额定功率 850W,需放入额定容积的 80%(即 3.2L)水量。

	挡　位	完成煮食所需时间(min)	耗电量(度)
快速粥煲	北方粥/潮州粥	56 ~ 58	0.5
	广东粥	75 ~ 80	0.6
	老火汤	115 ~ 120	0.7
	慢　炖	235	0.85
	快速挡	90	0.5
	慢　炖	240	0.6
	自动挡	180	0.7

注:紫砂煲为广东省顺德简氏家用电器厂产品。

22. 电蒸锅

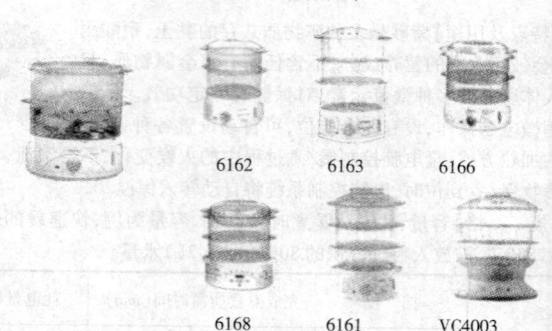

6162　　　　6163　　　　6166

6168　　　　6161　　　　VC4003

【特点及用途】电蒸锅的特点是蒸架内温控均衡,保持三层蒸架内温度一致,食物同时煮熟。当蒸架温度达到100℃时,快速加热维生素键将自动停止工作,并会以650W低功率继续煮熟,其快速加热能减少30%加热时间,以保留更多维生素,特型防滴水锅盖不影响食物美味,全方位水箱,方便360°观测水位情况。

【规　　　格】上海赛博电器有限公司产品

产品型号	6162	6163	6166	6168	6161	VC4003
涡轮蒸汽增压发生器	△	△	△	△	△	△
可移式蒸架板	△	△	△	△	△	△
定时器(min)	60	60	90	90	60	60
手柄式外注水口	△	△	△	△	△	△
透明蒸架	△	△	△	△	△	△
蒸架提手	△	△	△	△	△	△
积汁盘	△	△	△	△	△	△
鸡蛋托	△	△	△	△	△	△

续表

产品型号	6162	6163	6166	6168	6161	WC4003
多功能蒸碗	△	△			△	△
多功能调味盘			△	△		
水位观测窗	△	△	△	△		△
快速加热维生素键						△
蒸架内温控系统						△
自动恒温省电功能						△
独立积汁盘						△
防滴水特型锅盖					△	△
"叠中叠"蒸架设计					△	△
全透明水箱						△
24h 电脑预设定				△		
自动保温功能				△		
功率(W)	650	650	650	650	650	650/2 000
容量(L)	7	10	9	9	10	10

注:"△"表示具备有。

23. 电火锅

【特点及用途】电火锅具有大功率发热盘,火力猛,热效率高,升温快。采用进口合金铝内锅,内锅深,容量大,高强度,不变形,专用不粘涂料,耐磨,易洗,可涮、烧、蒸、炸等。

【规 格】美的电器产品

型号 MC-PZD16/18A

一锅多用,既可涮火锅,又可煎、煮、炒、烧烤。微电脑控制,自动控温,火力足,全塑外壳,可拆挡圈,特设烧烤功能,4.5L 特大容量,可供多人同时涮火锅,不粘内锅,省心又方便

型号 MR-FK150SA

一锅多用,既可涮火锅,又可煎、煮、炒、烧烤,4.5L 特大容量,可供多人同时涮火锅,火力足,可进行无级调温,全塑外壳,可拆挡圈,特设烧烤功能,不粘内锅,省心、方便

型号 MR-FK150S

一锅多用,既可涮火锅,又可煎、煮、炒4L 大容量,可供多人同时涮火锅,火力足,可进行无级调温全塑外壳,造型独特新颖,不粘内锅,省心、方便

型号 MR-FK150/160

专用不粘涂料,清洗方便。进口合金铝内锅,高强度,不变形。热效率高,升温快,4L 大容量,适合大家庭使用,操作简便,安全节能

续表

型号 MR-FYH130B 热效率高,升温快,不锈钢内锅,坚固耐用易清洁,特有热盘涂层,传热更均匀,火力可调,操作方便,双重安全保护	
型号 MR-FYH130 专用不粘涂料,清洗方便。进口合金铝内锅,高强度,不变形。热效率高,升温快,操作简便,安全节能	
型号 MR-FYH150 专用不粘涂料,清洗方便,热效率高,升温快,新造型,4.5L 超大容量,可供多人同时涮火锅	
型号 MR-FY160J 功能:涮火锅,一体式造型,外观豪华插入式温度调节器,自由调温,加热直接,热效率高,升温快,可拆卸电镀金属底座,超厚不粘内锅,省心、方便;容量大,升温快	
型号 MR-FY130JB 高内锅,可煮可炖,超宽超厚大手柄,不怕烫,优质不锈钢内锅,长期使用不变形,直接加热内锅,热效率高,可调温控电源线,使用方便	

续表

型号 MR-FK130J 功能:涮火锅,一体式造型,外观豪华, 插入式温度调节器,自由调温,体积小 巧,容积大,加热直接,热效率高,升温 快,可拆不粘内锅,省心、方便	
型号 MR-FK110J 功能:涮火锅一体式造型,外观豪华,插 入式温度调节器,自由调温,体积小巧, 容积大,加热直接,热效率高,升温快, 可拆不粘内锅,省心、方便	

24. 电煎锅

【特点及用途】电煎锅专门用于烹煎食物,火力可以任意调节(90～205℃),加热均匀。采用喷涂锅胆,烹煎不粘底,有平底和波纹底两种,锅盖为可视钢化玻璃盖。

【规　格】南海立邦电器有限公司产品

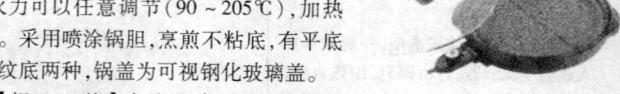

CRL-137B

型　号	功率(W)	主要尺寸(mm)			锅　底 形　状
		厚度	直径	深度	
GRL137B	1 200	3	370	30	波纹底
GRL137P	1 200	3	370	30	平底

注:附有木铲供配。

25. 电烤箱

TO-882 TO888

【特点及用途】电烤箱主要用于烘烤肉类以及制作面包、蛋糕和其他煎炒食品,烘烤时须将食物预先调制好,设定好温度、时间、功率等,烘烤过程中可通过玻璃视窗观察。电烤箱干净卫生,省时便利。

【规 格】广州市炽达电器有限公司产品

型号	TO-882	TO-887A-1	TO-890/888
电压及功率(V/W)	220/400	200/800	200/1 600
主要参数及功能	5L容量,15min定时器,上下石英发热管自动关闭连自动响闹功能,两个活动式烤架及烘烤盘	9L容量;烹调选择,15min定时器,自动关闭,连自动响闹功能电源操作指示灯,活动式烤架及烘烤盘,上下石英发热管;两侧隔热面板	烹调选择;60min定时器,14L容量,自动关闭连自动响闹功能,调温器高至260℃;温度选择操作指示灯,坚固网架;玻璃门设计——主要为用于烧烤铝质内壁/双重内壁

注:1. TO-882型为两层式电烤箱。

2. TO-888型内侧特设恒温功能小风扇。

26. 面包烘烤机

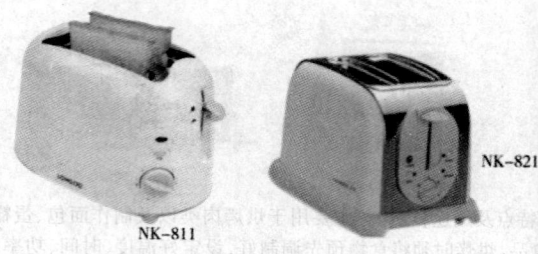

NK-821

NK-811

【特点及用途】面包烘烤机专门用于面包的烘烤,是现代家庭制作早餐或零食的理想厨具。其特点是具有多段电子时间调校,可随喜好自由调节面包表面焦黄程度,有程序取消按键,及时中断烘烤决定,特有的隔垫炉面设计,可保证不烫手。面包烘烤机还具有烘烤架、防尘盖及脱卸式面包屑收集底盘等设置。NK-821型还具有解冻装置,使用更为方便。

[规　格]中山市龙的电器实业有限公司产品

型号	NK-801	NK-801A	NK-811	NK-812	NK-821
额定电源	220V/50Hz	220V/50Hz	220V/50Hz	220V/50Hz	220V/50Hz
额定功率	800W	800W	750W	650W	850W
基本功能	7段电子时间调校 隔热炉面 配置烘烤架和防尘盖 脱卸式面包屑收集底盘 程序取消取消按键	5段电子时间调校 面包自动中置设计,烘烤更均匀 隔热炉面 配置烘烤架 脱卸式面包屑收集底盘 程序取消取消键	6段电子时间调校 配置烘烤架及防尘盖 脱卸式面包屑收集底盘 程序取消取消按键	7段电子时间调校 隔热炉面 配置烘烤架和防尘屑 脱卸式面包屑收集底盘 程序取消取消键	5段电子时间调校 全不锈钢隔热炉面,表面磨砂喷涂工艺 面包自动中置设计,烘烤更均匀 解冻装置,自动延时40s,确保烘烤效果 特有40S翻热装置 特有单面烘烤装置(BA-GEL) 脱卸式面包屑收集底盘 配置烘烤架及防尘盖

27. 油炸锅

【特点及用途】油炸锅具有隔热式外壳,锅盖设玻璃视窗,温度调节设定,电源操作指示灯。其隔油网、发热管等均可拆卸,清洗卫生方便。油炸锅还具有恒温安全功能和温度过热保护装置。

【规　　格】广州市炽达电器有限公司产品

型号	DF-125
容量(L)	2.5
工作电压(V)	220
额定功率(W)	1 500

28. 煮蛋机

【特点及用途】卡通鸡形盖的煮蛋机配备有水位测量杯,可根据个人口味不同,调配鸡蛋的熟嫩程度,操作简便,童趣十足,适于家庭使用。

【规　　格】广州市炽达电器有限公司产品

型号	DS-68H
工作电压(V)	230
额定功率(W)	400
底盘	不粘易洁
蒸盘架	活动式(可供7枚蛋)
量杯	透明

注:电子响闹功能,电线储藏式。

29. 婴儿暖奶器

【特点及用途】婴儿暖奶器专用于温暖奶汁,能科学测定最佳婴儿饮奶温度,具有防干烧保护及熔断保护,使用方便、卫生。

【规　　格】顺德市亿龙家庭电器实业有限公司产品

型　号	CJ900	CJ905
额定电压(V)	220	220
额定功率(W)	180	300
奶容量(瓶)	2	1

30. 电热水瓶

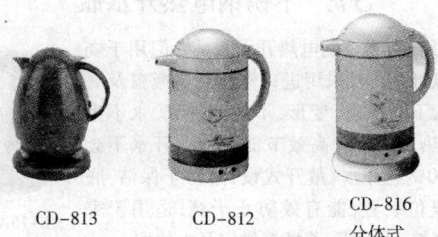

CD-813　　　CD-812　　　CD-816
分体式

【特点及用途】电热水瓶是用于烧开水,并能保持瓶内水温不会下降的容器。其主要由外壳、内胆、瓶盖、拎把、电热元件,指示灯等组成,常用容量有 1L、2L、2.2L、2.5L 等规格。电热水瓶保温效果好,使用安全方便、清洁卫生、适用于家庭、办公室及类似需用的场所。

【规　　格】佛山市家乐仕电器有限公司产品

型号	GD-813	GD-811/812	GD-815/816
容量(L)	1	1L/1.5	1L/1.5
加温功率(W)	500	500	500
保温功率(W)	20	20	20

续表

基本功能	安全防滑手柄,不烫手外壳双重安全保护,防干烧复位按键拥有开关闭合密封功能,瓶身倾倒热水不会溅出不锈钢内胆永不生锈分体式设计无绳操作,可任何方向任意取放电源线收藏盘、方便电线收藏采用优质高效外置式发热圈,与水隔离,加热快捷	开关闭合密封设计,安全防溅出内藏式防溢水插座,进口不锈钢内胆三重安全保护优质高效发热圈加热快捷省电	开关闭合密封设计安全防溅出分体式设计,无绳操作电源线收藏盘内藏式防溢水插座进口不锈钢内胆三重安全保护防干烧复位按键优质高效发热圈加热快捷省电

31. 不锈钢电热开水瓶

【特点及用途】不锈钢电热开水瓶是专门用于烧开水,并能聚热保温,其采用进口塑料制造瓶盖及底座,不怕碰撞,不会碎裂,变形,不锈钢外壳,永不生锈,内置式加热,速度快,高效节能,生水、开水不会混流,确保100%纯开水、敞开式设计,易于保洁,底部设有手动复位装置,能有效防止干烧,适用于家庭、写字楼、宾馆、小食店、茶楼等供应开水使用。

ML-15A   ML-15B

【规　　格】顺德市爱德华电器有限公司产品

型号	功率(W)	容积(L)	重量(kg)	备注
ML-15A	1 500	6	2	不锈钢、底部发热
ML-15B	1 500	8	2.1	不锈钢、底部发热
ML-15C	1 500	12	4.1	不锈钢、底部发热
ML-15D	1 500	16	4.3	不锈钢、底部发热

续表

型号	功率(W)	容积(L)	重量(kg)	备注
ML-25A	2 500	30	5	不锈钢、底部发热
ML-25B	2 500	35	5.5	不锈钢、底部发热

32. 快速电热水壶

【特点及用途】快速电热水壶玲珑小巧,采用食品级 PP 塑料制造,隐藏式不锈钢加热底盘,三重保险温控器,底座可 360°旋转,使用方便,过滤网可以拆卸,水垢清洗容易,装拆简单易掌握。具有自动断电功能。

【规　格】大连三洋家用电器有限公司产品

型　号	U-C18A(S)	U-C18A	U-C10A	U-C10B
容积(L)	1.8	1.8	1.0	1.0
功率(W)	1 800	1 800	900	900
电源指示灯	△	△	△	△
水垢过滤网	可拆卸	可拆卸	-	-
电源(V/Hz)	220/50	220/50	220/50	220/50
重量(kg)	1.5	1	0.74	0.9
主体尺寸(mm)	220×195×230	215×187×218	195×138×205	187×130×210

注:"△"表示具备有。

33. 全自动豆浆机

【特点及用途】全自动豆浆机粉碎、过滤、煮熟全过程由微电脑控制,只需十几分钟便自动完成。70g 大豆可制得鲜豆浆 1.3L。拆卸方便,极易清洗。多功能型机还可以全自动制作豆浆、自动保温、单独加热、粉碎干品。部分机型还具有铰肉馅、榨果汁、搅拌等功能。豆浆机具有防

DB140

溢浆、水位自动检测、无水报警、防干烧及过热保护功能，以确保安全。工作完成后自动鸣叫。多功能型还可以自动进入保温状态。

【规　　格】佛山市金星微电器有限公司产品

产品名称	型号	规格(L)
全自动(智能不粘)豆浆机	DG138	1.2～1.4
全自动(智能不粘)豆浆机	DG138A	1.2～1.4
全自动(智能不粘)豆浆机	DG139	1.2～1.4
全自动(智能不粘)豆浆机	DG139A	1.2～1.4
全自动(板热式)豆浆机	DB140	1.2～1.4
多功能全自动豆浆机	DB141	1.2～1.4
多功能全自动豆浆机	DB142	1.2～1.4
多功能全自动豆浆机	DG143	1.2～1.4
多功能全自动豆浆机	DB144	1.2～1.4

34. 香茗咖啡两用壶

CJ-620

【特点及用途】香茗咖啡两用壶是专门用于煎制浓茶和咖啡的电热壶，具有保温功能，防滴漏装置和防干烧保护、熔断保护和过滤网。

【规　　格】顺德市亿龙家庭电器实业有限公司产品

型　号	容量(杯)	额定电压(V)	额定电压(W)	颜　色	备　注
CJ-619B	12	220	680	黄、白、蓝	透明磨砂水箱
CJ-668	12	220	780	白	透明磨砂水箱

续表

型　号	容量（杯）	额定电压（V）	额定电压（W）	颜　色	备　注
CJ-620	12	220	680	白、蓝	磨砂水箱
CJ-688	12	220	780	黄、白、蓝	
CJ-622	12	220	720	黄、白、蓝	具有浓淡调节功能
CJ-601	1	220	280	黄、白、蓝	超细体型设计
CJ-603	4	220	550	黄、白、蓝	
CJ-609A	2	220	400	黄、白、蓝	
HC-404A	12	220	850	白	透明水箱

35. 神农百草壶

【特点及用途】神农百草壶选用优质天然紫砂精工陶制完整内胆，分体加热装置置于胆外，在煎制过程中，药物处于完全天然洁净的环境之中。

神农百草壶采用全电脑模拟人性化操作，设置有补茶：6 碗水煎剩 2 碗，感冒茶：5 碗水煎剩 1 碗；凉茶：7 碗水煎剩 4 碗及"开水"等多个功能及挡位，一壶多效，且无需看管。

【规　　格】广东顺德市简氏家用电器厂产品

型　号	BJH-25A	BJH35-A
电源（V/Hz）	220/50	220/50
额定功率（W）	550	650
器皿材料	紫砂内胆	紫砂内胆
加热方式	独立分体式加热	独立分体式加热
控制方式	电脑控制火候	电脑控制火候

36. 搅拌机及榨汁机

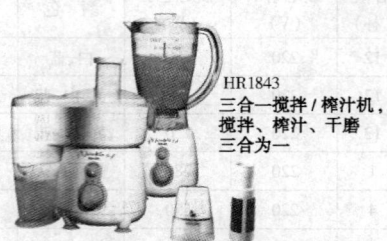

HR1843
三合一搅拌/榨汁机，
搅拌、榨汁、干磨
三合为一

豆浆网干磨器

【特点及用途】利用搅拌、榨汁、干磨等功能，方便饮食料理。
【规　　格】飞利浦家庭电器有限公司产品

品种	型号	耗电量(W)	容量(L)	搅拌杯	榨汁杯	干磨器	豆浆网	榨橙汁机	速度选择	暂动式开关	快速清洗功能	可分离部件	渣滓储藏格	电线储藏格
三合一搅拌榨汁机	HR1843	300	1.5(搅拌杯) 0.7(榨汁杯)	△	△	△	△		2	△	△	△	△	△
榨汁机	HR2826	220	0.4(果汁杯)		△				1			△	△	
榨汁机	HR2828	250	0.6		△				1			△		△
搅拌机	HR1704	250	1.0	△		△			1			△		
搅拌机	HR1707	250	1.0	△		△	△		1			△		
搅拌机	HR2838	325	1.5	△					2	△	△	△		
搅拌机	HR2839	325	1.5	△					2	△		△		△

续表

品种	型号	耗电量 (W)	容量 (L)	搅拌杯	榨汁杯	干磨器	豆浆网	榨橙汁机	速度选择	暂动式开关	快速清洗功能	可分离部件	渣滓储藏格	电线储藏格
三合一搅拌榨汁机	HR1843	300	1.5(搅拌杯) 0.7(榨汁杯)	△	△	△	△		2	△	△	△	△	△
榨橙汁机	HR2789	30	0.6					△	1			△		△
榨橙汁机	HR2795	30	1.0					△	1			△		△

注:1. HR2795 型榨橙汁机具有果肉选择格及防尘盖。

2."△"表示具备有。

37. 电饮水机

YT–5T　　　　YR–5XB

　　【特点及用途】电饮水机是利用电能给桶装纯净水进行加热或制冷,同时提供两种不同温度饮用水的一类器具。其按放置形式分为台式饮水机和立式饮水机两种类型;按其功能分有温热型和冷热型。温热型可同时提供"常温水"和"热开水",冷热型可同时供应"冷饮水"和"热开水"。其制冷方式有电子制冷和压缩机制冷两种类型。电饮水机主要由箱体、充瓶座、内胆、电热元件、温控器,水嘴、开关及指示灯等组成。由于电饮水机适用范围广,能满足人们不同的饮水习惯,现广泛应用于家庭、办公室、宾馆、学校、机关团体等场所。

[规格] 杭州司迈特电器有限公司产品

型号	名称	功率(W) 制冷	功率(W) 制热	制冷水能力 (L/h)	制热水能力 (L/h)	主要尺寸 (mm)	备 注
YLR0.5-5XC	立式冷热机(磁化)	70	500	(≤15℃)0.5	(≥90℃)5	400×375×1000	电子制冷,保鲜柜(臭氧)
YR-5XC	立式温热机(磁化)	-	500	-	(≥90℃)5	400×375×1000	保鲜柜(臭氧)
YR-4XC	立式温热机(磁化)	-	500	-	(≥90℃)4	360×360×880	保鲜柜(臭氧)
YR-5TA	台式温热机	-	500	-	(≥90℃)5	370×360×470	
YLR0.5-5TA	台式冷热机	70	500	(≤15℃)0.5	(≥90℃)5	370×360×470	电子制冷
YLR0.5-5T	台式冷热机	70	500	(≤15℃)0.5	(≥90℃)5	370×360×470	电子制冷
YR-5T	台式温热机	-	500	-	(≥90℃)5	370×360×470	
YR-4X	立式温热机	-	500	-	(≥90℃)4	360×360×880	保鲜柜(臭氧)
YR-4	立式温热机	-	500	-	(≥90℃)4	360×360×880	储藏柜
YLR0.5-4	立式冷热机	70	500	(≤15℃)0.5	(≥90℃)4	360×360×880	电子制冷,储藏柜
YLR0.5-4X	立式冷热机	70	500	(≤15℃)0.5	(≥90℃)4	360×360×880	电子制冷 保鲜柜(臭氧)
YLR2-4	立式冷热机	100	500	(≤10℃)2	(≥90℃)4	360×360×880	压缩机制冷
YR-5	立式温热机	-	500	-	(≥90℃)5	360×360×880	有内外加热,储藏柜
YR-5X	立式温热机	-	500	-	(≥90℃)5	400×375×1000	保鲜柜(臭氧)
YLR2-5	立式冷热机	100	500	(≤10℃)2	(≥90℃)5	400×375×1000	压缩机制冷,储藏柜
YLR0.5-5-5X	立式冷热机	100	500	(≤10℃)2	(≥90℃)5	400×375×1000	保鲜柜-电子制冷
YLR2-5X	立式冷热机	70	500	(≤15℃)0.5	(≥90℃)5	400×375×1000	压缩机制冷-保鲜柜(臭氧)
YLR0.5-5X	立式冷热机	70	500	(≤15℃)0.5	(≥90℃)5	400×375×1000	
YLR4-5X	立式冷热机	100	650	(≤10℃)4	(≥90℃)5	400×375×1000	压缩机制冷,冷藏柜
YLR2-5X	立式冷热机	100	500	(≤10℃)2	(≥90℃)5	400×375×1000	保鲜柜(臭氧)
YR-5XA	立式温热机	-	500	-	(≥90℃)5	400×375×1000	保鲜柜(臭氧)
YR-5XB	立式温热机	-	500	-	(≥90℃)5	400×375×1000	保鲜柜(臭氧)
YLR3-5LC50	立式冷热机	100	650	(≤10℃)3	(≥90℃)5	466×496×1150	压缩机制冷,冷藏柜,饮用冷藏一体化设计

38. 内置式饮水机

冷热型（H8）　　冷热/温热型（A4）　　冷热/温热型（31）

【特点及用途】内置式饮水机造型精巧美观,能有效保护水龙头出水的清洁卫生。其采用底部进水结构,解决了饮水机"窜温"及热胆底部"死水"现象,塑件为食品级材料制成,加有抗菌母粒,全程抑菌,热胆为优质不锈钢制造,采用内加热方式,内部水路管道采用100%硅胶,温控和热保护双重保护,独特的电子制冷系统,制冷时为13V输出电压,保温时自动切换到5V输出电压,设置有电磁滤波器,能有效地防止电磁干扰.该饮水机是家庭、办公室及类似需用场所的理想饮水设备。

【规　　格】成都高新区艺家家用电器研发有限公司产品

型号		冷热型（A8）	温热型（A8）	冷热/温热型（A4）	冷热/温热型（31）
额定功率（W）	制热	550	550	550	550
	制冷	75	–	75	75
	消毒	5	5	5	5
耗电量		0.7kW·h/24h	0.7kW·h/24h	0.7kW·h/24h	0.7kW·h/24h

注:温热型(A8)饮水机热水制水能力5L/H（≥90℃）。

39. 不锈钢绞肉机

【特点及用途】不锈钢绞肉机外形灵巧,上盖为承盘设计,既保证材料进料方便又防止溢水溢料,使用安全.

【规 格】成都市红樱食品机械制造有限公司产品

型 号		32 型
电压(V)		220/380
功率(kW)		1.1
电机转速(rpm)		1 400
绞肉能力	(kg/h)	320
灌肠能力		150

40. 不锈钢多功能绞切肉机

22E-1 型

22E 型

22H 型

【特点及用途】不锈钢多功能绞切肉机采用双电机设置,电机寿命延长,并减少对离合部件的损伤.绞切肉机能自动快捷地绞切肉片、肉丝、灌制香肠等,其中 22E-1 型上盖采用承盘式,减少溢水溢料,能有效保护电器部分,不锈钢多功能绞切肉机适用于酒店、餐厅、肉类加工、宾馆、饭店及食堂等。

【规　　格】成都市红樱食品机械制造有限公司产品

型　　号		22E-1	22E	22H
电压(V)		220/380	220/380	220/380
电机功率(W)	切肉	1 100	单机 1 100	1 100
	绞肉	750		750
电机转速(rpm)		1 400	1 400	1 400
绞切能力(kg/h)	绞肉	220	220	220
	切肉片	300	300	400
	切肉丝	150	150	200
	灌肠	150	150	150

41. 食具消毒柜

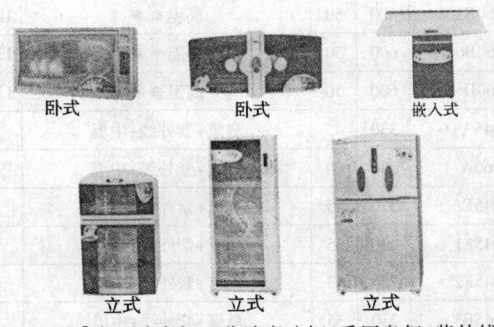

卧式　　　　卧式　　　　嵌入式

立式　　　　立式　　　　立式

【特点及用途】食具消毒柜又称消毒碗柜,采用臭氧、紫外线或双重方式消毒杀菌。PTC 热风内循环烘干,全封闭设计。具有开门自动关机保护,消毒后自动分解臭氧,食具无残留异味。有的型号采用微电脑控制,LED 显示屏,工作状况明了,操作简单方便。消毒柜内胆通常为不锈钢,耐高温、不生锈、不沾油、易清洗。

【规　　格】美的电器产品

产品型号	额定功率（W）	容积（L）	消毒方式	消毒温度（℃）
MXV–ZLP80B3	600	80	上室臭氧,下室高温＊＊	120～170
MXV–ZLP80B5	600	80	上室臭氧,下室高温＊＊	120～170
MXV–ZLP80D	600	80	上室臭氧,下室高温＊＊	120～170
MXV–ZLP80D100	600	100	上室臭氧,下室高温＊＊	120～170
MXV–ZLP80F	600	68	上室臭氧,下室高温＊＊	120～170
MXV–ZLP80F1	600	68	上室臭氧,下室高温＊＊	120～170
MXV–ZLP80P	600	68	上室臭氧,下室高温＊＊	120～170
MXV–ZLP80C	700	80	上室臭氧+中温,下室高温＊＊	120～170
MXV–RLP60B5	600	50	高温＊＊	120～170
MXV–RLP60B6	600	50	高温＊＊	120～170
MXV–RLP60D	600	50	高温＊＊	120～170
MXH–ZGD45A	330	45	臭氧+紫外线+中温	<85
MXH–ZGD60A	330	60	臭氧+紫外线+中温	<85
MXH–ZGD45E	330	45	臭氧+紫外线+中温	<85
MXH–ZGD45E1	230	35	臭氧+紫外线+中温	<85
MXH–ZGD45E2	230	43	臭氧+紫外线+中温	<85
MXH–ZGD45E3	230	35	臭氧+紫外线+中温	<85
MXH–ZGD45E4	230	43	臭氧+紫外线+中温	<85
MXH–ZGD50A	500	72	左室高温＊＊,右室臭氧	120～170
MXV–ZTD300A	640	300	中温+臭氧	<100

续表

产品型号	额定功率（W）	容积（L）	消毒方式	消毒温度（℃）
MXV–ZTD380A	900	380	中温+臭氧	<100
MXV–ZTD300A	800	290	中温+臭氧	<100
MXV–ZTD380A	900	365	中温+臭氧	<100
MXH–ZGD45F	330	45	臭氧+紫外线+中温	<85
MXH–ZGD45B	330	45	臭氧+紫外线+中温	<85
MXH–ZGD60B	330	60	臭氧+紫外线+中温	<85
MXH–ZGD60C	280	78	臭氧+紫外线+中温	<85
MXH–ZGD60D	320	110	臭氧+紫外线+中温	<85

消毒时间（min）	臭氧浓度（mg/m³）	工作周期（min）	外形尺寸（宽×深×高）（mm）
≥15	≥13.6	45	430×396×785
≥15	≥13.6	45	430×396×785
≥15	≥13.6	45	430×380×790
≥15	≥13.6	45	430×380×790
≥15	≥13.6	45	430×383×700
≥15	≥13.6	45	430×383×856
≥15	≥13.6	45	430×383×700
≥15	≥13.6	45	430×383×814
≥15		45	430×396×520

续表

消毒时间 （min）	臭氧浓度 （mg/m³）	工作周期 （min）	外形尺寸 （宽×深×高） （mm）
≥15		45	430×396×520
≥15		45	430×396×520
60	≥20	60	750×330×400
60	≥20	60	900×330×400
60	≥20	60	750×330×400
60	≥20	60	600×330×400
60	≥20	60	700×330×400
60	≥20	60	600×330×400
60	≥20	60	700×330×400
≥15	≥13.6	45	800×380×420
45	≥13.6	45	580×480×1 360
45	≥13.6	45	580×480×1 360
60	≥13.6	60	560×465×1 300
60	≥13.6	60	560×465×1 600
60	≥20	60	750×330×400
60	≥20	60	750×330×400
60	≥20	60	900×330×400
60	≥20	120	595×597×450
60	≥20	120	596×655×450

注：机型额定电压 220VAC，额定功率 50Hz。

42. 洗碗机

【特点及用途】能清洁碗碟,兼具储存,节约空间,美化厨房。其旋转密集水流将餐具表面油腻彻底清除,同时具有杀菌、高温消毒的功能。洗碗机按洗涤方式分有喷淋式和涡流式两种。

【规　　格】美的集团股份有限公司产品

型 号		WP5A	WP5B
电 源		220V/50Hz	220V/50Hz
经济洗碗 时	耗电/次	0.5kW·h	0.5kW·h
	耗水/次	12L	12L
	耗时/次	27min	27min
标准程序洗碗时	耗电/次	1kW·h	1kW·h
	耗水/次	12L	12L
	耗时/次	49min	49min
预冲洗时	耗电/次	0.1kW·h	0.1kW·h
	耗水/次	3L	3L
	耗时/次	5min	5min
外形尺寸(mm)		485×475×445	485×475×445
重 量(kg)		26.5	26.8

注:洗碗机适用家庭人数 5 人,最高洗漂次数 5 次,具有干燥功能,其中 WP5A 为无窗设计,WP5B 为有窗设计。

附:部分商用厨房料理机具图示

绞肉机
59×330×592(mm)
1.5HP/220V

10″斜刀切片机
600×390×750(mm)
550W/380V

12″直刀切片机
760×650×470(mm)
330W/220V

立式和面机
规格:765×510×830(mm)
工作效率:12.5kg/6min(次)
功率:1500W/380V

拌粉机
655×1120×1318(mm)
容量 40kg　面团容量 60kg
功率:400W/380V

40L 搅拌机
650×490×1 270(mm)
1 100W/380V

锯骨机
470×650×830（mm）
1.5HP/220V

磨浆机
420×420×900（mm）
2 200W（220V/380V）

4L 粉碎搅拌机
241×229×559（mm）
800W/220V

食物处理机
210×310×405（mm）
0.75HP/220V

切碎机
813×457×406（mm）
1HP/220V

切菜机
419×222×390（mm）
0.33HP/220V

压切面条机
370×370×300（mm）
250W/220V

4.5QT 奶油搅拌机
320×210×340（mm）
250W/220V

压切面条机
规格：540×580×1 040（mm）
产量：50～60kg/h
功率：1 100W（220V/380V）
切面宽度：1mm/标准
切面宽度范围1.5～3（mm）

粉碎拌馅机
300×402×470（mm）
1.5HP/220V

43. 家用洗衣机

　　家用洗衣机是指容量较小（一般在5kg以下），能代替人工完成洗涤工作的专门机器。洗衣机一般应具备洗涤，漂洗和脱水三个功能。按能否自动地在三个功能间进行转接的自动化程度,洗衣机分为普通型洗衣机、半自动洗衣机、全自动洗衣机三种,按其工作原理可分为波轮式洗衣机、滚筒式洗衣机、搅拌式洗衣机等多种。按洗涤和脱水桶数量可分为单桶洗衣机、双桶洗衣机和套桶洗衣机三种。通常情况下,普通型洗衣机为单桶或双桶,半自动型洗衣机为双桶,全自动型洗衣机为套桶。

(1)洗衣机型号表示方法

洗衣机型号组成结构：

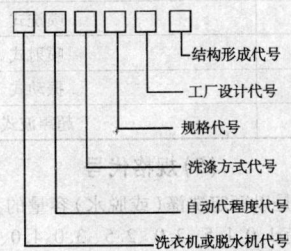

```
□ □ □ □ □ □
              └── 结构形成代号
            └──── 工厂设计代号
          └────── 规格代号
        └──────── 洗涤方式代号
     └─────────── 自动代程度代号
  └────────────── 洗衣机或脱水机代号
```

(2)洗衣机代号

代号	品类
x	洗衣机
T	脱水机

(3)自动化程度代号

代号	品类
P	普通型
B	半自动型
Q	全自动型

(4)洗涤方式代号

代号	品类
B	波轮式
G	滚筒式
J	搅拌式

续表

代号	品类
P	喷洗式
S	喷射式
E	振动式
C	超声波式

(5)规格代号

洗衣机规格代号是以额定洗涤(或脱水)容量的大小表示,即额定容量×10kg。额定容量有 1.0、1.5 、2.0 、2.5、3.0、4.0、5.0 等多种规格,以至更大额定容量。

(6)工厂设计序号

工厂设计序号是由工厂设计,一般表示工厂设计中的第几型产品,由阿拉伯数字表示。

(7)结构型式代号

代号	品类
S	双桶
不标代号	单桶
不标代号	套桶

(8)洗衣机型号表示方法举例

XPB40-3:表示普通型、波轮式.额定洗涤容量为4kg 的单桶洗衣机
　　　　(工厂第 3 型产品)

XPB50-215:表示普通型、波轮式、额定洗涤容量为 5kg 的双桶洗衣机
　　　　(工厂第 21 型产品)

XQB-42-15:表示全自动、波轮式、额定洗涤容量 4.2kg 的套筒洗衣机(工厂第 15 型产品)。

44. 常用洗衣机洗涤方式的特点

波轮式洗涤:优点是洗净度好,结构简单,造价低廉,耗电少,体积小,重量轻。缺点是对短纤维织物的磨损率较大。用水量多,衣物易缠绕,洗涤均匀度不理想。

滚筒式洗涤:优点是洗涤、烘干一体化,全过程自动实现,对织物的磨损小,洗涤范围极为广泛,麻、棉、涤、毛,丝等织物均适用,衣物不绞结,洗衣容量大,省水,省洗涤剂,洗涤均匀性好。缺点是洗涤时间长,耗电量大,结构较复杂。

搅拌式洗涤:优点是洗涤容量大,洗涤均匀性好,洗净度高,磨损率低。缺点是洗涤时间长,结构复杂,成本高,耗电多,机体大而较重。

喷流式洗涤:优点是洗涤时间短,洗净度高,结构简单。成本低廉、小型轻便、维修方便容易。缺点是对织物的损伤度大,特别对短纤维的毛织物等损伤更严重,去污均匀性差。

45. 单缸洗衣机

单缸洗衣机只设一个洗涤桶,仅具有洗涤,漂洗而无脱水功能的波轮式洗衣机。单缺洗衣机适用于家庭或类似场所,由于功能单一,现少有使用。

【规　　格】

型号	洗涤容量 （kg）	电压 （V/Hz）	输入功率 （W）	外形尺寸 高×宽×厚（mm）
XPB15	1.5	220/50	230	650×500×440
XPB20	2.0	220/50	250	650×520×460
XPB50	5.0	220/50	300	915×460×415

46. 双桶洗衣机

【特点及用途】双桶洗衣机是由洗涤和脱水两桶并列，洗、漂与脱水两功能之间的转换得手工操作的波轮式洗衣机。漂洗方式有积水、溢水、喷水等，早期的水波轮涡卷水流已被大波轮新水流所取代。脱水功能通常是由脱水电机直接驱动脱水桶作高速运转而将衣物水分甩干的离心式脱水。双桶洗衣机的新机型体积相对较小，洗涤容量大，新水流洗涤缠绕少，省水省电，其适用于城乡居民家庭、旅馆、幼儿园、诊所、理发店等中小型需用场所。

【规　　格】江苏小天鹅集团有限公司产品

型　号	电压/频率 （V/Hz）	输入功率 （W）	洗衣容量 （kg）	机身尺寸 长×宽×高（mm）
XPB55-988SL	220/50	360	5.5	742×430×870
XPB52-989SL	220/50	360	5.2	742×430×870

续表

型　号	电压/频率 （V/Hz）	输入功率 （W）	洗衣容量 （kg）	机身尺寸 长×宽×高（mm）
XPJ52-968SL	220/50	360	5.2	742×430×970
XPB65-282S	220/50	360	6.5	742×430×868
XPB60-281S	220/50	360	6.0	742×430×868
XPB55-886SL	220/50	360	5.5	758×438×895
XPB62-896SL	220/50	360	6.2	806×460×909
XPB65-818SL	220/50	360	6.5	776×435×890
XPB55-23SLC	220/50	360	5.5	755×444×871
XPB55-17SL	220/50	360	5.5	800×460×900

型　号	XPB55-988SL	XPB52-989SL	XPJ52-968SL
基本功能	复合手搓波轮,有效节约洗涤剂,强劲的水流,衣物洗得更干净,全封闭底座,防潮防鼠	复合手搓波轮,有效节约洗涤剂,强劲的水流,衣物洗得更干净,全封闭底座,防潮防鼠	搅拌式洗衣机,国内首家推出新型搅拌轮,洗得净,不缠绕,新型大功率减速器,双重线屑过滤器,提高洗净度,高档铝合金外壳,永不生锈

型号	XPB65-282S	XPB60-281S	XPB55-886SL
基本功能	采用计算机辅助设计,流线型外观造型,豪华美观。面板采用隐形旋钮,采用活动式脚轮移动方便,运用运动手搓式波轮,产生轻细的揉搓力,模仿手洗,保护衣物 气泡技术的采用,气	采用计算机辅助设计,流线型外观造型,豪华美观。面板采用隐形旋钮,采用活动式脚轮移动方便 运用运动手搓式波轮,产生轻细的揉搓力,模仿手洗,保护衣物,气泡技术的采	新型洗涤方式,波轮三正转三反转形成手搓合力洗涤更干净,翻滚更彻底喷淋漂洗同时进行 特色丝网印刷,满足顾客不同需求,蜂鸣提示,洗衣更轻松

续表

型 号	XPB65-282SL	XP860-281S	XPJ52-968SL
	泡爆炸产生的能量使衣物洗得更干净,磨损更低全塑箱体,添加纳米级材料,抗菌防霉,永不生锈	用,气泡爆炸产生的能量使衣物洗得更干净,磨损更低全塑箱体,添加纳米级材料,抗菌防霉,永不生锈	

型号	XPB62-896SL	XPB65-818SL	XPB55-12SLC
基本	新型洗涤方式,波轮三正转三反转形成手搓合力 洗涤更干净,翻滚更彻底 喷淋漂洗同时进行 特色丝网印刷,满足顾客不同需求 双瀑布水流,形成多维水流 脚轮装置,移动方便	复合手搓波轮,降低缠绕,提高洗净度,气泡洗涤,减少缠绕,喷淋漂洗省电省水 水位调节、程序结束蜂鸣报警提示	造型简洁明快 复合手搓波轮降低缠绕,提高洗净度 双瀑布立体水流,提高洗净度,减少缠绕 喷淋漂洗省电省水

型号	XPB55-17SL		
基本功能	采用计算机辅助设计和制造手搓式复合波轮,结合中心拳击棒配合洗涤 洗涤更干净,翻滚更更彻底 强弱水流转换适应不同的衣物		

47. 全自动波轮式洗衣机

三星
XQB60-H81

荣事达
XQB50-977G

　　【特点及用途】全自动波轮式洗衣机是洗涤,漂洗、脱水等各功能之间均能自动转换并连续运行,直至全过程一气完成的波轮旋桶水流式洗衣机。全自动波轮式洗衣机具有体积小、容积大、省时省力、无需看管等特点,是用于家庭洗涤衣物的理想设备。

【规　格】三星电器产品

型号	XQB52-1Q200	XQB55-II81	XQB48-20A	XQB52-28DC	XQB52-28DS
基本功能	·透明视窗 ·魔术过滤网 ·全新概念外观 ·宽电压停 ·运动浸泡 ·清洗内桶 ·防缠绕脱水 ·不锈钢波轮 ·动听的提示音 ·数段变频控制系统 ·10段水位调节 ·健康程序 ·人工智能	·外观新颖 ·多维搓(旋桶水流) ·不锈钢内桶 ·不锈钢过滤网 ·魔术过滤网 ·模糊控制 ·体贴的[儿童程序] ·运动浸泡 ·快速洗涤功能 ·时间预约 ·剩余时间显示 ·侧面排水设计 ·设置照明灯 ·10段水位调节 ·洗衣粉量标示	·多维搓(旋桶水流) ·多层式不锈钢内桶 ·魔术过滤网 ·水中强力波轮 ·采用伸缩排水管 ·模糊控制 ·体贴的[儿童程序] ·快速洗涤功能 ·运动浸泡 ·时间预约 ·洗衣粉溶解装置 ·侧面排水设计 ·4段水位调节 ·洗衣粉量标示	·多维搓(旋桶水流) ·不锈钢内桶 ·魔术过滤网 ·采用伸缩排水管 ·模糊控制 ·体贴的[儿童程序] ·运动浸泡 ·设置照明灯 ·洗衣粉溶解装置 ·侧面排水设计 ·洗衣粉量标示 ·快速洗涤功能 ·时间预约 ·白色外观	·多维搓(旋桶水流) ·不锈钢内桶 ·不锈钢过滤网 ·魔术过滤网 ·模糊控制 ·体贴的[儿童程序] ·运动浸泡 ·设置照明灯 ·侧面排水装置 ·4段水位调节 ·洗衣粉量标示 ·快速洗涤功能 ·时间预约 ·银色外观
外形尺寸宽深高(mm)	540×610×905	540×580×891	520×530×870	540×560×905	540×560×905

型号	XQB520-2288	XQB50-2188 XQB48-2188	XQB52-22S	XQB52-2008	XQB45-20
基本功能	·不锈钢内桶·魔术过滤网·体贴的(儿童程序)·采用伸缩排水管·透明视窗(HANDLE TYPE)	·水中强力打波轮·模糊控制·体贴的(儿童程序)·不锈钢内桶(XQB50-2188)·塑料内桶(XQB48-2188)	·全透明视窗·模糊·滤网·魔术过滤波轮·音乐程式亲切新颖·快速洗涤功能·时间电压运行/时间预约·模糊控制	·魔术滤网·水中强打波轮·时间预约·洗衣粉溶解装置·4段水位调节·侧面排水设计	·点氏比波轮·采用伸缩排水管·运动浸泡设计·全新外观设计·模糊控制·侧面排水设计

续表

项目					
基本功能（续）	水中强力打波轮·洗衣粉溶解装置·4段水位调节·模糊控制·快速洗衣·洗涤功能·运动浸泡·时间预约·侧面排水外观设计	采用伸缩排水管·4段水位调节·2个过滤网·洗衣粉溶解装置·侧面排水装置·时间预约·运动浸泡·侧面排水·洗衣粉量标和全新粉量标示·运动浸泡外观设计	体贴的[儿童程序]·静音设计·防鼠·底板·拱形外观设计·不锈钢PCM钢板·运动浸泡·电子式开门传感器	快速洗涤功能·采用伸缩排水管·体贴的[儿童程序]·模糊控制·不锈钢内桶	塑料洗涤解
外形尺寸 宽深高（mm）	520×530×870	520×530×870	540×560×905	520×530×870	520×530×850
型号	*XQB45-958G(A)	*XQB55-998G	*XQB48-976G	*XQB48-976G	*XQB50-977G
基本功能	·自由编程设计 ·自由"二步洗" ·自由水位选择 ·超大透明视窗 ·超长预约洗涤	·自由编程设计 ·自由水位选择 ·超大透明视窗 ·超长预约洗涤 ·多键数码显示	·自由编程设计 ·自由"二步洗" ·自由水位选择 ·超长预约洗涤 ·超大透明视窗	·自由编程设计 ·自由"二步洗" ·自由水位选择 ·自由手双向抹差洗涤 ·超大透明视窗	·自由智慧眼 ·自由编程设计 ·自由"二步洗" ·自由水位选择 ·超大透明视窗

续表

型号	*XQB45-958G(A)	*XQB55-998G	*XQB48-96G	*XQB50-977G
外形尺寸 宽×深×高(mm)	526×536×927	560×575×940	526×536×894	526×536×894
基本功能	·水平仪设计 ·非接触点磁性盖板开关 ·快洗程序 ·IMD装饰面板 ·镶嵌式喷淋漂洗 ·运动浸泡 ·故障自诊 ·自纠偏功能 ·自断电功能 ·精细漂洗 ·柔脱水设计 ·额定洗涤、脱水容量 4.5kg ·制品重量 32.0kg	·快洗程序 ·结合式波轮 ·镶嵌式喷淋漂洗 ·运动浸泡 ·故障自诊 ·自纠偏功能 ·自断电功能 ·复合式过滤 ·额定洗涤、脱水容量 5.5kg ·制品重量 38.5kg	·超长预约洗涤 ·多键数码显示 ·快洗程序 ·IMD装饰面板 ·镶嵌式喷淋漂洗 ·故障自诊 ·自纠偏功能 ·自断电功能 ·柔脱水设计 ·额定洗涤、脱水容量 4.8kg制品重量38.5kg	·超长预约洗涤 ·多键数码显示 ·快洗程序 ·IMD装饰面板 ·镶嵌式喷淋漂洗 ·运动浸泡 ·故障自诊 ·自纠偏功能 ·自断电功能 ·精细漂洗 ·柔脱水设计 ·额定洗涤、脱水容量 5.0kg ·制品重量 38.5kg

注：1. 额定电压220V，额定频率50Hz。

2. 带"*"型号为合肥荣事达洗衣机有限公司自由洗系列产品。

48. 超音波洗衣机

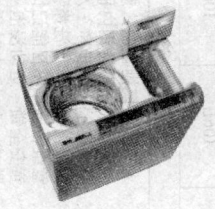 

XQB80-8SA　　　　XQB52-348

　　【特点及用途】超音波斜桶洗衣机是利用超音波发生器发出振动频率在每秒 20000 次以上的冲击波而彻底击落洗涤衣物上的顽垢污渍,其倾斜桶洗涤时,波轮旋转和水平面有 10° 的倾斜角,产生出不断和不定的三维全角水流,与底部向上的强劲喷射水流同时全方位洗涤、翻转、松解桶内的衣物,是一种先进的洗涤方式。XQB52-348 型机采用超大透明镜上盖,全不锈钢内桶,人工智能模糊控制,数码窗显示技术,八段水位设置,防皱脱水设计,自偏或自定义程序,儿童保险锁设定,其可达到洗涤时间缩短三分之一,节水 30%,而衣物磨损减少一半的效果。

[规　格]合肥荣事达三洋电器股份有限公司产品

型　号	XQB80-85A	XQB70-388	XQB60-228S	XQ55-268S	XQB52-348	XQB52-338
外形尺寸（宽×深×高）（mm）	750×523×935	570×585×925	567×610×960	567×610×960	520×530×970	520×530×970
净　重	44kg	37kg	35kg	35kg	32kg	32kg
标准洗涤容量	全自动5.5kg 分洗桶2.5kg	7.0kg	6.0kg	5.5kg	5.2kg	5.2kg
额定电压力、额定功率	全自动330W 分洗桶250W	220V 50Hz 400W	220V 50Hz 350W	220V 50Hz 340W	220V 50Hz 300W	220V 50HZ 300W
标准用水量	全自动桶112L，分洗桶88L	134L	113L	113L	106L	106L

型号	基本功能
XQB80-85A	·人工智能模糊控制·超音波技术·不锈钢内桶·双数码窗显示·二步净·八段水位·自编程序·洗涤程序任意组合选择·智能记忆·1-24小时预约洗涤·运动浸泡·羊毛洗、标准洗、强洗、毛毯洗·喷淋漂洗·注水漂洗·超静音·洗涤剂量自动指示·洗涤剂自动投放·自动关闭电源
XQB70-388	
XQB60-228S	
XQB52-348	·人工智能模糊控制·波浪技术·不锈钢内桶·二步净·窗显示·自编程序·洗涤程序任意组合选择·智能记忆·运动浸泡·防皱脱水·1-12小时预约洗涤·羊毛洗、标准洗、强洗、毛毯洗·注水漂洗·洗涤剂量自动指示·自动关闭电源
XQB52-338	·人工智能模糊控制·双向悬浮搅拌技术·不锈钢内桶·数码显示·二步净·八段水位·自编程序·洗涤程序任意组合选择·意组合选择·智能记忆·儿童安全锁·运动浸泡·防皱脱水·1-12小时预约洗涤·羊毛洗、标准洗、强洗、毛毯洗·喷淋漂洗·注水漂洗·洗涤剂量自动指示·自动关闭电源

续表

型号	XQB70-388	XQB60-228S	XQB55-268S
基本功能	·人工智能模糊控制技术·不锈钢内桶·双数码窗显示·二步净·八段水位显示·自编程序·洗涤程序任意组合选择·智能记忆·1-12小时预约洗·运动浸泡·儿童安全锁·标准洗、强洗、羊毛洗、毛毯洗、注水漂洗、毛毯洗·喷淋漂洗·超静音·洗涤剂量自动指示·洗涤剂自动投放·自动关闭电源	·人工智能模糊控制技术·超音波·不锈钢内桶·数码窗显示·自编程序·洗涤程序任意组合·儿童安全锁·预约洗涤·运动浸泡·自定义、标准洗、轻柔洗、强洗、溢水漂洗、毛毯洗·喷淋漂洗·洗涤指示·超静音·洗涤剂自动投放·自动关闭电源	·人工智能模糊控制·不锈钢内桶·数码窗显示·自编程序·洗涤程序任意组合·儿童安全锁·运动浸泡·预约洗涤·轻柔洗、自定义、强洗、毛毯洗、标准洗、溢水漂洗、洗喷淋漂洗·超静音·洗涤剂量自动指示·洗涤剂自动投放·自动关闭电源

49. DD 直接驱动三维洗衣机

XQB70-26SA　　　　　XQB110-15SA

【特点及用途】DD 直接驱动三维洗衣机采用电机直接连接并带动内桶,消除了由皮带轮所产生的噪音及故障,设置有强力,标准及轻柔三种水流选择,7 段水位选择,水温选择,预约功能,多种洗涤程序,洗涤漂水,脱水时间及次数选择等,具有转桶式洗涤、离心透洗及瀑布捶打三维洗涤特点,和洗涤剂量,水位,水温等智能通感,该机型为超大显示屏及超大容量设计。

【规　　　格】南京 LG 熊猫电器有限公司产品

型　号	XQB70-26SA(银色)	XQB110-13SA(香槟金)
DD 直接驱动方式	★	★
转桶式洗涤	★	★
三步手搓	★	★
瀑布捶打	★	★
离心透洗	★	★
超大显示屏	★	★
剩余时间显示	★	★
洗涤剂量显示	★	★
洗衣程序	标准/纤细/经济/牛仔/羊毛/静音/随心洗/洁桶洗	静音/轻柔洗/标准/快速/牛仔/羊毛
洗涤过程	浸泡/洗涤/漂洗/脱水	浸泡/洗涤/漂洗/脱水
七段水位	★	★
自动断电	★	★

续表

型 号	XQB70-26SA(银色)	XQB110-13SA(香槟金)
预约功能	★	★
水流强度	强力/标准/轻柔	–
污渍	–	重/一般/轻
不锈钢内桶	★	★
涡轮清洁过滤网	–	★
自动清洁过滤网	–	★
洗涤容量(kg)	7.0	11.0
基本尺寸(mm)	540×540×910	632×693×1 056

50. 双动力洗衣机

XQS50-0566A　　XQS50-28　　XQSM26-10　　XQS60-78

【特点及用途】双动力洗衣机集波轮、滚筒、搅拌三种洗涤于一体,其盆形大波轮和不锈钢内桶上特设搅拌叶,波轮和内桶双力驱动,双向旋转,产生强劲的沸腾水流,能高效荡涤污垢,洁净衣物每个角落,并可防缠绕、磨损低、省水省时提高功效。

【规　　格】海尔集团产品

型 号	额定功率(W)		洗涤容量(kg)	重量(kg)	外形尺寸(宽×厚×高)(mm)
	洗涤	脱水			
XQSM26-10 保健型香槟色	245	210	2.6	21	425×416×735
XQSM33-200 抗菌型	245	210	3.3	22	447×438×760

续表

型 号	额定功率(W)		洗涤容量(kg)	重量(kg)	外形尺寸（宽×厚×高）（mm）
	洗涤	脱水			
XQSM33-0511	245	210	3.3	22	447×438×770
XQS45-888 抗菌型	360	240	4.5	28	520×520×890
XQS50-0566A	360	240	5.0	32	500×537×900
XQS50-28 保健型拉丝银色	380	260	5.0	36	520×520×908
XQS50-28 抗菌型（上排水）	380	260	5.0	36	520×520×908
XQS50-28 抗菌型	380	260	5.0	36	520×520×908
XQS50-888 抗菌型	360	240	5.0	28	520×520×908
XQS50-J98A 抗菌型	380	260	5.0	36	520×520×908
XQS55-78 保健型	400	265	5.5	37	560×630×890
XQS60-78 保健型浅褐色透明盖	400	265	6.0	37	560×630×890
XQ70-98 保健型	450	320	7.0	39	610×580×975

续表

型号	XQS50-0566A	XQSM33-200 抗菌型	XQS50-28 抗菌型(上排水) XQS50-28 抗菌型	XQS50-888 抗菌型
基本功能	·双动力洗涤方式 ·盆形大波轮 ·独特的数码显示屏,彰显品位 ·变速技术:不同衣物可选择不同的洗涤、甩干速度 ·全新外观:棱角分明,富有个性 ·搓板式不锈钢内桶 ·十水位选择 ·自动断电	·透明视窗 ·抗菌清香波轮 ·全塑外壳 ·双动力洗涤方式 ·盆形大波轮 ·数码管显示 ·小件衣服即时洗 ·"自编程"洗衣机 ·搓板式不锈钢内桶 ·自动断电 ·音乐提醒	·PCM 银灰彩形外壳 ·抗菌模树控制 ·智能模树控制 ·双动力洗涤方式 ·盆形大波轮 ·数码管显示 ·童锁保护程序 ·"自编程"洗衣机 ·搓板式不锈钢内桶 ·自动断电 ·音乐提醒 ·上排水功能 (XQS50-28 抗菌型无此功能)	·抗菌清香波轮 ·全塑外壳 ·双动力洗涤方式 ·盆形大波轮 ·数码管显示 ·童锁保护程序 ·"自编程"洗衣机 ·搓板式不锈钢内桶 ·自动断电 ·音乐提醒
型号	XQS45-888 抗菌型	XQS50-J98A 抗菌型	XQSM26-10 保健型香槟色	XQS50-28 保健银色 PCM 彩钢外壳
基本功能	·抗菌清香波轮 ·全塑外壳 ·双动力洗涤方式 ·盆形大波轮 ·数码管显示 ·童锁保护程序 ·"自编程"洗衣机 ·搓板式不锈钢内桶 ·自动断电	·抗菌清香波轮 ·智能模树控制 ·双动力洗涤方式 ·盆形大波轮 ·数码管显示 ·"自编程"洗衣机 ·十水位选择 ·搓板式不锈钢内桶 ·自动断电	·透明视窗 ·消毒洗衣功能 ·全塑外壳 ·双动力洗涤方式 ·盆形大波轮 ·数码管显示 ·小件衣服即时洗 ·"自编程"洗衣机 ·搓板式不锈钢内桶 ·过压、欠压自动保护功能 ·自动断电 ·音乐提醒	·抗丝银色 PCM 彩钢外壳 ·消毒洗衣功能 ·智能模树控制 ·双动力洗涤方式 ·盆形大波轮 ·数码管显示 ·童锁保护程序 ·"自编程"洗衣机 ·十水位选择 ·搓板式不锈钢内桶 ·过压、欠压自动保护功能 ·自动断电 ·音乐提醒

续表

型 号	XQS70-98 保健型	XQSM33-0511	XQS60-78 保健型浅褐色透明盖 XQS55-78 保健型（上盖不透明）
基本功能	· VCM 银床彩板外壳 · 消毒洗衣功能 · 智能模糊控制 · 双动力洗涤方式 · 金形大波轮 · 数码管显示 · 童锁保护程序 · "自编程"洗衣机 · 十水位选择 · 搪瓷式不锈钢内桶 · 过压、大压自动保护功能 · 自动断电	· 自锁式透明上盖 · 电饭煲外观 · 特殊的结构 · 金型大波轮和不锈钢内桶上特设的搅拌叶 · 特殊的功能 · 波轮和内桶双力驱动双向旋转产生强劲的沸腾水流 · 独特的洗涤效果 1. 对常见的有害细菌、病毒都能彻底杀死，清洁又保健 2. 防缠绕、磨损低、省水 50%、省时 50%、洗净比提高 50%	· 消毒洗衣功能 · 智能模糊控制 · 全塑外壳 · 双动力洗涤方式 · 金形大波轮 · 数码管显示 · 童锁保护程序 · "自编程"洗衣机 · 十水位选择 · 搪瓷式不锈钢内桶 · 过城市 次压自动保护功能 · 自动断电

51. 小型洗衣机

XQBM27-12　　　　　XQBM20-12

【特点及用途】XQBM 系列小小神童洗衣机洗涤容量 2.0～3.0kg,采用全塑外壳极限设计,搓板式不锈钢内桶,洗、漂、甩全自动操作,极其适宜内衣单独洗、内衣外衣分开洗及小件衣物即时洗,是家庭经济实用的洗涤用品。

【规　格】海尔集团产品

型号	功率(W)		标准水位约(L)	容量(kg)	外形尺寸 宽×厚×高(mm)	重量(kg)
	洗涤	脱水	高中低			
XQBM26-10	245	210	26/21.5/17/12.5	2.6	425×416×735	21
XQBM30-22A	220	200	33/22/14	3.0	447×438×760	20.5
XQBM30-22	220	200	30/22/12	3.0	425×416×760	18.5
XQBM27-12	220	200	30/22/12	2.7	425×416×760	18.5
XQBM23-12A	210	190	20/15/12	2.3	425×416×698	16.5
XQBM21-12	200	180	20/15/12	2.1	425×416×698	16.5
XQBM20-12	210	180	20/15/12	2.0	425×416×698	16

型号	XQBM26-10	XQBM30-22A	XQBM30-22
基本功能	·洗、漂、甩多变可调 ·盆形大波轮及搅拌设计,净、快、省、低	·小小神童同心洗,高洁净 低噪音,保持10年不变	·手搓式技术,洗得净且磨损低 ·全塑外壳,极限设计 ·3.0kg 黄金容量,四季皆宜 ·搓板式不锈钢内桶

续表

基本功能	·全塑外壳 ·轻揉程序+特设护衣袋,可洗真丝	·3.0kg 黄金容量,四季皆宜 ·全塑外壳 ·搓板式不锈钢内桶 ·笑脸外观,透明视窗	·红、黄、蓝、白多种颜色可选 ·透明视窗
型号	XQBM27-12	XQBM23-12A	XQBM21-12
基本功能	·手搓式技术,洗得净且磨损低 ·全塑外壳,极限设计 ·搓板式不锈钢内桶 ·红、黄、蓝、白、多种颜色可选 ·透明视窗	·手搓式技术,洗的净且磨损低 ·全塑外壳,极限设计 ·搓板式不锈钢内桶 ·红、黄、蓝多种颜色可选	·手搓式技术,洗得净且磨损低 ·全塑外壳,极限设计 ·搓板式不锈钢内桶 ·红、黄、蓝白多种颜色可选
型号	XQBM20-12		
基本功能	·全塑外壳,极限设计 ·搓板式不锈钢内桶 ·红、黄、蓝白多种颜色可选 ·机械控制		

52. "小小"洗衣机

【特点及用途】"小小"洗衣机为单桶波轮式顶开门洗衣机,仅重 5kg。

不占地,不费时,方便携带,随处可洗。虽有45cm高,容积却有1.0kg,通常一件一洗,床单、被罩、牛仔裤,大件衣物样样都 能漂洗。"小小"洗衣机是单身人士、寄宿学生、小宝宝的父母洁衣的好帮手。

【规　　格】上海美索电子科技发展有限公司产品

型号:MS×1001

额定电压:AC220V

额定功率:50Hz

输入功率:135W

重量:5.0kg

外形尺寸:384mm×300mm×450mm(长×宽×高)

53. 前开门滚筒洗衣机

【特点及用途】前开门滚筒洗衣机为全自动洗衣机,其进水、排水、加剂、漂洗、脱水等操作过程均自动完成。滚筒式洗涤动作柔和,具有类似雨淋、浸泡、摔打、揉搓等多重洗涤方式。根据不同的需要,各型滚筒洗衣机有着各自不同的功能设计。此仅以海尔集团公司产品为例加以介绍。

(1)"圆梦"系列

"圆梦"系列滚筒洗衣机外观豪华,典雅的欧洲风格,采用数控无碳刷电机,超静音设计;控制系统有双速控制、无级变速控制和数字变频控制等型式;采用电子配水,洗涤剂能充分均匀溶解,四次过水漂洗,彻底清洁;设有预洗功能,防皱浸泡功能、热磁化消毒功能以及免脱水键,可拆式过滤网等。洗衣机采用镜面不锈钢内筒,高密度过水小孔效果特别好,箱体外壳经过磁化、电泳、喷塑三层处理,整机寿命长。

【规　　格】

型　号	高速型 XQG50-RC 800TXBS	普通型 XQG50-RC 600TXBIS	高速型 XQG50-RC 1000TXBI
主要功能	羊绒程序	★	★	★
	变频系统	★	★	★
	超轻柔洗键	★	★	★
	超静音设计	★	★	★
其他功能	洗涤剂循环利用系统	★	★	★
	电子配水	★	★	★
	羊毛洗涤程序	★	★	★
	电子自动平衡系统	★	★	★
	预洗功能	★	★	★
	可调温控器	★	★	★
	半量洗涤键	★	★	★
	防皱浸泡功能	★	★	★
	按键式开门	★	★	★
	不甩干功能	★	★	★
	速度转换功能	★	★	★
	洗衣容量(kg)	5	5	5
	最高脱水转速(rpm)	800	600	1000
	外形尺寸 (高×宽×深) (cm)	85×59.5 ×48.5	85×59.5 ×48.5	85×59.5 ×48.5

(2)"玫瑰钻"系列

"玫瑰钻"系列滚筒洗衣机采用数字变频无碳刷电机,将噪音降至50dB,机械电子式控制方式,洗涤时间连续可调,数控技术解决千种衣料洗涤,实现"夏洗真丝,冬洗羊绒"织物不受损。洗衣机采用同步循环系统,保证活水流动,全程防皱设计,洗涤中衣物自动调整平衡,均匀分散,具有热磁化消毒,阶梯式漂洗及预洗功能。洗衣机采用不锈钢内外筒,高密度过水小孔效果特别好,箱体外壳经过预洗、打磨,磷化、电泳、喷塑多层处理,整机寿命长。

[规格]

规格	型号	XQG50-ALS1050TXV	XQG50-ABS968TXV	XQG50-AL800TXBS(银)	XQG50-AL600TXBS(银)	XQG50-B608(银灰色)
特有功能	羊绒程序	★	★	★	★	★
	同步循环系统	★	★	★	★	★
	电子配水	★	★	★		
	超轻柔洗功能	★	★	★		
	羊毛洗涤程序	★	★	★	★	★
	电子自动平衡系统	★	★	★	★	★
	预洗功能	★	★	★	★	★
	可调温控器	★	★	★		★
	转速可调	★	★	★		
	经济洗功能	★	★		★	★
	不甩干功能	★	★		★	★
	防皱浸泡功能	★			★	★
其他功能	手把式开门		★			
	按键式开门			★	★	★
	洗涤容量（kg）	5	5	5	5	5
	最高脱水转速（rpm）	1050	900	800	600	600
	洗涤功率（W）	250	250	250	330	300
	脱水功率（W）	600	600	600	650	650
	加热功率（W）	1 700	1 700	1 700	1 950	1 700
	高度（mm）	850	850	850	850	850
	宽度（mm）	595	595	595	595	595
	深度（mm）	400	400	400	460	398
	重量（kg）	86	86	86	72	86

(3)"玫瑰钻"(带电脑显示屏)系列

该系列洗衣机采用超大 LED 动感视屏具有 1～24h 超长预约洗涤、智能纠错保护、智能童锁、断电记忆、单独洗涤功能、防皱浸泡功能等,其真丝、羊绒、羽绒都能洗涤,磨损率低热磁化安全消毒。

【规　格】

型　号	BS908A	BS808A	BS708A
电脑显示屏尺寸(mm)	40×20	40×20	40×20
剩余时间和洗涤状态显示	☆	☆	☆
预约洗涤功能(h)	1～24	1～24h	1～24h
洗衣程序数量(含水温变化)	40 个	40 个	40 个
洗涤时间可调性(min)	29～120 可调	29～120 可调	29～120 可调
最高脱水转速(rpm)	900(可调)	800(可调)	700(可调)
羊绒洗、真丝洗	☆	☆	☆
羊毛羊绒洗涤性能	获得国际羊毛局认可	获得国际羊毛局认可	获得国际羊毛局认可
单独洗涤程序	☆	☆	☆
防皱功能	☆	☆	☆
平衡自检	☆	☆	☆
智能保护、智能纠错、智能童锁	☆	☆	☆
外形尺寸(高×宽×厚)(mm)	850×398×595	850×398×595	850×398×595
开门后总占地面积(约)(m²)	0.4	0.4	0.4
最大洗涤容量(kg)	5	5	5

续表

型　号	BS908A	BS808A	BS708A
外筒材料	不锈钢	不锈钢	不锈钢
电压允许波动范围（V）	187-233	187-233	187-233
超净漂洗功能	☆	☆	☆

（4）"水晶钻"系列

　　"水晶钻"系列滚筒洗衣机外观设计多彩新潮时尚,内外桶结构设计节约用水量(一半),特快速洗涤程序,自动设置合理加热温度功能,电子配水,采用抽拉式或上置式分配器盒,个性化设计,轻松操作。洗衣机内外筒为镜面不锈钢材料,高密度过水小孔效果特别好,一体化观察窗,简洁耐用美观。箱体外壳经过预洗、打磨、磷化、电泳,喷塑五层处理,整机寿命长。洗衣机还具有防皱浸泡,阶梯式漂洗,预洗等功能。

【规　格】

	型　号	XQG50-QF600	XQG50-QFB600Q	XQG50-92BX
特有功能	抽拉式分配器盒		★	★
	上置式分配器	★		
	特快洗功能	★	★	
	冷水洗涤功能	★		★
	防皱功能	★	★	★
	程序自动定温	★		
	可调温控器			★
	羊毛程序	★	★	★

续表

型号	XQG50-QF600	XQG50-QFB600Q	XQG50-92B
电源	220V(50Hz)	220V(50Hz)	220V(50Hz)
最大工作电流(A)	10	10	10
自来水压力(MPa)	$0.05 \leqslant P \leqslant 1$	$0.05 \leqslant P \leqslant 1$	$0.05 \leqslant P \leqslant 1$
洗涤功率(W)	330	330	330
甩干功率(W)	650	650	650
额定洗衣量(kg)	5	5	5
甩干转速(rpm)	600	600	600
洗涤程序(个)	15	15	15
水加热功率(W)	1800	1800	1800
外形尺寸(高×宽×厚)(mm)	850×595×550	850×595×460	850×595×460
重量(kg)	72	72	72

注：左侧第一列纵向合并单元格标注为"其他功能"，对应"洗涤功率(W)"至"水加热功率(W)"各行。

(5)"太阳钻"系列

　　"太阳钻"系列滚筒洗衣机为洗衣、脱水和烘干三合一于一体的洗衣机，具有停水、停电、过速、过温保护功能（即：无水不空转，停电记忆，程序限制加热温度，程序限制甩干转速）两种干衣温度选择，低温(85℃)适于化纤物烘干，高温(125℃)适于棉织物烘干双温蒸汽冷凝烘干，（针对不同衣物采用不同的环境温度，然后通过冷凝结成水排出机外，达到干衣的目的。采用运动式干衣，均匀受热，避免衣物出现皱折，不损伤衣物，一般衣物烘干后可免熨直接穿着）。洗衣机采用镜面不锈钢内筒，高密度过水小孔效果特别好，箱体外壳经过预洗、打磨、磷化、电泳、喷塑多层处理，整机寿命长。XQG50-AB858CTXB型为超薄型设计节省占地面积1/3。

【规格】

型号		豪华型			温情型	简便型
		XQG50-AB 1200CTX	XQG50-AB 1100CTX	XQG50-AB 858CTXB	XQG50-BN 858CTX	XQG50-W/A 600CX
主要功能	超薄设计	★		★		
	两种干衣温度选择	★	★	★	★	★
	恒温蒸汽冷凝烘干	★	★	★	★	★
	同步循环系统	★	★			
	电子配水	★	★	★	★	
	羊毛洗涤程序	★	★			★
其他功能	电子自动平衡系统	★	★	★	★	
	预洗功能	★	★	★	★	
	可调温控器	★	★	★	★	
	半量洗涤键	★	★	★	★	★
	防玻璃泡功能	★	★	★	★	★
	程序自动定温	★	★	★		★
	冷水洗涤键	★				
	速度转换功能	★	★	★	★	
	免除浸泡功能	★	★	★	★	
	洗衣容量（kg）	5	5	5	5	5
	最高脱水转速（rpm）	1200	1100	800	800	600
	外形尺寸（高×宽×深）（mm）	850×595×550	850×595×550	850×595×460	850×595×550	850×595×550

(6) 自选挡洗衣机

自选挡"知衣量识习惯"系列洗衣机采用338mm超大视窗,100mm炫彩视屏,具有1～24h预约功能,29min极快洗,全程防皱免熨设计,双力(热磁化和海尔专用HY)消毒,具有停水不空转,断电有保护,不同衣物的转速选择和水温选择,智能防辐射,智能防溢水等六大智能保护,能精确纠错,智能童锁,断电记忆功能。同步循环节能系统等。洗衣机为顶级激光抛切技术,机型顶端的控制面板呈42°黄金倾斜,金属冷银外观,现代时尚。

【规　格】

型　号	XQG50-BS1268	XQG50-BS1068	XQG50-BS968
洗涤容量(kg)	5	5	5
集成化洗衣程序	11	11	11
可预约时间(h)	1～24	1～24	1～24
29min极快洗	☆	☆	☆
超净洗功能	☆	☆	☆
防皱浸泡功能	☆	☆	☆
自选档功能	☆	☆	☆
记忆洗涤习惯	☆	☆	☆
最高加热温度(℃)	90	90	90
甩干速度(rpm)	0～1 200	0～1 000	0～900
外筒材料	进口镜面不锈钢	进口境面不锈钢	进口境面不锈钢
不平衡自检校对功能	☆	☆	☆
智能童锁功能	☆	☆	☆
智能报警纠错功能	☆	☆	☆
选择及操作蜂鸣提示	☆	☆	☆

续表

型　号	XQG50-BS1268	XQG50-BS1068	XQG50-BS968
结束后蜂鸣提示	☆	☆	☆
洗涤功率（W）	260	260	260
加热功率（W）	1 700	1 700	1 700
额定耗水量（L）	52	52	52
额定耗电量（kW·h）	0.95	0.95	0.95
显示屏	VFD	VFD	VFD
外形尺寸（高×宽×厚）（mm）	850×595×450	850×595×450	850×595×450

(7) 数字全能 1218 系列

数字全能系列滚筒洗衣机采用国际 ADC 数字航天控制技术，能根据衣物的结构。用途、织法、厚薄、颜色及脏度等情况，精确去污，洗净比达1.05，达到国际 A 级标准，其独具 EEP 存储技术，可准确的记忆断电时刻机器的状态，记忆超强，动感视屏纠错信息温情提醒。具有停水、停电、加热温度限制、脱水转速限制、电磁保护、防溢水等六大智能保护，SBS 智能自平衡系统设置，可在 1 200 转高转速时机器稳定如固。特设特快洗涤程序和单独洗涤程序。数字全能系列滚筒洗衣机还具有热磁化消毒，同步循环系统，四次阶梯式过水漂洗等功能，其采用 300mm 超大视窗，双层门及内层门体内倾设计，推弹式整体设计等。

【规格】

型号	XQC50-BS1218	XQC50-BS1018	XQC50-BS818	XQC50-BS1208	XQC50-BS1108	XQC50-BS908
29分钟快洗	☆	☆	☆	☆	☆	☆
羊毛洗	☆	☆	☆	☆	☆	☆
羊绒洗	☆	☆	☆	☆	☆	☆
真丝洗	☆	☆	☆	☆	☆	☆
单独程序(个)	4	4	4	4	4	4
温度选择°C	冷水~90°C	冷水~90°C	冷水~90°C	冷水~90°C	冷水~90°C	冷水~90°C
脱水转速可调(rpm)	95~1 200	95~1 000	95~800	95~1 200	95~1 100	95~900
预约时间(h)				1~23	1~23	1~23
童锁功能				☆	☆	☆
智能纠错	☆	☆	☆	☆	☆	☆
经济洗涤功能	☆	☆	☆	☆	☆	☆
防皱浸泡功能	☆	☆	☆	☆	☆	☆
超净漂洗功能	☆	☆	☆	☆	☆	☆
电压/频率	220V/50Hz	220V/50Hz	220V/50Hz	220V/50Hz	220V/50Hz	220V/50Hz
电压允许波动区间(V)	187~242	187~242	187~242	187~242	187~242	187~242
洗涤功率(W)	300	250	250	260	260	260
加热功率(W)	1 700	1 700	1 700	1 700	1 700	1 700
最大电流(A)	10	10	10	10	10	10
裸机尺寸(高×宽×厚)(mm)	850×595×460	850×595×460	850×595×460	850×595×400	850×595×400	850×595×400

54. 顶开门滚筒洗衣机

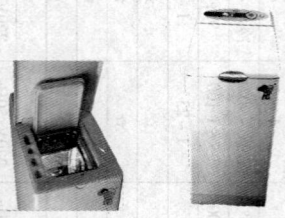

【特点及用途】顶开门滚筒洗衣机为全自动洗衣机,集洗涤、漂洗、脱水功能于一体,其节省占地面积,实为洗涤容量不减的超薄机型。滚筒式洗涤动作柔和,类似雨淋、浸泡、摔打、揉搓等多种洗涤方式。根据不同的需要,各型滚筒洗衣机有着各自不同的功能设计。此仅以海尔集团公司产品为例,加以介绍。

(1)"银河钻"系列

"银河钻"系列滚筒洗衣机机身超窄,节省使用面积50%容量不减,比普通机型节约50%用水。其采用电子配water。洗涤剂循环利用系统,大容量雨淋漂洗系统,预选功能,阶梯式漂洗,热磁化消毒,具有双速控制,无级自衡控制及数字控制系统,箱体外壳经过磷化、电泳、喷塑三层处理,整机寿命长。镜面不锈钢内筒。高密度过水小孔效果特别好。

【规　格】

型号	羊绒洗高速型 XQG50-A828TXS	羊绒洗普通型 XQG50-A628TXS	高速型 XQG50-B828TX	普通型 XQG50-B628TX	经济型 XQG50-D600
主要功能 顶开式设计	☆	☆	☆	☆	☆
活动角轮	☆	☆	☆	☆	☆
羊绒程序	☆	☆	☆	☆	☆
超薄设计	☆	☆	☆	☆	☆
电子配水	☆	☆	☆	☆	☆
超轻柔洗键	☆	☆	☆	☆	
羊毛洗涤程序	☆	☆	☆	☆	☆
电子自动平衡系统	☆	☆	☆		
主其他功能 预洗功能	☆	☆	☆	☆	☆
可调温控器	☆	☆	☆	☆	☆
程序自动定温					
半量洗涤键	☆	☆		☆	☆
防皱浸泡功能	☆	☆		☆	☆
洗衣容量（kg）	5	5	5	5	5
最高脱水转速（rpm）	800	600	800	600	600
外形尺寸（高×宽×厚）（mm）	850×400×600	850×400×600	850×400×600	850×400×600	850×400×600

(2)"都会丽人"系列

"都会丽人"系列采用三英寸超大汉字显示屏,黑珍珠智能旋钮一键式鼠标操作,1～24h预约洗涤,智能纠错,断电记忆功能,智能保护,智能音乐提示,水温自检显示,智能电子配水,智能同步循环系统,还具有大容量雨淋漂洗系统、阶梯式漂洗,防皱浸泡功能等。洗衣机采用镜面不锈钢内筒,高密度过水孔,效果好,不变形,1mm厚不锈钢外筒,机体仅40cm宽的超薄设计,可节约空间1/3。该型机型还设置有29min特快洗涤功能。

【规　格】

型号		XQG50-S1006	XQG50-S806	XQG50-S606
主要技术指标	电源	220V/50Hz	220V/50Hz	220V/50Hz
	最大工作电流(A)	10	10	10
	自来水压力(MPa)	0.05～1	0.05～1	0.05～1
	洗涤功率(W)	300	300	300
	甩干功率(W)	700	650	600
	洗衣容量(kg)	5	5	5
	最高转速(rpm)	1 000	800	600
	加热功率(W)	1 750	1 750	1 750
	外形尺寸(高×宽×厚)(mm)	900×600×400	900×600×400	900×600×400
	重量(kg)	93	93	93

55. 干洗机

【特点及用途】成飞 GX-8A 型干洗机采用欧洲风格结构设计,电脑控制系统,大屏幕 VFD 显示,大容量之油箱,特设有油箱视镜自清理系统、双重过滤系统,减少蒸馏,节约能耗,双温控制、大口径装载门、投取衣物方便省力,透明的绒毛收集器、纽扣收集器口盖,不用开启便可检查,节能型风机,噪音低,风量大,烘干快。

【规　　格】成都飞机工业集团机电产品有限责任公司产品

型　号		GX-8A
装衣容量(kg)		6~8
洗涤液		C_2CL_4
噪音		≤72dB(A)
滚筒体积(Lt)		128
底箱容积(Lt)	1 号箱	80
	2 号箱	80
	3 号箱	110
洗涤转速(rpm)		40
甩干转速(rpm)		400
过滤器(m^2)	1 过滤面积	2
	2 过滤面积	2
洗涤周期(min/cycle)		50
蒸馏速度(L/h)		50
安装功率(kW)	蒸汽形式	3
	电热形式	7.5
外形尺寸(长×宽×高)(mm)		1 550×1 080×1 760
整机重量(kg)		900

56. 公用洗衣机

【特点及用途】GXPG 系列洗衣机为新一代免基础安装型洗衣机，洗涤容量大，效率高，运行平稳，清洁安全，使用寿命长，是医院、宾馆、院校、度假村等企事业团体洗涤衣物的理想设备。

【规　　格】成都公用洗衣机厂产品

型号	GXPG-20	GXPG-40	GXPG-60	GXPG-80	GXPG-100
A 型为内、外桶不锈钢	GXPG-20A	GXPG-40A	GXPG-60A	GXPG-80A	GXPG-100A
滚筒容积（m³）	0.24	0.54	0.82	1.00	1.3
洗涤容量（干物）（kg）	20～25	40～50	60～80	80～100	100～120
洗涤时间（min）	20～30	25～30	25～35	30～40	30～40
电机功率（kW）	1.1	2.2	3	4	5.5
机器重量（kg）	500	1 200	1 500	1 650	2 000
机器尺寸（长×宽×高）（mm）	1 750×800×970	1 960×110×1 260	2 250×1 250×1 380	2 280×1 250×1 380	2 700×1 400×1 450

57. 臭氧灭菌变频洗涤脱水机

【特点及用途】GXT 型臭氧灭菌变频洗涤脱水机为机电一体化封闭式运行设计，具有对缺相、过载、过压、欠压、过电流、过热、失速等的自动保护功能。它由洗涤、漂清、灭菌、脱水单环节开关控制，无极变频调速，操作简便，运行平稳，无环境污染，具有良好的水洗脱水及灭菌性能。

由于本机占地面积小、使用寿命长等优点，是各消毒洗涤中心、医院、宾馆、饭店、旅游度假村、干部疗养院、民航、交通、院校公寓、机关团体及各企事业洗衣房特别适用的洗涤设备。

【规　　格】成都公用洗衣机厂产品

型号	CXT-50	CXT-70
额定洗涤容量(kg)	50	70
滚筒尺寸($\phi \times L$)(mm)	960×620	1 100×720
额定电压(AC,V)	AC　380	AC　380
额定频率(H_2)	50	50
电机功率(kW)	5.5	7.5
变频规格(kW)	5.5	7.5
洗涤转速(rpm)	38	38
灭菌时间(min)	10～15	10～15
洗涤物脱水后的含水率(%)	<100(以纯棉毛巾测定)	<100(以纯棉毛巾测定)
机器尺寸(长×宽×高)(mm)	1 850×1 110×1 700	2 000×1 250×1 825
机器重量(kg)	1 200	1 500

58. 甩干机

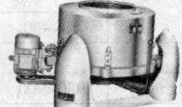

DS-550 型　　　　　　GSS-600 型-850 型

【特点及用途】GSS 系列甩干机专门用于大量衣物的脱水,其脱水量大、效率高、运行平稳,清洁安全、使用寿命长、是医院、宾馆、院校、度假村等企事业团体洗涤衣物的理想设备。

【规　　格】成都公用洗衣机厂产品

| 型　号
A 型为内、外桶不锈钢 | DS-550 | GSS-600 | GSS-850 |
	DS-550A	CSS-600A	CSS-850A
转鼓容量(m³)	0.07	0.09	0.18
额定工作量(kg)	40	60	100
脱水时间(min)	5 ~ 7	5 ~ 7	7 ~ 10
电机功率(kW)	1.5	2.2	3
机器重量(kg)	450	600	1 600
机器尺寸(长×宽×高) (mm)	1 020×750 ×700	1 350×1 100 ×740	1 650×1 450 ×850

59. 烘干机

【特点及用途】HG 系列自动烘干机分蒸汽供热和电热供热两种类型,其烘干气流温度为 50 ~ 80℃,烘干量大,效率高、节能,无噪音、运行平稳,清洁安全;是医院、宾馆、院校等企事业团体洗涤衣物的理想设备。

【规　　格】成都公用洗衣机厂产品

| 型　号 | 蒸气供热 | | 电热供热 | |
	HG-30	HG-50	HG-30	HG-50 节能型
滚筒容积(kg)	30	50	30	50
滚筒尺寸(φ×L)(mm)	980×900	1 135×1 000	980×900	1 135×1 000
滚筒转速(rPa)	35	32	35	32
常用蒸汽压力(MPa) 或电加热功率(kW)	0.4 ~ 0.6	0.4 ~ 0.6	20	20
烘干气流温度(℃)	50 ~ 80	50 ~ 80	50 ~ 80	50 ~ 80
主电机功率(kW)	1.1	1.5	1.1	1.5

续表

型　号	蒸气供热		电热供热	
	HG-30	HG-50	HG-30	HG-50 节能型
压风机功率(kW)	0.12	0.12	0.09	0.09
蒸气管进口通径(mm)	20	25		
机器尺寸(长×宽×高) (mm)	1 450×1 040 ×2 000	1 600×i 200 ×2 150	1 450×1 040 ×2 000	1 600×1 200 ×2 150

60. 熨平机

【特点及用途】YP2500 型熨平机专门用于衣物皱折的平整，其熨烫速度为 0～6m/min，蒸气耗量 100～120kg/h，熨平机操作方便易行，是医院、宾馆、院校等企事业团体熨烫衣物，特别是床单，被罩等大幅物件熨烫的理想设备。

【规　格】成都公用洗衣机厂产品

型　号	YP2500
熨烫速度(m/min)	0～6
蒸气耗量(kg/h)	100～120
蒸气压力(MPa)	0.4～0.7
电机功率(kW)	0.55
电源电压(V/Hz)	AC380150
进气通径(mm)	20
排气通径(mm)	15
机器重量(kg)	1000
机器尺寸(长×宽×高)(mm)	3 350×1 225×1 275

61. 干衣机

CYJ20—28

CYJ30—8

【特点及用途】干衣机又称织物烘干机,是指将热空气吹进旋转的滚筒,使滚筒内翻动的织物中的水分蒸发为小蒸汽排出机外的织物烘干器具。结构紧凑,使用轻巧方便,热效率高,烘干时间短,升温快,无明火,具有自动限温断电功能,烘干后平整、松软、柔和,无需熨烫,是理发店、浴室、洗衣店及家庭常备设备。

【规　　格】江苏小天鹅集团有限公司产品

型　号	外形尺寸（mm）	重量（kg）	额定电压（V）	额定频率（Hz）	额定输入功率 高/低（W）	额定干衣容量（kg）	时间设定范围（min）	
							加热烘干+冷却	空气松散
GYJ20—28	570×350×595	16	220	50	750/550	2.0	175+10	–
GYJ25—2	570×390×610	16	220	50	820/550	2.5	175+10	–
GYJ30—8	635×427×685	20	220	50	1 050/600	3.0	202+18	60
GYJ35—18	635×427×685	20	220	50	1 250/800	3.5	202+18	60
GYJ40—88	635×451×685	21.5	220	50	1 200/700	4.0	202+18	60

续表

型号	GYJ20-2 8	GYJ25-2
基本功能	·体积小,耗电省,干衣快速 ·结构紧凑合理,使用轻巧方便,价格经济实惠 ·采用电动式定时器,走时精确,自动限温断电,安全可靠 ·独具抗皱设计,烘干后无需熨烫 ·除菌率高	·最新外观专利,外形流畅、简洁 ·热效率高,烘干时间短 ·结构更合理,小体积大容量,使用便捷 ·独具抗皱设计,烘干后无需熨烫
型号	GYJ30-8	GYJ35-18
基本功能	·PTC 发热材料 ·冷却、熨烫、强干、普通、空气松散五种程序 ·整体发热,升温迅速,无明火,自动限温断电,安全可靠 ·滚筒式排气结构,独具抗皱设计,充分舒展衣物内部纤维结构	·引进世界最新技术,应用PTC 发热技术,整体发热,温升迅速,自动限温断电,安全可靠 ·滚筒式排气结构,独具抗皱设计,烘干后平整如新,无需熨烫
型号	GYJ40-88	
基本功能	·不锈钢大容量滚筒,干衣率高 ·冷却、熨烫、强干、标准烘干、空气松散五种程序 ·整体发热、升温迅速,无明火,自动限温断电,安全可靠	

62. 浴霸

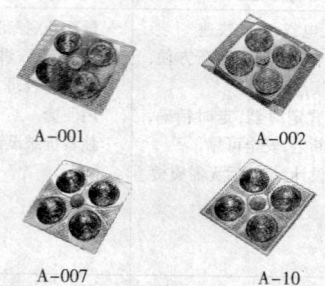

A–001   A–002

A–007   A–10

【特点及用途】浴霸实质上是专门用于浴室的取暖器亦兼有照明,换气等功能,主要由外壳、面板、照明灯、电热元件、调温器、送风装置等组成。通常采用吸顶式热气流内循环技术,升温快,热量均匀,多用4只275w取暖灯,经特殊反光处理其角度与距离的科学设计,取暖范围广泛,在内设置防水防爆照明灯及强力排气装置。浴霸是现代家庭浴室及类似需用场所的理想设备。

【规　　格】成都高新区艺家家用电器研发有限公司产品

型号	A-001	A-002	A-007
基本功能	·钛金色豪华不锈钢面板,更显尊贵典雅 ·紧凑超薄设计,最大限度减少突出部分,消除浴室紧迫感 ·集取暖、照明换气于一体,超宽取暖、超强换气 ·4只275W取暖灯,经特殊反光处理,科学设计角度与距离,取暖范围更广	·豪华不锈钢镶嵌面板,更显尊贵典雅 ·紧凑超薄设计,最大限度减少突出部分,消除浴室紧迫感 ·集取暖、照明、换气于一体,超宽取暖、超强换气 ·4只275W取暖灯,经特殊反光处理,科学设计角度与距离,取暖范围更广	·豪华不锈钢镶嵌面板,更显尊贵典雅 ··紧凑超薄设计,最大限度减少突出部分,消除浴室紧迫感 ·集取暖、照明、换气于一体,超宽取暖、超强换气 ·4只275W取暖灯,经特殊反光处理,科学设计角度与距离,取暖范围更广

续表

型号	A-001	A-002	A-007
基本功能	·多挡功率调节,使用便捷 ·超强排风功能,换气干净彻底	·多挡功率调节,使用便捷 ·超强排风功能,换气干净彻底	·多挡功率调节,使用便捷 ·超强排风功能,换气干净彻底

型号	A-010	A-012	A-015
基本功能	·不锈钢面板采用拉丝处理技术,遇高温、高温浴室环境不变色 ·紧凑超薄设计、最大限度减少突出部分,消除浴室紧迫感 ·集取暖、照明、换气于一体,超宽取暖、超强换气 ·4只275W取暖灯,经特殊反光处理,科学设计角度与距离,取暖范围更广 ·多挡功率调节,使用便捷 ·超强排风功能,换气干净彻底	·工程塑料面板,不易褪色、老化,造型典型,安全可靠 ·紧凑超薄设计、最大限度减少突出部分,消除浴室紧迫感 ·集取暖、照明、换气于一体,超宽取暖、超强换气 ·4只275W取暖灯,经特殊反光处理,科学设计角度与距离,取暖范围更广 ·多挡功率调节,使用便捷 ·超强排风功能,换气干净彻底	·豪华不锈钢镶嵌面板,更显尊贵典雅 ·紧凑超薄设计,最大限度减少突出部分,消除浴室紧迫感 ·集取暖、照明、换气于一体,超宽取暖、超强换气 ·4只275W取暖灯,经特殊反光处理,科学设计角度与距离,取暖范围更广 ·多挡功率调节,使用便捷 ·超强排风功能,换气干净彻底

型号	A-204T	A-019	
基本功能	·工程塑料面板,不易褪色、老化,造型典雅,安全可靠 ·紧凑超薄设计,最大限度减少突出部分,消除浴室紧迫感	·独特的壁挂式设计,无须吊顶,机身开关一体化,安装更简便,可随心移动,灵活方便,任何需要升温的场合均可安装	

续表

型号	A-204T	A-019
	·集取暖、照明、换气于一体，超宽取暖、超强换气 ·4 只 275W 取暖灯、经特殊反光处理，科学设计角度与距离，取暖范围更广 ·40W 照明灯，光线柔和逼真 ·超强排风功能，换气干净彻底	·2 只 275W 取暖灯，经特殊反光处理，科学设计角度与距离，取暖范围更广 ·简洁流畅，小巧别致的机身设计，和谐融入家居装饰，更具国际流行时尚	

63. 恒热电热水器

恒热电热水器是利用电热元件将贮水箱中冷水加热，以供洗澡洗涤等所用，按其安装方式可分为落地式和壁挂式(又分为立式和横卧式)两种类型。其广泛应用于家庭、宾馆、美发店、浴室等多种类似需用场所。此仅选用了豪特容积热水器(成都)有限责任公司产品加以介绍。

(1)经济型恒热电热水器

【特点及用途】经济型恒热电热水器的主要
特点是：

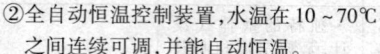

①一经开机，终年全自动运行。

②全自动恒温控制装置，水温在 10～70℃
　之间连续可调，并能自动恒温。

③出口封闭式设计，水压稳定，避免水温忽冷忽热。

④电源、加热指示灯显示，操作直观方便。

⑤外形拼接式独特设计，时尚美观。

⑥镀铝锌彩色外壳，防锈蚀、抗油烟，经久不变色。

⑦壁挂式(横卧)，室内安装。

经济型恒热电热水器具有多种安全保护设置(超高温自动断电保护、压力安全阀保护、全自动温控保护、防倒流单向阀保护、漏电保护器保护、安全接地保护)，特别适用于家庭需用。

【规　　格】

额定容积(L)	40	50	60	75	85
额定功率(kW)	1.2、2.0				
额定电流(A)	5.5、9.0				
长　度(mm)	738	875	1 012	843	968
截　面(mm)	346×428(椭圆形)			432×432(圆形)	
净　重(kg)	18	21.5	25	25	28
水温调节范围(℃)	10～70				
冷热水接头尺寸	RP½/15				
安全阀接头尺寸	RP½/15				

注:电源为～220V/50Hz。

(2)标准型恒热电热水器

【特点及用途】标准型恒热电热水器的主要特点是：

①一经开机，终年全自动运行。

②全封闭式设计，不受水压、电压波动影响，特别适用水压低地区。

③全自动恒温控制装置，水温50～70℃连续可调，自动恒温。

④落地式、壁挂式(立式)，室内、室外均可安装。

⑤壁挂式(横卧)，室内安装。

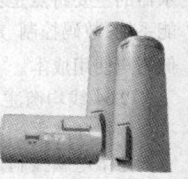

标准型恒热电热水器具有多重安全保护功能(超高温自动断电保护、温度安全阀及压力安全阀保护、全自动温控保护、防倒流单向阀保护、安全接地保护)，保障人机安全，能满足不同用户、不同场所使用需求。

【规　格】

额定容积	L		60	90	120	150	195	245	320
安装方式	落地	立式	☆	☆	☆	☆	☆	☆	☆
	壁挂	立式	☆	☆	☆				
		横卧		☆	☆				
额定功率(kW)			1.2,1.5,2.4,3.6,4.8 供您选择						
额定电流(A)			5.5,6.8,11,16.5,22						
长(高)度×直径(mm)			614× 458	864× 458	1 114× 458	1 364× 458	1 714× 458	1 409× 569	1 759× 569
净　重(kg)			27	34	42	49	58.5	65.5	79
水温调节范围(℃)			50~70(出厂设定在65)						
冷热水接头尺寸			RP3/4/20						
安全阀接头尺寸			RP3/4/20						

注:电源为~220V/50Hz。

(3)恒热64线数码节能型家用电热水器

【特点及用途】恒热64线数码节能型家用电热
水器的主要特点是:①具有恒热DCTS™数码控制节
能系统,数码控制、定时运行,配合峰谷电价,有效降
低用户使用成本。

机体控制型

有线控制型

②64线均衡注水系统,针对热水器进出水环节的独特节能设计,有效
提高热水产率满足更长时间洗浴需求。

③微电脑控制,全自动运行。

④全自动恒温控制装置,水温在10~75℃之间连续可调,自动恒温。

⑤出口封闭式特殊设计,不受水压、电压波动影响,避免水温忽冷
忽热。

⑥LED数码显示屏,显示当前水温和故障代码,更有蜂鸣提示音,操
作方便快捷。

⑦电源、加热、保温、待机指示灯显示,运行状态一目了然。

⑧设有多重安全保护功能,安全有保障。

⑨特有漏电保护功能,杜绝漏电隐患。

⑩独树一帜的漏电保护功能测试键,确保漏电保护器正常工作,加倍安全。

⑪"线控型"和"机控型"两种机型,功能统一,线控型可隐性安装,节省空间,不影响居室整体风格。

⑫"线控型"最新设计的遥控器,外形精致时尚,操作简便。

⑬壁挂式(横卧),室内安装。

该电热水器具有十项安全保护和四大节能技术(10项安全保护为:缺水保护、防漏电保护、全自动温控保护、传感器故障保护、压力安全阀保护、超温保护、防倒流单向阀保护、故障自检、漏电保护功能测试键、安全接地保护、四大节能技术为:DCTS™数码控制节能系统、64线均衡注水系统、浸入式出水设计、超厚无氟保温层),适用于家庭、理发店、洗衣房等类似需用的场所。

【规　格】

型　号	线控型	CSFH045A	CSFH055A	CSFH065A	CSFH080A	CSFH100A
	机控型	CSFH045	CSFH055	CSFH065	CSFH080	CSFH100
额定容积(L)		45	55	65	80	100
额定功率(kW)		1.5				
额定电流(A)		6.8				
电　源		~220V/50Hz				
长度×直径(mm)		728×370	865×370	1 002×370	825×458	970×458
水温调节范围(℃)		10~75(出厂设定在65℃)				
最大供水压力(MPa)		0.6				
安全阀开启压力(MPa)		0.75				
冷热水接头尺寸		RP½/15				
安全阀接头尺寸		RP½/15				

64. 柔巾机

通过Ⅱ型柔巾机　　　杀菌型柔巾机　　　计数型柔巾机

家用普及柔巾机　　　投币型柔巾机　　　柔饮型柔巾机

　　【特点及用途】柔巾机是制造一次性冷热湿毛巾的智能型电器,所用柔巾卷是以天然植物纤维制成的水刺无纺布作为原料,经过加热系统、切割系统、卷曲系统、喷淋系统、控制系统、显示系统等制成常温或热的一次性柔巾,用来擦手或擦脸,具有特殊的舒适感与卫生性。产品广泛使用于餐饮娱乐、美容健身、酒店、机场、机关企业、学校医院等公共场所及现代家庭。

　　【规　　格】深圳本斯智能电器有限公司产品

主要技术参数（通用型）	重量:12kg 体积:520×230×460(mm) 纸箱尺寸:580×300×540(mm) 电源:AC220V,50Hz	功率:40W,最大功率360W 制巾速度:25张/min 柔巾尺寸:240×240(mm)

续表

类型	通用Ⅰ型、Ⅱ型	家用普及型	防伪型	投币型
型号	RSR-TV-01/02	R-SR-TV-08	R-SR-TV-02F	R-SR-TV-02T
基本功能	·使用干净的高级水刺无纺布 ·机内配有抗菌箱（Ⅰ型） ·造型美观大方 ·自动抗菌系统 ·三级安全保护系统 ·超长寿命切割系统 ·语音/蜂鸣提示系统 ·新型低噪音卷曲系统 ·任意连续出巾系统(99 条)	·紫外线系统能周期性的自动杀菌、消毒 ·使用辅助液可美容、润肤、清洁 ·机内配有抗菌箱 ·柔巾长度可任意调节 ·具有通用Ⅱ型机的所有功能	·只能使用指定柔巾卷 ·紫外线系统能周期性的自动杀菌、消毒 ·机内配有抗菌箱 ·轻音乐伴奏(可选) ·具有通用Ⅱ型机的所有功能	·顾客投币(币值可选)后，机器能自动制造出柔巾一张；具有自动售货能力 ·紫外线系统能周期性的自动杀菌、消毒 ·机内配有抗菌箱 ·轻音乐伴奏(可选) ·具有通用Ⅱ型机的所有功能

类型	杀菌型	柔饮型	计数型
型号	R-SR-TV-02S	R-SR-TV-07	R-SR-TV-02J
基本功能	·紫外线系统能周期性的自动杀菌、消毒 ·机内配有抗菌箱 ·轻音乐伴奏(可选) ·具有通用Ⅱ型机的所有功能	·具有饮水机的功能 ·紫外线系统能周期性的自动杀菌、消毒 ·机内配有抗菌箱 ·轻音乐伴奏(可选) ·具有通用Ⅱ型机的所有功能	·能自动累加记忆并显示所制柔巾数(最多99条)；断电后数据不丢失 ·紫外线系统能周期性的自动杀菌、消毒 ·机内配有抗菌箱 ·具有通用Ⅱ型机的所有功能

注:柔巾卷。

· 柔巾机的配套产品

· 由 100% 天然植物纤维加工而成

65. 自动感应式干手器

【特点及用途】自动感应式干手器是利用电热风吹干湿手的清洁器具,其主要由感应电动机、断电器、电热元件. 接地金属屏蔽网、阻燃工程塑料外壳及集成电路等组成。自动感应式干手器具有避免手接触水龙头及毛巾而引起细菌交叉感染的特点,适宜安装在公共卫生间及家庭卫生间供洁手后干手所用。

【规　格】艾美特电器(深圳)有限公司产品

型号	HD1801/HD1801A(镀镍)	HD1588
额定电源	220V/50Hz	220V/50Hz
基本功能	· 全金属机体,防暴耐用,喷粉或电镀工艺考究 · 自动感应式启动,功率大(1800W) · 风量大、噪音适中,15s 左右快速干手 · 感应器可识别异常启动,自动停机保护 · 内置温度断路器,安全可靠	· 优质 ABS 工程塑料外壳,防静电耐腐蚀 · 自动感应式启动,功率大(1500W) · 风量柔和、噪音低(小于65dB),30s 内干手 · 感应器可识别异常启动,自动停机保护 · 内置温度断路器,安全可靠

66. 卧式吸尘器

ZW1500-1

【特点及用途】卧式吸尘器又称舟车式吸尘器,是电动机主轴平行于地面的吸尘器,其主要由电机、风叶、滚轮地面刷、集尘袋、接管、外壳、多种吸头等组成。卧式吸尘器使用方便,除尘快捷,是家庭、办公室、商场、宾馆、医院等场所常用清洁用具。

[规 格] 青岛海尔健康家电有限公司产品

型 号		ZW900-1	ZW1000-3	ZW1100-3	ZW1200-8	ZW1300-3	ZW1500-1
额定功率(W)		900	1 000	1 100	1 200	1 300	1 500
功率范围(W)		350~900	350~1 000	350~1 100	1 200	350~1 300	500~1 500
真空度(kPa)		20	19.5	23	22	20	25
吸尘能力(%)	地毯	73	68	96	80	82	80
	地板	100	98	100	100	100	100
重量(kg)		5.5	6.0	6.5	4.5	6.0	6.5
电源线(m)		5	5	5	5	5	5
外形尺寸(mm)(长×宽×高)		332×212×227	375×250×223	387×278×246	360×258×200	451×290×221	393×285×253

续表

基本功能	·四重过滤，洁尘净气 ·上排风设计，防二次污染 ·脚踏开关设计，吸尘不弯腰 ·电机过热保护，使用寿命长 ·静音设计，更安静 ·无滤尘袋设计，更环保	·超流线设计，外观靓丽 ·五重过滤，洁尘净气 ·超大吸力，低噪音，静音除尘 ·机体滑块，无级变速，操作方便 ·脚踏按钮（开关、收线）设计，操作不弯腰	·HEPA过滤器，上排风设计，防二次污染 ·超大吸力，超低噪音，静音除尘 ·电机过热保护，使用寿命长 ·多吸头配置，用途广泛 ·手柄滑块调速，吸尘不弯腰 ·超流线设计，外观靓丽	·除螨专用螺旋刷头，有效清除尘螨 ·龙卷风设计，离心集尘，尘气分离 ·设有负离子发生器，净化空气，清除异味 ·高效电机、超大吸力 ·设有电机过热保护，使用寿命长 ·无滤尘袋设计，清洁方便 ·上排风设计，防止二次污染 ·暗藏式吸线装置，美观实用 ·采用抗菌材料，抑制细菌滋生	·除螨专用螺旋刷头，有效清除尘螨 ·超大吸力，超低噪音 ·手柄滑块调速，使用方便 ·设有电机过热保护，使用寿命长 ·HEPA尾气过滤，防止二次污染 ·四重过滤，五重降噪 ·新型滚轮地面刷，灵活方便 ·脚踏按钮，自动收线功能 ·采用抗菌材料，抑制细菌滋生	·龙卷风设计，离心集尘，尘气分离 ·设有负离子发生器，净化空气，清除异味 ·光触媒设计，有效杀菌消毒 ·高效电机，超大吸力 ·手柄调速，使用方便 ·超大吸力，静音除尘 ·无滤尘袋设计，清洁方便 ·设有电机过热保护，使用寿命长

67. 立式吸尘器

ZL1200-2   ZL1500-1

【特点及用途】立式吸尘器又称桶式吸尘器,是电动机主轴垂直于地面的圆桶状吸尘器,其由大功率电机、风叶、方向滚轮、盘线机构、多种吸头、集尘袋、接管及外壳组成。立式吸尘器使用方便,除尘快捷,是家庭、办公室、商场、宾馆、医院等场合常用清洁用具。

【规   格】青岛海尔健康家电有限公司产品

型号		ZL1200-2	ZL1300-1	ZL1500-1
额定功率(W)		1 200	1 300	1 500
功率范围(W)		1 200	350 ~ 1 300	500 ~ 1 500
真空度(kpa)		17.64	21.0	19
吸尘能力 (%)	地毯	68	82	78
	地板	98	100	100
重量(kg)		7.5	8.3	7.8
电源线(m)		10	10	7
外形尺寸 (长×宽×高)(mm)		364×364×420	370×370×580	370×370×550

续表

基本功能	·干湿两用,用途广泛 ·超大桶体设计,容量更大 ·大吸力,低噪音,静音除尘 ·多款吸头,无处不吸 ·10米超长电源线,清扫面积大3倍	·水过滤系统,彻底杜绝二次污染 ·机体旋钮调速,功率随意调节 ·添加消毒液,杀灭病菌 ·机体盘线装置,使用方便 ·多种吸头配置,用途广泛 ·采用原装进口电机,大功率,大吸力 ·配备两根长接管,适合不同身高的人使用 ·采用万向滚轮设计,灵活方便 ·采用抗菌材料,抑制细菌滋生	·干湿吹三用 ·超大桶体,容尘量更大 ·大功率电机,吸力更大 ·超低噪音,静音除尘 ·机体盘线装置,使用方便 ·多种吸头配置,用途广泛 ·采用万向滚轮设计,灵活方便

68. 手持式吸尘器

ZB350-1

ZB500-1

【特点及用途】手持式吸尘器采用仿生卡通造型,轻巧灵便,手持操作,亦便于携带,其主要由电动机,风叶,外壳,多吸头多刷头及软管等组成。手持式吸尘器特别适用于吸除沙发,床上用品或其他缝隙中的尘屑。

【规　　格】青岛海尔健康家电有限公司产品

型　号	ZB350-1	ZB-500-1	ZB500-2	ZB600-1	ZB800-1/2
额定功率(W)	350	500	500	600	800
功率调节范围(W)	350	500	500	600	800
真空度(kPa)	9.5	18	18	16	16
吸尘能力(%) 地毯	75	95	95	95	75
地板	98	100	100	100	100
重量(kg)	1.5	2.5	2.5	4.5	2.5/2.0
电源线(m)	4.5	4.5	4.5	4.5	4.5
外形尺寸(长×宽×高)(mm)	238×123×158	245×175×150	246×131 157	269×230 239	280×130×170

69. 手推式吸尘器

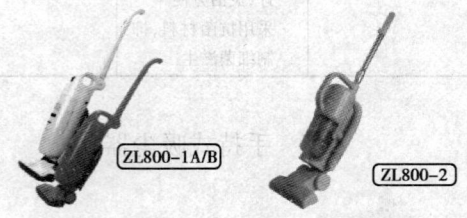

ZL800-1A/B　　ZL800-2

【特点及用途】手推式吸尘器采用伸缩式或折叠式手柄使用方便,操作轻巧不用弯腰,尤其适用于清洁地毯、毛褥一类的物品,是家庭、办公室,机房等常备用具。

【规　　格】青岛海尔洗碗机有限公司产品

型　号	ZL800-1A/B	ZL800-2
额定功率(W)	800	800
功率调节范围(W)	350～800	400～800
真空度(kPa)	>19.0	19.0
吸尘能力(%)　地毯	73	100
吸尘能力(%)　地板	95	100
重量(kg)	4.1	2.5
外形尺寸（长×宽×高）(mm)	1 002×264×226	434×230×223
基本功能	·手持式结构,轻巧灵便 ·手柄滑块调速,开/关不需弯腰 ·四重过滤,防二次污染 ·动力风轮,超大吸力 ·自动收线,使用方便 ·可折叠式手柄,便于收藏	·手持式、立式两用,并采用伸缩式镀铬手柄,操作方便 ·配备背带,小软管,加大吸尘操作范围 ·多种吸头配置,吸尘无死角 ·龙卷风离心集尘,尘气分离,洁尘净气全面环保

70. 无绳便携式吸尘器

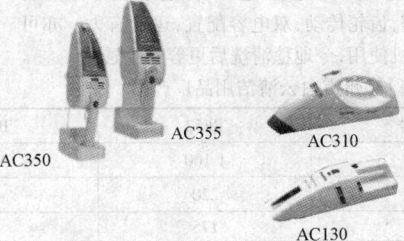

AC355

AC350

AC310

AC130

【特点及用途】无绳便携式吸尘器小巧灵便,工作范围不受电源线长度限制。无绳便携式吸尘器可干湿两用,基本配件主要有缝隙吸头、吸湿吸头及可清洗滤网等。其特别适用于卧室、厨房、汽车、电脑等清洁使用。

【规　　格】上海赛博电器有限公司产品

型号	AC350/AC355	AC310	AC130
基本功能	· 仿生透明外观设计,时尚美观 · 金属漆黑,美观豪华(AC355) · 电池驱动,无线操作 · 干湿两用,一机多能 · 可清洗免更换滤网,方便耐用 · 高效电池,一次充电可持续工作10min (AC355 13min)	· 流线仿生外观设计,时尚美观 · 独创集尘盒灰尘倒空设计,灰尘不沾手,方便卫生 · 高效电池,一次充电可持续表工作10分钟 · 配有缝隙吸头,方便清洁狭小部位	· 电池驱动,无线操作 · 高效电池,一次充电可连续表工作7分钟 - 干湿两用,一机多能 · 永久性免更换滤网,方便耐而 · 配有缝隙吸头,方便清洁狭小部分

71. 多功能刷地机

【特点及用途】多功能刷地机采用手控式调节,操作灵活简便,具有洗地,洗地毯,起蜡,低速磨光等四大功能,其设计精密,齿轮传动,双电容配置,运行有力。亦可配置电子打泡机使用,令地毯清洗后更容易干透。

【规　　格】广州市白云清洁用品厂产品

型　　号	BF52	BF521
功率(W)	1 100	1 100
电压(V)	220	220
转速(rpm)	175	154

续表

型　号	BF52	BF521
底盘直径(mm)	431.8	431.8
重量(kg)	48	45

72. 高速抛光机

【特点及用途】高速抛光机采用手控式调节,操作灵活简便,双电容配置,运行有力,全封闭风冷式马达,功率大,适合任何环境使用,采用直线前行及左右操作系统,进退自如,一喷一磨,省时省力

【规　　格】广州市白云清洁用品厂产品

型　号	BF527	BF528
功率(W)	1 100	1 100
电压(V)	220	220
转速(rpm)	1 500	1 500
底盘直径(mm)	508	508
重量(kg)	48	48

73. 石面加重翻新机

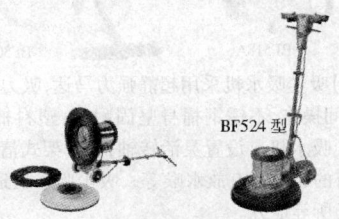

BF524 型

【特点及用途】石面加重翻新机配置特大功率电机,配置的加重铁可随意增加或减速少,强劲动力输出,其中 BF524 型配置加重铁和加重针

座,加重铁可随意拆卸。石面加重翻新机能一机多用,集地面、地毯清洗、地面晶面处理,大理石翻新及楼梯清洗于一体,操作灵活、简便。电源线长度为12m。

【规　　格】广州市白云清洁用品厂产品

型号	BF523	BF524
功率(W)	1 300	1 300
电压(V)	220	220
转速(rpm)	168	175
低盘直径(mm)	431.8	431.8
重量(kg)	73	78

74. 吸尘吸水机

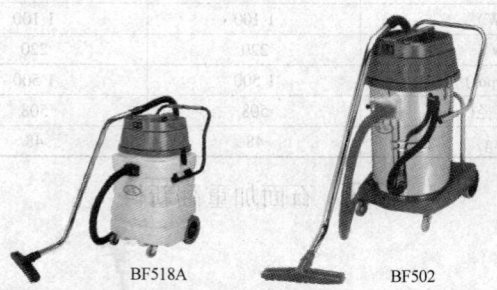

BF518A　　　　BF502

【特点及用途】吸尘吸水机采用超静强力马达,吸力强劲,一些型号可干湿两用,可长时间操作,不锈钢桶身坚固耐用,塑料桶身防酸、防碱、不腐蚀、耐碰撞,吸尘吸水机有设置灵活转轴,秋千架式清倒装置,有设置隔尘网,易于清理,有的还设计有放水喉等。吸尘吸水机适用于酒店、宾馆、厂房、仓库、办公场所等地方。

【规　格】广州市白云清洁用品厂产品

型号	BF583A BF518A	BF585-3	BF580 BF581A	BF502 BF515 BF510A	BF575 BF576A	BF501 BF509A	BF570 BF571A	BF500 BF503A
功率(W)	2 000	3 000	2 000	2 000	1 200	1 200	1 000	1 000
冷却方式	循环	循环	循环	循环	循环	循环	循环	循环
真空吸力(mmH$_2$O)	2 000	3 000	2 000	2 000	2 000	2 000	1 800	1 800
容量(L)	90	80	70	70	30	30	15	15
高度(mm)	900	1 000	900	900	760	760	550	550
桶身直径(mm)	440	440	440	440	345	345	345	345
气流量(L/S)	106	120	106	106	53	53	48	48
配件	φ40	φ40	φ40	φ40	φ40,φ36	φ40,φ36	φ36	φ36
功能	吸尘/吸水	吸尘/吸水	吸尘/吸水	吸尘/吸水	吸尘/吸水	吸尘/吸水	吸尘/吸水	吸尘/吸水
工作电压(V)	220~240	220~240	220~240	220~240	220~240	220~240	220~240	220~240
电线长度(m)	7.2	7.2	7.2	7.2	7.2	7.2	7.2	7.2

续表

型号	备注
BF583A BF518A	半透明塑料桶型
BF585-3	不锈钢圆桶型
BF580 BF581A	BF580型为不锈钢圆桶形身，BF581A型为半透明塑料桶身
BF502 BF515 BF510A	BF502/515型为不锈钢圆桶形身，BF510A为半透明塑料桶身
BF575 BF576A	BF575型为不锈钢圆桶形身，BF576A型为塑料桶身
BF501 BF509A	BF510型为不锈钢圆桶形身，BF509A型为塑料桶身
BF570 BF571A	BF570型为不锈钢圆桶形身，BF571A型为塑料桶身
BF500 BF503A	BF500型为不锈钢圆桶形身，BF500A型为塑料桶身

第三十六章 小家电

1. 普通型电熨斗

【特点及用途】普通型电熨斗俗称干熨斗,其结构简单,维修方便,仅具有通电后不断升温,调温须断开电源后利用熨烫及延时而降温。熨斗温度不易掌握,供用时得多加小心。如今使用者减少,已趋于淘汰。

【规 格】

额定功率(W)	300	400	500	750	1 000
额定电压(V)	220	220	220	220	220
额定频率(Hz)	50	50	50	50	50
重量(kg)(参考)	1.8	2.0	2.3	3.0	3.6

2. 调温型电熨斗

【特点及用途】调温型电熨斗是在普通型电熨斗上增加调温控制装置的电熨斗。其温度控制元件采用双金属片,利用调温旋钮改变双金属片

上动静触头之间的初始距离和压力,以改变熨烫温度,从而适应不同织物的熨烫。

【规　　格】

额定功率(W):300、400、500、750、800、1 000、1 200。

额定电压(V):220。

额定频率(Hz):50。

调温范围(℃):60~250。

3. 蒸汽电熨斗

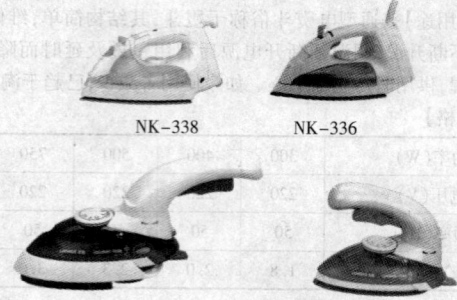

NK-338　　　　NK-336

NK-328

(手柄方向可调)

　　【特点及用途】蒸汽电熨斗是设有调温、蒸汽及过热保护等多种功能,既可干熨亦可湿熨且不必人工喷水的熨烫器具。其水的储备量通常为50~330ml,额定电源220V/50Hz,额定功率700~1 500W。蒸汽熨斗的有些型号带有自动清洗功能。可拆卸水箱设计,多种连接方式(带线熨烫、熨斗锁紧、无线熨烫等),特别配置烫衣板紧固夹等,NK-328型根据操作需用,其手柄方向还可双向调节。蒸汽电熨烫是用于家庭及缝纫业打理衣物的必备工具。

[规　格]龙的电器产品

型　号	NK-328	NK-331	NK-332	NK-333	NK-335	NK-336	NK-337	NK-337G	NK-338
无线/有线两用									
陶瓷底板				☆	☆				
特氟龙底板	☆	☆	☆			☆	☆	☆	☆
最大蒸汽量(g/min)	20	25	40	50	60	15	25	25	25
垂直蒸汽	☆	☆	☆	☆	☆				
防钙化			☆		☆		☆		
自动清洗								☆	
防滴漏				☆	☆				
自动安全关熄					☆				☆
蒸汽调节	☆		☆	☆		☆	☆	☆	☆
过热保护	☆	☆	☆	☆		☆	☆	☆	☆
熨衣刷	☆								☆
分离式水箱									
水箱容量(ml)	50	150	180	180	330	110	150	150	120
功率(W)	800	1 100	1 200	1 300	1 500	700	1 100	1 100	1 100

型号	NK-328	NK-331	NK-332	NK-338
性能	·特别配置熨衣刷、熨烫、清洁、除毛球功能，同步完成 ·立体蒸发及水平熨烫功能 ·连续喷蒸汽，熨烫效率更高 ·特氟龙不粘底板，熨烫更顺滑 ·手柄方向双向调节 ·可家居使用及旅行使用 ·功率:880W	·特氟龙不粘底板，导熨烫更顺滑 ·垂直熨烫功能，轻松熨烫悬挂衣物 ·外形小巧，使用轻便 ·功率1 100W	·特氟龙不粘底板，熨烫更顺滑 ·垂直熨烫:轻松熨烫悬挂衣物 ·自动清洗:清除水垢,延长熨斗使用寿命 ·防药化:减少水垢沉积,延长熨斗使用寿命 ·超大蒸汽量,熨烫轻松自如 ·滚珠式电源线接头,熨烫更灵活 ·功率1 200W	·特氟龙不粘底板,熨烫更顺滑 ·可拆卸水箱设计,注水更方便 ·具有自动断电功能,使用更安全 ·功率:1 100W
型号	NK-333	NK-335	NK-336	NK-337 NK-337G
性能	·无线/有线两用,熨烫更灵活 ·超大蒸汽量,熨烫轻松自如 ·特氟龙不粘底板,熨烫更顺滑 ·垂直熨烫:轻松熨烫悬挂衣物 ·自动清洗:清除水垢,延长熨斗使用寿命 ·防滴漏:防止弄湿衣物 ·防药化:减少水垢沉积,延长熨斗使用寿命 ·功率:1 300W ·配置有三种连接方式:带线熨烫、无线熨烫、熨斗自锁,紧无线熨烫,使用更方便。 ·特别配置熨衣板衣架固夹,熨斗放置稳妥可靠	·垂直熨烫:轻松熨烫悬挂衣物 ·自动清洗:清除水垢,延长熨斗使用寿命 ·防滴漏:防止弄湿衣物 ·防药化:减少水垢沉积,延长熨斗使用寿命 ·超大蒸汽量,熨烫轻松自如 ·滚珠式电源线接头,熨烫更灵活 ·功率1 500W	·特氟龙不粘底板,熨烫更顺滑 ·多段式温度设定,适合各种衣物 ·功率:700W	·特氟龙不粘底板,熨烫更顺滑 ·自动清洗:清除水垢,延长熨斗使用寿命 ·超大透明水箱,水量一目了然 ·滚珠式电源线接头,熨烫更灵活 ·功率:1 100W

注:陶瓷底板与特氟龙底板比较:陶瓷底板的耐磨性是普通特氟龙底板的 4～5 倍,硬度可达 6H(室温下),是特氟龙底板的 3～6 倍。顾滑度和不粘性亦近磨特氟龙底板。陶瓷底板直观体现三种材质,用水珠滴在三种材质上,即可直观体现;陶瓷底板几乎不粘水。

4. 蒸汽喷雾型熨斗

【特点及用途】蒸汽喷雾型熨斗是具有调温、蒸汽、喷雾多种功能的熨烫器具,其特点是能垂直喷身蒸汽,立体熨烫,解决了平面熨烫无法处理立体裁剪衣物的困扰,熨斗底板为气垫式凹坑设计,能轻松自如熨烫较之普通底板,顺滑度提高50% 其中 DE 系列型的水箱为可脱卸设计,蒸汽喷雾型熨斗是用于家庭及缝纫业打理衣物的理想工具。

【规格】上海赛博电器有限公司产品

型号	DC112	DC122	DC255	DC226	DC232	DE412	DE422	DE423	DE433	DM510	DM520	DM931	DM940
额定功率（W）	1 100	1 100	1 100	1 100	1 200	1 200	1 200	1 200	1 200	1 700	1 700	2 000	2 000
PTFE 不粘底板	*	*											
气芯式不锈钢顺滑底板			*	*	*	*	*	*	*	*	*	*	*
立体蒸汽熨烫					*	*	*	*	*	*	*	*	*
蒸汽喷射（g/min）		25	40	40	40	40	40	40	40	50	50	85	85
可调式电压	*	*											
自动清洗功能					*	*	*	*	*	*	*	*	*
水箱可拆卸			*	*	*	*	*	*	*	*	*	*	*
多档蒸汽量选择		*	*	*	*	*	*	*	*	*	*	*	*
Vapodur 防垢清洗阀门		*	*	*	*	*	*	*	*	*	*	*	*
自动断电安全装置										*	*	*	*
水箱容量（ml）	180	180	200	200	190	190	190	190	190	260	260	320	320
长效防药装置										*	*	*	*
防滴漏功能	*	*	*	*	*	*	*	*	*	*	*	*	*
基本蒸汽量（g/min）	15	15	20	20	20	20	20	20	20	25	25	30	30
喷雾	*	*	*	*	*	*	*	*	*	*	*	*	*

续表

型　号	DC226	DC112	DC122	DC225
基本功能	· 气촉式不锈钢顺滑底板 · 大水箱容量(200ml) · 专利防垢清洗阀门 · 多档蒸汽量选择 · 强蒸汽喷射(40g/min)	· 扩展型特大注水口喷雾 · PTFE 不粘底板 · Vapodur 防垢清洗阀门 · 多档蒸汽量选择 · 大水箱容量(180ml) · 自动清洗功能	· 强蒸汽喷射(25g/min) · 其他功能同 DC112	· PTFE 不粘底板 · 大水箱容量(200ml) · 专利防垢清洗阀门 · 多档蒸汽量选择 · 强蒸汽喷射(40g/min)

型　号	DC232	DE412	DE422
基本功能	· PTFE 不粘底板 · 自动断电器安全装置 · 专利防垢清洗阀门 · 多档蒸汽量选择 · 强蒸汽喷射(40g/min)	· 水箱可脱卸 · PTFE 不粘底板 · 自动清洗功能 · Vapodur 防垢清洗阀门 · 多档蒸汽量选择 · 强蒸汽喷射(40g/min)	· 立体蒸汽熨烫 · 其他功能同 DE412

续表

型号	DE423	DE433	DM510/DM520	DM931/DM940
基本功能	· 气垫式不锈钢顺滑底板 · 立体蒸汽熨烫 · 其他功能同 DE412	· 自动断电安全装置 · 气垫式不锈钢顺滑底板 · 立体蒸汽熨烫 · 其他功能同 DE412	· 德国原厂进口 · 基本蒸汽量高达 25g/min · 高精度气垫式不锈钢顺滑底板 · 立体熨烫功能 · 长效防钙装置(DM520) 加自动清洗功能 有效延长熨斗使用寿命	· 德国原厂进口 · 基本蒸汽量高达 30g/min · 镭射防刮花不锈钢顺滑底板 · 立体熨烫功能 · 长效防钙装置加 自动清洗功能 有效延长熨斗使用寿命 · 自动断电安全装置(DM940) · 防滴漏系统

5. 便携式蒸汽电熨斗

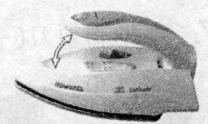

【特点及用途】DA30 型便携式蒸汽电熨斗采用不粘底板,顺滑耐久,基本蒸汽量为 15g/min,强蒸汽喷射为 30g/min,可调式电压转换 100 ~ 240V,其小巧便携,可折叠手柄,使用方便,适用于多种环境,是单身人士和出差旅行人士常备用品。

【规　　格】上海赛博电器有限公司产品

型　号	DA30
额定功率(W)	1 000
水箱容量(ml)	70
基本 功能	* 蒸汽喷射(30g/min) * 基本蒸汽量(15g/min) * PTFE 不粘底板 * 立体蒸汽熨烫 * 可调式电压(100 ~ 240V)

6. 蒸汽熨刷

【特点及用途】蒸汽熨刷是利用高温蒸汽穿透纤维,杀灭病菌,可以对衣物进行高效清洁,并配合去毛刷,去除线头、毛发等,还能利用蒸汽化解油污。蒸汽熨刷可熨烫除尼龙料质以外的一切衣物。

【规　　格】上海美索电子科技发展有限公司产品

型号:MSX1002。

额定电压:220V。

额定频率:50Hz。
额定功率:800W。

7. 电动剃须刀(一)

HQ6825　　　　　HQ483

【特点及用途】专供男士剃须修面之用。其采用全方位贴面,狭缝及圆孔双刀网刀头设计,可快捷地把不同长度的胡须一次性剃除。狭缝专剃除较长的胡须。圆孔则捕捉及剃除短小的须根。全方位贴面旋转式刀头能三维立体浮动,根据面部轮廓而调整角度,紧贴面形,剃除更彻底。刀片与坚硬的合金网罩在剃须过程中不断进行自动研磨,使用多年,刀片仍能保持锋利。

8. 电动剃须刀(二)

ES3050S　　　　ES4025S

【特点及用途】电动剃须刀专供男士剃须修面之用。National 系列电动剃须刀采用独立浮动刀头,各刀头均可独立浮动4mm,并可根据面部轮廓调校剃须角度,紧贴下巴和颊部曲线,全方位剃须。各刀头紧密配合,能同时剃除细软的长须和顽固的短须。马达转速高达8 800rpm,可确保一次剃净,不漏剃。剃须刀超薄不锈钢外刀网薄至0.55mm,更加贴面,使藏在皮肤下的须根轻易嵌入网眼,深剃至皮肤下0.1mm的胡须,剃须后8h不露须根。剃须刀采用感应式充电系统,无金属接触点,具有防水设计。

【规　　号】National 电器产品

型　　号		ES 8080S	ES 8026N	ES 8025S	ES 7017K	ES 7016S	ES 4105N	ES 7013H	ES 4001S	NES 4025S	ES 3050
电　源		100~240V(世界通用电压)									
充电时间		1h							8h		
刀头系统	独立浮动三刀头	△	△	△	△			△			
	独立浮动二刀头						△		△	△	
	单刀头										△
干湿两用		△	△	△	△	△	△	△			
超高速线性马达驱动系统		△	△	△							
五级电量显示		△	△		△						
充电催促灯				△							
充电指示灯		△	△	△	△	△	△	△	△		△
修剪刀		△	△	△	△	△	△	△	△		△
感应充电系统											△
插入式充电系统											
内置式插头电系统											
电池型号											

续表

型 号	ES 3042S	ES 4820A/K	ES 3750S	ES518AS/YN/NM*	ES805S*	ES 3830 A/K*	ES 3801*
电 源	100~240V			干电池3V			
充电时间	8h			/			
刀头系统 独立浮动三刀头							
刀头系统 独立浮动二刀头		△			△		
刀头系统 单刀头	△		△	△		△	△
干湿两用	△					△	△
超高速线性马达驱动系统							
五级电量显示							
充电催促灯							
充电指示灯	△						
修剪刀	△		△				
感应充电系统							
插入式充电系统	△	△	△				
内置式插头充电系统		△	△				
电池型号				7号电池2节	5号电池2节		

注:"*"为干剃须刀系列产品。"△"表示具备有。

【规格】利浦家庭小电器产品

型号	"旋转式"剃须系统	"全方位贴面剃须"系统	"缫缝及圆孔双刀网"刀头	"贴面网缝"刀头	双层刀片	独立浮动刀头	贴面程度调校(挡)	充电式(充电时间)(h)	电源式	干电式	世界通用电压	"剩余使用时间"显示	充电显示灯	修发器	刀头型号
HQ6889	△	△	△		△	△		1	△		△	△		△	HQ6
HQ6885	△	△	△		△	△		1	△		△	△		△	HQ6
HQ6865	△	△	△		△	△		1	△		△			△	HQ6
HQ6825	△	△	△		△	△		1	△		△			△	HQ6
HQ5821	△	△			△	△		8	△		△		△	△	HQ5
HQ5801	△			△	△	△			△		△		△	△	HQ5
HQ488	△			△	△	△	5	1	△		△		△	△	HQ4
HQ487	△			△	△	△	5	1	△		△		△	△	HQ4
HQ483	△				△	△	5	1	△		△		△	△	HQ4
HQ443	△				△	△	5						△	△	HQ4
HQ190	△				△	△				△					HQ4
HQ3605	△				△	△		16	△		双用电压		△	△	HQ3
HQ384	△				△	△		1					△	△	HQ3

续表

型号	旋转式剃须系统	"全方位贴面剃须系统"	"独缝及圆孔双刀网"刀头	"贴面网缝"刀头	双层刀片	独立浮动刀头	贴面程度调校(挡)	充电式(充电时间)(h)	电源式	干电式	世界通用电压	"剩余使用时间"显示	充电显示灯	修发器	刀头型号
HQ384	△				△	△		8	△		△		△		HQ3
HQ380	△				△	△		8					△	△	HQ3
HQ360	△				△	△		8					△		HQ3
HQ322	△				△	△			*	△					HQ3
HQ320	△				△	△			*	△					HQ3
HQ304	△				△	△				△				△	HQ3
HQ300	△					△				△					HQ3
HQ26	△					△		8小时			△		△	△	HQ2
HQ22	△					△			*	△					HQ2
HQ20	△					△				△					HQ2

注:1. 可选配变压器,直接使用交流电。
2. HQ6865型具有储电显示屏。HQ6885具有"清洁剃刀"提示。
3. "△"表示具备有。

附:刀头的更换规格

外刀网	内刀头	适 用 于
ES9061C	ES9072C	ES8080C
ES9077C	ES9072C	ES7017K、ES7016S
ES9071C	ES9070C	ES883S、ES882S、SE766S、ES765S、ES765S、ES762S(外刀网 ES9073C)
ES9095C	ES9090C	ES761S
ES9075C	ES9072C	ES7008、ES7003
ES9835C	ES9850C	ES719K、ES718K、SES727S、ES726K　ES805S (外刀网 ES9855C)
ES9859C	ES9852C	ES4001、ES4820
ES9861C	ES9870C	ES744S、ES743S
ES9943C	ES9942C	ES338S、ES329H、SE876S/K、ES366C、ES365A、ES367A/Y/G、ES893K、 ES318K/G/R、ES815B/V、ES3760S、ES3801A/G/V、ES3050S、ES3830A/K
ES9933C	ES9932C	ES518AS/NN/YN
ER997C 外刀网		ER409A、ER415N

9. 鼻毛修剪器

【特点及用途】一种削短鼻孔入口处不雅观鼻毛的整容器具,适合于修饰男士和女士鼻毛用。其立体拱形刀头,开放式狭缝能捕捉任何方向及长度的鼻毛。修剪后的鼻腔,不影响鼻毛原有的空气过滤功能,且不会损伤鼻腔。剪下的毛屑全部进入储藏室,清洁卫生。有些型号的鼻毛修剪器可用水洗。

ER409A　　ER415N

【规　　格】National 电器产品

额定电压:1.5V。

电源电压:2.4～3.0V。

注:使用优质干电池或充电电池。

10. 毛孔清洁器

【特点及用途】毛孔清洁器专门用于清洁毛孔,防止黑头再生。根据肤质不同,有 2 种吸力选择,喷雾功能用于使毛孔收缩,充电式设计,感应式 8h 充电,正反两面的吸杯,用于清洁鼻翼及 T 部位(小吸杯用于鼻翼两侧,大吸杯用于脸颊及额头),毛孔清洁器独特的防水设计可以让人放心在沐浴时使用,因皮肤受热,毛孔张开,清洁更有效,再使用喷雾,毛孔瞬间收缩。

EH2501S(银)

【规　　格】National 电器产品

型号:EH250/S(银),EH257V(紫),EH259A(紫)/S(银)。

11. 脱毛器

【特点及用途】脱毛器能快速将毛发连根拔除,具有特殊防敏感保护设计和按摩功能。防敏感保

HP6427(标准型)

HP2840/PB(娇小型)

护盖可遮盖原来五组夹轮中的三组,并在脱毛时有助拉紧皮肤,让毛发顺势竖直。标准型备有按摩器,适用于手脚部位,娇小型适用于大腿根部和腋下等敏感部位。

【规　　格】飞利浦电器产品

型　　号	HP6427	HP2840/PB
夹轮式设计	△	△
防敏感保护盖	△	
按摩器	△	
两档速度选择	△	
充电时间	16h	
电源式	△	△
附精美软袋	△	△

12. 剃毛器

【特点及用途】剃毛器主要用于剃除多余的体毛,美化肢体,尤其适用于女性。有干、湿及干湿两用型三种产品。飞利浦干湿两用型设计有多种刀网,如三合一超薄刀网、互换超薄刀网,标准刀网等,其中 HP6322 型的三种不同刀面可以适应不同需要,其金色条纹网面适用于腋下,金银色条纹网面适用于大腿根部,银色条纹网面适用于腿部。

HP6322

【规　　格】飞利浦电器产品

型　　号	HP6322	HP6302	HP6316	HP6311	HP6310	HP2704FL	HP6315
干湿两用	△	△	△	△	△		
防水设计	△	△	△	△	△		
三合一超薄刀网	△						
互换超薄刀网		△					
标准刀网			△	△	△		△

续表

型　号	HP6322	HP6302	HP6316	HP6311	HP6310	HP2704FL	HP6315
三合一刀头						△	
充电式 （充电时间）			8h				
电源式							△
干电式	△	△		△	△	△	
附精美软袋	△		△	△			

注："△"表示具备有。

13.　脱毛、剃毛器

【特点及用途】脱毛、剃毛器是将脱毛功能和剃毛功能合二为一的美容器具，其脱毛刀头和剃毛刀头可以互换。脱毛、剃毛器还设计有按摩功能，按摩软齿分前后两排，按摩力度加强，设有两档按摩力度选择，令在不同部位进行脱毛时感到悠然轻松。

HP6445

【规　格】飞利浦电器产品

型　号	HP6435/PB	HP6445	HP6416/PB	HP6416	HP6405/PB	HP6427	HP2840/PB
夹轮式设计	△	△	△	△	△	△	△
互换脱毛/ 剃毛刀头	△	△	△	△	△		
冰敷器	△						
防敏感 保护盖						△	

续表

型　号	HP64 35/PB	HP6 445	HP64 16/PB	HP6 416	HP64 05/PB	HP6 427	HP28 40/PB
按摩器		呵护型	△	△		△	
两档速度选择	△	△	△	△	△	△	
充电式（充电时间）						16h	
电源式	△	△	△	△	△	△	△
附收藏盒					△	△	△
附精美软袋	△	△			△	△	△

注:"△"表示具备有。

14. 电推剪(QB/T 1875-93)

【特点及用途】适用理发和类似理发的美容美发工具。它是理发行业必备的用具之一。

【规　　格】有电磁振动式(Z)和电动机式(D)两种。

额定往复次数应不小于 1 700 次/min。

刀片硬度(HRC):碳钢 58~64;不锈钢≥55。

额定电压(V):24,36,220。

额定频率(Hz):50。

额定功率(W):12(Z 式),5(D 式)。

注:□为设计序号(用阿拉伯数字表示)。

15. 电热梳

【特点及用途】主要适用于家庭简单小型的烫发。

【规　　格】

、结构型式		额定电压(V)	额定功率(W)	电热元件(mm)	
				外径	长度
普通型	不带发夹带发夹带开关带指示灯	220	20,25	4.2	5.0
功率可调型			30,35	102	118

16. 卷发器

【特点及用途】整发器是由电吹风派生出来的一种一物多用的整容器具。用于头发吹干、卷曲和梳理定型,有三用、四用和多用之分。主要配件有小型电吹风、夹钳、梳子和毛刷等,夹钳和梳子通过电吹风送出的热风间接加热。

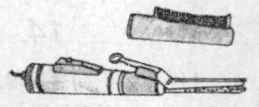

【规　　格】额定功率:>200(W)。

电　源:220/50(V/Hz)。

17. 夹发器

【特点及用途】夹发器是利用电加热夹烫发型的美发器具。可用加热模板夹烫成大、小波浪等发型。以 PTC 陶瓷作电热元件,具有自控温功能。

【规　　格】额定电压(V):220。

额定功率(W):40。

使用频率(Hz):50。

18. 电吹风

【特点及用途】供湿发吹干定型,也用于做局部
加热和烘干。按电动机的型式分感应式单相交流、
串激式交直流、永磁式直流三种类型。按送风方式
分轴流式和离心式两种类型。按额定功率分有(常
用规格):250、350、450、550、700、750、850、900、1 000、1 200、1 250、1 350W
等。电吹风使用环境在一般室内或类似室内环境,其周围应无爆炸危险
介质,无腐蚀金属,无破坏绝缘的气体和导电尘埃的存在。

【规　　格】飞利浦电器产品

型　号	Natura 电吹风	多功能电吹风			
	HP4870	HP4837	HP4827	HP4826	HP4822
快思逻辑温度感控系统	△				
柔顺头发风嘴		△	△		△
二合一扩散柔风嘴		△	△		
集风嘴	△				
丝柔发梳					
扩散柔风嘴					
护发冷风喷出钮		△	△	△	

续表

型　号	Natura 电吹风	多功能电吹风			
	HP4870	HP4837	HP4827	HP4826	HP4822
风速/热力选择挡	3挡风速	6	3	3	3
冷风/护发冷风	△		△	△	△
折合手柄			△	△	△
功率(瓦)	1 650	1 600	1 500	1 500	1 250

型　号	基本型电吹风				Coiffure 电吹风	
	HP4821	HP4820	HP4802	HP4800	HP4750	HP4731
快思逻辑温度感控系统			△			△
柔顺头发风嘴						△
二合一扩散柔风嘴						
集风嘴	△	△	△			
丝柔发梳					△	△
扩散柔风嘴					△	
护发冷风喷出钮	△					
风速/热力选择挡	3	3	2	2	2	2

续表

型　号	基本型电吹风				Coiffure 电吹风	
	HP4821	HP4820	HP4802	HP4800	HP4750	HP4731
冷 风/护 发冷风	△		△		△	△
折合手柄	△	△	△			
功率(W)	1 250	1 250	1 000	1 000	1 000	1 000

注:1. 电吹风均有防止过热保护,可控制风力温度在80℃以下。

2. "△"表示具备有。

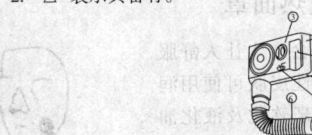

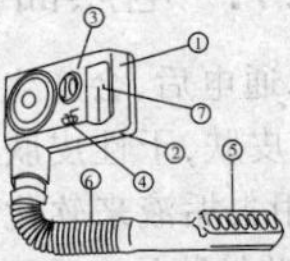

①外壳　②底座　③定时器　④拨动开关
⑤出风把手　⑥送风管　⑦微动开关

19.　挂墙式电热吹风器

【特点及用途】挂墙式电热吹风器带有时间控制器,可自行设定操作时间,有暖风、热风两种选择。特别适用于宾馆、写字楼、家庭浴室使用。

【规　　格】广东产品

型　号	电压(V)	频率(Hz)	电流(A)	功率(W)
CDC-600	–220	50	2.75	650

20.　焗油美发器

【特点及用途】FH-9302 型三合一焗油美发器的功能是利用焗油罩产生出来的均匀热气,扩张发丝的鳞状表层,加速发根的血液循环,使焗油膏中的营养成分渗透到发髓及发根组织,进而修复受损头发,改

善发质。焗油美发器具有过热保护功能及功率调节系统,使用安全可靠。

【规　　格】深圳市攀高电子有限公司产品

型　　号:FH-9302。

额定电压:220V 50H$_z$ 120V 60H$_z$。

额定功率:100W、200W、300W、400W 四挡。

(功率偏差±10%)。

过热保护温度:80℃(±5℃)。

重量:625g。

21. 电热面罩

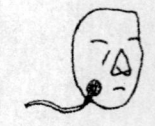

【特点及用途】电热面罩通电后,会产生让人舒服的热力,进而深入毛孔,软化皮肤,干性皮肤可使用润肤理疗霜剂;油性皮肤可使用去垢液来软化及液化油垢。面罩中的热力会帮助这些护肤品渗透到皮肤的较深层次,起到滋润和舒展面部细小皱纹的作用。

其规格型号、操作方法、注意事项以及需要掌握的相关知识,需参阅产品的"使用说明"。

22. 电热蒸脸美容器

【特点及用途】电热蒸脸器以蒸汽的热、湿双重作用使皮肤毛孔充分张开,软化毛孔中的污垢,促使其分解和随汗排出,杀死深藏于毛孔中的细菌,清除皮肤表面混合有污垢的油质,补充水分,加强皮下血液循环,从

F-9201

F-9605

而使皮肤白皙、柔滑、细嫩。该产品还可把防治面部皮肤疾病的中草药袋

放入容器内,中草药经蒸汽加热后挥发出的有效成分,对治疗粉刺、痤疮、黄褐斑等均有较好的疗效,对伤风感冒等病亦有辅助治疗的作用。

【规　　格】深圳市攀高电子有限公司产品

型　号	F-9201	F-9605
适用电压(V)	220/110	220/110
频率(Hz)	50/60	50/60
功率(W)	100	100
特点	独特球形面罩设计,防弹玻璃材料制成,蒸汽柔和均匀,具有防过热保护系统	流线型人性化面罩设计,防弹玻璃材料制成,使用方便,安全可靠。
重量(kg)	1	0.7

23. 电热敷

【特点及用途】电热敷是利用古老温和的温热疗法的一种工具。其温热促使局部血管扩张,血流加快,增加组织细胞的氧气和营养的供应,及时排除代谢产生的废物,让局部功能恢复正常,电热敷是家庭理疗的好帮手。

【规　　格】成都彩虹电器(集团)股份有限公司产品

货号:0122。

额定电压:220V。

主要功能:控温型电热敷采用高强度、耐高温的双层螺旋发热线和集成电路控制器,温度可根据需要在 20～50℃ 范围内任意调节并可自动恒定,具有多重安全保护功能,使用安全可靠。

24. 自动控温保暖屋

【特点及用途】自动控温保暖屋采用高强度双层螺旋发热线和具有限温控制的控制器,其温度舒适适宜,肤感好,不会烫伤人体。自动控温保暖屋主要用于人体脚部冬季取暖,特别宜伏案工作人员及人们在看电视时使用。

【规　　　格】成都彩虹电器(集团)股份有限公司产品

自动控温保暖屋

货号:571。

额定电压:220V。

25. 塑腹宝碎脂机

【特点及用途】塑腹宝碎脂机利用超强震荡波,穿透皮肤直接刺激肌肉脂肪,促使肌肉脂肪震荡收缩。塑腹宝碎脂机具有六种震荡模式,以适应不用碎脂对象,每种模式有十级激荡调整,使不同脂肪细胞受到消耗,并不断燃烧多余的脂肪和赘肉,每天只需 10min 的碎脂使用。

塑腹宝碎脂机适用对象:

震荡方式	适用对象
斜向猛批式	久坐的上班族啤酒肚的人
轻柔按摩式	老年人
锻炼运动式	家庭主妇
碾压运动式即仰卧起坐式	想雕塑腰、腹部曲线的人
铁人震荡式	想快速减肥的人
肥胖克星式	赘肉多的肥胖者

26. 智能塑腰带

【特点及用途】PG-2001 智能塑腰带采用微电脑控制系统控制,是集智能控制、气振按摩、振动按摩、热疗、磁疗于一身的产品。其可围在腰部、颈椎部、大腿上和手臂上,利用大功率气压的收缩与舒张按摩和多个强有力的振动按摩球进行的振动、捶打式按摩,以加速人体血液循环、疏通全身经络、消除疲劳。对急慢性腰肌劳损引起的腰酸背疼、消化不良、便秘有辅助治疗作用;再配合热疗加热融脂功能可使已经运动起来的脂肪细胞充分地燃烧,增强新陈代谢,起到塑腰、健体的功效;内置多颗健康磁石产生的强大磁场,能调节机体阴阳平衡,改善微循环,使肌肤更加光泽靓丽、身材更加健美苗条。

【规　　格】深圳市攀高电子有限公司产品

型号	PG-2001
主要特点	微电脑智能控制,操作方便,DC12V 稳压电源,安全可靠
	远红外线加热熔脂,使脂肪充分燃烧,加速新陈代谢达到瘦身效果
	高频振动按摩,加速血液循环,消除疲劳
	内置多颗健康磁石,形成强大磁场效应,调节阴阳平衡,改善微循环
	国家医疗器械许可生产产品,对急慢性腰肌劳损引起的腰酸背疼、消化不良、便秘有辅助治疗作用
	双排腰带作用区域倍增,减肥及理疗效果更显著
	单排腰带可分单排子母带、单排多用组合带、准单排腰带、简易型单排腰带,可对人体的腰部、颈椎部、大腿上、手臂进行振动、捶打式按摩

注:PG-2001 智能塑腰带控制器的不同可分为四种类型 13 个不同种类的腰带,其产品的操作方法,注意事项及需要掌握的相关知识,需参阅产品的"使用说明"。

27. 烘鞋器

【特点及用途】烘鞋器采用具有自动控制温度特性的PTC作为加热元件,底部中心温度为65±10℃,能迅速驱除鞋内湿气,干燥除臭,其适用于各类鞋靴,使用简单方便。

【规　　格】成都彩虹电器(集团)股份有限公司产品

型号:普通型、加大型、伸缩型。

额定电源:220V/50Hz。

额定功率:10W,12W。

28. 干鞋机

【特点及用途】干鞋机是专门用于干燥鞋靴的器具。其以温热风吹干鞋内湿气,故鞋靴不会变形。干鞋机设有定时开关,可选择干鞋时间,其适用多种类型鞋靴。

【规格】成都彩虹电器(集团)股份有限公司产品

型号:H481-2。

额定功率:180W。

额定电源:220V/50Hz。

29. 暖足按摩靴

【特点及用途】暖足按摩靴根据中医经络学和现代全息学及微电子技术的理论设计而成,其靴套和垫套可拆。可实现靴子,按摩枕两用及清洗。暖足按摩靴适用于家庭使用,特别适用于老人"养生先养脚"。

【规　　格】深圳市攀高电子有限公司产品

型　号	PH-2E
输入电源	AC　220/120V　50/60Hz
输出电压（V）	DC　24
输入功率（W）	≤45
最高温升（℃）	42
主要功能	微电脑编程控制，操作简便 内置四个高频振动马达，可有效振动脚底众多穴位 红外线发热取暖和按摩功能，可单独分开操作 三种按摩程序选择 按摩枕部分可单独用于对脚底、大小腿、腹部、腰背部进行有效按摩和发热 明显的取暖效果、舒适的按摩功效。
重量（kg）	3

30. 气血循环机

【特点及用途】气血循环机是通过对脚底的反射区及脏器穴位的有效刺激按摩，达到迅速扩张血管、促进血液循环，打通滞码，加速新陈代谢，从而起到"上病取下，百病治足"强身健体的功率。

【规　　格】福州迪士龙电子电器有限公司产品

型号：DZY-2。

额定电源：220V，50/60Hz。

功率：50kW。

31. 浴足按摩机

【特点及用途】浴足按摩机是通过浴足过程中，底板振动，按摩圆点全面刺激足部各穴位通经活络，以迅速消除疲劳，其底板冲出气泡带动水浪，水温可较长时间保持理想温度，更可软化

皮肤,使肌肉,神经更放松。浴足按摩机具有隔热保护,温度设定旋钮,智能化加热功能等。

【规　　格】宁波龙富电器工具有限公司产品

型　号	FM-501
额定电源(V/Hz)	220/50
功率(W)	800
电线长度(m)	2
最大水容量(L)	2.0

32. 红外线双峰按摩棒

【特点及用途】MA-002 型红外线双峰按摩棒运用点击震动,穴位按摩等手法,可通经络,行气血,强身健体,能缓解肌肉疼痛、缓和肌肉紧张、消除疲劳等。

【规　　格】深圳市奥力士电子有限公司产品型号:MA-002。

PTC 加热温度:40～50℃。

额定电源:220V,50/60Hz。

33. 针灸按摩器

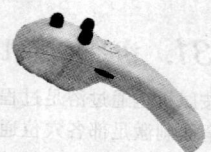

【特点及用途】FG-6 型针灸按摩器具有无痛针灸,震动按摩及电热热敷等功能,可分挡操作,其小巧轻便易掌握,是家庭理疗的好帮手。

【规　　格】福光电子有限公司产品

型号	FG-6
指示灯	红色、绿色
电源（V/Hz）	AC 220/50
输入功率（W）	3

34. 手控重捶按摩器

【特点及用途】MA001 型手控重捶按摩器具有 3 对可更换和设计精美的按摩头，5 挡速度控制开关，手柄易握持，是家庭理疗的好帮手。手控重捶按摩器主要功用是减轻酸痛不适，推拿按摩缓解肢体疼痛，多为年轻人喜爱。

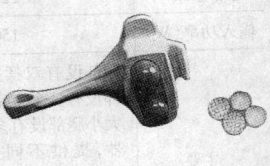

【规　　格】广州奥力家科技开发有限公司产品

型号	MA001
额定电压（V/Hz）	220/50
功率（W）	15
转速（rpm）	100 ~ 3 000

35. 按摩垫

DF-508P-3

DF-508M

【特点及用途】按摩垫是具有按摩功能的一种靠垫。其主要由工程塑料骨架、微型电动机、压力开关、偏心摆锤、海绵衬垫、皮革外套等组成，按摩垫使用安全、舒适、携带方便，是家庭保健的重要座具。

【规　　格】中外合资东方神电子有限公司产品

品名	揉捏摇摆按摩垫	揉捏摇摆捶打按摩垫
型号	DF-508Y-3	DF-508P-3
适用电压(V)	220	220
输入功率(W)	150	150
主要功能	颈部设有双揉捏按摩头，背部设有多个推拿按摩头 大小腿部设有多个捶打按摩器，提供不同风格的捶打手法 腰部采用专利申请的按摩滚轮，模拟专业手法对腰部进行揉捏和摇摆放松	四轮揉捏按摩头，揉捏手法有力且柔和 可切换为让人身心放松的摇摆按摩手法 背部设有多个推拿按摩头及振动按摩器 背部及腿部设有多个捶打按摩器，有效去除腿部疲劳

品名	多功能揉捏推拿按摩垫	滚揉摇摆推拿按摩垫
型号	DF-508M	DF-508Y
适用电压(V)	220	220
输入功率(W)	150	150
主要功能	颈部双揉捏振动按摩头，力道柔和舒适 背部设有八个推拿按摩头，全方位地对腰背部进行推拿揉捏按摩 捶打按摩头分布于背部及腿部，可变换不同的捶打按摩方式 具有红外热灸功能	颈部双揉捏振动按摩头，力道柔和舒适 背部设有多个推拿按摩头 捶打按摩头分布于背部及腿部，可变换不同的捶打按摩方式 腰部配置独特的滚动按摩轮，可对腰部进行揉捏及摇摆按摩 具有红外热灸功能

续表

品名	小绵羊推拿按摩椅
型号	DF-1588
适用电压（V）	220
输入功率（W）	80
主要功能	颈部设有振动按摩器,充分放松颈部肌肉 背部设有八个推拿头,全方位对腰背部进行推拿按摩 腿部设有两个捶打按摩器,充分放松腿部肌肉 可调节靠椅,能以各种角度进行按摩 360度旋转座椅,体现自由风格

36. 按摩椅

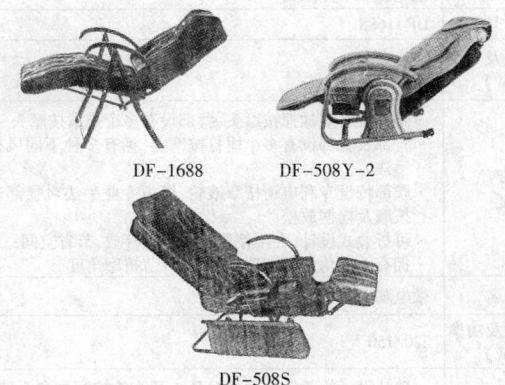

DF-1688　　DF-508Y-2

DF-508S

　　【特点及用途】按摩椅是具有按摩功能的一种座椅。其使用方便安全、舒适惬意,但不便携带。按摩椅是家庭养生保健的理想用具。

　　【规　　格】中外合资东方神电子有限公司产品

品　名	微电脑按摩椅
型　号	DF–580Y–2
适用电压及功率（V/W）	220/150
主要功能	·拥有全程超强按摩机构，模拟专业按摩师的手法进行拍打、揉捏、及指压等功能。可对横向及纵向按摩范围进行调整和设置，真正做到消除按摩"盲区"，无级角度调节器，可任意调节按摩角度。 ·根据腿部穴位分布而精心设置的两个捶打按摩器和一个振动按摩器，充分缓解双腿的疲劳 ·坐垫振动按摩 ·采用电脑控制，拥有多种不同程式，三种自动定时时间，强度和速度可自由调节，提供个性化的按摩服务捶打、指压按摩宽窄调整及显示

品　名	微电脑三节按摩椅
型　号	DF–1688
适用电压及功率（V/W）	220/150
主要功能	·颈部设有双揉捏按摩头，背部设有多个推拿按摩头 ·背部及腿部设有多个捶打按摩器，拥有多种不同风格的捶打手法 ·腰部特设专利申请按摩滚轮，模拟专业手法对腰部进行揉捏按摩及摇摆放松 ·可折叠式设计，在不使用时可折叠存放，节省空间 ·拥有无级角度调节器，可任意调节按摩角度

品　名	微电脑逍遥按摩椅
适用电压及功率（V/W）	220/150
主要功能	·独特设计的四轮按摩揉捏系统及八轮按摩推拿系统，可根据不同的身体曲线自动调整角度，更贴切地进行按摩，能对颈部、肩部、背部、腰部施予有力而柔和的揉捏、推拿、按摩和摇摆运动，有如专业按摩师随待左右的贴心服务

37. 捶捶背捶打按摩器

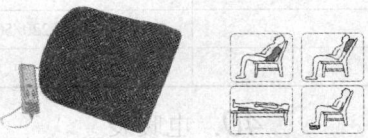

【特点及用途】捶捶背捶打按摩器由微电脑控制系统控制,模拟按摩中最常见的捶打、叩击法,对人体的背腰部、腿部等穴位均可进行有益的、均匀有节奏地捶打、叩击刺激,使穴位点局部充血,促进软组织血液循环。对腰酸背痛、女性经期腰部酸痛、胀痛有显著缓解作用;对慢性腰肌劳损有辅助治疗作用;也可缓解因长时间工作而引起的背腰部肌肉疲劳。

【规　　　格】深圳市攀高电子有限公司产品

型号:PG-2000。

额定电压:220/110V,50/60Hz。

功率:≤20W。

重量:2.23kg。

39. 电热暖手器

【特点及用途】电热暖手器适宜于冬季暖手或被褥内局部取暖。其主要由金属外壳、电热元件、陶质底盘、蓄热材料、发光两极管、电源插座等组成。电热暖手器通电 5min,便可保暖 2h 具有安全、省电、使用方便等特点。

【规　　　格】成都彩虹电器(集团)股份有限公司产品

额定功率(W)	300 ~ 700
电源(V/Hz)	220/50
货号	大、中、小

40. 电暖袋

【特点及用途】电暖袋采用十彩涤丝复胶表面,手感温暖柔和。一次性注水,永久使用。其内置温控器,具有自动控温和超温保护功能。充电 5 ~ 8min,液体半导体致热,能保暖 2h(暖手) ~ 10h(暖被)。电暖袋使用十分方便,暖手、暖腰、暖胃、暖脚以及暖和被褥等都会得心应手,最理想的冬季保暖取暖工具。

KB-518A

【规　　　格】佛山市顺德区科贝智能电器有限公司产品
型号:KB-518A/C/D。
额定电压:220V。
额定频率:50Hz。
平均功率:600W。
峰值功率:900W。

41. 电热毯

【特点及用途】电热毯是供人们御寒取暖的现代生活用品。其主要由发热线、控制器及绒毯等组成。发热线主要有直丝、螺旋丝及双层螺旋感温线等品种。控制器主要有简单通断控制器、控温控制器及微电脑数码控制器等品种,有的品种还具有杀菌抑菌作用。电热毯对人的关节炎、风湿、陈旧性腰腿疼痛及冬季多发病亦有一定保健作用。

【规　格】成都彩虹电器(集团)股份有限公司产品

型　号	毯面尺寸	额定功率 （W）	额定电压 （V）	额定频率 （Hz）	供用人数
TT150×70−5XA	1.5×0.7	60	220	50	单人
TT150×120−4XA	1.5×1.2	100	220	50	双人
TT160×80−3XA	1.6×0.8	70	220	50	单人
TT160×80−2X−AB	1.6×0.8(印花)	70	220	50	单人
TT160×100−3XA	1.6×1.0(印花)	80	220	50	单人
TT160×126−2XA	1.6×1.26	110	220	50	双人
TT160×126−1X−AB	1.6×1.26(印花)	100	220	50	双人
TT160×126−1X−AB	1.6×1.26(印花)	110	220	50	双人
TT160×130−1XA	1.6×1.3(抗菌)	110	220	50	双人
TT170×140−2XA	1.7×1.4(印花)	120	220	50	双人

42. 电动牙刷

【特点及用途】欧乐−B 系列电动牙刷采用人性化的智能设计,杯型刷头(直径约 1cm),能彻底清洁每一颗牙齿的表面,内侧及牙龈缝隙间的牙菌斑。电动牙刷具有压力感应、刷牙时间提醒功能、两挡速度选择、充电指示灯等功能,能全方位清洁、前后振动、左右转动、是口腔护理的换代产品。

【规　　格】欧乐–B 产品

产品名称	D17专业护理电动牙刷	D9充电型电动牙刷	D8充电型电动牙刷	D4电池型电动牙刷	D2儿童电池型电动牙刷
三维全方位清洁功能	√				
杯型刷头	√	√	√	√	√
齿间刷毛	√	√	√	√	√
柔软 Flexisoft™刷毛	√	√			
显示刷毛	√				
圆头刷毛	√				
专业刷牙时间提醒	√				
2 分钟提醒功能	√	√			
充电指示灯	√				
两档速度选择	√				
压力感应	√				
替换刷头	√	√	√	√	
防滑手柄	√	√			
感应式环保充电电池	√	√	√		
绿色环保碱性电池				√	√

43. 电蚊香加热器

　　【特点及用途】电蚊香加热器是利用电加热使
蚊香片在恒定温度下缓慢蒸发药味以驱除蚊虫的
器具。其主要由塑料壳体、电热元件、指示灯、电阻
器、电源线及插头等组成。电蚊香加热器适用于家
庭、旅馆、宿舍、办公室等场所。

【规　格】
电源:220V/50Hz。
输入功率:≤5W。
恒定温度:165℃。

44. 电子灭蚊灯

【特点及用途】电子灭蚊灯是利用光电技术诱
杀蚊蝇的一类器具。其具有杀灭效率高、无毒、无
烟、无味、无污染,使用方便,安全可靠等特点。电
子灭蚊灯适用于家庭、饭馆,餐厅、厨房、食品加工
坊、食品店等类似需用的场所。

【规　格】
额定功率:2W、3W、20W、30W 等。
额定电源:220V/50Hz。
造型样式:台式、吊式、造型多样。

图示为超人电器产品

45. 石英紫外线杀菌灯

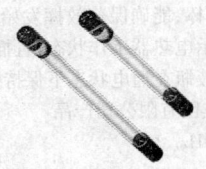

【特点及用途】石英紫外线杀菌灯具有强烈的杀菌能力,能使细菌发
生变异或死亡,其适用于医疗卫生、生物研究、制药、食品加工、水净化消
毒杀菌等,也可用于空气消毒和光学反应。

【规 格】江苏省江阴市申星光电器机械有限公司产品

型 号	功率 (W)	额定 电压 (V)	工作 电压 (V)	预热 电流 (mA)	工作 电流 (mA)	主谱 线	基本尺寸(mm)			灯寿 命 (h)
							总长度	灯长度	直径	
ZSZ-8	8	22	65	200	145	253.7	300	285	19±0.5	1 000
ZSZ-15	15	220	52	400	320	253.7	450	435	19±0.5	1 000
ZSZ-20	20	220	60	460	350	253.7	600	585	19±0.5	1 200
ZSZ-30	30	220	100	560	350	253.7	910	895	19±0.5	1 200
ZSZ-40	40	220	110	650	410	253.7	1210	1195	19±0.5	1 200
ZSH-30 2G11	30	220	108	430	320	253.7	444	437	17~18	5 000
ZSH-30 GX32Q	30	220	108	430	320	253.7	410	385	17~18	5 000

46. 无拖线电热蚊香液加热器

【特点及用途】无拖线电热蚊香液加热器采用恒温陶瓷发热元件,配合电热蚊香液的优质芯棒,能确保药效挥发始终均衡稳定。其设计小巧,带有指示灯,能清楚显示电热器工作状态,且插头方向可旋转90°,分横竖两种方向插座,以保证液瓶在通电状态下保持竖直。

【规 格】上海庄臣有限公司产品

额定电源:220V/50Hz。

功率:5W。

加热工作温度:110℃±7℃。

药液:8ml(适用于15m² 左右)。

注:使用面积过大,建议同时使用2套为佳。

第三十七章 音像设备

1. VCD 影碟机

VCD-1298　　　　VCD-890

【特点及用途】VCD 影碟机是一种数字式音频,视频信号的播放设备,是利用激光来读取光盘信息的设备,其主要播放功能有:直接播放、数字键直接选曲播放、快速向前(后)搜索、跳跃播放及选时、顺序、随机、重复、A-B 重复、编程、浏览、逐帧、慢速播放等。VCD 影碟机的输出功能主要有:RF 输出,AV 音频/视频输出、亮度、色度、高清晰度输出、声道选择、双语选择、静音播放、SD 屏幕显示,独立 CD 播放、三维音响效果选择等。VCD 影碟机适用于家庭愉乐欣赏,卡拉 OK 及类似需用的场所。

【规　格】

型　号	VCD-1218	VCD-1258
基本功能	·独具荧光动态频谱显示 ·超薄机身,前卫"瘦身"设计 ·镜面荧光显示屏镜片效果 ·双语言选择/消歌声系统 ·数码环绕声效果/魔术变调功能 ·数码卡拉 OK,数码混响电子音量遥控功能 ·中文在屏显示技术(中文 OSD) ·新一代超强纠错伺服系统 ·全面流畅解读 DVCD 碟,兼容 CD、VCD1.0、VCD2.0、MP3 ·全功能红外线遥控	·独具荧光动态频谱显示 ·独具数码飞梭旋钮,操控自如 ·独具梦幻蓝色光环,橙色流水灯光 ·双语言选择/消歌声系统 ·数码环绕声效果/魔术变调功能 ·数码卡拉 OK,数码混响 ·电子音量遥控功能 ·中文在屏显示技术(中文 OSD) ·新一代超强纠错伺服系统 ·全面流畅解读 DVCD 碟,兼容 CD、VCD1.0、VCD2.0、MP3全功能红外线遥控

续表

型号	VCD-1288	VCD-1298
基本功能	·独具荧光动态频谱显示 ·超薄机身,前卫"瘦身"设计 ·双语言选择/消歌声系统 ·数码环绕声效果/魔术变调功能 ·数码卡拉OK,数码混响 ·电子音量遥控功能 ·中文在屏显示技术(中文OSD) ·新一代超强纠错伺服系统 ·全面流畅解读DVCD碟,兼容CD、VCD1.0、VCD2.0、MP3 ·全功能红外线遥控	·独具荧光动态频谱显示 ·超薄机身,前卫"瘦身"设计 ·具有游戏功能,附送双游戏手柄 ·双语言选择/消歌声系统 ·数码环绕声效果/魔术变调功能 ·数码卡拉OK,数码混响 ·电子音量遥控功能 ·中文在屏显示技术(中文OSD) ·新一代超强纠错伺服系统 ·全面流畅解读DVCD碟,兼容CD、VCD1.0、VCD2.0、MP3
型号	VCD-880(A)	VCD-890
基本功能	·特有全防尘配置,比普通VCD寿命延长高达四倍 ·随机、重复、编程多种播放模式 ·任意时间起始播放,停放点记忆恢复 四倍速快进,快退及慢放 活动九画面及高清晰度静止画面 超宽电源,可在电压不稳定地区安全使用。 超强八级纠错,国际标准MPEG-1格式 完全兼容MP3/VCD1.0/2.0/3.0/CD/DVCD	·美国斯高柏新一代MPEGⅡ专业解码器 ·丽声复唱 ·动态频谱均衡显示 ·音控可视复读 ·双语言通道输出,四种字幕选择 ·超强纠错,全面兼容CD、VCD、超级VCD等标准格式碟片,解读DVCD、MP3、Dr·OKO ·RF、S-VIDEO输出系统,适用新老各种电视 ·NTSC/PAL制式转换

续表

型号	VCD-880(A)
基本功能	·音量大小控制及环绕声效果 ·专业级卡拉OK数码混响变调 ·R/L左右声道选择，双语选择丽音功能 ·视频、射频输出，全功能红外线遥控系统

注:以上机型为东莞市奥莱克电子有限公司和深圳市恒武科技发展有限公司的部分产品。

2. DVD 影碟机

DVD588　　　　DVD DV701

【特点及用途】DVD影碟机是一种利用激光束读取光盘信息的音频、视频信号的数字化多用播放设备。其主要特点是容量大、画质好、音质佳、功能多样化、兼容性较好、配置宽松等。DVD影碟机是一种性能优异的高保真音视设备，为目前图像和音乐软件的最高水准，适用于家庭愉乐及类似常用场所。

【规　　格】

型号	DVD261	DVD262
基本功能	·洗练外观 ·兼容 DVD、DVD±R/RW、SVCD、VCD、CD、CD-R、CD-RW、MP3、WMA、KODAK PICTURE CD、JPEG CD ·HDCD播放 ·超级单芯片 ·光纤、同轴、立体声输出 ·复合视频、S视频、色差分量输出	·简约时尚设计 ·兼容 DVD、DVD±R/RW、SVCD、VCD、CD、CD-R、CD-RW、MP3、WMA、KODAK PICTURE CD、JPEG CD ·HDCD播放 ·超级单芯片 ·光纤、同轴、立体声输出 ·复合视频、S视频、色差分量输出

续表

型号	DVD261	DVD262
	·纯电影模式逐行扫描 ·特技功能,线性平滑播放 ·童锁加密功能 ·环保绿色超宽电源 ·"容错式"伺服软硬件,超强纠错	·纯电影模式逐行扫描 ·特技功能,线性平滑播放 ·童锁加密 ·环保绿色超宽电源 ·"容错式"伺服软硬件,超强纠错

型号	DVD263	DVD281
基本功能	·欧美经典风格外观 ·兼容 DVD、DVD±R/RW、SVCD、VCD、CD、CD-R、CD-RW、MP3、WMA、KODAK PICTURE CD、JPEG CD ·HDCD 播放 ·超级单芯片 ·VFD 显示 ·光纤、同轴、立体声、5.1 声道输出 ·复合视频、S 视频、色差分量输出 ·纯电影模式逐行扫描 ·特技功能,线性平滑播放 ·童锁加密 ·环保绿色超宽电源,待机功耗小于 0.75W ·"容错式"伺服软硬件,超强纠错	·钨金豪华镜面,一线式仓门 ·兼容 DVD、DVD±R/RW、SVCD、VCD、CD、CD-R、CD-RW、MP3、WMA、JPEG CD ·数码相册 ·HDCD 播放 ·超级单芯片 ·VFD 显示 ·光纤、同轴、立体声输出 ·复合视频、S 视频、色差分量输出 ·纯电影模式逐行扫描 ·特技功能,线性平滑播放 ·童锁加密·环保绿色超宽电源 ·"容错式"伺服软硬件,超强纠错

型号	DVD586	DVD587
基本功能	·双镜面设计 ·兼容 DVD、DVD±R/RW、SVCD、VCD、CD、CD-R、CD-RW、MP3、WMA、KODAK PICTURE CD、JPEG CD ·HDCD 播放 ·双路情侣卡拉 OK,多变调功能 ·VFD 精彩显示 ·光纤、同轴、立体声、5.1 声道输出	·40mm 超薄机身,超炫"蓝宝石"冷光灯 ·兼容 DVD、DVD±R/RW、SVCD、VCD、CD、CD-R、CD-RW、MP3、WMA、KODAK PICTURE CD、JPEG CD ·HDCD 播放 ·3D 环绕声 ·超级单芯片

续表

型号	DVD586	DVD587
	· 复合视频、S 视频、色差分量、VGA 输出 · 纯电影模式逐行扫描 · 特技功能、线性平滑播放 · 童锁加密 · 环保绿色超宽电源	· VFD 精彩显示 · 光纤、同轴、立体声、5.1 声道输出 · 复合视频、S 视频、色差分量、VGA 输出 · 纯电影模式逐行扫描 · 双路情侣卡拉 OK · 特技功能、线性平滑播放 · 童锁加密 · 图像智能调节(清晰度、亮度、对比度) · 环保绿色超宽电源,待机功耗小于 0.75W · "容错式"伺服软硬件,超强纠错

型号	DVD588	DVD589
基本功能	40mm 超薄机身,超炫"蓝宝石"冷光灯 · 兼容 DVD、DVD ± R/RW、SVCD、VCD、CD、CD－R、CD－RW、MP3、WMA、KODAK PICTURE CD、JPEG CD · HDCD 播放 · 3D 环绕声 · 超级单芯片 · VFD 实时显示 · 光纤、同轴、立体声、5.1 声道输出 · 复合视频、S 视频、色差分量、VGA 输出 · 纯电影模式逐行扫描 · 双路情侣卡拉 OK · 特技功能、线性平滑播放 · 童锁加密 · 图像智能调节(清晰度、亮度、对比度) · 环保绿色超宽电源,待机功耗小于 0.75W · "容错式"伺服软硬件,超强纠错	金属拉丝豪华面板,玻璃镜面装饰 · 兼容 DVD、DVD ± R/RW、SVCD、VCD、CD、CD－R、CD－RW、MP3、WMA、KODAK PICTURE CD、JPEG CD · HDCD 播放 · 3D 环绕声 · 超级单芯片 · VFD 精彩显示 · 光纤、同轴、立体声、5.1 声道输出 · 复合视频、S 视频、色差分量、VGA 输出 · 纯电影模式逐行扫描 · 双路情侣卡拉 OK · 特技功能、线性平滑播放 · 童锁加密 · 图像智能调节(清晰度、亮度、对比度) · 环保绿色超宽电源,待机功耗小于 0.75W · "容错式"伺服软硬件,超强纠错

续表

型号	DVD586	DVD587
基本功能	·40mm 双薄造型，一线式仓门，蓝光触摸屏 ·兼容 DVD、DVD±R/RW、SVCD、VCD、CD、CD-R、CD-RW、MP3、WMA、KODAK PICTURE CD、JPEG CD ·HDCD 播放 ·AC-3 解码 ·3D 环绕声 ·超级单芯片 ·光纤、同轴、立体声、5.1 声道输出 ·复合视频、S 视频、色差分量、VGA 输出 ·纯电影模式逐行扫描 ·VFD 精彩显示 ·特技功能 ·童锁加密 ·双路情侣卡拉 OK，可伸缩音量旋钮 ·图像智能调节（清晰度、亮度、对比度） ·环保绿色超宽电源，待机功耗小于 0.75W ·"容错式"伺服软硬件，超强纠错	·40mm 双薄造型，金属拉丝面板，一线式仓门 ·兼容 DVD、DVD±R/RW、SVCD、VCD、CD、CD-R、CD-RW、MP3、WMA、KODAK PICTURE CD、JPEG CD ·双路情侣卡拉 OK，可伸缩音量旋钮 ·HDCD 播放 ·AC-3 解码 ·3D 环绕声 ·超级单芯片 ·VFD 精彩显示 ·光纤、同轴、立体声、5.1 声道输出 ·复合视频、S 视频、色差分量、VGA 输出 ·智能逐行扫描·图像智能调节（清晰度、亮度、对比度） ·特技功能 ·童锁加密 ·环保绿色超宽电源，待机功耗小于 0.75W ·"容错式"伺服软硬件，超强纠错
型号	DVD DV703	DVD DV705
基本功能	·深色亚克力镜面 ·智能简化技术 ·双光束超强纠错机芯 ·逐行扫描输出 ·内置杜比数字解码，5.1 声道独立输出 ·数字图像调节技术 ·人性化虚拟键盘操作 ·杜比数字/LPCM 数字音频同轴输出	·乳白色亚克力镜面 ·智能简化技术 ·双光束超强纠错机芯 ·逐行扫描输出 ·内置杜比数字解码，5.1 声道独立输出 ·数字图像调节技术 ·人性化虚拟键盘操作 ·杜比数字/LPCM 数字音频同轴输出

续表

型号	DVD DV703	DVD DV705
	·192KHz/24bit 音频数模转换器（DAC） ·数字卡拉 OK ·超强兼容 DVD、超级 VCD、VCD、CD、等标准格式碟片，流畅解读 MP3、CD－R/RW、HDCD、柯达 PICTURE CD、DVCD ·线性 PCM 音频处理，音质更完美 ·可播放 PAL/NTSC 等制式碟片 ·父母锁定功能，防儿童观看不适合的碟片 ·超宽电源电压（AC110～250V 50/60Hz）工作范围，短路自动保护 ·全防尘设计	·192KHz/24bit 音频数模转换器（DAC） ·超强兼容 DVD、超级 VCD、VCD、CD 等标准格式碟片，流畅解读 MP3、CD－R/RW、HDCD、柯达 PICTURE CD、DVCD ·线性 PCM 音频处理，音质更完美 ·父母锁定功能 ·超宽电源电压（AC110～250V 50/60Hz）工作范围，短路自动保护 ·全防尘设计
型号	DVD DV701	DVD DV967
基本功能	·铝合金面板套色处理 ·智能简化技术 ·双光束超强纠错机芯 ·逐行扫描输出 ·内置杜比数字、5.1 声道独立输出 ·数字图像调节技术 ·人性化虚拟键盘操作 ·杜比数字/LPCM 数字音频同轴输出	·套色处理 新颖时尚 ·智能简化技术，操作轻松 ·自由变屏技术，开机画面随心换 ·双光束超强纠错机芯 ·逐行扫描输出，图像无闪烁，更稳定、更清晰 ·内置杜比数字解码，5.1 声道独立输出
型号	DVD DV701	DVD DV967
基本功能	·电脑弹出式菜单设置 ·视频分量输出，图像更清晰 ·192KHz/24bit 音频数模转换器（DAC） ·数字卡拉 OK	·数字图像调节技术 ·人性化虚拟键盘操作 ·杜比数字/LPCM 数字音频光纤、同轴输出 ·视频分量输出，图像更清晰

续表

型号	DVD DV701	DVD DV967
	· 超强兼容 DVD、超级 VCD、VCD、CD 等标准格式碟片,流畅解读 MP3、CD-R/RM、HDCD、柯达 PICTURE CD、DVCD · 线性 PCM 音频处理,音质更完美 · 父母锁定功能 · 超宽电源电压(AC110～250V 50/60Hz)工作范围,短路自动保护 · 全防尘设计	· 192KHz/24bit 音频数模转换器(DAC) · 数字卡拉 OK · 超强兼容 DVD、超级 VCD、VCD、CD 等标准格式碟片,流畅解读 MP3、CD-R/RM、HDCD、柯达 PICTURE CD、DVCD · 线性 PCM 音频处理,音质更完美 · 父母锁定功能 · 超宽电源电压(AC110～250V 50/60Hz)工作范围,短路自动保护 · 全防尘设计 · 绿色球保电源设计,待机功耗小于 1W

型号	DVD DV973	DVD DV977K
基本功能	· 超薄机身 时尚设计 · 智能简化技术 · 双光束超强纠错机芯 · 逐行扫描输出 · 内置杜比数字、DTS 解码,5.1 声道独立输出 · 数字图像调节技术 · 人性化虚拟键盘操作 · 杜比数字/DTS/LPCM 数字音频光纤同轴输出 · 视频分量输出 · 192KHz/24bit 音频光纤、数模转换器(DAC)	· 七彩面板 灯光随心换 · 新一代"微芯"SOC 解码芯片,系统更简化,工作更稳定 · 丽影技术,兼容 MPEG4*格式碟片 · 108MHz/12bit 视频数模转换器,图像更清晰、更高丽 · 第三代逐行扫描——先进的 MDi™技术 · 智能简化技术,使您的操作更轻松 · 内置 DTS、杜比数字解码,5.1 声道独立输出 · 数字图像调节技术,调节更简单

型号	DVD DV973	DVD DV977K
基本功能	· 线性 PCM 音频处理,音质更完美 · 超强兼容 DVD、超级 VCD、VCD、CD 等标准格式碟片,流畅解读 MP3、CD-R/RM、HDCD、柯达 PICTURE CD、DVCD	· 人性化虚拟键盘操作 · 杜比数字/DTS/LPCM 数字音频光纤、同轴输出

续表

型号	DVD DV973	DVD DV977K
	·父母锁定功能 ·超宽电源电压（AC110～250V 50/60Hz）工作范围，短路自动保护 ·全防尘设计	·Windows 视窗式操作界面设计，操作更方便、舒适 ·视频分量输出，图像更清晰 ·192KHz/24bit 音频数模转换器（DAC） ·超强兼容 DVD、超级 VCD、VCD、CD 等标准格式碟片，流畅解读 MP3、CD-R/RM、HDCD 柯达 PICTURE CD、DVCD ·父母锁定功能，防止儿童观看不适合的碟片 ·超宽电源电压（AC110～250V 50/60Hz）工作范围，短路自动保护 ·全防尘设计
型号	DVP-390/398	DVP-818/828
基本功能	·逐行扫描型 PDVD，超薄机身38mm ·内置 AC-3、HDCD、PIC-TURE-CD 码 ·兼容 DVD、HDCD、PICTURE-CD 码 ·兼容 DVD、HDCD、PICTURE-CD、VCD、超级 VCD、MP3、CD、CD-R(W)碟片 ·光纤、同轴、5.1 声道、2 声道音频输出 ·复合视频、S 端子、VGA、Y/Pb(Cb)/pr(cr)分量视频信号输出	·晶莹亮丽的镜面工艺，精致典雅 ·一线性仓门设计，带来时尚和简约之美 ·轻薄纤巧机身38mm ·逐行扫描输出，图像无闪烁，更稳定，更清晰 ·内置 AC-3、PICTURE-CD、HDCD 解码 ·索尼全防尘机芯设计，光头寿命更长 ·兼容 WMA 格式光盘 ·VGA、复合视频、S 端子输出 ·Y/Pb(Cb)/Pr(Cr)分量视频信号输出，图像更清晰 ·超宽工作范围稳压电源（AC100～240V）
型号	DVP-368	DVP-530
基本功能	·晶莹亮丽的镜面工艺，精致典雅 ·时尚超薄机身48mm	·绝妙设计的超薄机身55cm。内置 DTS、AC-3、PICTURES CD 三解码 ·以领先一步的单芯片方案，精彩演绎声色世界

续表

型号	DVP-368	DVP-530
	·逐行扫描输出,图像无闪烁,更稳定,更清晰 ·索尼防尘机芯设计,令光头寿命更长。 ·内置 AC-3、PICTURE CD、HDCD 解码。 ·兼容高解析力的 HDCD 光盘 ·兼容 WMA 格式光盘 ·光纤、同轴音频输出 ·VGA、复合视频、S 端子输出 ·Y/Pb(Cb)/Pr(Cr)分量视频信号输出,图像更清晰 ·超宽工作范围稳压电源(AC100~240V)	·具 Video、S-Video、YCbCr 色差分量输出 ·具 5.1 声道音频输出和光纤、同轴数字音频输出 ·全面兼容 DVD、超级 VCD、VCD、MP3、CD、CD-R、CD-RW 光盘 ·可全面解读 PICTURE CD 碟片,浏览电子相册 ·配备卡拉 OK 接口,娱乐更尽兴 ·超强稳压设计的绿色环保电源
型号	DVP-386	DVP-356
基本功能	·全新的 GUI 图形用户界面,直观明了,操作轻松自如 ·时尚轻薄机身 38mm ·逐行扫描输出,图像无闪烁,更稳定,更清晰 ·内置 AC-3PICTURE CD、HDCD 解码 ·全功率机芯设计,拒绝粉尘入侵,有效延长影碟机寿命 ·流畅播放数码相册 ·光纤、同轴 5.1 声道,2 声道音频输出	·晶莹亮丽的镜面工艺,精致典雅 ·一线性仓门设计,带来时尚和简约之美 ·轻薄机身 38mm ·逐行扫描输出,图像无闪烁,更稳定,更清晰 ·内置 AC-3、HDCD、PICTURES CD 解码 ·光纤、同轴 5.1 声道,2 声道音频输出 ·复合视频、S 端子、VGA、Y/Pb(Cb)Pr(Cr)分量视频信号输出
基本功能	·复合视频、S 端子、VGA、Y/Pb(Cb)Pr(Cr)分量视频信号输出 ·兼容播放 DVD、HDCD、超级 VCD、WMA、VCD、MP3、CD、CD-R(W)、PICTURE CD 光盘 ·超宽工作范围稳压电源(AC100~240V)	·兼容播放 DVD、HDCD、超级 VCD、VCD、MP3、CD、CD-R(W)、PICTURE CD 光盘 ·超宽工作范围稳压电源(AC100~240V)

续表

型号	DVP-827	DVD-838
基本功能	· 索尼新一代精确驱动机芯 · 高效能 0.18μm 单芯片 · 解码芯片软件版本号显示 · MPEG4 网络视频解码 · 先进的 MDDi™逐行扫描技术 · 自由抓屏，开机画面随心换 · "一键通"快速放映技术 · 智能化虚拟键盘，操作更加人性化 · DVD-Audio，原声体验 · 192KHz/24Bit 音频数模转换器 · 108MHz/12Bit 视频数模转换器 · 音乐相册流畅播放 · 内置杜比数字解码,5.1 声道独立输出 · 杜比数字/LPCM 数字音频光纤、同轴输出 · 支持电脑 VGA 输出、视频分量输出,图像更清晰 · 超强兼容 DVD、超级 VCD、VCD、CD 等标准格式碟片，流畅解读 WMA、MP3、CD-R/RW、HDCD 柯达 Picrur-eCD · 双路数字卡拉 OK 系统 · 多种配音语言、多角度、多种字幕选择 · 图像数字调节技术，图像的锐度、亮度、对比度、色度、饱和度调节、伽玛校正 · 断电记忆播放 · 电子防震记忆系统 · PAL/NTSC 制式自由轻换、屏幕自动保护 · 童锁功能 · 绿色环保电源、超宽电源电压(AC100~240V50/60HZ)工作范围,短路自动保护 · 全防尘设计	· 索尼新一代精确驱机芯 · 高效能 0.18μm 单芯片 · 解码芯片软件版本号显示 · MPEG4 网络视频解码 · 先进的 MDDi™逐行扫描技术 · 自由抓屏，开机画面随心换 · "一键通"快速放映技术 · 智能化虚拟键盘,操作更加人性化 · DVD-A udio，原声体验 · 192KHz/24Bit 音频数模转换器 · 108MHz/12Bit 视频数模转换器 · 音乐相册流畅播放 · 内置杜比数字解码,5.1 声道独立输出 · 杜比数字/LPCM 数字音频光纤、同轴输出 · 支持电脑 VGA 输出、视频分量输出,图像更清晰 · 超强兼容 DVD、超级 VCD、VCD、CD 等标准格式碟片，流畅解读 WMA、MP3、CD-R/RW、HDCD 柯达 PICTURE CD · 双路数字卡拉 OK 系统 · 多种配音语言、多角度、多种字幕选择 · 图像数字调节技术，图像的锐度、亮度、对比度、色度、饱和度调节、伽玛校正 · 断电记忆播放 · 电子防震记忆系统 · PAL/NTSC 制式自由轻换、屏幕自动保护 · 童锁功能 · 绿色环保电源、超宽电源电压(AC100~240V50/60HZ)工作范围,短路自动保护 · 全防尘设计

续表

型号	DVP-610	DVP-859
基本功能	· 超强集成:采用更为成熟的高能芯片设计,将伺服和视频解码电路一体化,使得各芯片之间的衔接环节减少,降低了相互之间的信号干扰,集成度更高,抗震性能更好,确保整机的超卓品质 · 超强兼容:兼容 DVD-Video、DVD-Audio、HDCD、VCD、超级 VCD、CD、PICTURE CD、CD-R、CD-RW、WMA、MP3、MPEG-4,一台机器就可欣赏几乎所有的电影和音乐 · 超强纠错:长寿命型设计,超强纠错能力 · 超强解码:阵容齐全的杜比AC-3、HDCD、PICTURE-CD、MPEG4、DVD-AUDIO 解码 · 超强接口:5.1 声道、2 声道、光纤、同轴、复合视频、S 端子、Y/Pb(Cb)/Pr(Cr)、VGA 等输出端子齐备	· 内置 USB 标准端口,可连接读卡器、U盘、MP3 等外设(需有 USB 端口支持) · MPEG4 网络视频解码 · DVD-Audio,原声体验 · 索尼新一代精ախ驱动芯 · 高效能 0.18μm 单芯片 · 解码芯片软件版本号显示 · 先进的 MDDi™逐行扫描技术 · "一键通"快速播放技术 · 智能化虚拟键盘,操作更加人性化 · 音乐相册流畅播放 · 192KHz/24Bit 音频数模转换器 · 108MHz/12Bit 视频数模转换器 · 内置杜比数字解码、5.1 声道独立输出 · 杜比数字/LPCM 数字音频光纤、同轴输出 · 支持电脑 VGA 输出、视频分量输出,图像更清晰 · 超强兼容 DVD、SVCD、VCD、CD 等标准格式碟片,流畅解读 WMA、MP3、CD-R/RW、HDCD、柯达 PICTURECD · 多种配音语言、多角度、多种字幕选择 · 数字图像调节技术,图像的锐度、亮度、对比度、色度、饱和度调节、伽玛校正 · 断电记忆功能 · PAL/NTSC 制式自由轻换、屏幕自动保护 · 童锁功能 · 绿色环保电源、超宽电源电压(AC100~240V50/60Hz)工作范围,短路自动保护 · 全防尘设计

注:以上机型为四川长虹电器股份有限公司,东莞市步步高视听电子有限公司和万利达集团有限公司的部分产品。

3. 移动式 DVD

DVD-918V

DS-T660

【特点及用途】移动式 DVD 体积纤巧玲珑轻薄，携带方便。其采用 10Bit 图像处理数字、模拟转换器和高能芯片逐行扫描；广视角高清晰液晶显示屏，图像清晰稳定，无闪烁，无扫描线痕迹；内置先进的立体声扬声器，能释放 360°回旋缠绕音色；具有支持光纤及高保真耳机输出。移动式 DVD 具有电子抗震系统防护，特别适合旅途中使用。

【规　　格】

型号	DVD-920V	DVD-919V
基本功能	·8″16 9 高清晰 TFT 液晶显示屏 ·屏幕可以 180°定向旋转 ·图像翻转技术，让你随时随意观赏。 ·电子抗震功能 ·两组高保真耳机输出 ·配置可充电锂电池和汽车电源转换器，适合多种场合使用	·选用 7″16 :9 高清晰 TFT 液晶显示屏 ·屏幕可 180°定向旋转，方便在汽车上使用 ·图像翻转技术，让你随时随意观赏 ·电子抗震功能 ·两组高保真耳机输出 ·配置可充电锂电池和汽车电源的转换器，适合多种场合使用。
型号	DVD-918V	DVD-916V
基本功能	·7″16 9TFT 彩色液晶显示屏 ·内置立体声扬声器 ·电子抗震功能 ·音视频输出/输入端口，具有光纤输出功能 ·高保真耳机输出 ·带可充电锂电池	·7″16 9TFT 彩色液晶显示屏 ·内置立体声扬声器 ·电子抗震功能 ·音视频输出/输入端口，具有光纤输出功能 ·高保真耳机输出 ·带可充电锂电池

续表

型号	DVD-916H	DVD-908V
基本功能	·7″16 9TFT 彩色液晶显示屏 ·内置 AC-3、PICTURE CD 解码 ·内置立体声扬声器 ·电子抗震功能 ·具有音视频输出/输入端口，及光纤输出功能 ·带可充电锂电池	·5.6″4 3TFT 彩色液晶显示屏 ·内置 AC-3、PICTURE-CD 解码 ·内置立体声扬声器 ·电子抗震功能 ·音视频输出/输入端口，具有光纤输出功能 ·带可充电锂电池

型号	DS-T600	DS-T660
基本功能	·薄型外观设计,大幅 7 英寸阔屏幕 　TFT-LCD 真彩显示器 ·4 3/16 9 屏幕选择功能 ·高容量锂电池组可连续播放约 3 个时 ·配备耳机和多种音、视频输出端子 ·内置高音质立体声扬声器 ·内置充电功能 ·54MHz/10BIT 视频数码/模拟转换器 ·图像放大功能 ·自动屏保模式 ·96KHz/24BIT 音频数码/模拟转换器 ·杜比 AC-3、DTS 数码环绕立体声输出 ·虚拟环绕音效功能 ·兼容碟片 · DVD、SVCD、VCD、DVCD、CD、MP3、WMA、CD-R、CD-RW、DVD±RW、DVD±R、JPEG、KODAK PICTURE CD ·智能升级、记忆播放 ·多种变速播放功能 ·暂停/单步播放功能	·薄型外观设计,大幅 7 英寸阔屏幕 　TFT-LCD 真彩显示器 ·4 3/16 9 屏幕选择功能 ·高容量锂电池组可连续播放约 3 小时 ·配备耳机和多种音、视频输出端子 ·内置高音质立体声扬声器 ·内置充电功能 ·54MHz/10BIT 视频数码/模拟转换器 ·图像放大功能 ·自动屏保模式 ·96KHz/24BIT 音频数码/模拟转换器 ·杜比 AC-3、DTS 数码环绕立体声输出 ·虚拟环绕音效功能 ·兼容碟片 · DVD、SVCD、VCD、DVD±R、CD、MP3、WMA、CD-R、CD-RW、DVD±RW、JPEG、KODAK PICTURE CD ·多种变速播放功能 ·暂停/单步播放功能 ·10min 自动关机功能

续表

基本功能	·10min 自动关机功能 ·外置高品质宽电压(AC100~240V) ·开关电源，绿色节能电源设计 ·全能红外遥控，使用更得心应手	·可升级支持 CF 内寸卡 ·高品质宽电压(AC100~240V) ·开关电源盒，绿色节能电源设计 ·全能红外遥控，使用更得心应手

注:以上规格为万利达集团有限公司和德赛视听科技有限公司产品。

4. 双吸入式 DVD 影碟机

【特点及用途】双吸入式 DVD 影碟机采用先进的光感应吸入方式，当碟片进入光感应区后，机芯自动将碟片吸入并开始工作。机芯内部有一套钢片稳压系统，保证吸附准确，高速旋转不会发生偏离，稳定读碟。360°播放，吸附碟片为 120mm 和 80mm 两种规格。双吸入式 DVD 影碟机采用宽频带、低失真度的音频运放模块和专业级音频电路设计，MDDi™逐行扫描技术，108MHz/12Bit 视频数模转换器，并将 DVD 解码技术与 MPEG4 网络视频解码技术合二为一，不仅兼容 AVI 格式的 MPEG4 碟片，亦可将网格上下载的电影刻录成 MPEG4 碟片在本机上进行播放等。

【规　　格】东莞市步步高视听电子有限公司产品

型号	DV993	DV995	DV991
工业造型设计	铝合金拉丝面板	一线式面板	笔记本电脑式外观
可兼容碟片	DVD、VCD、超级 VCD、CD、MPEG4、PICTURET CD、MP3、CD-R/RW		
视频数模转换器	108MHz/12Bit		
音频信噪比	>95dB	>95dB	>100dB
数字图像调节技术	★	★	★

续表

型 号	DV993	DV995	DV991
隔行扫描输出(复合 视频、S 端子、Y/Cb/Cr)	★	★	★
逐行扫描输出 (Y/Pb/Pr、VGA)	★	★	★
一线通音频输出	★	★	★
一键通	★	★	★
一点通	—	—	★
DVD-AUDIO	—	—	★
自由变屏技术	—	—	★
功耗(W)	14	14	14
外形尺寸(mm)	380×250×42	380×253.2×42.5	390×230×37
重量(kg)	约2.1	约2.0	约2.2

5. 歌王 DVD 影碟机

MDVD-6828

【特点及用途】MDVD-6828 型影碟机采用 50mm 轻薄型设计,随机附有 DVD-MIDI 光盘,海量存储歌曲高达 2 万首,相当于 0～1000 张碟片所涵括的歌曲数量。点歌、擂台赛、对抗赛、自动评分等方式灵活多样。该机型具有杜比 AC-3 八通道解码输出,智能逐行双输方案设置等,为喜好音乐的家庭誉为歌王 DVD 影碟机。

【规　　　格】万利达集团有限公司产品

型号	MDVD-6828
基本功能	50mm 轻薄型时尚设计 2 万首超值卡拉 OK 点歌机+高品质 DVD 完美结合 内置 AC-3、PICTURE CD、HDCD 解码 兼容 DVD-AUDIO 碟片 内置 4000 首人声演唱歌曲，且人声音量可调 特别配置 VGA 接口 具有自动评分功能，机身配置外评分输入接口 软件智能升级，随时拥有新功能

6. 光盘录像 DVD

【特点及用途】AB9903 型光盘录像 DVD 机采用双机芯设计，具有碟对碟复制功能，DVD 机芯兼容播放 DVD/SVCD/VCD/CD-DA/MP3/DVCD/Dr. OKO 碟片，CD-RW 机芯支持 CD-R 和 CD-RW 碟片的刻录与播放。光盘录像 DVD 机适用于家庭及类似需用的场所。

【规　　　格】广东步步高电子工业有限公司产品

型号	AB9903
基本功能	双机芯设计、独有碟对碟复制功能:可选择复合音视频、S 端子、电视调谐器、专用摄像头等多种输入源,支持 SVCD、VCD、CD-DA 等录制格式全数字、高保真整碟复制与选曲复制功能,可成功整碟复制或编辑制作 SVCD、VCD、或 CD-DA 格式的碟片麦克风及专用混音输入端子。可在刻录外部信号源时,实现同步解说及背景音乐的合成 • 内置高性能 2D 图形处理器——界面更友好、操作更简便 • 画中画实时刻录监控功能 • 断点记忆功能 • 两倍速平滑快放功能 • 多角度、多字幕、多语言选择、中/英文 OSD,动态频谱显示 • 内置杜比数字解码器,5.1 声道独立输出,DTS 数字音频输出光纤及同轴输出

续表

基本功能	·复合视频、S端子、分量视频等多种视频输出端子
	·卡拉 OK 自动接唱、跟唱、混响控制、变调功能
	·丽声超级音效功能、支持多种声场模式、均衡模式及个性化均衡设置
	·PAL/NTSC 双制式
	·超宽工作电压范围
	·(AC110~250V、50/60Hz)，短路自动保护
	·制作个人专辑(可在已拍摄好的摄像带上合成背景音乐、自己的旁白)
	·制作个人真正的 MTV(用摄像头录下自己的图像、声音与伴奏音乐)
	·制作电子家书或电子情书(用摄像头录下自己的音容笑貌，表达对亲人的思念或对情人的爱慕)
	·预约定时录像功能(对自己喜爱的电视节目，想录就录)
	·录像带资料长期保存(将录像带资料刻成光盘，长期保存，方便携带)

7. 便携式收录机

AQ4288(单卡)   AW7160(双卡)

【特点及用途】便携式收录机集收音和录音于一体，结构紧凑小巧，机体坚固。AQ4288 和 AQ5160 带调频调幅和短波收音、录音电平自动控制等功能。AQ4288 特别设计有选复听功能。AQ5460 单卡及 AW7160 双卡立体声收音机功率强劲，低音深厚，并具有磁带复录功能。便携式收录机尤其适用于学生及各阶层人士使用。

【规　格】飞利浦电器产品

型号	AQ4288	AQ5160	AQ5460	AW7160
基本功能	单卡收音录音机	单卡收音录音机	单卡收音录音机	双卡收音录音机
	调频 FM、中波 MW 和短波 SW 收音	60W（PMPO）峰值音乐输出	60W（PMPO）峰值音乐输出	60W（PMPO）峰值音乐输出
	自动音量控制式录音	调频 FM、中波 MW 和短波 SW 收音	调频 FM、中波 MW 和短波 SW 收音	调频 FM、中波 MW 和短波 SW 收音
	单触计数器	自动音量控制式录音	低音反射扬声系统	高速录音
	耳机插孔	立体声	超动态重低音提升（DBB）	自动反向
	带计数器功能	内置录音麦克风	高低音控制	耳机插孔
	带变听功能	耳机插孔	内置扬声器及耳机插孔	内置录音麦克风
	银色机型供选			

8. CD 便携式收录机

AE2000

AE1202

AE1110

AE1103

【特点及用途】CD 便携式收录机集收音和录音于一体，结构紧凑小巧，机体坚固，外观新颖时尚，其具有超宽立体声环绕效果、自动点曲、重复播放及 CD 同步录音等功能。CD 便携式收录机适合各阶层人士使用。

[规 格] 飞利浦电器产品

型号	AZ1010	AZ1101	AZ1103
基本功能	·90W（PMPO）峰值音乐输出 ·超动态重低音提升（DBB） ·低音反射扬声系统 ·CD 唱机 ·立体声卡座 ·模拟调谐收音 ·液晶显示 ·耳机插孔	·银色机身 ·超动态重低音提升（DBB） ·CD 同步启动录音 ·立体声卡座 ·模拟调谐收音 ·液晶显示 ·CD20 曲目编程 ·耳机插孔	·紫色机身 ·超动态重低音提升（DBB） ·CD 同步启动录音 ·立体声卡座 ·模拟调谐收音 ·液晶显示 ·CD20 曲目编程 ·耳机插孔
基本功能	·80W（PMPO）峰值音乐输出 ·超动态重低音提升（DBB） ·低音反射扬声系统 ·CD 唱机 ·立体声卡座 ·模拟调谐收音 ·液晶显示 ·耳机插孔	·100W（PMPO）峰值音乐输出 ·超宽立体环绕声（Incredible Surround） ·超动态重低音提升（DBB） ·低音反射扬声器 ·两路扬声器 ·CD 唱机 ·立体声卡座 ·模拟调谐收音	·300W（PMPO）峰值音乐输出 ·超宽立体环绕声（Incredible Surround） ·超强震撼低音（ultrabass） ·超动态重低音提升（DBB） ·低音反射扬声系统 ·CD 唱机 ·立体声卡座 ·模拟调谐收音

9. 便携式 CD 机

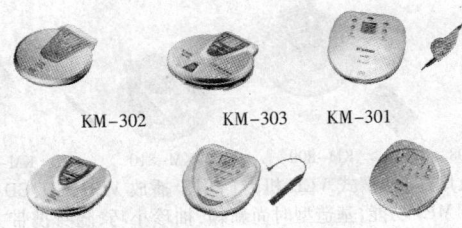

KM-302　　KM-303　　KM-301

KM-308　　KM-309　　KM-310

【特点及用途】便携式 CD 机专门用于播放 CD 碟片,其袖珍小巧,随身携带方便,具有超强数码抗震,可单曲或全碟重播,快速前后搜索,超强纠错,自动关机,充电等多种功能。并可选配电流变压器,数码线控器,立体声耳机等。便携式 CD 机造型时尚新颖,尤其受爱好音乐的青少年喜爱。

【规　　格】深圳市科上美电子有限公司产品

型号	KM 系列
基本功能	· 兼容 CD　CD-R　CD-RW · 支持液晶线控/数码线控 · 超强数码抗震(15~60s) · 编程、随机、浏览播放 · 单曲、全碟重播 · 快速前后搜索 · 重低音提升 · 高品质音频输出 · 超强纠错 · 超低功耗 · 自动关机 · 自动充电 · 锁定功能 · 备用电池接口

10. 便携式 VCD 机

KM-808　　　　KM-809　　　　KM-810　　　　KM-811

【特点及用途】便携式 VCD 机专门用于播放 VCD、CD、CD-R、DVCD 碟片,并含有 MP3 功能,基型时尚新颖,袖珍小巧,随身携带方便,具有全功能无线遥控、超强纠错、数码线控器、数码抗震、单曲及全碟重播、记忆、任意选时播放、图像放大、慢放功能、单帧、静画功能、锁定、静音等功能,并可选配电源变压器、无线遥控器、数码线控器,音/视频线,立体声耳机,充电电池等附件。便携式 VCD 机适用范围广泛,尤其受爱好音乐,娱乐的青少年喜爱。

【规　　格】深圳市科上美电子有限公司产品

型　号	KM 系列
基本功能	· 兼容 CD、CD-R、MP3、VCD、DVCD · CD20s、MP3 40s 数码抗震 · 全功能无线遥控 · 超强纠错 · 支持数码线控 · 九画面浏览、菜单播放 · 记忆、任意选时播放 · 单曲、全碟重播 · PAL/NTSC 制式、R/L 声道转换 · 图像放大、慢放功能 · 锁定、静音功能 · 时间状态,低电压显示 · 备用电池接口 · 自动关机,充电功能 · 单帧、静画功能 · 蓝色背景灯(KM-810/811) · 超低功耗

11. 多波段收音机

【特点及用途】熊猫牌 DTS2038A 型多波段收音机采用数字调谐技术，可以接收调幅中波、短波、调频或调频立体声信号，并具有存储、预选、时钟、睡眠、定时等功能，该收音机造型时尚，小巧轻便，便于携带。

【规　　格】熊猫电子集团公司产品

型号	DTS2038A	
频率范围	FM:87.00～108MHz，每步100kHz SW1:2.300～2.495MHz，每步5kHz 3.200～3.400MHz，每步5kHz 3.900～4.000MHz，每步5kHz 4.750～5.060MHz，每步5kHz 5.950～6.200MHz，每步5kHz	
频率范围	SW2:7.100～7.300MHz，每步5kHz 9.500～9.900MHz，每步5kHz 11.650～12.050MHz，每步5kHz 13.600～13.800MHz，每步5kHz 15.100～15.600MHz，每步5kHz 17.550～17.900MHz，每步5kHz 21.450～21.850MHz，每步5kHz	
供电电源	直流4.5V(三节五号电池)	
最大不失真功率(mW)	扬声器	≤100
	耳机(32Ω)	2×10
外形尺寸(mm)	169×111×35	
重量(g)	380(不含电池重量)	
配置外接电源(1只)	直流4.5V/250mA	

12. 袖珍收音机

【特点及用途】袖珍收音机形体特小,大不过手掌,流线设计,精巧迷人,采用集成电路,轻触式电子调谐,自动跟踪电台,调频收音,无线接收,其设有静噪电路,高灵敏度,低噪声。袖珍收音机还特别设计精巧皮带夹,携带格外方便。

【规　　格】熊猫电器产品

输入电压:DC3V。

频率范围:88～108MHz。

灵敏度:≥20μV。

适用电池:7号两节。

注:附带立体声耳机。

13. 多媒体耳机

【特点及用途】HM系列多媒体耳机配有高灵敏度麦克风,有颈戴式和头戴式两种类型,其耐用设计与时尚外形相结合,能带来崭新的听觉体验和美妙的音乐享受,亦可用于舞台表演。

HM450型

【规　　格】飞利浦产品

型号	HM385	HM405	HM450
类型	颈戴式	头戴式	头戴式
耳机线长度(m)	3	3	3
3.5～6.3mm适配器附件	★	★	★
扬声器大小(mm)	—	—	40
单面电缆	—	★	★

续表

型号	HM385	HM405	HM450
线控音量调节	★	★	★
其他	铁氧体立体声，麦克风位置易于调控	钕磁设计使其可在宽频范围内使用	钕磁设计使其可在宽频范围内使用。全尺寸耳罩在吵闹的环境中仍能展现高品质音色

14. 耳塞式耳机

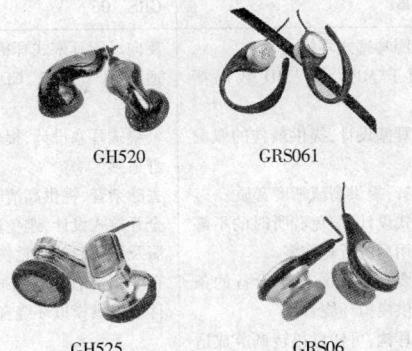

GH520　　　　GRS061

GH525　　　　GRS06

【特点及用途】耳塞式耳机适合用于 MP3、CD、MD 数码播放器，其使用简单随意，佩戴舒适，有动圈耳塞式和反向动圈耳塞式两种类型。

【规　　格】东莞市歌美电子有限公司产品

型号	GH520	GH525
基本功能	动圈耳塞式耳机 适合用于 MP3、CD、MD 数码播放器 超轻薄复合音膜,瞬态响应极佳 超高纯度无氧铜(OFC)导线,解析力惊人 同轴喇叭单元设计,音质清澈,音感醇厚 VLM(Ventilated Linear Magnetic)线性磁回路	动圈耳塞式耳机 适合用于 MP3、CD、MD 数码播放器 超轻薄复合音膜,瞬态响应极佳 同轴喇叭单元设计,音质清澈平衡 超高纯度无氧铜(OFC)导线,解析力惊人 VLM(Ventilated Linear Magnetic)线性磁回路
型号	GRS　061	GRS　06
基本功能	反向动圈耳塞式耳机 适合用于 MP3、CD、MD 数码播放器 气垫式耳塞设计,提供最佳的佩戴舒适感 去除杂音,提供高清晰度音质 全开放式设计,避免聆听时的不舒服及使用后的听觉伤害 在不需要任何额外电子设备的条件下提供模拟环绕音场 可塑性耳钩,可任意扭转调节成适合自己耳郭的形状	反向动圈耳塞式耳机 适合用于 MP3、CD、MD 数码播放器 气垫式耳塞设计,提供最佳的佩戴舒适感 去除杂音,提供高清晰度音质 全开放式设计,避免聆听时的不舒服及使用后的听觉伤害 在不需要任何额外电子设备的条件下提供模拟环绕音场

15. 无线耳机

【特点及用途】无线耳机造型新颖别致,采用高级芯片及核心技术,接收距离≥12m,可隔墙接收。其接收机单独使用时,可作为调频收音机,可收听88~108MHz调频广播。

【规　　　格】南京熊猫电视机有限公司产品

供电电源	两节七号电池
造型结构	头戴后挂型
主要功能	接收距离≥12m,可隔墙接收,可在电视机静音情况下,清晰收听各频道节目。可作为调频收音机,收听88~108MHz调频广播,且能自动追踪锁定电台。亦可接收背投,电脑,DVD及VCD,复读机等音频输出

16. 微型组合音响

MC320　　　　　　MC220

UX-J60UF　　　　　FS-X3UF

【特点及用途】微型组合音响的特点是小巧紧凑,机体坚固耐磨耐压,壳体通常用铝合金磨砂、优质硅胶高科技材质及精加工木质材料等制造,内壁为碳合金高强度材料,其功能因机型不同而风格各异。微型组合音响适用于家庭,特别是适合注重个人空间和时间的单身人士及类似需用的场所。此仅选用了飞利浦和JVC部分产品加以介绍。

[规　格]

型号	UX-J60UF	UX-J50UF	UX-P30UF
基本功能	· 功率输出:中频音/高频音:15W×2，亚低音:45W×2(at10% THD) · 可播放:CD,CD-R/RW,收音·卡座 · Bi-amp扬声器系统·动态重低音(1分级) · 声频绕·环绕立体声·1比特D/A转换器 · 5分级LED背景光(蓝光/紫色)预设及自动色彩转换模式 · 全逻辑自动翻面卡座·CD编程(20曲目)/随意/重复播放 · 时钟/计时卡座·时钟/计时器·叫醒功能·2路扬声器并亚低音扬声器的音响系统·80mm锥形低音扬声器,40mm锥形高音扬声器	· 功率输出:60W×2,10%THD·可播放:CD,CD-R/RW,收音,卡座·动态重低音(2分级)·1比特D/A转换器·CD编程(20曲目)/随意/重复播放·全逻辑自动翻面卡座·时钟/计时器(日常/睡眠)·叫醒功能·3路·240mm锥形低音扬声器,120mm锥形中音扬声器,20mm圆屋顶式高音扬声器	· 功率输出:20W×2,10% THD·可播放:CD,CD-R/RW,收音,卡座·动态重低音(2分级)·1比特D/A转换器·CD编程(20曲目)·全逻辑自动翻面卡座·CD同步录音完全翻录·S.E.A.(4模式):流行/摇滚/古典/爵士·时钟/计时器(日常/录音)·叫醒功能(日常/睡眠)·两路低音扬声器,20mm圆屋顶式高音扬声器·音箱:80mm锥形低音扬声器,20mm圆屋顶式高音扬声器
外形尺寸(mm) (宽×高×深)	170×286×323.3(功放) 175×320×244(音箱)	170×286×323.3(功放) 160×285×181(音箱)	181×255×295(功放) 160×256×205(音箱)

型号	UX-MD9000	UX-H35/33/30UF	UX-G66
基本功能	· 光学数码输入 · 音频输入输出和AUX输入 · 20曲编程/随机/重放 · 时间/计时,睡眠定时 · 重复播放/随机播放 · 液晶播放程序显示 · 低音反射型85mm 全频带喇叭	· 功率输出:10W×2,10%THD · 可播放:CD,CD-R/RW,收音,卡座 · 动态重低音(1分级) · 1比特D/A转换器 · CD编程(20曲目)/随意/重复播放 · 电子低音/高音控制 · CD同步录音 · 全逻辑自动翻面卡座	· 输出功率:20W×2 · 光学数码输出端子 · 杜比降噪 · 滑动式电驱动前面框 · 扬声器线性相位调整 · CD同步录音 · 蓝色背光的多功能控制按钮

续表

型号	UX-MD9000	UX-H35/33/30UF	UX-G66
基本功能	·CD放音、MD录放音 ·MD编程、剪辑 ·电台自动预置(15FM/15AM) ·有源式超低音产生电路 ·扬声器副低音信号输出 ·电动马达驱动CD门 ·1比特D/A转换器	·CD同步完全翻录 ·时钟/计时器(日常/录音/睡眠) ·叫醒功能	·AUX输入 ·2声道直反射设计 ·11.5圆锥形低音喇叭 ·250mm补偿式圆拱形高频喇叭 ·声列效应转换功率高频大器 ·时钟/计时 ·1-bit P.E.M.D.D转换器 ·CD32曲编程/随机/重复播放 ·重低音扩展 ·全逻辑式磁带控制
外形尺寸(mm)(宽×高×深)	140×164×301(功放) 120×160×190(音箱)	142×208×275(功放) 135×203×190(音箱)	182×81×313(功放) 157×295×232(音箱)

型号	UX-7000	UX-V5	UX-V3
基本功能	·金黄香槟色外观 ·欧洲樱桃木喇叭箱 ·光学数码输出 ·双层时钟/碟片运转液晶显示 ·电台自动预置(15FM/15AM) ·时钟显示 ·睡眠定时 ·20曲编程/随机/重复播放 ·卡座AUX输入/LINE输出	·金黄香槟色前面框 ·琥珀色背底亮液晶显示 ·有源式超低音产生电路 ·1比特D/A转换器 ·电动低音、高音控制 ·光学数码输出 ·1路输入(AUX)1路输出 ·全逻辑盒式磁带控制(普通/镍铬) ·时间/计时,睡眠定时	·蓝色背底亮液晶显示 ·有源式超低音产生电路 ·1比特D/A转换器 ·电动低音、高音控制 ·光学数码输出 ·1路输入(AUX)1路输出 ·全逻辑盒式磁带控制(普通/镍铬) ·时间/计时,睡眠定时 ·自动电台预置(15FM/15AM/15SW)

续表

型号	UX-7000	UX-V5	UX-V3
	· 扬声器副低音信号输出 · 立体式遥控器 · 电动马达驱动 CD 门 · 1 比特 D/A 转换器	· 自动电合预置(15FM/15AM/15SW) · 立体式遥控器 · 低音反射型 8cm 全频带喇叭 · 垂直装片装置 · 电动马达驱动 CD 门 · 麦克风输入 · 耳机音频输出	· 立体式遥控器 · 低音反射型 80mm 全频带喇叭 · 垂直装片装置 · 电动马达驱动 CD 门 · 麦克风输入 · 耳机音频输出
外形尺寸 (mm) (宽×高×深)	140×164×298(功放) 120×160×190(音箱)	158×231×310.5(功放) 140×230×217(音箱)	158×231×310.5(边放) 140×230×217(音箱)

型号	UX-T550	FS-X3UF	FS-X1UF
基本功能	· 有源式超低音产生电路 · 多功能 CD 唱机 · 20 曲编程/随机/重复播放 · 双向自动倒带机构 · 全逻辑盒式磁带控制(音逻辑锁络) · 数字式调谐器 · 电台自动预置(15FM/15AM/15SW)	· 纯数字微型音响 · 功率输出:30W×2,10% THD · 可播放:CD,CD-R/RW,收音 · 混合反射型数字功放 · 电动 CD 舱门 · 动态重低音(1 分级) · 音频输出:1 模拟,1 光纤,1 亚低音 · 实心铝制音量控制旋钮	· 纯数字微型音响 · 功率输出:30W×2,10% THD · 可播放:CD,CD-R/RW,收音 · 混合反射型数字功放 · 电动 CD 舱门 · 动态重低音(1 分级) · 音频输出:1 光纤,1 模拟,1 亚低音

续表

型号	UX-T550	FS-X3UF	FS-X1UF
基本功能	· "COMPU PLAY"单键操作 · 遥控系统 · 时钟显示 · 睡眠定时(最大设定120min) · 液晶播放程序显示 · 耳机音频输出	· 时钟/计时器(日常/睡眠) · 电子低音高音控制 · 2路低音反射:100mm 锥形低音扬声器 20mm 圆屋顶状高音扬声器	· 实心铝制音量控制旋钮 · 时钟/计时器(日常/睡眠) · 80mm 全频斜锥形扬声器
外形尺寸(mm) (宽×高×深)	142×209×270.5(功放) 131×203×194(音箱)	160×130×242(功效) 145×245×210(音箱)	160×130×242(功放) 114×176×174(音箱)
型号	MC320	MCM350	MCD370
基本功能	· 至High 音响 · 800W 峰值功率输出 · 超觉立体环绕声™ · 个人音乐设置(摇滚乐、爵士乐、古典乐等) · 超重低音提升 · 2分频低音反射扬声器 · 唤醒CD、卡带或收音,睡眠定时 · 全功能自动反转卡座 · 40个电台预设 · 时尚可视CD转动窗 · CD-R, CD-RW 兼容	· 至High 音响 · 1 200W 峰值功率输出 · 超觉立体环绕声™ · 个人音乐设置(摇滚乐、爵士乐、古典乐等) · 超重低音提升 · 唤醒CD、卡带或收音,睡眠定时 · 全功能自动反转卡座 · 40个电台预设 · 时尚可视CD转动窗 · MP3 CD-R 兼容 · CD-R, CD-RW 兼容	· 至High 影院效果 · 1000W 峰值功率输出 · 杜比数码(AC3)及 DTS 双解码 · 虚拟环绕声 · 个人影院设置(戏曲片、动作片、科幻片及音乐会等) · 童锁设置 · A-B段复读及唱片多次反复 · 至High 音控 · 高/低音控制 · 个人音乐设置(古典乐、爵士乐、摇滚乐等)

续表

型号	MC320	MCM350	MCD370
基本功能			• 2 分频扬声系统 • 卡拉 OK（音调调空/混音调空等） • DVD(+RW)、(S)VCD、MP3-CD、CD(RW) • 友 PICTURE CD(Kodak JPEG)兼容 • 40 个电台预设
外形尺寸(mm)(宽×高×深)	498×225×274(带音箱)	498×225×274(带音箱)	540×135×300(带音箱)

型号	MEI1100/15 MEI1000/15 MEI1200/15	MCM350	MCM250 MC220
基本功能	• 至 High 音响 • 1000W 峰值功率输出 • 超宽立体环绕声™-增强音乐的现场感 • 高、低音调节-配合欣赏各类形式的乐曲 • 2 分频低音反射扬声系统-音响效果表现更专业 • 唤醒 CD 或收音功能 • 卧室时钟、睡眠定时功能 • FM/MW 收音，40 个电台预设 • 垂直吸入式 CD 仓 • MP3 CD 兼容 • CD（12cm 和 8cm）、CD-R、CD-RW 兼容 • 播放模式（重复/编程）	• 至 High 音响 • 400W 峰值功率输出 • 超宽立体环绕声™ • 个人音乐设置（摇滚乐、流行乐、古典乐等） • 超重低音提升 • 2 分频低音反射扬声器 • 唤醒 CD 或收音、睡眠定时时 • 全功能自动反转卡座 • 40 个电台预设 • 时问可视 CD 转动窗 • CD-R、CD-RW 兼容	• 至 High 音响 • 400W 峰值功率输出 • 超宽立体环绕声™ • 个人音乐设置（摇滚乐、流行乐、爵士乐等） • 超重低音提升 • 2 分频低音反射扬声器 • 唤醒 CD 卡带收音、睡眠定时 • 全功能卡座 • 40 个电台预设 • MP3 CD 兼容 • CD-R、CD-RW 兼容
外形尺寸(mm)(宽×高×深)	336×245×235(带音箱)	420×231×280(带音箱)	400×220×250(带音箱)

注：MCD370 型带视频输出端子（分量视频，S 端子）和音频输出端子（数码同轴，DIN 端子）。

17. 家庭影院

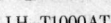
LH-T1000AT　　　　LH-T6540A

【特点及用途】家庭影院是指在家里配置的一套既能看又能听的设备,且同时有一个合理的声学环境,可以营造出类似影剧院观看演出时的那种影音感受。家庭影院主要由功率放大器,音箱系统,音视源,显示器等组成,根据需求不同,其功能设置各异,视听效果各臻其妙。

【规　　格】LG电子(中国)有限公司产品

型号	LH-T1000AT	LH-T6000A
基本功能	·超薄迷你家庭影院 ·输出功率高达420W(60W×5+120W) ·内置完美数码功放 ·内置AC-3/DTS/杜比逻辑Ⅱ解码器 ·多样的环绕声音响效果(Theater/Hall1/Hall2/DP2 等) ·内置FM/AM ROS调谐器(PS/PTY/CT/RT)。(30个电台预设) ·逐行扫描 ·轻松解读DVD-Audio ·碟片格式全面兼容,解读DVD+R/+RW、DVD-R/-RW、WMA、JPEG和Kodak电子相册(超薄设计超强功率)	·43mm超薄DVD和数码功放分离式私人家庭影院 ·输入功率高达470W(70W×5+120W) ·内置杜比AC-3/DTS/杜比逻辑Ⅰ/杜比逻辑Ⅱ解码器 ·多样化的环绕声音响效果(Theater/Hall1/Hell2/DP2等) ·逐行扫描 ·轻松解读DVD-Audio ·碟片格式全面兼容,解读DVD+R/+RW,DVD-R/-RW、WMA、JPEG和Kodak电子相册 ·内置FM/AM RDS调谐器(PS/PTY/CT/RT)、(30个电台预设) ·自由扬声器设计(纤细落地式/收架式自由变换) (分离式独特设计)

续表

型号	LH–DW6530A	LH–T6740A
基本功能	· 无线设计–2.4GHz 高频率无线数码传输–频率响应 150Hz–20KHz–数码集成式信号传输器 · 输出功率高达 450W（前/中/后置 70W×5，超重低音 100W） · 内置完美数码功放 · AC–3/DTS/杜比逻辑 I/杜比逻辑 II 解码器 · 逐行扫描 · 轻松解读 DVD–Audio · 碟片格式全面兼容，解读 DVD+R/+RW、DVD–R/–RW、WMA、JPEG 和 Kodak 电子相册 · 内置 FM/AM 数码调谐器(30 个电台预设)Full RDS(PS/PTY/CT/RT) · 纤细修长的落地式无线扬声器独特设计	· 超薄 DVD 设计，落地式家庭影院 · 功率强劲，输出高达 600W（90×5+150W） · 内置完美数码功放 · 内置 AC–3/DTS/杜比逻辑解码器 · 多样的环绕声音响效果（Theater/Hall I/Hall2/DP2 等） · 内置 FM/AM 数码调谐器，(50 个电台预设) · 双制式逐行扫描 · 轻松解读 DVD–Audio 和 MPEG 4 网络电影 · 碟片格式全面兼容，解读 DVD+R/+RW、DVD–R/–RW、WMA、JPEG 和 Kodak 电子相册
型号	LH–T6540A	LH–T6440A
基本功能	· 简洁超薄的外观设计 · 输出功率 420W（60W×5+120W） · 内置完美数码功放 · 内置 AC–3/DTS/杜比逻辑解码 II 解码器 · 内置 FM/AM 数码调谐器，(50 个电台预设) · 双制式逐行扫描 · 轻松解读 DVD–Audio · 碟片格式全面兼容，解读 DVD+R/+RW、DVD–R/–RW、WMA、JPEG 和 Kodak 电子相册	· 简洁超薄的外观设计 · 输出功率 285W（45W×5+60W） · 内置完美数码功放 · 内置 AC–3/DTS/杜比逻辑解码 II 解码器 · 内置 FM/AM 数码调谐器，(50 个电台预设) · 双制式逐行扫描 · 轻松解读 DVD–Audio · 碟片格式全面兼容，解读 DVD+R/+RW、DVD–R/–RW、WMA、JPEG 和 Kodak 电子相册

续表

型号	LH-D6246A	
基本功能	·简洁超薄的外观设计 ·输出功率185W(25W×5+60W) ·内置完美数码功放 ·内置 AC-3/DTS/杜比逻辑解码Ⅱ 　解码器 　·内置 FM/AM 数码调谐器,(50 　个电台预设) ·逐行扫描 ·碟片格式全面兼容,解读 DVD+R/ 　+RW、DVD-R/-RW、WMA、JPEG 和 Kodak 电子相册	

18. 三碟式镭射小影碟放像机

【特点及用途】3Dk770 镭射卡拉 OK 小影碟放像机采用 SANYO 机芯 MPGE 解码技术,双倍纠错和四倍纠错的强大的纠错功能,图像稳定,
单片微电脑控制技术,PAL/NTSC 制式兼容,自动辨别影碟制式与自动转换制式装置,设有视频、音频、射频多路输出,采用 YAMAHA、YSS216B 数码混音卡拉 OK,丽音功能,一比特数模转换电路及中途记忆恢复功能。3DK770 镭射卡拉 OK 小影碟放像机可播放不同类别的 VCD、CD、即可作为镭射唱机欣赏音乐,也可作为影碟机播放卡拉 OK 及故事碟片,其图面清晰,色彩真实自然,音色完美,是人们家庭及类似需用的休闲娱乐场所常用的音像设备。

【规　　格】花都市华声电器有限公司产品

型号	3DK770
额定电源	220V/50Hz

续表

型号	3DK770
频率呼应	10Hz ~ 20kHz±0.5dB
采样频率	44.1kHz
唱头特点	3 光束激光唱头
误差校正系统	RS 码数据交叉交式
信噪比	96dB
分离度	88dB(1kHz)
谐法失真	<0.04%
体积(mm) (长×宽×高)	435×273×98

19. 功放机

R-865　　　　　　RD-8105

【特点及用途】功放机是组合音响和家庭影院的重要部件,其作用是用来放大前置放大器输出的声音信号,以驱动音箱正常工作。功放机按电路偏置不同,可分为甲类、乙类和甲乙类功放机,按用途不同可分为纯音乐,AV 和卡拉 OK 功放机。功放机一般具有左声道、右声道、中置声道、环绕声道等多声道功率输出。其型号不同,功能设计亦多种多样,造型亦尽显个性。

【规　　格】狮龙音响产品

型号	R-963	R-865
基本功能	·7声道大功率输出，140W×7(MAX) R-863为110W×7(MAX) ·结合现今最新环绕系统，忠实再现录音棚的环绕效果 ①DTS/DTS-ES/DTS NEO:6(把双声道变为6.1/5.1声道播放) ②杜比数码/杜比定向逻辑Ⅱ(把双声道变为5:1声道) ·12种先进的DSP声场处理模式 ·所有声道均为192KHz/24bit DACS7.1声道模拟输出 ·带有S-视频端子采用5组ZA/V输入，1组输出 ·6组数码音频输入端(4光纤及2同轴)，1组光纤输出 ·A/B音箱选择，多路A/V立体声输出支持在第二室遥控 ·配备RNC-500万能遥控器，设有预置节目代码，并提供了方便的预设存储器，统调用功能具备DVD-Audio及SACD重播要求之100KHz频宽响应 ·2个宽带视频设备输入和输出端 ·所有声道具有前置输出端口 ·30个电台AM/FM随机存储	·最新DTS96/24解码器、提高DVD音质表现； ·最先进的RE-Mastering技术，可把音质从44.1KHz提高到192KHz，使音质更纯美 ·强大的解码能力，解码芯片可以处理目前最新的DTS-ES(矩阵、扩散)、DTS96/24、第三代PRO LOGIC Ⅱ X和DOLBY DIGITAL-EX等； ·先进的第二房间播放设置，可接两台DVD在两个聆听室内同时播放两种不同音源 ·7声道的直接输入，支持外置多声道解码器，对应SACD、DVD-AUDIO多声道宽频格式 ·提供屏幕显示(OSD)功能，可用电视机屏幕显示基本操作信息和简化的设置程序。 ·配置先进的荧光显示多功能遥控器和第二房间专用遥控器 ·内置高品质数码收音机，可储存30个电台 ·输出功率：130W∗7(6Ω)，1kHz，THD0.05% ·频率响应：10Hz～100kHz ·重量：26.3kg ·体积：440mm×450mm×196mm
型号	AK-5105	RD-8105
基本功能	·集高保真音乐重播、完美的音效再现以及卡拉OK功能等先进技术于一身；	·内置24Bit高有数码信号处理器，可处理现今最新的环绕声系统：DTS、DTS-ES、Dolby Digital Surround EX、

续表

型号	AK-5105	RD-8105
基本功能	· 明朗的外观、简洁的格调,体现了简单美是美的理念; · 拉丝面板,外壳采用流行色彩——银色,时尚且典雅; · 美观的频谱显示,多种屏显方式,中英文菜单,用高科技完美地诠释了时尚; · 金属磨砂旋钮,正面抛光,光亮夺目;360度旋转式,无方向、零触点、数码控制,无级变速音量调节; · 两组麦克风输入,将效果发挥得淋漓尽致; · 狮龙TDAS5.1声道独立放大技术,同时内置10组声场,7组信号输入选择,主流环绕声解码系统,完全数字化编码,使之音色更纯美,更细腻表现动态声场,如"声"临其境; · CPU控制整机工作,过载保护,智能温度控制风扇散热,全功能遥控。	DolbyPorLogic Ⅱ 等; · 最新DTS96/24解码器,提高DVD的音质表现 · 7声道直接输入,支持外置多声道解码器,对应SACD、DVD-AUDIO多声道宽频格式 · 多用途遥控器,除可遥控本机外,还可遥控大部分流行品牌的视听产品。 · 采用狮龙音响独有的"TDAS"声道独立放大技术,提高声道的分离度。 · 提供屏幕显示(OSD)功能(RD-7105,RD-6105不具备)。利用电视机屏幕可以提供基本操作的信息和简化设置程序。 · 内置高品质数码收音机,可储存30个电台 输出功率:110W＊6(6Ω),1kHz,THD 0.7% 频率响应:40Hz~20kHz 重量:9.9kg 体积:440mm×330mm×141mm
型号	RK-5108	
基本功能	· 狮龙独有的TDAS技术、DTS、Dolby Pro Logic解码; · 5.1声道输出:65W＊5 @ 8Ω(MAX); · 信号自动开关均衡控制, · 数码收音,支持卡拉OK自动开机; · 总谐波失真:0.7%(1KHz); · 频率响应:40Hz~20KHz; · 重量:9.5kg; · 体积:440×156×330mm	

20. MP3 播放器

【特点及用途】MP3 播放器具有播放、录音、复读和 U 盘等实用功能，可将储存在存储器或存储卡里的 MP3 或 WMA 格式的文件播放出来；向外语，向唱歌及校准汉语拼音十分方便；可用于对歌曲、会议记录、采访、语言摘录的录音；可将 PC 机文件拷贝到 MP3，或将 MP3 文件拷贝到 PC 机，起到移动硬盘的作用。MP3 还具有电子辞典、收音机、录音记事等许多实用辅助功能。其体积小，分量轻，款型多样，便于携带，且使用方便，是人们，特别是时尚青少年十分喜爱的一种休闲、学习的理想工具。

【规格】北京中恒兴业科技集团产品

型号	基本功能	型号	基本功能
DEC-F07R	·容量:128M/256M/512M ·支持音频格式:MP3/WMA/DMV ·移动存储:WIN2000以上免驱动 ·EQ模式:普通/重低音/爵士/的士高/摇滚/流行 ·重要特性:4小时视频播放时间;支持可发音电子词典,支持电子书阅读,支持图征浏览。 ·其他特性:全属外壳,内置趣味游戏	DEC-F16R	·容量:128M/256M/512M ·支持音频格式:MP3/WMA/DMV ·FM收音:87.5～108MHz ·移动存储:WIN2000以上免驱动 ·复读:A-B区间复读 ·液晶屏:全彩OLED20.1×13.4mm ·EQ模式:普通/重低音/爵士/的士高/摇滚/流行 ·重要特性:全彩高亮度OLED液晶屏,支持视频播放 ·其他特性:体积小巧,内置大容量锂电池,全金属外壳,支持录音,支持可发音辞典,支持电子书阅读,支持图片浏览,内置小游戏
DEC-F60R	·容量:128M/256M ·支持音频格式:MP3/WMA/WAV/MPL ·录音:8h高品质数码录音 ·FM收音:全波段,支持内录 ·移动存储:WIN2000以上免驱动 ·复读:A-B区间复读 ·液晶屏:双彩OLED彩色屏幕 ·EQ模式:三重高音/超重低音/爵士标准/占典/流和/摇滚 ·重要特性:金属机身,触摸屏操作方式 ·其他特性:电子书阅读,电子词典。	DEC-S30R DEC-S31R	·容量:128M/256M/256M ·支持音频格式:MP3/WMA/DMV ·FM收音:87.5～108MHz ·移动存储:WIN2000以上免驱动 ·液晶屏:双色 OLED屏 (S30R) 65K 全彩 OLED屏(S31R) ·EQ模式:普通/重低音/爵士/的士高/摇滚/流行 ·重要特性:动态视频播放,支持16国语言JPEG图片 ·其他特性:浏览,E-BOOK功能,支持LRC歌词同步显示电话簿,内置锂电池,35小时录音

续表

型号	基本功能	型号	基本功能
DEC-S00R	· 容量：128M/256M/256M · 支持音频格式：MP3/WMA · 移动存储：WIN2000 以上免驱动 · 液晶屏：七彩背光屏 · EQ 模式：普通/重低音/爵士的/土高/高摇滚/流行 · 重要特性：支持多国文字，支持 ID3（歌名，歌词同步显示） · 其他特性：省电，功耗小，FM 内录功能	DEC-F62R	· 容量：128M/256M/512M · 支持音频格式：MP3/WMA/DMV · FM 收音：87.5～108MHz · 移动存储：WINDOWS2000 免驱动 · 液晶屏：全彩 OLED · EQ 模式：普通/重低音/爵士的/土高/高滚/流行 · 重要特性：触摸屏操作方式，动态视频播放 · 其他特性：英汉词典，真人发音，电子书，电子相册，趣味游戏
M460R	· 新颖外观设计，可隐藏式旋转 USB 头 · 128x64 高分辨率显示屏，七彩背光显示 · 支持 MP3，WMA 播放，中文（简/繁），英文.法文等 · 多国语言：歌名，歌词同步显示 · FM 调频收听，可手动，自动搜索电台，可存储 40 个频道 · 支持电话直录 · 具备 A-B 复读，跟读对比功能，7 种内置放音音效	HD16	· 1.5G1 英寸硬盘存储器 · 可存储大约 375 首歌曲（128Kbps） · USB2.0 高速 PC 接口 · 大屏幕 LCD 显示:128×128 · 支持 MP3 和 WMA 文件格式 · 内置麦克风与外置音源高品质语音录音 · 智能自动静音检测录音（ASD） · 高亮度蓝色背光 · 支持 ID3 歌曲信息显示 · 4min 自动防震功能

续表

型号	基本功能	型号	基本功能
F11R	• 外形靓丽小巧，独具特色的镜面设计 • 支持中文/英文语言显示，菜单操作模式可以让新手很快上手 • 内置大容量锂电池，USB 智能充电接口 • 含电池保护电路以及专用的锂电池充电芯片，真正做到确保电池安全高效的工作 • 集成了高品质 FM 调频收音机，可以手动调频或自动搜台 • 独特的 OLEO 屏	U260R	• 支持 MP3、WMA • 支持多国语言 • 原音再现，高品质录音约 8h • 内置 FM 调频收音，可内录 FM 收音内容 • 支持 ID3（歌名、歌词同步显示） • 支持区间重复播放 • 多种循环方式、六种 EQ 模式 • USB 即插即用，无需数据线转接
F10/20R	• MP3 播放（支持 MP3、WMA） • FM 音频接收 • 超长录音，原音再现 • 中文（简/繁）、英文歌名、歌词同步显示 • 海量存储，大屏幕浏览 • 世界领先技术 • 支持常规格式的电子书（E-BOOK）下载 • 内置英文词典，支持便携查词，词汇量达15 万条 • 具有锁定功能，防止误操作	M550R+	• 支持 MP3、WMA 格式 • FM 播音、录音功能 • 完全移动存储 • 高品质数码录音 • 支持多国语言显示 • 智能省电设置 • 区间复读功能 • 五种均衡模式 • 支持 ID3tag 显示 • 蓝色背景灯 • 软件升级功能 • 定时关机功能 • 可设定录音的品质 • 内置喇叭、麦克 • CD 转录 MP3 功能（LINE IN）

续表

型号	基本功能	型号	基本功能
MC106R	· 65k 色 CSTN 彩屏 · 支持 MP3、WMA、七种音效 · 支持歌词同步显示 · 高音质录音，支持 line–in 录音 · 内置 FM 调频，全波段收音，可存储 30 　个电台 · 支持 BMP、JPEG 格式的图片浏览 · 支持电子书阅读 · 内置游戏 · 支持 A–B 复读	M486R	· 支持 MP3、WMA · 支持多国语言 · FM 调频，超长时间录音，128M 可录 46h · A–B 复读，五种 EQ 模式 · 幽雅蓝色背光 · 内置锂电，充电指示 · 多种循环方式，USB 即插即用
U160	· 内存 16～128M 可选 · 智能充电控制 · 支持键盘锁定功能 · 32 级音量控制 · 流线体外观浑然一体 · 液晶显示器显示本内存容量 · 采用最新音频解码芯片，音质好	S16R	· 可更换开机画面 · 歌词同步显示 · FM 调频功能 · 七种 EQ 设定 · 七种背光 · FM 调频 · 电话簿 · 高音质录音 · 复读功能
DEC–F12R	· 容量：128M/256M/512M · 支持音频格式：MP3/WMA/DMV · FM 收音：87.5～108MHz · 移动存储：WIN2000 以上免驱动 · 复读：A–B 区间复读 · 液晶屏：全彩 OLED20.1×13.4mm	DEC–F37R	· 容量：128M/256M · 支持音频格式：MP3/WMA/MVX · FM 收音：87.5～108MHz · 移动存储：WIN2000 以上免驱动 · EQ 模式：普通/流行/摇滚/现代/爵士/ 　用户自定义

续表

型号	基本功能
DEC-F12R	· EQ 模式：普通 重低音 爵士/的士 高/溜滚 流行 · 重要特性：全彩 高亮度 OLED 液晶屏，支持视频播放。 · 其他特性：体积小巧，内置大容量锂电池，全金属外壳，支持录音，支持可发音辞典，支持电子书阅读，支持图片浏览，内置小游戏
HD16	· 重要特性：支持 SD/MMC 卡，方便内存扩充，支持视频文件播放，支持可更换锂电池。OLED 彩色屏幕。 · 其他特性：支持 FM 收音，电话录音，内置小游戏

21. 复读机

【特点及用途】RF 系列复读机采用高灵敏磁头，频率 125Hz～6.3kHz，磁带复读信噪比大于 60dB，双重录音模拟，内置全方位保真麦克风，可进行实时录音，复读机使用高强度抗震防抖机芯，机械抖晃率小于 0.3%，优质数字化存储芯片，谐波失真率低于 2.8%，其采用十二级注音编码程序，超清晰十二级降噪技术，音质不失真，尤其适合青少年学习使用。

[规] 格] 广州乐华电子有限公司产品

型号	基本功能	型号	基本功能
RF-8601	· 线控、按键双向控制，便捷轻松 · 超长10mm复读，内容连续表，方便理解理解全文 · 整机厚度比普通减少30%，无级变速，预防较带，小巧，方便更具有时代感 · 600s健康数字录音/限读 · 全数字模糊控制技术 · 母带保留子音更素 · 高保真磁带放音/录音 · 复读低温 LCD 中文显示 · 超低温锁定，自动播放对比播音 · 高保真高灵敏度保护耳软收线控耳麦 · 智能锁定：自动播流充电技术 · 乐华全程纯音技术 · 电子时钟液晶显示	RF-8600	· 全智能微脑控制，无机械故键，一键机软键，寿命更长 · 整机厚度比普通减少30%，性能更稳定，小巧，方便更具代感 · 智能锁定：自动充电 · 400s健康数字录音/限读 · 全数字模糊控制技术 · 全保真磁带放音/录音 · 母带保留子音更素 · 复读低温 LCD 中文显示 · 超低温锁定：自动播放对比播音 · 高保真高灵敏度保护耳软收线控耳麦 · 高保真高灵敏度：自动播流充电 · 乐华全程纯音技术 · 电子时钟种液晶显示
RF-7800	· 线控、按键双向控制，便捷轻松 · 极限800s超长复读，长画内容能连续，便于理解而动忆 · 三马达发出，极限薄设计，便于播带，更美观 · 通超低温纯音复读录音 · 800s健康数字录音/限读 · 高保真磁带放音/录音 · 复读低温 LCD 中文显示 · 超低温锁定，自动播放对比播音 · 全自动电脑复读对比播放 · 外接高灵敏度保护线控耳麦 · 乐华全程纯音技术 · 电子时钟种液晶显示 · 立体声放音	RF-6801	· 外壳小，克风，声音更清，耳机更耐用 · 机身随机线纯黄色，两种颜色可选择 · 全程低温无噪音 · 450s健康纯音录音 · 复读低温纯音搜索 · 复读低温 LCD 中文显示 · 全程麦克风兄风 · 内置麦兄风 · 自动恒流充电 · 乐华全程纯音技术 · 电子时钟种液晶显示

续表

型号	基本功能
RF-6800	· 珍珠白机身设计，清纯更具时代感。品质保证 · 全程纯音录放，健康护耳无噪音 · 450s健康纯音复读/限读 · 高保真磁带放音录音 · 母音保留子音更新 · 超低温LCD中文显示 · 复读内容快速搜索 · 全自动电脑复读对比播放 · 内置麦克风/外置麦克风两用 · 乐华全程纯音技术 · 电子时钟液晶显示
RF-5480	· 独特的金属身设计及外置小麦克，典雅大方，时尚女孩，时尚追求 · 全程纯音录放，健康护耳无噪音 · 超低温负荷，储存实验，保证寒冬正常运行 · 450s健康纯音复读/限读 · 高保真磁带放音录音 · 母音保留子音更新 · 复读内容快速搜索 · 超低温LCD中文显示 · 全自动电脑复读对比播放 · 乐华全程纯音技术 · 轻触式按键设计
RF-5481	· 线控器 按键双向控制（便捷轻松） · 全程纯音录放，健康护耳无噪音 · 超低温负荷，储存实验，保证寒冬正常运行 · 480s健康纯音复读/限读 · 高保真磁带放音录音 · 复读内容快速搜索 · 超低温LCD中文显示 · 全自动电脑复读充电 · 乐华全程纯音技术 · 智能式按键设计 · 轻触式按键设计
RF-3481	· 高品质优质机芯 · 健康护耳无噪音 · 纯音录放，纯音复放，实现全程纯音 · 高性价比，操作方便，功能齐全 · 极低1000s健康复读/限读（RF-3481） · 母音保留，子音更新 · 480s健康复读/限读（RF-3480）任意分段复读 · 乐华全程纯音技术复读停智能功能 · 单键操作两磨磁头 · 磁带录放功能超大容量储存芯片 · LED能显示立体声，音乐，学习不误

22. 超平彩色电视机

29E18

21KA(蓝色)

【特点及用途】超平彩色电视机采用了超平面彩色显像管,比之传统球面显像管和纯平显像管,仍有弧度,但弧度已极小。其特点是图像失真度小,减小视力损害,收视效果提高,采用新型阴极,延长了电视机使用寿命。超平彩色电视机适用于家庭及类似需用场所。

【规　格】

型　号		34SGLX	29F18	29E18	25M18	25A18	21M18	21KA/KC
屏幕尺寸(mm)		840	740	740	640	640	540	540
显像形式	黑底超平面显像管	☆	☆	☆				
	黑底平面直角显像管				☆	☆	☆	☆
图像	数码降噪	☆	☆	☆	☆	☆	☆	☆
	对比度增强	☆	☆	☆	☆	☆	☆	☆
	彩色温选择	☆	☆	☆	☆	☆	☆	☆
	扫描速度调控	☆	☆	☆				
声音	超宽立体声	☆	☆	☆	☆	☆	☆	
	数码丽音立体声	☆	☆	☆				
	动态低音增强	☆	☆	☆	☆	☆	☆	
	自动音量调衡	☆	☆	☆	☆	☆	☆	
	声音输出功率	2×5W	2×5W	2×5W	2×5W	2×5W	2×3W	3W

续表

型　号	34SGLX	29F18	29E18	25M18	25A18	21M18	21KA/KC
功率 灵智频首	☆	☆	☆	☆	☆		☆
功率 灵智图像控制	☆	☆	☆	☆	☆	☆	☆
功率 灵智声音控制	☆	☆	☆	☆	☆		☆
功率 儿音锁	☆	☆	☆	☆	☆		☆
接收 100 人频道预选	☆	☆	☆	☆	☆		☆
接收 有线电视全增补	☆	☆	☆	☆	☆		☆
接口 音频/视频输入	1	3	2	3	2	2	1
接口 音频/视频输出	1	1	1	1	1	1	1
接口 S–VHS 端子输入		1	1	1	1		
接口 DVD 分量输入	1						
接口 耳机接口		1	1	1	1		
消耗功率(W)	145	128	128	90	90	70	70
机型基本尺寸 (宽×高×深)(mm)	880×670 ×550	800×600 ×520	760×590 ×510	670×520 ×460	680×540 ×470	600×490 ×480	520×470 ×480
重量(kg)	57	44	36	30	26	20.5	20

23. 纯平彩色电视机

34TA200

29TA165

　　【特点及用途】纯平彩色电视机又称镜面彩色电视机,其采用了高性能的纯平彩色显像管,主要特点是画面纯平,色彩鲜艳,色纯度发,清晰度好,使用寿命长,并且有防眩光、防静电、防尘等功能,其适用于家庭及类似需用的场所。

[规　格]　飞利浦电器产品

	商业型号	34TS300	34TA200	34TA165	34EL98	34GM88	32EL163	29TS300
	工厂型号	34PT9421	34PT9022	34PT8322	34PT7321	34PT3224	32PT8321	29PT9221
	屏幕比例	4 ∶ 3	4 ∶ 3	4 ∶ 3	4 ∶ 3	4 ∶ 3	16 ∶ 9	4 ∶ 3
	接收制式:PAL−BG/DK/1,SECAM−BG/DK/K1,NTSC−M	☆	☆	☆	PAL/NTSC−M	PAL−DK/1,NTSC−M	☆	☆
	HDTV1080i 支持数字高清显示	☆	☆	☆			☆	☆
	Pixel Plus 逐点晶晰技术	逐点晶晰2	☆	☆			逐点晶晰2	☆
	100Hz 技术	数码自然动感	数码自然动感	数码扫描			数码扫描 数码自然动感	
图像	逐行扫描	☆	☆	☆	☆	☆	☆	☆
	120Hz 倍频扫描	☆	☆	☆	☆	☆	☆	☆
	数码晶晰技术	☆	☆	☆	☆	☆	☆	☆
	智能丽像（数码监控）	超感五维	超感五维	五维	三维	三维	五维	超感五维
	3∶2 电影模式还原	双3D	双2D	双2D	双2D	双2D	双2D	双3D
	数码梳状滤波器	☆	☆	☆	☆	☆	☆	☆
	扫描速度调整	☆	☆	☆	☆	☆	☆	☆
	色彩瞬态改良 CTI	☆	☆	☆	☆	☆	☆	☆
	亮度瞬态改良 LTI	☆	☆	☆	☆	☆	☆	☆
	数码降噪 DNR	☆	☆	☆	☆	☆	☆	☆
	自动肤色校正	☆	☆	☆	☆	☆	☆	☆

续表

商业型号		34TS300	34TA200	34TA165	34EL122	34EL98	34CM88	32EL163	29TS300
声音	杜比定向逻辑环绕声	☆							☆
	虚拟杜比环绕声		☆	☆					☆
	超宽环绕立体声	☆	☆	☆	☆	☆		☆	☆
	数码丽音接收预置	☆	☆	☆	☆	☆	☆	☆	☆
	AV 立体声	☆	☆	☆	☆	☆	☆	☆	☆
	超重低音	☆	☆	☆	☆	☆	☆	☆	☆
	动态低音增强	☆	☆	☆	☆	☆	☆	☆	☆
	自动音量调衡 (AVL)	☆	☆	☆	☆	☆	☆	☆	☆
	扬声器数量	4	3	2	2	2	2	3	3
	声音输出功率 (RMS)	60W	30W	30W	16W	20W	20W	24W	45W
功能	双视窗画中画	☆	☆						
	灵智频道		☆	☆	☆	☆	☆		
	灵智图像/灵智声音	☆	☆	☆	☆	☆		☆	☆
接口	HD 高清输入	☆	☆	☆					☆
	DB+15 输入	☆	☆	☆					☆
	DVD 逐行输入 (2fh)	☆	☆	☆	☆			☆	☆
	DVD 分量输入 (1fh)	☆	☆	☆	☆	☆	☆	☆	☆
	S-VHS 端子输入	☆	☆	☆	☆	☆	☆	☆	☆
	音频/视频输入,输出	☆	☆	☆	☆	☆	☆	☆	☆
	耳机接口	☆	☆	☆	☆	☆	☆	☆	☆
规格	尺寸 (宽×高×深) (mm)	841×664×552	872×558×678	872×558×678	895×587×699	895×588×698	882×557×686	886×533×570	708×570×500
	功耗 (w)	132	132	120	160	73	73	145	137
	净重 (kg)	70	68	66.5	69	67	65	54.2	49

续表

商业型号	29TA200	29TA165	29AL188	29AL88	29CM88	29SN88	29AI88	21AL88
工厂型号	29PT9022	29PT832	29PT7333	29PT4324	29PT3224	29PT3324	25PT4524	21PT3224
屏幕比例	4:3	4:3	4:3	4:3	4:3	4:3	4:3	4:3
接收制式：PAL-BG/DK/1,SEC AM-BG/DK/K1,NTSC-M	☆	☆	PAL-DK/1	PAL/N TSC-M	PAL-DK/1,NTSC-M	PAL/NT SC-M	APL/NT SC-M	PAL-DK/1
HDTV 1080 支持数字高清显示	☆							
Pixel Plus 逐点晶晰技术	☆	☆	☆					
100Hz 技术	数码自然动感	数码扫描	双制式					
逐行扫描	☆	☆						
120Hz 倍频扫描	☆	☆						
数码晶晰技术	☆	☆						
图像　智能丽像（数码监控）	超感五维	五维	五维	三维	三维	三维	三维	三维
3:2 电影模式还原	双2D	双2D	双3D	双2D		双2D		
数码梳状滤波器	☆	☆	☆	☆	☆			
扫描速度调整	☆	☆	☆	☆	☆	☆	☆	
色彩瞬态改良 CTI	☆	☆	☆	☆	☆	☆	☆	
亮彩瞬态改良 LTI	☆	☆	☆	☆	☆			
数码降噪 DNR	☆	☆	☆	☆	☆	☆	☆	☆
自动肤色校正	☆	☆	☆	☆	☆	☆	☆	☆

续表

商业型号		29TA200	29TA165	29AL188	29AL88	29GM88	29SN88	29AL88	21AL88
声音	杜比定向逻辑环绕声								
	虚拟杜比环绕声	☆							
	超宽环绕立体声	☆	☆	☆	☆		☆		
	数码丽音接收预置	☆	☆	☆	☆		☆	☆	☆
	AV立体声	☆	☆	☆	☆	☆	☆	☆	
	超重低音	☆	☆	☆	☆	☆	☆	☆	
	动态低音增强	☆	☆	☆	☆	☆	☆	☆	☆
	自动音量调衡(AVL)	☆	☆	☆	☆	☆	☆	☆	☆
	扬声器数量	3	2	2	2	2	2	2	2
	声音输出功率(RMS)	30W	30W	20W	20W	10W	20W	20W	10W
功能	双视窗画中画	☆		☆	☆		☆		☆
	灵智频道	☆		☆	☆		☆		☆
	灵智图像/灵智声音	☆	☆	☆	☆		☆		
接口	HD高清输入	☆		☆					
	DB+15输入	☆		☆					
	DVD逐行输入(2fh)	☆	☆	☆	☆				
	DVD分量输入(fh)	☆	☆	☆	☆	☆		☆	☆
	S-VHS端子输入	☆	☆	☆	☆			☆	☆
	音频/视频输入输出	☆	☆	☆	☆	☆	☆	☆	☆
	耳机插口	☆	☆	☆	☆	☆	☆	☆	☆
规格	尺寸(宽×深×高)(mm)	746×493×578	746×493×578	702×501×598	702×501×598	790×500×590	744×502×595	622×458×523	523×485×486
	功耗(W)	125	110	121	78	66	67	64	60
	净重(kg)	46	44.5	42.5	43	43.5	42	31.5	23.5

24. 数字高清晰彩色电视机

　　【特点及用途】数字高清晰彩色电视机是在节目摄制、编辑、发送、传输、存储、接收和显示等环节全部采用数字处理技术的全新彩色电视机。其高清超级处理器(V12ENGINE)保障画质清晰,高清格式全球通(1080i/720P)全兼容数字信号,3D数码降噪处理器,能超极限减少、噪波杂波的干扰。其配置高清晰数字电视输入端子Y/Pb/Pr和电脑显示标准VGA接口,可连接电脑,股票机,数字机顶盒,数码相机等多种数字设备。数字高清晰彩色电视机是现代信息生活常选用的机型。

【规　格】创维集团电器产品

型号	基本功能
36/32T88HD（6M21）	· 逐行/倍频扫描方式 · 扫描和高压电路分离 · 支持 BGA/SVA/HDTV-READY 显示模式 · 具有 YCbCr/YPbPr/VGA 输入端口
36/32T88HD（6M21）	· 运动补偿、高度提升和彩色降噪功能 · 可接收射频 PAL/NTSC/SECAM 制式
32FW（6M23）	· 实现水平、垂直扫描线 720 线 · PAL/NTSC 双增双 3D 数字梳状滤波器 · 电脑画中画功能 · WOW 数码音响效果 · 支持 VGA/SVGA/HDTV-READY 显示模式 · YCbCr/YPbPr/VGA 输入端口 · 可接收射频 PAL/NTSC/SECAM 制式
29T86HD（6M22）	· PAL/NTSC 双增双 3D 数字梳状滤波器 · 电脑画中画功能 · WOW 数码音响效果
34T88HD（6M23）	· 实现水平、垂直扫描线 720 线 · PAL/NTSC 双增双 3D 数字梳状滤波器 · 电脑画中画功能 · WOW 数码音响效果
34T88HD（6M23）	· 支持 VGA/SVGA/HDTV-READY 显示模式 · YCbCr/YPbPr/VGA 输入端口 · 可接收射频 PAL/NTSC/SECAM 制式
29T88HD（6M22）	· PAL/NTSC 双增双 3D 数字梳状滤波器 · 电脑画中画功能 · WOW 数码音响效果 · 支持 VGA/SVGA/HDTV-READY 显示模式 · YCbCr/YPbPr/VGA 输入端口 · 可接收射频 PAL/NTSC/SECAM 制式
29T81HD（6D96）	· 采用全数字视频处理（DPTV） · 高清晰、DVD 最佳组合 · 支持 VGA/SVGA/HDTV-READY 显示模式
34T81HD（6D96）	· 采用全数字视频处理（DPTV） · 高清晰、DVD 最佳组合 · 支持 VGA/SVGA/HDTV-READY 显示模式
34T81HD（6D96）	· PAL/NTSC 制 3D 数字梳状滤波器 · 9 画面或 25 画面浏览功能 · 健康倍频、60Hz 逐行切换功能
29T87HD（6D96）	· 采用全数字视频处理（DPTV） · 高清晰、DVD 最佳组合 · 支持 VGA/SVGA/HDTV-READY 显示模式 · PAL/NTSC 制 3D 数字梳状滤波器 · 9 画面或 25 画面浏览功能 · 健康倍频、60Hz 逐行切换功能
28T88HD（6D96）	· 采用全数字视频处理（DPTV） · 高清晰、DVD 最佳组合 · 支持 VGA/SVGA/HDTV-READY 显示模式

续表

型号	29T86HD(6M22)	29T81HD(6D96)	28T88HD(6D96)
基本功能	· 支持 VGA/SVGA/HDTV-READY 显示模式 · YCbCr/YPbPr/VGA 输入端口 · 可接收射频 PAL/NTSC/SECAM 制式	· PAL/NTSC 制 3D 数字梳状滤波器 · 9 画面、25 画面浏览功能 · 健康倍频 60Hz 逐行切换功能 · 数码相册二合一	· PAL/NTSC 制 3D 数字梳状滤波器 · 9 画面、25 画面浏览功能 · 健康倍频、60Hz 逐行切换功能

型号	25T88HD(6D92)	25T86HD(6T18)
基本功能	· 采用全数字视频处理(DPTV) · 100Hz 隔行、60Hz 逐行切换功能 · 图像静止功能 · 16:9 高清模式显示 · 支持 XGA/1080P 3D:2PullDown 数字影院播放系统	· 支持 720P、1080 i/50Hz、1080i/60Hz、480P、480i、576i、576P 多种信号模式 · 支持 VGA/SVGA/XGA · YPbPr、YCbCr、BCA、S-Video、AVI/O 多种输入输出端口 · 数字降噪技术 · 多图像浏览

25. 光显彩色电视机

【特点及用途】DLP 光显彩色电视机采用 DMD 微晶镜片全数字化处理显示设备,图像绝不失真,绝不受地磁影响。其兼容所有的高清格式(480P、1080I、720P 等),可以通过 DVI 数字视频接口接驳高清 DVD,高清数码摄像机,高清数码相机、电脑、游戏机等多种数字设备,采用全数字线路设计,无高压电路,不产生 X 射线,零辐射,无需扫描,益于视力健康,零闪烁,无噪音。DLP 光显彩色电视机配置黑色高光感面板,超薄超轻设计,造型时尚,是现代家庭选择音视设备的理想设备。

【规　　格】创维集团深圳创维-RGB 电子有限公司产品

型号		DL46HD
图像	屏幕尺寸(in)	46
	屏幕比例	4:3
	屏幕属性	双重组合式透射屏
	亮度(cd/m²)	500
	对比度	1 000:1
	彩色制式	PAL/NTSC
	频道存储容量	100
	信号分辨率	VGA(640×480)
		SVGA(800×600)
		XGA(1 024×768)
		WXGA(1 280×720)
	HDTV 数字信号接收	支持 1080I/50Hz、1080I/60Hz、720P 格式
	直接接收 DVI 数字显示信号	支持
音质	丽音全球通	有
	音频技术	超重低音及 SRS 3D 环绕
	伴音输出功率	10W+10W

续表

型号		DL46HD
功能	电脑窗中画	有
	智能屏	16 9/4 3/放大
	画面静止、多画面浏览	有
	数码降噪	有
	双制式数字梳状滤波器	有
	超强运动检测数字处理	有
	动态肤色校正	有
	亮度与对比度的均匀补偿技术	有
	行场幅度自动补偿	有
	无信号自动待机	有
	频道编辑	有
端子	AV/S/VGA 端子	3 路/3 路/2 路
	A＝C　90～250V/50Hz	1 路/1 路/1 路
	输出	1 路 AV 输出/1 路外接音箱输出
规格	工作电压	AC 90～250V/50Hz
	功率消耗	≤200W
	净重	54kg
	外形尺寸(mm)	1040(L)×450(W)×1060(H)

26. 液晶板屏幕型彩色电视机

　　【特点及用途】液晶板屏型幕彩色电视机改变了传统彩色电视机以"行"为基础的模拟扫描方式,实现了  以"点"为基础的数字显示技术。其特点是画面稳定、图像逼真,消除辐射,节省空间。液晶板屏幕型彩色电视机一般设有轻触式自动搜索选台,频道数字显示。伴音多段均衡等功能。小屏幕规格主要有 4.1cm(1.6 英寸)～10.2cm(4 英寸)等几种规格,有手掌式,折叠式和小台式三种类型。大屏幕规格适用于家庭及类似需用场所。

【规　格】上海广电电器产品

型号		LCD1503	LCD1703	LCD2008	LCD3001	LCD4001
屏幕	尺寸(对角线)	15.1inch	17inch	20.1inch	30inch	39.6inch
	屏幕宽高比	4:3	4:3	4:3	16:9	16:9
	亮度	≥250cd/m²	≥250cd/m²	≥400cd/m²	≥450cd/m²	≥450cd/m²
	对比度	≥400:1	≥400:1	≥400:1	≥400:1	≥600:1
	支持显示色彩	24位真彩	24位真彩	24位真彩	24位真彩	24位真彩
	可视角度	H:160°V:160°	H:160°V:110°	H:170°V:170°	H:176°V:176°	H:176°V:176°
	最高支持分辨率	1 024×768	1 280×1 024	1 280×1 024	1 600×1 024	1 280×1 024
	响应时间	25ms	25ms	20ms	20ms	15ms
	HDTV兼容显示	——	——	1080i 720p	1080i 720p	1080i 720p
频道	电视频道	CATV全频道	CATV全频道	CATV全频道	CATV全频道	CATV全频道
	节目存储数	200	200	200	200	200
制式	电视制式	PAL-D/KIBG NTSC-M	PAL-D/KIBG NTSC-M	SECAM PAL-D/KIBG	SECAM PAL-D/KI	SECAM PAL-D/KIBG
	视频制式	PAL/NTSC	PAL/NTSC	PAL/NTSC	PAL/NTSC	PAL/NTSC
其他功能	画中画	——	——	*	*	*
	OSD语言	中文/英文	中文/英文	中文/英文	中文/英文	中文/英文

续表

型　号		LCD1503	LCD1703	LCD2008	LCD3001	LCD4001
外部接口	音频输入	*	*	*	*	*
	视频输入	*	*	*	*	*
	音频输入	—	—	*	*	*
	S输入	*	*	*	*	*
	DVD分量输入（Y'/Cr/Pr）	—	—	—	—	*
	数字电视分量输入（Y'/Cr/Pr）	—	—	—	—	*
	VGA接口	*	*	*	*	*
	DVI接口	—	—	—	—	*
电源	交流110～240V	*	*	*	*	*
	功耗	≤50W	≤55W	≤60W	≤140W	≤200W
	待机功耗	<3W	<3W	<3W	<3W	<3W

基本功能

型号 LCD1503
·无辐射，无频交，保护人眼视力和身体健康
·高亮度，高对比度，160°超宽视角
·无扫描线，图像清晰完全美
·具有显示器、电视机双重用途
·CATV全频道接收，200个频道节目存储
·PAL/NTSC-M多制式电视机接收
·友好的人机界面菜单显示，自动调台

型号 LCD1703
·无辐射，无频交，保护人眼视力和身体健康
·高亮度，高对比度，160°超宽视角
·无扫描线，图像清晰完全美
·具有显示器、电视机双重用途
·CATV全频道接收，200个频道节目存储
·PAL/NTSC-M多制式电视机接收
·友好的人机界面菜单显示，自动调台

LCD2008
·无辐射，无频交，保护人眼视力和身体健康
·高亮度，高对比度，160°超宽视角
·无扫描线，图像清晰完全美
·具有显示器、电视机双重用途
·CATV全频道接收，200个频道节目存储
·PAL/NTSC-M多制式电视机接收
·友好的人机界面菜单显示，自动调台

LCD2008
·无辐射，无频交，保护人眼视
力和身体健康
·高亮度，高对比度，160°超宽
视角
·无扫描线，图像清晰完全美
·CATV全频道接收，200个频道
节目存储
·多档色温选择功能，图像自动
调整功能

续表

型号	LCD1503	LCD1703	LCD2008
基本功能	· S端（Y/C 分离）输入、播放 DVD 使画面更清晰、透亮 · 重量轻、体积小、节小空间 · 自动手动调整时钟相位 · 低功耗、环保节能	· S端（Y/C 分离）输入、播放 DVD 使画面更清晰、透亮 · 重量轻、体积小、节小空间 · 自动手动调整时钟相位 · 低功耗、环保节能	· 配有 VGA 接口、兼容电脑 SX-GA 分辨显示 · YCbCr/YPbPr 分量输入接口 · 支持 HDTV 高清晰度电视显示（1080i/720p） · VGA 窗中画功能、可边上网边看电视 · 全数字图像处理技术、图像可任意静止、放大 · 座台摆放和挂墙两用、节省空间 · 低功耗、环保节能

型号	LCD3001	LCD4001
基本功能	· 优雅外形、超轻超薄 · 无辐射、无频交、保护人眼视力和身体健康 · 高亮度、高对比度、160 度超宽视角 · 图像比例 16:9、无扫描线、图像清晰完美 · CATV 全频道接收、200 个频道边看电视 · VGA 窗中画功能、可边上网边看电视 · 电脑图像自动调整功能、图像可任意静止、放大 · 配有 VGA 接口、兼容电脑 WSXGA 分辨率显示 · YCbCr/YPbPr 分量输入接口 · 支持 HDTV 分辨率显示 · 支持 D3、D4 规格的高清晰度电视 · 真正的 HDTV 分辨率（1080i/720p） · 多档色温选择功能、图像自动调整功能 · 座台摆放和挂墙两用、节省空间	· 优雅外形、超轻超薄 · 无辐射、无频交、保护人眼视力 · 高亮度、高对比度、176 度超宽可视角度 · 图像比例 16:9、无扫描线、图像清晰完美 · CATV 全频道接收、200 个频道节目存储 · 电脑图像自动调整功能、图像可任意静止、放大 · 配有 VGA 接口、兼容电脑 WSXGA 分辨率显示、YCbCr/YPbPr · 分量输入接口 · 支持 D3、D4 规格的高清晰度电视 · 真正的 HDTV 分辨率（1080i/720p） · 多档色温选择功能、图像自动调整功能 · 座台摆放和挂墙两用、节省空间

27. 等离子体屏幕型彩色电视机

【特点及用途】等离子体屏幕型彩色电视机是利用气体等离子体的原理制成,是平板显示器中最有发展前途的器件之一。其不仅屏幕大,且图像清晰度、亮度、对比度和灰度等方面均为上乘,体积小,薄而轻,功耗低,宽视角,防电磁干扰。等离子体屏幕型彩色电视机适用于现代家庭及类似需用场所。

[规 格]LG 电子产品

型 号	MT-60PZ90V	RT-50PZ70	RT-42PZ70	RT-50PZ45V	MT-42PZ45V	MT-42PZ91V
屏幕尺寸	60"	50"	42"	50"	42"	42"
屏幕比率	16:9	16:9	16:9	16:9	16:9	16:9
超高清晰度	1 366×768	1 366×768	852×480	1 366×768	852×480	852×480
超高亮度	1 000cd/m²	1 000cd/m²	1 000cd/m²	1 000cd/m²	1 000cd/m²	1 000cd/m²
超高对比度	1 000:1	1 000:1	3 000:1	1 000:1	3 000:1	3 000:1
观看视角	160°	160°	160°	160°	160°	160°
颜色层次	16 770 000	16 770 000	16 770 000	16 770 000	16 770 000	16 770 000
输入信号	NTSC.PAL /SECAM.HD. VGA~SXGA	NTSC/PAL/S ECAM.HD. VGA~SXGA	NTSC/P AL/SECAM. HD.VGA~SXGA	NTSC/PA L/SECAM. HD.VGA~SXGA	NTSC/PAL /SECAM HD.VGA~SXGA	NTSC/PAL/S ECAM.HD. VGA~SXGA
菜单	多种语言菜 单显示	多种语言菜 单显示	多种语言菜 单显示	多种语言菜 单显示	多种语言 菜单显示	多种语言 菜单显示
画面 HD-Ready	0	0	0	0	0	0
双向/逐行扫描	0	0	0	0	0	0
数码栅状滤波器	4H	4H	4H	4H	4H	4H
弱信号增强	0	0	0	0	0	0
数码瞬时彩色改进	0	0	0	0	0	0
DCDi						
色温控制	标准色/暖 色冷色/自调	标准色/暖色 /冷色/自调	标准色/暖色 /冷色/自调	标准色/暖色 /冷色/自调	标准色/暖色 /冷色/自调	标准色/暖色 /冷色/自调
黑色信号展宽						
画面状态记忆	4 种	4 种	4 种	4 种	4 种	4 种

续表

	型 号	MT-60P290V	RT-50P270	RT-42P270	RT-50P245V	MT-42P245V	MT-42P291V
声音	SRS(三维环绕立体声)	-	O	O	-	-	-
	BBE 音效	-	O	O	-	-	-
	自动音量均衡器	O	O	O	O	O	O
	立体声	O	O	O	O	O	O
	中国丽音	O	O	O	O	O	O
	声音状态记忆(SSM)	5 种	5 种	5 种	5 种	5 种	5 种
功能	画中画/双视窗	O(Flexible Size)	O(Flexible Size)	O(Flexible Size)	O(Flexible Size)	O(Flexible Size)	O(Flexible Size)
	电视信号接收方式	-	内置高频头	内置高频头	隐藏式电视接收器	隐藏式电视接收器	隐藏式电视接收器
	画面残像防止	O	O	O	O	O	O
	画面残像去除	O	O	O	O	O	O
	可接收立体信号	O	-	-	O	O	O
	画面比率切换(ARC)	16:9/14:9放大	16:9/14:9放大	16:9/14:9放大	16:9/14:9放大	16:9/14:9放大	16:9/14:9放大
	睡眠关机	O	O	O	O	O	O
	节目编辑	O	O	O	O	O	O
	钟爱频道	-	O	O	-	-	-
	快速浏览	-	O	O	-	-	-
	静音	O	O	O	O	O	O
	童锁	O	O	O	O	O	O

续表

型　号		MT-60P290V	RT-50P270	RT-42P270	RT-50P745V	MT-42P745V	MT-42P291V
	DVI	1	1	1	1	1	1
	PC 输入（D-sub15 针）	1	-	1	1	1	1
	PC 输入（D-sub15 针）	1	-	-	1	1	1
瑞子	音频输入	1（Phone type）	1（Phone type）	1（Phone type）	1（Phone type）	1（Phone type）	1（Phone type）
	RS-232C	1	1	1	1	1	1
	DVD 分量输入	0	0	0	0	0	0
	S-Video	1（BNCVideo）	2	1	1（BNCVideo）	1（BNCVideo）	1（BNCVideo）
	AV 输入	-	1	1	-	-	-
	AV 输出	-	1	1	-	-	-
规格	风扇	3 个	2 个	-	2 个	2 个	2 个
	电压	100～240V	100～240V	100～240V	100～240V	100～240V	100～240V
	耗电量	700W	480W	350W	450W	320W	320W
	机身尺寸（宽×高×深）(mm)	1455×883×99	1225×778×98	1040×699×95	1222×734×105	1033×622×81	1033×622×82
	加台式支架后尺寸（宽×高×深）(mm)	1455×978.5×413	1225×841×335	1040×728×287	1223×808×351	1033×680×304	1033×698.5×281
	机身重量	63.3kg	45kg	25kg	45.3kg	29kg	30kg
	加台式支架后重量	87kg	55.8kg	34kg	50kg	36kg	36kg

续表

扬声器		型号	MT-60PZ90V	RT-50PZ70	RT-42PZ70	RT-50PZ45V	MT-42PZ45V	MT-42PZ91V
	音频	音频输出功率	10W×2	10W×2	10W×2	10W×2	10W×2	10W×2
		扬声器类型	8Ohm(4spk)	8Ohm(4spk)	8Ohm(4spk)	8Ohm(4spk)	8Ohm(4spk)	8Ohm(4spk)
	端子	音频输入端子	L1/R1	L1/R1	L1/R1	L1/R1	L1/R1	L1/R1
	规格	重量	2.6kg×2	2.2kg×2	2.0kg×2	2.3kg×2	1.95kg×2	12kg×2
		尺寸(宽深高)(mm)(单个)	135×883×99	120×788×89.5	110×666.9×815	120×734×80	113×622×87	100×685×827

型号	MT-60PZ90V	RT-50PZ70	RT-42PZ70
基本功能	・16:9宽屏幕 ・超薄型设计(厚度为9.9厘米) ・超高清晰度 WXGA级(1366×768) ・高对比度 1000:1 ・高亮度 1000cd/m² ・HD-Ready 支持高清晰度数字信号显示 　(480p;576i/p;720p;1080) ・DCDi ・可接收立体信号 ・兼用电脑显示器 ・双向扫描;逐行扫描 ・画中画;双视频	・16:9宽屏幕 ・超薄型设计(厚度为9.9厘米) ・超高清晰度 WXGA级(1366×768) ・高对比度 1000:1 ・高亮度 1000cd/m² ・HD-Ready 支持高清晰度数字信号显示 　(480p;576i/p;720p;1080) ・DCDi ・可接收立体信号 ・兼用电脑显示器 ・双向扫描;逐行扫描 ・画中画;双视频	・16:9宽屏幕 ・超薄型设计(厚度为9.9厘米) ・超高清晰度 WXGA级(1366×768) ・高对比度 1000:1 ・高亮度 1000cd/m² ・HD-Ready 支持高清晰度数字信号显示 　(480p;576i/p;720p;1080) ・DCDi ・可接收立体信号 ・兼用电脑显示器 ・双向扫描/逐行扫描 ・画中画/双视频

续表

型号	MT-60P290V	RT-50PZ70	RT-42PZ70
基本功能	· RS-232C 接口（可进行集团监控）	· RS-232C 接口（可进行集团监控）	· 画中画/双视窗 · RS-232C 接口（可进行集团监控）

型号	MT-50P45V	MT-42P45V	MT-42P91V
基本功能	· 16:9宽屏幕 · 超薄型设计（厚度为9.9厘米） · 超高清晰度 WXGA 级（1366×768） · 高对比 1000:1 · 高亮度 1000cd/m² · HD-Ready 支持高清晰度数字信号显示（480p;576i/p;720p;1080） · DCDi · 可接收立体信号 · 兼用电脑显示器 · 双向扫描/逐行扫描 · 画中画/双视窗 · RS-232C 接口（可进行集团监控）	· 16:9宽屏幕 · 超薄型设计（厚度为9.9厘米） · 超高清晰度 WXGA 级（1366×768） · 高对比 1000:1 · 高亮度 1000cd/m² · HD-Ready 支持高清晰度数字信号显示（480p;576i/p;720p;1080） · DCDi · 可接收立体信号 · 兼用电脑显示器 · 双向扫描/逐行扫描 · 画中画/双视窗 · RS-232C 接口（可进行集团监控）	· 16:9宽屏幕 · 超薄型设计（厚度为9.9厘米） · 超高清晰度 WXGA 级（1366×768） · 高对比 1000:1 · 高亮度 1000cd/m² · HD-Ready 支持高清晰度数字信号显示（480p;576i/p;720p;1080） · DCDi · 可接收立体信号 · 兼用电脑显示器 · 双向扫描/逐行扫描 · 画中画/双视窗 · RS-232C 接口（可进行集团监控）

28. 背投彩色电视机

【特点及用途】背投彩色电视机是一种将电视画面投射到银幕上的电视设备,其对传统模拟信号可实现 100Hz 扫描、逐行扫描、模拟高清晰度三种模式的扫描格式转换,100Hz 扫描将图像的播出速度加倍到每秒 100 幅图像,彻底消除大面积闪烁,逐行扫描彻底消除行间闪烁,模拟高清晰度格式,实现高精密显像。该机型还具有全新概念色彩调配功能,电影模式,运动补偿处理技术,多种多视窗模式,超精细聚焦光学系统,MFCIV 魔术会聚 IV 代,9 点手动会聚调整,全数字 3D/3L 梳状滤波器,PC 输入,AV 视频网络及自动连接功能,多组音频,视频,S 视频及分量视频输入端子和输出端子,及可变音频电平的输出端子,超动感音响及双遥控器配置等。背投彩色电视机适用于现代家庭大型客厅及类似需用场所。

[规　格] 日立 (福建) 数学媒体有限公司产品

	机　型	CMT57900HW/CMT47900HW				CMT57890HW/CMT47890HW			
		HDREADY				HDREADY			
基本资料	屏幕显示	16:9				16:9			
	适用电源	交流 220V 50Hz/60Hz				交流 220V 50Hz/60Hz			
	商品质量 (kg)	57 型:92		47 型:71		57 型:92		47 型:71	
	商品尺寸 (宽×高×深) (mm)	57 型:1 344× 1 401×530		47 型:1 121× 1 222×485		57 型:1 344× 1 401×530		47 型:1 121× 1 222×485	
投影系统	投影管	MARLIN				MARLIN			
	透影镜	57 型:HSB		47 型:HSA		57 型:HSB		47 型:HSA	
图像	屏幕保护屏	·				·			
	扫描格式转换	·				·			
	全新色彩调配功能	·				·			
	动态对比度	·				·			
	电影模式	·				·			
	运动补偿处理技术	·				·			
	色彩轮廓强化	·				·			
	黑色增强	·				·			
	数字降噪	·				·			
	画中画	·				·			
	多种画面比例转换模式	·				·			
	3D(NTSC)/3L(PAL) 梳状滤波器	·				·			
	VM 速度调剖	·				·			
	魔术会聚	MFC IV				MFC IV			
	九点手动会聚	·				·			

续表

机　型		CMT57900HW/CMT47900HW	CMT57890HW/CMT47890HW
		HDREADY	HDREADY
接收系统	接收制式	全制式	全制式
	CATV有线电视接收	·	·
	节目存储数	200	200
音响	丽音	·	·
	SRS	·	·
	BBE	·	·
	智能音量	·	·
	PC输入	·	—
端子	红外遥控输出端子（AVNET）	·	·
	中置扬声器输入端子	4组	4组
	视频输入	5组	5组
	S、视频输入	3组	3组
	分量输入端子	2组	2组
	耳机输出	1组	1组
	可变音频电平输出端子	1组	1组
	USB端口	—	—
	简易遥控	—	—
遥控器	可控制16种品牌DVD的遥控器	·	·

续表

机　型	CMT50900H/CMT43900H		CMT50890H/CMT43890H	
基本资料 屏幕显示	HD READY	4:3	HD READY	4:3
适用电源	交流220V	50Hz/60Hz	交流220V	50Hz/60Hz
商品质量(kg)	50型:73	43型:56	50型:73	43型:56
商品尺寸(宽×高×深)(mm)	57型:1 119×1 362 ×498	43型:969×1 237 ×456	50型:1 119×1 362 ×498	47型:969×1 237 ×456
投影系统 投影管	BARRACUDA		BARRACUDA	
透 镜	HSA		HSA	
屏幕保护屏	•		•	
扫描格式转换	•		•	
全新色彩调配功能	•		•	
动态对比度	•		•	
电影模式	•		•	
运动补偿处理技术	•		•	
色彩轮廓强化	•		•	
图像 黑色增强	•		•	
数字降噪	•		•	
画中画	•		•	
多种画面比例转换模式	•		•	
3D(NTSC)/3L(PAL)梳状滤波器	•		•	
VM 速度调制	•		•	
魔术会聚	MFC IV		MFC IV	
九点手动会聚	•		•	

续表

	机 型	CMT50900H/CMT43900H HD READY	CMT50890H/CMT43890H HD READY
接收系统	全制式	全制式	
	CATV 有线电视接收	·	·
	节目存储数	200	200
音 响	丽音	·	·
	SRS	·	·
	BBE	·	·
	智能音量	·	·
	PC 输入	·	·
	红外遥控输出端子 (AV NET)	·	—
端 子	中置扬声器输入端子	4组	5组
	视频输入	5组	5组
	S 视频输入	3组	3组
	分量输入端子	2组	2组
	耳机输出	1组	1组
	可变音频电平输出端子	1组	1组
	USB 端口	·	—
遥控器	简易遥控器	·	—
	可控制 16 种品牌 DVD 的遥控器	·	·

续表

	机　型	CMT5088H/CMT4388OH		CMT43860H	
		HD READY	4：3	HD READY	4：3
基本资料	屏幕显示		4：3		4：3
	适用电源	交流220V 50Hz/60Hz		交流220V 50Hz/60Hz	
	商品质量（kg）	50型:73　43型:56		55	
	商品尺寸（宽×高×深）(mm)	50型:1 119×1 362　43型:969×1 237　×498		969×1 237　×456	
投影系统	投影管	BARRACUDA		BARRACUDA	
	透镜	HSA		HSA	
	屏幕保护屏	·		·	
	扫描格式转换	·		·	
	全新色彩调配功能	—		—	
	动态对比度	·		·	
	电影模式	·		·	
	运动补偿处理技术	·		·	
	色彩轮廓强化	·		·	
图像	黑色增强	·		·	
	数字降噪	·		·	
	画中画	—		—	
	多种画面比例转换模式	·		·	
	3D（NTSC）/3L（PAL）梳状滤波器	·		·	
	VM 速度调制	·		·	
	魔术会聚	MFC IV		MFC IV	
	九点手动会聚				

续表

	机　型	CMT5088H/CMT43880H	CMT43860H
		HD READY	HD READY
接收系统	接收制式	全制式	全制式
	CATV 有线电视接收	·	·
	节目存储数	200	200
	丽音	·	·
	SRS	·	·
	BBE	·	·
音　响	智能音量	·	·
	PC 输入	—	—
端　子	红外遥控输出端子 (AV NET)	—	—
	中置扬声器输入端子	4 组	4 组
	视频输入	5 组	5 组
	S 视频输入	3 组	3 组
	分量输入端子	2 组	2 组
	耳机输出	1 组	1 组
	可变音频电平输出端子	1 组	1 组
	USB 端口	—	—
遥控器	简易遥控器	—	—
	可控制 16 种品牌 DVD 的遥控器	·	·

29. 网络电视机

【特点及用途】HFC 网络电视机是适应全国有线电视宽带综合信息网 (HFC)收视节目而设计的电视机,有 236 套节目的储存量,是传统频道数的两倍,并且相近频率发射信号无干扰,具有足够清晰度,全自动超强接收功能,记忆棒能准确记住上次使用频道且方便返回,其亮度、色度,对比度、音量等多种控制电路都并联在 I^2C 总线控制上,互不干扰线路简洁,调台换节目时音量智能控制。

[规 格]四川长虹电器股份有限公司

型号	G3488	G3480
基本功能	·超平超短显像管 ·236套节目存储 ·VS电压合成调谐器 ·视窗半透明频率跟踪 ·数字自动频率跟踪 ·无信号自动关机 ·定时开关机 ·预约电视节目 ·定时提醒功能 ·千簧时钟 ·动态亮度瞬态改善电路 ·动态色度瞬态改善电路 ·数字几何失真校正 ·全自动超强接收 ·黑/蓝超电平延伸 ·图像改进电路(TDA9178) ·微电脑智能画质提高 ·自适应暗平衡调整 ·智能I²C总线校正(NTSC制) ·智能化动态降噪 ·蓝背景静噪 ·记忆体(RECAL) ·自动消磁电路 ·新一代I²C数码总线控制 ·DVD分量信号输入 ·P.L.L.检波 ·日历查询 ·NTSC梳状滤波器 ·自动暗平衡调整 ·图像模式选择 ·AV立体声 ·重低音 ·高、低音平衡 ·伴音模式选择 ·S端子	·平面直角显像管 ·236套节目存储 ·智能化全自动超强接收功能 ·智能化全自动超强接收功能 ·视窗半透明中/英文菜单 ·新一代I²C数码总线控制 ·数字多功能几何校正 ·数字自动频率跟踪(AFT) ·数字全自动白平衡调整 ·自适应平衡调整 ·蓝/黑电平延伸(改善画质) ·智能化动态降噪 ·智能化肤色校正(NTSC制) ·重低音 ·图像、声音模式快切速选 ·多路外接音/视频端子 ·多路外接音/视频端子 ·宽电源电压 ·多制式 ·蓝背景静噪 ·定时功能 ·无信号自动关机 ·百年日历查询 ·AV环绕立体声 ·NTSC梳状滤波器 ·DVD分量信号输入 ·千簧时钟

续表

型号	G3478	G2932（K）
基本功能	·平面直角显像管 ·236套节目预置 ·智能化全自动频道搜索功能 ·视频中英文宽荧屏显示 ·数字 I²C 数码总线控制 ·数字多功能几何校正 ·数字自动频率跟踪（AFT） ·数字全自动白平衡调整 ·自适应暗平衡调整 ·黑蓝电平延伸（改善画面） ·智能化肤色校正（NTSC）制 ·蓝背景噪 ·定时功能 ·无信号自动关机 ·数字日历查询 ·AV 环绕立体声 ·多路外接/视频端子 ·图像/声音模式选择滤波器 ·NTSC 梳状滤波器 ·宽电源电压 ·多制式	·智能化—键通 ·新一代 I²C 数码总线控制 ·P.L.L 检波 ·日历查询 ·NTSC 梳状滤波器 ·图像模式选择 ·数字几何失真校正 ·智能童锁 ·伴音模式选择 ·236 套节目存储 ·VS 电压合成调谐器 ·数字自动频率跟踪 ·无信号自动关机 ·定时功能 ·全自动超强接收 ·记忆棒（RECALL） ·自动消磁电路

型号	G2975	G29D9
基本功能	·236 套节目存储 ·Vs 电压合成调谐器 ·视频中英文宽荧屏显示 ·无信号自动关机 ·定时开关机 ·全自动超强接收 ·记忆棒（RECALL） ·自动消磁电路 ·新一代数字 I²C ·P.L.L 检字 ·日历查询（500 年） ·NTSC 梳状滤波器 ·超平视屏显像管 ·236 套节目存储 ·VS 电压合成调谐器 ·视窗半透明中/英文菜单 ·数字自动频率跟踪 ·无信号自动关机 ·定时电视节目 ·预约电视节目 ·定时提醒功能 ·数字几何失真校正 ·黑/蓝电平延伸 ·自动暗平衡调整 ·图像模式选择（4 种） ·智能化降噪 ·全自动白平衡调整 ·自动频道校正（NTSC 制） ·伴音模式选择（4 种） ·宽范围电源电压 ·智能化数字 AFT ·多路外接输入/输出端子	·千禧时钟 ·全自动超强接收 ·记忆棒（RECALL） ·自动消磁电路 ·微电脑智能画质提高 ·新一代 I²C 数码 ·总线控制 ·P.L.L 检波 ·日历查询 ·NTSC 梳状滤波器 ·黑、蓝电平延伸 ·自动暗平衡调 ·图像模式选择 ·数字几何失真校正 ·AV 立体声 ·高、低音平衡 ·伴音模式选择 ·DVD 分量信号输入 ·重低音

续表

型号	基本功能	
G29F6	·超平超黑显像管 ·236套节目预置 ·全自动超强接收 ·节目排序 ·安睡开机 ·游戏功能 ·彩色增强电路 ·五种图像状态模式 ·40MHz CATV全频道 ·个人爱好设置 ·定时开/关机 ·中英文屏幕菜单 ·百年日历查询 ·无信号自动关机	·数字自动频率跟踪(AFT) ·静音 ·记忆棒(RECALL) ·NTSC梳状滤波器 ·AV立体声 ·多路伴音/视频端子 ·黑电平延伸(改善画质) ·自动消磁电路 ·自动白平衡调整 ·数字几何失真校正 ·新一代I²C数码总线控制 ·低损耗绿色电源 ·智能电源保护 ·S端子降噪
G2989	·超平超黑显像管 ·236套节目存储 ·VS电压合成调谐器 ·视窗半透明中/英文菜单 ·视音自动频率跟踪 ·数字开/关机 ·预约电视节目 ·定时提醒功能 ·干簧时钟 ·全自动超强接收(RECALL) ·记忆棒(RECALL) ·自动消磁电路	·新一代I²C数码总线控制 ·P.L.L.检波 ·日历查询 ·NTSC梳状滤波器 ·黑电平延伸 ·自动图像调整 ·图像平衡调整 ·数字几何失真校正 ·AV立体声 ·高、低音平衡 ·伴音模式选择 ·DVD分量信号输入
G29D8	·超平超黑显像管 ·236套节目存储 ·VS电压合成调谐器 ·视窗半透明中/英文菜单 ·视音自动频率跟踪 ·数字开/关机 ·预约电视节目 ·定时提醒功能 ·干簧时钟 ·全自动超强接收 ·记忆棒(RECALL) ·自动消磁电路	·新一代I²C数码总线控制 ·P.L.L.检波 ·开机画面显示 ·日历查询 ·NTSC梳状滤波器 ·黑电平延伸 ·自动暗平衡调整 ·数字几何失真校正 ·AV立体声 ·高、低音平衡 ·伴音模式选择 ·DVD分量信号输入
G2988	·超平超黑显像管 ·236套节目存储 ·VS电压合成调谐器 ·视窗半透明中/英文菜单 ·数字自动频率跟踪 ·数字开/关机 ·预约电视节目 ·定时提醒功能 ·全自动超强接收 ·记忆棒(RECALL) ·自动消磁电路	·新一代I²C数码总线控制 ·P.L.L.检波 ·日历查询 ·NTSC梳状滤波器 ·黑/蓝电平延伸 ·DVD分量信号输入 ·自动图像平衡调整 ·图像平衡调整 ·数字几何失真校正 ·AV立体声 ·高、低音平衡 ·伴音模式选择

续表

型号	G2932	G2985
基本功能	·236套节目存储 ·VS电压合成调谐器 ·数字自动频率跟踪 ·无信号自动关机 ·定时功能 ·新一代I²C数码总线控制 ·P.L.L检波 ·日历查询 ·NTSC桥状滤波器 ·图像模式选择 ·数字几何失真校正 ·AV立体声 ·记忆棒(RECALL) ·自动消磁电路 ·智能音量控制 ·全自动超强接收 ·伴音模式选择 ·本机夜间按键	·236套节目存储 ·VS电压合成调谐器 ·视窗半透明中英文菜单 ·数字自动频率跟踪 ·无信号自动关机 ·定时功能 ·预约电视节目 ·新一代I²C数码总线控制 ·P.L.L检波开机 ·画面显示日历查询 ·NTSC梳状滤波器 ·黑/蓝电平延伸 ·自动消磁电路 ·图像模式选择 ·定时功能 ·全自动超强接收 ·记忆棒(RE-CALL)自动消磁电路 ·数字几何失真校正 ·AV立体声 ·高、低音平衡 ·伴音模式选择 ·DVD分量信号输入

型号	G2936(K)	G2578
基本功能	·来电显示 ·236套节目存储 ·VS电压合成调谐器 ·数字自动频率跟踪 ·无信号自动关机 ·定时电视节目 ·定时提醒功能 ·全自动超强接收 ·记忆棒(RECALL) ·自动消磁电路 ·智能化一键通 ·P.L.L检波 ·新一代I²C数码总线控制 ·日历查询 ·NTSC桥状滤波器 ·自动平衡调整 ·图像模式选择 ·数字几何失真校正 ·AV立体声 ·伴音模式选择	·236套节目存储 ·VS电压自动频率跟踪 ·数字自动频率跟踪 ·无信号自动关机 ·定时电视节目 ·定时提醒功能 ·全自动超强接收 ·记忆棒(RECALL) ·新一代I²C数码总线控制 ·P.L.L检波 ·宽电源电压 ·日历查询 ·NTSC梳状滤波器 ·数字几何失真校正 ·黑/蓝电平校正 ·自动暗平衡调整 ·图像模式选择 ·伴音模式选择 ·自动消磁电路

续表

型号	G2585(B)	G2510(B)
基本功能	·236套节目存储 ·VS电压合成调谐器 ·无信号自动关机 ·记忆棒(RECALL) ·全自动超强接收 ·236套节目存储 ·新一代I²C数码总线控制 ·数字频率自动跟踪 ·PLL检波 ·宽电源电压 ·日历查询 ·NTSC梳状滤波器 ·黑/蓝电平延伸 ·数字几何失真校正 ·图像模式选择 ·全自动暗平衡调整 ·音量可调范围选择	·236套节目存储 ·VS电压合成调谐器 ·数字频率自动跟踪 ·无信号自动关机 ·定时开/关机 ·全自动超强接收 ·记忆棒(RECALL) ·236套节目存储 ·新一代I²C数码总线控制 ·PLL检波 ·日历查询 ·NTSC梳状滤波器 ·数字几何失真校正 ·智能音量控制

型号	G2538	G2539
基本功能	·236套节目存储 ·VS电压合成调谐器 ·数字频率自动跟踪 ·无信号自动关机 ·定时开/关机 ·全自动超强接收 ·节目编辑器(节目排序) ·记忆棒(RECALL) ·自动消磁电路 ·新一代I²C数码总线控制 ·PLL检波 ·日历查询 ·NTSC梳状滤波器 ·数字几何失真校正 ·智能音量控制 ·静音	·236套节目存储 ·VS电压合成调谐器 ·数字频率自动跟踪 ·无信号自动关机 ·定时开/关机 ·全自动超强接收 ·节目编辑器(节目排序) ·记忆棒(RECALL) ·自动消磁电路 ·新一代I²C数码总线控制 ·PLL检波 ·日历查询 ·NTSC梳状滤波器 ·数字几何失真校正 ·智能音量控制 ·静音

续表

型号	G2536	G2532
基本功能	·236套节目存储 ·VS电压合成调谐器 ·数字频率自动跟踪 ·无信号开/关机 ·定时开/关机 ·全自动超强接收 ·节目编辑器（节目排序） ·记忆棒（RECALL） ·自动消磁电路 ·新一代I²C数码总线控制 ·PLL检波 ·日历查询 ·NTSC梳状滤波器 ·数字几何失真校正 ·智能音量控制 ·静音	·236套节目存储 ·VS电压合成调谐器 ·数字频率自动跟踪 ·无信号开/关机 ·定时功能 ·全自动超强接收 ·记忆棒（RECALL） ·自动消磁电路 ·智能音量控制 ·新一代I²C数码总线控制 ·PLL检波 ·日历查询 ·NTSC梳状滤波器 ·图像模式选择 ·数字几何失真校正 ·伴音模式选择

型号	G25D19（B）	G2108
基本功能	·236套节目存储 ·VS电压合成调谐器 ·无信号开/关机 ·定时开/关机 ·记忆棒（RECALL） ·自动消磁电路 ·新一代I²C数码总线控制 ·数字频率自动跟踪 ·PLL检波 ·日历查询 ·宽电源电压 ·NTSC梳状滤波器 ·黑电平延伸 ·图像模式选择 ·音量可调范围选择 ·自动白平衡调整	·236套节目存储 ·VS电压合成调谐器 ·数字频率自动跟踪 ·无信号开/关机 ·定时开/关机 ·预约电视节目 ·智能一键通 ·全自动超强接收（RECALL） ·记忆棒（RECALL） ·自动消磁电路 ·新一代I²C数码总线控制 ·PLL检波 ·NTSC梳状滤波器 ·软化消噪 ·游戏功能 Buzz Canceller电路 ·智能童锁 ·日历查询 ·智能一键通 ·个人爱好设置 ·节目排序

续表

型号	G2109	G2136（K）
基本功能	·236 套节目存储 ·VS 电压合成调谐器 ·数字频率自动跟踪 ·无信号自动关机 ·定时开/关机 ·预约电视节目 ·智能一键通 ·全自动超强接收（RECALL） ·记忆棒（RECALL） ·自动消磁电路 ·新一代I²C数码总线控制	·236 套节目存储 ·VS 电压合成调谐器 ·数字频率自动跟踪 ·无信号自动关机 ·定时开/关机 ·预约电视节目 ·智能童锁 ·全自动超强接收 ·记忆棒（RECALL） ·自动消磁电路
	·PLL 检波 ·NTSC 梳状滤波器 ·柔化消噪 ·游戏功能 ·Buzz Canceller 电路 ·智能童锁 ·日历查询 ·智能一键通 ·个人爱好设置 ·节目排序	·智能一键通 ·PLL 检波 ·新一代I²C 数码总线控制 ·日历查询 ·NTSC 梳状滤波器 ·自动暗平衡调整 ·图像模式选择 ·数字几何失真校正 ·伴音模式选择

型号	G2105	G2138（K）
基本功能	·236 套节目 ·VS 电压合成调谐器 ·数字自动频率跟踪 ·无信号自动关机 ·定时开/关机 ·预约电视节目 ·智能一键通 ·全自动超强接收（RECALL） ·记忆棒（RECALL） ·自动消磁电路 ·新一代I²C 数码总线控制	·236 套节目存储 ·VS 电压合成调谐器 ·数字频率自动跟踪 ·无信号自动关机 ·定时开/关机 ·全自动编辑器（节目排序） ·智能童锁
	·节目存储 ·PLL 检波 ·NTSC 梳状滤波器 ·柔化消噪 ·游戏功能 ·Buzz Canceller 电路 ·智能童锁 ·日历查询 ·智能一键通 ·个人爱好设置	·自动消磁电路 ·新一代I²C 数码总线控制 ·PLL 检波 ·日历查询 ·NTSC 梳状滤波器 ·数字几何失真校正 ·静音

续表

型号	G2110		G2132（K）	
基本功能	· 236 套节目 · 记忆棒（RECALL） · AFT 数字频率自动跟踪 · 新一代 I²C 数码总线控制 · 数字几何失校正 · 智能一键通 · 核化消噪 · 黑电平延伸 · 益智游戏 · NTSC 制帆状滤波器	· PLL 检波 · 470MHzCATV · 定时开/关机 · 智能菜单 · 图标式菜单 · 蓝背景静噪 · Gamma 校正 · 高清晰 S 端子输入 · 图像模式5种（柔和/用户、标准、鲜明/亮丽）	· 黑底平面直角显像管 · 236 套节目 · 记忆棒（RECALL） · AFT 数字频率自动跟踪 · 新一代 I²C 数码总线控制 · 数字几何失校通 · 智能一键通 · 核电平延伸 · 益智游戏 · NTSC 梳状滤波器	· PLL 检波 · 470MHzCATV · 智能置钟 · 图标式菜单 · 蓝背景静噪 · Gamma 校正 · 高清晰 S 端子输入 · 图像模式5种（柔和/用户、标准、鲜明/亮丽）

型号	G1410		G1430	
基本功能	· 236 套节目 · VS 电压合成调谐器 · 数字自动频率跟踪 · 无信号自动关机 · 定时开/关机 · 预约电视节目 · 定时提醒功能 · 智能一键通 · 全自动超强接收 · 记忆棒（RECALL） · 自动消磁电路 · 新一代 I²C 数码总线控制	· PLL 检波 · 开机画面显示 · NTSC 梳状滤波器 · 核化消噪 · 数字几何失校正 · 游戏功能 · 智能童锁 · 日历查询 · 个人爱好设置 · 节目排序 · 图标式菜单	· 236 套节目 · VS 电压合成调谐器 · 数字自动频率跟踪 · 无信号自动关机 · 定时开/关机 · 预约电视接收节目 · 全自动超强接收（RECALL） · 自动消磁电路 · 数字 I²C 总线控制 · PLL 检波 · 开机画面显示 · NTSC 梳状滤波器	· 核化消噪 · 自动音量均衡 · 数字几何失真校正 · 游戏功能 · 智能一键通 · 日历查询 · 节目排序 · 静音

30. 遥控放大电视天线

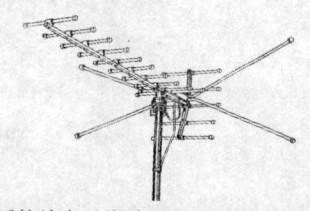

【特点及用途】遥控放大天线采用先进微波电子技术,集 V.U 接收天线、天线放大器、稳压电源、遥控转向于一体,并具有接收频道宽、灵敏度高、图像清晰、色彩鲜艳、伴音悦耳、能有效改善重影、操作方便、安装简易等特点,适合城镇和郊区农村,更适宜边远山区电视信号的接收。

【规　　格】南京熊猫电子股份有限公司模具公司产品

型　号		PD918A-1
天线技术参数	频宽	45~910MHz
		(1~68 频道)
	增益	VHF≥48db
		UFH≥46db
	驻波比	≤3.5
	输出阻抗	75Ω
遥控器技术	工作电源电压	220V/50Hz±10%
	电源消耗功率(W)	≤2
	电机工作电压(V)	12
	旋转速度(rpm)	3
	旋转角度	350°正反向转动
	电源连续工作时间(h)	≥6

防爆电器有关知识　第三十八章

第七篇

防爆电器

第三十八章　防爆电器有关知识

1. 防爆电器设备的类别、级别与温度组别

①爆炸性气体环境危险区域的划分

　　0区:连续出现或长期出现爆炸性气体混合物的环境。

　　1区:在正常运行时可能出现爆炸性气体混合物的环境。

　　2区:在正常运行时不可以出现爆炸性气体混合物的环境或即使出现也仅是短时存在的爆炸性气体混合物的环境。

　　0区一般只存在于密闭的容器、贮罐等内部气体空间,在实际设计过程中1区也很少存在,大多数情况属于2区。

②防爆电器设备分为二类:

　　Ⅰ类:煤矿井下用电器设备。

　　Ⅱ类:除矿井以外的场所使用的电器设备。

③Ⅱ类电器设备,按其适用于爆炸性气体混合物最大试验安全间隙或最小点燃电流比(即:按引起爆炸的难易程度)分为:ⅡA、ⅡB、

ⅡC(ⅡB级使用范围最广,只有氢气或乙炔场所要求使用ⅡC级)。

④根据设备表面最高温度划分六个组别:

T1:450℃ T2:300℃ T3:200℃ T4:135℃ T5:100℃ T6:85℃

2. 有关名词术语解释

①隔爆型电器设备

具有能承受内部爆炸性气体混合物的爆炸压力,并阻止内部的爆炸向外壳周围爆炸性混合物传播的电器设备外壳的电器设备,其标志为"d"

隔爆型电器设备具有以下特征:

a.具有足够强度并能承受爆炸压力的外壳。

b.具有足够长的隔爆接合面,隔爆接合面长度不少于12.5mm。

c.隔爆结合面一般应用车床加工,加工精度为保证粗糙度在6.3μm以下,隔爆面上不能有油漆、塑皮或脏物。

d.隔爆面应抹有防锈油。

e.隔爆外壳不得有穿透性的孔。

f.隔爆面不得有大量沙眼等缺陷。

②增安型电器设备

在正常运行条件下不会产生电弧,火花或可能点燃爆炸性混合物的高温,结构上采取措施提高安全裕度,以避免在正常和认可的过载条件下出现电弧、火花或高湿电器设备,其标志为"e"。

增安型电器设备具有以下特征:

a.内部元件在正常运行下不会产生火花。

b.外壳具有较高的防护能力,即灰尘和水不易进入外壳。

3. 防爆标志举例

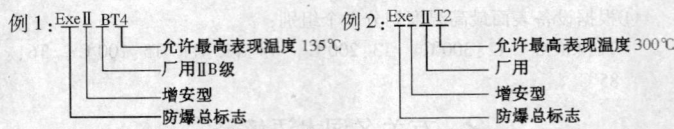

例1：ExeⅡBT4

允许最高表现温度 135℃
厂用ⅡB级
增安型
防爆总标志

例2：ExeⅡT2

允许最高表现温度 300℃
厂用
增安型
防爆总标志

4. 防爆专用螺口式灯座技术要求

灯座型号	额定最大电压 （V）	额定最大电流 （A）	额定功率 （W）
E10	50	2.5	25
E14	250	2.5	60
E27	250	4.0	300
E40	250	10.0	1000

5. 防爆电器引入装置通径对应表

通径	相当的管螺纹（G"）	俗称	允许电缆最大外径(mm)
DN12	1/2	4分	10
DN20	3/4	6分	14
DN25	1	1寸	17
DN32	$1^1/_4$	1.2寸	23
DN40	$1^1/_2$	1.5寸	30
DN50	2	2寸	38
DN70	$2^1/_2$	2.5寸	46
DN80	3	3寸	56

第三十九章 防爆灯具

1. 隔爆型照明灯具

【特点及用途】隔爆型照明灯具外壳,采用铸铝合金或压铸成型,表面喷塑,结构紧凑,有些型号设计有快速开盖,更换灯泡方便,内置镇流器等,灯具采用钢化玻璃灯罩,并有保护网装置。钢管或电缆布线。适用范围:爆炸性气体混合物危险场所:1区,2区;爆炸性气体混合物:ⅡA、ⅡB、ⅡC;温度级别:T1~T4;户内,户外均可。

【规　格】

品　种	额定功率 (W)	额定电压 (V)	灯座	防爆 标志	防爆 等级	防护 等级
白炽灯	60、100、150、200、250、300、500	220	E27 E40	Exd Ⅱ BT4 Exd Ⅱ CT4	W WF₁	IP54 IP55
自镇汞灯	125、160、250、450					
高压汞灯	125、175、250、400					
高压钠灯	100、110、175、250、400					
金属卤化物灯	100、110、175、250、400					

注:布线电缆外径 φ10~φ14(mm),进线口螺纹 G³/₄。

附:安装举例

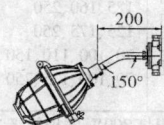

安装形式01(吸顶式)　　安装形式02(吊杆式)　　安装形式03(墙壁式30°)

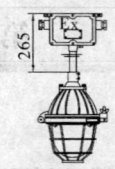

安装形式 04(墙壁式 90°)　　安装形式 05(吸顶式)　　安装形式 06(吊顶式)

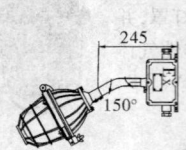

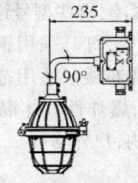

安装形式 07(墙壁式 30°)　　安装形式 08(墙壁式 90°)　　安装形式 09(吊式)

2. 增安型照明灯具

【特点及用途】增安型照明灯具采用铸铝合金外壳,表面喷塑,结构紧凑,灯罩采用活节螺栓紧固,能快速开启便于维修。适用范围:爆炸性气体混合物危险场所:1 区,2 区,爆炸性气体混合物:ⅡA、ⅡB、ⅡC;温度级别:T1 ~ T3。

【规　　格】

品种	额定功率 (W)	额定 电压(V)	防噪 标志	防腐 等级	防护 等级	灯座
白炽灯	100、150、200、300	220	Exe Ⅱ T$_3$	W WF$_1$	IP65	E27 E40
自镇汞灯 高压汞灯 高压钠灯 金属卤化 物灯	125、160、250 125、175、250 70、100、110、150、250 70、100、175、250				IP65 IP55	

注:①白炽灯 300W 防护等级为 IP55。
　　②布线电缆外径 ϕ10 ~ ϕ14(mm)进线口螺纹 G^3/4。

3. 增安型防爆吸顶灯

【特点及用途】增安型防爆吸顶灯采用铸铝合金外壳,表面喷塑,结构紧凑,钢管或电缆布线;适用范围:爆炸性气体混合物危险场所:1 区,2 区;爆炸性气体混合物:ⅡA、ⅡB、ⅡC;温度级别:T1～T3。

【规格】

品种	额定功率 (W)	额定电压 (V)	防爆标志	防腐等级	防护等级	灯座
白炽灯	100 200	220	Exe Ⅱ T4	W WF1	IP55	E27
自镇汞灯	125 160					

注:布线电缆外径 φ10～φ14(mm)进线口 G3/4″。

4. 隔爆型行灯

【特点及用途】隔爆型行灯采用铸铝合金外壳,表面喷塑,钢化玻璃灯罩,电缆布线,适用范围:爆炸性气体混合物危险场所:1 区,2 区,爆炸性气体混合物ⅡA、ⅡB、ⅡC;温度级别:T1～T4;户内户外均可。

【规　格】

额定功率 （W）	额定电压 （V）	灯座	防爆标志	防腐等级	防护等级
60 100	220	E27	Exd Ⅱ BT4 Exd Ⅱ CT4	W WF₁	IP55

注：布线电缆外径 φ10～φ14（mm）进线口螺纹 G3/4″。

5. 隔爆型视孔灯

【特点及用途】隔爆型视孔灯采用铝合金外壳压铸成型，表面喷塑，钢化透明罩，钢管或电缆布线。适用范围：爆炸性气体混合物危险场所：1 区，2 区；爆炸性气体混合物：ⅡA、ⅡB、ⅡC；温度级别：T1～T4；户内、户外均可。

【规　格】

额定功率 （W）	额定电压 （V）	灯座	防爆标志	防爆等级	防护等级
60 100	220	E27	Exd Ⅱ BT4 Exd Ⅱ BT4	W WF₁	IP55

注：布线电缆外径 φ10～φ14（mm）进线口螺纹 G3/4″。

6. 防爆投光灯

【特点及用途】防爆投光灯采用铸铝合金外壳，表面喷塑，灯体可在水平旋转±60°，仰角+90°至 60°内调整。反射罩采用抛物面形，反射率高，照度均匀。电缆布线。适用范围：爆炸性气体混合物危险场所：1 区，2 区；爆炸性气体混合物：ⅡA、ⅡB、ⅡC；温度级别：T1～T4；户内、户外均可。

【规　格】

品　种	额定功率 （W）	额定电压 （V）	灯座	防爆标志	防腐 等级	防护等级
白炽灯	300、500					
自镇汞灯	250、450					
高压汞灯	250、400	220	E40	Exd Ⅱ BT4 Exd Ⅱ CT4	W WF₁	IP54
高压钠灯	250、400					
金属卤化物灯	250、400					

注：布线电缆外径 $\phi10 \sim \phi14$（mm）进线口螺纹 G^3/$_4''$。

7. 隔爆型泛光灯

【特点及用途】隔爆型泛光灯采用铸铝合金外壳，表面喷塑。镇流器、触发器均安装在灯体内，灯体可在水平旋转±60°，仰角+90°至60°内调整，反射罩采用抛物面形，反射率高，照度均匀，电缆布线。适用范围：爆炸性气体混合物危险场所：1区，2区，爆炸性气体混合物：ⅡA、ⅡB；温度级别：T1～T4，户内、户外均可。

【规　格】

品　种	额定功率 （W）	额定电压 （V）	灯座	防爆标志	防腐 等级	防护等级
高压汞灯	250、400					
高压钠灯	250、400	220	E40	Exe Ⅱ BT4	W WF₁	IP54
金属卤化物灯	250、400					

注：布线电缆外径 $\phi10 \sim \phi14$（mm）进线口螺纹 G3/4″。

8. 防爆探照灯

【特点及用途】防爆探照灯采用铸铝合金外壳,表面喷塑,灯体调整角度为±45°,反射灯罩采用抛物面形,反射率高,照度均匀,电缆布线。适用范围:爆炸性气体混合物危险场所:1区,2区;爆炸性气体混合物:ⅡA、ⅡB、ⅡC;温度级别:T1~T4;户内、户外均可。

【规格】

品 种	额定功率 (W)	额定 电压(V)	防爆 标志	防腐 等级	防护 等级	灯座
白炽灯	300、500	220				
自镇汞灯	250、450	220				
高压汞灯	250、400	220	Exd ⅡBT4 Exd ⅡCT4	W WF₁	IP54	E40
高压钠灯	250、400	220				
金属卤化物灯	250、400	220				

注:布线电缆外径 φ10~φ14(mm)进线口螺纹 G3/4″。

9. 隔爆型照明应急灯具

【特点及用途】隔爆型照明应急灯具采用铝合金外壳压铸成型,表面喷塑,内装免维护镉镍电池组,在正常供电下自动充电,照明,应急两用,事故断电或停电时应急灯自动点亮,钢管或电缆布线。适用范围:爆炸性气体混合物危险场所:1区,2区;爆炸性气体混合物;ⅡA、ⅡB、ⅡC;温度级别:T1~T4;户内、户外均可。

【规　　格】

额定功率(W)		额定电压(V)		应急灯启动时间(s)	充电时间(h)	应急灯照明时间(min)	防护等级	防腐等级
正常	应急	正常	应急					
220	20	220	6	≤0.3	30	45	IP54	W WF₁
125								

注:布线电缆外径 φ10～φ14(mm),进线口螺纹 G3/4″,防爆标志 Exd Ⅱ BT4,Exd Ⅱ CT4。

10. 尘密型防爆照明灯具

【特点及用途】尘密型防爆照明灯其外壳采用铝合金压铸或浇铸成型,也有采用优质钢板或不锈钢拉伸成型,表面喷塑。结构紧凑,设有保护网。钢管或电缆布线。尘密型防爆照明灯具适用范围:爆炸性粉尘混合物危险场所:10 区,11 区;温度级别:T11～T13;户内、户外均可。

【规　　格】

品种	额定功率(W)	额定电压(V)	灯座	防腐等级	防护等级
白炽灯	100、150、200、300、500	220	E27 E40	W WF₁	IP65
自镇汞灯	125、160、250、450				
高压录灯	125、175、250、400				
高压钠灯	70、100、110、150、250、400				
金属卤化物灯	70、100、175、250、400				

注:布线电缆外径 φ10～φ14(mm)进线口螺纹 G3/4″。防爆标志 ExDIPDTT13。

11.　尘密型防爆照明应急灯具

【特点及用途】尘密型防爆照明应急灯具采用铝合金外壳压铸成型，表面喷塑，照明、应急两用，内装免维护镉镍电池组。在正常供电下自动充电，应急时灯自动点亮。钢管或电缆布线。尘密型防爆照明应急灯具适用范围：爆炸性混合物危险场所：10 区、11 区；温度级别：T11～T13；户内、户外均可。

【规　　格】

额定功率(W)		额定电压(V)		应急灯启动时间(s)	充电时间(h)	应急灯照明时间(min)	防护等级	防腐等级
正常	应急	正常	应急					
200 125	20	220	6	≤0.3	30	45	IP54	W WF₁

注：布线电缆外径 φ10～φ14(mm)，进线口螺纹 G3/4″，防爆标志 ExDIPPTT13。

12.　防爆平台灯

【特点及用途】防爆平台灯灯杆采用优质钢管制成，表面喷塑，弯杆和直杆采用插接加连接，便于安装和调整灯具方向。灯杆可根据需要选用多面体锥形钢管，可根据需要选择多种防爆灯具。防爆平台灯适用范围：爆炸性气体混合物危险场所：1 区、2 区；爆炸性气体混合物：ⅡA、ⅡB、ⅡC；温度级别：T1～T4。爆炸性粉尘混合物危险场所：10 区、11 区；温度级别 T11～T13；户内、户外均可。

[规　格]

型号	白炽灯	自镇汞灯	高压汞灯	高压钠灯	金属卤化物灯	灯座
FBP51-01	100,150,200	125,160	125	70,100,110	70,100,150	
FBP51-02	150,200	125,160	125	70,100	70,100	
FBP51-03	150,200,300,500	125,160,250,450	125,175,250,400	110,150,250,400	100,175,250,400	
FBP51-04	300,500	250,450	250,400	250,400	250,400	
FBP51-05	100,150,200	125,160,250	125,175,250	110,150,250	100,175,250	
FBP51-06			125,175,250	110,150,250	100,175,250	
FBP51-07	200,300	125,160,250	125,175,250	110,150,250	100,150,250	E27/E40
FBP51-08	500	450	400	400	400	
FBP51-10	200	125,160,250	125,175,250	110,150,250	100,175,250	
FBP51-11	100,150,200	125,160,250	125,175,250	110,150,250	100,175,250	
FBP51-12	200,300	125,160,250	125,175,250	110,150,250	100,150,250	
FBP51-13			125,175,250	110,150,250	100,175,250	
FBP51-14	500	450	400	400	400	
FBP51-09	光源为荧光灯			功率	22,32,54	

注:型号意义为:FB—防爆;P—平台灯;51—设计序号;横线后数字—灯具序号。

附一:平台灯配用防爆灯具示例

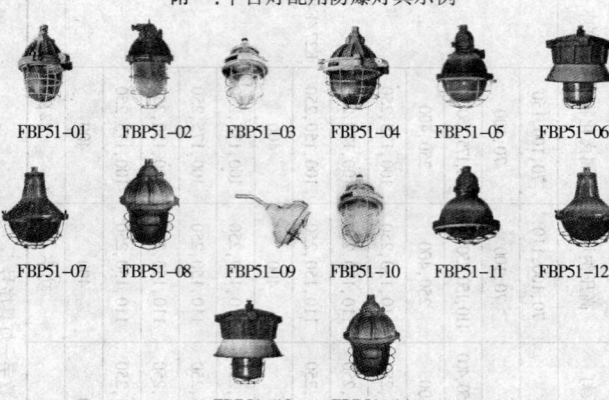

| FBP51-01 | FBP51-02 | FBP51-03 | FBP51-04 | FBP51-05 | FBP51-06 |

| FBP51-07 | FBP51-08 | FBP51-09 | FBP51-10 | FBP51-11 | FBP51-12 |

FBP51-13　　FBP51-14

附二:安装举例

安装形式 01　　安装形式 02　　安装形式 03　　安装形式 04

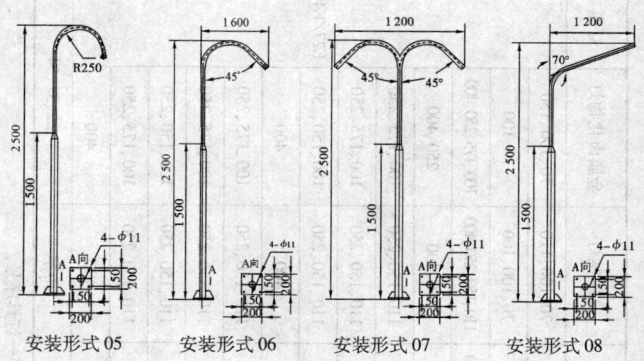

安装形式 05　　　安装形式 06　　　安装形式 07　　　安装形式 08

13. 防爆马路灯

【特点及用途】防爆马路灯杆采用优质钢管制成,表面喷塑;弯杆和直杆采用插接加连接,便于安装和调整灯具方向。灯杆可根据需要选用多面体锥形钢管,可根据需要选择多种防爆灯具。防煤马路灯适用范围,爆炸性气体混合物危险场所:1 区,2 区;爆炸性气体混合物:ⅡA、ⅡB、ⅡC;温度级别:T1 ~ T4,爆炸性粉尘混合物危险场所:10 区,11 区;温度级别;T11 ~ T13;户内、户外均可。

【规 格】

型号	白炽灯	自镇汞灯	高压汞灯	高压钠灯	金属卤化物灯	灯座
FBM52-01	100,150,200	125,160	125	70,100,110	70,100,150	
FBM52-02	150,200	125,160	125	70,100,100	70,100	
FBM52-03	150,200,300,500	125,160,250,400	125,175,250,400	110,150,250,400	100,175,250,400	
FBM52-04	300,500	250,450	250,400	250,400	250,400	
FBM52-05	100,150,200	125,160,250	125,175,250	110,150,250	100,175,250	
FBM52-06			125,175,250	110,150,250	100,175,250	
FBM52-07	200,300	125,160,250	125,175,250	110,150,250	100,150,250	E27/E40
FBM52-08	500	450	400	400	400	
FBM52-10	200	125,160,250	125,175,250	110,150,250	100,175,250	
FBM52-11	100,150,200	125,160,250	125,175,250	110,150,250	100,175,250	
FBM52-12	200,300	125,160,250	125,175,250	110,150,250	100,150,250	
FBM52-13			125,175,250	110,150,250	100,175,250	
FBM52-14	500	450	400	400	400	
FBM52-09	光源为荧光灯		功率		22,32,54	

注:型号意义为:FB—防爆;M—马路灯;52—设计序号;横线后数字—灯具序号。

附一:马路灯配用防爆灯具示例

FBM52-01

FBM52-02

FBM52-03

FBM52-04

FBM52-05

FBM52-06

FBM52-07

FBM52-08

FBM52-09

FBM52-10

FBM52-11

FBN52-12

FBM52-13

FBP52-14

附二:安装举例

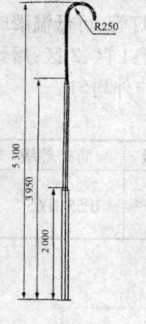
安装形式 10

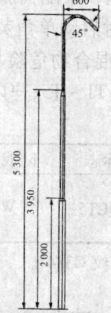
安装形式 11

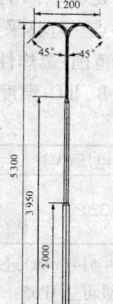
安装形式 12

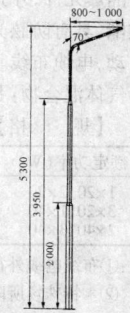
安装形式 13

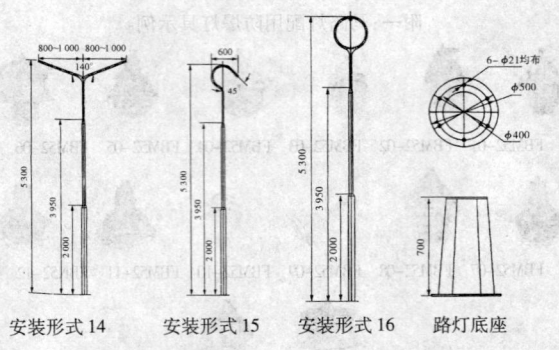

安装形式 14　　安装形式 15　　安装形式 16　　路灯底座

14. 防爆防腐荧光灯

【特点及用途】防爆防腐荧
光灯整体采用密封式结构,内
装隔爆元件,外壳使用玻璃纤维增强不饱和聚酯树脂,透明罩材质为聚碳
酸酯,具有防眩光的特点。灯具采用瞬时启动单角荧光灯管,可低温瞬时
启动,电缆布线。适用范围:爆炸性气体混合物危险场所:1 区、2 区;爆炸
性气体混合物:Ⅱ A、Ⅱ B、Ⅱ C;温度级别:T1 ~ T5;户内、户外均匀。

【规　格】

额定功率(W)	额定电压(V)	防爆标志	防腐等级	防护等级
1×20 ,2×20 3×20 ,1×40 2×40 ,3×40	220	Exed Ⅱ CT5	WF$_2$	IP55 IP65 *

注:①布线电缆外径 φ10 ~ φ14(mm)进线口螺纹 G3/4"。

　　②* 特殊场所防护等级可达 IP65。

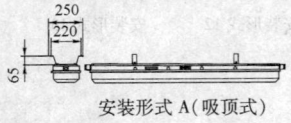

安装形式 A(吸顶式)

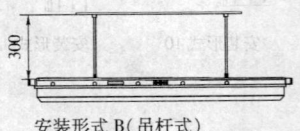

安装形式 B(吊杆式)

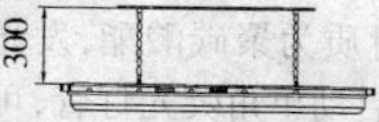

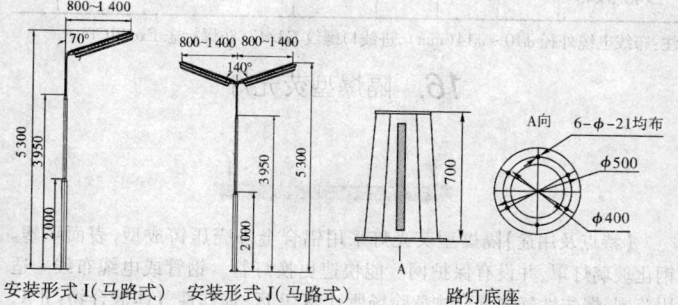

安装形式 C(吊链式) 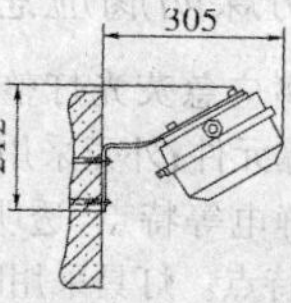　安装形式 D(墙壁式) 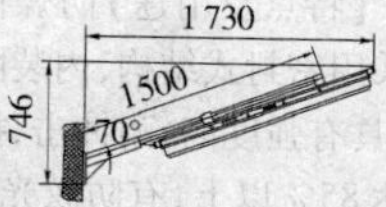　安装形式 E(墙壁式)

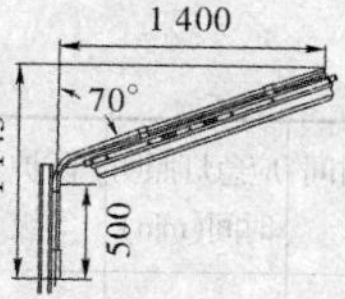

安装形式 F(墙壁式) 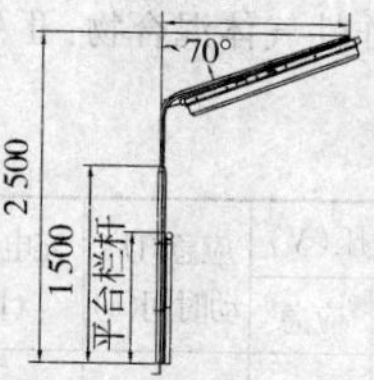　安装形式 G(平台式) 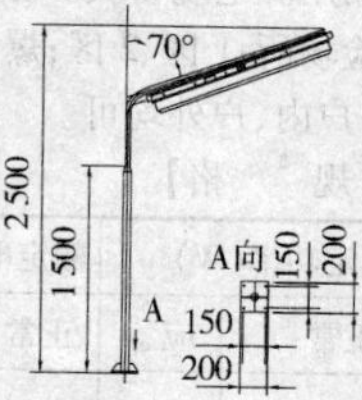　安装形式 H(平台式)

安装形式 I(马路式)　安装形式 J(马路式)　路灯底座

15. 防燥防腐应急荧光灯

【特点及用途】防燥防腐应急荧光灯整
体采用密封式结构,内装隔爆元件;外壳采用玻璃纤维增强不饱和聚酯树
脂,具有强度高、耐冲击、抗静电等特点,透明罩材质为聚碳酸酯,发光效
率达85%以上,有防眩光的特点。灯采用瞬时启动单角荧光灯管,可低
温瞬时启动。灯具在开启状态能自动切断电流,确保安全。灯具供照明、
应急两用。电缆布线。防爆防腐应急荧光灯适用范围:爆炸性气体混合
物危险场所:1区、2区;爆炸性气体混合物:ⅡA、ⅡB、ⅡC;温度级别:T1
~T5;户内、户外均可。

【规　　格】

额定功率(W)		额定电压(V)		应急灯启	充电时间	应急灯照明	防护	防腐
正常	应急	正常	应急	动时间(s)	(h)	时间(min)	等级	等级
1×20、2×20 3×20、1×40 2×40、3×40	1×20 1×40	220	6	0.3	30	60	IP55	WF$_2$

注:布线电缆外径 $\phi10\sim\phi14$(mm),进线口螺纹 G3/4″,防爆标志 ExedⅡCT5。

16. 隔爆型荧光灯

【特点及用途】隔爆型荧光灯采用铝合金外壳压铸成型,表面喷塑。
钢化玻璃灯罩,并设有保护网。能快速更换灯管。钢管或电缆布线。适
用范围:爆炸性气体混合物危险场所:1区、2区;爆炸性气体混合物:ⅡA、
ⅡB、ⅡC,温度级别:T1~T5;户内、户外均可。隔爆型荧光灯外形有吸顶
式和吊杆式两种。

【规　　格】

额定功率 （W）	额定电压 （V）	防爆标志	防腐等级	防护等级	重量（kg）
1×30					4.8
2×30	220	Exd Ⅱ BT6	W WF₁	IP54	7.6
1×40					6.6
2×40					11.2

注：布线电缆外径 φ10～φ14(mm)，进线口螺纹 G3/4。

17. 防爆环型荧光灯

【特点及用途】防爆环形荧光灯采用铸铝合金外壳、表面喷塑，钢化玻璃灯罩，并设有保护网，钢管或电缆布线。适用范围：爆炸性气体混合物危险场所：1 区、2 区；爆炸性气体混合物：ⅡA、ⅡB、ⅡC，温度级别：T1～T5；户内、户外均可。

【规　　格】

额定功率 （W）	额定电压 （V）	防爆标志	防腐等级	防护等级
22				IP54
32	220	Exd Ⅱ BT5	W WF₁	
54				IP65 *

注：①布线电缆外径 φ10～φ14(mm)进线口螺纹 G3/4″。

②＊为特殊场所防护等级。

18. 防爆环形应急荧光灯

【特点及用途】防爆环形应急荧光灯采用铸铝合金外壳，表面喷塑，钢化玻璃灯罩，并设有保护网，照明、应急两用，钢管或电缆布线。其适用范围：爆炸性气体混合物危险场所：1 区、2 区；爆炸性气体混合物：ⅡA、ⅡB，温度级别：T1～T4；户内、户外均可。

【规　　格】

额定功率 （W）		额定电压 （V）		应急灯启 动时间(s)	充电时间 （h）	应急灯照明 时间(min)	防护 等级	防腐 等级
正常	应急	正常	应急					
22								W
32	22	220	6	≤0.3	30	90	IP54	
54								WF$_1$

注:布线电缆外径 $\phi10 \sim \phi14$(mm),进线螺纹 G3/4,防爆标志 Exd Ⅱ BT5。

19. 隔爆型照明应急荧光灯

【特点及用途】隔爆型照明应急荧光灯采用铝合金外壳压铸成型,表面喷塑,钢化玻璃灯罩,并设有保护网,能快速更换灯管,照明应急两用,钢管或电缆布线。应急装置在正常送电条件下自动充电,断电时应急灯自动点亮。隔爆型照明应急荧光灯适用范围:爆炸性气体混合物危险场所:1 区、2 区;爆炸性气体混合物:Ⅱ A、Ⅱ B,温度级别:T1 ~ T5;户内、户外均可。

【规　　格】

额定功率 （W）		额定电压 （V）		应急灯启 动时间(s)	充电时间 （h）	应急灯照明 时间(min)	防护 等级	防腐 等级
正常	应急	正常	应急					
1×30								
2×30	1×30							W
1×40	1×40	220	6	≤0.3	30	90	IP54	WF$_1$
2×40								

注:布线电缆外径 $\phi10 \sim \phi14$(mm),进线口螺纹 G3/4″,防爆标志 Exd Ⅱ BT5。

20. 尘密型防爆防腐防尘荧光灯

【特点及用途】尘密型防爆防腐防尘荧光灯其整体采用密封式结构，内装隔爆元件，具有强度高、耐冲击、抗静电等特点，透明罩材质为聚碳聚酯，保证发光效率85%，且防眩光。灯具采用瞬时启动单角荧光灯管，可低温瞬时启动，能在开启状态自动切断电源确保安全。灯具内部设有备用接线端子板，在灯内由导线连通，电缆布线。适用范围:爆炸性粉尘混合物危险场所:10区、11区;温度级别:T1～T3,户内、户外均可。

【规　　格】

额定功率(W)	额定电压(V)	防腐等级	防护等级	防爆标志
1×20,2×20,3×20 1×40,2×40,3×40	220	WF₂	IP55	ExdIPDTT13

注:布线电缆外径 φ10～φ14(mm),进线口螺纹 G3/4″。

21. 尘密型防爆荧光灯

【特点及用途】尘密型防爆荧光灯采用铝合金外壳压铸成型，表面喷塑，钢化玻璃灯罩，并设有保护网，能快速更换灯管，钢管或电缆布线。尘密型防爆荧光灯适用范围:爆炸性粉尘混合物危险场所:10区、11区;温度级别:T11～T13,户内、户外均可。结构形式有吸顶式和吊杆式两种。

【规　　格】

额定功率(W)	额定电压(V)	防爆标志	防腐等级	防护等级
1×30,2×30 1×40,2×40	220	ExdIPDTT13	W WF₁	IP55

注:布线电缆外径 φ10～φ14(mm),进线口螺纹 G3/4″。

22. 尘密型防爆环形应急荧光灯

【特点及用途】尘密型防爆环形应急荧光灯采用
铸铝合金外壳,表面喷塑,照明、应急两用,钢化玻璃
灯罩,并设有保护网,使用钢管或电缆布线。尘密型
防爆环形应急荧光灯适用范围:爆炸性粉尘混合物危险场所:10 区、11
区;温度级别:T11 ~ T13,户内、户外均可。

【规　　格】

额定功率(W)		额定电压(V)		应急灯启动	充电时间	应急灯照明	防护	防腐
正常	应急	正常	应急	时间(s)	(h)	时间(min)	等级	等级
22 32 54	22	220	6	≤0.3	30	90	IP54	W WF₁

注:布线电缆外径 $\phi10 \sim \phi14(mm)$,进线口螺纹 G3/4″,防爆标志 ExdIPDTT13。

23. 尘密型防爆应急荧光灯

【特点及用途】尘密型防爆应急荧光灯采用铝合
金外壳压铸成型,表面喷塑,钢化玻璃灯罩,并设有
保护网,能快速更换灯管,照明、应急两用。应急装置在正常送电条件下
自动充电,断电时应急灯自动点亮。钢管或电缆布线。尘密型防爆应急
荧光灯适用范围:爆炸性粉尘混合物危险场所:10 区、11 区;温度级别:
T11 ~ T13,户内、户外均可。

【规　　格】

额定功率(W)		额定电压(V)		应急灯启动	充电时间	应急灯照明	防护	防腐
正常	应急	正常	应急	时间(s)	(h)	时间(min)	等级	等级
1×30 1×40	1×30 1×40	220	6	≤0.3	30	90	IP65	W WF₁

注:布线电缆外径 $\phi10 \sim \phi14(mm)$,进线口螺纹 G3/4″,防爆标志 ExdIPDTT13。

24. 尘密型防爆防腐应急荧光灯

【特点及用途】尘密型防爆防腐应急荧光灯灯具整体采用密封式结构,内装隔爆元件。外壳采用玻璃纤维增强不饱和聚酯树脂,具有强度高、耐冲击、抗静电等特点。透明罩材质为聚原碳酸脂,发光效率达85%以上,能防眩光。灯管采用瞬时启动单角荧光灯管,可低温瞬时启动,灯具能在开启状态下自动切断电源,确保安全。灯具供照明、应急两用,电缆布线。尘密型防爆防腐应急荧光灯适用范围:爆炸性粉尘混合物危险场所:10 区、11 区;温度级别:T11 ~ T13,户内、户外均可。

【规　格】

额定功率(W)		额定电压(V)		应急灯启动	充电时间	应急灯照明	防护	防腐
正常	应急	正常	应急	时间(s)	(h)	时间(min)	等级	等级
1×20								
2×20								
3×20	1×20	220	6	≤0.3	30	60	IP65	WF₂
1×40	1×40							
2×40								
3×40								

注:布线电缆外径 φ10 ~ φ14(mm),进线口螺纹 G3/4",防爆标志 ExdIPDTT13。

25. 船用防爆防腐(应急)荧光灯

【特点及用途】船用防爆防腐(应急)荧光灯整体采用密封式结构,内装隔爆元件,外壳采用玻璃纤维增强不饱和聚酯树脂,具有强度高、耐冲

士、抗静电等特点。透明罩材质为聚碳酸酯,发光效率达 85% 以上,能防眩光,灯具采用瞬时启动单角荧光灯管,可低温瞬时启动,能在开启状态自动切断电源,确保安全。灯具电缆布线,具有应急功能的灯具能照明、应急两用,使用 6V4Ah 免维护镉电池组,船用防爆防腐(应急)荧光灯适用范围:海上钻井平台、油轮。货轮等场所以及产生或积聚爆炸性混合气体的船舱和甲板;爆炸性气体混合物:ⅡA、ⅡB、ⅡC;温度级别:T1 ~ T5。

【规　格】

额定功率 （W）	额定电压 （V）	防腐 等级	防护 等级	进线口 螺纹	电缆外径 （mm）
1×20 、2×20 、3×20 1×40 、2×40 、3×40	220	WF$_2$	IP65	G3/4"	φ10 ~ φ14

注:应急灯具额定功率应急时为 1×20W 、1×40W,额定电压应急为 6V,启动时间 ≤0.3s,充电时间 30h,应急照明时间 60min,防爆标志 Exed ⅡCT5。

26. 防爆节能荧光灯

【特点及用途】防爆节能荧光灯采用铸铝合金外壳,表面喷塑,镇流器安装于灯体内,光源采用三基色稀土荧光粉、显色指数高,光效好、钢管或电缆布线。适用范围:爆炸性气体混合物危险场所:1 区、2 区;爆炸性气体混合物:ⅡA、ⅡB、ⅡC;户内、户外均可。

【规　格】

额定功率 （W）	额定电压 （V）	光通量 （lm）	显色指数 （Ra）	色温 （k）	灯座	防爆 标志	防腐 等级	防护 等级
55	220	3 500	80	2 700 ~ 6 400	E40	Exd ⅡBT6	W WF$_1$	IP55
65		4 200				Exd ⅡCT6		

注:布线电缆外径 φ10 ~ φ14（mm）,进线口螺纹 G3/4″。

27. 隔爆型应急标志灯

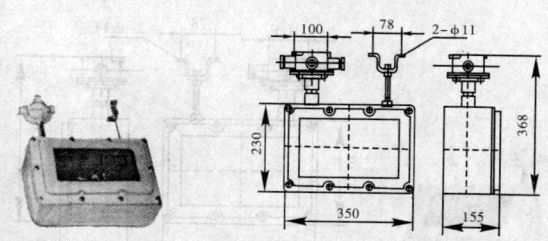

【特点及用途】隔爆型应急标志灯采用铸铝合金外壳,表面喷塑,照明应急两用,钢管或电缆布线。适用范围:爆炸性气体混合物危险场所:1区,2区;爆炸性气体混合物:ⅡA、ⅡB;温度级别:T1～T4;户内、户外均可。

【规　　格】

额定功率(W)		额定电压(V)		应急灯启动时间(s)	充电时间(h)	应急灯照明时间(h)	防护等级	防腐等级
正常	应急	正常	应急					
12	6	220	6	≤0.3	15	≥2	IP54	W WF₁

注:布线电缆外径$\phi 10 \sim \phi 14$(mm),进线口螺纹G3/4″,防爆标志ExdⅡBT4。

附:标志代号

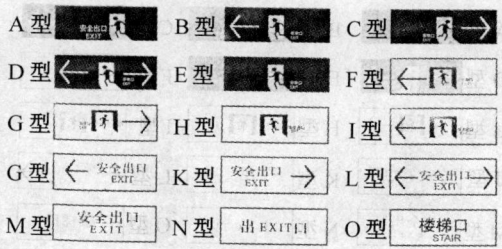

28. 尘密型防爆应急标志灯

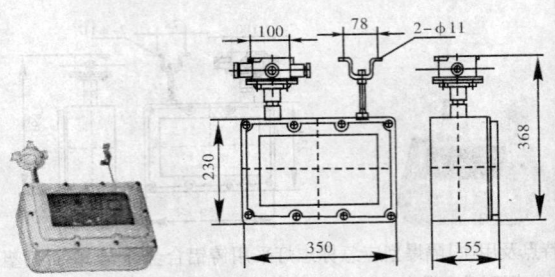

【特点及用途】尘密型防爆应急标志灯采用铸铝合金外壳,表面喷塑,照明,应急两用,钢化玻璃灯罩;钢管或电缆布线。尘密型防爆应急标志灯适用范围;爆炸性粉尘混合物危险场所;10 区,11 区;温度级别:T11 ~ T13;户内,户外均可。

【规　格】

额定功率(W)		额定电压(V)		应急灯启动	充电时间	应急灯照	防护	防腐
正常	应急	正常	应急	时间(s)	(h)	明时间(h)	等级	等级
12	6	220	6	≤0.3	15	≥2	IP65	W,WF₁

注:布线电缆外径 $\phi10 \sim \phi14$(mm),进线口螺纹 G3/4″,防爆标志 Exd II PDTT 130。

附:标志代号

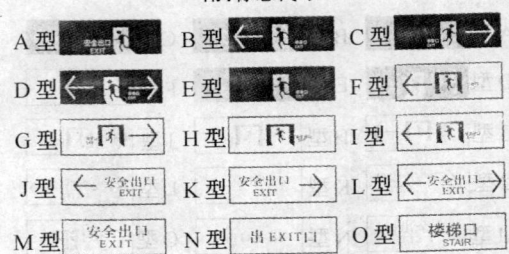

29. 防爆信号灯

【特点及用途】防爆信号灯外壳由铜和耐弧材料制成，透明罩采用聚碳酸酯，钢管或电缆布线。防爆信号灯适用范围:爆炸性气体混合物危险场所:1 区、2 区;爆炸性气体混合物:ⅡA、ⅡB 级;温度组别:T1～T6;户内、户外均可。

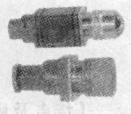

【规　格】

	电压(V)	防爆标志	防护等级	防腐等级	重量(kg)
交流	380、220	Ex–d Ⅱ BT6	IP54	WF₁	0. 4
直流	220、110/36、6.3			WF₂	

注:布线电缆外经 $\phi 10 \sim \phi 14$(mm),进线口螺纹 G1/2"。

30. 隔爆型便携式强光应急行灯

【特点及用途】隔爆型便携式强光应急行灯携带方便，除手提外，还可采用腰挎和安全帽佩戴式。外壳采用紧凑式结构，能承受强力冲击，有较强的防水性能，适合于各种恶劣环境。高效节能。

隔爆型便携式强光应急行灯适用范围:爆炸性气体混合物危险场所:1 区、2 区;爆炸性气体混合物:Ⅱ A、Ⅱ B;温度级别:T1～T5;户内、户外均可。

【规　格】

充电电压:220V	照射距离:最大距离:250～300m
工作电压:6V	有效距离:125m
额定容量:4Ah	电池使用寿命:循环约 1 000 次
连续放电时间:强光:1～2h	防爆标志:Exd Ⅱ CT6
工作光:>10h	防护等级:IP65
	防腐等级:WF₂
	外形尺寸(mm):103×52×152(长×宽×高)重量:0.955kg

注:灯泡工作电压 6V,强光电源 2.5A,工作光电流 0.4A,强光光通量≥90lm。工作光光通量≥32Lm,连续表使用寿命≥480h。

31. 防爆手电筒

【特点及用途】防爆手电筒外壳采用工程塑料成型,具有较好抗冲击能力和防腐蚀能力,发光效率高,携带和使用方便。防爆手电筒适用范围:爆炸性气体混合物危险场所:1区,2区;爆炸性气体混合物:ⅡA、ⅡB、ⅡC;温度组别:T1～T6。

【规　格】

电压 (V)	灯泡 (V/A)	电池规格 (#)	电池数量 (只)	灯座	射程 (m)	防护等级	防腐等级
3	2.4/0.25		2		75		
4.5	3.6/0.3	1	3	E9	100	IP54	W WF₂
6	5.4/0.5		4		150		

注:防爆标志 Ex-eia ⅡBT6。

第四十章 防爆元器件

1. 防爆挠性连接管

【特点及用途】防爆挠性连接管具有耐燃,耐油,耐腐蚀,耐水,耐磨,耐老化,挠性好,结构牢固等特点。可作为防爆电气设备进出线连接或钢管布线弯曲难度较大的场所连接之用,挠性管长度可根据需要加工确定。防爆挠性连接管适用范围:爆炸性气体混合物危险场所:1区,2区;爆炸性所体混合物:ⅡA、ⅡB、ⅡC;温度级别:T1~T6。爆炸性粉尘混合物危险场所:10区,11区;温度级别(粉尘):T11~T13;户内、户外均可。

【规　格】

管道径(mm)	螺纹规格	长度(mm)	最小曲率半径(mm)	防爆标志
15	G½"	700	80	
20	G¾"	700	110	
25	G1"	1 000	145	
32	G1¼"	1 000	180	Exd Ⅱ
40	G1½"	1 000	210	
50	G2"	1 200	270	
70	G2½"	1 400	350	

2. 防爆电缆夹紧密封接头(一)

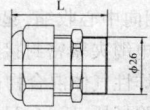

【特点及用途】防爆电缆夹紧密封接头采用工程塑料压制而成,具有较强的防腐和防水性能,适用增安型外壳中作引入装置用。防爆电缆夹

紧密封接头适用范围:爆炸性气体混合物危险场所:1区,2区;爆炸性气体混合物:ⅡA、ⅡB、ⅡC;温度级别:T1~T6。爆炸性粉尘混合物危险场所:10区,11区;温度级别(粉尘):T11~T13;户内、户外均可。

【规　　格】

螺纹规格	螺纹长度 (mm)	L (mm)	防爆标志	防护等级	防腐等级	电缆外径 (mm)
PG9	8	55				$\phi5 \sim \phi8$
PG11	8	55				$\phi5 \sim \phi10$
PG13.5	9	67				$\phi6 \sim \phi12$
PG16	10	67				$\phi10 \sim \phi14$
PG21	11	72	ExeⅡ	IP66	WF_2	$\phi13 \sim \phi18$
PG29	11	72				$\phi18 \sim \phi25$
PG36	13	77				$\phi22 \sim \phi32$
PG42	13	77				$\phi30 \sim \phi38$
PG48	13	89				$\phi34 \sim \phi44$

3. 防爆电缆夹紧密封接头(二)

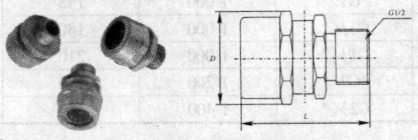

【特点及用途】防爆电缆夹紧密封接头专用于夹紧电缆,以防止拔脱,外管螺纹接头与螺纹压帽之间设一密封胶圈,该密封胶圈小头设有3个金属爪,金属爪随胶圈向中心收缩,起到夹紧电缆作用,对于铠装电缆又起到接地作用。防爆电缆夹紧密封接头适用范围:爆炸性气体混合物危险场所:1区,2区;爆炸性气体混合物:ⅡA、ⅡB、ⅡC;温度级别:T1~T6。爆炸性粉尘混合物危险场所:10区,11区;温度级别(粉尘):T11~T13;户内、户外均可。

【规　格】

螺纹规格	主要尺寸(mm)		防爆标志	防护等级	防腐等级	电缆外径(mm)
	ϕD	L				
G1/2"	43	62				$\phi 7 \sim \phi 9$
G3/4"	50	62				$\phi 8 \sim \phi 15$
G1"	58	70				$\phi 10 \sim \phi 18$
G1^1/4"	70	75			W	$\phi 13 \sim \phi 23$
G1^1/2"	74	75	Exd II	IP65	WF	$\phi 17 \sim \phi 26$
G2"	85	90			WF$_2$	$\phi 25 \sim \phi 35$
G2^1/2"	100	110				$\phi 29 \sim \phi 38$
G3	118	120				$\phi 33 \sim \phi 51$

4. 防爆电缆夹紧密封接头(三)

 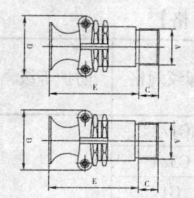

【特点及用途】防爆电缆夹紧密封接头由铸铝合金制成,表面喷塑。材质为不锈钢时其防腐等级可达到 WF$_2$。防爆电缆夹紧密封接头适用范围:爆炸性气体混合物危险场所:1 区,2 区;爆炸性气体混合物: II A、II B、II C;温度级别:T1 ~ T6。爆炸性粉尘混合物危险场所:10 区,11 区;温度级别(粉尘):T11 ~ T13;户内、户外均可。

【规 格】

螺纹规格	主要尺寸（mm）				防爆标志	防护等级	防腐等级	电缆外径 （mm）
	C	D	E	F				
G1/2″	24	40	76	23	Exe II	IP65	W WF$_1$	$\phi7 \sim \phi9$
G3/4″		50	86	25				$\phi8 \sim \phi15$
G1″		56	95	29				$\phi10 \sim \phi18$
G1$^1/_4$″		74	113	37				$\phi13 \sim \phi23$
G1$^1/_2$	26	80	122	42				$\phi17 \sim \phi26$
G2″	28	92	136	52				$\phi25 \sim \phi35$
G^{2}1/2″	30	133	156	75				$\phi29 \sim \phi38$

5. 防爆活接头

【特点及用途】防爆活接头由优质碳素钢制成，表面镀锌或采用不锈钢，防爆活接头适用范围：爆炸性气体混合物危险场所：1区，2区；爆炸性气体混合物：II A、II B、II C；温度级别：T1～T6。爆炸性粉尘混合物危险场所：10区，11区；温度级别（粉尘）：T11～T13；户内、户外均可。

【规 格】

管道径 （mm）	螺纹规格	防护等级	防腐等级	防爆标志	重量（kg）
15	G1/2″	IP54	W WF$_1$ WF$_2$	Exd II	0.22
20	G3/4″				0.25
25	G1″				0.31
32	G1$^1/_4$″				0.52
40	G1$^1/_2$″				0.56
50	G2″				0.64
70	G2$^1/_2$″				0.82
80	G3″				0.94

6. 防爆管接头

【特点及用途】防爆管接头由碳素钢制成,表面镀锌或采用不锈钢,材质为不锈钢时其防腐等级可达 WF_2。防爆管接头适用范围:爆炸性气体混合物危险场所:1区,2区;爆炸性气体混合物:ⅡA、ⅡB、ⅡC;温度级别:T1~T6。爆炸性粉尘混合物危险场所:10区,11区;温度级别(粉尘):T11~T13;户内、户外均可。

【规　格】

管道径	螺纹规格	主要尺寸		防腐等级	防爆标志	防护等级	重量
(mm)		ϕD	L				(kg)
15	G1/2"	28	45				0.22
20	G3/4"	34	45				0.25
25	G1"	42	50				0.31
32	G1$\frac{1}{4}$"	50	55	W			0.52
40	G1$\frac{1}{2}$"	56	60	WF_1	Exd Ⅱ	IP54	0.56
50	G2"	66	65	WF_2			0.64
70	G2$\frac{1}{2}$"	80	70				0.82
80	G3"	95	75				0.94

7. 防爆填料函

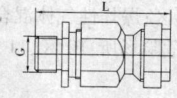

【特点及用途】防爆填料函由黄铜或不锈钢制成。电缆采用填料密封,防护性能良好,使用安装方便,防爆性能优越等特点。材质为不锈钢时其防腐等级可达到 WF₂。防爆填料函适用范围:爆炸性气体混合物危险场所:1 区、2 区;爆炸性气体混合物 Ⅱ A、Ⅱ B、Ⅱ C;温度级别:T1～T6;爆炸性粉尘混合物危险场所:10 区、11 区;温度级别(粉尘):T11～T13;户内、户外均可。

【规   格】

螺纹规格	L (mm)	防爆标志	防护等级	防腐等级	电缆外径 (mm)
G1/2″	72				$\phi7～\phi9$
G3/4″	74				$\phi8～\phi15$
G1″	84				$\phi10～\phi18$
G1¼″	88	Exd Ⅱ	IP65	W WF1 WF2	$\phi13～\phi23$
G1½″	93				$\phi17～\phi26$
G2″	95				$\phi25～\phi35$
G2½″	103				$\phi29～\phi38$
G3″	126				$\phi33～\phi51$

8. 防爆照明开关

【特点及用途】防爆照明开关采用铝合金外壳压铸成型,表面喷塑;增安型外壳内装隔爆开关元件,外壳接合部位有橡胶密封圈密封,防护等级 IP55,钢管或电缆布线。防爆照明开关适用范围:爆炸性气体混合物危险场所:1 区、2 区;爆炸性气体混合物:Ⅱ A、Ⅱ B;温度级别:T1～T6;爆炸性粉尘混合物危险场所:10 区、11 区;温度级别粉尘:T11～T13;户内、户外均可。

【规　格】

品种	额定电流（A）	额定电压（V）	防爆标志	防护等级	级数	使用类别	防腐等级
ⅡB级尘密型	10	220	Exed ⅡBT5 ExDIPDTT13	IP55	IP+N	AC1 AC3	W WF₁

注:布线电缆外径 $\phi10 \sim \phi14(mm)$,进线口螺纹 G3/4。

9. 防爆拉线开关

【特点及用途】防爆拉线开关采用铝合金压铸成型,表面喷塑。适用范围:爆炸性气体混合物危险场所:1区、2区;爆炸性气体混合物:ⅡA、ⅡB;温度级别:T1 ~ T6。

【规　格】

额定电压（V）	额定电流（A）	防爆标志	进线口螺纹（G″）	电缆外径（mm）
220	4	Exd ⅡBT6	3/4	10 ~ 14

10. 防爆自动空气开关

【特点及用途】防爆自动空气开关采用铸铝合金外壳,表面喷塑,内装 DZ5 系列小型断路器,具有过载、短路保护功能、可加装漏电保护功能。钢管或电缆布线:其适用范围:爆炸性气体混合物危险场所:1区、2区;爆炸性气体混合物ⅡA、ⅡB;温度级别:T1 ~ T6。

【规　格】

额定电压 （V）	脱扣器额定电流 （A）	防爆标志	进线口螺纹 （G″）	电缆外径 （mm）
380/220	1.5、2.3、4.5、6.5 10、15、20	Exd Ⅱ BT6	3/4″	10 ~ 14

11. 防爆刀开关

【特点及用途】防爆刀开关采用铝合金外壳压铸成型或钢板焊接，表面喷塑，能在电压 380/220V，电流 10 ~ 60A 的电气装置和配电设备中作不频繁的接通、分断负荷电路及短路保护用，能快速分断和接通。钢管或电缆布线。防爆刀开关适用范围：爆炸性气体混合物危险场所：1 区，2 区；爆炸性气体混合物；Ⅱ A、Ⅱ B、Ⅱ C；温度级别 T1 ~ T5。爆炸性粉尘混合物危险场所：10 区，11 区；温度级别（粉尘）：T11 ~ T13；户内、户外均可。

【规　格】

额定电流 （A）	额定电压 （V）	防爆标志	防护等级	防腐等级	极数	进线口螺纹及 电缆外径
10、15 20	220	Exd Ⅱ BT5 Exde Ⅱ CT5 ExDIPDTT12	IP54	W WF₁	2 3 4	G1 $\phi 8 ~ \phi 20$（mm）
30、60	380					G1″G1/2″ $\phi 17 ~ \phi 28$（mm）

12. 防爆组合开关

【特点及用途】防爆组合开关采用铝合金外壳压铸成型,表面喷塑,钢管或电缆布线。其适用于交流 50Hz、电压 380V、电流 60A 以下的电气线路中作为电源引入开关,并可控制电动机启动、停止、换向等。防爆组合开关适用范围:爆炸性气体混合物危险场所:1 区,2 区;爆炸性气体混合物:ⅡA、ⅡB、ⅡC;温度级别:T1~T6;爆炸性粉尘混合物危险场所:10 区,11 区;温度级别(粉尘):T11~T13;户内、户外均可。

【规　格】

额定电压 (V)	额定电流 (A)	防爆标志	防护等级	防腐等级	进线口螺纹	电缆外径 (mm)
380	10	ExdⅡBT6 ExdⅡCT6、 ExDIPDTT13	IP54	W WF₁	G3/4"	$\phi10\sim\phi14$
	25				G1"	$\phi16\sim\phi20$
	60				G1¹/₄"	$\phi22\sim\phi26$

13. 防爆行程开关

【特点及用途】防爆行程开关采用铝合金外壳压铸成型,表面喷塑,钢管或电缆布线。其适用范围:爆炸性气体混合物危险场所:1 区,2 区;爆炸性气体混合物:ⅡA、ⅡB、ⅡC;温度级别:T1~T6;爆炸性粉尘混合物危

险场所:10 区~11 区;温度级别(粉尘);T11–T13 户内、户外均可。

【规　　格】

品　　种	触头数量 常开常闭		动作行程	超行程	动作力 (N)	防爆标志
驱动头柱塞式	1	1	1~3mm	2mm	≤2.0	ExdⅡBT6, ExdⅡCT6 ExDIPDTT13
驱动头滚轮柱塞式						
驱动头滚轮式转壁			12~15°	≥30°	≤1.0	
驱动头滚轮叉式转壁			≥45°		≤1.5	

额定电压(V)	额定电流(A)	防护等级	防腐等级	进线口螺纹	电缆外径(mm)
380	2.5	IP54	W,WF$_1$	G1/2,G3/4	$\phi7\sim\phi15$

14. 防爆控制按钮(一)

【特点及用途】防爆控制按钮采用铝合金外壳压铸成型,表面喷塑,复合型外壳内装隔爆型元件,可选装电流表或电压表,钢管或电缆布线。防爆控制按钮适用范围:爆炸性气体混合物危险场所:1 区、2 区;爆炸性气体混合物:ⅡA、ⅡB;温度级别:T1~T6。爆炸性粉尘混合物危险场所:10区、11区;温度级别(粉尘):T11~T13;户内、户外均可。

【规　格】

按钮数	电压(V)	电流(A)	防爆标志	防护等级	防腐等级	重量(kg)
1	220 380	5	Exd Ⅱ BT6 ExdIPDTT13	IP65	W WF₁	0.55
2						1
3						1.5
2(带电流表)						2.4
2(带电流表)						3

注:①布线电缆外径 φ10~φ14(mm),进线口螺纹 G3/4″

②电流表标称值按用户要求,数量 1 只。

15.　防爆控制按钮(二)

【特点及用途】防爆控制按钮采用铝合金外壳压铸成型,表面喷塑,内装按钮,电流表或指示灯可随时观察负载运行情况,钢管或电缆布线。防爆控制按钮防爆标志 Ex d Ⅱ CT6、ExdIPDTT13。适用范围:爆炸性   气体混合物危险场所:1 区、2 区;爆炸性气体混合物:Ⅱ A、Ⅱ B、Ⅱ C;温度级别:T1~T6。爆炸性粉尘混合物危险场所:10 区,11 区;温度级别(粉尘):T11~T13;户内、户外均可。

【规　格】

电压 (V)	电流 (A)	按钮数	触头对数	电流表	信号灯	防护等级	防腐等级	进线口螺纹	电缆外径 (mm)
DC220 AC380	5	2	2 常开、2 常闭	1		IP54	W WF₁	G3/4″	φ10~φ14
					1				
		3	3 常开、3 常闭	1					
					1				

注:触头对数可根据需要进行增减。

16. 防爆电动葫芦按钮

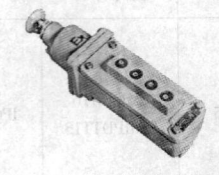

【特点及用途】防爆电动葫芦按钮采用铸铝合金外壳,表面喷塑,电缆布线。其适用范围:爆炸性气体混合物危险场所:1 区、2 区;爆炸性气体混合物:ⅡA、ⅡB;温度级别:T1~T6。

【规　　格】

额定电压(V)	额定电流(A)	电缆外径(mm)	防爆标志	进线口螺纹(G)
380/220	10	10~14	ExdⅡBT6	3/4

17. 防爆断路器

【特点及用途】防爆断路器采用铸铝合金外壳,压铸成型,表面喷塑,内装 3VE1、M611 系列断路器,具有过载、短路等保护功能,钢管或电缆布线。防爆断路器适用范围:爆炸性气体混合物危险场所:1 区,2 区;爆炸性气体混合物:ⅡA、ⅡB、ⅡC;温度级别 T1~T6。爆炸性粉尘混合物危险场所:10 区、11 区;温度级别(粉尘):T11~T13;户内、户外均可。

【规　　格】

额定 电流 (A)	额定 电压 (V)	防爆 标志	防护 等级	防腐 等级	使用 类别	极数	内装元件 脱扣电流(A)	
							3VE1	M611
20 30	380/220	Exde II BT6 Exde II CT6 ExDIPDTT13	IP54	W WF₁	AC1 AC3	1P + N + PE 3P + N + PE	1.6 ~ 2.5 2 ~ 3.2 2.5 ~ 4.3 2 ~ 5 4 ~ 6 6.3 ~ 10 10 ~ 20 30	0.16、0.25、 0.4、0.63、 1、1.6、 2.5、4、 10、20、25、32

注:布线电缆外径 $\phi10 \sim \phi34(\text{mm})$,进线口螺纹 G1 ～ G2。

18. 防爆镇流器

【特点及用途】防爆镇流器采用铝合金外壳压铸成型,表面喷塑,可作为防爆汞灯、钠灯、金属卤化物灯配套产品,钢管或电缆布线。防爆镇流器适用范围:爆炸性气体混合物危险场所:1区,2区;爆炸性气体混合物:II A、II B、II C;温度级别:T1 ～ T6。爆炸性粉尘混合物危险场所:10区、11区;温度级别(粉尘):T11 ～ T13;户内、户外均可。

【规　格】

品种	功率 (W)	电压 (V)	防爆标志	防腐等级	防护等级
汞灯用	125、175、250、 400	200	Exd Ⅱ BT6 Exd Ⅱ CT6 Exd Ⅱ T3 ExDIPDTT 13	`W WF₁	IP54（特殊场所防护 等级可达 IP65）
钠灯用	100、110、150、 250、400				
金属卤化 物灯用	70、100、150、 250、400				

注：布线电缆外径 φ10～φ14（mm），进线口螺纹 G3/4″。

19. 防爆插接装置

【特点及用途】防爆插接装置适用于额定电压380V以下，额定电流
9、16、32A的线路中，作为连接手持工具及照明灯电源，铸铝合金外壳，表
面喷塑。插头上带有分、合指示灯，插座上设有防护盖，以免外物侵入。
钢管或电缆布线，电缆布线须配电缆夹紧密封接头。防爆插接装置适用
范围：爆炸性气体混合物危险场所：1区，2区；爆炸性气体混合物：ⅡA、Ⅱ
B、ⅡC；温度级别：T1～T6。爆炸性粉尘混合物危险场所：10区、11区；温
度级别（粉尘）：T11～T13；户内、户外均可。

【规　格】

额定电流(A)	额定电压(V)	极数	使用类别	防爆标志	防护等级	防腐等级	进线口螺纹	电缆外径(mm)
9、16、32	220	1P+N+PE	AC1	Exd Ⅱ BT6 Exed Ⅱ CT6 ExDIP-DTT13	IP54 IP65 *	W WF₁	G3/4″	φ10～φ14
	380	3P+N+PE	AC3					
63、100	380	3P+N+PE	AC、AC3				G1¹/2″G2	φ25～φ42
125	380	3P+N+PE	AC3				G2	φ25～φ42

注:特殊场所防护等级可达 IP65。

20. 防爆仪表(增安型)

【特点及用途】防爆仪表(增安型)采用铸铝合金外壳,表面喷塑。内装各种仪表,如电流表、电压表、转速表。钢管或电缆布线。防爆仪表(增安型)适用范围:爆炸性气体混合物危险场所:1 区、2 区,爆炸性气体混合物:ⅡA、ⅡB、ⅡC。温度级别:T1～T6。

【规　格】

额定电压(V)		防爆标志	电缆外径(mm)	进线口螺纹(G)
交流 AC	直流 DC			
380　220	6　12 24　36 110　220	Exe Ⅱ T6	10～14	3/4

21. 防爆吊灯盒

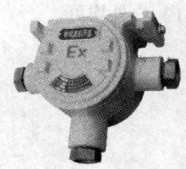

【特点及用途】防爆吊灯盒采用铸铝合金外壳,铸造成型,表面喷塑,钢管或电缆布线。防爆吊灯盒适用范围:爆炸性气体混合物危险场所:1 区、2 区;爆炸性气体混合物:ⅡA、ⅡB、ⅡC;温度级别:T1～

T6;爆炸性粉尘混合物危险场所:10 区,11 区;温度级别(粉尘):T11 ~
T13;户内、户外均可。

【规　格】

额定电压 (V)	额定电流 (A)	防爆标志	防护 等级	防腐 等级	进线口 螺纹	电缆 外径 (mm)
220	20	ExdⅡBT6 ExdⅡCT6 ExeⅡT6 ExdIPDTT13	IP54 * IP65	W WF₁	G3/4″	φ10 ~ φ14

注:特殊场所防护等级可达 IP65。

22. 防爆穿线盒

【特点及用途】防爆穿线盒采用铸铝合金外壳,压铸成型,表面喷塑,
进出线口螺纹可特制。防爆标志 ExeⅡ,防护等级 IP55。结构形式多样,
便于安装,钢管布线。防爆穿线盒适用范围:爆炸性气体混合物危险场
所:1 区,2 区;爆炸性气体混合物:ⅡA,ⅡB,ⅡC;温度级别:T1 ~ T6。爆
炸性粉尘混合物危险场所:10 区,11 区;温度级别(粉尘):T11 ~ T13;户
内、户外均可。

【规　格】

型号	示意图	管内径（mm）	管螺纹	外形尺寸（mm）		
				长	宽	高
BCH-A□		15	G1/2″	120	32	38
		20	G3/4″	135	35	48
		25	G1″	160	42	55
		32	G1¼″	170	54	70
		40	G1½″	180	60	78
		50	G2″	228	72	90
		70	G2½″	246	86	104
		80	G3″	282	102	120
BCH-B□		15	G1/2″	120	50	38
		20	G3/4″	135	60	48
		25	G1″	160	70	55
		32	G1¼″	170	84	70
		40	G1¼″	180	90	78
		50	G2″	228	104	90
		70	G2½″	246	121	104
		80	G3″	282	137	120
BCH-C□		15	G1/2″	120	68	38
		20	G3/4″	135	85	48
		25	G1″	160	98	55
		32	G1¼″	170	114	70
		40	G1½″	180	120	78
		50	G2″	228	136	90
		70	G2½″	246	156	104
		80	G3″	282	172	120

续表

型号	示意图	管内径（mm）	管螺纹	外形尺寸（mm）		
				长	宽	高
"BCH-D□	（逆时针）	15	G1/2″	100	50	38
		20	G3/4″	110	60	48
		25	G1″	132	70	55
		32	G1¼″	140	84	70
		40	G1½″	150	90	78
		50	G2″	196	104	90
		70	G2½″	211	121	104
		80	G3″	247	127	120
BCH-E□	（顺时针）	15	G1/2″	100	50	38
		20	G3/4″	110	60	48
		25	G1″	132	70	55
		32	G1¼″	140	84	70
		40	G1½″	150	90	78
		50	G2″	196	104	90
		70	G2½″	211	121	104
		80	G3″	247	127	120
BCH-F□		15	G1/2″	100	30	58
		20	G3/4″	110	35	73
		25	G1″	132	42	83
		32	G1¼″	140	50	100
		40	G1½″	150	60	108
		50	G2″	196	72	122
		70	G2½″	211	86	139
		80	G3″	247	102	155

续表

型号	示意图	管内径（mm）	管螺纹	外形尺寸（mm）		
				长	宽	高
BCH-G□		15	G1/2″	120	32	58
		20	G3/4″	135	35	73
		25	G1″	160	42	83
		32	G1¼″	170	54	100
		40	G1½″	180	60	108
		50	G2″	228	72	122
		70	G2½″	246	86	139
		80	G3″	282	102	155
BCH-H□		15	G1/2″	120	32	58
		20	G3/4″	135	35	73
		25	G1″	160	42	83
		32	G1¼″	170	54	100
		40	G1½″	180	60	108
		50	G2″	228	72	122
		70	G2½″	246	86	139
		80	G3″	282	102	155

注:型号意义为:B——防爆,CH——穿线盒,横线后字母——结构形式代号;□——
管螺纹规格。

23. 防爆接线盒

【特点及用途】防爆接线盒采用铸铝合金外壳,压铸成型,表面喷塑,进出线口有多种方式(如:一通平、两通平、三通平、四通平、角通平、一通吊、两通吊、三通吊、四通吊、角通吊等)。钢管或电缆布线。防爆接线盒适用范围:爆炸性气体混合物危险场所:1区,2区,爆炸性气体混合物:ⅡA,ⅡB,ⅡC,温度级别:T1~T6;爆炸性粉尘混合物危险场所:10区,11区;温度级别(粉尘):T11~T13;户内、户外均可。

【规 格】

进线口螺纹	主要尺寸(mm)						电缆外径 (mm)	额定电压 (V)	额定电流 (A)	防爆标志
	A	B	C	D	E	F				
G1/2″							φ6~φ8			
G3/4″	162	137	105	112	65	102	φ10~φ14			Exd Ⅱ BT6
G1″							φ16~φ20	380 220	20	Exd Ⅱ CT6 Exe Ⅱ T6
G1¼″	168	142		102	147		φ22~φ26			EXDIP
G1½″	185	150	148	150	108	153	φ28~φ32			DTT13
G2″	215	172			120	175	φ34~φ38			

注:防护等级 IP55,防腐等级 W,WF₁。

24. 防爆隔离密封盒

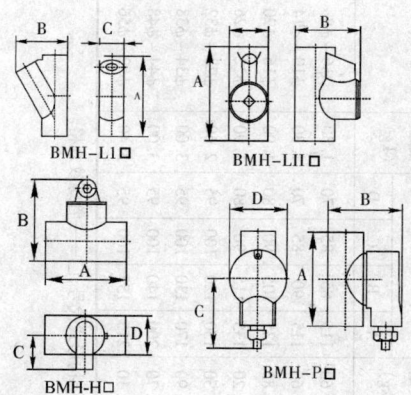

BMH-L1□   BMH-LII□

BMH-H□   BMH-P□

【特点及用途】防爆隔离密封盒采用铝盒金外壳,压铸成型,表面喷塑,管螺纹联接,其密封性能和防爆性能极好。防爆标志 Exd Ⅱ,防护等级 IP65。防爆隔离密封盒适用范围:爆炸性气体混合物危险场所:1 区、2 区;爆炸性气体混合物:Ⅱ A、Ⅱ B、Ⅱ C;温度级别:T1 ~ T6;爆炸性粉尘混合物危险场所:10 区、11 区;温度级别(粉尘):T11 ~ T13,其户内、户外均可使用。

[规 格]

型号 螺纹规格	BMH-LⅠ□ BMH-LⅡ□				BMH-H□					BMH-P□					电缆外径 (mm)
	基本尺寸 (mm)			重量 (kg)	基本尺寸(mm)				重量 (kg)	基本尺寸(mm)				重量 (kg)	
	A	B	C		A	B	C	D		A	B	C	D		
G1/2"	100	73	42	0.60	100	83	42	48	0.60	115	85	85	70	1.30	φ6~φ8
G3/4"	115	75	42	0.65	115	83	42	48	0.65	115	90	85	70	1.30	φ10~φ14
G1"	125	85	44	0.85	125	98	42	48	0.85	135	105	90	80	1.90	φ16~φ20
G1¼"	145	85	54	1.50	145	113	58	67	1.20	135	115	90	80	1.90	φ22~φ26
G1½"	150	93	62	1.80	150	120	58	67	1.30	150	120	100	95	2.60	φ28~φ32
G2"	170	110	75	2.70	170	132	58	67	1.90	170	130	100	95	3.00	φ34~φ38
G2½"	200	120	90	3.40	200	156	77	84	2.70	200	140	100	95	3.00	φ44~φ48
G3"	215	132	103	4.10	215	170	77	84	3.10	215	153	100	95	3.40	φ52~φ56

注:型号意义为:B——防爆,MH——密封盒,横线后字母——结构形式代号,□——管螺纹规格。

25. 防爆接线箱

【特点及用途】防爆接线箱可用于 380/220V 及以下线路中作为连接各种电气设备的分线,接线用,也可作为自控或通讯的信号或电源线的连接。外壳采用铸铝合金壳体,表面喷塑,或采用玻璃纤维增强不饱含聚酯压而成。端子数,出线口方向及数量,公称直径可任意变化。钢管或电缆布线。以玻璃纤维增强不饱含聚酯制成的箱体,具有抗静电,耐冲击及热稳定性好且又耐腐蚀等性能,外壳防护等级 IP65。防爆接线箱防爆标志 Exe Ⅱ T6. EXDIPDTT13。其适用范围:爆炸性气体混合物危险场所:1 区,2 区;爆炸性气体混合物:Ⅱ A、Ⅱ B、Ⅱ C;温度级别:T1 ~ T6;爆炸性粉尘混合物危险场所:10 区、11 区;温度级别(粉尘):T11 ~ T13;户内户外均可。

【规 格】

进线口螺纹	电缆外径 (mm)	额定电压 (V)	额定电流 (A)	防护 等级	防腐 等级	主要尺寸(mm) (长×宽×厚)
G1/2″	$\phi6 \sim \phi8$					
G3/4″	$\phi10 \sim \phi14$		10、20 30、40 50、63 80、100 120、150 200	IP65	W WF$_1$	256×253×113 450×337×110 (尺寸包括出线口端子长度)
G1″	$\phi16 \sim \phi20$	380 220				
G1^1/4″	$\phi22 \sim \phi26$					
G1^1/2″	$\phi28 \sim \phi32$					
G2″	$\phi34 \sim \phi38$					
G2^1/2″	$\phi44 \sim \phi48$					
G3″	$\phi52 \sim \phi56$					

注:进线口螺纹 G2^1/2″和 G3″的接线箱防腐等级可达 WF$_2$。

26. 隔爆接线箱

【特点及用途】隔爆接线箱可用于 380/220V 及以下线路中作为连接各种电气设备的分线,接线用,也可作为自控或通讯的信号或电源线的连接。接线箱采用铸铝合金壳体,表面喷塑,端子数,出线口方向及公称直径可任意变化,钢管或电缆布线,电缆布线须配电缆夹紧密封接头。隔爆接线箱防爆标志 ExdⅡBT6、ExdⅡCT6、ExDIPDTT13。适用范围:爆炸性气体混合物危险场所:1区、2区;爆炸性气体混合物:ⅡA、ⅡB、ⅡC;温度级别:T1～T6;爆炸性粉尘混合物危险场所:10区、11区;温度级别(粉尘)T11～T13;户内、户外均可。

【规　格】

进线口螺纹	电缆外径 (mm)	额定电压 (V)	额定电流 (A)	防护 等级	防腐 等级	主要尺寸(mm) (长×宽×厚)
G1/2″	$\phi6 \sim \phi8$					
G3/4″	$\phi10 \sim \phi14$		10、20			
G1″	$\phi16 \sim \phi20$		30、40			360×274×123
G1¼″	$\phi22 \sim \phi26$	380	50、63	IP54	W	418×407×147
G1½″	$\phi28 \sim \phi32$	220	80、100	*	WF₁	(尺寸包括出线口
G2″	$\phi34 \sim \phi38$		120、150	IP65		端子长度)
G2½″	$\phi44 \sim \phi48$		200			
G3″	$\phi52 \sim \phi56$					

注:特殊场所防护等级可达 IP65。

27. 防爆防腐防尘主令控制器

【特点及用途】防爆防腐防尘主令控制器采用增安型外壳,内装隔爆型元件,外壳采用玻璃纤维增强不饱和聚酯树脂压制而成,具有耐腐蚀、抗静电、耐冲击、热稳定性好等特点。元件排列组合可按需用要求,随意组合,钢管或电缆布线。防爆防腐防尘主令控制器适用范围:爆炸性气体混合物危险场所:1 区、2 区;爆炸性气体混合物 II A、II B、II C;温度级别:T1～T6;爆炸性粉尘混合物危险场所:10 区、11 区;温度级别(粉尘)T11～T13;户内、户外均可。

【规格】

使用类别	额定绝缘电压(V)	额定工作电压(V)	额定工作电流(A)	防爆标志	防护等级	防腐等级	进线口螺纹/电缆外径
AC11	500	220	6	Exde II CT6 ExDIPDTT13	IP65	WF$_2$	M20×1.5/$\phi 8 \sim \phi 10$ G3/4(G1)/$\phi 10 \sim \phi 14$
		380	4				
DC11 (L/R=100ms)		24	6				
		110	0.5				
		220	0.2				

附:内装隔爆型元件

a:信号灯

额定电压(V)	6.3 V	12 V	24 V	36 V	48 V	110 V	220 V	380 V
代号	1	2	3	4	5	6	7	8

信号灯颜色	红色	绿色	黄色	白色	蓝色
代号	1	2	3	4	5

b. 控制按钮

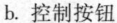

```
U4 □□
        ├── 触点组合形式
        ├── 控制按钮类型
        └── 控制按钮代号
```

（b₁）触点组合形式代号

组合形式	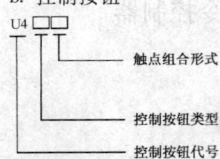		
代号	1	2	3

（b₂）控制按钮类型代号

代号	控制按钮类型	备注
01	橡胶帽	愿始状态为停止，触头按压前为常开；按压后为启动状态，触头瞬间闭合。
02	蘑菇头带橡胶帽	
03	蘑菇头带自锁功能	
04	蘑菇头带橡胶帽和滚珠卡（应急按钮，红色）	
05	蘑菇头带钥匙	
06	开关启动，停止状态可锁住，钥匙可抽出	
07	开关停止状态可锁住，钥匙可抽出；启动状态可锁住，钥匙不可抽出	
08	开关停止状态可锁住，钥匙可抽出；启动状态不可锁住，钥匙可抽出	
09	开关停止状态可锁住，钥匙不可抽出；启动状态可锁住，钥匙可抽出	
10	开关停止状态不可锁住，钥匙不可抽出；启动状态可锁住，钥匙可抽出	
11	开关停止状态不可锁住，钥匙可抽出；启动状态自动锁住，用钥匙停止	

28. 防爆操作柱

【特点及用途】防爆操作柱采用铝合金外壳压铸成型，表面喷塑，内装转换开关，电流表，指示灯等。可配电源指示灯，以便晚夜观察数据。电流表量程可根据需要选用广角度表、过载电流表、数显表、电压表、转数表、百分表等。防爆操作柱具有30多种功能，安装方式有挂式，桥架式和主柱式。钢管布线或电缆布线，电缆布线须配电缆夹紧密封接头。其适用范围：爆炸性气体混合物危险场所：1区、2区；爆炸性气体混合物：ⅡA、ⅡB、ⅡC；温度级别：T1～T6；户内、户外均可。

【规　格】

额定电压 （V）	额定电流 （A）	使用类别	防护等级	防爆标志	进线口螺纹	电缆外径 （mm）
380	6、10、16、20	AC1	IP54	Exd ⅡBT6	G3/4″	φ10～φ14
		AC3	*IP65	Exd ⅡCT6	G1″	

注：①特殊场所防护等级可达 IP65；②如选2、3个以上开关时，得连续表标注开关组合符号，例如，选3个A型开关，应写为A/A/A。

附：开关组合符合简要说明

开关组合 符合	旋转位置（实线表示定位， 虚线表示自复位）	等效开关	等效功能说明
A	停止　　起动	STP　ST	功能接线均与双按钮相同，自动复位
B	停止　　起动 锁停	STP　ST	增加了"锁停"档位，此位置使常闭按钮压开，目的是保护现场不受操作室操纵，以减少意外事故

续表

开关组合符合	旋转位置(实线表示定位,虚线表示自复位)	等效开关	等效功能说明
C	 停止 起动	 ST STP	两个常开触点的按钮,自动复位,适合高压电机控制电路用
D	 分 合	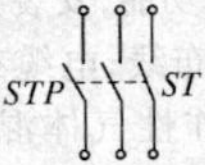 STP ST	做小功率电源开关。如小轴流风机、水泵等
E	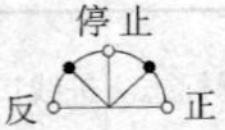 停止 反 正	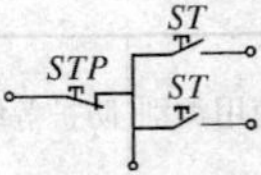 STP ST ST	功能和接线均与三按钮相同。正、反按钮自动复位,停止定位后,带"锁停"功能。运行操作后解除"锁停"。此开关避免正、反两启动器同时吸合
F	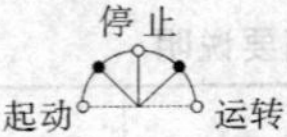 停止 起动 运转	同 M	与 E 相同,启动、运转两位置均为自动复位,两定位位置在转换过程中压动停止按钮。适于"Y-△"启动电路
G	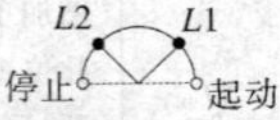 L2 L1 停止 起动	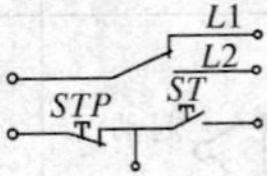 L1 L2 STP ST	相当于两个自复位按钮和一个切换开关装于一轴。切换开关也可作为一块电流表,测量 L1、L2 两相的电流。(配稳压二极管)

续表

开关组合符合	旋转位置(实线表示定位,虚线表示自复位)	等效开关	等效功能说明
H	 点动 手动 自动 关断 关断 自动 手动 点动	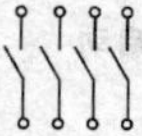	旋转方向任意,多功能
I	 点动 手动 自动 关断 关断 自动 手动 点动	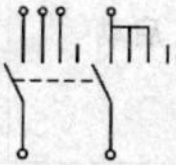	与 H 结构略有差异
J	 2 1 3 8 4 7 6 5	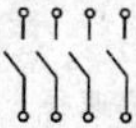	二进制编码,4 对触点 8 个或 16 个状态
K	 II I III	 I II III	切换开关
L	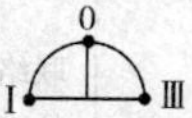 0 I III	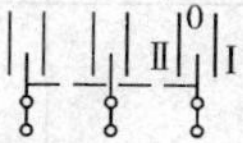 II 0 I	切换开关
M	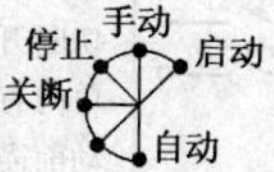 停止 手动 启动 关断 自动	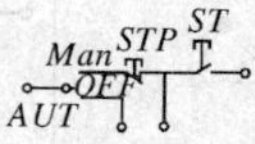 Man STP ST OFF AUT	手动、关断、自动三位置转换开关与自复位的启动,停止装在一轴上
N	 停止 手动 起动 关断 手动 自动	同 M	比 M 型开关又增加了一个手动位置,目的是在手动启动后经停止转向自动

续表

开关组合符合	旋转位置（实线表示定位，虚线表示自复位）	等效开关	等效功能说明
O	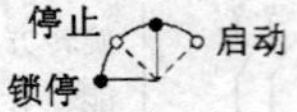 **停止** **启动** **锁停**	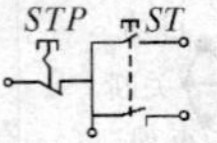 STP ST	启动为双触点，旋钮位置与 B 相同
P	 **停止** **启动**	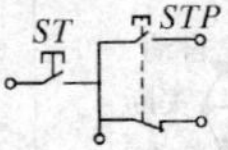 ST STP	停止为双触点，也可分别代替 A 或 C
Q	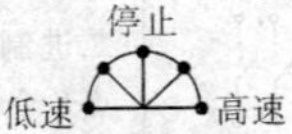 停止 低速 高速	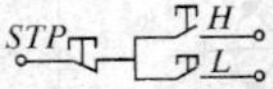 STP H L	接线与 E（F）相同，只是复位后停止触点也复位，既无停止功能。
R	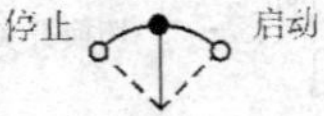 停止 启动	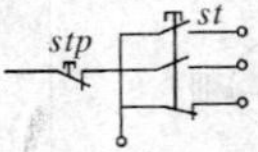 stp st	启动为多触点
S	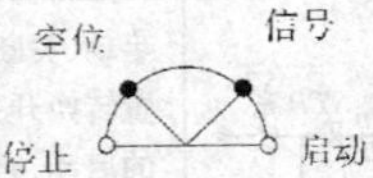 空位 信号 停止 启动	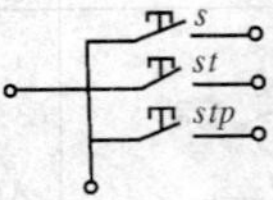 s st stp	联络信号触点是从空位到信号位后闭合，启动复位后它状态切断，即信号开关单向有效。适用于启动前需要请示的控制电路中
T	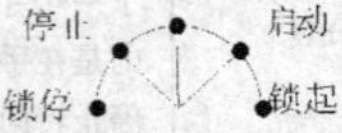 停止 启动 锁停 锁起	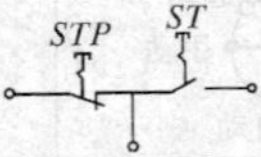 STP ST	与 B 型开关相比增加了锁起位置

续表

开关组合符合	旋转位置(实线表示定位,虚线表示自复位)	等效开关	等效功能说明
U	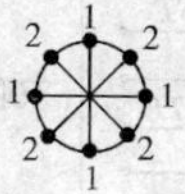	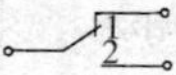	双控照明开关,任意旋动变换状态
V	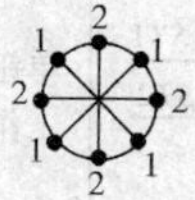	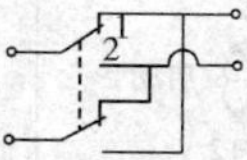	换向开关,可作为三控照明开关的中间控制开关
W		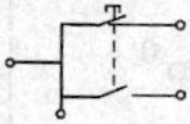	双联自复位常开按钮,左、右操作等
X	 X_0 X_1	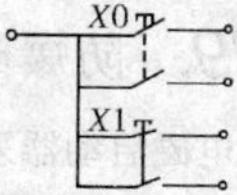 X_0 X_1	双联双按钮开关
Y	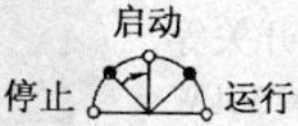 启动 停止 运行	 STP ST RUN	三个复位按钮。适用于降压启动电路
Z	 0 1 1	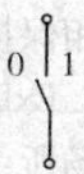 0 1	电源开关、中间断开。左、右均接通。可作为防爆消防开关(红色)
a	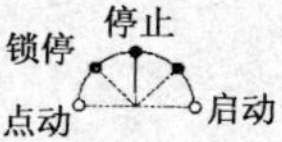 锁停 停止 点动 启动	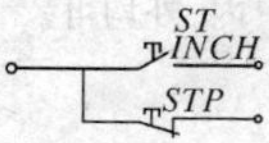 ST INCH STP	可用于启动、点动混合电路,单钮。三种功能:启动、停止、点动

续表

开关组合符合	旋转位置(实线表示定位，虚线表示自复位)	等效开关	等效功能说明
b	停止 启动	ST STP	双联动开关
d	停止 起动1 启动2 起动1+2	STP $ST1$ $ST2$	单钮控制两电机独立工作
e	1 0 0	0 1	急停时使用，左、右操作均断开。可按要求配蘑菇头按钮

29. 防爆电磁启动器

【特点及用途】防爆电磁启动器采用铝合金外壳压铸成型或钢板焊接，表面喷塑，内装交流接触器，热继电器，断路器，信号灯，按钮或转换开关等元件。可控制交流 50Hz。380V/220V，功率 50kW以下的三相异步电动机的启动，停止及可逆操作，并具有过载、短路失压及断相保护功能。防爆电磁启动器防爆标志 Exd II BT5，ExDIPDTT12，适用范

围：爆炸性气体混合物危险场所：1 区、2 区；爆炸性气体混合物：II A、II B、II C；温度级别：T1 ~ T5；操作性粉尘混合物危险场所：10 区、11 区；温度级别(粉尘)：T11 ~ T13；户内、外均可。

【规　格】

额定电流（A）	控制电动机最大功率（kW）	热继电器整定电流调节范围（A）	电缆外径（mm）	防护等级	防腐等级	额定电压（V）
10	4		$\phi 10 \sim \phi 14$			
16	8					
25	12	0.25~0.35　0.32~0.50				
32	18	0.45~0.72　0.68~1.1	$\phi 18 \sim \phi 22$			
45	22	1.0~1.6　1.5~2.4				
		2.2~3.5　3.2~5.0				
63	30	4.5~7.2　6.8~11	$\phi 22 \sim \phi 26$	IP54	W WF$_1$ WF$_2$	380
10(可逆式)	4	10~16　14~22				
16(可逆式)	8	15~24　22~33	$\phi 10 \sim \phi 14$			
25(可逆式)	12	30~45　40~57				
32(可逆式)	18	50~63	$\phi 18 \sim \phi 22$			
45(可逆式)	22					

30. 防爆变压器

【特点及用途】防爆变压器适用于交流 50Hz,220/380V 的电路中,作为控制设备和照明及指示灯的安全电源。其外壳采用铸铝合金制成,表面喷塑。进线腔,出线腔,变压器腔,保险丝腔分别独立,确保安全。钢管或电缆布线,电缆布线须配电缆夹紧密封接头。防爆变压器适用范围:爆炸性气体混合物危险场所:1 区、2 区;爆炸性气体混合物:ⅡA、ⅡB;温度级别:T1 ~ T4。爆炸性粉尘混合物危险场所:10 区、11 区;温度级别(粉尘):T11 ~ T13。户内、户外均可。

【规　格】

额定电压（V）		额定容量	防爆标志	防护	防腐	进线口	电缆外径	重量
初级	次级	（kVA）		等级	等级	螺纹	（mm）	（kg）
220 380	6.3、12 24、36 127	0.1、0.25 0.3、0.4、1 1.5、2	Exd II BT4 ExDIPDTT13	IP54	W WF₁	G3/4″	φ10～φ14	10～25

31. 防爆控制箱

【特点及用途】防爆控制箱采用铝合金外壳压铸成型，表面喷塑，内装转换开关、电流表、按钮和信号灯。电流表量程可根据需要选定，防爆控制箱使用钢管或电缆布线。其适用范围：爆炸性气体混合物危险场所：1区、2区；爆炸性气体混合物，ⅡA、ⅡB、ⅡC；温度级别：T1～T6。爆炸性粉尘混合物危险场所：10区、11区；温度级别（粉尘）：T11～T13；户内、户外均可。

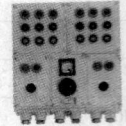

【规　格】

额定电压 （V）	额定电流 （A）	额定绝 缘电压 （V）	使用类别	防爆标志	防腐 等级	防护 等级
220	6		AC11			
380	4					
24	6	500		Exde II CT6 ExDIPDTT13	IP65	W WF₁
60	0.8		DC11 （L/R = 100ms）			
110	0.5					
220	0.2					

注：布线电缆外径及进线口螺纹 φ10～φ14（mm），G3/4″；φ16～φ20　G1。

32. 防爆型组合配电装置

【特点及用途】防爆型组合配电装置采用钢板焊接外壳,表面喷塑,带主开关,开关为 D220 系列电动断路器,内装交流接触器、热继电器、互感器,亦可加装电流表,电压表,分合指示灯。具有过载,短路,保护功能。钢管或电缆布线。防爆型组合配电装置适用范围:爆炸性气体混合物危险场

所:1 区、2 区;爆炸性气体混合物:ⅡA、ⅡB;温度级别:T1 ~ T4;爆炸性粉尘混合物危险场所:10 区、11 区;温度级别(粉尘):T11 ~ T12;户内、户外均可。

【规　　格】

使用类别	额定电压(V)	支电路数(个)	额定电流(A)	极数	防护等级	防爆标志	螺纹口 G	
							进线	出线
AC3	380	3、4、6	45、63、100	3P+N+PE	IP54	Exd ⅡBT4 ExDIPDTT12	2″ 2¹⁄₂″ 3″	3/4″ 1″ 1¹⁄₄″ 1¹⁄₂″ 2″

注:内装元件及型号或技术数据:交流接触器:CJ20、CJ32;热继电器:JR16 – 20/3D、3VA;互感器:LMK1;转换开关:LW5;熔断器:RT19;主开关额定电流:100A<Le≤200A;断路器:DZ20 – 200。

33. 防爆检修电源插座箱

【特点及用途】防爆检修电源插座箱采用铝合金外壳压铸成型,表面喷塑,支路极数及电流可混合设置,便于用作检修电源,钢管或电缆布线。防爆检修电源插座箱适用范围:爆炸性气体混合物危险场所:1 区、2 区;爆炸性气体混合物:ⅡA、ⅡB;温度级别:T1 ~ T6。爆炸性粉尘混合物危险场所:10 区、11 区;温度级别(粉尘):T11 ~ T13;户内、户外均可。

【规　格】

电路数	支路电流(A)	额定电压(V)	极数	使用类别	电缆外径(mm)	进线口螺纹	防腐等级
2、3 4、6	15 30	220 380	IP+N+PE 3P+N+PE	AC1 AC3	φ10 ~ φ14	G3/4″	W WF₁ WF₂
					φ16 ~ φ20	G1″	
					φ22 ~ φ26	G1¼″	
					φ28 ~ φ32	G1½″	
					φ34 ~ φ38	G2″	

注:防爆标志为 Exed Ⅱ BT6、ExDIPDTT13,防护等级 IP54。

34. 防爆照明(动力)配电箱

【特点及用途】防爆照明(动力)配电箱采用铝合金外壳压铸成型,表面喷塑,内装 DZ47、NC100、M611、3VE1 断路器和信号灯,亦可根据需求特制。钢管或电缆布线。防爆照明(动力)配电箱适用范围:爆炸性气体混合物危险场所:1 区、2 区;爆炸性气体混合物:ⅡA、ⅡB、ⅡC;温度级别:T1 ~ T5;爆炸性粉尘混合物危险场所:10 区、11 区;温度级别(粉尘):T11 ~ T13;户内、户外均可。

【规　　格】

额定 电压 （V）	主电路 电流 （A）	支电 路数	支电路电 流（A）	电缆外径（mm）		防爆标志	防腐 等级
				进线	出线		
380 220	40 60 100 250	3 4 6 8 10 12	1、3、6 10、15、20 25、32、40 50、63	$\phi18$、$\phi22$、 $\phi26$	$\phi10\sim\phi14$ $\phi14\sim\phi18$	Exd II BT5 Exde II CT5 ExDIPDTT 13	W WF$_1$

注：①可根据需要设置主电路开关 1 只；②进线口螺纹 G1$^1/_2$″，G2″，出线口螺纹 G3/
　　4″，G1″；

　　③防护等级 IP54。

35. 防爆防腐防尘控制箱

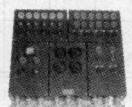

　　【特点及用途】防爆防腐防尘控制箱采用玻璃纤维增强不饱和聚酯树
脂压制而成有耐腐蚀、抗静电、耐冲击及热稳定性好等特点。增安型外
壳，内装隔爆型元件，元件排列组合可按需要随意组合。隔爆型控制开关
开断能力强、寿命长，控制开关触头接触型式和操作位置亦可根据需求特
殊选择。钢管或电缆布线。防爆防腐防尘控制箱适用范围：爆炸性气体
混合物危险场所：1 区、2 区；爆炸性气体混合物：II A、II B、II C；温度级别：
1~T6；爆炸性粉尘混合物危险场所：10 区、11 区；温度级别（粉尘）：T11
T13；户内、户外均可使用。

【规　格】

使用类别	额定绝缘电压（V）	额定工作电压（V）	额定工作电流（A）	防爆标志	防护等级	防腐等级	进线口螺纹	电缆外径（mm）
AC11	500	220	6	Exde Ⅱ CT6 ExDIPDTT 13	IP65	WF₂	M20×1.5 G3/4″ G1″	φ8~φ10 φ10~φ15
		380	4					
DC11 (L/R-100ms)		24	6					
		110	0.5					
		220	0.2					

附：内装隔爆型元件

a. 信号灯

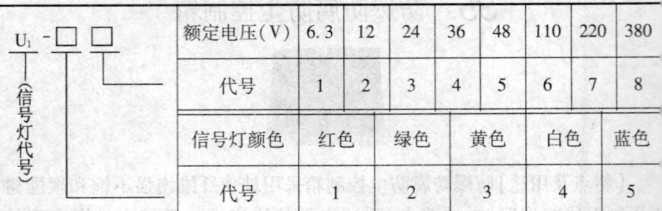

额定电压（V）	6.3	12	24	36	48	110	220	380
代号	1	2	3	4	5	6	7	8
信号灯颜色	红色		绿色		黄色		白色	蓝色
代号	1		2		3		4	5

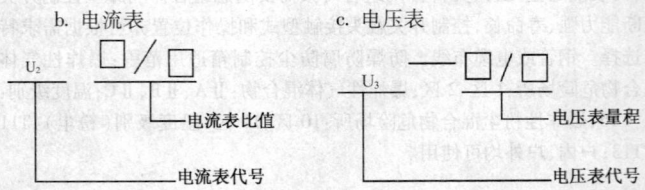

b. 电流表　　　　c. 电压表

d. 控制按钮

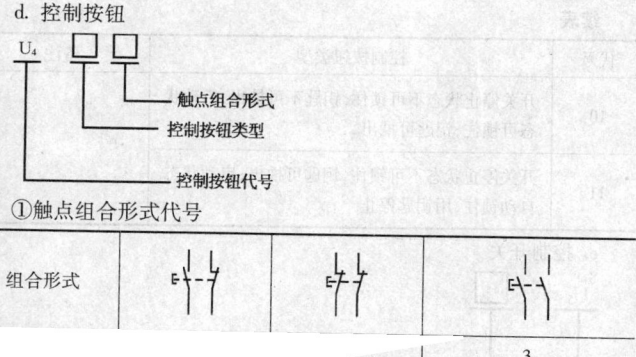

- 触点组合形式
- 控制按钮类型
- 控制按钮代号

① 触点组合形式代号

组合形式	E⌐¦--⅃	E⌐¦--⅃	E⌐¦--¦
			3

控制按钮类型	备注
橡胶帽	原始状态为停止,
蘑菇头带橡胶帽	触头按压前为常
蘑菇头带自锁功能	开;按压后为启动
蘑菇头带橡胶帽和滚珠卡(应急按钮,红色)	状态,触头瞬间闭
蘑菇头带角匙	合
开关启动,停止状态可锁住,钥匙可抽出	
开关停止状态可锁住,钥匙可抽出;启动状态可锁住,钥匙不可抽出	
开关停止状态可锁住,钥匙可抽出;启动状态不可锁住,钥匙可抽出	
09 开关停止状态可锁住,钥匙不可抽出;启动状态可锁住,钥匙可抽出	

续表

代号	控制按钮类型	备注
10	开关停止状态不可锁住,钥匙不可抽出;启动状态可锁住,钥匙可抽出	
11	开关停止状态不可锁住,钥匙可抽出;启动状态自动锁住,用钥匙停止	

e. 控制开关

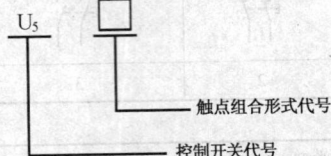

U₅

———— 触点组合形式代号

———— 控制开关代号

触点组合形式代号

代号	组合形式	代号	组合形式	代号	组合形式
01	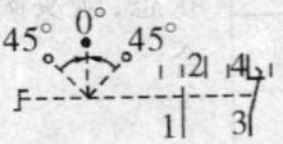	15	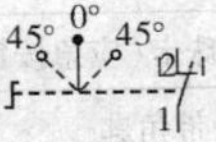	29	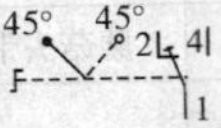
02	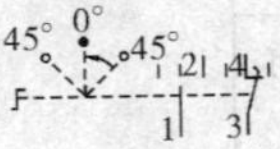	16	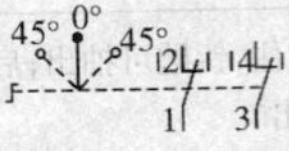	30	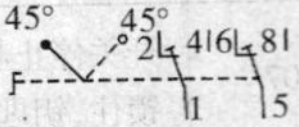
03	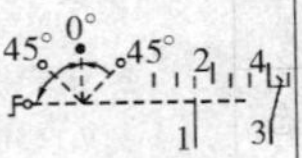	17	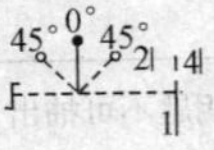	31	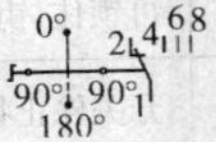

续表

代号	组合形式	代号	组合形式	代号	组合形式
04	45° 0° 45°　2| |4|　F　1 3	18	45° 0° 45°　2| |4|　F　1	32	45° 0° 45°　2| |4| |6|　F　1 3 5
05	45° 0° 45°　2| | |4|　F　1 3	19	45° 0° 45° 2|　F　1 3	33	45° 0° 45°　2| |4| |6|　F　1 3 5
06	45° 45°　2|4|6|　F　1 3 5	20	45° 0° 45°　2|　F　1	34	45° 0° 45°　2| |4| |6|　F　1 3 5
07	45° 0° 45° 2 4 6 8　90° 1 3 5 7　F	21	45° 0° 45°　2| |4| |8|　F　1 5	35	45° 0° 45°　2| |4| |6|　F　1 3 5
08	45° 0° 45° 2 4 6　90° 1 3 5　180° F	22	45° 0° 45°　2| |4|6| |8|　F　1 5	36	45° 0° 45°　2| |4| |6|　F　1 3 5
09	45° 45° 2| |4| |6　90° 90° 1 3 5　F	23	45° 0° 45°　2| |4|　F　1 3	37	45° 0° 45°　1 2| |4| |6|　F　3 5
10	45° 0° 45° 2| |4|　F　1 3　135°	24	45° 0° 45°　2| |4|　F　1 3	38	45° 0° 45°　1 2| |4| |6|　F　1 3 5

续表

代号	组合形式	代号	组合形式	代号	组合形式
11	45° 45° 2| F 1|	25	45° 45° 2| 4| F 1|	39	45° 0° 45° 2| 4| 6| F 1| 3| 5|
12	45° 2| 4| F 1| 3|	26	45° 45° 2| 4| 6| 8| F 1| 5|	40	45° 0° 45° 2| 4| 6| F 1| 3| 5|
13	0° 45° 2| F 1|	27	0° 45° 2| 4| F 1|	41	45° 0° 45° 2| 4| 6| F 1| 3| 5|
14	0° 45° 2| 4| F 1| 3|	28	45° 45° 2| 4| F 1| 3|	42	45° 0° 45° 2| 4| 6| F 1| 3| 5|

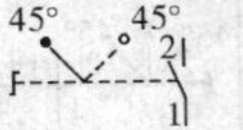

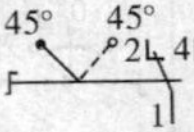

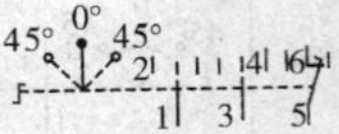

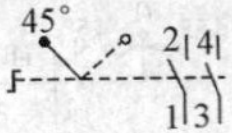

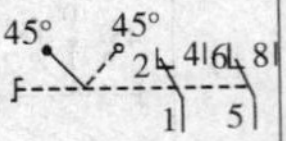

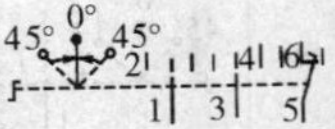

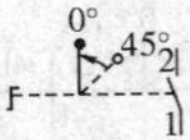

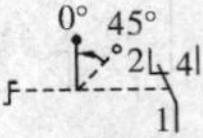

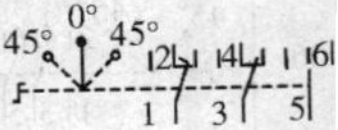

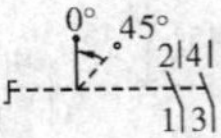

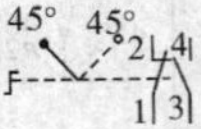

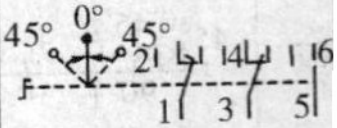

第四十一章　防爆电器设备

1. 防爆壁挂式空调机

【特点及用途】BBKT—35/50 型防爆壁挂式空调机采用复合型防爆形式及完善的过热、压力保护等措施,整机防爆,安全可靠;名牌压缩机,制冷(热)性能稳定可靠,噪声低,使用寿命长;各种功能状态采用照明式液晶屏显示,清晰、直观,便于操作;控制技术先进,温度高低、风量大小可调;其体积小,适于安装在狭小的空间。适用于石油、化工、冶金、航天、航空、军工、医药等行业有类别为ⅡA、ⅡB、ⅡC类,温度级别为T1~T4组的爆炸性气体混合物的车间、控制室、化验室、办公室、仓库、分析房、弹药库等处,且划分危险区域为1区、2区的场所作室温控制之用。

【规　　格】

型　号		BBKT-35	BBKT-50
防爆标志		Exdm Ⅱ BT4、Exdm Ⅱ CT4	
电　源		单相~220V(±10%)/50Hz	
制冷	额定制冷量(W)	3 500	5 000
	额定功率(W)	1 280	1 850
	额定电流(A)	6.1	8.6
制热	额定制热量(W)	4 000	5 300
	额定功率(W)	1 360	1 880
	额定电流(A)	6.2	8.7
除湿量(kg/h)		1.5	1.8

续表

型 号		BBKT-35	BBKT-50
运转噪声 [dB(A)]	室内机	40	43
	室外机	49	54
重 量 (kg)	室内机	22	26
	室外机	51	66
外形尺寸 (宽×高×深) (mm)	室内机	815×278×208	1 015×320×190
	室外机	780×540×417	850×605×447
连接配管规格 (mm)	液管	φ6.35	φ6.35
	汽管	φ12.7	φ15.88
温控范围(℃)		16~31	
适用环境温度范围(℃)		−7~43	
制冷剂 R22 注入量(kg)		0.97	1.48
最大输入功率(W)		1 550	2 380
室内机循环风量(m³/h)		612	780
推荐适用面积(m²)		16~21	22~31

2. 防爆柜式空调机

【特点及用途】BGKT 系列防爆柜式空调机结构紧凑、外形美观；采用复合型防爆形式及完善的过热，压力保护等措施，整机防爆，安全可靠；名牌压缩机、制冷（热）性能稳定可靠，使用寿命长；各种功能状态采用照明式液晶显示屏显示（BGKT—46、71），清晰、直观，便于操作。控制技术先进，温度高低、风量大小可调。其适用于石油、冶金、化工、航天、航空、军工、烟草、医药、电子等行业有类别为ⅡA、ⅡB 类，温度级别为 T1 ~ T4 组的爆炸性气体混合物，且划分危险区域为 1 区、2 区的生产车间、控制室、危险品仓库、化验室、弹药库等场所作室温控制用。

型 号		BGKT-46	BGKT-47	BGKT-140	BGKT-250
防爆标志			Exdhm Ⅱ BT4		Exdm Ⅱ BT4
电 源		单相 ~ 220V/50Hz	三相五线制 ~ 380V/50Hz		
制冷	额定制冷量（W）	5 000	7 100	13 020	25 000
	输入功率（W）	2 000	2 580	4 820	9 620
	额定电流（A）	9.5	4.7	7.91	16.4
制热	额定制热量（W）	5 800		14 190	28 000
	输入功率（W）	2 050	2 600	5 600	8 400
	额定电流（A）	9.7	4.7	8.8	14.7
除湿量（kg/h）		1.8	3	5.2	13
温控范围	制冷（℃）	21 ~ 31			
	制热（℃）	16 ~ 28			
适用环境温度范围（℃）		-7 ~ 43			

续表

型 号		BGKT-46	BGKT-47	BGKT-140	BGKT-250
噪 声 [dB(A)]	室内机	47	44	49	56
	室外机	55	58	56	72
重 量 (kg)	室内机	75	90	95	150
	室外机	80	105	133	190
外形尺寸 (宽×高 ×深) (mm)	室内机	490×1 720 ×250	600×1 850 ×295	600×1 805 ×350	1 200×1 850 ×320
	室外机	800×637 ×297	951×840 ×352	1 000×1 065 ×402	1 350×1 450 ×600
制冷剂	种类	R22			
	注入量(g)	1 360	2 300	3 500	
连接配 管规格 (mm)	液管	$\phi 6.5$	$\phi 9.53$	$\phi 12.7$	$\phi 15.88$
	汽管	$\phi 12.7$	$\phi 15.88$	$\phi 19.05$	$\phi 28.58$
室内机循环风量(m^3/h)		650	980	1 980	4 800
最大输入功率(W)		2 580	3 280	6 200	

3. 防爆窗式空调机

【特点及用途】BCKT 系列防爆窗式空调机采用
复合型防爆形式,整机防爆,名牌压缩机制冷性能稳
定,效率高,免维护(除滤尘网外),使用寿命长。其温
度高低、风量大小可调,操作简单,适用于有类别为ⅡA、ⅡB类,温度级别为 T1～T4 组的爆炸性气体混合
物,且划分危险区域为 1 区、2 区的场所,如石油、化
工、军工、医药等行业的车间、控制室、实验室、仓库、
加油站等处作温度调控之用。

【规　格】

型　号	BCKT-33	BCKT-35	BCKT-45	BCKT-45/G *
防爆标志	ExdhⅡBT4			
电　源	单相~220V/50Hz			
额定制冷量(W)	3 300	3 500	4 500	4 500
额定制热量(W)	3 300	—	—	—
制冷剂 R22 注入量(kg)	0.9	1.2	1.5	1.0
额定输入功率 制冷(W)	1 380	1 750	2 000	2 100
额定输入功率 制热(W)	1 200	—	—	—
循环风量(m³/h)	600	800		650
适用环境温度范围(℃)	-7 ~43	20 ~43		20 ~52
除湿量(kg/h)	1.68	1.5	1.8	1.8
温控范围(℃)	16 ~31	15 ~30		23 ~32
噪声(室内/室外)[dB(A)]	50(室内)	≤55/ ≤57	≤56/ ≤58	≤56/ ≤58
重　量(kg)	68	77	79	78
外形尺寸(宽×高×深)(mm)	560×400×650	682×462×720		660×430×720

注：＊高温空调机特别适用于中东地区国家。

4. 防爆除湿机

【特点及用途】BCF-6 型防爆除湿机采用复合型防爆形式，整机防爆，除湿快，效果显著，安装方便，操作简单。适用于科研、军工、石化、医药、造船等行业有类别为ⅡA、ⅡB类，温度级别为 T1 ~ T4 组的爆炸性气体混合物，且划分危险区域为 1 区、2 区的生产车间、控制室、计量室、试验室、仓库等场所作湿度调控之用。

【规　　格】

型号	BCF-6
名义除湿量(kg/h)	6
电　　源(V/Hz)	~380/50(三相五线制)
额定电流(A)	5
额定输入功率(kW)	2.8
最大输入功率(kW)	2.92
循环风量(m³/h)	1500
噪声[dB(A)]	≤62
制冷剂 R22 注入量(kg)	1.6
外形尺寸(宽×深×高)(mm)	400×600×1 810
重　　量(kg)	135
防爆标志	Exdh Ⅱ BT4

5. 防爆恒温恒湿机

　　【特点及用途】BHF12W 型防爆恒温恒湿机采用复合型防爆形式,整机防爆,安全可靠;加湿部分采用铝合金湿膜,节水,节能;微电脑控制,控制精度较高,温度为±2℃温度为±5% ;多重热保护,温湿度高低、风量大小可调。适用于有类别为ⅡA、ⅡB 类,温度级别为 T1 ~ T4 组的爆炸性气体混合物,且划分危险区域为 1 区、2 区的场所,如石油、化工、航天、航空、军工、冶金、医药等行业的生产车间、控制室、计量室、化验室、危险品仓库等处,对温、湿度有严格要求的场所。

【规　　格】

型　号	BHF12W
制冷量(kW)	13.02
风　量(m³/h)	1980
湿控范围及精度(℃)	(20~28)±2
湿控范围及精度(%)	(35~70)±5
电　源(V/Hz)	~380/50(三相五线制)
总功率(kW)	12.3
噪声 [dB(A)] 室内机	49
噪声 [dB(A)] 室外机	56
加湿 加湿器形式	湿膜加湿
加湿 加湿量(kg/h)	4
加热 加热器形式(表面温度<120℃)	电加热
加热 加热功率(kW)	6
制冷剂 种类	R22
制冷剂 注入量(kg)	3.5
室内外机连接配管(mm) 液管	φ9.52
室内外机连接配管(mm) 汽管	φ19.05
外形尺寸(宽×深×高)(mm) 室内机	1 250×650×2 100
外形尺寸(宽×深×高)(mm) 室外机	1 000×402×1 065
防爆标志	Exdmilo Ⅱ BT4

6. 防爆湿膜加湿机

【特点及用途】BMS-4 型防爆湿膜加湿机采用复合型防爆形式，整机防爆，湿度采用电脑自动控制显示。其节能，节水环保，安装方便，爆炸简单，适用于石化、军工、医药等行业有湿度要求且有类别为ⅡA、ⅡB类，温度级别为 T1 ~ T4 组的爆炸性气体混合物的车间、仓库、试验室、控制室等处划分危险区域为 1 区，2 区的场所作湿度调控之用。

【规　　格】

型　号	BMS-4
防爆标志	Exdib ⅡBT4
加湿量（kg/h）	4
加湿空间（m）	40
电压（V）	~220
频率（Hz）	50
功率（W）	100
噪声 dB(A)	50
风量（m³/h）	700（低速）/1 000（高速）
外形尺寸（mm）（宽×深×高）	600×310×1 900
控制精密	±5

7. 防爆电热温控暖风机

【特点及用途】BDKN-400 型防爆电热温控暖风机采用隔爆型结构,使用安全可靠;设有二挡加热功率,可任意选择;设有自动温控器,可调节并保持室温,配合温度保护器及热熔断器实施三重保护。其装有脚轮,便于移动;适用于石油、化工、军工、机械、医药等行

业有类别为ⅡA、ⅡB 类,温度级别为 T1～T4 组的爆炸性气体混合物的车间、仓库、加油站等划分危险区域为 1 区,2 区的场所作保温取暖之用。

【规　格】

型　号	BDKN-400
额定功率(W)	2 000/4 000
额定电压(V)	~220
额定频率(Hz)	50
额定电流(A)	19
防爆标志	Exd Ⅱ BT4
外形尺寸(宽×深×高)　(mm)	656×646×676

8. 隔爆型电暖器

【特点及用途】隔爆型电暖器采用铝合金外壳,表面喷塑,适用在交流 50Hz,电压 220V 电路中作冬季取暖或改善低温工作环境之用。移动式设备,装有温控器,电缆布线。隔爆型电暖气适用范围:爆炸性气体混合物危险场所:1 区,2 区;爆炸性气体混合物:ⅡA、ⅡB;温度级别:T1～T4;户内、户外均可。

【规　格】

额定功率 （W）	散热片 （片）	额定电压 （V）	防爆标志	防护等级	电缆外径 （mm）
1500	7 9	220	Exd Ⅱ BT4	IP54	$\phi 10 \sim \phi 14$
2000	11 13				

9. 防爆屋顶通风机

【特点及用途】BDWT 系列防爆屋顶通风机强度
高、耐腐蚀、性能好、不易老化、有优质碳钢、不锈钢、玻
璃钢三种材质制造,其安装简便、保养容易。适用于有
类别为ⅡA、ⅡB、ⅡC类,温度级别T1～T4组的爆炸性
气体混合物,且划分危险区域为 1 区,2 区的场所,如石
油、化工、军工、机械、医药等行业的车间、仓库等处,安装在屋顶进行排
风、通风。防爆标志为 Exd Ⅱ BT4、Exd Ⅱ CT4。

【规　格】

机号	叶轮 直径 （mm）	转速 （rpm）	叶片安 装角度	风量 （m³/h）	全压 （Pa）	电机功率 （W）	电压 （V）	噪声 [dB(A)]
3	300	2 800	15°	2 100	90	0.18	~220/380	<76
			20°	2 600	103	0.25		
			25°	3 000	114	0.37		
		1 400	15°	1 050	35	0.15	~220/380	<64
			20°	1 300	40			
			25°	1 500	42			

续表

机号	叶轮直径（mm）	转速（rpm）	叶片安装角度	风量（m³/h）	全压（Pa）	电机功率（W）	电压（V）	噪声［dB(A)］
4	400	2 800	15°	5 200	164	0.75	~220/380	<75
			20°	6 300	186	1.1	~380	
			25°	7 400	207	1.5		
		1 400	15°	2 600	60		~220/380	<68
			20°	3 150	70	0.25		
			25°	3 700	78			
5	500	1 400	15°	5 400	78	0.37	~220/380	<70
			20°	6 300	87			
			25°	7 400	96	0.55		
6	600	1 400	15°	8 100	88	0.75	~220/380	<76
			20°	10 500	104	1.1	~380	
			25°	12 800	119	1.5		
7	700	1 400	15°	13 300	121	1.5	~380	<72
			20°	16 000	138	2.2		
			25°	18 500	152			
8	800	1 400	15°	19 000	161	3	~380	<75
			20°	23 000	182	4		
			25°	27 000	202			
9	900	960	15°	19 000	94	1.5	~380	<78
			20°	24 000	106	2.2		
			25°	28 000	118	3		

续表

机号	叶轮直径（mm）	转速（rpm）	叶片安装角度	风量（m³/h）	全压（Pa）	电机功率（W）	电压（V）	噪声［dB(A)］
10	1000	960	15°	28 000	120	4	～380	<72
			20°	32 500	135			
			25°	37 000	146			

附:防爆屋顶通风机外形及安装尺寸

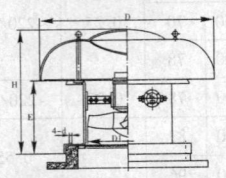

机号	基本尺寸(mm)								地脚螺栓 4-d1×L
	D	B	C	D1	E	H	G	4-d	
3	φ700	360	500	φ300	360	520	430	4-φ10	4-M8×250
4	φ950	470	660	φ400	380	660	560	4-φ14	4-M12×300
5	φ1 180	580	850	φ500	390	740	715	4-φ14	4-M12×300
6	φ1 300	730	910	φ600	480	880	830	4-φ14	4-M12×300
7	φ1 500	830	1 060	φ700	510	933	945	4-φ14	4-M12×300
8	φ1 700	940	1 220	φ800	540	1 020	1 080	4-φ18	4-M16×350
9	φ1 900	1 065	1 370	φ900	580	1 120	1 220	4-φ18	4-M16×350
10	φ2 100	1 200	1 500	φ1 000	720	1 320	1 350	4-φ18	4-M16×350

注:防爆屋顶通风机型号表示方法:

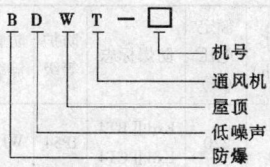

```
B D W T — □
            ├── 机号
            ├── 通风机
            ├── 屋顶
            ├── 低噪声
            └── 防爆
```

10. 防爆摇头扇

【特点及用途】FB 系列防爆摇头扇的风叶采用高强度铝合金制成;防爆性能好,结构合理,运行平稳,使用方便,外形美观;其摇头角度可调。适用于有类别为ⅡA、ⅡB 类,温度级别为 T1 ~ T4 组的爆炸性气体混合物,划分危险区域为 1 区、2 区的场所如石油、军工、化工、机械、医药、冶金等行业的车间、仓库、办公室、加油站等处的防暑降温。

【规　格】

型号	风叶直径 (mm)	风量 (m³/min)	输入功率 (W)	电压 (V)	防爆标志
FB-500	500	110			
FB-600	600	160	450	~220/380	E xd Ⅱ BT4
FB-750	750	300			

11. 隔爆型吊扇

【特点及用途】隔爆型吊扇由隔爆型电机、叶片、接线盒、调速器等部件组成。铸铝合金外壳,表面喷塑,操作调速器外部旋钮可调节转数。吊扇钢管或电缆布线,其适用范围:爆炸性气体混合物危险场所:1区,2区;爆炸性气体混合物:ⅡA、ⅡB、ⅡC;温度级别:T1 ~ T4;户内、户外均可。

【规　　格】

叶轮直径 （mm）	电机功率 （W）	风量 （m³/h）	额定 电压 （V）	防爆标志	防护 等级	防腐 等级	进线口 螺纹	电缆外径 （mm）
1 200 1 400	68 80	215 270	220	Exd Ⅱ BT4 Exd Ⅱ CT4	IP54	WF₁	G3/4″	φ10～φ14

12. 防爆壁式排风扇

【特点及用途】防爆排风扇由电机、叶片等组成。钢管或电缆布线。其适用范围：爆炸性气体混合物危险场所：1区、2区；爆炸性气体混合物：ⅡA、ⅡB、ⅡC温度级别：T1～T4。

【规　　格】

额定工作电压 （V）	叶轮直径 （mm）	主轴转数 （rpm）	电缆外径 （mm）	防爆标志	防护 等级	防腐 等级
220　380	300 400 500 600 700	1 450	8～14	Exd Ⅱ BT4 Exd Ⅱ CT4	IP54	W WF₁

注：进线口螺纹 G3/4″。

13.　防爆轴流风机

【特点及用途】防爆轴流风机由防爆电机、叶片、风筒等部件组成。钢管或电缆布线。其适用范围:爆炸性气体混合物危险场所:1 区、2 区;爆炸性气体混合物:ⅡA、ⅡB、ⅡC;温度级别:T1 ~ T4。

【规　　格】

叶轮直径 （mm）	主轴转数 （rpm）		风量 （m³/h）		功率 （W）		防爆标志
280	2 900	1 450	2 167	1 086	0.18	1.12	
315	2 900	1 450	3 074	1 537	0.37	0.18	
355	2 900	1 450	4 426	2 208	0.55	0.37	
400	2 900	1 450	6 316	3 163	1.1	0.56	
450		1 450	4 504			0.25	Exd Ⅱ BT4
500		1 450	6 178				Exd Ⅱ CT4
560		1 450	8 667		0.37		
630		1 450	12 345		0.75		
710		1 450	17 670		1.5		

14. 防爆电话

【特点及用途】防爆电话由电话机和耦合器两部分组成。内部电器采用集成块,耗电低、安全可靠。具有良好的防潮、防尘、抗冲击性能。关联设备耦合器采用浇封结构。防爆电话适用范围:爆炸性气体混合物危险场所:0 区、1 区、2 区;爆炸性气体混合物:Ⅱ A、Ⅱ B、Ⅱ C;温度级别:T1～T6。

【规 格】

振铃声级	电流(mA)	振铃电压(V)	防爆标志
≥70dB	30	50	Exia Ⅱ CT6

15. 防爆电铃

【特点及用途】防爆电铃采用铝合金外壳,表面喷塑,圆筒隔爆面具有安全防爆性能。钢管或电缆布线。防爆电铃适用范围:爆炸性气体混合物危险场所:1 区、2 区;爆炸性气体混合物:Ⅱ A、Ⅱ B;温度级别:T1～T6。爆炸性粉尘混合物危险场所:10 区、11 区;温度级别(粉尘):T11～T13;户内、户外均可。

【规 格】

功率(W)≤	额定电压(V)	防爆标志	防护等级	防腐等级	进线口螺纹	电缆外径(mm)	重量(kg)
20	AC220 DC36 110 220	Exd Ⅱ BT6 ExDIPDTT13	IP54	W WF$_1$	G3/4″	ϕ10～ϕ14	1.5

注:声响强度>75Db(R=2m);额定电压中 AC——交流,DC——直流。

16. 防爆电笛

【特点及用途】防爆电笛采用铝合金外壳,表面喷塑,钢管或电缆布线。防爆电笛适用范围:爆炸性气体混合物危险场所:1 区,2 区;爆炸性气体混合物:ⅡA、ⅡB;温度级别:T1 ~ T60;爆炸性粉尘混合物危险场所:0 区,11 区;温度级别(粉尘):T11 ~ T13;户内、户外均可。

【规　　格】

额定电压 (V)	防爆标志	防护 等级	防腐 等级	进线口 螺纹	电缆外径 (mm)	重量 (kg)
220	Exd Ⅱ BT6 ExDIPDTT13	IP54 IP65 *	W WF₁	G3/4″	$\phi10 ~ \phi14$	3. 32

注:声响强度:>90Db(R=1m),持续通电时间:5min;特殊场所防护等级可达 IP65。

17. YB₂ 系列隔爆型三相异步电动机

【特点及用途】YB₂ 系列隔爆型三相异步电动机是由 Y 系列与 YB 系列上派生的全封闭自扇冷式鼠笼型隔爆三相异步电动机,其具有高效、节能、温升裕度大、寿命长、性能好、噪声低、振动小、隔爆结构、使用维护方便等特点。电动机外壳防护等级为 IP44、IP54,接线盒为 IP54。适用于煤炭、石油、化工、医药、粮食等长期或暂时有爆炸气体混合物存在的场所。电动机额定频率为 50Hz,额定电压为 380、660、380/660V;防爆标志为 d Ⅰ、d Ⅱ AT4、d Ⅱ BT4;冷却方法为 C411。

[规　　格]

机座号	功率 (kW)	电流 (A)	转速 (rpm)	效率 (%)	功率因数 cosφ	噪声 dB(A)	振动 (mm/s)	转动惯量 (kg·m²)	堵转转矩 额定转矩	堵转电流 额定电流	最大转矩 额定转矩	同步转速	重量 (kg)
801-2	0.75	1.8	2 825	75.0	0.84	71	1.8	0.0042	2.2	6.5	2.3	3 000	22
801-2	1.1	2.5	2 825	77.0	0.86	71	1.8	0.005	2.2	7.0	2.3	3 000	24
90S-2	1.5	3.4	2 840	78.0	0.85	75	1.8	0.0075	2.2	7.0	2.3	3 000	33
90L-2	2.2	4.7	2 840	80.5	0.86	75	1.8	0.0097	2.2	7.0	2.3	3 000	37
100L-2	3	6.4	2 880	82.0	0.87	79	1.8	0.0174	2.2	7.0	2.3	3 000	43
112M-2	4	8.2	2 890	85.5	0.87	79	1.8	0.0303	2.2	7.0	2.3	3 000	54
132S1-2	5.5	11.1	2 900	85.5	0.88	83	1.8	0.0631	2.0	7.0	2.3	3 000	79
132S2-2	7.5	15.0	2 900	86.2	0.88	83	1.8	0.0733	2.0	7.0	2.3	3 000	87
160M1-2	11	21.8	2 930	87.2	0.88	87	2.4	0.205	2.0	7.0	2.3	3 000	134
160M2-2	15	29.4	2 930	88.2	0.88	87	2.4	0.248	2.0	7.0	2.3	3 000	149
160L-2	18.5	35.5	2 930	89.0	0.89	87	2.4	0.307	2.0	7.0	2.2	3 000	167
180M-2	22	42.2	2 940	89.0	0.89	92	2.4	0.366	2.0	7.0	2.2	3 000	210
200L1-2	30	56.9	2 950	90.0	0.89	95	2.4	0.629	2.0	7.0	2.2	3 000	290
200L2-2	37	69.8	2 950	90.5	0.89	95	2.4	0.721	2.0	7.0	2.2	3 000	304
225M-2	45	83.9	2 970	91.5	0.89	97	2.4	1.278	2.0	7.0	2.2	3 000	380

续表

机座号	功率 (kW)	电流 (A)	转速 (rpm)	效率 (%)	功率因数 cosφ	噪声 dB(A)	振动 (mm/s)	转动惯量 (kg·m²)	堵转转矩/额定转矩	堵转电流/额定电流	最大转矩/额定转矩	同步转速	重量 (kg)
250M-2	55	102.7	2 970	91.5	0.89	97	4.5	1.55	2.0	7.0	2.2	3 000	449
280S-2	75	140.1	2 970	92.0	0.89	99	4.5	2.87	2.0	7.0	2.2	3 000	640
280M-2	90	167	2 970	92.5	0.89	99	4.5	3.30	2.0	7.0	2.2	3 000	710
315S-2	110	203	2 980	93.5	0.914	104	4.5	7.5	1.8	6.8	2.5	3 000	1000
315M-2	132	242.3	2 980	94.0	0.915	104	4.5	8.0	1.8	6.8	2.5	3 000	1040
315L1-2	160	292.1	2 980	94.6	0.923	104	4.5	9.5	1.8	6.8	2.5	3 000	1350
315L2-2	200	365	2 980	94	0.9	104	4.5	3.33	1.8	6.8	2.5	3 000	1600
355S1-2	185	335.2	2 980	94.2	0.89	104	2.8	4.79	1.5	7.0	2.5	3 000	1690
355S2-2	200	361.2	2 980	94.5	0.89	104	2.8	4.79	1.5	7.0	2.5	3 000	1690
355M1-2	220	397.4	94.5	0.89	104	2.8	4.79	1.5	7.0	2.5	3 000	1 840	
355M2-2	250	444.2	2 985	95.0	0.90	106	2.8	5.66	1.5	7.0	2.5	3 000	2 100
355L1-2	280	497.5	2 985	95.0	0.90	106	2.8	6.53	1.5	7.0	2.5	3 000	2 260
355L2-2	315	558.5	2 985	95.2	0.90	106	2.8	6.53	1.5	7.0	2.5	3 000	2 260
801-4	0.55	1.5	1 390	73.0	0.76	67	1.8	0.006	2.4	6.0	2.3	1 500	22
802-4	0.75	2.0	1 390	74.5	0.76	67	1.8	0.008	2.3	6.0	2.3	1 500	24

续表

机座号	功率 (kW)	电流 (A)	转速 (rpm)	效率 (%)	功率因数 cosφ	噪声 dB(A)	振动 (mm/s)	转动惯量 (kg·m²)	堵转转矩/额定转矩	堵转电流/额定电流	最大转矩/额定转矩	同步转速	重量 (kg)
90S-4	1.1	2.7	1 400	78.0	0.78	67	1.8	0.012	2.3	6.5	2.3	1 500	33
90L-4	1.5	3.7	1 400	79.0	0.79	67	1.8	0.05	2.3	6.5	2.3	1 500	37
100L1-4	2.2	5.0	1 420	81.0	0.82	70	1.8	0.031	2.2	7.0	2.3	1 500	43
100L2-4	3	6.8	1 420	82.5	0.81	70	1.8	0.039	2.2	7.0	2.3	1 500	47
112M-4	4	8.8	1 440	84.5	0.82	74	1.8	0.059	2.2	7.0	2.3	1 500	58
132S-4	5.5	11.6	1 440	85.5	0.84	78	1.8	0.113	2.2	7.0	2.3	1 500	80
132M-4	7.5	15.4	1 440	87.0	0.85	78	1.8	0.167	2.2	7.0	2.3	1 500	95
160M-4	11	22.6	1 460	88.0	0.84	82	1.8	0.396	2.2	7.0	2.3	1 500	148
160L-4	15	30.3	1 460	88.5	0.85	82	1.8	0.493	2.2	7.0	2.3	1 500	166
180M-4	18.5	35.9	1 470	91.0	0.86	82	1.8	0.706	2.0	7.0	2.2	1 500	210
180L-4	22	42.5	1 470	91.5	0.86	82	1.8	0.812	2.0	7.0	2.2	1 500	234
200L-4	30	56.8	1 470	92.2	0.87	84	1.8	1.35	2.0	7.0	2.2	1 500	320
225S-4	37	69.8	1 480	91.8	0.87	84	1.8	2.18	1.9	7.0	2.2	1 500	360
225M-4	45	84.2	1 480	92.3	0.88	84	1.8	2.54	1.9	7.0	2.2	1 500	368
250M-4	55	102.5	1 480	92.6	0.88	86	2.8	3.35	2.0	7.0	2.2	1 500	530

机座号	功率 (kW)	电流 (A)	转速 (rpm)	效率 (%)	功率因数 cosφ	噪声 dB(A)	振动 (mm/s)	转动惯量 (kg·m²)	堵转转矩/额定转矩	堵转电流/额定电流	最大转矩/额定转矩	同步转速	重量 (kg)
280S-4	75	139.7	1 480	92.7	0.88	90	2.8	5.95	1.9	7.0	2.2	1 500	650
280M-4	90	164.3	1 480	93.5	0.89	90	2.8	7.94	1.9	7.0	2.2	1 500	780
315S-4	110	200.8	1 485	93.6	0.90	98	2.8	11.8	1.8	6.8	2.5	1 500	1 000
315M-4	132	239.7	1 485	94.5	0.90	101	2.8	12.8	1.8	6.8	2.5	1 500	1 100
315L1-4	160	289.0	1 485	94.5	0.90	101	2.8	15.4	1.8	6.8	2.5	1 500	1 100
315L2-4	200	357.3	1 485	94.6	0.90	101	2.8	22.0	1.8	6.8	2.5	1 500	1 600
355S1-4	185	338.3	1 485	94.4	0.88	101	2.8	1.5	7.0	2.5	1 500		1 700
355S2-4	200	365.7	1 485	94.4	0.88	101	2.8	1.5	7.0	2.5	1 500		1 800
355M1-4	220	401.9	1 485	94.5	0.88	101	2.8	1.5	7.0	2.5	1 500		1 820
3552-4	250	449.2	1 485	95.0	0.89	103	2.8	1.5	7.0	2.5	1 500		1 940
355L1-4	280	503.1	1 485	95.0	0.89	103	2.8	1.5	7.0	2.5	1 500		2 080
355L2-4	315	564.8	1 485	95.2	0.89	103	2.8	1.5	7.0	2.5	1 500		2 260
90S-6	0.75	2.3	910	72.5	0.7	65	1.8	0.017	2.0	5.5	2.2	1 000	34
90L-6	1.1	3.2	910	73.5	0.72	65	1.8	0.02	2.0	5.5	2.2	1 000	37
100L-6	1.5	4.0	940	77.5	0.74	67	1.8	0.039	2.0	6.0	2.2	1 000	43

续表

机座号	功率 (kW)	电流 (A)	转速 (rpm)	效率 (%)	功率因数 cosφ	噪声 dB(A)	振动 (mm/s)	转动惯量 (kg·m²)	堵转转矩/额定转矩	堵转电流/额定电流	最大转矩/额定转矩	同步转速	重量 (kg)
112M-6	2.2	5.6	940	80.5	0.74	67	1.8	0.068	2.0	6.0	2.2	1 000	54
132S-6	3.0	7.2	960	83.0	0.76	71	1.8	0.161	2.0	6.5	2.2	1 000	79
132M1-6	4.0	9.4	960	84.0	0.77	71	1.8	0.203	2.0	6.5	2.2	1 000	90
132M2-6	5.5	12.6	960	85.3	0.78	71	1.8	0.258	2.0	6.5	2.2	1 000	100
160L-6	7.5	17.0	970	86.0	0.78	75	1.8	0.462	2.0	6.5	2.0	1 000	144
160L-6	11	24.6	970	87.0	0.78	75	1.8	0.615	2.0	6.5	2.0	1 000	166
180L-6	15	31.6	970	89.5	0.81	78	1.8	1.06	1.8	6.5	2.0	1 000	215
200L1-6	18.5	37.7	970	89.8	0.83	78	1.8	1.6	1.8	6.5	2.0	1 000	275
200l2-6	22	44.6	970	90.2	0.83	78	1.8	1.84	1.7	6.5	2.0	1 000	300
225M-6	30	59.5	980	90.2	0.85	81	1.8	2.74	1.8	6.5	2.0	1 000	368
250M-6	37	72.0	980	90.8	0.86	81	2.8	5.05	1.8	6.5	2.0	1 000	516
280S-6	45	85.4	980	92.0	0.87	84	2.8	7.28	1.8	6.5	2.0	1 000	620
280M-6	55	104.9	980	92.0	0.88	84	2.8	8.89	1.8	6.5	2.0	1 000	700
315S-6	75	140.8	990	93.6	0.88	92	2.8	13.0	1.6	6.5	2.0	1 000	920
315M-6	90	168.3	990	93.9	0.88	92	2.8	15.3	1.6	6.5	2.0	1 000	1 100

机座号	功率 (kW)	电流 (A)	转速 (rpm)	效率 (%)	功率因数 cosφ	噪声 dB(A)	振动 (mm/s)	转动惯量 (kg·m²)	堵转转矩/额定转矩	堵转电流/额定电流	最大转矩/额定转矩	同步转速	重量 (kg)
315L1-6	110	205.0	990	94	0.88	92	2.8	17.8	1.6	6.5	2.0	1 000	1 100
315S-6	132	246.2	990	94.3	0.88	92	2.8	21.7	1.6	6.5	2.0	1 000	1 200
315S-6	160	295.6	990	94.5	0.87	98	2.8		1.6	6.5	2.2	1 000	1 650
355M1-6	185	341.8	990	94.5	0.87	98	2.8		1.6	6.5	2.2	1 000	1 760
355M2-6	200	368.8	990	94.7	0.87	98	2.8		1.6	6.5	2.2	1 000	1 970
355L2-6	250	459.5	990	95.0	0.87	101	2.8		1.6	6.5	2.5	1 000	2 140
355L2-6	250	459.5	990	95.0	0.87	101	2.8		1.6	6.5	2.2	1 000	2 250
132S-8	2.2	5.8	710	80.5	0.71	66	1.8	0.12	2.0	5.5	2.0	750	79
132M-8	3.0	7.7	710	82.0	0.72	66	1.8	0.20	2.0	5.5	2.0	750	90
160M1-8	4.0	9.9	720	84.0	0.73	69	1.8	0.36	2.0	6.0	2.0	750	132
160L-8	5.5	13.3	720	85.0	0.74	69	1.8	0.46	2.0	5.5	2.0	750	144
160L-8	7.5	17.7	720	86.0	0.75	72	1.8	0.61	2.0	6.0	2.0	750	166
180L-8	11	25.1	730	87.5	0.77	72	1.8	1.06	1.7	6.0	2.0	750	215
200L-8	15	34.1	730	88.0	0.76	75	1.8	1.6	1.8	6.0	2.0	750	288
225S-8	18.5	41.3	730	90.0	0.78	75	1.8	2.74	1.8	6.0	2.0	750	337

续表

机座号	功率 (kW)	电流 (A)	转速 (rpm)	效率 (%)	功率因数 cosφ	噪声 dB(A)	振动 (mm/s)	转动惯量 (kg·m²)	堵转转矩/额定转矩	堵转电流/额定电流	最大转矩/额定转矩	同步转速	重量 (kg)
225M-8	22	47.6	730	90.0	0.78	75	1.8	2.74	1.8	6.0	2.0	750	265
250M-8	30	63.0	730	90.5	0.80	78	2.8	5.05	1.8	6.0	2.0	750	515
280S-8	37	78.7	740	91.0	0.79	78	2.8	7.28	1.8	6.0	2.0	750	620
280M-8	45	93.2	740	91.7	0.80	78	2.8	8.89	1.8	6.0	2.0	750	700
315S-8	55	113.5	740	93.1	0.81	87	2.8	13.0	1.6	6.5	2.0	750	920
315M-8	75	151.3	740	93.5	0.80	87	2.8	15.3	1.6	6.5	2.2	750	1 100
315L1-8	90	179.3	740	93.6	0.81	87	2.8	17.8	1.6	6.5	2.2	750	1 100
315L2-8	110	218.5	740	93.7	0.82	87	2.8	21.7	1.4	6.5	2.2	750	1 300
355S-8	132	260.1	740	94	0.82	94	2.8		1.4	6.0	2.0	750	1 640
355M-8	160	313.7	740	94.5	0.82	94	2.8	13.5	1.4	6.0	2.0	750	1 820
255L1-8	185	362.7	740	94.5	0.82	94	2.8	15.8	1.4	6.0	2.2	750	2 100
355L2-8	200	390.0	740	95	0.82	94	2.8	18.5	1.4	6.0	2.0	750	2 200
315S-10	45	101	590	91.5	0.75	87	2.8	13.5	1.4	6.0	2.0	600	920
315M-10	55	122	590	92	0.75	87	2.8	15.8	1.4	6.0	2.2	600	1 100
315L2-10	75	164	590	92.5	0.77	87	2.8	18.5	1.4	6.0	2.2	600	1 100

续表

机座号	功率 (kW)	电流 (A)	转速 (rpm)	效率 (%)	功率因数 cosφ	噪声 dB(A)	振动 (mm/s)	转动惯量 (kg·m²)	堵转转矩 额定转矩	堵转电流 额定电流	最大转矩 额定转矩	同步 转速	重量 (kg)
3555S0－10	90	181.8	590	94	0.8	91	2.8		1.3	6.0	2.0	600	
355M1－10	110	222.2	590	94	0.8	91	2.8		1.3	6.0	2.0	600	
355M2－10	132	266.6	590	94	0.8	94	2.8		1.3	6.0	2.0	600	
355L1－10	160	321.5	590	94.5	0.8	94	2.8		1.3	5.5	2.0	600	
355L2－10	185	371.7	590	94.5	0.8	94	2.8		1.3	5.5	2.0	600	

注：以上技术数据亦适用于 YB 系列隔爆型三相异步电动机。